全国执业兽医资格考试推荐用书

2024年执业兽医资格考试应试指南（水生动物类）下册

《执业兽医资格考试应试指南（水生动物类）》编写组　编

中国农业出版社
北　京

本书编写组

特约编审专家： 李　清　冯东岳　余卫忠　袁　圣　张利平

兽医法律法规与职业道德

主　编： 韩玉刚
编　者： 韩玉刚　孙敬秋　虞　鹃　张　瑞　籍晓敏　苏　兰
李　倩

水生动物解剖学、组织学及胚胎学

主　编： 张克俭　陈立婧
副主编： 任素莲
编　者： 张克俭　陈立婧　任素莲　文春根　陈晓武　唐首杰

水生动物生理学

主　编： 吴　垠
副主编： 李广丽
编　者： 吴　垠　李广丽　齐红莉　邓思平　蔡晨旭

动物生物化学

主　编： 邹思湘　刘维全
编　者： 邹思湘　张　映　刘维全　张永亮

鱼类药理学

主　编： 杨先乐
编　者： 杨先乐　沈锦玉　李爱华　胡　鲲　阴鸿达

水生动物免疫学

主　编：陈昌福　董　宣
编　者：陈昌福　董　宣　肖克宇　柴家前　吴志新　李槿年
颜晓昊

水生动物微生物学

主　编：陈孝煊
编　者：陈孝煊　钱　冬　李安兴　袁军法　杨　斌　樊海平
王国良

水生动物寄生虫学

主　编：李安兴
编　者：李安兴　但学明　李言伟　黎睿君　胡亚洲　蔡晨旭

水产公共卫生学

主　编：彭开松
编　者：彭开松　关景象　余新炳　陈　辉

水产药物学

主　编：胡　鲲
副主编：林　茂　袁　圣
编　者：胡　鲲　林　茂　袁　圣　杨先乐　沈锦玉　李爱华
阴鸿达

水生动物病理学

主　编：宋振荣　耿　毅

水生动物疾病学

主　编：战文斌
副主编：李　华　石存斌　李　强
编　者：战文斌　李　华　石存斌　李　强　史成银　潘厚军
姜　兰　杨　冰　钱　冬　周　丽　夏艳洁　周永灿

徐　跑　陈晓凤　宋振荣

饲料与营养学

主　编：徐后国　梁萌青
编　者：徐后国　梁萌青　艾庆辉　刘　峰

养殖水环境生态学

主　编：阎希柱
编　者：阎希柱　王　芳　王丽卿　林文辉　管卫兵

水产养殖学

主　编：李兆河　高浩渊　刘振华
副主编：张凯迪　斯烈钢　彦培傲　张世奎
编　者：李兆河　高浩渊　刘振华　张凯迪　斯烈钢　彦培傲
张世奎　王玲玲　李　敏　王祥法　殷述亭　马贵范
王珊珊　丛文虎　李小红　李建龙　宋相帝　张瑞标
侯仕营　顾勤勤

下　册

2024 年执业兽医资格考试应试指南(水生动物类)

下册目录

◆临 床 科 目

◆综合应用科目

临床科目

2024 年执业兽医资格考试应试指南（水生动物类）

第十篇

水产药物学

水产药物学是药物学的一个分支，它是一门综合性的学科，涉及领域广，包含了药学许多方面的内容，如药理学、药剂学、药物化学、药物治疗学等；它也是一门实用性很强的学科，对提高水产动物疾病的治疗和用药水平起着非常重要的作用。

学习水产药物学的目的，主要是了解水产药物的性能，培养水产执业兽医师正确选药、合理用药能力；为进行水产药物临诊前的实验研究、开发新的水产药物及新制剂创造条件。

第一单元　概　述

第一节　水产药物的基本概念

一、药物与毒物

药物是指可以改变或查明机体的生理功能及病理状态，可用于预防、治疗、诊断疾病，或有目的地调节生理功能的物质。凡能通过化学反应影响生命活动过程（包括器官功能及细胞代谢）的化学物质都属于药物范畴。

按照《兽药管理条例》的规定，水产药物是指用于预防、治疗、诊断水生动物疾病或者有目的地调节其生物机能的物质（包括药物饲料添加剂），主要包括：血清制品、疫苗、诊断制品、微生态制品、中药材、中成药、化学药品、抗生素、生化药品、放射性药品及外用杀虫剂、消毒剂。

值得特别指出的是，兽用（水产用）麻醉药品、精神药品、毒性药品和放射性药品等特殊药品，需依照国家有关规定管理。

毒物是指能对动物机体产生损害作用的物质。“是药三分毒”，药物超过一定剂量或用法不当，对动物也能产生毒害作用，所以在药物与毒物之间并没有绝对的界限，它们的区别仅在于剂量的差别。药物长期使用或剂量过大，都有可能成为毒物。

二、水产药物的来源与分类

1. 水产药物的来源　水产药物的来源可分为天然药物、合成药物。

以抗菌药物为例，磺胺类药物和喹诺酮类药物均属于人工合成药物；黄连、黄芩、黄柏均属于天然药物。以抗寄生虫药物为例，盐酸氯苯胍、敌百虫、溴氰菊酯/氰戊菊酯、辛硫磷、地克珠利、甲苯咪唑、吡喹酮均属于人工合成药物；硫酸铜、使君子、南瓜子、槟榔、贯众、青蒿、常山、马齿苋均属于天然药物。以环境消毒剂为例，蛋氨酸碘、苯扎溴铵均属于人工合成药物；含氯石灰（漂白粉）、沸石粉均属于天然药物。

2. 水产药物的分类　按水产药物的使用目的，一般可分为以下几类：

（1）环境改良剂　用以改良养殖水域环境的药物，包括底质改良剂、水质改良剂和生态条件改良剂等，如生石灰、沸石粉等。

（2）消毒剂　用以杀灭水体中的有害微生物的药物，如漂白粉、高锰酸钾等。

（3）抗菌药物　指通过内服或注射，杀灭体内病原菌或抑制其繁殖、生长的药物。包括抗细菌药、抗真菌药等，如硫酸新霉素粉、氟苯尼考粉等。

（4）抗寄生虫药物　指通过药浴或内服，杀死或驱除体外或体内寄生虫的药物以及杀灭水体中有害无脊椎动物的药物，如硫酸铜硫酸亚铁粉、精致敌百虫粉等。

（5）生殖及代谢调节药物　指以改善养殖对象机体代谢、增强机体抗病力、促进病后恢复及促进生长为目的而使用的药物。通常以饵料添加剂方式使用，如维生素 C 钠粉等。

（6）中草药　指为防治水产动、植物疾病或改善养殖对象健康而使用的经加工或未经加工的药用植物（或动物），又称天然药物。如大黄末、五倍子末等。

（7）免疫用药物　通过生物化学、生物技术制成的药剂，通常有特殊功能。包括疫苗、免疫调节剂等。

三、水产药物的剂型和制剂

药物原料来自植物、动物、矿物以及化学合成和生物合成等物质，这些药物原料一般均不能直接用于动物疾病的预防或治疗，必须进行加工制成适合使用、保存和运输的一种制品形式，这种形式称为药物剂型。剂型可以充分发挥药效、减少药物的毒副作用，便于使用与保存。制剂是指某一药物制成的个别制品，通常是根据药典、药品质量标准、处方手册等所收载的、应用比较普遍并较稳定的处方制成的具有一定规格的药物制品，如复方甲苯咪唑粉、蛋氨酸碘粉等。

四、处方药与非处方药

处方，俗称为药方，是临床治疗工作和药剂配制的一类重要书面文件，是药剂人员调配药品的依据，开具处方的人要承担法律、技术、经济责任。针对水产养殖来说，水产用药处方是水生动物类执业兽医疾病诊断时所开具的一个重要书面文件，它既是水产动物病害防治用药的指导，也是配制现成制剂的依据。处方的拟定应建立在对疾病正确诊断的基础上，根据药理学、药剂学的原理和疾病的状况提出安全、有效的用药依据。处方的规范性、科学性、实用性、有效性和安全性是处方的关键。

处方包括处方前记、处方正方和处方后记三个部分，处方正方是处方的核心。

（1）处方前记　包括的内容有处方编号，处方日期，养殖单位（场、户），养殖品种，养殖环境条件，养殖面积，发病情况和临床诊断结论等。

（2）处方正文　主要包括药物的名称、数量、剂型、用法用量、休药期及注意事项等重要内容。常在空白的处方部分，以 Rp 或 R 起头，也有用中文“处方”二字作为开头的。然后按药物的名称、规格和数量，逐行书写，每药一行。所开药物应符合《中华人民共和国兽药管理条例》《中华人民共和国兽药典》及相关文件的规定。同一处方中各种药物应按它们的作用性质分类依次排列。

（3）处方后记　水生动物类执业兽医师在处方正文书写完毕及调剂师在处方配制完毕后，应仔细检查核对，然后在处方笺最后签名。

为保障用药安全和水产养殖安全，实行水产药物的处方药和非处方药分类管理制度。处方药是指凭水生动物类执业兽医师处方方可购买和使用的水产药物，因此，未经水生动物类执业兽医师开具处方，任何人不得销售、购买和使用处方水产药物；非处方药是指由国务院兽医行政管理部门公布的、不需要凭水生动物类执业兽医师处方就可以自行购买并按照说明书使用的水产药物。对处方药和非处方药的标签和说明书，管理部门有特殊的要求和规定。通过水生动物类执业兽医师开具处方后购买和使用水产药物，可以防止药物的滥用（特别是抗生素和合成抗菌药），或减少水产品中的药物残留，实现保障水产动物用药规范、安全有效的目的。

五、禁用药物与水产药物使用白名单

1. 禁用药物　为了保障水产品质量安全，我国及主要发达国家公布了禁用药物名单。《兽药管理条例》第三十九条、四十一条分别规定：“禁止使用假、劣兽药以及国务院兽医行政管理部门规定禁止使用的药品和其他化合物”“禁止将原料药直接添加到饲料及动物饮用水中或者直接饲喂动物，禁止将人用药品用于动物。”。

截至 2020 年 6 月，我国政府通过农业农村部第 250 号公告公布了孔雀石绿、氯霉素、硝基呋喃类、己烯雌酚、甲基睾丸酮等在动物食品中禁止使用的药品及其他化合物清单，合计 21 种/类。农业农村部第 2292 号公告公布了洛美沙星、培氟沙星、氧氟沙星、诺氟沙星 4 种兽药的原料药的各种盐、酯及其各种制剂在食品动物中停止使用。农业农村部第 2294 号公告公布了噬菌蛭弧菌微生态制剂（生物制菌王）在食品动物中停止使用。农业农村部第 2583 号公告公布了非泼罗尼及其相关制剂在食品动物中停止使用。农业农村部第 2638 号公告公布了喹乙醇、氨苯胂酸、洛克沙胂 3 种兽药的原料药及其各种制剂在食品动物中停止使用。

此外，农业行业标准《无公害食品　渔用药物使用准则》（NY 5071—2002）规定的其他禁用药物，如环丙沙星、红霉素等，不属于国务院兽医行政管理部门规定禁止使用的药品及其他化合物。

2. 水产药物使用白名单　为加强监管、打击违法用药、保障水产品质量安全和推进水产绿色健康养殖，2021 年农业农村部制定了《实施水产养殖用投入品使用白名单制度工作规范（试行）》。

白名单制度将国务院农业农村主管部门依法批准使用的水产养殖用兽药，国务院农业农村主管部门制定的《饲料原料目录》和《饲料添加剂品种目录》所列适用于水产养殖动物的物质，依法获得生产许可的企业生产的饲料和饲料添加剂产品等，纳入水产养殖用投入品使用白名单，实施动态管理。

核实相关产品或物质是否在水产养殖用投入品使用白名单内，可以通过中国兽药信息网（www. ivdc. org. cn）“国家兽药基础数据”中“兽药产品批准文号数据”，以及“国家兽药综合查询 App”手机软件等方式查询。

按照白名单制度有关要求，发布养殖水产品质量安全风险隐患警示信息相关要求：①发布主体。各省、自治区、直辖市、计划单列市和新疆生产建设兵团农业农村（渔业）部门负责汇总发布。②信息发布范围。在省级农业农村（渔业）部门官方网站发布，同时在本辖区主要报刊、网站等便于公众知晓的媒体进行宣传，在相关水产养殖生产单位所在的县、乡、村进行张贴公示。③信息发布频度。每季度至少发布一次，各地可以增加公布频次。

第二节 水产药物的残留及其控制

一、水产药物的残留及其危害

水产药物残留的定义是指水产品的任何可食部分中水产药物的原型化合物或（和）其代谢产物，并包括与药物母体有关杂质在其组织、器官等蓄积、贮存或以其他方式保留的现象。水产药物在水产动物体内的总残留由母体化合物、游离代谢物及与内源性分子共价结合的代谢物组成。

水产药物在残留风险包括水产药物在水产动物体内的残留及各种代谢产物造成的风险。一般来说水产药物残留可造成以下危害：①毒性作用。磺胺类可引起肾脏损害，特别是乙酰化磺胺在酸性尿中溶解度降低，析出结晶后损害肾脏；氯霉素可以引起再生性障碍性贫血，诱发白血病等。②变态反应。四环素、磺胺类等，可使敏感人群产生过敏反应，严重者可引起休克等严重症状，过敏反应一般不呈现剂量反应关系。③产生耐药性。低剂量的药物残留也可产生显著的耐药性风险，将会给临床上细菌性感传染性疾病的治疗带来很大的困难。④“三致”作用。孔雀石绿会产生“三致”作用，即致癌、致畸、致突变作用。⑤激素作用。一些激素及其类似物，主要包括甾类同化激素和非甾类同化激素，在肝、肾和注射或埋植部位常有大量同化激素残留存在，人们一旦食用含有其残留的水产品，可产生一系列激素样作用，造成人类生理功能紊乱。⑥水环境生态毒性。药物以原型或代谢物的形式随粪、尿等排泄物排出，或直接在水环境中泼洒药物均会造成水环境中药物的残留，破坏养殖生态平衡。

食品法典委员会（CAC）是药物残留监管的主要国际组织。在 CAC 的倡导下，由联合国粮食及农业组织（FAO）和世界卫生组织（WHO）牵头倡导成立食品中兽药残留立法委员会（CCRVDF），其负责制定和修改动物组织及其产品中的兽药最高残留限量（MRL）以及休药期等规定。

二、水产药物残留的检测

水产药物残留检测的原则包括：①选择国家认可、有资质的残留检测实验室。②严格根据国家的相关技术规范和标准，选择正确的药物分析方法。现有的检测标准均实现了数字化、网络化，如食典通平台（https：//www. sdtdata. com/）。③原创性的检测方法，须有

3～5家同类单位进行比对。④将国外方法直接引进到国内的，原则上只要有1家单位建立检测方法，由另一家单位进行比对，并提供国外相关文献的全面资料。

水产药物残留的检测方法包含样品前处理方法和仪器分析方法。

1. 样品前处理方法　水产品种类、可食用组织繁多（如多数鱼类的肌肉，蟹类性腺等），样品中含有大量基质组分（如蛋白质、糖类、脂肪等），不但可干扰对待测物的分析，也在很大程度上决定了检测方法的灵敏度等重要方法学指标。不同种类水产品可食用组织理化性质各异，也决定了其前处理方法的不同。

样品前处理通过将待测目标组分从样品基质中分离出来，去除样品中杂质的干扰，将待测组分转化成仪器易于检测的形式，其基本内容包括提取、净化、浓缩和衍生化等步骤。

“相似相溶”原理是提取目标组分的原则，除此之外，还需遵循如下原则：①对待测组分溶解度大；②对干扰物质（杂质）溶解度小；③与样品基质相容性较强；④能有效释放药物，具有一定的去除蛋白或脂肪的能力；⑤其他，如沸点适当、黏度小、毒性低、易纯化、价格低廉等。

提取方法涉及待测药物、样品基质和提取溶剂等三方面的相互作用。为了提高提取速度，通常的措施包括：①提高样品的破碎程度，增加扩散表面积，减少扩散距离；②搅拌和重复提取、保持两相界面的浓度差、延长提取时间、适当提高温度或使用黏度较小的溶剂等。依据上述原则，常见的提取方法包括：组织匀浆法、振荡法、索氏提取法、超声波辅助提取、超临界流体萃取、强化溶剂萃取、微波辅助萃取等。

净化方法需要去除包括蛋白质及其他一些大分子物质，如脂类、水溶性或脂溶性杂质、酸性或碱性杂质等。这些杂质会干扰检测过程，也影响检测灵敏度。常见的净化方法包括液-液萃取和固相萃取、透析和超滤等方法。

2. 仪器分析方法　仪器分析的主要方法有：

(1) *高效液相色谱法（HPLC法）*　该方法对样品的分离鉴定不受挥发度、热稳定性及分子量的影响，具有分离效果好、测定精度高的优点，如氟喹诺酮、磺胺等大多数水产药物均能利用高效液相色谱法检测其残留。

(2) *微生物测定法*　简单、快速、便宜，但较烦琐，其灵敏度也有一定的限制。

(3) *气相色谱法*　可对易气化的药物物质进行测定，如有机氯、有机磷类水产药物。

(4) *分光光度法*　应用分光光度计进行测定的方法，比较简单，易操作且检测费用便宜，主要缺点是精度较低，特异性不强。

(5) *免疫学方法*　包括ELISA方法和胶体金免疫层析法等。

ELISA方法是以抗原与抗体的特异性、可逆性结合反应为基础的分析技术，灵敏度高（检测限可达ng水平），快速、简便、成本低。

胶体金免疫层析法，将金颗粒通过物理吸附标记在蛋白分子上，标记物在相应的配位处大量聚集时，就会显现出肉眼可见的红色或者粉红色斑点，在渔药等小分子药物残留快速检测方面显现出极大的优势，可以用于定性或者半定量的快速检测。

ELISA法、胶体金免疫层析法、微生物法等适合在非实验室或半实验室条件下作为初筛方法在生产、销售和流通领域使用，HPLC法（包括HPLC－MS法）等适于作为实验室条件下的复检方法使用。

三、水产药物残留产生的原因

根据我国的情况，引起渔药残留主要有以下几个方面的原因：

①不遵守休药期；

②用药剂量、给药途径等不符规定；

③饲料加工、运送或使用过程中受到药物的污染；

④使用未经批准的药物；

⑤养殖水环境中的药物残留。

四、水产药物残留的控制

水产药物残留的监测和控制是一个系统的工程，需要多方面的共同努力。

一是加强基础科研及应用基础研究，如水产药物残留检测技术、休药期残留限量制定、新型绿色渔药的创制等。

二是规范用药。从渔药、病原、环境、水生动物和人类健康等方面的因素考虑，有目的、有计划和有效果地使用渔药，包括正确选药、适宜用药、合理给药和药效评价等。

三是法规体系建设。2019 年 2 月农业农村部等十部门联合印发了《关于加快推进水产养殖业绿色发展的若干意见》，指出应强化水产药物等投入品质量的监管，加强水产养殖用药的指导，严厉打击制售假劣水产养殖用饲料、兽药和违法用药及其他投入品的行为。

四是水产药物的管理要有统一的、可操作的办法，具体包括：①加强管理机构的建设，提高执法人员素质；②加强审批管理；③加强生产管理；④加强销售管理；⑤加强使用管理；⑥完善监控网络。

第三节 水产药物的耐药性

一、水产药物耐药性及其种类与风险

耐药性是指微生物等病原生物多次或长期与药物接触后，它们对药物的敏感性会逐渐降低甚至消失，致使水产药物对它们不能产生抑制或杀灭作用的现象。

耐药性根据其发生原因可分为获得耐药性和天然耐药性。自然界中的病原体，如细菌的某一株也可存在天然耐药性。当长期应用抗生素时，占多数的敏感菌株不断被杀灭，耐药菌株就大量繁殖，代替敏感菌株，而使细菌对该种药物的耐药率不断升高。目前认为后一种方式是产生耐药菌的主要原因。

根据耐药程度不同，可将获得性耐药分为相对耐药及绝对耐药。相对耐药在一定时间内最小抑菌浓度（Minimum Inhibitory Concentration，MIC）逐渐升高，其发生率随抗菌药物的敏感性折点标准不同而异；而绝对耐药则是由于突变或 MIC 逐步升高，即使药物浓度高亦不具有抗菌活性。

临床上又根据发生耐药的可能性将抗菌药物分为两类：高耐药可能性药物及低或无耐药可能性药物。高耐药可能性药物临床上应限制使用，低或无耐药可能性药物临床上可不限制使用。

交叉耐药是耐药菌对同一类抗菌药物都产生耐药性，交叉耐药性又分为完全交叉耐药性

和部分交叉耐药性。

耐药性问题是公认为的严重困扰现代农业发展的“3R”问题（即“抗性”“再增猖獗”和“残留”）之一。水产养殖过程中的水环境是水产药物耐药性传播的重要渠道。水产药物耐药性直接关系到“水产品健康养殖”和“公共卫生安全”。

水产药物耐药性风险具有自身的特点，主要包括：①耐药性可随着水产品及水环境传播给人，由于目前专用兽药极少，许多渔用药物由人药或畜禽用兽药转化而来，由此造成人类公共卫生安全和食品安全的隐患巨大；②水域环境是水产养殖业依赖的载体和平台，水体的流动性和巨大的跨区域运输能力增加了水产药物耐药性风险的不确定性，风险监控的难度大；③耐药性往往造成生产实践中病害防治“无药可用”的局面，耐药性风险被认为是制约“绿色发展”的最重要的潜在因素之一；④水产养殖品种多、区域性强、模式多样化及耐药性基础数据较为匮乏均为耐药性风险控制增加了难度。

二、水产药物耐药性产生的原因和机制

水产药物耐药性产生的原因主要包括：基因突变、抗药性质粒（R 因子）的转移和生理上的适应性。水产药物耐药性的产生机制主要有以下类型：①产生灭活酶，②膜通透性的改变，③药物作用靶位的改变，④改变代谢途径。

三、水产药物耐药性的控制

控制水产药物耐药性，需要重点解决如下问题：

1. 改变水产养殖生产模式，减少疾病的发生 传统养殖模式发生流行性疾病风险大，为了预防和治疗疾病，化学药物的使用量巨大。因此，改变传统养殖模式，加强健康养殖的管理，是降低耐药性风险的最基本的措施。

2. 提高药物的使用效率，避免药物滥用 从诊断技术入手，提高疾病的诊断准确性和效率，精准、减量用药，针对病原菌下药，提高药物的使用效率。

3. 定期监测病原菌耐药性的变化 监测和评估病原菌耐药谱的变化及传播状况，积累、掌握和分析耐药性数据，是防范耐药性风险的基础。

4. 创制新的抗菌药物制剂和有效的疫苗 中草药在延缓耐药性方面具有显著作用，可用作创制新型抗菌药物制剂。例如，板蓝根、射干、苦参、大青叶、车前草、连翘、黄芩及艾草等中草药均具有延缓嗜水气单胞菌对恩诺沙星耐药性的效果，其中，连翘延缓耐药性的效果最为显著。中草药制剂在延缓耐药性方面的作用机制包括：①消除耐药性质粒，②抑制细菌主动外排泵，③抑制 β-内酰胺酶，④抑制耐药因子的表达。

此外，开发生产有效的疫苗，是控制耐药性最根本且有效的办法。

第四节 水产药物的安全使用

一、水产药物的使用安全以及其风险的评估

使用水产药物的目的，是在保障水产养殖安全的前提下控制水产动物病害的发生和蔓延。水产药物的质量要符合国家或国际的标准和要求，水产药物不得对靶动物产生毒害或危害，不得在所养殖的水产动物体内过量蓄积并成为威胁人体健康的隐患；水产药

物不得对养殖地周边水域生态环境产生严重破坏。因此，水产药物使用时要充分注意其安全。

（1）*靶动物安全* 靶动物安全指所选择的一种或多种药物对施药对象不构成急性、亚急性、慢性毒副作用，并对其子代不具有致畸、致突变、致癌及其他危害。

（2）*水产品安全* 水产品安全指所养殖的水产动物任何可食用部分不存在损害或威胁人体健康的有毒有害物质，而导致消费者生病或给消费者的健康带来不利影响。除了水产品因携带某些致病体所引起的食源性疾病外，水产品药物残留超标是影响水产品安全的一个重要因素。所谓药物残留，是指水产品的任何可食部分所含药物的母体化合物或（和）代谢产物，以及与药物母体有关的杂质的残留。药物残留既包括原药，也包括药物在动物体内的代谢产物。此外，药物或其代谢产物还能与内源大分子共价结合，形成结合残留，它们对靶动物具有潜在毒性作用。

最高残留限量（Maximum Residue Limits，MRLs）是指药物或其他化学物质允许在水产品中残留的最高量，是确保水产品质量安全的国家强制性标准。它对评估水产药物的残留，决定水产品安全性，制定水产药物的休药期起着重要的作用。水产品中的药物残留在最高残留限量以下时，不会对人体的健康造成危害。

水产品药物残留与安全用药紧密相关。因此，要保证水产品安全，在水产药物使用时必须做到：①严格遵守国家有关法规，选用符合国家规定、经过严格质量认证的药物，杜绝使用违禁药物；②制定合理的用药方案，认真做好用药记录，坚持“预防为主，防治结合”的方针，提高用药效率，减少用药量；③严格遵守休药期的规定。

（3）*环境安全* 水产药物的使用必须考虑药物对周边水域环境带来的影响，确保环境和生态安全。在使用水产药物的过程中，应选择自然降解较快、高效低毒的药物，严禁直接向水体泼洒抗生素，以保证相关生物不遭受较大的损害，保证水域生态系统和微生态系统平衡。

水产药物风险评估方法主要包括：① 基于每日允许摄入量的风险评估，② 基于每日膳食暴露量的风险评估，③基于层次分析法的风险评估。

二、水产药物的质量标准和管理

1. 化学水产药物质量控制方法验证 安全有效、质量可控是研发和评价水产药物应遵循的基本原则。为保证测试结果准确可靠，必须对所采用的分析方法的科学性、准确性和可行性进行验证。

方法验证的具体内容包括：

（1）*专属性* 专属性是指在其他成分（如杂质、降解物、辅料等）可能存在下，采取的分析方法具备正确鉴定、检出被分析物质的特性，专属性验证包括：①鉴别，②杂质检查，③含量测定。

（2）*线性* 线性是指在设计范围内，检测结果与试验中被分析物的浓度（量）直接呈线性关系的程度。

（3）*范围* 范围是指测试方法适用的试样中被分析物的高低线浓度或量的区间。其中，含量测试范围应为测试浓度的80%～120%。

（4）*准确度* 准确度是指用该方法测定的结果与真实值或认定的参考值之间的接近

程度。

(5) 精密度　精密度是指在规定的测试条件下，同一均质样品，经多次取样进行一系列测试所得的结果之间的接近程度（离散程度）。用标准偏差或相对标准偏差表示时，至少用6次取样测试结果进行评价。精密度可以从三个层次考察：重复性、中间精密度、重现性。

(6) 检测限　检测限是指试样中的被分析物能够被检测到的最低量，但不一定要准确定量。用信噪比法确定检测限时，一般以信噪比为3：1时相应的浓度或注入仪器的量确定检测限。

(7) 定量限　定量限是指试样中的被分析物能够被定量测定的最低量，其检测结果具有一定的准确度和精密度。用信噪比法确定定量限时，一般以信噪比为10：1时相应的浓度或注入仪器的量进行确定。

(8) 耐用性

(9) 系统适用性实验

2. 水产药物质量标准研究　水产药物质量标准研究工作需采用一定规模制备的样品（至少3批）进行。新的标准物资应当进行相应的结构确证和质量研究工作，并制定质量标准。

水产药物质量标准研究中，原料药鉴别试验常用的方法有化学反应法、色谱法和光谱法等。杂质检查中色谱法是首选方法。

质量标准主要由检测项目、分析方法和限度三方面内容组成。

质量标准中的项目主要包括：兽药名称（通用名、汉语拼音名、英文名）、含量限度、性状、鉴别、检查（与制剂生产工艺有关的及与剂型相关的质量检查项等）、含量（效价）测定、类别、规格、贮藏、有效期等。

质量标准中需要确定限度的项目主要包括：主药的含量、与纯度有关的性状项、纯度检查项和有关产品品质的项目。

3. 水产药物稳定性研究　稳定性研究包括影响因素试验、加速试验和长期试验。原料药需要进行影响因素试验、加速试验和长期试验；制剂需进行影响因素试验中的强光照射试验，以及加速试验和长期试验。

稳定性研究中如样品发生了显著变化，应先中止，改变试验条件后再进行。

原料药的“显著变化”应包括：①性状，如颜色、熔点、溶解度、比旋度超出拟定的标准；②含量测定超出拟定的标准；③有关物质，如降解产物、异构体的变化等超出拟定的标准；④结晶水发生变化。

药物剂的“显著变化”包括：①含量测定中发生5%的变化，或者不能达到生物学或免疫学的效价指标；②任何一个降解产物超出拟定的标准；③性状、物理性质以及特殊制剂的功能性试验（如颜色、再混悬能力、结块、硬度等）超出拟定的标准；④pH超出拟定的标准；⑤制剂溶出度或释放度超出拟定的标准。

原料药及不同剂型的制剂在稳定性研究中考察的项目不同。原料药重点考察性状、熔点、含量、降解产物以及根据药物性质选定的其他考察项目，注射剂重点考察色泽、含量、pH、澄明度、降解产物、不溶性微粒等，粉剂考察性状、降解产物、含量、外观均匀度，干燥失重、含量均匀度，预混剂重点考察性状、含量、降解产物、含量均匀度。

三、合法使用水产养殖投入品与水产药物的科学选择与合理使用

1. 合法使用水产养殖投入品 农业农村部等十部委《关于加快推进水产养殖业绿色发展的若干意见》（农渔发〔2019〕1号）指出，强化投入品管理，水环境改良剂等制品依法纳入管理，加强对水产养殖投入品使用的执法检查，严厉打击违法用药和违法使用其他投入品等行为。

2021年，农业农村部1号文件发布《关于加强水产养殖用投入品监管的通知》（农渔发〔2021〕1号）强调了对于水产药物等投入品的管理范畴，其中依照《兽药管理条例》第七十二条规定，用于预防、治疗、诊断水产养殖动物疾病或者有目的地调节水产养殖动物生理机能的物质，主要包括：血清制品、疫苗、诊断制品、微生态制品、中药材、中成药、化学药品、抗生素、生化药品、放射性药品及外用杀虫剂、消毒剂等，应按兽药监督管理。

水产养殖用投入品，应当按照兽药、饲料和饲料添加剂管理的，冠以“××剂”的名称，均应依法取得相应生产许可证和产品批准文号，方可生产、经营和使用。水产养殖用兽药的研制、生产、进口、经营、发布广告和使用等行为，应严格依照《兽药管理条例》监督管理。未经审查批准，不得生产、进口、经营水产养殖用兽药和发布水产养殖用兽药广告。市售所谓“水质改良剂”“底质改良剂”“微生态制剂”等产品中，用于预防、治疗、诊断水产养殖动物疾病或者有目的地调节水产养殖动物生理机能的，应按照兽药监督管理。禁止生产、进口、经营和使用假、劣水产养殖用兽药，禁止使用禁用药品及其他化合物、停用兽药、人用药和原料药。水产养殖用饲料和饲料添加剂的审定、登记、生产、经营和使用等行为，应严格按照《饲料和饲料添加剂管理条例》监督管理。依照《农药管理条例》有关规定，水产养殖中禁止使用农药。

2. 水产药物的科学选择与合理使用

合理用药，是在了解疾病和药物的基础上，安全、有效、适时、经济、合理地使用药物，以达到最大疗效和最小的不良反应。合理用药必须理论联系实际，不断总结临床用药的实际经验，在充分考虑影响药物作用各种因素的基础上，正确选择药物，制定正确的给药方案。

（1）*正确诊断，明确用药指征* 任何药物合理应用的先决条件是正确诊断，对水产动物发病的原因、病理学过程要有充分的了解，才能对因、对症用药，否则非但无益，还可能影响诊断，耽误疾病的治疗。每种疾病都有其特定的病理学过程和临诊症状，用药必须对症下药。只有作出正确的诊断，才能针对发病的具体疾病指征，选用药效可靠、安全、给药方便、价廉易得的药物。

（2）*了解药物性能，选择有效的药物和给药方法* 了解药物有效成分及性能，根据疾病选择指征有效的药物，掌握正确的使用方法。例如漂白粉，当保管不善时，由于在空气中易潮解而失去有效氯，从而在使用时无效。又如高锰酸钾等，只能现用现配。要注意水产动物对药物的敏感性差别，有些养殖品种对某些药物很敏感，如虾蟹对敌百虫十分敏感，当鱼与虾或蟹混养池塘发生鱼患寄生虱病时，就不能使用敌百虫等有机磷农药全池泼洒。

（3）*预期药物的治疗作用与不良反应* 临诊使用药物防治疾病时，可能产生多种药理效

应，大多数药物在发挥治疗作用的同时，都存在着不同程度的不良反应，这就是药物作用的两重性。一旦发生不良反应，应根据实际情况，采取必要的措施。

(4) 制定合理的给药方案　对生病式患病动物进行治疗时，要针对疾病的临诊症状和病原诊断制定给药方案。给药方案包括给药剂量、途径、时间间隔和疗程。在确定治疗药物后，首先确定用药剂量，根据药物规定的剂量用药，执业兽医师可根据发病严重程度在规定范围内做相应的调整。剂量是根据药动学、药效学的规律，维持药物有效作用浓度和时间决定的。药物的给药途径主要取决于制剂。多数疾病必须重复多次给药一定疗程才能达到治疗效果，不能在病情好转时立即停药，这样往往会引起疾病复发或诱导产生耐药性，给后续治疗带来更大的困难。

(5) 注意药物相互作用，避免配伍禁忌　如果在同一发病水体同时使用两种以上的药物，有可能出现拮抗作用、协同作用或者无关作用。在联合用药时，要切实了解联合使用药物间的相互作用，注意配伍禁忌。如硫酸铜与氨溶液、生石灰等碱性药物同时使用时会出现沉淀；敌百虫与生石灰等碱性药物同时使用，生成敌敌畏，毒性增强。如果病情确实需要使用两种存在配伍禁忌的水产药物时，应错开使用，在前一种药物药性基本消失后再使用后一种药物。

(6) 正确处理对因治疗与对症治疗的关系　对因治疗与对症治疗是药物治疗作用的两个方面。凡是针对发病原因的治疗叫对因治疗，也叫治本。例如，发生淡水鱼细菌性败血症时采用某些抗菌药物抑制或杀灭病原菌就是一种对因治疗的方式。对症治疗是指能消除或改善疾病的症状的治疗方式，也叫治标。例如，鱼出现浮头时使用过氧化钙全池泼洒。对因治疗和对症治疗都是十分重要的，一般用药首先要考虑对因治疗，但也要重视对症治疗，两者巧妙结合能取得更好的疗效。

四、水产养殖的绿色发展与减药行动

水产养殖绿色发展是指在水产养殖业涉及的资源利用、产地环境保护、生态功能保障、产品质量提升上，要提高水产养殖生产效率，推广绿色生产技术，培育可持续、可循环的发展模式，增加优质、安全、特色水产品供给，实现在“地、水、饲、种、洁、防、安、工”等方面向高效、友好、稳定、安全的方式转变。

水产养殖减药行动是推进“水产绿色健康养殖”的“五大行动”之一。

水产养殖减药行动的工作目标是：参与行动养殖企业使用兽药总量同比平均减少5%以上，使用抗生素类兽药平均减少20%以上，在全国形成一批可复制、操作性强的用药减量化技术模式，大菱鲆等重点养殖品种开展“零用药”技术模式示范取得初步成效，依法、科学用药水平明显提高，药物残留和水产养殖动物病原菌耐药问题得到初步控制，水产品质量安全水平稳步提升。

水产养殖减药行动的技术路线包括：①使用优质苗种减少用药。②控制病害发生减少用药。③严格遵守《中华人民共和国动物防疫法》《兽药管理条例》《兽用处方药和非处方药管理办法》等法律法规规章等，由执业兽医师出具处方笺，并在其指导下使用，依照处方剂量和次数施药，避免盲目加大施用剂量、增加使用次数。④推广生态养殖，减少用药。⑤加强日常管理，减少用药。

第二单元　抗菌药物

第一节　概　　述

抗菌药是指对病原菌具有抑制或杀灭作用，用于治疗水产动物细菌性疾病的药物。仅抑制病原菌生长、繁殖而无杀灭作用的药物称为抑菌药。不仅抑制病原菌的生长、繁殖，而且具有杀灭作用的药物称为杀菌药。抗菌药物是治疗水产动物细菌性感染最主要的手段。在使用抗菌药物的过程中应注意理解以下几个概念。

1. 抗菌谱　是指抗菌药物抑制或杀灭病原菌的范围。依据抗菌谱，可将抗菌药物分为窄谱抗菌药和广谱抗菌药。仅对单一病原菌种或属具有抗菌作用的药物称为窄谱抗菌药。对多数革兰氏阳性、革兰氏阴性细菌均有抗菌作用，还对某些衣原体、支原体及立克次体等也有抑制作用的药物称为广谱抗菌药。抗菌谱是选用抗菌药物时所需考虑的首要因素。

2. 抗菌活性　指抗菌药物抑制或灭杀病原菌的能力。抗菌活性可通过体外抑菌试验和体内实验治疗方法测定。体外抑菌试验对临诊用药具有重要的参考价值。体外测定抗菌活性或病原菌敏感性的方法，主要有试管稀释法和纸片法。前者可以测定抗菌药的最小抑菌浓度（Minimal Inhibitory Concentration，MIC，即能抑制培养基内细菌生长的最小浓度）或最小杀菌浓度（Minimal Bactericidal Concentration，MBC，即能够杀灭培养基内细菌生长的最小浓度），是一种比较精确的方法。纸片法操作比较简单，通过测定抑菌圈直径的大小来判定病原菌对药物的敏感性。

一、分类和作用

根据其来源不同，抗菌药物包括抗生素和人工合成抗菌药。

1. 抗生素　指由生物体（包括细菌、真菌、放线菌、动物、植物等）在生命活动过程中产生的一种次生代谢产物或其人工衍生物，它们能在极低浓度时抑制或影响其他生物的生命活动，是一种最重要的化学治疗剂。抗生素的种类很多，其作用机制和抑菌谱各异。但到目前为止，农业农村部批准生产和使用的水产养殖用抗生素仅有四种。按化学结构性质的差异，可将水产养殖用抗生素分为氨基糖苷类、四环素类、酰胺醇类等。

2. 化学合成抗菌药

（1）磺胺类药物　指具有对氨基苯磺酰胺结构的一类药物。磺胺类药物通过干扰细菌的酶系统对氨基苯甲酸（PABA）的利用而发挥抑菌作用，PABA 是细菌生长必需物质叶酸的组成部分。自 20 世纪 30 年代证明了磺胺类药物的基本结构后，人类相继合成了各种磺胺类药物，特别是甲氧苄啶和二甲氧苄啶等抗菌增效剂的发现，使磺胺类药物的应用更为普遍。由于抗菌谱广、价格低廉，磺胺类药物是最常用的抗菌剂之一。

（2）喹诺酮类药物　指人工合成的含有 4-喹酮母核的一类抗菌药物，其通过抑制细菌 DNA 螺旋酶（拓扑异构酶Ⅱ）而达到抑菌的效果。由于具有抗菌谱广、抗菌活性强、给药方便、与常用抗菌药物无交叉耐药性等特点，喹诺酮类药物是水产动物病害防治中使用最广泛的药物。其中恩诺沙星是目前应用最广的一种水产专用喹诺酮类抗菌药物。

二、抗菌药物的作用机制

抗菌药物主要是影响病原菌的结构和干扰其代谢过程而产生抗菌作用。其作用机理一般可分为以下几种类型。

1. 抑制细菌细胞壁合成　大多数细菌细胞的细胞膜外有一坚韧的细胞壁，主要由黏肽组成，具有维持细胞形状及保持菌体内渗透压的功能。细胞壁黏肽的合成分为细胞质内、细胞质膜与细胞质外三个环节。在细胞质内阶段：合成黏肽的前体物质——乙酰胞壁酸五肽，磷霉素、环丝氨酸作用于该环节，阻碍 N-乙酰胞壁酸五肽的合成。在细胞质膜阶段：合成黏附单体——直链十肽，细胞膜合成十肽聚合物，万古霉素、杆菌肽作用于该环节。在细胞质膜外阶段：在转肽酶的作用下，将黏肽单体交叉联结，头孢菌素等作用于该环节。

2. 增加细菌细胞膜的通透性　细胞膜是维持渗透压的屏障。多肽类抗生素（多黏菌素 B 和黏菌素）及多烯类抗生素（制霉菌素、两性霉素 B）能增加细菌细胞膜通透性，使其细胞质内核酸、钾离子等重要成分渗出，导致细胞凋亡，从而达到抑菌的目的。

3. 抑制生命物质的合成

（1）影响核酸的合成　如利福平能特异性地抑制细菌依赖于 DNA 的 RNA 多聚酶，阻碍 mRNA 的合成。喹诺酮类药物通过作用于 DNA 螺旋酶，抑制敏感菌的 DNA 复制和 mRNA 的转录。

（2）影响叶酸代谢　如磺胺类药物和甲氧苄啶分别抑制二氢叶酸合成酶和二氢叶酸还原酶，导致四氢叶酸缺乏，从而抑制细菌的繁殖。

（3）抑制细菌蛋白质合成　细菌的核糖体为 70S，由 30S 和 50S 亚单位组成。四环素类药物和氨基糖苷类药物的作用靶点在 30S 亚单位，大环内酯类药物作用于 50S 亚单位。抑制蛋白质合成的药物分别作用于细菌蛋白质合成的三个阶段：①起始阶段，氨基糖苷类药物抑制始动复合物的形成；②肽链延伸阶段，四环素类药物阻止活化氨基酸和 tRNA 的复合物与 30S 上的 A 位点结合，林可霉素抑制肽酰基转移酶，大环内酯类药物抑制移位酶；③终止阶段，氨基糖苷类药物阻止终止因子与 A 位点的结合，使得已经合成的肽链不能从核糖体上释放出来，核糖体循环受阻。

三、细菌对抗菌药物的耐药机理

细菌对抗菌药物的耐药性可通过三条途径产生，即基因突变、抗药性质粒（R 因子）的

转移和生理上的适用性。以基因突变为例，耐药性的产生具有以下特点：①不对应性，药物的存在不是耐药性产生的原因，而是淘汰原有非突变型（敏感型）菌株的动力。②自发性，即可在非人为诱变因素的情况下发生。③稀有性，以极低的频率发生（10^{-8}～10^{-6}）。④独立性，对不同药物的耐药性突变产生是随机的。⑤诱变性，某些诱变剂可以提高耐药性突变的概率。⑥稳定性，获得的耐药性可稳定遗传。⑦可逆性，耐药性菌株可能发生回复突变而失去耐药性。

细菌对抗菌药物的耐药机理主要有5种类型：

1. 产生灭活酶　细菌产生能破坏药物的酶（水解酶和合成酶等）而产生耐药性。

2. 降低细胞质膜的通透性　细菌外膜结构改变，蛋白构型改变或缺失，导致药物不易渗透至菌体内，而产生耐药性。

3. 改变药物受体与靶结构

（1）耐药的细菌可改变靶蛋白结构使药物不能与靶蛋白结合，如细菌对利福霉素的耐药性。

（2）增加靶蛋白的数量，如金黄色葡萄球菌对甲氧西林的耐药性。

（3）生成新的对抗生素亲和力更低的耐药靶蛋白，如金黄色葡萄球菌对β-内酰胺类抗生素产生的耐药性。

4. 改变代谢途径或利用旁路途径　病原体连续多次与药物接触后，常能改变自身的代谢途径而出现旁路代谢途径，避开药物的抑制反应产生耐药性。例如耐磺胺的菌株不再需要PABA，或直接利用叶酸生成二氢叶酸，使磺胺失效而产生耐药性。

5. 主动转运泵作用　有些耐药细菌具有主动转运泵，可将进入细菌体内的药物泵出体外，这是获得性耐药的重要机制之一。

四、减抗、控抗以及抗菌药物的合理使用

合理用药应该注意以下几点：

1. 掌握抗菌药物药理学特征，制定合理的给药方案　要使药物在靶组织或器官内达到有效的浓度，并能维持一定的时间，使其在水生动物机体内充分发挥抑制或杀灭病原菌的作用。要结合水生动物的病情、体况，选择合适的药物品种、给药途径、给药剂量、给药间隔时间以及疗程。在可能的条件下，进行病原菌的分离鉴定，根据药敏试验的结果选择药物。一般来说，杀菌药以3～5d为一个疗程，抑菌药（如磺胺类药物）的疗程要5～7d，切忌病情稍有好转就停止用药，导致疾病复发或诱导耐药性。

2. 避免耐药性的产生　为了防止耐药菌株的产生，应注意以下几点：①严格掌握适应证，不滥用抗菌药物，凡属不能确定药效的药物，尽量不用；②严格掌握用药指征，剂量要够，疗程要恰当；③避免局部用药，并杜绝不必要的预防用药，避免无临诊指征或指征不强而使用抗菌药物；④病因不明时，不要轻易使用抗菌药；⑤发现耐药菌株感染，应改用对其敏感的药物或采用联合用药；⑥尽量避免长期用药。

3. 联合用药　联合应用抗菌药的目的在于扩大抗菌谱，增强疗效，减少用量，降低或避免毒副作用，减少或延缓耐药菌株的产生。联合用药的关键是要合理配伍，如果配伍不当，将可能产生物理或化学反应，降低药效或使药失效，甚至产生副作用。此外，单一抗菌药物有效的就不要多种药物联合使用。

第二节　抗 生 素

一、氨基糖苷类

氨基糖苷类抗生素具有如下特点：①均为有机碱，能与酸形成盐。制剂多为硫酸盐，水溶性好，性质稳定。在碱性环境中抗菌作用增强。②抗菌谱较广，对需氧的革兰氏阴性杆菌作用强，但对厌氧菌无效；对革兰氏阳性菌的作用较弱，但对金黄色葡萄球菌包括其耐药菌株却较敏感。③口服吸收不好，几乎完全从粪便排出；注射给药效果良好，吸收迅速，可分布到体内许多重要器官中。④不良反应主要体现为肾毒性，阻断脑神经。⑤与维生素 B、维生素 C 配伍产生拮抗作用；与氨基糖苷类药物等配伍毒性增加。

新　霉　素

【理化性质】白色或类白色的粉末，呈碱性，无臭，在水中极易溶解，在乙醇、乙醚、丙酮或氯仿中几乎不溶。性质稳定，具有耐热性。

【药理作用】新霉素与细菌核糖体 30S 亚基结合，抑制细菌蛋白质合成。对革兰氏染色阳性球菌、革兰氏染色阴性杆菌有效，对放线菌及部分原虫有抑制作用，内服很少被吸收，大部分以原形从粪便排出。

【制剂】硫酸新霉素粉（Neomycin Sulfate Soluble Powder）。

主要成分：硫酸新霉素。

【应用】治疗鱼、虾、蟹等水产动物由气单胞菌、爱德华菌及弧菌引起的肠道疾病。

【规格】100g∶5g（500 万 U），100g∶50g（5 000 万 U）。

【用法与用量】

（1）100g∶5g（500 万 U）　鱼、蟹、青虾：拌饲投喂，一次量（以新霉素计），每千克体重 5mg，用本品每千克体重 0.1g（按 5%投饵量计，每千克饲料用本品 2.0g），每日 1 次，连用 4～6d。

（2）100g∶50g（5 000 万 U）　鱼、蟹、青虾：拌饲投喂，一次量（以新霉素计），每千克体重 5mg，用本品每千克体重 0.01g（按 5%投饵量计，每千克饲料用本品 0.2g），每日 1 次，连用 4～6d。

【注意事项】

（1）对体长 3cm 以内的小虾以及扣蟹、豆蟹疾病的防治用药量酌减。

（2）使用本品时，投饲量应比平常酌减。

【休药期】500℃・d。

二、四环素类

四环素类为一类具有共同多环并四苯羧基酰胺母核的衍生物，是由链霉菌产生的或经半合成制取的一类碱性广谱抗生素。在水产动物疾病防治中应用的主要是经半合成制取的多西环素。四环素类药物应避免与生物碱制剂、钙盐、铁盐等同服。此外，四环素类药物与复方碘溶液配伍易产生沉淀。

多 西 环 素

【理化性质】黄色结晶性粉末，无臭，味苦，在水中和甲醇中易溶，在乙醇或丙酮中微溶，在氯仿中几乎不溶。

【药理作用】多西环素与核糖体 30S 亚基结合，阻止氨酰基- tRNA 结合成为 mRNA 核糖体亚基复合物，干扰蛋白质的合成。

【制剂】盐酸多西环素粉（Doxycycline Hyclate Powder）。

主要成分：盐酸多西环素。

【应用】治疗鱼类由弧菌、嗜水气单胞菌、爱德华菌等细菌引起的细菌性疾病。

【规格】100g∶2g（200 万 U），100g∶5g（500 万 U），100g∶10g（1 000 万 U）。

【用法与用量】

（1）100g∶2g（200 万 U） 鱼：拌饲投喂，一次量（以多西环素计），每千克体重 20mg，或每千克体重用本品 1g（按 5%投饵量计，每千克饲料用本品 20g），每日 1 次，连用 3～5d。

（2）100g∶5g（500 万 U） 鱼：拌饲投喂，一次量（以多西环素计），每千克体重 20mg，或每千克体重用本品 0.4g（按 5%投饵量计，每千克饲料用本品 8g），每日 1 次，连用 3～5d。

（3）100g∶10g（1 000 万 U） 鱼：拌饲投喂，一次量（以多西环素计），每千克体重 5mg，或每千克体重用本品 0.2g（按 5%投饵量计，每千克饲料用本品 4.0g），每日 1 次，连用 4～6d。

【注意事项】长期使用，可引起二重感染和肝脏损害。

【休药期】750℃·d。

三、酰胺醇类

主要有甲砜霉素、氟苯尼考等。酰胺醇类药物与维生素 C、维生素 B、氧化剂（如高锰酸钾）配伍易分解；与四环素类、大环内酯类和喹诺酮类药物配伍有拮抗作用；与重金属盐类（铜等）配伍则沉淀失效。

甲 砜 霉 素

【理化性质】白色结晶性粉末，无臭，性微苦，对光、热稳定。在二甲基甲酰胺中易溶，在无水乙醇、丙酮中略溶，在水中微溶，几乎不溶于乙醚、氯仿及苯。

【药理作用】作用于细菌 70S 核糖体的 50S 亚基，通过与 rRNA 分子可逆性结合，抑制由 rRNA 直接介导的转肽酶反应而阻断肽链延长，从而抑制细菌蛋白质合成，抑制细菌的繁殖。本品可口服及注射，吸收均良好。其血药浓度比氯霉素高而持久，故体内抗菌活性较氯霉素为强，这是本品最大的优点。

【制剂】甲砜霉素粉（ Thiamphenicol Powder）。

主要成分：甲砜霉素。

【应用】治疗淡水鱼、鳖等由气单胞菌、假单胞菌、弧菌等引起的出血病、肠炎、烂鳃病、烂尾病、赤皮病等。

【规格】100g：5g。

【用法与用量】鱼、鳖：拌饲投喂，一次量（以本品计），每千克体重 0.35g（按 5%投饵量计，每千克饲料用本品 7.0g），每日 2～3 次，连用 3～5d。

【不良反应】高剂量长期使用，对造血系统具有可逆性抑制作用。

【注意事项】不宜高剂量长期使用。

【休药期】500℃・d。

氟苯尼考

【理化性质】又称氟甲砜霉素。白色或类白色结晶性粉末。无臭。在二甲基甲胺中极易溶解，在甲醇中溶解，在冰醋酸中略溶，在水或氯仿中极微溶解。

【药理作用】能抑制细菌 70S 核糖体，与 50S 亚基结合，抑制肽酰基转移酶的活性，从而抑制肽链的延伸，干扰细菌蛋白质的合成，达到杀菌的作用。抗菌活性优于甲砜霉素、氯霉素。本品都对耐甲砜霉素、氯霉素的大肠杆菌、沙门菌、克雷伯菌亦有效。内服与肌肉注射后吸收快，分布广，血药浓度维持时间长。

【制剂】氟苯尼考粉（Florfenicol Powder）、氟苯尼考预混剂（50%）（Florfenicol Premix-50）、氟苯尼考注射液（Florfenicol Injection）。

主要成分：氟苯尼考。

【注意事项】避免与喹诺酮类、磺胺类及四环素类药物合并使用。

【休药期】375℃・d。

1. 氟苯尼考粉（Florfenicol Powder）

【应用】防治主要淡、海水养殖鱼类由细菌引起的败血症、溃疡、肠炎病、烂鳃病，以及虾红体病、蟹腹水病。

【规格】10%。

【用法与用量】鱼、虾、蟹：拌饲投喂，一次量（以氟苯尼考计），每千克体重 10～15mg，或每千克体重用本品 0.1～0.15g（按 5%投饵量计，每千克饲料用本品 2.0～3.0g），每日 1 次，连用 4～6d。

【不良反应】有胚胎毒性；高剂量长期使用，对造血系统具有可逆性抑制作用。

【注意事项】

(1) 混拌后的药饵不宜久置。

(2) 不宜高剂量长期使用。

2. 氟苯尼考预混剂（50%）（Florfenicol Premix-50）

【应用】用于治疗嗜水气单胞菌、肠炎、赤皮病等，也可治疗虾、蟹类弧菌病，罗非鱼链球菌病等。

【规格】50%。

【用法与用量】鱼：拌饲投喂，一次量（以氟苯尼考计），每千克体重 20mg，每日 1 次，连用3～5d。

【不良反应】有胚胎毒性；高剂量长期使用，对造血系统具有可逆性抑制作用。

【注意事项】预混剂需先用食用油混合，之后再与饲料混合，为确保安全混匀，本产品需先与少量饲料混匀，再与剩余的饲料混合。使用后须用肥皂和清水彻底洗净配饲料所用的设备。

3. 氟苯尼考注射液（Florfenicol Injection）

【规格】2mL：0.6g，5mL：0.25g，5mL：0.5g，5mL：0.75g，5mL：1g，10mL：1.5g，10mL：0.5g，10mL：1g，10mL：2g，50mL：2.5g，100mL：10g，100mL：30g。

【应用】治疗鱼类敏感菌所致疾病。

【用法与用量】鱼：肌肉注射，一次量（以氟苯尼考计），每千克体重0.5～1mg，每日1次。

第三节　人工合成抗菌药物

一、喹诺酮类药物

喹诺酮类（Qunolones）抗菌药由于其具有抗菌谱广、抗菌活性强等特点，被广泛用于人、兽和水生动物的疾病防治等。该类药物现已开发至第四代，目前水产动物疾病防治常用的是第三代的一些种类，如恩诺沙星等。喹诺酮类抗菌药与氯茶碱、金属离子（如钙、镁、铁等）配伍易沉淀，与四环素类药物配伍有拮抗作用。

恩 诺 沙 星

【理化性质】微黄色或类白色结晶性粉末，无臭，味微苦。易溶于碱性溶液中，在水、甲醇中微溶，在乙醇中不溶，遇光色渐变为橙红色。

【药理作用】恩诺沙星是第三代喹诺酮类抗菌药物，又名乙基环丙沙星。它能与细菌DNA回旋酶亚基A结合，从而抑制酶的切割与连接功能，阻止细菌DNA的复制，而呈现抗菌作用。它具有广谱抗菌活性和很强的渗透性，对革兰氏阴性菌有很强的杀灭作用，对革兰氏阳性菌也有良好的抑制作用，几乎对水生动物所有病原菌的抗菌活性均较强。它对由耐药性致病菌引起的严重感染有效，与其他抗生素无交叉耐药性。该药口服吸收好，血药浓度高且稳定，能广泛分布于组织中。它的代谢产物为环丙沙星，也有强大的抗菌作用。

【制剂】恩诺沙星粉（Enrofloxacin Powder）。

主要成分：恩诺沙星。

【应用】治疗由细菌性感染引起的淡水鱼细菌性败血症、烂鳃病、打印病、肠炎病、赤鳍病、爱德华菌病等疾病。

【规格】100g：5g，100g：10g。

【用法与用量】

（1）100g：5g　水产动物：拌饲投喂，一次量（以恩诺沙星计），每千克体重10～20mg，或每千克体重用本品0.2～0.4g（按5%投饵量计，每千克饲料用本品4.0～8.0g），每日1次，连用5～7d。

（2）100g：10g　水产动物：拌饲投喂，一次量（以恩诺沙星计），每千克体重10～20mg，或每千克体重用本品0.1～0.2g（按5%投饵量计，每千克饲料用本品2.0～4.0g），每日1次，连用5～7d。

【不良反应】

（1）可致幼年动物脊椎病变和影响软骨生长。

(2) 可致消化系统不良反应。

【注意事项】

(1) 避免与阳离子 (Al^{3+}、Mg^{2+}、Ca^{2+}、Fe^{2+}、Zn^{2+}) 的物质或与制酸药如氢氧化铝、三硅酸镁等同时服用。

(2) 避免与四环素、甲砜霉素和氟苯尼考粉等有拮抗作用的药物配伍。

(3) 禁止在鳗养殖中使用。

【休药期】500℃·d。

氟 甲 喹

【理化性质】白色细微粉末，无臭、无味，不溶于水，能在有机溶剂中互溶，可溶于碱性水溶液中。无毒、无麻醉作用，不属易燃易爆品。

【药理作用】氟甲喹又称氟六喹酸、氟喹酸，属第二代喹诺酮类药，对革兰氏阴性杆菌有较好的抗菌作用，与大多数抗生素无交叉耐药性。其作用机制是抑制细菌的脱氧核苷酸合成，阻止细菌 DNA 复制达到杀菌的效果。

【制剂】氟甲喹粉 (Flumequine Powder)。

主要成分：氟甲喹。

【应用】主要用于鱼、虾、蟹、鳖由气单胞菌引起的出血病、烂鳃病、肠炎病等细菌性疾病。

【规格】100g∶10g，50g∶5g，10g∶1g。

【用法与用量】鱼：拌饲投喂，一次量（以氟甲喹计），每千克体重 25～50g，每日 1 次，连用 3～5d。

【不良反应】按规定剂量未见不良反应。

【注意事项】将此药放在儿童不能接触的地方。

【休药期】500℃·d。

二、磺胺类药物

磺胺类药物具有抗菌谱较广、性质稳定、可以口服、吸收较迅速、价格低廉等特点。磺胺类药物与抗菌增效剂联合使用后，抗菌谱扩大，抗菌活性增强，应用更为普遍。磺胺药通过干扰细菌的叶酸代谢而抑制细菌的生长繁殖。目前在水产动物病害防治中常用的磺胺类药物有磺胺嘧啶、磺胺甲噁唑、磺胺二甲嘧啶、磺胺间甲氧嘧啶等。磺胺类药物与酸性液体配伍易发生沉淀，与酰胺醇类药物配伍毒性增加。

磺 胺 嘧 啶

【理化性质】白色结晶性粉末，见光色渐变深。略溶于乙醇，几乎不溶于水、乙醚和氯仿，但完全溶于稀盐酸、强碱溶液和碳酸碱溶液。

【药理作用】磺胺嘧啶为治疗全身感染的中效磺胺，属广谱抑菌剂，对大多数革兰氏阳性菌和阴性菌均有抑制作用。其抗菌原理是磺胺药与对氨苯甲酸竞争细菌的二氢叶酸合成酶。

【制剂】复方磺胺嘧啶粉 (Compound Sulfadiazine Powder) 和复方磺胺嘧啶混悬液

(Compound Sulfadiazine Suspension)。

主要成分：磺胺嘧啶。

【注意事项】

(1) 患有肝脏、肾脏疾病的水生动物慎用。

(2) 为减轻对肾脏毒性，建议与 $NaHCO_3$ 合用。

(3) 遮光，密闭，在干燥处保存。

【休药期】500 ℃·d。

1. 复方磺胺嘧啶粉 (Compound Sulfadiazine Powder)

【应用】治疗草鱼、鲢、鲈、石斑鱼等由气单胞菌、荧光假单胞菌、副溶血弧菌、鳗弧菌引起的赤皮病、肠炎、腐皮病等。

【用法与用量】鱼：拌饲投喂，一次量（以本品计），每千克体重 0.3g（按 5%投饵量计，每千克饲料用本品 6.0g）。每日 2 次，连用 5～7d，首次用量加倍。

【不良反应】体弱、幼小的鱼给药时，可能对肝脏、肾、血液循环系统以及免疫系统功能造成损害。

2. 复方磺胺嘧啶混悬液 (Compound Sulfadiazine Suspension)

【适应证】治疗鱼类由气单胞菌、假单胞菌、弧菌、爱德华菌引起的出血病、赤皮病、肠炎、腐皮病等。

【规格】100mL：磺胺嘧啶 10g＋甲氧苄啶 2g；100mL：磺胺嘧啶 25g＋甲氧苄啶 5g；100mL：磺胺嘧啶 80g＋甲氧苄啶 16g。

【用法与用量】鱼：拌饲投喂，一次量（以本品计），每千克体重 31.25～50mg，每日 1 次，连用 3～5d 。

磺 胺 甲 噁 唑

【理化性质】白色结晶性粉末，无臭，味微苦。在水中几乎不溶，在稀盐酸、氢氧化钠溶液或氨溶液中易溶。

【药理作用】与磺胺嘧啶相似。

【制剂】复方磺胺甲噁唑粉 (Compound Sulfamethoxazolum Powder)。

主要成分：磺胺甲噁唑、甲氧苄氨嘧啶。

【应用】治疗淡水养殖鱼类（鳗鲡除外）、鲈和大黄鱼由气单胞菌、荧光假单胞菌等引起的肠炎、败血症、赤皮病、溃疡病等。

【规格】100g：磺胺甲噁唑 8.33g＋甲氧苄啶 1.67g。

【用法与用量】鱼：拌饲投喂，一次量（以本品计），每千克体重 0.45～0.6g（按 5%投饵量计，每千克饲料用本品 9.0～12.0g），每日 2 次，连用 5～7d，首次用量加倍。

【不良反应】体弱、幼小的鱼给药时，可能对肝脏、肾、血液循环系统、排泄系统以及机体免疫系统功能造成损害。

【注意事项】

(1) 患有肝脏、肾脏疾病的水生动物慎用。

(2) 为减轻对肾脏毒性，建议与 $NaHCO_3$ 合用。

【休药期】500 ℃·d。

磺胺二甲嘧啶

【理化性质】白色或微黄色的结晶或粉末，无臭，味微苦，遇光色渐变深，在热乙醇中溶解，在水和乙醚中几乎不溶，在稀酸或稀碱溶液中易溶。

【药理作用】与磺胺嘧啶相似。

【制剂】复方磺胺二甲嘧啶粉（Compound Sulfadimidinum Powder）。

主要成分：磺胺二甲嘧、甲氧苄氨嘧啶。

【应用】治疗水产动物由嗜水气单胞菌、温和气单胞菌引起的赤鳍、疖疮、赤皮、肠炎、溃疡、竖鳞等疾病。

【规格】250g：磺胺二甲嘧 10g＋甲氧苄啶 2g。

【用法与用量】鱼：拌饲投喂，一次量（以本品计），每千克体重 1.5g（按 5%投饵量计，每千克饲料用本品 30.0g），每日 2 次，连用 6d，首次用量加倍。

【不良反应】体弱、幼小的鱼大量及长期给药时，可能对肝、肾功能造成损害。

【注意事项】

（1）肝脏、肾脏病变的水生动物慎用。

（2）为减轻对肾脏毒性，建议与 $NaHCO_3$ 合用。

【休药期】500 ℃・d。

磺胺间甲氧嘧啶

【理化性质】白色或类白色的结晶性粉末；无臭，几乎无味；在水中不溶，在丙酮中略溶，在乙醇中微溶，在稀盐酸或氢氧化钠溶液中易溶。

【药理作用】该药抗菌作用强，对革兰氏阳性菌和阴性菌都有较强的抑杀作用。

【制剂】磺胺间甲氧嘧啶钠粉（Sulfamonomethoxinum Sodium Powder）。

主要成分：磺胺间甲氧嘧啶钠。

【应用】治疗主要养殖鱼类由气单胞菌、荧光假单胞菌、迟缓爱德华菌、鳗弧菌、副溶血弧菌等引起的细菌性疾病。

【规格】10%。

【用法与用量】鱼：拌饲投喂，一次量（以磺胺间甲氧嘧啶纳计），每千克体重 80～160mg，用本品每千克体重 0.8～1.6g（按 5%投饵量计，每千克饲料用本品 32.0g），每日 2 次，连用 4～6d，首次用量加倍。

【不良反应】按推荐剂量使用，未见不良反应。

【注意事项】

（1）患有肝脏、肾脏疾病的水生动物慎用。

（2）为减轻对肾脏毒性，建议与 $NaHCO_3$ 合用。

（3）遮光，密闭，在干燥处保存。

【休药期】500 ℃・d。

三、抗真菌类药物

甲　霜　灵

【理化性质】白色粉末，在室温下在中性和酸性介质中稳定，不易燃，不爆炸，无腐蚀性。

【药理作用】甲霜灵可渗透水霉菌的细胞壁，主要抑制水霉的 RNA 聚合酶Ⅰ的活性，抑制 rRNA 的合成，使蛋白质变性、菌丝体死亡、孢子失去萌发能力，最终达到防治水霉病的药效。

【制剂】复方甲霜灵粉（水产用）。

主要成分：甲霜灵、硫酸亚铁。

【应用】主要用于防治水霉菌等真菌引起的水产动物疾病。低浓度时，可以有效抑制水霉孢子的萌发和释放，并抑制水霉菌丝的生长；高浓度时，可杀死水霉菌。该品还有治疗鱼类创伤、收敛伤口作用。

【规格】45%。

【用法与用量】外用药。预防、治疗鱼苗及成鱼水霉、鳃霉等真菌性疾病，每 667m^2（水深 1m）用本品 200g，兑水全池泼洒；或每立方米水体用 20g，浸浴 2h。

【注意事项】本品不可与硫代硫酸钠、碱性药物、含铝制剂和巯基的药物同时使用。

【休药期】240℃·d。

第三单元　抗寄生虫药物

第一节　概　　述

一、分　　类

抗寄生虫药物是指用于驱除宿主体内外寄生虫的药物，包括抗虫药（如抗球虫药）、驱虫药（如驱线虫药）和驱杀寄生甲壳动物药（如杀中华鳋药），所以又常称为驱杀虫药。水生动物用驱杀虫药，是指通过药浴或内服方式来杀死或驱除体内外寄生虫以及杀灭水体中有害无脊椎动物的药物。根据其使用目的，可分为以下几类：

1. 抗原虫药　用来驱杀鱼类寄生原虫的药物。目前，水产上对许多原虫病缺乏理想的药物，如小瓜虫病和黏孢子虫病，是目前鱼类疾病防治中的难点。此外，有些抗菌药如磺胺药和四环素类药物也有一定的抗球虫作用。

2. 抗蠕虫药　能杀灭或驱除寄生于鱼体内蠕虫的药物，亦称驱虫药。根据蠕虫的种类，又可将此类药物分为驱线虫药、驱绦虫药、驱吸虫药。由于单殖吸虫病在水产上危害最大，所以水产上的抗蠕虫药主要是针对这一类寄生虫的。目前，主要是移植兽药中的抗吸虫药，包括吡喹酮、阿苯达唑、甲苯咪唑和有机磷化合物等。

3. 驱杀寄生甲壳动物药　杀灭体表寄生的甲壳动物（如鳋、蚤、虱）的药物，称为驱杀寄生甲壳动物药。

二、作用机理

（一）抑制虫体内的某些酶

不少抗寄生虫药通过抑制虫体内酶的活性而使虫体的代谢过程发生障碍。例如：左旋咪唑、硫双二氯酚、硝硫氰胺、硝氯酚等能抑制虫体内的琥珀酸脱氢酶的活性，阻碍延胡索酸还原为琥珀酸，阻断了 ATP 的产生；有机磷酸酯类能与胆碱酯酶结合，使酶丧失水解乙胆碱的能力，引起虫体兴奋、痉挛，最后麻痹死亡；甲硝唑（Metronidazole）抑制原虫（阿米巴、结肠小袋纤毛虫）的氧化还原反应，使原虫的氮链发生断裂而死亡。

（二）干扰虫体的代谢

某些抗寄生虫药能直接干扰虫体的物质代谢过程，例如：苯并咪唑类能抑制虫体微管蛋白的合成，影响酶的分泌，抑制虫体对葡萄糖的利用；三氮脒能抑制动基体 DNA 的合成，而抑制原虫的生长繁殖；氯硝柳胺能干扰虫体氧化磷酸化过程，影响 ATP 的合成，使其头节脱离肠壁而排出体外；氨丙啉的化学结构与硫胺相似，故在球虫的代谢过程中可取代硫胺而使虫体代谢不能正常进行；有机氯杀虫剂能干扰虫体内的肌醇代谢。

（三）作用于虫体的神经肌肉系统

有些药物可直接作用于虫体的神经肌肉系统，影响其运动功能或导致虫体麻痹死亡。例如：哌嗪有箭毒样作用，使虫体肌细胞膜超极化，引起弛缓性麻痹；阿维菌素类则能促进 γ-氨基丁酸的释放，使神经肌肉传递受阻，导致虫体产生弛缓性麻痹；噻嘧啶能与虫体的胆碱受体结合，产生与乙酰胆碱相似的作用，引起虫体肌肉强烈收缩，导致痉挛性麻痹。

（四）干扰虫体内离子的平衡或转运

聚醚类抗球虫药能与钠、钾、钙等金属阳离子形成亲脂性复合物，使其能自由穿过细胞膜，使子孢子和裂殖子中的阳离子大量蓄积，导致水分过多地进入细胞，细胞膨胀变形，细胞膜破裂，引起虫体死亡。

三、药效和合理使用

当前控制水生动物寄生虫疾病大多还是使用化学驱杀虫剂，虽然化学药剂可以控制病情，但会残留于水生动物机体和环境中，并可能造成不良反应。因此，在水产养殖中，科学、合理选择驱杀虫剂显得尤其重要。选择驱杀虫剂，必须充分考虑其安全性、蓄积性及对环境的污染。

水生动物用驱杀虫剂极易造成水生动物中毒、药物在水产品中残留以及破坏养殖水环境或诱发寄生虫产生抗药性，对公众健康和水域环境造成潜在危害，因此，在水产养殖中尤其应注意选择对水生动物毒性小或安全浓度高、不污染环境或轻微污染后消除速度快、在水生动物体内无残留或残留限量高或休药期短的药物。为避免寄生虫产生抗药性，应足量用药和交替选药。对于某一种寄生虫疾病如果有多种制剂可以选择，应考虑环境因子对药效的影响，选择那些环境因素对药效影响较小的药物。水产养殖生产上有许多疾病暴发时，都会伴随着寄生虫的感染，但寄生虫的感染要达到一定的感染强度才会致病，因此诊断时一定要分清疾病主次，选药要有针对性，而不仅是“有病先杀虫”。药物使用过多、过频，很可能会抑制鱼体免疫功能，导致疾病更频繁地发生。

理想的抗寄生虫药需要满足的条件包括：

（1）对寄生虫有高度的选择性，对宿主本身无毒或低毒；药物本身或代谢产物或溶剂对环境的毒性小；不影响机体免疫力。

（2）高效、广谱。应用剂量小、驱杀寄生虫的效果好，而且对成虫、幼虫甚至虫卵都有较好的驱杀效果，最好能够对不同类别的寄生虫都有驱杀作用。

（3）内服药应适口性好，可混饲给药，不影响摄食，适用于群体给药。外用药物的水溶性要好。

（4）内服抗寄生虫药应该有合适的药物油/水分配系数。水是药物转运的载体，药物在吸收部位必须具有一定的水溶解度，当药物处于溶解状态时才能被吸收，因此药物必须有一定的水溶性。同时，细胞膜的双脂质层结构要求药物有一定的脂溶性才能穿透细胞膜。

（5）价格低廉。在水产养殖生产上使用，不会过多增加养殖成本。

（6）无残留。不使用有高毒性的有机溶剂，如二甲苯等。食品动物应用后，药物无残留，或休药期短。

（7）尽量做到水产动物专用，不与人用和兽用药物相冲突。

抗寄生虫药物的合理使用技术要点和注意事项：

（1）*坚持“以防为主、防治结合”的原则*　寄生虫疾病的防治跟其他水生动物疾病一样，也应该注重早期的预防，包括清塘、苗种放养、切断传播途径等各个环节。在发病季节，可根据该水域寄生虫疾病既往史以及对鱼体检查后发现的征兆，提前预防用药。也可通过杀灭中间宿主的办法来预防寄生虫疾病，如杀灭中间宿主锥实螺预防血居吸虫病；或切断寄生虫生活史的某一阶段，如杀灭小瓜虫的幼虫。

（2）*选用适宜的给药方式*　根据水生动物的种类、个体大小、养殖模式、发病情况和药物本身的特性，选择适宜的给药方式。水生动物用驱杀虫剂，主要有口服、遍洒、浸浴、挂袋等方法。口服法，主要用于防治水生动物绦虫病、棘头虫病、毛细线虫病等体内感染疾病，适用于吃食性鱼类；遍洒、浸浴、挂袋，主要用于防治水生动物中华鳋病、锚头鳋病、鲺病、三代虫病、指环虫病、车轮虫病等体外感染疾病；浸浴，适用于苗种投放、转塘以及易换水的小水体养殖模式用药；挂袋，较适合于大水面的进水口和网箱养殖模式用药。

（3）*制订合理的给药剂量、给药时间*　内服驱杀虫剂的剂量大小制订主要依据血药浓度、中毒剂量、杀灭寄生虫的有效浓度等，给药间隔时间主要参考半衰期、累积系数及有效浓度维持时间。外用驱杀虫剂的剂量大小主要依据杀灭寄生虫的有效浓度、水生动物的安全浓度、环境安全性评价指标等，给药次数主要依据疾病的类型及严重程度。由于药物在池塘中受 pH、溶解氧、水温、硬度、盐度、有机质和浮游生物等各种理化和生物因子的影响，因此，制订合理给药方案时，应根据实际情况考虑以上影响因子。不同养殖种类、年龄和生长阶段，药物使用剂量存在差异性，如虾、蟹、鳜、淡水白鲳、鲈、真鲷等水生动物对敌百虫较敏感，应慎用；硫酸铜、硫酸亚铁粉在鱼苗塘应适当减少用量。

(4) *要治疗鱼类寄生虫病，必须了解寄生虫的寄生方式、生活史、流行病学、季节动态、感染强度及范围*　例如，锚头鳋的整个生活史要经历卵、无节幼体、桡足幼体和成虫期等阶段。其中，锚头鳋成虫又可分为童虫、壮虫和老虫三种形态。这些不同的发育阶段对药物的敏感性是不同的。此外，锚头鳋寿命的长短与水温有密切关系，当水温 25～37℃时，成虫的平均寿命 20d 左右，水温越低，生存的时间越长。此外，多子小瓜虫在发育过程中也有寄生阶段的成虫、具有感染力的幼虫和体外的包囊等三个阶段，每个阶段对杀虫药物的敏感也是相差很大，只对其中一个阶段有效的药物，一次用药是不能完全控制小瓜虫病的发生和发展的。可见，对寄生虫这些特性的了解对于制订最合理的治疗方案是十分必要的。

(5) *温度对杀虫药物毒性的影响*　有些杀虫剂在水温较低时对水生动物的毒性更大，所以春天用药时，应适当减低剂量。如拟除虫菊酯类杀虫药在水质清瘦、水温低时（特别是 20℃以下时），对鲢、鳙、鲫毒性大。

(6) *虾蟹混养池塘用药*　由于水生动物的品种很多，而同种杀虫剂对不同水生动物的毒性往往不同，这种特性对于混养池塘用药应特别注意。如拟除虫菊酯在池塘中对鱼类相对安全，但可引起虾蟹大量死亡。

(7) *避免鱼类中毒*　使用硫酸铜、硫酸亚铁粉等药物后，会引起藻类大量死亡，水色变清。如果不及时增氧，死亡沉底的藻体会腐败产生毒素，引起鱼类中毒。因此，使用硫酸铜后必须开启增氧机或采用其他增氧措施。

(8) *准确计算用药剂量，充分稀释后均匀泼洒*　外用驱杀虫剂一般对水生动物安全浓度范围较窄，计算用药量时一定要准确计量水体体积，水深超过 2m 的养殖水体，计算用药剂量时，水深以 2m 计；外用驱杀虫剂使用时应充分稀释后全池均匀泼洒，严禁稀释倍数低或局部泼洒使用。

(9) *注意施药人员安全*　外用驱杀虫剂一般毒性较强，对施药人员应进行必要的安全用药知识培训，使他们懂得如何正确使用药物，掌握安全用药知识和具备自我防护技能。

(10) *用药后要注意观察，并适当采取增氧措施*　杀虫剂对水生动物都具有不同程度的毒性，因此，在药物使用后的 4h 内，要注意观察池塘内各种生物和水生动物的反应。可能出现的情况是鱼类蹿跳、小个体杂鱼死亡等，如发现有药物中毒的现象，要尽早采取措施。因用药后，鱼类往往处于紧迫状态，为缓解药物毒性，可开增氧机增氧或采取加注新水等增氧措施。

第二节　抗原虫药物

一、硫 酸 铜

【理化性质】深蓝色或蓝色透明结晶性颗粒，或结晶性粉末。无臭，具金属味，在空气中易风化，可溶于水，微溶于乙醇。水溶液呈酸性（5%水溶液，pH 为 3.8）。

【药理作用】重金属盐类杀虫剂。Cu^{2+} 可与蛋白质结合形成络合物（螯合物），使蛋白质变性、沉淀，因而能使寄生虫体内酶失去活性，起到杀死寄生虫的效果，尤其对原虫有较强杀伤力。低浓度的硫酸铜溶液对组织可呈收敛作用，高浓度的呈刺激和腐蚀作用。本品常与硫酸亚铁按 5∶2 的比例配合使用，硫酸亚铁具有收敛作用，起辅助杀虫作用。

硫酸铜杀病原体能力的大小常受水中各种因素影响，用药量需根据具体情况灵活掌握。影响硫酸铜毒性作用主要有：①温度影响。一般来说，药剂的毒性与温度成正比。②硬度、pH 的影响。硫酸铜在硬水中的毒性比在软水中小，硬度对于硫酸铜的影响主要是由于硬水中的碳酸盐能与硫酸铜作用生成碱性碳酸盐沉淀。水中的碱度升高，硫酸铜毒性也随着降低。③有机物的影响。水中溶解有机物，特别是蛋白质及多羟基化合物能与硫酸铜结合成铜复合物，降低硫酸铜的毒性。④盐度影响。硫酸铜的毒性可因食盐及氯化钙的存在而减小，因此在海水中用硫酸铜的浓度要比淡水高。

【应用】防治草鱼、鲢、鳙、鲫、鲤、鲈、鳜、鳗鲡、鲇等由鳃隐鞭虫、车轮虫、斜管虫、固着类纤毛虫等引起的寄生虫病。

【制剂】硫酸铜、硫酸亚铁粉（Copper Sulfate & Ferrous Sulfate Powder）。

主要成分：硫酸铜、硫酸亚铁。

【规格】670g。

【用法与用量】鱼：浸浴，一次量（以本品计），每立方米水体 10g，15～30min。遍洒，一次量（以本品计），水温低于 30℃时，每立方米水体 1g；水温超过 30℃时，0.6～0.7g。

【不良反应】对水体中藻类有杀灭作用。

【注意事项】

（1）不能长期使用，以免影响有益藻类生长。

（2）勿与生石灰等碱性物质同时使用。

（3）鲟、鲂、长吻鮠等鱼慎用。

（4）瘦水塘、鱼苗塘、低硬度水适当减少用量。

（5）用药后注意增氧，缺氧时勿用。

（6）请勿用金属容器盛载。

【休药期】500℃·d。

二、硫 酸 锌

【理化性质】本品为七水硫酸锌，分子式是 $ZnSO_4 \cdot 7H_2O$。无色透明的棱柱状或细针状结晶或颗粒性结晶粉末，无臭，味涩，有风化性，极易溶于水，在甘油中易溶，在乙醇中不溶。遇碳酸钠、苯甲酸钠、蛋白质均产生沉淀。

【药理作用】重金属盐类杀虫剂。硫酸锌在水中生成的锌离子与虫体细胞的蛋白质结合成蛋白盐，使其沉淀；另外，锌离子容易与虫体细胞酶的巯基相结合，巯基为此酶的活性基团，当与锌离子结合后就失去作用。

温度、pH、硬度都可影响本品的使用效果。在温度高、pH 低、软水环境下，本品毒性增强。使用时应注意水温、pH 及硬度的变化，适当调整用药剂量。

【应用】用于防治河蟹、虾类等水生动物的固着类纤毛虫病。

【制剂】硫酸锌粉（Zinc Sulfate Powder）和硫酸锌三氯异氰脲酸粉（Zinc Sulfate & Acidum Trichloroisocyanuras Powder）两种。

1. 硫酸锌粉（Zinc Sulfate Powder）

主要成分：七水硫酸锌（60%）。

【用法与用量】鱼：遍洒，一次量（以本品计），治疗，每立方米水体 0.75～1.0g，每日1次，病情严重可连用2次；预防，0.2～0.3g，每15～20d用1次。

2. 硫酸锌、三氯异氰脲酸粉（Zinc Sulfate & Acidum Trichloroisocyanuras Powder）

主要成分：硫酸锌、三氯异氰脲酸。

【规格】100g：硫酸锌（$ZnSO_4 \cdot 7H_2O$）70g＋三氯异氰脲酸 30g（含有效氯 7.5g）。

【用法与用量】鱼：遍洒，一次量（以本品计），每立方米水体 0.3g。

【注意事项】

（1）鳗鲡禁用。

（2）幼苗期及蜕壳期中期慎用。

（3）高温低压气候注意增氧。

（4）水过肥，换水后再使用效果明显。

（5）同时有丝状藻类，污物附着时，每 2d 重复使用 1 次。

【休药期】以上两种制剂的休药期均为 500℃·d。

三、地克珠利

【理化性质】本品为类白色或淡黄色的粉末，几乎无臭。在二甲苯甲酰胺中略溶，在四氢呋喃中微溶，在水、乙醇中几乎不溶。

【药理作用】三嗪类广谱抗球虫药，具有杀球虫作用，对球虫发育的各个阶段均有作用。本品对水生动物孢子虫等有抑制或杀灭作用，其作用峰期是在子孢子和第一代裂殖体的早期阶段。

【应用】用于防治黏孢子虫、碘泡虫、四极虫、单极虫等引起的鱼类孢子虫病。

【制剂】地克珠利预混剂（Diclazuril Premix）。

主要成分：地克珠利。

【规格】100g：0.2g，100g：0.5g。

【用法与用量】鱼：拌饲投喂，一次量（以地克珠利计），每千克体重 2.0～2.5mg。

【休药期】500℃·d。

四、盐酸氯苯胍

【理化性质】本品为白色或淡黄色结晶性粉末，无臭，味苦；遇光色渐变深。在乙醇中略溶，在三氯甲烷中极微溶，在水或乙醚中几乎不溶，在冰醋酸中略溶。

【药理作用】胍基衍生物杀虫剂。其干扰虫体细胞质中的内质网，影响虫体蛋白质代谢，使内质网的高尔基体肿胀，抑制氧化磷酸化反应和 ATP 酶活性。

【应用】治疗鱼类黏孢子虫病、孢子虫病。

【制剂】盐酸氯苯胍粉（Robenidinum Hydrochloridum Powder）。

主要成分：盐酸氯苯胍。

【规格】100g：50g。

【用法与用量】鱼：拌饲投喂，一次量（以本品计），每千克体重 40mg，每日 1 次，连用 3～5d，苗种减半。

【注意事项】

（1）搅拌均匀，严格按照推荐剂量使用。

（2）斑点叉尾鮰慎用。

【休药期】500℃·d。

第三节　抗蠕虫和寄生甲壳动物药物

一、敌百虫

【理化性质】本品为白色结晶，有芳香味，易溶于水及醇类、苯、甲苯、酮类和氯仿等有机溶剂，难溶于乙醚、乙烷等。在酸性溶液中（pH 5.0 以下），甲烷酯键断裂而引起水解生成去甲基敌百虫；在中性或碱性溶液中发生水解，生成敌敌畏；水解进一步继续，最终分解成无杀虫活性的物质。

【药理作用】有机磷类杀虫剂。敌百虫通过抑制虫体的胆碱酯酶活性，使其失去水解乙酰胆碱能力，致使虫体内乙酰胆碱积聚，继而导致神经肌肉传导功能异常，出现痉挛、麻痹，直至死亡。

【应用】杀灭或驱除主要淡水养殖鱼类寄生的中华鳋、锚头鳋、鱼鲺、三代虫、指环虫、线虫、吸虫等寄生虫。

【制剂】

1. 精制敌百虫粉（Purified Trichlophonus Powder）

主要成分：敌百虫。

【用法与用量】将本品用水溶解后均匀泼洒以敌百虫计，每立方米水体 0.18～0.45g，鱼苗用量酌减。

2. 敌百虫溶液（水产用）

主要成分：敌百虫的无水乙醇溶液（30%）。

【性状】淡黄色的澄清液体。

【用法与用量】将本品用水溶解后均匀泼洒以敌百虫计，每立方米水体 0.1～0.2g，鱼苗用量酌减。

【注意事项】

（1）虾、蟹、鳜、淡水白鲳、无鳞鱼、海水鱼禁用。

（2）水深超过 1.8m 时应慎用，以免用药后水体上层药物浓度过高。

（3）不得与碱性药物同时使用。

（4）水中溶解氧低时不得使用。

（5）水温偏低时，按低剂量使用。

（6）使用者在使用中发生中毒事故时，用阿托品或碘解磷定作解毒剂。

（7）用完后的盛器应妥善处理，不得随意丢弃。

【休药期】两种制剂的休药期均为 500℃·d。

二、辛硫磷

【理化性质】纯品为浅黄色油状液体。不溶于水，溶于丙酮、芳烃等化合物。对光不稳定，很快分解。遇明火、高热可燃。受高热分解。如渗入土壤中，残留期很长。

【药理作用】本品属于有机磷杀虫剂，水解后能产生一种胆碱酯酶抑制剂，与虫体胆碱酯酶相结合，使胆碱酯酶的活性受到抑制，失去水解破坏乙酰胆碱的能力，乙酰胆碱的大量蓄积，使昆虫、甲壳类、蠕虫等神经功能失常，先兴奋，后麻痹，直至中毒死亡。辛硫磷对人、畜低毒。水生甲壳类动物较为敏感。

【应用】用于杀灭水体中寄生于青鱼、草鱼、鲢、鳙、鲤、鲫、鳊和鳗鲡的指环虫、三代虫、中华鳋、锚头鳋及鱼鲺等寄生虫。

【制剂】辛硫磷溶液（水产用）。

主要成分：辛硫磷。

【性状】淡黄色至黄褐色的澄清液体；有刺激性特臭。

【用法与用量】用水充分稀释后，全池均匀泼洒以辛硫磷计，每立方米水体 0.01～0.012g。

【注意事项】由于对光敏感，宜夜晚或傍晚使用。其他同敌百虫。

【休药期】500℃·d。

三、甲苯咪唑

【理化性质】本品为白色、类白色或微黄色粉末，无臭，难溶于水和多数有机溶剂（如丙酮、氯仿等），在冰醋酸中略溶，易溶于甲酸、乙酸。

【药理作用】苯并咪唑类驱虫杀虫剂。甲苯咪唑与寄生虫细胞微管蛋白结合，阻碍寄生虫细胞微管系统的形成，干扰葡萄糖的吸收及正常消化功能，从而发挥作用。本品常与盐酸左旋咪唑按 4∶1 配伍使用，可增加其杀虫效果。甲苯咪唑为广谱驱肠虫药，体内或体外试验均证明能直接抑制线虫对葡萄糖的摄入，导致糖源耗竭，使它无法生存，具有显著的杀灭幼虫、抑制虫卵发育的作用，但不影响宿主体内血糖水平。

本品口服吸收少，肠内浓度高。为较新的广谱驱肠蠕虫药，对蛔虫、蛲虫、鞭虫、钩虫、绦虫感染的治愈率常在 90％以上，尤其适用于上述蠕虫的混合感染。但本药显效缓慢，给药后数日才能将虫排尽。

【应用】用于治疗鳗鲡指环虫病、伪指环虫病、三代虫病等由单殖吸虫类引起的寄生虫病。

【制剂】

1. 复方甲苯咪唑粉

主要成分：甲苯咪唑（40％）和盐酸左旋咪唑（10％）。

【用法与用量】鱼：拌饲投喂，一次量（以本品计），每千克体重 20～25mg，每日 1 次，连用 5d；浸浴，一次量（以本品计），每立方米水体 2～5g，20～30min（使用前经过甲酸预溶）。

【注意事项】

（1）避免在低溶解氧情况下使用。

（2）在使用剂量范围内，一般水温高时宜采用低剂量。

（3）贝类、螺类和斑点叉尾鮰、大口鲇等无鳞鱼禁用，日本鳗鲡等特殊养殖动物慎用。

【休药期】500℃·d。

2. 甲苯咪唑液

四、阿苯达唑（丙硫咪唑）

【理化性质】本品为白色至黄色粉末，无臭，味涩。不溶于水和乙醇，微溶于丙酮和氯仿，在冰醋酸中溶解。熔点为206～212℃，熔融时同时分解。

【药理作用】苯并咪唑类内服驱虫药。达唑不溶于水，在肠道内吸收缓慢。口服后95%不吸收，在肠内直接与成虫和虫卵作用。原药在肝脏内转化为丙硫苯咪唑—亚砜与丙硫苯咪唑—砜，前者为杀虫成分。作用机理与甲苯咪唑相似。本品对线虫类敏感，对绦虫、吸虫也有较强的驱杀作用。

本品内服易吸收，首过效应强，驱虫谱广，发挥抗蠕虫活性的是阿苯达唑亚砜。

【应用】治疗海水鱼类线虫病和由双鳞盘吸虫、贝尼登虫和淡水养殖鱼类由指环虫、三代虫以及绦虫等引起的寄生虫病。

【制剂】阿苯达唑粉。

主要成分：阿苯达唑。

【规格】6%。

【用法与用量】鱼：拌饲投喂，一次量（以本品计），每千克体重0.2g，每日1次，连用5～7d。

【休药期】500℃·d。

五、吡喹酮

【理化性质】本品为白色或类白色结晶粉末，味苦，在氯仿中易溶，在乙醇中溶解，在乙醚和水中不溶。本品的熔点为136～141℃。

【药理作用】异喹啉吡嗪衍生物类内服驱虫药。口服后吸收迅速，80%以上的药物可从肠道吸收。本品能阻断糖代谢，还能破坏体表糖萼以及改变其渗透性，使之不能适应非等渗的水环境，从而引起皮层、肌肉和实质组织细胞破坏。本品尚可引起虫体表膜去极化，使皮层碱性磷酸酶的活性降低，使葡萄糖的摄取受抑制，内源性糖原耗竭，还可抑制虫体核酸与蛋白质的合成，最终导致死亡。

本品为理想的新型广谱驱绦虫药和驱吸虫药，毒性相对较低，应用安全。

【应用】驱杀鱼体内棘头虫、绦虫、线虫等寄生虫。

【制剂】吡喹酮预混剂（Praziquantelum Premix）。

主要成分：吡喹酮。

【规格】2%。

【用法与用量】鱼：拌饲投喂，一次量（以本品计），每千克体重0.05～0.1g（按5%投饵量计，每千克饲料用本品1.0～2.0g），每3～4d 1次，连续3次。

【注意事项】

（1）用药前停食1d。

（2）团头鲂慎用。

【休药期】500℃·d。

六、溴氰菊酯

【理化性质】别名敌杀死。纯品为白色晶体，原药为白色无气味的粉末；几乎不溶于水，但可溶于多种有机溶剂，对光及空气较稳定。对人的皮肤及眼黏膜有刺激作用。

【药理作用】溴氰菊酯主要是通过接触和内吸杀灭寄生虫。其分子具有高度亲脂性，有利于药物从鱼的鳃部快速吸收和药物透过寄生虫的表皮层。其主要作用方式是神经毒性，诱导氧化应激以及脂质过氧化。此外，溴氰菊酯还表现驱寄生虫的特性，有时它还可以抑制寄生虫进食或产卵。寄生虫出现中毒的时间进程与很多因素有关，如药物剂量、产品剂型和用药处理方法等。

【应用】用于杀灭养殖青鱼、草鱼、鲢、鳙、鲫、鳊、黄颡鱼、黄鳝、鳜、鲮、鳗、鲇等鱼类寄生的中华鳋、锚头鳋、鱼鲺、三代虫和指环虫等寄生虫。

【制剂】溴氰菊酯溶液（水产用）。

【性状】本品为淡黄色液体，有刺激性特臭。

【用法与用量】鱼：泼洒，一次量（以溴氰菊酯计），每立方米水体 0.15～0.22mg（使用前用水稀释 2 000 倍以上后泼洒）。

【注意事项】

（1）缺氧水体禁用。

（2）虾、蟹和鱼苗禁用。

（3）本品使用前 24h 和使用后 72h，不得使用消毒剂。

（4）严禁同其他药物合用。不可与碱性物质混用，以免降低药效。

（5）本品对鱼的毒性较大，而且温度越低毒性越强，因此，对冷水性鱼类的毒性比对温水性鱼类的毒性大。和其他拟除虫菊酯一样，其毒性也受水的 pH 和硬度的影响。

（6）本品是中等毒性的拟除虫菊酯类杀虫剂，吸入有毒，误服可致死，使用本品应戴防护手套，穿防护服。施药后要及时更衣，并用清水或肥皂水彻底冲洗皮肤。

（7）本品急性中毒目前尚无特效解毒药，主要是彻底清除毒物和对症治疗，其措施为输液、服用安定剂、大量维生素和激素等，经口误服者需及时洗胃。

（8）有研究表明，锌离子在酸性水质中对本品溴氰菊酯的急性毒性有增强的作用，且这种作用效果随着水温和锌离子质量浓度的上升而更为显著，因此，这类杀虫剂应避免与硫酸锌同时使用。

【休药期】500℃ · d。

七、氰戊菊酯

【理化性质】别名来福灵、速灭杀丁。原药为黄色到褐色黏稠状液体，室温下有部分结晶析出，蒸馏时分解。对热、潮湿稳定，酸性介质中相对稳定，碱性介质中迅速水解。几乎不溶于水，易溶于二甲苯、丙酮、氯仿等有机溶剂。常温贮存稳定性在 2 年以上。

【药理作用】氰戊菊酯具有触杀和胃毒作用，击倒快，残效期长，并有拒食、拒产卵和杀卵杀蛹的作用。

【应用】用于杀灭养殖青鱼、草鱼、鲢、鳙、鲫、鳊、黄颡鱼、黄鳝、鳜、鲮、鳗、鲇等鱼类寄生的中华鳋、锚头鳋、鱼鲺、三代虫和指环虫等寄生虫。

【制剂】氰戊菊酯溶液（水产用）。

【性状】淡黄色的澄清液体。

【用法与用量】用水充分稀释（至少稀释 2 000 倍）后，全池均匀泼洒，以氰戊菊酯计，一次量（以溴氰菊酯计），每立方米水体，水温 15～25℃时 1.5mg，水温 25℃以上时 3.0mg，每日 1 次，病情严重时，可连续使用 2 次（使用前用水至少稀释 2 000 倍后泼洒）。

【注意事项】同溴氰菊酯。

【休药期】500℃·d。

八、高效氯氰菊酯

【理化性质】氯氰菊酯共有 4 个异构体：cisA，cisB，transA 和 transB。采用差向异构化技术，使原氯氰菊酯中的无效异构体转化为高效体，所以高效氯氰菊酯是含量为 cis B 和 trans B 的氯氰菊酯，即为两对外消旋体混合物，使杀虫效果提高了一倍。原药外观为白色至奶油色结晶体，易溶于芳烃、酮类和醇类。

【药理作用】同溴氰菊酯。

【应用】用于杀灭养殖青鱼、草鱼、鲢、鳙、鲫、鳊、黄颡鱼、黄鳝、鳜、鲮、鳗、鲇等鱼类寄生的中华鳋、锚头鳋、鱼鲺、三代虫和指环虫等寄生虫。

杀死甲壳类的浓度对鱼类是安全的。氯氰菊酯在鱼体内被代谢和排泄的速度比在哺乳动物和鸟类体内要慢得多，因此，氯氰菊酯对鱼类毒性较高。

此外，氯氰菊酯对鱼类的毒性随温度的升高而下降。

【制剂】高效氯氰菊酯溶液（水产用），氯氰菊酯溶液为兽用处方药。

【性状】黄色至浅褐色澄清液体，有刺激性气味。

主要成分：高效氯氰菊酯。

【规格】4.5%。

【用法与用量】鱼类：泼洒，一次量（以本品计），每立方米水体 0.02～0.03mL（使用前用水至少稀释 2 000 倍后泼洒）。

【注意事项】水温较低时，按低剂量使用。其他同溴氰菊酯。

【休药期】500℃·d。

第四单元　环境改良及消毒类药物

第一节　概　述

环境改良及消毒类药物，是指能用于调节养殖水体水质、改善水产养殖环境，去除养殖水体中有害物质和杀灭水体中病原微生物的一类药物。前者如过氧化钙、微生物制剂等；后者如卤素类、醛、酸、碱、盐类等。

一、概　念

环境改良剂是以改良养殖水域环境为目的所使用的一类有机或无机的化学物质。它具有调节 pH、吸附重金属离子、调节水体氨氮含量、提高溶解氧等作用，包括底质改良剂、水质改良剂和生态条件改良剂等。常用的环境改良剂有氧化钙等。

水产消毒类药物是通过泼洒或浸浴等方式作用于养殖水体，用于杀灭动物体表、工具和养殖环境中的有害生物或病原生物，控制病害发生或传播的药物。消毒剂种类较多，按其化学成分和作用机理可分为氧化剂、表面活性剂、卤素类、酸类、醛类、重金属盐类等，常见的有含氯石灰、高锰酸钾、氯化钠、苯扎溴铵、聚维酮碘等。

二、作用机制

养殖环境的恶化是水生动物疾病发生的基本条件，环境改良和消毒类水产药物就是为改良养殖环境而选用的。它们主要通过以下几个方面发挥作用：①杀灭水体中的病原体，如含氯石灰、三氯异氰脲酸粉等；②净化水质，防止底质酸化和水体富营养化；③降低亚硝酸盐和氨氮的毒性；④补充氧气，增加鱼虾摄食力；⑤补充钙元素，促进鱼虾生长和增强对疾病抵抗力；⑥抑制有害菌数量，减少疾病发生。

第二节　卤 素 类

一、分　类

卤素类药物主要包括卤素和容易游离出卤素的化合物，这类药物都有很强的杀菌作用，对原生质成分有卤化作用。卤素类药物可分为三类：

（1）碘和碘化物　分子态碘离解产生的游离碘呈现强杀菌作用，如聚维酮碘、碘酊。

（2）氯和氯化物　能产生游离氯或初生态氧的化合物，无机氯化物如含氯石灰、次氯酸钠、复合亚氯酸钠等，有机氯化物为三氯异氰脲酸等。有机氯化物比无机氯化物稳定。

（3）溴和溴化物　主要是有机溴化物，如溴氯海因，其作用机制与氯化合物相似。

二、常用药物及其理化性质、药物作用、应用、制剂、注意事项

含氯石灰（漂白粉）

【理化性质】本品为次氯酸钙、氯化钙和氢氧化钙的混合物，灰白色颗粒性粉末，有氯臭，溶于水，一般含有效氯≥25%。但其稳定性差，在空气中能吸收水分和二氧化碳而分解、失效。

【药理作用】含氯石灰的主要成分次氯酸钙遇水产生次氯酸和次氯酸离子，次氯酸不稳定随即放出活性氯和初生态氧，从而对细菌原浆蛋白产生氯化和氧化反应，对细菌、病毒、真菌均有不同程度的杀灭作用；有消毒和杀菌作用，可作为消毒剂、水质净化剂。

【应用】①清塘、消毒：可杀灭病毒、细菌、寄生虫等病原体。②防治细菌性鱼病。

【制剂】含氯石灰（Bleaching Powder）。

主要成分：次氯酸钙、氯化钙、氢氧化钙的混合物，有效氯含量≥25%。

【用法与用量】

（1）清塘消毒

①带水清塘　泼洒，一次量（以本品计），每立方米水体20g。遍洒后，若搅拌池水，2～3d后再排干池水，日晒10d左右，注入新水，效果更好。

②干法清塘　泼洒（留池水5～10cm），一次量（以本品计），每立方米水体10～20g。清塘4～5d药性消失后，方可注入新水，放养水产动物。

（2）治疗　泼洒，一次量（以本品计），每立方米水体1.0～1.5g，每日1次，连用2次。

（3）预防　泼洒，一次量（以本品计），每立方米水体1.0g，每15d1次。

（4）鱼体消毒　浸浴，一次量（以本品计），每立方米水体10～20g，10～20min（具体用量根据当时的水温高低和鱼虾活动情况灵活掌握）。

【注意事项】

（1）含氯石灰用量过高，会使鳃组织受到破坏而阻碍呼吸，因此缺氧、浮头前后严禁使用。

（2）含氯石灰不可与酸、铵盐、生石灰等混用，不得使用金属容器盛装。

（3）使用时应正确计算用量，并现配现用。本品施药时间宜在阴天或傍晚。水质较瘦、透明度高于30cm时，剂量减半。

（4）避免眼睛和皮肤接触本品。

（5）苗种慎用。

（6）含氯石灰的有效氯含量为25%～32%，在保存过程中，有效氯每月损失1%～3%。当有效氯低于15%时，会严重影响消毒效果。

（7）应密封储存于阴凉干燥处。

【休药期】500℃·d。

聚维酮碘（聚乙烯吡咯烷酮碘、皮维碘、PVP-I、碘伏）

【理化性质】本品为碘和聚乙烯吡咯烷酮（PVP）的有机复合物，固体为棕黄色细滑粉

末，含有效碘10%左右，易溶于水，水溶液呈酸性。常用的聚维酮碘溶液为深褐色液体，含有效碘1%。本品性质稳定，气味小，无腐蚀性。

【药理作用】本品是由分子碘与PVP结合而成的、能缓慢释放碘的高分子水溶性化合物，碘与PVP间可保持动态平衡。与纯碘相比，其毒性小，溶解度高，稳定性较好。它的杀菌活性是由表面活性剂PVP提供的对菌膜的亲和力将其所载有的碘与细胞膜和细胞质结合，使巯基化合物、肽、蛋白质、酶和脂质等氧化或碘化，对各种细菌、病毒、真菌、芽孢都有强烈的杀灭作用，对艾美虫和子宫线虫也有不同程度驱杀作用。使用效果不受水体的硬度、有机物、pH的影响，且毒性低，可内服或外用。

【应用】养殖水体、养殖器具的消毒，防治由弧菌、嗜水气单胞菌、爱德华菌等细菌引起的水产动物出血、烂鳃、疖疮等细菌性疾病。对池水消毒，可防治鱼类细菌性、真菌性、病毒性疾病（如草鱼出血病、虹鳟传染性胰腺坏死病、传染性造血组织坏死病等），鳖、虾、蛙病毒性和细菌性疾病。

【制剂】聚维酮碘溶液（Povidone Iodine Solution）。

主要成分：聚维酮碘。

【规格】1%、2%、5%、7.5%和10%。

【用法与用量】

（1）*治疗*　泼洒，一次量（以聚维酮碘计），每立方米水体45～75mg，每2d 1次，连用2～3次。

（2）*预防*　泼洒，一次量（以聚维酮碘计），每立方米水体45～75mg，每7d 1次。

【注意事项】

（1）使用本品需先用水稀释300～500倍，再全池均匀泼洒。

（2）水体缺氧时禁用。

（3）本品勿用金属容器盛装，勿与强碱类物质及金属物质混用。

（4）冷水性鱼类慎用。

（5）包装物用后集中销毁。

（6）本品遮光、密封、在阴凉处保存。

【休药期】500℃·d。

三氯异氰脲酸（强氯精、TCCA、鱼安）

【理化性质】本品是一种有机氯消毒剂，属氯胺结构，为白色粉末或颗粒，有氯臭，干燥状态下较稳定，易溶于丙酮和碱溶液等有机溶剂。水溶液呈酸性，有效氯含量一般为80%～85%，稳定性好，能长期储存。遇水、稀酸和碱都分解为异氰脲酸和次氯酸，在水中释放游离氯的时间长，是漂白粉的4～5倍。

【药理作用】三氯异氰脲酸的杀菌消毒作用主要由水解生成的次氯酸和活性氧决定，次氯酸不仅可以和细菌的细胞壁作用，而且因其分子小，不带电荷，易于侵入细胞内，将菌体蛋白酶氧化而将微生物杀死。三氯异氰脲酸产生的次氯酸越多，杀菌能力就越强。次氯酸的多少与溶液的pH有关。pH低，次氯酸就多，杀菌能力就强；反之，pH升高，一部分次氯酸离解，形成氢离子和次氯酸根离子，从而失去或降低了杀菌能力。

次氯酸是逐步产生的，而非一次性完全生成，即使浓度不高，杀菌效力温和，但作用时间持久，它的有效消毒时间比氯气、次氯酸钠及含氯石灰等氯制剂都要长，是一种缓释的消毒杀菌剂。本品比含氯石灰水溶液中以盐离子形式存在的次氯酸杀菌能力强100倍左右，在水产上用于防治多种细菌性疾病，对藻类也有强的杀灭作用。

【应用】清塘消毒、防治多种水产动物的细菌性疾病。

【制剂】三氯异氰脲酸粉（Trichloroisocyanuras Acid Power）。

主要成分：三氯异氰脲酸、碳酸氢钠等。

【规格】30%、50%。

【用法与用量】

（1）*治疗*　泼洒，一次量（以三氯异氰脲酸计），每立方米水体0.090～0.135g，每日1次，连用1～2次。

（2）*预防*　泼洒，一次量（以三氯异氰脲酸计），每立方米水体0.090～0.135g，每10～15d 1次。

（3）*带水清塘消毒*　泼洒，一次量（以三氯异氰脲酸计），每立方米水体10～15g。清塘10d后并试水毒性消失方可放鱼。

【注意事项】

（1）使用本品需先用水稀释1 000～3 000倍，再全池均匀泼洒。

（2）缺氧、浮头前后严禁使用。

（3）水质较瘦、透明度高于30cm时，剂量酌减。

（4）苗种剂量减半。

（5）无鳞鱼的溃烂、腐皮病慎用。

（6）不得使用金属器具盛装，宜现配现用。

【休药期】500℃·d。

溴氯海因

【理化性质】白色或淡琥珀色结晶粉末或颗粒。微溶于水，溶于氯仿、乙醇等有机溶剂。20℃时1L水溶解2.5g，0.1%水溶液的pH为2.88。有轻微的刺激气味，干燥时稳定，吸潮时易分解，在强酸或强碱中易分解。

【药理作用】溴氯海因在水中通过溶解，不断释放出活性Br^-离子和活性Cl^-离子，形成具有强氧化性的次溴酸和次氯酸，将微生物体内的生物酶氧化分解而达到杀菌的目的。溴氯海因具有广谱性，对病毒、细菌、真菌、藻类等均有良好杀灭作用；它不易受水体的酸碱度影响，在pH 5～9的范围内杀菌效果不会发生较大的变化。使用后的残留物是5，5-二甲基海因，为碳、氢、氧化合物，不破坏水质环境。

【应用】养殖水体消毒，防治鱼、虾、蟹、鳖、贝、蛙等水产动物由弧菌、嗜水气单胞菌、爱德华菌等引起的出血、烂鳃、腐皮、肠炎等疾病。

【制剂】溴氯海因粉（Bromochlorodimethylhydantoin Powder）。

主要成分：溴氯海因、无水硫酸钠或碳酸氢钠。

【规格】8%、24%、30%、40%和50%。

【用法与用量】

（1）*治疗*　泼洒，一次量（以溴氯海因计），每立方米水体30～40mg，每日1次，病情严重时连用 2 次。

（2）预防 泼洒，一次量（以溴氯海因计），每立方米水体 30～40mg，每 15d 1 次。

【注意事项】

（1）使用本品需先用水稀释 1 000 倍，再全池均匀泼洒。

（2）缺氧水体禁用。

（3）水质较清、透明度高于 30cm 时，剂量酌减。

（4）苗种剂量减半。

（5）勿用金属容器盛装。

【休药期】500℃ · d。

复 合 碘

【理化性质】红棕色黏稠液体，为碘、碘化物、磷酸、表面活性剂等配制而成。酸和表面活性剂增加了碘的含量以及碘的稳定性。

【药理作用】复合碘溶液是一种多功能的消毒液，含碘量高，活性强，对病毒、细菌、真菌、支原体等病原微生物具有强大的杀灭作用。它的作用机理是：通过碘取代共价氢的能力，与 O－H、N－H、C－H、S－H 基团作用而影响病原微生物的存活。主要表现在使病原体蛋白质、酶、核酸发生致死性结构变化，蛋白质合成受阻；细胞呼吸酶活性丧失，不饱和脂肪酸的物理性质发生改变，膜的流动性下降；芽孢发生肿胀、变形、凹陷或局部破损，壳质层与皮质层屏障通透，导致吡啶二羟酸、DNA、RNA 等漏出；菌体内葡萄糖－6－磷酸脱氢酶、乳酸脱氢酶、碱性磷酸酶的活性下降等。

【应用】防治水产动物细菌性和病毒性疾病，如淡水鱼细菌性败血病、细菌性肠炎病；虾类白斑病、红体病；蟹类细菌性肠炎病、烂肢病、水肿病、肝坏死病和鳗鲡赤鳍病。

【制剂】复合碘溶液（Complex Iodine Solution）。

主要成分：碘、碘化物、磷酸、表面活性剂等。

【规格】活性碘 1.8%～2.0%（g/g）、磷酸 16.0%～18.0%（g/g），活性碘 3.8%～4.0%（g/g）、磷酸 32.0%～36.0%（g/g）。

【用法与用量】

（1）治疗 泼洒，一次量（以活性碘计），每立方米水体 2.25～3.75mg，每日 1～2 次，连用 2～3d。

（2）预防 泼洒，一次量（以活性碘计），每立方米水体 2.25～3.75mg，每 15d 1 次。

【注意事项】

（1）使用本品需先用水（水温需在 30℃以下）稀释 3 000～5 000 倍，再全池均匀泼洒。

（2）水体缺氧时禁用。

（3）本品勿用金属容器盛装，勿与强碱类物质及重金属物质混用。

（4）包装物应集中销毁。

（5）遮光，密闭，阴凉干燥处存放。

【休药期】500℃ · d。

次 氯 酸 钠

【理化性质】本品为淡黄色透明液体，有似氯气的气味，不稳定，见光易分解。

【药理作用】通过水解形成次氯酸，次氯酸再进一步分解形成新生态氧，新生态氧的极强氧化性使病原微生物的蛋白质变性，从而杀死病原微生物。

【应用】养殖水体、养殖器皿的消毒杀菌，防治鱼、虾、蟹等水生动物的出血、烂鳃、肠炎、疥疮、腐皮等细菌性疾病等。

【制剂】次氯酸钠溶液（Sodium Hypochlorite Solution）。

主要成分：次氯酸钠水溶液，有效氯含量≥5%。

【用法与用量】

（1）治疗　泼洒，一次量（以本品计），每立方米水体1～1.5mL，每2～3d 1次，连用2～3次。

（2）预防　泼洒，一次量（以本品计），每立方米水体1～1.5mL，每15d 1次。

【注意事项】

（1）使用本品需先用水稀释300～500倍后，再全池均匀泼洒。

（2）次氯酸钠受环境因素影响较大，因此使用时应特别注意环境条件，在水温偏高、pH较低、施肥前使用效果更好。

（3）养殖水体水深超过2m时，按2m水深计算用药。

（4）本品有腐蚀性，勿用金属器具盛装，会伤害皮肤。

（5）包装物用后集中销毁。

（6）本品不能与酸类同时使用，用量过高易杀死浮游植物。

（7）遮光，密闭，阴凉干燥处存放。

【休药期】500℃·d。

蛋 氨 酸 碘

【理化性质】本品为蛋氨酸与碘的络合物，蛋氨酸碘是在酸催化下打开蛋氨酸的内络环，同碘分子形成氨基羟基络合碘，通过氨羧络合，提高碘的稳定性，增强碘的消杀能力。蛋氨酸碘为黄棕色至红棕色粉末，蛋氨酸碘溶液粉为红棕色黏稠状液体，易溶于水和乙醇，含有效碘为4.5%～6.0%。

【药理作用】蛋氨酸碘在水中释放游离的分子碘，通过碘化和氧化菌体蛋白的活性基团，并与蛋白的氨基结合而导致蛋白变性和抑制菌体的代谢酶系统而起杀微生物作用，因此具有强大的杀菌作用，可杀灭细菌、芽孢、真菌、病毒等。

【应用】主要用于水体和对虾体表消毒，以及内服预防对虾白斑病。

【制剂】蛋氨酸碘溶液（Methionine Iodine Solution）、蛋氨酸粉（Methionine Iodine Powder）。

主要成分：蛋氨酸、碘以及蛋白粉等。

【规格】蛋氨酸碘粉：100g、500g、1 000g。

【用法与用量】

（1）水体消毒　蛋氨酸碘溶液泼洒，一次量（以有效氯计），每立方米水体60～100mg。

（2）对虾　蛋氨酸碘粉拌饲投喂，每千克饲料 100～200mg，每个疗程每日 1～2 次，连用 2～3d。

【注意事项】

（1）使用本品需先用水稀释 1 000 倍，再全池均匀泼洒。

（2）水体缺氧时禁用。

（3）本品勿用金属容器盛装，勿与强碱类物质及重金属物质混用。

（4）勿与维生素 C 类强还原剂同时使用。

（5）包装物应集中销毁。

（6）遮光，密闭，阴凉干燥处存放。

【休药期】500℃·d。

第三节　氧化物类

一、分　　类

该类主要分为两类，一类为氧化剂，是指具有接受电子形成氧化能力而起杀菌作用的一类药物，如过氧化氢；另一类是增氧化合物，遇水可缓慢分解，释放氧气，如过氧化钙。

二、常用药物及其理化性质、药物作用、应用、制剂、注意事项

过氧化氢（双氧水）

【理化性质】本品为无色透明水溶液，化学性质不稳定，见光易分解变质，有腐蚀性，一般以 30%或 60%的水溶液形式存放。过氧化氢有很强的氧化性，且具弱酸性，用时稀释为 3%溶液。它能与水、乙醇或乙醚以任何比例混合。不溶于苯、石油醚。

【药理作用】过氧化氢在水溶液中可形成氧化能力很强的自由羟基（OH），破坏蛋白质分子结构，使去氧核糖核酸（DNA）断链和作用于细胞膜脂质等，从而抑制细菌生长以至将其杀灭。

【应用】各种工具的消毒，各种病原微生物所引起的水生动物疾病的预防及治疗；过氧化氢还可用于杀灭鱼体表寄生虫，并有增氧作用。

【制剂】过氧化氢溶液（Hydrogen Peroxide Solution）。

主要成分：过氧化氢。

【规格】26.0%～28.0%（g/g）。

【用法与用量】

（1）治疗　泼洒，一次量（以过氧化氢计），每立方米水体 10～20mg，每日 1 次，连用 2～3d。

（2）预防　泼洒，一次量（以过氧化氢计），每立方米水体 10～20mg，每 15d 1 次。

【注意事项】

（1）使用本品需先用水稀释 3 000～5 000 倍，再全池均匀泼洒。

（2）勿与碘类制剂、高锰酸钾、碱类等混用。

(3) 使用时宜现配现用，贮藏时应密封、避光冷藏，久藏易分解失效。

(4) 本品高温易释放氧气，易引起燃烧甚至爆炸。

(5) 本品对皮肤有腐蚀性，对眼睛、鼻子及喉咙有刺激作用。

【休药期】500℃·d。

过 氧 化 钙

【理化性质】本品为白色或淡黄色粉末或颗粒，无臭无味，难溶于水，不溶于乙醇及乙醚。溶于稀酸中生成过氧化氢。干燥品在常温下很稳定，但在潮湿空气中或水中可缓慢分解，能长时间释放氧气。

【药理作用】本品遇水发生反应释放出氧气而增加水体溶解氧，同时，产生的活性氧和氢氧化钙有杀菌和抑藻作用，并能调节水环境的 pH，降低水中氨氮、亚硝酸盐、硫化氢等有害物质的浓度，使胶体沉淀，并能补充水生动物对钙元素的需要。

【应用】鱼池供氧和防治鱼类浮头，预防细菌性疾病，调节养殖水体的 pH。

【制剂】过氧化钙粉（Calcium Peroxide）。

主要成分：过氧化钙、氧化钙、氢氧化钙等。

【规格】50%。

【用法与用量】直接将本品在池塘中均匀全池干撒，或与沸石粉混匀后全池干撒。

(1) 防治水产动物疾病　干撒，一次量（以过氧化钙计），每立方米水体 1.5mg，每日 1 次，连用 2～3d。

(2) 缺氧性泛池时池塘增氧　干撒，一次量（以过氧化钙计），每立方米水体 2～3mg。

【注意事项】

(1) 不可与酸、碱混合使用。

(2) 不宜使用金属容器盛放。

(3) 对鱼类的安全浓度为每立方米水体 50g。

(4) 贮存于干燥、阴凉通风处。

【休药期】500℃·d。

第四节　醛、碱、盐类

一、分　类

按药物化学与性质不同，将其分为醛类、碱类、盐类。

二、常用药物及其理化性质、药物作用、应用、制剂、注意事项

戊 二 醛

【理化性质】本品为略带刺激性气味的无色透明油状液体，味苦。有微弱的甲醛臭，但挥发性较低。它可与水或醇以任何比例的混溶，溶液呈弱酸性。pH 高于 9 时，可迅速聚合。

【药理作用】通过所带的正电荷与微生物细胞膜上所带的负电荷的基团生成电价键，电

价键在细胞膜上产生应力，导致溶菌作用和细胞的死亡；还能透过细胞膜进入微生物体内，使蛋白质变性，导致微生物代谢异常，致使细胞死亡。此外，它还能溶解损伤微生物表面的脂肪壁，通过自由醛基与微生物细胞表面和内部蛋白质和酶的氨基结合产生一系列反应而导致微生物死亡。

其碱性水溶液具有较好的杀菌作用。当 pH 为 7.5～8.5 时，作用最强，可杀灭细菌的繁殖体和芽孢、真菌、病毒，其作用较甲醛强 2～10 倍。戊二醛是一种非氧化性杀菌剂，具有使用浓度低、使用 pH 范围宽、耐温较高、可自身降解、高效、广谱、快速杀灭病原微生物等优点。

【应用】养殖水体、养殖器具的消毒杀菌，防治鱼、虾、蟹、鳖、蛙等的出血、烂鳃、腹水、肠炎、腐皮等细菌性疾病。

【制剂 1】浓戊二醛溶液（glutaraldehyde solution）。

主要成分：戊二醛。

【规格】20%。

【制剂 2】稀戊二醛溶液。

主要成分：戊二醛

【规格】5%、10%。

【用法与用量】

（1）*治疗*　泼洒，一次量（以戊二醛计），每立方米水体 40mg，每 2～3d 1 次，连用 2～3次。

（2）*预防*　泼洒，一次量（以戊二醛计），每立方米水体 40mg，每 15d 1 次。

【注意事项】

（1）使用本品需先用水稀释 300～500 倍，再全池均匀泼洒。

（2）本品勿用金属容器盛装，勿与强碱类物质混用。

（3）水质较清的瘦水池塘慎用。

（4）使用后注意池塘增氧。

（5）避免接触皮肤和黏膜。

【休药期】500℃ · d。

第五节　其　他

苯扎溴铵（新洁尔灭）

【理化性质】苯扎溴铵是一种阳离子表面活性剂，属季铵盐类。常温下为黄色胶体状，低温时可形成蜡状固体，芳香，易溶于水，水溶液呈碱性。性状稳定。

【药理作用】苯扎溴铵为季铵盐阳离子表面活性剂，能降低水溶液表面张力，促进水的扩展。其作用机理是：①通过改变界面的能量分布和细菌细胞膜通透性，透过细胞膜渗透进入微细孔道，渗入病原微生物体内，使蛋白质变性，导致微生物代谢异常，致使病原菌死亡；②溶解损伤病原微生物表面的脂肪壁，使其死亡；③通过其所带的正电荷与微生物细胞膜上的带负电荷的基团生成电价键，在细胞膜上产生应力，导致溶菌作用和病原微生物死亡。

苯扎溴铵抗菌谱广，对革兰氏阳性菌和革兰氏阴性菌都有杀灭作用，对病毒效果差，对霉菌、芽孢无作用。

【应用】养殖水体、养殖器具、网具的消毒灭菌，防治鱼、虾、蟹、鳖、蛙等细菌性疾病，杀灭虾蟹固着类纤毛虫。

【制剂】苯扎溴铵溶液（Benzalkonium Bromide Solution）。

主要成分：苯扎溴铵。

【规格】5%、10%、20%、45%。

【用法与用量】

（1）治疗　泼洒，一次量（以苯扎溴铵计），每立方米水体 0.10～0.15g，每 2～3d 1 次，连用 2～3 次。

（2）预防　泼洒，一次量（以苯扎溴铵计），每立方米水体 0.10～0.15g，每 15d 1 次。

【注意事项】

（1）使用本品需先用水稀释 300～500 倍，再全池均匀泼洒。

（2）禁与阴离子表面活性剂、碘化物和过氧化物等混用。

（3）软体动物、鲑等冷水性鱼类慎用，水质较清的养殖水体慎用。

（4）使用后注意池塘增氧。

（5）勿用金属容器盛装。

（6）包装物使用后集中销毁。

戊二醛、苯扎溴铵

【药理作用】季铵盐类消毒剂的作用机理是通过所带的正电荷与微生物细胞膜上的带负电荷的基团生成电价键，在细胞膜上产生应力，导致溶菌作用；透过细胞膜进入微生物体内，使蛋白质变性，导致微生物代谢异常；溶解损伤微生物体表面的脂肪壁等作用，导致病原微生物死亡。戊二醛通过自由醛基与微生物细胞表面与内部蛋白质和酶的氨基结合而引起一系列反应，导致微生物死亡。

【应用】用于养殖水体、养殖器具的消毒灭菌，防治鱼、虾、蟹、鳖、蛙等水产动物的出血、烂鳃、肠炎、疖疮、腐皮等细菌性疾病。

【制剂】戊二醛、苯扎溴铵溶液（Glutaral and Benzalkonium Bromide Solution）。

主要成分：戊二醛、苯扎溴铵。

【规格】

（1）100g：戊二醛 5g，苯扎溴铵 5g。

（2）100g：戊二醛 10g，苯扎溴铵 10g。

【用法与用量】

（1）泼洒　一次量（以本品计），每立方米水体 0.15g（规格 100g：戊二醛 5g，苯扎溴铵 5g），或 0.075g（规格 100g：戊二醛 10g，苯扎溴铵 10g）每 15d 1 次，连用 2 次。

（2）药浴　一次量（以戊二醛计），每立方米水体 0.15g，10min。

【注意事项】

（1）勿与阴离子类活性剂及无机盐类消毒剂混用。

（2）对软体动物以及鲑等冷水性鱼类慎用。

（3）包装物使用后集中销毁。

第五单元　生殖及代谢调节药物

动物的代谢和生长，主要是动物对能量的利用和转化。水产动物对能量的利用与许多因子有关，除了环境条件的变化、饲料营养水平、机体健康水平外，体内代谢所需各种营养因子的平衡情况亦是一个重要的因素。生长和代谢因子的不足或过剩，都会产生代谢、生长和繁殖方面的疾病。

水产养殖者为了提高经济效益，常在养殖生产中使用一些能促进代谢和生长的药物，用来调控代谢、增强体质、提高免疫力，或促进水产动物的生长发育和性成熟，从而达到提高水生动物对能量的利用和转化能力的目的。目前，在水产养殖生产中常用的调节水产动物代谢及生长的药物主要有催产激素、维生素和促生长剂等几类。

第一节　催产激素

激素（Hormone）是动物内分泌器官直接分泌到血液中，并对机体组织器官有特殊效应的物质，对维持动物体正常生理功能和内环境的稳定起着重要作用，通常只需要纳克和皮克水平剂量，就能对机体的生命活动起到重要作用。激素的主要作用是：控制消化道及附属结构，控制能量产生，控制细胞外液的组成和容量，对敌害环境适应，促进生长和发育，保证生殖等。催产素有选择性地使组织兴奋，促进排卵。水产养殖中常用的催产激素包括注射用促黄体素释放激素 A_2 和注射用促黄体素释放激素 A_3 等。

一、注射用促黄体素释放激素 A_2

【理化性质】为白色冻干块状物或粉末。

【药理作用】促黄体素释放激素 A_2 属于多肽类激素药。能促使动物腺垂体释放促黄体素（L）和促卵泡素（FS）。兼具有促黄体素和促卵泡素作用。

【应用】用于鱼类人工繁殖。

【制剂】注射用促黄体素释放激素 A_2。

【主要成分】促黄体素释放激素 A_2。

【用法与用量】注射用水或生理盐水稀释后使用，现用现配。鱼类催产时，雄鱼剂量为雌鱼的一半。

腹腔注射：一次量，每 1kg 体重，草鱼 5μg。二次量，每 1kg 体重，鲢、鳙 5μg，第一次 1μg，经 12h 后注射余量。三次量，第一次提前 15d 左右每尾鱼注射 1～2.5μg，第二次每 1kg 体重注射 2.5μg，第三次 20h 后每 1kg 体重注射 5μg 和鱼脑垂体 1～2mg。

【不良反应】使用剂量过大，可能导致催产失败、亲鱼成熟率下降、被催产鱼失明等。

【注意事项】

（1）使用本品后一般不能再用其他激素。

（2）对未完成性腺发育的鱼类诱导是无效的。

（3）不能减少剂量多次使用，以免引起免疫耐受、性腺退化等不良反应，降低效果。

二、注射用促黄体素释放激素 A_3

【理化性质】为白色冻干块状物或粉末。

【药理作用】促黄体素释放激素 A_3 属于激素类药。本品为人工合成的多肽激素，为丘脑下部释放的促黄体素释放激素的类似物，兼具有促黄体素和促卵泡素作用。能促使动物腺垂体释放促黄体素（L）和促卵泡素（FS），使血浆中 L 浓度明显升高（FS 浓度轻度升高）促使卵巢的卵泡成熟而排卵。对雄性动物，可促进精子形成。

【应用】用于鱼类人工繁殖。

【制剂】注射用促黄体素释放激素 A_3。

【主要成分】促黄体素释放激素 A_3。

【用法与用量】注射用水或生理盐水稀释后使用，现用现配。

腹腔注射：每尾鱼，一次量，草鱼 2～5μg，鲢 3～5μg。

【不良反应】使用剂量过大，可能导致催产失败、亲鱼成熟率下降、被催产鱼失明等。

【注意事项】

（1）使用本品后一般不能再用其他激素。

（2）对未完成性腺发育的鱼类诱导是无效的。

（3）不能减少剂量多次使用，以免引起免疫耐受、性腺萎缩退化等不良反应，降低效果。

三、注射用复方鲑鱼促性腺激素释放激素类似物

【理化性质】本品为白色冻干块状物或粉末。

【药理作用】鲑鱼促性腺激素释放激素类似物（S-GnRa）能够促进鱼类释放促性腺激素，多潘立酮是神经递质多巴胺的拮抗剂，能阻断多巴胺对鱼类促性腺激素释放的抑制作用，促进鱼类释放促性腺激素。

【应用】用于诱发鱼类排卵和排精。

【制剂】注射用复方鲑鱼促性腺激素释放激素类似物。

【主要成分】鲑鱼促性腺激素释放激素类似物、多潘立酮。

【用法与用量】胸鳍腹侧腹腔注射：每 1 瓶加注射用水 10mL 制成混悬液。草鱼、白鲢、鳜，一次注射，每 1kg 体重 0.5mL。团头鲂、太湖白鱼，一次注射，每 1kg 体重 0.3mL。青鱼，二次注射，第一次，每 1kg 体重 0.2mL，第二次每 1kg 体重 0.5mL，间隔 24～48h。雄鱼剂量酌减。

【不良反应】按规定的用法与用量使用尚未见不良反应。

【注意事项】使用本品的鱼类不得供人食用。

四、注射用复方绒促性素 A 型（水产用）

【理化性质】为白色或类白色的冻干块状物或粉末。

【药理作用】激素类药。绒毛膜促性腺激素能促进性腺的活动，具有促黄体生成素和促卵泡成熟素样作用，对雌性能促使卵泡成熟及排卵，并使破裂卵泡转变为黄体，促使其分泌孕激素；对雄性能促进分泌雄激素，并促进精子生成。

【应用】用于鲢、鳙亲鱼的催产。

【制剂】注射用复方绒促性素 A 型（水产用）。

【主要成分】绒促性素、促黄体素释放激素 A_2。

【用法与用量】以绒促性素计。腹腔注射：一次量，每 1kg 体重，雌鱼 400U；雄鱼剂量减半。

【不良反应】规定的用法与用量使用尚未见不良反应。

【注意事项】

（1）使用本品后一般不能再用其他类激素。

（2）剂量过大时可致催产失败。

五、注射用复方绒促性素 B 型（水产用）

【理化性质】为白色或类白色的冻干块状物或粉末。

【药理作用】激素类药。绒毛膜促性腺激素能促进性腺的活动，具有促黄体生成素和促卵泡成熟素样作用，对雌性能促使卵泡成熟及排卵，并使破裂卵泡转变为黄体，促使其分泌孕激素；对雄性能促进分泌雄激素，并促进精子生成。

【应用】用于鲢、鳙亲鱼的催产。

【制剂】注射用复方绒促性素 A 型（水产用）。

【主要成分】绒促性素、促黄体素释放激素 A_3。

【用法与用量】以绒促性素计。腹腔注射：一次量，每 1kg 体重，雌鱼 400U；雄鱼剂量减半。

【不良反应】规定的用法与用量使用尚未见不良反应。

【注意事项】

（1）使用本品后一般不能再用其他类激素。

（2）剂量过大时可致催产失败。

六、注射用绒促性素（Ⅰ）

【理化性质】为白色的冻干块状物或粉末。

【药理作用】本品具有促卵泡素（FS）和促黄体素（L）样作用。

【应用】用于鲢、鳙亲鱼的催产。

【制剂】注射用绒促性素（Ⅰ）。

【主要成分】绒促性素。

【用法与用量】亲鱼胸鳍或腹鳍基部腹腔注射：一次量，每 1kg 体重，雌性鲢、鳙亲鱼 1 000～2 000U，雄性剂量减半。

【不良反应】按规定的用法用量使用尚未见不良反应。

【注意事项】

（1）不宜长期应用，以免产生抗体和抑制垂体促性腺功能。

（2）本品溶液不稳定，且不耐热，应在短时间内用完。

第二节　维　生　素

维生素是维持水生动物体生长、代谢和发育所必需的一类微量低分子有机化合物，也是保持水生动物健康的重要活性物质。大多数必须从食物中获得，仅少数可在体内合成或由肠道内微生物产生。各种维生素的化学结构以及性质虽然不同，但它们却有着以下共同点：①维生素不是构成机体组织和细胞的组成成分，也不会产生能量，它的作用主要是参与机体代谢的调节；②大多数的维生素，机体不能合成或合成量不足，不能满足机体的需要，必须通过食物获得；③许多维生素是酶的辅酶或者是辅酶的组成分子，因此维生素是维持和调节机体正常代谢的重要物质；④水生动物对维生素的需要量很小，日需要量常以毫克（mg）或微克（μg）计算，但一旦缺乏就会引发相应的维生素缺乏症，如代谢机能障碍、生长停顿、生产性能降低、繁殖力和抗病力下降等，严重的甚至可引起死亡。维生素类药物主要用于防治维生素缺乏症，临床上也可作为某些疾病的辅助治疗药物。

目前已知的维生素有几十种，可分为脂溶性和水溶性两大类，水溶性维生素不需消化，直接从肠道吸收后，通过循环系统到机体需要的组织中，多余的部分大多由尿排出，在体内储存甚少。脂溶性维生素溶解于油脂，经胆汁乳化，由小肠吸收，经循环系统进入到体内各器官，体内可储存大量脂溶性维生素。

一、维生素 C 钠粉

【理化性质】本品为白色结晶粉末，有酸味，易溶于水，稍溶于乙醇，微溶于甘油，不溶于乙醚和氯仿。熔点为 190℃，220℃时分解。

【药理作用】为羧基化酶的辅酶，能促进胶原蛋白的生物合成，参加生物氧化反应。

【应用】用于治疗坏血病，防治 Pb、Hg、As 中毒，增强机体的非特异免疫功能。

【制剂】维生素 C 钠粉（Vitaminum C Sodium Powder）。

主要成分：维生素 C。

【用法与用量】拌饲投喂，一次量，每千克体重 450mg（按 3%投饵量计，每千克饲料用本品 15g），每日 2 次。

【注意事项】

（1）水溶液不稳定，有强还原性，遇空气、碱、热变质失效。

（2）与维生素 A、维生素 D 有拮抗作用。

（3）在干燥条件下保存。

二、亚硫酸氢钠甲萘醌粉（维生素 K_3）

【理化性质】白色或类白色结晶粉末。易溶于水和热乙醇，难溶于冰乙醇，不溶于苯和乙醚。常温下稳定，遇光分解为甲萘醌后对皮肤有强刺激，对酸性物质敏感，易吸湿。

【药理作用】为肝脏合成原酶（因子 B）的必需物质，并参与凝血因子Ⅶ、Ⅸ和Ⅹ的合成，维持动物的血液凝固生理过程。缺乏可致上述凝血因子合成障碍，影响凝血过程而引起出血。在高能化合物代谢和氧化磷酸化过程中，以及与其他脂溶性维生素代谢的方面均起重要作用，并具有利尿、增强肝脏解毒功能，参与膜的结构、降低血压的功能。

【应用】促进凝血、强化肝脏解毒等。

【制剂】亚硫酸氢钠甲萘醌粉（Menadione Sodione Bisulfite Powder）。

主要成分：亚硫酸氢钠甲萘醌（维生素 K_3）。

【用法与用量】饲料添加，一次量（以本品计），每千克饲料 2g。

【注意事项】

（1）可致肝损害。

（2）见光、酸分解，在空气中会缓慢氧化。

第三节　促生长剂

水生动物养殖中为了提高生长率，有时使用促生长剂。促生长剂主要通过刺激内分泌系统，调节代谢，提高饵料的利用率，从而促进水生动物生长。

一、盐酸甜菜碱预混剂

【理化性质】本品为微棕色流动性结晶粉末，其盐酸盐为白色至淡黄色结晶状粉末，有甜味。易溶于水、乙醇，难溶于乙醚、三氯甲烷。具有吸湿性，及易潮解，并释放出三甲胺。熔点 293℃，能耐高温。

【药理作用】本品具有供甲基功能，可节省部分蛋氨酸。具有调节体内渗透压，缓和应激，促进脂肪代谢和蛋白质合成，以及诱食作用。

【应用】刺激采食，促进生长。

【制剂】盐酸甜菜碱预混剂（Betaine Hydrochloride Premix）。

主要成分：甜菜碱。

【用法与用量】拌饲投喂，一次量（以甜菜碱含量计）每千克体重 30～90mg（按 3%投饵量计，每千克饲料 1～3g）。

【注意事项】避热避光，通风干燥，密封包存。

二、博落回散

【理化性质】本品为淡橘黄色至橘黄色的粉末，易溶于甲醇、乙醇、氯仿，有刺激性。

【药理作用】博落回散主要有效成分血根碱和白屈菜红碱有抗炎、促生长等多种生物活性。具有抗菌消炎、开胃、促生长的作用。用于促进淡水鱼类、虾、蟹和龟、鳖生长。

【应用】提高饲料的利用率，促进生长。

【制剂】博落回散。

主要成分：博落回提取物。

【用法与用量】拌饲投喂，每 1kg 饲料（草鱼、青鱼、鲤、鲫、鳊、鳝、鳗、泥鳅、虾、蟹、龟、鳖）1.125～2.25mg（以博落回提取物含量计），可长期添加使用。

【注意事项】密封，避光。

第六单元　中 草 药

第一节　概　　述

中草药是中药和草药的总称。中草药主要由植物药（根、茎、叶、果）、动物药（内脏、皮、骨、器官等）和矿物药组成。从古到今，中草药在水产养殖中积累了大量临床经验和验方。特别在食品安全和环境安全备受关注的今天，它不但可以解决化学药物、抗生素等引发的病原菌抗（耐）药性和养殖鱼类药物残留超标等问题，而且完全符合发展无公害水产业、生产绿色水产品的病害防治需求。因此，中草药在水产养殖中具有广阔的应用前景。

一、有效成分和药理作用

水产用中草药主要来源于植物。每味中草药中含有多种化学成分，有效成分只占少部分，大多数是无效的，甚至有些具有毒副作用。据分析，种类繁多的中草药成分丰富而复杂。其中有些成分是中草药共有的，如纤维素、蛋白质、糖类、油脂和无机成分；有些是某些植物药特有的，如生物碱、苷、挥发油；有些中草药含有几种甚至十几种成分，如元胡含有 10 多种生物碱，人参根含有 10 余种三萜类皂苷；也有的中草药在其不同部位含有不同活性物质，如苦参根部含苦参碱，种子含野靛碱，茎叶含黄酮苷。中草药成分的单体或有效组分，都是可开发利用的资源。

此外，中药的有效成分含量与品种、生长条件、采收时机、炮制加工、贮存条件和时间等因素都有关系。

常见的中草药主要有效成分是：

1. 生物碱　存在于植物体中的一类除蛋白质、肽类、氨基酸及B族维生素以外的含氮碱基的有机化合物，类似碱的性质，能与酸结合成盐。大多数具有含氮杂环、有旋光性，自然界存在的多是左旋体。一般具有疗效的是左旋体。常见的生物碱有烟碱、莨菪碱、麻黄碱、小檗碱（黄连素）和苦参碱等。生物碱有显著的生物活性，是中草药中重要的有效成分之一。含生物碱的中草药很多，如黄连、黄柏、茶叶、麻黄、苦参、常山、贝母、百部、槟榔、石榴皮等，主要有抗菌等药理作用。

2. 黄酮类　广泛存在于植物中一类黄色素，大都与糖类结合以苷的形式存在。主要存在于一些有色植物中，如银杏叶和红花等。黄酮类化合物一般难溶或不溶于水，易溶于甲醇、乙醇、乙酸乙酯、乙醚等有机溶剂及稀碱液中。通常，根据它所来源的植物命名，如来源于黄芩的称黄芩苷。主要药理功能为降血脂、降血糖、扩张冠状动脉、降低血管脆性、止血、提高免疫力等。

3. 多聚糖　简称多糖，由10个以上的单糖基通过苷键连接而成。一般多糖由几百个甚至几千个单糖组成。由一种单糖组成的多糖称为均多糖，由两种以上不同的单糖组成的多糖称杂多糖。多糖来源于植物、动物、微生物和藻类等生物体，可根据来源进行命名。如来源于植物黄芪的多糖就命名为黄芪多糖，来源于香菇的多糖称香菇多糖。多糖性质不同于单糖，大多为无定形化合物，一般不溶于水，无甜味和还原性。水产上多糖一般被用于提高水产动物的免疫功能。研究表明，柴胡多糖、艾叶多糖、当归多糖、茯苓多糖、香菇多糖、车前子多糖、红枣多糖等，在体内外都有激活补体的作用。绝大多数多糖都能促进白介素-Ⅰ和白介素-Ⅱ的生成；黄芪多糖、人参多糖、柴胡多糖、刺五加多糖、银耳多糖、当归多糖等，均能诱导干扰素的产生。

4. 苷　又称糖苷，也称配糖体、糖杂体，是在中草药中分布非常广泛的一大类复杂的有机化合物。溶于水，一般味苦，有些有毒。广泛存在于植物的根、茎、叶、花和果实中。它们都是糖类（多数是还原糖，如葡萄糖、鼠李糖等）与醇类、酚类、甾醇类或蒽醌类等物质经脱水缩合成的化合物，所以苷类都是由糖和非糖物质（称苷元）两部分组成。

5. 挥发油　又称精油、芳香油。挥发油是一类混合物，含有挥发油的药用植物种类很多，尤其是种子植物。含挥发油的中草药有艾、姜、葱、桂皮、薄荷、鱼腥草、青木香、橙皮、茴香、菖蒲、穿心莲、桉叶、厚朴、青蒿、野菊花、鹅不食草等。多数挥发油对黏膜有一定的刺激性，能促进血液循环，有理气止痛、抗菌消炎作用；有些挥发油具有强心、利尿、镇痛、驱虫等作用。如丁香油及其丁香酚有局部麻醉、镇痛、消毒防腐作用，鱼腥草及其甲酰乙醛有抗菌消炎作用，土荆芥油有驱蛔虫、钩虫的作用，佩兰油有抗流感病毒作用，茵陈油能抗霉菌，桉叶油能抗菌消炎，等等。在挥发油免疫药理研究方面，大蒜中的挥发油——大蒜素备受重视，在养殖业中已广泛应用。研究证实，大蒜素具有显著的免疫增强作用，可提高血清中溶菌酶的含量和一些酶的活性。

6. 有机酸　中草药中的有机酸（不包括氨基酸）以游离形式存在的不多，多数有机酸可与钾、钠、钙等金属离子或生物碱结合成盐类。近年来的研究发现了许多有生物活性的有机酸，如甘草酸已被证实能增强动物机体的免疫力。

7. 鞣质　又名单宁。是存在于植物体内的一类多元酚类化合物。70%以上的生物中含有鞣质类化合物。鞣质具有较强的极性，可溶于水、乙醇，能与蛋白质结合形成不溶于水的沉淀。鞣质多具收敛涩味，遇蛋白质、胶质、生物碱等能起沉淀，氧化后变为赤色或褐色。常见的五倍子鞣质亦称鞣酸，用酸水解时，分解出糖与五倍子酸，因此，也可看作苷。临床上用于止血和解毒。

中草药的功效包括：

1. 促进动物产品产量　这一类方剂是指以促进生长等为主要用途的方剂。从这类方剂的药味组成来看，大体通过以下几方面的作用来达到促进增产的目的。①补充营养：如一些促进动物产品产量方中的麦饭石、蜂花粉、松针等，就是分别通过给动物补充微量元素、氨基酸、维生素而促进增产的。②增进食欲：通过增进食欲来达到促进生长和增产的目的，是此类方剂常见的理法。配方中常用的中药有健脾理气类（如白术、苍术、陈皮、甘草、党参），消食导滞类（如麦芽、神曲、山楂、槟榔、芒硝），芳香调味类（如香附、肉桂、小茴香、肉豆蔻、甘草、辣椒、艾叶）等。③减少消耗：在处方中应用一些安神镇惊药（如酸枣仁、洋金花），降低基础代谢药（如昆布、海藻）等，可使动物安静、减少活动，从而达到促进增重和催肥的目的。④抗御疾病：主要是在方剂中配伍能提高动物体非特异性免疫功能的中药，如黄芪、党参、甘草、当归、何首乌、淫羊藿、猪苓、刺五加等。动物的非特异性免疫功能增强后，就可以减少某些疫病的发生，或减轻疫病对动物产品生产带来的损失，从而达到促进增产的目的。

2. 防治传染性疾病　防治传染性疫病（如病毒、细菌以及某些寄生虫所引起的疾病）的方剂，往往采用扶正祛邪、标本兼顾等组合性治疗法则，其作用大体包括以下几方面。①抑制病原的生长和繁殖：一些中药对传染性疾病的病原（细菌、病毒、寄生虫）有抑制或驱杀作用。如清热解毒药中的板蓝根、金银花、连翘、黄连、黄芩、大青叶，驱虫药中的贯众、槟榔、南瓜子，以及大黄、柴胡、常山、青蒿、苍术、黄芪、甘草、丹皮等其他中药类。②增强免疫功能：不少中药（主要是益气类、滋阴类、助阳类）可提高机体的免疫功能，增强动物机体对疾病的抵抗力，从而减少某些传染性疾病的发病率。③防治并发症和继发感染：某些传染性疾病的危害，不仅在于这种疾病本身，而且在于这种病所导致的并发症或继发感染。有的方剂对原发病可能作用不大，而对并发症和继发感染往往能产生较好的疗效，有的甚至可使患病动物康复或原发病不显现临床症状。④缓解症状，促进病变恢复：有些方剂虽然不能对传染性疫病的病原起直接抑杀作用，但能调整机体，缓解症状，促进病变恢复。如对某些传染性疾病的呼吸道症状、胃肠功能紊乱、机体虚弱等，应用适当的中药方调理，往往能收到良好疗效。⑤减少应激，延缓发病：某些传染性疫病有较长的潜伏期，是否发病，何时发病，与许多因素有关。其中，应激往往是导致传染性疫病显现或恶化的重要因素。因此，综合防治，配合中药方调理，减少应激，就可以延缓某些传染性疫病的显现或防止其恶化。

3. 治疗体表伤病（一般称为疮黄疔毒）　治疗外科病症的方剂有内服（内治）和外用（外治）两种。在水产上内治方的立法不外乎消、托、补等手段。消法用于疮疡初起，使其得到消散，以免酿脓破溃，故有“以消为贵”之说；托法多用于疮疡中期，托脓外透，防止毒邪内陷；补法适用于疮疡后期，扶助正气以祛余邪，并促进生肌收口。

以下是一些中草药的主要功能：

健胃消食：陈皮、麦芽、山楂、神曲、龙胆、猪胆等。

清热解毒：穿心莲、板蓝根、大青叶、蒲公英、连翘等。

抗菌、消炎：黄连、黄芩、黄柏、蒲公英、大青叶、博落回、金银花等。

抗病毒：大青叶、黄芪、金银花、贯众、板蓝根、鱼腥草等。

促长增重：人参、黄芪、当归、何首乌、肉桂等。

增强免疫功能：黄连、黄芩、黄柏、猪苓、牛膝、大蒜，能提高免疫细胞吞噬作用；鱼腥草、黄连、穿心莲、大青叶、野菊花、丹皮、大黄、一枝黄花、金银花，可提高白细胞吞噬功能；刺五加、黄芪、党参、杜仲、黄连、黄柏、甘草、灵芝、茯苓、青蒿、丹参，可提高单核细胞吞噬作用；黄芪、丹参、刺五加、灵芝、芦荟，能诱生干扰素及免疫球蛋白；大蒜，能抑制肉瘤细胞分裂。

抗寄生虫剂：使君子、南瓜子、槟榔、贯众、青蒿、常山、马齿苋。

提高动物产品质量：大蒜能提高鱼、虾肉质的鲜香味。

提高饲料转化与利用率：艾叶、钩吻、松叶粉、麦饭石粉等。

饲料保鲜：花椒、辣椒等。

改良环境剂：沸石粉等。

二、组方原则与制备

（一）中药方剂的基本特色

中药往往含有多种化学成分。由多味中药组成的方剂，其化学成分则更加复杂。方剂的复杂成分作用于动物体，往往会产生复杂的组合效应。一个良好的中药方剂，既包括辨证论治的基本理论和法则，又反映出用方遣药的丰富经验和灵活技巧。在防治动物疫病的实践中，就是要根据中兽医学的这些法则、经验和技巧，寻求药味的最佳配伍组合，从而实现最佳组合效应，以便取得最好的防治效果。因此，组合效应是中药方剂的主要特色和优势所在。由于水生动物属于变温动物，其体温随着水温的变化而变化，因此，传统的中医药理论并不完全适用于水生动物，在选药和组方过程中必须有特别的考量。

（二）方剂结构

方剂不是药味的随意凑合，而是以治法或药性为依据，按主次协调关系组成的。传统的中医药典籍，将方剂的结构形象地比喻为一个国家机器。一个国家有君王、宰相、大臣等各种不同地位和职责的官吏；一个方剂中的若干药味，按其主次功效也就分为“君、臣、佐、使”。君药，或称主药，是方剂中针对病因或主证起主要治疗作用的药味。臣药，或称辅药，是辅助君药以加强治疗作用的药味。佐药，在方剂中大致有三种情况：一是治疗兼证或次要证候；二是制约君药的毒性或劣性；三是用作反佐，如在温热剂中加入的少量寒凉药，或在寒凉剂中加入的少量温热药，其作用在于消除病势拒药的现象。使药，大多是指方剂中的引经药或调和药。当然，“君、臣、佐、使”并不是死板的格式，君、臣、佐、使可各有一味，也可各有几味药。有的方剂只两三味甚至一味药，其中的一两味药既是君臣药，又兼有佐使药的作用，就不必另配佐使药了。由于药味在方剂中有主有次，其用量配比也往往有所体现。一般来说，君药用量较大，其他药味用量较小。当然，对于变温的水生动物而言，中医的辨证施治理论和法则是否同样适用目前还没有定论。

（三）中草药处方配伍的一般原则

由单味中草药制剂向复方中草药制剂发展，是现代中草药方剂发展的趋势，兽用中草药剂尤其如此。选择多组分或多成分、多功能的中草药组成的复方，可以获得药效互补，药效增强，而不良作用减少的效果。复方制剂的配伍讲究按主药、辅药、矫正药、赋形药进行合理搭配。

（四）中草药配伍的目的

1. 增效　就是通过配伍，可用相须、相使的药物：①相须，就是指将两种性能相似的中草药相配合使用可以增强疗效；②相使，是指将性能功效有某些相同的中药配合使用时，一种药物起主要作用（即主药），另一种药物起辅助作用，而且辅药能提高主药的疗效。

2. 减毒　就是对一些有一定毒性及不良反应的药物，通过炮制及配伍相畏、相杀的药物：①相畏，是指将几种中药相配同用时，一种药物的毒理和不良反应，能被另一种药物减轻或抑制；②相杀，是指将几种中药配伍使用时，一种药物能消除另一种药物的毒性和不良反应；③相反，则是指将两种中药相配同用时，会产生毒性或不良反应；④相恶，就是指将某些中药配伍同用时，药物间相互牵制而减弱或消除药效，或一种药物能削弱另一种药物的功效。

综上所述，各种中草药间具有协同作用（相须、相使）、拮抗作用（相畏、相恶、相杀）和相反作用（相反），这是将多种中草药配伍使用时应予特别注意的。

（五）配伍禁忌

从理论上讲，两种以上药物混合使用或制成制剂时，可能发生体外的相互作用，出现使药物中和、水解、破坏失效等理化反应，这时可能发生混浊、沉淀产生气体及变色等外观异常的现象，称为配伍禁忌。

1. 增效、减毒，避免配伍禁忌

（1）*增效组方*　选用相须、相使药物配伍组方，可达到增效，此为最常用的组方原则。

（2）*减毒组方*　在用某些有一定毒性及不良反应的药物时，可以相畏、相杀药物配伍组方。

2. 相反相成，阴阳配合　一些药性或功效相反或截然不同的中草药配伍后，某些药物功效反而会得到增强，这就叫作相反相成，或称阴阳配合。

3. 主次药有机配合　治疗应分析和抓住病因和主证，按君（主）、臣（辅）、佐、使组方。主药（君药），就是在组方中，对病因或主证起主要治疗作用的药物，一般来说，主药是用量较重或药力专一或针对性较强的药；辅药（臣药）是指辅助主药更好地发挥作用的药物；佐药是指在方剂中治疗兼证或起监制作用（消除或缓和方剂中某种药物的毒性或偏性）的药物；使药是指能引导他药直达病灶或起协调作用的药物。

4. 中西药复方制剂　近代的中西药复方制品有以中草药为主加入化药组方，或在化药中加入中草药的制剂，或将中西药合方制成饲料预混剂。只要遵循其配伍的规则，都会取得良好的防病效果。不少中西药复方制剂，比单用中草药或西药的疗效高。有的中草药将其有效成分提取纯化后做成制剂，则成为“中西合一”的产品。用中西药组方可获得协同或增效作用。例如：抗菌中草药鱼腥草、黄连、黄柏、马齿苋、蒲公英、苦参、白头翁与 TMP

(三甲氧苄氨嘧啶) 合用，可产生抗菌协同或增效作用。能增强动物免疫功能的中草药，如黄芪、刺五加、灵芝等与抗菌或抗病毒化药有协同作用，能提高对病毒病的疗效。有些中草药与抗菌化药合用，可减少化药的不良反应。中西合方时，中药与西药之间也存在协同与拮抗的问题。某些抗生素或化学抗菌药与清热解毒类中药合用时，不仅有增效作用，还可降低西药用量，大大减少化学药物引起中毒的可能性。据观察，黄连素与 TMP 联用，抗菌作用增强；体外试验证明蒲公英无抑菌作用，当与 TMP 联用时有抑菌作用，且随蒲公英浓度增高而增强，并大于 TMP 的效果。使君子与哌嗪合方，有协同驱虫作用。由于中药和西药各有所长，合方应用时往往具有互补作用。扶正固本中药与抗病原西药合方，具有调整功能的中药与抗病原西药合方，治本中药与治标西药合方等，往往能形成作用的互补效应。如当归、川芎等与链霉素合方，能增强抗菌作用；芦荟、蜂胶、花粉多糖等作疫苗佐剂，可增强免疫效果；大黄有泻下利胆作用，敌百虫有杀虫作用，两者合方，对驱除肠道寄生虫效果更佳；仙鹤草中的有效成分鹤草酚与硝唑咪引起吸虫体各主要生化成分的变化规律有明显差别，但合并用药后能够增效，其中以鹤草酚起主导作用。当然有些中药与西药配伍，也可降低疗效或增强毒性，属于配伍禁忌，应当注意。在增强毒性方面，磺胺类药物与山楂、乌梅、五味子等富含有机酸的中药合方，其毒副作用加大，这是因为含有机酸类的中药，经体内代谢后，能使尿液酸性增加，而乙酸化的磺胺在酸性环境中的溶解度大大降低，易析出结晶，损伤肾小管和尿路的上皮细胞，引起血尿、结晶尿、尿闭症状。

(六) 中草药制剂与制备技术

1. 组方剂型　剂型是中草药方药制剂的形式。常用的剂型有汤剂（煎剂）、散剂、丸剂、膏剂、丹剂、酒剂、糖浆剂和药茶等。渔用中草药多用散剂。

2. 剂型的加工类型　将中草药制备成适合的剂型，以保证方剂有效、安全、稳定和均匀，并适应水生动物病害防治的特殊要求。

(1) 散剂　动物最常用的一种剂型，是一味或多味中药混合制成的粉末状制剂。有内服散剂和外用散剂之分。内服散剂常用开水调成糊状，或加水稍煎，候温灌服；也可混在饲料中喂服。内服散剂在胃肠中能较快地被吸收。

(2) 颗粒剂　中草药的提取药物或药材细粉，与适宜的辅料制成的干燥颗粒状制剂。

(3) 合剂（汤剂）　中草药用水或其他溶剂如乙醇，经煎煮、渗漉和蒸馏提取后，再浓缩制成的内服液体制剂。

(4) 中草药的新剂型　目前药物的剂型已从传统剂型，向缓释、控释、长效或透皮剂型（第三代剂型）及靶向定位剂型（第四代剂型）发展。动物用中草药制剂其理想的质量要求是具有“三效（高效、速效、长效），三小（剂量小、副作用小，毒性小），一方便（使用方便）”的特点。

3. 制剂的制备

(1) 散剂的制备方法　一般应通过粉碎、过筛、混合、分剂量以及包装等程序。

粉碎：粉碎时，应根据药材的性质和粉碎所用器械性能，选用干法粉碎或湿法粉碎等。

过筛：将粉碎后药物，选择适宜的过筛机过筛，得到细度适宜的细粉。

混合：常用的混合方法有研磨、搅拌和过筛混合三种。

分剂量：使用自动定量分包机，也可用天平逐包称量分装。

包装：包装袋应根据药品的理化性质，选择适宜的包装材料进行包装。

(2) 颗粒剂的制备方法 一般分为中草药提取、浓缩干燥、制粒成型、干燥、整粒和包装程序。

提取：因中草药含有效成分的不同及对颗粒剂溶解性的要求不同，应采用不同的溶剂和方法进行提取。多数药物采用煎煮醇沉法，也有些采用渗漉法、浸渍法及回流法提取。

浓缩干燥：对提取液采用减压浓缩、喷雾干燥技术，制成干浸膏粉。

制粒成型：采用稠浸膏或干浸膏粉与辅料混合，必要时加适量的湿润剂，通过手工制粒筛、摇摆式制粒机和旋转式制粒机进行制粒。

干燥：制粒后通过烘箱和烘房气流干燥，干燥温度一般以 60～80℃为宜。

整粒：经干燥的颗粒，通常需重过一次筛，使颗粒均匀。

包装：一般用塑料袋、纸塑复合袋、铝箔和玻璃瓶进行包装。

三、中西药合用

近年来，随着医学科学技术的发展，中西药合用的现象已日趋广泛，中医用西药、西医用中药，乃至中西药联合运用，已为广大群众所接受。

（一）中西药合用的优势

由于中药和西药各有所长，合方应用时往往具有互补作用。扶正固本中药与抗病原西药合方、具有调整功能的中药与抗病原西药合方、治本中药与治标西药合方等，往往能形成作用的互补效应。例如，当归、川芎等与链霉素合方能增强抗菌作用；芦荟、蜂胶、花粉多糖等作疫苗佐剂可增强免疫效果；能增强动物免疫功能的中草药如黄芪、刺五加、灵芝等与抗菌或抗病毒西药有协同作用，能提高对病毒病的疗效；黄连、黄柏与四环素、磺胺脒治痢疾、细菌性腹泻有协同作用，常使疗效成倍提高；黄芩、砂仁木香、陈皮对肠管明显抑制，可延长地高辛、维生素 B_{12}、灰黄霉素等在小肠上部的停留时间，有利于药物吸收，提高疗效；中成药板蓝根冲剂与西药磺胺增效剂（TMP）合用，抗菌消炎作用明显增强；异烟肼、利福平等抗结核西药，同中成药灵芝冲剂合用，不仅可提高疗效，还可使结核菌较不容易产生耐药性；灰黄霉素口服后，因其不溶于水，主要在小肠吸收，胆汁中的表面活性剂如胆盐可增加其溶解度，从而促进其吸收，提高疗效；茵陈是利胆的中药，能促进胆汁排泄，特别是其中的有效成分对羟乙酮及β蒎烯等利胆作用较强，合用后灰黄霉素的吸收增加，临床上用灰黄霉素与茵陈合用治疗头癣，减少灰黄霉素常用量 33%～50%，仍取得明显的疗效。上述这些联合运用，充分发挥了中西药物各自的优点，提高了疾病的治疗效果，是目前临床中西药合用的较好形式。

使君子与哌嗪合方有协同驱虫作用。敌百虫对线虫、钩虫、鞭虫均有驱除和杀灭作用，大黄等有泻下和利胆等作用，两者合用可产生协同作用，尤其对胆道蛔虫的驱除效果更佳。仙鹤草中的有效成分鹤草酚与硝唑咪引起吸虫体各主要生化成分的变化规律有明显差别，但合并用药后能够增效，其中以鹤草酚起主导作用。

（二）中西药合用的弊病

中西药合用的弊病包括毒性增强或药理拮抗。例如，庆大霉素、红霉素可抑制穿心莲促进白细胞吞噬功能的作用；昆布、海藻与异烟肼合用，可使后者失去抗结核的作用；含有大黄用于泻下的中成药，若与新霉素、土霉素等同服，则因肠道细菌被抗生素抑制，影响大黄的致泻作用；含有蛋白质及其水解生成的多种氨基酸的中药，同黄连素有拮抗作用；酸性中药与碱性西药如氢氧化铝、碳酸钙、氨茶碱等合用时，会促进其有效成分尽快排泄，使中西药物都降低疗效；碱性较强的中药与阿司匹林、胃蛋白酶、乳酶生等酸性药物合用时，会发生中和反应，而使两种药物的排泄加快，降低疗效甚至失去治疗作用；碱性中药硼砂及其制剂与氨基糖苷类抗生素如卡那霉素、链霉素、庆大霉素、新霉素等同服时，能使这些抗生素排泄减少、吸收增加，使药物分布于脑中的浓度增加，产生前庭紊乱的毒性反应；黄酮类成分多能与金属离子形成络合物，含此类成分的中药如与西药制剂碳酸钙、硫酸亚铁、氢氧化铝等同用时，会发生络合反应影响药物的吸收；中药虎杖含有大量鞣质，能与头孢类抗生素如头孢拉定等生成不溶于水的沉淀物，从而不被胃肠道所吸收，影响抗菌效果；磺胺类药物与山楂、乌梅、五味子等富含有机酸的中药合方，其毒副作用加大，这是因为含有机酸类的中药经体内代谢后，能使尿液酸性增加，而乙酸化的磺胺在酸性环境中的溶解度大大降低，易析出结晶，损伤肾小管和尿路的上皮细胞，引起血尿、结晶尿、尿闭症状；含雄黄的中成药若与含硫酸盐、硝酸盐的西药如硫酸镁、硫酸亚铁等合用，会把雄黄主成分硫化砷氧化而增加毒性。

第二节 抗微生物类

地锦草末

【主要成分】地锦草。

【性状】绿褐色粉末；无臭，味微涩。

【功能与主治】清热解毒，凉血止血。防治由弧菌、气单胞菌等引起的鱼类肠炎、败血症等细菌性疾病。

【用法与用量】拌饲投喂，一次量（以本品计），每千克体重 5～10g，每日 1 次，连用5～7d。

大黄末（水产用）

【主要成分】大黄。

【性状】黄棕色的粉末；气清香，味苦、微涩。

【功能与主治】健胃消食，泻热通肠，凉血解毒，破积行瘀。治疗鱼肠炎、烂鳃、腐皮。

【用法与用量】泼洒，每立方米水体（以本品计）2.5～4g，每日 1 次，连用 3d。

虎黄合剂

【主要成分】虎杖、贯众、黄芩、青黛。

【性状】棕褐色至棕红色液体。

【功能与主治】清热解毒，除湿杀虫。用于病毒、细菌、真菌、原虫感染或多种因素混合感染引起的鱼、虾湿热性疾病的防治。

【用法与用量】拌饲投喂，一次量（以本品计），每千克饲料 5～10g，每日 1 次，连用7d 为一个疗程，停药 7d 再进行一个疗程。用前将药液摇匀喷洒在饵料上，搅拌均匀。

根莲解毒散

【主要成分】板蓝根、黄芪、穿心莲、甘草、鱼腥草等。

【性状】青天灰色的粉末。气微香，味微苦。

【功能与主治】清热解毒，扶正健脾，理气化食。用于防治由气单胞菌、假单胞菌、弧菌引起的鱼、虾、蟹败血症、赤皮病、烂鳃病、肠炎病、白头白嘴病等。

【用法与用量】鱼、虾、蟹：拌饲投喂，一次量（以本品计），每千克饲料加本品5～10g。

五倍子末

【主要成分】五倍子。

【性状】灰褐色或灰棕色粉末。

【功能与主治】收敛止血，收湿敛疮。用于防治水产动物的水霉、鳃霉等引起的真菌性疾病。

【用法与用量】拌饲投喂，一次量（以本品计），每千克体重0.1～0.2g，每日3次，连用5～7d。

浸浴，每立方米水体2～4g，30min。

泼洒，每立方米水体0.3g，每日1次，连用2d。

【注意事项】

（1）流水、网箱养殖等因水体流动，请酌情加量。

（2）防治水霉病、鳃霉病时，若病情严重，可酌情加量。

（3）使用本产品时，应在执业兽医的指导下使用。

清健散

【主要成分】柴胡、黄芪、连翘、山楂、麦芽等。

【性状】淡棕色粉末。

【功能与主治】清热解毒，益气健胃。用于防治鱼类肠道细菌性疾病。

【用法与用量】鱼：拌饲投喂，一次量（以本品计），每千克体重0.4g（按5%投饵量计，每千克饲料8.0g），连用6d。

穿梅三黄散

【主要成分】大黄、黄芩、黄柏、穿心莲、乌梅。

【性状】灰黄色粉末；气微香，味微苦。

【功能与主治】清热解毒。防治淡水鱼细菌性败血症、肠炎、烂鳃、赤皮等疾病。

【用法与用量】鱼：拌饲投喂，一次量（以本品计），每千克体重0.6g，每日1次，连用3～5d，隔15d再进行一个疗程。

七味板蓝根散

【主要成分】板蓝根、穿心莲、黄芪、大黄、地榆等。

【性状】灰黄色粉末；气香，味苦。

【功能与主治】清热解毒，益气固本。主治中华鳖白底板病和腮腺炎。

【用法与用量】中华鳖：拌饲投喂，一次量（以本品计），每千克体重0.4～0.8g。

青连白贯散

【主要成分】大青叶、白头翁、绵马贯众、大黄、黄连等。

【性状】浅棕黄色至棕黄色粉末，味苦。

【功能与主治】清热解毒，凉血止血。用于防治淡水鱼细菌性败血病、肠炎、赤皮病、打印病和烂尾病等多种细菌性疾病。

【用法与用量】鱼：拌饲投喂，一次量（以本品计），每千克体重0.8g，每日2次，连用3～5d。

清热散（水产用）

【主要成分】大青叶、板蓝根、石膏、大黄、玄明粉。

【性状】黄色粉末；味苦，微涩。

【功能与主治】清热解毒，泻火通便。主治鱼类病毒性出血病。

【用法与用量】草鱼、青鱼：拌饲投喂，一次量（以本品计），每千克体重0.3～0.4g，每日1次，连用7d。

双黄白头翁散

【主要成分】白头翁、大黄、黄芩。

【性状】淡黄色或黄棕色粉末，味微苦。

【功能与主治】清热解毒，凉血止痢。主治细菌性肠炎。

【用法与用量】鱼：拌饲投喂，一次量（以本品计），每千克体重0.8g（按5%投饵量计，每千克饲料16.0g），每日1次，连用5d。

青板黄柏散

【主要成分】板蓝根、黄芩、黄柏、五倍子、大青叶。

【性状】淡黄色粉末；气清香，味苦。

【功能与主治】清热解毒。主治淡水鱼细菌性败血症、肠炎、烂鳃、竖鳞与腐皮病。

【用法与用量】鱼：拌饲投喂，一次量（以本品计），每千克体重0.3g（按5%投饵量计，每千克饲料6.0g），每日1次，连用3～5d。

三黄散（水产用）

【主要成分】黄芩、黄柏、大黄与大青叶。

【性状】灰黄色粉末；气微香，味苦。

【功能与主治】清热解毒。主治淡水鱼细菌性败血症、肠炎、烂鳃病和腐皮病。

【用法与用量】鱼：拌饲投喂，一次量（以本品计），每千克体重0.5g，每日1次，连用4～6d。

山 青 五 黄 散

【主要成分】山豆根、青蒿、大黄、黄芪、黄芩、黄柏。

【性状】灰黄色或棕褐色粉末。

【功能与主治】清热解毒。主治细菌性烂鳃、肠炎、赤皮病与败血症。

【用法与用量】鱼：拌饲投喂，一次量（以本品计），每千克体重 2.5g（按 5%投饵量计，每千克饲料 50.0g），每日 1 次，连用 5d。

双 黄 苦 参 散

【主要成分】大黄、黄芩、苦参。

【性状】本品黄棕色粉末，味微苦。

【功能与主治】清热解毒。主治细菌性肠炎、烂鳃与赤皮病。

【用法与用量】鱼：拌饲投喂，一次量（以本品计），每千克体重 2g（按 5%投饵量计，每千克饲料 40.0g），每日 1 次，连用 3～5d。

苍术香连散（水产用）

【主要成分】黄连、木香、苍术。

【性状】棕黄色粉末；气香、味苦。

【功能与主治】清热燥湿，主治细菌性肠炎。

【用法与用量】鱼：拌饲投喂，一次量（以本品计），每千克体重 0.3～0.4g，每日 1 次，连用 7d。

加减消黄散（水产用）

【主要成分】大黄、玄明粉、知母、浙贝母、黄药子等。

【性状】淡黄色粉末；气微香，味苦、咸。

【功能与主治】清热泻火，消肿解毒。主治细菌性肠炎、赤皮、出血与烂鳃。

【用法与用量】鱼：治疗，拌饲投喂，一次量（以本品计），每千克体重 0.2g，每日 2 次，连用 5～7d。

大 黄 五 倍 子 散

【主要成分】大黄、五倍子。

【性状】黄棕色或灰棕色粉末；味苦、涩。

【功能与主治】清热解毒，收湿敛疮。主治细菌性肠炎、烂鳃、烂肢、疖疮与腐皮病。

【用法与用量】鱼、鳖：拌饲投喂，一次量（以本品计），每千克体重 0.5～1.0g（按 5%投饵量计，每千克饲料 10.0～20.0g），每日 1 次，连用 5～7d。

【注意事项】使用前加适量的黏合剂和水，与饵料混匀后投喂。

银翘板蓝根散

【主要成分】板蓝根、金银花、黄芪、连翘、黄柏等。

【性状】棕黄色粉末；气香、味苦。

【功能与主治】清热解毒，主治水生动物的病毒性疾病。可用于治疗虾蟹的白斑综合征，中华绒螯蟹的颤抖病，青蟹黄水病，草鱼出血病，鲤春病毒血症，鱼虹彩病毒病，鳖腮腺炎、出血病、白底板病以及爱德华菌病，虾褐斑病，蟹黄水病等疾病。

【用法与用量】鱼、鳖：拌饲投喂，一次量（以本品计），每千克体重 0.16～0.24g（按5%投饵量计，每千克饲料 3.2～4.8g），每日 1 次，连用 4～6d。

板　蓝　根　末

【主要成分】板蓝根。

【性状】灰黄白色至棕黄色粉末。

【功能与主治】清热，解毒，凉血。主治鱼肠炎、烂鳃、出血等病症，以及防治对虾、蟹等病毒性疾病。

【用法与用量】鱼、鳖：拌饲投喂，一次量（以本品计），每千克体重 1g。

蒲　甘　散

【主要成分】黄连、黄柏、大黄、甘草、蒲公英等。

【性状】浅灰黄色粉末；气清香，味苦。

【功能与主治】清热解毒。防治由细菌性感染引起的淡水鱼细菌性败血症、肠炎、烂鳃、竖鳞、腐皮等疾病。

【用法与用量】鱼、鳖：治疗，拌饲投喂，一次量（以本品计），每千克体重 0.3g（按5%投饵量计，每千克饲料 6.0g），每日 1 次，连用 3～5d。

大黄芩蓝散

【主要成分】大黄、大青叶、地榆、板蓝根、黄芩。

【性状】棕褐色粉末；气微，味微苦、涩。

【功能与主治】清热解毒，主治细菌性烂鳃。

【用法与用量】鱼、虾：拌饲投喂，一次量（以本品计），每千克体重 0.25～0.5g（按5%投饵量计，每千克饲料 5～10g），每日 1 次，连用 3～5d。

大黄芩鱼散

【主要成分】大黄、黄芩、鱼腥草。

【性状】黄棕色粉末；气微香，味微苦、微涩。

【功能与主治】清热解毒，主治细菌性烂鳃。

【用法与用量】鱼、虾：拌饲投喂，一次量（以本品计），每千克体重 1g（按 5%投饵量计，每千克饲料 20g），每日 1 次，连用 3d。

黄连解毒散（水产用）

【主要成分】黄连、黄芩、黄柏、栀子。

【性状】黄褐色粉末，味苦。

【功能与主治】泻火解毒。用于鱼类细菌性、病毒性疾病的辅助性防治。

【用法与用量】鱼：拌饲投喂，治疗，一次量（以本品计），每千克体重0.3～0.4g，每日1次，连用7d。

地锦鹤草散

【主要成分】地锦草、仙鹤草、辣蓼。

【性状】灰褐色粉末；气香，味微酸。

【功能与主治】清热解毒，止血止痢。主治烂鳃、赤皮、肠炎、白头白嘴等细菌性疾病。

【用法与用量】鱼：拌饲投喂，治疗，一次量（以本品计），每千克体重0.5～1.0g，每日1次，连用3～5d。

大黄解毒散

【主要成分】大黄、玄参、黄柏、绵马贯众、甘草、地肤子、鹤虱、苦参、槟榔。

【性状】黄色至褐色粉末；气微香，味苦。

【功能与主治】清热燥湿，杀虫。主治细菌性菌血症、败血症。

【用法与用量】鱼：拌饲投喂，一次量（以本品计），每千克体重1.0～1.5g。

板蓝根大黄散

【主要成分】板蓝根、大黄、穿心莲、黄连、黄柏、黄芩、甘草。

【性状】棕黄色粉末；气微，味甚苦。

【功能与主治】清热解毒。用于防治淡水鱼细菌性败血症、细菌性肠炎等。

【用法与用量】鱼：拌饲投喂，一次量（以本品计），每千克体重1.0～1.5g，每日2次，连用3～5d。

石知散

【主要成分】石膏、知母、黄芩、黄柏、大黄、连翘、地黄、玄参、赤芍、甘草。

【性状】灰黄色粉末；气微香，味苦。

【功能与主治】泻火解毒，清热凉血。用于防治淡水鱼细菌性败血病等。

【用法与用量】鲤科鱼类：拌饲投喂，一次量（以本品计），每千克体重0.5～1.0g，每日1次，连用3～5d。

青莲散（水产用）

【主要成分】鱼腥草、大青叶、穿心莲、黄柏。

【性状】灰白色或灰绿色粉末；气微香，味微苦。

【功能与主治】清热解毒。防治鱼类细菌性疾病。

【用法与用量】鱼：拌饲投喂，一次量（以本品计），每千克体重 0.1g（按 5%投饵量计，每千克饲料 2.0g），每日 2 次，连用5～7d。

连翘解毒散

【主要成分】连翘、黄芩、半夏、知母、羌活、独活、金银花、滑石、甘草。

【性状】灰黄色的粉末；气香，味苦。

【功能与主治】清热解毒，祛风除湿。主治鳗鲡狂奔病、黄鳝发热病。

【用法与用量】鳗鲡：泼洒，一次量（以本品计），每立方米水体 0.3g。黄鳝：泼洒，一次量（以本品计），每立方米水体 7.5g。

第三节　驱杀寄生虫类

川楝陈皮散

【主要成分】柴胡、陈皮、川楝子。

【性状】浅黄色至浅棕色粉末；气香，味苦。

【功能与主治】驱虫，消食。主治淡水鱼的肠道绦虫病、线虫病。

【用法与用量】鱼：拌饲投喂，一次量（以本品计），每千克体重 0.1g，每日 1 次，连用 3d。

苦参末

【主要成分】苦参。

【性状】棕黄色粉末；气微，味极苦。

【功能与主治】清热燥湿，杀虫去积。主治鱼类中华鳋、锚头鳋、车轮虫、指环虫、三代虫、孢子虫等寄生虫病以及肠炎、烂鳃、竖鳞等细菌性疾病。

【用法与用量】鱼：拌饲投喂，一次量（以本品计），每千克体重 1～2g，每日 1 次，连用 5～7d；泼洒，每立方米水体 1～1.5g，每日 1 次，连用 5～7d。

雷丸槟榔散

【主要成分】槟榔、雷丸、木香、贯众、苦楝皮等。

【性状】棕褐色粉末；气微香，味涩、苦。

【功能与主治】驱杀虫。主要用于鱼类车轮虫、锚头虱等体内、体表寄生虫病防治。

【用法与用量】鱼：拌饲投喂，一次量（以本品计），每千克体重 0.3～0.5g（按 5%投饵量计，每千克饲料 6～10g），每 2d 1 次，连用 2～3 次。

泼洒，每立方米水体 3g（需置 60℃左右的温水中浸浴 10h 后方可使用）。

百部贯众散

【主要成分】百部、绵马、贯众、樟脑、苦参、食盐等。

【性状】黄褐色的粉末；有刺激性气味，味苦、微涩、咸、凉。

【功能与主治】杀虫，止血。主治黏孢子虫病。

【用法与用量】淡水鱼：泼洒，每立方米水体 3g，每日 1 次，连用 5d。

驱虫散（水产用）

【主要成分】鹤虱、使君子、乌梅、绵马贯众、木香、榧子、大黄、百部、干姜、附子、诃子、槟榔、芜荑、雷丸。

【性状】褐色的粉末；气香，味苦、涩。

【功能与主治】驱虫。用于寄生虫病的辅助性治疗。

【用法与用量】鱼：拌饲投喂，一次量（以本品计），每千克体重 0.2g，每日 2 次，连用5～7d。

第四节　调节水生动物生理功能及其他

蜕壳促长散

【主要成分】蜕壳激素、黄芪、甘草、山楂、酵母等。

【性状】灰黄色粉末。

【功能与主治】促蜕壳，促生长。主治虾、蟹蜕壳迟缓。

【用法与用量】虾、蟹：混饲，一次量（以本品计），每千克饲料 2g。

【注意事项】需将本品与饲料充分搅拌均匀后投喂。

虾蟹蜕壳促长散

【主要成分】露水草、龙胆、泽泻、沸石、夏枯草等。

【性状】灰棕色的粉末。

【功能与主治】促蜕壳，促生长。主治虾、蟹蜕壳迟缓。

【用法与用量】虾、蟹：混饲，一次量（以本品计），每千克饲料 1g（即饲料添加量为 0.1%）。

柴黄益肝散

【主要成分】柴胡、大青叶、大黄、益母草。

【性状】黄棕色或棕褐色粉末。

【功能与主治】清热解毒，疏肝利胆。防治鱼类肝脏肿大、肝脏出血、肝坏死、脂肪肝等疾病。

【用法与用量】鱼：治疗，拌饲投喂，一次量（以本品计），每千克体重 1～2g，每日 1 次，连用 5～7d；预防，一次量（以本品计），每千克体重 1～2g，每日 1 次，连用 2～3d，间隔 15d 再重复一个疗程。

扶正解毒散（水产用）

【主要成分】板蓝根、黄芪、淫羊藿。

【性状】灰黄色粉末，气微香。

【功能与主治】扶正祛邪，清热解毒。用于鱼类感染性疾病的辅助防治。

【用法与用量】鱼：治疗，拌饲投喂，一次量（以本品计），每千克体重 0.3～0.4g，每日 1 次，连用 7d。

肝胆利康散

【主要成分】茵陈、大黄、郁金、连翘、柴胡等。

【性状】黄棕色粉末，味微苦。

【功能与主治】清肝利胆。主治肝胆综合征。

【用法与用量】鱼：拌饲投喂，一次量（以本品计），每千克体重 0.1g（按 5%投饵量计，每千克饲料 2g），每日 1 次，连用 10d。

板　黄　散

【主要成分】板蓝根、大黄。

【性状】黄色至淡棕黄色粉末；气香，味淡。

【功能与主治】清热解毒，保肝利胆。主治肝胆综合征。

【用法与用量】鱼：拌饲投喂，一次量（以本品计），每千克体重 0.2g，每日 3 次，连用5～7d。

六味黄龙散

【主要成分】龙胆、黄柏、厚朴、陈皮、大黄等。

【性状】淡黄色至深黄色粉末；气香，味苦。

【功能与主治】清热燥湿，健脾理气。预防虾白斑综合征。

【用法与用量】虾：泼洒，一次量（以本品计），每立方米水体 2g，每日 1 次，连用 3d。

【注意事项】使用前需用热水将本品浸浴 6h。

龙胆泻肝散（水产用）

【主要成分】龙胆、车前子、柴胡、当归、栀子等。

【性状】淡黄褐色粉末；气清香，味甘、微苦。

【功能与主治】泻肝胆实火，清三焦湿热。主治脂肪肝肿大、胆囊肿大。

【用法与用量】鱼、虾、蟹：拌饲投喂，一次量（以本品计），每千克体重1～2g，每日 1 次，连用 5～7d。

第七单元　免疫用药物

第一节　疫　苗

水产疫苗，包括传统疫苗和新型疫苗两大类。传统疫苗主要是灭活疫苗和减毒活疫苗。灭活疫苗具有安全性好、制备容易等特点，但是由于部分抗原成分被破坏，故存在免疫效果不理想、免疫力持久性差等问题。活疫苗采用弱毒株制成，具有免疫效果好、免疫力较强且持久的优点，但它存在病原有可能在水体中回归和扩散的风险，各国对水产活疫苗的使用均持谨慎态度。新型疫苗是随着分子生物学和基因工程技术而发展起来的，有亚单位疫苗、DNA 疫苗、合成肽疫苗等。

疫苗以其不可替代的优势，在水产养殖业中的发展具有极大的潜力。研究开发疫苗的目的是能有效地防治水产动物病害，提高养殖品种的生产性能，取得更好的经济效益和生态效益。因此，良好的应用前景要求疫苗一般具有下列特性：①对特定的疾病，不论规格大小，养殖环境如何，在疾病流行期间能起到免疫保护作用；②免疫保护的期限相对较长，对特定的疾病，再次流行时也能起到保护作用；③接种方便，如浸浴法接种；④安全，不污染环境，无残留；⑤价格可被生产接受。

目前，我国获得国家新兽药证书的水产疫苗有 9（均为一类新兽药证书），详见表 10－1。

表 10－1　中国已取得注册证书的 9 个鱼类疫苗（截至 2021 年底）

序号	疫苗名称	主要病原	免疫对象	接种方式	新兽药注册证及审批时间	疫苗注册证书编号
1	草鱼出血病灭活疫苗（ZV8909 株）	草鱼呼肠孤病毒	草鱼	注射	一类 1992 年	（93）新兽药证字 14 号
2	嗜水气单胞菌败血症灭活疫苗	嗜水气单胞菌	淡水鱼	注射、浸泡	一类 2001 年	（2001）新兽药证字 06 号
3	牙鲆溶藻弧菌、鳗弧菌和迟缓爱德华氏菌病多联抗独特型抗体疫苗	溶藻弧菌、鳗弧菌和迟缓爱德华氏菌	海水鱼	注射	一类 2006 年	（2006）新兽药证字 66 号
4	鰤鱼格式乳球菌病灭活疫苗（BYI 株）	格式乳球菌	鰤	注射	2008 年	（2008）外兽药证字 16 号
5	草鱼出血病活疫苗（GCHV－892 株）	草鱼呼肠孤病毒	草鱼	注射、浸泡	一类 2010 年	（2010）新兽药证字 51 号
6	鱼虹彩病毒病灭活疫苗（Ehime－1/GF14 株）	虹彩病毒	真鲷、鰤和拟鲹	注射	2014 年	（2014）外兽药证字 48 号
7	大菱鲆迟钝爱德华氏菌活疫苗（EIBAV1 株）	迟缓爱德华氏菌	大菱鲆	注射	一类 2015 年	（2015）新兽药证字 30 号
8	鳜传染性脾肾坏死病灭活疫苗（NH0618 株）	传染性脾肾坏死病毒	鳜	注射	一类 2019 年	（2019）新兽药证字 75 号
9	大菱鲆鳗弧菌基因工程活疫苗（MVAV 6203 株	鳗弧菌	大菱鲆	注射、浸泡	一类 2019 年	（2019）新兽药证字 15 号

第二节 免疫调节剂

一、分 类

免疫调节剂可以增强水生动物的非特异性免疫功能，提高水生动物的养殖成活率和防病抗病能力。水产免疫调节剂主要有微生物类衍生物（葡聚糖、肽聚糖和脂多糖等）、中草药、维生素类、细胞因子等。

二、常用免疫调节剂的主要成分、性状、功能、使用方法与注意事项

芪 参 散

【主要成分】黄芪、人参、甘草。

【性状】灰白色或灰黄色粉末。

【功能与主治】扶正固本。增强水产动物的免疫功能，提高抗应激能力。

【用法与用量】水产动物：拌饲投喂，一次量（按本品计），每千克体重 0.7～1.4g，每日 1 次，连用 5～7d。间隔 15d 再重复一个疗程。

【注意事项】需将本品与饲料充分搅拌均匀后投喂。密闭、防潮保存。

六味地黄散（水产用）

【主要成分】熟地黄、山茱萸（制）、山药、牡丹皮、茯苓等。

【性状】灰棕色粉末，味甜、酸。

【功能与主治】滋补肝肾。用于增强机体抵抗力。

【用法与用量】水产动物：拌饲投喂，一次量（按本品计），每千克体重 0.1g，每日 1 次，连用 5d。

【注意事项】需将本品与饲料充分搅拌均匀后投喂。密闭、防潮保存。

黄 芪 多 糖 粉

【主要成分】黄芪。

【功能与主治】益气固本，增强机体抵抗力。用于提高水产动物的非特异性免疫功能。

【用法与用量】草鱼、罗非鱼、斑点叉尾鮰、中华鳖：混饲，每 1kg 体重，每日添加 20mg，连用 7d。南美白对虾：混饲，每 1kg 饲料，添加 200mg，连续投喂 30d。

【不良反应】尚未见不良反应。

【注意事项】需将本品与饲料充分搅拌均匀后投喂。密闭、防潮保存。

第十一篇

水生动物病理学

第一单元　绪　　论

一、概念及特点

水生动物病理学属于水生动物疾病学研究的范畴，因其独特的研究方法，已成为一门独立的学科。水生动物病理学是运用细胞学、组织学、组织化学、免疫学等理论和方法，结合显微、超显微的观察手段，了解和分析水生动物细胞、组织和器官形态的病理变化过程及其患病机体的功能和代谢变化规律，从而了解疾病引起细胞、组织和器官的功能和代谢的变化情况，为疾病的诊断和防治提供可靠的科学理论依据。

二、研究对象、内容和方法

水生动物病理学以鱼、虾、蟹、贝、蛙、鳖、海参等水生动物为研究对象，运用组织学研究方法，通过对水生动物细胞、组织和器官形态病理变化的观察，了解病原体侵入、感染和对细胞、组织和器官的损伤和破坏，分析细胞、组织和器官的病理变化及发病的机理。因此，水生动物病理学是一门科学地指导水生动物疾病研究的学科，是水生生物疾病临床诊断的主要手段。

水生动物病理学的研究内容可分为病理组织学和病理生理学两个方面。前者运用细胞学、组织学、组织化学和免疫学等方法，结合显微和超显微观察手段，通过与健康机体和患病机体细胞、组织和器官的比较，了解细胞组织的病理变化过程；后者主要通过各种实验的方法，包括用生物物理和生物化学的方法，测定患病机体及其器官的生理功能和代谢状态，结合健康机体及其器官正常生理功能的比较，了解疾病引起的生理功能和代谢变化情况。

第二单元　细胞、组织的适应和修复

第一节　适　　应

水生生物受到水环境各种理化和生物因子的影响，产生细胞、组织和器官形态和功能性的变化以适应其影响。例如，牙鲆等底栖水生动物皮肤的色素细胞可随着环境改变颜色，形成一种伪装的拟态以迷惑天敌和饵料生物；海马、鮟鱇等水生生物皮肤可生长出一种衍生物，达到伪装自己和引诱饵料生物的目的。组织细胞的形态和结构的变化一般都伴随着组织细胞代谢功能的变化，其往往又是某种致病因子所致。

一、萎　　缩

萎缩是指水生动物的细胞、组织和器官，达到正常发育大小后，由于受到致病因子的作用，使分解代谢超过了合成代谢，导致细胞、组织和器官的体积缩小及其功能衰退。萎缩与先天性发育不全不同，后者是由于某些器官组织在胚胎生长发生障碍所致。发生萎缩的主要原因是萎缩器官或组织的细胞体积缩小和数量减少，其中主要是由于构成组织、器官的实质细胞的体积缩小和数量减少。根据萎缩发生的原因，可分为生理性萎缩和病理性萎缩两种。

（一）生理性萎缩

生理性萎缩是在生理情况下，随着年龄的增长，某些组织和器官的生理功能逐渐减退和代谢过程逐渐降低所发生的萎缩。如水生动物类繁殖后期生殖腺的萎缩、蝌蚪转变为蛙时尾部的萎缩和退化、贝类浮游幼体转变为附着幼体时，运动器官（面盘）的萎缩和脱落等。

（二）病理性萎缩

病理性萎缩是细胞、组织和器官受某些致病因子作用所发生的萎缩，其发生与年龄无关，而是在物质代谢障碍的基础上发生的。引起病理性萎缩的原因很多，有的引起全身性萎缩，有的只引起局部组织和器官的萎缩，常见的有：

1. 神经性萎缩　当神经组织发炎或受损伤时，功能发生障碍，受其支配的组织、器官因失去神经的调节作用而发生萎缩。如患疯狂病鲢的背鳍后缘显著缩小，尾柄瘦小，正常鲢的头长为尾柄高的2.2～2.3倍，病鱼则为3.0倍。患病毒性神经坏死症的海水鱼苗个体也会缩小、发生畸形。

2. 营养不良性萎缩　全身性的营养不良性萎缩常见于长期饲料不足、营养配方不科学、慢性消化道疾病或消耗性疾病等。在营养严重不足时，机体主要依靠氧化体内脂肪和蛋白质来维持最低限度的生命活动，而蛋白质的消耗一直是极其节约的。另外，通常相对不太重要的器官比与生命攸关的器官先萎缩，一方面这些萎缩器官代谢能力降低，可减少能量的消耗；另一方面萎缩过程中机体蛋白质分解为氨基酸等物质，又可作为养料来供应心、脑等重要器官的需要，这也是机体表现的一种自身防卫的适应功能。因此，全身性萎缩和机体组织器官的萎缩常表现有一定的规律性。其中脂肪组织的萎缩发生得最早且最显著，可以减少90％，严重时可几乎完全消失；其次是肌肉可减少45％；再次是肝、肾、脾等器官；心肌及脑发生萎缩最晚。

3. 废用性萎缩　组织和器官长期不活动，它们的神经感受器失去了正常的刺激，向心性刺激和离心性冲动减少或消失，以致组织和器官的血液供应和物质代谢能力降低，营养减少而发生萎缩。例如，深水性鱼类在没有光线的条件下生活，光感受器官（眼）就会萎缩和退化，但听觉感受器和化学感受器官则相应发达。这种萎缩仍与神经调节和营养作用有密切的关系。

4. 压迫性萎缩　组织和器官长期受到肿瘤、异物、肿胀等的压迫可发生组织和器官的萎缩。除受压力的直接作用外，受压的器官组织的功能、代谢和血液循环的障碍，也是引起萎缩的原因。引起萎缩的压力不一定很大，但必须持久。如患舌形绦虫病的鲫，体壁及内脏均萎缩；受肿瘤压迫而引起组织和器官的萎缩等。

5. 功能性萎缩　由于细胞的功能发生功能低下引起的细胞、组织和器官的萎缩。例如，鱼类的甲状腺的功能低下造成甲状腺体的萎缩，但鱼类甲状腺功能亢进引起机体的分解代谢超过合成代谢造成机体的消瘦和萎缩；受到环境污染、药物中毒的鱼类肝脏功能衰退、肝细胞呈现的萎缩。

（三）萎缩的病理变化

肉眼观察，萎缩器官如肝、脾、肾等一般仍保持其固有形态，仅见体积缩小，边缘锐薄，质地变硬，重量减轻，被膜增厚，有时皱缩。空腔器官如胃肠道严重萎缩时，管壁变薄，呈半透明状，撕拉时容易碎裂。

在光学显微镜下，可见萎缩器官的实质细胞体积缩小，细胞质致密，染色较深，胞核浓缩，很少能看到细胞成分有显著变化。一般情况下，萎缩初期，细胞质的变化往往比胞核的变化发生得早而显著。此外，在萎缩的肌纤维、肝细胞内常见脂褐素沉着，其中含有脂肪，其为细胞内物质代谢的一种产物，因细胞生理功能减弱而不能排出，该物质多的时候，器官外观可呈褐色，故叫褐色萎缩。

在电子显微镜下，萎缩细胞内除溶酶体之外，细胞小器官（如线粒体、内质网等）的数量减少和形体缩小，反映该细胞的功能低下。同时细胞质内自噬泡增多。自噬泡是由单层膜包裹的大泡，泡内含有线粒体、内质网等细胞器的碎片，并有丰富的溶酶体酶，可将细胞器碎片消化。自噬泡增多，说明细胞内的分解破坏过程增强，势必发生细胞质减少而使细胞和组织发生萎缩。

（四）萎缩的结局和对机体的影响

一般来说，萎缩（不含废用性萎缩）是一种可复性过程，在病因消除之后，萎缩的细胞可以恢复其形态和功能，不论是全身性萎缩或局部性萎缩都是如此。萎缩的本质是细胞在不良环境下所呈现的适应现象。当某一组织和器官的工作负荷减轻，营养来源不足或缺乏正常刺激时，细胞的形体缩小或数量减少。物质代谢的降低，萎缩的细胞、组织和器官功能大多也下降，并通过减少细胞体积与降低的血供，使之在营养、激素、生长因子的刺激及神经递质的调节之间达成了新的平衡，这有利于在不良环境条件下维持其生命活动。当然，器官的实质细胞体积缩小、数量减少和功能降低，给机体生命活动会带来不利。不过，各种器官都具有一定的调节和代偿能力。所以如果是轻度萎缩，不发生在重要器官，也不一定出现功能降低的临床症状；但萎缩如果是重度或发生在生命重要器官时，则可引起严重的后果。例如，一般的肌肉萎缩不至于造成机体的死亡，但是如果是心肌萎缩的话，则很可能发生致命的危险。

二、肥　大

由于细胞的功能亢进，合成代谢超过分解代谢，水生动物的组织和器官实质细胞的体积增大，但也可伴有实质细胞数量的增加，发生组织器官体积的增大现象，称为肥大。细胞体积增大的基础是细胞内合成了较多的细胞器。一般组织器官的肥大常伴有细胞数量的增加

（增生），但是心肌、骨骼肌的肥大不伴发增生现象。

1. 生理性肥大　指的是适应生理功能的需要或由于激素的刺激引起的组织和器官的肥大。其特点是肥大的组织和器官体积增大、功能增强。例如，水生动物繁殖期性腺的肥大。

2. 病理性肥大　指的是由于疾病的发生，机体为了实现某种功能的代偿而引起相关组织器官的肥大。例如，病理状态下，甲状腺素分泌增多引起的甲状腺滤泡上皮细胞肥大等。病理性肥大可分为：

（1）*真性肥大*　指的是组织、器官的实质细胞体积增大，同时伴有功能增强的一种病理变化。这种肥大的组织器官具有适应疾病造成的功能负担增加或代偿某种器官功能不足的作用，故又被称为代偿性肥大。例如，鱼类的心瓣膜发生结构畸形，影响供血，为了保证供血量，心脏负担加剧，心肌运动加强引起心脏的肥大，其体积甚至为正常心脏的1倍以上。代偿性肥大的发生是组织和器官功能亢进所致，在一定程度上对机体是有利的，但如果是过度的放大或负荷超过极限的话，反而会引起组织器官的功能衰竭。

（2）*假性肥大*　指的是组织和器官间质的增生引起组织器官体积的增大现象。组织细胞由于受到增生的间质的挤压而萎缩。因此，发生假性肥大的组织器官虽然体积增大但其功能反而会降低。例如，在网箱养鱼中，过度投饵或饵料的脂肪含量不合理，引起脂肪在肝脏的过度积累，形成脂肪肝，肝脏肥大了，但肝的功能反而降低。

三、增　　生

增生指的是实质细胞通过分裂繁殖，使细胞数量增多并常伴有组织器官体积增大的病理变化。

1. 生理性增生　指在生理需要的条件下，组织器官由于生理功能的亢进而发生增生现象，但其增生的程度未超过正常限度。例如，繁殖期雄性金鱼的胸鳍上皮细胞出现增生性的结节“追星”现象等。当部分组织器官受损害后，其余部分细胞组织的代偿性增生也属生理性增生。

2. 病理性增生　由于致病因子的作用，造成水生动物组织器官超过正常范围的异常增生。例如，鱼类的鳃丝由于细菌、寄生虫的寄生引起上皮细胞的异常增生，鳃丝间隙变小形成“棒状鳃”，减少了鳃丝与水体的接触面积，影响了鳃丝的呼吸功能，从而影响机体其他组织器官的供血和供氧；当异物侵入珍珠贝外套膜后，外套膜分泌珍珠质的上皮细胞增生包裹异物形成天然的珍珠现象；海水鱼类的刺激隐核虫病、淡水鱼类的小瓜虫病，寄生虫寄生部位的组织细胞增生形成的白色结节现象（俗称“白点病”）。

肿瘤细胞增多所致的肿瘤性增生也属于病理性增生范围，但习惯上狭义的增生多指良性非肿瘤性病变。

增生与肥大是两个不同的概念，但实际上组织器官增生的同时常伴有肥大现象。由于适应生理需要而发生的增生或组织器官损伤后的代偿性增生，能够增强或补偿局部代谢、功能上的改变，对水生动物机体是有益的。但是，病理性增生则对机体有害。

在水生动物发生炎症的部位，由于实质细胞和间质细胞的增生，具有限制炎症扩散和促进组织修复的作用，而且造成组织器官增生的刺激因子一旦消除，增生现象就会停止，这点与肿瘤细胞持续增生有很大的区别。

四、化　　生

引起组织化生的原因比较复杂，主要有慢性炎症、机械性刺激、某些营养物质的缺乏、激素、肿瘤、某些化学物质等的作用和对环境条件的适应。化生是局部组织在病理情况下的一种适应性表现，在一定程度上对机体是有益的，但有时化生的细胞可以转变为恶性肿瘤。

1. 直接化生　指的是一种组织细胞不经过细胞的增殖直接变成另外一种类型组织细胞的化生。例如，结缔组织中的疏松结缔组织化生为骨组织；有些鱼类的上皮细胞会化生为毒腺细胞、发电细胞、发光细胞；贝类的滤泡生殖上皮细胞化生为生殖细胞等现象。

2. 间接化生　指的是一种组织通过新生的幼稚组织而变成另外一种类型组织的化生。其通过细胞增生来完成的，增生时先形成不成熟的细胞，在新的环境条件和新的功能要求下，按新的方向分化成为不同于原组织的另一类型组织。例如，鱼类对皮肤柱状上皮化生为复层鳞状上皮；又如我国南方水域人工养殖鲟的心外膜囊肿症，其心外膜上皮细胞化生为囊肿细胞。

第二节　再　　生

一、概　　念

机体内死亡的细胞和组织可由新生的健康细胞代替和修复，这种细胞的新生叫再生。水生动物属于低等动物，其再生能力比较强，有的种类失去一个器官还能再长出一个与原来的形态和功能相同新的器官。例如龙虾、蟹类失去一只螯足还可以重新再生出来；切除蝾螈的一条腿，它可以再生出新腿来；水螅的身体碎片能再生成完整的机体；还有常见的肌肉伤口或骨折的愈合；鱼类的鳃只要基部尚存，还可长出新的鳃丝。再生是通过原有健康细胞的分裂增殖来实现的，再生是机体在进化过程中获得的一种适应性反应。再生可分为生理性再生和病理性再生两类。病理性再生是因损伤而引起的再生，如上述伤口愈合或骨折后重新接合的再生，或称补偿再生。

1. 生理性再生　指在正常生命活动过程中所发生的再生，表现为衰老和消耗的细胞不断被新生的细胞所补偿。例如，在正常的生理条件下，血液中的血细胞、表皮细胞、消化道黏膜的上皮细胞等都经常地趋向于衰老和消耗，但这些细胞都又不断地通过再生得以补充。新生的细胞在形态和功能上都与衰亡的细胞完全相同，这是组织内经常存在着的一种“新陈代谢”，通过这种“新陈代谢”，使各器官组织得以不断地更新，以维护各器官组织所固有的形态和功能。

2. 病理性再生　指在病理条件下所发生的一种旨在修复病理性损伤的再生现象，有以下两种形式：

（1）完全再生　新生的组织能恢复其原来所具有的结构和功能时，称为完全再生。这只在再生能力较强的组织（如上皮组织），而且其所受的损伤面积比较小的条件下才能实现。例如，皮肤和黏膜上皮发生较小损伤后，一般都可以通过再生达到完全修复的程度。

（2）不完全再生　如缺损部位的面积较大，受损组织的再生能力较弱，损伤的细胞种类较多，则再生的细胞成分与原来的不完全相同，不是由原来组织的再生，而是由新生的结缔组织来修复，随后形成疤痕组织，称为不完全再生，又称瘢痕修复。当中枢神经组织或心肌损伤后，其修复多为这种形式。例如，海水鱼类的病毒性神经坏死症的神经组织细胞死亡就是结缔组织所替代，其组织的显微观察呈空泡状。这种再生仅起填补缺损的作用，受损组织的原有功能得不到补偿。

二、影响细胞再生的因素

细胞死亡和其他因素引起的细胞损伤，皆可刺激细胞增殖。作为再生的关键环节，细胞的增殖在很大程度上受细胞外微环境和各种化学因子的调控。细胞外基质在任何组织都占有相当比例，它的主要作用是把细胞连接在一起，借以支撑和维持组织的生理结构和功能，从而影响细胞的再生。尽管不稳定细胞和稳定细胞都具有完全的再生能力，但能否重新构建为正常结构尚依赖细胞外基质（ECM），因为 ECM 可影响细胞的形态、分化、迁移、增殖和生物学功能。由其提供的信息可以调控胚胎发育、组织重建与修复、创伤愈合、纤维化及肿瘤的侵袭等。过量的刺激因子或抑制因子缺乏，均可导致细胞增生和肿瘤的失控性生长，因此，ECM 在细胞再生过程中具有重要作用。

影响再生能力强弱的因素主要有：

1. 种系发生　一般越低等的动物再生能力越强。在脊椎动物中鱼类具有特别高的再生能力，鱼类的鳃只要不破坏到基部就可再生，但速度较慢，鱼苗需 2～3 周，2～3 龄的鲤则要 1 年；蟹类螯足断掉后，还可以长出新的螯足，但不如原有螯足强壮；切除蝾螈的一条腿，它可以再生出新腿来。

2. 细胞的分化程度　一般细胞分化性越高，再生能力越弱，如心肌、神经细胞的再生能力很弱。但也有例外，如上皮分化性高，再生能力却很强；而软骨组织分化性低，再生能力也很弱。

3. 个体发育　年幼动物的再生能力强，这与幼年动物的同化过程占优势、血液供应良好和生长能力茁壮等有直接关系；反之，年老个体的再生能力就比较弱。

4. 机体状况　机体的营养、内分泌及血液循环状况等对再生都有明显影响，个体越健康，再生能力也就越强。

三、各种细胞组织的再生

体内各种组织的细胞再生能力是不同的，根据其再生能力可分为：

1. 不稳定型细胞的再生　不稳定型细胞是指在整个生命活动过程中不断地衰老或脱屑，同时又不断地分裂增殖以补充其消耗的细胞，这类细胞的再生能力很强。如皮肤和黏膜的被覆上皮细胞、血细胞等。皮肤和黏膜的复层鳞状上皮在病理情况下，部分上皮受损脱落后，由创缘或底部的基底层细胞分裂增生，向缺损中心迁移，先形成单层上皮，后增生分化为鳞状上皮将缺损处覆盖。其先决条件是上皮下要有存活而完整的支持组织，如受损达到深层组织时，通常先由新生的结缔组织填补其缺损后，上皮细胞才开始再生和覆盖缺损。血细胞的再生能力很强，当机体的造血器官出现造血功能亢进，血细胞大量的分裂增殖，形成新生的血细胞进入血液。鱼类的脾脏、肾脏等都是具有造血功能的器官。

2. 稳定型细胞的再生　稳定型细胞具有强大的潜在再生能力，它们在一般情况下不再生，一旦受到损伤或刺激即可再生。腺上皮再生因受损伤状态而异，当腺体基底膜未被破坏，可由残存的细胞进行分裂补充，形成和恢复原来的腺体结构；但腺体构造（包括基底膜）完全被破坏时则难以再生。例如，腺上皮细胞、结缔组织、血管、软骨以及骨骼等间叶组织；肝脏细胞出现大量坏死，其网状的结构被破坏，但肝细胞的再生可形成结构紊乱的肝细胞集团（假肝小叶），肝功能得到一定的代偿；毛细血管的再生是由原有毛细血管以出芽的形式进行的，即原有的毛细血管内皮细胞肿胀、分裂增殖，形成向外突起的幼芽，幼芽伸展成内皮细胞条索并彼此相连，条索在血液的冲击下形成腔隙，逐渐形成新生的毛细血管。

3. 固定型细胞的再生　固定型细胞是指一些再生能力很弱的细胞，损伤后一般不能完全再生。例如，神经细胞一般无再生能力。中枢神经系统的神经细胞坏死后，通常由神经胶质细胞再生形成胶质的疤痕。患病毒性神经坏死症的海水鱼类的神经组织细胞坏死后被结缔组织所替代，因此其组织切片观察可见神经组织有许多的空泡。肌肉细胞的再生能力很弱，仅在轻度损伤时可以再生。横纹肌肌膜的存在、肌纤维未完全断裂时，可恢复其结构；平滑肌有一定的分裂再生能力，主要是通过纤维瘢痕连接；心肌再生能力极弱，一般是瘢痕修复，如果严重损伤，则只能由结缔组织所取代。但蟹类断肢的再生现象则恢复了肌肉和神经等组织，其再生的机理目前尚不清楚。

第三节　修　复

水产动物在其长期种系发展过程中，获得适应不断改变的外界环境条件的性能。适应与修复是机体对环境条件改变、各种刺激以及体内功能和结构被破坏所呈现的具有适应意义的反应，这些反应是在进化过程中逐渐形成和完善的，它们在保证水生动物的生存和发展上起着极为重要的作用。无论在生理条件下维持动物机体的正常生命活动，或在病理条件下出现抵抗障碍或损伤的抗病反应，都是以机体的适应与修复反应为基础的。

机体的适应与修复反应有多种表现形式，其中包括屏障功能、免疫反应、代偿及修复等。这些反应总是同致病因子的刺激、体内的功能障碍和结构的破坏过程相互联系，彼此对立地进行着。正是由于这些反应的出现，才使动物机体有可能消除各种致病因子的作用及疾病时的各种障碍和损伤，从而在病理条件下得以存活，并最后恢复健康。

一、肉芽组织的概念

肉芽组织是由毛细血管内皮细胞和成纤维细胞（纤维母细胞）分裂增殖所形成的富含毛细血管的幼稚阶段及一定数量的炎性细胞等有形成分的纤维结缔组织。

二、肉芽组织的结构和功能

肉芽组织的形态特点如下：

1. 肉眼观察　肉芽组织的表面呈细颗粒状，鲜红色，柔软湿润，形似嫩肉。

2. 显微观察　肉芽组织的基本结构为：

（1）大量新生的毛细血管，平行排列，均与表面相垂直，并在近表面处互相吻合形成弓状突起，呈鲜红色细颗粒状。

（2）新增生的纤维母细胞散在分布于毛细血管网络之间，很少有胶原纤维形成。

（3）多少不等的炎性细胞浸润于肉芽组织之中。

（4）肉芽组织内常含一定量的水肿液，但不含神经纤维。

第三单元　血液循环障碍

血液循环是水生动物机体的重要生理功能之一。通过血液循环向各器官组织输送氧和各种营养物质，同时不断从组织运走二氧化碳和各种代谢产物，以保证机体物质代谢的正常进行。一旦血液循环发生障碍，则将引起各器官的代谢紊乱、功能失调和形态改变。所以，血液循环与其他各种病理过程的关系十分密切。

血液循环障碍可分为全身性和局部性两类。全身性血液循环障碍是由于心脏血管系统的疾病或血液本身状态的改变所造成的波及全身各器官的血液循环障碍；局部血液循环障碍则是指机体某一局部或个别器官发生循环障碍的现象。虽然两者在表现形式和对机体的影响上有所不同，但两者之间常存在着密切的联系。本单元着重讨论局部血液循环障碍，其表现形式是多种多样的，可表现为血流速度和血量的变化、血液性状的改变、血管壁完整性的破坏等。

第一节　充　血

一、概念和类型

局部组织和器官的血管扩张，含血量超过正常值称为充血。按其发生的原因和机理不同可分为动脉性充血和静脉性充血两种。

二、原因和病理变化

（一）动脉性充血

凡由动脉流入某局部的血液过多，而静脉流出的血量正常，导致该组织器官的含血量超过正常值，称为动脉性充血，简称充血。由于其发生是由小动脉扩张而引起，故又称主动性充血。这种充血的发生较快，消失也快，故属急性充血，具有提高局部组织的生理功能和抗病能力的作用，所以具有积极防御的意义。

1. 原因和类型　引起充血的原因很多，可分为：

（1）生理性充血　当器官、组织活动增强时，流经该处的动脉血量增多，因而充血。如进食后的胃肠道充血及运动时的肢体充血等，鱼类体侧的红肌富含毛细血管而呈红色等。

（2）*病理性充血*　是在致病因子作用下发生的。炎症充血：引起炎症的病因都可引起充血，仅强度有所不同，充血往往是炎症的早期病理变化之一。减压后充血（又叫贫血后充血）：当局部组织的动脉因长期受压而缺血时，管壁紧张力及弹性丧失，若突然解除压力，则该部动脉可迅速扩张、充血。如深水性鱼类被钓出水面后，由于环境压力突然下降，则原受压的动脉突然发生扩张、充血，表现在眼球的突出和充血等。侧支性充血：局部缺血组织的周围吻合支动脉的扩张充血。侧支性充血可使缺血部分免于梗死，具有代偿作用，对机体是有利的。

2. 充血的发生机理　充血的发生机理基本上是神经性的，当血管舒张神经兴奋或血管收缩神经兴奋减弱时，血管就扩张充血。调节血管平滑肌紧张度的神经主要是缩血管神经纤维。当病因作用于各种感受器，反射性地使缩血管神经发生抑制，神经冲动发放率减少，导致血管扩张而充血；另外，皮肤和黏膜受刺激时能通过神经轴突反射而引起血管扩张和充血。充血的发生除上述神经反射性机理外，血管壁本身状态的改变也起着一定的作用，如当病原直接作用时（通常在炎症的过程中），构成血管壁的各种组织成分在生物活性物质（如组胺、多肽、腺苷酸、腺苷等）的直接损害下，可以使血管平滑肌的紧张度下降，导致血管的扩张。由此可见，在疾病发生的不同阶段，充血的发生机理也有所不同。

3. 充血的病理变化　局部小动脉扩张、充血，开放的毛细血管增多，局部血量增多，血流速度加快，血液富含氧气，故局部组织、器官呈鲜红色，且体积稍增大、功能增强。

（二）静脉性充血

简称瘀血，由于静脉回流受阻，血液瘀积在小静脉和毛细血管内，引起局部器官或组织的含血量增多，称静脉性充血。因这种充血是由于静脉回流受阻所引起，故又称为被动性充血。静脉性充血常是缓慢发生的，持续时间也长，故属慢性充血。

1. 原因　与动脉性充血不同，静脉性充血都是病理性的。

（1）静脉受压使管腔狭窄或闭塞，致静脉回流受阻。如肿瘤、寄生虫、异物等压迫局部静脉，引起相应部位瘀血。

（2）静脉腔内受阻，如静脉腔内血栓形成、栓塞或静脉内膜炎引起内膜增生，均可导致管腔阻塞而引起静脉血液回流受阻。但必须指出，静脉也有丰富的吻合支，故某一静脉的阻塞，血液可经侧支回流，并不会发生瘀血，只有当侧支也受阻塞时，才会引起瘀血。

2. 病理变化　具有红细胞的鱼、鳖类的瘀血组织呈暗红色或蓝紫色；而虾、蟹和贝类等水生无脊椎动物血液成分没有红细胞，这种现象则不明显，仍然是无色的。瘀血的体积肿大，功能减退，严重时可引起出血。瘀血组织因各级静脉特别是小静脉和毛细血管的血液回流障碍而扩张、充满血液。静脉回流不畅，必然妨碍动脉血的灌注，从而使局部动脉血液的含量减少。同时因血流缓慢，又使血氧过多地消耗，因而血中还原血红蛋白显著增多，血管内充满着暗红色的血液，使局部组织呈暗红色或蓝紫色。由于局部组织缺氧，氧化过程降低，故功能减退。同时因局部血量增加，静脉压升高；因缺氧，氧化不全代谢产物的蓄积引起毛细血管壁通透性增大，使血浆外渗，形成局部瘀血性水肿，故瘀血都造成体积肿大。当血管壁受损时，还有红细胞渗出，称为瘀血性出血。

三、对机体的影响

1. 动脉性充血　充血是机体的防御、适应性反应之一。充血对机体的影响，常因充血的持续时间和发生部位的不同而不同。一般来说，轻度、短时的充血对机体是有利的，因充血时，由于血流量增加和血流速度加快，一方面可以输送更多的氧气、营养物质、白细胞和抗体等，从而促进新陈代谢，增强组织的防御能力；另一方面，可将病理产物迅速排出，对消除病因和恢复组织功能均有积极作用。一旦病因消除，充血现象很快消失。但病因作用较强或持续时间较久，由于致病因素的持续刺激和代谢产物的蓄积，可能造成血管壁本身营养状态的恶化，血管壁的紧张度下降，甚至丧失，血流逐渐减慢。如果病情进一步加重，血管壁可能陷于完全麻痹，血流因而更加缓慢，血管内液体成分外渗，因而血液黏稠，红细胞黏集成串，最后血流完全停止，发展为血流停滞。此外，充血往往由于局部血压升高及血管壁本身的损伤，而引起富有蛋白成分的液体大量外渗（水肿），以及红细胞的漏出（出血）。如果充血发生在脑部，虽时间不长，强度不大，但后果则是严重的。

2. 静脉性充血　因瘀血时间的长短、瘀血部位的不同而不同，而静脉血中有许多有毒的中间代谢产物，且缺氧和营养物质，静脉性充血较动脉性充血的危害更大。短时间的瘀血，在除去原因或形成侧支循环后，瘀血可消退。如果瘀血的原因长期存在，则不仅可引起瘀血性水肿、瘀血性出血，瘀血的组织由于缺氧和氧化不全代谢产物的蓄积可促使组织代谢障碍进一步发展，还可使实质细胞发生萎缩、变性甚至坏死。长期瘀血，可使局部组织因严重缺氧及细胞崩解产物的刺激而使局部纤维结缔组织增生，间质的网状纤维亦可胶原化，从而使器官变硬，称为瘀血性硬结。严重瘀血而致局部血流停止，可促使血栓形成。

第二节　出　　血

一、概念和类型

正常鱼类的血液只存在于心脏、血管内，如果血液（主要指红细胞）从血管或心脏流至组织间隙、体腔内或身体外面，称为出血。血液流出体外，称为外出血；血液流入组织间隙或体腔内，称为内出血。而虾、蟹和贝类等无脊椎水生动物的血液循环是开管式，在器官组织中存在动、静脉血交汇的血窦，其相关研究尚未深入。

二、原因和病理变化

1. 出血的原因　血管壁被损坏是出血的直接原因。

（1）破裂性出血　由于心脏或血管壁破裂所引起的出血，见于外伤、炎症和肿瘤的侵蚀，或在心脏、血管壁发生某种病理变化的基础上，血压突然升高时。破裂性出血可发生于各种血管和心脏，常发生于机体的某一局部器官组织，很少是全身性的。

（2）渗出性出血　血管虽无破裂处，但由于血管壁通透性增高，红细胞通过管壁漏出血管之外，称为渗出性出血。渗出性出血只发生于毛细血管、小静脉及小动脉。一般认为毛细血管的通透性增高与血管的嗜银膜、黏合质和内皮细胞的改变有关，这些结构的损害，用光学显微镜检查常不能见到；但在电镜下，则可见血管壁出现许多比正常情况下大的小孔或裂隙。

2. 病理变化与结局　因出血的血管种类、局部组织的特性以及出血速度不同而异。动脉管的破裂性出血，由于血压高、血流急、出血量多，从而压迫周围组织，往往形成血肿。毛细血管出血，多形成小出血点（瘀点）或出血斑（瘀斑）。例如，患弹状病毒症牙鲆的皮肤出现点状的出血现象，鲤春病毒血症的鳔点状出血，草鱼病毒性出血症的肌肉出血现象等。由于出血部位的不同也有不同名称，如腔内出血叫积血，组织内出血叫溢血。

在组织内少量出血，可被吞噬细胞吞噬后运走，不留痕迹地完全被吸收；较大的组织内出血，则红细胞被吞噬细胞吞噬，其中血红蛋白的血色素部分与球蛋白分离，血色素再分解为褐色的含铁血黄素与金黄色的橙色血质，这些色素可能被吸收、运走而消失，或停留于组织中；较大的出血灶不能被完全吸收时，被肉芽组织取代，形成疤痕，或被肉芽组织包裹。

三、对机体的影响

出血对机体的影响取决于出血的部位、出血量、出血的速度和出血的持续时间。当心脏或大动脉破裂而出血时，由于血压高、血流急速，可引起急性大失血，其后果是严重的。在出血原因没有消除时，出血量达全血量的 1/3～1/2，可引起失血性休克；出血量超过全血量的 2/3，而机体代偿功能又不足时，可由于脑及心脏缺氧而引起死亡。少量而长期持续的出血，虽不会引起急性死亡，但可引起全身性贫血及器官的物质代谢障碍，对机体的影响也是严重的。一般体表小血管破裂出血，可因血管破裂处发生反射性收缩，管腔狭窄，加上血栓细胞破裂，可使血液发生凝固，形成血栓而止血，对机体影响不大。但如出血发生在脑部或心脏，即使是少量出血，也会造成严重后果，甚至危及生命。

第三节　贫　　血

一、概念和类型

水生动物的贫血主要指是水生脊椎动物的血细胞数和血红蛋白低于正常值，鱼类的血红细胞肉眼观察呈红色，一般通过观察鳃丝是否褪色，即可判断。通过取血样进行离心后沉淀血细胞与血清柱的比值也可以判断是否贫血，但不同的鱼类品种其标准值有差异。肉眼观察无脊椎动物的虾蟹类、贝类的血液，由于没有红、白细胞之分，不易肉眼判断是否出现贫血现象。出血、溶血、营养不良、造血功能障碍等情况均可能发生贫血现象。局部动脉血液供应不足，使机体局部组织或器官的血量少于正常量，造成局部贫血，其又称为局部缺血。

二、原因和病理变化

1. 动脉痉挛性贫血　由于环境温度的变化、外伤、有毒化学物质等的影响，造成动脉痉挛，小动脉管壁的平滑肌，因缩血管神经兴奋而发生强烈的收缩，造成管腔持续性狭窄，导致血液流入减少乃至完全停止所引起的贫血。

2. 动脉阻塞性贫血　由于中、小动脉管壁增厚（慢性小动脉炎和小动脉硬化等）或血管内被某些异物（血栓形成、各种栓子）所阻塞而引起管腔狭窄或闭塞所致。这类阻塞除了有其机械性作用外，通常也伴发血管壁的反射性痉挛，后一因素的出现，就有可能加重其贫血程度。

3. 动脉压迫性贫血　这是由于血管壁受某种外力压迫而引起的局部贫血。如动脉周围的肿瘤、寄生虫、异物、疤痕、积液及动脉结扎或扭曲等都可引起这类贫血。

4. 出血性贫血　机体由于大量出血引起的贫血现象，例如水生动物的体内外出血症状都可以造成机体的贫血。

5. 溶血性贫血 由于病毒或细菌的感染引起的溶血症，同时也会造成机体的贫血现象。例如，由嗜水气单胞菌、温和气单胞菌、鲁氏耶尔森菌和产碱假单胞菌等多种革兰氏阴性杆菌感染引起草鱼、鲫、鲢等淡水鱼类出现鳃、肾、肝颜色明显变淡的贫血现象。

6. 营养性贫血 由于饲料的营养配方不合理、长期饥饿等造成鱼类的营养不良而引起的贫血现象。

7. 造血功能障碍性贫血 由于病毒、细菌等病原体的感染，鱼类、蛙、鳖类的造血器官受损、造血功能障碍引起的贫血现象。

三、对机体的影响

1. 动脉的阻塞程度 动脉轻度阻塞所导致的部分组织缺血，可引起该组织色泽苍白，功能降低；一些对缺血、缺氧较敏感的实质性细胞可发生变性或萎缩；如果血流完全断绝，则可导致该组织坏死，称为梗死。

2. 动脉管腔发生狭窄或闭塞的速度和持续时间 突然而急速的缺血，侧支循环来不及建立，其后果要比逐渐发展起来的缺血严重；短时间缺血，由于组织缺氧程度不深，一旦病因消除后，可迅速恢复其功能和结构。

3. 受损害的动脉适应 受损害的动脉能否迅速、充分地建立起侧支循环，直接影响着组织的供血状态，如侧支循环能迅速、充分地建立，缺血组织马上可得到血液的补偿性供应，就有可能恢复其原有功能。瘀血的组织发生动脉闭塞时，由于局部血压较高，侧支循环难以形成，组织可因缺血而坏死，此时血管壁亦因受损而伴发出血，因此可发生出血性梗死。

4. 受累组织对缺氧的耐受性 各种组织对缺血、缺氧的敏感性不同，缺血所致的后果也不一样，神经细胞对缺氧最敏感，心肌也很敏感，肾脏中以肾曲管上皮细胞对缺氧最为敏感，而皮肤、骨骼肌和结缔组织等则对缺氧有较强的耐受性。

第四节 梗 死

一、概念和类型

任何原因出现的血流中断，局部组织因缺氧而发生的坏死，称为梗死，其形成过程称为梗死形成。最常见的原因是由于动脉阻塞，而又不能建立有效的侧支循环，使局部组织缺血、缺氧而坏死。但静脉的阻塞，使局部血液瘀滞，组织虽不缺血，也可因缺氧而引起梗死。发生梗死的组织，其相应的功能丧失，对机体的影响视其类别、部位、大小、侧支循环状态及有无细菌感染等而异。梗死的类型有：

1. 血管阻塞 血管阻塞是梗死发生的主要原因。绝大多数是由血栓形成和动脉栓塞引起。动脉血栓栓塞可引起脾、肾和脑的梗死。

2. 血管受压闭塞 见于血管外肿瘤的压迫，造成静脉和动脉受压等引起的梗死。

3. 动脉痉挛 血管硬化时发生持续性痉挛，可引起心肌梗死。

4. 未能建立有效的侧支循环 血管阻塞后不能及时建立有效的侧支循环导致肝、肾、脾及脑发生梗死。

5. 局部缺血和全身血液循环障碍　局部组织的缺血，如心肌与脑组织对缺氧比较敏感，短暂的缺血也可引起梗死；而全身血液循环障碍引起贫血或心脏功能不全的状态下，可促进梗死的发生。

二、原因和病理变化

一般小的梗死部位，机体可自溶软化而吸收；稍大的梗死灶，首先于坏死灶周边发生反射性充血，其后白细胞渗出和巨噬细胞增生，并向病灶集中，两者共同完成溶解吸收坏死物的任务，最后坏死灶被新生的肉芽组织所取代，形成灰白色稍凹陷的疤痕组织；梗死灶不能被完全机化时，中央部分可以被钙化。如果梗死灶内有病原菌，则可继发化脓或腐败溶解，后果较严重。一般器官（如肾、脾等）发生小的梗死灶，其丧失的功能可由健康组织代偿，而不引起明显的障碍；较大范围的梗死，则会造成该器官不同程度的功能障碍。但在心、脑等生命重要器官发生梗死时，虽然梗死灶并不很大，但往往可引起机体器官的功能严重障碍，甚至死亡。

心、肾、脾和肝等器官的梗死为凝固性坏死，坏死组织较干燥、质硬、表面下陷。脑梗死为液化性坏死，新鲜时质软疏松，日久后可液化成囊。梗死的颜色取决于病灶内的含血量，含血量少时颜色灰白，称为贫血性梗死；含血量多时，颜色暗红，称为出血性梗死。

三、对机体的影响

梗死对机体的影响取决于发生梗死的器官、梗死灶的大小和部位。肾、脾的梗死一般影响较小，一般不影响其功能；肠梗死常出现腹膜炎的症状；心肌梗死影响心脏功能，严重者可导致心力衰竭甚至猝死；脑梗死出现其相应部位的功能障碍，梗死灶较大则可致死。梗死灶形成时，引起病灶周围的炎症反应，血管扩张充血，有中性粒细胞及巨噬细胞渗出，继而形成肉芽组织。小的梗死灶可被肉芽组织完全取代（机化），日久变为纤维疤痕。大的梗死灶不能完全机化时，则由肉芽组织包裹和转变成的疤痕组织，其病灶内部可发生钙化。脑梗死则可液化成囊腔，周围由增生的胶质疤痕包裹。

第四单元　炎　症

第一节 概　述

一、定　义

炎症是致炎因子对机体的损害与机体抗损害的反应过程，是机体在各种致炎因子及局部损伤所产生的以血管渗出为中心的、以防御为主的应答性反应。在水生动物中，脊椎动物的鱼类较无脊椎动物的虾蟹、贝类进化程度更高，其防御反应机制也较为完善。炎症是许多常见疾病的基本病理过程。因此，充分认识炎症的本质、类型和特点，掌握其发生、发展和转归的基本规律，无论在理论上或实践上都有重要意义。炎症的基本变化是局部组织的变质、渗出和增生。在水生动物中鱼、鳖、蛙类的临床诊断症状，表现为炎症，除局部出现红、肿、痛及功能障碍外，还伴有不同程度的全身反应，如白细胞增多、特异性抗体形成等；而水生动物中的虾、蟹和贝类的临床诊断症状则不明显。

二、炎症的原因

引起炎症的原因是多种多样的，凡是能引起组织损伤的内源性、外源性因素都能引起炎症。其原因可分为：

1. 物理性损伤　高温、低温、放射性损伤及电击等。

2. 机械性损伤　摩擦、挤压、互残等所致损伤。

3. 化学性损伤　外源性化学物质如强酸、强碱、农药和某些有毒物质等；内源性毒性物质如组织坏死所生成的分解产物，以及在某些病理条件下堆积在体内的代谢产物（尿酸、尿素）等。

4. 生物性致炎因子　如病毒、细菌、支原体、立克次体、霉菌、螺旋体、寄生虫等。

5. 抗原抗体反应　如各种免疫性疾病和变态反应性炎症等。

上述5种致炎因素只是炎症的外因，它们作用机体后，能否发生炎症反应，以及炎症反应的强弱等，还要取决于机体的感受性、反应性和抵抗力等许多方面。一切致炎因子作用于机体时，必须首先为机体所感受，引起机体防御装置的反应，才能产生炎症反应。当细菌侵入局部组织后，如机体抵抗力很强，可立即将细菌杀灭，而不发生明显的炎症反应；只有当机体抵抗力较低，或细菌侵入很多时，不能把侵入的细菌立即完全消灭，机体和侵入的细菌在一个时期内相互斗争，才发生炎症；如机体抵抗力非常差，则局部可能没有炎症反应，可引起了严重的全身影响（如败血症）；当机体的反应性过于剧烈，如在机体受某种病原作用而处于过敏状态时，若再次遇到这种病原，则可发生过敏性炎症，此时可有明显的组织坏死或血管反应。过敏性炎症的出现，一般并不是反映机体防御能力的增强，而是机体病理性反应增强的表现。当机体的抵抗力下降时，微弱的刺激也可能成为炎症的病因，例如在正常情况下，荧光假单胞菌不引起鱼患赤皮病，但在鱼体受伤、抵抗力降低时，可引起鱼发病。由此可见，改善饲养管理、增强机体的抵抗力，是防治炎症（疾病）的根本措施之一。

第二节 细胞与介质

一、炎症细胞的种类和主要功能

(一) 中性粒细胞

鱼、鳖、蛙类的中性粒细胞又称小吞噬细胞，是炎症反应中最活跃的一种细胞，具有较强的消炎作用，其细胞核呈肾形、杆状或分叶状。其细胞质含中性颗粒，该颗粒中含酸性水解酶、中性蛋白酶、溶菌酶等多种酶。中性粒细胞活动能力很强，当其进入炎症部位，出现脱颗粒现象，所以在炎区的中性粒细胞常常只见其细胞核。

中性粒细胞的主要功能：

(1) 具游走和吞噬能力，在非酸性的环境中能吞噬大多数的病原菌和细小的细胞组织崩解物质。

(2) 该细胞溶菌酶中的阳离子蛋白可促进血管壁通透性升高和对单核细胞有趋化作用。

(3) 中性蛋白酶能引起组织损伤和促进脓肿形成。

(二) 嗜酸性粒细胞

鱼、鳖、蛙类的成熟嗜酸性粒细胞核多分为两叶，呈“八”字形；细胞质中具有丰富、粗大的嗜酸性颗粒，该颗粒富含多种水解酶（如组胺酶、组织蛋白酶、过氧化氢酶等），但不含溶菌酶和吞噬素。在寄生虫引起的炎区内，嗜酸性粒细胞释放物可附着于虫体表面，具有一定的杀虫和吞噬能力。该细胞可游走于机体各炎症部位，作为鱼、鳖、蛙类炎症部位诊断的指标之一。例如石斑鱼胰脏坏死部位常可见该细胞的出现，该细胞 HE 染色后，细胞质中出现小型的嗜酸红色颗粒。

(三) 嗜碱性粒细胞

鱼、鳖、蛙类的嗜碱性细胞来源于血液，细胞大小不一，细胞质中含有 HE 染色呈深蓝色的嗜碱性颗粒，该细胞具有一定的免疫功能。一般出现在变态反应性炎症中。

(四) 淋巴细胞

鱼、鳖、蛙类的淋巴细胞为球形，是血液中较小的细胞，淋巴球只有红细胞体积的1/3～1/2，细胞核圆形或椭圆形，位于细胞的中央，占据细胞体积的 70%～80%。细胞核染色质丰富，吉姆萨染色为浓紫红色，其构造不明显。细胞质为嗜碱性，虽被染成浓青色，但与细胞核相比则着色甚浅，有时尚不易辨认。核的周围大多可见到明显的轮廓。活体标本极少见到其游走性，但偶尔可见到伪足伸出。淋巴细胞是白细胞中数量最多的种类，可占白细胞总量的 70%～90%。

(五) 单核巨噬细胞

鱼、鳖、蛙类的单核巨噬细胞又称大吞噬细胞，该细胞体积较大，呈多形性，常有伪足样突起，细胞核呈肾形或折叠弯曲的不规则形，染色体颗粒纤细而疏松，着色较浅，细胞质中富含大小、致密度、形态和功能不一的颗粒（溶酶体）。该细胞的功能有：

(1) 吞噬大病原体、组织分解物、凋亡细胞及异物。

(2) 形成上皮样细胞和多核巨细胞。

(3) 细胞毒作用。通过与靶细胞的接触而杀伤靶细胞，该细胞常出现在炎症后期、慢性炎症、病毒和细菌感染时。例如，在患虹彩病毒症的海水鱼的脾脏中，可观察到由该细胞形成的吞噬细胞群现象。另外，在坏死的肝、肾、脾的组织中也常可见该细胞的出现。在 HE 染色中该细胞及其释放的颗粒呈褐色。

（六）红血细胞

鱼、鳖、蛙类的炎症部位出现红血细胞，说明该炎症为出血性炎症，血管受损。

（七）虾、蟹类的血细胞

1. 虾蟹的血细胞　虾蟹类的血液又称血淋巴，由血细胞和血浆组成。血细胞体积占总血量的 1%以下。血细胞为卵圆形或椭圆形；根据细胞质中是否含有颗粒以及颗粒的大小而分为三类，即无颗粒细胞、小颗粒细胞及大颗粒细胞。无颗粒细胞又称透明细胞，核大且占细胞体大部分；细胞质少，薄层状包被细胞核外周，无颗粒状物质；可能为大颗粒细胞和小颗粒细胞的初始形态。小颗粒细胞细胞核清晰，略偏于一侧，细胞质中含有黑色小颗粒；为吞噬细胞，参与清理创伤及防御过程。大颗粒细胞细胞质中含有大量较大颗粒，折光性强，常使细胞核不易被观察到，核较小，位于细胞中央。参与凝血过程。

血浆为血液的主要部分，含有血蓝蛋白，为含铜的呼吸色素，非氧合状态下为白色或无色，氧合状态下呈蓝色，通常聚集为较大的分子。因此被称为“蓝色血液”。

血液的生理功能主要为物质合成、贮藏及运输。血液成分、物质浓度以及血量随蜕壳活动呈周期性变动，并参与渗透压及离子调节。在外界环境变化时和病理状况下常会发生形态及功能上的变化，如细菌感染的情况下，凝血时间将大大延迟。虾类的造血组织为外被结缔组织的系列结节，位于前肠背方额角基部及消化腺前方腹部，由其产生血细胞和血蓝素细胞，后者生成血蓝素并将其释放入血浆中。其他血细胞也参与血蓝素合成过程。

2. 贝类的血细胞　贝类的血液一般无色，内含变形状的血细胞。有些种类血液含有血红素，如泥蚶、魁蚶等；一般贝类的血液含血青素，如扇贝、牡蛎、文蛤等。因此贝类的血液为红色或青色。贝类的血细胞与节肢动物大致相同，具有大颗粒细胞、小颗粒细胞、透明细胞和特殊颗粒细胞。

二、炎症介质的概念和主要作用

炎症介质是指在致炎因子的作用下，局部细胞释放或由体液中产生参与炎症反应或引起炎症反应的化学物质。炎症介质可分为外源性（细菌及其内毒素）和内源性两种。

内源性炎症介质可分为体液（血液）源性和细胞源性两种。多数炎症介质通过与靶细胞的接触而发挥其生物活性作用。

1. 体液炎症介质的主要作用

（1）使平滑肌收缩。

（2）使微血管扩张和通透性升高，有利于白细胞渗出。

（3）增强感觉器官的兴奋性，具有致痛作用。

（4）在炎症后期细静脉通透性升高。

2. 细胞释放炎症介质的主要作用

（1）使细动脉、毛细静脉扩张。

（2）细静脉管通透性增强。

（3）对嗜酸性颗粒细胞有特异性的化学趋化作用。

（4）具一定的凝血作用。

（5）增强免疫细胞的吞噬能力。

（6）中性粒细胞释放的多种炎症介质有诱发炎症反应的作用。

第三节　炎症的类型、病理变化与结局

一、急性与慢性炎症

按炎症经过的时间长短分为：

1. 急性炎症　致炎因子的作用较强、起病急、病程短、局部症状明显，病变常以变质和渗出为主。

2. 慢性炎症　可从急性炎症转变而来，或因致炎因子的刺激较轻，并长期反复作用的结果。发病缓和、病程较长、症状较不明显，局部病变以增生为主。

3. 亚急性炎症　介于上述两种炎症之间。

二、变质性炎症

以组织细胞的变性、坏死为主要特点；而渗出和增生性变化则较轻微的一类炎症。其由各种毒物中毒、重症感染等所引起，变质性炎常呈急性经过，但有时亦可长期迁延，经久不愈。

1. 形态变化　变质性炎症可影响实质细胞和间质。心、肾、肝等实质器官发生炎症时，实质细胞的变质表现得较明显（变性或坏死），间质在炎症时也可出现肿胀、断裂、溶解、黏液样变或纤维素样变等改变。

2. 代谢变化　变质性炎症的变质不但在形态上表现为组织的变性、坏死等变化，且必然会影响局部的物质代谢，分解代谢的增强是发炎组织的一个代谢特点。在炎症早期，局部组织的耗氧量增加（可比正常时增加 2～3 倍），氧化过程增强，其后由于血液循环和酶系统功能障碍，耗氧量和氧的利用减少，形成各种氧化不全产物的堆积，引起炎症灶内的氢离子浓度升高。在炎症初期，这些酸性的代谢产物可通过血液、淋巴液、组织液中的缓冲系统的中和而得以代偿，不致引起组织酸中毒；但随着炎症的发展，氧化不全产物越积越多，碱贮备消耗殆尽，便出现局部组织的酸中毒，从而加重炎症局部组织细胞的变性和坏死。一般来说，炎症越急骤，酸中毒越明显（pH 可降至 5.6～6.5），而慢性炎症时，pH 降低不明显（pH 6.6～7.1），在炎症灶内分解代谢增强的同时，渗出或增生的细胞内某些酶的活性也常有不同程度的亢进，说明合成代谢也有所增强。

3. 引起炎症变质的机理

（1）致炎因子直接影响细胞代谢。

（2）炎症过程中的局部血液循环障碍，使局部组织缺氧。

（3）炎症局部，由于细胞和组织的崩解，以及蛋白质的降解，一些能分解组织和溶解坏死组织的酶被释放或激活，这些酶可促使组织变质、自溶。

（4）炎症灶内氢离子和钾离子浓度的升高，可以加重组织的变质。

变质性炎症的结局，轻者转向痊愈，损伤的组织细胞可经再生而修复，不留痕迹；长期不愈，则可导致间质结缔组织增生，甚至发生器官硬化；损伤特别严重时，可造成严重后果，甚至威胁生命。

三、渗出性炎症

以炎症灶内形成大量渗出物为特征，变质和增生现象常较轻微。这是由于血管壁的损害较重，有较大量的液体和细胞由血管内渗出所致。根据渗出液和病变的特点又可分为：

1. 浆液性炎症　渗出的主要成分是浆液，其中混有少量白细胞和脱落的上皮细胞或间质细胞。浆液中含有一定量的蛋白质，主要是白蛋白，也有少量纤维蛋白。浆液性炎常发生于疏松结缔组织、黏膜和浆膜等处，常见多量轻度混浊的或淡红色的浆液积聚在腔内或弥漫浸润于疏松结缔组织中形成炎性水肿，渗出物积累处的周围组织呈现明显充血。浆液性炎和其他类型炎症比较，是损伤最轻的一种，一般呈急性经过，但也有渗出液长期蓄积于腔内，呈亚急性或慢性经过的。这类炎症的结局，一般良好，炎症消退后，浆液性渗出物可完全被吸收，损伤的被覆细胞被再生修复，不留痕迹；但若病程长，渗出液过多，则可造成严重后果，甚至危及生命。例如，病毒性鲑腹水症和感染嗜水气单胞菌鲟的腹水症状。

2. 纤维素性炎症　是指渗出物中含有大量纤维蛋白的一种渗出性炎。纤维蛋白（又叫纤维素）来源于血浆中的纤维蛋白原，渗出后受到损伤组织释出的酶的作用，凝固成淡灰黄色。纤维素的大量渗出，表示血管壁受损程度较重，病变常发生在黏膜及浆膜等处。纤维素性炎通常是急性经过，炎症灶内的纤维素渗出物不多，可通过变性、坏死的白细胞释放出蛋白酶的作用而发生液化被吸收，浆膜或黏膜表面的被覆细胞损伤也易再生修复。但正常血清中含有抗蛋白酶，腹膜、心包膜等组织也都含有一定量的抗蛋白酶，当浆膜面上纤维素渗出较多，而蛋白酶的量相对较少时，不能将全部纤维素完全分解，则发生机化，引起相邻器官组织发生粘连。

3. 化脓性炎症　是以渗出物中含有大量中性粒细胞，并伴有不同程度的组织坏死和脓液形成的一种炎症。由化脓性细菌和一些化学物质等引起。化脓性炎病灶中的坏死组织被中性粒细胞或坏死组织产生的蛋白酶所液化的过程，称为化脓，所形成的液体称为脓液。脓液内含大量白细胞、溶解的坏死组织和少量浆液。在白细胞中多数为中性粒细胞，其次为淋巴细胞和单核细胞。在慢性化脓性炎症过程中，淋巴细胞和单核细胞在脓液中的数量可大大增加。在脓液内除少数白细胞还保持吞噬能力外，其余大多数均呈脂肪变性、空泡变性、核固缩，并进而细胞崩解。通常把脓液中变性和坏死的中性粒细胞称为脓细胞。由于炎性渗出物中的纤维蛋白被白细胞所产生的蛋白酶降解，所以脓液不会凝固。脓液一般为混浊的灰黄色凝乳状，有时呈白色、黄色、红色、灰黑色、青绿色等；有的稀薄如水，有的较黏稠。化脓性炎多为急性经过，在早期脓性浸润阶段，病因消除后，可逐渐康复。浅在性脓灶，坏死组织腐脱后，即形成糜烂或溃疡；组织深部的脓肿，自行穿破或切除后，所遗留的局部损伤，均需通过肉芽组织的增生而修复。化脓性炎症如关系到静脉和淋巴管，在机体反应性降低的状态下，病原体进入血流和淋巴流，在血液中大量繁殖，能引起致命的败血症或脓毒败血症。在某些条件下，化脓性炎症也可呈慢性经过。深部的脓肿，脓液不能外排时，在脓肿周围形成一层肉芽组织的被膜。鲍的脓包症轻度时足部形成隆起状，严重时脓液流出形成溃疡。

4. 出血性炎症　是以炎性渗出物中含有大量红血细胞为特征的一种炎症。出血性炎症的基础是血管严重损伤，常与其他类型的炎症混合存在，出血性炎症常见于某些传染病。出血性炎症一般呈急性经过，其痊愈后往往不良，由于病因作用强烈，常引起广泛性损害，如炎区内出血严重，动物可因贫血而致死。

上述各种类型的渗出性炎症，是根据病变特点和炎性渗出物性质划分的，但从各型渗出炎症的发生、发展来看，它们之间既有区别，又有联系，并且多半是同一炎症过程的不同发展阶段。

四、增生性炎症

以细胞、组织的增生为主要特征，而变质和渗出较轻微的一种炎症。增生性炎一般经过缓慢，所以多属慢性炎症，但也有呈急性经过的，如急性肾小球肾炎。增生性炎症可分为普通增生性（非特异性）炎症和特异性增生（肉芽肿性）炎症两种。

1. 普通增生性（非特异性）炎症　包括急性增生性炎症，其病程呈急性过程，主要病理特征为组织细胞的增生现象，变质和渗出较轻微。例如，鱼类肾脏被鱼醉菌感染后形成白点状的结节，属于急性增生性炎症现象；慢性增生性炎症以结缔组织增生为主要特征，并伴有少量的组织细胞、淋巴细胞、肥大细胞等浸润的炎症。增生的结缔组织含有成纤维细胞、血管、纤维等成分。慢性增生炎症常常造成器官组织的硬化，主要原因是结缔组织弥漫性增生，同时实质细胞萎缩。

2. 特异增生性（肉芽肿）炎症　特异增生性炎症又称肉芽肿炎症，其病理特征为肉芽组织增生现象，其原因是组织细胞持续受到致炎因子的刺激导致迟发型变态反应；是以在炎症部位形成具有特殊细胞和特殊的细胞排列、界限明确的结节状病灶为特征的慢性炎症。

肉芽组织的形成主要是病原体（病毒、细菌、真菌、寄生虫等）、不能被消化的异物长期刺激机体，造成慢性炎症；另外，以单核细胞浸润为主的炎症均可产生炎区的肉芽组织。肉芽肿炎症的常见类型有：

（1）*感染性肉芽肿*　由于病原体的感染引起的炎症，常常产生肉芽肿现象。干酪样坏死组织：无结构的粉红色染色区，内含坏死组织细胞、白细胞和感染细菌，这是细胞介导免疫反应的结果。上皮样细胞：在干酪样坏死组织周围出现大量的胞体较大、界限不清的细胞，细胞核呈圆形或卵圆形、染色质少甚至呈空泡状、核内有1～2个核仁，细胞质丰富、染色较淡，形似上皮细胞。这些细胞是巨噬细胞聚集变态而形成的。多核巨细胞：在上皮样细胞之间散在多核巨细胞，该细胞体积较大，核形与上皮样细胞相似。淋巴细胞：在上皮样细胞周围可见淋巴细胞浸润、成纤维细胞和胶原纤维。

（2）*异物性肉芽肿*　在肉芽肿组织中以不能被消化的异物为中心，周围有巨噬细胞、成纤维细胞等细胞。异物性肉芽肿一般很少有淋巴细胞的浸润。

五、炎症的临床诊断与结局

1. 炎症局部的临诊表现　鱼、鳖、蛙类的急性炎症时，局部常有红、肿、痛和机能障碍，其出现与炎症的基本病理变化是分不开的。

2. 炎症的全身反应

（1）*白细胞增多*　血中白细胞增多是机体的防御作用之一。急性化脓性感染时，血中以中性粒细胞增多为主；慢性肉芽肿时，以单核细胞增多为主；在一些慢性炎症及由病毒引起的炎症中，则常见淋巴细胞增多；某些变态反应性疾病和寄生虫病中，以嗜酸颗粒细胞为主。如病体抵抗力差或病原感染严重，则白细胞会减少。

（2）*网状内皮系统细胞增生*　这是防御反应的一种表现。常见的有脾肿大，肝、脾等的网状细胞和血窦的内皮细胞增生，其有很强的吞噬作用，并释放出溶酶体酶和溶菌酶。

（3）实质器官的病变　由于病原微生物的毒素或其他因素（血液循环障碍等）的作用，心、肝、肾等实质细胞常发生物质代谢障碍，细胞发生浊肿、脂肪变性甚至坏死。

3. 结局　炎症是机体在致炎因子作用下，损害与抗损害互相斗争的过程，当抗损害因素占优势时，炎症将向痊愈方向发展；相反，则炎症扩散或变为慢性，结局有三类：

（1）痊愈

①完全痊愈：机体战胜致炎因子，炎症区内崩解的组织及渗出物被吸收或排出，炎症灶消散，组织得以完全修复愈合，结构和机能完全恢复正常。

②不完全痊愈：组织受损较严重，不容易被吸收消散，通过血管和成纤维细胞的增生，形成肉芽组织以填补或包裹缺损的组织。此后，肉芽组织中的毛细血管及炎症细胞的数量逐渐减少，胶原纤维大量增生，形成瘢痕组织，其组织功能也可有不同程度的障碍。

（2）不愈或转为慢性　如急性炎症治疗不及时、不彻底，或致炎因子有一定抵抗性，或机体抵抗力较差，使致炎因子能长期作用于机体，炎症经久不愈，则转为慢性。

（3）蔓延扩散　由于机体抵抗力低下，或病原生物毒力强、数量多，或未经适当治疗，病情恶化，此时病原生物可不断繁殖，并直接沿组织间隙向周围脏器蔓延，或通过淋巴道、血道波及全身，引起毒血症、败血症，以至死亡。

第五单元　变　性

第一节　概　述

一、定　义

机体发生物质代谢障碍，细胞或组织发生理化性改变，在细胞或间质内出现在生理状态下见不到的并具有各种各样特殊的物理和化学性质的物质，或虽在生理情况下可以见到，但其数量增多或出现的部位发生改变，这些变化都称为变性。在变性过程中出现水分、蛋白质类、脂类、糖类及矿物质等物质，反映出不同物质代谢的异常，根据变性物质可分为多种类型。变性的细胞、组织功能往往低下，但只要病因消除，多数变性细胞、组织可恢复正常的形态和功能；但严重的变性也可导致细胞、组织的死亡。

二、细胞变性的原因

水生动物由于受到病毒、立克次体、衣原体、细菌、真菌、寄生虫等病原体的侵袭和感染，或者由于生活的水域环境条件（水温、盐度、溶解氧、pH、悬浮物、流水量、风浪、电离辐射等）不适、化学物质（重金属、有机物、农药等）中毒、机械损伤（网箱摩擦、敌害生物、互残等行为）和营养物质（蛋白质、脂肪、糖类、维生素、矿物质等）不良等致病因素的影响，引起细胞组织的代谢功能障碍或失衡，导致细胞组织发生病理性的变化。

第二节　基本病理变化

一、变性的基本特征

1. 细胞的形态结构发生变化　例如细胞的体积增大、肿胀、萎缩、畸形等。

2. 细胞核的形态结构发生变化　例如细胞核发生膨胀、萎缩、畸形、空泡等。

3. 细胞质出现过量或不该出现的物质结构　这些物质有水分、蛋白质类、脂类、糖类及矿物质等。

二、变性对机体的影响

一般情况下，当致病因子消除后，变性的细胞组织只是受到轻微的损伤时，该细胞组织可以得到修复。如果致病因子是长期、严重地影响细胞组织，变性的细胞组织受损严重，那么就不能得到修复，将导致该细胞组织的坏死，从而造成细胞组织的代谢功能障碍，进一步对机体的正常生活造成影响。例如：由于饵料营养配方不适和养殖环境改变等原因引起养殖鱼类发生脂肪在肝脏的过度积累，产生“脂肪肝”。轻度的脂肪肝对肝脏的营养贮存和排毒功能的影响不大，但重度的脂肪肝，发生肝细胞的坏死现象，自然影响到肝脏的功能，由此对机体产生进一步的综合性影响。

第三节　变性的类型与结局

一、颗粒变性

颗粒变性是一种最常见和最轻微的细胞变性，主要发生在线粒体丰富、代谢活跃的实质细胞，如肝细胞、肾曲小管上皮细胞及心肌细胞等，故又称实质变性。颗粒变性最常见于一些急性的病理过程，如急性感染、中毒、全身性缺氧等。肉眼观察，在病变轻微时往往不易辨认，但病变严重时，则病变器官、组织的体积肿大，包膜紧张，边缘圆钝，相对密度降低，色泽变淡，呈灰白或灰黄色；切面隆起，边缘外翻，结构模糊，色泽混浊，失去原有光泽，故又称混浊肿胀，简称浊肿。

光学显微镜下，可见变性细胞肿大，细胞质内出现大量微细颗粒，被 HE 染成红色，该颗粒可溶于稀醋酸溶液，故是一种蛋白类物质。在病变轻微时，细胞核的变化不明显；病变严重时，细胞核染色浅，因核内脱氧核糖核酸减少。

电子显微镜下，细胞表面不平整，呈球根状，当具有表面特征性结构的细胞发生肿胀时，这种表面结构特征趋向于消失；细胞质内的线粒体肿大，中间变空，嵴变短或减少、消

失；内质网扩张成囊泡，伴有脱颗粒现象。核糖体是一种嗜碱性物质，脱失后细胞质变为嗜酸性；细胞质中的糖原减少，自噬泡增多。目前认为，在多数情况下，细胞质中出现的颗粒就是肿大的线粒体及扩张的内质网；肾小管上皮细胞的颗粒变性是吸收滤液中蛋白质的结果。细胞肿大是细胞质中水分增加及线粒体等细胞器肿胀的结果。

1. 发病机理　颗粒变性可以由许多因素引起。凡是能改变细胞内的离子含量和水平衡的因素，均能导致细胞肿胀。例如，细胞膜内外 Na^+ 和 K^+ 的不平衡、缺氧引起细胞膜的通透性增高等异常状态。在严重变性的细胞内，除 Na^+ 和水进入细胞内的量增多外，并有大分子的血浆蛋白进入细胞内，贮存在线粒体和微粒体内，使细胞的蛋白质含量比正常时增加4～10倍，这也可引起颗粒变性。如肾病时，肾小管上皮细胞的颗粒变性是吸收了滤液中蛋白所造成的。

2. 结局和对机体的影响　颗粒变性是一种可复性的病理变化，在病因消除后，可恢复正常。如病变继续发展，可引起细胞进一步发生水样变性或脂肪变性。在病变严重的细胞，特别是当细胞核被破坏时，细胞则发生坏死。发生颗粒变性的组织、器官，其生理功能通常降低，但器官一般都具有强大的贮备力，故在轻度变性时，对机体影响不大。如果变性程度严重，则可引起全身物质代谢和功能活动障碍。

二、脂肪变性

凡实质细胞细胞质内出现脂滴，其量超过正常生理范围或原来不含脂滴的细胞，其细胞质内出现脂滴，均称为脂肪变性。引起脂肪变性的原因有病原严重感染、长期贫血或缺氧、中毒以及营养障碍等，所以这些变性可以在同一疾病出现。脂肪变性常见于代谢旺盛、耗氧多的肝、肾、心等实质器官，其中尤以肝脂肪变性最为常见，这是因为肝脏与脂肪代谢的关系极为密切。

1. 病理变化　病变初期，肉眼观察变化常不甚明显，只见器官色彩稍显黄色。严重脂肪变性时，器官体积肿大，边缘钝圆，质地变软，切面浅黄而隆起，有油腻感。

显微镜下，脂肪变性细胞的细胞质内出现细小的圆球形脂肪滴，这种脂肪滴极大部分为甘油三酯，也可能为类脂质，或为两者的混合物，其无界膜，游离于细胞溶质内，因为脂肪滴周围有表面张力高的磷脂层包围，所以形成球状，脂肪可以通过核孔进入细胞核内。随着病变的发展，小的脂肪滴互相融合成较大脂肪滴，此时细胞的结构，如线粒体、肌原纤维等逐渐消失，细胞核被挤于细胞的一侧。严重时可见胞核浓缩、碎裂或崩解消失，有时整个细胞变成充满脂肪的大空泡。

2. 发病机理　干扰或破坏脂肪代谢过程中的任一环节或多个环节，使之发生代谢障碍，均可引起脂肪变性，主要有：

(1) 中性脂肪合成过多　当机体需要利用脂肪供给能量时，过多地使贮藏的脂肪发生分解（这种情况常见于碳水化合物的利用障碍时，如饥饿），脂肪细胞内的脂肪分解，释放出过量的脂肪酸进入肝脏，超过肝脏氧化、利用和合成脂蛋白的能力，造成中性脂肪在肝细胞内蓄积而引起脂肪变性。同样的机理，当食物中脂肪含量过多，因而血浆中乳糜微粒增多，也可引起脂肪变性。

(2) 中性脂肪的氧化和合成脂蛋白发生障碍　中性脂肪的氧化和合成脂蛋白都需要磷脂，磷脂是由脂肪酸、磷酸和胆碱所组成，而胆碱的合成需要蛋氨酸提供甲基。所以当饲料中缺乏胆碱或蛋氨酸时，就会引起肝脂肪变性。此外，机体缺乏某些营养物质，如缺乏蛋白质、辅酶 A、维生素 B_6、维生素 B_{12} 及叶酸等时，也可影响脂蛋白合成或影响脂肪酸氧化而发生脂肪变性。

(3) 细胞受损　当机体患各种急性传染病、中毒及缺氧时，由于细胞内发生物质代谢障碍，造成酸性代谢产物大量蓄积，引起线粒体膨胀崩解，使线粒体中与蛋白质结合的脂肪发生分解，于是在细胞内就显现出许多微细脂肪滴，这叫脂肪显现，常见于肝细胞严重损伤或坏死时。

3. 结局和对机体的影响　脂肪变性是整个机体物质代谢障碍的一种表现形式，由于发生原因和变性的程度不同，所造成的影响也不一样。如轻度的脂肪肝常无明显的症状表现；而严重的脂肪肝，可导致肝糖原合成和解毒功能降低，常伴有黄疸及肝功能的异常。严重的心肌脂肪变性，由于心肌纤维松弛，收缩力减弱，可引起全身血液循环障碍和缺氧等一系列功能障碍。

脂肪变性是一种可复的病理过程，当病因消除、物质代谢恢复正常后，细胞结构能完全恢复，但是严重的脂肪变性则可进一步导致细胞死亡、肝硬化和癌变现象。

值得一提的是不同鱼类的生活习性不同，衡量其肝脏脂肪含量的指标也有所差异。例如游泳性强的鲈、鲷等鱼类的肝脏脂肪含量较低，而游泳能力较低的鲀等鱼类的肝脏脂肪含量较高。

三、水样变性

水样变性主要见于急性病理过程中的一种细胞变性形式。

1. 病理变化　主要特征是细胞的水分增多，细胞质清澈呈空泡状，故又叫空泡变性。空泡中没有脂质、糖原或黏液，只含水和少量蛋白，本质上是细胞内水肿的表现。

在电子显微镜下，细胞质中出现的水泡代表肿胀的线粒体、高尔基体和内质网，水分选择性地蓄积在这些损伤的细胞小器官里面。空泡变性的组织器官和颗粒变性的组织器官，用肉眼不易辨认，两者只能在显微镜下才能区别。

2. 结局和对机体的影响　发生水样变性的器官组织，其生理功能发生不同程度的障碍，变性严重的细胞，细胞核也发生水样变性，乃至整个细胞发生崩解。变性轻微的细胞组织，随着病因消除而可以恢复正常状态。

四、色素变性

组织中的有色物质称为色素，有的色素由机体自身所产生，如含铁血黄素、胆红素、脂褐素、黑色素等；有的则系外来，如炭末、铁末等。

1. 病理变化

(1) 铁血黄素　铁血黄素是血红蛋白代谢的衍生物，当红细胞或血红蛋白被巨噬细胞吞噬后，通过溶酶体的消化，来自血红蛋白的 Fe^{3+} 与蛋白形成在电镜下可见的铁蛋白微粒，若干铁蛋白微粒聚集可形成光镜下可见的金黄色或棕黄色颗粒，且具有折光性。局部出血或长期瘀血区可见局灶性的铁血红素的沉着。例如机化的血肿、出血性梗死、骨折等病灶部位，又如鱼类脾脏的铁血黄素病变。

(2) 脂褐素　是一种黄褐色色素，内含 50%左右的脂质。其为细胞自身的一种产物，一般认为是细胞质中自噬溶酶体内细胞器碎片，不能被酶消化而形成的一种不溶性残体。

（3）黑色素　是黑色素细胞合成的一种黑褐色的内源性色素。常存在于皮肤、巩膜、脉络膜、脑膜、卵巢等部位。当过多色素存在于组织内时，称为色素沉着。

（4）胆汁色素　一般细胞组织不存在，但是由于胆管的病变和寄生虫的堵塞等原因造成胆汁在肝脏间质中贮存，则可出现所谓的“绿肝”现象。

2. 结局和对机体的影响　各类色素只要不是过量贮存于细胞组织，均不会引起细胞组织的病理变化。尤其是鱼类的皮肤色彩多艳，正是色素细胞的精彩配合形成的；色素细胞的功能障碍会造成鱼类的“白化”现象；鲆、鲽类皮肤颜色的“拟态”现象则起到保护自己、迷惑对方的作用，是正常的生理变化。

五、纤维素样变性

纤维素样变性是发生在纤维结缔组织和血管壁的一种坏死现象。由于病变组织具有纤维素的染色反应，所以叫纤维素样变。纤维素样物质用HE染色呈深红色，用苏木素—磷钨酸染色则染成深蓝色。

1. 病理变化　病变开始发生于结缔组织的基质，表现为基质成分增加，PAS染色证实有大量黏多糖。随后胶原纤维断裂、崩解，形成一种均质性或细颗粒状嗜伊红物质。这种病变可来自基质及胶原纤维本身的改变，也可能有血浆蛋白（其中包括有纤维蛋白质）的渗出，并凝固形成。有血浆蛋白参与的病变中多数有纤维素（也可无纤维素），抗体形成多的就有较多的球蛋白，纤维蛋白原渗出较多的就有较多的纤维素。纤维素样变多见于过敏性炎症，但此种病变并非过敏性疾病所独有，有时在血管壁也可见到此种病变。因此，它是一种在不同疾病过程中所发生的、在形态上相似的病变，其病因、发病机理和病变部所含物质的成分不尽相同。

2. 结局和对机体的影响　纤维素样变性也称为纤维素样坏死，是不可修复的。根据发生部位的不同，对机体的危害程度也不一样。

六、黏液样变性

黏液样变性是指某些病变组织内出现多量黏稠、半液体状、灰白色半透明的黏液样物质。黏液样物质是碳水化合物和蛋白质的混合物，呈弱酸性，HE染色呈淡蓝色，用硫酸和甲苯胺蓝染色显变色反应。

1. 病理变化　结缔组织的黏液样变性常见于全身营养不良、组织的肿瘤、粥样硬化的主动脉等。结缔组织由于类黏液的堆积而变得稀疏、纤维细胞与胶原纤维之间距离增大，严重时失去原来的组织结构，变成一种同质的黏液样物质，此时细胞呈星芒状或纺锤状，排列稀疏，细胞的突起互相连接成网，网眼内有黏液样物质。

2. 结局和对机体的影响　黏液样变性在病因消除后可以消退，但如果黏液样变性长期存在，则可引起纤维结缔组织的增生，导致硬化。

七、淀粉样变性

淀粉样变性是指一种淀粉样物质沉着在肝、脾等器官的网状纤维、血管壁或组织间的病理过程。“淀粉样物质”这一名称的由来，是因该物质被碘溶液染成红褐色，其他组织则呈黄色，如再滴加1%硫酸溶液，则又转变成蓝色或紫色；用刚果红则染成红色；用硫黄素T染色后，在紫外光下，淀粉样物质发出一种特异的黄色荧光。因为这种变色反应和淀粉的反应相似，所以在病理学上传统地称为淀粉样物质，实际上它是一种蛋白黏多糖复合物，与淀粉毫无关系。在HE染色中呈淡红色云朵样结构。在电镜下，它由丝状的原纤维构成，直径7.5～13nm，是蛋白质代谢障碍的产物。淀粉样变性多发生于长期伴有组织破坏的慢性消耗性疾病和慢性抗原性刺激的病理过程。

1. 病理变化 关于淀粉样变的发病机理，还不完全清楚，但和全身的免疫反应有关。

2. 结局和对机体的影响 淀粉样变也是一种可复的病理过程。当各组织、器官有少量淀粉样物质沉着时，除去病因后，淀粉样物质可完全被吸收而消散，因此对机体影响不大。但当各组织器官，特别是肝、肾有大量淀粉样物质沉着，而又不能消除病因时，一方面因淀粉样物质的直接压迫；另一方面血管壁有淀粉样物质沉着，使管壁变窄，血流通过困难，从而进一步导致物质代谢障碍，造成实质细胞的萎缩和变性甚至完全消失，器官严重功能障碍，以致机体死亡。

八、病理性钙化

在正常的机体内，只在骨骼和牙齿有固体的钙盐，如在骨骼和牙齿以外的组织内有固体的钙盐沉着，则称为病理性钙化。沉着的钙盐主要是磷酸钙，其次为碳酸钙。在HE染色的切片中，钙盐呈蓝色颗粒。病变初始颗粒细小，以后可聚集成不规则的较大颗粒。钙盐少时肉眼不能辨认，较多时则表现为白色石灰样坚硬的沙粒状或团块。组织切片中，钙化物呈不规则的颗粒或块状，被苏木精染成蓝色，被硝酸盐染成黑色。

1. 病理变化 当细胞受损后，细胞膜的通透性增强，钙离子内流增加，线粒体摄钙能力加强，这是局部钙盐沉淀的基础，因此坏死细胞的钙化往往是从线粒体开始的。这种钙盐常见于脂肪坏死灶、疤痕组织、寄生虫体、虫卵等异物中。如果是全身的钙、磷代谢障碍，血钙和血磷增高引起，则可引起一些器官组织发生钙盐的沉着。

2. 结局和对机体的影响 钙盐一旦在细胞组织中沉着，常引起组织的硬化，难以被消除，故病理性钙化的细胞组织也相对比较难以修复。

九、玻璃样变性

玻璃样变性又称透明变性，是细胞质、血管壁或间质中出现均质性的玻璃样物质，其特点是均质性和对伊红的易染性。玻璃样变性包括多种性质不同的病变，只是彼此具有相似的组织形态变化，各种玻璃样变性的病因、发病机理及玻璃样物质的化学性质各不相同。

1. 病理变化

(1) *血管壁的玻璃样变性（即小动脉透明变性）* 在组织学上的共同特点是动脉膜的细胞结构破坏。变性的平滑肌细胞的原纤维结构消失，变成致密的无定形透明蛋白，深染伊红且呈PAS阳性反应。这种病变表示肌纤维溶解和动脉肌层中有血浆蛋白渗透。发生玻璃样变性的血管壁明显增厚、变硬，管腔狭窄，甚至闭塞。这种病变如发生在肾小球入球动脉，可使肾小球缺血，肾素分泌增加，或成为进一步促进血压升高的一个重要因素；如发生在脑血管，则可引起脑缺血，灶性软化和出血；但在脾脏，则由于该器官血液供应网较丰富，不产生重要影响。

引起血管壁透明变性的原因很多，最普通的是炎症性病变、化学药品和毒素中毒。其作用机理都是损害内皮屏障，造成血管壁的通透性增高，血浆蛋白能自由地渗透入中膜时，即会发生严重的透明变性。

（2）结缔组织玻璃样变性　较为常见，多发生在慢性炎症、斑痕组织、增厚的器官被膜、陈旧坏死灶、寄生虫病灶周围的包膜、含纤维较多的肿瘤等。病变的结缔组织呈灰白色半透明，质地致密坚韧而失去弹性，并可发生收缩。在光学显微镜下，早期还可见到少数纤维细胞和纤维，以后即变成均匀一致、呈一片伊红染色的无结构物质。其发生机理，可能由于缺血，糖蛋白沉积于胶原纤维间所引起，也可能是胶原纤维肿胀融合所致。

（3）细胞内的滴状玻璃样变性　当某组织器官发生炎症时，在其实质细胞内形成一种透明的滴状物。如在肾小球肾炎时，肾小管上皮细胞的细胞质内常出现一种均质无构造的圆球状的透明滴状物，被伊红染成鲜红色。这种透明滴状物的形成机理：一方面是细胞变性本身所产生；另一方面在肾小球血管半通透性增高的情况下，大量血浆蛋白渗入原尿，经过肾小管时，由肾小管上皮吸收了原尿中的蛋白所形成。当上皮细胞被破坏时，透明滴状物即游离在肾小管内，有时互相融合凝集形成透明管型，这是肾小球渗出蛋白质增加的标志。陈旧的肉芽组织或慢性炎症灶中的浆细胞内，往往出现一种均质无结构的嗜伊红的小体，这种小体是由浆细胞分泌的免疫球蛋白聚集而成。某些病毒性疾病，有时在一些细胞的细胞质或细胞核内看到玻璃样小体存在，称为包涵体（被包裹的病毒群体）。

2. 结局和对机体的影响　轻度的玻璃样变性可以被吸收，其组织可恢复正常。但发生玻璃样变性的组织容易有钙盐沉着，引起组织硬化。小动脉发生玻璃样变性时管壁增厚，管腔缩小，甚至完全闭塞，导致局部组织缺血和坏死。血管硬化发生在一些重要器官，如脑和心脏，可以造成严重的后果。

第六单元　坏　死

第一节　概　　述

一、定　　义

鲜活水生动物的细胞或局部组织的死亡称为坏死。坏死细胞或组织内的物质代谢已完全停止，所以坏死是一种不可复的病理变化。坏死的发生除少数特别强烈和迅速发挥作用的致病因子（如急性中毒）能立即引起细胞组织坏死外，大多数坏死都是在细胞组织萎缩、变性的基础上发展而来，是一个由量变到质变的逐渐发展过程，故称渐进性坏死。

二、坏死的原因

在正常的生理情况下，活的机体内不断有一定数量的细胞衰老死亡，也有相应的细胞更新。例如血细胞的破坏、表皮细胞的脱落等，这是生理性的坏死。

在病理条件下，任何致病因素只要达到一定的强度或持续相当的时间，能使细胞、组织代谢完全停止者，都能引起病理性的坏死。常见的原因有：局部缺血、物理因素、化学因素、生物性因素、神经、营养和功能障碍等。各种致病因子对组织和细胞的损伤作用是不同的。例如，局部缺血主要引起细胞缺氧，使细胞的有氧呼吸、氧化磷酸化和三磷酸腺苷的合成发生障碍；高温可使组织蛋白发生凝固；低温可使细胞内的水分冻结；强酸、强碱都能使蛋白质（包括酶）的性质发生变化，破坏细胞的胶体状态；氰化物能灭活细胞色素氧化酶；放射能破坏细胞内的脱氧核糖核酸及其有关的酶系统，使脱氧核糖核酸的合成受到严重破坏；许多病原微生物的内外毒素能抑制细胞的氧化过程和蛋白质合成而引起组织坏死。

细胞内的各种生化反应是在一定的细胞器内进行的，如能量主要在线粒体中产生；蛋白质主要在粗面内质网合成；溶酶体内有各种水解酶，能消化进入细胞内的物质。但是各细胞之间，各种生化反应之间，又是互相联系和彼此依赖的，因此某一方面的障碍必然会影响其他方面。例如，缺氧能引起能量产生下降，而能量下降难以维持细胞钠泵机制，使细胞膜通透性增高，钠、水、钙进入细胞内，钾排出细胞外，细胞的变性也就发生。与此同时，缺氧时的无氧酵解造成糖原减少，乳酸增多，细胞内酸度增高。由于细胞内水、电解质的紊乱及酸度增高，将引起粗面内质网及聚核蛋白体的损伤，于是蛋白质和酶的合成发生障碍。上述变化进一步发展可损伤溶酶体膜而更加重细胞内其他结构的损伤。如果上述损伤不太严重，则细胞仍然存活而处于各种变性状态；如损伤严重，超过细胞的补偿能力，则由于细胞代谢停止而发生坏死。坏死的发生除各种致病因子的作用外，机体的种类、年龄、全身状态、组织的营养状态及组织本身的特性等因素，对坏死的发生也有影响。如虾、蟹、鱼对有机磷农药敏感，脑及心肌对缺氧最敏感等。

第二节　基本病理变化

一、坏死的基本特征

细胞和组织坏死的瞬间，合成代谢停止，参加分解代谢的酶类仍有活性，尤其是溶酶体破裂后释放出大量水解酶，同时由于细胞内酸性增高可增加其活性，引起细胞的自溶和破坏，使大分子分解为小分子，出现各种形态变化，因此坏死的形态学变化实际上是细胞组织

自溶性的改变。酶性消化和蛋白质的变质是细胞坏死的两个主要过程，此种酶既可来源于死亡细胞的溶酶体，即自溶过程；也可来自白细胞的溶酶体，即异溶过程。

坏死变化在早期仅限于生物化学方面的改变，如表现糖原减少和核蛋白分解异常等，此时在光学显微镜下很难发现变化。当在光学显微镜下看到变化时，实际上已是坏死的后期变化了。坏死变化在显微镜下的特征有三类：

1. 细胞核的变化　细胞核的变化是决定该细胞是否存活的标志，一旦细胞核发生浓缩、变性、变形、碎裂、溶解等现象，说明该细胞已趋于坏死或坏死。

2. 细胞质的变化　最初为细胞质内微细结构发生异常，如线粒体、内质网肿胀、崩解，神经细胞的尼斯小体消失，横纹肌的横纹消失等。由于线粒体的崩解，线粒体内的蛋白—类脂结合体发生崩解，细胞质内即出现蛋白质及脂肪颗粒等物质。细胞质可进一步发生凝固，并破裂成为细小块状或颗粒状碎屑。由于细胞质内嗜碱性的核蛋白体解体，因而细胞质呈更强的嗜酸性染色，在HE染色中，细胞质呈均匀一致的深伊红色，原有微细结构消失。在水分较多的细胞，溶解液化过程占优势，细胞质可出现水泡，以后细胞完全溶解消失；死亡细胞的超微结构变化，细胞的结构模糊，蛋白质和脂肪碎屑播散在细胞质内，常出现充满碎屑的自噬泡，这是自身吞噬的标志。

3. 间质的变化　当细胞坏死时，间质中的结缔组织成分也会发生类似的变化，但变化时间可能较迟。间质中的胶原纤维先是发生肿胀，互相融合，失去固有的纤维状结构，被伊红染成深红色，变成均匀无结构的纤维素样物质，很像血浆中的纤维蛋白，所以称为纤维素样变。有时由于伴发血管的渗透性改变，血浆中的纤维蛋白同时渗出，与坏死的胶原纤维融成一片，无法区别。间质中的网状纤维必须用特殊染色方法（银染法），才能观察其坏死变化。用银染法可以发现网状纤维初期膨胀变粗，以后就断裂溶化而消失。细胞间的嗜银性黏合物质也可发生液化，使细胞间的结合松弛，促使细胞分离脱落。这种现象如黏膜的局部坏死和肾小管上皮的坏死脱落。

细胞组织坏死的最后阶段，细胞核、细胞质及间质全部崩解，组织原有结构消失，变成一片无结构的红染物质。

二、坏死对机体的影响

坏死对机体的影响，取决于坏死的发生部位、坏死病灶的大小及机体的状态而不同。当坏死发生在心及脑等重要组织器官，即使是很小的坏死病灶也能危及生命。例如，海水鱼的病毒性神经坏死症的脑和脊髓神经细胞坏死，鱼苗很快就会死亡；又如南方人工养殖的鲟在夏天发生的心外膜囊肿病可造成大量的死亡；对虾病毒性肝胰脏坏死症的死亡率相当高。若坏死发生在非生命重要器官、坏死病灶较小、机体抵抗力较强，则可通过功能代偿而对机体影响较小或无影响，如皮肤的溃疡等，坏死组织的有毒分解产物大量被机体吸收后，可引起机体自身中毒。

第三节　坏死的类型与结局

一、凝固性坏死

这种坏死最为常见，常见于血液供应中断所致的坏死。坏死组织发生凝固现象。比较干燥而无光泽，早期坏死部分从器官表面稍隆起，这是由死亡的组织最初吸收水分发生膨胀所致。镜下检查，早期坏死组织的细胞的精细结构消失，但原有组织结构的轮廓仍隐约可见；坏死组织进一步凝固崩解，坏死灶便失去原有组织结构，成为一片淡红色均质无结构的颗粒状物质。

二、液化性坏死

这种类型的坏死组织，因受蛋白分解酶的作用，细胞死后迅速被分解而变成液体状态。如细菌感染引起的化脓性炎症时的组织化脓，就是一种常见的液化性坏死，因化脓病灶中有大量中性粒细胞浸润，当它们发生变性、坏死和崩解后，可释放出大量蛋白分解酶，将坏死组织分解液化成为脓液；富有蛋白分解酶的胃、肠道和胰腺也会发生液化性坏死；液化性坏死也常见于脑的坏死，因为脑含水分及磷脂类物质较多，蛋白质含量较少，磷脂对凝固酶有抑制作用，因此脑组织坏死后很快发生液化，变成乳糜状物质，以后坏死物质被吞噬吸收，即遗留不规则的囊腔。海水鱼类病毒性神经坏死症的脑组织出现的空泡现象即为神经细胞坏死后溶解所致。

三、坏死的结局及对机体的影响

坏死的结局取决于坏死的原因、坏死的局部状态及机体的全身状况。由于全身性原因引起的坏死，其结局取决于整个疾病的发展状况；局部坏死组织对机体来说是一种异物，会产生刺激作用，因此机体必然要对坏死组织产生积极的防御反应来把它逐步清除。根据坏死组织的范围、性质和部位不同，机体可产生各种不同的方式清除坏死组织或排除坏死组织的有害作用。有如下几种方式：

1. 反应性炎症　由于坏死细胞组织分解物的刺激作用，在坏死区和周边正常区之间发生反应性炎症，表现为血管充血、浆液渗出、白细胞（鱼、鳖、蛙类）游走和浸润。

2. 溶解吸收　如坏死范围不大，坏死细胞组织可被巨噬细胞吞噬、消化，也可被蛋白分解酶溶解，经淋巴管、血管吸收。局部组织缺损可由同样的细胞再生修复，不留明显痕迹，功能也得到恢复。

3. 分离脱落　细胞组织坏死后，与周围健康细胞组织交界处出现充血和白细胞浸润，白细胞可吞噬坏死组织碎片，并释放蛋白溶解酶，加速坏死灶边缘、坏死组织的溶解吸收，使坏死灶与健康组织分离。如果坏死灶位于皮肤或黏膜，坏死组织脱落，在该处留下缺损，浅的缺损叫糜烂，深的叫溃疡；肾脏等内脏坏死物质液化后，可沿天然管道排出，在该处留下一个空洞。这种现象常见于皮肤、消化道和肾脏细尿管等上皮组织。

4. 机化　坏死组织范围较大，既不能完全吸收，又不能分离脱落时，可逐渐被周围新生的毛细血管和成纤维细胞组成的肉芽组织所取代，最后变成纤维疤痕的过程，称为机化。

5. 包裹和钙化　坏死区域较大，不能被肉芽组织所完全取代时，则可由新生肉芽组织将坏死组织包围起来，使坏死区域局限化，这种现象叫包裹。当中间残留的坏死组织发生钙盐沉着，称为钙化。

第七单元　肿　瘤

第一节　概　述

一、概　念

由各种致瘤因素引起的局部细胞组织的异常增生肿瘤细胞常形成肿物，其具有异常的结构与功能，代谢和生长能力非常旺盛，与整个机体不相协调，细胞分化一般不完全，在形态上甚至接近幼稚的胚胎细胞，也没有形成正常组织结构的倾向。即使在致瘤因素的作用被除去之后，肿瘤性增生却是持续不断地增生，其可给患者造成生命危害。而组织损伤后所发生的增生与慢性炎症的增生是不一样的，后者生成的组织结构基本和原有的或正常的组织一样；一般在病因消除或再生停止后，增生也停止，局部又恢复原来的结构与功能，这种增生通常是对机体有利的。

二、组织学结构

1. 外形　肿瘤的外形受发生部位、周围组织和生长方式的影响，一般呈结节状、蕈状、乳头状、菜花状，如发生坏死、崩解，可形成不规则溃疡状。

2. 颜色　肿瘤因组织中血液含量的多少、时间的久暂、变性与坏死的有无以及是否有特深的色素，可呈现不同颜色。如鱼类的血管瘤呈暗红色或紫红色，脂肪瘤与黄色瘤呈黄色，黏液瘤呈灰白而半透明，黑色素瘤呈灰褐色或黑色等。

3. 硬度　脂肪瘤松软，纤维瘤质韧，软骨瘤质硬而有弹性，骨瘤则固而坚实。间质多则硬，反之则软；如出现玻璃样变性、淀粉样变性和钙化，则都变硬。

4. 大小　肿瘤的大小和肿瘤的性质、生长的时间长短和发生部位有关。有的极小，肉眼不易察见，一般危害较大；有的很大，一般为良性，位于柔软部位及体表。

5. 结构　良性肿瘤的结构在一定程度上和发生该肿瘤的正常组织相似，所不同的是肿瘤细胞的排列与正常的不同；而恶性肿瘤的结构则多与原来发生该肿瘤的正常组织结构大不相同。

第二节　肿瘤的发生与结局

肿瘤的发生取决于外界环境和机体的内在致癌因素。一般认为外界环境中的致癌因素是肿瘤发生的主要病因。

1. 化学致癌因素　现确认能引起肿瘤的天然或人工提纯的化学物质有1 000多种，并且还在不断地被发现。包括多环碳氢化合物、氨基偶氮染料、芳香胺类、亚硝胺类、霉菌毒素、金属元素及内源性化学致癌物质等。

2. 生物致癌因素　包括病毒、细菌及寄生虫等，其中尤以病毒为主，目前已知动物的肿瘤病毒有600多种，但目前已知的水生动物肿瘤病毒尚少。

3. 物理致癌因素　有电离辐射、紫外线、热辐射、长期机械刺激、创伤、异物等。

4. 其他因素　在相同的环境条件下，仅部分个体发生肿瘤，说明机体的某些内在因素，包括遗传因素、动物种类、年龄、性别、激素和免疫功能等。

一、异 型 性

指的是肿瘤组织的构造，一般和其发生组织类似，但在形态结构上有一定的差异。肿瘤组织结构的异型性主要与肿瘤的实质和间质组织关系密切，有的两者交织密切难以区分，有的则界线分明。肿瘤细胞形态的异型性，即肿瘤细胞失去原有细胞的形态和功能。恶性肿瘤细胞的分化程度较低，细胞体积较大，细胞质较少，呈嗜碱性，细胞核常常出现分裂象。

二、扩散和转移

恶性肿瘤可以从原发部位向机体的其他部位蔓延，称为肿瘤的扩散。这种蔓延向邻近的组织器官蔓延，称为直接蔓延；而通过运送的方式到其他组织器官进行增殖的过程则称为转移。转移的途径有淋巴管、血管和移植性转移。

三、良、恶性肿瘤的区别

良性肿瘤与恶性肿瘤的区别（表11－1），主要以其组织结构、细胞形态和生物学特征进行鉴别。

表11－1　良性肿瘤与恶性肿瘤的区别

生物学特征	良性肿瘤	恶性肿瘤
生长方式	膨胀性	浸润和膨胀性
生长速度	缓慢	迅速
转移	无	常发生
再发	很少复发	常发生
细胞分化程度	良好	低
核分裂象	很少	较多

（续）

生物学特征	良性肿瘤	恶性肿瘤
核染色质	较少、接近正常	增多
异型程度	轻、成熟型	明显、未成熟型
对机体的影响	无严重影响	严重影响

四、对机体的影响

1. 局部性影响　肿瘤组织细胞的增生、膨大，可使周围的组织受到机械性的压迫，特别是血管、神经、管道和器官等，从而导致被压迫的组织器官营养障碍、变性和坏死。不论是良性或是恶性的肿瘤都有这种作用，但浸润性恶性肿瘤的影响更大。

2. 全身性影响　肿瘤的过度生长和蔓延，因夺取大量的营养物质，致使机体正常的营养吸收受到影响，导致衰弱、消瘦、厌食、贫血等症状。恶性肿瘤的代谢产物也可引起机体的中毒。良性肿瘤如果发生在中枢神经系统和心脏等主要组织器官，也会对机体的生命造成威胁。

第三节　常见的肿瘤

一、淋巴囊肿病

由于淋巴囊肿病毒（Lymphocystis virus）感染牙鲆、鲈、真鲷、美国红鱼等鱼类的皮肤、鳍条上皮，导致患病鱼的皮肤呈水泡状突起，其实质为上皮细胞的异常增殖，质地为类胶质、具弹性。外观上呈瘤状或菜花状，伴随着真皮结缔组织增生的纤维肉瘤。在活体肿瘤组织的显微观察下可见到透明而肥大的囊肿细胞。在该细胞的细胞质中可以见到淋巴囊肿病毒的包涵体。该病严重时可导致部分患病鱼的死亡，但也可以自然恢复。

二、结 节 病

所谓的结节病，在人体医学上的定义是：结节病（Sarcoidosis）是一种多系统多器官受累的肉芽肿性疾病。而水产动物结节病指水生动物的器官组织发生结构异常，形成一定程度的突起，其可发生于皮肤，也可发生于肝、肾、脾等内脏器官。例如鲍的外套膜被海壶菌感染而形成颗粒状的结节，经组织切片染色观察，可见结节由密集的菌丝；扇贝蚤寄生于扇贝的鳃上可形成大小不一的结节。

鱼类的肝、肾、脾脏由于病毒、细菌和寄生虫的感染，常常发生白点状的结节现象。例如由于病毒（OMV、YTV 等）的感染，也会造成上皮组织的增生而形成结节。又如鲑、鳟等鱼类的口腔上皮肿瘤现象，有研究成果表明，接种该肿瘤组织培养液的虹鳟性腺细胞（RTG－2）可发现病毒（OMV）。人工养殖的鲟被嗜水气单胞菌感染，其肾脏会出现白点状的结节；虹鳟被霍氏鱼醉菌感染后，其肾脏会出现结节病变；鲑被微孢子虫感染后，其心脏会出现结节；刺激隐核虫寄生于海水鱼类的鳃和皮肤会造成鳃和皮肤上皮细胞增生而形成白色结节，称为“白点病”；小瓜虫寄生淡水鱼类的鳃和皮肤会造成鳃和皮肤上皮细胞增生而形成白色结节，也称为“白点病”。

三、脂 肪 瘤

发生在水产动物的器官组织中的肿瘤由成熟的脂肪组织构成，其可在皮肤、肌肉、肝、肾、脾等脏器组织出现。人工养殖的鱼类由于网箱的限制，鱼类活动空间有限，再加上饵料丰富或饵料配方不当，普遍出现鱼的肌肉脂肪含量高，腹腔内有大量的脂肪积累。采用配合饲料投喂青石斑鱼，由于饲料的配方不合理或保鲜不当，造成饲料变质，病鱼的腹部膨胀，解剖观察腹腔有大量脂肪贮存，严重个体的肠道完全被脂肪包裹，且该脂肪具有一定的硬度。经组织学分析，可见病鱼肠道、幽门垂等上皮层间出现大小不一的脂肪瘤状结构，HE染色的切片可见该脂肪瘤中有褐色颗粒。

四、心外膜囊肿

南方鲟人工养殖过程中，在夏季水温较高时，经常发生鲟死亡现象。解剖肉眼观察：肝脏显著出血，胆囊肿大；肾脏尿细管上皮细胞出现颗粒变性和坏死现象。最典型症状为心外膜囊肿现象，轻度病症鱼的心脏出现少量泡样囊肿，严重病症鱼的心脏由于心外膜囊肿细胞的异常增生，导致动脉球和心脏呈瘤状或菜花状，造成心脏的严重畸形。组织病理检查结果表明：心脏外膜上皮细胞异常增生，囊肿部位形成空洞的囊腔，病灶部位组织细胞经电子显微镜观察未发现病原体。

五、肝　　癌

人工养殖鱼类食用含致癌物质或不新鲜发霉的饲料易引起肝脏细胞组织发生癌变。已报道了虹鳟、鲑的肝癌病例。剖检可见肝脏出现大小不一、颜色发白的肿块；经组织切片观察，肿块的中心有坏死灶，周围结缔组织增生；肿块组织细胞与肝细胞很相似，洞样血管呈扩张倾向；肿块细胞质嗜碱性强，可被苏木精浓染，这主要是含有丰富的RNA的缘故；细胞核和核仁肥大，细胞核的畸形率高，常呈大型或不规则的形态。肿块周围的肝细胞被压扁呈细长状，常常出现坏死、核浓缩等衰退性病变。

肝癌会向肾脏、脾脏和鳃等器官转移，但病例尚不多。为与胆管癌区别，肝癌也被称为实质性肝癌。由于其构成细胞的索状结构明了，也被称为索状肝癌。

六、胆 管 癌

在人工养殖的虹鳟发生肝脏内的胆管异常增生，形成大量的、复杂的迂回盲管，这是胆管上皮细胞带自律性的增殖，并形成结节。即使是肝癌，结节构成细胞也有呈管状的，但其细胞游离缘不具有纤毛的特征，可与胆管癌区别开来。

有关鱼类的肿瘤有多种病例，例如，发生在红点鲑和鳟的杂交种鱼的纤维肉瘤病例。纤维和细胞同时增生的瘤叫作纤维肉瘤，其表皮细胞的异常增生、外观上呈瘤状或菜花状，伴随着真皮结缔组织的增生，这在河鲀、虾虎鱼、鲽、鳗鲡、鲑、鳟等鱼类中有报道。

第八单元　水生动物组织病理

第一节　上皮组织的病理变化

一、病毒性

1. 红鳍东方鲀口白病　据报道，河鲀的口白病由一种球形病毒引起，症状表现在口唇部的皮肤黑变后，糜烂而成为白化状。病症继续发展，上下颌齿槽外露。

2. 马苏大麻哈鱼病毒病　鲑疱疹病毒（OMV）的感染，也会造成上皮组织的增生。例如鲑、鳟等鱼类的口腔上皮肿瘤现象。

3. 淋巴囊肿病　鱼类的皮肤疾病，伴有结节性的病变，其结节是由椭圆形的巨大细胞所组成的，在该细胞的细胞质中可以见到病毒的包涵体。真皮中的纤维母细胞由于淋巴囊肿病毒的感染产生显著的增大。例如人工养殖的鲈、美国红鱼等发生的淋巴囊肿症，皮肤出现类胶质、具弹性的囊肿，该病会造成部分病重鱼死亡，但也可以自然恢复。

4. 对虾白斑综合征（WSSD）　患病对虾的淋巴器官和肝胰腺肿大，鳃、皮下组织、胃、心脏等组织均发生病变。这些受感染的器官组织细胞核肥大，核仁偏位，浓缩成电子密度很大的团块或破成数小块，分布在核边缘。核内有大量病毒粒子，严重者核膜破裂，病毒粒子散布于细胞质中。

5. 对虾传染性皮下和造血器官坏死病（IHHN）　该病毒主要感染起源于外胚层与中胚层的组织细胞、表皮、前肠和后肠的上皮、性腺、淋巴器官和结缔组织的细胞，很少感染肝胰腺。在靶组织中具有典型的Cowdry A型细胞核内包涵体，包涵体嗜伊红染色，边缘常出现五色环，具包涵体的细胞核肥大，染色质边缘分布。

6. 斑节对虾杆状病毒病（MBV）　是一种A型杆状病毒症。病毒大小为宽（75±4）nm宽，长（324±33）nm。侵害的器官组织是肝胰腺的腺管和中肠上皮细胞。主要的病理变化是受感染的上皮细胞的细胞核肥大，核内有明显嗜曙红的圆形包涵体。在电子显微镜下，包涵体呈类晶体结构。包涵体的形状是与对虾杆状病毒（BP）的主要区别。在感染的初期，包涵体不易检查出来，但此时细胞核肥大，核内染色质减少，核仁移向细胞核的一侧。细胞核四周有一圈薄层细胞质。用电子显微镜检查受感染细胞的超薄切片，很容易发现 MBV 的病毒粒子。病毒粒子有的游离在细胞核内，有的出现在包涵体内。经苏木精—曙红染色，用加拿大树胶封片后，即可在显微镜下观察组织病理变化和病毒包涵体，该包涵体被染成红色。采用肝胰腺压片法，也可观察包涵体和肥大的细胞核。方法是将患病的活虾的肝胰腺取出，取其靠近中心部分的一点组织，个体小的虾也可取其整个肝胰腺，放在载玻片上，加盖玻片，轻压成一透明的薄层，用暗视野观察。如果在压片时加一滴 0.05%的孔雀绿或曙红溶液，2～3min 后，用 400 倍显微镜就可见包涵体被孔雀绿染成深绿色，或被曙红染成淡红色，则更容易与细胞核、核仁、脂肪颗粒等区别开。

7. 对虾中肠腺坏死杆状病毒病（BMN）　病原为杆状病毒科（*Baculoviridae*）的成员。主要感染对虾幼体和仔虾，肉眼可辨别中肠腺混浊，严重时肠道也变混浊。病虾的中肠腺组织切片，上皮细胞排列凌乱、崩溃，并从基膜上脱落；核肥大，核质被破坏，核的大小为（10～14）μm×（12～16）μm，而正常的核仅有（4～6）μm×（4～8）μm。分泌细胞减少。超薄切片可见肥大的核内有许多病毒颗粒。取病虾的中肠腺进行超薄切片，在细胞核内看到有许多杆状病毒。

用新鲜中肠腺暗视野观察法，可方便、迅速、正确地获得诊断结果。其方法是：将中肠腺压成薄片，用暗视野显微镜观察，如看到大小 10～30μm、轮廓清晰的圆形或长椭圆形的白色物体，这些白色物体就是感染了病毒而肥大的中肠腺上皮细胞核。福尔马林固定的标本也可用此法诊断。

8. 对虾肝胰腺细小病毒状病毒病（HPV）　病原为细小病毒（*Parvovirus*）引起的疾病。病虾无特有症状，只是食欲不振，行动不活泼，生长缓慢，体表附着物多，偶然发现尾部肌肉变白。病虾出现这些症状后很快就死亡。有时有继发性细菌或真菌感染。

主要的病理变化是肝胰腺坏死和萎缩，肝胰管的上皮细胞的细胞核过度肥大，核内有一个大而显著的包涵体。该包涵体为嗜碱性，PAS 染色为阴性，弗尔根染色为阳性。

9. 对虾黄头病（YHD）　主要症状表现为体色发白，鳃和肝胰腺呈淡黄色，外观头胸甲呈黄褐色。患病虾体的鳃、皮下组织压片和组织切片，经 HE 染色，可见到大量圆形的包涵体；濒死虾外胚层和中胚层来源的器官会出现全身性细胞坏死，并形成强嗜碱性细胞质包涵体。

二、细菌、真菌性

1. 皮肤凹凸不平　鲕等鱼类被诺卡菌（*Nocardia seriolae*）感染后，肉眼可见鱼体皮肤凹凸不平和鳃的上皮组织肿胀。

2. 溃疡　细菌和真菌的感染都会造成鱼类皮肤的溃疡。其症状首先是表皮细胞的浮肿，然后发生上皮细胞核的萎缩和坏死。随着病情的发展，表皮基底部出现淋巴细胞、白细胞的聚集和真皮的剥离、出血等现象。如欧洲鳗鲡细菌感染，出现皮肤出血、溃疡，轻度感染部分表皮层细胞死亡、脱落，肉眼观察可见肤色发白；中度感染部分表皮形成红色斑块；严重感染部位溃疡可深达真皮或肌肉部位，俗称“脱黏症”。

3. 肉芽肿 真菌感染的金鱼、鲫，由于寄生真皮中病菌的刺激，会形成肉芽组织肿块。

4. 真菌 水霉菌在鱼类的上皮组织寄生，形成白色的菌丝簇生。水霉菌从黏膜上皮侵入肠道固有层、肌层和浆膜，造成香鱼胃部发红，胃内有黏稠物质滞留。霍氏鱼醉菌（*Ichthyophonus hoferi*）寄生在香鱼等鱼类会造成鱼体腹部膨大，主要是产生腹水所致。由于真菌的寄生，引起鱼的胃内胀气。

5. 结节 诺卡菌（*Nocardia kampachi*）感染金枪鱼，造成鳃发生结节现象。霍氏鱼醉菌寄生于虹鳟的脾脏时，会引起周围产生炎症，然后发展为肉芽组织的结节。鲑肾杆菌（*Renibacterium salmoninarum*）寄生于虹鳟的脾脏和肾脏时，会引起肾脏肿大，形成结节的病变。一种抗酸菌（*Mycobacterium nonchromogernicum*）在锦鲤的肾脏寄生会引起肾脏形成结节状的病灶。

6. 糜烂 柱状屈挠杆菌（*Flexibacter columanaris*）会造成鳗鲡的鳃上皮细胞坏死、脱落、糜烂。

7. 包涵体 日本鳗鲡鳃部由于一种分类地位不明的低等霉菌（*Dermocystidium anguillae*）的寄生，会造成鳃部出现许多的肾脏形、梨形的包囊，囊内有许多球形的孢子，其内有球形的包涵体。

8. 肠炎 肠炎是水生动物消化道常见的疾病。由于细菌、真菌的寄生，造成肠道的炎症发生。例如，草鱼、青鱼、鲤等淡水鱼的细菌性肠炎病，是由气单胞菌、弧菌类感染所造成的。肠炎的组织病理变化主要表现在黏膜上皮的脱落，上皮细胞水肿，肠壁局部充血发炎，肠内黏液多，无食物。

9. 玻璃样变性 鱼类肾脏尿细管上皮细胞的一种典型病变，其因细胞质中出现许多的嗜曙红染色的粗大颗粒而被命名。其颗粒的大小不一。变性严重者由于颗粒的蓄积，细胞趋于坏死；经常也可观察到细胞核的浓缩和细胞质的空泡变性。细胞质中的颗粒被认为是来源于上皮细胞的变性物质或由于通透性异常亢进，肾小球体的蛋白质被再吸收和蓄积而形成。

10. 虾类褐斑症 由病灶部可分离出弧菌、假单胞菌、螺菌、黄杆菌等细菌。病虾体表溃疡，形成黑褐色的凹陷，周围较浅，中部较深。其黑褐色是由于虾体为了抑制细菌的侵入在伤口周围沉积黑色素形成的。溃疡多数为圆形，但也有长形或不规则形的。溃疡的部位不稳定，躯干上和附肢上都可发生，但以头胸甲和第1～3腹节的背侧面较多。肉眼看上去，对虾体表有许多黑褐色斑点，所以又称为黑斑病或甲壳溃疡病。越冬亲虾患病后除了体表的褐斑外，附肢和额剑也烂断，断面黑溃疡的深度未达到表皮者，在对虾蜕壳时就随之消失，在新生出的甲壳上不留痕迹，但溃疡已深达表皮层之下者，在蜕壳时在溃疡处的新壳和旧壳发生粘连，使蜕壳困难，严重者细菌侵入内部组织，引起对虾死亡。

11. 对虾气单胞菌病 此病由已知的嗜水气单胞菌（*Aeromonas hydrophila*）、豚鼠气单胞菌（*A. caviae*）和索布雷气单胞菌（*A. soburia*）三种细菌引起。嗜水气单胞菌和豚鼠气单胞菌引起的虾病主要症状是鳃丝局部或全部变黑坏死，肢鳃部分变黑；鳃盖内膜有时也部分变黑；肝胰腺肿大。镜检鳃丝水肿，有时顶端愈合，重者坏死变黑；心脏组织中有黑点。索布雷气单胞菌引起的虾病主要症状是鳃区发黄，多数病虾触角断掉，肝胰腺萎缩。最显著的病理变化是淋巴器官、心脏、中肠组织中有黑色结节，结节外围有大量血细胞包围，结节中心有细菌，鳃丝也变黑坏死。3 种菌引起的共同症状是：体表有损伤，体表和鳃上有附着物；血淋巴混浊、凝固性差或不凝固；血淋巴和鳃丝中均有细菌活动。

12. 对虾幼体弧菌病　从患病幼体分离出的弧菌有：鳗弧菌（*Vibrio anguillarum*）、副溶血弧菌（*V. parahaemolyticus*）和溶藻弧菌（*V. alginolyticus*），除了弧菌以外可能还有假单胞菌和气单胞菌。因为最常见的是弧菌，所以统称为弧菌病，又因病菌主要发现在血淋巴中，所以又称为菌血病。患病幼体症状和病理变化表现为游动不活泼，病情严重者在静水中下沉于水底，不久就死亡。病情进展缓慢的幼体，在体表和附肢上往往黏附许多单细胞藻类、原生动物和有机碎屑等污物。但是在急性感染中，体表一般没有污物附着。从无节幼体到仔虾，特别是溞状幼体和糠虾幼体经常发生弧菌病流行。

13. 丝状细菌病　丝状细菌中最常见到的为毛霉亮发菌（*Leucothrix mucor*）和发硫菌（*Thiothrix* spp.），毛霉亮发菌是革兰氏阴性菌。发硫菌的外形和繁殖方式与毛霉亮发菌相似，但在菌丝的细胞质内有许多含硫颗粒。菌丝有隔膜，菌丝外有一层纤维质鞘。有人认为亮发菌内有 1 种内毒素，属于类脂多糖类，可能对于虾体有毒害作用。附着在鳃上时对虾的危害性最大，往往附生的数量很多，成丛的菌丝布满鳃丝表面，菌丝之间还往往黏附着许多原生动物、单细胞藻类、有机碎屑或其他污物，因而使鳃的外观呈黑色。这些菌丝和黏附物阻碍了水在鳃丝间的流通，妨碍了呼吸，并且细菌和污物也消耗氧，这是引起对虾死亡的主要原因。另外，在体表和鳃丝上附着丝状细菌数量很多的虾往往蜕壳困难，引起死亡。虾卵膜表面上有丝状细菌附着时，卵一般停止发育而死。幼体附着数量很多时，往往游泳迟缓，甚至沉于水底，停止发育，蜕壳困难，最后死亡。

14. 细菌性肝胰腺坏死症　在凡纳滨对虾、红额角对虾的养殖中，发生过由于 α-变形杆菌（*Alpha proteobacteria*）感染造成病虾的肝胰腺萎缩和坏死，引起大量死亡现象。

15. 海湾扇贝幼虫弧菌病　病原为鳗弧菌、溶藻弧菌等多种弧菌，症状和病理变化表现为幼虫下沉，活动力降低，突然大批死亡。幼虫组织坏死和溶解，一般在感染后 18h 内浮游幼虫 100%死亡。我国的海湾扇贝在育苗期中，往往幼虫发生面盘解体，即面盘上带鞭毛的细胞脱落，每个细胞上有 2 条弯曲成呈钩状的鞭毛，在水中机械地摆动，经仔细观察才发现是面盘上脱落的细胞。这些细胞的活动，只是鞭毛摆动，位置不变，活动时间约半小时至 45min，停止活动后鞭毛分解为多条细微的纤毛，然后细胞解体。扇贝幼虫面盘解体以后立即下沉死亡。这是扇贝育苗中危害最大的一种疾病，是育苗成败的关键问题，其病原初步确认是弧菌。

16. 三角帆蚌气单胞菌病　病原体为嗜水气单胞菌嗜水亚种（*A. hydrophila* subsp. *hydrophila*）。革兰氏阴性短杆菌，单个或两个相连；极端单鞭毛，无芽孢。在血平板上呈 β 型溶血圈。发病初期，病蚌体内有大量黏液排出体外，蚌壳后缘出水管喷水无力，排粪减少，两壳微开，呼吸缓慢，斧足有时残缺或糜烂，腹缘停止生长。随着病情加重，病蚌体重急剧下降，闭壳肌失去功能，两壳张开，胃中无食，晶杆缩小或消失，斧足外突，用手触及病蚌的腹缘，只有轻微的闭壳反应，随即松弛，斧足多处残缺，不久即死。鳃呼吸上皮细胞发生变性，纤毛脱落，甚至上皮细胞坏死、脱落；肝细胞萎缩，以至坏死、崩解。外套膜边缘的生壳突起变形、肿大，以至褶纹消失，表皮细胞由柱形变为方形；斧足的表皮细胞肿大，由于水肿，肌肉群间形成空隙。

17. 鲍真菌性疾病　该病由一种海壶菌（*Halyiphthoros milfordensis*）在外套膜寄生引起，患部形成隆起的结节。

三、寄 生 虫

1. 上皮组织突起 淡水鱼类的白点病是由于纤毛虫类的多子小瓜虫（*Ichthyophthirius multifiliis*）寄生于鱼类的表皮下和鳃的上皮组织，其寄生部位的表皮细胞发生增生现象，并形成类结节的突起状。刺激隐核虫在海水鱼类的皮肤、鳃的上皮组织寄生也会引起白点状的突起；鳗鲡的皮肤由于一种黏液孢子虫（二极虫，*Myxidium matsui*）的寄生，也会造成表皮层细胞的增生。车轮虫、黏孢子虫类的碘泡虫、鲤斜管虫在鱼类的鳃部寄生，会引起患病鱼活力降低、不摄食，鳃的上皮细胞增生，形成棒状鳃。

2. 皮肤凹凸不平症 鳗鲡的肌肉由于被微孢子虫类的匹里虫（*Pleistophora anguillarun*）寄生，使皮肤凹凸不平。

3. 溃疡 人工养殖鲟由于车轮虫的大量寄生，继发细菌感染，皮肤出现出血、溃疡现象。鱼类的消化道上皮的黏膜的局部剥离，黏膜下组织或肌层露出的状态，并伴有出血的现象。患部有淋巴结、白细胞的浸润，治愈过程中患部结缔组织会出现增生现象。消化道溃疡主要是由细菌、寄生虫、机械刺激（石子、植物片、钓钩等硬物）和消化液的异常分泌造成的。

4. 消化道的寄生虫 寄生虫在鱼类消化道内寄生可引起疾病。例如，黏孢子虫类的单极虫（*Thelohanellus kitauei*）在鲤、锦鲤肠道内寄生，可引起鲤、锦鲤产生贫血，腹部膨大，肛门发红，肠壁弹性降低、肠内有1～30个米粒大小的肿瘤向肠腔突出。长颈棘头虫（*Longicollum pagrosomi*）寄生在真鲷消化道，严重的病鱼直肠会突出肛门。棘头虫类（*Acanthocephalus* spp.）寄生在虹鳟的肠壁，虫体固着部位会造成组织增生形成肿瘤。在大黄鱼的人工育苗中，20d幼鱼肠道内发现有类微孢子虫寄生，肠的黏膜上皮脱落和坏死。

5. 豆蟹 豆蟹可在多种贝类的外套腔内寄生，可能影响贝类的开闭壳与摄食，但数量若不多，不会致命。

6. 盘形虫病 该病由原生动物盘形虫（*Labyrinthuthuloides haliotidis*）寄生引起。该虫营养体球形，直径7μm，能在培养基上缓慢移动。孢子期的动孢子大小约4μm，单核、双鞭毛、卵形。该虫主要寄生在鲍的头部肌肉和神经组织，足部偶有寄生。病鲍头部微肿大，感染部位出现溃疡，感染程度较低的个体，该虫以不连续斑块存于组织中。

7. 派琴虫 该病由奥尔森派琴虫（*Perkinsus olseni*）寄生引起。该虫新鲜孢子为球形，直径14～18μm，具明显的壁，胞质中有一个大液泡，直径10μm，并有许多小型颗粒存在。患病鲍的足、外套膜、闭壳肌的表面及其内部具有直径1～8μm的脓疱，呈淡黄色或褐色。脓疱内含脓液、大量孢子和血细胞。

8. 才女虫病 该病由环节动物多毛类的才女虫寄生引起。在鲍的养殖中发现刺才女虫（*Palydora armata*）、韦氏才女虫（*P. websteri*）、东方才女虫（*P. flava orientalis*）、凿贝才女虫（*P. ciliata*）和贾氏才女虫（*P. giardi*）5种才女虫。病鲍的贝壳有才女虫钻凿的管道，在壳表形成盘曲的隆起，该贝壳易破碎，贝体瘦弱，病重个体致死。

9. 假沟棘头线虫病 该病由颚口类的假沟棘头线虫寄生引起。主要寄生于鲍的足部肌肉，患部形成疱状突起，影响足的附着力，病鲍明显消瘦。

10. 贝类的其他寄生虫病 牡蛎养殖中常可发现多种寄生虫，影响牡蛎等生长。例如：鸡冠螺旋体、球虫类、吸虫类的幼虫、变形虫、绦虫的囊蚴、肤色虫、六鞭毛虫、桡足类和单孢子虫等寄生虫。

四、营养不良

1. 浮肿　当鱼类患了立鳞病、肾脏病等疾病时，在真皮会出现渗出液的滞留，因此表皮会出现水肿的临床症状。真皮的结缔组织常有分离、毛细血管破裂、出血等现象。鳞囊扩大，鳞片突起，破坏表皮结构，常常造成皮肤细胞的坏死。

2. 皮肤的凹凸不平　由于摄食不新鲜的饵料，鱼类的皮下脂肪出现黄斑病变，也会造成皮肤的凹凸不平。

3. 衰退性病变　衰退性病变最常见的是消化道黏膜上皮细胞的萎缩或坏死等现象。伴随这种病变，可观察到黏膜上皮的剥离、黏膜固有层和黏膜下组织的淋巴球浸润。患有衰退性病变的消化道，在解剖时会出现弹性丧失、松弛和毛细血管充血现象。在消化道内有渗出液、黏液、剥离上皮、血液和消化不良物质等混合物的存在。

虹鳟稚鱼期由于维生素 A 的缺乏，常造成皮肤基底细胞的萎缩，整体的细胞排列紊乱。基底细胞萎缩后表皮细胞得不到补充，最后会坏死。另外，由于遗传基因和营养不良等原因，造成鱼类皮肤的白化现象，可视为色素细胞退化的结果。如人工培育的鲆、鲽、鳎等鱼苗常常会发生体色白化。

鱼类鳃的衰退性病变主要表现在鳃的上皮细胞或柱状细胞的水样变性、空泡变性、混浊肿胀、坏死等现象。二级鳃瓣很容易受到生物寄生、化学和物理性的刺激而引起损伤，其结果很快地表现为上述症状。处于衰退性病变的上皮细胞和柱状细胞易于剥离，其实不少病例会发生毛细血管的出血现象。

4. 进行性病变　消化道的进行性病变主要表现在黏膜上皮的异常增生。例如，虹鳟胃黏膜的息肉，肉眼可见向胃腔突出的结节。黏膜上皮层基部可观察到许多的细胞有丝分裂现象。在发达的息肉，常常有黏膜上皮剥离、固有层出血现象。由于黏膜上皮的肥厚造成肠腔的狭窄。鱼类鳃的亢进性病变由二级鳃瓣间的细胞异常增生所致，切片观察的鳃瓣呈棍棒状因此得其名。

5. 糖原沉淀　鱼类的尿细管上皮细胞的一部分或大部分发生糖原的过剩储积——糖原沉淀现象，利用品红染色可清楚分辨，其部分细胞会发生坏死，然后崩解。

6. 细血管壁肥厚　由于饵料营养的维生素 E 缺乏，引起鱼类肾小球毛细血管壁发生 PAS 阳性的肥厚现象。肾小球肾炎等病例有类似症状，毛细血管的基前膜样物质增厚，显示为特异的毛细血管壁硬的病症。

7. 肾小球囊的病变　肾小球囊会发生上皮细胞增殖和基底膜肥厚的病变。由于肾小球发生肿胀，相应的肾小球囊腔消失，囊腔内出现血细胞、血细胞残屑、渗出物等。

8. 炎症性变化　表现为上皮细胞和内皮细胞的增殖、肾小球的肥大、肾小球囊腔消失等现象。伴随这些变化，还会出现白细胞类的细胞浸润现象。

9. 胃腺的病变　胃腺细胞也会发生细胞的萎缩、坏死和肿瘤等病变；虹鳟胃腺细胞发生萎缩现象，在胃腺腔内有石灰质沉淀。

五、环境不适

1. 机械性损伤　在海水鱼类的网箱养殖中，养殖鱼类皮肤很容易被网箱及其附着生物，如藤壶、牡蛎等所碰伤，尤其是在风浪较大的海域更易发生。如果鱼体上有寄生虫的话，鱼体难受，摩擦网箱也容易造成皮肤的擦伤。受伤的表皮剥离，严重者可深及真皮层，并伴随着毛细血管的破裂而出血。在受伤部位周围的表皮细胞多发生萎缩、坏死等病理变化。一般受伤的皮肤极易受到病毒、细菌和寄生虫等的侵入，从而产生炎症、溃疡等现象。其患部常有淋巴结、白细胞的汇集。当患部深及肌肉时，可观察到肌纤维的衰退性病变现象。如海区吊养鲍，足部肌肉被篮子鱼、蟹类等侵袭受伤，产生继发性细菌感染。

2. 皮肤气泡症　在鳗鲡的养殖水中如果氧气过饱和，会造成鱼体表出现大量的气泡，亦称为气泡病。

3. 重金属和农药等中毒　由于环境中的重金属、农药或其他原因引起鱼类的代谢异常，其病变主要表现为尿细管上皮细胞的混浊肿胀、玻璃样变性和坏死等症状。

4. 虾类红体症　由于环境的水温、盐度急剧变化等条件不适，虾类出现应激反应，表现出体色、腹肢发红等症状。

第二节　结缔组织的病理变化

一、病毒性

1. 鱼类传染性脾脏坏死症　海水鱼类感染虹彩病毒时，脾脏会发生肿胀现象。组织病理学研究结果表明脾脏组织中出现病毒包涵体（日本学者称为大细胞），即在脾脏组织中可见到一种无细胞核、大型、嗜碱性的包涵体。在该病毒的感染试验中表现为感染时间越长，脾脏组织中的病毒包涵体越多，病情越严重。虹鳟的传染性造血器官坏死症是由于弹状病毒寄生引起的疾病，患病鱼的造血器官肾脏和脾脏发生细胞组织坏死。

2. 传染性胰脏坏死病（IPN）　患有此病的鱼类胰脏发生大规模的胰脏细胞坏死现象，通常细胞质中有嗜碱性的包涵体出现，坏死灶常被结缔组织所取代，在切片上胰脏组织呈疏松状。

3. 对虾白斑综合征　病原白斑综合征病毒（WSSV）属于双链 DNA 病毒的线头病毒科（*Nimaviridae*）、白斑病毒属（*Whispovirus*），其完整的病毒颗粒呈球杆状，病毒粒子具有囊膜和独特的尾状物，直径 120～150nm，长 279～290nm。其侵害的主要组织和器官是甲壳下上皮组织、胃及后肠上皮组织、结缔组织、触角腺、造血组织、鳃、血淋巴器官等。患病对虾濒死时，血淋巴混浊、不凝固，血淋巴细胞减少。

4. 蟹疱疹病毒状病毒病（HLV）　病原与疱疹病毒相似。在电子显微镜下可看到病毒粒子为二十面体，具有圆环形核状物和双层外壳，直径 150nm，存在于病蟹血细胞的核内或游离在血液中。病蟹的血淋巴变白色，并含有无数微细颗粒。组织切片中的血细胞具有非常大的胞核和大而折光的胞质含物。病蟹的外骨骼正常，也能照常蜕壳，但有时呈昏迷状态，并很快死亡。对于美国蓄养在水槽中的蓝蟹（*Callinectes sapidus*），该病毒能引起其幼蟹死亡。在成蟹中也存在这种病毒，但不表现症状。

二、细菌性

1. 鱼类脾脏的病变

(1) 坏死　巴氏杆菌和弧菌等细菌感染时，往往造成脾脏内细胞的坏死现象。病变严重部位可形成坏死病灶。

（2）血铁症　脾脏内血铁素的含量不多，但有时也会出现严重的沉淀现象，这种现象称为血铁症，此时红细胞严重被破坏，因此循环血中的成熟红细胞数量减少，一般也称为溶血性贫血。

2. 鱼类血液的病变

（1）未成熟红细胞　健康鱼类的末梢血液中，通常含有未成熟的红细胞。未成熟的红细胞相当于人类的网状红细胞，比成熟红细胞稍小、圆形；细胞核占较大的比例、比成熟红细胞细胞核稍大。由于血铁素的缺乏，该细胞呈近嗜碱性的染色。在贫血症、维生素 E 缺乏症等病例中，这种未成熟红细胞的数量有明显的变动。除相当于人类的网状红细胞的未成熟红细胞以外，在溶血性贫血和急性出血性贫血的鱼类，未成熟红细胞会大量出现在末梢血液中，且会出现各种各样发育阶段的未成熟红细胞。

（2）成熟红细胞细胞核的异常变化　有的鱼类血液成熟红细胞会发生病变，例如红细胞的无丝分裂、细胞核的断裂、无核红细胞等的出现。细胞核在中央分成两段（称为分节）；有的不均等分裂成 2～3 片则称为分裂。据报道，这种现象可作为虹鳟的叶酸缺乏症的明显特征。

3. 鱼类溶血病　由于被溶血弧菌等细菌的感染，鱼类的血液中红细胞数量明显下降，临床表现为鳃无血色的贫血症状。

4. 鱼类无核红细胞　鱼类的末梢血液涂抹标本中偶尔可见无核红细胞，其染色性状与成熟红细胞相近，近圆形、大小约为成熟红细胞的一半。虹鳟无核红细胞明显增多是由叶酸缺乏所致。

5. 血栓　牙鲆由于心房肌肉的病变和坏死形成血栓，血栓几乎占据心房的大部分内腔，从而导致全身性的血液滞流、缺血等循环障碍。香鱼的心室也有血栓形成的病例。

6. 中毒性贫血　通过投喂苯肼的试验，可使鲤发生溶血性贫血症，并且发生淋巴细胞减少和中性粒细胞增多的现象。各种感染症会引起血液中淋巴细胞和中性粒细胞的分化已广为人知。

7. 虾类血菌症　副溶血弧菌（*Vibrio parahaemolyticus*）、鳗弧菌（*V. anguillarum*）、溶藻弧菌（*V. alginolyticus*）等感染成虾后，虾血淋巴稀薄，血细胞变少，鳃丝间断出现空泡，心脏组织中有细胞凝集的炎症现象。

三、寄 生 虫

1. 黏孢子虫　一种黏孢子虫（*Mitraspora cyprini*）在金鱼的脾脏寄生，引起脾脏细胞坏死，形成结节症状。

2. 绿肝症　一种黏孢子虫寄生在海水鱼类的胆管，造成胆汁储存于肝脏而呈绿肝症。

四、营养不良

1. 萎缩　由于营养不良造成鱼类肝功能低下，肝细胞萎缩，细胞轮廓不清，细胞质曙红弱染性，贮藏物质几乎不存在等现象；同时伴有细胞核和核仁的小型化，细胞核浓缩。长期营养不良可造成水生动物生长缓慢，个体萎缩现象。当分解代谢超过合成代谢时，结缔组织首先被分解、利用，相应的器官组织均会发生萎缩现象。

2. 鳔的病变　有关鳔的病变的报道不多。已知的有鲤鳔前室形成不完全、真鲷人工育

苗鳔气体分泌细胞异常增生等病例。后者是由于产气体细胞的显著肥大和过度形成占据鳔腔，造成鳔内无气体，形成脊椎骨弯曲，鱼体畸形。另外，还有内膜和外膜结缔组织增生、奇网扩张、奇网的血栓形成和内膜上皮组织腺瘤等病例。

3. 鱼类骨骼形成不全　由骨骼原基分化的骨骼及其后发育不全所引起。软骨有软骨基质的形成不足、硬骨有硬骨基质的形成不足，其原因是骨基质中无机盐的含量不足、骨芽细胞小型化和数量不够等。例如，香鱼由于维生素C的缺乏，造成脊椎骨形成不全，就是由于胶原纤维的成分不良引起椎体不全的。其部分骨芽组织明显变薄，其关节部位骨芽组织肥厚，邻接的脊椎骨通过胶原纤维牢固结合。

另外，通过对鲤的研究，饲养用水和饲料中的钙、镁成分不足，虽然脊椎骨的形态还正常，但由于无机盐的成分减少而变软。磷的成分如果不足的话，胶原纤维的沉积就会不足。

4. 畸形　鱼卵的胚胎发育过程中，由于骨骼原基的分化不完全而造成的骨骼畸形。在鱼类的胚胎发育过程中，环境条件的不适，如温度过高或过低、有毒化学物质的存在、孵化用水的溶解氧不足等，会造成幼、稚鱼的畸形。例如，虹鳟稚鱼的尾部骨骼的部分缺损；猫鲨幼鱼的脊柱弯曲；真鲷仔鱼因气鳔内皮细胞异常增生，造成气鳔腔变小，引起脊椎骨的畸形。鲍的幼体有几个变态阶段，卵质不好、环境不适、饵料营养不良和病原生物感染等原因均可造成幼体变态不顺，形成畸形幼体而死亡。

5. 坏死　坏死的细胞用曙红染色，细胞质是均一着色的，细胞核小型化，染色质大都位于近细胞核壁。严重的会发生核浓缩，然后发生核溶解。细胞坏死有散布型和集中型两种。形成坏死细胞集团现象称为坏死灶。坏死细胞会产生自溶或被白细胞等吞噬细胞所吞噬。在坏死灶，吞噬细胞侵入的同时，其周围的结缔组织增殖并将其包围，坏死灶的中心部逐渐溶解、液化，形成囊胞。

6. 细胞核的空泡病变　利用HE染色可以观察到细胞核内有空泡病变现象。空泡内是稀薄的蛋白质胶体，PAS染色呈阳性。

7. 脂肪变性　主要表现为细胞质中中性脂肪的过度储存，细胞核大都呈萎缩现象。脂肪存在的部位在石蜡切片中呈空泡状；冷冻切片用苏丹黑B和苏丹Ⅲ染色，或用含有锇酸的固定液固定的石蜡切片，脂肪可染成黑色。在多数脂肪变性的细胞集中的部位，细胞间质也会发生病理变化，一般为结缔组织的异常增生。脂肪肝指的是有大量脂肪变性细胞存在、脂质含量高的肝脏。因此，只是脂质含量高但观察不到脂肪变性时就不宜称为脂肪肝。值得注意的是，根据鱼种的不同，肝脏的脂肪含量也是有所差异的。例如，软骨鱼类的鲨鱼、鳐，以及游泳性较差的东方鲀、马面鲀等鲀类肝脏的脂肪含量就比较高。因此，在判断肝脏是否脂肪变性还要根据具体鱼种进行分析比较。

8. 鱼类炎症　肝炎指的是肝脏内血管周围有大量的淋巴球核白细胞的存在，其周围的肝细胞呈水肿症、混浊肿胀和坏死等衰退性变性的现象。炎症发展后，其周围的结缔组织会增生。

9. 鱼类肝间质的病变

（1）*肝硬化*　肝脏间质中结缔组织增生，肝组织质地变硬，用HE染色纤维素样物质呈深红色，用苏木素—磷钨酸染色则染成深蓝色。

（2）*肝瘀血*　肝脏内的洞样血管扩张和毛细静脉血液瘀滞状态，肝细胞间质可见大小不一的瘀血现象，严重瘀血时可观察到萎缩的肝细胞。

10. 胰脏的外分泌细胞的病变　鱼类的胰脏有埋于肝静脉周边的，也有散布于肠道间结缔组织中的。石斑鱼等海水鱼类过量饱食，会造成过食性的胰脏坏死症，其胰脏外分泌细胞出现萎缩、变性和坏死。萎缩的细胞小型化，细胞核浓缩，酶原颗粒变少。坏死细胞的细胞核浓缩或崩解，细胞质中的酶原颗粒几乎看不到，坏死部位呈空泡状，被结缔组织所取代。

五、环境不适

1. 鱼类农药中毒　例如，硫代氨基甲酸酯类除草剂会造成鲤的贫血现象；如果与该药剂接触，会造成二级鳃瓣毛细血管扩张、血管壁膨胀和上皮细胞、柱状细胞的剥离，因此造成持续性的出血现象。

2. 鱼类的药害　有机磷农药和磺胺剂等的急性毒害，会造成鱼类的骨折、脊椎错位症和脊椎弯曲。

(1) 骨折　骨折的情况下，其部位会有骨芽组织的增殖，游走细胞的积聚。由于骨芽组织增殖不良，造成骨组织的形状不规则。由此而产生的新生骨组织被称为假骨。

(2) 脊椎错位症　脊椎错位症是由于一个或数个脊椎骨与前后脊椎骨形成不规则的位移，在关节部出现较强的骨芽组织增殖现象。

(3) 脊椎弯曲　脊椎弯曲可分为向腹部凸出的前弯、向背部凸出的后弯和向侧部凸出的侧弯等类型。例如，鱼脑部寄生碘泡虫，会造成脊椎骨的扭曲。鱼类的脊椎骨严重弯曲时会出现内出血和炎症，常可见到骨芽组织增殖现象。

(4) 骨癌　骨癌是由于骨骼产生局部的结节性病变所造成。其骨芽组织过度地增殖，骨组织肥厚，通常伴随着无机盐的过剩沉积而变硬。此症在鲷科鱼类的神经棘上可发现。软骨组织异常增殖的软骨癌也是骨骼癌症的一种。

3. 混浊肿胀　肝细胞肥大，细胞质存在嗜酸性的玻璃样小滴，细胞核基本保持正常的形态。接触杀虫剂也会造成肝细胞中毒引起混浊肿胀。

4. 绿肝病　由于氧化油、驱虫剂、农药等药物中毒，低温引起的代谢障碍也会造成绿肝病的发生。

5. 黄曲霉菌中毒　在虾蟹养殖中经常使用配合饵料，其原料如豆饼、花生饼等受潮后很容易产生黄曲霉菌（*Aspergillus flavus*）和寄生曲霉菌（*A. parasiticus*）。这些曲霉菌产生黄曲霉素，鱼虾吃了这样的饵料后会中毒，可能引起死亡。对虾中毒后的主要症状和病理变化是肝胰腺、颚器官以及造血组织的坏死和炎症。急性和亚急性中毒时，肝胰腺小管的上皮组织坏死。坏死是先从肝胰腺中心开始，向四周发展到管的末端。亚急性和慢性中毒时，管间有明显的血细胞炎症，随着病情的进展，肝胰小管逐渐被囊化和纤维化。在急性中毒时则没有这种变化。中毒后的颚器官、腺体内索周围上皮细胞的坏死是从近端中心静脉开始，并有轻度的血细胞炎症。

第三节　肌肉组织的病理变化

一、病 毒 性

1. 鱼类病毒性心肌感染　在患有病毒性神经坏死症海水鱼重病鱼的心脏，通过酶标志抗原抗体反应可以检测出病原的存在。

2. 锯缘青蟹的肌肉坏死症　运用组织病理学的研究方法，发现患病的锯缘青蟹腹面胸甲和胸足外观呈白色；剪断发白胸足后有白色的脓状物流出。剥取头胸甲观察肝胰腺无明显病变现象；个别病蟹鳃并发黑鳃病；头胸部肌肉部分发白。发白肌肉的石蜡切片HE染色，进行光学显微观察，可见肌肉细胞核萎缩、空泡变性，肌肉纤维断裂、溶解现象。电子显微镜观察，可见肌原纤维断裂、排列混杂不规则，肌肉组织中出现许多细胞溶解的空泡结构；在肌肉组织中可见大量直径约为150nm、二十面体的球形病毒粒子。

二、细 菌 性

1. 鱼类肌肉坏死症　由于鱼类的肌肉外有皮肤和鳞片的保护，细菌一般首先侵袭皮肤后进一步感染皮下的肌肉组织，因此感染鱼类皮肤的细菌一般都会继续感染肌肉，造成肌肉细胞的坏死、脱落、出血、炎症等的发生。

2. 弧菌症　网箱养殖的真鲷等海水鱼类由于弧菌（*Vibrio*）的感染造成皮肤溃疡，严重病鱼肌肉层会出现溃疡现象。据报道，高温期和低温期可检出不同的弧菌。

3. 诺卡菌症　诺卡菌感染鱼肌肉后，造成体表凹凸不平的临床症状。

4. 鲍的脓包病　该病由荧光假单胞菌（*Pseudomonas fluorescens*）、河流弧菌（*Vibrio fluvialis*）引起。病鲍的腹部肌肉表面颜色较淡，随着病情的加重，腹部肌肉颜色发白变淡，出现若干白色丘状脓包。脓包破裂后形成2～5mm深的孔状创面，并有脓液溢出，继而创面周围肌肉溃烂坏死。发病后期，病鲍基本停食，活力下降，最终失去吸附力翻转死亡。

三、寄 生 虫

1. 微孢子虫　一种微孢子虫（*Microsporidium takedai*）寄生在鲑科鱼类的心脏，会造成心脏肥大和水肿样的结节，将其病变部位进行涂抹镜检，可见到大量长径3.4μm、短径2.0μm的微孢子虫。

2. 线虫　线虫（*Philomertroides cyprini*）在鲤肌肉中寄生，造成患部出血，红色的虫体由皮下钻出。直接危害不大，但常常引起患部的继发性细菌感染。

3. 匹里虫　人工养殖鳗鲡的肌肉由于匹里虫（*Pleistophora anguillarum*）的寄生，出现多处肿胀，其患部肌肉出现浊白和溶解现象，组织学表明，浊白的肌肉细胞坏死，出现大量的匹里虫。该病常发生于鱼苗阶段。

4. 四囊虫　在日本的冲绳海域养殖的真鲷，被黏孢子虫类的四囊虫（*Kudoa amamiensis*）寄生。该虫可在鱼体肌肉产生包囊，其内有大量的孢子。孢子直径5～6μm，经染色可见4个椭圆形的极囊。

四、营养不良

1. 蜡样病变　由于投喂变质的生饵料或长期冷冻而变质的饵料，造成河鲀的背部肌肉产生病变，可观察到肌纤维的萎缩、坏死、纵裂、结缔组织增生、吞噬细胞增生等病理变化。投喂复合维生素，虽然有点效果，但很难完全治愈。同样原因也会造成食欲下降、体瘦和死亡。组织学上在体侧肌呈果冻状病理变化，不论是白肌或红肌可见到肌细胞萎缩、坏死等现象，同时还会形成蜡样的结块。

2. 横纹肌的变化　健康的肌纤维可清楚地见到横纹的结构，但有时也会出现不清楚或消失的现象，通常是肌质的变化而引起的。如果一根肌纤维的局部或全部发生纵向的分裂、数根肌纤维从肌纤维束分离的现象，被称为纵裂。虽然在人为的切片中常有这种现象，但在裂缝中出现细胞核的聚集现象应该是病理变化的结果。在扩大的细胞核中还常可见到无丝分裂的现象。

3. 肌肉细胞核的变化　细胞核的变化是最能反映肌纤维的病理变化情况的。一般来说，肌肉细胞核位于肌纤维内膜的内侧，在与肌纤维的长轴成直角的切片中，细胞核则位于肌纤维的周边部位。但是发生纵裂或其他异常时，由于细胞核的功能亢进，常可见到肌纤维中一个或多个细胞核。有研究认为，在100根肌纤维的横断面中如有3根以上肌纤维的细胞核是位于中央部位的，可视为发生病理变化。当肌纤维的局部受伤后，会发生细胞核急剧的功能亢进现象，引起细胞核大小和数量的变化，主要在受伤的肌纤维。在部分的健康肌纤维也会出现大型细胞核积聚现象，此时来自肌纤维内膜的游走细胞和分类困难的巨型细胞常会大量出现。

4. 吞噬作用与细胞反应　肌纤维受伤后，经过一段时间，在受伤部位可见到以吞噬细胞为主的细胞浸润现象。在病变部出现的细胞种类相当复杂，要利用其形态和染色来鉴定很困难，但是主要是中性粒细胞、淋巴细胞、肌纤维内膜的组织球和肌纤维母细胞等。

5. 混浊肿胀　该病变多见于鱼类肌肉组织的初期病变阶段，一根肌纤维或其局部发生膨胀，横纹不明显等现象。肌细胞核的变化较少，但是膨胀部位呈嗜曙红性染色，一般认为是因肌质变化引起的可逆性病变。

6. 玻璃样变性　一根肌纤维的全部或局部发生混浊肿胀后，随后出现细胞核的浓缩，然后肌纤维的横纹消失和呈嗜曙红性染色。玻璃化的肌纤维较健康的肌纤维脆弱而易于被破坏。部分肌纤维玻璃样的情况下，在正常和病变部位的界线附近，常常可见到肌细胞核的增生现象，类似于病变肌纤维的健康肌纤维常可见到的肌纤维纵裂现象。

7. 颗粒变性　这是一种最严重的肌肉变性。相对于玻璃样变性引起的细胞死亡叫凝固坏死，而颗粒变性引起的细胞死亡叫溶解坏死。颗粒变性可发生在肌纤维整体或局部上，根据其病变程度可出现各种各样的形态。一般变性的肌质呈颗粒状，并呈嗜曙红性染色，形成不规则的块状，充满肌肉膜中；偶尔也出现散在状的现象，其余部分有时也可见到明显的横纹。另外，在变性的部位一般可见到许多吞噬细胞的浸润现象，但有时肌纤维会完全坏死和消失，仅存有肌细胞核。变性的部位充满的吞噬细胞被称为吞噬细胞群。肌肉的部分组织发生颗粒变性后，邻近部位的肌纤维也会发生细胞核变大、增生，肌纤维的纵裂现象与玻璃样变性相似，但这种反应在颗粒变性时更加明显。

8. 坏死　坏死的心肌肿胀且横纹不明显，曙红染色为均一颜色。细胞核有浓缩的倾向，并有部分出现崩解。

9. 炎症　心肌的炎症发生在心肌、心内膜和心外膜。心肌炎的症状为心肌纤维间大量的白细胞、淋巴球浸润，心肌纤维间的胶原纤维有增殖的倾向。

10. 鱼类肌肉其他病变　河鲀由于营养不良引起的体侧肌肉萎缩，维生素 B_1、维生素E等营养物质的缺乏也会造成鱼类的肌肉变性。人工养殖真鲷幼鱼中发生过由于动脉球瓣膜的畸形引起血流量的减少，为满足机体的供血要求，心肌发达从而造成心脏肥大的病例。

五、环境不适

1. 虾的肌肉坏死症　水温过高、盐度不适、溶解氧低、放养密度过高、水质受化学物质污染、营养条件不佳等原因都会造成虾蟹的肌肉坏死症，其症状表现为局部肌肉变白、不透明，组织学表现为肌纤维坏死、溶解、细胞浸润、坏死部位被结缔组织的增生所取代。

2. 药害　通过药物试验也可发现鱼类的肌肉病变。例如给鲤投喂阿脲、氢化可的松等药物，会造成肌肉的病变。

第四节　神经组织的病理变化

一、病 毒 性

病毒性神经组织坏死症　病毒性神经组织坏死症是20世纪末在4目9科20多种海水鱼类上发生的神经组织疾病。被病原体——诺达病毒（Nodavirus）感染的神经细胞、神经支持细胞发生细胞病理学的变化。首先表现为细胞质中的内质网异常的功能亢进，电子显微镜下可见到内质网腔扩张现象，继而在扩张的内质网内发现病毒的形成，被感染细胞质中的线粒体、高尔基体的数量也明显变少，最终造成被感染的神经细胞坏死，病鱼的神经组织由于神经细胞的坏死造成空泡状的病理变化。用酶联免疫吸附试验（ELISA），可以观察到病毒早期感染个别神经细胞后，在神经组织中进行复制和扩散现象，患重病鱼的视网膜细胞会发生病毒感染和坏死现象。病毒在感染细胞中的复制有三种形式：散布在细胞质中、具有类结晶结构的排列、前两者皆备的复制形式。经研究，已从鱼类皮肤的上皮细胞中找到该病毒感染的证明。

二、细 菌 性

1. 链球菌　鱼类的神经组织由于细菌的寄生引起的疾病。例如，链球菌在虹鳟的脑部寄生，可引起病鱼的眼球突出和出血等症状的发生。

2. 其他细菌性疾病　一些鱼类被细菌感染后会发生眼球出血、突出，甚至掉落等现象。

三、寄 生 虫

1. 六囊虫　鲈的脑部由于黏孢子虫类的六囊虫（*Septemcapsula yasunagai*）的寄生，会引起患病鱼的身体扭曲，进行旋转式的游泳。

2. 碘泡虫　黏孢子虫类的碘泡虫（*Myxobolus* sp.）在陆封型鲑的脑、脊髓神经组织中寄生，会造成患病鱼昏迷、沉底，肌体痉挛和死亡。另外一种碘泡虫（*M. buri*）寄生在的脑室，影响了中枢神经组织的功能，造成鱼体出现扭曲、畸形，影响了正常的游泳和摄食，因此鱼体消瘦，甚至死亡。

3. 双穴吸虫　欧洲和北美由于一种双穴吸虫（*Diplostomun* spp.）的尾蚴的寄生，会造成欧鳗的眼睛白内障。近年，在日本养殖的虹鳟稚鱼也有这种病例的报道。

四、营养不良

1. 衰退性病变　神经系统衰退性病变常见的有神经细胞的萎缩、坏死、核浓缩、尼斯体的溶解、轴索的膨大、有髓纤维髓鞘的空泡和消失（脱鞘）。尼斯体的溶解是尼斯体溶解后细胞质中的可染色物质消失的病变现象，是神经细胞病变的一个最典型的病例。其分为中心溶解和外部溶解。对于轴索损伤的反应，可在脊髓中看到大型的运动神经细胞和脊髓的神经节细胞等。这种状态下的细胞体为偏大型，细胞整体呈近圆形。细胞核位于细胞的一侧，尼斯体几乎都消失，例如给银鲑投喂甲基水银后，其脊髓神经节的细胞的中心溶解明显。

2. 轴索、髓鞘的病变　在患背鳞病的鲤侧线神经中可见到轴索的扩张、髓鞘的空泡变化、神经纤维鞘的肥厚等病理变化。

3. 鱼的眼病　鱼类的眼睛病变最明显的是角膜、水晶体、玻璃体的混浊现象。角膜混浊常由于外伤（擦伤）、细菌感染和营养不良等原因，造成角膜上皮细胞坏死和剥落。内层的胶原纤维发生水样变性、走向混乱。水晶体和玻璃体混浊是组成蛋白质的变性，造成折光率的增加所致，常发生在细菌感染、营养不良的时候。另外由于水晶体上皮细胞的异常增生，也会造成水晶体混浊。有关鱼类的网膜病变的例子不多，但在鲤背鳞病可观测到类似于高等脊椎动物的糖尿病网膜的病变，即网膜毛细血管壁肥厚、血管腔明显扩张等现象。这些病变是在石蜡切片上看到的，利用结晶胰蛋白酶的方法伸展的毛细血管标本，毛细血管除了有明显的扩张和蛇行现象外，还可观察到不少位置有盲囊状的突起。网膜实质的变化有从内颗粒层到其内侧出现小型细胞增殖现象，但其频度很低。还有视神经束中的毛细血管及脉络膜的基底膜的 PAS 阳性肥厚现象。

五、环境不适

1. 农药中毒　银鲑接触到农药造成中脑的神经细胞萎缩、坏死、核浓缩等现象。

2. 亚氨硫酸中毒　在亚氨硫酸水溶液中培养的虹鳟仔鱼的角膜，上皮细胞萎缩、胶原纤维膨胀，不少细胞出现坏死和核浓缩，上皮及内层有游走细胞的浸润。

3. 汞中毒　在鱼类养殖环境中，由于污水、重金属（汞、镉等）的污染，常常造成鱼类的中毒现象。例如，汞的中毒造成鱼体神经组织受损，鱼体出现畸形等现象。

第九单元　水生动物器官组织的制片方法

第一节　采　　集

在进行病理组织学研究的过程中，材料的采集是至关重要的工作，不仅要求保持组织细胞形态的完整，更需要保持细胞组织成分在活体状态下的细胞组织形态，使之不受损，防止细胞组织的自溶，否则将导致人为的不良结果，从而影响组织学观察、判断和进行病理分析。

因此在标本材料的采集时，以活体或濒死的材料为佳，取材时间最好在 2h 以内完成。采集各器官组织的标本应包含病灶部位、病灶与正常组织交界部位和正常部位，以便于进行比较，必要时应除去表面坏死组织。用于病理组织学研究的组织块最佳大小为（5～10）mm×(5～10)mm，根据材料的大小可以有异，但厚度不宜过厚，一般掌握在 2mm 以内，便于固定液的渗透；作为电子显微镜观察用的材料大小为 2mm×2mm×1mm 为佳。

切取材料时，一般使用锋利且薄的刀片（双面刀片对折后使用，前端折成尖刀状为佳，最好事先用丙酮浸洗，除掉刀片上的石蜡、油污等）。将材料置于软质的垫板（塑料板）上，两刀片交叉夹住材料小心向两边拉切，进行取样。

一、鱼　　类

（1）当材料为活体时，应用尖锐物由鱼体的脑后部插入，切断延脑后的脊髓，使鱼体不能活动。先观察鱼体外部结构是否发生出血、溃疡、糜烂、寄生虫等症状。如果进行皮肤和鳃等外部的细菌病研究，应在无菌状态下进行患部的细菌接种（以下各脏器的细菌接种相同）。

（2）用剪刀剪除鳃盖骨，一般先观察鳃部是否发生烂鳃、肿瘤、肿胀、贫血等症状，后剪取第二鳃瓣，小心镊住鳃弓于消毒过的生理盐水中，将鳃丝荡净，置于载玻片上进行鳃丝观察，是否有寄生虫、烂鳃等病理变化。鳃具有软骨组织，包埋前应在 5%EDTA 浸泡数天，进行脱钙处理。

(3) 用剪刀由肛门后上方沿脊椎骨下方，小心剪取腹部肌肉至头后部，使鱼体内脏裸露。经肉眼观察腹水、出血、寄生虫和各脏器的症状后，小心剪断食道，将内脏镊出，分别进行各脏器的取样。

（4）将鱼体腹部朝上，小心剪取腹膜，使位于脊椎骨下的肾脏外露，头肾位于头部内下方，暗红色，质地与肾脏相似，用小型剪刀小心剪取暗红色的肾脏和头肾进行取样。同样的方法剪开围心腔膜，剪断心脏动脉球上血管，心脏取样。小鱼苗的肾脏难取，可直接剪取脊椎骨，但包埋前要进行脱钙处理。

(5) 鱼类的脾脏位于消化道间的结缔组织中，暗红色，椭圆体。

(6) 鱼类的胰脏一种类型是包埋在肝脏的静脉管周边（肝胰脏）；另一种类型是散布在消化道、幽门垂（胃幽门部延伸的消化盲囊，其数量因食性不同有异，草食性鱼类的幽门垂数量较多）间的结缔组织中，因无色不易分辨，直接剪取部分幽门垂进行取样。

(7) 剪取头盖骨，使脑部神经组织外露，观察是否有寄生虫等病变现象后，小心用镊子取游离的脑组织。脊髓的采集，小型鱼体可直接从脊椎骨剪取，大型鱼体可将脊椎骨解剖后采集，如果材料中带有骨骼，应进行脱钙处理。

(8) 肠道可分段切取。大型鱼类可以将固定液注入肠内结扎后再固定。

(9) 一般用注射针筒进行尾柄下方的腹下动脉、入鳃血管和心室的血液采集。

二、甲 壳 类

1. 虾类

(1) 剪刀剪取虾左侧头胸甲，观察后剪取鳃丝。

(2) 切取消化盲囊、心脏、触角腺等脏器。

(3) 剪取体部甲壳，将背部中央肌肉剪开，可见一条直行的肠道，进行取样。

(4) 肌肉、附肢可直接进行切取。

2. 蟹类

(1) 将头胸甲腹面与体部连接膜剪开后，将头胸甲剥离，可见附于头胸甲上的消化盲囊（肝胰腺）；胃部（几丁质的囊膜）位于中前方，心脏位于背部中央；消化道由胃部向后延伸，翻转于腹部。

(2) 鳃位于体部左右两侧，小心剪取。

(3) 分别剪取各附肢和肌肉。

(4) 肠道位于腹甲中部。

三、贝 类

1. 双壳类

(1) 将解剖刀由双壳间插入，小心切断前后闭壳肌后，双壳自然打开，小心剪取鳃、唇瓣。

(2) 用解剖刀小心将附于贝壳的外套膜剥离，取软体部于垫板上，用双面刀片切取内脏团（含肾脏、消化盲囊、肠道、外套膜和性腺等）。

(3) 双壳类的心脏位于背前方，双壳绞合部下，由于贝类血液无色，取样时要仔细辨别。

2. 单壳类

(1) *鲍的器官组织的采集* 用解剖刀紧贴贝壳将附于贝壳的肌肉切断，小心剥离外套膜，取下软体部于垫板上，用剪刀剪取鳃、内脏团（含肾脏、消化盲囊、肠道、外套膜和性腺等）取样。

(2) *其他单壳类器官组织的采集* 由于单壳类具较强硬的贝壳，可用硬物（不易过度用劲）小心敲碎贝壳后，用剪刀剪取鳃、内脏团取样。

四、两栖类（蛙）

（1）按住蛙体，用针扎破坏其中枢神经使蛙体瘫痪。

（2）将蛙体腹部朝上，剪开腹部皮肤进行开膛。

（3）小心剪取肺、心、肝、肾、脾脏和肠道等脏器，进行取样。

五、爬行类（鳖）

（1）将鳖体腹部朝上，头部和四肢固定于手术台，剪开背甲与腹甲间的皮肤，将背甲分离。

（2）小心剪取肺、心、肝、肾、脾脏和肠道等脏器，进行取样。

六、棘皮类（海参）

海参的结构为筒状，用剪刀剪开体部，内脏就可外露，小心剪取呼吸树、消化道、触手等脏器。

第二节　固　　定

一、固 定 液

组织固定的目的是通过物理和化学方法使细胞内蛋白质凝固，终止或减少外源性和内源性细胞内分解酶的反应，防止细胞自溶，以保持细胞原有形态和组织结构，减少细胞可溶性蛋白、脂肪、糖类等物质的损害和丢失。理想的固定方法，既要保持细胞形态和组织结构的完整性，又得不损害细胞内的有效成分和抗原活性。

几种常用的固定液配方：

1. 福尔马林　以市购的甲醛（36%）作为原液进行容量比的稀释，一般浓度为5%～10%。

2. 波恩液（Bouin's）　饱和苦味酸 75mL＋5%福尔马林 25mL＋冰醋酸 5mL。

3. 戴维森固定液（Davidson's）　可作光镜检查或扫描电镜检查材料固定。95%酒精 330mL＋5%福尔马林 220mL＋冰醋酸 115mL＋蒸馏水 335mL。

4. 2.5%戊乙醛与2%多聚甲醛混合固定液　可用于电子显微镜观察材料或病原标本固定。

5. 酒精　采用 70%的酒精。

二、固定方法

1. 固定时间　常用固定液的固定时间要视组织块的大小、固定液的种类及浓度、固定所处的温度等而定，一般将固定液埋在碎冰中，材料进入固定液后置冰箱冷藏（4℃）固定12～24h 即可。

2. 微波组织固定方法　取组织块为 20mm×20mm×2mm，放入塑料包埋盒内，然后将塑料包埋盒放入 1 000mL 的塑料缸内（以聚丙烯塑料缸最好），并加入生理盐水 500mL，若组织多，则需增加生理盐水。选择 600～700W 的微波仪，调整微波功率为第 2 挡（300～350W），调整辐射时间 4～5min。如有温控系统则调整温度为 50～55℃，自动停机后，待自然冷却，即可进入脱水流程，微波组织固定的基本原理可能与微波对组织产生热效应和化学效应有关。

3. 冰冻切片的固定　材料在冻胶液中浸渍 1～2h 后，急冻或用 4℃冷丙酮置室温下 10min 即可。

第三节　包埋与切片

石蜡是一种常用的包埋剂，其切片一般可达 4～5μm；透射电子显微镜观察的材料采用环氧树脂一类的包埋剂，厚度达 60～70nm；冷冻切片在超低温（－20℃）条件进行，可以切出 7～10μm 组织切片。根据研究的目的选择包埋剂。

一、包　　埋

（一）石蜡包埋

1. 石蜡包埋方法　固定后的材料经水洗后，经梯度酒精脱水、二甲苯透明后，进行石蜡包埋。具体步骤如下：

酒精（50%，10min）→酒精（70%，10min）→酒精（80%，10min）→酒精（90%，10min）→酒精（95%，10min）→酒精Ⅰ、Ⅱ、Ⅲ（100%，各 10min）→无水酒精 1∶二甲苯 1（视材料的大小，30 min 至 2h）→二甲苯Ⅰ、Ⅱ、Ⅲ（视材料的大小，各 30min 至 2h）→二甲苯 1∶石蜡 1（40℃，20min）→石蜡Ⅰ、Ⅱ、Ⅲ（65℃，各 20min）。

2. 石蜡包埋材料的成型　先用牛皮纸折成小纸盒，将加温溶解的石蜡倒入纸盒中，迅速将材料放入纸盒，按切片的要求，将石蜡包埋的材料切面朝下为宜，然后冷却成型。也可用玻璃培养皿代替纸盒，一个玻璃培养皿可同时包埋多个材料，材料置入后小心移到冷水中固定，待石蜡收缩后，再用刀片小心地剥离和分离各材料。

3. 石蜡包埋材料的处理　将石蜡包埋材料切成方块后，材料切面朝上，用加热铁片将少量石蜡溶化在木台，再将石蜡包埋材料置加热铁片上，迅速粘贴在木台上。

（二）树脂包埋

树脂包埋方法　将戊乙醛与多聚甲醛混合固定液固定后的组织材料用磷酸缓冲液荡洗 2～3遍后，用 1%锇酸进行后固定，一般固定 1～2h，此时材料变成黑色。由于锇酸具毒性，注意固定用容器要充分密封和在通风的环境中操作。然后进行梯度酒精的脱水→无水酒精 1∶树脂 1 混合溶液（2～3h）→纯树脂Ⅰ（12h）→纯树脂Ⅱ（2～3h）→置入容器（胶囊、专用容器）新树脂包埋→加热固化（70℃，24～30h）。各种树脂用量按各自混合液的比例计算使用总量进行配制。

二、切　　片

以石蜡（树脂）制片为例介绍。

1. 切片　运用石蜡切片机（树脂切片机）进行石蜡（树脂）包埋材料的切片。石蜡切片的厚度掌握在 4～6μm 为宜；利用折射光判断树脂切片厚度：暗灰色（40nm 以下）、白灰色（40～50nm）、银灰色（50～70nm）、金黄色（70～90nm）、紫色（90nm 以上）。电镜观察用的超薄树脂切片厚度控制在 50～70nm；光镜观察厚度可在 90nm 左右。

2. 石蜡展片　将石蜡切片放在50～55℃的蒸馏水面，观察到切片充分扩展时，迅速用涂有黏片液（等量甘油和蛋白的混合液）的载玻片将切片捞取，并控制在载玻片的最佳观察部位上，然后在40℃左右的加热板上烘干或风干。

也可将石蜡切片放在涂有黏片液的载玻片上，然后在切片下加蒸馏水，用毛笔将切片调整至玻片最佳部位，尽可能地使蒸馏水渗入切片下，有利于石蜡切片的展开，在加热板（50～55℃）上加热，或小心在酒精灯上加热，使切片充分扩展后，去水后烘干或风干。

3. 树脂制片

（1）树脂切片　确定理想的树脂包埋材料面（1mm×1mm），利用树脂切片机将材料切成厚度50～70nm的薄片，该薄片浮于水槽水面上，用附有支持膜的专用铜网将切片正盖或垂直吸取，风干后收藏，要避免空气灰尘的污染。

（2）支持膜铜网的制作　铜网一般使用200～300目/英寸*（200目通过粒径为75μm，300目为48μm）的规格。支持膜可用三氯甲烷配制成0.25%～0.3%聚乙烯醇缩甲醛溶液；也可用醋酸戊酯配制1.5%火棉胶。将支持膜溶液小心滴入40℃蒸馏水面，即形成一层薄膜漂浮在水面上、将洁净铜网一个个摆在无皱褶的薄膜上，用比膜稍大的滤纸条盖在载网膜上，用手指压入水内翻转180°，托出水面风干备用。

第四节　常见染色法

一、HE染色

HE染色即伊红—苏木精染色，这是常规的组织学研究染色液，细胞核及碱性物质被染成深蓝色，细胞质和酸性物质被染成红色。将石蜡切片浸入染色缸，按如下步骤进行：

二甲苯Ⅰ、Ⅱ、Ⅲ（各10min）→100%酒精Ⅰ、Ⅱ、Ⅲ（各10min）→95%酒精（5min）→90%酒精（5min）→70%酒精（5min）→50%酒精（3min）→流水2min→蒸馏水2min→苏木精染色（10min）→流水（10min）→蒸馏水（2min）→伊红染色（1min）→蒸馏水Ⅰ、Ⅱ、Ⅲ（每级数秒钟荡洗）→酒精（70%，数秒钟荡洗）→90%酒精（数秒钟荡洗）→95%酒精（10min）→100%酒精Ⅰ、Ⅱ、Ⅲ（各10min）→二甲苯Ⅰ、Ⅱ、Ⅲ（各10min）→封片（在切片上滴2～3滴的加拿大树脂后，迅速将盖玻片小心地盖上，注意不能产生气泡，若有气泡要挤压出来）→风干保存→显微观察及组织病理分析。

二、脂肪的染色

组织中的脂质经福尔马林固定后，根据染色剂可以染成不同的颜色。

1. 苏丹Ⅲ染色　该法为一般的脂肪染色法，脂肪被染成橙黄色，细胞核被染成蓝色。

2. 油红O染色（苏丹Ⅱ染色）　该染色法脂肪被染成红色，细胞核被染成蓝色。

3. 苏丹黑B染色　该染色法脂肪被染成蓝色或蓝黑色，细胞核被染成桃红色。

---

* 英寸为非法定计量单位，1英寸≈2.54cm。——编者注

三、多糖类的染色

利用 PAS 反应（Peeriodic Acid Schiff Reaction）。

目前该染色法已发展为证明糖原、黏液物质，鉴别色素颗粒、细胞颗粒、真菌、阿米巴和肾小球体病变的方法。PAS 反应阳性的部位呈红或紫红色。

四、神经染色（Bodian's stain）

石蜡切片经脱蜡、复水、洗净后→蛋白银溶液（37℃，18～30h）→蒸馏水洗净→还原液（10min）→蒸馏水洗净（3 次，1min）→0.5% 氯化金酸水溶液（50min）→蒸馏水洗净（3 次，1min）→2% 乙二酸水溶液（5～30min）→蒸馏水洗净（3 次，5min）→5%硫代硫酸钠水溶液（5min）→流水洗净（10min）→脱水（7%～100%酒精）→二甲苯透明→封片。

蛋白银溶液的配制：将 1g 蛋白银溶入 100mL 蒸馏水中，会出现漂浮现象，不宜搅拌，因会产生泡沫，一般静置 30～60min 可自动溶解。将 4～6g 铜片加入蛋白银溶液中，该溶液最好在染色前配制，每 10 张薄片配制 100mL 溶液，不宜反复使用。

还原液的配制：A 液，在 100mL 蒸馏水中加入 1g 对苯二酚和 4g 无水硫酸钠；B 液，在 100mL 蒸馏水中加入 0.25g 硫酸对甲氨基酸、1g 对苯二酚和 3mL 福尔马林原液。

A 液或 B 液均可作为还原液使用，但都应在使用前配制。B 液染色背景略呈淡红色。

五、纤维素染色

纤维素又称纤维蛋白，当血管内皮严重受损，血管壁通透性升高，可导致大量纤维蛋白的漏出。HE 染色为红染，镜下可见到大量红染的纤维素交织呈网状结构。早期纤维素：黄色；中期纤维素：红色；晚期纤维素：蓝色；细胞核灰黑色；胶原纤维蓝色；红血细胞黄色。

六、吉姆萨染色（Giemsa stain）

该染色法一般用于体液、血液等涂抹材料。具体步骤如下：

先用梅—格二氏染色液（1min）→流水（0.5～1min）→蒸馏水（2min）→吉姆萨稀释液（15～20min）→水洗（轻荡数秒）→蒸馏水（0.5～1min，可见蓝色液渗出）→去水、风干（不宜用酒精脱水）→透明、封片。

七、酶标记染色法（ELISA）

该染色法利用抗体与抗原的特异反应原理，被 DAB 染成咖啡色部位为病原存在的部位，是一种免疫组织化学的方法。

八、核酸染色

石蜡切片经脱蜡、复水、洗净后→1N 盐酸（60℃，10min）→冷却至室温 →品红（30～60min）→亚硫酸溶液（3 次，各 3min）→流水洗净→蒸馏水（3 次，1min）→脱水、透明、封片。

亚硫酸溶液：10%亚硫酸钠 6mL、1N 盐酸 5mL 和蒸馏水 100mL。

席夫（Schiff）溶液：先将精制水煮沸脱气 200mL，加入副品红碱 1g，充分搅拌，再煮沸至完全溶解；降温至 50℃进行过滤。然后加入 1N 盐酸 20mL，降温至 25℃，再加入亚硫酸钠（$NaHSO_3$）1g，溶解后移入密封较好的棕色瓶，密封放入冰箱冷藏一昼夜至液体呈黄褐色，再加入活性炭粉 2～3g 后，密封放入冰箱冷藏一昼夜，过滤后使用。该溶液冷藏可长期使用，但如果颜色变红则不宜再用。

九、电镜显微观察染色

进行电子显微镜观察的材料染色，一般采用醋酸铀和柠檬酸铅的双染色法。

十、电镜观察材料的负染色

负染色又称阴性反差染色，这种染色法是用重金属盐类溶液与样品混合而使样品呈现出良好的反差、经这种方法染色的生物样品，在电镜下是暗背景下的亮物像，与通常的染色性质相反，所以称为负染色。

1. 悬清法　用毛细管吸取少量病毒悬液直接滴在有支持膜的网上，悬液在网上呈半球形、数分钟后用一片干净滤纸从网边吸去液体、稍干后用另一毛细管吸一滴染液滴在网上染色数十秒至 1min、用滤纸吸去染液立即进行电镜观察或置干燥器内短期保存。

2. 喷雾法　将染色液与悬液等量混合后，在无菌箱或防尘罩内用喷雾器将样品喷到具支持膜的铜网上，由于雾点小，常常可得到较好的效果。

第十二篇

水生动物疾病学

第一单元　绪　　论

第一节　疾病发生的原因

一、病因的类别

了解病因，是作出疾病正确诊断、制订合理预防措施和提出有效治疗方法的根据。水产动物疾病发生的原因虽然多种多样，但基本上可归纳为下列五类：

1. 病原的侵害　病原就是致病的生物，包括病毒、细菌、真菌等微生物和寄生原生动物、单殖吸虫、复殖吸虫、绦虫、线虫、棘头虫、蛭类和甲壳类等寄生虫。

2. 非正常的环境因素　养殖水域的温度、盐度、溶解氧、酸碱度、光照等理化因素的变动或污染物质等，超越了养殖动物所能忍受的临界限度就能致病。

3. 营养不良　投喂饲料的数量或饲料中所含的营养成分不能满足养殖动物维持生活的最低需要时，饲养动物往往生长缓慢或停止，身体瘦弱，抗病力降低，严重时就会出现明显的症状，甚至死亡。营养成分中容易发生问题的是缺乏维生素、矿物质和氨基酸，其中，最容易缺乏的是维生素和必需氨基酸。腐败变质的饲料，也是致病的重要因素。

4. 动物本身先天或遗传的缺陷　如某种畸形。

5. 机械损伤　在捕捞、运输和饲养管理过程中，往往由于工具不适宜或操作不小心，使饲养动物身体受到摩擦或碰撞而受伤。受伤处组织损伤，功能丧失或体液流失，渗透压紊乱，引起各种生理障碍，以至死亡。除了这些直接危害以外，伤口又是各种病原微生物侵入的途径。

这些病因对养殖动物的致病作用，可以是单独一种病因的作用，也可以是几种病因混合的作用，并且这些病因往往有互相促进的作用。

二、病原、宿主和环境的关系

由病原生物引起的疾病，是病原、宿主和环境条件三者互相影响的结果。

1. 病原　养殖动物的病原种类很多。不同种类的病原，对宿主的毒性或致病力各不相同；就是同一种病原的不同生活时期，对宿主的毒性也不尽相同。

病原在宿主上必须达到一定的数量时，才能使宿主生病。有些病原（如病菌）侵入宿主后开始增殖，达到一定数量后，宿主就显示出症状。从病原侵入宿主体内后到宿主显示出症状的这段时间，叫作潜伏期。各种病原一般都有一定的潜伏期，了解疾病的潜伏期，可以作为预防疾病和制订检疫计划的依据和参考。但是应当注意，潜伏期的长短不是绝对固定不变的，它往往随着宿主身体条件和环境因素的变化而有所延长或缩短。

病原对宿主的危害，主要有下列三个方面：

（1）夺取营养　有些病原是以宿主体内已消化或半消化的营养物质为食；有些寄生虫则直接吸食宿主的血液；另外一些寄生物是以渗透方式，吸取宿主器官或组织内的营养物质。无论以哪种方式夺取营养，都能使宿主营养不良，甚至贫血，身体瘦弱，抵抗力降低，生长发育迟缓或停止。

（2）机械损伤　有些寄生虫（如蠕虫类）利用吸盘、锚钩、夹子等固着器官损伤宿主组织；也有些寄生虫（如甲壳类）可用口器刺破或撕裂宿主的皮肤或鳃组织，引起宿主组织发炎、充血、溃疡或细胞增生等病理症状；有些个体较大的寄生虫，在寄生数量很多时，能使宿主器官腔发生阻塞，引起器官的变形、萎缩和功能丧失；有些体内寄生虫在寄生过程中，能在宿主的组织或血管中移行，使组织损伤或血管阻塞。

（3）分泌有害物质　有些寄生虫（如某些单殖吸虫）能分泌蛋白分解酶，溶解口部周围的宿主组织，以便摄食其细胞；有些寄生虫（如蛭类）的分泌物可以阻止伤口血液凝固，以便吸食宿主血液；有些病原（包括微生物和寄生虫）可以分泌毒素，使宿主受到各种毒害。

有许多种病原对宿主有严格的**种别性**（或叫专一性），即一种病原仅寄生在某一种或与该种亲缘关系相近的宿主上，除此以外的其他动物则不能作为它的宿主；但是也有的病原对宿主几乎没有种别性，可以寄生在很多种宿主上，如刺激隐核虫，可以寄生在数十种海水鱼上。

病原在宿主身上，一般是寄生在一定的器官或组织内。有的专寄生在消化道内；有的专寄生在胆囊内；有的专寄生在肌肉中；有的必须在血液中才能生活；有的则生活在宿主的鳃和体表。寄生在体内组织或器官腔及体腔内的叫作**内寄**生物；寄生在体表（包括皮肤和鳃）的叫作**外寄**生物。

2. 宿主　宿主对病原的敏感性有强有弱。宿主的遗传性质、免疫力、生理状态、年龄、营养条件和生活环境等，都能影响宿主对病原的敏感性。

3. 环境条件　水域中的生物种类、种群密度、饵料、光照、水流、水温、盐度、溶解氧、酸碱度及其他水质情况，都与病原的生长、繁殖和传播等有密切的关系，也严重地影响着宿主的生理状况和抗病力。

水质和底质影响养殖池水中的溶解氧，并直接影响水产养殖动物的生长和生存。各种水产动物对溶解氧的需要量不同，鱼虾类正常生活所需的溶解氧为4mg/L以上。当溶解氧不足时，鱼虾的摄食量下降，生长缓慢，抗病力降低。当溶解氧严重不足时，鱼虾就大批浮于水面，这叫作浮头。此时，如果不及时解救，溶解氧继续下降，鱼虾就会窒息而死，这叫作泛池。发生泛池时，水中的溶解氧随着鱼虾的种类、个体大小、体质强弱、水温和水质等的不同而有差异。患病的鱼虾，特别是患鳃病的鱼虾，对缺氧的耐受力特别差。

温度对水产养殖动物疾病的发生也起着关键的作用，温度不仅影响水产养殖动物的生长，也同时影响病原的繁殖。当温度适合养殖动物的生长，不利病原的生长和繁殖时，疾病一般不易发生；反之，极易发生疾病。温度还影响疾病的潜伏期，如果温度不利于病原的繁殖（增殖），则呈潜伏感染。如鲤春病毒血症，水温12℃左右时，鲤被鲤春病毒感染后，极易发病；水温20℃左右时，鲤感染鲤春病毒也不易发病，呈潜伏感染。

池塘中由于饵料残渣和鱼虾粪便等有机物质腐烂分解，产生许多有害物质，使池水发生自身污染，这些有害物质主要为氨和硫化氢。

除了养殖水体的自身污染以外，有时外来的污染更为严重，一般来自工厂、矿山、油田、码头和农田的排水。工厂和矿山的排水中大多数含有重金属离子（如汞、铅、镉、锌和镍等），或其他有毒的化学物质（如氰化物、硫化物、酚类和多氯联苯等）；油井和码头排水，往往有石油类或其他有毒物质；农田排水中往往含有各种农药。这些有毒物质，都可能使鱼虾等水产养殖动物急性或慢性中毒。

第二节 疾病的预防措施

一、改善和优化养殖环境

1. 合理放养 包括两个方面，一是放养的某一种类密度要合理；二是混养的不同种类的搭配要合理，因地制宜地选择适于配养的种类和适当的配养数量。这是人为地改善池塘中的生物群落，使之有利于水质的净化，从而增强养殖动物的抗病能力并抑制病原生物的生长繁殖。如在鱼、虾池塘中混养贝类（如海湾扇贝、文蛤、牡蛎或三角帆蚌等），贝类有滤水的作用，可抑制浮游生物的过量繁殖。

2. 科学用水和管水 维护良好的水质，不仅是养殖动物生产的需要，同时也是养殖动物抵抗病原生物侵扰的需要。科学用水和管水，是通过对水质各参数的监测，了解其动态变化，及时进行调节，纠正那些不利于水生动物生长和健康的各种因素。一般来说，必须监测的主要水质参数有 pH、溶解氧、盐度（海水养殖）、未离解氨、亚硝酸盐氮、硫化氢、透明度等。

3. 适时适量使用水环境改良剂 能够改善和优化养殖水环境，并且有促进养殖动物正常生长和发育的一些物质，称为水环境改良剂。通常是在产业化养殖的中、后期，根据养殖池塘底质、水质情况每月使用 1～2 次。常用的有：①生石灰，每立方米水体用 15～30g；②沸石，每立方米水体撒布 30～50g（60～80 目的粒度）；③过氧化钙，每立方米水体用 10～20g；④光合细菌，每立方米水体施 5～10mL（每毫升含光合细菌 10 亿～15 亿个细胞），或均匀拌入沙土后撒布于全池。

在水源条件差的养殖池塘或养殖区内，以及集约化养殖系统中，适时、适量使用水环境改良剂，有利于：①净化水质，防止底质酸化和水体富营养化；②抑制氨、硫化氢、甲烷等，并使其氧化为无害物质；③增加溶解氧，增强鱼、虾类的摄食能力；④补充钙元素，促进鱼、虾类生长和增强对疾病的抵抗能力；⑤抑制有害细菌繁殖，减少疾病发生等。

二、增强养殖群体抗病力

1. 培育和放养健壮苗种 放养健壮和不带病原的苗种，是养殖生产成功的基础。

放养的种苗应体色正常，健壮活泼。必要时应先用显微镜检查，确保种苗不带有危害严重的病原。放养密度应根据池塘条件、水质和饵料状况、饲养管理技术水平等决定。

2. 免疫接种 免疫接种，是控制水产养殖动物暴发性流行病的有效方法。对一些经常发生危害严重的病毒性及细菌性疾病，可使用人工疫苗，用口服、浸洗或注射等方法接种，达到人工免疫的作用。

3. 选育抗病力强的种苗　利用某些养殖品种或群体对某种疾病有先天性或获得性免疫力的原理，选择和培育抗病力强的苗种作为放养对象，可以达到防止该种疾病的目的。

4. 降低应激反应　在水产养殖系统中，由于人为因素，如水污染、投饲技术与方法等；或自然因素，如暴雨、高温和缺氧等的影响，常引起水生动物的应激反应。凡是偏离水产养殖动物正常生活范围的异常因素，通称为应激源；而养殖动物对应激源的反应，则称为应激反应。通常，养殖动物在比较缓和的应激源作用下，可通过调节机体的代谢和生理功能而逐步适应，使之达到一个新的平衡状态。但是，如果应激源过于强烈，或持续的时间较长，养殖动物就会因为能量消耗过大，使机体抵抗力下降，为水中某些病原生物对宿主的侵袭创造有利条件，最终引起疾病的感染甚至暴发。因此，在养殖过程或养殖系统中，创造条件降低应激，是维护和提高机体抗病力的措施。

5. 加强日常管理，谨慎操作　①定时巡视养殖水体，最少每日早晚各1次，观察水体（池塘、网箱及其周围）的水色和养殖动物摄食、活动情况，以便及时采取措施加以改善；②对池塘或网箱进行定期或经常清除残饵、粪便及动物尸体等清洁管理，勤除杂草，以免病原生物繁殖和传播；③平日管理操作应细心、谨慎，避免养殖动物受伤而为病原的入侵提供“门户”；④流行病季节和高温时期，尽量不惊扰水生动物。

6. 饵料应质优、量适　质优，是指饵料及其原料绝对不能发霉变质，饵料的营养成分要全，特别是不能缺乏必要的维生素和矿物质。要根据不同养殖对象及其发育阶段，科学地选用饵料原料，合理调配，精细加工。量适，是指每日的投饵量要适宜，每日的投喂量最好能分多次投喂。每次投喂前要检查前次投喂的摄食情况，以便调整投饵量。饵料的质量和投喂方法，不仅是保证养殖产量的重要因素，同时，也是增强鱼、虾类等养殖动物对疾病抵抗能力的重要措施。

三、控制和消灭病原体

1. 使用无病原污染的水源　水及其水系统，是水产养殖动物疾病病原传入和扩散的第一途径。在建造养殖场前，应对水源进行周密考查。优良的水源条件，应是充足、清洁、不带病原生物以及无人为污染等，水的物理和化学特性应适合水生动物的生活需求。在水系统方面，每个养殖池应有独立的进水和排水系统，以避免因进水把病原体带入。

2. 池塘彻底清淤消毒　池塘是水产养殖动物栖息生活的场所，同时，也是各种病原生物潜藏和繁殖的地方，池塘环境清洁与否，直接影响到养殖动物的生长和健康。因此，池塘清淤消毒是预防疾病和减少流行病暴发的重要环节。清淤后每667m^2用100～120kg生石灰或20～30kg漂白粉（含有效氯25%以上）进行消毒，3～5d解毒后，在池塘的进水口设置过滤网，灌满水，肥水20d左右，为养殖动物的放养创造优良的生活环境。

3. 强化疾病检疫　由于水产养殖业的迅速发展，地区间苗种及亲本的交流日益频繁，对国外养殖种类的引进和移殖也不断增加，如果不经过严格的疫病检疫，就可能造成病原体的传播和扩散，引起疾病的流行。因此，必须严格遵守《中华人民共和国动物防疫法》，做好对养殖动物输入和输出的疾病检疫工作。

4. 建立隔离制度　养殖动物一旦发病，不论是哪种疫病，特别是传染性疾病，首先应采取严格的隔离措施，以防止疫病传播、蔓延，殃及四邻。

（1）对已发病的池塘或地区首先进行封闭，池内的养殖动物在治愈以前，不向其他池塘和地区转移，不排放池水，工具应当用浓度较大的漂白粉、硫酸铜或高锰酸钾等溶液消毒，或在强烈的阳光下晒干，然后才能用于其他池塘，有条件的也可以在生病池塘设专用工具。

（2）清除发病死亡的尸体，及时掩埋、销毁，切勿丢弃在池塘岸边或水源附近，以免被鸟兽或雨水带入养殖水体中。

（3）对发病池塘及其周围包括进、排水渠道，均应消毒处理，并对发病动物及时作出诊断，确定防治对策。

5. 实施消毒措施

（1）*苗种消毒*　即使是健康的苗种，亦难免带有某些病原体，尤其是从外地运来的养殖苗种。因此，在苗种放养时，必须先进行消毒。可用 50mg/L 聚维酮碘溶液或 10～20mg/L 高锰酸钾溶液，给苗种药浴 10～30min。药浴的浓度和时间，根据不同的养殖种类、个体大小和水温灵活掌握。

（2）*工具消毒*　养殖用的各种工具，如网具、塑料和木制工具等，常是病原体传播的媒介，特别是在疾病流行季节。因此，在日常生产操作中应做到各池分开使用，如果工具数量不足，可用 50mg/L 高锰酸钾溶液或 200mg/L 漂白粉溶液等浸泡 5min，然后用清水冲洗干净，再行使用；也可在每次使用完后，置于阳光下晒干后再使用。

（3）*饲料消毒*　投喂的配合饲料，可以不进行消毒；如投喂鲜活饵料，无论是从外地购进或自己培养生产的（含冷冻保存），都应以 10～20mg/L 高锰酸钾溶液浸泡消毒 5min，然后用清水冲洗干净后再投喂。

（4）*食场消毒*　定点投喂饲料的食场及其附近，常有残饵剩余，时间长了或高温季节为病原菌的大量繁殖提供了有利场所，很容易引起鱼、虾类的细菌感染，导致疾病发生。所以，在疾病流行季节，应每隔 1～2 周在鱼、虾吃食后，对食场进行消毒。

第二单元　疾病的诊断

第一节　疾病的诊断要点

一、对供检动物的要求

供检查的动物，最好是患病后濒死个体或死后时间较短的新鲜个体。死后时间较长的个体，体色已改变，组织已变质，症状消退，病原体脱落或死亡后变形而无法检查诊断。取样时，健康、生病、濒死的个体均应采样，以便比较检查。有些疾病不能立即确诊的，用固定剂和保存剂将患病动物的整个身体或部分器官组织加以固定保存，以供进一步检查。

二、问　　诊

检查是水生动物疾病诊断的基础，除了应当熟悉各种疾病的病症和病因等情况外，正确、合理、有效的现场检查也尤为重要。

1. 检查养殖群体的生活状态

（1）*活力和游泳行为*　健康的鱼、虾类在养殖期常集群，游动快速，活力强。患病的个体常离群独游于水面或水层中，活力差，即使人为给予惊吓，反应也较迟钝，逃避能力差；有的在水面上打转或上下翻动，无定向地乱游，行为异常；有的侧卧或匍匐于水底。

（2）*摄食和生长*　健康无病的养殖动物，反应敏捷、活跃，抢食能力强。按常规量，在投饲0.5 h后进行检视，基本上看不到饲料残剩。患病的个体体质消瘦，很少进食；在鱼苗、虾苗、贝苗期，还可观察到消化道内无食物。

（3）*体色和肢体*　健康无病的鱼、虾类体色正常，外表无伤残或黏附污物；在苗种阶段身体透明或半透明。而患病的个体或群体，外表失去光泽，体色暗淡或褪色，有的体表有污物。鱼类，鳍条破裂、烂尾、鳞片脱落或竖起等；虾类，附肢变红或残缺、甲壳溃疡、肌肉混浊等；贝类，外套膜萎缩、足部溃烂或出现脓包等。

2. 检查养殖动物所处的生活环境　应实地观察养殖池塘的面积、结构、进排水系统、土质和水深等；着重检查养殖水体的水质变化，看水色是否呈现浓绿色、黑褐色、污浊，是否有气泡上浮等不良现象；检查养殖水体的透明度、温度、盐度、pH、溶解氧、氨氮是否在养殖水产动物的承受范围；检查养殖水体的水源附近有无大量雨水流入，有无遭受到农药或工厂、矿山废水的污染；检查池中底泥有无过多的有机物质沉积，使底泥变黑、变臭等；还应了解池塘中生物的优势种类和数量；放养前有没有进行清塘，清塘是否彻底；清塘药物的种类，施放的时间和方法；捕捞、搬运等是否会对养殖动物造成伤害等。

3. 检查养殖管理情况　检查养殖池的放养密度是否过大；每日投饵的数量、次数和时间是否适宜；饵料的质量及营养成分是否安全；残余饵料的清除是否及时；换水或加水数量和间隔时间是否合理；使用的工具是否消毒等。

4. 了解水产动物的发病经历　了解水产动物发病的时间，发病率，有无死亡，死亡的数量等；有无进行药物治疗，用药的种类、数量、方法和治疗效果；有无采取其他措施，如灌水或换水；该病过去是否发生过，曾发生的疾病种类、经过等情况。

三、检查方法和程序

临床检查和实验室常规检查（目检、剖检和镜检），是诊断疾病最重要的一个步骤。多数的疾病，在做剖检和镜检后才能确诊。

1. 目检　所谓目检，就是用肉眼对患病个体的体表直接进行观察。

（1）观察水产动物体色是否正常，是否发红、充血、出血，是否有红点（斑）、白点（斑）、黑点（斑）；体表、附肢有无异常，是否掉鳞、腐烂、溃疡，鳍（附肢）是否完整，有无突起、囊肿、包囊；眼睛是否正常，有无混浊、瞎眼；口腔内有无溃疡或异常；鳃是否正常，有无褪色、腐烂、囊肿、包囊等。

（2）检查体表、鳍（附肢）、鳃、口腔上有无大型病原体，如本尼登虫、双阴道虫、线虫、锚头鳋和等足类等。

2. 剖检　目检完毕后，进行剖检。剖检，就是将患病个体进行解剖，用肉眼对各器官、组织进行观察。将患病的鱼、虾个体用解剖剪剪去鳃盖（甲壳），露出鳃丝，在目检的基础上，进一步观察鳃丝的颜色，黏液是否增多，鳃丝末端有无肿大和腐烂。检查完鳃后，再将患病个体进行解剖，检查内部器官。首先，观察是否有腹水和肉眼可见的寄生虫（如线虫）及其包囊；再依次察看各内部器官组织的颜色和病理变化，有无炎症、充血、出血、肿胀、溃疡、萎缩退化、肥大增生等病理变化。对于肠道，应先将肠道中食物和粪便去掉，然后进行观察。若肠道中存在较大的寄生虫（如吸虫、绦虫和线虫等），则很容易看到；若是细菌性肠炎，则会表现出肠壁充血、发炎；若是球虫病和黏孢子虫病，则肠壁上一般有成片或稀散的白点。

3. 镜检　就是借助解剖镜或显微镜，对肉眼看不见的病原生物进行检查和观察，如细菌、真菌和原生动物等。镜检时，取样要有代表性，供镜检的病料能代表一个养殖水体中患病的群体。镜检应按先体外、后体内［体表、鳃、血液（血淋巴）、消化道、肝（肝胰腺）、脾、肾、心脏、肌肉、性腺］的顺序，取下各器官、组织，置于不同的器皿内。从患病个体病变处中刮取黏液或取部分组织，制成水浸片后用光学显微镜检查。对可疑的病变组织或难以辨认的病原体，要用相应的固定液或保存液固定或保存，以供进一步观察和鉴定。

4. 病原分离　对于细菌和真菌性病原，首先选取具有典型症状的病体或病灶组织，体表或鳃经灭菌水洗涤后，体内器官或组织在体表经70%的酒精药棉消毒后，按无菌操作法接种于培养基上。在适宜的温度下培养一段时间（一般24～48h），选取形状、色泽一致的优势菌落，重复划线分离培养以获纯培养，供进一步病原鉴定。对于病毒性疾病，首先选取具有典型症状的病体或病灶组织，按病毒分离技术步骤，接种敏感细胞，进行病毒分离培养和进一步的鉴定。

5. 其他检查方法　如果患病的动物呈现细菌性或病毒性疾病的症状，并且在检查时没有发现任何致病的寄生虫或其他可疑病因时，可作出初步诊断。对有些病毒性和细菌性疾病，可用免疫学和分子生物学的方法作出较迅速的诊断，如试剂盒检测、血清中和试验、荧光抗体、酶标抗体、PCR和核酸探针等方法。

四、综合分析和诊断

只有诊断正确，才能对症下药。正确的诊断，来自宿主、病原（因）和环境条件三方面的综合分析。如果在生病动物身上同时存在几种病原时，就应按其数量的多少和危害性的大小，确定其主要病原。如车轮虫，往往在许多种鱼类的鳃上和皮肤上与其他病原生物同时存在，数量多时可以致病，但数量少时危害性就不明显。不过，有时也会发现同时由两种以上的病原引起的并发症。对于患病动物的环境条件，应实地观察养殖池塘的面积、结构、进排水系统、土质、水质及其变化等；还应了解池塘中生物的优势种类和数量；饲料的质量，投饵的方法和数量，及日常饲养管理中的操作情况等。所有这些情况对于正确地诊断、制订合理的预防措施及提出有效的治疗方法，都有非常重要的帮助。

五、流行病学调查

水产动物的诊断包括水产动物临床诊断、病理诊断及流行病调查三个方面。虽然三个方面使用的方法不同，但都能有助于解决诊断问题。流行病学调查主要在养殖现场进行，针对的是发病群体和整个养殖环境。主要调查内容包括：

1. 群体中疾病发生的形式和度量　疾病发生的形式，就是疾病在养殖群体中的流行强度。描述疾病流行的术语有以下四种：

（1）*地方流行*　有两方面的含义，一是说明某地区养殖动物群体中的某病，以通常的、相对稳定的频率发生；二是表示该地区动物群体中该病的发生在动物群体间、时间及空间分布上有一定的规律性。因此，地方流行是一种相对稳定状态。

（2）*流行*　一种传染病或非传染病发生到超过预料的异常水平。流行与病例的绝对数无关，仅表示出乎意料的高频率，表示相对量。暴发是指在短时间内，一个养殖场或某一地区某病的病例数出乎意料的突然升高，它是一种特殊类型的流行。

（3）*大流行*　散布范围广、群体中受害动物比例大的流行，可涉及几个国家或几个大洲。

（4）*散发流行*　无规律或偶然发生某病，通常局限于部分地区，可以指该地区正常情况下不存在的疾病，或偶尔出现的单个病例或一组病例。

疾病发生的度量，在描述疾病时一般计算疾病在不同时间、不同地区和不同群体中的频率，常用比、比例和率来表示。常用的有：

①发病率：表示一定时期内，某动物群体中发生某病新病例的频率。

②死亡率：某动物群体在一定时间内，死亡动物总数与该群体同期动物平均数之比。

③病死率：为一定时期内，患某病的动物中因该病而死亡的频率。

④患病率：为某个时间内，某病的新旧病例数与同期群体的平均数之比。

⑤感染率：某些传染病感染后不一定发病，但可以通过微生物学、血清学及其他免疫学方法测定是否感染。检出阳性动物数与受检动物数之比。

2. 疾病在养殖动物种群中的分布　疾病的种群分布，是指对不同年龄、性别、种和品种等特征的种群，进行发病率、患病率和死亡率水平的描述和比较。这有助于了解影响疾病分布的因素，探索病因，并为防治工作提供依据。

3. 疾病的时间分布　疾病的发生频率随时间的推移而不断变化，流行形势由散发而流行，甚至消灭。描述疾病的时间分布和变化，有助于判断传染病疫情的发展动态，探索不明疾病的原因。

4. 疾病的地区分布　疾病的分布往往具有明显的地区性，有些疾病可以遍布全球，有些疾病只分布在一定地区。即使是同一种疾病，在不同地区不同养殖场的发病率往往也不一致。

影响地区分布的因素十分复杂，自然地理因素（包括气候、地形地貌、土壤和植被），媒介生物，中间寄主，贮存寄主和终寄主的分布，饲养管理水平和公共卫生状况等，都能影响疾病的地区分布。如养殖池塘中水蛭的存在，可导致锥体虫病的传播；螺及水鸟的存在，可使鱼患上复口吸虫病。

5. 感染的传播和维持 感染的传播可分为水平传播、垂直传播两种。**水平传播**是从动物群体的一部分传播给另一部分；**垂直传播**是指母体将感染传给下一代。

不同的传染性病原体进入或离开一个宿主都有一定的部位，这就决定了传播途径。有经口传播、呼吸道传播（鳃）、皮肤和黏膜传播、媒介生物传播及长距离传播等途径。后者是指通过感染动物、媒介和污染物的迁移，感染可以传播到很远的距离。如空运时间很短，有些疾病处在潜伏期，到达目的地时还未出现症状，检疫时不易被发觉，因此很容易跨过国界。

感染的维持则依靠病原体对宿主内、外不利环境的抵抗，如形成荚膜等。感染维持的方法很多种，如形成包囊、病原体产生抵抗型（芽孢）、传播过程中在宿主体内“快进快出”、病原体在宿主体内持续存在等。

6. 环境因素 水生动物受环境影响很大，疾病的发生、发展和流行均与养殖环境有关。调查内容应包括水化学因子，如水中水温、光照、溶解氧、酸碱度、硬度、盐度、耗氧量、氨氮、硝酸根离子等其他水质和底质情况；水域中的生物因子，包括生物种类、种群密度、饵料生物和底栖生物等，探索与疾病发生的关系和规律。

通过流行病学调查，可以探索什么病（反映动物群体疾病的性质和频率），哪些个体发病，什么地方发生疾病，由什么引起（与发病频率和方式直接或间接有关的决定因素），为什么会发病，如何控制和预防等重要信息和规律。

第二节 病毒性疾病的诊断

一、病料的采集与准备

病料采集适当与否，直接影响病毒的检测结果，一般可采集濒死或者出现临床症状的水生动物的组织病料，采集部位因动物及病毒的种类而异。组织采集后装在无菌玻璃瓶中，在实验室提取病毒之前 4℃贮存或一直放在冰上。最好在样本采集之后 24h 内进行病毒的提取，如果温度保持 0～4℃在 48h 以内也可以。将临床样本冷冻贮存在－80～－20℃，可以保存更长时间，但要避免样品的反复冻融。

也可以把器官样本放进盛有细胞培养液或 Hanks 平衡缓冲液（HBSS）的玻璃瓶中运至实验室（1 份体积的器官至少 5 份体积的运输液），并在其中添加可抑制细菌生长的抗生素。适宜的抗生素浓度为：庆大霉素（1 000μg/mL）或青霉素（800U/mL）和链霉素（800μg/mL）。运输培养基中也会混合终浓度为 400U/mL 的抗真菌药物，如制霉菌素或两性霉素 B。如果运输时间超过 12h，为了稳定病毒，也会添加血清或白蛋白（5%～10%）。

二、病毒的分离鉴定

1. 病毒的分离与培养 细胞培养是用于病毒分离与培养最常用的方法，不同病毒有不同的敏感细胞系。但对于虾蟹类和贝类病毒而言，目前还没有被正式确认的细胞系。因此，虾蟹类和贝类病毒的增殖培养，是用已知的易感宿主进行病毒的体内扩增。

（1）病毒的提取 操作应在 15℃以下进行，0～10℃较好。首先，从组织样品中去除含

抗生素的培养液；然后，用研钵、研杆或电搅拌器将样品匀浆成糊状；再按 1∶10 的最终稀释度重悬于培养液中。组织匀浆液于 2～5℃下在冷冻离心机中 2 000～4 000g，离心15min，收集上清液，加入抗生素，如庆大霉素 1mg/mL，15℃放置 4h 或 4℃过夜。如果样品在运输途中是放在运输培养基中（已经添加了抗生素），上清液中添加抗生素这一步就可省去。抗生素处理之后，没有必要再用膜滤器过滤。

（2）*细胞的接种*　接种用的细胞必须是 24h 之内培养的单层细胞。抗生素处理过的组织悬液接种到培养的细胞中，至少要有两个稀释度，即初级稀释和 1∶10 的稀释，使细胞培养基中组织材料的最终稀释度为 1∶100 和 1∶1 000（为了防止同源干扰）。接种量和培养基的容量比例约为 1∶10。对于每个稀释度和每个细胞系，必须使用至少 2cm^2 的面积，约相当于 24 孔板的细胞培养板的 1 个孔。建议使用细胞培养板，但其他类似的器皿或者有更大生长面积的也可使用。组织悬液接种到细胞后，培养要在 40～150 倍的显微镜下定期观察是否出现 CPE（细胞病变效应），至少每周 3 次。如果观察到明显的 CPE，可进一步进行病毒的鉴定。

2. 病毒的鉴定

（1）*病毒形态学鉴定*　可通过电子显微镜，观察病毒的形态和大小。

（2）*病毒的血清学鉴定*　病毒分离后，可用已知的抗病毒血清或单克隆抗体，对病毒株进行血清学鉴定，以确定病毒的种类、血清型及其亚型。常用的血清学试验，有血清中和试验、酶联免疫吸附试验和免疫荧光抗体技术等。此外，还可采用一些血清学技术，如免疫沉淀技术和免疫转印技术，分析病毒的结构蛋白成分。

（3）*分子生物学鉴定*　可采用 PCR 技术扩增病毒的特定基因，进一步对扩增产物进行克隆和序列分析，以及对病毒进行全基因组序列测定分析。可获得分离毒株的基因组信息，依据基因组序列绘制遗传进化树，分析比较分离毒株的遗传变异情况，确定分离毒株的基因型。也可采用核酸杂交技术，鉴定分离的病毒。

三、病毒感染单位的测定

测定样本中病毒浓度，即病毒滴度。常用于病毒滴度测定的技术，有空斑试验、终点稀释法、荧光—斑点试验和转化试验等，最常用的是前两者。

1. 空斑试验　检测的是具有感染力的病毒粒子数量，是一种可靠的病毒滴度测定方法，也是病毒滴度检测的金标准。根据样本的稀释度和空斑数，计算每毫升含有的空斑形成单位（PFU），即可确定病毒的滴度。空斑试验是纯化和滴定病毒的一个重要手段，只是并非所有病毒或毒株都能形成空斑。

2. 终点稀释法　可用于测定几乎所有种类的病毒滴度，包括某些不能形成空斑的病毒，并可用以确定病毒对动物的毒力或毒价。将病毒作系列稀释，选择 4～6 个稀释度，接种一定数量的细胞或动物，每个稀释度作 3～6 个重复。使用细胞培养，可通过 CPE 来判定半数感染量（$TCID_{50}$）；在动物上，是以死亡或发病来测定。以感染发病作为指标时，可计算半数感染量（ID_{50}）。

四、病毒感染的血清学诊断

1. 抗原—抗体反应的一般规律和特点

（1）*高度的特异性*　抗原与抗体反应具有高度的特异性，即抗体的可变区只能与相应抗原决定簇进行互补结合，而不能与其他抗原决定簇结合。

（2）可逆性结合　抗原与抗体以非共价键的形式结合形成抗原与抗体复合物，抗原与抗体的结合是可逆的，即抗原与抗体复合物在一定的条件下可发生解离，解离后的抗原和抗体仍可保持原有性质。

（3）抗原与抗体结合的比例　抗原与抗体的结合需要适当的比例，才可出现肉眼可见的反应。如果抗原过多或抗体过多时，则抗原与抗体的结合不能形成肉眼可见的复合物，且抑制可见反应的出现，此称为**带现象**。

（4）可见反应的两个阶段　第一阶段是抗原与抗体特异性结合阶段，反应快，在数秒钟至几分钟内完成，不出现肉眼可见的反应；第二阶段是反应可见阶段，反应时间长短不一，从数分钟、数小时到数日不等，出现凝集、沉淀和细胞溶解等现象。

2. 抗原—抗体反应的影响因素

（1）电解质　抗原与抗体分子具有相对应的极性基团，在中性或弱碱性条件下都有较高的亲水性。抗原与抗体反应一般用生理盐水（0.85% NaCl）作稀释液。

（2）温度　在一定温度范围内，温度越高，抗原与抗体分子或抗原—抗体复合物间运动加快，分子间的碰撞机会越多，因而反应速度加快。一般认为，温血脊椎动物的抗原与抗体的最适反应温度为37℃；而水生动物抗原与抗体反应的适温范围为28～30℃。

（3）酸碱度　抗原与抗体反应的常用pH为6～8，过高或过低的pH，可使抗原—抗体复合物重新解离。

3. 病毒中和试验　根据抗体能否中和病毒的感染性而建立的免疫学试验，称为中和试验。中和试验的特异性强，敏感性高，是病毒学研究中十分重要的手段。凡能与病毒结合、使其失去感染力的抗体称为中和抗体。病毒可刺激机体产生中和抗体，中和抗体与病毒结合后，使病毒失去吸附细胞的能力，从而丧失感染力。

4. 免疫荧光抗体技术　用荧光素对抗体进行标记，然后用荧光显微镜观察荧光，以分析示踪相应抗原的方法，是将抗原与抗体反应的特异性、荧光检测的高敏感性，以及显微镜技术的精确性三者相结合的一种免疫检测技术，可分为直接法和间接法。可用于标记的荧光素，有异硫氰酸荧光素（FITC）、四乙基罗丹明（RB 200）和四甲基异硫氰酸罗丹明（TMRITC），其中，应用最广的是FITC，罗丹明只是作为前者的补充，用作对比染色时标记。抗体经过荧光素标记后，并不影响其结合抗原的能力和特异性，因此，当荧光抗体与相应的抗原结合时，就形成带有荧光性的抗原—抗体复合物，从而可在荧光显微镜下检出抗原的存在。

用免疫荧光抗体技术直接检测患病动物病变组织中的病毒，已成为病毒感染快速诊断的重要手段。如感染对虾白斑综合征病毒的病虾，取其鳃丝做成冰冻切片，用直接或间接免疫荧光染色可检出病毒抗原，一般可在2h内作出诊断报告。

5. 酶联免疫吸附试验（ELISA）　ELISA是应用最广、发展最快的一项诊断技术。其原理是让抗原（病毒）结合到某种固相载体表面并保持其免疫活性，再使抗体与某种酶联结成酶标抗体，这种酶标抗体既保留了免疫活性，也保留了酶的活性。测定时，酶标抗体与固相载体表面的抗原起反应，由于不同标本免疫反应不同，故经清洗后，在固相载体表面留下了不同数量的酶，加入酶反应底物，底物被酶催化成有色底物，产物的量与标本中受检抗原的量直接相关，故可依据颜色反应的深浅，进行受检抗原的定性、定量分析。包括四种基本方法，即直接法、间接法、双抗体夹心法和竞争法。常用的标记酶有辣根过氧化物酶（HRP）和碱性磷酸酶（AP）。

6. 免疫转印技术　基于抗体与固定在滤膜上病毒蛋白质的相互作用，病毒蛋白质经聚丙烯酰胺凝胶电泳，然后转印到对蛋白质有很强亲和性的滤膜（如硝酸纤维素滤膜）上。经免疫染色（如免疫酶染色），检测结合在膜上的蛋白质。由于结合到膜上的蛋白质是变性的，因此，识别非线性抗原表位的抗体不适合用于检测。该方法可用于病毒蛋白质的分析，其主要优点在于不需要进行病毒蛋白质的标记，因此，适用于组织、器官或培养细胞中病毒蛋白质的检测。

五、病毒感染的分子诊断

1. 聚合酶链式反应（PCR）及序列分析　PCR 是一种广泛用于检测病毒核酸和病毒感染诊断的分子生物学技术。利用寡核苷酸引物和 DNA 聚合酶，以提取的 DNA 样本为模板，经变性、退火和延伸等基本步骤，经多次循环，最后获得所扩增的目的基因片段，经凝胶电泳可检测目的片段的大小。扩增的片段克隆后或直接进行 DNA 测序，结果与已知病毒序列比对，即可得出结论。PCR 用于 DNA 病毒的检测。如果是 RNA 病毒，则需在扩增之前进行反转录，即提取病毒 RNA，加入反转录酶合成 cDNA 后，再进行 PCR 扩增，称为 RT-PCR。为确保 PCR 反应的特异性扩增，可采用嵌套式 PCR 或嵌套式 RT-PCR。为提高检测的敏感性，荧光定量 PCR 技术也逐渐用于病毒的检测和病毒病的诊断。

2. 核酸杂交　包括 DNA 杂交和 RNA 杂交。DNA 杂交，即 Southern 杂交，用于检测病毒 DNA。DNA 样本经限制性内切酶消化、凝胶电泳、变性，转移到滤膜上，然后用标记的病毒核酸序列探针检测结合到膜上的 DNA。一种改良的方法，称为斑点杂交，可用于样本中病毒核酸的快速检测。RNA 杂交，即 Northern 杂交，用于病毒 RNA 的检测，其基本过程与 DNA 杂交相似。核酸杂交技术可用于细胞、组织中病毒基因组或转录本的定位检测，即称为原位杂交。

3. DNA 芯片　DNA 芯片技术是一类新型的分子生物学技术。该技术是将病毒 DNA 片段有序地固定于支持物（如玻片、硅片）的表面，组成密集二维分子排列，然后与已知标记的待测样本中靶分子杂交，通过特定的仪器如激光共聚焦扫描或电荷耦合摄影像机，对杂交信号的强度进行快速、并行和高效地检测分析，从而可检测样品中靶分子的数量。该技术可用于大批量样本的检测和不同病毒病的鉴别诊断。

第三节　细菌性疾病的诊断

细菌性疾病的诊断，除个别有典型临诊症状的疾病不需细菌学诊断外，一般均需采集相应部位的样本，进行细菌学诊断，以明确病因。从样本中分离到细菌，并不一定意味该菌为疾病的病原，还需要根据患病动物的临诊表现特征、采集标本的部位、获得的细菌种类及细菌的相对数量进行综合分析。分离到的细菌常需做药物敏感试验，以便选用适当的药物进行治疗。由于细菌及其代谢产物具有抗原性，因此，细菌性感染还可通过检测抗体进行诊断。此外，对细菌特异性 DNA 片段进行检测，亦可作为细菌感染诊断的方法，即分子诊断。

一、病料的采集与准备

样本的采集是细菌学诊断的第一步，直接关系到检验结果的正确性或可靠性。为此，采集样本应做到：①样本必须新鲜，尽快送检；②采集处于不同发病时期的样本和健康对照样本；③严格无菌操作，尽量避免标本被杂菌污染；④盛装活样本的容器中必须加原塘水；⑤对疑似烈性传染病或人兽共患病标本，严格按相应的生物安全规定包装、冷藏、专人递送；⑥样本应做好标记，并在相应检验单中详细填写检验目的、样本种类和临诊诊断初步结果等。

二、细菌的分离鉴定

1. 细菌形态与特性检查　凡在形态和染色性上具有特征的致病菌，样本直接涂片染色（如革兰氏染色法、抗酸染色法等）后，显微镜观察可以进行初步诊断。如病鱼脑中查见革兰氏染色阳性的链状球菌，可初步诊断为链球菌。直接涂片法还可结合免疫荧光技术，将特异性荧光抗体与相应的细菌结合，在荧光显微镜下见有发荧光的菌体，亦可作出快速诊断。很多细菌仅凭形态学不能作出确切诊断，需经细菌的分离培养，并进行生化反应和血清学等进一步鉴定，才能明确感染的细菌。

2. 分离培养　原则上应对所有送检样本做分离培养，以便获得单个菌落后进行纯培养，从而对细菌做进一步鉴定。新菌培养时，应选择适宜的培养基、培养时间和温度等，以提供特定细菌生长所需的必要条件。由正常情况下应无菌的部位采集的标本，如血液和脑，可直接接种至营养丰富的液体或固体培养基。取自正常菌群部位的样本，应接种至选择性培养基或鉴别培养基。分离培养后，根据菌落的形态、大小、颜色、表面形状、透明度和溶血性等对细菌作出初步识别，同时，取单个菌落再次进行革兰氏染色镜检观察，再进行生化试验。此外，细菌在液体培养基中的生长状态及在半固体培养基中是否表现出动力等，也是鉴别某些细菌的重要依据。

3. 生化试验　利用各种细菌的生化反应，可对分离到的细菌进行鉴定。对于鉴别一些在形态和培养特性上不能区别而代谢产物不同的细菌尤为重要。目前，多种微量、快速、半自动和全自动的细菌鉴定系统和仪器已广泛应用于临诊，能较准确地鉴定出临诊上常见的致病菌。但由于现有细菌鉴定仪所采用的细菌数据库，主要针对的是人类和哺乳类动物的病原菌，对水生动物病原菌的信息不全面，细菌鉴定时还需参考《伯吉氏细菌鉴定手册》及参考细菌 16S rDNA 序列分析结果。

4. 药物敏感性试验　在确定病原菌后，有必要做抗菌药物敏感试验，作为养殖生产用药的指导。

三、细菌感染的血清学诊断

有些细菌即使进行生化试验也难以鉴别，但可根据其抗原成分（包括菌体抗原、鞭毛抗原）不同，采用血清学方法进行鉴别。利用已知的特异性抗体，检测有无相应的细菌抗原，可以确定菌种或菌型。多种免疫检测技术可用于细菌抗原的检测，如采用已知病原菌的特异性单克隆抗体和抗血清，可对分离的细菌进行属、种和血清型鉴定。常用的免疫检测技术，有凝集反应、免疫标记抗体技术等。有的方法既可直接检测标本中的微量抗原，又可检测细

菌分离培养物。

1. 凝集反应　细菌、红细胞等颗粒性抗原，或吸附在红细胞、乳胶颗粒性载体表面的可溶性抗原，与相应抗体结合，在有适当电解质存在下，经过一定时间，形成肉眼可见的凝集团块，称为凝集反应。凝集反应可分为直接凝集试验、间接凝集试验。

（1）直接凝集试验　主要有玻片法和试管法两种：

①玻片法：主要用于细菌血清型的鉴定，为定性试验。将含有已知抗体的诊断血清（适当稀释）与待检菌液各滴1滴在玻片上混合，数分钟后，如出现颗粒状或絮状凝集，即为阳性反应。此法简便、快速。也可用已知的诊断抗原悬液，检测待检血清中是否存在相应抗体，间接判断动物是否被细菌感染。

②试管法：一种定量试验。用以检测血清中是否存在相应抗体和测定血清的抗体效价（滴度），可作临床诊断或流行病学调查。将待检血清用生理盐水作倍比稀释，然后加入等量抗原，置37℃水浴孵育1h，视不同凝集程度记录为＋＋＋＋（100％凝集）、＋＋＋（75％凝集）、＋＋（50％凝集）、＋（25％凝集）和－（不凝集）。

（2）间接凝集试验　常用于吸附可溶性抗原的载体有绵羊红细胞、聚苯乙烯乳胶颗粒等。抗原多为可溶性蛋白质，如细菌裂解物或浸出液、病毒、寄生虫分泌物、裂解物或浸出液，以及各种蛋白质抗原。应用较多的是间接血凝试验和乳胶凝集试验，即以红细胞或乳胶颗粒为载体，将可溶性抗原或抗体致敏于红细胞或乳胶颗粒表面，用于检测相应抗体或抗原。

2. 免疫标记抗体技术　主要有免疫荧光抗体技术、酶联免疫吸附试验等，具体同病毒性疾病的血清学检测。

四、细菌感染的分子诊断

不同种类细菌的基因序列不同，可通过检测细菌的特异性基因对细菌感染进行诊断。常用的方法主要有PCR技术和核酸杂交技术，具体方法同病毒性疾病的诊断。

第四节　寄生虫性疾病的诊断

病原体检查是寄生虫病最可靠的诊断方法，无论是粪便中的虫卵，还是组织内不同阶段的虫体，只要能够发现其一，便可确诊。但应注意，在有些情况下动物体内发现寄生虫，并不一定就能引起寄生虫病。当寄生虫感染数量较少时，多不引起明显的临诊症状；有些条件性致病寄生虫，在动物机体免疫功能正常的情况下，也不致病。因此，在判断某种疾病是否由寄生虫感染所引起时，除了检查病原体外，还应结合流行病学资料、临诊症状和病理解剖变化等综合考虑。

一、体表寄生虫感染的诊断

寄生于水生动物体表和鳃上的寄生虫种类比较多，主要有鞭毛虫、孢子虫、纤毛虫、单殖吸虫、线虫和甲壳类等。对于它们的检查，可采用肉眼观察和显微镜镜检观察相结合的方法。锚头鳋、中华鳋、鱼虱等个体较大，通过肉眼观察即可发现，进行进一步鉴别时，需取虫体在显微镜下根据虫体形态特征进行鉴别。原虫和吸虫类个体较小，常需刮取体表黏液或取其鳃丝进行组织压片后显微镜下观察，根据虫体或虫卵形态特征进行鉴别。

组织压片的方法为：用解剖刀刮取病鱼体表黏液，或用手术剪剪取部分鳃丝，放于干净的载玻片上，滴 1 滴清洁水或 0.85%的生理盐水，覆上 1 张盖玻片，轻轻搓压玻片使病料散开，置显微镜下检查。如果发现寄生虫，计数 1 个视野内寄生虫的数量。

二、体内寄生虫感染的诊断

寄生于水生动物体内的寄生虫种类，主要有孢子虫、复殖吸虫、绦虫和棘头虫等。对于它们的检查，也采用肉眼观察和显微镜镜检观察相结合的方法。绦虫、棘头虫等个体较大，剖开鱼腹，取出肠道，通过肉眼观察即可发现；原虫和吸虫类个体较小，常需取动物组织或包囊压片后显微镜下观察，根据虫体或虫卵的形态特征进行鉴别；对于一些在血液内的寄生虫，则需进行血液涂片显微观察或将病鱼的心脏及动脉球取出，放入盛有生理盐水的培养皿中，剪开心脏及动脉球，并轻刮内壁，在光线亮的地方用肉眼仔细观察；对于在眼睛内的寄生虫，则需将病鱼眼睛挖出，剪破后取出水晶体放在生理盐水中，刮下水晶体表面一层，用显微镜检查，或在光线亮的地方用肉眼仔细观察。

第三单元　鱼类病毒性疾病

第一节　草鱼出血病

草鱼出血病是严重危害草鱼和青鱼的一种病毒性传染病。临床以红鳍、红鳃盖、红肠子和红肌肉等其中一种或多种症状为特征，对草鱼和青鱼的鱼种生产和养殖可造成重大损失。2022 年农业农村部公告第 573 号将其列为二类动物疫病。

【病原】草鱼呼肠孤病毒（GCRV）或草鱼出血病病毒（GCHV）。属呼肠孤病毒科（*Reoviridae*）、水生呼肠孤病毒属（*Aquareovirus*）。为我国分离的第一株鱼类病毒。

【流行特点】草鱼出血病是一种流行地区广、流行季节长、发病率高、死亡率高和危害性大的病毒性传染病。

草鱼出血病主要危害全长 2.5～15cm 的草鱼鱼种，死亡率一般在 30%～50%，最高可达 70%～80%。2 龄以上草鱼较少发病，多呈亚临床或无临床症状，但可携带病毒而成为传染源。主要发生于 4—10 月水温在 20～30℃的季节，以 25～28℃最为流行；在长江中下游地区有 4—6 月和 9—10 月两个流行高峰。但当水质恶化，水中溶解氧低，透明度低，水中总氮、有机氮、亚硝酸态氮和有机物耗氧量高，水温变化大，鱼体抵抗力低下，病毒的数量多及毒力强时，在水温 12℃及 34.5℃时也有发病。

对草鱼出血病的流行病学调查表明，该病的主要传播途径是水平传播（通过水或外寄生虫），传染源是已经感染的或带毒的草鱼，也可通过卵进行垂直传播。人工感染健康草鱼鱼种，从感染到发病死亡，需 4～15d，一般是 7～10d。

【症状与病理】草鱼出血病的临床症状较为复杂，可在体内外出现一系列症状，其最基本的症状为有关器官或组织的充血和出血。从外表症状上看，病鱼体呈暗黑色或微红色。按其症状表现和病理变化的差异，大致可分为三种类型，可同时出现，也可交替出现。①红肌肉型，主要症状为肌肉明显出血，全身肌肉呈鲜红色，鳃丝因严重出血而苍白，多见于 5～10cm 的小草鱼种；②红鳍红鳃盖型，主要症状为鳍基、鳃盖严重出血，头顶、口腔和眼眶等处有出血点，多见于 10cm 以上的大草鱼种；③肠炎型，主要症状为肠道严重充血，肠道全部或局部呈鲜红色，内脏点状出血，体表亦可见到出血点，在各种规格的草鱼种中均可见到。

【诊断】目前草鱼出血病的诊断尚无国家标准，行业标准尚在制订中。

（1）根据临床症状及流行情况进行初步诊断　水温 22～30℃尤其是 25～28℃时，草鱼、青鱼鱼苗大量死亡，而其他同塘鱼类并无此现象，病鱼出现红鳍、红鳃盖、红肠子和红肌肉等症状中的一种或多种，应作为草鱼出血病疑似病例。根据病理变化，可作出进一步诊断。

（2）样品采集　取无症状鱼 150 尾或病鱼 10 尾，病原分离和鉴定，宜采集病鱼肝、脾和肾等样品，对体长较小的鱼苗则取整条鱼。

（3）实验室确诊　用草鱼肾细胞系（CIK）或草鱼卵巢细胞系（CO）对疑似病样进行病毒分离，再用 RT - PCR 诊断，也可用抗草鱼呼肠孤病毒特异性抗体进行酶联免疫吸附或间接凝集法对细胞培养物进行鉴定。或直接取典型病症鱼组织，采用 RT - PCR 或免疫学方法检测病毒。

采用逆转录聚合酶联反应（RT - PCR），不仅能够检测发病期显症病鱼体内的病毒，而且能够检测发病前期及发病后期外表正常的病毒携带鱼中的病毒，但须注意对不同类型病毒的检测。

（4）鉴别诊断　注意细菌性肠炎病与以肠出血为主的草鱼出血病的区别。活检时，患草鱼出血病的鱼肠壁弹性较好，肠壁内黏液较少，严重时肠腔内有大量红细胞及成片脱落的上皮细胞；而患肠炎病病鱼的肠壁弹性较差，肠腔内黏液较多，严重时肠腔内有大量黏液和坏死脱落的上皮细胞，红细胞较少。

【防治】草鱼出血病目前无有效的药物用于治疗，最有效的控制措施是注射草鱼出血病灭活疫苗或草鱼出血病活（减毒）疫苗，也有部分地区使用组织浆灭活疫苗，其中“草鱼出血病活疫苗（GCHV - 892 株）”已获得生产批准文号。鉴于至少存在两种抗原性具有差异的病毒株，因此在使用疫苗前，应对当地流行株进行鉴别，以免影响疫苗的效果。

（1）预防措施

① 对草鱼苗种场、良种场实施防疫条件审核、苗种生产许可管理制度。

② 加强水源消毒，对繁殖用的鱼卵和亲鱼、引进的鱼苗及相应设施等进行严格消毒，可切断传染源，减少病毒感染的概率。

③ 加强疫病监测，掌握流行病学情况。

④ 培育或引进抗病品种，提高抗病能力。

⑤每 15d 使用 1 次高碘酸钠 300～500 倍的水稀释液，全池均匀泼洒，每立方米水体使用量（以高碘酸钠计）为 0.015～0.02g，对预防和控制疾病有一定作用。

（2）处理　发现患病鱼必须销毁，并对养殖水体、工具、运输工具及周围的场地进行消毒。

（3）划区管理　根据水域和流域情况及自然屏障进行，并对其实施区域管理。

第二节　斑点叉尾鮰病毒病

斑点叉尾鮰病毒病是斑点叉尾鮰的一种急性传染病，以肾小管和肾间组织的广泛性坏死为主要病理特征，幼鱼病情呈急性暴发性，死亡率高，可造成严重的经济损失。

【病原】鮰疱疹病毒 1 型（Ictalurid herpesvirus－1），又称斑点叉尾鮰病毒（CCV），属异疱疹病毒科（*Alloherpesviridae*）、鮰疱疹病毒属（*Ictalurivirus*）。病毒颗粒有囊膜，呈二十面体，双链 DNA，病毒直径 175～200nm。

【流行特点】CCV 对宿主有很强的选择性。目前报道，自然发病仅发生在斑点叉尾鮰的鱼苗和鱼种；人工注射病毒，可以使白叉尾鮰、长鳍叉尾鮰、斑点叉尾鮰与长鳍叉尾鮰杂交种患病，口喂及浸浴则不患病。不同品系的鮰对 CCV 有不同的易感性，同时，鱼龄与临床感染密切相关，刚孵化鱼苗死亡率达 100%，8 月龄则很少感染 CCV。

CCVD 暴发流行与水温、养殖方式有着密切的关系，其流行水温为 20～30℃。在此温度范围内，水温越高，发病速度越快，发病率和死亡率越高。高密度养殖、运输和水污染等胁迫因素及细菌感染，均可诱发或引起疾病流行和大量死亡。

CCV 可垂直传播和水平传播。垂直传播是 CCV 普遍的传播方式，但传播机制不详；水平传播可直接传播或通过媒介传播，其中水是主要的非生物传播媒介，其他生物媒介或污染物也可传播 CCV。CCVD 流行后，存活鱼可成为隐性无症状带毒鱼；带毒鱼可能通过尿排毒，然后 CCV 通过皮肤、嗅觉器官、肠道或者鳃感染健康鱼。

【症状与病理】CCV 感染后，宿主可表现为临床症状和隐性带毒不同类型。病鱼临床表现为食欲下降，离群独游，反应迟钝。病鱼中有些鱼尾向下、头浮在水面，有些出现痉挛式旋转游动（尤其在惊动时），然后沉入水中死亡。病鱼鳍基部（尤其是腹鳍基部）、腹部和尾柄处出血，腹部膨大，眼球单侧或双侧性外突，肛门红肿、外突，表皮发黑，鳃苍白，有些出血。解剖发现胃扩张，并可见肌肉出血，腹腔内有黄色或淡红色液体，肾、肝、脾等内脏通常贫血或出血，消化道内无食物，肠道内有淡黄色黏液，脾脏通常肿大变黑，后肾严重损伤。CCVD 暴发流行后的残存鱼往往是隐性带毒者，一般无临床症状。

【诊断】

（1）初步诊断　根据疾病流行的最适水温25～30℃、病鱼临床症状作出初步诊断。

（2）样品采集　按GB/T 18088—2000的规定采样。对有临床症状的鱼，体长小于等于4cm的鱼苗取整条鱼；体长4～6cm鱼苗取内脏（包括肾）；体长大于6cm的鱼则取脑、肝、肾和脾。而对无症状鱼要取肾、脾、鳃和脑组织，成熟雌鱼还需取卵巢液，鱼卵则取卵壳。

【防治】该病目前尚无有效的治疗方法，故要加强日常的预防管理，远离一切可能的带毒污染物，是阻止CCVD暴发的有效措施。国外现有CCV减毒疫苗，可使鱼苗获得97%的免疫保护力，但国内还无可用的疫苗进行预防。

（1）预防措施

① 对苗种场、良种场实施防疫条件审核、苗种生产许可管理制度；加强疫病监测与检疫，掌握流行病学情况。

② 加强综合预防措施，严格执行检疫制度，池埂消毒，对网具、运输工具等用高浓度消毒液浸泡消毒，防止病毒扩散。

③ 渔场中应设置隔离带，将鱼卵孵化区和刚孵化鱼苗饲养区分开，并确认与带毒鱼完全隔离。加强饲养管理，夏季要降低鱼苗的养殖密度，减少环境胁迫。

④ 发病地区，养殖应选择对疱疹病毒有抵抗力的长鳍叉尾鮰和斑点叉尾鮰杂交种、白叉尾鮰、长鳍叉尾鮰等种类。

（2）处理　发现患病鱼或疑似患病鱼必须销毁，并对养鱼设施进行彻底消毒。

（3）划区管理　根据水域和流域的自然隔离情况划区，并对其实施区域管理。

第三节　锦鲤疱疹病毒病

锦鲤疱疹病毒病是鲤和锦鲤的一种急性、接触性传染病。2022年农业农村部公告第573号将其列为二类动物疫病。世界动物卫生组织（WOAH）中将其列为必须申报的疾病。

【病原】鲤疱疹病毒3（Cyprinid herpesvirus-3，CyHV-3），又名锦鲤疱疹病毒（KHV）。属异疱疹病毒科（*Alloherpesviridae*）、鲤疱疹病毒属（*Cyprinivirus*）。鲤疱疹病毒属分鲤疱疹病毒1、2和3。其中，1（CyHV-1）又称鲤痘疮病毒，2（CyHV-2）又称金鱼造血器官坏死病毒。KHV和CyHV-1存在抗原交叉反应。KHV核衣壳呈对称二十面体结构，直径100～110nm，双链DNA。成熟的病毒颗粒带有松散的囊膜，直径170～230nm。

【流行特点】锦鲤、鲤和鬼鲤及这些品种的杂交种，对KHV高度敏感。金鱼与患病的锦鲤同居感染，金鱼虽然不发病，但能检测到KHV的DNA。鲤科鱼类，包括鲢、草鱼、鳙未有感染KHV的报道，这些鲤科鱼类无论在自然条件下混养或与病鱼同居感染，直接接触病毒均不发病，但不排除这些鲤科鱼类为KHV携带者的可能性。

目前的流行病学研究表明，锦鲤疱疹病毒传播迅速，可感染任何年龄的锦鲤与鲤，死亡率高达80%～100%。发病最适温度是23～28℃（低于18℃、高于30℃不会引起死亡）。已感染的鱼，水温18～27℃持续时间越长，疾病暴发的可能性越大，在此水温范围外死亡率明显降低。该病多发于高温季节，潜伏期14d，鱼发病并出现症状24～48h后开始死亡，2～4d内死亡率可迅速达80%～100%。细菌和寄生虫可混合或继发感染，影响死亡进程。

主要通过水平传播。暴发后幸存的鱼成为疾病的传播者，可将病毒传染给其他健康鱼。水是传播病毒的主要非生物载体，无临床症状的养殖和野生鱼也可能是病毒的储存库，病毒粒子通过粪便、尿液、鳃和皮肤黏液排出。能否垂直传播，目前尚未确定。

【症状与病理】患病鱼无力、无食欲，无方向感地游泳，或在水中呈头朝下、尾朝上的姿势漂游，甚至停止游泳。鱼体皮肤上出现苍白的块斑和水泡，鳍条尤其是尾鳍充血，鳃出血并产生大量黏液，或出现大小不等的块斑状组织坏死，鳞片有血丝，鱼眼凹陷，类似寄生虫感染和细菌感染，出现症状后24～48h死亡。有些鱼表现神经症状，极小的刺激能引起较强烈的反应，然后是不活跃期。

患病鱼无显著性、特征性组织病理变化。然而鳃的病变较为稳定，初级鳃小片腐蚀，次级鳃小片融合，初级和次级鳃小片的尖部肿胀。肝小叶末端有细小出血点，表面活性物质丧失，易碎；脾脏有出血点，镜检发现内部有少量出血点，呈鲜红色；后肾肿大，镜检有出血点，鲜红色；胆固缩，颜色变深。自然感染时，鳃、肾脏和脾脏含病毒量最丰富。肠和脑中也能检测出病毒。

【诊断】对具临床症状的病鱼，用PCR、ELISA或电镜观察病毒等方法中的一种检测KHV，其结果为阳性即可确诊。若无临床症状，则需用PCR、ELISA或电镜观察病毒等方法中不同的两种方法，其结果都为阳性才能确诊，如果其中之一为阳性，则视为可疑。

应与普通细菌感染和寄生虫侵袭相区别，特别是与细菌性烂鳃病进行区分。

【防治】目前无有效的药物用于治疗，对病毒性疾病的预防，最有效的控制措施是注射灭活或弱（减）毒疫苗。但目前我国尚无该病的商品化疫苗，因此，对该病应采用综合防治措施，加以控制和消灭。

（1）预防措施

① 加强进出口口岸检疫，防止通过贸易进口和观赏鱼的交流将KHV传入我国。

② 对苗种场、良种场实施防疫条件审核、苗种生产许可管理制度。

③ 加强疫病监测，掌握流行病学情况。

④ 通过培育或引进抗病品种，提高抗病能力。

⑤ 加强饲养管理等综合措施，对水源、繁殖用的鱼卵和亲鱼、引进的鱼苗及相应设施等进行严格消毒，可切断传染源，减少病毒感染的概率。

⑥ 有一些方法可以启动锦鲤对KHV的免疫应答，如将感染鱼饲养于20～28℃一段时期，然后降低或升高温度使病毒失活，类似于疫苗免疫，从而使机体获得免疫力，达到免疫的目的。

（2）处理　发现疑似病例，需及时向渔业主管部门上报；患病鱼和死鱼必须销毁，并对水和用具进行彻底消毒。

（3）划区管理　根据水域和流域情况及自然屏障进行划区，并对其实施区域管理。

第四节　鲫造血器官坏死病

鲫造血器官坏死病是鲫养殖过程中面临的主要危害性疾病，发病迅速、死亡率高。2022 年农业农村部公告第 573 号将其列为二类动物疫病。

【病原】鲤疱疹病毒 2（Cyprinid herpesvirus 2，CyHV－2）属异疱疹病毒科（*Alloherpesviridae*），与鲤痘疮病毒（Cyprinid herpesvirus 1，CyHV－1）以及锦鲤疱疹病毒（Koi herpesvirus，KHV；又称鲤疱疹病毒 3，CyHV－3）同属鲤疱疹病毒属（*Cyprinivirus*）。

CyHV－2 为具囊膜的球形病毒。

【流行特点】1992 年，在日本西部养殖的金鱼稚鱼出现大量死亡，死亡率几乎达到了 100%，病原鉴定为疱疹病毒性造血器官坏死病病毒（Herpesviral haematopoietic necrosis virus，HVHNV），因其是第二个从鲤科鱼体内分离到的疱疹病毒，故命名为鲤疱疹病毒 2 型。

2007—2008 年，我国江苏盐城地区部分养殖场发现养殖鲫以体表出血、鳃出血等为主要症状的疾病，死亡率高达 90%以上，给养殖户造成极大的经济损失。2009 年以后，该病在我国鲫主要养殖地区——江苏盐城地区连年大面积暴发；与此同时，该病在江西和湖北等地也开始发生。

流行病学调查结果显示，该病主要暴发地点为江苏盐城，随后传播到江西、湖北、安徽、浙江、广东、宁夏、河北、天津、辽宁等地，从南到北收集的患病鲫样本中鲤疱疹病毒 2 阳性检出率极高。该病流行时间长，4—10 月均有暴发，4—5 月和9—10月为发病高峰期。流行温度从 15℃持续到 33℃，以 24～28℃时最为严重，当水温升高至 30℃以上时，该病的发生率会大幅度下降。宿主范围主要为金鱼、白鲫、银鲫、异育银鲫等，而病毒对建鲤、罗非鱼、草鱼、鲢、乌鳢等无致病性。实验室人工感染试验结果表明，异育银鲫从水花、夏花、秋片、大规格鱼种到成鱼均对该病原敏感，死亡率高达 90%以上。

【症状与病理】患病鲫鱼体发黑，于下风口处缓慢游动。体表以广泛性出血或充血为主要症状。鳃丝肿胀，黏液较少。捞出水面后，因跳跃导致鳃血管破裂而大出血，表现出一种“鳃出血”症状。剖检病鱼后可见有淡黄色或者红色腹水，肝、脾、肾等器官肿大，并有程度不一的出血，鳔壁出现斑块状出血。

【诊断】鲫造血器官坏死病的诊断，可根据患病鱼典型的临床症状初步判断，然后通过细胞培养技术进行病毒分离培养、制备超薄切片在电镜下对病毒颗粒进行直接观察，以及采用针对病毒核酸的特异性引物进行特异性的 PCR 扩增等进行检测。

鲫造血器官坏死病可通过体表广泛性充血或出血、鳃丝发红、鳃出血、内脏器官充血等临床症状初步诊断。此外，发病水温、流行季节以及只有鲫及其变种、杂交种发病等流行病学特征，亦可为该病提供辅助诊断参考。

目前，针对 CyHV－2 已建立常规 PCR、巢式 PCR、实时荧光定量 PCR（Real-time qPCR）、环介导等温扩增（LAMP）等检测技术。

【防治】对于鲫造血器官坏死病目前尚无有效的治疗措施，应该加强养殖中的预防管理。

（1）*亲鱼、鱼种检疫*　CyHV－2 具有垂直传播的特性，鱼种场应定期对亲鱼进行检疫，杜绝亲鱼带毒繁殖；养殖户在购买鲫鱼种时，应对鱼种进行检疫，避免购买到携带病毒的鲫鱼种。

（2）*定期投喂天然植物抗病毒药物*　天然植物抗病毒药物除了对病毒的复制有直接的抑

制作用以外，还能调节鱼体的免疫力，增强其对病原生物感染的抵抗力。天然植物抗病毒药物包括黄芪、大青叶、板蓝根等多种中药，可将其超微粉碎后拌入饵料或与饲料一起加工制成颗粒，在发病季节前进行预防投喂。

（3）*改善鱼体代谢环境与健康水平*　在鲫饲料中适量添加多种维生素预混料、免疫多糖制剂以及肠道微生态制剂等，可明显改善鱼体的代谢环境，提高鱼体健康水平和抗应激能力。

（4）*保持良好的养殖环境*　使用光合细菌、芽孢杆菌、反硝化细菌等微生态制剂以及底质改良剂，对于控制养殖水环境的稳定有显著作用。

一旦发生鲫造血器官坏死病，可采取减料或停料、使用微生态制剂调控水质等温和处理措施，避免大换水或大量使用各种药物对患病鱼造成应激性刺激。对所有因患疱疹病毒性造血器官坏死病而死亡的鲫鱼应进行深埋、集中消毒、焚烧等无害化处理，避免病原进一步传播。所有接触患病鱼体的操作工具、疫病池塘水体及周围的场地应采用高浓度高锰酸钾、碘制剂消毒处理。

第五节　鲤浮肿病

鲤浮肿病（Carp edema virus disease，CEVD），也称锦鲤昏睡病（Koi sleepy disease，KSD），是一种由鲤浮肿病毒（Carp edema virus，CEV）引起鲤和锦鲤死亡的病毒性传染病。2022 年农业农村部公告第 573 号将其列为二类动物疫病。

【病原】鲤浮肿病毒（CEV）隶属于痘病毒科（*Poxviridae*）的线性双链 DNA 病毒。研究表明，CEV 基因型与宿主种类有明显关系，即Ⅱa 基因型主要感染锦鲤和鲤，而 CEV Ⅰ和Ⅱb 基因型仅分离于鲤。目前我国各地已检出的 CEV 毒株属于Ⅱa 基因型。CEV 的主要靶器官是鳃组织，在肾、肝、脾、表皮和肠腔等组织也可检测到病毒。

【流行特点】2014 年，在我国国内首次报道发生 CEVD。目前，CEVD 已经连续多年在我国局部地区暴发流行。

【症状与病理】感染 CEV 的鲤或锦鲤通常表现为行动迟缓，食欲不振，聚集在池塘的水面或边缘或在池底，呈昏睡状；受到触动时会游动，但很快又继续处于昏睡状态。临床症状表现为烂鳃、眼球凹陷、吻端和鳍的基部溃疡、体表糜烂、出血、皮下组织水肿等。

烂鳃是最常见的症状，病鱼表现出鳃丝损害症状。在低倍镜下观察鳃组织，上皮细胞的过度增殖导致鳃丝肿胀；高倍镜下则发现出鳃细胞水肿、重度增生、鳃小片相互融合以及上皮细胞脱落。鳃丝末端细胞增生会严重影响到血液的气体交换，导致鱼缺氧、浮头、反应迟缓、代谢紊乱等。

流行病学调查表明，CEVD 一般持续发病 7～10d，之后再取样检测常得到 CEV 阴性结果。人工感染试验也证实在发病和死亡停止后鱼体内的病毒量逐渐降低到零，提示鱼可能对 CEV 产生免疫力。因此在 CEV 监测时，最好抽取正在发病的鱼或尚未发病的鱼；如果取到病愈的鱼，极易得到假阴性结果从而造成漏检。

【诊断】水产行业标准《鲤浮肿病诊断规程》（SC/T 7229—2019）。

（1）*初步诊断*　水温在 20～27℃时，发病鱼表现为行动迟缓，食欲不振，聚集在池塘的水面或边缘或在池底，呈昏睡状；受到触动时会游动，但很快又继续处于昏睡状态。患病鱼的临床症状表现为眼球凹陷，体表有溃疡、出血，皮下组织水肿，烂鳃，吻端和鳍的基部溃疡等。在低倍镜观察鳃组织，上皮细胞的过度增殖导致鳃丝肿胀；在高倍镜下发现鳃细胞水肿、重度增生、鳃小片相互融合以及上皮细胞脱落。

（2）样品采集　体长≤4cm 的鱼取整条；带卵黄囊的鱼去掉卵黄囊；体长 4～6cm 的鱼苗取鳃及所有内脏；体长大于 6cm 的鱼则取鳃、肾。

（3）实验室诊断　截至目前仍没有筛选到能易感 CEV 的细胞系。由于 CEV 感染所致的鳃组织病理变化与感染 KHVD、细菌或寄生虫发生的病理变化相似，不具有特异性，仅能作为疑似病例判定依据。PCR 等分子生物学检测技术是 CEV 主要检测手段。qPCR 和传统的套式 PCR 具有相似检测灵敏度。CEV 的 LAMP 检测方法，最低可检出 6 拷贝/μL，具有较高的特异性和检测灵敏度。采用重组酶聚合酶扩增技术（Recombinase Polymerase Amplification，RPA），建立一种快速鉴别诊断鲤和锦鲤 CEV 和 KHV 的新方法，其最低检出限与 PCR 检测方法相似。

【防治】

（1）预防措施

①使用生石灰彻底清塘。

②投放经检疫合格的苗种。

③合理设置养殖密度，建议与一定比例的鳙混养。

④定期投喂免疫增强剂可有效预防该病。

⑤定期监测水质，避免水体缺氧。

⑥定期对水体进行消毒，以全池泼洒聚维酮碘溶液为宜。

⑦不随意转池，避免鱼体受伤，减少应激。

⑧减少抗菌药物、杀虫药物的使用。

⑨养殖工具专池专用，及时消毒。

（2）控制措施　一旦发现疑似鲤浮肿病，应立即向当地水生动物疫病预防控制机构（或水产技术推广机构）报告，并送样品到有资质实验室诊断。同时采取以下紧急控制措施：

①限制发病养殖场病鱼的移动和运输。

②捞出病死鱼，采用深埋法或化尸法进行无害化处理。

③养殖工具专池专用，彻底消毒，避免交叉传染。

④停止投喂饵料、停止用药、停止换水；增氧，保持溶氧在 5mg/L 以上。

⑤全池泼洒三黄粉或大黄粉 1～2 次，剂量为每立方米水体 10g。

第六节　鲤痘疮病

【病原】鲤疱疹病毒 1（Cyprinid herpesvirus 1，CyHV-1）。属异疱疹病毒科（*Alloherpesviridae*）、鲤疱疹病毒属（*Cyprinivirus*）为有囊膜的双链 DNA 病毒。

【流行特点】该病流行于欧洲，鲤对这种病特别敏感。目前，在我国上海、湖北、云南、四川等地均有发生，主要危害鲤、鲫及圆腹雅罗鱼等，流行于冬季及早春低温（10～16℃）时。水质肥的池塘、水库和高密度的网箱养殖流行较为普遍，当水温升高后会逐渐自愈。该病通过接触传染，也可能通过单殖吸虫、蛭和鲺等传染。

【症状与病理】早期病鱼体表出现乳白色小斑点，并覆盖一层很薄的白色黏液。随着病情的发展，白色斑点的大小和数目逐渐增加、扩大和变厚，其形状及大小各异，直径可从1cm左右增大到数厘米或更大些，厚1～5mm，严重时可融合成一片。增生物表面初期光滑，后变粗糙，并呈玻璃样或蜡样，质地由柔软变成软骨状，较坚硬，颜色为浅乳白色、奶油色，俗称“石蜡样增生物”，状似痘疮。这种增生物一般不能被摩擦掉，但增长到一定程度会自然脱落，接着又在原患部再次出现新的增生物。增生物面积不大时，对病鱼特别是大的病鱼危害不大，不会致死。但如增生物占鱼体的大部分，会严重影响鱼的正常发育，对骨骼特别是对脊椎骨的生长发育影响较大，可引起骨质软化。病鱼因生长受到抑制而消瘦，游动迟缓，甚至死亡。病鱼常有脊柱畸形，骨软化，消瘦或生长缓慢。分析软的脊柱，发现灰分、钙和磷均低于正常水平。

组织学检查，增生物为上皮细胞及结缔组织增生形成，细胞层次混乱，组织结构不清，大量上皮细胞增生堆积，常见有丝分裂，尤其在表层。在有些上皮细胞的核内可见包涵体，染色质边缘化。增生物不侵入真皮，也不转移。电子显微镜下，在增生的细胞质内可以见到大量的病毒颗粒，病毒在细胞质内已经包上了囊膜。内质网扩张及粗糙，线粒体肿胀，嵴不清楚，核糖体增多，核内仅显示少量周边染色质。

【诊断】

(1) 根据“石蜡状增生物”等症状及流行情况，作出初步诊断。

(2) 病理组织学检查，可见上皮细胞及结缔组织异常增生，有些上皮细胞的核内有包涵体。

(3) 确诊需进行电子显微镜观察见到疱疹病毒颗粒，或者分离培养到疱疹病毒。

【防治】

(1) 预防措施

①加强综合预防措施，严格执行检疫制度。

②流行地区改养对该病不敏感的鱼类。

③升高水温及适当稀养，也有预防效果。

④将病鱼放入含氧量高的清洁水（流动水更好），体表增生物会自行脱落。

(2) 治疗方法

①排出原池水3/5，使用生石灰全池泼洒，调pH为9.4～10后加入新水。

②每立方米水体每日使用10%聚维酮碘溶液0.45～0.75mL，全池泼洒。

③每千克饲料添加银翘板蓝根3.2～4.8g，或七味板蓝根8～16g，每日投喂2次，连续投喂7d。

第七节　鲑疱疹病毒病

【病原】鲑疱疹病毒（Herpesvirus salmonis，HS）。属异疱疹病毒科（*Alloherpesviridae*）、鲑疱疹病毒属（*Salmonivirus*）。该病毒具囊膜，病毒粒子直径约150nm；衣壳为二十面体，有162个壳微粒，直径90～95nm，双链DNA。

【流行特点】该病严重危害虹鳟的鱼苗、鱼种，大麻哈鱼及大鳞大麻哈鱼的鱼种也易感染。流行于水温 10℃及 10℃以下。人工腹腔注射感染虹鳟苗种，水温 8～10℃，2～3 周各器官组织发生病变，死亡率达 50%～70 %。自然发病者还多见于产卵后的虹鳟亲鱼，死亡率可达 30%～50%。

【症状与病理】病鱼食欲减退，有些病鱼腹部或侧面向上，受惊动后会出现阵发性狂游，临死前呼吸急促。病鱼体色变黑，有些鱼的眼球突出，眼眶周围出血，鳃苍白。多数病鱼腹部膨大，皮肤和鳍出血。一些患病鱼苗在感染 2 周后，肛门后拖着 1 条粗的黏液便。肠内没有食物，或只在后肠有一些。有些鱼的肝脏呈花肝状，或出血易碎。肾脏苍白或呈灰白色，但不肿大。腹腔内有少量或很多腹水，有些鱼的腹水呈红色或胶冻状。

大多数病鱼的心脏肿大、坏死，肌纤维横纹消失，少数出现蜡样坏死，大量炎性细胞浸润，其中以淋巴细胞为主，还有巨噬细胞等。鳃上皮细胞肿大，与毛细血管分离，一些细胞脱落，有些鳃出血。假鳃广泛水肿，充血、坏死，一些假鳃细胞肥大，核染色质边缘化。肾脏肿大、增生、充血和坏死，从前肾到后肾病变逐渐严重。多数病鱼的前肾发生轻度至中度肿大，其余部分严重肿大，所有的病鱼后肾严重肿大，约 1/2 病鱼的前肾造血组织增生，肾小管上皮细胞浊肿变性，管腔内有浆液和碎片。肝脏是靶器官之一，肝脏肿大、坏死、充血或出血，一些肝细胞内有嗜酸性包涵体。肠的病变主要发生在后肠，黏膜层坏死脱落，故在垂死鱼的肛门后拖着 1 条粗的黏液便，黏膜下层有大量白细胞浸润。脾脏明显肿大，广泛充血，淋巴样组织减少，结缔组织增生。

【诊断】

（1）根据症状、流行情况和病理变化进行初步诊断。

（2）取待测样品除菌上清液，接种于虹鳟性腺细胞系（RTG－2）及大鳞大麻哈鱼胚胎细胞系（CHSE－214）培养，出现合胞体可诊断；确诊需采用血清中和试验和免疫荧光法。

（3）透射电镜观察到疱疹病毒可确诊。

（4）病理组织学上，该病胰腺组织不坏死或很少坏死，可与传染性胰腺坏死病、传染性造血组织坏死病和病毒性出血性败血病相区别。

【防治】

（1）*预防措施*

①严格执行检疫制度，进行综合预防。不从疫区引进鱼卵及苗种。

②提高鱼卵孵化和鱼苗饲养的水温，一般维持在 16～20℃，可控制疾病的发生和发展。

③鱼苗每日用聚维酮碘溶液（有效碘）40～70mg/m^3，药浴 30min。

（2）*治疗方法*　每立方米水体每日使用 10%聚维酮碘溶液 0.06～0.1mL，浸浴鱼苗 30min，连续使用 2～3d。

第八节　大菱鲆疱疹病毒病

【病原】大菱鲆疱疹病毒（Herpesvirus scophthalmi）。球状，具囊膜的双链 DNA 病毒，直径 100～200nm。宿主细胞核中的病毒粒子衣壳无囊膜包裹，并可见空衣壳。病毒对酸（pH 3）和热（50℃、30min）敏感。

【流行特点】大菱鲆疱疹病毒通常具有宿主专一性，目前仅在养殖和野生的大菱鲆幼鱼发现有此病毒。我国从英国引进的大菱鲆，其幼鱼曾出现过此病症并引起死亡。主要传播方式是水平传播。

【症状与病理】病鱼无外部损伤和内部病变等肉眼可观察到的症状，只是行为反常。如养殖群体中可出现厌食、活力下降，静卧在水底，头、尾跷起，捕捉时不反抗。严重感染的鱼，体表上皮细胞增生，鳍不透明，皮肤和鳃的上皮细胞因病毒侵染肥大而形成巨大细胞。鳃上的巨细胞可引起周围组织增生，严重的有可能造成血管阻塞，形成血栓，使鱼呼吸困难。病鱼对温度、盐度波动敏感，故在被捉拿、运输和氯浓度过高时，可引起大量的鱼迅速死亡。

【诊断】取可疑患鱼体表皮肤或鳃组织切片，HE 染色，光镜下观察到上皮细胞肥大成巨大细胞，大小为（9～15）μm×（70～130）μm，细胞核巨大，占细胞的 90%，有的细胞因细胞融合而含有多个大小形状不同的核；在鳃上的巨细胞，可引起周围组织增生和鳃小片融合，则基本可诊断。确诊必须用电镜观察到疱疹病毒粒子。

【防治】

（1）预防措施

①引进亲本、苗种应严格检疫，发现携带病原者，应彻底销毁。

②养殖池塘（或网箱）发现病鱼，要及时捡出并进行隔离养殖，排出的水用浓度 10mg/L的漂白粉溶液消毒。

③保持温度、盐度恒定，避免捉拿和人为惊扰，养殖水体溶解氧在 5mg/L 以上，投喂优质饲料等可减轻病情。

（2）*治疗方法*　每立方米水体每日使用 10% 聚维酮碘溶液 0.06～0.1mL，浸浴鱼苗 30min，连续使用 2～3d。

第九节　淋巴囊肿病

【病原】淋巴囊肿病病毒（Lymphocystis disease virus，LCDV）。属虹彩病毒科（*Iridoviridae*）、淋巴囊肿病毒属（*Lymphocystivirus*）。病毒粒子呈正二十面体，其截面呈六角形，有囊膜，囊膜厚 50～70nm，为双链线状 DNA 病毒。

【流行特点】该病流行很广，主要发生在海水鱼类。过去，该病主要发生在欧洲和南、北美洲；近年来，日本以及我国广东、山东、浙江、福建等养殖的鲈、紫红笛鲷、石斑鱼、真鲷、牙鲆、大菱鲆、许氏平鲉和美国红鱼等均发生过此病。全年可见，但在水温 10～20℃时为发病高峰期。在低密度和良好养殖条件下，一般不会引起大量死亡，但如果环境差或与细菌并发感染，可引起严重疾病，导致死亡。网箱和室内水泥池工厂化养殖的感染率可高达 90%以上，池塘养殖的感染率为 20%～30%。在苗种阶段和 1 龄鱼种，发病后 2 个月死亡率达 30%以上；2 龄以上的鱼很少出现死亡，但病鱼外表难看，失去商品价值。有的经过一段时间，体表的囊肿物会自然脱落而恢复正常。该病毒传染性不强，通常在一个养殖群体中仅有部分鱼生病，一个网箱中的鱼患病时，其周围网箱中的鱼不受感染。感染途径可能是病鱼排出的病毒进入水中，其他鱼接触后被感染。实验证明，淋巴囊肿病毒不能通过血液在鱼体内的各器官之间传播。皮肤擦伤或寄生虫机械损伤的伤口，往往成为病毒侵入的门户。

【症状与病理】淋巴囊肿病是一种慢性皮肤瘤，从外观上看近似于体表乳头状肿瘤。病

鱼的皮肤、鳍和尾部等处出现许多菜花样囊肿物，这些囊肿物有各个分散的，也有聚集成团的。囊肿物多呈白色、淡灰色和灰黄色，有的带有出血灶而显粉红色，较大的囊肿物上有肉眼可见的红色小血管；囊肿大小不一，小的1～2mm，大者10mm以上，并常紧密相连成桑葚状。囊肿除发生在鱼体表外，有时在鳃弓或鳃片上也可以观察到。解剖病鱼，囊肿偶然也发现在咽喉、肌肉、肠壁、肠系膜、围心膜、腹膜、肝和脾等组织器官上，严重者可遍及全身。鱼发病时行为和摄食正常，但生长缓慢；病症严重的基本不摄食，部分死亡。部分感染的鱼体表囊肿物脱落，恢复正常，并可在一定时间内具有免疫力。

【诊断】

（1）通过肉眼观察外观症状，可进行初诊。

（2）确诊可用BF-2、LBF-1等细胞株分离培养病毒，通过电镜观察到病毒粒子。也可LCDV特异性抗体采用ELISA、免疫荧光等方法检测。

【防治】

（1）预防措施

①引进亲本、苗种应严格检疫，发现携带病原者，应彻底销毁。

②严格控制养殖密度，防止高密度养殖。

③优化水环境，加大换水。

④避免经常性地倒池、更换网箱，养殖操作谨慎，防止鱼体表受损。

⑤提高养殖鱼体抗病力。

⑥养殖池塘（或网箱）发现病鱼，及时进行无害化处理。

⑦每15d使用1次高碘酸钠300～500倍的水稀释液全池均匀泼洒，每立方水体使用量（以高碘酸钠计）为0.015～0.02g。

（2）治疗方法

①用过氧化氢溶液（30%浓度）稀释至3%，以此为母液，配成50mg/L的浓度，浸洗20min，然后将鱼放入25℃水温饲养一段时间，淋巴囊肿会自行脱落。无法脱落的，人为将病鱼囊肿割除（囊肿量少时），并用浓度为每立方米水体1～2mg/L的高锰酸钾溶液浸浴30min，再饲养在清洁的池中，精心管理。

②投喂适量国家规定的抗生素药饵，防止继发细菌性感染。

第十节　真鲷虹彩病毒病

真鲷虹彩病毒病是目前各国海水养殖中危害最为严重的疾病之一。2022年农业农村部公告第573号将其列为三类动物疫病。

【病原】真鲷虹彩病毒（Red sea bream iridobirus virus，RSIV）。属虹彩病毒科（*Iridoviridae*）、巨大细胞病毒属（*Megalocytivirus*）。病毒粒子为正二十面体，有囊膜，大小200～260nm，核衣壳直径120～130nm，为双链线状DNA病毒。

【流行特点】该病1990年最先发现于日本养殖的真鲷，主要危害幼鱼，发病后死亡率高达37.9%。1周龄以上的鱼，发病较轻，死亡率4.1%左右。发病期在7—10月，水温22.6～25.5℃为发病高峰期。水温降至18℃以下，可自然停止发病。RSIV亦侵染条石鲷、五条鰤和花鲈。

真鲷虹彩病毒病的主要传播方式是水平传播，通过水平途径在水体、饵料和鱼体间进行传播和感染。另外，研究者在病鱼脾、肾等器官中发现大量病毒粒子，而脾脏、肾脏是鱼类的造血器官，所以存在病毒随着血液循环，扩散到性腺进行垂直传播的可能性。病毒的流行病学调查也证明垂直传播途径客观存在。

【症状与病理】病鱼体色变黑，昏睡，严重贫血。体表和鳍出血，鳃上有瘀斑，外观呈灰白色。解剖病鱼，可明显地观察到脾脏肥大，肾脏和头肾也往往肥大。该病的特征是病鱼的脾、心、肾、肝和鳃组织切片中有能被 Giemsa 染色的异常肥大的细胞，直径 15～20μm，电镜观察这些细胞中有许多病毒粒子。

该病毒病是一种全身性、系统性感染，病毒对鱼体上皮组织和内皮组织侵嗜性较强，对脾脏、肾脏等鱼类造血器官和组织的破坏尤为严重，从而导致病鱼贫血、器官衰竭而死亡。

【诊断】

（1）根据病鱼体表、鳃的外观症状和脾脏肥大，可作出初步诊断。

（2）取病鱼脾脏、肝脏、心脏、肾脏或鳃组织，切片，Giemsa 染色，在光镜下观察到被 Giemsa 浓染的异常肥大的细胞；或透射电镜观察脾脏有虹彩病毒颗粒。

（3）实验室确诊：用 BF-2、FHM、KRE-3、EK-1 细胞株接种病鱼组织除菌上液，25℃恒温培养，出现病变后用抗 RSIV 单抗或特异性多抗，采用免疫荧光或免疫酶技术确诊；也可对培养液提取核酸后用 PCR 进行病毒检测。

【防治】对该病以预防为主，加强饲养管理。

第十一节　传染性脾肾坏死病

传染性脾肾坏死病（Infectious spleen and kidney necrosis）俗称鳜暴发性传染病，是以脾、肾坏死为主要病理特征的一种病毒性疾病。可引起淡水养殖鳜暴发性死亡，严重危害我国鳜养殖业发展。2022 年农业农村部公告第 573 号将其列为二类动物疫病。与其病原类似的真鲷虹彩病毒病被 WOAH 列为必须申报的疾病。

【病原】传染性脾肾坏死病毒（Infectious spleen and kidney necrosis virus，ISKNV）属虹彩病毒科（*Iridoviridae*）、巨大细胞病毒属（*Megalocytivirus*）。病毒粒子为正二十面体，有囊膜，大小 200～260nm，核衣壳直径（135±10）nm，为双链线状 DNA 病毒。

该病毒与真鲷虹彩病毒（RSIV）同源性在 99%以上。习惯上将引起鳜暴发性出血病的病原称为传染性脾肾坏死病毒（Infectious spleen and kidney necrosis virus，ISKNV），RSIV 感染真鲷引起的疾病称为真鲷虹彩病毒病。

【流行特点】传染性脾肾坏死病主要流行于我国南方淡水养殖的翘嘴鳜中，具有很高死亡率，对鳜养殖业造成很大的威胁。

鳜是 ISKNV 的自然宿主和敏感宿主。草鱼和大口黑鲈是 ISKNV 的实验宿主，可以导致大口黑鲈出现虹彩病毒病症状并发病死亡，受感染的草鱼不出现临床症状和死亡，但能观察到特征性的病理特征。ISKNV 也可感染尖吻鲈、拟石首鱼、鲻、斜带石斑鱼、非洲灯笼鱼和闪电丽鱼等 50 多种海、淡水养殖鱼类。而尼罗罗非鱼、乌鳢、鲢、鳙、鲫、金鱼等对其不敏感。

流行病学研究表明，ISKNV 在鳜体内可长期潜伏，流行高峰期鳜在 10d 内死亡率高达

90 %左右。在水温 25～34℃发生流行，最适流行温度为 28～30℃。20℃以下，ISKNV 人工感染鳜，鳜不会发病，呈隐性感染状态；气候突变和气温升高、水环境恶化，是诱发该病大规模流行的重要因素。

ISKNV 水平感染途径有两种，一种是经体表感染，另一种是经口感染。即水平传播途径主要是通过水体（经体表感染），也可以通过带病毒的饵料鱼（经口感染）。此外，ISKNV 可在亲鱼的精巢和卵巢中检测到，提示可能存在垂直传播途径。

【症状与病理】病鳜嘴张大，呼吸加快加深，失去平衡，不能消化吞食的饲料鱼；部分病鱼体变黑，有时有抽筋样颤动。解剖病鳜，可见脾脏肿大、糜烂和充血，呈紫黑色；肾脏肿大、充血和溃烂，呈暗红色。脾脏、肾脏组织器官表现的特征比较明显且均一性较好，可作为临床检测指标。200g 以下的鳜，解剖常见有腹水。大部分鱼鳃贫血，呈苍白色，而有时伴有寄生虫寄生或细菌感染，呈现出血、腐烂等现象；肝脏有缺血状、土黄色或有瘀血点等多种症状；肠内有时充满黄色黏稠物，胆囊肿胀。鳃、肝脏、肠和胆囊表现的症状个体差异较大，不能作为临床检测指标。

受感染的细胞肿大，直径为未感染细胞的 3～4 倍。细胞核紫色，萎缩，约为正常细胞直径的 1/3，质着色均一，嗜碱性。细胞肿大、细胞核萎缩，是虹彩病毒科、肿大病毒属病毒感染宿主的重要病理特征。该病毒可以感染鳜脾、肾、鳃、心脏、脑、肝和消化道等组织，主要感染脾和肾，导致脾脏和肾脏肿大坏死，出现空洞，并有大量白细胞浸润；在脾脏和头肾组织的细胞质内，可观测到大量的病毒颗粒。肾小管和肾小囊的血管球萎缩。其他受感染的组织细胞虽然有少量病毒感染，但病变不明显。受感染鳜血红蛋白降低，红细胞数量升高，白细胞升高。

【诊断】我国目前尚无该病诊断的国家标准，可参考水产行业标准《传染性脾肾坏死病毒检测方法》（SC/T 7211—2011）进行诊断。

（1）根据症状及流行情况进行初步诊断　根据病鱼缺血，肝脏和鳃颜色偏白，脾脏和肾脏肿大、坏死等临床症状，以及流行情况等初步诊断。

（2）病理切片诊断　取病鱼脾、肾用 Bouin 固定液固定，常规切片经 HE 染色，观察细胞肿大情况，病毒感染细胞可为正常的 3～4 倍，并呈核萎缩（正常核 1/3），染成紫黑色；胞质呈蓝色，嗜碱性；也可制备超薄切片，用透射电镜可观察到胞质内有直径 150nm 的六角形病毒颗粒。

（3）实验室确诊

① ISKNV 的间接荧光抗体试验（IFAT）检测：取病鱼的脾脏或头肾组织印片，滴加抗 ISKNV 的单抗，加入 FITC 标记的羊抗鼠 IgG，荧光显微镜下观察。如有显著绿色荧光，则判为阳性。

② ISKNV 的 PCR 检测：取病鱼脾脏或肾脏组织，提取 DNA，用设计的引物 PCR 扩增 ISKNV 的主衣壳蛋白（MCP）基因片段，琼脂糖凝胶电泳，观察凝胶成像仪，或紫外灯下观察是否出现特异的核酸条带。

③ ISKNV 的病毒分离及检测：可用鳜仔鱼细胞（MFF－1）或其他敏感细胞株分离病毒，如果出现细胞病变，则选用 ISKNV 的 *MCP* 基因设计的引物进行 PCR 检测，或用 IFAT 进行确诊。

【防治】目前，该病的疫苗仍处于试验阶段。可行的预防方法是，避免接触病毒，半封闭式养殖管理，保持水质稳定。平时加强饲养管理，健康养殖，提高鱼体抗病力。采用较温和的中草药预防和治疗，不乱用药物。在发病季节及时预防细菌、寄生虫感染等。

(1) 预防措施

①对苗种场、良种场实施防疫条件审核、苗种生产许可管理制度。

②对繁殖用亲鱼进行病毒检测，发现阳性的亲鱼及时进行淘汰处理，切断病毒垂直传播途径。

③投放的饵料鱼需大小合适、健康活泼，经检测无寄生虫、病原细菌再投入鳜塘，一次投入的饵料鱼不宜过多，以 3～5d 投放一次为宜。

④采用半封闭式池塘管理模式，创造良好的水质和底质环境，保持“四定”投饵，实行科学的饲养管理，减少鱼类应激。

(2) 处理　病鱼确诊后必须全群销毁，同时对水源和用具进行消毒。

(3) 划区管理　根据水域和流域的自然隔离情况划区，并对其实施区域管理。

第十二节　流行性造血器官坏死病

流行性造血器官坏死病（Epizootic haematopoietic necrosis，EHN）是一种鱼类全身性传染病，自然宿主仅见赤鲈和虹鳟，主要流行于欧洲和澳大利亚。WOAH 将其列为必须申报的疾病。

【病原】流行性造血器官坏死病毒（Epizootic haematopoietic necrosis virus，EHNV）。属虹彩病毒科（*Iridoviridae*）、蛙病毒属（*Ranavirus*）。

【流行特点】各个年龄段的赤鲈和虹鳟均易感，但鱼苗和稚鱼的症状较成鱼明显。

EHN 流行与水温、水质恶化情况有直接关系。一般在水温 12～18℃时，潜伏期为 10～28d；19～21℃时，为 10～11d；天然水体中的河鲈在水温低于 12℃时，一般不会发病。EHN 对虹鳟危害相对较小，只有少量群体易感，自然感染水温为 11～20℃，潜伏期 3～10d；人工感染在 8～21℃均可发生。养殖鱼密度太高或水质太差，均可促使疾病暴发。

根据虹鳟群发病栖息地可再次感染野生河鲈的情况，认为病鱼、带毒鱼及污染水体为 EHNV 的传染源。虹鳟、赤鲈 EHN 能在互相隔离的河网、库区及其上游广泛发生，表明其传播途径除水外，还可经活鱼运输和钓鱼饵料传播。一旦传播，就会引起疾病的流行。目前在卵巢中尚未检测到病毒，表明病毒通过垂直传播的可能性较小。

【症状与病理】病鱼无特征性临床症状，仅见鱼大量死亡。濒死鱼运动失衡，鳃盖张开，头部四周充血；有的病鱼体色发暗，皮肤、鳍条和鳃损伤坏死，解剖后有时可见肝表面有直径 1～3mm 的小白点。多见于饲养密度过高、水质恶化等饲养管理不善的养殖场。

【诊断】我国目前尚无该病诊断的国家标准，可参考 WOAH Manual of Diagnostic Tests for Aquatic Animals 的 EHN 有关章节或检验检疫行业标准《流行性造血器官坏死病检疫技术规范》（SN/T 2121—2008）进行诊断。

(1) 初步诊断　该病无特征性的临床症状，难以根据流行病学、临床症状和病理变化作出初步诊断，需实验室检测来作出诊断。

(2) 样品采集　有临床症状的鱼，体长小于 3cm 的鱼苗取整条鱼后，去头和尾；体长 3～6cm 的鱼苗取内脏（包括肾）；体长大于 6cm 的鱼则取肝、肾和脾。

（3）实验室诊断　EHNV 在蓝鳃太阳鱼细胞系（BF－2）、大鳞大麻哈鱼胚胎细胞系（CHSE－214）或鲤上皮瘤细胞系（EPC）等许多鱼细胞系中生长良好，尤以 BF－2 培养最佳。待出现细胞病变后，再用 ELISA 或 PCR 方法检测。

有临床症状鱼中分离到病毒、PCR 或 ELISA 鉴定为 EHNV，或 ELISA 检测病鱼组织存在 EHNV，可确诊为患流行性造血器官坏死病；无临床症状，样品中分离到病毒、PCR 或 ELISA 鉴定为 EHNV，确认为病毒携带者。

【防治】该病目前尚无有效的疫苗预防。

（1）预防措施

① 对苗种场、良种场实施防疫条件审核、苗种生产许可管理制度。

② 加强疫病监测与检疫，掌握流行病学情况。

③ 培育或引进抗病品种，提高抗病能力，并加强饲养管理。

④ 采用 PCR 技术检测隐性带病毒亲鱼，剔除带毒怀卵雌鱼，切断病毒垂直传播的途径。

（2）处理　发现疑似患病鱼必须马上隔离，尽快上报，并立即送样品到专门实验室确诊。一旦疫情确认，病鱼或疑似病鱼必须销毁，并对养鱼设施进行彻底消毒。

（3）划区管理　根据水域和流域的自然隔离情况划区，实施划区管理。

第十三节　牙鲆弹状病毒病

2022 年农业农村部公告第 573 号将牙鲆弹状病毒病列为三类动物疫病。

【病原】牙鲆弹状病毒（Hirame rhabdovirus，HRV）。属弹状病毒科（*Rhabdoviridae*）、粒外弹状病毒属（*Novirhabdovirus*）。病毒粒子呈子弹形，大小为 80nm×（160～180）nm。单链 RNA，有囊膜。粒外弹状病毒属还有病毒性出血性败血症病毒（Viral haemorrhagic septicaemia virus，VHSV）、鳢弹状病毒（Snakehead rhabdovirus，SRV）和传染性造血器官坏死病病毒（Infectious haematopoietic necrosis virus，IHNV）。

【流行特点】该病首先在日本发现，主要危害牙鲆，从幼鱼到成鱼均可被感染。发病季节为冬季和早春，水温 10℃时为发病高峰期，死亡率可高达 60%。水温 15℃以上时，疾病有自然停止的倾向。在香鱼和许氏平鲉中，也分离到该病毒。人工感染实验表明，对真鲷、黑鲷稚鱼有强烈的致病性，对虹鳟也具致病性。

【症状与病理】患病的牙鲆体色变黑，动作缓慢，静止于水底或漫游于水面。体表和鳍基部充血或出血，腹部膨胀，内有腹水；生殖腺瘀血；肌肉出血；肾脏造血组织坏死，细胞核固缩、破碎、崩解和消失，肾小管上皮崩解、坏死，黑色素大量沉积；脾脏内实质细胞坏死；肠管黏膜固有层、黏膜下肌肉层充血、肿胀，胃黏膜上皮、黏膜下肌肉层显著出血；肝脏毛细血管扩张、充血，肝脏实质细胞变性、坏死。

【诊断】

（1）根据症状，可进行初步诊断。

（2）取有临床症状鱼组织，制备匀浆除菌上清接种于虹鳟性腺细胞系（RTG－2）、胖头鲂肌肉细胞系（FHM）或鲤上皮瘤细胞系（EPC），细胞培养分离 HRV；再经电镜观察或 PCR 确诊。

【防治】目前无治疗方法，主要采取预防措施。

(1) 加强检疫　引进亲本、苗种应严格检疫，发现携带病原者，应彻底销毁。

(2) 加强管理　提高养殖水温至 15℃以上，可以有效地防止该病的发生。养殖池塘（或网箱）发现病鱼，应及时隔离，病死鱼要捞出进行无害化处理。

(3) 加强水体消毒　工厂化养殖用水经紫外线或臭氧消毒，也可用含氯消毒剂或二氧化氯消毒。

第十四节　传染性造血器官坏死病

传染性造血器官坏死病（Infectious haematopoietic necrosis，IHN），是冷水性鲑鳟鱼类的急性、全身性传染病，临床症状以嗜睡和行为异常（阵发性狂游）为特征，病理变化以贫血或缺血、肠壁嗜酸性粒细胞坏死为特征。2022 年农业农村部公告第 573 号将其列为二类动物疫病。WOAH 将其列为必须申报的疾病。

【病原】传染性造血器官坏死病病毒（Infectious haematopoietic necrosis virus，IHNV）。属弹状病毒科（*Rhabdoviridae*）、粒外弹状病毒属（*Novirhabdovirus*）。

【流行特点】传染性造血器官坏死病是冷水性鱼类的一种急性流行病，一年四季均可发生，以早春到初夏多见，在水温 8～15℃时流行，主要感染各种年龄的鲑鳟鱼类。依鱼类品种、养殖条件、水温和病毒毒株的不同，IHN 病情可由慢性死亡到急性暴发。在急性暴发时，鱼苗的死亡率可高达 90%～95%，甚至 100%。对 IHN 影响最大的环境条件是水温，人工感染证实，可造成感染鱼死亡的水温范围是 3～18℃。IHN 的潜伏期一般为 4～6d，一般水温在8～15℃时可出现临床症状，8～12℃时为流行高峰，10℃时死亡率最高。水温高于 10℃时病情较急，但死亡率较低；水温低于 10℃时，潜伏期延长，病情呈慢性；当水温超过 15℃后，一般不出现自然发病。

IHNV 的主要传播途径是通过水媒介水平传播，传染源为病鱼，感染的稚鱼可向外界大量排毒，带毒的成鱼也是重要传染源，蜉蝣等无脊椎动物也可能传播本病。同时，检测带毒鱼类中的精液或卵巢中存在着病毒，显示 IHNV 也可能经卵垂直传播，某些条件下鱼卵孵化时鱼苗很可能就已受感染。

【症状与病理】IHN 暴发时，首先出现稚鱼和幼鱼的死亡率突然升高。受侵害的鱼通常出现昏睡症状，不喜游动并避开水流；但也有一些鱼体活动过度，表现狂暴乱窜、打转等反常现象。慢性病例中，患病鱼皮肤变暗、眼球突出、腹部膨胀、鳃苍白、鳍条基部甚至全身性点状出血，有的肛门处拖 1 条不透明或棕褐色的假管型黏液粪便，为较为典型的特征。但拖有黏液粪便，并非该病所独有特征。此外，通常在病鱼头部之后的侧线上方显示皮下出血，病后幸存鱼有的脊柱变形。内部症状主要为：通常肝、脾、肾苍白，胃充满奶状液，肠道充满黄色黏液，器官组织点状或斑状出血，肠系膜及内脏脂肪组织遍布血斑。

组织学观察，可见白细胞数量减少，前肾和脾脏的造血组织坏死，胰腺和消化道进行性坏死，肝脏、脾脏组织有典型的病灶性坏死，肠道中的颗粒细胞严重坏死，肠壁嗜酸性粒细胞坏死是本病特征性病变。病鱼死于肾脏功能衰竭，发生全身性的病毒血症。

【诊断】根据症状及流行情况进行初步诊断；对有临床症状的鱼，可直接取样进行 RT-PCR 检测；无临床症状鱼应接种于细胞系，出现病变或分离病毒后再用 RT-PCR 检测是否存在IHNV。具体参见《鱼类检疫方法　第2部分：传染性造血器官坏死病毒（IHNV）》（GB/T 15805.2—2008）。

（1）初步诊断　根据养殖品种，疾病流行水温8～15℃，病鱼游动缓慢或打转，眼球突出、腹腔积水、胸鳍或背鳍充血、肛门拖白色黏液粪便等症状，可作出初步诊断。

（2）样品采集　按GB/T 18088—2000的规定采样。有临床症状鱼，如体长小于等于4cm鱼苗取整条鱼；体长4～6cm鱼苗取内脏（包括肾）；体长大于6cm鱼则取脑、肝、肾、脾。无症状鱼取肝、肾、脾，成熟雌鱼还需取卵巢液，鱼卵取卵壳。最佳病料组织为脾、肾和心或脑。

（3）实验室确诊

①有临床症状鱼可直接取样用RT-PCR检测组织IHNV。

②无临床症状鱼，应接种鲤上皮瘤细胞系（EPC）或胖头鲅肌肉细胞系（FHM），置15℃下培养7～10d，观察细胞病变（CPE），再用RT-PCR检测IHNV。

③待测样品RT-PCR和套式RT-PCR扩增后均出现相应核酸条带，或待测样品PCR扩增无扩增带但嵌套式PCR有扩增带，均为IHNV阳性；如RT-PCR扩增后出现相应核酸条带，但嵌套式PCR重复2次无相关条带，应判为IHNV阴性。

④有临床症状，RT-PCR试验阳性者为患传染性造血组织坏死病；无临床症状，出现细胞病变且RT-PCR试验为阳性者，为IHNV携带。

【防治】目前，对IHN还没有很好的治疗方法，需加强综合预防措施，严格执行检疫制度。特别是把好苗种产地检疫关，做好苗种产地检疫的检测、诊断、消毒和监督检查等技术服务工作，防止苗种携带病原。

（1）预防措施　本病控制主要采取严格管理、检疫和卫生消毒措施，以防病原入侵。

①对苗种场、良种场实施防疫条件审核、苗种生产许可管理制度。

②加强疫病监测与检疫，掌握疫情动态。

③对受精鱼卵进行消毒处理，杀灭附着在卵子表面的病毒，阻断垂直传播的途径；鱼苗饲养场地应封闭隔离，避免与染疫或携带者接触；投喂不携带病原的高效环保饲料，提高虹鳟自身免疫力；若投喂鱼糜或鱼内脏饵料，必须煮熟后使用。

④提高发病鱼池水温（15℃以上），是行之有效的控制方法之一。但采用该法不能消灭带毒状态，所以，应禁止将这些鱼类运至未受感染的养鱼区。

（2）划区管理　根据水域和流域的自然隔离情况划区，并对其实施区域管理。

第十五节　病毒性出血性败血症

病毒性出血性败血症（Viral haemorrhagic septicaemia，VHS），俗称鳟腹水病（ADT）、埃格特维德病（ED）、肝肾肠道综合征（EHRS）、流行性突眼病（EE）、出血性病毒败血症（HVS）、传染性贫血（IA）、传染性肾肿大和肝变性（IKSLD）、传染性肾水肿和肝变性（IRHLD）、新鳟鱼病（NDT）和恶性贫血（PA）等。该病是鲑、鳟、狗鱼和大菱鲆等的一种烈性传染病（急性或慢性内脏性疾病），表现为出血性败血症，致死率极高。世界动物卫生组织（WOAH）在Aquatic Animal Health Code and Manual of Diagnostic Tests for Aquatic Animals（2011）中，将其列为必须申报的疾病。

【病原】病毒性出血性败血病毒（Viral haemorrhagic septicaemia virus，VHSV），又称埃格维德病毒（Egtved virus）。属弹状病毒科（*Rhabdoviridae*）、粒外弹状病毒属（*Novirhabdovirus*）。

【流行特点】病毒性出血性败血症主要危害低温季节淡水养殖的虹鳟，在欧洲的一些地方流行并引起很高的死亡率。在大流行时，养殖场损失常高达 80%。VHS 虽然可全年流行，但发病与水温有着密切的关系。以冬末、春初和水温在 6～12℃时为流行季节，水温在 1～5℃时病程较长；水温上升到 15℃以上，发病率降低，但病程变短，呈急性死亡。病毒注射 2d 后即致死，非接种鱼与被感染鱼同池（接触感染）2 周后开始死鱼；在水温 15～16℃，进行腹腔注射，潜伏期为 10～15d；直接将传染材料涂抹在鳃上，7～12d 致死，非常接近自然传染。

该病的传染性极强，病毒通过病鱼或带毒鱼的排泄物、卵子和精液等排出。发病的养殖场水体中，可检测到病毒粒子 1 000 个/L，通过水自然传播，病毒经鳃侵入鱼体而感染。VHSV 也能通过污染了的饲料传播。无临床症状的带毒鱼是病毒的贮藏所，即使在疾病恢复期，病毒也能在体内持续好几周。污染物、食鱼鸟类等，也是病毒水平传播的主要途径。此外，在鳟的精、卵液中能找到病毒，可能存在垂直传播途径。

【症状与病理】VHSV 侵袭鱼的脾和胸腺等组织，在内皮细胞、白细胞、造血组织和肾细胞内增殖，导致宿主免疫力急剧下降。在自然条件下，病毒感染潜伏期为 7～25d。该病的主要临床症状是出血，病鱼贫血症状明显，呈昏睡状态，体色发黑，眼球突出、充血，鳃丝出血，胸鳍基部皮肤出血。根据病程缓急及症状表现差异，可分为急性型、慢性型和神经型三种类型：

（1）*急性型*　多见于流行初期，发病迅速，死亡率高（鱼苗可达 100%）。病鱼嗜睡，体色发黑，眼球突出，鳃因贫血而苍白或出现花斑状充血，皮肤、鳍条基部、眼眶四周以及口腔上颌充血，肌肉和内脏有出血症状，消化道内无食物。

（2）*慢性型*　为急性感染期之后的流行中期，表现为亚临床或无明显临床症状。主要症状为体色发黑，眼外突，鳃苍白和肿胀；体表很少观察到出血症状，解剖可见肌肉和内脏出血，病鱼动作迟缓，但死亡率较低，病程长。

（3）*神经型*　多见于急性感染后的流行末期，为病毒感染脑部所致。病鱼临床上表现为运动异常，包括静止不动或沉底、快速蹿动或螺旋转动、异常剧烈游动等神经性症状，部分鱼还可狂游，甚至跳出水面。

【诊断】

（1）*初步诊断*　根据疾病流行最适水温 6～18℃、病鱼临床症状可作出初步诊断。

（2）*样品采集*　采集病鱼 10 尾或无症状鱼 150 尾。体长 4cm 以下的幼鱼取整条鱼；较大的鱼取肾、脾和脑；种鱼产卵时取卵巢液。

（3）*实验室确诊*　VHSV 的敏感细胞系有蓝鳃太阳鱼细胞系（BF－2）、虹鳟性腺细胞系（RTG－2）和鲤上皮瘤细胞系（EPC）三种。以 BF－2 和 RTG－2 较为敏感，BF－2 对淡水欧洲株高度敏感。考虑到不同病毒株对不同细胞敏感性差异，初分离病毒时建议采用 2 种不同细胞系，以提高检出率。

（4）*鉴别诊断*　VHSV 感染后可侵袭脾等，导致免疫力急剧下降，易继发水霉和细菌感染，病程加剧。甄别时应综合判断，同时进行 VHSV 分离鉴定。

【防治】目前无有效的治疗方法。防治主要通过加强综合防治措施，严格执行检疫制度。禁止从发病区运出鱼与卵，避免购入患病鱼和带毒卵。防止环境、工具等被病毒感染，用含碘、含氯消毒剂等彻底消毒。

(1) 预防措施

① 最根本的措施是培育无病原种鱼，并且用碘的水溶液进行鱼卵消毒。

② 每日观察鱼群，彻底清除已经感染和发病的鱼。对鱼体进行病毒学检查，早发现、早采取措施。

③ 因该病在水温 8～15℃时易发生和流行，所以，将养鱼池水温提高到 15℃以上，可有效预防该病的发生。

④ 在该病流行地区，可改养对 VHS 抗病力强的大鳞大麻哈鱼、银大麻哈鱼，或虹鳟与银大麻哈鱼杂交的三倍体杂交品种。

(2) 处理　发现患病鱼或疑似患病鱼必须销毁，对养鱼设施进行彻底消毒等，是最切实可行的控制措施。池塘消毒 3 个月后，再重新放养健康鱼。

(3) 划区管理　根据水域和流域的自然隔离情况划区，并对其实施区域管理。

第十六节　鲤春病毒血症

鲤春病毒血症（Spring viraemia of carp，SVC），又称鲤鳔炎症、急性传染性腹水和鲤传染性腹水症等，是由鲤春病毒血症病毒引起鲤科鱼类的一种急性、出血性传染病。该病主要在欧洲的鲤养殖中广泛传播，以全身出血及腹水、发病急和死亡率高为特征，并造成了巨大的经济损失。2022 年农业农村部公告第 573 号将其列为二类动物疫病。WOAH 将其列为必须申报的疾病。

【病原】鲤春病毒（Spring viraemia of carp virus，SVCV），是一种有囊膜、单链 RNA 病毒，属弹状病毒科（*Rhabdoviridae*）、水泡性口炎病毒属（*Vesiculovirus*）。目前仅有 1 个血清型。SVCV 粒子呈棒状或子弹状。

【流行特点】SVCV 感染谱广泛，主要感染鲤和锦鲤，可引起鲤和锦鲤大批发病和死亡，还可感染鳙、鲢、鲫、丁鲹和欧洲鲇等各种鲤科鱼类，可使虹鳟、草鱼、狗鱼人工感染发病。各个年龄段的鱼均可患病，但鱼龄越小越易感。SVCV 感染后的潜伏期，与水温及鱼体本身状况有关。

该病在春季水温 7℃以上时开始发生，水温 13～20℃时流行，水温 15～17℃时最为流行。在春季水温低于 15℃时，鲤越冬由于长期的低水温，免疫力降低，因而，春季成为疾病流行的主要季节；水温超过 22℃就不再发病，鲤春病毒血症由此得名。在外界环境中，SVCV 在低温下非常稳定，－20℃下保藏 1 个月，－30℃或－74℃下保藏 6 个月毒力不减。病毒可在 10℃河水中存活 5 周，在 4℃和 10℃底泥中分别存活 6 周以上和 4 周；60℃ 30min，pH 12 下 10min 和 pH 3 下 3h，可将病毒灭活。

传染源为病鱼、死鱼和病毒携带鱼。感染途径主要以水体为媒介，病毒可经鳃和肠道入侵，能在被感染的鲤血液中保持 11 周。在水温 10～15℃时潜伏期约为 20d，无症状的带毒鱼体能持续数周不断地通过粪、尿将病毒排出体外。外伤也是重要的感染因素，此外，鱼类寄生虫如鲤虱或水蛭等，能从带病毒鱼体中得到病毒，并传播到健康鲤鱼体上。精液和鱼卵中也会带有病毒，可能存在垂直传播途径。

【症状与病理】感染 SVCV 的鱼类，常聚集在池塘的进水口附近，呼吸缓慢，行动迟缓，食欲降低，这是 SVC 暴发的早期信号。病鱼对外界刺激反应迟钝，游动速度逐步下降，身体平衡能力降低，有些死于池底，有些在池塘边缘无方向性地游动或无意识漂游。病鱼体色发黑，腹部膨大，鳃丝苍白，眼球突出，肛门红肿，皮肤、鳃和眼球常有出血斑点。有时可见骨骼肌震颤，病鱼捞出水时，可见腹水从肛门中自动流出。由于鱼体内的水盐平衡遭到破坏，受感染鱼的临床症状表现为体内出血、腹膜炎以及腹水，肠道严重发炎，其他内脏上也有出血斑点，其中以鳔最为常见；肌肉也因出血而呈现红色；肝、脾、肾肿大。这些临床症状的出现，是病毒在鱼体内增殖，尤其是在毛细血管内皮细胞、造血组织和肾细胞内增殖所致。该病还经常伴随着细菌和寄生虫的并发感染，其中，以气单胞菌（*Aeromonas* spp.）的感染最为显著。

SVCV 感染鲤幼鱼后的组织病理学研究发现，感染鱼体的肝脏血管周边的淋巴细胞和组织细胞出现水肿、血管壁完全坏死，肝脏实质组织显示多个病灶坏死及充血；胰脏中通常可以观察到炎症和多个坏死病灶；在腹膜的腔壁和内脏浆膜中，有明显的炎症；淋巴管极度扩大、肿胀；肠血管周边出现炎症，上皮脱落，绒毛肥大；脾脏可见充血、内膜网状组织明显增多；肾小管堵塞，出现空泡和透明化；鳔的上皮脱离，黏膜下层管壁加宽，出血明显；心包膜出现多处炎症。

【诊断】鲤春病毒血症的诊断，可根据发病水温、病鱼外表特征与临床症状作出初步判断。疫病的确诊参照《鱼类检疫方法 第 5 部分：鲤春病毒血症病毒（SVCV）》（GB/T 15805.5—2008）。

（1）初步诊断 从病鱼症状、病理变化和发病季节、水温等，可以作出初步诊断。春季水温低于 20℃时，养殖鲤易出现典型的 SVC 症状。鱼类大规模死亡时并无明显外表症状，需解剖观察是否有肠炎、腹膜炎、水肿，特别是鳔、肌肉和其他器官点状出血等典型病症，还可结合组织病理切片观察作出诊断。

（2）样品采集 按 GB/T 18088—2000 规定采样。有临床症状的鱼，体长小于等于 4cm 的鱼苗取整条鱼；体长 4～6cm 的鱼苗取内脏（包括肾）；体长大于 6cm 的鱼则取脑、肝、肾和脾。无症状的鱼，要取肾、脾、鳃和脑组织，成熟雌鱼还需取卵巢液。血液、脑病毒滴度不高，但持续时间最长，而鳃、血液和肠病料存在干扰物。

（3）实验室确诊

① 用草鱼卵巢细胞系（CO）、胖头鲹肌肉细胞系（FHM）、鲤上皮瘤细胞系（EPC）中的一种培养分离病毒。样品接种于细胞，盲传后无细胞病变（CPE）则判为阴性；有 CPE 出现时，以 SVC 病毒糖蛋白基因作 PCR 模板，用 PT—PCR 检测 SVC 病毒。

② 待测样品 PCR 扩增和嵌套式 PCR 扩增均出现扩增核酸带者，为 SVCV 阳性；PCR 扩增无扩增带但嵌套式 PCR 扩增有扩增带，也为 SVCV 阳性；PCR 扩增后出现相应核酸条带，嵌套式 PCR 重复 2 次仍为阴性者则为 SVCV 阴性。

③ 有临床症状、细胞培养出现 CPE、PCR 试验为阳性者，判为患鲤春病毒血症；无临床症状、出现 CPE、PCR 试验阳性者，判为 SVCV 携带者。

（4）鉴别诊断 自然条件下，SVC 可并发细菌感染或继发细菌感染。单独 SVC 感染不产生体表开放性病灶，如病鱼体表出现明显开放性病灶，表明有细菌混合感染。

【防治】目前该病唯一可行的预防方法是避免接触病毒，该病疫苗尚处于实验阶段。因此严格检疫，保证水源、引入鱼卵和鱼不带病毒，养鱼设施消毒等，是切实可行的防治措施。通过对苗种场、良种场实施防疫条件审核、苗种生产许可管理制度，加强疫病监测与检疫，掌握流行病学情况，培育或引进抗病品种，切断传染源以及加强饲养管理等综合措施控制本病。

第十七节 病毒性神经坏死病

病毒性神经坏死病（Viral nervous necrosis，VNN），又称病毒性脑病和视网膜病（Viral encephalopathy and retinopathy，VER），以病鱼的脑部和视网膜存在明显空泡化为主要病理特征，是一种严重危害海水鱼类鱼苗的病毒性传染病。2022 年农业农村部公告第 573 号将其列为二类动物疫病。

【病原】病毒性神经坏死病毒（Viral nervous necrosis virus，VNNV）。属野田村病毒科（*Nodaviridae*）、乙型野田村病毒属（*β-Nodavirus*）。病毒粒子球形，二十面体，无囊膜，直径 25～34nm，类晶格状或单个或成团状排列在细胞质内。

【流行特点】病毒性神经坏死病（VNN），是海水鱼类最常见、危害最严重的传染病之一。

目前，已至少发现该病可在 11 科、22 种鱼中流行，常发生在尖吻鲈、赤点石斑鱼、棕点石斑鱼、巨石斑鱼、红鳍东方鲀、条斑星鲽、牙鲆和大菱鲆等海水鱼鱼苗中。2003 年，从患病的淡水观赏鱼孔雀花鳉中分离出 VNNV，人工感染实验表明，该病毒已经从海水鱼类传播到淡水鱼类。

对病毒的敏感性与鱼龄有关，第一次出现临床症状的时间越早，其死亡率越高。受感染鱼群死亡率通常很高，一般在 40%以上，甚至可达 100%。发病季节各个地方不同，如台湾地区一般在每年 4—9 月养殖水温相对高的时候，特别是 6—8 月的夏季最容易暴发此病，低温季节一般不发病。

目前已知 VNNV 的感染途径主要有两种：一种是亲鱼的垂直传播，即亲鱼感染病毒，使受精卵和所繁殖的后代也带有病毒，在鱼卵以及孵化 1～2d 的石斑鱼仔鱼中，用 RT-PCR 方法即能检出 VNNV，鱼苗孵化不久即发病大量死亡；另一种感染途径是，通过养殖水体中病毒引起的水平传播。病毒可能来自带毒但不发病的成鱼，或者发病死亡鱼类污染了的水体，还可能来自带毒小杂鱼等饵料的污染。

【症状与病理】不同种类的鱼，临床症状不同。鱼类病毒性神经坏死病最常见的临床症状为行为不协调，呈螺旋状游泳，或急促游动等典型的神经症状。病鱼作不正常的螺旋状或旋转式游动，或静止时腹部朝上；一旦用手触碰，病鱼会立即游动。病鱼食欲下降或厌食，眼睛和体色表现异常，鳔肿胀导致腹部膨大，发病严重的鱼苗伴随着极高的死亡率。

鱼类感染 VNNV 引起的组织病理学变化，主要表现在脑和视网膜的病变，脑神经组织和视网膜是 VNNV 的主要靶器官。组织学检查，可见病鱼中枢神经组织脑细胞和视网膜细胞空泡化。最典型的组织坏死病变是，脑灰质细胞细胞质内出现空泡。组织损伤还表现为受感染细胞核固缩，细胞失水，嗜碱性；神经细胞核固缩、裂解，神经纤维突颗粒状，单核细胞渗漏；大脑血管损伤，管壁出现嗜酸性物质；脑细胞质中出现嗜碱性的包涵体。

【诊断】对病毒性神经坏死病的诊断，参照国家标准《病毒性脑病和视网膜病病原逆转录-聚合酶链式反应（RT-PCR）检测方法》（GB/T 27531—2011）或检验检疫行业标准《病毒性脑病和视网膜病检疫规范》（SN/T 2625—2010）进行。

（1）初步诊断　根据鱼苗的临床症状，初步判断疑似病例。

（2）样品采集　采集无症状鱼 150 尾或病鱼 10 尾，取脑和眼组织。

（3）实验室确诊

① 患病鱼脑和视网膜组织进行常规组织切片，HE 染色后用光学显微镜观察，脑和视网膜组织出现空泡化坏死的典型病变，可作出初步诊断。病鱼脑和视网膜组织超薄切片或负染样品观察到病毒粒子，均可作出确诊。

② 利用抗 VNNV 的单克隆抗体或多克隆抗体检测病毒抗原，用酶联免疫吸附试验（ELISA）、间接荧光抗体（IFAT）以及免疫组织化学（IHC）等方法，可以快速、准确地进行检测。

③ 用条纹月鳢细胞系（SSN-1）及其克隆细胞系（E-11）、斜带石斑鱼鳍细胞系（GF-1）分离培养 VNNV，观察 CPE，其中，E-11 病变更稳定和一致。

④ 应用 RT-PCR 方法检测编码 VNNV 衣壳蛋白的 RNA2 特异性片段，可以检测到组织中极微量的病毒 RNA，是目前应用最多、最有效的诊断方法。

（4）鉴别诊断　与车轮虫病（跑马病）的鉴别：车轮虫病是由车轮虫感染鱼的一种寄生虫疾病，特别是鱼苗被车轮虫大量寄生时，鱼成群结队地狂游，呈“跑马”症状；患该病鱼苗虽然具有异常的游动，不停地螺旋式或旋转式游动，静止时腹部朝上，但用手触碰时，病鱼会立即游动，表现为神经性症状，可依此将 VNN 与车轮虫病加以区别。

【防治】目前尚无有效的防治方法。由于该传染病很大一部分来自亲鱼的垂直传播，因此，加强苗种的检疫，尤其是对用于育种亲鱼的病原监测，使用健康不带毒的种苗进行养殖，可以大大减少该传染病的暴发概率。鱼卵表面在病毒的传播中起重要作用，用臭氧处理鱼卵，是控制鱼苗感染病毒的有效途径。

（1）预防措施

① 对苗种场、良种场实施防疫条件审核、苗种生产许可管理制度。同时，加强疫病监测，掌握流行病学情况。通过培育或引进抗病品种，提高抗病能力。另外，应加强饲养管理，改善繁育场卫生条件，降低放养密度。

② 选择健康无病毒的亲鱼进行苗种培育。在繁殖鱼苗时，采用 PCR 技术检测隐性带病毒亲鱼，剔除带毒怀卵雌鱼，切断病毒垂直传播的途径。

③ 消毒受精卵，用 20mg/L 的聚维酮碘溶液（按 10%有效碘计算）有效处理 15min 或用 50mg/L 处理 5min；也可用臭氧处理过的海水洗卵 3～5min。

④ 在养殖过程中，调整饵料结构，增强鱼体免疫力，可以在一定程度上抵御 VNNV 的侵染，或减轻由于 VNNV 感染所带来的危害。

⑤ 不同鱼类 VNN 发病的温度范围不同，因此在选择养殖种类、育苗温度及养殖地点时，可以根据不同的情况进行选择。

（2）处理　发病鱼苗必须销毁，并对养殖水体和用具进行无害化处理。

（3）划区管理　根据水域和流域情况及自然屏障进行划区，并对其实施区域管理。

第十八节　传染性胰脏坏死病

传染性胰脏坏死病（Infectious pacreatic necrosis，IPN），是鲑、鳟的高度传染性病毒病。2022年农村农村部公告第573号将其列为三类动物疫病。

【病原】传染性胰脏坏死病毒（Infectious pacreatic necrosis virus，IPNV）。属双RNA病毒科（*Birnaviridae*）、水生双RNA病毒属（*Aquabirnavirus*）。病毒粒子呈正二十面体，无囊膜，有92个壳粒，直径55～75nm，衣壳内有2节段双链RNA。血清中和试验可将病毒分为2个血清型，其中血清型A已发现9个以上血清亚型。

【流行特点】IPNV主要侵害鲑科鱼类开始摄食后的鱼苗至3个月内的稚鱼，在高密度饲养条件下，对鲑、鳟类的幼鱼是一种高度传染性的病毒。IPNV易侵染大西洋鲑、虹鳟、棕鳟、北极红点鲑和几种太平洋大麻哈鱼类。发病水温一般为10～15℃。2～10周龄的虹鳟鱼苗，在水温10～12℃时，感染率和死亡率可高达80%～100%。20周龄以后的鱼种一般不发病，但可成为终身带毒者。本病可经水体水平传播和经鱼卵垂直传播。鱼卵的表面消毒，不能完全有效地防止垂直传播。

【症状与病理】鲑、鳟鱼苗及稚鱼患急性型传染性胰脏坏死时，病鱼在水中旋转狂奔，随即下沉池底，1～2h内死亡；患亚急性型传染性胰脏坏死时，病鱼体色变黑，眼球突出，腹部膨胀，鳍基部和腹部发红、充血，肛门多数拖着线状粪便。解剖病鱼，有时可见有腹水，幽门垂出血，肝脏、脾脏、肾脏和心脏苍白；消化道内通常没有食物，充满乳白色或淡黄色黏液。病鱼出现这些症状后便大批死亡。

真鲷稚鱼患病时，体表色素沉着，体色加深，两侧条纹明显可见，伴有弥漫性出血；鳞片疏松，鳍膜破裂并出血，鳃变白呈贫血状。病鱼浮游于水面，游动缓慢，有的身体失去平衡、腹部朝上，有的急速乱窜作旋转运动。

该病典型的病理变化是胰脏坏死，胰腺泡、胰岛及所有的细胞几乎都发生异常，多数细胞坏死，特别是核固缩、核破碎明显，有些细胞的胞质内有包涵体。IPNV存在于胰腺泡细胞、肝细胞、枯否细胞的胞质内，浸润在胰脏的巨噬细胞和游走细胞的胞质内也有病毒颗粒。肠系膜、胰腺泡周围的脂肪组织也发生坏死，骨骼肌发生玻璃样变性；疾病后期，肾脏造血组织和肾小管也发生变形、坏死，肝脏局灶性坏死，消化道黏膜发生变性、坏死和剥离。

【诊断】

（1）初步诊断　根据外观症状进行初步诊断；解剖病鱼，取胰脏组织作切片，HE染色观察到胰脏坏死可诊断。

（2）实验室确诊　选用CHSE-214、BF-2、RTG-2等对待测样品除菌上清进行病毒培养，再用抗IPNV单抗或多抗血清中和试验、免疫荧光或酶联免疫吸附（ELISA）等方法鉴定病毒，有症状鱼可用免疫荧光技术直接检测组织切片中的IPNV。也可用核酸探针和聚合酶链式反应（PCR）检测IPNV。

【防治】

（1）预防措施

①不用带毒亲鱼采精、采卵；不从疫区购买鱼卵和苗种。

②严格检疫，发现病鱼或检测到病原时，应实施隔离养殖，严重者应彻底销毁。

③疾病暴发时，降低饲养密度，可减少死亡率。

④鱼卵消毒可有效地灭活卵表面的病毒，用聚维酮碘溶液（按 10%有效碘计算）20mg/L处理 15min 或 50mg/L 处理 5min；也可用臭氧处理过的海水洗卵 3～5min。

⑤苗种生产期的水源应进行消毒处理。

⑥养殖设施和工具等应消毒处理，避免混用。

⑦水温 10℃以下，可减少 IPN 发生和降低死亡率。

（2）*治疗方法*　患病早期用蛋氨酸碘粉制剂，每 1 000kg 饲料用 100～200g，拌饲投喂，每日 1～2 次，连续 15d。

第四单元　甲壳类病毒性疾病

第一节　白斑综合征

白斑综合征（White spot syndrome，WSS）俗称白斑病，是对虾的严重传染性疫病，20 世纪 90 年代以来一直严重威胁着全世界对虾的养殖安全。该病的特点是感染率高，发病急，死亡率高，死亡速度快。2022 年农业农村部公告第 573 号将其列为二类动物疫病。WOAH 将其列为必须申报的疾病。

【病原】白斑综合征病毒（White spot syndrome virus，WSSV）。为线头病毒科（*Nimaviridae*）、白斑病毒属（*Whispovirus*）的唯一成员。

【流行特点】20 世纪 90 年代初，该病首先出现于日本及我国台湾、广东、福建等地，随后扩散并遍及亚洲主要对虾养殖国家和地区。几年后蔓延到美洲，造成全球性的对虾养殖业损失。一般虾池发病后 2～3d，最多不足 1 周时间，可致全池死亡。

白斑综合征病毒的宿主范围非常广泛。已知 40 多种对虾和非对虾甲壳动物可感染该病毒，其中，中国明对虾最易感，其他可被感染致病或成为病毒携带者的对虾科生物有斑节对虾、凡纳滨对虾、日本囊对虾、墨吉对虾、长毛对虾、印度对虾、桃红对虾、细角滨对虾、白对虾、褐对虾和刀额新对虾等。另外，罗氏沼虾、海南沼虾、埃氏沼虾、蓝氏沼虾、脊尾白虾、鼓虾、克氏原螯虾、哈氏美人虾、龙虾、虾蛄、三疣梭子蟹、锯缘青蟹、中华绒螯蟹、天津厚蟹、肉球近方蟹、日本大眼蟹和鲎等节肢类动物等也可被感染。

在自然感染过程中，经口和鳃感染是传播的主要途径。对虾在幼体期易经口和鳃感染，

从而使虾苗携带病毒。此外，发病对虾精巢、精荚和卵巢中都能检测到病毒，因此，受精卵可被污染从而造成垂直传播。由于多种甲壳动物都可携带该病毒，自然环境中病毒极易在动物个体间进行传播，使白斑综合征的防治工作变得较为困难。

【症状与病理】发病虾厌食，空胃，行动迟缓，弹跳无力，静卧不动或在水面兜圈。头胸甲易剥离，壳与真皮分离，部分患病对虾在头胸和甲壳上可见白色斑点。白点在显微镜下可见呈重瓣的花朵状，外围较透明，花纹较清楚，中部不透明，白斑综合征因此而得名，但亦有不出现白斑症状的情况。患病中国明对虾、凡纳滨对虾、日本囊对虾体色发红，而患病斑节对虾在濒临死亡时则显示变蓝现象。血淋巴混浊、不凝固，血淋巴细胞减少。感染早期，被侵害组织的少量细胞核略微膨大，核中出现嗜酸性着色区域，核仁边移；随着感染时间延续，细胞核显著膨大，染色质只在细胞核边沿隐约可见。病毒粒子在细胞核中复制和装配，成熟病毒粒子聚集于细胞核中，最后细胞解体，病毒粒子再感染周围细胞。

【诊断】在本病严重暴发流行时，可根据其发病史、临床特征及病理特征作出初步诊断，最后确诊需要通过实验室检查。诊断时，应注意与桃拉综合征、细菌性白斑病相区别。白斑综合征的实验室诊断可根据《白斑综合征（WSD）诊断规程》进行。主要是通过采集急性病例的鳃、胃、附肢或其他上皮组织，进行下列检查：

（1）样品采集　采集150尾虾，按虾体大小或感染期不同分别取样。如对虾幼体、仔虾取完整个体；幼虾和成虾取游泳足、鳃、血淋巴、胃及腹部肌肉。其他甲壳类动物参照对虾取样，非生物样品取0.1～0.5g。PCR筛查亲虾带毒情况时，可取一小片鳃、游泳足、少量血淋巴或眼柄进行病毒检测。对虾复眼组织因含PCR抑制物影响PCR检测结果，不能用于PCR检测；对虾肝胰腺和中肠也不适于病毒检测。

（2）组织及病理学检查

① 新鲜组织快速染色法：新鲜虾组织涂片，用台盼蓝-伊红染色（T-E染色法），检查细胞典型病理变化。该法适用于现场或诊断实验室对患病濒死的对虾仔虾、幼虾或成虾进行快速诊断。

② 组织病理学诊断：组织切片经HE染色后，可清晰观察到各种组织病理变化。适用于发病对虾或其他敏感宿主的初步诊断和对怀疑染病宿主的诊断，不适于非感染性携带病毒样品的病毒检测。

③ 电镜诊断：电镜切片，可在病虾鳃、胃、淋巴器官、皮下组织等的细胞核内观察到病毒粒子，通过提纯负染，电镜下可观察到完整的病毒粒子或无囊膜的核衣壳，从而进行确诊。

（3）病原学鉴定

① 生物诊断法：用SPF凡纳滨对虾幼虾作为WSSV指示虾。将可疑虾附肢或虾头尖与TN缓冲液混合匀浆、离心，上清液用2%无菌生理盐水按1∶10的比例稀释，对指示虾进行肌肉注射，进行临床观察和组织病理学诊断。

② 核酸探针检测法：采用地高辛标记WSSV特异性探针，用斑点杂交法检测病毒，适用于对虾的成虾、幼虾、仔虾、受精卵、冰鲜或冰冻产品和其他甲壳动物感染病毒的筛查、临床病症的确诊。

③ PCR检测法：通过PCR检测病毒特定基因。适用于对虾样品、环境生物和饵料生物样品，及其他非生物样品中WSSV的定性检测，具有高灵敏度和高特异性，适用于病原筛

查和疾病确诊。

④ 单克隆抗体检测法：用 WSSV 特异性单抗，采用斑点免疫印迹、免疫荧光和 ELISA 等方法进行诊断。

【防治】

（1）预防措施

①繁殖时选用经检疫不带病原的健康虾作为亲虾。

②做好水体消毒：每立方米水体使用 1.8%～2.0%（活性碘）复合碘溶液 0.1mL，或每 667m^2 水体（水深 1m）用 66.7mL 兑水后全池泼洒。

③做好养殖池塘的清淤和消毒：用生石灰或含氯消毒剂均匀泼洒全池，消毒后应曝晒 1 周左右，然后进水。养殖过程中合理用水，培好水色，保持优良水质。在养虾场附近有虾病流行时，停止从海区向蓄水池注水，应将虾池中的水与蓄水池中的水循环使用。养虾池中适当混养一些摄食浮游生物或底栖藻类的鱼或贝类，有利于防止水质过肥，起净化水质的作用。

④放养密度要合理：对虾的放养密度，应根据当地水源、海域环境、虾池的结构和设备、生产技术、管理经验、虾苗的规格、饲料的质和量等条件而定。饲养管理过程中，要注意水质及各种理化因子的变化，保持水体的相对稳定；坚持巡塘，定期检查，正确诊断，积极预防。

（2）控制　对苗种场、良种场实施防疫条件审核、苗种生产许可管理制度。加强疫病监测与检疫，掌握流行病学情况。可通过培育或引进抗病品种、切断传染源以及加强饲养管理等综合措施控制本病。

（3）处理　苗种繁殖场内 WSSV 检疫呈阳性的亲虾和苗种应全部扑杀；病毒阳性的种用和商品养殖虾必须进行无害化处理，禁止用于繁殖育苗、放流或直接作为水产饵料使用。

（4）划区管理　根据水域和流域的自然隔离情况划区，并对其实施区域管理。

第二节　十足目虹彩病毒病

十足目虹彩病毒病是一种甲壳类的急性、传染性疾病，已经被亚太水产养殖中心网收录到亚太水生动物季度报告疫病名录，2022 年农业农村部公告第 573 号将其列为二类动物疫病。目前我国主要的甲壳类养殖区域以及南亚部分地区均有该病的流行。

【病原】十足目虹彩病毒 1（DIV1），是大颗粒的二十面体病毒，直径为 150～160nm，核酸类型为双链 DNA。国际病毒分类委员会正式将其命名为十足目虹彩病毒 1，并归类于新建立的十足目虹彩病毒属（*Decapodiridovirus*）。曾用名为红螯螯虾虹彩病毒（CQIV）和虾血细胞虹彩病毒（SHIV）。

【流行特点】DIV1 的易感物种包括凡纳滨对虾、罗氏沼虾、青虾、克氏原螯虾、红螯螯虾和脊尾白虾等重要养殖品种。侵染阶段包括仔虾到亚成虾，体长在 4～7cm 时检出率最高。养殖水温从 16～32℃均有病毒感染发生，其中 27～28℃时最易发病，疫病的高发期主要集中在 4—8 月。海水、半咸水和淡水养殖环境均可发病。DIV1 可通过养殖对虾口粪途径、同类相食等水平传播。近缘甲壳类品种混养和带病毒苗种的流通是该病快速传播的重要原因。

【症状与病理】发病虾类会出现肝胰腺颜色变浅，空肠空胃，停止摄食，活力下降等症状，濒死的个体会失去游动能力，沉入池底。养殖凡纳滨对虾和罗氏沼虾感染后死亡率可达

到 80%以上。罗氏沼虾感染 DIV1 后，额剑基部出现白色三角形病变，产业上称为“白头”或“白点”，该症状可作为 DIV1 感染罗氏沼虾的典型临床症状。患病的脊尾白虾额剑基部也出现轻微的发白现象，但脊尾白虾对该病毒的感染表现出部分耐受性。部分患病的凡纳滨对虾还会出现明显的红体症状。

【诊断】

十足目虹彩病毒病的诊断，可参照水产行业标准《虾虹彩病毒病诊断规程》（SC/T 7234—2020）进行。

组织病理学检测时，采集造血组织、鳃和肝胰腺。组织病理学特征表现为患病虾的造血组织、血细胞及部分上皮细胞内形成细胞质嗜酸性包涵体，并伴随有细胞核的固缩。

核酸检测方法有 PCR、套式 PCR、TaqMan 探针荧光定量 PCR、环介导等温扩增和重组酶聚合酶扩增方法。其中，针对主要衣壳蛋白基因的 TaqMan 探针荧光定量 PCR 方法的检测极限达到 1.2 拷贝/反应。

【防治】

（1）预防措施

①生物安保措施是预防虾类病毒病的核心，需建立严格的生产管理制度。

②采购检疫合格的种苗，并进行 2～4 周苗种高密度标粗和检疫，标粗检疫无发病且检测合格的虾苗才能投放养殖。

③根据种苗健康水平和设施条件，科学设置养殖密度。

④对养殖场、养殖池塘和养殖设施进行消毒处理，土池和养殖场的消毒可以使用生石灰（0.25kg/m^3，按水体计，下同）或二氧化氯（200g/m^3）或相当效力的消毒剂消毒 12h 以上，底泥消毒翻耕深度应在 10～15cm；水泥池、地膜塘和养殖设施的消毒用次氯酸钙（50～100g/m^3）或二氧化氯（200g/m^3）浸泡 24h 以上；养殖或育苗用水的水体消毒可使用次氯酸钙（40～100g/m^3）或相当效力的消毒剂消毒 12h，消毒后充分曝气消除余氯（低于 3g/m^3）后才可放苗或者将水体加入池塘。

⑤避免投喂冰鲜或鲜活饵料，杜绝饵料引入病毒的风险。

⑥避免近缘虾蟹的混养模式，适当开展鱼虾混养，降低池塘发病风险。

⑦适当拌喂有益微生物和提高免疫力的营养补充剂。

（2）控制措施

①疫病发生的情况下，应保持水体的高溶氧、低氨氮和低亚硝氮状态，维持养殖水体温度、pH 和盐度等指标的稳定；如养殖水温保持在 32～35℃，可有效减缓发病。

②发现对虾发病，应及时送县市级以上水生动物疫病检测实验室检测确诊，禁止确诊患病的亲体、苗种用于生产、流通和交易。

③及时捞出病死虾进行无害化处理，同时对患病池塘进行清塘消毒，废水需经过消毒处理再排放。

第三节　斑节对虾杆状病毒病

【病原】斑节对虾杆状病毒（Penaeus monodon-type baculovirus，MBV），俗称斑节对虾单粒包膜的核多角体病毒（PmSNPV）。属杆状病毒科（*Baculoviridae*）、核多角体病毒属（*Nucleopolyhedrovirus*）暂定种。

【流行特点】斑节对虾杆状病毒病在东亚、东南亚、印度次大陆、中东、澳大利亚、东非、马达加斯加养殖和野生虾中广泛分布。随着斑节对虾的引进，病毒也传入地中海、西非、塔希提岛和夏威夷，还有南美洲、北美洲和加勒比海的一些养殖地区。

斑节对虾杆状病毒可感染对虾属、明对虾属、囊对虾属和沟对虾属的多种对虾。除了卵和无节幼体阶段，都可被该病毒感染。野生虾带毒率较低，病毒分布地区流行和感染都比较严重，幼虾和成虾携带病毒高达50％～100％。

相互捕食和粪—口途径的经口传播为该病主要的传播方式。亲虾产卵时排泄被病毒污染的粪便，而使病毒传给下一代种群。

【症状与病理】受感染后的幼体除体色加深外，并无特别的症状，多数携带病毒的虾活动正常。幼体群常无明显症状而出现大量死亡，死亡率与养殖环境有关，一般在20％～90％。感染严重的病虾往往活力降低，食欲下降，体色较深，鳃和体表有固着类纤毛虫、丝状细菌和附生硅藻等生物附着。

MBV侵害的对虾组织是肝胰腺腺管和中肠的上皮细胞。

【诊断】

（1）初步诊断　根据流行病学、临床特征和病理特征作出初步诊断。

（2）样品采集　病虾10尾、健康虾150尾，按不同大小或感染期取不同组织样品。对虾幼体取完整个体；仔虾取头胸部；幼虾和成虾取小块肝胰腺或中肠组织。粪便样品采集：将幼虾或成虾暂养于水族箱中，待数小时直至水族箱底部出现粪便，用干净的塑料虹吸管吸取排泄物，注入玻璃试管中。具体采集方法按《斑节对虾杆状病毒病诊断规程　第1部分：压片显微镜检查法》（SC/T 7207.1—2007）附录B的规定。

（3）组织和病理学检查

①压片显微镜检查法：光镜观察新鲜组织样品或粪便中近球形MBV核型多角体可作出初步判断。适用于对虾活体及粪便中MBV的筛查和诊断，不适用于病毒携带虾的诊断及宿主的组织病理学评价。

②组织病理学诊断法：镜检HE染色后细胞核内单个或多个近球形核型多角体形成情况进行判断。适用于感染斑节对虾杆状病毒情况确诊或未知疾病样品的组织病理学评价，不适用于对病毒非感染性携带样本进行病毒检测。

（4）病原学鉴定

①原位杂交法：采用地高辛标记cDNA探针，敏感性高于常规病理组织学诊断法。适于斑节对虾杆状病毒敏感宿主组织细胞感染程度、病毒扩增状况的评估和疾病确诊。

②PCR检测法：通过PCR检测特定基因，适用于病原筛查和疾病的确诊。核型多角体基因保守序列法仅适用于对虾，包括对虾活体、粪便以及冰冻和冰鲜虾产品的斑节对虾杆状病毒的筛查和疾病的初步诊断。单独使用时，不适用于对病毒量或病毒感染活性的估测及宿主感染程度评估。

【防治】

（1）预防措施

①对苗种场、良种场实施防疫条件审核、苗种生产许可管理制度。

②加强疫病监测与检疫，掌握流行病学情况。

③可通过培育或引进抗病品种、切断传染源以及加强饲养管理等综合措施控制本病。

④繁殖时，选用经检疫不带病原的健康虾作为亲虾。为避免亲虾的粪便、受污染卵将斑节对虾杆状病毒传给下一代，孵化场应相对独立，具有良好的隔离设施，防止病毒在孵化场内的传播。

⑤做好水体消毒，每立方米水体使用1.8%～2.0%（活性碘）复合碘溶液0.1mL，或每667m^2水体（水深1m）用66.7mL兑水后全池泼洒。

（2）控制　繁殖场亲虾和苗种检疫阳性结果的全部扑杀；种用和商品养殖虾检疫阳性结果的必须进行无害化处理，禁止用于繁殖育苗、放流或直接作为水产饵料使用。

（3）划区管理　根据水域和流域的自然隔离情况划区，并对其实施区域管理。

第四节　桃拉综合征

桃拉综合征（Taura syndrome，TS）俗称红尾病，是一种严重的传染性对虾疾病，急性期以虾体变红（虾红素增多）、软壳，过渡期以角质上皮不规则黑化为特征。2022年农业农村部公告第573号将其列为三类动物疫病。WOAH中将其列为必须申报的疾病。

【病原】桃拉综合征病毒（Taura syndrome virus，TSV）。属双顺反子病毒科（*Dicistroviridae*）*Aparavirus*属。病毒粒子无囊膜，二十面体，直径31～32nm，病毒基因组为正向单链RNA，病毒在宿主细胞质中复制。

【流行特点】该病毒主要侵害凡纳滨对虾和细角滨对虾。对虾科、滨对虾属所有成员均对该病易感，中国明对虾也对该病易感；凡纳滨对虾除卵、受精卵和虾蚴外，仔虾、幼虾及成虾等各期均对该病易感。TSV主要感染14～40日龄、体重0.05～5g的仔虾，部分稚虾或成虾也容易被感染。对虾科其他属成员经直接攻毒也可感染，但一般不表现症状。细角滨对虾选择系对TSV（基因1型或A抗原型）有抵抗力。

该病发病急，死亡率高。一般发病虾池自发现病虾至对虾拒食人工饲料仅5～7d，10d左右大部分对虾死亡。部分虾池采取积极消毒措施后转为慢性病，逐日死亡，至养成收获时成活率一般不超过20%。该病主要通过健康虾摄食病虾、带病毒水源等水平传播；也可经海鸥等海鸟、划蝽科类水生昆虫携带病毒传播。携带病毒亲虾也可能经垂直途径传播到后代，但目前尚无可靠证据。持续感染虾和终生带毒虾是传染源；染疫存活的凡纳滨对虾和细角滨对虾可终生带毒，成为疾病传播者。

【症状与病理】

（1）病程分期　根据病程和症状，桃拉综合征可分为急性期、过渡（恢复）期和慢性期三个阶段：

①急性期：虾红素增多，虾体全身呈淡红色，尾扇和游泳足呈鲜红色，因此，虾民称之为“红尾病”。取尾扇发红的病虾，用10倍放大镜仔细观察细小附肢（如末端尾肢或腹肢）的表皮上皮，可以看到病灶处的上皮坏死。急性感染虾常死于蜕壳期间，处于蜕壳后期的病虾以软壳、空腹为特征，濒死虾常浮于水面或池体边缘。

②过渡（恢复）期：介于急性期与慢性期之间，病程极短，以病虾角质层上皮多处出现不规则黑色斑点为特征。在过渡期、典型的急性期，表皮损伤在数量和严重程度上都有所减少或降低，病灶坏死处聚集了大量血细胞及其渗出物。大量血细胞随后开始黑化，进而导致

病虾角质层上皮呈现不规则的黑色斑点。

③慢性期：成功蜕壳的病虾，从过渡期转入慢性期，一般无明显的临床症状，但对正常的环境应激（如突然降低盐度）适应能力明显不如未染疫虾。有的因病毒在淋巴器官持续感染而成为终生带毒者。

（2）各期病理特征

①急性期：病虾全身角质层上皮、附肢、鳃、后肠、前肠（食管、前后胃室）可见多灶性坏死；有时在角质层皮下结缔组织细胞，以及靠近感染角质层上皮的条纹肌纤维基质也可见感染灶。区分桃拉综合征的急性期和过渡期的依据是，在急性期缺乏血细胞浸润或其他明显的炎症反应。

②过渡（恢复）期：该期病理特征是桃拉综合征过渡期的典型特征。在HE染色的组织病理切片上，病灶表现为角质层被侵蚀，暴露的表皮血细胞和上皮被大量弧菌感染和侵袭。在桃拉综合征过渡期，对虾淋巴器官的组织切片在HE染色后观察，可能外观正常。

③慢性期：该期病虾的组织病理变化不明显，仅可见大量的类淋巴器官球体（LOS）。类淋巴器官球体可能与成对淋巴器官的主体相连，或脱离形成异位的类淋巴器官球体，位于血腔的局部区域（如心、鳃或皮下结缔组织中等）。类淋巴器官球体由淋巴器官细胞和血淋巴细胞呈球形堆积而成，但从其球形特征以及缺乏中心管（典型的淋巴器官小管）的特征，可与正常淋巴器官进行区别。应用TSV特异性的cDNA探针进行免疫组织化学染色，这些类淋巴器官球体的部分细胞会呈现阳性反应，而其他靶组织细胞呈阴性反应。

【诊断】

（1）初步诊断　急性期病虾呈现缺氧状态，常聚集塘边或水面，吸引大量的海鸟捕食。因此，海鸟在虾池上空大量聚集常可代表虾池内暴发了严重的流行病（通常是桃拉综合征或白斑综合征）。可依据流行病学、临床特征和病理特征，对急性期桃拉综合征作出初步诊断：病虾虾体全身淡红色，尾扇和游泳足鲜红色，游泳足或尾足边缘处上皮呈灶性坏死，常死于蜕壳期间，表现为软壳、空腹等特征。

（2）样品采集　采病虾10尾、健康虾150尾，按不同大小或感染期取不同的组织样品。其中，对虾幼体、仔虾取完整个体；幼虾和成虾取虾的头胸部；非对虾的甲壳类动物参照对虾的方法取样。非生物样品取0.1～0.5g。采用RT-PCR法筛查亲虾带毒情况时，可取一小片游泳足或少量血淋巴，用于病毒检测。对虾肝胰腺、中肠和盲肠中病毒含量很少，不适用于TSV感染的检测。具体参照《斑节对虾杆状病毒病诊断规程　第1部分：压片显微镜检查法》（SC/T 7202.1—2007）附录B或WOAH《水生动物疾病诊断手册》（2011年版）中的要求进行。

（3）组织和病理学检查　依据病虾组织病理特征可作出疾病诊断，适用于急性期、过渡期和慢性期患病对虾确诊，不适用于潜伏性感染或非感染性携带病毒样品的诊断。过渡期病虾角质层上皮多处出现不规则黑化斑，血细胞聚集，软壳及虾红素不明显。慢性期一般无明显的临床症状。

（4）实验室诊断和病原学鉴定

①生物诊断法：将SPF凡纳滨对虾幼虾作为桃拉综合征病毒指示虾，对疑似感染虾进行生物检测。可采用口服法和注射法：口服法适用于较小的凡纳滨对虾幼虾，感染组饲喂剁碎的疑似感染虾样品，对照组饲喂饲料；注射法适用于个体较大的指示虾，用可疑虾头或全

虾制备 1∶2 或 1∶3 匀浆上清液，肌肉注射指示虾。设立感染组和对照组，观察两组虾临床症状和病理及组织病理学特征。

②免疫检测技术：

A. 斑点酶免疫反应（DBI）：该法以虾血淋巴作为检测抗原，点加于 MA-HA-N45 反应板表面，干燥后用含山羊血清与酪蛋白的磷酸盐缓冲液—吐温 20 阻断。用抗 TSV 单抗进行斑点酶免疫反应。

B. 其他抗体检测方法：用抗 TSV 单抗荧光抗体法或免疫组化法等，适用于组织印片、冰冻切片和固定组织样品切片中的病毒检测。

③分子检测技术：可采用原位杂交、逆转录聚合酶链式反应（RT-PCR）和实时定量逆转录聚合酶链式反应（real-time quantitative RT-PCR）等方法。原位杂交实验采用地高辛标记的 TSV 特异性 cDNA 探针，敏感性高于常规病理组织学诊断方法；逆转录聚合酶链式反应法适用于各期对虾、其他生物和底泥等样品中 TSV 带毒情况检测、病原筛查和疾病确诊，但不能单独用于病毒量、病毒存在状态（携带和感染状态）或感染活性等估测及宿主感染程度评估；实时定量逆转录聚合酶链式反应法具快速、特异和敏感的优点，对 TSV 检测灵敏度约为 100 个拷贝。

【防治】

（1）预防措施

①调控水质，保持虾池水质平衡与稳定。虾池 pH 一般维持在 8.0～8.8，氨氮 0.5mg/L 以下。在养殖过程中，定期用底质改良剂改善底质，进行水体消毒。每立方米水体使用 1.8%～2.0%（活性碘）复合碘溶液 0.1mL，或每 667m² 水体（水深 1m）用 66.7mL 兑水后全池泼洒。

②繁殖时，选用经检疫不带病原的健康虾作为亲虾。

③提高抗病能力，在饲料中添加维生素等生物活性物质或免疫促进剂，增强虾体非特异性免疫功能。

（2）控制　目前尚无有效的治疗方法。可通过培育或引进抗病品种、切断传染源以及加强饲养管理等综合措施控制本病的暴发。对苗种场、良种场应实施防疫条件审核、苗种生产许可管理制度；加强疫病监测与检疫，掌握其流行情况。

（3）处理　TSV 检疫阳性结果的亲虾和商品养殖虾必须进行无害化处理，禁止用于繁殖育苗、放流或直接作为水产饵料使用。

（4）划区管理　根据水域和流域的自然隔离情况划区，并对其实施区域管理。

第五节　黄头病

黄头病（Yellow head disease，YHD），由于患病对虾头胸部肝胰腺呈黄色，因而得名。2022 年农业农村部公告第 573 号将其列为三类动物疫病。WOAH 将其列为必须申报的疾病。

【病原】黄头病毒（Yellow head virus，YHV）。属杆套病毒科（*Roniviridae*）、头甲病毒属（*Okavirus*）。病毒粒子呈杆状，大小为（150～200）nm×（40～50）nm，有囊膜；病毒基因组为正向单链 RNA，长 26.0kb。病毒核衣壳呈螺旋对称。

YHV 在水温 25～28℃海水中至少可存活 3d。

【流行特点】自然或人工感染状态下，可感染斑节对虾和日本囊对虾、墨吉对虾、凡纳滨对虾、细角滨对虾、白对虾、褐对虾、桃红对虾、刀额新对虾和绿尾新对虾等多个对虾品种。斑节对虾为主要受感染者，可能是黄头病毒的自然宿主。该病严重影响养殖 50～70d 的对虾，感染后 3～5d 内发病率高达 100%，死亡率达 80%～90%。

水平传播是该病病原的主要传播方式。鸟类也是传播媒介之一，海鸥等鸟类摄食患病对虾，然后通过排泄物将病毒传播到邻近的池塘中去。

【症状与病理】黄头病能引起对虾迅速大量死亡，常见患病虾先增大摄食量然后突然停止，一般 2～4d 内就会出现头胸部发黄和全身发白的临床症状。许多濒死虾聚集在池塘角落的水面，肝胰腺比正常虾软且发黄，与健康虾肝胰腺的褐色有明显区别。

黄头病毒主要侵染外胚层和中胚层起源的组织器官，可感染血淋巴、造血组织、鳃瓣、皮下结缔组织、肠、触角腺、生殖腺、神经束和神经节等，使病虾出现全身性细胞坏死。组织压片可观察到球形强嗜碱性细胞质包涵体；血淋巴涂片，可观察到血细胞发生核固缩和破裂；组织切片，可观察到坏死区域有球形强嗜碱性细胞质包涵体，直径为 2μm 或稍小。胃皮下组织和鳃是观察特征性包涵体的最佳部位。

【诊断】根据流行病学、临床特征和病理特征可以作出初步诊断，确诊需通过实验室检查。

（1）*样品采集*　采集病虾 10 尾、健康虾 150 尾，根据个体大小或感染期取不同的组织样品。对虾幼体、仔虾取完整个体；幼虾和成虾取虾的头胸部；其他甲壳类动物参照对虾取样；非生物样品取 0.1～0.5g。用 RT-PCR 方法筛查幼虾和成虾的带毒情况时，最好采集对虾的淋巴器官、鳃或血淋巴进行检测。具体参照《斑节对虾杆状病毒病诊断规程　第 1 部分：压片显微镜检查法》（SC/T 7202.1—2007）附录 B 或 WOAH《水生动物疾病诊断手册》（2011 年版）规定进行。

（2）*组织及病理学检查*

①组织压片的快速染色法：取濒死虾鳃丝或表皮，HE 染色后观察细胞内球形强嗜碱性细胞质包涵体。该方法适用于对虾活体中的黄头病毒检测，但不适用于非感染性病毒携带样品的诊断，以及对宿主的组织病理学评价。

②组织病理学诊断：HE 染色后，观察各种不同组织的病理变化和强嗜碱性细胞质包涵体。适用于对虾黄头病毒初步诊断、未知样品组织病理学评价，不适用于非感染性病毒携带样品的检测。

③电镜诊断：观察病虾鳃、淋巴器官等中是否有病毒粒子作出诊断。

（3）*病原学鉴定*

①原位杂交法：用 YHV 特异性地高辛标记的 cDNA 探针，敏感性比病理组织学诊断法高，适用于黄头病毒敏感宿主的感染程度及病毒扩增状况的评估和疾病确诊。

②RT-PCR 检测法：通过 RT-PCR 检测 YHV 的特定基因。适用于对虾各个生活期及其他生物或底泥等样品的黄头病毒定性检测，也适合于病原筛查和疾病确诊。

③免疫检测技术：通过制备的抗黄头病毒特异性抗体来检测病毒。可取活虾血淋巴，采用 Western blot、ELISA 或免疫荧光等方法，鉴定样品是否有黄头病毒感染，从而进行确诊。

【防治】

（1）预防措施

①对苗种场、良种场实施防疫条件审核、苗种生产许可管理制度。

②加强疫病监测与检疫，掌握流行病学情况。

③可通过培育或引进抗病品种、切断传染源以及加强饲养管理等综合措施控制该病。

（2）控制　苗种繁殖场内 YHV 检疫阳性的亲虾和苗种应全部扑杀；病毒阳性的种用和商品养殖虾必须进行无害化处理，禁止用于繁殖育苗、放流或直接作为水产饵料使用。

（3）划区管理　根据水域和流域的自然隔离情况划区，并对其实施区域管理。

第六节　传染性皮下和造血组织坏死病

传染性皮下和造血组织坏死病（Infectious hypodermal & haematopoietic necrosis，IHHN），2022 年农业农村部公告第 573 号将其列为三类动物疫病。WOAH 将其列为必须申报的疾病。

【病原】传染性皮下和造血组织坏死病毒（Infectious hypodermal & haematopoietic necrosis virus，IHHNV），又名细角滨对虾浓核病毒（PstDNV）。属细小病毒科（*Parvoviridae*）、短浓核病毒属（*Brevidensovirus*）。

IHHNV 主要感染细角滨对虾（*Litopenaeus stylirostris*）和凡纳滨对虾（*L. vannamei*），可引起凡纳滨对虾慢性矮小残缺综合征（runt-deformity syndrome，RDS）和细角滨对虾较高的死亡率。

【流行特点】IHHNV 可感染世界各地的养殖对虾，主要感染太平洋东部沿岸野生对虾、太平洋岛屿（包括夏威夷群岛、法属波利尼西亚、关岛和新卡里多尼亚）的养殖对虾。近年来，在东南亚和中东地区的养殖和野生对虾中存在该病的流行，该病在我国也有较高的发病率。细角滨对虾、凡纳滨对虾、斑节对虾等大部分对虾品种都可被感染，细角滨对虾死亡率可达 90%以上，稚虾受危害最为严重。该病毒主要通过带毒虾及其他甲壳类、受病毒污染水体传播，虾类同类残食或海鸟也可传播病毒。发病后存活的对虾仍带毒，可以通过垂直传播方式传播该病。

【症状与病理】细角滨对虾的稚虾患急性传染性皮下和造血组织坏死病后，摄食量明显减少，继而出现行为及外观异常。患病对虾可缓缓上升到水面，静止不动，然后翻转后腹部向上，并缓慢沉到水底，这种行为可反复进行并持续数小时，直到无力继续下去或被其他虾吞食。该感染期的细角滨对虾表皮上皮层（尤其是腹部背板接合处）常出现白色或浅黄色斑点，使整个虾体呈现斑驳的外观。在濒死的细角滨对虾中，这些斑点会有所褪色，导致虾体色偏蓝。在感染的末期，细角滨对虾和斑节对虾濒死时体色明显变蓝，腹部肌肉不透明。

在凡纳滨对虾中，由 IHHNV 引起的传染性皮下和造血组织坏死病存在一种慢性表现形式，即矮小残缺综合征（RDS）。RDS 病虾生长缓慢，体畸形，患病稚虾还出现额角弯曲、变形，触角鞭毛皱起，表皮粗糙或残缺。患 RDS 的凡纳滨对虾稚虾群体中，体长普遍偏小，且个体之间体长差异很大。可用体长变异系数（coefficient of variation，CV）来评估凡纳滨对虾和细角滨对虾稚虾群体是否患有 RDS：RDS 群体的 *CV* 值多大于 30%，甚至达到 90%；而未患病群体的 CV 值通常为 10%～30%。

在组织病理学方面，IHHNV 主要感染起源于外胚层和中胚层的组织细胞，主要有表皮、前肠和后肠上皮、性腺、淋巴器官和结缔组织细胞，基本不感染肝胰腺细胞。靶组织细胞核内可观察到嗜酸性包涵体，即典型的考德里 A 型（Cowdry type A）包涵体。

【诊断】在该病严重暴发流行时，可根据其发病史、临床特征及病理特征作出初步诊断，确诊需要通过实验室检查。实验室诊断按《对虾传染性皮下及造血组织坏死病毒（IHHNV）检测 PCR 法》（GB/T 25878—2010）进行。该方法主要是：

（1）样品采集　采集病虾 10 尾、健康虾 150 尾，根据不同大小或感染期，取不同的组织样品。对虾幼体、仔虾取完整个体；幼虾和成虾取头胸部；非对虾的甲壳类动物参照对虾的方法取样。非生物样品取 0.1～0.5g。用分子杂交技术或 PCR 法筛查幼虾和成虾的带毒情况时，最好采集对虾的鳃、血淋巴或游泳足。肝胰腺、中肠和盲肠病毒含量很少，故不适于 IHHNV 感染检测。

（2）组织及病理学检查

①组织病理诊断法：组织切片经 HE 染色后，观察细胞核内是否存在考德里 A 型包涵体，从而进行诊断。该方法适用于有症状对虾的初步诊断，或未知样品的组织病理学评价，不适用于无症状带病毒标本的病毒检测。

②电镜诊断：通过超薄切片，观察靶组织细胞核内有无 IHHNV 病毒粒子进行确诊。

（3）病原学鉴定

①分子杂交技术：采用地高辛标记的 IHHNV cDNA 探针进行病毒检测，灵敏度高于病理组织诊断法。适用于成虾、幼虾、仔虾、受精卵、冰鲜或冰冻产品和其他甲壳类动物的病毒筛查，以及有临床病症病虾的确诊。

②PCR 检测法：通过聚合酶链式反应检测 IHHNV 特定基因。适用于各种对虾样品、环境生物和饵料生物样品，以及其他各种非生物样品的 IHHNV 高灵敏度定性检测。

【防治】

（1）预防措施

①对苗种场、良种场实施防疫条件审核、苗种生产许可管理制度。

②加强疫病监测与检疫，掌握流行病学情况。

③通过培育或引进抗病品种、切断传染源以及加强饲养管理等综合措施控制本病。

④销毁染疫对虾，对发病虾场及其设施要进行彻底消毒。用 SPF 亲虾进行繁育。

（2）控制　繁殖场亲虾和苗种检疫阳性的全部扑杀；种用和商品养殖虾检疫阳性的必须进行无害化处理，禁止用于繁殖育苗、放流或直接作为水产饵料使用。

（3）划区管理　根据水域和流域的自然隔离情况划区，并对其实施区域管理。

第七节　肝胰腺细小病毒病

肝胰腺细小病毒病，是一种海水和半咸水中野生或养殖对虾的疾病。

【病原】肝胰腺细小病毒（Hepatopancreatic parvovirus，HPV）。属细小病毒科（*Parvoviridae*）、细小病毒亚科（*Parvoririmae*）、细小病毒属（*Parvovirus*）。病毒粒子

22～24nm，二十面体，多数为球形，少数为多角形，无囊膜。病毒基因组为单链、线性DNA，长约6kb。

病毒能感染生活在海水和半咸水中的各种养殖和野生对虾。

【流行特点】在流行病发生后4～8周内，墨吉对虾的累积死亡率为50%，短沟对虾的死亡率则高达100%，并常发生弧菌病的继发性感染。在中国明对虾上的致病性尚不十分明显。受感染的种群，在拥挤条件下病情加重。

【症状与病理】病虾无特有症状，只是食欲不振，行动不活泼，生长缓慢，体表附着物多，偶然发现尾部肌肉变白。幼虾出现这些症状后很快就死亡，有时会继发细菌或真菌性感染。

主要的病理变化是，肝胰腺坏死和萎缩。肝胰管上皮细胞的细胞核过度肥大，核内有1个大而显著的包涵体。这种包涵体为嗜酸性，PAS阴性，弗尔根阳性，近于圆形或椭圆形，在光学显微镜下就可看到。在中国明对虾仔虾的前中肠上皮细胞肥大的核中，也发现有正在发育嗜伊红的包涵体，但较为少见，没有发现充分发育的嗜碱性包涵体。正在发育的包涵体，由电子密度很细微的颗粒物质（即病毒基因基质）和病毒粒子组成。

【诊断】初步诊断可取病虾的肝胰腺，用FAA液或包氏液固定，苏木精-伊红染色，检查出明显的嗜伊红、弗尔根染色阳性的核内包涵体，核仁被挤到一边，染色质分布在核的周边，则可确诊。可以用PCR方法检测，但没有一种PCR引物可以检测各地区所有的HPV株。要根据不同地区选用不同的引物，也可以用特异性的DNA探针进行原位杂交来确诊；当然也可用透射电镜观察核内包涵体中的病毒粒子确诊。

【防治】

（1）严格检疫，杜绝病原从亲虾或苗种带入。

（2）使用无病毒污染或经过过滤、消毒的海水。

（3）养殖虾池应彻底清淤消毒。

（4）投放健壮、经消毒处理的虾苗。

（5）大池改小池，浅水改深水，合理密养，设立增氧机。

（6）投喂优质配合饲料，或添加免疫多糖类和提高抗病力的中草药。

（7）稳定虾池理化因子和藻相，投放环境保护剂和有益细菌或活性生物制剂。

（8）早晚巡池，发现异常时不乱用药或滥用药，应取样检查，要在准确诊断的基础上对症或对因用药，防止细菌继发感染等，实施全面健康的养殖管理。

第八节　罗氏沼虾白尾病

罗氏沼虾白尾病（Macrobrachium rosenbergii whitish muscle disease，MRWMD），俗称罗氏沼虾肌肉白浊病（WTD），是一种急性病毒性疾病。主要危害罗氏沼虾苗种，以急性死亡、病虾肌肉呈白斑或白浊状为特征。WOAH将其列为必须申报的疾病。

【病原】罗氏沼虾野田村病毒（Macrobrachium rosenbergii nodavirus，MrNV），属野田村病毒科（*Nodaviridae*）（又译作诺达病毒科），病毒属名尚未确定。病毒粒子呈二十面体，大小26～27nm，无囊膜，基因组由2条线性单链RNA（+ssRNA）组成。

【流行特点】罗氏沼虾是病毒主要的易感宿主，日本沼虾、秀丽白虾、克氏原螯虾等养殖品种未发现发生罗氏沼虾野田村病毒感染。病毒主要感染罗氏沼虾虾苗，淡化后3d至3周是疾病高发时期，严重时死亡率可高达90%以上，目前没有有效的控制措施。发病后部分苗种可存活并长至商品规格的成虾，但有发病史的虾可携带病毒，造成子代虾苗发病。成虾及亲虾可查出病毒，但未发现MrNV感染引起的大规模流行。

病毒可通过水平和垂直传播感染，其中，带毒种虾垂直传播是引起我国虾苗发病的重要原因；带病毒水体、饵料、工具和未彻底消毒的育苗池等，均可传播病毒；有学者报道，带病毒的轮虫等生物饵料也可传播疾病。

虾苗池缺氧、水质不良及营养因素等，也可引起虾体肌肉白浊。但这类白浊分布于整个腹部，无分散的白浊斑点，改用水质良好的水后，虾苗的白浊可消退；病毒感染引起的白浊不能消退，并可在虾群中迅速传播。

【症状与病理】发病虾苗先在腹部出现白色或乳白色混浊块，而后逐渐向其他部位扩展，最后除头胸部外，全身肌肉呈乳白色。虾甲壳不出现白斑，这一点可区别于对虾白斑综合征。

发病虾苗腹部肌纤维、肝胰腺、血细胞、心脏和鳃组织胞质内，可观察到嗜碱性包涵体；超微病理观察，可发现肌纤维间线粒体肿胀、变形，肌质网变性、坏死和空泡化，表明细胞处于缺氧和钙代谢紊乱状态；肌细胞包涵体内存在大量晶格状排列、无囊膜、大小为26nm的球状病毒颗粒。用病毒核酸探针或抗MrNV单抗进行免疫酶染色，可发现肌肉及组织间隙细胞内存在大量病毒颗粒。

【诊断】

(1) 初步诊断　可根据虾苗腹部出现白色或乳白色混浊块、肌肉白浊、个别虾苗腹部存在分散的白浊点，排除水质因素引起的肌肉白浊后作出初步诊断。注意应与对虾传染性肌肉坏死病相区别。

(2) 样品采集　应采集150尾以上发病虾苗，正常虾采集500尾以上，取完整个体，用于病毒核酸提取或ELISA测定；种虾应采集病虾10尾，用于病毒测定。当用RT-PCR方法筛查对虾带毒情况时，除眼柄和肝胰腺之外，成虾的其余组织均可采用；对种虾进行病毒筛查时，可以在不杀死对虾的情况下，仅切取样品的一小片游泳足用于RT-PCR检测。

(3) 组织和病理学检查　典型病例切片经HE染色后，可发现嗜酸性包涵体，为该病重要特征。但此方法费时，且观察难度较大，诊断意义不大。

(4) 实验室诊断和病原学鉴定

①RT-PCR检测法：用MrNV特异性引物进行RT-PCR检测，适用于对虾各种样品、环境生物和饵料生物的各种样品以及其他非生物样品中MrNV的定性检测，具有高灵敏度和高特异性，适用于病原筛查和疾病确诊。

②三抗体夹心ELISA法：其过程是先用兔抗MrNV抗体预包被酶标板，然后加入待测样品、阳性及阴性对照，通过预包被抗体捕捉待测样品中的MrNV，再加入小鼠抗MrNV单抗，洗脱后最后加入抗小鼠单抗的酶标抗体，然后进行显色，有病毒的样品可显示较深的颜色。

【防治】

(1) 预防措施

①对苗种场、良种场实施防疫条件审核、苗种生产许可管理制度。

②加强疫病监测与检疫，掌握流行病学情况。

③通过培育或引进抗病品种，提高抗病能力。

④加强饲养管理，降低发病概率。

⑤在疾病发生流行时，未发病苗种场可采用严格消毒、控制外来人员进入苗种生产车间等办法，防止疾病的传播。

⑥使用抗病毒药及微生物制剂，可延缓疾病过程，减少死亡，但养成的成虾可能携带病毒。

（2）控制　病毒检出阳性的苗种场应停止生产，繁殖场亲虾和苗种检疫阳性的全部扑杀，并按有关规定对发病养殖区、用具和种虾作无害化处理；检疫阳性虾禁止用于繁殖育苗、放流或直接作为水产饵料。

（3）划区管理　根据水域和流域的自然隔离情况划区，并对其实施区域管理。

第九节　河蟹螺原体病

【病原】中华绒螯蟹螺原体（*Spiroplasma eriocheiris*）。

【流行特点】在我国各地河蟹养殖地区均有发生。发病季节为5月下旬至10月上旬，8—9月为高峰期。流行水温25～35℃，水温降至20℃以下，该病少见。严重发病地区的发病率＞90％、死亡率＞70％，对河蟹养殖业危害巨大。

【症状与病理】病蟹反应迟钝，行动迟缓，螯足握力减弱，吃食减少甚至不吃食，鳃排列不整齐，呈浅棕色，少数甚至呈黑色，血淋巴液稀薄、凝固缓慢或不凝固。最典型的症状为步足颤抖，环爪、爪尖着地，腹部离开地面，甚至蟹体倒立。病蟹出现肝胰腺变性、坏死，呈淡黄色，最后呈灰白色，背甲内有大量腹水，步足的肌肉萎缩、水肿，有时头胸甲（背甲）的内膜也坏死脱落，最后病蟹因神经紊乱、呼吸困难和心力衰竭而死。

【诊断】根据病蟹反应迟钝，行动迟缓，螯足握力减弱，步足颤抖，环爪、爪尖着地等可作出初步诊断。采用实验室方法诊断时，取肝胰腺及血淋巴，利用已建立的该病PCR检测技术进行病原检测。

【防治】

（1）防治措施

①加强疫病监测与检疫，掌握流行病学情况。

②做好健康蟹种的选育。

③建立良好的河蟹养殖生态环境，定期消毒水体，加强发病高峰前的消毒预防。

（2）控制

①对发病蟹、死蟹就地加石灰深埋。

②有发病史的河蟹禁止用于育苗、放流或直接作为水产饵料。染疫水体、用具要充分消毒。

（3）划区管理　根据水域和流域的自然隔离情况划区，并对其实施区域管理。

第五单元 贝类病毒性疾病

第一节 鲍疱疹病毒病

鲍疱疹病毒病（Abalone viral mortality disease），也称为鲍病毒病、鲍裂壳病。2022 年农业农村部公告第 573 号将其列为三类动物疫病。

【病原】一些鲍球形病毒（Abalone spherical virus），其分类地位不详。

目前至少发现了 4 类球形病毒：第一类病毒主要发现于我国山东、辽宁等黄渤海区域养殖的发病皱纹盘鲍（*Haliotis discus hannai*）；第二、三、四类病毒主要发现于我福建、海南和广东养殖的发病九孔鲍（*Haliotis diversicolor*）。

【流行特点】鲍疱疹病毒病危害的主要对象是我国南方地区养殖的九孔鲍、杂色鲍，北方地区养殖的皱纹盘鲍也有感染。第一类病毒可感染幼鲍，但是病毒也能在成年的健康鲍中见到，海螺、贻贝等其他贝类中也有发现；第二类病毒可感染各个发育阶段的鲍，是否与 WOAH 列为必须申报的鲍疱疹病毒Ⅰ型为同一种病原，目前还无定论。

该病潜伏期短，发病急，传染性强，死亡率高，造成鲍种苗以及成鲍的大量死亡，4～30d 死亡率高达 95%以上，溶藻弧菌和副溶血弧菌可能会和病毒共同感染鲍，并且是鲍病的共同致病因子。

该病流行具有明显的季节性，主要发生于冬、春季节，即当年 10—11 月至翌年 4—5 月，水温低于 24℃易流行，随着水温的提高，病情趋缓，水温 25℃以上一般不发病。第一类病毒流行水温低于 20℃；第二、三、四类病毒感染主要发生于冬、春季节，即每年的 10—11 月至翌年 4—5 月，流行水温低于 24℃。病毒主要通过水平传播。

【症状与病理】发病的主要症状是：初期池水变混浊，气泡增多，死鲍斧足肌肉收缩，贝壳向上，足肌贴于池底或筐（笼）底。后期，病鲍附着在池底，行动迟缓，食欲下降，足收缩，变黑变硬，死鲍的肝和肠肿大。电子显微镜下可观察到病鲍中大量大小为（50～80）nm×（120～150）nm 的球状病毒。发病特点为潜伏期短，发病急，病程短。第一类病毒感染后，鲍表现低活力、低食欲，对光不敏感，壳很薄，边缘翻卷，生长变缓，在口喂感染试验中，感染后 40～89d 内死亡率 50%；第二、三、四类病毒感染后，病鲍大量分泌黏液，低活力、低食欲，足和外套膜收缩，斧足发黑并变硬，鲍死后肝和肠道肿大，吸附在池塘底部，死亡率高（高达 100%）。由于鲍具有贝壳，软体部包被在贝壳中，肉眼观察不易检出；但患病鲍足部的吸附力下降，易于剥离。

组织病理学观察表明，病鲍的肝脏组织（消化盲囊）病理变化严重，大量的肝细胞核萎缩，细胞质溶解，细胞坏死。病鲍肾曲小管上皮细胞颗粒变性严重，细胞核萎缩、崩解和坏死。通过电子显微镜观察病鲍的肝组织超薄切片，可发现大量被病毒感染的肝细胞质中，内质网、线粒体和高尔基体等细胞器官数量减少，细胞核膜不平滑，核质萎缩和核变形等。

【诊断】

（1）*初步诊断*　根据流行病学、临床特征和病理特征可作出初步诊断，确诊需进行实验室诊断。

（2）*实验室确诊*　取病鲍外套膜、足、鳃、肝、胃和肠的结缔组织，制备超薄切片，用透射电镜检查，观察到大量病毒粒子即可确诊。

（3）*鉴别诊断*　应与弧菌等引起的疾病相区别。

【防治】

（1）*预防措施*

①加强疫病监测与检疫，掌握流行病学情况，切断传染源。

②育苗中应选用健康强壮的亲鲍，培育或引进抗病品种，以提高鲍苗的抗病能力。

③对苗种场、良种场实施防疫条件审核、苗种生产许可管理制度。加强对进出养殖场的鲍苗或亲鲍的检疫。

④养殖前对养鲍场地及水体、工具进行清扫、消毒。通过砂滤水养殖，池水要保持充足溶解氧，病害高发期应尽量少进水或不进水，可投放微生态制剂改善水质，避免水体传染。

⑤饵料要新鲜，少喂勤喂，及时清理残饵，并定期投喂维生素等药饵，增强鲍的体质。

（2）*控制*

①在发生病害后应及时采取隔离及预防措施，并迅速封锁疫区，全面消毒，并对病死的鲍实施无害化处理。

②发病池应进行严格的消毒。

（3）*划区管理*　根据水域和流域的自然隔离情况划区，并对其实施区域管理。

第二节　栉孔扇贝的病毒病

栉孔扇贝的病毒病，主要发生在山东省、辽宁省养殖的栉孔扇贝中，且以夏季多发。

【病原】为球形病毒，病毒粒子近似圆形，大小为130～170nm，核衣壳直径为90～140nm。引起扇贝大规模死亡的病原除球形病毒外，可能还有衣原体、立克次氏体和支原体。

【流行特点】该病发病高峰在7月底至8月初，发病水温在25℃以上，病贝大小为4.5～6.0cm，养殖栉孔扇贝感染病毒后，在出现症状2～3d后很快死亡，死亡率在90%以上，呈暴发性。在山东、辽宁发病严重。

【症状与病理】患病扇贝的贝壳开闭缓慢无力，对外界刺激反应迟钝。外套腔中有大量黏液，并积有少量淤泥，消化腺轻微肿胀，肾脏易剥离，外套膜向壳顶部收缩，外套膜失去光泽。患病严重的扇贝，鳃丝轻度糜烂，肠道空或半空，足丝脱落，失去固着作用。

电镜下可见，在消化腺消化小管管间结缔组织、肠黏膜下层结缔组织以及肾小管管间结缔组织分布有大量的病毒粒子。病毒粒子以团聚的方式存在于结缔组织的细胞质内，形成囊泡样结构。

【诊断】根据症状可初步诊断，确诊需用电镜进行病毒粒子的观察。

【防治】目前尚无有效的治疗方法，只能采取预防措施。

第三节　面盘病毒病

【病原】病原为牡蛎幼虫面盘病毒（Oyster velar virus，OVV），病毒粒子直径（228±7）nm，为二十面对称体。病毒分为完整病毒颗粒、不完整病毒颗粒和中间型。该病毒为DNA 病毒，目前称为虹彩样病毒（Irido-like virus）。

【流行特点】该病发生在美国华盛顿的太平洋巨蛎，另外，也引起葡萄牙的欧洲巨蛎和法国的太平洋巨蛎发病。受害幼体的壳高大于150mm。流行季节为3—8月。传播可能是垂直感染，即来自潜伏感染的亲牡蛎。

【症状与病理】患病幼虫活性减退，内脏团缩入壳内，面盘活动不正常，面盘上皮组织细胞失掉鞭毛，并且有些细胞分离、脱落，最终幼虫沉于养殖容器的底部不活动。

病毒包涵体主要见于面盘上皮细胞内，其次是口、远端食管上皮细胞，极少见于外套膜上皮细胞，呈嗜酸性，有少量嗜碱性成分。受感染细胞肿胀，微绒毛等表面结构消失，线粒体疏松，球形肿胀，核肿胀变大且染色质分散，最终细胞脱落。

【诊断】在面盘、口部和食道的上皮细胞中，有浓密的圆球形细胞质包涵体。受感染的细胞增大，分离脱落。脱落的细胞中含有完整的病毒颗粒。

【防治】目前无有效的治疗方法，只能加强预防，其措施为：

（1）将感染病毒的牡蛎幼虫及牡蛎亲体及时销毁。

（2）用含氯消毒剂彻底消毒养殖设施。

（3）使用经检疫不携带病毒的牡蛎做亲体，并保存作为长期的繁殖种群。

第六单元　鱼类细菌性疾病

第一节　烂　鳃　病

一般指青鱼、草鱼、鲢、鳙、鲤、鲫、团头鲂和罗非鱼等淡水养殖鱼类鳃部以糜烂、溃

烂为特征的疾病。

【病原】病原为柱状黄杆菌（*Flavobacterium colunmnari*）。该菌曾称为柱状纤维菌噬纤维菌（*Cytophaga colunmnaris*）、柱状屈桡杆菌（*Flexibacter colunmnari*）和鱼害黏球菌（*Myxococcus piscicola*）。菌体细长、弯曲或直的杆状，无鞭毛，大多成团存在，个别散布，革兰氏染色阴性。

【流行特点】该病主要危害草鱼和青鱼，从鱼种至成鱼均可受害；鲤、鲫、鲢、鳙、团头鲂和罗非鱼等也可感染。一般流行于4—10月，以夏季最为流行。水温15℃以上时开始发病，20℃以上开始流行。水温在15～35℃范围内，水温越高，致死时间越短。全国各地养鱼区都有流行，常和传染性肠炎、出血病和赤皮病并发。感染是鱼体与病原直接接触引起的，鳃受损后特别容易感染，在水质好、放养密度合理且鳃丝完好的情况下则不易感染。

【症状与病理】病鱼行动缓慢，反应迟钝，常离群独游；体色发黑，尤以头部为甚，常称为“乌头瘟”。病鱼鳃盖骨的内表皮往往充血，严重时中间部分的表皮常被腐蚀成1个圆形不规则的透明小区，俗称“开天窗”。疾病初期鳃丝略微肿胀，鳃丝上常见白色或土黄色的黏液；病情进一步发展则出现鳃丝腐烂，特别是鳃丝末端黏液很多，带有污泥和杂物碎屑，有时在鳃瓣上可见血斑点。有的从鳃丝末端开始，沿着鳃瓣边缘均匀地烂成一圈，逐渐向鳃瓣基部扩展；有的先在鳃瓣边缘出现斑点状白色腐烂鳃丝，然后逐渐扩大蔓延。从鳃的腐烂部分取下一小块鳃丝，放在显微镜下检查，一般可见到鳃丝骨条尖端外露，附着许多黏液和污泥，并附有很多细长的黏细菌。

【诊断】

(1) 初步诊断

①根据鱼体发黑，鳃丝肿胀、黏液增多，鳃丝末端腐烂缺损、软骨外露可初步诊断。

②取鳃上淡黄色黏液或剪取少量病灶处鳃丝，制成水浸片，放置20～30min后在显微镜下观察，见有大量细长、滑行杆菌，有些菌体一端固定，另一端呈括弧状缓慢往复摆动；有些菌体聚集成堆，形成像仙人球或仙人柱一样的“柱子”，或呈珊瑚状和星状，可初步诊断。

(2) 实验室诊断　根据水产行业标准《鱼类细菌病检疫技术规程　第2部分：柱状嗜纤维菌烂鳃病诊断方法 》（SC/T 7201.2—2006）进行。

酶免疫测定：取病鱼鳃上的淡黄色黏液涂片，丙酮固定，加兔抗柱状黄杆菌的抗血清，再依次加入酶标抗体、漂洗、显色、脱水、透明和封片，在显微镜下见有棕色细长杆菌，即为阳性反应，可确诊为细菌性烂鳃病。本法也可用斑点免疫法测定。

(3) 鉴别诊断　应注意与下列鳃病相区别：

①车轮虫、指环虫等寄生虫引起的鳃病：显微镜下，可以见到鳃上有大量的车轮虫或指环虫，用大黄和抗菌药物治疗无效。

②大中华鳋引起的鳃病：鳃上能看见挂着像小蛆一样的大中华鳋，或病鱼鳃丝末端肿胀、弯曲和变形。柱状黄杆菌烂鳃无此现象。

③鳃霉引起的鳃病：显微镜下可见到病原体的菌丝进入鳃小片组织或血管和软骨中生长，柱状黄杆菌则不进入鳃组织内部。

【防治】

(1) 预防措施

①彻底清塘，鱼池施肥时应施用经过充分发酵后的有机肥。

②选择优质健康鱼种：鱼种下塘前，用10mg/L的漂白粉水溶液药浴15～30min；或用2%～4%食盐水溶液药浴5～10min。

③在发病季节，每周全池遍洒漂白粉1～2次。用量视食场大小及水深而定，一般为250～500g；每月在食场周围遍洒生石灰1～2次。

(2) 治疗方法

①使用中草药进行治疗：可选用双黄苦参散、青板黄柏散、三黄散、板蓝根末、大黄散、大黄芩鱼散和大黄五倍子散等中草药治疗，用法用量按使用说明进行。

②使用喹诺酮类药物或国家规定的其他水产养殖用抗菌药物，但必须对症、对因使用。

第二节 白皮病

一般指青鱼、草鱼、鲢、鳙鱼苗的体表性疾病。

【病原】白皮假单胞菌（*Pseudomonas dermoalba*）、鱼害黏球菌（*Myxococcus piscicola*）。白皮假单胞菌曾被称为白皮极毛杆菌等。白皮假单胞菌大小为0.8μm×0.4μm，多数2个相连，极端单鞭毛或双鞭毛，有运动力，无芽孢，无荚膜，革兰氏染色阴性；鱼害黏球菌菌体细长，柔软易弯曲，粗细基本一致，0.6～0.8μm，两端钝圆，革兰氏染色阴性。

病原易感染体表机械损伤处或被寄生虫寄生部位。

【流行特点】白皮病全国各地都有发生，水温25℃以上为流行季节，为鲢、鳙的主要病害之一，草鱼、青鱼也有发生。该病主要发生在饲养20～30d的鲢、鳙鱼苗及夏花阶段，当年草鱼有时也可发病，常可形成急性流行病。1龄及2龄以上的成鱼偶然可以发病。病程较短，病势凶猛，死亡率很高，发病后2～3d就会造成大批死亡。

每年6—8月为流行季节，尤其在夏花分塘前后因操作不慎碰伤鱼体，或体表有大量车轮虫等原生动物寄生使鱼体受伤时，病原菌乘虚而入，暴发流行。该病的病原体广泛存在于淡水水体中，由于水质不清洁和恶化，尤其施用了没有充分发酵的粪便，病原菌更易滋生和繁殖，鱼体更易感染生病。一般死亡率在30%左右，最高死亡率可达45%以上。

【症状与病理】发病初期，尾柄处发白，随着病情发展迅速扩展蔓延，以至背鳍基部后面的体表全部发白。严重的病鱼，尾鳍烂掉或残缺不全。病鱼的头部向下、尾部向上，与水面垂直，时而作挣扎状游动，时而悬挂于水中，不久即死亡。

【诊断】

(1) 初步诊断　①根据疾病流行季节、发病水温；②鲢、鳙夏花鱼苗、鱼种背鳍以后至尾柄部分皮肤变白，镜检有大量杆菌存在，鳍条、皮肤无充血、发红现象等临床症状。

(2) 实验室诊断　根据水产行业标准《鱼类细菌病检疫技术规程　第5部分：白皮假单胞菌白皮病诊断方法》(SC/T 7201.5—2006) 进行。

【防治】

(1) 预防措施

①彻底清塘，鱼池施肥时应施用经过充分发酵后的有机肥。

②选择优质健康鱼种。鱼种下塘前，用10mg/L的漂白粉水溶液药浴15～30min；或用

2%～4%食盐水溶液药浴 5～10min。

③在发病季节，每周全池遍洒漂白粉 1～2 次。用量视食场大小及水深而定，一般为 250～500g；每月在食场周围遍洒生石灰 1～2 次。

④捕捞、运输、放养时，应尽量避免鱼体受伤；发现体表有寄生虫寄生时，要及时杀灭。

⑤夏花应及时分塘。

(2) 治疗方法

①使用国家规定的水产养殖用中草药进行治疗。

②使用酰胺醇类药物进行治疗。每千克鱼体重每日 2～3 次，每次拌饵投喂甲砜霉素粉（规格为 100g∶5g）0.35g，连用 3～5d。或选用国家规定的其他水产养殖用抗菌药物，但必须对症、对因使用。

第三节　赤皮病

赤皮病俗称擦皮瘟，一般指青鱼、草鱼、鲤、鲫和团头鲂等多种淡水鱼类的体表性疾病。

【病原】荧光假单胞菌（*Pseudomonas fluorescens*）。菌体短杆状，两端圆形，大小为 (0.7～0.75) μm×(0.4～0.45) μm，单个或两个相连。有运动力，极端着生 1～3 根鞭毛。无芽孢。革兰氏染色阴性。

【流行特点】赤皮病全国各地一年四季都流行，尤其是在捕捞、运输后，以及北方越冬后，最易流行。该病是草鱼、青鱼的主要疾病之一，鲤、鲫、团头鲂等多种淡水鱼均可患此病；该病多发生于 2～3 龄大鱼，当年鱼种也可发生。常与肠炎病、烂鳃病同时发生，形成并发症。传染源是被荧光假单胞菌污染的水体、用具及带菌鱼。荧光假单胞菌是条件致病菌。鱼的体表完整无损时，病原菌无法侵入鱼的皮肤，只有当鱼因捕捞、运输、放养而受机械损伤或冻伤，或体表被寄生虫寄生而受损时，病原菌才能乘虚而入。

【症状与病理】病鱼行动缓慢，反应迟钝，衰弱地独游于水面，在鳞片脱落和鳍条腐烂处往往出现水霉菌寄生；鱼体表局部或大部出血发炎，鳞片脱落，特别是鱼体两侧和腹部最为明显；鳍的基部或整个鳍充血，鳍的末端腐烂，鳍条间的组织也被破坏，使鳍条呈扫帚状，形成"蛀鳍"；鱼的上、下颌及鳃盖部分充血，呈块状红斑，鳃盖中部表皮有时烂去一块，以致透明呈小圆窗状。有时，鱼的肠道也充血发炎。

【诊断】

(1) 初步诊断　根据外表症状即可诊断，并且患病鱼必有受伤史。

(2) 实验室诊断　根据水产行业标准《鱼类细菌病检疫技术规程　第 4 部分：荧光假单胞菌赤皮病诊断方法》(SC/T 7201.4—2006) 进行。

(3) 鉴别诊断　应与疖疮病相区别。疖疮病初期体表也充血发炎，鳞片脱落，但局限在小范围内，且红肿部位高出体表。

【防治】

(1) 预防措施

①彻底清塘。

②在捕捞、运输和放养等操作过程中，尽量避免鱼体受伤；北方越冬池应加深水深，以防鱼体冻伤。

③鱼种放养前，可用3%～4%的食盐水浸泡5～15min；或5～8mg/L的漂白粉溶液浸泡20～30min。

（2）治疗方法

①使用中草药进行治疗，可选用双黄苦参散、山青五黄散、根莲解毒散、加减消黄散和青连白贯散等，用法用量按使用说明进行。

②使用磺胺类药物进行治疗，每千克鱼体重每日拌饵投喂磺胺间甲氧嘧啶钠粉（以磺胺间甲氧嘧啶钠计，规格为10%）80～160mg（首次用量加倍），连用4～6d；或选用国家规定的其他水产养殖用抗菌药物，但必须对症、对因使用。

第四节　竖鳞病

竖鳞病又称鳞立病、松鳞病和松球病等。该病主要危害鲤、鲫、金鱼、草鱼，鲢有时也会患此病，从较大的鱼种至亲鱼均可受害。

【病原】最早报道为水型点状假单胞菌（*Pseudomonas punctata*）。该菌短杆状，近圆形，单个排列，有动力，无芽孢，革兰氏染色阴性。据近年来的报道，从北方养殖鲤患竖鳞病中分离到豚鼠气单胞菌（*A. caviae*）和嗜水气单胞菌（*A. hydrophila*）。国外有人认为该病由气单胞菌或其他类似细菌感染引起，也有人认为是淋巴回流障碍引起的循环系统疾病。

【流行特点】在我国东北、华北、华东和四川等养鱼地区常有发生，主要流行于静水养鱼池和高密度养殖条件下，流水养鱼池中较少发生。该病主要发生在春季，水温17～22℃，有时在越冬后期也有发生。该菌是水中常在菌，当水质污浊、鱼体受伤时经皮肤感染。

【症状与病理】病鱼离群独游，游动缓慢无力，身体失去平衡，身体倒转，腹部向上，浮于水面。疾病早期鱼体发黑，体表粗糙，鱼体前部的鳞片竖立，向外张开像松球，而鳞片基部的鳞囊水肿，内部积聚着半透明的渗出液，以致鳞片竖起。严重时全身鳞片竖立，鳞囊内积有含血的渗出液，用手指轻压鳞片，渗出液就从鳞片下喷射出来，鳞片也随之脱落。病鱼常伴有鳍基、皮肤轻微充血，眼球突出，腹部膨大，腹腔内积有腹水。

病鱼贫血，鳃、肝、脾和肾的颜色均变淡，鳃盖内表皮充血。皮肤、鳃、肝、脾、肾和肠组织均发生不同程度的病变。

【诊断】根据其症状，如鳞片竖起，眼球突出，腹部膨大，腹水，鳞囊内有液体，轻压鳞片可喷射出渗出液等，可作出初步判断。如同时镜检鳞囊内的渗出液，见有大量革兰氏阴性短杆菌，即可作出进一步诊断。应注意的是，当大量鱼波豆虫寄生在鲤鳞囊内时，也可引起竖鳞症状，这时应用显微镜检查鳞囊内的渗出液。

（1）初步诊断　根据其症状，如鳞片竖起，眼球突出，腹部膨大，腹水，鳞囊内有液体，轻压鳞片可喷射出渗出液等，可作出初步判断；镜检鳞囊内的渗出液，见有大量革兰氏阴性短杆菌可作进一步诊断。

（2）实验室诊断　可对发病鲤鳞囊进行细菌分离、鉴定，作出实验室诊断。

（3）鉴别诊断　鱼波豆虫大量寄生在鲤鳞囊内时，也可引起竖鳞症状，镜检鳞囊内渗出

液有无虫体或细菌，可作出鉴别性诊断。另金鱼发生疑似竖鳞病时，要注意与正常珍珠鳞相区别：珍珠鳞金鱼的鳞片上有石灰质沉着，有光泽，给人以美的感觉；患竖鳞病的病鱼鳞片无光泽，病鱼通常沉在水底或身体失去平衡，可结合鱼的运动特点综合判断。

【防治】

（1）预防措施

①在捕捞、运输和放养等操作过程中，尽量避免鱼体受伤。

②发病初期加注新水，可使病情停止蔓延。

③用3%食盐水浸泡病鱼10～15min；或用2%食盐和3%小苏打混合液浸泡10min；或用捣烂的大蒜250g加入50kg水，多次浸泡病鱼。

（2）治疗方法

①使用中草药进行治疗，可选用青板黄柏散等治疗，用法用量按使用说明进行。

②使用磺胺类药物进行治疗，每千克鱼体重每日2次、每次拌饵投喂复方磺胺二甲嘧啶粉（规格为250g：磺胺二甲嘧啶10g＋甲氧苄啶2g）1.5g，连用6d；或选用国家规定的其他水产养殖用抗菌药物，但必须对症、对因使用。

第五节　鲤白云病

【病原】目前报道有两种病原，日本发病鱼分离株主要为荧光假单胞菌（*Pseudomonas fluorescens*）非运动性变异种，国内分离株为恶臭假单胞菌（*Pseudomonas putida*）。两者均为革兰氏染色阴性短杆菌，单个或成对相连，极生多鞭毛，无芽孢。

【流行特点】该病于20世纪80年代开始在我国出现，是一种感染率较高的疾病。该病的流行季节为每年的5—6月，流行水温6～18℃，常发于稍有流水、水质清瘦和溶解氧充足的养殖网箱及流水越冬池中。当鱼体受伤后更易暴发流行，常并发竖鳞病、水霉病，死亡率可高达60%以上。当水温上升到20℃以上时，此病可不治而愈。在没有水流的养鱼池中溶解氧偏低，很少发生或不发生此病。

【症状与病理】病鱼靠近网箱溜边，不吃食，游动缓慢。病鱼体表分泌大量黏液，形成一层白色薄膜。初期，白膜主要分布在头部，随着病情的发展，逐渐蔓延扩大至其他部位，严重时好似全身布着一片白云，尤以头部、背部及尾鳍等处黏液稠密。有部分病鱼鳞片脱落或竖起，受伤处常寄生水霉菌，体表和鳍充血、出血。病鱼肝、肾充血。

【诊断】根据症状及流行情况进行初步诊断，并需刮取体表黏液进行镜检。因鲤斜管虫、车轮虫等原生动物大量寄生时，也可引起鱼苗、鱼种体表有大量黏液分泌，并引起病鱼死亡。进一步确诊，则必须进行病原分离与鉴定。

（1）初步诊断　根据症状及流行情况进行初步诊断，并需刮取体表黏液进行镜检。

（2）实验室诊断　通过对病鱼病原分离鉴定可进一步确诊。

（3）鉴别诊断　鲤斜管虫、车轮虫等原生动物大量寄生时，也可引起鱼苗、鱼种体表有大量黏液分泌，并引起病鱼死亡。镜检有无虫体或细菌，以作出鉴别性诊断。

【防治】

（1）预防措施

①应选择健壮、未受伤的鱼种，放养前鱼种用盐水等进行浸泡。

②加强饲养管理，增强鱼体抗病力，尽量缩短越冬停食期。

（2）治疗方法

①使用中草药进行治疗。

②使用喹诺酮类药物进行治疗，或选用国家规定的其他水产养殖用抗菌药物，但必须对症、对因使用。

第六节　淡水鱼细菌性败血症

淡水鱼细菌性败血症（Freshwater fish bacteria septicemia），俗称淡水鱼暴发病、淡水鱼类暴发性出血病和出血性腹水病等。2022年农业农村部公告第573号将其列为二类动物疫病。

【病原】嗜水气单胞菌（*Aeromonas hydrophila*）。属气单胞菌目（Aeromonadales）、气单胞菌科（Aeromonadaceae）、气单胞菌属（*Aeromonas*）。同属的温和气单胞菌、豚鼠气单胞菌、舒伯特气单胞菌等也有一定的致病性。嗜水气单胞菌为革兰氏阴性短杆菌，大小为（1.2～2.2）μm×（0.5～1.0）μm，单个或成对或短链，极端单鞭毛，无芽孢和荚膜，具有运动性，兼性厌氧，最适生长温度22～28℃。气单胞菌中除灭鲑气单胞菌外，均可在37℃生长。嗜水气单胞菌的溶血素、胞外蛋白酶等多种生化物质是致病因子，其中，血溶素是主要的致病因子，可引起血细胞溶解、肠道和肝脾肾等重要器官病变坏死，最终引起鱼体死亡。

致病菌株不同于自然水体中气单胞菌正常栖息菌株，正常栖息菌株对鱼类只有弱致病力或无致病力，为条件致病菌。溶血素和胞外蛋白酶，是判断菌株毒力的常用指标。

【流行特点】20世纪80年代末期在我国淡水鱼养殖地区开始暴发流行。该病是我国流行地区最广、流行季节最长、危害淡水鱼的种类最多、危害鱼的年龄范围最大、造成损失最严重的急性传染病。危害对象主要是白鲫、普通鲫、异育银鲫、团头鲂、鲢、鳙、鲤、鲮、鳜、鲈、鳗鲡、斑点叉尾鮰、黄鳝、草鱼、青鱼等食用鱼，以及神仙鱼、金鱼等观赏鱼。从夏花鱼种到成鱼均可感染，以2龄成鱼为主，可发生于精养池塘、网箱、网栏和水库等养殖模式。发病严重的养鱼场发病率高达100%，重症鱼池死亡率95%以上。该病在9～36℃均有流行，流行时间为3—11月，高峰期5—9月，10月后病情有所缓和。尤以水温持续在28℃以上、高温季节后水温仍保持25℃以上时最为严重。

该病的病原菌嗜水气单胞菌在水中能存活60d左右，在淤泥中可存活360d以上，因此，水和淤泥是传播媒介，主要经过损伤的皮肤和鳃侵入鱼体。

该病可通过病鱼、病菌污染饵料、用具及水源等途径传播，鸟类捕食病鱼也可造成疾病传播。池塘未彻底清淤消毒，饲养管理不细，水质恶化，长期近亲繁殖，鱼体免疫力低下，营养不全面，投喂不合理，病鱼随意丢弃等，均是疾病暴发的重要诱因。

【症状与病理】疾病早期及急性感染时，病鱼可出现上下颌、口腔、鳃盖、眼睛、鳍基及鱼体两侧轻度充血，肠内有少量食物。典型病症包括病鱼出现体表严重充血及内出血；眼球突出，眼眶周围充血（鲢、鳙更明显）；肛门红肿，腹部膨大，腹腔内积有淡黄色透明腹水或红色混浊腹水；鳃、肝、肾的颜色均较淡，呈花斑状；肝脏、脾脏、肾脏肿大，脾呈紫黑色；胆囊肿大，肠系膜、肠壁充血，无食物，有的出现肠腔积水或气泡。部分病鱼还有鳞片竖起、肌肉充血和鳔壁后室充血等症状。症状可因病程长短、病鱼种类及年龄不同而呈多样化，大量急性死亡时，可发现少数鱼甚至在肉眼看不出明显症状的情况下就已死亡，这是由于这些鱼的体质弱、病原菌侵入的数量多、毒力强而发生的超急性感染病例，这种情况在人工感染及自然发病中均有发现。病情严重的鱼厌食或不吃食，静止不动或发生阵发性乱游、乱窜，有的在池边摩擦，最后衰竭死亡。

病鱼随感染程度不同，可出现红细胞肿大，胞质内嗜伊红颗粒大量出现，胞质透明化和溶血；血管管壁扁平内皮细胞肿胀、变性、坏死和解体，最终出现毛细血管破损；肝、脾和肾等实质器官出现被膜病变，间皮细胞、成纤维细胞肿胀，胶原纤维等出现坏死、肿胀和纤维素样变性，最后大量弥漫性坏死；被膜也发生变性、坏死和出血；心肌纤维肿胀、颗粒变性和肌原纤维不清晰，最终心内膜基本坏死。患病银鲫的血清钠、血清氯、血清葡萄糖、血清总蛋白及白蛋白均显著降低，而血清肌酐、谷草转氨酶、谷丙转氨酶和乳酸脱氢酶等指标显著高于健康银鲫，表明有严重的肝肾坏死和功能损害及其他实质器官的严重病变，属典型的细菌性败血症。

【诊断】

（1）*初步诊断*　①根据流行病学、临床症状和病理变化，可初步作出诊断。诊断时应注意与草鱼出血病区别。本病可危害多种淡水养殖鱼类，对鱼种、商品鱼都有危害；草鱼出血病主要危害草鱼、青鱼鱼种。②根据病鱼症状可进一步诊断：病鱼全身广泛性充血、出血，肛门红肿，腹部膨大，轻压腹部，可从肛门流出黄色或血色腹水；肝、脾、肾、胆囊肿大充血，肠道因产气而呈空泡状，大部分鱼可见严重肌肉充血。

（2）*实验室诊断*　参考国家标准《致病性嗜水气单胞菌检验方法》（GB/T 18652—2002）。

①病原学检测：用血平板、麦康凯平板或TSA培养基直接分离培养，分离株革兰氏染色阴性，氧化酶阳性。重要生化指标有：葡萄糖产气，发酵甘露醇、蔗糖，利用阿拉伯糖，水解七叶苷/水杨苷，鸟氨酸脱羧酶阴性。也可用API 20E或ID 32E细菌等细菌鉴定条，通过相关细菌鉴定仪或软件获取鉴定结果。

②血清学诊断：采用气单胞菌特异性抗血清与分离病原菌进行玻片凝集反应，一般南方各省的分离株主要为O5、O9和O97型，可判断为特定血清型的气单胞菌感染。

③分子生物学技术诊断：采用PCR技术，对分离细菌16S rRNA、气溶素基因进行鉴定，可确定是否为致病性嗜水气单胞菌。

【防治】

（1）*预防措施*

①清除过厚的淤泥，是预防该病的主要措施。冬季干塘彻底清淤，并用生石灰或漂白粉彻底消毒，以改善水体生态环境。

②发病鱼池用过的工具要进行消毒，病死鱼要及时捞出深埋而不能到处乱扔。

③鱼种在下塘前，注射或浸泡嗜水气单胞菌疫苗，按照产品说明书使用。

④鱼种尽量就地培育，减少搬运，并注意下塘前要进行鱼体消毒。可用15～20mg/L浓度的高锰酸钾水溶液药浴10～30min。

⑤加强日常饲养管理，正确掌握投饲技术，不投喂变质饲料，提高鱼体抗病力。

⑥流行季节，用生石灰25～30mg/L（化浆）全池泼洒，每半月1次，以调节水质。食场定期用漂白粉、漂白粉精等进行消毒。

⑦水体消毒，三氯异氰脲酸粉经水溶解、稀释后（0.2～0.3mg/L）全池泼洒。

⑧内服恩诺沙星或氟苯尼考。

（2）处理　对病死鱼应就地加石灰深埋，减少疾病传播。

（3）划区管理　根据水域和流域自然隔离情况划区，并对其实施区域管理。

第七节　细菌性肠炎病

【病原】嗜水气单胞菌（*Aeromonas hydrophila*）、豚鼠气单胞菌（*A. caviae*）、肠型点状气单胞菌（*Aeromonas punctta* f. *intestinalis*）等。为革兰氏阴性短杆菌，两端钝圆，多数两个相连。极端单鞭毛，有运动力，无芽孢，大小为（0.4～0.5）μm×（1～1.3）μm。近年来细菌分类上把点状气单胞菌归为豚鼠气单胞菌。

【流行特点】全国各养鱼地区均有发生。草鱼、青鱼最易发病，鲤、鳙也有发生，从鱼种至成鱼都可受害，死亡率高，一般死亡率在50%左右，发病严重的鱼池死亡率可高达90%以上。流行于4—10月，常表现为两个流行高峰，1龄以上的草鱼、青鱼发病多在5—6月，当年草鱼种大多在7—9月发病。流行水温为18℃以上，25～30℃为流行高峰。

肠型点状气单胞菌为条件致病菌，在水体及池底淤泥中常有大量存在，在健康鱼体的肠道中也是常居者。当鱼体处在良好条件、体质健壮时，虽然肠道中有该菌存在，但数量不多，不是优势菌，只占0.5%左右，且在血液、肝脏、肾脏和脾脏中没有菌，因此并不发病。当条件恶化、鱼体抵抗力下降时，该菌在肠内大量繁殖，就可导致疾病暴发。病原体随病鱼及带菌鱼的粪便而排到水中，污染饲料，经口感染。

【症状与病理】病鱼离群独游，游动缓慢，体色发黑，食欲减退。剖开鱼腹，早期可见肠壁充血发红、肿胀发炎，肠腔内没有食物或只在肠的后段有少量食物，肠内有较多黄色或黄红色黏液。疾病后期，可见全肠充血发炎，肠壁呈红色或紫红色；腹部膨大，腹壁上有红斑，肝脏常有红色斑点状瘀血，肛门常红肿外突，呈紫红色，轻压腹部或仅将头部提起，即有黄色黏液或血脓从肛门处流出。

【诊断】

（1）初步诊断　根据症状可作出初步诊断。

（2）实验室诊断　从肝、肾或血中分离到产气单胞菌。由嗜水气单胞菌及豚鼠气单胞菌感染引起的肠炎，可按水产行业标准《鱼类细菌病检疫技术规程　第3部分：诊断方法》（SC/T 7201.3—2006）进行。

（3）鉴别诊断　①与草鱼病出血病肠道症状的区别：细菌性肠炎病时，肠道充血发红，尤以后肠段明显，肛门红肿外突，肠道内充满黄色积液，轻按腹部有似脓状液体流出，病毒性出血病鱼则无此症状。草鱼出血病肝、肾等除菌组织浆可注射感染健康草鱼患出血病；单纯肠炎病鱼的除菌组织浆，则不能感染健康鱼发病。②与赤皮病的肠道症状的区别：患赤皮病鱼肠道的充血发红不如细菌性肠炎病严重和具有特征性，主要症状表现为体表皮肤局部或大部分发炎出血，鳞片脱落。单纯肠炎病鱼的皮肤鳞片一般完整无损。

【防治】

（1）预防措施

①彻底清塘消毒，保持水质清洁。

②严格执行“四消、四定”措施，投喂新鲜饲料，不喂变质饲料。

③选择优良健康鱼种，鱼种放养前用 8～10mg/L 浓度的漂白粉浸洗 15～30min。

④发病季节的外泼消毒：每隔 15d，用漂白粉或生石灰在食场周围泼洒消毒；或用浓度为 1mg/L 的漂白粉或 20～30mg/L 生石灰（化浆）全池泼洒，消毒池水，可控制此病发生。发病时可用以上任意药物每日泼洒，连用 3d。

（2）治疗方法

①使用中草药进行治疗，可选用山青五黄散、双黄苦参散、青板黄柏散、三黄散、板蓝根末和大黄五倍子散等，用法用量按使用说明进行。

②使用酰胺醇类药物进行治疗，每千克鱼体重每日 2～3 次，每次拌饵投喂甲砜霉素粉（规格为 100g：5g）0.35g，连用 3～5d；或选用国家规定的其他水产养殖用抗菌药物，但必须对症、对因使用。

第八节　打 印 病

【病原】主要有嗜水气单胞菌（*Aeromonas hydrophila*）和点状气单胞菌点状亚种（*Aeromonas punctta* f. *puntata*）。分离菌株为革兰氏染色阴性短杆菌，大小为（0.6～0.7）μm×（0.7～1.7）μm，中轴直形，两端圆形，多数两个相连，少数单个散在。极端单鞭毛，有运动力，无芽孢。

【流行特点】打印病又名腐皮病，是鲢、鳙的主要病害之一，草鱼也可发病。从鱼种、成鱼直至亲鱼均可发病，对亲鱼危害较严重，各养鱼地区均有该病出现。鲢、鳙感染率有的可高达 80%。该病终年可见，但以夏、秋季较易发病，28～32℃为其流行高峰期。一般认为，该病的发生与操作受伤有关，特别是家鱼人工繁殖操作有很大影响，池水污浊亦影响发病率。

【症状与病理】鱼种和成鱼患病部位通常在肛门附近的两侧，或尾鳍基部；亲鱼患病没有固定部位，全身各处都可出现病灶。初期症状是，皮肤及其下层肌肉出现红斑，随着病情的发展，鳞片脱落，肌肉腐烂，病灶的直径逐渐扩大且程度加深，形成溃疡，严重时甚至露出骨骼或内脏。病灶呈圆形或椭圆形，周缘充血发红，状似打上了一个红色印记。

【诊断】根据症状、病理变化（尤其是病鱼特定部位出现的特殊病灶）及流行情况进行初步诊断。确诊需进行细菌分离鉴定。注意与疖疮病相区别：鱼种及成鱼患打印病时通常仅 1 个病灶，其他部位的外表未见异常，患病鱼的种类限于鲢、鳙和草鱼等。

（1）初步诊断　根据症状、病理变化（尤其是病鱼特定部位出现的特殊病灶）及流行情况进行初步诊断。

（2）实验室诊断　对病灶用 70%酒精消毒后，取病灶深部肌肉，进行细菌分离鉴定，根据气单胞菌相关种可确诊。

（3）鉴别性诊断　注意与疖疮病相区别：鱼种及成鱼患打印病时通常仅 1 个病灶，其他部位的外表未见异常，患病鱼的种类限于鲢、鳙和草鱼等；疖疮病体表可出现多个大小不等的病灶，且呈脓疮状突起。

【防治】

（1）防治措施

①注意保持池水洁净，使用含氯石灰、三氯异氰脲酸粉等国家规定的水产养殖用水体消

毒剂，用法用量按产品说明书。

②避免寄生虫的感染。

③谨慎操作，勿使鱼体受伤，均可减少该病发生。

(2) 治疗方法

①使用中草药进行治疗，每千克鱼体重每日 2 次，每次拌饵投喂青连、白贯散 0.4g，连用 3～5d。

②使用喹诺酮类药物进行治疗，每千克鱼体重每日拌饵投喂恩诺沙星粉（规格为 100g：5g）10～20mg（以恩诺沙星计），连用 5～7d；或选用国家规定的其他水产养殖用抗菌药物，但必须对症、对因使用。

第九节　疖 疮 病

【病原】疖疮型点状气单胞菌（*Aeromonas punctta*）。菌体短杆状，两端圆形，大小为（0.8～2.1）μm×（0.35～1.0）μm。单个或两个相连，极端单鞭毛，有荚膜，无芽孢，革兰氏染色阴性。

【流行特点】疖疮病主要危害青鱼、草鱼、鲤、团头鲂，鲢、鳙也有发生。鱼苗、夏花未见有患疖疮病的，数月龄的当年鱼种也有患此病的；一般来说，高龄鱼有易患疖疮病的倾向。我国各养鱼地区都有此病发生，但不多见，无明显的流行季节，一年四季都可发生，一般为散发性，主要危害鲤、草鱼和青鱼成鱼。该病在有些地方被称为瘤痢病。

【症状与病理】草鱼、青鱼、鲤中发现的病症是：在鱼体躯干的局部皮肤及肌肉组织发炎，生出 1 个或几个有如人类疖疮病的脓疮。发病部位不定，通常在鱼体背鳍基部附近的两侧。典型的症状是：在皮下肌肉内形成感染病灶，随着病灶内细菌繁殖增多，病情发展，皮肤肌肉发炎，化脓形成脓疮，脓疮内部充满脓汁、血液和大量细菌。患部软化，向外隆起。用手触摸有柔软浮肿的感觉。隆起的皮肤先是充血，以后出血，继而坏死、溃烂，形成火山口形的溃疡口。切开患处，可见肌肉溶解，呈灰黄色的混浊块或凝乳状。

病理组织切片，可见患处的真皮已发生肿胀、变性、充血和出血，但尚未坏死。病灶中心的骨骼肌纤维已完全解体，在其中可看到大量杆菌、脓液，以及少量已坏死、解体的炎症细胞。病灶与周围正常组织的分界不清，细菌在组织内蔓延扩散，大量炎症细胞弥漫地浸润于组织间隙，脓性渗出物沿着较疏松的组织间隙扩散，故属于渗出性炎中的弥漫性化脓性炎，即蜂窝织炎。

【诊断】

(1) 初步诊断　根据症状、病理变化及流行情况即可作出诊断。但应注意与黏孢子虫感染导致的肌肉隆起相区分，后者显微镜观察可见患处有大量的黏孢子虫寄生。

(2) 实验室诊断　分离患病鱼病原并鉴定后可确诊。

【防治】

(1) 防治方法

①注意保持池水洁净，使用含氯石灰、三氯异氰脲酸粉等国家规定的水产养殖用水体消毒剂，用法用量按产品说明书。

②避免寄生虫感染。

③谨慎操作，勿使鱼体受伤，可减少此病发生。

(2) *治疗方法*

①使用中草药进行治疗，每千克鱼体重拌饵投喂大黄五倍子粉 0.4～1g，连用 5～7d。

②使用磺胺类药物进行治疗。每千克鱼体重每日 2 次、每次拌饵投喂复方磺胺二甲嘧啶粉（规格为 250g∶磺胺二甲嘧啶 10g＋甲氧苄啶 2g）1.5g，连用 6d；或选用国家规定的其他水产养殖用抗菌药物，但必须对症、对因使用。

第十节　鮰类肠败血症

鮰类肠败血症（Enteric septicaemia of catfish，ESC），是由爱德华菌感染鮰科鱼类引起的一种细菌性疾病，临床以头盖穿孔或肠道败血为特征。

【病原】鮰爱德华菌（*Edwardsiella ictaluri*）。属肠杆菌科（Enterobacteriaceae）、爱德华菌属（*Edwardsiella*）。菌体呈杆状，大小为 0.75～2.5nm，革兰氏染色阴性，依靠周鞭毛作微弱运动 。

【流行特点】该病从鱼苗到成鱼均可大面积暴发；流行时间跨度大，3—12 月均可发病。水温在24～28 ℃发生流行，每年的 5—6 月和 9—10 月是该病的流行季节。在水温24～28℃范围以外，也可能发生，但其死亡率较低，且多呈慢性发生。该病原可侵染各个生长阶段的斑点叉尾鮰，但对鱼种的危害最大。其他环境因素（水质、有机物成分、饲养密度和环境压力），都会影响病原致病性。

鮰爱德华菌主要感染鲇形目鱼类，如斑点叉尾鮰、白叉尾鮰、短棘鮰、云斑鮰、紫鮰、犀目鮰、黄鮰、黑鮰以及金体美鳊、鳙和大口黑鲈等；实验表明，欧洲鲇、虹鳟和大鳞大麻哈鱼等也具有易感性。

鮰爱德华菌被认为是真正的病原菌，而非条件致病菌。病菌主要通过水传播，国内外已报道的主要感染途径为两种：一是经消化道感染，病原菌被食入后经消化道侵入血液而进入各组织器官，引起炎症、坏死等；二是由体外感染神经系统而引起炎症，病菌一般先侵入脑组织，然后经血液散布全身，导致疾病发生。病后恢复鱼体可检测到血清抗体，但菌体可在鱼体内存活 4 个月以上，表现为无症状带菌状态，带菌鱼可通过粪便将病原释放到水体。鮰爱德华菌的存在，可引起养殖鱼类持续发病，造成疾病在养殖场流行。鮰爱德华菌在池塘沉积物中存活很长时间，是细菌传播的重要途径。

【症状与病理】临床症状随染疫鱼种类而异，根据具体症状不同，主要有“头盖穿孔型”和“肠道败血型”两种典型类型。

(1) *头盖穿孔型*　又称为慢性型。病菌最初感染部位是鼻根的嗅觉囊，再经嗅觉器官移行到脑，形成肉芽肿性炎症。病鱼行为异常，伴有交替的不规则游泳，常作环状游动，或者倦怠嗜睡；后期头背颅侧部溃烂形成一深孔，直到裸露出整个脑组织，形成似“马鞍”状的病灶；随着病情的发展，病灶中心形成溃疡，不需要切除脑颅骨就能看到脑，表现为典型“头盖穿孔型”病症。病鱼体内变化，主要是有血样或清水样腹水；脂肪组织、肝、肠、肌肉、体壁有紫色出血，肝、脾、肾肿大。

(2) *肠道败血型*　又称为急性型。此型最为常见，为病菌感染肠道后发生的急性败血症。病菌可穿过肠黏膜，使病鱼全身性水肿，贫血和眼球突出是常见的症状。感染初期，病鱼离群独游，反应迟钝，食欲减退，严重时病鱼头朝上、尾朝下，悬垂在水中，呈“吊水”状。受到刺激时，即作螺旋状快速翻转或不规则游动，继而发生死亡；病鱼或死鱼腹部膨大，体表、肌肉明显充血或出血，部分病鱼眼球突出，鳃丝苍白而有出血点，肌肉有点状出血和斑状出血。剖开病鱼腹腔，内有大量含血或清亮的液体，流出的腹水不易凝固，肝、脾、肾、胆均有不同程度的肿大、出血，胃、肠道扩张，内无食物，肠道内充满气体或积水。

病理组织学上，急性感染的主要表现为肠炎、肝炎、肌炎和间质性肾炎。肠黏膜上皮变性脱落，固有膜充血、水肿，有炎性细胞浸润。肝脏水肿，肝索结构紊乱，肝细胞离散，空泡变性，肝组织内散布有不规则的坏死灶。肌纤维变性、肿胀、染色不均，肌间水肿，有炎性细胞浸润。脾组织充血和出血，有多量含铁血黄素沉着。肾间质水肿、疏松，血管扩张、充血和出血，造血组织发生坏死，有较多的炎性细胞浸润和较多的含铁血黄素沉着。急性感染若未发生死亡时，损伤可逐步发展成慢性病灶，出现结缔组织增生。

【诊断】可根据流行特点和临床症状作出初步诊断，实验室确诊主要通过分离病原菌和做生化试验进行鉴定。

（1）*初步诊断* 斑点叉尾鮰等在水温18～28℃（特别是25～28℃）发生大量死亡，根据头盖穿孔、肠道败血和其他内脏器官有出血、坏死等典型临床症状作出初步诊断。

（2）*实验室诊断* 取典型症状濒死或刚死病鱼10尾，从脑、肾取样于血琼脂、脑心浸液琼脂或营养琼脂平板划线接种，28～30℃培养。36～48h后会出现直径1～2mm、表面光滑、圆形微凸、边缘整齐的无色菌落。生化鉴定主要特性为：革兰氏染色阴性，氧化酶阴性，37℃下生长很慢或不生长，不产生吲哚和硫化氢。该菌血清学上与同属其他种及其他鱼的鮰爱德华菌无交叉，用抗鮰爱德华菌血清进行玻片凝集试验、免疫荧光和ELISA等可快速确诊。

鮰爱德华菌无需特殊营养，但生长缓慢，易被其他细菌污染，只有病菌在鱼体内占优势情况下才易分离获得。

（3）*鉴别诊断* 鮰爱德华菌与迟缓爱德华菌鉴别：鮰爱德华菌不产生吲哚和硫化氢，迟缓爱德华菌能产生；两种菌没有血清交叉反应，用抗血清可鉴别。

【防治】

（1）*预防措施*

①在苗种源头和放苗之前，要杜绝该病原菌的存在。放苗前人工翻整后晒塘，或用生石灰清塘，网箱网片、工具应用聚维酮碘溶液消毒；鱼种放养前，可用1%聚维酮碘溶液300倍稀释液浸泡10～15min。

②养殖水体消毒。斑点叉尾鮰为无鳞鱼，应选择刺激性小的药物，如含氯石灰、溴氯海因等国家规定的水产养殖用水体消毒剂，用法用量按产品说明书。

③加强饲养管理，改善水体环境条件，减少应激。特别是高密度会增加ESC发生的机会，故放养密度不宜过大。经常加注新水，特别是低温水，以降低水温。水温在爱德华菌不宜生长的范围，ESC会自行平息。

（2）*处理* 对病死鱼应就地加石灰深埋，减少疾病传播。

（3）*治疗方法*

①使用国家规定的水产养殖用抗菌类中草药进行治疗。

②使用喹诺酮类药物进行治疗，每千克鱼体重每日每次拌饵投喂恩诺沙星粉（规格为100g：5g）10～20mg（以恩诺沙星计），连用5～7d；或选用国家规定的其他水产养殖用抗菌药物，如氟苯尼考粉等，但必须对症、对因使用。

第十一节　鱼爱德华菌病

鱼爱德华菌病（Edwardsiellasis），是由迟缓爱德华菌引起鱼类、牛蛙等水生动物疾病的统称。其中，鱼类疾病有肠道败血症和肝肾坏死病、鳗赤鳍病、鳗鼓胀病、鳗溃疡病、鳗肝肾病和鳗肝肾综合征等。迟缓爱德华菌还可引起人体肠炎、腹泻、脑膜炎、蜂窝织炎、肝脓肿和败血症等。2022年农业农村部公告第573号将其列为三类动物疫病。

【病原】迟缓爱德华菌（*Edwardsiella tarda*）。菌体呈短杆状，大小为（0.5～1）nm×（1～3）nm，革兰氏染色阴性，具有周鞭毛，无荚膜，不形成芽孢。同属的鮰爱德华菌（*E. ictaluri*）主要感染斑点叉尾鮰，引起肠败血症；保科爱德华菌（*E. hoshinae*）仅有对虹鳟感染的记载。

【流行特点】迟缓爱德华菌的易感动物包括贝类、鱼类、两栖类、爬行类、鸟类和哺乳类等，人类也会感染迟缓爱德华菌，导致腹泻，引起营养性肝硬化、低烧等症状。在水生动物中，日本鳗鲡对迟缓爱德华菌特别易感，牙鲆、大菱鲆对迟缓爱德华菌也具有较高的敏感性。此外，鲫、虹鳟、黑鲈、真鲷、鲻、斑点叉尾鮰、鳙、罗非鱼等多种淡水和海水鱼类，以及牛蛙、青蛙、中华鳖等两栖爬行类也可感染。

该病全年均可发生，无明显季节性，主要发生于水温15℃以上。疾病发生高峰多出现在水温25～30℃的夏、秋季节，尤其7—8月更易流行。水温越高，发病期越长，其危害也越大。在鱼类中该致病菌常与链球菌、嗜水气单胞菌等混合感染，引起大量死亡，并造成较大的经济损失。

鱼类主要是通过摄食带有迟缓爱德华菌的饵料生物与其他带菌食物，或者接触带有迟缓爱德华菌的鱼类而受到感染。该菌可以通过鱼类的消化道、鳃或者受伤的表皮侵入鱼体。

【症状与病理】迟缓爱德华菌可感染多种海、淡水鱼类，在不同患病鱼中症状不同。

养殖牙鲆稚鱼的症状是腹胀，肝、脾、肾肿大、褪色，肠道发炎，眼球白浊等；幼鱼肾脏肿大，并出现许多白点；腹水呈胶水状。鲻生病时，腹部及两侧发生大面积脓肿，脓肿的边缘出血，病灶因组织腐烂而发出强烈的恶臭味，腹腔内充满气体使腹部膨胀；真鲷、锄齿鲷等的肾、脾上有许多小白点。

大菱鲆感染该病原表现出急性和慢性感染两种：急性感染时，病鱼下颌、鳃盖缘膜、鳍基部及腹部皮下充血发红。随后，在鳍基部及腹部出现出血点或出血斑。严重者，出血处随之发生脓疡，形成皮下脓肿。剖检，肾脏肿大，发生多处溃疡性坏死；肝脏呈弥漫性出血，脾脏有时也肿大。慢性感染时，病鱼的典型症状是，身体后半部体色变黑，前半部体色基本正常。体部黑色由病鱼尾端开始向头部推进，但其速度极慢，可达数月之久。剖检，肾脏异常肿大，其表面有灰白色的结节，严重者肾脏质地变硬，似豆腐渣状。部分病鱼脾脏变白、肿大。患病鱼常有腹水，大部分病鱼有肠炎症状。

日本鳗鲡发生该病的症状，分为以侵袭肾脏为主的肾脏型和以侵袭肝脏为主的肝脏型。

肾脏型病鱼肛门红肿，以肛门为中心的躯干部呈现丘状突起，附近区域有块状出血并软化，肾脏和脾脏有许多小白点病灶；肝脏型病鱼的主要症状是，前腹部肝区部位肿大，肝脏发生脓肿，严重时肝区腹部皮肤软化，溃疡穿孔，肝脏外露。

【诊断】可根据各种患病鱼的症状和流行情况，作出初步诊断。确诊应从可疑患病鱼的病灶组织分离病原菌进行培养和鉴定，或采用免疫学方法进行鉴定。

（1）*初步诊断*　用解剖针刺穿病鱼病灶部位，会有脓状物流出，肾脏、肝脏明显肿大，并大多伴有脓肿病灶，肛门突出，肛门周围红肿，肾中脓汁可转移到其他组织器官，最后因败血症而导致死亡。

（2）*实验室诊断*　按农业部水产行业标准《爱德华菌病检测方法　第1部分：迟缓爱德华菌病》（SC/T 7214.1—2011）进行。

取有典型症状的濒死鱼或刚死鱼，无菌取肝、肾或血液，接种于SS琼脂或XLD琼脂培养基，25℃培养48～72 h，中央发黑、周边透明露滴状菌落为迟缓爱德华菌感染；培养基加1%甘露醇，迟缓爱德华菌不形成红色菌落，其他甘露醇分解菌可形成红色菌落。挑取可疑菌落，进行革兰氏染色和生化鉴定，可作出确诊。迟缓爱德华菌与鮰爱德华菌没有血清学交叉反应，可用抗迟缓爱德华菌血清进行快速鉴别。

（3）*鉴别诊断*　可采用菌体对抗血清的凝集反应与鮰爱德华菌病、保科爱德华菌病等鉴别。

【防治】

（1）*预防措施*

①在苗种源头和放苗之前，要杜绝该病原菌的存在。放苗前人工翻整后晒塘，或用生石灰清塘，网箱网片、工具应用聚维酮碘溶液消毒；鱼种放养前，可用1%聚维酮碘溶液300倍稀释液浸泡10～15min。

②养殖水体消毒时，可选用国家规定的水产养殖用水体消毒剂，如含氯石灰、溴氯海因等，用法用量按产品说明书。

③加强饲养管理，泼洒益生菌，保持水质优良及稳定，投喂营养全面、优质的饲料，增强鱼体抵抗力。

（2）*治疗方法*

①使用国家规定的水产养殖用抗菌类中草药进行治疗。

②使用磺胺类药物进行治疗，每千克鱼体重每日每次拌饵投喂磺胺间甲氧嘧啶钠粉（规格为10%）80～160mg（以磺胺间甲氧嘧啶钠计），连用4～6d，首次用量加倍；或选用国家规定的其他水产养殖用抗菌药物，如恩诺沙星粉等，但必须对症、对因使用。

（3）*处理*　疫区应隔离病鱼，消毒水体、用具和周围环境，对病死鱼应就地加石灰深埋，减少疾病传播。

第十二节　弧菌病

【病原】弧菌科（Vibrionaceae）、弧菌属（*Vibrio*）。引起水生动物疾病的种类较多，常见的有鳗弧菌、副溶血弧菌、溶藻弧菌、哈维氏弧菌和创伤弧菌等。

【流行特点】弧菌在海洋环境中是最常见的细菌类群之一，广泛分布于海水、海洋生物

的体表和肠道中，是海水和原生动物、鱼类等海洋生物的正常优势菌群。弧菌病是海水鱼类最常发生的细菌性疾病，该病在全球范围内广泛发生，可感染鲆鲽类、鲑鳟类、鲷类及香鱼、鳗鲡等50多种鱼类。弧菌是典型的条件致病菌，弧菌病害的发生，往往是由于外界环境条件的恶化，致病弧菌达到一定数量，水生动物本身抵抗力降低等多方面因素相互作用的结果。弧菌病的流行季节，各种鱼虽有差别，但在水温15～25℃时的5月底至7月初和9—10月是发病高峰期。

【症状与病理】弧菌病的症状与不同种类的病原菌有关，又随着患病鱼的种类不同而有差别。共同的病症是，体表皮肤溃疡。感染初期，体色多呈斑块状褪色；食欲不振，缓慢地浮游于水面，有时回旋状游泳；中度感染，鳍基部、躯干部等发红或出现斑点状出血；随着病情的发展，患部组织浸润呈出血性溃疡，有的鳞片脱落，吻端、鳍膜烂掉，眼内出血，肛门红肿扩张，常有黄色黏液流出。牙鲆、真鲷和黑鲷等苗种期感染后，胃囊特别膨大，出现“腹胀满症”，甚至使腹壁胀破，胃囊突出至体外。牙鲆仔鱼期感染，患病群体往往聚集于水池的侧壁或池角处，不摄食，活力下降并出现“肠道白浊症”。随着病情发展，白浊的肠道萎缩，腹部下陷而死亡。此外，有的病鱼鳃褪色，呈贫血状或形成腹水症等。鲑科鱼类或香鱼等，在稚鱼期发生弧菌感染时，往往尚未显示症状时便出现大量死亡。

【诊断】通过症状可进行初步诊断。确诊应从可疑病灶组织上进行细菌分离培养，用TCBS弧菌选择性培养基。还可应用现代血清学、免疫学、PCR和核酸杂交等方法进行检测和确诊。

【防治】

(1) 预防措施

①清除池底过多淤泥，并全面消毒。

②加强饲养管理，保持优良的水质和养殖环境，使用优质饲料。

③外泼漂白粉等消毒药1～2次，每次间隔1～2d；或用其他国家规定的水产养殖用水体消毒剂，用法用量按产品说明书。

(2) 治疗方法

①使用中草药进行治疗，每千克鱼体重拌饵投喂地锦草末5～10g，连用5～7d。

②使用国家规定的其他水产养殖用抗菌药物，对症、对因使用。

第十三节　类结节病

【病原】美人鱼发光杆菌杀鱼亚种（*Photobacterium damselae* subsp. *piscicida*），曾被称为杀鱼巴斯德菌（*Pasteurella piscicida*）。革兰氏染色呈阴性，短杆状或球杆菌，大小为（0.6～1.2）μm×（0.8～2.6）μm，无运动力。

【流行特点】该病又称巴斯德菌病。该病对日本五条鰤养殖危害很大，主要危害幼鱼，2龄以上的成鱼也可被感染。流行季节从春末到夏季，发病最适水温为20～25℃。一般在温度25℃以上时很少发病，温度20℃以下不发病。秋季，即使水温适宜也很少出现该病。养殖的黑鲷、真鲷、金鲷、牙鲆、塞内加尔鳎、黄带鲹、海鲈、美洲狼鲈和条纹狼鲈均可被感染。黑鲷幼鱼患此病时死亡率高达90%，牙鲆体重2～22g、水温17～22℃时，日死亡率可达养殖幼鱼的0.6%～4.8%。

【症状与病理】患病鱼离群独游，反应迟钝，体色变黑，食欲减退，体表、鳍基和尾柄等处有不同程度充血，严重者全身肌肉充血。解剖病鱼，肾、脾、肝、胰、心、鳔和肠系膜等组织器官上有许多小白点，白点有的很微小，有的直径达数毫米，多数为 1mm 左右，形状不规则，多数近于球形。病鱼的血液中有许多细菌。肾脏中白点数量很多时，肾脏呈贫血状态；脾脏中白点数量多时，肿胀而带暗红色；血液中菌落数量多时，在微血管内形成栓塞。

【诊断】

(1) *初步诊断*　从肾、脾等内脏组织中观察到小白点，基本可以诊断。注意与诺卡氏菌病和鱼醉菌病的区别。症状区别：类结节病在肌肉中没有病原菌寄生，肌肉不产生白点；肝、肾不出现肥大或肿胀。菌体形态区别：病灶压印片可见大量杆菌，诺卡氏菌为大量丝状菌丝。

(2) *实验室诊断*　可采用特异性抗血清免疫荧光或聚合酶链式反应技术对分离菌株进行早期鉴定。

【防治】

(1) *预防措施*　保证水源清洁，养殖期间应经常换用新水或保持流水，避免养殖水体富营养化，勿过量投饵或投喂腐败变质的饵料。

(2) *治疗方法*　使用国家规定的水产养殖用抗菌药物，对症、对因使用。

第十四节　链球菌病

鱼类链球菌病（Streptococcal infection of fish）的急性型病例以神经症状为主，病鱼以C形或逗号样弯曲作旋转运动；慢性病例以眼球突出、混浊为特征。2022 年农业农村部公告第 573 号将其列为三类动物疫病。

【病原】海豚链球菌（*Streptococcus iniae*）、无乳链球菌（*S. agalactiae*）、副乳房链球菌（*S. parauberis*）和格氏乳球菌（*Lactococcus garvieae*）等。链球菌菌体卵圆形，有荚膜，大小 0.7μm×1.4μm，革兰氏染色阳性，双链或链锁状。

【流行特点】链球菌不仅发现于海水养殖的杜氏鰤、日本竹荚鱼、尖吻鲈、金头鲷、牙鲆、真鲷、黑鲷和红鳍东方鲀，也发现于半咸水及淡水养殖的鳗鲡、香鱼、虹鳟、银大麻哈鱼、斑点叉尾鮰、淡水白鲳及罗非鱼等。链球菌虽然可以感染多种水产养殖动物而引起疾病，但对不同养殖鱼类存在一定的选择性。目前，尚未见感染草鱼、鲤、鲢和鳙等养殖鱼类的报道。

稚鱼到 2～3 龄鱼均可被链球菌感染。链球菌病全年都可发生，但 7—9 月的高温期容易流行，水温降至 20℃以下时则较少。罗非鱼链球菌病常在水温长期过高、缺氧或养殖密度过大等情况下暴发，流行高峰为 7—9 月，流行水温为 25～37℃，尤其水温高于 30℃时易导致疾病暴发，主要危害罗非鱼亲鱼及体重 100g 以上的幼鱼和成鱼。该病传染性强，发病率一般达到 20%～30%，病鱼的死亡率达 80%以上，病程持续的时间比较长，死亡高峰可持续 2～3 周。低水温季节，该病可呈慢性，死亡率较低，但持续时间长。我国主要罗非鱼养殖区如海南、广东、广西、福建和云南等地区，近年均有不同程度的链球菌病暴发，主要致病菌为无乳链球菌，给养殖业者造成了严重的经济损失。

链球菌为典型的条件致病菌，平常生存于养殖水体及底泥中。在富营养化或养殖污染较为严重的水域中，该菌能长期生存。当养殖鱼体抵抗力降低时，易引发疾病。该病的发生与养殖密度大、换水率低、饵料鲜度差及投饵量大密切相关。

【症状与病理】感染鱼多呈急性嗜神经组织病症，病鱼体色发黑，吻端发红，体表黏液增多，失去食欲，静止于水底或离群独自漫游于水面，有时作旋转游泳后再沉于水底。最明显的症状是，部分病鱼眼球突出，其周围充血，鳃盖内侧发红、充血或强烈出血，在夏季高温时期这些症状发展迅速。在水温比较低时，除出现以上主要症状外，各鳍均发红、充血或溃烂，体表局部特别是尾柄往往溃烂或出现带有脓血的疖疮。解剖病鱼，幽门垂、肝脏、脾脏、肾脏或肠管均有点状出血。肝脏因出血和脂肪变性而褪色，甚至组织破损。

罗非鱼患链球菌病失去平衡，有的甚至在水中翻滚，有的侧身作圆圈运动；病情严重时，临死前于水面打转或间歇性窜游；腹部体表具点状或斑块状出血或溃疡，下颌及两鳃盖下缘有弥漫性出血，肝脏、胆囊、脾脏肿大、出血，严重时糜烂；肠道内有积水或黄色黏液，肛门突出；眼球充血、肿大和突出，严重的眼角膜混浊发白，甚至眼球脱落。

病鱼肝脏颗粒变性和脂肪变性，动脉管与肝实质细胞分离，管壁堆积血细胞和肝细胞核，含铁血黄素沉着，肝细胞混浊、肿胀和坏死；脾脏出血、水肿，淋巴细胞减少，组织内有大量含铁血黄素沉着；肾脏组织内有化脓灶，内有大量嗜中性粒细胞浸润，肾小体肿胀，中央毛细血管血液瘀积，肾小囊腔隙增大，肾小管细胞增大、排列不规则，小动脉血管壁玻璃样变性，血管内形成微血栓，上皮细胞坏死；心外膜破裂，肌纤维断裂、紊乱、松散，心肌炎性水肿，淋巴细胞浸润；肠道黏膜上皮坏死、脱落，固有膜炎性白细胞浸润；眼球脉络膜和眶骨膜组织出现炎性损伤，晶状体纤维断裂、脱离，严重者被囊且晶状体坏死，出现角膜溃烂，视网膜损伤。病原菌如浸染脑，可引起脑组织血细胞浸润、出血。病鱼的鳃小片充血、水肿和坏死，呼吸上皮增生、融合，毛细血管肿胀、充血，鳃丝末端充血膨大，淋巴细胞浸润。

【诊断】根据相关疾病的症状及发病情况可作出初步诊断。以鱼类为例，通常除了眼球突出、鳃内侧出血等典型外观症状，进一步诊断需从病灶组织分离细菌，进行细菌学鉴定。

（1）初步诊断　根据鱼在水面作螺旋状游动，身体呈 C 形或逗号样弯曲，慢性感染的鱼眼球突出、混浊等症状作出初步诊断。

（2）实验室诊断　目前无链球菌检测的国家、行业标准。参考 WOAH《水生动物疾病诊断手册》有关章节。

【防治】与控制其他水产养殖动物细菌性疾病一样，鱼类链球菌病的病害控制措施主要有药物防治、生态防治和免疫防治等。

（1）预防措施

①清除池底过多淤泥，并用生石灰彻底消毒。

②降低鱼养殖密度，可减少应激，降低养殖鱼的发病和死亡。

③加强养殖环境管理，经常在池塘中加注新水，改进水体交换，增加水体的溶解氧。

④高温季节，采取在鱼池建遮阳棚、夜间搅动水体等措施降低水温，有助于控制链球菌病。

⑤在饲料中添加维生素 C 等免疫增强剂，增强鱼类的非特异性免疫功能，达到有效抵抗链球菌感染的目的。

（2）处理

①及时捞出病死的鱼体，对病死鱼应就地加石灰深埋，减少疾病传播。

②疫区应隔离病鱼，消毒水体、用具和周围环境，防止将致病菌带入健康池塘。

③疾病刚发生时减少饵料投喂量，可降低病鱼死亡率。

④疾病发生时，开足增氧机，保证鱼群供氧，可一定程度减缓死亡。

（3）治疗方法　因链球菌会感染脑部，常规抗菌药物难以突破血脑屏障，且感染后期病鱼几乎不吃料，效果一般不理想。因此，链球菌病发生早期用药才有效。在选择药物之前，分离致病菌并且进行药物敏感性检测，会大幅度提高药物的疗效。可使用四环素类盐酸多西环素粉、恩诺沙星粉等针对革兰氏阳性菌有抑制作用的药物，其用法用量按产品说明书。罗非鱼患链球菌病时可使用规格为50％氟苯尼考预混剂（以氟苯尼考计），每日拌饵投喂，每次每千克饲料 20mg，连用 3～5d，其休药期为 375℃·d。

第十五节　诺卡氏菌病

【病原】鰤诺卡氏菌（*Nocardia seriolea*）。菌体分支丝状，无运动力，革兰氏阳性。培养后发育初期为无横隔的菌丝体，以后逐渐变为长杆状、短杆状，以至球形，有时产生空气菌丝。

【流行特点】

鰤诺卡氏菌主要危害养殖鰤，当年鱼和 2 龄鱼均可受感染。流行季节从 7 月开始，一直持续到翌年 2 月，流行高峰期为 9—10 月。日本养殖地区广泛流行。

【症状与病理】病鱼大体上分为躯干结节型和鳃结节型两种类型。

（1）躯干结节型　在躯干部的皮下脂肪组织和肌肉组织发生脓疡，在外观上则膨大突出，成为许多大小不一、形状不规则的结节，或叫疖疮。剖开结节后，流出白色或稍带红色的脓汁，这是腐烂肌肉或脂肪组织混有血细胞和诺卡氏菌形成的。在病灶周围多数有成层的纤维芽细胞。心脏、肾脏、脾脏和鳔等处也有结节。在所有的病灶处都有炎症反应。

（2）鳃结节型　在鳃丝基部形成乳白色的大型结节，鳃明显褪色。内脏各器官出现结节，特别容易发生在 2 龄的鳔内。鳃结节型多发生在冬季。

【诊断】

（1）初步诊断　可根据发病动物症状作出初步诊断；另在病鱼结节处取少许脓汁制成涂片，革兰氏染色，如镜检发现阳性丝状菌，可初步诊断。

（2）实验室诊断　可选取相关发病菌的特异性抗血清对分离菌株应用免疫学方法进行鉴别，可确诊；另可根据常见链球菌设计特异性引物，采用 PCR 技术对分离菌进行鉴定；对有显著症状的病样，可直接取肾、脑及典型症状部位，直接进行 PCR 鉴定，可快速诊断。

【防治】

（1）预防措施　投饵勿过量，避免养殖水体富营养化或残饵堆积。

（2）治疗方法　选择使用国家规定的水产养殖用药，使用四环素类盐酸多西环素粉、

恩诺沙星等针对革兰氏阳性菌有抑制作用的药物。为提高药物的疗效，在选择使用药物种类时，分离致病菌进行药物敏感性检测，一旦确定使用药物，其用法用量按产品说明书。

第十六节　分支杆菌病

【病原】属放线菌目（Actinomycetales）、分支杆菌科（Mycobacteriaceae）、分支杆菌属（*Mycobacterium*）。水生动物常见致病种类为海分支杆菌（*Mycobacterium marinum*）和偶发分支杆菌（*M. fortuitum*）。革兰氏染色阳性，无鞭毛，无芽孢，无荚膜。菌体呈杆状，（0.2～0.6）μm×（1～10）μm，不同菌株菌体大小有较大变异。

【流行特点】该病流行范围广，是世界性的疾病，主要危害水族馆鱼类和热带鱼类。已发现150多种海、淡水鱼类（包括野生和养殖的种类）可受侵染。经卵、皮肤和口都可感染，但该病的流行主要是直接用未经处理的患该病的鱼内脏作为饲料引起的，也可称为食源性疾病。

【症状与病理】最初症状是在体表皮肤形成小结节，随病情发展，在肝脏、肾脏和脾脏等内脏器官中亦形成许多灰白色或淡黄褐色的小结节，有时则形成小的坏死病灶。较幼的结节是类上皮细胞包围着细菌，外面又包一薄层纤维芽细胞，有的则仅为摄入了细菌的组织球，使患部形成许多大小不一的肉芽肿。老的结节内部细胞已坏死，无细胞反应或炎症。雌鱼的卵巢受到侵害时，鱼卵发生退行性变性。

【诊断】诊断时根据上述症状，再取内脏中的小结节做涂片。进行抗酸染色后，如果发现长杆形的抗酸菌，基本上就可确诊。不过上述的诺卡氏菌也有抗酸性，在病鱼的内脏中也形成结节，但诺卡氏菌是分支的，可以区别。也可应用PCR技术检测分支杆菌。

【防治】选择使用国家规定的水产养殖用药，如盐酸多西环素粉、恩诺沙星粉等针对革兰氏阳性菌有抑制作用的药物。为提高药物的疗效，在选择使用药物种类时，分离致病菌进行药物敏感性检测，一旦确定使用药物，其用法用量按产品说明书。

第七单元　甲壳类细菌性疾病

第一节　红　腿　病

【病原】报道的细菌种类较多，以弧菌属（*Vibrio*）最多。其中有副溶血弧菌、鳗弧菌、溶藻弧菌、哈维氏弧菌等。此外，还有气单胞菌、假单胞菌等。

【流行特点】红腿病的流行范围广，在全国对虾养殖区常有发生；感染对象多，中国明对虾、长毛对虾、斑节对虾和凡纳滨对虾均可感染；发病率和死亡率有时高达90%以上，是对虾养成期危害较大的一种病。流行季节为6—10月，8—9月最常发生，南方可持续到11月。有些虾池发病后几天之内几乎全部死亡。越冬期的亲虾也患此病，但一般不会发生急性大批死亡。该病的发生与池底污染和水质不良有密切的关系。

【症状与病理】该病最显著的外观表现为步足、游泳足、尾扇和触角等变为微红或鲜红色，其中，尤以游泳足的内外边缘最为明显。有时，头胸部的鳃丝也会变黄或者呈现粉红色，严重者鳃丝溃烂。病虾一般在池边缓慢游动或潜伏于岸边，行动呆滞，在水中作旋转活动或上下垂直游动，不久即出现大量死亡。

解剖可见肠空，肝脏呈浅黄色或深褐色，肌肉弹性差。病虾血淋巴混浊稀薄，血细胞减少，凝固时间变长甚至不凝固；鳃丝尖端出现空泡，心肝组织中有血细胞凝集的炎症反应。显微镜检查，在血淋巴、肝胰腺、心脏和鳃丝等器官组织内可观察到大量细菌。

【诊断】

(1) *初步诊断*　可根据对虾附肢及游泳足变红的症状初步判断，但引起对虾附肢及游泳足变红的原因很多，密度过高、缺氧、水环境恶化、病毒感染等因素均可导致附肢变红。环境因素导致的附肢变红一般鳃区不变黄，水环境改善后可恢复正常。

取显著红腿病虾，取血淋巴镜检，如有大量细菌可作出进一步诊断。

(2) *实验室诊断*　取显著红腿病虾用于细菌分离，挑取单菌落用免疫荧光等方法进行鉴定，或挑取单菌落对分离菌株进行PCR鉴定，可作出快速诊断。

【防治】

(1) *预防措施*　秋、冬季清除池底淤泥，用生石灰、漂白粉或含氯消毒剂消毒。夏、秋高温季节，根据池底和水质情况，每667m^{2}水面可泼洒生石灰5～15kg。

(2) *治疗方法*

①每日1次、每千克虾拌饵投喂氟苯尼考粉［规格（以氟苯尼考计）：10%］0.1～0.15g，连用3～5d。

②大蒜按饲料重量的1%～2%，去皮捣烂，加入少量清水搅匀，拌入配合饲料中，待药液完全吸收后，连续投喂3～5d。

③在口服上述抗菌药物的同时，使用三氯异氰脲酸、漂白粉（含氯30%以上）、溴氯海因等其中一种含氯消毒剂进行水体消毒。

第二节　烂 鳃 病

【病原】弧菌、假单胞菌和气单胞菌等。

【流行特点】烂鳃病可发生于斑节对虾、中国明对虾和凡纳滨对虾等几乎所有养殖对虾，高温季节易发病。特别在每茬养殖的中、后期，因养殖池水质和底质污染加剧，病原菌大量繁殖，对虾鳃部附着物增多，使其鳃组织受损而出现烂鳃。

【症状与病理】烂鳃病的发展一般经黄鳃、黑鳃至烂鳃的过程。在发病初期，病虾的鳃丝局部或全部变黄（黄鳃），随病情发展，鳃丝颜色进一步加深变黑（黑鳃），并最终发展为烂鳃。烂鳃期的病虾鳃丝肿胀、变脆，鳃丝从尖端开始溃烂，溃烂坏死的鳃丝发白并出现皱缩或脱落，鳃的呼吸功能严重受损甚至丧失。对虾因缺氧而浮于水面或卧于池边，游动缓慢，反应迟钝，摄食下降甚至停止摄食，最后因缺氧而死。

【诊断】通过鳃丝肿胀、颜色变褐或变黑等外观症状可初步诊断。实验室检查，可取对虾病变的鳃丝做水浸片镜检，观察鳃丝溃烂情况，再用高倍镜观察鳃丝内有无细菌。若要进行病原的鉴别诊断，则需病原菌分离和鉴定。

【防治】同红腿病。

第三节　急性肝胰腺坏死病

急性肝胰腺坏死病（Acute hepatopancreatic necrosis disease，AHPND）是一种甲壳类的急性、传染性疾病，已经被 WOAH 水生动物疫病名录及亚太水产养殖中心网季度报告所收录。2022 年农业农村部公告第 573 号将其列为三类动物疫病。

【病原】急性肝胰腺坏死病病原是一类携带特定毒力基因的弧菌（V_{AHPND}）。已报道可引起 AHPND 的弧菌种类包括：副溶血弧菌（*Vibrio parahaemolyticus*）、哈维氏弧菌（*V. harveyi*）、欧文斯氏弧菌（*V. owensii*）和坎贝氏弧菌（*V. campbellii*）。

【流行特点】V_{AHPND}的易感宿主种类包括凡纳滨对虾、斑节对虾。有报道在中国明对虾、日本囊对虾、三疣梭子蟹的 PCR 检测结果出现阳性，但其易感性尚未明确。

通常在养殖池放苗（仔虾或幼虾）后的 7～35d 内发生并引起高死亡率（最高达 100%）。V_{AHPND}可通过浸浴、投喂（经口）和共居等方式水平传播。4—7 月是发病高峰时期。低盐度（<6）的水源似乎能减少疫病的发生。冰冻过的受 V_{AHPND}感染对虾不会导致 AHPND 传播。

【症状与病理】患病后的对虾表现出肝胰腺颜色变白、萎缩，壳软，空肠空胃或肠道内食物不连续。发病晚期肝胰腺表面常可见黑色斑点和条纹。因临床症状及死亡最早始于放苗后 1 周左右，该病曾被称为早期死亡综合征（Early mortality syndrome，EMS）。

【诊断】急性肝胰腺坏死病诊断可参照水产行业标准《急性肝胰腺坏死病诊断规程》（SC/T 7233—2020）。

目前已经公开报道的核酸检测方法有 PCR、套式 PCR、TaqMan 探针荧光定量 PCR、环介导等温扩增和重组酶聚合酶扩增方法。其中，针对 Pir 毒素基因的 AP4 套式 PCR 特异性强，灵敏度高；TaqMan 探针荧光定量 PCR 方法的检测限<10 拷贝/反应。

【防治】

（1）预防措施

①良好的生物安保措施对预防虾类 V_{AHPND}非常重要。

②采购检疫合格的种苗，并进行 2～4 周的种苗高密度标粗和检疫，再次检疫合格的虾苗用于养成期养殖。

③根据种苗健康水平和设施条件，科学设置养殖密度。

④对养殖场、养殖池塘和养殖设施进行消毒处理，土池和养殖场的消毒可以使用生石灰（0.25kg/m^3）或相当效力的消毒剂消毒 12h 以上，底泥消毒翻耕深度应在 10～15cm；水泥

池、地膜塘和养殖设施的消毒用次氯酸钙（50～100g/m³）或二氧化氯（200g/m³）浸泡24h以上；养殖或育苗用水的水体消毒可使用次氯酸钙（40～100g/m³）或相当效力的消毒剂消毒12h，消毒后充分曝气消除余氯（低于3g/m³）后才可放苗或者将水体加入池塘。

⑤避免投喂鲜活饵料，可将饵料冰冻后投喂，可降低该病原引入风险。

⑥避免近缘虾蟹的混养模式，适当开展鱼虾混养，降低发病风险。

⑦适当拌喂有益微生物和提高免疫力的营养补充剂。

（2）控制措施

①疫病发生的情况下，应保持水体的高溶氧、低氨氮和低亚硝氮状态，维持养殖水体温度、pH和盐度等指标的稳定。

②发现对虾发病，应及时送县市级以上水生动物疫病实验室检测确诊，禁止确诊患病的亲体、苗种用于生产、流通和交易。

③及时捞出病死虾进行无害化处理，同时对患病池塘进行清塘消毒，废水需经过消毒处理再排放。

第四节　甲壳溃疡病

【病原】引起甲壳溃疡的原因较多，一般为体表受伤而导致细菌继发感染。从病灶上分离出多种细菌，隶属于弧菌、假单胞菌、气单胞菌、螺菌和黄杆菌等，均为革兰氏染色阴性菌。

【流行特点】甲壳溃疡病在我国越冬亲虾中流行广泛，其诱发原因主要亲虾因捕捞、运输和选择等操作不慎，导致体表受伤；或在越冬期间跳跃碰撞受伤，分解几丁质的细菌或其他病菌入侵感染，导致甲壳溃疡而陆续死亡，累积死亡率可高达80%以上。该病主要发生在越冬中、后期的1～3月，感染对象包括中国明对虾、凡纳滨对虾、褐对虾、桃红对虾、龙虾、蟹类以及淡水的罗氏沼虾等。

【症状与病理】该病最显著的症状为体表甲壳表面有黑褐色斑块，该斑块主要是因病虾体表甲壳发生溃疡而形成的黑褐色凹陷，严重时会侵蚀到几丁质以下的组织。黑褐斑一般周围颜色较浅，呈灰白色，中部颜色较深。黑褐色斑块随着感染时间的延续逐渐扩大，其形状多数为圆形，也有长方形或不规则形。黑褐斑发生的部位不固定，但以头胸甲鳃区和腹部前3节的背面和侧面较多；对虾附肢和额角烂掉后，其断面也呈黑褐色。溃疡的深度未达表皮者，黑褐斑可随对虾蜕壳而消失；但若溃疡已达表皮之下，蜕壳时常在溃疡处发生新壳与旧壳粘连，并因此造成蜕壳困难，严重者因细菌侵入甲壳下的内部组织而造成对虾死亡。

【诊断】

（1）初步诊断　通过病虾体表甲壳和附肢上的黑褐色斑点状溃疡等外观症状进行初步诊断。

（2）实验室诊断　鉴于病原种类杂多，目前缺少统一的实验室诊断方法或规范。可根据分离细菌鉴定作出诊断。

（3）鉴别性诊断　其他原因也可引起类似的甲壳溃疡症状，应注意加以区别。与维生素C缺乏症的区别：细菌性甲壳溃疡病溃疡病灶在甲壳表面，黑褐斑处有溃烂；维生素C缺乏

症虽有黑褐斑，但斑块位于甲壳内部，甲壳表面光滑无溃烂。可从甲壳溃疡处刮取黑斑处物质，做成水浸片镜检区分。

【防治】

（1）预防措施

①养成池甲壳溃疡病的预防：主要是饲料营养齐全；水质不受污染，池水定期用含氯消毒剂消毒。

②越冬期亲虾的预防：主要是操作过程中防止受伤。

（2）治疗方法

①养成期甲壳溃疡病的治疗：同红腿病。

②越冬期亲虾的治疗：使用国家规定的水产用抗菌药物，用法用量参考说明书。同时，使用三氯异氰脲酸、漂白粉（含氯 30％以上）、溴氯海因等其中一种含氯消毒剂进行水体消毒。

第五节　幼体弧菌病

【病原】鳗弧菌、溶藻弧菌、副溶血弧菌等弧菌属种类。另外还有气单胞菌和假单胞菌引起该病的报道。

【流行特点】该病在世界各地对虾育苗场均有发生，是我国各地对虾育苗场的常发病。感染对象包括所有的海水虾类，从无节幼体到仔虾均可感染，并以溞状幼体Ⅱ期后发病率最高。该病发生的合适水温为 22～26℃。该病急性型发作，发现疾病后 1～2d 内可使几百万幼体死亡，甚至可全部死亡。

【症状与病理】对虾幼体患病后停止摄食，活力显著减退，游动缓慢，反应迟钝，趋光性降低，病情严重者沉于水底，不久即死亡。慢性感染的幼体因自净能力下降，在体表和附肢上常黏附有单细胞藻类、原生动物和有机碎屑等污物；而急性感染的幼体，尚未黏附污物就已死亡。

【诊断】鉴于本病报道的病原较为繁杂，没有确定优势致病菌，因此确定是否为细菌引起是诊断的关键，也是鉴别诊断的核心。可取患病幼体置于载玻片上，加 1 滴清洁海水，压片后用高倍镜检查，如见幼体各组织间血淋巴中有大量活跃游动细菌，可基本确定。应重点观察身体较透明部位，在糠虾幼体和仔虾阶段，个体较大，透明度差，需用盖玻片将幼体充分压平后才容易观察到细菌。

患病下沉幼体中可寄生许多纤毛虫，为幼体活动力降低后纤毛虫钻入体内所致，不应将纤毛虫看成原发性病原。

【防治】

（1）预防措施

①育苗池在放卵前应洗刷并用药物消毒，尤其是发生过弧菌病的育苗池更应严格消毒，可用高锰酸钾溶液或漂白粉溶液。

②育苗用水最好经过砂滤，并在投放幼体前接种金藻和角毛藻等有益单细胞藻类。

③产卵和育苗不要在同一个池塘中，以免亲虾将病原体带入育苗池，以及卵液污染水质。

④幼体投放密度不宜过大，一般控制在每立方米水体10万～15万尾。

⑤投饵要适量，宜少量多次（一般为一日8次）。防止剩饵沉于水底，腐烂分解，污染水质，滋生细菌。

⑥育苗时每日换水，特别是开始人工投饵之后，更应加强换水，保持水质清洁。

⑦每日分早、午、晚把幼体盛在烧杯内，用肉眼观察幼体活动、吃食和发育情况。若发现游泳不活泼、下沉、体表挂脏现象时，立即显微镜检查。

⑧育苗池的工具最好专池专用，若不能专用时，则必须彻底消毒后再用于其他池塘。

⑨病后幸存的幼体如果数量不多，宁可放弃，也不要合并到其他池内，除非两池的幼体是患同一种病。

（2）*治疗方法*　关键在早发现、早治疗。可选复方磺胺嘧啶粉等，其用法用量按产品使用说明书。

第六节　荧光病

【病原】哈维氏弧菌。革兰氏染色阴性杆菌，菌体为短杆状，略弯曲，极生单鞭毛，有运动力。

【流行特点】荧光病又称发光病，是我国南方对虾育苗和养成中最常见的细菌性疾病之一，其发病急，传播快，死亡率高。严重时在3～5d内，可造成虾苗或幼虾80%～90%死亡，甚至全部死亡。所有虾类均可感染该病原，从溞状幼体到幼虾均可患病，并造成较严重的死亡。体长8cm以上的虾虽也可感染该病原，但发病率和死亡率较低，一般不会引起大规模暴发流行。该病幼体发病多在5—7月，尤其5—6月雨季为发病高峰期。成虾养成池则在7—9月发病，成虾发病率较低，且多为慢性型。

【症状与病理】其最显著的特征为：在夜晚或黑暗环境下，可见水体中的幼体、幼虾甚至饵料丰年虫等游动时发出荧光；有时用手划动患病虾池的池水，也可出现一条光带；增氧机打起的水珠也发出亮光。患病的幼虾活力下降，游于水的中、下层；患病的糠虾幼体或仔虾趋光性差或呈负趋光性，摄食减少或不摄食。病虾头胸部呈乳白色，躯干部呈灰白色，不透明。

【诊断】

（1）*初步诊断*　根据患病幼体或幼虾在夜晚或黑暗环境自发荧光可初步诊断。另可取患病幼体附肢、鳃或肌肉等组织做水浸片，镜检有无运动性菌株，以区分其他病因。

（2）*实验室诊断*　无菌操作分离患病幼虾细菌，挑取单菌落用生化、免疫血清或PCR进行诊断，可确诊。

【防治】同幼体弧菌病。

第七节　丝状细菌病

【病原】常见的为毛霉亮发菌（*Leucothrix mucor*）和发硫菌（*Thiothrix* spp.）。毛霉亮发菌又称发状白丝菌，菌丝呈头发状，不分支，基部略粗，尖端稍细；菌丝长度可从数微米到500μm以上，菌丝一般无色透明，但有时在较老的菌丝内有颗粒状物质，革兰氏染色

阴性。发硫菌又称硫丝菌，形态与亮发菌相似，但菌丝细胞质内有许多含硫颗粒。

【流行特点】该病在全球均有分布，我国各主要对虾养殖区也均有发现。其感染对象很广，包括不同种类和不同时期的虾类和蟹类等多种海产甲壳类均可感染，甚至在多种海水鱼卵和海藻中也有发现。该病在对虾幼体和仔虾中均较为常见，有时可引起较严重的死亡。该病的病原常与聚缩虫等固着纤毛虫类以及壳吸管虫等吸管虫类并存，从而加重对宿主的危害。

丝状细菌的发生没有明显的季节性，从春季对虾产卵开始，一直到秋末、冬初对虾收获季节都可发生，但主要发生在8—9月的高温季节。

【症状与病理】患病个体的体表簇生大量丝状细菌，其中，幼体期主要附着于肢体上，而成体期则主要附着于鳃和附肢刚毛等处。丝状细菌并不侵入宿主组织，也不从宿主体内吸取营养，它主要以宿主为附着基，与宿主之间属于附生或外共栖关系。尽管如此，它对宿主也可造成较严重的间接危害，如严重感染鳃部后，可导致水体和底质中单细胞藻类和各种污物黏附，使鳃呈黑色、棕色或绿色，严重影响其呼吸功能，造成宿主因缺氧而大量死亡；体表附着的大量丝状细菌，还可导致对虾因蜕壳困难而死亡。此外，丝状细菌感染对虾幼体后，患病幼体活力明显下降，严重影响其生长和发育，造成生长发育缓慢。卵膜表面上有丝状细菌附着时，卵一般停止发育而死亡。

【诊断】卵和幼体患病时，直接将其整体做成水浸片，镜检；养成期的对虾或亲虾患病时，主要剪取鳃丝做成水浸片进行镜检，在低倍镜下即可看到菌丝，确诊必须在高倍镜下仔细观察菌丝的构造。目前对这类菌未建立相关的免疫学或分子鉴定技术。

【防治】

（1）*预防措施*　由于该病的发生与养殖池的水质和底质有密切关系，池水和池底中有机污物含量过高时易发此病。因此，对该病的预防主要是保持养殖水体和底质清洁。

①放养前彻底清淤，并用20～30mg/L的漂白粉溶液彻底清塘消毒。

②养殖过程中，要保证饵料新鲜和营养丰富，投饵量要适当。

③适当控制养殖密度，以及适当加大换水频率和换水量，促进对虾蜕壳和生长。

（2）*治疗方法*　对于该病的治疗，尚缺少合适的安全高效药物，目前主要通过大量换水，并多喂适口饲料，促使病虾尽快蜕壳。全池泼洒漂粉精0.5mg/L，有一定疗效。

第八单元　贝类细菌性疾病

第一节　鲍脓疱病

鲍脓疱病（Pustule disease）是由河流弧菌Ⅱ型感染鲍（*Hatiotis* sp.）的传染病。

【病原】河流弧菌Ⅱ型（*Vibrio fluvialis* Ⅱ）。属弧菌科（Vibrionaceae）、弧菌属（*Vibrio*）。菌体为短杆状，大小为（0.6～0.7）μm×（1.2～1.5）μm，革兰氏染色阴性，以单根极生鞭毛运动。

河流弧菌细胞壁较薄，仅8～20nm，细胞壁很容易与细胞质分离。目前发现的脂肪酶、蛋白酶、淀粉酶、胶原酶及溶血因子等胞外毒素，可能是河流弧菌的主要致病因子。

河流弧菌主要分离自北方沿海养殖的皱纹盘；我国南方沿海地区杂色鲍和九孔鲍脓疱病，其病原可能为溶藻弧菌或气味类香菌。

【流行特点】皱纹盘鲍脓疱病流行于我国北方沿海养殖地区，以感染幼鲍和稚鲍为主，成鲍也会感染。夏季易发病，特别是连续高温时，发病频繁且持续时间长，死亡率可高达50%～60%，造成极为严重的经济损失。

感染途径主要为创伤感染，脓疱病病原菌从鲍腹足上的伤口进入体内，通过血淋巴进入全身组织，经过1～3个月的潜伏期，最后在足上出现病灶。在养殖生产中，稚鲍剥离时，受外伤的比例高，15～20d后往往出现脓疱病的发病高潮。

弧菌为条件性致病菌。每年盛夏，特别是在海水水温超过20℃时，脓疱病的病原菌可迅速大量繁殖，致使脓疱病发病频繁，病情严重，死亡率高。到10月左右，随水温下降，病情得到逐步缓解，死亡率也大幅度下降。

杂色鲍和九孔鲍的脓疱病流行特点，与皱纹盘鲍脓疱病类似。

【症状与病理】发病初期，病鲍行动缓慢，摄食量减少，病鲍从养成板的背面爬行至养成板的表面或养殖水池的侧壁。腹足肌肉表面颜色较淡，随着病情加重，腹足肌肉颜色发白变淡，出现一到数个微微隆起的白色脓疱，脓疱一般可维持一段时间不破裂。随着病程的进展，病灶逐渐扩大，特别是夏季持续高温时，病程缩短，脓疱在较短时间内即破裂。脓疱破裂后流出大量白色脓汁，并留下2～5mm的深孔，继而创面周围的肌肉溃烂坏死。镜检脓汁，发现有运动能力的杆形细菌。发病后期，病鲍基本停止摄食，腹足肌肉附着力明显减弱，且腹足肌肉发生大面积溃疡。此时病鲍附着能力差，或完全不能附着，食欲下降，直至从附着波纹板上脱落水中，最终死亡。

组织病理学观察发现，脓疱的形状基本上为三角形，病灶是从腹足的下表面开始逐渐扩大、深入到足的内部；足的肌肉和结缔组织变性、坏死到逐渐瓦解消失，肌细胞核肿大，游离在脓汁中；脓汁中除了少量的肌细胞核、结缔组织细胞核、病原菌及许多组织细胞碎片等外，还有血淋巴细胞。脓疱病发展到晚期，病灶内的所有结构都溶解消失，只残留一些空腔。由于病灶内鲍足组织病变，使鲍的运动、吸附和摄食能力下降或丧失，造成鲍的死亡。

【诊断】目前尚无该病诊断的国家、行业标准，可按以下方法进行诊断：

（1）初步诊断　根据临床症状可进行初步诊断，患病样品镜检看到细菌后可作进一步诊断。

（2）实验室诊断　无菌取脓汁样品，接种到含2%氯化钠的改良牛肉浸汤琼脂或牛肉膏胰胨海水琼脂平板上，对分离菌进行形态和生化鉴定，结合16S rRNA基因序列测定结果，可确诊。

另可根据脓疱病特有的同工酶谱带，对正常鲍和病鲍进行同工酶谱带的测定和分析，本法可提前1～2周发现脓疱病。

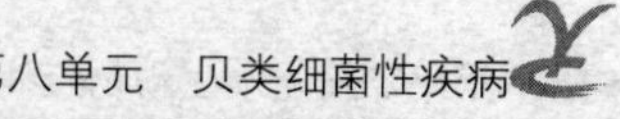

国内实验室研制了脓疱病快速诊断试剂盒，准确率可达 90%以上。

【防治】

(1) 选用健康亲鲍育苗　稚鲍感染脓疱病不易发现，死亡率高，因此，要严格选择健壮无病的亲鲍育苗，避免亲鲍携带病原菌，以减少鲍苗的染病机会。

(2) 避免鲍足受伤　改善水质和鲍的饲育条件，如提供新鲜、适口的饵料，及时清理残饵，适当通氧，增加新鲜海水的交换量等，尽量避免鲍足受伤。

(3) 采用噬菌体进行生物防治　将培养的噬菌体连同感染失活的河流弧菌Ⅱ型一起投入水体中，可有效抑制该致病菌的增殖。该法无污染，无副作用，成本低，效果好。

(4) 隔离培养　稚鲍和成鲍均可感染该病，特别是成鲍感染该病后，症状肉眼可见。为防止病原菌污染水体而感染健康鲍，应将病鲍与健康鲍分开养殖。

第二节　文蛤弧菌病

【病原】溶藻弧菌（*Vibrio alginolyticus*）、副溶血弧菌（*V. parahaemolyticus*）等。

【流行特点】该病的发病季节为温度较高的夏季和秋季，8—11 月，尤其是 9—10 月，不分潮位高低及文蛤大小，都发生死亡，死亡高峰多在海水较差的小潮期，11 月水温下降后，死亡也即停止。8 月除水温升高有利于细菌繁殖外，文蛤产卵后肥满度下降，也是一个发病诱因。

【症状与病理】患病文蛤在退潮后不能潜入沙中，壳顶外露于沙面上；对外来刺激反应迟钝；两片贝壳不能紧密闭合，壳缘周围有许多黏液。患病文蛤的软体部十分消瘦，颜色由正常的乳白色变为浅红色；消化道内无食物或仅有少量食物，有的肠壁坏死；外套膜黏性增加，紧贴于贝壳内面而较难剥离，外套腔内因桡足类寄生进一步加重病情。镜检肠壁、肝脏组织和外套膜黏液，可见有大量细菌。

【诊断】

(1) 初步诊断　可根据患病蛤的患病症状和病理变化作出初步诊断。

(2) 实验室诊断　对患病蛤进行病原菌分离，挑取单菌落进行生化或分子鉴定可确诊病原。

【防治】目前无有效的治疗方法，只能采取预防措施。具体是：

(1) 选择好暂养场地，以大潮流畅通、滩涂平坦的中潮区中部，而又无藤壶及绿藻繁生的海区为宜。为保证底质不受污染、不老化，暂养池最好每年更换一次位置。

(2) 文蛤移苗、增殖和暂养，密度必须适中。

(3) 加强管理，当遇大风浪时，文蛤易被风浪打出滩面，必须组织人力及时将文蛤疏散。

(4) 不从疫区移养苗种和成贝，并做好浸浴消毒。

(5) 通常 9 月文蛤大批死亡，10 月下旬气温明显下降，文蛤的疾病也逐渐减少。此时文蛤潜居的深度仍不超过 1cm，起捕较容易，为避开死亡高峰期，以 10 月底开始采捕暂养为宜。

(6) 缩短采捕、移养的间隔时间，尽量做到当天采捕，当天放养。室内阴干试验表明，日平均温度 26.3℃（24.2～29.0℃）时，成贝阴干 3d，约死亡一半；阴干 4d，存活率为 10%以下。

第三节 三角帆蚌气单胞菌病

【病原】嗜水气单胞菌（*Aeromonas hydrophila*）。为革兰氏阴性短杆菌，单个或两个相连，极生单鞭毛，无芽孢，具运动性。

【流行特点】我国主要淡水珍珠贝养殖区自 20 世纪 80 年代中期以来一直受该病影响。其中，以 2～4 龄的蚌最易感染患病，发病季节为 4—10 月，5—7 月为发病高峰期。该病发生急、病程短、流行区域广，死亡率高达 65%～90%，对三角帆蚌养殖危害严重。

传染源是带菌蚌及病原菌污染的水体、工具。

【症状与病理】三角帆蚌患病后，闭壳肌松弛，蚌壳后缘出水管喷水无力，排粪减少，两壳微开，呼吸频率降低，体内有大量黏液流出。随着病情的加重，病蚌体重急剧下降，两壳张开，胃中无食，闭壳肌受损而使贝壳无法关闭，斧足多处残缺，不久即死亡。病蚌肝小管肿大破裂，管腔变小甚至完全堵塞，肝细胞肿大变性，胞质内出现空泡，细胞核溶解，水肿变性直至坏死。鳃呼吸上皮细胞发生变性，纤毛脱落，甚至上皮细胞坏死、脱落；外套膜边缘的贝壳突起变形、肿大，以至褶纹消失，表皮细胞由柱形变为方形。

【诊断】根据患病症状及病理变化进行初步诊断；确诊需从肝分离病原，进行鉴定。

【防治】

(1) 预防措施

①彻底清淤，并用 200mg/L 的生石灰或 20mg/L 的漂白粉消毒。

②加强养殖管理，合理混养和密养，及时施肥和灌注清水，使池水保持肥而爽，防止池水污浊。

③不到疫区购买三角帆蚌。

④选择健壮的蚌作为手术蚌，提高插片技术，注意无菌操作。

⑤发病季节，定期泼洒生石灰、漂白粉等药物。

(2) 治疗方法　但可用漂白粉挂袋水体消毒，或 1mg/L 全池泼洒。

第四节 牡蛎幼体细菌性溃疡病

【病原】鳗弧菌和溶藻弧菌。

【流行特点】该病是各地牡蛎育苗过程中最常见的疾病之一，可感染美洲牡蛎、长牡蛎、欧洲扁牡蛎、褶牡蛎以及巨牡蛎等苗种。牡蛎幼体感染病原后，病情发生和发展十分迅速，4～5h 内出现患病症状，8h 开始死亡，18h 的死亡率可达 100%。

【症状与病理】浮游的牡蛎幼体患病后即下沉固着，活力降低，突然大批死亡。光镜检查，可见患病幼体体内有大量病原菌，幼虫的面盘组织发生溃疡，甚至崩解。

【诊断】实验室诊断，取患病幼体做成水浸片。利用显微镜检查面盘等组织中是否有大量细菌，用荧光抗体法快速准确地鉴定病原菌的种类。

【防治】

预防措施

①保持水质清洁卫生，加强水体沉积物的细菌学检查。

②发现患病幼体后，应立即进行无害化处理。

③投喂的单细胞藻保证无弧菌污染。

④单独或联合使用过滤、臭氧或紫外线等方法消毒育苗用水。

第九单元　爬行类细菌性疾病

第一节　爱德华菌病

【病原】迟缓爱德华菌（*Edwardsiella tarda*）野生型。为革兰氏染色阴性菌，周生鞭毛杆菌，菌体大小为（0.5～1）μm×（1～2）μm，无芽孢，无荚膜。生长 pH 范围为 5.5～9.0，在 4～10℃能生长，最适生长温度为 25～32℃。

【流行特点】该病主要危害温室养殖的稚、幼鳖，出温室的幼鳖也易患此病。一般病情较缓慢，不会出现暴发性死亡。该病流行季节为 5—9 月，流行水温为 20～33℃，30℃左右最易流行。气温突变（如寒流、连续阴雨天等），容易诱发此病。

【症状与病理】病鳖初期，表现为精神不振，活动力差，多悬浮水面，停食，以后在休息台上呆滞不动，捕捉时活动缓慢、无力。病鳖表皮脱落，腹面中部可见暗红色瘀血，背、腹甲内壁有瘀血，腹腔有腹水，浮肿。剖检内脏发现，各脏器呈实质性病变，尤以肝脏明显，肝脏肿胀、质脆和瘀血，呈现局部性坏死。脾深紫色，呈出血状，脾窦扩大，脾窦间充满炎症细胞。胆囊肿大，呈墨绿色。肺炎性水肿，肺泡肿大，肺泡壁血管充血，肺泡内充满红细胞、嗜中性粒细胞及渗出液。

【诊断】

（1）初步诊断　根据患病鳖肝脏肿胀、质脆，有米黄色小点，小点融合成一片，形成典型的肉芽肿，局部坏死等症状，可作出初步诊断。

（2）实验室诊断　无菌取发病内脏作细菌分离，挑取单菌落进行细菌生化鉴定及分子鉴定。

【防治】

（1）预防措施

①严格检疫，不从疫区引入鳖；加强水质管理，池水定期消毒，注意养殖池内卫生；不投变质发霉的饲料，营养要全面，适当搭配投喂动物内脏，适量添加维生素（如维生素 C、维生素 A、维生素 E 和维生素 K 等），在饲料中添加 50%新鲜蔬菜，提高鳖机体的抗病能力。

②发病流行季节，用 2mg/L 的漂白粉或 50mg/L 的生石灰溶液，每 15～20d 全池泼洒 1 次。

(2) 治疗方法

①用 2mg/L 的漂白粉或 60mg/L 的生石灰溶液全池泼洒。

②使用酰胺醇类药物进行治疗，每千克鳖体重每日 2～3 次拌饵投喂 5%甲砜霉素粉（甲砜霉素粉计）0.35g，连用 3～5d；或选用国家规定的其他水产养殖用抗菌药物，但必须对症、对因使用。

第二节　鳖穿孔病

【病原】目前鳖穿孔病病原报道较多，主要有嗜水气单胞菌（*Aeromonas hydrophila*）、普通变形杆菌（*Proteus vulgaris*）、肺炎可雷伯菌（*Klebsiella pneumonia*）和产碱菌（*Alcaligenes* sp.）等多种细菌。养殖环境恶劣、饲养不良而导致细菌感染，是导致该病发生的原因。

【流行特点】穿孔病又称疖疮病、打洞病、洞穴病。该病是鳖养殖中最常见的疾病，流行于全国各地养鳖场。流行季节一般在水温 25～30℃（4—11 月），5—7 月是流行高峰。在温室中的鳖（稚、幼、成鳖），一年四季都受到该病的危害。尤其对幼鳖危害最大，发病率可达 50%，严重影响成鳖商品价值。

【症状与病理】发病初期，稚鳖行动迟缓，食欲减退。病鳖的背腹甲、裙边、四肢基部（主要是前肢基部）出现一些成片的白点或白斑，呈疮痂状，直径 0.2～1.0cm。随着病情的发展，疮痂逐渐增大，向外突出，最终表皮破裂。此时，用手挤压，可压出黄色颗粒状或脓汁状腥臭味的内容物，内容物可逐渐自行散落，最后病灶扩大，烂透骨骼，出现穿孔，留有空洞。该病的病理变化主要为，肺局部泡壁上皮细胞和毛细血管内皮细胞肿胀、变性和坏死。肝内黑色素增多、瘀血，肝细胞混浊肿胀、坏死。胆囊肿大，脾瘀血。肾小管上皮细胞混浊肿胀、坏死。肠壁充血、出血。

【诊断】

(1) 初步诊断　根据症状，在背、腹甲有疮痂并见“洞穴”，可作出初步诊断。

(2) 实验室诊断　目前导致该病的病因较复杂，各地病例没有统一的病原。可根据细菌分离及鉴定结果作出相应的实验室诊断。

【防治】

(1) 预防措施

①加强水质管理，控制放养密度，避免鳖相互撕咬，防止鳖体受伤。经常性地清理池底污物，更换池底铺设的沙，饵料台与晒背台也要定期刷洗消毒，使鳖生活在一个良好的环境中。

②鳖池、底质用浓度 100～200mg/L 的生石灰溶液和 10～20mg/L 的漂白粉溶液消毒；养殖用水用 2～4mg/L 的漂白粉溶液消毒。

③鳖体用 1%的聚维酮碘溶液浸浴 20～30min，或高锰酸钾溶液 10mg/L 浸浴10～15min。

④养殖中不要投喂单一的饵料，特别是营养不全和不易消化的饵料；人工配合饲料要添加复合维生素等，增强鳖抗病力。

(2) 治疗方法

①养殖池用浓度 0.5mg/L 的三氯异氰脲酸粉溶液泼洒 2 次，隔 2d 1 次，7d 后再用50mg/L

的生石灰溶液泼洒1次。

②使用酰胺醇类药物进行治疗，每千克鳖体重每日2～3次拌饵投喂5%甲砜霉素粉（甲砜霉素粉计）0.35g，连用3～5d；或选用国家规定的其他水产养殖用抗菌药物，但必须对症、对因使用。

第三节　鳖红脖子病

【病原】大致可分为细菌和病毒两大类。

（1）*细菌病原*　主要为嗜水气单胞菌、温和气单胞菌和豚鼠气单胞菌等，也有报道由豚鼠气单胞菌和迟缓爱德华菌共同引起。

（2）*病毒病原*　认为是弹状样病毒和虹彩样病毒，但无定论。

【流行特点】该病对各种规格的鳖都有危害，尤其对成鳖危害最为严重。温度在18℃以上时流行，我国长江流域各省以及天津、河南和河北均有发生。该病发病率高，死亡率达20%～30%，最高可达60%以上。长江流域的流行季节为3—6月；华北地区为7—8月，有时可持续至10月中旬。

温室养殖一年四季均可发生。

【症状与病理】发病早期，病鳖咽喉部充血、红肿，常食欲剧减，反应迟钝，少数鳖颈部溃烂、坏死；中、后期鳖颈部充血、红肿，不吃食，常爬上岸，脖子伸缩困难是该病的主要症状。有的病鳖周身水肿，腹甲严重充血，甚至出血、溃疡。多数病鳖表现为烦躁不安，时而浮于水面，时而伏于沙底，时而钻入泥中，脖子常伸出壳外不能摆动，呼吸困难，最后因呼吸障碍导致死亡。解剖病鳖，肠道无食物，整个消化道黏膜有明显的点状、斑块状或弥散性出血。肝脏呈土黄色或灰黄色，有针尖大小的坏死灶；肺有出血斑，脾肿大，心脏苍白，严重贫血。组织病理显示，肝细胞颗粒变性，肾小球萎缩，囊腔扩大，肾小管上皮细胞混浊肿胀，部分上皮细胞坏死、解体，出现颗粒管型。

【诊断】目前引起红脖子病的病原不明，无法建立统一的诊断方法。一般根据症状诊断，也可结合实验室病原鉴定结果作出进一步诊断。

（1）*初步诊断*　根据患病鳖的症状、流行情况及病理变化可作出初步判断，包括濒死鳖的肝、脾和肾组织涂片和细菌观察等。

（2）*实验室诊断*　取患病鳖典型症状脏器，无菌接种至营养琼脂等平板，分离细菌；挑取单菌落进行细菌生化鉴定，也可采用16S rDNA序列分析进一步鉴定细菌。目前缺乏相关的抗血清进行免疫学快速鉴定。

对于病毒性病原的诊断（可根据抗生素无效果或细菌分离阴性判定），可取典型症状脏器固定后用于病毒观察及分离。

【防治】

（1）*预防措施*

①做好分级饲养，避免鳖互咬受伤，受伤的鳖不要放入池中。

②定期用2mg/L的漂白粉溶液泼洒消毒。

（2）*治疗方法*

①遍洒浓度0.5～0.8mg/L的三氯异氰脲酸粉溶液，或其他含氯或含碘的消毒剂。

②由嗜水气单胞菌感染患病的，可使用酰胺醇类药物进行治疗，即每千克鳖体重、每日 2～3 次拌饵投喂 5%甲砜霉素粉（以甲砜霉素粉计）0.35g，连用 3～5d；或选用国家规定的其他水产养殖用抗菌药物，但必须对症、对因使用。由病毒感染患病的，目前无有效的药物进行治疗。

第四节　胃肠溃疡出血病

【病原】该病病原较复杂，包括细菌性和病毒性病原。细菌性病原有嗜水气单胞菌、迟缓爱德华菌、假单胞菌和普通变形杆菌。

也有报道认为病毒为原发性感染，细菌为继发性感染。投喂不新鲜的饲料、营养成分单一、养殖环境恶劣或发生剧烈变化，或从外地引入带病的亲鳖、幼鳖，均可导致本病的发生。

【流行特点】该病流行于全国各养鳖地区，一般发生在成鳖和亲鳖养殖中，最早发病为同批中生长较快的个体。一年四季均可出现，流行时间长，以越冬后刚出温棚的成鳖发病较多。流行季节为 4—10 月，5—9 月为高峰期，流行温度为 25～30℃。气温与水温波动可加速该病的发展进程。该病是较为严重、死亡率高和治疗难度大的鳖病之一。

【症状与病理】病鳖外观体偏厚，可见病鳖底板大部分呈乳白色，故也常被养殖业者称为“白底板病”。病鳖头颈肿胀伸长，全身性水肿，背甲稍微发青。解剖可见腹腔内有大量积液，肝、肾肿大质硬，土黄色；心肌淡白，胆囊肿大，结肠后段坏死，内壁脱落出血，血液常淤积在直肠中，肠管内有凝结的血块。病理观察，胃肠黏膜呈局灶性坏死出血，坏死部位黏膜上皮和固有层中的肠腺均坏死，部分坏死深达肌层。固有层中有大量淋巴细胞及巨噬细胞浸润，黏膜层萎缩，肠绒毛缩短且数量减少。

【诊断】

（1）*初步诊断*　通过症状、流行季节和环境条件进行初诊。

（2）*实验室诊断*　对患病鳖进行细菌分离，典型病症脏器的固定和电镜观察有助于疾病的确诊，但目前各实验室成功率不高。

（3）*鉴别性诊断*　该病与腮腺炎症状较为相似，都表现为底板发白、失血等典型症状，肠内都有血水或血凝块。目前认为病鳖腮腺、体形基本正常为本病，而腮腺充血糜烂、咽喉充血、全身严重浮肿为腮腺炎。

【防治】

（1）*预防措施*

①严格检疫，不从疫区引种。

②温室的鳖最好推迟到 6 月上旬出温室。

③加强水质管理，保持环境的相对稳定。

④在饲料中添加一些新鲜活饵，并注意质量和消毒。

（2）*治疗方法*　目前尚无有效的治疗方法，发病后可采取以下措施：

①用浓度为 0.5mg/L 的三氯异氰脲酸粉溶液全池泼洒，每天 2～3 次，连用 3d。

②投喂维生素 B_{12}、板蓝根、苦参等，对控制病情发展有一定的作用。

③由嗜水气单胞菌感染患病的，可使用酰胺醇类药物进行治疗，即每千克鳖体重每日 2～3 次拌饵投喂甲砜霉素粉［规格（以甲砜霉素粉计）：5%］0.35g，连用 3～5d；或

选用国家规定的其他水产养殖用抗菌药物，但必须对症、对因使用。由病毒感染患病的，目前尚无有效的治疗药物。

第十单元　两栖类细菌性疾病

第一节　爱德华菌病

【病原】迟缓爱德华菌（*Edwardsiella tarda*）野生型。

【流行特点】该病主要危害变态后的幼蛙、成蛙。无明显的流行季节，周年可发病，但多发于秋季。发病率5%左右，但死亡率可高达100%。该病一般出现外部症状15～20d后才会发生死亡。

【症状与病理】患病初期，外观病蛙一般全身肿胀，腹部膨大，随病情发展口腔内黏液增多，肛门流出淡红色黏液。病蛙腹部或四肢有时可见充血，或点状出血，或炎症反应。解剖可见，肝肾肿大、充血，或出血性坏死，肝脏一般肿大呈黄色，肠道发炎，腹腔有较多腹水。肝脏、肾脏和心脏等实质器官细胞变性、坏死，以及呈渗出性和纤维素性炎症变化。

【诊断】

（1）*初步诊断*　根据病蛙腹水多、皮肤有充血或点状出血症状、肝、肾充血肿大，可初步判断。

（2）*实验室诊断*　患病蛙典型病症脏器进行细菌分离，挑取单菌落进行细菌生化鉴定和分子鉴定。

【防治】

（1）*预防措施*

①在饲养过程中，应尽量避免对蛙过度的刺激，尤其要保持水质的稳定性。

②每周分别（间隔开）用1次浓度为0.3mg/L的三氯异氰脲酸溶液和30～50mg/L的生石灰溶液全池泼洒消毒。

（2）*治疗方法*

①用浓度0.3～0.5mg/L的三氯异氰脲酸溶液泼洒，连续2次。

②选用国家规定的水产养殖用抗菌药物，如恩诺沙星等，但必须对症、对因使用。

第二节　红腿病

【病原】嗜水气单胞菌、豚鼠气单胞菌、乙酸钙不动杆菌的不产酸菌株等革兰氏染色阴性菌。

【流行特点】这是牛蛙养殖中最常见、危害严重的一种疾病。一年四季均可发生，主要发病季节在3—11月，5—9月是发病高峰期。流行水温是10～30℃，20～30℃发病普遍且严重。流行地区主要是广东、福建和江苏等省。该病发病急（从发病到死亡短则3～4d，长则7～15d），传染快，死亡率高，损失大，常与肠炎病并发。发病率一般为20%～80%，其中，体重100～300g的个体发病率可高达60%～100%，死亡率为80%左右。

【症状与病理】分为急性型和慢性型两种。急性型病蛙精神不佳，不愿活动，低头伏地或潜入水中，不动，不吃食。四肢无力，腹部臌气，临死前呕吐，拉血便。头部、嘴周围、腹部、背部、腿和脚趾上有绿豆至花生米粒大小、粉红色的溃疡或坏死灶，后腿水肿呈红色，严重的后腿关节有花生米粒大的脓疮，脓疮破裂后，流出淡红色的浓汁，形成光滑、湿润和边缘不整齐的溃疡。剖检，病蛙皮下及腹内有大量淡黄色透明液或红色的混浊液，肝、肾和脾肿大，特别是脾、肾肿大至比正常的大1倍以上。肝、脾呈黑色，脾髓切面呈暗红色，似煤焦油状。发病3d内可引起死亡，治疗难度较大。慢性型病蛙病情较轻，病程长，身体无水肿现象，腹部和四肢皮肤无明显充血发红。发病初期尚能主动摄食，一般20d内不会引起死亡，较易治疗。

【诊断】

（1）*初步诊断*　病蛙腹部及后腿皮肤剥离，观察肌肉有点状瘀血或后腿肌肉严重充血而呈红色，可作初步诊断。

（2）*实验室诊断*　取患病蛙进行病原分离、培养，挑取单菌落进行生化或分子鉴定。

【防治】

（1）预防措施

①适当控制放养密度，根据池塘大小、水温高低和牛蛙规格及时分养，调整放养密度。

②水体消毒。用浓度1.4mg/L硫酸铜和硫酸亚铁合剂（5∶2）全池泼洒；或用浓度0.3mg/L的三氯异氰脲酸粉溶液或浓度30mg/L的生石灰全池泼洒；或用浓度3mg/L的高锰酸钾溶液全池泼洒。

（2）*治疗方法*

①发现病蛙及时将它们隔离饲养，并用0.05mg/L的高锰酸钾溶液或浓度2mg/L的漂白粉溶液全池消毒，每周1次，连续3周。

②选用国家规定的水产养殖用抗菌药物，但必须对症、对因使用。

第三节　链球菌病

【病原】链球菌（*Streptococcus* sp.）。为革兰氏染色阳性菌，在血琼脂平板上恒温30℃培养24h后，细菌形成白色、直径约0.7mm、边缘整齐、表面湿润的圆形菌落；在普通营养琼脂平板上生长极为缓慢，培养48h后，仅能形成直径约0.3mm的极小菌落。

蛙池长期不清理消毒、水质条件恶劣是诱发该病的主要原因。

【流行特点】该病在全国各地养蛙地区都可发生，幼蛙与成蛙均可发病，100g以上的成蛙更易被感染。该病具有传染性和暴发性，有发病面广、死亡率高和危害大的特点，发病率和死亡率可达90%以上。发病水温在25℃以上，温度越高，温差越大，密度越大，发病率就越高。发病季节为 5—9 月，7—8 月是发病高峰期。

【症状与病理】病蛙腹膨大，口腔常有黏液流出，舌头有血丝，并常将舌头露出口腔之外；精神不振，失去食欲，大多集中在岸边阴湿的草丛中死亡。剖检，肝脏、胃肠病变，有充血型和失血型两种。充血型心脏有暗红或紫黑色的凝血块，有的心肌上有出血点，肺出血，腹腔内有血水，肝脏充血呈暗红色，肿大；胃空，无食物；肠壁薄而充血，肠内有红色或黑色黏液。失血型心脏、肝脏呈灰白色或花斑样，胃、肠道白色无炎症，也有的呈紫色、充血，胆汁浓呈墨绿色；大多数病蛙的前肠缩入胃内呈套叠状。

【诊断】该病与胃肠炎症状较相似，常易误诊。

（1）初步诊断　发病过程中基本无停食期，出现症状后很快死亡，呈暴发性；病蛙瘫软，肌肉无弹性，口腔时有出血及舌头外吐现象；剖检，肠白色，肝脏充血或失血，肠套叠明显。

（2）实验室诊断　典型症状患病蛙取肝、肾等进行病原分离，挑取单菌落作细菌生化鉴定或分子鉴定可确诊。

【防治】

（1）预防措施

①不从疫区引种，避免将病原体引入。

②放养前 15d，彻底清除蛙池淤泥，尤其是老池。

③种苗下池前用浓度 20～30mg/L 的高锰酸钾溶液浸浴 15～20min，或用浓度 50mg/L 的聚维酮碘溶液浸浴 5～10min。

④每 15～20d 消毒水体 1 次，可用浓度 200～300mg/L 的生石灰溶液全池泼洒。

⑤不喂变质、发霉和营养成分单一的饲料，干鱼虾、蚕蛹等也不宜长期投喂。

⑥发病季节，蛙池水深保持在 0.8～1m，防止高温及暴雨引起水温剧变。同时，每 15d 泼洒 1 次沸石粉。

（2）治疗方法

①用浓度 0.3mg/L 的漂白粉精溶液泼洒，每日 1 次，连续 2d。

②食台、蛙池沿岸、四周陆地和围网等，用浓度 10mg/L 的漂白粉精溶液喷雾消毒。

③因链球菌病早期用药才有效。在选择药物之前分离致病菌，并进行药物敏感性检测，会大幅度提高药物的疗效。可选用针对蛙类革兰氏阳性菌有抑制作用的药物，其用法用量按产品说明书。

第四节　蛙脑膜炎败血症

蛙脑膜炎败血症，是由脑膜炎败血伊丽莎白菌引起蛙、鳖等多种水生动物的一种传染病，病蛙以眼膜发白、运动和平衡功能失调为特征。2022 年农业农村部公告第 573 号将其列为三类动物疫病。

【病原】脑膜炎败血伊丽莎白菌（*Elizabethkingia meningoseptica*），曾称脑膜炎败血黄杆菌（*Flavobacterium meningosepticum*）、脑膜炎败血金黄杆菌（*Chryseobacterium meningosepticum*）。属黄杆菌目、黄杆菌科、伊丽莎白菌属。该菌为革兰氏染色阴性、细长、末端略圆突的杆菌，大小为（0.4～0.5）μm×（0.8～1.0）μm，单个分散排列，无鞭毛，无芽孢，无荚膜，不运动。

【流行特点】蛙脑膜炎败血症是近年来对牛蛙、美国青蛙、虎纹蛙等蛙类养殖业危害极其严重的高传染性和高死亡率的疾病。病原最早分离于患脑膜炎的美国青蛙，我国各地蛙类养殖地区均有该病报道。该菌可感染牛蛙、美国青蛙和虎纹蛙等多种养殖蛙类，也可感染鳖、猫、犬、鼠和人。病菌可在整个养殖场传播，是蛙类养殖的主要疾病，占牛蛙每年因病死亡的10%以上。

各种规格的养殖蛙类及蝌蚪均可发病，其危害的主要对象是50g以上的养殖成蛙；发病季节一般为4—11月，流行水温为20℃以上；该病发病急，病程与水温呈明显的负相关，一般3~7d，温度低时则可延长到15d；传染性强，死亡率高，可达90%以上。

【症状与病理】病蛙精神不振，头低垂，行动迟缓，食欲减退或不摄食；外观体表褪色，呈浅黄色，全身浮肿、瘫软，腹部膨大。大多数个体双眼有一层白膜，似白内障状；某些个体头歪向一侧，在水中不停地打转；解剖后发现腹部有大量腹水，肝呈青灰色或花斑状；胆囊肿大或缩小，胆汁呈淡绿色甚至无色；膀胱发红、充血，肾肿大，某些个体肝肿大；剪开双腿皮肤，可见双腿肌肉呈土黄绿色，似被胆汁所染。蝌蚪发病后，后肢及腹部有明显出血点和血斑，部分蝌蚪腹部膨大，仰游于水中，最后死亡。

不同患病个体表现出来的具体症状可能有所不同，急性患病个体常常来不及表现白内障和腹水等症状就已死亡，因而只有歪脖子症状；而在慢性患病个体中，三种症状均可表现出来。

肝、肾肿大，脾脏缩小，肝、肾、肠和膀胱充血，有的肝呈青灰色或花斑状；蝌蚪的后肢及腹部有明显出血点和血斑。

【诊断】

（1）初步诊断　根据临床症状、特征可作出初步诊断。

（2）实验室诊断　采集无症状蛙150只或濒死病蛙10只，取脑或内脏组织。

① 分离培养：无菌操作取发病蛙的脑、肝和肾等组织，接种于TSA或营养琼脂培养，28℃培养24~48h，菌落呈微黄或亮黄色；在血琼脂上生长良好，典型菌株略带黄色，不溶血，但可见草绿色红细胞脱色区。

② 生化鉴定：革兰氏阴性，氧化酶阳性，葡萄糖氧化型或弱发酵型（要2~7d产酸），无动力，无芽孢；发酵葡萄糖、果糖、麦芽糖、甘露醇产酸，不发酵木糖、乳糖、蔗糖，不还原硝酸盐，β-半乳糖苷酶和DNA酶阳性。

③ PCR诊断：参照脑膜炎败血伊丽莎白菌16S rRNA基因的序列设计引物，扩增产物进行序列分析，可确诊。

【防治】

（1）预防措施

①杜绝从疫区引种，加强对引进种苗的检疫。

②种苗入池前，用浓度20~30mg/L的高锰酸钾溶液浸浴15~20min；或用浓度50mg/L的聚维酮碘溶液浸浴5~10min。

③定期用浓度0.3mg/L的三氯异氰脲酸溶液对水体进行消毒，食台及陆地用浓度10mg/L的三氯异氰脲酸溶液喷雾消毒；或用浓度50~100mg/L生石灰溶液全池泼洒，每日1次，连续3d。

（2）处理　该菌对其他动物和人类有潜在感染力，发病动物应就地加石灰后深埋处理或

焚烧处理。有发病史池，不得作为育苗、放流或培育水产饵料的养殖池。

(3) 治疗方法

①每日1次用浓度0.3mg/L的漂白粉精溶液泼洒，连续3d；或每隔1d、每日2次使用浓度0.3mg/L的三氯异氰脲酸粉溶液全池泼洒。

②或选用国家规定的水产养殖用抗菌药物，但必须对症、对因使用。

第五节　温和气单胞菌病

【病原】温和气单胞菌（*Aeromonas sobria*）。为革兰氏染色阴性杆菌，两端钝圆，大小为0.6μm×（1.1～1.7）μm，极生单鞭毛，无芽孢，无荚膜。外界自然条件气候炎热、水温较高是主要诱因。

【流行特点】该病发病急，死亡快，病程长。一旦发生，死亡率高达90%以上，危害较大。一般发生在7—9月、气温30℃以上的盛夏高温季节，尤其是防暑降温工作做得较差、水源温度较高和水质污浊的养蛙池。

【症状与病理】濒死病蛙外观头低垂，有的个体前后腿呈淡红色充血状。外观病蛙腹部膨胀，有些个体肚子膨胀如球，肚皮朝上，压则有胀气感；有些个体腹部呈较柔软感。解剖发现，腹部有胀气感个体，腹内充满气体，内脏被挤压紧贴背壁，且萎缩；呈柔软感个体，腹内器官肿大，尤以胃肠粗大，内充满各种食物、气体和黏液，胃肠壁呈现薄而透明状。有些个体胃肠全部或部分呈红色，或仅胃肠表面血管充血而呈红色；胃肠内具卡他性淡黄色黏液。肝呈青色，有的呈花斑状（青色和紫红色），肾脏有的苍白、贫血，有的表现充血而呈红色。

【诊断】

(1) 初步诊断　根据症状和高温季节流行等特点进行初步诊断。

(2) 实验室诊断　从典型患病个体分离细菌，挑取单菌落进行生化或分子诊断，可确诊。

【防治】

(1) 预防措施　同链球菌病。

(2) 治疗方法

①0.5mg/L的三氯异氰脲酸粉溶液，或1～2mg/L的二氧化氯溶液全池遍洒。

②选用国家规定的水产养殖用抗菌药物，但必须对症、对因使用。

第十一单元　鱼类真菌性疾病

第一节　水 霉 病

【病原】水霉属和绵霉属的一些种类。菌丝为管形无横隔的多核体，其中一端附着在水生动物的损伤处并深入受损的皮肤及肌肉，称内菌丝，具有吸收营养的功能；另一端伸出体外的菌丝，称为外菌丝。外菌丝比内菌丝更粗壮，分支较少，外菌丝可长达3cm，形成肉眼能见的灰白色棉絮状物。

【流行特点】水霉病又称为肤霉病或白毛病，是鱼类常见的疾病之一，在全球各地都有发现。该病的感染对象没有选择性，可危害各种不同的水生动物，有时还可感染鱼卵，鱼卵感染后称为太阳籽或卵丝病。水霉在淡水中广泛存在，对温度的适应范围很广，5～26℃均可生长繁殖，繁殖适温为13～18℃。水霉菌的发生与宿主的健康状况密切相关，特别是鱼类体表因各种原因出现外伤时，水霉菌的游动孢子可乘虚入侵并引发水霉病。体表完整、体质较强的个体，一般不发生水霉病。

【症状与病理】在患病早期没有明显的症状，但随着病情的发展，病原迅速生长，菌丝一端深入宿主组织内，造成发炎和坏死；另一端露在体表外大量生长，形成肉眼可见的灰白色棉絮状物。由于病原分泌大量蛋白质分解酶，导致病鱼焦躁不安，并在池壁或网箱周围摩擦，加剧体表损伤；另外，大量棉絮状菌丝附于体表也加重鱼体负担，导致患病个体游动迟缓，食欲减退，最后瘦弱而死。

【诊断】

（1）*初步诊断*　根据体表肉眼可见的灰白色棉絮状物可初步诊断，结合显微镜检查可进一步诊断。

（2）*实验室诊断*　需对病样进行真菌人工培养，根据有性阶段藏卵器和雄器的形状、大小及着生部位等鉴定种类。也可用PCR技术确定分类，多用18S rDNA基因的序列分析。

【防治】该病的发生主要与体表受伤密切相关，因此，对该病的预防主要为避免鱼体受伤。具体措施包括：

（1）*预防措施*

①除去池底过多的淤泥，并用200mg/L的生石灰溶液或20mg/L的漂白粉溶液消毒。

②加强饲养管理，提高鱼体抗病力，尽可能避免鱼体受伤。

③亲鱼在人工繁殖时受伤后，可在伤处涂抹10%的高锰酸钾水溶液等。

（2）*鱼卵水霉病的预防*

①加强亲鱼培育，提高鱼卵受精率，选择晴朗天气进行繁殖。

②鱼巢洗净后进行煮沸消毒（棕榈皮做的鱼巢），或用盐、漂白粉等药物消毒（聚草、金鱼藻等做的鱼巢）。

③产卵池及孵化用具进行清洗消毒。

④采用淋水孵化，可减少水霉病的发生。

⑤鱼巢上黏附的鱼卵不能过多，以免压在下面的鱼卵因得不到足够氧气而窒息死亡，感染水霉后再进一步危及健康的鱼卵。

（3）*治疗方法*　该病目前尚无理想的治疗方法，只有在患病早期及时处理才有一定效果。

外用药：①选用国家规定的水产养殖用对真菌具有杀灭作用的含碘消毒剂，如聚维酮碘溶液；或用 800mg/L 的食盐与小苏打合剂（1∶1）全池泼洒。②在白仔鳗患病早期，可将水温升高到 25～26℃，多数可治愈。

内服：内服抗细菌的药物（如磺胺类等），防止继发细菌感染。

第二节　鳃霉病

【病原】鳃霉。我国鱼类寄生的鳃霉，从菌丝的形态和寄生情况来看，有两种类型。寄生在草鱼鳃上的鳃霉，菌丝较粗直而少弯曲，分支很少，通常是单支延长生长，不进入宿主血管和软骨，仅在鳃小片的组织生长；菌丝直径 20～25μm，孢子较大，直径为 7.4～9.6μm。寄生在青鱼、鳙、鲮、黄颡鱼鳃上的鳃霉，菌丝较细，壁厚，常弯曲成网状，分支特别多，分支沿鳃丝血管或穿入软骨生长，纵横交错，充满鳃丝和鳃小片；菌丝直径为 6.6～21.6μm，孢子直径为 4.8～8.4μm。

【流行特点】鳃霉病在我国南方各省以及北方的辽宁等地均有流行。感染对象包括草鱼、青鱼、鲫和鳙、鲮、银鲴和黄颡鱼等，并以鲮鱼苗最敏感，受害最严重，有些地区鲮鱼苗的发病率达 70%～80%，死亡率达 90%以上。流行季节为水温较高的 5—10 月，尤以 5—7 月为发病高峰，特别是在水中有机质含量高时，容易暴发此病，可在数天内引起病鱼大量死亡。孢子和鳃直接接触而引起感染。

【症状与病理】病鱼失去食欲，呼吸困难，游动缓慢，鳃上黏液增多，鳃上出现点状出血、瘀血或缺血的斑点，呈现花鳃。病重时鱼高度贫血，整个鳃呈青灰色。

【诊断】用显微镜检查鳃，当发现有大量鳃霉寄生时，即可作出诊断。确诊需要进行病原分离，具体方法可参见检验检疫行业标准《鱼鳃霉病检疫技术规范》（SN/T 2439—2010）。

【防治】该病迄今尚无有效的治疗方法，主要是预防。具体措施包括：

（1）放养前必须彻底清淤，用 450mg/L 的生石灰溶液或 40mg/L 的漂白粉溶液彻底消毒。

（2）严格执行检疫制度。

（3）加强饲养管理。注意水质，尤其是在疾病流行季节，定期灌注清水。在水体消毒时，选用国家规定的水产养殖用对真菌具有杀灭作用的含碘消毒剂，如聚维酮碘溶液。或每月全池遍洒 1～2 次浓度为 20mg/L 的生石灰溶液，或 1mg/L 的漂白粉溶液全池泼洒。掌握投饲量和施肥量，有机肥料必须经过发酵后施入池中。

第三节　流行性溃疡综合征

流行性溃疡综合征（EUS），又称红点病（RSD）、霉菌性肉芽肿（MG）、溃疡性霉菌病（UM）或流行性肉芽肿丝囊霉菌病（EGA）。2022 年农业农村部公告第 573 号将其列为二类动物疫病。世界动物卫生组织（WOAH）在 Aquatic Animal Health Code and Manual of Diagnostic Tests for Aquatic Animals（2011）中将其列为必须申报的疾病。

【病原】侵入丝囊霉菌。属卵菌纲、水霉目、水霉科、丝囊霉属。此外，有研究表明丝囊霉菌属的侵袭丝囊霉菌、杀鱼丝囊霉菌等，也可引起溃疡综合征。

弹状病毒也与EUS流行有关，患EUS的鱼也经常继发感染嗜水气单胞菌、温和气单胞菌等革兰氏染色阴性菌。

【流行特点】EUS是一种对野生及养殖的淡水与咸淡水鱼类危害性极大的季节性流行病，丝囊霉菌对稻田、河口、湖泊和河流中各种野生和养殖鱼类都有很高的致死率。已报道的EUS感染鱼类，包括100多种淡水鱼类和部分咸淡水鱼。鱼类的易感阶段为幼鱼和成鱼，尚无鱼苗和稚鱼患病的报道。

低温和暴雨等条件，可促进丝囊霉菌孢子的形成，而且长期低水温降低了鱼对霉菌的免疫力。因此，EUS大多在低水温时期（18～22℃）和强降雨之后发生。在一些地区，EUS首先发生在野生鱼类中，然后再在养殖鱼类中流行。寄生虫、细菌或病毒感染造成的表皮损伤是EUS的诱发条件。健康状况良好的鱼采用浸泡感染的方式，一般不会出现临床症状。

EUS以水平传播的方式传染，丝囊霉菌的动孢子在EUS的传播中扮演十分重要的角色，可以经水媒介从一尾鱼传染到另一尾鱼身上。一旦黏附到鱼类的表皮，在适合的条件下，孢子就会发育，其菌丝侵入到鱼类的皮肤、肌肉和内部器官中。如果未遇到易感鱼类或条件不适合，动孢子能形成次级动孢子，在水环境中以包囊形式保存下来。

【症状与病理】患病鱼的早期症状，不吃食，鱼体发黑，漂浮在水面上，有时不停地游动；中期，病鱼体表、头、鳃盖和尾部可见红斑；后期，出现较大红色或灰色的浅部溃疡，并常伴有棕色坏死，大块损伤多发生在躯干和背部，大多数鱼在这个阶段发生大量死亡。

存活的病鱼，其体表具不同程度的坏死和溃疡灶，有的红斑呈火烧样焦黑疤痕，有的红斑呈中间红色、四周白色的溃疡灶。特别敏感的鱼如乌鳢，可带着溃疡存活很长时间，损伤会逐步扩展加深，以至到达身体较深的部位，甚至造成头盖骨软组织和硬组织的坏死，使活鱼的脑部暴露出来。

早期的EUS损伤是红斑性皮炎，并且看不到明显的霉菌入侵；当损伤由慢性温和的皮炎发展到在局部严重扩展的坏死性肉芽肿皮炎并使肌肉变成絮状时，可以在骨骼肌中看到侵袭丝囊霉菌的菌丝生长；霉菌会引起强烈的炎症反应，并在长入肌肉的菌丝周围形成肉芽肿。将病灶四周感染部位的肌肉压片，可以看到无孢子囊的丝囊霉菌的菌丝（直径12～30nm）。刮开损伤部位后，通常可以看到霉菌、细菌和/或寄生虫的继发感染。

组织病理变化，包括坏死性肉芽肿、皮炎和肌炎、头盖骨软组织及硬组织坏死。

【诊断】该病为WOAH规定申报疾病，具体诊断方法可参照WOAH相关规定。该病仅检测有病症的鱼，无临床症状的鱼不作为检测对象。

（1）初步诊断　主要根据流行季节、临床症状作出初步判断。

（2）样品采集　取有损伤的活鱼或濒死鱼的皮肤和肌肉（$<1cm^3$），包括坏死部位的边缘和四周组织，用10%的甲醛溶液固定，作为组织病理学检查的材料。

霉菌分离，选取中等大小、发白凸起的皮肤损伤处。去掉损伤四周的表皮，并用烧红的刀片烫焦以消毒表面，用无菌的刀片和尖头镊子水平切下烤焦部位下面的浅表组织，露出下面的肌肉；用无菌操作方法，小心切下大约$2mm^3$的一块受感染肌肉。

（3）实验室诊断　典型临床症状鱼，组织病理学观察到特征性的霉菌性肉芽肿，或患病

组织分离到丝囊霉菌即可确诊。

①组织切片染色：观察到骨骼肌中有丝囊霉菌菌丝和典型的霉菌性肉芽肿，可确诊为流行性溃疡综合征。

②分离病原：从病灶四周肌肉中分离到真菌，并经 PCR 确认为侵入丝囊霉菌，可确诊为流行性溃疡综合征。

(4) 鉴别诊断　水霉病、细菌性溃疡与 EUS 均有类似的溃疡病灶，三者刮开损伤部位后均可观察到霉菌、细菌和寄生虫的二次感染情况。EUS 与水霉病、细菌性溃疡的区分要点：是否存在霉菌性肉芽肿，真菌是否有孢子菌丝侵入组织，PCR 检测结果。

【防治】在鱼类可以自由运动的条件下，控制该病几乎不可能。若该病在小水体和封闭水体里暴发，通过清除病鱼、石灰消毒用水以及改善水质等方法，可以有效地降低死亡率。

(1) 预防　对无症状鱼不必进行病原检疫。出现疫病水域，可通过加强水体消毒或控制染疫水源流入防止疾病传播。在水体消毒时，可选用国家规定的水产养殖用对真菌具有杀灭作用的含碘消毒剂，如聚维酮碘溶液。

(2) 处理　疫区应隔离病鱼，消毒水体、用具和周围环境，对病死鱼应就地加石灰深埋，减少疾病传播。

(3) 划区管理　根据水域和流域自然隔离情况划区，并对其实施区域管理。

第十二单元　甲壳类真菌性疾病

第一节　链壶菌病

【病原】链壶菌。菌丝吸收虾体营养，发育很快，当宿主中的营养物质被吸收殆尽时，靠近宿主体表的菌丝就形成游动孢子囊的原基，并生出 1 条排放管，排放管穿过宿主体表伸向体外。

【流行特点】链壶菌病为全球性疾病，其宿主范围很广，可感染各种甲壳动物卵和幼体，对无节幼体、溞状幼体和糠虾幼体危害尤为严重。该病发生快，病程短，死亡率高，感染十余小时后就可引起大量死亡，在 1～3d 的死亡率可达 100%，其对对虾幼体的危害性仅次于幼体弧菌病（败血症）。不过，该病原虽然也可感染成体甲壳动物，但其菌丝并不在成体内生长，因此不会引起成体患病，成体只作为带菌者，对该疾病的传播具有潜在威胁。

【症状与病理】甲壳动物卵感染病原后，发育很快停止；幼体感染病原后，首先表现为活力下降，趋光性降低，停止摄食，空肠胃，后期患病个体变为灰白色，肌肉棉花状，弯曲分支的菌丝布满全身，并逐渐下沉至池底，卵和幼体大量死亡，在死亡的卵或幼体内有大量病原的菌丝。

【诊断】可直接取患病卵或幼体做成水浸片镜检，在卵表面或幼体头胸甲边缘和附肢上可发现菌丝，或在成熟的菌丝体上可发现顶囊及其散放的动孢子。若要鉴别诊断病原的具体种类，需使用真菌培养基分离培养病原，并经无菌海水处理后，用显微镜观察其孢子的形成方法和排放管的形态等，进而作出判断。

【防治】目前无国家规定的水产养殖用针对该病的药物，只能采取预防措施。具体是：

(1) 育苗前池塘应彻底消毒，特别是已经发生过真菌病的育苗池，再次使用前更应严格消毒。

(2) 产卵亲虾在产卵前，先用聚维酮碘溶液（0.5～1mg/L）浸洗 30min。

(3) 进入育苗池的水，应先进行砂滤。

(4) 发病池塘使用过的工具，必须消毒后才能再用于其他池塘。

第二节 镰刀菌病

【病原】镰刀菌。菌丝呈分支状，有分隔。生殖方法是形成大分生孢子、小分生孢子和厚膜孢子。其最主要的特征是大分生孢子呈镰刀形，有 1～7 个隔膜。

【流行特点】该病是全球海水和淡水养殖虾类的常见疾病。不同种类的虾受其危害具有较大的差异。日本囊对虾和加州对虾对其最为敏感；蓝对虾和万氏对虾、中国明对虾也有感染发病报道。我国山东、江苏、福建、广东和台湾均有发生此病的报道。病原主要感染成虾以及越冬期的亲虾。镰刀菌为典型的机会病原，对虾受到创伤、摩擦和化学物质的伤害后，病原乘虚而入，逐渐发展成为严重的疾病，引起大批死亡。

【症状与病理】该病的病原主要寄生于虾的鳃、头胸甲、附肢、体壁和眼球等部位。主要患病症状为，感染部位先出现浅黄色到橘红色斑，并逐渐发展为浅褐色、黑褐色直至黑色。如日本囊对虾鳃部感染后，可引起鳃丝组织坏死变黑；中国明对虾鳃部感染后，有的鳃丝变黑，有的虽充满了真菌但不变黑；有的中国明对虾越冬亲虾出现甲壳坏死、变黑和脱落，如烧焦的症状。病理检查发现，患病个体变黑处有许多浸润性的血细胞、坏死的组织碎片、真菌菌丝和分生孢子。

【诊断】镰刀菌感染后，最明显的外观症状为感染部位变黑。但该外观症状与甲壳溃疡病或黑鳃病的外观症状相近，仅从外观变化难以区分，需从病灶处取受损组织做成水浸片。镜检如果可见有镰刀形的大分生孢子和细小分支的菌丝体，则为镰刀菌病。诊断时若看不到镰刀形的大分生孢子，可利用真菌培养基培养，待形成大、小分生孢子后再检查确定。

【防治】目前无国家规定的水产养殖用针对该病的药物，只能采取预防措施。具体是：

(1) 对虾放养前彻底消毒池底。

(2) 亲虾入池前应消毒。

(3) 池水入池前应经过砂滤。

(4) 严防亲虾受伤。

第十三单元　鳖的真菌性疾病

第一节　毛 霉 病

【病原】毛霉属的真菌。

【流行特点】稚鳖患该病后，死亡率较高，可达90%以上；成鳖患该病后，影响摄食和生长，且由于鳖甲表皮出血，外观不雅而降低了商品价值。该病以5—11月最为流行，流行温度15～33℃，最适流行温度25～30℃，控温养殖全年均可发病。鳖在流水池或水质清澈、透明度较高的水中养殖，更容易发生此病；相反，在看似不清洁、浮游植物（湖靛等）繁茂的水体中，由于与其他菌体竞争，毛霉菌的生长发育受到限制，鳖发病率较低，甚至没有发生。在分级、捕捞和运输等过程中，不慎造成鳖体受伤，或养殖中放养密度过高，都会造成该病的流行。

【症状与病理】这种霉菌寄生于鳖甲、四肢、颈部及尾部等身体各部分的皮肤。患该病后，毛霉向鳖皮肤内、外生长，鳖食欲降低，骚动不安，爬到休息台上，不怕惊。外菌丝短小，呈白色，病鳖的四肢、颈部和裙边等处出现白斑状的病变，早期仅出现在边缘部分，后逐渐扩大，形成一块块白斑，表皮坏死，部分崩解，逐渐脱落。

【诊断】

（1）*初步诊断*　将鳖放在干净的水中浸泡，观察是否在甲壳裙边上有白斑状的病变，结合流行情况可初步诊断。镜检病鳖裙边，看到毛霉菌丝可进一步诊断。

（2）*实验室诊断*　取病鳖裙边接种于霉菌培养基内，30℃下培养24h，培养基上有黑色菌丝生长可确诊。

【防治】

（1）*预防措施*　除与穿孔病相同的预防方法之外，还应该：

①用生石灰清塘、消毒。用0.01%腐熟经消毒的有机肥水遍洒，使池水变成嫩绿色、透明度在30～40cm，可有效地预防该病的发生。

②鳖入池前，用3%～4%的食盐水浸洗5min左右。

③在养殖、捕捉和运输过程中，应防止鳖受伤。

④给鳖准备晒背台，若鳖经常进行晒背，可有效地预防该病的发生。

⑤发现病鳖或外伤鳖，应立即隔离，并用药物消毒处理。

（2）*治疗方法*

①选用国家规定的水产养殖用对真菌具有杀灭作用的含碘消毒剂，如聚维酮碘溶液。

②每日3次，每千克鳖体重每次用0.1～0.2g五倍子末拌饵投喂。

第二节　水霉病

【病原】水霉菌或绵霉菌等多种真菌。

【流行特点】水霉病全年都可发生，但以冬末、春初，气温18℃左右的梅雨季节为常见。

【症状与病理】霉菌最初寄生时，肉眼看不到病鳖有什么异样。当肉眼看到时，菌丝已在鳖体伤口侵入，向内、外生长。受伤较深时，霉菌可向内深入肌肉，蔓延到组织细胞间隙，浸入的菌丝极度分支；向体外生长的菌丝，似灰白色“棉毛状”，故俗称“白毛病”。

【诊断】

（1）*初步诊断*　用肉眼检查，根据症状可作出初步诊断。

（2）*实验室诊断*　取棉毛状疑似物镜检，根据管状无横隔多核菌丝体、棍棒或纺锤游动孢子囊及2条等长鞭毛的游动孢子可基本作出诊断。

【防治】同毛霉病。

第十四单元　鱼类寄生虫性疾病

第一节　卵鞭虫病

【病原】眼点淀粉卵涡鞭虫（*Amyloodinium ocellatum*）。属肉足鞭毛门、鞭毛亚门、植鞭纲、腰鞭目、胚沟科。成虫用假根状突起固着在鱼体上。寄生期的虫体是营养体，初期为梨形，到后期则近于球形，大小为 20～150μm，最大的达 350μm。营养体成熟后或在病鱼死后，缩回假根状突起，离开鱼体，落入水中，分泌出一层纤维质形成包囊。虫体在包囊内用二分裂法反复进行多次分裂，最后形成具 2 根鞭毛，无色，有横沟和纵沟的涡孢子。涡孢子冲出包囊，在水中游泳，遇到宿主鱼附着后去掉鞭毛，生出假根状突起，再成为营养体，开始其寄生生活。

【流行特点】卵鞭虫病呈世界性分布，是水族馆的常见病害。在一些硝酸盐含量高的养殖水域，也常见该病。该虫可侵入多种海水和半咸水养殖鱼类，对宿主无专一性；水族馆、室内水泥池和池塘养殖的鲻、梭鱼、海马、鲈、真鲷、黑鲷、河鲀、大黄鱼和石斑鱼等常发生严重感染。一般表现出症状后的 2～3d 内，死亡率可高达 100%。该病流行于夏、秋高水温期，水温 23～27℃的 7—9 月是疾病的高发季节。

【症状与病理】眼点淀粉卵涡鞭虫的营养体主要寄生在鱼类鳃上，其次是皮肤和鳍，严重感染的鱼肉眼看上去有许多小白点。病鱼游泳缓慢，无力地浮游于水面，呼吸加快，鳃盖开闭不规则，口常不能闭合，有时喷水，或向固体物上摩擦身体。有时，病鱼继发性感染细菌或真菌。

【诊断】

（1）初步诊断　肉眼可看到病鱼的鳃或体表有许多小白点，仔细观察可看到眼点淀粉卵涡鞭虫寄生在鱼鳃或体表。

（2）实验室诊断　刮取白点用显微镜进行检查，根据虫体形态可确定。如需进一步诊断可采用 PCR 等技术确诊。

【防治】

（1）预防措施

①繁殖用的亲鱼先认真检查，如发现携带病原，应先用淡水处理后再留用。

②苗种放养（特别是从外地购买的苗种），或转换养殖池塘、网箱时，用淡水处理后再放养到新的水体内。

③保持水质清新，勿使硝酸盐含量过高。

（2）治疗方法

①淡水浸洗病鱼 2～3min，大多数营养体可以脱落，但有些营养体可能在鳃的黏液内，受不到淡水的影响，以后仍能形成包囊进行繁殖，所以隔 3～4d 后应重复治疗 1 次。淡水浸洗，是比较经济、简便和有效的方法。

②硫酸铜全池泼洒，使池水达 0.8～1.2mg/L 的浓度，药浴 10～15min，连用 4d；或浓度为 10～12mg/L，浸洗 10～15min，每日 1 次，连用 3～4 次。

第二节　隐鞭虫病

【病原】隐鞭虫。虫体狭长或近似于叶片状，前端钝圆，后端尖细。身体前端有 2 个毛基体，各生出1条鞭毛。一条向前伸出，成为游离的前鞭毛；另一条沿虫体边沿向后伸，与身体之间形成波浪形的波动膜，至虫体后端再离开虫体成为后鞭毛。体前部有1个圆形或长形的动核，中部有1个圆形或椭圆形的胞核，以纵二分裂法繁殖。虫体可短时在水中自由生活。

【流行特点】隐鞭虫病在我国主要养鱼区均有流行，发现于江苏、浙江、广东、广西地区以及华中一带。虫体寄生于青鱼、草鱼、鲢、鳙、鲤、鲫、鳊和鲮等淡水经济鱼类及其他野杂鱼；宿主范围广泛，无选择性，但仅能危害当年草鱼。海水养殖的鲻、鲈、梭鱼、真鲷、黑鲷、牙鲆和石斑鱼等的鳃上也有虫体寄生，但未定种。发病季节为7—9月。

【症状与病理】鳃隐鞭虫寄生于淡水鱼类的鳃和皮肤，能破坏鳃小片上皮和产生凝血酶，使鳃小片血管阻塞；在苗种阶段大量寄生于鳃时，使宿主活力下降，游动缓慢，食欲减退或不摄食，鳃部黏液增多，呼吸困难，窒息死亡。隐鞭虫寄生于体内组织的病鱼外表没有明显症状。隐鞭虫也出现在血液中，如大麻哈鱼类的血液中，导致病鱼的鳃血管发生栓塞、膨胀，引起鳃丝水肿。

【诊断】

(1) 初步诊断　在虫体寄生的鳃部或其他部位取少许样品置于载玻片上，制成涂片，在显微镜下观察到虫体即可诊断。

(2) 鉴别诊断　显微镜下对虫体形态结构进行观察或染色观察，可确诊。

【防治】

(1) 全池泼洒硫酸铜、硫酸亚铁粉（5∶2），淡水鱼使用浓度为0.7mg/L，海水鱼为0.8～1.2mg/L。

(2) 硫酸铜、硫酸亚铁粉（5∶2）浸浴，10mg/L浓度浸浴15～30min。海水鱼也可用淡水浸洗3～5min。

第三节　锥体虫病

【病原】锥体虫。锥体虫的身体狭长，形如柳叶，虫体生活时在鱼的血液中运动活泼，不断伸曲，但位置不大移动；为纵二分裂法繁殖，以吸血的无脊椎动物为中间宿主（节肢动物或水蛭类）。

【流行特点】锥体虫在我国的分布较广，一般淡水鱼都可被感染；多种海水鱼类，如鲆鲽类、鳎、鲬、鲷、鳐、鳕、鲈、鲷以及鳗形目等亦可感染。我国广东养殖的石斑鱼血液中常有发现。一年四季均可发现病原体，流行于6—8月。锥体虫的传播媒介是吸食鱼血的蛭类，蛭类在吸食病鱼的血液时，锥体虫随血流进入蛭类的消化道内，并在其中分裂繁殖。蛭在吸食其他鱼的血液时，又将虫体送入新宿主。

【症状与病理】锥体虫寄生在鱼类血液中，以渗透方式获取营养。通常宿主看不出什么症状，严重感染时，鱼体虚弱、消瘦，出现贫血。大杜父鱼感染穆拉锥体虫后，红细胞数减少，血红蛋白和血浆蛋白的含量降低，而淋巴细胞数增加。

【诊断】

(1) 初步诊断　取发病鱼的入鳃动脉血或从心脏取血，置于载玻片上，显微镜观察，看到扭曲运动的虫体可初步诊断。

(2) 实验室诊断　设计锥体虫特异性引物，经PCR等可基本确定。

【防治】预防措施主要是通过杀灭鱼蛭。用5%的食盐水浸洗鱼体5～10min，驱除鱼蛭。

第四节　鱼波豆虫病

【病原】飘游鱼波豆虫。虫体侧面观呈梨形、卵形或近似圆形，侧腹面观略似汤匙。偏于侧面的一边有一鞭毛沟，其前端有生毛体，由此长出 2 根后鞭毛。用纵二分裂法繁殖。

【流行特点】飘游鱼波豆虫在国内外养鱼区均有流行，危害各种温水及冷水性淡水鱼，尤以鲤和鲮的鱼苗为严重。国内外都有流行，适宜繁殖温度为 12～20℃，一般流行于春、秋两季，广东、广西则以冬末、春初最为流行。鱼的年龄越小对虫体越敏感，放养后 3～4d 的鱼苗或从鱼卵孵出 6～8d 的鱼苗即可受害，且病程短，发现病原体 2～3d 后，病鱼即开始大量死亡。北方越冬的春片鱼种最易受害，2 足龄以上的大鱼一般不引起死亡。虫体靠直接接触传播。

【症状与病理】寄生在鱼类皮肤及鳃。疾病早期没有明显症状，当病情严重时，病鱼离群独游，游动缓慢，食欲减退，甚至不吃食，呼吸困难而死。病鱼皮肤及鳃上黏液增多，寄生处充血、发炎和糜烂。当 2 龄以上的大鲤患病严重时，可引起鳞囊内积水、竖鳞等症状。病鱼体表形成灰白色或淡蓝色的黏液层。

【诊断】取鳃部或体液少许样品置于载片上，制成涂片，在显微镜下观察到虫体即可诊断。

【防治】同隐鞭虫病。

第五节　艾美虫病

【病原】艾美虫。属球虫目、艾美亚目的艾美虫科和隐孢虫科。艾美虫科的种类是细胞内寄生；隐孢虫科为细胞上生活（在肠上皮细胞肥大的微小突起内），并且小配子无鞭毛，在海水鱼上现仅发现鼻隐孢虫 1 种。

生活史中的感染期是卵囊。卵囊呈卵形或球形，外面有一层透明的卵囊膜；内有 4 个孢子囊。孢子囊呈卵圆形、梭形或晶体形。孢子囊之间有 1 团卵囊残余体和 1～2 个极体。每个孢子囊外面有一层孢子囊膜，膜内有 2 个香蕉状或香肠状长而弯曲的孢子体，互相颠倒排列；孢子体内有 1 个胞核；2 个孢子体之间有 1 团孢子残余体。

【流行特点】艾美虫寄生在多种淡水鱼和海水鱼的肠、幽门垂、肝脏、肾脏、精巢、胆囊和鳔等处，国内外都有发生。我国危害较大的是寄生在青鱼肠内的青鱼艾美虫，主要危害 1 足龄青鱼，大量寄生时可引起死亡。鳙艾美虫大量寄生在 1 足龄以上鲢、鳙的肾脏，可引起病鱼死亡。流行季节为 4—7 月。艾美虫不同种类对宿主有严格的选择性，在同一条鱼中又常有几种艾美虫同时寄生。艾美虫病通过卵囊而传播。海水鱼只发现在野生鱼，在养殖海水鱼中还未见由于艾美虫感染引起死亡的报道。

【症状与病理】艾美虫寄生会破坏组织细胞，大量寄生时形成白色的卵囊团，使病鱼消瘦。在淡水鱼类中寄生的艾美虫，有时引起宿主大批死亡。如青鱼肠内的青鱼艾美虫，少量寄生时，青鱼没有明显症状。当大量寄生时，可引起病鱼消瘦，贫血，食欲减退，游动缓慢，鱼体发黑，腹部略为膨大；剖开鱼腹，可见前肠比正常的粗 2～3 倍，肠壁上有许多白色小结节，肠壁充血发炎。艾美虫主要寄生在黏膜及黏膜下层，肌层次之，浆膜中最少，严重时可引起肠穿孔。鳙艾美虫大量寄生在 1 足龄以上鲢、鳙的肾脏，可引起病鱼贫血，鳞囊积水，部分鳞片竖起，腹部膨大并有腹水，眼睛突出，肝脏土黄色，肾脏颜色很淡，逐渐死亡。

【诊断】取病变组织做涂片或压片，在显微镜下可看到卵囊及其中的孢子囊。

【防治】利用艾美虫对宿主有严格的选择性，可采取轮养的办法来进行预防。

第六节　黏孢子虫病

黏孢子虫病，是由致病性黏孢子虫寄生于鱼类而引起的一种寄生虫性疾病。有些种类可引起病鱼大批死亡；有些种类虽不引起大批死亡，但使病鱼完全丧失食用价值。2022 年农业农村部公告第 573 号将其列为三类动物疫病。

【病原】黏孢子虫。已报道的有近千种，致病种类分属于双壳目和多壳目。

(1) 对海水鱼危害较大的黏孢子虫

①弯曲两极虫：寄生于鲽类、海马和海龙等 20 多种鱼类的胆囊。

②小碘泡虫：寄生于半咸水或海水鱼类的鳃上，可导致严重危害。小碘泡虫在黑海和亚速海的鲻和金鲻中可严重流行，发病鱼鳃丝充满包囊，可发生大批死亡。

③角孢子虫：寄生于鲽、鲆、石斑鱼类和其他许多海水鱼类胆囊中，感染严重时，胆囊膨大、充血，胆管发炎。

④尾孢子虫：寄生于美国饲养的北美鲳鲹（*Trachinotus carolinus*）心脏表面或内面，形成白色包囊，包囊内充满尾孢子虫孢子。被寄生的稚鱼身体瘦弱，生长不良，散发性死亡。

⑤肌肉单囊虫：寄生于北美太平洋沿岸的狭鳞庸鲽的肌肉纤维内，使肌肉变白色，不透明，肌纤维膨大，其中充满了包囊。

⑥库道虫：寄生于海水鱼类的库道虫已发现 30 种以上，不同种寄生部位不同，以寄生于肌肉中的种最多。孢子有 4 个极囊，集中于前端，有 4 片壳，与寄生于鱼类胆囊的四极虫相似，但是库道虫的孢子顶面 4 个极囊排列成星状或四方形，孢子壳缝线模糊不清。

肌肉寄生库道虫一般不致死鱼类，但肌肉中肉眼可见的包囊使食品价值降低，甚至不能食用。

日本养殖的红鳍东方鲀的围心腔和心脏腔中寄生的鲀库道虫，其包囊和从包囊中放出的孢子，能使宿主的鳃血管发生栓塞。

⑦金枪鱼六囊虫：主要寄生于金枪鱼。

⑧安永七囊虫：寄生于日本养殖的鲈、条石鲷、红鳍东方鲀和鱼等海水鱼类的脑内。

(2) 对淡水鱼危害较大的黏孢子虫

①鲢碘泡虫：寄生于鲢，鲢夏花鱼种感染的鲢碘泡虫多为营养体阶段，10 月后逐渐形成孢子，越冬鱼种脑内即可见白色包囊。

②野鲤碘泡虫：寄生于鲮皮肤和鲤、鲫鳃上，形成瘤状包囊。

③微山尾孢虫：寄生于乌鳢鳍条。

④鲮单极虫：寄生于鲮、鲤等养殖淡水鱼类。

⑤吉陶单极虫：寄生于北方鲤。

【流行特点】黏孢子虫广泛地寄生于多种海水、淡水和咸淡水鱼类，地理分布很广，遍及世界各地。黏孢子虫病没有明显的季节性，一年四季均可发现。随着集约化养殖水平的提高和养殖品种的扩大，其危害明显增大。黏孢子虫的生活史比较复杂，各种之间也有差别，有些种类目前尚不清楚，通过水丝蚓感染，特别是海水鱼类的黏孢子虫。通常认为，黏孢子虫的生活史必须经过裂殖生殖和配子形成两个阶段，宿主的感染是通过孢子。

【症状与病理】病鱼症状随寄生部位和黏孢子虫种不同而不同，通常在组织中寄生的种类，形成肉眼可观察到的白色包囊，如鳃、体表皮肤、肌肉和内脏组织中的库道虫、碘孢虫和尾孢虫等；腔道寄生种类一般不形成包囊，孢子游离在器官腔中，如胆囊、膀胱和输卵管中的两极虫、角孢子虫等。严重感染时，胆囊膨大，胆管发炎，胆囊壁充血，成团的孢子可以堵塞胆管。

鲢碘泡虫寄生在鲢各种器官组织中，其中，尤以神经系统和感觉器官为主，如脑、脊髓、脑颅腔内拟淋巴液、嗅觉系统和听觉系统等，引起鱼急游打转，俗称“疯狂病”；脑黏体虫寄生在鲑科鱼类的头骨及脊椎骨的软骨组织，破坏听觉平衡器及交感神经，使鱼追逐自身尾部而旋转运动，又称“眩晕病”；时珍黏体虫主要寄生在鲢腹腔内，形成包囊，造成病鱼腹部膨大，内脏萎缩，又称“鲢水臌病”；中华黏体虫寄生在鲤肠的内、外壁上，形成许多乳白色芝麻状包囊，严重影响鲤的生长发育；吉陶单极虫寄生在鱼肠壁，形成大包囊，堵塞肠管；鲮单极虫寄生于鱼鳞下，形成椭圆形鳞片状扁平包囊，往往使鱼鳞片竖起；鲢四极虫寄生在鲢的胆囊内，可引起胆囊肿大，病鱼鳍的基部和腹部呈黄色；七囊虫寄生在脑颅内，可引起病鱼游泳反常，体色变黑，身体瘦弱，脊柱弯曲，肝脏萎缩并有瘀血；饼形碘孢虫寄生在草鱼肠壁和鲤肌肉内，形成白色包囊；圆形碘泡虫寄生在鲤、鲫的头部、鳃弓及鳍上，形成许多肉眼可见的包囊；鲫碘泡虫及库斑碘泡虫等寄生在银鲫头后背部肌肉，引起瘤状突起。

病理变化因黏孢子虫的种类和感染的鱼类不同而差异较大。鲢碘泡虫寄生在鲢的各种器官，病鱼严重贫血，红细胞数、血红蛋白量、红细胞比积、血浆总蛋白量、无机磷量等均显著地低于健康鱼，白细胞数、红细胞渗透脆性则显著地高于健康鱼，嗜中性粒细胞及嗜酸性粒细胞百分率显著高于健康鱼，单核细胞百分率显著高于健康鱼，淋巴细胞百分率显著低于健康鱼。饼形碘泡虫寄生在草鱼的肠壁，病理切片显示包囊侵袭肠道各层组织，包囊可充塞于固有膜和黏膜下层间，肠黏膜组织受到严重破坏。

【诊断】

（1）*初步诊断*　根据症状及流行情况诊断，体外寄生黏孢子虫可在体表和鳃部肉眼形成大小不一的白色包囊。

（2）*实验室诊断*　取包囊镜检可作出诊断。部分黏孢子虫不形成肉眼可见包囊，需对有疑似症状脏器作镜检。包囊压成薄片后用显微镜检查孢子形态，可大致确定感染种类。口岸检疫鱼，除取组织压片镜检外，还应取待检鱼头或脑部组织，用胃蛋白酶和胰蛋白酶充分消化后，取离心沉淀物镜检。

（3）*鉴别性诊断*　微孢子虫、单孢子虫、小瓜虫等也可形成包囊。可用显微镜观察，根据虫体形态作鉴别性诊断。

【防治】

（1）*预防措施*

①严格执行检疫制度，不从疫区购买携带有病原的苗种。

②清除池底过多淤泥，并用生石灰彻底消毒。

③不投喂携带黏孢虫的鲜活小杂鱼虾，或将其煮熟后再投喂。

④发现病鱼、死鱼及时捞出，并作焚烧处理。

⑤对有发病史的池塘或养殖水体，每月全池遍洒敌百虫1～2次，浓度为0.2～0.3mg/L。

⑥套养黄颡鱼、扣蟹以摄食水丝蚓。

(2) 治疗方法

①使用国家规定的水产养殖用中草药，淡水鱼类每次使用百部贯众散3g，连用5d。

②选择国家规定的水产养殖用抗原虫药。地克珠利属三嗪类化合物，对水生动物孢子虫等有抑制或杀灭作用。规格为100g：0.2g的地克珠利预混剂，每千克鱼体重每次用2.0～2.5mg；或规格为100g：0.5g的地克珠利预混剂，每次0.4～0.5g混合饲料投喂。盐酸氯苯胍粉等其他驱杀虫类药物亦可。

第七节 微孢子虫病

【病原】微孢子虫。常见的种类有大眼鲷匹里虫、小孢子虫、微粒子虫、格留虫、特汉虫和匹里虫。虫体呈梨形、椭圆形或卵形，长度一般为2～10μm。

【流行特点】微孢子虫地理分布很广，是一种世界性的寄生虫病害。大眼鲷匹里虫发生于南海北部湾广东、广西沿岸水域中的长尾大眼鲷和短尾大眼鲷。以前者受害大，感染率在全年各月中都很高。

【症状与病理】微孢子虫通常寄生在鱼体表或体内，形成肉眼可见的包囊。如大眼鲷匹里虫感染，鱼体瘦弱，腹部膨大，腹壁肌肉变薄，肋骨部位明显突起。剖检时，在生殖腺、胃肠外壁、幽门垂、脂肪组织、肝脏和腹壁等部位有许多大小不一的白色包囊，重者充满整个腹腔，鳃瓣上有时也发现包囊。

【诊断】

(1) 初步诊断 根据病鱼症状可初步诊断。剖开病鱼腹部，看到白色成团的包囊。

(2) 实验室诊断 取1个包囊压片后镜检即可确诊，内部构造须用电镜观察。

【防治】

(1) 预防措施

①严格执行检疫制度。

②不使用携带病原的鲜活小杂鱼虾作为饵料。

③出现病情及时采取隔离措施，及时捞出病鱼、死鱼进行无害化处理。

(2) 治疗方法 选择国家规定的水产养殖用抗原虫药。规格为100g：0.2g的地克珠利预混剂，每千克鱼体重每次用2.0～2.5mg；或规格为100g：0.5g的地克珠利预混剂，每次0.4～0.5g混合饲料投喂。盐酸氯苯胍粉等其他驱杀虫类药物亦可。

第八节 肤孢虫病

【病原】主要有野鲤肤孢虫、鲈肤孢虫、广东肤孢虫。孢子呈圆球形，直径4～14μm；外包一层透明的膜，细胞质里有1个圆形、大的折光体，位于孢子的偏中心位置；在折光体和胞膜之间最宽处有 1 个圆形胞核；没有极囊和极丝。可寄生于无脊椎动物（如软体动物、环节动物、节肢动物）和鱼类等低等脊椎动物中，以孢子形式寄生。野鲤肤孢虫的包囊呈线形，盘曲成一团；鲈肤孢虫的包囊呈香肠形；广东肤孢虫的包囊呈带形。行裂殖生殖，整个生活史中只需 1 个宿主。

【流行特点】全国各养鱼地区都有发生。鲈肤孢虫寄生在鲈、青鱼、鲢和鳙等鳃上；广东肤孢虫寄生在斑鳢的鳃上；野鲤肤孢虫寄生在鲤、镜鲤、青鱼和草鱼的体表。野鲤肤孢虫可寄生多处，1 条鱼上可有近 200 个包囊，严重感染时可引起死亡。

【症状与病理】肤孢虫寄生在鱼的体表（包括躯干、鳍、头）和鳃上，鱼体体表有线形、香肠形、带形的包囊，严重感染时可引起鱼体发黑，消瘦，皮肤发炎，死亡。

【诊断】取病灶部位做涂片或压片，在显微镜下检查进行诊断。

【防治】目前尚无有效的治疗方法，预防方法同黏孢子虫病。

第九节　斜管虫病

【病原】鲤斜管虫。虫体腹面观卵圆形，后端稍凹入。侧面观背面隆起，腹面平坦，活体大小为（40～60）μm×（25～47）μm。伸缩泡 2 个，分别位于虫体前部和后部。以横二分裂及接合生殖方式繁殖。

【流行特点】我国各养鱼地区都可发生，为一种常见的多发病。对温水性及冷水性淡水鱼都可造成危害，主要危害鱼苗、鱼种，室内水族箱中也常发生该病。该病主要流行于春季、秋季，当水质恶劣、鱼体衰弱时，夏季、冬季冰下也会发生斜管虫病。

【症状与病理】虫体寄生在淡水鱼体表及鳃上。少量寄生时对鱼危害不大，症状不明显。大量寄生时，可引起皮肤及鳃产生大量黏液，体表形成苍白色或淡蓝色的一层黏液层，组织损伤，呼吸困难；如果水温及其他条件合适，病原大量繁殖，2～3d 内病鱼大批死亡。尤其是鱼种、鱼苗阶段特别严重。鱼苗患病时，有时有拖泥症状。产卵池中的亲鱼，也会因大量寄生而影响生殖功能，甚至死亡。

【诊断】在虫体寄生的鳃部或其他部位取少许样品置于载片上，制成涂片，在显微镜下观察到虫体即可诊断。

【防治】

（1）同隐鞭虫病的防治方法。

（2）越冬前应将鱼体上的病原体杀灭，再进行育肥；同时，尽量缩短越冬期的停食时间。鱼开始摄食时，要投喂营养丰富的饲料。

（3）水温在 10℃以下时，全池泼洒硫酸铜、硫酸亚铁粉（5∶2），使池水呈 0.3～0.4mg/L的浓度。

第十节　车轮虫病

【病原】车轮虫属和小车轮虫属的一些种类。我国常见有 20 余种。虫体侧面观如毡帽状，运动时如车轮转动样。隆起的一面为口面，相对而凹入的一面为反口面。大核呈马蹄状。反口面最显著的构造是齿轮状的齿环，齿环由齿体互相套接而成，齿体似空锥，分为锥体、齿钩和齿棘三部分。车轮虫用附着盘（反口面）附着在鱼的鳃丝或皮肤上，并来回滑动，有时离开宿主在水中自由游泳。

【流行特点】淡水和半咸水鱼类，都可发现车轮虫的寄生。车轮虫一年四季均可检查到，流行于4—7月，但以夏、秋季为流行盛季，适宜水温为20～28℃。当环境不良时，如水体小、放养密度过大和连续下雨等情况下，车轮虫往往大量繁殖，成为病害，引起淡水鱼苗、鱼种致死，有时致死率较高。

【症状与病理】车轮虫主要寄生在鱼类鳃、皮肤、鼻孔处。当寄生数量少时，宿主鱼不显症状；但大量寄生时，由于它们的附着和来回滑行，刺激鳃丝大量分泌黏液，形成一层黏液层，引起鳃上皮增生，妨碍呼吸。在苗种期的幼鱼体色暗淡，失去光泽，食欲不振，甚至停止吃食，鳃的上皮组织坏死、崩解，呼吸困难，衰弱而死。小鱼有“跑马”症状。

【诊断】在虫体寄生的鳃部或其他部位取少许样品置于载片上，制成涂片，在显微镜下观察到虫体，并且数量较多时即可诊断。

【防治】

（1）*预防措施*　苗种培育期加强观察，判定感染强度，如低倍镜下1个视野达到30个以上虫体，则应及时采取治疗措施。

（2）*治疗方法*

①海水鱼用淡水浸洗5～10min。

②每千克鱼体重每次使用雷丸槟榔散0.3～0.5g，拌饲投喂，隔日1次，连用2～3次；或每千克鱼体重每次使用苦参散1～2g，拌饲投喂，连用5～7次。

③全池泼洒硫酸铜、硫酸亚铁粉（5∶2），淡水使池水呈0.7mg/L的浓度，海水使池水呈0.8～1.2mg/L的浓度。

第十一节　瓣体虫病

【病原】石斑鱼瓣体虫。虫体侧面观为背部隆起，腹面平坦，前部较薄，后部较厚。腹面观虫体为椭圆形，幼小个体则近于圆形。虫体大小为（45～80）μm×（29～53）μm（固定标本）。大核椭圆形；小核椭圆形或圆形，紧贴于大核前。圆形胞口在腹面前端中间，活体的胞口稍凸出于腹面。与胞口相连的是由12根刺杆围成的漏斗状口管。在大核后方的腹面，有1个形如花朵的瓣状体。腹面的中部和前部两侧有32～36条纤毛线，背面无纤毛线。

【流行特点】瓣体虫病流行于福建、广东、广西、海南和浙江等省（自治区），主要危害赤点石斑鱼、青石斑鱼和真鲷等。流行季节是夏季和初秋高温期，在高密度养殖的池塘和网箱中较为常见，发病快，感染率和死亡率都很高。

【症状与病理】石斑鱼瓣体虫寄生于石斑鱼的皮肤和鳃上。病鱼体表出现许多大小不一的白斑（白点），严重时白斑扩大成一片，所以也叫白斑病。病鱼常浮于水面，游泳无力，呼吸困难，头部、皮肤、鳃和鳍上的黏液分泌增多；病死的鱼胸鳍向前方伸直，几乎贴近于鳃盖。

【诊断】从白斑处取样，做成水浸片进行镜检，观察到虫体即可诊断。

【防治】

（1）用淡水浸洗病鱼2～4min。

（2）用硫酸铜、硫酸亚铁粉溶液（浓度为 2mg/L）浸洗病鱼 2h，翌日再重复 1 次，疗效显著。

第十二节　小瓜虫病

小瓜虫病又称白点病，是寄生于淡水鱼类体表和鳃部的一种纤毛虫病，以病鱼体表或鳃呈现小白点为特征，对淡水养殖鱼类危害严重。2022 年农业农村部公告第 573 号将其列为三类动物疫病。

【病原】多子小瓜虫。广泛寄生于各种淡水鱼类的鳃和皮肤。生活史分为成虫期、幼虫期及包囊期。

（1）成虫期　成虫卵圆形或球形，大小为（350～800）μm×（300～500）μm，肉眼可见；虫体柔软，全身密布短而均匀的纤毛，胞口位于体前端腹面，围口纤毛由 5～8 行纤毛组成；大核呈马蹄形或香肠形，小核圆形；胞质外层有很多细小的伸缩泡，内质有大量食物粒。

（2）幼虫期　体呈卵形或椭圆形，前端尖，后端圆钝；前端有 1 个乳突状的钻孔器；全身披有等长的纤毛；在后端有 1 根长而粗的尾毛；大核椭圆形或卵形，大小为（33～54）μm×（19～32）μm。

（3）包囊期　离开鱼体的虫体或越出囊泡的虫体，可作 3～6 h 的游泳，然后沉入水底的物体上。静止之后，其分泌一层胶质厚膜将虫体包住，即是包囊。包囊圆形或椭圆形，白色透明，大小为（0.329～0.98）mm×（0.276～0.722)mm。

【流行特点】小瓜虫是在世界范围内广泛流行的淡水鱼类寄生虫，对宿主无选择性，各种淡水养殖鱼类、洄游性鱼类和观赏鱼类均可被其寄生，各年龄组的鱼类都能被寄生，尤以鱼苗、鱼种、观赏性鱼类及越冬后期的鱼种受害严重。我国淡水鱼类养殖地区均有小瓜虫病流行。

小瓜虫的繁殖适温为 15～25℃，主要流行于春、秋季；但当水质恶劣、养殖密度高、鱼体抵抗力低时，在冬季及盛夏也有发生。水温在 15～25℃时侵袭能力较强，其余水温时侵袭力明显降低。

【症状与病理】小瓜虫寄生在鱼的表皮和鳃组织中，对宿主上皮的不断刺激，使上皮细胞不断增生，形成肉眼可见的小白点，故由多子小瓜虫引起的病症又叫“白点病”。

病鱼的主要症状表现为：体表形成小白点，看上去像洒了一层盐；当病情严重时，躯干、头、鳍、鳃和口腔等处都布满小点，有时眼角膜上也有小白点，伴有大量黏液；病鱼体色发黑，消瘦，游动异常，表皮糜烂，鳞片脱落，鳍条开裂，甚至蛀鳍；鳃上有大量的寄生虫，鱼体黏液增多，鳃小片被破坏，鳃上皮增生或部分鳃贫血；虫体若侵入眼角膜，引起发炎、瞎眼；鱼体常与固体物摩擦，最后病鱼呼吸困难而死。

有关研究发现，患有小瓜虫病的病鱼，感染初期血液中淋巴细胞急剧减少，中性粒细胞上升；电解质亦有变化，血清中的 Na^{+}、Mg^{2+} 浓度下降，K^{+} 浓度升高；尿素、氨态氮浓度升高。

【诊断】

（1）初步诊断　根据症状及流行情况，进行初步诊断。

(2) *实验室诊断*　镜检病鱼皮肤和鳃，将有小白点的鳍或者鳃剪下，放在载玻片上，滴上清水，盖上盖玻片，显微镜下检查，可见球形滋养体，胞质中可见马蹄形的细胞核。

(3) *鉴别诊断*　引起鱼体表小白点的疾病，除小瓜虫病外，还有黏孢子虫病、打粉病等多种病，不能仅凭肉眼看到鱼体表有很多小白点就诊断为小瓜虫病，需经显微镜检查；或取小白点鳍置于盛有清水的平皿中，于黑色或深色背景中观察，挑破小白点膜，看到小球状虫从白点中游出，可作出诊断。

【防治】

(1) *预防措施*

①防止野生鱼类进入养殖体系，避免养殖鱼类受到小瓜虫感染。鱼塘灌满水之后，至少要自净 3d 以后才能放入鱼苗，因为即使随水源引入幼虫，在它们没有找到宿主感染时，2d 后会自行死亡。

②曾经发生过小瓜虫病的鱼池要清除池底过多淤泥，水泥池壁要进行洗刷，用生石灰或漂白粉进行消毒，并且在烈日下曝晒 1 周。

③鱼下塘前进行抽样检查，如发现有小瓜虫寄生，应采用药物药浴。

④保证鱼群的营养，如饲喂全价饲料和充足的多种维生素，提高鱼体的免疫力，可以减少鱼群发生小瓜虫病的机会。

(2) *治疗方法*　小瓜虫病目前尚无理想的治疗方法，在疾病早期采取措施有一定效果。幼虫孵化时间通常在夜间，对硫酸铜等药物敏感，故用药最好在夜间进行，以便杀灭抵抗力相对较弱的幼虫。

可用食盐溶液浸泡。以盐度为 20～30 的盐水浸泡，用于治疗和预防均有效；或将水温提高到 28℃以上，使虫体自动脱落。

在治疗的同时，必须将养鱼的水槽、工具进行洗刷和消毒，否则附在上面的包囊孵化后又可再感染其他鱼。

第十三节　刺激隐核虫病

刺激隐核虫病，俗称海水小瓜虫病或海水鱼白点病，是海水硬骨鱼类的一种致死性寄生虫病，以病鱼皮肤、鳃和眼出现大量小白点为特征，对海水养殖鱼类危害严重。2022 年农业农村部公告第 573 号将其列为二类动物疫病。

【病原】刺激隐核虫，又名海水小瓜虫。寄生于海水硬骨鱼类的皮肤和鳃上，引起鳃和皮肤上产生大量小白点。寄生于鱼体上的虫体为球形或卵圆形。成熟个体直径 0.4～0.5mm，全身表面被有均匀一致的纤毛。近于身体前端有一胞口。大核分成 4 个卵圆形团块（少数个体为 5～8 块），各团块间沿长轴有丝状物相连，呈马蹄状排列。

【流行特点】刺激隐核虫病在全球各地的海水鱼类养殖区都有可能发生。随着海水养殖业的发展，刺激隐核虫病的危害日趋严重，特别是养殖密度过大、海水水质不佳的海区，刺激隐核虫病常呈灾难性暴发，使整个养殖区的各种鱼类损失殆尽。

刺激隐核虫的生存适宜水温为 10～30℃，最适繁殖水温为 25℃左右。所以，夏季和秋季是刺激隐核虫病的流行季节，主要发生在每年 3—4 月和 8—9 月，特别是台风过后，海区环境变化大，鱼体抵抗力差时更容易暴发刺激隐核虫病。虫体无宿主专一性，几乎

所有的海水硬骨鱼类都可被感染，池塘和网箱养殖的鲈、鲻、梭鱼、真鲷、黑鲷、石斑鱼、东方鲀和牙鲆等海水养殖鱼类都可被侵害。网箱养殖水流不畅、水质差、有机质含量丰富、高密度养殖、台风影响、鱼群体况差时最容易发病，且传播迅猛，往往波及整个海湾所有养殖鱼类。

在自然条件下，野生海洋鱼类通常也有刺激隐核虫感染，但很少发病，常作为病原携带者。

【症状与病理】病鱼体表、鳃表、眼角膜和口腔等与外界相接触处，肉眼可观察到许多小白点。因为虫体钻入鳃和皮肤的上皮组织之下、基底膜的上面，以宿主的组织为食，并不断转动其身体，宿主组织受到刺激后，形成白色膜囊将虫体包住，所以肉眼看上去在病鱼体表和鳃上有许多小白点，跟淡水鱼白点病的症状很相似，因此也叫作海水鱼白点病。不过刺激隐核虫在鱼皮肤上寄生得很牢固，必须用镊子用力才能刮下，小瓜虫则很易脱落。

病鱼皮肤和鳃因受到刺激分泌大量黏液，严重者体表形成一层混浊的白膜，皮肤有点状充血，甚至发生炎症，鳃上皮组织增生并出现溃烂。眼角膜上被寄生时可形成瞎眼。病鱼食欲不振或废绝，身体瘦弱，游泳无力，呼吸困难，最终可能窒息而死。

【诊断】

（1）初步诊断　根据海水鱼类皮肤和鳃上出现小白点、病鱼不食和在水面漫游等症状即可初步诊断。

（2）实验室诊断　取病鱼鳃或体表白点制成水浸片，镜检看到圆形或卵圆形、全身具纤毛、体色不透明、缓慢旋转运动虫体，可作出诊断；也可用PCR技术检测水体中的幼虫，用套式PCR扩增法扩增，若检测到阳性条带，表明水体中有大量刺激隐核虫幼虫存在。

（3）鉴别诊断　注意刺激隐核虫病和黏孢子虫病的区别：患刺激隐核虫病的鱼体体表白点为球形，大小基本相等，比油菜籽略小，体表黏液较多，显微镜下可观察到隐核虫游动；黏孢子虫病鱼体白点大小不等，有的呈块状，鱼体黏液很少或没有，无虫体游动现象，但可观察到孢子。

【防治】

（1）预防措施

①改善水环境：养鱼池放养前彻底清理，以漂白粉（含有效氯30%）每立方米水体用50～100g消毒，以杀灭池底和池壁残存的虫体包囊。池塘或室内鱼池等封闭式水环境中，应在刺激隐核虫病发生早期进行大量换水，进水口配置过滤装置，过滤杂鱼、虾和水草杂物，减少刺激隐核虫随这些生物带进池塘的可能。在海水网箱养殖等开放式水体中，将已发病和将要发病的网箱拖到水体流动较好、清洁的海区暂养，可大大缓解刺激隐核虫病引起的危害和死亡。

②加强营养，增强抵抗力：在刺激隐核虫流行的季节，通过投喂营养丰富的饲料，适当添加复合维生素，从提高鱼类体质、增强抗病能力入手，防止刺激隐核虫病发生。如投喂鲜活饵料，投喂前用淡水浸泡5～10min。

（2）处理　疫区应隔离病鱼，消毒水体、用具和周围环境，对病死鱼应就地加石灰深埋，减少疾病传播。

（3）划区管理　刺激隐核虫宿主宽泛，海水养殖因水体相连，无法进行划区。对陆基养殖场应根据流域的自然情况划区，并对其实施区域管理。

第十四节　盾纤毛虫病

【病原】盾纤毛虫。组织新分离的虫体浑圆，长×宽为（50～75）μm×（20～50）μm，虫体前端可见结晶颗粒。内质不透明，体内常充斥有多个食物泡及内储颗粒。虫体的前半部分略向背侧弯曲，顶端裸毛区形成明显的喙状突起，呈指状或尖角状。体被纤毛，后端有1根较长的尾毛，大核位于身体的中央，小核1个，近于球形，通常不易观察到。虫体喜聚集在细菌丰富的基质中，并可聚集成极高的密度。

【流行特点】该病主要流行于沿海养殖场，尤其见于工厂化养殖的牙鲆、大菱鲆。对于当年养殖的牙鲆，水温15～20℃时是流行高峰期。越冬期的真鲷和东方鲀也感染此病，但病原是否为盾纤毛虫有待进一步研究。盾纤毛虫是一种兼性寄生虫，当鱼体受伤或养殖水体中大量存在该虫时，便通过伤口侵入鱼体。

【症状与病理】病鱼体色发黑，体表及鳍基部溃烂，溃烂严重者肌肉组织糜烂。溃烂组织周围血细胞浸润，充血、发红。镜检溃烂肌肉组织，可见大量活泼游动的纤毛虫，并伴有大量细菌；病鱼体表黏液增多，鳃色苍白，鳃组织完整但黏液增多，在体表和鳃黏液内有大量虫体；感染后期，心脏及血液内有虫体侵入，病鱼多有黄色腹水，消化道内无食物，有上皮黏膜脱落形成的淡黄黏液，在腹水和肠黏液中有大量细菌及少量纤毛虫，严重时在脑组织和眼球内也有纤毛虫和细菌的侵入。

【诊断】从患病鱼的病灶组织上取少许样品，制成水封片，在显微镜下观察到虫体，可以诊断。

【防治】

（1）*预防措施*　苗种培育期或工厂化养殖用水，先经过滤或严格消毒处理，避免虫体随水带入。饲养期间要及时清除死鱼和残饵，保持水体清洁。

（2）*治疗方法*

①高锰酸钾，浓度为10mg/L，浸洗7min。

②提升温度至20℃以上。

第十五节　杯体虫病

【病原】杯体虫。为附生纤毛虫，其身体充分伸展时呈杯状，前端粗，向后变狭。

【流行特点】鱼杯体虫是一种附着于多种水生生物体表和鳃部的缘毛类纤毛虫，在欧洲、亚洲和南非等地均有广泛分布。常严重危害淡、海水养殖的鱼苗、鱼种，并能致其大规模死亡。

【症状与病理】患病鱼苗漂浮水面，多于塘边或下风口处集群，游动吃力，作缺氧浮头状。鱼体发黑，仔细观察，可见其鳃盖后缘略发红，鳍条残损。将病鱼去除鳃盖，置于解剖镜下，发现鳃部分泌有大量黏液，其上覆满虫体。体表和鳍处亦多有虫体附着，尤以背鳍、尾鳍居多。

【诊断】根据症状和流行情况可作出初步判断，确诊则需用显微镜检查病鱼，看到大量

虫体即可确诊。

【防治】

(1) 预防措施

①彻底清塘消毒。

②投饲量适当，合理密养和混养，保持水质优良。

③下池塘之前鱼苗要消毒，用2%～4%食盐溶液浸泡2～15min。

(2) 治疗方法　发病塘用硫酸铜、硫酸亚铁粉合剂（5∶2）全池泼洒，使池水呈0.7mg/L的浓度。

第十六节　三代虫病

三代虫病是由三代虫属中的一些种类寄生于鱼类体表和鳃部而引起一种寄生虫性疾病。三代虫的种类众多，常造成鱼鳃和表的严重损伤，可引起苗种的大批死亡。2022年农业农村部公告第573号将其列为三类动物疫病。世界动物卫生组织（WOAH）在Aquatic Animal Health Code and Manual of Diagnostic Tests for Aquatic Animals（2011）中，将大西洋鲑三代虫病列为必须申报的疾病。

【病原】三代虫。现已报道400余种，常见的种类有大西洋鲑三代虫、鲩三代虫、鲢三代虫、金鱼中型三代虫、金鱼细锚三代虫和金鱼秀丽三代虫。虫体略呈纺锤形，长度一般为0.3～0.8mm，背腹扁平，身体前端有1对头器，后端的腹面有1个圆盘状的后固着器。后固着器由1对锚钩及其背腹联结棒和8对边缘小钩组成，用以固着在宿主鱼的寄生部位。锚钩、联结棒、边缘小钩都是几丁质构造，其结构和形态是分类的依据。三代虫为雌雄同体，胎生。在后固着器之前按前后顺序排列着1个卵巢和1个精巢。卵巢之前是子宫，内有1个椭圆形的胚胎。胚胎内往往还有第二代和第三代胚胎，所以称为三代虫。

【流行特点】三代虫是一类常见的鱼类体外寄生虫，广泛分布于世界各地海水及淡水水域，主要寄生在鱼体表和鳃，危害绝大多数野生及养殖鱼类。我国南北沿海和淡水区域均有发现，尤以咸淡水池塘养殖和室内越冬池饲养鱼苗种最易得此病。淡水饲养鱼类也常见此病，以湖北、广东及东北较为严重，多发于春季、夏季及越冬等阶段鱼苗。春、夏季金鱼也常受其危害。我国近岸捕获的梭鱼也常有大量三代虫寄生。

三代虫表现出明显的宿主特异性，虽然其中有一部分三代虫的宿主范围较广，但绝大多数三代虫的宿主范围仅局限于1种或1个属内，极少数种类寄生于科以上范围的宿主体内。宿主的年龄和个体大小，对三代虫感染强度均有影响，幼龄宿主比成年宿主易感染，且强度大。三代虫感染强度与宿主身体状态也有关，处于饥饿、缺氧状态的宿主更易感，三代虫种群增殖速度更快。

三代虫是雌雄同体的胎生性寄生虫，具有独特的生殖现象——超胎生和幼体生殖能力，三代虫繁殖适宜水温为20℃左右，所以三代虫病主要发生在春、秋季及初夏，虫体在苗种和成鱼的体表、鳃都可寄生。在每年春季、夏季和越冬之后，饲养的鱼苗最易感。感染途径主要是宿主间的直接接触。

三代虫在宿主体表的总体变化规律是，感染后一段时期内虫体密度持续上升，达峰值后虫体密度逐渐下降，直至保持低密度感染或完全消失。这种变化，预示宿主存在抗三代虫的免疫反应。

【症状与病理】三代虫主要寄生在鱼体的鳃部、体表和鳍条上，有时在口腔、鼻孔中也有寄生；以大钩和边缘小钩钩在上皮组织及鳃组织上，利用头器的黏着作用在鱼体表或鳃上做尺蠖虫式运动，对鱼体体表及鳃部造成创伤。虫体寄生数量多时，刺激宿主分泌大量黏液，严重者鳃瓣边缘呈灰白色，鳃丝上呈斑点状瘀血，严重影响鱼类呼吸。病鱼食欲减退，失去光泽，鱼体瘦弱，呼吸困难，游动不正常，终至死亡。三代虫寄生数量多时，鱼体每平方厘米可达 500 个，1 条鱼就有 1.25×10^6 个。

三代虫通过其主要附着器官（后吸器）的边缘小钩，刺入鱼体体表进行寄生生活，引起宿主鱼皮肤损伤，降低鱼体对细菌、霉菌和病毒的抵抗力，增加宿主鱼继发感染其他病原的机会。

【诊断】

（1）*初步诊断*　病鱼一般无特征性临床症状，最好用镜检，可获得初步诊断。

（2）*实验室诊断*　刮取患病鱼体表黏液制成水封片，低倍镜检，每个视野有 5～10 个虫体时，即可引起病鱼死亡。将病鱼放在盛有清水的培养皿中，用手持放大镜观察，可见鱼体上蛭状活动的小虫体。

（3）*鉴别诊断*　三代虫与指环虫在外形和运动状态上相似，但独有特点是：三代虫的头部仅分为 2 叶，无眼点；后固着器除 1 对大钩外，还有 8 对边缘小钩；虫体内有子代胚胎。

【防治】

（1）鱼种放养前，用 5mg/L 精制敌百虫粉水溶液浸浴 15～30min，驱除鱼种上寄生的三代虫。

（2）全池遍洒精制敌百虫粉水溶液，使池水达 0.3～0.7mg/L 浓度，鳜等敏感品种，要适当降低用药浓度；或每千克鱼体重每日每次用阿苯达唑粉（规格：6%）0.2g，拌饵投喂，连用 5～7d。青鱼、草鱼、鲢、鳙、鳜患该病时，每立方米水体每日用甲苯咪唑溶液（规格：10 %）1～1.5g，欧洲鳗、美洲鳗的用药量为 2.5～5g，2 000 倍水稀释均匀后泼洒。斑点叉尾鮰、大口鲇禁用甲苯咪唑。

第十七节　指环虫病

指环虫病，是由指环虫属的一些种类寄生于鱼类鳃部而引起的一种寄生虫性疾病。指环虫属的种类众多，常造成鳃的严重损伤，可引起苗种的大批死亡。2022 年农业农村部公告第 573 号将其列为三类动物疫病。

【病原】指环虫。目前我国已发现有 400 多种，主要致病种类有页形指环虫、鳙指环虫、小鞘指环虫、坏鳃指环虫等。

幼虫身上有纤毛 5 簇，具 4 个眼点和小钩。在水中游泳遇到适当宿主时就附着上去，脱去纤毛，发育而为成虫。

【流行特点】指环虫是一类常见的鱼类体外寄生虫，主要寄生在鱼类鳃部，危害各种淡水养殖鱼类。

大多数指环虫对宿主有较强的选择性，主要危害鲢、鳙、草鱼、鳗和鳜等鱼类，尤以鱼

种最易感染，大量寄生可使苗种大批死亡。12～14mm 的小鱼，放入感染源中，鱼体上带有 20～40 个虫体，7～11d 全部死亡；4～6cm 草鱼，寄生有虫体 400～500 个，在 15～20d 后死亡。小鞘指环虫还可引起东北地区水库中体重 4g 至 2.5kg 的鲢死亡，尤其是在开始解冻时的 3—6 月会使鱼大批死亡。

指环虫生活史简单，幼虫发育不需经过变态，也无需中间宿主，在鱼鳃上直接发育为成虫，主要靠虫卵及幼虫传播。多数种类的指环虫适宜繁殖的水温为 20～25℃，因此，指环虫病多流行于春末、夏初。指环虫成体在适宜水温条件下，能不断产卵并孵化。宿主死亡后，寄生指环虫会在较短的时间内死去，其存活时间一般不超过 24h。

【症状与病理】指环虫的中央大钩刺入鳃组织，边缘小钩刺进上皮细胞，造成鳃组织撕裂，妨碍呼吸，引起鳃出血，鳃丝苍白；机械损伤通常还引起细菌和真菌的继发性感染。虫体少量寄生时没有明显症状；大量寄生时，可引起病鱼鳃丝肿胀，呈花鳃状，鳃丝黏液增多，全部或部分苍白色，鳃盖难以闭合，呼吸困难，其中尤以鳙更为明显。鱼苗或小鱼种患病严重时，由于鳃丝肿胀，可引起鳃盖张开；病鱼游动缓慢，鱼体消瘦发黑，最终死亡。北方水库中越冬后的鲢患病时，还常伴有眼球凹陷，体表无光泽及严重贫血，1 条鱼的鳃上（鳃片、鳃弓和鳃耙）可寄生 1 600 多只虫体，密集成白色的泡沫状小团。

指环虫在鳃丝的任何部位都可以寄生，其用后固着器上的中央大钩和边缘小钩钩在鳃上，用前固着器黏附在鱼鳃上，并可在鳃上爬动，引起鳃组织损伤，呼吸上皮细胞及黏液细胞增生，分泌亢进。急性型病鱼鳃的毛细血管充血、渗出，嗜酸性粒细胞和淋巴细胞浸润严重，呼吸上皮细胞肿胀，脱离毛细血管，以至坏死、解体；严重时鳃小片坏死、大片解体，附近的软骨组织也发生变性，但尚未坏死，慢性型的则增生较明显。

【诊断】

（1）实验室诊断　用显微镜检查鱼鳃的临时压片，当发现有大量指环虫寄生（如每片鳃上有 50 只以上，或在低倍镜下每个视野有 5～10 只）时，可确定为指环虫病。

（2）鉴别性诊断　指环虫与三代虫在外形和运动状态上相似，应注意区分。指环虫的头部分为 4 叶，具 2 对眼点；后固着器有 7 对边缘小钩。

【防治】防治原则是防重于治。首先加强饲养管理，开展综合防治，防患于未然；同时，积极寻找新药和新措施，以提高防治效果。

（1）鱼塘放养前，用生石灰清塘。

（2）鱼种放养前，用 5mg/L 精制敌百虫粉水溶液浸浴 15～30min，杀死或驱除鱼种上寄生的指环虫。

（3）全池遍洒精制敌百虫粉水溶液，使池水达 0.3～0.7mg/L 浓度，鳜等敏感品种，要适当降低用药浓度；或每千克鱼体重每日每次用阿苯达唑粉（规格：6%）0.2g，拌饵投喂，连用 5～7d。青鱼、草鱼、鲢、鳙和鳜患此病时，每立方米水体每日每次用甲苯咪唑溶液（规格：10%）1～1.5g，欧洲鳗、美洲鳗的用药量为 2.5～5g，2 000 倍水稀释均匀后泼洒。斑点叉尾鮰、大口鲇禁用甲苯咪唑。

第十八节　本尼登虫病

【病原】本尼登虫。虫体略呈椭圆形，背腹扁平，大小一般为（5.4～6.6）mm×

(3.1～3.9) mm。身体前端稍突出，两侧各有1个前吸盘；后端有1个卵圆形的后吸盘。口在前吸盘之间的后缘，其前方有2对黑色眼点。

【流行特点】本尼登虫分布于我国福建、广东、浙江和山东等沿海，日本和地中海沿岸国家也常见。我国大黄鱼最易被感染，黑鲷、真鲷和石斑鱼等也较易被感染。本尼登虫病主要危害网箱养殖鱼类，全年都可发生，流行季节是春末、夏初和秋季。放养密度大时及外海的水有利于该病的发生，在河口附近受淡水影响的水域受害较轻。我国福建地区网箱养殖的大黄鱼，流行季节是11—12月至翌年1—3月，可大量感染并引起死亡。

【症状与病理】本尼登虫主要寄生于鱼的体表，寄生数量多时病鱼呈不安状态，往往在水中异常游泳，或向网箱及其他物体上摩擦身体，体表黏液增多，局部皮肤粗糙且变为白色或暗蓝色。严重时病鱼体表出现点状出血，如有细菌继发感染还可出现溃疡，食欲减退或不摄食，鳃褪色呈贫血状。本尼登虫感染大黄鱼，引起大黄鱼2龄鱼从9月开始出现白点，继之白点扩大成片而呈白斑状，有时鳍条或尾鳍全部发白；鱼眼变白，严重时眼球充血或发黑，甚至脱落；白斑部位鳞片脱落，鳍条充血溃烂；头部呈蜂窝状，或下颌撕裂呈畸形。

【诊断】

(1) *初步诊断*　将鱼体捞起置于盛有淡水的容器内，如能观察到近于椭圆形的虫体从鱼的体表脱落，即可诊断。

(2) *实验室诊断*　取患病鱼体表含椭圆形虫体的黏液镜检，根据虫体形态可作出诊断。

【防治】苗种放养前或转换养殖网箱时，预防和治疗同步进行。

(1) 淡水浸洗5～15min。

(2) 每千克鱼体重每日每次用阿苯达唑粉（规格：6%）0.2g，拌饵投喂，连用5～7d。

第十九节　异斧虫病

【病原】异尾异斧虫。成虫身体左右不对称，后端较前端宽，略呈斧状。异斧虫雌雄同体，精巢位于身体后部左右肠支之间，数目约有100个，形状不规则；卵巢1个，位于精巢之前，呈倒U形。

【流行特点】该病目前仅在养殖鰤上发现，发病时的水温为20～26℃。

【症状与病理】异斧虫寄生于鰤的鳃弓上，虫体用固着夹固着在鳃瓣的深处，以宿主鱼的血液为食。寄生数量多时，鳃受刺激和损伤，分泌大量黏液，鳃局部变白或出血，当损伤严重或继发细菌感染后，可出现溃烂。病鱼呈贫血现象，体色失去光泽，停止吃食，身体瘦弱，游泳无力。

【诊断】根据症状作出初诊后，将鱼体捞起，掀开鳃盖，用肉眼观察鳃片。如发现鳃弓上有较多虫体，即可诊断。

【防治】最常用的方法是用浓盐水浸洗，加6%～7%的食盐于海水中，制成浓盐水，浸洗病鱼5～6min。当鱼体健康、水温正常时，也可加8%～9%的食盐于海水中，配成更浓的盐水浸洗病鱼3min。

第二十节　双阴道吸虫病

【病原】真鲷双阴道虫。虫体细长而扁平，一般为 3～6mm，最长者达 7.9mm，伸缩性较强。身体前端有 2 个口吸盘和 3 个黏着腺；后端两侧边缘各有 1 列固着夹，每列 38～60 个。口下为咽和分支状肠管。双阴道虫为雌雄同体，精巢 22～40 个，位于身体后半部左右两肠支之间；卵巢 1 个，在精巢之前，阴道孔 2 个。

【流行特点】真鲷双阴道虫主要危害池塘和网箱养殖的真鲷，尤其是当年鱼种受害最大，1 龄以上的鱼也可被寄生，但一般不形成流行病。流行季节为每年春、秋季。在同一水域中养殖的真鲷，一般不会导致同时大批死亡，往往每日死一些，死亡时间持续很长。

【症状与病理】真鲷双阴道虫寄生在鳃瓣上，寄生数量多时病鱼食欲减退，游泳缓慢，头部往往左右摇摆，鳃盖不能闭合而张开。严重感染者鳃瓣上有大量黏液，鳃变为苍白色而呈现贫血；也有因细菌继发感染，使鳃瓣溃疡腐烂。解剖鱼体可发现肝脏和肾脏也褪色。

【诊断】将病鱼掀起鳃盖，取下鳃瓣置于培养器内，加入海水，在解剖镜下观察到虫体，即可诊断。

【防治】

（1）预防措施　同本尼登虫病。

（2）治疗方法

①同本尼登虫病。

②在海水中加 6%的氯化钠，配成浓盐水，浸洗病鱼 1.5min，翌日重复 1 次。

③浓度为 17mg/L 的硫酸铜或浓度为 18mg/L 的漂白粉溶液，在水温 19～24℃时，浸洗病鱼 40～60min，每日 1 次，连用 3～5 次。

④每立方米水体使用规格为 20%的精制敌百虫粉 0.18～0.45g，在充分水溶解后全池泼洒。

第二十一节　异沟虫病

【病原】鲀异沟虫。虫体背腹扁平，体长 5～20mm。后固着器为构造相同的 4 对固着夹，对称地排列在身体的后端两侧。口在虫体前端，口后为咽和很短的食道，食道后是 2 条分支的肠管直延伸到后端。

【流行特点】河北、山东、江苏和浙江是高发病地区，水族馆饲养的鲀科鱼类也常患此病。异沟虫主要寄生在鲀科鱼类鳃上，每年春季开始，夏、秋季流行，特别是夏季和秋初季节危害严重。

【症状与病理】异沟虫病的显著症状是，病鱼鳃孔外面常常拖挂着链状黄绿色的梭形卵。病鱼体色变黑，不吃食，游泳无力。虫体幼小时寄生于鳃丝，成长后则移居于鳃深处的肌肉部分，使寄生处的周围组织隆起，黏液增多，鳃片变为苍白色，呈贫血状；如有细菌并发感染，可出现组织溃疡或崩坏，并发出腐臭气味。

【诊断】从鳃部隆起处取样制成水封片，进行镜检，发现虫体可以确诊。

【防治】同本尼登虫病。

第二十二节 血居吸虫病

【病原】血居吸虫。寄生于多种淡水鱼的血管内。在我国危害较大的是龙江血居吸虫，寄生于鲢、鳙、鲫、草鱼和团头鲂；成虫扁平、梭形，前端尖细，体被很粗的棘及刚毛。

生活史：毛蚴在鳃血管内孵出，钻出鱼体外，落入水中；毛蚴钻入中间宿主（龙江血居吸虫的中间宿主为折叠榧实螺，鲂血居吸虫的为白旋螺），发育为胞蚴、尾蚴，尾蚴为叉尾有鳍型，体背面有鳍，不具吸盘、眼点，口孔在吻的腹面；尾蚴钻入终宿主鱼，发育为成虫。

【流行特点】危害至少199种淡水、海水鱼类。该病为世界性疾病，欧洲、美洲、非洲和亚洲等都有引起病鱼大批死亡的报道。可引起鱼苗、鱼种的急性死亡，流行于夏季、冬季。我国饲养的鲢、鳙、团头鲂、鲤、鲫、金鱼、青鱼和乌鳢等都有发生，其中，以鲢和团头鲂的鱼苗、鱼种受害最大，在几日内可引起几十万尾苗种死亡。血居吸虫的种类很多，已报道的有50种以上，对宿主有严格的选择性。如鲂血居吸虫的尾蚴，易感染团头鲂；对鲢、鳙和草鱼没有感染力；对鲤鱼苗虽能钻入，但第2日虫就死亡、脱落，且无法钻入饲养4～6d后的鲤鱼苗。

【症状与病理】症状有急性和慢性之分。急性型为水中尾蚴密度较高，在短期内有多个尾蚴钻入鱼苗体内，引起鱼苗跳跃、挣扎，在水面急游打转，或悬浮在水中“呃水”，鳃肿胀，鳃盖张开，肛门处起水泡，全身红肿，鳃及体表黏液增多，不久即死。慢性型是尾蚴少量、分散地钻入鱼体，虫在鱼的心脏和动脉球内发育为成虫，虫卵随血液被带到肝、脾、肾、肠系膜、肌肉、脑、脊髓和鳃等处，在鳃上的虫卵可发育孵出幼虫，引起出血和鳃组织损伤；被带到其他组织的虫卵，外包多层的结缔组织，数量多时可引起血管被堵，组织受损，出现相应的症状，一般在肾脏中虫卵较多，肾组织受损，引起腹腔积水，眼球突出，竖鳞，肛门肿大外突，病鱼逐渐衰竭而死。病鱼贫血，红细胞和血红蛋白量显著下降，轻者下降20%，严重的下降61%；球蛋白含量也大幅度下降。

【诊断】

(1) *初步诊断* 取病鱼心脏及动脉球，放入盛有生理盐水的培养皿中，剪开心脏及动脉球，轻刮内壁，在光线良好处肉眼观察，可见血居吸虫成虫。

(2) *实验室诊断* 将患病鱼肾、鳃等压成薄片，镜检虫卵及成虫。

【防治】

(1) 鱼池用漂白粉或生石灰消毒，消灭中间宿主。

(2) 进水时要经过过滤，以防中间宿主随水带入。

(3) 已养鱼的池中发现有中间宿主，可在傍晚将草扎成数小梱放入池中诱捕中间宿主，于翌日清晨把草梱捞出，将中间宿主压死或放在远离鱼池的地方将它晒死，连续数天。如池中已有该病原时，应同时全池泼洒晶体敌百虫，以杀灭水中的尾蚴，遍洒次数根据池中诱捕中间宿主的效果及感染强度、感染率而定。

(4) 根据血居吸虫不同种类对宿主选择的特异性，可采取鱼类轮养的方法。

(5) 1足龄以上的饲养池中混养吃螺的青鱼等，以减少和消灭螺。

（6）驱赶鸥鸟。

（7）每立方米水体使用规格为20%的精制敌百虫粉0.18～0.45g，在充分水溶解后全池泼洒。

第二十三节　双穴吸虫病

【病原】双穴吸虫（*Diplostomulum* sp.），又名复口吸虫。以其尾蚴和囊蚴危害宿主。在我国危害较大的主要有倪氏双穴吸虫、湖北双穴吸虫、山西双穴吸虫和匙形双穴吸虫。囊蚴椭圆形，分前后两部分，口吸盘的两侧各有一侧器。尾蚴均为典型的无眼点，具咽、双吸盘、长尾叉，在水中休息时尾干弯曲，使虫体折成“丁”字形，腹吸盘后面有2对钻腺细胞。

生活史：成虫寄生于红嘴鸥等肠中，虫卵随粪便排出落入水中，孵出毛蚴；毛蚴在水中游泳，钻入第一中间宿主斯氏萝卜螺、克氏萝卜螺等体内，在其肝脏和肠外壁发育为胞蚴；胞蚴产出尾蚴，离开胞蚴的尾蚴移至螺的外套腔内，然后很快逸至水中，它在水中规律性地间歇运动，时沉时浮，有趋光性和趋表性，故集中在水上层。尾蚴遇到第二中间宿主鱼就迅速叮上，脱去尾部钻入鱼体。湖北双穴吸虫尾蚴钻入附近血管，移至心脏，上行至头部，从视血管进入眼球；倪氏双穴吸虫尾蚴及山西双穴吸虫尾蚴穿过脊髓，向头部移动，进入脑室，再沿视神经进入眼球，在水晶体内经过1个月左右发育成囊蚴。当鸥鸟吞食带有囊蚴的病鱼后，囊蚴在其肠道内发育为成虫。

【流行特点】我国的湖南、湖北、江苏、浙江、上海、江西、福建、广东、四川和东北等地均有发生，尤其是鸥鸟及椎实螺较多的地区最为严重；危害多种淡水鱼，其中以鲢、鳙、团头鲂和虹鳟为重。该病为一种危害较大的世界性鱼病，苗种受害严重的死亡率达60%以上；急性感染时，可引起苗种大批死亡，流行于5—8月；慢性感染（8月以后）则引起白内障症状，全年都有。

【症状与病理】急性感染时，病鱼在水面跳跃式游动、挣扎，继而游动缓慢；有时头朝下、尾向上失去平衡，或病鱼上下往返，平卧水面急速游动，在水中翻身，以致头部向下，在水面旋转。病鱼除运动失控外，最显著的症状为头部充血，湖北双穴吸虫尾蚴引起脑室及眼眶周围呈鲜红色；倪氏双穴吸虫尾蚴及山西双穴吸虫尾蚴引起脑室中央部位充血及鱼体弯曲，不久即死。慢性感染时，上述症状不明显，病原体在眼睛内可积累很多，数十个以至100多个，引起水晶体混浊发白，虫越多则眼睛白的范围就越大。病鱼生长缓慢，但一般不引起死亡。部分鱼有水晶体脱落和瞎眼现象。

【诊断】

（1）*初步诊断*　根据眼睛发白可作出初步诊断。

（2）*实验室诊断*　取发白眼睛，剪破后取水晶体置于生理盐水中，取水晶体表面一层，用显微镜检查，或于光线良好处肉眼检查。如发现有大量双穴吸虫，即可诊断。

鱼苗、鱼种急性感染时，往往眼睛不发白，眼睛中寄生虫不多，这时检查需特别细致，并要注意观察病鱼的头部是否充血，鱼体是否弯曲，鱼在池中是否急游等，同时了解当地是否有很多鸥鸟，池中是否有椎实螺。检查池中椎实螺，如螺体内有大量双穴吸虫的尾蚴时，也可帮助诊断。

【防治】同血居吸虫病。

第二十四节　侧殖吸虫病

【病原】巨口侧殖吸虫、日本侧殖吸虫、马尔科维奇侧殖吸虫、东方侧殖吸虫等。虫体较小，卵圆形，体表披棘。

生活史：中间宿主为湖螺、田螺及旋纹螺。尾蚴可在螺体内发育成囊蚴。螺被其终宿主吞食后，发育为成虫。另外，尾蚴具移行习性，常聚集在螺类的触角上，如果被鱼苗吞食，可以逾越囊蚴期继续其发育过程。螺被其终宿主鱼吞食后，发育为成虫。

【流行特点】国内主要养鱼地区都有发生，是我国鱼类中常见的寄生虫病，终末宿主有草鱼、青鱼、鲢、鳙、鲫、鲤、长春鳊、团头鲂以及麦穗鱼、泥鳅、花鳅、河鲀等10多种。未见到鱼种和成鱼因该虫寄生而造成死亡的病例；一种侧殖吸虫寄生于鳡的肾脏，引起肾脏表面高低不平，但危害不大。

【症状与病理】患病鱼苗闭口不食，生长停滞，游动无力，群集下风面，俗称“闭口病”。解剖病鱼，可见吸虫充塞肠道，前肠部尤为密集，肠内无食。

【诊断】解剖，内脏、肠道内可见虫体即可诊断。

【防治】

（1）鱼池用漂白粉或生石灰消毒，消灭中间宿主。

（2）每立方米水体使用规格为20％的精制敌百虫粉0.18～0.45g，在充分水溶解后全池泼洒。

第二十五节　头槽绦虫病

【病原】九江头槽绦虫和马口头槽绦虫。虫体带状，体长20～250mm，头节有一明显的顶盘和2个较深的吸沟。

生活史：经卵、钩球蚴、原尾蚴、裂头蚴和成虫五个阶段。虫卵随终末宿主鱼的粪便排入水中，卵在水中发育为钩球蚴，钩球蚴被中间宿主剑水蚤吞食后，大约经5d发育为原尾蚴；感染了原尾蚴的剑水蚤，被草鱼鱼种吞食后，在其体内发育为裂头蚴，最终变为成虫。

【流行特点】该病流行于全国各地，东欧一些国家也有报道。虫体寄生于草鱼、团头鲂、青鱼、鲢、鳙、鲮、鲤的肠内，以草鱼及团头鲂的鱼种受害最为严重，鲤的感染情况近几年有所增加。草鱼在8cm以下受害最严重，当体长超过10cm时，感染率即开始下降。在2龄以上的鱼体内，只能偶然发现少数的头节和不成熟的个体。这与草鱼在不同发育阶段摄食对象不同有关。越冬的草鱼鱼种受害最重，死亡率可达90％。感染了原尾蚴的剑水蚤，被鱼吞食后而导致其发病。

【症状与病理】头槽绦虫寄生于肠道内。严重感染的小草鱼体重减轻，显得非常瘦弱，不摄食，体表的黑色素增加，离群至水面，口常张开；伴有恶性贫血现象，病鱼红细胞数为96万～248万个/mL，健康鱼为304万～408万个/mL。当严重寄生时，鱼肠前段第一盘曲膨大成胃囊状，直径较正常增大约3倍，并使前肠壁异常扩张，形成皱襞萎缩。此外，肠前

段还出现慢性炎症；由于肠内虫体密集，造成机械堵塞。草鱼在每年育苗初期即开始感染，而且在短期内大部分能发展到严重阶段。患病的鲤肠道内经常有数条虫体寄生，影响其摄食和生长。

【诊断】纵向剪开肠道扩张部位，见到白色带状绦虫即可确诊。

【防治】

(1) 用生石灰或漂白粉清塘。

(2) 用 90%精制敌百虫粉 50g 与面粉 500g 混合制成药面进行投喂，连喂 3～6d。

(3) 每万尾鱼（体长 9cm）用南瓜子 250g 研成粉，与 500g 米糠拌匀投喂，连喂 3d。

(4) 每间隔 3～4 d 使用 1 次吡喹酮预混剂（规格：2%），按每千克鱼体重每次 0.05～0.1g，拌饵投喂，连续投喂 3 次。团头鲂慎用。

第二十六节　鲤蠢病

【病原】鲤蠢（又称鲤蠢绦虫）。成虫寄生于鲤的肠道，虫体不分节，仅 1 套生殖器官；头节不扩大。

生活史：中间宿主是颤蚓，原尾蚴在颤蚓的体腔内发育，呈圆筒形，前面有一吸附沟槽，后端有一具小钩的尾部；鲤吞食感染有原尾蚴的颤蚓而感染，虫体在肠中发育为成虫。

【流行特点】在我国东北、湖北、江西等地发现，在东欧该病较多见。虫体主要寄生在鲫及 2 龄以上的鲤肠内，流行于 4—8 月，大量寄生的病例不多。

【症状与病理】轻度感染时无明显症状，寄生多时可见肠道被堵塞，并引起发炎和贫血，以致病鱼死亡。

【诊断】纵向剪开肠道，可见到寄生在肠壁上的绦虫。

【防治】放养前清淤、消毒，杀灭中间宿主。

第二十七节　舌形绦虫病

【病原】舌状绦虫和双线绦虫的裂头蚴。绦虫虫体肉质肥厚，呈白色长带状，俗称“面条虫”。长度从数厘米到数米，宽可达 1.5cm。双线绦虫的前端钝尖，但比后端稍宽；背、腹面各有 2 条陷入的平行纵槽，在腹面中间还有 1 条中线；每节节片有 2 套生殖器官；舌状绦虫的头节尖细，略呈三角形，在背腹面中线各有 1 条凹陷的纵槽，每节节片有 1 套生殖器官。

生活史：终末宿主为鸥鸟。虫卵随宿主粪便排入水中，孵出钩球蚴；钩球蚴被细镖水蚤吞食后，在其体内发育为原尾蚴；鱼吞食带有原尾蚴的水蚤后，原尾蚴穿过肠壁到鱼体腔，发育为裂头蚴；病鱼被鸥鸟吞食，裂头蚴就在鸥鸟肠中发育为成虫。

【流行特点】不仅在大水面中广泛发生，近年来在精养鱼池内也有发现，感染对象主要是鲫、鲤、鲢、鳙和鳊等。

【症状与病理】虫体寄生于体腔。病鱼腹部膨大，严重时失去平衡，鱼侧游上浮或腹部朝上。解剖时，可见到鱼体腔中充满大量白色带状的虫体，内脏受压挤，产生变形萎缩，正常功能受抑制或遭破坏，引起鱼体发育受阻，鱼体消瘦，无法生殖。有的裂头蚴可以从鱼腹部钻出，直接造成病鱼死亡。

【诊断】剖开鱼腹，见腹腔内充塞着白色卷曲的虫体即可确诊。

【防治】大水面发生该病目前尚无有效的防治方法，在较小水体中可用以下防治方法：

(1) 用漂白粉或生石灰清塘，杀灭虫卵及第一中间宿主细镖水蚤。

(2) 驱赶终末宿主鸥鸟。

(3) 每间隔 3～4 d 使用 1 次吡喹酮预混剂（规格：2%），按每千克鱼体重每次 0.05～0.1g，拌饵投喂，连续投喂 3 次。团头鲂慎用。

第二十八节　嗜子宫线虫病

【病原】嗜子宫线虫。常见种类有：①鲫嗜子宫线虫，雌虫寄生在鲫的尾鳍，虫体长 22～50 mm；雄虫长 2.46～3.74mm。②鲤嗜子宫线虫，雌虫寄生在鲤鳞囊内，虫体长 10～13.5cm；雄虫寄生于鲤腹腔和鳔，虫体长 3.3～4.1mm。③藤本嗜子宫线虫，雌虫寄生于乌鳢、斑鳢等鱼的背鳍、臀鳍和尾鳍，长 2.5～4.6cm；雄虫寄生于鱼的鳔、腹腔，长 2.2mm。

【流行特点】全国各地均有流行。鲫嗜子宫线虫危害鲫，鲤嗜子宫线虫危害鲤，藤本嗜子宫线虫危害乌鳢、斑鳢等鱼。亲鲤因患该病影响性腺发育，往往不能成熟产卵。长江流域一带一般于冬季发现虫体在鱼鳞片下出现，但因虫体较小又不甚活动，所以不易被发现。到了春季水温转暖之后，虫体生长加速，从而使鱼发病。在 6 月之后，宿主完成繁殖，体表就不再有虫体。

【症状与病理】鱼的鳔、腹腔等部位，可见白色细线状雄虫。病鲤鳞片因虫体寄生而竖起，寄生部位发炎和充血。该病可继发细菌病、水霉病。虫体寄生处的鳞片呈现出红紫色不规则的花纹，掀起鳞片即可见红色的虫体。

【诊断】在鲫的尾鳍，乌鳢、斑鳢等鱼的背鳍、臀鳍和尾鳍，鲤的鳞囊内，可见血红色的棉线状雌虫。

【防治】

(1) 用生石灰带水清塘，杀灭幼虫及中间宿主。

(2) 用 2%～2.5%的食盐水浸浴鱼体，或用 1%高锰酸钾、碘酒涂抹鱼体表病灶。

(3) 每立方米水体使用 20%精制敌百虫粉 0.18～0.45g，用水溶解后全池泼洒。

第二十九节　毛细线虫病

【病原】毛细线虫。虫体细小如纤维，前端尖细，后端稍粗大。卵生，卵随宿主粪便排入水中，开始分裂，形成幼虫，但幼虫不出壳，在卵壳内可存活 30d 左右，脱出卵壳的幼虫不能存活。

【流行特点】毛细线虫寄生于青鱼、草鱼、鲢、鳙、鲮及黄鳝肠中，主要危害当年鱼种。广东的夏花草鱼及鲮常患该病；在草鱼中，该病又常与九江头槽绦虫病并发。湖北汉川某养殖场，因患此病而死草鱼鱼种几十万尾。在湖北，虫体 6—11 月均可产卵，鱼吞食含有幼虫

的卵而被感染。

【症状与病理】毛细线虫以其头部钻入宿主肠壁黏膜层，破坏组织，引起肠壁发炎。全长1.6～2.6cm的鱼种，有5～8个成虫寄生，生长即受一定影响；有30～50个虫寄生时，病鱼离群分散于池边，极度消瘦，继之死亡；而全长7～10cm鱼种，有20～30个虫寄生时，外表无明显症状。

【诊断】剪开鱼肠，用解剖刀刮下肠内含物和黏液，放在载玻片上，加少量清水，压片并用解剖镜检查，见虫体便可作出诊断。

【防治】

（1）先使池底晒干，再用漂白粉或生石灰彻底清塘，杀灭虫卵。

（2）加强饲养管理，保证草鱼有足够的可口饲料，以免其吞食水底杂质，及时分池稀养，加快鱼种生长。

（3）每立方米水体使用20%精制敌百虫粉0.18～0.45g，用水溶解后全池泼洒。

（4）每千克鱼体重使用川楝陈皮散0.1g，拌饲投喂，连喂3d。

第三十节 鳗居线虫病

【病原】常见的有球状鳗居线虫和粗厚鳗居线虫。主要寄生于鳗鲡的鳔内。成虫呈圆筒形，透明无色；头部呈圆球状，无乳突；没有唇片；卵在子宫的后段已发育为幼虫，幼虫停留在卵中蜕1次皮，含有幼虫的虫卵在鳔中孵出，通过鳔管进入消化道，随宿主粪便排入水中。第二次幼虫孵出时，体表包有一层透明的薄膜，头端具一尖突，尾部细长，通常在水底以尾尖附着在固体物上，不断摆动，以诱惑中间宿主吞食。被剑水蚤吞食后，虫体穿过肠壁进入体腔中发育。

【流行特点】在湖北、福建、浙江、上海和江苏等地都有流行。我国曾有因该虫寄生导致死鱼的病例（福建）。

【症状与病理】虫体大量寄生时，可引起鳔发炎或鳔壁增厚，病鱼活动受到影响。鳗苗被大量寄生后，停止摄食，瘦弱、贫血，且可引起死亡。虫体寄生数量很多时，能刺激鳔、气道发炎出血，虫体充满鳔，使鳔扩大，压迫其他内脏器官及血管。当鳔扩大时，病鱼后腹部肿大或腹部不规则肿大，腹部皮下瘀血，肛门扩大，并呈深红色。如鳔中虫体数量太多时，鳔破裂，虫体落入体腔中，可从肛门或尿道爬出鱼体外。

【诊断】剖开鳔腔，见虫体即可确诊。

【防治】

（1）每千克鱼体重使用川楝陈皮散0.1g，拌饲投喂，连喂3d。

（2）每立方米水体使用20%精制敌百虫粉0.18～0.45g，用水溶解后全池泼洒。

第三十一节 长棘吻虫病

【病原】长棘吻虫。虫体呈圆柱形；吻长，棒状，具吻钩8～26纵行，每行8～36个；吻腺通常细长。常见的有：

（1）细小长棘吻虫 寄生于鲫，吻钩有12纵行，每行有吻钩32个。

（2）**鲤长棘吻虫**　寄生于鲤、鲃、草鱼，吻钩有12纵行，每行有吻钩20～22个，黏液腺8个。

（3）**崇明长棘吻虫**　吻上有吻钩14纵行，每行有吻钩29～32个，吻上密布细毛；吻腺很细长；交接伞壁上有核30个左右；中间宿主是模糊裸腹溞。

【流行特点】死亡一般呈慢性，每日每口池塘死鱼数尾至数十尾，持续数个月，因此累计死亡率很高。夏花鲤肠内寄生有3～5只虫就可引起死亡，2龄鲤最多寄生163只虫。虫体经口感染。

【症状与病理】夏花鲤被3～5只崇明长棘吻虫寄生时，肠壁就被胀得很薄，从肠壁外面可看到肠被虫所堵塞，肠内完全没有食物，鱼不久即死。2龄鲤被少量虫寄生时，没有明显症状；但当大量寄生时，鱼体消瘦，生长缓慢，吃食减少或不吃食。剖开鱼腹，可见肠壁外有很多肉芽肿结节，严重时内脏全部粘连，无法剥离，有时虫的吻部钻穿肠壁，然后再钻入其他内脏，甚至可钻入体壁，引起体壁溃烂和穿孔。剪开肠壁，可见有大量虫寄生，主要寄生在肠的第1、2弯的前面，肠内有很多黄色黏液而没有食物。

【诊断】纵向剪开肠道，见乳白色虫体，其吻部钻在肠壁组织内，可作出初步诊断。

【防治】

（1）用生石灰带水清塘，杀灭幼虫及中间宿主。

（2）用泥浆泵吸除池底淤泥，并用水泥板做护坡，也可达到或基本达到消灭虫卵的目的。

（3）发病地区，鲤鱼种在鱼种池中培育，而不套养在成鱼池中，以免感染。

（4）按每千克鱼体重每间隔3～4d使用1次吡喹酮预混剂（规格：2%），每次0.05～0.1g，拌饵投喂，连续投喂3次。团头鲂慎用。

第三十二节　锚头鳋病

【病原】锚头鳋（*Lernaea* spp.）。该属种类，只有雌性成虫才营永久性寄生生活，无节幼体营自由生活，桡足幼体营暂时性寄生生活。雄性锚头鳋始终保持剑水蚤型的体形；雌性锚头鳋在开始营永久性寄生生活时，体形就发生了巨大的变化，虫体拉长，体节融合成筒状，且扭转，头胸部长出头角。雌性锚头鳋在生殖季节常带有1对卵囊，卵多行，内含卵几十个至数百个。腹部很短小。在我国危害较大的种类有多态锚头鳋、草鱼锚头鳋和鲤锚头鳋。

【流行特点】对淡水鱼类各龄鱼都可产生危害，全国都有该病流行，锚头鳋在水温12～33℃都可以繁殖，故该病主要流行于夏季。其中，尤以鱼种受害最大，当有4～5只虫寄生时，即能引起病鱼死亡；对于2龄以上的鱼，一般虽不引起大量死亡，但影响鱼体生长、繁殖及商品价值。主要危害体重100g以上的鳗，寄生在鳗的口腔内，严重时鳗因不能摄食而饿死。虫体通过直接接触而感染。

【症状与病理】病鱼通常出现烦躁不安，食欲减退，行动迟缓，身体瘦弱等常规病态。由于锚头鳋头部插入鱼体肌肉、鳞下，其身体大部露在鱼体外部且肉眼可见，犹如在鱼体上插入小针，故又称之为“针虫病”。当锚头鳋逐渐老化时，虫体上布满藻类和固着类原生动物。大量锚头鳋寄生时，鱼体犹如披着蓑衣，故又有“蓑衣虫病”之称。寄生处，周围组织充血发炎，尤以鲢、鳙、团头鲂为明显，草鱼、鲤锚头鳋寄生于鳞下，炎症不很明显，但常

可见寄生处的鳞被蛀成缺口。虫体寄生于口腔内时，可引起口腔不能关闭，因而鱼不能摄食。小鱼种虽仅10多只虫寄生，但可能失去平衡，发育严重受滞，甚至出现弯曲畸形等现象。

【诊断】肉眼可见病鱼体表在红肿处有细针状的虫体。对于草鱼和鲤，锚头鳋寄生在鳞片下，检查时仔细观察鳞片腹面或用镊子取掉鳞片，即可看到虫体。

【防治】

(1) 用生石灰或漂白粉清塘。

(2) 每立方米水体使用20%精制敌百虫粉0.18～0.45g，用水溶解后全池泼洒。根据锚头鳋的寿命和繁殖特点，需连续用药2～3次，每次间隔的天数随水温而定，一般为7d，水温高时，间隔的天数少；反之，则多。

(3) 利用锚头鳋对宿主的选择性，可采用轮养法，达到预防的目的。

第三十三节　中华鳋病

【病原】中华鳋属的种类。只有雌鳋成虫才营寄生生活，雄鳋终身营自由生活，雌鳋幼虫也营自由生活。虫体长大，分节明显；头部呈三角形或半卵形，寄生在鱼鳃上的均为雌虫。生殖季节从4月开始可延至11月，卵随脱落的卵囊进入水体孵化，成无节幼体。经4次蜕壳后成桡足幼体，再经4次蜕壳形成幼鳋。我国危害较大的种类有大中华鳋、鲢中华鳋和鲤中华鳋。

【流行特点】该病在我国南、北方养殖场均有流行。大中华鳋主要危害2龄以上的草鱼；鲢中华鳋主要危害2龄以上的鲢、鳙。流行于全国各地。长江流域一带每年4—11月是中华鳋的繁殖时期。该病从5月下旬至9月上旬流行最盛，严重时均可引起病鱼死亡。

【症状与病理】虫体寄生于鳃。轻度感染时，一般无明显症状；严重感染时，则病鱼呼吸困难，焦躁不安，在水表层打转或狂游，尾鳍上叶常露出水面（俗称"翘尾巴病"），最后，消瘦、窒息而死。鳃小片发生炎性水肿，中华鳋寄生处附近的上皮细胞、黏液细胞和间充质细胞大量增生，嗜酸性粒细胞大量浸润，因此，鳃丝末端膨大成棒槌状，表面覆盖一层黏液细胞，下面是3～4层扁平上皮细胞，再下面是间充质细胞及嗜酸性粒细胞。细胞大量增生，引起鳃小片融合，毛细血管萎缩，以至消失，因此呈苍白色。中华鳋第2触肢钩入鳃丝，第2触肢被数层扁平上皮细胞包围。中华鳋口器相对的部位，可看到鳃丝受损的病灶，且在其附近有许多轮廓清楚的细胞碎片。

【诊断】用镊子掀开病鱼鳃盖，肉眼可见鳃丝末端内侧有乳白色虫体；或用剪刀将左右两边鳃完整取出，放在培养皿内，将鳃片逐片分开，在解剖镜下观察，统计虫体数量并鉴定。

【防治】

(1) 根据病原体对宿主的选择性，可采用轮养方法进行预防。

(2) 每立方米水体使用20%精制敌百虫粉0.18～0.45g，用水溶解后全池泼洒。

第三十四节　鱼 虱 病

【病原】常见的有东方鱼虱、鱼虱、刺鱼虱和宽尾鱼虱等。

【流行特点】鱼虱属种类较多，现已记载 250 种以上，许多种类寄生在海水鱼，世界各地都有分布。我国从渤海到南海的多种鱼上都有发现。鲻、梭鱼、比目鱼、鲷类和罗非鱼等养殖种类，受害较为严重。流行季节为 5—10 月，以水温 25～30℃的 7—8 月最为严重。

【症状与病理】东方鱼虱寄生于鱼的体表和鳍。被侵袭的鱼黏液增多，急躁不安，往往在水中狂游或跃出水面；之后病鱼食欲减退，身体逐渐瘦弱；严重时体表充血，体色变黑，最终失去平衡而死。刺鱼虱寄生在鱼的鳃部和口腔，由于虫体的侵袭，病鱼鳃上黏液增多而引起呼吸障碍；口腔壁发炎、充血，如果弧菌继发性感染，可引起溃烂。当寄生虫数量很多时，鱼体消瘦，体色发黑，浮游于水面，严重病鱼逐渐死亡。

【诊断】该病较易诊断，通常在鱼体表或鳍上肉眼可观察到体色透明、前半部略呈盾形的虫体；种类鉴定要用显微镜观察。

【防治】

（1）*预防措施*　养鱼前彻底清池；放养鱼种时如发现鱼虱，用精制敌百虫粉溶液 2～5mg/L浸洗 20～30min。

（2）*治疗方法*

①每立方米水体使用 20％精制敌百虫粉 0.18～0.45g，用水溶解后全池泼洒。

②淡水浸洗 15～20min（如梭鱼）。

第三十五节　鲺　病

【病原】鲺。鲺寄生在鱼的体表、口腔和鳃。成虫、幼虫均营寄生生活。鲺雌雄同形，由头、胸、腹三部分组成；身体背腹扁平，略呈椭圆形或圆形。身体透明，或与宿主鱼的体色相近。头部与胸部第 1 节愈合成头胸部，其两侧向后延伸成马蹄形或盾形的背甲。我国危害较大的种类，有日本鲺、喻氏鲺、大鲺和椭圆尾鲺。

【流行特点】淡水鱼、咸水鱼及咸淡水鱼均受害。鲺病国内外都很流行，从稚鱼到成鱼均可发病，幼鱼、小鱼受害较为严重。流行季节为 5—10 月。

【症状与病理】鲺寄生在鱼的体表，以其第 2 小颚特化成的吸盘附着，有时也可暂时离开宿主游泳于水中，或寻找新的宿主。鲺在宿主体表用其口前刺刺入皮肤，并将基部毒腺组织产生的毒液注入鱼体，使其产生炎症和出血，以便口吸食。同时，由于鲺腹面有许多倒刺，在鱼体上不断爬动，再加上口刺伤，大颚撕破体表，使鱼体表形成很多伤口且出血。病鱼呈现极度不安，急剧狂游和跳跃，严重影响食欲，鱼体消瘦，且容易并发白皮病、赤皮病，幼鱼常大批死亡。

【诊断】肉眼仔细观察鱼的体表，如能看到圆形或椭圆形、身体背腹扁平的虫体附着，即可确诊；也可将可疑病鱼置于盛有淡水的容器浸泡 3～5min，如能看到虫体，即可确诊。

【防治】每立方米水体使用 20％精制敌百虫粉 0.18～0.45g，用水溶解后全池泼洒。

第三十六节　鱼 怪 病

【病原】日本鱼怪。一般成对地寄生在鱼的胸鳍基部附近孔内（偶有 2 对或 3 只以上成

虫寄生在1个洞内)。虫体分头、胸、腹三部分。头部小，略似三角形，背面两侧有1对复眼，日本鱼怪在上海、江苏、浙江一带生殖季节为4月中旬至10月底。卵自第5胸节基部的生殖孔排出至孵育腔内，在其中发育为Ⅰ期幼虫、Ⅱ期幼虫，然后才离开母体，在水中自由游泳，寻找宿主寄生。

【流行特点】鱼怪病在云南、山东、河北、江苏、浙江、上海、黑龙江、天津、四川、安徽、湖北和湖南等地的水域内均有流行，且多见于湖泊、河流和水库，池塘中极少发生，其中，尤以黑龙江、云南和山东为严重。主要危害鲫和雅罗鱼，鲤上也有寄生。虫体经直接接触而感染。

【症状与病理】鱼怪成虫寄生在鱼的胸鳍基部附近围心腔后的体腔内，病鱼腹面靠近胸鳍基部有1～2个黄豆大小的孔洞。从孔洞处剖开，通常可见一大一小的雌虫和雄虫，个别可见3只或2对鱼怪。病鱼性腺不发育。幼鱼体表和鳃上被鱼怪幼虫寄生时，鱼表现极度不安，大量分泌黏液，皮肤受损而出血；鳃小片黏合，鳃丝软骨外露，2d内即死亡。

【诊断】胸鳍基部有洞，并且见到虫体在洞中即确诊。

【防治】

(1) 网箱养鱼，在鱼怪幼虫的高峰期，选择风平浪静的日子，在网箱内挂90%的晶体敌百虫药袋，每次用量按网箱的水体积计算，每立方米水体1.5g敌百虫，可杀灭网箱中的全部鱼怪幼虫。

(2) 在鱼怪幼虫的高峰期，选择无风浪的日子，在沿岸30cm宽的浅水中撒精制敌百虫粉，使沿岸水呈0.5mg/L的浓度，每隔3～4 d撒药1次。

(3) 在雅罗鱼繁殖季节，到水库上游产卵的都是健康鱼，而留在下游的雅罗鱼有90%以上是鱼怪病的患者。在雅罗鱼繁殖季节，增加对下游雅罗鱼的捕捞。

(4) 在鱼怪幼虫的高峰期，于网箱周围用网大量捕捉鲫和雅罗鱼，以减少网箱周围水体中鱼怪幼虫的密度。

第三十七节　鱼蛭病

【病原】尺蠖鱼蛭。虫体呈长圆筒形，后端扩大，背部稍扁，体长2～5cm，体色一般为褐绿色，有时会随宿主皮肤的颜色而变化。身体前、后端各有一吸盘，后吸盘约比前吸盘大1倍。雌雄同体，异体受精或自体受精。鱼蛭把卵产在黄褐色茧内，茧附着于水底各种物体上，从卵内孵出来即成鱼蛭。

【流行特点】主要危害鲤、鲫等底层鲤科鱼类。主要发病于水流不通畅的网箱养殖区域，或多年未清塘而水质恶化的池塘。流行季节为4—9月。

【症状与病理】寄生在鱼的体表、鳃及口腔，少量寄生时对鱼的危害不大；寄生数量多时，尤其是鱼种，因虫体在鱼体上吸血和爬行，鱼表现不安，常跳出水面。被破坏的体表呈现出血性溃疡；严重时则坏死；鳃被侵袭时，引起呼吸困难。病鱼消瘦，生长缓慢，贫血以至死亡。同时，鱼蛭会离开鱼体，寄生于另一条鱼，所以它又常是锥体虫病等的传播者。

【诊断】用肉眼检查，可作出初步诊断；进一步诊断可用显微镜鉴别虫体形态。

【防治】

(1) *预防措施* 用生石灰彻底清塘；保持水质清洁，定期换水，使养殖池中有机碎屑含量降低。

(2) *治疗方法* 采用 2.5%的盐水浸洗病鱼 0.5～1h，鱼蛭便可从鱼体上跌落下来，再用机械方法将鱼蛭处死。

第十五单元 甲壳类寄生虫性疾病

第一节 微孢子虫病

【病原】寄生在对虾和海蟹的主要种类有奈氏微粒子虫、对虾匹里虫、桃红对虾八孢虫、对虾八孢虫、米卡微粒子虫、蓝蟹微粒子虫、普尔微粒子虫、微粒子虫一种和卡告匹里虫。

【流行特点】微孢子虫病在南、北方养殖场均有发现，在广东和广西是一种较为常见和危害较大的病，不仅在养殖对虾中发现，而且在野生对虾中也常发现。该病的传播途径一般认为是，健康的虾或蟹捕食了病虾蟹而受感染。微孢子虫的营养体，在宿主消化道结缔组织间血窦内的血细胞中发育和增殖，以后扩展到全身的横纹肌中行孢子生殖。养殖的各种虾、蟹均可被感染。

【症状与病理】微孢子虫主要侵染对虾横纹肌，使肌肉变白、混浊，不透明，失去弹性。患病对虾也称乳白虾或棉花虾。中国明对虾感染微孢子虫后，全身变白、不透明，此时就开始大批死亡。患微孢子虫病的海蟹肌肉变白，混浊不透明。因蟹类的甲壳较厚，隔着甲壳不易看清内部肌肉的颜色，但在附肢关节处的肌肉变混浊、白色比较容易看到。

【诊断】取变白的组织做成涂片或水浸片，在显微镜下能看到孢子及其孢子母细胞，可确诊。

【防治】尚无治疗方法，主要应加强预防。发现受感染的虾或已病死的虾时，立即捞出并销毁，防止被健康的虾吞食或死虾腐败后微孢子虫的孢子散落在水中，扩大传播。养虾池在放养前应彻底清淤，并用含氯消毒剂或生石灰彻底消毒，对有发病史的池塘更应严格消毒。

第二节 拟阿脑虫病

【病原】蟹栖拟阿脑虫。虫体呈瓜子形，前端尖，后端钝圆。虫体大小平均 46.9μm×14.0μm，最宽在后 1/3 处。虫体大小与营养有密切关系。全身具 11～12 条纤毛线，多数略呈螺旋形排列，具均匀一致的纤毛。

【流行特点】蟹栖拟阿脑虫是在越冬亲虾体内发现的，对越冬亲虾危害较为严重。该虫

是一种兼性寄生虫，在海水中营腐生生活，以腐烂的有机质为食。当对虾受伤后，此虫乘机从伤口侵入虾体，营寄生生活，并在虾体内迅速繁殖，亲虾感染率和死亡率可高达100%。此虫生长和繁殖最适宜的水温为10℃左右，普遍流行于河北、山东、辽宁和江苏等对虾越冬池中。发病期一般从12月上旬开始，一直延续至翌年3月产卵期，死亡高峰在1月。

【症状与病理】病虾外观无特有症状，仅额剑、触角、尾扇、附肢或甲壳等发现有不同程度的创伤。拟阿脑虫最初是从伤口侵入虾体，到达血淋巴后迅速大量繁殖，并随着血淋巴的循环，到达全身各器官组织。在疾病的晚期，病虾血淋巴中充满了大量虫体，血淋巴呈混浊的淡白色，失去凝固性，血细胞几乎全部被虫体吞食；虫体侵入到鳃或其他器官组织后，因虫体在其中不停地钻动，使鳃及其他组织受到严重的机械损伤，造成病虾呼吸困难，窒息死亡。

【诊断】对感染初期的虾诊断时，主要从伤口刮取溃烂的组织，在显微镜下找到虫体；在感染的中、后期，拟阿脑虫已钻入血淋巴，并大量繁殖，布满全身各器官组织内，可用镊子将头胸甲后缘与腹部连接处刺破，吸取血淋巴在显微镜下观察，可看到大量拟阿脑虫在血淋巴中游动。在疾病晚期，剪取少量鳃丝，在显微镜下也可看到虫体在鳃丝内钻动。

【防治】

(1) 预防措施

①亲虾在放入越冬池前，先用淡水浸洗3～5min。

②在亲虾的捕捉、选择和运送时，要细心操作，严防亲虾受伤。

③亲虾入池后要注意遮光，防止亲虾见光后跳跃，必要时在池边设拦网，防止其受伤。

④鲜活饵料应先放入淡水中浸洗10min再投喂。

⑤越冬池进水时，应严格过滤。

⑥病死或濒死的虾应立即捞出，防止虫体从死虾逸出，扩大感染。

⑦每天清除池底残饵。

(2) *治疗方法*　疾病初期，虫体仅发现于伤口浅处，尚可治愈；当寄生虫已在血淋巴中大量繁殖时，则无有效的治疗方法，可试用淡水浸洗病虾3～5min。

第三节　固着类纤毛虫病

【病原】主要是固着类纤毛虫中的聚缩虫、钟虫、单缩虫等。虫体呈倒钟罩形，前端为口盘，口盘的边缘有纤毛。胞口在口盘顶面，从口沟按顺时针方向盘曲，口沟两缘各有1行纤毛。口沟末端进入细胞内，即为胞口。体内有1个带状大核，大核旁边有1个球形小核。有1个伸缩泡，一般位于虫体前部。另外，有位置和数目不定的颗粒形食物泡。虫体后端有柄。

【流行特点】尤其对幼体危害严重。该病在有机质多的水中最易发生，且该病的发生与虾蟹的生长发育速度有很大关系。若虾蟹生长发育缓慢，不能及时蜕壳，就可大量发生此病；反之，虾蟹生长发育正常，及时蜕壳，即便有少量虫体附着，也可随着蜕壳时蜕掉，不至于引起疾病。

该病的发生与池底淤泥多、投饵量大、放养密度过大、水质污浊和水体交换不良等因素有关。育苗场中若蓄水池内沉积大量有机质，投喂的卤虫幼虫不加处理或处理不当，可能会引起发病。

【症状与病理】固着类纤毛虫是共栖生物，在虾蟹生活史的各个时期，附着在虾蟹的体表和附肢上，以及成虾蟹的鳃甚至眼睛上。附生数量不多时肉眼看不出症状，危害也不严重。但在体表大量附生时，肉眼看出有一层灰黑色绒毛状物。患病的虾蟹或幼体游动缓慢，反应迟钝，摄食能力降低，呼吸困难，生长发育停止，不能蜕壳，严重者可死亡。

【诊断】从外观症状基本可以初诊。剪取一点鳃丝或从身体刮取一些附着物做成水浸片，在显微镜下看到虫体可确诊。患病幼体可用整体做水浸片进行镜检。

【防治】

(1) 预防措施

①保持水质清洁，是最有效的预防措施。在放养以前尽量清除池底污物，并彻底消毒；放养后经常换水；适量投饵，尽可能避免过多的残饵沉积在水底。

②育苗用水除采取严格的砂滤和网滤外，可用10～20mg/L浓度的漂白粉溶液处理，处理1d后即可正常使用。

③切断传播途径。卤虫卵用300mg/L的漂白粉溶液消毒处理1h，冲洗干净至无味后入池孵化。育苗期投喂卤虫幼虫时，可先镜检，发现有固着类纤毛虫附生时，可用50～60℃的热水将卤虫浸泡5min左右，杀死纤毛虫后再投喂。

④投喂的饲料要营养丰富，数量适宜；尽量创造优良的环境条件，经常换水，改善水质，控制适宜的水温等，以加速虾蟹的生长发育，促使其及时蜕壳。

⑤每立方米水体，每15～20d使用1次［规格（以本品计）：60%］硫酸锌粉0.2～0.3g，用水稀释后，全池遍洒。

(2) 治疗方法　如果虾蟹或其幼体上共栖的纤毛虫数量不多时，不必治疗；如果固着类纤毛虫数量很多时，就应及时治疗。

①养成期疾病的治疗：可用茶粕全池泼洒，浓度为10～15mg/L。待虾蟹蜕壳后，大量换水。

②亲虾越冬期的治疗：每立方米水体每日使用1次［规格（以本品计）：60%］硫酸锌粉0.75～1g，用水稀释后，全池遍洒；病情严重时，可连用1～2次，或使用硫酸锌三氯异氰脲酸粉，其用法用量按产品说明书。

③对于虾蟹幼体的固着类纤毛虫，除了改善饵料，加大换水量，调整好适宜水温促进幼体蜕壳外，尚无理想的治疗方法。

第四节　蟹奴病

【病原】蟹奴是一类在形态上高度特化了的寄生甲壳类。成虫已经完全失去了甲壳类的特征：露在宿主体外的部分呈囊状，以小柄系于宿主蟹腹部基部的腹面（因此其也被称为蟹荷包）；体内充满了雌雄两性生殖器官，其他器官包括体外的所有附肢均已完全退化；伸入在宿主体内的部分为分支状突起。分支状突体遍布宿主全身各器官组织，一直到附肢末端。蟹奴就用这些突起，吸收宿主体内的营养。

【流行特点】蟹奴类在世界上分布的地区很广泛，种类也多，能侵害许多种蟹类，有时感染率比较高，但都是危害天然种群。

【症状与病理】蟹奴附着在蟹腹部，使病蟹的脐略显臃肿。揭开脐盖，可看到多个乳白色或半透明的颗粒状虫体。蟹不能蜕壳，严重阻碍了蟹的生长发育，病蟹均失去生殖能力，一般不能长到商品规格。患病严重的蟹，肉味恶臭，不能食用。

【诊断】掀开蟹的腹部，肉眼就可看到蟹奴。

【防治】未进行研究。

第十六单元　由藻类引起的疾病

第一节　由赤潮生物引起的疾病

【病原】能够大量繁殖并引发赤潮的生物称为赤潮生物。包括浮游生物、原生动物和细菌等。其中，有毒、有害赤潮生物以甲藻居多；其次为硅藻、蓝藻、金藻、隐藻和原生动物等。

【流行特点】赤潮是由于海域环境条件改变，尤其是营养盐、有机污染导致海域富营养化，促使浮游生物特别是微小的藻类大量繁殖和高密度聚集，引起海水变色的一种异常现象。而在河流、湖泊及池沼等淡水水域中，发生的同类现象则称为水华。赤潮不仅会破坏海洋渔业资源和生产，恶化海洋生态环境，还会使人体因食用被赤潮生物污染的海产品而中毒，甚至死亡。赤潮形成的原因十分复杂，它与发生海区的水文、气象、理化因子及赤潮生物的特性等多种因素密切相关。赤潮发生，通常要有以下几个条件：

(1) 陆源工业废水和生活污水大量排入海区，为赤潮生物的繁殖提供了丰富的营养盐，这是形成赤潮基本的物质基础。其中，磷的含量高低是决定是否出现赤潮高峰和形成赤潮的重要因素。

(2) 海水中有机物质及海产动植物残体，被微生物分解而产生的维生素和其他微量有机物质（氨基酸、嘌呤、嘧啶等）以及微量元素（锰、铁等）的增加，可刺激赤潮生物的生长繁殖，促使赤潮暴发。

(3) 水温升高（不超过赤潮生物生存适温的上限）以及适宜的盐度、pH，是促使和加速赤潮生物生长繁殖的重要因子。

因此，水体稳定性高、交换差的半封闭海区或港湾，在持续的炎热天气、闷热天气、台风后或暴雨前后易发生赤潮。

【症状与病理】赤潮一旦发生，可使发生海区的水产动物大批死亡。从大量的研究结果来看，赤潮使鱼、虾、贝类死亡的原因为：

(1) 窒息死亡　赤潮生物大量繁殖以及死亡藻类的分解，消耗了大量溶解氧，使海水呈现缺氧甚至无氧状态，鱼、虾、贝类就会窒息死亡。此外，高密度的浮游生物及其尸体，黏附在鱼、虾、贝类的鳃或堵塞其呼吸器官，也会导致鱼、虾、贝类窒息死亡。

(2) 中毒死亡　许多赤潮生物或其尸体腐败时，可产生毒素，直接危害水产生物。特别是某些甲藻类赤潮生物（如漆沟藻）产生的麻痹性贝毒，毒性尤强。另据报道，某些赤潮发生时所繁殖的细菌也含有毒素，这些毒素可使鱼、虾、贝类死亡。

(3) 环境恶化引起死亡　赤潮发生时，海水的理化指标常常超出鱼、虾、贝类的忍受限度，从而引起死亡。

赤潮发生，还会严重破坏水生生物的饵料基础，改变水生生物的群落组成，影响生态平衡，最终破坏水域生产力，使海洋渔业和海水养殖业遭受损失。

【诊断】用肉眼观察海水颜色，可作出初步判断；确定是哪一种藻类引起，则需通过显微镜观察。

【防治】防治赤潮，可采取以下几项措施：

(1) 加强对赤潮发生的预测　每年5—9月赤潮易发季节，加强对气象、水温等资料的系统记录分析，及时对赤潮发生的可能性进行预测，使养殖业者能迅速采取应急措施，以避免损失。

(2) 重视海域的环境保护工作　必须加强对工厂污水、生活污水排放标准的控制，以充分利用海区的自净能力。

(3) 改善养殖技术　由于养殖业的迅猛发展，沿海水域因投饵所造成的水质污染也日趋严重，已远远超过海洋自身所具有的自净能力，常常造成局部海区高度富营养化，在其他因素的作用下，易导致赤潮发生。因此，改善养殖技术，给养殖海区创造一个良好的生态环境，可起到积极预防赤潮发生的作用。

(4) 赤潮发生时的应急措施　目前，尚未研究出有实用价值的控制赤潮的有效方法。赤潮发生时，可采用1～2mg/L的硫酸铜溶液杀灭赤潮生物。此外，设法给养殖鱼类增加海水中的氧气，将养殖鱼类的网箱移到没有受赤潮影响或影响较小的中下层或其他海区，可减少或避免损失。

第二节　由三毛金藻引起的疾病

【病因】三毛金藻，又叫土栖藻。大量繁殖时产生大量鱼毒素、细胞毒素、溶血毒素和神经毒素等，引起鱼类及用鳃呼吸的动物中毒死亡。三毛金藻可以生长的盐度为0.6～7.0，在低盐度中生长较在高盐度中快；水温－2℃时，仍可生长并产生危害；30℃以上生长不稳定，但在高盐度中高温生长仍稳定；pH 6.5能长期存活。

【流行特点】该藻引起的中毒流行于盐碱的池塘、水库等半咸水水域，自夏花至亲鱼均可受害。一年四季都有发生，主要发生于春、秋、冬季。

【症状与病理】中毒初期，病鱼焦躁不安，呼吸频率加快。全长3cm的鲢，每分钟呼吸138～150次，游动急促，方向不定；不久就趋于平静，反应逐渐迟钝，鱼开始向鱼池的背风浅水角落集中，少数鱼静止不动，排列无规则，受到惊扰，即游向深水处，不久又返回；鱼体分泌大量黏液，胸鳍基部充血明显，逐渐各鳍基部都充血，鱼体后部颜色变淡，反应更为迟钝而平静，呼吸频率逐渐减少；随着中毒时间的延长，自胸鳍以后的鱼体麻痹、僵直，尾鳍、背鳍和腹鳍都不能摆动，只有胸鳍尚能摆动，但不能前进，触之无反应，鳃盖、眼眶

周围、下颌和体表充血，红斑大小不一，有的连成片。鱼布满池的四角及浅水处，一般头朝岸边，排列整齐，在水面下静止不动，但不浮头，受到惊扰也毫无反应，呼吸极其微弱，每分钟22次或更少。整个中毒过程鱼不浮头，不到水面吞取空气，而是在平静的麻痹和呼吸困难下死去。有的鱼死后，除鳍基充血外，体表无充血现象；有的鱼死后，鳃盖张开，眼睛突出，积有腹水。濒死鱼的红细胞膨胀，胞质浓缩并围绕在核的周围，最后胞膜破裂，遗留下裸露的胞核和细胞碎屑。

【诊断】根据水体颜色、鱼体活动和痉挛等症状可作出诊断。

【防治】

(1) 水中总氨含量超过0.25mg/L时，三毛金藻就不能成为优势种。因此，定期（少量多次）向池中施铵盐类化肥，如尿素、氨水和氮磷复合肥，以及有机肥，使总氨浓度稳定在0.25～1mg/L，即可达到预防效果。

(2) 在pH 8左右、水温20℃左右的盐碱地发病鱼池早期，全池遍洒20%左右的铵盐类药物（硫酸铵、氯化铵、碳酸氢铵），或浓度为20mg/L或12mg/L的尿素，使水中离子氨达0.06～0.10mg/L，可使三毛金藻膨胀解体直至全部死亡。铵盐类药物杀灭效果比尿素快，但鲻、梭鱼的鱼苗池不能用此方法。

(3) 发病早期鱼池全池遍洒0.3%黏土泥浆水以吸附毒素，在12～24h内中毒鱼类可恢复正常，不污染水体，但杀不死三毛金藻。

第十七单元 非生物源性疾病

第一节 浮头与泛池

【病因】当水中含氧量较低时，引起水生动物到水面呼吸，受到惊吓不下沉，鱼不成群，分散于池边，这时如果不进行急救，很快就会出现大批鱼窒息而死，这叫泛池。如果池塘中鱼、虾类的放养密度过大，或浮游动物或底栖动物过多，或水和底泥中有机物质（包括鱼虾类的排泄物、动植物尸体、有机肥料、饲料残渣等）过多，再加上天气闷热无风，或连日阴天或下雾，就可能在天亮以前发生缺氧，引起浮头或泛池。

草鱼、青鱼、鲢等通常在水中溶解氧含量为1mg/L时开始浮头，当水中溶解氧低于0.4mg/L时，就会窒息死亡；鲤的窒息点为0.1～0.4mg/L；鳊的窒息点为0.4～0.5mg/L。对虾最低溶解氧的忍受限度一般为1mg/L，但与虾的健康状况有很大关系。如健康的褐对虾，当水中溶解氧为1mg/L时尚能生存；但是发生聚缩虫病的虾，在水中溶解氧为2.6～3mg/L时就可窒息而死。

【流行特点】无地域性，常发生于高温季节以及闷热无风、气压低时。在露天的静水池塘中，鱼、虾类的浮头和泛池一般发生在夏季、秋季的高温时期，鱼、虾类的放养密度过大，池水和底质中有机质过多，再遇到闷热无风，或连日阴云下雨或大雾弥漫等天气时，夜间就可能发生浮头或泛池，抢救不及时往往造成全池鱼死亡。在北方越冬池内，一般因鱼较密集，水表面又结有一层厚冰，池水与空气隔绝，已溶解在水中的氧气因消耗而减少，较易引起窒息。

【症状与病理】由于水中严重缺氧，鱼体浮出水面呼吸。从浮头开始时间的早晚，也可断定缺氧的严重程度。如果在接近天亮时才开始浮头，一般都比较轻，太阳出来后，鱼很快就可沉下去；如果在半夜前后开始浮头，就是缺氧严重的信号。

【诊断】在池边观察鱼的活动情况，即可确诊。清晨巡塘时，发现鱼浮于水面，用口呼吸，说明池中溶解氧不足。若太阳出来后，鱼仍不下沉，说明池中严重缺氧。泛池而死的鱼，一般都死在池边浅水处，鳃盖张开。镜检时，无主要致病的病原和症状。

【防治】

(1) 清池时挖除池底污泥。

(2) 放养密度和搭配比例要适宜。

(3) 投饵要适量、定时、定位，以免过多残饵在水中腐烂分解，消耗溶解氧，污染水质。剩余的饵料残渣，要及时清除。在闷热的夏天，应减少投饵量。

(4) 采用施肥养殖时，应施发酵有机肥，且根据气候、水质等情况，掌握施肥量，不使水质过肥，少量多次为宜。在夏季一般以施无机肥为好。

(5) 在夏、秋高温季节，特别是闷热无风或有大雾的天气，应加注清水，在中午开动增氧机，在半夜以后至天亮以前的时间内应加强巡塘，发现浮头要及时抢救。

(6) 当越冬池水面结有一层厚冰时，可在冰上打几个洞，或用生物增肥法施肥增氧，或开动增氧机。

(7) 发现浮头后最好的急救办法是，立即灌注新水，开动增氧机。

(8) 如果没有增氧机且无法加水，可以喷洒增氧剂，如过氧化氢、过碳酸钠等。

第二节　畸　　形

【病因】①在对虾卵孵化期间，如果水温过高或过低，就可引起无节幼体畸形。如中国明对虾在孵化期内水温超过 21℃、长毛对虾孵化水温低于 23.5℃时，就出现畸形。卵在孵化过程中溶解氧不足，也可能是一个因素。②育苗用水中重金属离子浓度过高时，也可出现畸形。已证明锌离子达到 0.03mg/L 时，无节幼体就发生畸形。③营养。④寄生虫。

【流行特点】畸形主要发生在水质污染、水温不适宜的育苗池。该病在我国沿海各对虾育苗场中均可发现。

【症状与病理】畸形多发生在无节幼体和溞状幼体阶段，主要症状是尾部和附肢的刚毛弯曲、变形、萎缩或消失，特别是尾刚毛弯曲最为常见。因此，有人把它叫作尾棘弯曲病。溞状幼体的畸形除了上述症状外，也有的腹部弯曲、两眼合并和额突分叉等。畸形的幼体一般不能继续发育，在蜕壳时就死亡，极少数可生存到幼虾阶段。

【诊断】从外观症状就可确诊。但应从水温、水质等环境条件寻找原因。

【防治】畸形应以预防为主，因为已经变为畸形的不可能恢复。预防措施主要是，保持优良的水质和适宜的水温。新建的育苗池，在育苗前应预先加水浸泡，将水泥中的有毒物质基本浸出后，才能进行生产。育苗池中的加热管道不能用镀锌管，以防锌溶解于水中。如果已发现水中含有较大量的重金属离子或已发现有少数畸形幼体，而水温正常时，可用乙二胺四乙酸（EDTA）钠全池泼洒，使池水呈 5～10mg/L 的浓度。另外，在收卵过程中应防止大量卵子长时间挤压在一起。

第三节　气 泡 病

【病因】水中某种气体过饱和，可引起水产动物患气泡病。越幼小的个体越敏感，如不及时抢救，可引起幼苗大批死亡，甚至全部死光；较大的个体亦有患气泡病的，但较少见。引起水中某种气体过饱和的原因很多，常见的有：

（1）水中的浮游植物过多，在强烈阳光照射的中午，水温高，藻类进行光合作用旺盛，可引起水中溶解氧过饱和。

（2）池塘中施放过多未经发酵的肥料，肥料在底部不断分解，消耗大量氧气，在缺氧情况下分解放出许多细小的甲烷、硫化氢气泡，鱼苗误将小气泡当浮游生物而吞入，引起气泡病。

（3）有些地下水含氮过饱和，或地下有沼气，也可引起气泡病。

（4）在运输途中，人工送气过多；或抽水机的进水管破损时，吸入了空气；或水流经过拦水坝成为瀑布，落入潭中，将空气卷入，使水中气体过饱和。

（5）水温高时，水中溶解气体的饱和量低，所以当水温升高时，水中原有溶解气体就变成过饱和而引起气泡病。

（6）在北方冰封期间，水库的水浅，水清瘦，水草丛生，则水草在冰下营光合作用，也可引起氧气过饱和，引起几十千克重的大鱼患气泡病而死。

【流行特点】气泡病可以发生在不同种类、不同年龄、不同地区的鱼、虾、贝等水生动物，无论淡水或海水，人工养殖和天然海湾中都可发生。天然水域少见，在藻类较多的养殖水域易发生。在人工养殖的水产动物中，也是幼小时期比成年时期更易发生该病。在天然海湾中，发生气泡病的例子极为罕见。

【症状与病理】最初鱼、虾感到不舒服，在水面做混乱无力游动，不久在体表及体内出现气泡。当气泡不大时，鱼、虾还能反抗其浮力而向下游动，但身体已失去平衡，时游时停，随着气泡的增大和体力的消耗，失去自由游动能力而浮在水面，不久即死。

气泡出现的部位，随着鱼的年龄有所不同。仔鱼的气泡多在鳍的边缘、皮下组织和卵黄囊。稚鱼的气泡多发生在消化道或体腔内。成鱼的气泡多在眼睛的角膜下和疏松的结缔组织中，严重时可使眼球突出和瞎眼；在鳍的组织内、口腔黏膜内和鳃丝组织中均可发现；内部器官中的气泡经常出现在肠道、幽门垂、心脏和血管等处。在循环系统中的气泡危害最大，能形成气体栓塞，阻止血液流通，使鱼很快发生死亡。

【诊断】解剖及用显微镜检查，可见鳃、鳍及血管内有大量气泡，引起栓塞而死。

【防治】主要针对上述发病原因，防止水中气体过饱和。

（1）注意水源，不用含有气泡的水（有气泡的水必须经过充分曝气），池中腐殖质不应过多，不用未经发酵的肥料。

(2) 平时掌握投饲量及施肥量，注意水质，不使浮游植物繁殖过多。

(3) 水温相差不要太大。

(4) 进水管应及时维修，北方冰封期，在冰上应打一些洞。

(5) 当发现患气泡病时，应立即加入溶解气体在饱和度以下的清水，同时排出部分池水。

(6) 将患气泡病的个体移入清水中，病情轻的能逐步恢复正常，尤其氧气过饱和的容易恢复。

第四节　维生素C缺乏症

【病因】维生素C为白色结晶性粉末，味酸，易溶于水，性质极不稳定，易受水分、空气、光、热以及化学药物的破坏，在饲料的加工和贮藏过程中很容易损耗，并且在饲料投入水中后很容易溶出，从而造成缺乏。维生素C参与脯氨酸的羟基反应，生成羟脯氨酸。后者为胶原蛋白合成的先驱物，与组织的再生有密切关系，对虾的伤口愈合有帮助，在附肢或尾扇损伤时能使其加速恢复。维生素C还能促进虾蜕壳、解毒和增强疾病的抵抗力，但在虾体内不能合成，必须从食物中获得。

【流行特点】患病对象已知的有加州对虾、褐对虾、日本囊对虾和蓝对虾的幼体。但长期投喂维生素C缺乏或含量不足的人工配合饲料，养虾池中又没有藻类存在时，各种虾都可能发生该病。中国明对虾有时也发现有类似的症状。

【症状与病理】缺乏维生素C的病虾，在腹部、头胸甲和附肢的几丁质层下面，尤其关节处或关节附近、鳃以及前肠和后肠的壁上出现黑斑。病虾通常厌食，且腹部肌肉不透明。一般在晚期继发性感染细菌性败血症。

【诊断】根据虾体表症状可作初步诊断，但确诊时还应了解投喂的饲料情况。还应作组织检查，特别应检查关节附近的表皮，前肠和后肠的肠壁，眼柄和鳃。

【防治】

(1) 人工配合饲料中应含有0.1%～0.2%的维生素C，可以防止该病的发生和发展。对轻病可以治疗，但症状已很明显的虾就不能恢复。

维生素C添加于饲料中的方法一般是，将每100mL水中溶解4mL维生素C，再均匀喷洒在饲料中，阴干0.5h左右，后每100kg饲料喷洒植物油（豆油、花生油等）1～2kg，等油被吸入后就可投喂。喷洒植物油的作用，一方面是在饲料表面形成一层油膜，保护维生素C不溶于水；另一方面，可补充饲料中的固醇类和不饱和脂肪酸的含量。

(2) 适当投喂一些新鲜藻类。因为，新鲜藻类中含有较多的维生素C，但要防止藻类在养虾池中大量繁殖，形成危害。

第五节　脂肪肝

【病因】诱发鱼类脂肪肝的因素很多，包括养殖密度过大、水体环境恶化，饲料氧化、酸败、发霉、变质，饲料中营养物质组配不平衡，抗脂肪肝因子缺乏，过量或长期使用抗生

素和化学合成药物以及杀虫剂等。而饲料中营养物质组配不平衡及抗脂肪肝因子的缺乏，是发病最主要的因素。

【流行特点】因导致肝损害的原因涉及营养、饵料、药物和毒物等多方面因素，故患脂肪肝的概率很大，集约化养殖鱼类都有发生，尤其是在放养密度高、生长快的条件下更易发生。

【症状与病理】病情较轻时，鱼体一般没有明显的症状，鱼体色、体形等无明显改变，仅食欲不振，游动无力，有时焦躁不安，甚至蹿出水面，生长缓慢，饵料利用率和抗病力降低，死亡率不高；病情严重时，鱼体色发黑，色泽晦暗，鱼体有浮肿感，鳞片松动易脱落，游动不规则，失去平衡（或静止于水中），食欲下降，反应呆滞，呼吸困难，甚至昏迷翻转，不久便死亡。解剖发现，肝脏颜色发生变化，呈花斑状、土黄色和黄褐色等，胆囊变大且胆汁变黑。此外，鱼体抗应激能力很差，当捕捞或运输时，常会引起鱼体全身充血或出血，出水后很快发生死亡，或在运输途中死亡。

病理解剖见患病鱼肝脏肥大，颜色苍白，肝脏表面有脂肪组织块积累，或肠管表面脂肪覆盖明显。肝组织脂肪变性明显，组织空泡化，细胞核偏位，细胞体积增大，肝组织瘀血，炎性细胞浸润，肝糖原减少，主要肝功能酶指标不正常，肝功能不全，甚至出现肝组织萎缩坏死。

【诊断】当发现养殖鱼类生长速度下降、食欲减退、饵料报酬降低、日粮减少等变化时，就要注意是否发生了脂肪肝，并采样做病理学检查。原发性脂肪肝，往往会继发感染细菌和病毒；患传染性疾病的鱼，也会有肝脂肪变性的病理变化。在这种情况下，就要认真区别是原发性脂肪肝还是由细菌或病毒感染引起的肝组织脂肪变性。

【防治】按组织病理划分，脂肪肝是肝病系列病症过程的初期，一旦致病因素消除，可以使病变的肝组织恢复。若这种初期的病变继续受到致病因素的作用，便会恶化，导致器官生理功能受到明显影响。因此，在初期要准确诊断，及时采取措施。依据检查结果，消除致病因素，以有效控制脂肪肝的病变，或使已发生的脂肪肝症状得到恢复。

（1）保持饵料新鲜，防止蛋白质变质和脂肪氧化分解，防止饲料受潮发霉，选用优质饵料。

（2）不乱用药或滥用药，不提倡将药物添加到饵料中长期使用，提倡科学用药。

（3）添加一些有利于脂类代谢的物质，如B族维生素、维生素E、磷脂、胆碱、甜菜碱、肉碱和赖氨酸等。

第六节　中　　毒

【病因】随着工农业生产的发展，人口的增加，工厂的有毒废水、农田中的农药以及生活污水等大量流入水体，污染水质及富营养化，会引起水生动物中毒、畸形甚至死亡。水生动物受毒物影响有三条途径：一是鳃的呼吸功能受到影响，窒息而死；二是水生动物与水接触的部位，如体表、口腔等受到毒物影响而损害；三是通过食物将有毒物质吸收到体内，组织器官受到破坏，产生不良的生理影响，严重时可致死。主要有农药、重金属、石油污染、酚和硫化氢等中毒。

【流行特点】一年四季水体污染后可见。

【症状与病理】不同的药物对鱼体的损害程度有一定的区别，共性有窜游、颤抖、跳跃挣扎，直至昏迷死亡；有的表现为行动迟缓，麻痹，体色慢慢变黑，丧失活动能力而死亡。池塘鱼类一般不分种类、大小，连底层的鲤、鲫，甚至泥鳅等都会死亡，严重的全塘鱼死光。如有机磷中毒时，鱼体表现麻痹，行动缓慢，体色渐趋变黑，骨骼畸变和死亡。酚中毒，可引起鱼类大批死亡，由于酚在鱼体内能产生积累，使鱼肉产生异味（煤油味）。草鱼在汞中毒时，可引起眼球充血，眼球严重破坏，引起失明或者残缺等。

【诊断】鱼体突然大批量死亡等。

【防治】

（1）加强监测工作（理化监测及生物监测）　严禁未经处理的污水及超过国家规定排放标准的水排入水体。

（2）进行综合治理　可采取沉淀、过滤、曝气以及泼洒水体消毒与改良剂等措施，还可通过水生植物、藻类净化水质。

综合应用科目

2024 年执业兽医资格考试应试指南（水生动物类）

◎ 第十三篇　饲料与营养学

◎ 第十四篇　养殖水环境生态学

◎ 第十五篇　水产养殖学

第十三篇

饲料与营养学

第一单元　水产养殖动物饲料概述

第一节　基本知识

饲料是动物维持生命和生长、繁殖的物质基础。动物获取、利用饲料的过程称为动物营养。研究动物营养的科学称为动物营养学。饲料中含有动物所需要的多种营养素。所谓营养素是指能在动物体内消化吸收、供给能量、构成体质及调节生理功能的物质。动物需要的营养素有蛋白质、脂肪、糖类、维生素、矿物质和水等。

一、概念与定义

1. 能量　由糖类、脂肪和氨基酸在有机体内氧化释放。能量不是营养物质，动物的绝对能量需求可以通过测定动物耗氧量或产热量来确定。

2. 能量需求　对饲养动物的生长、发育及生存来说，能量摄入是基本的需求。设计鱼类和虾类饲料配方时，应优先考虑饲料能量水平。

3. 必需氨基酸（Essential Amino-acid，EAA）　指鱼类和虾类自身不能合成或合成量不能满足鱼类的需要，而必须由食物提供的氨基酸。

4. 必需脂肪酸（Essential Fatty Acid，EFA）　指鱼类和虾类生长所必需，但其体内不能合成或合成量不能满足机体需要，而必须由饲料直接提供的脂肪酸。从其化学组成和结构看，必需脂肪酸均系含有两个或两个以上双键的不饱和脂肪酸。鱼类、虾类自身能合成n-7和n-9系列不饱和脂肪酸，但不能合成n-3和n-6系列不饱和脂肪酸。因此，n-3和n-6系列不饱和脂肪酸为鱼类、虾类的必需脂肪酸。鱼类具有转化十八碳不饱和脂肪酸为同系列更长链高度不饱和脂肪酸的能力。

5. 抗营养因子　饲料除了含有各种营养物质外，还含有能削弱和破坏营养素功能的物质。具有削弱和破坏营养素功能的物质称为抗营养因子。

6. 内源性抗营养因子　是机体或有机物固有的物质，主要包括胰蛋白酶抑制物、血细胞凝集素、棉酚、植酸、环丙烯脂肪酸、硫葡萄糖苷、芥子酸、生物碱和硫胺素酶。

7. 外源性抗营养因子　指抗营养作用的有毒有害污染物，主要包括黄曲霉毒素、氧化酸败物、重金属、多氯联苯和杀虫剂等。

8. 能量蛋白比（Energy/Protein Ratio，E/P）　指单位重量饲料的总能与饲料中粗蛋白含量的比值。

9. 饲料系数　动物摄食量与增重量之比值。

10. 饲料效率　指动物增重量与摄食量的比值。

二、食物链、食物网

(一) 食物链

在各生态系统中，生物通过一系列吃与被吃的关系发生相互紧密地联系关系，这种生物之间以食物营养关系彼此联系起来的序列，在生态学上被称为食物链。

1. 分类　水生生态系统中的食物链通常为单细胞藻类和浮游植物→浮游动物→小型虾类和鱼类或贝类→大型鱼类和海洋哺乳类。因此，单细胞藻类和浮游植物在生态系统中被称为基础生产力，其基础是光照。

按照水生生物所处的生态环境可分为海洋食物链和池塘食物链。

(1) 海洋食物链　在海洋中，从植物、细菌或有机物开始，经吃植物的动物（植物食性动物）到吃植物食性动物的动物（肉食性动物），形成取食与被取食的关系，被称为海洋食物链。大洋中，大鱼吃小鱼，小鱼吃虾，虾吞水蚤，水蚤食微藻，微藻吸收阳光及无机盐等进行光合作用，制造有机物质，维持着这个食物链。海洋食物链可分为 6 个营养级的大洋食物链、4 个营养级的大陆架食物链、3 个营养级的上升流食物链（图 13-1)。

(2) 池塘食物链　在养殖池塘（鱼池）中存在着两个食物链，即自养食物链和异养食物链。二者并非孤立存在，而是有机地交叉在一起，相互依存，形成一个网络，即池塘养殖鱼类的食物链网。

①自养食物链：水体中的浮游植物和自养细菌以及一些水生植物，利用水中的无机营养盐和阳光进行光合作用，在无机盐充分时，不断地生长繁殖而成为制造有机物的生产者，从而形成鱼池天然的初级生产力。浮游动物则作为第一级消费者摄食浮游植物、自养细菌和部分有机碎屑。其他的一些水生动物和鱼类又按其不同食性选食上述浮游植物、浮游动物、细菌和有机碎屑，以及水生植物，形成一条以浮游植物和自养细菌为起端的“自养食物链”。

②异养食物链是以异养菌为起端，随引水而进入鱼池的有机碎屑、水生生物的遗体以及对细菌失去抵抗能力的一些活的有机体，为鱼池异养菌提供了营养基质。异养细菌将这些有机物质分解为无机物，因此异养细菌在物质循环中被称为还原者。异养细菌在分解有机物的同时又使自己获得了物质能量，进行生长繁殖，这就形成了异养菌本身的生产力。只要上述营养基质能得到满足，异养菌的生产力就不断形成。细菌大量繁殖后，由于其特殊的生理作用，自身形成很多菌胶团（亦称凝聚体），细菌及其菌胶团则成为浮游动物等低等水生动物的食物，鱼类则摄食这些水生动物。因有些菌胶团集聚了大量细菌，外形增大，使一些包括鱼类在内的较大型的水生动物也能摄食，这就形成了以异养菌为起端的异养食物链。

第一、二级消费者如作为养殖对象的动物性饵料（活饵料）来进行培养的，则称为次级生产者。第三级消费者，以肉食为主。以他种鱼类为摄食对象的通称凶猛鱼类，如鳜，以活鱼虾为食。第一、二、三级消费者作为终级产品，即称终级生产者。分解者通常是指细菌。但营腐生生活的无脊柱动物，如像大多数的水蚯蚓，特别是颤蚓属的种类等，可以看作是特殊分解者。它们主要利用碎屑，并起到分解者的作用。

2. 食物链的特点　生产者所固定的能量和物质通过一系列的取食和被取食关系在生态

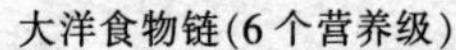

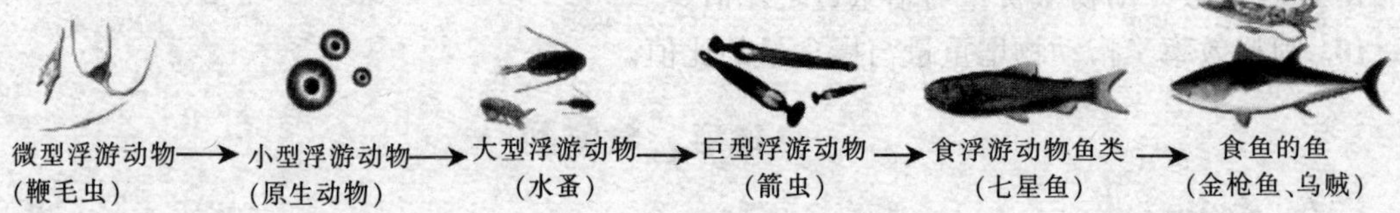

大陆架食物链(4个营养级)

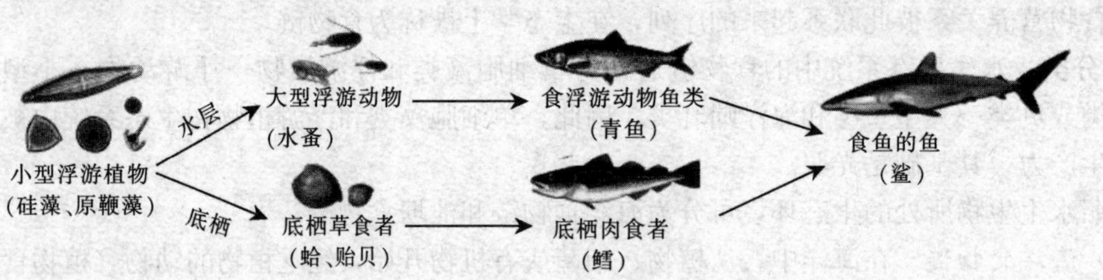

上升流食物链(3个营养级)

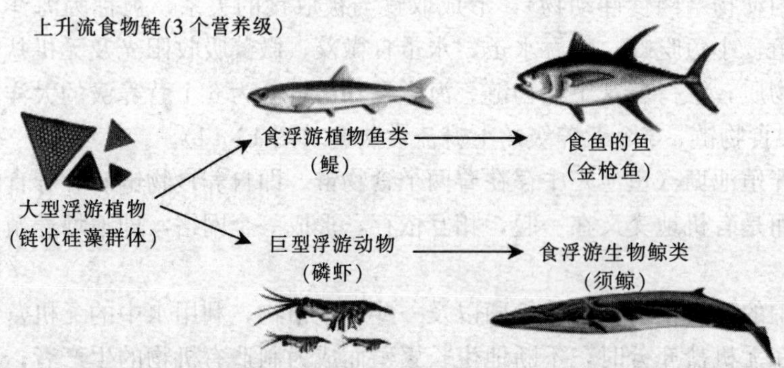

图 13-1　海洋食物链

系统中传递，各种生物按其食物关系排列成链状顺序。其特点如下：

①食物链多以绿色植物为基础；

②食物链的每一个环节称为一个营养段；

③食物链中的“→”代表能量传递的方向；

④动物所处的营养级不是一成不变的；

⑤食物链不可能无限加长，因为能量在食物链中传递时是逐级递减的，下一营养级的生物不可能将上一营养级生物的能量和有机物全部利用，所以一般食物链只有 3～4 个营养级，很少超过 5～6 个营养级；

⑥消耗最低级的生物的数量最多，由最低级到最高级形成数量金字塔（图 13-2）。1 t 鲨需要消耗 10～20t 的中等鱼类，这些中等鱼类则需要消耗 100～200t 的小型鱼类，这些小型鱼类则要消耗 1 000～2 000t 的浮游生物。

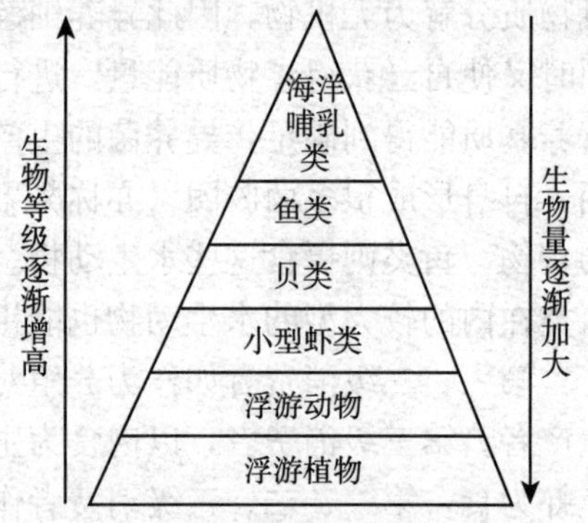

图 13-2　水生生物食物链中的生物量与等级关系

（二）食物网

不论在大的生态系统中，还是在小的生态系统中，生物间通过能量传递关系存在着一种错综复杂的普遍联系，这种联系是一个无形的网把所有生物都包括在内，使它们彼此之间都有着某种直接和间接的关系，这就是食物网的概念。

（三）食物链和食物网的作用

所有能量的流动，物质的迁移和转化都是通过食物链或食物网进行的。

食物链对环境有十分重要的影响。有害于人体健康和生物存在的毒物、病原微生物通过食物链传播和扩散，扩大其危害范围。生物还可以在食物链上通过生物放大作用，逐级浓缩有毒物质，达到致死量，危害人类。毒物、病原微生物通过食物链传播和扩散，一旦感染生物，则将引起食源性疾病，如水俣病等。

第二节　水产养殖动物的食性

一、鱼　　类

鱼类的食性主要分为肉食性、杂食性及草食性。肉食性鱼类以牙鲆、鲈为代表，杂食性以罗非鱼为代表，草食性以草鱼为代表，以下分别叙述。

1. 肉食性鱼类　牙鲆为食物链中等级较高的肉食性鱼类，在自然环境中主要摄食鳀、虾虎鱼、沙丁鱼等小型鱼类，也摄食贝类、头足类和沙蚕等。一般夜间摄食，白天很少活动。工厂化养殖主要投喂配合饲料。牙鲆的饲料包括鲜活饵料和配合饲料。鲜活饵料主要是轮虫和卤虫无节幼体。刚刚开口的仔鱼，其消化器官还没发育完全，轮虫中的液体蛋白是其最佳的食物。12～45 日龄牙鲆主要投喂卤虫无节幼体。一般在 17 日龄左右开始逐渐加投配合饲料。牙鲆的仔鱼、稚鱼对鲜活饵料具有很强的选择性，在有卤虫无节幼体时，不愿意摄食轮虫和配合饲料，所以在投喂时一般先投喂轮虫和配合饲料，在充分摄食后再投喂卤虫无节幼体。鲈属凶猛的肉食性鱼类，其摄食种类较广，主要摄食底栖甲壳类，并摄食少量的头足类、环节动物、海藻类等。人工养殖主要投喂鲜杂鱼和专用配合饲料。

2. 杂食性鱼类　罗非鱼在生长过程中，其食性也在不断地变化。幼鱼阶段主食为浮游动物，以后逐渐转换并以植物性饲料为主。体长 0.3～0.5cm 的仔鱼，在雌性亲鱼口腔中，以卵黄囊为主要营养来源，并开始摄食天然饵料。天然饵料有轮虫、桡足类无节幼体、小型枝角类和绿藻、部分种类的蓝藻、绿藻。体长 0.9～1.5cm 的稚鱼，此时卵黄囊已完全吸收并离开雌性亲鱼。该阶段的稚鱼饵料主要是浮游动物，有轮虫、枝角类、桡足类幼虫，还有少量的原生动物；也有一些浮游植物、有机碎屑、配合饲料和同种小鱼。体长 1.7～3.5cm 的幼鱼，食性转为杂食性，除仍以轮虫、枝角类、桡足类等浮游动物为主要食料外，还吞食小鱼苗、底栖动物、水生植物、有机碎屑和商品饲料等。成鱼阶段能摄食底栖动物、有机碎屑、浮游动物与浮游植物，但更多地摄食浮游植物，其中 70％是蓝藻和绿藻。在人工饲养条件下，罗非鱼既可摄食植物性饲料、也可摄食动物性饲料。植物性饲料如浮萍、青菜、米糠、豆粕，动物性饲料如蚕蛹粉、鱼粉等。

3. 草食性鱼类　在自然水体中，草鱼以草为食，并因此而得名。草鱼食性相当广泛，可塑性很大。在人工饲养的条件下，草鱼以某些绿色植物的叶和茎为主要饵料。但也吞食米糠、花生麸、豆饼和玉米等物质，甚至吞食动物内脏及粪便。

二、虾 类

对虾食性较广，属以动物性饵料为主食的杂食性种类。在不同的生长发育阶段摄食饵料的种类有所差异。对虾的溞状幼体、糠虾幼体及仔虾主要摄食多甲藻、硅藻等浮游植物，也摄食少量浮游动物，如双壳类幼体、桡足类及其幼体等；幼虾以小型甲壳类为主要食物，如介形类、糠虾类、桡足类等，还摄食软体动物的幼体和小型鱼类等；成虾主要以底栖的甲壳类、双壳类、短尾类和长尾类为食。目前，不论是对虾苗种培育还是成虾养殖中所使用的配合饲料，均能满足对虾生长发育的营养需要。

三、蟹 类

1. 海水蟹类 锯缘青蟹属杂食性动物。喜欢摄食鲜活的鱼类、贝类、虾类、蟹类，也摄食鱼、虾尸体和家畜内脏以及豆饼、花生饼、米糠、麸皮、腐烂水生植物等。但不同生长阶段觅食的对象各有所异，幼蟹的食性非常杂，个体越大食性越杂。蜕壳生长期间，尤其需要吃贝类。锯缘青蟹多在夜间寻找食物，水温在18～29℃时，摄食量大，生长快。当饵料不足时，常发生同类残食。三疣梭子蟹以摄食动物饵料为主。其食性随不同的发育阶段有所变化。在自然海区中，初期幼蟹以摄食卤虫、多毛类、钩虾、藤壶等为主，后期幼蟹和成蟹则捕食小型鱼类、虾类、贝类、多毛类、蛇尾类等。在人工养殖中，多以低值贝类、鱼类等为主要饵料。三疣梭子蟹多以傍晚和夜间摄食，白天较少摄食且食量较小。三疣梭子蟹生性好斗，当饵料不足时，也常发生同类残食，对养殖成活率有较大的影响。

2. 淡水蟹类 中华绒螯蟹（俗称河蟹）的食性很杂。在自然条件下，以水草、腐殖质为主食，嗜食动物尸体，也可摄食螺、蚌、蚬等贝类和昆虫，偶尔也摄食小型鱼类、虾类。当食物匮乏时，也会同类相残，甚至吞食自己所抱之卵。河蟹摄食的植物性食物是构成蟹胃食物的主要成分。

四、贝 类

1. 鲍 鲍在不同发育阶段食物种类组成不同。在幼体期，担轮幼体脱膜后仍然依靠细胞内的营养物质作为发育所需的能量，至面盘幼虫后期才吞食少量单细胞藻类及有机碎屑。幼虫发育到匍匐期后，利用吻部的频繁伸缩活动，以舔食的方式获取较多的单细胞硅藻，尤其是上足分化后的匍匐幼虫摄食量迅速增大。壳长10mm以内的稚鲍和幼鲍，前期主要摄食底栖硅藻、小型底栖生物、有机碎屑，后期摄食柔软的海带、浒苔和江蓠等海藻的幼芽。壳长超过10mm的成鲍变为杂食性，食料以褐藻类为最佳，也兼食绿藻、红藻、硅藻、种子植物及其他低等植物。当食物种类多时，喜食柔软的藻类；只有一种藻类时，则喜食嫩的。

2. 扇贝 扇贝的食性较杂。主要摄食海水中细小的浮游植物、浮游动物、细菌及其有机碎屑等。其中浮游植物以角毛藻、圆筛藻、舟形藻、摄氏藻、曲肋藻等硅藻类为主，浮游动物中有桡足类、无脊椎动物的浮游幼体等。

第三节　天然饵料与配合饲料

一、定　义

天然饵料是指水产养殖动物能够从水体中直接摄取的非人工添加的饵料。

配合饲料是指根据养殖对象营养需要，将多种营养成分的饲料原料按一定比例科学调配、按照一定加工工艺加工制成的营养全面、符合动物生长需要的人工饲料。

二、种类与特点

天然饵料包括浮游植物、大型藻类和其他水生植物、浮游动物及其他有机物质。浮游植物和浮游动物主要是滤食性水产动物及水产动物幼体的天然饵料（其种类、特点及人工培养方法详见水产养殖学考试大纲第一单元“饵料生物”）；大型藻类和其他水生植物主要是草食性和杂食性水产养殖动物的天然饵料；其他有机物质主要是一些滤食性贝类的天然饵料。

配合饲料根据不同的标准可以分成不同类型：

（一）根据饲料形状划分

1. 粉状饲料　粉状饲料是将各种原料粉碎到一定细度，按配方比例充分混合后的配合饲料。可直接使用，适于饲喂鱼（鲢鳙）、虾、贝苗或海参等滤食性生物；也可将粉状饲料加适量的水、油脂或其他功能性物质充分搅拌，捏合成具有黏弹性的团块，如目前生产上普遍使用的鳗、中华鳖饲料。粉状饲料利用率相对较低。

2. 颗粒饲料　依加工方法和成品的物理性状，通常可分为三种类型：

（1）*硬颗粒饲料*　硬颗粒饲料是指粉状饲料经蒸汽高温调质并经制粒机制粒成型，再经冷却烘干而制成的具有一定硬度和形状（圆柱状）的饲料。含水率一般在12%以下，属沉性颗粒饲料。原料粉碎、混合、制粒成型都是连续机械化生产，生产效率高，适宜大规模生产。硬颗粒饲料的颗粒结构细密，提高了在水中稳定性，营养成分不易溶失。

（2）*软颗粒饲料*　可采用螺杆式软颗粒制粒机生产含水量25%～30%、直径不同、质地柔软的软颗粒。软颗粒饲料在常温下成型，营养成分虽无破坏，但不耐贮存，常在使用前临时加工。由于黏合剂的使用与否及黏合剂的种类差异，由粉状饲料加工的团块或软颗粒饲料在水中的稳定性有很大的差异。我国主要养殖鱼类，青鱼、草鱼、鲤、鲫、团头鲂、罗非鱼，特别是肉食性鱼类如大口鲇、长吻鮠都喜欢摄食软颗粒饲料。

（3）*膨化饲料*　膨化饲料是将粉碎的饲料原料送入挤压机内，经过混合、调质、升温、增压、挤出模孔、骤然降压以及切成粒段、干燥等过程所制得的一种蓬松多孔的颗粒饲料。膨化饲料分浮性和沉性两种。目前市场上的膨化饲料通常指浮性膨化饲料。膨化饲料除具有一般配合饲料如硬颗粒饲料的特点外，还具有以下优点：原料经过膨化过程中的高温、高压处理，使淀粉糊化，更有利于消化吸收；高温可杀灭多种病原生物；可漂浮于水面、耐水性好，有利于观察鱼群觅食，便于养殖者掌握投饲量，减少饲料浪费；含水量低，可以较长时间储存。但膨化饲料加工成本高，热敏性物质如维生素C被破坏严重（目前可以通过后喷涂等工艺进行补救）等缺点制约了其使用范围。

3. 微粒饲料　微粒饲料，也称微型饲料，是20世纪80年代中期以来开发的一种用于替代浮游生物，供甲壳类幼体、贝类幼体和鱼类仔稚鱼食用的新型配合饲料。微粒饲料应符合下列条件：①原料需超微粉碎，粉料粒度能通过 200～300 目筛。②高蛋白低糖，脂肪含量在 10%以上，能充分满足幼苗的营养需要。③投喂后，饲料的营养素在水中不易溶失。④在消化道内，营养素易被仔稚鱼（虾）消化吸收。⑤颗粒大小应与仔稚鱼（虾）的口径相适应，一般颗粒的大小在 50～ 300μm。⑥具有一定的漂浮性或者悬浮性。

微粒饲料按制备方法和性状的不同又可分为三种类型：

（1）微胶囊饲料　是一种由液体、胶状、糊状或固体状等不含黏合剂的超微粉碎原料用被膜包裹而成的饲料。所用的被膜种类不同，所得的颗粒性状也不同。这种饲料在水中的稳定性主要靠被膜来维持。

（2）微黏饲料　是一种用黏合剂将超微粉碎原料黏合而成的饲料。这种饲料在水中稳定性主要靠黏合剂来维持。

（3）微膜饲料　是一种用被膜将微黏饲料包裹起来的饲料，可提高饲料在水中的稳定性。

4. 其他形状饲料　破碎料：先将饲料原料制成大颗粒，然后通过破碎到一定粒度，经过筛分形成的一系列不同规格的饲料，一般供鱼苗和幼鱼食用。薄片饲料：主要用于观赏鱼。片状颗粒饲料：主要用于成鲍养殖。

（二）根据营养成分划分

1. 添加剂预混合饲料　简称预混料，是由一种或多种饲料添加剂与载体或稀释剂按一定比例配制的均匀混合物。按照活性成分的种类可分为维生素预混料、微量元素矿物质预混料和复合预混料。维生素预混料由各种维生素配制而成。微量元素矿物质预混料由各种微量元素矿物盐配制而成。复合预混料是指两类或两类以上的微量元素、维生素、氨基酸或非营养性添加剂等微量成分加载体或稀释剂的均匀混合物，是饲料生产中必然使用的一种复合原料。

2. 浓缩饲料　为添加剂预混合饲料与部分蛋白质饲料按照一定比例配制而成的均匀混合物，有时还包含油脂或其他饲料原料。

3. 全价配合饲料　由蛋白饲料、能量饲料与添加剂预混合饲料按照一定比例配制而成的均匀混合物。配方科学合理，营养全面，理论上能完全满足动物的生长发育需要。

第二单元　配合饲料

第一节　饲料原料

一、概念与分类

依据国际饲料数据管理系统和我国现行饲料分类方法，将饲料原料分为八大类，其分类和划分依据分别为：

1. 粗饲料　干物质中粗纤维含量≥18%，以风干物为饲喂形式的饲料。

2. 青绿饲料　天然水分含量在60%以上的新鲜饲草及以放牧形式饲喂的人工栽培牧草、草原牧草等。

3. 青贮饲料　以新鲜的天然植物性饲料为原料，以青贮方式调制成的饲料。

4. 能量饲料　干物质中粗纤维含量<18%，同时粗蛋白质含量<20%的饲料。

5. 蛋白质饲料　干物质中粗纤维含量<18%，同时粗蛋白质含量≥20%的饲料。

6. 矿物质饲料　可供饲用的天然矿物质及化工合成无机盐类。

7. 维生素饲料　由工业合成或提纯的维生素制剂，但不包括富含维生素的天然饲料在内。

8. 饲料添加剂　为保证或改善饲料品质，促进动物生长繁殖，保障动物健康而加入饲料中的少量或微量物质，但合成氨基酸、矿物质和维生素不包括在内。在此专指非营养性添加剂。

二、蛋白质饲料

蛋白质饲料主要分为植物性蛋白质饲料和动物性蛋白质饲料，以下分别介绍：

（一）植物性蛋白质饲料

1. 豆类籽实

（1）大豆　大豆籽实属于蛋白质含量和脂肪含量都高的蛋白质饲料，如黄豆的粗蛋白质含量分别在37%左右，粗脂肪含量在16.2%左右。大豆的蛋白质品质较好，主要表现在赖氨酸含量较高，如黄豆的赖氨酸含量为2.30%左右。蛋白质组成的缺点是蛋氨酸等含硫氨基酸含量不足。但同时，大豆含有较多的营养拮抗成分，如胰蛋白酶抑制因子、血细胞凝集素、致甲状腺肿物质、抗维生素、皂苷、雌激素、胀气因子、植酸等。它们会降低饲料的适口性和可消化性，并对动物的一些生理机能和消化道组织造成负面的影响。

（2）豌豆与蚕豆　豌豆和蚕豆的粗蛋白质含量较低，在22%～25%之间，两者的粗脂肪含量也低，仅1.5%左右，淀粉含量高，无氮浸出物可达50%以上，能值虽比不上大豆，但也与大麦和稻谷相似。我国南方地区使用发芽蚕豆饲喂草鱼可改善其肉质，产品叫脆肉鲩，但其作用机理尚不清楚。豌豆和蚕豆的价格较高，国内一般很少用作饲料原料。

2. 饼粕类饲料　富含脂肪的豆类籽实和油料籽实提取油脂后的副产品统称为饼粕类饲

料。经压榨提油后的饼状副产品称作油饼。经溶剂浸提脱油后的碎片状或粗粉状副产品称为豆粕。常见的有大豆饼粕、棉仁饼粕、菜籽粕、花生仁粕、向日葵仁粕。饼粕类饲料的营养价值受制油工艺影响较大，主要是预处理工艺（如脱皮或壳）及脱油的方法与产品质量密切相关。

（1）大豆饼粕　豆粕是经溶剂浸提脱油后的产物，呈粗粉状。根据不同级别，粗蛋白从40%到超过50%不等。大豆饼粕是使用最广泛、用量最多的植物性蛋白质饲料原料。其他饼粕的使用与否以及使用量都以与大豆粕的比价来决定。如果加工得当，剔除营养拮抗物质，大豆粕可高比例取代昂贵的动物性蛋白质原料。

（2）菜籽饼粕　菜籽饼粕是以油菜籽为原料提油后的副产品。油菜籽的品种不同及提油加工方式不同造成其营养成分、营养拮抗物质和毒素的含量差异较大。目前市场上主要为国产双低（低硫苷，低芥酸）菜籽粕或加拿大产 Canola 双低菜籽粕。粗蛋白在 37%～40%。粗脂肪在 2%～4%。氨基酸组成方面，蛋氨酸和赖氨酸含量较高，但精氨酸含量低。菜籽饼粕的碳水化合物多数是不易消化的多糖，故可利用能量水平较低。其含硒量是常用植物性饲料中的最高者。

（3）棉仁饼粕　棉仁饼粕是棉籽脱壳、脱油后的产品，由于加工条件的不同，其成分与营养价值相差较大。棉籽加工成的饼粕中含棉籽壳多少是决定其可利用能量水平和蛋白质含量的主要影响因素。完全脱绒脱壳的棉仁所加工得到的棉仁饼粕粗蛋白质含量高，甚至可达55%以上。棉仁饼粕的氨基酸组成特点是赖氨酸不足，精氨酸较高。棉仁饼粕中粗纤维含量随脱壳程度不同而异，一般在 12%左右。棉仁饼粕中含有毒的游离棉酚，在饲料中的用量受到限制。但随着加工技术的进步，脱酚棉粕等产品应用量正稳步增加。

（4）花生仁饼粕　花生脱壳压榨或提取油脂后得到的产品为花生仁饼粕。脱壳的程度与产品中的粗纤维含量直接相关。机榨花生仁饼粕含粗蛋白质通常为 44%左右。花生仁饼粕的氨基酸组成不佳，赖氨酸含量和蛋氨酸含量都很低。花生仁饼粕的代谢能水平很高，是饼粕类饲料中可利用能量水平最高者。其粗纤维水平较低，约为 5%，所含脂肪酸以油酸为主，不饱和脂肪酸占 53%～78%。花生仁饼粕所含胡萝卜素、维生素 D 和维生素 C 均较低，而 B 族维生素含量丰富。矿物质中钙、磷含量均少，磷多为植酸磷。花生仁饼粕很易感染黄曲霉，产生黄曲霉毒素。

（5）向日葵仁饼粕　由于品种、脱壳程度和榨油方法的不同，向日葵仁饼粕的成分变动很大。向日葵仁饼粕的营养价值主要取决于脱壳程度。当粗纤维含量在 18%以上时，则不属于蛋白质饲料范畴，应属粗饲料，不宜在水产饲料中使用。完全脱壳的向日葵仁饼粕营养价值高，粗蛋白质可达到 48%，蛋氨酸含量比豆粕高，赖氨酸含量比豆粕低，总体可与优质豆饼相媲美，是一种优质蛋白质饲料资源。因此，只有尽量去壳，降低粗纤维含量，才能提高向日葵仁饼粕的营养价值。

（6）酒糟蛋白饲料　即含有可溶固形物的干酒糟。在以玉米为原料发酵制取乙醇过程中，其中的淀粉被转化成乙醇和二氧化碳，其他营养成分如蛋白质、脂肪、纤维等均留在酒糟中。同时由于微生物的作用，酒糟中蛋白质、B 族维生素及氨基酸含量均比玉米有所增加，并含有发酵中生成的未知促生长因子。市场上的玉米酒糟蛋白饲料产品有两种：一种为 DDG（Distillers dried grains），是将玉米酒精糟作简单过滤，滤渣干燥，滤清液排放掉，只对滤渣单独干燥而获得的饲料；另一种为 DDGS（Distillers dried grains with solubles），是将滤清液干燥浓缩后再与滤渣混合干燥而获得的饲料。后者的能量和营养物质总量均明显高于前者。酒糟蛋白饲料最大限度保留了原谷物的蛋白营养成分，且由于发酵作用，使得部分植物性蛋白转化为微生物蛋白，蛋白品质更适合动物营养需求。但是，不同厂家由于加工工艺、原料等的差异性，营养成分变异大，营养物质含量不稳定，主要包括使用的原料玉米营养成分的差异、加工工艺差异等。此外，经发酵处理后 DDGS 的霉菌毒素含量几乎是普通玉米的 3 倍，必须严格检测 DDGS 霉菌毒素含量。

(7) 玉米蛋白粉　玉米蛋白粉是玉米淀粉厂的副产品之一。因加工工艺的不同，其蛋白质含量变化很大，在 40%～60%之间。玉米蛋白粉的氨基酸组成不平衡。蛋氨酸含量高，而赖氨酸含量严重不足。色氨酸的含量也偏低。玉米蛋白粉的粗纤维含量不高，能值高，属于高热能饲料。由黄玉米制成的玉米蛋白粉富含叶黄素和玉米黄质，可用作一些鱼类的着色剂。

(二) 动物性蛋白质饲料

1. 鱼粉　鱼粉是水产饲料的关键原料，对水产饲料的质量有着决定性的影响，也是构成水产饲料成本的主要原料。鱼粉的主要生产国为智利、秘鲁等国。我国鱼粉工业多为小规模生产，质量参差不齐，远不能满足我国饲料工业的需要。我国的鱼粉主要靠进口，年进口量达百万吨以上。

鱼粉蛋白质含量高，可达 75%，氨基酸组成平衡，必需氨基酸含量均丰富，可弥补植物性蛋白质的缺点。鱼粉中的脂肪酸以不饱和脂肪酸居多，特别是高度不饱和脂肪酸含量高，此类脂肪酸为许多鱼、虾类动物所必需。鱼粉中含有相当多的 B 族维生素，尤其是维生素 B_{12}、维生素 B_2。鱼粉中还含有丰富的维生素 A、维生素 D、维生素 E。鱼粉是良好的矿物质来源，钙、磷、硒的含量都很高。与植物性饲料不同，鱼粉不含纤维素和木质素等难消化和不能消化的物质，因此可利用能量水平高。

2. 肉粉与肉骨粉　肉粉、肉骨粉来源于畜禽屠宰场、肉品加工厂的下脚料，即为将可食部分除去后的残骨、内脏、碎肉等经适当加工而得到的产品。由于原料的不同，成品可为肉粉或肉骨粉。一般产品中含骨量超过 10%，则为肉骨粉。美国将含磷量在 4.4%以下者称为肉粉，在 4.4%以上者则称为肉骨粉。肉粉、肉骨粉的成分含量随原料种类、品质及加工方法的不同差异较大，粗蛋白质含量为 45%～60%，粗脂肪含量 8%～18%，粗灰分含量 16%～40%。该类产品的胃蛋白酶不消化物应在 14%以下。肉粉、肉骨粉中的结缔组织较多，其氨基酸组成以脯氨酸、羟脯氨酸和甘氨酸居多，因此氨基酸组成不佳。赖氨酸含量尚可，但蛋氨酸和色氨酸的含量偏低。肉粉和肉骨粉是品质变异相当大的一类蛋白质原料。同时，还应注意因在饲料中使用此类产品有可能引起的食品安全问题。目前，此类原料应用较多的是鸡肉粉。

3. 血粉　血粉是动物屠宰时采收的血液经加工而成的动物性蛋白质饲料。世界各国都很重视该资源的利用，国外已研发出一整套包括血液采集、运输、分离、干燥等步骤的科学加工工艺，以保证生产出的产品营养与卫生指标都达到标准。干燥方法及温度是影响血粉营养价值的主要因素。持续高温会造成大量赖氨酸变性，影响利用率。通常瞬间干燥和喷雾干燥者品质较佳。血粉的粗蛋白质含量很高，可达 80%～90%。其氨基酸组成特点是，赖氨酸含量很高，亮氨酸含量也高。血粉最大的缺点是异亮氨酸含量很少，几乎为零。总之，血粉是蛋白质含量很高的原料，同时又是氨基酸极不平衡的原料。

4. 羽毛粉 羽毛粉是由各种家禽屠宰时产生的羽毛以及不适于作羽绒制品的原料加工成的动物性蛋白质饲料原料。尽管羽毛的蛋白质含量很高，但大多为双硫键结合的角蛋白，其在水、稀酸及盐类溶液中均不溶解，因此必须采用适当的方法使双硫键破坏，才能提高羽毛蛋白质的饲用价值。羽毛粉的加工方法主要有：高压加热水解、酸碱水解、酶解、膨化等。通过水解处理能使羽毛粉粗蛋白质的胃蛋白酶消化率提高至75%以上。水解羽毛粉的粗蛋白质含量达80%以上，高于鱼粉。其氨基酸组成特点是，甘氨酸、丝氨酸含量高，异亮氨酸含量也很高；但是羽毛粉的赖氨酸和蛋氨酸含量不足。羽毛粉的另一特点是胱氨酸含量高，尽管水解时遭到破坏，但仍含有4%左右，是所有饲料原料中含量最高者。

5. 蚕蛹粉和蚕蛹粕 蚕蛹是缫丝工业的副产品，也是一种动物性蛋白质饲料原料。新鲜的蚕蛹含水量和含脂量都很高，用于饲料时应将其干燥，然后粉碎制成蚕蛹粉或脱脂后制成蚕蛹粕。蚕蛹粉粗脂肪含量高达22%以上，其脂肪酸组成中含亚油酸36%～49%、亚麻酸21%～35%；蚕蛹粕含粗脂肪一般为10%左右（溶剂脱油为3%左右）。蚕蛹粉和蚕蛹粕的粗蛋白质含量比较高，分别为54%和65%左右，其中包括约4%的几丁质态氮粗蛋白质。优质蚕蛹粕在水产动物饲料中的使用效果不次于鱼粉。但蚕蛹粉含脂肪高，且很容易氧化酸败，影响养成品的品质。

6. 其他动物性蛋白质饲料 包括鱼溶浆、虾粉和鱿鱼内脏粉等。鱼溶浆是以鱼粉加工过程中得到的压榨液为原料制成，高端产品以喷雾干燥形式制成干粉。虾粉是将虾可食部分除去后的新鲜虾杂（虾头、虾壳）或低值全虾，经干燥、粉碎后的产品。鱿鱼内脏粉是鱿鱼或乌贼加工过程中产生的内脏、皮、足等不可食用的部分经酶解、蒸煮、脱脂、干燥等加工工艺生产而成的产品。该产品的粗蛋白质含量为50%～60%，氨基酸组成良好，并富含高度不饱和脂肪酸、胆固醇、维生素、矿物质等许多营养物质。另外鱿鱼内脏粉还含有对水产动物有强烈诱食作用的成分。但是，该产品重金属镉易超标。

（三）单细胞蛋白原料

单细胞蛋白质是单细胞或具有简单构造的多细胞生物的菌体蛋白的统称。单细胞蛋白原料大致可分为3类：①微型藻类，如小球藻、螺旋藻等。小球藻粉的粗蛋白质含量高达60%，但其细胞壁较厚，消化率低。螺旋藻粉的粗蛋白质含量高达65%，而且消化率高。②酵母类，如酿酒酵母、产朊假丝酵母、热带假丝酵母等。啤酒酵母应用广泛，蛋白质效价优于豆粕，但次于鱼粉，同时还含有丰富的维生素、矿物质及其他生物活性物质。③工业菌体蛋白。例如，以一氧化碳为唯一碳源和能源合成乙醇的副产物菌体蛋白乙醇梭菌蛋白，蛋白质含量高，粗蛋白质含量80%以上，同时富含多种微量元素，不含抗营养因子和动物源性成分；氨基酸种类齐全，平衡性好；消化率高。甲烷氧化菌蛋白，是通过荚膜甲基球菌发酵，把低值的天然气转化为价值提高20倍的蛋白质，附带产出益生素、乳酸等生物活性产品。甲烷氧化菌蛋白和鱼粉相比，粗蛋白质含量为69.5%，核酸含量是鱼粉的9倍，氨基酸平衡方面只有赖氨酸偏低。

三、能量饲料

（一）谷实类

主要包括玉米、小米及次粉。玉米的蛋白质含量较低，为8%～9%。其蛋白质的氨基酸组成不良，缺乏赖氨酸和色氨酸等必需氨基酸。玉米的粗纤维少，约为2%。玉米的粗脂肪含量较高，约为4%，因此玉米属于高能量饲料。黄玉米中含有较高的β-胡萝卜素、叶黄素和玉米黄质，可影响养殖动物的皮肤颜色。小麦和次粉的能值略低于玉米，但粗蛋白质含量较高，为玉米的1.5倍。在水产饲料中被广泛用作能量饲料。次粉是小麦精制过程中的副产品，之所以称为"次粉"，是因为供人食用时口感差，并不意味着其营养价值低。它的营养组成和饲料功用与小麦相差无几。小米及次粉在水产饲料中还起到黏合剂的作用。

（二）糠麸类

糠麸类是谷物加工的副产品。制米的副产品称为糠，制面的副产品称为麸。糠麸同原粮相比，粗蛋白质、粗脂肪和粗纤维含量都较高，而无氮浸出物含量、消化率和有效能含量较低。水产饲料中常用的糠麸类原料为小麦麸和米糠。小麦麸俗称麸皮，同次粉都是以小麦籽实为原料加工面粉后的副产品。小麦麸和次粉的区别主要在于无氮浸出物和纤维素含量的不同。米糠的营养价值受大米精制程度的影响，精制程度越高，则米糠中混入的胚乳就越多，营养价值就越高。米糠的粗蛋白质含量为10.5%～13.5%，比玉米高；氨基酸组成也比玉米好。米糠的粗脂肪含量很高，可达15%，是同类饲料中最高者，因而能值也为糠麸类饲料之首。

（三）淀粉

淀粉广泛存在于植物的种子、块茎和块根等器官中。天然淀粉一般含有两种组分：直链淀粉和支链淀粉。多数淀粉所含的直链淀粉和支链淀粉的比例为（20～25）：（75～80）。直链淀粉仅少量溶于热水，溶液放置时重新析出淀粉晶体。支链淀粉易溶于水，形成稳定的胶体，静置时溶液不出现沉淀。直链淀粉比支链淀粉易消化。在水产饲料中使用纯淀粉作为能量饲料的情况并不多见。在粉状饲料生产时常用α-淀粉（又称预糊化淀粉）作为能量饲料，这主要是利用它具有良好黏性的优点。作粉状饲料生产用的α-淀粉多是从木薯或马铃薯中提取的纯淀粉经辊筒干燥或喷雾干燥而制成的产品。淀粉在酸或淀粉酶的作用下被逐步降解，生成分子大小不一的中间物，统称为糊精。在制作试验用饲料时常使用糊精作糖源。

（四）饲用油脂

油脂的化学本质是酰基甘油，其中主要是三酰甘油，或称甘油三酯。饲用油脂的主要成分是甘油三酯，约占95%。油脂所含能值是所有饲料源中最高者。水产饲料中添加油脂的主要目的是提供能量和必需脂肪酸。大多数水产动物特别是肉食性鱼类对淀粉等碳水化合物的利用率低，但对油脂的利用率很高。因此，在水产饲料中添加油脂可以起到提高饲料中的能量和节约蛋白质的作用。在水产饲料中常用油脂的种类有植物性的大豆油、玉米油等以及动物性的海水鱼油。在必需脂肪酸得到满足的情况下可用植物油等其他油脂替代海水鱼油，以节约成本。需要注意的是油脂氧化后对水产动物危害很大。

四、粗饲料与青绿饲料

（一）粗饲料

粗饲料系指干物质中粗纤维含量≥18%，以风干物为饲用形式的饲料，主要包括干草类、干树叶类、稿秕等。粗饲料一般难消化、可利用养分少，即使在草食性鱼饲料中使用也要限量。

（二）青绿饲料

青绿饲料是指天然水分含量≥45%的栽培牧草、草地牧草、野菜、鲜嫩藤蔓、秸秧、水生植物和未成熟的谷物植株等。可作为草食性鱼类的青绿饲料的有：芜萍、小芜萍、苦草、马来眼子菜、黄丝草、喜旱莲子草等。水生植物中的"三水一萍"，即水浮莲、水葫芦、水花生（喜旱莲子草）和绿萍，是我国养殖草食性鱼类常用的青绿饲料。适当地补充青绿饲料既可以补充维生素等营养素，又可以节约饲料成本。

五、饲料源开发的技术与意义

（一）饲料源开发技术

饲料源开发技术的优化、升级和新技术开发主要包括以下方面：①鱼粉鱼油和植物性原料传统生产工艺的优化升级。如，在鱼粉生产的脱脂、鱼汁回收、低温干燥、鱼油精炼等环节进行技术升级，提高原料利用率和产品质量，减少浪费。提供植物粕类加工水平，去除抗营养因子，提高原料利用率等。②加大副产物的循环利用。对水产加工厂废弃物、家畜屠宰废弃物等进行高值化利用，补充原料供应。③创新加工技术。如，以酶解的方式对动物加工副产物，如对鱼溶浆、动物内脏、低值下脚料等原料进行加工，产出高附加值的产品。以发酵工艺等新技术对植物类原料继续加工，提高产品价值。

（二）饲料源开发意义

我国是一个世界饲料工业大国。但从饲料源的拥有量来看，我国又是一个饲料资源短缺的国家。目前我国主要的饲料原料如鱼粉和豆粕大都依赖进口，但这些原料的价格不断上涨，推动饲料成本的上升，甚至造成了"与人争粮"的情况，对我国粮食安全造成负面影响。尤其是，我国的水产养殖消耗了世界很大比例的鱼粉资源，还招致了海洋渔业生态环境方面的批评声音。因此，优化传统饲料原料加工技术，提高原料利用率，并开发新型非粮饲料原料是我国饲料业和养殖产业可持续发展的重要保障。

第二节　饲料添加剂

一、营养性添加剂

1. 氨基酸　由于受原料来源和成本的限制，制定配合饲料配方时如果优质鱼粉不足，使用高比例的植物蛋白源时，往往会导致赖氨酸、蛋氨酸偏低，不能满足鱼、虾生长的需要，这些氨基酸被称为限制性氨基酸。常常在饲料中添加限制性氨基酸，以平衡饲料中必需氨基酸组成，满足养殖动物的营养需要。这些商品单体氨基酸都是人工化学合成或通过微生物发酵生产的，又叫晶体氨基酸或游离氨基酸。

（1）*添加游离氨基酸*　饲料中的游离态氨基酸在进入中肠以前，绝大部分已被中肠腺吸收，而结合态氨基酸则在消化分解后进入中肠，不能与游离氨基酸同步吸收。不仅如此，添加游离态氨基酸，还影响其他必需氨基酸吸收的同步化，使氨基酸间得不到平衡互补，从而使游离态氨基酸饲料效果不佳。解决办法是：缩短投喂间隔时间，增加投喂次数，或将限制性氨基酸包膜或制成螯合型氨基酸金属盐，使其在消化道中先降解后再被吸收，以达到与结合态氨基酸同步吸收的目的。

（2）*氨基酸添加剂的选用*　天然存在的氨基酸多为L型，D型很少，化学合成的多为L

型与D型各50%的混合物，即消旋型。L型氨基酸能直接被动物利用，而D型则不易被利用。饲料用氨基酸应选用L型或DL型。常用的氨基酸添加剂主要有赖氨酸和蛋氨酸，目前精氨酸、苏氨酸也逐步商品化。添加限制性氨基酸必须注意：①要准确掌握配合饲料中各种饲料原料的必需氨基酸含量。②要严格控制添加量。任何氨基酸的过剩或不足，都会产生不利影响。③添加时，首先应满足第一限制性氨基酸的需要，其次再满足第二限制性氨基酸的需要，否则达不到良好效果。使用赖氨酸和蛋氨酸作为添加剂，为使其在配合饲料中能均匀混合，可用载体预先混合，常用的载体有脱脂米糠、麸皮、玉米粉等，氨基酸与载体之比约为1∶4。

2. 维生素　许多维生素都不稳定，在饲料加工和贮存中容易被破坏。因此，在制造维生素预混料添加剂时，必须注意各种维生素的特性，进行预处理，加以保护，使之稳定。对维生素进行预处理保护的方法有：①化学稳定法。例如醇式维生素E（生育酚）容易被氧化破坏，酯化的维生素E（生育酚醋酸酯）则比较稳定。②以脂肪、硅酮或明胶包被，可提高维生素的稳定性。使用维生素时应选择维生素的稳定形式。加工和使用维生素添加剂应注意的问题如下：

（1）维生素添加量的确定　由于维生素的种类多，分析困难，对于饲料企业来说，不可能将所用饲料原料一一加以分析。此外，在生产加工过程中维生素还因环境条件、加工、贮存、运输等因素而造成损失。因此，通常不考虑基础饲料中的维生素含量，而以饲养标准或营养标准规定的需要量作为添加量，并考虑其他一些造成损失的因素，增加10%的安全系数进行计算。在计算添加量时还要考虑维生素价格和企业经济承受能力，所以维生素的添加量往往并非饲养动物的最佳需要量。

（2）维生素的配伍禁忌　在添加维生素时必须注意它们之间的相互作用，对一些易受破坏的维生素应选用包膜制剂。胆碱有很强的碱性，因此在配制饲料添加剂时，应将氯化胆碱作为单项配料成分考虑，可以子母袋形式分装。微量元素的存在是使维生素失去稳定性的重要原因，例如铁、铜等微量元素如与维生素A、维生素D、维生素E、维生素B_2、维生素C等混合，则会加快这些维生素的破坏。因此，复合维生素添加剂和复合微量元素也应分别包装，而不应混在一起。

（3）载体的选用　载体的质量对维生素的稳定性有影响。以含水量13%的玉米粉作为维生素B_1、维生素C和维生素K_3的载体，经过4个月贮存，60%的效价被破坏；如选用含水量为5%的干燥乳糖粉，经过4个月和6个月的贮存，维生素效价可保持在85%～90%。由此可见，选用载体时除考虑其质量外，还应考虑水分含量，以不超过5%为宜。从成本及分散均匀性看，麸皮、脱脂米糠为最佳载体。

（4）包装与贮存　为了避免外界因素如潮湿、氧气和光线对维生素稳定性的影响，包装容器可选用多层铝塑袋，在装入维生素后立即抽空密封。产品在贮藏时，温度不宜超过25℃。混合好的维生素产品不要放置时间过久，以免效价降低。

3. 矿物质

（1）矿物质的原料及其要求　一般认为，作为饲料用矿物质添加剂的原料，应符合以下基本要求：

①含杂质较少，有害有毒物质在允许范围以内，不影响鱼、虾和人的安全。

②生物学效价要高，鱼、虾摄食后能够消化、吸收和利用，并能发挥其特定的生理

作用。

③物理性质和化学性质稳定，不仅本身稳定，而且不会破坏其他矿物质添加剂，加工、贮藏和使用方便。

④货源稳定可靠，可就地就近取材，保证供应和生产。

⑤在不降低有效量的条件下，成本较低，保证使用后产生较高的经济效益。

根据上述基本要求，微量元素原料多使用纯度符合饲料安全要求的化工原料，或专门生产的饲料级原料，而不用纯度不达标或昂贵的试剂级产品。目前生产的微量元素添加剂，多以沸石或含钙的石灰石粉作为物料的载体。

（2）*矿物元素的原料*

①常量元素　钠、氯、钾来源于食盐和氯化钾；镁的原料有碳酸镁、氧化镁和硫酸镁；钙、磷为饲料中添加的主要常量元素，磷的来源相当复杂，利用率及售价相差也较大。因此如何选择经济有效的来源是十分重要的。不同来源、不同化学形态的磷酸盐有不同的利用率。物理性质如密度、细度等对其利用率也有影响。一般来说，细的比粗的利用率好，但太细会造成扬尘，对操作处理（如包装）有不良影响。

②微量元素　鱼、虾饲料中也常缺乏微量元素，尤其是植物原料使用比例较高的时候。因此，有必要补充微量元素以满足鱼、虾营养的需要。微量元素主要包括铜、铁、锰、钴、硒、碘等。碘化钾易潮解，稳定性差，与其他金属盐类易发生反应，对维生素、抗生素等添加剂都可起到破坏作用，应尽可能少用。碘酸钙吸水性差，稳定性高，可以作为碘源。硒为剧毒物质，应注意用量及在饲料中的均匀度。无机微量元素主要在鱼、虾的中肠被吸收。由于中肠环境呈碱性，会影响无机微量元素的吸收率。近年来研制成功的氨基酸微量元素螯合物、多糖微量元素复合物，可大大提高微量元素的吸收率。

二、非营养性添加剂

1. 促生长剂　2019年7月中华人民共和国农业农村部公告（第194号）中指出，自2020年1月1日起，退出除中药外的所有促生长类药物饲料添加剂品种，兽药生产企业停止生产、进口兽药代理商停止进口相应兽药产品，同时注销相应的兽药产品批准文号和进口兽药注册证书。此前已生产、进口的相应兽药产品可流通至2020年6月30日。自2020年7月1日起，饲料生产企业停止生产含有促生长类药物饲料添加剂（中药类除外）的商品饲料。此前已生产的商品饲料可流通使用至2020年12月31日。2020年1月1日前，农业农村部组织完成既有促生长又有防治用途品种的质量标准修订工作，删除促生长用途，仅保留防治用途。

2. 防霉剂　添加防霉剂的目的是抑制霉菌的生长，延长饲料的保藏期。其作用机制是：破坏霉菌的细胞壁，使细胞内的酶蛋白变性失活，不能参与催化作用，从而抑制霉菌的代谢活动。凡食品中被批准的防霉剂，如丙酸、丙酸钠、丙酸钙、山梨酸、山梨酸钠、苯甲酸钠等都可用于饲料。在生产中常用的是丙酸钙，用量为0.1%～0.3%。近年来，饲料防霉剂的研究和应用趋势是由单一型转向复合型，以拓宽抗菌谱，提高防霉效果。如霉敌是由丙酸、乙酸、山梨酸、苯甲酸、富马酸等混合制成。

3. 抗氧化剂　鱼、虾饲料中所含的油脂及维生素等很容易被氧化分解，产生毒物或造成营养缺乏。因此，需添加抗氧化剂。抗氧化剂的作用机理是其本身易被氧化，可与易氧化

物质的活泼自由基结合，生成无活性的抗氧化剂游离基，将氧化反应中断，从而使氧化过程停止或减缓。抗氧化剂自身则因丧失了不稳定氢而不再具有抗氧化性质。由于抗氧化剂能起稳定作用，故可延长饲料保藏期限。目前普遍使用的抗氧化剂有乙氧基喹啉（EQ，亦称乙氧喹、山道喹）、丁基羟基甲氧苯（BHA）和二丁基羟基甲苯（BHT）。其他如五倍子酸酯、生育酚及抗坏血酸等，也属于抗氧化剂。

BHA、BHT、EQ 在一般饲料中添加量为 0.01%～0.02%，当饲料中含脂量较多时，应适当增加抗氧化剂的添加量。BHT、BHA 若与抗坏血酸、柠檬酸、葡萄糖或其他还原剂同时使用，用量减为 1/4～1/2，其抗氧化效果显著。

4. 酶制剂　添加酶制剂的目的是促进饲料中营养成分的分解和吸收，提高其利用率。所用的酶多是由微生物发酵或从植物中提取得到。微生物酶依其来源可分为霉菌酶、细菌酶和酵母酶。从植物的麦芽、麸皮、大豆中可提取淀粉酶，从木瓜、菠萝中可提取蛋白酶。常用的饲料酶制剂有蛋白酶、淀粉酶、脂肪酶、纤维酶、几丁质酶和植酸酶。除单一酶制剂外，为了更大限度地提高饲料营养价值和鱼、虾消化能力，充分利用酶的协同作用，发挥其综合效应，还应生产复合酶制剂。复合酶制剂可以提高饲料的消化吸收率，并通过水产动物提高对能量物质的消化吸收率，起到节约蛋白质的作用，降低水产动物对蛋白质的需求量。

5. 诱食剂　天然饲料的化学成分非常复杂，确认其中促摄食物质的方法一般有两种：一是化学提取分离法，把鱼、虾嗜食的饲料进行依次分离精制，再用生物鉴定法判定所分离的各组分的活性，二是根据饲料提取分离物的分析值，用纯化学试剂高速制成人工提取物，确定其与天然提取物具有同样活性后，将其添加到不含促摄食物质的基础饲料中，再用生物鉴定法检查，比较从人工合成提取物中依次除去各成分时的活性变化。

研究表明，二甲基-β-丙酸噻亭（DMPT）与氨基酸复合配伍后，对于对虾、海水鱼有较好的促食效果。据报道，蛤仔中的甘氨酸和丙氨酸对鳗有诱食作用；乌贼肉中的丙氨酸、赖氨酸和缬氨酸对虹鳟有促进摄食作用；谷氨酸钠、核苷酸对对虾也有诱食作用。

由于大量的植物蛋白或其他新蛋白源正逐步取代日益短缺的鱼粉，关于摄食促进物质或抑制物质方面的研究显得越来越重要。饲料的适口性差可能是由于缺乏摄食促进物质，也可能是由于存在摄食抑制剂。植物原料中的绿原酸和酚类化合物、营养拮抗物质都是鱼、虾类动物的强烈摄食抑制剂。人舌对这类物质的感觉是苦或酸涩。

6. 着色剂　人工养殖的鱼、虾，其体色往往不如天然鱼、虾鲜艳。同时，这也反映出这些养殖动物可能处于亚健康状态，会显著影响其商品价值。在饲料中补充合适的色素（着色剂）可以改善养殖鱼、虾的健康状态和体色。虾粉、苜蓿、黄玉米、绿藻等都是良好的色源原料，但是天然色源成分不稳定，有的价格较高，故需开发人工合成着色剂。养殖鱼、虾中属于黄色色系的有黄颡鱼、金鱼、香鱼、大黄鱼等，属于红色色系的有对虾等，所用着色剂多为叶黄素、类胡萝卜素产品。角黄素（Canthaxanthin），又称裸藻酮，应用范围也很广，可改善鲑、鳟、鲷、金鱼、虾、鲤等的体色。

7. 黏合剂　黏合剂是渔用颗粒饲料中特有的起黏合成型作用的添加剂。特别是对虾，其摄食特性为抱食，边游边食，要求饲料在水中保持一定时间不溃散。黏合剂的作用是将各种成分合在一起，防止饲料成分在水中溶失和溃散，便于鱼、虾摄食，提高饲料效率，防止水质恶化。黏合剂应具有价格低、用量少、来源广、无毒性、加工简便，不影响鱼、虾对营养成分的吸收，黏合效果好和水稳定性强等特点。

8. 免疫增强剂 免疫增强剂是无害、无污染的绿色环保产品，在水产养殖中具有广阔的应用前景。从食品的安全性、人类的健康和环境保护的角度来讲，免疫增强剂作为水产饲料添加剂符合可持续发展的要求，是饲料业发展的必然方向。免疫增强剂的种类繁多，在人类、畜牧、家禽以及水产中都有广泛的应用。

第三节 饲料配方设计及加工

一、配合饲料配方的设计

（一）配方设计的概念

饲料配方设计是根据养殖对象的营养需要参数和饲料原料的营养成分，应用一定的计算方法，将各原料按一定比例配合，制定出能够满足养殖动物营养需要的饲料配方的一种运算过程。配方的主要指标要求是营养性、适口性、可加工性和经济性等。

（二）配方设计主要原则

1. 营养均衡 必须根据鱼、虾的种类、生长发育阶段、年龄和个体大小等条件，以鱼、虾的营养需要量为设计依据，调配饲料中蛋白质、脂肪、糖的比例关系，各种必需氨基酸、必需脂肪酸之间的平衡与充足程度，各种矿物质和维生素的量以及它们相互之间的关系等。

2. 适口性好 符合养殖对象的摄食行为特征，诱食性好。

3. 经济性高 根据原料价格和产品的定位、档次、客户范围以及特定需求，尽量使配制成本低，能保住一定的利润。

4. 符合加工要求 在选择原料时要考虑原料种类、数量的稳定供应，质量的稳定性以及原料特性，确保适合加工工艺要求。

（三）配方设计方法

配方设计主要分为人工法和软件法。人工设计配方多是基于前期一定的配方基础，根据市场要求、原料价格波动等因素继续计算调整。人工设计配方多是基于 EXCEL 软件进行，以目标蛋白、脂肪含量等参数为目的，对原料配比就行调整、尝试。目前产业应用中，有多种成熟的配方软件可供选择，这些配方软件基于成熟的计算机模拟算法，可靠性也较强，可以作为配方过程的重要参考。

二、配合饲料的加工工艺与装备

（一）原料粉碎

原料粉碎是饲料加工中最重要的工序之一。这道工序使团块或粒状饲料原料的体积变小，粉碎成适宜加工的粉状料，它关系到配合饲料的质量、产量、电耗和加工成本。一般养成用的渔用饲料的原料应全部通过 40 目，特殊饲料的加工则要求过 60～100 目，甚至超微粉碎（过 200 或 300 目）。饲料的粉碎设备是粉碎机。目前国内粉碎机主要有锤片式、对辊式两种，其中使用最广的是锤片式粉碎机。

（二）配料

配料是按照配方的要求，采用特定的配料设备，对各种不同品种的饲料原料进行计量的过程。配料是饲料生产过程中的一个关键环节，配料的精确性直接影响着产品的质量。配料设备按照工作原理可分为重量式和容积式两种，按工作方式可分为分批配料和连续配料设备，按照自动化程度可分为人工和自动设备。不同的组合方式构成了不同的工艺流程，满足不同类型的生产需要。

（三）混合

混合是将配料后的各种物料组分搅拌混合，使之互相掺和、均匀分布的一道工序。经过混合，理论上应使得整体中的每一小部分、制粒后的每一粒饲料的成分比例都和配方要求一致。原料充分混合，对保证配合饲料的质量起重要作用。要做到均匀混合，微量养分如维生素、矿物质等应经过预混合，制成预混料。

（四）调质

调质是对饲料进行湿热处理，使淀粉糊化、蛋白质变性、物料软化，以便于制粒机提高制粒的质量和效率，并改善饲料的适口性、稳定性及提高饲料的消化吸收率。同时，也可以杀灭大多数病原生物。

（五）制粒

制粒主要分为硬颗粒制粒和膨化制粒。从粉状饲料制成硬颗粒饲料要通过机械作用压密、黏合并挤压出模孔才能完成。水分在挤压时起到润滑作用。饲料从出料口挤出时，摩擦进一步使饲料颗粒的表面温度提高。制粒机根据造粒腔的结构可分为环模式、平模式。膨化制粒是指制粒过程经过挤压制粒机的高温（温度可达120～180℃）和高压（压力可达30～175 kgf/cm^2）过程，使物料熟化（物料中的淀粉发生糊化，即α化），并且，当物料被很高的压力挤出模孔时，由于突然离开机体进入大气，温度和压力骤降，在温差压差的作用下，饲料体积迅速膨胀，从而制成浮性或沉性颗粒膨化饲料。

（六）后熟化、烘干、后喷涂、冷却、破碎及过筛称量和包装

在制粒工序后，应用后熟化装置可以强化饲料的熟化程度，提高饲料的消化利用率和耐水性。目前普遍采用连续输送式烘干机来干燥物料。采用后喷涂技术，可对热敏性物质（如维生素、酶制剂等）、油脂、液态氨基酸以及一些诱食剂进行喷涂，对制粒过程损失进行补充。冷却、破碎及过筛称量和包装一般根据各生产厂家不同需求进行。

三、水产动物的营养需求与饲料配方

对水产动物营养需求的研究已经进行了几十年，并形成了基础的营养需求数据库。一般地说，草食性鱼类如草鱼和团头鲂等对蛋白质的需求量较低，杂食性鱼类如鲫、鲤、罗非鱼、淡水白鲳等对蛋白质的需求量较高，肉食性鱼类如青鱼、鳗鲡、大口鲇、虹鳟、大西洋鲑、鳜、大黄鱼、鲈、石斑鱼等对蛋白质的需求量最高。本领域权威的参考资料为美国科学院国家研究委员会编著的《鱼类与甲壳类营养需要》（*Nutrition Requirements of Fish and Shrimp*）。我国水产动物种类繁多，相关研究多以代表性动物为主，近年来，基于“精准营养”概念进行的相关研究细化了不同养殖环境和不同生长阶段的动物营养需求。对某一种具体养殖动物，在进行配方调试前，必须查阅已发表的相关文献资料来确定其对蛋白、脂肪、能量、维生素、矿物质等的营养需求参数，若相关参数缺乏，则应参考分类地位、生活习性、养殖模式相近物种的相关营养需求参数。

第四节　质量管理评价

一、质量管理与评价方法

（一）感官指标评价

通常，饲料感官要求色泽一致，具有该饲料或原料固有的气味，无异味，无发霉、变质、结块等现象。无鸟、鼠、虫的粪便等杂质污染。颗粒饲料表面光滑，粉料粒度均匀并符合质量要求，对鳗鲡、鳖等的饲料，要求有良好的伸展性和黏弹性。

（二）显微镜检或 PCR 检测

可通过高倍显微镜来观察细胞组织结构来鉴别饲料，主要是检查饲料是否有掺假、污染，加工处理是否合适等。原料掺假还可以用 PCR 技术检测。

（三）理化性状指标评价

主要检查饲料的密度、含粉率、水中稳定性、营养溶失率等。

（四）卫生学及安全性评价

主要是限制饲料中对动物和人类健康有影响的有毒有害物质的量，如有害微生物、有害重金属、有害药物、农药残留物等。

（五）营养学评价

营养学评价是对配合饲料质量最终极、最重要的评价。可以通过以下几种方法进行：①化学评定。通常应该分析的指标包括粗蛋白质、粗脂肪、无氮浸出物、粗纤维、粗灰分、钙、磷以及能量等含量。某些情况下还可以测定饲料的砂分、盐分和非蛋白氮。更为详细的化学测定可包括饲料的氨基酸组成、脂肪酸组成、常量及微量元素的组成以及其他指标（如尿酶活性、氰化物、亚硝酸盐、棉酚、黄曲霉素、油脂的碘价、酸价及过氧化物价、磷脂、二噁英等）。②消化率评定。通过实验评价水产养殖动物对特定饲料中营养素的消化率。③养殖试验评定。通过养殖试验，使用被测饲料投喂养殖对象一定时间周期后，通过观察其生长速度、生物量的增加、饲料系数（或饲料转化效率）并进行经济核算通过来评价配合饲料质量。养殖试验是评价饲料质量的可靠办法。养殖试验通常需要一定的养殖周期，使得养殖动物达到一定的增重率（如体重翻两番）。

二、贮藏与保管

（一）仓库设施管理

贮藏饲料的仓库应该具备不漏雨、不潮湿、门窗齐全、防晒、防热、防太阳辐射、通风良好等条件。必要时，可以密闭后使用化学熏蒸剂灭虫、鼠等有害生物。仓库四周阴沟要通畅，仓库内壁墙脚要有沥青层以防潮、防渗漏。仓顶要有隔热层，墙壁最好粉刷成白色以减少吸热，仓库周围可以种植树木，减少阳光直射。为了降低疾病传播的风险，饲料贮藏地点尽量与养殖地点分开。

（二）存放方法管理

饲料包装材料应该采用复合袋，即外袋为牛皮纸或塑料袋，内袋为塑料薄膜袋。袋装饲料可以码垛堆放，袋口一律向内，以防沾染杂物、吸湿或散口倒塌。仓内堆放要铺垫防潮。堆放不要紧靠墙壁，应留有一人行道。堆放可采用“工”字形或“井”字形，袋包间要有空隙，便

于通风、散热和散湿。散装饲料可以采用围包散装或小囤打围法。如饲料量少，可直接堆放在地上；量多时，应适当安放通风桩，以防止发热自燃。贮藏库必须明确标识不同饲料的生产日期，可以按日期堆放在不同地点，记录好品种、规格、数量及生产日期等。按先进先出的原则，合理安排进出仓库的时间，缩短饲料在仓库的贮藏时间，并及时将库存情况与生产部门沟通，以调整生产量。一般认为，不管在热带还是温带，仓库的贮藏均应不超过 3 个月。

（三）日程管理和人员培训

仓库内的饲料应该堆放整齐，仓库必须打扫干净，定期消毒、灭鼠灭虫。如发现过期或霉变的饲料，应立即采取措施处理。对于仓库管理人员、操作工人等要进行专门的技术培训，并建立严格的管理和操作规范。

第三单元　营养物质

第一节　蛋白质与氨基酸

蛋白质是由 20 种 L-型 α-氨基酸组成并具有一定空间结构和生物学功能的大分子。这 20 种氨基酸在蛋白质生物合成中均由基因编码，故又称为编码氨基酸。

与糖类和脂质有所不同，蛋白质除含有碳、氢、氧外，还含有氮和少量的硫，有些蛋白质还含有一些其他元素如磷、铁、铜、碘、锌和钼等。在蛋白质所有元素中，氮元素是其特征性元素，平均值为16%，即每克氮相当于6.25g蛋白质，用公式表示为：蛋白质含量=蛋白质含氮量×6.25，这是凯氏定氮法测定粗蛋白含量的计算基础。

一、种　类

（一）蛋白质的种类

由于蛋白质种类繁多，结构复杂，功能多样，分类方法也是多种多样，常见的蛋白质的分类方法有以下四种。

1. 根据蛋白质的化学组成分类　蛋白质可分为简单蛋白质和结合蛋白质。简单蛋白质是指水解产物全为氨基酸，没有其他成分的一类蛋白质。根据其溶解性质的差别又可将简单蛋白质分为清蛋白、球蛋白、谷蛋白、醇溶蛋白、鱼精蛋白、组蛋白和硬蛋白，其中清蛋白、组蛋白和鱼精蛋白溶于水及稀酸，而球蛋白、谷蛋白、醇溶蛋白和硬蛋白却难溶于水。结合蛋白质水解产物中除氨基酸外还有非氨基酸成分，据其非氨基酸成分的不同，又可细分为核蛋白、脂蛋白、糖蛋白、磷蛋白、金属蛋白、血红素蛋白和黄素蛋白。

2. 根据蛋白质的分子形状分类　蛋白质可分为球状蛋白质和纤维状蛋白质两类。球状蛋白质近似球形或椭圆形，较易溶解。大多数蛋白质属于这一类。纤维状蛋白质，分子形状不对称，类似细杆状或纤维状。有的可溶，如肌球蛋白、血纤维蛋白原等；大多数不溶，如胶原蛋白、弹性蛋白、丝心蛋白等。

3. 根据蛋白质的生物学功能分类　蛋白质可分为酶、运输蛋白质、贮存蛋白质、收缩蛋白质（运动蛋白质）、结构蛋白质和防御蛋白质等。

4. 根据蛋白质的来源分类　在饲料原料学中，常按此法对蛋白质进行分类，如动物蛋白、植物蛋白、菌体蛋白等。

（二）氨基酸的种类

根据氨基酸营养价值的不同，可将其分为必需氨基酸、半必需氨基酸、非必需氨基酸三类。

1. 必需氨基酸　指鱼类自身不能合成或合成量不能满足鱼类的需要，必须由食物提供的氨基酸。鱼类、虾类的必需氨基酸有10种，分别为异亮氨酸、亮氨酸、赖氨酸、蛋氨酸、苯丙氨酸、苏氨酸、色氨酸、缬氨酸、精氨酸和组氨酸。陆上恒温动物的必需氨基酸为除精氨酸和组氨酸以外的8种氨基酸。

2. 半必需氨基酸　指在一定条件下能代替或节省部分必需氨基酸的氨基酸。半胱氨酸或胱氨酸可由蛋氨酸转化而来，酪氨酸可由苯丙氨酸转化而来。因此，营养学上把半胱氨酸、胱氨酸及酪氨酸称作半必需氨基酸。

3. 非必需氨基酸　指动物体内自身可以合成、不必由饲料提供的一类氨基酸。非必需氨基酸不是指动物在生长和维持生命的过程中不需要这些氨基酸，而是指当饲料中提供的非必需氨基酸不足时，动物体内可以合成这些氨基酸。但其合成是耗能的，从这个意义上来说，非必需氨基酸也是在营养学上需要考虑的问题。

二、消化与吸收

被摄取的蛋白质在消化道中被胃肠分泌的胃蛋白酶、胰蛋白酶、氨肽酶等消化酶水解成游离氨基酸和小肽（有时肠黏膜细胞将这些小肽进行胞内消化为氨基酸），氨基酸和小肽通过特定转运载体被肠细胞吸收并进入血液循环。

三、代　谢

（一）蛋白质的降解

真核细胞蛋白质降解的反应机制有两种，一种是溶酶体降解机制，另一种是ATP依赖性的泛素（ubiquitin）标记降解机制。体内蛋白质的降解具有以下三个功能：

（1）排除不正常的蛋白质。这些蛋白质一旦积累，将对细胞有害。

（2）通过排除累积过多的酶和调节蛋白使细胞代谢得以井然有序地进行。

（3）以蛋白质的形式贮存养分，在代谢需要时将之降解，这个过程在肌肉组织中最为重要。

（二）氨基酸的分解代谢

细胞内蛋白质代谢是以氨基酸为中心的代谢。各种氨基酸具有共同的结构特点，故它们有共同的代谢途径，即脱氨作用和脱羧作用。其中脱氨作用是主要代谢方式，脱羧作用是次要的代谢方式。

1. 氨基酸的脱氨作用

（1）氧化脱氨作用　氨基酸通过氨基酸氧化酶进行氧化脱氨作用，这一过程分两步：首先，在氨基酸氧化酶作用下，脱去1对氢原子，生成相应的亚氨基酸；然后，亚氨基酸自发水解生成相应的α-酮酸，并释放出氨。

氨基酸氧化酶有L-氨基酸氧化酶和D-氨基酸氧化酶两种。在体内最重要的氨基酸氧化酶是L-谷氨酸脱氢酶。它在肝、肾、脑组织中广泛分布，活性也较强，能催化L-谷氨酸脱氢，生成α-酮戊二酸及氨。由于L-谷氨酸脱氢酶的反应能与转氨酶的反应相偶联，因此，L-谷氨酸脱氢酶在体内氨基酸脱氨过程中起重要的作用。

（2）转氨作用　一个氨基酸的氨基在转氨酶的催化下，转移到一个α-酮酸分子上，氨基酸转变成α-酮酸，而接受氨基的α-酮酸则转变成氨基酸。转氨酶均以磷酸吡哆醛为辅酶，磷酸吡哆醛是维生素B_6的磷酸酯。其作用是通过吡哆醛与吡哆胺两种形式将氨基在氨基酸与酮酸之间来回运送。各种转氨酶中，以L-谷氨酸与α-酮戊二酸的转氨体系最为普遍和重要。

在正常情况下，转氨酶存在于细胞内，由于它是蛋白质，不易透出细胞，故血浆中的活性很低。但当组织细胞受到炎症性损害，细胞破损或细胞膜的通透性改变时，存在于细胞内的转氨酶即释放入血液，造成血清转氨酶活力明显升高。

（3）联合脱氨作用　转氨作用中只有氨基的转移，而没有氨基的真正脱落。另外，氧化脱氨作用仅有L-谷氨酸脱氢酶的作用较强，其他氨基酸都不容易通过氧化脱氨作用进行脱氨。大量事实证明，体内氨基酸的脱氨作用方式主要是通过联合脱氨作用进行的。而联合脱氨又可分为转氨偶联氧化脱氨和转氨偶联腺苷酸（AMP）循环脱氨两种方式。后者主要发生在骨骼肌、心肌、肝脏和脑组织中。

2. 氨基酸的脱羧作用　氨基酸在氨基酸脱羧酶催化下进行脱羧反应，排出二氧化碳，形成胺。氨基酸脱羧酶以磷酸吡哆醛为辅酶。脱羧作用是氨基酸分解的正常过程，但不是氨基酸分解的主要途径。某些氨基酸的脱羧产物具有很强的生理活性，如组氨酸、色氨酸、谷氨酸、酪氨酸和赖氨酸的脱羧产物分别为组胺、5-羟色胺、γ-氨基丁酸、儿茶酚胺和尸胺，它们都具有特殊的生理活性。

（三）氨基酸脱氨、脱羧产物的进一步代谢

1. 体内的氨的代谢

（1）体内氨的来源　氨基酸脱氨作用产生的氨是内源性氨的主要来源。此外，嘌呤、嘧啶类等含氮化合物经过分解代谢也可以产生内源性氨。肠道内蛋白质和氨基酸在肠道细菌作用下产生氨，肠道尿素经肠道细菌尿素酶水解产生氨。这些氨可以被肠道吸收进入血液，是氨的外源性来源。

（2）氨的排出形式　各种动物排氨的方式各有不同。直接以氨的形式排出体外的，称为排氨动物，如大多数鱼、虾类等。但板鳃类、腔棘鱼类和有些硬骨鱼类属于排尿素动物。有些两栖类处于中间位置，幼虫为排氨动物，如蝌蚪，变态时肝脏产生必要的酶，成蛙排泄尿素。

（3）尿素代谢　尿素主要在肝脏中合成，其他器官如肾脏、脑组织也能合成，但其量极微。解释尿素代谢的理论为鸟氨酸循环学说。通过鸟氨酸循环，2 分子氨气与 1 分子二氧化碳结合生成 1 分子尿素。尿素是中性、无毒、水溶性很强的物质，由血液运输至肾脏，从尿中排出。因此，形成尿素具有以下生理功能：解除氨的毒性；降低体内由三羧酸循环产生的二氧化碳溶于血液中所产生的酸性；防止过量的游离氨积累于血液中而引起神经中毒。由此可见，尿素形成过程有利于生物体的自我保护。

（4）氨的其他去路　氨基酸脱下的氨，除了进入鸟氨酸循环合成尿素外，还有一些可进入其他途径合成其他物质。比如，在谷氨酰胺合成酶催化下，氨能与谷氨酸反应，生成谷氨酰胺，其合成需要 ATP 参与并消耗能量。

2. α-酮酸的代谢　氨基酸脱去氨基后生成 α-酮酸有以下三条代谢途径：

（1）再合成氨基酸 α-酮酸可经过还原氨基化作用或转氨作用生成新的非必需氨基酸体内氨基酸的脱氨基作用和氨基化作用，互为逆反应。当体内氨基酸过剩时，脱氨基作用旺盛；在需要氨基酸时，还原氨基化作用又转而加强，将 α-酮酸合成新的氨基酸，使反应处于动态平衡、相互协调统一的状态中。

（2）进入三羧酸循环，氧化成二氧化碳和水　生物体内 20 种氨基酸脱氨后生成的 α-酮酸，可经过不同的酶系催化进行氧化分解。虽然氨基酸的氧化分解途径各异，但它们都集中形成了 5 种产物（乙酰辅酶 A、α-酮戊二酸、琥珀酰辅酶 A、延胡索酸和草酰乙酸）进入三羧酸循环，最后氧化分解生成二氧化碳和水。同时产生的 ATP 供给机体的各种需能过程。

（3）转化成糖及脂肪　当体内不需要将 α-酮酸再合成氨基酸，并且体内的能量供给充足时，α-酮酸可以转化成糖和脂肪而储存起来。在体内可转变成糖的氨基酸称为生糖氨基酸，进入糖代谢途径进行代谢。在体内可转变成酮体（乙酰乙酸、β-羟丁酸及丙酮）的氨基酸称为生酮氨基酸。在体内既能生糖又能生酮的氨基酸称为生糖兼生酮氨基酸。20 种氨基酸中只有亮氨酸纯属生酮氨基酸；异亮氨酸、苯丙氨酸、酪氨酸、色氨酸、赖氨酸是生糖兼生酮氨基酸；其他 14 种（包括必需氨基酸中的蛋氨酸、缬氨酸、苏氨酸）都属于生糖氨基酸。所有非必需氨基酸均为生糖氨基酸，因为这些氨基酸与糖的转化是可逆过程。必需氨基酸仅少部分是生糖氨基酸，这部分氨基酸转化成糖的过程是不可逆的。由此，机体可利用

糖来合成体内某些氨基酸（非必需氨基酸），而不能合成体内的全部氨基酸。能生酮的氨基酸多数是必需氨基酸（除了酪氨酸），因为氨基酸转化成酮体的过程是不可逆的。由此可见，脂肪很少或不能用来合成氨基酸。

3. 二氧化碳的代谢　氨基酸脱羧后形成的二氧化碳大部分直接排出细胞外，小部分可通过丙酮酸羧化支路被固定，生成草酰乙酸或苹果酸。这些有机酸的生成对于三羧酸循环及通过三羧酸循环产生发酵产物有促进作用。

4. 胺的代谢　氨基酸脱羧后形成的胺可在胺氧化酶的催化下生成醛。醛在醛脱氢酶的催化下，加水脱氢生成有机酸。有机酸再经β-氧化作用，生成乙酰 CoA，乙酰 CoA 进入三羧酸循环，最后被氧化成二氧化碳和水。

（四）蛋白质和氨基酸的合成

1. 蛋白质的合成　蛋白质合成的场所在核糖体内，合成的基本原料为氨基酸，合成反应所需的能量由 ATP 和 GTP（鸟苷三磷酸）提供。蛋白质的生物合成可以简单描述如下：以携带细胞核内 DNA 遗传信息的 mRNA 为模板，以 tRNA 为运载工具，在核糖体内，按 mRNA 特定的核苷酸序列（遗传密码）将各种氨基酸连接形成多肽链的过程。肽链的形成包括活化、起始、延长和终止几个阶段。新合成的多肽链需经一定的加工修饰，才能成为各种各样有生物活性的蛋白质分子。

2. 氨基酸的合成　不同生物合成氨基酸的能力不同，表现在合成氨基酸的原料和合成氨基酸的种类有很大的差异，有的可以合成构成蛋白质的全部氨基酸，有的则不能全部合成。生物合成氨基酸的能力和途径有种种差异，也较为复杂。概括地说，生物体合成各种氨基酸所需的碳骨架的形成源于三羧酸循环、糖酵解、磷酸戊糖途径代谢中的中间体，如α-酮戊二酸、草酰乙酸、甘油酸-3-磷酸、丙酮酸等。它们的氨基多来自谷氨酸的转氨基反应。

四、蛋白质营养价值评定

（一）生物学评定法

该方法是用含有试验蛋白质的饲料饲养动物，然后根据动物饲养前后体重、健康或体蛋白质量的变化来评估饲料蛋白质的营养价值。对动物生长最常用的评价指标是增重率，即，经过一定时间后其体重的变化相对于初始体重的百分比。增重率还衍生出特定生长率（Specific growth rate，SGR）的概念，即考虑投喂周期因素计算出的日瞬时生长率，其计算公式为：$SGR(\%/d) = 100\times(\ln W_t - \ln W_i)/t$；其中，$W_t$ 是饲喂 t 时间（d）后的体重（g）；W_i 是初始体重（g）；t 是饲喂时间（d）。除了生长外，蛋白质和氨基酸的消化率及蛋白质效率也被常用来评价饲料蛋白质质量。蛋白质效率是指养殖动物的体重增加量与其相应的饲料蛋白质摄入量之比。其他一些指标，如净蛋白利用率和生物价等指标考虑了饲料中蛋白质不能被吸收而从粪便中排出的部分，但在实践中较少用到。

（二）化学评定法

蛋白价和必需氨基酸指数是两种常用评价饲料蛋白质的营养价值的化学方法，二者都是把饲料或原料中的氨基酸与标准蛋白质氨基酸进行比较。蛋白价是试验蛋白质或饲料蛋白质中第一限制氨基酸量与标准蛋白质中相应的必需氨基酸量的百分比，多以全卵或肌肉蛋白质的氨基酸为标准。必需氨基酸指数的含义是试验蛋白质或饲料蛋白质中各个必需氨基酸量与标准蛋白质中相应的各种氨基酸含量之比的几何平均数。必需氨基酸指数考虑了所有必需氨基酸，但是也只能说明必需氨基酸总量与标准蛋白质相接近的程度，既没有考虑限制性氨基酸这一因素，也没考虑氨基酸的可消化程度。

（三）生物化学评定法

生物化学评定法是利用试验饲料饲喂鱼，经过一定时间后对鱼采血，分析其血浆中的氨基酸含量进行评定，可对总必需氨基酸或者游离氨基酸与标准饲料氨基酸进行对比。

第二节　脂类与脂肪酸

脂类是在动、植物组织中广泛存在的一类不溶于水而溶于非极性溶剂的生物有机大分子。在饲料分析时，所测得的粗脂肪（乙醚浸出物，EE）是指饲料中的脂类物质。

一、种　　类

按脂类物质化学组成的不同，可分为单纯脂、复合脂和衍生脂三大类。单纯脂是由脂肪酸和甘油形成的酯。脂肪的性质主要取决于所含的脂肪酸种类。凡是氢原子数为碳原子数两倍者，称为饱和脂肪酸。主要由饱和脂肪酸组成的脂肪，熔点较高，在常温下多为固态。凡是氢原子数低于两倍碳原子数者，称为不饱和脂肪酸。主要由不饱和脂肪酸组成的脂肪，熔点较低，在常温下多为液态。复合脂是指除了含有脂肪酸和醇外，尚有其他非脂分子成分的物质，如磷脂和糖脂。衍生脂是由单纯脂和复合脂衍生而来或与之关系密切，但也有脂质一般性质的物质，如取代烃、固醇类和萜等。

二、作　　用

脂类在鱼类、虾类生命代谢过程中具有多种生理功能，是鱼、虾类所必需的营养物质。

1. 组织细胞的组成成分　一般组织细胞中均含有1%～2%的脂类物质。特别是磷脂和糖脂是细胞膜的重要组成成分。蛋白质与类脂质的不同排列结合，构成功能各异的各种生物膜。鱼、虾体各组织器官都含有脂肪，鱼、虾类组织的修补和新组织的生长都要求从饲料中摄取一定量的脂质。此外，脂肪还是体内绝大多数器官和神经组织的防护性隔离层，可保护和固定内脏器官，并作为一种填充衬垫，避免机械摩擦，并使之能承受一定压力。

2. 提供能量　脂肪是能量含量最高的营养素，其产热量高于糖类和蛋白质，每克脂肪在体内氧化可释放出37 656 J的能量。直接来自饲料的甘油酯或体内代谢产生的游离脂肪酸是鱼类生长发育的重要能量来源。鱼、虾类由于对糖类特别是多糖利用率低，因此，脂肪作为能源物质的利用显得特别重要。同时，脂肪组织含水量低，占体积少，所以贮备脂肪是鱼、虾类贮存能量，以备越冬利用的最好形式。

3. 利于脂溶性维生素的吸收运输　维生素A、维生素D、维生素E、维生素K等脂溶性维生素只有当脂类物质存在时方可被吸收。脂类不足或缺乏，则影响这类维生素的吸收和利用。饲喂脂类缺乏的饲料，鱼、虾类一般都会并发脂溶性维生素缺乏症。

4. 提供必需脂肪酸　某些高度不饱和脂肪酸是鱼、虾类维持正常生长、发育和健康所必需的营养物质，但鱼、虾本身不能合成或合成量不能满足需要，必须依赖饲料中脂类直接提供。

5. 作为某些激素和维生素的合成原料　如麦角固醇可转化为维生素 D_2，而胆固醇则是合成性激素的重要原料。与鱼类不同，甲壳类不能合成胆固醇，必须由食物提供。

6. 节省蛋白质、提高饲料蛋白质利用率　鱼类对脂肪有较强的利用能力，其用于鱼体增重和分解供能的总利用率达 90%以上。因此，当饲料中含有适量脂肪时，可减少蛋白质的分解供能，节约饲料蛋白质用量，这一作用称为脂肪的节约蛋白质作用。处于快速生长阶段的仔鱼和幼鱼，脂肪对蛋白质的节约作用尤其显著。

三、吸收与代谢

鱼类、虾类对溶化温度较低的脂肪消化吸收率很高，但对溶化温度较高的脂肪消化吸收率较低。饲料中其他营养物质的含量影响脂肪的消化代谢。饲料中钙含量过高，多余的钙与脂肪发生螯合，使脂肪消化率下降。相反，磷、锌等矿物质含量充足时，可促进脂肪的氧化。维生素 E 防止并破坏脂肪氧化代谢过程中产生的氧化物。胆碱不足时脂肪在体内的转运和氧化受阻，导致脂肪在肝脏的大量积累，诱发脂肪肝。

1. 脂肪的消化吸收及利用　鱼类的脂肪酶最适 pH 通常为 7.5，故在酸性环境的胃中脂肪几乎不被消化。幽门垂虽能检出脂肪酶，但活性较低，所以胃不是脂肪消化的主要部位。脂肪消化吸收的主要部位在肠道前部胆管开口附近。但肠道内的脂肪酶大多数并非由肠道本身分泌，而是来自肝胰腺（由胆管和胰管导入）。对于具有幽门盲囊的鱼来说，幽门盲囊中的脂肪酶的活性最高，胃是脂肪消化的主要部位，这些脂肪酶来自幽门垂。饲料中的中性脂肪在脂肪酶的作用下分解为甘油和脂肪酸而被吸收。但并非所有的中性脂肪都要在完全水解后才能被吸收，一部分甘油一酯、甘油二酯及未水解但已乳化的甘油三酯也可被肠道直接吸收。

脂肪本身及其主要水解产物游离脂肪酸都不溶于水，但可被胆汁酸盐乳化成水溶性微粒，当其到达肠道的主要吸收位置时，此种微粒便被破坏，胆汁酸盐留在肠道中，脂肪酸则透过细胞膜而被吸收，并在黏膜上皮细胞内重新合成甘油三酯。在黏膜上皮细胞内合成的甘油三酯与磷脂、胆固醇和蛋白质结合，形成直径为 0.1～0.6μm 的乳糜微粒（Chylomicron）和极低密度脂蛋白（Very Low-density Lipoproteins，VLDLs），并通过淋巴系统进入血液循环，也有少量直接经门静脉进入肝脏，再进入血液以脂蛋白的形式运至全身各组织，用于氧化供能或再次合成脂肪贮存于脂肪组织中。

当机体需要能量时，贮存于脂肪组织中的脂肪即被水解，所产生的游离脂肪酸在血液中与血清白蛋白结合，并输送至相应组织氧化分解，释放能量，供组织利用。当血液中游离脂肪酸超过机体需要时，多余部分又重新进入肝脏，并合成甘油三酯，甘油三酯再通过血液循环回到脂肪组织中贮存备用。

2. 脂肪的生物合成　简单来说，动物体内脂肪酸合成是在脂肪酸合成酶的作用下利用乙酰 CoA 进行碳链延长的过程。已知动物体内脂肪酸合成停止在 16 碳脂肪酸即软脂酸而终止，这是正常的脂肪酸合成酶作用的终点。更长链的脂肪酸或不饱和脂肪酸等都是把软脂酸作为前体，需要另外的酶反应形成的。

（1）在肝脏的微粒体组分中，由去饱和酶和碳链延长酶作用于 n－3、n－6 和 n－9 系列的 18 碳脂肪酸，生成长链多不饱和脂肪酸。然而，这些酶与 n－3 系列脂肪酸的亲和力比与 n－6 系列脂肪酸的亲和力强，而与这两个系列脂肪酸的亲和力又都比与 n－9 系列脂肪酸的亲和力强。因此，只有当18：2n－6和18：3n－3（必需脂肪酸）都缺乏时，18：1n－9才能通过上述途径合成n－9系列长链不饱和脂肪酸。

（2）特别要注意的是，从22：5n－3到22：6n－3可以直接通过Δ4去饱和插入最后一个双键。也可以先把前体22：5n－3的碳链延长生成24：5n－3，再通过Δ6去饱和生成24：6n－3，然后在过氧物酶体进行短链反应而生成22：6n－3。

（3）22：6n－3是18：3n－3的碳链延长和去饱和的主要终产物，20：4n－6是18：2n－6碳链延长和去饱和的主要终产物。但是20：4n－6在一定程度上能够进一步碳链延长和去饱和，通过与22：6n－3同样的途径插入Δ4双键生成22：5n－6。就目前所知，20：3n－9没有进一步的碳链延长和去饱和反应，而生成n－9系列的更高的同系物。

（4）从18：3n－3转化为20：5n－3，然后到22：6n－3的反应在许多淡水鱼类中已经进行过深入的研究。然而，在目前所研究的海水鱼类中，从18：3n－3转化为22：6n－3的效率非常低。

第三节　糖类（碳水化合物）

糖类亦称碳水化合物（Carbohydrate），通常由碳、氢、氧三种元素按$C_n(H_2O)_n$通式组成。但是，用这一定义表达糖类是不确切的。例如，甲醛（CH_2O）、乙酸（$C_2H_4O_2$）虽符合该通式但明显不属于糖类。而一些糖的化学组成也不一定符合上面的通式，如脱氧核糖（$C_5H_{10}O_4$）。糖类的准确定义应该为：多羟基醛或多羟基酮以及水解后能够产生多羟基醛或多羟基酮的一类有机化合物。

一、种　类

糖类按其结构可以分为单糖、低聚糖和多糖三大类。

1. 单糖（Monosaccharides）　是最简单的糖，其化学成分仍是多羟基醛或多羟基酮，它们是构成低聚糖、多糖的基本单元。如葡萄糖、果糖（己糖）、核糖、木糖（戊糖）、赤藓糖（丁糖）、二羟基丙酮、甘油醛（丙糖）等。

2. 低聚糖（Oligosaccharides）　由2～6个单糖分子组成。按其水解后生成单糖的数目，低聚糖又可分成双糖、三糖和四糖等，其中以双糖最为重要，如蔗糖、麦芽糖、纤维二糖和乳糖等。

3. 多糖（Polysaccharides）　由许多单糖聚合而成的高分子化合物，多不溶解于水，经酶或酸水解后可生成许多中间产物，最后生成单糖。多糖按其种类可以分为同型聚糖和异型聚糖。同型聚糖按其单糖的碳原子数又可分成戊聚糖（木聚糖）和己聚糖（葡聚糖、果聚糖、半乳聚糖、甘露聚糖），其中以葡聚糖最为多见，如淀粉、纤维素等。饲料中的异型聚糖主要有果胶、树胶、半纤维素和黏多糖等。

二、作　用

糖类按其生理功能可以分为可消化糖［或称无氮浸出物（Nitrogen Free Extracts）］和粗纤维两大类。可消化糖包括单糖、糊精和淀粉等，其主要作用有：

1. 体组织细胞的组成成分　糖类及其衍生物是鱼、虾（或其他动物）机体组织细胞的组成成分。如五碳糖是细胞核核酸的组成成分，半乳糖是构成神经组织的必需物质，糖蛋白则参与细胞膜的形成。

2. 提供能量 糖类可以为鱼、虾提供能量。吸收进入鱼、虾体内的葡萄糖经氧化分解，释放出能量，供机体利用。除蛋白质和脂肪外，糖类也是重要的能量来源。摄入的糖类在满足鱼、虾能量需要后，多余部分则被运送至某些器官、组织中（主要是肝脏和肌肉组织）合成糖原，储存备用。

3. 合成体脂肪 糖类是合成体脂的主要原料。当肝脏和肌肉组织中储存足量的糖原后，继续进入体内的糖类则合成脂肪，储存于体内。

4. 合成非必需氨基酸 糖类可为鱼、虾合成非必需氨基酸提供碳架。葡萄糖的代谢中间产物，如磷酸甘油酸、α-酮戊二酸、丙酮酸可用于合成一些非必需氨基酸。

5. 节约蛋白质作用 糖类可改善饲料蛋白质的利用，有一定的节约蛋白质作用。当饲料中含有适量的糖类时，可减少蛋白质的分解供能。

粗纤维包括纤维素、半纤维素、木质素等，一般不能为鱼虾消化、利用，但却是维持鱼虾健康所必需的。饲料中适当的纤维素含量具有刺激消化酶分泌、促进消化道蠕动的作用。

三、吸收与代谢

糖类在动物体内的代谢包括分解、合成、转化和输送等环节。糖原是糖类在体内的贮存形式，葡萄糖氧化分解是供给鱼、虾能量的重要途径，血糖（葡萄糖）则是糖类在体内的主要运输形式。

在畜禽饲料中，糖类的含量也都在50%以上。鱼类、虾类虽然与陆生动物一样，可以利用糖类作为其能量的来源。但是，与畜、禽相比，鱼类对糖类的利用率较低。以前的研究认为，这种低利用率是由鱼类天生的糖尿病体质导致的。但近年的研究表明，鱼类对糖利用率低是由众多因素造成的。参与鱼类糖类代谢的酶和胰岛素是其中两个主要的方面。

1. 饥饿和再摄食对糖贮存与分解的影响 糖原是糖在鱼类组织中的主要贮存形式，而且主要存在肝脏和肌肉中。负责糖的有氧氧化（红肌）和无氧酵解（白肌）的肌肉都含有大量的糖原。因为白肌占鱼体的比例很大，所以白肌是鱼类糖原的主要贮存场所。在饥饿时，哺乳类动物的肝糖原迅速分解，以保证血糖的恒定。而一些鱼类，如鳕和鲤，当肝脏脂肪含量充足时，肝脂是鱼类饥饿时首先动用的能源，其次是肌肉脂肪，然后才利用肝糖原和肌糖原，肌肉蛋白质是饥饿期间的最后能量储备。相反，太平洋鲑在长途的产卵洄游过程中，肌肉蛋白质首先降解提供能量，而肝糖原留作产卵时供给能量。同时，肌肉蛋白质也会为肝糖原的合成提供碳源以维持肝糖原的水平。薄氏大弹涂鱼在饥饿期间也是先分解肌肉蛋白而保留肝糖原。

经过一段时间的饥饿后，再投喂会产生一个快速的补偿生长（Compensatory Growth），使得鳕、鲤、拟鲤和薄氏大弹涂鱼的肝糖原和肌糖原含量得到迅速补充。肌肉蛋白质的恢复是逐步进行的，当肌肉蛋白质恢复得较好之后，脂肪开始积累。

2. 糖原代谢 在动物体内，肝糖原、肌糖原在磷酸存在的条件下，经磷酸化酶、转移酶和脱支酶催化产生葡萄糖-1-磷酸，后经葡萄糖磷酸变位酶催化生成葡萄糖-6-磷酸，经葡萄糖-6-磷酸酯酶水解成葡萄糖。释放出的葡萄糖的分解包括两个连续反应：先由葡萄糖在无氧条件下形成丙酮酸的糖酵解（Glycolysis）途径，而后由丙酮酸完全氧化成二氧化碳和水。这一系列反应都有氧参加，故称为有氧分解。因为丙酮酸氧化是通过几种三羧酸的循环过程来完成的，所以又叫三羧酸循环。

（1）*糖酵解* 糖原降解释放出的葡萄糖在己糖激酶等一系列酶的作用下经过四个阶段的反应生成丙酮酸。

葡萄糖利用的关键一步是葡萄糖磷酸化，己糖激酶是葡萄糖磷酸化的关键酶。与哺乳动物相比，很多鱼类的己糖激酶活性较低，在糖酵解所有酶中活性也最低。葡萄糖利用的另一个关键酶是葡萄糖激酶，大西洋鲑和大西洋鲽存在的葡萄糖激酶对饲料葡萄糖含量变化能作出快速的反应。另外，还有两个关键酶是磷酸果糖激酶和丙酮酸激酶。

（2）*三羧酸循环* 糖通过酵解产生的丙酮酸在有氧情况下在线粒体中进一步完全氧化成二氧化碳和水，并产生大量的能量。这个过程分两个阶段进行，第一阶段是丙酮酸氧化脱羧生成乙酰 CoA，第二阶段是乙酰 CoA 进入三羧酸循环氧化成二氧化碳和水，并放出能量。迄今为止，三羧酸循环中的许多化学过程和特征已在鱼类（如鲤、斑马鱼、虹鳟、大西洋鲑）中得到证实。

（3）*戊糖磷酸途径*（Pentose Phosphate Pathway） 除了糖酵解和三羧酸循环，戊糖磷酸途径（又叫己糖磷酸支路）也是葡萄糖氧化的重要途径。在许多动物中，大约有 30%的葡萄糖可能由此途径进行氧化。戊糖磷酸途径有两个重要的生理功能：一个基本功能是为生物合成还原型辅酶Ⅱ（NADPH），另一个作用是为核苷酸的合成提供核糖。还原型辅酶Ⅱ除了参与还原性的生物合成外，还有保护细胞免受氧自由基破坏的作用。鳔中含有高浓度的氧，其组织细胞存在被氧自由基损害的危险。在高溶解氧条件下，蟾鱼鳔中戊糖磷酸途径糖代谢通量成倍增加，该组织中存在大量与戊糖磷酸途径相关的酶，说明该途径与保护富氧组织细胞免受氧自由基损害有关。

（4）*糖原的合成和糖原异生作用* 糖原的合成是将血液中的葡萄糖合成糖原的过程。葡萄糖是糖原的唯一原料，半乳糖和果糖都要通过磷酸葡萄糖才能变为糖原。糖原的合成过程需要己糖激酶、葡萄糖磷酸变位酶、尿苷二磷酸葡萄糖焦磷酸化酶、糖原合成酶、分支酶和 ATP 参与作用。由非糖原料合成糖原的过程叫作糖异生作用（Gluconeogenesis）。非糖物质如乳酸、丙酮酸、丙酸、甘油和部分氨基酸，亦可在肝脏和肾脏皮质中变为糖原。动物肝脏的糖原部分来自糖原的异生作用，而肌糖原只能由血液葡萄糖合成。

四、脂肪对蛋白质的节约作用

蛋白质和脂肪都是水产动物尤其是鱼类重要的能量来源，但水产动物尤其是鱼类对饲料碳水化合物的利用能力普遍较低。当饲料的可消化能含量较低时，饲料中的部分蛋白质就被作为能源消耗掉。在此种饲料中添加适量的脂肪，可以提高饲料的可消化能含量，从而减少蛋白质作为能源消耗，使之更好地用于合成体蛋白。这一作用称为脂肪对蛋白质的节约作用。目前的研究表明，饲料中可以用脂肪节约 10%左右的蛋白质。因肉食性鱼类对蛋白需求高，因此脂肪在杂食性鱼类中的蛋白节约效应要好于在肉食性鱼类中。但是，在应用脂肪的蛋白节约效应时要注意两个问题：①脂肪的过度添加可能会造成脂肪在水产动物体内的过度累积，从而造成营养性脂肪肝等健康问题；②脂肪源的价格未必一直低于蛋白源，要根据市场原料价格走向确定该节约效应的实际应用。

第四节　能　量

能量不是一种营养物质，只在蛋白质、脂肪和糖氧化代谢时释放出来。因此，能量是一种抽象的概念，它仅在从一种形式转化为另一种形式时才能被测定出来。能量的定义是做功的能力。从生物学的意义上讲，是完成一切生命活动如化学反应、物质的逆浓度梯度运输、肌肉的机械运动等所需要的能力。

一、来源与能值

鱼类所需能量主要来源于饲料中的三大营养物质，即蛋白质、脂肪和糖类，这些含有能量的营养物质在体内代谢过程中经过酶的催化，通过一系列的化学反应，释放出贮存的能量。这三大营养物质常被称为能源营养物质。无机盐大都已被氧化成稳定态，维生素数量极微，含能量很少，故在一般的研究工作中不作为能源营养物质对待。

饲料中三大能源营养物质经完全氧化后生成水、二氧化碳和其他氧化产物，同时释放出能量。各种物质氧化时释放能量的多少与其所含的元素种类和数量有关。有机物质分子中只有C、H元素与外来的O元素化合才产生热量。但两种元素在分别与O元素结合时产生的热量也不相同。如每克单质C氧化为CO_2时，产生33 807J的热量；而每克单质H氧化成H_2O时，则产生144 348J的热量。后者是前者的4倍多。

1. 糖类　由C、H、O三种元素组成，O的平均含量为50%左右，C、H元素含量相对较少，其中H元素含量约6%，故氧化时需氧量少，产生的能量也较低。糖类的平均产热量为17 154J/g。

2. 脂肪　由C、H、O三种元素组成，其中O的平均含量在11%左右，较糖类低得多；C、H总含量较高，且H元素含量特别高，约为12%，故氧化时需氧量多，产生热量也多。脂肪的平均产热量为39 539J/g。

3. 蛋白质　蛋白质分子中除含有C、H、O三种元素外，还含有N、S等元素，O的平均含量为22%左右，H元素平均含量约7%，这两个数值都分别介于糖类与脂肪分子的平均O含量和平均H含量之间。N在体内不能彻底氧化，故热量主要由C、H元素氧化产生。所以蛋白质的产热量较糖类为高，较脂肪为低。蛋白质的平均产热量为23 640J/g。

二、总能、可消化能、代谢能、净能

鱼类营养能量学的中心问题是阐明能量收支各组分之间的定量关系，以及各种生态因子对这些关系的作用，探讨鱼类调节其能量分配的生理生态学机制，阐明不同营养状态下鱼体内能量的分配和利用规律性。

鱼类通过食物摄入的能量在体内进行转化、代谢和重新分配后，一部分留在了体内，一部分以废物的形式排出体外，另外一部分则以散热的形式排出体外。

1. 总能（Gross Energy，GE）　是指摄入一定量饲料中所含的全部能量，也就是饲料中蛋白质、脂肪和糖类三大能源营养物质完全燃烧所释放出来的全部能量。摄入总能（Ingestion Energy，IE）是指动物摄入食物中所含有能量的总和。

2. 可消化能　饲料中的营养物质必需首先经过消化和吸收，其所含的能量才能够供机体代谢使用。没有被消化吸收的那部分物质以粪便的形式排出体外，其所含的能量称为粪能（Fecal Energy，FE）。摄入总能（IE）减去粪能后所剩的那部分能量称为可消化能（Digestible Energy，DE）。动物所摄食的总能中有很大一部分以粪能的形式排出体外，所以饲料的可消化性是影响其是否可以被动物利用为能源物质的主要因素。

3. 代谢能　食物消化后，氨基酸、脂肪和糖类等能源物质进入动物体内。脂肪和糖类在体内分解代谢最终产生二氧化碳和水，而氨基酸在体内的最终代谢产物除了二氧化碳和水以外，还有氨或其他含氮化合物。鱼类在排泄含氮废物的同时也损失掉了一部分能量。在鱼类，内源性含氮废物主要是通过鳃排出体外，也有一部分是通过肾排泄。通过鳃排泄损失的那部分能量称为鳃排泄能（Branchial Energy，ZE），通过肾排泄损失的那部分能量称为尿能（Urinary Energy，UE）。由于两者都不是以粪能的形式排出体外，因此，在计算饲料可消化能的时候将鳃排泄能和尿能都计入了可消化能值中。然而，实际上动物是不能利用这部分能量的。人们把鱼类生理代谢能够利用的那部分能量称为代谢能。

第五节　维 生 素

维生素（Vitamin）是维持动物机体正常生长、发育和繁殖所必需的微量小分子有机化合物。动物对维生素需要量很少，每日所需量仅以毫克或微克计算，属于必需的微量营养素。维生素的主要作用是作为辅酶参与物质代谢和能量代谢的调控，作为生理活性物质直接参与生理活动，作为生物体内的抗氧化剂保护细胞和器官组织的正常结构和生理功能，还有部分维生素作为细胞和组织的结构成分。

一、种　　类

维生素种类较多，化学组成、性质各异，一般按其溶解性分为脂溶性维生素和水溶性维生素两大类。脂溶性维生素是可以溶于脂肪或脂肪溶剂（如乙醚、氯仿、四氯化碳等）而不溶于水的维生素，包括维生素 A（视黄醇）、维生素 D（钙化醇）、维生素 E（生育酚）和维生素 K。水溶性维生素是能够溶解于水的维生素，对酸稳定，易被碱破坏，包括维生素 B_1（硫胺素）、维生素 B_2（核黄素）、泛酸（遍多酸）、烟酸［尼克酸、烟酰胺（尼克酰胺）］、维生素 B_6（吡哆素）、生物素（维生素 H）、叶酸、维生素 B_{12}（氰钴素）和维生素 C（抗坏血酸）等。

二、作　　用

（一）脂溶性维生素的生理作用

脂溶性维生素不溶于水，而易溶于脂肪及脂溶性溶剂如乙醚、氯仿等。脂溶性维生素主要作为生理活性物质起作用。

1. 维生素 A（视黄醇）　主要参与动物眼睛视网膜光敏物质视紫红质的再生，维持正常的视觉功能。还参与细胞分化和参与动物的其他一些重要生理功能，如繁殖（精子生成）、免疫反应和抗氧化等。

2. 维生素 D（钙化醇）　主要生理功能是通过增强肠道对钙、磷的吸收和通过肾脏对钙、磷的重吸收来维持体内血钙、血磷浓度的稳定，参与体内矿物质平衡的调节。对于骨骼系统的生长和发育。1，25－二羟胆固醇具有溶骨和成骨的双重作用。1，25－二羟胆固醇能刺激破骨细胞活性和加速破骨细胞的生成，从而促进溶骨作用；同时，1，25－二羟胆固醇还可通过刺激成骨细胞分泌胶原等，促进骨的生成。在免疫方面，维生素 D 可以调节淋巴细胞、单核细胞的增殖与分化，以及这些细胞由免疫器官向血液转移。

3. 维生素 E（生育酚） 主要生理功能是清除细胞内自由基，从而防止自由基、氧化剂对生物膜中多不饱和脂肪酸、富含巯基的蛋白质成分以及细胞核和骨架的损伤；保持细胞、细胞膜的完整性和正常功能；维持正常免疫功能，特别对 T 淋巴细胞的功能有重要作用。

4. 维生素 K 主要作用是参与动物的凝血反应。同时，血液凝血因子Ⅶ、Ⅸ和Ⅹ的合成也需要维生素 K。

（二）水溶性维生素的生理作用

水溶性维生素大多数都易溶于水，种类较多，但其结构和生理功能各异。

1. 维生素 B_1（硫胺素） 在体内主要以焦磷酸硫胺素（TPP）作为 α－酮酸脱羧酶的辅酶参与 α－酮酸（如丙酮酸和 α－葡萄糖酮酸）的氧化脱羧反应，作为 α－酮戊二酸氧化脱羧酶的辅酶参与氨基酸的氧化脱羧反应。TPP 在磷酸戊糖代谢途径中参与转酮醇作用，并与核酸合成以及脂肪酸合成有关。维生素 B_1 的非辅酶作用包括维持神经组织和心肌的正常生理功能等。

2. 维生素 B_2（核黄素） 在体内是以黄素单核苷酸（FMN）和黄素腺嘌呤二核苷酸（FAD）的形式存在。FMN 和 FAD 是体内多种氧化还原酶的辅酶，催化多种氧化还原反应，参与多种物质如蛋白质和脂质的中间代谢的过程。通过参与谷胱甘肽氧化还原循环，产生预防生物膜过氧化损伤的作用。此外，维生素 B_2 对维护皮肤、黏膜和视觉的正常功能均有重要的作用。

3. 泛酸（遍多酸） 作为 CoA 的组成成分发挥重要作用，CoA 在机体物质分解代谢和能量产生中具有关键性的作用。乙酰 CoA 是许多物质生物合成的直接原料，在脂肪酸、胆固醇、固醇类激素和酮体等物质的合成代谢中，起着重要的中间代谢作用。

泛酸的非辅酶作用表现在可以刺激抗体的合成而提高机体对病原体的抵抗能力。泛酸也是蛋白质及其他物质的乙酰化和酯酰化修饰所必需的物质。

4. 烟酸［尼克酸、烟酰胺（尼克酰胺）］ 主要作为烟酰胺腺嘌呤二核苷酸（又称辅酶Ⅰ，NAD^+）和烟酰胺腺嘌呤二核苷酸磷酸（又称辅酶Ⅱ，$NADP^+$）的组成成分参与体内的代谢。此外，烟酸的突出药理功能是降低血脂。同时，烟酸可以与体内的三价铬形成烟酸铬。

5. 维生素 B_6（吡哆素） 主要以磷酸吡哆醛形式参与蛋白质、脂肪酸和糖的多种代谢反应。吡哆醛为 100 多种酶的辅酶。维生素 B_6 的缺乏对神经系统结构和功能具有重要的影响，并由此产生多种全身性综合生理反应。维生素 B_6 在肝脂质代谢中具有重要作用。在细胞免疫方面，维生素 B_6 也具有重要作用。

6. 生物素（维生素 H） 是体内许多羧化酶的辅酶，参与物质代谢过程中的羧化反应（如丙酮酸羧化为草酰乙酸等），在体内合成脂肪酸的反应中起着重要作用。

7. 叶酸 是生成红细胞的重要物质，与动物巨细胞性贫血有重要关系。叶酸与核苷酸的合成有密切关系。叶酸也是维持免疫系统正常功能的必需物质。

8. 维生素 B_{12}（氰钴素） 其重要的功能是参与核酸和蛋白质代谢，也在脂肪和糖代谢中发挥重要作用。维生素 B_{12} 能使机体的造血功能处于正常状态，促进红细胞的发育和成熟。

9. 维生素 C（抗坏血酸）

（1）是合成胶原蛋白和黏多糖等细胞间质的必需物质。

（2）能使体内氧化型谷胱甘肽转变为还原型谷胱甘肽，从而起到保护酶的活性巯基，解除重金属毒性的作用。

（3）作为一种还原剂，参与体内的氧化还原反应。

（4）参与体内其他代谢反应，如在叶酸转变为四氢叶酸、酪氨酸代谢及肾上腺皮质激素合成过程中都需要维生素 C。

（5）参与肠道对铁的吸收。

10. 胆碱　作为卵磷脂的构成成分参与生物膜的构建，是重要的细胞结构物质。胆碱可以促进肝脂肪以卵磷脂形式输送，或提高脂肪酸本身在肝脏内的氧化作用，故有防止脂肪肝的作用。胆碱有三个不稳定的甲基，在转甲基反应中起着甲基供体的作用。胆碱的衍生物乙酰胆碱在神经冲动的传递上很重要。

11. 肌醇　以磷脂酰肌醇的形式参与生物膜的构成。肌醇参与某些脂类的代谢，防止脂肪在肝脏中的过度沉积。此外，还发现磷脂酰肌醇参与一些代谢过程的信号转导。

三、吸收与代谢

维生素在动物体内不能合成的或合成量很少，必须由食物提供。但动物对其需要量很少，每日所需量仅以毫克或微克计算。脂溶性维生素不溶于水，而易溶于脂肪及脂溶性溶剂如乙醚、氯仿等。在饲料中常与脂类共存，一般存在于富含脂肪的饲料原料中，其吸收也必须借助脂肪的存在。脂溶性维生素可在动物肝（胰）脏中大量贮存，待机体需要时再释放出来供机体利用。水溶性维生素大多数易溶于水，种类较多，多数都是作为辅酶而参与动物物质代谢、能量代谢的调节和控制，部分水溶性维生素是以生物活性物质直接参与对代谢反应的调控作用，还有部分水溶性维生素是作为细胞结构物质发生作用。尽管动物体及其肠道微生物可合成某些维生素，但大多数维生素仍然依赖饲料提供。

第六节　矿物质（无机盐）

矿物质是水产养殖动物营养中的一大类无机营养物质。与大多数陆生动物相同，水产养殖动物除了从饲料中获得矿物质外，还可以从水环境中吸收矿物质。水产养殖动物对矿物质吸收的部位也不相同，淡水养殖动物主要通过鳃和体表吸收，而海水鱼类则从肠和体表吸收。

一、种　　类

到目前为止，已发现有 29 种矿物质是动物的必需营养物质。

（1）*按其在机体的含量*　可以分为三大类。碳、氢、氮、氧、硫在体内含量很高，每千克体重含量以克计，称为大量元素；钙、磷、镁、钠、钾、氯和硫在体内含量也较高，每千克体重含量以克计，称为常量元素；剩余的元素在体内含量很低，以每千克体重含量（以 mg

计），称为微量元素，其中含量极微的又称为痕量元素。通常所说的矿物质即指常量元素和微量元素。

（2）*按动物对矿物质的依赖程度*　将其分为必需矿物质和非必需矿物质。研究发现15种微量元素是动物所必需的。其中，锌、铁、铜、锰、钴、碘、硒、钼、铬和氟的生理功能已经比较清楚了。在个别动物上也观察到镍、钒、锶或砷的缺乏症，但目前这几种元素的必需性尚未得到证实。此外，镉、铅、溴、锡等几种元素的必需性也需要进一步研究。

确定一种矿物质是否为机体所必需的依据：①当动物摄入该矿物质不足就会导致生理功能异常，当补足后缺乏症消失。②如果缺乏该矿物质，动物既不能正常生长，也无法完成其正常的生命周期。③该矿物质是通过影响机体代谢过程而对动物直接起作用。④该矿物质的功能是无法由其他矿物质完全替代的。

二、作　　用

矿物质对鱼、虾的营养很重要，但是在矿物质含量过高时，就会引起鱼、虾慢性中毒，矿物质过量可抑制酶的生理活性，取代酶的必需金属离子，改变生物大分子的活性，从而引起鱼、虾形态、生理和行为的变化，对鱼、虾的生长不利，而且通过富集作用，会对人体健康产生危害。

（一）常量元素的生理功能与缺乏症

1. 钙、磷　钙、磷常放在一起讨论，这是因为它们在动物代谢中紧密相连，并且在营养上缺乏钙、磷中的任何一种时，会影响到另外一种的营养价值。钙、磷构成骨、齿及甲壳，是鱼体内含量最多的无机元素。除骨骼外，约1%的钙广泛分布于软组织中，在血液中主要存在于血浆。钙在软组织中的生理功能有：参与肌肉收缩、血液凝固、神经传导、某些酶的激活以及细胞膜的完整性和通透性的维持。在细胞膜中，钙、磷紧密结合，由此控制膜的通透性和控制细胞对营养成分的吸收。血钙过低，则会使神经组织应激性提高，并导致痉挛和惊厥。磷是三磷酸腺苷、核酸、磷脂、细胞膜和多种辅酶的重要组成成分，磷与能量转化、细胞膜通透性、遗传密码以及生殖和生长有密切关系；磷还用作缓冲液，以保持体液和细胞内液的正常pH。

鱼体钙、磷缺乏时，表现为生长缓慢，骨中灰分含量降低，饲料效率低和死亡率高。

2. 镁　作为磷酸化酶、磷酸转移酶、脱羧酶和酰基转移酶等的辅基和激活剂，具有重要作用。它也是细胞膜的重要构成成分。心肌、骨骼肌和神经组织的活动，有赖于钙、镁离子间维持适当的平衡。

水产养殖动物镁缺乏症表现为生长缓慢、肌肉软弱、痉挛惊厥、白内障、骨骼变形、食欲减退、死亡率高。骨骼中的钙、镁比可用来判断饲料中是否缺镁。

3. 钾、钠、氯　是生物体中最丰富的电解质，主要分布在体液和软组织中，维持渗透压和酸碱平衡，控制营养物质进入细胞和水代谢等。此外，钾离子对维持神经和肌肉的兴奋性很重要，而且与碳水化合物的代谢有关。钠离子还参与糖和氨基酸的主动转运。

鱼类、虾类调节钠离子、钾离子、氯离子含量的功能较完善，在正常情况下，未曾发现鱼、虾类钾、钠、氯缺乏症。但这些离子过量时，鱼体可呈现中毒症状。

（二）微量元素的生理功能与缺乏症

1. 铁　对于维持鱼类组织器官的正常功能起着重要作用，是因为它在氧气运输和细胞呼吸中扮演着重要角色。铁的作用主要是构成血红蛋白（血红蛋白是红细胞中的载氧体），参与氧气运输。

动物铁缺乏时主要表现为贫血，含铁酶功能下降，脑神经系统异常，机体防御能力下降，体重增长迟缓，骨骼发育异常等。

2. 铜　在动物体内参与铁的吸收及新陈代谢，为血红蛋白合成及红细胞成熟所必需。铜也是软体动物和节肢动物血蓝蛋白的组成成分，作为血液的氧载体参与氧的运输。铜是细胞色素氧化酶、酪氨酸酶和抗坏血酸氧化酶的成分，具有影响体表色素形成、骨骼发育、生殖系统以及神经系统的功能。含铜的赖氨酸氧化酶，可直接由组织细胞产生，促进弹性蛋白和胶原蛋白的联结。

动物铁铜缺乏时主要表现为生长缓慢，免疫力下降。

3. 锌　分布于机体所有器官、组织和体液中，其中以肝脏和肌肉中的含量较高。锌是许多酶（如碳酸酐酶、羧肽酶、碱性磷酸酶、乳酸脱氢酶等）的组成成分或激活剂，它的生理作用是通过体内某些酶的作用而发挥的。在生物体内，锌参与多种代谢过程，不仅包括糖类、脂类、蛋白质与核酸的合成与降解，而且还在骨骼发育和生长、凝血、生物膜稳定等生理功能中担负起重要角色。锌还参与胰岛素及其他激素的合成与代谢。此外，锌在动物繁殖免疫方面和调节淋巴细胞前体的死亡过程中具有重要的作用。

动物体锌缺乏时主要表现为生长迟缓、采食量下降、角化不全、皮肤损害、免疫力下降、生殖功能受损、死亡率上升等。

4. 锰　广泛存在于动物组织中，其作用与镁类似，是很多酶的激活剂。此外，锰在三羧酸循环中起重要作用。

动物体锰缺乏时主要表现为生长不良，免疫力下降，卵死亡率升高，孵化率下降。

5. 钴、碘、硒、铬　钴除了构成维生素 B_{12} 外，还是某些酶的激活因子。碘一半以上集中在甲状腺内，影响甲状腺的代谢。缺碘就会引发甲状腺增生，产生甲状腺肿大。硒是有毒元素，又是动物生命活动所必需的元素，是谷胱甘肽氧化酶的组成成分，可防止细胞线粒体的脂类过氧化。缺硒会导致动物抗氧化力下降，死亡率升高。铬有助于脂肪和糖类的正常代谢及维持血液中胆固醇的恒定。其生物作用与胰岛素有关。

三、吸收与代谢

影响矿物质吸收利用的因素有很多，大多与鱼虾的品种、生理状况、机体对矿物质的储存状态、矿物质的化学结合形态及饲料的营养成分有关。

水产养殖动物不仅消化道可以吸收饲料中的矿物质，其鳃及皮肤也可以直接吸收矿物质。一般矿物质被吸收后进入血液，与血液转运蛋白（主要为球蛋白）结合，经血浆运载进入各组织。饲料中的铁进入水产养殖动物的肠腔后，不论是二价铁还是三价铁都先与外源或内源配位体结合，形成可溶性低分子复合物或螯合物。但螯合铁的吸收途径不同，如螯合铁进入肠黏膜细胞，可能有一部分的配位体与黏膜细胞内的配位体交换形成新螯合铁，也可能形成大分子复合物暂存，螯合铁与大部分原螯合铁共同进入血液，被吸收入血液的螯合铁或储存于细胞，或形成载铁蛋白，或排泄。

不同的矿物质有着不同的消化代谢途径。例如，肝是铜代谢的主要器官，进入肝细胞的铜先形成含铜巯基组氨酸三甲基内盐，然后转移到含铜酶中。体内铜主要通过胆汁排泄，并随粪便排出体外。此外，胃液和尿液也能排泄少量铜。无机硒是在还原态的辅酶Ⅱ、辅酶A、腺苷-5'-三磷酸盐和镁的作用下生成硒化氢，再以硒代半胱氨酸的形式合成含硒蛋白或生成甲基化代谢产物，排出体外。

第七节　营养物之间的相互作用

一、蛋白质、脂肪、糖类间的相互作用

水产动物的蛋白质、脂肪、糖类间的相互作用与哺乳动物类似，并未有特殊之处。组成蛋白质的各种氨基酸均可在体内转变成脂肪。生酮氨基酸可转变成非必需脂肪酸，生糖氨基酸可转变成糖类，然后转变成脂肪。脂肪在一定范围内又可转变为蛋白质，脂肪组成中的甘油可转变为丙酮酸和其他一些酮酸，然后进一步经转氨基或氨基化而形成非必需氨基酸，参与蛋白质的合成。蛋白质-糖类以及脂肪-糖类的转换在水产动物中相对较弱。除此之外，在能量供应方面，通常这三大能量物质之间可以在供能上相互转化，如当脂肪和糖类供给不足时，蛋白质便被作为能量物质消耗。

二、蛋白质、脂肪、糖类与维生素、矿物质的关系

蛋白质、脂肪、糖类与维生素、矿物质的关系广泛而复杂，以下举例说明：

（1）维生素是作为辅酶或辅基参与蛋白代谢　如，维生素 B_6 通常以磷酸吡哆醛的形式作为代谢的辅酶，与蛋白质或氨基酸代谢有关。

（2）维生素作为抗氧化剂防止脂肪氧化　最典型的是维生素 E 的抗氧化作用。维生素 C 也具有较强的抗氧化作用。

（3）维生素作为糖代谢的必需因子　如，维生素 A 不足时，乙酸盐、乳酸盐和甘油合成糖原的速度显著降低。维生素 B_1 通常以焦磷酸硫胺素形式作为脱羧酶的辅酶，催化糖的分解反应。

（4）磷含量影响脂肪代谢　如饲料中磷含量低，鱼体内的脂肪便不能有效地作为能源利用。

（5）锌是很多参与糖类和脂类代谢的酶类的主要因子　锌与胰岛素的合成、分泌和活性表达关系密切。

（6）鱼类肝脏对硒的解毒能力受到饲料糖含量的影响　糖含量过高会增加饲料中硒的毒性。

三、维生素、矿物质的相互关系

（1）维生素之间的相互关系　主要表现为协同和拮抗。协同作用如：①维生素 E 可以保护维生素 A 免遭氧化破坏。②维生素 B_1 在体内是氧化脱羧酶的辅酶，而维生素 B_2 是黄素酶的辅酶，两者联合应用对促进机体的糖代谢和脂肪代谢起到促进作用。③维生素 B_2 和烟酸也具有协同作用，它们都是辅酶的成分，参与生物基质的氧化反应过程。拮抗作用如：①维生素 B_1 对叶酸有一定的破坏性。②维生素 C 的水溶液呈酸性，且具有较强的还原性，可使叶酸、维生素 B_{12} 失活。③胆碱易溶于水，碱性极强，可使维生素 C、维生素 B_1、维生素 B_2、泛酸、烟酸、维生素 B_6、维生素 K 等遭到破坏，所以这些维生素不可与胆碱在预混料中混合。

（2）*矿物质之间的相互关系*　如：①饲料中的钙磷比通常会影响鱼类的生长和饲料利用，不同鱼类对饲料中的钙磷比要求不同。②鱼类对镁的需求量随着饲料中钙或磷的增加而增加。③饲料中的硒与水中的铜有明显的代谢交互作用，硒和铜可明显改变其他矿物盐的毒性作用。④铜对铁的吸收和代谢存在明显的促进作用。

（3）*维生素与矿物质之间的相互关系*　如：①维生素 D 及其中间产物可参与钙的吸收及其代谢调节。②维生素 E 和硒在鱼类具有协同作用。③水中铜对鱼体的毒性和在机体的积累均受到饲料中维生素 C 的影响。④饲料中维生素 C 影响鱼类的铁代谢。⑤维生素 D_3 可以提高血浆中磷酸盐的浓度，通过提高肾脏对磷的再吸收降低磷的清除率。

第八节　营养素与免疫的相互关系

与所有的脊椎动物一样，鱼类具有一系列防御系统来保护自身免受病害的伤害。鱼类免疫系统也包括特异性免疫（Specific Immunity），也称获得性免疫（Acquired Immunity）和非特异性免疫（Nonspecific Immunity）或称先天性免疫（Innate Immunity）。与高等恒温动物相比，鱼类更大程度上依靠于非特异性防御系统，尤其是冷水性鱼类，因为特异性免疫应答受温度的影响较大。特异性免疫系统和非特异性免疫系统都通过细胞免疫和体液免疫两种机制来发挥免疫功能。营养素不仅是鱼类正常生长发育所必需的物质基础，而且在维持免疫系统的功能并使其免疫活性得到充分表达的过程中起到决定性的作用。影响鱼类免疫力的营养物质主要包括氨基酸、维生素和脂肪酸。

一、氨基酸与免疫的相互关系

有关氨基酸和机体免疫力的相关性，在水生动物中研究较多的仅为精氨酸和谷氨酰胺。

1. 精氨酸　研究表明，2%的精氨酸水平能够显著提高斑点叉尾鮰的抗病力。饲料中适宜含量的精氨酸能够提高鱼体免疫力和抗病力，这主要是由于精氨酸的抗氧化作用所致，由其代谢产生的一氧化氮（NO）不仅能氧化细菌的细胞膜，而且能够使细菌线粒体呼吸链上的酶失活，从而起到杀灭病原的作用。

2. 谷氨酰胺　谷氨酰胺对处于应激状态的动物机体的免疫性能和抗氧化功能具有增强作用，因此，在应激状况下，应补充一定量的谷氨酰胺，以满足动物机体的需要，使动物能健康快速生长。谷氨酰胺是肠黏膜细胞的主要能源物质，并参与机体内还原性谷胱甘肽（Glutahione，GSH）的合成。动物机体内还原性谷胱甘肽（GSH）和超氧化物歧化酶（SOD）在清除自由基、抗氧化损伤和维持细胞的结构方面起着主要作用。

此外，研究还表明鱼体免疫力随饲料必需氨基酸指数的升高而升高。无藻粉饲料中添加包膜氨基酸能够提高刺参的非特异性免疫力。有关氨基酸调控水产动物免疫力和抗病力的分子机理还有待于进一步探讨。

二、脂肪酸与免疫的相互关系

饲料中 n-3HUFA 含量、DHA/EPA 和 n-3/n-6PUFA 均会不同程度地影响水产动物的免疫性能。饲料中适当含量的 n-3HUFA 能显著提高动物包括吞噬指数和呼吸爆发在内的多种免疫指标，但含量过高同样会抑制其免疫力，这主要通过降低吞噬细胞和中性粒细胞白三烯 B4（LTB4）的产生所致。此外，n－3 LC-PUFA 比 n－6 LC-PUFA 具有更高的不饱和程度，更有利于在低温环境中保持细胞膜的完整性、流动性和通透性，从而更加利于免疫力的发挥。近年来，有关饲料 DHA/EPA、共轭亚油酸（CLA）影响水产动物免疫力的研究也多有报道。一般说来，食物脂肪酸影响水产动物免疫系统和抗病力有如下三种机制：

1. 脂肪酸影响细胞膜的脂类组成　研究表明，细胞膜脂肪酸组成与摄入的脂肪酸种类和数量有关，食物的脂肪酸成分变化可导致膜结构的变化，进一步引起膜功能的改变，从而影响吞噬细胞的游走、吞噬及免疫细胞对抗原的识别等。高不饱和脂肪酸如 EPA 和 DHA 能够增加巨噬细胞膜的流动性，从而提高其吞噬能力。

2. 脂肪酸会影响免疫系统信号的转换　这可能是通过脂肪酸对蛋白激酶 C（Protein Kinase C，PKC）活性的调节来实现的。

脂肪酸通过调控免疫活性的类二十烷酸（Eicosanoids）的产生来影响机体的免疫反应和抗病力。EPA 和 ARA 可进一步衍生为不同系列并具有拮抗功能的二十烷酸类物质——前列腺素（Prostaglandins，PGs）、白三烯（Leukotrienes，LTs）和血栓素（Thromboxane，TX）。这些成分作为炎症介质参与机体免疫反应。

3. 类二十烷酸是细胞和机体在应激条件下产生的活性物质　该物质具有多种生理功能，但它们的前体物是 ARA 和 EPA。由 EPA 产生的类二十烷酸，其生理活性比由 ARA 产生的弱，但会竞争性抑制 ARA 产生类二十烷酸的过程。因此，体内类二十烷酸的活性就取决于 ARA 与 EPA 的比例。高 ARA/EPA 比例可增加类二十烷酸活性，如心血管功能的增强和炎症反应等。反之，高 EPA/ARA 比例会抑制类二十烷酸的作用。类二十烷酸参与免疫系统的调节主要表现在两个方面：一是通过细胞如巨噬细胞和淋巴细胞的直接作用；二是通过细胞因子的间接影响。饲料中脂类的种类和含量对类二十烷酸代谢和免疫功能的发挥有直接的影响。

三、维生素与免疫的相互关系

维生素在水产动物体内的主要作用是作为辅酶参与物质代谢和能量代谢的调控、作为生理活性物质直接参与生理活动、作为生物体内的抗氧化剂保护细胞和器官组织的正常结构和生理功能，还有部分维生素作为细胞和组织的结构成分。显然，维生素缺乏将导致动物物质代谢、能量代谢以及其他生理生化活动异常，细胞和器官组织还可能受到损害。因此，维生素缺乏将直接或间接导致动物免疫功能和抗病力下降。在水产养殖动物的营养免疫学研究中，除维生素 A、维生素 E 和维生素 C 外，其余维生素仍然研究不多。

1. 维生素 A 和类胡萝卜素　和其他动物一样，水产动物自身不能合成维生素 A，需要依赖食物提供维生素 A 或其前体——类胡萝卜素。大西洋鲑天然食物中类胡萝卜素的主要形式是虾青素。发现它不仅对维持鲑鳟类的正常体色具有重要作用，而且对维持鲑鳟类的正常免疫功能也发挥同样重要的作用。饲料中添加 β-胡萝卜素对虹鳟稚鱼血清补体活性及免疫球蛋白量有明显提高作用；类胡萝卜素具有清除体内氧自由基、防止脂质的氧化、保护白细胞免受损伤的功能。在类胡萝卜素中，虾青素的抗氧化能力优于 β-胡萝卜素；研究还表明类胡萝卜素可以提高水产动物对高氨和低氧等环境胁迫的耐受性。

2. 维生素 E　是生物膜特别是红细胞外膜的重要组成部分，更重要的是，它是生物膜中保护脂质的主要抗氧化剂，用以清除脂质氧化带来的过氧化自由基。这对于保持生物膜的完整性和正常的功能非常重要。

3. 维生素 C　由于大多数水生动物缺乏古洛糖酸内酯氧化酶，不能自身合成维生素 C，所以其维生素 C 来源于食物。维生素 C 通过促进胶原蛋白的形成而参与表皮、黏液、鳞片的形成，在防病抗病过程中首先发挥着第一道屏障的作用。同时，维生素 C 是一种伤口愈合的激活因子，可加速伤口愈合，也有强化第一道屏障的作用。维生素 C 同样是一种重要的抗氧化剂，它能够清除细胞呼吸作用中产生的氧自由基，特别是呼吸爆发活动所产生的超氧离子、羟基自由基和氢过氧化物等。因此，维生素 C 可保护生物膜免遭脂质过氧化的破坏，还能保护膜中的巯基（—SH），使巯基酶的—SH 维持还原状态。此外，维生素 C 还能刺激干扰素的形成，从而影响水产动物免疫力和抗病力。

四、微量元素与免疫的相互关系

微量元素对水产动物免疫功能影响的研究仍然非常有限，主要结果如下：①锌能影响免疫活性，且有机锌对嗜中性粒细胞数量以及巨噬细胞的趋化反应显著高于无机锌。②硒对保障谷胱甘肽过氧化酶活性至关重要。③缺铁将导致淋巴细胞 DNA 合成受阻、抗体产生被抑制、对特异抗原的反应效能降低，白细胞杀菌功能减弱，感染后红细胞破坏加速，死亡率升高。④铜不仅在赖氨酸氧化酶、细胞色素氧化酶、超氧化物歧化酶等生物酶中起着重要作用，还是甲壳类和贝类动物血液中血蓝蛋白的重要组成成分。⑤碘是甲状腺激素的主要组成成分，与动物的基础代谢有密切关系。

第四单元　水生动物摄食、消化与吸收

第一节　摄　食

一、鱼　类

空腹的鱼群一次吃饱，其摄食量称为饱食量。在胃没完全排空之前的摄食量叫再摄食量。单位时间（通常指一昼夜）单位体重鱼体的摄食量叫摄食率，通常以百分数表示。例如：日摄食率（%）＝日摄食量/体重×100%。胃容积的大小直接影响摄食量。同一种类的饱食量随着体重的增加呈指数函数增加，而日摄食率则呈指数函数减少。了解养殖对象在不同生长阶段日摄食率的变化，对合理投饲具有指导意义。摄食量与养殖对象空腹状态有关。有些种类要等到胃几乎排空之后才重新开始摄食。而大多数种类都是在胃排空之前便开始摄食了，所以再摄食量相当于当时的胃空隙量。多数鱼、虾的摄食活动有明显的日周期变化。如果投饵时间与养殖对象的索食活动周期一致，就可以提高饲料的利用率。有些种类的摄食受群体的影响，群体行动时比单独行动时摄食量大。

二、甲壳类

甲壳类的摄食特点同鱼类大体相似。但也有一些区别的地方，如，甲壳类属于饱食，摄食缓慢。因此，对甲壳类饲料的水中稳定性要求更高。此外，甲壳类存在周期性的蜕壳行为，蜕壳期间，摄食量减少，而蜕壳行为导致甲壳类对钙需求量较大。摄食周期方面，甲壳类多在早晨和黄昏摄食较为旺盛。

甲壳类可以是滤食者、食腐者和捕食者，根据食性可将其划分为植食性、肉食性和杂食性。通过分析甲壳类胃内容物，可以发现，甲壳类可以摄食其他甲壳类、环节动物、软体动物、棘皮动物、鱼、昆虫、藻类、植物种子、大型植物和碎屑等。粗放式或半精养池塘养殖的虾类，天然饵料占主导地位，饲料仅仅是补充。而在集约化养殖条件下，天然饵料的摄取可以忽略不计。

三、贝　类

贝类选食器官是鳃、唇瓣和食物选择盲囊。滤食性贝类主要靠鳃丝和其上着生的纤毛（前纤毛、前侧纤毛、侧纤毛）组合运动来摄取食物颗粒：侧纤毛摆动形成进水水流；前侧纤毛收集食物颗粒；前纤毛运输食物颗粒。当含有食物颗粒的水流经过鳃时，前侧纤毛就会以重力作用、阻挡等方式把颗粒过滤或截取下来，过滤下来的颗粒被裹以黏液在前纤毛摆动下经鳃腹部的食物凹槽送到唇瓣，经唇瓣筛选的食物颗粒如适宜（大小合适、有机物含量较高）则被吞食进入消化道，不适宜颗粒则被以假粪的形式排出体外，这种机制称为黏液纤毛作用。贝类还存在另外一种摄食机制：水动力学作用，即食物颗粒随水流通过鳃丝到达鳃的背部，沿背部凹槽进入唇瓣。这两种摄食机制并不是相互矛盾的，而是互为补充的关系。

四、其他水生动物

（1）海参　海参分为悬浮食性和沉积食性两种。悬浮食性的海参主要摄食水中悬浮物，如小型浮游植物和小型浮游动物，以微藻为主，偶尔也摄食小型的甲壳类及它们的卵和幼体。而沉积食性的海参主要摄食沉积物中的有机碎屑。海参通过口部周围的触手获取食物，触手的形态在一定程度上决定其摄食方式。无论是沉积食性的海参还是悬浮食性的海参，触手末端获取食物的方式主要包括以下两种：①食物颗粒通过黏液等物质黏附到触手末端；②通过机械夹带或者碰撞作用，食物颗粒被俘获在芽突或触手末端的缝隙中。一些海参种类存在夏眠行为，当温度升高时，其摄食逐渐停止。

（2）牛蛙　牛蛙在野放或池塘散养情况下，具有穴居、昼伏夜出、摄食活饵等习性。牛蛙主要以昆虫、蚯蚓、蝇蛆等活饵料为食。在人工饲养条件下，可通过驯饲使其摄食死亡的动物和人工配合饲料。牛蛙幼体蝌蚪与变态后食性不同。在自然环境中蝌蚪主要以浮游生物为食，在人工饲养条件下以鱼粉、动物内脏、甘薯、豆渣、蔬菜、浮萍、豆饼、麸皮、米糠、玉米粉、面食粉等动物性和植物性原料组成的混合饲料为食。在集约化养殖条件下，牛蛙可适应高密度放养、强化投饵等人工饲养要求。

(3) 中华鳖　中华鳖是杂食性动物，以摄取含高蛋白的动物性饵料为主。刚孵化出的稚鳖主要摄食大型浮游动物（枝角类、桡足类）、小虾、小鱼、水生昆虫等，也摄食少量的植物碎屑。成鳖则以摄食鱼、虾、螺、蚌为主，也摄食水草等植物性饵料。中华鳖属于变温动物，对环境温度变化很敏感，冬季水温低于10℃时则不摄食，静卧于泥沙中冬眠；春季水温高于15℃时少量摄食，开始活动；夏季水温达到25～32℃时（鳖生长的最适宜温度），活动频繁，大量摄食。人工养殖条件下，中华鳖的配合饲料已比较成熟。

第二节　消　　化

一、鱼　　类

(1) 消化系统　鱼类的消化系统由口腔、食道、胃（亦有无胃者）、中肠、后肠、肛门以及附属腺构成。口腔是摄食器官，内生味蕾、齿、舌等辅助构造，具有食物选择、破损、吞咽等功能。鱼类鳃耙的有无及形态与食性有关。一般鱼类的食道短而宽，是食物由口腔进入胃肠的管道，也是由横纹肌到平滑肌的转变区。胃除了暂存食物外，更重要的是其消化功能及其他功能。胃体常分为前后两部，前部称为贲门胃，后部称为幽门胃。幽门胃之后便是中肠。有幽门垂的鱼，幽门垂总是出现在中肠之前。在无胃鱼中，食道与中肠连接。胆管总是进入中肠，且大多数紧靠幽门胃。肠上皮有很深的皱褶，呈锯齿状或网状，或有与高等动物的胃绒毛相似的构造。中肠是食物消化吸收的重要场所。有的鱼类中肠与后肠之间的分界很明显。中肠到后肠具有由消化吸收到成粪排泄的功能。然而，消化道短的鱼类其后肠比消化道长的鱼类有更多的黏膜褶皱，这有增加食物停留时间和吸收的作用。肝脏可分泌胆汁，帮助脂类消化。

(2) 消化酶　①蛋白质分解酶。大部分鱼类的胃能分泌蛋白酶。胰脏分泌的蛋白酶种类最多。很多鱼类还具有糜蛋白酶和弹性蛋白酶。肠道中的蛋白质分解酶大都来自胰脏，在肠壁细胞液内有二肽酶和三肽酶，在肠绒毛上有膜结合酶——亮氨酸肽酶。肽酶在蛋白质的完全消化与吸收方面起着重要作用。②脂肪分解酶。鱼类的脂肪酶和高等动物的相似，能把已被乳化的甘油三酯逐步水解。胰脏是脂肪酶和酯酶的主要分泌器官，但也有组织学证据表明胃、肠黏膜及肝胰脏也能分泌脂肪酶。肉食性鱼类的胃黏膜上的脂肪酶、酯酶活性很高。③糖类分解酶。草食性和杂食性鱼类比肉食性鱼类具有更高的糖酶活性，而且糖酶对草食性和杂食性鱼类具有更重要的意义。糖酶主要有淀粉酶和麦芽糖酶。肠内微生物区系在消化过程中可能起着重要作用，尤其是对于大多数动物本身难以消化的纤维素、木聚糖、果胶和几丁质等。广泛的研究证明，鱼类消化道内的纤维素酶几乎都是来自微生物区系。

二、甲壳类

(1) 消化系统　对虾的消化系统由口、食道、胃、中肠、后肠、肛门、肝胰脏和中肠前

后盲囊组成（图 13-3）。口位于两颚之间。食道为一短管，与膨大的胃相连。胃分为前后两部分，前者称贲门胃，后者称幽门胃。从食道到胃的内壁有几丁质衬垫，可以把这两部分统称为前肠。中肠是一条简单的直管，内无几丁质覆盖，中肠壁由单层柱状上皮细胞组成。上皮向肠腔内突出许多褶皱。肠壁结缔组织中分布许多血隙。中肠前后各有一个盲囊突出，是中肠与前肠、后肠的分界标志。后肠即直肠，内衬几丁质层，末端开口于尾节腹面，成纵裂肛门。肝胰脏又称中肠腺，位于胸部中后区、心脏前方腹面，成对分布。肝胰脏是主要消化腺。

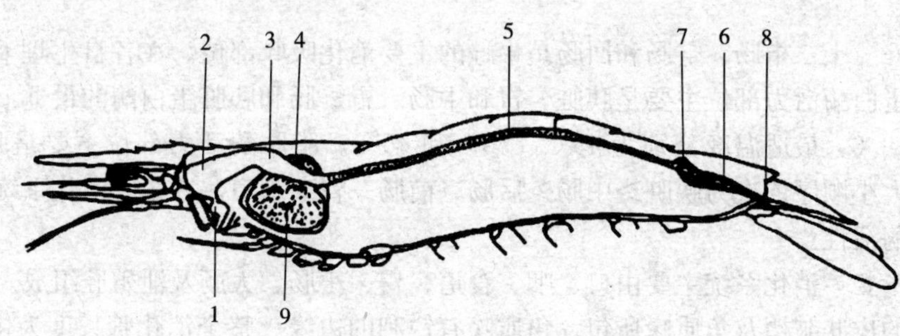

图 13-3　对虾的消化系统图

1. 口、食道　2. 贲门胃　3. 幽门胃　4. 中肠前盲囊　5. 中肠　6. 后肠　7. 中肠后盲囊　8. 肛门　9. 肝胰脏

（2）消化酶　①蛋白质分解酶。甲壳类胰蛋白酶哺乳动物的胰蛋白酶具有相似的最适 pH；在酸性溶液中发生不可逆的失活。在对虾中发现羧基肽酶 A 和 B，以及亮氨酸肽酶。②脂肪分解酶。脂肪酶和酯酶存在于许多甲壳动物中。③糖类分解酶。甲壳类中广泛发现存在 α-淀粉酶。在许多甲壳动物中都发现了纤维素酶活性。

三、贝　　类

多数贝类在口腔没有消化腺的开口。多数贝类胃壁不含肌层或肌肉不发达，不能进行收缩，只能依靠晶杆的机械和化学的作用。胃为一囊状器官，位于消化腺内，胃黏膜上皮由纤毛柱状细胞和丰富的杯状细胞构成，胃腔内有大量的吞噬细胞存在。消化腺，又称消化盲囊、肝胰腺，为复管状腺结构，由许多具分支的腺管组成，众多腺管汇集于小的导管，再经大的导管开口于胃。

双壳贝类消化道管壁主要由黏膜层和黏膜下层构成，无肌层，直肠另外还有外膜层。双壳贝类消化道各段黏膜上皮主要是纤毛柱状细胞，纤毛或疏或密，广泛存在于从食道至直肠的腔面，这对于缺乏肌层、不能进行蠕动的贝类消化道来讲是极其重要的。

消化腺消化细胞游离端及腺腔内、胃和肠纤毛柱状细胞游离端具蛋白酶活性。消化腺消化细胞和消化道纤毛柱状细胞细胞质具非特异性酯酶活性。胃上皮及肠上皮的顶端细胞质和消化盲囊腺上皮具有较强的酸性磷酸酶活性。肠上皮的碱性磷酸酶和酸性磷酸酶活性都较强。

四、其他水生动物

（1）海参　海参的消化系统主要由口、咽、食道、胃、肠（前肠、中肠和后肠）及排泄腔和肛门组成。口向下为咽部，周围有一个石灰环，然后变细为食道。食道短细，与胃部界限明显。食道壁有很多纵褶。胃位于食道下端，较短。食道和胃的黏膜层为假复柱状上皮，肌层发达，基本上不具有消化酶活性，主要作用是内吞食物并进行机械处理。胃囊下端为肠道，是消化食物和吸收营养的部分。与胃连接的前肠较细，轻微卷曲，长度约占整个肠管的 1/4。中肠沿腹中线至肛门成为后肠，后肠有许多卷曲，颜色较浅，长度约占整个肠管的1/2。肠的后端膨大成泄殖腔，负责排泄和呼吸的双重作用。目前已经在海参消化道中检测到 10 余种消化酶，包括胃蛋白酶、胰蛋白酶、脂肪酶、酯酶、糖酶和磷酸酶等。

（2）牛蛙　十二指肠、空肠和回肠是牛蛙的主要消化吸收部位。在各自生理 pH 下，牛蛙消化系统蛋白酶活力部位主要是胰脏、胃和中肠。胃、肠和胰脏蛋白酶的最适 pH 分别为 2.2、7.4 和 9.6，最适温度分别为 45℃、50℃和 45℃。脂肪酶活力部位主要是胰脏和肠。淀粉酶活力大小顺序依次为胰脏＞中肠＞后肠＞前肠＞胃＞食道。在牛蛙消化系统未检测到明显纤维素酶活性。

（3）中华鳖　消化系统主要由口、咽、食道、胃、小肠、大肠及泄殖腔组成。口的上下颌被唇瓣状的皮肤皱褶及角质喙所包。角质喙有锐利的边缘。整个消化管长度为体长的 2～3 倍。中华鳖消化道管壁由黏膜层、黏膜下层、肌层和浆膜构成。消化道各部分的差别主要在黏膜层和肌层：食道黏膜层为复层扁平细胞；胃、肠黏膜上皮为单层柱状上皮，胃、肠肌层由内环外纵两层平滑肌组成。胃、胰组织蛋白酶活性显著高于肠组织蛋白酶。胰组织脂肪酶活性显著高于胃、肠组织脂肪酶。对淀粉的消化主要依赖于胰淀粉酶，消化部位主要在前肠。

第三节　吸　　收

一、鱼　　类

鱼类中营养物质的吸收主要通过以下几种方式进行：①扩散。扩散是物质吸收和运输的一种最基本的形式，是消化道中的溶解物质通过生物膜从高浓度向低浓度移动的过程。②过滤。消化道壁膜可以看作一种过滤器。消化管内压足够大时，即行过滤。③主动运输。主动运输是一种需要中间载体的逆浓度梯度耗能的主动吸收过程。主动运输是一个耗能过程。④胞饮作用。胞饮作用是细胞直接吞噬食物微粒的过程。这是一种最原始的摄食机制，然而在鱼、虾类的消化道中仍然存在这种吸收方式。

二、甲壳类

甲壳类营养物质的吸收方式同鱼类类似。但也有一些区别点，比如，甲壳类没有胆囊，似乎没有胆汁乳化脂肪帮助消化。甲壳类对营养素的吸收主要发生在肝胰腺。这个多管状的吸收系统具有一层单细胞上皮层，可以促使营养素迅速转运入血淋巴。

三、贝　　类

双壳类、腹足类的肝脏有一部分吸收作用，双壳类消化盲囊内壁有吞噬细胞，可进行细胞内消化、吸收。头足类的肝胰脏自身不能进行吸收作用。肠是吸收营养物质的主要场所。

头足类在后肠的基部有一个螺旋线盲囊，肝开口于此，可储存消化液，是消化场所，同时也是吸收的主要场所。

四、其他水生动物

（1）海参　目前对海参基础吸收过程生理学特征的研究还比较少。大部分的研究集中在海参对不同食物或者饲料原料的利用效率上。研究表明，海参对藻类、底泥沉积物和普通饲料原料都具有较好的利用效率。

（2）牛蛙　牛蛙的消化吸收跟鱼类有较多类似之处。食物消化后的最终产物在细长、表面积大的小肠中被肠壁吸收，再进入毛细血管或淋巴管，通过血液循环运送到牛蛙身体各组织器官，作为生长发育及能量消耗用。

（3）中华鳖　肠是吸收的重要场所。中华鳖的小肠有较长的管道和发达的黏膜皱襞、绒毛和微绒毛，这些使小肠腔的有效表面积扩大，增强了对食物的吸收能力。肠黏膜皱襞高度由前向后逐渐降低，与各段消化功能的强弱有关。十二指肠和回肠的肠黏膜上皮柱状细胞有长而密的微绒毛，结肠和直肠微绒毛稀而短。直肠黏膜表面有很多凹孔，为大肠腺的开口。

第四节　影响因素

一、环境与季节变化

水产动物的摄食、消化和吸收受到温度、pH、盐度、天气突变等环境因素的影响。水温是影响最大的因素，在适温范围内水温升高会加快食物在消化道的移动，缩短食物在消化道的停留时间；另一方面，由于水温的升高，酶活性增加而使消化速度加快。

二、饲料配制与质量

一些饲料常是养殖对象在自然生态中从未遇到过的农副产品，如花生粕，豆粕和稻糠等。但经过投喂驯化之后，都可以成为优良的饲料原料。

配合饲料直接影响水产动物摄食及消化吸收，主要体现在以下几个方面：

（1）诱食性　配合饲料的诱食性普遍低于天然饵料，因此，需要在配合饲料的配制中使用诱食物质来提高饲料的诱食性。

（2）饲料性状　饲料的粒径大小、软硬等也会直接影响配合饲料的适口性。需要根据水产动物的自身摄食特点来科学选择饲料性状（如鳗和龟鳖类天然喜食粉团状饲料）。加工工艺的选择至关重要，各种工艺（如原料粉碎粒度、调质、熟化、后喷涂等过程）都对营养成分的物理、化学特性产生不同程度的影响，从而可能影响其消化率。

（3）营养组成　最重要的，配合饲料的营养成分是否完整，是否能够充分满足水产动物的营养需求是其能否被高效消化吸收的决定性因素。

（4）安全性　配合饲料要保证在原料运输及存储环节不发霉变质，不引入有毒有害物质。

（5）水中稳定性　对一些摄食较慢的水产动物，饲料的水中稳定性影响到营养物质在饲料中的存留，从而影响利用效率。

三、饲料的使用方法

投饲频率会影响水产动物的摄食及消化吸收。投饲频率增加使食物在消化道移动反射性加快，未被完全消化吸收就成为粪便排掉，因而使消化率下降，造成饲料的浪费。

除了投饲频率，投喂时间的选择（是否符合动物的摄食生理周期）、投喂时天气等环境因素的变化、不同类型饲料的混合或交替使用、投喂方式（人工投喂或者投饵机自动投喂）等都会影响到水产动物的摄食和对营养物质的消化吸收。

此外，值得一提的是，饥饿是动物在自然界中的必然经历的过程，也是养殖过程中的重要调控手段。饥饿可以刺激补偿性摄食和补偿性代谢，科学运用饥饿手段可以在有效节约饲料的同时维持动物机体健康。

第五单元　营养需求与缺乏症

第一节　营养需求

目前开展水产养殖动物中，有 300 余种的鱼类和 20 余种的甲壳动物，但已经进行营养研究的鱼类不足 50 种，甲壳动物不足 15 种。迄今为止，营养需要研究较全面的种类仅有大西洋鲑、虹鳟、斑点叉尾鮰和鲤等 4 种。

水产养殖动物生长所需要的能量较低，由于对糖的利用能力低，蛋白质和脂肪成为其能量的主要来源。另外，水产养殖动物对蛋白质的需求比较高，对维生素 A、维生素 C 和 B 族维生素的需求高，而对维生素 D 需求不敏感，对磷元素需求高，而对钙需求低。

一、鱼　类

鱼类主要需要蛋白质、脂肪和脂肪酸、糖类、维生素、矿物质等五大类营养物质。

（一）蛋白质

鱼类生长所需能量为陆上动物的 50%～60%，而对蛋白质和氨基酸的需求量却比较高，一般是哺乳动物的 2～4 倍。不同种类的鱼对蛋白质的需求量随鱼类的食性、年龄、所处的水温、蛋白质的种类及饲料中的能量水平不同而有所变化。一般说来，肉食性鱼类对饲料中蛋白质的需求量较高，而草食性鱼类则相对低一些。最适蛋白质含量，淡水鱼类为28.5%～45.8%，海水鱼类为 33%～ 55%。同种鱼，仔稚鱼对蛋白质的需求量高于幼鱼，更高于食用鱼。养殖温度越高，蛋白质含量宜调高。一般植物性饲料中容易缺乏赖氨酸和蛋氨酸等限制性氨基酸，配制饲料时，必须加入适量的动物蛋白。养殖水盐度越高，蛋白质含量宜调高。因为天然饵料起的作用不同，网箱或工厂化养殖同种鱼对蛋白质的需求量又高于土池塘粗养或半精养。

1. 海水鱼类　对蛋白质和氨基酸的需求量，常因发育阶段、水温、盐度及饲料营养组成不同而有所变化。一般是个体越小，其代谢越旺盛，对蛋白质的需求量越高；水温越高，对蛋白质的需求量越高；在适宜生活的盐度范围内，对蛋白质的需求随盐度的增加而增多。冷水性鱼类如鲑鳟比温水性鱼类需要较高水平的蛋白质，一般为30%～55%，且动物性蛋白质占总量蛋白质的35%～70%。牙鲆不同时期对饲料蛋白质的需求量为44%～60%。另外，需要10种必需氨基酸，但对限制性氨基酸（蛋氨酸、赖氨酸和色氨酸）的需求量，冷水性鱼类比温水性鱼类高0.6～2.5倍，而且要求氨基酸平衡性（即氨基酸的种类、含量及氨基酸之间比率）较好，大菱鲆幼鱼对于牛磺酸或含硫氨基酸的需求较高；当限制性氨基酸缺乏时，冷水性鱼类极易出现营养性疾病，导致免疫力和应激能力的降低。这就要求料中所提供给冷水性鱼类的蛋白质应为“理想蛋白质”，且易消化和吸收。

2. 淡水鱼类　鲤的日维持蛋白需求量为每千克体重1g，即粗蛋白含量达30%～38%就能满足鱼的需要。斑点叉尾鮰对蛋白质的需求量一般为24%～55%。异亮氨酸、亮氨酸、赖氨酸、蛋氨酸、苯丙氨酸、苏氨酸、色氨酸、缬氨酸、精氨酸和组氨酸对于鲤及斑点叉尾鮰等淡水鱼类的生长也是必不可少的。在鲤日粮中需要补充牛磺酸。满足鲤最大生长的最适的能量蛋白比为97～116。

（二）脂肪和脂肪酸

鱼类对脂肪的需求量与鱼类生长发育阶段、生理状态、环境条件、脂肪源及饲料中其他成分的种类、数量、比例等密切相关。大多数海水主要养殖鱼类对脂肪的最适需求量为8%～16%。同种鱼在相近条件下，对脂肪的需求量随规格的增大而逐渐减少。冷水性鱼类的脂肪含量可高达20%左右，而暖水性鱼类需求量为7%～8%；提供给冷水鱼的脂肪中高度不饱和脂肪酸的含量应比提供给暖水性鱼类的要高。不同生态环境下生活的鱼类，其所需的不饱和脂肪酸系列的量也有差异。一般而言，大洋性鱼类对n-3系列不饱和脂肪酸的需求量较高，近岸性鱼类对n-6系列不饱和脂肪酸的需求量较高。在相同条件下，海水鱼类的脂肪需求量略高于半咸水鱼类。

鱼类的必需脂肪酸（必须从外界获取不能自身合成的脂肪酸多数为多不饱和脂肪酸，PUFA）是鱼类饵料中不可缺少的成分之一。鱼类的必需脂肪酸分为亚麻酸（18：3 n-3）、二十碳五烯酸（20：5 n-3，EPA）、二十二碳六烯酸（22：6 n-3，DHA）等n-3系列脂肪酸和亚油酸（18：2 n-6）、二十碳四烯酸（20：4 n-6）等n-6系列脂肪酸两大类。n-3系列脂肪酸和n-6系列脂肪酸的重要性视海水和淡水鱼类的品种而定。一般来说，n-3系列的脂肪酸对海水鱼较为重要，其中又以DHA和EPA为重中之重，n-6系列脂肪酸对淡水鱼类较为重要。海水鱼类、淡水鱼类的脂肪酸代谢途径不同。因此，它们的必需脂肪酸（EFA）种类不同。淡水或半咸水鱼类（包括遮目鱼）能将亚油酸（18：2n-6）、亚麻酸（18：3n-3）等转化成花生四烯酸（20：4n-6）和22：6n-3等高度不饱和脂肪酸（HUFA）。海水鱼类不能有效地将18：3n-3等系列脂肪酸转化成22：6n-3等高度不饱和脂肪酸。必须由饲料中的鱼油直接提供。当鱼机体内长期缺乏n-3系列高度不饱和脂肪酸时，易患病。

1. 海水鱼类　对脂类作为能源物质的利用率较低。不同的发育期对必需脂肪酸有着不同的需求。冷水性的鲑鳟类对必需脂肪酸的需求主要是高不饱和脂肪酸，以 DHA 和 EPA 为主。大菱鲆饲料中适宜脂肪含量为 9.3%。牙鲆必需的 3 种不饱和脂肪酸有亚油酸、亚麻酸和花生四烯酸。在大菱鲆脂肪酸代谢过程中，碳链加长和去饱和作用很弱，因此，食物中含有 n－3 系列 PUFA 比含有n－6 系列 PUFA 效果要好得多，但是食物中只有 18：3n－3 时不能满足鱼体的需要，长链的n－3 系列 PUFA 至少应占食物的 0.8%。卵磷脂在鲆鲽类肠道中性脂肪酸吸收及促进生长方面起重要作用。

2. 淡水鱼类　斑点叉尾鮰饲料中添加 6%的脂肪就可以满足其生长需求。通常在适温（25～32℃）时，摄食动物性脂肪比植物性脂肪生长快。斑点叉尾鮰对脂肪的吸收利用受饲料蛋白质和碳水化合物的影响。同时与脂肪的种类有关。鲤需要 n－6 系列不饱和脂肪酸和 n－3 系列不饱和脂肪酸。斑点叉尾鮰虽然不需要 n－6 系列不饱和脂肪酸，但在有 n－3 系列不饱和脂肪酸和 n－9 系列不饱和脂肪酸时，生长迅速。因此，斑点叉尾鮰配合饲料中应尽量添加海水鱼油或亚麻油。

（三）糖类

在畜禽配合饲料中添加适量糖类物质，能节约蛋白质和提高蛋白质利用率。但鱼类与陆生动物相比，由于缺乏胰岛素，对糖类分解能力低，因此对糖类的需求量及利用率较低。通常海水鱼类或冷水性鱼类可消化糖类的适宜水平≤20%，淡水鱼类或温水性鱼类则高些，因为淡水鱼类和温水性鱼类肠道里木糖酶活性比海水鱼类和冷水性鱼类高。另外，饲料中不同种类的糖相对利用率不同，与糖类的复杂程度相关。总体说来，大多数鱼类对熟淀粉和糊精的利用比单糖好。高浓度的糖类对鱼体具有副作用。

1. 海水鱼类　冷水性的鲑鳟对糖类的利用能力比温水性鱼类弱，对日粮中糖类没有特殊要求，能够通过糖异生作用合成足够的葡萄糖。糖类是鲑鳟鱼类生长必需的三大营养物质中最经济、来源最广的一种。糖类对大菱鲆增重的影响比脂肪明显，饲料中糖类含量为 4%最好。牙鲆对糖类作为能量物质的利用较差，日粮中糖类没有节约蛋白质作用。当饲料中糖类含量为 15.8%时，牙鲆幼鱼的增重率最高。

2. 淡水鱼类　鲤和斑点叉尾鮰对糖类有较高的利用率，可以有效地将糖类作为能量利用。鲤日粮糖类的需求量一般为 30%～40%。饲料中糖含量达 25%时，也会将糖转变成脂肪储存。斑点叉尾鮰对高分子糖（淀粉和糊精）利用优于双糖和单糖。饲料中纤维素的含量为 2.5%～10.0%时，对斑点叉尾鮰肠蠕动有促进作用，可促进其生长，但超过 15.2% 时，会抑制其生长。

（四）维生素

鱼类对维生素的营养需求量受其生长发育阶段、生理状况、饲料组成与品质、环境条件、营养素之间的相互作用、加工条件与工艺、维生素添加的目的及维生素的剂型等因素的影响。维生素 C 是鱼饲料中的一种重要的维生素。鱼类对维生素 C 缺乏非常敏感，表现为生长缓慢、鱼体畸形和抗病力下降。维生素 B_2 和维生素 E 也是鱼体生长的两种重要维生素，鱼体缺乏维生素 B_2 时会出现生长不良、鳍和腹部出血、惧光、皮肤炎、昏迷等症状。

1. 海水鱼类　大西洋鲑维生素的添加量分别为（以每千克饲料计）：维生素 A 2 000～2 500IU，维生素 D 1 500～2 500IU，维生素 E 150mg，幼年鲑维生素 B_6 5mg，生

物素 0.3mg，肌醇 200mg，胆碱 430～1 300mg，维生素 C 10～12mg。大菱鲆每千克配合饲料中维生素 B_1 适宜添加量为 0.6～2.6mg，维生素 B_2 适宜添加量为 1.0～2.5mg。牙鲆每千克配合饲料中维生素 A、维生素 D 的适宜量分别为 8 780IU、2 480IU，维生素 K 为 11.7mg。当每千克饲料含维生素 E 186mg 时，对防止牙鲆无眼侧出现体色异常（黑化）是有效的。

2. 淡水鱼类　淡水鱼类对维生素的需求量受鱼的发育阶段、疾病、环境条件及饲料组成和品质的影响。鲤幼鱼及成鱼都不需要维生素 C，因其自身可由 D-葡萄糖合成，但鱼苗需要补充维生素 C。鲤对维生素 E 需求量随日粮中多不饱和脂肪酸水平的提高而相应增加。通常用幼鱼来确定斑点叉尾鮰对维生素的需求量。鱼种的需求量足可以满足大鱼的需求。

（五）矿物质

鱼类能通过鳃、体表、鳍和肠道从水环境中吸收部分无机盐，如大部分钙和部分铁、镁、钴、钾、钠和锌，但并不能完全满足其生长需要，还必须从食物中摄取部分所需要的无机盐。因此，矿物质是鱼类生长不可缺少的营养素。有关海水养殖鱼类对矿物质的需要研究得不多，海水养殖鱼类配合饲料多采用温水鱼用复合矿物盐。目前，鱼类的必需元素及其需求量还不是很清楚。但已知鱼类需要 Ca、P、Mg、Fe、I、Se、Zn、Cu 和 Mn 等矿物质，其中 Ca 和 P 是鱼类两个重要的微量元素。

1. 海水鱼类　磷是鲑限制性营养元素之一，应保证幼年鲑每日每千克日粮干物质中有总磷 6g、锰 7mg 和锌 67mg。牙鲆幼鱼每千克饲料中各种微量元素的适宜添加量分别为：铁 50mg、锌 80mg、锰 10～20mg、铜 1.5～3.0mg、钴 0.8mg、硒 0.4mg。

2. 淡水鱼类　鲤和斑点叉尾鮰需要铁、锰、锌、铜等矿物质。日粮中添加磷酸氢钙，可以促进鲤的生长，但过量添加则会导致微量成分如锌、镁的利用率下降。将斑点叉尾鮰养殖在钙含量为 14mg/L 的水体中或投喂含钙量为 0.05%的饲料，斑点叉尾鮰不会缺钙。在土池中养殖斑点叉尾鮰需要 0.3%的有效磷。

二、虾　　类

作为商品虾饲料时，推荐的脂类水平为 6%～7.5%，且建议最高水平为 10%。对虾等对 n-3 系列中高度不饱和脂肪酸有较高需求。二十二碳六烯酸（22∶6n-3）、亚油酸(18∶2n-6)、亚麻酸（18∶3n-3）等不饱和脂肪酸，是虾类的必需脂肪酸。

甲壳类由于缺乏在体内合成固醇的能力，只能由饲料获得。以添加胆固醇作为固醇源的效果最好，甲壳类的需求量约为 0.5%。

为了满足甲壳类幼体生长需要和提高其成活率，饲料中需要磷脂（Phospholipids，PL），特别是磷脂酰胆碱（Phosphatidycholine，PC）。饲料中磷脂酰胆碱的添加水平变动范围为 0.84%～1.25%。饲料中磷脂酰胆碱的添加量随种类而异，中国明对虾为 0.84%、长毛对虾和斑节对虾为 1.25%。虾类在不同的生长时期对磷脂的需求量也不同，幼虾对磷脂的需求量较高。

目前，对虾类对维生素及矿物质确切的需求量尚不清楚。一些研究表明，有 16 种维生素和 13 种矿物质是对虾营养所必需的。水溶性维生素，如维生素 C、维生素 B_1、维生素 B_2、生物素、胆碱氯化物、肌醇、P-氨基苯甲酸、烟酸、叶酸等有助于蛋白质、糖类及脂肪的吸收利用。脂溶性维生素，如维生素 A、维生素 D、维生素 E、维生素 K，具有抗感染的作用。钙和磷有助于虾、类外骨骼和甲壳的形成，可预防软壳病。

（一）斑节对虾

斑节对虾（*Penaeus monodon*），俗称鬼虾、草虾、花虾、大虎虾等。自然分布于太平洋至印度洋沿岸，是世界上重要的海水经济虾类。斑节对虾需求营养物质是：

1. 蛋白质 斑节对虾对蛋白质的需求较高，需求量为 39.9%～45.3%。饲料中蛋白质含量平均为 43.6%左右。在蛋白质含量较高时，能够提高饲料利用率。必需氨基酸主要有蛋氨酸 0.89%（占蛋白质 2.4%）、赖氨酸 2.08%（占蛋白质 5.2%）、精氨酸为 2.5%（占蛋白质 5.47%）、苏氨酸 1.45%（占蛋白质 3.5%）、缬氨酸 1.3%（占蛋白质 3.4%）、组氨酸 0.8%（占蛋白质 2.2%）、异亮氨酸 1.01%（占蛋白质 2.7%）、亮氨酸 1.7%（占蛋白质 4.3%）、苯丙氨酸 1.4%（占蛋白质 3.7%）和色氨酸 0.2%（占蛋白质 0.5%）。

2. 脂类 n－3 系列不饱和脂肪酸对斑节对虾的营养价值要高于 n－6 系列不饱和脂肪酸，饲料中 18：2n－6 含量过高会对斑节对虾有负面作用。饲料中适当添加卵磷脂能够促进斑节对虾的生长，胆固醇也是斑节对虾必需的营养物质。

3. 糖类 在饲料蛋白质含量为 35%的条件下，脂肪和糖类的比例为 1：4.6 时对斑节对虾最为适宜。

4. 维生素及矿物质 维生素中胆碱和肌醇最重要。一般认为饲料中 1%左右的磷能满足需要，钾需求 1.2%，一定含量的铜和锌能够提高斑节对虾的非特异性免疫能力。

（二）凡纳滨对虾

凡纳滨对虾（*Penaeus vannamei*），俗称南美白对虾、太平洋白虾等。原产于美洲太平洋海域，目前是世界上最重要的海水经济虾类之一。自 20 世纪 90 年代开始，凡纳滨对虾逐渐成为我国最重要的对虾养殖品种，目前其养殖量占我国对虾养殖量的 70%以上。

1. 蛋白质 限制性氨基酸的顺序为赖氨酸、蛋氨酸和精氨酸。

2. 脂类 凡纳滨对虾对能量的需求不高。一般对虾饲料中的脂肪添加水平为 6%～7.5%，最高不超过 10%。亚油酸（18：2n－6）、亚麻酸（18：3n－3）、二十碳五烯酸（20：5n－3）和二十二碳六烯酸（22：6n－3）均是凡纳滨对虾的必需脂肪酸，但其中 n－3 系列不饱和脂肪酸的作用更为重要，且高不饱和脂肪酸（20：5n－3 和 22：6n－3）的促生长作用相对其他两种脂肪酸更好，适宜添加量分别为 0.4% 、0.3%、0.4%和 0.4%。磷脂在凡纳滨对虾幼体及亲虾营养中均起重要的作用。一般来说，商业饲料中建议卵磷脂的添加量为 1.0%～ 1.5%。此外，对虾自身不能合成胆固醇，必须在饲料中添加适量的胆固醇来满足其生长需要。

3. 糖类 有一定节约蛋白质作用，需求量高于 13.82%。

4. 维生素及矿物质 维生素 A、维生素 D 和维生素 E 是凡纳滨对虾的必需维生素。钙对凡纳滨对虾没有营养价值，高水平的钙还会通过抑制磷和其他营养成分吸收而抑制对虾的生长，不得超过 3%。镁、锰、铁、锌、硒和铜是凡纳滨对虾的必需矿物质，而钠不是凡纳滨对虾的必需矿物质。当对虾饲料中不饱和脂肪酸含量较高时，应注意铁的添加量，铁离子过高时将影响不饱和脂肪酸以及维生素 C 的稳定性，进而影响饲料的品质。

三、蟹　　类

目前，我国主要的经济蟹类是中华绒螯蟹（河蟹）、锯缘青蟹和三疣梭子蟹。蟹类对饲料蛋白质的要求高于普通鱼类，并且不同种类的蟹或同一种类的蟹在不同生长时期或养殖条件下，对饲料的蛋白质要求有较大的差异。蟹类所需的必需氨基酸与鱼虾类相同。蟹类的必需脂肪酸为n-3系列不饱和脂肪酸和n-6系列不饱和脂肪酸。对集约化养殖的蟹类，在饲料中添加磷脂有助于营养物质的消化和加速脂类的吸收，能提高养殖蟹类成活率并起到促生长的作用。蟹类饲料中另一种重要的脂类物质是固醇，可作为某些激素和维生素等维持生命所需重要物质的前体。蟹类所需的固醇中最具有代表性的是胆固醇。蟹类自身不能合成胆固醇，在饲料中加入适量虾头粉或蛋粉等固醇类含量高的原料对提高蟹类的成活率和增重率都有好处。蟹类体内虽存在不同活性的淀粉酶、几丁质分解酶和纤维素酶等，但其利用糖类的能力远比鱼类低，对糖类的需求量亦低于鱼类。海水养殖环境下的蟹类，其饲料中的矿物质含量和淡水蟹类有很大差别。海水中富含钙，海水养殖的蟹类，其饲料中就没有必要另外添加钙。而海水中磷的含量较少，在饲料中加磷是必需的。一般认为，维生素C在虾蟹类饵料中占0.3%左右，过少会影响生长。另外，β-胡萝卜素和虾青素等色素可改善蟹类外壳色泽，提高蟹类产品的商品价值。某些氨基酸及甜菜碱等可作为诱食剂加入蟹类饲料中。这些诱食剂除能提高蟹类的采食量外，还起到某种营养素的作用。

四、贝　　类

贝类营养研究主要集中于贻贝、扇贝和牡蛎等一些重要的经济贝类。营养需求的研究主要集中于蛋白质、糖类和脂肪，特别是糖类和脂肪。

高水平的糖类而不是蛋白质含量有利于贝类生长。淀粉含量高也有利于贝类生长。DHA和EPA对双壳贝类幼虫的生长发育十分重要。

第二节　营养性疾病

鱼类摄入的饲料营养不平衡而不能满足其生理需要所患的疾病，称为鱼类营养性疾病。饲料中的营养过多或营养成分缺乏，不仅会影响鱼类的生长，且饲料系数升高，造成浪费，严重时引起各种疾病甚至死亡。

一、营养缺乏引起的疾病概念

营养缺乏是指机体所需要的营养素包括蛋白质、糖类、脂肪、水、电解质、维生素的相对或绝对不足造成的机体生理病理改变。病因有摄入不足、吸收不良、需要增加和损耗增加等。

在鱼类、甲壳类及贝类等水产养殖动物的苗种饲养中，如果必需氨基酸、必需脂肪酸、脂溶性维生素、水溶性维生素和必需矿物质等所谓必需营养物质不足或缺乏时，就会出现各种各样的营养缺乏症。即使在亲鱼饲料中，一旦某种营养物质不足，也会影响受精卵的质量，甚至导致鱼苗的畸形。

二、种　　类

（一）五大营养物质缺乏引起的疾病

1. 蛋白质　斑点叉尾鮰、团头鲂的配合饲料或饵料中缺少必需氨基酸时会引起生长缓慢。红大麻哈鱼及虹鳟在色氨酸缺乏时还可出现脊椎前突和侧突，若色氨酸缺乏严重时，还可导致虹鳟肾结石。鲤缺乏氨基酸时，会引起体质恶化、平衡失调、脊椎弯曲，并严重影响肝胰组织的功能。鳗鲡饲料中蛋白质缺乏时，明显减重。若蛋白质过多，则鱼体脂肪肝现象严重。

2. 糖类　饲料中糖的含量过高，将引起鱼类内脏脂肪累积，妨碍正常的生理功能，引起肝脏脂肪浸润，造成肝肿大，色泽变淡。

3. 脂肪　虹鳟配合饲料中缺乏必需脂肪酸时会引起生长不良，发生烂鳍病。高脂肪饲料对团头鲂生长有抑制作用，同时也是导致脂肪肝的主要原因。脂肪氧化变质后产生的醛、酮、酸对鱼类有毒。鲤食 1 个月，导致背瘦病，严重时死亡。虹鳟食后，引起肝发黄、贫血。

4. 维生素　鱼类对维生素缺乏的反应较温血动物慢。能在饲料中长期缺乏维生素的情况下生存，但在这种情况下饲养 1 个月后生长停止，3 个月后体重下降，凸眼，虹膜周围充血，耗氧量降低，抵抗力下降，最后死亡。

养殖鱼类的配合饲料中缺乏维生素 A 时，食欲显著下降，吸收及同化作用被破坏，色素减退。当缺乏维生素 C 时，代谢不正常。鲑、鳟、美洲鲇缺维生素 C 时，脊椎骨弯曲。斑点叉尾鮰缺乏维生素 C 时，饲料系数升高 45%，鱼体出现畸形，沿脊椎有内出血区。银大麻哈鱼的饲料中缺乏维生素 C 时，饲养 24 周后，鳃丝发生弯曲。鳗鲡缺乏维生素 C 时，食欲不振，生长减慢，鳍、皮肤、头部出血。

配合饲料中缺乏 B 族维生素时，鲤的食欲显著降低，消化道的分泌及活动遭到破坏，食物的消化吸收被破坏，生长明显缓慢。鲷缺乏维生素 B_1 时，会产生皮下充血和皮下层出血。鳗鲡缺乏维生素 B_2 时，可引起食欲不振，生长缓慢，肝、胰脏的脂肪增多，形成脂肪肝。缺乏维生素 B_2 时，许多鱼类会出现白内障、瞎眼。大麻哈鱼缺乏维生素 B_6 时，会发生痉挛，食欲不振，生长减慢，贫血，呼吸加快，鳃盖骨变形，腹腔积水。缺乏肌醇、烟酸，可引起食欲不振，痉挛（表 13－1）。

表 13－1　鱼类维生素缺乏症

维生素名称		鳟、鲑	斑点叉尾鮰	鲤	鲷	鳗鲡
脂溶性维生素	维生素 A	生长失调，眼球突出，眼球晶体移位，视网膜退化，水肿，腹水，色素减退	眼球突出，水肿	色素减退，眼球突出，鳃盖扭曲，鳍和皮肤出血		
	维生素 D	生长下降，体内钙平衡失调，白肌抽搐	骨中灰分下降			

（续）

维生素名称		鳟、鲑	斑点叉尾鮰	鲤	鲷	鳗鲡
脂溶性维生素	维生素E	成活率和生长下降，贫血，红细胞大小不一，腹水，肌肉营养不良，指质氧化，体液增多，色素减退	生长不良，死亡率高，肌肉营养不良，渗出性素质，色素减退，脂肪肝	生长不良，眼球突出，背柱前凸，肌肉营养不良，肾、胰脏退化		
	维生素K	凝血时间处长，贫血，血细胞比容减少	皮肤出血			
水溶性维生素	维生素B_1	生长不良，死亡率高，厌食，刺激感受性亢进，抽搐平衡失调，血细胞和肾脏的转羟乙醛酶下降	体色变深，死亡率高，平衡失调，神经过敏	鳍充血，神经过敏，色素减退，皮下出血	生长不良，皮下出血，鳍充血	鱼体卷曲，皮下出血，鳍充血
	维生素B_2	生长不良，厌食，眼球晶体白内障，眼球晶体和角膜粘连，黑色素沉着	生长与发育不良，厌食	厌食，消瘦，死亡率高，心肌出血，前肾坏死	生长不良	生长不良且缓慢，皮炎，畏光，鳍及腹部充血，食欲不振，肝、胰脏的脂肪增多，脂肪肝
	维生素B_6	厌食，生长不良、减慢，死亡率高，癫痫性惊厥，刺激感受性亢进，搬动时易受损伤，螺旋状浮动，呼吸急促，鳃盖弯曲，死后迅速出现尸僵，血红细胞和肌肉转氨酶活性下降，痉挛，贫血，腹腔积水	神经失调，抽搐，死亡率高，体色呈蓝绿色	神经失调，皮肤病，出血症，水肿，肝、肾转氮酶活性下降		生长不良，癫痫性惊厥
	维生素B_3	生长不良，死亡率高，厌食，鳃畸形，外表有渗出液覆盖	厌食，消瘦，鳃畸形，贫血，死亡率高，表皮糜烂	厌食，生长不良，嗜睡，贫血，眼球突出	生长不良，死亡率高	皮炎，表皮充血，生长不良，游动异常
	生物素	生长不良，饲料转化率低，死亡率增加，鳃退化，表皮损伤，脂肪酸合成受影响，肝脏脂质浸润，胰腺退化，肾小管贮积糖原	色素减退，贫血	生长不良		生长缓慢，食欲下降，游动异常

（续）

维生素名称		鳟、鲑	斑点叉尾鮰	鲤	鲷	鳗鲡
水溶性维生素	烟酸	生长不良，饲料转化率低，厌食，表皮和鳍损伤，结肠损伤，贫血，对光敏感	生长不良，表皮和鳍损伤，表皮出血，眼球突出，死亡率高，贫血，颌骨变形	生长不良		生长不良，游动异常，体色变黑，表皮损伤，贫血
	叶酸	生长缓慢，厌食，饲料转化率低，鳃苍白，贫血，红细胞巨大	嗜睡			厌食，生长不良，体色变黑
	维生素 B_{12}	贫血，红细胞细小	红细胞减少		生长不良	厌食，生长不良
	维生素C	生长缓慢，厌食，脊柱前凸和侧凸，出血性眼球突出，贫血，肌肉出血，眼、鳃、鳍的支持组织异常	脊柱前凸和侧凸，骨胶原减少，抗病力下降，脊椎出血	生长不良	生长不良	头部、鳍和表皮出血，下颌糜烂，食欲不振，生长减慢
	胆碱	食欲不振，生长不良，脂肪肝，痉挛	肝肿大	生长不良，脂肪肝	生长不良，死亡率高	厌食，生长不良，肠灰白色
	肌醇	厌食，生长不良，饲料转化率低，胃排空缓慢，痉挛		生长不良，表皮损伤	生长不良	肠灰白色

5. 矿物质　配合饲料中缺乏磷会引起鱼类虚弱。对鰤来说，缺乏磷会引起运动迟缓、体色发黑、痉挛和畸形等。钾和钠都有助于体内酸碱平衡和水平衡，维持神经的功能。缺乏时引起肌肉痉挛、神经紊乱以及食欲减退等症状。鳗鲡的配合饲料中大量添加钾、钠时反而起负面作用。镁有助氧的活化和蛋白质的合成，不足时引起成鱼类的异常，如行动迟缓、虚弱以及痉挛等症状。鳗、鲤、罗非鱼、虹鳟缺乏镁会引起生长缓慢、游泳状态异常和脊椎弯曲等症状。铁不足时会引起铁缺乏性贫血。铜是与铁代谢有关系的酶的组成成分，而且有助于弹性蛋白的形成。鱼体缺铜时会引起贫血、畸形等。锰是构成脂肪合成酶的重要成分，与骨的发育关系密切。鱼体缺锰时会得软骨症。虹鳟缺锰时，会引起头部和脊椎骨变形、白内障及短躯症。鲤、鳗鲡缺锰时也会引起脊椎变形。锌为碳酸脱氢酶的构成成分。鱼体缺锌时，骨的发育停止或发生骨病。碘在鱼体内大部分布于甲状腺，缺乏时会引起甲状腺障碍。铅在鱼体内含量多，尤其是脊椎中含量最多，可以促进锌和锰的吸收。用无铅饲料饲喂鳗鲡，其肝脏变小，易患短躯症。硒分布于鱼体的各个组织，是酶的构成成分，与维生素E关系密切。鲑缺乏硒时，会抑制维生素E的作用。

（二）营养缺乏症

1. 鲤出血症　是一种由于营养失调而引起的代谢病。长期投喂营养不平衡的高能饲料，

鲤的生理代谢在非正常快速生长中出现紊乱。当鱼体受到刺激时，心脏活动突然增强、血压升高，某些部位的微血管破裂，表现为出血症。

2. 鱼类营养性脂肪肝 也称鱼类肝胆综合征，主要发生在鲤、鲫、草鱼、团头鲂等。鱼类的肝脏脂肪主要来自对饲料中脂肪的直接吸收以及蛋白质和糖类的转化合成。

养殖环境不良，配合饲料中糖类含量过高，摄入过多脂肪、蛋白质，缺乏甲基源、无机磷、必需脂肪酸和泛酸，营养物质组配不平衡及抗脂肪肝因子缺乏等是导致鱼体形成脂肪肝的主要因素。鱼摄入过多糖类，超过了鱼类对糖类需求的限度，便会引起脂肪在内脏的积蓄，妨碍其正常功能。过度投饲或大量使用高能量高蛋白饵料，饲料中脂肪含量超过鱼类的需求，都极易导致脂肪在肝脏中蓄积引发脂肪肝，严重时可导致鱼类死亡。胆碱缺乏可导致虹鳟、大鳞大麻哈鱼、斑点叉尾鮰、鲤、日本鳗鲡、真鲷、湖鳟、白鲟和草鱼等鱼类出现生长不良、肝脏脂质积累增加甚至出现“脂肪肝”。

3. 罗非鱼越冬障碍症 越冬前或越冬期间，配合饲料中缺乏维生素 A、维生素 E、维生素 B_1、维生素 B_2 及锌等，导致鱼体内维生素及微量元素积累减少，由于营养不足导致肝肾损坏、鱼体免疫力下降。当越冬结束后，天气转暖，罗非鱼生命活动渐趋活跃，但由于鱼体内营养元素不足而无法满足生命活动的需要，而此时，病原细菌也随温度升高而活跃，造成罗非鱼易感染病原体，造成死亡。

4. 萎瘪症（瘦背症） 高密度培苗期间，部分鱼苗或苗种得不到足够的营养，或饲料中缺乏必需维生素，如叶酸和维生素 E 等，或由于配合饲料中脂肪被氧化产生醛、酮、酸等有毒物质，某些维生素被破坏，引起饲料的营养价值下降，适口性下降，致使鱼类发生萎瘪症。

5. 贫血症 配合饲料中缺乏必需维生素和矿物质等造成鱼类贫血症。

6. 软骨症（方头症） 配合饲料中缺磷会造成软骨症。尽管鱼类可以通过鳃吸收水中的钙，但难以吸收水中的磷。因为水中的磷一部分被浮游植物所吸收，一部分以磷钙化合物沉积于水底，水中溶解的有效磷的含量极低。鱼体所需要的磷几乎全部来自饲料，并且鱼体对于钙、磷是同步吸收的。如果饲料中缺磷，钙的吸收就会受到影响，会造成鱼体缺钙，患上软骨症（方头症）。

7. 鱼畸形 主要是缺乏维生素 C。有时是维生素 C 添加量不足，有时是加了未经保护的不稳定维生素 C，放置时间长或饲料加工中被破坏或被其他物质破坏。

8. 色氨酸缺乏综合征 虹鳟及红大麻哈鱼在缺乏色氨酸之后会出现脊椎侧凸、动脉充血、肾有钙质沉着等现象，有时还会出现尾鳍腐烂和白内障。

三、特 点

1. 鲤出血症 该病绝大多数发生于个体肥满（肚大体圆）、生长较快的鱼类。病鱼体表充血，用手轻压鱼体，鳞片下有血样渗出液流出。剖检腹腔，腹腔内有血水，内脏器官充血，心脏、肝脏肥大。池边观察，病鱼游动缓慢，失去平衡或侧翻。通常数小时后死亡。

2. 鱼类营养性脂肪肝 患营养性脂肪肝的鱼饲料利用率较低，病鱼往往出现食欲不振、游动无力、生长缓慢、抗病力下降。剖检病鱼，见肝脏组织表面有脂肪沉积，肠管表面脂肪覆盖明显，肝贫血，肝细胞脂肪浸润，细胞肥大，细胞质充满脂肪，细胞核被挤偏于一端。脂肪肝发生过程有 3 个阶段：肝脂肪积存阶段、肝脂肪浸润阶段、肝细胞核心出现萎缩阶段。

3. 罗非鱼越冬障碍症　鱼体色泽暗淡、缺少光泽，瘦弱；眼球突出，眼球晶体混浊发白，腹部膨大，表皮有充血现象。但鱼鳍、鱼鳃无异常症状，体表无寄生虫寄生。剖检时可见腹水；肝脏多为黄色、淡黄色，并有肿大和脂肪块等病变。

4. 萎瘪症（瘦背症）　病鱼往往在池边缓慢游动，无力摄食。病鱼鱼体干瘪，枯瘦，头大体小，背似刀刃，鱼体两侧肋骨可数，鳃丝苍白，严重贫血，活动迟缓，体色发黑。

5. 贫血症　鳃丝苍白或浅粉红色。由于供血不足、缺氧，往往出现浮头症状。

6. 软骨症（方头症）　头骨和脊椎骨软化变形，头骨由于变形而成方形。

7. 鱼畸形　鱼的脊椎变为S形，影响鱼的生长和外观。

四、防治方法

（一）鲤出血症

1. 调整消化能水平　当发现鲤生长过快或过于肥胖迹象时，减少投饲量来调整鱼的生长速度。应及时降低饲料能量水平。将鲤成鱼（28%粗蛋白）配合饲料的消化能水平控制到每千克饲料 1.05×10^4～1.07×10^4 J 为宜。

2. 减少应激　保持安静、避免惊动，减少拉网、大量换水等操作，尤其在天气突变时，应更加注意。

3. 增加营养　为预防细菌感染，当病鱼还能摄食时，应投喂适量的含有抗生素的药饵。另外，在饲料中应适当加大胆碱、泛酸、烟酸、维生素 B_1、维生素 B_2、维生素 C 和维生素 B_6 等用量。

（二）鱼类营养性脂肪肝

1. 预防措施　应选用稳定性好、配比合理、营养全面的全价配合饲料。每千克饲料添加 1g 胆碱，可防止脂肪肝出现。

2. 治疗方法　配合饲料中添加抗脂肪肝因子，如高度不饱和脂肪酸。草鱼饲料中添加 1% 18：2n－6 和 1% 18：3n－3 或 1% 18：2n－6 和 0.5% n－3 HUFA，磷脂酰胆碱、胆碱、甜菜碱、蛋氨酸和硫氨酸等。

（三）罗非鱼越冬障碍症

以防为主，使用全价配合饲料，是保证鱼类摄取全面营养的基础，确保鱼体内维生素及无机盐类积累量满足生命活动的需要。即使遇气温下降，也不会影响其顺利越冬，因为鱼体内各种营养元素已积累充分。另外，越冬期鱼类对蛋白质的需求量与正常养殖无太大差异，而对脂肪及维生素的需求量比正常养殖时要大，因此越冬前 1 个月应在饲料中添加 1%左右的鱼油或植物油。同时，适时加入品质优良的“多维素”，增加鱼体脂肪、维生素积累量，以利于越冬。

（四）萎瘪症（瘦背症）

预防为主，合理调整放养密度，加强饲养管理，投喂足够的饲料。即越冬前要使鱼类吃饱、长好，尽量缩短越冬期停止投饲的时间。萎瘪症初期，应立即采取增加营养的措施，使病鱼康复。

（五）贫血症

预防为主，选用稳定性好、配比合理、营养全面的饲料。

（六）软骨症（方头症）

在饲料中加入适量的磷酸二氢钙（不低于饲料量的1%），可以防止该病的发生。

（七）鱼畸形

在饲料中添加水产专用维生素C。

第六单元　水产动物亲体和苗种的营养

第一节　亲　体

一、能量分配

水产动物的生长能中，包括体重增长和性腺生长两个方面。根据能量本身的特点，其一次分配只能用于一个方面，即用于活动代谢所需的能量，不能同时用于生长或生殖方面的需要。一般情况下，动物摄取的能量将优先用于维持机体代谢所需，剩余的部分才被用于生长和生殖，两者的分配比例因种类和品种不同而异。水产动物性腺发育期间，体重增长和生殖生长将会直接竞争有限的能量资源。当食物充足、环境适宜时，繁殖期动物将降低生长以外的其他能量消耗，以部分满足性腺发育所需。然而，当食物供应受到限制时，体重增长和生殖生长则会产生抑制性竞争作用。水产动物性成熟时生长率的明显下降，被认为是这一竞争作用的结果。性成熟个体一般把能量优先用于性腺发育，如性成熟之前，鱼类周年的能量收支中，大约有25%的能量用于生长（因种类、食性和生长阶段不同而异），而进入性成熟后，这一比例仅为0～5%；与此同时，生殖能则由性腺成熟前的0提高到20%左右。在自然条件下，由于食物种类和数量的供应随季节波动，为了保证生殖季节的能量需要，动物一般会提前储存足够的能量物质，以便在食物短缺时，有充足的能量保证性腺正常发育。

二、营养需要

（1）蛋白质　蛋白质除了提供体组织更新、修复和生长所需的必需氨基酸、非必需氨基酸和能量外，还有几种特殊蛋白质如肽类激素、酶和卵黄蛋白等，在水产动物的性腺发育和繁殖中扮演着极为重要的角色；与此同时，蛋白质还提供辅酶和遗传物质合成所需的氮。迄今，研究与生殖过程相关的饲料蛋白质需要方面的资料并不多。由于蛋白质、脂类和糖等能量物质有非常密切的联系，所以往往把蛋白质和能量（能量/蛋白比）结合起来考虑。亲体在性腺发育阶段，相关物质生物合成的强度较大，蛋白质的需要可能比非性腺发育期高。同时，要考虑适宜的能量/蛋白比。

（2）脂类　性腺发育中，如果饲料中缺乏脂类，肝脏、肌肉中储存的脂肪酸会被动员并用于合成卵黄原，除了卵黄原是卵巢中重要的脂类载体外，血浆中脂蛋白也参与脂类的运输。一些水产动物在繁殖季节里，往往可发现在其卵巢中总脂含量升高的同时，肝脏中总脂呈下降趋势。脂肪酸方面，饲料中长链多不饱和脂肪酸（long chain-polyunsaturated fatty acid，LC－PUFA）对性类固醇激素合成、性腺发育及配子质量都具有重要的影响，包括二十二碳六烯酸（DHA）、二十碳五烯酸（EPA）和花生四烯酸（ARA）。饲料中缺乏 LC－PUFA 会显著影响亲鱼的产卵力、受精率、幼体的孵化率和成活率。同时，n－3 与 n－6 脂肪酸比例、DHA 与 EPA 比例、EPA 与 ARA 比例也会对亲体繁育性能产生影响，需要对特定养殖种类探索合适的相关脂肪酸比例。

（3）*其他营养物质*　维生素 E 作为抗氧化剂可避免细胞膜上的不饱和脂肪酸被氧化，从而保持细胞膜的完整性和正常的生理功能，这一点对胚胎的正常发育尤为重要。维生素 C 和类胡萝卜素也具有类似的作用。此外，磷、锰等微量元素对亲鱼的繁育也具有重要作用。

第二节　苗　　种

一、摄食行为

养殖条件下苗种的摄食行为最重要的是开口摄食的过程。幼苗首次开始摄食的时间并不固定，它主要与以下几个方面相关：①幼苗发育的程度，②卵黄囊的利用效率，③内源性营养物质储备的数量。然而，对于某一特定种类而言，在食物充足的条件下，幼苗首次开口摄食的时间是一定的。为了能够消化吸收外源营养物质，幼苗的消化能力有一最小阈值，这是幼苗消化活动的开始。假如内源性卵黄的利用效率较高，或者内源营养物质的储存较多，那么幼苗在开始摄食外源营养物质时，已经发育相对完好，这有利于幼苗的生长及进一步的发育。

在自然条件下，虾苗主要以小球藻、硅藻等为食，而几乎所有的仔稚鱼都以浮游动物为食，这些浮游动物主要包括轮虫、卤虫、桡足类等，其营养组成变化较大。浮游动物氨基酸组成中往往含有较多的游离氨基酸。相对于结合态的氨基酸，游离氨基酸具有更高的吸收率。

在集约化养殖过程中，当以人工微颗粒饲料投喂时，幼苗往往得不到足够的食物，从而难以保证正常的生长发育。其中的一个关键问题是幼苗在摄食过程中难以辨认人工微颗粒饲料，从而不能正常摄食。当仅以人工微颗粒饲料为食时，幼苗的摄食、生长和存活率明显差于使用鲜活生物饵料。当以鲜活生物饵料和人工微颗粒饲料联合投喂时，幼苗对人工微颗粒饲料的摄食和消化吸收率均明显上升。这种联合投喂已被证明是行之有效的方法，并已在实际育苗生产过程中广泛应用。

二、消化生理

水产动物的幼苗在开口摄食前，其消化道的形态和结构与成体存在较大差异。通常情况下，幼苗的消化道是一根透明的长管子，且分化不明显。其中的胃腺、幽门尚未形成，胰腺、胆囊、肝脏等均不成熟，消化酶的分泌尚不完全。直到卵黄完全吸收后，消化道才逐渐分化为口咽腔、前肠、中肠和后肠。

消化酶方面，幼苗的消化过程主要在胃肠中进行。在发育过程中，幼苗消化酶的分泌发生剧烈变化。其中胃主要分泌酸性蛋白酶；胰腺分泌淀粉酶、脂肪酶和蛋白酶等，并由肠激酶激活；肠则主要分泌多肽酶（胞内酶）和碱性磷酸酶（胞外酶）等。当胃腺形成时，多数物种体内能够检测到胃蛋白酶活性。

幼苗阶段的消化包括细胞内消化和细胞外消化两种方式。至于哪种方式的贡献更大，不同发育阶段存在一定差异。细胞内消化在幼苗的初期阶段占据较大比例。如在孵化至孵化后第 20～25 天内，由于仔稚鱼胞内酶活性较高，故其胞内消化能力较强。细胞外消化是幼苗后期阶段的主要消化方式，随着幼苗的生长发育，酸性物质、消化酶（胰酶、胃蛋白酶等）、胆汁等分泌增多，这为幼苗进行细胞外消化提供了充分条件。采用细胞外消化方式标志着幼苗进入成熟的消化模式。

三、营养需要

随着仔稚鱼的生长发育，其消化和吸收过程都发生变化，因此不同的发育阶段的营养需要必将发生变化。同时，仔稚鱼在摄食生理、消化生理与养成期鱼苗存在较大的差异，因此，仔稚鱼的营养需要与养成期鱼苗也存在差异。同时，因为鱼虾幼苗个体很小，口径小，消化道小，所以，要制作完全适合幼苗摄食的微颗粒饲料在技术上仍然有一定困难。鱼虾幼苗主动摄食能力弱，而微颗粒饲料粒径微小，在水中漂流时间长，营养物质不可避免溶失，很难较准确估算幼苗营养物质的摄入量。由于目前尚没有质量良好的人工微颗粒饲料作为基础饲料用于幼苗的营养研究，因此目前对幼苗营养需求量的研究主要集中在脂肪和脂肪酸，这是由于可以通过强化来改变鲜活生物饵料中脂肪或脂肪酸的水平，但要改变其中的蛋白质、氨基酸水平却存在较大困难。

（1）蛋白质和氨基酸　目前仔稚鱼营养需要研究存在诸多挑战。通常用于研究的人工饲料包括半精制饲料、精制饲料和实用饲料。而对于海水仔稚鱼而言，采用半精制或精制饲料（酪蛋白或水解酪蛋白）虽然获得了一定的效果，但是由于蛋白源单一，且适口性相对较差，这很大程度上影响了幼苗的生长。海水肉食性鱼类仔稚鱼对蛋白质的需求量较高，在55%～60%。

（2）脂肪与脂肪酸　脂肪是幼苗的主要能量来源。真鲷幼苗的活饵料——卤虫无节幼体脂肪含量达到 29%～37%。当以人工微颗粒饲料进行研究时，真鲷幼苗的脂肪需求量为18%。同样用微颗粒饲料研究，美国红鱼、牙鲆仔稚鱼的脂肪需求量分别为 18%和 25%，而鲈为 30%。由此可见，不同种类以及采用不同的食物种类都将影响幼苗对脂肪的需求量。在快速生长的幼苗期，体内磷脂的合成远不能满足生长发育的需要，因此，幼苗必须从食物中获得磷脂。磷脂能够为幼苗提供能量，也是细胞膜的重要组成成分。仔稚鱼饲料中磷脂的需求量从 1%到 10%不等。作为细胞膜组成成分的 n－3 和 n－6 系列高度不饱和脂肪酸对幼苗的生长和存活至关重要，而其中的 DHA、EPA 和 ARA 是海水鱼类幼苗成活和正常生长的最重要因子。仔稚鱼自身不能合成 n－3 和 n－6 系列高度不饱和脂肪酸，因此必须通过食物来补充。一般情况下海水仔稚鱼饲料中高度不饱和脂肪酸的需求量为 3%左右，而淡水鱼幼苗的需求量为 0.5%～2%。

（3）其他营养物质　水产动物幼苗不能自身合成维生素 C 和维生素 E 等主要维生素，因此维生素必须由食物提供。矿物质及其他营养素对水产动物幼体营养生理作用的相关研究目前还比较少。

第十四篇

养殖水环境生态学

第一单元 概 述

第一节 典型养殖生态系统基本特征

一、池 塘

养殖池塘是一定程度上的人工生态系统，与自然生态系统相比，部分因子，特别是部分生物因子（主要是养殖生物）被人为地强化了，而另一部分因子（如养殖生物的敌害和竞争者）则被人为地削弱，甚至除去了。

在养殖池中，养殖生物的数量大大增加，一些天然食物链中间环节减少，甚至不复存在。养殖生物的饵料不再是生态系内的活体饵料，而主要是来自该生态系之外的人工饵料；同时，由于人工饵料中的有机质部分溶解、悬浮于水中，更由于大量残饵沉积于池底，微生物不能进行正常的分解，导致物质循环受阻、不畅通，有机污染严重，生态环境恶化，出现养殖自身污染，从而为致病微生物大量繁殖提供了条件，故容易发生病害。并且病害一旦发生，往往不易控制。

池塘养殖生态系统结构简单，不可能完全靠自我调节保持生态平衡，必须依靠人工调节。人工调节以使池塘中养殖生物处于最适生态环境中，故其养殖生物的生产力之高，是自然生态系无法比拟的。但是，由于其生态结构简单，对外来干扰的自我调节能力小，稳定性差，故其生态平衡又是脆弱的。也就是说，养殖池塘的生态平衡具有高产性和脆弱性。人工生态平衡的调节并不总是有效的。因此，池塘养殖的产量有时会出现波动。各种因子对于池塘生态系统平衡的影响有规律性，也有偶然性。这就决定了生态平衡人工调节的经常性和复杂性。

二、陆基工厂化

1. 工厂化养殖的定义 指整个生产工艺必须具有连续性和流水作业的特点，以进行高效率无季节性的生产。其实质是应用现代化的科学技术来控制整个养殖环境和营养供给，并通过自动控制系统实现养殖过程的自动化或半自动化管理，从而达到高产低耗的目的。

2. 工厂化养殖的分类

（1）*开放式流水养殖* 其水源进入鱼池后不再回收，耗水量大，用于水源充沛的地区。

（2）封闭式循环水养殖　是工厂化养殖的高级形式，其工艺特点在于养殖池排出的养殖废水经过净化处理，再作为水源进入养殖池，耗水较小。水处理系统是循环水养殖系统的核心。

3. 工厂化养殖的特点

（1）资源利用率高　工厂化养殖占地少、产量高、养殖密度大，可以满足最佳生长条件，养殖周期短，自动化程度高。在有些地区可以全年生产，资源利用率比传统养殖方式高。

（2）环境影响大　多数养殖场未能达到养殖循环用水，仍采取流水方式，水资源消耗大，同时大量抽取地下水和废水排放对环境影响较大。

（3）经济效益高　单产和产品价格高，可以实现较高的经济效益，但需要较多的设施设备，投资大，生产成本高。

（4）技术和管理要求高　工厂化养殖作为技术密集型产业，技术和管理要求明显比其他养殖方式要高。特别要对水处理、杀菌消毒等环节严格控制。

对于封闭式循环水养殖，工厂化养殖是一个水体小、设备齐全的全封闭式生态系统，但由于养殖过程中多采用人工投饵方式，会有大量的残饵和粪便产生，尤其在养成中后期最为显著，加上养殖池中物质循环存在明显的不平衡性，是一个极为复杂的不稳定的人工生态系统，在这个系统中，养殖动物生长除受到自身生物学特性影响外，还受周围环境因素如光照度、水温、盐度、pH、溶解氧、化学需氧量、叶绿素 a（Chla）、营养盐和其他生物因素的影响，其影响的大小随时间和水环境条件的不同而显示出明显不同的变化特征。但这些环境因素极大程度地受人工调控。受人为影响，除了主养动物外，对于具有基本工艺流程及设施循环水养殖典型工艺的工厂化养殖系统而言，系统中的生物组分浮游植物、浮游动物和底栖动物的生物量较低，但专门引入生物滤器、微生物膜进行水质改良时，细菌生物量也可以很高。一些工厂化养殖系统内还配有生化塘、湿地子系统，利用塘内微生物与藻类或贝类、海参等的共同作用，将养殖污水中复杂的有机物质分解成简单的无机物质，达到净化水质的目的。

三、浅海与滩涂

滩涂大部分划分潮间带，浅海则在潮下带，栖息在浅海、滩涂的生物，大多直接从水体中取得食物和溶解氧等生存与繁殖条件，而不是从滩涂底部或海底直接取得物质。因此，借海水沟通，将浅海和滩涂的生态系统合并。

海洋学科定义的浅海区是指大陆架上的水体，平均深度一般不超过 200m，宽度变化很大，平均约为 80km。由于受大陆影响，浅海区水文、物理、化学等要素相对复杂多变。就水产学科而言，一般而言，浅海、滩涂指用来开展海水养殖生产活动的水域，可以是修筑、挖掘的养殖用池，海上截堵的水体，设置网箱、浮筏、延绳、网帘等养殖设施的水域，也可以是经人工整治、播放苗种、采捕产品的滩涂。养殖对象生物主要是经济价值较高的海产鱼类、虾蟹类、贝类和藻类。增殖也是海水养殖业的重要组成部分。一些先进的地区已经把水产增殖、养殖的海域由沿海最低落潮线外侧至 10m 等深线以内推进到了 40m 等深线，甚至 200m 等深线左右。

浅海、滩涂按其形成的主要特点可分为三类生态系统：

(1) 平原海岸地区　包括潮滩平原海岸与河口三角洲平原海岸，是滩涂的主要分布区。如我国的渤海湾—莱州湾、黄河三角洲从其毗邻海岸、苏北平原海岸等。

(2) 港湾或沙岛后侧波浪作用减弱的海岸段　这类滩涂多淤涨型的厚层淤泥，如长江口以南浙、闽、粤、港沿岸的泥滩等。

(3) 红树林泥沼海岸　如广东、广西、海南和福建等地的红树林海岸等。

滩涂生态系统作为一种区域生态类型，以滩涂为载体，以潮间带生态系统为核心。由于滩涂生态系统的物质流动与能量流动与邻近浅海和陆域密不可分，滩涂生态系统还包括部分的潮下带和潮上带。因此，潮汐是影响潮间带生物最重要的生态因素，随潮汐的涨落，生物交替地暴露于空气和淹没于水中。退潮后生物暴露的时间越长，受干露、温度和盐度变化等的影响也就越大。

四、湖　　泊

湖泊是自然发育而成的，湖泊中生物群落与大气、湖水及湖底沉积物之间连续进行物质交换和能量传递，形成结构复杂、功能协调的基本生态单元。

湖水的来源包括雨水、地表水和地下水。雨水在下降中就从大气和微尘中吸收气体和有机质，落到地面和渗入土壤形成地表和地下径流的过程中，又和土壤与岩石进行盐类、气体和有机质的交换，同时受气候和生物活动的影响，水的化学成分不断地发生变化。这些水源进入湖泊后，在各种因素，特别是生物学过程的作用下，又起了更大的变化。一般来说，深水湖中有机质和营养盐类容易沉积湖底，难以为生物再利用，因而水质瘦、生物量贫乏。反之，浅水湖容易上下混合和环流，营养物质可反复被利用，水质肥，生物群落繁茂。

湖泊中溶解氧、游离二氧化碳、氮、磷、硅、钾、锌、铁等生物营养元素和有机质的含量是否丰富，对于湖中水生生物来说具有特别重要意义。沿岸带丛生挺水植物、浮叶植物和沉水植物茂盛，在水生植物茎叶上附生各种周丛植物的，浮游生物和底栖动物种类也会很多。现在，一些湖泊的湖心区和深水带水生植物已难见到，底栖动物种类减少，但浮游生物和鱼类仍很丰富。

五、稻　　田

稻渔共作系统既是主体的种植业，又是种植业和养殖业的有机结合。与单纯的稻田生态系统相比，非生物环境方面，溶解氧、CO_2、pH、无机盐、光照温度差异不大，引入水生经济动物后，稻田生态系统中生物种群、群落的组成和相互关系发生了重大的变化，增加了初级（罗非鱼、草鱼）、次级（鲫、蟹）和三级消费者（蛙、鳖）。杂草和大量浮游生物、细菌等被养殖生物直接摄食，稻田中有机物腐屑增加，稻田土壤和水体的肥力水平提高，反过来又为水稻和水体浮游生物的生长和繁殖提供了更为丰富的营养来源。稻渔共作系统内，尽管化肥的施用量减少，但由于残饵和养殖生物排泄物的大量输入，土壤的养分状况仍得到明显改善。由于稻田内的养殖生物等可以消灭部分农业害虫、水稻的隔离作用及稻田多类生境条件，稻田鱼蟹等发病要轻于一般养殖水体，可减少渔药的使用。稻田内养殖生物的摄食和活动，能疏松土壤，有利于水稻根系的呼吸和发育，促进水稻的有效分蘖和物质就地循环，向稻渔均有利的方面流动，又阻止了稻田能量流的外溢，使得稻田的生态从结构及功能上均得到了合理的改善和利用，充分发挥了稻田生态系统的负载力。

总之，稻渔共作系统加强了物质能量的系统内循环，提高系统的生态效益及经济效益。稻渔共作可以合理地利用常规稻田系统损失的物质与能量，起到了“截流”作用。

稻渔共作田间工程已初步形成“田埂、田块、鱼凼、鱼沟，排洪与进水系统”五大基础工程建设有机结合的“稻田生态渔业工程理论与技术体系”。

第二节　水质指标与标准、水样采集和保存监测

一、水质指标与标准

（一）渔业水质指标

渔业水质指标一般选择在水体中起主要作用的，对环境生物体、人体和社会危害大的参数作为重要水质评价因子，主要包括：感官性因子、氧平衡因子、营养盐因子、毒物因子、微生物因子、污染因子等。

（二）水质标准

1. 国家标准　与水产养殖相关的国家水质标准有 3 个。

(1)《海水水质标准》(GB 3097—1997)　本标准规定了海域各类使用功能的水质要求。海水水质按照海域的不同使用功能和保护目标，分为四类：

第一类　适用于海洋渔业水域，海上自然保护区和珍稀濒危海洋生物保护区。

第二类　适用于水产养殖区，海水浴场，人体直接接触海水的海上运动或娱乐区，以及与人类食用直接有关的工业用水区。

第三类　适用于一般工业用水区，滨海风景旅游区。

第四类　适用于海洋港口水域，海洋开发作业区。

本标准规定了海水水质指标共 35 项。

(2)《地表水环境质量标准》(GB 3838—2002)　本标准按照地表水环境功能分类和保护目标，规定了水环境质量应控制的项目及限值，以及水质评价、水质项目的分析方法和标准的实施与监督。适用于江河、湖泊、运河、渠道、水库等具有使用功能的地表水水域。依据地表水水域环境功能和保护目标，按功能高低依次划分为五类：

Ⅰ类　主要适用于源头水、国家自然保护区；

Ⅱ类　主要适用于集中式生活饮用水地表水源地一级保护区、珍稀水生生物栖息地、鱼虾类产卵场、仔稚幼鱼的索饵场等；

Ⅲ类　主要适用于集中式生活饮用水地表水源地二级保护区、鱼虾类越冬场、洄游通道、水产养殖区等渔业水域及游泳区；

Ⅳ类　主要适用于一般工业用水区及人体非直接接触的娱乐用水区；

Ⅴ类　主要适用于农业用水区及一般景观要求水域。

对应地表水上述五类水域功能，将地表水环境质量标准基本项目标准值分为五类，不同功能类别分为执行相应类别的标准值。基本项目标准指标共 24 项。

(3)《渔业水质标准》(GB 11607—1989)　本标准适用鱼虾类的产卵场、索饵、越冬场、洄游通道和水产增养殖区等海、淡水的渔业水域。规定了渔业水质评价指标 33 项（表 14－1）。

表 14-1　渔业水质标准指标

序号	项　目	标　准　值
1	色、臭、味	不得使鱼、虾、贝、藻类带有异色、异臭、异味
2	漂浮物质	水面不得出现明显油膜或浮沫
3	悬浮物质	人为增加的量不得超过 10，而且悬浮物质沉积于底部后，不得对鱼、虾、贝类产生有害的影响
4	pH	淡水 6.5～8.5，海水 7.0～8.5
5	溶解氧	连续 24h 中，16h 以上必须大于 5，其余任何时候不得低于 3，对于鲑科鱼类栖息水域冰封期其余任何时候不得低于 4
6	生化需氧量（5d、20℃），mg/L	不超过 5，冰封期不超过 3
7	总大肠菌群	不超过 5 000 个/L（贝类养殖水质不超过 500 个/L）
8	汞，mg/L	≤0.000 5
9	镉，mg/L	≤0.005
10	铅，mg/L	≤0.05
11	铬，mg/L	≤0.1
12	铜，mg/L	≤0.01
13	锌，mg/L	≤0.1
14	镍，mg/L	≤0.05
15	砷，mg/L	≤0.05
16	氰化物，mg/L	≤0.005
17	硫化物，mg/L	≤0.2
18	氟化物（以 F^- 计），mg/L	≤1
19	非离子氨，mg/L	≤0.02
20	凯氏氮，mg/L	≤0.05
21	挥发性酚，mg/L	≤0.005
22	黄磷，mg/L	≤0.001
23	石油类，mg/L	≤0.05
24	丙烯腈，mg/L	≤0.5
25	丙烯醛，mg/L	≤0.02
26	六六六（丙体），mg/L	≤0.002
27	滴滴涕，mg/L	≤0.001
28	马拉硫磷，mg/L	≤0.005
29	五氯酚钠，mg/L	≤0.01
30	乐果，mg/L	≤0.1
31	甲胺磷，mg/L	≤1
32	甲基对硫磷，mg/L	≤0.000 5
33	呋喃丹，mg/L	≤0.01

2. 行业标准　与水产养殖相关的行业水质标准有3个。

(1)《盐碱地水产养殖用水水质》(SC/T 9406—2012)　本标准按盐碱水质化学组分的天然背景含量，将盐碱水质质量按养殖功能划分为适宜养殖淡水鱼、虾蟹类、广盐性鱼类、虾蟹类和其他水生生物的养殖（表14-2)。

表14-2　盐碱地水产养殖水质分类及适宜养殖种类

序号	项　目	Ⅰ类	Ⅱ类		Ⅲ类
		淡水鱼、虾蟹类	广盐性鱼类	广盐性虾蟹类	其他水生生物
1	离子总量，mg/L	≤8 000	≤25 000		
2	pH	7.5～9.0	7.6～9.0	7.6～8.8	9.0～11.0
3	钠，%	5.0～32.0	5.0～35.0	25.0～35.0	5.0～40.0
4	钾，%	0.2～5.0	0.3～1.5	0.4～1.5	0.2～1.5
5	钙，%	0.2～16.0	0.2～2.0	0.4～1.5	0.2～16.0
6	镁，%		2.0～7.0		2.0～70.0
7	氯，%	3.0～50.0	≤60.0	20.0～60.0	3.0～60.0
8	硫酸根，%	≤30.0	2.0～30.0	2.0～25.0	≤30.0
9	总碱度，mmol/L	≤15.0	≤10.0	≤8.0	<56.0

(2)《淡水池塘养殖水排放要求》(SC/T 9101—2007)　具体内容请参照第十篇“公共卫生”的第五单元“消毒及生物安全处理”，第三节“养殖污水处理”之三“排放管理”中的“（一）淡水池塘养殖水排放要求”。

(3)《海水养殖水排放要求》(SC/T 9103—2007)　具体内容请参照第十篇“公共卫生”的第三单元“消毒及生物安全处理”，第二节“养殖污水处理”之三“排放管理”中的“（二）海水养殖排放指标”。

二、水样采集、保存、监测

水质调查和监测的关键是取得有代表性的样品，并采取一切预防措施避免在采样和分析的时间间隔内测定成分发生变化。水质调查一般包括确定采样目的、采样的时空尺度、采样点的设量、现场采样方法及质量保证措施等几个方面。不同的水体及不同的采样目的，具体的采样程序和技术要求有所不同。

较大的池塘通常在池的四角和中心采样，取样位置应离岸远点。面积较小的池塘（<4 000m^2），一般可只取池中心一个水样；也可在上风及下风离岸3m处，分别取中层水样等体积混合后测定或分别测定（溶解气体必须分别测定）。取样时应避开粪堆、入水口等。

保存水样的方法有以下几种：①冷藏，冷藏温度一般是2～5℃；②冷冻，冷冻温度在－20℃；③加入保护剂，如生物抑制剂、氧化剂、还原剂等。

在中国比较普遍通行的办法是在水样中加进各种不同的保护剂，以抑制可能发生的化学与生物化学变化。其中最普遍的保护剂是酸、碱、氯仿和氯化汞等。

在水样中加入HCl或H_2SO_4或HNO_3，使pH降至2左右，会大大抑制或防止由微生物活动引起的样品变化，以及金属化合物的絮凝和沉淀，并可减少在容器表面上的吸附。但加酸时，挥发性物质可能会被释放出来．而且还可能发生相的分离，如使蛋白质变性等。

在水样品中加入 NaOH，使 pH 达到 12 左右也可以抑制微生物的代谢。对于用以测定酚或氰的样品，加碱后可生成酚钠盐或 NaCN，防止氰、酚被氧化或挥发。但加碱也能引起相的分离，且在测定时须再加酸溶解。

加氯仿或氯化汞的目的均在于抑制微生物的代谢活动。

以上介绍的只是几种常用的样品保存方法，在实际的采样分析过程中，还应视具体分析项目的不同来确定具体方法。样品保存方法的一个基本原则是使待测项目的性质保持环境中的原始状态而不发生变化。

水质监测是监视和测定水体中污染物的种类、各类污染物的浓度及变化趋势，评价水质状况的过程。主要监测项目可分为两大类：一类是反映水质状况的综合指标，如温度、色度、浊度、pH、电导率、悬浮物、溶解氧、化学需氧量和生化需氧量等；另一类是一些有毒物质，如氨氮、酚、氰、砷、铅、铬、镉、汞和有机农药等。为了客观地评价渔业水体水质的状况，除上述监测项目外，有时还需进行流速和流量的测定。

水环境监测就其对象、手段、时间和空间的多变性、污染组分的复杂性等，其特点可归纳如下：

1. 综合性

（1）水环境监测手段包括化学、物理、生物、生物化学及生物物理等一切可表征环境质量的方法。

（2）监测对象包括水源、养殖水体和废水，以及废水影响的水域等水体，只有对这些水体进行综合分析，才能确切描述水环境质量状况。

（3）对监测数据进行统计处理、综合分析时，需涉及该地区的自然和社会各个方面情况，因此，必须综合考虑才能正确阐明数据的内涵。

2. 连续性 由于养殖水环境和水环境污染具有时空性等特点，因此，只有坚持长期测定，才能从大量的数据中揭示其变化规律，预测其变化趋势，数据越多，预测的准确度就越高。因此，监测网络、监测点的选择一定要有科学性，而且，一旦监测点的代表性得到确认，必须长期坚持监测。

3. 追踪性 水环境监测包括监测目的的确定、监测计划的制订、采样、样品运送和保存，实验室测定数据整理过程，是一个复杂而又有联系的系统，任何一步的差错都将影响最终数据的质量。特别是区域性的大型监测，由于参加人员技术水平、实验室和仪器的不同，管理水平的不同，监测结果都会有差异。为使监测结果具有一定的准确性，并使数据具有可比性、代表性和完整性，需要建立水环境监测的质量保证体系。

4. 优先性 水环境监测采用实用、经济、重点污染物优先监测的原则，全面规划、协同监测。

5. 科学性 水环境监测要采取科学的水质监测的技术方法，根据生产环境和管理的要求不同，需要监测的水质指标不同。具体的水质监测技术方法请参阅《渔业水质标准》（GB 11607—1989)、《污水综合排放标准》(GB 8978—1996)、《淡水池塘养殖水排放要求》(SC/T 9101—2007)、《海水养殖水排放要求》(SC/T 9103—2007) 等相关标准。

第二单元　养殖水体物理环境

第一节　水　　温

一、水温分布特点

养殖水体的温度随气温的变化而变化。因此水温具明显的季节和昼夜差异。

白天由于阳光辐射，水体上层水温逐渐升高，因水的透热性、传热性小，下层仍保持原有的水温，故形成水温的垂直变化。这种情况在水体较深（5m 以上）的水库、湖泊中，上下水层的温差极为显著，在夏季和冬季其中上层往往形成温跃层。到春季和秋季才能使上下水层对流。

而对于池塘小水体，在夏秋季节的晴天，上下层水温也有垂直差异，通常可达 2～5℃。但这种上下水温差一般到夜间因气温下降，造成池水对流，便可使上下层水温趋于一致。

水体表层结冰时，上层水温低，均在 4℃以下，其密度相对较小，比重轻，不会对流至下层。下层水温保持在 4℃，其密度大，下降到水底。从而保证了鱼类和其他水生生物在越冬时的安全生存。

此外，水库、湖泊等深水水体的春季和秋季大循环，池塘等浅水水体在夜间形成的密度流是影响水质变化的重要原因之一。池塘水体的运动虽然没有湖泊、水库、海洋那么明显，但恰恰是池水的运动给水质带来变化，对养殖鱼类的生长和生存具有重大影响，对此，必须给予充分重视。

二、水生生物的极限温度及其适应

温度不仅影响水生生物生长和生存，而且通过水温对其他环境条件的改变而间接对水生生物发生作用。几乎所有的环境因子都受温度的制约。

（一）广温性与狭温性生物

生物只能在一个相对狭窄的温度范围内生活，不同生物所能忍受的温度范围是不同的，而海洋生物对温度的耐受幅度比陆地或淡水生物小得多。另外，大多数生物的最适温度是接近最大耐受温度界限（温度上限）；而安全因素在温度下限这一侧的耐受能力比在上限一侧大。即低温对生命的破坏作用在某些方面不如高温的大。根据生物对外界温度的适应范围可将生物分为广温性和狭温性种类。狭温性种类又分为喜冷性和喜热性两大类。

（二）温度与海洋生物的地理分布

海水温度对海洋生物的分布有重要影响，海洋生物地理分布与海水等温线密切相关。按生物对分布区水温的适应能力，海洋上层的生物种群可以分为以下几种。

1. 暖水种　一般生长、生殖适温高于20℃，自然分布区月平均水温高于15℃，包括热带种和亚热带种。前者适温高于25℃，后者适温为20～25℃。我国南海南部、东海东部、台湾东岸水域都是热带海区。东海西部、东北部海域和南海北部海域的近岸水域都是亚热带海区。海南岛以南水域，暖水种占主导地位。暖水种发源于赤道附近的热带海区，主要依靠暖流（如黑潮及其分支的影响）分布到中纬度海区。

2. 温水种　一般生长、生殖适温范围较广，为4～20℃。自然分布区月平均水温变化幅度很大，为0～25℃，包括冷温种和暖温种，前者适温为4～12℃，后者适温为12～20℃。我国北部的渤海和黄海海域属暖温带海区，有很多温水种。温水种发源于中纬度的温带海域，并向南北两方向分布。

3. 冷水种　一般生长、生殖适温低于4℃，其自然分布区月平均水温不高于10℃，包括寒带种和亚寒带种。前者适温为0℃左右，后者为0～4℃。我国近海没有寒带、亚寒带和冷温带海区，但冬季受大陆气候和沿岸流的影响，渤海和黄海近岸水温很低，因而有些冷水性种类存在。冷水种发源于极地海洋及邻近寒冷海区，主要依靠寒流侵入中纬度海区。

（三）主要养殖品种的适宜生长温度

对于不同的养殖生物或同种养殖生物的不同生长发育阶段而言，对温度的最适需求是不同的。例如，四大家鱼和鲤等生长的适温范围在20～32℃，15℃以下则食欲减退，生长缓慢。我国各地区一年中池塘水温在15℃以上的时期，东北有5个月左右，长江流域有8个月左右，珠江流域有11个月左右。水产养殖经济动物均是变温动物，但对高温普遍存在不适应性，当水温高于36℃时，就不适合多数水生动物的生长。在中部和南部地区，夏季池塘的最高水温一般也不超过36℃的水平。我国广大地区的池塘水温完全适合饲养温水性鱼类。

罗非鱼（*Oreochromis* sp.）的生存水温14～38℃，最适水温24～35℃，9℃为致死水温，20℃以上时开始繁殖。

虹鳟（*Oncorhynchus mykiss*）为冷水性鱼类，生活极限温度0～30℃，生长的水温范围3～25℃，适宜生活温度12～18℃（稚鱼适温10℃），最适生长温度16～18℃，低于7℃或高于20℃时，食欲减退，生长减慢，超过24℃摄食停止，以后逐渐衰竭死亡。

凡纳滨对虾（*Penaeus vannamei*）的亲虾越冬水温27℃，亲虾培育水温24～26℃。无节幼体、溞状幼体、糠虾培育适温26～30℃。仔虾至成虾适温28℃左右。

中华绒螯蟹（*Eriocheir sinensis*）的最适生长水温18～30℃，15℃时尚少量摄食，水温低于10℃代谢功能减弱。交配水温7～10℃。溞状幼体、大眼幼体最适水温19～25℃。

鳖（*Pelodiscus sinensis*）的生长水温20～33℃，最适26～30℃。20℃以下摄食减少，15℃以下停食，10℃冬眠。33℃以上摄食减弱。20℃交配，交配后半个月左右产卵。孵化温度 26～36℃，孵化积温 3.6×10^4℃。

牛蛙（*Rana catesbiana*）在 20～30℃摄食最旺，14～20℃摄食减少，14℃以下停止摄食，10℃冬眠。20℃以上开始产卵，最适繁殖温度 24～28℃。

三、水温对养殖生物生活的影响

（一）温度对新陈代谢和发育生长的影响

1. 温度与新陈代谢速率的关系　温度直接影响生物有机体的新陈代谢速率，在适宜温度范围内，当温度升高时，新陈代谢速率随之加快（氧的消耗也相应地增加）。温度与生物代谢速率的关系可以用温度系数（Q_{10}）来描述（温度每升高 10℃时反应速率的变化）：

$$Q_{10} = T℃\ \text{时的代谢速率} / (T - 10℃)\ \text{时的代谢速率}$$

式中：Q_{10}——一般介于 2～3（$Q_{10}=1$ 时表示反应速率不受温度影响）。

2. 温度与生殖、生长和发育的关系

（1）生殖区与不育区　生物在不同的发育阶段往往对温度条件有不同的要求，繁殖和发育时期的要求特别严格，许多水生动物不到一定的水温是不会产卵的。有的时候水生动物能在某一天然水域生活，但由于不能满足繁殖和发育所要求的条件（包括适宜温度及持续的时间），则这些动物在这一天然水域就不能完成繁殖和发育，因而有所谓生殖区和不育区之别。

（2）有效积温法则　有机体必须在温度达到一定界限以上，才能开始发育和生长。一般把这一界限称为生物学零度，它因生物种类不同而异。在生物学零度以上，水温的提高可加速有机体的发育。很多研究表明，胚胎发育所必需的总热量基本上是一个常数，称为热常数，即指发育期的平均水温（有效温度）与发育所经过的天数或时数的乘积是一个常数，这个常数因种类不同而有差异，此即所谓有效积温法则。

$$K = \sum_{i=1}^{n}(T_i - T_0)$$

式中：K——有效积温，是一个常数；

T_i——第 i 日的平均温度（℃）；

T_0——生物学零度；

n——发育历期，即完成某一发育阶段所需要的天数（d）。

有效积温法则只适用于一定的适温范围之内。实际上，在高温区，发育速度往往低于预测值，而在低温区，则常高于预测值。同时，在自然条件下，发育速度除了取决于温度外，还与其他条件有关。

水生生物的生长发育必须有一个热量的积累过程。所以，积温可以衡量某一具体养殖品种从一地引到另一地养殖时热量条件是否满足，为引养成功提供技术保障；积温可以根据某一养殖品种从一个生育阶段到另一个生育阶段所需要的积温，结合气候预测的结果预测可能的长势，为科学管理提供决策依据；积温可以根据每年的积温进行气候分析，评估气候对养殖的影响，为制订科学管理方案，提高生产管理水平提供服务。

水温与繁殖和胚胎发育关系密切，我国四大家鱼胚胎发育适温为 22～28℃，温度过低，胚胎发育慢；温度过高，易引起胚胎发育畸形。鲢（*Hypophthalmichthys molitrix*）、鳙（*Aristichys nobilis*）、草鱼（*Ctenopharyngodon idellus*）、青鱼（*Mylopharyngodon pi-*

ceus）、鳊（*Parabramis pekinensis*）等在水温低于 0.5℃和高于 40℃便开始死亡，鲮（*Cirrhinus molitorella*）在水温低于 7℃便会冻死。

温度对仔、稚、幼鱼的生长和代谢影响很大，在一定的水温范围内，温度升高可加速幼稚鱼的新陈代谢，促使其生长加快。例如，黑鲷在室内平均水温 18～23℃的试验条件下，仔鱼分别于 21～31d 变态成稚鱼，水温越高，变态越早。因此，鱼类苗种培育期间，必须保证合适的温度。

3. 温度对水中各种反应的影响　温度对生物的作用可分为最低温度、最适温度和最高温度，即生物的三基点温度。当环境温度在最低和最适温度之间时，生物体内的生理生化反应会随着温度的升高而加快，代谢活动加强，从而加快生长发育速度；不同生物的三基点温度是不一样的，即使是同一生物不同的发育阶段所能忍受的温度范围也有很大差异。

（二）水温与病害的关系

温度对细菌性及病毒性传染病的暴发影响较大，与水产动物病害的发生密切相关。温度所扮演的“角色”是决定病原菌生长和侵入甚至导致疾病的“无形杀手”。水产动物疾病的发生和减少与环境温度有着密切的关系，通过采取改变环境温度的生态学方法，可以预防疾病发生。

1. 发病水温　在有病原菌存在的情况下，几乎所有水生动物疾病都是在一定的温度范围内发生的。淡水鱼细菌性败血症在 9～36℃均有流行，尤以水温持续在 28℃以上及高温季节后水温仍保持在 25℃以上时严重；烂鳃病在水温 15℃以上开始发病，15～30℃范围内水温越高，致死时间越短；小瓜虫病 15～25℃时流行；锚头鳋在水温 12～33℃都可以繁殖，主要流行于热天。青鱼、草鱼的肠炎致病菌在水温低于 20℃，不引起鱼病，只是当水温升至 25℃左右时，毒性显著增高，因此，春季升温后，便形成疾病流行的高峰。在冬季寒冷的地区养殖的鲤鱼，到了春季死亡率也增高。这是因为冬季鱼很少摄食或完全不摄食。组织中的贮备消耗殆尽，而且冬季冰下溶解氧低，到了春季，鱼体严重贫血，加之冬末春初，生殖细胞发育耗尽了鱼体的营养，春季达到发病水温之后，易感染而死亡。由寄生水霉、腐霉引起的水霉病多发生在冬季到早春阶段池水温度较低时，治疗方法之一就是提高水温，当水温上升到 26℃以上，可有效地抑制水霉病的发生。

2. 温度变幅与病害　水温的变化，尤其是急剧变化，对鱼病影响较大。实践证明，在日温差或季节温差大的地方，温度对鱼病的发生有特别大的影响，草鱼出血病大多发生在水温几次陡降后的回升过程中，而且，不管什么温度条件下发病，死鱼高峰也在水温陡降后又回升到较高水温的时间内。如在鱼苗、鱼种投放饲养阶段，常出现一种感冒病，此病是两个水体温差太大，刺激鱼的神经末梢而引起的。病重者浮于水面而死亡，对于其他水产动物如虾、贝类种苗也存在同样的现象。因而，将养殖对象从一个水体转移到另一个水体时，要注意两个水体的温差，鱼苗阶段的水温突然变化不超过 2℃，鱼种阶段不超过 4℃，成鱼阶段不超过 5℃；凡纳滨对虾自然海区栖息水温为 25～32℃，对温度突然变化有一定的适应能力。据实验可知，凡纳滨对虾在 24℃条件下，突然移入 18℃、21℃、27℃、30℃的水温条件下培育 48h 的成活率为 100%，当日温差变化超过 9℃时，对虾出现死亡，摄食减少，活力减弱。每当有降雨天气、大风天气、寒潮天气即将出现时，能够调节水温的育种育苗池，应事先缓慢降温，以免出现大的温差，造成大批死亡。

3. 极端温度与病害　温度低于一定数值，生物便会受害，温度越低生物受害越重。低温对生物的伤害可分为寒害和冻害两种。寒害是指温度在0℃以上的低温对喜温生物造成的伤害，主要是蛋白质合成受阻和代谢紊乱等。冻害是指0℃以下的低温使生物体内（细胞内和细胞间）形成冰晶而造成的损害，极端低温对动物的致死作用主要是体液的冰冻和结晶，使原生质受到机械损伤、蛋白质脱水变性。昆虫等少数动物的体液能忍受0℃以下的低温仍不结冰，这种现象称为过冷却。过冷却是动物避免低温的一种适应方式。

温度超过生物适宜温区的上限后就会对生物产生有害影响，温度越高对生物的伤害作用越大。高温对动物的有害影响主要是破坏酶的活性，使蛋白质凝固变性，造成缺氧、排泄功能失调和神经系统麻痹等。

大多数水生生物对温度的适应性较弱，只有少数水生动物在极端温度下有休眠习性（冬眠和夏眠）。如刺参，当海水温度低于8℃时，它将处于冬眠状态，当海水温度高于20℃时它又可进入夏眠状态。

4. 适宜的昼夜温度变动与病害　适宜的昼夜温度变动（以下简称变温）对水生动物具有积极影响，例如，可以加速幼体发育速度，提高雌体生殖力、幼体的存活率和增强对极限温度的忍耐力等。适宜的变温可以显著促进水生动物如桡足类、鱼类、虾蟹类和贝类等的生长。莫斯科农业大学试验养殖场采用变换水温的方法大大加快了鱼苗的生长速度。这种方法是在育苗池中安装一个调控加热器，使育苗池中水的温度略高于普通鱼池水温1.0～1.5℃，并且每4h加热一次，水温降至正常后又加热，依次循环。这样可使鱼苗的生长速度加快40%，同时鱼苗出池后对水温的适应性更强，死亡率降低2%～3%。

变温促长作用基本上可归因于两个方面，一是变温下动物个体摄食量的增大，另一方面是变温改变了动物个体的生物能量学特性，使其生物能量利用得到优化，如食物转化率的提高、基础代谢的降低、摄食能中用于生长的比例增大等，但具体的机理因种类或温度设置等方面的不同可能会有所差异。变温研究结果可应用在工厂化养殖上。

四、温度调节措施

1. 室内养殖温度调节　室内养殖可以采取多种人工手段调节温度。例如，为了升温，可以采用电加热、热水管道加热、太阳能加热等；为了降温，可以采用添加地下水、空调制冷、室内遮光等方法。

2. 池塘水温度调节　除了应用温泉水或电厂的温排水之外，考虑到成本，目前的生产和技术水平还不可能对一般户外池塘的水温完全加以人工控制，但部分的调节和控制则是可以做到的。

（1）春季太阳辐射的热力较弱，池塘宜灌较浅的水，浅水水温易升高。这对养殖生物的摄食、生长和池塘天然饵料生物的繁殖都有利。此时养殖生物刚放养不久，个体较小，也不需要池水太深。也可适当补充深井水或大河水来增氧保温，这样也有助于池塘水温的提高。随着季节推进，水温逐渐升高，个体长大，池水须相应加深。至夏季加到最高水位，使下层水温不会过高，以免超出养殖生物适应的范围，便于其栖息和生长。

（2）一般情况下，池边不宜种植高大树木，池中不应生长挺水植物和浮叶植物以免遮蔽阳光，影响水温升高。但在风力较大的地区，可在池塘北侧和西侧近旁种植丛林以防大风，使池塘保持一定的水温。

(3) 如引用水温较低的溪水或泉水饲养温水性鱼类，在注入池塘前应使之经过一段较长的流程，或在贮水池贮存一定时间，以提高水温。

(4) 有条件的地方可利用地下温热泉水或电厂无污染的温排水以提高池塘水温。

(5) 秋冬季建简易大棚提高水温。用竹子、钢管、铁丝等做支架，上面覆盖塑料薄膜，离水面0.5m以上，占水面积的1/2～2/3，薄膜上再盖一层疏网，以防大风吹破薄膜。

(6) 网箱内或养殖龟鳖类的池塘，水面可种植水浮莲、浮萍等漂浮植物，可防止水温急剧升降。

(7) 在一些较大的静水水体，在养殖水体的北面和西北面用作物秸秆或泥土筑成1.5～2m高的挡风屏障，在挡风屏障和池塘之间用毛竹支撑起简易大棚，防止水体结冰。池塘或稻田四周筑排水沟，防止池外雪水流入。在北面挡风墙墙壁离池底40cm处可挖1～2个深2m、直径0.8m的避寒洞，洞壁可用砖砌或埋陶瓷管，在寒潮侵袭时鱼可躲入避寒洞。

(8) 夏季水表层的温度较高，可超过36℃，而下层的水温则要低3～5℃，但下层水往往含氧量较低，故在高温季节首先要将水位加高，保持在高水位养殖，从而保持适合的水温和稳定的水质；其次需增加下层水的含氧量，主要的通过合理使用增氧机。如采用底层微孔管增氧。

3. 加强养殖管理　生产实践中，要采取综合措施应对水温剧变、过高或过低造成的不利影响。例如，严寒期间，暂停捕捞作业以防损伤；及时对冻伤和死亡的动物进行处理，防止暴发疾病；进行水体和鱼体消毒；加强灾害过后养殖池环境改造；强化投喂技术等。

第二节　光　照

光是一个比较复杂的外部生态因子，包括光谱、光照强度和光周期。光在水生环境中具有特殊的特征。在自然界，光的变化具有稳定性和规律性，它的变动能触发动物的一些生理机制。养殖生物对光变化的感受性随着种类以及发育水平的不同而不同。水生动物的摄食、生长、发育以及存活等都直接或者间接受到光的影响。关于光对水生动物影响的研究，从整体上看，还仅仅处在初步探索阶段。

自然界中光照条件的季节变化和昼夜长短的更替，在进化的历史长河中逐渐成为动物生命过程的调节者。在水环境中光对水生动物的生殖、发育、生长、摄食等一系列生命过程均有影响。日照长度的季节变化又随纬度而不同。在高纬度地带，纬度越高，夏半年白昼越长，夜间越短；冬半年则白昼越短，夜间越长。

在生产实践管理中，通常并不直接测定光照强度和光谱，而常常以廉价、简易和综合的透明度和补偿深度指标反映组成复杂的养殖水体的光照状况。

一、养殖水体光照条件

（一）养殖水体各水层的光照强度

到达水面的太阳总辐射能，一部分因水面反射而损失，反射回大气的量与太阳照射角度有关。太阳光在水中辐射强度的变化，除了与季节、天气以及水中悬浮物质的数量有关外，还取决于以下两个方面。

1. 水面上的光辐射强度随太阳高度角的增大而增强　太阳高度角增大时，光辐射经过大气层到达水面的距离最短，辐射强度最大，且反射最小。故水体表层辐照度越大，光透入水中的深度也越深。日出和日落时，太阳高度角小，反射损失大，水体表层的辐照度也随着下降，故光透入水的深度最浅。

当中午空气辐照度最大时（2 070μE），池水表层 0.05m 处的辐照度也最大（1 680μE）；而日出和日落时，空气辐照度分别为 3.21μE 和 31.4μE，池水表层 0.05m 处的辐照度分别为 1.55μE 和 13.5μE。

2. 水中的辐射强度随水深的增加而呈指数函数衰减　养殖水体中有机物含量较高，特别是像精养鱼池这样的小水体，其浮游生物、溶解物及悬浮有机物多，太阳的辐射除了被水体本身所吸收外，还被水中浮游生物、溶解物、悬浮有机物及无机颗粒所吸收和散射。据无锡精养鱼池在夏季晴天测定，水中的辐照度随水深的增加而呈指数函数衰减。

日光射入水中后，一部分被水吸收（变为热能），同时其中悬浮的或溶解的有机物和无机物对光有选择性地吸收与散射。因而水中的光照强度随着深度增加而减弱，可用下式表示其总衰减规律：

$$I_D = I_0 e^{-KD}$$

式中：I_D 和I_0——分别表示在深度 D 处和水面的光强；

K——平均消光系数或称衰减系数，不同水域（近岸、外海）的 K 值不同；

e——自然对数的底；

D——深度。

$$K = (\ln I_0 - \ln I_D)/D$$

（二）水对不同波长光的吸收差异

水对各种波长光的吸收情况是有差异的。透入海水的光大约有 50%是由波长＞780nm 的红外线辐射组成，并且很快被吸收转换为热能，还有很少量波长＜380nm 的紫外线辐射进入海水后也迅速地被吸收、散射，其余 50%左右的可见光（400～700nm）可透入较深水层，基本上是光合作用所需的波长，称为光合作用有效辐照。在光合作用有效辐照中红光很快被海水吸收，在最清净海水中 10m 深处只剩 1%左右，蓝光穿透最深，在 150m 深处仍有 1%。因此，海面以下各水层的光谱组成同海面附近是很不同的。

（三）补偿深度

光照强度随水深的增加而迅速递减，水中浮游植物的光合作用及其产氧量也随即逐渐减弱，至某一深度，浮游植物光合作用产生的氧量恰好等于浮游生物（包括细菌）呼吸作用的消耗量，此深度即为补偿深度（单位为 m）；此深度的辐照度即为补偿点（单位为 μE）。补偿深度为养殖水体的溶解氧的垂直分布建立了一个层次结构。在补偿深度以上的水层称为增氧水层，随着水层变浅，水中浮游植物光合作用的净产氧量逐步增大；补偿深度以下的水层称为耗氧水层，随着水层变深，水中浮游生物（包括细菌）呼吸作用的净耗氧量逐步增大。

不同的养殖水体和养殖方法，其补偿深度差异很大。水体中有机物越高，其补偿深度也越小。通常，海洋、水库、湖泊的补偿深度较深，而池塘的补偿深度较浅，特别是精养鱼池，其补偿深度最浅。补偿深度为养鱼池塘的最适深度提供了理论依据。据测定，在鱼类主要生长季节，精养鱼池的最大补偿深度一般不超过 1.2m；北方冬季冰下池水的最大补偿深度为 1.52m。日本养鳗池（指单一养鳗，不混养其他鱼类）的设计水深均在补偿深度以内，通常不超过 1m。但中国的精养鱼池是高密度混养类型。池水太浅，不利于放养量的提高和立体混养。故既要考虑存在补偿深度，及时改善水质；又要考虑鱼类立体利用水体，实践证明，精养鱼池水深以 2～2.5m 为佳。

粗略地说，补偿深度平均位于透明度的 2～2.5 倍深处。

二、主要养殖品种的适宜生长光照

（一）养殖藻类对光照的最适需求

1. 不同的藻类对光照的最适需求不同　例如，三角褐指藻（*Phaeodactylum tricornutum*）为 3 000～5 000lx，小新月菱形藻（*Nitzschia closterium*）为 3 000～8 000lx，亚心形扁藻（*Platymonas subcordiformis*）为 5 000～10 000lx，小球藻（*Chlorella vulgaris*）为 10 000lx，等鞭藻（*Isochrysis galbana*）为 6 000～10 000lx，湛江等鞭藻（*Isochrysis zhanjiangensis*）为 5 000～10 000lx。

2. 同种藻类不同生长阶段对光照的最适需求不同　例如，坛紫菜（*Porphyra haihanensis*）育苗期要求采光均匀，无直射光线进入。藻丝生长盛期是在 6 月以前，这一阶段的光照强度要求在 2 000～3 000lx。膨大藻丝形成阶段为 6 月至 8 月中旬，这时的光照强度应减至 500～1 000lx。光照强度的控制应与采果孢子密度相适应，采苗密，光照强度应比较弱，反之则比较强。为了促进膨大细胞的集小形成，必须进行缩短光照时间的处理，一般从 8 月上旬开始，光照时间缩短为 8～10h。

（二）不同养殖动物在不同养殖阶段对光照有不同的最适需求

不同养殖动物在不同养殖阶段对光谱组成有不同的最适需求。

利用光周期的生物效应进行控光，使养殖生物提早或推迟繁殖（反季节繁殖）已在生产上广泛应用。例如，鲑鳟鱼类是短日照型鱼类，在自然光照时间逐日变短、水温逐日降低的秋、冬季，性细胞发育成熟。性腺发育对光照时间的变化很敏感，光照变化可以改变其成熟。日照时间在 12h 以内，虹鳟鱼性腺发育快，如光照超过 12h 发育反而变慢。因此，要使虹鳟鱼性腺发育良好，在日照这一点上应尽可能人工控制在 12h 以内。因此，可以用人工调节光照周期的方法，控制产卵期，实现了周年采卵，例如，对 10—12 月期间已经采过卵的亲鱼，在翌年 2 月对其进行光照调节，到 7—11 月进行采卵，再对产过卵的亲鱼进行光照调节，到翌年春季（1—5 月）又可采卵，从而实现周年产卵。

日光照射对受精卵有致死作用，散射光对发育卵亦有不良影响。因此，虹鳟受精卵整个孵化过程中都必须严格避光，受精卵在黑暗中发育孵化。一般光照强度对仔、幼鲟的培育没有明显影响，尽管中华鲟苗种在垂直游泳阶段有极强的趋光性，转为底栖后，其趋光性消失。

三、光照调节措施

人工调节、控制光照的办法因不同的养殖生物、养殖水体和养殖阶段而有所不同。例如，坛紫菜育苗期顶、侧窗玻璃以无色玻璃为好，可在平板玻璃上涂白漆、白粉或贴白纸，并在顶窗和侧窗上配以白布窗帘调节光线。在整个育苗室中，光照难做到完全一致，一般靠门窗处光照强、角落里光照弱。每隔一段时间，要把角落里生长较差的丝状体调换到靠门窗光照较强的地方，使丝状体均衡生长。坛紫菜藻丝生长盛期时在窗户上装白色窗帘，刷白粉或石灰，后期在顶窗盖草帘。缩短光照时间的办法是在池面上盖黑色塑料布或把所有门窗都装上红、黑两层布帘，使整个育苗室处于黑暗状态。

在生产实践中，户外自然光照养殖水体的适宜的光照调节就是参照透明度进行调节。例如，养殖海带养殖生产的关键是透明度的相对稳定。浙江海区，海水较混浊、透明度不到1m的海区采用短苗绳浅挂平养，同样可以保证海带得到充足的光照；透明度大、水清而稳定的海区，可以采用长苗绳深挂养殖，也不会使海带受到强光刺激。反之，透明度不稳定、忽高忽低、变化幅度很大的海区，由于无法掌握适宜于海带受光的水层，最易发生因光线过强或过弱而抑制海带生长的现象。海带需要进行光合作用，因此以水色澄清、透明度较高的海区为好。

户外池塘尽量避免夏天强光直射水池而引起水温的急剧上升，必要时，养殖水池上方要设置遮阳设施。例如，螃蟹怕强光，因此高温季节养蟹池塘上方需搭建芦苇棚，或在池内放养水草、水浮莲、栽种茭瓜等大型水生植物，以防阳光直射全池。

对于需要增加光照时间和强度的养殖环节，也可以提供人工光源。

第三节　水　　色

一、水体成色成因

（一）水色的基本概念

水色是养殖池水在阳光下呈现出来的颜色，亦即溶存于水中的物质——悬浮物或胶状物所表现的颜色。水色和透明度都取决于溶解物质和光的透射或反射。池塘水色是多种多样的，不同的池塘水色有时相同，有时不同，同一池塘在不同时期的水色也不同。池中的水总是呈现一定的颜色，池水反映的颜色，在水色组成中，既有天然的金属离子，也有微生物和浮游生物，还有泥沙、有机质、悬浮的残饵和施加的各种有机肥料、腐殖质及色素，甚至和当时当地的天空和池底色彩反射等有关，这些物质中浮游生物——特别是藻类的繁殖是形成水色的主要原因。例如，富有钙、镁、铁盐的水呈黄绿色，富有溶解腐殖质的水呈褐色，含泥沙多的水呈土黄色且混浊等。但养鱼池的水色主要是由池中繁生的浮游生物所决定的，各类浮游植物细胞内含有色素不同，当浮游植物的种类和数量不同时，池水呈现不同的颜色和透明度。

（二）水色的作用

1. 增加溶解氧　良好的水色是藻类繁殖所引起的，这些藻类除能提供阶段性的辅助饵料外，更重要的是在白天进行光合作用而有效增加水中溶解氧，提高了养殖动物的摄食量与消化吸收水平，降低了 CO_2、NH_3、H_2S 及 CH_4 含量。藻类过量繁殖时，夜间的呼吸作用也要消耗大量氧气，但它引发的氧降低量并不严重，可通过搅拌、充气、换水等补救。

2. 稳定水质并降低有毒物质含量　藻类、细菌或原生动物等能累积高浓度的污染物质，加上悬浮的有机颗粒、土壤颗粒，都可吸收、吸附水中的重金属而沉淀，还可以吸收由养殖生物排泄物及饵料腐败所产生的氨及硫化氢等，使其降低到不会毒害养殖生物的浓度，以保持水质的稳定性，维持暂时的生态平衡。

3. 养殖生物有安全感并减少相互捕食　如果没有水色，养殖生物特别是虾类容易受光线直射的危害，易受惊吓而跳跃，会导致仔虾群游，从而耗费能量。而一定的水色能增加混浊度，减少透明度，使虾类能有安全感而愿意栖息，因而减少游动和互相残食的机会，有利于虾类积蓄能量生长。

4. 延缓水温的升降　具有一定水色的养殖池蓄热的能力比清水强，而散热的速度又比清水慢，因此，具有水色的养殖池一般都比无水色池的温度高 0.5～2.0℃，稍高的温度能促进对虾长成，缩短养殖周期，而在春秋季节能延缓水温下降速度。

（三）水色的变化

1. 温度不同引起的变化　养殖季节一般为 4—10 月，水温变化呈低—高—低的趋势。养殖初期水温较低（10～15℃），是硅藻的繁殖期，水色多呈黄褐色，随着水温的升高，绿藻开始繁殖，水色逐渐变成黄绿色；到了夏季水温再升高至 25～30℃，适合绿藻、蓝藻繁殖，水色就由黄绿依次变为浅绿、鲜绿、蓝绿、墨绿；至夏季高温时，由于池水有机质丰富，适合甲藻、金藻生长，水色就变为酱红色。

2. 饲料不同引起的变化　以投喂花生饼为主的配合饲料的虾池易繁殖绿藻，水色多呈绿色；以投喂杂鱼虾和贻贝等为主的虾池易繁殖原生动物；若以生石灰、漂白粉清池，则易滋生蓝藻（主要是颤藻）。

3. 光照不同引起的变化　硅藻类喜弱光，绿藻、蓝藻喜强光，因此可通过光照度来控制藻类的生长繁殖。

4. 藻类交替性不同引起的变化　各种藻类都有其独特的水色，若水色突然变深或变浅，说明藻类发生异常。例如，绿藻过度繁殖时水体呈墨绿色，若老化则变成酱油色，绿藻死亡后则变清，此时会影响对虾的生长发育。

二、水色与病害

水色可以在一定程度上反映水质的优劣，水生动物病害的状况与水质的优劣有直接关系，因此水色也就在一定程度上可以与病害关联，但很多情况下又是难以确切关联的。其原因就在于单纯地从水的颜色是难以完全判别浮游生物组成，水质的优劣不仅是浮游植物种类组成和数量的问题。呈现同一水色的可能是不同优势种浮游生物造成的，这些优势种可能共存于一个水体内。实际上，水色与水质的好坏的联系是十分复杂的。甚至有人认为在养殖池塘中不论水色如何变化都是好水，但一般认为蓝绿色水、黑褐色水、清澈水色为劣质水。对水生生物而言，无论什么颜色的赤潮均可以引起病害，甚至可以造成大量死亡。

1. 蓝绿色水色与病害　蓝绿色水色是由于蓝藻门中的藻类大量繁殖，主要是微囊藻所致。水质混浊、浓厚。在塘口下风处的水中有大量蓝绿色悬浮颗粒，水表层有带状、云状蓝绿色藻群聚集，形成油膜，并有气泡出现，又称水华。而在水体的下层则很清瘦。当水温达到 28℃以上阶段后，藻类会陆续死亡，产生毒素，败坏水质。在高温季节的 7—8 月，养殖密度过大的水体大多会产生该种水色。蓝绿色水质持续时间过长、浓度过大后，养殖对象在这种水体中还可以持续存活一段时间，一旦天气骤变，水质会急剧恶化，造成蓝绿藻等大量死亡，死亡后的蓝绿藻等被分解产生有毒物质，很易造成养殖对象暴发大规模的死亡。

2. 黑褐色水与病害　黑褐色水色，又叫酱油色，呈黑褐色或深红褐，深黄褐色。形成该种水色的主要原因是养殖中后期，投饲后残饵、排泄物过多，有机物在塘底腐败分解，形成富营养化水质，水中悬浮有机物增多，水质老化，恶化，毒物积累增多。增氧机打起来的水花呈黑红色，水黏滑，并有腥臭味，水面因增氧机打起的泡沫基本不散去。该种水色的水

中，褐藻、鞭毛藻、裸甲藻、多甲藻为优势种群，这些藻类可分泌毒素（夜光藻无毒）。在毒素作用下，养殖对象会暴发疾病，以至中毒死亡，其中以对蟹塘、虾塘的危害最甚。有些鞭毛藻会分泌麻痹神经毒素，使虾中毒死亡，要加强解毒、改底，以鞭毛藻为主的池塘易缺氧、底质更易发臭，要加强增氧。

3. 清澈色水与病害　清澈水色的水有两种情况：

（1）青苔水　即水体底部长满青苔，使水体变清变瘦，水中缺乏营养盐类，有益藻类绝生，养殖幼体进入青苔之中很难成活。

（2）黑清水　水色透明见底，但呈黑青色，并散发有腥臭味。水中浮游植物绝迹，有大量大型浮游动物出现，在养殖上称“转水”。这种水为水质变坏的水，是不宜进行养殖的水体。

4. 赤潮与水生动物病害　赤潮是海水中某些微小的微型藻、原生动物或细菌在一定的环境条件下暴发性增殖或聚集在一起而引起水体变色的一种生态异常现象。赤潮是一种局部海域灾害性生态破坏现象。当赤潮发生时海洋生态平衡遭到干扰和破坏。在植物性赤潮发生初期，由于植物的光合作用，水体会出现高叶绿素 a、高溶解氧、高化学耗氧量。这种环境因素的改变，致使一些海洋生物不能正常生长、发育、繁殖，导致一些生物逃避甚至死亡，破坏了原有的生态平衡。赤潮破坏渔场的饵料基础，造成渔业减产。赤潮生物的异常繁殖，可引起鱼、虾、贝等经济生物鳃瓣机械堵塞，造成这些生物窒息而死。赤潮后期，赤潮生物大量死亡，在细菌分解作用下，可造成环境严重缺氧或者产生硫化氢等有害物质，使海洋生物缺氧或中毒死亡。有些赤潮生物的体内或代谢产物中含有生物毒素，能直接毒死鱼、虾、贝类等生物。并通过生物链富集于鱼、贝体内，人类误食后，则可引起中毒，甚至死亡。

三、水色调节措施

（一）一般措施

因为池塘水色主要是藻类引起的，所以水色调控其实就是培养藻类。

1. 施肥　根据藻类的性质不同，加入不同营养盐以及化肥或有机肥等，把藻类培养成其应有的水色，当透明度达 80～90cm 时则停止施肥。

2. 换水　当水色太浓（即红褐色、墨绿色）时，需要大换水以延缓和防止水质老化，改善虾池生态环境，以恢复到理想的水色。水色太浓时由于浮游植物消耗碳源过多而造成碳缺乏，当 pH≥10 时，CO_2 就不容易溶于水中，此时需要立即采取充气、补充碳源和降低 pH 等措施。

3. 接种　当所需藻类繁殖不起来，水色太清时，应考虑重新接种。将原池水排出，引进水色好的池水，施肥，进行高比例接种培养，使藻种快速繁殖起来。

4. 抑制繁殖　当池底生有大型藻类时，可以通过繁殖微藻类减弱池底光照来抑制其繁殖。

（二）劣质水色的调控实践技术

1. 蓝绿色水色的调控方法

在养殖水体出水口处上方，开口放出表层水，将蓝绿藻排出塘口外，连续 2～3d，或用人工密网在下风头处捞除。

2. 黑褐色水色的调控方法　如水色变成黑褐色水色时，要立即减少或停喂饲料，加注新水，开动增氧机，增氧曝气降低毒素浓度。

3. 清澈水色的调控方法 首先要打捞清除青苔，不易打捞之处要抑制青苔生长，可用有机肥挂袋的办法将发酵腐熟的有机肥（如鸡粪）装袋后，定置悬挂在生长茂盛的青苔上方，待浮游植物大量繁殖，遮蔽青苔生长的阳光后，青苔自然死去，水色可逐渐变绿。

第四节 其 他

一、水体的密度、浊度、透明度

（一）密度

水的密度对水域生态系统循环和流转具有重要影响。这些现象反过来又强烈影响着生物和天气模式。

1. 水的密度是温度的函数 在从 0～4℃加热时，水的体积不增大，而是缩小。它的最大密度不在结冰点（0℃）而在 4℃（较确切的是 3.98℃）。由 4℃起升温或降温，密度均逐渐变小。在冰点时，水的密度猛然下降。因此冰比水轻，漂浮在水上。

2. 密度与盐度有关 在水中加入无机盐，会改变出现最大密度时的温度和冰点。当盐度增加时，出现最大密度的温度降低，盐度为 24.7 时，在冰点出现最大密度，一般淡水及盐度小于 24.7 的海水，密度最大时的温度都在冰点之上。从密度最大时的温度点开始，无论是升温，还是降温，水密度均逐渐变小。

3. 压力也会影响水的密度 压力增加，水密度也会随着增大，但由于压力改变，对整个水体的体积改变很小，可忽略不计。

（二）浊度

浊度表征水中悬浮物质等阻碍光线透过的程度，表示水层对于光线散射和吸收的能力。它不仅与悬浮物的含量有关，而且还与水中杂质的成分、颗粒大小、形状及其表面的反射性能有关。

天然水体或多或少地都含有各种无机或有机的悬浮质粒，称为颗粒悬浮物，自水体外流入或在水体内由水生生物死体的分解或岸边土壤的崩解而形成。浮游病毒、浮游细菌、浮游植物、浮游动物也是颗粒悬浮物的一部分，这里颗粒悬浮物仅指无机质粒和腐质。水中悬浮物起着双重的生态作用。

1. 有利作用 由水生生物死体或其代谢产物形成的腐质是水生动物重要的食物源泉之一，悬浮腐质量常常决定着浮游动物的产量，沉积水底的腐屑又是摇蚊幼虫、水蚯蚓等底栖动物的主要食物。腐质经过细菌的分解作用又可丰富水中氮、磷等物质的浓度，从而促进浮游植物的繁殖。因而在其他条件良好的情况下，有机悬浮物可促进水体生产力的提高。

2. 不利作用 无机悬浮物或有机悬浮物过量时，都起着不利的生态作用。

（1）水中悬浮物过多，将急剧降低水的透明度，抑制水生植物的光合作用，恶化溶解氧状况。

（2）悬浮物直接和浮游生物或鱼类相摩擦，对生物会造成机械损伤；在流水水体，泥沙等无机悬浮物还冲击和刮走附着生物。直径几微米到几厘米的无机质粒，直接冲击鱼类。

（3）水中悬浮物过多还易堵塞滤食性动物的滤食器官，恶化其营养条件。因而，混浊度

常降低浮游动物的数量。

（4）较粗的悬浮质粒特别是泥沙等很易沉淀，大量悬浮物沉淀水底时可将底栖动物掩埋而导致大量死亡。

（5）改变生物组成。

（三）透明度

透明度通常用来反映可见光在水中的衰减状况。透明度是用测定萨氏盘（黑白间隔的圆板）的深度来间接表示光透入水的深浅程度。透明度采用专门的透明度盘测定。透明度盘由采用黑白的油漆涂成黑白相间的金属圆盘制成，圆盘中央拴一根有深度标记的软绳（此绳应不易伸长）。测定时将圆盘沉入水中，在不受阳光直射条件下，刚好看不到盘面白色时的深度，即为透明度。

透明度的大小取决于水的混浊度（指水中混有各种浮游生物和悬浮物所造成的混浊程度）和色度（浮游生物、溶解有机物和无机盐形成的颜色）。在正常情况下，养殖水体中的泥沙含量少，其透明度的高低主要取决于水中的悬浮物（包括浮游生物、溶解有机物和无机盐等）的多少，透明度与水中悬浮物数量之间呈曲线关系。凡是水中悬浮物多的养殖水体，其透明度必然较小。

养殖水体透明度的大小不仅直接影响水中浮游植物的光合作用，而且还能大致地反映水中浮游生物的丰歉和水质的肥度。特别是湖泊、水库、池塘等静水水体，水中的悬浮物质主要以浮游生物为主。因此透明度可一般地指湖泊、水库、池塘中浮游生物的丰度。透明度越小，浮游生物数量越多。反之，则浮游生物数量越少。这种情况在精养池塘中最为明显。

在鱼类主要生长季节，精养鱼肥水的透明度通常在25～40cm；粗养鱼池水的透明度为100～150cm。混浊的黄河水，透明度只有1～2cm。一般认为在相当于透明度的深度处的照度，只有表层照度的15%左右。浅水的藻型湖泊，因藻类丰富，且易受风浪搅动使底泥悬浮，故透明度较低，一般为30～100cm；而浅水的草型湖泊，由于水草丰富，水中悬浮物少，透明度较高。清澈的海水与湖水，透明度甚至可达十多米。

二、气象变化与病害

（一）气象变化的危害

天气急剧变化与变化无常会引起水环境因子发生较大的变化，从而导致水生动物的应激增加。

1. 阴雨天气

（1）连续的阴天会造成水中藻类得不到足够的阳光，不能进行光合作用，就不能产生氧气来补充水中的溶解氧，会引起鱼类浮头。

（2）由于长时间不能进行光合作用，水中污染物增加，藻类就会大批死亡，藻类的残体会大大增加水中的有机物残留，分解时消耗大量溶解氧，分解物还会污染水体，造成水质环境恶化。

2. 晴天闷热天气和闷热后雷雨天气

（1）闷热、雷雨天气，气压较低，水中的氧气会扩散逸出一部分到空气中去，造成水中溶解氧损失。

（2）闷热天气，水体上层水温较高，下层水温较低，形成温跃层，上下层水体的交换受阻，上层水体的氧气不能补充到下层水体中，导致下层水体严重缺氧，水中的微生物在缺氧的条件下分解有机物产生硫化氢、亚硝酸盐等有毒物质，引起水生动物中毒。

3. 暴雨天气　由于水量的增加，盐度和 pH 下降（海水池塘），同时春末夏初雨水温度较低，会引起池塘水温一定程度的下降。这样就增加了鱼虾的应激，使其体质变弱，易发生细菌病、病毒病和寄生虫病。

4. 台风天气　台风同时会带来暴雨，盐度、pH、温度等急剧下降，水体生态系统（特别是微生态）平衡被打破，水体中的藻类、有益菌和各种浮游动物、原生动物可能大批死亡；大风引起池塘涌浪，大浪淘底，使原来沉积在池底的硫化氢、氨氮、残饵、动植物尸体、排泄物等有害物质被淘起，引起水质急速败坏，生物耗氧量上升，病原微生物趁机大量繁殖。狂风骤雨使养殖生物受到惊吓，引起应激反应，抵抗力下降，各种疾病易暴发和流行。

5. 冷锋来袭引起的降温天气以及冷暖峰相遇引起的降雨天气　这种天气在春末夏初比较常见。持续高温晴好天气，水温上升较快，下层水温变暖，此时北方有较强的冷空气南下，气温会大幅度下降，鱼池表层的水温也随之迅速下降，造成池水表层冷水下沉，下层缺氧的暖水上翻，易引起幼鱼缺氧。

（二）对灾害性天气采取的管理对策

1. 水质管理的关键是看天管理。不同季节影响水质的关键因素不同，如夏季关键是高温、强降水、台风、低气压等，春秋季关键是强降温。对不同的灾害性灭气应采取不同的对策。

2. 对于易造成不良后果的天气变化，应加强巡塘管理，防止缺氧浮头，天气变化前后，适当增加和延长增氧机开机时间。台风、暴雨天气时提前使用增氧机，减少水层的温差，再使用改水增氧剂进行底部增氧。阴雨天气或池水透明度突然变大时，藻类的光合作用减弱，造氧减少，池水的溶解氧较低；无风炎热天气，池水分层现象明显，池底较易缺氧。若遇上述情况，应尽量多开增氧机，并结合换水或采取其他底质优化处理措施，防止缺氧现象的发生。

3. 强降水来临前淡水池塘要预降池水水位，海水池塘要尽量多蓄海水，加强巡塘频度，发现问题及时处理，确保不溢池、不浮头、不泛塘等。根据养殖品种的特性和当地气象台站的中长期预报，在不利气候来临前适时捕获上市。

4. 暴雨过后，迅速采取措施，调整水质。如海水池塘要尽快打开溢流口排出上层淡水，减小水质变化；加入适量生石灰，提高 pH；开动增氧机，增加水体溶解氧，加速有毒物质的氧化；必要时，适当投放消毒剂，及时杀灭水中细菌病毒，防止感染；雨后养殖动物在应激恢复期间，适当减少投饲，避免浪费饵料和污染水质。

三、水交换与病害

（一）水交换的作用

养殖水体中的理化因子是否稳定，决定了水体生态系统的稳定性。但一般来说，养殖水体比较小，理化因子常有波动，过大的波动会造成生态系统衰退甚至崩溃。由于水交换供给新鲜水，有利于维持稳定的理化因子，尤其是溶解氧，以满足鱼类呼吸代谢的需要，从而保证其正常摄食与生长。同时，水交换还有利于调节池水温度，水体不停止的循环流动可促进

鱼体的代谢作用，有利于鱼的生长。水交换可使池中残饵、污物和杂质集中于排污口周围，有利于污物的排除，可使池底部 NH_3-N 和 H_2S 的含量不至于增高。因此，观测到水环境有较大的不利变化时，应对池水进行交换，以保持水质的稳定，有利于防止病害的发生或减轻病害，对于促进鱼类生长都是极为重要的。试验和生产实践表明，在一定范围内单位水体的鱼产量与水体交换成正比关系。

（二）水交换管理措施

水交换量的确定要考虑多种因素，水质状况（尤其是温度、氨氮等理化指标）、养殖生物规格、摄食状况、体质状况等，同时还要考虑流速，不应过大以减少养殖动物体能消耗。水质状况不佳时，水交换量应大一些；养殖生物应激能力强的水交换量可加大；水质好时少换水，鱼体健康状态差时少换水。总而言之，水交换不宜过于频繁，换水量也不应该过大，防止水质剧变引起的应激反应。

第三单元　养殖水体化学环境

第一节　盐　　度

一、主要养殖品种的盐度适应性

（一）反映天然水含盐量的参数

含盐量是天然水的一项重要水质指标，它与水的许多其他性质，如化学成分的含量、密度、导电性、对光的折射、对声波的传播等都有关系。含盐量也影响到天然水的生态学性质和水的可利用价值。

反映天然水含盐量的参数通常有离子总量、矿化度、盐度和氯度，数值大小的顺序为：离子总量＞矿化度＞盐度，实际上三者的数值相差不很大。

盐度是反映海水水体含盐量的指标之一。水生生物对水体的盐度都有一定的适应范围，该范围往往随生物种类的不同而不同。生物体中的渗透压与水体中的含盐量密切相关，含盐量过高或过低时也会超过生物渗透压调节的能力，生物就会“渴死”或“胀死”。

（二）主要养殖品种的盐度适应性分类

根据与盐度的关系可以把水生动物分为广盐性和狭盐性生物两类。

1. 广盐性水生动物　这类生物大都生活在河口、浅海等近岸水域，这些地区由于受内陆淡水流入和降水等影响，盐度变动较大，生物对渗透压的调节能力强，如罗非鱼、半滑舌鳎、虹鳟、凡纳滨对虾、黑鲷、黄鳍鲷等都属于广盐性品种。此外，一些洄游性种类，对水环境的适应能力较强。如日本鳗鲡、欧洲鳗鲡、罗氏沼虾、施氏鲟、鲈等也都属于广盐性种类。

2. 狭盐性水生动物　一般来说大洋或外海的生物多是狭盐性的，这类生物只能生活在盐度变化范围不大的水域，如刺参、大连湾牡蛎、鲍、扇贝、海参等，以及部分淡水鱼类如草鱼、鲤、鲢、鳙等都属于狭盐性生物。

（三）常见淡水品种的耐盐性

淡水鱼类只能生活在含适量盐分的水中，不同鱼类或同一种鱼类不同生长阶段所能适应的含盐量的范围不同，即耐盐限度不同。水生动物对盐度变化的适应能力通常随年龄的增加而增强。

水的矿化度和渗透压，对淡水鱼卵的受精和胚胎发育也有影响。据研究，将受精的草鱼、鲢的鱼卵在盐度分别为 1.0～5.6 与 1.0～11.0 的水中观察，两种鱼胚胎均在盐度为 1.4 以内的水中才可以发育正常，在盐度 3 左右的水中胚胎发育明显失常，卵膜吸水膨胀程度也明显降低。

（四）影响耐盐限度的因素

除了水生动物自身调节渗透压的能力外，影响水生生物耐盐限度的因素主要有以下几个方面。

1. 水体的盐分组成　淡水鱼的耐盐限度同盐分的组成有关。如含 HCO_3^-、CO_3^{2-} 较多的水、含 K^+ 较多的水，鱼对这类水的盐度耐受极限将显著降低。许多耐盐试验是用低盐海水或淡水添加 NaCl 进行的，这些试验结果不能随意推广应用到 HCO_3^-、CO_3^{2-} 及 K^+ 含量高的半咸水。对这类水的适宜养殖品种应通过试验确定。

当然，鱼可通过调节渗透压来适应不同盐度的水，但各种鱼调节渗透压的能力总有一定限度，若水的渗透压超出鱼的调节适应能力，就会使鱼死亡。相反，当把淡水鱼放进渗透压比体液更高的水中，鱼的机体会失去水分，血液酸碱平衡遭破坏，pH 下降，血红蛋白结合氧气的能力下降乃至丧失，血清中蛋白质、类脂物质减少，血球沉降速度增大，鳃表皮破坏，体组织透过性改变，最终导致死亡。

2. 温度　温度影响生物的盐类代谢，因而温度的变化也可改变水生生物的耐盐性。如白鲢幼鱼，这种鱼对高盐度的适应能力以水温 18～22℃间最强，高于或低于这个温度耐盐能力都降低，而 18～22℃正是白鲢生活水体夏季的正常水温。

3. 盐度驯化　当外界盐度逐渐改变时，生物的耐盐性较大，反之，当外界盐度急剧变化时则不易忍受。经过一段时间的盐度驯化，常能提高水生生物的耐盐性，如草鱼的耐盐上限不超过 12，如果经过 15d 在 3～7 和 9 的盐度中驯化，则半致死盐度可分别达到 14 和 16。蒙古裸腹溞当盐度急变时其生存盐幅为 0.4～55.45，当盐度缓变时（每日增减 2）则达到 0.15～74.5，并且在 0.3～58.7 都可以进行生殖。

（五）水生生物对盐度变化的适应机制——渗透压调节

水生生物的水盐代谢方式与陆生动物不同，经常存在着与外环境间的渗透关系。因为水生生物居于水中，其体表在某种程度上可透过各种物质，当体液与外液浓度不同时，就可能因脱水或充水以及各种离子的浓度和比值变化，而破坏体内的平衡。有机体能够执行正常的生理机能，身体化学组成的稳定性是必要的条件之一。在进化过程中，水生生物形成了一系列保持水—盐代谢稳定性的适应，具体包括以下几个方面。

1. 形态适应　形成不透性外覆物，起到渗透隔离作用如植物的细胞壁、轮虫的被甲、甲壳类的甲壳、鱼类皮肤鳞片、软体动物的贝壳、水生昆虫的几丁质外骨骼等可以在盐度变化的条件下保证有机体内盐类组成的稳定性。以水中溶解氧呼吸的水生生物，如果发展了这种对水—盐代谢不透性的外覆物，就要阻碍气体交换，从而恶化本身的呼吸条件。因此，许多动物外皮的结构起了明显的分化：一部分稀薄（鳃等）用于呼吸，其他部分则密而厚，较不透水或完全不透水。体表部分渗透隔离可以减轻渗透调节机制的负担。

2. 行为适应　选择有利的渗透环境。一些动物对所栖息环境的不适盐度有回避作用。

3. 生理适应　根据渗透关系的特点，水生生物可分为随渗生物和调渗生物两种基本类型，前者体液的化学成分和渗透压随外界环境的变化而变化，后者在外液化学成分波动很大时，内液化学成分和渗透压仅有较小变化，显示有一定的调节能力。

二、主要养殖品种的生长适宜盐度

水生动物生长的适宜盐度在不同种类间存在差异，同一种类不同发育阶段也存在差异。

（一）甲壳类

1. 三疣梭子蟹育苗用水的盐度范围为25～32，成蟹养殖生长的最适盐度为25。

2. 凡纳滨对虾生长的盐度范围为0.5～45，对低盐度适应能力强，是典型的广盐性品种。

3. 中国明对虾仔虾生长的适宜盐度范围为15～30。

4. 斑节对虾能在盐度5～45的水域存活，最适盐度为10～20。

5. 日本囊对虾适应盐度的范围为15～34，对盐度变化非常敏感，对低盐度适应能力差；在盐度11以下，养殖成活率受影响。虾池盐度突变会引起大量死亡。

6. 锯缘青蟹幼体有较宽的盐度耐受范围，从海水到半咸水都可以生存，生存盐度范围2.6～55，适宜范围6.5～33，最适为12.8～26.2。

（二）贝类

1. 海湾扇贝D形幼虫生长的适宜盐度范围为22～33，稚贝生长的适宜盐度范围为25～34，变态最佳盐度范围为21～37。

2. 紫贻贝受精可在盐度15～40的水中进行，而其担轮幼虫只能在盐度30～40的水中正常发育。

3. 文蛤在15～28的盐度范围内均能正常生活。但盐度低于6时，短时间内不会发生死亡，但对生长发育有极大的影响。

4. 河蚬栖息的水域盐度一般在0～8。

5. 珍珠贝类的种类较多，对盐度的适应范围较广，有海产的，也有淡水产的。其中生产上常用的海产贝类如合浦珠母贝的适宜盐度为20.93～31.43，当盐度降至10.42时，生命出现危险；大珠母贝的适宜盐度为28.80～32.74，当盐度下降至11.73时，则会出现死亡现象。

（三）鱼类

1. 大菱鲆生长的适宜盐度范围为25～30。

2. 真鲷的适宜盐度为17～31，最适盐度在30左右。盐度低于16时对其生长不利，低于8时可导致死亡。

3. 七星鲈的适盐范围为0～34。在盐度20以下生长正常，尤其在盐度为5的咸淡水水域生长更好，在高盐条件下，生长发育反而变慢。

4. 大黄鱼的适盐范围为24.8～34.5，最适盐度在30.5～32.5。但在养殖条件下，大黄鱼能忍耐2.32的低盐条件。

5. 赤点石斑鱼适应盐度为11～41，最适盐度为24～35，在淡水中最长忍耐时间15min，过长会出现休克现象。

6. 半滑舌鳎的生存临界盐度范围为14～37，生长适宜盐度为22～29，最适盐度为26。

三、盐度变化与病害

（一）导致盐度变化的因素

气候是导致养殖水体盐度变化的重要原因。

1. 池塘 受降雨和蒸发的影响，池塘养殖水体盐度会在一定时间内产生一定幅度的波动，尤其是野外水体面积偏小的池塘。同一池塘而言，一般表层水体盐度的波动幅度较大。

2. 河口　河口养殖区的盐度也常常受到气候的影响而发生较大波动，雨季河口区的盐度往往较低，而旱季其盐度则会偏高。强风、潮汐亦对河口水体盐度波动有较大影响。

（二）盐度变化与病害

盐度大幅度改变，是导致对虾暴发白斑综合征等病害的重要诱因之一。此外，由于盐度突变，池水出现成层现象，上、下两层水体不能充分对流，可造成底层水溶解氧含量下降，也是导致养殖生物缺氧死亡的重要诱因。

四、盐度调节措施

（一）近海养殖场

1. 对于养殖一般品种的滨海养殖场而言，可直接从海区获得海水。

2. 对于特殊养殖品种，例如有些特种水生动物，如果其所需盐度低于该海区海水，则可用当地河流中的淡水或者深井中的淡水对海水进行稀释；如果其所需盐度高于该海区海水，则需向海水中添加浓缩海水或直接添加氯化钠、氯化钙等化合物，调整至所需盐度。

3. 当降雨导致海水池塘水体盐度大幅度下降时，应及时采取两种措施：

（1）排淡水　降雨的同时，最好一边开启排水口闸门排出部分池水，一边灌注盐度较高的自然海水，并保持合理的水位。雨停止后继续调节池水盐度。

（2）换海水　以避免病害的发生。如海参养殖过程中，降雨导致盐度降低到 28 以下时，易引起海参腐皮综合征（又叫海参化皮病），导致海参死亡。因此，突降大雨后应及时换水。

4. 根据盐度变化 1 个单位引起水体密度的变化比温度变化 1℃引起的水体密度变化值大的原理，我国北方室外海水越冬池底层保温的关键是添加低盐度的海水或者淡水，即依靠底层水较高的盐度来维持较高的水温。

（二）内陆养殖场

对无法获得海水或者所获海水质量无法满足养殖要求时，只能进行人工调配。一般有两种调配方法：

（1）使用浓缩海水兑淡水调配而成。

（2）根据适当的人工海水配比，在淡水中添加必需的盐类。目前有市售的已配好的固体海盐，根据需要的盐度用一定量的淡水调配即可使用。

第二节　pH

pH 是反映水体酸碱性的指标。pH 的变化受很多因素的影响，它不但可以指示氢离子浓度，也可以间接地表示水中二氧化碳、碱度、溶解氧、溶解盐类等情况。天然水中由于溶解了 CO_2、HCO_3^- 等酸碱物质，使水具有不同的 pH。依据 pH 大小，一般将天然水的酸碱性划分为 5 类：强酸性（pH＜5.0）、弱酸性（pH 5.0～6.5）、中性（pH 6.5～8.0）、弱碱性（pH 8.0～10.0）和强碱性（pH＞10.0）。

一、天然水的 pH 及缓冲性

（一）天然水的 pH 范围

大多数天然水为中性到弱碱性，pH 在 6.0～9.0。淡水的 pH 多在 6.5～8.5，部分苏打型湖泊水的 pH 可达 9.0～9.5，有的可能更高，海水的 pH 一般在 8.0～8.4。地下水由于溶有较多的 CO_2，pH 一般较低，呈弱酸性。

（二）天然水的缓冲性

水体能够抵御外来酸碱物质对 pH 的影响，保持自身 pH 稳定的作用，称为缓冲作用。天然水体的缓冲作用取决于下述几种缓冲系统。

1. 碳酸的一级与二级电离平衡　天然水存在碳酸的一级与二级电离平衡为：

$$CO_2 + H_2O \rightleftharpoons HCO_3^- + H^+ \quad pH = pK_{a1}' + \lg \frac{c_{HCO_3^-}}{c_{CO_2}}$$

$$HCO_3^- \rightleftharpoons CO_3^{2-} + H^+ \quad pH = pK_{a2}' + \lg \frac{c_{CO_3^{2-}}}{c_{HCO_3^-}}$$

这两个平衡在水中一般都同时存在。pH<8.3 时，可以仅考虑第一个平衡，pH>8.3 时，则可仅考虑第二个平衡。在 pH 8.3 附近，两个平衡都应同时考虑。为此可采用下式表达：

$$2HCO_3^- \rightleftharpoons CO_3^{2-} + CO_2 + H_2O$$

天然水的 pH 决定于水中 $[HCO_3^-]/[CO_3^{2-}]$ 或 $[CO_2]/[HCO_3^-]$。

2. $CaCO_3$ 的溶解和沉淀平衡　当水体系达到 $CaCO_3$ 的溶度积，且水中有 $CaCO_3$（s）胶粒悬浮时，水中存在以下平衡：

$$Ca^{2+} + CO_3^{2-} \rightleftharpoons CaCO_3\ (s)$$

这一平衡可调节水中 CO_3^{2-} 浓度。水中 Ca^{2+} 含量足够大时，可以限制 CO_3^{2-} 含量的增加，因而也限制了 pH 的升高。上述（3）、（4）两个平衡可以合并用下面一个平衡方程式表达：

$$Ca^{2+} + 2HCO_3^- \rightleftharpoons CaCO_3\ (s) + CO_2 + H_2O$$

3. 离子交换缓冲系统　水中的黏土胶粒表面一般都有带电荷的阴离子或阳离子。多数为阴离子（黏土胶粒多数带负电）。这些表面带负电的基团可以吸附水中的阳离子（如 K^+、Na^+、Ca^{2+}、Mg^{2+}、H^+ 等），建立离子交换吸附平衡：

黏土胶粒（Mg^{2+}、K^+、Na^+、Ca^{2+}、K^+、Na^+）$+ H^+ \rightleftharpoons$ 黏土胶粒（Mg^{2+}、K^+、Na^+、Ca^{2+}、K^+、H^+）$+ Na^+$

此外，水中其他弱酸盐，如硼酸盐、硅酸盐、有机酸类的盐等，也存在相应的电离平衡，这些平衡类似于水中碳酸平衡，也可以调节水体的 pH。

比较起来，由于水中 HCO_3^- 含量比其他弱酸盐高得多，水的缓冲性主要还是靠碳酸的一级与二级电离平衡、$CaCO_3$ 的溶解和沉淀平衡系统起调节作用。海水由于离子强度很大，水中生成很多离子对，也对 pH 有缓冲作用。

池塘养鱼工艺中常采用生石灰清塘（杀菌消毒、清野杂鱼）。这是用提高水 pH 的办法来达到清野杂鱼和消毒的目的。对淡水池塘，这是很好的行之有效的办法。对于海水池塘，由于水中大量 Mg^{2+} 的存在，使海水的 pH 很难提高，需要消耗大量的生石灰。因此，生石灰清塘对海水池塘不太适用。这也是海水缓冲性大的一种表现。

二、pH 变化与水生生物

（一）影响水体 pH 变化的因素

天然水中氢离子参与二氧化碳许多平衡过程，显然凡能使水中二氧化碳体系的平衡发生移动的因素，都与水的 pH 的变化有关。例如水生生物的活动、水温、含盐量的变化，空气中二氧化碳分压的变化以及底质中有机体碎屑的腐解等。

与自然水体相比，生物活动的作用对养殖池塘 pH 的影响显得更为重要，植物、动物及细菌的活动使池塘的 pH 呈周期性变动。早晨池塘中的 pH 可能降到 6.0，下午当光合作用强烈时，池塘表层 pH 可能上升到 9.0 或更高，软水水体更容易产生很高的 pH。

（二）水生动物与水体 pH

1. 水生动物对 pH 的耐受性　不同天然水体的酸碱性有所不同，水体内的土著生物应适应其生存环境，因而形成了不同的 pH 适应，如亚马孙流域的一些鱼类一般喜好弱酸性水环境，而非洲维多利亚湖的鲷科鱼类则喜好碱性水体。研究发现，在 pH 4.5～5.5，大多数鱼类的生长会明显受阻，但莫桑比克罗非鱼和虹鳟却能很好地适应 pH 为 4.0 的水体；贝类对 pH 较鱼类敏感，如斑马贻贝和硬壳蛤在 pH 高于 8.3 或低于 7.5 时生长即明显减慢；对虾科生物其 pH 耐受下限一般在 3.7～5.0，耐受上限为 9.5～10.6。

动物不同的发育阶段对 pH 的耐受能力不同，鱼类的胚胎阶段一般比仔鱼对环境耐受程度要高，这可能是因为刚孵化出来的仔鱼体内外器官尚未发育完全，对 pH 的调节能力较弱，所以对环境酸碱性的变化非常敏感。随着鱼类的生长，进入幼鱼、成鱼期后，其对环境 pH 的适应能力不断增强。

2. 淡水、半咸水和海水中水生动物耐受 pH 的差异　与淡水相比，海水因有较强的缓冲系统和较大的缓冲容量而使水体 pH 变化幅度相对较小，因此，海洋生物一般不能忍受大幅度的 pH 变动；而淡水水体的 pH 稳定性通常比较差，因此，多数淡水动物的 pH 适宜幅度在 6.5～9.0。在海水和河水汇集的半咸水区域的 pH 变化幅度则较大，生活在其中的鱼类和甲壳类往往能适应较广的 pH 幅度。

3. 养殖用水的 pH 要求

养殖水体中的鱼类和饵料生物的生长对水体 pH 均有严格的要求，因此，各国的渔业用水标准对此都作了规定，pH 一般都定在 6.5～8.5。某种意义上说，这只是鱼类和饵料生物的安全 pH 范围，并不是养殖生产的最适范围，不同的养殖对象，养殖生产的不同阶段，对水质 pH 的要求是不同的。

在人工繁殖阶段，水体 pH 以中性微偏碱性为好。如 pH＜6.5 时，人工繁殖就不能顺利进行，研究发现，人工繁殖过程对低 pH 灵敏度的次序为：产卵＞鱼苗生存＞鱼苗生长＞鱼卵受精；在鱼苗的培育阶段，水质以弱碱性为好，pH 较高（pH≈8 或更高）的鱼苗塘，培育效果往往较好。养成阶段发现，水体的 pH 在 6.5～7.5 对高产有利，在 7.5～8.5 多为平均产量，从我国一些高产鱼塘的经验看，pH 多为中性偏碱，如水质偏酸需施用石灰进行改良，以上均为淡水养殖的经验总结，对于海水养殖品种，最适 pH 范围可能偏高，但也不能超过 8.5。

（三）pH 变化对水生生物的影响

水体 pH 过高或过低都会对水生动物产生不利的影响。主要表现在：

1. 直接影响　水质环境 pH 的改变可通过渗透与吸收作用，使水生生物血液 pH 发生改变，酸性水可使鱼类血液 pH 下降，减低其载氧能力，使血液中氧分压变小，尽管水中含氧量较高鱼也会浮头。在酸性水中鱼不爱活动，耗氧下降，新陈代谢急剧低落，摄食很少，消化也差，生长受到抑制。碱性过强常常直接腐蚀鳃组织，造成呼吸障碍而窒息。而对于水生植物，由于水体 pH 的改变会影响其对营养物质的吸收。例如，降低 pH 会抑制硝酸盐还原酶的活性，导致植物缺氮。高 pH 还会妨碍植物对铁和碳的吸收。pH 降到 6 以下，一些大型枝角类便无法生存，许多微生物的活动受抑制，固氮活性下降。有机物分解矿化速率降低。

2. 间接影响　pH 改变，影响许多物质的存在形式，特别是一些有毒物质存在形式的转变，间接影响生物的生命活动。例如，NH_4^+、S^{2-}、CN^- 等，由于 pH 的改变可能转化为具有强毒性的 NH_3、H_2S、HCN 形式，从而间接危害生物。另外，如铜、铅等对水生生物产生毒害的重金属离子在水中的浓度也常与 pH 有关。由于 pH 下降，水中弱酸电离减少，许多弱酸阴离子（CO_3^{2-}、PO_4^{3-}、SiO_3^{2-}、S^{2-} 或有机酸根等）不同程度地转化为相应的分子形式，因而含这些阴离子的络合物及沉淀也相继分解或溶解，使游离重金属离子浓度增大；相反，水体 pH 升高，则弱碱电离减少，多以分子形式存在，弱酸电离增大，转化为弱酸阴离子，导致金属离子水解加剧，形成氢氧化物或碳酸盐沉淀，使游离重金属离子浓度降低。已发现，pH 每下降一个单位，水中 Cu^{2+} 的浓度就会提高 100 倍，Cu^{2+} 可以被鳃直接吸收，并被转移到体内产生毒害作用。铬和汞的毒性也均随 pH 的降低而提高。也就是说，pH 通过改变有毒金属离子的存在形式从而改变其毒性。

三、pH 的调节措施

养殖水体中 pH 的变化与许多因素有关，pH 的调节也有多种方法。

（一）池塘调节

开挖池塘时，尽可能选择较优良的土质。新开挖的池塘，如土壤类型为红土、黄土、泥炭土或矾酸土，多为酸性；旧池塘淤泥沉积过多，酸性增加。在生产中，当水体呈酸性时，可泼洒生石灰提高 pH，通常每公顷水体施放 30kg 生石灰可使 pH 升高 1 个单位；当水体呈碱性时，可用醋酸或盐酸调节。

（二）水源调节

地下水的 pH 一般偏酸性，使用前可通过曝气调节水体的 pH。引入的水源，若 pH 偏酸性，可使用生石灰进行调节。

（三）盐碱池塘调节

对于建在盐碱地的池塘，可通过施用有机肥、硫酸钙、农用石膏、氯化钙等降低盐碱地池塘水体较高的 pH。

值得注意的是，养殖水体的 pH 必须保持相对稳定，即使在容许的范围内，pH 的变化过于频繁，变化的幅度太大，也对生长不利，因此要求养殖水体具有一定的缓冲能力。

第三节　溶 解 氧

溶解氧在养殖生产中的重要性，除了表现为对养殖生物有直接影响外，还对饵料生物的生长、对水中化学物质存在形式有重要影响，因而又间接影响到养殖生产。

一、氧气在水中的溶解度

在一定条件下，氧气在水中的溶解达到平衡以后，一定量的水中溶解氧气的量，称为氧气在该条件下的溶解度。

影响氧气在水中溶解度的因素有水的温度、含盐量和气体的分压力。

1. 温度　氧气在水中的溶解度随温度的升高而降低。较低温条件下的温度变化对氧气的溶解度影响显著。

2. 含盐量　当温度、压力一定时，水中含盐量增加，氧气在水中的溶解度降低。这是因为随着含盐量的增加，离子对水的电缩作用（指离子吸引极性水分子，使水分子在其周围形成紧密排布的水合层的现象）加强，使水可溶解氧气的空隙减少。

海水的含盐量很高（大洋平均盐度 35），在相同温度和分压力下，氧气在海水中的溶解度比在淡水中小得多。如氧气在大洋海水中的溶解度只有在淡水中的 80%～82%。对于淡水来说含盐的变化幅度很小，对氧气在水中的溶解度影响不大，一般不考虑含盐量的影响，而近似地采用在纯水中的溶解度值。

3. 气体分压力　在温度与含盐量一定时，氧气在水中的溶解度随气体的分压增加而增加，这就是亨利定律。用公式表示为：

$$c=K_H \times P$$

（海水通常用 $P=K_H{}' \times c$ 来表示，这里的 $K_H{}'$ 与 K_H 是互为倒数关系）

式中：c——气体的溶解度；

P——达到溶解平衡时某气体在液面上的压力；

K_H——亨利常数，其数值随气体的性质、水的温度和含盐量的变化而变化，也与压力（P）、溶解度（c）所采用的单位有关。

对同一种气体在同一温度下有：

$$\frac{c_1}{c_2}=\frac{P_1}{P_2}$$

式中：c_1——压力为 P_1 时的溶解度；

c_2——压力为 P_2 时的溶解度。

对于混合气体中某组分气体在水中的溶解度，上式中则是指该组分气体的分压力，与混合气体的总压力无关。由几种气体组成的混合气体中组分 B 的分压力 P_B 等于混合气体的总压力 P_T 乘以气体 B 的分压系数 ϕ_B，这就是道尔顿分压定律：

$$P_B=P_T \times \phi_B$$

$$\phi_B=\frac{V_B}{\sum_{i=1}^{n} V_i}$$

式中：V_B——组分 B 在压力为 P_T 时的分体积；

$\sum_{i=1}^{n} V_i$——各组分气体的分体积之和，等于混合气体在压力为 P_T 时的体积 V_T。

道尔顿分压定律和亨利定律，只有理想气体才能严格相符。对于不与水发生化学反应的真实气体，如 O_2，只要压力不是很大都可以用道尔顿分压定律和亨利定律进行有关计算。

二、水中氧气的来源与消耗

（一）水中氧气的来源

1. 空气的溶解 水面与空气接触，空气中的氧气将溶于水中，溶解的速率与水中溶氧的不饱和程度成正比，还与水面扰动状况及单位体积的表面积有关，也就与风力和水深有关。氧气在水中的不饱和程度大，水面风力大和水较浅时，空气溶解起的作用就大。如没有风力或人为的搅动，空气溶解增氧速率是很慢的，远不能满足池塘对氧气的消耗。为了增加氧气溶解速率，在水体缺氧时需开动增氧机。在养殖生产中还主张中午前后开动增氧机来改善池塘氧气状况，这并不是从增氧来考虑的，中午池水中一般溶解氧较高，常过饱和，这时开增氧机可改善底层水的溶解氧状况和提高下午浮游植物的光合作用的产氧效率。

2. 光合作用 水生植物光合作用释放氧气，是池塘中氧气的主要来源。

光合作用产氧速率与光照条件、水温、水生植物种类和数量、营养元素供给状况等因素有关。气温较高的夏季产氧速率较高，冬季温度较低产氧速率低很多。各水层光合作用产氧速率随深度的增加而变化。浮游植物在过强光照射下会产生光抑制效应，表层光合作用速率反而不如次表层大。适当数量的浮游植物，可增加水体产氧速率，浮游植物生物量过高，使透明度降低，植物自遮作用增强，光照不足反而使整个水体产氧速率下降。

3. 补水 鱼池在补水的同时，可增加缺氧水体氧气的含量。在工厂化流水养鱼补水补氧是氧气的主要来源。在非流水养鱼的池塘中，补水量较小，补水对鱼池的直接增氧作用不大。

在一般养鱼池塘中，这三种氧气的来源中，以浮游植物光合作用产氧为主。

（二）水中氧气的消耗

1. 鱼、虾等养殖生物呼吸 鱼、虾的呼吸耗氧率随种类、个体大小、发育阶段、水温等因素而变化。鱼的呼吸耗氧率在63.5～665mg/（kg·h）。在计算流水养鱼的水交换速率时，常将鱼的呼吸耗氧速率按200～300mg/（kg·h）计算。鱼、虾的耗氧量（以每尾鱼每小时消耗氧气的量计）随个体的增大而增加。而耗氧率（以单位时间内消耗氧气的毫克数计）随个体的增大而减小。活动性强的鱼耗氧率较大。在适宜的温度范围内，水温升高，鱼、虾耗氧率增加。

2. 水中微型生物耗氧 水中微型生物耗氧主要包括：浮游动物、浮游植物、细菌呼吸耗氧以及有机物在细菌参与下的分解耗氧。这部分氧气的消耗与耗氧生物种类、个体大小、水温和水中有机物的数量有关。通常把水中微型生物耗氧叫作“水呼吸”耗氧。水呼吸不仅包括浮游动物、浮游植物、细菌呼吸耗氧、有机物的分解耗氧，还包括水中的其他化学物质氧化对氧气的消耗量。一般细菌呼吸耗氧是水呼吸耗氧的主要组成部分。

3. 底质耗氧 底质耗氧比较复杂，主要包括：①底栖生物呼吸耗氧，②有机物分解耗氧，③呈还原态的无机物化学氧化耗氧。

4. 逸出 当表层水中溶解氧过饱和时，就会发生氧气的逸出。静止的条件下逸出速率是很慢的，风对水面的扰动可加速这一过程。养鱼池中午表层水溶解氧经常过饱和，会有氧气逸出，不过占的比例一般不大。

曾有研究者对各耗氧因素所占的比例进行过估算，虽然估算数据各不相同，但是“水呼吸耗氧占的比例最大”的结论基本是一致的。

三、溶解氧的分布变化

溶解氧是渔业水体的一项十分重要的水质指标，溶氧状况对水质和养殖生物的生长均有重要的影响。一个水体的溶解氧状况是水体增氧因子和耗氧因子综合作用的结果。对具体的水体而言，水中溶解氧虽然是不断变化，但仍有一定的规律性。了解溶解氧分布和变化的规律对养殖生产有重要的指导作用。

1. 溶解氧的日变化 湖泊、水库表层水的溶解氧有明显的昼夜变化，养殖池塘溶解氧的昼夜变化更加明显。这是由于光合作用是水中氧气的主要来源，而光合作用受光照的日周期性的影响，白天有光合作用，晚上光合作用停止。这就造成表层水溶解氧白天逐渐升高，晚上逐渐降低。溶解氧最高值出现在下午日落前的某一时刻，最低值则出现在日出前后的某一时刻。最低值与最高值的具体时间取决于增氧因子和耗氧因子的相对关系。如果耗氧因子占优势，则早晨溶解氧回升时间推迟，且溶解氧最低值偏低。日出后光合作用速率增加，产氧能力超过耗氧速率，溶解氧就回升，直到下午某个时刻达到最大值，以后逐渐降低，如此周而复始的变化。

溶解氧日变化中，最高值与最低值之差为昼夜变化幅度，简称为“日较差”。日较差的大小可反映水体产氧与耗氧的相对强度。当产氧和耗氧都较多时日较差较大。日较差大，说明水中浮游植物较多，浮游动物和有机物质的量适中，也就是饵料生物较为丰富。这对鱼类生长是有利。在溶解氧最低值不影响养殖鱼类生长的前提下，养鱼池的日较差大一些较好。南方渔民中流传的“鱼不浮头不长”的说法，是指早晨鱼轻微浮头的鱼池，鱼的生长一般较快。但是这只适用于需要在养鱼池中培养天然饵料的养殖模式，对于用全价配合饲料流水养鱼或网箱养鱼模式就不适用。

2. 溶解氧的垂直分布 湖泊、水库、池塘溶解氧的垂直分布情况比较复杂。与水温、水生生物状况、水体的形态等因素密切相关，垂直分布不均匀。贫营养型湖泊，溶解氧主要来自空气的溶解作用，含量主要与溶解度有关。夏季湖中形成了温跃层，上层水温高，氧气的溶解度低，含量也相应较低。下层水温低，氧气的溶解度高，含量也相应较高。富营养型湖泊，营养盐丰富，有机质较多，水中生物量较大，水的透明度低，上层水光合作用产氧使溶解氧丰富，下层得不到光照，光合作用产氧很少，水中原有溶解氧很快被消耗，处于低氧水平。

3. 溶解氧的水平分布 由于溶解氧的垂直分布的不均一性，在风的作用下使溶解氧的水平分布表现为不均匀。一般认为水较深、浮游植物较多的鱼池，白天上风处水中溶解氧较低，下风处水中溶解氧较高，相差可能达到每升数毫克。

在河流有支流汇入处，湖泊、池塘的进出水口处，浅海有淡水流入处，有生活污水及工业废水污染处，甚至鱼贝类集群处，溶解氧及其水质特点也与周围有相当大差别，水平分布呈不均匀状态。例如，有研究者测定，养珍珠贝的珠笼内的溶解氧比笼外低得多，特别是放养密度较大，网眼较小时尤其如此。

四、溶解氧在水域生态系统中的作用

鱼类为维持正常的生命活动，必须不断呼吸。其呼吸耗氧速率与各种因素（如种类、年龄、体重、体表面积、性别、食物及活动强度、溶解氧、二氧化碳、pH、水温等）有关。水中溶解氧水平偏低对养殖生物会产生急性和慢性危害。

（一）急性影响——窒息死亡

1. 窒息点与临界氧量　溶解氧对养殖鱼虾的直接作用之一是引起窒息死亡。引起生物窒息死亡的溶解氧含量的上限值称为该生物的窒息点，又称为氧阈。由于对缺氧适应能力的不同，有些动物的窒息点相差很大，即使同一种类的窒息点，还可能因本身生理状况和环境条件而变化。淡水池塘主养鱼类的氧阈一般在 0.1～0.8mg/L，鲤 0.2～0.3mg/L，草鱼 0.4～0.6mg/L，鲢、鳙 0.25～0.4mg/L。

当环境含氧量降到一定界限时，动物不能维持其正常的呼吸强度，这时的含氧量称为临界氧量（若以氧的分压表示，则称为临界压力）。我国池养鱼类的临界氧量多在 1～2mg/L。

2. "浮头"　当水中的溶解氧过低时，养殖鱼、虾就会游向水面，呼吸表层水溶解氧，严重时吞咽空气，这一现象称为"浮头"。大规格鱼浮头的危害比鱼苗严重，对虾浮头的危害比家鱼严重。对于家鱼，早晨短时间浮头危害不大。海水养殖的对虾耗氧比鱼类高，浮头即会引起大批死亡。对于海水，因含有大量的 SO_4^{2-}，低氧条件下容易产生有毒物质 H_2S，因此，在海水养殖中应严防鱼、虾浮头。

（二）慢性影响

水中溶解氧含量偏低，但未达到窒息点，不会引起鱼类的急性反应，但会引起慢性危害。

1. 影响鱼虾的摄饵量及饵料系数　如果饲养的鱼、虾长时间生活在溶解氧不足的水体中，摄食量就会下降。如当池水的溶解氧含量从 7～9mg/L 降为 3～4mg/L 时，鲤的摄饵量减少一半。

在低溶解氧条件下，鱼、虾的生长速度减慢，饲料系数增加。如草鱼在溶解氧 2.7～2.8mg/L 条件下饲养，比在溶解氧 5.6mg/L 以上饲养生长速率低约 10 倍，饵料系数大 4 倍。

2. 影响鱼的发病率　长期生活在溶解氧不足的水中的鱼虾，体质下降，对疾病抵抗力降低，发病率升高。在低氧环境下寄生虫病也易蔓延。溶解氧过饱和太大又会引起气泡病。

3. 影响胚胎的正常发育　在鱼虾孵化期，胚胎对溶解氧的要求高，如氧气供应不足，易出现畸形，引起胚胎死亡。

4. 溶解氧低会增加毒物的毒性　溶解氧降低，使鱼、虾呼吸频率增加，如果水中有毒物，使鱼、虾对水中毒物的接触量增大，危害也就增加。

（三）溶解氧动态对水质的影响

溶解氧的改变会影响水的氧化还原电位（Eh）、变价元素的存在形态、有机物的降解方式，进而对水生生物产生影响。

天然水中存在的一些氧化性与还原性物质，决定了水的氧化还原状态，溶解氧是影响水体氧化还原电位的重要指标。一般含有较丰富溶解氧的水称为氧化状态水（或氧化环境）。氧化状态下，变价元素通常以高价态的形式存在，而还原条件下则多以低价态存在。

有机物在水中可被微生物作用而分解氧化。随着氧化还原电位的降低，有机物氧化时接受电子的物质被改变。有氧气存在时电子接收体一般是氧气，此时水的氧化还原电位一般约在 400mV 以上。在氧气丰富的水环境中 NO_3^-、Fe^{2+}、SO_4^{2-}、MnO_2 等是稳定的；若水中缺氧，则被还原为 NH_4^+、Fe^{2+}、S^{2-}、Mn^{2+} 等。在缺氧条件下，有机物氧化不完全，会有有机酸及胺类产生。在有氧条件下，有机物氧化则较完全，最终产物为 CO_2、H_2O、NO_3^-、SO_4^{2-} 等无毒物质。

当水体有温跃层存在时，上下水层被隔离，底层溶解氧可能很快耗尽，出现无氧环境。此时，上下水层的水质有很大差别，许多物质含量及存在形式会有所不同。

五、改善养殖水体溶解氧状况的方法

在养殖生产中应十分重视池塘的溶解氧条件，改善溶解氧状况是取得稳产高产的重要措施之一。改善养殖水体溶解氧状况的措施有以下几种。

（一）调节放养密度

根据池塘大小、深浅、水源灌排是否方便、饵料及养殖技术等因素确定合理的放养密度。

（二）降低耗氧速率

养殖生产中常用清淤、合理施肥投饵、用明矾或黄泥浆凝聚沉淀水中有机物及细菌等方法，来实现改良水质，减少或消除有害物质，如悬浮物（浊度）、CO_2、NH_3、毒物等。

（三）提高溶解氧浓度

一方面可利用生物增氧，保证水中有充分的植物营养元素和光照，增加浮游植物种群数量，提高浮游植物光合作用的产氧量。另一方面可人工增氧，包括机械增氧和化学增氧。机械增氧主要是采用注入溶氧量较高的水（此属于补水增氧）或用增氧机搅水，增加空气中氧气向水中的溶解速度。化学增氧是借助一些化学试剂向水中释放氧气，如过氧化钙（CaO_2）。过氧化钙为白色结晶粉末，与水发生化学反应可放出氧气：

$$CaO_2+H_2O=Ca(OH)_2+O_2$$

施用过氧化钙一般每月一次即可，初次每公顷用50～100kg，以后可以减半。水质、底质有机物负荷过高时，用量可取高限；反之，则取低限。过氧化钙不仅能增氧，而且可增加水体的碱度和硬度，絮凝有机物及胶粒，起到改良水质和底质的作用。由于化学物质成本较高，所以生产中较少采用。

据研究，某些种类的活性沸石施用于池塘时，每千克可带入空气100L，相当于21L氧气，均以微气泡放出，增氧效果较好。活性沸石也有吸附异物从而改良水质、底质的功能。

（四）开展生态养殖

利用不同生物品种间的互利机制，促进物质和能量循环，改善水质，在一定程度上可改善水体的溶解氧状况。

六、增氧模式

（一）增氧方式

在水产养殖中采用增氧方法种类繁多，根据其原理大致分成三类：物理、化学和生物方法。

1. 物理方法　利用氧气在向水体溶解过程中的物理特性，通过机械、人工或其他手段的作用，提高氧气向水体溶解的速率，增加水体中的溶解氧，是目前应用最广泛的一种增氧方式。

（1）*充气式*　又叫扩散式，它是将空气或制备的纯氧通过散气装置释放为微小气泡，小气泡在上升过程中与水进行传质，使得氧慢慢地溶解到水体中，成为溶解氧。这种方法在工厂化养殖中应用的比较多。如目前的微孔增氧技术，就是采用底部充气增氧办法，增氧区域范围广，溶解氧发布均匀，增加了底部溶解氧，加快了对底部氨氮、亚硝酸盐、硫化氢的氧化，抑制底部有害微生物的生长，可造成水流的旋转和上下流动，将底部有害气体带出水面，改善池塘水质条件，减少病害的发生。微孔增氧具有节能、低噪、安全、增氧效率高等优点。

（2）机械式　它是利用机械动力，增加水体和空气的接触面积，使得水体与空气充分的接触，从而促使空气中的氧溶解入水中，以达到增氧的目的。在池塘养鱼中大量使用的叶轮式增氧机、水车式增氧机就属于这种类型。

（3）重力跌水式　它是通过自然重力跌水溅起的水花，增加了水体与空气接触面积，从而达到增氧的目的。这种方法常常在流水养殖中看到。

2. 化学方法　化学方法是把某些化学物质投入养殖水体中，这种物质分解或与水发生某种化学反应后生成氧分子向水体中溶解，从而提高溶解氧。

（1）臭氧增氧法　臭氧是氧的同素异构体，标准状态下它在水中的溶解度比氧大 13 倍，而且其分子结构非常不稳定，极易分解成氧分子，分解后不会产生对鱼类有害的物质，同时还能起到杀菌、氧化分解氨氮、氧化降解水体中有毒物质的作用。

（2）过氧化钙（CaO_2）增氧法　过氧化钙与水作用产生氢氧化钙，并放出氧气。由于过氧化钙的增氧过程是利用了化学反应，所以它是在水中慢慢增氧，持续时间随着过氧化钙浓度的增加而加长。另外，过氧化钙还可以促进硝化作用，降低水中氨氮的含量。

（3）过氧化氢增氧法　过氧化氢在水中会发生分解反应，放出氧气。当有催化剂二氧化锰存在时，过氧化氢可以迅速分解为水和氧气，反应速度取决于二氧化锰的用量。

3. 生物方法　鱼池中移栽一定数量的苦草、菹草、叶轮黑藻等水生植物或通过合理施肥培育水中的浮游植物，利用水生植物的光合作用来增加水体中的溶解氧。

（二）增氧模式的选择

在选择增氧方法时，养殖对象的需要是首先要考虑的问题。不同的养殖对象对其生长的环境有不同的要求。例如，有些鱼类喜欢安静的生长环境，这样就不能选择那些对水体搅动比较大，噪声大的增氧方法；有些养殖品种喜欢有一定的水流，这样在选择增氧方法时，就可以考虑选择一种既能增氧又能产生一定水流的增氧方法。此外，鱼类可耐受的最低溶解氧随鱼的品种、大小、生理条件和其他因素而异，在选择增氧方法时，一定要选择适合养殖对象的生活习性和生长需要的增氧方法。

不同养殖模式中，养殖密度和管理方法等方面都有一定的差异，在选择增氧方法时一定要考虑到这些差异，根据各自的特点来选择适合的增氧方法。如在池塘养殖中大量采用叶轮式增氧机，因为在鱼类出现浮头时，叶轮式增氧机能比较快的提高水体中的溶解氧，解决鱼类浮头问题。

当然，在选择增氧方法时，还需要考虑水源状况、养殖密度、进排水情况、耗能等因素，经综合比较后确定合理的增氧措施。

第四节　二氧化碳系统

一、水体二氧化碳平衡系统

天然水中存在着大量的碳元素，其中无机碳有 CO_2（溶解）、H_2CO_3、HCO_3^- 和 CO_3^{2-}，在淡水中 HCO_3^- 是含量最多的阴离子，在海水中相对于其他常量阴离子来说其含量较低，但不管是在淡水水质系还是在海水水质系中，无机碳的不同形式之间以及它们同气相的 CO_2 和固相碳酸盐之间存在着多种具有内在联系的物理与化学平衡，构成二氧化碳平衡体系。

天然水的二氧化碳平衡体系中这些平衡是相互联系、相互制约的。只有它们的平衡条件同时得到满足时，二氧化碳体系的平衡才能真正建立起来。否则，平衡将向某一方向移动，引起体系中一系列分量的变化。例如气体二氧化碳的溶解与逸出；Ca^{2+}、Mg^{2+}等金属离子碳酸盐的沉淀与溶解以及CO_3^{2-}、HCO_3^-、H_2CO_3的相互转变，从而影响到水质化学指标如pH、硬度、缓冲能力以及重金属离子的毒性等。

天然水中二氧化碳平衡体系是一个复杂而又重要的体系，它与许许多多条件密切相关，如温度、压力、盐度、pH、液面上大气中二氧化碳分压及底质条件等。

二、二氧化碳对水生生物的影响

1. 二氧化碳是水生植物光合作用的原料　二氧化碳中的碳是一切植物必需的营养元素，缺少二氧化碳就会限制浮游植物的生长。有一定硬度的池水，一般能供应浮游植物光合作用所需的二氧化碳，因此不会发生二氧化碳对浮游植物的限制作用。但较软的水，由于水中钙、镁含量少，水中贮存的二氧化碳的总量也少，则有可能发生因二氧化碳不足而限制浮游植物生长的现象。

2. 高浓度的二氧化碳对鱼类有麻痹和毒害作用　水中二氧化碳浓度增高，鱼体血液中二氧化碳的浓度也增高，使血液的pH降低，并降低血液中血红蛋白对氧的亲和力，从而促进鱼类加快呼吸。因此，在高浓度二氧化碳的水中，鱼类呼吸困难。实验表明，当水中氧量保持充分，二氧化碳超过80mg/L时，鲢、鳙、青鱼幼鱼表现呼吸困难，超过100mg/L时便发生昏迷或仰卧现象，超过200mg/L时引起死亡。

一般鱼池中二氧化碳的含量不会达到使鱼麻痹以至于致死的浓度。但在北方地区，冬季长期冰封的鱼池，二氧化碳可能积累到相当高的浓度，对鱼类产生危害。

3. 二氧化碳浓度过高导致pH降低　二氧化碳所形成的碳酸还会使水的酸度增加，如果水的缓冲能力不够，则能使水的pH降至比较低，从而影响鱼类和其他水生生物的生存。

鱼池中游离二氧化碳的含量在夏天超过40mg/L时，表示池水已被污染至危险的程度，大量有机物的分解有可能造成鱼池缺氧而引起鱼类窒息死亡，因此必须引起注意。

三、二氧化碳系统的综合调节措施

养殖水体二氧化碳的综合管理包括对水体的pH、缓冲能力、总碱度和总硬度四个方面的内容，养殖水体的总碱度和总硬度一般都要求控制在1～3mmol/L。具体措施如下。

（一）施用生石灰

对总碱度、硬度和pH均偏低的水体应及时合理施用石灰调节剂。对底质淤泥积存过多，水中有机物特别是腐殖质浓度过高、水体混浊、鱼病有蔓延趋势的水体，施用生石灰尤有必要。常用石灰调节剂的作用有以下几个方面。

1. 中和过量的酸，沉淀有毒的重金属，提高水体的pH、硬度和碱度，并能增大水体的缓冲能力。

2. 提高底质的盐基饱和度，并使吸附固定在底质中的营养元素解吸。一般说，水底淤泥都含有多种肥分元素，只是多为吸着固定或呈有机态。施入石灰，不但使营养元素解吸，而且能加快有机物的分解矿化，使淤泥中的肥分释放出来。

3. 促进水体中有机悬浮物絮凝，使一些病原体随之沉淀，减少水体中有机物耗氧，减轻某些鱼病的蔓延。

4. 促进固氮作用。对一些毒物能起拮抗作用，减轻毒物的毒性。

（二）补充碳源

有些水体缓冲能力较差，pH 日变化较大，若水体原来 pH 较高，可增施有机肥，间接供给二氧化碳；若水体中的 pH 偏低，则可直接施用碳酸钙，补充碳源同时提高 pH。

（三）施用石灰水

地下水具有有机物少、有害生物少的优点，对孵化有利，其缺点是 pH 可能偏低，二氧化碳多，溶解氧少，若能用石灰水处理，提高 pH 并充分曝气增氧，除去大量的二氧化碳，再作孵化用水，便能去害存利，常可取得良好的效果。

（四）高碱度水体调节

碱度高的水体，一般都属于阿列金分类法中的Ⅰ型水（碱度＞硬度）。蒸发作用可使水体的碱度进一步增大，作为养殖用水，须注意经常更换。另外，为减轻 CO_3^{2-} 对鱼的毒害，可增施有机肥，保证水体二氧化碳的供应，并限制水体中水草的大量繁殖，以免光合作用大量吸收水体二氧化碳而导致 CO_3^{2-} 含量增大。

第五节　氨

池水中的无机氮化合物以三种形式存在，即硝酸盐、亚硝酸盐和铵盐（包括氨）。它们都能被藻类吸收，均为有效氮。其中以硝酸盐和铵盐在水中存在量相对较多和较稳定，为各种藻类吸收的主要氮化合物。

一、水中氨的来源

非离子氨与离子氨：天然水的铵盐是指在水中以 NH_3 和 NH_4^+ 形态存在的氮的含量之和，水化学分析测定的铵氮（或氨氮）都是两者之和，未加以区别。氨和铵离子在水中可以相互转化。但它们是性质不同的两种物质。由于 NH_3 和 NH_4^+ 对水生生物的毒性有很大的差异，NH_4^+ 基本没有毒，NH_3 的毒性很大。在研究毒性时，需要将两者区别。为了避免混淆，这时一般把两者之和称为总氨或总氨氮，用符号 TNH_4-N 表示；将 NH_4^+（铵离子）称为离子氨，或离子氨态氮，用符号 NH_4^+N 表示；NH_3（氨）称为非离子氨，或非离子氨态氮，用符号 NH_3-N 或 UIA 表示。

1. 来源　池水中有效氮主要是死亡的生物体、鱼类的粪便以及残饵等经细菌分解而产生。鱼类和水生生物排泄的代谢废物主要是氨，还有一部分是有机氮化合物（多肽、氨基酸、蛋白质等），它们也是池中氮的重要来源。此外，池塘中的固氮藻类和固氮菌能将水中的游离氮同化为有机氮，特别是当固氮蓝藻繁殖较多时，其所固定的氮是池塘有效氮的重要来源之一。有时候池塘水源流经含硝酸盐丰富的矿物和泥土，而使水中纯粹无机来源的硝酸盐含量提高，但这种情况一般少见。

2. 影响养殖水体非离子氨含量的因素　养殖水体中非离子氨的浓度取决于以下因素。

（1）*水体总氨的浓度*　取决于养殖水体中的氨输入（施肥、投饵、动物排泄）和氨的支出（植物吸收利用、硝化作用、向大气发散等）。

（2）*水体 pH*　由于 NH_3-N 在 TNH_4-N 的比例随 pH、离子强度和温度的不同而变化，在一定的温度和离子强度下，NH_3-N 的比例随着水体 pH 的增高而明显增大。pH 每增大 1，NH_3 所占的比值增大近 10 倍。pH 越高，非离子氨的比数越大，浓度越高。

（3）溶解氧　NH_3 随水中溶解氧的减少而增大。

二、非离子氨对养殖生物的毒害作用

NH_3 对水生动物具有强烈毒性，轻则抑制生长、损害鳃组织、皮肤中黏液细胞充血、血液成分的改变和红细胞受破坏、抗病力下降。在我国海水水质标准（GB 3097—1997）和渔业水质标准（GB 11607—1989）中都规定非离子氨含量不得超过 0.020mg/L。

我国肥水养鱼池塘中，总氨的含量常在 2mg/L 以上，这一数值在 pH 较低时对鱼类已有一定的抑制作用，而夏季当水温升高和 pH 因浮游植物的光合作用而急增时，就可能导致鱼类的直接中毒，特别是刚下塘几天的鱼苗，最容易中毒死亡。鱼池施用铵态氮肥时，必须根据水质的 pH 等状况，掌握适合的施肥量，防止施用量过多而使水中氨的含量达到危害鱼类的程度。

三、养殖水体中氨氮含量的调节措施

为了防止养殖水域中的非离子氨过高，除了要定期检测水中氨的指标外，还要及时清除养殖水域底层的污垢及养殖动物排泄的粪便等，以防积累过多的含氮有机物。同时要保证水体有足够的氧气，以促使硝化作用的进行。还可以在水中添加一些含有硝化细菌的微生物制剂，促进硝化反应，及时消除氨氮。

第六节　亚硝酸盐

一、水中亚硝酸盐的来源

亚硝酸盐是养殖鱼塘中氮素循环过程中的中间产物之一，饵料被鱼类摄入后消化吸收，额外的氮被转化为氨，氨被作为废物排泄到水中，同时未被利用的残余饵料、动植物残体和排泄物等其他有机物在氨化细菌的作用下也转化为氨，从而使得养殖系统中积累大量的氨氮。溶解氧充足时，产生的氨氮可在硝化细菌的作用下转化为硝酸盐，这是一个耗氧、耗碱的过程，亚硝酸盐是其中不稳定的中间产物。在缺氧的条件下，硝化作用生成的硝酸盐则可经反硝化作用转化为氮气离开养殖系统，亚硝酸盐同时也是这一过程中的不稳定的中间形式。硝化作用和反硝化作用是养殖水体中产生亚硝酸盐的两个最主要的过程，因此，亚硝酸盐的产生取决于水体中硝化作用和反硝化作用的强弱，所有影响硝化和反硝化作用进行的物理、化学和生物因素都可能影响亚硝酸盐的产生，这些因素单独或相互作用，共同决定水体亚硝酸盐的积累情况。

此外，一些化肥、农药及抗生素的使用，甚至生活污水和工业废物排放进入河流或池塘中都可能影响水中亚硝酸盐的产生。

二、亚硝酸盐对养殖生物的毒害作用

亚硝酸盐对鱼虾的毒性较强，其作用机理主要是通过鱼虾的呼吸作用由鳃丝进入血液，可使正常的血红蛋白氧化成高铁血红蛋白，失去和氧结合的能力，使鱼类血液输送氧气的能力下降，影响运输氧气的功能，出现组织缺氧，甚至窒息死亡。

三、养殖水体中亚硝酸盐含量的调节措施

（一）养殖水体中亚硝酸盐的综合预防措施

1. 定期清除池底淤泥，改善池底环境，减少水中含氮有机物的含量，从根本上消除亚硝酸盐产生的条件和物质基础。

2. 严格控制放养密度。根据池塘条件和管理水平，把池塘单位水体的生物承载量维持在比较合理的水平。

3. 使用优质适口的全价配合饲料，尽量减少使用粉末饲料和破碎饲料，以免对养殖水体的污染。

4. 合理设计池塘进排水系统，提高换水效果。有条件的池塘从养殖中期开始，定期检测水体主要理化指标，并根据情况适时注入新水，排出底层老水。

5. 从养殖中期开始，定期使用芽孢杆菌、光合细菌、EM 菌等微生态制剂，对改善水质和降解亚硝酸盐有一定作用。另外，定期施用磷肥对促进氮素的转化有积极作用。

（二）养殖水体中出现亚硝酸盐过高的解救措施

水体中出现亚硝酸盐过高的现象，应及时采取解救措施，否则不仅影响鱼虾的正常生长，还会降低机体的免疫力，诱发其他疾病。一般生产上主要有以下几种解救措施。

1. 换水　水源应符合渔业用水标准。

2. 晴天中午开动增氧机　以利于池底有害物质的逸出，尤其是氨气、氮气等氮素的排出对促进亚硝酸盐向硝酸盐的转化有利。

3. 泼洒亚硝酸盐降解药物　其成分一般是化学药物或吸附剂，使用方便，但降解效果随池塘条件和水质状况差异性很大。

4. 全池泼洒活性炭粉或氯化钙、硫代硫酸钠等　也有一定的效果。

5. 泼洒增氧剂　如过氧化氢溶液，或氧化型消毒剂如三氯异氰脲酸粉。

6. 施用磷肥（以磷酸氢钙为佳）　协同促进水中氮素为藻类光合作用利用，加快亚硝酸盐向硝酸盐的转化过程。

7. 在饲料中加大维生素 C 和免疫多糖的用量　也有一定的缓解亚硝酸盐毒性的作用。

如果在实际生产中将以上方法综合使用，会产生更加良好的调节效果。

第七节　硫 化 氢

硫化氢是含硫有机物在缺氧条件下分解的产物，在一般的淡水湖和池塘中，以夏季停滞期为多。在接近城市受污水污染的水中尤多，并有强烈的恶臭。

一、水中硫化氢的来源

1. 在缺氧的条件下，含硫有机物经嫌气细菌分解而形成。

2. 在富含硫酸盐的水中，由于硫酸盐还原菌的作用，使硫酸盐转变成硫化氢。

二、硫化氢与水体 pH 和溶解氧的关系

硫在水中存在的价态主要为＋6 价和－2 价，水体中还有 SO_4^{2-}、含硫蛋白质等形式，也有

以其他价态形式存在的，如 SO_3^{2-} 、$S_2O_3^{2-}$ 、单质硫。但这些在天然水中很少，并且可互相转化。各种形式的硫化物在总硫化物中所占比例决定于水温和水的 pH。当天然水的 pH<10 时，水中 S^{2-} 含量极低，因此，天然水中硫化物主要以 H_2S、HS^- 两种形式存在，pH 越低，H_2S 占的比例越大，当 pH>7 时，主要以 HS^- 形式存在。在富含溶解氧的天然水中一般不含硫化物，在缺氧水中有硫化物的积聚。

三、硫化氢对水生动物的毒性

（一）硫化氢的毒性与环境因子的关系

水中硫化物的毒性随水的 pH、水温和溶解氧含量而变。水温升高或溶解氧降低毒性增大；反之，毒性降低。在酸性环境下，pH 越低，H_2S 占的比例越大，毒性越强。

（二）硫化氢对水生生物的毒性

一般认为，水中 H_2S 含量在 2.0μg/L 以下，对大多数鱼类和其他生物是无害的。但当浓度超过 2.0μg/L 时，将会造成慢性危害。硫化氢对鱼类的毒害作用是与血红素中的铁结合，使血红素量减少，另外，硫化氢对皮肤有刺激作用。据美国环境保护署资料（1976年），硫化氢对鱼类急性中毒试验，幼鱼的阈值致死浓度，虹鳟仅为 0.008 7mg/L，金鱼为 0.084mg/L，可见硫化氢对鱼类有很强的毒性。鱼池中是不允许有硫化氢存在的。我国的渔业水质标准中规定硫化物不得超过 0.2mg/L。

SO_4^{2-} 对鱼无毒，含量多一些或少一些并不产生危害，所以在渔业水质标准中一般对其含量未作限制。但水中 SO_4^{2-} 含量高，易因硫酸盐还原作用而产生 H_2S。但是，只要水体不缺氧，SO_4^{2-} 量即使多些也不会产生 H_2S。从鱼塘及高度富营养化湖泊的条件来看，夏季底层水及沉积物中，大都具备生成硫化物的条件，这个季节正是鱼类迅速生长的时期，若有硫化物生成、积累，对养殖生产十分不利，必须防止此现象的发生。

四、消除硫化氢危害的调节措施

根据硫化物生产的条件，对于养殖水体的管理应注意以下几点。

1. 提高水中氧的含量，促进水的垂直流转混合，打破分层停滞状态，避免底泥，尤其要避免底层水发展为还原状态。

2. 尽可能保持底质、底层水呈中性、微碱性（pH 为 8 左右），为此可施用石灰，极力避免底质、底层水呈酸性。

3. 施用铁剂，提高底质、底层水中 Fe^{2+}、Fe^{3+} 的含量，一旦有硫化物生成，可使其转化成 FeS、单质硫固定在底泥中（底泥如呈黑色，多为 FeS 所致），不致在水中积累危害。我国渔民使用含铁丰富的红土、黄土，此外，含铁丰富的矿物废渣，如沼铁矿、铁凡土等矿渣，不仅经济，也很有效，值得试用探索。石灰肥料及铁剂，也有催化硫化物氧化的效果。

4. 避免 SO_4^{2-} 大量进入养殖水体。

第八节　磷　酸　盐

磷也是浮游植物的基础营养元素。磷在水体中的转化与生命循环有密切关系。磷和氮虽为同族元素，但它们的化学行为并不相同。磷在水体中形成一些难溶盐类，沉入沉积物中，因而部分退出生物循环。但在生物生命活动的参与下，天然水体各种形态的磷之间还是同样可以构成相互转化、迁移的动态循环体系。在藻类生长过程中需磷量比氮少，但也正因为天然水体中磷化合物的溶解性和迁移能力低，补给量及补给速率也较小，因此，磷对水体的初级生产力的限制作用往往比氮更强。

天然水中的含磷量通常是以酸性钼酸盐形成磷钼蓝进行测定。根据能否与酸性钼酸盐反应，也可以把水中磷的化合物分为两类：活性磷化合物和非活性磷化合物。凡能与酸性钼酸盐反应的，包括磷酸盐、部分溶解态的有机磷、吸附在悬浮物表面的磷酸盐以及一部分在酸性中可以溶解的颗粒无机磷［如 $Ca_3(PO_4)_2$、$FePO_4$］等，统称为活性磷化合物，并以 PO_4-P 表示；其他不与酸性钼酸盐反应的统称为非活性磷化合物。

一、水中有效磷的来源

池水中有效磷的来源大致与有效氮相似，主要由水生生物的尸体、排泄物等有机物分解而产生。池塘底质中含有多种的磷化合物，包括铁、铝、钙的磷酸盐沉淀，有机态磷以及被黏土矿物等胶粒吸附的磷酸离子等，它们均是不能被植物利用的无效态磷，但在适当条件下，其一部分可逐渐变成有效磷而释放至水中，供浮游植物利用。

二、磷与水产养殖的关系

引起水体的富营养化一般认为主要是磷，其次是氮。一般来说，磷对水产养殖生物是无害的，含量低会限制浮游植物的生长，含量高易导致水体富营养化乃至水质恶化，严重影响养殖生物的生存和生长。进入到养殖系统的磷大部分未能被养殖生物有效利用，而是以多种途径输出池塘养殖系统，对临近水域造成污染。因此，在养殖生产中，一方面要保证水体有足够的磷，满足浮游植物的生长需要，以提高养殖产量；另一方面，提高磷的利用率，降低养殖废水和淤泥中的磷含量，减少污染。目前，多品种混养模式是一种有效提高养殖水体磷利用率的有效途径之一。

水中的磷，除了作为植物的营养元素外，还能促进水中固氮细菌和硝化细菌的繁殖，因此能促进固氮作用和硝化作用，加速含氮有机物的分解矿化。

三、养殖水体中磷含量的调节措施

天然淡水中磷酸盐的含量大都在 0.05mg/L（以 PO_4^{3-} 计）以下，甚至更少。一般认为鱼池 PO_4^{3-} 含量 0.05～1mg/L 对浮游植物的繁殖是必需的。由于水中存在 Ca^{2+}、Mg^{2+} 等很多金属离子，磷酸盐最终在水体中多以沉淀的形式存在于底泥中。在池塘养殖中施用磷肥多用于改良水质，提高并维持表层水的有效磷含量，所以在选用磷肥时，更要选可溶性磷肥。但磷含量过高会导致藻类的暴发，给养殖带来不利，故在使用磷肥改良水质的过程中严格调控水体中磷的总量。

第九节　碱度和硬度

一、碱　　度

碱度是反映水结合质子的能力，也就是水与强酸中和能力的一个指标。水中能结合质子

的各种物质共同形成碱度。天然水中这些物质有 HCO_3^-、CO_3^{2-}、OH^- 以及 $H_2PO_4^-$、HPO_4^{2-}、NH_3 等。对于大多数天然水，以前面 4 种离子的含量为主，其余的物质含量一般很小，而氢氧根构成的碱度也很小，可以忽略。淡水一般含硼很少，也可以忽略。因此，天然淡水的碱度主要由碳酸氢根碱度和碳酸根碱度构成，而海水的碱度主要由碳酸氢根碱度、碳酸根碱度和硼酸盐碱度构成。

（一）影响水体碱度变化的因素

水的碱度受水中光合作用和呼吸作用的影响，会发生变化。对于生物密度很大的室外养鱼池，还会有周期性的昼夜变化。

变化的原因是水中存在以下两个化学平衡：

$$2HCO_3^- \rightleftharpoons CO_3^{2-} + H_2O + CO_2$$

$$Ca^{2+} + CO_3^{2-} \rightleftharpoons CaCO_3 \downarrow$$

当光合作用速率超过呼吸作用速率时，第一个反应式平衡向右移动，移动的结果是 CO_3^{2-} 含量增加，使第二个反应式平衡也向右移动，有 $CaCO_3$ 沉淀生成。两个平衡右移的总的结果是水的碱度、硬度下降，pH 上升。如果水中 Ca^{2+} 含量不足，第二个反应式的平衡尚未建立，仅有第一个平衡反应式存在。这时光合作用和呼吸作用不会引起碱度、硬度的变化，只是碱度的组成及 pH 有相应的变化。

当呼吸作用速率超过光合作用速率时，水的碱度、硬度都上升，pH 下降。

（二）碱度与水产养殖的关系

碱度与水产养殖的关系表现在：

1. 碱度可以降低重金属的毒性　重金属一般是游离的离子态毒性较大，重金属离子能与水中的碳酸盐形成络离子，甚至生成沉淀，使游离金属离子的浓度降低。在用重金属防治鱼病时要注意重金属的用量（剂量）与水体的碱度有关。碱度大，重金属的药效就会降低。

2. 碱度可以调节 CO_2 的产耗关系、稳定水的 pH。

（三）高碱度的毒性问题

1. 高碱度的水体对养殖鱼类具有毒性　有些养殖水体，当碱度足够高时，Ca^{2+}、Mg^{2+} 形成碳酸盐沉淀，硬度下降，水质类型转化为碳酸盐类钠组Ⅰ型水，这种水体对鱼类具有毒性。

2. 碱度对养殖鱼类的毒性规律　高碱度对鱼类的致死作用与水体的 pH 有关。实验表明，在一定的 pH 条件下，碱度越高，对鱼的致死作用越大；而当碱度一定时，pH 越高的水体，对鱼的致死作用也越大。

高碱度水体对鱼类的毒性与 pH 有关，可以推测高碱度致毒是一种综合效应。

碳酸盐碱度的毒性在盐碱地的渔业开发利用中要特别注意。因为这类地区水的碱度容易升高，对养殖水生生物产生危害。

（四）碱度要求及调节措施

养殖用水碱度的适宜量以 1～3mmol/L 较好。可以通过施加碳酸钠、碳酸氢钠、碳酸钙、氢氧化钙、氧化钙等增加水的碱度，其中后三种还可同时补充水的硬度。

二、硬　　度

硬度是指水中二价及多价金属离子含量的总和。这些离子包括 Ca^{2+}、Mg^{2+}、Fe^{2+}、

Mn^{2+}、Fe^{3+}、Al^{3+}等。水中这些离子有一个共性，就是含量偏高可使肥皂失去去污能力，使锅炉结垢，使水在工业上的许多部门不能使用。

构成天然水硬度的主要离子是 Ca^{2+} 和 Mg^{2+}，其他离子在一般天然水中含量都很少，在构成水硬度上可以忽略。因此，水的硬度一般以 Ca^{2+} 和 Mg^{2+} 的含量来计算。某些缺氧地下水（深井水）中可能含有较多的 Fe^{2+}，也形成水硬度。考虑到水中与硬度共存的阴离子的组成，又可将硬度分为碳酸盐硬度与非碳酸盐硬度。碳酸盐硬度是指水中与 HCO_3^- 及 CO_3^{2-} 所对应的硬度。碳酸盐硬度在水加热煮沸后，绝大部分可以因生成 $CaCO_3$ 沉淀而除去，故又称为暂时硬度。非碳酸盐硬度是对应硫酸盐和氯化物的硬度，即由钙镁的硫酸盐、氯化物形成的硬度。它们用一般煮沸的方法不能从水中除去，所以又称为永久硬度。

（一）影响水体硬度变化的因素

对淡水养鱼池，生产管理上的操作及水中生物代谢活动也可使池水硬度发生变化。比如施用过磷酸钙，泼洒石灰浆水，都能使池水硬度变化。池水中生物的光合作用和呼吸作用能促使碳酸钙的沉积和溶解，可以使池水的硬度发生昼夜变化。海水养鱼池，由于总硬度很高，这种变化的相对值很小，不容易测定出来。

一般养鱼池水中存在以下的重要平衡：

$$Ca^{2+}+2HCO_3^- \rightleftharpoons CaCO_3\ (s)+H_2O+CO_2$$

当水中的光合作用速率超过呼吸作用速率时，就有 CO_2 的净消耗，促使平衡向右移动；当呼吸作用速率超过光合作用速率时，就有 CO_2 的净补充，促使平衡向左移动，引起池水硬度的昼夜变化。

养鱼池水的硬度首先决定于所采用的水源水的硬度，其次与池塘土质有关。新修建的养鱼池，土壤中的可溶性钙、镁也会转入池水中，使水硬度增高。修建在盐碱地上灌注淡水的养鱼池，随着塘龄的增加，土壤中的钙、镁因淋溶而减少，致使池水的总硬度也逐年降低，对盐碱地进行渔业开发时，应注意这种变化。在开发初期，注水后水的盐度、硬度、碱度都会增加。必要时，应更换池水。

（二）硬度与水产养殖的关系

作为淡水养殖生产用水，要求有一定的硬度，即要求水中有一定的钙、镁含量。过软的水对养鱼是不利的，因为只有极少量的碳酸盐类，其缓冲能力弱，不足以使水的 pH 保持相对稳定，也不能为浮游植物的光合作用提供足够数量的二氧化碳。

1. 钙、镁是生物生命过程所必需的营养元素　它们不仅是生物体液及骨骼的组成成分，还参与体内新陈代谢的调节。有调查发现，池水总硬度小于 10mg/L（0.2mmol/L），即使施用无机肥料，浮游植物也生长不好。总硬度为 10～20mg/L（0.2～0.4mmol/L）时，施无机肥料的效果不稳定。仅在总硬度大于 20mg/L 时，施用无机肥料后浮游植物才大量生长。研究发现，当总硬度由 7.8mg/L 增至 32mg/L 后，水中碱度增至原来的 4 倍，罗非鱼的产量增加约 25%。

2. 钙离子可降低重金属离子和一价金属离子的毒性　当水的硬度从 10mg/L 增加到 100mg/L 时，铜和锌对硬头鳟的毒性大约降低 3/4。许多重金属离子在硬水中的毒性都比在软水中的要小得多，这可能是由于钙可减少生物对重金属的吸收。

3. 钙、镁离子可增加水的缓冲性　即具有较好的保持水体 pH 的能力。

4. 水中钙、镁离子比例对海水鱼、虾、贝的存活有重要影响　钙、镁离子比例不合适，

会引起养殖种类的大批死亡。

（三）硬度要求及调节措施

养殖用水硬度的适宜量以 1～3mmol/L 较好。可以通过施加碳酸钙、氢氧化钙、氧化钙等增加水的硬度。

第十节 有 机 物

水体中的有机物可分为颗粒态有机物和溶解态有机物两大类。一般把颗粒直径 0.45μm 以上的有机物定义为颗粒态有机物，而颗粒直径 0.45μm 以下的有机物定义为溶解性有机物。传统上常采用一些"间接性指标"如生化需氧量（BOD）、化学需氧量（COD）、总需氧量（TOD）、总有机碳（TOC）来反映水体中有机物的含量和污染状况。

有机物在水体中的含量较低，通常是无机成分的万分之一，一般 1L 水中仅有几毫克；有机物成分复杂，种类繁多，包括糖类、脂肪、蛋白质等；有机物对水质及水生生物有着多方面错综复杂的影响，适量有机物的存在是使水质维持一定肥力的重要条件，而过量有机物的存在将使水质恶化、鱼病蔓延。

一、水中有机物的来源和作用

（一）水中有机物的来源

水环境中的有机物一部分来源于自然环境，但更多的则源自人类的生产和生活活动，例如工业废水和生活污水。

天然有机物主要来源于动植物自然循环过程中的一些中间产物，是动植物在自然循环中经腐烂分解所产生的大分子有机物，包括腐殖质、丹宁、木质素、藻类及一些嗅味物质，其中腐殖质在地面水中的含量最高。此外，动植物在自然生长的过程中还会分泌一些有机物。

（二）水中有机物的作用

1. 作为动物的食物 溶解有机物可以作为水生动物的辅助饵料，鱼类也能进行渗透营养，吸收氨基酸，一般通过鳃和体表渗透。另外，水中溶解和悬浮的有机质通过絮凝作用等途径，能聚集成较大颗粒的有机碎屑物质，从而为鱼类和水生动物提供重要的天然食料。一般来说，水中有机物质较多，池塘生产力也较高。

2. 作为藻类的营养 溶解有机物对藻类的生长有促进作用，特别是鞭毛藻类。藻类培养实践中发现，培养液中必须加入土壤浸液方能良好生长。中国养鱼池的特点是鞭毛藻多，这与施有机肥有关。

3. 对生物有抑制和毒害作用 小三毛金藻的代谢产物中含有鱼毒素，可使鱼贝类致死。小球藻、栅藻分泌一种抗生素可抑制大型蚤滤食和生长。严重时应加注新水。

4. 螯合作用 有些溶解性有机物对金属离子有螯合作用，如吸收钙、镁离子，使之沉淀；又如藻类分泌的多肽可中和铜离子的毒性，并提高本身对铁的利用能力。

5. 化学信息 溶解有机物可作为化学信息，影响水生生物的行为，如辨别食物。

6. 耗氧 有机物的降解过程中消耗大量的氧气，若水体不能保持丰富的溶解氧，则会造成嫌气环境，致使还原性毒物的积累，产生 CO、H_2S、NH_3 等，恶化水质，可引起生物的大量死亡。

（三）贫腐水性和中腐水性水域的特点

贫腐水性水域可提供较好的环境条件，水质清新，溶解氧较高，但水体的初级生产力较低，一般可作为排卵和育苗的人工繁殖用水，这是因为在繁殖阶段，不要求水体提供营养和饵料，若有机负荷增大，易发生传染性疾病；喜好清水，又不是滤食性的鱼类（如草鱼）也适宜这类水体。

中腐水性水域初级生产速度快，饵料来源（包括藻类和有机碎屑）丰富，适合于大部分滤食性鱼类生长，但此类水体，溶解氧和 pH 等水化学因子昼夜变化剧烈，垂直分布差异悬殊，底质易积累毒物，若是静止水体，更易导致水体老化。强腐水性水域有机负荷大，溶解氧含量极低，已不适合水生生物的生长，不宜作为养殖用水。

二、有机物的调节措施

养殖水体由于施肥、投饵或者有机物污染等因素的影响，水体有机负荷常常局部地或暂时性的过高，从而导致水质恶化，对养殖鱼类产生不良效果。为了解决养殖水体有机负荷过大，常常采取以下多种对策。

（一）减少有机物投入

减少施肥、投饵数量及次数乃至完全停止施肥投饵，但这种措施仅仅是预防性的。

（二）增加溶解氧

换水增氧提高净化速度，但采取此法必须有充分的新鲜水源，而采用机械增氧要有相应的设备和供电条件。

（三）絮凝法降低有机负荷

所谓絮凝法就是在 Ca^{2+}、PO_4^{3-} 等电解质作用下，黏土—有机胶体可以迅速絮凝，并使水中有机物、细菌一起聚沉，使水中有机负荷迅速下降。在黏土数量足够，絮凝物未被有机物饱和时，还有增氧加速净化的作用。

第十一节　其他污染物

一、重金属对水生动物的危害

天然水体中，处于正常低浓度的某些重金属元素对于水生生物的生命过程起着重要的作用，它们是许多生物大分子，如蛋白质、维生素和激素等的组成部分，是很多酶的激活剂。但当水体受到污染，重金属含量严重超标时，它们与众多生物活性物质发生反应，严重干扰水生生物的新陈代谢。养殖水体中重金属浓度过高时会引起养殖生物急性中毒，甚至引起死亡；即使在尚未引起养殖生物急性毒性反应的低浓度条件，也会导致慢性中毒，影响生物的生长、繁育，在养殖生物体内蓄积，并最终随着食物链进入人体从而对人类的健康产生潜在风险。重金属对水生生物的危害具有稳定性和累积性的特点，各种水生生物都对金属具有较大的富集能力，其富集系数可高达数十倍甚至数十万倍。因此，当长期食用被重金属污染的水产品时，人的健康也将遭受严重的威胁。

（一）汞（Hg）

1. 存在形态　除单质外，进入环境中的汞大体可以分为无机汞和有机汞，无机汞包括单质汞和汞盐，如氯化汞、硫化汞；有机汞包括烷基汞（RHg^+）、芳基汞（$ArHg^+$）和烷氧基烷基汞。

2. 汞的毒性与存在形态的关系 汞是一种剧毒物质，它对水生动物的毒性，不仅取决于它的浓度，而且与其化学形态有关。实践表明，有机汞化合物对鱼的毒性比无机汞化合物强烈得多，以甲基汞最为严重。淡水底泥中的厌氧细菌可使无机汞转化为甲基汞。水生动物一般通过呼吸系统、消化系统和体表接触等途径吸收汞，再经由体内循环系统将汞分布至不同的组织或器官。不同形态的汞以及动物种类的不同，毒性效应有较大的差别，烷基氯化汞的同系物对各种浮游动物的毒性随着碳原子数的增多而增大。

3. 毒性机理 汞离子在机体内与巯基具有很强的亲和力，能形成汞的硫醇盐，使参与体内代谢的酶，如细胞色素氧化酶、琥珀酸脱氢酶和乳酸脱氢酶等失去活性，因此阻碍机体代谢的正常进行。它可使鱼的肝、胰、肾组织细胞退化、坏死。甲基汞在鱼的神经系统和红细胞中大量积累，引起鱼神经中毒。

4. 汞污染对水生生物的毒性效应

（1）对植物的毒害 水中的汞污染能抑制浮游植物的光合作用和生长速度，甚至致死，一些有机汞灭菌剂在海水中的浓度仅为0.1μg/L时，就能抑制菱形藻的光合作用。

（2）对无脊椎动物的毒害 各种汞的化合物以及动物种类的不同，毒性效应有很大的差别，烷基氯化汞的同系物对各种浮游动物的毒性随着碳原子数的增多而增大。

（3）对鱼类的毒害 汞进入鱼体的主要途径为摄食、体表渗透和鳃黏膜吸附。鱼体内汞的含量随着水中汞含量的增大而升高，它们对汞有相当强的富集能力。剧毒试验产生的症状是：鳍张开，运动迟钝，继之失去平衡，最后沉底而死。和其他动物一样，有机汞化合物对鱼类的毒性比无机汞大，鱼类对汞毒的敏感性常常受环境条件的影响。

汞能在鱼体内大量积蓄，所以鱼体内的汞含量随着年龄的增大而增加。汞可以使鱼类产生慢性中毒。所以养殖和渔业水体的汞污染对于人体的健康是一个潜在的威胁。

5. 中毒症状 汞急性中毒后，鱼身体失去平衡，并且表现为周期性的反常游动，时而急速游动，时而缓慢，摄食减少，反应迟钝，体色变换，黏液增多，鳍条下垂，黏膜遭破坏，鳃及体表充血，鳃有腐蚀，鳃丝灰白色。

渔业用水标准中规定水中汞的含量为≤0.000 5mg/L。

（二）镉（Cd）

金属镉无毒，但水溶性镉化合物对鱼类及水生生物有很强的毒性。

1. 存在形态 镉的价态变化比较少，除单质镉外，一般为+2价的形态。

2. 毒性机理及症状 镉在鱼体内可以有很高的残留，主要残留在肾脏和肝脏之中，可以造成鳃组织、肠道黏膜、肾管细胞、生殖腺的损害，并影响肝酶活性和血液变化，抑制肝细胞线粒体氧化磷酸化过程，故对各种氨基酸脱羧酶、组氨酸酶、过氧化酶、脱羟酶等都有抑制作用，使之产生代谢障碍，引发炎症、水肿等，镉会造成鱼体脊椎弯曲、产生癌变、畸变、突变。

渔业用水标准中规定水中镉的含量为≤0.005mg/L。

（三）铅（Pb）

1. 存在形态 铅除单质之外，还有+2价和+4价两种价态，在天然水体中的铅常以+2价的形态存在。水中悬浮颗粒、胶体微粒、铁锰氧化物、黏土矿物及有机物等对于铅有着强烈的吸附作用。此外，铅同有机物特别是腐殖酸有很强的配位能力，因此，以离子态存在于天然水环境的铅占很少部分。

2. 毒性机理及症状 铅的毒性是由于铅离子引起的，铅进入机体主要由肠道吸收后，进入血液循环，主要积蓄在肝脏、肾和骨骼中。铅对造血系统、神经系统和血管方面的毒性最为明显。铅可影响血红蛋白合成过程。对酶活性的抑制主要表现在对δ-氨基已酸基丙酸脱水酶、δ-氨基-γ-酮戊酸脱水酶（ALAD）以及三磷酸腺苷酶的活性的抑制，这也是使中毒鱼类出现溶血的原因。铅可使鱼的血清转氨酶（S-GOT）升高造成心、肝损害。血管痉挛是铅中毒的典型症状。急性中毒的病理变化主要是肝、肾细胞内包涵体形成和细胞坏死、胃肠黏膜发炎、脑组织水肿、血栓形成及脑血管周围出血等，同时铅在鱼体内会有高残留，对鱼的诱变性呈阳性。

渔业用水标准中规定水中铅的含量为≤0.05mg/L。

（四）铬（Cr）

1. 存在形态 铬在水中多以＋3价铬和＋6价铬形式存在。＋3价铬主要被吸附在固体物质表面而存在于沉积物中；而＋6价铬则多溶于水，而且较为稳定，只有在厌氧条件下，才还原为＋3价铬。＋3价铬的盐类可在中性或弱碱性时发生水解，生成不溶解于水的氢氧化铬而沉于底泥。

2. 毒性 ＋3价铬和＋6价铬对水生生物都有致死作用，并在生物体内累积。铬对鲤、草鱼、海湾扇贝等的幼体、胚胎发育等产生毒害而且能随食物链富集。

渔业用水标准中规定水中铬的含量为≤0.1mg/L。

（五）铜（Cu）

1. 存在形态 铜的毒性主要取决于水体中Cu^{2+}、$Cu(OH)^+$和$Cu(OH)_2$的浓度，但上述形式在总铜中所占的比例并不高。

2. 毒性 Cu^{2+}对鱼类肝脏的过氧化氢酶、胃蛋白酶等有一定抑制作用；还可以破坏鱼体中的盐水平衡，引起鱼体过量分泌黏液，使鱼鳃严重脱水而导致死亡。此外，铜还可引起桡足类和硅藻的大量死亡。铜盐被广泛用于防治鱼病和消除水体中某些有害藻类，但施用浓度及使用效果与铜的存在形式有关。

渔业用水标准中规定水中铜的含量为≤0.01mg/L。

（六）砷（As）

1. 存在形态 天然水中砷可以＋5、＋3、0、－3这4种价态存在，并随环境pH、Eh的变化而相互转换。表层水中，溶解氧丰富，pH和Eh均较高，砷几乎都以＋5价的砷酸盐（$H_2AsO_4^-$、$HAsO_4^{2-}$和AsO_4^{3-}）形式存在；而在深层及沉积物中，溶氧低，砷主要以＋3价的亚砷酸盐或硫化物形式存在。但这两种价态的砷都易被水合氧化铁黏土或$Al(OH)_3$吸附并沉淀，从而污染水体中的砷也多积聚于沉淀物中。

2. 毒性 砷元素自身的毒性很低，而砷化物则均有毒性，＋3价砷的毒性尤比其他砷化物更强，以＋3价砷毒性比＋5价砷毒性要高出60倍，这是由于＋3价砷对硫化物和巯基有很强的亲和力，可与含巯基的酶、蛋白质等反应，使其失去原有的活性和功能。渔业用水标准中规定水中砷的含量为≤0.05mg/L。

二、持久性有机物对水生动物的危害

一些有机污染物降解缓慢、在水环境中滞留时间长，可通过生物放大和食物链的富集输送作用对水生生物和人体健康构成直接威胁，这部分污染物称为持久性有机污染物，或难降解有机污染物。通常采用一定百分比的污染物从环境中消失所需要的时间为判断其持久性的指标，称持久期。若将该比例定为50%，则持久期亦为半衰期。

有机污染物来源广泛、种类繁多，难以对所有污染物进行监控，首先需要对那些毒性大、自然降解能力弱、污染普遍的污染物进行优先研究和控制，这些污染物称为“优先污染物”。我国提出的优先污染物有68种，其中有毒有机污染物58种。

（一）水中持久性有机污染物的来源

水中的持久性有机污染物主要为人工合成有机物，来自工业生产、农业生产、交通运输和生活污染源。水环境中几种主要持久性有机污染物的来源如下：

1. 农药　农药主要包括有机氯农药、有机磷农药、氨基甲酸酯类农药，其中，有机氯农药性质稳定，难以降解，疏水性强，易溶于有机质及物脂肪。因此在环境中的滞留时间长，容易造成生物积累并沿食物链放大，是水环境中危害较大的持久性污染物。

2. 多氯联苯（PCBs）　多氯联苯是联苯经过氯化作用合成的，由于氯原子在联苯上的取代位置不同，可有210种化合物，通常获得的是混合物。多氯联苯极难溶于水，易溶于脂肪和有机溶剂，在环境中极难分解，因此能大量富集在生物体内，引起中毒。水体中的多氯联苯来源于使用多氯联苯的电机厂、化工厂以及造纸厂，以排出的废油、废渣和涂料剥皮等形式进入水体，沉积于水底后缓慢释放进入水中。

3. 多环芳烃（PAHs）　含有两个以上的苯环的碳氢化合物统称为多环芳烃，如萘、苯并芘等。各种不完全燃烧过程均会产生多环芳烃，如煤、石油、煤焦油、木材、塑料、垃圾等。一些简单的多环芳香烃是作为商品生产的。多环芳烃在水中的溶解度小，脂溶性高，易累积在沉积物、有机质和生物体内。多环芳烃具有致癌作用。水环境中多环芳烃主要来源于炼油厂、煤气厂、炼焦厂和沥青厂排放的废水；垃圾的焚烧处理可以造成多环芳烃排入大气，大气中的多环芳烃通过沉降也可进入水体。

4. 卤代烃类　卤代芳烃是芳烃分子中的氢被卤素取代形成的化合物。一般用R—X，X表示卤素（F、Cl、Br、I），按照卤素所连接的烃基不同，可分为饱和卤代烃、不饱和卤代烃与芳香卤代烃；按照卤代烃分子中所含卤素的数目又可分为一卤、二卤和多卤代烃。水体中的卤代烃主要由石油和化工废水排入。这类物质不溶于水，多溶于有机溶剂，挥发性强，生物降解缓慢，是一类比较持久的污染物。其中氯苯类具有很强的生物富集作用。

5. 酚类　酚类化合物是重要的化工原料，作为中间体而广泛地应用于其他化合物如酚醛树脂、杀菌剂、药物、染料、农药、塑料、炸药、防腐剂、皮肤用药剂等的生产。酚类化合物是水环境的主要污染物之一。酚类一般具有很高的溶解性，易被生物降解。但当苯酚分子氯代程度增加时，则化合物溶解度下降，脂溶性增加。

6. 苯胺类和硝基苯类　苯或其他芳香烃化合物中芳香环上的氢原子被氨基或硝基取代形成的产物。这类化合物用途很广，是化学工业、国防工业、医药工业等方面不可缺少的原料或化工合成的中间体。这类化合物在常温下多为固体或液体，挥发性低，难溶于水，易溶于脂肪，因此，容易被生物富集。主要污染源包括燃料、炸药、农药、塑料、医药、涂料、橡胶等化学工业废水。在植物及其他有机燃料燃烧过程中也可产生苯胺类物质。

（二）持久性有机污染物对水生动物的危害

水环境中持久性有机污染物的浓度一般较低，一般在毫克每升的数量级以下。它们主要通过生物富集和生物放大而产生危害。许多有机污染物能损害动物和人类遗传功能，致癌、致畸或引起其他疾病。通过生物富集，污染物质可以沿食物链几倍到数万倍累积。

对于持久性有机污染物，由于其主要累积于脂肪，因此生物体内脂肪含量与其对有机物的累积能力具有密切关系。PCBs在鱼体内脏中的浓度差别很大，一般以肝脏中PCBs浓度最大，其次为鳃、心脏、脑、肌肉。体内分解污染物的酶的活性也与生物对污染物的富集能力有关，分解酶的活性越强，污染物越容易降解，越不容易累积。

污染物的化学性质在很大程度上决定了它们被生物累积的特性，这些性质主要反映在有机化合的分解性、脂溶性和水溶性方面。一般分解性小、脂溶性高、水溶性低的物质，生物富集系数高，反之则低。

影响污染物生物累积的环境条件主要包括水温、盐度、硬度、pH、溶解氧含量和光照状况等。环境条件影响污染物在水中的分解转化，同时也影响水生生物的生命活动过程，从而影响生物积累。农药对鱼类毒性大小与水温的高低有密切关系，有些农药的毒性随温度的升高而降低。

有机氯农药，如DDT可导致神经系统功能损害，影响体内酶活性和代谢过程，导致生殖机能退化，同时具有致癌、致畸和致突变作用；多氯联苯可影响肝、肠胃的发育和功能，危害呼吸系统、神经系统、内分泌系统，具有致癌作用；多环芳烃中许多化合物具有强烈致癌作用，如苯并芘；酚类为细胞原浆毒物，低浓度能使蛋白质变性，高浓度能使蛋白质沉淀，对各种细胞有直接损害，对皮肤和黏膜具有强烈腐蚀作用，酚类易使水体出现异味，长期饮用被酚污染的水源，可引起头昏、出疹、瘙痒、贫血及各种神经系统症状；苯胺类和硝基苯类主要危害血液，导致高铁血红蛋白和发生溶血作用，损害肝脏，部分化合物具有致癌作用，如联苯胺、萘胺、2-硝基萘和乙硝基联苯等。

三、污染物的控制措施

随着我国水产养殖业的快速发展，高密度的养殖模式、相对封闭的养殖系统导致养殖水体的自身内源性污染日趋严重。与此同时，随着我国工农业生产的不断发展，水环境质量日益恶化，也导致养殖用水水源的质量下降，养殖业受到外源性污染的威胁。养殖生物的自身污染和外源性污染的双重作用，导致养殖水域的环境质量呈下降趋势，这不仅危害养殖生物，而且为一些病原微生物的繁殖提供了条件，导致养殖生物疾病频发。除前述非离子氨、亚硝酸盐、硫化物等需要严加控制外，外源性重金属、有毒有机物的含量也需加以处理，而渔用药物的使用更应规范。

为减轻养殖水体中的重金属污染，首先需对水源进行严格监控，杜绝因工农业生产排放产生的外源性重金属进入。其次是在养殖过程中，尽量不使用含重金属的药物，不使用含重金属超标的饲料。再次，若养殖水体已存在重金属，可定期使用对重金属具有络合作用的制剂，如乙二胺四乙酸（EDTA）及其盐类以清除重金属。

养殖过程中，有时不可避免地会发生病害，此时，合法、合理、科学地使用渔用药物是关键。改变传统的养殖观念，优化养殖水域生态结构对于预防病害发生、减少抗生素等的使用具有重要意义。如利用水生植物调控和改善水生态系统结构，水草的生长可有效抑制有害藻类的生长繁殖，使水质变清，增加水中的溶解氧；同时还可为养殖生物提供掩蔽场所，并为一些养殖生物提供天然的饵料。施加光合细菌等有益微生物不仅可有效分解水中的有机物，减轻水体有机物负荷，有些有益微生物甚至可以寄生在多种有害细菌体内，通过裂解作

用杀死有害菌，可起到生物防治病害的作用。施加沸石等吸附剂可吸附养殖水体中的有害物质，同时还可作为微生物的有效载体，促进微生物分解有机物。

对重金属、持久性有机物污染的防控较为有效的手段是清淤。

第四单元　养殖水体生物环境

水生生物在养殖水体生态系统中占有非常重要的地位，它们的种类复杂、数量众多、分布广泛，有生产者、消费者、分解者功能之分，在生态系统的能量流动和物质循环中发挥着决定性作用。

第一节　浮游植物

一、类群、特征与功能

浮游植物又称浮游藻类，是指在水中营浮游生活的微小植物。浮游植物是低等植物中的一个大类，具叶绿素，能利用阳光进行光合作用，将无机物合成有机物，是一类能独立生活的自养生物。浮游植物形态结构、繁殖方法简单，通常以细胞分裂、植物体断裂或形成孢子进行繁殖。

（一）分类

已知全球的藻类约为50 000种，其中淡水藻类25 000种左右，中国淡水藻类约9 000种。主要包括以下八个门类：①蓝藻门（Cyanophyta）；②绿藻门（Chlorophyta）；③硅藻门（Bacillariophyta）；④金藻门（Chrysophyta）；⑤黄藻门（Xanthophyta）；⑥甲藻门（Pyrrophyta）；⑦隐藻门（Cryptorhyta）；⑧裸藻门（Euglenophyta）。

（二）主要类群及特征

1. 蓝藻（Blue Green Algae）　蓝藻是最原始、最古老的藻类，其结构简单，无典型细胞核，属原核生物，又称蓝细菌（*Cyanobacteria*）。蓝藻无鞭毛，无色素体，无有性生殖，蓝藻含有叶绿素a、胡萝卜素、叶黄素及大量的藻胆素，无叶绿素b，同化产物主要为蓝藻淀粉。蓝藻的细胞壁常由外层的果胶质和内层的纤维质两层组成，以果胶质为主。细胞壁上含有黏质缩氨肽，这也是蓝藻与其他藻类相区别的一个特征。常见的有铜绿微囊藻（*Mi-*

crocystis aeruginosa）、钝顶螺旋藻（*Spirulina platensis*）、颤藻（*Oscillatoria*）、螺旋鱼腥藻（*Anabaena spiroides*）、水华束丝藻（*Aphanizomenon flosaquae*）等。在高温、水质碱性的肥水中常由单一种占优势。

2. 硅藻（Diatom）　硅藻细胞壁含硅质，由上下两壳套合而成，壳面有辐射对称或羽状排列的花纹，藻体呈黄绿色或黄褐色。喜中温，四季均可生长，尤以春、秋两季旺盛，是某些水生动物的优质饵料。常见的有直链藻（*Melosira*）、舟形藻（*Navicula*）、菱形藻（*Natzschia*）、小环藻（*Cyclotella*）、针杆藻（*Synedra*）等。随着海水养殖业的发展，人工大量培养的硅藻有中肋骨条藻（*Skeletonema costatum*）、三角褐指藻（*Phaeodactylum tricornutum*）、牟氏角毛藻（*Chaetoceros muelleri*）、新月拟菱形藻（*Nitzschiella closterium*）等。富营养型硅藻浮游生物通常有星杆藻、脆杆藻、针杆藻、冠盘藻、直链藻等属占优势，特别是颗粒直链藻和巴豆叶脆杆藻最为常见，水质通常呈碱性。

3. 绿藻（Green Algae）　植物体呈草绿色，细胞色素以叶绿素为主，常具两条顶生等长的鞭毛。绿藻是浮游动物的主要饵料，适宜于水温适中、含氮量较高的环境中生长。常见绿藻有小球藻（*Chlorella*）、栅藻（*Scenedesmus*）、绿球藻（*Chlorococcum*）、盘星藻（*Pediastrum*）、衣藻（*Chlamydomonas*）以及一些丝状绿藻，如水网藻（*Hydrodictyon reticulatum*）、水绵（*Spirogyra*）、刚毛藻（*Cladophora*）等。水网藻和水绵对水池中的鱼苗有一定的危害，鱼苗往往被乱丝缠住游不出来造成死亡。小球藻属（*Chlorella*）、亚心型扁藻（*P. subcordiformis*）、盐藻（*Dunaliella*）等是水生动物幼体的优质单胞藻生物饵料，已在我国进行广泛的人工培养。

4. 甲藻（Dinoflagellata）　甲藻常具2条顶生或腰生鞭毛，可以运动，因此通常被称为双鞭藻。藻体成金黄褐色或黄绿色，同化产物主要为脂肪和淀粉。常见种类有海洋原甲藻（*Prorocentrum mican*）、光甲藻（*Glenodinium gymnodinium*）、多甲藻属（*Peridinium*）、角甲藻（*Ceratium hirundinella*）等。多甲藻（*Peridinium willeri*）和飞燕角藻（*Ceratium hirdndinella*）占优势时，水体为贫营养型，中性到微碱性。多甲藻、角藻、光甲藻占优势，水质中到微碱性，养分中等或较多。富营养化条件下，某些甲藻是形成赤潮的主要生物，有的还能产生赤潮藻毒素（贝毒），对渔业和人类生命安全危害很大。

5. 隐藻（Cryptomanas）　隐藻细胞不具纤维质细胞壁，藻体呈黄绿色或金黄褐色，有时呈红色，顶生两根鞭毛，同化产物主要为淀粉。适宜生长在有机质较多、硬度较大的水中。主要种类是隐藻（*Cryptomonas*）、蓝隐藻（*Chroomonas*）。3—6月，在水体中常大量繁殖，形成优势种。

6. 裸藻（Euglenophyta）　裸藻藻体大多呈绿色，常具一根鞭毛，同化产物主要为裸藻淀粉。适宜生长在有机质丰富、温暖的浅水中。常见的有裸藻（*Euglena*）、扁裸藻（*Phacus*）、囊裸藻（*Trachelearis*）等。血红裸藻（*Euglenu sanguinea*）可使水色发红。

7. 金藻（Golden Algae）　金藻藻体金黄褐色，具鞭毛1～3条。适宜于15～20℃的早春、晚秋季节，在透明度较高的水中生长。常见的有变形单鞭金藻（*Chromulina pascheri*）、球等鞭金藻（*Isochrysis galbana*）、棕鞭藻属（*Ochromonas*）、小三毛金藻（*Prymnesium parvum*）等。金藻中的锥囊藻占优势或和平板藻等硅藻同占优势，有时由其他金藻（鱼鳞藻、黄群藻、黄团藻等）占优势；水质中性到微碱性，缺养分条件；多在富营养型湖春季硅藻高峰过后或夏季分层期刚开始时在缺磷的湖泊上层出现。

（三）作用

浮游植物是水生态系统的初级生产者，它在决定水域生产性能上具有重要意义，与渔业生产有十分密切的关系。

1. 有利方面

（1）生物饵料　浮游植物是浮游动物、鱼类和其他经济水生动物直接或间接的饵料基础。一些浮游藻类经人工培养后是水产经济动物育苗的重要饵料，如扁藻、盐藻、等鞭金藻等。

（2）增氧　浮游植物又是水体中重要的生物环境，其光合作用是水中溶解氧的主要来源之一。

（3）改善水质　浮游植物的光合作用吸收氮、磷等营养物质，有利于改善水质，促进物质循环。

（4）指示生物　浮游植物还能作为水质好坏的指示生物。

2. 有害方面

（1）藻类死亡　藻类死亡后沉积水底，在水底形成有机淤泥，当数量过多时，耗氧有机物增多，可能使水质腐败变质。大量藻类死亡后产生的代谢物质对水质以及其中的环境生物也产生不利影响。

（2）水华（又称藻华）　藻类在长期演化过程中，以自身的形态构造、生理和生态特点适应着生活的环境，当环境条件适宜、营养物质丰富时，藻体个体数量增长非常迅速，大量增长时在水体中形成藻华。一些有毒有害的藻类，如微囊藻，死亡后分解产生的羟氨和硫化氢使鱼贝类死亡，藻毒素还会危害人类健康和生命；有些藻类如颤藻会使养殖鱼类产生异味，影响产品风味和质量。

二、与水体营养盐的关系

（一）与氮磷的关系

浮游植物生长需要营养，其中以氮和磷营养盐最为重要。这两种营养盐往往决定着浮游植物产量的高低，也就间接决定着浮游动物数量的多寡。氮、磷负荷与藻类生产力的关系是揭示富营养化过程的主要途径。各门类藻种适应生存于不同的营养型配比水体中，藻类群落结构也会随之发生变化。

1. 富氮水体　在总氮相对丰富的水体中，绿藻比例较大；水体中含氮量越丰富，越容易发生绿藻水华。

2. 富磷水体　在总磷含量相对高的水体中，蓝藻比例上升；水体中含磷量越丰富，越容易发生蓝藻水华。

3. 与氮磷比的关系　低的氮磷比更有利于具有固氮作用的蓝藻生长，氮磷比低于29∶1时，增加了形成蓝藻水华的可能。蓝藻有固氮作用，当水体中氮含量低时，蓝藻表现出固氮作用，通过固定空气中的氮气，蓝藻大量生长繁殖，因此在缺氮富含磷的水体中，蓝藻占绝对优势。当氮磷比高于29∶1时，则有利于消耗氮的绿藻生长，对改善水质有益。

（二）与其他元素的关系

一般湖泊富营养化引发藻类暴发的顺序依次是硅藻、绿藻、蓝藻，这是由于藻类数量的急剧增加，大量消耗水中碳、氮、磷等营养物，尤其是碳、氮利用量较高，水中氨氮含量大大降低，并利用 CO_2 进行光合作用，此时对氮要求较低并能固定空气中的氮气的蓝藻大量生长繁殖，使具有较强竞争力的蓝藻占绝对优势，因此由硅藻或者绿藻转变为蓝藻占优势。由于固氮酶需要大量的铁，铁也被认为决定蓝藻水华数量的重要微量营养因子。除氮、磷、铁外，碳、镁、锰和硅的含量也对浮游植物的生长有重要的影响。如缺乏镁，藻类便会逐渐变黄，最终失去颜色而死亡，可是镁的含量过多对某些藻类的生长也有抑制作用。因此，这些微量元素的含量必须适宜，过多或过少都不利于浮游植物的生长。

三、养殖水体的浮游植物生物量等级

我国养殖池塘浮游植物生物量变幅极大，从不足 1mg/L 到 500～1 000mg/L。低于 20mg/L 的池塘是瘦水，湖泊和水库普遍低于 20mg/L。在划分池塘浮游植物量标准时，常把 20mg/L、50mg/L、100mg/L、200mg/L 作为肥水生物等级的指标。此外，>400mg/L 的极高浮游植物量，是预示水体物质循环不好、水质较差的一个指标。根据上述原则，将养殖水体的水质按浮游植物生物量分为 10 级，并列出各级水质的宏观特点和渔业意义（表 14－3）。

表 14－3　养殖池塘水质肥度的生物等级

等级	浮游植物生物量（mg/L）	水色	透明度（cm）	渔业意义
0	<1	清澈	—	极贫营养型水
1	1～3	清澈	—	贫至中营养型水
2	3～5	不显色	—	中至富营养型水
3	5～10	微显色	—	富营养型水
5	20～50	浓	30～40	鱼池肥水
4	10～20	色较浓	>40	特富营养型水
6	50～100	浓	25～30	鱼池肥水
7	100～200	极浓	<25	老水或肥水
8	200～400	极浓	<20	一般为老水
9	>400	极浓	<15	老水

水华又叫水花、藻花，是指一定的营养、气候、水文条件和生物环境下，由于水体中氮、磷等营养元素过多，导致某些藻类异常增殖，使水体呈现明显藻色并形成肉眼可见的藻类聚积的现象。海水中浮游生物暴发性增长可引起赤潮。较为耐污的浮游藻类容易在富营养型水体中大量繁殖形成水华，养殖池塘中，因施肥、投饵过量使浮游藻类大量繁殖，许多种类都能形成水华，如蓝藻水华、隐藻水华、裸藻水华、甲藻水华、硅藻水华和绿藻水华等。

四、肥料与施肥技术

养鱼池是人工生态系统，“养鱼先养水”“好水养好鱼”，水体是水生动物的生活环境，其生物组成、理化性质、物质循环及变化动态等均与水生动物的健康、生长密切相关。养鱼池生物学过程很大程度上受人类管理方式的调控。施肥、投饵、放养鱼类的种类和密度等对

初级生产力都有重要的影响。浮游植物生产量几乎是养鱼池唯一的初级产量，由于纬度、水肥度和管理方式的不同，产量差别很大，如鲢鳙的养殖，施肥池较未施肥池产量一般可提高3～4倍。施肥的目的主要是调节控水环境。

（一）能流关系

在养鱼池中，鱼类的生产过程沿着3个能流进行：

1. 人工饵料和少量有机肥料为鱼类和饵料动物直接摄食。

2. 有机肥料和人工饵料残余及鱼粪转化为细菌和腐屑再被动物利用。

3. 肥料、残余人工饵料与鱼粪分解后产生营养盐类和CO_2为自养生物所利用，并提供初级产量，后者再被动物利用。

前两个流程都是耗氧的异养生产，后一个是增氧的自养生产，相互促进，相互制约。异养生产和自养生产之间必须保持着某种平衡。如果人工饵料提供的鱼产量超过初级产量提供的鱼产量时，水体中耗氧增加，水质有可能恶化。由此可见，鱼池的初级产量越高，转化为鱼产量的能量效率越高，产氧的能力也越大，就有可能投入更多的人工饵料来强化异养生产提高鱼产量；反之，异养生产强度和鱼产量将受到限制。我国传统肥水鱼池主养或混养鲢、鳙、罗非鱼等能直接利用初级产量的鱼类，浮游植物又以鞭毛类等优质食物占优势，鱼产量中有50%～90%来自自养生产。因此，如何施肥增加养鱼池中的初级生产力至关重要。

（二）氮肥和磷肥的使用

无机肥料也称化学肥料。一般无机肥料施用后肥效较快，故又称速效肥料。常用的无机肥料以所含有的成分不同，可分为氮肥、磷肥、钾肥和钙肥等。

1. 常见的氮肥　根据氮素在氮肥中的形态不同，无机氮肥可分为三类：

（1）铵态氮肥　铵态氮肥中的氮素是以铵的形态存在，铵态氮肥的特性：

①铵态氮肥都易溶于水：溶解后形成铵离子（NH_4^+）和其他离子。铵离子能被植物直接吸收，取得氮素养分。

②铵态氮肥的铵离子带正电荷，可被带负电荷的土壤胶粒吸附。因此，池塘施用铵态氮肥后，有一部分铵离子被池底土壤所吸附，以后再被其他离子（如Ca^{2+}）交换释放出来而被浮游植物利用。有些地区施氨水时，先将氨水和塘泥搅拌混合，然后泼洒入池塘，这样可使铵离子被塘泥吸附，或和塘泥中的有机酸结合，以防止氨的挥发损失。

③铵态氮肥中的铵离子经微生物的作用能转化成硝态氮，同样也能被浮游植物吸收，氮素的肥效并不降低。

常见的铵态氮肥有：硫酸铵［$(NH_4)_2SO_4$］、氯化铵（NH_4Cl）、碳酸氢氨（NH_4HCO_3）和氨水（NH_4OH）。

含有铵态氮的化学肥料，遇到石灰、草木灰等碱性肥料，铵就会变成氨而挥发损失，因此不可以和它们混合在一起。

（2）硝态氮肥　硝态氮肥中的氮素以硝酸根离子（NO_3^-）的形式存在。硝态氮肥的特点：

①硝态氮肥都易溶于水，溶解后形成硝酸根离子（NO_3^-）能被浮游植物直接吸收，使植物获得氮素养分。

②硝酸态氮肥中的硝酸根离子不能被池底土壤胶粒吸附，所以硝态氮在池塘中容易随水流失，降低肥效，施用时要注意。

③硝态氮在缺氧环境下，经过反硝化细菌的作用，即转化成游离态氮，变成氮气从池水中逸出，降低肥效。

④硝态氮肥吸收空气中水分的能力较强，即这类化肥的吸湿性较大，在贮存时要注意防潮。此外，硝态氮肥有助燃作用，在运输和贮存时要注意防止起火爆炸。

常见的硝态氮肥有：硝酸铵（NH_4NO_3）、硝酸铵钙（$NH_4NO_3 \cdot CaCO_3$）。

（3）酰胺态氮肥　氮素是以酰胺的形态存在。如尿素［$(NH_2)_2CO$］，含氮量很高，达46%左右。酰铵态氮肥在水中溶解后不形成离子，不能被植物直接吸收，所以在施用尿素后必须转化成为铵态氮或硝态氮后才能被植物吸收。尿素在尿素分解菌所分泌的尿素酶作用下转变为碳酸铵，故尿素主要是起铵态氮肥料的作用。

2. 常见的磷肥　在植物体中磷的含量不如氮多，但是磷对植物的生长发育是十分重要的。磷是细胞核的重要成分，并能促进植物的生长发育。磷肥还能加强水中固氮细菌和硝化细菌的繁殖，促进氮循环。因此，池塘施用磷肥非常重要。

因制造磷肥的方法不同，磷肥中磷素养分的形态也不一样，主要有以下两种：

（1）水溶性磷肥　水溶性磷肥能在水中溶解生成磷酸根离子（$H_2PO_4^-$、HPO_4^{2-}）被植物吸收。水溶性磷肥包括过磷酸钙和重过磷酸钙，这两种肥料施入池塘后能很快被浮游植物吸收利用。但磷肥易被池塘土壤或淤泥吸收固定，而降低磷肥的肥效。磷肥被土壤固定的原因主要是在酸性土壤中和铁或铝离子生成不溶性的磷酸铁或磷酸铝，或者在偏碱性土壤中与钙化合成难溶性的磷酸三钙。当磷酸生成磷酸铁、磷酸铝化合物时，不能被水生植物利用。磷酸三钙虽然也是难溶性化合物，但它比磷酸铁、磷酸铝较易溶解，因而也较磷酸铁等易于被植物利用。

另外，一部分磷酸也会被带电的土壤胶粒吸附，因这吸附作用而保存在胶体周围的物质呈离子态，它在适当条件下，会被解吸再回到水中来，被植物利用，不过发生肥效的作用过程变得慢些。

磷肥在池塘中施放后因易被土壤吸收固定，其中的一部分再逐渐地被释放溶解出来，供植物利用，故磷肥有后效性，即在施肥后的第二、第三年仍有一定的肥效。

（2）难溶性磷肥　难溶性磷肥在水或弱酸里都难溶解，只有在较强的酸里才能溶解。如磷矿石粉和骨粉都是难溶性磷肥，主要含磷酸钙［$Ca_3(PO_4)_2$］，它在酸性环境中能渐渐变为植物能吸收的状态。由于难溶解，故肥效较迟，肥效的延续时间较过磷酸钙更长。

3. 氮肥和磷肥的使用

（1）氮肥　在使用氮肥时，施肥前后防止缺氧，否则脱氮作用的损失增大，有机物的矿化再生作用减弱，对水中增氮不利。加开增氧机，促使池水的垂直流动，以加速底层水和底泥中的有机氮化物和矿化再生物及时向表层迁移，提高表层水的中的含氮量。注意水中有效形式的氮磷比，仅在氮是真正限制因子时，施氮肥才有效。如果水中相对缺磷，再施氮肥是一种浪费且弊多利少。针对饵料生物（浮游植物）吸收特点，合理掌握施肥浓度和时间是十分必要的。施肥浓度以水中总氮量略高于0.3mg/L为宜，浓度再高吸收速度增加不多，并不经济。施肥时间以晴天午前水体趋于分层时为宜，这更有利于提高肥效。为保证真光层有效氮含量保持在最佳含量，施肥应该适量多次，及时补充。水质过分混浊，黏土胶粒很多时，氨离子易被吸附固定，将造成氮不能在较短时间内被吸收。

（2）磷肥　施用磷肥时，池水的pH以中性和弱碱性为好（pH为7.0～7.5）。若池水

的 pH 过高（8.5 以上），应将磷肥溶解后，调节其 pH 使之呈强酸性后方可施用，以减少磷肥的损失。磷肥最好能与有机肥一起沤制后使用，此时有机物多，会生成一些可溶性络合物，使有效磷被吸附沉淀的机会减少，有利于提高肥效。使用磷肥时应控制适宜的氮磷比。大量试验证明，当水中有效氮和磷的绝对浓度大于各自最适的施肥指标时，只会浪费一种肥料，而不会增加初级生产速率和产量。施肥时，一般控制氮磷比值为 6～7 比较适宜。

（3）*施肥方式*　常规的施肥方式如下：

①施基肥。瘦水池塘或新开挖的池塘，池底缺少或无淤泥，水中有机物含量低，水质清瘦。为了改善底质微生态环境，促进物质和能量不断地向池水中释放，以提高池水的生产力，必须施放基肥。基肥应在冬季干池清整后即可进行，以使池塘注水养鱼后，能及时繁殖天然饵料。基肥通常均采用有机肥料。具体可将有机肥料施于池底或积水区的边缘，经日光暴晒数天，适当分解矿化后，翻动肥料，再暴晒数日，即可注水。基肥的释放数量往往较大，一次施足。具体数量视池塘的肥瘦、肥料的种类、浓度等而定，通常每 667m^2 施数百千克。肥水池塘和养鱼多年的池塘，池底淤泥较多，一般施基肥量少甚至不施。

②施追肥。为了陆续补充水中营养物质的消耗，使饵料生物始终保持较高水平，在鱼类生长期间需要追加肥料。施追肥应掌握及时、均匀和量少次多的原则。施肥量不宜过多，以防止水质突变。在鱼类主要生长季节，由于大量投饵，鱼类摄食量大，粪便、残饵多，池水有机物含量高，因此水中的有机氮肥高，此时不必施用耗氧量高的有机肥料，而应追施无机磷肥，以保持池水“肥、活、爽”。

（4）*施肥方法*

①施肥原则。以有机肥料为主，无机肥料为辅，“抓两头、带中间”。有机肥料除了直接作为腐屑食物链供鱼类摄食外，还能培养大量的微生物和浮游生物作为鱼类的饵料，而且容易消化的浮游植物也往往在含有大量溶解有机物的水中生长繁殖。因此，有机肥料是培育优良水质的基础。但有机肥料耗氧量大，在高温季节容易恶化水质。所以在精养鱼池中，有机肥料以施基肥为主；作为追肥，也仅仅在水温较低的早春和晚秋应用。这就是渔民所说的有机肥料为主，要“抓两头”的含义。而在鱼类主要生长季节，水中有效氮随投饵的增加而逐渐增长，因此没有必要在施用含氮量高的无机氮肥或耗氧量大的有机氮肥，而此时水中有效磷往往极度缺乏，因此必须及时施用无机磷肥，以增加水中有效磷的含量，调整有效氮和有效磷之间的比例，充分利用精养鱼池内丰富的有效氮，促进浮游植物生长，提高池塘生产力。

②充分腐熟。有机肥料必须发酵腐熟，有机肥料充分腐熟后除了能杀灭大部分致病菌、有利于卫生和防病外，还可以使大部分有机物通过发酵分解成了大量的中间产物，它们的耗氧以氧债形式存在。施追肥时，只要在晴天中午用全池泼洒的方法施肥，根据有机肥料中的中间产物在分解时具有暴发性耗氧的特点，此时就可以充分利用池水上层的超饱和氧气，及时偿还氧债。

③量少次多，少施勤施。在春秋季节，如采用有机肥料作追肥，应选择晴天，在良好的溶氧条件下，采用全池泼洒的方法，勤施少施，以避免池水耗氧量突然增加。

④巧施磷肥，以磷促氮。磷肥应先溶于水，待溶解后，在晴天中午全池均匀泼洒，泼洒

浓度过磷酸钙 10mg/L。通常在 5—9 月每半个月泼洒一次。泼洒后的当天不能搅动池水（包括拉网、加水、中午开动增氧机等），以延长水溶性磷肥在水中的悬浮时间，降低塘泥对磷的吸附和固定。通常施用磷肥 3～5d 后，池中浮游植物将产生高峰，生物量明显增加，氨氮下降，此时，应根据水质管理的要求，适当加注新水，防止水色过浓。

五、采集与监测

（一）基本概念

浮游植物及其生产力是水生态系统的重要成员与重要功能之一，是鱼类天然饵料的重要组成部分。由于浮游植物对环境的变化十分敏感，故在环境监测中具有重要作用。不同类型的水体或同一水体的不同季节，浮游藻类的组成是不相同的，水体中的藻类组成处在不断地变化中，并且这种变化是具有一定的趋势和规律的。因此，研究水中浮游植物组成和现存量，可为养殖鱼类的合理投放提供重要的科学依据，同时为水环境生态研究及利用提供有用的资料。浮游植物的现存量，指的是某一瞬间单位水体中所存在的浮游植物的量，这个量有两种表示方法，用数量单位表示为密度，一般用“个/L”为单位；用重量单位（mg/L）表示的现存量称为生物量。由于不同水体、不同种类的藻类在个体上有很大差异，仅仅用数量很难评价不同水体饵料生物的丰歉，因此，浮游植物的定量工作，必须以测算生物量为目标。不同的调查方法，有时会得出不同的结果。

（二）浮游植物现存量测定方法

浮游植物现存量的测定方法主要包括容积法、称量法、叶绿素法和显微镜视野计数法等，以下简介视野计数法。

1. 采样点设置　选择采样点的原则是采样点在平面上的分布要有代表性。水库和江河采样点分别在上游、中游、下游中部选设，一般在下游断面可多设点采样。湖泊采样应兼顾在近岸和中部设点，可根据湖泊形状分散选设，进水口和出水口也应设点。池塘采样一般在池塘四周离岸 1m 处和池塘中央各选 1 个采样点。湖心、库心、江心必须采样，有条件时采样点可适当多设一些，如大的湖湾、库湾，河流的上、中、下游水体的沿岸带及浅水区等也要设点采集。海水养殖池塘的调查样点也是随调查目的来确定。

2. 采样水层　采样点确定后，要根据调查研究的目的和所调查水体水深设置采水层次。如池塘水深小于 2m 时通常在水下 0.5m 水层采集水样。若水深大于 2m 时，最好采表、中、底层水样，即表层在水下 20cm 左右，中层在水体中间部分，底层离底 20cm 左右。水库、湖泊水深不足 3m 者，只在中层采水即可，超过此深度而不足 10m 者，应采表、底两层水，其中表层水离水面 0.5m 处，底层在离泥面 0.5m 处取水。如果水深超过 10m，则应在中层增采一个水样。

3. 采样方法　一般在每一个采样点用采水器采水 1L，倒入水样瓶中用 10～15mL 鲁哥液固定（即水样 1%～1.5%体积分数加入固定液）。若系一般性调查，可将各层采的水等量混合，取 1L 混合水样固定；或者分层采水，分别计数后取平均值。

4. 沉淀浓缩　将上述水样沉淀 24～48h 后，用虹吸管小心抽出上面不含藻类的“上清液”。剩下 30～50mL 沉淀物摇动后转入 50mL 的定量瓶中；再用上述虹吸出来的“上清液”少许冲洗 3 次沉淀器，冲洗液转入定量瓶中。凡以碘液固定的水样，瓶塞要拧紧。还要加入 2%～4%体积分数的甲醛固定液（福尔马林），即每 100mL 样品需另加 2～4mL 福尔马林，以利于长期保存。

5. 计数方法　为使计数方便，计数前先核准一下浓缩沉淀后定量瓶中水样的实际体积。最好加入纯水使其成整量，如 30mL、50mL、100mL 等。然后将水样充分摇匀，并立即用移液器准确吸取 0.1mL，注入 0.1mL 计数框内（计数框的表面积最好是 20mm×20mm），小心盖上盖玻片（22mm×22mm），在盖盖玻片时，要求计数框内没有气泡，样品不溢出计数框。然后在 10×40 或 16×40 倍显微镜下计数。即在 400～600 倍显微镜下计数。每瓶标本计数两片取其平均值，每片计算 50～100 个视野，但视野数可按浮游植物的多少而酌情增减，如平均每个视野不超过 2 个时，要数 200 个视野以上，如果平均每个视野有 5～6 个时要数 100 个视野，如果平均每个视野有十几个时数 50 个视野就可以了。同一样品的两片计算结果和平均数之差如不大于其均数的 15%，其均数视为有效结果，否则还必须测第三片，直至 3 片平均数与相近两数之差不超过均数的 15%为止，这两个相近值的平均数，即可视为计算结果。

6. 密度计算　水中的浮游植物的密度（即每升水中浮游植物数量，N）可用下列公式计算：

$$N=(C_s/F_sF_n)\cdot(V/v)\cdot P_n$$

式中：C_s——计数框面积（mm^2），一般为 $400mm^2$；

F_s——一个视野的面积（mm^2），用台微尺测出一定倍数下视野半径 r，按 $S=\pi r^2$ 计算出视野面积；

F_n——计数过的视野数；

V——1L 水样经沉淀浓缩后的体积（mL）；

v——计数框容积（mL），一般为 0.1mL；

P_n——在 F_n 个视野中，所计数到的浮游植物个体数。

如果所用计数框、显微镜固定不变，浓缩后的水样体积和观察的视野数也不变，公式中的（C_s/F_sF_n）·（V/v）项便可视为常数（k）。上述公式可简化为：$N=k\cdot P_n$。

若求浮游植物密度，将各种类的计算结果相加即得。

7. 生物量测定　一般按体积来换算。这是因为浮游植物个体积小，直接称重较困难，且其细胞比重多接近于 1。可用形态相近似的几何体积公式计算细胞体积。细胞体积/（mL）数相当于细胞重量（g）。这样体积值（μm^3）可直接换算为重量值（$10^9\mu m^3\approx 1mg$ 鲜藻重）。此平均值乘上 1L 水中该种藻类的数量，即得到 1L 水中这种藻类的生物量（mg/L）。

第二节　大型水生植物

一、主要类群和特征

水生植物是指生理上依附于水环境，至少部分生殖周期发生在水中或水表面的植物类群。大型水生植物是指肉眼可见的丝状藻类、轮藻、大型海藻（膜状绿藻、红藻、褐藻、轮藻）和水生维管束植物。本节所述大型水生植物主要是指水生维管束植物。

（一）类群

水生维管束植物是指在水中或岸边生活的体内具有维管束的植物，是属生态学范畴的概念，根据水生维管束植物对水环境长期的趋同性生态适应，可分为挺水、浮叶、漂浮和沉水等四大生态类群。水生植物绝大部分生活在淡水中，小部分生活在海水或盐碱水体中，其中芦苇、角果藻、篦齿眼子菜等是我国内陆半咸水湖沼最常见且生物量最大的水生维管束植物。在水产养殖环境中，常见的挺水植物有芦苇、香蒲、莲、水蓼、茭白、水花生等，浮叶植物有睡莲、莼菜、芡实、菱等，漂浮植物有水葫芦、大薸、浮萍、槐叶萍、满江红等，沉水植物有苦草、菹草、黑藻、金鱼藻、狐尾藻等。

（二）特征

水生植物是草本植物，基本为一年生或多年生。其生活周期即从萌发、生长、到生殖、死亡或休眠都是在一年中完成的。大型水生植物的生活周期要比藻类长，其稳定性远超过藻类。水生植物的繁殖方式以无性繁殖为主，无性繁殖主要产生休眠体；有性繁殖方式比较少，不到1/4。漂浮植物浮萍、水浮莲等主要以出芽方式进行营养繁殖，繁殖速度非常快，可以在短短几天内成倍地增加植株的个体数。金鱼藻、黑藻等沉水植物断枝也可长成新的植株。另外，沉水植物还有一种特殊的繁殖方式，即产生特殊的芽（冬芽），如芽孢、鳞芽等进行繁殖。如黑藻在秋末冬初形成芽孢，菹草则在夏季形成鳞芽，这些特殊冬芽离开母体后沉没于水底，度过不良环境，待条件适宜时萌发成新的植株。挺水植物芦苇等则是利用地下茎、慈姑等则以球茎等进行无性繁殖。有性繁殖是通过开花、传粉、受精和结实等过程完成的。苦草是典型的水媒花有性繁殖沉水植物。

（三）作用

水生维管束植物是水生态的组成部分，又是水体中重要的生物资源，在水生态系中的作用体现在：

1. 大型水生植物可直接作为食草性如草鱼、鳊鱼等的饵料。

2. 沉水植物光合作用可丰富水中溶氧，据资料，水温20℃，菹草光合产氧速率可达2.5mg/（h·g），在水温0.7℃时光合产氧仍为正值。尤其是在北方，菹草、水毛茛等在冰下水体增氧中发挥了重要的作用。实践证明，凡水草繁茂的水体，冬季冰下也不容易缺氧。

3. 水草型水体的饵料资源十分丰富，水草附着生物、底栖动物、水生昆虫等生物量都高于无草型同类水体。

4. 为水产经济动物提供生活和繁衍的场所，鲤、鲫、团头鲂等只有在水草丛生处才能更好地繁殖，河蟹、青虾的蜕壳庇护、饲喂、栖息等更是离不开水草。

5. 利用水生植物净化污水，使污水资源化。水生植物通过根系从污泥中吸取大量养分，在水体和土壤之间的营养转移中起着重要的作用，有利于水体生态平衡。

6. 大型水生植物与浮游植物之间存在光照、养分和水体空间等竞争，前者通过分泌一些克生物质抑制浮游植物生长，为养殖水体的藻类控制起到一定的作用。

另外，防风固堤、封闭土壤防止渗漏也是水生植物的重要生态效应。

二、对水质和底质的要求

大型水生植物是养殖水域生态系统中重要的初级生产者之一，在水域生态系统结构和功能中起着重要作用。水生植物在水环境中的分布有一定的生境条件要求，如水温、光照、水流、底质、水位等。

（一）水质条件

1. 水温 水生维管束植物能适应各种不同的环境条件，据初步统计，在我国气候温暖的珠江、长江流域有水草 120～130 种，而在冬季严寒的黑龙江流域亦有近 100 种。其中沉水植物的种类在南北各大流域几乎没有差异，均为 30 余种。这即得益于水环境的稳定生态条件，又取决于植物本身的适应性。

2. 光照　光照也是影响水生植物分布的重要因子。一般认为，水底光强不足入射光的 1%时，沉水植物就不能定居。当处于植物光合作用补偿点和饱和点之间时，光强直接决定沉水植物的生产力。不同种类沉水植物在水体不同深度上的定位主要是取决于光照环境。大多数沉水植物只能生活在湖沼水深<2.0m、光照可达的沿岸带，而在浊度极大的水体中找不到水草，在肥水池塘中引种沉水植物也很难成功。不同水草的光幅不同，常温下一般水草为几十至几万勒克斯。菹草在 15℃时为 470～15 000lx，较窄的光幅使菹草难以适应春夏之交水面的强光照（>10 万 lx）和因自阴作用而造成的植株下部分的光饥饿，导致多数植物死亡，而冬季冰下光强仍可达 316lx，高于其补偿点 198lx，所以耐低温的菹草在冰下也不缺光照。

（二）底质条件

在水生维管束植物的生态分布中，底质的作用不可低估。对于根着泥的沉水、挺水和浮叶植物，底质是赖以生存的必要条件。底泥底质有利于水草的生长，相反硬质池底不适合水草的栽培和生长。首先底质对植物的元素供应是其中重要方面，底质的结构（颗粒粗细、有机物含量的高低、无氧代谢形成的无机物质含量）也在很大程度上影响沉水植物的生长；底质的颗粒度可影响植物根系的发展和对矿质营养的获取能力。沙质底质中元素贫瘠、有机物含量低下，影响植物的密度和生物量；无氧环境下生成的还原性铁、锰和还原性硫化物对植物有毒害作用，还干扰植物对硫的代谢以及影响磷的利用从而抑制植被的生长。当底质有机物含量过高时，往往含有大量的对植物有毒害作用的有机酸，以及乙醛、酚、酒精和乙烯等。底质中的有机物还通过对矿物质营养可利用性的影响，来间接影响植物的生长速度。

（三）其他条件

水生维管束植物生长与水体有着密切的关系，其分布受水流、水深、透明度的影响极大。漂浮植物往往和水流和水体交换量密切相关，如在湍急的河道很少有漂浮植物生长，而水体交换量少的池塘、库湾、湖汊等，浮萍、满江红、水葫芦、槐叶萍等漂浮植物生长茂盛。水生植物的栽培、生长对水体深度有一定的要求。自然状况下，挺水植物在 0.5m、沉水植物在 1.5～1.8m、浮叶植物在 2.0m 水深以浅水体生长较好，沉水植物生长对水体的深度要求主要受水下光照强度影响的限制。漂浮植物对水深没有特别要求。

三、种类选择与栽培

大量研究和生产实践证明，水生植物的栽培和保护，是净化养殖污染以及优化养殖结构的重要手段。水产养殖结构必须将以动物饲养为主体的传统养殖模式转为动物饲养和植物栽培相结合的生态养殖方式，以保持养殖水域的生态平衡，从根本上改善水环境，防治水产疾病的发生，提高水产品质量。因此，因地制宜地提倡和推广水下森林、人工湿地建设是养殖水环境改善的重点。

大型水生植物在人工养殖水体中的引种与否，引种何种生态类群为主的大型水生植物等主要依据养殖品种和环境条件来确定。水生植物栽培种类如下：

（一）漂浮植物

以水葫芦（凤眼莲）为最佳，它是脱氮、脱磷最高的水生植物。在太湖流域，每公顷水葫芦可年产鲜草 450～750t，干重 35～50t，吸收氮 750～1 000kg，磷 120～180kg。但漂浮植物的致密生长可使湖水复氧受阻，水中溶解氧大大降低，水体的自净能力并未提高，且造成二次污染，影响航运。在养殖水域，一定要围隔养殖，并且要疏养或间养，避免恣意蔓延。

（二）挺水植物

以菖蒲和香蒲的处理能力较好，其对总氮、总磷的去除率分别达到 72.46%、90.36% 和 69.82%、91.32%；芦苇的处理效果略次于菖蒲和香蒲，其总氮、总磷的去除率分别为 58.84%、74.60%。但挺水植物必须在湿地、浅滩、湖岸等处生长，即合适深度（通常 0.5m 以内浅水体）的繁衍场所，具有很大的局限性。这类植物地下茎蔓延迅速，在人工引种时，要考虑根控措施，防止蔓延。水花生常作为养殖生物的附着体或隐蔽物在扣蟹养殖池进行控制性栽培。

（三）浮叶植物

以菱、芡实（鸡米头）等的脱氮、脱磷能力较强。但除了菱角、鸡米头取出食用外，大量的茎叶遗留在水中，不易清除。它们腐烂后，氮和磷等营养物质又返回水体，达不到净化效果，而且浮叶植物也容易引起水体沼泽化。菱、芡实的果实脱落在水体，容易造成蔓延生长态势，在养殖小水体较少栽种。

（四）沉水植物

沉水植物通过根、茎分别可以吸收底质和水体中的氮磷，具有较强的富集氮磷的能力。同时沉水植物有着巨大的生物量，与环境进行着大量的物质和能量交换，形成了十分庞大的环境存载量和强有力的自净能力。在沉水植物分布区内，化学耗氧量、总氮、铵氮的含量都普遍远低于其外无沉水植物的分布区；而且沉水植物不易引起水体沼泽化。通常每吨沉水植物（湿重），约可脱 280g 氮、21g 磷。但不同的沉水植物均有差异。在养殖生产过程中，常用于人工引种的水生植物类群是沉水植物类群，常用的沉水植物是黑藻、苦草、金鱼藻等。

沉水植物的栽培广泛应用于河蟹、青虾等的生态养殖，也可应用于标准化养殖场的人工湿地建设。

第三节 浮游动物

一、类群、特征与功能

（一）类群和特征

浮游动物（Zooplankton）是指在水中营浮游生活的动物。水体中浮游动物种类组成复杂，从单细胞动物的原生动物到高等多细胞的脊索动物，无论种类还是数量都十分庞大。原生动物、轮虫、枝角类、桡足类是浮游动物的四大重要组成部分。

1. 原生动物（*Protozoa*） 原生动物是动物界最低等、最原始、最简单的单细胞动物或其形成的简单群体。原生动物的分布十分广泛，淡水、海水、潮湿的土壤、污水沟甚至雨后积水中都会有大量的原生动物分布，从两极的寒冷地区到 60℃温泉中都可以发现它们，主要有鞭毛虫、纤毛虫和肉足虫等。水中自由生活的原生动物，通常是鱼虾贝类的直接或间接的天然饵料，但养鱼水域原生动数量增大，取食藻类，会造成水体缺氧。并且养殖水体大量出现原生动物往往是水质不良的标志。另外，少数种类如中缢虫大量繁殖，会造成近海赤潮发生，危害渔业。但是原生动物特别是一些纤毛虫生产量大，营养丰富，有望大量培养作为水产经济动物苗种的开口饵料，如草履虫。

2. 轮虫（Rotatoria）　轮虫是轮形动物门的一群小型多细胞动物，一般体长 0.1～0.5mm，最大的不超过 1.0mm。轮虫的主要特征是具有头冠、咀嚼囊和原肾管，它们以单细胞藻类、细菌、有机质和碎屑为食。轮虫因其极快的繁殖速率，生产量很高，在水生生态系结构、功能和生物生产力的研究中具有重要意义。轮虫是大多数经济水生动物幼体的开口饵料。特别是大多数鱼类早期生活阶段，多以轮虫作为开口饵料。轮虫大量培养用于鱼蟹类育苗技术正日臻成熟。一般培育用于生产培养的是褶皱臂尾轮虫。淡水轮虫和分布于内陆盐水的一些轮虫的渔业开发利用研究方兴未艾，但利用前景广阔。轮虫也是一类指示生物，在环境监测和生态毒理研究中被普遍采用。

3. 枝角类（Cladocera）　枝角类通称水蚤，俗称红虫或鱼虫。枝角类躯体包被于两壳瓣中，体不分节（薄皮溞例外），第二触角强大为双肢型，为主要的游泳器官。较常见的枝角类有大型溞（*Daphnia magna*）、隆线溞（*Daphnia carinata*）、长肢秀体溞（*Diaphanosoma leuchtenbergianum*）、蒙古裸腹溞（*Moina mongolica*）、裸腹溞（*Moina* sp.）等。枝角类大多生活于淡水仅少数产于海洋。枝角类个体不大（体长 0.2～10mm，一般 1～3mm）、运动速度缓慢。枝角类分布广，数量大，生活周期短，繁殖快，便于培养，营养价值高，是水产经济动物苗期的重要天然饵料。枝角类摄食大量的细菌和腐质，对水体自净有重要作用。枝角类对毒物十分敏感，是污水毒性试验的合适动物，可做污染水体的监测生物。此外，在药物微量测定、繁殖、育种与变异等科学研究以及生物学教学上枝角类也被广泛利用。

4. 桡足类（Copepoda）　桡足类是一类小型的甲壳动物，体长不超过 3mm，一般营浮游生活，分布于海洋、淡水或半咸水中。桡足类是各种经济鱼类，如鳙、鲱、鲐和各种幼鱼、须鲸类的重要饵料。如欧洲北海鲱的产量与桡足类，尤其是哲水蚤的数量与分布密切相关。另外，某些桡足类与海流密切相关，因而可作为海流、水团的指标生物。也有些桡足类，如台湾温剑水蚤（*Thermocyclops taihokuensis*），常侵袭鱼卵、鱼苗，咬伤或咬死大量的仔、稚鱼，对鱼类的孵化和幼鱼的生长造成很大的危害，影响渔业生产。在剑水蚤和一些镖水蚤中，它们又是人和家畜的某些寄生蠕虫，如吸虫、绦虫、线虫的中间宿主。由于它们的存在，使这些寄生虫得以完成其生活史并传播，有害于人体和家畜的身体健康。有些桡足类营寄生生活，如鱼体上寄生的锚头蚤、中华鱼蚤和鲺等，易寄生于鱼类的鳃、皮肤或肌肉中，引起鱼类的疾病。由于桡足类活动迅速和世代周期相对较长，故在水产养殖上的饵料意义不如轮虫和枝角类。

5. 其他浮游动物　除上述的四类外，浮游动物还有毛颚动物、被囊动物以及腔肠动物、软体动物、环节动物等类群中的一些浮游种类。毛颚动物、浮游环节动物、浮游幼虫等常可作为许多经济鱼类的天然饵料，一些腔肠动物的水母类则大量捕食经济鱼、虾、贝类的幼体，破坏水产资源。因此在水产养殖水体环境，必需监测浮游动物群落结构组成状况，趋利避害，促进养殖生产。

（二）功能

浮游动物是水域生态系统的重要生态功能群，是主要的消费者，在水域生态系统的结构和功能中发挥着重要作用。浮游动物在水产养殖中的作用包括如下几个方面。

1. 有利方面

(1) 可作为水产经济动物如鱼虾的天然饵料，如鳙主食浮游动物。

(2) 作为水质的指示生物，如原生动物指示肥水。

(3) 摄食浮游植物，促进物质循环。

(4) 水产经济动物育苗活饵料，如轮虫、卤虫、枝角类、桡足类等。

(5) 海流的指示生物，如箭虫等。

(6) 污染的测试生物，如大型溞、网纹溞生物测试和原生动物的群落监测方法（PFU）。

2. 有害方面

(1) 剑水蚤侵袭鱼卵和鱼苗。

(2) 剑水蚤是一些寄生虫的中间宿主。

(3) 耗氧，如犀轮虫，影响冰下生物越冬。

(4) 毒素危害人类，如海蜇毒素危害人类生命。

(5) 危害近岸渔业，如海洋红色中缢虫可引发赤潮，大量消耗水体中的营养盐和溶解氧，累积有机物，导致近岸甲壳类、软体动物类、鱼类等水生动物大量死亡。

二、与浮游植物的关系

（一）浮游动物对浮游植物的摄食

浮游植物与浮游动物具有复杂的关系，一般而言，浮游植物是水域生态系统的初级生产者，浮游动物是消费者或次级生产者。在自然水体中，一般浮游植物生物量与浮游动物生物量成反比，即浮游动物生物量高峰出现在浮游植物峰值之后，反映出浮游动物摄食浮游植物。除少数肉食性浮游动物种类外，一般的浮游动物，尤其是甲壳动物主要依靠浮游植物为食。所以，在浮游植物丰富的水体中，滤食性浮游动物一般也较多。

（二）浮游植物分泌物对浮游动物的毒害作用

浮游动物在对浮游植物摄食的过程中，一些浮游植物通过产生克生物质抑制浮游动物摄食，如小球藻分泌小球藻素抑制大型溞摄食；微囊藻分泌毒素，使浮游动物在摄食微囊藻后死亡，摄食率下降。大型浮游动物对毒素耐受力差，引起浮游动物群落结构小型化，使大型浮游植物的摄食率进一步下降。

三、采集与监测

现存量（Standing Crops）是指单位面积或体积中所存在生物体的数量或重量，现存量若以个体数表示则可称为丰度（Abundance）或（数量）密度（Density），单位为个/L；若以重量表示则可称为生物量（Biomass），单位为 mg/L。水体中浮游动物的采集有两种方法：一为用采水器采水后沉淀分离；二为用浮游生物网过滤。前者适用于原生动物、轮虫等小型浮游动物；后者可用于枝角类、桡足类等浮游甲壳动物。

1. 站点设置、采样水层　参考浮游植物。

2. 采水体积　浮游动物不但种类组成复杂，而且个体大小相差也极悬殊。大的浮游动物，如透明薄皮溞（*Leptodora kindti*）可达 10mm 以上，肉眼可见；小的如原生动物，只有 20～30μm，只能在足够倍数的显微镜下方能观察清楚。它们在水体中的数量也极不同。原生动物从几百个到几万个，一般为几千个；轮虫从几十个到上万个，一般为几百个；甲壳

动物从几个到几百个，一般为几十个。因此要根据它们在水体中的不同密度而设计不同的采水量。目前，计数原生动物、轮虫的水样以 1L 为宜，枝角类、桡足类则以 10～50L 水样为好。

3. 采集时间　采样时间要尽量保持一致。一般在晴天 08:00—10:00 进行为好。采集的次数由研究的目的决定。

4. 样品固定　浮游动物样品的固定，原生动物和轮虫可用碘液或福尔马林，加量同浮游植物（一般可与浮游植物合用同一样品）。枝角类和桡足类一般用 4%体积的甲醛固定。原生动物、轮虫的种类鉴定需活体观察，为方便起见，可加适当的麻醉剂，如普鲁卡因、乌来糖（尿烷），也可用苏打水等。

5. 沉淀和滤缩　把水样中的浮游动物浓缩一般采用沉淀和滤缩的方法。

（1）*沉淀法*　操作方法与浮游植物定量样品的沉淀和浓缩方法相同。即把 1L 水样在筒形分液漏斗中沉淀 48h 后，吸去上层清液，把沉淀浓缩样品放入试剂瓶中，最后定量为 30 或 50mL。一般原生动物和轮虫的计数可与浮游植物的计数合用一个样品。

（2）*过滤法*　甲壳动物一般个体较大，在水体中的密度也较低，通常用 25 号浮游生物过滤网进行过滤法浓缩水样。如果定性定量都用同一个 25 号浮游生物网，则必须遵循先采定量样品，后捞定性标本的原则。

6. 计数　进行浮游动物计数的主要仪器是显微镜和计数框，计数原生动物用 0.1mL 计数框；计数轮虫和甲壳动物用 1 毫升计数框。

（1）*原生动物、轮虫的计数*　计数时，沉淀样品要充分摇匀，然后用定量吸管吸 0.1mL 注入 0.1mL 计数框中，在 10×20 的放大倍数下计数原生动物；吸取 1mL 注入 1mL 计数框内，在 10×10 的放大倍数下计数轮虫。一般计数两片，取其平均值（参阅浮游植物章节）。

（2）*浮游甲壳动物的计数*　指枝角类、桡足类。取 10～50L 水样，用 25 号浮游生物网过滤，把过滤物全部洗入标本瓶中。把过滤物分次全部计数，如果在样品中有过多的藻类，则可加伊红（Eosin-Y）染色。

（3）*无节幼体的计数*　无节幼体是桡足类的幼体，据初步统计它们的数量占整个桡足类总数的 40%～90%，平均为 75%。无节幼体一般很小，与轮虫相差无几，甚至有的还小于轮虫和原生动物。在样品中如果桡足类数量不多，可和枝角类、桡足类一样全部计数；如果桡足类数量很多，全部过数花时太多，那么可把过滤样品稀释到若干体积后，并充分摇匀，再取其中部分计数，计数若干片取其平均值。然后再换算成单位体积中个体数。无节幼体亦可在 1L 沉淀样品中，用轮虫相同的计数方法进行计数。

换算公式 把计数获得的结果用下列公式换算为单位体积中浮游动物个数：

$$N=V_s n/VV_a$$

式中：N——升水中浮游动物个体数（个/L）；

V——采样体积（L）；

V_s、V_a——沉淀体积（mL）、计数体积（mL）；

n——计数所获得的个体数。

无节幼体如在 1L 沉淀样品中计数，则和轮虫一样换算；如在 20L 过滤样品中分次级样品计数，则按同样的原则进行换算。

7. 体重的测定方法　由于浮游动物大小相差极为悬殊，因此不分大小、类别而只列出浮游动物总数量，不能客观地评价水体的供饵能力。为了正确地评价浮游动物在水生态结构、功能和生物生产力中的作用，生物量的测算显得尤为必要。目前，测定浮游动物生物量主要有体积法、排水容积法和直接称重法。

（1）体积法

（2）排水容积法

（3）沉淀体积法

（4）直接称重法

8. 原生动物、轮虫体重测定　当某种原生动物或轮虫种群出现高峰时，用网捞取并在解剖镜下用适当口径大小的吸管逐个吸出并放在滤膜上，水要尽量少且越干净越好。载有原生动物或轮虫的滤膜放在恒温干燥箱中（70℃左右），干燥 24h 后，用解剖针把滤膜上的动物逐个挑出，放在已称重的铂片上，并迅速地在电子天平上称重，即可获得每个原生动物或轮虫的平均值。

9. 浮游甲壳动物体重测定　把新鲜的或用 4%福尔马林固定的标本（如为固定标本，则需在水中漂洗 1h），通过不同孔径的铜筛作初步分级，筛选出不同的规格级。然后在解剖镜下，仔细挑选体型正常，规格接近的个体集中在一起，枝角类测量从头部顶端（不含头盔）至壳刺基部；桡足类测量从头部顶端至尾叉末端的长度，把体长基本一致的个体放在已称至恒重的盖玻片上。根据个体的大小确定称重个体的数目，一般为 30～50 个，体长小于 0.8mm 的个体则称重 150 个以上。

第四节　底栖动物

一、生态类群和生活类型

底栖动物（Zoobenthos）是指生活史的全部或者大部分时间生活于水体底部的水生动物类群的总称，包括海绵动物、刺胞动物、环节动物、软体动物、甲壳动物、水生昆虫等。这些动物的分类系统位置不一定接近，形态和个体大小也存在差异，在水底生活的周期长短也不一。其中不少种类终生营水底生活，如蠕虫及软体动物；一些种类如多数水生昆虫则在幼虫或稚虫阶段营水底生活，成虫则飞入大气层。尽管有种与种差别，但以水体底部为主要生境是它们的共同生态特点，因此通称底栖动物。

为了研究方便，近代研究人员常根据底栖动物通过筛网孔径的大小将其划分为不同类型。根据大小可划分为：微型底栖动物（Microbenthos）（＜0.5mm），主要是原生动钓和纤毛虫等；小型底栖动物（Meiobenthos）（0.5～1.0mm），主要是线虫类、猛水蚤类和介形类；大型底栖动物（Macrobenthos）（＞1.0mm），如海绵、珊瑚、多毛类、软体动物和虾蟹类等各门类底栖动物。

底栖动物是水生态系统的一个重要组分，它们不仅是鱼类等经济水生生物的天然食料，一些底栖动物（如河蟹等）本身就具有很高的经济价值。此外，一些底栖动物还常作为环境监测的指标生物，研究底栖动物不仅对了解生态系统的结构和功能有理论意义，在渔业和环境学科上也均有裨益。

由于水底本身的物理性质，如岩石、砾石、沙滩、泥滩的区别，以及水底环境，特别是沿岸浅水海域光线、温度、波浪、潮汐、水流等理化因素的千变万化，这就促使生活在其间的有机体在形态构造、生活习性上的复杂变化。根据它们与底质的关系，可以区分为底上、底内和底游3种生活类型。

1. 底上生活型　生活于海底泥沙、岩礁或珊瑚礁的表面上。包括在各种底质上营固着，附着等的生态类群。

（1）固着生物　包括在固体基质上营固着的生活的植物和动物。它们自孢子或幼体固着变态后，终生不再移动。固着动物包括几乎全部海绵动物、苔藓动物、大部分腔肠动物和原生动物、蠕形动物、软体动物、甲壳动物、被囊动物。

（2）附着生物　这类生物附着生长后，仍可移动。如贻贝、扇贝、珠母贝等，常以发达的足丝附着在基物上，这些附着的贝类，可把旧足丝放弃，稍作移动再分泌新的足丝固着于新的环境；海葵附着后也可更换新的位置。

（3）污损生物　指附着于船底，浮标和一切人工设施上的动、植物和微生物的总称。它包括以固着生物的主体的复杂群落，其种类繁多，包括细菌、附着硅藻和许多大型藻类以及自原生动物至脊椎动物的多门种。世界上大约有海洋污损生物2 000种，我国沿海主要污损生物约200种，危害性最大的有藤壶、牡蛎、贻贝、盘管虫等种类。

（4）匍匐动物（吸着动物）　指栖居于水底表面稍能移动的动物，包括大部分腹足类动物，一部分双壳类，海星类、海胆类、一些蛇尾类。这类动物一般具有宽大的基部和扁平的体型，如鲍、蜒螺等。

2. 底内生活型　生活于海底泥沙、岩礁或珊瑚礁中。

（1）管栖动物　主要包括一些能分泌管子，埋栖于沙泥中的种类。如巢沙蚕的膜质管外被贝壳片、沙粒和海藻，露出地面10～15mm，嶙沙蚕生活于“凵”形革质管内，管外壁黏附着沙粒和壳片，绝大部分埋入泥沙，管的两端有开口。

（2）埋栖动物（底埋动物）　栖息于泥沙中的一类动物。包括挖洞穴居的动物，如多毛类、双壳类、部分甲壳动物、棘皮动物、少数腔肠动物、部分脊索动物（柱头虫、文昌鱼）。埋栖动物在形态上，生理上有其一系列变化，身体细长、具发达的挖掘器官、滤食性、伸缩能力强。

（3）钻蚀生物（钻孔生物）　有些海产生物通过机械或化学的方法，钻蚀坚硬的岩石或木材等物体，并生活在自己钻蚀的管道中。根据其性质又分为凿石类和凿木类。

①凿石类（钻石类）：包括微小的藻类和钻蚀动物。

A. 钻蚀藻类：主要是绿藻和蓝藻类。

B. 钻蚀动物：包括海绵、多毛类、蔓足类、等足类、双壳类软体动物和海胆等。

②凿木类（钻木类）：包括等足类甲壳动物（蛀木水虱）和双壳类软体动物（船蛆科）。

3. 底游生活型　经常在水底游动的动物，具发达的运动器官（如附肢）或有一定的游泳能力，主要是水底生活的甲壳动物（蟹类、虾类和口足目等）和某些鱼类。

二、与水环境的关系

底栖动物的种类组成和现存量在不同水体和区域间存在明显的差异，主要受到水体中底质、流速和水深等因素的影响。

（一）底质

水体的底质，根据颗粒的大小以及有机质的多寡大体可分为岩石、砾石、粗沙、细沙、黏土和淤泥。粗沙和细沙的底质最不稳定，通常生物量最低。岩石、砾石多见于急流区域，多出现有一定适应性的附着或紧贴石表的种类，如螺类、藤壶等。淤泥和黏土的底质富含沉积物碎屑，饵料基础丰富，故生物量大，但多样性往往不如岩石底质。

（二）流速

流速较大地影响着底栖动物的现存量和种类组成。通常静水水体的生物量和种类多样性大于流水水体，但要求较清水的种类有时在江河中反而较常见，如寡毛类的维氏沼丝蚓，淡水壳菜。溪涧由于水流较急，则多为营固着生活的昆虫及幼虫，如毛翅目和双翅目的种类。据报道，水流可以相当精确地控制底质颗粒大小，还能影响颗粒的积累和生物特征，可见，流速是通过作用于底质来生境条件类影响底栖动物的。

（三）水深

底栖动物数量明显地随水深的增加而不断递减。在长江流域浅水湖泊如东湖，虽然水深＜5m，但动物的数量仍然能够看出随水深而递减的规律，大致为水深每增加 1m，底栖动物减少 330 个/m^2。但是深度对寡毛类的影响则不明显，在环境条件适宜时，深水处寡毛类的现存量很大，甚至比浅水区还要高，这在千岛湖水库、牡丹江水库调查结果发现。

（四）水草

在生物环境中，水草是影响底栖动物的重要因素。通常螺类的现存量随水草的增加而增加。水草为小型螺类提供了繁殖和生长的场所，水草上大量生长的着生藻类，是小型螺类的主食对象。

第五单元　养殖水体底质环境

第一节　组成及特征

水是进行水产养殖的介质，有关养殖池塘水源、水质和水环境管理的文献资料很多。而养殖水域底质是影响水质和水产养殖的一个关键环境因素，与水源和水质相比，底质所得到的关注要少得多。底质包含养殖水域底部的土壤和沉积物。大多数养殖池塘是用土壤和在土壤上建造的，水体中许多溶解和悬浮的物质来自水与土壤的接触；大型水域的水体与土壤相互作用相对平衡，但底质中的沉积物对水体影响较大。底部土壤是养殖生态系统的物质仓库，发生在底部土壤表层的化学反应和生物学化学过程对水质、养殖对象健康和养殖产量有着重要的影响。因此，了解养殖水域底质的组成与特征对养殖生产管理很有作用。

一、底质的组成与来源

(一) 底质的组成

底质（Bottom Soil）主要由矿物质、有机物质以及生活于底质中的各种生物组成，而矿物质和有机物质的组成以及气候条件，很大程度上决定了水体中生物的组成。

1. 矿物质组成　底质中土壤矿物质是由岩石风化而来的（图 14-1）。组成岩石的成分不同，以及岩石风化程度不同，使得土壤的矿物质构成和土壤颗粒大小存在较大差异。

岩石
↓
原生矿物
↓
蒙脱石　（黏土）
↓
高岭石　（黏土）
↓
氧化物　（黏土）

图 14-1　岩石风化形成黏土

(1) 土壤形成　影响土壤发育的主要因素是岩石的原始组成、气候、地形、生物活动和时间。岩石的原始组成支配了形成给定地点的土壤所能得到的矿物质。高温和多雨加速了机械和化学风化、淋溶、侵蚀和迁移。高温和多雨也有利于土壤的生物活动。地形影响侵蚀和迁移，因为水在崎岖不平的地表流动比在平缓的斜坡流动具有更高的能量，更容易使土壤颗粒悬浮。地势低、排水差的区域是湿地发育和形成有机土壤的理想环境。有些土壤是在原地形成的，有些则是由其他区域迁移而来的沉淀物质所形成的。

(2) 土壤颗粒大小与质地分类　一种土壤的质地指的是不同规格的土壤颗粒的分布，国际土壤科学学会和美国农业部将土壤按颗粒大小分为 8 种规格（表 14-4）。即用机械的方法将土壤颗粒分开，并按特定颗粒直径范围归类成分离物，分离物分为粗颗粒部分和沙砾、沙粒、粉粒以及黏粒。

表 14-4　国际土壤科学学会（ISSS）和美国农业部（USDA）的土壤分离物分类

单位：mm

颗粒部分名称	USDA	ISSS
沙砾	>2	>2
大粗沙	1～2	
粗沙	0.5～1	0.2～2
中沙	0.25～0.5	
细沙	0.1～0.25	0.02～0.2
超细沙	0.05～0.1	
粉粒	0.002～0.05	0.002～0.02
黏粒	<0.002	<0.002

最简单的质地分类是四组：沙土（沙粒≥70%，黏粒≤15%）、粉土（粉粒≥80%，黏粒≤12%）、黏土（黏粒>50%）和壤土（所有其他颗粒大小分布）。土壤三角形分类图（图 14-2）可用于对任何颗粒大小分布的土壤进行质地分类命名。对于大多数水产养殖者来说，

将土壤分为沙土、粉土、黏土或壤土并指明黏粒百分比就足够了。

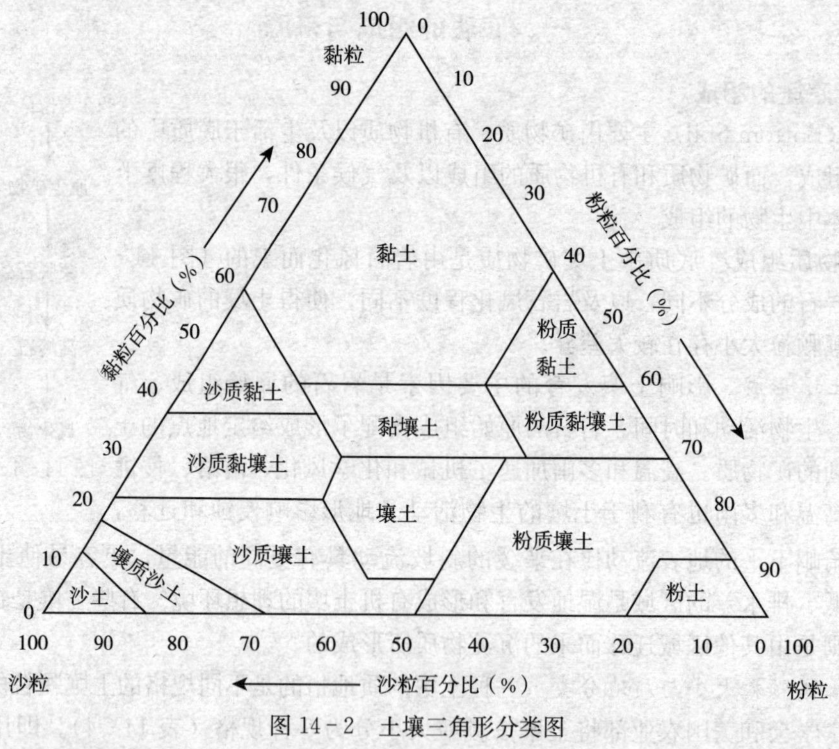

图 14-2　土壤三角形分类图

（3）*土壤质地与池塘建造*　土壤质地在池塘建造中显然很重要，因为土壤必须含有适当的颗粒分布以保证建造稳固的堤岸和池塘底部不漏水。建造池塘比较理想的土壤材料是由不同颗粒大小混合物所组成，一般至少含有 20%黏粒，通常为 30%～40%的黏土，以减少过量渗漏的可能性，而且新池塘的底部一般为黏土或壤土，这种土壤在两造之间的休耕期也易于干燥和翻耕。重黏土的土壤太黏，难以干燥和翻耕。

池塘底部土壤质地在池塘管理上还没有引起太多的注意，人们对土壤质地在池塘管理上的重要性认识不足。在自然条件下，土壤质地的种类一般被认为是比较恒定、土壤特性比较难以改变的。但是，养殖池塘内部的侵蚀和沉淀作用可能会引起池塘底部不同地方的土壤质地有显著的变化。这种质地上的变化通常不会增加池塘的渗漏流失，因为这种改变一般只影响表面的土层。

2. 有机物质组成　大多数的土壤是矿物土壤，但也含有一些有机物质。林地和草地土壤的表层几乎完全由有机物质所组成，但下面 10～15cm 的土层有机物质浓度要低得多，很少含有超过 6%的有机物质。排水不良和气候寒冷的地区发育的土壤所含的有机物质较高；热带和亚热带地区的土壤有机物质的浓度含量较低；干旱地区的土壤因为缺乏植被，有机物质含量最低。

一般认为木质素是腐殖质的主要来源。木质素分解为苯酚和苯醌，通过微生物的作用形成多聚酚和多聚醌。这些芬芳环结构物质具有很高的分子量并与土壤氨基化合物反应。这种具有胶体特性，与黏土的表面密切交联，并含有许多羟基、羧基和酚基基团的复合分子，可以说是腐殖质的基本成分。从腐殖质中可以提取许多种类的有机化合物，包括氨基酸、嘌

呤、嘧啶、芳香分子、尿酸、氨基糖、戊糖、糖乙醇、甲基糖和脂肪酸等。

（二）沉积物的来源

形成养殖水域底质沉积物（Sediment）的土壤颗粒来源很广，包括岩石、沙、粉粒、黏粒、微细的有机物质以及植物和动物的残体等。这些物质起源于池塘内部和外部，称为外源性和内源性沉积物负荷。外源性沉积主要来源于风、径流以及人类管理活动。内源性沉积主要来源于湍流和波浪的侵蚀、生物活动、人类管理活动以及雨水的冲刷（表 14－5）。

表 14－5　养殖池塘中沉淀物的主要来源和类型

分类	来源	描　述
外源性	风	灰尘、花粉、树叶
	地面径流	岩石、沙、粉粒、黏粒、不可分辨的有机碎片、可分辨的植物和动物残体
	管理输入	动物粪便、绿肥、饲料（未摄食部分）和特意加入的水中的悬浮固体
内源性	湍流和波浪	池塘底部颗粒的悬浮和再沉淀；对池塘边沿和堤岸的侵蚀
	生物活动	池塘内产生的死的有机物质、水生动物粪便、鱼类和其他动物或侵蚀引起的底部土壤颗粒悬浮的再沉淀
	管理	由机械增氧机、人工水循环、池塘排水、拉网操作等引起的底部土壤颗粒悬浮的再沉淀
	雨水	侵蚀空塘斜坡上部分并再沉淀于较深的区域

1. 径流（Runoff）　直接用径流水灌注的池塘通常拥有比池塘表面积大 10～20 倍的集雨区。雨滴和地面径流侵蚀集雨区的土壤，使植物的残余物和碎片悬浮，这些物质被冲刷到池塘里并形成沉淀。

2. 水源　灌注筑堤池塘的水取自水井或天然水体。淡水溪流和河口可能含有很高的沉淀物负荷。当水从溪流或河口转移到池塘之后，湍流大大减少，悬浮的颗粒很快沉淀下来。

天然水体中的悬浮固体负荷可以通过配衡纤维滤器或膜过滤器过滤已知的体积的水体，并对过滤器残留物称重来测定。每升残留物的质量（mg）称为总悬浮固体。

大雨及其相关联的地面水流侵蚀了大量的土壤，并引起溪流中高浓度的悬浮固体。洪水期间溪流中可能含有 2 000～6 000mg/L 的悬浮固体，但在正常流动条件下悬浮固体浓度很少超过 1 000mg/L。在河口与溪流交汇处高浓度的悬浮固体是很常见的，潮汐所引起的湍流侵蚀河口的底部并使固体悬浮。

3. 粪肥和饲料　有些养殖池塘施粪肥，使用量一般在每天每公顷 50～100kg 干重，但也有高达每天 200kg 的使用量。在热带地区的池塘 12 个月中所使用的粪肥可能达到每公顷 10～20t（干重）。在投饵的池塘中，日投饵量为 10～250kg/hm^2，一周年的饲料投入可达到 1～40t。一般淡水鱼塘饲料投入为每年 5～10t/hm^2，精养虾塘为每年 12～24t/hm^2。饲料的干物质一般为 92%～94%。

粪肥不但可以直接为水生动物所利用的，而且也可以经由微生物分解，产生矿物营养素，刺激植物生长。分解中的微细粪肥颗粒以及相关的微生物群落作为微型动物的饵料，浮游食性的鱼类再摄食这些微型动物。粪肥纤维含量高而氮含量低，分解速度相对比较慢，池塘中大量输入粪肥会造成有机沉淀物积累。

商品水产饲料的原料经混合后制成颗粒，颗粒饲料直接为水生动物所摄食，而未同化的组分成为粪便进入水体。并非所有投入的饲料都被动物摄食，未摄食的饲料中有相当大的部分是粉尘。粉尘是颗粒饲料在运输和操作中饲料破碎的那一部分。过量投饵造成饲料浪费增加。特别是在鱼类受到疾病或不良环境条件的胁迫时，其胃口很差，投入的饲料有很大的比例没有被摄食而形成沉积。

4. 初级生产力　以无机肥料、粪肥、鱼类分泌物和未摄食饲料的形式添加到池塘的营养素，会刺激浮游植物的生产力。每生产 1t 的鱼会产生大约 2.5t 的浮游植物的干有机物质。浮游植物细胞的生命周期只有 1～2 周，死亡的细胞沉淀到池塘的底部形成沉积。

5. 侵蚀和再沉积　增氧可能成为增加池塘中沉淀物的一个主要因素。增氧机产生的水流在水流速度最高的地方侵蚀池塘底部，而悬浮的颗粒再沉淀于池塘内水流速度较低的其他地方。连续增氧的池塘比只是偶尔增氧的池塘的总悬浮颗粒浓度要高得多，但人们一般不太在意由于增氧所引起的池塘底部的变化。

一些对虾精养池塘底部可出现非常严重的侵蚀、沉淀和变形。增氧机所产生的高速水流搅起池塘四周 10～15m 宽的地带和堤岸内侧的土壤颗粒，悬浮的颗粒沉淀在水流速度较低的池塘中心区域，沉淀的厚度为 30～45cm，覆盖池塘面积的 30%～50%。沉淀物主要为矿物土壤，含 2%～4%的有机物质。被侵蚀的四周区域的土壤一般有机物质含量低于 1%。

波浪作用会侵蚀池塘的边沿，悬浮的颗粒沉淀于池塘的底部。侵蚀也发生于进水和出水的地方。当池塘放水捕获时，排水所产生的水流使土壤颗粒悬浮并带到池塘外面。

二、底质的特征

养殖水域底质的特点是这些土壤长期或间歇性被水淹没。因此，水域底质与陆地干燥土壤之间具有许多不同的特征。

1. 缺乏分子氧　当土壤被水淹后，土壤与空气的气体交换被切断。氧气和其他大气气体只能通过水中分子的间隙扩散进入土壤。当土壤被水饱和后，氧气扩散突然降低，在土壤淹没几个小时之后，微生物很快用完存在水里或土壤里的氧气，使得水淹土壤几乎没有分子氧。因此，当池塘土壤被水淹没后，根据土壤中的有机物质和微生物活性，可能在几个小时或 1～2d 之内，氧气被完全耗竭。

2. 底质氧化层　底质并不是一律都缺乏氧气，与氧化水体接触的表面几毫米厚的表层可能氧含量比较高。在表层之下，氧浓度突然降低到几乎为零。底质氧化层的棕褐色、化学特性和氧化还原电位随着深度都经历了一个突然变化。表层的化学和微生物学状况与好氧土壤类似。

3. 泥水界面交换　在生态学上极其重要，它起着磷和其他植物营养素接收—贮存池作用，氧化表层的化学屏障还可以起到阻止一些营养素从淤泥向水体中扩散的作用。只要风或热运动的搅动使氧化的水持续向底部供应，以及氧的供应能超过泥—水界面的消耗，该表层会持续有效地运作。但这些条件不可能总是存在，表层的氧消耗可能会超过所接收的氧，此时底层变成还原性，淤泥就会向水体释放大量的营养素。

底层土壤中的还原性铁和锰扩散到氧化的泥—水界面时被氧化，形成 Fe^{3+} 和 Mn^{4+} 的水合氧化物并滞留在界面上，意味着氧化的泥—水界面能吸收和保留从上面水体和从淤泥下面扩散到表层的磷、硅、锰、钴、镍和锌等，此时，氧化层对这些元素起到积蓄作用。相反，

永久还原性底泥含 H_2S，则倾向于释放上述元素并积累铜、银、铀、钼和磷灰石。

4. 还原性　养殖水域底质与排水良好的土壤之间最重要的化学差异，是水淹土壤处于还原状态。除了表面薄薄的、棕褐色的氧化层外（以及有时底泥下面有一个氧化带），底质为暗灰色或呈绿色，氧化还原电位低，含有 NO_2^-、SO_4^{2-}、Mn^{4+}、Fe^{3+} 相应的还原性组分以及 CO_2、NH_4^+、H_2S、Mn^{2+}、Fe^{2+} 和 CH_4。土壤的还原是土壤微生物呼吸的结果。在厌氧呼吸过程中，有机物质被氧化而土壤组分被还原。

氧化—还原电位变化：随着养殖过程的进行，底质不断被还原，氧化—还原电位不断降低，土壤中的微生物种群和生物化学反应以及土壤中积累的这些反应产物（或微生物代谢物）也不断随之发生变化。其相应的反应系统和顺序如表 14－6 所示。低氧化还原电位是养殖期间底质的最大特征之一。

表 14－6　在表面基质中的一些氧化还原系统

系　　统	电位 E_0^a（V）
$1/4O_{2g}+H_{aq}^{+}+e=1/2H_2O$	1.220
$1/5NO_{3\,aq}^{-}+6/5H_{aq}^{+}+e=1/10N_{2g}+3/5H_2O$	1.245
$1/2NO_{3\,aq}^{-}+H_{aq}^{+}+e=1/2NO_{2\,aq}^{-}+1/2H_2O$	0.831
$1/2MnO_{2s}+2H_{aq}^{+}+e=1/2Mn_{aq}^{2+}+H_2O$	1.220
$1/2CH_3COCOOH_{aq}+H_{aq}^{+}+e=1/2CH_3CHOHCOOH_{aq}$	0.236
$Fe(OH)_{3s}+3H_{aq}^{+}+e=Fe^{2+}+3H_2O$	1.057
$1/2CH_3CHO_{aq}+H_{aq}^{+}+e=1/2CH_3CH_2OH_{aq}$	0.221[b]
$1/8SO_{4\,aq}^{2-}+5/4H_{aq}^{+}+e=1/8H_2S+1/2H_2O$	0.303
$1/8CO_{2g}+H_{aq}^{+}+e=1/8CH_{4g}+1/4H_2O$	0.169
$1/6N_{2g}+4/3H_{aq}^{+}+e=1/3NH_{4\,aq}^{+}$	0.271
$1/8HPO_{4\,aq}^{2-}+5/4H_{aq}^{+}+e=1/8PH_{3g}+1/2H_2O$	0.212
$1/2NADP_{aq}^{+}+1/2H_{aq}^{+}+e=1/2NADPH_{aq}$	−0.106[b]
$1/2NAD_{aq}^{+}+1/2H_{aq}^{+}+e=1/2NADH_{aq}$	−0.123[b]
$H_{aq}^{+}+e=1/2H_{2g}$	0.000
铁氧还蛋白（氧化型）$_{aq}$＋e＝铁氧还蛋白（还原型）$_{aq}$	−0.132[c]

注：a. 除了标明之外，都使用 ΔG^0 的值（Latimer，1952）；b. Clnrk（1960）；c. Amon（1965）。

第二节　底质对水质的影响与改良措施

当池塘土壤回水后，池塘水体与池塘底质进行了一系列的物质交换。一段时间后，池塘水质就与原来进入池塘前水源的水质完全不同，此时池塘水体的组成严格来讲已经成为该池塘底质的“土壤浸出液”。因此，池塘底质对池塘水质具有重大的影响。

一、底质与水质的关系

（一）底质对水体 pH 变化、矿物质溶解及养殖产量的影响

1. 对 pH 变化的影响　底质在水淹过程中的 pH 也会发生变化。其变化速度与趋势与土壤的质地（表 14－7），有机物质含量，铁、锰等元素含量有关。pH 变化总趋势趋向中性，即酸性土壤 pH 升高而减性土壤 pH 降低（图 14－3）。

表 14－7　各种土壤的参数

质地	pH	有机物质（%）	铁（%）	锰（%）
黏土	4.9	2.9	1.70	0.08
黏土	3.1	6.6	2.60	0.01
黏土	3.8	7.2	0.08	0.00
黏壤土	8.7	2.2	0.63	0.07
黏土	6.7	2.6	0.96	0.09
黏壤土	7.7	1.8	1.55	0.08

尽管水渍之后酸性土壤的 pH 上升而碱性和石灰质土壤降低，土壤的质量（和温度）显著影响变化的模式。

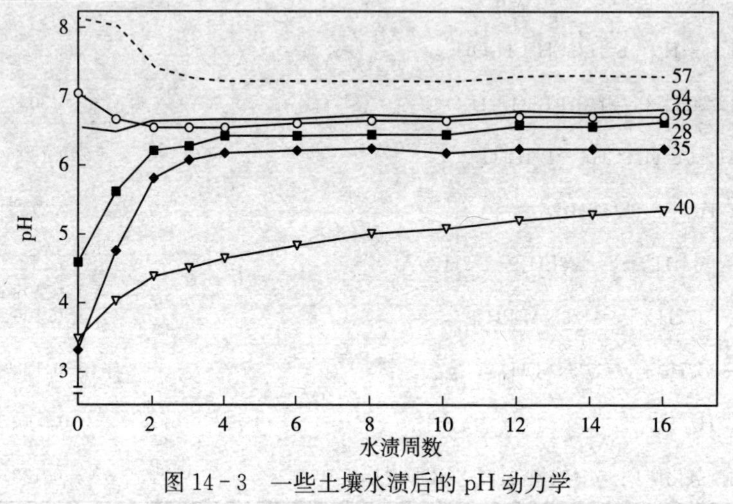

图 14－3　一些土壤水渍后的 pH 动力学

（1）碱性土壤　水淹之后 pH 很快就下降，可能是好氧微生物呼吸所产生的 CO_2 的积累所造成的。水淹的石灰质和含钠土壤的 pH 比好氧土壤低是因为 CO_2 的积累，有实验证明碱性土壤的 pH 对 CO_2 的分压变化高度敏感。有机物质可加快含钠和石灰质土壤 pH 的降低。

（2）酸性土壤　pH 的上升是依靠土壤的还原作用。有机物质和可还原铁含量高的土壤淹没几周之后 pH 达到大约 6.5，有机物质和活性铁含量低的酸性土壤慢慢达到一个低于 6.5 的值。事实上，铁含量低的酸性硫酸盐土壤即使水淹几个月之后 pH 也不会超过 5。好

氧微生物呼吸作用产生 CO_2，即使酸性土壤，也会影响 pH 上升。此外，低温或硝酸的存在也可延缓 pH 的上升。

2. 对矿物质溶解的影响　许多矿物的溶解度都与 H^+ 浓度有关，大多数矿物都随着 pH 的降低溶解度增加，如磷铝石，$AlPO_4 \cdot 2H_2O + 2H^+ = Al^{3+} + H_2PO_4^- + 2H_2O$；红磷铁矿，$FePO_4 \cdot 2H_2O + 2H^+ = Fe^{3+} + H_2PO_4^- + 2H_2O$；蓝铁矿，$Fe(PO_4)_2 \cdot 8H_2O + 4H^+ = 3Fe^{2+} + 2H_2PO_4^- + 8H_2O$；氢氧化高铁，$Fe(OH)_3 + 3H^+ = Fe^{3+} + 3H_2O$；水铝矿，$Al(OH)_3 + 3H^+ = Al^{3+} + 3H_2O$；赤铁矿，$Fe_2O_3 + 6H^+ = 2Fe^{3+} + 3H_2O$；羟磷灰石，$Ca_5(PO_4)_3OH + 7H^+ = 5Ca^{2+} + 3H_2PO_4^- + H_2O$；氢氧化亚铁，$Fe(OH)_2 = Fe^{2+} + 2OH^-$；氧化锰（Ⅳ），$MnO_2 + 4H^+ = Mn^{4+} + 2H_2O$；氢氧化锰（Ⅱ），$Mn(OH)_2 = Mn^{2+} + 2OH^-$；黑铜矿，$CuO + 2H^+ = Cu^{2+} + H_2O$；孔雀石，$Cu_2(OH)_2CO_3 + 4H^+ = 2Cu^{2+} + 3H_2O + CO_2$；氧化锌，$ZnO + 2H^+ = Zn^{2+} + H_2O$；碳酸锌，$ZnCO_3 + 2H^+ = Zn^{2+} + H_2O + CO_2$ 等。反过来，当磷溶解度增加，水体中的磷酸根浓度上升，将导致钙被沉淀：$3Ca^{2+} + 2PO_4^{3-} = Ca_3(PO_4)_2$，造成养殖水体的钙硬度和碳酸碱度降低，最终导致光合作用效率降低，从而造成池塘生产力下降。

3. 对养殖产量的影响　池塘底质的酸度和酸交换度严重影响池塘水质。酸性土壤将导致水质偏酸，影响施肥效果和浮游植物光合作用的效率，因而影响池塘的生物容量、生物群落和养殖产量。土壤 pH$<$5.5 或$>$8.5 的池塘产量都低；高产量的最佳土壤 pH 为6.5～7.5；达到平均产量的池塘土壤 pH 为 5.5～6.5 和 7.5～8.5。

（二）底质对水体有机物质的影响

1. 对微生物的影响　养殖水体中的有机物质（一般表示为 BOD 或 COD）浓度与微生物密度成正比，高浓度的有机物质能刺激微生物大量繁殖，微生物分解有机物质释放出二氧化碳，可促进藻类生长和提高光合作用效率。所以，底质溶解性有机物质丰富的池塘容易培水。

2. 对矿物质溶解的影响　池塘饲料投入不断增加，将导致养殖动物的排泄物大量增加，底泥表面有机物质大量积累。微生物利用溶解氧氧化有机物质，氧的消耗增加，底泥的氧化层变得越来越薄，最终消失。好氧和厌氧带的边界带不断上升到底泥的表面之上，并会进入水体。当底泥的氧化层消失后，磷、Fe^{2+}、Mn^{2+}、硅和其他可溶性物质从底泥中逃逸出来进入养殖水体。因此，池塘底部的氧化层调节着池塘水体的营养素循环。

3. 对养殖产量的影响　池塘底质中有机物质是底栖生物和底泥微生物的主要营养素。同时，底质中的腐殖质也是微量元素的螯合剂。底质中有机物质低则养殖水体偏瘦，微量元素容易缺乏；有机物质含量过高不仅消耗大量的氧气，也容易造成底质高度还原，产生有毒物质进入养殖水体，从而破坏水质，影响水生动物健康。底质中有机碳浓度低于 0.5%或高于 2.5%会导致鱼类产量降低。有机碳低会引起浮游植物和底栖生物产量低，而有机碳高则引起池塘底部土壤的厌氧条件。达到平均鱼类产量的池塘有机碳含量为 0.5%～1.5%，而含 1.5%～2.5%有机碳则与鱼类高产量有关。

（三）底质对水体无机物质的影响

1. 氮（N）

（1）底质对氮循环的影响　底质中氮以多种形态出现，如有机氮、NH_3/NH_4^+、N_2、NO_2^-、NO_3^- 等。这些不同形态的氮在底质微生物的作用下相互之间不断相互转化，其转化方向和程度强烈受到底质参数的影响。

①底质碳/氮比值。微生物分解含氮有机物质，获得能量用于合成微生物生物量。当底质有机物中碳/氮低于10～12时，有多余的NH_4^+－N生成，土壤NH_4^+－N浓度上升；反之则从环境中吸收NH_4^+－N，土壤中的NH_4^+－N浓度降低。当底质中的总氮非常低而有机物质含量高时，甚至可能出现微生物固氮作用，底质中总氮含量升高。

②电位的影响。当底质处于临界氧电位时，底质中的NO_2^-－N、NO_3^-N很容易被反硝化细菌利用而被脱氮，形成N_2离开底质，造成底质总氮含量降低。

③质地的影响。底质为沙质土壤时，如果低层水体溶解氧高，硝化细菌利用渗透到底质中的氧气把NH_4^+－N氧化为NO_2^-N或NO_3^-N，在脱氮细菌的作用下，进一步被还原为N_2而流失。

(2) *氮对养殖产量的影响*　氮在土壤中同时以有机和无机物质出现。池塘底质中的氮向养殖水体的释放量取决于底质中的碳/氮比值。碳/氮比宽则氮的释放量低，反之，则量多。当干塘期间底质中的氮以硝酸氮的形式存在时，养殖期间这些硝酸氮可能被微生物反硝化为氮气而不能作为水生植物能利用的氨氮进入水体。底质中可利用氮低于250mg/L属于低产量的池塘；平均产量的池塘中可利用氮为250～500mg/L；高产量的池塘中可利用的氮浓度更高。

2. 磷（P）

(1) *泥水界面磷的交换*　泥水界面磷的交换取决于界面的氧化还原电位。当泥水界面处于氧化态时，水体中的磷被沉淀，即被底质吸收，此时池塘底质成为磷的“汇”；当泥水界面处于还原态时，底质中的磷溶解而向水体释放，此时池塘底质成为磷的“源”。

(2) *磷对养殖产量的影响*　磷是浮游植物的主要限制性营养因子。底质中存在着各种磷酸盐，如磷酸钙、磷酸铁、磷酸锰等。这些矿物中的磷在氧化条件下是不溶解的，只有在还原条件下才能释放。因此，可以通过调整底质的氧化还原状态来调整养殖水体中的磷的含量。低产、平均和高产池塘的可利用土壤磷浓度分别为＜30mg/L、30～60mg/L和＞60mg/L。

3. 钙（Ca）

(1) *泥水界面钙的交换*　当池塘回水后，泥与水之间存在着一个钙的动态平衡。当水源中的钙浓度低于底质间隙水中的钙浓度时，钙离子向水中扩散，间隙水中的钙浓度降低，引起固体碳酸钙的溶解，进一步向水体释放。当底质由于水的覆盖之后，底质中的有机物质迅速分解，产生大量有二氧化碳，二氧化碳溶解于水形成碳酸，促进底质土壤中碳酸钙溶解，此时界面有钙的净扩散。在养殖过程中，使用石灰对养殖水体进行碱化时，水体中的钙浓度提高，泥水界面钙的平衡被打破，钙离子与土壤颗粒中吸附的其他阳离子，如钠、钾、镁等进行交换，置换出钠、钾、镁等阳离子，此时，界面上有钙的净吸收。当白天光合作用强烈时，碳酸氢钙释放出二氧化碳被光合作用所利用，形成碳酸钙沉淀于泥水界面，到了晚上，养殖水体中各种生物的呼吸释放出大量二氧化碳，二氧化碳又与泥水界面的碳酸钙反应形成碳酸氢钙而溶解于水体中。

(2) *钙对养殖产量的影响*　底质中的钙离子含量决定了养殖水体的硬度，也影响了养殖水体的碱度。从而影响水质的光合作用效率。当底质中钙含量偏低时，容易引起水质硬度低，从而影响水体中二氧化碳的存储能力，降低光合作用效率。当底质中钙含量过高时，大量的钙离子溶解于水中，使水体中的磷酸根被形成磷酸钙沉淀，限制了浮游植物对磷的可获得性，从而影响光合作用。底质中可交换钙浓度与鱼类产量的关系：低产，＜100mg/L和＞300mg/L；平均，100～200mg/L；高产，200～300mg/L。

4. 硫（S）　淡水池塘土壤硫的浓度很少高于0.1%，硫的平均浓度为0.06%。咸淡水池塘硫的浓度要高得多，几乎一半以上的样品含硫高于0.5%，超过10%的池塘含硫大于1%。

咸淡水池塘土壤比淡水池塘土壤硫的浓度较高的原因有3个。咸淡水比淡水含有更高的硫酸，咸淡水池塘土壤样品的毛孔水中所存在的硫酸高于淡水池塘土壤的毛孔水。干燥后毛孔水中的硫酸留在样品中。沿海地区潜在酸性硫酸盐土壤比内陆更为普遍，而且有很大部分的咸淡水池塘是建造在含有黄铁矿的潜在酸性硫酸盐土壤上的。潜在酸性硫酸盐土壤含总硫往往为1%～5%。在咸淡水池塘土壤的厌氧带，存在着黄铁矿形成的条件，所以，不是建造在酸性硫酸盐土壤上的池塘也可能含有硫的沉积物。

池塘底质中硫含量高在养殖期间当底质处于还原状态时容易产生硫化氢，而干塘期间容易产生硫酸而造成底质偏酸。据报道，碳：氮：硫的比值通常为13：1.0：0.13左右。一种含5%有机碳的土壤的总硫含量大约为0.5%。底质属于酸性硫酸盐土壤的池塘产量非常低，一般要经过3～5年的改良才能进行正常养殖。

二、改良措施

池塘底质的质地由土壤颗粒分布所决定。沙质底质一般腐殖质含量比较低，肥力小，缓冲能力差，也容易造成池塘渗漏，在补充水源缺乏的地方容易造成水位过低，很难进行高密度养殖。而黏质底质的池塘由于水很难在底质中渗透，泥与水的营养交换困难，有效土层小，同时由于黏土颗粒对营养素的强烈吸附容易造成水体中微量营养素缺乏。一般池塘底质中黏土含量为25%～55%比较理想。

水成土壤（Aquatic Soil）与上覆水体之间界面的状态支配着泥与水体的营养交换。水中的溶解氧向泥里扩散，与泥接触的水体的氧的溶度、氧的扩散速度以及泥的耗氧速度决定了这一界面的氧化还原状态以及厚度。

氧化态的泥水界面能将土壤深处还原区产生的有毒有害物质（如硫化氢）在向水体扩散的过程中氧化，对上覆水体中的水生生物起着保护作用，同时也限制着一些矿物营养盐进入上覆水体，防止浮游植物暴发性生长。泥水界面状态的稳定意味着泥水之间的物质交换的稳定，也维持着上覆水体的生态稳定。

随着养殖过程的进行，池塘底部不断有有机物质积累，氧的消耗量不断增加。当氧的扩散不能满足这些有机物质分解时，或由于养殖水体的分层阻断氧的供应时，泥水界面的氧化层的氧化还原电位将不断降低，氧化层变薄甚至消失。泥水界面氧化还原状态的变化引起泥水之间所交换的物质发生变化，进而引起上覆水体发生生态变化，导致养殖水体生态系统的紊乱甚至崩溃。因此，维持泥水界面的氧化态对池塘生态系统健康和稳定是至关重要的。

泥水界面的维护主要是通过搅动，使容易氧化的有机物质再悬浮到溶解氧相对比较高的水体中，不但可促进有机物质分解，同时，也降低了底部对溶解氧的需求。通过搅动，可将溶解氧带入泥水界面，以维护泥水界面的氧化态。

（一）物理维护

泥水界面的物理维护，主要是通过机械的方法，如水体的流转、消层和刮动底泥，以促进泥水之间的溶解氧扩散和营养物质交换，维持泥水界面的氧化态。

1. 水体的流转　养殖水体中氧的来源大多数是依靠光合作用。因此，养殖水体往往只有中上层才有比较高浓度的溶解氧。而光合作用期间往往上层水温由于光辐射作用而比底层高，这种温度差导致上下水体处于相对静止状态。同时，由于底泥表面有机物质含量高，氧消耗大，因此，白天很容易造成表层水体溶解氧高而底层尤其是泥水界面严重缺氧的状态。可以通过机械促进水体流转混合。

（1）增氧　水产养殖池塘一般都使用增氧机，最常使用的类型是水车式增氧机、垂直泵增氧机、推进吸气式增氧机和空气扩散增氧机。使用增氧机进行增氧时，增氧机产生的水流使池塘水体混合，防止温度分层，并为底部土壤表面提供更好的增氧作用。但增氧机过度使用，可能引起池塘底部严重侵蚀和变形。在池塘需要特殊增氧以强化池塘底部有机物质的分解、防止厌氧条件形成方面，推进吸气增氧机或扩散空气增氧系统也许是最有效的，尤其是在水深超过 2m 的池塘。扩散空气系统在池塘底部释放气泡，推进吸气增氧机可以按与水平呈 30°～60°安装以推进带气泡的水体冲向池塘底部。在大多数情况下，要改善土壤—水界面的条件，增氧动力必须为 2～3kW/hm^2。在高密度养殖的情况下，必须应用足够功率的增氧机。

（2）消层与水循环　机械消层器和水循环机可增强水体循环，但增氧作用低于传统的增氧机。它们将更多的能量用于产生水流，改善水循环，而将较少的能量产生水花增氧。在机械循环的池塘中，白天含高浓度溶解氧的表面水体与溶解氧浓度低的底部水体混合，以维持更加均匀的溶解氧状态和增加底部水体的溶解氧浓度。为底部水体提供更多的溶解氧意味着可以减小底部土壤上层产生厌氧条件的可能性。

2. 底部搅动　如果土壤被搅动，带氧的水可以进入池塘土壤的上层。水下翻耕可以提供垂直搅动而很少引起侧向侵蚀；也有用重链在池塘底部上刮动的；也可用耙耙松表面土壤以及用水枪喷射带氧水体进入表面土壤。虽然少见关于底部土壤搅动对水质和水生动物产量的好处，以及产生底部土壤搅动的最佳技术方面的研究论文，但底部搅动在实际生产过程中却十分有效。最实用的两种技术是在小池塘里用手工耙以及在大一点的池塘里用铁链刮池塘底。链节长度 2～3cm 的铁链的重量足以达到这个目的。这种方法必须间隔 1～2d 使用一次才能有效。

由于底部人为搅动后，大量的还原性物质进入养殖水体，瞬间消耗大量的溶解氧。所以，底部搅动应该在水体溶解氧高的时间段进行，如晴天的中午到太阳下山前的一两个小时。傍晚、阴天不能搅动，否则容易引起池塘缺氧。对于长期未搅动的池塘，应该分若干次进行，每天一次，每次搅动池塘底部面积的 1/4 或 1/3，根据具体水质、气候条件而定。

（二）生物维护

有些生活在低层的动物在活动过程中会搅动底泥，因而也可以起到搅动的作用。钻泥动物生活在土壤里面，以底栖动物为食的鱼类和其他动物搅动了底部土壤，通过增进带溶解氧的水进入土壤团块促进增氧，这个过程称为生物搅动。

如南美白对虾池塘，在海水或咸淡水养殖中套养鲻，在淡水养殖中套养草鱼、胡子鲇、罗非鱼等。据报道，在南美白对虾池塘中每 667m^2 套养 300～600 尾罗非鱼种可获得鱼虾双丰收。又如四大家鱼池塘套养淡水虾、罗非鱼、鲤等，或在咸淡水和海水池塘中套养各种蛤类，也可以起到泥水界面的生物维护作用。具体套养的种类和数量应根据当地的气候、水源、市场而定。

第六单元　水体生产力与鱼产力

第一节　初级生产力

一、概　　念

生物生产力是生态系统提供生物产品高低的一种性能，它既是生态系中能量流动和物质循环这两大功能的综合表征，又是生物种群通过同化作用生产或积累有机质的能力。水体生物生产力是与土壤肥力相类似的概念，不仅取决于水体的特性，而且与种群的特性密切联系。初级生产力是食物链的基础环节，是反映生态系统生产潜力的基本参数，对于水域生态系统而言，它不仅决定该系统的溶解氧状况，还直接或间接地影响其他生物和化学过程。因此，掌握初级生产力其垂直、周日、周年变化及其影响因素，无论从理论上了解养殖水域生态系统的特征，还是在实践上指导生产都很有意义。

根据生物的营养特点，生产量可分为初级产量（Primary Production）和次级产量(Secondary Production)。自养生物通过光合作用或化合作用在单位时间、单位面积或容积内所合成的有机质的量称为初级产量，异养生物在单位时间内同化、生长和繁殖而增加的生物量或所贮存的能量，称为次级产量。

初级毛产量指自养生物所固定的总能量或所合成的全部有机质量（包括已被本身消耗的）；初级净产量指自养生物本身呼吸消耗以外剩余的能量或有机质量；群落净产量，也称生态系净产量，指整个生态系中自养生物所固定的能量除去全部生物呼吸消耗以外的剩余部分，即：

群落净产量＝初级净产量－异养生物呼吸量

净产量占毛产量的百分率随光合强度和呼吸强度的变化而变化。当光照充分时净产量可达毛产量的80%～90%，当光照不足时则百分率低得多，在补偿点时净产量等于零；当养分不足时，由于胞外产物和死亡率的增高，净产量所占百分率也大为降低，在全水圈中年平均值为50%左右（Odum，1975）。群落净产量与毛产量的比值变化更大，当异养生物特别是细菌大量繁殖时，群落净产量常为负值。

当生产量很高但已被充分利用或大量流失时，生物量可能较低，反之生产量不高但未被利用和很少流失时可能积累成高的生物量。

初级净产量值一般要高于用定量方法测定的生物量增长值，因为有相当一部分合成的生物有机质（可达30%～40%）在自养生物生活时以胞外产物分泌到水中。但也有小部分生物增长量不能从光合强度中反映出来，比如很多藻类可以利用溶解有机质而异养生长。

内陆水体的生产者除浮游植物外，还包括水生维管束植物、底生藻类、光合细菌、化合细菌等。浮游植物是水圈的主要生产者，浮游植物产量占世界海洋初级生产力的90%以上，内陆水体除浅水湖泊和大湖的沿岸带水草和附生藻类在年产量中可能占主要地位外，一般也是以浮游植物为主要生产者。水越深、越肥，浮游植物的作用越显著。有些内陆盐沼因盐度高，水草难以丛生，初级产量主要由浮游植物和底生藻类组成，在水深、流缓、河床宽阔的大河下游，浮游植物产量也起主要作用。

二、测定方法

（一）收获量法

主要用于水生维管束植物和大型藻类生产量的测定。在一定面积内将所有植株连根取出，洗净风干到重量不变时称重，即得出单位面积的生物量，前后两次生物量之差即为其生产量。此法所得为净产量。由于采样间隔期间可能有一部分生物量被动物摄食和微生物分解，测定值通常偏低。

（二）黑白瓶测氧法

藻类光合作用的途径和同化产物虽然因种类组成而有差异，但一般都可以用下列简单公式表示：

$$6CO_2+6H_2O+2\ 826kJ（光能）=C_6H_{12}O_6+6O_2$$

由于氧的生成量和有机质的合成量之间存在着一定的当量关系，即放出1mg氧相当于合成0.375mg碳、0.937mg葡萄糖、0.88浮游植物干重或14.56J，因而通过测定水中溶解氧的变化可间接计算有机质的生成量。

将所采的水样分装于透明的白瓶和不透明的黑瓶，再放于原采样水层曝光一定时间（一般为24h）后计算前后溶解氧的变化。水柱日生产力通常用1m水面下，从水表面到水底整个水柱形水体的日生产力。可以用简单的算术平均值累计法计算，也可用曲线积分法计算。

白瓶中藻类进行光合作用和呼吸作用，同时细菌、浮游动物等异养生物也进行呼吸。黑瓶中仅进行群落的呼吸，因此：

群落净初级生产力＝培养后白瓶溶氧量－原初溶氧量

藻类毛初级生产力＝培养后白瓶溶氧量－黑瓶溶氧量

水（群落）呼吸量＝原初溶氧量－培养后黑瓶溶氧量

藻类的净初级生产力只能以假定其呼吸量占毛产量的一定比例来估算（一般估计占0.2%～0.3%）。此法简单易行，也有一定准确度，已广泛用于湖库、池沼和近海浮游植物生产力的测定，但缺点也不少：①不能测定藻类净产量；②灵敏度低，对贫营养型水体不适用；③瓶内外条件不尽相同，瓶内藻类易死亡，有时细菌附着瓶壁加速养分的周转，这些都能影响测定的准确度；④有光和黑暗中呼吸强度不完全相同；⑤玻瓶容积大小和曝光时间长短都会影响结果，容器越大，产氧量越高。武汉东湖浮游植物毛产量在连续曝光24h的测定结果显著低于每次曝光2h的全天累计结果。此法也可在室内模拟自然条件进行，即灌满水样后黑白瓶挂于水族箱中，模拟同样的光照和温度条件下进行曝光。

（三）放射性^{14}C示踪法

将一定数量的放射性碳酸氢盐（$H^{14}CO_3^-$）或碳酸盐（$^{14}CO_3^{2-}$）加入已知二氧化碳总量的水样瓶中，曝光一定时间后将藻类滤出，干燥后测定藻细胞内^{14}C数量，即可计算被同化的总碳量。

此法的采样、曝光等过程与黑白瓶法基本相似，但灵敏度高得多，可用于贫营养型水体和大洋中初级生产力的测定，也可采用模拟法在室内进行工作。

此法的缺点是设备和技术较难掌握，此外藻类分泌出的溶解有机质（胞外产物）流入滤液中，可能产生巨大的误差。因此，必须同时测定滤液中的放射性。如不需要区分细胞和胞外产物的产量时，可将曝光后的水样不经过滤直接测定其放射性。

一般认为^{14}C法所得数值为净产量或接近于净产量，但也有研究者认为仍属于毛产量，可能是介于两者之间的一种数值。

（四）叶绿素法

在一定条件下光合作用强度与细胞内叶绿素含量直接相关，因此根据叶绿素量和藻类的同化指数可计算其生产量。叶绿素进行测定后便可根据叶绿素浓度和光强度推算出初级生产量。所得结果还用已知的同等生物量所具有生产量（用黑白瓶法在野外测定过的）进行经验性的比较和校准。

测定叶绿素量目前已广泛作为浮游植物的定量方法，与此同时测定现场的同化系数进而计算初级生产力，是简便又易掌握的方法。

一般来说，在光饱和条件下，同化指数的值最大。应当指出，不同类型的藻类种群或同一种群在不同的环境中，同化指数是不一样的。因此，应用叶绿素含量换算成调查海区的韧级生产力时，最好先应用^{14}C示踪法测定现场同化指数。

同化指数按下列公式计算：

$$Q=P\cdot(C)^{-1}$$

式中：Q——同化指数［mg·/（mg·h）］；

P——初级生产力［mg/（m^3·h）］；

C——叶绿素 a 含量（mg/m^3）。

对于大型藻类维管束植物的产量估计，迄今尚无统一方法。一般采用重复收获定期产量或在各不同生长期计算它们的生长量，或用钟罩测定气体交换等方法估算产量。

第二节　次级生产力

一、概　　念

所有消费性生物的摄食、同化、生长和生殖过程，构成次级生产，表现为动物和微生物的生长、繁殖和营养物质的贮存。在单位时间内由于动物和微生物的生长和繁殖而增加的生物量或所贮存的能量即为次级产量。当异养生物直接利用初级产量时，即形成二级产量（第二营养级的产量）；当植食性动物被第三营养级的动物利用时，则形成三级产量；同理还可形成四级产量或五级产量。但是由于许多动物摄食不同营养级的食物，所以上述对次级产量的划分常常遇到困难。

在水体生物生产过程中，具有重大意义的次级产量是细菌、浮游动物、底栖动物和鱼类，关于细菌的次级产量将在第三节专门论述，本节讨论水生动物的次级生产。

水体渔业生产力问题一向是渔业科学研究的中心问题之一。近年随着对生态系统能量流和物质循环过程研究的深化，水体渔业生产力成为水域生态系统生物生产力问题的重要组成部分，在理论和实践上都有较大的发展。

微生物环（Microbial Loop），是指自养或异氧微生物可将光合作用过程中释放的DOM转化为POM（细菌本身），并被微型浮游动物（特别是原生动物）所利用，最后这部分初级生产的能量得以进入后生动物。这一过程称为微生物环。微生物环是水层区食物网中物质和能量的主要流程。

二、测定方法

（一）股群法

根据动物种群数量和生物量的变化，通过定期现场采样分析种群的个体数量和平均增重量来估计其产量。适应于计算世代不重叠的离散型种群的产量（鱼类、底栖生物和世代不相重叠的桡足类种群）。

（二）积累生长法

常用于计算繁殖活动是连续的、一年有几个世代互相重叠的种群产量。积累生长法的原理是很简单的。任何生物的生长曲线 $W=f(t)$，表明其重量的增量是与年龄有关的。因此，根据某一年龄组的个体数（n）和通过培养实验得出的有关生长曲线计算在 t 时间（天数）内的平均个体重量增量（ΔW），就可计算年龄组的日产量 $P=\Delta W/t$，累积各年龄组的日产量，就可求得种群的日产量，即：

$$P=\frac{n_{\mathrm{I}}\Delta W}{t_{\mathrm{I}}}+\frac{n_{\mathrm{II}}\Delta W}{t_{\mathrm{II}}}+\frac{n_{\mathrm{III}}\Delta W}{t_{\mathrm{III}}}+\cdots$$

因此，应用积累生长法时候，最好根据现场调查和室内活体培养（得出生长曲线）相结合的方法计算产量。

（三）周转时间法（Turnover Time Method）

生物的生长曲线 $W=f(t)$ 表明生物质量的增量与年龄有关。年龄组的日产量 $P=n\cdot\Delta W/t$，累积各年龄组的日产量可得种群的日产量。

周转时间法是通过了解种群增加的生物量相当于平均现存量所需要的时间来估计产量。它适用于计算稳定状态的产量，即在比其生活史持续时间长得多的时间内，其生物量和个体数没有大的波动的种群产量。计算年产量（P）的公式为：

$$P=B/TB$$

式中：TB——具有恒定生物量（B）的种群周转时间。

因此，只要知道种群的平均生物量和周转时间，就可以估计产量。

（四）碳收支法（the Carbon—budget Method）

碳预算法是根据动物摄取的食物能量及其生长效率来估算动物的产量，这是一种在个体水平上的生理学研究方法。其计算产量的公式为：

$$P=C-(F+R+U)$$

式中：P——产量；

C——消耗的食物量；

F——食物废物（粪便）；

R——代谢消耗（呼吸）；

U——排泄废物（尿）。

如果以 A 表示动物对食物的同化量，则 $A=C-F-U$，$P=A-R$。若通过室内的实验，测定了动物的摄食量、同化效率和呼吸率等参数，就可以计算其产量，并据此应用于水域自然种群的产量计算。

第三节　细菌生产力

一、概　　念

细菌将水体中的有机物质分解利用，并转化为自身生长的过程，称为细菌生产力或二次生产力。细菌既是分解者，又是生产者，在水生生态系统的物质流动和能量循环中发挥着十分重要的作用，其在水生浮游生物食物网的生物量中也起着关键作用。细菌分解有机碎屑，生成并向水中分泌营养物（特别是维生素 B_{12}），这些营养物质被浮游植物利用，进行光合作用，从而使初级生产持续进行；通过以细菌为核心的微食物环"DOC—细菌—细菌捕食者"的途径把初级生产者生产的有机碳不断地往生物链的其他营养层进行转移（郑天凌，1994）。

二、测定方法

目前，主要利用［甲基-^{3}H］胸腺嘧啶核苷示踪法、［^{14}C］-亮氨酸示踪法、细胞分裂频率法及吖啶橙荧光显微镜直接计数法（AODC 法）等方法进行细菌生产力的测定。

（一）［甲基-^{3}H］胸腺嘧啶核苷示踪法

海洋细菌生产力的测定可以利用［甲基-^{3}H］胸腺嘧啶核苷示踪法进行（Fuhrman 等，1982）。这种方法与传统的细菌生产力测定方法相比有着明显的优势，如反应灵敏、成本较低、操作简便和实用性较强等，而且还能够反映出细菌的增殖速度。

（二）［^{14}C］-亮氨酸示踪法

此方法通过测定细菌蛋白质的合成速率来间接表示细菌的生产力。优点是：既能反映异养细菌的增殖速度，也能反映异养细菌的增长速度，能够较真实地体现出细菌的生产力。

（三）细胞分裂频率法

细胞分裂频率（FDC）的快慢取决于细菌的生长率和分裂的平均时间，通过观察并计数处于不同细胞周期的细菌数量来估算异养细菌的生产力，间接反映细菌的增殖速率。

（四）吖啶橙荧光显微镜直接计数法（AODC 法）

用特异的荧光染料着色异养细菌，在荧光显微镜下能够观察到发荧光的细菌，直接计数对细菌的数量进行测定。吖啶橙（Acridine Orange）是一种荧光染料，是吖啶的衍生物之一，它嵌入 DNA 双链之间并与 DNA 分子结合，以静电吸引力堆积在单链 DNA 和 RNA 的磷酸根上。在蓝色荧光（约 502nm）的激发下，DNA 发出绿色荧光，RNA 发出橙色荧光。细菌经吖啶橙染色后，在荧光显微镜下观察，活细胞呈橙色荧光，而死细胞呈绿色荧光。根据原位培养期间实验瓶内细菌细胞数目的增量得出细菌生产量。

第七单元　养殖环境修复

水产养殖生态系统是一种简单而脆弱的人工生态系统，在这个生态系统中，水产品被设定为生物链的顶端，人为地引入了人工饵料，而削弱了其他因子。管理不当会使得系统中物质和能量循环不通畅，导致生态失衡，最终造成生态系统退化和环境污染，造成对自然生态环境的严重危害。水产养殖业外部水环境的不断恶化及养殖水体环境的过度开发及二次污染问题的日趋严重，如何防治养殖环境的富营养化、保持养殖水域的可持续发展成为亟待解决的难题。

修复养殖水环境是健康生态养殖的重要措施，是实现养殖水域可持续利用的重要手段。水环境修复按修复位置可分为“原位生态修复”和“异位生态修复”。原位生态修复即在原生态系统基础上进行，异位生态修复即将污染物集中起来移出原养殖系统进行处理的方式。前者较多应用于自然水域、人工景观水域的环境修复，后者主要用于工业和生活废水的处理，而养殖水体的生态修复可在养殖水体系统原位或异位进行。按照生态修复的手段，养殖环境修复技术主要包括三类：物理修复、化学修复和生物修复。

目前，国内对水产养殖环境生物修复的各个领域都进行了初步探索，取得了一定成果，并且开始大规模地应用于水产养殖实践中。养殖环境的生物修复必须结合养殖水体原位修复和养殖进水、排水联动净化异位修复，才能从根本上解决养殖业发展的水域污染问题，保障养殖水域生态安全。

第一节　物理修复

一、概　　念

物理修复是指利用各种材料或机械对养殖环境施加物理作用，从而达到环境改善的目的。物理修复是最传统也是最早的生态修复技术。养殖环境过程中常用的物理修复技术有疏浚、增氧、换水、截污等。

二、方　　法

（一）疏浚

疏浚是使用挖泥船或其他工具、设备开挖水下的土、石，以增加水深或清除淤泥的工程措施。历史记载，我国古代劳动人民很早就会利用底泥疏浚方式来改善池塘养殖环境。疏浚的目的是减少底层有机质数量，改善水体环境。由于水体中N、P悬浮物等大量营养物质往往随泥沙和动植物残体沉积水底，日积月累致使湖（河）床底层营养物质极为丰富，在特定条件下，底层营养物质又能向水层迁移，促进上层浮游植物的生长，在一定程度上加速了水体富营养化进程。疏浚措施通过改变水体底层微环境从而改善整个水体环境。用疏浚的方法，在改善水体水质状况的同时，又能提升养殖水体蓄水量。

（二）增氧

采用人工增氧装置向养殖水体充气或机械搅动等措施增大水与空气接触面，以此增加水体溶解氧，从而达到改善水质的目的。目前被广泛应用的人工曝气复氧技术（设备）为：纯氧增氧系统；鼓风机—微孔曝气系统；叶轮吸气推流式曝气器及水下射流曝气设备。各种曝气技术特点见表14-8。

表14-8　各种曝气技术（设备）特点

项　目	纯氧增氧系统		鼓风机—微孔曝气系统	叶轮吸气推流式曝气器		水下射流曝气设备
	纯氧—微孔曝气系统	纯氧—混流增氧曝气系统		轴向流液下曝气器	复叶推流式曝气器	
充氧效率	15%（1m水深）	70%（3.5m水深）	微孔管25%～35%	1.5～1.8kg/(kW·h)	1.8～2.0kg/(kW·h)	1.0～1.2kg/(kW·h)
安装	工程量较大	较方便	工程量大，安装难度大	方便	方便	方便
维修	困难	困难	方便	方便	方便	较方便
对环境的影响	较小	较小	航运	泡沫	少量泡沫	较小
噪声	较强	较强	强	较轻	轻	轻微
适应水深范围	水位高于喷口	水深>4m	水深>4m	水深3～6m	水深2～5.5m	水深2～3m

（三）换水

若养殖水体长期保持静态不流动状态，则水体中营养盐富集，促进浮游植物的生长与繁殖，加速水体富营养化进程。因而在水源条件（水源清洁、营养物质含量低）允许的情况下，采用引进外部水源置换原滞留水体的措施，以增大水体流量，缩短滞留时间，通过流出水带走部分营养物质，从而达到水体修复的目的。

（四）截污

截断污染源的污染物质进入水体，从源头上保护水质。例如限制含较高肥料和农药残余的农田废水流入养殖水域，限制使用含合成洗涤剂的河沟水源等。

第二节　化学修复

一、概　　念

化学修复是利用化学制剂与污染物发生氧化、还原、沉淀、聚合等反应，使污染物从养殖环境中分离或降解转化成无毒、无害的化学形态。在水产养殖业中已广泛应用的多数水质改良剂、水质消毒剂就是基于这个原理。

二、方　　法

（一）絮凝

化学絮凝所处理的对象，主要是水中的微小悬浮固体和胶体杂质。大颗粒的悬浮固体由于受重力的作用而下沉，可以用沉淀等方法除去。但是，微小粒径的悬浮固体和胶体，能在水体中长期保持分散悬浮状态，即使静置数十小时以上也不会自然沉降。

在水体中投放三价铁盐或铝盐以及高分子混凝剂，经水解和缩聚反应，生成线状结构的高分子化合物，这种高分子化合物可被胶体颗粒吸附，又可被另一个表面有空位的胶粒吸附，这样聚合物就起了架桥作用。水体中原本微小的颗粒，由于絮凝剂的架桥作用而相互结合，形成一个非常松散的六维结构的网状物，该网状物称为絮凝体，易通过过滤和沉淀除去。

影响絮凝效果的因素较为复杂，主要有水温、水质和水力条件等。

1. 水温　水温对絮凝效果有明显的影响。无机盐类絮凝剂的水解是吸热反应，水温低时水解困难，特别是硫酸铝，当水温低于 5℃时，水解速率非常缓慢。而且水温低，黏度大，不利于脱稳胶粒相互絮凝，影响絮凝体的结构，从而影响后续沉淀处理的效果。

2. pH　水的 pH 对絮凝的影响程度视絮凝剂的品种而异。用硫酸铝时最佳 pH 为 6.5～7.5。

3. 水中杂质的成分、性质和浓度　水中杂质的成分、性质和浓度都对絮凝效果有明显的影响。例如天然水中主要含有黏土类杂质，则需要投加的絮凝剂的量较少，而污水中含有大量有机物时，需要投加较多的絮凝剂才有混凝效果。

4. 水力条件　絮凝过程中的水力条件对絮凝体的形成影响极大。整个混凝过程可分为两个阶段：混合和反应。这两个阶段在水力条件上的配合非常重要。混合阶段的要求是使药剂迅速均匀地扩散到全部水中以创造良好的水解和聚合条件，使胶体脱稳并借颗粒的布朗运动和紊动水流进行凝聚，在此阶段不要求形成大的絮凝体。混合要求快速和剧烈搅拌，在几秒钟至 1min 内完成。反应阶段的要求是使混凝剂的微粒通过絮凝形成大的具有良好沉淀性能的絮凝体。反应阶段的搅拌强度或水流速度应随着絮凝体的结大而逐渐降低，以免结大的絮凝体被打碎。

（二）氧化

通过氯化物和臭氧等的氧化作用，杀灭水体中对养殖生物和人体有害的微生物，降低有机物的数量，同时也起到除臭等作用。

1. 氯制剂　常用氯制剂包括漂白粉、漂白粉精、二氧化氯、二氯异氰尿酸钠等。氯制剂水解均产生次氯酸，次氯酸释放出原子态氧，其氧化能力比氯高 10 倍。漂白粉是氢氧化钙、氯化钙和次氯酸钙的混合物，其主要成分是次氯酸钙，有效氯含量为 30%～38%，具有良好的杀菌消毒作用。二氯异氰尿酸钠属广谱杀菌消毒剂，具有杀藻、除臭及净化水质的作用，但水溶性差，杀菌率不够理想，对水生动物具有强烈的刺激性，有一定的副作用，且在水中的分解速度极慢。三氯异氰尿酸具有杀菌消毒作用，可杀灭聚缩虫、丝状菌、弧菌等微生物，药效时间长。二氧化氯也是一种广谱杀菌消毒剂和水质净化剂，具有高度的氧化能力，可使微生物蛋白质中的氨基酸氧化分解，从而使微生物死亡。二氧化氯对细菌、病毒、霉菌、真菌、细菌芽孢、噬菌体原虫和藻类均具有较强的杀灭作用，杀菌能力较前述氯制剂强且快，对病毒抑制能力强于臭氧。

2. 臭氧　臭氧在水中的氧化还原电位高于氯和二氧化氯，为广谱性、高效、快速杀菌剂，具有极强的破坏病毒能力，一般病毒、细菌、真菌、芽孢、病菌原虫黏孢子等在极短的时间之内便可被杀灭 99%以上。臭氧具有极强的氧化性，可以分解一般氧化剂难以破坏的有机物，还可氧化水中的污染物如氨、硫化氢、氰化物等，使其无害化。

目前国内外均有利用臭氧对育苗场、集约化养殖循环水进行杀菌消毒的应用实践，效果

明显，是水质调控不可缺少的部分。由于臭氧稳定性差，常温可自行分解，故一般均在现场生产使用。臭氧极强的氧化能力对养殖生物也具伤害作用。因此，用臭氧处理过的养殖用水必须通过曝气、活性炭吸附等方法去除残余臭氧；臭氧使用后在水中所生成的次溴酸根等有害物质也要消除。

3. 其他氧化剂　除上述氧化剂外，水产养殖中还会用到二溴海因、溴氯海因、聚乙烯吡咯烷酮碘（PV碘）等新一代氧化剂。

（1）二溴海因　化学名称为1，3-二溴-5，5-二甲基海因，杀菌能力为三氯异氰尿酸的4倍以上，是一种高效、快速、广谱、低毒及低残留消毒剂，添加增溶剂后的改良产品称为百杀迪。

（2）溴氯海因　简称BCDMH。其在水中不断释放出活性Br^-与Cl^-，形成次氯酸与次溴酸，后两者易与水中微生物体内的原生质结合，进而与蛋白质中的氮元素形成稳定的氮—卤键，干扰微生物的代谢过程并导致微生物中毒死亡，从而达到水质净化与消毒的目的。其可杀灭细菌、真菌、芽孢、病毒等，属广谱性消毒剂，杀菌能力为三氯异氰尿酸的2～4倍，且具高效快速、低毒与低残留的优点。

（3）PV碘　聚乙烯吡咯烷酮碘简称聚维酮碘或PV碘，系极强氧化剂，为聚乙烯吡咯烷酮和碘的络合物，其性能稳定，作用持久，具有广效性的杀菌消毒效力，对细菌、细菌芽孢、真菌、病毒等均具有强烈的杀灭作用。

4. 紫外线　也可用作处理水质，但由于紫外线是一种低能量的电磁辐射，对水体穿透力较差，故要求处理水流速较慢、水层较浅，加之灯管使用期有限而价高，因此目前大规模养殖生产尚未推广使用。

对于生产用水以及池塘消毒处理所用消毒剂的选择，应据用水及池塘状况与生产要求而定，并应严格按照产品说明书使用，能在使用前先进行较少样本的试验更好，特别要注意安全用药。

（三）吸附

吸附指利用活性炭和沸石等具有较大比表面积、较高的吸附容量的特性，对水体中的颗粒物质或胶体进行吸附或沉降的处理方法。

活性炭是煤、重油、木材、果壳等含碳类物质加热碳化，再经药剂（如氯化锌、氯化锰、磷酸等）或水蒸气活化，制成的多孔性碳结构的吸附剂。活性炭具有吸附容量大、性能稳定、抗腐蚀、在高温解吸时结构热稳定性好、解吸容易等特点，可吸附解吸多次反复使用。

沸石是一类铝硅酸盐晶体，是一种孔径大小均一的吸附剂，沸石分子筛具有许多空穴和微孔，因此具有很大的内表面积，吸附容量大。人工合成的沸石是极性吸附剂，对极性分子具有很大的亲和力，能根据溶质极性的不同进行选择性吸附。

硅藻土是一类天然矿物质，其主要成分是二氧化硅、三氧化二铝、五氧化二铁，经适当加工活化处理后即可作为吸附剂使用，虽然吸附容量不大，选择吸附分离能力低，但这些天然材料来源极广泛。

（四）杀藻剂等

利用化学药物对藻类进行杀除是国内外使用最多、最为成熟的除藻技术。藻类对铜离子有很强的吸附能力，因此，硫酸铜成为目前应用最广泛的化学除藻剂，但长期投加硫酸铜会造成水体的二次污染。也有人同时添加铁盐、铝盐作增效剂，以提高硫酸铜的除藻效果。锰铜复合除藻剂、有机络合铜除藻剂等在养殖生产中也有使用。

此外，使用储量丰富、价格低廉、无毒且处理工序相对简单的天然黏土矿物（如膨润土等）或经改性处理的黏土矿物去除藻类也获得了良好的效果。

第三节 生物修复与生物操纵

一、概 念

（一）生物修复

生物修复（Bioremediation）是指利用各种生物（包括植物、动物和微生物）的特性，吸收、降解、转化环境中的污染物，使受污染的环境得到改善的治理技术。它是目前最具发展前景的水体修复技术，是20世纪环境科技发展最快的高新技术领域之一。与传统的物理和化学修复相比，它有费用低、耗时短、净化彻底、不易产生二次污染、不危害养殖功能、不破坏生态平衡等诸多优点。生物修复按修复主体可分为微生物修复、植物修复、动物修复三种类型，三者之间相互联系、相互制约。

（二）生物操纵

生物操纵（Biomanipulation）概念是由Shapiro等学者于1975年提出的，也称食物网操纵。在水体富营养化控制方面运用生物操纵措施即通过增加上层鱼类（肉食性鱼类）数量以控制滤食性鱼类数量，从而减少滤食性鱼类对浮游动物的捕食以利于大型浮游动物种群（特别是枝角类）增长，通过浮游动物种群的壮大来遏制浮游植物的过量生长，从而降低藻类生物量，提高水的透明度，最后达到改善水质的目的。除了利用肉食性鱼类控制藻类过量生长的经典生物操纵外，还有利用滤食性鱼类直接摄食浮游植物的非经典生物操纵。现在生物操纵泛指在管理水体藻类和水生植物基础上的生态操纵措施，亦是生物修复。实际上，在水质环境修复中常应用到的人工湿地、生物浮床等技术亦是综合生物修复技术。

二、方 法

（一）微生物修复

微生物修复技术是最早也是目前最主要的生物修复方法。其原理是在有氧或无氧的条件下，利用自然环境中生息的微生物或投加的特定微生物，在人为促进工程化条件下，将有机物或其他污染物进行分解并释放氮、磷等营养盐，修复被污染的环境。由于微生物生命周期短、繁殖快，降解有机物的速度要比其他生物快上万倍。研究表明，微生物具有杀藻、抑藻和有效降低藻毒作用，对水体改良与修复效果非常明显。

我国在微生物修复这一领域主要开展了以下三方面研究：①分离、筛选有修复活性的土著微生物；②复合微生物制剂的研制和应用；③修复作用菌固定化的研究。

用于生物修复的微生物主要包括细菌、真菌及原生动物三大类，已经在水产养殖中得以应用的常见种类有光合细菌（PBS）、芽孢杆菌、蛭弧菌、硝化细菌等。

微生物修复技术尚存在一定局限性：不能降解所有进入环境的污染物；特定微生物只降解特定类型的化学物质；其活性受温度和其他环境条件影响大。

（二）水生植物修复

水生植物主要包括水生维管束植物、水生藓类和高等藻类三大类。在水域生态修复中应用较多的是水生维管束植物，其按生态类型可分为挺水、浮叶、漂浮和沉水植物4种。水生植物修复技术主要是利用植物对营养盐的吸收、氧气释放及对藻类的克生效应来改善水域环境。在利用水生植物移走水体营养盐时，要保证被移走的营养盐不会引起二次污染，并重新进入循环。目前，被广泛应用于湖泊、河流、养殖池塘等淡水水域生态修复的沉水植物有苦草、轮叶黑藻、伊乐藻等；挺水、浮叶植物主要有菱、莲藕、茭白、芡实、慈姑等，亦可作为水生蔬菜；在海水池塘、海湾用于生态修复的种类主要有大型海藻，如海带、江蓠、红毛菜等。

（三）水生动物修复

水生动物修复技术主要依靠水生动物对有机污染物的吸收以及对浮游藻类的摄食作用，把营养物质转移到食物链等级较高的水生动物体内，再通过人为捕捞形式，把营养物质从水体中去除来达到修复环境的目的。

其中下行效应在生物修复中被经常使用，如增加食鱼性鱼类或减少食浮游动物或食底栖动物鱼类，以保证有充分的浮游动物等来控制藻类，也有直接利用食藻鱼控制蓝藻水华，这些都属于下行效应。如利用鲢、鳙控制水中浮游藻类的方法就属于下行效应。充分利用生物学中的下行效应，通过在水中放养一定量的底栖动物的生物学方法也可达到净化水质的目的。已有报道指出，高密度放养河蟹的水域富营养化程度很明显，可通过投放足够的滤食性贝类、某些棘皮动物等可去除养殖废水中的营养物质。

（四）人工湿地

湿地（Wetland）这一概念在狭义上一般被认为是陆地与水域之间的过渡地带；广义上则被定义为“包括沼泽、滩涂、低潮时水深不超过 6m 的浅海区、河流、湖泊、水库、稻田等”。湿地的研究活动则往往采用狭义定义。

人工湿地是由人工建造和控制运行的与沼泽地类似的地面，主要利用土壤、人工介质、植物、微生物的物理、化学、生物三重协同作用，对污水进行处理的技术。其作用机理包括吸附、滞留、过滤、氧化还原、沉淀、微生物分解、转化、植物遮蔽、残留物积累、蒸腾水分和养分吸收及各类动物的作用吸收养分。

1. 湿地分类　近年来，人工湿地净化系统在水质净化方面起到越来越大的作用，人工湿地系统可分为表面流湿地、水平潜流湿地和垂直潜流湿地三种类型。在国内，人工湿地技术广泛应用于处理农村生活污水处理，不仅具有净化效果显著，还具有建设运行费用低等优势，对改善农村环境起到了重要作用。

2. 湿地功能　湿地最终能达到以下功能：

（1）悬浮固体到滞水底部，或被湿地植物过滤。

（2）有机物质被植物根部的微生物分解。

（3）硝酸盐可以被脱氮菌转化为氮气，或被植物吸收。

（4）氨被细菌转化为硝酸盐。

（5）磷随钙、铁和铝化合物沉淀，通过沉积和吸附于土壤以及植物吸收而被去除。

（6）金属和有毒化学物质通过氧化、沉淀和植物吸收来去除。

（7）病原体在不适宜生存的环境中逐渐死去并被其他生物所摄取，或被抗菌化合物杀死。

（五）生物浮床

生物浮床（Floating Treatment Wetlands）也称人工浮岛、生物浮岛（Floating Mats），是一种新兴的人工湿地处理系统，它利用有机或合成材质作为载体漂浮于水面，其上栽植水生植物，以形成生物群落来改善水域生态环境。浮床植物通过根部的吸收、吸附作用和物种竞争相克机理，削减水体中的氮磷及有机、有毒物质，净化水质。生物浮床作为一种新型的污水净化系统，以其可放可收，不受水位限制，不造成河道淤积，只占水面不占地，运行高效，日益受到人们的青睐。但由于该技术发展历史短，工艺研究和相关的基础研究远远落后于实际需要，使它的推广受到很大限制。

根据构建所使用的材料，生物浮床可分为有机材料浮床、无机材料浮床和生物秸秆浮床。其优缺点见表14-9。

表14-9 不同构建材料浮床的优缺点

浮床类型	浮体材料	优 点	缺 点
有机材料浮床	聚苯乙烯发泡塑料板、尼龙绳、PVC管材等	安装投放方便，易于标准化种植，不易浸泡腐烂	成本高，易损坏，废弃浮床难以回收利用；浮体材料多隔气隔热，浮床下水体含氧量降低，水温上升缓慢
无机材料浮床	陶粒、蛭石等	水肥吸附性能好，植株的根系环境与陆地栽培类似；具有较高的阳离子交换容量和较强的阳离子交换吸附能力	管理不便，制作工艺复杂；在大面积水体中铺设困难，成本高
生物秸秆浮床	稻草、芦苇等农作物秸秆	材料来源广泛，浮床使用后可回收再利用；浮床的表面积大，可一定程度吸附水体中的悬浮物	使用前需提前浸泡；使用时容易腐烂，向水体中释放一定量的有机和无机营养物

另外，已有研究发现，在不同浮床植物的筛选上，夏季以水蕹菜、水葫芦、香根草、美人蕉等较优，冬季以水芹菜、多花黑麦草、高羊茅为优。不同阶段的浮床植物污水净化效果有所差异。有报道指出，在以鲤、鲫、团头鲂养殖为主的集约化池塘中生物浮床的面积占整个池塘面积的5%～10%较适宜，对于习惯暗光环境的鱼类如河鲇、泥鳅、黄鳝等养殖水体中，浮床植物覆盖面积可适当扩大。

生物浮床技术是集物理、化学及生物防治为一体的综合防治方法，能同时获得生态效益与一定经济收益，具有广阔的应用前景。该技术主要可以在养殖废水的净化处理和循环中应用。

第八单元 养殖水域环境污染评价与尾水处理

第一节　主要污染物

一、物理污染物

物理污染是由物理因素所造成的环境污染。现已发现的物理污染有噪声污染、电磁污染、热污染、光污染等。噪声污染是指噪声强度超过50dB（分贝）以上时所造成的环境污染。水产养殖有些种类如甲鱼对噪声是比较敏感的，喜欢生活在安静的地方；工厂化养殖中也会由于过高的噪声或光强对水产养殖品种产生影响，如大黄鱼喜欢混浊、光照相对较弱的地方。

热污染的主要来源是电力工业冷却水，尤其是采用直流冷却方式的核电厂。这些采用直流冷却方式的电厂排出的大量废热使自然水体水温迅速升高。而水温作为重要的水质和生态环境要素，几乎影响水的各种物理、化学和生物化学性质，从而间接影响到各类水生生物的生长和繁殖活动。同时，如果热废水的升温作用使受纳水体的水温超过生物的适宜温度，也将直接导致生物的生长受到抑制甚至死亡，对生态环境造成严重影响。

二、化学污染物

目前，水产品中主要的化学污染包括氨氮、重金属超标、农药残留、渔药残留和其他有机物污染等。

（一）氨氮

水体中存在的氨氮对养殖的水产品具有一定的毒性。氨氮对水生生物的危害主要是指非离子氨的危害，非离子氨进入水生生物体内后，对酶水解反应和膜稳定性产生明显影响，使水生生物表现出呼吸困难、不摄食、抵抗力下降、惊厥、昏迷等现象，严重时大批死亡。

氨氮的污染来源除了外界工业、农业、生活排污等之外，还包括饲料的投喂和鱼类的排泄等造成的污染。目前，我国水产养殖业面临的氨氮污染有加重的趋势，入海排污口超标排放污染物，其中氨氮是主要的超标污染物之一。

（二）常见重金属污染

因养殖和捕捞环境的恶化，水产品往往会受到水环境中重金属的污染，水生生物从环境中摄取重金属通过生物富集和食物链的生物放大作用，在较高级生物体内更高倍数的富集，通过食物进入人体的某些器官中积蓄而造成慢性中毒。水生生物由于其摄食和生活习性不同，对不同重金属的蓄积能力也不同，水产品中部分藻类、甲壳类和贝类等重金属蓄积能力较强，特别是甲壳类和贝类，因其底栖、滤食等生活习性，更易积累重金属。水产品中常见的重金属污染主要有砷、铅、汞、镉、铬、锡等，其来源、毒性和引起的症状各不相同，但大多危害较大。

1. 砷　砷在自然界的分布很广，杀虫剂、除草剂等含砷农药，木材防腐剂，还有煤燃烧等，都会造成砷污染。环境中的砷都可以通过食物链在水生生物体内富集，水生生物对砷有很强的富集能力。

2. 铅　环境中的铅来源于蓄电池、弹药、焊料、颜料、管道、黄铜制品、采矿场等。通过雨水冲刷、废水排放等各种途径转移到水体中的铅，又对水生生物产生了污染。

3. 汞　汞污染主要来自污染灌溉、燃煤、汞冶炼厂和汞制剂厂的废水排放，含汞颜料和农药的使用也是汞污染的来源。水环境中的无机汞可被厌氧生物转化为毒性强的甲基汞，甲基汞具有脂溶性，可被微生物吸收积累并转入食物链对人体产生危害。

4. 镉　镉污染来源于固体垃圾、污水污泥、磷酸盐化肥、电镀和镀锌产品、采矿废水（特别是锌矿）等。

5. 铬　铬污染主要源于电镀、制革废水、铬渣等。铬以 Cr^{3+} 和 Cr^{6+} 形式存在。六价铬主要存在于水中，是各种水生生物的主要污染源。

6. 锡　有机锡是人工合成物质，广泛用于聚氯乙烯塑料稳定剂，也可用于农业杀菌剂、油漆、船舶及水产养殖网上抗生物附着涂料、防鼠剂等。

（三）渔药残留

渔药大致分为消毒剂、杀虫剂、抗生素、磺胺类、呋喃类和激素类等，其中，应重点受到控制的有目前人类临床应用的抗菌药物和高毒、高残留及有“三致”毒性的药物。此外，在饲料中可能含有生长促进剂、引诱剂、抗氧化剂或免疫增强剂等添加剂，这些饲料添加剂本身及其代谢产物在环境中能够长时间具有活性，不仅对整个水体环境造成污染，对水生动物、植物和微生物的生长造成不同程度的危害和影响，甚至在水产品中可能有残留和蓄积，最终可能对人体健康构成潜在的威胁，给整个生态环境和人类健康带来深远的影响。

《无公害食品　渔用药物使用准则》规定，高毒、高残留或具有“三致”毒性的渔药，对水域环境有严重破坏又难以修复的渔药严禁使用；严禁向养殖水域泼洒抗生素，严禁将新近开发的人用新药作为渔药主要或次要成分使用。

（四）农药残留

我国农药生产和使用量居世界第二位，化学农药在控制害虫，保证农、林、果蔬丰收方面起到了巨大的作用，但长期过量及不合理的使用导致大量农药从土壤迁移到养殖或捕捞水域中，进而在水生生物体内富集。农药很容易通过食物链富集在水生动物体内，富集倍数可达数万倍，食用受污染的水产品使农药在人体积累，达到一定程度后就会对机体产生明显的毒害作用，包括急性毒性、慢性毒性和“三致”毒性。常见的残留农药有机氯类农药，包括DDT及其衍生物、艾氏剂、氯丹、狄氏剂、六氯苯、灭蚁灵等。有机氯类农药普遍具有较稳定、高残留性和高毒性特点，如DDT及其代谢产物半衰期在20年以上，在水产生物体内能富集到较高浓度。

（五）其他有机物污染

水域环境也会受到其他一些化学污染危害，如多氯联苯（PCBs）、二噁英（PCDDs、PCDFs）、多环芳烃类化合物（PAHs）等。PCBs类化合物曾被用于工业中的液体载热剂、电子变压器、电容器、涂料添加剂、无碳复写纸及塑料等。1970年代逐渐停止使用，PCBs降解速度慢，因此在环境中一直持续存在。二噁英是工业生产中向环境释放，或因环境因素分解变质所产生的有毒环境污染物，主要是在燃烧垃圾或生产杀虫剂及其他氯化物时产生的。多环芳烃是广泛存在于环境中的致癌性有机物，石油、煤炭等化石燃料及木材、烟草等有机物的不完全燃烧等都可产生多环芳烃，常见的有芘和苯并芘等。多环芳烃在环境中的广泛分布也使得其成为水生生物中广泛分布的污染物，可能给人类引起严重的潜在危害。

三、生物污染物

生物污染包括生物主动蔓延和人为的盲目引进物种，造成包括食物竞争、捕食、寄生等种间关系的破坏，有害生物或病原体等的携带及与原有自然种群或近缘种杂交而导致的基因污染等。由于生物引种或移植具有方法简便、成本低、见效快等特点，但人为地盲目引进或移植物种可造成生物污染。另外在养殖过程中由于各种原因导致的养殖鱼类逃逸，与野生鱼类杂交或传播一些包括能改变野生鱼类种群数量的传染病等疾病，从而引起“基因污染”。

水产养殖中因生物引进不科学，养殖方式不科学，造成的生物性污染也较为多见。其中生物性污染现象主要表现为：引进生物与原养殖生物生长习性存在差异，携带病菌存在差异，最终造成在持续养殖的过程中优势物种生长，繁衍速度较快，对于劣势物种的生存环境造成了挤压，对于区域水生态系统的平衡性造成了破坏，影响了区域水生物系统的科学循环。

同时由于外来物种携带病菌方面的差异，对于原始水产物种的健康生长，水体环境的健康性也造成了较大的危害，最终导致了原始物种在养殖中出现了一定的死亡现象，并且引起了水体富营养化，以及一系列环境污染问题。

第二节　污染评价

目前，我国对水体的污染和富营养化程度多采用BOD、COD、TN、TP、SS和pH等水化学参数作为评价指标。很难完全反映水体污染和富营养化程度。水生生物的评价是通过对浮游植物、浮游动物、底栖生物、鱼类种类和数量变化以及鱼产力的测定和分析，判定水体的污染和富营养化状况。结合环境水体的水化学参数，从水生生物学的角度对环境水体的污染程度进行监测和评价，这一评价与水化学评价结合则可以较客观地反映出水体环境质量。

一、水质评价

在高密度养殖池塘中，一些突发性水质恶化事件时常发生，并造成鱼类短时间内大量死亡，直接影响养殖经济效益。因此，定期开展水质状况监测与评价对于健康养殖具有重要意义。以往研究池塘水质环境主要集中于监测各个水质因子的含量和变化特征，其弊端在于不能全面了解池塘的污染水平和主要污染因子。随着对池塘养殖环境研究的深入，有关渔业水质的评价方法及标准逐步被建立起来。污染指数法是目前使用较多的水质评价方法之一，其通过选取渔业水质中的主要环境因子，以现用的或被广泛认可的渔业水质参数限定值为依据，分析池塘的污染因子，并综合评价水质状况。如果是在单个因子评价方面，将会把不确定性赋予其中，进而有效弥补不确定性的缺点。当然，从实践的角度上出发，由于水污染指数法在实际运用的过程中，可能存在因子过多的缺点，所以在选择的过程中有很多不确定性的因素可能会增加水污染的评价难度。

水质评价方法某一水域水质污染的状况应从三方面来评定：一是污染强度，即水中污染物的浓度和它们的影响效应；二是污染范围，即在水域中各种污染强度所影响的范围；三是污染历时，即在水域中各种污染强度所持续的时间。只有能同时反映这三方面内容的水质评价方法才较理想。

等标污染负荷是污染源评价中的一个经常使用的评价指标，它主要反映污染源本身潜在的污染水平，评价因子为CODcr（化学耗氧量）、TN（总氮）和TP（总磷）。

二、水生生物评价

国内外的研究表明，生物多样性法在水质评价中表现了其显著特点和优点。水体中的水生生物对水体环境的变化极为敏感。污染物进入水体，会导致水生生物个体、种群和群落结构特征发生变化，从而指示水体的污染状况和危害程度。通过生物的这种敏感特性来监测水质的变化情况，若能与水体的其他理化监测指标相结合，就可对水体进行更全面的综合评价。

（一）藻类优势种和叶绿素 a 的浓度评价

藻类不同的优势种反映不同的营养状况。在一般情况下，富营养水体中的藻类以金藻为主，贫中营养水体以隐藻为主。

当水体透明度为 1m 时，湖泊能满足游览的要求，并能兼顾水产养殖，透明度小于 1m 以后，水体感观情况将给人带来不愉快的感觉，藻类增殖，水底缺氧，水体将丧失它特有的功能。当透明度小于 0.5m 时，藻类异常增殖，水色黄绿，有臭味，有可能发生水华。

（二）污水生物系统法

德国学者 Kolkwitz 和 Marsson 按生物对不同污染程度的耐受量进行分类，提出了一个用生物指示水质污染程度的系统，称为污水生物系统。这个系统按水体污染程度分为 4 个带：多污带、α-中污带、β-中污带和寡污带，并对每种污染带中的化学过程、溶解氧、生化需氧量、底泥、植物等进行具体的阐述。由于操作比较烦琐，研究者的主观差异较大、需要具有相当专业的知识和经验，所以不易推广。但仍有许多研究者使用了此系统，并不断进行修改和补充。

（三）指示生物群落结构的变化或指示生物法

1. 浮游植物　甲藻门的多甲藻属、角甲藻属的飞燕角甲藻，硅藻门的脆杆藻属、双菱藻属，绿藻门的角星鼓藻属均喜欢生活在透明度较大、有机质含量低的水域中，而且是不耐污、不耐肥的种群。裸藻门、蓝藻门的裸藻属、衣藻属、实球藻属、微芒藻属等藻类，均有较好的耐污耐肥性，即使在水质变黑、发臭、有时覆盖油膜的环境中也能生存，因而可作为水体富营养化的指示种。产生水华现象的主要藻类有**水华微囊藻、铜绿微囊藻、螺旋鱼腥藻、水华束丝藻、泥生颤藻和颗粒直链藻。除上述几种外，绿藻中栅藻、衣藻、弓形藻和十字藻**等成为优势种。

2. 浮游动物　对有机污染相对敏感的种群如枝角类、桡足类、软体动物和某些水生昆虫，当存在有机污染时，其种数和比例普遍下降。摇蚊幼虫、寡毛类及轮虫，种类和比例变化有所不一，这也反映着物种适应性的调整。原生动物中的变形虫、钟虫、累枝虫、轮虫，如前节晶囊轮虫、盖氏晶囊轮虫等，一般被列为耐有机污染种类。对无机污染耐受性比较强的种类有短尾石蝇属、多距石蚕属、原石蚕属、星齿蛉属、脉翅目类、盘蜷属、泥甲科、大蚊科、粗腹摇蚊属、流水长跗摇蚊等的种类。对无机污染耐受性比较弱的是纹扁蜉属、溪扁蜉属、扁幼蜉属等匍匐性蜉蝣类和角石蚕属、拟角石蚕等毛翅目类。

3. 底栖动物　当水体受到污染后，生物的种类和数量发生变化，底栖动物可以稳定地反映这种变化，可以应用其群落结构的变化来评价污染。

底栖动物富集有毒物质，可以客观地反映环境的变化并且与对照点相比显示出种类数量和多样性的差异。因此测定底栖动物体内有毒物质含量，有助于对污染水体进行监测和评价。

4. 鱼类　从无机污染来看，在强污染区没有鱼类栖息。从中污染区到弱污染区进而到正常区，鱼类的栖息密度则随着环境污染程度的变化而发生相应的变化。因为鱼类，特别是上层鱼移动性大，因回避混浊区和毒物而迁移，所以不能准确反映特定物的污染程度。然而，因为鱼的这种迁移行动本身就是污染物存在的指标。底栖鱼类对底质污染敏感，作为污染的指示鱼类比上层鱼类更有参考价值。

三、底质评价

水产养殖环境中的底部沉积物是由养殖水体中的碎屑物质、溶解物质、次生物质、生物遗体、生物碎屑、生物代谢产物以及降解有机质等过程中产生的物质，经表面电荷吸附或重力的作用在水体底部沉积的堆积物质的统称。养殖环境的底部沉积物可通过再悬浮－溶解－释放等过程，使相关物质回到水体环境中，引发水体二次污染。故底质环境成为养殖环境中污染物的聚集地。大多数研究表明，在网箱、池塘等非开放式水产养殖环境的底质中，碳、氮、磷的含量和耗氧量比周围水体沉积物中的含量明显要高，且底质中经常有残饵富集。在对虾养殖池塘中，残饵、粪便沉积形成的有机污染底泥，深度可达 30～40cm，并随池龄增长而增加。在老化池塘中，残饵、粪便、死亡动植物尸体以及药物等有毒有害化学物质在底泥中的富集更为严重。

目前，对养殖水体底泥的污染尚无统一的评价标准和方法，多采用有机指数评价法，只考虑了有机碳和有机氮，而忽略了磷。可以参考湖滨带已有的研究成果，用综合污染指数评价法来评价水产养殖区底质的污染现状。

四、综合评价

渔业生态环境是由多种环境指标组成的复杂系统，每一指标仅从某一方面反映水体的环境状况，且不同水域环境因子不尽相同，很难用单一方面、单相指标、单一方法来综合评价水域的渔业生态环境。目前对渔业生态环境的评价还没有较全面较完整的方法，要么侧重水质的评价，要么侧重浮游生物的研究。对渔业生态环境进行评价时，既要考虑水化学等非生物环境因子，还要考虑水体的生物学特征、水域底质污染程度等，只有将诸多因素综合起来分析，才能够较全面地评价渔业水体营养状况。在实际应用中，需要结合实际情况进行综合考虑、选取有效的水污染评价方法，才能保证水污染评价的有效性、合理性和全面性。

第三节　养殖尾水处理

一、尾水特点

水产养殖业属于环境依赖性行业，水质问题与养殖成败及产品质量安全息息相关。因此，为保障水产养殖所需要的良好水质，大量的水资源被抽取用于保持池塘水位，而养殖尾水常常被排放到周围水域中，其相对较高浓度的氮磷、COD、抗生素等物质造成了周围水体水质恶化，湿地、红树林及其他敏感的水生环境遭到破坏，自然环境中其他水生动物健康受到威胁等一系列生态环境问题。良好的水生态环境是水生动物赖以生存的重要保障，是维持水产养殖业可持续发展的基本前提。

水产养殖尾水中的主要污染物有**氨氮、亚硝酸盐、有机物、磷及污损生物**。通常养殖尾水中的营养性成分、溶解有机物、悬浮固体（SS）和病原体是处理的重点。同时，抗生素产品因其在疾病防治、促进生长及降低养殖生物对某些营养成分需求上有独特作用，在水产养殖业中得到了广泛的应用。相关研究表明，抗生素使用后并不能被生物体完全吸收，而是随着排泄物以本体或代谢产物（共轭态、氧化产物、水解产物等）的形式进入水体，对水生生物及人类产生潜在的毒性效应。

二、尾水处理措施

主要包括**物理处理技术、化学处理技术及生物处理技术**等。

（一）物理处理技术

常用的物理手段有：机械过滤、泡沫分离技术、膜分离技术等。

物理处理技术，特别是机械过滤与泡沫分离这两种技术，优点在于造价和运营成本低、占地面积小、无二次污染，其局限性是只能对水体中的悬浮物质进行去除，不能处理溶解态污染物，因此它可以作为尾水排放的前处理技术。

水产养殖尾水处理物理技术包括利用各种孔径大小不同的滤材，阻隔或吸附水中杂质，以期保持水质洁净。其中，机械过滤和泡沫分离处理技术因效果明显而在工厂化规模养殖的尾水处理中获得广泛应用。由于大量的残饵、粪便是以大颗粒状、悬浮态存在于水产养殖尾水中，机械过滤能有效去除水中有机物和氨氮，显然在尾水处理的前期是一种十分实用且简便的物理处理技术手段。

在对微细小有机颗粒物等的去除方面，泡沫分离技术占据突出的优势。它能有效利用气泡的表面张力，吸附水中的生物絮体、纤维素、蛋白质等溶解态物和小颗粒态有机杂质。气泡既可以吸附带负电的微小颗料，又可以吸附带正电的微小颗料。泡沫分离技术对微小悬浮物和溶解有机物有很好的去除效果，泡沫上聚集的微小颗粒物粒径小于 30nm。随着水力停留时间的延长，泡沫分离器对不同规格微小固体悬浮颗粒物的去除效率逐渐增加。泡沫分离器的有效性在于扩大气体和液体之间的表面区域及其特定的表面张力，使气泡表面自然吸附更多的纤维素、蛋白素和食物残渣，最大限度清除水产养殖尾水中的有机新陈代谢产物。此外，反应接触点部分的二氧化碳和氧气还进行了密集的交换。因此，经泡沫分离技术处理后的尾水富含氧气，只含有少量的二氧化碳、微量元素和维生素。

（二）化学处理技术

由于仅采用沉淀、砂滤等水产养殖物理处理手段，水中弧菌、藻类孢子等都无法有效去除，早期使用的水产养殖尾水化学处理手段，主要采用的是水流消毒法，以杀灭水体中的致病生物为主要目标。在水中添加化学药剂杀菌，次氯酸钙（5～20mg/L）是常用的药剂。化学药剂作为水质改良剂，对水产养殖尾水进行一定处理后，提高了尾水排放的质量，但长期连续使用不但容易使菌株产生耐药性，对于有保护层的孢子和虫卵更是难以杀灭，甚至对水产养殖环境造成二次污染，带给人体次生伤害。

目前，国内外研究和应用比较多的水产养殖尾水化学处理手段是臭氧处理技术。臭氧可以有效地氧化水产养殖尾水中积累的氨氮、亚硝酸盐，降低有机碳含量、COD 浓度，去除水产养殖尾水中多种还原性污染物，起到净化水质、优化水产养殖环境的作用。

（三）生物处理技术

国内开展的水产养殖生物处理技术主要有 5 种方式：水生植物、藻类、水生动物、微生物、人工湿地，其中微生物净化水产养殖尾水技术最为成熟。

利用水生植物、动物、微生物对养殖水体内的污染物进行吸收、转化、利用。藻类在生长繁殖过程中能吸收大量的有机物、无机物和重金属，同时进行代谢降解。大型海藻具有食用/药用价值，且易采集，而被广泛用于水产养殖废水的净化处理。

近年来，"以菌制菌"的生物修复技术逐渐成为水产养殖尾水处理研究与开发的热点。具有抑制致病菌生长、起水质净化作用的微生物主要有硝化细菌、光合细菌、枯草杆菌、放线菌、乳酸菌、芽孢杆菌、链球菌等。养虾池普遍投放光合细菌以改善水质，去除有机物，使水产品的养殖密度增加，同时提高水产品的品质。迄今，在水产养殖尾水处理应用中，大多是使用由许多有益微生物组成的活菌制剂，能发挥各个菌株的不同功能，起到协同作用，克服单一品种适应性差、应用面较为狭窄的不足。微生物菌剂还能促进生物链的形成。枯草芽孢杆菌的作用就是防止粪便、死藻、残饵的过度积累，促进藻相的更新，及时分解水中有机物，对池塘水质、底质的改良与修复效果十分明显。

国家层面上，有关水产养殖尾水排放有《淡水池塘养殖水排放要求》（SC/T 9101—2007）和《海水养殖水排放要求》两项标准（SC/T 9103—2007）。

第十五篇

水产养殖学

第一单元　饵料生物

第一节　单细胞藻类

微藻种类繁多，全球有 2 万余种。它们形态多样，适应性强，分布广泛。水体是微藻存在的主要场所，潮湿的土壤、岩石，甚至沙漠、冰雪、空气中都有它们的踪迹。根据其生长环境，可分为水生微藻、陆生微藻和气生微藻。水生微藻又有淡水和海水之分；根据生活方式的不同，则可以分为浮游微藻和底栖微藻。微藻的营养方式大体上有三类：光自养、异养和兼养。绝大多数微藻是光合自养的。

一、常见主要种类

（一）螺旋藻

螺旋藻（*Spirulina* spp.）属蓝藻门、蓝藻纲、藻殖段目、颤藻科、螺旋藻属，是目前微藻规模化培养的典型代表，主要培养的藻种是钝顶螺旋藻（*S. platensis*）和极大螺旋藻（*S. maxina*）（图 15-1）。

1. 形态特征　藻体为单列细胞组成的不分支的丝状体，无鞘，细胞圆柱形，呈疏松或紧密的有规则的螺旋状弯曲。细胞或藻丝顶部常不尖细，细胞横壁常不明显，不收缢或收缢，顶部细胞圆形，外壁不增厚。无异形胞。有时藻丝细胞内有伪空泡，有时也形成“藻殖段”。藻体的形状会因环境因素的不同而有变化。

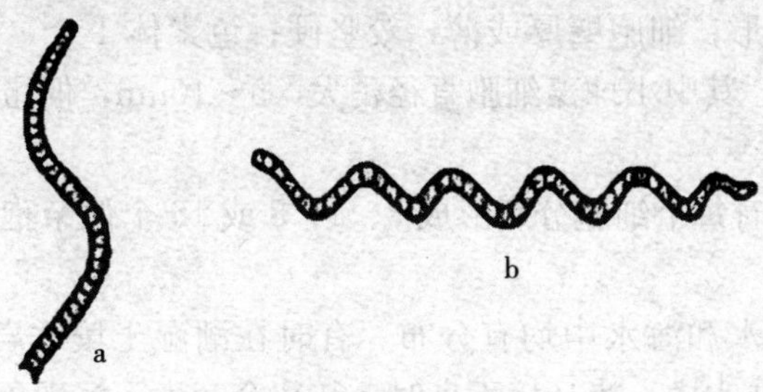

图 15-1　螺旋藻

a. 钝顶螺旋藻　b. 极大螺旋藻

（引自胡鸿钧等，1980）

2. 繁殖方式　螺旋藻细胞行二分裂无性繁殖，结果使藻丝长度迅速增加。主要以藻丝断裂增加丝状体数量，有时也以藻殖段繁殖，无有性生殖。

3. 生态条件　藻体分布广泛，对极端环境的适应能力很强。在土壤、沙滩、沼泽、淡水、半咸水、海水和温泉中都有发现。大多数螺旋藻喜高温（28～35℃）、高碱（pH 8.5～10.5）和强光。实验室长期培养藻丝易变直。

（1）温度　在实验室条件下，螺旋藻最佳的生长温度为 35～37℃，最高生长温度为 40℃，最低为 15℃。

（2）盐度　钝顶螺旋藻可以在淡水中培养，也可通过逐步驯化适应在海水中生长，直到海水盐度达 35 也不产生藻体凝聚现象。

（3）光照度　螺旋藻生长的最适光照度为 600～700μmol/（m^2·s）。

（4）酸碱度　螺旋藻生长的最适 pH 为 8.5～10.5。pH 过低，容易被其他藻类污染；pH 过高，可利用的二氧化碳量将受到限制。当 pH 接近 11.5、光照度为 240μmol/（m^2·s）时，螺旋藻细胞会发生溶解现象。

（二）小球藻

小球藻（*Chlorella* spp.）属绿藻门、绿藻纲、绿球藻目、小球藻科、小球藻属，是第一个被人工培养的微藻。工厂化培养的小球藻主要是淡水种。具有培养价值的种类有小球藻（*C. vulgaris*）（图 15-2）、蛋白核小球藻（*C. pyrenoidosa*）等。

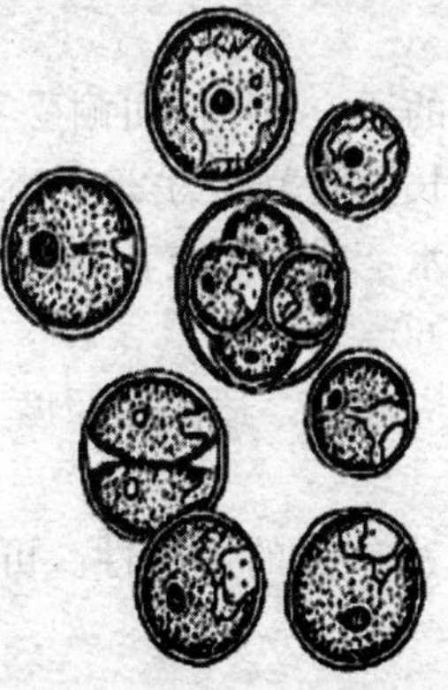

图 15-2　小球藻

（引自胡鸿钧等，1980）

1. 形态特征　单细胞，小型，单生或聚集成群，群体内细胞大小很不一致，宽 2～12μm；细胞球形或椭圆形；细胞壁厚或薄，较坚硬；色素体 1 个，周生，杯状或片状，大多数种类具 1 个蛋白核。其中小球藻细胞直径稍大，5～10μm，但蛋白核有时不明显；而蛋白核小球的蛋白核显著。

2. 繁殖方式　繁殖时每个细胞分裂形成 2、4、8 或 16 个似亲孢子，孢子经母细胞壁破裂释放。

3. 生态条件　在淡水和海水中均有分布。有时在潮湿土壤、岩石、树干上也能发现。小球藻正常情况下悬浮在水中，当环境不良时，往往会产生下沉现象。

（1）温度　一般在 10～36℃，温度范围内都能比较迅速地繁殖。适宜生长温度在不同藻株之间存在差异，低温藻株的生长最适宜温度为 25～30℃；高温藻株的生长最适温度为 35～40℃。

（2）盐度　小球藻对盐度的适应范围很广，经驯化后可在淡水及盐度 45 的海水中生长繁殖。

（3）酸碱度　pH 在 5.5～8.0 时有利于小球藻的生长。在异养培养体系中，多数情况下采用 pH 6.0～7.0。

（4）光照度　在适温条件下，小球藻的最适光照度在 60～200μmol/（m^2·s）。

（三）盐藻

盐藻（*Dunaliella salina*）又称杜氏盐藻，属绿藻门、绿藻纲、团藻目、盐藻科、盐藻属（*Dunaliella*）嗜盐，在高盐度水中培养，生长良好。有培养价值的种类还有巴氏盐藻（*D. bardawil*）、*D. primolecta*、*D. tertiolecta* 等。

1. 形态特征　藻体单细胞，前端凹陷处有 2 条等长鞭毛，鞭毛比细胞长约 1/3；外形一般为卵圆形或椭圆形，无细胞壁，运动时体形可以产生变化，有梨形、长颈形、纺锤形等；单个杯状色素体，有一中央位的蛋白核；细胞上有 1 个橘红色的眼点；有 1 个细胞核，位于中央原生质中；细胞长 12～21μm，宽 6～13μm（图 15-3）。

2. 繁殖方式　无性繁殖，在游动中直接进行纵分裂为两个游动的子细胞。在环境不良时行有性繁殖，为同配生殖，由具有 2 条长鞭毛的孢子结合，合子具厚壁，发育前形成 2～8 个游动细胞。

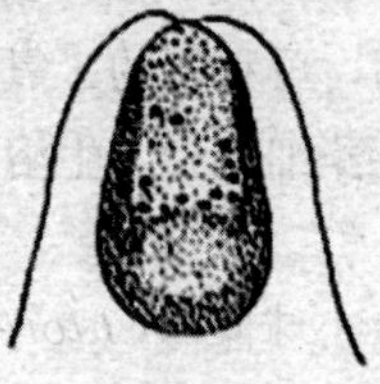

图 15-3　盐　藻
（引自 B. 福迪，1980）

3. 生态条件

（1）温度　盐藻对温度有较宽的适应范围。可耐受零下 35℃的低温，在零下 8℃的温度下，它仍可进行光合作用，最适生长温度范围为 20～35℃。

（2）盐度　盐藻主要生存于海水，咸水湖或者高盐度的盐池，淡水中也有分布。在高盐度海水中生长特别好，最适盐度为 60～70。

（3）光照度　盐藻对强光的适应性强，适宜光照度为 40～200μmol/（m^2·s），最适光照度为 80～180μmol/（m^2·s）。

（4）酸碱度　盐藻对 pH 也有很广泛的适应性。可在高 pH 的碱性条件下生长，最适 pH 范围为 7.0～8.5。

（四）扁藻

亚心形扁藻（*Platymonas subcordiformis*）是我国培养时间最早，应用很广泛的一种优良海产动物的微藻饵料（图 15－4）。在我国作为饵料培养的扁藻种类还有青岛大扁藻（*P. helgolandica tsingtaoensis*），国外大量培养的种类有 *P. tetrathele* 以及心形扁藻（*P. cordiformis*）。

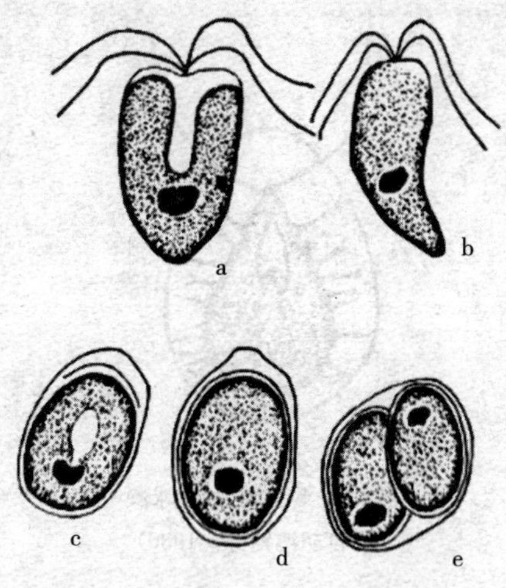

图 15－4　亚心形扁藻

a. 腹面观　b. 侧面观　c～e. 休眠孢子

（引自陈明耀，1995）

1. 形态特征　藻体单细胞，两侧对称，一般扁平。细胞前面观为卵形，前端较宽阔，中间有一浅的凹陷。4 条鞭毛比较粗，由凹处伸出。细胞内有一大型杯状色素体，在基部增厚，蛋白核便位于其中，有一红色眼点比较稳定地位于蛋白核附近。细胞中间路向前色素体外的原生质里有 1 个细胞核。无伸缩泡。细胞外具有一层比较薄的纤维质细胞壁，细胞一般长 11～14μm，宽 7～9μm，厚 3.5～5μm，依靠鞭毛，在水中游动迅速，活泼。

2. 繁殖方式　无性生殖，细胞纵分裂形成 2 个（少数情况下 4 个）子细胞。在环境不良时，可形成休眠孢子。

3. 生态条件

（1）温度　亚心形扁藻对温度的适应范围广，在 7～30℃范围内均能生长繁殖，最适范围在 20～28℃。对低温适应性强，在我国南方冬天能正常培养生产。对高温的适应性则较差，温度上升到 31℃以上，生长繁殖就会受到较强的抑制，藻色变黄，因此在南方夏天培养比较困难。

（2）盐度　亚心形扁藻对盐度的适应范围很广，在盐度为 8～80 的水中均能生长繁殖，最适盐度范围在 30～40。

（3）光照度　亚心形扁藻在光照度为 20～400μmol/（m^2·s）范围内都能生长繁殖，最适光照度在 100～200μmol/（m^2·s）。对强光有背光性，对弱光有趋光性，生长良好时能形成云雾状。

（4）酸碱度　一般 pH 在 6～9 均能生长繁殖。最适 pH 在 7.5～8.5。

（五）雨生红球藻

雨生红球藻（*Haematococcus pluvialis*）属绿藻门、绿藻纲、团藻目、红球藻科、红球藻属。可大量培养用于提取虾青素。

1. 形态特征　综合国内外对雨生红球藻（图 15-5）细胞形态及生活史的研究，将它以四种细胞形态来描述。

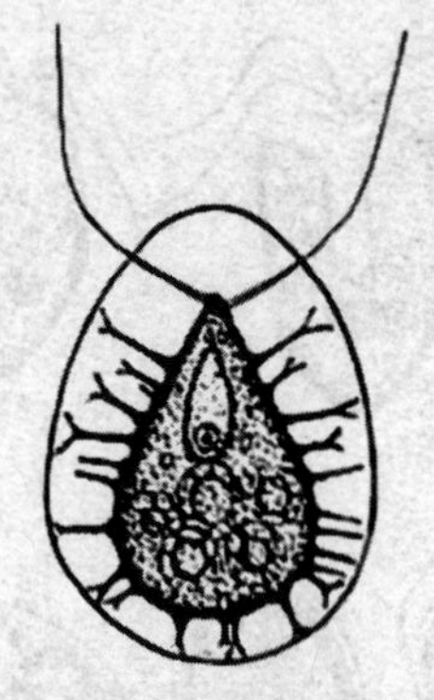

图 15-5　雨生红球藻
（引自胡鸿钧等，1980）

（1）*游动细胞*

（2）*动孢子或游孢子*

（3）*静细胞或不动细胞*

（4）*静孢子或不动孢子*

2. 繁殖方式　环境适宜时，游动细胞以无性繁殖方式产生 2、4、8 个游孢子。经一段时间的生长发育，游孢子突破孢子囊壁释放出来，成为新的游动细胞。有性生殖为同配生殖。

3. 生态条件　生长在小水沟、小水坑或沼泽化的小水体中，水中有机物含量较丰富。

（1）*温度*　最适合红球藻光合自养生长的温度为 20～28℃，当温度高于 30℃时，它的生长受到抑制。

（2）*光照度*　光照是红球藻生长的重要因素。最适于它生长的光照度约为 30μmol/（m^2·s），高于 50μmol/（m^2·s）的光照度将抑制它的生长，已分裂的细胞由营养生长转为休眠状态。红光比蓝光对红球藻的生长更为有利。

（3）pH　红球藻最适宜生长的 pH 为中性至微碱性（7.8）。虽然在 pH 为 11 的条件下它仍然可以生长和存活，但其生长速度很低。

（4）*溶解氧*　较低的溶解氧（如 50%饱和度）有利于红球藻自养生长，而饱和的溶解氧则有利于它进行异养生长。

（六）微绿球藻

微绿球藻（*Nannochloropsis oculata*）（图 15-6），也称眼点拟微球藻，属绿藻门、绿藻纲、四孢藻目、胶球藻科、微绿球藻属，也有人将微绿球藻归为金藻门。在环境条件适宜时，繁殖迅速，容易培养。多应用于培养亲贝和轮虫。

1. 形态特征　细胞球形，直径 2～4μm，单独或集合。色素体 1 个，淡绿色，侧生。眼点圆形，淡橘红色。在生长旺盛的情况下，色素体颜色很深，不容易观察到眼点。在氮缺乏的条件下，色素体变淡，眼点明显。没有蛋白核。有淀粉粒 1～3 个，明显，侧生。细胞壁极薄，幼年细胞看不到，在分裂之前才变明显。分裂时，细胞壁扩大，与细胞之间形成空隙。

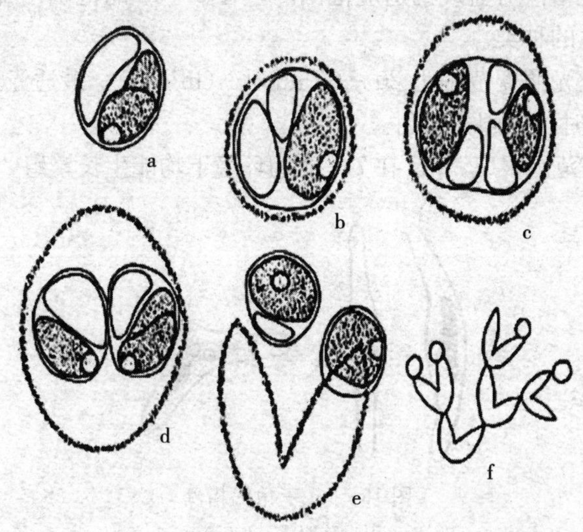

图 15-6　微绿球藻

a～e. 细胞分裂阶段　f. "群体"形成

（引自 Droop，1955；转引自湛江水产专科学校，1980）

2. 繁殖方式　微绿球藻进行二分裂繁殖，细胞分裂为 2 个子细胞。细胞分裂后，子细胞由母细胞的细胞壁裂开处脱出，但有 1 个或 2 个子细胞附着在细胞壁上，互相连接成为 1 个松散的树枝状群体。

3. 生态条件　微绿球藻在含有机质多，特别是氮肥、铵盐丰富的水体中，生长极其茂盛。

（1）温度　微绿球藻在 10～36℃ 的温度范围内都能比较迅速地繁殖，最适温度为25～30℃。

（2）盐度　微绿球藻对盐度的适应范围很广，在盐度 4～36 的范围内均能正常生长繁殖。

（3）光照度　在适温条件下，最适光照度为 200μmol/（m^2·s）左右。

（4）酸碱度　适宜的 pH 范围为 7.5～8.5。

（七）三角褐指藻

三角褐指藻（*Phaeodactylum tricornutum*）（图 15-7）属硅藻门、羽纹纲、褐指藻目、褐指藻科、褐指藻属，是我国较广泛应用的一种微藻饵料，但因不适应在 25℃以上的高温环境下生长，培养和应用受到较大的限制。

1. 形态特征　藻体为单细胞或连接成链状，细胞卵形、梭形或三出放射形，在不同的环境条件下这三种形态可以相互转变。

2. 繁殖方式　一般是通过平行分裂成为 2 个形态相同的细胞。因细胞无硅质壳，故在分裂时也与一般硅藻不一样，藻体不会缩小。

3. 生态条件

（1）温度　适温范围为 5～25℃，最适温度为 10～20℃，即使在 0℃下仍有繁殖，超过 25℃就停止生长，最终大量死亡。

（2）盐度　三角褐指藻对盐度的适应范围广，在 9～92 的范围内都能生活，最适盐度为 25～32，是海产耐盐性的种类。

（3）光照度　适应光照度范围为 20～160μmol/（m^2·s），最适光照度为 60～100μmol/（m^2·s），在小型培养时切忌阳光直射。

（4）pH　pH 适应范围很广，pH 在 7～10 的环境下均能生长繁殖，最适 pH 在 7.5～8.5。

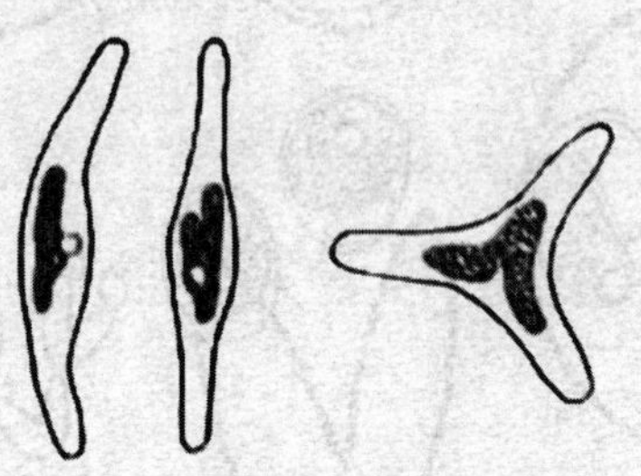

图 15-7　三角褐指藻

（引自陈明耀，1995）

（八）小新月菱形藻

小新月菱形藻（*Nitzschia closterium* f. *minutissima*）（图 15-8），俗称“小硅藻”，属硅藻门、羽纹纲、双菱形目、菱形藻科、菱形藻属，是我国较早培养和应用的微藻饵料。

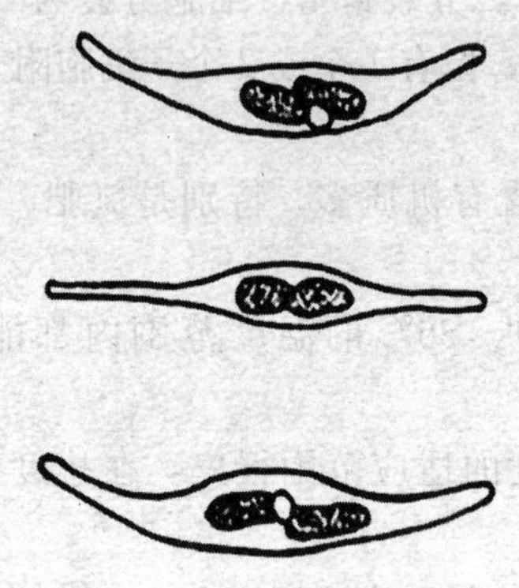

图 15-8　小新月菱形藻

（引自陈明耀，1995）

1. 形态特征　小新月菱形藻为单细胞，细胞中央部分膨大，呈纺锤形，两端渐尖，笔直或朝同一方向弯曲似月牙形。细胞长 12～23μm，宽 2～3μm。细胞中央有 1 个细胞核。色素体黄褐色，2 片，位于中央细胞核两侧。用作饵料培养的还有新月菱形藻（*Nitzschia closterium*），细胞体长是小新月菱形藻的 3～10 倍。

2. 繁殖方式　主要行纵分裂繁殖。

3. 生态条件

(1) 温度　生长繁殖的适温范围为5～28℃，最适温度为15～20℃，当水温超过28℃，藻细胞停止生长，最终大量死亡。

(2) 盐度　对盐度的适应范围广，在18～61.5的盐度范围内均能生活，最适盐度范围为25～32。

(3) 光照度　最适光照度范围为60～160μmol/（m^2·s），小型培养时切忌阳光直射。

(4) pH　适应的pH范围在7～10，最适pH是7.5～8.5。

（九）牟氏角毛藻

牟氏角毛藻（*Chaetoceros müelleri*）（图15-9）属硅藻门、中心纲、盒形藻目、角毛藻科、角毛藻属，是我国南方斑节对虾及其他对虾育苗中溞状幼体主要的饵料硅藻，为耐高温种类，适合夏季培养，同属作为饵料培养的种类还有钙质角毛藻（*C. calcitrans*）、纤细角毛藻（*C. gracilis*）和小型角毛藻（*C. minutissimus*）。

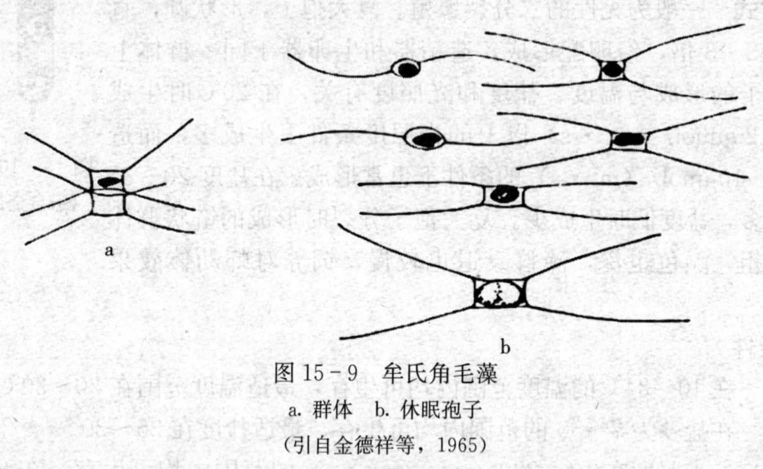

图15-9　牟氏角毛藻

a. 群体　b. 休眠孢子

（引自金德祥等，1965）

1. 形态特征　牟氏角毛藻细胞小型，细胞壁薄。大多数单个细胞，也有2～3个细胞相连组成群体。壳面椭圆形至圆形，中央略凸起或少数平坦。壳环面呈长方形至四角形。环面观，细胞通常宽3.45～4.6μm，长4.6～9.2μm，壳环带不明显。角毛细而长，末端尖，自细胞壁四角生出，几乎与纵轴平行，一般长20.7～34.5μm。壳面观，两端的角毛以细胞体为中心，略呈S形。色素体1个，呈片状，黄褐色。

在培养过程中，细胞常变形。变形的细胞拉长或弯曲，或膨大为圆形、椭圆形等，角毛缩短或一个壳面的角毛完全消失。变形后的藻体都比正常的大。

2. 繁殖方式　一般为无性的二分裂繁殖。环境不良时可形成休眠孢子，一个母细胞形成一个休眠孢子，也能形成复大孢子。

3. 生态条件

(1) 温度　在10～40℃的温度范围内都能生长繁殖。最适温度为25～35℃。

(2) 盐度　牟氏角毛藻是沿岸性半咸水种类，可在盐度很低的水中生长，在较高盐度的海水中也能生长繁殖。适应盐度范围为2.56～35，最适盐度范围为22～26（陈贞奋，1982）或10～15（袁国英，1988）。

(3) 光照度　在40～300μmol/（m^2·s）的光照度范围内均能生长繁殖，适宜光照度为120～200μmol/（m^2·s），最适光照度在160μmol/（m^2·s）左右。

（4）pH　适宜 pH 范围为 6.4～9.5，最适 pH 为 8.0～8.9。

（十）中肋骨条藻

中肋骨条藻（*Skeletonema costatum*）（图 15－10）属硅藻门、中心纲、圆筛藻目、骨条藻科、骨条藻属。为斑节对虾及其他高温育苗的对虾幼体的优良饵料，在我国南方甲壳类育苗中应用较广泛。

1. 形态特征　中肋骨条藻细胞为透镜形或圆柱形，直径 6～7μm。壳面圆而鼓起，周缘着生一圈细长的刺，与相邻细胞的对应刺相连接组成长链。刺的多少差别很大，少的 8 条，多的 30 条。细胞间隙长短不一，往往长于细胞本身的长度。色素体数目 1～10 个，但通常为 2 个，位于壳面，各向一面弯曲。数目少的色素体大，2 个以上的色素体则为小粒状，细胞核在细胞的中央。

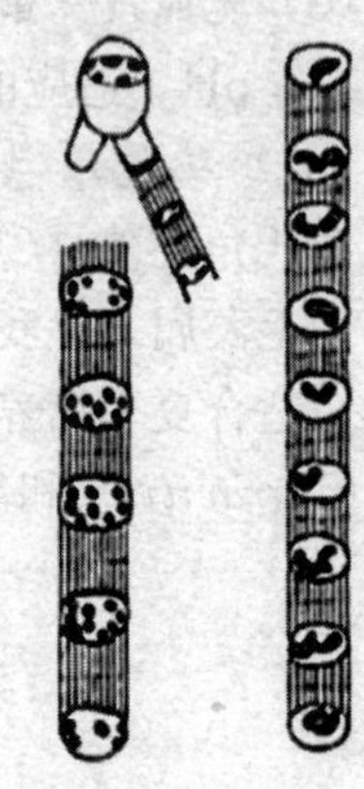

图 15－10　中肋骨条藻
（引自金德祥等，1965）

2. 繁殖方式　一般为无性的二分裂繁殖。复大孢子，形状圆，直径为母细胞的 2～3 倍，经卵配形成，造精器和生卵器于同一群体上生成，复大孢子的形成与温度、盐度和光照度有关，在 20℃时生成多。生卵器在 20μmol/（m^2·s）以上的光照度条件下生成多，而造精器即使在 2～10μmol/（m^2·s）的条件下也常形成。在盐度 20～35 的条件下生成多，盐度低时生成少。复大孢子分裂时形成的链状群体比原来的母体粗，颜色也深，藻群衰退也较慢，饲养对虾幼体效果较佳。

3. 生态条件

（1）温度　在 10～34℃的温度范围内均可生存，最适温度范围在 20～30℃。

（2）盐度　在盐度为 7～50 的范围内均可生存，最适盐度在 25～30。

（3）光照度　光照度在 10～200μmol/（m^2·s）的范围内均可生存。在 25℃时，饱和光照度为 100μmol/（m^2·s）；在 30℃时，200μmol/（m^2·s）的光照度产生抑制作用。

（4）pH　最适 pH 范围为 7.5～8.5。

（十一）球等鞭金藻

球等鞭金藻（*Isochrysis galbana*）是双壳类等水产动物幼体的优良饵料，属金藻门、普林藻纲、等鞭金藻目、等鞭金藻科、球等鞭金藻属。1982 年，陈椒芬等（1985）在山东省海阳县海水中分离获得一种适应高温生长的球等鞭金藻，代号 OA－3011。另外还有适应低温生长的球等鞭金藻 8701（陈椒芬分离）、大溪地球等鞭金藻（适应高温生长，从英国引进），经贻贝、海湾扇贝等多种双壳类以及刺参、对虾等幼体培养实验，效果良好。

1. 形态特征　球等鞭金藻 OA－3011：为单细胞生活的个体，细胞裸露，形状多变，但大多数呈椭圆形，幼细胞有一略扁平的背腹面，故侧面观为长椭圆形或长方形，细胞前端生出 2 条等长的尾鞭型鞭毛，鞭毛平滑，无附着物和膨胀体，其长度为细胞的 1～2 倍（图 15－11）。

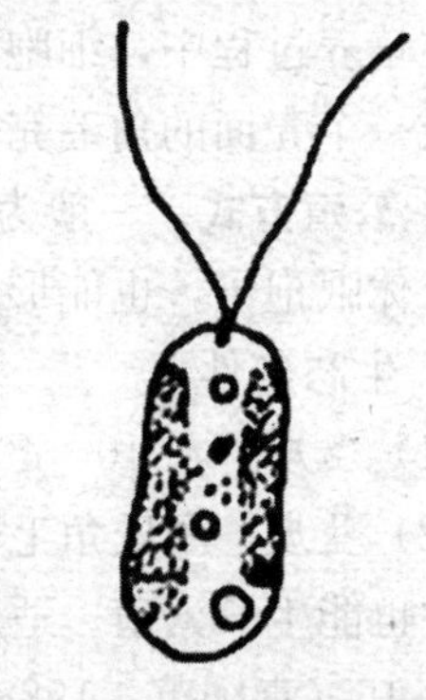

图 15－11　球等鞭金藻
（引自 B. 福迪，1980）

大溪地球等鞭金藻：为单细胞生活的个体，细胞裸露，形状

多变，但幼年细胞大多为花生形，老年细胞常常鞭毛脱落，细胞呈圆球形。

湛江等鞭金藻（*I. zhanjiangensis*）：是1977年从广东湛江南三岛分离获得的新种，曾定名为湛江叉鞭金藻（*Diorateria zhanjiangensis*），后来经过系统的研究，确认它是等鞭金藻属一新种。湛江等鞭金藻细胞较球等鞭金藻OA-3011稍大，为球形或卵形，虽同样无细胞壁，但超微结构表明它的细胞表面具几层体鳞片，在2条鞭毛中间具一呈退化态的附鞭（图15-12）。

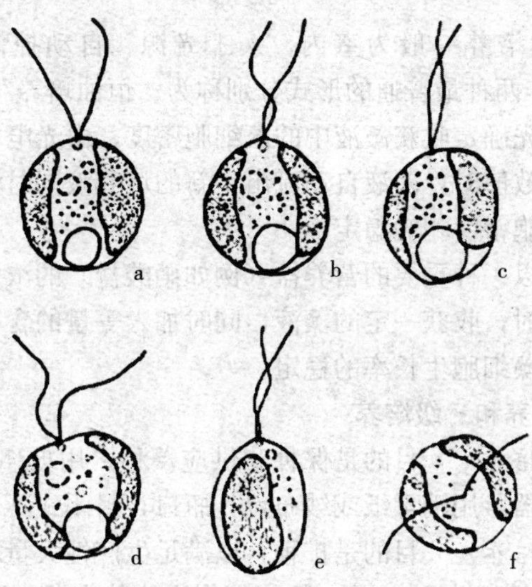

图15-12　湛江等鞭金藻

a～d. 腹面观　e. 侧面观　f. 顶面观

（引自陈明耀，1995）

2. 繁殖方式　球等鞭金藻主要进行无性的二分裂繁殖。环境不良时一般形成特殊的孢囊——内生孢子；环境变好，内生孢子分裂成16个新的裸露的藻体释放出。球等鞭金藻OA-3011在老培养液中，无鞭毛的不运动细胞增多，但未观察到典型黏孢子存在。在较老的培养液中形成胶群相，这实际上是一种有性同配结合的生殖方式。

二、微藻的培养方式与设施

（一）培养方式

微藻自养培养方式有多种分法，按培养基的形态可分为固体培养和液体培养；按培养的纯度可分为纯培养、单种培养和混合培养；按藻液的运动方式分为静止培养和循环流动水培养；按气体交换方式分为充气和不充气培养；按采收方式分为一次性培养、连续培养和半连续培养；按培养规模分为小型培养（一级培养）、中继培养（二级培养）和生产性培养（三级培养）；按培养基的类型可分为光能自养培养和异养培养。

1. 纯培养和单种培养

（1）纯培养　即无菌培养，是指在排除了包括细菌在内的一切生物的条件下进行的培养。

（2）单种培养　在培养过程中不排除细菌存在的一种培养方式。

2. 一次性培养、半连续培养和连续培养

(1) 一次性培养　一次性培养是在各种容器中，配制培养液，把少量的藻种接种进去，在适宜的环境下培养，经过一段时间（一般5～7d），藻细胞生长繁殖达到较高的密度，一次全部收获。该方法是微藻培养最常用的方法。

(2) 半连续培养　半连续培养是在一次性培养的基础上，当培养的藻细胞达到或接近收获的密度时，每天收获一部分藻液并补充等量的培养液，继续培养。该方法也是微藻生产上常用的培养方法。

(3) 连续培养　连续培养一般为室内、人工光源、自动控温、封闭式、充气培养。Droop（1975）把连续培养两种最普通的形式分别称为“恒浊培养”和“恒化培养”。

①“恒浊培养”时，先确定收获藻液中的藻细胞密度，由光电仪器自动监测，当培养容器中藻细胞密度超过规定数值时，藻液自动流出，新的培养液同时流入，自动化仪器不断地调整流出率，保持藻液细胞密度相对稳定。

②“恒化培养”时，以一种重要的营养盐（例如硝酸盐）的浓度为指标，当这种营养物质的浓度降低到某一水平时，收获一定的藻液，同时加入等量的含有一定数量的营养物质的培养液，保持培养容器中藻细胞生长率的稳定。

3. 一级培养、二级培养和三级培养

(1) 一级培养（小型培养）　目的是保种和供应藻种。用玻璃器皿（100～5 000mL的三角烧瓶等）作为培养容器，用消毒纸或纱布包扎瓶口，封闭式不充气一次性培养。

(2) 二级培养（中继培养）　目的是扩种，以满足生产性大量培养的需要。用透明尼薄膜袋（15～20kg/袋）、白色塑料桶（50kg/桶）等作为培养容器，用尼龙薄膜包扎桶口或袋口，封闭式充气一次性培养。

(3) 三级培养（生产性培养）　目的是大量培养以供给饵料。培养容器为大型玻璃钢槽、大型水泥池等，以开放式或半封闭式充气一次性或半连续培养方式培养。

（二）培养设施

1. 一级保种室　面积在20～100m^2，要求室内光线充足，主要采光面应该向南或向北，通风良好，四周宽敞，避免背风闷热。室内主要设备为培养架（木、铝合金、钢筋水泥结构，2～3层）、培养容器和工具。配有显微镜、烘箱、冰箱、高压蒸汽灭菌锅、载物架、炉灶、电炉、天平等常用的仪器和工具。

2. 二级培养室（棚）　一般用铁架玻璃钢瓦培养房，或用白色透明的农用尼龙薄膜、彩条塑料编织布盖成的大棚。要求面积在100～250m^2，光线充足，坐南朝北，通风良好，四周宽敞。配有茶水炉、1.1～2kW充气机等。

3. 三级培养室（培养车间）　一般用铁架玻璃钢瓦培养房或用白色透明的农用尼龙薄膜、彩条塑料编织布盖成的大棚。要求面积在200～1 000m^2，光线充足，坐南朝北，通风良好，四周宽敞。在生产中配有培养池、砂滤装置、消毒池等。

4. 供气系统　微藻生产性培养必须充气。一般育苗场都设有充气系统，统一使用，包括空气压缩机、减压阀、气流计及管道设备等。为了防止敌害生物通过空气污染，微藻培养使用的充气系统必须配备空气过滤器。

三、微藻培养的工艺流程

（一）消毒

1. 容器与工器具消毒

（1）物理消毒法

①加热消毒法　是利用高温使蛋白质变性杀死微生物的方法，主要包括直接灼烧灭菌、煮沸消毒、烘箱干燥消毒等。但不耐高温的容器和工具，如塑料、橡胶制品等不能采用此法消毒。

②紫外线消毒　采用杀菌能力最强的 226～256nm 的波长。

（2）化学消毒法　在微藻生产性培养的过程中，大型容器、工具、玻璃钢水槽、水泥池等一般采用化学药品消毒。常用的化学药品有：酒精（70%～75%）、高锰酸钾（10～20mg/L）、石炭酸（苯酚，3%～5%）、盐酸（用淡水按 1∶10 进行稀释）、漂白粉（1%～5%）、洗液（200mL 的浓硫酸加 15g 重铬酸钾）。

2. 培养用水的消毒　天然海水或淡水中生活着各种微生物，配制培养液的水必须经过消毒处理，在微藻培养过程中一般采用加热消毒法、过滤除菌法、漂白粉（漂白液）消毒法，在实际生产过程中一般采用两种方法混合使用进行消毒。

（1）过滤除菌法和加热消毒法同时使用。

（2）过滤消毒法和漂白粉（漂白液）消毒法同时使用。

（二）培养液制备

1. 培养液的选择　不同的培养液配方所含的营养素不完全相同。同一种微藻在不同的培养液中生长效果不同。应根据各种微藻的生理需求选择合适的培养液。

2. 培养液的制备　微藻的培养液是在消毒海水或淡水中加入各种营养盐配制而成。培养液的配制，首先按培养顺序称量各种营养物质，逐一溶解，配方中的维生素在水温低于60℃的时候添加，防止分解失效。生产上为了方便常将营养盐培养浓度提高 1 000 倍配成母液，使用时根据配方和培养水体多少量取母液即可。

（三）接种

1. 藻种的质量　一般选取无敌害生物污染、生命力强、生长旺盛的藻种来接种培养。藻液的颜色正常且无大量沉淀，无明显附壁现象发生。

2. 藻种的数量　接种量和接种密度对提高产量十分重要。接种量是指藻种的绝对数量；接种密度是指藻种接种后的密度。接种量的重原则是“宜大不宜小”。

3. 接种的时间　接种时间最好是在 08：00—10：00（此时藻细胞上浮明显），不能在晚上接种。

（四）日常管理

1. 封闭式光生物反应器系统　封闭式光生物反应器系统的管理要方便得多，且培养效率高，无污染，无二氧化碳的丢失，生产周期可延长，占地面积小。但同时要与生物工程领域中各种传感器技术，如酸碱度、溶氧、温度、光照强度甚至营养盐监控等相结合，因此设计复杂，虽然目前开发的种类繁多，但投入大规模使用不多，大多数才刚刚进入试验阶段。

2. 露天开放的培养系统　露天开放的培养系统，其培养条件不易控制，全年的培养时间、温度、光照、培养液浓度、污染等对藻类的生长和质量都有一定的影响。要定期对藻类的生长情况进行观察和检查，找出影响藻类生长的原因，采取相应的措施使培养工作顺利进行。

(1) 搅拌和充气

(2) 营养盐与水分的补给

(3) 注意酸碱度的变化

(4) 调节光照

3. 调节温度　对开放式培养系统来说无法控制温度，通常只能顺从自然温度的变化，在不同季节选择能适应或能基本适应当地温度变化条件的培养种。在夏季培养时，对开放式大池遮阳并通风，既可以避免强光直射，也能起到降温的效果。冬天在北方的室内应采取水暖、气暖等方法提高室温，同时还应防止昼夜温差过大。

4. 防虫和防雨　室内培养必须安装纱窗，室外开放式培养的容器必须遮盖，防止蚊子进入产卵及其他昆虫侵入，下雨时应防止雨水流入培养池。刮大风时避免大量泥土和杂物吹入培养池。

5. 生长情况的观察与检查　藻类生长情况的好坏，是培养成败的标准。因此，加强对藻类生长情况的观察和检查十分重要。在日常培养工作中，每天上、下午必须定时做一次全面观察，并配合显微镜检查，掌握藻类的生长情况。

藻类的生长情况，可以通过藻液呈现的颜色、藻细胞的运动或悬浮情况、是否有沉淀和附壁现象、有无菌膜及敌害生物污染迹象等来观察和了解。

四、微藻的采收

目前生产上常用的浮游微藻的收获方法：一般采用水泵直接抽取藻液投喂；对于丝状的螺旋藻及骨条藻，可用加密的过滤袋进行过滤收集，既可以脱水除去营养液，又可控制投饵量；对于雨生红球藻等微藻的采收，采用过滤、离心、絮凝和沉降等方法；废水中的单胞藻则采用絮凝和沉降法。

五、微藻的定量

（一）细胞计数法

计数板计数法：混匀藻液，取出一定量的藻液，用血球计数板计数，每个样品须重复测定 3 次，计算每毫升藻液所含细胞数的平均值。每毫升藻液所含的细胞数（细胞密度）按下式计算：

$$每毫升藻液细胞数=计数平均值\times 10^4\times 稀释倍数$$

（二）干重法

取一定体积的藻液，用玻璃纤维滤纸过滤获得藻细胞沉淀，将沉淀放入 80℃烘箱中烘干至恒重，称量，藻细胞的质量即等于称量结果减去滤纸的质量。

（三）光密度法

混匀藻液，取 3mL 藻液放入比色皿中，以不含藻细胞的培养基为空白对照，在紫外可见分光光度计下取其特征吸收峰测定 OD 值。

第二节　轮　虫

一、主要种类

作为生物饵料培养的轮虫，大多属于单巢纲、游泳目、臂尾轮虫科、臂尾轮虫属。其主要种类有：

（一）壶状臂尾轮虫

壶状臂尾轮虫（*Brachionus urceus*）是最普通的种类之一，被甲长 196～240μm，宽 152～202μm（图 15－13），是淡水池塘培养的主要种类。

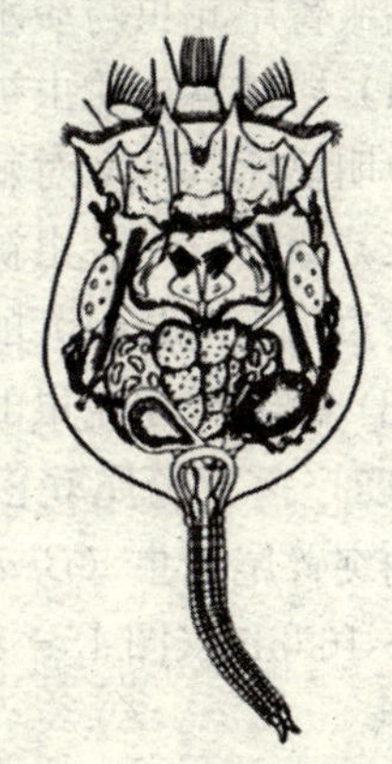

图 15－13　壶状臂尾轮虫

（引自王家楫，1961）

（二）萼花臂尾轮虫

萼花臂尾轮虫（*Brachionus calyciflorus*）也是最普通的种类之一，被甲全长 300～350μm，宽 180～195μm，中间一对前突起长 70～120μm，后突起长 10～45μm（图 15－14），是淡水池塘培养的主要种类。

图 15－14　萼花臂尾轮虫

（引自王家楫，1961）

（三）褶皱臂尾轮虫和圆形臂尾轮虫

褶皱臂尾轮虫（*Brachionus plicailis*）和圆形臂尾轮虫（*Brachionus rotundiformis*）是海水培养的主要种类（图 15－15、图 15－16），在鱼虾蟹的育苗中应用最广泛。

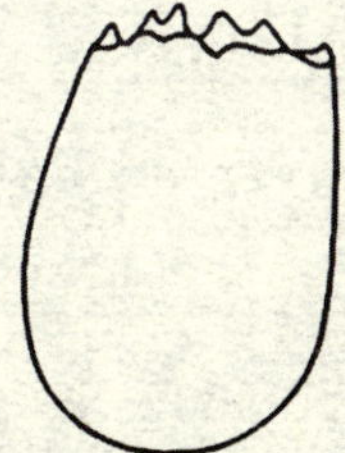

图 15－15　褶皱臂尾轮虫（雌体被甲形态）

（引自 Jung Min-Min）

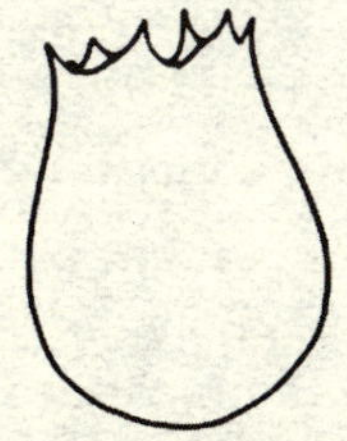

图 15－16　圆形臂尾轮虫

（引自 Jung Min-Min）

褶皱臂尾轮虫与圆形臂尾轮虫在形态上除了大小以外的差别以外，最主要的区别是前者头冠部被甲的前棘状突相比后者较为钝圆。

褶皱臂尾轮虫与淡水产的壶状臂尾轮虫极相似，其区别在于被甲的形状：

（1）褶皱臂尾轮虫被甲背面前缘中央 1 对棘刺与其他 2 对棘刺长度差别不明显；壶状臂尾轮虫明显比其他 2 对棘刺长且大。

（2）褶皱臂尾轮虫被甲腹面前缘有 3 个凹痕，分为 4 个片，每片比较平或稍拱起；壶状臂尾轮虫为 1 对长而大的棘状突起。

（3）褶皱臂尾轮虫的被甲背面后半部不膨大成壶状；壶状臂尾轮虫膨大成壶状。

（四）角突臂尾轮虫

角突臂尾轮虫（*Brachionus angularis*）是最普通的轮虫之一，被甲全长 110～205μm，宽 85～165μm（图 15－17），个体相对较小，是淡水池塘培养的主要种类。

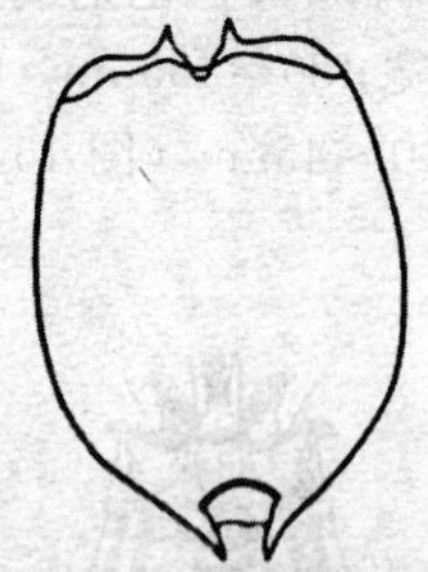

图 15－17　角突臂尾轮虫
（引自王家楫，1961）

（五）裂足轮虫

裂足轮虫（*Schizocerca diversicornis*）是典型的浅水池塘的浮游动物。被甲（不包括前后突起）长 175～210μm，宽 90～170μm；前端侧突起长 35～60μm，后端右突起长 55～80μm（图 15－18）。个体一般出现于春夏两季，每逢出现，数目总是很多。

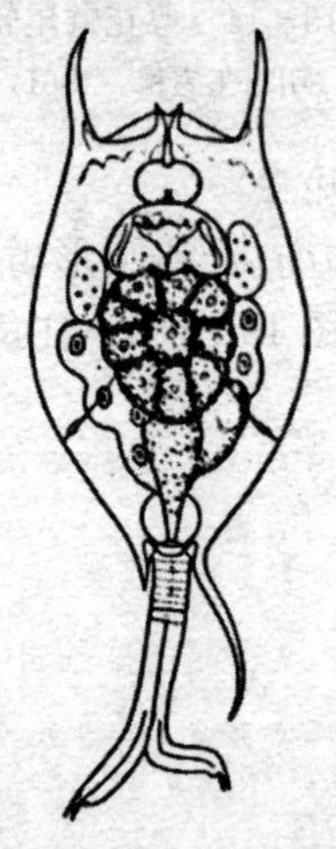

图 15－18　裂足轮虫
（引自王家楫，1961）

二、主要特征

轮虫是一群很小的多细胞动物，体长一般为 100～500μm，最大的也只有 2mm。它们的主要特征有三点：身体前端扩大成盘状，上面生有一定排列的纤毛，称头冠，身体的其他部位没有纤毛；消化道的咽喉特别膨大，变为肌肉发达的囊，称为咀嚼囊，囊具有咀嚼器，根据轮盘和咀嚼器的存在与否，就可以把轮虫和其他动物区别开来；体腔的两旁有一对原肾管，原肾管末端有焰茎球。

轮虫的体形变化很大，有球形、椭圆形、锥形和圆筒形等，全身被一层白色和淡黄色的表皮所包裹。身体一般可分为头、躯干及足三个部分（图 15-19）。

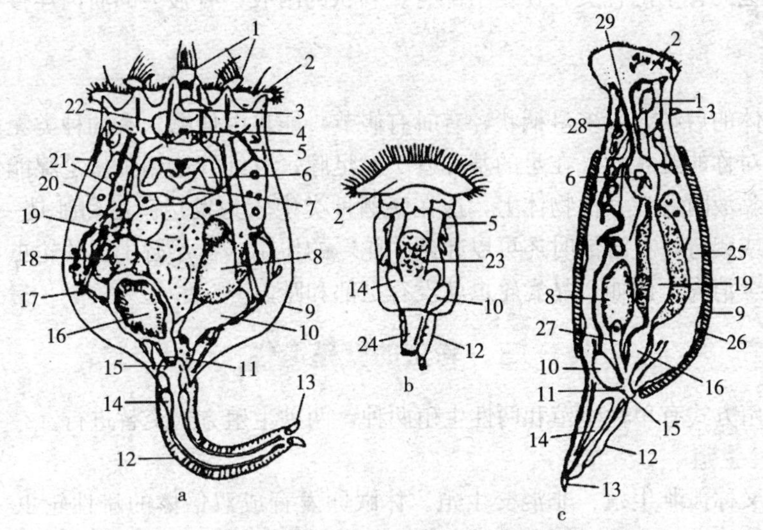

图 15-19　臂尾轮虫体制模式图

a. 雄体　b. 雌体　c. 雌体侧面横切图

1. 棒状突起　2. 纤毛环　3. 背触毛　4. 眼点　5. 原肾管　6. 咀嚼器　7. 咀嚼囊　8. 卵巢　9. 被甲　10. 膀胱　11. 泄殖腔　12. 尾部　13. 趾　14. 吸着腺　15. 肛门　16. 肠　17. 侧触手　18. 卵黄腺　19. 胃　20. 消化腺　21. 肌肉　22. 脑　23. 精囊　24. 阴茎　25. 体腔　26. 表皮　27. 输卵管　28. 咽　29. 口

（引自陈明耀，1995）

（一）头部

轮虫的头部较宽而短，位于身体的最前端，和躯干部一般没有明显的界线，只有极少数种类具有一个像颈一样的紧缢部分。

头部具有头冠，头冠的形状变化很大，常分为两叶或数叶。头冠基本构造可比拟为“漏斗”，漏斗底部为口，其边缘上生有两圈纤毛，一般里面的一圈较粗壮称纤毛环，外面一圈较细弱称纤毛带，纤毛圈常在背面或腹面断开，而不成为完整的一环。内外纤毛之间是纤毛沟，生有极细的纤毛，并常有分叶的突起。突起上也生有纤毛。这样在头冠内形成了纤毛群。其中一些纤毛愈合成刚毛状的触角器。口常位于偏腹面的纤毛沟内。由于周围纤毛群的不断运动，食物被陷集在漩涡中心流入口内。多数种类在头部还有单个或成双的眼点。

头冠也是轮虫的运动器官，由于生活时纤毛带和纤毛环上的纤毛不停地做协调的旋转摆动，而在水里激起一个向后的涡状水流，使轮虫本身在水中沿螺旋轨道向前运动。

轮虫头冠随种类而异，它们与习性和食性有密切的关系。常见的头冠形式有须足轮虫形头冠、旋轮虫形头冠、晶囊轮虫形头冠、巨腕轮虫形头冠。头冠的形式是轮虫分类的主要依据之一。

（二）躯干部

头冠的下方即为躯干部，是身体最长最大的部分，一般腹面扁平或稍许凹入，背面隆起凸出的居多，有些种类躯干部的表皮层具有环形褶皱，开成一定数目的“假节”。很多种类的表皮高度硬化形成坚硬的背甲，有些种类被甲上还具有刻纹、突起、斑或点和相当发达的棘刺。

躯干部具有 3 个突起，称为“触手”，在躯干部的前面有 1 个背触手，后面两边各有 1 个侧触手。有些无背甲的种类，在躯干部有长刺状的附肢，有强大的肌肉连接结，用以跳动或游泳。

（三）足

足位于身体的后端，大多呈柄状，有时有假节，能自由伸缩。有的种类无足。足的末端通常具有左右对称的趾 1 对。在足的基部有 1 对足腺，有细管通到趾。足腺能分泌黏液，趾以足腺分泌的黏液附着在其他物体上，这在底栖种类中较为发达。足和趾是一种运动器官，虫体借以固着或爬行，在游泳时还可以起到“舵”的作用。营浮游生活的轮虫，其足部经常退化，甚至完全消失。例如，晶囊轮虫就没有足部和趾。

三、轮虫的繁殖习性

轮虫的生殖方式有单性生殖和两性生殖两种，两种生殖方式交替进行。

（一）单性生殖

单性生殖又称孤雌生殖、非混交生殖。休眠卵发育成双倍体的雌性轮虫，称非混交雌体。非混交雌体经有丝分裂产生双倍体的非需精卵。非需精卵又称夏卵或非混交卵，卵形卵壳薄而光滑，成熟后无需受精，就能够迅速发育成双倍体雌性轮虫，又经有丝分裂产生双倍体的非需精卵，一代接一代，这就是单性生殖世代。

轮虫以单性生殖方式进行繁殖，群体数量增殖速度很快，有人称为“爆发式增殖”。

（二）两性生殖

两性生殖又称混交生殖（mictic reproduction）。当外界环境恶劣不适宜轮虫生存时，如温度骤然升降、种群密度过高、pH 和溶解氧（DO）剧变、食物的种类改变和数量补充受到限制，种群开始出现混交雌体，混交雌体经减数分裂产生单倍体需精卵。需精卵即未受精冬卵，个体较小，只有夏卵一半大，也很透明，数目多。如果混交雌体在年轻时不与雄体交配，不论以后有无交配，混交卵均不受精，发育为单倍体的雄体。如果混交雌虫在年轻时交配，混交卵受精，精子和卵子结合为双倍体的受精卵，受精卵再形成厚壳的休眠卵。休眠卵又称为冬卵。休眠卵在休眠期间，可以抵御外界高度的干燥低温和高温以及其他化学因子的剧烈变化等恶劣的环境条件。经过不同阶段的滞育，待温度、食物、pH、DO 等外界环境条件适合时休眠卵萌发形成子代新个体，进入非混交雌体世代，开始新一轮孤雌生殖。轮虫行有性生殖，产生休眠卵以渡过不良环境，对维持其种族的生存、繁衍有极重要的生物学意义。

雄体大多数是个体小而退化，只有雌体的 1/8～1/3，其头冠、被甲、消化道、排泄器官等较简单或已退化。不少种类雄体消化器官完全消失，也不具膀胱，其后端也无口和肛门。内部主要是一个特别发达的单独精囊，交接器大而弯曲。雄体不吃任何东西，行动非常迅速，遇到雌体就进行交配，将精子注入雌体泄殖腔内或穿过雌体不同部位的体壁使精子进入卵巢而受精。如果没有机会找到雌体，雄体也仅能生存 2～3d。晶囊轮虫的少数种类的雄体寿命能延续 4～7d。单巢纲迄今仅有 1/10 的种类已经发现雄体。在四季都能生存的种类，雄体常于春秋两季出现；而所谓"夏季种类"，雄体总在秋末冬初出现；少数所谓"冬季种类"，雄体通常在春天出现。

四、轮虫的生活史

单巢类轮虫的生活史，分单性生殖世代和两性生殖世代，两世代交替循环，见图 15－20。

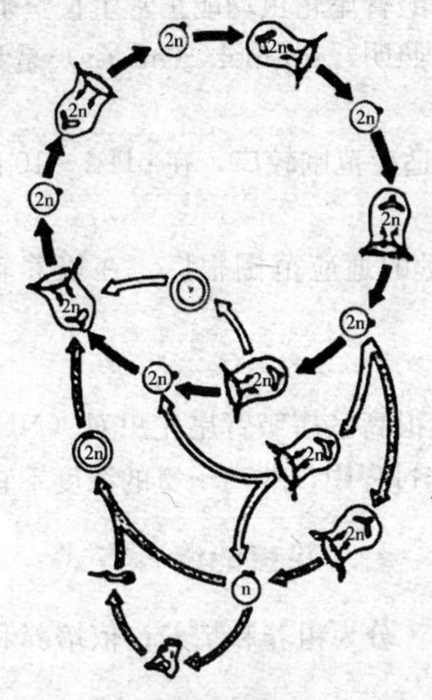

图 15－20　单巢类轮虫生活史模式图

（引自 King&Snell，1997）

五、轮虫的生长发育

一般将轮虫的个体发育划分为 4 个阶段，即胚胎发育期、生殖前期、生殖期和生殖后期。

（一）胚胎发育期

即卵的发育时期，指卵的产出到幼体孵出所经历的时间。

（二）生殖前期

又称幼体阶段后胚后发育，指幼体孵出到其产出第一个卵所经历的时间。

（三）生殖期

是指第一个卵产出到最后一个卵产出所经历的时间。

（四）生殖后期

又称衰老期，指从轮虫最后一个卵产出到其死亡所经历的时间。

六、褶皱臂尾轮虫培养的生态条件

（一）温度

不同的种类和品系，对温度的适应范围差别较大。据报道，在 5～40℃的实验温度范围内，褶皱臂尾轮虫都能生长繁殖，较适宜的繁殖温度为 25～40℃，而在 30～35℃条件下繁殖最快。

（二）盐度

褶皱臂尾轮虫为广盐性生物，但对盐度的突然变化耐受能力较低。据报道，褶皱臂尾轮虫能在 2～50 的盐度范围内生长繁殖，但其适宜的繁殖盐度为 10～30，而尤以 15～25 为宜。

（三）光照

在暗条件下和光条件下，褶皱臂尾轮虫均能正常生长繁殖。室内培养轮虫多利用人工光源照明，可连续照明，也可间隔照明，40μmol/（m^2·s）是常用的光强度。

（四）酸碱度

褶皱臂尾轮虫对环境 pH 的适应范围较广，在 pH 5～10 的范围内，均能正常生长繁殖。

（五）溶解氧

轮虫对水环境中溶解氧含量的适应范围很广。在培养轮虫过程中，溶氧量应保持在 1.5mg/L 以上。

（六）非离子氨

非离子氨对水生生物的毒性很高。褶皱臂尾轮虫对（$NH_3+NH_4^+$）含量的可容忍范围为 6～10mg/L。建议在轮虫培养过程中，非离子氨的浓度不宜超过 1mg/L。

七、轮虫的培养方式

依培养条件的人为控制程度，分为粗养和精养；依培养和收获特点，分为一次性培养、半连续培养、连续培养。

八、培养流程

（一）一次性培养

1. 培养容器、培养池　室内培养种轮虫以及进行各种培养试验，一般使用小型玻璃容器、玻璃缸、水族箱等。生产性培养一般使用玻璃钢水槽和水泥池。一次性培养用的水泥池，大都较小，水深 80cm 左右。这些容器在使用前都需要用有效氯或高锰酸钾进行化学消毒，小型培养容器也可进行高温消毒。

2. 培养用水　培养轮虫用水，需经砂滤器后再用含有效氯 10～30mg/L 的次氯酸钠处理 6h 以上后使用。

3. 培养微藻饵料　室内小型培养，多用微藻为饵料，可先使用专门培养微藻的设备培养好微藻备用。生产性培养，一般先在轮虫培养池培养微藻，待其生长繁殖达到一定浓度，如小球藻达到 1.0×10^7～3.0×10^7 个/mL，即可接种。

4. 接种　轮虫的接种量应根据轮虫种的多少而定，一般来说，接种量大些好，接种密度越大，繁殖速度越快，可缩短培养时间。轮虫的接种量一般 1 个/mL 以上。

5. 投饵　室内小型培养轮虫，多用微藻为饵料。一般每天投饵 2 次。生产性培养轮虫，多以微藻和面包酵母混合投喂，或以酵母为主，甚至全部投喂酵母，每天投喂酵母 2 次，日投饵量为每 1×10^6 个轮虫投 1～1.2g，投喂酵母时，须将酵母在水中沉淀后，取悬浮菌液使用。根据轮虫的摄食情况适当调整。以酵母饵料为主，甚至全部投喂酵母饵料培养的轮虫，由于营养上存在缺陷，应进行营养强化。

6. 搅拌或充气　小型培养，在每次投饵后需轻轻搅拌，一方面使饵料分布均匀，另一方面也可增加水中的含氧量。生产性培养，水容量较大，须连续充气，采用微充气方式。

7. 生长情况的观察和检查　轮虫生长情况的好坏和繁殖速度的快慢是培养效果的反映，所以在培养中需经常观察和检查轮虫的生长情况，以便针对存在的问题及时采取措施，不断改进培养方法。

8. 收获　一般经过 5～7d 的培养，轮虫密度达到 100～200 个/mL 或精养方式下轮虫密度达到 400～600 个/mL，即可收获。具体收获密度，根据轮虫不同种类的个体大小而定。一次性培养是一次全部收获。收获时，用 250 目的筛绢制成约 40L 容量的网箱进行收集。

（二）半连续培养

半连续培养是目前培养轮虫常用的方式。

1. 培养池　分轮虫培养池和微藻饵料培养池两种，均为室外水泥池，两种池的容量大约以 1∶2 的比例配套使用（轮虫池为 1，微藻池为 2），池深 1.2m 左右为宜。

2. 培养微藻饵料　把轮虫培养池和微藻饵料培养池清洗干净，消毒，灌水，施肥，培养微藻饵料。

3. 接种　当藻类饵料繁殖达到较高浓度时，以每毫升水体接入轮虫种 1～10 个的数量，把轮虫种接入轮虫培养池。

4. 培养　接种轮虫后，充气培养。除培养微藻饵料外，还投喂酵母，每天投量为每 100 万个轮虫投喂酵母 1～1.2g，分上、下午 2 次或多次投喂。先把酵母在桶中加水搅拌均匀，沉淀后取悬浮菌液泼入池中。

5. 采收　培养 3～7d 后，轮虫的密度超过 100 个/mL 时，根据轮虫的繁殖率，每天采收水容量的 1/5～1/3。采收方法同一次性培养。采收后立即从微藻饵料池抽取藻液加入轮虫培养池，补回采收的水量，并继续喂酵母，充气培养。每次培养时间一般能维持 15～25d，最多达 30d，最后全部采收，清池，开始新一轮的培养。

（三）大面积土池培养

土池培养实际上也属于半连续培养方式。利用土池培养轮虫技术较易掌握，成本低，收获量大，轮虫质量好。多用于褶皱臂尾轮虫的培养。

1. 培养池　培养池的选址，要求排灌水方便，在盐度较高的海区最好有淡水源，在必要时可调节海水盐度。培养池的面积大小和数量，主要依育苗生产的需要决定。池的底质以不渗漏的泥质或泥沙质为好，要求池底平整，围堤坚固。

2. 清池

（1）干水清池　把池水排干，在烈日下曝晒 3～5d，即可达到清池目的，可再用清池药液，部分或全部泼洒池底和池壁。

（2）带水清池　即培养池连池水一起消毒，一般采用 $(10\sim20)\times10^6$ 有效氯杀死敌害生物；池水没有浸泡到的池壁，则用漂白粉泼洒消毒。

3. 加水　清池药效消失之后，即可加水入池。加入池中的海水，必须通过 300 目的密筛绢网过滤，以清除敌害生物。一次进水不宜过多，第一次进水 20～30cm，随后再逐步增加。

4. 施肥培养微藻饵料 加水后即施肥培养微藻饵料，一般经 4～7d 藻类即可繁殖起来。当藻类数量太大，池水透明度低于 20cm 时，可隔天加水 5～10cm。当池水水位升到 50cm 时，即可接入轮虫种。在培养过程中，根据藻类生长情况，每隔 5～7d，以同样的量追肥 1 次。

5. 接种 轮虫的接种量，一般以 0.1～1 个/mL 较为适宜。可以把经不断扩大培养的种轮虫或繁殖已达高峰的培养池的轮虫，连池水带轮虫抽入池中接种。

6. 维持藻类饵料的数量在适宜的范围 土池培养轮虫，由于培养的藻类饵料的增殖有一定限度，轮虫的密度不能过高，一般控制轮虫密度在 5～20 个/mL，每天将超出部分轮虫收获，并通过施追肥维持藻类的增殖，使藻类饵料的增殖量和轮虫的消耗量基本保持平衡，培养才能正常进行。

7. 采收 轮虫的采收方法：可用 250 目筛绢做成拖网，沿池边拖曳采收；也可用小型水泵，把池水抽入筒形筛绢网过滤。

第三节 卤 虫

一、卤虫的分类

卤虫属在分类上隶属于节肢动物门、甲壳纲、鳃足亚纲、无甲目、盐水丰年虫科、卤虫属。两性生殖的卤虫以相互之间是否存在生殖隔离作为种的主要分类依据。

二、卤虫的形态特征

卤虫及卤虫休眠卵的外部形态特征及颜色与栖息水环境密切相关。成体（图 15-21）细长，通常有 0.7～1.5cm，分节明显，无头胸甲，分头部、胸部和腹部（含尾叉）三部分。

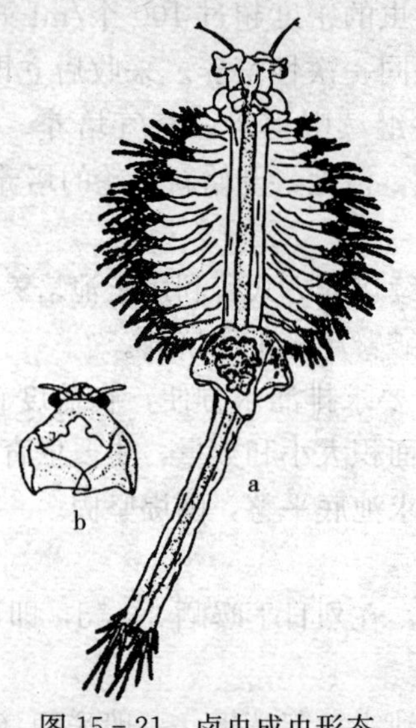

图 15-21 卤虫成虫形态

a. 雌性成虫 b. 雄虫头部

（引自陈明耀等，1995）

头部短小，不分节。在背面中央前缘有一单眼，两侧有一对具柄的复眼。口在头的腹面，口前方有一片上唇，自额部向后方延伸，覆盖口外。头部有 5 对附肢（第一触角、第二触角、大颚、第一小颚、第二小颚）。第一触角位于头的前端，细棒状，不分节，末端有感觉毛 3 根。第二触角在雌雄个体间差异显著。雌性个体的第二触角比较简单，粗短而稍弯曲。雄性个体的第二触角发达，末节大而扁平，特化成斧状的抱器，交配时用于拥抱雌虫。大颚、第一小颚、第二小颚三对附肢组成口器，用于摄取食物。

卤虫胸部由 11 个体节组成，每节具一对扁平叶状的胸肢，分内、外叶。其内缘为内叶，内叶由一些小叶组成，其边缘有羽状刚毛和小刺。在内、外叶之间有鳃。卤虫的胸肢具有呼吸、游泳和滤食等功能。

腹部分 8 节，无附肢。第一、第二腹节愈合成生殖节，雌虫的生殖节腹面有一卵囊，雄虫的生殖节腹面有一交接器。腹部最后一节为尾节，末端为一对扁平不分节的尾叉，肛门位于尾叉之间，尾叉的大小和刚毛数随环境盐度的改变而改变。

三、卤虫的发育及生活史

卤虫的发育过程中有变态，历经卵、无节幼体、后无节幼体、拟成虫幼体和成虫等阶段（图 15－22）。其生活史为：

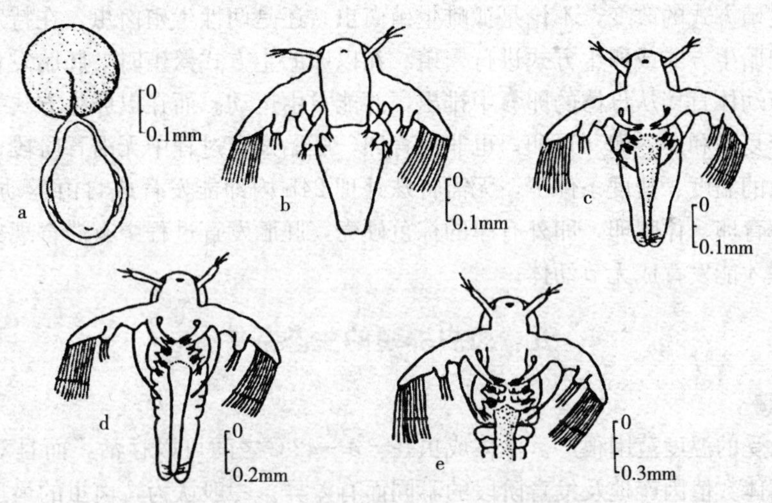

图 15－22　卤虫各发育阶段的外部形态

a. 破壳后的胚胎　b. Ⅰ龄期腹面观　c. Ⅱ龄期腹面观　d. Ⅲ龄期腹面观　e. Ⅳ龄期头胸部腹面观

（引自廖承义等，1990）

卵（夏卵或经滞育终止处理的冬卵），孵化成Ⅰ龄无节幼体（也称初孵无节幼体），体长一般为 400～500μm。Ⅰ龄无节幼体体内充满卵黄，颜色为橘红色。Ⅰ龄无节幼体在适宜的温度条件下，一般在 12h 后可蜕壳一次，发育成Ⅱ龄无节幼体，此时进入后无节幼体阶段，开始外源性营养。无节幼体在第 4 次蜕壳后，变态成拟成虫期幼体。拟成虫期幼体体长增加明显，已形成不具附肢的后体节，同时在头部出现复眼。拟成虫期幼体在第 10 次蜕壳后，形态上变化明显，触角失去运动能力，第二触角前端朝向后方。初孵无节幼体经 12～15 次蜕壳后，变态成成虫。性成熟的成虫，在每一次繁殖后，进行下一次繁殖前，均需蜕壳一次。繁殖出的后代因环境条件的不同，可以是无节幼体，也可以是夏卵或冬卵。

卤虫的发育与外界的水温、饵料和盐度等有关。从孵化到性成熟最短只需 8d，一般需 14～21d。性成熟的卤虫，在环境、饵料适宜的情况下，一般每隔 3～5d，即可产卵一次。每次产卵量 2～300 个，一般为 80～150 个。卤虫的寿命一般为 2～3 个月，可产卵 10 次左右。

四、卤虫的生殖习性

卤虫的生殖习性比较特殊，为了更好地理解卤虫的生殖习性，有必要分清卤虫生殖类型和卤虫生殖方式两个概念。

（一）卤虫的生殖类型

卤虫的生殖类型是由种的特性决定，不会受环境因子的改变而改变。根据其生殖类型的不同，卤虫可分为孤雌生殖的卤虫种和两性生殖的卤虫种。孤雌生殖的卤虫，种的组成中没有雄虫或雄虫的比例极低（雄虫稀有），雌虫不需要与雄虫交配即可繁殖后代。两性生殖的卤虫，种的组成中有雄虫和雌虫之分，只有雌、雄虫交配后才能繁殖后代。

（二）卤虫的生殖方式

卤虫的生殖方式与其生殖类型无关。生殖方式受内、外界环境因子的影响，环境的变化会引起卤虫生殖方式的改变，不论是孤雌生殖卤虫，还是两性生殖卤虫，在特定的环境条件下，都可以卵胎生方式或卵生方式进行繁殖。在以卵胎生方式繁殖时，胚胎发育过程中无滞育阶段，无节幼体直接从母体的卵囊中排出，并能自由运动。而在以卵生方式繁殖时，又有两种情况：产夏卵和产冬卵。夏卵，也非滞育卵，胚胎发育过程中无滞育阶段，卵外无厚的硬壳，在适宜的温度、盐度条件下，无需特殊处理 24h 内即能发育成自由运动的无节幼体。冬卵，也叫滞育卵、休眠卵，卵外有厚的棕色硬壳，胚胎发育过程中有滞育现象，需特殊的滞育终止处理才能发育成无节幼体。

五、卤虫养殖的生态条件

（一）温度

卤虫能忍受的温度范围很广。活体成虫在－3～42℃之间可以存活，而且对温度骤变的适应力强，具体数值因产地及发育阶段的不同而有差异。一般认为，卤虫的最适生长温度为 25～30℃。

水分含量为 2%～8%的干燥卤虫卵在－20℃中放置，存放 1 年并不影响其孵化率。

（二）盐度

卤虫具有高效的渗透压调节系统，对盐度的耐受范围很广。卤虫可正常栖息于盐度范围为 10～242 的水域中，可容忍的盐度范围为 1～340，生长的最适盐度范围为 30～50，具体与品种有关。

（三）水中的离子浓度

卤虫对水中的离子组成及浓度的耐受范围很广，正常海水中 Na/K 的值为 28，而卤虫可忍受的 Na/K 范围为 8～173；海水中 Cl^-/CO_3^{2-} 的值为 137，而卤虫可忍受的 Cl^-/CO_3^{2-} 范围为 101～810；海水中 Cl^-/SO_4^{2-} 的值为 7，而卤虫可忍受 Cl^-/SO_4^{2-} 范围为0.5～90。

（四）溶解氧

与其他甲壳动物相比，卤虫具有高效的呼吸色素——血红素，可以在极低溶解氧状态下（1mg/L）生存，也可生活于溶解氧为溶解度150%的超富氧水体中。

（五）酸碱度

卤虫天然生长的环境为中性到碱性，孵化过程中要求pH在8～9之间，否则会降低孵化率。

第四节　桡 足 类

桡足类隶属于节肢动物门、甲壳纲、桡足亚纲。桡足类在海区的浮游生物种群中种类占比可达70%，其中主要是哲水蚤类，在多数海区它们都是优势种类，是众多经济鱼类和虾蟹幼体主要的天然饵料生物。

一、桡足类在海水鱼育苗中的应用

桡足类除少部分在半咸水或淡水区域，大部分是海水种类。在水产养殖方面作为饵料生物利用的种类，主要是隶属于桡足类的哲水蚤目和部分猛水蚤目（图15-23）。

二、形态特征

桡足类的身体明显分节，全身由16～17个体节组成，但由于愈合的原因，通常见到的一般都不超过11节。身体略呈卵圆形，分头胸部和腹部，在这两部分之间具一活动关节，其位置是区别各目桡足类的依据之一。在哲水蚤目，其活动关节通常位于第五胸节与第一腹节之间；剑水蚤目和猛水蚤目的则位于第四、五胸节之间；而怪水蚤目的则在第三、四胸节之间。

（一）头胸部

也称前体部，由头和胸部组成。头部通常由头部的5个体节和第一胸节（有时由第一、二胸节）愈合而成，其前面称额器，腹面常有刺状的突起，叫额角；背面常有1个单眼，或1对晶体。胸部由3～5节组成，每节均有1对附肢。后体部，即腹部，或由末胸节或末2胸节和腹部愈合组成，腹部不具附肢。在第一腹节具有生殖孔，称生殖节。雌性的腹面常膨大，叫生殖突起，是分类的重要依据之一。最末的腹节称尾节，肛门位于该节的末端背面，故也将这节称肛节。末端具1对尾叉，在尾叉的末端有5根不等长的刚毛，常呈羽状。

（二）附肢

第一触角位于头部的两侧，强大，为主要的游泳器官，单肢型，细长，由25节构成，末端第2～3节具2根羽状刚毛。一般有明显的雌雄区别，雄性常特化成执握器，如哲水蚤目；猛水蚤目、剑水蚤目则两侧均弯曲。

第二触角短而粗壮，双肢型，亦为游泳器官，由基肢2节、内肢2节、外肢3节组成，各节的内缘和内、外肢的末端都有刚毛，内、外肢的结构及长短比例是分类的依据之一。

大颚是一对口器附肢，一般为双肢型，基肢2节，基节为几丁质板，面向口的末端呈锯齿状，称咀嚼缘，齿数和形状常与食性有关，其形态也是鉴定种类的依据之一。在底节的末端生出内、外2肢，内肢2节，外肢5节，皆生羽状刚毛，有助于滤食活动。

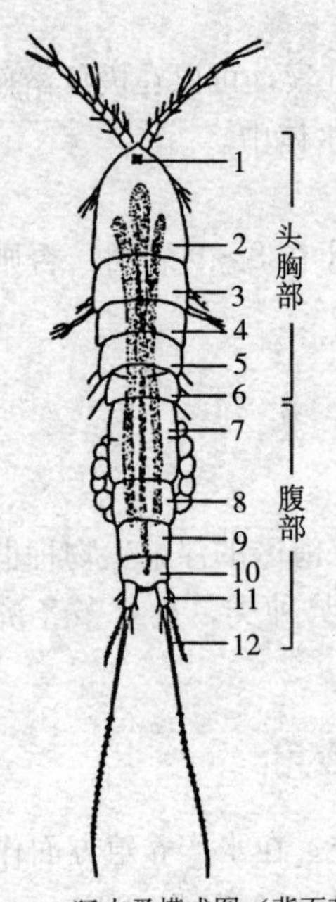

a. 猛水蚤模式图（背面观）

1. 眼点　2. 头节　3～6. 第二、三、四和五胸节　7. 生殖节　8. 第三腹节　9. 第四腹节　10. 尾节　11. 尾叉　12. 尾刚毛

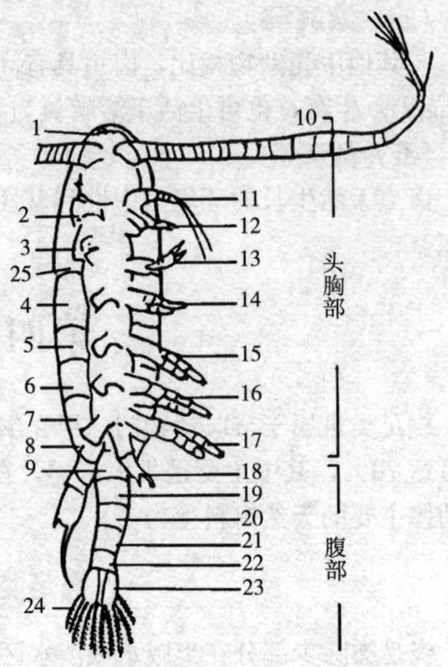

b. 哲水蚤模式图（腹面观）

1. 额角　2. 大颚　3. 第二小颚头节　4～8. 第一、二、三、四和第五胸节　9. 生殖节　10. 第一触角　11. 第二触角　12. 第一小颚　13. 颚足　14～18. 第一、二、三、四和第五胸节足　19～21. 第二、三和四腹节　22. 尾节　23. 尾叉　24. 尾刚毛　25. 头节

图 15－23　桡足类模式图
（引自甲壳动物研究组，1975）

第一小颚是1对很小的附肢，基肢发达，由2节组成，第一节内缘基部形成一大的咀嚼叶，外缘具一突出小叶，即上肢；第二节内缘具一突出小叶，内、外肢都不发达，内肢为2节，外肢为1节，外缘亦具羽状毛。

第二小颚呈叶片状，单肢型，外肢，构造简单；基肢由2节构成，内缘各突出2小叶，上生许多羽状刚毛；内肢2节，内缘亦有羽状刚毛，刚毛能形成网状，以搜集食饵。

颚足是胸部的第一对附肢，单肢型，缺外肢，较长大；基肢2节，较粗大；内肢5节，各节的内缘均生羽状刚毛。颚足的结构亦随种和食性而不同，滤食者多羽状刚毛，捕食者则具强刺，有的则呈爪状。

胸足位于胸部的腹面，共有5对，用于游泳，通称游泳足，前4对皆为双肢型，其结构基本相似，一般没有雌雄的区别。基肢2节，内、外肢各3节，通常内肢短小，节数常因愈合而减少，外肢的外缘常有短刺，称外缘刺，外肢和内肢具发达的羽状刚毛。第五对胸足都有不同程度的改变，雌、雄有显著区别，是鉴定种类最主要的依据。

三、桡足类的生殖

雌雄异体，雌性的卵巢单个、长柱形，位于头部背面中央，其后接输卵管，再到生殖孔，位于前体部靠近腹面的左右两侧，与纳精囊相通。雄性生殖系统的精巢也是单个、长柱形，位于头部与胸部的中央，其后接输精管，精子贮存在精荚囊中，后接射精管，末端为生殖孔。

桡足类一般进行两性生殖。在生殖季节，一般雄体都用第一触角或第五胸足抱握雌体。交配时，雄体先用执握肢的第一触角抓住雄体的尾叉，随后用第五右胸足抱住雌体的腹部。接着精荚从雄孔排出，雄体就利用第五左胸足摄取精荚，并固着在雌孔旁，然后精卵受精，排到水中孵化成无节幼体。

四、桡足类的生长发育

桡足类在发育中经历两个过程，分别为无节幼体阶段和桡足幼体阶段。

（一）无节幼体阶段

桡足类卵孵出的幼体叫桡足类无节幼体Ⅰ期（N1），呈卵圆形，具有3对附肢和1个单眼。Ⅰ期无节幼体通常通过5～6次蜕壳，即从无节幼体期发育到桡足幼体阶段（C）。无节幼体期一般分为5～6期，一般前3期以卵黄为生，第4期以后，肛门开口，开始摄食。

（二）桡足幼体阶段

该阶段体长逐渐增长，已出现体节，身体可分为头胸部和腹部，基本上具备了成体的外形特征，所不同的是它们身体较小，体节和胸足数较少，一般可分为5～6期，第6期为成体期，只是性未成熟。到了第5期，桡足幼体基本上已出现雌雄区别。

五、桡足类的培养

采用池塘培养方式。

1. 池塘选址　池塘面积为667～6 667m^2 不等。建于中潮线附近，大潮时可灌进海水达到1m水深，或者建于高潮线以上，用水泵提水入池。池底为泥沙或泥质，地面平坦，向闸门倾斜，供排灌水用。

2. 清池　清池的目的为杀灭桡足类的敌害生物，尤其是鱼类、甲壳类和水母类。

3. 灌水　清池药效消失后，即可灌水入池。海水通过闸门装设的80目筛绢网进入培养池，顺水带进了浮游藻类、桡足类及其幼体，作为培养的种源，而大型的浮游动物则不能进入池内。

4. 施肥　灌水达到要求深度后，关闭闸门。施肥培养适合桡足类食用的微藻。第一次施肥，每667m^2 施绿肥600～750kg，牛粪300～400kg，人尿150～200kg和硫酸铵1.5～2kg。施肥也可用复合肥，施肥量和追肥量应根据池水浮游藻类生长情况确定。

5. 培养管理

（1）维持池水微藻的数量在适宜范围　通过测定池水的透明度，指导施肥，透明度值在35～50cm之间表示微藻量在适宜范围内；小于35cm表示微藻数量过多，应暂停施肥或灌入新鲜海水稀释；透明度值大于50cm，则表示微藻类数量不足，一般在透明度变大到45cm时进行施肥。

（2）控制水位及维持正常的海水相对密度　对于外海高盐种类，在培养过程中，应注意保持水深在80～100cm之间，不宜过浅。

（3）防止溶氧缺乏　在夏季，应控制施肥量，避免池水过肥，在水质有变坏的可能时，及时大量换入新鲜的海水。

第五节 沙 蚕

在水生环节动物中，沙蚕是具有较大开发和利用价值的生物饵料种类之一，属于环节动物门、多毛纲、游走目、沙蚕科。沙蚕中，作为水产经济动物生物饵料，重要的种类属围沙蚕属（*Perinereis*）和刺沙蚕属（*Neanthes*），如双齿围沙蚕（*Perinereis aibuhitensis*）和日本刺沙蚕（*Neanthes japonica*）。本节主要介绍双齿围沙蚕。

一、外部形态

沙蚕为两侧对称、分节的长柱体，后端稍细具刚节。虫体背腹稍扁，活体体色红色或蓝绿色，在双齿围沙蚕的幼小个体期时，刚节数随着体长的增长而增加；体长至170mm时，刚节增加速度缓慢；当体长约190mm时，沙蚕刚节数一般为200个左右。个别沙蚕可长到220个刚节。

沙蚕外形可分为头部、躯干部和尾部。

（一）头部

头部由口前叶和围口节组成。

1. 口前叶 位于虫体的最前方，口前叶似梨形，前部窄、后部宽。背面有2对眼，呈倒梯形排列于口前叶中后部，前对眼稍大。前端有1对触手和1对触角，触手稍短于触角。项器2个，为眼后具腺细胞的纤毛上皮的横裂（图15-24）。

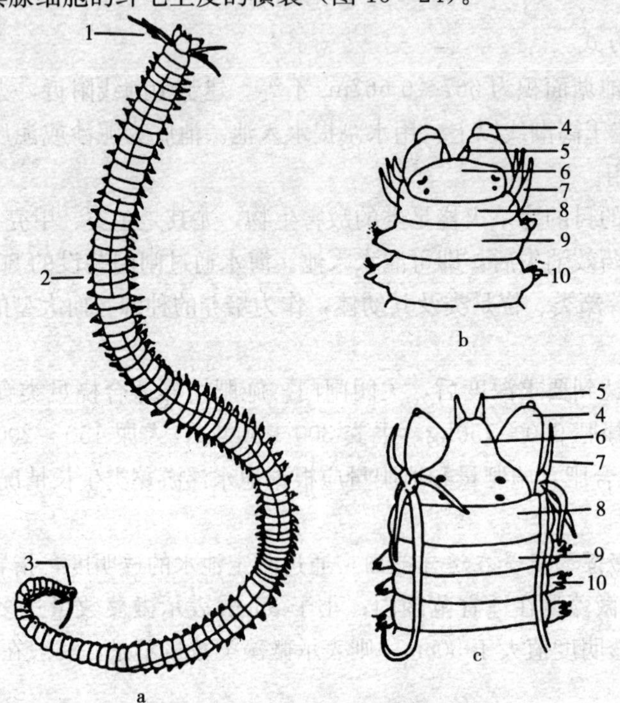

图15-24 双齿围沙蚕的外形

a. 整体 b. 背面观 c. 腹面观

1. 头部 2. 躯干部 3. 尾部 4. 触角 5. 触手 6. 口前叶 7. 触须 8. 围口节 9. 第1刚节 10. 疣足

（引自孙瑞平等，2004）

2. 围口节 为口前叶后的一个环形节，围口节背面有 4 对长短不一的围口节触须，最长触须后伸达第 6～8 刚节。腹面有 1 个口。

3. 吻 为消化道富含肌肉的口腔和咽，经口外翻而成，吻的形态是分类的主要依据。吻由颚环和口环两部分组成，前端近大颚处为颚环，基部近口端为口环。吻可分为 8 个区，颚环背中面为Ⅰ区，Ⅰ区的两侧为Ⅱ区，颚环腹中面为Ⅲ区，Ⅲ区两侧为Ⅳ区，口环背中面为Ⅴ区，Ⅴ区两侧为Ⅵ区；口环腹中面为Ⅶ区，Ⅶ区两侧为Ⅷ区（图 15－25）。

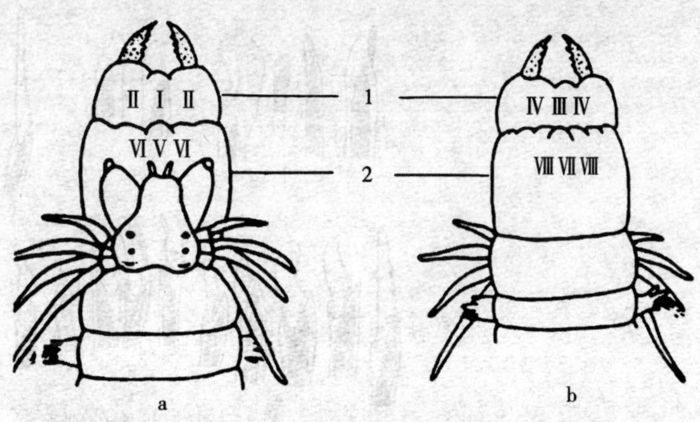

图 15－25 双齿围沙蚕吻的分区

a. 背面观 b. 腹面观

1. 颚环 2. 口环

（引自孙瑞平等，2004）

（二）躯干部

躯干部由许多体节组成，从围口节至后端（除最末一节外）的每一体节的形态均相同，每节的两侧都有 1 对疣足，是运动器官。由体壁长出，除前 2 对疣足单肢型外，余者均为双肢型。分背肢和腹肢，每肢有 1 束刚毛，由刚毛囊的毛原细胞分泌而成，具有辅助运动、保护、生殖或捕食的功能。在疣足的背、腹侧还各有 1 条触须，称背须和腹须，有呼吸功能（图 15－26）。

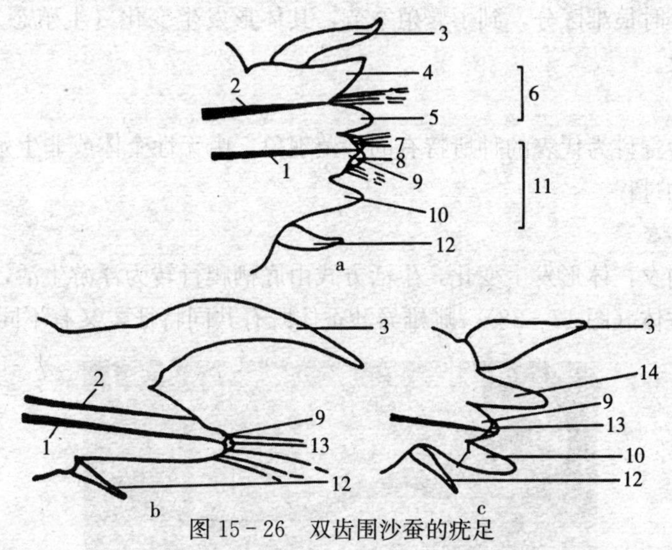

图 15－26 双齿围沙蚕的疣足

a. 双叶型疣足 b. 亚双叶型疣足 c. 单叶型疣足

1. 腹足刺 2. 背足刺 3. 背须 4. 上背舌叶 5. 下背舌叶 6. 背足叶 7. 足刺上后腹刚叶 8. 足刺下后腹刚叶 9. 前腹刚叶 10. 腹舌叶 11. 腹足叶 12. 腹须 13. 后腹叶刚 14. 背舌叶

（引自孙瑞平等，2004）

位于疣足叶外部或内部的几丁质刺毛，由刚毛囊的毛原细胞分泌形成。具辅助运动、保护、生殖或捕食的功能。刚毛的种类有简单型刚毛、复型等刺齿状刚毛、复型异齿刺状刚毛、异齿镰刀形刚毛、等齿镰刀形刚毛、桨状刚毛。所有背刚毛均为复型等齿刺状，疣足腹刚毛有刺状、镰刀状两种（图 15－27）。

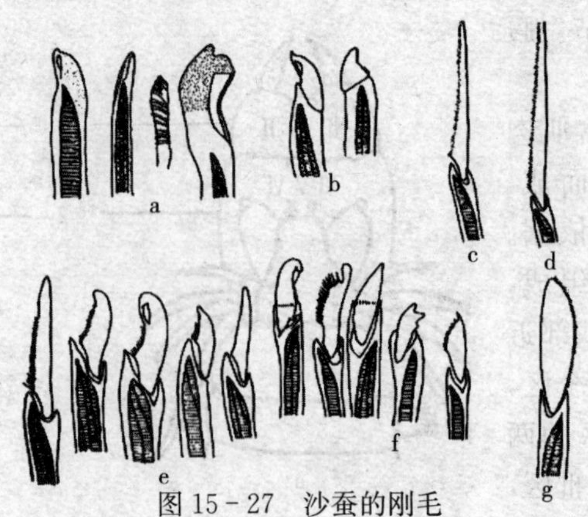

图 15－27　沙蚕的刚毛

a. 简单型刚毛　b. 伪复型刚毛　c. 复型异齿刺状刚毛　d. 复型等刺齿状刚毛　e. 异齿镰刀形刚毛　f. 等齿镰刀形刚毛　g. 桨状刚毛

（引自孙瑞平等，2004）

（三）尾部

虫体最后一节无疣足和刚毛的体节，常称为尾或肛节。较为延长，呈圆柱形，基部腹面有肛门，最后有 1 对肛须。当虫体生长时，新体节在肛节前增殖。

二、沙蚕的繁殖

双齿围沙蚕的繁殖期在浙江省为 4—11 月，繁殖盛期为 5—6 月和 9 月下旬至 10 月下旬。雌雄异体，平时很难区分，到了繁殖季节，其体形发生变化（生殖态），且有特殊的群浮和婚舞生殖现象。

（一）生殖态

生殖态是以沙蚕科为代表的种所特有的生殖现象，由无性个体或非生殖个体向有性个体或生殖个体转变的过程。

（二）异沙蚕体

在产卵排精前夕，体形发生变化，生活方式由底栖爬行转为浮游生活，这种具有生殖态的虫体称为异沙蚕体（图 15－28）。雌雄异沙蚕体既有共同特征，又有不同特征。

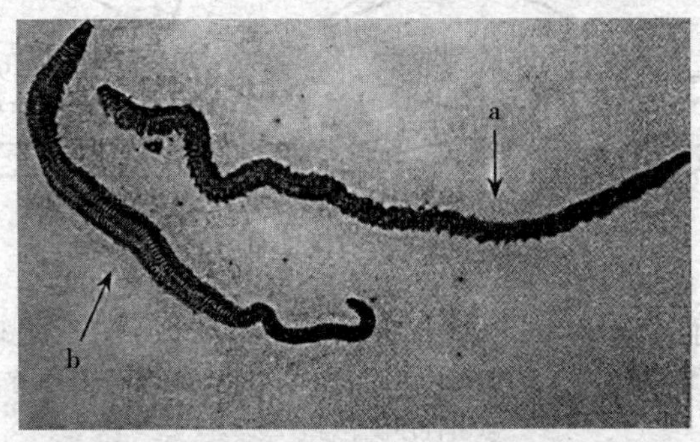

图 15－28　异沙蚕体与正常沙蚕的外形

a. 正常沙蚕体　b. 异沙蚕体

（引自蒋霞敏，2004）

1. 雌雄异沙蚕体的共同特征

①身体显著缩短、变宽、变扁平；

②眼变大、变黑；

③身体分成2个不同形态的前区和后区，前区疣足不变形，后区疣足变形，疣足上的刚毛呈桨状，是游泳器官；

④从底栖爬行改为漂浮游泳生活。

2. 雌雄异沙蚕体的不同特征

①雌性个体稍大于雄性个体；

②雌性个体背部呈浓绿色，雄性个体背部呈乳白色；

③雄性个体变形疣足具乳状突起，雌性缺；

④雄性个体肛门周围具有菊花状乳突。

双齿围沙蚕的雄虫体长30～65mm，具116～186个刚节。雌虫体长60～102mm，具168～210个刚节，体背面具棕色色斑。

（三）群浮和婚舞

1. 群浮　性成熟时，分散而居的雌雄沙蚕在一定时期同步离开栖息地，由底栖浮于水面，成为漂浮于水面的异沙蚕体，此生殖习性称为群浮。

2. 婚舞　雌雄异沙蚕体相伴做卷曲状、圆形的游动，开始速度较慢，以后加快，可持续数小时，当追逐游动达到高峰时，雄体先排精，雌体后产卵，此时水体呈淡绿色且混浊不清，此为婚舞。沙蚕产卵排精后，游泳一段时间后匍匐于水底，大部分24h内相继死亡。

三、胚胎发育和变态

双齿围沙蚕的胚胎、幼体发育见图15-29。其胚胎发育经历受精卵、卵裂期、囊胚期、原肠期、担轮幼虫前期、担轮幼虫后期、疣足幼虫期（3～10刚节疣足幼虫）。

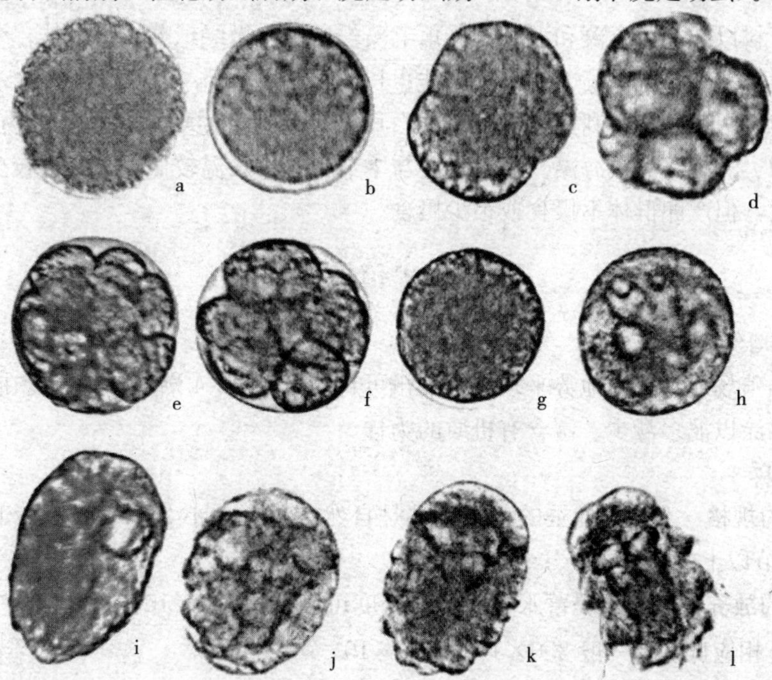

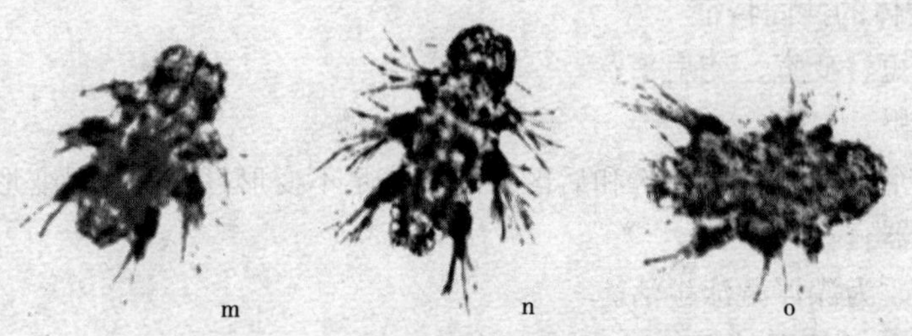

图 15－29 双齿围沙蚕胚胎及幼体发育

a. 成熟卵（×100） b. 受精卵（×100） c. 2 细胞（×100） d. 4 细胞（×100） e～f. 多细胞期（×100） g. 囊胚期（×100） h. 原肠期（×100） i～j. 担轮幼虫前期（×100） k～l. 担轮幼虫后期（×100） m. 3 刚节疣足幼体前期（×100） n. 3 刚节疣足幼体后期（×100） o. 4 刚节疣足幼体（×100）

（引自蒋霞敏，2005）

四、生态条件

（一）栖息地

双齿围沙蚕喜栖息于中、高潮带海滩，生活环境以泥、泥沙底质且富含有机质、硅藻为主。双齿围沙蚕营穴居生活，有明显的季节变化，冬季栖居深层，随着温度的升高日趋上升，特别是生殖季节栖居表层，高温季节又会栖居深层，随潮水涨落而活动，昼伏夜出，摄食时钻出滩面。

（二）温度与盐度

双齿围沙蚕对温度和盐度的适应能力比较强。成体适宜的水温为 0～37℃，盐度为 5～35，幼虫适宜的温度为 18～33℃，最适 24～26℃；盐度的适宜范围为 15.0～34.8，最适 21.6。

（三）饵料

幼虫的饵料以球等鞭金藻和混合藻（角毛藻＋扁藻＋微绿球藻）为最佳，个体较小的沙蚕主要摄食微藻，以底栖硅藻、扁藻等为佳；长到 3～4cm 后，以杂食性为主，能摄食、动植物碎片，腐屑，还能有效利用污泥中的蛋白质。成体沙蚕主要摄食软体动物、甲壳动物、其他小型动物、有机碎屑或海藻。摄食强度与季节有关，水温较低时摄食量较少，随着温度升高逐渐加大，但产卵群体不摄食或很少摄食。

五、滩涂养殖技术要点

（一）养殖场地选择

沙蚕的养殖场地宜选择地势平坦，每潮汛可自然纳潮 2～4 潮，海水盐度在 11～35 的中高潮滩涂，滩涂以泥多沙少、富含有机质的为佳。

（二）苗种

1. 苗种的规格 双齿围沙蚕的苗种大都是自然苗种（大小 2～3cm），人工苗种的放养规格为 11 刚节以上的幼沙蚕。

2. 苗种的放养密度 筑堤蓄水精养放苗密度可高些，$7.5\times10^5\sim3.0\times10^6$ 个/hm^2；滩涂粗放养殖可相应低些，一般 $3.0\times10^5\sim6.0\times10^5$ 个/hm^2。

（三）养殖管理

1. 巡塘检查　最好每天巡塘一次，尤其是大潮汛期间，须加强防范，发现漏洞及时补堵，以防漏水。发现敌害（如蟹类、螺类等）立即清除，数量多时用蟹笼等网具加以捕捉。

2. 施肥　养殖过程中最好能追加肥料，以发酵的鸡、鸭、猪粪培饵效果为佳，可以适当辅以无机肥料。

3. 投饵　滩涂粗放养殖一般放苗密度稀，天然饵料就能满足沙蚕的生长，不需投饵；而筑堤蓄水精养，放苗密度高，有的甚至达到300～500个/m^2，前期（幼体阶段）可以采取施肥为主，逐步增加鱼粉、豆粉等粉末饵料；中后期（养成阶段）可将小杂鱼虾等搅碎打浆，豆粕、菜籽粕粉碎，兑水泼洒。

4. 换水与晒滩　筑堤蓄水精养的塘一个潮汛（半个月左右）能进1～2次足够，但要高产丰收，最好能经常干露晒滩。

（四）采捕

起捕规格为200～400个/kg，成体采收一般采用捕大留小、多次轮捕的方法。目前无理想的能够大面积采收沙蚕的方法和机械，一般采用徒手捕捞。

第二单元　主要养殖鱼类

第一节　淡水养殖种类

我国淡水面积广，淡水资源丰富，且大部分地区气候温和，雨量充沛，非常适于鱼类生长。我国淡水鱼既有种的优势，又有量的优势，主要的淡水鱼种类有鲤形目、鲇形目、鲈形目、鲑形目等。下面主要介绍鲤形目和鲇形目。

一、鲤 形 目

（一）青鱼（图15-30）

青鱼俗称黑鲩、青皖、螺蛳青，属鲤形目、鲤科、青鱼属。

形态特征：体长且粗壮，呈近圆筒形，头部稍平扁，口端位，呈弧形，无须。体背部及体侧上半部为青灰色，腹部为灰白色，腹部圆，无腹棱。鳍均呈灰黑色，尾部侧扁，背鳍、臀鳍无硬刺。

生活习性：青鱼多生活在淡水水体的中下层，主要以蛳、蚌、蚬及蛤为食，生长快。性成熟个体每年成熟一次，繁殖期为5—6月，卵为漂浮性卵。

分布：主要分布于我国长江以南的平原地区，是长江中下游及沿江湖泊的重要渔业资源和养殖对象，是我国淡水养殖的“四大家鱼”之一。

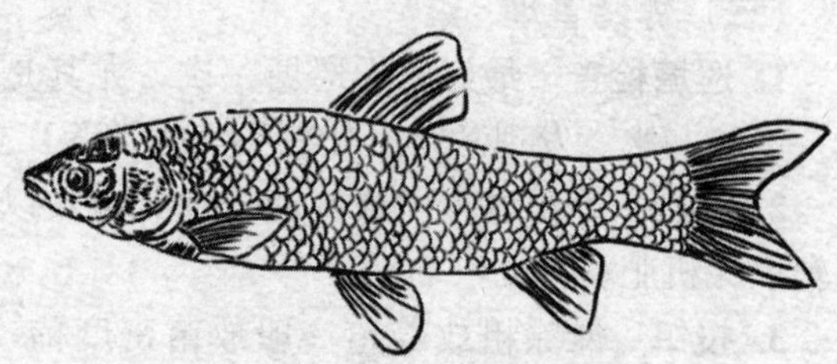

图15-30　青鱼（*Mylopharyngodon piceus*）
（图片：威海海洋职业学院）

（二）草鱼（图15-31）

草鱼俗称有草根、草棒、油鲩、草鲩等20多种，属鲤形目、鲤科、草鱼属。

形态特征：体长，呈圆筒形，头部稍平扁，口端位，口裂宽，呈弧形，口宽大于口长，无须。体呈浅茶色，背部青灰，略带草绿色，腹部呈灰白色。背鳍无硬刺，臀鳍短且末端钝；尾部侧扁，尾鳍分叉，上下叶约等长。胸鳍和腹鳍略呈灰黄色，其他各鳍呈浅灰色。

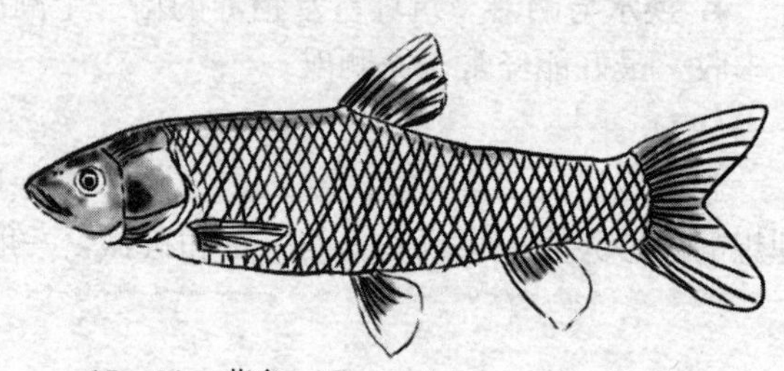

15-31　草鱼（*Ctenopharyngodon idella*）
（图片：威海海洋职业学院）

生活习性：草鱼多生活在淡水水体的中下层及近岸多水草区。草鱼卵为漂浮性卵，鱼苗阶段以浮游动物为食，幼鱼期兼食昆虫、蚯蚓、藻类及浮萍等。体长超过10cm时，完全以水生植物为食。

分布：草鱼在野外分布极广，在我国除新疆和青藏高原外，皆可生存，是我国淡水养殖的“四大家鱼”之一。

（三）鲢（图15-32）

鲢又称白脚鲢、白鲢、鲢子头、跳鲢、鲢子等，属鲤形目、鲤科、鲢属。

形态特征：体侧扁、稍高，头大，吻短，口宽且为端位，无须，眼小。体呈银白色，背部略暗，各鳍呈灰白色。

图15-32　鲢（*Hypophthalmichthys molitrix*）
（图片：威海海洋职业学院）

生活习性：鲢多生活在淡水水体的中上层。终生以浮游生物为食，是典型的滤食性鱼类。鲢喜肥水、高温。繁殖水温为17.5～31.5℃，卵为漂浮性卵。

分布：鲢广泛分布于亚洲东部，在我国主要分布于长江、珠江、黑龙江等各大水系，是我国淡水养殖的“四大家鱼”之一。

（四）鳙（图15-33）

鳙又称花鲢、胖头鱼、大头鱼等，属鲤形目、鲤科、鳙属。

图15-33　鳙（*Aristichthys nobilis*）
（图片：威海海洋职业学院）

形态特征：体侧扁，头大且宽，头长约为体长的1/3。口宽，端位，稍上翘，无须。眼小且位置偏低。背部为黑色，体侧为深褐色，且带有黄色或黑色的花斑，腹部灰白，有角质腹棱，各鳍为灰白色。

生活习性：鳙多生活在淡水水体的中上层。以浮游生物为食，是滤食性鱼类。鲢喜肥水。繁殖期为4—7月，卵为漂浮性卵。

分布：鳙分布广，在我国主要分布在长江、珠江、黄河、黑龙江等流域，现今在我国大部分地区都可进行人工养殖，是我国淡水养殖的“四大家鱼”之一。

（五）鲤（图15-34）

鲤又称鲤拐子、鲤子、红鱼等，属鲤形目、鲤科、鲤属。

形态特征：体侧扁，腹部圆，口呈马蹄形，须2对。头后背部隆起，背部为灰黑色，背鳍基部较长，体侧青灰带有金黄色，腹部呈灰白色，臀鳍和尾鳍下叶呈橘黄色。

图15-34　鲤（*Cyprinus carpio*）

（图片：威海海洋职业学院）

生活习性：鲤多生活在淡水水体的底层，是杂食性鱼类。繁殖期为2—6月，一年繁殖一次，卵为黏性卵。

分布：鲤是分布最广的淡水鱼之一，几乎在所有国家均有分布，在我国黑龙江、长江、黄河、珠江等流域及云南、新疆等地湖泊中均有分布。

（六）鲫（图15-35）

鲫又称鲋鱼、鲫瓜子、鲫皮子、肚米鱼等，属鲤形目、鲤科、鲫属。

形态特征：体型较小且呈梭形，侧扁而高，略厚。头小，眼大，口小、端位、无须。背部呈灰黑色，背鳍长，侧面渐变成银灰色。尾鳍深叉形，各鳍呈灰白色，因产地不同，体色会呈现出差异。

图15-35　鲫（*Carassius auratus*）

（图片：威海海洋职业学院）

生活习性：鲫多生活在淡水水体的底层，是杂食性鱼类。繁殖期为3—7月，卵为黏性卵。鲫常年均有生产，以2—4月和8—12月的鲫最为肥美。

分布：除西部高原外，鲫广泛分布于全国各地，以水草茂盛的浅水湖和池塘较多。

（七）鲮（图15-36）

鲮又称土鲮鱼、鲮公、雪鲃等，属鲤形目、鲤科、鲮属。

形态特征：体型呈梭形，侧扁，头短、吻部圆钝，口下位，有2对须。背部呈青灰色，背鳍无硬刺。腹部圆，无腹棱，呈银白色。胸鳍上方有菱形斑块。尾鳍深叉形。

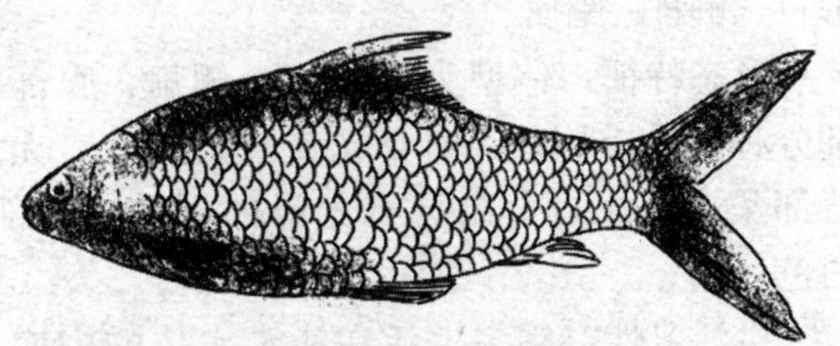

图15-36　鲮（*Cirrhinus molitorella*）

（图片：威海海洋职业学院）

生活习性：鲮多生活在淡水水体的中下

层，是杂食性鱼类。繁殖期为 4—9 月，卵为漂浮性卵，洪水期产卵多。

分布：鲮是暖水性鱼类，在我国主要分布在海南岛、珠江、澜沧江等北纬 25°以南的地区，是我国南方的重要经济鱼类。

（八）鲂（图 15－37）

鲂又称三角鲂平胸鲂、三角鳊、乌鳊等，属鲤形目、鲤科、鲂属。

图 15－37　鲂（*Megalobrama terminalis*）
（图片：威海海洋职业学院）

形态特征：体型呈菱形，侧扁，头小，口小且端位，无须。头后背部隆起，背鳍具有光滑硬刺，腹部圆，有腹棱。背部呈青灰色，两侧为银灰色带有浅绿色光泽，腹部银白色，各鳍呈青灰色。尾鳍深叉形。

生活习性：鲂多生活在淡水水体的中下层，是杂食性鱼类。2～3 龄可达性成熟，产卵期水温 20～29℃，卵为黏性卵。

分布：鲂鱼原产于长江中游一带的通江湖泊，现分布较广且可在全国养殖，主要分布在黑龙江、黄河、钱塘江及长江中下游等水系。

（九）长春鳊（图 15－38）

长春鳊又称鳊鱼、长春鳊、草鳊鱼、油鳊等，属鲤形目、鲤科、鳊属。

图 15－38　长春鳊（*Parabramis pekinensis*）
（图片：威海海洋职业学院）

形态特征：体侧扁、略呈菱形，头小，口小且端位，无须。头后背部隆起，背鳍具有硬刺，臀鳍长，腹部具有腹棱，背部及头部为青灰色且具有浅绿色光泽，体侧为银灰色，腹部为银白色，尾鳍为深叉形，各鳍边缘为灰色。

生活习性：长春鳊多生活在淡水水体的中下层，是草食性鱼类。繁殖期为 4—8 月，卵为漂浮性卵。

分布：长春鳊广泛分布于全国主要江河、湖泊中，国外主要分布于朝鲜和俄罗斯。

（十）鲴（图 15－39）

鲴是对鲤科、鲴属鱼类的统称，又称黄姑子、板黄鱼、沙姑子、黄条、黄川、黄尾鱼等，属鲤形目、鲤科、鲴属。

形态特征：体型为中小型，侧扁、腹部圆，部分种类具有腹棱。口下位或接近前位，无须。背部呈灰黑色，背鳍具有光滑的硬棘，腹部银白色。

生活习性：鲴多生活在淡水水体的中底层，是杂食性鱼类。2 龄性成熟，繁殖期为 3—7 月，卵为漂浮性卵。

图 15－39　鲴
（图片：威海海洋职业学院）

分布：鲴多分布于亚洲，在我国各个主要水系中均有分布，主要产地在湖南、湖北及广西等。

（十一）翘嘴红鲌（图 15-40）

图 15-40 翘嘴红鲌（*Erythroculter ilishaeformis*）
（图片：威海海洋职业学院）

翘嘴红鲌又称大白鱼、翘鲌子、翘嘴巴、白丝等，属鲤形目、鲤科、红鲌属。

形态特征：体型较大，细长、侧扁，头部、体背部几乎呈水平，口上位、无须。背鳍大且有光滑硬棘，腹部有腹棱，尾鳍为深叉形。背部呈浅棕色，体侧银灰色，腹面银白色，背鳍、尾鳍灰黑色，胸鳍、腹鳍、臀鳍灰白色。

生活习性：翘嘴红鲌多生活在淡水水体的中上层，是肉食性鱼类。雄鱼 2～3 冬龄性成熟，雌鱼 3～4 冬龄性成熟，每年产卵 1 次，繁殖期为 5—8 月，卵为微黏性卵。

分布：翘嘴红鲌分布广，我国平原诸水系均产，以江苏、湖北、安徽和黑龙江省产量最多。

（十二）蒙古鲌（图 15-41）

图 15-41 蒙古鲌（*Culter mongolicus*）
（图片：威海海洋职业学院）

蒙古鲌又称红尾、红梢子、尖头红梢子，属鲤形目、鲤科、鲌属。

形态特征：体型较长、侧扁，头部、头后背部略隆起，口端位、无须。背鳍具有光滑硬棘，腹部有腹棱，尾鳍为深叉形。背部及头部呈浅棕色，腹面银白色。除背鳍为灰色外，其余各鳍上叶均为浅黄色，尾鳍下叶为橘红色。

生活习性：蒙古鲌多生活在淡水水体的中上层，是肉食性鱼类。一般 2 龄性成熟，繁殖期为 5—7 月，卵为黏性卵。

分布：蒙古鲌分布广，在我国黑龙江、黄河、长江、珠江等水系均有分布。

（十三）泥鳅（图 15-42）

图 15-42 泥鳅（*Misgurnus anguillicaudatus*）
（图片：威海海洋职业学院）

泥鳅又称鱼鳅、拧沟、泥沟娄子等，属鲤形目、鳅科、泥鳅属。

形态特征：体型呈圆柱状，前端稍圆，后端侧扁，眼小，头小，吻尖。口小、口下位，呈马蹄形，须5对。背鳍短且无硬刺，具有斑点，尾鳍圆形。体呈灰褐色，腹部白色，体表有黑色斑点，尾鳍基部上方有一个显著的黑色斑点，其余各鳍呈灰白色，体表具有黏液。体色会随环境改变而改变。

生活习性：泥鳅为淡水底栖型鱼类，是杂食性鱼类。泥鳅可一年多次产卵，繁殖期为4—9月，卵为黏性卵。

分布：泥鳅在世界各地分布极广，主要集中在亚洲沿岸的各个国家。在我国，除西部高原地区外，均有分布。

（十四）胭脂鱼（图15-43）

图15-43　胭脂鱼（*Myxocyprinus asiaticus*）
（图片：威海海洋职业学院）

胭脂鱼又称黄排、木叶盘、红鱼、紫鳊、燕雀鱼等，属鲤形目、鳅科、胭脂鱼属。

形态特征：体型侧扁，头部稍小、侧扁，背部在背鳍起点处隆起，吻钝，略突出。口小且为下位，呈马蹄形，无须。背鳍基部长且无硬刺，臀鳍短，尾柄细长，尾鳍叉形。不同生长阶段，体型和体色差异较大。仔鱼体色为深褐色，体侧各有3条黑色条纹，背鳍和臀鳍上叶为灰白色，下叶下缘灰黑色；成熟个体体侧为淡红色、黄褐色或暗褐色，从吻端至尾基部有一条胭脂红的宽纵带，背鳍和尾鳍均呈浅红色。

生活习性：胭脂鱼不同时期形态各异，生活环境也不尽相同，主要生活在淡水水体的中下层，是杂食性鱼类。胭脂鱼5—6冬龄达性成熟，繁殖期为3—4月，卵为黏性卵。

分布：胭脂鱼在长江上中下游皆有，以上游居多，福建闽江也有。

二、鲇形目

（一）长吻鮠（图15-44）

长吻鮠又称鮰鱼、江团、肥沱等，属鲇形目、鲿科、鮠属。

形态特征：体型长，吻前突呈锥形。口下位，呈新月形，4对须。背鳍及胸鳍有硬刺且硬刺后缘有锯齿，脂鳍肥厚，尾鳍为深叉形。各鳍呈灰黑色。体呈粉红色，背部略

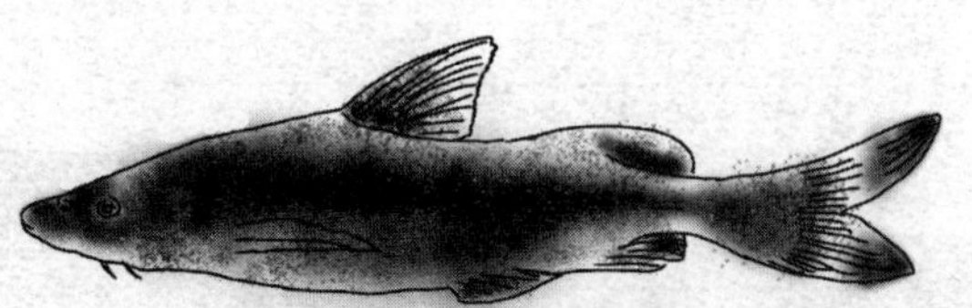

图15-44　长吻鮠（*Leiocassis longirostris*）
（图片：威海海洋职业学院）

带灰色，腹部白色，头及体侧具不规则的紫灰色斑块。

生活习性：长吻鮠一般栖息于江河底层，为肉食性鱼类，3～4龄性成熟，繁殖期为4—5月，卵为黏性卵。

分布：长吻鮠是我国名贵的淡水鱼，分布于黑龙江、黄河、额尔齐斯河、闽江等水系，主要产区是湖北和四川。英国、法国、美国等国家的部分地区也有分布。

（二）南方鲇（图15-45）

图15-45　南方鲇（*Silurus meridionalis*）
（图片：威海海洋职业学院）

南方鲇又称南方大口鲇、河鲇、大口鲇等，属鲇形目、鲇科、鲇属。

形态特征：体型长，侧扁，背面平直，腹部圆。头较长，扁平。口上位，口裂大，2对须。背鳍小，无硬棘，尾鳍小且内陷，无脂鳍。体表黏液较多，背部及体侧多呈灰褐色、黄褐色、灰黑色或黄绿色；腹部呈灰白色，具有黑色斑点；各鳍呈灰黑色。

生活习性：南方鲇一般栖息于江河底层，为肉食性鱼类。性成熟较晚，雌鱼一般4龄，雄鱼一般3龄。4—6月为产卵盛期，卵为黏性卵。

分布：南方鲇是一种大型名贵经济鱼类，主要产于长江流域。

（三）斑点叉尾鮰（图15-46）

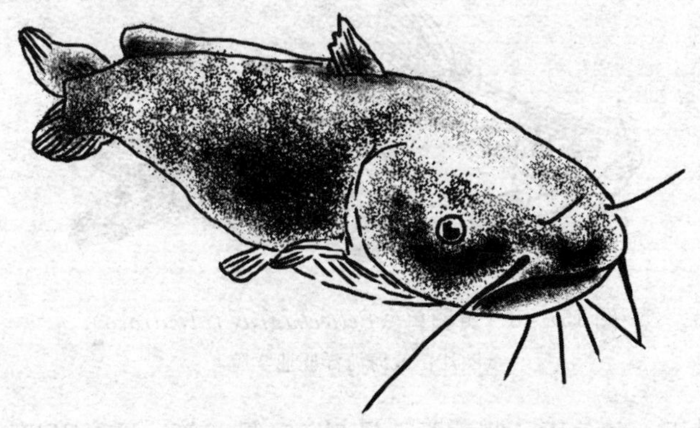

图15-46　斑点叉尾鮰（*Ictalurus punctatus*）
（图片：威海海洋职业学院）

斑点叉尾鮰又称沟鲇、钳鱼，属鲇形目、鮰科、真鮰属。

形态特征：体型较长，前部宽于后部，头较长，口端位，4 对须。具有背鳍 1 个，脂鳍 1 个，尾鳍为深叉形，各鳍均为深灰色。体表光滑，背部及两侧为淡灰色，腹部为乳白色。

生活习性：斑点叉尾鮰为温水性鱼类，一般栖息于水层底部，杂食性。繁殖期为 5—7 月，卵为黏性卵。

分布：斑点叉尾鮰天然分布于美国、加拿大等地，是美国的主要淡水养殖品种之一。20 世纪 80 年代引入我国，适合我国大部分地区养殖。

（四）革胡子鲇（图 15-47）

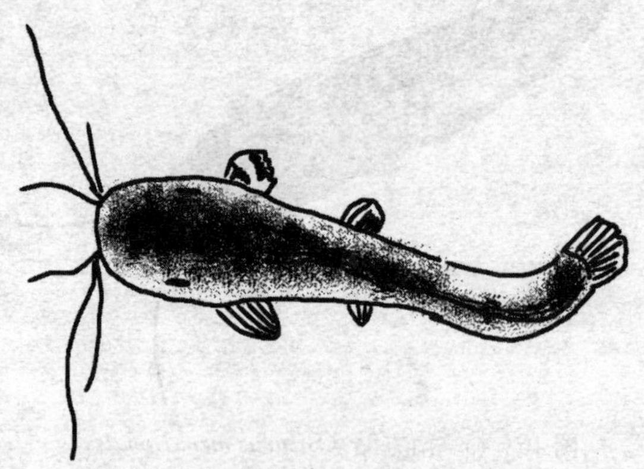

图 15-47 革胡子鲇（*Clarias lazera*）

（图片：威海海洋职业学院）

革胡子鲇又称埃及塘虱、埃及胡子鲇，属鲇形目、胡子鲇科、鲇属。

形态特征：体型呈圆筒形，头背部有呈放射状排列的骨质突起，口下位，口裂宽，4 对须。鳍条边缘呈淡红色，体背及两侧为苍灰色，带有不规则云状斑块，胸、腹部白色。

生活习性：革胡子鲇一般栖息于水层底部，为杂食性鱼类。繁殖期为 4—10 月，可多次产卵，卵为黏性卵。

分布：革胡子鲇原产于非洲尼罗河流域。现已在我国大部分地区开展养殖。

（五）黄颡鱼（图 15-48）

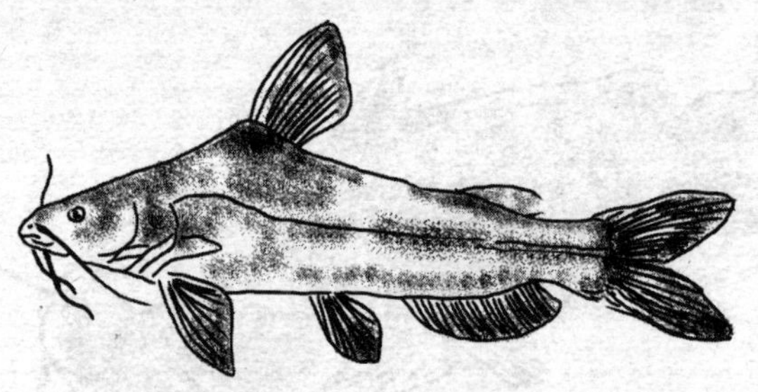

图 15-48 黄颡鱼（*Pelteobagrus fulvidraco*）

（图片：威海海洋职业学院）

黄颡鱼又称黄辣丁、黄角丁、刺黄股、昂刺鱼、昂公等，属鲇形目、鲿科、黄颡鱼属。

形态特征：体型长，腹平，头大且平扁，吻圆钝，口大且为口下位，4 对须。背鳍较小，具有骨质硬刺，具有脂鳍，胸鳍短小，臀鳍基地长，尾鳍为深叉形。体呈青黄色，体侧和腹面淡黄色，大多数具有褐色斑纹，各鳍呈灰黑色略带黄色。

生活习性：黄颡鱼一般栖息于水层底部，为杂食性鱼类。南方的繁殖期为4—5月，北方稍迟，卵为黏性卵。

分布：黄颡鱼广泛分布于我国淡水水域，除西部高原外，其他水系均有分布；此外，在日本等国家也有分布。

三、观赏鱼

一切用来观赏而不是单纯作食用的鱼类，都称为观赏鱼。在淡水观赏鱼中，根据观赏鱼对水温的需求不同可分为冷水观赏鱼、温水观赏鱼和热带观赏鱼。下面列出的是主要的淡水观赏鱼种类：

（一）温水观赏鱼

1. 金鱼　中国是金鱼的故乡，金鱼是我国劳动人民培育出来的一种珍贵而独特的观赏鱼类。金鱼的内部构造、组织结构及其生物学特性均与鲫相差无几，所以说金鱼是由鲫进化来的，是鲫的一个变种，在分类地位上属于脊椎动物门、鱼纲、鲤形目、鲤科、鲫属。由于不断的杂交和繁育，金鱼的品种越来越多，其分类方法也不断进步，最新的分类方法是傅毅远、伍惠先生提出的五类分类法，将金鱼分为五大类二十九型。

（1）金鲫种　金鲫型、燕尾型。

（2）文种　普通文鱼型、高头型、狮头型、绒球型、翻鳃型、水泡眼型。

（3）龙种　普通龙睛型、狮头龙睛型、龙睛球型、龙睛翻鳃型、扯旗蛤蟆头型、扯旗朝天龙型、灯泡眼型。

（4）蛋种　普通蛋鱼型、蛋凤型、高头型、虎头型、蛋球型、蛋种翻鳃型、水泡眼型。

（5）龙背种　普通龙背型、虎头龙背型、龙背球型、蛤蟆头型、朝天龙型、龙背翻鳃型、灯泡眼型。

2. 锦鲤　锦鲤是野生食用鲤的变异种，最早是由于环境因素导致个体体色突变而出现。锦鲤的原始品种为红色鲤，最早由我国发现，后传入日本，并在日本得到改良并发扬光大。从19世纪30年代开始，主要在日本经过人工杂交，逐渐选育出各种品种。锦鲤的品种分类一般根据其颜色、图案模型、鳞片的排列方式及光泽等特征进行区分命名，当前主要的锦鲤有14个类型，包括红白、大正三色、昭和三色、别光锦鲤、写鲤、浅黄、秋翠、衣锦鲤、变种鲤、黄金锦鲤、光写锦鲤、花纹皮光鲤、丹顶、金锦鳞，每一类型又包括一到多个品种。

（二）热带观赏鱼

热带观赏鱼是指生活在热带和亚热带地区水中的鱼类。淡水热带鱼主要分布在东南亚、中美洲、南美洲和非洲等地的江河、溪流、湖沼等淡水水域中。其中，以南美洲的亚马孙水系出产的种类最多、形态最美。

1. 多鳍鱼科　多鳍鱼被认为是和肺鱼或腔棘鱼一样，具有悠久历史而保存下来的“活化石”。分类上属硬骨鱼纲、辐鳍亚纲、多鳍鱼目，仅有多鳍鱼科1科，分多鳍鱼属与芦鳞属2属，共11种，前者分布于热带非洲的尼罗河，后者产于刚果河等河流中。观赏鱼界称之为“恐龙鱼”，常见种类有金恐龙、青恐龙、大花恐龙、刚果恐龙王、斑节恐龙、恐龙王、草绳恐龙等。

2. 骨舌鱼科 骨舌鱼俗称“龙鱼”，是一类非常古老的鱼类，远在石炭纪就已在地球上出现，距今已有上亿年的历史。该科鱼的主要特征是下颌具须，体侧扁，腹部有棱，鳔为网眼状，常有鳃上器官。龙鱼根据产地分为亚洲龙鱼、澳洲龙鱼和美洲龙鱼等不同形态的几个品系。亚洲龙鱼按纯正血统可细分为辣椒红龙、血红龙、橙红龙、过背金龙、红尾金龙、青龙、黄尾龙七种，以辣椒红龙为极品；澳洲红龙有星点龙和星点斑纹龙两种；美洲龙鱼包括银龙、黑龙和象鱼三种。

3. 脂鲤科 脂鲤科主要产于非洲、南美洲、中美洲和北美洲，种类繁多。此科鱼类的尾柄上都生有1个小的脂鳍，绝大多数品种躯体小型、美丽，性情温驯，只有极少数是肉食性的大型凶猛鱼类。常见的品种有红绿灯鱼、拐棍鱼、铅笔鱼、玫瑰扯旗鱼等。

4. 胸斧鱼科 胸斧鱼又名银石斧鱼、银手斧鱼、银斧鱼，分布于亚马孙南部流域的巴西、圭亚那、苏里南境内。胸斧鱼腹部突出，形如斧头。

5. 鲤科 该科观赏鱼颌骨无齿，最后一对鳃弧腹面部分特别粗壮，成为下咽骨，上有1～3行咽齿，具角质咽磨。鲤科鱼的种类繁多，分布广，大、中、小型鱼都有，全世界共有2 000多种，我国约产451种。常见的鲤科观赏鱼有虎皮鱼、斑马鱼、蓝三角、T字鲫、红线鲫、银鲨、剪刀鱼、三间鱼、厚唇鱼等。

6. 鳅科 鳅科成员多分布于欧亚大陆及其附近岛屿的淡水区，非洲摩洛哥与埃塞俄比亚亦有分布，基本上各种水域皆有，但以具流水环境较多。身体多为拉长的侧扁或圆筒形，头部平扁。由于大部分鱼种都具有“肠壁呼吸”能力，当水中溶氧不足时，可以直接吞吸空气，因此在低氧水域也能存活。常见品种有三间鼠、青苔鼠等。

7. 鲇科 两颌多具发达的须。又因鳔借一组韦伯小骨与内耳相连，而和鲤形目等一起组成骨鳔类。鱼体大多裸露无鳞，有的被骨板。多为底栖肉食性鱼类，绝大多数生活于淡水。本科中观赏鱼类的特点是喜欢舔食附着在水底或器具上的藻类或食物残渣，有的还喜欢挖砂。常见种类有玻璃鲇、反游猫鱼、红尾鲇。

8. 美鲇科 常见的有花鼠鱼、咖啡鱼、紫罗兰鱼、青铜鼠、熊猫鼠和皇冠豹等。

9. 溪鳉科 溪鳉科主要生活在非洲、北美洲及南美洲等地静止的水域中，分布较广，多为小型鱼，性情凶暴，不可与其他品种鱼混养，同种也尽量分开养。常见品种有琴尾鱼、黑鳍珍珠鱼、飞弹鱼等。

10. 花鳉科 花鳉科又叫胎鳉科。花鳉科中的鱼都比较小，大多数生活在淡水中，只有少数几种生活在咸水中。花鳉科的鱼性别区分非常明显：一般雄性小一些，比雌性活泼。花鳉科的雄性生殖器官是生殖苞，是一个向外伸长了的输精管。生殖苞在雄鱼的青年时代出现，交配时雄鱼冲到雌鱼附近并试图将其生殖苞挂到雌鱼的生殖口上，精子的生命期很长，可以在雌鱼体内存活很长时间，因此一次交配的精子往往可以用来使多批次卵受精。花鳉科鱼类体内受精，卵胎生，仔鱼在雌鱼体内孵化。最常见的花鳉科鱼为孔雀鱼，除此之外还有月光鱼、剑鱼、玛丽鱼等。

11. 丽鱼科 丽鱼科原产于热带中美洲、非洲等地的淡水及咸淡水水域。绝大多数为肉食性鱼类，以小鱼、昆虫、软体动物为食。有特殊产卵习性，生殖季节，雄鱼寻找适宜做巢的地方，用嘴挖出一个圆坑，雌鱼在坑内产卵，并随即吞到口中，这时雄鱼排精，精液也被雌鱼吸入口中，卵子在口中受精、孵化，孵出的小鱼仍留在母鱼的口中，直到小鱼卵黄囊消失才离开母口，如遇敌害，母鱼张口让小鱼进入口内，并驱赶敌害。常见品种主要有非洲慈鲷、酋长短鲷、七彩凤凰、红魔鬼、花罗汉、七彩神仙、金菠萝、地图鱼等。

12. 丝足鱼科　丝足鱼属鲈形目，只丝足鱼一科，又名丝足鲈。分布于东南亚地区的马来西亚、印度尼西亚、越南、柬埔寨等国。

13. 斗鱼科　斗鱼科，体呈椭圆形且侧扁。本科鱼为淡水鱼，分布于巴基斯坦、印度等的淡水流域，栖息于江河支流、小溪、沟渠、池塘或稻田等。常见种类有五彩搏鱼（俗称泰国斗鱼）、叉尾斗鱼、毛足鱼等。

14. 吻鲈科　吻鲈科只有吻鲈一种，又名接吻鱼，原产于泰国、印度尼西亚。

15. 射水鱼科　射水鱼又名枪手鱼、高射炮鱼。原产于印度、泰国、缅甸、印度尼西亚和菲律宾。

（三）冷水观赏鱼

在水温较低的寒温带或寒带地区生长发育的观赏鱼，如观赏鲟和鳟，冷水观赏鱼较温水观赏鱼和热带鱼而言并不常见。

第二节　海水养殖种类

一、鲈形目

（一）石斑鱼

1. 形态特征　体侧扁而粗壮，椭圆形，口较大。体被细小栉鳞，背鳍一般具 11 鳍棘，臀鳍具 3 鳍棘，尾鳍圆形、截形或凹形。体上多有鲜艳的斑点或条带。

2. 生活习性　为暖水性中下层鱼类，性凶猛，喜食鱼虾类，体长一般在 200～300mm，体重大多在 0.5～1.5kg。个体最大的是巨石斑鱼，体长可达 2m，体重达 200kg 以上。一般洄游和移动范围较小。

3. 养殖概况及主要种类　我国石斑鱼的养殖分布在福建、广东、广西、海南、台湾及浙江等地，养殖形式主要有 3 种，即土池养殖、筑堤式养殖和网箱养殖，但较为广泛采用的是网箱养殖。我国目前养殖较多的是青石斑鱼、赤点石斑鱼、鲑点石斑鱼和网纹石斑鱼等。

（二）军曹鱼

1. 形态特征　体形圆扁，躯干粗大，头平扁而宽；口大，前位，微倾斜，近水平而宽阔；吻中等大；眼小，前额骨不能伸缩，上颌后端近眼前缘，下颌略长于上颌；鼻孔长圆形，每侧 2 个；上下颌骨、腭骨及舌面具绒毛状牙带。背鳍硬棘短且分离，臀鳍具 2～3 枚弱棘。幼时尾鳍圆形，成体尾鳍则内凹呈半月状。尾柄近圆筒形、侧扁、无隆脊。鱼体表、颊部、鳃盖上缘、头顶部、鳍基部均被小圆鳞，侧线前端为波状，胸鳍上方波位较大，后段平直达到尾鳍基部。

2. 生活习性　军曹鱼为肉食性鱼类，以虾、蟹和小型鱼类为食物，有季节性洄游特征。

3. 养殖概况　分布于黄海、东海、南海及台湾沿海。我国广东、海南和台湾等地养殖较多，以网箱养殖为主。

（三）眼斑拟石首鱼

1. 形态特征　俗称美国红鱼，体延长，侧扁，背缘浅弧形，腹缘较平直；尾柄较长。头尖突，三角形，侧扁。吻圆钝，颊突出。吻长大于眼径。眼小，上侧位，位于头的前半部。鼻孔每侧 2 个。口大，亚前位或亚下位，口裂稍斜。上颌突出，长于下颌。无颏须。鳃孔大。鳃盖膜不与峡部相连。具假鳃。鳃耙较短。

体被极弱栉鳞（手感不糙），头部完全被小圆鳞；背鳍鳍条部和臀鳍基部具一行鳞鞘。背鳍略连续，鳍棘部和鳍条部之间具一深凹缺。胸鳍尖形，长于腹鳍。腹鳍位于胸鳍基底下方稍后。尾鳍圆形、截形或新月形。

2. 生活习性　眼斑拟石首鱼为肉食性杂食鱼类，在自然水域中，主要摄食甲壳类、头足类、小鱼等。系暖水性、广温、广盐、溯河性鱼类。原产于美国东南海岸。

3. 养殖概况　目前已在我国南方以及北方部分地区大面积养殖，是池塘和网箱养殖的优良种类。

（四）真鲷

1. 形态特征　俗称加吉鱼，体侧扁，呈长椭圆形，背面隆起，腹面平钝，头大，口小而低。体被栉鳞，侧线完全，呈弧形与背缘平行。背鳍Ⅶ-9～10；臀鳍短，与背鳍鳍条相对；胸鳍低位，尖形；腹鳍较小，胸位；尾鳍叉形。全体淡红色，在体侧偏背部散布若干鲜艳蓝色小点。尾鳍边缘淡黑色，产卵期色彩艳丽。

2. 生活习性　广泛分布于中国、朝鲜、日本、菲律宾、印度和澳大利亚等沿海。为暖水性底层鱼类，有季节性生殖洄游习性，食性广，以底栖生物为主。我国沿海的真鲷可分为黄渤海、东海及福建南部、广东近海三大种群。

3. 养殖概况　我国沿海均有分布，真鲷的养成方式有海区网箱养殖、港湾筑堤养殖和陆上池塘养殖。以网箱养殖为主。

（五）黑鲷

1. 形态特征　俗称黑加吉。体侧扁，呈长椭圆形。颜色青灰，头大，前端钝尖。第一背鳍有硬棘11～12，软鳍条12，侧线起点处有一黑斑。体侧有黑色横带数条。

2. 生活习性　性温和，为广温广盐性浅海底层鱼类。一般不做远距离洄游。杂食性，以软体动物、小鱼虾为主食。

3. 养殖概况　我国沿海均有分布，黑鲷的养殖有池塘养殖和网箱养殖两种，目前，黑鲷的池塘养殖比网箱养殖更可行。

（六）平鲷

1. 形态特征　体长椭圆形，侧扁。头大，背面隆起甚高。吻圆钝。口小，几近水平。体被圆鳞。背、臀鳍基部有鳞鞘，鳍条基底被鳞。侧线完全。背鳍鳍棘部与鳍条部相连，中间无缺刻。胸鳍尖长。尾鳍叉形。体背青灰色，腹部较淡，体侧有若干纵暗色条带。侧线起点处有一黑斑。背鳍、尾鳍色暗，边缘黑色。

2. 生活习性　为浅海暖温性底层鱼类。杂食性，以双壳类、虾、蟹、虾蛄、藤壶及海藻等为食。

3. 养殖概况　我国沿海南北均有分布。以网箱养殖、港湾筑堤养殖为主。

（七）黄鳍鲷

1. 形态特征　体长椭圆形，侧扁，背面狭窄，腹面钝圆。体高，头部尖。背鳍鳍棘部与鳍条相连。尾叉形。体色青灰带黄，体侧有若干条灰色纵走线，沿鳞片而行。背鳍、臀鳍的一小部分及尾鳍边缘灰黑色，腹鳍、臀鳍的大部及尾鳍下叶为黄色。

2. 生活习性　为浅海暖水性底层鱼类，广泛分布于我国近海。具洄游习性，杂食性鱼类，以藻类及小型底栖动物为主。

3. 养殖概况　在广东已有人工养殖。以网箱养殖和池塘养殖为主。

（八）斜带髭鲷

1. 形态特征　体长椭圆形，高而侧扁，头部背缘几乎呈直线状；眼间隔略阔而突起。尾鳍后缘圆形。体黑褐色，有时会转变为浅灰色。体侧具 3 条黑色斜带。各鳍灰褐色，边缘不呈黑色。

2. 生活习性　我国沿海均有分布，为近海中下层鱼类。肉食性，以小鱼及甲壳类为主。

3. 养殖概况　以网箱养殖为主。

（九）花尾胡椒鲷

1. 形态特征　体呈圆形、侧扁。从头部起体背显著隆起，背面狭窄呈锐棱状，腹面平坦。尾鳍截形、略圆。侧线完全，位高与背缘平行。鱼体被细小栉鳞。鱼体上部灰褐色，下部较淡；背鳍和臀鳍上散布着许多大小不一的黑色圆点，特别是尾鳍上的圆点较密集，状似散落的黑胡椒，故名花尾胡椒鲷。

2. 生活习性　为浅海底层鱼类，肉食性，以鱼及甲壳类等为食，沿海南北均有分布。

3. 养殖概况　以网箱养殖为主。

（十）星斑裸颊鲷

1. 形态特征　体呈长椭圆形，侧扁。体背面狭窄，腹面圆钝，背缘弧度较腹缘为大。头部只鳃盖被鳞，余均裸露，背鳍一个。胸鳍位低，颇大。体呈草黄色，腹部乳白色。体侧各鳞具晶蓝色斑点，宛若群星闪烁，故得名。背鳍浅红色，胸鳍浅黄色，尾鳍有褐色斜形横条纹。

2. 生活习性　肉食性，以小鱼及小型底栖无脊椎动物为主。

3. 养殖概况　我国主要产于南海，以海南省产量较多。以网箱养殖为主。

（十一）紫红笛鲷

1. 形态特征　体侧扁，椭圆形，或稍延长。体被中小型栉鳞或圆鳞。侧线完全。侧线上方的鳞片在背部前方与侧线平行，仅在后方为斜行；侧线下方的鳞片与体轴平行排列。头部鳞片始于眼后缘上方。前鳃盖骨后缘具一宽而浅的缺口。

2. 生活习性　热带、亚热带近海近底层鱼类，肉食性，以虾、蟹类及虾蛄类等为食。

3. 养殖概况　我国分布于东海及南海。以网箱养殖为主。

（十二）红鳍笛鲷

1. 形态特征　体侧扁，椭圆形，或稍延长。体被中小型栉鳞或圆鳞。侧线完全，侧线上下方的鳞片皆斜行，体红色，腹部稍浅。

2. 生活习性　为热带和亚热带中下层鱼类，以底栖动物为食，如虾、蟹类及虾蛄类，头足类及十腕类。

3. 养殖概况　分布于东海、南海，台湾西部、南部、北部及澎湖群岛海域，以及南海北部海区等。以网箱养殖为主。

（十三）大黄鱼

1. 形态特征　体延长，侧扁。尾柄细长，长约为高的 3 倍。鳞较小，体黄褐色，腹面金黄色，各鳍黄色或灰黄色。

2. 生活习性　为暖水性近海集群洄游鱼类，有强烈的发声能力。捕食性鱼类，主要摄食小型鱼类及甲壳动物。

3. 养殖概况　主要分布于黄海南部、东海。以网箱养殖为主。

（十四）卵形鲳鲹

1. 形态特征　体高而侧扁，尾柄细短。头小，眼小，鳃孔大，头部除眼后部有鳞外，其余均裸露。体和胸部鳞片多埋于皮下。侧线上无棱鳞。背部蓝青色，腹部银色。

2. 生活习性　暖水性中上层鱼类，具洄游习性。肉食性，仔、稚鱼摄食各种浮游生物和底栖动物，以桡足类幼体为主；稚、幼鱼取食水蚤、多毛类、小型双壳类和端足类；幼、成鱼以端足类、双壳类、蟹类幼体和小虾、小鱼等为食。

3. 养殖概况　分布于南海、东海和黄海海域，以海水池塘养殖和网箱养殖为主。

（十五）鮸状黄姑鱼

1. 形态特征　体方长而侧扁，被栉鳞或薄的圆鳞。

2. 生活习性　近海中下层鱼类，有明显的季节性洄游，具发声能力，肉食性。

3. 养殖概况　主要分布在我国浙江、福建、广东等亚热带海域。以网箱养殖为主。

（十六）花鲈

1. 形态特征　体长、侧扁。口大、倾斜。下颌长于上颌，鳃盖骨有一个大棘，幼体的体侧及背鳍棘部有若干黑色斑点，成熟个体逐渐消失。

2. 生活习性　多生活于近岸浅海，具洄游习性，肉食性，主要以鱼类为食。

3. 养殖概况　我国沿海均有分布，喜栖息于河口或淡水处，亦可进入江河淡水区。主要为池塘养殖和网箱养殖。

（十七）黄条鰤

1. 形态特征　体侧扁，头侧扁，尾柄细，鳞小。上颌骨宽，其后上角较圆。侧线上无棱鳞。

2. 生活习性　为中上层鱼类，具周期性洄游习性，掠食性食肉鱼类，多以中上层小型鱼类为食。

3. 养殖概况　主要分布于黄海和渤海。以室内工厂化养殖和网箱养殖为主。

（十八）高体鰤

1. 形态特征　体长圆形、侧扁，颊、鳃盖上部、胸部及身体均被小圆鳞。侧线稍弯曲，侧线上无棱鳞，尾柄两侧具一弱皮嵴。体背草绿色，体侧有一金黄色纵带，小鱼体侧具5条暗色斑。

2. 生活习性　为暖水性洄游鱼类，有南北间季节性洄游的现象。肉食性。

3. 养殖概况　我国沿海均有分布。以网箱养殖为主。

二、鲽 形 目

（一）牙鲆

1. 形态特征　体延长、呈卵圆形、扁平，两眼均位于身体左侧，口较大，齿强大。有眼侧体表被覆栉鳞，体色为深褐色或灰褐色，散布有白色圆斑；无眼侧被覆圆鳞，一般为白色。

2. 生活习性　冷水性底层鱼类，肉食性，以鱼类、贝类、头足类和环节动物等为食。

3. 养殖概况　主要分布在我国渤海、黄海和东海。以海上网箱养殖和室内工厂化养殖为主。

（二）大菱鲆

1. 形态特征　身体扁平，略呈菱形，整体观近似圆形。两眼均位于身体左侧，口裂中等大，尾鳍宽而短，体表呈褐色，有隐约可见的黑色和棕色花纹。

2. 生活习性　冷水性深海底层鱼类。肉食性，幼鱼期摄食甲壳类和多毛类，成鱼期摄食小鱼、小虾、贝类等。

3. 养殖概况　欧洲引进种，以池塘养殖、网箱养殖和室内工厂化养殖为主。

（三）漠斑牙鲆

1. 形态特征　体侧扁、卵圆形，两眼均位于头部左侧，身体的左侧呈浅褐色，分布有不规则的斑点，腹部颜色较浅，能随着周围环境而变化，体腔很小，鳔缺乏。因身体上分布混合着黑色斑点的明暗斑块，犹如沙漠一般，故称漠斑牙鲆。

2. 生活习性　为底栖肉食性凶猛鱼类，具有埋伏捕食的能力。斑点鲻是漠斑牙鲆成鱼的主要捕食对象。

3. 养殖概况　美国引进种，以池塘养殖、网箱养殖和室内工厂化养殖为主。

三、鲻 形 目

鲅

1. 形态特征　体梭形，前部近圆筒形，背缘较平直，腹缘浅弧形，尾柄较长。头中等大，吻短钝，口裂平横，呈“人”字形。眼较小，稍带红色，鳞中等，除吻部外全体被鳞，无胸鳍腋鳞，无侧线。

2. 生活习性　为近海鱼类。多栖息于沿海及江河口的咸淡水中，亦能进入淡水中生活。以浮游生物为食，也食植物碎片。

3. 养殖概况　广泛分布于沿海及江河口沿岸一带，以网箱养殖为主。

四、鲉 形 目

（一）许氏平鲉

1. 形态特征　体延长，侧扁，头部背棱较低，其后端具尖棘。眼上缘具眶前棘、眶后棘和蝶耳棘。鳃孔大，鳃盖膜不与峡部相连；鳞中大，栉状；眼上下方、胸鳍基及眼侧具小圆鳞。侧线稍弯曲。体灰褐色，腹面灰白色。各鳍灰黑色，胸鳍、尾鳍及背鳍鳍条部常具小黑斑。

2. 生活习性　温水性底层鱼类，肉食性。

3. 养殖概况　主要分布于渤海、黄海和东海。以室内工厂化养殖和网箱养殖为主。

（二）大泷六线鱼

1. 形态特征　体中长，侧扁，稍低，长椭圆形。头较小，略尖突；吻中大，略尖；眼较小，圆形，上侧位；口中大，端位，斜裂。鳞小，长方形，栉鳞，覆瓦状排列。头部具圆鳞。体黄褐色，赤褐色或紫褐色，腹侧灰白色。体侧具云状斑纹。

2. 生活习性　为冷温性海洋鱼类，近海底层栖息，肉食性。幼鱼食甲壳动物，成鱼主食软体动物。

3. 养殖概况　分布于渤海、黄海和东海。以室内工厂化养殖和网箱养殖为主。

五、其他目

遮目鱼

1. 形态特征 体延长，稍侧扁，截面呈卵圆形。头钝，中等大。吻圆钝。眼大，脂性眼睑非常发达。口端位，口小。无牙齿。身体被覆细小圆鳞，侧线发达，几近平直。背部青绿色，体侧和腹部银白色。

2. 生活习性 为暖水性集群鱼类，以浮游植物为食，冬季停止摄食。

3. 养殖概况 分布于北起福建福州、南至南海诸岛的中建岛海域。以港养、池塘养殖、网箱养殖为主。

六、观赏鱼

海水观赏鱼是指生活在热带珊瑚礁海域，大多色泽艳丽、形态奇特的有观赏价值的鱼。海水观赏鱼主要分布于印度洋、太平洋等热带、亚热带海底的珊瑚礁水域，故又名珊瑚鱼。海水观赏鱼生活在5～15m深的海水中，栖息地有许多五彩斑斓、色彩艳丽的活珊瑚、海葵等腔肠动物以及各种软体动物。海水观赏鱼多数属于硬骨鱼纲、鲈形总目，由30多科组成，较常见的品种如下：

（一）蝴蝶鱼科

蝴蝶鱼科种类繁多，色彩艳丽，姿态高雅，是海水观赏鱼类中最主要的成员。蝴蝶鱼的种类超过200多种，广泛分布于全世界珊瑚礁海区或浅海水域，其中印度尼西亚附近海域是主要产区，种类超过60种。蝴蝶鱼的仔鱼头部长了许多刺，是愈合成骨质板的头盔，可保护自己。仔鱼漂到礁区后就变态成为幼鱼。幼鱼游泳慢，抵抗力也较弱，所以有许多种蝴蝶鱼幼鱼在背鳍后端，靠近身体和尾巴连接的地方，有一个像眼睛一样的斑块，叫“假眼”，而真正的眼睛反而以一条黑色色带来掩饰。常见种类：丝蝴蝶鱼（俗称人字蝶）、双丝蝴蝶鱼（俗称法国蝶）、鞭蝴蝶鱼（俗称月光蝶）、波斯蝴蝶鱼、镜斑蝴蝶鱼、火箭鱼、网纹蝴蝶鱼、班带蝴蝶鱼、黄色蝴蝶鱼、铁嘴鱼（俗称三间火箭蝶）、四刺蝴蝶鱼、黑背蝴蝶鱼、马夫鱼（俗称黑白关刀）等。

（二）刺盖鱼科（棘蝶鱼科）

棘蝶鱼原属于蝴蝶鱼科中的亚科，后来被提升为独立的一科。它和蝴蝶鱼科的主要区别是，棘蝶鱼的前鳃盖骨下方有一枚向前的尖锐硬棘。平时喜单独活动，但亦成群或成对而游。它们生性机警，白天只在洞穴或阴暗处附近逗留，一遇特殊状况立刻躲回洞中。主要以藻类、海绵、海鞘和珊瑚虫等为食。本科鱼类体色会随成长而改变，而有些鱼种的雌雄个体亦有不同的体色形态。常见种类：主刺盖鱼（俗称皇帝神仙）、条纹盖刺鱼、黄额盖刺鱼、额斑刺蝶鱼（俗称女王神仙）、蓝点刺盖鱼（俗称马鞍神仙）、胄刺尻鱼（俗称火焰神仙）、二色刺尻鱼（俗称石美人）、博伊尔刺尻鱼（俗称薄荷仙）、雀点刺蝶鱼、美丽月蝶鱼、乔卡刺尻鱼、弓纹刺盖鱼等。

（三）雀鲷科

雀鲷科是硬骨鱼纲、鲈形目的一科海产小型鱼类的统称，约250种，主要分布于大西洋和印度洋-太平洋热带水域。雀鲷生活在热带海洋中，是十分美丽的鱼，体形像鲷，但却不属于鲷科，身躯很小，如麻雀般大，所以被称作雀鲷。它们通常以附着在珊瑚礁上的小型甲

壳类和浮游动物为食物。雀鲷是极具观赏价值的小型珊瑚礁鱼类。雀鲷颜色艳丽，身体娇小，大的不过10cm，小的仅有2～3cm。雀鲷的种类很多，最著名的便是小丑鱼，其他品种还有棘颊雀鲷（俗称透红小丑）、眼斑双锯鱼（俗称公子小丑）、背纹双锯鱼（银线小丑）、克氏双锯鱼（双带小丑）、三带双锯鱼（黑白公子小丑、澳洲黑公子）、高欢雀鲷、闪光新箭雀鱼、三斑宅泥鱼（三点白）、吻带菊雀鲷（蓝魔鬼）、副金翅雀鲷（黄尾蓝魔）、霓虹雀鲷（黄肚蓝魔）等。

（四）刺尾鱼科

刺尾鱼科属于鲈形目，其科名由来，是该科鱼类尾柄上具有一个或数个硬棘，其锋利如外科手术刀，不小心碰到时皮肤很容易被划破流血，故称“刺尾鱼”，在国外也称它为“外科医生鱼”。体呈卵圆形或长椭圆形，侧扁；尾柄细而有力。口小，端位。体被小栉鳞，有些固生于皮肤，使表皮粗糙如砂纸。分布于各热带海区。它们喜欢成群结队地在珊瑚礁附近游动，喜食礁壁上的藻类食物。常见的种类主要有：黄尾副刺尾鱼（俗称蓝倒吊）、黄高鳍刺尾鱼（俗称黄三角倒吊、黄金吊）、心斑刺尾鱼（俗称鸡心倒吊）、带刺尾鱼、白胸刺尾鱼（粉蓝倒吊）、德式高鳍刺尾鱼（珍珠大帆倒吊）、宝石高鳍倒吊（珍珠倒吊）、白面刺尾鱼等。

（五）鲀形目

鲀形目鱼的主要特征是：鳞片变异成小刺、骨板或裸露。通常无肋骨。前额骨和上腭骨相连或愈合。齿圆锥状、门齿状或愈合成喙状齿板。主要分为鳞鲀科、箱鲀科、鲀科和刺鲀科。

鳞鲀科：体侧扁，长椭圆形或菱形。眼小或中大，上侧位。口小，端位。上下颌每侧常各有1～2行楔状齿。背鳍2个，第一背鳍3鳍棘，第一鳍棘粗大，其余2鳍棘短小；第二背鳍及臀鳍相似，基底均较长。左右腹鳍合成一短棘，附在腰带骨的末端，短棘与肛门间常有膜状皮膜。常见种类：圆斑拟鳞鲀（俗称小丑炮弹）、叉斑锉鳞鲀（鸳鸯炮弹）、金边凹鳞鲀、红牙鳞鲀、棘皮鲀等。

箱鲀科：身体呈球形或箱形，表皮粗糙，鳞片特化成骨质盾板的坚硬外壳，如同披覆铠甲一般无法活动自如，只有口部、肛门、尾柄及鳍条具沟洞而能活动。常见的如粒突箱鲀（俗称金木瓜）、角箱鲀（牛角鲀）等。

鲀科：黑斑叉鼻鲀、横带扁背鲀等。

刺鲀科：眼斑刺鲀。

（六）隆头鱼科

隆头鱼科，鲈形目、隆头鱼亚目的一科。全世界约500种。广布于全世界热带和温带海域，以珊瑚礁中为最丰富。多以软体动物为食，齿适宜磨碎贝类。大多数为肉食性，捕食海产无脊椎动物。常见种类：鳃斑盔鱼、露珠盔鱼、红普提鱼、美普提鱼、裂唇鱼、六带拟唇鱼、七带猪齿鱼、蓝侧丝隆头鱼、黄尾阿南鱼、花尾美鳍鱼、新月锦鱼等。

（七）鲉科

鲉科鱼古怪难看，头大而粗糙，长满硬刺，嘴也很大。本科鱼有些颜色鲜明，但大多数颜色暗淡，容易与环境的色泽混合，产于温带及热带浅水或水深适中的海域。鲉科鱼属肉食性鱼，鳍上的硬棘尖锐可作防御及攻击之用，因为这些鳍棘与分泌毒液腺相连。常见种类：翱翔蓑鲉（长须狮子鱼）、触角蓑鲉、花斑短鳍蓑鲉、短鳍蓑鲉、辐纹蓑鲉、双斑短鳍蓑鲉等。

（八）其他海水鱼

大口腺塘鳢（雷达）、花斑连鳍鳉（五彩青蛙）、大斑连鳍鳉、驼背鲈（老鼠斑）、考氏鳍竺鲷（泗水玫瑰、巴黎天使）、狐篮子鱼（狐狸鱼）、条纹虾鱼、灰镰鱼（神像）、大海马、带纹矛吻海龙等。

第三单元　鱼类人工繁殖

第一节　概　述

一、概　况

我国继20世纪50年代在“四大家鱼”人工繁殖上取得成功后，在鲤科鱼类其他种类的繁殖上也取得了成功。淡水鱼类人工繁殖品种有：四大家鱼、长吻鮠、鲟、黄鳝、鳜等。80年代我国开始真鲷、牙鲆、黑鲷和大黄鱼等海水鱼类人工繁殖和批量育苗研究，全人工工厂化育苗技术达到生产规模。

鱼类人工繁殖方法按亲鱼来源于天然水域或人工培育，可分为半人工繁殖和全人工繁殖。前者受捕捞水域和季节的限制性大，生产不稳定。后者从亲鱼培育至鱼苗孵出都在人工控制下进行，可有计划地大量生产鱼苗。

二、繁殖原理

鱼类的人工繁殖是指鱼类在人工控制下，使亲鱼的性腺发育成熟，并通过催产剂与外界条件的刺激，使亲鱼发情、产卵及孵化；或者采用人工授精的方法获得受精卵，然后给予一定的条件，使受精卵孵化。因此，鱼类的人工繁殖一般分为亲鱼培育、催产、产卵及孵化四个阶段。

三、繁殖生物学指标

（一）怀卵量

怀卵量是水产动物产卵前卵巢中所怀成熟卵子的数量，又分为绝对怀卵量和相对怀卵量。

（二）繁殖力

繁殖力是在一个繁殖季节中，水产动物一雌体或一种群雌体产卵的数量，可分为个体繁殖力和种群繁殖力。

（三）受精率

胚胎发育至高囊胚期时（有的以胚胎尾芽期时计算），其发育正常成活的受精卵数占总卵数的百分比。

（四）孵化率

孵化率是水产动物胚胎发有阶段中，从卵内破膜而出的个体数量与受精卵数量之比值。

（五）出苗率

在生产上真正的孵化率是比较难统计的，所以生产上也采用出苗率来统计，即出苗数占孵化卵的百分比。

第二节　主要设施

一、水质净化处理设施

水质净化处理系统一般包括沉淀池、过滤器、蓄水池和消毒装置。沉淀池是利用沉淀作用，去除水中的悬浮物，沉淀效果取决于池中水体流速以及停留时间；过滤器通过机械过滤实现固液分离，清除水中固态物质及大型水生生物和悬浮物；蓄水池具蓄水、沉淀、生物净化等多重作用；消毒装置主要包括紫外线消毒装置、臭氧消毒装置等。

二、产卵与孵化设施

产卵设施主要为产卵池，形状有圆形、方形、八角形，池面、池底要光滑，以免伤到鱼卵。具体可分为：产漂流性卵和沉性卵鱼类的产卵集卵池，产浮性卵鱼类的产卵集卵池，产黏性卵鱼类的产卵池与鱼巢。孵化设施包括孵化桶、孵化缸、孵化环道、孵化池等。

三、增氧与控温设施

（一）增氧设施

亲鱼培育池一般使用叶轮式增氧机，水面叶轮可以持续旋转搅动，搅拌水面的气膜和液膜，提高气液接触面积，有效提升空气中的氧在水中转移扩散的速度。产卵孵化池、育苗池采用罗茨鼓风机，通过水底曝气增氧，活化水体，产生的气泡上浮速度低，与水体接触时间长，传氧效率高。

（二）控温设施

多数亲鱼培育、产卵孵化等生产环节均需要进行加温处理，需配备增温设施，主要用的设备是燃煤锅炉和电加热器等。

四、其他辅助设施

（一）水质检测设备

如温度计、盐度计、显微镜等，需对水温、盐度、溶解氧、氨氮进行检测，并对浮游生物进行显微观察。

（二）电力设备

供电稳定满足养殖场养殖、工作、生活方面的电力需求，同时可配备柴油发电机，以应对突发状况。

（三）库房资源

用于存放生产工具、饲料等，库房位置应离生产区较近，且车辆进出方便。

第三节　亲鱼选择与培育

一、选择方法

（一）亲鱼的来源

供人工繁殖用的亲鱼，其来源有：一是直接从天然水域中捕捞已经达到性成熟的个体，然后运回进行饲养；二是在人工控制的条件下，从鱼苗一直养到鱼体达到性成熟。从天然水域中捕捞来的亲鱼，经过一段时间的培育就可进行人工催产，省去了从鱼苗到性成熟的培育过程。但是，这些亲鱼的亲缘关系并不明晰。

目前，我国淡水养殖鱼类用于人工繁殖生产的亲鱼，来源主要有三个，一是直接从江河、湖泊、水库等水体中，捕捞性成熟或接近性成熟的种鱼；二是从江河、湖泊、水库等水体中捕捞幼鱼，在培养池中专门培养至性成熟；三是完全人工繁殖后代，逐步选育出性状优良的个体。

在我国海水鱼类养殖中，南方用网箱饲养亲鱼；而北方由于越冬的限制，只有具备越冬条件的（塑料大棚、温室和电厂余热）才饲养亲鱼，而且种类只限于牙鲆、真鲷、黑鲷、大黄鱼等中小型鱼类。也有一些单位，在鱼类的繁殖季节采捕性腺成熟的亲鱼，立即进行人工催产。

（二）亲鱼的选择

捕捞亲鱼的季节，最好在晚秋和早春水温较低时（7～10℃）进行，这时鱼的活动量较小，受伤轻，也不易缺氧，运输方便。捕捞亲鱼最好用定置网具（网箔）或张网，以免鱼体受伤。

亲鱼选择标准是：已达性成熟年龄；个体较大；鱼体健康，无严重病伤；雌、雄比例为1∶1，或雄鱼稍多一些。选择亲鱼时，还要注意它们的亲缘关系，选择纯种，不要杂种。选择具有优良性状的个体，如生长速度快，体形好，抗病力强，对环境条件活应力强，繁殖力高等。为避免近亲繁殖，同一个生产单位的雌、雄亲鱼不得来源于同一个原种场；同一个生产单位繁殖的雌、雄鱼不得同时留作本场亲鱼。

（三）亲鱼的运输

捕捞和运输过程中操作和管理要细心，尽量避免鱼体受伤，保持水质清洁和溶解氧充足等。具体的运输方法有开放式运输、封闭式充氧运输和麻醉运输等。

二、培育方法

（一）亲鱼培育池

淡水养殖鱼类的亲鱼，通常采用土池塘培育；海水养殖鱼类的亲鱼，通常采用水泥池培育、室内水槽培育以及网箱培育。

淡水亲鱼培育的土池塘一般选择面积 2 500～3 500m^2 的长方形池塘，水深 2～3m，水源充足，注排水方便，底质平坦。放养亲鱼前，要进行清整和药物清塘。作为海水亲鱼培育的水泥池形状有方形、长方形或圆形，面积一般为 30～100m^2，深度 1.0～1.5m，配备进排水、充气、加温管道。培育亲鱼的网箱规格一般为 4m×4m×3m 或 6m×6m×3m。

（二）亲鱼的放养

可以单养，也可以混养。一般产后亲鱼采用混养，产前培育为单养。产后混养，可以充分利用水体空间和饵料资源，发挥各种鱼类之间互补互利的关系；产前单养，为的是催产时方便。必须指出，能在静水水域中自然产卵的鱼类（如淡水中的鲤、鲫、团头鲂等），在产前需要将雌、雄鱼分开饲养，以免出现产卵不集中的现象，给生产带来损失。

（三）亲鱼培育和饲养管理

亲鱼培育和饲养管理应根据其性周期特点和性腺发育对营养、水温、水质、光照、盐度等的要求，采取有效措施，保证性腺良好发育。每日巡池一次，注意观察水质变化和亲鱼活动情况，做好饲养日志，发现问题及时解决。加强巡池，发现鱼病及时治疗；加强防偷、防敌害和防逃管理。可建立亲鱼档案，主要内容包括亲鱼的来源、产地、时间、父母代情况、批次与数量、年龄与规格、体质状况、饲养管理及繁殖生产记录。后备亲鱼应从鱼苗开始建档立案，逐步选优汰劣，提纯复壮。亲鱼档案记录要求时间正确，内容实事求是，科学、完整、详细，便于考查。

（四）合理投饵

首先，根据鱼类摄食习性选择饲料。如牙鲆、花鲈亲鱼投喂消毒后的鲜杂鱼、杂虾或软颗粒饲料；鲢、鳙亲鱼可靠肥水培养浮游生物饵料，也可投喂粉状或糊状饲料。其次，根据性腺发育需要，调整饲料配方。如卵巢由第Ⅲ期向第Ⅳ期发育，应投喂较高能量的饲料；性腺发育成熟前，需要提高饲料维生素含量，特别是维生素 E。再次，把握时机，强化培育。早春产卵鱼类，应抓住上一年的春秋季时节，强化投饵和管理。例如，鳜亲鱼放养时应投入饵料鱼。首次投放饵料鱼量为亲鱼重量的 2 倍，以后每隔一个月检查塘内饵料鱼存塘情况，视饵料鱼的存量多少，调整投饵量。

（五）水质调控

保证良好环境条件：鲢、鳙喜肥水，草鱼喜清水，虹鳟等喜流水，应根据亲鱼对水质的要求，合理调控水质。养殖鱼类的亲鱼怀卵量大，对环境条件的适应能力差，特别是对恶劣环境的耐受能力差。大多数鱼类在性腺发育成熟前，对水质要求高，有些亲鱼需要流水刺激。

调节水温、光照、盐度等，促进亲鱼性腺快速发育。室内水槽培育亲鱼，可对一些生态因子进行调节和控制，但必须根据亲鱼性腺发育要求合理调节。例如，鲢如果全年在较高水温下（25℃以上）培育，性腺则不能发育至成熟；必要的低温期，也是性腺发育和成熟的条件之一。室内水泥池培养暗纹东方鲀，其性腺发育成熟需要一定的盐度变化。延长光照时间，可使牙鲆等春季产卵鱼类提早产卵繁殖；缩短光照时间，可使花鲈等秋季产卵鱼类提早产卵繁殖。

土池塘培育亲鱼对生态因子的控制较困难，但也可以在一定范围内进行调节。如鲢、鳙亲鱼池，在早春水体适当浅些，升温和变温有利于性腺发育。在春季培育鲢、鳙亲鱼的经验是：早春浅水培育抓温度，中期肥水培育抓营养，后期活水培育抓环境。

第四节　人工催产

一、性腺成熟度判别

鱼类性腺成熟度判别是根据鱼类性腺外表性状和性细胞发育程度所划分的性腺发育等级。判断鱼类性腺成熟度是水产资源调查研究的常规项目之一，其划分一般有 4 种方法，分别为目测等级法、组织学划分法、卵径分布法和性成熟系数法。

相对严谨的方法是通过解剖观察法判断性腺的发育分期，来鉴别亲鱼性腺的成熟情况。但由于个体存在差异，难以用此标准来准确反映每尾亲鱼的成熟情况；并且，对于一些经济价值较高的鱼类来说，解剖观察有较高的成本，并不现实。

在生产实践当中，鉴别亲鱼成熟度的经验方法为“看、摸、挤”。一看，即观察亲鱼腹部的大小、卵巢轮廓及其流动情况，观察亲鱼生殖孔的形状和颜色等；二摸，即摸亲鱼的腹部，通过腹部的柔软程度、腹壁的薄厚及弹性来进一步判断；三挤，即挤压雄鱼腹部生殖孔和肛门，观察其中有无粪便和精液流出，以及精液遇水后散开的速度如何。

判断标准：成熟度较好的亲鱼，一般腹部膨大，卵巢轮廓明显而且有流动现象，生殖孔呈现微红色；腹部肌肉较薄，腹部松软而有弹性；一般无粪便，雄鱼有精液，遇水后迅速散开。

目测等级法主要依据性腺的外形、色泽、血管分布、卵与精液的情况等特征进行判断。该方法将性腺成熟度划分为六期，具体标准如下：

第Ⅰ期：卵巢紧贴在鳔下两侧的体腔膜上，呈透明细线状，肉眼不能分辨雌雄，看不到卵粒和血管的分布。

第Ⅱ期：卵巢呈扁带状，能看到卵巢表面有血管分布；撕去卵巢膜，其内部显现出花瓣状纹理（卵巢隔膜，或称蓄卵板）；此时还看不到卵粒。

第Ⅲ期：卵巢体积增大，用肉眼就可以看到卵粒，但不能从卵巢隔膜上剥离下来。

第Ⅳ期：卵巢体积进一步增大，卵粒大而明显，且已可剥离下来；卵巢表面血管粗而清晰。

第Ⅴ期：卵粒已从隔膜上脱落，在卵巢中处于流动状态；轻轻挤压鱼的腹部，卵粒可从生殖孔流出。

第Ⅵ期：从外形上看，卵巢体积缩小，组织松软，表面充血。大部分卵粒已排出体外，未排出卵粒退化，呈白浊色。

精巢发育分期与卵巢一样，依据组织学和形态特征分为六个时相（期）：

第Ⅰ期：精巢呈细线状，紧贴在体腔壁上，肉眼无法区分性别。

第Ⅱ期：精巢为细带状，白色，半透明，肉眼已可分出雌雄。

第Ⅲ期：精巢白色，呈柱状，表面较光滑，没有精液。

第Ⅳ期：精巢宽大，表面出现皱褶；刺破精巢膜，有精液流出。

第Ⅴ期：精巢表面柔软，乳白色，轻压腹部有精液流出。

第Ⅵ期：精巢中大量精子已排出，体积缩小；颜色变为浅红色。

二、催产激素种类与剂量

例如，鳜催产常用的有鲤垂体（PG）、地欧酮（DOM）、鱼用绒毛膜促性腺激素（HCG）和鱼用促黄体素释放激素类似物（LRH－A），只要剂量适宜，单独、混合使用均可；鲢、鳙可使用 DOM、HCG 和促黄体激素释放激素类似物（2 号 LHRH－A2、3 号 LHRH－A3）进行催产。还有专门为鲑鳟类、鲷类等设计的混合催产剂。

可根据产品说明书，确定鱼类催产的次数和剂量，即单位鱼体重（kg）注射催产剂的数量（μg、mg 或 IU）。其次，根据亲鱼体重，确定注射体积，即用生理盐水将催产剂配制成一定浓度的溶液。一般小型鱼类（鲫、黄颡鱼、罗非鱼等）0.5～1.0mL/kg；大中型鱼类，每尾亲鱼注射 2～3mL，一般不超过 4mL。

三、催产方法

养殖生态环境条件不同于野外生态环境条件，无法刺激亲鱼产生促黄体激素释放激素、促性腺激素等，因此亲鱼无法像在自然环境中自然繁殖，需要进行人工催产。人工催产，是把一定量的催产剂注入亲鱼体内，借助体液的流动，将这些繁殖所需的激素带到鱼体全身，从而起到代替鱼体下丘脑或垂体分泌活动的作用；有适宜的生态条件刺激，诱导亲鱼发情，产卵或排精，效果更佳。因此，进行鱼类人工催产，最好做好生理生态相结合。催产剂的注射方法有肌肉注射和体腔注射两种，肌肉注射一般选择在背鳍基部或背鳍与侧线间的大侧肌；体腔注射一般在胸鳍基部。一般鱼类注射 1～2 次，少数注射 3～4 次。

第五节　产卵与受精

一、自然产卵和受精

按一定的雌雄比例（通常为 1∶1）和密度（组数），将注射过催产剂的亲鱼放在产卵池中。亲鱼经注射催产剂后，产生生理反应，就会出现亲鱼兴奋、互相追逐的现象，称之发情。亲鱼发情达到高潮时，就会自行产卵、排精，完成受精作用，称之为自然产卵和受精。

二、人工授精

人工授精是指人为地将成熟的精子（液）和卵子混合在一起，完成受精作用，并获得受精卵。具体方法是在亲鱼发情达到高潮（排卵和排精）时，捕获亲鱼，将成熟的卵和精液挤出，并混合在一起，在水中完成受精作用。根据精液和卵混合时有无水，可分为干法和湿法人工授精，实践中多采用干法。在鱼类种间杂交或雌雄不能完成交尾时；在人工繁殖中，雄性亲鱼数量不足时；在不具备产卵设施和条件时，都可采用人工授精法获得受精卵。但是，通常亲鱼排卵时间不易把握，操作麻烦，亲鱼受伤机会增多。生产中，鲟类和鲑鳟类人工繁殖通常采用人工授精。

精、卵在人工搅拌下结合受精。一般采用干法和半干法两种。干法授精：把所取精、卵混合，再加水搅拌 1～2min，使之受精。半干法授精：先用 0.8%生理盐水稀释精液，然后与卵混合，再加水搅拌 1～2min，使之受精。

三、影响因素

目前影响亲鱼催产率的主要因素有下列几个方面：催产亲鱼的成熟度；催产时间及催产环境；催产剂的种类选择、注射剂量及注射方式，产卵环境适宜程度等。

第六节　孵　化

一、受精卵的孵化

受精卵的孵化是指从受精卵到孵化出小鱼苗的过程，属于鱼类人工繁殖的最后一个环节，受到诸多外界因素的影响，需要进行严格细致的管理。鱼类孵化方式有多种，以革胡子鲇为例，可通过孵化池孵化、孵化桶孵化、网箱孵化、筛绢孵化、淋水孵化等方式进行孵化。

二、影响孵化的环境因子

（一）水质

没有污染，孵化用水需经沉淀、过滤后用。

（二）水温

水温是受精卵发育过程的重要环境因素之一。鱼类的胚胎发育要求在适宜的温度范围内进行，过高或者过低的水温，都不适宜胚胎的正常发育，可能造成延缓或提早孵化甚至畸形和死亡。适宜的温度范围则因种而异。

（三）盐度

海水鱼类的胚胎发育需要一定的盐度环境，盐度的变化会影响孵化率及孵化时间。

（四）溶解氧

鱼类在胚胎发育和孵化过程中，都需要充足的溶解氧，在不同的发育阶段需要的溶解氧含量也不同。在孵化时，可采用加快水体流速、加大充气量和降低孵化密度的方法，使水体保持充足的溶解氧。

（五）敌害生物

敌害生物对胚胎发育有较大影响，比如寄生虫等。因此，在孵化过程中，应做好水源保护工作，进水口前安装好过滤网，尽量防止敌害生物进入。

三、孵化管理措施

孵化管理工作有下列几个方面：调节水体流速及气阀充气量；及时洗刷网箱及滤水设备，使水质适宜；防止敌害进入生物；认真做好记录，注意水温、盐度、溶解氧及胚胎发育等变化。

第四单元　鱼类苗种培育

第一节　苗种基础生物学

一、分期与形态

生产上鱼苗、鱼种分阶段培育，鱼卵孵化后经几十天培育完成变态，培育成 3cm 左右的夏花，称鱼苗培育；夏花培育成 10～12cm 的鱼种，称鱼种培育。

（一）水花

初孵仔鱼生长 3～7d，卵黄囊消失，全长达 0.8～0.9cm，能自由平游。

（二）乌仔

水花经十几天饲养，全长达 1.7～2.2cm，头部明显发黑，又称乌仔头。

（三）夏花

乌仔经 15～20d 培育，全长达 3cm 左右，正值夏季，又称火片、寸片。

（四）秋花

北方夏花饲养至全长 8cm 以上，秋季出池，又称秋片。

（五）冬花

夏花经 3～5 个月饲养，全长 10～20cm，正值冬季，又称冬片。

（六）春花

秋片经越冬后的鱼种，又称春片，一般可作为养殖用鱼的鱼种。但有些鱼类的商品鱼规格要求大，如草鱼、青鱼，商品鱼饲养需要放养 2 龄或 3 龄鱼种。

人们习惯上把当年鱼种称为“仔鱼鱼种”，把 2 龄和 2 龄以上的鱼种称为“老口鱼种”。

二、摄食与生长

苗种培育是鱼类增养殖生产中重要的环节，苗种发育阶段不同，其食性和习性也随之变化。

（一）仔鱼期

由内源性营养转为外源性营养的时期，分为仔鱼前期、仔鱼后期。

1. 仔鱼前期　从初孵仔鱼至全长 0.5～0.9cm，以卵黄囊的卵黄为营养，由内源性营养转为混合性营养阶段。仔鱼活动能力弱，主要摄食贝类担轮幼虫、桡足类无节幼体及小个体轮虫，此期死亡率高。

2. 仔鱼后期　仔鱼卵黄囊和油球消失，全长0.8～1.7cm，由混合性营养转为外源性营养阶段。饵料为轮虫、卤虫幼体、桡足类幼体等。

（二）稚鱼期

全长1.7～7.0cm，鳞片开始形成至全身被鳞。体长和口径增大，摄食积极，食量增大，食谱范围扩大，摄食较大个体的饵料生物，饵料为丰年虫幼体、桡足类、枝角类，经驯化可摄食商品饲料等。

（三）幼鱼期

全身被鳞，外形与成鱼相似，此期生长最快，一般可用商品饲料代替活饵料。

三、质量鉴别

了解主要养殖鱼类苗种形态特征及体质优劣，有助于生产者区分和选择优质苗种。

受鱼卵质量、孵化环境条件、苗种培育条件等的影响，鱼类苗种体质强弱有差别，这对鱼类苗种生长及成活具有很大影响。生产上，可依据规格、体色、外观、游泳情况、摄食情况等鉴别苗种质量优劣。鉴别方法参照表15-1。

表15-1　苗种质量优劣鉴别

鉴别方法	优质苗种	劣质苗种
规格	规格整齐，大小一致	规格不一
体色	群体色素相同，鲜艳有光泽	群体色素不同，体色暗，有白色死苗
外观	体完整，无受损异常现象	体残缺，有充血或异物附着
游泳情况	行动活泼，爱集群游泳，逆水游泳，受惊迅速游泳	行动迟缓，不爱集群，无力逆游，受惊反应迟钝
摄食情况	摄食积极，抢食	摄食不积极

第二节　鱼苗培育

将水花培育成3cm左右的夏花。目前，生产上通常采用静水土池塘培育和室内水泥池培育两种方式。

一、静水土池塘培育

静水土池塘培育，主要适合一些淡水鱼类，如鲢、鳙、草鱼、青鱼、鲤、鲫、团头鲂、鲮、大口鲇等。我国利用土池塘培育鱼苗历史悠久，各地都有一些成熟的方式、方法和经验。下面介绍目前全国广泛采用的鱼苗培育综合饲养法。

（一）鱼苗池的选择

良好的鱼苗培育池应具备以下条件：

（1）池形规整，以（4～5）∶1的长方形池塘为好，面积3 000m^{2}左右，水深1.5～2m。

(2) 靠近水源，注排水方便，水源为清洁河水或地下水。

(3) 池底平坦，淤泥适量（15～20cm），不渗漏、无杂草。

(4) 池塘淤泥中有一定量的轮虫休眠卵（>100 万个/m^2）。

(5) 池塘周围不应有高大的树木和建筑物，避风向阳，光照充足。

(二) 鱼苗池清整

除了必要的维修注水口、堤坝外，还要进行药物清塘。清塘方法已在有关章节中做了介绍，这里不再重复。

(三) 饵料生物培养

池底淤泥中蕴藏着大量的轮虫休眠卵，只有在适宜的温度下（一般 10℃以上），休眠卵上浮到水层中才能萌发。池塘增殖轮虫的方法是：

(1) *排干池水，用生石灰清塘*　最好是在冬季将池水排干，池塘淤泥得到充分的风吹、日晒和冷冻，有助于休眠卵的萌发。池塘使用前 10d 左右用生石灰法清塘。生石灰可以改善池底酸性环境，清塘过程也有助于轮虫休眠卵的萌发。

(2) *注水、施肥和搅动底泥*　除注地下水外，鱼苗池注水需要用筛绢网过滤，防止野杂鱼和其他敌害进入。注水深度为 50～70cm。如果注入水为池塘老水，应当用晶体敌百虫（90%）全池泼洒，浓度为 0.7mg/L，以杀灭枝角类、桡足类等浮游动物。施肥以发酵的有机肥为主，如鸡粪、牛粪等，施用量一般为 3 000kg/hm^2。注水施肥后，根据水温、休眠卵数量和鱼苗下塘时间等，适时（水温 20℃，休眠卵>100 万个/m^2，鱼苗下塘前 7～8d）搅动池底淤泥。

(3) *控制竞争生物和消灭敌害*　为了增强和延长轮虫高峰期，池水中出现枝角类和桡足类时，需要用敌百虫将其杀死。如果鱼苗已经下塘，应视具体情况酌情处理，以保证鱼苗后期的饵料供应。

(四) 适时下塘

所谓适时下塘包括两层含义：一是鱼苗发育到鳔充气，口张开，卵黄囊基本消失，即发育阶段的生理适时；二是池塘水温、水质适宜，而且具有丰富的适口饵料生物，轮虫生物量达到 20～30mg/L（1 万～2 万个/L）。具备上述条件时，鱼苗下塘就可以称作适时下塘。

(五) 放养密度

鱼苗放养密度一般为 300～400 尾/m^2。鱼苗放养的注意事项：

(1) 放鱼前检查池塘，拉空网检查池塘中是否有野杂鱼，测定池水或放试水鱼，检查清塘药物是否失效。

(2) 注意鱼苗的发育阶段，肉眼看到眼点出现后 10h 左右将鱼苗放入池塘最好，过早和过晚都影响成活率。

(3) 放苗时注意天气和温度，最好选择在晴天的上午放养鱼苗，在池塘的上风处，温差不超过 3℃。

(4) 一口池塘只放养同一批鱼苗，放养鱼苗的数量要准确。

(六) 饲养管理

(1) *巡塘*　是指在一定时间里到池塘巡视，以便及时发现问题和解决问题。一般是在凌晨和傍晚，到养鱼池去巡视，查看鱼的活动情况、水质和水位以及各种生物有无异常迹象等。

(2) 定期注水　加注新水的目的是扩大水体空间，冲淡代谢产物，改善水质，促进鱼苗和饵料生物的生长和繁殖。一般每两天加水1次，每次池深增加10cm左右。加水应在晴天上午进行，水流适宜，切勿带入野杂鱼。

(3) 适当投喂　如果池塘中饵料生物发生、发展规律与鱼苗适口饵料及食性转化相一致，天然饵料就可以满足鱼苗生长的需要，一般不必投饵。如果池中饵料不足，特别是在培育的后期（鱼苗全长1.5cm以上），应适当投饵。采用大豆或豆饼，粉碎后加水、多种维生素和无机盐等，搅拌均匀，做成糊状向池边水中投放。

(七) 拉网锻炼和出塘

鱼苗全长达2cm（乌仔）或3cm（夏花）左右，应进行拉网锻炼，准备出塘。拉网会使鱼苗受惊而剧烈游动，能排出粪便，分泌黏液，降低身体组织含水量，使肌肉更加结实，能经得起拉网出塘操作和运输中的颠簸。另外，拉网密集可以增强鱼苗对缺氧环境的适应性。拉网锻炼的方法是，用鱼苗网从池塘一端下网，从另一端出网。将鱼苗集中在网内（或将鱼苗放入网箱中），密集一定时间（长短视鱼苗的体质而定），然后再放回池塘。

鱼苗池拉网的注意事项：

(1) 选择晴天、无风的上午拉网，阴雨天和大风天一般不宜拉网；

(2) 拉网速度要慢，防止鱼苗贴网；

(3) 防止拉起淤泥并进入网内，以免造成鱼苗窒息死亡。

鱼苗出塘操作与拉网锻炼基本一致。乌仔和夏花的尾数，可采用容（杯）量法或重（克）量法测算。

二、室内水泥池培育

海水鱼类鱼苗培育，通常是利用室内育苗池。关于育苗池结构、面积、深度、进排水设置等，已在有关章节中做了介绍，这里不再重复。

室内育苗池与室外土池塘培育鱼苗方法有许多相同之处，但也有它的特点：①鱼苗生长发育所需营养完全依赖于人工投饵，需要准备鱼苗的系列饵料；②可利用配套设施，对水温、水质、光照等进行有效的控制；③放养密度大。

(一) 饵料生物（轮虫）培养

参见本章第一单元第二节的内容。

(二) 鱼苗放养密度

为了有效利用水体空间，仔鱼初期放养密度高，随着鱼苗生长，密度应不断调整。如大菱鲆初孵仔鱼的放养密度为1万～2万尾/m^3；体长<1.5cm，放养密度为1万/m^3左右；体长2.0～3.0cm，放养密度为2 000～5 000尾/m^3；体长3.0～5.0cm，放养密度为1 000～2 000尾/m^3。

(三) 饲养管理

(1) 充气　池底充气，均匀设置，一般每2m^2设1个充气头；充气量以能使水体轻微翻动和不缺氧为原则。

(2) 换水　鱼苗7mm前静水培育，但每天清污和换水1次，日换水量1/3～1/2；7mm后微流水培育，水的日交换量为50%～200%。

(3) 光照　鱼苗池不应有阳光直射，室内适宜光照度为1 000～3 000lx。

（4）*投饵*　鱼苗 5mm 前投喂 S 型轮虫，5～10mm 可以投喂 L 型轮虫；8～15mm 投喂桡足类、卤虫无节幼体、水丝蚓等；10mm 以后，可以开始驯化投喂微颗粒饲料。上述饵料交叉投喂，轮虫、无节幼体的饵料量保持在 15 个/mL 左右，微颗粒饲料的日投饵量占鱼苗体重的 25%～50%。

（5）*清除污物*　培育期间，每天采用虹吸法清除池底沉积物（残饵、粪便等），以保持水体清洁。

（6）*分筛和调整密度*　随着鱼苗生长，要及时调整密度；鱼苗长到 1cm 左右，可能有相互捕食现象，应及时分筛，不同规格分别饲养。

第三节　鱼种培育

目前，鱼种培育主要有土池塘培育、工厂化（室内水泥池）培育、网箱培育等方式。

一、室外土池塘培育

（一）池塘条件

鱼种培育要求池塘条件与鱼苗池基本相同，但水体要大、要深一些；适宜面积 3 000～6 000m^2，水深 2～3m；高产池塘配备增氧机，每池一台（3.0kW 左右）。

（二）放养前的准备

池塘清整和药物清塘，与鱼苗培育相同。鲢、鳙培育至夏花后，仍以浮游生物为食，培育池应施肥，以肥水和培养适口饵料生物。饲养其他吃食性鱼类，也可培养浮游动物饵料；但高产池塘一般不施有机肥。

（三）夏花放养

（1）*种类选择和混养比例*　鱼种培育和商品鱼饲养基本相同，但混养种类不宜多，一种鱼只养一种规格，以保证出塘鱼种规格整齐。如以鲤为主，鲤占 75%，鲢占 17%，鳙占 8%。

（2）*放养密度*　依据养成规格，考虑饲养条件、技术水平和鱼的生长速度，合理确定放养密度，参考表 15-2。

表 15-2　夏花放养密度与出塘（鱼种）规格（非混养）

放养种类	每 667m^2 放养密度（尾）	出塘规格（g/尾）
鲤	8 000～10 000	50～75
	5 000～6 000	75～100
	2 000～3 000	125～150
鲢	4 000～5 000	50～75
	2 000～3 000	100～200
鳙	1 500～2 000	50～75
	800～1 000	100～200
鲫	7 000～8 000	40～50
	4 000～5 000	30～40

（四）饲养管理

主要内容包括水质调节与控制、饵料选择与投喂、鱼病防治等，商品鱼饲养与鱼种培育的饲养管理基本一致，这里不再重复。

二、室内水泥池培育

（一）鱼种放养密度

鱼种培育需要较多的食物和较大的空间活动，故进行分池培育。随苗种个体增大，鱼种培育密度逐渐减小，应及时分池分级饲养。如石斑鱼稚鱼 1 000～2 000 尾/m^3，幼鱼 100～200 尾/m^3。尖吻鲈体长 5～6cm，放养密度为 600～800 尾/m^3；7～8cm，放养密度为 400～800 尾/m^3。

（二）饲养管理

随鱼体长大，充气量和换水量逐渐增大，根据池底残饵、排泄物等情况进行吸污，每天换水 2 次；注意饵料适口、量足，每天投喂 2～3 次，投喂量随鱼体重增加而逐渐增大；培育后期，为防止相残，应根据生长差异，及时筛选后分池饲养；有些鱼类，鱼体变态或转向底栖生活，根据生态习性，可在池底投放空管等物，供鱼体隐蔽用。

三、网箱培育

（一）海区选择与网箱设置

选择风浪小、水体交换充分的海区，海域水温、盐度、溶解氧、透明度、流速等水质条件适宜，养殖区周围无污染。

不同种类鱼种，培育网箱规格、深度、排列方式不同。如金鲳鱼种培育阶段采用鱼排式网箱，规格为 5m×5m×3.5m（聚乙烯无结节网箱）。

（二）鱼种放养及培育密度

鱼种体型匀称，放养规格适宜，健康无病害；随鱼种个体增大，分箱疏养，分级培育，培育密度逐渐减小。如卵形鲳鲹可分一、二、三级培育。

（三）日常管理

根据鱼种规格大小，适时更换适宜网目的网箱网衣；依据附着物附着情况，及时更换网箱网衣，保持网衣干净。

饵料种类适宜，可投喂新鲜小杂鱼、配合饲料等，投放速度按“慢-快-慢”，投放量按“少-多-少”。依据天气、水温、鱼的活力、鱼的规格等，及时调整投饵量及投喂次数。

第五单元　鱼类养殖

第一节　池塘养殖

一、概　　述

池塘养殖主要是利用小面积池塘进行精养生产的一种方式，具有生产灵活、投资小、周期短、见效快、生产较稳定等特点。池塘养殖是我国饲养食用鱼的主要形式，特别是在淡水养殖业中，其总产量占全国淡水养鱼总产量的75%以上；同时海水或咸淡水的池塘养殖，在我国沿海各地也被广泛采用。

二、池塘基本条件

池塘是养殖鱼类栖息、生长和繁殖的外界环境，池塘水环境直接作用于鱼类，所以池塘环境条件的优劣直接关系到养殖鱼类产量和质量的高低。池塘的基本条件包括地理位置、水源、水质等。

（一）地理位置

为保障池塘的注、排水，同时利于鱼种、成鱼以及饲料和肥料的运输、销售，因此要选择水源充足、水质良好，交通、供电方便的地方建造鱼池。

（二）池塘水源

池塘水源以无污染的河、湖、海水为好，水温适宜、溶氧高、营养盐丰富，注意是否有野杂鱼和敌害生物，引用时应过滤；无污染的泉水和井水也可以作为池塘养鱼水源，但溶氧和水温较低，引用时应曝气；工厂和矿山排出的废水，需注意其中是否含有对养殖鱼类不利的矿物质元素，经过水质分析和试养后，才能作为养鱼用水。

（三）池塘面积

饲养食用鱼的池塘面积以5 000～15 000m^{2}为宜，常见面积在6 670m^{2}左右，此面积内鱼的活动范围较广，有利于养殖鱼类的生长，同时受风力的作用也较大，有利于改善中下层水的溶氧条件。面积过小虽管理方便，但水质不稳定；面积过大则管理不变，投饵不易均匀，水质也不易控制，并且池大，其受风面也大，容易形成大浪而冲坏池埂。

（四）养殖水深

饲养食用鱼的池塘容纳水深以2.0～3.0m为宜。一定的水深和蓄水量可增加放养量，提高产量，且池水较深，蓄水量较大，水质较稳定，对鱼类生长有利。但池塘也不宜过深，否则下层光照条件弱，同时有机物分解消耗大量氧气，下层水溶氧低，易造成养殖鱼类缺氧。

（五）池塘土质

饲养食用鱼的池塘土质以壤土最好，黏土次之，沙土最差。其中壤土保水保肥性适中，通气性好，易培养饵料生物。黏土保水保肥性好，但透气性差，池水易混浊。沙土保水保肥性差，透气性好，一般不宜建造鱼池。

养殖多年后的鱼池，由于积存的残饵、鱼类粪便和生物尸体与泥沙混合，形成淤泥，代替了原有的土壤。淤泥中含有较多腐殖质和病原体，易使池水恶化，但淤泥又对补充水中营养物质和保持、调节水的肥度有很大的作用，因此一般池塘淤泥厚度以10～20cm为宜。

（六）池塘形状与周围环境

饲养食用鱼的池塘形状要规则、整齐，以东西长、南北宽的长方形为最好，长宽比为2∶1或3∶1。长方形池塘的池埂被遮挡少，水面日照时间长，有利于浮游植物光合作用；夏季多东南风和西南风，水面容易起波浪，池水在动态中能自然增氧，可减少鱼类浮头；池塘的宽度应统一，有利于饲养管理和拉网操作，注水时也易形成池水的流转。池塘周围不应有高大的树木和建筑物，以免遮挡阳光和风的吹动。

（七）池底形状

饲养食用鱼的池塘池底一般中间高（俗称塘背），向四周倾斜，在与池塘斜坡接壤处最深，形成一条浅槽（俗称池槽、环沟），整个池底呈龟背状，并向出水口一侧倾斜，常被称为“龟背形”。在排水干池时，鱼和水都集中在最深的集鱼处（俗称车潭），排水捕鱼十分方便；而且池底淤泥主要在最深处的池槽内，易清除，修整池埂可就近取土。此外，在拉网时，只需用竹篙将下纲压在池槽内，使整个下纲绷紧，紧贴池底，鱼类就不易从下纲处逃逸，可大大提高底层鱼的起捕率。

三、主要养殖模式

池塘养殖模式主要有混养和轮养等。

（一）混养

1. 混养的概念　混养是根据养殖鱼类的栖息、食性和生活习性等生物学特点，将不同种类或不同规格的鱼类放养在同一池塘中，合理利用饵料、水体等，发挥养殖鱼类的互利作用，充分发挥“水、种、饵”的生产潜力，提高池塘养殖的产量。

混养不是简单地把几种鱼混在一个池塘中，应合理混养。需先确定主体鱼，即它在放养中所占的比例较大，是饲养管理的主要对象；再确定配养鱼，即它在放养中所占的比例较小，在饲养管理中处于次要地位。常见的混养形式有异种同龄、异种异龄和同种异龄混养等。

2. 混养的类型　以主养鱼为对象，我国淡水池塘养鱼混养的典型模式有以草鱼为主养鱼的混养模式，以鲢、鳙为主养鱼的混养模式，以青鱼、草鱼为主养鱼的混养模式，以青鱼为主养鱼的混养模式，以鲮、鳙为主养鱼的混养模式，以鲤为主养鱼的混养模式等。以鲤为主养鱼的混养模式为例，鲤的放养量占放养总重量的90%，产量占总产量的75%以上，混养鲢、鳙等，这种方式的特点是鲤放养密度大，投喂颗粒饲料，主养鲤的同时肥水，为鲢、鳙提供了饵料。放养鲢、鳙可控制水体肥度，为鲤净化水质。

（二）轮养

1. 轮养的概念　轮养是根据鱼类生长与其贮存量、水体载鱼量的关系，在饲养过程中，用调节养殖密度的方式来保持养殖鱼类快速生长的一种养殖方式。

轮养的方式有利于提高饵料、肥料的利用率，有利于鱼类生长和培育量多质好的大规格鱼种，有利于活鱼均衡上市，提高经济效益。

2. 轮养的类型

（1）*一次放足，分期捕捞，捕大留小*　根据水体的载鱼量，一次性放养不同规格或者相同规格的鱼种，饲养一定时间后，分批捕捞出一部分达到食用规格的鱼类，较小的鱼类继续饲养直到其达到食用规格，不再补充鱼种。

（2）*分期放养，分期捕捞，捕大补小*　根据水体载鱼量，放养鱼种饲养一段时间后，分批捕出达到食用规格的鱼类，同时补放鱼种，这种方法产量较上一种高。

（3）*多级轮养*　从鱼苗养到商品鱼分池饲养，即不同规格鱼种采用不同密度饲养，当养殖密度达到或接近水体载鱼量时，捕捞、分塘降低密度，保持池塘贮存量与载鱼量相适应，使养殖鱼类的快速生长。

四、养殖管理

池塘养殖取得高产的全过程是一个不断改善池水的理化条件和饵料条件的过程，一方面需为鱼类提供一个良好的生活环境，另一方面为鱼类提供量多质好的天然饵料和人工饲料，同时要不断改良由于施肥和投饵等带来的水质变化。

（一）池塘施肥

池塘施肥可补充水中的营养盐类及有机物质，促进浮游生物的生长，为滤食性鱼类、杂食性鱼类以及草食性鱼类提供天然饵料。池塘施肥有两种类型。

1. 施基肥　瘦水池塘或新开挖的池塘，水中有机物含量低，水质清瘦，需施放基肥。具体操作：在冬季干池清整后，将有机肥料施于池底或积水区的边缘，经日光曝晒数天，适当分解矿化后，翻动肥料，再曝晒数日，注水。基肥施肥数量视池塘的肥瘦、肥料的种类等而定，通常每666.7m^2 施数百千克，往往一次施足。肥水池塘和养鱼多年的池塘，池底淤泥较多，一般施基肥量少甚至不施。

2. 施追肥　为补充水中营养物质的消耗，使饵料生物始终保持较高水平，在鱼类养殖期间可追加肥料。施追肥应掌握及时、均匀和量少次多的原则。施肥量不宜过多，以防止水质突变，特别是在鱼类生长季节，池塘中鱼类粪便、残饵较多，池水有机物含量高，仅追施无机磷肥即可，以保持池水“肥、活、爽、嫩”。

（二）饲料选择与投喂

1. 饲料选择　池塘养鱼饲料的主要营养成分有蛋白质、脂肪等。首先要根据鱼类的营养需求选择适宜的配合饲料；其次，饲料的选择不是一成不变的，需要根据水温等外界环境条件及鱼类的生长情况及时调整饲料配方。例如在池塘养鲤过程中，遇到水温降低或升高，鱼的生长速度减缓，可适当降低饲料蛋白质含量或者降低投喂量；相反，水温适宜，鱼的生长速度加快，可增加蛋白质含量或者增加投喂量。再次，根据鱼体的大小、口径、生活习性等，选择适宜粒径及沉降性的饲料。

2. 饲料投喂　一般遵循“四定”投喂原则。

(1) 定质　精饲料要求粗蛋白质含量高；颗粒饲料要求营养全面、适口，在水中不易散失；草类饲料要求鲜嫩、无根、无泥，鱼喜食；不能投腐败变质饵料。

(2) 定量　每日投饵量要定量，日投饵量用投饵率表示，即日投饵重量占投喂对象体重的百分数。确定日投饵率的原则是满足鱼类快速生长的同时，保证较高的饲料利用率。

(3) 定时　投饲时间一般需要根据养殖对象的摄食习性确定，其次根据水温、溶解氧等池塘条件和鱼类的摄食情况，确定具体的投喂时间和投喂次数，并保持一定的稳定性。精饲料和配合饲料可根据水温和季节，适当增加投喂次数，定量多次投喂，以提高饵料利用率。

(4) 定位　鱼类对特定的刺激易形成条件反射，固定投饵地点有利于提高饵料利用率，有利于了解鱼类吃食情况和食场消毒，并便于清除剩饵。特别是投精饲料和配合饲料，要在池边设投饵台，多选择背风向阳处作为饲料投喂点，一般1口池塘只设一个投喂点。

影响投饵和饲料利用率的因素很多，应根据具体情况灵活掌握，有人提出"四看"方法，即看水温、水色、天气和鱼类吃食情况，可以为灵活掌握投喂技术提供参考。

(三) 池塘水质管理

鱼类在池塘中的生活、生长情况是通过水环境的变化来反映的，各种养鱼措施也都是通过水环境作用于鱼体的。养殖池塘良好水质指标是：溶解氧＞3mg/L，非离子氨＜0.1mg/L，透明度25～30cm，pH为7～8.5，化学耗氧量（COD）＜30mg/L，活性磷＞0.1mg/L，总氨0.5～1.0mg/L。但池塘水质指标往往不尽如人意，需要采取措施进行调节和控制。

1. 及时加注新水　及时加水可增加水深，可直接增加水中溶解氧，使池水垂直、水平流转；解救或减轻鱼类浮头并增进养殖鱼类的食欲；加大鱼类的活动空间，相对降低鱼类养殖密度；池塘蓄水量增加有利于水质的稳定；水色变淡，加大水体透明度，增强光合作用，间接提高溶氧；降低蓝藻、绿藻等藻类分泌的毒素浓度，利于有益藻类的生长繁殖。及时加注新水是培育和控制优良水质必不可少的措施。

夏秋高温季节，加注新水时间应选择晴天，在14：00—15：00以前进行。傍晚禁止加水，以免造成上下水层提前对流，而引起鱼类浮头。

2. 合理使用增氧机

(1) 增氧机的种类　目前我国使用的有喷水式、水车式、管叶式、涌喷式和叶轮式等增氧机，有的养殖池塘单一使用某一种增氧机，有的面积较大的池塘配合使用两种或两种以上的增氧机。

(2) 增氧机的作用　合理使用增氧机具有增氧、搅水和曝气等作用，可有效改善水质，防止浮头，提高养殖产量和质量。

(3) 增氧机的使用　分析天气引起缺氧的原因，根据增氧机作用原理，合理使用增氧机。

晴天第二天早晨易缺氧，主要原因是上层水温高而下层低，导致上层水密度低而下层高，上下水层无法及时对流，将上层富氧水输送到下层，造成白天上下水层溶氧垂直变化大；待夜间表层水温下降、密度增大、上下水层对流，往往容易使整个水层溶氧条件恶化而引起浮头。针对此种情况，一般晴天中午开机，利用增氧机的搅水作用，将上层浮游植物光合作用产生的大量氧气输送到下层，及时补充下层水溶氧；上层水的溶氧经下午的光合作用得到补充，到夜间池水自然对流后，上下水层溶氧仍可保持较高水平，可在一定程度上缓和或消除鱼类浮头的风险。晴天中午开机不仅可防止或减轻鱼类浮头，而且也可促进有机物的分解和浮游生物的繁殖，加速池塘物质循环。

阴雨天气鱼类易缺氧，主要是由于浮游植物光合作用不强导致溶氧供不应求。必须充分发挥增氧机的作用，在鱼类浮头以前开机。

特别需要注意的是，一般不要在晴天的傍晚和阴雨天的中午开机。晴天傍晚开机，使上下水层提前对流，进而会造成耗氧水层和耗氧量的增加，反而容易引起浮头。阴雨天中午开机，会影响上层浮游植物的光合作用，增加池塘的耗氧水层，加速下层水的耗氧速度，极易引起浮头。

结合巡塘情况，合理使用增氧机。增氧机的开机时间和运转时长与气候、水温、投饵量、施肥量、增氧机的功率大小等因素密切有关。应结合池塘养殖具体情况，合理使用增氧机。

根据人们长期的生产经验，总结出增氧机使用原则：开机时间为：晴天中午开，阴天清晨开，阴雨半夜开，傍晚不开，浮头早开，鱼类快速生长季每天开；开机时长为半夜开机时长，中午开机时短，天气炎热、面积大或负荷水面大开机时长，天气凉爽、面积小或负荷水面小开机时短等。以上还需根据具体的实际情况，灵活应用。

（四）池塘日常管理

1. 定时巡塘　每天至少早、中、晚三次巡塘。日出前是一天中溶氧最低的时候，要检查鱼类有无浮头现象。14：00 前后是一天水温最高的时候，应观察鱼的活动和吃食情况。傍晚巡塘主要是检查全天吃食情况和有无残剩饵料，有无浮头预兆。夏季天气多剧烈变化，鱼类易发生严重浮头，应在半夜前后加大巡塘，防止泛池事故。此外，巡塘时要注意观察鱼类有无离群独游或急剧游动、骚动不安等现象。在鱼类生活正常时，池塘水面平如镜，一般不易看见鱼。如发现鱼类活动异常，应查明原因，及时采取措施。巡塘时还要观察水色变化，及时采取改善水质的措施。

2. 清洁卫生　池内污物应随时捞去，清除池边杂草，保持良好的池塘环境。如发现死鱼，应及时捞出，并检查死因，特别注意死鱼不能乱丢，以免病原扩散。

3. 保持水位　掌握好池水的注排工作，保持适当的水位，做好防旱、防涝、防逃工作。

4. 机械维护　合理使用渔业机械，并做好渔机设备的维修保养和用电安全。

5. 记录分析　做好池塘管理记录和统计分析。分鱼池做好养鱼日记，对各类鱼种的放养及每次成鱼的收获日期、尾数、规格、重量，每天投饵、施肥的种类和数量以及水质管理和病害防治等情况，都应有相应的表格记录在案，以便统计分析，及时调整养殖措施，并为以后制定生产计划、改进养殖方法打下扎实的基础。

第二节　湖（库）养殖

一、概　　述

湖泊、水库养殖是指在一定生产周期内，在基本清除凶猛鱼类和设置防逃设施的水体中投放苗种，当它们达到商品规格时进行捕捞获得鱼产品的养殖方式。

适宜开展养殖的湖泊、水库一般需具备以下基本条件：

（一）初级生产力

水域初级生产力主要取决于水体中天然饵料的种类和数量，以及鱼类对其资源的利用效率。例如鲢、鳙主要以浮游生物为食，在中、富营养型水体中，浮游生物丰富，适宜放养鲢、鳙；而水质清瘦或混浊、软水或酸性水等，初级生产力和鱼产力极低，不适宜放养鲢、鳙。

（二）敌害生物

调查水库、湖泊水域中是否有凶猛鱼类等敌害生物及其捕食习性和活动水层。例如，对鲢、鳙危害较大的有鳡、蒙古红鲌和翘嘴红鲌等，具有上述凶猛鱼类的水体，一般不宜放养鲢、鳙，或彻底清野后再放养。

（三）水文条件

出入水口较少，水流平缓，易于设置养殖设备的水域，适宜放养。反之，不宜作为放养水体。

（四）周边环境

交通运输方便，有利于鱼种和商品鱼的投放、管理、捕捞和运输。

二、放养对象选择

（一）放养对象选择原则

需根据水体自然条件，选择适当的放养对象、数量和规格，一般需注意以下几个原则。

1. 湖泊、水库的水温及水质情况　湖泊、水库不同的地理位置、地质条件等决定了其周年水温高低和变化、营养元素种类和多寡等因素，需根据水体的具体情况选择合适的放养对象。

2. 水体的天然饵料情况　湖泊、水库养殖中养殖对象的生长几乎全部或者主要依靠水体中的天然饵料，首先考虑浮游生物食性的养殖品种。

3. 苗种来源　一般苗种来源广、规格齐全、数量充足的种类，更具有养殖优势。

4. 市场情况　具有良好的市场前景的养殖品种，在满足养殖条件的基础上往往会成为优先考虑的对象，另外活鱼的运输和销售、产品的加工与出口也应适当考虑。

（二）常见的放养种类

目前，我国大多数湖泊、水库粗放养殖的对象主要是鲢和鳙。鲢、鳙利用浮游生物效率高、生长速度快；此外它们在水体的中上层活动和觅食，容易集中捕捞，起捕率高，且人工繁殖及苗种培育技术成熟，苗种来源有保证。

除鲢、鳙外，具有水草资源的大中型湖泊、水库，多放养草鱼、鳊和鲂，但需注意控制放养数量，以不破坏水草的再生产能力为宜，因为水草一旦破坏，短期内难以恢复。其他搭养鱼类还有鲤、鲫、鲴，有条件的可移植驯化银鱼、公鱼和香鱼等。

三、放养规格与密度

（一）放养规格

湖泊、水库等水域养殖对象的放养规格一般需考虑水域环境条件，敌害生物情况，放养对象的适应能力、避敌能力和觅食能力，放养对象的成活率和生长率等。经多年实践验证，依据大中型湖泊、水库的凶猛鱼类危害、拦鱼能力和鱼种成活率等情况，放养鲢、鳙1龄鱼种的适宜规格为13cm左右。

（二）放养比例

湖泊、水库等水域养殖对象的放养比例需考虑水质肥度和放养对象的摄食能力。水质肥度一般的水域，浮游生物的生物量较低，若总放养量不足时，鳙的放养比例应稍大些，鲢、鳙比例一般为 2∶8 或 3∶7，因为鳙可摄食低浓度饵料，保障较高的养殖产量。一些较小型的水质肥沃的水体，总放养量较多时，鲢的放养比例应适当增加，鲢、鳙比例可以在 5∶5 或 4∶6。

（三）放养密度

1. 适宜养殖面积的计算方法　大中型湖泊、水库水位波动较大，确定放养数量首先要确定适宜养殖的面积，适宜养殖面积的确定一般有两种计算方法。

根据水文资料，统计出多年的平均水位，与之相应的面积作为养殖面积；该方法以实际情况为基础，比较准确，但需要有系统的水文资料。

根据正常水位核定出养殖水位，与之相应的面积作为养殖面积。该计算值为理论值，可能有较大的误差。计算方法如下：

养殖水位＝（正常蓄水水位＋死水位）×（2/3 或 1/2）＋死水位

2. 放养密度的确定　目前，确定湖泊、水库等大中型养殖水体的放养密度常用两种方法：

（1）根据水体的供饵能力，确定放养密度；

（2）根据鱼类生长情况，确定和调整放养密度。

第二种方法中，认为鱼类的生长速度综合反映了鱼类种群数量与水体饵料资源之间相适应的程度，并将其作为调整放养量的依据。使用该方法时，根据生产周期、鱼类生长特性、经济效益等，制订出适当的生长速度指标，并与捕捞时实测的鱼类生长速度进行对比，若实测生长速度大于制订指标，则表明放养量偏小，第二年应适当增加放养量；如果实测生长速度小于制订指标，表明放养量过多，第二年应相应减少放养量。

四、养殖周期与管理

（一）养殖周期

湖泊、水库养殖周期指的就是确定捕捞鱼的年龄和规格，养殖周期决定了该水域的鱼产量和经济效益。

养殖周期需根据放养鱼类的生长规律和特点、鱼种的来源和成本、水域中饵料生物的丰度、凶猛鱼类的危害程度、拦鱼设备的完善程度、捕捞能力、商品鱼的价格等多方面因素来确定。一般来说，鱼类性成熟前生长快，鲢、鳙的养殖周期不宜超过 4 龄。

当水域条件较差，鱼种成活率低，鱼种来源困难，成本高，捕捞能力较差时，若商品鱼价格差价不大，可适当延长养殖周期，提高捕捞规格，以降低鱼种的数量和单位产量的鱼种成本，保证一定的经济效益；反之，应尽量缩短养鱼周期，捕较小规格的商品鱼，以加快资金的周转，提高经济效益。

（二）养殖管理

1. 放养季节

（1）*秋季放养*　适用于我国大部分地区。秋季放养一方面可免除出塘越冬的麻烦和消耗，另一方面可减少鱼种被凶猛鱼类捕食的概率，鱼种有较长时间恢复体质。

（2）*春季放养*　多见于我国南方。南方冬季水温下降较少，凶猛鱼类不停食，正好捕食低温下游动迟缓的鱼种，而春季水温逐渐上升，有助于鱼种迅速恢复（由于运输等造成的体质减弱和损伤），能更好更快地适应水域的自然条件。

（3）*其他*　以灌溉为主的水库，由于在冬春季大量泄水，鱼种放养应提前1～2个月进行。有的水库由于特殊情况，如冬季鸟类危害严重，不宜在晚秋或初冬放养，应安排在早春水温6～7℃时进行。若放养当地鱼种，在鱼种培育过程中，只要有部分鱼种达到放养规格，即可将这部分鱼种筛出放养。这样做不仅可以加快鱼种的生长速度，还可改善剩余鱼种的生长条件。

2. 放养地点　放养点的选择应遵循以下几个原则：

（1）应适应鱼种在不同季节对生态环境的要求。秋末、冬初应选择避风向阳地段；夏秋季或春季以中上游幼鱼索饵场为目标，选择水质较肥的浅水区。

（2）远离输水洞、溢洪道和泵站，以免鱼种被水流裹挟流出库外。

（3）不宜在下风沿岸浅滩投放，以免被拍岸浪推拥上岸。

（4）选择多处投放点，避免被凶猛鱼类集中吞食。

3. 凶猛鱼类的控制　凶猛鱼类的捕食常常造成放养鱼类存活率较低，须采取有效措施进行控制，一般采用常年捕捞的办法，尤其在它们的繁殖季节要进行集中围捕。

但是对于经济价值较高的凶猛鱼类，可利用鱼类栖息水层的不同，保留适当的数量。如鳜、鲇等凶猛鱼类多栖息于底层，对鲢、鳙等种类的危害相对较小，可适当保持一定的数量；而翘嘴红鲌、蒙古红鲌等多栖息于上层鱼类，对鲢、鳙等危害较大，应尽可能清除。

4. 安全管理　防逃、防盗是主要的安全管理工作。湖泊、水库进出水口要设拦鱼设施，并定期检查和维修；建立必要的治安机构，维护渔业秩序，禁止违法捕鱼，严禁炸鱼和毒鱼。

5. 越冬管理　越冬管理主要针对北方寒冷地区的一些浅水湖泊和水库。主要采取的越冬管理措施有保持较高水位，适当施无机肥培养浮游植物，经常扫雪或打扫冰面，必要时可采取注水的方法。

6. 捕捞

（1）*"赶、拦、刺、张"联合渔法*　适于较大型水域中作业。使用多种渔具，联合作业，相互配合，强行驱赶鱼群，集中捕捞。这种方法网次产量较高，是比较成熟、效果好的渔法，已广泛推广。

（2）*网箔渔法*　适用于大中型山谷、丘陵水库。利用鱼类活动规律和水域水位变化的特点而设置定制网具，主要捕捞中、上层鱼类，对底层鱼的起捕也有一定效果。

（3）*机轮拖网和围网*　适于水面较宽阔的水域，具有机动灵活、机械化程度高、鱼产量集中、投资较少等优点。

第三节　网箱养殖

网箱养殖是指在江、河、海等天然水域条件下，利用合成纤维网片或金属网片等材料装配成一定形状的箱体，放养鱼类集中生活在其中，借助网片内外不断的水交换维持鱼类适合的生长环境，利用天然饵料或人工投饲开展鱼种或商品鱼养殖。近年来水产养殖机械化、自动化、智能化水平不断提升，水产养殖也不断往深海方向拓展，网箱养殖技术随之不断发展。

一、淡水网箱养殖

（一）淡水网箱养殖特点

1. 适宜范围广　养殖池塘，部分获得生产许可的湖泊、河流、水库，发电厂排出的温流水渠道及蓄水池等都可设置网箱。

2. 条件优越　网箱内外水交换畅通，溶解氧能保持在5mg/L以上，水质条件好。网箱内的鱼群被限制在一个小水体内，热量损耗减少，饲料充足，鱼类生长速度快，缩短了养殖周期。

3. 管理方便　网箱养鱼机动灵活，特别是浮式网箱，可随时离开不适宜的水域环境；有浮桥的网箱，方便投饵以及观察鱼类活动、摄食及健康状况；商品鱼上市方便，有利于活鱼运输和储存。

（二）网箱结构与装配

1. 网箱结构　网箱由箱体、框架和浮力装置三部分构成，网箱的网片以聚乙烯材质为佳，形状以长方体最为适宜。小型网箱面积为15m^2左右，中型30m^2左右，大型60～100m^2，更大的500～600m^2。为了使水体交换通畅，减少网箱冲刷次数，随着鱼体的长大，需改换较大网目的网箱。

2. 网箱装配

（1）网箱的固定　把网箱上纲拉直绷紧后，将4个角的角绳结扎于渔排框架上，并用聚乙烯纲绳将网箱上纲周边绕扎固定于框架边，在网箱4个底角的外边吊挂3～5kg的石块或沙袋，使网箱在水中充分展开成形。

（2）网箱的设置　网箱的设置方式有单箱放牧式、多箱串联式和组合筏排式等，大规模生产多采用多箱串联式和组合筏排式。多箱串联式设置是指多个网箱串联成一排，箱间距2～4m；网箱排列尽可能与水流方向垂直，每排两端用锚（或砣）和缆绳固定，也可在岸上用绳索固定。组合筏排式设置一般将4口、6口、8口网箱组合在一起，箱间距1～2m，用跳板连接，形成一个筏式平台。整个平台用锚（或砣）和缆绳固定。

（3）网箱下水　投放网箱应于鱼种入箱前7～10d安装下水，使网片附生藻类后变得光滑，以避免鱼种表皮擦伤。

（三）网箱养鱼概述

1. 放养苗种　鱼种要求体质健壮，规格整齐，鳞鳍完整，无病无伤，质量符合相关标准，具备本品种优良性状；外地购进的鱼种需经过检验检疫。放养密度要视养殖技术水平、水域条件、鱼种规格、饵料供应等因素而定，同种规格一般放养于同一个标准的网箱。

2. 生产管理

（1）投喂饵料　网箱养鱼投喂时间、次数和日投喂量等与池塘养鱼类似。投饵一般可采用人工投喂或采用自动投饵机。

（2）网箱检查　要经常检查网箱，观察有无破损，缝合线是否断裂，发现损坏立即修补；检查浮子浮力情况，绳索及固定是否牢固；在水位变化时，要及时调整纲绳长度。如预报有大风或台风，要及时将网箱移至安全地方。检查网箱结合投喂，观察鱼的活动和吃食情况，发现病情及时治疗。

(3) 清洗网衣附着物 常见的清理附着物方法有三种。一是机械清洗法，将网衣吊起，用高压水泵和喷枪冲洗网衣，清洗效果好；二是人工清洗，提起网衣，用手揉搓抖动或用韧性很强的竹条抽打，操作要仔细，防止损坏网衣；三是沉箱法，将网箱沉于水下3～5m（补偿点以下），黑暗条件使藻类死亡；四是生物清理，网箱中放养罗非鱼、鲴、鳊、鲂等，可达到清理附着物的作用。

(4) 换箱、移箱和调整密度 随着鱼体的长大，应及时换箱，将鱼移至较大网目的网箱中，可使箱内外水的交换量增加，又可减少生物附着，有利于鱼类的生长。换箱的同时，还应调整鱼的密度，捞大留小，保持规格整齐。另外，洪水季节来临前，要及时移动网箱到深水区，避开行洪区、浅水水域和混水流入水域。

二、海水网箱养殖

（一）浅海浮筏式网箱养殖

1. 浅海浮筏式网箱养殖的特点 浮筏式框架网箱是指将网衣挂在浮架上，借助浮架的浮力使网箱浮于水的上层，网箱随潮水的涨落而浮动，是当前世界上广泛采用的一种网箱类型。由于浮筏式网箱不能抗拒较大的风浪，所以多设置于港湾内或者是近海潮流比较平稳的海区。

这种网箱具备以下特点：

(1) 日常操作和维护方便，易于观察鱼群活动、摄食和健康情况，容易控制竞争者和掠食者。

(2) 能充分利用水域中的天然饵料。

(3) 网箱离水底较远，也可转移养殖场所，相对减轻了鱼类粪便、残饵污染，有利于保持良好的水质条件。

(4) 捕捞方便，可一次收获，也可分批上市。

(5) 整个生产周期减少了生产操作过程，减少了对鱼体的损伤，降低了死亡率。

(6) 该类网箱直接暴露于海面，风浪直接作用于网箱及其框架，对网箱及框架材料的强度要求高。

(7) 若网箱设置过密，养殖生物量超过海区生态容纳量，易导致局部水域水体富营养化，甚至形成赤潮或绿潮灾害。

2. 浅海浮筏式网箱养殖概述

(1) 养殖区域的选择

①避风条件好，风暴潮或大风较少的海区。

②海底地势平缓，坡度小，底质为沙泥或泥沙。

③水流畅通，水质清新，水体交换好。

④水深在6m以上，一般不超过15m。最低潮位时，网箱底部与海底保持2m以上的距离。

⑤海水无污染，无工厂、码头污水排放，无农田排水及山洪影响。

⑥电力供应稳定、交通便捷。

(2) 网箱的装配 由浮架、箱体（网衣）、沉子等组成。

①浮架　浮架由框架和浮子两部分构成。由于海区比内湾风浪大，近海型网箱框架结构多采用三角形钢结构。框架每边由3根3～3.8cm镀锌管构成，其横截面为三角形，四个边相连，使整体为正方形；边长（内边）为4m、5m、6m不等；4m×4m的框架每边均匀放置两个150kg浮力的浮子。

②箱体（网衣）　材料有尼龙、聚乙烯以及铁、锌等合金金属等。我国内多采用14股左右的聚乙烯网线编结网衣，水平缩结系数为0.707。网衣的形状随框架而异，大小与框架相一致；网高随低潮时水深而异，一般为3～5m；网衣网目依养殖对象的大小而定，以节省材料且能达到网箱水体最高交换率为原则，以破一目而不能逃鱼为度。网衣设置有单层和双层两种。网衣用网片装配而成，有的用6块网片缝合而成，其中上面的一块网片网目要大些。也有的采用一长网片折绕成网墙，再加缝网底和盖网。网箱四周和上、下周边都要用一定粗度的网筋加固。上周边的大小与框架匹配，并用聚乙烯绳固定在框架内框的钢管上，最后将底框装在网箱底部。

③沉子　网衣的底部四周要绑上铅质或石头沉子，以防止网箱变形。海水鱼网箱的沉子，一般是在网的底面四周装上一个比上部框架每边小5cm的底框。底框可由2.5～3cm镀锌管焊接而成，也可以在底框的四角各缚几块砖头或石块，以调节重力。

为防止过密养殖和单一养殖带来的弊端，实现网箱养鱼的可持续发展，需合理利用养殖海域，网箱面积不能超过该海域面积的1/10；合理布局，发展鱼、贝、藻综合养殖，开展网箱、筏架、延绳、笼养等不同养殖方式的组合，发展不同养殖对象的间、套、混、轮养殖技术等，使海域环境与海域生物之间达到自然协调。

(3) 鱼种放养　放养规格、密度和方式需根据苗种来源、养殖对象、养殖条件、养殖技术及价格等因素综合考虑，一般放养鱼种规格大，绝对增肉率高，生长快；放养密度一般为10kg/m^{3}左右；可单养与混养。一般选择小潮、平潮期，水温在15℃以上时进行放养。

(4) 饵料投喂　海水网箱养鱼的饵料习惯上分为鲜活饵料、冰冻饵料以及配合饲料三大类。日投饵量的确定，应考虑鱼的习性、发育阶段、水温等诸多因子，并根据实际摄食情况灵活掌握。投饵时间最好在白天平潮，若赶不上平潮，则应在潮流上方投喂，以减少饵料流失。投饵次数，鱼体较小时，每天可投喂3～4次，长大后每天投喂两次，冬天最好在水温较高的中午投喂。投饵时要掌握“慢、快、慢”三部节奏，为减少投饵时的饵料损失、便于观察摄食状况，网箱内可吊设饵料台，部分或全部饵料投入饵料台。

(5) 养殖管理　及时清除网箱附着物；随着鱼体的增长，密度增大，单位水体的负载不断加重，需定期进行分箱饲养；规范水质条件及鱼类活动等日常观测与记录；定期检查网箱安全状况；加强水质监控，重视病害防治及风暴潮、暴雨及洪水、水温突变等灾害性天气预警。

（二）深水抗风浪网箱

深水抗风浪网箱是指在相对较深的海域设置和进行鱼类养殖的网箱。“深水”只是相对于近岸传统浅海筏式网箱相比而言的，意指“离岸网箱”，深水抗风浪箱养殖有着广阔的发展前景。

1. 深水抗风浪网箱养殖特点

(1) 拓展养殖海域，改善目前浅海和内湾养殖过密、环境恶化的现状。

(2) 网箱内环境稳定、水体大，养殖的鱼类环境更接近自然环境。

（3）养殖鱼类活动范围广、成活率高、生长快、病害少。

（4）深水网箱配有自动投饵机、自动分级收鱼、鱼苗自动计数、死鱼自动收集等自动化设施，科技含量高，管理自动化，生产效率高。

2. 深水抗风浪网箱养殖概述

（1）深水抗风浪网箱养殖海区的选择

①海流　深水抗风浪网箱养殖需要一定的流速，保障网箱内外的水交换，但也不宜过大，影响网箱的稳定性，一般来说，选择流速0.3～0.8m/s的海区较为理想。在流速过大的海区，必须选择阻流能力强的网箱类型。

②水深　深水网箱须设置于水深在15m以上，距海底5m以上的海域。一是有助于底部水流畅通，二是可防止被底部杂物磨损或被底栖生物破坏。

③潮差　深水网箱选择的海区潮差变化范围一般不大于4m。潮差过大，网箱易着底或露空，有效养殖空间减少；潮差过小，水体交换不充分，不能体现网箱养殖的生态效应。

（2）深水抗风浪网箱抗浪措施

①网箱设计　一般刚性四边形和六边形网箱抗风浪能力较差，可在设计安装网箱时改用柔性连接，有试验表明采用柔性连接的四边形深海网箱可以抵抗10级大风。

②利用网箱的形状和升降方式　根据海洋学理论，利用波浪强度随水深增加呈指数迅速衰减的规律，将浮式网箱沉降到水下一定深度可抵御强风浪。当网箱沉降到深度为波长的1/9时，此处波高仅为海面波高的50%。

③利用网箱材料自身物理性能　网箱常年受风浪潮流的影响，选用有足够强度来抵御波浪冲击的网箱材料，以吸收和分散风浪对网箱系统的作用力。

④网箱海上安装固泊系统　目前主要采用打桩和下锚两种方式固泊网箱。锚链和锚通过缆绳连接到缓冲网格上，网箱安置于每个网格中间，网箱通过支绳与每个网格的四角相连。特制铁制锄锚重400kg，锚链重200kg，缆绳用直径为45mm的朝鲜麻。

⑤安放防波堤　在网箱布置海区，在养殖场迎风、迎浪面前方安放浮式防波堤，缓冲波浪对网箱的直接作用力。

（三）贴底大水体网箱养殖

贴底大水体网箱也称为沉式大水体网箱，主要处在开放海域的水面以下一定深度的水层，网箱呈全封闭式，整个网箱全部沉到水中，当需要操作时，网箱可以升至水面以上。适用于一些风浪大的水域或者滤食性鱼类。在冬季水面结冰之后，可用鱼类的越冬。

贴底大水体网箱养殖具有以下特点：

（1）贴底大水体网箱沉于水下，不直接经受风浪作用，在风浪较大的水域或养殖滤食性鱼类采用这种网箱比较适宜。

（2）网箱结构的强度要求要比比浮式网箱低，结构较简单，造价相对较低。

（3）沉于水下的网箱，能避开海面的碎片、海冰及过往船只的影响等。

（4）网箱下沉的深度越深，光线越弱，浮游生物生物量越少，可减少生物对网箱的附着。

（5）箱体全封闭，整个网箱沉入水下，网箱的有效容积一般不会受到水位变化的影响。

（6）具有网箱升降装置，可通过网箱升降控制网箱在水体中的温度，解决温水性鱼类在冬季水面结冰时的越冬等问题。

(7) 贴底大水体网箱沉于水下，操作、管理、观察和维护不便，对操作的要求相对较高。

三、网箱养殖高产原理

(一) 生态学原理

网箱养殖虽然把鱼类限制在相对较小的空间，但由于网内外水体的不断交换，网内的溶氧、pH等水质指标与网外水域处于“动态平衡”状态。网箱内良好的生态条件依赖于大水域本身良好的生态条件和水体交换，因此在选择网箱养殖水域时，首先要对水域进行考察，充分考虑网箱内外的水质条件和水交换情况，科学、合理地设置网箱的结构、规格和布局等，规范日常生产管理。

(二) 生理学原理

网箱养殖为鱼类提供了一个相对独立的环境，避免了凶猛鱼类的危害，减少了风浪的袭击；同时使它们的活动量减少，降低了能量消耗，增加了营养积累，有利于生长和育肥。

第四节　陆基流水与工厂化养殖

一、概述与特点

(一) 概述

陆基流水与工厂化养殖是指运用建筑学、机电学、化学、自动控制学等学科原理，对养鱼生产中的水流、水质、水温、投饵、排污等实行半自动或全自动化管理，始终维持鱼类的最佳生理状态，使其健康、快速生长，最大限度提高单位水体鱼产量和质量，且不产生养殖系统内外污染的一种高效养殖方式。

(二) 特点

陆基流水与工厂化养殖突出的特点是高密度、集约化、高产量、高效益，主要体现在以下几个方面：

(1) 单位面积（水体）产量高。

(2) 生产周期缩短，有利于均衡上市。由于采用了现代的设备和管理技术，提供了优良的水质和生态环境，并且配备了优质饲料，养殖对象吃得饱长得快，少生病或不生病，生长周期明显缩短。

(3) 饲料系数降低。由于工厂化养殖各子系统为养殖动物提供了最佳的生存条件，饲料的转化率提高，养殖动物生长速度加快。

(4) 占地面积小，投资少，易管理。

(5) 养殖排放水排放量少。工厂化养殖中一般都有养殖排放水处理和集中回收设施，对环境的直接排放量和影响程度都有限。

(6) 受外界气候影响小。工厂化养殖多在室内进行，受天气、温度等外界环境影响较小，可实现常年生产。

二、主要类型与设施

(一) 主要类型

主要类型有自流水式养殖、开放式循环流水养殖、封闭式循环流水养殖和温流水式养殖。

1. 自流水式养鱼 养殖用水不经任何处理或经砂滤等简单处理后，不需要利用人工或电动设备，借助天然地势形成的落差，使水直接流入养鱼池中的养殖方式。这种方式设备简单，投资少，适合于短期或低密度养殖。

2. 温流水养鱼 20世纪60年代初最早由日本发展起来，是利用温水井、温泉水等天然热水，电厂、核电站的温排水或人工升温海水作为养鱼水源，经水体净化、调温等措施处理后进入养鱼池的养殖方式，一般用过的水不再回收利用。这种养鱼方式工艺设备简单，产量低，耗水量大。由于地热水、温泉资源有限，因此该种养殖方式主要与工厂温排水的综合利用相结合。

3. 开放式循环水养鱼 多为室内大棚开放式流水养殖，其养殖用水系从海水井下或海中泵取，经简单沉淀过滤处理后通过动力抽水导入养殖系统，只经一个生产流程，便排入海中。该模式由于投资少、见效快，在海水工厂化养殖发展初期广泛应用。但随着养殖规模的逐步扩大，由于其大量消耗电能和煤炭等能源，大量消耗地下海水且携带着残饵、粪便的养殖废水直接排放入海，逐渐显示出高能耗、易污染，有较大的生产弊端。

4. 封闭式循环流水养鱼 主要特点是用水量少，养鱼池排出的水需要回收，经过曝气、沉淀、过滤、消毒后，根据不同养殖对象不同生长阶段的生理需求进行调温、增氧，并补充1%～10%的适量新鲜水，再重新输入养鱼池中，反复循环使用。此系统需配备水质监测、流速控制、自动投饵、排污等装置，并由中央控制室统一进行自动监控。

（二）主要设施

工厂化养鱼是现代设施渔业的具体体现，下面以封闭式循环流水养殖方式为例，介绍工厂化养殖的主要设施。

1. 养鱼车间 养鱼车间多为双跨、多跨单层结构，跨距一般为9～15m，砖混墙体，屋顶断面为三角形或拱形。屋顶为钢架、木架或钢木混合架，顶面多采用避光材料，设采光透明带或窗户采光，室内光照度以晴天中午不超过1 000lx为宜。

2. 鱼池系统 鱼池多为混凝土、砖混或玻璃钢结构。底面积一般30～100m^2，鱼池的形状有长方形、正方形、圆形、八角形、长椭圆形等。池底呈锅底形，由池边向池中央逐渐倾斜，坡度为3%～10%，鱼池中央的排水口上安装多孔排水管，利用池外溢流管控制水位高度。进水管2～4条，沿池周切向进水，使池水产生切向流动而旋转起来，将残饵、粪便等污物旋至中央排水管排出，各池污水通过排水沟流出养鱼车间。

3. 水质净化处理系统 水质净化处理是整个循环水工厂化养鱼中的关键。整个水质处理系统包括以下环节：去除固体废弃物、去除水溶性有害物质、杀菌消毒、增氧、调温和水质测控。

（1）*固体废弃物去除设备* 主要有滤床过滤、筛滤、自动清洗过滤器和泡沫分离器。

（2）*去除水溶性有害物质的设备* 对于生产过程中产生的“三氮”等水溶性物质，一般采取生物膜技术处理，装备主要有浸没式生物过滤罐、滴流滤槽、水净化机和植物净化装置等。

（3）*杀菌消毒装备* 为避免化学药物投放所产生的副作用，海水工厂化养鱼中较多采用物理法杀菌消毒，常用的设备有臭氧发生器、紫外线消毒器等。

（4）*增氧设施* 一般较多采用罗茨风机和旋涡式充气机，其中三叶式罗茨风机有较好的平稳性和低噪音效果。叶轮式增氧机由于增氧效率强、结构简单、使用方便，在水质调节池和养鱼工厂的二级池中有较好的应用效果。近年来也有使用纯氧、液态氧和分子筛富氧装置（纯度达到90%以上）来增加水体中的溶解氧的方法。采用高效气水混合装置，采用射流、螺旋、网孔扩散等气水混合技术，使水气分子变小而更易混合，使水体溶氧达到饱和或超饱和，提高氧气的利用率，同时有杀菌防腐作用。该装置也可用于臭氧的气水混合。

（5）调温设施　调温除锅炉管道加热（使用热水锅炉为主）、电加热（棒、管、线形式）外，还可采用组合式热泵、冷热水机组等设备来调节水体的温度。

（6）水质测控设备　采用现代化的自动监测系统能对水质进行全程监测和调控，实现自动监测、报警并自动启动相关设备调控。

此外，工厂化养殖系统中还涉及自动监控系统和自动投饵系统等，涉及水泵、自动投饲机、水底清扫机等装备的应用。

第五节　稻田综合养殖

稻渔综合种养是指通过对稻田实施工程化改造，构建稻渔共作或轮作系统，通过规模化开发、产业化经营、标准化生产、品牌化运作，实现水稻稳产、水产品增值，且农药化肥施用量显著减少，经济效益明显提高，是一种生态循环农业发展模式。

一、养殖种类

（一）稻田水体的特点

（1）稻田水体浅、水体交换量大、日照差大，浮游生物少，底栖动物和昆虫幼虫多，草多。

（2）稻田养鱼养殖周期短，受种植管理等人为影响较大。

（二）选择养殖鱼类的基本要求

（1）一般原则　食用价值、经济价值和苗种易得性等。

（2）适应原则　鱼类生长速度快，能适应短周期的稻渔综合种养环境；鱼类适应性强，能适应多变的环境和人为操作的影响；主养鱼类的摄食习性一般为底栖动物食性、杂食性和草食性等。

（三）主要的养殖品种

1. 主养鱼

（1）草食性鱼类　如草鱼、团头鲂。

（2）底栖的杂食性鱼类　如鲤、鲫、罗非鱼、胡子鲇和泥鳅等。

2. 搭养鱼　搭配少量滤食性鱼类，如鲢、鳙；也可养殖中华绒螯蟹、青虾、田螺等。

二、养殖模式

（一）根据种养生产周期进行分类

由于各地气候条件、水稻耕作制度和作业习惯等存在较大差异，因地制宜，稻田养鱼模式可分为稻鱼兼作、稻鱼轮作、冬闲田养鱼和全年养鱼等类型。

1. 稻鱼兼作　稻鱼兼作即在同一稻田内既种稻又养鱼，种稻和养鱼同时进行。

(1) 双季稻田兼作养鱼　早稻插秧后放鱼养殖，早稻收割前或晚稻插秧前捕鱼；晚稻插秧后再放鱼养殖，晚稻收割前捕鱼或养至年底。如早稻收割后不种晚稻，即加高加固田埂蓄水养鱼，这种方式称为早稻兼作或称连作养鱼。

(2) 单季稻田兼作养鱼　水稻插秧后放养鱼种，养至单季稻收割前或年底收获。

2. 稻鱼轮作　在同一稻田内种稻和养鱼依次分开进行。

(1) 早稻后轮作养鱼　早稻收割后放养鱼种，养至年底或翌年春季收获；晚稻期间不再种稻。

(2) 晚稻前轮作养鱼　上半年养鱼而不种稻，直至晚稻插秧前收获，晚稻期间不再养鱼。

(3) 冬闲田养鱼　利用晚稻收割以后到翌年春季早稻生产前的一段稻田空闲期开展鱼类养殖，到春节前收获。适用于蓄水深、便于管理的稻田。冬闲田养鱼，水温低，注意搭棚防寒；天然饵料少，除应重施基肥并及时追肥外，还应投喂菜饼、糠饼、棉饼、熟红薯等精饲料。如养殖抗冻耐寒的鲤、鲫，设计产量为225～357kg/hm^2。

3. 全年养鱼　在稻田中建立永久性的鱼沟，进行常年养鱼。该方式有利于增加稻田土壤与空气的接触面积，水稻根系发达，鱼类生长期长、产量高；缺点是需常年维护鱼沟，翻耕稻田的难度增加。

(二) 根据稻田养鱼工程模式分类

1. 稻田鱼凼式　在稻田内按田面积的一定比例开挖一个鱼凼。鱼凼的开挖面积一般为田面积的5%～8%，椭圆锅底形或长方形，深1.0～1.5m；鱼凼一般设在田中央或阴凉处，不能设在稻田的进、排水口处及田的死角处。该方式可用于鱼苗苗种、小个体成鱼或大规格鱼种的养殖，一般设计产量为750～1 050kg/hm^2。

2. 稻田回沟式　在稻田内距田埂30cm处开挖一条环沟，面积较大的稻田还要在田中央开挖“十”字形中央沟；中央沟与环沟相通，环沟相对两端与进、排水口相连，整个沟的开挖面积占田面积的5%～8%；沟深30～50cm，沟的上面宽30～50cm。此方式需加高、加固田埂，田埂高50～70cm，顶宽50cm左右。该方式可用于成鱼或大规格鱼种的养殖，鱼的设计单产可在450kg/hm^{2}左右。在南方若第一季种稻养鱼后，第二季只养鱼而不种稻时，设计产量为1 200～1 500kg/hm^2。

3. 垄稻沟鱼式　在稻田四周开挖一条主沟，沟宽50～100cm、深70～80cm。垄上种稻，一般每垄种6行左右水稻，垄之间搭垄沟，沟宽小于主沟。若稻田面积较大，可在稻田中央挖一条主沟。该方式用于成鱼商品鱼养殖，设计养鱼产量为1 500～2 250kg/hm^2。

第六单元　鱼类越冬

我国北方地区每年都有一段冰冻期，尤其是东北、西北地区冬季气候寒冷，冰层厚、封冰期长。冬季的低温引起鱼类生活环境和生理状况的显著变化，并给鱼类安全越冬带来很大威胁。因此鱼类越冬是我国北部地区淡水养鱼的一个重要问题。

第一节　越冬池环境条件

越冬期间随温度持续下降，池水表面冰封，气液交界面的气体交换停止。在池塘各种生物的呼吸作用下，水体溶解氧不断下降；池底残饵、粪便等有机物在微生物厌氧发酵的作用下产生 CH_4、CO_2、H_2S 等有害气体，池底氧化还原电位降低，酸性增加，逐步导致越冬水体酸化。冰封后的水环境变化对鱼类安全越冬造成不利影响。

一、水文等物理状况

（一）水位

各种水域在封冰后，不冻层水位的变动主要取决于渗漏流失和冰厚度。一般随温度降低，冰层增厚，水位逐渐下降。为了保持一定的水位，静水越冬池在越冬期应分期注水 2～3 次。越冬池应保持一定的有效水深，过浅会导致水温偏低，也限制了越冬鱼类的密度；过深会使氧债层加大，不利于生物增氧。一般越冬水体的深度应在 2.0～4.0m；流水池塘冰下水深不低于 70cm；有新水补充的静水池水深不低于 1.3m，没有补充水源的池塘水深不低于 1.5m。

（二）水源

水源要求进水方便、水量充足、水质清新；如用地下井水，则应将地下井水充分曝气后使用。

（三）水温

东北地区养鱼水体一般在 11—12 月封冰，出现温度的逆分层现象。如果封冰时降温幅度较大或水体较浅，水体上下层可能出现全同温。整个水体封冰后，不冻层水温很少再受天气和阳光的影响，各水层温度相对稳定，表层水温最低，深层一般可保持在 3～4℃。

（四）光照

冰下光照强度与冰质和积雪密切相关，而与冰的厚度关系较小；明冰透光率一般为 20%～50%，冰下光照度在晴天中午前后可达 1 万～2 万 lx；而厚 3～5cm 的乌冰，透光率仅为 10%左右，冰下最大光照度约 3 000lx。冰上有 20～30cm 厚的覆雪，透光率只有 0.1%～5%，冰下最大光照度只有 30～100lx。藻类的补偿点一般为 300lx 左右，可见覆雪冰下的光照度难以满足藻类正常生活的需要，而明冰和不太厚的乌冰下的光照度则可以保证绝大部分藻类的正常繁殖。

（五）透明度

由于没有明水期的肥水、投喂、风浪等因素影响，冰下水体中浮游植物是水体透明度的主要影响因子。

二、水质化学状况

（一）溶解氧

冰下水体溶解氧的变化规律与水中浮游动植物种类和数量、鱼类、底质和冰质等因素密切相关。

1. 光合作用产氧 结冰后，池水因冰层与大气隔绝，溶解氧不能从空气中得到补充。冰下水体溶氧的主要来源是植物的光合作用。

2. 水呼吸耗氧 水呼吸耗氧是指水体中浮游动植物、微生物等呼吸耗氧和有机物分解耗氧。水呼吸耗氧量和浮游植物现存量呈正相关，一般越冬池水呼吸耗氧的主要因子是浮游植物。

3. 底质耗氧 池底淤泥是耗氧的一个重要因素，可达0.37～0.45g/（m^2·d）；若以水深2.0m计算，则其耗氧量约0.17mg/（L·d），故越冬水体缺氧现象通常先从底层水开始，这是由底层的腐殖质和其他有机物质分解耗氧造成的。池底的残饵、粪便等有机质的数量及性状应在平时注意经常调控，避免增加池底负担。

4. 鱼类耗氧 在冬季随着水体温度降低，鱼类的新陈代谢下降，因此减少了对溶解氧的消耗。越冬期间鱼类平均耗氧量为0.03mg/（kg·h）左右。

5. 浮游动物耗氧 越冬池浮游动物主要是桡足类。

6. 现存溶氧量 越冬池现存溶氧量取决于产氧和耗氧的差值。越冬池现存氧量的实际变化图像多数趋双峰型：封冰时一般接近饱和（11～13mg/L），封冰不久，各池溶氧有所上升，至12月上旬达第一次高峰（14～18mg/L），冬至前后大幅度下降，2月到3月上旬溶氧再次达到高峰（15～20mg/L），其后又迅速下降。溶氧的这种变化正反映了日照长短对光合产氧的影响，不过在某些以适应低温、低光照浮游植物占优势的越冬池中，溶氧可能持续上升或比较稳定。

7. 营养盐类 对于生物增氧的越冬池塘，由于浮游植物数量较多，水中氮、磷含量不会很高。

（二）pH

pH是越冬池塘中的一项很重要的指标，它可影响生物的生理状态和水化组成，也可以反映浮游植物的生长状况和池底的变化趋势。越冬池塘pH的影响因素包括浮游植物的数量、养殖生物存塘量、浮游动物数量、冰下光照度、底质表层有机物数量等。一般要求越冬池塘pH在7.0～8.5，过高或过低对养殖鱼类都有一定危害。除盐碱地以外，生产实践表明，管理不善，越冬鱼池水体pH一般会出现下降的趋势。若发越冬池塘内pH下降较快，甚至达到了偏酸程度，可以在养殖水体中挂生石灰袋以提高水体的pH。

（三）CO_2

越冬池中CO_2主要来源于有机物的分解和水生动植物的呼吸作用。鱼类在溶解氧充足的情况下，当CO_2含量超过80mg/L时也会产生呼吸困难、中毒呈昏迷甚至死亡等症状。在池塘中的植物是CO_2的主要消耗者。

（四）H_2S

越冬池封冰后，水中溶解氧含量逐步降低。池底在溶氧不足的情况下，还原类细菌把水中硫酸盐和底部有机物还原产生 H_2S。H_2S 对于养殖鱼类有剧毒。

三、底质状况

冰封后的底质状况受冰封前底质管理措施影响很大。冰封前定期采取措施来分解或者矿化池底有机质的池塘，底部有机质含量低，冰封后一般不会产生有害物质；而过量投喂或者多年没有清塘的池塘，底部有机质含量高而酸化严重，冰封后这些有机质首先好氧分解，消耗水中溶解氧，继而在厌氧条件下发酵释放出 CH_4、CO_2 和 H_2S，对鱼类越冬造成很大威胁。

四、生物状况

（一）浮游植物

与明水期相比，冰下浮游植物的特点是种类少、生物量不低、鞭毛藻类多。对东北地区若干越冬池的实测表明，常见的优势种群有光甲藻、隐藻、小球藻、壳虫藻、眼虫藻、棕鞭藻、黄群藻、鱼鳞藻、蓝隐藻、针杆藻和菱形藻等，连同一些罕见种类在内，也不过 30 余个属。而明水期间在这些地区比较常见的浮游植物就多达 50～60 个属。

（二）浮游动物

冰下浮游动物主要有轮虫（多肢轮虫）、原生动物和桡足类（剑水蚤）。轮虫种类较多常见的有犀轮虫、多肢轮虫和臂尾轮虫。原生动物常见种类有侠盗虫、喇叭虫、钟形虫、草履虫和似袋虫等。桡足类主要是剑水蚤及其幼体。

第二节　越冬鱼类生理状况

一、摄食与肠道充塞度

越冬期间水温较低，大多数养殖鱼类很少摄食，新陈代谢减缓，生长缓慢或停止。草食性鱼类在有天然饵料的条件下，整个越冬期均可少量摄食，其肠管充塞度一般变化在 2～3 级；其他鲤科鱼类在越冬期一般摄食很少。

二、体重变化

越冬鱼类体重的变化依种类和规格而异。在静水越冬池中，滤食性鱼类在越冬后体重略有增加，而吞食性鱼类越冬后体重有不同程度的下降，这可能与天然饵料的丰歉有关。越冬鱼类体重的变化情况与所在地区、越冬条件、鱼类体质、鱼的规格和种类等密切相关。

三、鱼体组织成分变化

越冬鱼类不同组织及其组织成分会发生变化，主要是鱼类脂肪含量的变化以及同一鱼体不同部位的饱和脂肪酸、不饱和脂肪酸的变化。

四、耗氧速率

鱼类耗氧率与种类、温度、规格大小密切相关。一般水温高，耗氧率大；水温低，耗氧率小。鱼体规格大，耗氧率低；鱼体小，耗氧率高。养殖鱼类冬季耗氧率为夏季的 1/15～

1/10，只要选择优良越冬水体并采取适当的增氧措施，即可避免缺氧。但溶氧过高会使鱼类患气泡病，气泡病多发生在融冰期前后。可采用定期打冰眼，少量多次适量换水（以含氧量低的井水为好）等措施缓慢降低水中溶氧量。

第三节　越冬技术

一、温水性鱼类越冬

1. 流水越冬　将泉水、河水或水库引入越冬池，使鱼类在流水环境下度过低温季节。池水交换量与补给水的含氧量及池鱼的密度相关。交换周期太短会导致水温偏低；注水量过大则可能造成池鱼逆水，体耗加大。若越冬水的溶氧有保障，鱼的密度可适当增加。

2. 网箱越冬　选择溶氧丰富，水深合适的水库、湖泊等大中型水体作为设置网箱地点。放鱼密度视水中溶氧而定，一般为 5～10kg/m^3。网箱应设置在水温 1℃的水层，盖网离水面 1～1.5m。

3. 静水池塘越冬　将养殖鱼类置于静水的池塘中越冬。

（一）越冬池塘的准备

越冬池塘的准备包括位置选择、清淤、消毒等内容。

1. 越冬池塘的选择　一般要求面积在 2 000m^2 以上，冰下水深达到 2.0～2.2m，同时要求池塘不渗水、不漏水，保水能力强，最好是地下式池塘，背风向阳，有利于鱼类安全越冬。池底要平坦，避免高低不同影响鱼类分布。

2. 清淤　越冬前最好将池底富含有机质的淤泥层清除，以减少越冬期间底泥耗氧。底质中有机质含量不高的也可在冰封前采取生物、化学方法调控。

3. 消毒　越冬池塘必须进行严格的消毒以杀死池中的敌害生物、野杂鱼和病原体。一般采用先排水曝晒，后进水消毒的措施。消毒剂最好使用高纯生石灰，参考用量为每 667m^2 水面（按 1m 水深计）100～125kg，最终让水体 pH 达到 14 左右即可，将生石灰化浆后全池泼洒。

（二）越冬池水的处理

北方地区鱼类越冬池的池水多数分为原塘水和井水两种。

1. 原塘水越冬

（1）排出老水　排出越冬池塘的原塘水，平均水深 0.5～0.7m。

（2）净化池水　高纯生石灰的参考用量为每 667m^2 水面（按 1m 水深计）100～125kg，最终让水体 pH 达到 14 左右即可，在此 pH 下绝大部分生物都会被杀灭。若池中有鱼，可采用漂白粉来消毒，参考用量为每 667m^2 水面（按 1m 水深计）1～10kg。

（3）加注新水　越冬池水消毒 5～7d 后加注新水直至注满，使越冬池水深达 3.0～4.0m，冰下水深达 2.0～2.2m。进水口安装密眼滤网，防止野杂鱼进入。

（4）培养浮游植物　在越冬池冰封期前 5～10d 施入无机肥，促进越冬池水体中的浮游植物生长。无机肥的用量是每 667m^2 池塘施硝酸铵 2.5～3.0kg，过磷酸钙 1.5～2.0kg，不缺氮肥的可以只施过磷酸钙。若冰封后需要补肥，可将硝酸铵和过磷酸钙混合装入稀眼布袋挂在冰下。挂袋深度应超过最大冰厚。

（5）培养有益菌类　有益菌可分解池底有机物，抑制有害菌的繁殖，虽然冬季水温较低，但微生物也会缓慢繁殖。冰下水体的溶氧较低，应采用乳酸菌、反硝化细菌、硫化杆菌等功能性厌氧菌，避免用好氧菌。

2. 井水越冬　井水是较为理想的鱼类越冬用水，但采用井水越冬时要注意井水的含氧量以及铁、锰和硫化氢的含量。可以采用大曝气或充分搅动水体的方法除去井水中的不利因子。其他处理步骤和处理原塘水一样。

（三）越冬鱼类规格和密度

一般越冬鱼类规格要求在10cm以上，微流水越冬池鱼类规格最好在15cm以上。

鱼类越冬密度主要根据越冬池塘冰下有效水量（指冰冻到最大厚度时冰下的实际水量）、有无补水条件、越冬池底质情况（淤泥、杂草多少）等来确定。在采取生物增氧措施和有机械增氧措施保证的前提下，越冬密度一般为：有补水条件的越冬池，按冰下有效水体，可放鱼0.4～0.5kg/m^3（以水体体积计，下同）；无补水条件的越冬池，按冰下有效水体，可放鱼0.25kg/m^3。

二、热带鱼类

大规模工厂化养殖的罗非鱼、淡水白鲳、鲮、白须鲥、笋壳鱼和巴西鲷等热带鱼类越冬受水温限制，除了在我国南方少数地区可以自然越冬外，其他地区都需要采取相应的保温措施才能安全越冬。水族箱养殖的孔雀鱼、红绿灯、虎皮鱼和神仙鱼等热带观赏鱼需用加热设备，使水温保持在20～30℃，或利用工厂余热水等的作用维持适当的水温。热带鱼越冬方式主要有以下几种类型：

（一）修建塑料大棚或玻璃越冬房越冬

塑料大棚及玻璃越冬房可以以地下水、水库或溪河水为水源，利用太阳能保温达到热带鱼类安全越冬的目的。寒冷地区，可在越冬房的基础上加盖一层塑料薄膜，并配备红外线加温器。建造塑料大棚或玻璃越冬房应考虑水源、热带鱼品种、越冬规模及采光等因素。该法在前期基础设施的建设上需要投入较多的成本，塑料薄膜后期的维护成本也较高，需要大量的资金投入。

（二）利用地下热水越冬

温泉和深井水源水温恒定，一般在30℃左右。可利用符合渔业用水标准的温泉水和深井水，经曝气后再输入越冬池塘使用。若水温过高，可用冷水进行调节。若水质不宜直接用于水产养殖，可在池内敷设蛇形管或盘管热交换器，利用地热水间接将池水加热。越冬池面积根据地热水水温、流量及生产规模而定，结合设置塑料大棚或玻璃越冬房可取得良好越冬效果。该法主要受地下热水资源限制。

（三）利用工厂余热水越冬

利用发电厂或其他工厂排出的余热水或蒸气，修建越冬池进行保温越冬。越冬池规模根据余热水供应量大小与调节水温的冷水源而定，同时可配备加热设备，保证越冬池水温的稳定性。该法利用工厂的剩余能耗，具有经济、节约能源和环境友好等特点。但是该法需要紧靠有余热水供应的工厂，因此也具有一定的限制性。

三、越冬管理

（一）测氧

根据越冬池溶氧的变化规律，定期测氧（一般每3～5d测一次）。冬至至元旦、春节前后要求每 1～3d 测氧一次，找出越冬水体溶解氧降低的主要原因并及时采取增氧措施。

（二）及时补水

整个越冬期间要补水，一般每 20～30d 补水一次，每次补水 15～20cm，水源以深井水为宜。

（三）控制浮游动物

注意观察越冬水体中浮游动物的种类和数量，如发现有大量的剑水蚤、犀轮虫和大型纤毛虫，一方面应抽出越冬池部分底层水并加注井水；另一方面可用药物杀死越冬水体中的浮游动物。

（四）补充营养盐类

越冬期间如发现越冬池水透明度增大、浮游植物生物量减少、溶解氧偏低，可采用冰下施用无机肥的方法培养浮游植物进行冰下生物增氧。

（五）扫雪

扫雪面积应占越冬池面积的 80%以上，以保证冰下越冬水体有足够的光照使浮游植物进行光合作用制造氧气。

（六）防治鱼病

越冬期间经常观察冰层下鱼类是否有异常（如贴近冰层游动）现象，要根据情况进行病理检查。若有鱼病发生，应选择适当的药物及时进行治疗。如果越冬期间不能将鱼病完全治好，则在翌年开春融冰期间要尽早使冰融化、及早分池，并进行药物处理以防止引发暴发性疾病。冰封越冬水体杜绝使用硫酸铜，以免影响越冬水体中浮游植物的生物量而造成缺氧。

（七）增氧

越冬池缺氧时常用打冰眼增氧、注水增氧、循环水增氧、化学药物增氧、生物增氧、充气增氧等方法。

1. 打冰眼增氧法 在以往的鱼类越冬生产实践中常用打冰眼方法增加越冬池水中的溶解氧含量。空气中的氧气通过冰眼向水中扩散的速度很慢，打冰眼增氧仅能作为一种应急措施。

2. 注水增氧法 这是小型的靠近水源的越冬池和渗漏较大的静水越冬池一种较好的补氧方法，但采用地下水进行补氧时要特别注意水必须经过曝气、氧化和沉淀。

3. 循环水增氧法 在越冬池水量充足或缺少越冬水源的静水越冬池发现池水缺氧后，可采用原池水循环的方法补氧。如用水泵抽水循环补氧或利用桨叶轮补氧。补氧应按照“早补、勤补、少补”的原则进行，使水温稳定在 1℃以上。

4. 生物增氧法 创造条件促使冰下浮游植物大量繁殖进行光合作用制造氧气，补充越冬水体溶解氧，达到鱼类安全越冬的目的。

5. 化学药物增氧法 当静水小越冬池、温室越冬池发生缺氧时，可采用化学药物增氧法。常用的增氧药物有过氧化钙、过碳酸钠等。

6. 充气增氧法 利用风车或其他动力带动气泵，将空气顺管道压入冰下水中，通过散气装置扩散到越冬池水中以增加水体中的溶解氧含量。

第七单元　主要养殖虾蟹类

第一节　虾　类

一、淡水虾类

（一）罗氏沼虾

罗氏沼虾（*Macrobrachium rosenbergii*）在分类上隶属于长臂虾科、沼虾属。罗氏沼虾又称马来西亚大虾、泰国虾、淡水长脚大虾，是世界上最大的淡水虾，大量产于印度—西太平洋区域的热带和亚热带地区。罗氏沼虾生活在各种类型的淡水或咸淡水水域中，具有生长快、个体大、食性广、味美、肉质营养成分好以及适应性强、养殖周期短等优点。20 世纪 60 年代以来，罗氏沼虾的人工养殖在东南亚和其他地区发展迅速。我国自 1976 年引进此虾，目前已在广东、广西、湖南、湖北、江苏、上海、浙江等 10 多个省（市、自治区）进行该虾的养殖，一般产量为 3 750～6 000kg/hm^2，经济效益显著。罗氏沼虾躯体肥壮、短粗，外被一层几丁质甲壳。全身分为头胸部和腹部。头胸部粗大，腹部自前向后逐渐变小，末端细。头胸甲完整地覆盖于头胸部的背面及两侧，身体由 20 节组成，头部 5 节，胸部 8 节，腹部 7 节。除腹部第 7 节外，每个体节各有一对附肢。雄虾个体大于雌虾，雄虾第 2 步足特别发达，长度超过体长，呈蔚蓝色。

（二）日本沼虾

日本沼虾（*Macrobrachium nipponensis*）俗称青虾、河虾，隶属于长臂虾科、沼虾属，自然分布于中国、日本、越南及俄罗斯远东地区；在我国各地淡水水域中都有分布。由于其营养丰富，风味鲜美独特，深受人们的青睐。日本沼虾的养殖始于 20 世纪 50 年代，从 2004 年起我国日本沼虾的年养殖产量就超过了 20 万吨。多年来，日本沼虾在市场上一直供不应求，畅销不衰，是一种养殖效益非常可观的淡水虾类。日本沼虾体外有一层薄而透明的几丁质外壳，头胸甲的前端向前延伸，形成长而尖锐的额角，其长度可达头胸甲的 3/4～4/5，额角上缘具 12～15 个小齿，下缘 2～4 个小齿。

（三）秀丽白虾

秀丽白虾（*Exopalaemon modestus*）隶属于长臂虾科、白虾属，色白壳薄，通体透明，属杂食性动物，幼体游泳生活，成体营底栖生活，为太平洋西部的天然种类。秀丽白虾是我国常见的重要经济淡水虾，广泛分布于淡水湖泊及河流中，是长江中下游地区许多湖泊和河流中虾类资源的优势种类。秀丽白虾肉质细嫩，滋味鲜美，风味独特，富有营养价值。目前，我国对秀丽白虾的利用仍主要依靠捕捞野生资源。秀丽白虾体长最大不超过 60mm。头胸甲有鳃甲刺、触角刺而无肝刺。额角发达，上下缘皆有锯齿，上缘基部形呈鸡冠状隆起，上缘无齿，下缘末有小齿数个。腹部第 2 节侧甲覆于第 1、第 3 节侧甲外面，第 4～6 节向后趋细而短小，尾节窄长，末端尖。第 1、第 2 步足有螯，第 2 对较粗大。第 3～5 对步足呈爪状或细长柱状。

（四）克氏原螯虾

克氏原螯虾（*Procambarus clarkii*）属螯虾科、原螯虾属，俗称小龙虾、淡水小龙虾、大头虾。克氏原螯虾原产于墨西哥东北部和美国中南部，20 世纪 30 年代由日本引入我国，由于其不仅肉质细嫩、风味独特、营养丰富，而且具有生命力强、适应性广等特点，目前已广泛分布于江苏、湖北、安徽和江西等省，成为我国重要的水产经济虾类。克氏原螯虾体表具有坚硬的甲壳，身体由头胸部和腹部组成，体节 20 节，除尾节无附肢外，有 19 对附肢。头胸甲愈合呈圆筒形，前端具一三角形的额角。第 1 对螯足特别发达，第 2、3 对呈钳状，后 2 对步足呈爪状；腹部较短；雌性第 1 对腹肢退化，雄性前 2 对腹肢演变成钙质交接器。尾部有强大的尾扇，抱卵期和孵化期的雌虾尾扇弯曲以保护受精卵和仔虾。

二、海水虾类

（一）中国明对虾

中国明对虾（*Fenneropenaeus chinensis*），旧称中国对虾，俗称东方对虾、青虾（雌性）、黄虾（雄性），隶属于对虾科、对虾属，是我国分布最广的对虾类。中国明对虾体形偏长扁，颜色发青灰，表面光滑，甲壳较薄，虾体通透，属广温性、广盐性、一年生的暖水性大型洄游虾类。中国明对虾体色雌虾青褐色，雄虾黄褐色，甚至透明，无斑纹；额角较长，超出第二触角鳞片；第一触角外鞭长度为头胸甲长度的 1.5 倍；雄性第三颚足末节稍短于第二节。

（二）凡纳滨对虾

凡纳滨对虾（*Litopenaeus vannamei*），又称南美白对虾、白虾、白脚虾，隶属于对虾科、对虾属。凡纳滨对虾属于广盐、广温性的虾类，原产于东太平洋暖水水域。我国于 20 世纪 80 年代引入凡纳滨对虾，并于 90 年代在全国各地推广养殖。凡纳滨对虾因其壳薄体肥、肉质鲜美、营养丰富，深受消费者喜爱。凡纳滨对虾甲壳较薄；正常体色为青蓝色；全身没有斑纹，尾扇底端外延呈带状红色；步足常呈白褐色；额角尖端不超过第一触角柄的第二节；头胸甲较短，约为体长的 1/3。

（三）斑节对虾

斑节对虾（*Penaeus monodon*），俗称草虾、花虾和牛形对虾，隶属于对虾科、对虾属。斑节对虾广泛分布于印度洋和西太平洋，东至日本海，西至非洲东海岸，南至澳大利亚，在我国沿岸也有分布。斑节对虾通常栖息于浅海泥沙质海域，喜夜间活动，以小型底栖无脊椎动物为食。斑节对虾具有广盐性，也能耐高温和低氧胁迫，但对低温的适应力较弱，冬季会从北方沿海往南部温热海域洄游。斑节对虾由于生长迅速，适应性强，食性杂及可耐受长时间的干露和运输，被当作优良的养殖物种引入到世界各地，已成为世界上养殖产量最大的对虾品种之一。斑节对虾体表光滑，壳稍厚，体表有暗绿色、深棕色和浅黄色环状色带相间排列，鲜艳美观，故有“花虾”之美称。其游泳足浅蓝色，原肢前面黄色，其缘毛桃红色，第 2、3 颚足外肢刚毛桃红色。

（四）日本囊对虾

日本囊对虾（*Marsupenaeus japonicus*）属对虾科、对虾属。因其甲壳花纹艳丽，又有称花虾、竹节虾、花尾虾、斑节虾和车虾等俗称。日本囊对虾在红海、非洲东部到朝鲜、日本一带沿海以及我国长江以南沿海广泛分布。日本囊对虾适合盐度较高地区养殖，因此肉质鲜嫩，营养丰富，同时具有耐低温和耐干能力，适合以鲜活虾出售，售价较高。日本囊对虾体呈浅黄，具蓝褐色横条斑纹，尾尖为鲜蓝色。甲壳较厚，额角略呈弯弓形，上缘具8～10齿，下缘具1～2齿，额角侧沟很深，伸至头胸甲后缘，肝脊、胃脊极明显。额角后脊具中央沟。第一步足无座节刺，雄性交接器中叶顶端有粗大突起，雌性交接器呈圆柱形。

（五）长毛对虾

长毛对虾（*Penaeus penicillatus*）属对虾科、对虾属，又叫大虾、白虾、红尾虾、红虾和大明虾。长毛对虾为暖水性种类，在印度洋和西太平洋均有广泛分布；在我国主要分布于东海南部的福建、台湾，延至粤东海域。长毛对虾个体大而虾壳薄，肉质细嫩鲜美，可食部分占比大，深受消费者喜爱。我国每年除供应国内市场外尚有外销，该虾经济价值颇高，是发展人工养殖的重要品种。该虾较其他南方虾种更耐低温，在较低温度下生长较快，所以养殖区域较广，是南方较好的晚季养殖品种，目前在我国福建、广东、广西和海南等沿海地区均有养殖。长毛对虾额角短，不到第二触角鳞片末，末端较细；额角脊略凸起，雌性较突，额角后脊不到头胸甲末缘，有断续小凹点；第一触角上鞭约为头胸甲长的3/4；雄性第三颚足指节特长，为掌节长度的1～2倍；螯的1/2达第二触角鳞片末。

（六）墨吉明对虾

墨吉明对虾（*Fenneropenaeus merguiensis*），旧称墨吉对虾，俗称大虾、明虾、黄虾、大白虾和大明虾，隶属对虾科、对虾属。墨吉明对虾体淡棕黄色，透明甲壳较薄。墨吉明对虾是沿岸浅海暖水性种类，分布于我国东海、南海沿岸以及东南亚、澳大利亚一带海域，生活水深一般为10～15m，水深20m以外海区很少发现，多栖息在泥沙或沙质海底。墨吉明对虾是广东沿海的主要养殖品种之一，湛江市沿海为主要产区。墨吉明对虾额角更短，达第一触角柄第二节中部或第三中节部；额角脊突起很高，三角状，额角后脊近头胸甲末缘，脊上无点无沟；第一触角上鞭略短于头胸；雄性第三颚足指节短，为掌节长度的1/2；第三步足螯的全部超出第二触角鳞片末。

（七）刀额新对虾

刀额新对虾（*Metapenaeus ensis*），俗称泥虾、沙虾和芦虾，属于对虾科、新对虾属。刀额新对虾分布于日本东海岸、中国东海与南海以及菲律宾、马来西亚、印度尼西亚、澳大利亚沿岸海域。它是近岸浅海虾类，是淡水育种、“海虾淡养”的优良品种，具有杂食性强、广温性、广盐性、生长迅速和抗病害能力强等优点，而且能耐低氧，具有潜底习性，具有较高的经济价值。刀额新对虾形态像对虾，但它的壳比对虾软，体型没有对虾大，一般如中指大小，因壳薄体肥、肉嫩味美、能活体销售而深受消费者青睐；在中国广泛分布于山东半岛以南沿岸水域，广东沿海的河口海区产量较高。刀额新对虾体土黄到棕褐色，游泳足棕色或赤色；体表除脊、边缘部分及腹部两侧前下方外，有许多短毛，体表散步许多黑点。额角雄性平直，尖刀形；雌性末部微向上弯。第一对步足具座节刺；额角6～9齿，腹部第一至六节背面具有纵脊，尾节无侧刺，第一步足座节刺比基节刺小。雄性交接器顶端尖，基部宽，腹面略呈三角形；雌性交接器前中突近长形。

第二节　蟹　类

一、淡水蟹类

中华绒螯蟹（*Eriocheir siensis*），又称河蟹，隶属于方蟹科、绒螯蟹属。其形态特征是：头胸甲呈圆方形，后半部宽于前半部；胃区有6个对称的突起，额宽，分4齿，末齿最小。中华绒螯蟹分布广泛，我国渤海、黄海及东海岸诸省均有分布，在国外除朝鲜黄海沿岸外，整个欧洲北部平原几乎均有分布。

中华绒螯蟹在淡水中生长、海水中繁殖。在淡水中生长的中华绒螯蟹，性腺只能发育到Ⅳ期末，只有在适当盐度下过渡，性腺才能发育成熟并交配产卵，故海水是繁殖的必要条件。中华绒螯蟹交配后产卵，再经过数月，抱卵便孵化出第一期溞状幼体，经5次蜕壳后而成大眼幼体，然后回归淡水，进入江河湖泊生活，产卵孵化后的亲蟹不久便相继死亡。

大眼幼体在溯河回归途中，随时进入江河湖泊，再经一次蜕壳成为第一期仔蟹，以后即在这些水域中栖居生活。中华绒螯蟹有掘穴习性，也是防御敌害的一种适应方式；食性很杂，在自然条件下以食水草、腐殖质为主，嗜食动物尸体，亦食螺、蚌、昆虫等，偶尔捕食小鱼、虾，食物匮乏时也会同类相残。

二、海水蟹类

（一）三疣梭子蟹

三疣梭子蟹头胸甲呈梭形，具3个疣状突起（胃区1个，心区2个），前侧缘具9齿，末齿特别长大而向左右突出，螯足长大，长节的前缘有4齿，头胸甲呈茶绿色，第四胸足的背面都带紫色和白斑云纹。雄性蓝绿色，雌性深紫色。

三疣梭子蟹昼伏夜出，多在夜间觅食，夜间有明显的趋光性。三疣梭子蟹在春夏繁殖季节，常到近岸3～5m的浅海产卵。秋末冬初则逐渐移居10～30m的泥沙海底越冬。在繁殖洄游或索饵洄游季节，常集群活动。梭子蟹在天然水域中主要摄食软体动物中的瓣鳃类、端足类、十足类、多毛类以及小杂鱼、动物尸体、植物嫩叶等。

（二）锯缘青蟹

锯缘青蟹盛产于热带、亚热带及温带沿海的半咸水海区，在我国主要分布在长江口以南沿海，是我国及东南亚沿海重要养殖对象。锯缘青蟹长于潮间带的泥潭或泥沙底的海滩，多夜间活动，白天穴居。夏季活动多，冬季活动少。

青蟹虽栖息于低盐的浅海，但对盐度的适应范围较广，适宜盐度为5～33.2，最适盐度为13.7～16.9。水温适宜范围为18～32℃，低于18℃时，青蟹活动时间缩短，摄食量减少；低于12℃时，只在晚上作短暂活动，并开始掘洞穴居；10℃时行动迟钝；7℃时完全停止摄食及活动。青蟹主要食物是软体动物和小型甲壳类。

（三）日本蟳

日本蟳（*Charybdis japonica*）隶属于梭子蟹科、梭子蟹亚科、蟳属，是一种中型海产食用蟹，栖息于潮间带，属沿岸定居性种类，广泛分布于中国海域及日本、朝鲜、东南亚等沿海区域。日本蟳头胸甲呈横卵圆形，表面隆起。胃、鳃区常具微细的横行颗粒隆线。螯足壮大，不甚对称，步足各节背、腹缘均具刚毛，游泳足的长节后缘近末端处具一锐刺，前节与指节均扁平，呈桨状。雄性腹部呈三角形，雌性呈长圆形，密具软毛。

日本蟳栖息于潮间带，属沿岸定居性种类，喜有水草或沙泥、石块的水底。性好争斗，一般各自占据一定面积为地盘；主要摄食双壳类、甲壳类、鱼类、多毛类和头足类。

第八单元　虾蟹类育苗

第一节　原理与通用技术

一、原　　理

对虾类因纳精囊的类型不同，育苗方式也有一定的差异。具有封闭式纳精囊的对虾交配后精荚贮于纳精囊中；具有开放式交接器的种类精荚则黏附于其中，产卵时也排出精子，在水中受精。即开放式纳精囊的种类，如南美白对虾，育苗原理为：蜕壳（雌体）→成熟→交配（受精）→产卵→孵化。闭锁型的种类如中国明对虾，育苗原理为：蜕壳（雌体）→交配→成熟→产卵→孵化。

蟹类或其他虾类则抱卵于母体腹肢上发育、孵化后脱落母体，即：蜕壳→成熟→交配→抱卵→孵化。

二、通用技术

虾蟹类育苗的通用技术主要包括亲虾（蟹）选择、亲体培育、人工繁殖、孵化等技术。亲虾（蟹）的来源有两种，一是从天然水域捕捞已成熟或抱卵个体；二是人工饲养的未成熟个体。要求个体大、体质健壮、活力强、体表无寄生虫、附肢完整等。亲体培育包括两方面：一是亲体的越冬培育，二是亲体的促熟培育。其中，亲体的越冬培育主要是建立一个接近自然的环境条件；而促熟培育常用方法有升温培育、流水培育、眼柄切除等。未交尾的虾蟹需要在室内创造条件促进交配，如加大换水量或采用流水培育方式等，同时应降低光照度，避免夜间开灯，已完成交配的雌体及时转移至产卵池中。营造良好的产卵环境，产卵过程中要微充气，其间要尽量保持安静，以免惊吓亲体。产卵完成后及时捞出亲体放回培育池中，可将产卵池中的污物清除。产卵完成后可在幼体培育池中孵化，孵化水温保持在适宜范围内，每隔一段时间可用搅卵器搅动池水一次，将沉于池底的卵轻轻翻动起来。在孵化过程中及时把脏物用网捞出，并检查胚胎发育情况。

第二节 苗种生产

一、育苗场设计

育苗场的设计是否合理，一方面决定该场能否维持正常的生产，另一方面与该场投产后的经济效益相关。虾蟹育苗场的设计应根据虾蟹育苗所需的环境条件及幼体发育的生物学要求，既有利于幼体变态发育，又便于操作和节约能源。

一般来说，虾蟹育苗场主要包括幼体培育池、饵料培育池、供水系统（蓄水池、沉淀池、高位池等)、供电系统（配电室、发电室、变电室等)、供气系统（鼓风机房)、供热系统（锅炉房)、检验室、办公区（办公室)、生活区等。总体布局应本着安全生产、使用方便、节约能源、避免干扰的原则，科学布置以取得最佳效益。例如，幼体培育室与饵料培育室需要升温和光照，应设计面南背北，以便多采光能和热能。锅炉房烟尘、煤尘、灰渣易污染水源与培育室，应设计在育苗季节季风向的下风处，特别应远离蓄水池和沉淀池。鼓风机房的罗茨风机噪声很大，不能与观察室、检验室设在一起，但又要离培育室近，以避免送风管拐弯过多增加阻力。在有坡度的地方，还应考虑各系统之间的自流输送，如高位池建于最高处，并按照饵料培育室、幼体培育室的位次排列。配电室、发电室、变电室一般是建在场区的一角。办公室、检验室尽量与幼体培育室靠近，而生活区最好能与工作区分开。总之，合理的布局不仅能够提高工作效率，还能获得较高的效益。

二、育苗用水处理

水是虾蟹幼体生存的环境，它的好坏直接影响到虾、蟹幼体生理机能和变态发育，因此在育苗前需要对育苗用水进行处理。处理方法一般可分为过滤法、物理处理法和化学处理法3种。

(一) 过滤法

过滤法包括网滤法和沙滤法。网滤法即在海水经过沉淀24h后，在进育苗池的入水口处用200目以上的筛绢网过滤后再入池。这种方法设备简易，投资少。其优点在于能保留作为幼体饵料的单细胞藻类，但最大缺点是不能滤去致病的细菌和有害的原生动物。沙滤法是指经沉淀后的海水，经沙滤器过滤后，再送入育苗池。由于沙层的沉淀及凝聚作用，形成过滤膜，能滤掉海水中的绝大部分生物和悬浮物，能较好地去除育苗生产中的生物敌害。但过滤后，海水中的单细胞藻类大量减少，不利于在育苗池中施肥繁殖饵料生物。

(二) 物理处理法

物理处理法一般采用紫外线消毒。育苗用水经紫外线照射后，可杀灭海水中的绝大部分生物。

(三) 化学处理法

化学处理是指采取如漂白粉、臭氧、新洁尔灭等化学试剂，通过化学处理，杀灭水中部分原生动物和细菌，以达到净化水质的目的。

三、亲虾（蟹）培育

亲体的来源有两种，一种是从天然水域捕捞已成熟或抱卵个体；二是人工饲养的未成熟个体。优质亲体身体肥大、健壮，体表有光泽，体色正常、附肢齐全、无伤。对虾类卵巢丰满，纳精囊饱满，精荚明显呈乳白色。蟹类卵巢在光下观察无透明区，腹节上方与甲壳交界处附有卵。已成熟个体经短时间暂养即可产卵，未成熟个体则需经人工培育才能成熟产卵。有时秋季捕捞的个体经越冬，翌年春季产卵。

未成熟亲体在培育后期需进行促熟，常用方法有升温培育、流水培育、眼柄切除等。人工培育经越冬的亲体，在培育后期可采取升温方法，逐渐促进亲体性腺成熟，较自然海区提早 1～2 个月产卵。眼柄切除技术被广泛应用于虾蟹类的促熟，其原理是眼柄中的内分泌器官（X-器官）分泌性腺发育抑制激素，切除眼柄可消除它的抑制作用。

亲体培育密度视培育方式、个体大小、设备条件等有所不同。水泥池培育在水深 0.7～1.0m 的情况下，亲虾一般 3～5 尾/m^2，雌雄比例为 1∶1 或 2∶1。中华绒螯蟹亲体在水泥池的培育密度一般以 3～4 只/m^2 为宜，锯缘青蟹 2～3 只/m^2 为宜。水泥池底部铺 5～10cm 厚度的沙，并用砖、石等建成“蟹屋”以供亲蟹匿居。

四、产卵与孵化

对虾类的亲虾性腺完全成熟后，可放产卵池中产卵；产卵后放水收集受精卵，用清水冲洗、消毒，然后放到孵化池或幼体培养池中孵化。

抱卵甲壳类的受精卵附着在雌体的附肢上，并在此完成胚胎发育，称为“孵幼”。抱卵亲体饲养与卵的孵化同时进行，给亲体投喂沙蚕、鲜杂鱼、贝类等饲料，保证营养供应，否则新体因饥饿而采食卵子。当胚胎出现“眼点”时，将抱卵亲体放置孵化池内，或用网箱吊养幼体在培育池中，待受精卵完全孵化后，将亲体取出。刚孵化出来的幼体具有趋光性，可利用这一特点对中上层幼体进行选幼培育。幼体培育池放抱卵蟹的密度：三疣梭子蟹 3～5 只/m^2，中华绒螯蟹 3～8 只/m^2。中华绒螯蟹土池塘育苗，抱卵蟹投放密度为 1～2 只/m^2。锯缘青蟹的抱卵蟹可用小型培育缸进行单养，待其孵化完成再将亲体取出。

五、环境因子调控

虾蟹类幼体对水的理化环境的要求是不一样的，同一种类在不同的胚胎发育阶段和幼体发育阶段对环境的适应能力也不一样，卵子有卵膜的保护，对环境的适应能力强于早期幼体。随着幼体的变态发育，其对环境的适应能力逐步增强。环境因子的调控主要分为水温的调控、盐度的调控和 pH 的调控。

（一）水温的调控

在适温范围内水温越高，虾蟹幼体发育越快，所以适当提高水温有利于提早出苗，提高幼体成活率及提高育苗设施的利用率。但是，过高提高水温以促进幼体快速变态发育不利于虾苗的健康成长。所以，水温的控制应合理，尽量接近该种生物自然环境下繁育的温度或略高一些。

（二）盐度的调控

日本囊对虾的幼体不能耐受盐度低于 25 的海水；中国明对虾一般需要控制在 23 以上，而 35 以上的盐度对幼体成活不利。培育期间应稳定盐度，以免幼体把能量消耗在调节渗透压上。河蟹育苗时，在进入大眼幼体 3～4d 后，应逐渐降低盐度以过渡到淡水中。罗氏沼虾的盐度调控与河蟹相似，幼体培育期的盐度应控制在 12 左右，变为仔虾后，出苗前应在

12h 内把仔虾过渡到淡水中。

（三）pH 的调控

pH 的高低是育苗水质状况的一个重要指标，它直接影响幼体的新陈代谢，并左右其他化学因子的变化，所以 pH 是对虾育苗中的一个常规测定指标。pH 对虾蟹幼体的间接影响主要是其左右着水中有毒物质（H_2S 和氨气）的含量，因此，pH 一般控制在 8.0～8.6（接近正常海水的范围）。主要的 pH 调控方法有换水、充气、控制单细胞藻类密度及泼洒豆浆等。

六、幼体食性与饵料

刚孵化的对虾无节幼体，无完整的口器和消化器官，不能摄食，待发育到溞状幼体后开始摄食，应及时投喂饵料。早期幼体饵料主要为单细胞藻类，如金藻、小硅藻等。随着幼体生长，其食物逐渐转化为轮虫、卤虫无节幼体等。育苗生产中，多用鸡蛋黄、酵母粉、螺旋藻粉等作为早期阶段的饵料。后期培育，主要投喂轮虫、卤虫无节幼体或微颗粒配合饲料、虾片等。早期日投饵 4～6 次，单细胞藻类 20 万个/mL 或蛋黄 3～8g/m^3；后期少量多次，日投饵 10～12 次，检查摄食情况，灵活掌握投喂量，以饵料不剩或少剩为原则。

蟹类幼体以动物性饵料为主，刚孵出的第一期溞状幼体即要摄食，适口的饵料是育苗的关键。早期饵料可用单细胞藻类（10 万～20 万个/mL）、轮虫（20～30 个/mL）、双壳类的卵或担轮幼虫以及蛋黄、微囊颗粒饲料。中后期可用卤虫无节幼体、桡足类，逐渐过渡到以肉糜为主。

七、日常管理与检测

幼体检测是育苗期的一项重要工作，通过检测掌握幼体变态、生长、数量、健康及饥饱状况，从而判断育苗中存在的问题并确定相应的技术管理措施。通常每日至少巡视 4 次，特别的情况下，则应随时进行观测，以便及时发现问题并处理。在日常管理与检测中，一是要定期取卵或幼体，在显微镜下观察卵子或幼体发育情况，检查有无真菌等微生物寄生。二是进行幼体数量的测定，及时掌握幼体数量变化情况。三是观察幼体的活动能力、体色、摄食情况等。如可观察幼体附肢摆动频率是否慢而有力，体色是否透明，以此判断虾蟹幼体的健康状况。

八、虾苗的计数、运输与鉴别

虾苗计数方法主要有 5 种。一是直接计数法，即用羹匙逐尾计数，适用于试验池及较小的养虾池，体长 1cm 左右的虾苗。二是带水容量计数法，即将虾苗集中在已知容量的大桶内，加水至预定刻度，将虾苗搅匀后立即以已知容量的烧杯自水中层取满一杯计数，根据大桶中水量与取样水量之比求出全桶虾苗总数。此法适于体长小于 1cm 虾苗的计数。三是无水容量计数法，即先将虾苗集于网箱或小水槽内，计数时先用捞网捞取一杯虾苗，计数每杯的虾苗数，也可连取 3 杯，求出每杯虾苗的平均数，再以此杯为量具，量出所需虾苗数。此法适用于体长 1cm 以上虾苗的计数。四是带水重量计数法，即先取 10g 左右的虾苗，计算出每克虾苗尾数。计数时可用容量 10kg 左右的塑料桶带水称取 5～8kg，再用捞网捞取虾

苗，滴去海水，倒入桶内，称取重量，减去桶及水重即为虾苗重量。根据所取样本数，计算出全桶内虾苗数量。五是无水重量计数法，即先取 10g 左右的虾苗，计算出每克虾苗尾数。而后将虾苗滴去水分并称取重量，计算出虾苗尾数。此法适用于体长 1cm 以上或耐干力强的虾苗。

运输虾苗最重要的是保证成活率。影响成活率的关键因素是在运输中水体中溶解氧能否满足虾苗的需要。因此，装运虾苗的密度大小是决定运输虾苗成败的首要问题。虾苗运输可采用陆运、水运和空运。目前我国陆运虾苗容器主要是帆布和塑料袋，南方绝大多数采用塑料袋充氧运输。一般采用汽车装载的方法，放苗密度视虾苗大小、运输时间长短和水温高低而定。如果路途远，气温高，又没有充气和换水条件，装运虾苗数量就应少一些；反之，可以多一些。值得注意的是在运输虾苗时，装运虾苗的海水应该新鲜、干净；运输途中应尽量避免停车，必须停车时，应进行充气或搅动水体防止缺氧；注意避免炎热中午运输，做到防晒、防雨，应尽可能将运输虾苗时间安排在早晨或傍晚。

虾苗质量好坏直接影响养殖的成活率。健康虾苗的主要特点为：个体整齐，大小基本一致；体表光亮，附肢完整干净，体表和刚毛无附着物；胃肠饱满，有黑色实物；第二触角鳞片平行并拢。尾扇完全张开；体长 1cm 以上的虾苗会附壁；虾苗放在手掌心上会跳动；顶流能力强。身体瘦弱、无顶流能力、肝脏和消化道白浊、体色发红或白浊者均为不健康的虾苗。

九、苗种产地检疫

根据《甲壳类产地检疫规程（试行）》，虾蟹类产地检疫范围主要为白斑综合征、桃拉综合征、传染性肌肉坏死病、罗氏沼虾白尾病与河蟹颤抖病。可以通过临床检查与实验室检测对甲壳类的苗种进行产地检疫。

（一）临床检查

1. 检查方法

（1）群体检查　主要检查群体的游动状态、摄食情况及抽样存活率等是否正常。

（2）个体检查　通过外观检查、解剖检查、显微镜检查等方法进行检查。

（3）外观检查　虾主要检查体色及体表光滑及完整情况，有无附着物，有无白斑、黑斑、红体，附肢和触须、尾扇是否发红，有无溃烂、断残，胃肠道食物的充盈程度，鳃区有无发黄、发黑、肿胀，肌肉透明度及丰满程度等。蟹主要检查甲壳光滑程度、硬度，有无损伤，壳面有无溃疡、红色或棕色斑点，附肢断残情况，有无附着物或其他寄生虫寄生等。

（4）解剖检查　虾主要检查有无烂鳃、黄鳃及黑鳃，甲壳与上皮结合紧密程度，头胸甲内侧是否有白色斑点，胃、肝胰腺、肌肉、性腺等的颜色、质地、大小有无变化，血淋巴颜色、混浊度及凝固时间，有无寄生虫或包囊及其他病理变化等。蟹主要检查有无烂鳃、黑鳃，肝胰腺、消化道、肌肉、生殖腺等的颜色有无变化，血淋巴颜色、混浊度及凝固时间，有无寄生虫或包囊及其他病理变化等。

（5）显微镜检查　检查器官、组织病变情况。

（6）快速试剂盒检查　应采用经农业农村部批准的病原快速检测试剂盒进行检测。

（7）水质环境检查　必要时，对养殖环境进行调查，对水温、溶解氧、酸碱度、氨氮、亚硝酸盐、化学耗氧量等理化指标进行测定。

2. 检查主要内容 群体检查主要检查群体活力是否旺盛，逃避或反抗反应是否明显，体色是否一致，外观是否正常，个体大小是否较均匀，摄食是否正常。通过随机抽样进行进一步临床症状和试剂盒检查。群体中若有活力差，逃避反应弱，体色发红、发白，外观缺损、畸小，离群、厌食的个体，在排除处于蜕壳状态的情况下，优先选择有前述表现的活体或濒死个体进行进一步临床症状和试剂盒检查。

个体检查，白斑综合征：若活的或濒死对虾出现体色变红或暗红，在头胸甲出现白色斑点，肠胃无食物，头胸甲易剥离，虾体瘦软，血淋巴不凝固，则怀疑感染白斑综合征。桃拉综合征：若对虾出现体表淡红，尾扇和游泳足呈明显的红色，游泳足或尾足边缘上皮呈灶性坏死，体表出现多处不规则的黑色沉着性病灶，则怀疑感染桃拉综合征。传染性肌肉坏死病：若对虾出现体色发白，腹节发红，尾部肌肉组织呈点状或扩散的坏死症状，体表有不规则黑斑，则怀疑感染传染性肌肉坏死病。罗氏沼虾白尾病：若罗氏沼虾腹部肌肉出现白色或乳白色混浊块，则怀疑感染罗氏沼虾白尾病。河蟹颤抖病：若中华绒螯蟹反应迟钝、行动迟缓，螯足握力减弱，摄食不积极，鳃丝呈浅棕色或黑色、排列不整齐，步足颤抖、爪尖着地，腹部悬离地面，伴有血淋巴液稀薄、凝固缓慢或不凝固，则怀疑感染河蟹颤抖病。

也可按照病原快速检测试剂盒说明书进行采样和现场快速检测，样品出现试剂盒所指示的阳性反应，则怀疑存在相应疫病病原。

3. 临床健康检查判定 在群体和个体检查中均正常，临床健康检查合格。

在群体或个体检查中发现疫病临床症状的，临床健康检查不合格。

（二）实验室检测

对怀疑患有白斑综合征、传染性肌肉坏死病及有异常情况的，应按相应疫病诊断技术规范进行实验室检测，所需样品的采集应按《水生动物产地检疫采样技术规范》（SC/T 7103—2008）的要求进行。

跨省、自治区、直辖市运输的甲壳类，按照《水生动物产地检疫采样技术规范》（SC/T 7103—2008）的要求采样送实验室检测。但以下情况除外：

（1）已纳入国家或省级水生动物疫病监测计划，过去2年内无特定疫病的。

（2）群体和个体检查均正常，现场采用经农业农村部批准的核酸扩增技术快速试剂盒进行检测，结果为阴性的。

第九单元 虾蟹类养成

第一节 原理与通用技术

一、原 理

把人工培育的苗种或采捕天然的苗种，饲养到商品虾蟹的过程，称为虾蟹的养成。虾蟹类通过蜕壳完成生长，生长速度有赖于蜕壳次数和再次蜕壳时体长和体重的增加程度。在人工养殖条件下，体长与体重的关系多受养殖环境及饲养条件的影响。

虾蟹喜欢在水质清新、水草茂盛、溶氧充足、底栖生物丰富的水体中生活，池水的温度、pH，以及溶解氧、硫化氢、氨 氮、浮游生物、底栖生物等的含量，均对虾蟹的栖息和生长发育有重要影响。

二、通用技术

虾蟹养成主要内容包括选场与建场、池塘的清理、消毒与除害、培养饵料生物、苗种的选择与放养、水质和底质的调控、科学投饵及日常管理等工作，收获保鲜是养成的最后一道工序。

第二节 主要养殖方式、特点及内容

一、人工生态系养殖

人工生态系养殖法是在港养的基础上发展起来的。随着科学技术的进步，人们进一步掌握了鱼、虾、蟹的生活习性及渔港内食物网关系，建立一个有利于鱼、虾、蟹的生态群落，依靠这个群落提供经济种类的食物，并通过施肥和投放粗饲料的手段，增加生产能力，提高产量。这种养殖方式适合于我国滩涂广阔、废弃虾池较多的地区。

二、池塘养殖

池塘养殖虾蟹已经有多年历史，取得了较大成效，目前仍是国内外主要的养殖模式。池塘面积 0.5～3hm^2 不等，水深 1.5～2.0m，一些精养池塘面积较小，两端设有进水闸和排水闸，池内设有中央沟或环沟。通常养殖前期只向池塘内加水，等虾长到 5～6cm 才开始换水，并逐步增加换水量。该模式除靠池内部分天然饵料外，主要靠人工投饵换取产品。

三、稻田养殖

长江中下游地区稻虾（克氏原螯虾）综合种养

1. 水稻种植　水稻品种、产量、经济效益和生态效益应符合 SC/T 1135.1 的要求。水稻 6 月中旬前完成插栽，可机械插秧或人工插秧，结合边行密植确保水稻栽插密度达到每 667m^2 1.2 万～1.4 万穴，每穴秧苗 2～3 株。

2. 克氏原螯虾养殖

（1）幼虾投放时间　宜在 3 月中旬至 4 月中旬投放第一批幼虾；在秧苗返青后，根据稻田留存幼虾情况，补充投放第二批幼虾。

（2）规格及投放量　投放第一批：规格为 3～4cm 幼虾，投放量宜为每 667m^2 6 000～8 000尾；规格 4～5cm 的幼虾，投放量宜为每 667m^2 5 000～6 000 尾。投放第二批：规格 5cm 左右的幼虾，投放量宜为每 667m^2 2 000～4 000 尾。

（3）饲料种类与投喂　饲料种类包括植物性饲料、动物性饲料和克氏原螯虾专用配合饲料。提倡使用克氏原螯虾专用配合饲料。

饲料宜早晚投喂，以傍晚为主。饲料投喂时宜均匀投在无草区，日投饵量为虾总重的 2%～6%，以 2h 内吃完为宜，具体投喂量根据天气和虾的摄食情况进行调整。

3. 稻虾蟹（中华绒螯蟹）综合种养　在稻虾种养模式基础上，增加一茬中华绒螯蟹养殖，即在每年 3—6 月克氏原螯虾养殖捕捞结束后，种植水稻，放养河蟹苗种，投喂饲料，养殖至 10 月 1 日前后上市销售。9 月投放种虾或翌年 3 月上旬投放虾苗。

（1）蟹种来源与放养　蟹种质量应符合 GB/T 26435 的规定。水稻秧苗返青后每 667m^2 放养规格为 50～80 只/kg 的扣蟹 500～600 只。放养前用 3%～5%的食盐水浸浴 3～5min。

（2）饲养管理　稻田沟坑宜放螺蛳，7 月每 667m^2 投放 150～250kg，投放螺蛳用 3%～5%的食盐水浸浴 3min，后期不断补充螺蛳。

第三节　养殖饲料

一、天然饵料培养与增殖

施肥培养基础饵料生物，常用的有机肥有禽畜粪便、豆粕、米糠等，无机肥有尿素、过磷酸钙等。施肥要少而勤，做到“三不施”，即水色浓不施、阴雨天不施、早晚不施。中华绒螯蟹养殖还需要种草投螺，水草选择伊乐藻、苦草和轮叶黑藻等，螺选择螺蛳，为蟹提供鲜活的饵料。

二、人工配合饲料种类与选择

虾蟹类养成饲料分为硬颗粒饲料和膨化饲料，按形状分为圆柱形和球形。膨化饲料较硬颗粒饲料更易消化吸收，所以虾蟹类选择沉性膨化颗粒饲料。虾蟹类摄食与鱼类不同，步足将食物抱持送入口中，或以颚足等辅助将食物抱持、啃咬，在选择饲料时尽量选择与虾蟹类口径大小一致的饲料，以避免大量饵料残渣的出现。

第四节　养殖方法

一、养成方式与设计

虾蟹类养成方式主要有人工生态系养殖（粗放式养殖）、池塘养殖（半精养）、半蓄水养虾、集约化养虾（精养）。要根据周围环境、水质情况、养殖人员技术水平合理设计养殖方式。

二、养成的准备工作

虾蟹池塘养成准备工作的流程为：排干池水→封闭晒池→清淤、整池（翻土或填土）、修堤→安装闸网、消毒清池→进水→种草→施肥繁殖饵料生物。

（一）清淤整池

虾池经过1年使用后，池底淤积了大量残饵、排泄物、生物尸体等，并含有有害生物和病原微生物，这是造成虾池低产、虾病发生的主要原因。淤泥中的有机物在高温、暴雨等环境条件发生突变时，或消耗大量溶解氧，或产生大量有毒物质，轻则影响对虾的生活和生长，重则导致病害暴发。如果淤泥超过30cm，可在冬季排干池水，晒干池底，铲除淤泥。清淤可结合改造池塘底质，如在池底覆盖砂或者土。

克氏原螯虾和河蟹池塘养殖要用塑料薄膜、塑料板等设置防逃设施，每隔0.5～1m用木、竹桩等支撑。防逃设施应垂直高出池埂60cm，底部埋入泥中20～30cm，池角围成圆弧形。

（二）清池除害

清池除害是提高虾蟹成活率的重要措施，一般在放苗前20d进行，常用清池药物有漂白粉、生石灰等。

清池注意：①清池前安装好滤水网；②选择晴天清池施药以提高药效；③注意虾池死角、蟹洞、积水和坑洼处；④及时检查清池效果；⑤操作人员佩戴口罩，在上风处泼洒用药，用过的器具及时清洗。

（三）过滤进水

进水有几种模式，即直接进水、砂滤进水、引进沉淀消毒水等。各项指标应符合《无公害食品 淡水养殖用水水质》（NY 5051—2001）或《无公害食品 海水养殖用水水质》（NY 5052—2001）。

三、苗种暂养

苗种暂养也就是中间培育，虾苗暂养是将体长0.7～1cm的虾苗培养至2～3cm大规格苗种的过程。中华绒螯蟹苗暂养是把大眼幼体培育成三期幼蟹（即蜕壳3次，约20d）的过程。暂养有利于增强虾蟹苗适应环境和躲避敌害能力，提高成活率；延长养殖池培养基础饵料的时间；多季养殖时，调节前后衔接时间等。

四、放养密度

放养密度应根据池塘水深、换水条件、增氧设施、水源、水质、养殖方式、苗种大小、饲料供应、养殖规格、养殖季节及管理经验等综合确定。

中华绒螯蟹北方地区宜选择 80～120 只/kg 的蟹苗，南方地区一般选择 120～200 只/kg 的蟹苗，一般每 667m² 放养蟹苗 700～1 000 只。三疣梭子蟹每 667m² 放养 2～3cm 的幼蟹 4 000～5 000 只。锯缘青蟹小规格苗种，每 667m² 放养 3 000～4 000 只。

五、饵（饲）料投喂

虾蟹养成阶段饵料大致可分为鲜活饵料和配合饲料两部分。

（一）鲜活饵料投喂

鲜活饵料是人工采捕的小型动物饵料，如小型低值双壳贝类（蓝蛤等）、螺蛳、沙蚕等。这类饵料营养丰富，容易消化吸收，但是容易携带病原微生物，对水质污染严重，应谨慎投喂，如需要投喂则消毒或熟化处理。中华绒螯蟹养殖过程中常用饵料还有瓜果、蔬菜、玉米、小麦等。

（二）配合饲料投喂

配合饲料营养搭配合理，便于储存和运输，投喂简便，水中形态稳定，不受自然条件限制，对环境污染小。虾蟹类摄食量与饲料适口性、体重/体长、水温、昼夜变化、光照、溶解氧、氨氮、浮游植物等有关。

投喂量根据如下因素进行调整。①天气、水质环境：阴天、闷热天、水质环境恶化等状况减少投喂。②胃饱满度：投饵 1h 后，应有 80%以上对虾处于饱胃或接近饱胃状态，否则投饵不足。③生长状况：正常水温状况时，对虾日生长应在 0.8～1mm，如果达不到，则应考虑饵料不足。④剩饵情况：投喂后 1～2h 检查投饵场剩饵情况，若有较多剩饵则说明投饵过量。

中华绒螯蟹为杂食性，喜食轮叶黑藻、苦草等水草和螺蛳，蟹池普遍种植水草、投入螺蛳，因此，中华绒螯蟹投喂量有一定的不确定性。

六、养殖管理

养殖期间，要做好常规的监测工作，同时做好记录。

（一）巡池

每天早晚各一次，检查池子整体状况，观察虾蟹活动情况。

（二）生长状况测量

对虾一般每 10d 测量一次体长，每次采集 2～3 个点。

（三）水质指标测定

每天上午、下午分别检测水质指标，主要检测温度、溶解氧、pH、透明度等，根据需要不定期检测氨氮、亚硝酸氮、化学需氧量等指标。

（四）紧急情况处理

及时处理浮头、池水分层、池水发光、有害生物侵袭等紧急情况。

（五）水草管理结果

全国执业兽医资格考试推荐用书

2024年执业兽医资格考试

应试指南（水生动物类）

上册

《执业兽医资格考试应试指南（水生动物类）》编写组　编

中国农业出版社
北　京

图书在版编目（CIP）数据

2024年执业兽医资格考试应试指南．水生动物类／《执业兽医资格考试应试指南（水生动物类）》编写组编．—北京：中国农业出版社，2024.4
ISBN 978-7-109-31890-8

Ⅰ.①2… Ⅱ.①执… Ⅲ.①兽医学－资格考试－自学参考资料②水生动物－动物疾病－资格考试－自学参考资料 Ⅳ.①S85

中国国家版本馆CIP数据核字（2024）第070001号

2024年执业兽医资格考试应试指南（水生动物类）
2024 NIAN ZHIYE SHOUYI ZIGE KAOSHI YINGSHI ZHINAN (SHUISHENG DONGWU LEI)

中国农业出版社出版
地址：北京市朝阳区麦子店街18号楼
邮编：100125
责任编辑：王金环　蔺雅婷
版式设计：王　晨　　责任校对：吴丽婷
印刷：中农印务有限公司
版次：2024年4月第1版
印次：2024年4月北京第1次印刷
发行：新华书店北京发行所
开本：787mm×1092mm　1/16
总印张：80.25
总字数：2003千字
总定价：178.00元（上、下册）

本书编写组

特约编审专家： 李　清　冯东岳　余卫忠　袁　圣　张利平

兽医法律法规与职业道德

主　编： 韩玉刚
编　者： 韩玉刚　孙敬秋　虞　鹃　张　瑞　籍晓敏　苏　兰
李　倩

水生动物解剖学、组织学及胚胎学

主　编： 张克俭　陈立婧
副主编： 任素莲
编　者： 张克俭　陈立婧　任素莲　文春根　陈晓武　唐首杰

水生动物生理学

主　编： 吴　垠
副主编： 李广丽
编　者： 吴　垠　李广丽　齐红莉　邓思平　蔡晨旭

动物生物化学

主　编： 邹思湘　刘维全
编　者： 邹思湘　张　映　刘维全　张永亮

鱼类药理学

主　编： 杨先乐
编　者： 杨先乐　沈锦玉　李爱华　胡　鲲　阴鸿达

水生动物免疫学

主　编：陈昌福　董　宣
编　者：陈昌福　董　宣　肖克宇　柴家前　吴志新　李槿年
　　　　颜晓昊

水生动物微生物学

主　编：陈孝煊
编　者：陈孝煊　钱　冬　李安兴　袁军法　杨　斌　樊海平
　　　　王国良

水生动物寄生虫学

主　编：李安兴
编　者：李安兴　但学明　李言伟　黎睿君　胡亚洲　蔡晨旭

水产公共卫生学

主　编：彭开松
编　者：彭开松　关景象　余新炳　陈　辉

水产药物学

主　编：胡　鲲
副主编：林　茂　袁　圣
编　者：胡　鲲　林　茂　袁　圣　杨先乐　沈锦玉　李爱华
　　　　阴鸿达

水生动物病理学

主　编：宋振荣　耿　毅

水生动物疾病学

主　编：战文斌
副主编：李　华　石存斌　李　强
编　者：战文斌　李　华　石存斌　李　强　史成银　潘厚军
　　　　姜　兰　杨　冰　钱　冬　周　丽　夏艳洁　周永灿

徐　跑　陈晓凤　宋振荣

饲料与营养学

主　编：徐后国　梁萌青
编　者：徐后国　梁萌青　艾庆辉　刘　峰

养殖水环境生态学

主　编：阎希柱
编　者：阎希柱　王　芳　王丽卿　林文辉　管卫兵

水产养殖学

主　编：李兆河　高浩渊　刘振华
副主编：张凯迪　斯烈钢　彦培傲　张世奎
编　者：李兆河　高浩渊　刘振华　张凯迪　斯烈钢　彦培傲
张世奎　王玲玲　李　敏　王祥法　殷述亭　马贵范
王珊珊　丛文虎　李小红　李建龙　宋相帝　张瑞标
侯仕营　顾勤勤

上册

◆基础科目

◆预 防 科 目

下册

◆临床科目

◆综合应用科目

上 册

2024 年执业兽医资格考试应试指南（水生动物类）

上册目录

◆基础科目

◆预防科目

基础科目

◎ 第一篇　兽医法律法规

◎ 第二篇　水生动物解剖学、组织学及胚胎学

◎ 第三篇　水生动物生理学

◎ 第四篇　动物生物化学

◎ 第五篇　鱼类药理学

第一篇

兽医法律法规

第一单元　动物防疫基本法律制度

第一节　中华人民共和国动物防疫法

《中华人民共和国动物防疫法》于1997年7月3日经第八届全国人民代表大会常务委员会第二十六次会议通过，根据2013年6月29日第十二届全国人民代表大会常务委员会第三次会议《关于修改〈中华人民共和国文物保护法〉等十二部法律的决定》第一次修正，根据2015年4月24日第十二届全国人民代表大会常务委员会第十四次会议《关于修改〈中华人民共和国电力法〉等六部法律的决定》第二次修正，2021年1月22日第十三届全国人民代表大会常务委员会第二十五次会议第二次修订。

一、《中华人民共和国动物防疫法》概述

（一）动物防疫法的概念

动物防疫法是调整动物防疫活动的管理以及预防、控制、净化、消灭动物疫病过程中形成的各种社会关系的法律规范的总称。

（二）动物防疫法的立法目的

为了加强对动物防疫活动的管理，预防、控制、净化、消灭动物疫病，促进养殖业发展，防控人畜共患传染病，保障公共卫生安全和人体健康。

（三）动物防疫法的调整对象

在中华人民共和国领域内的动物防疫及其监督管理活动适用动物防疫法，但进出境动物、动物产品的检疫，适用《中华人民共和国进出境动植物检疫法》。

（四）动物防疫工作的方针

我国对动物防疫实行预防为主，预防与控制、净化、消灭相结合的方针。

（五）动物防疫工作的行政管理

1. 人民政府　县级以上人民政府对动物防疫工作实行统一领导，采取有效措施稳定基层机构队伍，加强动物防疫队伍建设，建立健全动物防疫体系，制定并组织实施动物疫病防治规划。乡级人民政府、街道办事处组织群众做好本辖区的动物疫病预防与控制工作，村民委员会、居民委员会予以协助。

2. 农业农村主管部门　国务院农业农村主管部门主管全国的动物防疫工作。县级以上地方人民政府农业农村主管部门主管本行政区域的动物防疫工作。县级以上人民政府其他有关部门在各自职责范围内做好动物防疫工作。军队动物卫生监督职能部门负责军队现役动物和饲养自用动物的防疫工作。

3. 其他政府部门　县级以上人民政府卫生健康主管部门和本级人民政府农业农村、野生动物保护等主管部门应当建立人畜共患传染病防治的协作机制。国务院农业农村主管部门和海关总署等部门应当建立防止境外动物疫病输入的协作机制。

4. 动物卫生监督机构　县级以上地方人民政府的动物卫生监督机构依照动物防疫法的规定，负责动物、动物产品的检疫工作。

5. 动物疫病预防控制机构　县级以上人民政府按照国务院的规定，根据统筹规划、合理布局、综合设置的原则建立动物疫病预防控制机构。动物疫病预防控制机构承担动物疫病的监测、检测、诊断、流行病学调查、疫情报告以及其他预防、控制等技术工作；承担动物疫病净化、消灭的技术工作。

（六）动物疫病的分类

根据动物疫病对养殖业生产和人体健康的危害程度，动物防疫法规定的动物疫病分为下列三类：

1. 一类疫病　一类动物疫病是指口蹄疫、非洲猪瘟、高致病性禽流感等对人、动物构成特别严重危害，可能造成重大经济损失和社会影响，需要采取紧急、严厉的强制预防、控制等措施的动物疫病。

2. 二类疫病　二类动物疫病是指狂犬病、布鲁氏菌病、草鱼出血病等对人、动物构成严重危害，可能造成较大经济损失和社会影响，需要采取严格预防、控制等措施的动物疫病。

3. 三类疫病　三类动物疫病是指大肠杆菌病、禽结核病、鳖腮腺炎病等常见多发，对人、动物构成危害，可能造成一定程度的经济损失和社会影响，需要及时预防、控制的动物疫病。

一、二、三类动物疫病具体病种名录由国务院农业农村主管部门制定并公布。国务院农业农村主管部门应当根据动物疫病发生、流行情况和危害程度，及时增加、减少或者调整一、二、三类动物疫病具体病种并予以公布。人畜共患传染病名录由国务院农业农村主管部门会同国务院卫生健康、野生动物保护等主管部门制定并公布。

（七）动物、动物产品、动物疫病以及动物防疫的含义

1. 动物　动物防疫法所称的动物，是指家畜家禽和人工饲养、捕获的其他动物。

2. 动物产品　动物防疫法所称的动物产品，是指动物的肉、生皮、原毛、绒、脏器、脂、血液、精液、卵、胚胎、骨、蹄、头、角、筋以及可能传播动物疫病的奶、蛋等。

3. 动物疫病　动物防疫法所称的动物疫病，是指动物传染病、包括寄生虫病。

4. 动物防疫　动物防疫法所称的动物防疫，是指动物疫病的预防、控制、诊疗、净化、消灭和动物、动物产品的检疫，以及病死动物、病害动物产品的无害化处理。

（八）鼓励社会力量参与动物防疫工作

国家鼓励社会力量参与动物防疫工作。各级人民政府采取措施，支持单位和个人参与动物防疫的宣传教育、疫情报告、志愿服务和捐赠等活动。

（九）行政相对人的动物防疫责任

从事动物饲养、屠宰、经营、隔离、运输以及动物产品生产、经营、加工、贮藏等活动的单位和个人，依照动物防疫法和国务院农业农村主管部门的规定，做好免疫、消毒、检测、隔离、净化、消灭、无害化处理等动物防疫工作，承担动物防疫相关责任。

（十）动物防疫科学研究与国际合作交流

国家鼓励和支持开展动物疫病的科学研究以及国际合作与交流，推广先进适用的科学研究成果，提高动物疫病防治的科学技术水平。

（十一）动物防疫法律法规和动物防疫知识的宣传

各级人民政府和有关部门、新闻媒体，应当加强对动物防疫法律法规和动物防疫知识的宣传。

（十二）动物防疫的表彰、奖励，以及防疫人员工伤保险、补助和抚恤

各级人民政府和有关部门按照国家有关规定对在动物防疫工作、相关科学研究、动物疫情扑灭中做出贡献的单位和个人给予表彰、奖励。有关单位应当依法为动物防疫人员缴纳工伤保险费。对因参与动物防疫工作致病、致残、死亡的人员，按照国家有关规定给予补助或者抚恤。

（十三）动物防疫法几个用语的含义

1. 无规定动物疫病区　无规定动物疫病区，是指具有天然屏障或者采取人工措施，在一定期限内没有发生规定的一种或者几种动物疫病，并经验收合格的区域。

2. 无规定动物疫病生物安全隔离区　无规定动物疫病生物安全隔离区，是指处于同一生物安全管理体系下，在一定期限内没有发生规定的一种或者几种动物疫病的若干动物饲养场及其辅助生产场所构成的，并经验收合格的特定小型区域。

3. 病死动物　病死动物，是指染疫死亡、因病死亡、死因不明或者经检验检疫可能危害人体或者动物健康的死亡动物。

4. 病害动物产品　病害动物产品，是指来源于病死动物的产品，或者经检验检疫可能危害人体或者动物健康的动物产品。

二、动物疫病的预防法律规定

（一）动物疫病风险评估制度

国家建立动物疫病风险评估制度。国务院农业农村主管部门根据国内外动物疫情以及保护养殖业生产和人体健康的需要，及时会同国务院卫生健康等有关部门对动物疫病进行风险评估，并制定、公布动物疫病预防、控制、净化、消灭措施和技术规范。省、自治区、直辖市人民政府农业农村主管部门会同本级人民政府卫生健康等有关部门开展本行政区域的动物疫病风险评估，并落实动物疫病预防、控制、净化、消灭措施。

（二）强制免疫

国家对严重危害养殖业生产和人体健康的动物疫病实施强制免疫。

1. 强制免疫病种的区域的确定主体　国务院农业农村主管部门确定强制免疫的动物疫病病种和区域。

2. 强制免疫计划的制定主体　省、自治区、直辖市人民政府农业农村主管部门制定本行政区域的强制免疫计划；根据本行政区域动物疫病流行情况增加实施强制免疫的动物疫病病种和区域，报本级人民政府批准后执行，并报国务院农业农村主管部门备案。

3. 强制免疫的义务主体　强制免疫是饲养动物的单位和个人的法定义务，无论是具备一定规模的集约化饲养者，还是零散饲养者，都必须按照强制免疫计划和技术规范的要求，对饲养的动物实施免疫接种，履行强制免疫义务，否则将受到法律制裁。

4. 补充免疫及不符合免疫质量要求动物的处理　实施强制免疫接种的动物未达到免疫质量要求，实施补充免疫接种后仍不符合免疫质量要求的，有关单位和个人应当按照国家有关规定处理。

5. 疫苗质量要求　用于预防接种的疫苗应当符合国家质量标准。

6. 追溯管理　饲养动物的单位和个人对动物实施免疫接种后，应当按照国家有关规定建立免疫档案、加施畜禽标识，保证可追溯。

7. 强制免疫的组织实施及监督管理　县级以上地方人民政府农业农村主管部门负责组织实施动物疫病强制免疫计划，并对饲养动物的单位和个人履行强制免疫义务的情况进行监督检查。乡级人民政府、街道办事处组织本辖区饲养动物的单位和个人做好强制免疫，协助做好监督检查；村民委员会、居民委员会协助做好相关工作。

8. 强制免疫计划实施情况和效果进行评估　县级以上地方人民政府农业农村主管部门应当定期对本行政区域的强制免疫计划实施情况和效果进行评估，并向社会公布评估结果。

（三）动物疫病监测和疫情预警制度

国家实行动物疫病监测和疫情预警制度。

1. 县级以上人民政府的职责　县级以上人民政府建立健全动物疫病监测网络，加强动物疫病监测，并完善野生动物疫源疫病监测体系和工作机制，根据需要合理布局监测站点。陆路边境省、自治区人民政府根据动物疫病防控需要，合理设置动物疫病监测站点，健全监测工作机制，防范境外动物疫病传入。

2. 监测计划　国务院农业农村主管部门会同国务院有关部门制定国家动物疫病监测计划。省、自治区、直辖市人民政府农业农村主管部门根据国家动物疫病监测计划，制定本行政区域的动物疫病监测计划。

3. 动物疫病预防控制机构在监测中的职责　动物疫病预防控制机构按照国务院农业农村主管部门的规定和动物疫病监测计划，对动物疫病的发生、流行等情况进行监测。

4. 科技、海关和野生动物保护、农业农村主管部门在动物病监测和疫情预警中的职责

科技、海关等部门按照动物防疫法和有关法律法规的规定做好动物疫病监测预警工作，并定期与农业农村主管部门互通情况，紧急情况及时通报。野生动物保护、农业农村主管部门按照职责分工做好野生动物疫源疫病监测等工作，并定期互通情况，紧急情况及时通报。

5. 行政相对人在动物疫情监测中的义务　从事动物饲养、屠宰、经营、隔离、运输以及动物产品生产、经营、加工、贮藏、无害化处理等活动的单位和个人不得拒绝或者阻碍。

6. 动物疫情的预警　国务院农业农村主管部门和省、自治区、直辖市人民政府农业农村主管部门根据对动物疫病发生、流行趋势的预测，及时发出动物疫情预警。地方各级人民政府接到动物疫情预警后，应当及时采取预防、控制措施。

（四）动物疫病区域化管理

1. 无规定动物疫病区和生物安全隔离区建设和验收　国家支持地方建立无规定动物疫病区，鼓励动物饲养场建设无规定动物疫病生物安全隔离区。对符合国务院农业农村主管部门规定标准的无规定动物疫病区和无规定动物疫病生物安全隔离区，国务院农业农村主管部门验收合格予以公布，并对其维持情况进行监督检查。

2. 无规定动物疫病区建设方案的制定和组织实施主体　省、自治区、直辖市人民政府制定并组织实施本行政区域的无规定动物疫病区建设方案。国务院农业农村主管部门指导跨省、自治区、直辖市无规定动物疫病区建设。

3. 分区防控及措施　国务院农业农村主管部门根据行政区划、养殖屠宰产业布局、风险评估情况等对动物疫病实施分区防控，可以采取禁止或者限制特定动物、动物产品跨区域调运等措施。

（五）动物疫病的净化、消灭

1. 动物疫病净化、消灭规划的制定主体　国务院农业农村主管部门制定并组织实施动物疫病净化、消灭规划。

2. 动物疫病净化、消灭计划的制定主体　县级以上地方人民政府根据动物疫病净化、消灭规划，制定并组织实施本行政区域的动物疫病净化、消灭计划。

3. 动物疫病预防控制机构在动物疫病净化、消灭中的职责　动物疫病预防控制机构按照动物疫病净化、消灭规划、计划，开展动物疫病净化技术指导、培训，对动物疫病净化效果进行监测、评估。

4. 鼓励支持饲养动物的单位和个人开展动物疫病净化　国家推进动物疫病净化，鼓励和支持饲养动物的单位和个人开展动物疫病净化。饲养动物的单位和个人达到国务院农业农村主管部门规定的净化标准的，由省级以上人民政府农业农村主管部门予以公布。

（六）生产经营场所的动物防疫条件

1. 四类场所必须具备的动物防疫条件　动物饲养场和隔离场所、动物屠宰加工场所以及动物和动物产品无害化处理场所，应当符合下列动物防疫条件：①场所的位置与居民生活区、生活饮用水水源地、学校、医院等公共场所的距离符合国务院农业农村主管部门的规定；②生产经营区域封闭隔离，工程设计和有关流程符合动物防疫要求；③有与其规模相适应的污水、污物处理设施，病死动物、病害动物产品无害化处理设施设备或者冷藏冷冻设施设备，以及清洗消毒设施设备；④有与其规模相适应的执业兽医或者动物防疫技术人员；⑤有完善的隔离消毒、购销台账、日常巡查等动物防疫制度；⑥具备国务院农业农村主管部门规定的其他动物防疫条件。动物和动物产品无害化处理场所除应当符合前述规定的条件外，还应当具有病原检测设备、检测能力和符合动物防疫要求的专用运输车辆。

2. 动物防疫条件审查　国家实行动物防疫条件审查制度。

（1）申请　开办动物饲养场和隔离场所、动物屠宰加工场所以及动物和动物产品无害化处理场所，应当向县级以上地方人民政府农业农村主管部门提出申请，并附具相关材料。

（2）审查　受理申请的农业农村主管部门应当依照动物防疫法和《中华人民共和国行政

许可法》的规定进行审查。经审查合格的，发给动物防疫条件合格证；不合格的，应当通知申请人并说明理由。动物防疫条件合格证应当载明申请人的名称（姓名）、场（厂）址、动物（动物产品）种类等事项。

3. 对集贸市防疫管理的规定　经营动物、动物产品的集贸市场应当具备国务院农业农村主管部门规定的动物防疫条件，并接受农业农村主管部门的监督检查。

4. 在城市特定区域禁止家畜家禽活体交易　县级以上地方人民政府应当根据本地情况，决定在城市特定区域禁止家畜家禽活体交易。

（七）动物疫病预防的其他重要措施

1. 动物健康标准和检测要求的规定　种用、乳用动物应当符合国务院农业农村主管部门规定的健康标准。饲养种用、乳用动物的单位和个人，应当按照国务院农业农村主管部门的要求，定期开展动物疫病检测；检测不合格的，应当按照国家有关规定处理。

2. 运载工具等相关物品的动物防疫要求　动物、动物产品的运载工具、垫料、包装物、容器等应当符合国务院农业农村主管部门规定的动物防疫要求。

3. 染疫动物及其相关物品的处理规定　染疫动物及其排泄物、染疫动物产品，运载工具中的动物排泄物以及垫料、包装物、容器等被污染的物品，应当按照国家有关规定处理，不得随意处置。

4. 动物病料采集、保存、运输和病原微生物实验活动管理的规定　采集、保存、运输动物病料或者病原微生物以及从事病原微生物研究、教学、检测、诊断等活动，应当遵守国家有关病原微生物实验室管理的规定。

5. 关于经营等动物、动物产品的禁止性规定　禁止屠宰、经营、运输下列动物和生产、经营、加工、贮藏、运输下列动物产品：①封锁疫区内与所发生动物疫病有关的；②疫区内易感染的；③依法应当检疫而未经检疫或者检疫不合格的；④染疫或者疑似染疫的；⑤病死或者死因不明的；⑥其他不符合国务院农业农村主管部门有关动物防疫规定的。

因实施集中无害化处理需要暂存、运输动物和动物产品并按照规定采取防疫措施的，不适用前述规定。

6. 对犬只的动物防疫管理规定

（1）犬只的免疫及登记　单位和个人饲养犬只，应当按照规定定期免疫接种狂犬病疫苗，凭动物诊疗机构出具的免疫证明向所在地养犬登记机关申请登记。

（2）犬只的携带　携带犬只出户的，应当按照规定佩戴犬牌并采取系犬绳等措施，防止犬只伤人、疫病传播。

（3）流浪犬、猫的控制和处置主体　街道办事处、乡级人民政府组织协调居民委员会、村民委员会，做好本辖区流浪犬、猫的控制和处置，防止疫病传播。

（4）农村地区犬只的防疫管理主体　县级人民政府和乡级人民政府、街道办事处应当结合本地实际，做好农村地区饲养犬只的防疫管理工作。

三、动物疫情的报告、通报和公布法律规定

（一）动物疫情报告法律制度

1. 动物疫情报告的义务主体　从事动物疫病监测、检测、检验检疫、研究、诊疗以及动物饲养、屠宰、经营、隔离、运输等活动的单位和个人，发现动物染疫或者疑似染疫的，应当

立即向所在地农业农村主管部门或者动物疫病预防控制机构报告，并迅速采取隔离等控制措施，防止动物疫情扩散。其他单位和个人发现动物染疫或者疑似染疫的，应当及时报告。

2. 接受动物疫情报告的主体　接受动物疫情报告的主体有两个。动物疫情报告义务人可以选择向当地的农业农村主管部门或者动物疫病预防控制机构报告动物疫情。接到动物疫情报告的单位，应当及时采取临时隔离控制等必要措施，防止延误防控时机，并及时按照国家规定的程序上报。

3. 动物疫情的认定主体　动物疫情由县级以上人民政府农业农村主管部门认定；其中重大动物疫情由省、自治区、直辖市人民政府农业农村主管部门认定，必要时报国务院农业农村主管部门认定。

4. 重大动物疫情的定义及报告期间的可采取的措施

(1) *重大动物疫情的定义*　重大动物疫情，是指一、二、三类动物疫病突然发生，迅速传播，给养殖业生产安全造成严重威胁、危害，以及可能对公众身体健康与生命安全造成危害的情形。

(2) *重大动物疫情报告期间可采取的措施*　在重大动物疫情报告期间，必要时，所在地县级以上地方人民政府可以作出封锁决定并采取扑杀、销毁等措施。

（二）动物疫情通报法律制度

国家实行动物疫情通报制度。

1. 重大动物疫情的通报　国务院农业农村主管部门应当及时向国务院卫生健康等有关部门和军队有关部门以及省、自治区、直辖市人民政府农业农村主管部门通报重大动物疫情的发生和处置情况。

2. 进出境动物疫病的通报　海关发现进出境动物和动物产品染疫或者疑似染疫的，应当及时处置并向农业农村主管部门通报。

3. 野生动物疫病的通报　县级以上地方人民政府野生动物保护主管部门发现野生动物染疫或者疑似染疫的，应当及时处置并向本级人民政府农业农村主管部门通报。

4. 履行国际义务的通报　国务院农业农村主管部门应当依照我国缔结或者参加的条约、协定，及时向有关国际组织或者贸易方通报重大动物疫情的发生和处置情况。

5. 发生人畜共患病的通报、措施及禁止性规定

(1) *发生人畜共患病的通报*　发生人畜共患传染病疫情时，县级以上人民政府农业农村主管部门与本级人民政府卫生健康、野生动物保护等主管部门应当及时相互通报。

(2) *发生人畜共患病应采取的措施*　发生人畜共患传染病时，卫生健康主管部门应当对疫区易感染的人群进行监测，并应当依照《中华人民共和国传染病防治法》的规定及时公布疫情，采取相应的预防、控制措施。

(3) *患有人畜共患病的人员不得从事相关活动*　患有人畜共患传染病的人员不得直接从事动物疫病监测、检测、检验检疫、诊疗以及易感染动物的饲养、屠宰、经营、隔离、运输等活动。

（三）动物疫情公布法律制度

国务院农业农村主管部门向社会及时公布全国动物疫情，也可以根据需要授权省、自治区、直辖市人民政府农业农村主管部门公布本行政区域的动物疫情。其他单位和个人不得发布动物疫情。

（四）关于动物疫情报告的禁止性规定

任何单位和个人不得瞒报、谎报、迟报、漏报动物疫情，不得授意他人瞒报、谎报、迟报动物疫情，不得阻碍他人报告动物疫情。

四、动物疫病的控制法律规定

（一）发生一类动物疫病的控制措施

发生一类动物疫病时，应当采取下列控制措施：

1. 划定疫点、疫区和受威胁区　所在地县级以上地方人民政府农业农村主管部门应当立即派人到现场，划定疫点、疫区、受威胁区，调查疫源，及时报请本级人民政府对疫区实行封锁。

2. 发布封锁令　所在地县级以上人民政府接到农业农村主管部门的报告后，应当对疫区实行封锁。疫区范围涉及两个以上行政区域的，由有关行政区域共同的上一级人民政府对疫区实行封锁，或者由各有关行政区域的上一级人民政府共同对疫区实行封锁。必要时，上级人民政府可以责成下级人民政府对疫区实行封锁。

3. 控制、扑灭措施　县级以上地方人民政府应当立即组织有关部门和单位采取封锁、隔离、扑杀、销毁、消毒、无害化处理、紧急免疫接种等强制性措施。

4. 封锁措施　在封锁期间，禁止染疫、疑似染疫和易感染的动物、动物产品流出疫区，禁止非疫区的易感染动物进入疫区，并根据需要对出入疫区的人员、运输工具及有关物品采取消毒和其他限制性措施。

（二）发生二类动物疫病的控制措施

发生二类动物疫病时，应当采取下列控制措施：

1. 划定疫点、疫区和受威胁区　所在地县级以上地方人民政府农业农村主管部门应当划定疫点、疫区、受威胁区。

2. 控制、扑灭措施　县级以上地方人民政府根据需要组织有关部门和单位采取隔离、扑杀、销毁、消毒、无害化处理、紧急免疫接种、限制易感染的动物和动物产品及有关物品出入等措施。

（三）解除封锁

疫点、疫区、受威胁区的撤销和疫区封锁的解除，按照国务院农业农村主管部门规定的标准和程序评估后，由原决定机关决定并宣布。

（四）发生三类动物疫病的防治措施

发生三类动物疫病时，所在地县级、乡级人民政府应当按照国务院农业农村主管部门的规定组织防治。

（五）二、三类动物疫病呈暴发性流性时的处理

二、三类动物疫病呈暴发性流行时，按照一类动物疫病处理。

（六）发生动物疫情时，行政相对人和运输企业的义务

1. 行政相对人的义务　疫区内有关单位和个人，应当遵守县级以上人民政府及其农业农村主管部门依法作出的有关控制动物疫病的规定。任何单位和个人不得藏匿、转移、盗掘已被依法隔离、封存、处理的动物和动物产品。

2. 运输企业的义务　发生动物疫情时，航空、铁路、道路、水路运输企业应当优先组织运送防疫人员和物资。

（七）制定重大动物疫情应急预案和实施方案

国务院农业农村主管部门根据动物疫病的性质、特点和可能造成的社会危害，制定国家重大动物疫情应急预案报国务院批准，并按照不同动物疫病病种、流行特点和危害程度，分别制定实施方案。县级以上地方人民政府根据上级重大动物疫情应急预案和本地区的实际情况，制定本行政区域的重大动物疫情应急预案，报上一级人民政府农业农村主管部门备案，并抄送上一级人民政府应急管理部门。县级以上地方人民政府农业农村主管部门按照不同动物疫病病种、流行特点和危害程度，分别制定实施方案。重大动物疫情应急预案和实施方案根据疫情状况及时调整。

（八）发生重大动物疫情时采取的限制调运措施

发生重大动物疫情时，国务院农业农村主管部门负责划定动物疫病风险区，禁止或者限制特定动物、动物产品由高风险区向低风险区调运。

（九）重大动物疫情应急

发生重大动物疫情时，依照法律和国务院的规定以及应急预案采取应急处置措施。

五、动物和动物产品的检疫法律规定

（一）实施动物检疫的主体

动物卫生监督机构依照动物防疫法和国务院农业农村主管部门的规定对动物、动物产品实施检疫。动物卫生监督机构的官方兽医具体实施动物、动物产品检疫。

（二）检疫管理法律制度

1. 检疫申报　屠宰、出售或者运输动物以及出售或者运输动物产品前，货主应当按照国务院农业农村主管部门的规定向所在地动物卫生监督机构申报检疫。

2. 检疫许可　动物卫生监督机构接到检疫申报后，应当及时指派官方兽医对动物、动物产品实施检疫；检疫合格的，出具检疫证明、加施检疫标志。实施检疫的官方兽医应当在检疫证明、检疫标志上签字或者盖章，并对检疫结论负责。

3. 执业兽医、动物防疫人员协助检疫　动物饲养场、屠宰企业的执业兽医或者动物防疫技术人员，应当协助官方兽医实施检疫。

4. 野生动物的检疫管理　因科研、药用、展示等特殊情形需要非食用性利用的野生动物，应当按照国家有关规定报动物卫生监督机构检疫，检疫合格的，方可利用。人工捕获的野生动物，应当按照国家有关规定报捕获地动物卫生监督机构检疫，检疫合格的，方可饲养、经营和运输。

5. 流通过程中检疫证明、检疫标志管理的规定　屠宰、经营、运输的动物，以及用于科研、展示、演出和比赛等非食用性利用的动物，应当附有检疫证明；经营和运输的动物产品，应当附有检疫证明、检疫标志。

6. 动物、动物产品运输的管理规定

（1）*动物、动物产品凭检疫证明运输*　经航空、铁路、道路、水路运输动物和动物产品的，托运人托运时应当提供检疫证明；没有检疫证明的，承运人不得承运。

（2）*进出口动物、动物产品凭进口报关单证或检疫单证运递*　进出口动物和动物产品，承运人凭进口报关单证或者海关签发的检疫单证运递。

(3) 运输备案管理　从事动物运输的单位、个人以及车辆，应当向所在地县级人民政府农业农村主管部门备案，妥善保存行程路线和托运人提供的动物名称、检疫证明编号、数量等信息。具体办法由国务院农业农村主管部门制定。

(4) 运载工具的防疫管理　运载工具在装载前和卸载后应当及时清洗、消毒。

7. 无规定动物疫病区的检疫管理　输入到无规定动物疫病区的动物、动物产品，货主应当按照国务院农业农村主管部门的规定向无规定动物疫病区所在地动物卫生监督机构申报检疫，经检疫合格的，方可进入。

（三）道路运输动物的指定通道管理

省、自治区、直辖市人民政府确定并公布道路运输的动物进入本行政区域的指定通道，设置引导标志。跨省、自治区、直辖市通过道路运输动物的，应当经省、自治区、直辖市人民政府设立的指定通道入省境或者过省境。

（四）跨省引进乳用、种用动物的隔离管理

跨省、自治区、直辖市引进的种用、乳用动物到达输入地后，货主应当按照国务院农业农村主管部门的规定对引进的种用、乳用动物进行隔离观察。

（五）检疫不合格的动物、动物产品处理

经检疫不合格的动物、动物产品，货主应当在农业农村主管部门的监督下按照国家有关规定处理，处理费用由货主承担。

六、病死动物和病害动物产品的无害化处理法律规定

（一）病死动物和病害动物产品无害化处理的主体责任

1. 病死动物和病害动物产品无害化处理的义务主体　从事动物饲养、屠宰、经营、隔离以及动物产品生产、经营、加工、贮藏等活动的单位和个人，应当按照国家有关规定做好病死动物、病害动物产品的无害化处理，或者委托动物和动物产品无害化处理场所处理。

2. 在病死动物和病害动物产品无害化处理中运输者的义务　从事动物、动物产品运输的单位和个人，应当配合做好病死动物和病害动物产品的无害化处理，不得在途中擅自弃置和处理有关动物和动物产品。

3. 禁止性规定　任何单位和个人不得买卖、加工、随意弃置病死动物和病害动物产品。

（二）水域、城市公共场所、乡村以及野外环境死亡动物的收集、处理

1. 在水域发现死亡畜禽的收集、处理主体　在江河、湖泊、水库等水域发现的死亡畜禽，由所在地县级人民政府组织收集、处理并溯源。

2. 在城市公共场所、乡村发现死亡畜禽的收集、处理主体　在城市公共场所和乡村发现的死亡畜禽，由所在地街道办事处、乡级人民政府组织收集、处理并溯源。

3. 在野外环境发现的死亡野生动物的收集、处理主体　在野外环境发现的死亡野生动物，由所在地野生动物保护主管部门收集、处理。

（三）动物和动物集中无害处理建设规划及运作机制

省、自治区、直辖市人民政府制定动物和动物产品集中无害化处理场所建设规划，建立政府主导、市场运作的无害化处理机制。

（四）病死动物无害化处理补助

各级财政对病死动物无害化处理提供补助。具体补助标准和办法由县级以上人民政府财

政部门会同本级人民政府农业农村、野生动物保护等有关部门制定。

七、动物诊疗法律规定

1. 从事动物诊疗活动的条件　从事动物诊疗活动的机构，应当具备下列条件：有与动物诊疗活动相适应并符合动物防疫条件的场所；有与动物诊疗活动相适应的执业兽医；有与动物诊疗活动相适应的兽医器械和设备；有完善的管理制度。

2. 动物诊疗机构的范围　动物诊疗机构包括动物医院、动物诊所以及其他提供动物诊疗服务的机构。

3. 动物诊疗许可证的申请与审核　从事动物诊疗活动的机构，应当向县级以上地方人民政府农业农村主管部门申请动物诊疗许可证。受理申请的农业农村主管部门应当依照动物防疫法和《中华人民共和国行政许可法》的规定进行审查。经审查合格的，发给动物诊疗许可证；不合格的，应当通知申请人并说明理由。

4. 动物诊疗许可证内容及其变更的规定　动物诊疗许可证应当载明诊疗机构名称、诊疗活动范围、从业地点和法定代表人（负责人）等事项。动物诊疗许可证载明事项变更的，应当申请变更或者换发动物诊疗许可证。

5. 动物诊疗活动中的防疫要求　动物诊疗机构应当按照国务院农业农村主管部门的规定，做好诊疗活动中的卫生安全防护、消毒、隔离和诊疗废弃物处置等工作。

6. 诊疗活动中的执业规范　从事动物诊疗活动，应当遵守有关动物诊疗的操作技术规范，使用符合规定的兽药和兽医器械。

八、兽医管理法律规定

（一）官方兽医管理

1. 官方兽医的任命制度　国家实行官方兽医任命制度。官方兽医应当具备国务院农业农村主管部门规定的条件，由省、自治区、直辖市人民政府农业农村主管部门按照程序确认，由所在地县级以上人民政府农业农村主管部门任命。海关的官方兽医应当具备规定的条件，由海关总署任命。

2. 保障官方兽医依法履职的规定　官方兽医依法履行动物、动物产品检疫职责，任何单位和个人不得拒绝或者阻碍。

3. 官方兽医的培训和考核　县级以上人民政府农业农村主管部门制定官方兽医培训计划，提供培训条件，定期对官方兽医进行培训和考核。

（二）执业兽医和乡村兽医管理

1. 执业兽医资格考试制度　国家实行执业兽医资格考试制度。具有兽医相关专业大学专科以上学历的人员或者符合条件的乡村兽医，通过执业兽医资格考试的，由省、自治区、直辖市人民政府农业农村主管部门颁发执业兽医资格证书；从事动物诊疗等经营活动的，还应当向所在地县级人民政府农业农村主管部门备案。

2. 执业兽医执业备案管理　取得执业兽医资格证书，从事动物诊疗等经营活动的，还应当向所在地县级人民政府农业农村主管部门备案。

3. 执业兽医开具处方的规定　执业兽医开具兽医处方应当亲自诊断，并对诊断结论负责。

4. 执业兽医的继续教育　国家鼓励执业兽医接受继续教育。执业兽医所在机构应当支持执业兽医参加继续教育。

5. 乡村兽医的从业区域　乡村兽医可以在乡村从事动物诊疗活动。

6. 执业兽医、乡村兽医在动物防疫中的义务　执业兽医、乡村兽医应当按照所在地人民政府和农业农村主管部门的要求，参加动物疫病预防、控制和动物疫情扑灭等活动。

（三）兽医行业协会的职责

兽医行业协会提供兽医信息、技术、培训等服务，维护成员合法权益，按照章程建立健全行业规范和奖惩机制，加强行业自律，推动行业诚信建设，宣传动物防疫和兽医知识。

九、监督管理法律规定

1. 动物防疫的监督管理主体及内容　动物防疫的监督管理由县级以上地方人民政府农业农村主管部门实施。县级以上地方人民政府农业农村主管部门依照动物防疫法规定，对动物饲养、屠宰、经营、隔离、运输以及动物产品生产、经营、加工、贮藏、运输等活动中的动物防疫实施监督管理。

2. 动物防疫检查站的规定　为控制动物疫病，县级人民政府农业农村主管部门应当派人在所在地依法设立的现有检查站执行监督检查任务；必要时，经省、自治区、直辖市人民政府批准，可以设立临时性的动物防疫检查站，执行监督检查任务。

3. 监督管理措施　县级以上地方人民政府农业农村主管部门执行监督检查任务，可以采取下列措施，有关单位和个人不得拒绝或者阻碍：①对动物、动物产品按照规定采样、留验、抽检；②对染疫或者疑似染疫的动物、动物产品及相关物品进行隔离、查封、扣押和处理；③对依法应当检疫而未经检疫的动物和动物产品，具备补检条件的实施补检，不具备补检条件的予以收缴销毁；④查验检疫证明、检疫标志和畜禽标识；⑤进入有关场所调查取证，查阅、复制与动物防疫有关的资料。

县级以上地方人民政府农业农村主管部门根据动物疫病预防、控制需要，经所在地县级以上地方人民政府批准，可以在车站、港口、机场等相关场所派驻官方兽医或者工作人员。

4. 规范执法人员执法行为的规定　执法人员执行动物防疫监督检查任务，应当出示行政执法证件，佩戴统一标志。县级以上人民政府农业农村主管部门及其工作人员不得从事与动物防疫有关的经营性活动，进行监督检查不得收取任何费用。

5. 检疫证明、检疫标志和畜禽标识管理的规定　禁止转让、伪造或者变造检疫证明、检疫标志或者畜禽标识。禁止持有、使用伪造或者变造的检疫证明、检疫标志或者畜禽标识。

十、动物防疫的保障措施法律规定

1. 动物防疫工作是各级政府和全社会的共同目标　县级以上人民政府应当将动物防疫工作纳入本级国民经济和社会发展规划及年度计划。

2. 鼓励和支持动物防疫领域科学技术研究开发　国家鼓励和支持动物防疫领域新技术、新设备、新产品等科学技术研究开发。

3. 动物检疫工作人员保障的规定　县级人民政府应当为动物卫生监督机构配备与动物、动物产品检疫工作相适应的官方兽医，保障检疫工作条件。

4. 派驻工作人员的规定　县级人民政府农业农村主管部门可以根据动物防疫工作需要，

向乡、镇或者特定区域派驻兽医机构或者工作人员。

5. 兽医社会化服务的规定　国家鼓励和支持执业兽医、乡村兽医和动物诊疗机构开展动物防疫和疫病诊疗活动；鼓励养殖企业、兽药及饲料生产企业组建动物防疫服务团队，提供防疫服务。地方人民政府组织村级防疫员参加动物疫病防治工作的，应当保障村级防疫员合理劳务报酬。

6. 动物防疫经费保障的规定　县级以上人民政府按照本级政府职责，将动物疫病的监测、预防、控制、净化、消灭，动物、动物产品的检疫和病死动物的无害化处理，以及监督管理所需经费纳入本级预算。

7. 动物防疫应急物资储备的规定　县级以上人民政府应当储备动物疫情应急处置所需的防疫物资。

8. 动物防疫补偿的规定　对在动物疫病预防、控制、净化、消灭过程中强制扑杀的动物、销毁的动物产品和相关物品，县级以上人民政府给予补偿。

9. 动物防疫卫生防护、医疗保健措施和卫生津贴的规定　对从事动物疫病预防、检疫、监督检查、现场处理疫情以及在工作中接触动物疫病病原体的人员，有关单位按照国家规定，采取有效的卫生防护、医疗保健措施，给予畜牧兽医医疗卫生津贴等相关待遇。

十一、法律责任

（一）行政处分法律责任

1. 地方各级人民政府及其工作人员未按照规定履行动物防疫职责的法律责任　地方各级人民政府及其工作人员未依照动物防疫法规定履行职责的，对直接负责的主管人员和其他直接责任人员依法给予处分。

2. 农业农村主管部门及其工作人员违法行为的法律责任　县级以上人民政府农业农村主管部门及其工作人员违反动物防疫法规定，有下列行为之一的，由本级人民政府责令改正，通报批评；对直接负责的主管人员和其他直接责任人员依法给予处分：①未及时采取预防、控制、扑灭等措施的；②对不符合条件的颁发动物防疫条件合格证、动物诊疗许可证，或者对符合条件的拒不颁发动物防疫条件合格证、动物诊疗许可证的；③从事与动物防疫有关的经营性活动，或者违法收取费用的；④其他未依照动物防疫法规定履行职责的行为。

3. 动物卫生监督机构及其工作人员违法行为的法律责任　动物卫生监督机构及其工作人员违反动物防疫法规定，有下列行为之一的，由本级人民政府或者农业农村主管部门责令改正，通报批评；对直接负责的主管人员和其他直接责任人员依法给予处分：①对未经检疫或者检疫不合格的动物、动物产品出具检疫证明、加施检疫标志，或者对检疫合格的动物、动物产品拒不出具检疫证明、加施检疫标志的；②对附有检疫证明、检疫标志的动物、动物产品重复检疫的；③从事与动物防疫有关的经营性活动，或者违法收取费用的；④其他未依照动物防疫法规定履行职责的行为。

4. 动物疫病预防控制机构及其工作人员违法行为的法律责任　动物疫病预防控制机构及其工作人员违反动物防疫法规定，有下列行为之一的，由本级人民政府或者农业农村主管部门责令改正，通报批评；对直接负责的主管人员和其他直接责任人员依法给予处分：①未履行动物疫病监测、检测、评估职责或者伪造监测、检测、评估结果的；②发生动物疫情时未及时进行诊断、调查的；③其他未依照动物防疫法规定履行职责的行为。

5. 地方各级人民政府、有关部门及其工作人员未履行动物疫情报告义务的法律责任　地方各级人民政府、有关部门及其工作人员瞒报、谎报、迟报、漏报或者授意他人瞒报、谎报、迟报动物疫情，或者阻碍他人报告动物疫情的，由上级人民政府或者有关部门责令改正，通报批评；对直接负责的主管人员和其他直接责任人员依法给予处分。

（二）行政处罚法律责任

1. 关于违反强制免疫计划、种用和乳用动物检测、犬只免疫接种、运载工具清洗消毒等规定的法律责任　违反动物防疫法规定，有下列行为之一的，由县级以上地方人民政府农业农村主管部门责令限期改正，可以处一千元以下罚款；逾期不改正的，处一千元以上五千元以下罚款，由县级以上地方人民政府农业农村主管部门委托动物诊疗机构、无害化处理场所等代为处理，所需费用由违法行为人承担：①对饲养的动物未按照动物疫病强制免疫计划或者免疫技术规范实施免疫接种的；②对饲养的种用、乳用动物未按照国务院农业农村主管部门的要求定期开展疫病检测，或者经检测不合格而未按照规定处理的；③对饲养的犬只未按照规定定期进行狂犬病免疫接种的；④动物、动物产品的运载工具在装载前和卸载后未按照规定及时清洗、消毒的。

2. 违反建立免疫档案或者加施畜禽标识方面规定的法律责任　违反动物防疫法规定，对经强制免疫的动物未按照规定建立免疫档案，或者未按照规定加施畜禽标识的，依照《中华人民共和国畜牧法》的有关规定处罚。

3. 动物、动物产品的运载工具、垫料、包装物、容器等不符合防疫要求的法律责任　违反动物防疫法规定，动物、动物产品的运载工具、垫料、包装物、容器等不符合国务院农业农村主管部门规定的动物防疫要求的，由县级以上地方人民政府农业农村主管部门责令改正，可以处五千元以下罚款；情节严重的，处五千元以上五万元以下罚款。

4. 未按照规定处置染疫动物、染疫动物产品及被污染的有关物品的法律责任　违反动物防疫法规定，对染疫动物及其排泄物、染疫动物产品或者被染疫动物、动物产品污染的运载工具、垫料、包装物、容器等未按照规定处置的，由县级以上地方人民政府农业农村主管部门责令限期处理；逾期不处理的，由县级以上地方人民政府农业农村主管部门委托有关单位代为处理，所需费用由违法行为人承担，处五千元以上五万元以下罚款。造成环境污染或者生态破坏的，依照环境保护有关法律法规进行处罚。

5. 患有人畜共患传染病的人员违法从事相关活动的法律责任　违反动物防疫法规定，患有人畜共患传染病的人员，直接从事动物疫病监测、检测、检验检疫，动物诊疗以及易感染动物的饲养、屠宰、经营、隔离、运输等活动的，由县级以上地方人民政府农业农村或者野生动物保护主管部门责令改正；拒不改正的，处一千元以上一万元以下罚款；情节严重的，处一万元以上五万元以下罚款。

6. 屠宰、经营、运输动物或者生产、经营、加工、贮藏、运输动物产品违反禁止性规定的法律责任

（1）屠宰、经营、运输动物或者生产、加工、贮藏、运输动物产品违反相关规定的法律责任　违反动物防疫法规定，屠宰、经营、运输动物或者生产、经营、加工、贮藏、运输动物产品有下列情形之一的，由县级以上地方人民政府农业农村主管部门责令改正、采取补救措施，没收违法所得、动物和动物产品，并处同类检疫合格动物、动物产品货值金额十五倍以上三十倍以下罚款；同类检疫合格动物、动物产品货值金额不足一万元的，并处五万元以

上十五万元以下罚款：①封锁疫区内与所发生动物疫病有关的；②疫区内易感染的；③依法应当检疫而未经检疫或者检疫不合格的；④染疫或者疑似染疫的；⑤病死或者死因不明的；⑥其他不符合国务院农业农村主管部门有关动物防疫规定的。其中依法应当检疫而未检疫的，由县级以上地方人民政府农业农村主管部门责令改正，处同类检疫合格动物、动物产品货值金额一倍以下罚款；对货主以外的承运人处运输费用三倍以上五倍以下罚款，情节严重的，处五倍以上十倍以下罚款。

（2）违法行为人及其法定代表人（负责人）、直接负责的主管人员和其他直接责任人员的责任　屠宰、经营、运输动物或者生产、加工、贮藏、运输动物产品违反禁止性规定的违法行为人及其法定代表人（负责人）、直接负责的主管人员和其他直接责任人员，自处罚决定作出之日起五年内不得从事相关活动；构成犯罪的，终身不得从事屠宰、经营、运输动物或者生产、经营、加工、贮藏、运输动物产品等相关活动。

7. 未取得动物防疫条件合格证和不具备防疫条件，未经备案从事动物运输，未按照规定保存行程路线和托运人提供的相关信息，未经检疫合格向无规定动物疫病区输入动物、动物产品，跨省引进种用、乳用动物未按照规定进行隔离观察，以及未按照规定处理或者随意弃置病死动物和病害动物产品等违法行为的法律责任　违反动物防疫法规定，有下列行为之一的，由县级以上地方人民政府农业农村主管部门责令改正，处三千元以上三万元以下罚款；情节严重的，责令停业整顿，并处三万元以上十万元以下罚款：①开办动物饲养场和隔离场所、动物屠宰加工场所以及动物和动物产品无害化处理场所，未取得动物防疫条件合格证的；②经营动物、动物产品的集贸市场不具备国务院农业农村主管部门规定的防疫条件的；③未经备案从事动物运输的；④未按照规定保存行程路线和托运人提供的动物名称、检疫证明编号、数量等信息的；⑤未经检疫合格，向无规定动物疫病区输入动物、动物产品的；⑥跨省、自治区、直辖市引进种用、乳用动物到达输入地后未按照规定进行隔离观察的；⑦未按照规定处理或者随意弃置病死动物、病害动物产品的。

8. 有关场所生产经营条件不再符合规定防疫条件的法律责任　动物饲养场和隔离场所、动物屠宰加工场所以及动物和动物产品无害化处理场所，生产经营条件发生变化，不再符合本法第二十四条规定的动物防疫条件继续从事相关活动的，由县级以上地方人民政府农业农村主管部门给予警告，责令限期改正；逾期仍达不到规定条件的，吊销动物防疫条件合格证，并通报市场监督管理部门依法处理。

9. 未附有检疫证明从事相关活动的法律责任　违反动物防疫法规定，屠宰、经营、运输的动物未附有检疫证明，经营和运输的动物产品未附有检疫证明、检疫标志的，由县级以上地方人民政府农业农村主管部门责令改正，处同类检疫合格动物、动物产品货值金额一倍以下罚款；对货主以外的承运人处运输费用三倍以上五倍以下罚款，情节严重的，处五倍以上十倍以下罚款。违反动物防疫法规定，用于科研、展示、演出和比赛等非食用性利用的动物未附有检疫证明的，由县级以上地方人民政府农业农村主管部门责令改正，处三千元以上一万元以下罚款。

10. 将禁止或者限制调运的特定动物、动物产品由动物疫病高风险区调入低风险区的法律责任　违反动物防疫法规定，将禁止或者限制调运的特定动物、动物产品由动物疫病高风险区调入低风险区的，由县级以上地方人民政府农业农村主管部门没收运输费用、违法运输的动物和动物产品，并处运输费用一倍以上五倍以下罚款。

11. 跨省运输动物未经指定通道入省境或者过省境的法律责任　违反动物防疫法规定，

通过道路跨省、自治区、直辖市运输动物，未经省、自治区、直辖市人民政府设立的指定通道入省境或者过省境的，由县级以上地方人民政府农业农村主管部门对运输人处五千元以上一万元以下罚款；情节严重的，处一万元以上五万元以下罚款。

12. 转让、伪造或者变造检疫证明、检疫标志或者畜禽标识的法律责任　违反动物防疫法规定，转让、伪造或者变造检疫证明、检疫标志或者畜禽标识的，由县级以上地方人民政府农业农村主管部门没收违法所得和检疫证明、检疫标志、畜禽标识，并处五千元以上五万元以下罚款。

13. 持有、使用伪造或者变造检疫证明、检疫标志或者畜禽标识的法律责任　违反动物防疫法规定，持有、使用伪造或者变造的检疫证明、检疫标志或者畜禽标识的，由县级以上人民政府农业农村主管部门没收检疫证明、检疫标志、畜禽标识和对应的动物、动物产品，并处三千元以上三万元以下罚款。

14. 擅自发布动物疫情、不遵守有关控制动物疫病规定、破坏动物和动物产品有关处理措施的法律责任　违反动物防疫法规定，有下列行为之一的，由县级以上地方人民政府农业农村主管部门责令改正，处三千元以上三万元以下罚款：①擅自发布动物疫情的；②不遵守县级以上人民政府及其农业农村主管部门依法作出的有关控制动物疫病规定的；③藏匿、转移、盗掘已被依法隔离、封存、处理的动物和动物产品的。

15. 未取得动物诊疗许可证从事动物诊疗活动的法律责任　违反动物防疫法规定，未取得动物诊疗许可证从事动物诊疗活动的，由县级以上地方人民政府农业农村主管部门责令停止诊疗活动，没收违法所得，并处违法所得一倍以上三倍以下罚款；违法所得不足三万元的，并处三千元以上三万元以下罚款。

16. 动物诊疗机构未按照规定实施卫生安全防护、消毒、隔离和处置诊疗废弃物的法律责任　动物诊疗机构违反动物防疫法规定，未按照规定实施卫生安全防护、消毒、隔离和处置诊疗废弃物的，由县级以上地方人民政府农业农村主管部门责令改正，处一千元以上一万元以下罚款；造成动物疫病扩散的，处一万元以上五万元以下罚款；情节严重的，吊销动物诊疗许可证。

17. 未经执业兽医备案从事经营性动物诊疗活动的法律责任　违反动物防疫法规定，未经执业兽医备案从事经营性动物诊疗活动的，由县级以上地方人民政府农业农村主管部门责令停止动物诊疗活动，没收违法所得，并处三千元以上三万元以下罚款；对其所在的动物诊疗机构处一万元以上五万元以下罚款。

18. 执业兽医违反从业规范的法律责任　执业兽医有下列行为之一的，由县级以上地方人民政府农业农村主管部门给予警告，责令暂停六个月以上一年以下动物诊疗活动；情节严重的，吊销执业兽医资格证书：①违反有关动物诊疗的操作技术规范，造成或者可能造成动物疫病传播、流行的；②使用不符合规定的兽药和兽医器械的；③未按照当地人民政府或者农业农村主管部门要求参加动物疫病预防、控制和动物疫情扑灭活动的。

19. 生产经营不符合要求的兽医器械的法律责任　违反动物防疫法规定，生产经营兽医器械，产品质量不符合要求的，由县级以上地方人民政府农业农村主管部门责令限期整改；情节严重的，责令停业整顿，并处二万元以上十万元以下罚款。

20. 不履行动物疫情报告义务、不如实提供与动物防疫活动有关资料以及拒绝监督检查、监测、检测或者拒绝官方兽医诊法履行职责的法律责任　违反动物防疫法规定，从事动物疫病研究、诊疗和动物饲养、屠宰、经营、隔离、运输，以及动物产品生产、经营、加工、贮藏、无害化处理等活动的单位和个人，有下列行为之一的，由县级以上地方人民政府农业农村主管部门责令改正，可以处一万元以下罚款；拒不改正的，处一万元以上五万元以下罚款，并可以责令停业整顿：①发现动物染疫、疑似染疫未报告，或者未采取隔离等控制措施的；②不如实提供与动物防疫有关的资料的；③拒绝或者阻碍农业农村主管部门进行监督检查的；④拒绝或者阻碍动物疫病预防控制机构进行动物疫病监测、检测、评估的；⑤拒绝或者阻碍官方兽医依法履行职责的。

（三）刑事法律责任

违反动物防疫法规定，构成犯罪的，依法追究刑事责任。

（四）民事法律责任

违反动物防疫法规定，给他人人身、财产造成损害的，依法承担民事责任。

第二节　重大动物疫情应急条例

《重大动物疫情应急条例》于2005年11月16日经国务院第113次常务会议通过，根据2017年10月7日《国务院关于修改部分行政法规的决定》修改。

一、《重大动物疫情应急条例》概述

（一）立法目的

迅速控制、扑灭重大动物疫情，保障养殖业生产安全，保护公众身体健康与生命安全，维护正常的社会秩序。

（二）重大动物疫情的定义

重大动物疫情，是指高致病性禽流感等发病率或者死亡率高的动物疫病突然发生，迅速传播，给养殖业生产安全造成严重威胁、危害，以及可能对公众身体健康与生命安全造成危害的情形，包括特别重大动物疫情。

（三）重大动物疫情应急工作的指导方针和应急工作原则

1. 指导方针　重大动物疫情应急工作应当坚持加强领导、密切配合，依靠科学、依法防治，群防群控、果断处置的24字方针。

2. 工作原则　重大动物疫情应急工作应当遵循及时发现，快速反应，严格处理，减少损失的16字原则。

（四）重大动物疫情应急工作的行政管理

1. 重大动物疫情应急工作的管理原则　重大动物疫情应急工作按照属地管理的原则，实行政府统一领导、部门分工负责，逐级建立责任制。

2. 兽医主管部门及其他有关部门的职责　县级以上人民政府兽医主管部门具体负责组织重大动物疫情的监测、调查、控制、扑灭等应急工作。县级以上人民政府其他有关部门在各自的职责范围内，做好重大动物疫情的应急工作。

3. 陆生野生动物疫源疫病的监测　县级以上人民政府林业主管部门、兽医主管部门按照职责分工，加强对陆生野生动物疫源疫病的监测。

（五）重大动物疫情通报制度

出入境检验检疫机关应当及时收集境外重大动物疫情信息，加强进出境动物及其产品的

检验检疫工作，防止动物疫病传入和传出。兽医主管部门要及时向出入境检验检疫机关通报国内重大动物疫情。

（六）关于重大动物疫情科学研究与国际交流的规定

国家鼓励、支持开展重大动物疫情监测、预防、应急处理等有关技术的科学研究和国际交流与合作。

（七）表彰和奖励制度

县级以上人民政府应当对参加重大动物疫情应急处理的人员给予适当补助，对作出贡献的人员给予表彰和奖励。

（八）重大动物疫情工作中的社会监督制度

对不履行或者不按照规定履行重大动物疫情应急处理职责的行为，任何单位和个人有权检举控告。

二、应急准备法律制度

（一）应急预案制度

1. 制定全国重大动物疫情应急预案及实施方案　国务院兽医主管部门应当制定全国重大动物疫情应急预案，报国务院批准，并按照不同动物疫病病种及其流行特点和危害程度，分别制定实施方案，报国务院备案。

2. 制定地方重大动物疫情应急预案及实施方案　县级以上地方人民政府根据本地区的实际情况，制定本行政区域的重大动物疫情应急预案，报上一级人民政府兽医主管部门备案。县级以上地方人民政府兽医主管部门，应当按照不同动物疫病病种及其流行特点和危害程度，分别制定实施方案。

重大动物疫情应急预案及其实施方案应当根据疫情的发展变化和实施情况，及时修改、完善。

（二）重大动物疫情应急预案的内容

重大动物疫情应急预案主要包括下列内容：①应急指挥部的职责、组成以及成员单位的分工；②重大动物疫情的监测、信息收集、报告和通报；③动物疫病的确认、重大动物疫情的分级和相应的应急处理工作方案；④重大动物疫情疫源的追踪和流行病学调查分析；⑤预防、控制、扑灭重大动物疫情所需资金的来源、物资和技术的储备与调度；⑥重大动物疫情应急处理设施和专业队伍建设。

（三）应急物资储备法律制度

国务院有关部门和县级以上地方人民政府及其有关部门，应当根据重大动物疫情应急预案的要求，确保应急处理所需的疫苗、药品、设施设备和防护用品等物资的储备。

（四）关于疫情监测网络和预防控制体系的规定

县级以上人民政府应当建立和完善重大动物疫情监测网络和预防控制体系，加强动物防疫基础设施和乡镇动物防疫组织建设，并保证其正常运行，提高对重大动物疫情的应急处理能力。

（五）应急预备队法律制度

1. 应急预备队　县级以上地方人民政府根据重大动物疫情应急需要，可以成立应急预备队。

2. 应急预备队的任务　应急预备队在重大动物疫情应急指挥部的指挥下，具体承担疫情的控制和扑灭任务。

3. 应急预备队的组成 应急预备队由当地兽医行政管理人员、动物防疫工作人员、有关专家、执业兽医等组成；必要时，可以组织动员社会上有一定专业知识的人员参加。公安机关、中国人民武装警察部队应当依法协助其执行任务。

4. 应急预备队培训和演练 应急预备队应当定期进行技术培训和应急演练。

（六）关于重大动物疫情应急知识和重大动物疫病科普知识的宣传

县级以上人民政府及其兽医主管部门应当加强对重大动物疫情应急知识和重大动物疫病科普知识的宣传，增强全社会的重大动物疫情防范意识。

三、监测、报告和公布法律制度

（一）重大动物疫情监测制度

1. 重大动物疫情的监测主体 动物防疫监督机构负责重大动物疫情的监测。

2. 重大动物疫情监测中行政相对人的义务 饲养、经营动物和生产、经营动物产品的单位和个人应当配合动物防疫监督机构的监测工作，不得拒绝和阻碍。

（二）重大动物疫情报告制度

1. 重大动物疫情的报告义务人 从事动物隔离、疫情监测、疫病研究与诊疗、检验检疫以及动物饲养、屠宰加工、运输、经营等活动的有关单位和个人，是重大动物疫情的报告义务人。

2. 重大动物疫情的报告时机 重大动物疫情报告义务人发现动物出现群体发病或者死亡的，应当立即向所在地的县（市）动物防疫监督机构报告。

3. 接受重大动物疫情报告的主体 疫情所在地的县（市）动物防疫监督机构是接受重大动物疫情报告的主体。

4. 重大动物疫情的逐级报告制度 县（市）动物防疫监督机构接到报告后，应当立即赶赴现场调查核实。初步认为属于重大动物疫情的，应当在2h内将情况逐级报省、自治区、直辖市动物防疫监督机构，并同时报所在地人民政府兽医主管部门；兽医主管部门应当及时通报同级卫生主管部门。

省、自治区、直辖市动物防疫监督机构应当在接到报告后1h内，向省、自治区、直辖市人民政府兽医主管部门和国务院兽医主管部门所属的动物防疫监督机构报告。

省、自治区、直辖市人民政府兽医主管部门应当在接到报告后1h内报本级人民政府和国务院兽医主管部门。

重大动物疫情发生后，省、自治区、直辖市人民政府和国务院兽医主管部门应当在4h内向国务院报告。

5. 重大动物疫情报告内容 重大动物疫情报告包括下列内容：①疫情发生的时间、地点；②染疫、疑似染疫动物种类和数量、同群动物数量、免疫情况、死亡数量、临床症状、病理变化、诊断情况；③流行病学和疫源追踪情况；④已采取的控制措施；⑤疫情报告的单位、负责人、报告人及联系方式。

6. 重大动物疫情报告期间的临时性控制措施 在重大动物疫情报告期间，有关动物防疫监督机构应当立即采取临时隔离控制措施；必要时，当地县级以上地方人民政府可以做出封锁决定并采取扑杀、销毁等措施。有关单位和个人应当执行。

（三）重大动物疫情的认定权限

重大动物疫情由省、自治区、直辖市人民政府兽医主管部门认定；必要时，由国务院兽医主管部门认定。

（四）重大动物疫情公布制度

重大动物疫情由国务院兽医主管部门按照国家规定的程序，及时准确公布；其他任何单位和个人不得公布重大动物疫情。

（五）重大动物疫病病原管理制度

重大动物疫病应当由动物防疫监督机构采集病料。其他单位和个人采集病料的，应当具备以下条件：①重大动物疫病病料采集目的、病原微生物的用途应当符合国务院兽医主管部门的规定；②具有与采集病料相适应的动物病原微生物实验室条件；③具有与采集病料所需要的生物安全防护水平相适应的设备，以及防止病原感染和扩散的有效措施。从事重大动物疫病病原分离的，应当遵守国家有关生物安全管理规定，防止病原扩散。

（六）重大动物疫情通报制度

国务院兽医主管部门应当及时向国务院有关部门和军队有关部门以及各省、自治区、直辖市人民政府兽医主管部门通报重大动物疫情的发生和处理情况。

（七）卫生主管部门在发生重大动物疫情时采取的措施

发生重大动物疫情可能感染人群时，卫生主管部门应当对疫区内易受感染的人群进行监测，并采取相应的预防、控制措施。卫生主管部门和兽医主管部门应当及时相互通报情况。

（八）重大动物疫情报告中的禁止性规定

有关单位和个人对重大动物疫情不得瞒报、谎报、迟报，不得授意他人瞒报、谎报、迟报，不得阻碍他人报告。

四、应急处理法律制度

（一）应急系统启动

1. 启动重大动物疫情应急指挥部　重大动物疫情发生后，国务院和有关地方人民政府设立的重大动物疫情应急指挥部统一领导、指挥重大动物疫情应急工作。

2. 重大动物疫情应急指挥部的权力　重大动物疫情应急处理中设置临时动物检疫消毒站以及采取隔离、扑杀、销毁、消毒、紧急免疫接种等控制、扑灭措施的，由有关重大动物疫情应急指挥部决定，有关单位和个人必须服从；拒不服从的，由公安机关协助执行。

重大动物疫情应急指挥部根据应急处理需要，有权紧急调集人员、物资、运输工具以及相关设施、设备。单位和个人的物资、运输工具以及相关设施、设备被征集使用的，有关人民政府应当及时归还并给予合理补偿。

（二）重大动物疫情分级管理制度

国家对重大动物疫情应急处理实行分级管理，按照应急预案确定的疫情等级，由有关人民政府采取相应的应急控制措施。根据突发重大动物疫情的范围、性质和危害程度，国家通常将重大动物疫情划分为特别重大（Ⅰ级）、重大（Ⅱ级）、较大（Ⅲ级）和一般（Ⅳ）四级。

（三）人民政府及有关单位和人员在重大动物疫情发生后的责任

1. 县级以上人民政府的主要职责　第一，根据兽医主管部门的建议，决定启动重大动物疫情应急指挥系统、应急预案和对疫区实施封锁。第二，重大动物疫情发生地的人民政府和毗邻地区的人民政府应当通力合作，相互配合，做好重大动物疫情的控制、扑灭工作。

2. 县级以上地方人民政府兽医主管部门的主要职责

（1）*重大动物疫情发生时的职责*　重大动物疫情发生后，县级以上地方人民政府兽医主管部门应当立即划定疫点、疫区和受威胁区，调查疫源，向本级人民政府提出启动重大动物疫情应急指挥系统、应急预案和对疫区实行封锁的建议。

疫点、疫区和受威胁区的范围应当按照不同动物疫病病种及其流行特点和危害程度划定，具体划定标准由国务院兽医主管部门制定。

（2）*重大动物疫情应急处理中的职责*　重大动物疫情发生后，县级以上人民政府兽医主管部门应当及时提出疫点、疫区、受威胁区的处理方案，加强疫情监测、流行病学调查、疫源追踪工作，对染疫和疑似染疫动物及其同群动物和其他易感染动物的扑杀、销毁进行技术指导，并组织实施检验检疫、消毒、无害化处理和紧急免疫接种。

3. 县级以上人民政府有关部门的职责　重大动物疫情应急处理中，县级以上人民政府有关部门应当在各自的职责范围内，做好重大动物疫情应急所需的物资紧急调度和运输、应急经费安排、疫区群众救济、人的疫病防治、肉食品供应、动物及其产品市场监管、出入境检验检疫和社会治安维护等工作。

4. 军队和武警部队的职责　中国人民解放军、中国人民武装警察部队应当支持配合驻地人民政府做好重大动物疫情的应急工作。

5. 乡镇人民政府、村民委员会和居民委员会的职责　重大动物疫情应急处理中，乡镇人民政府、村民委员会、居民委员会应当组织力量，向村民、居民宣传动物疫病防治的相关知识，协助做好疫情信息的收集、报告和各项应急处理措施的落实工作。

6. 饲养、经营动物和生产、经营动物产品有关单位和个人的义务　饲养、经营动物和生产、经营动物产品的有关单位和个人必须服从重大动物疫情应急指挥部在重大动物疫情应急处理中作出的采取隔离、扑杀、销毁、消毒、紧急免疫接种等控制、扑灭措施的决定；拒不服从的，由公安机关协助执行。

7. 关于人员防护的规定　有关人民政府及其有关部门对参加重大动物疫情应急处理的人员，应当采取必要的卫生防护和技术指导等措施。

（四）应急处理措施

1. 对疫点采取的措施　对疫点应当采取下列措施：①扑杀并销毁染疫动物和易感染的动物及其产品；②对病死的动物、动物排泄物、被污染饲料、垫料、污水进行无害化处理；③对被污染的物品、用具、动物圈舍、场地进行严格消毒。

2. 对疫区采取的措施　对疫区应当采取下列措施：①在疫区周围设置警示标志，在出入疫区的交通路口设置临时动物检疫消毒站，对出入的人员和车辆进行消毒；②扑杀并销毁染疫和疑似染疫动物及其同群动物，销毁染疫和疑似染疫的动物产品，对其他易感染的动物实行圈养或者在指定地点放养，役用动物限制在疫区内使役；③对易感染的动物进行监测，并按照国务院兽医主管部门的规定实施紧急免疫接种，必要时对易感染的动物进行扑杀；④关闭动物及动物产品交易市场，禁止动物进出疫区和动物产品运出疫区；⑤对动物圈舍、动物排泄物、垫料、污水和其他可能受污染的物品、场地，进行消毒或者无害化处理。

3. 对受威胁区采取的措施　对受威胁区应当采取下列措施：①对易感染的动物进行监测；②对易感染的动物根据需要实施紧急免疫接种。

（五）应急处理工作终止

1. 终止应急处理工作的条件　第一，自疫区内最后一头（只）发病动物及其同群动物处理完毕起；第二，经过一个潜伏期以上的监测；第三，未出现新的病例。

2. 终止应急处理工作的程序　符合终止应急处理工作条件的，彻底消毒后，经上一级动物防疫监督机构验收合格，由原发布封锁令的人民政府宣布解除封锁，撤销疫区；由原批准机关撤销在该疫区设立的临时动物检疫消毒站。

（六）经费保障和补偿制度

县级以上人民政府应当将重大动物疫情确认、疫区封锁、扑杀及其补偿、消毒、无害化处理、疫源追踪、疫情监测以及应急物资储备等应急经费列入本级财政预算。国家对疫区、受威胁区内易感染的动物免费实施紧急免疫接种；对因采取扑杀、销毁等措施给当事人造成的已经证实的损失，给予合理补偿。紧急免疫接种和补偿所需费用，由中央财政和地方财政分担。

五、法律责任

（一）管理机关违法行为的法律责任

1. 兽医主管部门及其所属的动物防疫监督机构违法行为的法律责任　违反重大动物疫情应急条例规定，兽医主管部门及其所属的动物防疫监督机构有下列行为之一的，由本级人民政府或者上级人民政府有关部门责令立即改正、通报批评、给予警告；对主要负责人、负有责任的主管人员和其他责任人员，依法给予记大过、降级、撤职直至开除的行政处分；构成犯罪的，依法追究刑事责任：①不履行疫情报告职责，瞒报、谎报、迟报或者授意他人瞒报、谎报、迟报，阻碍他人报告重大动物疫情的；②在重大动物疫情报告期间，不采取临时隔离控制措施，导致动物疫情扩散的；③不及时划定疫点、疫区和受威胁区，不及时向本级人民政府提出应急处理建议，或者不按照规定对疫点、疫区和受威胁区采取预防、控制、扑灭措施的；④不向本级人民政府提出启动应急指挥系统、应急预案和对疫区的封锁建议的；⑤对动物扑杀、销毁不进行技术指导或者指导不力，或者不组织实施检验检疫、消毒、无害化处理和紧急免疫接种的；⑥其他不履行重大动物疫情应急条例规定的职责，导致动物疫病传播、流行，或者对养殖业生产安全和公众身体健康与生命安全造成严重危害的。

2. 县级以上人民政府有关部门违法行为的法律责任　违反重大动物疫情应急条例规定，县级以上人民政府有关部门不履行应急处理职责，不执行对疫点、疫区和受威胁区采取的措施，或者对上级人民政府有关部门的疫情调查不予配合或者阻碍、拒绝的，由本级人民政府或者上级人民政府有关部门责令立即改正、通报批评、给予警告；对主要负责人、负有责任的主管人员和其他责任人员，依法给予记大过、降级、撤职直至开除的行政处分；构成犯罪的，依法追究刑事责任。

3. 有关地方人民政府违法行为的法律责任　违反重大动物疫情应急条例规定，有关地方人民政府阻碍报告重大动物疫情，不履行应急处理职责，不按照规定对疫点、疫区和受威胁区采取预防、控制、扑灭措施，或者对上级人民政府有关部门的疫情调查不予配合或者阻碍、拒绝的，由上级人民政府责令立即改正、通报批评、给予警告；对政府主要领导人依法给予记大过、降级、撤职直至开除的行政处分；构成犯罪的，依法追究刑事责任。

4. 截留、挪用重大动物疫情应急经费，或者侵占、挪用应急储备物资违法行为的法律责任　地方各级人民政府、财政主管部门、兽医主管部门、动物防疫监督机构等部门截留、挪用重大动物疫情应急经费，或者侵占、挪用应急储备物资的，按照《财政违法行为处罚处分条例》的规定处理；构成犯罪的，依法追究刑事责任。

（二）行政相对人违法行为的法律责任

1. 拒绝、阻碍重大动物疫情监测以及不报告动物疫情违法行为的法律责任　违反重大动物疫情应急条例规定，拒绝、阻碍动物防疫监督机构进行重大动物疫情监测，或者发现动物出现群体发病或者死亡，不向当地动物防疫监督机构报告的，由动物防疫监督机构给予警告，并处 2 000 元以上 5 000 元以下的罚款；构成犯罪的，依法追究刑事责任。

2. 不按规定采集重大动物疫病病料和分离重大动物疫病病原违法行为的法律责任　违反重大动物疫情应急条例规定，不符合相应条件采集重大动物疫病病料，或者在重大动物疫病病原分离时不遵守国家有关生物安全管理规定的，由动物防疫监督机构给予警告，并处 5 000元以下的罚款；构成犯罪的，依法追究刑事责任。

3. 破坏社会秩序和市场秩序违法行为的法律责任　在重大动物疫情发生期间，哄抬物价、欺骗消费者，散布谣言、扰乱社会秩序和市场秩序的，由价格主管部门、工商行政管理部门或者公安机关依法给予行政处罚；构成犯罪的，依法追究刑事责任。

第二单元　动物防疫条件审查法律制度

《动物防疫条件审查办法》于 2022 年 9 月 7 日农业农村部令 2022 年第 8 号公布，自 2022 年 12 月 1 日起施行。

一、《动物防疫条件审查办法》概述

（一）立法目的

规范动物防疫条件审查，有效预防、控制、净化、消灭动物疫病，防控人畜共患传染病，保障公共卫生安全和人体健康。

（二）审查范围

为了有效预防控制动物疫病，维护公共卫生安全，农业农村主管部门对动物饲养场、动物隔离场所、动物屠宰加工场所、动物和动物产品无害化处理场所以及经营动物和动物产品的集贸市场的动物防疫条件进行审查，要求上述场所必须符合《动物防疫条件审查办法》规定的动物防疫条件。其中动物饲养场、动物隔离场所、动物屠宰加工场所以及动物和动物产品无害化处理场所必须取得动物防疫条件合格证，才能从事相应的活动。但动物饲养场内自用的隔离舍，参照《动物防疫条件审查办法》第八条规定执行，不再另行办理动物防疫条件合格证；动物饲养场、隔离场所、屠宰加工场所内的无害化处理区域，参照《动物防疫条件审查办法》第十条规定执行，不再另行办理动物防疫条件合格证。

（三）动物防疫条件审查的管理体制

农业农村部主管全国动物防疫条件审查和监督管理工作。县级以上地方人民政府农业农村主管部门负责本行政区域内的动物防疫条件审查和监督管理工作。

（四）动物防疫条件审查的原则

动物防疫条件审查应当遵循公开、公平、公正、便民的原则。

（五）《动物防疫条件审查办法》中几个用语的含义

1. 动物饲养场　动物饲养场，是指《中华人民共和国畜牧法》规定的畜禽养殖场。

2. 经营动物和动物产品的集贸市场　经营动物和动物产品的集贸市场，是指经营畜禽或者专门经营畜禽产品，并取得营业执照的集贸市场。

二、动物防疫条件

（一）动物饲养场、动物隔离场所、动物屠宰加工场所以及动物和动物产品无害化处理场所的一般动物防疫条件

（1）各场所之间，各场所与动物诊疗场所、居民生活区、生活饮用水水源地、学校、医院等公共场所之间保持必要的距离。

（2）场区周围建有围墙等隔离设施；场区出入口处设置运输车辆消毒通道或者消毒池，并单独设置人员消毒通道；生产经营区与生活办公区分开，并有隔离设施；生产经营区入口处设置人员更衣消毒室。

（3）配备与其生产经营规模相适应的执业兽医或者动物防疫技术人员。

（4）配备与其生产经营规模相适应的污水、污物处理设施，清洗消毒设施设备，以及必要的防鼠、防鸟、防虫设施设备。

（5）建立隔离消毒、购销台账、日常巡查等动物防疫制度。

（二）动物饲养场的特殊动物防疫条件

动物饲养场除符合一般动物防疫条件外，还应当符合下列条件：

（1）设置配备疫苗冷藏冷冻设备、消毒和诊疗等防疫设备的兽医室。

（2）生产区清洁道、污染道分设；具有相对独立的动物隔离舍。

（3）配备符合国家规定的病死动物和病害动物产品无害化处理设施设备或者冷藏冷冻等暂存设施设备。

（4）建立免疫、用药、检疫申报、疫情报告、无害化处理、畜禽标识及养殖档案管理等动物防疫制度。

禽类饲养场内的孵化间与养殖区之间应当设置隔离设施，并配备种蛋熏蒸消毒设施，孵化间的流程应当单向，不得交叉或者回流。

种畜禽场除符合上述条件外，还应当有国家规定的动物疫病的净化制度；有动物精液、卵、胚胎采集等生产需要的，应当设置独立的区域。

（三）动物隔离场所的特殊动物防疫条件

动物隔离场所除符合一般动物防疫条件外，还应当符合下列条件：

（1）饲养区内设置配备疫苗冷藏冷冻设备、消毒和诊疗等防疫设备的兽医室。

（2）饲养区内清洁道、污染道分设。

（3）配备符合国家规定的病死动物和病害动物产品无害化处理设施设备或者冷藏冷冻等

暂存设施设备。

（4）建立动物进出登记、免疫、用药、疫情报告、无害化处理等动物防疫制度。

（四）动物屠宰加工场所的特殊动物防疫条件

动物屠宰加工场所除符合一般动物防疫条件外，还应当符合下列条件：

（1）入场动物卸载区域有固定的车辆消毒场地，并配备车辆清洗消毒设备。

（2）有与其屠宰规模相适应的独立检疫室和休息室；有待宰圈、急宰间，加工原毛、生皮、绒、骨、角的，还应当设置封闭式熏蒸消毒间。

（3）屠宰间配备检疫操作台。

（4）有符合国家规定的病死动物和病害动物产品无害化处理设施设备或者冷藏冷冻等暂存设施设备。

（5）建立动物进场查验登记、动物产品出场登记、检疫申报、疫情报告、无害化处理等动物防疫制度。

（五）动物和动物产品无害化处理场所的特殊动物防疫条件

动物和动物产品无害化处理场所除符合一般动物防疫条件外，还应当符合下列条件：

（1）无害化处理区内设置无害化处理间、冷库。

（2）配备与其处理规模相适应的病死动物和病害动物产品的无害化处理设施设备，符合农业农村部规定条件的专用运输车辆，以及相关病原检测设备，或者委托有资质的单位开展检测。

（3）建立病死动物和病害动物产品入场登记、无害化处理记录、病原检测、处理产物流向登记、人员防护等动物防疫制度。

（六）经营动物和动物产品的集贸市场的动物防疫条件

（1）经营动物和动物产品的集贸市场应当符合下列条件：①场内设管理区、交易区和废弃物处理区，且各区相对独立；②动物交易区与动物产品交易区相对隔离，动物交易区内不同种类动物交易场所相对独立；③配备与其经营规模相适应的污水、污物处理设施和清洗消毒设施设备；④建立定期休市、清洗消毒等动物防疫制度。经营动物的集贸市场，除符合上述动物防疫条件外，周围应当建有隔离设施，运输动物车辆出入口处设置消毒通道或者消毒池。

（2）活禽交易市场除符合上述经营动物和动物产品的集贸市场防疫条件外，还应当符合下列条件：①活禽销售应单独分区，有独立出入口；市场内水禽与其他家禽应相对隔离；活禽宰杀间应相对封闭，宰杀间、销售区域、消费者之间应实施物理隔离。②配备通风、无害化处理等设施设备，设置排污通道。③建立日常监测、从业人员卫生防护、突发事件应急处置等动物防疫制度。

三、审查发证

（一）申请选址

开办动物饲养场、动物隔离场所、动物屠宰加工场所以及动物和动物产品无害化处理场所，应当向县级人民政府农业农村主管部门提交选址需求。

（二）确认选址

县级人民政府农业农村主管部门依据评估办法，结合场所周边的天然屏障、人工屏障、

饲养环境、动物分布等情况，以及动物疫病发生、流行和控制等因素，实施综合评估。确定各场所之间，各场所与动物诊疗场所、居民生活区、生活饮用水水源地、学校、医院等公共场所之间的距离，确认选址。

（三）申请动物防疫条件合格证

动物饲养场、动物隔离场所、动物屠宰加工场所以及动物和动物产品无害化处理场所建设竣工后，开办者应当向所在地县级人民政府农业农村主管部门提出申请，并提交以下材料：①《动物防疫条件审查申请表》；②场所地理位置图、各功能区布局平面图；③设施设备清单；④管理制度文本；⑤人员信息。

申请材料不齐全或者不符合规定条件的，县级人民政府农业农村主管部门应当自收到申请材料之日起5个工作日内，一次性告知申请人需补正的内容。

（四）审核与发证

县级人民政府农业农村主管部门应当自受理申请之日起15个工作日内完成材料审核，并结合选址综合评估结果完成现场核查，审查合格的，颁发动物防疫条件合格证；审查不合格的，应当书面通知申请人，并说明理由。

动物防疫条件合格证应当载明申请人的名称（姓名）、场（厂）址、动物（动物产品）种类等事项，具体格式由农业农村部规定。

四、监督管理

（一）管理主体

县级以上地方人民政府农业农村主管部门依照《中华人民共和国动物防疫法》和《动物防疫条件审查办法》以及有关法律、法规的规定，对动物饲养场、动物隔离场所、动物屠宰加工场所以及动物和动物产品无害化处理场所的动物防疫条件实施监督检查，有关单位和个人应当予以配合，不得拒绝和阻碍。

（二）监管措施

推行动物饲养场分级管理制度，根据规模、设施设备状况、管理水平、生物安全风险等因素采取差异化监管措施。

（三）人畜共患传染病防控管理

患有人畜共患传染病的人员不得在动物饲养场、动物隔离场所、动物屠宰加工场所以及动物和动物产品无害化处理场所直接从事动物疫病检测、检验、协助检疫、诊疗以及易感染动物的饲养、屠宰、经营、隔离等活动。

（四）行政相对人的义务

1. 变更场址或者经营范围　动物饲养场、动物隔离场所、动物屠宰加工场所以及动物和动物产品无害化处理场所变更场址或者经营范围的，应当重新申请办理，同时交回原动物防疫条件合格证，由原发证机关予以注销。

2. 变更布局、设施设备和制度　变更布局、设施设备和制度，可能引起动物防疫条件发生变化的，应当提前30日向原发证机关报告。发证机关应当在15日内完成审查，并将审查结果通知申请人。

3. 变更单位名称或者法定代表人（负责人）　变更单位名称或者法定代表人（负责人）的，应当在变更后15日内持有效证明申请变更动物防疫条件合格证。

4. 报告动物防疫条件情况和防疫制度执行情况　动物饲养场、动物隔离场所、动物屠宰加工场所以及动物和动物产品无害化处理场所，应当在每年 3 月底前将上一年的动物防疫条件情况和防疫制度执行情况向县级人民政府农业农村主管部门报告。

5. 禁止性规定　禁止转让、伪造或者变造动物防疫条件合格证。

6. 申请补发动物防疫条件合格证　动物防疫条件合格证丢失或者损毁的，应当在 15 日内向原发证机关申请补发。

五、法律责任

（一）行政处罚法律责任

1. 变更场所地址或者经营范围，未按规定重新办理动物防疫条件合格证的法律责任　动物饲养场、动物隔离场所、动物屠宰加工场所以及动物和动物产品无害化处理场所变更场所地址或者经营范围，未按规定重新办理动物防疫条件合格证的，依照《中华人民共和国动物防疫法》第九十八条的规定予以处罚，即由县级以上地方人民政府农业农村主管部门责令改正，处三千元以上三万元以下罚款；情节严重的，责令停业整顿，并处三万元以上十万元以下罚款。

2. 经营动物和动物产品的集贸市场不符合动物防疫条件的法律责任　经营动物和动物产品的集贸市场不符合《动物防疫条件审查办法》规定动物防疫条件的，依照《中华人民共和国动物防疫法》第九十八条的规定予以处罚，即由县级以上地方人民政府农业农村主管部门责令改正，处三千元以上三万元以下罚款；情节严重的，责令停业整顿，并处三万元以上十万元以下罚款。

3. 未经审查变更布局、设施设备和制度，不再符合规定的动物防疫条件的法律责任　动物饲养场、动物隔离场所、动物屠宰加工场所以及动物和动物产品无害化处理场所未经审查变更布局、设施设备和制度，不再符合规定的动物防疫条件的，依照《中华人民共和国动物防疫法》第九十九条的规定予以处罚，即由县级以上地方人民政府农业农村主管部门给予警告，责令限期改正；逾期仍达不到规定条件的，吊销动物防疫条件合格证，并通报市场监督管理部门依法处理。

4. 变更单位名称或者法定代表人（负责人）未办理变更手续的法律责任　动物饲养场、动物隔离场所、动物屠宰加工场所以及动物和动物产品无害化处理场所变更单位名称或者法定代表人（负责人）未办理变更手续的，由县级以上地方人民政府农业农村主管部门责令限期改正；逾期不改正的，处一千元以上五千元以下罚款。

5. 未按规定报告动物防疫条件情况和防疫制度执行情况的法律责任　动物饲养场、动物隔离场所、动物屠宰加工场所以及动物和动物产品无害化处理场所未按规定报告动物防疫条件情况和防疫制度执行情况的，依照《中华人民共和国动物防疫法》第一百零八条的规定予以处罚，即由县级以上地方人民政府农业农村主管部门责令改正，可以处一万元以下罚款；拒不改正的，处一万元以上五万元以下罚款，并可以责令停业整顿。

（二）刑事法律责任

违反《动物防疫条件审查办法》规定，涉嫌犯罪的，依法移送司法机关追究刑事责任。

第三单元　动物检疫管理法律制度

《动物检疫管理办法》于2022年9月7日农业农村部令2022年第7号公布，自2022年12月1日起施行。

一、《动物检疫管理办法》概述

（一）立法目的

加强动物检疫活动管理，预防、控制、净化、消灭动物疫病，防控人畜共患传染病，保障公共卫生安全和人体健康。

（二）调整对象

在中华人民共和国领域内的动物、动物产品的检疫及其监督管理活动适用《动物检疫管理办法》，但陆生野生动物检疫办法，由农业农村部会同国家林业和草原局另行制定。

（三）动物检疫的原则

动物检疫遵循过程监管、风险控制、区域化和可追溯管理相结合的原则。

（四）动物检疫的管理体制

1. 农业农村主管部门的职责　农业农村部主管全国动物检疫工作，制定、调整并公布检疫规程，明确动物检疫的范围、对象和程序。县级以上地方人民政府农业农村主管部门主管本行政区域内的动物检疫工作，负责动物检疫监督管理工作。县级人民政府农业农村主管部门可以根据动物检疫工作需要，向乡、镇或者特定区域派驻动物卫生监督机构或者官方兽医。

2. 动物疫病预防控制机构的职责　县级以上人民政府建立的动物疫病预防控制机构应当为动物检疫及其监督管理工作提供技术支撑。

3. 动物卫生监督机构的职责　县级以上地方人民政府的动物卫生监督机构负责本行政区域内动物检疫工作，依照《中华人民共和国动物防疫法》《动物检疫管理办法》以及检疫规程等规定实施检疫。水产苗种产地检疫，由从事水生动物检疫的县级以上动物卫生监督机构实施。

4. 官方兽医的职责　动物卫生监督机构的官方兽医实施检疫，出具动物检疫证明、加施检疫标志，并对检疫结论负责。

（五）动物检疫的信息化管理

1. 农业农村部的职责　农业农村部加强信息化建设，建立全国统一的动物检疫管理信息化系统，实现动物检疫信息的可追溯。

2. 动物卫生监督机构的职责　县级以上动物卫生监督机构应当做好本行政区域内的动物检疫信息数据管理工作。

3. 行政相对人的义务　从事动物饲养、屠宰、经营、运输、隔离等活动的单位和个人，应当按照要求在动物检疫管理信息化系统填报动物检疫相关信息。

（六）实验室疫病检测报告的出具

实验室疫病检测报告应当由动物疫病预防控制机构、取得相关资质认定、国家认可机构认可或者符合省级农业农村主管部门规定条件的实验室出具。

二、检疫申报

国家实行动物检疫申报制度。出售或者运输动物、动物产品前，或者屠宰动物以及向无规定动物疫病区输入相关易感动物、易感动物产品的，要求行政相对人按照规定的时限申报检疫，并取得动物检疫证明后，方可从事相关活动。

（一）申报时限

1. 出售或者运输动物、动物产品的申报时限　出售或者运输动物、动物产品的，货主应当提前3d向所在地动物卫生监督机构申报检疫。

2. 屠宰动物的申报时限　屠宰动物的，应当提前6h向所在地动物卫生监督机构申报检疫；急宰动物的，可以随时申报。

3. 向无规定动物疫病区输入相关易感动物、易感动物产品的申报时限　向无规定动物疫病区输入相关易感动物、易感动物产品的，货主除向输出地动物卫生监督机构申报检疫外，还应当在启运3d前向输入地动物卫生监督机构申报检疫。输入易感动物的，向输入地隔离场所在地动物卫生监督机构申报；输入易感动物产品的，在输入地省级动物卫生监督机构指定的地点申报。

（二）动物检疫申报点的设置

动物卫生监督机构应当根据动物检疫工作需要，合理设置动物检疫申报点，并向社会公布。县级以上地方人民政府农业农村主管部门应当采取有力措施，加强动物检疫申报点建设。

（三）申报材料及形式

申报检疫的货主，应当提交检疫申报单以及农业农村部规定的其他材料，并对申报材料的真实性负责。申报检疫采取在申报点填报或者通过传真、电子数据交换等方式申报。

（四）受理申报

动物卫生监督机构接到申报后，应当及时对申报材料进行审查。申报材料齐全的，予以受理；有下列情形之一的，不予受理，并说明理由：①申报材料不齐全的，动物卫生监督机构当场或在三日内已经一次性告知申报人需要补正的内容，但申报人拒不补正的；②申报的动物、动物产品不属于本行政区域的；③申报的动物、动物产品不属于动物检疫范围的；④农业农村部规定不应当检疫的动物、动物产品；⑤法律法规规定的其他不予受理的情形。

受理申报后，动物卫生监督机构应当指派官方兽医实施检疫，可以安排协检人员协助官方兽医到现场或指定地点核实信息，开展临床健康检查。

三、产地检疫

出售或者运输的动物、动物产品取得动物检疫证明后，方可离开产地。

（一）产地检疫出具动物检疫证明的条件

1. 出售或运输的动物 经检疫符合以下条件的，出具动物检疫证明：①来自非封锁区及未发生相关动物疫情的饲养场（户）；②来自符合风险分级管理有关规定的饲养场（户）；③申报材料符合检疫规程规定；④畜禽标识符合规定；⑤按照规定进行了强制免疫，并在有效保护期内；⑥临床检查健康；⑦需要进行实验室疫病检测的，检测结果合格。

2. 出售、运输的种用动物精液、卵、胚胎、种蛋 经检疫符合以下条件的，出具动物检疫证明：①经检疫其种用动物饲养场为非封锁区及未发生相关动物疫情；②申报材料符合检疫规程规定；③供体动物畜禽标识符合规定；④按照规定进行了强制免疫，并在有效保护期内；⑤临床检查健康；⑥需要进行实验室疫病检测的，检测结果合格。

3. 出售、运输的生皮、原毛、绒、血液、角等产品 经检疫符合以下条件，且按规定消毒合格的，出具动物检疫证明：①经检疫其饲养场（户）为非封锁区及未发生相关动物疫情；②申报材料符合检疫规程规定；③供体动物畜禽标识符合规定；④按照规定进行了强制免疫，并在有效保护期内；⑤临床检查健康；⑥需要进行实验室疫病检测的，检测结果合格。

4. 出售或者运输水生动物的亲本、稚体、幼体、受精卵、发眼卵及其他遗传育种材料等水产苗种 经检疫符合以下条件的，出具动物检疫证明：①来自未发生相关水生动物疫情的苗种生产场；②申报材料符合检疫规程规定；③临床检查健康；④需要进行实验室疫病检测的，检测结果合格。但水产苗种以外的其他水生动物及其产品不实施检疫。

（二）已经取得产地检疫证明继续出售或者运输动物的检疫

已经取得产地检疫证明的动物，从专门经营动物的集贸市场继续出售或者运输的，或者动物展示、演出、比赛后需要继续运输的，经检疫符合以下条件的，出具动物检疫证明：①有原始动物检疫证明和完整的进出场记录；②畜禽标识符合规定；③临床检查健康；④原始动物检疫证明超过调运有效期，按规定需要进行实验室疫病检测的，检测结果合格。

（三）跨省引进乳用、种用动物的隔离

跨省、自治区、直辖市引进的乳用、种用动物到达输入地后，应当在隔离场或者饲养场内的隔离舍进行隔离观察，隔离期为30d。经隔离观察合格的，方可混群饲养；不合格的，按照有关规定进行处理。隔离观察合格后需要继续运输的，货主应当申报检疫，并取得动物检疫证明。

四、屠宰检疫

（一）派驻（出）官方兽医实施检疫

动物卫生监督机构向依法设立的屠宰加工场所派驻（出）官方兽医实施检疫。屠宰加工场所应当提供与检疫工作相适应的官方兽医驻场检疫室、工作室和检疫操作台等设施。

（二）入场查验登记、待宰巡查以及疫情报告制度

进入屠宰加工场所的待宰动物应当附有动物检疫证明并加施有符合规定的畜禽标识。屠宰加工场所应当严格执行动物入场查验登记、待宰巡查等制度，查验进场待宰动物的动物检疫证明和畜禽标识，发现动物染疫或者疑似染疫的，应当立即向所在地农业农村主管部门或者动物疫病预防控制机构报告。

（三）宰前检查

官方兽医应当检查待宰动物健康状况，回收进入屠宰加工场所待宰动物附有的动物检疫证明，并将有关信息上传至动物检疫管理信息化系统。回收的动物检疫证明保存期限不得少于 12 个月。

（四）同步检疫

官方兽医在屠宰过程中开展同步检疫和必要的实验室疫病检测，并填写屠宰检疫记录。

（五）屠宰检疫出具动物检疫证明的条件

经检疫符合以下条件的，对动物的胴体及生皮、原毛、绒、脏器、血液、蹄、头、角出具动物检疫证明，加盖检疫验讫印章或者加施其他检疫标志：①申报材料符合检疫规程规定；②待宰动物临床检查健康；③同步检疫合格；④需要进行实验室疫病检测的，检测结果合格。

五、进入无规定动物疫病区的动物检疫

向无规定动物疫病区运输相关易感动物、动物产品，需经过两次检疫，即分别由输出地动物卫生监督机构和输入地动物卫生监督机构检疫合格。

（一）动物检疫

输入到无规定动物疫病区的相关易感动物，或者跨省、自治区、直辖市输入到无规定动物疫病区的乳用、种用动物，应当在输入地省级动物卫生监督机构指定的隔离场所进行隔离，隔离检疫期为 30d。隔离检疫合格的，由隔离场所在地县级动物卫生监督机构的官方兽医出具动物检疫证明。

（二）动物产品检疫

输入到无规定动物疫病区的相关易感动物产品，应当在输入地省级动物卫生监督机构指定的地点，按照无规定动物疫病区有关检疫要求进行检疫。检疫合格的，由当地县级动物卫生监督机构的官方兽医出具动物检疫证明。

六、官方兽医

（一）官方兽医的条件

官方兽医应当符合以下条件：①动物卫生监督机构的在编人员，或者接受动物卫生监督机构业务指导的其他机构在编人员；②从事动物检疫工作；③具有畜牧兽医水产初级以上职称或者相关专业大专以上学历或者从事动物防疫等相关工作满 3 年以上；④接受岗前培训，并经考核合格；⑤符合农业农村部规定的其他条件。

（二）官方兽医的任命程序

国家实行官方兽医任命制度。县级以上动物卫生监督机构提出官方兽医任命建议，报同级农业农村主管部门审核。审核通过的，由省级农业农村主管部门按程序确认、统一编号，并报农业农村部备案。经省级农业农村主管部门确认的官方兽医，由其所在的农业农村主管部门任命，颁发官方兽医证，公布人员名单。官方兽医证的格式由农业农村部统一规定。

（三）官方兽医证的使用

官方兽医实施动物检疫工作时，应当持有官方兽医证。禁止伪造、变造、转借或者以其他方式违法使用官方兽医证。

（四）官方兽医的培训

农业农村部制定全国官方兽医培训计划。县级以上地方人民政府农业农村主管部门制定本行政区域官方兽医培训计划，提供必要的培训条件，设立考核指标，定期对官方兽医进行培训和考核。

（五）协检人员

官方兽医实施动物检疫的，可以由协检人员进行协助。协检人员不得出具动物检疫证明。协检人员的条件和管理要求由省级农业农村主管部门规定。

（六）动物饲养场、屠宰加工场所的协检义务

动物饲养场、屠宰加工场所的执业兽医或者动物防疫技术人员，应当协助官方兽医实施动物检疫。

（七）医疗保健措施和卫生津贴待遇

对从事动物检疫工作的人员，有关单位按照国家规定，采取有效的卫生防护、医疗保健措施，全面落实畜牧兽医医疗卫生津贴等相关待遇。

（八）表彰、奖励制度

对在动物检疫工作中做出贡献的动物卫生监督机构、官方兽医，按照国家有关规定给予表彰、奖励。

七、动物检疫证章标志管理

（一）动物检疫证章的范围

动物检疫证章标志包括：①动物检疫证明；②动物检疫印章、动物检疫标志；③农业农村部规定的其他动物检疫证章标志。动物检疫证章标志的内容、格式、规格、编码和制作等要求，由农业农村部统一规定。

（二）动物检疫证章的管理

县级以上动物卫生监督机构负责本行政区域内动物检疫证章标志的管理工作，建立动物检疫证章标志管理制度，严格按照程序订购、保管、发放。

（三）禁止性规定

任何单位和个人不得伪造、变造、转让动物检疫证章标志，不得持有或者使用伪造、变造、转让的动物检疫证章标志。

八、监督管理

（一）禁止性规定

禁止屠宰、经营、运输依法应当检疫而未经检疫或者检疫不合格的动物。禁止生产、经营、加工、贮藏、运输依法应当检疫而未经检疫或者检疫不合格的动物产品。

（二）检疫不合格的动物、动物产品的处理

经检疫不合格的动物、动物产品，由官方兽医出具检疫处理通知单，货主或者屠宰加工场所应当在农业农村主管部门的监督下按照国家有关规定处理。动物卫生监督机构应当及时向同级农业农村主管部门报告检疫不合格情况。

（三）动物检疫证明的撤销

有以下情形之一的，出具动物检疫证明的动物卫生监督机构或者其上级动物卫生监督机构，根据利害关系人的请求或者依据职权，撤销动物检疫证明，并及时通告有关单位和个人：①官方兽医滥用职权、玩忽职守出具动物检疫证明的；②以欺骗、贿赂等不正当手段取得动物检疫证明的；③超出动物检疫范围实施检疫，出具动物检疫证明的；④对不符合检疫申报条件或者不符合检疫合格标准的动物、动物产品，出具动物检疫证明的；⑤其他未按照《中华人民共和国动物防疫法》《动物检疫管理办法》和检疫规程的规定实施检疫，出具动物检疫证明的。

（四）按照依法应当检疫而未经检疫处理处罚的情形

有以下情形之一的，按照依法应当检疫而未经检疫处理处罚：①动物种类、动物产品名称、畜禽标识号与动物检疫证明不符的；②动物、动物产品数量超出动物检疫证明载明部分的；③使用转让的动物检疫证明的。

（五）动物、动物产品的补检

依法应当检疫而未经检疫的动物、动物产品，由县级以上地方人民政府农业农村主管部门依照《中华人民共和国动物防疫法》处理处罚，不具备补检条件的，予以收缴销毁；具备补检条件的，由动物卫生监督机构补检。

1. 动物的补检　补检的动物具备以下条件的，补检合格，出具动物检疫证明：①畜禽标识符合规定；②检疫申报需要提供的材料齐全、符合要求；③临床检查健康；④不符合第一个或第二个规定条件，货主于七日内提供检疫规程规定的实验室疫病检测报告，检测结果合格。

2. 动物产品的补检

（1）不予补检的动物产品　依法应当检疫而未经检疫的胴体、肉、脏器、脂、血液、精液、卵、胚胎、骨、蹄、头、筋、种蛋等动物产品，不予补检，予以收缴销毁。

（2）补检的动物产品　补检的生皮、原毛、绒、角等动物产品具备以下条件的，补检合格，出具动物检疫证明：①经外观检查无腐烂变质；②按照规定进行消毒；③货主于七日内提供检疫规程规定的实验室疫病检测报告，检测结果合格。

（六）行政相对人的义务

1. 按照动物检疫证明载明的目的地运输　经检疫合格的动物应当按照动物检疫证明载明的目的地运输，并在规定时间内到达，运输途中发生疫情的应当按有关规定报告并处置。

2. 运输动物应当遵守指定通道规定　跨省、自治区、直辖市通过道路运输动物的，应当经省级人民政府设立的指定通道入省境或者过省境。

3. 不得接收未附有动物检疫证明的动物　饲养场（户）或者屠宰加工场所不得接收未附有有效动物检疫证明的动物。

4. 履行报告义务　运输用于继续饲养或屠宰的畜禽到达目的地后，货主或者承运人应当在三日内向启运地县级动物卫生监督机构报告；目的地饲养场（户）或者屠宰加工场所应当在接收畜禽后三日内向所在地县级动物卫生监督机构报告。

九、法律责任

（一）申报动物检疫隐瞒有关情况或者提供虚假材料的，或者以欺骗、贿赂等不正当手段取得动物检疫证明的法律责任

申报动物检疫隐瞒有关情况或者提供虚假材料的，或者以欺骗、贿赂等不正当手段取得

动物检疫证明的，依照《中华人民共和国行政许可法》有关规定予以处罚。即，申报动物检疫隐瞒有关情况或者提供虚假材料的，动物卫生监督机构不予受理或者不予行政许可，并给予警告，申请人在一年内不得再次申请动物检疫证明；以欺骗、贿赂等不正当手段取得动物检疫证明的，撤销动物检疫证明，申请人在三年内不得再次申请动物检疫证明，构成犯罪的，依法追究刑事责任。

（二）运输用于继续饲养或者屠宰的畜禽到达目的地后，未向启运地动物卫生监督机构报告的法律责任

运输用于继续饲养或者屠宰的畜禽到达目的地后，未向启运地动物卫生监督机构报告的，由县级以上地方人民政府农业农村主管部门处一千元以上三千元以下罚款；情节严重的，处三千元以上三万元以下罚款。

（三）未按照动物检疫证明载明的目的地运输的法律责任

未按照动物检疫证明载明的目的地运输的，由县级以上地方人民政府农业农村主管部门处一千元以上三千元以下罚款；情节严重的，处三千元以上三万元以下罚款。

（四）未按照动物检疫证明规定时间运达且无正当理由的法律责任

未按照动物检疫证明规定时间运达且无正当理由的，由县级以上地方人民政府农业农村主管部门处一千元以上三千元以下罚款；情节严重的，处三千元以上三万元以下罚款。

（五）实际运输的数量少于动物检疫证明载明数量且无正当理由的法律责任

实际运输的数量少于动物检疫证明载明数量且无正当理由的，由县级以上地方人民政府农业农村主管部门处一千元以上三千元以下罚款；情节严重的，处三千元以上三万元以下罚款。

（六）其他违反《动物检疫管理办法》规定的行为，依照《中华人民共和国动物防疫法》有关规定予以处罚

第四单元　执业兽医及诊疗机构管理法律制度

第一节　执业兽医和乡村兽医管理办法

《执业兽医和乡村兽医管理办法》于 2022 年 9 月 7 日农业农村部令 2022 年第 6 号公布，自 2022 年 10 月 1 日起施行。

一、《执业兽医和乡村兽医管理办法》概述

（一）立法目的

维护执业兽医和乡村兽医合法权益，规范动物诊疗活动，加强执业兽医和乡村兽医队伍建设，保障动物健康和公共卫生安全。

（二）执业兽医、乡村兽医的分类

执业兽医，包括执业兽医师和执业助理兽医师。乡村兽医，是指尚未取得执业兽医资格，经备案在乡村从事动物诊疗活动的人员。

（三）执业兽医和乡村兽医的管理体制

农业农村部主管全国执业兽医和乡村兽医管理工作，加强信息化建设，建立完善执业兽医和乡村兽医信息管理系统。

农业农村部和省级人民政府农业农村主管部门制定实施执业兽医和乡村兽医的继续教育计划，提升执业兽医和乡村兽医素质和执业水平。

县级以上地方人民政府农业农村主管部门主管本行政区域内的执业兽医和乡村兽医管理工作，加强执业兽医和乡村兽医备案、执业活动、继续教育等监督管理。

（四）继续教育

鼓励执业兽医和乡村兽医接受继续教育。执业兽医和乡村兽医继续教育工作可以委托相关机构或者组织具体承担。执业兽医所在机构应当支持执业兽医参加继续教育。

（五）兽医行业管理

执业兽医、乡村兽医依法执业，其权益受法律保护。兽医行业协会应当依照法律、法规、规章和章程，加强行业自律，及时反映行业诉求，为兽医人员提供信息咨询、宣传培训、权益保护、纠纷处理等方面的服务。

（六）表彰和奖励制度

对在动物防疫工作中做出突出贡献的执业兽医和乡村兽医，按照国家有关规定给予表彰和奖励。

（七）补助和抚恤待遇

对因参与动物防疫工作致病、致残、死亡的执业兽医和乡村兽医，按照国家有关规定给予补助或者抚恤。

（八）优先确定村级动物防疫员制度

县级人民政府农业农村主管部门和乡（镇）人民政府应当优先确定乡村兽医作为村级动物防疫员。

二、执业兽医资格考试

（一）考试制度

国家实行执业兽医资格考试制度。执业兽医资格考试由农业农村部组织，全国统一大纲、统一命题、统一考试、统一评卷。

（二）考试条件

具备以下条件之一的，可以报名参加全国执业兽医资格考试：①具有大学专科以上学历的人员或全日制高校在校生，专业符合全国执业兽医资格考试委员会公布的报考专业目录；②2009 年 1 月 1 日前已取得兽医师以上专业技术职称；③依法备案或登记，且从事动物诊疗活动 10 年以上的乡村兽医。

（三）考试类别和科目

执业兽医资格考试类别分为兽医全科类和水生动物类，包含基础、预防、临床和综合应用四门科目。

（四）考试管理

农业农村部设立的全国执业兽医资格考试委员会负责审定考试科目、考试大纲，发布考试公告、确定考试试卷等，对考试工作进行监督、指导和确定合格标准。

（五）资格证书的取得

执业兽医资格证书分为两种，即执业兽医师资格证书和执业助理兽医师资格证书。通过执业兽医资格考试的人员，由省、自治区、直辖市人民政府农业农村主管部门根据考试合格标准颁发执业兽医师或者执业助理兽医师资格证书。

三、执业备案

（一）执业备案的程序

1. 执业兽医的备案条件　取得执业兽医资格证书并在动物诊疗机构从事动物诊疗活动的，应当向动物诊疗机构所在地备案机关备案。动物饲养场、实验动物饲育单位、兽药生产企业、动物园等单位聘用的取得执业兽医资格证书的人员，可以凭聘用合同办理执业兽医备案，但不得对外开展动物诊疗活动。

2. 乡村兽医的备案条件　具备以下条件之一的，可以备案为乡村兽医：①取得中等以上兽医、畜牧（畜牧兽医）、中兽医（民族兽医）、水产养殖等相关专业学历；②取得中级以上动物疫病防治员、水生物病害防治员职业技能鉴定证书或职业技能等级证书；③从事村级动物防疫员工作满 5 年。

备案机关，是指县（市辖区）级人民政府农业农村主管部门；市辖区未设立农业农村主管部门的，备案机关为上一级农业农村主管部门。

3. 备案材料　执业兽医或者乡村兽医备案的，应当向备案机关提交以下材料：①备案信息表；②身份证明。除前述规定的材料外，执业兽医备案还应当提交动物诊疗机构聘用证明，乡村兽医备案还应当提交学历证明、职业技能鉴定证书或职业技能等级证书等材料。

（二）备案管理

1. 备案机关 备案机关是指县（市辖区）级人民政府农业农村主管部门；市辖区未设立农业农村主管部门的，备案机关为上一级农业农村主管部门。

2. 备案审查 备案材料符合要求的，应当及时予以备案；不符合要求的，应当一次性告知备案人补正相关材料。备案机关应当优化备案办理流程，逐步实现网上统一办理，提高备案效率。

3. 执业兽医多点执业的备案制度 执业兽医可以在同一县域内备案多家执业的动物诊疗机构；在不同县域从事动物诊疗活动的，应当分别向动物诊疗机构所在地备案机关备案。执业的动物诊疗机构发生变化的，应当按规定及时更新备案信息。

四、执业活动管理

（一）执业限制

（1）患有人畜共患传染病的执业兽医和乡村兽医不得直接从事动物诊疗活动。

（2）经备案专门从事水生动物疫病诊疗的执业兽医，不得从事其他动物疫病诊疗。

（二）执业场所

执业兽医应当在备案的动物诊疗机构执业，但动物诊疗机构间的会诊、支援、应邀出诊、急救等除外。乡村兽医应当在备案机关所在县域的乡村从事动物诊疗活动，不得在城区从业。

（三）执业权限

1. 执业兽医师的权限 执业兽医师可以从事动物疾病的预防、诊断、治疗和开具处方、填写诊断书、出具动物诊疗有关证明文件等活动。

2. 执业助理兽医师的权限 执业助理兽医师可以从事动物健康检查、采样、配药、给药、针灸等活动，在执业兽医师指导下辅助开展手术、剖检活动，但不得开具处方、填写诊断书、出具动物诊疗有关证明文件。省、自治区、直辖市人民政府农业农村主管部门根据本地区实际，可以决定执业助理兽医师在乡村独立从事动物诊疗活动，并按执业兽医师进行执业活动管理。

（四）处方笺、病历的管理制度

执业兽医师应当规范填写处方笺、病历。未经亲自诊断、治疗，不得开具处方、填写诊断书、出具动物诊疗有关证明文件。执业兽医师不得伪造诊断结果，出具虚假动物诊疗证明文件。

（五）关于实习管理的规定

参加动物诊疗教学实践的兽医相关专业学生和尚未取得执业兽医资格证书、在动物诊疗机构中参加工作实践的兽医相关专业毕业生，应当在执业兽医师监督、指导下协助参与动物诊疗活动。

（六）执业兽医和乡村兽医的执业义务

执业兽医和乡村兽医在执业活动中应当履行下列义务：①遵守法律、法规、规章和有关管理规定；②按照技术操作规范从事动物诊疗活动；③遵守职业道德，履行兽医职责；④爱护动物，宣传动物保健知识和动物福利。

（七）兽药和兽医器械的使用制度

执业兽医和乡村兽医应当按照国家有关规定使用兽药和兽医器械，不得使用假劣兽药、农业农村部规定禁止使用的药品及其他化合物和不符合规定的兽医器械。

（八）兽药和兽医器械的不良反应报告制度

执业兽医和乡村兽医发现可能与兽药和兽医器械使用有关的严重不良反应的，应当立即向所在地人民政府农业农村主管部门报告。

（九）兽医器械和诊疗废弃物的处理规定

执业兽医和乡村兽医在动物诊疗活动中，应当按照规定处理使用过的兽医器械和诊疗废弃物。

（十）疫情报告义务的控制措施

执业兽医和乡村兽医在动物诊疗活动中发现动物染疫或者疑似染疫的，应当按照国家规定立即向所在地人民政府农业农村主管部门或者动物疫病预防控制机构报告，并迅速采取隔离、消毒等控制措施，防止动物疫情扩散。执业兽医和乡村兽医在动物诊疗活动中发现动物患有或者疑似患有国家规定应当扑杀的疫病时，不得擅自进行治疗。

（十一）履行动物疫病的防控义务

执业兽医和乡村兽医应当按照当地人民政府或者农业农村主管部门的要求，参加动物疫病预防、控制和动物疫情扑灭活动，执业兽医所在单位和乡村兽医不得阻碍、拒绝。

（十二）承接政府购买服务的规定

执业兽医和乡村兽医可以通过承接政府购买服务的方式开展动物防疫和疫病诊疗活动。

（十三）执业情况报告制度

执业兽医应当于每年 3 月底前，按照县级人民政府农业农村主管部门要求如实报告上年度兽医执业活动情况。

（十四）监督管理规定

县级以上地方人民政府农业农村主管部门应当建立健全日常监管制度，对辖区内执业兽医和乡村兽医执行法律、法规、规章的情况进行监督检查。

五、法律责任

（一）在责令暂停动物诊疗活动期间从事动物诊疗活动的法律责任

违反《执业兽医和乡村兽医管理办法》规定，执业兽医在责令暂停动物诊疗活动期间从事动物诊疗活动的，依照《中华人民共和国动物防疫法》第一百零六条第一款的规定予以处罚。即，由县级以上地方人民政府农业农村主管部门责令停止动物诊疗活动，没收违法所得，并处三千元以上三万元以下罚款；对其所在的动物诊疗机构处一万元以上五万元以下罚款。

（二）超出备案所在县域或者执业范围从事动物诊疗活动的法律责任

违反《执业兽医和乡村兽医管理办法》规定，执业兽医超出备案所在县域或者执业范围从事动物诊疗活动的，依照《中华人民共和国动物防疫法》第一百零六条第一款的规定予以处罚。即，由县级以上地方人民政府农业农村主管部门责令停止动物诊疗活动，没收违法所得，并处三千元以上三万元以下罚款；对其所在的动物诊疗机构处一万元以上五万元以下罚款。

（三）执业助理兽医师直接开展手术，或者开具处方、填写诊断书、出具动物诊疗有关证明文件的法律责任

违反《执业兽医和乡村兽医管理办法》规定，执业助理兽医师直接开展手术，或者开具处方、填写诊断书、出具动物诊疗有关证明文件的，依照《中华人民共和国动物防疫法》第一百零六条第一款的规定予以处罚。即，由县级以上地方人民政府农业农村主管部门责令停止动物诊疗活动，没收违法所得，并处三千元以上三万元以下罚款；对其所在的动物诊疗机构处一万元以上五万元以下罚款。

（四）执业兽医对患有或者疑似患有国家规定应当扑杀的疫病的动物进行治疗，造成或者可能造成动物疫病传播、流行的法律责任

违反《执业兽医和乡村兽医管理办法》规定，执业兽医对患有或者疑似患有国家规定应当扑杀的疫病的动物进行治疗，造成或者可能造成动物疫病传播、流行的，依照《中华人民共和国动物防疫法》第一百零六条第二款的规定予以处罚。即，由县级以上地方人民政府农业农村主管部门给予警告，责令暂停六个月以上一年以下动物诊疗活动；情节严重的，吊销执业兽医资格证书。

（五）执业兽医未按县级人民政府农业农村主管部门要求如实形成兽医执业活动情况报告的法律责任

违反《执业兽医和乡村兽医管理办法》规定，执业兽医未按县级人民政府农业农村主管部门要求如实形成兽医执业活动情况报告的，依照《中华人民共和国动物防疫法》第一百零八条的规定予以处罚。即，由县级以上地方人民政府农业农村主管部门责令改正，可以处一万元以下罚款；拒不改正的，处一万元以上五万元以下罚款，并可以责令停业整顿。

（六）执业兽医在动物诊疗活动中不使用病历，或者应当开具处方未开具处方的法律责任

违反《执业兽医和乡村兽医管理办法》规定，执业兽医在动物诊疗活动中不使用病历，或者应当开具处方未开具处方的，由县级以上地方人民政府农业农村主管部门责令限期改正，处一千元以上五千元以下罚款。

（七）执业兽医在动物诊疗活动中不规范填写处方笺、病历的法律责任

违反《执业兽医和乡村兽医管理办法》规定，执业兽医在动物诊疗活动中不规范填写处方笺、病历的，由县级以上地方人民政府农业农村主管部门责令限期改正，处一千元以上五千元以下罚款。

（八）执业兽医在动物诊疗活动中未经亲自诊断、治疗，开具处方、填写诊断书、出具动物诊疗有关证明文件的法律责任

违反《执业兽医和乡村兽医管理办法》规定，执业兽医在动物诊疗活动中未经亲自诊断、治疗，开具处方、填写诊断书、出具动物诊疗有关证明文件的，由县级以上地方人民政府农业农村主管部门责令限期改正，处一千元以上五千元以下罚款。

（九）执业兽医在动物诊疗活动中伪造诊断结果，出具虚假动物诊疗证明文件的法律责任

违反《执业兽医和乡村兽医管理办法》规定，执业兽医在动物诊疗活动中伪造诊断结

果，出具虚假动物诊疗证明文件的，由县级以上地方人民政府农业农村主管部门责令限期改正，处一千元以上五千元以下罚款。

（十）乡村兽医不按照备案规定区域从事动物诊疗活动的法律责任

违反《执业兽医和乡村兽医管理办法》规定，乡村兽医不按照备案规定区域从事动物诊疗活动的，由县级以上地方人民政府农业农村主管部门责令限期改正，处一千元以上五千元以下罚款。

第二节　动物诊疗机构管理办法

《动物诊疗机构管理办法》于 2022 年 9 月 7 日农业农村部令 2022 年第 5 号公布，自 2022 年 10 月 1 日起施行。

一、《动物诊疗机构管理办法》概述

（一）立法目的

加强动物诊疗机构管理，规范动物诊疗行为，保障公共卫生安全。

（二）调整对象

在中华人民共和国境内从事动物诊疗活动的机构，应当遵守《动物诊疗机构管理办法》。

（三）动物诊疗的定义

动物诊疗，是指动物疾病的预防、诊断、治疗和动物绝育手术等经营性活动，包括动物的健康检查、采样、剖检、配药、给药、针灸、手术、填写诊断书和出具动物诊疗有关证明文件等。

（四）动物诊疗机构的分类

动物诊疗机构，包括动物医院、动物诊所以及其他提供动物诊疗服务的机构。

（五）动物诊疗机构的管理体制

农业农村部负责全国动物诊疗机构的监督管理。县级以上地方人民政府农业农村主管部门负责本行政区域内动物诊疗机构的监督管理。

（六）动物诊疗机构的信息化管理

农业农村部加强信息化建设，建立健全动物诊疗机构信息管理系统。县级以上地方人民政府农业农村主管部门应当优化许可办理流程，推行网上办理等便捷方式，加强动物诊疗机构信息管理工作。

二、诊疗许可

（一）动物诊疗许可制度

国家实行动物诊疗许可制度。从事动物诊疗活动的机构，应当取得动物诊疗许可证，并在规定的诊疗活动范围内开展动物诊疗活动。

（二）动物诊疗机构的条件

1. 动物诊疗机构的一般条件　从事动物诊疗活动的机构，应当具备以下条件：①有固定的动物诊疗场所，且动物诊疗场所使用面积符合省、自治区、直辖市人民政府农业农村主管部门的规定；②动物诊疗场所选址距离动物饲养场、动物屠宰加工场所、经营动物的集贸

市场不少于200米；③动物诊疗场所设有独立的出入口，出入口不得设在居民住宅楼内或者院内，不得与同一建筑物的其他用户共用通道；④具有布局合理的诊疗室、隔离室、药房等功能区；⑤具有诊断、消毒、冷藏、常规化验、污水处理等器械设备；⑥具有诊疗废弃物暂存处理设施，并委托专业处理机构处理；⑦具有染疫或者疑似染疫动物的隔离控制措施及设施设备；⑧具有与动物诊疗活动相适应的执业兽医；⑨具有完善的诊疗服务、疫情报告、卫生安全防护、消毒、隔离、诊疗废弃物暂存、兽医器械、兽医处方、药物和无害化处理等管理制度。

2. 动物诊疗所的条件 动物诊所除具备动物诊疗机构的一般条件外，还应当具备以下条件：①具有一名以上执业兽医师；②具有布局合理的手术室和手术设备。

3. 动物医院的条件 动物医院除具备动物诊疗机构的一般条件外，还应当具备以下条件：①具有三名以上执业兽医师；②具有X线机或者B超等器械设备；③具有布局合理的手术室和手术设备。除动物医院外，其他动物诊疗机构不得从事动物颅腔、胸腔和腹腔手术。

《动物诊疗机构管理办法》施行前已取得动物诊疗许可证的机构，应当自2022年10月1日起一年内达到该办法规定的条件。

乡村兽医在乡村从事动物诊疗活动的，应当有固定的从业场所。

（三）设立动物诊疗机构的程序

1. 申请 从事动物诊疗活动的机构，应当向动物诊疗场所所在地的发证机关提出申请。发证机关，是指县（市辖区）级人民政府农业农村主管部门；市辖区未设立农业农村主管部门的，发证机关为上一级农业农村主管部门。

2. 申请材料 申请设立动物诊疗机构的，应当提交以下材料：①动物诊疗许可证申请表；②动物诊疗场所地理方位图、室内平面图和各功能区布局图；③动物诊疗场所使用权证明；④法定代表人（负责人）身份证明；⑤执业兽医资格证书；⑥设施设备清单；⑦管理制度文本。申请材料不齐全或者不符合规定条件的，发证机关应当自收到申请材料之日起5个工作日内一次性告知申请人需补正的内容。

3. 动物诊疗机构的名称 动物诊疗机构应当使用规范的名称。未取得相应许可的，不得使用“动物诊所”或者“动物医院”的名称。

4. 审核 发证机关受理申请后，应当在15个工作日内完成对申请材料的审核和对动物诊疗场所的实地考察。符合规定条件的，发证机关应当向申请人颁发动物诊疗许可证；不符合条件的，书面通知申请人，并说明理由。专门从事水生动物疫病诊疗的，发证机关在核发动物诊疗许可证时，应当征求同级渔业主管部门的意见。发证机关办理动物诊疗许可证，不得向申请人收取费用。

（四）动物诊疗许可证管理

动物诊疗许可证应当载明诊疗机构名称、诊疗活动范围、从业地点和法定代表人（负责人）等事项。动物诊疗许可证格式由农业农村部统一规定。

动物诊疗许可证不得伪造、变造、转让、出租、出借。动物诊疗许可证遗失的，应当及时向原发证机关申请补发。

（五）分支机构的设立

动物诊疗机构设立分支机构的，应当按照《动物诊疗机构管理办法》的规定另行办理动物诊疗许可证。

（六）动物诊疗机构的变更

动物诊疗机构变更名称或者法定代表人（负责人）的，应当在办理市场主体变更登记手续后15个工作日内，向原发证机关申请办理变更手续。动物诊疗机构变更从业地点、诊疗活动范围的，应当按照《动物诊疗机构管理办法》规定重新办理动物诊疗许可手续，申请换发动物诊疗许可证。

三、诊疗活动管理

（一）从业活动管理

县级以上地方人民政府农业农村主管部门应当建立健全日常监管制度，对辖区内动物诊疗机构和人员执行法律、法规、规章的情况进行监督检查。动物诊疗机构应当依法从事动物诊疗活动，建立健全内部管理制度，在诊疗场所的显著位置悬挂动物诊疗许可证和公示诊疗活动从业人员基本情况。

（二）利用互联网开展动物诊疗活动的管理

动物诊疗机构可以通过在本机构备案从业的执业兽医师，利用互联网等信息技术开展动物诊疗活动，活动范围不得超出动物诊疗许可证核定的诊疗活动范围。

（三）关于实习管理的规定

动物诊疗机构应当对兽医相关专业学生、毕业生参与动物诊疗活动加强监督指导。

（四）兽药和兽医器械的使用制度

动物诊疗机构应当按照国家有关规定使用兽医器械和兽药，不得使用不符合规定的兽医器械、假劣兽药和农业农村部规定禁止使用的药品及其他化合物。

（五）兼营的管理规定

动物诊疗机构兼营动物用品、动物饲料、动物美容、动物寄养等项目的，兼营区域与动物诊疗区域应当分别独立设置。

（六）病历、处方笺的管理制度

1. 病历　动物诊疗机构应当使用载明机构名称的规范病历，包括门（急）诊病历和住院病历。病历档案保存期限不得少于3年。病历根据不同的记录形式，分为纸质病历和电子病历。电子病历与纸质病历具有同等效力。病历包括诊疗活动中形成的文字、符号、图表、影像、切片等内容或者资料。

2. 处方笺　动物诊疗机构应当为执业兽医师提供兽医处方笺，处方笺的格式和保存等应当符合农业农村部规定的兽医处方格式及应用规范。

（七）放射性诊疗设备的管理制度

动物诊疗机构安装、使用具有放射性的诊疗设备的，应当依法经生态环境主管部门批准。

（八）疫情报告义务

动物诊疗机构发现动物染疫或者疑似染疫的，应当按照国家规定立即向所在地农业农村主管部门或者动物疫病预防控制机构报告，并迅速采取隔离、消毒等控制措施，防止动物疫情扩散。动物诊疗机构发现动物患有或者疑似患有国家规定应当扑杀的疫病时，不得擅自进行治疗。

（九）染疫动物、诊疗废弃物的处理规定

动物诊疗机构应当按照国家规定处理染疫动物及其排泄物、污染物和动物病理组织等。动物诊疗机构应当参照《医疗废物管理条例》的有关规定处理诊疗废弃物，不得随意丢弃诊疗废弃物，排放未经无害化处理的诊疗废水。

（十）履行动物疫病的防控义务

动物诊疗机构应当支持执业兽医按照当地人民政府或者农业农村主管部门的要求，参加动物疫病预防、控制和动物疫情扑灭活动。动物诊疗机构应当配合农业农村主管部门、动物卫生监督机构、动物疫病预防控制机构进行有关法律法规宣传、流行病学调查和监测工作。

（十一）承接政府购买服务的规定

动物诊疗机构可以通过承接政府购买服务的方式开展动物防疫和疫病诊疗活动。

（十二）业务培训制度

动物诊疗机构应当定期对本单位工作人员进行专业知识、生物安全以及相关政策法规培训。

（十三）诊疗活动报告制度

动物诊疗机构应当于每年3月底前将上年度动物诊疗活动情况向县级人民政府农业农村主管部门报告。

四、法律责任

（一）主管部门违法行为的法律责任

县级以上地方人民政府农业农村主管部门不依法履行审查和监督管理职责，玩忽职守、滥用职权或者徇私舞弊的，依照有关规定给予处分；构成犯罪的，依法追究刑事责任。

（二）动物诊疗机构及诊疗活动从业人员违法行为的法律责任

1. 超出诊疗活动范围从事诊疗活动、变更从业地点、诊疗活动范围未按规定重新办理诊疗许可证的法律责任　违反《动物诊疗机构管理办法》，动物诊疗机构超出动物诊疗许可证核定的诊疗活动范围从事动物诊疗活动，或者变更从业地点、诊疗活动范围未重新办理动物诊疗许可证的，依照《中华人民共和国动物防疫法》第一百零五条第一款的规定予以处罚。即，由县级以上地方人民政府农业农村主管部门责令停止诊疗活动，没收违法所得，并处违法所得一倍以上三倍以下罚款；违法所得不足三万元的，并处三千元以上三万元以下罚款。

2. 使用伪造、变造、受让、租用、借用的动物诊疗许可证的法律责任　使用伪造、变造、受让、租用、借用的动物诊疗许可证的，县级以上地方人民政府农业农村主管部门应当依法收缴，并依照《中华人民共和国动物防疫法》第一百零五条第一款的规定予以处罚。即，由县级以上地方人民政府农业农村主管部门责令停止诊疗活动，没收违法所得，并处违法所得一倍以上三倍以下罚款；违法所得不足三万元的，并处三千元以上三万元以下罚款。

3. 动物诊疗机构不再具备规定条件，继续从事动物诊疗活动的法律责任　动物诊疗场所不再具备《动物诊疗机构管理办法》设立动物诊疗机构规定条件，继续从事动物诊疗活动的，由县级以上地方人民政府农业农村主管部门给予警告，责令限期改正；逾期仍达不到规定条件的，由原发证机关收回、注销其动物诊疗许可证。

4. 动物诊疗机构变更机构名称或者法定代表人（负责人）未办理变更手续的法律责任 违反《动物诊疗机构管理办法》规定，动物诊疗机构变更机构名称或者法定代表人（负责人）未办理变更手续的，由县级以上地方人民政府农业农村主管部门责令限期改正，处一千元以上五千元以下罚款。

5. 动物诊疗机构未在诊疗场所悬挂动物诊疗许可证或者公示诊疗活动从业人员基本情况的法律责任 违反《动物诊疗机构管理办法》规定，动物诊疗机构未在诊疗场所悬挂动物诊疗许可证或者公示诊疗活动从业人员基本情况的，由县级以上地方人民政府农业农村主管部门责令限期改正，处一千元以上五千元以下罚款。

6. 动物诊疗机构未使用规范的病历或未按规定为执业兽医师提供处方笺的，或者不按规定保存病历档案的法律责任 违反《动物诊疗机构管理办法》规定，动物诊疗机构未使用规范的病历或未按规定为执业兽医师提供处方笺的，或者不按规定保存病历档案的，由县级以上地方人民政府农业农村主管部门责令限期改正，处一千元以上五千元以下罚款。

7. 动物诊疗机构使用未在本机构备案从业的执业兽医从事动物诊疗活动的法律责任 违反《动物诊疗机构管理办法》规定，动物诊疗机构使用未在本机构备案从业的执业兽医从事动物诊疗活动的，由县级以上地方人民政府农业农村主管部门责令限期改正，处一千元以上五千元以下罚款。

8. 动物诊疗机构未按规定实施卫生安全防护、消毒、隔离和处置诊疗废弃物的法律责任 动物诊疗机构未按规定实施卫生安全防护、消毒、隔离和处置诊疗废弃物的，依照《中华人民共和国动物防疫法》第一百零五条第二款的规定予以处罚。即，由县级以上地方人民政府农业农村主管部门责令改正，处一千元以上一万元以下罚款；造成动物疫病扩散的，处一万元以上五万元以下罚款；情节严重的，吊销动物诊疗许可证。

9. 动物诊疗机构未按规定报告动物诊疗活动情况的法律责任 违反《动物诊疗机构管理办法》规定，动物诊疗机构未按规定报告动物诊疗活动情况的，依照《中华人民共和国动物防疫法》第一百零八条的规定予以处罚。即，由县级以上地方人民政府农业农村主管部门责令改正，可以处一万元以下罚款；拒不改正的，处一万元以上五万元以下罚款，并可以责令停业整顿。

10. 诊疗活动从业人员违法行为的法律责任 诊疗活动从业人员有以下行为之一的，依照《中华人民共和国动物防疫法》第一百零六条第一款的规定，对其所在的动物诊疗机构予以处罚。即，由县级以上地方人民政府农业农村主管部门责令停止动物诊疗活动，没收违法所得，并处三千元以上三万元以下罚款；对其所在的动物诊疗机构处一万元以上五万元以下罚款：①执业兽医超出备案所在县域或者执业范围从事动物诊疗活动的；②执业兽医被责令暂停动物诊疗活动期间从事动物诊疗活动的；③执业助理兽医师未按规定开展手术活动，或者开具处方、填写诊断书、出具动物诊疗有关证明文件的；④参加教学实践的学生或者工作实践的毕业生未经执业兽医师指导开展动物诊疗活动的。

第三节　兽医处方格式及应用规范

为规范兽医处方管理，根据《中华人民共和国动物防疫法》《执业兽医和乡村兽医管理办法》《动物诊疗机构管理办法》《兽用处方药和非处方药管理办法》，2023 年 12 月 12 日农业农村部公告第 734 号对 2016 年出台的《兽医处方格式及应用规范》（农业部公告第 2450

号）进行了修订，自 2024 年 5 月 1 日起执行。农业部 2016 年 10 月 8 日公布的《兽医处方格式及应用规范》同时废止。

一、基本要求

兽医处方是指执业兽医师在动物诊疗活动中开具的，作为动物用药凭证的文书。执业兽医开具兽医处方应当符合以下要求：

1. 执业兽医师根据动物诊疗活动的需要，按照兽药批准的使用范围，遵循安全、有效、经济的原则开具兽医处方。

2. 执业兽医师在备案单位签名留样或者专用签章、电子签名备案后，方可开具处方。兽医处方经执业兽医师签名、盖章或者电子签名后有效。

3. 执业兽医师利用计算机开具、传递兽医处方时，应当同时打印出纸质处方，其格式与手写处方一致。

4. 有条件的动物诊疗机构可以使用电子签名进行电子处方的身份认证。可靠的电子签名与手写签名或者盖章具有同等的法律效力。电子兽医处方上没有可靠的电子签名的，打印后需要经执业兽医师签名或者盖章方可有效。《兽医处方格式及应用规范》所称的可靠的电子签名是指符合《中华人民共和国电子签名法》规定的电子签名。

5. 兽医处方限于当次诊疗结果用药，开具当日有效。特殊情况下需延长处方有效期的，由开具兽医处方的执业兽医师注明有效期限，但有效期最长不得超过三天。

6. 除兽用麻醉药品、精神药品、毒性药品和放射性药品等特殊药品外，动物诊疗机构和执业兽医师不得限制动物主人或者饲养单位持处方到兽药经营企业购药。

二、处方笺格式

兽医处方笺规格和样式由农业农村部规定，从事动物诊疗活动的单位应当按照规定的规格和样式印制兽医处方笺或者设计电子处方笺。兽医处方笺规格如下：①兽医处方笺一式三联，可以使用同一种颜色纸张，也可以使用三种不同颜色纸张。②兽医处方笺分为两种规格，小规格为：长 210 mm、宽 148 mm；大规格为：长 296 mm、宽 210 mm。小规格为横版，大规格为竖版。

兽医处方笺样式 1（个体动物）

XXXXXXX 处方笺

动物主人/饲养单位＿＿＿＿＿＿＿＿＿＿病历号＿＿＿＿＿＿

动物种类＿＿＿＿＿＿动物性别＿＿＿＿＿＿动物毛色＿＿＿＿＿＿

体重＿＿＿＿＿＿年（日）龄＿＿＿＿＿＿开具日期＿＿＿＿＿＿

诊断:	Rp:

执业兽医师＿＿＿＿＿＿　发药人＿＿＿＿＿＿

第一联　从事动物诊疗活动的单位留存

注：“xxxxxxx 处方笺”中，“xxxxxxx”为从事动物诊疗活动的单位名称。

兽医处方笺样式2（群体动物）

XXXXXXX 处方笺		第一联 从事动物诊疗活动的单位留存
动物主人/饲养单位＿＿＿＿ 病历号＿＿＿＿ 动物种类＿＿＿＿ 患病动物数量＿＿＿＿ 同群动物数量＿＿＿＿ 年（日）龄＿＿＿＿ 开具日期＿＿＿＿		
诊断：	Rp:	
执业兽医师＿＿＿＿ 发药人＿＿＿＿		

注："xxxxxxx 处方笺"中，"xxxxxxx"为从事动物诊疗活动的单位名称。

三、处方笺内容

兽医处方笺内容包括前记、正文、后记三部分，要符合以下标准：

1. 前记　对个体动物进行诊疗的，至少包括动物主人姓名或者饲养单位名称、病历号、开具日期和动物的种类、毛色、性别、体重、年（日）龄。对群体动物进行诊疗的，至少包括动物主人姓名或者饲养单位名称、病历号、开具日期和动物的种类、患病动物数量、同群动物数量、年（日）龄。

2. 正文　正文包括初步诊断情况和 Rp（拉丁文 Recipe"请取"的缩写）。Rp 应当分列兽药名称、规格、数量、用法、用量等内容；对于食品动物还应当注明休药期。

3. 后记　后记至少包括执业兽医师签名或者盖章、发药人签名或者盖章。

四、处方书写要求

兽医处方书写应当符合下列要求：

1. 动物基本信息、临床诊断情况应当填写清晰、完整，并与病历记载一致。

2. 字迹清楚，原则上不得涂改；如需修改，应当在修改处签名或者盖章，并注明修改日期。

3. 兽药名称应当以兽药的商品名或者国家标准载明的名称为准。兽药名称简写或者缩写应当符合国内通用写法，不得自行编制兽药缩写名或者使用代号。

4. 书写兽药规格、数量、用法、用量及休药期要准确规范。

5. 兽医处方中包含兽用化学药品、生物制品、中成药的，每种兽药应当另起一行。中药自拟方应当单独开具。

6. 兽用麻醉药品应当单独开具处方，每张处方用量不能超过一日量。兽用精神药品、毒性药品应当单独开具处方。

7. 兽药剂量与数量用阿拉伯数字书写。剂量应当使用法定计量单位：质量以千克（kg）、克（g）、毫克（mg）、微克（μg）为单位；容量以升（L）、毫升（mL）为单位；有效量单位以国际单位（IU）、单位（U）为单位。

8. 片剂、丸剂、胶囊剂以及单剂量包装的散剂、颗粒剂分别以片、丸、粒、袋为单位；多剂量包装的散剂、颗粒剂以 g 或 kg 为单位；单剂量包装的溶液剂以支、瓶为单位，多剂量包装的溶液剂以 mL 或 L 为单位；软膏及乳膏剂以支、盒为单位；单剂量包装的注射剂以支、瓶为单位，多剂量包装的注射剂以 mL 或 L、g 或 kg 为单位，应当注明含量；兽用中药自拟方应当以剂为单位。

9. 开具纸质处方后的空白处应当划一斜线，以示处方完毕。电子处方最后一行应当标注“以下为空白”。

五、处方保存

1. 兽医处方开具后，第一联由从事动物诊疗活动的单位留存，第二联由药房或者兽药经营企业留存，第三联由动物主人或者饲养单位留存。

2. 兽医处方由处方开具、兽药核发单位妥善保存 3 年以上，兽用麻醉药品、精神药品、毒性药品处方保存 5 年以上。保存期满后，经所在单位主要负责人批准、登记备案，方可销毁。

第四节　动物诊疗病历管理规范

为规范动物诊疗病历管理，依据《中华人民共和国动物防疫法》《动物诊疗机构管理办法》《执业兽医和乡村兽医管理办法》等有关规定 2023 年 12 月 12 日农业农村部制定发布了《动物诊疗病历管理规范》（农业农村部公告第 734 号），自 2024 年 5 月 1 日起执行。

一、门（急）诊病历

1. 门（急）诊病历内容包括基本信息、病历记录、处方、检查报告单、影像学 检查资料、病理资料、知情同意书等。动物诊疗机构可以根据诊疗活动需要增加相关内容。

2. 对个体动物进行诊疗的，基本信息包括动物主人姓名或者饲养单位名称、联系方式、病历号和动物种类、性别、体重、毛色、年（日）龄等内容。对群体动物进行诊疗的，基本信息包括动物主人姓名或者饲养单位名称、联系方式、病历号和动物种类、患病动物数量、同群动物数量、年（日）龄等内容。

3. 病历记录包括就诊时间、主诉、现病史、既往史、检查结果、诊断及治疗意见、医嘱等。门（急）诊病历记录应当由接诊执业兽医师在动物就诊时完成并签名（盖章）确认。

4. 检查报告单包括基本信息、检查项目、检查结果、报告时间等内容。检查报告单应当由报告人员签名（盖章）确认。

5. 影像学检查资料包括通过 X 线、超声、CT、磁共振等检查形成的医学影像。

6. 病理资料包括病理学检查图片或者病理切片等资料。

7. 门（急）诊病历应当在患病动物就诊结束后 24h 内归档保存。

二、住院病历

1. 住院病历内容包括基本信息、入院记录、病程记录、检查报告单、影像学检查资料、病理资料、知情同意书等。动物诊疗机构可以根据诊疗活动需要增加相关内容。

2. 入院记录包括入院时间、主诉、现病史、既往史、检查结果、入院诊断等内容。动物入院后，执业兽医师通过问诊、检查等方式获得有关资料，经归纳分析形成入院记录并签名（盖章）确认。

3. 入院记录完成后，由执业兽医师对动物病情和诊疗过程进行连续性病程记录并签名（盖章）确认。病程记录包括患病动物住院期间每日的病情变化情况、重要的检查结果、诊断意见、所采取的诊疗措施及效果、医嘱以及出院情况等内容。

4. 住院病历应当在患病动物出院后三日内归档保存。

5. 住院病历中基本信息、检查报告单、影像学检查资料、病理资料等内容要求与门（急）诊病历一致。

三、电子病历

1. 电子病历包括门（急）诊病历和住院病历。电子病历内容应当符合纸质门（急）诊病历和住院病历的要求。

2. 动物诊疗机构使用电子病历系统应当具备以下条件：

（1）有数据存储、身份认证等信息安全保障机制；

（2）有相关管理制度和操作规程；

（3）符合其他有关法律、法规、规章规定。

3. 电子病历系统应当能够完整准确保存病历内容以及操作时间、操作人员等信息，具备电子病历创建、修改、归档等操作的追溯功能，保证历次操作痕迹、操作时间和操作人员信息可查询、可追溯。

4. 电子病历系统应当对操作人员进行身份识别，为操作人员提供专有的身份标识和识别手段，并设置相应权限。操作人员对本人身份标识的使用负责。

5. 动物诊疗机构可以使用电子签名进行电子病历系统身份认证，可靠的电子签名与手写签名或者盖章具有同等法律效力。

6. 动物诊疗机构因存档等需要可以将电子病历打印后与纸质病历资料合并保存，也可以对纸质病历资料进行数字化采集后纳入电子病历系统管理，原件另行妥善保存。

7. 需要打印电子病历时，动物诊疗机构应当统一打印的纸张、字体、字号、排版格式等。

四、病历填写

1. 病历填写应当客观真实、及时准确、完整规范。

2. 病历填写应当使用中文，规范使用医学术语，通用的外文缩写和无正式中文译名的症状、体征、疾病名称等可以使用外文。

3. 病历中的日期和时间应当使用阿拉伯数字书写，采用 24 小时制记录。

4. 医嘱应当由接诊执业兽医师书写，内容应当准确、清楚，并注明下达时间。

5. 纸质病历填写出现错误时，应当在修改处签名或者盖章，并注明修改日期。

6. 病历归档后原则上不得修改，特殊情况下确需修改的，应当经动物诊疗机构负责人批准，并保留修改痕迹。

7. 病历样式可参考附件形式，动物诊疗机构也可根据本机构实际情况设计病历样式。

五、病历管理

1. 动物诊疗机构应当设置病历管理部门或者指定专人负责病历管理工作，建立健全病历管理制度。设置病历目录表，确定本机构病历资料排列顺序，做好病历分类归档。定期检查病历填写、保存等情况。

2. 动物诊疗机构应当使用载明机构名称的规范病历，为就诊动物建立病历号。已建立电子病历的动物诊疗机构，可以将病历号与动物主人或者饲养单位信息相关联，使用病历号、动物主人信息或者饲养单位信息均能对病历进行检索。

3. 动物诊疗机构可以为动物主人或者饲养单位提供病历资料打印或者复制服务。打印或者复制的病历资料经动物主人或者饲养单位和动物诊疗机构双方确认无误后，加盖动物诊疗机构印章。

4. 除为患病动物提供诊疗服务的人员，以及经农业农村部门或者动物诊疗机构授权的单位或者人员外，其他任何单位或者个人不得擅自查阅病历。其他单位或者个人因科研、教学等活动，确需查阅病历的，应当经动物诊疗机构负责人批准并办理相应手续后方可查阅。

5. 病历保存时间不得少于3年。保存期满后，经动物诊疗机构负责人批准并做好登记记录，方可销毁。

六、附　　则

《动物诊疗病历管理规范》下列用语的含义：

1. 知情同意书，是指开展手术、麻醉等诊疗活动前，执业兽医师向动物主人或者饲养单位告知拟实施诊疗活动的相关情况，并由动物主人或者饲养单位签署是否同意该诊疗活动的文书。

2. 主诉，是指动物主人或者饲养单位对促使动物就诊的主要症状（或体征）及持续时间的描述。

3. 现病史，是指动物本次疾病的发生、演变、诊疗等方面的详细情况，应当按时间顺序书写。内容包括发病情况、主要症状特点及其发展变化情况、伴随症状、发病后诊疗经过及结果等。

4. 既往史，是指动物以往的健康和疾病情况。内容包括既往一般健康状况、疾病史、预防接种史、手术外伤史、驱虫史、食物或者药物过敏史等。

5. 检查结果，是指所做的与本次疾病相关的临床检查、实验室检测、影像学检查等各项检查检验结果，应当分类别按检查时间顺序记录。

6. 入院诊断，是指经执业兽医师根据患病动物入院时情况，综合分析所作出的诊断。

7. 医嘱，是指执业兽医师在动物诊疗活动中下达的医学指令，通常包括病情评估、用药指导、护理要点、注意事项、预后判断等。

8. 电子签名，是指《中华人民共和国电子签名法》第二条规定的数据电文中 以电子形式所含、所附用于识别签名人身份并表明签名人认可其中内容的数据。

9. 可靠的电子签名，是指符合《中华人民共和国电子签名法》第十三条有关条件的电子签名。

七、门（急）诊病历和住院病历样式

门（急）诊病历样式

<table>
<tr><td colspan="2">XXXXXXX门（急）诊病历（个体动物）
普通□　急诊□</td></tr>
<tr><td>基本信息</td><td>动物主人/饲养单位______　病历号______
联系方式______　动物种类______　动物性别______
体重______　毛色______　年（日）龄______</td></tr>
<tr><td>门诊记录</td><td>就诊时间：
（在此填写主诉、现病史、既往史、检查结果、诊断及治疗意见、医嘱等内容）</td></tr>
<tr><td colspan="2">执业兽医师 ______</td></tr>
</table>

注1："XXXXXXX门（急）诊病历"中，"XXXXXXX"为从事动物诊疗活动的单位名称。

注2：处方、检查报告、影像学检查资料、病理资料、知情同意书等需要附页。

<table>
<tr><td colspan="2">XXXXXXX门（急）诊病历（群体动物）
普通□　急诊□</td></tr>
<tr><td>基本信息</td><td>动物主人/饲养单位______　病历号______
联系方式______　动物种类______
患病动物数量______　同群动物数量______　年（日）龄______</td></tr>
<tr><td>门诊记录</td><td>就诊时间：
（在此填写主诉、现病史、既往史、检查结果、诊断及治疗意见、医嘱等内容）</td></tr>
<tr><td colspan="2">执业兽医师 ______</td></tr>
</table>

注1："XXXXXXX门（急）诊病历"中，"XXXXXXX"为从事动物诊疗活动的单位名称。

注2：处方、检查报告、影像学检查资料、病理资料、知情同意书等需要附页。

住院病历样式

<table>
<tr><td colspan="2">XXXXXXX住院病历
入院记录（个体动物）</td></tr>
<tr><td>基本信息</td><td>动物主人/饲养单位______　病历号______
联系方式______　动物种类______　动物性别______
体重______　毛色______　年（日）龄______</td></tr>
<tr><td>入院记录</td><td>入院时间：
（在此填写主诉、现病史、既往史、检查结果、入院诊断等内容）</td></tr>
<tr><td colspan="2">执业兽医师 ______</td></tr>
</table>

注1："XXXXXXX住院病历"中，"XXXXXXX"为从事动物诊疗活动的单位名称。

注2：病程记录、检查报告、影像学检查资料、病理资料、知情同意书等需要附页。病程记录样式见后页。

<table>
<tr><td colspan="2">XXXXXXX住院病历
入院记录（群体动物）</td></tr>
<tr><td>基本信息</td><td>动物主人/饲养单位______　病历号______
联系方式______　动物种类______
患病动物数量______　同群动物数量______　年（日）龄______</td></tr>
<tr><td>入院记录</td><td>入院时间：
（在此填写主诉、现病史、既往史、检查结果、入院诊断等内容）</td></tr>
<tr><td colspan="2">执业兽医师 ______</td></tr>
</table>

注1："XXXXXXX住院病历"中，"XXXXXXX"为从事动物诊疗活动的单位名称。

注2：病程记录、检查报告、影像学检查资料、病理资料、知情同意书等需要附页。病程记录样式见后页。

<table>
<tr><td colspan="2">XXXXXXX住院病历
病程记录（个体动物）</td></tr>
<tr><td>基本信息</td><td>动物主人/饲养单位＿＿＿＿＿＿　病历号＿＿＿＿＿
联系方式＿＿＿＿＿　动物种类＿＿＿＿　动物性别＿＿＿＿
体重＿＿＿＿　毛色＿＿＿＿　年（日）龄＿＿＿＿</td></tr>
<tr><td>记录时间</td><td></td></tr>
<tr><td>记录内容</td><td>（在此记录患病动物住院期间每日的病情变化情况、重要的检查结果、诊断意见、所采取的诊疗措施及效果、医嘱以及出院情况等内容，出院情况可单独记录。）</td></tr>
<tr><td colspan="2">执业兽医师 ＿＿＿＿＿＿</td></tr>
</table>

注："XXXXXXX住院病历"中，"XXXXXXX"为从事动物诊疗活动的单位名称。

<table>
<tr><td colspan="2">XXXXXXX住院病历
病程记录（群体动物）</td></tr>
<tr><td>基本信息</td><td>动物主人/饲养单位＿＿＿＿＿＿　病历号＿＿＿＿＿
联系方式＿＿＿＿＿　动物种类＿＿＿＿
患病动物数量＿＿＿＿　同群动物数量＿＿＿＿　年（日）龄＿＿＿＿</td></tr>
<tr><td>记录时间</td><td></td></tr>
<tr><td>记录内容</td><td>（在此记录患病动物住院期间每日的病情变化情况、重要的检查结果、诊断意见、所采取的诊疗措施及效果、医嘱以及出院情况等内容，出院情况可单独记录。）</td></tr>
<tr><td colspan="2">执业兽医师 ＿＿＿＿＿＿</td></tr>
</table>

注："XXXXXXX住院病历"中，"XXXXXXX"为从事动物诊疗活动的单位名称。

第五单元　病死畜禽和病害畜禽产品无害化处理管理法律制度

第一节　病死畜禽和病害畜禽产品无害化处理管理办法

《病死畜禽和病害畜禽产品无害化处理管理办法》于 2022 年 5 月 11 日农业农村部令 2022 年第 3 号公布，自 2022 年 7 月 1 日起施行。

一、《病死畜禽和病害畜禽产品无害化处理管理办法》概述

（一）立法目的

加强病死畜禽和病害畜禽产品无害化处理管理，防控动物疫病，促进畜牧业高质量发展，保障公共卫生安全和人体健康。

（二）调整范围

在畜禽饲养、屠宰、经营、隔离、运输等过程中病死畜禽和病害畜禽产品的收集、无害化处理及其监督管理活动，适用《病死畜禽和病害畜禽产品无害化处理管理办法》；病死水产养殖动物和病害水产养殖动物产品的无害化处理，参照该办法执行。

（三）无害化处理范围

以下畜禽和畜禽产品应当进行无害化处理：①染疫或者疑似染疫死亡、因病死亡或者死因不明的；②经检疫、检验可能危害人体或者动物健康的；③因自然灾害、应激反应、物理挤压等因素死亡的；④屠宰过程中经肉品品质检验确认为不可食用的；⑤死胎、木乃伊胎等；⑥因动物疫病防控需要被扑杀或销毁的；⑦其他应当进行无害化处理的。

（四）无害化处理的原则

病死畜禽和病害畜禽产品无害化处理坚持统筹规划与属地负责相结合、政府监管与市场运作相结合、财政补助与保险联动相结合、集中处理与自行处理相结合的原则。

（五）生产经营者主体责任

从事畜禽饲养、屠宰、经营、隔离等活动的单位和个人，应当承担主体责任，按照《病死畜禽和病害畜禽产品无害化处理管理办法》对病死畜禽和病害畜禽产品进行无害化处理，或者委托病死畜禽无害化处理场处理。运输过程中发生畜禽死亡或者因检疫不合格需要进行无害化处理的，承运人应当立即通知货主，配合做好无害化处理，不得擅自弃置和处理。

（六）无主死亡畜禽的处理

在江河、湖泊、水库等水域发现的死亡畜禽，依法由所在地县级人民政府组织收集、处理并溯源。在城市公共场所和乡村发现的死亡畜禽，依法由所在地街道办事处、乡级人民政府组织收集、处理并溯源。

（七）无害化处理的技术要求

病死畜禽和病害畜禽产品收集、无害化处理、资源化利用应当符合农业农村部相关技术规范，并采取必要的防疫措施，防止传播动物疫病。

（八）无害化处理的管理体制

农业农村部主管全国病死畜禽和病害畜禽产品无害化处理工作。县级以上地方人民政府农业农村主管部门负责本行政区域病死畜禽和病害畜禽产品无害化处理的监督管理工作。

（九）无害化处理的建设规划

省级人民政府农业农村主管部门结合本行政区域畜牧业发展规划和畜禽养殖、疫病发生、畜禽死亡等情况，编制病死畜禽和病害畜禽产品集中无害化处理场所建设规划，合理布局病死畜禽无害化处理场，经本级人民政府批准后实施，并报农业农村部备案。鼓励跨县级以上行政区域建设病死畜禽无害化处理场。

（十）无害化处理的支持保障

县级以上人民政府农业农村主管部门应当落实病死畜禽无害化处理财政补助政策和农机

购置与应用补贴政策，协调有关部门优先保障病死畜禽无害化处理场用地、落实税收优惠政策，推动建立病死畜禽无害化处理和保险联动机制，将病死畜禽无害化处理作为保险理赔的前提条件。

（十一）《病死畜禽和病害畜禽产品无害化处理管理办法》几个用语的含义

1. 畜禽　畜禽是指《国家畜禽遗传资源目录》范围内的畜禽，不包括用于科学研究、教学、检定以及其他科学试验的畜禽。

2. 隔离场所　隔离场所是指对跨省、自治区、直辖市引进的乳用种用动物或输入到无规定动物疫病区的相关畜禽进行隔离观察的场所，不包括进出境隔离观察场所。

3. 病死畜禽和病害畜禽产品无害化处理场所　病死畜禽和病害畜禽产品无害化处理场所是指病死畜禽无害化处理场以及畜禽养殖场、屠宰厂（场）、隔离场内的无害化处理区域。

二、收　集

（一）生产经营者收集要求

畜禽养殖场、养殖户、屠宰厂（场）、隔离场应当及时对病死畜禽和病害畜禽产品进行贮存和清运。

畜禽养殖场、屠宰厂（场）、隔离场委托病死畜禽无害化处理场处理的，应当符合以下要求：①采取必要的冷藏冷冻、清洗消毒等措施；②具有病死畜禽和病害畜禽产品输出通道；③及时通知病死畜禽无害化处理场进行收集，或自行送至指定地点。

（二）集中暂存点设立要求

病死畜禽和病害畜禽产品集中暂存点应当具备下列条件：①有独立封闭的贮存区域，并且防渗、防漏、防鼠、防盗，易于清洗消毒；②有冷藏冷冻、清洗消毒等设施设备；③设置显著警示标识；④有符合动物防疫需要的其他设施设备。

（三）运输车辆备案管理制度

1. 备案管理　专业从事病死畜禽和病害畜禽产品收集的单位和个人，应当配备专用运输车辆，并向承运人所在地县级人民政府农业农村主管部门备案。

2. 备案材料　备案时应当通过农业农村部指定的信息系统提交车辆所有权人的营业执照、运输车辆行驶证、运输车辆照片。

3. 备案机关　县级人民政府农业农村主管部门应当核实相关材料信息，备案材料符合要求的，及时予以备案；不符合要求的，应当一次性告知备案人补充相关材料。

4. 备案车辆的要求　病死畜禽和病害畜禽产品专用运输车辆应当符合以下要求：①不得运输病死畜禽和病害畜禽产品以外的其他物品；②车厢密闭、防水、防渗、耐腐蚀，易于清洗和消毒；③配备能够接入国家监管监控平台的车辆定位跟踪系统、车载终端；④配备人员防护、清洗消毒等应急防疫用品；⑤有符合动物防疫需要的其他设施设备。

（四）运输作业要求

运输病死畜禽和病害畜禽产品的单位和个人，应当遵守以下规定：①及时对车辆、相关工具及作业环境进行消毒；②作业过程中如发生渗漏，应当妥善处理后再继续运输；③做好人员防护和消毒。

（五）跨行政区域运输的监管责任

跨县级以上行政区域运输病死畜禽和病害畜禽产品的，相关区域县级以上地方人民政府农业农村主管部门应当加强协作配合，及时通报紧急情况，落实监管责任。

三、无害化处理

（一）无害化处理的形式

病死畜禽和病害畜禽产品无害化处理以集中处理为主，自行处理为补充。

（二）无害化处理能力要求

病死畜禽无害化处理场的设计处理能力应当高于日常病死畜禽和病害畜禽产品处理量，专用运输车辆数量和运载能力应当与区域内畜禽养殖情况相适应。

（三）符合建设规划和动物防疫要求

病死畜禽无害化处理场应当符合省级人民政府病死畜禽和病害畜禽产品集中无害化处理场所建设规划，并依法取得动物防疫条件合格证。

（四）规模生产经营主体自行处理要求

畜禽养殖场、屠宰厂（场）、隔离场在本场（厂）内自行处理病死畜禽和病害畜禽产品的，应当符合无害化处理场所的动物防疫条件，不得处理本场（厂）外的病死畜禽和病害畜禽产品。畜禽养殖场、屠宰厂（场）、隔离场在本场（厂）外自行处理的，应当建设病死畜禽无害化处理场。

（五）生产经营主体委托处理要求

畜禽养殖场、养殖户、屠宰厂（场）、隔离场委托病死畜禽无害化处理场进行无害化处理的，应当签订委托合同，明确双方的权利、义务。无害化处理费用由财政进行补助或者由委托方承担。

（六）边远和交通不便地区以及畜禽养殖户自行零星处理技术要求

对于边远和交通不便地区以及畜禽养殖户自行处理零星病死畜禽的，省级人民政府农业农村主管部门可以结合实际情况和风险评估结果，组织制定相关技术规范。

（七）无害化处理的人员管理

病死畜禽和病害畜禽产品集中暂存点、病死畜禽无害化处理场应当配备专门人员负责管理。从事病死畜禽和病害畜禽产品无害化处理的人员，应当具备相关专业技能，掌握必要的安全防护知识。

（八）无害化处理产物的利用和销售管理

鼓励在符合国家有关法律法规规定的情况下，对病死畜禽和病害畜禽产品无害化处理产物进行资源化利用。病死畜禽和病害畜禽产品无害化处理场所销售无害化处理产物的，应当严控无害化处理产物流向，查验购买方资质并留存相关材料，签订销售合同。

（九）无害化处理的安全生产和环保责任

病死畜禽和病害畜禽产品无害化处理应当符合安全生产、环境保护等相关法律法规和标准规范要求，接受有关主管部门监管。病死畜禽无害化处理场处理《病死畜禽和病害畜禽产品无害化处理管理办法》第三条之外的病死动物和病害动物产品的，应当要求委托方提供无特殊风险物质的证明。

四、监督管理

（一）信息化管理制度

农业农村部建立病死畜禽无害化处理监管监控平台，加强全程追溯管理。从事畜禽饲养、屠宰、经营、隔离及病死畜禽收集、无害化处理的单位和个人，应当按要求填报信息。县级以上地方人民政府农业农村主管部门应当做好信息审核，加强数据运用和安全管理。

（二）生物安全风险调查评估制度

农业农村部负责组织制定全国病死畜禽和病害畜禽产品无害化处理生物安全风险调查评估方案，对病死畜禽和病害畜禽产品收集、无害化处理生物安全风险因素进行调查评估。省级人民政府农业农村主管部门应当制定本行政区域病死畜禽和病害畜禽产品无害化处理生物安全风险调查评估方案并组织实施。

（三）分级管理制度

根据病死畜禽无害化处理场规模、设施装备状况、管理水平等因素，推行分级管理制度。

（四）无害化处理场所管理制度

病死畜禽和病害畜禽产品无害化处理场所应当建立并严格执行以下制度：①设施设备运行管理制度；②清洗消毒制度；③人员防护制度；④生物安全制度；⑤安全生产和应急处理制度。

（五）台账和视频监控管理措施

1. 台账　从事畜禽饲养、屠宰、经营、隔离以及病死畜禽和病害畜禽产品收集、无害化处理的单位和个人，应当建立台账，详细记录病死畜禽和病害畜禽产品的种类、数量（重量）、来源、运输车辆、交接人员和交接时间、处理产物销售情况等信息。相关台账记录保存期不少于 2 年。

2. 视频监管　病死畜禽和病害畜禽产品无害化处理场所应当安装视频监控设备，对病死畜禽和病害畜禽产品进（出）场、交接、处理和处理产物存放等进行全程监控。相关监控影像资料保存期不少于 30d。

（六）报告制度

病死畜禽和病害畜禽产品无害化处理场所应当于每年 1 月底前向所在地县级人民政府农业农村主管部门报告上一年度病死畜禽和病害畜禽产品无害化处理、运输车辆和环境清洗消毒等情况。

（七）配合监督检查义务

县级以上地方人民政府农业农村主管部门执行监督检查任务时，从事病死畜禽和病害畜禽产品收集、无害化处理的单位和个人应当予以配合，不得拒绝或者阻碍。

（八）举报制度

任何单位和个人对违反《病死畜禽和病害畜禽产品无害化处理管理办法》规定的行为，有权向县级以上地方人民政府农业农村主管部门举报。接到举报的部门应当及时调查处理。

五、法律责任

1. 未按照规定处理病死畜禽和病害畜禽产品的法律责任　未按照《病死畜禽和病害畜

禽产品无害化处理管理办法》规定处理病死畜禽和病害畜禽产品，有以下情形之一的，按照《中华人民共和国动物防疫法》第九十八条规定予以处罚。即，由县级以上地方人民政府农业农村主管部门责令改正，处三千元以上三万元以下罚款；情节严重的，责令停业整顿，并处三万元以上十万元以下罚款：①畜禽养殖场、养殖户、屠宰厂（场）、隔离场未及时对病死畜禽和病害畜禽产品进行贮存和清运的；②畜禽养殖场、屠宰厂（场）、隔离场委托病死畜禽无害化处理场处理不符合规定条件的；③病死畜禽和病害畜禽产品集中暂存点不具备规定条件的；④运输病死畜禽和病害畜禽产品的单位和个人未遵守作业规定的；⑤畜禽养殖场、屠宰厂（场）、隔离场在本场（厂）内自行处理病死畜禽和病害畜禽产品不符合无害化处理场所的动物防疫条件的，或者在本场（厂）外自行处理未建设病死畜禽无害化处理场的，或者处理本场（厂）外的病死畜禽和病害畜禽产品的；⑥病死畜禽和病害畜禽产品集中暂存点、病死畜禽无害化处理场未配备专门人员负责管理的，或者从事病死畜禽和病害畜禽产品无害化处理的人员不具备相关专业技能、不掌握必要的安全防护知识的。

2. 畜禽养殖场、屠宰厂（场）、隔离场、病死畜禽无害化处理场未取得动物防疫条件合格证的法律责任　畜禽养殖场、屠宰厂（场）、隔离场、病死畜禽无害化处理场未取得动物防疫条件合格证的，按照《中华人民共和国动物防疫法》第九十八条规定予以处罚。即，由县级以上地方人民政府农业农村主管部门责令改正，处三千元以上三万元以下罚款；情节严重的，责令停业整顿，并处三万元以上十万元以下罚款。

3. 畜禽养殖场、屠宰厂（场）、隔离场、病死畜禽无害化处理场生产经营条件发生变化，不再符合动物防疫条件继续从事无害化处理活动的法律责任　畜禽养殖场、屠宰厂（场）、隔离场、病死畜禽无害化处理场生产经营条件发生变化，不再符合动物防疫条件继续从事无害化处理活动的，按照《中华人民共和国动物防疫法》第九十九条规定予以处罚。即，由县级以上地方人民政府农业农村主管部门给予警告，责令限期改正；逾期仍达不到规定条件的，吊销动物防疫条件合格证，并通报市场监督管理部门依法处理。

4. 专业从事病死畜禽和病害畜禽产品运输的车辆未经备案的法律责任　专业从事病死畜禽和病害畜禽产品运输的车辆未经备案的，按照《中华人民共和国动物防疫法》第九十八条规定予以处罚。即，由县级以上地方人民政府农业农村主管部门责令改正，处三千元以上三万元以下罚款；情节严重的，责令停业整顿，并处三万元以上十万元以下罚款。

5. 专业从事病死畜禽和病害畜禽产品运输的车辆不符合规定要求的法律责任　专业从事病死畜禽和病害畜禽产品运输的车辆不符合《病死畜禽和病害畜禽产品无害化处理管理办法》第十四条规定要求的，按照《中华人民共和国动物防疫法》第九十四条规定予以处罚。即，由县级以上地方人民政府农业农村主管部门责令改正，可以处五千元以下罚款；情节严重的，处五千元以上五万元以下罚款。

6. 病死畜禽和病害畜禽产品无害化处理场所未建立管理制度的法律责任　病死畜禽和病害畜禽产品无害化处理场所未建立管理制度的，由县级以上地方人民政府农业农村主管部门责令改正；拒不改正或者情节严重的，处二千元以上二万元以下罚款。

7. 从事畜禽饲养、屠宰、经营、隔离以及病死畜禽和病害畜禽产品收集、无害化处理的单位和个人未建立台账的法律责任　从事畜禽饲养、屠宰、经营、隔离以及病死畜禽和病害畜禽产品收集、无害化处理的单位和个人未建立台账的，由县级以上地方人民政府农业农村主管部门责令改正；拒不改正或者情节严重的，处二千元以上二万元以下罚款。

8. 病死畜禽和病害畜禽产品无害化处理场所未进行视频监控的法律责任　病死畜禽和病害畜禽产品无害化处理场所未进行视频监控的，由县级以上地方人民政府农业农村主管部门责令改正；拒不改正或者情节严重的，处二千元以上二万元以下罚款。

第二节　病死及病害动物无害化处理技术规范

为了进一步规范病死及病害动物和相关动物产品无害化处理操作，防止动物疫病传播扩散，保障动物产品质量安全，农业部于2017年7月3日发布了《病死及病害动物无害化处理技术规范》（农医发〔2017〕25号）。

一、适用范围

该规范适用于国家规定的染疫动物及其产品、病死或者死因不明的动物尸体，屠宰前确认的病害动物、屠宰过程中经检疫或肉品品质检验确认为不可食用的动物产品，以及其他应当进行无害化处理的动物及动物产品。

该规范规定了病死及病害动物和相关动物产品无害化处理的技术工艺和操作注意事项，处理过程中病死及病害动物和相关动物产品的包装、暂存、转运、人员防护和记录等要求。

二、术语和定义

1. 无害化处理　该规范所称无害化处理，是指用物理、化学等方法处理病死及病害动物和相关动物产品，消灭其所携带的病原体，消除危害的过程。

2. 焚烧法　焚烧法是指在焚烧容器内，使病死及病害动物和相关动物产品在富氧或无氧条件下进行氧化反应或热解反应的方法。

3. 化制法　化制法是指在密闭的高压容器内，通过向容器夹层或容器内通入高温饱和蒸汽，在干热、压力或蒸汽、压力的作用下，处理病死及病害动物和相关动物产品的方法。

4. 高温法　高温法是指常压状态下，在封闭系统内利用高温处理病死及病害动物和相关动物产品的方法。

5. 深埋法　深埋法是指按照相关规定，将病死及病害动物和相关动物产品投入深埋坑中并覆盖、消毒，处理病死及病害动物和相关动物产品的方法。

6. 硫酸分解法　硫酸分解法是指在密闭的容器内，将病死及病害动物和相关动物产品用硫酸在一定条件下进行分解的方法。

三、病死及病害动物和相关动物产品的处理

（一）焚烧法

1. 适用对象　国家规定的染疫动物及其产品、病死或者死因不明的动物尸体，屠宰前确认的病害动物、屠宰过程中经检疫或肉品品质检验确认为不可食用的动物产品，以及其他应当进行无害化处理的动物及动物产品。

2. 直接焚烧法

（1）技术工艺　①可视情况对病死及病害动物和相关动物产品进行破碎等预处理。②将病死及病害动物和相关动物产品或破碎产物，投至焚烧炉本体燃烧室，经充分氧化、热解，

产生的高温烟气进入二次燃烧室继续燃烧，产生的炉渣经出渣机排出。③燃烧室温度应≥850℃。燃烧所产生的烟气从最后的助燃空气喷射口或燃烧器出口到换热面或烟道冷风引射口之间的停留时间应≥2s。焚烧炉出口烟气中氧含量应为6%～10%（干气）。④二次燃烧室出口烟气经余热利用系统、烟气净化系统处理，达到GB 16297要求后排放。⑤焚烧炉渣与除尘设备收集的焚烧飞灰应分别收集、贮存和运输。焚烧炉渣按一般固体废物处理或资源化利用；焚烧飞灰和其他尾气净化装置收集的固体废物需按GB 5085.3要求做危险废物鉴定，如属于危险废物，则按GB 18484和GB 18597要求处理。

（2）操作注意事项　①严格控制焚烧进料频率和重量，使病死及病害动物和相关动物产品能够充分与空气接触，保证完全燃烧。②燃烧室内应保持负压状态，避免焚烧过程中发生烟气泄露。③二次燃烧室顶部设紧急排放烟囱，应急时开启。④烟气净化系统包括急冷塔、引风机等设施。

3. 炭化焚烧法

（1）技术工艺　①病死及病害动物和相关动物产品投至热解炭化室，在无氧情况下经充分热解，产生的热解烟气进入二次燃烧室继续燃烧，产生的固体炭化物残渣经热解炭化室排出。②热解温度应≥600℃，二次燃烧室温度≥850℃，焚烧后烟气在850℃以上停留时间≥2s。③烟气经过热解炭化室热能回收后，降至600℃左右，经烟气净化系统处理，达到GB 16297要求后排放。

（2）操作注意事项　①应检查热解炭化系统的炉门密封性，以保证热解炭化室的隔氧状态。②应定期检查和清理热解气输出管道，以免发生阻塞。③热解炭化室顶部需设置与大气相连的防爆口，热解炭化室内压力过大时可自动开启泄压。④应根据处理物种类、体积等严格控制热解的温度、升温速度及物料在热解炭化室内停留时间。

（二）化制法

1. 适用对象　不得用于患有炭疽等芽孢杆菌类疫病，以及牛海绵状脑病、痒病的染疫动物及产品、组织的处理。其他适用对象同焚烧法相同。

2. 干化法

（1）技术工艺　①可视情况对病死及病害动物和相关动物产品进行破碎等预处理。②病死及病害动物和相关动物产品或破碎产物输送入高温高压灭菌容器。③处理物中心温度≥140℃，压力≥0.5MPa（绝对压力），时间≥4h（具体处理时间根据处理物种类和体积大小而设定）。④加热烘干产生的热蒸汽经废气处理系统后排出。⑤加热烘干产生的动物尸体残渣传输至压榨系统处理。

（2）操作注意事项　①搅拌系统的工作时间应以烘干剩余物、基本不含水分为宜，根据处理物量的多少，适当延长或缩短搅拌时间。②应使用合理的污水处理系统，有效去除有机物、氨氮，达到GB 8978要求。③应使用合理的废气处理系统，有效吸收处理过程中动物尸体腐败产生的恶臭气体，达到GB 16297要求后排放。④高温高压灭菌容器操作人员应符合相关专业要求，持证上岗。⑤处理结束后，需对墙面、地面及其相关工具进行彻底清洗消毒。

3. 湿化法

（1）技术工艺　①可视情况对病死及病害动物和相关动物产品进行破碎等预处理。②将病死及病害动物和相关动物产品或破碎产物送入高温高压容器，总质量不得超过容器总承受力的4/5。③处理物中心温度≥135℃，压力≥0.3MPa（绝对压力），处理时间≥30min（具体处理时间根据处理物种类和体积大小而设定）。④高温高压结束后，对处理产物进行初次固液分离。⑤固体物经破碎处理后，送入烘干系统；液体部分送入油水分离系统处理。

（2）操作注意事项　①高温高压容器操作人员应符合相关专业要求，持证上岗。②处理结束后，需对墙面、地面及其相关工具进行彻底清洗消毒。③冷凝排放水应冷却后排放，产生的废水应经污水处理系统处理，达到GB 8978要求。④处理车间废气应通过自动喷淋消毒系统、排风系统和高效微粒空气过滤器（HEPA过滤器）等处理，达到GB 16297要求后排放。

（三）高温法

1. 适用对象　不得用于患有炭疽等芽孢杆菌类疫病，以及牛海绵状脑病、痒病的染疫动物及产品、组织的处理。其他适用对象同焚烧法相同。

2. 技术工艺

（1）可视情况对病死及病害动物和相关动物产品进行破碎等预处理。处理物或破碎产物体积（长宽高）≤125cm³（5cm×5cm×5cm）。

（2）向容器内输入油脂，容器夹层经导热油或其他介质加热。

（3）将病死及病害动物和相关动物产品或破碎产物输送入容器内，与油脂混合。在常压状态下，维持容器内部温度≥180℃，持续时间≥2.5h（具体处理时间根据处理物种类和体积大小而设定）。

（4）加热产生的热蒸汽经废气处理系统后排出。

（5）加热产生的动物尸体残渣传输至压榨系统处理。

3. 操作注意事项

（1）搅拌系统的工作时间应以烘干剩余物基本不含水分为宜，根据处理物量的多少，适当延长或缩短搅拌时间。

（2）应使用合理的污水处理系统，有效去除有机物、氨氮，达到GB 8978要求。

（3）应使用合理的废气处理系统，有效吸收处理过程中动物尸体腐败产生的恶臭气体，达到GB 16297要求后排放。

（4）高温高压灭菌容器操作人员应符合相关专业要求，持证上岗。

（5）处理结束后，需对墙面、地面及其相关工具进行彻底清洗消毒。

（四）深埋法

1. 适用对象　发生动物疫情或自然灾害等突发事件时病死及病害动物的应急处理，以及边远和交通不便地区零星病死畜禽的处理。不得用于患有炭疽等芽孢杆菌类疫病，以及牛海绵状脑病、痒病的染疫动物及产品、组织的处理。

2. 选址要求

（1）应选择地势高燥，处于下风向的地点。

（2）应远离学校、公共场所、居民住宅区、村庄、动物饲养和屠宰场所、饮用水源地、河流等地区。

3. 技术工艺

（1）深埋坑体容积以实际处理动物尸体及相关动物产品数量确定。

（2）深埋坑底应高出地下水位1.5m以上，要防渗、防漏。

（3）坑底洒一层厚度为2～5cm的生石灰或漂白粉等消毒药。

（4）将动物尸体及相关动物产品投入坑内，最上层距离地表1.5m以上。

（5）生石灰或漂白粉等消毒药消毒。

（6）覆盖距地表20～30cm，厚度不少于1～1.2m的覆土。

4. 操作注意事项

（1）深埋覆土不要太实，以免腐败产气造成气泡冒出和液体渗漏。

（2）深埋后，在深埋处设置警示标识。

（3）深埋后，第一周内应每日巡查1次，第二周起应每周巡查1次，连续巡查3个月，深埋坑塌陷处应及时加盖覆土。

（4）深埋后，立即用氯制剂、漂白粉或生石灰等消毒药对深埋场所进行1次彻底消毒。第一周内应每日消毒1次，第二周起应每周消毒1次，连续消毒三周以上。

（五）化学处理法

1. 硫酸分解法

（1）适用对象　不得用于患有炭疽等芽孢杆菌类疫病，以及牛海绵状脑病、痒病的染疫动物及产品、组织的处理。其他适用对象同焚烧法相同。

（2）技术工艺　①可视情况对病死及病害动物和相关动物产品进行破碎等预处理。②将病死及病害动物和相关动物产品或破碎产物，投至耐酸的水解罐中，按每吨处理物加入水150～300kg，后加入98%的浓硫酸300～400kg（具体加入水和浓硫酸量随处理物的含水量而设定）。③密闭水解罐，加热使水解罐内升至100～108℃，维持压力≥0.15MPa，反应时间≥4h，至罐体内的病死及病害动物和相关动物产品完全分解为液态。

（3）操作注意事项　①处理中使用的强酸应按国家危险化学品安全管理、易制毒化学品管理有关规定执行，操作人员应做好个人防护。②水解过程中要先将水加入耐酸的水解罐中，然后加入浓硫酸。③控制处理物总体积不得超过容器容量的70%。④酸解反应的容器及储存酸解液的容器均要求耐强酸。

2. 化学消毒法

（1）适用对象　适用于被病原微生物污染或可疑被污染的动物皮毛消毒。

（2）盐酸食盐溶液消毒法　①用2.5%盐酸溶液和15%食盐水溶液等量混合，将皮张浸泡在此溶液中，并使溶液温度保持在30℃左右，浸泡40h，1m^{2}的皮张用10L消毒液（或按100mL 25%食盐水溶液中加入盐酸1mL配制消毒液，在室温15℃条件下浸泡48h，皮张与消毒液之比为1∶4）。②浸泡后捞出沥干，放入2%（或1%）氢氧化钠溶液中，以中和皮张上的酸，再用水冲洗后晾干。

（3）过氧乙酸消毒法　①将皮毛放入新鲜配制的2%过氧乙酸溶液中浸泡30min。②将皮毛捞出，用水冲洗后晾干。

（4）碱盐液浸泡消毒法　①将皮毛浸入5%碱盐液（饱和盐水内加5%氢氧化钠）中，室温（18～25℃）浸泡24 h，并随时加以搅拌。②取出皮毛挂起，待碱盐液流净，放入5%盐酸液内浸泡，使皮上的酸碱中和。③将皮毛捞出，用水冲洗后晾干。

四、收集转运要求

（一）包装

1. 包装材料应符合密闭、防水、防渗、防破损、耐腐蚀等要求。

2. 包装材料的容积、尺寸和数量应与需处理病死及病害动物和相关动物产品的体积、数量相匹配。

3. 包装后应进行密封。

4. 使用后，一次性包装材料应作销毁处理，可循环使用的包装材料应进行清洗消毒。

（二）暂存

1. 采用冷冻或冷藏方式进行暂存，防止无害化处理前病死及病害动物和相关动物产品腐败。

2. 暂存场所应能防水、防渗、防鼠、防盗，易于清洗和消毒。

3. 暂存场所应设置明显警示标识。

4. 应定期对暂存场所及周边环境进行清洗消毒。

（三）转运

1. 可选择符合 GB 19217 条件的车辆或专用封闭厢式运载车辆。车厢四壁及底部应使用耐腐蚀材料，并采取防渗措施。

2. 专用转运车辆应加施明显标识，并加装车载定位系统，记录转运时间和路径等信息。

3. 车辆驶离暂存、养殖等场所前，应对车轮及车厢外部进行消毒。

4. 转运车辆应尽量避免进入人口密集区。

5. 若转运途中发生渗漏，应重新包装、消毒后运输。

6. 卸载后，应对转运车辆及相关工具等进行彻底清洗、消毒。

五、其他要求

（一）人员防护

1. 病死及病害动物和相关动物产品的收集、暂存、转运、无害化处理操作的工作人员应经过专门培训，掌握相应的动物防疫知识。

2. 工作人员在操作过程中应穿戴防护服、口罩、护目镜、胶鞋及手套等防护用具。

3. 工作人员应使用专用的收集工具、包装用品、转运工具、清洗工具、消毒器材等。

4. 工作完毕后，应对一次性防护用品作销毁处理，对循环使用的防护用品消毒处理。

（二）记录要求

1. 病死及病害动物和相关动物产品的收集、暂存、转运、无害化处理等环节应建有台账和记录。有条件的地方应保存转运车辆行车信息和相关环节视频记录。

2. 台账和记录

（1）暂存环节

①接收台账和记录应包括病死及病害动物和相关动物产品来源场（户）、种类、数量、动物标识号、死亡原因、消毒方法、收集时间、经办人员等。

②运出台账和记录应包括运输人员、联系方式、转运时间、车牌号、病死及病害动物和相关动物产品种类、数量、动物标识号、消毒方法、转运目的地以及经办人员等。

（2）处理环节

①接收台账和记录应包括病死及病害动物和相关动物产品来源、种类、数量、动物标识号、转运人员、联系方式、车牌号、接收时间及经手人员等。

②处理台账和记录应包括处理时间、处理方式、处理数量及操作人员等。

3. 涉及病死及病害动物和相关动物产品无害化处理的台账和记录至少要保存 2 年。

第六单元　动物防疫其他规范性文件

第一节　国家突发重大动物疫情应急预案

一、动物疫情分级

根据突发重大动物疫情的性质、危害程度、涉及范围，将突发重大动物疫情划分为特别重大（Ⅰ级）、重大（Ⅱ级）、较大（Ⅲ级）和一般（Ⅳ级）四级。

二、工作原则

（一）统一领导，分级管理

各级人民政府统一领导和指挥突发重大动物疫情应急处理工作；疫情应急处理工作实行属地管理；地方各级人民政府负责扑灭本行政区域内的突发重大动物疫情，各有关部门按照预案规定，在各自的职责范围内做好疫情应急处理的有关工作。根据突发重大动物疫情的范围、性质和危害程度，对突发重大动物疫情实行分级管理。

（二）快速反应，高效运转

各级人民政府和兽医行政管理部门要依照有关法律、法规，建立和完善突发重大动物疫情应急体系、应急反应机制和应急处置制度，提高突发重大动物疫情应急处理能力；发生突发重大动物疫情时，各级人民政府要迅速做出反应，采取果断措施，及时控制和扑灭突发重大动物疫情。

（三）预防为主，群防群控

贯彻预防为主的方针，加强防疫知识的宣传，提高全社会防范突发重大动物疫情的意识；落实各项防范措施，做好人员、技术、物资和设备的应急储备工作，并根据需要定期开展技术培训和应急演练；开展疫情监测和预警预报，对各类可能引发突发重大动物疫情的情况要及时分析、预警，做到疫情早发现、快行动、严处理。突发重大动物疫情应急处理工作要依靠群众，全民防疫，动员一切资源，做到群防群控。

三、应急组织体系

应急组织体系由应急指挥部、日常管理机构、专家委员会和应急处理机构四部分组成。

应急指挥部分为全国突发重大动物疫情应急指挥部和省级突发重大动物疫情应急指挥部。

日常管理机构包括农业农村部、省级人民政府兽医行政管理部门和市（地）级、县级人民政府兽医行政管理部门。

专家委员会由突发重大动物疫情专家委员会和突发重大动物疫情应急处理专家委员会组成。

应急处理机构包括动物防疫监督机构和出入境检验检疫机构。

四、疫情的监测、预警与报告

（一）监测

国家建立突发重大动物疫情监测、报告网络体系。农业农村部和地方各级人民政府兽医行政管理部门要加强对监测工作的管理和监督，保证监测质量。

（二）预警

各级人民政府兽医行政管理部门根据动物防疫监督机构提供的监测信息，按照重大动物疫情的发生、发展规律和特点，分析其危害程度、可能的发展趋势，及时做出相应级别的预警，依次用红色、橙色、黄色和蓝色表示特别严重、严重、较重和一般四个预警级别。

（三）报告

任何单位和个人有权向各级人民政府及其有关部门报告突发重大动物疫情及其隐患，有权向上级政府部门举报不履行或者不按照规定履行突发重大动物疫情应急处理职责的部门、单位及个人。

五、疫情的应急响应和终止

（一）应急响应的原则

发生突发重大动物疫情时，事发地的县级、市（地）级、省级人民政府及其有关部门按照分级响应的原则做出应急响应。同时，要遵循突发重大动物疫情发生发展的客观规律，结合实际情况和预防控制工作的需要，及时调整预警和响应级别。要根据不同动物疫病的性质和特点，注重分析疫情的发展趋势，对势态和影响不断扩大的疫情，应及时升级预警和响应级别；对范围局限、不会进一步扩散的疫情，应相应降低响应级别，及时撤销预警。

突发重大动物疫情应急处理要采取边调查、边处理、边核实的方式，有效控制疫情发展。

未发生突发重大动物疫情的地方，当地人民政府兽医行政管理部门接到疫情通报后，要组织做好人员、物资等应急准备工作，采取必要的预防控制措施，防止突发重大动物疫情在本行政区域内发生，并服从上一级人民政府兽医行政管理部门的统一指挥，支援突发重大动物疫情发生地的应急处理工作。

（二）应急响应

1. 特别重大突发动物疫情（Ⅰ级）的应急响应　确认特别重大突发动物疫情后，按程序启动国家突发重大动物疫情应急预案。

（1）县级以上地方各级人民政府　①组织协调有关部门参与突发重大动物疫情的处理；

②根据突发重大动物疫情处理需要，调集本行政区域内各类人员、物资、交通工具和相关设施、设备参加应急处理工作；③发布封锁令，对疫区实施封锁；④在本行政区域内采取限制或者停止动物及动物产品交易、扑杀染疫或相关动物，临时征用房屋、场所、交通工具；封闭被动物疫病病原体污染的公共饮用水源等紧急措施；⑤组织铁路、交通、民航、质检等部门依法在交通站点设置临时动物防疫监督检查站，对进出疫区、出入境的交通工具进行检查和消毒；⑥按国家规定做好信息发布工作；⑦组织乡镇、街道、社区以及居委会、村委会，开展群防群控；⑧组织有关部门保障商品供应，平抑物价，严厉打击造谣传谣、制假售假等违法犯罪和扰乱社会治安的行为，维护社会稳定。必要时，可请求中央予以支持，保证应急处理工作顺利进行。

(2) 兽医行政管理部门　①组织动物防疫监督机构开展突发重大动物疫情的调查与处理；划定疫点、疫区、受威胁区；②组织突发重大动物疫情专家委员会对突发重大动物疫情进行评估，提出启动突发重大动物疫情应急响应的级别；③根据需要组织开展紧急免疫和药物预防；④县级以上人民政府兽医行政管理部门负责对本行政区域内应急处理工作的督导和检查；⑤对新发现的动物疫病，及时按照国家规定，开展有关技术标准和规范的培训工作；⑥有针对性地开展动物防疫知识宣教，提高群众防控意识和自我防护能力；⑦组织专家对突发重大动物疫情的处理情况进行综合评估。

(3) 动物防疫监督机构　①县级以上动物防疫监督机构做好突发重大动物疫情的信息收集、报告与分析工作；②组织疫病诊断和流行病学调查；③按规定采集病料，送省级实验室或国家参考实验室确诊；④承担突发重大动物疫情应急处理人员的技术培训。

(4) 出入境检验检疫机构　①境外发生重大动物疫情时，会同有关部门停止从疫区国家或地区输入相关动物及其产品，加强对来自疫区运输工具的检疫和防疫消毒，参与打击非法走私入境动物或动物产品等违法活动；②境内发生重大动物疫情时，加强出口货物的查验，会同有关部门停止疫区和受威胁区的相关动物及其产品的出口，暂停使用位于疫区内的依法设立的出入境相关动物临时隔离检疫场；③出入境检验检疫工作中发现重大动物疫情或者疑似重大动物疫情时，立即向当地兽医行政管理部门报告，并协助当地动物防疫监督机构做好疫情控制和扑灭工作。

2. 重大突发动物疫情（Ⅱ级）的应急响应　确认重大突发动物疫情后，按程序启动省级疫情应急响应机制。

(1) 省级人民政府　省级人民政府根据省级人民政府兽医行政管理部门的建议，启动应急预案，统一领导和指挥本行政区域内突发重大动物疫情应急处理工作。①组织有关部门和人员扑疫；②紧急调集各种应急处理物资、交通工具和相关设施设备；③发布或督导发布封锁令，对疫区实施封锁；④依法设置临时动物防疫监督检查站查堵疫源；⑤限制或停止动物及动物产品交易、扑杀染疫或相关动物；⑥封锁被动物疫源污染的公共饮用水源等；⑦按国家规定做好信息发布工作；⑧组织乡镇、街道、社区及居委会、村委会，开展群防群控；⑨组织有关部门保障商品供应，平抑物价，维护社会稳定。必要时，可请求中央予以支持，保证应急处理工作顺利进行。

(2) 省级人民政府兽医行政管理部门　重大突发动物疫情确认后，向农业农村部报告疫情。必要时，提出省级人民政府启动应急预案的建议。同时，迅速组织有关单位开展疫情应急处置工作。①组织开展突发重大动物疫情的调查与处理；②划定疫点、疫区、受威胁区；

③组织对突发重大动物疫情应急处理的评估；④负责对本行政区域内应急处理工作的督导和检查；⑤开展有关技术培训工作；⑥有针对性地开展动物防疫知识宣教，提高群众防控意识和自我防护能力。

（3）*省级以下地方人民政府* 疫情发生地人民政府及有关部门在省级人民政府或省级突发重大动物疫情应急指挥部的统一指挥下，按照要求认真履行职责，落实有关控制措施。具体组织实施突发重大动物疫情应急处理工作。

（4）*农业农村部* 加强对省级兽医行政管理部门应急处理突发重大动物疫情工作的督导，根据需要组织有关专家协助疫情应急处置；并及时向有关省份通报情况。必要时，建议国务院协调有关部门给予必要的技术和物资支持。

3. 较大突发动物疫情（Ⅲ级）的应急响应

（1）*市（地）级人民政府* 市（地）级人民政府根据本级人民政府兽医行政管理部门的建议，启动应急预案，采取相应的综合应急措施。必要时，可向上级人民政府申请资金、物资和技术援助。

（2）*市（地）级人民政府兽医行政管理部门* 对较大突发动物疫情进行确认，并按照规定向当地人民政府、省级兽医行政管理部门和农业农村部报告调查处理情况。

（3）*省级人民政府兽医行政管理部门* 省级兽医行政管理部门要加强对疫情发生地疫情应急处理工作的督导，及时组织专家对地方疫情应急处理工作提供技术指导和支持，并向本省有关地区发出通报，及时采取预防控制措施，防止疫情扩散蔓延。

4. 一般突发动物疫情（Ⅳ级）的应急响应 县级地方人民政府根据本级人民政府兽医行政管理部门的建议，启动应急预案，组织有关部门开展疫情应急处置工作。县级人民政府兽医行政管理部门对一般突发重大动物疫情进行确认，并按照规定向本级人民政府和上一级兽医行政管理部门报告。市（地）级人民政府兽医行政管理部门应组织专家对疫情应急处理进行技术指导。省级人民政府兽医行政管理部门应根据需要提供技术支持。

5. 非突发重大动物疫情发生地区的应急响应 应根据发生疫情地区的疫情性质、特点、发生区域和发展趋势，分析本地区受波及的可能性和程度，重点做好以下工作：①密切保持与疫情发生地的联系，及时获取相关信息。②组织做好本区域应急处理所需的人员与物资准备。③开展对养殖、运输、屠宰和市场环节的动物疫情监测和防控工作，防止疫病的发生、传入和扩散。④开展动物防疫知识宣传，提高公众防护能力和意识。⑤按规定做好公路、铁路、航空、水运交通的检疫监督工作。

（三）应急处理人员的安全防护

要确保参与疫情应急处理人员的安全。针对不同的重大动物疫病，特别是一些重大人畜共患病，应急处理人员还应采取特殊的防护措施。

（四）突发重大动物疫情应急响应的终止

1. 应急响应终止的条件 突发重大动物疫情应急响应的终止需符合以下条件：疫区内所有的动物及其产品按规定处理后，经过该疫病的至少一个最长潜伏期无新的病例出现。

2. 突发重大动物疫情应急响应终止的程序

（1）*特别重大突发动物疫情* 由农业农村部对疫情控制情况进行评估，提出终止应急措施的建议，按程序报批宣布。

（2）*重大突发动物疫情* 由省级人民政府兽医行政管理部门对疫情控制情况进行评估，

提出终止应急措施的建议，按程序报批宣布，并向农业农村部报告。

（3）较大突发动物疫情 由市（地）级人民政府兽医行政管理部门对疫情控制情况进行评估，提出终止应急措施的建议，按程序报批宣布，并向省级人民政府兽医行政管理部门报告。

（4）一般突发动物疫情 由县级人民政府兽医行政管理部门对疫情控制情况进行评估，提出终止应急措施的建议，按程序报批宣布，并向上一级和省级人民政府兽医行政管理部门报告。

上级人民政府兽医行政管理部门及时组织专家对突发重大动物疫情应急措施终止的评估提供技术指导和支持。

六、善后处理

（一）后期评估

突发重大动物疫情扑灭后，各级兽医行政管理部门应在本级政府的领导下，组织有关人员对突发重大动物疫情的处理情况进行评估，提出改进建议和应对措施。

（二）奖励

县级以上人民政府对参加突发重大动物疫情应急处理做出贡献的先进集体和个人，进行表彰；对在突发重大动物疫情应急处理工作中英勇献身的人员，按有关规定追认为烈士。

（三）责任

对在突发重大动物疫情的预防、报告、调查、控制和处理过程中，有玩忽职守、失职、渎职等违纪违法行为的，依据有关法律法规追究当事人的责任。

（四）灾害补偿

按照各种重大动物疫病灾害补偿的规定，确定数额等级标准，按程序进行补偿。

（五）抚恤和补助

地方各级人民政府要组织有关部门对因参与应急处理工作致病、致残、死亡的人员，按照国家有关规定，给予相应的补助和抚恤。

（六）恢复生产

突发重大动物疫情扑灭后，取消贸易限制及流通控制等限制性措施。根据各种重大动物疫病的特点，对疫点和疫区进行持续监测，符合要求的，方可重新引进动物，恢复畜牧业生产。

（七）社会救助

发生重大动物疫情后，国务院民政部门应按《中华人民共和国公益事业捐赠法》和《救灾救济捐赠管理暂行办法》及国家有关政策规定，做好社会各界向疫区提供的救援物资及资金的接收、分配和使用工作。

七、疫情应急处置的保障

突发重大动物疫情发生后，县级以上地方人民政府应积极协调有关部门，做好突发重大动物疫情处理的应急保障工作。

（一）通信与信息保障

县级以上指挥部应将车载电台、对讲机等通信工具纳入紧急防疫物资储备范畴，按照规定做好储备保养工作。根据国家有关法规对紧急情况下的电话、电报、传真、通信频率等予以优先待遇。

（二）应急资源与装备保障

1. 应急队伍保障　县级以上各级人民政府要建立突发重大动物疫情应急处理预备队伍，具体实施扑杀、消毒、无害化处理等疫情处理工作。

2. 交通运输保障　运输部门要优先安排紧急防疫物资的调运。

3. 医疗卫生保障　卫生部门负责开展重大动物疫病（人畜共患病）的人间监测，做好有关预防保障工作。各级兽医行政管理部门在做好疫情处理的同时应及时通报疫情，积极配合卫生部门开展工作。

4. 治安保障　公安部门、武警部队要协助做好疫区封锁和强制扑杀工作，做好疫区安全保卫和社会治安管理。

5. 物资保障　各级兽医行政管理部门应按照计划建立紧急防疫物资储备库，储备足够的药品、疫苗、诊断试剂、器械、防护用品、交通及通信工具等。

6. 经费保障　各级财政部门为突发重大动物疫病防治工作提供合理而充足的资金保障。各级财政在保证防疫经费及时、足额到位的同时，要加强对防疫经费使用的管理和监督。各级政府应积极通过国际、国内等多渠道筹集资金，用于突发重大动物疫情应急处理工作。

（三）技术储备与保障

建立重大动物疫病防治专家委员会，负责疫病防控策略和方法的咨询，参与防控技术方案的策划、制定和执行。设置重大动物疫病的国家参考实验室，开展动物疫病诊断技术、防治药物、疫苗等的研究，做好技术和相关储备工作。

（四）培训和演习

各级兽医行政管理部门要对重大动物疫情处理预备队成员进行系统培训。在没有发生突发重大动物疫情状态下，农业农村部每年要有计划地选择部分地区举行演练，确保预备队扑灭疫情的应急能力。地方政府可根据资金和实际需要情况，组织训练。

（五）社会公众的宣传教育

县级以上地方人民政府应组织有关部门利用广播、影视、报刊、互联网、手册等多种形式对社会公众广泛开展突发重大动物疫情应急知识的普及教育，宣传动物防疫科普知识，指导群众以科学的行为和方式对待突发重大动物疫情。要充分发挥有关社会团体在普及动物防疫应急知识、科普知识方面的作用。

八、相关概念

（一）重大动物疫情

重大动物疫情是指陆生、水生动物突然发生重大疫病，且迅速传播，导致动物发病率或者死亡率高，给养殖业生产安全造成严重危害，或者可能对人民身体健康与生命安全造成危害的，具有重要经济社会影响和公共卫生意义。

（二）我国尚未发现的动物疫病

我国尚未发现的动物疫病是指疯牛病、非洲马瘟等在其他国家和地区已经发现，在我国尚未发生过的动物疫病。

（三）我国已消灭的动物疫病

我国已消灭的动物疫病是指牛瘟、牛肺疫等在我国曾发生过，但已扑灭净化的动物疫病。

（四）暴发

暴发是指在一定区域，动物疫病短时间内发生，波及范围广泛，出现大量患病动物或死亡病例，其发病率远远超过常年的发病水平。

（五）疫点

患病动物所在的地点划定为疫点，疫点一般是指患病禽类所在的禽场（户）或其他有关屠宰、经营单位。

（六）疫区

以疫点为中心的一定范围内的区域划定为疫区，疫区划分时注意考虑当地的饲养环境、天然屏障（如河流、山脉）和交通等因素。

（七）受威胁区

疫区外一定范围内的区域划定为受威胁区。

第二节　一、二、三类动物疫病病种名录

根据《中华人民共和国动物防疫法》有关规定，农业农村部对原《一、二、三类动物疫病病种名录》（农业部公告第 1125 号）进行了修订，于 2022 年 6 月 23 日重新发布了《一、二、三类动物疫病病种名录》（农业农村部公告第 573 号），自发布之日起施行。2008 年发布的农业部公告第 1125 号、2011 年发布的农业部公告第 1663 号、2013 年发布的农业部公告第 1950 号同时废止。

一、一类动物疫病

一类动物疫病（11 种）：口蹄疫、猪水疱病、非洲猪瘟、尼帕病毒性脑炎、非洲马瘟、牛海绵状脑病、牛瘟、牛传染性胸膜肺炎、痒病、小反刍兽疫、高致病性禽流感。

二、二类动物疫病

二类动物疫病（37 种），其中：

（一）多种动物共患病（7 种）

狂犬病、布鲁氏菌病、炭疽、蓝舌病、日本脑炎、棘球蚴病、日本血吸虫病。

（二）牛病（3 种）

牛结节性皮肤病、牛传染性鼻气管炎（传染性脓疱外阴阴道炎）、牛结核病。

（三）绵羊和山羊病（2 种）

绵羊痘和山羊痘、山羊传染性胸膜肺炎。

（四）马病（2 种）

马传染性贫血、马鼻疽。

（五）猪病（3 种）

猪瘟、猪繁殖与呼吸综合征、猪流行性腹泻。

（六）禽病（3 种）

新城疫、鸭瘟、小鹅瘟。

（七）兔病（1 种）

兔出血症。

（八）蜜蜂病（2 种）

美洲蜜蜂幼虫腐臭病、欧洲蜜蜂幼虫腐臭病。

（九）鱼类病（11 种）

鲤春病毒血症、草鱼出血病、传染性脾肾坏死病、锦鲤疱疹病毒病、刺激隐核虫病、淡水鱼细菌性败血症、病毒性神经坏死病、传染性造血器官坏死病、流行性溃疡综合征、鲫造血器官坏死病、鲤浮肿病。

（十）甲壳类病（3 种）

白斑综合征、十足目虹彩病毒病、虾肝肠胞虫病。

三、三类动物疫病

三类动物疫病（126 种），其中：

（一）多种动物共患病（25 种）

伪狂犬病、轮状病毒感染、产气荚膜梭菌病、大肠杆菌病、巴氏杆菌病、沙门氏菌病、李氏杆菌病、链球菌病、溶血性曼氏杆菌病、副结核病、类鼻疽、支原体病、衣原体病、附红细胞体病、Q 热、钩端螺旋体病、东毕吸虫病、华支睾吸虫病、囊尾蚴病、片形吸虫病、旋毛虫病、血矛线虫病、弓形虫病、伊氏锥虫病、隐孢子虫病。

（二）牛病（10 种）

牛病毒性腹泻、牛恶性卡他热、地方流行性牛白血病、牛流行热、牛冠状病毒感染、牛赤羽病、牛生殖道弯曲杆菌病、毛滴虫病、牛梨形虫病、牛无浆体病。

（三）绵羊和山羊病（7 种）

山羊关节炎/脑炎、梅迪-维斯纳病、绵羊肺腺瘤病、羊传染性脓疱皮炎、干酪性淋巴结炎、羊梨形虫病、羊无浆体病。

（四）马病（8 种）

马流行性淋巴管炎、马流感、马腺疫、马鼻肺炎、马病毒性动脉炎、马传染性子宫炎、马媾疫、马梨形虫病。

（五）猪病（13 种）

猪细小病毒感染、猪丹毒、猪传染性胸膜肺炎、猪波氏菌病、猪圆环病毒病、格拉瑟病、猪传染性胃肠炎、猪流感、猪丁型冠状病毒感染、猪塞内卡病毒感染、仔猪红痢、猪痢疾、猪增生性肠病。

（六）禽病（21 种）

禽传染性喉气管炎、禽传染性支气管炎、禽白血病、传染性法氏囊病、马立克病、禽痘、鸭病毒性肝炎、鸭浆膜炎、鸡球虫病、低致病性禽流感、禽网状内皮组织增殖病、鸡病毒性关节炎、禽传染性脑脊髓炎、鸡传染性鼻炎、禽坦布苏病毒感染、禽腺病毒感染、鸡传染性贫血、禽偏肺病毒感染、鸡红螨病、鸡坏死性肠炎、鸭呼肠孤病毒感染。

（七）兔病（2 种）

兔波氏菌病、兔球虫病。

（八）蚕、蜂病（8 种）

蚕多角体病、蚕白僵病、蚕微粒子病、蜂螨病、瓦螨病、亮热厉螨病、蜜蜂孢子虫病、白垩病。

（九）犬猫等动物病（10 种）

水貂阿留申病、水貂病毒性肠炎、犬瘟热、犬细小病毒病、犬传染性肝炎、猫泛白细胞减少症、猫嵌杯病毒感染、猫传染性腹膜炎、犬巴贝斯虫病、利什曼原虫病。

（十）鱼类病（11 种）

真鲷虹彩病毒病、传染性胰脏坏死病、牙鲆弹状病毒病、鱼爱德华氏菌病、链球菌病、细菌性肾病、杀鲑气单胞菌病、小瓜虫病、黏孢子虫病、三代虫病、指环虫病。

（十一）甲壳类病（5 种）

黄头病、桃拉综合征、传染性皮下和造血组织坏死病、急性肝胰腺坏死病、河蟹螺原体病。

（十二）贝类病（3 种）

鲍疱疹病毒病、奥尔森派琴虫病、牡蛎疱疹病毒病。

（十三）两栖与爬行类病（3 种）

两栖类蛙虹彩病毒病、鳖腮腺炎病、蛙脑膜炎败血症。

第三节　人畜共患传染病名录

根据《中华人民共和国动物防疫法》有关规定，农业农村部对原《人畜共患传染病名录》（农业部第 1149 号公告）进行了修订，于 2022 年 6 月 23 日重新发布了《人畜共患传染病名录》（农业农村部公告第 571 号），自发布之日起施行。2009 年发布的农业部第 1149 号公告同时废止。

《人畜共患传染病名录》共列举了 24 种人畜共患传染病，分别为牛海绵状脑病、高致病性禽流感、狂犬病、炭疽、布鲁氏菌病、弓形虫病、棘球蚴病、钩端螺旋体病、沙门氏菌病、牛结核病、日本血吸虫病、日本脑炎（流行性乙型脑炎）、猪链球菌Ⅱ型感染、旋毛虫病、囊尾蚴病、马鼻疽、李氏杆菌病、类鼻疽、片形吸虫病、鹦鹉热、Q 热、利什曼原虫病、尼帕病毒性脑炎、华支睾吸虫病。

第七单元　兽药管理法律制度

第一节 兽药管理条例

《兽药管理条例》于2004年3月24日经国务院第45次常务会议审议通过，根据2014年7月9日国务院第54次常务会议《国务院关于修改部分行政法规的决定》修正，根据2016年1月13日国务院第119次常务会议《国务院关于修改部分行政法规的决定》修正，根据2020年3月27日国务院令第726号《国务院关于修改和废止部分行政法规的决定》修改。

一、《兽药管理条例》概述

（一）立法目的

加强兽药管理，保证兽药质量，防治动物疾病，促进养殖业的发展，维护人体健康。

（二）调整对象

在中华人民共和国境内从事兽药的研制、生产、经营、进出口、使用和监督管理，应当遵守兽药管理条例。

（三）兽药行政管理

国务院兽医行政管理部门负责全国的兽药监督管理工作。县级以上地方人民政府兽医行政管理部门负责本行政区域内的兽药监督管理工作。

（四）兽用处方药和非处方药分类管理制度

国家实行兽用处方药和非处方药分类管理制度。兽用处方药和非处方药分类管理的办法和具体实施步骤，由国务院兽医行政管理部门规定。2013 年 8 月 1 日，农业部第 7 次常务会议审议通过了《兽用处方药和非处方药管理办法》，自 2014 年 3 月 1 日起施行。

（五）兽药储备制度

国家实行兽药储备制度。发生重大动物疫情、灾情或者其他突发事件时，国务院兽医行政管理部门可以紧急调用国家储备的兽药；必要时，也可以调用国家储备以外的兽药。

（六）相关名词术语定义

1. 兽药　兽药是指用于预防、治疗、诊断动物疾病或者有目的地调节动物生理机能的物质（含药物饲料添加剂），主要包括血清制品、疫苗、诊断制品、微生态制品、中药材、中成药、化学药品、抗生素、生化药品、放射性药品及外用杀虫剂、消毒剂等。

2. 兽用处方药　兽用处方药是指凭兽医处方笺方可购买和使用的兽药。

3. 兽用非处方药　兽用非处方药是指由国务院兽医行政管理部门公布的、不需要凭兽医处方笺就可以自行购买并按照说明书使用的兽药。

4. 兽药生产企业　兽药生产企业是指专门生产兽药的企业和兼产兽药的企业，包括从事兽药分装的企业。

5. 兽药经营企业　兽药经营企业是指经营兽药的专营企业或者兼营企业。

6. 新兽药　新兽药是指未曾在中国境内上市销售的兽用药品。

7. 兽药批准证明文件　兽药批准证明文件是指兽药产品批准文号、进口兽药注册证书、允许进口兽用生物制品证明文件、出口兽药证明文件、新兽药注册证书等文件。

二、兽药经营法律制度

为了保证兽药经营质量和动物用药的安全，我国对影响兽药经营质量的关键环节进行管理和控制。主要表现在以下三个方面：

（一）经营兽药的企业应具备的条件及审批程序

1. 经营兽药的企业必须具备的条件　经营兽药的企业必须具备以下条件：①有与所经营的兽药相适应的兽药技术人员；②有与所经营的兽药相适应的营业场所、设备、仓库设施；③有与所经营的兽药相适应的质量管理机构或者人员；④兽药经营质量管理规范规定的其他经营条件。

2. 审批程序　符合经营兽药条件的企业，可以向市、县人民政府兽医行政管理部门提出申请，并提供符合经营兽药应具备条件的证明材料。但经营兽用生物制品的企业，必须向省、自治区、直辖市人民政府兽医行政管理部门提出申请，并提供符合经营兽药应具备条件的证明材料。县级以上地方人民政府兽医行政管理部门在收到申请之日起 30 个工作日内完成审查，审查合格的，发给兽药经营许可证；不合格的，书面通知申请人。

（二）兽药经营许可证管理制度

1. 兽药经营许可证的内容及期限　兽药经营许可证应当载明经营范围、经营地点、有效期和法定代表人姓名、住址等事项。兽药经营许可证的有效期为 5 年。有效期届满，需要继续经营兽药的，必须在许可证有效期届满前 6 个月到发证机关申请换发兽药经营许可证。

2. 兽药经营许可证内容的变更　兽药经营许可证是取得兽药经营资格的法定凭证，兽药经营企业必须在兽药经营许可证载明的经营地点和经营范围内进行销售。兽药经营企业变更经营范围、经营地点的，必须按照开办兽药经营企业的条件和程序向发证机关申请换发兽药经营许可证。兽药经营企业变更企业名称、法定代表人事项时，应当在办理工商变更登记手续后15个工作日内，到发证机关申请换发兽药经营许可证。

3. 兽药经营许可证的收回 为了规范兽药经营许可证的使用行为，维护兽药经营许可证的严肃性，兽药经营企业停止经营超过6个月或者关闭的，发证机关应当责令兽药经营企业交回兽药经营许可证。

4. 兽药经营许可证的使用 兽药经营许可证是国家依法许可符合条件的企业从事兽药经营行为的法律凭证，任何单位和个人不得买卖、出租、出借，否则要承担法律责任。

（三）兽药经营管理法律制度

1. 兽药经营质量管理规范 兽药经营质量管理规范，国际上统称为Good Supply Practice，简称GSP，农业部于2010年1月15日发布了《兽药经营质量管理规范》（农业部2010年第3号令，2017年11月30日农业部令2017年第8号令修订）。目的是为了控制可能影响兽药质量的各种因素，消除发生质量问题的隐患，保证兽药的安全性、有效性和稳定性不会降低。该规范要求经营企业必须建立一整套质量保证体系，以规范企业兽药经营条件和行为，进而维护兽药经营市场的正常秩序。因此，兽药企业必须遵守《兽药经营质量管理规范》。县级以上地方人民政府兽医行政管理部门，必须对兽药经营企业是否符合兽药经营质量管理规范的要求进行监督检查，并对社会公开检查结果。

2. 购进兽药的核对制度 兽药经营企业购进兽药必须要进行质量控制，核对兽药产品与产品标签或者说明书是否与农业农村部公布的标签、说明书内容一致，产品有无质量合格证书。不一致或无产品质量合格证的兽药，不得购进。

3. 销售兽药管理制度 兽药经营企业应配备有药学专业知识的人员，销售兽药时必须向购买者说明兽药的功能主治、用法、用量和注意事项，注明兽用中药材的产地。禁止兽药经营企业销售人用药品和假、劣兽药。兽药经营企业销售兽用处方药的，应当遵守兽用处方药管理办法。

4. 购销兽药的记录制度 兽药不仅关系到动物的健康发展，而且也是关系到人身安全的特殊商品。所以国家对兽药经营企业购销活动实施特殊的管理措施，要求兽药经营企业购销兽药必须建立购销记录，购销记录应当载明兽药的商品名称、通用名称、剂型、规格、批号、有效期、生产厂商、购销单位、购销数量、购销日期和农业农村部规定的其他事项。实行购销兽药记录管理制度，有利于加强对兽药经营活动的监督管理，有利于保证动物用药安全，进而维护人类食品安全。

5. 兽药保管制度 兽药在生产、贮藏、使用过程中，光线、空气、温度、湿度等自然因素都会影响兽药的质量。因此，兽药经营企业应当建立兽药保管制度，采取必要的冷藏、防冻、防潮、防虫、防鼠等措施，保证所经营兽药的质量。兽药入库、出库，必须执行检查验收制度，并有准确记录。

6. 兽用生物制品的组织与供应制度 为了对动物疫病进行有效的控制，保障兽用生物制品的质量，国家对强制免疫所需兽用生物制品的经营实行强制性管理，要求经营强制免疫兽用生物制品的单位，必须符合农业农村部的规定。

7. 兽药广告审批制度 兽药广告的内容必须与兽药说明书内容一致，不得有误导、欺骗

和夸大的情形。兽药生产或经营企业在全国重点媒体发布兽药广告，必须取得农业农村部批准的兽药广告审查批准文号；在地方媒体发布兽药广告，必须取得省、自治区、直辖市人民政府兽医行政管理部门兽药广告审查批准文号。未经批准的，任何单位和个人不得发布兽药广告。

三、兽药使用法律制度

（一）用药记录管理制度

兽药使用单位，应当遵守国务院兽医行政管理部门制定的兽药安全使用规定，并建立用药记录。

（二）禁用兽药管理制度

禁止使用假、劣兽药以及国务院兽医行政管理部门规定禁止使用的药品和其他化合物。

（三）休药期管理制度

有休药期规定的兽药用于食用动物时，饲养者应当向购买者或者屠宰者提供准确、真实的用药记录；购买者或者屠宰者应当确保动物及其产品在用药期、休药期内不被用于食品消费。

（四）药物饲料添加剂管理制度

禁止在饲料和动物饮用水中添加激素类药品和国务院兽医行政管理部门规定的其他禁用药品。经批准可以在饲料中添加的兽药，应当由兽药生产企业制成药物饲料添加剂后方可添加。禁止将原料药直接添加到饲料及动物饮用水中或者直接饲喂动物。禁止将人用药品用于动物。

（五）兽药残留监控管理制度

1. 监控计划的制定　国务院兽医行政管理部门，应当制订并组织实施国家动物及动物产品兽药残留监控计划。

2. 检测计划的实施　县级以上人民政府兽医行政管理部门，负责组织对动物产品中兽药残留量的检测。兽药残留检测结果，由国务院兽医行政管理部门或者省、自治区、直辖市人民政府兽医行政管理部门按照权限予以公布。

3. 检测结果异议的处理　动物产品的生产者、销售者对检测结果有异议的，可以自收到检测结果之日起 7 个工作日内向组织实施兽药残留检测的兽医行政管理部门或者其上级兽医行政管理部门提出申请，由受理申请的兽医行政管理部门指定检验机构进行复检。

禁止销售含有违禁药物或者兽药残留量超过标准的食用动物产品。

（六）麻醉药品管理制度

兽用麻醉药品、精神药品、毒性药品和放射性药品等特殊药品，依照国家有关规定管理。

四、兽药监督管理法律制度

（一）兽药监督管理主体

1. 执法机构　县级以上人民政府兽医行政管理部门行使兽药监督管理权。

2. 检验机构　兽药检验工作由国务院兽医行政管理部门和省、自治区、直辖市人民政府兽医行政管理部门设立的兽药检验机构承担。国务院兽医行政管理部门，可以根据需要认定其他检验机构承担兽药检验工作。当事人对兽药检验结果有异议的，可以自收到检验结果之日起 7 个工作日内向实施检验的机构或者上级兽医行政管理部门设立的检验机构申请复检。

（二）兽药国家标准

兽药应当符合兽药国家标准。国家兽药典委员会拟定的、国务院兽医行政管理部门发布的《中华人民共和国兽药典》和国务院兽医行政管理部门发布的其他兽药质量标准为兽药国家标准。兽药国家标准的标准品和对照品的标定工作由国务院兽医行政管理部门设立的兽药检验机构负责。

（三）兽医行政管理部门的监督检查措施

兽医行政管理部门在进行监督检查时，根据需要采取下列措施：

1. 对有证据证明可能是假、劣兽药的，应当采取查封、扣押的行政强制措施。未经行政强制措施决定机关或者其上级机关批准，不得擅自转移、使用、销毁、销售被查封或者扣押的兽药及有关材料。

2. 自采取行政强制措施之日起 7 个工作日内，采取行政强制措施的兽医行政管理部门必须作出是否立案的决定。

3. 对于当场无法判定是否是假、劣兽药而需要实验室检验的物品，采取行政强制措施的兽医行政管理部门必须自检验报告书发出之日起 15 个工作日内作出是否立案的决定。

4. 对于不符合立案条件的，采取行政强制措施的兽医行政管理部门应当解除行政强制措施。

5. 需要暂停生产的，由国务院兽医行政管理部门或者省、自治区、直辖市人民政府兽医行政管理部门按照权限作出决定；需要暂停经营、使用的，由县级以上人民政府兽医行政管理部门按照权限作出决定。

（四）假兽药的判定标准

1. 有下列情形之一的，为假兽药：①以非兽药冒充兽药或者以他种兽药冒充此种兽药的；②兽药所含成分的种类、名称与兽药国家标准不符合的。

2. 有下列情形之一的，按照假兽药处理：①国务院兽医行政管理部门规定禁止使用的；②依照兽药管理条例规定应当经审查批准而未经审查批准即生产、进口的，或者依照兽药管理条例规定应当经抽查检验、审查核对而未经抽查检验、审查核对即销售、进口的；③变质的；④被污染的；⑤所标明的适应证或者功能主治超出规定范围的。

（五）劣兽药的判定标准

有下列情形之一的，为劣兽药：①成分含量不符合兽药国家标准或者不标明有效成分的；②不标明或者更改有效期或者超过有效期的；③不标明或者更改产品批号的；④其他不符合兽药国家标准，但不属于假兽药的。

（六）禁止性规定

禁止将兽用原料药拆零销售或者销售给兽药生产企业以外的单位和个人。禁止未经兽医开具处方销售、购买、使用国务院兽医行政管理部门规定实行处方药管理的兽药。禁止买卖、出租、出借兽药生产许可证、兽药经营许可证和兽药批准证明文件。

（七）兽药不良反应报告制度

国家实行兽药不良反应报告制度。兽药生产企业、经营企业、兽药使用单位和开具处方的兽医人员发现可能与兽药使用有关的严重不良反应，应当立即向所在地人民政府兽医行政管理部门报告。

五、法律责任

（一）经营假、劣兽药，或无证经营兽药，或者经营人用药品的法律责任

违反兽药管理条例规定，无兽药生产许可证、兽药经营许可证生产、经营兽药的，或者虽有兽药生产许可证、兽药经营许可证，生产、经营假、劣兽药的，或者兽药经营企业经营人用药品的，责令其停止生产、经营，没收用于违法生产的原料、辅料、包装材料及生产、经营的兽药和违法所得，并处违法生产、经营的兽药（包括已出售的和未出售的兽药）货值金额2倍以上5倍以下罚款，货值金额无法查证核实的，处10万元以上20万元以下罚款。无兽药生产许可证生产兽药，情节严重的，没收其生产设备；生产、经营假、劣兽药（包括已出售的和未出售的兽药），情节严重的，吊销兽药生产许可证、兽药经营许可证；构成犯罪的，依法追究刑事责任；给他人造成损失的，依法承担赔偿责任。生产、经营企业的主要负责人和直接负责的主管人员终身不得从事兽药的生产、经营活动。

（二）未按兽药安全使用规定使用兽药违法行为的法律责任

违反兽药管理条例规定，未按照国家有关兽药安全使用规定使用兽药的、未建立用药记录或者记录不完整真实的，或者使用禁止使用的药品和其他化合物的，或者将人用药品用于动物的，责令其立即改正，并对饲喂了违禁药物及其他化合物的动物及其产品进行无害化处理；对违法单位处1万元以上5万元以下罚款；给他人造成损失的，依法承担赔偿责任。

（三）违法销售尚在用药期、休药期，或者销售含有违禁药物和兽药残留超标的动物产品的法律责任

违反兽药管理条例规定，销售尚在用药期、休药期内的动物及其产品用于食品消费的，或者销售含有违禁药物和兽药残留超标的动物产品用于食品消费的，责令其对含有违禁药物和兽药残留超标的动物产品进行无害化处理，没收违法所得，并处3万元以上10万元以下罚款；构成犯罪的，依法追究刑事责任；给他人造成损失的，依法承担赔偿责任。

（四）擅自转移、使用、销毁、销售被查封或者扣押的兽药及有关材料违法行为的法律责任

违反兽药管理条例规定，擅自转移、使用、销毁、销售被查封或者扣押的兽药及有关材料的，责令其停止违法行为，给予警告，并处5万元以上10万元以下罚款。

（五）不按规定报告与兽药使用有关的严重不良反应违法行为的法律责任

违反兽药管理条例规定，兽药生产企业、经营企业、兽药使用单位和开具处方的兽医人员发现可能与兽药使用有关的严重不良反应，不向所在地人民政府兽医行政管理部门报告的，给予警告，并处5 000元以上1万元以下罚款。

（六）不按规定销售、购买、使用兽用处方药违法行为的法律责任

违反兽药管理条例规定，未经兽医开具处方销售、购买、使用兽用处方药的，责令其限期改正，没收违法所得，并处5万元以下罚款；给他人造成损失的，依法承担赔偿责任。

（七）违反规定销售原料药，或者拆零销售原料药违法行为的法律责任

违反兽药管理条例规定，兽药生产、经营企业把原料药销售给兽药生产企业以外的单位和个人的，或者兽药经营企业拆零销售原料药的，责令其立即改正，给予警告，没收违法所得，并处2万元以上5万元以下罚款；情节严重的，吊销兽药生产许可证、兽药经营许可证；给他人造成损失的，依法承担赔偿责任。

（八）不按规定添加药品违法行为的法律责任

违反兽药管理条例规定，在饲料和动物饮用水中添加激素类药品和国务院兽医行政管理部门规定的其他禁用药品，依照《饲料和饲料添加剂管理条例》的有关规定处罚；直接将原料药添加到饲料及动物饮用水中，或者饲喂动物的，责令其立即改正，并处1万元以上3万元以下罚款；给他人造成损失的，依法承担赔偿责任。

第二节　兽药经营质量管理规范

《兽药经营质量管理规范》于2010年1月15日农业部令2010年第3号公布，2017年11月30日农业部令2017年第8号令修订。

兽药是一种特殊的商品，在生产、经营过程中，由于内外因素的作用，随时都可能出现质量问题，因此，必须在各环节采取严格的控制措施。才能从根本上保证兽药质量。兽药经营质量管理规范是在兽药流通过程中，针对计划采购、购进验收、储存养护、销售及售后服务等环节制定的防止质量事故发生、保证兽药符合质量标准的一整套管理标准和规程，其核心是通过严格的管理制度来约束兽药经营企业的行为，对兽药经营全过程进行质量控制，防止质量事故发生，对售出兽药实施有效追踪，保证向用户提供合格的兽药。

一、场所与设施

1. 对营业场所及仓库的要求　兽药经营企业应当具有固定的经营场所和仓库，其面积应符合省级兽医行政管理部门的规定。经营场所和仓库应布局合理，相对独立。经营场所和仓库的地面、墙壁、顶棚等应当平整、光洁，门、窗应当严密、易清洁。经营场所的面积、设施和设备应当与经营的兽药品种、经营规模相适应。兽药经营区域与生活区域、动物诊疗区域应当分别独立设置，避免交叉污染。

兽药经营企业应当具有与经营的兽药品种、经营规模适应并能够保证兽药质量的常温库、阴凉库（柜）、冷库（柜）等仓库和相关设施、设备。仓库面积和相关设施、设备应当满足合格兽药区、不合格兽药区、待验兽药区、退货兽药区等不同区域划分和不同兽药品种分区、分类保管、储存的要求。

变更经营场所面积以及变更仓库位置，增加、减少仓库数量、面积以及相关设施、设备的，应当在变更后30个工作日内向发证机关备案。

2. 对经营地点的要求　兽药经营企业的经营地点必须与《兽药经营许可证》载明的地点一致，变更经营地点的，应当申请换发兽药经营许可证。《兽药经营许可证》应当悬挂在经营场所的显著位置。

3. 对设施设备的要求　兽药经营企业的经营场所和仓库必须具有以下设施、设备：①与经营兽药相适应的货架、柜台；②避光、通风、照明的设施、设备；③与储存兽药相适应的控制温度、湿度的设施、设备；④防尘、防潮、防霉、防污染和防虫、防鼠、防鸟的设施、设备；⑤进行卫生清洁的设施、设备等；⑥实施兽药电子追溯管理的相关设备。

兽药经营企业经营场所和仓库的设施、设备应当齐备、整洁、完好，并根据兽药品种、类别、用途等设立醒目标志。兽药直营连锁经营企业在同一县（市）内有多家经营门店的，可以统一配置仓储和相关设施、设备。

二、机构与人员

目前，我国兽药经营企业发展水平还不均衡，区域间差距较大，因此，《兽药经营质量管理规范》没有强制性要求兽药经营企业必须建立质量管理机构，而是规定有条件的兽药经营企业，可以建立质量管理机构，由企业根据实际经营情况自愿建立。同时，为了加强人员的管理，确保兽药质量，对兽药经营企业负责人、主管质量的负责人、质量管理机构的负责人以及质量管理人员的资质进行了规范。兽药企业在经营过程中，其主管质量的负责人、质量管理机构的负责人、质量管理人员发生变更的，必须在变更后30个工作日内向发放《兽药经营许可证》的机关备案。

1. 对企业负责人的要求　兽药经营企业直接负责的主管人员应当熟悉兽药管理法律、法规及政策规定，具备相应兽药专业知识。

2. 对主管质量管理的负责人和质量管理机构的负责人的要求　兽药经营企业应当配备与经营兽药相适应的质量管理人员。兽药经营企业主管质量的负责人和质量管理机构的负责人应当具备相应兽药专业知识，且其专业学历或技术职称应当符合省、自治区、直辖市人民政府兽医行政管理部门的规定。

3. 对兽药质量管理人员的要求　兽药质量管理人员应当具有兽药、兽医等相关专业中专以上学历，或者具有兽药、兽医等相关专业初级以上专业技术职称。经营兽用生物制品的，兽药质量管理人员应当具有兽药、兽医等相关专业大专以上学历，或者具有兽药、兽医等相关专业中级以上专业技术职称，并具备兽用生物制品专业知识。兽药质量管理人员不得在本企业以外的其他单位兼职。

4. 对从事兽药采购、保管、销售、技术服务等工作人员的要求　兽药经营企业从事兽药采购、保管、销售、技术服务等工作的人员，应当具有高中以上学历，并具有相应兽药、兽医等专业知识，熟悉兽药管理法律、法规及政策规定。

5. 培训要求　兽药经营企业应当制订培训计划，定期对员工进行兽药管理法律、法规、政策规定和相关专业知识、职业道德培训、考核，并建立培训、考核档案。

三、规章制度

1. 建立质量管理体系，制定质量管理文件　兽药经营企业必须建立质量管理体系，制定管理制度、操作程序等质量管理文件。质量管理文件应当包括以下内容：①企业质量管理目标；②企业组织机构、岗位和人员职责；③对供货单位和所购兽药的质量评估制度；④兽药采购、验收、入库、陈列、储存、运输、销售、出库等环节的管理制度；⑤环境卫生的管理制度；⑥兽药不良反应报告制度；⑦不合格兽药和退货兽药的管理制度；⑧质量事故、质量查询和质量投诉的管理制度；⑨企业记录、档案和凭证的管理制度；⑩质量管理培训、考核制度；⑪兽药产品追溯管理制度。

2. 建立兽药购销、入库、出库等记录　兽药经营企业必须建立以下记录：①人员培训、考核记录；②控制温度、湿度的设施、设备的维护、保养、清洁、运行状态记录；③兽药质量评估记录；④兽药采购、验收、入库、储存、销售、出库等记录；⑤兽药清查记录；⑥兽药质量投诉、质量纠纷、质量事故、不良反应等记录；⑦不合格兽药和退货兽药的处理记录；⑧兽医行政管理部门的监督检查情况记录；⑨兽药产品追溯记录。记录应当真实、准确、完整、清晰，不得随意涂改、伪造和变造。确需修改的，应当签名、注明日期，原数据应当清晰可辨。

3. 建立质量管理档案　兽药经营企业必须建立兽药质量管理档案，设置档案管理室或者档案柜，并由专人负责。质量管理档案必须包括：①人员档案、培训档案、设备设施档案、供应商质量评估档案、产品质量档案；②开具的处方、进货及销售凭证；③购销记录及兽药经营质量管理规范规定的其他记录。质量管理档案不得涂改，保存期限不得少于2年；购销等记录和凭证应当保存至产品有效期后一年。

四、采购与入库

1. 采购管理　兽药经营企业应当采购合法兽药产品，必须对供货单位的资质、质量保证能力、质量信誉和产品批准证明文件进行审核，并与供货单位签订采购合同。购进兽药时，必须依照国家兽药管理规定、兽药标准和合同约定，对每批兽药的包装、标签、说明书、质量合格证等内容进行检查，符合要求的方可购进。必要时，应当对购进兽药进行检验或者委托兽药检验机构进行检验，检验报告应当与产品质量档案一起保存。

兽药经营企业必须保存采购兽药的有效凭证，建立真实、完整的采购记录，做到有效凭证、账、货相符。采购记录应当载明兽药的通用名称、商品名称、批准文号、批号、剂型、规格、有效期、生产单位、供货单位、购入数量、购入日期、经手人或者负责人等内容。

2. 入库管理　兽药入库时，应当进行检查验收，将兽药入库的信息上传兽药产品追溯系统，并做好记录。有以下情形之一的兽药，不得入库：①与进货单不符的；②内、外包装破损可能影响产品质量的；③没有标识或者标识模糊不清的；④质量异常的；⑤其他不符合规定的。兽用生物制品入库，应当由两人以上进行检查验收。

五、陈列与储存

1. 陈列、储存要求　陈列、储存兽药必须符合以下要求：①按照品种、类别、用途以及温度、湿度等储存要求，分类、分区或者专库存放；②按照兽药外包装图示标志的要求搬运和存放；③与仓库地面、墙、顶等之间保持一定间距；④内用兽药与外用兽药分开存放，兽用处方药与非处方药分开存放；易串味兽药、危险药品等特殊兽药与其他兽药分库存放；⑤待验兽药、合格兽药、不合格兽药、退货兽药分区存放；⑥同一企业同一批号的产品集中存放。

2. 识别标识要求　不同区域、不同类型的兽药应当具有明显的识别标识。标识应当放置准确、字迹清楚。不合格兽药以红色字体标识；待验和退货兽药以黄色字体标识；合格兽药以绿色字体标识。

3. 兽药经营企业应当定期对兽药及其陈列、储存的条件和设施、设备的运行状态进行检查，并做好记录。

4. 兽药经营企业应当及时清查兽医行政管理部门公布的假劣兽药，并做好记录。

六、销售与运输

1. 遵循先产先出和按批号出库的原则　兽药经营企业销售兽药，应当遵循先产先出和

按批号出库的原则。兽药出库时，应当进行检查、核对，建立出库记录，并将出库信息上传兽药产品追溯系统。兽药出库记录应当包括兽药通用名称、商品名称、批号、剂型、规格、生产厂商、数量、日期、经手人或者负责人等内容。有以下情形之一的兽药，不得出库销售：①标识模糊不清或者脱落的；②外包装出现破损、封口不牢、封条严重损坏的；③超出有效期限的；④其他不符合规定的。

2. 建立销售记录　兽药经营企业必须建立销售记录。销售记录应当载明兽药通用名称、商品名称、批准文号、批号、有效期、剂型、规格、生产厂商、购货单位、销售数量、销售日期、经手人或者负责人等内容。

3. 开具有效凭证　兽药经营企业销售兽药，应当开具有效凭证，做到有效凭证、账、货、记录相符。

4. 销售兽药的其他规定　兽药经营企业销售兽用处方药的，应当遵守兽用处方药管理规定；销售兽用中药材、中药饮片的，应当注明产地。兽药拆零销售时，不得拆开最小销售单元。

5. 经营特殊兽药的要求　兽药经营企业经营兽用麻醉药品、精神药品、易制毒化学药品、毒性药品、放射性药品等特殊药品，除遵守《兽药经营质量管理规范》外，还应当遵守国家其他有关规定。

6. 运输要求　兽药经营企业必须按照兽药外包装图示标志的要求运输兽药。有温度控制要求的兽药，在运输时应当采取必要的温度控制措施，并建立详细记录。

七、售后服务

1. 正确宣传　兽药经营企业必须按照兽医行政管理部门批准的兽药标签、说明书及其他规定进行宣传，不得误导购买者。

2. 提供技术咨询服务　兽药经营企业必须向购买者提供技术咨询服务，在经营场所明示服务公约和质量承诺，指导购买者科学、安全、合理使用兽药。

3. 收集、报告兽药使用信息　兽药经营企业应当注意收集兽药使用信息，发现假、劣兽药和质量可疑兽药以及严重兽药不良反应时，应当及时向所在地兽医行政管理部门报告，并根据规定做好相关工作。

第三节　兽用处方药和非处方药管理办法

《兽用处方药和非处方药管理办法》于 2013 年 8 月 1 日经农业部第 7 次常务会议审议通过，自 2014 年 3 月 1 日起施行。

兽药是用于预防、治疗、诊断动物疾病或者有目的地调节动物生理机能的特殊商品。合理使用兽药，可以有效防治动物疾病，促进养殖业的健康发展，使用不当、使用过量或违规使用，将会造成动物或动物源性产品质量安全风险。目前，一些应当严格控制使用的兽药，如兽用抗生素、镇静药等，可以随意购买。这种自由销售状态，导致养殖户在没有足够专业知识的情况下，自行购买、不合理使用兽药，给畜产品质量安全造成极大威胁。因此，出台兽用处方药和非处方药分类管理制度，进一步加强兽药监管，对减少兽药的滥用，促进合理用药，提高动物源性产品质量安全具有重要意义，也符合国际通行做法。

一、兽药分类管理制度

国家对兽药实行分类管理，根据兽药的安全性和使用风险程度，将兽药分为兽用处方药和非处方药。兽用处方药是指凭兽医处方笺方可购买和使用的兽药。兽用非处方药是指不需要兽医处方笺即可自行购买并按照说明书使用的兽药。哪些兽药应当作为兽用处方药管理、哪些作为非处方药管理，不是兽药生产企业或经营企业自行决定，而是农业农村部组织有关专家进行遴选并批准。

截至2016年12月，农业部公布了两批兽用处方药品种目录，遴选出9类246个品种；兽用处方药目录以外的兽药为兽用非处方药。

二、兽用处方药和非处方药标识制度

1. 兽用处方药　兽用处方药的标签和说明书应当标注“兽用处方药”字样，不再标注“兽用”；属于外用药的，还应当按照规定标注“外用药”。对附加在包装盒内的说明书，“兽用处方药”标识的颜色可与说明书文字颜色一致。不得通过粘贴或盖章方式对产品的标签和说明书增加“兽用处方药”标识。最小包装为安瓿、西林瓶等产品的，如受包装尺寸限制，瓶身标签可以不标注“兽用处方药”标识。

2. 兽用非处方药　兽用非处方药的标签和说明书应当标注“兽用非处方药”字样。但是，鉴于目前兽用处方药目录仍在完善过程中，兽用处方药品种目录外的兽药品种目前可以不标注“兽用非处方药”标识。标注“兽用非处方药”的，不再标注“兽用”。

3. 进口兽药　进口兽药的标签和说明书应当按照农业农村部公告批准的内容印制，属于兽用处方药的品种，应当增加“兽用处方药”标识。

4. 兽用原料药　兽用原料药不属于制剂，标签只需标注“兽用”标识。

5. 对标识字样的要求　“兽用处方药”和“兽用非处方药”字样应当在标签和说明书的右上角以宋体红色标注，背景应当为白色，字体大小根据实际需要设定，但必须醒目、清晰。

三、兽用处方药经营制度

兽药经营者应当在经营场所显著位置悬挂或者张贴“兽用处方药必须凭兽医处方购买”的提示语。兽药经营者对兽用处方药、兽用非处方药应当分区或分柜摆放。兽用处方药不得采用开架自选方式销售。兽药经营者应当对兽医处方笺进行查验，单独建立兽用处方药的购销记录，并保存2年以上。

四、兽医处方权制度

兽医处方笺由依法注册的执业兽医按照其注册的执业范围开具。兽用处方药凭兽医处方笺方可买卖，但是考虑到兽药进出口以及兽药生产经营者等批量购买兽药的行为，属于生产与使用的中间环节，不是直接使用兽药的行为；同时，聘有专职执业兽医的动物饲养场、动物园等单位可以保障处方药的正确使用。为便于兽用处方药的流通和使用，《兽用处方药和非处方药管理办法》规定以下情形无须凭兽医处方笺买卖兽用处方药：①进出口兽用处方药的；②向动物诊疗机构、科研单位、动物疫病预防控制机构和其他兽药生产企业、经营者销

售兽用处方药的；③向聘有依照《执业兽医管理办法》规定注册的专职执业兽医的动物饲养场（养殖小区）、动物园、实验动物饲育场等销售兽用处方药的。

五、兽医处方笺基本要求

兽医处方笺应当记载下列事项：畜主姓名或动物饲养场名称；动物种类、年（日）龄、体重及数量；诊断结果；兽药通用名称、规格、数量、用法、用量及休药期；开具处方日期及开具处方执业兽医注册号和签章。处方笺一式三联，第一联由开具处方药的动物诊疗机构或执业兽医保存，第二联由兽药经营者保存，第三联由畜主或动物饲养场保存。动物饲养场（养殖小区）、动物园、实验动物饲育场等单位专职执业兽医开具的处方笺由专职执业兽医所在单位保存。处方笺应当保存二年以上。

兽用处方药应当依照处方笺所载事项使用。兽用麻醉药品、精神药品、毒性药品等特殊药品的生产、销售和使用，还应当遵守国家有关规定。

六、兽用处方药和非处方药监督管理制度

农业农村部主管全国兽用处方药和非处方药管理工作。县级以上地方人民政府兽医行政管理部门负责本行政区域内兽用处方药和非处方药的监督管理，具体工作可以委托所属执法机构承担。

兽药生产企业应当跟踪本企业所生产兽药的安全性和有效性，发现不适合按兽用非处方药管理的，应当及时向农业农村部报告。兽药经营者、动物诊疗机构、行业协会或者其他组织和个人发现兽用非处方药有前款规定情形的，应当向当地兽医行政管理部门报告。

七、法律责任

1. 不按规定标注“兽用处方药”和“兽用非处方药”字样的法律责任　不按规定在标签和说明书标注“兽用处方药”和“兽用非处方药”字样，或标注字样不符合规定的，责令其限期改正；逾期不改正的，按照生产、经营假兽药处罚；有兽药产品批准文号的，撤销兽药产品批准文号；给他人造成损失的，依法承担赔偿责任。

2. 未经注册执业兽医开具处方销售、购买、使用兽用处方药的法律责任　未经注册执业兽医开具处方销售、购买、使用兽用处方药的，责令其限期改正，没收违法所得，并处5万元以下罚款；给他人造成损失的，依法承担赔偿责任。

3. 其他违法行为的法律责任　违反《兽用处方药和非处方药管理办法》的规定，有下列情形之一的，给予警告，责令其限期改正；逾期不改正的，责令停止兽药经营活动，并处5万元以下罚款；情节严重的，吊销兽药经营许可证；给他人造成损失的，依法承担赔偿责任：①兽药经营者未在经营场所明显位置悬挂或者张贴提示语的；②兽用处方药与兽用非处方药未分区或分柜摆放的；③兽用处方药采用开架自选方式销售的；④兽医处方笺和兽用处方药购销记录未按规定保存的。

第四节　兽用处方药品种目录

根据《兽药管理条例》和《兽用处方药和非处方药管理办法》规定，截至2019年12

月，农业农村部组织制定了三批兽用处方药品种目录。

一、兽用处方药品种目录（第一批）

《兽用处方药品种目录（第一批）》（2013年农业部公告第1997号），于2013年9月30日发布，自2014年3月1日起施行。

（一）抗微生物药

抗微生物药共150个品种，其中：

1. 抗生素类（79个品种）

（1）β-内酰胺类（16个品种）　注射用青霉素钠、注射用青霉素钾、氨苄西林混悬注射液、氨苄西林可溶性粉、注射用氨苄西林钠、注射用氯唑西林钠、阿莫西林注射液、注射用阿莫西林钠、阿莫西林片、阿莫西林可溶性粉、阿莫西林克拉维酸钾注射液、阿莫西林硫酸黏菌素注射液、注射用苯唑西林钠、注射用普鲁卡因青霉素、普鲁卡因青霉素注射液、注射用苄星青霉素。

（2）头孢菌素类（5个品种）　注射用头孢噻呋、盐酸头孢噻呋注射液、注射用头孢噻呋钠、头孢氨苄注射液、硫酸头孢喹肟注射液。

（3）氨基糖苷类（15个品种）　注射用硫酸链霉素、注射用硫酸双氢链霉素、硫酸双氢链霉素注射液、硫酸卡那霉素注射液、注射用硫酸卡那霉素、硫酸庆大霉素注射液、硫酸安普霉素注射液、硫酸安普霉素可溶性粉、硫酸安普霉素预混剂、硫酸新霉素溶液、硫酸新霉素粉（水产用）、硫酸新霉素预混剂、硫酸新霉素可溶性粉、盐酸大观霉素可溶性粉、盐酸大观霉素盐酸林可霉素可溶性粉。

（4）四环素类（11个品种）　土霉素注射液、长效土霉素注射液、盐酸土霉素注射液、注射用盐酸土霉素、长效盐酸土霉素注射液、四环素片、注射用盐酸四环素、盐酸多西环素粉（水产用）、盐酸多西环素可溶性粉、盐酸多西环素片、盐酸多西环素注射液。

（5）大环内酯类（14个品种）　红霉素片、注射用乳糖酸红霉素、硫氰酸红霉素可溶性粉、泰乐菌素注射液、注射用酒石酸泰乐菌素、酒石酸泰乐菌素可溶性粉、酒石酸泰乐菌素磺胺二甲嘧啶可溶性粉、磷酸泰乐菌素磺胺二甲嘧啶预混剂、替米考星注射液、替米考星可溶性粉、替米考星预混剂、替米考星溶液、磷酸替米考星预混剂、酒石酸吉他霉素可溶性粉。

（6）酰胺醇类（12个品种）　氟苯尼考粉、氟苯尼考粉（水产用）、氟苯尼考注射液、氟苯尼考可溶性粉、氟苯尼考预混剂、氟苯尼考预混剂（50%）、甲砜霉素注射液、甲砜霉素粉、甲砜霉素粉（水产用）、甲砜霉素可溶性粉、甲砜霉素片、甲砜霉素颗粒。

（7）林可胺类（5个品种）　盐酸林可霉素注射液、盐酸林可霉素片、盐酸林可霉素可溶性粉、盐酸林可霉素预混剂、盐酸林可霉素硫酸大观霉素预混剂。

（8）其他（1个品种）　延胡索酸泰妙菌素可溶性粉。

2. 合成抗菌药（71个品种）

（1）磺胺类药（21个品种）　复方磺胺嘧啶预混剂、复方磺胺嘧啶粉（水产用）、磺胺对甲氧嘧啶二甲氧苄啶预混剂、复方磺胺对甲氧嘧啶粉、磺胺间甲氧嘧啶粉、磺胺间甲氧嘧啶预混剂、复方磺胺间甲氧嘧啶可溶性粉、复方磺胺间甲氧嘧啶预混剂、磺胺间甲氧嘧啶钠粉（水产用）、磺胺间甲氧嘧啶钠可溶性粉、复方磺胺间甲氧嘧啶钠粉、复方磺胺间甲氧嘧

啶钠可溶性粉、复方磺胺二甲嘧啶粉（水产用）、复方磺胺二甲嘧啶可溶性粉、复方磺胺甲噁唑粉、复方磺胺甲噁唑粉（水产用）、复方磺胺氯达嗪钠粉、磺胺氯吡嗪钠可溶性粉、复方磺胺氯吡嗪钠预混剂、磺胺喹噁啉二甲氧苄啶预混剂、磺胺喹啉钠可溶性粉。

（2）喹诺酮类药（48个品种）* 　恩诺沙星注射液、恩诺沙星粉（水产用）、恩诺沙星片、恩诺沙星溶液、恩诺沙星可溶性粉、恩诺沙星混悬液、盐酸恩诺沙星可溶性粉、乳酸环丙沙星可溶性粉、乳酸环丙沙星注射液、盐酸环丙沙星注射液、盐酸环丙沙星可溶性粉、盐酸环丙沙星盐酸小檗碱预混剂、维生素C磷酸酯镁盐酸环丙沙星预混剂、盐酸沙拉沙星注射液、盐酸沙拉沙星片、盐酸沙拉沙星可溶性粉、盐酸沙拉沙星溶液、甲磺酸达氟沙星注射液、甲磺酸达氟沙星溶液、甲磺酸达氟沙星粉、甲磺酸培氟沙星可溶性粉、甲磺酸培氟沙星注射液、甲磺酸培氟沙星颗粒、盐酸二氟沙星片、盐酸二氟沙星注射液、盐酸二氟沙星粉、盐酸二氟沙星溶液、诺氟沙星粉（水产用）、诺氟沙星盐酸小檗碱预混剂（水产用）、乳酸诺氟沙星可溶性粉（水产用）、乳酸诺氟沙星注射液、烟酸诺氟沙星注射液、烟酸诺氟沙星可溶性粉、烟酸诺氟沙星溶液、烟酸诺氟沙星预混剂（水产用）、噁喹酸散、噁喹酸混悬液、噁喹酸溶液、氟甲喹可溶性粉、氟甲喹粉、盐酸洛美沙星片、盐酸洛美沙星可溶性粉、盐酸洛美沙星注射液、氧氟沙星片、氧氟沙星可溶性粉、氧氟沙星注射液、氧氟沙星溶液（酸性）、氧氟沙星溶液（碱性）。

（3）其他（2个品种）　乙酰甲喹片、乙酰甲喹注射液。

（二）抗寄生虫药

抗寄生虫药共15个品种，其中：

1. 抗蠕虫药（7个品种）　阿苯达唑硝氯酚片、甲苯咪唑溶液（水产用）、硝氯酚伊维菌素片、阿维菌素注射液、碘硝酚注射液、精制敌百虫片、精制敌百虫粉（水产用）。

2. 抗原虫药（5个品种）　注射用三氮脒、注射用喹嘧胺、盐酸吖啶黄注射液、甲硝唑片、地美硝唑预混剂。

3. 杀虫药（3个品种）　辛硫磷溶液（水产用）、氯氰菊酯溶液（水产用）、溴氰菊酯溶液（水产用）。

（三）中枢神经系统药物

中枢神经系统药物共20个品种，其中：

1. 中枢兴奋药（5个品种）　安钠咖注射液、尼可刹米注射液、樟脑磺酸钠注射液、硝酸士的宁注射液、盐酸苯噁唑注射液。

2. 镇静药与抗惊厥药（6个品种）　盐酸氯丙嗪片、盐酸氯丙嗪注射液、地西泮片、地西泮注射液、苯巴比妥片、注射用苯巴比妥钠。

3. 麻醉性镇痛药（2个品种）　盐酸吗啡注射液、盐酸哌替啶注射液。

4. 全身麻醉药与化学保定药（7个品种）　注射用硫喷妥钠、注射用异戊巴比妥钠、盐酸氯胺酮注射液、复方氯胺酮注射液、盐酸赛拉嗪注射液、盐酸赛拉唑注射液、氯化琥珀胆碱注射液。

---

* 用于食品动物的洛美沙星、培氟沙星、氧氟沙星、诺氟沙星4种原料药的各种盐、酯及其各种制剂，经评价，认为可能对养殖业、人体健康造成危害或者存在潜在风险，因此，自2015年12月31日起停止生产，自2016年12月31日起停止经营、使用（农业部公告第2292号，2015年9月1日）。

（四）外周神经系统药物

外周神经系统药物共 9 个品种，其中：

1. 拟胆碱药（2 个品种）　氯化氨甲酰甲胆碱注射液、甲硫酸新斯的明注射液。

2. 抗胆碱药（3 个品种）　硫酸阿托品片、硫酸阿托品注射液、氢溴酸东莨菪碱注射液。

3. 拟肾上腺素药（2 个品种）　重酒石酸去甲肾上腺素注射液、盐酸肾上腺素注射液。

4. 局部麻醉药（2 个品种）　盐酸普鲁卡因注射液、盐酸利多卡因注射液。

（五）抗炎药

抗炎药共 7 个品种，包括氢化可的松注射液、醋酸可的松注射液、醋酸氢化可的松注射液、醋酸泼尼松片、地塞米松磷酸钠注射液、醋酸地塞米松片、倍他米松片。

（六）泌尿生殖系统药物

泌尿生殖系统药物 9 个品种，包括丙酸睾酮注射液、苯丙酸诺龙注射液、苯甲酸雌二醇注射液、黄体酮注射液、注射用促黄体释放激素 A2、注射用促黄体释放激素 A3、注射用复方鲑鱼促性腺激素释放激素类似物、注射用复方绒促性素 A 型、注射用复方绒促性素 B 型。

（七）抗过敏药

抗过敏药 3 个品种，包括盐酸苯海拉明注射液、盐酸异丙嗪注射液、马来酸氯苯那敏注射液。

（八）局部用药物

局部用药物 8 个品种，包括注射用氯唑西林钠、头孢氨苄乳剂、苄星氯唑西林注射液、氯唑西林钠氨苄西林钠乳剂（泌乳期）、氨苄西林钠氯唑西林钠乳房注入剂（泌乳期）、盐酸林可霉素硫酸新霉素乳房注入剂（泌乳期）、盐酸林可霉素乳房注入剂（泌乳期）、盐酸吡利霉素乳房注入剂（泌乳期）。

（九）解毒药

解毒药 6 个品种，其中：

1. 金属络合剂（2 个品种）　二巯丙醇注射液、二巯丙磺钠注射液。

2. 胆碱酯酶复活剂（1 个品种）　碘解磷定注射液。

3. 高铁血红蛋白还原剂（1 个品种）　亚甲蓝注射液。

4. 氰化物解毒剂（1 个品种）　亚硝酸钠注射液。

5. 其他解毒剂（1 个品种）　乙酰胺注射液。

二、兽用处方药品种目录（第二批）

根据《兽药管理条例》和《兽用处方药和非处方药管理办法》规定，农业部组织制定了《兽用处方药品种目录（第二批）》（2016 年农业部公告第 2471 号），于 2016 年 11 月 28 日发布，自发布之日起施行。对列入《兽用处方药品种目录（第二批）》的兽药品种，兽药生产企业按照有关要求自行增加“兽用处方药”标识，印制新的标签和说明书。原标签和说明书，兽药生产企业可继续使用至 2017 年 6 月 30 日，此前使用原标签和说明书生产的兽药产品，在产品有效期内可继续销售使用。

1. 抗生素类（9 个品种）　硫酸黏菌素预混剂、硫酸黏菌素预混剂（发酵）、硫酸黏菌

素可溶性粉、复方阿莫西林粉、复方氨苄西林粉、氨苄西林钠可溶性粉、硫酸庆大-小诺霉素注射液、注射用硫酸头孢喹肟、乙酰氨基阿维菌素注射液。

2. 磺胺类药（5个品种）　盐酸氨丙啉磺胺喹噁啉钠可溶性粉、复方磺胺二甲嘧啶钠可溶性粉、联磺甲氧苄啶预混剂、复方磺胺喹噁啉钠可溶性粉、磺胺氯达嗪钠乳酸甲氧苄啶可溶性粉。

3. 中枢神经系统药物（1个品种）　复方水杨酸钠注射液（含巴比妥）。

4. 泌尿生殖系统药物（1个品种）　三合激素注射液。

5. 杀虫药（3个品种）　高效氯氰菊酯溶液、精制敌百虫粉、敌百虫溶液（水产用）。

三、兽用处方药品种目录（第三批）

根据《兽药管理条例》和《兽用处方药和非处方药管理办法》规定，农业农村部组织制定了《兽用处方药品种目录（第三批）》，于2019年12月19日发布，自发布之日起施行。对列入《兽用处方药品种目录（第三批）》的兽药品种，兽药生产企业按照有关要求自行增加"兽用处方药"标识，印制新的标签和说明书。原标签和说明书，兽药生产企业可继续使用至2020年6月30日，此前使用原标签和说明书生产的兽药产品，在产品有效期内可继续销售使用。

1. 抗生素类（11个品种）　吉他霉素预混剂、金霉素预混剂、磷酸替米考星可溶性粉、亚甲基水杨酸杆菌肽可溶性粉、头孢氨苄片、头孢噻呋注射液、阿莫西林克拉维酸钾片、阿莫西林硫酸黏菌素可溶性粉、阿莫西林硫酸黏菌素注射液、盐酸沃尼妙林预混剂、阿维拉霉素预混剂。

2. 合成抗菌药（4个品种）　马波沙星片、马波沙星注射液、注射用马波沙星、恩诺沙星混悬液。

3. 抗炎药（1个品种）　美洛昔康注射液。

4. 泌尿生殖系统药物（2个品种）　戈那瑞林注射液、注射用戈那瑞林。

5. 局部用药物（4个品种）　土霉素子宫注入剂、复方阿莫西林乳房注入剂、硫酸头孢喹肟乳房注入剂（泌乳期）、硫酸头孢喹肟子宫注入剂。

第五节　兽用生物制品经营管理办法

《兽用生物制品经营管理办法》于2021年3月2日经农业农村部第3次常务会议审议通过，自2021年5月15日起施行。

一、《兽用生物制品经营管理办法》概述

（一）立法目的

为了加强兽用生物制品经营管理，保证兽用生物制品质量。

（二）调整对象

在中华人民共和国境内从事兽用生物制品的分发、经营和监督管理，应当遵守《兽用生物制品经营管理办法》。

（三）兽用生物制品的定义

《兽用生物制品经营管理办法》所称兽用生物制品，是指以天然或者人工改造的微生物、

寄生虫、生物毒素或者生物组织及代谢产物等为材料，采用生物学、分子生物学或者生物化学、生物工程等相应技术制成的，用于预防、治疗、诊断动物疫病或者有目的地调节动物生理机能的兽药，主要包括血清制品、疫苗、诊断制品和微生态制品等。

（四）兽用生物制品的分类

兽用生物制品分为国家强制免疫计划所需兽用生物制品（以下简称国家强制免疫用生物制品）和非国家强制免疫计划所需兽用生物制品（以下简称非国家强制免疫用生物制品）。国家强制免疫用生物制品品种名录由农业农村部确定并公布。非国家强制免疫用生物制品是指农业农村部确定的强制免疫用生物制品以外的兽用生物制品。

（五）政府采购和分发制度

省级人民政府畜牧兽医主管部门对国家强制免疫用生物制品可以依法组织实行政府采购、分发。承担国家强制免疫用生物制品政府采购、分发任务的单位，应当建立国家强制免疫用生物制品贮存、运输、分发等管理制度，建立真实、完整的分发和冷链运输记录，记录应当保存至制品有效期满2年后。

二、兽用生物制品的经营制度

（一）生产企业经营兽用生物制品的方式

1. 自主经营制度 兽用生物制品生产企业可以将本企业生产的兽用生物制品销售给各级人民政府畜牧兽医主管部门或养殖场（户）、动物诊疗机构等使用者，也可以委托经销商销售。发生重大动物疫情、灾情或者其他突发事件时，根据工作需要，国家强制免疫用生物制品由农业农村部统一调用，生产企业不得自行销售。

2. 代理销售制度 兽用生物制品生产企业可自主确定、调整经销商，并与经销商签订销售代理合同，明确代理范围等事项。经销商只能经营所代理兽用生物制品生产企业生产的兽用生物制品，不得经营未经委托的其他企业生产的兽用生物制品。经销商可以将所代理的产品销售给使用者和获得生产企业委托的其他经销商。

（二）经营兽用生物制品的资格

从事兽用生物制品经营的企业，应当依法取得《兽药经营许可证》。《兽药经营许可证》的经营范围应当具体载明国家强制免疫用生物制品、非国家强制免疫用生物制品等产品类别和委托的兽用生物制品生产企业名称。经营范围发生变化的，应当办理变更手续。

（三）养殖场（户）的强制免疫补助和采购等记录制度

1. 强制免疫补助 向国家强制免疫用生物制品生产企业或其委托的经销商采购自用的国家强制免疫用生物制品的养殖场（户），在申请强制免疫补助经费时，应当按要求将采购的品种、数量、生产企业及经销商等信息提供给所在地县级地方人民政府畜牧兽医主管部门。

2. 采购、贮存、使用记录制度 养殖场（户）应当建立真实、完整的采购、贮存、使用记录，并保存至制品有效期满2年后。

（四）兽用生物制品的贮存、销售、采购、冷链运输记录制度

兽用生物制品生产、经营企业应当遵守兽药生产质量管理规范和兽药经营质量管理规范各项规定，建立真实、完整的贮存、销售、冷链运输记录，经营企业还应当建立真实、完整的采购记录。贮存记录应当每日记录贮存设施设备温度；销售记录和采购记录应当载明产品名称、产品批号、产品规格、产品数量、生产日期、有效期、供货单位或收货单位和地址、发货日期等内容；冷链运输记录应当记录起运和到达时的温度。

（五）兽用生物制品的配送要求

兽用生物制品生产、经营企业自行配送兽用生物制品的，应当具备相应的冷链贮存、运输条件，也可以委托具备相应冷链贮存、运输条件的配送单位配送，并对委托配送的产品质量负责。冷链贮存、运输全过程应当处于规定的贮藏温度环境下。

（六）兽用生物制品生产、经营的追溯管理

兽用生物制品生产、经营企业以及承担国家强制免疫用生物制品政府采购、分发任务的单位，应当按照兽药产品追溯要求及时、准确、完整地上传制品入库、出库追溯数据至国家兽药追溯系统。

三、兽用生物制品的监督管理制度

（一）监督管理主体

农业农村部负责全国兽用生物制品的监督管理工作。县级以上地方人民政府畜牧兽医主管部门负责本行政区域内兽用生物制品的监督管理工作，应当依法加强对兽用生物制品生产、经营企业和使用者监督检查，发现有违反《兽药管理条例》和《兽用生物制品经营管理办法》规定情形的，应当依法做出处理决定或者报告上级畜牧兽医主管部门。

各级畜牧兽医主管部门、兽药检验机构、动物卫生监督机构、动物疫病预防控制机构及其工作人员，不得参与兽用生物制品生产、经营活动，不得以其名义推荐或者监制、监销兽用生物制品和进行广告宣传。

（二）行政相对人的义务及法律责任

1. 兽用生物制品的生产、经营企业未实施追溯，以及未建立真实、完整的贮存、销售、冷链运输记录或未实施冷链贮存、运输的法律责任　兽用生物制品生产、经营企业未按照要求实施兽药产品追溯，以及未按照要求建立真实、完整的贮存、销售、冷链运输记录或未实施冷链贮存、运输的，按照《兽药管理条例》第五十九条的规定处罚。

2. 兽用生物制品经营超范围经营的法律责任　兽用生物制品经营企业超出《兽药经营许可证》载明的经营范围经营兽用生物制品的，属于无证经营，按照《兽药管理条例》第五十六条的规定处罚；属于国家强制免疫用生物制品的，依法从重处罚。

3. 使用者的禁止性义务以及违反该义务的法律责任　养殖场（户）、动物诊疗机构等使用者采购的或者经政府分发获得的兽用生物制品只限自用，不得转手销售。转手销售兽用生物制品的，属于无证经营，按照《兽药管理条例》第五十六条的规定处罚；属于国家强制免疫用生物制品的，依法从重处罚。

第六节　兽药标签和说明书管理办法

《兽药标签和说明书管理办法》于2002年10月31日农业部令第22号公布，2004年7月1日农业部令第38号、2007年11月8日农业部令第6号、2017年11月30日农业部令2017第8号修订。

一、兽药标签的基本要求

（一）兽药标签使用管理制度

兽药产品（原料药除外）必须同时使用内包装标签和外包装标签。

（二）兽药内包装标签应注明的事项

内包装标签必须注明兽用标识*、兽药名称、适应证（或功能与主治）、含量/包装规格、批准文号或《进口兽药登记许可证》证号、生产日期、生产批号、有效期、生产企业信息等内容。安瓿、西林瓶等注射或内服产品由于包装尺寸的限制而无法注明上述全部内容的，可适当减少项目，但至少须标明兽药名称、含量规格、生产批号。

（三）兽药外包装标签应注明的事项

外包装标签必须注明兽用标识、兽药名称、主要成分、适应证（或功能与主治）、用法与用量、含量/包装规格、批准文号或《进口兽药登记许可证》证号、生产日期、生产批号、有效期、停药期、贮藏、包装数量、生产企业信息等内容。

（四）兽药原料药标签应注明的事项

兽用原料药的标签必须注明兽药名称、包装规格、生产批号、生产日期、有效期、贮藏、批准文号、运输注意事项或其他标记、生产企业信息等内容。

（五）对贮藏有特殊要求的必须在标签的醒目位置标明

（六）兽药有效期的标注方法

兽药有效期按年月顺序标注。年份用四位数表示，月份用两位数表示，如“有效期至2002年09月”，或“有效期至2002.09”。

二、兽药说明书的基本要求

（一）兽用化学药品、抗生素产品的单方、复方及中西复方制剂的说明书应注明的内容

兽用化学药品、抗生素产品的单方、复方及中西复方制剂的说明书必须注明以下内容：兽用标识、兽药名称、主要成分、性状、药理作用、适应证（或功能与主治）、用法与用量、不良反应、注意事项、停药期、外用杀虫药及其他对人体或环境有毒有害的废弃包装的处理措施、有效期、含量/包装规格、贮藏、批准文号、生产企业信息等。

（二）中兽药说明书应注明的内容

中兽药说明书必须注明以下内容：兽用标识、兽药名称、主要成分、性状、功能与主治、用法与用量、不良反应、注意事项、有效期、规格、贮藏、批准文号、生产企业信息等。

（三）兽用生物制品说明书应注明的内容

兽用生物制品说明书必须注明以下内容：兽用标识、兽药名称、主要成分及含量（型、株及活疫苗的最低活菌数或病毒滴度）、性状、接种对象、用法与用量（冻干疫苗须标明稀

* 《兽用处方药和非处方药管理办法》自2014年3月1日施行，为了做好该办法的贯彻实施工作，有效规范兽药产品标签和说明书，农业部于2014年2月18日发布了第2066号公告。该公告规定，属于兽用处方药的品种，应在产品标签和说明书的右上角以宋体红色标注“兽用处方药”，不再标注“兽用”。同时，鉴于兽用处方药目录仍在完善过程中，兽用处方药品种目录外的兽药品种目前可不标注“兽用非处方药”标识，标注“兽用非处方药”的，不再标注“兽用”。

释方法）、注意事项（包括不良反应与急救措施）、有效期、规格（容量和头份）、包装、贮藏、废弃包装处理措施、批准文号、生产企业信息等。

三、《兽药标签和说明书管理办法》中相关用语的含义

（一）兽药通用名

系指国家标准、农业农村部行业标准、地方标准及进口兽药注册的正式品名。

（二）兽药商品名

系指某一兽药产品的专有商品名称。

（三）内包装标签

系指直接接触兽药的包装上的标签。

（四）外包装标签

系指直接接触内包装的外包装上的标签。

（五）兽药最小销售单元

系指直接供上市销售的兽药最小包装。

（六）兽药说明书

系指包含兽药有效成分、疗效、使用以及注意事项等基本信息的技术资料。

（七）生产企业信息

包括企业名称、邮编、地址、电话、传真、电子邮箱、网址等。

第七节　特殊兽药的使用

一、麻醉剂和精神药物使用规定

（一）兽用麻醉药品使用管理制度

为了加强兽用麻醉药品的管理，1980 年 11 月 20 日农业部、卫生部、国家医药管理总局共同发布了《兽用麻醉药品的供应、使用、管理办法》，对兽用麻醉药品的管理、供应和使用进行了规定。

1. 麻醉药品的供应

（1）兽用麻醉药品的供应，由国家指定的中国医药公司的麻醉药品供应点统一供应，每季度限购一次。

（2）县级以上兽医医疗单位（包括动物园、牧场）和科研大专院校等部门，可向当地畜牧（农业）局办理申请手续，经地区（市、州）畜牧（农业）局批准，核定供应级别后，发给“麻醉药品购用印鉴卡”，购用时需填写与印鉴卡相符的“麻醉药品订购单”一式三份（印鉴卡、订购单可参照卫生部门的式样）。

教学、科研临时需用的麻醉药品，由需用单位填写“科研、教学单位申请购用麻醉药品审批单”，一式三份，报经地区以上畜牧（农业）局批准后，向麻醉药品供应点购用。

（3）每季购用麻醉药品的数量，按“兽用麻醉药品品种范围及每季购用限量表”的规定办理，每季的储存量，不得超过限量标准。

有特殊需要（如接羔等）者，应专项报请地区畜牧（农业）局，说明原因和数量，经核

实确属需要后，再行批准，由指定的麻醉药品供应点供应。购用单位在使用完了时，应向批准单位列表报销备查。

2. 麻醉药品的使用

（1）兽用麻醉药品，只能用于畜禽医疗、教学和科研上的正当需要，严禁以兽用名义，给人使用。

（2）使用麻醉药品的人员，必须是经本单位领导审查批准的有一定临床经验的兽医（大专院校毕业有2年以上临床经验的、中专毕业有5年以上临床经验和相当学历的兽医）。必须直接使用于病畜，严禁交给畜主使用。

（3）麻醉药品的每张处方用量，不能超过1日量。麻醉药品必须用单独处方，并应书写完整，签全名，以资核查。

（4）兽医医疗队携带的麻醉药品，应由所在地的畜牧（农业）局指定兽医医疗单位供应。

3. 麻醉药品的管理

（1）购用麻醉药品的单位，要指定专人负责（可兼任），加强质量管理，严格保管并建立领发制度。

（2）麻醉药品要有专柜加锁、专用账册、单独处方，专册登记。处方应保存5年。

（3）对霉变坏损的麻醉药品，使用单位每年报损一次，由本单位领导审核批准，报上级主管部门监督就地销毁，并向当地畜牧（农业）局报销备查。

（4）对违反条例和本办法者，应严肃处理，并根据情节轻重，进行行政处分，经济制裁或依法惩处。

（二）兽药安钠咖的临床使用法律制度

安钠咖属于国家严格控制管理的精神药品，同时也是治疗动物疫病的兽药产品，必须加强管理，防止滥用，保护人体健康。1999年3月22日，农业部以农牧发〔1999〕5号公布了《兽用安钠咖管理规定》，并于2007年11月8日农业部令第6号进行了修订，对兽用安钠咖的生产、使用和经销进行了规定。

1. 临床使用管理　各省、自治区、直辖市畜牧（农牧、农业）厅（局）负责本辖区兽用安钠咖的监督管理工作，并确定省级总经销单位和基层定点经销单位、定点使用单位，负责核发兽用安钠咖注射液经销、使用卡。

2. 经销管理制度　省级总经销单位凭兽用安钠咖注射液经销、使用卡负责本辖区定点经销单位的产品供应，不得擅自扩大供应范围，严禁跨省、跨区域供应。各兽用安钠咖注射液定点经销单位需严格凭兽用安钠咖注射液经销、使用卡向本辖区兽医医疗单位供应产品，并建立相应账卡，凭当年销售记录于9月底前向省、自治区、直辖市畜牧厅（局）申报下年度需求计划。

3. 临床使用管理制度　兽用安钠咖注射液仅限量供应乡以上畜牧兽医站（个体兽医医疗站除外）、家畜饲养场兽医室以及农业科研教学单位所属的兽医院等兽医医疗单位临床使用，上述单位凭兽用安钠咖注射液经销、使用卡到本省指定的定点经销单位采购。各兽医医疗单位仅允许在临床医疗时使用该产品，必须建立相应的兽医处方制度和账目，并接受兽药管理部门的监督检查。

经销单位在经销该产品时不得搭配其他产品，不得零售或转售，并严禁将兽用安钠咖注

射液供人使用。

（三）兽用复方氯胺酮注射液的临床使用法律制度

氯胺酮属于一类精神药品，其生产、销售、使用和库存都必须执行严格的管理制度，防止滥用，保护人体健康。农业部办公厅于 2005 年 6 月 29 日发布了《兽用复方氯安酮注射液管理规定》（农业部办公厅关于加强氯胺酮生产、经营、使用管理的通知，农办医〔2005〕22 号），对兽用复方氯胺酮注射液的生产、经营、使用进行了规定。

1. 行政管理

（1）省级兽医行政管理部门职责　①指定专人对兽用复方氯胺酮注射液定点生产企业实施监管，定期核查企业生产、检验、仓储、销售情况，核对出入库记录；②配制制剂当天派员对投料实施监控，核对原料药投放记录；③定期核查批生产记录、批检验记录及销售记录、台账；④发现问题责令停止生产、销售，并将问题及时上报农业农村部；⑤确定一家省级兽用复方氯胺酮注射液经销单位，分别报农业农村部、中亚公司备案；⑥收集、汇总使用情况。

（2）市、县级兽医行政管理部门职责　①负责兽用复方氯胺酮注射液使用监管工作；②指定专人定期对使用单位的采购、使用记录进行核查；③发现问题提出整改意见，违反兽药管理法规的，依法严肃处理，并将处理结果上报农业农村部及省级兽医行政管理部门。

2. 使用单位责任　氯胺酮类兽药使用单位的责任包括：①必须从复方氯胺酮注射液指定经销单位采购产品，产品仅限自用，不得转手倒买倒卖；②凭兽医处方使用产品；③保存兽医处方，建立使用记录和不良反应记录，定期向县级以上兽医行政管理部门上报使用情况总结，并接受监督管理。

二、食品动物中禁止使用的药品及其他化合物

1. 农业农村部公告第 250 号　食品动物是指各种供人食用或其产品供人食用的动物。为了进一步规范养殖用药行为，保障动物源性食品安全，根据《兽药管理条例》有关规定，农业农村部于 2019 年 12 月 27 日以第 250 号公告修订发布了《食品动物中禁止使用的药品及其他化合物清单》（表 1－1），自发布之日起施行。食品动物中禁止使用的药品及其他化合物以该清单为准，农业部公告第 193 号、235 号、560 号等文件中的相关内容同时废止。

表 1－1　食品动物中禁止使用的药品及其他化合物清单

序号	药品及其他化合物名称
1	酒石酸锑钾（Antimony potassium tartrate）
2	β-兴奋剂（β- agonists）类及其盐、酯
3	汞制剂：氯化亚汞（甘汞）（Calomel）、醋酸汞（Mercurous acetate）、硝酸亚汞（Mercurous nitrate）、吡啶基醋酸汞（Pyridyl mercurous acetate）
4	毒杀芬（氯化烯）（Camahechlor）

（续）

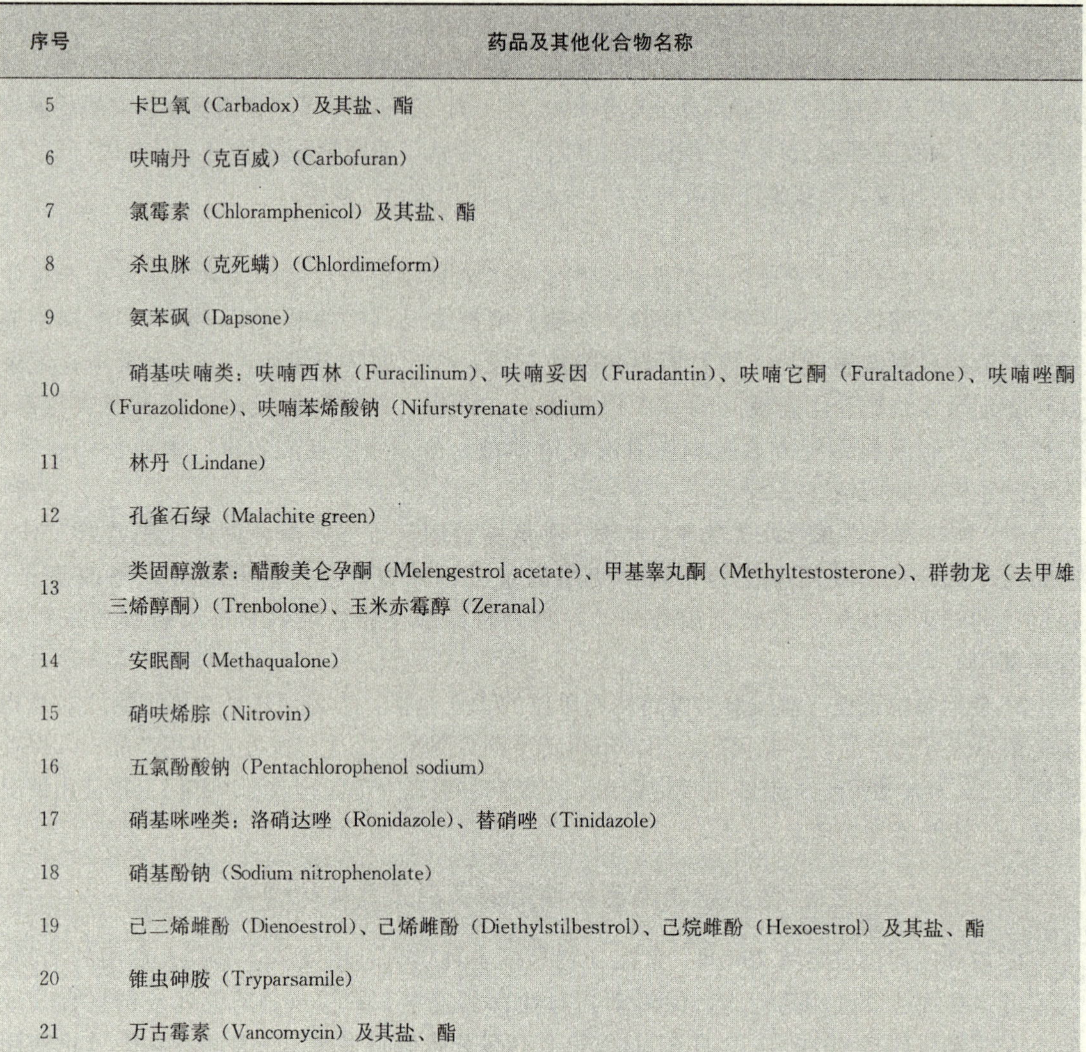

序号	药品及其他化合物名称
5	卡巴氧（Carbadox）及其盐、酯
6	呋喃丹（克百威）（Carbofuran）
7	氯霉素（Chloramphenicol）及其盐、酯
8	杀虫脒（克死螨）（Chlordimeform）
9	氨苯砜（Dapsone）
10	硝基呋喃类：呋喃西林（Furacilinum）、呋喃妥因（Furadantin）、呋喃它酮（Furaltadone）、呋喃唑酮（Furazolidone）、呋喃苯烯酸钠（Nifurstyrenate sodium）
11	林丹（Lindane）
12	孔雀石绿（Malachite green）
13	类固醇激素：醋酸美仑孕酮（Melengestrol acetate）、甲基睾丸酮（Methyltestosterone）、群勃龙（去甲雄三烯醇酮）（Trenbolone）、玉米赤霉醇（Zeranal）
14	安眠酮（Methaqualone）
15	硝呋烯腙（Nitrovin）
16	五氯酚酸钠（Pentachlorophenol sodium）
17	硝基咪唑类：洛硝达唑（Ronidazole）、替硝唑（Tinidazole）
18	硝基酚钠（Sodium nitrophenolate）
19	己二烯雌酚（Dienoestrol）、己烯雌酚（Diethylstilbestrol）、己烷雌酚（Hexoestrol）及其盐、酯
20	锥虫砷胺（Tryparsamile）
21	万古霉素（Vancomycin）及其盐、酯

2. 农业部公告第 2292 号 为保障动物产品质量安全和公共卫生安全，农业部组织开展了部分兽药的安全性评价工作。经评价，认为洛美沙星、培氟沙星、氧氟沙星、诺氟沙星 4 种原料药的各种盐、酯及其各种制剂可能对养殖业、人体健康造成危害或者存在潜在风险。

农业部于 2015 年 9 月 1 日发布了第 2292 号公告，根据《兽药管理条例》第六十九条规定，决定在食品动物中停止使用洛美沙星、培氟沙星、氧氟沙星、诺氟沙星 4 种兽药，撤销相关兽药产品批准文号。自该公告发布之日起，除用于非食品动物的产品外，停止受理洛美沙星、培氟沙星、氧氟沙星、诺氟沙星 4 种原料药的各种盐、酯及其各种制剂的兽药产品批准文号的申请。自 2015 年 12 月 31 日起，停止生产用于食品动物的洛美沙星、培氟沙星、氧氟沙星、诺氟沙星 4 种原料药的各种盐、酯及其各种制剂，涉及的相关企业的兽药产品批准文号同时撤销。2015 年 12 月 31 日前生产的产品，可以在 2016 年 12 月 31 日前流通使用。自 2016 年 12 月 31 日起，停止经营、使用用于食品动物的洛美沙星、培氟沙星、氧氟沙星、诺氟沙星 4 种原料药的各种盐、酯及其各种制剂。

3. 农业部公告第 2583 号　为保障动物产品质量安全和为保证动物源性食品安全，维护人民身体健康，根据《兽药管理条例》规定，农业部于 2017 年 9 月 15 日发布了第 2583 号公告，禁止非泼罗尼及相关制剂用于食品动物。

4. 农业部公告第 2638 号　为保障动物产品质量安全，维护公共卫生安全和生态安全，农业部组织对喹乙醇预混剂、氨苯胂酸预混剂、洛克沙胂预混剂 3 种兽药产品开展了风险评估和安全再评价。评价认为喹乙醇、氨苯胂酸、洛克沙胂等 3 种兽药的原料药及各种制剂可能对动物产品质量安全、公共卫生安全和生态安全存在风险隐患。农业部于 2018 年 1 月 11 日发布了第 2638 号公告，根据《兽药管理条例》第六十九条规定，决定停止在食品动物中使用喹乙醇、氨苯胂酸、洛克沙胂等 3 种兽药。自 2018 年 1 月 11 日起，农业部停止受理喹乙醇、氨苯胂酸、洛克沙胂等 3 种兽药的原料药及各种制剂兽药产品批准文号的申请。自 2018 年 5 月 1 日起，停止生产喹乙醇、氨苯胂酸、洛克沙胂等 3 种兽药的原料药及各种制剂，相关企业的兽药产品批准文号同时注销。2018 年 4 月 30 日前生产的产品，可在 2019 年 4 月 30 日前流通使用。自 2019 年 5 月 1 日起，停止经营、使用喹乙醇、氨苯胂酸、洛克沙胂等 3 种兽药的原料药及各种制剂。

三、禁止在饲料和动物饮水中使用的药物品种目录

为了加强饲料、兽药和人用药品管理，防止在饲料生产、经营、使用和动物饮用水中超范围、超剂量使用兽药和饲料添加剂，杜绝滥用违禁药品的行为，根据《饲料和饲料添加剂管理条例》《兽药管理条例》《药品管理法》的规定，农业部、卫生部、国家药品监督管理局联合发布公告（农业部、卫生部、国家食品药品监督管理局公告第 176 号），公布了《禁止在饲料和动物饮用水中使用的药物品种目录》，目录收载了 5 类 40 种禁止在饲料和动物饮用水中使用的药物品种。

（一）肾上腺素受体激动剂

1. 盐酸克仑特罗（Clenbuterol hydrochloride）　β_2-肾上腺素受体激动药。

2. 沙丁胺醇（Salbutamol）　β_2-肾上腺素受体激动药。

3. 硫酸沙丁胺醇（Salbutamol sulfate）　β_2-肾上腺素受体激动药。

4. 莱克多巴胺（Ractopamine）　一种 β-兴奋剂，美国食品和药物管理局（FDA）已批准，中国未批准。

5. 盐酸多巴胺（Dopamine hydrochloride）　多巴胺受体激动药。

6. 西巴特罗（Cimaterol）　美国氰胺公司开发的产品，一种 β-兴奋剂，FDA 未批准。

7. 硫酸特布他林（Terbutaline sulfate）　β_2-肾上腺素受体激动药。

（二）性激素

8. 己烯雌酚（Diethylstibestrol）　雌激素类药。

9. 雌二醇（Estradiol）　雌激素类药。

10. 戊酸雌二醇（Estradiol valerate）　雌激素类药。

11. 苯甲酸雌二醇（Estradiol benzoate）　雌激素类药。用于发情不明显动物的催情及胎衣滞留、死胎的排除。

12. 氯烯雌醚（Chlorotrianisene）

13. 炔诺醇（Ethinylestradiol）

14. 炔诺醚（Quinestml）

15. 醋酸氯地孕酮（Chlormadinone acetate）

16. 左炔诺孕酮（Levonorgestrel）

17. 炔诺酮（Norethisterone）

18. 绒毛膜促性腺激素（绒促性素）（Chorionic conadotrophin）　激素类药。用于性功能障碍、习惯性流产及卵巢囊肿等。

19. 促卵泡生长激素（尿促性素主要含卵泡刺激素 FSH 和黄体生成素 LH）（Menotropins）促性腺激素类药。

（三）蛋白同化激素

20. 碘化酪蛋白（Iodinated casein）　蛋白同化激素类，为甲状腺素的前驱物质，具有类似甲状腺素的生理作用。

21. 苯丙酸诺龙及苯丙酸诺龙注射液（Nandrolone phenylpropionate）

（四）精神药品

22.（盐酸）**氯丙嗪**（Chlorpromazine hydrochloride）　镇静药。用于强化麻醉以及使动物安静等。

23. 盐酸异丙嗪（Promethazine hydrochloride）　抗组胺药。用于变态反应性疾病，如荨麻疹、血清病等。

24. 安定（地西泮）（Diazepam）　镇静药、抗惊厥药。

25. 苯巴比妥（Phenobarbital）　巴比妥类药。缓解脑炎、破伤风、士的宁中毒所致的惊厥。

26. 苯巴比妥钠（Phenobarbital sodium）　巴比妥类药。缓解脑炎、破伤风、士的宁中毒所致的惊厥。

27. 巴比妥（Barbital）　中枢抑制和增强解热镇痛。

28. 异戊巴比妥（Amobarbital）　催眠药、抗惊厥药。

29. 异戊巴比妥钠（Amobarbital sodium）　巴比妥类药。用于小动物的镇静、抗惊厥和麻醉。

30. 利血平（Reserpine）　抗高血压药。

31. 艾司唑仑（Estazolam）

32. 甲丙氨脂（Meprobamate）

33. 咪达唑仑（Midazolam）

34. 硝西泮（Nitrazepam）

35. 奥沙西泮（Oxazepam）

36. 匹莫林（Pemoline）

37. 三唑仑（Triazolam）

38. 唑吡旦（Zolpidem）

39. 其他国家管制的精神药品

（五）各种抗生素滤渣

40. 抗生素滤渣　该类物质是抗生素类产品生产过程中产生的工业三废，因含有微量抗

生素成分，在饲料和饲养过程中使用后对动物有一定的促生长作用。但对养殖业的危害很大，一是容易引起耐药性，二是由于未做安全性试验，存在各种安全隐患。

四、禁止在饲料和动物饮用水中使用的物质

为了加强饲料及养殖环节质量安全监管，保障饲料及畜产品质量安全，根据《饲料和饲料添加剂管理条例》有关规定，农业部于2010年以第1519号公告公布了《禁止在饲料和动物饮用水中使用的物质》。禁止在饲料生产、经营、使用和动物饮用水中违禁添加苯乙醇胺A等下列物质的违法行为：

1. 苯乙醇胺A（Phenylethanolamine A）　β-肾上腺素受体激动剂。

2. 班布特罗（Bambuterol）　β-肾上腺素受体激动剂。

3. 盐酸齐帕特罗（Zilpaterol hydrochloride）　β-肾上腺素受体激动剂。

4. 盐酸氯丙那林（Clorprenaline hydrochloride）　β-肾上腺素受体激动剂。

5. 马布特罗（Mabuterol）　β-肾上腺素受体激动剂。

6. 西布特罗（Cimbuterol）　β-肾上腺素受体激动剂。

7. 溴布特罗（Brombuterol）　β-肾上腺素受体激动剂。

8. 酒石酸阿福特罗（Arformoterol tartrate）　长效型β-肾上腺素受体激动剂。

9. 富马酸福莫特罗（Formoterol fumarate）　长效型β-肾上腺素受体激动剂。

10. 盐酸可乐定（Clonidine hydrochloride）　抗高血压药。

11. 盐酸赛庚啶（Cyproheptadine hydrochloride）　抗组胺药。

第八单元　病原微生物安全管理法律制度

第一节　病原微生物实验室生物安全管理条例

《病原微生物实验室生物安全管理条例》于2004年11月5日经国务院第69次常务会议通过，根据2016年1月13日国务院第119次常务会议《国务院关于修改部分行政法规的决

定》修正，根据 2018 年 3 月 19 日国务院令第 698 号《国务院关于修改和废止部分行政法规的决定》修正。

一、动物病原微生物分类

国家根据病原微生物的传染性、感染后对个体或者群体的危害程度，将病原微生物分为四类，第一类、第二类病原微生物统称为高致病性病原微生物。

（一）第一类病原微生物

第一类病原微生物是指能够引起人或者动物非常严重疾病的微生物，以及我国尚未发现或者已经宣布消灭的微生物。根据《动物病原微生物分类名录》（农业部第 53 号令），一类动物病原微生物包括口蹄疫病毒、高致病性禽流感病毒、猪水疱病病毒、非洲猪瘟病毒、非洲马瘟病毒、牛瘟病毒、小反刍兽疫病毒、牛传染性胸膜肺炎丝状支原体、牛海绵状脑病病原、痒病病原。

（二）第二类病原微生物

第二类病原微生物是指能够引起人或者动物严重疾病，比较容易直接或者间接在人与人、动物与人、动物与动物间传播的微生物。根据《动物病原微生物分类名录》，二类动物病原微生物包括猪瘟病毒、鸡新城疫病毒、狂犬病病毒、绵羊痘/山羊痘病毒、蓝舌病病毒、兔病毒性出血症病毒、炭疽芽孢杆菌、布鲁氏菌。

（三）第三类病原微生物

第三类病原微生物是指能够引起人或者动物疾病，但一般情况下对人、动物或者环境不构成严重危害，传播风险有限，实验室感染后很少引起严重疾病，并且具备有效治疗和预防措施的微生物。根据《动物病原微生物分类名录》，三类动物病原微生物包括：

1. 多种动物共患病病原微生物　低致病性流感病毒、伪狂犬病病毒等 18 种。

2. 牛病病原微生物　牛恶性卡他热病毒、牛白血病病毒等 7 种。

3. 绵羊和山羊病病原微生物　山羊关节炎/脑脊髓炎病毒、梅迪/维斯纳病病毒和传染性脓疱皮炎病毒 3 种。

4. 猪病病原微生物　日本脑炎病毒、猪繁殖与呼吸综合征病毒等 12 种。

5. 马病病原微生物　马传染性贫血病毒、马动脉炎病毒等 8 种。

6. 禽病病原微生物　鸭瘟病毒、鸭病毒性肝炎病毒等 17 种。

7. 兔病病原微生物　兔黏液瘤病病毒、野兔热土拉杆菌等 4 种。

8. 水生动物病病原微生物　流行性造血器官坏死病毒、传染性造血器官坏死病毒等 22 种。

9. 蜜蜂病病原微生物　美洲幼虫腐臭病幼虫杆菌、欧洲幼虫腐臭病蜂房蜜蜂球菌等 6 种。

10. 其他动物病病原微生物　犬瘟热病毒、犬细小病毒等 8 种。

（四）第四类病原微生物

第四类病原微生物是指在通常情况下不会引起人或者动物疾病的微生物。第四类动物病原微生物包括危险性小、低致病力、实验室感染机会少的兽用生物制品、疫苗生产用的各种弱毒病原微生物以及不属于第一、二、三类的各种低毒力的病原微生物。

二、动物病原微生物实验室设立和管理

（一）动物病原微生物实验室的设立

1. 动物病原微生物实验室的分级　国家根据实验室对病原微生物的生物安全防护水平，并依照实验室生物安全国家标准的规定，将实验室分为一级、二级、三级、四级。

2. 动物病原微生物实验室的设立条件

（1）一级、二级实验室的设立条件　新建、改建或者扩建一级、二级实验室，应当向设区的市级人民政府兽医主管部门备案。设区的市级人民政府兽医主管部门应当每年将备案情况汇总后报省、自治区、直辖市人民政府兽医主管部门。

（2）三级、四级实验室的设立条件　新建、改建、扩建三级、四级实验室或者生产、进口移动式三级、四级实验室应当遵守以下规定：①符合国家生物安全实验室体系规划并依法履行有关审批手续；②经国务院科技主管部门审查同意；③符合国家生物安全实验室建筑技术规范；④依照《中华人民共和国环境影响评价法》的规定进行环境影响评价并经环境保护主管部门审查批准；⑤生物安全防护级别与其拟从事的实验活动相适应。三级、四级实验室需通过实验室国家认可并取得相应级别的生物安全实验室证书。

（二）动物病原微生物实验室的管理

1. 动物病原微生物实验室的管理体制

（1）政府部门　国务院兽医主管部门主管与动物有关的实验室及其实验活动的生物安全监督工作。国务院其他有关部门在各自职责范围内负责实验室及其实验活动的生物安全管理工作。县级以上地方人民政府及其有关部门在各自职责范围内负责实验室及其实验活动的生物安全管理工作。

（2）实验室的设立单位及其主管部门　实验室的设立单位及其主管部门负责实验室日常活动的管理，承担建立健全安全管理制度，检查、维护实验设施、设备，控制实验室感染的职责。

实验室的设立单位负责实验室的生物安全管理，依照《病原微生物实验室生物安全管理条例》的规定制定科学、严格的管理制度，并定期对有关生物安全规定的落实情况进行检查，定期对实验室设施、设备、材料等进行检查、维护和更新，以确保其符合国家标准。

（3）实验室负责人　实验室负责人为实验室生物安全的第一责任人，应当指定专人监督检查实验室技术规范和操作规程的落实情况，严格遵守有关国家标准和实验室技术规范、操作规程。

2. 动物病原微生物实验室的人员管理　实验室或者实验室的设立单位应当每年定期对工作人员进行实验室技术规范、操作规程、生物安全防护知识和实际操作技能培训，工作人员经培训考核合格的，方可上岗。从事高致病性病原微生物相关实验活动的实验室，应当每半年将培训、考核其工作人员的情况和实验室运行情况向省、自治区、直辖市人民政府兽医主管部门报告。

三、动物病原微生物实验活动管理

（一）管理范围

动物病原微生物实验活动管理范围为实验室从事与病原微生物菌（毒）种、样本有关的研究、教学、检测、诊断等活动。

（二）从事实验活动应当具备的条件

一级、二级实验室不得从事高致病性动物病原微生物实验活动。三级、四级实验室从事高致病性动物病原微生物实验活动，必须具备以下条件：①实验目的和拟从事的实验活动符合国务院兽医主管部门的规定；②通过实验室国家认可；③具有与拟从事的实验活动相适应的工作人员；④工程质量经建筑主管部门依法检测验收合格。

三级、四级实验室需要从事某种高致病性动物病原微生物或者疑似高致病性动物病原微生物实验活动的，应当依照国务院兽医主管部门的规定报省级以上人民政府兽医主管部门批准。实验活动结果以及工作情况应当向原批准部门报告。

（三）其他管理规定

1. 对我国尚未发现或者已经宣布消灭的病原微生物相关实验活动的规定　对我国尚未发现或者已经宣布消灭的动物病原微生物，任何单位和个人未经批准不得从事相关实验活动。为了预防、控制传染病，需要从事我国尚未发现或者已经宣布消灭的动物病原微生物相关实验活动的，应当经国务院兽医主管部门批准，并在批准部门指定的专业实验室中进行。

2. 对实验活动中使用新技术、新方法的规定　实验室使用新技术、新方法从事高致病性动物病原微生物相关实验活动的，应当符合防止高致病性动物病原微生物扩散、保证生物安全和操作者人身安全的要求，并经国家病原微生物实验室生物安全专家委员会论证；经论证可行的，方可使用。

3. 对在动物体上从事实验活动的规定　需要在动物体上从事高致病性动物病原微生物相关实验活动的，应当在符合动物实验室生物安全国家标准的三级以上实验室进行。

4. 对从事高致病性病原微生物相关实验活动的规定　从事高致病性动物病原微生物相关实验活动的实验室应当向当地公安机关备案，并接受公安机关有关实验室安全保卫工作的监督指导。从事高致病性动物病原微生物相关实验活动的实验室的设立单位，应当建立健全安全保卫制度，采取安全保卫措施，严防高致病性动物病原微生物被盗、被抢、丢失、泄漏，保障实验室及其病原微生物的安全。实验室发生高致病性动物病原微生物被盗、被抢、丢失、泄漏的，实验室的设立单位应当进行报告。

5. 对从事高致病性病原微生物实验活动中的人员规定　从事高致病性动物病原微生物相关实验活动应当有2名以上的工作人员共同进行。进入从事高致病性动物病原微生物相关实验活动的实验室的工作人员或者其他有关人员，应当经实验室负责人批准。实验室应当为其提供符合防护要求的防护用品并采取其他职业防护措施。从事高致病性动物病原微生物相关实验活动的实验室，还应当对实验室工作人员进行健康监测，每年组织对其进行体检，并建立健康档案；必要时，应当对实验室工作人员进行预防接种。

6. 对实验活动的分区规定　在同一个实验室的同一个独立安全区域内，只能同时从事一种高致病性动物病原微生物的相关实验活动。

7. 对实验活动记录的规定　实验室应当建立实验档案，记录实验室使用情况和安全监督情况。实验室从事高致病性动物病原微生物相关实验活动的实验档案保存期，不得少于20年。

8. 对实验活动的防污染规定　实验室应当依照环境保护的有关法律、行政法规和国务院有关部门的规定，对废水、废气以及其他废物进行处置，并制订相应的环境保护措施，防止环境污染。

四、实验室感染控制

（一）实验室感染控制的职责划分

1. 实验室设立单位的职责　实验室的设立单位应当指定专门的机构或者人员承担实验室感染控制工作，定期检查实验室的生物安全防护、病原微生物菌（毒）种和样本保存与使用、安全操作、实验室排放的废水和废气以及其他废物处置等规章制度的实施情况。

2. 负责实验室感染控制工作的机构或人员的职责　负责实验室感染控制工作的机构或者人员应当具有与该实验室中的病原微生物有关的传染病防治知识，并定期调查、了解实验室工作人员的健康状况。实验室工作人员出现与本实验室从事的高致病性动物病原微生物相关实验活动有关的感染临床症状或者体征时，实验室负责人应当向负责实验室感染控制工作的机构或者人员报告，同时派专人陪同及时就诊；实验室工作人员应当将近期所接触的动物病原微生物的种类和危险程度如实告知诊治医疗机构。接诊的医疗机构应当及时救治；不具备相应救治条件的，应当依照规定将感染的实验室工作人员转诊至具备相应传染病救治条件的医疗机构；具备相应传染病救治条件的医疗机构应当接诊治疗，不得拒绝救治。

（二）实验室感染控制措施

1. 病原微生物泄漏的处理措施　实验室发生高致病性动物病原微生物泄漏时，实验室工作人员应当立即采取控制措施，防止高致病性动物病原微生物扩散，并同时向负责实验室感染控制工作的机构或者人员报告。

2. 实验室人员感染的应急处置措施　负责实验室感染控制工作的机构或者人员接到实验室发生工作人员感染事故或者病原微生物泄漏事件的报告后，应当立即启动实验室感染应急处置预案，并组织人员对该实验室生物安全状况等情况进行调查；确认发生实验室感染或者高致病性动物病原微生物泄漏的，应当依照《病原微生物实验室生物安全管理条例》的规定进行报告，并同时采取控制措施，对有关人员进行医学观察或者隔离治疗，封闭实验室，防止扩散。

3. 感染事故发生后的预防、控制措施　兽医主管部门接到关于实验室发生工作人员感染事故或者动物病原微生物泄漏事件的报告，或者发现实验室从事动物病原微生物相关实验活动造成实验室感染事故的，应当立即组织动物防疫监督机构和医疗机构以及其他有关机构依法采取以下预防、控制措施：①封闭被动物病原微生物污染的实验室或者可能造成病原微生物扩散的场所；②开展流行病学调查；③对病人进行隔离治疗，对相关人员进行医学检查；④对密切接触者进行医学观察；⑤进行现场消毒；⑥对染疫或者疑似染疫的动物采取隔离、扑杀等措施；⑦其他需要采取的预防、控制措施。

4. 感染事故发生后的报告、通报制度　动物诊疗机构及其执业兽医和其他辅助人员发现由于实验室感染而引起的与高致病性动物病原微生物相关的传染病病人、疑似传染病病人或者患有疫病、疑似患有疫病的动物，动物诊疗机构应当在2h内报告所在地的县级人民政府兽医主管部门；接到报告的兽医主管部门应当在2h内通报实验室所在地的县级人民政府卫生主管部门。接到通报的卫生主管部门应当依照《病原微生物实验室生物安全管理条例》的规定采取预防、控制措施。

5. 发生病原微生物扩散的处理措施　发生动物病原微生物扩散，有可能造成传染病暴发、流行时，县级以上人民政府兽医主管部门应当依照有关法律、行政法规的规定以及实验室感染应急处置预案进行处理。

第二节　动物病原微生物菌（毒）种或者样本运输包装规范和动物病原微生物菌（毒）种保藏管理

一、动物病原微生物菌（毒）种或者样本运输包装规范

（一）内包装

运输高致病性动物病原微生物菌（毒）种或者样本的，其内包装必须符合以下要求：①必须是不透水、防泄漏的主容器，保证完全密封；②必须是结实、不透水和防泄漏的辅助包装；③必须在主容器和辅助包装之间填充吸附材料。吸附材料必须充足，能够吸收所有的内装物。多个主容器装入一个辅助包装时，必须将它们分别包装；④主容器的表面贴上标签，表明菌（毒）种或样本类别、编号、名称、数量等信息；⑤相关文件，如菌（毒）种或样本数量表格、危险性声明、信件、菌（毒）种或样本鉴定资料、发送者和接收者的信息等应当放入一个防水的袋中，并贴在辅助包装的外面。

（二）外包装

运输高致病性动物病原微生物菌（毒）种或者样本的，其内包装必须符合以下要求：①外包装的强度应当充分满足对于其容器、重量及预期使用方式的要求；②外包装应当印上生物危险标识并标注“高致病性动物病原微生物，非专业人员严禁拆开”的警告语。生物危险标识如下图：

（三）包装要求

1. 冻干样本　主容器必须是火焰封口的玻璃安瓿或者是用金属封口的胶塞玻璃瓶。

2. 液体或者固体样本

（1）在环境温度或者较高温度下运输的样本　只能用玻璃、金属或者塑料容器作为主容

器，向容器中罐装液体时须保留足够的剩余空间，同时采用可靠的防漏封口，如热封、带缘的塞子或者金属卷边封口。如果使用旋盖，必须用胶带加固。

（2）在制冷或者冷冻条件下运输的样本　冰、干冰或者其他冷冻剂必须放在辅助包装周围，或者按照规定放在由一个或者多个完整包装件组成的合成包装件中。内部要有支撑物，当冰或者干冰消耗掉以后，仍可以把辅助包装固定在原位置上。如果使用冰，包装必须不透水；如果使用干冰，外包装必须能排出二氧化碳气体；如果使用冷冻剂，主容器和辅助包装必须保持良好的性能，在冷冻剂消耗完以后，应仍能承受运输中的温度和压力。

二、民用航空运输动物病原微生物菌（毒）种及动物病料要求

中国民用航空局2008年11月28日发布的《关于运输动物菌毒种、样本、病料等有关事宜的通知》（局发明电〔2008〕4487号），明确规定了民用航空运输动物病原微生物菌（毒）种或者样本以及动物病料的运输要求。

（一）一般要求

1. 必须作为货物进行航空运输　菌（毒）种或者样本及动物病料必须作为货物进行航空运输，禁止随身携带或作为托运行李或邮件进行运输。

2. 包装合格　菌（毒）种或者样本及动物病料包装需符合《中国民用航空危险品运输管理规定》（CCAR276）和国际民航组织文件Doc9284《危险品安全航空运输技术细则》以及农业部《高致病性病原微生物菌（毒）种或者样本运输包装规范》（农业部公告第503号）的要求，同时必须符合国家质量监督检验检疫部门的要求或附有进口包装材料符合国际标准的有关证明文件的要求。

（二）对托运人的要求

1. 托运人持证工作　菌（毒）种或者样本及动物病料的托运人或其代理人必须接受符合《中国民用航空危险品运输管理规定》（CCAR276）和国际民航组织文件Doc9284《危险品安全航空运输技术细则》要求的危险品航空运输训练，并持有训练合格后颁布的有效证书。

2. 手续合法　菌（毒）种或者样本及动物病料的托运手续必须符合国务院和农业农村部制定的有关动物病原微生物生物安全管理的规范性法律文件的规定。托运人须持有农业农村部或省、自治区、直辖市人民政府兽医行政管理部门颁发的《动物病原微生物菌（毒）种或样本及动物病料准运证书》。菌（毒）种或者样本及动物病料的出入境运输，还需由出入境检验检疫机构进行检疫。

（三）对承运人的要求

1. 承运人须有承运资格　菌（毒）种或者样本及动物病料必须由已获得中国民用航空局颁发的《危险品航空运输许可》的航空公司进行运输。对于尚未获得危险品运输许可的航点，运输航空公司可向地区管理局申请《危险品航空运输临时许可》，通过特殊安排或派有资质的人员赴始发站办理收运。

2. 紧急事故按程序处置　民航各单位应制定航空运输感染性物质的应急处置程序。菌（毒）种或者样本及动物病料如在运输过程中出现紧急情况，应及时与运输申请单位及机场所在地的省、自治区、直辖市人民政府兽医行政管理部门联系，在机场应急部门、航空公司危险品运输管理部门和民航各地区管理局（含各监管办）危险品空运主管部门积极协助下妥

善处置紧急事故。

三、动物病原微生物菌（毒）种收集、保藏、供应、销毁管理

（一）动物病原微生物菌（毒）种的收集管理

保藏机构可以向国内有关单位和个人索取需要保藏的菌（毒）种和样本。从事动物疫情监测、疫病诊断、检验检疫和疫病研究等活动的单位和个人，应当及时将研究、教学、检测、诊断等实验活动中获得的具有保藏价值的菌（毒）种和样本，送交保藏机构鉴定和保藏，并提交菌（毒）种和样本的背景资料。保藏机构应当在每年年底前将保藏的菌（毒）种和样本的种类、数量报农业农村部。

（二）动物病原微生物菌（毒）种的保藏管理

1. 保藏机构 保藏机构是指承担菌（毒）种和样本保藏任务，并向合法从事动物病原微生物相关活动的实验室或者兽用生物制品企业提供菌（毒）种或者样本的单位。保藏机构由农业农村部指定，分为国家级保藏中心和省级保藏中心。保藏机构保藏的菌（毒）种和样本的种类由农业农村部核定。国家对实验活动用菌（毒）种和样本实行集中保藏，保藏机构以外的任何单位和个人不得保藏菌（毒）种或者样本。

2. 保藏要求

（1）*专库（柜）保藏、分类存放* 保藏机构应当设专库保藏一、二类菌（毒）种和样本，设专柜保藏三、四类菌（毒）种和样本。保藏机构保藏的菌（毒）种和样本应当分类存放，实行双人双锁管理。

（2）*完善资料、健全档案* 保藏机构应当建立完善的技术资料档案，详细记录所保藏的菌（毒）种和样本的名称、编号、数量、来源、病原微生物类别、主要特性、保存方法等情况。技术资料档案应当永久保存。

（3）*定时检查、复壮菌（毒）种* 保藏机构应当对保藏的菌（毒）种按时鉴定、复壮，妥善保藏，避免失活。保藏机构对保藏的菌（毒）种开展鉴定、复壮的，应当按照规定在相应级别的生物安全实验室进行。

（4）*制定应急预案、防患于未然* 保藏机构应当制定实验室安全事故处理应急预案。发生保藏的菌（毒）种或者样本被盗、被抢、丢失、泄漏和实验室人员感染的，应当按照《病原微生物实验室生物安全管理条例》的规定及时报告、启动预案，并采取相应的处理措施。

（三）动物病原微生物菌（毒）种的供应管理

1. 供应对象 向保藏机构提出申请、合法从事动物病原微生物实验活动的实验室或者兽用生物制品生产企业。

2. 供应条件 保藏机构应当按照以下规定提供菌（毒）种或者样本：①提供高致病性动物病原微生物菌（毒）种或者样本的，查验从事高致病性动物病原微生物相关实验活动的批准文件；②提供兽用生物制品生产和检验用菌（毒）种或者样本的，查验兽药生产批准文号文件；③提供三、四类菌（毒）种或者样本的，查验实验室所在单位出具的证明。保藏机构应当留存上述证明文件的原件或者复印件。

3. 登记制度 保藏机构提供菌（毒）种或者样本时，应当进行登记，详细记录所提供的菌（毒）种或者样本的名称、数量、时间以及发放人、领取人、使用单位名称等。

提供的菌（毒）种或者样本应当附有标签，标明菌（毒）种名称、编号、移植和冻干日期等。

4. 保密制度　保藏机构应当对具有知识产权的菌（毒）种承担相应的保密责任。保藏机构提供具有知识产权的菌（毒）种或者样本的，应当经原提供者或者持有人的书面同意。

（四）动物病原微生物菌（毒）种的销毁管理

1. 销毁情形　有下列情形之一的，保藏机构应当组织专家论证，提出销毁菌（毒）种或者样本的建议：①国家规定应当销毁的；②有证据表明已丧失生物活性或者被污染，已不适于继续使用的；③无继续保藏价值的。

2. 销毁审批和告知制度　保藏机构销毁一、二类菌（毒）种和样本的，应当经农业农村部批准；销毁三、四类菌（毒）种和样本的，应当经保藏机构负责人批准，并报农业农村部农村备案。保藏机构应当在实施销毁 30 日前书面告知被销毁菌（毒）种和样本的原提供者。

3. 销毁要求　保藏机构销毁菌（毒）种和样本的，应当制定销毁方案，使用可靠的销毁设施和销毁方法，必要时应当组织开展灭活效果验证和风险评估。销毁记录中注明销毁的原因、品种、数量，以及销毁方式方法、时间、地点、实施人和监督人等，经销毁实施人、监督人签字后存档，并将销毁情况报农业农村部。

第九单元　世界动物卫生组织（WOAH）及其标准

一、世界动物卫生组织简介

世界动物卫生组织于 1924 年创建，总部设在法国巴黎，是一个政府间的兽医卫生技术组织，目前有 182 个成员。创建之初所用名称为 Office International des Epizooties，缩写为 OIE，译作国际兽医局。2003 年，更名为 World Organisation for Animal Health。2022 年 5 月，其缩写由原来的 OIE 改为 WOAH。新网址为 www. woah. org。

WOAH 是 WTO 指定负责制定国际动物卫生标准规则的国际组织，各国开展动物及动物产品国际贸易都应遵循 WOAH 的规定。2007 年，世界动物卫生组织第 75 届国际委员会大会通过决议，决定恢复中华人民共和国行使在世界动物卫生组织的合法权利与义务。

二、主要任务

WOAH 工作内容涵盖兽医管理体制、动物疫病防控、兽医公共卫生、动物产品安全和动物福利等多个领域。WOAH 的主要职能：一是通报和管理全球动物疫情和人畜共患病疫情，促进各国疫情透明化；二是收集、整理和通报最新兽医科技进展和信息；三是统一协调各国动物疫病防控活动并提供专家支持；四是在世界贸易组织（WTO）和《实施卫生与植物卫生措施协定》（简称《WTO/SPS协定》）框架下制定国际畜产品贸易中的动物卫生标准和规则，促进贸易发展；五是提高各国兽医立法和兽医体系服务水平并提供有关能力建设技术援助；六是以科学为依据提高动物产品安全和动物福利水平。

三、WOAH法定报告疫病名录

WOAH的国际标准包括《陆生动物卫生法典》《陆生动物诊断试验和疫苗手册》《水生动物卫生法典》和《水生动物诊断试验手册》四个标准出版物。

2023年5月，WOAH第90届国际代表大会通过新修订的疫病名录，将13类122种动物疫病列为法定报告疫病。

（一）多种动物共患病26种

炭疽，克里米亚刚果出血热，马脑脊髓炎（东部），心水病，感染布鲁氏锥虫、刚果锥虫、猴锥虫、活锥虫，伪狂犬病病毒感染，蓝舌病病毒感染，布鲁氏菌（流产布鲁氏菌、羊布鲁氏菌、猪布鲁氏菌）感染，细粒棘球蚴感染，多房棘球蚴感染，利什曼原虫感染，流行性出血病，口蹄疫病毒感染，结核分枝杆菌感染，狂犬病病毒感染，裂谷热病毒感染，牛瘟病毒感染，旋毛虫感染，日本脑炎，新大陆螺旋蝇蛆病，旧大陆螺旋蝇蛆病，副结核病，Q热，苏拉病（伊氏锥虫），土拉杆菌病，西尼罗热。

（二）牛病12种

牛无浆体病，牛巴贝斯虫病，牛生殖道弯曲杆菌病，牛海绵状脑病，牛病毒性腹泻，地方流行性牛白血病，出血性败血症，牛传染性鼻气管炎/传染性脓疱外阴阴道炎，牛结节性皮肤病病毒感染，丝状支原体丝状亚种感染（牛传染性胸膜肺炎），泰勒虫（环形泰勒虫、东方泰勒虫和小泰勒虫）感染，毛滴虫病。

（三）羊病12种

山羊关节炎/脑炎，接触传染性无乳症，山羊传染性胸膜肺炎，母羊地方性流产（绵羊衣原体），小反刍兽疫病毒感染，泰勒虫（莱氏泰勒虫、吕氏泰勒虫、尤氏泰勒虫）感染，梅迪-维斯纳病，内罗毕羊病，绵羊附睾炎（布鲁氏菌病），羊沙门氏菌病（流产沙门氏菌），痒病，绵羊痘和山羊痘。

（四）马病11种

马传染性子宫炎、马媾疫、马脑脊髓炎（西部）、马传染性贫血、马梨形虫病、鼻疽伯克霍尔德氏菌感染（马鼻疽）、非洲马瘟病毒感染、马疱疹病毒1型感染、马病毒性动脉炎病毒感染、马流感病毒感染、委内瑞拉马脑脊髓炎。

（五）猪病6种

非洲猪瘟病毒感染、古典猪瘟病毒感染、猪繁殖与呼吸综合征病毒感染、尼帕病毒性脑炎、猪囊虫病、传染性胃肠炎。

（六）禽病14种

禽衣原体病、鸡传染性支气管炎、鸡传染性喉气管炎、鸭病毒性肝炎、禽伤寒、高致病性禽流感病毒感染、鸟类（不包括家禽但含野鸟）感染高致病性甲型流感病毒、家禽和捕获野生鸟类感染低致病性禽流感病毒并已证实可自然传染人类且伴有严重后果、鸡败血支原体感染（禽支原体病）、滑液囊支原体感染（禽支原体病）、新城疫病毒感染、传染性法氏囊病

（甘布罗病）、鸡白痢、火鸡鼻气管炎。

（七）兔病2种

黏液瘤病、兔病毒性出血症。

（八）蜂病6种

蜜蜂蜂房蜜蜂球菌感染（欧洲幼虫腐臭病）、蜜蜂幼虫芽孢杆菌感染（蜜蜂美洲幼虫腐臭病、蜜蜂武氏蜂盾螨感染、蜜蜂小蜂螨感染、蜜蜂狄氏瓦螨感染（蜜蜂瓦螨病）、蜜蜂蜂巢小甲虫病（蜂窝甲虫）。

（九）其他陆生动物病2种

骆驼痘、中东呼吸综合征冠状病毒感染。

（十）鱼病11种

流行性溃疡综合征、丝囊霉感染（流行性溃疡综合征）、鲑三代虫感染、鲑传染性贫血、传染性造血器官坏死病、锦鲤疱疹病毒病、真鲷虹彩病毒病、鲑甲病毒感染、鲤春病毒血症、罗非鱼湖病毒病、病毒性出血性败血症。

（十一）软体动物病7种

鲍疱疹样病毒感染、牡蛎包纳米虫感染、杀蛎包纳米虫感染、折光马尔太虫感染、海水派琴虫感染、奥尔森派琴虫感染、加州立克次体感染。

（十二）甲壳类动物病10种

急性肝胰腺坏死病、变形藻丝囊霉菌感染（螯虾瘟）、十足目虹彩病毒1感染、对虾肝炎杆菌感染（坏死性肝胰腺炎）、传染性皮下和造血器官坏死病、传染性肌肉坏死病、桃拉综合征、罗氏沼虾白尾病、白斑综合征、黄头病。

（十三）两栖动物疫病3种

蛙病毒感染、箭毒蛙壶菌感染、蝾螈壶菌感染。

第十单元　执业兽医职业道德

一、执业兽医职业道德的概念和特征

（一）执业兽医职业道德的概念

道德是人类社会评价人类行为的基本尺度，是调整人与人之间、人与社会之间关系的行为规范总和。它是人们的道德行为和道德关系普遍规律的反映，是一定社会或阶级对人们行为的基本要求的概括，是人们的社会关系在道德生活中的体现。道德主要依靠社会舆论、传统习惯和人们的内心信念来约束、规范人们的行为。

职业道德是随着社会分工的发展，并在出现相对固定的职业集团时产生的，是社会道德在职业领域的具体体现。人类进入阶级社会以后，出现了商业、政治、军事、教育、医疗等职业。在一定社会的经济关系基础上，这些特定的职业不但要求人们具备特定的知识和技能，而且要求人们具备特定的道德观念、情感和品质。各种职业集团，为了维护其职业利益和信誉，适应社会的需要，从而在职业实践中，根据一般社会道德的基本要求，逐渐形成了职业道德规范。如医生有“医德”、教师有“师德”等。一般来讲，职业道德包括职业道德意识、职业道德行为和职业道德规则三个层次。

执业兽医职业道德是指执业兽医在动物诊疗活动中应当遵循的行为规范的总和。执业兽医职业道德是社会道德体系的重要组成部分，是指导执业兽医行为的基本准则，是衡量执业兽医从业行为是否符合执业兽医职业道德要求的基本标准，它不仅适用于执业兽医师，同时适用于执业助理兽医师和执业兽医辅助人员。执业兽医职业道德的内容包括奉献社会、爱岗敬业、诚实守信、服务群众和爱护动物等，其中奉献社会是执业兽医职业道德的最高境界，爱岗敬业、诚实守信是执业兽医执业行为的基础要素。

（二）执业兽医职业道德的特征

执业兽医职业道德与一般社会道德相比，具有主体的特定性、职业的特殊性的特征。

1. 主体的特定性　执业兽医职业道德所规范的是专门从事动物诊疗活动的执业兽医师、执业助理兽医师等兽医人员。根据《中华人民共和国动物防疫法》《执业兽医和乡村兽医管理办法》的规定，执业兽医执业必须具备以下两个条件：第一，备案。取得执业兽医师或执业助理兽医师资格证书后，并不能直接从事执业活动，只有向备案机关申请执业备案后，方可按规定从事动物诊疗活动。第二，接受动物诊疗机构的管理。执业兽医的执业活动必须接受动物诊疗机构，或者执业兽医所在的动物饲养场、实验动物饲育单位、兽药生产企业、动物园等单位的管理，动物诊疗机构或者执业兽医所在的动物饲养场、实验动物饲育单位、兽药生产企业、动物园等单位是执业兽医的执业机构。

2. 职业的特殊性　由于执业兽医从事的动物诊疗活动既关系到公共卫生安全的保障，又关系到动物健康和养殖业的持续发展，因此，执业兽医的道德规范更应该体现其职业的鲜明特点，树立其良好的社会形象。执业兽医在动物诊疗活动中发现动物染疫或者疑似染疫，必须要按规定报告，并采取隔离等控制措施，防止动物疫情扩散；同时，要按人民政府或者农业农村主管部门的要求，参加预防、控制和扑灭动物疫病活动。由于执业兽医的执业活动关系到动物健康和公共卫生安全，在动物疫病预防、控制和扑灭过程中起着举足轻重的作用，因此，客观上要求执业兽医必须有较高的职业道德水平，从而有效的保护动物健康和公共卫生安全。

二、建设执业兽医职业道德的作用

1. 调节社会关系的作用　执业兽医的执业活动涉及社会生活的诸多方面，它一方面可以调节从业人员内部的关系，即运用执业兽医的道德规范约束内部人员的行为，要求内部人员团结互助、爱岗敬业、齐心协力为发展本行业服务。另一方面可以调节从业人员和服务对象之间的关系，它要求执业兽医应当对服务对象负责，通过树立良好的执业兽医队伍的道德形象，进而带动整个社会的道德文明和精神文明的进步。

2. 提高本行业信誉的作用　执业兽医在社会公众中的信任程度，决定着它在社会中的发展前景。执业兽医的信誉主要由其服务水平质量的高低来决定，而执业兽医职业道德

水平高是服务质量的有效保证，若执业兽医职业道德水平不高，很难提供优质的服务。因此，执业兽医良好的职业道德水平，对提高本行业的信誉和促进本行业的发展具有重要的作用。

3. 规范执业行为的作用 执业兽医职业道德在于规范执业兽医的执业行为。动物卫生法律规范中虽然有执业兽医职业道德的内容，但执业兽医的执业行为，不可能都在法律调整范围之内，所以规范执业兽医职业道德行为的主要手段还是依靠道德，通过道德的规范作用提高执业兽医的责任感和自觉性，从而使职业道德在执业活动中发挥作用，有效地提高服务质量。

三、执业兽医的行为规范

（一）执业兽医的执业机构概述

1. 执业兽医的执业机构 动物诊疗机构是执业兽医的主要执业机构，执业兽医的执业活动必须接受动物诊疗机构的管理。根据《中华人民共和国动物防疫法》《动物诊疗机构管理办法》的规定，动物诊疗机构应当具备以下一般条件：①有固定的动物诊疗场所，且动物诊疗场所使用面积符合省、自治区、直辖市人民政府农业农村主管部门的规定；②动物诊疗场所选址距离动物饲养场、动物屠宰加工场所、经营动物的集贸市场不少于200m；③动物诊疗场所设有独立的出入口，出入口不得设在居民住宅楼内或者院内，不得与同一建筑物的其他用户共用通道；④具有布局合理的诊疗室、隔离室、药房等功能区；⑤具有诊断、消毒、冷藏、常规化验、污水处理等器械设备；⑥具有诊疗废弃物暂存处理设施，并委托专业处理机构处理；⑦具有染疫或者疑似染疫动物的隔离控制措施及设施设备；⑧具有与动物诊疗活动相适应的执业兽医；⑨具有完善的诊疗服务、疫情报告、卫生安全防护、消毒、隔离、诊疗废弃物暂存、兽医器械、兽医处方、药物和无害化处理等管理制度。动物诊所除具备动物诊疗机构的一般条件外，还应当具备以下条件：①具有1名以上执业兽医师；②具有布局合理的手术室和手术设备。动物医院除具备动物诊疗机构的一般条件外，还应当具备以下条件：①具有3名以上执业兽医师；②具有X线机或者B超等器械设备；③具有布局合理的手术室和手术设备。除动物医院外，其他动物诊疗机构不得从事动物颅腔、胸腔和腹腔手术。

2. 执业兽医执业机构的行为规范

（1）*遵守管理机关登记管理的义务* 农业农村主管部门是执业兽医和动物诊疗机构的管理机关，管理的重要内容之一就是对动物诊疗机构的重大事项进行登记管理，因此动物诊疗机构变更名称、诊疗活动范围、从业地点和法定代表人（负责人）等重大事项，应当报原审批部门批准。动物诊疗机构应当使用规范的名称，未取得相应许可的，不得使用“动物诊所”或者“动物医院”的名称。设立分支机构必须另行办理动物诊疗许可证。动物诊疗许可证遗失的，应当及时向原发证机关申请补发。安装、使用具有放射性的诊疗设备的，应当依法经生态环境主管部门批准。

（2）*动物诊疗机构内部管理的行为规范* ①动物诊疗机构应当依法从事动物诊疗活动，建立健全内部管理制度，在诊疗场所的显著位置悬挂动物诊疗许可证和公示诊疗活动从业人员基本情况。②动物诊疗机构应当使用载明机构名称的规范病历，包括门（急）诊病历和住院病历。病历档案保存期限不得少于3年。③动物诊疗机构应当为执业兽医师提供兽医处方笺，处方笺的格式和保存等应当符合农业农村部规定的兽医处方格式及应用规范。④动物诊疗机构应当定期对本单位工作人员进行专业知识、生物安全以及相关政策法规培训。⑤动物诊疗机构应当对兽医相关专业学生、毕业生参与动物诊疗活动加强监督指导。

（3）*动物诊疗机构诊疗活动中的行为规范*　①应当按照农业农村部的规定，做好诊疗活动中的卫生安全防护、消毒、隔离和诊疗废弃物处置等工作。②不得伪造、变造、转让、出租、出借动物诊疗许可证。③应当按照国家兽药管理的规定使用兽药和兽医器械，不得使用不符合规定的兽医器械、假劣兽药和农业农村部规定禁止使用的药品及其他化合物。④兼营动物用品、动物饲料、动物美容、动物寄养等项目的，兼营区域与动物诊疗区域应当分别独立设置。⑤发现动物染疫或者疑似染疫的，应当按照国家规定立即向当地农业农村主管部门或者动物疫病预防控制机构报告，并采取隔离、消毒等控制措施，防止动物疫情扩散。发现动物患有或者疑似患有国家规定应当扑杀的疫病时，不得擅自进行治疗。⑥应当按照国家规定处理染疫动物及其排泄物、污染物和动物病理组织等；不得随意丢弃诊疗废弃物，排放未经无害化处理的诊疗废水。⑦利用互联网等信息技术开展动物诊疗活动，活动范围不得超出动物诊疗许可证核定的诊疗活动范围。⑧应当支持执业兽医按照当地人民政府或者农业农村主管部门的要求，参加动物疫病预防、控制和动物疫情扑灭活动。⑨应当于每年3月底前将上年度动物诊疗活动情况向县级人民政府农业农村主管部门报告。⑩应当配合农业农村主管部门、动物卫生监督机构、动物疫病预防控制机构进行有关法律法规宣传、流行病学调查和监测工作。

（二）执业兽医的行为规范

2005年5月，国务院推进兽医管理体制改革，提出逐步实行执业兽医制度，2008年1月施行的《中华人民共和国动物防疫法》确立了执业兽医资格考试制度。2010年10月农业部组织在全国范围内开展执业兽医资格考试。2010年10月中国兽医协会成立，专门设立了中国兽医协会职业道德建设工作委员会，开展研究执业兽医职业道德规范和执业兽医依法执业行为的具体措施、法律咨询，以及办理执业兽医行业内重大影响的维权事项等工作。2011年11月，中国兽医协会发布了《执业兽医职业道德行为规范》，对提升执业兽医职业道德，规范执业兽医从业活动，提高执业兽医整体素质和服务质量，以及维护兽医行业的良好形象，将起到积极的促进作用。

1. 执业兽医在执业机构中的行为规范　①执业兽医应当在备案的动物诊疗机构执业，但动物诊疗机构间的会诊、支援、应邀出诊、急救等除外。②动物饲养场、实验动物饲育单位、兽药生产企业、动物园等单位聘用的取得执业兽医资格证书的人员，不得对外开展动物诊疗活动。

2. 执业兽医与行政管理机构之间的行为规范　①取得执业兽医资格证书并在动物诊疗机构从事动物诊疗活动的，应当向动物诊疗机构所在地备案机关备案。②执业的动物诊疗机构发生变化的，应当按规定及时更新备案信息。

3. 执业兽医在执业活动中的行为规范　《执业兽医职业道德行为规范》规定，执业兽医职业道德规范是执业兽医的从业行为职业道德标准和执业操守，执业兽医应当遵守，具体内容包括：

（1）执业兽医应当模范遵守有关动物诊疗、动物防疫、兽药管理等法律规范和技术规程

的规定，依法从事兽医执业活动。

（2）执业兽医不对患有国家规定应当扑杀的患病动物擅自进行治疗；当发现动物染疫或者疑似染疫时，应当立即向农业农村主管部门或者动物疫病预防控制机构报告。

（3）执业兽医未经亲自诊断或治疗，不开具处方药、填写诊断书或出具有关证明文件。

（4）发现违法从事兽医执业行为或其他违法行为的，执业兽医应当向有关主管部门进行举报。

（5）执业兽医应当使用规范的处方笺、病历，并照章签名保存。发现兽药有不良反应的，应当向农业农村主管部门报告。

（6）执业兽医应当热情接待动物主人和患病动物，耐心解答动物主人提出的问题，尽量满足动物主人的正当要求。

（7）执业兽医应当如实告知动物主人患病动物的病情，制订合理的诊疗方案。遇有难以诊治的患病动物时，应当及时告知动物主人，并及时提出转诊意见。

（8）执业兽医应当如实表述自己的执业情况和技术水平，不做虚假广告，不在诊治活动中弄虚作假。

（9）执业兽医应当对动物诊疗的相关信息或资料保守秘密，未经动物主人同意不得用于商业用途。

（10）执业兽医在从业过程中应当注重仪表，着装整洁，举止端庄，语言文明。

（11）执业兽医应当为患病动物提供医疗服务，解除其病痛，同时尽量减少动物的痛苦和恐惧。

（12）执业兽医应当劝阻虐待动物的行为，宣传动物保健和动物福利知识。

（13）执业兽医应当积极参加兽医专业知识和相关政策法规的培训教育，提高业务素质。

（14）执业兽医应当积极参加有关兽医新技术和新知识的培训、研讨和交流，更新知识结构。

（15）执业兽医在从业活动中，应当明码标价，合理收费。

（16）执业兽医不得接受医疗设备、器械、药品等生产、经营者的回扣、提成或其他不当得利。

此外，《执业兽医职业道德行为规范》还规定了执业兽医的十种不道德的行为，具体内容包括：

（1）随意贬低兽医职业和兽医行业的。

（2）故意贬低同行或通过诋毁他人等方式招揽业务的。

（3）未取得专家称号，对外称“专家”谋取利益的。

（4）通过给其他兽医介绍患病动物，收取回扣或提成的。

（5）冒充其他执业兽医从业获利的。

（6）擅自篡改或删除处方、病历及相关诊疗数据，伪造诊断结果、违规出具证明文件或在诊疗活动中弄虚作假的。

（7）未经动物主人同意，将动物诊疗的相关信息或资料用于商业用途的。

（8）教唆、帮助或参与他人实施违法的兽医执业活动的。

（9）随意夸大动物病情或夸大治疗效果的。

（10）执业兽医在人才流动过程中损害原工作单位权益的。

四、执业兽医的职业责任

执业兽医职业责任，是指执业兽医在执业活动中违反有关执业兽医的法律规范和执业纪律规范应承担的法律责任，包括刑事责任、行政责任、民事责任和纪律处分。执业兽医的职业责任，对于督促执业兽医在执业过程中勤勉尽责、恪尽职守，增强执业兽医的自律意识、风险意识，树立执业兽医良好的社会形象具有十分重要的意义。

（一）执业兽医的刑事责任

执业兽医刑事责任是指执业兽医在执业活动中，因其行为触犯了刑事法律规范的有关规定，而应承担的法律责任。需要明确的是，这里所称的执业兽医的刑事责任是一种职业责任，该责任发生在执业兽医的执业活动中，如果与执业兽医的执业活动无关，则不能称之为执业兽医的刑事责任。根据我国刑法和动物防疫法的有关规定，执业兽医在执业活动中，违反有关动物防疫的国家规定，引起重大动物疫情，或者有引起重大动物疫情危险，情节严重的，处三年以下有期徒刑或者拘役，并处或者单处罚金。

（二）执业兽医的行政责任

执业兽医的行政责任是指执业兽医和动物诊疗机构违反与其执业活动有关的法律规范，而应承担的法律责任。执业兽医行政责任的主要法律依据是《中华人民共和国动物防疫法》《动物诊疗机构管理办法》和《执业兽医和乡村兽医管理办法》。对执业兽医违法行为实施行政处罚的种类有：警告、罚款、没收违法所得、暂停动物诊疗活动、吊销执业兽医资格证书。对动物诊疗机构违法行为实施行政处罚的种类有：警告、罚款、没收违法所得、停业整顿、吊销动物诊疗许可证。

（三）执业兽医的民事责任

执业兽医的民事责任是指执业兽医和动物诊疗机构在执业活动中，因违法执业或过错给他人造成损失，所应承担的民事责任。执业兽医在执业活动中，违反《中华人民共和国动物防疫法》《动物诊疗机构管理办法》和《执业兽医和乡村兽医管理办法》的规定，导致动物疫病传播、流行或造成动物诊疗事故等，给他人人身、财产造成损害的，应当依法承担民事责任。执业兽医从事动物诊疗活动，是一种民事法律关系，执业兽医在执业活动中因过错给他人造成损失的，其赔偿的主体是动物诊疗机构，即由执业兽医所在的动物诊疗机构承担民事赔偿责任。

（四）执业兽医的纪律处分

执业兽医的纪律处分是指兽医行业协会对执业兽医和动物诊疗机构违反执业兽医执业规范行为作出的行业处分。《执业兽医和乡村兽医管理办法》第五条规定，执业兽医、乡村兽医依法执业，其权益受法律保护；同时规定兽医行业协会要加强行业自律，及时反映行业诉求，为兽医人员提供信息咨询、宣传培训、权益保护、纠纷处理等方面的服务。为了维护动物诊疗执业秩序、保障执业兽医依法执业的权利，兽医行业协会对执业兽医和动物诊疗机构违规行为实施行业处分是十分必要的。对执业兽医和动物诊疗机构的纪律处分方式主要有：警告、通报批评、公开谴责、暂停会员资格、取消会员资格等。

第二篇

水生动物解剖学、组织学及胚胎学

第一单元　概　述

第一节　细　胞

细胞是动物体结构和功能的基本单位。相同的细胞和这些细胞产生细胞间质构成组织。多细胞生物一般都包含多种组织，这些不同组织细胞由受精卵的不断分裂和分化形成。动物体的组织可分为四大类基本类型：上皮组织、结缔组织、肌肉组织和神经组织。不同的组织按照一定的方式有机结合起来构成不同的器官，如肝脏、肾脏等。器官具有特定的形态结构，而且能完成特定的生理功能。不同的器官再组成系统，如消化系统、呼吸系统等。一个系统内的器官具有相似的特征，且能共同完成一个连续性的生理功能。不同的系统彼此相互联系和相互协调，使整个生命体和外界环境统一，保证机体代谢作用的完成和生命活动的延续。

一、构　造

构成动物体的细胞种类繁多，大小、形态、结构和功能不同，但是基本结构相同，包括细胞膜、细胞质和细胞核，细胞质中含有各种细胞器。细胞是有机体代谢与执行功能的基本单位，具有独立的、有序的代谢体系。细胞是遗传的基本单位，每个细胞都具有全套的遗传信息。细胞也是有机体生长和发育的基本单位。构成细胞的基本物质称原生质，原生质主要由蛋白质、核酸、脂类、糖类等有机物以及水和无机盐等无机物组成。

1. 细胞膜　细胞膜是包围在细胞质外的一层脂质膜，又称质膜，主要由蛋白质和脂类组成，一般厚7～10nm。它是由磷脂双分子层构成的，磷脂分子具有亲水性的头部和疏水性的尾部，两层磷脂分子头部向外。在电子显微镜下，由于磷脂分子的头部电子密度高，尾部电子密度低，质膜就形成了两侧暗、中间明的三层结构，也称为**单位膜**。

细胞膜的基本作用是保持细胞形态结构的完整，维护细胞内环境的相对稳定，参与细胞识别，与外界不断地进行物质交换，能量和信息的传递。细胞膜由磷脂双分子层组成骨架，还包含了蛋白质、脂类和多糖成分，这些成分的有机组合形成细胞膜复杂的结构、完成了细胞膜重要的生物学功能。已有多种学说来阐明细胞膜的结构和功能，目前比较公认的液态镶嵌模型认为：细胞膜是液态的脂类双分子层中镶嵌了各种蛋白质和脂类分子。双层磷脂分子头部向膜外形成亲水面，疏水的脂质尾部则向膜内形成疏水层。蛋白质分子有的插入质膜中间形成镶嵌蛋白，有的位于质膜外或内形成表在蛋白。胆固醇等脂类分子的含量能调节质膜的流动性。多糖分子一般和蛋白质或脂类形成糖蛋白或糖脂，分布在细胞外表面。

2. 细胞质　**细胞质**是细胞膜和细胞核之间，由基质、细胞器和内含物组成的胶状成分，内含蛋白质、糖类、脂类、水和无机盐等。细胞器是细胞质中具有一定的形态结构和功能的亚细胞结构，包括线粒体、核糖体、内质网、高尔基体、溶酶体、过氧化物酶体、中心体和细胞骨架等，植物细胞还有叶绿体和液泡等结构。**线粒体**主要是进行氧化磷酸化，是糖、脂肪酸和氨基酸最终氧化放能的场所，为细胞生命活动提供能量，所以被称为细胞内的“能量工厂”。**核糖体**是合成蛋白质的细胞器。内质网具有多种功能，可以和核糖体结合，进行蛋白质的加工和输送，也可以单独进行脂类合成，还能在肌纤维中形成钙库，调节细胞的收缩活动。**高尔基体**主要进行蛋白质的加工、分选和运输，形成溶酶体。溶酶体含有多种水解酶，负责进行细胞内消化。**过氧化物酶体**又称微体，主要含有过氧化氢酶，能水解细胞代谢所产生的毒性物质——过氧化氢。**中心体**位于细胞的中央或细胞核附近，是微管的生发中心，生成的微管参与细胞分裂。**细胞骨架**包括微管、微丝和中间纤维，它们都是蛋白聚合体，在细胞内起到支持、运输、运动等功能。

3. 细胞核　**细胞核**是细胞的重要组成部分，遗传信息的储存场所，控制细胞的遗传和代谢活动。多数细胞只有一个核，也有的细胞有两个或多个核。细胞核包括核膜、核质、核仁和染色质。核膜是细胞核和细胞质的界限，核膜上有核孔负责物质的交换运输。核质又称核液，是胶状物质，含多种酶和无机盐。核仁有一个或多个，负责核糖体 RNA 的合成、加工和核糖体亚单位的装配。染色质是 DNA 和蛋白质的复合体，DNA 是遗传信息的载体。在细胞分裂期染色质高度螺旋化形成染色体。各种生物的染色体数目是恒定的。成熟的生殖细胞的染色体数目是体细胞的一半。

二、主要生命活动

1. 细胞分裂　细胞增殖是细胞生命活动的重要特征之一，细胞增殖是通过细胞分裂来实现的。细胞分裂分为有丝分裂、无丝分裂和减数分裂。细胞从前一次分裂结束到下一次分裂结束，称为一个细胞周期。每个细胞周期又可分为分裂间期和分裂期。分裂间期又分为三个时期：DNA 合成前期（G1 期）、DNA 合成期（S 期）和 DNA 合成后期（G2 期）。分裂期包括前期、中期、后期、末期。分裂的细胞总是处于分裂间期和分裂期的循环过程。细胞也有可能停留在 G1 期不再继续分裂，称 G0 期细胞，条件合适时再返回细胞周期中。

2. 细胞分化　在个体发育中，由一种相同的细胞类型经过分裂后逐渐在形态、结构和功能上形成不同细胞类群的过程称为**细胞分化**。一般来说，分化程度低的细胞，其分裂增殖能力较强，如间充质细胞、精原细胞；分化程度高的细胞，其分裂增殖能力弱，如神经细胞、肌肉细胞。有的细胞具有自我复制能力的潜能，在一定条件下，它可以分化成多种功能细胞，这种细胞称为**干细胞**。干细胞未充分分化，具有再生各种组织器官的潜在功能。根据其所处的发育阶段分为胚胎干细胞和成体干细胞。根据干细胞的发育潜能可分为三类：全能干细胞、多能干细胞和单能干细胞。细胞的分化受到遗传因子和外界环境的共同影响。

3. 细胞衰老和死亡　细胞衰老、死亡是细胞发展过程中的必然规律。**细胞衰老**是机体在退化时期生理功能下降和紊乱的综合表现，是不可逆的生命过程。生物体是由细胞组织起来的，细胞在生命活动中不断受到内外环境的影响而发生损伤，造成功能退行性下降而老化。细胞的衰老与死亡是新陈代谢的自然现象。不同类型的细胞，其衰老速度不一致。如神经细胞和心肌细胞寿命比较长，而红细胞和表皮细胞则比较短。细胞死亡包括坏死和凋亡两大类型。死亡的原因很多，一切损伤因子只要作用达到一定强度或持续一定时间，使受损组织的代谢完全停止，就会引起细胞、组织的死亡。在多数情况下，坏死是由组织、细胞的变性逐渐发展来的，称为**渐进性坏死**。坏死多为细胞受到强烈理化或者生物因素作用引起细胞无序变化的死亡过程，表现为细胞胀大、细胞膜破裂、细胞内容物外溢。在此期间，只要坏死尚未发生且病因被消除，则组织、细胞的损伤仍可恢复。但一旦组织、细胞的损伤严重，代谢紊乱，出现一系列的形态学变化时，则损伤不能恢复。**细胞凋亡**是指为维持内环境稳定，由基因控制的细胞自主的有序的死亡。细胞凋亡与细胞坏死不同，细胞凋亡不是一件被动的过程，而是主动过程，它涉及一系列基因的激活、表达以及调控等作用，它并不是病理条件下自体损伤的一种现象，而是为更好地适应生存环境而主动采取的一种死亡过程。

第二节　基本组织

组织学是研究有机体微细结构及其功能的科学。高等动物的组织包括四种基本类型：上皮组织、结缔组织、肌肉组织、神经组织。

一、上皮组织

上皮组织由排列紧密的上皮细胞和极少量的细胞间质构成，一般分布于体表或体腔的内腔面，或衬在体内各种管状或囊状器官的内腔面，或分布在一些感觉器官表面，或形成腺体。因此，上皮组织又可分为被覆上皮、感觉上皮和腺上皮三种类型。

被覆上皮由排列紧密而规则、形态相似的上皮细胞构成。细胞间质少，细胞间有多种类型的细胞连接结构把相邻的细胞联系在一起。被覆上皮覆盖在身体的外表面、体腔的内面，各种管、囊器官的内腔面，以及一些器官朝向体腔的部分。具有保护、吸收和分泌等功能。上皮细胞位于器官的表层，细胞一般具有极性，即向着体表或腔面的游离面和相对的一个附着在基膜上的面，称为基底面。

根据上皮细胞的层数，可将被覆上皮分为单层上皮、复层上皮两类。再根据细胞的形状可将单层上皮分为单层扁平上皮、单层立方上皮、单层柱状上皮和假复层纤毛柱状上皮。同样，复层上皮也可分为复层扁平上皮、复层柱状上皮和变移上皮。

1. 单层扁平上皮　很薄，仅由一层细胞组成。细胞核扁圆，位于细胞中央。衬在心脏、血管和淋巴管内腔面的单层扁平上皮称为内皮；铺衬在胸膜、腹膜、心包膜和肠系膜表面的单层扁平上皮称为**间皮**。

2. 单层立方上皮　细胞高度和宽度大致相等，由单层细胞构成。细胞核圆形，居中。单层立方上皮分布在肾脏的肾小管和外分泌腺的导管表面，以及甲状腺滤泡等处，具有分泌和吸收功能。

3. 单层柱状上皮　细胞呈棱柱状，细胞核一般为椭圆形，和细胞长轴平行，多位于细胞的基部，细胞极性明显。单层柱状细胞一般分布在胃肠道内表面，具有分泌和吸收等功能。有的单层柱状细胞游离面形成纤毛，称为**纤毛柱状上皮**，如分布在贝类胃肠道的上皮属于单层纤毛柱状上皮。

4. 假复层纤毛柱状上皮　这种上皮由高矮不等的纤毛柱状细胞、梭形细胞、锥体形细胞和一些杯状黏液细胞组成。所有的细胞基底面都位于同一层基膜上。这类上皮主要分布在呼吸道内腔面，具有保护和分泌功能。

5. 复层扁平上皮　细胞层数比较多，只有靠表面的几层细胞是扁平的，中间几层细胞一般为多边形，靠基底层细胞呈低柱状。基底层细胞能不断分裂增生，补充表层损伤、脱落或衰老的细胞。复层扁平上皮一般位于体表，也裱衬在哺乳动物口、咽、食道及阴道的内腔面，主要起到保护的功能。真骨鱼类皮肤的表皮也是由复层扁平上皮构成。

6. 复层柱状上皮　和复层扁平上皮类似，只是表层的细胞是由柱状细胞构成，常见于眼睑结合膜和尿道海绵体等处的黏膜上皮，具有保护作用。此类上皮比较少见，在鱼类中尚未发现其存在。

7. 变移上皮　也是有多层细胞构成。分布于肾盏、肾盂、输尿管和膀胱内腔面。变移上皮的厚度能根据拉伸情况变化，拉伸时，细胞层数减少；反之则增多。其表层细胞呈立方形，细胞较大，有的含有两个核，称为盖细胞，中层细胞大多呈多边形，基底层细胞呈低柱状或立方形。

8. 腺上皮与腺　以分泌功能为主的上皮称为**腺上皮**，以腺上皮为主要成分构成的器官称为腺。腺的分泌物经导管排出体表或器官的腔面，称为**外分泌腺**，如汗腺、乳腺和唾液腺等；若腺体没有导管，其分泌物直接进入腺细胞周围的毛细血管或淋巴管，被血液循环运送到作用部位，这种腺体称为**内分泌腺**，如甲状腺、肾上腺、脑垂体和胰岛等。

二、结缔组织

结缔组织由细胞和大量细胞间质构成。其细胞数量少，但是种类多；细胞间质极其丰富，从液体到固体，形式多样。结缔组织细胞种类繁多，形态和功能也不相同，分布不规则，没有极性。细胞间质有纤维和基质两种成分。结缔组织包括固有结缔组织、支持组织（骨组织与软骨组织）和血液。固有结缔组织包括疏松结缔组织、致密结缔组织、网状组织和脂肪组织等。结缔组织在体内广泛分布，具有连接、支持、营养、保护等多种功能。

（一）固有结缔组织

1. 疏松结缔组织　疏松结缔组织较柔软，具有弹性和韧性，又称**蜂窝组织**。此种组织在机体内分布很广泛，可分布在细胞之间、组织之间以及器官之间。疏松结缔组织的功能主要是支持、连接、营养、防御、保护以及修复创伤。

疏松结缔组织是由细胞、纤维和基质三种成分组成的，细胞与纤维的含量较少，基质的含量较多。

细胞包括成纤维细胞、巨噬细胞、肥大细胞、浆细胞、脂肪细胞、未分化的间充质细胞及色素细胞等。细胞间质由胶原纤维、弹性纤维、网状纤维三种纤维和基质组成。

成纤维细胞：数目最多，分布最广，胞体大，为多突的纺锤形或星形的扁平细胞，细胞核呈规则的卵圆形，细胞轮廓不清。成纤维细胞能够合成、分泌胶原蛋白、弹性蛋白，形成基质与纤维。

巨噬细胞：细胞形状不一，多突起，但细胞质染色较深，细胞轮廓较明显。细胞核较小，圆形或卵圆形。巨噬细胞是体内广泛存在的具有强大吞噬功能的细胞。

肥大细胞：肥大细胞也是结缔组织内常见的细胞，常常成群地沿着小血管和小淋巴管分布。细胞呈圆形或卵圆形，细胞核小，呈圆形或椭圆形，染色浅，位于细胞中央。胞质内含有粗大的嗜碱性颗粒，颗粒中含有肝素、组胺及慢性反应物质等。

浆细胞：较小，椭圆形。胞核偏向一侧，核中的染色质排列成车轮状。近核处的胞质中有一淡染区。胞质嗜碱性，染为蓝色。浆细胞具有合成与分泌免疫球蛋白和多种细胞因子的功能，参与免疫应答和调节炎症反应。浆细胞来源于B淋巴细胞。

脂肪细胞：体积大，呈球形，含较多脂肪滴，这些脂肪把细胞质和细胞核挤到周边。脂肪细胞能够合成、储存脂肪，参与有机体的脂质代谢，还具有保温、缓冲等作用。

色素细胞：是一些不规则而有突起的细胞，胞质中含有色素颗粒。色素颗粒可以分散和聚合，从而调节体色。

未分化的间充质细胞：这些细胞呈星形有突起，胞质少，核大，染色质丰富。细胞具有比较高的分化潜能，能分化成疏松结缔组织中的各种细胞。

胶原纤维：数量多，是构成细胞间质的主要成分，新鲜状态下呈白色，有光泽，又名**白纤维**。苏木精—伊红染色（HE染色）时呈粉红色，光镜下束状，较粗。电镜下可见胶原纤维由胶原原纤维组成，有横纹；胶原纤维有比较强的韧性，但伸展力很弱。

弹性纤维：疏松结缔组织中的弹性纤维少于胶原纤维，新鲜时呈浅黄色，又称为**黄纤维**。弹性纤维单条分布，有分支，并交织成网。弹性纤维有比较强的弹性。电镜下无横纹结构。

网状纤维：光镜下较细，HE染色不易着色，有嗜银性，故又称**嗜银纤维**。糖原染色（PAS染色）阳性。电镜下也和胶原纤维一样显示出横纹。

基质：疏松结缔组织中的基质是由水化的生物大分子构成的无定形胶质物质，有一定黏性，主要包括蛋白质多糖和糖蛋白。

2. 致密结缔组织　致密结缔组织是一种以密集的纤维为主要成分的固有结缔组织，支持和连接为其主要功能。

根据纤维的性质和排列方式，可区分为以下两种类型。

（1）*胶原纤维性致密结缔组织*　以胶原纤维为主，构成肌腱、韧带、真皮及器官的被膜、被囊等。纤维的排列方式与所在器官的性能有关，可分为规则与不规则两种。肌腱是规则的胶原纤维性致密结缔组织的典型代表。细胞间质主要由致密而平行排列的胶原纤维组成，纤维之间借少量的无定型基质黏合。夹在纤维束之间的细胞称为**腱细胞**，细胞核长而着色深，沿纤维的长轴平行排列。细胞突起呈薄膜状，插入纤维束之间。

皮肤的真皮也由致密的胶原纤维性结缔组织组成，与肌腱的不同之处在于纤维排列不规则，彼此交织成致密的板层结构。纤维之间含有少量基质和成纤维细胞。

（2）*弹性纤维性致密结缔组织*　是以弹性纤维为主的致密结缔组织。发达的弹性纤维或向一个方向伸展并彼此联结成网，弹性纤维之间分布着胶原纤维和结缔组织细胞，如项韧带和黄韧带。

3. 网状组织 网状组织是构成骨髓、淋巴结、肝、脾等造血器官的基本组织成分，也分布在鱼类头肾和肾间质这些造血器官内，由网状细胞、网状纤维和基质构成。**网状细胞**是有突起的星状细胞，相邻细胞的突起相互连接成网，胞核较大，圆或卵圆形，着色浅。胞质较多，粗面内质网较发达。网状细胞产生网状纤维。**网状纤维**分支交错，连接成网，并可深陷于网状细胞的胞体和突起内，成为网状细胞依附的支架。在体内网状组织不单独存在，而是构成造血组织和淋巴组织的基本组成成分，为淋巴细胞发育和血细胞发生提供适宜的微环境。

4. 脂肪组织 脂肪组织主要由大量的脂肪细胞聚集而成，并由疏松结缔组织分割成许多小叶，主要分布在皮下、网膜、心外膜、肾脂肪囊和黄骨髓等处。脂肪细胞一般不能分裂，来自间充质细胞。

（二）支持组织

支持组织是一种支持性的结缔组织，包括软骨组织和骨组织两种类型。它们与其他种类结缔组织的不同在于其细胞间质为固态。软骨组织和骨组织构成动物体的支架，具有支持软组织，参与身体的运动及保护某些器官等作用。此外，骨组织还是高等动物体的主要的“钙库”，如人体99%以上的钙贮存于骨组织内。

1. 软骨的构造 软骨由软骨组织及其周围的软骨膜构成，软骨组织由软骨细胞及细胞间质（基质与纤维）构成。除关节表面没有软骨膜外，其他部位都有。根据软骨基质内所含纤维的种类不同，可将软骨区分为透明软骨、弹性软骨和纤维软骨三种类型。其中，透明软骨的分布较广，结构也较典型。软骨组织中一般没有血管或神经分布，因此软骨组织受伤后自行修补的能力有限。

（1）透明软骨 又称**玻璃软骨**，在新鲜状态下，呈乳白的淡蓝色，半透明状，稍具弹性。透明软骨的组织结构包括软骨细胞、软骨基质和纤维。

软骨细胞：包埋在软骨基质内，单个或成群分布。其所在的腔隙，称为**软骨陷窝**，软骨陷窝的壁为**软骨囊**，由基质构成，含有较多的硫酸软骨素，不含胶原纤维或含量很少，具有明显的嗜碱性、异染性，并呈PAS阳性反应。软骨细胞在软骨内的分布有一定规律，靠近软骨膜的软骨细胞较幼稚，体积小，呈扁圆形，单个分布；位于软骨中部的软骨细胞接近圆形，成群分布，每群有2～8个细胞，它们是由一个细胞分裂增生而成，故称**同源细胞群**。同源细胞群中的细胞分别围以软骨囊。软骨细胞核呈椭圆形，细胞质弱嗜碱性。新鲜软骨的软骨细胞充满于软骨陷窝内。但在HE染色切片中，细胞收缩成不规则形，故软骨囊和细胞之间出现较大的空隙。软骨细胞的超微结构特点是胞质内有丰富的粗面内质网和发达的高尔基复合体，还有一些糖原和脂滴，线粒体较少。软骨细胞主要以糖酵解方式获得能量。软骨细胞合成和分泌软骨组织的基质和纤维。

基质：透明软骨基质的化学成分主要为嗜碱性软骨黏蛋白，它以长链的透明质酸分子为主干，干链上以许多较短的蛋白质链连接硫酸软骨素A、硫酸软骨素C和硫酸角质素。这种羽状分支的大分子结合着大量的水，大分子相互结合构成分子筛，并和胶原原纤维结合在一起形成固态结构。软骨内无血管，但由于软骨基质内富含水分，通透性强，故软骨深层的软骨细胞仍能获得必需的营养。

纤维：胶原原纤维包埋在基质内，呈致密的网状排列。由于纤维较细，并与基质有相同的折光率，所以在普通的切片中难以观察。

软骨膜和软骨的生长：透明软骨的外面覆盖一层由结缔组织构成的薄膜，称为**软骨膜**，内含血管、神经和未分化的间充质细胞。软骨的生长有两种方式，一种方式是依靠深层软骨细胞的分裂，新形成的软骨细胞能合成胶原纤维和无定型基质。这种生长方式称为软骨内生长。另一种方式是依靠软骨膜的细胞分裂增生，分化为软骨细胞，称为**软骨膜下生长**。

（2）弹性软骨　分布于耳郭及会厌等处。也由软骨细胞和间质构成。结构特点是间质中有大量交织分布的弹性纤维，软骨中部的纤维更为密集。弹性软骨具有较强的弹性。

（3）纤维软骨　分布于椎间盘、关节盘及耻骨联合等处。结构特点是有大量呈平行或交错排列的胶原纤维束，软骨细胞较小而少，常成行分布于纤维束之间。HE 染色切片中，胶原纤维染成红色，纤维束间的基质很少，呈弱嗜碱性，软骨囊则呈强嗜碱性。

2. 骨组织　骨组织是动物身体内最坚硬的组织，其内含有丰富的血管和神经。除构成全身骨骼，成为动物身体最重要的支持性结构外，还与肌肉关联，形成运动器官的杠杆。骨内有骨髓腔，内含骨髓，是高等脊椎动物重要的造血器官。另外，骨基质内具有大量的钙盐沉积，是动物体的钙库和磷库。

（1）骨组织的结构　骨组织由骨细胞、骨基质（基质和纤维）构成。

骨组织一般包括四类细胞：①**骨祖细胞**位于骨组织表面，细胞小，是一种干细胞，当骨组织生长或改建时，能分裂分化成骨细胞。②**成骨细胞**，一个成骨细胞可分泌其三倍体积的基质，然后自身埋于其中，即变为骨细胞。③**骨细胞**是骨组织的主要细胞，单个分散于骨板之间或骨板内。细胞较小，呈扁椭圆形，有许多细长突起，细胞胞体位于骨陷窝内，突起位于骨小管内，相邻骨细胞的突起相互连接，以沟通细胞间的代谢活动。④**破骨细胞**具有特殊的吸收功能。在某些局部炎症病灶吸收过程中，巨噬细胞也参与进来。

骨基质是一种坚硬的固体，由无机物和有机物组成。无机物又称骨盐，主要成分为磷酸钙、碳酸钙、柠檬酸钙、磷酸氢二钠，它们以羟磷灰石结晶和无定型胶体磷酸钙的形式分布于有机质中。有机物包括无定型基质和骨胶纤维。基质约占有机物的 10%，主要为糖蛋白复合物。骨胶纤维即胶原纤维，是有机物中的主要成分。

骨组织可以分为骨密质和骨松质两种。骨密质由整齐排列的骨板构成，排列在骨表面的骨板是外环骨板，排列在内部围绕骨髓腔的是内环骨板，在内、外骨板之间有很多呈同心圆排列的骨板，叫**哈佛骨板**，其中心管叫**哈佛管**。哈佛骨板和哈佛管总称**哈佛系统**。一个哈佛系统即为一个**骨单位**。骨密质内有许多骨单位。哈佛系统在骨密质内，沿骨的轴向存在，互相之间有交通支和福克曼管相通，形成密质中一个完整的运输营养的系统。骨松质分布于长骨的骨骺和骨干内侧面，是大量针状或片状骨小梁，相互连接而成多空隙网架结构，网孔即为骨髓腔，其中充满红骨髓。骨小梁有几层平行排列的骨板和骨细胞构成，表层骨板的骨小管开口于骨髓腔，骨细胞从中获得营养并排出代谢物。

高等脊椎动物长骨的骨干主要是由骨密质构成，骨松质很少，中央是一个大的骨髓腔。骨干外是骨外膜，骨髓腔内表面铺衬骨内膜。骨外膜和骨内膜间有骨板排列，构成骨密质，血管穿行其间。

（2）硬骨鱼类骨组织的特点　与高等脊椎动物一样，鱼类骨组织外面覆盖着一层骨膜，为一种坚韧的结缔组织。骨膜内可以看到许多具突起的成骨细胞，由骨膜的结缔组织细胞转变而成，具有分泌骨基质的功能。

骨组织也分为骨松质和骨密质两种。松质骨的结构与高等动物基本相同，但密质骨的结构简单而低级。无哈佛系统及其他明显的管道系统，无层次分明的骨板，骨胶纤维的排列杂乱无章，骨盐比高等动物少而有机质的含量相对较多，所以骨骼柔软而富有弹性。鱼类骨组织中无骨髓组织。

鱼类的鳍条属于类骨组织（或骨样组织），是介于透明软骨和骨组织之间的一种过渡性组织。**类骨组织**由类骨基质、胶原纤维、成骨细胞和骨细胞组成。类骨基质含有黏多糖和蛋白质，具有嗜酸性，无骨盐沉淀。胶原纤维被包埋在类骨基质中不易看清。

鱼类骨组织的生长方式与高等动物也有较大的差别，如鳃盖骨、脊椎骨等也以软骨膜下生长的方式使骨逐渐变粗，已形成的部分，不再被破坏或改建，因此鱼类没有真正的骨髓腔。鱼类骨组织的生长具有季节性周期变化，所以每块骨具有生长的记录存在。在气候不适或营养条件差时，生长慢，结构紧密、透光性弱，反之则生长迅速，结构疏松，骨陷窝较大、透光性强，这样就形成“年轮”的纹理。

鱼类的骨组织具有很强的再生能力，如鳍条受伤后很快可以修复或愈合。

（三）血液

血液属于结缔组织，是动物体内的一种流动性组织。由血细胞和液体的细胞间质（血浆）组成。

1. 鱼类血液的组成及血细胞的发生

（1）*血液的组成*　血液由血浆和血细胞构成。血浆为血液的间质成分，由纤维蛋白原和血清两部分组成。血细胞为血液的有形成分。血细胞可分为以下两类：

①**红细胞**：鱼类的红细胞为扁平的椭圆形，有一个较大的细胞核。这与哺乳动物红细胞具有明显差别。哺乳动物红细胞属于高度分化的细胞，它在分化发育过程中已失去了细胞核，同时也失去了再分化分裂的能力。而鱼类血液中的红细胞则有核，并且有分化的能力，在血液中可继续进行无丝分裂和有丝分裂。

血液之所以呈红色就是因为红细胞内含有大量血红蛋白。红细胞的功能就是靠血红蛋白来完成的，它可与氧结合，以完成红细胞的携氧和血液的运氧能力。

②**白细胞**：白细胞内不含血红蛋白，在生活状态下是无色的，故称之为白细胞。白细胞可分为有粒白细胞和无粒白细胞。有粒白细胞胞质内含有特殊的颗粒，根据颗粒染色特性的不同，可将有粒白细胞分为嗜酸性粒细胞、嗜碱性粒细胞和中性粒细胞。嗜酸性粒细胞中的颗粒粗大，呈嗜酸性，能被酸性染料（伊红）染成红色。嗜酸性粒细胞在血液中的含量较少，具有一定的吞噬能力、抗过敏和抗寄生虫能力。嗜碱性粒细胞在血液中的含量也较少，其特点是其胞质中的颗粒呈嗜碱性，能被碱性染料染成蓝色。其嗜碱性颗粒中含有肝素，具有抗凝血作用。中性粒细胞在鱼类血液中较嗜酸性粒细胞和嗜碱性粒细胞多，其特征是胞质中的颗粒呈中性；这种细胞具有较强的游走能力和吞噬能力，细胞核有分叶。无粒白细胞有淋巴细胞和单核细胞两种。淋巴细胞分大淋巴细胞和小淋巴细胞，这种细胞的特点是胞核较大，几乎占据整个细胞，只在细胞的边缘部位剩下狭窄的嗜碱性细胞质，主要功能为免疫功能。单核细胞的细胞体积较大，并且具有较强的吞噬作用，可游出血管到达组织中，转变成组织中的游离巨噬细胞。

另外，鱼类血液中还含有血栓细胞，呈纺锤形，故又称为纺锤细胞，这种细胞相当于哺乳动物血液中的血小板，其功能是参与凝血过程。

（2）血细胞的发生　血细胞起源于胚胎时期的间充质细胞，由间充质细胞分化形成成血细胞，**成血细胞**又称原血细胞，为最原始的血细胞。成血细胞在胚胎后期随着胚胎的发育和各器官的分化形成，转移到肾脏和脾脏等造血器官，在造血器官内分别形成成红细胞（肾）和成白细胞（脾），再继续分化形成红细胞和各种白细胞。

2. 虾蟹类的血液与造血　虾蟹类的血细胞占血液量的0.25%～1.0%。血细胞都是无色的白细胞，其分类与命名的依据是按照细胞胞质中颗粒的有无、颗粒的多少及颗粒的大小等。据此，将虾蟹类的血细胞分为大颗粒细胞、小颗粒细胞和无颗粒细胞（透明细胞）。血浆为血液的主要部分，含有**血蓝蛋白**(**血蓝素**)。**血蓝蛋白**是一种含铜离子的呼吸色素，非氧合状态下为白色或无色，氧合状态下为蓝色。

虾类的造血组织为外被结缔组织的系列结节，位于前肠背方额角基部及消化腺前方腹部，由其产生血细胞和血蓝素细胞，后者形成血蓝素并将它释放到血浆中。其他血细胞也参与血蓝素的合成。

3. 贝类的血液　与虾蟹类一样，大多数贝类的血细胞是无色的，仅魁蚶、泥蚶等少数动物的血液中发现有红细胞存在。除少数动物（如 Slanorbis 等）的血浆中含有血红蛋白外，大多数贝类的血浆中都含有血蓝蛋白。贝类血细胞的分类方法与名称目前尚不统一，一般可分为颗粒型和无颗粒型两类。

三、肌肉组织

肌肉组织主要有三种：心肌、骨骼肌、平滑肌。骨骼肌与心肌的肌纤维均有横纹，又称**横纹肌**。平滑肌纤维无横纹。肌肉组织具有收缩特性，是躯体和四肢运动，以及体内消化、呼吸、循环和排泄等生理过程的动力来源。骨骼肌的收缩受意志支配属于随意肌，心肌与平滑肌受自主性神经支配属于不随意肌。肌细胞间有少量结缔组织，并有毛细血管和神经纤维等。肌细胞外形细长，因此又称**肌纤维**。肌细胞的细胞膜叫作**肌膜**，其细胞质叫**肌浆**。肌浆中含有肌丝，由肌原纤维构成，它是肌细胞收缩的物质基础。

每条肌纤维周围均有一薄层结缔组织称为**肌内膜**。由数条至数十条肌纤维集合成肌束，肌束外有较厚的结缔组织称为**肌束膜**，由许多肌束组成一块肌肉，其表面的结缔组织称**肌外膜**。各结缔组织中均有丰富的血管，肌内膜中有毛细血管网包绕于肌纤维周围。肌肉的结缔组织中有传入、传出神经纤维，均为有髓神经纤维。分布于肌肉内血管壁上的神经为自主性神经，是无髓神经纤维。

（一）骨骼肌

一般通过肌腱附于骨骼上，但也有例外，如食管上部的肌层及面部表情肌并不附于骨骼上。肌细胞呈圆筒状，不分支，有明显横纹，核很多，且都位于细胞膜下方。肌细胞内有许多沿细胞长轴平行排列的细丝状肌原纤维。每一肌原纤维都有相间排列的明带（I带）及暗带（A带）。骨骼肌明带染色较浅，而暗带染色较深。暗带中间有一条较明亮的窄带称H带。H带的中部有一M线。明带中间，有一条较暗的线称为Z线。两条Z线之间的区段，叫作一个**肌节**，长1.5～2.5μm，包括1/2 I带＋A带＋1/2 I带，是骨骼肌收缩的基本结构单位。相邻的各肌原纤维，明带均在一个平面上，暗带也在一个平面上，因而使肌纤维显出明暗相间的横纹。

（二）心肌

分布于心脏，构成心房、心室壁上的心肌层。心肌纤维呈短柱状，不同心肌纤维的分支相互联系成网状，其连接处称为闰盘。每条心肌纤维一般有一个细胞核，核呈椭圆形，位于细胞的中央。心肌纤维上有横纹，但不如骨骼肌明显，也具有A带、I带、H带和Z线。在HE染色的标本中，闰盘呈着色较深的横形或阶梯状粗线。闰盘对心肌快速传导兴奋有重要作用。

（三）平滑肌

分布于内脏和血管壁。呈长梭形，无横纹。平滑肌受自主神经支配，为不随意肌。平滑肌收缩缓慢、持久。细胞核一个，呈长椭圆形或杆状，位于中央，收缩时核可扭曲呈螺旋形，核两端的肌浆较丰富。如脊椎动物胃、肠管壁肌肉等。

四、神经组织

神经组织是一种高度特化的组织，由神经元（即神经细胞）和神经胶质细胞所组成。神经元是神经组织中的主要成分，具有接受刺激和传导兴奋的功能，是神经活动的基本功能单位。神经胶质细胞在神经组织中起着支持、保护、绝缘和营养作用，无传导冲动的功能。这两种细胞虽在形态和功能上不同，但其联系极为密切。

（一）神经元

神经元是高度特化的细胞，它由细胞体和细胞突起构成，是构成神经系统结构和功能的基本单位。细胞体位于脑、脊髓和神经节中，细胞突起可延伸至全身各器官和组织中。细胞体是细胞含核的部分，其形状、大小有很大差别，核大而圆，位于细胞中央，染色质少，核仁明显。细胞质除线粒体、内质网等普通的细胞结构成分外，内有尼氏体、神经原纤维等特殊结构。尼氏体是胞质内的一种嗜碱性物质，在一般染色中被碱性染料所染色，多呈斑块状或颗粒状。它分布在核周围和树突内，而轴突起始段的轴丘和轴突内均无。依神经元的类型和不同生理状态，尼氏体的数量、形状和分布也有所差别。电镜下，尼氏体由许多发达的平行排列的粗面内质网及其间的游离核糖体组成。神经活动所需的大量蛋白质主要在尼氏体合成，再转运到核、线粒体和高尔基复合体内。细胞突起是由细胞体延伸出来的细长部分，又可分为树突和轴突。每个神经元有一或多个树突，可接受刺激并将兴奋传入细胞体。但每个神经元只有一个轴突，把兴奋从胞体传送到另一个神经元或其他组织，如肌肉或腺体。

根据细胞突起的多少，从形态上可以把神经元分为三类：假单极神经元、双极神经元及多极神经元；根据神经元的功能，又可分为感觉（传入）神经元、运动（传出）神经元和联络（中间）神经元三种。

（二）神经纤维

神经纤维由神经元的轴突或树突及外包的结构构成，分为有髓神经纤维和无髓神经纤维。

有髓神经纤维是指神经元轴突外面包裹一层髓鞘及神经膜。中枢神经系统内的有髓神经纤维的髓鞘由少突胶质细胞形成，是少突胶质细胞的细胞膜夹裹薄层细胞质反复缠绕在轴突周围形成的多层膜状结构，具有绝缘作用。周围神经系统的有髓神经纤维的髓鞘由神经膜细胞（许旺氏细胞）形成。有髓神经纤维每隔一定的距离，髓鞘便有间断，此处变窄，称神经纤维节或郎飞结。两个郎飞结之间的一段，称结间段。神经纤维越粗，结间段愈长。神经纤维在节间呈跳跃式传导。

无髓神经纤维轴突外只被神经膜所包裹，无髓鞘结构。

（三）神经末梢

神经末梢为神经纤维的末端部分，分布在各种器官和组织内。按其功能不同，分为感觉神经末梢和运动神经末梢。**感觉神经末梢**又称**传入神经末梢**，接受外界和体内的刺激。**运动神经末梢**又称**传出神经末梢**，把神经冲动传布到肌肉和腺体组织上，使它们产生运动和分泌活动。

感觉神经元周围突的终末部分与其他组织结构共同形成的特定结构，称为**感受器**。它能感受人体内外的各种刺激，并转化为神经冲动，传向中枢。感觉神经末梢按其结构又可分为游离感觉神经末梢和有被囊感觉神经末梢。

游离感觉神经末梢广泛分布于表皮、角膜、浆膜、肌肉和结缔组织中，结构较简单。周围突髓鞘在接近终末端处消失，其裸露细支又反复分支，游离分散在上皮细胞或结缔组织中，能感受疼痛和冷热的刺激。

有被囊感觉神经末梢在神经末梢外面均包有结缔组织被囊，常见的有：①**触觉小体**，分布在皮肤的真皮乳头内，以手指掌面和足趾底面最多。小体呈椭圆形，周围有结缔组织形成被囊，内有许多横列的扁平触觉细胞。有髓神经纤维在被囊处失去髓鞘穿入被囊内，分支盘绕。主要功能是感受触觉。②**环层小体**，多见于真皮深层、皮下组织、肠系膜和胰腺的结缔组织中。小体的中轴为一均质性的圆柱，称内棍。神经纤维失去髓鞘后进入内棍，主要是感受压力、振动和张力等。③**肌梭**，广泛分布于全身骨骼肌中的细长梭形小体，表面有结缔组织被囊，其内含有3～10条较细的骨骼肌纤维，称梭内肌纤维。肌梭是感觉肌肉的运动和肢体位置变化的本体感受器。

（四）神经突触

神经冲动从一个神经元到另一个神经元之间的传递是在两者间特殊的接触点上进行的，这种接触的部位叫作**突触**。突触是神经元之间在功能上发生联系的部位，也是信息传递的关键部位。在光学显微镜下观察，可以看到一个神经元的轴突末梢经过多次分支，最后每一小支的末端膨大呈杯状或球状，叫作**突触小体**。这些突触小体可以与多个神经元的细胞体或树突相接触，形成突触。从电子显微镜下观察，可以看到，这种突触是由突触前膜、突触间隙和突触后膜三部分构成。突触前细胞借助化学信号，即**神经递质**，将信息传送到突触后细胞者，称**化学突触**；借助于电信号传递信息者，称**电突触**。根据突触前细胞传来的信号，是使突触后细胞的兴奋性上升或产生兴奋还是使其兴奋性下降或不产生兴奋，化学和电突触都又相应地被分为兴奋性突触和抑制性突触。螯虾腹神经索中，外侧与运动巨大纤维间形成的突触便是兴奋性电突触。在螯虾螯肢肌肉内发现既有兴奋性，也有抑制性的化学突触。此外，尚发现一些同时是化学又是电的混合突触。

（五）神经胶质细胞

神经胶质细胞数量比神经元多，胶质细胞没有传导能力，但对神经元的正常活动与物质代谢都有重要作用。在常规的神经组织切片中，神经胶质细胞的体积比神经元小。在中枢神经系统内，胶质细胞包括星形胶质细胞、少突胶质细胞、小胶质细胞、室管膜细胞等。在周围神经系统内，胶质细胞包括神经膜细胞、卫星细胞。胶质细胞与神经元一样也具有细胞突起，但它与神经元不同，其胞质突起不分树突和轴突，与相邻的细胞不形成突触样结构，胞质内也没有尼氏体，不能传导冲动，但可终身具有分裂增殖的能力。常规染色标本上只能看到细胞核。

星形胶质细胞，是最大的神经胶质细胞，胞体直径 3～5μm，核呈圆球形，常位于中央，淡染。它有许多长突起，其中一个或几个伸向邻近的毛细血管，突起的末端膨大形成血管足突，围绕血管的内皮基膜形成一层胶质膜。某些星形细胞突起还附着在脑、脊髓软膜和室管膜的内膜上，把软膜、室管膜与神经元分隔开。星形胶质细胞又分为原浆型和纤维型两种。

少突神经胶质细胞，比星形细胞小，直径 1～3μm，突起也比其他胶质细胞少而短，无血管足，细胞质中不生成纤维，但较星形细胞有更多的线粒体。少突细胞在灰质和白质中都有，在灰质中紧靠神经元周围称为**卫星细胞**。中枢神经组织的髓鞘是由少突细胞突起形成的，因此，其功能与外周神经的神经膜细胞相同。一个少突细胞可以其不同的突起，形成多极神经纤维结间部位的鞘膜。少突细胞核圆而小，有浓密的染色质，细胞质电子密度大，含线粒体、核糖体和微管。

小胶质细胞，体小致密呈长形。核中染色质甚浓，核随细胞体的长轴亦呈长形。小胶质细胞在 HE 染色切片中别具特征，突起短，密布大量小枝形似棘刺。小胶质细胞的数量虽不多，但在灰、白质中都有，有些具有吞噬能力的小胶质细胞显然来自血细胞的生成中的单核细胞干细胞，而不是神经起源的，在受伤后出现许多侵入的吞噬细胞。正常情况下小胶质细胞有清除细胞碎片的吞噬功能。

第三节　主要养殖水生动物各部分名称

不同分类地位的水生动物，其身体的分部不同，以下是几种水生动物的身体分部。

一、鱼的头部、躯干、尾、鳍

鱼的身体分为可分为头、躯干和尾三部分，分别以鳃后缘和肛门为分界点。

1. 头和躯干之间以鳃盖后缘（或最后一对鳃裂）的鳃孔为界。

2. 躯干与尾的分界线是肛门或泄殖孔。

3. 躯干部和尾部具鳍，奇鳍包括背鳍、臀鳍和尾鳍，偶鳍包括胸鳍和腹鳍。

背鳍、臀鳍如船的龙骨，能保持鱼体在水中的平衡，防止游泳或静止时左右倾斜和摇摆，也能帮助游泳。尾鳍起着控制方向和推进作用。胸鳍协助平衡鱼体和控制运动的方向。腹鳍负责稳定身体和辅助升降。

二、虾的头胸部、腹部

分为头胸部和腹部。

1. 头胸部　共 14 节。头部 6 节（第一节退化、无附肢），胸部 8 节。

头胸甲：为覆盖于头胸部的甲壳。

额剑：为头胸甲前端剑状突起。

复眼：1 对，位于额剑的两侧，着生在眼柄上。

头部 5 对附肢，依次为第一触角、第二触角、大颚、第一小颚、第二小颚。

8 对胸肢的前 3 对为颚足，后 5 对为步足。雌性个体第三步足底节内侧具有一对雌性生殖孔，第四、第五对步足之间具有一纳精囊。雄性个体第五步足内侧具有一对雄性生殖孔。

2. 腹部　共 7 节，由 6 个腹节和 1 个尾节构成。腹部附肢共 6 对，前 5 对附肢称为游泳足，扁平、呈片状，原肢 2 节，内、外肢不分节，周缘密生刚毛。雄性个体第一腹肢内肢联合成交接器。最后一对腹肢称尾肢，原肢只 1 节，内、外肢扁平、宽大，不分节。

腹部最后一节称为尾节，无附肢。肛门位于尾节腹面，为一纵裂缝。尾节与尾肢共同构成尾扇，运动时具有平衡和快速倒退的功能。

三、蟹的头胸部、腹部、胸足、口器、复眼

分为头胸部和腹部。

1. 头胸部　是蟹身体的主要组成部分，背面由头胸甲包被，腹面覆以腹甲。具复眼 1 对、口器、附肢 6 对、胸足 5 对。

2. 腹部　已退化成扁平的一片，共由 7 节组成，折贴于头胸部腹面。

3. 胸足　5 对，对称伸展于头胸部的两侧。所有胸足均可分为 7 节，各节分别称为底节、基节、座节、长节、腕节（胫节）、掌节（跗节）和趾节。第一胸足为螯足，后 4 对为步足。螯足强大，呈钳状。

4. 口器　由 1 对大颚、2 对小颚和 3 对颚足组成。

5. 复眼　位于头的两侧。

四、贝的头部、足、外套膜、内脏团

1. 头部　位于动物的前端，具有口、眼、触角等，也有一些种类头部不发达（掘足类）或缺失（瓣鳃类）。

2. 足　常位于动物的腹侧，为运动器官。随着动物生活方式的不同，足呈现各种各样的形态。如瓣鳃类的足呈斧状，故又称为斧足类。头足类的足，分化为腕和漏斗两部分。腹足类的足，为了适应爬行和运动，面变得特别宽广，如鲍的足，大而扁平，几乎与壳口相等。某些营固着生活的种类在成体时足退化（如牡蛎、扇贝等）。

3. 外套膜　为身体背部皮肤的一部分褶皱伸张成膜状形成，具有分泌形成贝壳的作用。在外套膜与内脏团之间有一腔与外界相通，称为外套腔。大多数种类在外套腔中具有呼吸器官——鳃。外套膜的形状各类动物不同。瓣鳃类两片，悬挂于躯体两侧；乌贼、章鱼等动物的外套膜呈筒状，包蔽整个内脏囊而仅露出头部；扇贝等动物外套膜上，还具有数目众多的外套眼。

4. 内脏团　又称内脏囊，为包含着消化、循环、排泄、生殖等内脏器官的软体部分。

五、蛙的头部、躯干、四肢

青蛙的身体分为头部、躯干和四肢。

1. 头部　头部扁平，略呈三角形，头最前端为口，口裂深，吻前有一对鼻孔，鼻孔有瓣膜能开闭。头背面有一对眼，有上下眼睑，下眼睑的上方连有一层向内折叠的透明薄膜，称为瞬膜。眼后有一对圆形的鼓膜，其内为中耳。口裂到达鼓膜下方。雄蛙口裂后皮肤松弛处是一对声囊，鸣叫时声囊扩大，使鸣声洪亮。

2. 躯干 躯干宽而短，背侧从眼后到后肢的基部有两条隆起的背侧褶，其后端有泄殖腔孔（有时也称肛门）。

3. 四肢 分为前后肢。前肢短小，具四趾。在生殖季节，雄蛙第一指内侧皮肤膨胀加厚形成婚垫，为交配时抱对之用。后肢长而强大，具五趾，趾间有蹼。

六、鳖的头颈、躯干、尾、四肢、交接器

可分为头部、颈部、躯干部、尾部和四肢五部分。

1. 头部 前端略呈三角形，头后呈圆筒状。吻端延长成管状吻突，上下颌无齿，具有角质喙，鼻孔开口在吻突前端，眼有眼睑及瞬膜。

2. 颈部 粗长，近圆筒形。

3. 躯干部 短宽略扁，稍隆起的背甲与平直的腹甲由侧面的韧带相连接，形成硬壳保护腔。背甲和腹甲外层覆以革质外膜，结缔组织发达的甲边缘被称为裙边。

4. 尾部 扁锥形，雌鳖尾端不达裙边外缘，雄鳖尾长，伸出裙边外缘。

5. 四肢 四肢粗短而稍扁平，为五趾型，趾（指）间有发达的蹼膜，1～3 趾（指）有钩形利爪。

6. 交接器 肉质棒状体，背侧有沟。

第四节 主要水产动物的形态结构

一、贝的形态结构

1. 外部形态 两侧对称，身体侧扁，具两枚发达的贝壳。身体腹面有一斧状足。两壳之间，有联结双壳的发达的肌肉，称为闭壳肌，控制着壳的关闭，闭壳肌在壳的内表面附着处留下同名的肌痕，此外，在壳的内面还有缩足肌痕及伸足肌痕。在壳的外缘有外套痕。壳在断面上可以分为三层：最外层为薄而透明的角质层；中层最厚，是由碳酸钙组成的柱状结构，称棱柱层；内层为碳酸钙的片状结构，称珍珠层。

2. 内部结构

（1）消化 口为一横缝，两侧具三角形触唇。胃肠间有晶杆囊，细长棒状，内有晶杆。胃中有胃盾，有保护胃的作用。

（2）呼吸 身体两侧各具两片状的瓣鳃，每个瓣鳃由内外鳃小瓣构成，鳃小瓣由许多鳃丝构成，鳃丝之间通过丝间隔相连，丝间隔上有鳃孔，两鳃小瓣间的许多瓣间隔将鳃小瓣围成的鳃腔分隔成许多纵行的水管。鳃丝上布满纤毛，靠鳃、外套膜及唇瓣上纤毛的摆动使水由身体前端或身体腹缘流入，经过鳃之后，由身体后端流出，在水流过程中完成呼吸。

（3）循环 开放式循环，围心腔位于身体的背面，围心腔中有一个心室、两个心耳，血液由动脉流出后，经分支到身体前端、足及内脏等，到组织中形成血窦，经血窦后汇集到微血管经过肾脏、鳃之后再流回心耳与心室。

（4）排泄 包括肾和围心腔腺。围心腔腺位于围心腔前壁，为分支的腺体。后肾管来源的肾 1 对，位于围心腔腹面，呈长管状，内肾口开口在前端。肾脏的前半部分为海绵状的腺体部，后半部为薄壁的管状部。

（5）神经与感官 原始的种类具有脑、侧、足、脏 4 对神经节，进化较高等的种类，

脑、侧神经节合并，所以只有 3 对神经节。脑侧神经节位于食道两侧，它控制着前闭壳肌及协调足、壳的运动。脏神经节位于后闭壳肌的肌柱上，它控制内脏及后闭壳肌的收缩。足神经节位于足前端肌肉内，控制足的运动。此外在脑侧神经节与脏神经节之间，脑侧神经节与足神经节之间还有 2 对神经索将神经节联结起来。感官不发达，具有平衡囊、嗅检器等。

（6）生殖　绝大多数为雌雄异体，生殖系统结构简单，仅有 1 对生殖腺，围绕在肠道周围。少数种类为雌雄同体，其生殖腺位于的身体中部，闭壳肌的周围。

二、虾的形态结构

1. 外部形态　身体侧扁，头部背缘的体壁向后生成 1 褶，成为覆盖头胸部背面和两侧背甲，背甲前端长而尖，向前伸出，上下缘都有带锯齿的额剑，额剑下方有一对复眼，着生在可活动的眼柄上。腹部长圆柱形。

各体节附肢的形态变异较大，适应于不同的功能。头部附肢 5 对，依次为：第 1 触角（小触角），司触觉、嗅觉和平衡。第 2 触角（大触角），司触觉。大颚粗短而坚硬，为咀嚼器。第 1 小颚，具抱握食物功能。第 2 小颚外肢宽大，称颚舟片，扇动时使水流不断流经鳃室，以供呼吸之用。胸部附肢 8 对：第 1～3 对为颚足，第 1 颚足内肢细长，第 2 颚足内肢较粗短，第 3 颚足细长，雌、雄虾的末端两节形态各异。步足 5 对，具捕食和爬行功能。前 3 对步足末端呈钳状，后两对步足末节似爪。腹肢 6 对，适于游泳。第 6 对足的内肢和外肢宽大，称尾足，与尾节共同组成尾扇。雄虾第 1 腹肢的内肢特化为交接器，雌虾的内肢极小。

2. 内部结构

（1）消化系统　口在头的腹面，大颚连同小颚和颚足构成虾的口器。食道很短，通到胃，胃分成两部分，为贲门胃和的幽门胃。中肠细长，来源于内胚层，其前部两侧伸出很大的盲囊，各由许多分支的盲管组成，又称肝胰脏，中肠内壁有许多皱褶，可增加吸收营养的面积。中肠后为后肠，其前部较膨大，向后渐狭。开口于尾节腹面为肛门。

（2）呼吸与循环　鳃多呈羽状，位于背甲两侧形成的鳃室内，着生在胸部侧壁或胸肢基部，表皮极薄，血流通过鳃时进行气体交换。循环系统为开管式。心脏为扁的多角形肌肉质囊，位于头胸部背侧的围心窦内，心孔 4 对，两对在背面。血液流经组织间隙的血窦，汇集入胸部腹面的胸窦，经入鳃血管→鳃→出鳃血管至围心窦，从心孔回心。

（3）排泄　为 1 对由后肾演变而来的触角腺，也称绿腺；位于第 2 触角基部，通常由一个腺体部分和一个囊状的膀胱组成。腺体部的内端为一盲囊，称端囊。血液中的代谢废物进入腺体部后，经盘曲的排泄管至膀胱储存，由排泄孔排出。

（4）神经系统　为链式神经系统。脑在食道上方，由 3 对神经节合成，分别发出神经至复眼、触角等处。腹神经链上有 5 个胸神经节和 6 个腹神经节。它们发出神经到相应的肌肉和器官。

（5）生殖和发育　雄性交配器由左、右内肢合成，背面和腹面中央有 1 纵槽。雌虾在第 4、5 步足基部之间的骨片上有 1 圆盘状的受精囊，可接受和储存精子。雌虾有卵巢 1 对，位于身体背面，繁殖期呈暗绿色，可从头部直到尾节前方；输卵管在肝的附近，短而直，开口于第3对步足基部的雌性生殖孔。雄虾精巢一对，白色，输精管后段较细，末段膨大为精囊，在第5对步足基部开口。

三、鱼的形态结构

1. 外部形态 软骨鱼头部扁平，体分为头、躯干和尾，最后1个鳃裂为头和躯干的分界，泄殖腔孔为躯干和尾的分界。躯干部具有胸鳍和腹鳍，以及2个背鳍和臀鳍。尾部侧扁，尾鳍两叶，上叶大、下叶小，称歪尾型。

硬骨鱼分为头、躯干和尾3部分。头和躯干之间以鳃盖后缘为界，躯干与尾的分界线是肛门和泄殖孔。臀鳍在此后方。偶鳍包括胸鳍和腹鳍各1对。奇鳍包括背鳍、臀鳍和尾鳍。背鳍位于背部正中，形状、大小和数目因种类而异。臀鳍位于肛门和尾鳍之间。尾鳍为正尾型。

2. 内部结构

（1）皮肤及其衍生物 鱼类的皮肤由表皮和真皮组成，均含多层细胞。表皮是上皮组织，由外胚层形成；真皮是结缔组织，由中胚层形成。皮肤衍生物包括黏液腺、毒腺、鳞片和色素细胞等。鱼类皮肤与肌肉连接很紧，可减少水的阻力，加快游泳速度。软骨鱼类体表被盾鳞，由菱形的基板和其上的棘突组成。硬骨鱼类具有骨鳞，属于真皮衍生物。骨鳞分3种，即硬鳞、圆鳞和栉鳞。

（2）骨骼 分为中轴骨骼和附肢骨骼两部分。中轴骨骼包括头骨、脊柱和肋骨，附肢骨骼包括鳍骨及悬挂鳍骨的带骨，而鳍骨又可分为奇鳍骨和偶鳍骨。软骨鱼类完全由软骨组成，脊柱由一连串软骨的脊椎骨相连而成，取代了脊索，构成强有力的支持及保护脊髓的结构。脊柱分为躯干椎和尾椎两部分，椎体两侧有横突与短小的肋骨相连。头骨可分为脑颅和咽颅。带骨直接或间接地将偶鳍悬挂到中轴骨上，悬挂胸鳍的带骨为肩带，悬挂腹鳍的带骨为腰带。软骨鱼类的鳍骨由基鳍骨、辐鳍骨和鳍条组成。多数硬骨鱼种类骨骼完全硬骨化。

（3）肌肉 躯干肌位于躯干两侧，由体节肌分化而来，保留原始肌节形态。由水平骨隔把躯干肌分隔为背部的轴上肌和腹部的轴下肌。每个眼球上附有6条眼肌。鱼类着生在颌弓、舌弓和鳃弓上的肌肉为横纹肌，称鳃节肌，控制上下颌以及舌弓和鳃弓的运动，与取食和呼吸动作相关。

（4）消化 鱼类有上、下颌，是取食、攻击和防御的器官。软骨鱼类的消化管包括口腔、咽、食管、胃、肠和泄殖腔，末端以泄殖腔孔通体外。颌缘具齿，用于捕捉咬住食物。硬骨鱼类消化管包括口腔、咽、食管、肠和肛门。鲤的上下颌及口腔内无齿，然而许多硬骨鱼类不仅具有颌齿，牙齿也着生于犁骨、腭骨、翼骨、副蝶骨上。肝呈弥散状分布在肠管之间的肠系膜上，胰也呈弥散状，混杂于肝中。

（5）呼吸 对称排列于咽部两侧的鳃，具有壁薄、气体交换面积大、分布丰富的毛细血管等特点。鳃瓣着生在鳃间隔（软骨鱼类）或鳃弓（硬骨鱼类）上。软骨鱼有5对鳃裂，直接开口于体表。硬骨鱼5对鳃裂，经鳃腔通体外，鳃腔外覆有鳃盖骨，其边缘附有鳃膜。

（6）循环 单循环，从心室压出的缺氧血，经鳃部交换气体后，汇合成背大动脉，将多氧血运送至身体各个器官组织中去；离开器官组织的缺氧血最终返回至心脏的静脉窦内。软骨鱼类的心脏由静脉窦、心房、心室、动脉圆锥4部分构成。硬骨鱼类心脏的结构与软骨鱼类相似，但不具动脉圆锥而代之以动脉球。

（7）排泄 大部分代谢废物是以尿的形式由肾滤出，并通过输尿管排出体外。软骨鱼排泄物的尿素为主，硬骨鱼以排铵盐为主。排泄系统由肾、输尿管及膀胱组成，其功能除排泄尿液外，在维持鱼体内正常的体液浓度、进行渗透压调节方面也具有重要作用。

（8）生殖　由性腺（精巢和卵巢）及输送生殖细胞的生殖导管组成。一般是体外受精；体内受精的鱼类，雄性有特殊的交配器。

四、蛙的形态结构

1. 外部形态　蛙类成体无尾，幼体具尾。蛙类的外鼻孔具鼻瓣，有四肢。头部呈三角形，背腹扁平，口宽大，由上下颌组成。1对突出的眼，具眼睑，但只有下眼睑能躯干部粗短，两侧着生1对前肢和1对后肢。

2. 内部结构

（1）皮肤　皮肤裸露，由表皮和真皮构成，表皮角质层不发达。蛙类皮肤中富含腺体，这些腺体包括黏液腺、毒腺等，它们是表层细胞下陷到真皮中形成的多细胞腺。黏液能湿润皮肤，可防止水分蒸发和进行皮肤呼吸。真皮层中富含血管、淋巴和色素细胞。

（2）骨骼　脊柱进一步分化，出现颈椎和荐椎，肩带不与头部相连，腰带通过荐椎与脊柱相连接，出现五趾型附肢。骨骼系统分为中轴骨和附肢骨。中轴骨又分头骨、脊柱和胸骨。蛙类左右侧的上乌喙骨在腹中线相互平行愈合在一起，称为固胸型肩带。

（3）肌肉　成体除了背腹部的一些肌肉残留分节痕迹外，绝大部分不分节。蛙的附肢肌肉发达，骨骼肌数量多，分为躯干部肌肉、头部肌肉、四肢肌肉。

（4）消化　口腔具颌齿、犁骨齿，以及唾液腺。口底有肉质舌，捕食时舌自口腔翻出。舌面有黏液腺和乳头状小突起。口腔后部通向咽，其后与食管相连，为食物通道。咽的腹方为喉门，后与喉头气管腔相通。食管为粗短的管子，后端与胃相连。胃为肉质囊状，后方连十二指肠，其后为回肠，胆管开口于十二指肠。回肠经几个回曲后通入大肠，后端通入泄殖腔，以泄殖腔孔开口于体外。消化腺主要是肝和胰。

（5）呼吸　幼体时以鳃呼吸，成体时以肺呼吸。肺是1对中空、薄壁、富有弹性的囊状构造。囊腔中有许多网状隔膜，将内腔隔为若干小室，称肺泡。左右肺在靠近喉头处会合成1个粗短的喉头气管腔，再以狭小的裂缝开口于咽部，形成喉门。无胸廓，呼吸主要是通过口腔底部的上下运动来完成的，称为咽式呼吸。皮肤是非常重要的辅助呼吸器官。

（6）循环　成体2心房1心室。由于心室没有分隔，心室里主要是混合血，因此为不完全的双循环。

（7）排泄　中肾位于体腔稍后方的脊柱两侧，为1对暗红色长椭圆形器官。两肾都伸出1条排泄管通入泄殖腔。泄殖腔腹面有1个两瓣状的膀胱，尿液经泄殖腔进入膀胱贮积。

（8）生殖　雄性具1对精巢，为淡黄色长卵圆形，位于肾脏腹侧。雄性的输尿管也是输精管。雌性具卵巢1对，以卵巢系膜悬于腹侧体腔中。输卵管末端开口于泄殖腔，成熟卵经泄殖腔排出体外，与精子结合。雌雄生殖腺的前方都有黄色指状的脂肪体，在生殖季节里脂肪体发达，是贮藏营养物质的结构。

（9）神经　蛙脑分大脑、间脑、中脑、小脑和延脑共5部。大脑具左右两半球，腹面有纹状体。顶部和侧部有零星神经细胞，称原脑皮；蛙的小脑不发达。脑神经10对。

（10）感觉器官　鼻是嗅觉器官。眼为视觉器官，眼球可深陷眼眶内，有上下眼睑和活动的瞬膜，角膜较突出，水晶体较扁圆，具睫状肌。耳为听觉器官，除内耳外还具中耳。中耳的鼓膜直接露于体外，位于眼后。鼓膜内侧为鼓室，借助耳柱骨使鼓膜和内耳卵圆窗联系，传递声波。

五、龟鳖的形态结构

1. 外部形态　体分头、颈、躯干、尾和四肢5部分。体表被有角质鳞片，指（趾）端具爪，四肢强健，颈部明显，尾部细长。

2. 内部结构

（1）皮肤　皮肤干燥乏腺体，角质增厚，和皮下真皮骨板相结合，形成大型的甲板。

（2）骨骼　骨化程度高，软骨少。脊柱分化为颈椎、胸、腰椎、荐椎和尾椎。颈椎多个，前2个分化为寰椎和枢椎。头骨顶部弓形隆起，眼窝之间具眶间隔。附肢骨肩带包括肩胛骨、乌喙骨、前乌喙骨、锁骨和间锁骨；腰带与两栖类相似，包括髂骨、耻骨和坐骨。髂骨与荐椎相连接，左右耻骨和坐骨在腹中线联合，形成闭锁式骨盆。

（3）肌肉　比两栖类有了更多的分化，肋间肌调节肋骨的升降，协同腹壁肌肉完成呼吸运动。

（4）消化　龟鳖类无齿而代以角质鞘。消化管与其他四足动物基本相同，分部比两栖类明显。大小肠交界处有不发达的盲肠，是脊椎动物首次出现的器官。大肠开口于泄殖腔，大肠、泄殖腔和膀胱均有水分重吸收功能。

（5）呼吸　气体交换主要在肺里进行，肺内壁有更复杂的小膈壁，近似海绵状，气体交换面积比两栖类大为扩展。除保留了两栖类的咽式呼吸外，借助肋间肌和腹壁肌肉运动发展了胸式呼吸。

（6）循环　心室分隔不完全，为不完善的双循环。心脏包括1个静脉窦、2个心房和1个心室。静脉窦趋于退化。

（7）排泄　后肾1对，具有单独的输尿管，尿液送至泄殖腔排出。排泄的废物为尿酸。

（8）生殖　体内受精，雄性具1对精巢，输精管达于泄殖腔腔壁，具有可膨大而伸出的交配器，龟鳖类为单个突起。雌性生殖系统基本与两栖类相同。

（9）神经　大脑半球显著，大脑表层的新脑皮开始聚集神经细胞层。中脑视叶仍为高级中枢，有少数神经纤维自丘脑达于大脑。间脑顶部的颅顶体发达。脑神经12对。

（10）感觉器官　鼻腔及嗅黏膜均比两栖类扩大。眼能够改变晶体的凸度以调节视距，有透明而能动的瞬膜。鼓膜内陷，出现了外耳道的雏形。内耳司听觉的瓶状囊显著加长。

第二单元　被　皮

被皮系统是由皮肤和皮肤衍生物构成。皮肤衍生物是在动物体的某些部位，由皮肤演变而成的形态特殊的结构，如鱼的鳞片和黏液腺、蛙黏液腺和色素细胞、鳖的骨板、虾蟹类的甲壳等。

第一节　皮　　肤

表皮、真皮和皮下组织的结构

皮肤由表皮、真皮及其衍生物组成。表皮和真皮都很薄。表皮由上皮组织构成，真皮则由类型不同的结缔组织构成。板鳃类和真骨鱼类的表皮由复层扁平上皮细胞构成，虾类的表皮为单层柱状上皮，贝类的表皮大多为单层纤毛柱状上皮。上皮细胞没有角质化，都是活细胞，这与高等哺乳动物和鸟类都不同。在鱼类、贝类等水生动物的表皮中可能存储一种或多种腺细胞，它们包括杯状细胞或称黏液细胞，浆液细胞，棍棒状细胞或巨大细胞。另外，还有色素细胞的分布。

真皮位于表皮的下方，来源于中胚层，由纤维、基质和细胞构成，血管和神经也伸入其中。纤维有胶原纤维、网状纤维和弹性纤维三种。胶原纤维为真皮的主要成分。网状层纤维束较粗，排列较疏松，交织成网状，与皮肤表面平行者较多，由于纤维束呈螺旋状，故有一定伸缩性。弹性纤维在网状层下部较多，多盘绕在胶原纤维束下及皮肤附属器官周围。除赋予皮肤弹性外，也构成皮肤及其附属器的支架。它环绕于皮肤附属器及血管周围。真皮内的细胞主要有成纤维细胞、游走细胞和色素细胞等类型。成纤维细胞能产生胶原纤维，弹力纤维和基质。圆口类的真皮只构成结实的一层，真骨鱼类真皮的结缔组织分为两层，即靠近表皮的疏松层和下面的致密层。真皮内也有色素细胞。

第二节　皮肤衍生物

一、鱼的鳞片及黏液腺

1. 鱼鳞片的种类　鳞片具有保护作用。鱼类特有的衍生物叫**真皮鳞**，是一种保护性结构。根据形状的不同，分为三种：盾鳞、硬鳞和骨鳞，骨鳞又分圆鳞和栉鳞。

（1）*盾鳞*　是软骨鱼类所特有的鳞片，构造比较原始，分布全身，斜向排列，使身体表面显得很粗糙。盾鳞是由真皮和表皮联合组成。真皮演化为基板和板上的齿质部分，齿质部分的尖峰指向后方。齿质表面有由表皮演化而来的釉质覆盖着。齿质部分的中央为髓腔，有血管和神经通入腔内。盾鳞不但全身分布，还延伸至口中的上下颌，执行着牙齿的功能。从脊椎动物牙齿的发生和构造来看，盾鳞和牙齿应该是同源器官。

（2）*硬鳞*　是硬骨鱼类中最原始的鳞片，由真皮演化而成，典型鳞片呈斜方形，含有硬鳞质，发特殊亮光。硬鳞彼此紧接和交搭成行，形成一层整齐的甲胄被覆在鱼体上。如北美的雀鳝、我国的鲟（鲟的硬鳞并不发达，真的硬鳞只在尾鳍上缘有一些）。

（3）*骨鳞*　是绝大多数硬骨鱼类所具的鳞片，也由真皮演化而成，略呈圆形，前端插入鳞囊内，后端游离，彼此作覆瓦状排列，有利于增加身体的灵活性。游离的一端光滑的，称为**圆鳞**，多见于鲤科鱼类；游离的一端呈锯齿状，称为**栉鳞**，在鲈科鱼类中常可见到。骨鳞由许多同心圆的环片组成。环片因季节不同而表现出生长速度的差异，如春、夏季因食物丰富，水温高，鱼类大量摄食，生长快，距离宽；秋季生长慢，环片要狭窄一些。夏环和冬环组合起来，一宽一窄代表一年的生活周期，从而形成年轮。根据年轮可以推算鱼类的大致年龄、生长速率、繁殖季节等状况，在渔业生产上有重要的意义。

2. 鱼的黏液腺 表皮内的腺体分单细胞腺和多细胞腺两种。单细胞腺非常丰富，能分泌大量黏液，在体表形成黏液层，是使体表光滑湿润，减少运动时与水的摩擦力；能使皮肤不透水，维持体内渗透压的恒定；还能保护体表不受细菌等外来物的侵袭。

二、蛙的黏液腺及色素细胞

1. 黏液腺 表皮中含有丰富的黏液腺，体积较小而数量多，为多细胞构成的泡状腺。腺体的分泌部下沉于真皮层，外周肌肉层，有管道通至皮肤表面。黏液腺分泌的黏液为无色的稀薄液体，使体表经常保持湿润光滑和空气、水的通透性，对蛙类进行皮肤呼吸是重要的，而且对逃脱捕食天敌有一定的作用。

2. 色素细胞 在表皮和真皮中还有成层分布的各种色素细胞，不同色素细胞的互相配置，是构成蛙类体色和色纹的基础。色素细胞通过扩散、聚合的形态变化，引起体色改变。体色的改变有利于蛙类吸收热量和形成保护色。

三、鳖 甲

鳖甲柔软，系由背甲、腹甲共同组成，位于背面高拱隆起的部分称**背甲**；位于腹面，较为平坦的部分称为**腹甲或腹板**。

鳖甲又分为两层。外层称为厚质软皮，由表皮角质层衍化而成。内层称为骨板，掩贴于厚质软皮之下，由真皮部骨质细胞衍生而成。背甲共有 25 块骨板。其中颈板 1 枚，位于前端，横大而宽阔；后接 8 枚长而略呈矩形的髓板，列在背甲中央；髓板两侧各有 8 枚肋板。腹甲骨板 9 枚，其中上腹骨板 1 对，左右分开，其下端与单枚的内腹骨板连接；中腹骨板与下腹骨板各 1 对，前后相连；剑腹骨板 1 对，位于下腹骨板的下端，彼此间靠胶膜连接。下、中、剑腹骨板左右对称排列，但左右之间留有空隙，彼此不相连接，背腹甲之间以较厚的裙边相连，裙边在游泳时起协调平衡、加速前进的作用，又便于鳖在泥沙中潜伏。

四、虾的外骨骼

甲壳动物的体表，都包被一层比较坚硬的外壳，称之为甲壳，又称为外骨骼。外骨骼由表皮细胞分泌形成，其主要成分为几丁质、蛋白质复合物以及钙盐等，具有支持体型和保护内部器官的作用。对虾的外骨骼可分为表层和里层，表层又称表角皮层，极薄；里层又分外角皮层和内角皮层，外角皮为几丁质且高度钙化，内角皮为非钙化的几丁质。随着个体的生长发育，可发生周期性蜕壳现象。

外骨骼表面分布有刺状刚毛，刚毛中空，有管道穿过外骨骼与上皮细胞相连，并有神经分布，故称为感觉刚毛。另外，虾的前肠与后肠内壁也有几丁质层覆盖。

五、贝 壳

绝大部分软体动物具有不同形状的贝壳，用以保护柔软的身体。瓣鳃类的贝壳是两瓣的，腹足类的贝壳一般是螺旋形的，掘足类的贝壳一般是长筒形的。头足类的贝壳，少数在体外（如鹦鹉螺），多数已被包裹在体内，形成所谓的海螵鞘（如乌贼、鱿鱼），还有的已经完全处于退化状态（如船蛸）。

贝壳的成分主要由95%的碳酸钙及少量的壳基质等组成。贝壳可以分为三层。最外层为角质层，很薄，具有各种色彩，用来保护里面的钙质不易被碳酸所溶解。中层为棱柱层，很厚，由钙质的棱柱形结晶构成。最内层为珍珠层，由钙质和壳基质构成，能遮光反射，具光泽。

贝壳是由外套膜分泌形成的。由于常受外界环境的影响，不同季节所贝壳分泌的情况有所不同，有时还会因食物的缺乏或繁殖等因素停止生长。因此，贝壳的表面会形成所谓的"生长线"，和树木的年轮一样，可以用来判断动物的年龄。

第三单元　骨骼系统

第一节　概　述

一、种　类

分为中轴骨骼和四肢骨骼。

1. 中轴骨骼　包括头骨和躯干骨。

（1）头骨

①颅骨：额骨、顶骨、枕骨、颞骨、蝶骨、筛骨。

②面骨：上颌骨、下颌骨、颧骨、鼻骨、腭骨。

（2）躯干骨　椎骨、肋骨、胸骨。

2. 四肢骨骼

（1）前肢骨　肩胛骨、肱骨、前臂骨（桡骨、尺骨）、腕骨、掌骨、指骨。

（2）后肢骨　髋骨（髂骨、坐骨、耻骨）、股骨、小腿骨（胫骨、腓骨）、跗骨、跖骨、趾骨。

二、构造、化学成分和物理特性

1. 骨骼的构造　骨由骨膜、骨质和骨髓构成，并含有丰富的血管和神经。

(1) 骨膜　除关节面外，骨的内、外表面均覆盖一层骨膜。位于骨质外表面的称骨外膜，较厚，分两层。外层为纤维层，富有胶原纤维束和血管、神经，并穿入骨质内，可固定骨膜。内层疏松，为成骨层，含有大量细胞和少量纤维。

(2) 骨质　骨质是构成骨的主要成分，由骨组织构成。骨组织是动物体内最坚硬的组织，由骨细胞、成骨细胞、骨祖细胞、破骨细胞等细胞成分和大量钙化的细胞间质（也称骨基质）组成。

(3) 骨髓　分红骨髓和黄骨髓。红骨髓位于骨骼腔和所有骨松质的间隙内，具有造血功能。

(4) 血管　神经骨具有丰富的血液供应，血管的一部分经骨膜穿入骨质，另一部分由骨端的滋养孔穿入骨内。神经与血管伴行，分布于骨膜、骨质和骨髓。

2. 物理特性和化学成分　骨的最基本物理特性是具有硬度和弹性。这与骨的形状、内部结构及其化学成分有密切的关系。骨的化学成分主要包括无机物和有机物。有机物主要是骨胶原，使骨具有弹性和韧性；无机物主要是磷酸钙和碳酸钙，使骨具有硬性和脆性。

第二节　头　骨

一、鱼头骨的组成与作用

鱼类头骨可分为脑颅和咽颅两部分。鱼类具有完整的脑颅，包藏脑及视、听、嗅觉等感觉器官构成脑颅的骨块数多于脊椎动物中任何一纲，骨化程度较低。这些骨块分别位于脑颅的鼻区、耳区、蝶区、枕区，以及脑颅的背、腹和侧面。鼻区有中筛骨和侧筛骨；蝶区有组成眼窝前后壁的眶蝶骨和翼蝶骨，脑颅侧面围绕眼眶四周的是数目不等的围眶骨；耳区前接蝶区而包围耳囊，有蝶耳骨、前耳骨、翼耳骨、上耳骨和后耳骨等；枕区是脑颅的最后部，由围绕枕骨大孔的上枕骨、侧枕骨和基枕骨组成。

咽颅是 7 对分节弧形软骨，围绕消化管前段。第 1 对为颌弓，在软骨鱼类中构成上、下颌，称为初生颌，硬骨鱼类和其他脊椎动物的上、下颌分别被前颌骨、上颌骨和齿骨等膜骨构成的次生颌所代替，而原来组成初生颌的骨块则退居口盖部或转化为听骨。第 2 对为舌弓，包括一对舌颌骨、一对角舌骨和一块基舌骨，鱼类以舌颌骨将下颌悬挂于脑颅。第 3～7 对为支持鳃的鳃弓，硬骨鱼类的第 5 对鳃弓特化成一对下咽骨，其上无鳃，其内侧着生数目、形状、排列方式各异的咽齿。

二、蛙头骨的组成与作用

蛙类头骨总的特点是宽而扁，脑腔狭小，无眶间隔，属于平底型，只有上颌有齿，有 1 对枕骨髁，骨块数较少。

脑颅骨块包括：1 对外枕骨，枕髁着生于外枕骨上，外枕骨两侧各接 1 块前耳骨，外枕骨的前缘形成眼窝的后背壁，外枕骨之前接 1 对长方形的额顶骨（膜骨），位置恰在两眼窝之间。眼窝内侧壁的前部为蝶筛骨，此骨在骨面露出一部分接于额顶骨之前。鼻骨 1 对，略成三角形，为膜骨，接于蝶筛骨之前的背面。鳞骨（膜骨）1 对，接于前耳骨外侧，其前端向外方有一锐利的突出，后端接方轭骨。脑颅腹面后方有一块宝剑状的副蝶骨（膜骨），其前端与蝶筛骨的腹面相重叠。1 对腭骨（膜骨）是横位的棒状骨，位于眼窝腹面前缘。1 对犁骨（膜骨），位于腭骨之前，薄而扁平，此骨上无齿。1 对翼骨（膜骨）形成眼眶外缘。

咽颅只有颌弓和舌弓，鳃弓已退化，成为喉头和气管的一些软骨。上颌由1对前颌骨，1对上颌骨，1对方轭骨组成。方骨没有骨化，在生活时为接于方轭骨之后的一小块软骨。下颌米克氏软骨的后端与上颌的方轭骨相关节处也可称为关节骨。下颌有一些骨化的硬骨，最前端是1对颐骨（也称颏骨），外侧是1对齿骨，后端是1对隅骨。舌弓和一部分鳃弓变为舌骨，舌骨主要由1对前角，1对后角及舌骨体组成，舌颌骨变成耳柱骨进入中耳。

三、鳖头骨的组成与作用

鳖类的头骨顶部隆起为高颅型，枕骨较发达，向后突出；颅腔增大。骨化得比蛙类好，构成颅骨的软骨化骨和膜骨数目，在脊椎动物中是最多的。

鳖头骨硬骨化程度较高，仅在筛区保留一些软骨。单枕髁位于枕骨下方与寰椎相连。脑颅底部的副蝶骨消失，代之为基蝶骨。许多种类两眼窝间有叫眶间隔的薄软骨片。下颌骨由多块膜质骨参与形成，麦氏软骨后端骨化形成关节骨，齿骨、夹板骨、隅骨、上隅骨、冠状骨均为膜质骨。关节骨与上颌方骨构成关节，脑颅与咽颅直接连接。

颅底由前颌骨、上颌骨的腭突、腭骨、翼骨愈合形成次生腭。次生腭形成使原始口腔一分为二，气体通道（鼻腔）与食物通道（口腔）分开，呼吸和取食咀嚼互不干涉；内鼻孔后移，气体通道延长有利于空气加温、净化，促进了口腔咀嚼运动的发生发展，有利于食物口腔消化。

眼眶后部骨块消失，形成的1～2个孔洞称颞窝，为咬肌附着提供附着面，也为咬肌肌腹收缩提供空间。颞窝位于眶后骨、颧骨、鳞骨、方轭骨和顶骨之间，上下骨片构成上颞弓和下颞弓。现存的龟鳖类无颞窝为次生性的。

第三节 躯 干 骨

一、鱼的躯干椎、尾椎及肋骨

1. 椎骨 位于脑颅后，由一串软骨或硬骨的椎骨关联而成，取代脊索成为体轴，具有支持和保护作用。

躯干椎：由椎体、椎弓（又称髓弓）、髓棘（又称棘突）、椎体横突等各部组成。

尾椎：由椎体、髓弓、髓棘、脉弓和脉棘组成。

鱼类的椎体两端凹入，叫双凹型椎体。相邻的椎骨借前后关节突相连，中央形成球状腔，内有残留的脊索。椎体中央有小管与残留脊索相连，因此，残留脊索呈念珠状。

各椎骨的髓弓连成椎管，内有脊髓通过。脉弓连成脉管，内有血管通过。

鱼类体内有一个极为特殊的结构，称为韦伯器，由前三块椎骨变形形成的四对小骨，连接内耳与鳔。

三角骨：在第二、三椎体腹面，由第三椎骨横突及肋骨演变而成，后端与鳔相连。

间叉骨：在第二、三椎体侧面，由第二椎弓演变而成，呈斜叉状，一叉插入三角骨与舟骨间的韧带中，二叉被结缔组织固定在二、三椎骨侧面。

舟骨：第一椎体髓弓演变而成，位于间叉骨前方。

闩骨：第一椎体髓棘演变而成，位于舟骨前方，前端与内耳淋巴腔相连。

2. 肋骨　肋骨来源于生骨节及侧板的间充质细胞，它们在预定区域内聚集形成软骨，然后由硬骨细胞替代。

在软骨鱼类中，发生在肌隔与水平隔相切的地方，位于轴上肌和轴下肌之间的肋骨叫**背肋**。

在硬骨鱼类中，发生在肌隔与腹侧隔相切的地方，位于腹膜外边肌肉内侧的肋骨叫**腹肋**。

肋骨按体节排列，一端与椎骨相关节，另一端游离。

二、蛙、鳖的颈椎、胸椎、腰椎、荐椎、尾椎、肋骨及胸骨

1. 椎骨　按其位置分为颈椎、躯干椎（胸椎、腰椎）、荐椎和尾椎。所有的椎骨按从前往后的顺序排列，由软骨、关节和韧带连接在一起形成身体的中轴，有保护脊髓、支持头部、悬挂内脏、传递冲力等作用，称为**脊柱**。具颈椎和荐椎是陆生动物的特征。椎体多为前凹或后凹型，增大了椎体间的接触面，提高了支持体重的效能。椎弓的前、后方具前、后关节突，加强了脊柱的牢固性和灵活性。

（1）颈椎　与头骨的枕髁相关节，使头部可活动，以充分利用头部感官；蛙具 1 枚颈椎，因形状似环又称为**寰椎**，椎体前有一突起与枕骨大孔的腹面相接，突起的两侧有 1 对关节窝与颅骨后缘的 2 个枕髁相关节。鳖的颈椎数目多，分化为寰椎、枢椎各 1 枚和普通颈椎 6 枚；寰椎前部与颅骨的枕髁关联，枢椎向前伸出齿突入寰椎下部环内，构成可动关节，使头部获得更大的灵活性，从而使头部既能上下运动，又能转动。鳖的寰椎较大，前后较短，极易鉴别。

（2）躯干椎　蛙 7 枚，无肋骨，后面的椎骨横突延长。鳖胸椎 10 枚，第一枚未连背甲亦不具肋骨，多数胸椎骨呈前凹型或后凹型，且椎骨之间都伸展出扁平发达的肋骨并与肋板相愈合。

（3）荐椎　蛙荐椎 1 枚，横突大而呈圆柱状，外端与腰带的髂骨连接，使后肢获得较为稳固的支持。关节髁 2 枚与尾杆骨相关节。鳖荐椎 2 枚，数目的增多及其与腰带的牢固连接，加强了后肢承受体重负荷的能力。

（4）尾椎　蛙的尾椎骨愈合成一根棒状的尾杆骨，尾椎较特殊，有两个关节面，没有棘突，横突发达，横突稍向后弯曲。尾椎骨前侧与荐骨相接，前侧较宽，有两个碗状关节面，棘突非常发达，棘突至尾部变得短细。鳖的尾椎 10～20 枚不等，越向尾端，椎骨越细小。

2. 肋骨　蛙的躯干椎一般不具肋骨。鳖的肋包括肋骨和肋软骨，肋骨为弓形长骨左右成对。鳖的颈椎、胸椎和腰椎两侧都附生发达的肋骨，每根肋骨一般由背段的硬骨和腹段的软骨合成，肋骨背面与背甲相愈合。

3. 胸骨　蛙的胸骨发达，但没有肋骨，所以蛙无胸廓，但蛙的胸骨、乌喙骨、锁骨、肩胛骨、上肩胛骨和脊柱形成一个弓，弓内容纳心脏，借此保护心脏免受跳跃引起的震动冲击。只有到了爬行动物，胸骨与肋骨都得到发展，才与胸椎共同组成胸廓。鳖的胸骨参与骨质板的形成，鳖的肋骨大部分与背甲的骨质板愈合在一起，胸廓不能活动，几乎全靠肩带的活动影响胸腔的容积。

第四节　鳍骨和四肢骨

一、鱼的奇鳍骨、带骨和偶鳍骨

1. 奇鳍骨　鱼类的奇鳍与脊柱密切相关，为游泳时防止滚翻的平衡器。由深埋在体内的支鳍骨所支持。

软骨鱼类的支鳍骨为软骨，有1至多排，骨块大，数较少。

硬骨鱼类每根支鳍骨分为3节（或3块）：鳍骨，中间鳍骨，远端鳍骨。鳍骨与髓棘相关节，远端鳍骨与皮肤鳍条相连接。

尾鳍内最后几枚尾椎骨愈合成一根翘向上方的尾杆骨，尾杆骨的上下各有若干骨片愈合而成的上叶和下叶，作为支持尾鳍鳍条的支鳍骨。

2. 带骨和偶鳍骨

（1）带骨　悬挂胸鳍的带骨为肩带。由伸向背面的肩胛骨、腹面的乌喙骨及匙骨（锁骨）、上匙骨、后匙骨等组成，并通过上匙骨牢固地关联在头部后颞骨上。肩带外侧有一与胸鳍关联的关节面，称肩臼。

软骨鱼类的肩带位于咽颅的后方呈半环形，不与头骨或脊柱关联，只包括肩胛部和乌喙部两部分。不与头部相连，乌喙骨与支鳍骨形成关节。

连接腹鳍的带骨为腰带，构造非常简单。硬骨鱼类由一对无名骨构成的三角形骨板、软骨鱼类由一对坐耻杆骨形成“一”字形，位于泄殖孔前方。

（2）偶鳍骨

鳍骨类型：双列型由若干骨块形成中轴，两侧排列辐鳍骨。单列型的中轴后侧辐鳍骨退化。

胸鳍：软骨鱼类的胸鳍内的支鳍骨有基鳍软骨和辐鳍软骨，外侧为皮质软鳍条。硬骨鱼类的支鳍骨退化或不超过5枚，常出现肩带直接关联鳞质鳍条。

腹鳍：软骨鱼类由基鳍软骨、辐鳍软骨和鳍条组成。硬骨鱼类的基鳍骨退化，支鳍骨为一对颗粒状结构嵌在无名骨与鳍条间。

雄性软骨鱼类腹鳍内侧一块基鳍软骨特化形成交配器叫**鳍脚**。

二、蛙、鳖的带骨与肢骨

1. 带骨　蛙和鳖的肩带不附着于头骨，腰带借荐椎与脊柱相连，脱离了与头骨的连接后，不但可以增进头部的活动性，并且也极大地扩展了前肢的活动范围。

蛙的肩带由肩胛骨、乌喙骨、上乌喙骨和锁骨等组成，其会合处的关节窝称**肩臼**，前肢的肱骨以此为关节。蛙的肩带弧胸型，左右上乌喙骨极小，外侧与乌喙骨相连，内侧左右上乌喙骨在腹中线紧密相连而不重叠，有的种类愈合成一条狭窄的上乌喙骨。肩带不能通过上乌喙骨左右交错活动。

蛙的腰带由髂骨、坐骨和耻骨组成，背面看呈V形，三骨愈合处的关节窝称**髋臼**，后肢的股骨以此为关节，髂骨与荐椎两侧的横突关联。

鳖的肩带呈三叉形：一块在背面，呈细长杆状，为肩胛骨；两块在腹面，前面为前乌喙骨，后面为乌喙骨。三骨相遇形成肩臼。乌喙骨、前乌喙骨和肩胛骨相接。前乌喙骨与肩胛

骨相接处呈<形。乌喙骨、前乌喙骨和肩胛骨相接的部位与胫骨相连，关节处呈豌豆状。乌喙骨近端与远端相比较扁宽。鳖的乌喙骨则呈桨形，扁平而薄长。肩带内有一块“十”字形的上胸骨，或称锁间骨，转化为腹甲的内板。锁骨与肩锁骨附着于骨板上形成上腹甲板和内腹甲板。

鳖的腰带由髂骨、坐骨和耻骨3对骨互相结合而成。髂骨与荐椎连接，左右坐、耻骨在腹中线联合，形成封闭式骨盆，构成支持后肢的坚强支架。鳖的腰带上有大的闭孔，闭孔是由耻坐孔和闭孔神经孔愈合而成。

2. 肢骨　主要为五趾型附肢骨的构造。

(1) 前肢骨　包括肱骨、前臂骨（由桡骨和尺骨愈合而成）、腕骨、掌骨和指骨。

肱骨：为管状长骨，可分为骨干和两个骨端。近端后部球状关节面是肱骨头，前部内侧是小结节，外侧是大结节。两结节之间为肱二头肌沟。肱骨远端有内、外侧髁。髁间是肘窝，窝的两侧是内、外侧上髁。

蛙肱骨近端和骨干呈三角形隆起状，稍向外侧弯曲。肱骨远端有一个球形关节面，内侧肥大。

鳖肱骨的骨体扭曲度较弱，近端至远端骨体较扁平，肱骨头呈椭圆形，肱骨头下侧凹陷。

前臂骨：包括桡骨和尺骨。桡骨在前内侧，尺骨在后外侧。

蛙的桡骨和尺骨愈合为一块骨骼。桡骨和尺骨近端愈合处呈直角，近端关节面整体呈凹陷的圆形，与肱骨远端的球形关节相接。桡骨和尺骨之间有一浅沟。

鳖桡骨近端呈卵形，远端关节面呈半圆形。尺骨近端关节面呈不对称梯形，远端关节面呈豌豆形。桡骨和尺骨最宽处都位于远端，桡骨骨干有明显的收缩。

腕骨：位于前臂骨和掌骨之间，为小的短骨，排列成上下两列。蛙的腕骨为6块不规则形小骨块。鳖的腕骨共10块小骨（豌豆骨、尺腕骨、间腕骨、桡腕骨、中央腕骨及远端腕小骨5块）。

掌骨：为长骨，近端接腕骨，远端接指骨，由内向外分别称为第一、二、三、四和第五掌骨。蛙的掌部5根小骨，第一掌骨极短小，其余掌骨细长形，长度相近。鳖的掌骨5块。

指骨：蛙的前肢四指，分别关节于第二、三、四、五掌骨远端。第一、二指各有2枚指骨，第三、四指各有3枚指骨。鳖的五指齐全，指骨节数分别为2、3、4、5、3。

(2) 后肢骨　包括股骨、小腿骨（由胫骨和腓骨愈合而成）、跗骨、跖骨和趾骨。

股骨：为管状长骨。近端粗大，内侧是球状的股骨头，头的中央有一凹陷称头窝，供圆韧带附着，与髋臼成关节；外侧有粗大的突起，称大转子。远端粗大，前部是滑车关节面，由内侧嵴和外侧嵴组成，内侧嵴高，与膝盖骨成关节；后部由股骨内、外侧髁构成，与胫（或胫腓）骨相关节。

蛙的股骨呈棒状，近端横截面呈圆形。骨干向中心稍有弯曲。远端横截面近似扭曲的梯形。鳖的股骨近端的股骨头呈不规则圆形，远端关节面与肱骨相比更似梯形。

小腿骨：包括胫骨和腓骨。蛙的胫骨和腓骨完全愈合。近端横截面呈梯形，远端横截面呈扁平梯形。骨干近端和远端桡骨、尺骨愈合处都有一浅沟，表明此骨系由胫、腓两骨合并而成。其近端与股骨形成膝关节，远端与跗骨相关节。鳖的胫骨和腓骨在近端、骨干和远端都已相连。胫骨近端关节面呈扇形，远端关节面呈圆角菱形。腓骨近端关节面呈圆角三角形，远端关节面呈泪滴形。

跗骨：由数块短骨构成，位于小腿骨与跖骨之间。蛙 5 枚，排成 2 列。与胫腓骨相关节的是 1 对短棒状骨，外侧的为腓跗骨（跟骨），内侧的称胫跗骨（距骨），两骨上端愈合，下端相互靠拢。另 3 枚颗粒状，在跟骨、距骨和跖骨之间排成一横列。鳖的跗骨共 5 块：近列仅由一块较大的骨块组成，它是由跟骨、距骨、中央骨及间跗骨合成；远列由 4 块跗小骨组成。

跖骨：与前肢掌骨相似，但较细长。蛙跖骨的第四根最长，在第一跖骨内侧有一小钩状的距，又称前拇指。

趾骨：蛙的后肢五趾，第一、二趾有 2 枚趾骨，第三、五趾有 3 枚趾骨，第四趾有 4 枚趾骨。

第四单元 肌肉系统

第一节 概 述

肌肉的结构

运动系统的肌肉由横纹肌组织构成，它们附着于骨骼上，又称为**骨骼肌**，是运动的动力器官。

每一块肌肉都是一个肌器官，可分为能收缩的肌腹和不能收缩的肌腱两部分。

1. 肌腹 肌腹是肌器官的主要部分，位于肌器官的中间，由无数骨骼肌纤维借结缔组织结合而成，具有收缩能力。肌纤维为肌器官的实质部分，在肌肉内部先集合成肌束，肌束再结合成一块肌肉。肌肉的结缔组织形成肌膜，构成肌器官的间质部分。当动物营养良好的时候，在肌膜内蓄积有脂肪组织，使肌肉横断面上呈大理石状花纹。

2. 肌腱 肌腱位于肌腹的两端或一端，由规则的致密结缔组织构成。在四肢多呈索状；在躯干多呈薄板状，又称腱膜。腱纤维借肌肉膜直接连接肌纤维的两端或贯穿于肌腹中。腱不能收缩，但有很强的韧性和抗张力，不易疲劳。它传导肌腹的收缩力，以提高肌腹的工作

效力。其纤维伸入骨膜和骨质中，使肌肉牢固附着于骨骼上。

肌肉的辅助结构包括：

1. 筋膜　筋膜分浅筋膜和深筋膜。浅筋膜位于皮下，由疏松结缔组织构成，覆盖在全身肌的表面。有些部位的浅筋膜中有皮肌。深筋膜由致密结缔组织构成，位于浅筋膜下。在某些部位深筋膜形成包围肌群的筋膜鞘；或伸入肌间，附着于骨上，形成肌间隔；或提供肌肉的附着面。筋膜主要起保护、固定肌肉位置的作用。

2. 黏液囊　黏液囊是密闭的结缔组织囊。囊壁内衬有滑膜，腔内有滑液。多位于骨的突起与肌肉、腱和皮肤之间，起减少摩擦的作用。位于关节附近的黏液囊多与关节腔相通。

3. 腱鞘　腱鞘由黏液囊包裹于腱外而成，多位于腱通过活动范围较大的关节处。腱鞘内有少量滑液，可减少腱活动时的摩擦。

第二节　头部肌肉

一、鱼 鳃 肌

鳃节肌着生在头部的颌弓、舌弓和鳃弓上，分别管理上、下颌的开关，舌弓和鳃弓的运动。包括下颌收肌、下颌间肌、上颌提肌、咬肌、鳃盖开肌、舌颌提肌等。

二、蛙下颌肌

1. 颌下肌　剥开下颌皮肤，在下颌最表面为一层薄片肌，肌纤维横行，起于下颌骨，止于腹正中线，当它收缩时，使口腔底上提。

2. 颏下肌　为三角形小块肌肉，在颌下肌之前，横于二齿骨之间，其前缘又紧贴着颐骨及下颌联合，收缩时能使颐骨上举，推动前颌骨而使鼻瓣关闭。

三、鳖 咬 肌

始于颞部及上颌后部，止于下颌。如颞肌、咬肌为闭口肌。起于舌弓止于下颌的二腹肌为开口肌。

第三节　躯干肌肉

一、鱼轴上肌和轴下肌

鱼类的躯干肌分为大侧肌和棱肌。大侧肌分成上部的轴上肌和下部的轴下肌。轴上肌丰厚结实，轴下肌肌层较薄，无斜肌分化。

二、蛙背最长肌、腹直肌、腹斜肌、腹横肌

1. 背最长肌　躯干背部的轴上肌由于水平骨隔的位置上移至椎骨横突外侧，体积已大为缩减，在轴上肌的外侧形成起于头骨基部到尾杆骨前部的背最长肌，其作用是使脊柱弯曲。

2. 腹壁肌肉　分三部分，即前胸部、后胸部及腹部。前胸部肌肉起自肩带的前乌喙骨

和中胸骨；后胸部肌肉位在前者后方，起点很宽，自中胸骨到剑胸骨，肌纤维亦向外行，止于肱骨三角肌粗隆旁的凹沟处；腹部肌肉起自腹外斜肌的腱膜，肌纤维斜向上行。三部分集中，止于肱骨的近内面。功能为支持并扩展腹腔，并牵引上臂向内、向后运转。

（1）腹直肌　位于腹部正中，被横行的腱划分为对称的小块，仍保持有分节现象。功能为支持腹部内脏，并固定胸骨的位置。

（2）腹斜肌　分内外两层，肌纤维彼此垂直。起于髋骨，止于腹直肌的外侧。功能为支持并压缩腹部，有助于呼吸作用。

（3）腹横肌　位于腹壁的最内层，肌纤维呈背腹走向，由耻骨伸往胸骨。功能为保护腹壁和向前牵拉腰带。

三、鳖肋间肌

位于肋骨之间，由胸斜肌分化出来，外层为肋间外肌，内层为肋间内肌，两种肌纤维走向互相垂直。调节肋骨升降改变胸腔的左右径，控制胸腔的扩大或缩小，协同腹壁肌肉完成呼吸作用。

第四节　其　　他

一、鱼 鳍 肌

胸鳍、腹鳍的浅层和深层均分布着由大侧肌分化而来的展肌、伸肌和收肌，支配偶鳍的向外伸展或内收。尾鳍肌比较复杂，每侧包括六块肌肉，控制尾的上曲下弯，并参与游泳时的推进运动。

二、蛙、鳖四肢肌

1. 蛙四肢肌　前肢腹侧的胸肌肌群和背侧的斜方肌、背阔肌、三角肌等，使前肢与躯干牢固地连接起来而得到巩固。后肢有位于腰腿之间的耻坐股肌、髂胫肌和臀部肌肉，还分化出肱三头肌、腕屈肌等前肢肌和胫伸肌、缝匠肌、腓肠肌等后肢肌。

（1）前肢肱部肌

肱三头肌：位于肱部背面，为上臂最大的一块肌肉。起点有三个肌头，分别起于肱骨近端的上、内表面，肩胛骨后缘和肱骨的外表面，止于桡尺骨的近端。是伸展和旋转前臂的重要肌肉。

（2）后肢小腿肌

腓肠肌：为小腿后面最大的肌肉，起于股骨与胫腓骨之间连接处的股骨上，止于跟骨。

胫后肌：位于腓肠肌腹面，起于胫腓骨后缘，止于距骨。使足向前伸直，且能转足蹠向下。

腓前肌：位于小腿外侧，甚大，起于股骨后端，以两分支分别止于距骨和跟骨。功能为伸胫部。

伸脚肌：位于胫前肌和胫后肌之间，起于股骨，止于胫腓骨。功能为伸胫部。

腓骨肌：位于腓肠肌和胫前肌之间，起于股骨后端，止于跟骨。功能为伸胫部。

2. 鳖四肢肌　从爬行类开始的轴上肌由单一的背长肌分化为以下三组肌肉：第一组是

背最长肌本体，位于横突的上面，是轴上肌最大的肌肉；第二组是背髂肋肌，止于肋骨的基部；第三组是背脊肌，沿颈部两侧走向头骨的颞部。

鳖类由于甲板的存在，轴上肌大为退化。

三、贝闭壳肌与斧足肌

贝类的运动不灵活。但在某些活动能力较强的部位上，具有较发达的肌肉束，如瓣鳃纲的闭壳肌和斧足肌，前者控制着贝壳的开闭，后者则与足的伸缩与运动有关。

1. 闭壳肌　为位于两壳之间一个或两个横行的肌肉柱，依靠它们的伸张作用来开关贝壳。闭壳肌在发生时两个，一个为前闭壳肌，位于口的前方背侧；另一个为后闭壳肌，位于肛门的前方腹侧。成体后，根据前后闭壳肌痕大小是否相等，可将瓣鳃类动物分为等柱类（闭壳肌大小相等，如蛤、蚶等）、异柱类（闭壳肌大小不一，后闭壳肌发达，前闭壳肌退化，如贻贝等）和单柱类（前闭壳肌消失，后闭壳肌发达，只有一个闭壳肌，如扇贝、珍珠贝、江珧等）。

每个闭壳肌通常由两种结构不同的肌肉构成，即横纹肌和平滑肌。横纹肌能迅速把贝壳关闭起来；平滑肌运动迟缓，但能使贝壳紧紧关闭。

2. 斧足肌　瓣鳃类的足，大多末端呈斧状，又称斧足。在足内常有消化器官、肝胰腺和生殖腺等伸入。足的运动依靠肌肉的收缩和伸张来进行。斧足肌通常有四对，即前缩足肌、前伸足肌各一对、后缩足肌和中举足肌各一对。一般在仅有后闭壳肌的单柱类中，仅保留后缩足肌。

除此，贝壳表皮下的结缔组织内有肌纤维束，由纵走肌纤维或环走肌纤维组成。这种肌纤维通常为纤细的平滑肌。

第五单元　消化系统

第一节　概　　述

消化系统的基本组成与结构

消化系统由消化管和消化腺两大部分组成。消化管包括口咽腔、食道、胃、肠和肛门。

消化腺有小消化腺和大消化腺两种。小消化腺散在于消化管各部的管壁内，大消化腺主要包括肝脏和胰脏。

消化管虽然在不同的部位的功能和形状不同，但是各段组织学结构却类似。一般来说，由内向外分为四层：黏膜、黏膜下层、肌层和外膜。

黏膜是消化管的内层，腺细胞分泌黏液以保持消化管内表面的润滑和黏性。黏膜在消化管各段形态有差异，总的都可以分为四层：上皮、基膜、固有膜和黏膜肌。在口咽腔、食道和肛门等处的上皮是复层扁平上皮，细胞脱落比较快，由复层上皮基底层细胞的不断增生加以补充。在胃肠道部位是单层柱状上皮，主要负责食物的消化吸收。上皮的基底面附着在基膜上。固有膜由致密结缔组织构成，含神经、血管和腺体，有一定的弹性。黏膜肌为薄层平滑肌构成，平滑肌可促使黏膜和绒毛微弱运动。

黏膜下层由疏松结缔组织构成，含较大的血管、神经丛以及淋巴组织。食管和十二指肠的黏膜下层有食管腺和十二指肠腺。

肌层在黏膜下层的外面，在口咽腔、食管前部和肛门等处是横纹肌，受运动神经支配，在胃肠道等处是平滑肌，受交感神经支配。

外膜是消化道最外层，为疏松结缔组织，含血管、神经和淋巴管。

第二节 口咽腔

鱼、蛙、鳖口咽腔的组成及结构

（一）鱼类口咽腔的组成

鱼类的口腔和咽并无明显界限。内有齿、舌、鳃等器官，覆盖在口咽腔上的复层上皮富含单细胞黏液腺，但无消化腺及消化酶。真骨鱼类口腔和前咽壁部分的组织结构是有黏膜层、黏膜下层和肌层组成，无外膜，至后咽段才出现很薄的外膜。

1. 齿 多数鱼具齿，齿的结构与盾鳞相似，但无基板，齿表面为釉质。齿形与食性有关。

颌骨齿：着生于颌骨。

犁骨齿：着生于犁骨。

腭骨齿：着生于腭骨。

舌齿：生于舌上。

咽齿：生在下咽骨上。

软骨鱼类的齿：

单峰齿：锋利，有利于捕食大型鱼类和哺乳动物。

三峰齿、多峰齿：适于摄取甲壳类、软体动物及小型鱼。

梳状齿、切齿：适于切割食物，捕食鱼类和无脊椎动物。

颗粒状齿：适于捕食浮游生物和小鱼。

硬骨鱼类的齿：

犬状齿：见于快速游泳的鱼，利于捕捉猎物。

门齿状齿：见于缓慢游泳的肉食性鱼，利于从岩石上取食。

臼齿状齿：用于磨碎贝类和甲壳类的硬壳等硬物。

梳状、绒毛状：用于从岩石上舐刮藻类。

鲤形目第五对鳃弓特化为咽喉齿，其形状、数目、排列方式为分类依据。

2. 舌　鱼类的舌较原始，由基舌骨的突出部分外覆黏膜构成。前端游离（具肌肉）。上皮细胞多层，有杯状细胞和味蕾。少数鱼类的舌退化或无舌。有的鱼舌表面有绒毛状齿。

3. 鳃耙　鳃弓内侧面附生的两排稍坚硬的突出物，为滤食器官亦可保护鳃丝。前缘有味蕾。鳃耙数目、形状与食性有关。以浮游生物为食的鱼类鳃耙发达，细长稠密；肉食性鱼类的鳃耙粗短。

（二）蛙口咽腔的组成与结构

蛙口咽腔的构造较复杂，为消化和呼吸系统的共同的通道。

1. 舌　舌根固着于口腔底部前端，舌尖向后，分叉，能从口内翻出摄食。

2. 内鼻孔　一对椭圆孔，位于口腔顶壁近吻端处。与外界相通，吸入和呼出气体。

3. 齿　沿上颌边缘有一行细而尖的牙齿，齿尖向后，即上颌齿。在内鼻孔之间，口腔顶壁犁骨上有两簇细小的犁骨齿，具有把握食物的功能。

4. 耳咽管孔　位于口腔顶壁两侧，颌角附近的一对大孔，可通到鼓膜。

5. 声囊孔　雄蛙口腔底部两侧口角处，耳咽管孔稍前方，有一对小孔即声囊孔。

6. 喉门　为舌尖后方，腹面的具有纵裂的圆形突起。内有一对圆形勺状软骨支持，两软骨间的纵裂即喉门，是喉气管室在咽部的开口。

7. 食管口　喉门的背侧，咽底的皱襞状开口。

（三）鳖口咽腔的组成与结构

口腔与咽有明显界限；口腔与鼻腔分开。口裂“人”字形，在腹面。

1. 牙齿　鳖无牙齿，代之以角质鞘。

2. 舌　肌肉质，位于口腔底部。不能外伸，其上有粗糙的角质突起，可滞留食物。

3. 口腔腺　唇腺、腭腺、舌腺、舌下腺。分泌物能湿润食物，无消化作用。

4. 喉门和耳咽管口　在舌基后面有喉头突起，其上有纵行裂缝为喉门，为气管在咽部的开口。在口腔内侧的左右两角各有一耳咽管的开口。

5. 咽　口腔深处为咽，下通食管。

第三节　胃、肠

一、鱼胃、肠的结构

咽之后为食管，但少数种类如烟管鱼科、鲇科和鮟鱇科等鱼类的食管比较长。食管的组织结构由黏膜、黏膜下层、肌层和外膜四层组成。食管之后是胃，但有些鱼类如银鲛、鳗鲇、海鲫、翻车鱼、鲤科、海龙科、飞鱼科和隆头科等没有胃。有胃鱼类的胃壁由黏膜、黏膜下层、肌层和外膜四层组成。黏膜上皮为单层柱状上皮，上皮内不含杯状细胞。鱼类的胃腺亦是管状分支腺，可分为颈部、体部和腺底部，构成腺体部和腺底部的细胞只有一种类型是浆液性的腺细胞，胞质中含有丰富的酶原颗粒，这种细胞与哺乳动物的主细胞类似。鱼类的胃腺缺乏壁细胞（盐酸细胞）。胃之后为肠，无胃鱼类肠与食管相连。真骨鱼类的肠一般分为前肠、中肠和后肠三段。各段之间没有明显的分界线。有些鱼类在胃和肠交界处有幽门垂（幽门盲囊）。真骨鱼类肠各段结构极为相似。一般可分为黏膜、肌层和浆膜三层，有些鱼类能够明显地区分出黏膜下层，其组织结构由黏膜、黏膜下层、肌层和浆膜四层组成。黏膜层由上皮、基膜、固有膜和黏膜肌组成，有些鱼类缺乏黏膜肌。黏膜上皮由单层柱状上皮细胞和杯状细胞组成。单层柱状细胞为吸收细胞，数量最多，呈高柱状，核椭圆形，位于基底部。细胞游离面在光镜下可见纹状缘，电镜观察表明其由密集而规则排列的微绒毛组成，扩大细胞有里面的吸收表面积。杯状细胞散布于吸收细胞之间，分泌黏液，有润滑和保护作用。此外，绝大多数鱼类没有肠腺，而鳕科鱼类具有肠腺。

草食性鱼类的胃是消化管最膨大处，与食道相连处叫贲门，与小肠连接处明显萎缩，变窄，叫幽门。有些鱼无胃分化，有些鱼的幽门处有盲囊。草食性鱼类的肠长。

滤食性鱼类的胃幽门胃肌肉发达，滤食性鱼类的肠长度中等。

肉食性鱼类的胃壁一般较厚，肉食性鱼类的肠短。

二、虾、蟹的胃、肠结构

虾类的消化管分为前肠、中肠和后肠三部分，前肠又分为口、食道、胃。其主要结构特点是前肠、后肠的肠壁内腔面有几丁质内膜覆盖，胃内壁有几丁质结构的胃磨及复杂的食物过滤系统。

1. 胃　体积大，分为两部分。前是贲门胃，壁薄，其内壁有角质突起，上有细齿，借肌肉附着于头胸甲上，肌肉收缩使齿移动以碾磨食物，称**胃磨**。胃壁中的刚毛用以过滤食物使较小的颗粒进入幽门胃。幽门胃内壁密生刚毛，互相交错形成滤器，其中除了有刚毛过滤器还有大量的腺体，使细小的及液体食物进入中肠。

2. 中肠　是一条直管，从幽门胃向后延伸至第 6 腹节前方，位于胸部的中肠和幽门胃一起被肝胰腺包围。中肠内壁无几丁质覆盖，且向内突出许多褶皱，以增加吸收面积。中肠前、后端背面各具突出的盲囊，分别称为中肠前盲囊和中肠后盲囊。中肠前、后盲囊是中肠与前、后肠的分界。中肠上皮也可以分泌形成围食膜将不能消化的颗粒包围起来。中肠是消化、吸收、贮藏养料的场所。

3. 后肠　后端是膨大的直肠，其长短随中肠而变，如中肠很长，则后肠很短，反之，中肠短，后肠则长。内壁有大量的皮肤腺，也具几丁质，其功能为水分的回收及粪便的形成、贮存，最后以肛门开口尾节基部。

蟹类的胃外观呈三角形的囊状物，被灰白色薄膜所包裹，内部具一角质化的咀嚼器。肠很短。

三、贝的胃、肠结构

贝类的消化管由口、口腔、食道、胃、肠、肛门构成，某些寄生种类退化。在瓣鳃类及某些腹足类的胃肠中还具有胃楯、晶杆等特殊结构。

1. 胃　呈不规则的袋状，胃底部分胃壁具有褶皱，为食物分拣处。黏膜上皮为典型柱状纤毛上皮，之间夹杂着少量的杯状细胞。基膜下环肌近于连续，纵肌散布于环肌之外，结缔组织分布于肌肉内外。

胃左后方有一**胃楯**，由上皮细胞分泌的几丁质结构，可作为晶杆的支座，通过**晶杆**的旋转可对胃内食物进行研磨。胃楯下方的上皮细胞呈高柱状、嗜碱性，游离端有微绒毛。

2. 肠　可以分为下行肠和上行肠。下行肠由晶杆囊和中肠组成。晶杆囊由规则排列的纤毛柱状上皮组成，内夹杂着杯状细胞。晶杆囊腔较大，内具晶杆，晶杆为一棒状胶质结构，通常为乳白色，由具有消化酶的胶状物质组成。它自晶杆囊中伸至胃内，在食物的外消化和食物的分拣过程中具有重要作用。在胃与下行肠交界处杯状细胞尤其多。中肠上皮细胞较晶杆囊上皮细胞短，纤毛稀疏，连接两者之间的狭缝处上皮细胞则较高。肌肉与结缔组织同胃。

上行肠的肠腔内有 3 个大的嵴和沟，嵴上皮细胞较沟上皮细胞长，基膜较薄。环肌连续，有些部位基膜与结缔组织之间有薄层结缔组织，大部分区域基膜与结缔组织连在一起。

3. 直肠　直肠腔的形状不规则，具有许多嵴状突起。纤毛柱状上皮间有杯状分泌细胞。肛门处杯状细胞较多，有利于粪便的排出。

四、蛙、鳖胃的位置与形态

蛙的胃为食管下端所连的一个弯曲的膨大囊状体，部分被肝脏遮盖。胃内侧的小弯曲，称胃小弯；外侧的弯曲处称胃大弯；胃的中间部称胃底。

鳖的胃位于腹腔左侧，肝左叶背面，囊状、色浅。胃前端较粗，与食管相连，为贲门；后端稍细小，与十二指肠相连，为幽门。

第四节　消 化 腺

一、鱼肝脏和胰腺的形态与结构

1. 肝脏　鱼的肝脏，位置一般靠近围心腔和腹腔的横膈膜，位于腹腔左侧，是体内最大的腺体。

高等脊椎动物的肝在显微镜下可以分成许多小的单位，称为**肝小叶**。肝小叶是肝结构和功能的基本单位，呈多面棱柱状。在肝小叶中央有一纵行中央静脉。肝细胞以中央静脉为中心，向四周略呈放射状排列，形成**肝细胞板**。肝细胞板之间是**肝血窦**。肝血窦腔内有枯否细胞，具有吞噬功能。相邻两肝细胞之间有胆小管。胆小管可将肝细胞分泌的胆汁汇集至肝小叶周边的小叶间胆管内。鱼类的肝小叶不像高等脊椎动物那样能明显区分，其轮廓不清，只能通过中央静脉来区分。鱼类的肝索由单层细胞构成的。

鱼类肝脏的大小与形态因种类而异。分叶情况变化也不同，大多数鱼类分成 2 叶，但也有不分叶，如雀鳝、香鱼、鲐。也有分 3 叶，如金钱鱼和鳕。也有鱼肝脏为多叶的，如玉筋鱼。各种鱼类的肝脏都是实质性器官，伸入肝实质内的结缔组织少，故一般都不像高等脊椎动物那样被结缔组织分隔成完整的肝小叶。大多数海水和淡水硬骨鱼的肝小叶内肝板是由一层肝细胞构成的。肝脏的功能是很复杂的，主要包括：肝细胞分泌胆汁送到胆囊贮存，经胆管送到小肠，使脂肪乳化以利于脂肪酶对其分解；肝脏能将糖合成糖原调节血糖平衡，分解有毒物质，将代谢产物转化为尿素排出体外。

2. 胰腺　鱼类胰腺由外分泌部和内分泌部构成。外分泌性胰腺由管泡腺构成，分泌物经导管送入小肠，在碱性环境下分解蛋白质、脂肪、淀粉等。内分泌器官为胰岛，硬骨鱼类的胰岛具有 A、B 和 D 三种细胞。B 分泌胰岛素调节血糖代谢。软骨鱼类有明显的定型胰腺，但硬骨鱼类的胰腺则大多为弥散腺体，一部分甚至全部埋入肝中。包括鲤科鱼类在内的多种鱼类的胰腺沿血管进入肝脏的实质内部，此种以肝脏为主胰腺为辅的结构称为肝胰腺。

鱼类胰腺可分为散在型和致密型等不同类型。散在型的胰腺可沿门静脉向肝脏内和肝门部位分布，也可在肝脏边缘、胆囊周围、肠道周围等处分布。而鳗鲡、鲇等少数鱼类有致密的胰腺。鲤科鱼类、海龙、海鲫和鲆鲽类等的胰腺分散在肝脏中形成肝胰腺。此外还分布于肝脏边缘、胆囊、幽门垂、肠道等周围，肠系膜上和脾门部及其周围等处。

胰岛能分泌胰岛素与胰高血糖素等激素。胰岛细胞按其染色和形态学特点，主要分为A细胞、B细胞、D细胞及PP细胞。B细胞数量最多，能够分泌胰岛素（Insulin）；A细胞数量次之，能分泌胰高血糖素（Glucagon）；D细胞数量较少，能分泌生长抑素；PP细胞数量很少，能分泌胰多肽（Pancreatic Polyeptide）。

二、虾蟹类肝胰腺的形态与结构

虾蟹类的消化腺为一大型致密腺体，包被在中肠前端及幽门胃外，称为消化腺，或中肠腺，或肝胰腺。该腺是由中肠分化而来的多分支的囊状肝管组成，最终的分支称肝小管。肝小管管壁由单层柱状上皮细胞组成，上皮表面有许多微绒毛。肝管汇集后开口于胃与中肠相连处。

根据细胞形态结构的不同，可将对虾肝胰腺细胞分为四种类型：吸收细胞、分泌细胞、纤维细胞和胚细胞。

1. 吸收细胞　肝胰腺中数量最多的细胞，高柱状，细胞游离面具微绒毛，核圆形，基位，核内有1～2个核仁。吸收细胞胞质中含有多个小囊泡，囊泡内含均质物质。

2. 分泌细胞　细胞体积最大，形状不规则，细胞游离面具微绒毛，胞质中含有一个大泡，占细胞体积的80%～90%，大泡内含有少量絮状物质。细胞核因大泡的挤压呈新月状，细胞质只余一薄层成环状围绕在大泡周围。

3. 纤维细胞　散布在吸收细胞和分泌细胞之间，具强嗜碱性，HE染色时，整个细胞被染成深蓝色。细胞呈柱状，游离面具微绒毛，核圆形，位于细胞中下方，核仁明显，细胞质中含许多酶原颗粒。

4. 胚细胞　只分布在肝小管的盲端，细胞体积小，近方形，排列紧密，染色较深，核大而圆，占据细胞质主要空间，核仁1～2个。可观察到处于分裂状态的胚细胞。

虾蟹类消化腺的主要功能是分泌消化酶和吸收、贮存营养物质。

三、蛙肝脏和胰腺的形态与结构

1. 肝脏　红褐色，位于体腔前端，心脏的后方，由较大的左右两叶和较小的中叶组成。在中叶背面，左右两叶之间有一绿色圆形小体，即胆囊。胆囊前缘向外发出两根胆囊管，一根与肝管连接，一根与总输出管相接。胆汁经胆总管进入十二指肠。

2. 胰腺　为一条淡红色或黄白色的腺体，位于胃和十二指肠间的弯曲处。总输出管穿过胰脏，并接受胰管通入。

四、鳖肝脏和胰腺的形态与结构

1. 肝脏　肝位于腹腔前端、心脏背面两侧，褐色或黑褐色，分为左右两叶，左右

肝在中央相连。将肝右叶翻起可见绿色或深绿色胆囊。胆囊通过输胆管与十二指肠相连。

2. 胰腺　呈乳黄色，紧靠十二指肠，位于胃、肠之间的空隙，胰液经胰管进入十二指肠。

第六单元　呼吸系统

第一节　概　述

水生动物呼吸的基本方式

水生动物的生活习性是多样化的，有些终生生活在水里，靠鳃呼吸，如鱼类、虾类、贝类等；有些可以暂时离开水域，爬上陆地进行生活，为此除了鳃呼吸之外，还有能同空气进行交换的辅助器官，如一些鱼类的皮肤、咽等；有些动物幼体的主要呼吸器官是鳃，成体的呼吸器官主要是肺和皮肤，如青蛙等。由此，动物的呼吸方式可概括为鳃呼吸、肺呼吸及辅助呼吸，其相对应的器官为鳃、肺及辅助呼吸器官。

第二节　鳃

鳃呼吸是鱼类、贝类、虾类等有鳃动物的主要呼吸方式，鳃是其主要呼吸器官。

一、鱼鳃的位置、形态与组织结构

鱼类的鳃位于咽部两侧，由鳃弓支持。

1. 鳃的发生　胚胎时形成鳃裂后，鳃间隔的基部由来自中胚层的细胞形成鳃弓，鳃间隔的两侧由来自外胚层的细胞形成鳃片。硬骨鱼类鳃弓处产生皮肤皱褶向后延伸覆盖在鳃腔外边形成鳃盖，有鳃盖骨支持。软骨鱼类一般无鳃盖，仅全头类有膜质鳃盖。

2. 鳃的一般构造　鱼类的鳃裂是顺次成对地由前向后排列的，各种鱼类的鳃裂数目不同。相对的两个鳃裂的中间以鳃间隔分开。鳃间隔的前后两侧生出鳃片（或称鳃瓣），为鳃的主要组成部分。真骨鱼类鳃间隔已退化。每一鳃片叫一片半鳃，两个半鳃构成一个全鳃。鳃片由无数呈平行排列的鳃丝构成，鳃丝一端固着在鳃弓上，另一端游离，鳃片成梳状。每一鳃丝的两侧生出许多突起叫**鳃小片**（每 1mm 鳃丝上有 20～30 片鳃小片），相邻鳃丝上的鳃小片相互嵌合，使气体交换面积增加。鳃小片外层为单层扁平上皮，内部为结缔组织，有血管、神经分布。

硬骨鱼类每一鳃丝内有一软骨质的鳃条支持，鳃条上有沟，出入鳃丝血管在沟内，鳃弓下方有出鳃动脉（背面）和入鳃动脉（腹面）。出鳃动脉血流方向与水流方向相反，以保证最大的气体交换量。

3. 鳃的细微结构　鳃弓的内侧有鳃耙，外侧为鳃丝，鳃弓内有鳃弓骨支持，鳃弓骨为透明软骨，有些鱼类没有鳃弓骨。鳃弓的横断面呈半个椭圆形，两片鳃丝固着在鳃弓上。鳃弓内骨骼呈圆弧形，其位置靠近鳃弓背面。在鳃弓骨下方有两支血管，背面一支为鳃弓静脉，腹面一支为鳃弓动脉，两者均分支进入鳃丝。在鳃弓静脉、静脉和鳃弓骨的周围填充着结缔组织，鳃弓的表面被覆着复层上皮。纵断面观鳃弓骨是弓臂状，在其下放的出鳃和入鳃动脉平行排列。

横切鳃裂可将鳃丝纵切，在其断面可见左右两片鳃丝，它们的一端固着于鳃弓上，另一端游离，整片鳃丝的外形呈战刀状。在鳃丝的两侧被覆着复层上皮，与鳃弓上的复层上皮相连。在每根鳃丝内侧有一根小棒状鳃丝软骨，对鳃丝起支持作用。鳃丝的两侧边缘处各有一支血管，靠近内侧的为鳃丝动脉，外侧为鳃丝静脉，它们分别与鳃弓的入鳃动脉和出鳃动脉相连通。鳃丝动脉和鳃丝静脉在每一鳃小片的基部水平地分成小支进入鳃小片，并在鳃小片内分支形成毛细血管网，或称窦性隙。

在入鳃动脉两侧靠近鳃丝基部各有一条横纹肌纤维束，它们互相交叉与对侧鳃丝软骨相连接。其肌纤维束的收缩，一方面可牵动鳃丝软骨和两侧鳃丝，控制两侧鳃丝的开拢；另一方面可牵动入鳃丝动脉的管壁，控制其动脉管壁的舒缩活动和管内血液的流动，对鳃丝内血流起控制作用，故有鳃心之称。

鳃小片是与外界进行气体交换的场所，在光学显微镜下可见，鳃小片由上下两层单层呼吸上皮及中间的支撑细胞——**柱细胞**构成。各种鱼类的呼吸上皮的形态各有不同，真骨鱼类的呼吸上皮为单层扁平上皮，在呼吸上皮的基底面没有基膜。柱细胞位于两层呼吸上皮之间，对呼吸上皮起支撑作用，在呼吸上皮和柱细胞之间的腔隙称鳃小片窦性隙，即毛细血管。一般认为鳃小片窦性隙本身没有内皮细胞，其管壁是靠柱细胞两端扩大的表面和呼吸上皮基底面共同合并而成。鳃小片基部为复层上皮，在复层上皮细胞间分布有黏液细胞、蛋白腺细胞和泌氯细胞。其中**泌氯细胞**的细胞质中含有微细的颗粒，为分泌泡，可分泌氯化物，将血液中的氯化物排入海水，其功能与调节渗透压有关，所有海水真骨鱼类鳃中都含有泌氯细胞。

电镜下可见呼吸上皮由近位细胞层和远位细胞层构成，远位细胞层面向空间，近位细胞层靠近毛细血管，两层间有明显的间隙。近位细胞层基底面有一层较厚的基膜，基膜的内面是毛细血管内皮，内皮与近位细胞层共用同一层基膜。

4. 鳃区的血液循环　首先是静脉血从前主静脉与后主静脉通过古维尔氏导管在静脉窦与肝静脉血会合，然后血液从静脉窦依次流过心耳（心房）、心室、动脉球，进入腹主动脉。腹主动脉在鳃区分支形成 4 对入鳃动脉进入鳃弓，并分成小支，沿着鳃丝内缘进入鳃丝形成入鳃动脉，入鳃动脉又在每一鳃小片的基部水平地分成小支进入鳃小片形成毛细血管，即鳃小片窦性隙，在此处进行气体交换。经气体交换后的血液汇集到鳃丝外缘的出鳃丝动脉，再流入鳃弓内的出鳃动脉，然后各支出鳃动脉的血液，汇流入背主动脉。背主动脉的血液属于动脉血，内含大量的氧，经背主动脉输送到全身各部，为组织细胞呼吸作用提供氧气。

二、虾鳃的形态、位置与组织结构

中国明对虾的鳃共25对，位于胸部两侧鳃腔中。

1. 鳃的类型　鳃分两类，一类是枝状鳃，共19对，依着生部位不同，可以分为足鳃、关节鳃和侧鳃，分别附着在附肢基节、附肢底节与体壁相连的关节膜上及体壁上，是主要的呼吸器官。另一类是肢鳃，为附肢的上肢，共6对，结构简单，被认为有辅助呼吸的作用。

2. 枝状鳃的结构　枝状鳃中央为纵行的鳃轴，两侧有多对分支，各分支再生出许多平行排列的鳃丝，鳃丝为二叉结构。鳃轴由鳃中隔隔开，其外侧为出鳃血管，内侧为入鳃血管。鳃分支由次级鳃中隔隔开，分成次级出鳃血管和次级入鳃血管。鳃丝中的中隔薄而不连续。鳃轴入鳃血管通胸血窦，出鳃血管与鳃-围心腔血道相连。

3. 鳃血液循环途径　胸血窦—鳃轴入鳃血管—分支入鳃血管—鳃丝—分支出鳃血管—鳃轴出鳃血管—鳃—围心腔血道。

4. 气体交换途径　鳃的表面积十分广阔，用来进行气体交换。呼吸时，由第二小颚的颚舟片以及肢鳃的不停摆动，使水流流经鳃腔与鳃丝接触。通过扩散作用，将溶解在水中的氧气和血液中的二氧化碳进行交换，之后流出鳃丝，完成呼吸作用。

三、贝鳃的形态、位置与组织结构

水生贝类的主要呼吸器官是鳃，外套膜具有辅助呼吸的作用。鳃位于外套腔中，由外套膜内侧壁延伸而来。双壳贝类的鳃通常呈瓣状，又称瓣鳃类。

1. 鳃的类型与结构　按形态结构，瓣鳃类的鳃基本分为4种类型：

（1）*原始型*　最原始的瓣鳃类，其身体两侧各有一对位于后方的羽状本鳃。其鳃轴向上隆起，两侧各有一行排列成三角形的小鳃叶。海锦蛤的鳃属于该类型。有人把这类动物称为原鳃类。

（2）*丝鳃型*　各小鳃叶延长呈丝状，称为鳃丝。有些贝类的鳃由两列呈悬挂式分离状态的单纯鳃丝组成，如双肌蛤科；有些种类，如不等蛤和蚶类，各鳃丝的前、后侧具有数个纤毛盘。同列的鳃丝可以依靠纤毛的结合相联系，这种联系称为丝间联接。依靠丝间联接，各侧单纯的鳃丝就结合成鳃瓣。各鳃瓣由基部下行，到下缘后折叠而上，从而形成上行板与下行板。一些动物的上行板与下行板之间形成若干间隔，称为板间联接，由结缔组织或血管构成。如贻贝、扇贝、珍珠贝、江珧等。凡具有以上鳃型的动物称为丝鳃类。

（3）*真瓣鳃型*　这种类型的鳃，其外鳃瓣上行板的游离缘与外套膜内面相愈合，而内鳃瓣上行板前部的游离缘则与背隆起的侧面相愈合，后部的游离缘通常为身体左右两侧的鳃板上行板之间相愈合。真瓣鳃型的鳃，板间联结和丝间联接均为血管。文蛤、河蚌等动物的鳃属于真瓣鳃。

（4）*隔鳃型*　身体两侧的鳃瓣相愈合且退化。外套膜的内表面行呼吸作用。孔螂属此类鳃，又称隔鳃类动物。

2. 气体交换途径　瓣鳃类的呼吸作用是借助于鳃与外套腔来完成的。以真瓣鳃类为例，每个鳃瓣内都有非常狭窄的腔，即鳃内腔。鳃的表面具有纤毛，并有许多小孔通入鳃腔；鳃板间垂直的板间联接，把鳃内腔分隔成许多垂直的水管。鳃内腔之上有鳃上腔，与出水口相通。贝类借助于外套膜内侧和鳃丝上纤毛的不断摆动，使外套腔内的水形成水流，通过入鳃孔进入鳃腔、鳃上腔，再经出水口流出体外，由此进行气体交换。在呼吸进行的同时，水流中携带的浮游生物、有机颗粒等也由于纤毛的摆动而富集在鳃表面并运行经唇瓣到口中。所以，鳃也具有重要的摄食作用。

第三节　肺

一、蛙肺的位置、形态与结构

蛙成体呼吸的主要方式是肺呼吸。肺呼吸的器官有鼻腔、口腔、喉气管室和肺。其中鼻腔和口腔已于前一单元描述过。

1. 喉气管室　为一短粗略透明的管子，其后端通入肺。气管极不发达，仅为短的喉头气管室，直接通入肺腔。喉门的两侧所具的褶膜即声带，空气通过时可发出鸣声。雄蛙的声带比较发达，故叫声较大。

2. 肺　一对粉红色、近椭圆形的薄壁囊状构造，内表面呈蜂窝状，密布微血管。

3. 呼吸方式　由于蛙无胸廓，因此呼吸动作很特殊：先张开鼻孔，下降口底，将空气吸入口腔；然后，外鼻孔的瓣膜关闭，口底上升，将空气经喉门压入肺内，通过腹部肌肉收缩和肺囊的弹性，将肺内的空气经鼻孔呼出（压出）体外。两栖类还可以通过鼻孔瓣膜的张开和不断颤动口底与喉部，使气体出入口咽腔，但不入肺，而仅在口咽腔进行气体交换，这种呼吸方式称为口咽式呼吸。

二、鳖气管、肺的位置、形态和组织结构

鳖内鼻孔呈裂缝状，开口在腭顶的中部或咽喉附近。随着颈的分化，呼吸道出现了管壁有软骨环所支持的气管，并由其后端分成一对支气管分别通入左、右肺脏内。肺脏是一对位于胸腹腔前部背面的呼吸器官，形似囊状，内部具有复杂的间隔，使之分隔成无数蜂窝状小室，并分布着极其丰富的肺动脉和肺静脉的微血管。

1. 呼吸道　由外鼻孔、鼻腔、内鼻孔、喉、气管、支气管构成。无声带，不发声。

由于出现次生腭，内鼻孔后移到喉附近。喉门为一纵长裂缝，位于舌后面。喉头软骨为单一环状软骨和一对勺状软骨。伴随颈部出现，产生由半环形软骨环组成的较长气管和支气管，气管分成两个支气管。

2. 肺　位于胸腹腔前部背面的一对囊状结构，内具复杂间隔形成蜂窝状肺泡，室壁上分布有丰富的毛细血管；肺泡扩大了肺与气体接触和交换的表面积；鳖类肺容量相对于体重的比例较兽类的大，但表面积只有兽类的1%。与生活习性和体形相适应，两肺通常不对称；鳖的肺由支气管逐级分支形成，肺呈海绵状。

第四节 辅助呼吸器官

辅助呼吸器官的种类

有些鱼类的呼吸器官除了鳃之外，还有能同空气进行气体交换的辅助器官，如皮肤，咽、肠的黏膜，假鳃，鳃上器官等。

1. 皮肤 皮肤表面布满血管能进行气体交换。如鳗鲡、鲇、黄鳝、鲤、鲫。皮肤呼吸容量占总呼吸量的17%～30%。

2. 口咽腔黏膜 口咽腔内腭管丰富，有许多乳头突起。如黄鳝的鳃退化，靠此方式呼吸。

3. 肠管 肠管壁薄，血管丰富。如泥鳅夏季不摄食，肠上皮变为扁平上皮，细胞间出现血管淋巴，吞入氧气在肠内完成气体交换，剩余氧气和二氧化碳从肛门排出。

4. 鳃上器官 生长在鳃弓上方的辅助呼吸器官，由鳃弓的一部分特化而成。胡子鲇第1～4鳃弓的脚鳃骨后部及上鳃骨上有由鳃丝演化而成的膜状结构，连成一片包在鳃上器官的前方与下方，使之与鳃腔分隔开。乌鳢鳃腔前背方有由第一鳃弓的上鳃骨和舌颌骨内面的骨质突构成的两个耳状和三角形突起，外覆黏膜。

5. 气囊 合鳃目的双肺鱼每侧鳃腔顶壁上有一气囊，气囊上皮有许多微血管及退化鳃丝形成的呼吸小岛，具呼吸作用。

6. 鳔 肺鱼的鳔具有辅助呼吸作用。鳔是胚胎时期消化管背方生出一芽状突起，向后扩展形成一的囊状结构，有一细长管与食道相连。

除此之外，蛙的皮肤薄而湿润，而且在皮下分布着由肺皮动脉分出的皮动脉及肌皮静脉，通过这些皮下血管进行气体交换所得到的氧气，大约相当于肺脏获氧量的2/5。这种呼吸现象称为**肺皮呼吸**。鳖的咽和泄殖腔壁上的2个副膀胱有辅助呼吸的功能。

第七单元 泌尿系统

第一节 概 述

泌尿系统的基本组成与功能

低等脊椎动物泌尿系统一般由肾、输尿管、膀胱和尿道组成（鱼类没有膀胱，尿液最后一般通过泄殖孔排出）。肾是生成尿液的器官。机体在新陈代谢过程中产生的废物，特别是蛋白质代谢产生的含氮废物，主要通过血液循环运至肾脏，经过复杂的生理过程通过尿液排出体外。排泄过程是机体进行物质代谢的最终阶段，这一过程对维持机体内环境的相对恒定性起着主要作用。

第二节　肾

一、鱼肾的类型和结构

鱼类通过肠和鳃排出一些未消化的食物残渣和一部分代谢废物，但大部分的代谢废物是由肾脏排出的。特别是含氮化合物及盐离子。排泄系统除了排出滤泌的尿液外，在维持体液适当浓度进行渗透压调节方面也有重要作用。

鱼类的肾脏紧贴腹腔背壁正中线两侧，为一对红褐色狭长形实质性块状器官。中肾为鱼类成体的泌尿器官。由许多肾单位组成，在发育早期显著分节排列，前后扩展达体腔末端。中肾小管不断以分支方式增加数量，而不按体节排列。有的肾口封闭形成盲囊，前壁内陷形成杯状结构称肾小球囊。肾小球与肾小球囊内壁紧贴，两者合在一起称肾小体。肾小体后方的中肾小管长而弯曲，根据细胞形态功能不同可分为若干段。硬骨鱼类有的前肾失去功能成为头肾，头肾是成体的拟淋巴结。由中肾排泄叫中肾型。有的既有前肾又有中肾叫全肾型。鱼类肾脏的结构特点是无皮质和髓质之分，故肾小管无髓袢的降支和升支的部分。

二、蛙肾的类型和结构

蛙肾为中肾，位于体腔靠后部脊柱两侧，暗红色，是一对结实的椭圆形分叶器官。雄体肾脏的前部缩小并失去泌尿功能，由一些肾小管与精巢伸出的精细管相连通，并借道输尿管运送精子。雌体的肾脏及输尿管只有泌尿、输尿功能。蛙的肾除具有肾单位和集合小管外，还见有淋巴样组织分散于肾实质中。在肾腹侧发现有与真骨鱼类斯坦尼斯小体相似的结构。

三、鳖肾的类型和结构

一对后肾位于腹腔后部背侧，暗红色，扁椭圆形叶状，表面分叶或光滑。肾单位多、泌尿能力强。后肾小管数量多，比中肾小管长，迂回也较多，水分重吸收能力强，其数量可达450万条之多。后肾小管一端为肾小体，完全不具肾口，另一端和集合管连通。后肾发生以后，中肾管失去了导尿功能，在雄性完全成为输精管，在雌性则退化。

第三节　输尿管、膀胱

输尿管为将尿液输送至膀胱的细长管道，左右各一，出肾门后沿腹腔顶壁向后延伸，横过髂外、髂内动脉入盆腔。输尿管管壁由黏膜、肌层和外膜构成。

膀胱是储存尿液的器官，充满尿液时可伸达腹腔底壁。膀胱呈长卵圆形或梨形，分为膀胱顶、膀胱体和膀胱颈。膀胱壁由黏膜、黏膜下层、肌层和外膜组成。黏膜形成许多不规则的皱褶，在靠近膀胱颈的背侧壁上，输尿管末端在膀胱黏膜下层内走行使黏膜隆起，称输尿管柱，终于输尿管口。

一、蛙输尿管、膀胱的结构

蛙左右两侧的输尿管（中肾管）分别开口于泄殖腔的背面。膀胱（称泄殖腔膀胱）囊状，开口于泄殖腔腹面。肾脏产生尿液经输尿管流入泄殖腔，贮存于膀胱，当膀胱充满尿液时，再经泄殖腔排出体外。膀胱还有重吸收水分的作用。

二、鳖输尿管、膀胱的结构

鳖的输尿管为后肾导管，由中肾导管基部发生，前部与肾脏相连形成肾盂、集合管，后部与泄殖腔相通，输送尿液入泄殖腔。胚胎发育时，尿囊基部扩大形成尿囊膀胱，开口泄殖腔腹壁。鳖有一对副膀胱，在泄殖腔的开口与膀胱相对。

第八单元　生殖系统

第一节　概　　述

生殖系统的基本组成与功能

生殖活动是生物维持种族延续的一种必要手段。生殖系统是由产生和输送生殖细胞的器官构成，不同动物生殖系统的组成和结构差异很大。一般包括生殖腺、输出管等。

第二节　生　殖　腺

生殖腺是产生生殖细胞的器官，包括雄性生殖腺（精巢）和雌性生殖腺（卵巢）。精巢产生雄性生殖细胞——精子，卵巢则产生雌性生殖细胞——卵子。不同水生动物，生殖腺的形态结构及发育过程有差异。

一、鱼生殖腺的形态结构与发育

（一）真骨鱼类雌、雄生殖腺的位置和形态结构

真骨鱼类雌性和雄性生殖腺均位于腹腔背壁及体腔中线两侧处，由体腔系膜悬于腹腔背

壁，并通过系膜与血管、神经连接。卵巢和精巢的形态随不同发育阶段而发生变化。但是有些鱼类的精巢呈特殊形态，如鳗鲡精巢为许多圆形叶片状，黄颡鱼精巢形状不规则，且有分支，鳗鲡卵巢也由许多圆形片状的产卵板构成。鱼类的精巢及卵巢一般都是成对的，只有少数鱼类如黄鳝等只有一个精巢或卵巢，两侧生殖腺彼此分开，并在腹腔尾端接触，汇合成很短的输精管或输卵管，进入泄殖窦，通过泄殖孔与外界相通。

1. 卵巢的类型、组织结构与发育

(1) 卵巢类型　①裸型卵巢表面裸露，无卵巢被膜包裹。卵子成熟后进入腹腔，经输卵管喇叭口进入输卵管。如软骨鱼类、肺鱼类。②封闭型卵巢外有一层卵巢被膜包围，并向后延伸变窄呈管状，成熟卵子落入卵囊中由该管送至泄殖窦，排出体外，无米勒管。如绝大多数硬骨鱼类。

(2) 组织结构　卵巢表面的被膜由两层构成，外层为腹膜，内层为白膜。白膜向内伸入形成许多由结缔组织纤维、毛细血管和生殖上皮组成的板层状结构，它们是卵子产生的地方，称产卵板。多数鱼类的卵巢都有卵巢腔和输卵管，成熟的卵子先突破包围在它周围的滤泡膜而跌入卵巢腔，然后经过输卵管排去体外。

(3) 卵巢及卵细胞的发育　**卵细胞的发育**经过5个时期，分别以Ⅰ～Ⅴ时相表示：

①第Ⅰ时相：为卵原细胞阶段。此时卵原细胞的体积小、胞质少，具有明显的细胞核；核中间具有1～2个核仁。②第Ⅱ时相：为小生长期的初级卵母细胞阶段。细胞为多角形，胞质强嗜碱性。核仁多个，沿核膜内侧分布。卵母细胞外有一层滤泡细胞。③第Ⅲ时相：为进入大生长期的初级卵母细胞阶段。细胞个体较大，膜较厚。卵膜外有2层滤泡细胞。卵子的皮层出现一层小液泡（皮质颗粒），其数目随卵子的发育而增加。胞质中出现卵黄颗粒，嗜酸性逐渐增强。核膜开始变得凹凸不平。④第Ⅳ时相：为发育晚期的初级卵母细胞阶段。卵子体积增大，辐射状的卵膜增厚，卵黄颗粒几乎充满核外空间，仅在核膜周围及近卵膜处有较多的卵质分布。细胞核开始由中央向动物极移动（所谓“极化”现象）。卵质也随核移动。与此同时，核仁逐渐溶解、消失。⑤第Ⅴ时相：由初级卵母细胞过渡到次级卵母细胞的阶段，最后卵子的核相处于第二次成熟分裂中期。卵母细胞生长到最大体积，胞质内充满粗大的卵黄颗粒，在生长过程中它们相互融合成块状。液泡2～3层，被挤到皮层边缘。此时细胞已成熟，已进行排卵和产卵。

卵巢的发育通常分也为六个时期：

①Ⅰ期卵巢：为初期卵巢，尚未成熟。卵巢外形呈线状，肉眼难以辨认。我国的青鱼、草鱼、鲢、鳙四大家鱼在翌年夏季卵巢大约处于这一时期。此期的卵细胞大多数处于第Ⅰ时相。②Ⅱ期卵巢：卵巢发育成扁带状，因卵巢内血管已开始发育而呈浅粉红色，用肉眼不能分辨卵粒，放大镜下则可清晰辨认，四大家鱼在翌年秋季卵巢大约处于此期。卵巢内卵母细胞大多数处于第Ⅱ时相。③Ⅲ期卵巢：卵巢呈青灰色或黄白色，肉眼已可清晰辨认其卵粒，但彼此还不易分离。四大家鱼的Ⅲ期卵巢出现于翌年冬季。此期卵巢内的卵母细胞大多数处于第Ⅲ时相。④Ⅳ期卵巢：卵巢明显增大，呈淡黄色，卵粒已积满营养物质，单独观察其外形饱满为圆球形。卵巢内卵母细胞大多数为发育晚期初级卵母细胞，大多数处于第Ⅳ时相。⑤Ⅴ期卵巢：卵巢松软，卵子已发育成熟，并排放到卵巢腔内。当提起亲鱼或用手轻压起腹部，卵子即可从生殖孔流出。卵母细胞大多处于第Ⅴ时相。此期卵子已成熟离巢，游离在卵巢包膜内（内产）或经输卵管和泄殖孔排出体外（外产）。⑥Ⅵ期卵巢：此期卵巢的特点取

决于产卵方式，鱼类产卵有一次性产卵和分批性产卵两种类型，其中一次性产卵者卵巢内卵母细胞基本处于同步发育，同时成熟，一次性排出，产卵后卵巢内仅有小型或早期卵母细胞，当年不再成熟产卵。这种鱼类的Ⅵ期卵巢体积大大缩小，空虚而松软，有许多排空卵子的滤泡膜。

分批性产卵者，因其卵巢内卵母细胞的发育为非同步发育，故在同期卵巢内可呈现各个不同时相的卵母细胞，其卵母细胞分批发育、分批成熟，成熟一批，排出一批，其产卵后卵巢内还有各种不同时相的卵母细胞，当年还可再次产卵。这种鱼类的Ⅵ期卵巢产卵后体积缩小没有一次性产卵那么显著，排空的滤泡膜也较少。

2. 精巢的类型、组织结构与发育

（1）精巢的类型与组织结构　鱼类精巢一般是一对，位于鳔的两侧。可在腹腔的尾端接触，合并成输精管，通到泄殖孔。鱼类精巢的形状、大小随不同发育阶段而变化。

精巢壁由两层被膜构成，外层为腹膜，内层为白膜。腹膜外有一层较薄的间皮。白膜是由具有弹性的疏松结缔组织构成的。白膜向精巢内伸入形成许多隔膜，把精巢分成许多精小叶。成熟精巢内精小叶比较大。

精小叶之间的组织叫间介组织。间介组织含有间质细胞，这种细胞体积较大，有一个嗜酸性的、体积较大的细胞核。间质细胞能分泌雄性激素，多数鱼类没有间质细胞，分泌雄性激素的功能由小叶边界细胞来完成。

一个精巢内精小叶大小不同，横切时断面呈圆形，又称精细管。不同鱼类精小叶的排列也不相同。在鲈形目，精小叶的排列呈规则的辐射状，称**辐射型精巢**。有的鱼类，如鲤科、鲑科鱼类精小叶排列不规则，这种精巢称**壶腹型精巢**。在精小叶的管腔内，有许多包囊，亦称精小囊。精原细胞在此处分裂发育，直至形成成熟的精子。精原细胞要经过初级精母细胞、次级精母细胞和精子细胞阶段才能发育成精子。

输精管：软骨鱼输尿管兼有输精管作用，后部膨大形成储精囊，分别与尿殖窦相通，经尿殖乳头末端开口泄殖腔，精子通过鳍脚上的沟进入雌性生殖导管。硬骨鱼输精管为精巢外膜向后延伸而成，与肾脏无联系，两侧输精管在后段联合，生殖孔开口于肛孔和泌尿孔之间。

（2）精巢与精子的发育　精巢内的生殖细胞在不同的发育阶段，其形态和大小各有差异，根据其发育阶段的不同，可将精巢内的生殖细胞分为以下几种类型：

精原细胞：是精巢中最原始的生殖细胞，体积较大。精原细胞是在胚胎过程中由中胚层间充质细胞分化形成。

初级精母细胞：这种生殖细胞由精原细胞分裂形成，其体积较精原细胞小，其细胞核较大，具有核分裂象。

次级精母细胞：细胞由初级精母细胞经减数分裂形成。其细胞体积比初级精母细胞小，其染色体数比初级精母细胞减少一半，为单倍体。

精子细胞：细胞无明显的胞质，含有强嗜碱性的胞核，其细胞体积更小，由次级精母细胞经第二次减数分裂形成。

精子：为精巢中最小的一种生殖细胞，由精子细胞转化而来。鱼类精子分头、颈、尾三部分。

根据外部形态与组织结构特点，将鲢精巢发育分为以下几个时期：

①Ⅰ期精巢：细线状，贴在腹腔壁上，不能分辨雌雄。精巢内主要为分散的精原细胞。②Ⅱ期精巢：细线状，浅灰色，血管不明显。精巢内精小叶无腔隙。小叶间有结缔组织。精原细胞的数量明显增多。③Ⅲ期精巢：性腺呈圆柱状，血管发达，粉红色。精巢内精小叶出现空腔，初级精母细胞单层或多层排列。④Ⅳ期精巢：乳白色，表面血管可辨。挤压腹部有白色精液流出。精小叶由初级精母细胞、次级精母细胞、精子细胞和精子组成。⑤Ⅴ期精巢：轻压腹部，就会有大量精液流出。精小叶的空腔扩大，腔中充满成熟精子，小叶壁有少量发育早期的细胞。⑥Ⅵ 期精巢：体积缩小，呈淡红色。精巢内的大部分精子已排出，小叶中留有少量精子。小叶壁有少量精原细胞和精母细胞。

（二）软骨鱼类雌性、雄性生殖腺的位置、形态结构及特点

1. 软骨鱼类雌性和雄性生殖腺的位置和形态　一般都位于鱼体腹腔，由系膜悬系于腹腔背壁，长串形，生殖腺的形态随卵巢或精巢的发育而变化。多数种类是成对的，有些是单侧发育，另一侧退化。

2. 组织结构　卵巢外覆薄的结缔组织被膜。卵巢外侧有许多滤泡，泡内各有一粒卵子，卵子在此发育成熟落入腹腔，然后进入输卵管，在输卵管内等待受精。受精后，受精卵进入扁平卵圆形的卵壳腺并在此被包上基层膜，即成卵囊。有些物种每一卵囊内仅一粒受精卵，有些可以多达 4～6 粒。卵壳腺后部扩大成子宫，卵胎生和假胎生的种类的胚体在此发育，待胎儿产出后才离开母体。精巢是产生精子的器官。精巢外被薄层结缔组织的被膜，精巢内部由许多生精小叶组成，各期雄性生殖细胞在此发育至成熟并变态为精子，精子经过输精小管、输精管到储精囊，储精囊内精子经过雄性鱼的鳍脚背方沟输至雌体内的输卵管中，与卵子完成受精作用。

二、虾生殖腺的形态结构与发育

（一）对虾雌性生殖腺的形态结构与发育

1. 形态结构　包括卵巢、输卵管和一个在体外的纳精囊。卵巢成对，位于身体背面，分前叶、侧叶和后叶，前叶自幽门胃背面延伸至贲门胃的前方，中叶分为 6 小叶充塞于心脏、肝胰腺之间，后叶沿肠的背面延伸至腹部第 6 节末端。输卵管自第 5 侧叶的前侧角伸出。纳精囊位于第四、第五步足之间。

对虾的卵巢外被一层结缔组织薄膜，内由许多卵室及中央卵管组成。

2. 卵巢及卵细胞的发育

（1）*卵巢发育*　对虾卵巢的发育有明显的体积与色泽变化。其体积逐渐增大，颜色由浅入深，可以分为发育前期、发育早期、发育期、将成熟期、成熟期与枯竭期六个时期。

①**发育前期**的卵巢处于增殖期，体积很小，无色透明，肉眼观察不到。交配前后属该发育时期。②**发育早期**的卵巢体积开始增大，半透明，白浊至淡灰色。③**发育期**的卵巢体积明显增大，呈淡黄色至黄绿色。④**将成熟期**的卵巢基本达到最大，呈灰绿色至绿色。⑤**成熟期**的卵巢达到最大丰满度，开始产卵。⑥**枯竭期**的卵巢属于产后卵巢，体积萎缩、变小，呈土黄色或灰白略带黄色。

（2）*卵细胞发育*　依据发生过程中的形态结构特征，卵细胞的发育大致分为 5 个阶段，以时相表达。①第Ⅰ时相为卵原细胞。细胞形态不规则，核大而圆，核仁 1～2 个，胞质嗜碱性。②第Ⅱ时相为卵黄发生前的初级卵母细胞（小生长期）。细胞为不等的多边形，核大

而圆，核仁多个，沿核内膜分布。胞质嗜碱性。卵母细胞周围有一层矮立方形的滤泡细胞分布。③第Ⅲ时相为开始出现卵黄的初级卵母细胞（大生长期）。胞质增多，卵黄开始积累，嗜酸性增强。卵细胞皮层中出现一层液泡状的皮层颗粒，又称周边体，卵细胞外滤泡细胞呈扁平状。④第Ⅳ时相初级卵母细胞的体积已基本长足。同时在卵子的皮层出现球状、椭球状的周边体。后期周边体增长，呈长棒状辐射排列于卵子的皮层。核膜、核仁开始溶解。卵表面的滤泡细胞仅呈一薄膜状。⑤第Ⅴ时相为完全成熟的卵子。其核相处于第一次成熟分裂中期，核膜、核仁完全消失。周边体仍辐射排列于卵子皮层。此时卵子已离开滤泡膜进入到卵巢腔或体腔，等待产出。

（二）对虾雄性生殖腺的位置与形态结构

包括精巢、贮精囊、输精管、精荚囊。精巢一对，位于头胸部内心脏下方，肝胰腺上方。成熟时，精巢呈半透明乳白色，叶片状。精巢各分 9 个细长叶，左右精巢在第 2 叶基部愈合，前两叶精巢短小，其余 7 叶较长大。输精管分为前、中、后 3 段，前段与精巢相连，中段粗且具分泌管，后段细。输精管在第 5 步足基部膨大成桃形精荚囊。

精巢外被结缔组织薄膜，精巢内部由结缔组织围成的许多弯曲的盲管构成。盲管内侧是生殖细胞的生发区。随着发育，精原细胞分裂增殖，分化为初级精母细胞、次级精母细胞、精子细胞及精子。

输精管由各叶精巢基端伸出的多支细管汇合而成。管壁外壁为结缔组织，内层为单层上皮。输精管两端细小，中间粗大，后者管腔上皮具有分泌作用。当精子进入中段输精管时与该处的分泌物混合形成精荚并贮存于与输精管末端相连接贮精囊内。

三、中华绒螯蟹生殖腺的形态、结构与发育

中华绒螯蟹生殖腺位于头胸部背甲下面，雌雄异体。雄蟹用交接器贴附在雌蟹的生殖孔突起上进行输精。成熟雌蟹卵巢呈酱紫色或豆沙色，非常发达。精巢乳白色，位于胃的两侧。性腺的发育有明显的季节变化。

卵细胞的发育大致可分为五个时期：①卵原细胞期：卵原细胞由有丝分裂向初级卵母细胞转变，核大而圆，核仁分散，呈小颗粒状，胞质少而透明。②初级卵母细胞小生长期：细胞增大，呈圆形或卵圆形，核膨大成生长泡，内含灯刷染色体，胞质开始增多，但还基本没有卵黄积累。③初级卵母细胞大生长期：细胞卵圆形，核为圆形或卵圆形的生长泡，体积增大，内含灯刷染色体，卵黄积累增多，核质比下降。④成熟前期：为卵母细胞发育晚期，体积更大，卵黄颗粒增多，胞核不规则，灯刷染色体消失。⑤成熟期：细胞近圆形，达到最大体积，直径为 350～380μm，卵黄颗粒大，生长泡因为破裂而消失。

精子的发育也可分为五个时期：精原细胞期、精母细胞期、精细胞期、精子期和休止期。

四、贝生殖腺的形态、结构与发育

软体动物的种类繁多，多数为雌雄异体，少数为雌雄同体，有的还存在性逆转现象。因此，它们生殖腺的位置和形态变化很大。

（一）生殖腺的结构

以瓣鳃类为例。生殖腺一般位于内脏团的表面，或在外套膜上发育成熟。在生殖季节，

贝类的精巢通常呈乳白色，卵巢呈橘黄色。

生殖腺一般由滤泡、生殖管和生殖输送管三部分构成。**滤泡**是形成生殖细胞的主要部分，由生殖管分支末端膨大而形成的，呈囊泡状。滤泡壁由生殖上皮组织构成，原生殖细胞在此发育成精母细胞或卵母细胞，最后发育成精子或卵子。在生殖腺成熟季节，生殖管在内脏囊周围和外套膜以及上唇基部都可以看到，形似叶脉，它也是形成生殖细胞的主要部分，密布在网状结缔组织之间，并与滤泡相连接。生殖输送管系由许多生殖管汇集而成的较大导管，管内壁纤毛丛生，缺乏生殖上皮，管外围有结缔组织和肌肉纤维。生殖输送管开孔在后闭壳肌的下方和内鳃基部，有输送成熟生殖细胞的功能。

（二）生殖腺与生殖细胞的发育

1. 生殖细胞的发育　以扇贝为例，卵细胞的发育经过：①卵原细胞的个体最小，往往成群分布。胞核大，胞质较少，HE 被染成蓝紫色。②小生长期初级卵母细胞的细胞个体大小不一。胞核较大，核仁明显。胞质增多，嗜碱性，染为蓝紫色，无卵黄积累。③大生长期卵母细胞的细胞个体最大，突向滤泡腔内。由于卵黄的积累，胞质嗜酸性，染为粉红色。此时的胞核较大，染色质少，呈透明的空泡状，核仁明显，称为生发泡（胚泡）。④成熟卵子呈梨形或圆球形，胞质嗜酸性，开始脱离滤泡壁进入滤泡腔中等待产出，此时卵细胞处于第一次减数分裂的中期。

精细胞在滤泡壁上发育成熟。在滤泡壁上有不同发育期的生殖细胞，分别是精原细胞、初级精母细胞、次级精母细胞、精子细胞及成熟精子。成熟精子以头部向壁，尾部朝向腔，大量的精子尾部鞭毛汇聚成束，被染为粉红色。

2. 生殖腺的发育　以贻贝为例，性腺发育经过以下四个时期：①Ⅰ期（性腺形成期）：此时外形上难以辨别雌雄，性原细胞发达，滤泡很少。②Ⅱ期（性分化期）：精母细胞或卵母细胞数量增多。③Ⅲ期（产卵期）：外套膜透明，生殖管和滤泡明显，较成熟的个体可以挤出精子和卵子。④Ⅳ期（耗尽期）：精子和卵子排出，滤泡空虚，性腺开始退化。

五、刺参生殖腺的形态、结构与发育

刺参为雌雄异体，外形较难区分。生殖腺只有一个，由许多树枝状细管所构成，生于背系膜中，向前有一条总管，称生殖管，开口于体前端的背面，触手的基部。

刺参的生殖周期为 1 年。从 9 月末开始，即放出期结束后转入休止期，此期持续到 11 月末，生殖腺细小难以看到。从 12 月开始，生殖腺进入增殖期。4 月中旬开始进入生长期，但肉眼难以辨别雌雄。6 月起，肉眼可辨雌雄，大部分进入成熟期。8 月到达肥大饱满期，进行排卵。

黄海北部刺参生殖腺的发育可分为四期：0 期，生殖腺细小或难以见到；Ⅰ期，肉眼可见，但难分性别；Ⅱ期，可辨雌雄，生殖细胞颗粒较小，均匀分布在生殖腺内；Ⅲ期，生殖细胞充满于整个生殖腺内，十分饱满，分支肥大。刺破生殖腺管壁，精、卵可溢出。

六、蛙生殖腺的形态与结构

雌蛙具一对多叶的囊状卵巢。成熟的卵子落入体腔，进入输卵管（一对）前端的喇叭口，再经输卵管至泄殖腔，由泄殖孔排出体外。输卵管的末端膨大部分称子宫，能分泌胶质卵膜包在卵外，有保护卵的作用。在雌雄生殖腺的前方，均有一簇黄色指状的脂肪体，内含大量脂肪以供生殖细胞的营养。脂肪体的大小与生殖季节有关。

雄蛙生殖腺是位于肾脏腹面的一对卵圆形的精巢。成熟的精子经由若干输精小管通入肾脏前部，再通过输尿管，开口于泄殖腔。因此输尿管兼有输精的作用。雄性的输尿管在进入泄殖腔之前，膨大成贮精囊，用以贮存精子。

七、鳖生殖腺的形态与结构

雌鳖卵巢一对，位于腹腔后部，形状不规则，随季节不同有较大变化，一般为橙黄色粒状物。产卵期，有时在卵巢内可见成熟的卵。输卵管一对，为盘曲于卵巢两侧的白色扁平管，前端粘连于肠系膜，有漏斗状的喇叭口。输卵管不同部位功能不同，有蛋白分泌部和分泌石灰质的壳腺部。其后段为子宫及阴道，后端开口泄殖腔后部的侧面。

雄鳖精巢一对，卵圆形，黄色，与肾相并列，精巢上方有附睾。附睾属中肾残余部分，由精巢发出的许多细小的输精管弯曲而成。

输精管　由附睾通出，向后通向阴茎基部。盘旋的输精管通泄殖腔背面。

鳖成熟的精巢由生精小管组成，生精小管一侧为管壁上皮，另一侧为生发区。各个生精小管中生殖细胞发育基本同步，生精小管内生殖细胞的成熟方式由近基膜处向管腔推进，依次是精原细胞、初级精母细胞、次级精母细胞、精子细胞和精子，最终进入输精小管。

卵原细胞期的卵巢内有大量的通过有丝分裂形成的卵原细胞。1 龄鳖的卵巢发育至初级卵泡期，卵原细胞的周围包被滤泡细胞，内有空泡，卵核被挤压至细胞边缘。2 龄、3 龄鳖的卵巢处于生长卵泡期，卵核重返细胞中央，核仁多个，出现灯刷染色体，卵黄自卵周开始沉积并逐渐向中央发展。3 龄末的卵巢内可见到成熟卵泡，卵巢切片可观察到卵原细胞、初级卵泡、生长卵泡，卵核偏至动物极。4 龄鳖的卵巢发育至成熟卵泡期，卵核定位于动物极，卵径达到最大。

第九单元　心血管系统

第一节 概 述

基本结构与功能

脉管系亦称循环系，分为心血管系和淋巴系。心血管系由心、动脉、毛细血管和静脉构成。心脏是血液循环的动力器官。动脉是将血液由心脏运输到全身各部的血管。静脉是将血液由全身各部运输到心脏的血管。毛细血管是血液与组织液进行物质交换的场所。

第二节 心脏与血管

心脏是血液循环的动力器官，呈倒圆锥形，具有较厚的肌肉质壁，内有空腔，产生有节律的收缩，使血液在血管中循环流动。位于体腔前部、消化管腹侧，有一个围心腔或心包腔，由围心腔所包被，心脏即位于此腔内。

一、鱼类心脏的结构

位于围心腔内，在腹腔的前方，鳃弓的后方腹侧。围心腔与腹腔有结缔组织隔膜相隔。鱼类的心脏较小，约占体重的1%。由静脉窦、心房和心室三部分组成。

(1) 静脉窦　位于心脏的后背侧，由两条总主静脉和肝静脉通入。壁薄。

(2) 心房（心耳）　位于静脉窦前方，两者间有一孔相通，该孔叫窦房孔，有瓣膜防止血液倒流。

(3) 心室　位于心房前方，房室孔处有瓣膜，心室壁肌肉层厚。

软骨鱼类心室前方有动脉圆锥，为心室的一部分，有搏动能力。硬骨鱼类心室前方有动脉球，为腹大动脉基部膨大而成，无搏动能力。

二、蛙类心脏的结构

幼体为一心房、一心室；成体为两心房、一心室，静脉窦和动脉圆锥仍存在。不完全的双循环，心室内并未严格区分来自左右心房的多氧血和少氧血。

(1) 心脏　心脏位于体腔前端胸骨背面，被包在围心腔内。

(2) 心房　为心脏前部的两个薄壁有皱襞的囊状体，左右各一。

(3) 心室　一个，连于心房之后的厚壁部分，圆锥形，心室尖向后。在两心房和心室交界处有明显的冠状沟，紧贴冠状沟有黄色脂肪体。

(4) 动脉圆锥　由心室腹面右上方发出的一条较粗的肌质管，色淡。其后端稍膨大，与心室相通。其前端分为两支，即左右动脉干。

(5) 静脉窦　在心脏背面，为一暗红色三角形的薄壁囊。其左右两个前角分别连接左右前大静脉，后角连接后大静脉。静脉窦开口于右心房。在静脉窦的前缘左侧，有很细的肺静脉注入左心房。

三、鳖类心脏的结构

心脏背面中央为横置的椭圆形静脉窦，壁薄、退化，部分并入右心房。动脉圆锥消失。

呈倒三角形。心房位于心室前方，已经完全分隔，而心室由一个肌肉质水平隔分隔为背腹腔，另有一个小垂直隔把背腔分成左右部分，因而心室被分成三个亚腔，即腹部的肺腔和背部的动脉腔、静脉腔，动脉腔和静脉腔之间有室间沟相连接。三个腔在解剖上是相连的。肺腔与肺动脉相通，静脉腔接受右心房血液，动脉腔接受左心房血液。左右体动脉弓开口在静脉腔。

四、血管的类型与结构

脊椎动物的血管分为三大类，即毛细血管、静脉和动脉。

1. 毛细血管　是机体分布最广、直径最小的血管。一般可容纳 1～2 个红细胞并行通过。毛细血管的结构最为简单，主要由一层内皮细胞构成。内皮的外面有一层很薄的基膜，基膜外附有薄层结缔组织。在某些器官，如肝、脾脏及内分泌腺中的毛细血管，往往扩大成窦状隙，或称血窦。它的形状和管径很不规则，由于管腔较大，可容纳较多的血液。

2. 动脉　动脉是输导血液离开心脏的血管。一般可分为大、中、小三种。动脉管壁一般可分为内膜、中膜和外膜三层结构。各层结构，因动脉管的粗细和管壁厚薄的不同而有差异。三层结构间界限分明。

3. 静脉　静脉是汇集毛细血管的血液并把它输送回心脏的血管。静脉也分成大、中、小三种，结构也分为内膜、中膜和外膜三层。但三层结构膜的分界不明显。此外，为防止血液倒流，中静脉和大静脉的内膜向官腔突出，形成半月形的瓣膜。所有动脉、静脉的内膜最内层均由内皮构成。

第三节　鳃循环

腹大动脉、鳃动脉、前主静脉、后主静脉

鱼类的血液循环为单循环（即鳃循环），血液在体内只有一条循环路线。血液从心脏压出经鳃完成气体交换，进入背大动脉，送至身体各处，离开器官组织的少氧血沿静脉管回流到心脏。

1. 动脉球　位于心室前，为腹大动脉基部膨大部分，白色，壁厚。圆锥形。

2. 腹大动脉　自动脉球向前发出的一条粗大血管，位于左右鳃腹面中央。

3. 入鳃动脉　由腹大动脉两侧分出的成对分支，共四对，分别进入鳃弓。

4. 出鳃动脉　与入鳃动脉相对应，在副蝶骨、前耳骨及外枕骨底叶可看到。

5. 背大动脉　位于体腔背壁，向前到头面部，向后发出各级动脉至内脏、体壁等处。

6. 静脉　大多数静脉都与动脉伴行分布。肝门静脉发达。

第四节　肺循环

蛙类和鳖类等的血液循环为双循环。从肺皮动脉流入肺脏的血液，由肺静脉流入心脏的左心房再入心室，这叫肺循环。由于两栖类的心室没有分隔成两室，心室中的血液有混合现象，因此，肺循环和体循环还不能完全分开，所以称之为不完全的双循环。

一、肺动脉

最内一对近心脏的动脉，由动脉总干分出左右各向背面外侧斜行，以后便分成两支，分别通入肺及皮肤中，入肺的称肺动脉，入皮肤的称皮动脉。

二、肺静脉

一对，由肺部带回净化血，左右两支汇合后通入左心房。

第五节　体循环

蛙类和鳖类等的血液循环为双循环。静脉血（缺氧血）经静脉窦到右心房，再到心室；肺静脉来的多氧血经左心房也进入心室。心室收缩，血液进入动脉圆锥，通过颈总动脉和体动脉弓至身体各部器官，静脉血经前、后腔静脉通至静脉窦，再入右心房至心室，这个循环过程叫体循环。

一、主动脉及其主要分支动脉

蛙的主动脉　由动脉圆锥通出一条短而粗的动脉总干，它向心脏前方分成 2 支，左右对称，每支各分支成 3 条动脉，前面一条是颈动脉，中间一条是体动脉，最后面一条是肺皮动脉。

（1）颈动脉　最前侧的一对，向前扩大成腺体，随后又分成 2 支：颈外动脉，较细，在内侧（输送血液到舌及下颌）；颈内动脉，较粗，在外侧（输送血液到上颌和脑部）。

（2）体动脉　为中间一对动脉，刚从动脉总干分出，前行不远就折向背壁，顺着背面体壁后行（在前肢基部处分出一对锁骨下动脉，分布到前肢），两条体动脉再往后约在第六脊椎骨的腹面、肾的前端合成一条背大动脉。继续向后行，就在两体动脉汇合点的部位，分出一支腹腔系膜动脉，分布到肠、胃、肝等消化器官，分别称为肠动脉、胃动脉、肝动脉。

（3）枕椎动脉　起始于体动脉的背部，不远即分成前后 2 支，一支为枕动脉，另一支向后的为椎动脉。

（4）锁骨下动脉　体动脉在近前肢基部处左右各分出一支粗大的动脉，分布到前肢。

（5）腹腔系膜动脉　在两体动脉会合点，分出一粗短的动脉，分布到肠、胃、肝等消化器官。

（6）肾动脉（尿殖动脉）　向后从背大动脉腹面分出 4～6 对进入肾、生殖腺、脂肪体等的血管。

（7）腰动脉　从背大动脉背面分出数对细小血管，分布到体腔的背壁。

（8）直肠动脉　单支细小的血管，从背大动脉的末端分出，分布到直肠的后部。

（9）髂动脉　背大动脉在尾杆骨中部分成两大支髂动脉进入后肢，在后肢又分为股动脉（分布到大腿上部的肌肉和皮肤）和臀动脉（分布到臀部）。

二、大静脉

1. 前腔静脉　分为左、右前大静脉和后大静脉。

2. 前大静脉　一对，左右对称，分别连接静脉窦前端左右角，带回头部、前肢和皮肤的静脉血，由外颈静脉、无名静脉和锁骨下静脉三对静脉汇合而成。

（1）外颈静脉　位于最前面，接受来自颈部和舌部的静脉血。

（2）无名静脉　在中间的一支，接受来自头部脑颅内颈静脉及上臂肩胛下的静脉血。

（3）锁骨下静脉　位于最后面，接受来自前肢的肱静脉和来自皮肤净化了的皮静脉血液。

3. 后大静脉　正中一根最大的静脉，后端起于两肾之间，向前越过肝背面，一直通入静脉窦后角，由后向前顺序接受生殖静脉、肾静脉和肝静脉等的血液。

（1）肝静脉　收集肝中的静脉血，从肝出来通到后大静脉。

（2）股静脉　送回后肢静脉血，向前分成骨盆静脉和额静脉，两根骨盆静脉在腹部中央汇合成腹大静脉。

（3）肾静脉　由肾通出4～6对静脉即肾静脉，它们合成粗大的后大静脉。

（4）生殖静脉　是由卵巢或精巢发出的2～4对小血管，或先入肾静脉，或直接进入后大静脉。此血管较细，一般不易观察到。

4. 门静脉　可分为肾门静脉和肝门静脉。肾门静脉是两端都连接毛细血管网的静脉。肝门静脉接受由肠、胃等消化器官来的静脉血通入肝内毛细血管，最后会成肝静脉。肾门静脉接受尾部毛细血管来的静脉血通入肾，经过净化的静脉血进入肾静脉。

5. 腹大静脉　由左右后肢静脉分出的骨盆静脉在腹中线处汇合而成。

第十单元　神经系统

第一节　概　述

神经系统由脑、脊髓、神经节和分布于全身的神经组成。神经系统能接受来自体内器官和外界环境的各种刺激，并将刺激转变为神经冲动进行传导，一方面调节机体各器官的生理活动，保持器官之间的平衡和协调；另一方面保证动物体与外界环境之间的平衡和协调一致，以适应环境的变化。因此，神经系统在动物体调节系统中起主导作用。

一、神经的定义

动物体内周围神经系统的神经纤维集合在一起，构成神经，分布到全身各器官和组织。一条神经内可以只含有感觉（传入）神经纤维或运动（传出）神经纤维，但大多数神经是同时含有感觉、运动和植物神经纤维的。在结构上，多数神经含有髓和无髓两种神经纤维。同样，在水生动物体的神经系统里，神经元的神经纤维主要集中在周围神经系统，其中许多神经纤维集结成束，外面包着由结缔组织组成的膜，成为一条神经。把中枢神经系统的兴奋传递给各个器官，或把各个器官的兴奋传递给中枢神经系统的组织。神经由许多神经纤维构成。

二、中枢神经系统和外周神经系统的组成

神经元和神经胶质细胞组成神经组织。神经组织再构成神经系统。神经系统又包含中枢神经系统和周围神经系统两部分。中枢神经系统包括脑和脊髓，周围神经系统指由中枢发出，且受中枢神经支配的神经，包括脑神经、脊神经和自主神经。从脑部出入的神经称**脑神经**；从脊髓出入的神经称**脊神经**；控制心肌、平滑肌和腺体活动的神经称植物性神经。植物性神经又分为交感神经和副交感神经。现将常用术语介绍如下：

1. 神经元　即神经细胞，是一种高度分化的细胞，它是神经系统的结构和功能单位。

2. 突触　一个神经元与另一个神经元相接触的部位叫作突触。突触是神经元之间在功能上发生联系的部位，也是信息传递的关键部位。

3. 神经纤维　神经纤维是中枢神经和外周神经的组成部分，由神经元的突起构成，包括有髓神经纤维和无髓神经纤维。

4. 灰质和皮质　在中枢部，神经元胞体及树突集聚的地方，在新鲜标本上呈灰白色，称为灰质，如脊髓灰质。灰质若在脑表面成层分布，称为皮质，如大脑皮质、小脑皮质。

5. 白质和髓质　白质是泛指神经纤维集聚的地方，大部分神经纤维有髓鞘，呈白色，如脊髓白质。分布在小脑皮质深面的白质特称髓质。

6. 神经核和神经节　在中枢神经内，由功能相似的神经细胞体和树突集聚而成的灰质团块称为神经核。在外周部，神经元的细胞体聚集形成神经节，神经节可分为感觉神经节和自主神经节。

7. 神经和神经纤维束　起止行程和功能基本相同的神经纤维聚集成束，在中枢称神经纤维束。由脊髓向脑传导感觉冲动的神经束称上行束；由脑传导运动冲动至脊髓的称下行束。神经纤维在外周部聚集形成粗细不等的神经。神经根据冲动的性质分为感觉神经、运动神经和混合神经。

8. 神经末梢　为神经纤维的末端部分，在各种组织器官内形成多种样式的末梢装置。按其功能可分为感觉神经末梢和运动神经末梢两大类。感觉神经末梢能感受内、外环境的各种刺激，故又称感受器，主要有游离神经末梢、触觉小体、环层小体和肌梭。运动神经末梢是中枢发出的传出神经纤维末梢装置，故又称效应器，包括躯体运动神经末梢（如运动终板）和内脏运动神经末梢。

第二节　中枢神经系统

一、脑的构造与功能

脑是神经系统中的高级中枢，位于颅腔内，在枕骨大孔与脊髓相连。脑可分为大（端）

脑、小脑、间脑、中脑和延脑五部分。

1. 鱼脑的结构

（1）端脑　最前方的嗅球经嗅神经与大脑半球相连。大脑中央有不明显的沟将大脑分为左右两部分（大脑半球），大脑半球内有侧脑室，前方与嗅球中的嗅囊相通，后端与间脑第三脑室相通。硬骨鱼类脑室未分左右，为公共脑室。端脑侧壁和底壁增厚叫纹状体。端脑背壁很薄（除软骨鱼类和肺鱼类外）不含脑神经细胞，由上皮构成叫古脑皮。

（2）间脑　位于端脑后方凹陷处，很小，与端脑无明显界限，被中脑嗅叶遮盖。背部中央向前突出形成细长的松果体，间脑内部有第三脑室。间脑分为上丘脑、丘脑、下丘脑三部分。拉特克囊形成垂体前叶（腺垂体）；第三脑室腹壁形成漏斗体，其远端形成垂体后叶（神经垂体）；两者构成脑下垂体，具有内分泌功能。

（3）中脑　位于间脑后方背面一对球状突起，背面称视叶，腹面称被盖，球内空腔呈 T 形与中央导水管相通。该腔前接第三脑室，后接第四脑室。视神经末梢到达中脑顶部；嗅神经、听神经束进入中脑。鱼类的中脑相当于哺乳类的大脑，为高级中枢。

（4）小脑　位于中脑后背方，椭圆形；表面有纵沟、横纹，内有小脑室与中脑导水管、第四脑室相通。许多传入神经和传出神经连接小脑、感觉器官及肌肉效应系统。小脑与内耳、侧线联系；与肌肉联系；为协调身体活动的中枢。

（5）延脑　位于脑的最后部，呈三角形。与小脑无明显界限。延脑内有第四脑室。两侧有一对绳状体与内耳和侧线有联系；背面为脉络丛。延脑后面为脊髓，两者无明显界限。

脑的形态与鱼的生活习性有关：中上层鱼类的视叶发达，纹状体不发达，小脑大或侧叶发达，延脑不分化。如蓝圆鲹、鳙、鲐、带鱼。底栖鱼类纹状体发达，有的大脑有沟纹，小脑小，延脑发达、分化，感觉器官发达，如鳅、黄颡鱼。

2. 蛙脑的结构

（1）大脑　分为左右两个半球，顶部和侧部出现了零散的神经细胞，称原脑皮，其功能与嗅觉有关；左右大脑半球内的空隙分称第一、第二脑室。

（2）间脑　小，内腔为第三脑室。

（3）中脑　是神经系统的最高中枢，背部分化为两个视叶，内腔称中脑导水管，前后端分别连接第三、第四脑室。

（4）小脑　呈带状，不发达，与两栖类运动较简单有关。

（5）延脑　为脑的最后部，内腔为第四脑室，延脑与许多生理活动有关，称活命中枢。

3. 鳖脑的结构

（1）大脑　大脑半球的纹状体体积增大，向后遮盖间脑。大脑壁在原脑皮和古脑皮间有椎状细胞出现，聚集成神经细胞层构成新脑皮。接受丘脑、纹状体的投射纤维。产生新纹状体，与旧纹状体构成基底核，接受更多来自视丘的纤维，并有纤维回到脑干。

（2）间脑　丘脑发达，视神经纤维不仅投射到中脑，也投射到丘脑，通向大脑，视叶有少数纤维经丘脑达于大脑，促进低级中枢的神经功能向大脑过渡。在脑的背面只能见到脑上腺和松果体，具有调节昼夜节律的作用。

（3）中脑　变化较小，一对圆形视叶仍为高级神经中枢。

（4）小脑 发达，且水生种类比陆生种类发达，向后覆盖延脑菱形窝前部。

二、脊髓的构造与功能

1. 位置和形态 脊髓位于椎管内，呈上下略扁的圆柱形。前端在枕骨大孔处与延髓相连；后端到达荐骨中部，逐渐变细呈圆锥形，称脊髓圆锥。脊髓末端有一根细长的终丝。脊髓各段粗细不一，在颈后部和胸前部较粗，称颈膨大；在腰荐部也较粗，称腰膨大，为四肢神经发出的部位。

2. 结构特点 脊髓中部为灰质，周围为白质，灰质中央有一纵贯脊髓的中央管。

（1）灰质 主要由神经元的胞体构成，横断面呈蝶形，有一对背侧角（柱）和一对腹侧角（柱）。背侧角和腹侧角之间为灰质联合。在脊髓的胸段和腰前段腹侧柱基部的外侧，还有稍隆起的外侧角（柱）。腹侧柱内有运动神经元的胞体，支配骨骼肌纤维。外侧柱内有自主神经节前神经元的胞体，背侧柱内含有各种类型的中间神经元的胞体，这些中间神经元接受脊神经节内的感觉神经元的冲动，传导至运动神经元或下一个中间神经元。

（2）白质 被灰质柱分为左、右对称的三对索。背侧索位于背正中沟与背侧柱之间，腹侧索位于腹侧柱与腹正中裂之间，外侧索位于背侧柱与腹侧柱之间。背侧索内的纤维是由脊神经节内的感觉神经元的中枢突构成的。外侧索和腹侧索均由来自背侧柱的中间神经元的轴突（上行纤维束）以及来自大脑和脑干的中间神经元的轴突（下行纤维束）所组成。

3. 脊膜 脊髓外周包有三层结缔组织膜，由外向内依次为脊硬膜、脊蛛网膜和脊软膜。

（1）脊硬膜 为厚而坚实的结缔组织膜。脊硬膜和椎管之间为硬膜外腔。

（2）脊蛛网膜 较薄，位于脊硬膜与脊软膜之间。在硬膜与蛛网膜之间为硬膜下腔，向前与脑硬膜下腔相通。在脊蛛网膜与脊软膜之间为蛛网膜下腔，内含脑脊液。

（3）脊软膜 薄而富有血管，紧贴于脊髓的表面。

蛙的脊髓末端终止于尾杆骨前方。某些硬骨鱼类，脊髓的长度甚至比脑还短。鱼类的脊髓全长的直径基本一致，而多数陆生四足类，脊髓在颈部和胸、腰交界处有两个膨大，分别称颈膨大和腰膨大。颈膨大和腰膨大分别是前后肢脊髓反射的中枢，在这里集聚着大量的神经细胞体。膨大处也是臂神经丛和腰神经丛分出的部位。

第三节 外周神经系统

一、脑神经

鱼类和蛙类 10 对，鳖类 12 对。

1. 嗅神经 感觉神经，神经元在嗅黏膜，终止于嗅叶或大脑。

2. 视神经 感觉神经，神经元在视网膜，终止于中脑。

3. 动眼神经 运动神经，中脑腹面发出，分布于眼球上直肌、下直肌、内直肌、下斜肌。

4. 滑车神经 中脑侧、背面发出，分布于眼球上斜肌。

5. 三叉神经 延脑前侧面发出，深眼支分布于嗅黏膜、吻皮下。浅眼支分布于头顶、吻端皮肤。上颌支分布于上颌、眼球周围、鼻部。下颌支分布于口角、下颌（运动神经），头部皮肤、唇、颌（感觉神经）。

6. 外展神经　延脑腹面发出，分布于眼球外直肌。

7. 面神经　延脑侧面发出，浅眼支与三叉神经浅眼支合并分布于吻背侧。口部支主支分布于上颌，细支分布于头顶。舌颌支分布于前鳃盖骨、间鳃盖骨、下鳃盖骨、舌弓、下颌（运动神经）、皮肤、触须、舌部、咽鳃（感觉神经）。

8. 听神经　延脑侧面发出，分布于内耳、半规管、壶腹、椭圆囊、球状囊，感知听觉和平衡觉。

9. 舌咽神经　延脑侧面发出，鳃裂前支分布于口盖、咽部。鳃裂后支分布于头背皮肤、侧线。腹支分布于第一鳃弓前半鳃、鳃耙、鳃弓黏膜（运动、感觉混合神经）。

10. 迷走神经　延脑腹面发出，鳃支分布于1～4鳃弓、鳃裂。心脏支分布于心脏，内脏支分布于腹腔器官。侧线支分布于侧线。鳃盖支分布于鳃盖内缘收肌、鳃盖膜、口腔黏膜、肩带。

鳖还具以下两对脑神经：

11. 脊副神经　运动神经，分布在咽、喉、肩部肌肉。

12. 舌下神经　运动神经，分布在颈部、舌部肌肉。

二、脊神经

脊神经分节排列，每节有一对左右对称的脊神经。

每条脊神经包括：背根连在脊髓背面，内含感觉神经纤维，来自皮肤、内脏，经脊神经节入脊髓。腹根连在脊髓腹面，内含运动神经纤维，分布至肌肉、腺体。

背根与腹根合并成脊神经出椎孔，分为三支：背支分布于身体背部肌肉、皮肤（躯体运动、感觉神经）。腹支分布于身体腹部肌肉、皮肤（躯体运动、感觉神经）。内脏支分布于胃、肠等内脏（内脏运动、感觉神经）。

脊神经在肌节上分布有重叠现象，每肌节可受几个腹根支配，每个腹根可支配几个肌节。脊神经在附肢的相应部位形成神经丛。

第四节　植物性神经系统

组　成

在神经系统中，分布到内脏器官、血管和皮肤的平滑肌以及心肌、腺体等的神经，称为内脏神经。其中的传出神经称为自主神经或植物性神经，由中枢神经系统发出，到达支配器官前必须先通过神经节换神经元。

植物性神经的特点：①躯体运动神经支配骨骼肌，而植物性神经支配平滑肌、心肌和腺体。②躯体运动神经神经元的胞体存在于脑和脊髓，神经冲动由中枢传至效应器只需一个神经元；而植物性神经神经元的胞体部分存在于脑、延髓和胸腰段脊髓，部分存在于外周神经系的植物性神经节，神经冲动由中枢部传至效应器需通过两个神经元。③躯体运动神经由脑干和脊髓全长的每个节段向两侧对称地发出；植物性神经由脑干及第Ⅰ胸椎至第Ⅲ、Ⅳ腰椎段脊髓外侧柱和荐部脊髓发出。④躯体运动神经纤维一般为粗的有髓纤维，且通常以神经干的形式分布；植物性神经的节前纤维为细的有髓纤维，节后纤维为细的无髓纤维，常形成神经丛，再由神经丛发出分支分布于效应器。⑤躯体运动神经一般都受意识支配；植物性神经在一定程度上不受意识的直接控制，具有相对的自主性。

植物性神经根据形态和功能的不同，分交感神经和副交感神经两部分。

交感神经节前神经元的胞体位于胸腰段脊髓的外侧柱，又称**胸腰系统**。自脊髓发出的节前神经纤维经白交通支到达交感神经干。交感神经干位于脊柱两侧，自颈前端伸延到尾根的一对神经干，干上有一系列的椎神经节。交感神经干有交通支与脑脊神经相连。自交感神经干发出的节后神经纤维经灰交通支进入脑脊神经，并随之分布于躯体的血管和腺体。交感神经干有内脏支分布于内脏。内脏支在动脉周围和器官内外构成神经丛，丛内有神经节。内脏支有的含有节后神经纤维（神经元的胞体在交感干），有的主要含有节前神经纤维。内脏支的节前神经纤维大都在椎下神经节内更换神经元，即与该神经节内的节后神经元形成突触。由该神经节发出的节后神经纤维直接分布于平滑肌或腺体。但也有少数节前纤维在椎下神经节内不换神经元，直接伸到器官附近的终末神经节，与那里的节后神经元形成突触。交感神经干按部位可分颈部、胸部、腰部和荐尾部。

交感神经与副交感神经的比较：交感神经和副交感神经在发出部位、神经节所在位置、节后纤维的长度和功能方面存在不同（表 2-1）。

表 2-1　交感神经和副交感神经的比较

项目	交感神经	副交感神经
发出部位	脊髓的胸腰段	中脑、延脑、脊髓的荐段
神经节	椎旁神经节在交感神经干上，椎前神经节在腹腔内	副交感神经节埋在所支配器官的组织内或在器官附近
节后纤维	长，肉眼可见	很短，肉眼难以见到
功能	交感和副交感神经对同一器官的作用是对立统一的	

第十一单元　内分泌系统

第一节　概　述

内分泌器官的定义及类型

内分泌系统与神经系统及免疫系统相互调节，共同维持机体的正常生理功能，维持内环境稳定，控制生殖等。内分泌系统由内分泌腺和分布于其他器官的内分泌细胞组成。内分泌腺是动物身体内一些无导管的腺体，其结构特点是细胞排列呈索状、团状或围成滤泡状，毛细血管丰富。腺体所产生的分泌物称为激素，激素通过血液循环输送到其作用的器官、组织或细胞处，使之发挥生理作用。

通常，内分泌腺包括脑垂体、甲状腺、甲状旁腺、肾上腺、性腺及胰岛（前已叙述）。鱼类除没有甲状旁腺外，具有其他几种内分泌腺。

第二节　脑 垂 体

脑垂体由一短柄—垂体蒂附着于脑底，与丘脑下部区域相连。各类脊椎动物的脑垂体不仅在构造上基本相同，而且它们的发生过程也相同。本节仅介绍鱼类脑垂体的组织结构。

一、真骨鱼类脑垂体的形态结构

（一）脑垂体的形态

鱼类种类繁多，脑垂体的形态不一，通常把鱼类脑垂体的形态结构归纳为两大类型，一是前后型，如鳗鲡、鲈、角鲨等；二是背腹型，如鲢、鳙、草鱼、鲤、鲫等。

（二）脑垂体的组织结构

脑垂体由腺垂体和神经垂体两部分构成。

1. 腺垂体　腺垂体又分为前腺垂体、中腺垂体和后腺垂体三部分。前腺垂体含有催乳激素分泌细胞和促肾上腺皮质激素分泌细胞。有些鱼类（如金鱼、鳗鲡等）的前腺垂体还含有促甲状腺激素分泌细胞。虽然鱼类并无乳汁，但其催乳激素行使不同的功能，如淡水鱼类中，其激素通过保持鱼体细胞内钠离子而行使渗透压调节的功能。多数鱼类的中腺垂体中含有促甲状腺激素分泌细胞、生长激素分泌细胞和促性腺激素分泌细胞，分别产生和分泌三种类型的激素。后腺垂体产生一种能作用于皮肤黑色素细胞的激素。

2. 神经垂体　神经垂体的主要成分是神经纤维，此外还有神经胶质细胞和垂体细胞。鱼类丘脑下部的神经分泌细胞的神经纤维经垂体背部的漏斗区进入腺垂体，形成神经垂体的中央轴，中央轴中的神经纤维则分别进入到腺垂体的各个部分，但后腺垂体中的神经纤维最多、最集中。因此，在结构上鱼类脑垂体的腺垂体和神经垂体是混合在一起的。神经垂体中含有加压素和催产素。这两种激素是由丘脑下部的某些神经内分泌细胞产生和分泌的，后沿着神经纤维运送到神经垂体中贮藏。

二、脑垂体与下丘脑的联系

脑垂体的腺垂体及神经垂体与下丘脑在结构和功能上有着密切的联系。在结构上，构成脑垂体神经部的神经纤维就来自于下丘脑的某些神经内分泌细胞的突起。在功能上，脑垂体的腺垂体部的各种激素分泌细胞功能由下丘脑中相应神经内分泌细胞的激素来调控。如脑垂体中促甲状腺激素的释放由下丘脑中相应神经内分泌细胞分泌的促甲状腺激素释放激素来调控。

第三节　甲状腺

一、鱼甲状腺的位置

真骨鱼类的甲状腺普遍分布于腹主动脉和第Ⅰ至第Ⅲ鳃动脉周围的鳃区间隙组织里，有的随着鳃动脉进入鳃，甚至发现某些鱼类的甲状腺泡弥散至眼球、肾脏和脾脏某处。板鳃类的甲状腺位于腹大动脉的前端与下颌之间。

二、鱼甲状腺的组织结构

鱼类甲状腺的组织结构与高等动物相似，主要由甲状腺泡构成。甲状腺泡由单层上皮包围而成，此单层腺上皮即为甲状腺细胞，能合成甲状腺激素，分泌入腺泡腔中贮存。甲状腺细胞的高度随甲状腺功能状态的不同或真骨鱼类种类的不同而有变化，有时呈立方形、低立方形或较为扁平状。鱼类甲状腺腺泡间无腺泡旁细胞。

鱼类甲状腺与促进代谢、生长发育、变态、性腺发育及生殖都有密切的关系。

第四节　肾上腺

鱼肾上腺的基本结构

鱼类没有高等脊椎动物所具有的单独肾上腺。哺乳动物的肾上腺由皮质和髓质两部分构成，鱼类肾上腺则由两种不同的组织构成，它们分别称为**肾间组织**和**肾上组织**(或髓质组织)，它们不规则地分布在肾脏及大血管区域。肾间组织相当于哺乳动物的皮质部，肾上组织相当于髓质部。真骨鱼类的肾间组织分为前肾间组织和后肾间组织。

1. 前肾间组织　真骨鱼类的前肾间组织的形状和大小变化很大，多埋藏于头肾淋巴样造血组织之间，包含着皮质和髓质的两种细胞。皮质细胞呈多层排列，且往往围绕在静脉血管壁的周围。髓质的细胞易于被铬或铬盐染色，所以又称为**嗜铬组织**，它的细胞称为嗜铬细胞。有些鱼类（如大麻哈鱼）的两种组织是分开的；有些鱼类（如鲫）则混杂在一起。还有少数种类的两种腺组织愈合在一起，合成为一结实的块状腺体（如杜父鱼、胡子鲇）。

前肾间组织的皮质部细胞分泌类固醇皮质激素，对蛋白质和糖类物质的代谢起作用。嗜铬组织产生的激素为肾上腺素和去甲肾上腺素，对鱼类心跳、瞳孔扩张及黑色素细胞中黑色素的集中等有作用。

2. 后肾间组织　真骨鱼类的后肾间组织通常称为斯坦尼斯小体，呈球形或卵圆形，它的位置在不同种类间有些变化，通常位于肾脏后部中线的背侧。

斯坦尼斯小体外被结缔组织的被膜，结缔组织伸入内部把腺组织分割成许多小叶，小叶间结缔组织再行分支，最终把上皮性细胞围成一个个形状不规则的泡囊。随着功能状态不同，可把泡囊区分为三个时相：生长时相、分泌时相和萎缩时相。斯坦尼斯小体的分泌物对鱼类性腺发育、洄游产卵等功能起调节作用。

第五节　尾垂体

鱼尾垂体的位置与结构

尾垂体是鱼类特有的一种内分泌腺体，它是在尾下骨开始处或最后一尾椎处的脊髓腹面的增厚和膨大部分，这一特殊构造与脑垂体相似，所以称为尾垂体。尾垂体主要由两种神经分泌细胞组成，一为纺锤形或多边形的神经分泌细胞，另一为大神经分泌细胞，其胞体比前者大2～3倍。板鳃类和真骨鱼类都有尾垂体。尾垂体的功能目前尚不十分明确。

第六节　胸　腺

鱼类、两栖类和爬行类胸腺的位置、结构与功能

胸腺为机体的重要淋巴器官。其功能与免疫紧密相关，是T细胞分化、发育、成熟的场所。同时胸腺还具有内分泌机能，能够分泌胸腺激素及激素类物质，属一种内分泌器官。

1. 胸腺的位置　胸腺的位置随动物的种类而有不同。鱼类的胸腺一般位于鳃盖与咽腔交界的背上角处，左右对称分布。但不同鱼类，其胸腺的位置又有差异。如鲢的胸腺位于第4和第5对鳃弓的背方，翼耳骨之下；胡子鲇的胸腺位于辅助呼吸器官的后方；鳜的胸腺在鳃盖骨与背肌的背上角处；虹鳟的胸腺在咽腔上皮下等。两栖类的胸腺成对位于鼓膜的上后方。爬行类的胸腺1对或多对，沿颈动脉分布。

2. 胸腺的组织结构　胸腺表面由结缔组织被膜包裹，结缔组织伸入胸腺实质把胸腺分成许多不完全分隔的小叶。小叶周边为皮质，深部为髓质。皮质不完全包围髓质，相邻小叶髓质彼此衔接。皮质主要由淋巴细胞和上皮性网状细胞构成，胞质中有颗粒及泡状结构。网状细胞间有密集的淋巴细胞。胸腺的淋巴细胞又称为胸腺细胞，在皮质浅层细胞较大，为较原始的淋巴细胞，中层为中等大小的淋巴细胞，深层为小淋巴细胞。从浅层到深层为造血干细胞增殖分化为小淋巴细胞的过程。皮质内还有巨噬细胞，无淋巴小结。髓质中淋巴细胞少而稀疏，上皮性网状细胞多而显著。

3. 胸腺的功能　胸腺是胚胎发生最早的淋巴组织，是在鱼类以上的脊椎动物中所见到的一种咽衍生体，从鳃弓的上角发生。从母层脱离的胸腺，其上皮组织成为腺组织，结缔组织侵入腺组织间隙，富有血管，淋巴细胞球增殖，形成类似淋巴结的状态。

胸腺是免疫机能发生的中枢，在胸腺内分化形成的淋巴细胞总称为T细胞，这种细胞具有免疫机能。淋巴干细胞移行至胸腺内成熟，迁入胸腺的造血干细胞在胸腺微环境诱导下迅速增殖，分化成为原始胸腺淋巴细胞，进一步分化发育成为胸腺幼稚型淋巴细胞，细胞表面出现了特有的抗原物质，但是还没有细胞免疫活性，大多数幼稚型淋巴细胞在皮质内死亡，小部分继续分化成熟，成为胸腺小淋巴细胞，后者由皮质迁入髓质，经血流，再迁移到周围淋巴器官的一定区域（胸腺依赖区）以及其他部位，这些淋巴细胞因此命名为胸腺依赖细胞，简称T淋巴细胞。由于全身淋巴器官和机体免疫都不能缺少T淋巴细胞，因而胸腺也就成了周围淋巴器官正常发育和机体免疫功能所必需的器官。胸腺上皮细胞还分泌小分子多肽类激素，对生长发育具有重要作用。

第十二单元　感觉器官

第一节　侧线系统

侧线的位置、形态与结构

侧线是沟状或管状的皮肤感受器，为鱼类和水生两栖类所特有。胚胎发育时，胚体头部两侧的侧听区加厚，沿一定的线条形式向身体前后延伸，前达头部，后至尾柄，形成一系列侧线感觉器。原始侧线感受器常各个分散排列，后沉入表皮下面，彼此相连成管状，以一个个小孔与外界相通。鱼类侧线鳞片上的小孔为侧线管与外界相通之处。侧线主支分布于躯体两侧，多数鱼类为每侧一条，有的为三条，体侧的侧线受迷走神经侧线支配。头部侧线较复杂，受面神经和舌咽神经支配。

罗伦氏壶腹：也称罗伦氏器，软骨鱼类所特有（鲨吻腹面的许多小孔），个别硬骨鱼也有，如鳗鲇。罗伦氏壶腹位于皮肤内表面，由三部分组成：罗伦瓮，为基部膨大的囊，内有腺细胞和感觉细胞，基部有神经末梢分布，外观稍呈乳白色。罗伦管，为由罗伦瓮通出的管道，内部充满胶质，长短不一，有的分散，有的聚集成群。管孔，为罗伦管在体表的开口。罗伦氏壶腹受第Ⅶ对脑神经支配，反应较侧线慢些，功能是感受水流、水温、水压（缓慢的和时间延长的压力）的变化，也能感受电压（0.01μV/cm）的变化。

第二节　眼

鱼、蛙、鳖眼的形态与结构

（一）鱼眼的形态与结构特点

鱼眼球壁由三层膜组成，即外层（巩膜、角膜），中层［脉络膜（包括银膜、血管膜、色素膜）和虹膜］，内层（视网膜）。

晶体大而圆，由韧带悬挂在虹膜上，适于近视。

眼外有眼肌牵动眼球。多数鱼类无活动眼睑，有些鲨鱼有可动瞬膜向背方移动遮盖眼球。软骨鱼晶状体腹方有一晶体收缩肌，收缩时拉晶体前移适于近视，舒张时晶体远离角膜适于远视。硬骨鱼脉络膜向内突起形成镰状突，前端伸至晶体后下方以韧带与铃状体（平滑肌）相连，铃状体以韧带与晶状体腹后端相连，收缩时将晶状体拉向后方，调节视觉距离不超过15m。来自水面以上物体的光线在与水面垂直线成的角度小于48.8°时，才能射入鱼眼。鱼眼的视觉范围可分为：双眼视区、单眼视区、无视区。

（二）蛙眼的形态与结构特点

青蛙视觉器官和鱼类相似，但眼球的角膜较为突出，水晶体近似于圆球形而稍扁平，晶体与角膜之间的距离比鱼类的眼稍远，因此，比鱼类能看到的物体远。同时水晶体牵引肌能拉牵水晶体向角膜靠近，借以调节聚焦，这一点与鱼类眼中的镰状突将晶体向后方牵拉聚焦正好相反。此外在脉络膜和水晶体之间有辐射状肌肉可控制瞳孔的大小以调节进入眼球的光量。眼的附属结构有眼睑、瞬膜、泪腺、鼻泪管等，后两种是陆生动物为保护角膜不致干燥受伤的构造。蛙类有少许色觉，但不发达，蛙眼对静止的物体或有规律运动的物体反应很弱，但对头前部飞翔的昆虫等反应迅速。

（三）鳖眼的形态与结构特点

眼：眼小，有上下眼睑及位于眼前角的瞬膜。具体为：①眼间隔：两眼间的骨质隔，近隔处有动脉穿过。②瞬膜腺：眼球前方一小腺体，功用不详。③泪腺：在眼球后腹表面，腺体较大，除泪腺可见眼肌和眼球。④棱锥肌：盖在眼球前腹表面的扁平肌肉，它起自眼球连接到眼睑及瞬膜。⑤眼外肌：在眼球外方控制眼球的运动；眼内肌：可调节晶体的焦距；上斜肌：由眼间隔伸到眼球的背表面；上直肌：在上斜肌的后方，并插入眼球中；内直肌：在前两者间的腹面，穿过内直肌有两条神经即滑车和三叉神经的眼支。⑥眼珠：取出眼球，切开背部，在上方可见有白色圆形物体在瞳孔和虹膜之间，即是。眼珠在近网膜处为圆形，近瞳孔处较扁。⑦眼膜：巩膜为眼球的最外层，较坚韧，其前方形成透明的角膜；脉络膜为巩膜内之一深色素层，上有血管分布；网膜在眼球的最内层，司视觉。其上有许多神经纤维在视乳头处集中，形成视神经。⑧视液：在前室和后室之中，在虹膜的两侧及眼珠和角膜之间内含水状液。另在眼珠（即水晶体）后方的大腔中，充满了透明液。⑨睫状肌：位于悬挂晶体的睫状体内，为横纹肌。能移动晶体，并调节改变晶体与角膜距离及晶体的曲度，可使远视的眼变为适于近视。

第三节　耳

鱼、蛙、鳖耳的形态与结构

（一）鱼耳的形态与结构

一对内耳。椭圆囊和球状囊内有感觉上皮叫听斑。结构与听嵴相似但顶短。基部有听神经分布。球状囊内有耳石，板鳃类耳石为石灰质小颗粒，由黏液黏成块状，硬骨鱼耳石由石灰质构成，一般2～3块：星耳石（大）、矢耳石（箭状）、小耳石（小）。耳石与听斑相贴，体位改变时耳石对感受器的压力改变，内淋巴压力改变，兴奋通过听神经传入中枢引起肌肉反射性运动。

半规管：侧半规管对于背腹轴方位的运动有反应，前、后半规管对三个轴方位的运动都有反应。身体倾斜（加速或减速时）内淋巴压迫罗伦瓮，反射地引起体位复正。

听斑能感受声波，声波使内淋巴振荡刺激感觉细胞，兴奋传到中枢。鱼类自身发声频率为26～4 500Hz，鲤形目感受频率为7 000～10 000Hz，非鲤形目感受频率为2 000～3 000Hz。切除球状囊后对100～150Hz及高频声波感受不到，对较低频率声波感觉减弱，只能感觉16Hz的声波。

（二）蛙耳的形态与结构

除内耳外，还有中耳。青蛙耳的构造与鱼类已有不同，除了内耳，还有中耳。内耳构造与鱼类相似，瓶状囊已较为发达。中耳的发生，完全是适应空气中听觉的需要。中耳的鼓膜直接暴露于体表，可以接受空气中声波的能量，经过耳柱骨的递送，将声能传至内耳的卵圆窗。

（三）鳖耳的形态与结构

耳：司听觉。具体构造为：①鼓膜：鳖的口角正后方，有一被皮肤覆盖的圆形膜即是。膜的里面为中耳室，其内耳位于中耳内，由一骨质鞘所包。②耳柱骨：为一细棒状骨，其两端附于鼓膜的后中区和中耳室的内壁上。③听管的开口：在耳柱骨腹下方有一裂口，它通入耳咽管而到口腔中。④内耳：瓶状囊比两栖类明显，为一个由感觉细胞组成的基膜覆盖的基乳突。⑤外耳道：鼓膜下陷形成，加强声波的收集和传导，使听觉更敏锐。敏感音频范围上限提高，鳖类高达 20 000Hz。

第十三单元　胚胎学

第一节　概　　述

胚胎学是研究动物个体发育过程的科学。个体发育过程包括胚前发育、胚胎发育和胚后发育三个阶段。胚胎学研究的主体是前两个阶段。胚前发育是研究两性生殖细胞的发生、发育直至成熟的过程。胚胎发育是研究成熟的两性生殖细胞通过受精作用形成受精卵，然后发育形成新个体的过程。在胚胎发育过程中，要经过受精、卵裂、囊胚、原肠胚、器官发生等过程。胚后发育包括器官的继续发生和功能的完善。此外，有些动物在胚胎发育中还有幼体或幼虫的阶段。

一、生殖细胞与受精作用

多细胞动物通常是由两种细胞组成，即体细胞和生殖细胞。体细胞是维持动物正常生理活动的细胞，而生殖细胞是专门负责传宗接代任务的细胞。生殖细胞也有两性之别。雄性动物的生殖细胞称为**精子**，雌性动物的生殖细胞称为**卵子**。在有性生殖过程中，精子和卵子互相结合形成**受精卵**，受精卵再经过卵裂、囊胚、原肠胚和器官发生等的一系列发育过程生成一个新的个体。

动物生殖方式是从无性生殖向有性生殖进化的。一些低等的动物（如原生动物、海绵和腔肠动物等），在繁殖后代过程中不需要精子和卵子的结合，也就是不需要雌雄个体的共同参与，只需要有一个个体就可以通过分裂、出芽或形成孢子等方式独立产生后代。这种生殖方式称为**无性生殖**。而大多数的动物则需要两性细胞，即产生精子和卵子，两者经过受精形成受精卵，再发育成一个新的个体，这种方式称为**有性生殖**。

生殖细胞是由原始生殖细胞分化而来，原始生殖细胞从特定的胚层演变而来，但各种动物的情况有所不同。海绵和水螅类的原始生殖细胞由外胚层形成；水母类和珊瑚类的原始生殖细胞来自内胚层；而大多数无脊椎动物的原始生殖细胞来自中胚层；多数脊椎动物原始生殖细胞则起源于内胚层，但是有些有尾两栖类和鸟类则起源于中胚层。原始生殖细胞在胚胎内出现后，需要经过一定的迁移路线到一个特定的位置定居下来，这个位置来自中胚层起源的生殖嵴。原始生殖细胞和生殖嵴共同形成生殖腺，即精巢和卵巢。

原始生殖细胞在生殖腺中经过分化成熟，最终形成成熟的精子和卵子，精子和卵子都是一类特化的细胞。

1. 雄性生殖细胞——精子

（1）精子的类型和结构　动物的精子有鞭毛型和非鞭毛型两种。鞭毛型精子由头、颈和尾三部分组成。头部的形态因动物种类而异。大多数硬骨鱼类精子的头部呈圆球形，软骨鱼类精子头部呈螺旋形。头部是激发卵子和传递遗传物质的部分，由顶体和细胞核组成。**顶体**位于最前端，实际上是一个大的溶酶体，在接触卵子的时候释放出透明质酸酶、蛋白酶、酸性磷酸酶等多种酶类，完成一系列复杂的生化反应，促使精子进入卵子。硬骨鱼类精子没有顶体，这些生物的卵子具有精子进入的通道——卵膜孔，使精子从卵膜孔入卵完成受精作用。精子的颈部很短，介于头部和尾部之间，自近端中心粒（前结）开始到远端中心粒（后结）为止。

精子的尾部细长，可分为中段、主段和末段三部分。中段又叫间节，起自后结而止于环状线粒体（端环）。中段是代谢中心，环状线粒体提供了尾部运动的能量。主段最长，由微管和原生质鞘组成，是主要的运动器官，结构与动物的鞭毛类似。末端变得短而细，逐渐失去运动功能。

非鞭毛型精子主要存在于甲壳纲和线虫纲动物。形状各不相同，有圆球形（水蚤），泡状（铠甲虾），辐射形（螯虾），图钉形（米虾、青虾），圆锥形（马蛔虫）和蠕虫形（田螺）等。

（2）精子的发生过程　精子发生全过程是在精巢内进行的，它的发生由原始生殖细胞经过四个时期：增殖期、生长期、成熟期和变态期变成成熟的精子。增殖期是原始生殖细胞经过有丝分裂，产生数量很多的精原细胞，精原细胞核大，染色质分布均匀，着色深。精原细胞不断分裂，到一定数量，不再分裂，进入生长期。生长期细胞吸收营养及转换物质，称为初级精母细胞，染色质开始转变为呈细线状或粗线状的染色体。一个初级精母细胞经过成熟分裂过程形成四个精子细胞：**第一次成熟分裂（减数分裂）**先形成两个次级精母细胞，次级精母细胞体积较初级精母细胞小，存在时间短，**第二次成熟分裂（有丝分裂）**形成精子细胞，体积更小。变态期主要是圆形的精子细胞经过复杂的变化形成精子所特有的复杂结构，为精子发生所特有的时期。

2. 雌性生殖细胞——卵子

（1）卵子的结构　卵子也是一种高度特化的细胞，有特殊的形态和特定的功能。卵子也是由细胞质（卵质）、细胞核（卵核）和细胞膜（卵膜）构成。

卵质主要成分是卵黄，卵黄是一种异质性的颗粒成分，主要含有碳水化合物、脂类和蛋白质等营养成分，不同动物的卵黄成分组成差别很大。

卵核在发育早期膨大成泡状，故又称**胚泡**。卵核一般为球形，但也有分叶的，有的动物卵核比较靠近中间，有的则偏向一极。核仁是卵核的主要成分，所占体积比较大，核仁的激活是保证卵黄蛋白合成的前提。

卵膜除包在卵子的细胞膜外，还包括了卵子外面和细胞膜密切结合的膜状结构。根据卵膜的来源可以分为三种：初级卵膜、次级卵膜和三级卵膜。不是每种动物的卵都具有三层卵膜，有的只有一种或两种。

（2）根据卵黄的多少及分布情况，可将卵子分为四种类型

①均黄卵：卵黄含量少，且均匀分布在卵质中，如海绵类、腔肠动物、蠕形动物、软体动物（双壳类）、棘皮动物、头索动物和哺乳动物的卵。

②端黄卵：卵黄含量多，且呈极性分布，卵黄分布在植物极，与动物极对应；动物极主要分布有卵核等细胞器。如软体动物头足类、软骨鱼类、硬骨鱼类、爬行类、鸟类和卵生哺乳类的卵。

③间黄卵：卵黄含量介于均黄卵和端黄卵之间。卵黄比较集中于植物极，原生质比较集中在动物极，但两极间没有明显的界线。如软体动物的腹足类、环节动物、七鳃鳗、鲟类和两栖类的卵。

④中黄卵：卵黄含量多，且分布在卵子的中央，原生质分布在卵子的表面，如昆虫和甲壳类的卵。

卵子的类型与卵子受精后的卵裂方式、囊胚类型及原肠作用方式等密切相关。

（3）卵子的发生过程　卵子的发生和精子一样也经过增殖期、生长期和成熟期。成熟期也经过成熟分裂，一个卵细胞经过两次成熟分裂产生一个成熟的卵子和二至三个体积很小、不能受精的退化细胞称为**极体**。第一次成熟分裂（减数分裂）产生的极体称第一极体，第一极体可以再次分裂，也可能不再分裂。第二次成熟分裂（有丝分裂）再产生的一个极体称第二极体，还产生一个成熟卵子。

3. 受精作用　受精作用是指成熟的卵子和精子结合的过程。受精作用从精子进入卵子到雌雄生殖细胞完全融合为止。精子入卵之前的两者的所有接触过程称为授精，有人工授精和自然受精等方式。授精早于受精，两者相差时间可能很短，大多数鱼类时间都比较短；也可能很长，如中国明对虾于秋季进行交配，到翌年春末夏初才得以结合完成

受精。

(1) 受精方式　受精的方式分为体外和体内受精两种。体外受精是指雌雄生殖细胞都排到体外，并在水中结合完成受精作用。大多数的鱼类、两栖类、甲壳类和贝类都采取这种方式。体内受精是指精子进入雌体内与卵子结合而完成受精作用。多数动物都需要经过交配才能完成这个过程，如软体动物中的头足类、腹足类和脊椎动物的爬行类、鸟类及哺乳类；也有不需要交配的，如河蚌和牡蛎先把精子排入水中，再随水流进入雌体的体内与卵子相遇。

(2) 精子入卵时间　精子只有在成熟分裂和变态过程全部完成后才获得受精的能力；而卵子则在完成了生长期后，即在第一次成熟分裂之前直到第二次成熟分裂完成后的一段时间都可以接受精子。根据精子入卵的时间不同，可将受精分为三类：①蛔虫型：精子入卵在第一次成熟分裂之前，精子入卵后胚泡开始破裂，继而进行两次成熟分裂，如蛔虫、海绵、沙蚕等；②中间型：精子入卵时间在第一次成熟分裂或第二次成熟分裂中期，前者如玻璃海鞘、磷沙蚕、扇贝、对虾等，后者如海星、文昌鱼和脊椎动物等；③海胆型：精子入卵时间在第二次成熟分裂完成后，如腔肠动物和海胆等。

二、卵裂、囊胚、原肠胚

（一）卵裂

受精卵（即合子）经过一系列重复的分裂形成一个多细胞胚体的过程称卵裂。经卵裂形成的细胞称卵裂球。卵裂球之间的缝隙称卵裂沟，卵裂为普通的有丝分裂。

卵裂的类型包括两种：

1. 完全卵裂　卵裂时，卵裂沟遍及整个卵子，使卵子一分为二完全分割者称完全卵裂。均黄卵和间黄卵的卵裂均属此类，哺乳动物的卵裂也为完全卵裂。

2. 不完全卵裂　卵裂时卵裂沟仅局限于卵的某一部分，而不遍及整个卵子者称为不全卵裂或局部卵裂。端黄卵和中黄卵的卵裂属于此类，鸟类和绝大多数鱼类的卵裂为不完全卵裂。

不完全卵裂又分为：

(1) 盘状卵裂　卵裂限于胚盘部分，而卵黄不分裂，也就是其卵裂仅在卵子的动物极的胚盘部进行，而不到达植物极的卵黄部分。即卵裂在动物极不断进行，形成盘状胚盘。鱼类、头足类、爬行类和鸟类多属于此种卵裂。

(2) 表面卵裂　这种卵裂首先是受精卵的细胞核在受精卵的中央部分分裂。然后移至细胞表层继续分裂，而卵黄部分不参与分裂，如昆虫、虾、蟹的卵裂。

（二）囊胚

囊胚是卵裂的结果，它是一个由单细胞的受精卵经过一系列重复的分裂而形成的更多细胞的胚体。

根据囊胚腔的有无和囊胚腔的位置，可将动物的囊胚分为下列五种类型：

1. 有腔囊胚　又根据腔壁的厚度分为单层囊胚和多层囊胚。海胆和文昌鱼等属于单层囊胚，多层囊胚又称偏极囊胚，如蛙类的囊胚。

2. 实心囊胚　没有明显的囊胚腔，如履螺、水螅和沙蚕等生物。

3. 边围囊胚　又叫表裂囊胚，这种囊胚是由中黄卵分裂而成，四周的细胞包围着卵黄，是节肢动物胚体的特点。如昆虫，虾和蟹等动物的囊胚。

4. 盘状囊胚　由端黄卵分裂形成，在胚盘和卵黄间有裂缝状的胚下腔及囊胚腔，如硬骨鱼类、爬行类和鸟类的囊胚。

5. 泡状囊胚　由实体的桑葚胚裂开形成空腔，即为囊胚腔。囊胚腔内充满液体，呈泡囊状。如哺乳动物的囊胚。

（三）原肠胚

一切多细胞动物，继囊胚后随着出现的是一个双胚层的胚体，这个胚体就称为原肠胚。它的外层叫外胚层，内层叫内胚层。这种形成内外胚层的过程，叫原肠作用。除海绵和腔肠动物外，其他多细胞动物的原肠作用还包括中胚层的分化。

原肠胚是由囊胚细胞迁移、转变形成的，它由三个胚层构成：外胚层、中胚层、内胚层。

1. 内外胚层的形成　不同动物内外胚层形成的方式不一样，有下列五种主要的形成方法：

（1）*移入法*　随着囊胚的进一步发育，原囊胚壁细胞从一处或多处移入腔内形成一层或一团内胚层细胞，留在胚胎表面的细胞形成外胚层，从而构成双胚层胚体——原肠胚。

（2）*分层法*　原囊胚壁细胞以切线分裂分为内、外两层，内层为内胚层，外层为外胚层，从而构成双胚层胚体。

（3）*内陷法*　又名内褶法，这种形成方式首先是从囊胚的植物极向囊胚腔内陷入，其凹陷逐渐深入，最后到达动物极的内侧，从而形成双胚层胚体——原肠胚。经内陷使原来的囊胚腔闭合而形成一个新的腔隙，即原肠腔。

（4）*外包法*　这种形成方式主要见于实心囊胚，实心囊胚的囊胚细胞大小悬殊，其中动物极细胞小，并且不断分裂逐渐包围植物极细胞，而构成外胚层。植物极细胞大，并因受卵黄物质的阻碍几乎保持不动，构成内胚层，从而构成双胚层胚体——原肠胚。

（5）*内卷法*　又叫内转法，多见于盘状囊胚，其囊胚表面细胞在一端向内卷入并向另一段伸延而形成内胚层，原来胚盘部分的细胞构成外胚层，从而形成双胚层胚体，即原肠胚。此种原肠胚没有标准的原肠腔，整个原肠胚呈盘状，故称盘状原肠胚。

此外，在不同动物的胚胎发育阶段，还可能伴有其他特殊和复杂的运动方式，如随胚体的延长，细胞也沿胚轴向头部或尾部延伸，称为伸展，又如从胚孔卷入的细胞又向四处分散，分布到胚体各处，称为分散。

在不同动物的原肠作用中，上述方式很少单独进行，一般都是数种方法同时进行，如真骨鱼类，有外包、内卷、伸展等方式同时进行。

2. 中胚层的形成　多细胞动物除海绵动物和腔肠动物外，都有中胚层的形成，中胚层形成于内外胚层之后，分布在内外胚层之间。对于中胚层的来源各种动物有所不同，其中绝大多数动物的中胚层都是从内胚层分化出来的，鱼类中胚层也是由内胚层分化出来的。中胚层的形成方式主要有三种：

（1）*内褶法*　由原内胚层分化形成的中胚层细胞从原口（为原肠通向外界的小孔，又称胚孔）处和内胚层细胞一起褶进去，并与内胚层细胞共同组成原肠腔的壁，后来中胚层从原肠腔的顶部分出并形成体腔。该方式发生存在于棘皮动物和脊索动物的胚胎发育过程中，而文昌鱼是最典型的代表。

(2) *内移法* 内外胚层形成之后，部分外胚层细胞分散地进入内外胚层之间，形成间叶细胞，然后继续发育形成中胚层，如海星、海胆等。

(3) *端细胞法* 随着内外胚层的形成，在内外胚层之间，由内胚层细胞分离出两个端细胞，并且两个端细胞也随着内外胚层的分化而不断分化发育。当原肠形成时，两侧端细胞分化形成两侧性的中胚层细胞索，排列在内外胚层之间，最初细胞索为一层，而后则继续分化发育成两层，形成中空的体腔。该方式普遍存在于扁形动物、纽形动物、软体动物（头足类除外）和环节动物中。

随着上述中胚层的形成，胚体由原来只有内外两个胚层的原肠胚分化发育成一个具有内、外、中三个胚层的胚体，为胚体内各个器官的形成奠定了必要的基础，从而胚体发育就进入了胚层的分化和组织器官发生时期。

三、胚后发育

从动物的整体发育过程看，受精卵在卵膜内或母体内发育的阶段，一般称为胚体。这个阶段从受精卵开始，经过卵裂到囊胚，原肠胚一直到器官发生，最后胚体发育成一个完整机体开始从卵膜或母体内出来，叫**孵化**或**产出**。从卵膜或母体出来后，有各种不同的情况。有的出来为幼虫，还需要经过一个变态期才能变为成体，然后再到达性成熟；有的出来为幼体，和成体相似，无需经过变态期。前者又称**幼虫发生类型**或**间接发生类型**，后者称**非幼虫发生类型**或**直接发生类型**。幼虫发生类型包括水生无脊椎动物和原索动物，如海绵、腔肠动物、扁形动物和纽形动物等的囊胚幼虫；海绵、腔肠动物、扁形动物和环节动物等的浮浪幼虫；软体动物和环节动物的担轮幼虫；软体动物的面盘幼虫和钩介幼虫；各种棘皮动物的幼虫以及两栖动物的蝌蚪等。非幼虫发生类型如软体动物的头足类、节肢动物的许多种类和绝大多数的脊椎动物（鱼类、爬行动物鸟类）。

第二节 软体动物的发育

一、概 述

软体动物可分为七个纲：无板纲、多板纲、单板纲、腹足纲、掘足纲、瓣鳃纲及头足纲。其中，经济价值比较高的是腹足纲、瓣鳃纲、头足纲等。腹足纲又称单壳类或螺类；瓣鳃纲又称双壳类、无头类或斧足类。

1. 生殖习性 多数软体动物为雌雄异体，少数动物如后鳃类和肺螺类为雌雄同体。瓣鳃纲多数也是雌雄异体，海湾扇贝等为雌雄同体。在牡蛎、贻贝等都存在性反转现象，其性别随年龄、温度、盐度、营养条件等因素的变化而改变。

软体动物的产卵与发育大体有三种方式：

(1) *卵囊或卵块内发育* 如很多海生腹足类的卵子通过输卵管时，卵子被胶状物包裹形成囊或块状，卵子排出后就在这些块状结构中发育。

(2) *水中发育* 少数低等腹足类如鲍、笠贝等的卵子分散在水中受精和发育。

(3) *鳃腔和外套膜中发育* 少数海产瓣鳃类和许多淡水板鳃类如牡蛎与河蚌，将卵产在母体的鳃腔或外套膜内，由母体保育，发育到面盘幼虫离开母体。

2. 生殖细胞和受精卵发育　软体动物大多数精子是鞭毛型；卵子一般是球形，少数是椭圆形和梨形。瓣鳃纲、无板纲和掘足纲的卵子，卵黄少，属均黄卵；腹足纲卵子，除田螺外属于间黄卵；头足纲的卵子，卵黄丰富，属端黄卵。

受精方式在头足类和大部分腹足类是进行交配在体内受精。多数软体动物都是体外受精。而河蚌精子产在水中，流进鳃腔，与鳃腔内的卵子受精。

在所有的软体动物中，除头足类为盘状卵裂外，其余均采取螺旋卵裂的方式。软体动物的囊胚类型根据卵黄的多少而不同，卵黄比较少的形成有腔囊胚，卵黄比较多则形成实心囊胚。软体动物的原肠作用是采取外包法和内陷法。实心囊胚采取外包法，而有囊胚腔的动物则采用内陷法。

多数海生软体动物属于自由幼虫发育类型，而河蚌等少数淡水瓣鳃类为非自由幼虫发育类型。

3. 幼虫及其变态

（1）*担轮幼虫*　原肠期以后的幼虫很像环节动物的担轮幼虫，所以也称为担轮幼虫。它们的区别在于前者有壳腺的发生、足的发达及齿舌囊的形成。

（2）*面盘幼虫*　担轮幼虫后，多数软体动物都要进入面盘幼虫阶段。后者有更复杂的结构，各种器官进一步发育。

（3）*钩介幼虫*　这是蚌类为了适应寄生生活而形成的特殊体型，寄生在鱼类的鳃或鳍上。

二、贻贝的发育

贻贝是双壳类的代表，多为雌雄异体，少数为雌雄同体，具有性反转现象。生殖腺分布在外套膜、内脏团表面及唇瓣基部等处。精巢为乳白色或淡黄色，卵巢为橘红色或橘黄色。成熟的生殖细胞排入水中行体外受精。

精子为鞭毛型，分头、颈和尾部三个部分。卵子为圆球形或椭圆形，刚排出卵子，胚泡破裂，处于第一次成熟分裂中期。受精后就开始继续分裂。受精卵为完全不均等的螺旋式卵裂，且有极叶的伸出和缩回现象。卵裂后形成有腔囊胚，继之形成原肠胚，胚体在卵膜内发育至担轮幼虫期，后破膜而出，进入幼虫期。

幼虫时期大致分为担轮幼虫、D形幼虫（又称直线绞合幼虫）、壳顶期幼虫、眼点期幼虫及匍匐期幼虫。

三、鲍的发育

鲍是一种经济价值很高的海产腹足类。鲍为雌雄异体，生殖腺呈牛角状，位于身体后方。鲍没有交接器，产卵前不经过交配。在繁殖季节，雌、雄个体的生殖细胞成熟后，分别排出体外在海水中受精和发育。精子为鞭毛型，头部呈子弹头状。卵子圆球形，蓝绿色，沉性卵。

受精卵几分钟就放出第一极体，继而放出第二极体。受精后1min内进行第一次分裂，纵裂为两个等大的分裂球。经过170min后，形成一个多细胞的胚体，形状像桑葚，形成**桑葚胚**，210min后进入囊胚期。4h后，到达原肠期，原肠的形成采用外包法。

鲍的发育过程经过担轮幼虫、面盘幼虫、围口壳幼虫、上足分化幼虫和幼鲍。

第三节　甲壳动物的发育

一、概　述

甲壳动物属于节肢动物门、甲壳纲。其种类繁多，多数雌雄异体，异体受精，少数如藤壶和茗荷儿等是雌雄同体，单个存在时可进行自体受精，群体生活时进行异体受精。甲壳类繁殖的一个特点是有抱卵特性，就是把卵携带在母体上发育，携带方式多样。且在通常情况下，甲壳类在产卵前，必须经过交配。交配方式和时间则因种类而异。

二、对虾的发育

对虾为雌雄异体，异形。雄虾比较小，雌虾比较大。雄虾第一对游泳足的内肢变成交接器。雌虾第四和第五对步足基部之间的腹甲上有一椭圆形的雌交接器，交接器基部有受精囊。

对虾卵属于中黄卵，相对密度略大于海水，为沉性卵，无黏性。精子为非鞭毛型，具有一个单一棘突，不主动运动。电镜下，精子可分为后主体部，中间帽状体和前端棘突三部分。对虾交配是在产卵前相当长的时间完成的，雄虾将精子储存在雌虾受精囊内，等卵子成熟，才进行受精。受精卵卵裂为完全均等卵裂。受精后5～6h达到囊胚期，胚体中央有一个囊胚腔，属于有腔囊胚。原肠期的内胚层和中胚层产生都是通过内陷方式形成。原肠期后有经过肢芽期和膜内无节幼虫期，一直到破膜而出进入胚后发育。对虾和所有虾类一样，胚后发育都要经历无节幼虫、溞状幼虫和糠虾幼虫等不同阶段。每个幼虫发育阶段又可分为不同的期数，幼虫的期数因种类不同而有差异。

刚从卵膜内孵出的**无节幼虫**胚体略呈长卵圆形。从腹面可以看到有3对附肢，并能看到中眼、隆起的上唇和幼体后端的一对尾棘。中、晚期的无节幼虫个体逐渐增长，尾棘逐渐增多。此时幼虫体内充满卵黄，不摄食，浮游习性，具趋光性。**溞状幼虫**头部宽大，后部细长，构成胸腹部。在头部背面出现头胸甲和一对复眼。身体分节，具7对附肢。从本期起幼虫开始摄食。仍具很强的趋光性。**糠虾幼虫**的头胸部愈合，构成头胸甲。头胸部分界明显。腹部的5对附肢开始长出，初具虾形。常倒悬于水体的中层。

三、中华绒螯蟹的发育

中华绒螯蟹是在淡水里生长，海水里繁殖的甲壳动物，交配后产卵。卵子含大量卵黄，属于中黄卵，但不是非常典型。精子是非鞭毛型精子。电镜显示其精子由顶体、核杯和辐射臂三部分构成。核杯是精子的细胞核，比较大。辐射臂是核杯外侧发出的细长放射状的突起，辐射臂和核杯相通，无隔膜。成熟的卵子经输卵管与纳精囊内从精荚离散出来的精子结合而受精，属体内受精。受精卵由生殖孔产出黏附于腹肢内肢的刚毛上继续发育，胚胎要经过卵裂、囊胚期、原肠期、心跳期和原溞状幼虫期等才孵化脱离母体。

中华绒螯蟹幼虫孵化后，要经过两个阶段即溞状幼虫和**大眼幼虫**，共蜕壳六次变为幼蟹。蜕壳是生长变态的一个标志。溞状幼虫分五期，经五次蜕壳变态为大眼幼虫（即蟹苗）；大眼幼虫经5～7d，一次蜕壳变为幼蟹。幼蟹经过多次蜕壳，才逐渐长成成蟹。

第四节　棘皮动物的发育

一、概　　述

刺参雌雄异体，从外形难以区分。生殖腺只有一个，由树枝状小管构成。刺参的生殖周期为一年。成熟期卵巢呈橘红色，精巢呈乳白色。

刺参的排精和产卵都在晚上进行。排精产卵后刺参进入夏眠期，个体变瘦小，不吃不动。

二、刺参的发育

刺参的精子头部为圆球形，尾部细长，长达 52～68μm。卵子为均黄卵。成熟卵呈圆球形，略带橘黄色，透明，入水后卵核破裂。刺参进行体外受精，受精后卵膜举起，出现卵黄周隙。卵裂为典型的等裂。囊胚有腔。囊胚以内陷法形成原肠胚。原肠后期，原肠的顶端又向胚体的背面突出一个圆球形的囊状结构，称为体腔囊。所有棘皮动物的体腔发生都采取肠体腔法。刺参的幼虫发育要经过耳状幼虫、桶形幼虫和五触手幼虫，然后变态为稚参。

第五节　鱼的发育

一、鱼的生殖方式

鱼类的生殖方式有卵生、卵胎生和胎生。

1. 卵生　大多数鱼类为卵生。精子和卵子分别在卵巢和精巢中发育成熟后，于生殖季节在外部环境和体内性激素的刺激下，同时分别排出体外在水中受精，受精卵在水中孵化发育至仔鱼出膜。

2. 卵胎生　有些软骨鱼类的雄鱼通过交配器将精液注入雌鱼输卵管内，行体内受精。受精卵留在子宫内发育，但胚体发育所需的营养依靠胚体自身的卵黄，与母体没有关系，如白斑星鲨等。

3. 胎生　行体内受精，胚体在子宫内发育。所不同者，胚体与母体发育一定的营养关系，母体子宫壁上有一些突起与胚体卵黄连接，形成不同于哺乳动物胎盘的卵黄胎盘（或称假胎生），如灰星鲨。

二、鱼生殖细胞与受精

（一）生殖细胞

1. 精子　鱼类精子的形态结构与其他脊椎动物基本相同，均为鞭毛型精子，也由头、颈和尾三部分组成。不同鱼类，精子头部的形态有差异，如栓塞形、圆球形或椭圆形等；颈部极短或不显；尾部呈鞭毛状。鱼类精子尾部与核排列成一条线，也有的尾部与核成一定角度排列。精子的大小因种类而不同。软骨鱼类的精子最长，如刺鳐的精子长达 215μm；而硬骨鱼类的精子则较短，如鲈为 20μm。

由于精液对精子具有保护、营养、平衡渗透压、凝集甚至麻醉的作用，因而精子在精液内是不活动的，保存时间较长，但入水后，被水中氧气激活而立即活泼运动。精子在水中活动时，少部分能量消耗在运动方面，大部分能量则消耗在渗透压的调节上。淡水鱼类的精子，只能在较低渗透压的环境中，才具有调节渗透压的能力，即制止原生质自环境中吸水。但不能在高渗透压的环境中（如高盐度的海水）起调节作用，即不能阻止原生质失水现象。因此，在高渗环境的海水中，淡水鱼类精子的原生质将由于失水而产生原生质凝缩而失去运动和受精能力。但某些鱼类，如虾虎鱼的精子在海水和淡水中，都具有调节渗透压的性能，因此它既能在海水中，也能在淡水中繁殖。

2. 卵子 大多数鱼类的卵子呈圆球形。但有些鱼类的卵因具有各种形态的卵膜，而使卵子呈现不同的外形。

鱼类卵子的大小因种类而异，既有很小的卵子，其卵径只有0.3～0.5mm，如虾虎鱼；也有很大的卵，卵径可达220mm，如鼠鲨的卵；大多数鱼类的卵径在1～3mm。卵生鱼类的卵较小，胎生和卵胎生鱼类的卵子较大。

鱼类的卵子是一种高度特化的细胞，但具有一般体细胞的结构模式，也即由细胞核（卵核）、细胞质（卵质）和细胞膜（卵膜）构成。卵生鱼类的卵子为了适应其体外发育生理上的需要，卵子内含有大量供给胚胎发育的营养物质——卵黄、油球和具有保护作用的卵膜。

（1）卵核 在成熟的未受精卵中，看不到休止状态的卵核，而处于分裂象。核位于受精孔下方的卵质中，其长轴垂直于卵子的质膜，单倍数的染色体排列在纺锤体的赤道板上。

（2）卵质 即卵子的细胞质，可分为两区：在质膜下的表层为皮层，呈凝胶状态，而其余部分为内质。卵质中除含有与体细胞相同的细胞器外，还具有卵子特有的结构，如皮层颗粒、卵黄、油球、胚胎形成物质、酶和激素等。皮层颗粒又称皮质泡或液泡，为外包薄膜，内含黏多糖的小球体。皮层颗粒的多少、大小和排列形式因鱼的种类而异。卵黄又称滋养质，是胚胎发育的能源。在化学成分上可区分为碳水化合物卵黄、脂肪卵黄和蛋白质卵黄。有些鱼类的卵黄呈颗粒状；而另一些鱼类的成熟卵卵黄融合成卵黄块。油球又称油滴，是许多海水硬骨鱼卵的特殊组成部分，其内含中性脂肪，对浮性卵不仅是养料的贮藏，也起浮子的作用。油球的有无、数目的多寡、直径的大小以及色彩等，可作为辨别各种鱼类卵子的重要分类特征。

（3）卵膜 根据卵膜的来源和形成方式，可把鱼类卵膜分为初级卵膜、次级卵膜、三级卵膜。

（二）受精

当卵母细胞发育到第二次成熟分裂的中期时接受精子入卵。体外受精鱼类的卵子，具有受精孔，其精子均无顶体，精子穿过卵子动物极的受精孔入卵；而体内受精鱼类的卵子无受精孔，精子在卵子动物极范围内入卵受精。前者为**单精受精**，后者则为**多精入卵**。

受精时限系指精子与卵子入水后保持受精能力的时间。淡水鱼类的精子和卵子入水后的受精时限较短，如四大家鱼的精子入水后限30～45s内受精；而低温下繁殖的冷水性海水鱼类如鳕的精子入水后约3h仍能保持受精能力；鳟卵至少可达36h。

三、鱼早期胚胎发育

1. 卵裂 鱼类的卵子受精后，以有丝分裂的方式进行卵裂。卵裂的方式取决于卵子结构的特点。根据鱼类卵子的结构，可将鱼类的卵裂分为以下两种类型：

（1）完全卵裂 间黄卵的卵裂属此类型。但不同鱼类略有不同。

七鳃鳗的卵裂与无尾两栖类的不等完全卵裂相似，第一、第二次卵裂为纵裂（经裂），且相互垂直；第三次卵裂为横裂（纬裂），卵裂沟在卵子赤道线以上，所形成的八个卵裂球，上面四个较小，下面四个较大。肺鱼的卵径比较大，卵黄含量较多，前四次卵裂都是纵裂，当前几次的纵裂沟还没有完全抵达植物极时，第五次的横向卵裂已经开始了。鲟的卵径更大，前三次都是纵裂，第四次为横裂，第四次的横裂沟的位置在动物极。因此，动物极的 8 个分裂球较小，而植物极的 8 个分裂球却很大。此后，随着卵裂次数的增多，两极卵裂球的大小差异更加明显。

（2）不完全卵裂 软骨鱼类与真骨鱼类的端黄卵属此类卵裂类型。

第一次卵裂是经裂，将胚盘分成两个相等大小的卵裂球，第二次卵裂亦为经裂，与第一次卵裂面垂直，将胚盘分成 4 个相等大小的卵裂球，第三次卵裂有两个卵裂沟，均为经裂，与第二次卵裂沟相垂直，而与第一次卵裂沟相平行，结果形成的 8 个细胞，排成两排；第四次卵裂时亦同时出现两个卵裂沟，与第二次卵裂沟平行，而垂直于第一和第三次卵裂沟，形成 16 个卵裂球；第五次卵裂时，在有些鱼类，同时出现 4 个卵裂沟，仍为经裂，且与第一、第三次卵裂沟平行，而垂直于第二、第四次卵裂沟，形成 32 个卵裂球，但在另一些鱼类（如鳟、黄花鱼和赤鲔），第五次卵裂除经裂外伴有纬裂，即在胚盘中央的 4 个卵裂球进行纬裂，而周围的 12 个卵裂球则行环状经裂，如鳟，或不规则的经裂等，如黄花鱼和赤鲔等。一般从 32 或 64 个卵裂球期以后，卵裂就不完全同步，故卵裂球的数目也不是成倍增加。卵裂球的数目越来越多，卵裂球也变得越来越小。

2. 囊胚 鱼类的囊胚概括起来可分为以下两种类型：

（1）偏极囊胚 由间黄卵进行完全不等卵裂所形成的囊胚。囊胚腔偏于动物极，囊胚层由多层卵裂球构成，如肺鱼和鲟等。

（2）盘状囊胚 大多数真骨鱼类的盘状囊胚具有一个充满液体的囊胚腔，囊胚腔的顶壁和侧壁由多层卵裂球构成囊胚层。囊胚腔（或胚盘）的底壁是一薄层无细胞界限的细胞质，内含有许多细胞核，称为卵黄多核体。

3. 原肠作用与原始器官原基的形成 鱼类的种类繁多，原肠作用与原始器官原基的形成方式也不尽相同，现以真骨鱼类为例简述如下：真骨鱼类的原肠作用是囊胚层细胞经过运动、迁移和重新排列建立三个胚层的过程。

鲤科鱼类的卵为富质卵，受精卵分裂后所形成的多细胞囊胚层（胚盘）较大。在低囊胚之后，囊胚层细胞继续下包抵达植物极 1/2 时，标志着原肠作用的开始。随着原肠作用的继续进行，当囊胚层下包卵黄达 2/3 时，进入原肠中期，由于脊索—中胚层—内胚层细胞随着囊胚层的下包而继续由背唇处卷入，使胚盾明显加长，这时通过胚盾的侧切面和横切面可见胚盾由内外两层细胞构成，内层为背唇卷入的脊索—中胚层—内胚层细胞，它们连成一片，彼此无界限，称为下胚层，而未卷入、留在表面的多层细胞构成上胚层。在神经板的下方，下胚层的背中部细胞分化为横断面呈圆形或卵圆形的脊索，其纵切面为柱状细胞索，而脊索两侧的下胚层细胞分化为中胚层。

鲤科鱼类的原肠作用开始于胚环和胚盾的出现，而结束于胚孔的封闭。胚孔闭合的时间因鱼的种类而不同，鲑属及带鱼科等鱼类的卵为寡质卵，卵黄含量较多，胚盘较小，囊胚层下包不易且较慢，当胚孔尚未封闭时，其眼囊、体节及脑等已出现。但鲤科鱼类，当胚孔封闭时，三个胚层尚未分化，各器官原基是在胚孔封闭后逐渐形成的。

在鲤科鱼类中，当胚孔封闭时，胚体后端出现一个粗厚的细胞团，称为末球，它由中胚层、脊索和内胚层细胞构成。以后随着它们各自发育，胚体逐渐加长，故末球是整个尾部的原基，连接于胚体的后端。

原肠作用的结果，使胚胎具有三个胚层，即外胚层、中胚层和内胚层，它们是各器官原基形成的基础。胚孔封闭后不久，首先在胚体中部，脊索两侧的中胚层变厚发育为体节（或称节板中胚层），体节两侧的中胚层细胞分化为侧板中胚层，在体节与侧板中胚层之间的中胚层细胞分化为生肾节和血管带，前者是前肾管原基，后者是循环系统的原基，血管带为硬骨鱼类所特有。

在中胚层细胞分化的同时，胚体背部的神经外胚层细胞也向背部中央集中，并下陷形成实心的细胞索，它是中枢神经系统的原基。

4. 组织分化与器官形成　受精卵通过卵裂能产生形态和功能上不同的细胞后代，细胞在质上的这种变化称为分化。

细胞分化是多细胞生物个体形态发生的基础。鱼类种类很多，其形态发生程序与模式也不尽一致，下面主要以鲤科鱼类为例说明。

形态发生包括组织分化和器官形成。形态发生是从受精卵开始，经卵裂后形成的卵裂球经历着分化性的分裂过程，分裂后的子细胞各自发育成不同的细胞群。再经过原肠作用，各细胞群迁移到特定的位置上，形成外、中、内三个胚层，它们是器官发育的基础。胚层形成以后，进一步发育为各器官原基。器官原基在胚胎发育过程中按先后顺序出现。各器官原基继续发育和分化就形成新个体的各种组织和器官。

在器官发生过程中，细胞将在形态、结构和功能上发生显著的变化，已分化了的细胞，各自组成不同的细胞群。形态结构相同的细胞群组成一种组织，然后由功能相关的组织合成各种器官。形态发生的最后结果形成一个发育成熟的完整的新个体。

四、鱼个体发育分期

鱼类的个体发育史依照其特征，可分为胚胎期、仔鱼期、幼鱼期、性未成熟期和成熟期，但在鱼类个体发育阶段的划分上，划分的方法也不一致。本书采用我国学者常用的分期方法。

1. 胚胎期　从受精卵开始到胚胎破膜而出（孵化）为止的整个发育时期。这个时期的发育是在卵膜内进行的，如卵生鱼类；胎生鱼类则是从受精卵开始到胚胎产出为止的发育时期，这个时期的发育是在母体的生殖道内度过的。

2. 仔鱼期　从出膜到奇鳍褶开始退化消失、软骨性鳍条开始形成为止。这一时期又可分为以下两期：

（1）仔鱼前期　从出膜到卵黄囊完全吸收为止。另外，因它具有卵黄囊，故又称卵黄囊仔鱼期，但有些鱼类如虾虎鱼的胚胎在出膜前卵黄已完全吸收，无仔鱼前期。我国学者根据仔鱼发育的形态生理学特征将本期又划分为几个时期。

（2）仔鱼后期　从卵黄吸收完毕到奇鳍褶开始退化，软骨性鳍条开始形成为止。此时鳞片尚未形成，有些学者称此期为稚鱼期。

3. 幼鱼期　从奇鳍褶退化消失开始，直到鳍条、鳞片和侧线都已形成。体形和体色基本上与成鱼相似。

4. 性未成熟期　各种器官都已形成，也具有成体鱼类的全部形态结构特点，但性腺尚未成熟，性腺处于Ⅱ期。

5. 成鱼期　从第一次性成熟开始，此时第二性征已充分出现。

6. 衰老期　从性功能停止开始直到老死为止，此时鱼的生长速度缓慢或完全停止生长。

第六节　两栖动物的发育

一、概　　述

青蛙的生殖期是在每年的4—5月。蛙类行体外受精，受精时有“抱对”现象。“抱对”持续数小时，甚至多达数日之久，雌蛙在抱对的刺激下，随即排出贮存在体内的成熟卵子，与此同时，雄蛙也将精液排出，在水中完成受精作用。抱对的生物学意义在于保证了卵子和精子的同时排出。观察表明，没有抱对，雌蛙的正常产卵就不能实现。此外，由于雄性在拥抱雌性时，两性的泄殖腔孔紧相靠近，因此精液可直接排在卵上，这就会增加了卵的受精机会。蛙一次排卵可达5 000粒。青蛙的卵外包着胶质膜，遇水即膨胀，且彼此相连，结成大团的卵块，蟾蜍的卵则包在长条状的胶质膜内，状似长串的粉条。胶质膜能起保护卵的作用，又能使卵有较为良好的发育条件。柔韧的胶质膜是对机械性刺激的最好缓冲物，特别当卵黏附成大团时，还可以避免被动物所吞食；胶质膜也阻碍卵与卵之间的接近，因而使卵有更充分的氧气条件；透明的胶质膜可以聚集阳光的热量，提高了卵孵化时的温度。因此，胶质膜是一种适应于水中繁殖的进步性结构。

二、蛙的发育

受精后3～4h，受精卵即开始分裂，蛙的卵裂为不等的全分裂。在卵裂到相当多的细胞时，即形成囊胚，其中的空腔，称囊胚腔。由于动物极细胞分裂快，故逐渐将植物极的大细胞包入，同时植物极的大细胞内陷，外包与内陷相结合，形成原肠胚。原肠腔逐渐代替了囊胚腔。原肠胚发展到后期，在胚胎的背面开始形成神经管，这一时期的胚胎即称为神经胚。从神经胚继续发育，胚胎约长到6mm时，即冲破胶膜孵出成为独立生活的蝌蚪。三胚层分化成各器官系统的情形和前述大致相似。

蛙卵从受精到发育成幼体——蝌蚪要经过4～5d。刚孵出的蝌蚪先以前端的吸盘附着在水草上，随后即能在水中自由游泳。蝌蚪有一条侧扁的长尾作为运动器官，也有与鱼类相似的侧线器官。头的两侧最初具有3对羽状外鳃，以后，外鳃消失，在外鳃的前方产生具有内鳃的鳃裂，被鳃盖褶包起，以一个鳃孔通体外，作为呼吸器官。蝌蚪从外形到内部结构都和鱼近似，没有四肢，用尾游泳，有侧线，用鳃呼吸，心脏只有1心房1心室，动脉弓为4对，血液循环为单循环。在蝌蚪期由前肾执行泌尿功能，前肾管作为输尿管，已具有雏形的生殖腺。蝌蚪主要吃植物性食物，如硅藻、绿藻等。消化道呈螺旋状盘旋，其长度约为体长的9倍，各部分的分化不明显。蝌蚪的上下颌具有角质结构，有齿的功能，另外在口的上下部皆生有横列的细齿，其数目和排列方式，随种类而异，是进行蝌蚪分类的一个标准。此外，口外缘具多数小乳类，可能为味觉感受器。蝌蚪生长到了一定程度，即开始变态。变态期，是内、外部各器官由适应水栖转变为适应陆栖的深刻改造过程。在外观上，尾部逐渐萎缩，最后趋于消失，成对的附肢代替了鳍。内脏各器官以呼吸器官的改变最早，当蝌蚪尚用鳃呼吸时，在咽部靠近食道处即生出两个分离的盲囊，向腹面突出，成为肺芽。肺芽逐渐扩大，形成左右肺，其前面部分互相合并，形成气管。随着肺呼吸的出现，其循环系统也相应地由单循环改造成为不完全的双循环。第四对鳃动脉发育成为肺动脉。心脏逐渐发展成为2心房1心室。排泄系统出现了中肾，代替前肾执行泌尿功能。变态后的幼蛙是以动物性食物为食，消化道由原先呈螺旋状盘曲的肠管转变成为粗短的肠管这时肠管的长度仅为体长的2倍。胃、肠的分化也趋明显。随着尾部的消失，蝌蚪的体长大为缩短，此时，幼蛙就能到陆地上生活了。由孵化出蝌蚪到变态完成，需时3个月左右。由幼蛙到性成熟大约需时3年。

第七节 爬行动物的发育

一、鳖的繁殖发育

中华鳖的性别由性染色体决定，而不受孵化温度的影响。在我国，中华鳖4龄可达性成熟。鳖的雌性个体有左右对称卵巢，雄性个体有左右对称精巢。雌体的卵子在卵巢的滤泡组织中生长发育，成熟排卵时，经体腔而后进入输卵管上端受精，雌鳖输卵管基部具有一种受纳精子的特殊结构，成簇的精子可以在这里存活过翌年。鳖为雌雄异体，体内受精，卵生。

在人工控制条件下，胚胎发育温度为31～33℃的条件下，卵子受精后在输卵管中进行的早期胚胎发育、起始孵化至出壳稚鳖的整个发育过程能分为30个时期。从30个时期中，着重介绍下面几个发育阶段：

头褶期（分期5，孵化15～16h）：在胚体的头部出现头褶，这是产生羊膜的前奏。脊索和神经板形成，胚孔拱形且出现细胞栓。

体节出现期（分期6，孵化24h）：头褶凸起，出现胚体竖立期（分期25，孵化第26天），胚体已出现鳖的初貌，并从卵黄囊中竖立起来。

稚鳖蜕壳孵出期（分期30，孵化第37～39天）：稚鳖用卵齿抵破卵壳，然后头和前肢伸出，破壳而出。刚孵出稚鳖的脐孔处残留着尿囊膜、羊膜和浆膜，经几分钟爬动后自行脱落，脐孔封闭，从此开始独立生活。

二、龟的繁殖发育

龟在我国分布广泛。自然条件下生殖活动有比较强的季节性。性成熟雌龟的卵巢中，一年四季均可见谷黄色卵粒，5—8月为产卵期，6月中旬至7月中旬为产卵盛期。龟卵在自然环境中靠土温孵化，土温的高低会直接影响孵化时间，孵化时间一般需50～80d不等。

龟的胚胎发育可分为6个时期，主要特征如下：①胚盾时期：从受精卵形成开始，经卵裂形成囊胚到原肠胚阶段，都是在母体内发育的。在产卵后24h的龟胚，沿着胚盘周边致密的表面层变薄，在中央加厚地方开始呈圆形，后来呈卵圆形，是中胚层形成的活跃时期，此即胚盾。②神经胚时期：孵育3d，胚盾后沿出现加厚区呈边缘垫，称为厚板。胚盾表面出现2个平行的神经褶，当第1对体节分化出来时，神经褶在这一阶段由颈部到身体的后端整个长度内都已愈合，形成神经管。③卵黄囊血管区时期：孵育5～7d。眼原基形成，体节增多，前肢原基形成，尾牙出现，卵黄囊血管增多，分支也越来越明显。④胎膜与形态建成时期：孵育 9～15d，胚体明显增大，心脏原基形成，尾从躯干分离出来，胚胎发育中形成羊膜，最后前后肢芽明显，尾细长，肺叶分叶，头尾几乎相接。⑤骨化时期：孵育 15～35d，背甲分化分明，颈盾、椎盾、肋盾清楚可数。新生命的内部器官将完善，外部形态已具种的特征。卵壳龟裂变软、变脆。⑥孵出时期：孵育 38d，卵壳普遍龟裂变软，胚体成倍增加体重。孵育 42～45d，尿囊干瘪，血管荒废，卵黄囊缩小到最小并从腹盾与股盾之间逐步被包入腹腔。龟头大都朝向卵的大端，前肢变曲举在平肩处，稚龟即将出世。

第三篇

水生动物生理学

第一单元 绪 论

水生动物生理学是研究水生动物生命活动及其规律的一门科学。生理学研究方法分为慢性实验法与急性实验法。内环境各种理化因素（如渗透压、酸碱度等）的相对稳定性是维持组织细胞正常生理功能和维持动物生命存在的必要条件，血液、循环、呼吸、消化、排泄等器官系统的生理活动参与了内环境稳态的维持。生物体通过神经调节、体液调节和自身调节等方式完成各种生理功能的相互配合以及对内外环境变化作出适应性反应。

第一节 概 述

生理学的任务、研究内容及方法

（一）生理学的任务

水生动物生理学的任务是阐明水生动物的各种机能以及这些机能对环境变化的适应。

（二）生理学的研究内容

水生动物生理学是研究水生动物生命活动及其规律的科学。目的是阐明生命活动的发生过程、原理、条件，各部分功能活动的调节机制以及各种环境条件对机体产生的影响，从而认识有机体整体及各部分功能活动的规律。水生动物生理学的研究内容包含细胞及各器官系统的基本功能（如血液循环、呼吸、消化、代谢、排泄、生殖等），生理功能的神经、内分泌调节，完整有机体对内外环境变化的适应性机制等。

（三）生理学的研究水平

生理学的研究水平包含整体水平、器官和系统水平、细胞和分子水平。

整体水平是指从整体出发，研究各系统、器官生理活动规律和相互关系，动物在内外环境变化时功能活动的变化规律及动物在整体存在状况下的整合机制。器官和系统水平的研究就是要观察和研究各系统和器官的活动、内在机制、影响和控制因素以及对整体活动的作用及意义。如在养殖水环境指标（水温、溶解氧、盐度等）发生剧烈变化时，水生动物在代谢、免疫指标和呼吸、循环、消化等器官功能活动方面的影响及机制研究。细胞和分子水平指从细胞、亚细胞及分子水平上研究细胞及其组成的理化特性、生命活动的最基本物理、化学变化过程，生物学特征及其在器官系统活动中的作用。

（四）生理学的研究方法

经典生理学研究方法分为慢性实验法与急性实验法。

慢性实验是以完整的动物为对象，通过一定的手术方法进行处理，在保持动物机体完整性的前提下，尽可能接近正常的生活条件，较长时间内观察动物生理功能的变化。慢性实验的优点是保持了各器官的自然联系和相互作用，便于观察某一器官在正常情况下在整体中的生理作用及地位；缺点是影响因素较多，持续时间长，难以得出某一器官的详细作用机制。

急性实验可分为在体实验和体外实验。在体实验是指在动物麻醉状态下，对动物施行手术，暴露所要观察的器官，在人为控制条件下观察和记录生理活动的变化，也称活体解剖实验。体外实验是指从动物体内取出某一器官、组织或分离出某种细胞，置于适宜的人工环境中使其在短时间内保持生理功能，观察其功能活动及影响因素。急性实验的方法有利排除各种无关因素，控制外界变化因素，使实验条件易于控制，易于深入阐明所研究对象的生理功能，但体外实验方法因器官或组织已离开了动物整体，所处环境与在体内有很大差异，这种方法所取得结果并不能完全代表在整体中的实际情况。

第二节　生理功能的调节及调控

一、生理功能活动的调节及特点

机体生理功能活动的调节方式主要有神经调节、体液调节和自身调节。这三种调节方式是相互配合、密切联系的，以对内外环境变化产生适应性的反应。

1. 神经调节　**神经调节**指神经系统对机体各组织、器官和系统的生理功能所发挥的调节作用，基本过程是反射。**反射**是指在中枢神经系统参与下，机体对内外环境变化产生的有规律的适应性反应，反射的结构基础是反射弧，包括感受器、传入神经、神经中枢、传出神经和效应器 5 个环节。反射弧必须完整，其中任何一部分被破坏，都会导致反射活动的消失。神经调节具有反应迅速、准确，但作用部位局限和作用时间短暂等特点。

2. 体液调节　**体液调节**指体内某些特定器官或细胞产生的化学物质（如激素），经体液运送到特定的靶组织、靶细胞后，作用于相应的受体，对这些靶组织、靶细胞活动进行调节。体液调节有远距离调节、旁分泌或局部体液调节以及神经分泌三条途径。甲状腺分泌的甲状腺素经血液循环运送到全身各处，促进细胞代谢、机体的生长、发育和生殖等活动，就属于远距离调节；胰岛 D 细胞所分泌的生长抑素不经过血液运输，仅经组织液扩散，抑制胰岛分泌胰岛素、胰高血糖素即属旁分泌或局部体液调节；鱼类下丘脑视前核（NPO）神经元所分泌的促性腺激素释放素（GnRH），经由轴突运输到腺垂体，促进促性腺激素（GtH）的分泌则属于神经分泌途径。相对于神经调节而言，体液调节反应速度较缓慢，但作用广泛而持久。

3. 自身调节　自身调节指某些细胞、组织和器官不依赖于神经调节或体液调节，依靠自身对内外环境变化所产生的适应性反应，如动脉血压在一定范围内变动时，血管平滑肌可通过舒缩保持脑血流量的相对稳定。自身调节较为简单、调节幅度较小，但对稳态的维持仍然十分重要。

二、生理功能的控制系统

动物体内生理功能的控制系统包括控制部分和受控部分。运用控制论原理分析动物机体的调节活动时，发现体内存在着三类控制系统：非自动控制系统、自动控制系统和前馈控制系统。

1. 非自动控制系统 非自动控制系统是一个开环系统，即仅由控制部分向受控制部分发出活动的指令，控制受控部分的活动，而受控部分的活动不会反过来影响控制部分，这种控制系统无自动控制的能力。在正常的生理功能调节中非自动控制系统的活动并不多见。

2. 自动控制系统 自动控制系统也称为反馈控制系统，这是一个闭环系统，即控制部分不断对受控部分发出指令，令其活动；而受控部分则能不断地将其活动状况作为反馈信息送回给控制部分，根据反馈信息不断改变控制部分的活动，从而对受控部分的活动实行自动控制。

如果反馈信息的作用与控制信息的作用相反，即反馈信息抑制或减弱控制部分的活动，称为负反馈。如血液中激素浓度和血压稳定的调节等，负反馈具有双向性调节的特点，是维持机体内环境稳态的重要途径。

从受控部分发出的反馈信息可促进与加强控制部分的活动，称为正反馈。正反馈的反馈信息使控制部分的作用不断加强，导致受控部分的活动亦随之加强。正反馈是一个不可逆的、不断增强的过程，不能维持系统的稳态或平衡，而是破坏原来的平衡状态。例如，排尿、血液凝固、胰蛋白酶原激活过程和可兴奋细胞受到刺激后产生去极化过程中的 Na^+ 内流等，均为正反馈。

3. 前馈控制系统 指控制部分发出指令使受控部分进行某种活动，同时又通过另一快捷途径向受控部分发出前馈信号，受控部分在接受控制部分的指令进行活动时，又及时地受到前馈信号的调控，因此活动可以更加准确。

条件反射是一种前馈控制系统活动。例如，动物见到食物就引起唾液分泌，这种分泌比食物进入口中后引起的唾液分泌来得快，而且富有预见性，更具有适应性意义。但前馈控制引起的反应，有可能失误，例如，动物见到食物后并没有吃到食物，则唾液分泌就是一种失误。

第二单元 细胞的基本功能

细胞具有兴奋及传播兴奋的能力，兴奋的表现形式是生物电变化。生物电有静息电位和动作电位。兴奋性是细胞因刺激而产生动作电位的能力，兴奋可以在细胞表面传导，也可在细胞间进行传递。肌细胞具有收缩功能，其收缩过程是肌节内粗、细肌丝相对滑行的结果。

第一节　细胞的兴奋性和生物电现象

一、细胞的兴奋性

（一）刺激、反应和兴奋性

生物体都生活在一定环境中。当内、外环境发生变化时，机体内部代谢过程和外表活动会发生改变，这种改变即称为反应。能被生物体所感受，并引起生物体发生反应的内、外环境变化则称为**刺激**。

几乎所有细胞都具有接受刺激产生兴奋（动作电位）的能力，这种能力称为**兴奋性**。生理学中，神经细胞、肌肉细胞和腺体细胞具有较高的兴奋性，受到刺激时分别产生神经冲动、收缩活动及分泌活动，因此称为可兴奋性细胞。虽然三种可兴奋细胞兴奋时的表现形式各不相同，但本质是都产生了动作电位。

（二）刺激引起兴奋的条件

任何刺激要引起组织兴奋必须在强度、持续时间、强度对时间变化率三个方面达到最小值，这称为刺激的三要素。刺激时间和强度时间变化率不变时，引起组织兴奋所需要的最小刺激强度，为阈强度。达到阈强度的刺激为阈刺激；高于或低于阈强度的刺激分别称为阈上刺激或阈下刺激。阈刺激或阈上刺激为有效刺激，可引起组织产生可传导的兴奋。

（三）细胞兴奋时的兴奋性变化

细胞发生兴奋时，其兴奋性的变化经历了 4 个时期：①**绝对不应期**：在细胞接受刺激产生兴奋的一个短暂时期内对任何新的刺激都不发生反应，兴奋性下降至零。②**相对不应期**：在绝对不应期之后，神经的兴奋性有所恢复，但低于正常水平，要引起组织的再次兴奋，必须使用阈上刺激。③**超常期**：相对不应期之后，神经的兴奋性继续上升并超过正常水平，阈下刺激即可引起细胞的兴奋。④**低常期**：继超常期之后，神经的兴奋性又下降到低于正常水平的时期。

二、细胞的生物电现象

（一）静息电位和动作电位

1. 静息电位　细胞在安静状态时膜内外两侧的电位差称为**静息电位**。若规定膜外电位为 0，则膜内为负电位，且大都在－100～－10mV。静息状态下膜电位外正内负的状态称为**极化**；静息电位（负值）增大的过程或状态称为**超极化**；静息电位（负值）减小的过程或状态称为**去极化**；膜的极性发生倒转（外负内正）称为**反极化**；细胞膜去极化后向静息电位方向恢复的过程称为**复极化**。

2. 动作电位　当细胞受一次短促的阈刺激或阈上刺激时，细胞膜原有的极化状态迅速消失，并继而发生倒转和复原等一系列电位变化，称为**动作电位**。膜内电位在短暂时间内由原来的负电位变为＋20～＋40mV 的水平，即由原来的内负外正状态变为内正外负状态，膜内外电位变化幅度为 90～130mV，构成了动作电位的上升支。但膜内外电位倒转很短暂，很快出现复极化，构成了动作电位的下降支。动作电位中，快速去极化和复极化的部分变化幅度很大，称为峰电位，是动作电位的主体，代表组织的兴奋过程；峰电位之后还会出现一个缓慢的波动，称为后电位，代表组织兴奋性的恢复过程。

动作电位的产生有赖于 Na^+ 通道的大量开放，而 Na^+ 通道大量开放的前提是静息电位必须减小到某一临界数值，此临界点的跨膜电位的数值，就是阈电位，它是可兴奋细胞的一个重要参数，比静息电位的绝对值少 10～20mV。**动作电位具有“全或无”现象**，即阈刺激或阈上刺激引起的动作电位的波形和幅度一致，而阈下刺激不产生动作电位。动作电位的产生取决于去极化能否达到阈电位水平，而与原刺激强度无关。

（二）生物电现象产生的机制

生物电现象的产生是由于细胞膜内外两侧带电离子分布的不均匀及细胞膜在不同情况下对这些带电离子的选择性通透而造成的，这称为离子学说。

1. 静息电位的产生机制 静息状态下，细胞内的 K^+ 远高于膜外，且此时膜对 K^+ 的通透性高，导致 K^+ 以易化扩散的方式移向膜外；但带负电荷的大分子蛋白质不能通过膜而聚集在膜的内侧，故随着 K^+ 的流出，膜内电位变负而膜外变正，膜内外形成一定的电位差可阻止 K^+ 的外流；随着 K^+ 外向扩散，这种电位差与浓度梯度促使 K^+ 外流的力量达到平衡时，K^+ 的净流量为零，此时膜内、外电位差即称为静息电位。因此，静息电位主要是 K^+ 外流所致，又称为 K^+ 平衡电位。

2. 动作电位的产生机制 细胞外 Na^+ 浓度是细胞内 Na^+ 浓度的 10～30 倍，细胞受到刺激时，细胞膜对 Na^+ 的通透性突然增加，膜外高浓度的 Na^+ 在膜内负电位的吸引及 Na^+ 本身浓度差的作用下以易化扩散的形式迅速内流，造成膜内负电位迅速降低；由于膜外 Na^+ 具有较高浓度势能，当膜电位减小到 0 时仍可继续内移转为正电位，直至内流的 Na^+ 在膜内所形成的正电位足以阻止 Na^+ 的净内流为止，此时的电位相当于 Na^+ 平衡电位，而后，Na^+ 通透性降低而 K^+ 通透性增大，膜内大量 K^+ 外流使膜电位迅速恢复。

第二节 肌细胞的收缩功能

一、神经肌肉接头处的兴奋传递

运动神经纤维末梢与肌细胞相接触的部位，称为神经—肌肉接头或运动终板。运动神经纤维在到达神经末梢时失去髓鞘，以无髓鞘的末梢嵌入肌细胞特化了的肌膜褶皱中，该部分轴突末梢称为接头前膜，而特化的肌膜称为接头后膜，两者之间存在间隙，称为接头间隙，约 50nm，其中充满细胞外液。轴突末梢中的囊泡中含有乙酰胆碱（Ach），可与终板膜上的 Ach 受体发生特异性结合，导致终板电位发生。终板膜表面含有胆碱酯酶，可以水解 Ach，使其失活。

神经冲动传到神经末梢使突触前膜兴奋，导致轴突膜上的 Ca^{2+} 通道开放，细胞外液中的 Ca^{2+} 顺浓度梯度进入突触小体内，使突触小泡与突触前膜融合；囊泡中的 Ach 释放入接头间隙，然后扩散到终板膜后与膜上的受体结合，这种结合使 Ach 门控 Na^+-K^+ 通道开放，允许 Na^+ 流入和 K^+ 流出，但 Na^+ 流入远远超过 K^+ 流出，总的效果使终板膜缓慢去极化，产生终板电位（约－60mV）；终板电位是一种局部电位，不具“全或无”特征，传播具有局限性，其大小可随 Ach 释放量增多而增加，可产生总和。当终板电位的紧张性扩布使终板膜临近的正常肌细胞膜去极化而达到阈电位时，就产生一次能向整个肌细胞传导的动作电位，这就完成了神经和肌肉之间的一次兴奋传递。终板膜上的胆碱酯酶能迅速清除神经冲动时神经末梢释放的Ach，使神经肌肉接头传递保持1∶1的关系，神经肌肉接头传递只能由神经细胞末梢传向肌细胞，而不能进行相反方向的传递。任何影响Ach释放、Ach与受体结合及胆碱酯酶发挥作用的因素都会影响其兴奋传递。神经—骨骼肌接头传递的特点：①单方向性，只能从神经轴突末梢传向肌纤维；②有时间延迟（突触延搁）；③易受环境和药物的影响；④易疲劳性。

二、肌肉的收缩机制

在以膜电位的变化为特征的兴奋过程与以肌丝滑行为基础的收缩活动之间，存在着把两者联系起来的中介过程，称为**兴奋—收缩偶联**。主要包括：电兴奋通过横管系统（T管）传向肌细胞的深处；三联管结构处信息的传递；肌浆网（即纵管系统，L管）对Ca^{2+}的释放与再聚积。三联管是兴奋—收缩偶联的结构基础。

其全过程如下：①当肌细胞膜兴奋时，动作电位可沿着凹入细胞内的横管膜传导，引起横管膜产生动作电位。②当动作电位传到终末池时，激活T管和L型Ca^{2+}通道，L型Ca^{2+}通道发生构型改变，消除对终末池膜上Ca^{2+}释放通道的堵塞作用。③终末池内的Ca^{2+}大量进入肌浆并与肌钙蛋白结合，触发肌丝的相对滑行，引起肌肉收缩。④肌浆网上的Ca^{2+}泵对Ca^{2+}的亲和力高于肌钙蛋白，当肌浆中Ca^{2+}浓度升高时，使肌浆网上的Ca^{2+}泵激活，因此由肌浆网释放的Ca^{2+}在与肌钙蛋白短暂结合后，最终全部被Ca^{2+}泵逆浓度梯度由肌浆中转回到肌浆网中（由分解ATP获得能量），使肌浆中Ca^{2+}浓度下降到静息浓度。⑤被回收的Ca^{2+}与终末池中的扣钙素结合，使肌浆网中的Ca^{2+}浓度下降，有助于Ca^{2+}泵的转运和终末池中贮存更多的Ca^{2+}。⑥最后肌钙蛋白与原肌凝蛋白质的构象也随之恢复静息时的状态，重新阻碍横桥与肌纤蛋白质的结合，细肌丝滑出，肌肉舒张。触发骨骼肌兴奋—收缩偶联所需要的Ca^{2+}全部来自肌浆网，因此，Ca^{2+}在骨骼肌兴奋—收缩偶联中起关键作用。

三、肌肉收缩的特性

肌肉兴奋表现为收缩，收缩时发生张力和长度的变化。**等长收缩**：肌肉长度不变而张力发生改变的收缩。**等张收缩**：肌肉长度发生改变而张力无改变的收缩。动作电位是肌肉兴奋的标志，它是肌肉收缩的先兆。在实验条件下，肌肉受到一次刺激所发生的收缩，称为单收缩。当肌肉受到一连串间隔很短的刺激时，产生的一系列兴奋，使未完全舒张的肌纤维进一步缩短，出现多次收缩的总和。当肌肉受到一连串间隔很短的刺激时，因总和而导致的持续收缩状态，**叫强直收缩**。强直收缩曲线呈锯齿状，称为不完全强直收缩；若描绘出一条平滑曲线，称为完全强直收缩。产生完全强直收缩所需要的最低刺激频率称为**临界融合频率**。

第三节　鱼类的放电

电器官的结构和生理意义

现知有数百种鱼类具有发电器官，从解剖学角度看，多数电鱼的发电器官是由肌肉演化的。发电器官的共同特征是包含许多由结缔组织构成的小室，每一个小室内有一电板，浸浴在胶状物质里。

电器官放电的生理意义具有以下四个方面：攻击和摄饵，放电攻击是一种随意的行动，可能和肌肉反射活动相同；防御；测定位置；对方的识别，电器官放电可以相互识别同类，也有可能识别性别进行生殖。

第三单元 血 液

血液具有运输、防御和免疫、维持内环境相对稳定和参与体液调节等多种功能。血液由血细胞和血浆组成。血细胞中的红细胞、白细胞及凝血细胞分别在气体运输、酸碱调节、机体防御和保护及凝血等方面发挥重要的生理作用。血浆中白蛋白所形成的胶体渗透压可维持血管内外的水平衡，而氯化钠或尿素等小分子晶体物质形成的晶体渗透压参与维持细胞内外的水平衡。红细胞具有渗透性脆性和悬浮稳定性，行使气体运输和酸碱调节功能。根据红细胞膜上凝集原的种类，血液可分成不同血型。鱼类的白细胞大部分是中性粒细胞和淋巴细胞。正常情况下，机体内凝血与纤溶过程处于动态平衡，保证血管内皮的完整性以及血液的通畅。

第一节 内环境及血液功能

一、体液、机体内环境与稳态

动物体内所含液体总称为体液。以细胞膜为界，体液分为细胞内液和细胞外液。细胞内液占总体液量的2/3，是细胞内各种生化反应进行的场所；细胞外液约占总体液的1/3，包括血浆、组织液、淋巴液和脑脊液等。

细胞需要从细胞外液中摄取氧气和营养等物质，同时，细胞新陈代谢的产物也需经细胞外液排泄至外环境。因此，细胞外液既是细胞直接浸浴和生存的环境，又是细胞与外界环境进行物质、能量交换的媒介。生理学将细胞外液构成的细胞赖以生存的液体环境称为机体的

内环境，以区别于整体所生存的外界环境。

在新陈代谢过程中，机体依赖多种调节机制，将内环境的成分和理化特性控制在一个相当小的变动范围内，这种在一定生理范围内变动的相对恒定状态即称为**内环境稳态**。内环境稳态是维持细胞正常生理功能和动物生命存在的必要条件。

二、血液的总量

动物体内血液的总量即血量，为血浆量和血细胞量的总和，包括循环血量和贮备血量。安静状态下，大部分血液都在心血管系统内迅速流动，为循环血量；其余少部分血液主要滞留在肝、脾、鳃、腹腔静脉等贮血库中，流动缓慢，红细胞比例较高，为贮备血量。循环血和贮备血之间频繁交换，当机体大量出血或激烈运动时，贮藏的血液就会释放到循环血液中以补充循环血量的不足。

具有封闭血管系统的动物，体内循环血液的量相对稳定。血量的相对稳定对维持动物血压和各器官的血液供应非常重要。健康动物若一次失血不超过血液总量的10%，则可因心脏活动的加强加快、血管的收缩以及贮备血的加速回流而很快恢复失血前的血量，一般不会对健康产生不良影响。通常，血浆中的水分和无机物可在1～2h内由组织液进入血管补偿；血浆蛋白质可以因肝脏合成蛋白质的速度加快而在1～2d内恢复；血液中的红细胞需要1个月左右可以恢复。但倘若失血超过血液总量的20%，机体无法通过内部的调节、代偿功能来维持正常的血压水平，机体活动将出现明显障碍。若失血超过总血量的30%，则会危及生命。

通常，鱼类的血量比其他脊椎动物低，并受种类、年龄、性别、营养状况、生理状况、活动程度和环境等因素的影响。大多数鱼类血量仅为体重的1.5%～3%，但某些软骨鱼类血量可达到体重的5%。

三、血液的功能

1. 运输 血浆中白蛋白、球蛋白是许多激素、离子、脂质、维生素和代谢产物的载体。氧气、营养物质、组织代谢产物、许多体液性因素（如激素）、酶和维生素等物质均需要依靠血液运输才能发挥其生理作用。贫血时，红细胞数量和血浆蛋白含量减少，会不同程度地影响血液的运输功能，出现一系列病理变化。运输是血液的基本功能，其他功能几乎都与血液运输有关。

2. 维持内环境稳态 组织液流动范围非常有限，因此，机体细胞与组织液进行物质交换，必须依靠血液在组织液与各内脏器官之间运输各类物质，通过内脏器官的功能活动来维持内环境稳态。血液中具有很多缓冲机制和体系，可防止血液在运输各种物质过程中理化性质发生较大的变化。本身就是稳定系统的血液，对机体内环境的稳定发挥着其他体液成分无法替代的作用。

3. 防御和保护功能 白细胞中的粒细胞、单核细胞及由单核细胞发育成的巨噬细胞参与机体的非特异性免疫，而淋巴细胞受刺激被激活后所产生的局部细胞反应或各种抗体，参与机体的特异性免疫。此外，血浆中的各种免疫物质如免疫球蛋白、补体、凝集素和溶菌素等，也能防御或消灭入侵机体的细菌和毒素。

4. 营养功能 机体内的某些细胞，特别是单核巨噬细胞系统，能吞饮完整的血浆蛋白，并由细胞内酶将其分解为氨基酸，氨基酸再经扩散进入血液，随时供给组织细胞合成新的蛋白质。

第二节　血液的化学组成和理化特性

一、血液的组成

高等脊椎动物血液多为红色，但低等脊椎动物因血液中血细胞所含的呼吸色素不同而具有多种多样的颜色。

血液可分成血浆和血细胞两部分。血浆约占血液体积的55%，血细胞约占血液体积的45%。取一定量的血液与少量抗凝剂混匀置入血细胞比容管中，经离心沉淀（3 000r/min，30min），管中血液分为上、下两层，上层为淡黄色透明的血浆，下层为压紧的呈暗红色的红细胞，中间夹一薄层白色、不透明的白细胞和凝血细胞。利用此方法，可测定出红细胞在全血中所占的容积百分比，称为红细胞比容。白细胞和凝血细胞在血液中的体积只占1%左右，因此这部分数值常被忽略不计。

红细胞比容可反映血液中红细胞的相对浓度，比容增大表示机体内红细胞数量增多或机体失水。鱼类红细胞比容一般为20%～30%，运动速度快的金枪鱼甚至接近哺乳动物。种类、性别、生理和病理因子等均可影响比容值，同一尾鱼在患病期间，红细胞比容下降。生产上，红细胞比容常被用来评价动物营养状况、健康状况、性腺发育程度等。

如果血液抽出后不加抗凝剂即放入试管中，血液将在短时间内凝固。静置一段时间，血凝块收缩并析出淡黄色的透明液体，这就是血清。血清和血浆虽然都是血液的液体部分，但成分并不完全相同，两者最主要的差别是血清中没有纤维蛋白原。

二、血浆的主要成分

（一）血浆的主要成分

血浆是内环境的重要组成部分，主要成分是水，此外，还有13%～15%的固体物质，包括蛋白质、无机盐、小分子有机物等。血浆中水分含量因鱼的种类、运动量不同而异，一般占血浆量的80%～90%。鱼类可通过体内调节机制维持机体与外界环境渗透压相适应。

（二）血浆的功能

1. 血浆蛋白的功能　血浆蛋白是血浆中多种蛋白质的总称，包括白蛋白、球蛋白和纤维蛋白原。去除纤维蛋白原以外的其他蛋白统称为血清蛋白。除金枪鱼未见γ-球蛋白，板鳃鱼类缺少白蛋白外，大多数鱼类血清蛋白成分可与人类相对应。血清蛋白含量可随动物健康、营养和疾病状况不同而异，因此，可作为判断上述状况的指标之一。

白蛋白分子较小，但数量最多，主要功能是形成血浆的胶体渗透压，缓冲血浆酸碱变化以及运输激素、营养物质和代谢产物。球蛋白可分为α、β、γ三类，α-球蛋白、β-球蛋白除参与防御和免疫功能外，还具有运输功能；γ-球蛋白几乎都是抗体，但鱼类的γ-球蛋白仅有少数几类，主要类型为IgM。纤维蛋白原主要参与凝血作用。

2. 无机盐的功能 血浆中有多种无机盐，大多以离子形式存在。重要的阳离子有 Na^+、K^+、Ca^{2+}、Mg^{2+} 等，重要的阴离子有 SO_4^{2-}、Cl^-、PO_4^{3-}、HCO_3^- 等。鱼类主要通过离子和水分调节以维持渗透压稳态。其中 NaCl 是构成硬骨鱼类晶体渗透压的主要成分；$NaHCO_3/H_2CO_3$ 构成血浆中主要的缓冲对，维持体内的酸碱平衡；虽然血浆中 K^+、Ca^{2+} 等无机盐含量很少，但它们在维持神经和肌肉的兴奋性等方面起着重要作用。

3. 非蛋白氮（NPN）的功能 非蛋白氮是血浆中除蛋白质以外的含氮物质的总称，主要包括氨基酸、多肽等营养物质和尿素、尿酸、肌酸、肌酐、氨和胆红素等代谢产物。硬骨鱼类血液中尿素含量一般很低，但因软骨鱼类几乎所有组织中均存在精氨酸酶，且鳃、消化管对尿素不通透，因此血液和肌肉中尿素含量较高（占 NPN 的 80%）。尿素对软骨鱼类血浆晶体渗透压的维持起重要作用，其中 41%～47%血浆渗透压由 NaCl 决定，剩下的由尿素决定；而硬骨鱼类晶体渗透压的 75%由 NaCl 决定。

4. 其他物质的功能 血浆中除上述物质外，还包括糖类、脂肪、激素、维生素、呼吸气体等，其中血糖含量可作为反映机体营养、健康等状况的指标之一，而脂肪、胆固醇、激素等物质虽然在血浆中含量很低，但在生物膜构成、体液调节等方面发挥重要的生理功能。

三、血液的理化特性

（一）血液的密度

血液的密度是衡量血液中水分、血细胞量以及血浆蛋白量的一个指标，大小主要取决于红细胞数量和血浆蛋白的浓度，血液中红细胞数量大和血浆蛋白含量高则血液密度大。

鱼类的全血和血浆密度范围分别为 1.032～1.051mg/cm^3 和 1.023～1.025mg/cm^3。

（二）血液的黏滞性

黏滞性是指液体流动时表现出的流动缓慢、黏着的特性，以液体流出细管的速度来衡量。黏滞性的高低主要取决于循环系统中的血细胞和血浆中的蛋白质，而含盐量对其影响不大。黏滞性一般不随血流速度而变化，但当流速小于一定限度时，因红细胞可叠连或聚集成其他形式的团粒，血液黏滞性增大。血液黏滞性对血流速度和血压都有重要影响，当其他因素不变，血液黏滞性降低时，血流速度增加，血压下降。鱼类血液的黏滞性平均为1.49～1.83。

（三）血浆渗透压

渗透压是指溶液中不易透过半透膜的溶质颗粒吸取膜外水分子的一种力量，其大小与单位溶剂中溶质分子数量的多少成正比，而与颗粒的种类和颗粒大小无关。鱼类渗透压常以冰点下降度（Δt）、毫米汞柱（mmHg）等表示。按照渗透压大小的顺序排列，通常海水板鳃鱼类＞海水＞海水硬骨鱼类＞淡水硬骨鱼类＞淡水。

血浆渗透压由两部分构成。由血浆中小分子的晶体物质（葡萄糖、尿素、无机盐等）形成的渗透压称为**晶体渗透压**，占渗透压的绝大部分。晶体渗透压对血液和组织液间的水分调节不起作用，但对于维持细胞的正常形态和大小、保持细胞内外的水分平衡极为重要。由血浆中大分子物质（主要是白蛋白）所形成的渗透压称为**胶体渗透压**。胶体渗透压虽然很小，但对血管内外的水平衡有重要调节作用。

与实验动物血浆渗透压相等的溶液（常用 NaCl 溶液）被称为**等渗溶液**或生理盐水，高于或低于血浆渗透压的溶液分别称为**高渗**或**低渗溶液**。淡水硬骨鱼类的等渗溶液为 0.86%～1%的 NaCl 溶液，由于其既等渗又等张，因此能使置于其中的红细胞保持正常的体积和形态，而 1.9%的尿素溶液虽然与血浆等渗但不等张，红细胞置入其中后会立即破裂。

（四）酸碱度

鱼类血液的酸碱度通常为 7.52～7.71。pH 的相对稳定有赖于血液中若干缓冲对所形成的一套缓冲机制。血浆中缓冲对主要有 $NaHCO_3/H_2CO_3$、Na_2HPO_4/NaH_2PO_4、蛋白质/蛋白质钠盐等；血细胞中缓冲对主要有 $KHCO_3/H_2CO_3$、K_2HPO_4/KH_2PO_4、血红蛋白钾盐/血红蛋白、氧合血红蛋白钾盐/氧合血红蛋白等。

$NaHCO_3/H_2CO_3$是血浆中最重要的缓冲对。将 100mL 血浆中所含有的 $NaHCO_3$的含量称为**碱储备**，也称**碱储**。当体液偏酸或偏碱时，$NaHCO_3/H_2CO_3$进行调节。$NaHCO_3$的变化比 pH 变化早，因此，在疾病诊断及预后判定上碱储备的价值比 pH 重要。

四、虾蟹类、贝类及龟鳖类血液的理化特性

虾蟹类血浆的化学组成与鱼类相近，但呼吸色素为血蓝蛋白。血蓝蛋白的金属部分为铜，在与氧结合时为蓝色，除去氧后则为无色。血蓝蛋白不仅具有输氧功能，而且还与免疫、能量贮存、渗透压维持及蜕壳过程的调节有关。血蓝蛋白运输氧的能力较低，正常生理条件下，血蓝蛋白的含氧量常达不到饱和状态。

贝类的血液通常无色，内含变形的血细胞。一般贝类的血液含血蓝蛋白，如扇贝、牡蛎、文蛤等，但泥蚶、魁蚶等因血液中含有血红素而呈红色。贝类呼吸色素对氧的亲和力，因种类和栖息环境不同而异，运动能力强的贝类与氧的亲和力强。血液成分、物质浓度以及血量随蜕壳活动呈周期性变动，并参与渗透压及离子调节。在外界环境变化及病理状况下血液常会发生形态及功能上的变化，细菌感染时凝血时间大大延迟。

龟鳖类血浆占血液体积的 60%～80%，Na^+、Cl^-和 HCO_3^-是血液中的主要离子，构成血浆渗透压的 85%以上。一般海产种类的龟渗透压较高，而淡水种类渗透压较低。龟鳖类血浆 pH 为 7.2～7.8，但潜水期间血液成分会发生大幅度变动，pH 可降低至 6.8。龟鳖类红细胞比容 20%～35%，每 100mL 血液中血红蛋白含量为 6～12g。由于龟鳖类是变温动物，温度对血浆酸碱平衡和电解质平衡有重要影响。

第三节　血细胞的生理功能

鱼类的造血系统和高等脊椎动物不同，主要的造血部位是脾脏和肾脏，产生红细胞、白细胞和凝血细胞。血细胞以不断的自我更新和增殖方式，保持血液各有形成分的动态平衡。

一、红 细 胞

（一）红细胞的形态和数量

一般来说，进化越高等的动物，红细胞越小，数量越多，且血细胞越高度分化，细胞核消失。低等脊椎动物如鱼类、两栖类、爬行动物中的龟鳖类红细胞是有核的、椭圆

形细胞。鱼类的红细胞大小因种类不同而异，但总体而言，其直径比哺乳动物的红细胞要大得多。

红细胞是脊椎动物血液中数量最多的血细胞，数量以每立方毫米血液中的红细胞数表示。除短腹冰鱼等极少数南极鱼类没有红细胞或红细胞数量很少外，绝大多数鱼类的红细胞含量均占其血细胞总量的90%以上。鱼类的红细胞数量变动范围为14万～360万个/mm^3，少数鱼类如金枪鱼，红细胞数高于300万个/mm^3。红细胞数量存在着种间、季节、性别差异以及不同生理状态下的差异等，窒息、饥饿、受伤及患病时鱼类血液中红细胞数量减少，大小也会发生变化。

（二）红细胞的功能及其与血红蛋白的关系

红细胞的主要功能是运输氧气和二氧化碳，并对机体产生的酸、碱物质起缓冲作用。有些鱼类的红细胞还具有一定的非特异性免疫功能。

1. 气体运输　红细胞运输气体的功能主要由血红蛋白完成。血红蛋白是脊椎动物中分布最广的一种呼吸色素，其金属部分为铁。血红蛋白与氧发生氧合作用，这种结合很疏松，在高氧分压时与氧结合，在低氧分压时与氧解离。血红蛋白也可与二氧化碳结合，但这种作用在结合氧时可反转。此外，血红蛋白也易与一氧化碳结合，且结合后很难分离，并失去结合氧的能力。

通常以100mL血液中所含有的血红蛋白克数来表示血红蛋白含量。血红蛋白含量的测定通常采用比色法，加少量盐酸于定量的血液中，使血红蛋白中亚铁血红素变为高铁血红素，这种稳定的棕黄色溶液经加水稀释使之与标准色相同，从而求出血红蛋白的克数或百分数。鱼类的血红蛋白含量随鱼的种类不同而异，一般硬骨鱼类血红蛋白含量大于软骨鱼类。性别、年龄、性周期、动物本身的活动性、季节、健康状况、环境和食物等都可能影响血红蛋白的含量。运动能力强的鱼类较运动能力弱或底栖生活的鱼类有较多的血红蛋白，患病鱼血红蛋白含量明显低于健康鱼，并随病情发展血红蛋白含量继续下降。

2. 酸碱调节　红细胞中的血红蛋白也具有碱储备的作用，其中血红蛋白钾盐/血红蛋白、氧合血红蛋白钾盐/氧合血红蛋白等缓冲对与血液中其他缓冲系统一起，共同调节体液的酸碱平衡。

（三）红细胞的生理特性

1. 红细胞渗透脆性与溶血　红细胞膜具有一定的弹性，但当处于低渗溶液中，水分进入红细胞过多，细胞膜就会破裂。不论何种原因引起红细胞破裂导致血红蛋白释出的现象都称为溶血。溶血后，血红蛋白丧失其生理功能。

引起溶血的原因有三类：将红细胞移至渗透压比血浆低的溶液中所引起的溶血为渗透性溶血，由于各种化学物质（如皂碱、酒精、尿素、甘油以及各种麻醉剂等）导致的溶血为化学性溶血，由于生物因子（如蛇毒、植物毒中溶血性有毒蛋白或者免疫产生的溶血素，葡萄球菌、破伤风菌等细菌制造的溶血毒素等）引起的溶血为生物性溶血。血清和血浆有抑制溶血的作用，糖能抑制皂碱或胆汁所致的溶血。

红细胞在低渗溶液中抵抗破裂和溶血的特性称**红细胞渗透脆性**，与红细胞的渗透阻力成反比。对低渗盐溶液的抵抗力（渗透阻力）越小，表示红细胞的脆性越大；反之，对低渗盐溶液的抵抗力越大，表明红细胞的脆性越小。通常以测定红细胞的脆性来了解红细胞的生理状态，或作为某些疾病诊断的辅助方法。

2. 红细胞的悬浮稳定性与血沉　红细胞在血管中流动时保持悬浮状态而不易下沉的特性称为**红细胞的悬浮稳定性**。放置不动时红细胞沉淀的速度称为**红细胞沉降率**，简称**血沉**。通常将一定量的抗凝剂（如枸橼酸钠、肝素等）加入定量的血液，充分混匀后置于血沉管中，垂直放置，记录1h末血液上层透明血浆柱的高度，即为血沉。血沉越小，说明红细胞的悬浮稳定性越大，因此血沉可用来衡量红细胞的悬浮稳定性。

引起血沉的原因之一是红细胞密度大于血浆，但关键因素在于红细胞容易相互叠连。血浆中球蛋白特别是纤维蛋白原及胆固醇增多时，会促使红细胞沉降加速；而白蛋白、卵磷脂含量增多时，会减缓红细胞沉降。由于疾病或炎症会加速红细胞沉降，因此血沉可反映鱼类的生理状况并可诊断疾病。

二、白细胞

（一）白细胞的数量及分类

白细胞是血液中除红细胞、凝血细胞以外其他各种细胞的总称，无色、有核，形状多为圆形。鱼类的白细胞在血液中占的比例很小，且大部分是中性粒细胞和淋巴细胞，其次是单核细胞，嗜酸性粒细胞和嗜碱性粒细胞在鱼类中数量很少或没有。中性粒细胞和淋巴细胞在所有脊椎动物中均存在，嗜酸性粒细胞和嗜碱性粒细胞的有无随鱼种而异。

鱼类的白细胞数量比哺乳动物大得多，一般为1万个/mm^3 以上。鱼类白细胞数量随鱼种、性别、季节等不同有相当大的变动。鱼类患病或受到有毒物质感染时，白细胞数量增加。

（二）白细胞的生理特性与功能

白细胞具有向某些化学物质游移并集中的特性（趋化性）。细菌毒素、抗原—抗体复合物、机体细胞的降解物均能引起趋化。除淋巴细胞外，其他白细胞可借助变形运动穿过血管壁到达组织将上述物质包围并吞入细胞质内（吞噬）。最后，白细胞通过多种酶的活动等将吞噬的细菌等物质消化和分解。

中性粒细胞具有活跃的变形能力、高度的趋化性和很强的吞噬及消化能力，可吞噬与消化侵入机体的各种病原微生物以及自身老化与坏死的细胞。

嗜酸性粒细胞能非特异性地吞噬病原和伤亡的自身组织，并释放其颗粒内的活性成分。嗜碱性粒细胞内含有肝素，可能与抗凝血作用有关。

淋巴细胞对“异己”构型物质，特别是对生物性致病因素及其毒性具有防御、杀灭和消除能力，可分成T淋巴细胞和B淋巴细胞，前者主要执行细胞免疫功能，后者主要执行体液免疫功能。

单核细胞有活跃的变形运动和吞噬活动，能分解所吞噬的物质，同时协助淋巴细胞发挥作用。单核细胞对环境变化十分敏感，生活在严重污染水域或感染寄生虫后的鱼类，其单核细胞数量骤增。

三、凝血细胞

凝血细胞又称**血栓细胞**。鱼类的凝血细胞常成群分布，呈纺锤形或泪滴状，有细胞核，体积比红细胞小，为每立方毫米2万～10万个，数量随种类、性别、生殖周期、季节以及饲养环境等因素而变化。

凝血细胞具有彼此之间互相黏附、聚合成团的特性，通常为串链状或聚集成松软的止血栓堵住伤口，实现初步止血。凝血细胞内含有凝血致活酶，而且表面的质膜还结合有多种凝血因子，当凝血细胞接触异常表面则激活凝血过程。此外，凝血细胞还具有一定的吞噬功能。

四、虾蟹类、贝类及龟鳖类的血细胞

虾蟹类的血液由血细胞和血浆组成。血细胞体积占总血量的1%以下。血细胞为卵圆形或椭圆形。甲壳动物的血细胞目前尚无统一的分类标准，但根据细胞质中是否含有颗粒或由颗粒的大小分为无颗粒细胞、小颗粒细胞和大颗粒细胞。一般细胞大小顺序为无颗粒细胞<小颗粒细胞<大颗粒细胞，在总血细胞中所占比例大小为无颗粒细胞<大颗粒细胞<小颗粒细胞。无颗粒细胞和小颗粒细胞的吞噬能力较强，大颗粒细胞无吞噬能力，但可发生胞吐作用。此外，血细胞还与血液凝固有关。

软体动物各纲血细胞类型有所不同，一般分为变形细胞和红血细胞。贝类血细胞的运动类似于变形虫，在运动时首先伸出伪足，然后依靠内部细胞质的流动而向前推进。由于血细胞还具有类似高等动物白细胞的吞噬功能，因此可吞噬细菌异物甚至其他血细胞。

龟鳖类的红细胞椭圆形，且有核。不但具有中性粒细胞、嗜碱性粒细胞以及淋巴细胞等白细胞，还具有嗜天青粒细胞。龟鳖类血栓细胞结构与鱼类相似，数量分别占白细胞分类计数的41%和12%～28%，但前者的凝血时间明显长于后者。

第四节　血液凝固与纤维蛋白溶解

一、血液凝固与纤维蛋白溶解

（一）血液凝固

1. 凝血的因子　目前公认的参与凝血的因子至少有12种。除因子Ⅳ（Ca^{2+}）和磷脂外，其余的凝血因子都是蛋白质，并多数在肝脏中合成。因子Ⅲ仅存在于组织中，而其他因子均存在于血浆中。血液中具有酶特性的凝血因子都是以无活性的酶原形式存在，必须被激活后才具有酶的活性。

2. 血液凝固过程　血液离开血管，由溶胶状态变成不能流动的凝胶状态的过程，称为血液凝固或血凝。血凝是一系列复杂的化学连锁反应过程，属于正反馈效应，大致包括3个步骤：第一步是凝血因子形成凝血酶原酶激活物；第二步是凝血酶原形成凝血酶；第三步是纤维蛋白原转变成纤维蛋白。

外源性凝血途径在体内生理性凝血反应的启动中起关键性作用，启动者是组织凝血活素（因子Ⅲ）。当血管受损后，因子Ⅲ启动外源性凝血过程，形成微量的凝血酶。但真正有效凝血的关键阶段是放大阶段，即微量凝血酶激活血浆内部的凝血因子，通过一系列酶促反应启动并加强内源性凝血途径，生成足量凝血酶，维持和巩固凝血过程。

鱼类的血液非常容易凝固，且硬骨鱼类血液的凝固时间短于软骨鱼类。组织受损时，血液流于体表很快就会凝固。

（二）纤维蛋白的溶解

1. 纤溶系统及纤溶抑制物　血液凝固过程中形成的纤维蛋白被分解液化的过程即称为

纤维蛋白溶解（简称纤溶）。纤溶系统包括纤溶酶原、纤溶酶、纤溶酶原激活物和纤溶酶原抑制物；而纤溶酶原抑制物包括抗活化素和抗纤溶酶等，阻碍纤维蛋白的溶解。

2. 纤溶的基本过程 纤维蛋白溶解的第一阶段是纤溶酶原的激活，第二阶段即纤维蛋白的降解。正常情况下，血浆中抗纤溶酶含量是纤溶酶的20～30倍，但由于纤维蛋白可吸附纤溶酶和其激活物，而不吸附其抑制物，因此，血块中有大量的纤溶酶形成，促使纤维蛋白的溶解。

（三）虾蟹类和贝类的血液凝固

贝类的血液中没有纤维蛋白原，但能依靠细胞变形虫似的血细胞聚集使血液凝固。这种凝血方式并不经过生化作用，比高等动物的凝血作用简单。

虾蟹类血液凝结的速度很快。对虾的颗粒细胞有凝血细胞的功能。在外来或伤害性刺激下凝血酶原性内含物释放并被激活，与血液中纤维蛋白原相互作用形成纤维蛋白凝块。虾蟹类的血液凝固有3种不同的情况：①完全由于血细胞的凝集，与血浆无关；②血细胞凝集后血浆胶凝化；③血浆的胶凝化，只少数血细胞凝集。

二、影响凝血的因素

（一）机械因素

血液与粗糙面接触会导致凝血因子的相继活化，从而触发血液凝固的一系列连锁反应。因此，血液与粗糙面接触会加速血液凝固。相反，血液与光滑表面接触可延缓血液凝固。

用粗糙的木条在初流出的血液中搅拌，可以除去纤维蛋白细丝，这种去除了纤维蛋白的血液（即去纤维蛋白血）将不会凝固。

（二）温度因素

血液凝固是酶促反应。在一定的温度范围内，提高温度可使血凝加速，降低温度可延缓血液凝固，但不能完全阻止凝血发生。

（三）生物因素

肝素几乎存在于所有组织器官中，并以肝和肺中含量最高。肝素是高效抗凝剂，并可增强纤维蛋白溶解。凡能刺激肝素产生的因素都将延缓血液凝固；水蛭素、蛇毒和双香豆素等可抑制凝血酶的活性而延缓血液凝固。

（四）化学因素

凝血过程的3个阶段均需钙离子（Ca^{2+}）参与，因此，去除血浆中的Ca^{2+}可达到抗凝目的。草酸盐、柠檬酸盐以及乙二胺四乙酸（EDTA）等化学物质可以与血浆中的Ca^{2+}形成不易解离的草酸钙或络合物等而常被用来抗凝。维生素K参与凝血因子的合成，因此，可促进凝血和止血过程。

三、红细胞凝集与血型

红细胞膜上镶嵌凝集原，血清中含有凝集素。当含有某种凝集原的红细胞与另一种与它相对抗的凝集素相遇时，红细胞就会聚集，这种现象就称为凝集。凝集的本质是抗原—抗体反应，因此凝集是一种免疫现象。

临床实践中有重要意义的ABO血型中，红细胞膜上有A、B两种凝集原，而血清中含

有抗 A（α）和抗 B（β）两种不同的凝集素。凡是红细胞膜上只含有 A 凝集原的为 A 型血，它的血清中有抗 B 凝集素；只含有 B 凝集原的为 B 型血，血清中有抗 A 凝集素；两种凝集原都有的为 AB 型，血清中既没有抗 A 也没有抗 B 凝集素；两种凝集原都没有的为 O 型，血清中含有抗 A 和抗 B 凝集素。将受检者的血液分别滴入抗 A 和抗 B 的鉴定血清中，混合后在显微镜下观察，根据是否出现凝集现象，可鉴定受检者的血型。

鱼类血型比较复杂，如鲣有 2 种血型，金枪鱼有 4 种血型，红大麻哈鱼至少有 8 种不同抗原类型，而且这些不同类型出现的频率通常随不同地区的种类而有所不同。对鱼类血型的研究可以用来鉴别种族，在分类学上可追踪系统发生的亲缘关系，根据血型与经济性状之间的关系作为选育和品种改良的依据，并用于研究鱼类的资源和洄游。

第四单元　血液循环

水生动物的循环系统分为开管式循环和闭管式循环。心脏驱动血液不断流动。心肌细胞分为两大类型：普通心肌细胞具有兴奋性、传导性和收缩性；特殊心肌细胞构成心脏的特殊传导系统，具有自律性、兴奋性和传导性。心肌细胞动作电位具有平台期。由于心肌细胞有效不应期很长，且具有功能合体性，因此心肌细胞不产生强直收缩，并符合“全或无”定律。控制心脏活动的中枢在延脑。鱼类心脏受迷走神经的强烈抑制，并受多种体液因素的调节。

第一节　血液循环方式

循环系统主要包括四个部分：动力泵（心脏）、容量器（血管）、传送体（血液）以及调控系统（包括神经、内分泌和旁分泌等）。血液循环方式是动物进化的结果。多细胞动物发展到较高阶段出现具有管道输送体液的循环系统，并由开管式循环发展到闭管式循环。

一、开管式循环

无脊椎动物中绝大多数节肢动物、许多软体动物以及脊索动物海鞘具有开管式循环系统。开管式循环系统由心脏、血管和血窦三部分组成，血液由心脏泵出，经过动脉进入开放的体液腔（血腔），基本形式是：心脏→动脉→血窦→静脉→心脏。开管式循环系统血液的运行较少依赖于心脏的收缩，而附肢的运动、身体各部分肌肉的活动以及肠道的蠕动对血流都起很大的作用。

开管式循环的效率不及闭管式循环高，因此头足类的循环系统演化成为接近于闭管循环的系统，基本形式是心脏→动脉→微血管→静脉→心脏。

二、闭管式循环

脊椎动物、某些环节动物（如蚯蚓、沙蚕）、软体动物的头足类（如乌贼、章鱼）等具有封闭式循环系统，包括心脏、动脉血管、静脉血管以及微血管，血液始终在血管内运行，只有在毛细血管处与组织间进行物质交换。

鱼类只有一套循环系统，由心脏泵出的血液在鳃部进行气体交换后，直接流经躯体各动脉经静脉回心，血液在整个鱼体内循环一周只经过一次心脏（单循环），且心脏只有一心耳、一心室。两栖类以上动物的血液循环则有体循环和肺循环两套系统，即由心脏射出的血液，在肺部进行气体交换后，回到心脏；回流的血液由心脏再次泵出，进入体循环。

第二节 心脏的生理功能

一、心脏的组成

真骨鱼类的心脏分为静脉窦、心耳和心室三部分，在功能上还包括动脉球；板鳃鱼类的心脏分为四部分，分别为静脉窦、心耳、心室和动脉圆锥。大多数鱼类的心脏重量与体重之比约为1%，小于哺乳动物。

静脉窦是鱼类和两栖类心脏的起搏点，心脏的每一次收缩活动都是先从静脉窦开始，然后是心耳收缩、心室收缩。心耳容纳血液的能力很强，心室是循环原动力所在部位。动脉球不属于心脏本部，为硬骨鱼类特有，对维持血压及血液的持续流动起重要作用。动脉圆锥又称辅助性心脏，为软骨鱼类所特有。

二、心肌的生物电现象

构成心脏的肌肉为心肌，心肌细胞的生物电现象包括静息电位和动作电位。心肌静息电位的形成原因与神经、肌肉基本相同，是 K^+ 外流所达到的平衡电位。但心肌动作电位的形成是 Na^+、K^+、Ca^{2+}、Cl^- 等多种离子运动产生电位的总效果。

1. 非自律细胞的动作电位 鱼类非自律细胞的动作电位复极化过程复杂，持续时间为200～300ms，分为0、1、2、3、4等五个时期。

2. 自律细胞的动作电位 自律细胞在动作电位3期复极末达到最大值（最大复极电位或舒张电位）之后，膜电位自动、缓慢地去极化，当去极化达到阈电位水平时，就会自动产生一个新的动作电位。4期膜的自动去极化是自律细胞能够自动产生兴奋的原因，也是自律细胞生物电活动区别于非自律细胞的主要特征。

三、心肌的生理特性

1. 兴奋性　所有心肌细胞在受到刺激时都具有产生兴奋（动作电位）的能力。心肌兴奋性的高低，通常采用刺激阈值来衡量，刺激阈值高，表明兴奋性低，两者呈反比关系。当静息电位绝对值减少或阈电位水平下移时，心肌细胞的兴奋性会增高。

心肌细胞在每一次兴奋后，膜电位都会发生一系列有规律的变化，Na^+通道经历激活和复活等过程，兴奋性也随之发生相应的周期性变化，经历有效不应期、相对不应期和超常期三个时期，兴奋性的这种周期性变化将影响心肌细胞对重复刺激的反应能力。

2. 传导性　心肌具有机能合体性。因此，心肌细胞任何部位产生的兴奋不但可以沿整个细胞膜传播，而且可以通过低电阻的闰盘传递到另一个心肌细胞，从而引起整个心室和心耳的兴奋和收缩。除机能合体性以外，兴奋在整个心脏的迅速传导还主要由心脏的特殊传导系统来实现。

心肌的传导速度取决于心肌细胞某些结构和电生理特性，其中心肌细胞的直径、动作电位除极速度和幅度及邻近部位膜的兴奋性等是决定和影响心肌传导性的主要因素。

兴奋在心脏各个部分传播的速度不同，且以心耳心室交界区传导速度最低，因此会产生传导延搁。这种延搁使心室在心耳收缩完毕后才开始收缩，有利于心室的充盈和射血。

3. 自动节律性　在没有外来刺激的条件下，心肌能够自动地发生节律性兴奋的特性称心肌的自动节律性，简称自律性。只有自律细胞才有自律性，而非自律细胞是在接受了由自律细胞传来的刺激后才兴奋、收缩的。

根据心肌细胞结构特点和电生理特性，心肌细胞可分为两大类型：一类是普通心肌细胞（非自律细胞），构成心房（心耳）、心室壁，具有兴奋性、传导性、收缩性，但不具有自律性；另一类是特殊心肌细胞（自律细胞），主要构成心脏的特殊传导系统，具有兴奋性、传导性和自律性，但无收缩性。特殊传导系统各个部位（结区除外）都有自律性，但节律快慢不一，心脏的起搏点是节律性最高的部位，其他各部分的活动统一在起搏点的主导之下。鱼类心脏具有 2 或 3 个自律性较强的部位，根据自动节律点的分布位置，鱼类可分为三种类型。大部分硬骨鱼类具有 2 个自动节律点，而鳐类、鲨类等软骨鱼类心脏具有 3 个自动节律点。

4. 收缩性

（1）*“全或无”式收缩*　由于心脏具有特殊传导系统和功能合体性，只要刺激引起心肌某处兴奋或起搏点自动发生兴奋，这种兴奋就可以迅速传到整个心耳和心室，使心耳和心室肌产生一次同步式收缩，表现为“全或无”式。“全或无”式收缩有利于心脏泵血。

（2）*不发生完全强直收缩*　由于心肌细胞的有效不应期特别长，几乎延续到心肌整个收缩期及舒张早期，导致此期内任何刺激都不能使心肌发生第二次兴奋和收缩。这个特点使心肌不会产生强直收缩，而始终保持收缩和舒张交替的规律性活动，保证了心脏泵血功能的实现。

（3）*心肌收缩依赖外源性 Ca^{2+}*　心肌细胞膜内外阳离子（尤其是 K^+、Na^+、Ca^{2+}）浓度的改变，对心肌细胞的生物电活动和生理特性可产生明显影响。心肌细胞贮存的 Ca^{2+} 有限，因此其兴奋—收缩偶联时对细胞外液的 Ca^{2+} 具有明显的依赖。在一定范围内，细胞外液的 Ca^{2+} 浓度降低，则收缩减弱。当细胞外液中 Ca^{2+} 浓度降至很低或无 Ca^{2+} 时，可发生

"兴奋—收缩脱偶联"。高 Ca^{2+} 状态下，心肌收缩性能增高，但不持久，最终将停搏在收缩期；当 Na^+ 浓度升高时，Na^+ 内流的增加将促进 Ca^{2+} 主动外运，导致心肌收缩性能下降；由于细胞外 K^+ 和 Ca^{2+} 在心肌细胞膜上具有竞争性抑制作用，当 K^+ 增高时，可使心肌收缩力下降，严重时心跳停止在舒张状态。

四、虾蟹类及贝类的循环活动特点

虾蟹类心脏结实致密，扁囊状，主要由环肌构成，以心孔与围心窦相通。心孔内具有瓣膜，可防止血液倒流。血液从心脏流经动脉及其分支后，进入身体各部分组织间的血腔以及血窦内进行物质交换。心脏的收缩在起源上是神经源性，心脏的搏动由神经刺激而引起。一般小型种类的心跳频率大于大型种类，而且，甲壳动物血压低，血液运行较慢，血流速度与冷血脊椎动物相似。

贝类心脏由心室和心耳构成。心室常为 1 个，心耳的数目（1 个、2 个或 4 个）和位置则随鳃而异。腹足类心脏的起搏点在心耳内，但在其他软体动物上，心搏可以从心脏的任何地方开始。贝类心脏为肌源性心脏，心脏的兴奋既受交感神经又受副交感神经的支配。

五、理化因素对心肌的影响

（一）离子的影响

1. 钙离子　细胞外 Ca^{2+} 在心肌细胞膜上对 Na^+ 的内流有竞争性抑制作用。当外液中 Ca^{2+} 浓度增高时，Na^+ 的内流普遍受到抑制，导致浦肯野纤维等自律性细胞兴奋性和自律性降低，传导性下降。

2. 钾离子　心肌对 K^+ 浓度变化十分敏感。当血 K^+ 少量增多时，静息电位与阈电位的差距缩小，心肌的兴奋性提高；当血 K^+ 进一步增高时，促使 Na^+ 内流的电位差不足，导致心肌细胞的兴奋性和传导性降低甚至消失。

3. 钠离子　Na^+ 是心肌细胞外环境中主要的阳离子，Na^+ 内流是形成动作电位 0 期的基础。只有细胞外液 Na^+ 显著升高时，才会使浦肯野纤维等自律性细胞传导性和自律性升高。

（二）水温

环境温度能显著影响水生变温动物的心脏活动。通常，温度升高会使离体和在体心脏的心搏增加，而且在一定的温度范围内，当温度升高到某一中间温度时，心脏传导最快，搏动数最高。

（三）pH

鱼类心脏适宜的 pH 为 7.52～7.71。若灌流液偏酸性，则心肌收缩力下降；若灌流液偏碱性，则心肌收缩增强而舒张不全。

六、心动周期和心输出量

（一）心动周期和心率

心脏每收缩和舒张一次，称为一个**心动周期**。心动周期时程的长短与每分钟心脏搏动的次数（心率）有关，计算式为心动周期＝1/心率。例如，在水温 10℃时，500g 虹鳟在安静

状态下测得心率为 48 次/min，则心动周期为 1.25s。在一个心动周期中，不论是心耳还是心室，收缩期都短于舒张期，且存在全心舒张期。全心舒张期可保证心脏每次收缩后得到充分的休息，有利于血液回心和心肌充分休息而不致疲劳。心率加快时，舒张期的缩短比收缩期更为显著，因此不利于心脏的持久活动。

正常生理状态下，鱼类的心脏受迷走神经支配，因此，离体后的心脏心率明显加快。

（二）心输出量

心室每次收缩所射出的血量为**每搏输出量**，每分钟收缩所射出的血量为**每分输出量**。一般心输出量是指每分输出量，与机体的代谢水平相适应，大小为心率和每搏输出量乘积。对于鱼类，影响其心输出量的主要因素是每搏输出量，而心率变化的影响则较小。

第三节　血管的生理功能

一、血管的种类与功能

血管的基本功能是输送血液、分配血量和进行物质交换。按照生理功能、所处部位以及结构等方面的差异，血管可分为弹性贮器血管、分配血管、阻力血管、交换血管和容量血管。不论是体循环还是鳃循环，由心室射出的血液都流经由动脉、毛细血管和静脉相互串联构成的血管系统，再返回心耳。

二、血压的形成及影响因素

血压是指血管内血液对于血管壁的侧压力，分动脉血压和静脉血压，其中平均动脉压与各器官、组织血流量直接相关。血压形成的前提是血管内要有足够的循环血量，其次，心脏射血以及存在一定的外周阻力是形成血压的必要条件。

在一个心动周期中，动脉血压随着心室的收缩和舒张而发生规律性的波动。心室收缩时，主动脉血压上升达最高值，称为收缩压；心室舒张时主动脉血压下降达最低值，称为舒张压。一般情况下，收缩压的高低主要反映心脏每搏输出量的多少，舒张压的高低主要反映外周阻力的大小。鱼类的血压值随鱼种类鱼体大小性别等不同而不同，剧烈运动会使血压明显升高。

第四节　鳃的血液循环

鱼类鳃部的血液循环及影响因素

大多数鱼类终身生活在水里，依靠鳃的次级鳃瓣完成血液与外界之间的气体交换。由于水的密度和黏滞性比空气大，且水中气体溶氧量较空气少，因此，鱼类通过较薄的呼吸上皮、较大的呼吸面积以及鳃内水、血逆流交换系统进行氧气和二氧化碳的气体交换。鳃部血流量大小或鳃部血压的高低直接影响气体交换的速率。

鱼类的鳃具有肾上腺素能神经和胆碱能神经分布，同时具有相应的受体存在。乙酰胆碱能使鳃部血管收缩，从而使流入鳃部的血流阻力增大，减少鳃瓣的血流量；相反，肾上腺素可使鳗鲡鳃部血管以及次级鳃瓣血管舒张，降低流入鳃部的血流阻力，使血液的氧饱和度增加。

第五节　心血管活动的调节

一、神经调节

（一）心脏的神经支配

1. 心交感神经　支配心脏的交感神经元起自脊髓胸段第1～5节灰质侧角，其节前纤维轴突末梢释放乙酰胆碱（Ach），与节后神经元膜上的N型胆碱能受体结合；节后纤维轴突末梢释放去甲肾上腺素（NA），与心肌细胞膜上的β肾上腺素能受体结合，激活心肌细胞膜的钙通道，导致心率加快、房室交界处传导速度加快、心房肌和心室肌的收缩能力加强。β受体阻断剂心得安等可阻断心交感神经对心脏的兴奋作用。

大多数鱼类的心脏未发现交感神经，但在心脏中发现肾上腺素和去甲肾上腺素及其受体，且肾上腺素能促进心脏活动，表明鱼类心脏同样受到交感神经的调节，但其具体调控作用目前仍不清楚。

2. 心迷走神经　支配心脏的副交感神经节前纤维行走于迷走神经干中，其节前神经元胞体位于延脑。迷走神经节前纤维和节后纤维末梢均释放乙酰胆碱（Ach），但分别与节后神经元膜上N型胆碱能受体和心肌细胞膜的M型胆碱能受体结合，导致心率减慢，心房（耳）肌收缩能力减弱，不应期缩短，房室传导速度减慢，甚至出现房室传导阻滞。

除盲鳗外，所有鱼类的心脏都受迷走神经的强烈抑制，切断迷走神经或用药物麻痹神经末梢，会使心跳频率显著提高。阿托品可以阻断心迷走神经对心脏的抑制作用。迷走神经的介质乙酰胆碱也能使很多鱼类心脏的活动性减弱。多数情况下，鱼类心迷走神经的调节作用比心交感神经占有更大的优势。

（二）心血管中枢

控制心血管活动有关的神经元集中的部位称为心血管中枢。鱼类迷走神经的心血管中枢位于延脑。正常情况下，鱼类延脑活动还接受下丘脑等高级中枢的调节与调控。

（三）心血管活动的反射性调节

压力感受性反射是一种负反馈调节。在硬骨鱼类和板鳃鱼类，当鳃的血压升高时，鳃通过抑制反射可引起心率减慢、血压回降等，以保护纤弱的鳃毛细血管。

化学感受性反射一般只在低氧、失血、动脉血压过低和酸中毒等情况下才发生作用。鳃内化学感受器对环境缺氧、二氧化碳分压过高或H^+浓度过高反应敏感，可反射性地引起延脑内呼吸神经元和心血管活动神经元的活动改变，引起呼吸加深加快，间接地引起心率加快、心输出量增加、血压升高。

二、体液调节

大多数体液因素主要通过影响血管平滑肌紧张度以及循环血量，达到合理分配各器官血量并保持内环境的相对稳定的目的，但血液和组织液中某些化学物质也可通过调控心跳频率和心肌收缩力等达到上述目的。

（一）肾素—血管紧张素系统（RAS）

在鱼类中已发现肾素—血管紧张素系统中的组成成分，并从圆口类、板鳃鱼类和硬骨鱼类中分离得到了血管紧张素Ⅰ（ANG Ⅰ）和血管紧张素Ⅱ（ANGⅡ）。血管紧张素存在于心肌细胞上，对某些鱼类的心肌具有收缩作用，但对另一些鱼类的心肌则无此效应。

（二）肾上腺髓质激素

肾上腺素和去甲肾上腺素在化学结构上属于儿茶酚胺。肾上腺素和去甲肾上腺素对心脏的作用因与不同肾上腺素受体结合能力不同而不同。肾上腺素与β受体结合，使心率增加，心输出量增加。去甲肾上腺素主要与α受体结合，也可以与心肌β受体结合，与β受体结合使心脏活动加强，心率加快；但静脉注射去甲肾上腺素可使全身血管广泛收缩，动脉血压升高，心率减慢。

三、血管的局部调节

器官血量除主要通过神经和体液调节机制对灌注该器官的阻力血管的口径进行调节外，还有局部组织调节机制的参与。实验证明，如果去除调节血管活动的外部神经、体液因素，则在一定的血压变动范围内，器官血量仍能通过局部组织得到适当的调节。这种调节机制存在于器官组织或血管本身，而不是依赖于神经和体液因素的影响，因此称为自身调节。血管的自身调节表现为在一定的范围内能自动改变口径，使血量适应于某一恒定水平。

第五单元　呼吸与鳔

呼吸是动物机体与外环境之间以及机体内部组织之间的气体交换过程，包括外呼吸（血液与外界环境间的气体交换）、气体在血液中的运输、内呼吸（血液与组织器官间的气体交换）三个过程。鳃是大多数鱼类、虾类和贝类的主要呼吸器官，依靠水、血逆流交换系统提高气体交换效率。氧气和二氧化碳主要以物理溶解状态交换，以化学结合状态运输。淡水鱼血红蛋白与氧的亲和力较强，氧离曲线较陡，而海水鱼氧离曲线近S形。大多数硬骨鱼类不但有波尔效应，也具有鲁特效应。延脑是鱼类的呼吸中枢，呼吸运动受神经和环境理化因素的调节。

第一节　呼吸方式

一、水生动物呼吸器官及呼吸方式

（一）呼吸器官

鳃是鱼类及大多数水生动物的主要呼吸器官，鳃小片是血液与水环境进行气体交换的场所。硬骨鱼类单位体重所对应的鳃小片面积较大，呼吸上皮很薄，且流经鳃小片微血管内的血液与水流方向相反（水、血逆流交换系统），因而可以克服水中溶解氧少和阻力大的困难而获得充足的氧气。鳃小片具有惊人的摄氧能力，鱼类可摄取水中溶解氧的48%～80%，而陆生动物只能摄取空气中氧的24%。

适应特殊生存环境的鱼类，呼吸器官除了鳃外，还具有辅助呼吸器官，包括鳔、肠、口咽腔黏膜、皮肤、肺、鳃上器官等，这些辅助呼吸器官在结构上都具有毛细血管丰富、表皮很薄等特点，可以直接利用空气中的氧气。具有辅助呼吸器官的鱼类，其鳃的作用往往有不同程度的退化。大多数鱼类，只有在氧气不足时才借助辅助器官。

（二）呼吸方式

鱼类有水呼吸和气呼吸两种呼吸方式。水环境中溶解氧充足时，大多数鱼类通过鳃从水中获取氧气并将二氧化碳排入水中，气体的交换是从液相到液相（水呼吸）；但栖息在乏氧环境中的水生动物，往往依靠辅助呼吸器官弥补鳃呼吸的不足，气体交换在气相和液相之间进行（气呼吸）。

（三）呼吸频率

每分钟鳃盖运动的次数称为**呼吸频率**，直接影响鳃部通水量和鳃的摄氧量。外界环境因子的变化是影响呼吸频率的重要因素。水温升高、水中含氧量不足、二氧化碳含量升高或恐惧、过度运动等都会使鱼类的呼吸频率大大增加，但长时间处于低氧状态下，呼吸频率又行减退。

鱼类在正常呼吸过程中，常会出现短促的、与水流方向相反的呼吸运动（洗涤运动）。洗涤运动可清除鳃上的外来污物，洗涤鳃瓣，有利于鱼类进行气体交换。

二、鳃 呼 吸

绝大多数鱼类的呼吸运动由口腔、鳃部肌肉舒缩运动的协同作用及瓣膜的阻碍作用共同完成。口腔、鳃部肌肉的收缩运动导致口腔和鳃腔内部压力发生变化，水流被动地从口腔流入和从鳃孔流出，通过鳃呼吸上皮不断进行气体交换。以硬骨鱼类为例，其呼吸运动可分四个过程：①当鳃盖膜封住鳃腔时，口张开，口腔底向下扩大，口腔内的压力低于外界水压，水即流入口腔；②口关闭，口腔瓣膜阻止水倒流，鳃盖向外扩张，使鳃腔内的压力低于口腔，水从口腔流入鳃腔；③口腔的肌肉收缩，口腔底部上抬，口腔内的压力仍高于鳃腔内的压力，水继续流向鳃腔；④鳃盖骨内陷，使鳃腔内的压力上升，水从鳃裂流出。

整个呼吸过程中，虽然鱼类口腔、鳃盖的关闭以及水从口内进入和从鳃孔流出都是间断性的，但流经鳃瓣的水流是连续的。而且，①、③过程约占整个呼吸周期的85%～90%，表明在一个呼吸周期里，绝大部分时间内流经鳃瓣的水流是单向的，单向水流有利于降低呼吸阻力。

快速游动的鱼类（如金枪鱼）则以冲压式呼吸进行气体交换。板鳃鱼类除以口腔泵进行呼吸外，也可进行**冲压式呼吸**。

虾蟹类以第二小颚外肢在鳃腔内不断摆动使鳃腔中的水发生流动以利于呼吸。呼吸时水流流经鳃腔，在鳃上进行气体交换后流出鳃室。水生贝类依靠鳃上纤毛的运动使呼吸水流按一定线路通过鳃进行气体交换。后鳃类本鳃消失，而用皮肤表面或在皮肤表面形成二次性鳃进行呼吸。

第二节　气体交换与运输

一、气体交换

（一）气体交换

1. 外呼吸　气体在水中有溶解态和结合态两种。氧气在水中完全以物理性溶解状态存在，二氧化碳则大部分以化学结合状态形式存在，小部分以物理性溶解状态存在。因此，正常水体中 p（O_2）高、p（CO_2）低。

鳃小片是气体交换的部位。在鳃小片的任何部位，水中 p（O_2）总是高于血液，因而保证了氧气能够不断地从水中进入血液。静脉血到达鳃小片时，大量化学结合态的二氧化碳在鳃上皮细胞碳酸酐酶（CA）的催化下分解为游离二氧化碳，血液中 p（CO_2）高于水体，因而血液中的二氧化碳不断地向水中扩散。这种通过呼吸器官与外界水环境或空气进行气体交换的过程称为**外呼吸**。

2. 内呼吸　组织细胞的新陈代谢不断消耗氧气和产生二氧化碳，因此组织中的 p（O_2）总是处于较低水平，而 p（CO_2）维持在较高水平。血液中的 p（O_2）高于组织，保证了氧气从血液到组织的单向扩散。而组织中的 p（CO_2）高于血液，因而二氧化碳不断地从组织向血液扩散。这种组织细胞与血液中气体进行交换的过程称为**内呼吸**，也称为**组织呼吸**。

（二）影响气体交换的主要因素

1. 气体分压差、溶解度和分子量　单位时间内气体分子的扩散量（扩散速率）与气体分压差、溶解度成正比，与其相对分子质量的平方根成反比。二氧化碳的扩散速率比氧气大得多，因此在气体交换不足时，缺氧显著而二氧化碳潴留不明显。

2. 呼吸膜面积　单位时间内气体扩散量与呼吸膜面积成正比，与厚度成反比。鱼离开水域后鳃小片彼此粘连，或因寄生虫等附着于鳃部导致交换面积减小时，气体交换率降低。

二、氧和二氧化碳的运输

（一）氧及二氧化碳在血液中的存在形式

氧及二氧化碳以物理溶解和化学结合两种状态存在于血液中进行运输，其中以物理溶解形式存在的量极少，化学结合状态占总运输量的 90%以上。

（二）氧的运输及其影响因素

1. 血红蛋白的氧合作用　血液中，以物理溶解状态存在的氧气量仅占血液总氧气含量的 2%，而以氧合血红蛋白（HbO_2）形式存在的比例约为 98%。血红蛋白是脊椎动物运载氧的呼吸色素，由 1 个球蛋白和 4 个亚铁血红素组成，1 分子血红蛋白最大可结合 4 分子氧。血红蛋白与氧的结合和解离迅速、可逆且不需酶的催化，主要取决于 p（O_2）的大小。Fe^{2+} 与氧结合后化合价不变，仍保持 Fe^{2+} 形式。但个别鱼类（如南极白血鱼科）的血液中缺乏血红蛋白，因此完全依靠其血浆中的溶解氧满足其代谢需求。

100mL 血液中血红蛋白所能结合的最大氧气量称为**血红蛋白氧容量**，鱼类氧容量范围为 4～20mL。血红蛋白实际结合的氧气量称为**血红蛋白氧含量**。血红蛋白氧含量与氧容量的百分比为**血红蛋白氧饱和度**，可确切反映血红蛋白结合氧的程度。鱼类的氧饱和度一般为

62%～76%。

2. 氧离曲线 血红蛋白氧饱和度与氧分压的关系曲线称为**氧离曲线**，反映不同氧分压下血红蛋白（Hb）与O_2结合或分离的情况。曲线呈S形，与Hb的4个亚单位结合或释放氧气时彼此间的协同效应有关。

氧离曲线上半段较平坦，表明氧分压较高时（处于正常水体中的氧分压变动范围），氧饱和度随氧分压变化而改变的幅度较小，因此鳃呼吸时，即使水环境中的氧分压有所下降，血氧饱和度仍可维持在较高水平，机体不致发生缺氧。

曲线下半段较陡，表明在较低氧分压下（处于组织液中的氧分压范围），氧分压稍有下降，大量的氧合血红蛋白即解离释放氧供给组织活动。

淡水鱼类的氧离曲线斜度陡，在低氧分压下即达到血红蛋白氧饱和，表明其血红蛋白与氧的亲和力大，这与淡水溶解氧变动较大相适应。海水鱼类的氧离曲线呈较典型的S形，需要在较高的氧分压条件下才能达到血红蛋白氧饱和，表明海水鱼类血红蛋白与氧的亲和力较小，这与海水环境的氧分压相对稳定相适应。生活在贫氧水域中鱼类的氧离曲线，比生活在富氧水域中鱼类的氧离曲线更为陡峭。

3. 影响氧离曲线的因素

（1）$p(CO_2)$和pH 同一氧分压下，随$p(CO_2)$升高或pH降低，血红蛋白与氧的亲和力降低，氧离曲线下半部右移，此现象称为**波尔效应**。波尔效应意味着组织代谢产生的二氧化碳或酸足以促使氧合血红蛋白解离释放氧气供组织使用；而当血液经呼吸器官时，由于二氧化碳排出，血液中pH升高，$p(CO_2)$下降，有利于呼吸器官对氧的摄取。引起血液中pH生理性降低的原因除$p(CO_2)$升高外，当运动或缺氧使血液中乳酸升高时也引起血液pH下降，导致血红蛋白的氧亲和力下降，促使血红蛋白释放出更多的氧气。活动越强的鱼类波尔效应越明显。

在许多硬骨鱼类，血液中$p(CO_2)$增加时，还会导致血红蛋白的氧容量下降，氧离曲线的上半部下移，这种现象称为**鲁特效应**。已知鲁特效应在闭鳔鱼类向鳔腔分泌氧气的过程中起重要作用。鲁特效应为鱼类所特有的，尤以闭鳔鱼类更加明显。但板鳃鱼类和气呼吸的鱼类没有鲁特效应，波尔效应也很小或完全没有。

（2）温度 温度影响氢离子活度，因此当温度升高时，血红蛋白与氧的亲和力降低，氧离曲线右移。温度变化的速度也影响血红蛋白与氧的亲和力。在相同水温变化范围内，温度升高越快，血红蛋白与氧的亲和力下降幅度越大，氧离曲线右移越明显；水温缓慢上升，血红蛋白逐渐适应，因而与氧的亲和力不致大幅度下降。盛夏季节水温升高，一方面水中溶解氧减少，另一方面高温还使血红蛋白与氧的亲和力降低，双重因素的影响下，鱼类容易出现浮头。

（3）有机磷酸盐 鱼类红细胞内含有大量的三磷酸腺苷（ATP）以及三磷酸鸟苷（GTP），可显著降低血红蛋白与氧的亲和力，并增加波尔效应的幅度。缺氧条件下鱼类红细胞ATP和GTP含量降低，因而增强了呼吸器官对氧的摄取能力。

（三）CO_2的运输及其影响因素

CO_2在血液中以化学结合状态运输的比例高达95%，HCO_3^-是主要的运输形式，其次还有少量的氨基甲酸血红蛋白（HbNHCOOH，不足10%）。以物理溶解状态运输仅占5%。溶解状态的CO_2包括单纯物理溶解和与水结合生成的H_2CO_3。

1. HCO_3^- 从组织扩散进入血液的CO_2，只有少量在血浆中与水形成H_2CO_3，绝大部分扩散进入红细胞。在红细胞内碳酸酐酶（CA）的作用下，CO_2与水迅速生成 H_2CO_3，并随即解离成 HCO_3^- 和 H^+，HCO_3^- 顺浓度梯度扩散进入血浆。为了维持细胞膜内外的电荷平衡，Cl^- 由血浆扩散进入红细胞，完成氯转移，这样 HCO_3^- 便不会在红细胞内堆积，以利于组织中的 CO_2 不断进入血液。上述反应中所产生的 H^+ 则大部分被红细胞内的氧合血红蛋白钾盐/氧合血红蛋白缓冲对所中和。

在呼吸器官，反应向相反方向进行，HCO_3^- 转变成 CO_2 释出。

2. 氨基甲酸血红蛋白　在组织毛细血管内，无需酶的催化，一部分 CO_2 可与 Hb 分子中的氨基（NH_2）结合，形成氨基甲酸血红蛋白（HbNHCOOH）。此反应主要由 HbO_2 调节。

O_2 与 Hb 结合可促使 CO_2 释放的现象称为**海登效应**。在组织中，由于 HbO_2 释出 O_2，经海登效应促使血液摄取并结合 CO_2；在呼吸器官，则因 Hb 与 O_2 结合，促使 CO_2 释放进入水体。可见，O_2 和 CO_2 的运输相互影响，CO_2 通过波尔效应影响 O_2 的结合与释放，O_2 又通过海登效应影响 CO_2 的结合和释放。

第三节　呼吸活动的调节

一、呼吸中枢与呼吸节律

中枢神经系统内产生呼吸节律和调节呼吸运动的神经细胞群称为**呼吸中枢**。

鱼类的呼吸中枢位于延脑腹面中线两侧，包括三叉神经运动核、面神经运动核，舌咽神经运动核、迷走神经运动核、三叉神经下行核及网状结构。这些神经元自动发放节律性神经冲动，通过Ⅴ、Ⅶ、Ⅸ和Ⅹ对脑神经支配鱼类颌部和鳃部数块肌肉，产生有节律性的舒张和收缩活动。

二、呼吸运动的反射性调节

鱼类呼吸器官上存在本体感受器和化学感受器，延脑有中枢化学感受器。刺激鳃丝和鳃耙、水体或血液中 CO_2 或 pH 等发生变化均可引起呼吸频率和幅度的变化。洗涤运动也是一种呼吸反射活动。

三、影响呼吸活动的理化因子

（一）CO_2

鱼类鳃部存在感受水环境中 CO_2/H^+ 变化的外周感受器。一定范围内 $p(CO_2)$ 升高及 pH 下降，可引起鱼类呼吸频率和幅度的增强；但 $p(CO_2)$ 进一步升高，可能引起呼吸麻痹。因此适当控制 CO_2 浓度，可应用于活鱼运输。

鱼类对水环境中 CO_2 非常敏感，海水鱼比淡水鱼更甚。水体中 CO_2 过高可影响血液中 CO_2 向水中的顺利扩散，波尔效应和鲁特效应导致 Hb 与氧的亲和力和氧容量均降低，因此即使水中氧很充足，鱼类仍会缺氧，严重时中毒甚至死亡。但正常情况下，天然水域里游离的二氧化碳浓度不高，故很少出现有害影响。

（二）水体溶解氧

对于大多数鱼类而言，缺氧比二氧化碳羁留更为常见。鱼类能感受氧含量变化的感受器主要分布于鳃，且往往与感受 CO_2/H^+ 变化的感受细胞重叠，对水体外环境及血液内环境氧的变化均敏感。缺氧对呼吸中枢的直接作用是抑制效应。轻度缺氧时，低氧通过刺激外周化学感受器引起呼吸中枢反射性兴奋，在一定程度上对抗氧对中枢的直接抑制作用，导致呼吸加深、加快；但严重缺氧时，外周化学感受性反射不足以克服缺氧对呼吸中枢的抑制效应，因此呼吸频率及幅度降低，最终麻痹，导致鱼类窒息死亡。

（三）水体 pH

淡水鱼的最适 pH 为 6.5～8.5，海水鱼为 7.0～8.5。过酸或过碱性均因刺激鳃和皮肤的感觉神经末梢，反射性地影响呼吸运动。鱼类即使生活在富氧水域里也会因摄氧能力减弱而出现缺氧症。pH 高于 10 或低于 2.8，鳃的呼吸表面严重受损。

（四）水温

在适宜水温范围内，逐渐升高水温，会使鱼的呼吸加强、频率加快；但水温剧变，将抑制鱼类的呼吸运动，呼吸运动可能出现长时间的中断。

第四节 鳔

鳔的结构及机能

鳔为大多数硬骨鱼类所特有，为位于消化管背面的一个白色薄囊，一般分为前、后两室，也有的内壁具有大量褶皱，如雀鳝。根据鳔与食道之间有无鳔管相通，可分为有鳔管的喉鳔类（开鳔类，如较低等的硬骨鱼类和肺鱼）和无鳔管的闭鳔类（如鲈形目等较高等的硬骨鱼类）。

鳔的机能：①浮力调节 鳔是鱼类调节沉浮的重要器官，鳔的充气和排气可改变鳔的相对体积，从而调节鱼体的平均密度，使鱼自由沉浮。**②呼吸** 某些鱼的鳔对呼吸有重要作用。对于某些鱼类，在鳔的协助下所进行的呼吸机能具有相当重要的意义。肺鱼、多鳍鱼、弓鳍鱼、雀鳝等鱼类的鳔具有类似哺乳动物“肺”的作用，进行强烈的气体交换。**③发声** 许多鱼类会发声，发声的方式与鳔有关。通过鳔发声的方式有两种，一种是鳔管放气，如欧洲鳗鲡；另一种是直接利用鳔发声，这些鱼类具有鼓肌，如石首鱼科的鱼的发声。**④感觉** 鳔壁具有本体感受器和神经纤维，能感受鳔内气体张力的变化，如提高鳔内气体的张力，可以反射性地使鱼游向水底。

第六单元 消化与吸收

动物体在进行新陈代谢的过程中，需要不断从外界摄取营养物质，以提供机体组织生长和各项活动所需要的物质和能源。在消化道内，食物被分解为结构简单、可以被动物体直接利用的小分子物质的过程称为**消化**。食物经过消化后，营养物质通过消化管黏膜进入血液循环的过程，称为**吸收**。

第一节 消化生理概述

一、消化机能的进化及消化道平滑肌的生理特性

（一）消化机能的进化

动物在进化过程中，结构简单的原生动物，通过吞噬获得营养，消化过程发生在细胞内称为细胞内消化。结构复杂的动物，有特化的消化系统，食物在细胞外的消化道（管）内，经消化器官的机械运动和细胞分泌的特殊酶类的作用，在管腔内被消化分解，这种过程称为细胞外消化。腔肠动物、扁形动物、环节动物、软体动物以及节肢动物中的鲎具有细胞内消化和细胞外消化相结合的消化形式，而棘皮动物、甲壳动物、头足类及脊椎动物几乎全靠细胞外消化取得营养物质。细胞外消化过程分解食物的量大，消化效率高，因此提高了动物消化食物的能力。食物的细胞外消化分为三种方式：①**机械性消化**，即通过消化道的运动将食物磨碎，搅拌并与消化液充分混合形成食糜后，不断向消化道的后段推移的过程。②**化学性消化**，即通过消化腺分泌消化液，消化液中含有各种酶，能使食物中的蛋白质、脂肪和糖等营养物质分解为可被吸收的小分子物质的过程。③**微生物消化**，即动物消化道中栖居着大量的微生物，由于微生物的作用使饲料中的营养物质被分解的过程。鱼类胃肠道中的微生物群落也有助于食物的消化分解过程。

（二）消化道平滑肌的特性

1. 一般生理特性 消化道的运动功能是由消化管壁的肌肉层通过收缩活动来实现的。消化管壁的平滑肌虽具有肌肉组织的共同特性，如兴奋性、收缩性等，但这些特性的表现却有其自己的特点。

①兴奋性较低，收缩缓慢。

②具有自动节律性，但频率慢且不稳定。

③消化道平滑肌能适应实际的需要而作很大的伸展，同时不发生张力的改变，最长可增加到原长度的2～3倍。

④消化道平滑肌经常处于微弱的持续收缩状态，称为紧张性。这种紧张性可使各部位的消化管保持一定的形状和位置，使消化管内经常保持一定的基础压力。

⑤对电刺激不敏感，而对化学、温度和机械张力的刺激较为敏感。

2. 消化道平滑肌的电生理特性 消化道平滑肌的收缩活动伴随有生物电变化，其生物

电活动有三种类型。

①静息膜电位　在安静状态下，消化道平滑肌细胞膜两侧也存在电位差，膜内为负，膜外为正，称为静息电位，幅值为－66～－55mV。它的产生主要与 K^+ 由膜内向膜外扩散和生电 Na^+ 泵活动有关。

②慢波电位　用微电极记录方法，观察消化道平滑肌细胞能在静息膜电位基础上产生缓慢的、节律性的自动去极化波，波幅在 5～15mV 变动，因其频率低而被称之为慢波电位，又称为基本电节律。慢波电位并不引起肌肉的收缩，但它的存在降低了动作电位产生的阈值，使平滑肌有可能接受刺激产生动作电位。一般认为基本电节律决定着平滑肌的收缩节律，而其传导方向则决定了肌肉收缩波传播的方向。

③动作电位　消化道平滑肌的动作电位是在慢波基础上去极化达到阈电位水平时，即在其波幅上产生一至数个动作电位，并随之出现肌肉收缩。动作电位的去极化相主要是由一种慢通道介导的离子内流引起（主要是 Ca^{2+} 和少量 Na^+ 的内流）。其复极化相主要是 K^+ 通道开放，K^+ 外流而产生的。

二、消化活动的神经支配

支配消化道的神经来自两方面：一方面是机体植物性神经系统的交感神经和副交感神经，称为外来神经系统；另一方面是消化道管壁内分布的内在神经丛，称为内在神经系统。

（一）外来神经系统

外来神经系统包括交感神经和副交感神经，消化道的功能一般受交感和副交感神经的双重支配。交感神经的节后纤维属于肾上腺素能纤维，其兴奋时主要抑制胃肠运动和腺体分泌；副交感神经主要是迷走神经，副交感神经的节后纤维支配胃肠道平滑肌和腺体，多数是胆碱能纤维，其末梢释放乙酰胆碱，兴奋时引起胃肠道运动加强、腺体分泌增加。鱼类这两种神经的拮抗作用不如哺乳类那样明显。

（二）内在神经系统

内在神经也叫壁内神经丛，是一个存在于胃肠壁内、独立于中枢神经系统之外的完整的反射系统。神经丛中含有感觉神经元、运动神经元以及中间神经元。运动神经元支配消化道平滑肌、腺体和血管。内在神经丛中的感觉神经纤维终止于消化管壁或黏膜上的感受器，这些感受器包括化学感受器、牵张感受器，它们还传递内脏感觉。通过感觉神经元、中间神经元和运动神经元的联系构成一个完整的局部神经反射系统，能够独立整合信息，实现局部反射。

三、胃肠激素

调节消化器官活动的体液因素主要是胃肠道激素。这些激素大多是由胃肠道黏膜内的内分泌细胞所分泌，在化学结构上都是由氨基酸残基组成的肽类。已发现鱼类的消化道中有很多与高等脊椎动物相似的胃肠激素，如胃泌素、胰泌素、胆囊收缩素、P 物质等。

胃肠激素的生理作用包括：调节消化腺的分泌和消化道的运动；调节其他激素释放及刺激消化道组织的代谢和生长，也称为营养作用。

第二节　口咽腔与食道消化

鱼类的口腔和咽腔没有明显界限，统称为口咽腔。鱼类口咽腔无唾液腺，不分泌重要的

消化酶。鱼类口腔和咽具有味蕾和杯状细胞，杯状细胞分泌黏液，利于对食物的选择、摄取和吞咽。少数鱼类的食道能分泌消化酶。如鲤、罗非鱼的食道内存在淀粉酶、麦芽糖酶和蛋白酶的活性。七鳃鳗等有鳃腺，能分泌类水蛭素，可防止血液凝固。

鱼类口咽腔内有齿、舌、鳃耙等构造，与摄食有密切关系。鱼类牙齿用来捕食、撕碎和压碎食物，但一般无咀嚼功能。鱼类的舌较原始，缺乏肌肉组织，无弹性，并能活动，无法将食物推送到咽部。食物可能依靠水流作用到达咽部。

鱼类食道很短，壁厚，食道壁中肌肉为横纹肌，具有输送食物作用。食道黏膜层分泌黏液，具有味蕾。食道具有选择食物的作用。

第三节　胃内消化

胃在消化管中为一庞大部分，具有暂时贮存食物和消化食物两种功能。进入胃内的食物受到胃壁肌肉运动的机械性消化和胃液的化学性消化作用。

一、机械性消化

胃内机械性消化是依靠胃壁肌肉层的收缩运动来完成的，这种收缩运动使胃能够容纳食物，并且研磨食物，使之与胃液混合，将食糜向小肠推送。

胃的运动形式有：

1. 容受性舒张　当动物咀嚼和吞咽时，由于食物对咽、食道等部位感受器的刺激，引起胃壁平滑肌的舒张，使胃的容量增加，能够容纳大量的食物，而胃内压力不会有大幅度的改变，称之为**容受性舒张**。鱼类在空腹时胃收缩，摄食后胃壁伸长，胃的长度和宽度都增加，容积增大，这种胃扩张是一种容受性舒张作用。

2. 紧张性收缩　胃壁平滑肌经常保持一定程度的缓慢而持续的收缩状态，称之为**紧张性收缩**。主要作用是使胃能够维持一定的形状，维持和提高胃内压力，促使胃液渗入食糜，有利于化学性消化。

3. 蠕动　食物进入胃以后胃开始蠕动。蠕动的生理意义在于搅拌和粉碎食物，使食物与胃液充分混合，形成食糜，有利于胃液进行化学性消化；其次，推进胃内容物向后方移动。鱼类胃蠕动不如哺乳动物强烈，所以食物在胃中停留时间较长，消化较慢。

二、化学性消化

胃液的成分及生理功能

胃液是胃腺内许多种细胞分泌的混合物。纯净的胃液为无色、透明的酸性液体，pH 为 0.9～1.5（哺乳动物），大多数硬骨鱼类在空腹时的胃液 pH 接近中性，有的呈弱酸或弱碱性，摄食后胃液渐变为强酸性。胃液由无机物和有机物组成，除 H_2O 外，无机物包括盐酸、Na^+、K^+、HCO_3^- 等离子，有机物包括黏蛋白、消化酶和糖蛋白。

1. 盐酸（胃酸）　鱼类胃酸排出量因种类而不同，硬骨鱼类中，有胃鱼类有的分泌酸性胃液，有的（如鲻）胃液近乎中性，且无胃蛋白酶分泌。此外，鱼类胃液的酸性可随食物的类型和数量而定，摄食大型食物需要更多的 HCl，因此从某种意义上讲 HCl 的分泌更为重要，因为没有合适的 pH，胃蛋白酶也不能发挥作用。

盐酸的主要生理作用是：①激活胃蛋白酶原，使之变成具有生物活性的胃蛋白酶，并且为胃蛋白酶提供适宜的酸性条件；②使蛋白质变性易于消化分解；③具有一定的抑菌和杀菌作用，可以杀灭随食物进入胃的微生物；④盐酸随食糜进入小肠，能够促进胰液、胆汁、小肠液的分泌和胰泌素的释放；⑤在小肠，盐酸提供的酸性环境有利于小肠对铁、钙的吸收。盐酸的分泌是逆浓度差的主动转运过程。盐酸中的 H^+ 来源于壁细胞内物质氧化过程产生的 H_2O，Cl^- 来自血液中的盐。

2. 内因子　是胃腺细胞分泌的一种糖蛋白，可以与进入胃内的维生素 B_{12} 形成复合物，保护维生素 B_{12} 在小肠内不被水解酶所破坏，并促进其吸收。

3. 黏液　水生动物胃腺细胞分泌黏液。其作用主要是有效防止胃酸及胃蛋白酶对胃的侵蚀，此外，黏液具有润滑食物，使食物易于输送等作用。

4. 胃蛋白酶及水生动物的其他消化酶

（1）*胃蛋白酶是胃液中最重要的消化酶*　它以无生物活性的胃蛋白酶原形式分泌出来，胃蛋白酶原经盐酸或已经被激活的胃蛋白酶的激活下即转变为有活性的胃蛋白酶。胃蛋白酶仅仅在酸性的条件下具有活性，哺乳动物胃蛋白酶的最适 pH 为 2，一般认为鱼类胃蛋白酶的最适 pH，软骨鱼类是 2，硬骨鱼类是 2～3。其活性随着 pH 的升高而降低，当 pH 高于 6 时，酶即发生不可逆的变性。胃蛋白酶是一种肽链内切酶，能够水解蛋白质产生胨、胨以及少量的多肽和氨基酸，除此之外胃蛋白酶还有凝乳的作用。

鱼类胃蛋白酶的结构和特性，如氨基酸组成、最适 pH、最适温度以及活性等都有着种类特异性。鱼类酶的活性一般最适温度是在 30～60℃范围，但视种类不同而异。胃蛋白酶在胃液中的含量是随食物的性质而变动的，凶猛鱼类胃中的胃蛋白酶的活性极高。此外，不同生活时期，胃蛋白酶含量也有变动，鲟和鲑在繁殖时期胃黏膜中的胃蛋白酶就完全消失了。

（2）*其他消化酶*　在水生动物胃中，除胃蛋白酶外，还有一些其他酶类存在。

蛋白酶类：在软骨鱼类及虾类胃中发现有胰蛋白酶，鳕胃中有凝乳酶。

糖类分解酶：软骨鱼类胃中有淀粉酶，硬骨鱼类有很弱的淀粉酶活性，由于一般糖类分解酶最适 pH 是中性或弱碱性，而胃液在消化期显酸性，所以推测在胃内消化淀粉等糖类物质的作用不强。尽管如此，在很多种鱼类和贝类胃黏膜提取液或胃液中检测到淀粉酶、糖原酶、麦芽糖酶等。

此外，在罗非鱼、虹鳟胃中还发现有脂肪酶；日本鲭的胃黏膜有透明质酸酶等。总之，胃液中所含酶类，随水生动物种类而不同，也随不同生活习性而有差异。

三、胃内消化的调节

1. 胃液分泌的调节　胃液的分泌分基础分泌和消化期分泌。空腹 12～24h 后的胃液分泌为基础分泌。基础分泌的分泌量很少，具有昼夜节律性，清晨最低，夜间高。

由进食引起的胃液分泌的增加，称为消化期分泌。按照接受食物刺激部位的先后，可将胃液分泌分为头期、胃期和肠期，三个时期几乎是同时开始、互相重叠。

动物进食或食物的形状、颜色、气味的刺激作用于头部感受器引起的胃液分泌称为胃液分泌的头期。其特点是潜伏期长，分泌延续时间长，分泌量大，胃液中胃蛋白酶和含量高。喜爱的食物可增加胃液的分泌，相反，胃液分泌减少或不分泌。食物进入胃以后，刺激胃部的机械感受器和化学感受器而引起的胃液分泌，称为胃液分泌的胃期。特点是胃液酸度高，但胃蛋白酶含量低于头期。食糜进入肠后，对肠道的扩张和蛋白质消化产物对肠壁的刺激引起的胃液分泌，称为胃液分泌的肠期。特点是分泌量很少，总酸度和胃蛋白酶含量均很低。

消化期胃液分泌还存在抑制性调节，其主要抑制因素是盐酸、脂肪和高渗溶液。

2. 胃运动的调节　胃运动受神经—体液调节。神经调节主要是由食物对胃黏膜及胃壁的机械感受器刺激而引起的反射性活动，可通过中枢的反射实现，也可通过壁内神经从的局部反射实现。胃在多数情况下处于迷走神经兴奋的影响下，刺激迷走神经可加强胃的紧张性收缩。刺激交感神经可使胃收缩和蠕动减弱，但在正常情况下，交感神经对胃运动作用甚小。

体液调节主要是胃泌素的影响，它可加强胃运动，其他激素如胰泌素、胆囊收缩素等，则有抑制胃运动的作用。

胃排空一般从食物入胃后 5min 开始。流体、颗粒小的食物比固体、大块的排空快；三种主要营养物质比较，糖类最快，蛋白质次之，脂肪最慢。

第四节　肠内消化与吸收

食物从胃进入肠就开始了肠内的消化，这是整个消化过程的最重要阶段。食糜在肠内受到肠运动的机械作用和胰脏、肝脏以及肠液分泌的消化酶的化学作用，许多营养物在这里变成了简单的小分子物质而被吸收入体内，所以食物通过这一部分后，消化过程基本完成。剩下未经消化的食物残渣进入直肠，由肛门排出。

一、肠内机械性消化

肠的机械性消化指的是肠的运动，它是靠肠壁的平滑肌束来完成的。食糜进入肠后，肠便开始增强运动，肠的运动形式主要分为以下几种。

1. 紧张性收缩　小肠平滑肌的紧张性收缩是其他运动形式有效进行的基础，当小肠紧张性降低时，肠腔易于扩张，肠内容物的混合和转运减慢；相反，当小肠紧张性升高时，食糜在小肠内的混合和转运作用就加快。

2. 分节运动　是以环形肌为主的节律性收缩和舒张活动。分节运动的主要作用是使食糜与消化液充分混合，有利于化学性消化；同时使食糜与肠壁紧密接触并挤压肠壁，促进血液与淋巴的回流，有利于肠黏膜对消化后营养物质的吸收。

3. 蠕动　是小肠始端向末端依次进行的推进性收缩活动。一般小肠蠕动的速度很慢，其作用是将经过分节运动以后的食糜向前推进，使之到达新肠段再进行分节运动。动物体内还有一种常见的速度快（每秒 2～25cm）、传播远的蠕动称为蠕动冲，它可以将内容物从小肠的始端推送到末端，甚至可以送到大肠。鱼类肠道各部位蠕动强弱不同，鲤和虹鳟在肠前部 2/5 蠕动较强，中间 2/5 部分蠕动较弱，后部 1/5 最弱。

4. 摆动　是以纵形肌为主的节律性舒缩活动。其意义与分节运动相同。在草食性鱼类中摆动运动较为明显。

二、肠内化学性消化

肠内化学性消化是通过肠液混合物作用于食糜而完成的，肠液混合物是由胰液、胆汁和小肠液组成。

（一）胰腺的分泌及作用

胰液是由胰腺的腺细胞及小导管细胞分泌的。胰液为无色透明的液体，渗透压约与血浆相等，胰液中含有水分、无机物和有机物。

1. 碳酸氢盐　它是由胰腺内小导管管壁细胞分泌的。其主要作用是中和进入肠内的胃酸，使肠黏膜免受强酸侵蚀；同时也提供了小肠内多种消化酶活动的适宜的弱碱性环境。

2. 消化酶　由胰腺的腺泡细胞分泌，总体上水生动物胰液中的消化酶主要有：

（1）蛋白水解酶　胰液中分解蛋白质的酶类有两大类：第一类为肽链内切酶，主要有胰蛋白酶、糜蛋白酶和胰弹性蛋白酶。第二类为肽键端解酶，如羧肽酶A和羧肽酶B。这些酶均以无活性的酶原形式存在，当胰蛋白酶原受小肠液中肠致活酶（Enterokinase）激活时成为有活性的胰蛋白酶。此外，胃酸、胰蛋白酶本身，以及组织液也能使胰蛋白酶原和其他蛋白酶原激活。

胰蛋白酶、糜蛋白酶作用相似，当单独作用时，能分解蛋白为眎和胨。胰蛋白酶、糜蛋白酶和弹性蛋白酶共同作用能将蛋白质分解为多肽和氨基酸。

（2）脂类水解酶　胰脂肪酶可将三酰甘油分解为甘油、脂肪酸和甘油一酯等。胰液中还有一定量的胆固醇酯酶和磷脂酶，分别水解胆固醇酯和卵磷脂。

（3）碳水化合物水解酶　胰淀粉酶是一种α-淀粉酶，可将淀粉水解为麦芽糖和葡萄糖。

（4）鱼类的胰脏抽提液中除含有分解淀粉、脂肪和蛋白质的酶外，有些取食昆虫和甲壳类动物的鱼类胰液中有壳多糖酶活性。胰液中还有核糖核酸酶和脱氧核糖核酸酶，可以分别将核糖核酸和脱氧核糖核酸分解为单核苷酸。

（二）胆汁的分泌及作用

肝脏合成与分泌胆汁。胆汁是无机物和有机物的混合液，是具有苦味的有色液体，鱼类胆汁的成分与哺乳类相似，由水、无机盐、胆汁酸、胆固醇、胆色素、脂肪酸、卵磷脂等组成，胆汁酸与甘氨酸或牛磺酸结合形成胆盐。鱼类胆汁中有无消化酶随鱼种类而不确定。

胆汁的重要消化意义在于含有胆盐，胆盐对于脂肪的消化和吸收很为重要。它的作用：①激活脂肪酶，从而加速分解脂肪；②乳化脂肪，减小脂肪的表面张力，使脂肪变成微滴，增加与胰脂酶的接触面，有利消化；③胆酸可与脂肪酸结合，形成水溶性复合物，促进脂肪酸的吸收。此外，胆盐可以使胃中消化而产生的酸性变性蛋白和沉淀，在肠内停留较长时间，有利于胰液的消化。胆汁还可以促进脂溶性维生素的吸收。

（三）小肠液的分泌及作用

鱼类一般没有特化的多细胞肠腺，在鱼类肠黏膜上皮覆盖着柱状细胞和杯形细胞。杯形细胞分散于肠黏膜中，贴近肠腔排列，数量较多，被认为具有分泌功能。

小肠液中除水外，无机物的含量和种类一般与体液相似，小肠液中的有机物主要是黏液和多种消化酶。高等动物真正由小肠腺分泌的消化酶是肠致活酶和淀粉酶，肠致活酶可以激活胰蛋白酶原。除此以外，小肠液中的其他多种酶并非由肠腺所分泌，而是来源于小肠黏膜上皮。包括进一步水解多肽及分解双糖的酶。

三、肠内消化的调节

1. 胰液分泌的调节　非消化期胰液分泌很少或不分泌，进食后开始分泌。消化期胰液的分泌受神经和体液双重控制，但以体液调节为主。迷走神经可直接作用胰腺腺泡细胞分泌胰液；迷走神经也可引起胃泌素释放，间接作用于胰腺引起胰液分泌。迷走神经引起胰液分泌的特点是水和碳酸氢盐含量很少，而酶的含量丰富。

胰泌素作用于胰腺小导管的上皮细胞，使其分泌大量的水和碳酸氢盐，因而胰液量增加，含酶却很少。引起胰泌素分泌的主要因素是盐酸，其次为蛋白质分解产物和脂肪，糖几乎没有刺激作用。胆囊收缩素能促进胰液各种消化酶的分泌，其分泌刺激因素主要是蛋白分解产物、脂酸钠、盐酸、脂肪，糖类几乎没有作用。胃泌素也能引起胰酶分泌。抑制胰液分泌的激素有胰高血糖素、生长抑素、胰多肽等。

2. 胆汁的分泌与排出调节　肝细胞不断分泌胆汁，非消化期间，胆汁贮存在胆囊中。消化期间胆汁由肝脏或胆囊大量排入肠内。高蛋白食物引起胆汁分泌最多，高脂肪或混合食物作用次之，而糖类食物作用很小。

3. 小肠液分泌的调节　当食糜刺激十二指肠黏膜时，肠液分泌增加，肠壁内在神经系统在肠液分泌调节中很重要。胰泌素和胆囊收缩素能够刺激肠液分泌，使其酶含量增加。血管活性肠肽、胰高血糖素和胃泌素对肠液分泌具有刺激作用。生长抑素则抑制肠液分泌。

4. 小肠运动的调节　内在神经系统通过局部反射可以引起小肠蠕动。迷走神经兴奋加强肠运动，交感神经兴奋则产生抑肠运动的作用。乙酰胆碱、5-羟色胺、胃泌素、胆囊收缩素和P物质等均促进小肠运动；而胰泌素、胰高血糖素、肾上腺素和抑胃肽等则抑制小肠运动。

四、主要营养物质的吸收

吸收是指食物中的营养成分或经过消化后的产物，通过消化道黏膜上皮细胞进入血液或淋巴的过程。食物的消化过程为吸收做好了准备，吸收则是为机体提供营养物质，因此吸收具有重要的生理意义。

消化系统不同部位的吸收能力相差很大，这主要取决于各部位的组织结构以及食物在各部分的消化程度和停留时间。口腔和食道基本没有吸收功能，胃的吸收能力低，一般只吸收少量的水和无机盐。鱼类的肠（前肠）是吸收消化产物的主要部位，一般具有皱褶多、黏膜血管多，并具有细的纤毛等特点。此外，幽门垂也有吸收的作用。

营养物质通过膜的转运机制包括单纯扩散、易化扩散、主动转运及胞饮等。营养物质的吸收有两条途径：第一条途径为跨细胞途径，即通过小肠上皮细胞的腔面膜进入细胞内，再通过细胞基底一侧膜到达细胞间液，最后再转入血液或淋巴，如葡萄糖和氨基酸的吸收；第二条途径为旁细胞途径，即肠腔内的物质通过上皮细胞间的紧密连接，进入细胞间隙，然后再转运到血液或淋巴液。

（一）糖的吸收

在肠道，食物中的糖几乎都分解为单糖，只有单糖才能被小肠的上皮细胞吸收。单糖如葡萄糖和半乳糖的吸收是通过主动吸收来完成的，逆着浓度差进行，其动力来自 Na^+ 泵，属于继发性主动转运。

影响鱼类糖吸收的因素有：①糖的浓度是影响吸收速度的主要原因之一。低浓度葡萄糖不影响吸收率，限于12.5%，鳗鲡限于6.7%～18%，超出此浓度则吸收率随浓度而增加。②随温度上升，吸收量增加。2℃时吸收率为39%，10℃时吸收率为67%，20℃时为98%。③内分泌激素对糖的吸收影响很大，胰岛素和甲状腺素可增加吸收速度，切除垂体、甲状腺或胰脏都可降低对糖的吸收。

（二）蛋白质的吸收

食物中的蛋白质经过消化后，产生小肽和氨基酸。在小肠内氨基酸几乎全部被吸收，氨基酸的吸收过程与葡萄糖相似，也是耗能的主动转运过程；此外部分小肽（寡肽）可完整被肠黏膜细胞吸收并转运进入血液循环，进入肠黏膜细胞的小肽，一部分由黏膜细胞内肽酶水解成氨基酸而进入血液循环，另一部分能通过肠黏膜的肽载体进入循环。还有少量的蛋白可以直接通过胞饮作用被吸收入血液。

（三）脂肪的吸收

三酰甘油在肠道内分解为甘油、脂肪酸、甘油一酯，其吸收主要在小肠和幽门垂完成。甘油可以溶于水，同单糖一起被吸收。脂肪酸和甘油一酯先与胆盐结合形成水溶性的复合物，进入上皮细胞，胆盐则留在肠腔被重新利用，或转运回肝脏。进入上皮细胞的长链脂肪酸与甘油一酯重新合成三酰甘油，并与细胞内的载脂蛋白组成乳糜微粒，然后进入淋巴。短链脂肪酸、部分中链脂肪酸及其组成的甘油一酯可直接由毛细血管入门静脉。

五、虾蟹类、贝类的消化特点

（一）虾蟹类的消化特点

虾蟹类的消化系统由消化道和消化腺组成，消化道分为前肠、中肠和后肠。前肠又分为口腔、食道和胃，后肠为直肠，其末端开口于肛门，消化腺为肝胰腺（肝胰脏）。

肝胰腺的主要功能为分泌消化酶，进行细胞外消化以及吸收、贮存营养物质。中肠也有部分吸收功能，前肠和后肠无吸收功能。虾蟹类摄取食物后，食物经大颚等口器进行初步咀嚼、撕碎后经食道进入胃中，在胃中被进一步磨碎，并与来自肝胰脏的消化液混合、消化。混合食糜经幽门胃过滤后小于1μm的颗粒进入消化腺中被进一步消化、吸收，部分较大的颗粒返回胃中重新消化，大部分未被消化的食物残渣进入中肠。通过中肠有规律的蠕动，食物残渣由前向后运动进入后肠，随肛门间歇性地开闭被排出体外。

在虾蟹类的消化液中发现有蛋白分解酶、脂肪分解酶和糖类分解酶活性。

1. 蛋白质分解酶 虾蟹类胰蛋白酶的最适pH为7.0～9.0，与哺乳类相似。对虾中还发现有羧基肽酶A和B及亮氨酸肽酶。

2. 脂肪分解酶 脂肪酶最适pH为7.0，能把三油酸甘油酯分解为α、β二酯酰甘油和β单酯酰甘油，所以认为食物脂肪主要有自由脂肪酸，单、二酯酰甘油混合物形式吸收。

甲壳类没有胆囊，也似乎没有脂肪乳化帮助消化。但河虾、巨螯虾可合成一些乳化剂，帮助脂肪消化吸收。

3. 糖类分解酶、α-淀粉酶 最适pH为5.2；麦芽糖酶存在于所有甲壳类。许多甲壳类动物具有纤维素酶活性，可能来自本身分泌，也可能来自微生物分泌。

（二）贝类消化特点

贝类消化管一般分为三段。前肠是指口腔和食道；中肠为膨大的胃；后肠是指肠本身。

1. 口腔和唾液腺的作用　一般情况下贝类的口腔和食道是运送食物的通道，不能消化食物，但有些贝类的口腔具有唾液腺，可分泌酶类，食物能在口腔中进行初步消化，如石鳖唾液腺含有淀粉酶和肝糖酶：大蜗牛的唾液腺含有分解淀粉、蔗糖、木糖、纤维素等的酶类；真蛸唾液腺的水溶液能分解淀粉，但水解物中不含有葡萄糖。

有些种类如海兔等口腔虽有唾液腺，但可分泌黏液，有的种类如鲍唾液腺只能分泌酸性黏液，不分泌酶类，所以没有消化食物的功能。

2. 胃和晶杆的作用　食物在胃中能进行部分消化。

头足类：胃内有肝脏和胰脏分泌的酶类。胃壁有发达的肌肉，在酶和肌肉收缩的作用下对食物进行消化。

瓣鳃类和腹足类：大多数种类胃壁肌肉不发达，主要是在晶板、晶杆的机械和化学作用下进行食物消化。在晶杆中发现有酶类，如淀粉酶、蛋白酶、纤维素酶和氧化酶等，以淀粉酶活性最强。

3. 肝脏和胰脏的消化作用　在各种瓣鳃类的肝脏（消化盲囊）中发现有淀粉酶、蛋白酶、蔗糖酶和脂肪酶活性等。牡蛎消化盲囊中的酶研究较多，大致可分为三类：碳水化合物分解酶：对淀粉、糖原、蔗糖、麦芽糖、乳糖等都有作用。蛋白酶活力较低，但与贝类食性有关。脂肪酶的作用极弱。

4. 肠的消化吸收作用　食物吸收主要在肠中进行，肠无分泌消化酶的功能，主要是吸收。

第七单元　能量代量

能量代谢概述

一、标准代谢及活动代谢

机体处在不受各种生理因素影响的情况下的代谢称为**基础代谢**。由于鱼类是变温动物，代谢随环境温度变化而变化，所以将鱼类在某种环境温度下，禁食、安静状态的代谢称为标准代谢。这是鱼类维持生命活动的最低能量需要。机体的代谢率与它们的耗氧量成正比，所以通常以鱼类的耗氧量来表示鱼体的代谢强度，机体的产热量为氧热价和耗氧量之积。根据鱼的活动状况，分为三种代谢水平：第一种，是指鱼类处于禁食、安静状态，不受任何干扰时的标准代谢水平；第二种，日常代谢水平，是鱼类在日常活动的情况下，包括正常的养殖条件下，可自由摄食，但不受外界特殊刺激时的代谢率；第三种，活动代谢水平，是鱼类在长时间和长距离游泳状态下能持续的最高代谢率。

二、影响能量代谢的因素

鱼类代谢水平通常受到体内体外多种因素的影响。动物进食后一段时间内，虽处于安静状态下，但是产热量比进食前增高，这种由食物刺激机体产生额外热量消耗的作用，称为食物的特殊动力效应。食物中蛋白质的特殊动力效应最为明显。

运动对于能量代谢的影响非常显著，运动不仅是骨骼肌收缩，体内许多器官系统的活动都加强，尤其是血液循环和呼吸系统更为明显，所以机体任何轻微的活动都能使代谢率升高。

环境温度明显变化使机体代谢发生相应的改变。鱼类的标准代谢率随水温升高而升高。水温每升高 10℃，标准代谢率增加 2.3 倍，其相关性一直持续到致死温度。

溶氧对鱼类代谢影响显著，二者关系因鱼的种类而异。尖口鲷与河鲀的代谢率随着溶解氧的下降而下降。氧浓度低时影响显著，高时影响较小。金鱼在溶氧浓度高时，代谢率与氧浓度无关；溶氧浓度较低时，代谢率随氧浓度下降而下降。

此外，年龄、性别、生理状况、生长、昼夜、季节等多种因素都能影响动物的代谢率。

第八单元 排泄与渗透调节

第一节 排泄途径及尿的形成

一、排泄及排泄途径

机体将物质代谢的终产物和机体不需要的物质（包括进入体内的异物和药物代谢产物）排出体外的过程，称为排泄。动物机体在其新陈代谢过程中产生了多种无机物和有机物，如水、二氧化碳、氢离子等以及非蛋白含氮化合物，如氨、尿素、尿酸、肌酸、肌酸酐等。这些代谢产物在细胞内生成后，都先透过细胞膜而至细胞外液（主要是血浆）。当血液流经各种排泄器官时，这些代谢产物便以各种不同的形式分别转运至体外。

除腔肠动物和棘皮动物未发现排泄器官之外，其他动物都有排泄器官，根据形态结构可分为一般排泄器官及特殊排泄器官两大类。一般排泄器官包括：原生动物和海绵动物的伸缩泡；甲壳动物的触角腺（绿腺）；软体动物的肾管；脊椎动物的肾脏。

水生动物特殊排泄器官包括鱼类和甲壳类的鳃、板鳃鱼类的直肠腺、鱼类的肝脏（排泄

血红蛋白的代谢产物胆色素）等。

概括起来鱼类等水生动物对于机体代谢废物的排泄途径有四：①由呼吸器官排出，如鱼类可经鳃排出氨、二氧化碳及某些离子；②由消化道排出，主要是肝脏产生的胆色素，经胆汁排入肠道以及经肠道排出一些 2 价离子，如 Mg^{2+}、SO_4^{2-} 等；③由皮肤排出，主要是黏液，其中含有水分及多种盐分；④以尿的形式排泄，排泄器官包括甲壳类的触角腺、软体动物的肾管、鱼类的肾脏。通过该排泄途径产生的尿量大，所含排泄物种类多。

排泄的作用在于通过排出体内过多的水和离子或选择性地保留离子，以维持体液渗透压的平衡和稳定；通过对某些酸碱离子的排泄的调节，维持机体酸碱平衡；许多脊椎动物通过排泄器官（肾脏）排出含氮代谢废物，但鱼类以及许多无脊椎动物的代谢废物可通过体表（尤其是鳃）排出；另外，还通过鳃和特殊的盐腺排出盐类。

对鱼类而言，肾脏是主要的排泄器官之一，肾脏的泌尿作用是通过肾小球的滤过作用以及肾小管的吸收及分泌作用而完成的。

二、肾小球滤过功能

鱼类肾脏的基本结构和功能单位称为肾单位，是尿形成的场所。肾单位包括肾小体和肾小管。肾小体由肾小球和肾小囊组成，肾小球是位于入球小动脉与出球小动脉之间的毛细血管网，而包裹着肾小球的囊称肾小囊，肾小囊有脏层和壁层，脏层和肾小球毛细血管共同构成滤过膜，壁层则延续至肾小管。肾小体后方为很长的肾小管，肾小管往往长而盘曲，形态与结构都较复杂，根据其细胞形态及功能特点可以分为几个区段。然后由数条肾小管汇集至集合小管，集合小管不属于肾单位的组成部分，许多集合小管汇集到输尿管，再输送到膀胱，最后通过尿殖孔排出体外。

采用显微穿刺术，用微吸管插入肾单位的不同部位取得微量液体样品进行分析，可以了解各个部位的成分和分析尿的形成过程。

（一）滤过作用和肾小球滤过率

滤过作用在肾小体内进行。当血液流过肾小球毛细血管时，除了血细胞和大分子的蛋白质不能滤出外，血浆中的一部分水，电解质和小分子有机物（尿素、尿酸及分子量较小的蛋白质）可以滤入肾小囊囊腔而形成肾小球滤液，这个过程称肾小球滤过作用，形成的滤液称超滤液（原尿）。在动物实验中，用微吸管直接抽取肾小囊内的液体进行分析，发现此液体中除不含大分子的蛋白质外，其他成分都与血浆接近。肾小球滤过率是指单位时间内肾脏生成的原尿量。每分钟流经肾脏的血浆流量称为肾血流量，肾小球滤过率和肾血流量的百分比，称为滤过分数。肾小球滤过率和滤过分数可作为衡量肾脏功能的重要指标。

肾小球的滤过作用主要取决于两方面的因素：一是滤过膜的通透性；二是有效滤过压。

（二）滤过膜的通透性

肾小球毛细血管内的血液经滤过进入肾小囊，其间的结构称为滤过膜。滤过膜及其通透性是决定肾小球滤过作用的基础。电镜下观察滤过膜由毛细血管内皮细胞层、非细胞性基膜层和肾小囊脏层上皮细胞层所组成，滤过膜各层通过网孔和孔隙，就像多层筛子对滤过物分子大小具有选择性，即构成了滤过膜的**机械屏障作用**。另外，在滤过膜的三层结构中都不同程度地覆盖着带负电的糖蛋白，能阻止带负电的物质通过，所以起到**电化学屏障作用**。

（三）有效滤过压

有效滤过压是肾小球滤过作用的动力，由肾小球毛细血管压、肾小囊内压和血浆胶体渗透压之间的关系决定，即：

有效滤过压＝肾小球毛细血管压－（血浆胶体渗透压＋囊内压）

有效滤过压是血液流经肾小球时发生滤过的直接动力，其数值的大小与滤过液生成的多少密切相关。随着滤过作用的进行，血浆中的水分及电解质减少，血浆胶体渗透压逐渐升高，有效滤过压随之降低直至为零。当有效滤过压为零时，滤过作用停止，即达到了滤过平衡。在肾小球内只有从入球小动脉到滤过平衡点的一段毛细血管才有滤过作用。滤过平衡越靠近入球小动脉，有滤过作用的血管越短，肾小球滤过率越小。

三、肾小管和集合管的物质转运功能

原尿生成后进入肾小管中，称为**小管液**。小管液经过肾小管和集合管的作用后，即生成终尿。终尿量一般仅为原尿量的1%左右。原尿在流经肾小管和集合管的过程中，其中的水分和各种溶质全部或部分被小管壁上皮细胞重吸收转运回到血液中，同时，远曲小管和集合管还向小管液中分泌和排泄部分代谢产物。肾小管和集合管的转运功能包括重吸收、分泌和排泄作用。

肾小管各段的转运功能为：

（一）近球小管

1. 对 Na^+ 的重吸收 原尿中的 Na^+ 有96%～99%都被重吸收，其中近球小管对 Na^+ 的重吸收率最大，占滤过量的65%～70%，在近球小管前半段，Na^+ 为主动重吸收：①大部分的 Na^+ 与葡萄糖、氨基酸同向转运（与肠黏膜上皮对葡萄糖和氨基酸的吸收相同）；②另一部分 Na^+ 与 H^+ 逆向转运（Na^+－H^+ 交换），使小管液中的 Na^+ 进入细胞，而细胞中的 H^+ 则被分泌到小管液中。在近球小管后半段，Na^+ 与 Cl^- 为被动重吸收，主要通过细胞旁路而进行。

2. 对 Cl^- 的重吸收 大部分 Cl^- 的重吸收是与 Na^+ 相伴的。在近球小管，由于 Na^+ 的主动重吸收形成了小管内外两侧的电位差，使 Cl^- 顺电位差而被动重吸收。

3. 对水的重吸收 原尿中的水65%～70%在近球小管被重吸收。水的重吸收主要通过渗透作用。由于 Na^+、HCO_3^-、葡萄糖、氨基酸和 Cl^- 等被重吸收后，降低了小管液的渗透压，同时提高了细胞间隙的渗透压，于是小管液中的水不断进入上皮细胞，再从细胞进入细胞间隙，最后进入毛细血管而被重吸收。

4. 对 K^+ 的重吸收 小管液中的 K^+ 绝大部分在近球小管被主动重吸收，可能是靠小管上皮细胞的管腔侧细胞膜上的钾泵所进行的主动转运过程。终尿中的 K^+ 主要由远曲小管和集合管所分泌。

5. 对葡萄糖的重吸收 小管液中的葡萄糖全部都在近球小管被重吸收。近球小管重吸收葡萄糖的机理是：①小管上皮细胞管腔侧刷状缘中的载体蛋白上，存在着两种结合位点，能分别与葡萄糖、Na^+ 相结合，当载体蛋白与葡萄糖、Na^+ 相结合而形成复合体后，该载体就可将小管液中的葡萄糖和 Na^+ 快速转运到细胞内，这种转运称为**协同（同向）转运**。②进入细胞内的 Na^+ 被钠泵泵入管周组织间液。而葡萄糖则顺浓度差被易化扩散到组织间液，进而回到血液中。所以葡萄糖在近球小管的重吸收是继发于 Na^+ 主动重吸收的转运过程，为继发性主动转运。

（二）远曲小管与集合管

1. 对 Na^+、Cl^- 与水的重吸收　远曲小管和集合管对 Na^+、Cl^- 的重吸收量较少，约占10%，并且可以根据机体的水、盐平衡状态进行调节。远曲小管和集合管对水的通透性很小，但可在垂体分泌的抗利尿激素的调控下，使它们对水的通透性升高，参与机体水平衡的调节。肾小管和集合管对水的重吸收量很大，终尿排出量只有原尿量的1%。如果其他条件不变，水的重吸收率减少1%，尿量即可增加1倍，由此可见水的重吸收与尿量的多少关系很大。

2. 对 H^+ 的分泌　这一过程主要由两种细胞完成。近球小管细胞可以通过 Na^+-H^+ 交换分泌 H^+；远曲小管和集合管的闰细胞也可分泌 H^+。H^+ 的分泌是一个逆电化学梯度进行的主动转运过程。细胞内的 CO_2 和 H_2O 在碳酸酐酶催化下生成 H_2CO_3，进而离解为 H^+ 和 HCO_3^-，H^+ 由管腔膜上的 H^+ 泵转运至小管液，HCO_3^- 则通过基侧膜回到血液中，因而 H^+ 分泌和 HCO_3^- 的重吸收与酸碱平衡的调节有关。闰细胞分泌的 H^+ 可与上皮细胞分泌的 NH_3 结合，形成 NH_4^+，和小管液中的 HPO_4^{2-} 结合形成 $H_2PO_4^-$。$H_2PO_4^-$ 和 NH_4^+ 都不易透过管腔膜而留在小管液中，是决定尿液酸碱度的主要因素。

四、肾脏泌尿机能的调节

肾脏泌尿机能的调节有神经的也有激素的，有的是长期而缓慢的，有的则是迅速而短暂的。个别广盐性鱼类泌尿机能的调节可能还涉及肾单位形态结构的变化。凡是能影响尿生成（过滤、重吸收及分泌排泄）过程的因素都可影响肾脏排出尿液的质和量。

1. 肾小球过滤作用的调节　肾血液流量直接影响肾小球毛细血管压，从而影响过滤作用。肾脏本身具有肾血流的自动调节作用，同时还受神经和体液的调节。交感神经主要分布于肾内血管的平滑肌，有收缩血管的作用，特别对于入球和出球小动脉的作用极为显著。鱼类肾小球过滤作用的调节还存在另一种机制，即肾小球的间歇性调节，某些部位肾小球的过滤作用可以同时终止而使尿量发生显著变化。

2. 肾小管活动的调节　肾小管的重吸收及分泌排泄活动受到内分泌因素的调节，参与哺乳类动物肾小管活动调节的激素主要有两种，调节水分重吸收的抗利尿激素以及调节盐分重吸收和排泄的醛固酮。抗利尿激素因其具有强烈的抗利尿作用而得名，是由9个氨基酸残基组成的多肽激素，又称为精氨酸加压素或血管加压素。非哺乳脊椎动物存在类似的激素，称为精氨酸催产素（AVT），与抗利尿激素有一个氨基酸残基的差异。多数鱼类AVT都具有利尿作用。哺乳类醛固酮的分泌主要受肾素—血管紧张素系统的调节及血浆中 K^+、Na^+ 浓度等的调节。

3. 肾脏形态结构变化的适应性调节　鱼类较长时间生活于不同的水体环境中时，泌尿机能会通过肾脏发生形态结构方面的变化而进行适应性调节。如果将某种广盐性鱼类在海水中饲育，试验鱼肾脏的肾单位不发达，尿量减少；如在淡水中饲育，则肾脏较大，肾单位发达，尿量多。

第二节　含氮废物的排泄

各种动物排泄的含氮废物种类不同，有的主要排泄氨，称排氨动物；有的主要排泄尿素，称排尿素动物；有的则主要排泄尿酸，称排尿酸动物。水生无脊椎动物主要排泄氨，淡水脊椎动物也排泄大量的氨，但海产脊椎动物多数排泄尿素。一生生活在水丰富环境中的动物排泄氨，而生活在水有限环境中的动物排泄尿素或尿酸。

一、氨的排泄

氨的分子质量小，容易透过生物膜，又易溶于水，可以方便地从与水接触的体表扩散到水中。一般淡水硬骨鱼类的含氮代谢废物主要以氨的形式从鳃排泄，其排泄方式主要是被动扩散。某些鱼类也有一小部分可以通过 NH_4^+ 的主动分泌而排出体外。鳃具有很大的交换面积，扩散距离短且通水量很大，足以保证代谢产生的氨顺着浓度梯度扩散到水体。扩散进入水体的氨，往往与 H^+ 结合形成 NH_4^+ 而被限制返回性扩散，维持血液与水体之间的氨的浓度梯度。

二、尿素的排泄

尿素的毒性远低于氨，在水中溶解度大。排尿素的无脊椎动物不普遍，有的只排少量尿素，而且尿素来自精氨酸分解或是嘌呤降解。许多脊椎动物主要以尿素的形式排泄含氮废物。尿素的排泄可由肾小球滤过和肾小管分泌两条途径进行。海水硬骨鱼类因没有肾小球，主要依靠肾小管的分泌进行排泄。海水板鳃类的尿素从肾小球滤出之后，又被肾小管主动重吸收而不使其丧失。在一般的蛙类，尿素除了从肾小球滤出外，肾小管还向尿中分泌尿素。食蟹蛙也保留血液中的尿素以维持高的渗透压，但无证据表明肾小管有主动吸收尿素的作用。哺乳动物排出的含氮废物绝大多数是尿素，哺乳动物还可以通过汗腺分泌汗液排出少量尿素。

三、尿酸的排泄

尿酸毒性小，微溶于水，一般以糊状沉淀形式排出。大多数爬行类、陆地生物的腹足类、昆虫和鸟类主要排泄尿酸。某些两栖类也可以排出尿酸。排泄尿酸是对陆地生活保留水分的一种功能适应。爬行类排出含氮废物的形式与其生活环境有关。生活在水中的龟，其尿中含氨和尿素较多，而尿酸的含量则很少；陆生的龟通过尿排出尿酸的量则占排氮量的一半以上。非洲攀蛙和南美洲野蛙的皮肤水分蒸发很慢，与爬行类相似。这两种两栖类的成体同爬行类一样，主要也是排尿酸而不是尿素。

第三节　水生动物渗透压的调节

体内水分和盐类含量的调节就是体液渗透压的调节，又叫**渗透调节**。通过渗透压调节保持体内水分和盐类含量稳定是维持机体内环境稳定的重要组成部分。水生动物渗透调节的情况比较复杂。有的动物其体液的渗透压可随环境渗透浓度而变化，这类动物称渗压随变动物或变渗动物。例如，把贻贝放在不同浓度的盐水中，其体液的浓度也随着变化。而有的动物放在不同浓度的环境中，其体液的浓度则大体保持稳定，基本不随环境渗透浓度的改变而改变，这类动物称**渗压调节动物**。还有些动物，如岸蟹（青圆蟹），在浓度较低的环境中能保持体液渗透压的稳定，但外界浓度超过一定限度之后，就没有调节能力了，而变为**渗压随变动物**。

动物要保持稳定的渗透压，就必须设法保持水和盐类（离子）的平衡。大部分盐类和水是从食物和饮水中得到的，水生动物的身体表面（皮肤和鳃）也可从水中直接吸收离子，而体内多余的离子则通过消化管、肾脏、体表（皮肤和鳃）及特殊的排泄器官排出。因此，在整体动物的渗透调节中，需要消化系统、排泄系统、皮肤、呼吸系统、特殊排盐器官的配合，而且需要神经系统和内分泌系统的参与。

由于水生动物生活环境的不同和机体结构的差异，所面临的渗透调节问题也不同。

一、咸水动物的渗透压调节

大多数海产无脊椎动物体液的渗透浓度与周围海水的渗透浓度相等，属于渗透压随变动物，不存在水的渗透性运动。尽管这些动物体液的渗透浓度与海水的相等，其体液的化学成分与海水的成分还是有显著差异。这些动物必须进行广泛的离子调节，主动吸收或排出某些离子，才能保持这种差异。这种体内外化学成分差异只有在动物身体表面（包括鳃）对这些离子的通透性较小的情况下，才可能出现。事实上，这些表面并不是完全不通透的，而且从消化管中也可能有这些离子进入。因此，动物必须选择性地排出其中的某些离子，使这些离子保持在一定的浓度水平。

棘皮动物对任何离子都没有明显的调节作用，水母只调节硫酸根，使其浓度比海水的低，这种动物硫酸盐的浓度与其漂浮生活有关，排出较重的硫酸根离子可以降低水母的密度而不致下沉。在无脊椎动物中，软体动物、节肢动物和棘皮动物的组织中往往含有游离氨基酸或氨基酸的代谢产物，如牛磺酸及乙醛酸，这些动物细胞内的渗透压有一部分是由于上述物质调节的，贻贝在盐度较高的海水中，牛磺酸的浓度也较高。

（一）海洋板鳃鱼类的渗透压调节

海洋板鳃鱼类血液中的无机离子的浓度比海水低，但由于血液中有大量的尿素和氧化三甲胺而使其渗透压略高于海水，甚至还要有少量水渗入体内，才正好满足肾的排泄需要。板鳃类原尿中的70%～90%的尿素可被重吸收，氧化三甲胺可大部分被肾小管重吸收。板鳃类虽不饮水，但随食物也有少量的水和离子进入体内，其中2价、3价离子主要由肾排出，1价离子通过直肠腺排出。板鳃类的鳃的排盐能力远不及直肠腺。

（二）海洋硬骨鱼类的渗透压调节

海洋硬骨鱼类体液的渗透浓度低于海水，约为海水的1/3。体液中的水分通过鳃上皮和体表流失，为了补充水分，海洋硬骨鱼类需不断吞饮海水，为此1价离子（Na^+、Cl^-等）进入血液，由鳃上皮氯细胞排出；2价离子留在肠中形成沉淀随粪便排出。海洋硬骨鱼类的肾小球少且小，肾小管短，有较强的重吸收水的能力。每天尿的排出量只占体重的1%～2%。肾小管还具有强的分泌功能。尿中2价离子的含量较高，因此尿量少，尿液较浓。

二、半咸水和淡水动物的渗透压调节

（一）淡水无脊椎动物

由于淡水生活的无脊椎动物体液渗透压都比水环境高，造成水不断渗入而盐分丧失，因此必须排出水，保持离子浓度或从外环境中吸收盐离子，淡水无脊椎动物都是渗透调节动物，通过排出大量低渗尿，以及通过鳃从外环境吸收离子等方式而达到体液渗透压的稳定。

（二）淡水硬骨鱼类的渗透压调节

生活在淡水中的硬骨鱼类的血液渗透浓度比淡水高，周围的水会通过皮肤，特别是鳃上皮渗入体内；摄食也有部分水随食物由消化管吸收，因此它们面临的问题主要是如何排水保盐。为了维持体内高渗透压，淡水硬骨鱼类的肾特别发达，肾小体的数目多，肾小管对各种离子，特别是对Na^+和Cl^-能完全重吸收。因此，淡水硬骨鱼类肾排出的尿量比海洋硬骨鱼类多，尿液稀薄。

三、洄游鱼类的渗透压调节

大多数海产鱼类只能在海洋的盐度下生活，淡水鱼类也只能在淡水中生活，是狭盐性的。但也有不少鱼类分布在海水和半咸水中。有的鱼（如七鳃鳗和鲑）在其生活史中要由海洋洄游到河流上游产卵，幼鱼再回到海洋成长，称溯河性洄游；有的（如鳗鲡）则在河流中成长，洄游到海洋繁殖，幼鱼又洄游到河流中成长，称降河性洄游。当这些鱼由海水到淡水或由淡水到海水时，它们都能在一定范围内维持渗透压和离子浓度的稳定。

（一）由淡水进入海水的渗透调节

鱼类由淡水进入海水后由排水保盐状态转入排盐保水状态。因此，鱼类在淡水中的渗透压调节机制被抑制，而在海水中的渗透压调节机制被激活。

1. 吞饮海水 广盐性鱼类体液的渗透压比海水低得多，进入海水后体内的水分从体表流失，为了补偿失去的水分，一般广盐性鱼类进入海水后几小时内饮水量即显著增大，并在1～2d内使体内的水分代谢达到平衡，饮水量也随之下降并趋于稳定。当把鳗鲡从淡水移到海水时，在10h内渗透性失水可达体重的4%，这时鳗鲡就大量饮入海水，每天饮水量达到50～200mL/kg，体重不再减轻，而且2d内即达到稳定状态。

2. 减少尿量 广盐性鱼类进入海水后，在神经内分泌的调节下，肾小球的血管收缩，使肾小球滤过率降低；同时肾小管管壁对水的通透性增强，大量水分被重新吸收，结果导致尿量减少。鱼类在吞饮海水时吸收的2价离子如Ca^{2+}、Mg^{2+}、SO_4^{2-}等则主要经过肾脏由尿液排出。

3. 排出Na^+和Cl^- 广盐性鱼类进入海水后，通过体表渗入及由消化道吸收的NaCl主要通过鳃上皮的氯细胞排出体外，以维持体内的离子和渗透压平衡。

鱼类在由淡水移入海水后，鳃上皮的氯细胞发生明显的细胞学变化。随着水中盐度的增加氯细胞的Na^+-K^+-ATP酶活性增加，并与氯细胞的数量及鳃排出的Na^+量成正比。

广盐性鱼类在海水中对Na^+和Cl^-的排出量受激素控制。鱼类在由淡水进入海水时，由于失水和NaCl的吸收增加，血浆中的Na^+含量升高，刺激了肾间组织分泌皮质醇，皮质醇通过血液循环到达鳃，促进鳃上皮氯细胞数量增加及形态结构发生改变，加强了鳃对NaCl的排泄，最后血浆中NaCl含量逐渐降低并恢复到原来水平。摘除肾间组织的鳗鲡在从淡水进入海水时，Na^+排出量显著比正常鱼降低，因此，皮质醇可能是鱼类对海水渗透调节适应的重要体液调节因子。

（二）由海水进入淡水的调节

硬骨鱼类由海水进入淡水后，海水的渗透压调节机制受到抑制，而适应于淡水的调节机制被激活，从而维持体内的高于环境的渗透压。

1. 体内水分调节 当鱼类由海水进入淡水后，停止吞饮水，Ca^{2+}、Mg^{2+}、SO_4^{2-}等的吸收和排出都迅速减少。开始几小时，鱼的体重会因水分渗入体内而有所增加；但在1～2d内，由于神经内分泌的调节作用，肾小球滤过率增大，肾小管对水的渗透性降低，从而减少水分的重吸收，使肾脏排出大量低渗的尿液，使水分渗入体内与通过肾脏排出水分达到相对平衡，体重亦恢复正常。

2. 减少鳃上皮分泌作用 尽管氯细胞和辅助细胞的数量很多，氯细胞内的Na^+-K^+-

ATP 酶活性也很高，而进入淡水后鱼类鳃排出的 NaCl 可迅速下降到低水平，如果这时把鱼从淡水再移回海水，则鳃上皮排出 NaCl 量又会升高。可见，鳃上皮氯细胞的数量以及 $Na^{+}-K^{+}-ATP$酶活性的高低并不是决定 NaCl 排出量的唯一因素。当鱼从海水移入淡水后，顶隐窝对 Cl^{-} 的通透性降低，细胞旁路关闭，导致鳃上皮细胞对 Na^{+} 和 Cl^{-} 的通透性降低，氯细胞不能很好地将 NaCl 排出体外。

鱼类从海水进入淡水后，鳃上皮分泌 NaCl 的减少还受多种因素的控制。有实验证据表明，催乳激素对鱼类适应低盐度环境起着关键的作用。当鱼类从海水进入淡水时，催乳激素分泌细胞被激活，血液的催乳激素水平升高，可控制 $Na^{+}-K^{+}-ATP$ 酶活性，氯细胞的分化与数量及离子通道，因此可控制 NaCl 的排出量。外界的 Ca^{2+} 也可影响广盐性鱼类对淡水环境的适应，如在水中加入 Ca^{2+}，会减少鳃对 Na^{+} 和 Cl^{-} 的排出量。肾上腺素能抑制进入淡水的广盐性鱼类主动排出离子，如给鲻注射肾上腺素可抑制其 Na^{+} 和 Cl^{-} 的排出。

3. 启动离子主动转运系统　广盐性鱼类由海水进入淡水后，不仅需要减少 NaCl 的外排，同时，还需要通过离子主动转运系统从低渗的水环境中吸收 Na^{+} 和 Cl^{-}，包括通过 $Na^{+}-NH_4^{+}$、$Na^{+}-H^{+}$ 和 $Cl^{-}-HCO_3^{-}$ 的离子交换系统来完成。

许多洄游性淡水鱼类在洄游之前身体已发生一些变化，包括体表皮肤、肾脏结构的变化和尿量减少等，以便为洄游到海水中做预先的适应。通常同种鱼类较大的个体对盐度变化有较强的适应能力。所以鱼类在幼体时多为狭盐性，而成体则可能为广盐性的。这可能是因为小鱼的相对体表面积较大，需要付出较多能量才能调节水分和离子的渗透压平衡。

第九单元　神经系统

第一节　神经元活动的一般规律

神经系统是动物机体内起主导作用的调节系统，由外周神经和中枢神经系统组成。体内各器官系统的功能及活动各异，但都是在神经系统的直接和间接的控制下，统一协调完成整体功能活动，作出迅速而完善的适应性，以适应体内外环境的变化。动物越进化，神经系统越发达，对系统活动的调控作用越精细、灵活，动物适应内外环境变化的能力越强。低等的甲壳动物具有梯形神经系统，较高等种类具有链状神经系统。对虾类属于链状神经系统，神经节合并现象较少。鱼类的神经系统与其他脊椎动物相似，鱼类的嗅叶和端脑可以记录到自发的电活动。鱼类的端脑对生殖行为、参与鱼类色觉（对外界环境颜色变化的感觉）、摄食行为、游泳运动、集群能力、对敌害和障碍物的回避等起作用。延脑是鱼类重要的呼吸活动和心血管活动的调节中枢。

一、神经元和神经胶质细胞

（一）神经元

神经元即神经细胞，是神经系统基本的结构与功能单位。根据神经元的功能差异或在反射弧中的位置不同，可将其分成：感觉（或传入）神经元、运动（或传出）神经元和联络（或中间）神经元。

在整体中，许多脊神经或脑神经多是由传入与传出纤维构成的混合神经。

神经元是高度分化的细胞，它的基本功能是：①感受体内、外各种刺激，并引起兴奋或抑制；②对不同来源的兴奋或抑制进行分析、综合或贮存，再经传出神经将信号传递给所支配的器官和组织，产生一定的生理调节和控制效应；③一些神经元除具有典型的神经细胞功能外，还能分泌激素，能将中枢神经系统中其他部位传来的神经信息转变为激素信息。

（二）神经胶质细胞

神经系统中还存在大量的神经胶质细胞，该细胞广泛分布于中枢和周围神经系统。有星形胶质细胞、少突胶质细胞和小胶质细胞。神经胶质细胞具有支持作用，修复和再生作用，物质代谢和营养性作用，绝缘和屏障作用，摄取和分泌神经递质，免疫应答作用等。

二、神经纤维传导兴奋的特征

神经纤维的主要功能是传导兴奋，即传导动作电位。神经纤维传导兴奋具有如下特征：

1. 结构和功能完整性　如果神经纤维被切断、损伤、麻醉或低温处理而破坏了完整性，则会发生传导阻滞或丧失传导功能。

2. 绝缘性　一条神经纤维传导的冲动，并不能传到同一神经干内的邻近的另一条纤维。所以在一条神经干中，由感觉纤维传向中枢神经的冲动，不会传到与之相邻的运动纤维上去。

3. 双向传导　神经纤维上的任何一点受刺激而产生动作电位时，其动作电位可沿神经纤维同时向两端传导。

4. 相对不疲劳性和不衰减性

三、突触及突触传递

神经元与神经元、神经元与效应器相接触的部位称之为突触。突触是神经元之间联系的基本方式。在突触前面的神经元叫突触前神经元，在突触后面的神经元叫突触后神经元。

（一）突触的分类

1. 按突触的接触部位分　①轴—树突触；②轴—体突触；③轴—轴突触。此外，在中枢神经系统中，还存在树—树、体—体及树—体等多种形式的突触。近年来还发现，同一个神经元的胞体和突起之间也能形成轴—树或树—树型的自身突触。

2. 按突触的性质分　①**化学性突触**：依靠突触前神经元的纤维末梢释放特殊的化学物质作为传递信息的媒介，对突触后神经元产生影响。化学性突触又可分为使突触后神经元产生兴奋的兴奋性突触和使突触后神经元产生抑制的抑制性突触。②**电突触**：依靠突触前神经元的生物电与离子交换来传递信息，对突触后神经元产生影响。

（二）突触传递的基本特征

神经冲动从一个神经元通过突触传递到另一个神经元的过程，叫作突触传递。

化学性突触传递是中枢神经元之间信息传递的主要方式。

四、神经递质

1. 神经递质　大多数神经元之间的突触传递必须以突触前膜释放的化学物质为中介，才能完成信息的传递。神经递质是指突触前神经元合成并在其末梢释放的特殊化学物质，经突触间隙扩散到突触后膜，特异性地作用于突触后神经元或效应细胞的特殊受体，导致信息从突触前传递到突触后的一些化学物质。

神经递质根据其产生的部位可分为外周神经递质和中枢神经递质两大类。

（1）外周神经递质　外周神经递质由外周神经系统的神经元合成，包括①乙酰胆碱：全部植物性神经的节前纤维、绝大多数的副交感神经节后纤维、全部躯体运动神经以及支配汗腺和舒血管平滑肌的交感神经纤维，所释放的递质都是乙酰胆碱。凡是释放乙酰胆碱作为递质的神经纤维称为胆碱能纤维。②去甲肾上腺素：绝大部分交感神经纤维释放的递质都是去甲肾上腺素。凡是神经末梢能释放去甲肾上腺素的神经纤维称为肾上腺素能纤维。③嘌呤类或肽类递质：支配肠管的迷走神经，能与末梢释放如ATP、血管活性肠肽、促胃液素和生长抑素的神经元形成突触联系，这类纤维也称为嘌呤能或肽能纤维。

（2）中枢神经递质　①乙酰胆碱：乙酰胆碱是中枢神经系统的重要递质。②单胺类：包括多巴胺、去甲肾上腺素、肾上腺素和5-羟色胺。③氨基酸类：包括兴奋性递质（谷氨酸、天冬氨酸）和抑制性递质（甘氨酸—破伤风毒素可阻止神经末梢释放甘氨酸，因而可引起肌肉痉挛和惊厥、γ-氨基丁酸）两大类。④肽类：包括阿片样肽、调节性多肽、脑肠肽等30多种神经肽。⑤其他递质：一氧化氮、一氧化碳、组胺。

2. 神经调质　指神经元产生的另一类化学物质，也作用于特定的受体，但它们在神经元之间并不起直接传递信息的作用，而是调节信息传递的效率，起到增强或削弱递质效应的作用，因此被称为神经调质，调质所发挥的作用称为调制作用。

五、受　　体

1. 受体　一般是镶嵌于细胞膜或细胞内、能与某种化学物质（如递质、调质、激素）发生特异结合的特殊生物分子。能与受体发生特异性结合，并产生生物效应的化学物质称为激动剂；只发生特异性结合，但使递质不能发挥生物学效应的物质则称为拮抗剂或受体阻断剂，两者统称为配体。

一般认为，受体与配体的结合具有以下3个特性：①特异性：特定的受体只与特定的配体相结合；②饱和性：分布于膜上的受体数量是有限的，因此它结合配体的数量也是有限的；③可逆性：配体与受体既可以结合也可以解离，但不同配体的解离常数是不同的，有些拮抗剂与受体结合后很难解离，几乎为不可逆结合。

2. 受体分类

（1）胆碱能受体　凡是能与乙酰胆碱结合的受体叫作**胆碱能受体**。胆碱能受体又分为两种：M型受体和N型受体。M型受体广泛存在于副交感神经节后纤维支配的效应细胞上，与乙酰胆碱结合后产生一系列副交感神经兴奋的效应。该受体与乙酰胆碱相结合产生的效应称为毒蕈碱样作用（M样作用）。有机磷农药和新斯的明对胆碱酯酶有选择性抑制作用，可导致乙酰胆碱在神经肌肉接头处和其他部位大量积聚，引起M样作用。阿托品是M型受体阻断剂。N型受体存在于交感和副交感神经节神经元的突触后膜（N_1型）和骨骼肌终板膜上（N_2型），其与乙酰胆碱结合后，产生兴奋性突触后电位，导致节后神经元或骨骼肌兴奋。因这类受体能与烟碱结合，故称为烟碱型受体，产生烟碱样作用（N样作用）。箭毒能阻断N_1和N_2型受体，六烃季胺主要阻断N_1受体，而十烃季胺主要阻断N_2受体。

（2）肾上腺素能受体　能与儿茶酚胺（包括去甲肾上腺素、肾上腺素）特异结合的受体称为肾上腺素能受体。它们广泛存在于交感神经节后纤维支配的效应细胞上（除汗腺）。肾上腺素能受体除能与交感神经末梢释放的递质结合外，还能与血液中的儿茶酚胺结合。肾上腺素能受体对效应器的作用，既有兴奋效应，也有抑制效应。肾上腺素能受体也有两种类型：α型和β型受体。β受体又分为2个亚型，即β_1、β_2受体。α受体与儿茶酚胺结合后，主要是兴奋平滑肌，如使血管平滑肌收缩等；但也有抑制作用，如使小肠平滑肌舒张。β_1受体主要分布在心肌，它与儿茶酚胺结合后，对心肌产生兴奋效应。β_2受体分布比较广泛，它与儿茶酚胺结合后，抑制平滑肌的活动，如使血管、小肠的平滑肌舒张等。

第二节　反射活动的一般规律

神经系统活动的基本方式是反射，反射活动的结构基础和基本单位是反射弧。巴甫洛夫将反射分为非条件反射和条件反射两种。

一、中枢神经元联系方式

中枢神经元的联系方式主要有以下几个类型。单线式联系：一个突触前神经元仅与一个突触后神经元发生突触联系。辐散式和聚合式联系：一个神经元通过其轴突末梢的分支与多个其他神经元建立突触联系，称为辐散式联系；一个神经元胞体与树突可接受许多不同轴突

来源的突触联系，称为聚合式联系。连锁式与环状式联系：在中间神经元之间，由于辐散和聚合联系同时存在，形成了连锁式和环状式联系。

二、反射与反射弧

反射是指在中枢神经系统参与下，机体对内外环境刺激的规律性应答。反射活动的结构基础称为反射弧，包括感受器、传入神经、神经中枢、传出神经和效应器。反射弧各组成部分之间依靠突触传递信息。反射活动分为非条件反射和条件反射两类。反射活动的复杂性在于反射中枢，不同反射的中枢范围可以相差很大，经过突触传递的数量也相差甚远。在整体情况下，反射活动发生时，感觉冲动传入脊髓或脑干后，除了在同一水平与传出部分发生联系并发出传出冲动外，还有上行冲动传导到更高级中枢，进一步整合后，再由高级中枢发出下行冲动来调整反射的传出冲动，使反射活动更具复杂性和适应性。

三、反射中枢内兴奋传播的特征

在每一个反射活动中，中枢神经系统内的兴奋过程都必须以神经冲动的形式从一个神经元通过突触传递到另一个神经元。因此，兴奋过程通过突触时的传递特征就基本上成为反射活动的特征，分述如下：

1. 单向传布　在中枢内存在大量的化学性突触，兴奋只能由突触前膜传向突触后膜，即从一个神经元的轴突向另一个神经元的胞体或突起传递兴奋。因此兴奋只能由传入神经元向传出神经元方向传布。

2. 中枢延搁　兴奋在中枢传递时所需时间较长的现象，称为中枢延搁。产生中枢延搁主要是突触传递过程繁多，反射过程中，通过的突触数目越多，中枢延搁耗时越长。

3. 兴奋的总和　在中枢神经系统内，单根神经纤维的单一冲动常常不足以使突触后神经元产生动作电位，而不能引起传出效应。因此兴奋在中枢中的传布需要多个冲动的总和，才能达到阈电位水平，从而爆发动作电位。兴奋的总和包括时间上和空间上的总和。如果总和没有达到阈电位水平，突触后神经元虽未表现出兴奋，但其兴奋性有所提高，表现为易化。

4. 兴奋节律的改变　在一个反射活动中，传出神经和传入神经的冲动频率往往不同。传出神经元发放冲动的频率不但取决于传入冲动的节律，而且还取决于中间神经元与传出神经元的联系方式及它们自身的功能状态，因此最后传出冲动的频率取决于各种因素的综合效应。

5. 后发放　神经元之间的环状联系是产生后发放的主要结构基础。此外，在效应器发生反应时，其本身的感受器又受到刺激，由此产生的继发性冲动经传入神经传到中枢，这种反馈作用起到纠正或维持原先的反射活动的作用，也是产生后发放的原因之一。

6. 局限化与扩散　感受器在接受一个适宜刺激后，一般仅引起较局部的神经反射，而不产生广泛的活动，称为反射的局限化。如果刺激强度加大（部位不变），往往引起较为广泛的反射活动，称为反射的扩散。扩散由神经元的辐射式联系方式引起。

7. 对内环境变化的敏感性和易疲劳性　机体缺氧、二氧化碳和酸性代谢产物过多等因素均可影响递质的合成与释放，改变突触的传递能力。突触后膜受体具有高度特异性，有些药物可以特异地与受体结合从而加强或阻断突触传递过程。

四、中枢抑制

反射活动之所以能协调，是因为在中枢内既有兴奋活动，又有抑制活动。与兴奋过程一样，抑制也是主动活动过程。如果中枢抑制受到破坏，反射活动也就不能协调地进行。中枢抑制主要通过突触抑制实现，根据其产生机制和部位的不同，将其分为突触后抑制和突触前抑制。

（一）突触后抑制

突触后抑制都是由抑制性中间神经元的活动引起的。这些神经元兴奋时，轴突末梢释放抑制性递质，使突触后膜产生超极化，该突触后神经元对其他刺激的兴奋性降低，活动受到抑制，故称为突触后抑制。突触后抑制主要分为传入侧支性抑制和回返性抑制两类。

1. 传入侧支性抑制　感觉传入纤维进入脊髓，在兴奋某一中枢神经元的同时，又发出侧支兴奋另一个抑制性中间神经元，通过该抑制性中间神经元的活动转而抑制另一个中枢神经元。这种抑制曾被称为交互抑制。其作用是使不同中枢之间的活动相互协调起来。

2. 回返性抑制　中枢的某一神经元兴奋时，其冲动在沿轴突向外传播的同时，又经其轴突的侧支去兴奋另一抑制性中间神经元，该抑制性中间神经元兴奋后，再返回抑制原先发动兴奋的神经元及同一中枢的其他神经元。其结构基础是神经元之间的环状联系。这是一种负反馈调节机制，它能及时终止神经元的活动，并促使同一中枢内许多神经元之间的活动同步化，对神经元的活动在时间上和强度上进行及时的修正。

（二）突触前抑制

突触前抑制是指兴奋性突触前神经元的轴突末梢受到另一抑制性神经元的轴突末梢的作用，使其兴奋性递质的释放减少，从而使兴奋性突触后电位减小，以致不容易甚至不能引起突触后神经元兴奋，呈现抑制效应。由于这种突触后神经元的抑制过程是通过改变了突触前膜的活动而引起的，因此称为突触前抑制。抑制性神经元释放抑制性递质，不是引起兴奋性突触前神经元的超极化，而是去极化。

五、反射活动的反馈调节

当一个刺激发动一个反射后，效应器的活动必然又会刺激本身或本系统内的感受器发出传入冲动进入中枢，这个继发性的传入冲动对维持与纠正反射活动的进行有着重要作用。除了效应器本身的感受装置发出的传入冲动对反射活动的协调有作用外，其他能感知反射效应的感觉器官也发出传入冲动进入中枢，以纠正反射活动。在反射活动过程中负反馈联系表现很突出，如降压反射。负反馈联系使自动控制系统具有自身稳定性。正反馈联系在反射活动过程中也有表现，如排尿反射。正反馈联系一般是在效应装置活动尚未达到最大效应之前发挥作用。

第三节　中枢神经系统的功能概述

一、鱼类中枢神经系统的发生和分化

鱼类和其他脊椎动物一样，在胚胎发育时期，神经系统是由外胚层向内凹陷，经神经板、神经沟，然后封闭而形成神经管，最终管内的神经形成神经内腔。神经管的前部膨大而

形成三个泡囊状构造，即脑髓原始的三部分：前脑、中脑和后脑。此后，前脑进一步分化形成端脑和间脑。端脑的中央有一浅纵行沟，但并不形成发达而明显的大脑半球，所以只称为大脑。周围神经系统是由中枢神经系统发出的躯体神经和内脏神经组成，即脑神经和脊神经。鱼类的中脑没有分化，形成视叶。后脑进一步分化为后脑和末脑。末脑就是延脑，与脊髓相连。

二、鱼类中枢神经系统的特点

圆口类脑的主要特点是嗅叶发达，间脑和视叶较发达，端脑不发达，小脑不明显且与延脑没有明显的区分。软骨鱼类脑的主要特点是嗅叶、端脑和间脑较发达；中脑不发达；小脑明显，分叶。端脑虽发达，但不分为左右半球。硬骨鱼类脑的特点是嗅叶发达，视叶和小脑较发达。间脑可分为丘脑上部、丘脑和丘脑下部或下丘脑。丘脑上部包括松果体和一对从前脑感受嗅觉兴奋（接收松果体信息）的神经节——缰核。丘脑和下丘脑的神经细胞形成许多核团，通过神经纤维与前脑和小脑相连，并发出神经纤维调控脑垂体的活动。

三、中枢神经系统各部位的机能

中枢神经系统由白质和灰质组成。脊髓是中枢神经系统的低级部位，其白质部分是上行神经束和下行神经束通过的部分，传导感觉与运动神经冲动，把躯体组织器官与脑的活动互相联系起来。脊髓的灰质部分有神经元，可完成最基本的反射活动。脊髓是躯体和内脏反射的初级中枢。

延脑与脊髓相贯通，可看作是脑向后延伸或脊髓向前延伸的部分，故称为延脑或延髓。延脑既是运动中枢，又是感觉中枢。延脑又是脑和脊髓之间运动和感觉各种信号传递的通道，所以又把延脑称为活命中枢，许多维持生命的反射活动都须通过延脑来完成。

鱼类小脑的机能与哺乳动物的类似，主要是协调运动的中枢，对维持身体平衡起重要作用。小脑也具有参与调控视觉、听觉及其他感觉器官的功能。鱼类小脑也可建立条件反射，有高等动物大脑皮层的相似功能。

鱼类的中脑较大，由腹面的基部（被盖）和背面的视顶盖组成。视顶盖又被纵沟分为两个膨大的视叶，这就是视觉中枢。视叶含有丰富的传入和传出神经连接，所以是综合协调视觉和其他感觉通道的主要中心，也是来自其他神经中枢上行和下行外感受信息的综合中心。

鱼类的间脑是一个小而高度复杂化的结构。上丘脑由松果体、松果旁体和缰核组成。大部分真骨鱼类成熟时松果旁体退化消失，其主要功能是感光和分泌产生褪黑激素。下丘脑的机能复杂，能间接接受多种感觉神经纤维输入，是嗅觉、味觉和其他一些感觉的调节中枢，其传出纤维进入三叉神经运动核，与面神经运动核等许多部位相联系，因此是鱼类反射中枢之一。下丘脑包含许多由不同神经细胞组成的核团，是汇集来自端脑的各种信息的主要中心，与脑的许多部分联系。鱼类下丘脑还具有神经分泌功能。

鱼类端脑与嗅觉器官有密切的关系，也称嗅叶，是嗅觉中枢。鱼类端脑的背区接受高级感觉输入，像高等脊椎动物的大脑皮质一样行使学习、记忆、条件反射等高级机能。端脑对鱼类的生殖行为有重要调节作用，还参与鱼类色觉、摄食行为、游泳运动、集群能力、对敌害和障碍物回避等协调和综合作用。

第四节　神经系统对内脏活动的调节

调节内脏活动的神经总称为自主神经系统，也称为植物性神经系统或内脏神经系统。这一神经系统之所以称为自主神经系统，是由于它们的活动一般不受意识支配，实际上它们还是受脑的高级神经系统的控制，并不完全独立自主。自主神经系统也包括传入神经和传出神经，但习惯上仅指支配内脏器官的传出神经，且根据其结构特点，将其分为交感神经和副交感神经两部分。

一、交感神经和副交感神经调节内脏活动的基本特征

自主神经系统的功能在于调节心肌、平滑肌和腺体（消化腺、汗腺、部分内分泌腺）的活动。交感和副交感神经系统对同一效应器具有如下特点：

1. 双重支配　除少数器官外，一般组织器官都接受交感和副交感神经的双重支配，并且交感神经和副交感神经的作用往往具有拮抗性。如迷走神经能增强小肠平滑肌运动，而交感神经则抑制其活动。这一特点使机体能够从正反两方面调节内脏活动，从而使内脏的工作状态能适合机体当时的需要。有时两者的作用也是一致的，如对唾液腺的分泌，交感神经和副交感神经都起促进作用。但两者的作用也有差别，前者引起唾液腺分泌量少而黏稠的唾液；而后者引起唾液腺分泌量多而稀薄的唾液。鱼类分布到消化道各部分的交感神经都含有兴奋性和抑制性的神经纤维，兴奋性神经纤维是胆碱能的，用阿托品能抑制其兴奋性；为抑制性神经纤维是肾上腺素能的，因为儿茶酚胺能使许多鱼类的消化道迟缓。

2. 紧张性支配　自主神经对效应器的支配，一般具有紧张性作用。分布到心脏的迷走神经是胆碱能的，使心搏率降低。例如，切断心迷走神经，心率即加快，而用肾上腺素能的抑制剂则可以阻止这种反应；切断心交感神经，心率则减慢。对有胃的鱼类，刺激迷走神经使胃收缩，但对肠没有影响；而对无胃鱼类，刺激迷走神经能使肠的一部分或全部收缩。

3. 与效应器本身的功能状态有关　自主神经的外周性作用与效应器本身的功能状态有关。

4. 对整体生理功能调节的意义　交感神经系统的活动一般比较广泛，常以整个系统参与反应，主要在于促使动物机体对环境急剧变化时整体功能的适应。例如，在剧烈运动时，机体出现心率加速、皮肤与腹腔内脏血管收缩、循环血量增加、血压升高、支气管扩张、肾上腺素分泌增加等现象。副交感神经系统活动比较局限，主要在于保护机体，休整、恢复，促进消化和能量贮藏以及加强排泄和生殖等方面的功能。例如，机体在安静时副交感神经往往加强，此时心脏活动抑制、瞳孔缩小、消化功能增强以促进营养物质吸收和能量补充等。

二、交感神经和副交感神经的递质

交感神经和副交感神经的节前纤维释放的递质都是Ach；副交感神经节后纤维释放的递质是Ach，而交感神经节后纤维释放的神经递质是去甲肾上腺素和肾上腺素的混合物。

第五节　神经系统的感觉功能

感觉功能是由感受器接受内外环境的信息刺激而产生神经冲动，经传入神经传送到中枢神经系统，在中枢神经系统综合分析之后产生的。鱼类通过眼、耳、鼻、侧线、皮肤等部位的感受器产生视觉、听觉、嗅觉、味觉、体感五大类感觉，此外，有些鱼类还有电觉、磁觉。鱼类在感知环境变化之后，通过传出神经将信息传递到肌肉、鳍等效应器作出相应的反应行动。因此，感觉功能对于鱼类的摄食、驱避有害物质、生殖洄游和集群都具有重要的生物学意义，一旦感觉功能异常将影响鱼类的正常生命活动。

感受器经过高度的发展和分化形成专门的器官，称为感觉器官。鱼类等水生动物的感觉器官虽不如高等脊椎动物那样发达，但是有些感觉器官的灵敏度却大大地超过了陆生动物。鱼类由于生活在水域环境中，视觉范围的能见度受到极大的限制，但对于水域环境中的生物学、化学物质等却特别敏感，例如，鱼类在捕捉食物时，除了凭借视觉以外，还依赖味觉、嗅觉的化学刺激等促进鱼类的摄食行为。鱼类的嗅觉除了与摄食行为有关外，与非摄食行为也有关系。例如，大麻哈鱼、中华鲟、鲥等鱼类在海洋中生活后能分辨江河水中的气味，回到它们出生的江河之中。鲤和日本鳗鲡对 CO_2 的浓度具有高度敏感性。

一、感受器的生理特性

各种感受器虽然在结构与功能方面不尽相同，但却表现某些共同特征。每种感受器只对某种特定形式的能量变化最敏感，这种形式的刺激称为该感受器的适宜刺激。感受器能将它们接受的适宜刺激的能量转换为出入神经的动作电位，称为感受器的换能作用。感受器在进行换能作用的同时，将刺激的质和量等信息转移到传入神经的电信号系统，即动作电位的序列中，这就是感受器的编码作用。许多感受器在将刺激能量转换成神经信号时表现出不同程度的功率放大作用。当一定强度的刺激持续作用于感受器时，将引起感觉传入神经纤维上的冲动频率随刺激时间延长而逐渐降低，这一过程称为感受器的适应。根据适应程度的差异可以分为快适应感受器和慢适应感受器。嗅觉和触觉感受器在接受刺激时，仅在刺激开始后的短时间内有传入神经冲动发放，以后虽刺激仍继续存在，但传入神经冲动的频率很快降低到零，属于快适应感受器。肌梭、关节囊感受器和痛觉感受器、颈动脉窦的压力感受器是慢适应感受器。

二、视　　觉

眼睛是视觉器官，外界物体的可见光线射入眼中，在视网膜上成像，视网膜感受后产生不同形式的信息组合，经过有关中枢分析、产生视觉，包括物体的大小、颜色、空间位置、运动状态等视觉。

很多水生动物可以通过视觉调整自身的行为，例如，许多鱼类可以感觉光的明暗而出现明显的趋光性，如鳀、带鱼、鲭等，在生产上已应用灯诱捕。乌贼看到食物引起体表的色彩变化是一种反射活动，是通过视觉实现的。

鱼类和其他脊椎动物一样，位于眼球内侧的视网膜是感受光刺激的神经组织，视网膜内除了神经元和神经胶质细胞以外，还分布有色素细胞和光感受细胞，后者又包括视杆细胞、视锥细胞和双锥细胞（为2个形态相似的视锥细胞纵向融合而成）。光感受细胞在视网膜上的分布因鱼的种类变化很大。除鳐和一些鲨鱼外，多数板鳃类仅具有视杆细胞，硬骨鱼类（除深海鱼类外）具有视杆细胞、视锥细胞和双锥细胞，但这些细胞的大小、比例与鱼类的生活习性有关。喜欢深水及夜间活动的鱼类，视杆细胞多于视锥细胞。

在鱼类视杆细胞中的感光色素为视紫红质、视紫质，对光的敏感性较强，感受暗光。而视锥细胞对光的敏感度低，可感受强光和不同波长的色光，所以这些光感受细胞分别在不同的光照条件下发挥作用，视杆细胞是黄昏视觉，视锥细胞和双锥细胞行使亮光和颜色视觉。

视杆细胞中的视紫红质由视蛋白和视黄醛（生色基团）组成，在光化学反应过程中部分视黄醛被消耗，必须从血液中得到维生素A来维持足够量的视紫红质再生，所以鱼类必须从饲料中摄取适量的维生素A，否则将会影响视紫红质再生，从而影响其弱光下的视觉。

三、化学感觉

（一）一般化学感觉

一般化学感觉是指鱼体表面神经丘感受水中的化学物质刺激而产生的感觉。一般来说，鱼体表面对来自一价阳离子如Na^+、K^+、NH_4^+、Li^+的刺激最为敏感，淡水鱼对Na^+、K^+很敏感，海水鱼对Na^+不敏感而对K^+很敏感。二价阳离子如Ca^{2+}、Mg^{2+}、Sr^{2+}等对鲨鱼体表神经丘有抑制作用。

许多水生生物的化学感觉器官十分发达，它们的行为受水中一些化学物质的影响。例如，引诱物、驱避物、信息素、种间的异常物等。其中化学的、生物的各种气味的刺激物质，通过分布在动物身体的化学感受器官感受。如鱼类的唇、触须、头部皮肤、鳍、鳃、咽和鼻腔等，引起它们对食物和配偶的识别、对栖息区域的选择、对敌害和有害物质的逃避以及洄游等行为反应。

（二）化学感觉的行为机能

1. 摄食　摄食行为是化学刺激所引起的强烈反应之一。将海水蟹的肌肉捣碎后放入水中，这些物质很容易扩散出来，从而引起鱼类的强烈摄食行为。不同种动物对不同自然提取物的反应是不同的，氨基酸的混合物可诱导虹鳟产生摄食反应。

2. 配偶识别　性成熟的雌性甲壳动物，特别是蟹和龙虾，能释放一种物质到水中，吸引同种的雄性个体，这种物质称为信息素，可诱导水生动物产生生殖行为。

3. 洄游　化学信息对洄游性鱼类，如溯河洄游的大麻哈鱼和降河洄游的鳗鲡的定向洄游十分重要。试验证明，2龄鲑能对家乡河流的气味形成嗅觉图像，之后在海洋里生长发育直至性成熟，但对这个图像仍然保持记忆，所以能回到家乡的河流中产卵。

4. 警戒反应　鱼受伤时会引起鱼群摄食中止、游泳加速，纷纷逃离受伤鱼所在的水域，这种反应称为警戒反应（或惊吓反应）。此外，凶猛鱼类的气味也能引起警戒反应，如鲹群嗅到狗鱼的气味时立即出现强烈的反应。

5. 种群的辨别　鱼类有能力辨别同类及其他不同种类的气味。如盲虾虎鱼常猎食其他鱼的仔鱼，但从不误食自己的后代。因此，化学感觉对于鱼类的集群，尤其是夜间的集群很重要。

6. 群体的控制　化学感觉对群体的大小有影响，高密度饲养能使鱼释放出抑制性的化学物质，通过化学感觉产生抑制性的生理和行为反应。

四、位听觉与侧线感觉

鱼类内耳和侧线器官能感受声波刺激产生神经冲动，由听神经传入到听中枢产生听觉。另外，鱼类的侧线器官还能感受水流及表面波的刺激，从而测定方位、控制鱼的趋流性行为；内耳还能感受身体的位置及其运动的刺激，调节鱼体平衡及其运动。

1. 听觉　鱼的听觉器官是内耳，而侧线器官和鳔也参与或辅助内耳的听觉功能。大多数鱼类的听觉很差，在声音很强时也只能对低频（1 000Hz）的振动起反应，这可能与鱼类没有特化的耳蜗（与其他脊椎动物内耳的重要区别），没有任何能使声音集中到耳石上有关。但是骨鳔鱼类听觉灵敏，听觉频率范围较宽。如鲹的听觉频率上限可高达 5 000～7 000Hz，在最佳听觉频率范围内听觉阈值低、听觉敏感度好。骨鳔鱼类的内耳由韦伯氏器与鳔相连，鳔的振动通过韦伯氏器传到球囊，致使听觉机能增强。侧线器官只能感受 100Hz 以下的低频声波。

鱼类听觉能力的差异，是因为不同鱼类对声音感受的机制不同。声波是发声体的机械振动引起空气、液体或固体的质点发生相应的振动而产生的。声源在水下振动的同时产生质点位移波和声压波，骨鳔鱼类能够感受这两种波。有些非骨鳔鱼类，如鲱的鳔与内耳有联系，也能感受这两种波。而无鳔鱼或鳔与内耳没有联系的非骨鳔鱼只能感受质点位移波。

2. 位觉与平衡机能　鱼类内耳的耳石器官（椭圆囊、球囊）和半规管具有位觉机能。感觉毛细胞能自动发放频率恒定的神经冲动，这样的冲动传入中枢，可维持肌肉的紧张性。当毛细胞感受身体运动及其位置变化时，它们发放冲动的频率发生相应的变化，信息传入中枢产生位觉。一旦位觉形成，就能反射性地使眼、鳍和部分躯干肌肉发生反应，维持鱼体的平衡。

在许多无脊椎动物中，如水母、甲壳动物、软体动物等都具有检测体位变化和加速度变化的位觉器官，称为平衡囊。如甲壳动物十足目的虾、蟹，在其腹部和触角的基部、尾节上具有平衡囊；乌贼的平衡囊在脑附近的软骨内。虾的平衡囊是由体表下凹而形成的一个空腔，里面有平衡石，当虾向一侧倾斜时，平衡石就刺激到该侧平衡囊内的感受器细胞，使这些细胞发放紧张性的冲动，放射性地引起附肢的运动，使动物的身体恢复平衡。

3. 侧线觉　侧线器官是鱼类和两栖类特有的感觉器官。圆口类和一些不活泼或穴居硬骨鱼类只有体表神经丘，板鳃类具有侧线沟或不完全封闭的管道，比较活泼的硬骨鱼类具有侧线管。侧线器官除具有听觉机能外，还能感受水流和表面波的刺激。侧线器官对水流刺激很敏感，有些鱼类，如鲤具有趋流性，喜欢顶流游泳，这就是侧线器官接受水流刺激之后产生的行为反应。

表面波是物体落到水面而形成的水波，它以物体落入点为中心向外传播。侧线器官对表面波的刺激也很敏感，因此，侧线器官能协助视觉测定远处物体的方位，有利于凶猛鱼类确定猎物的位置，也利于温和鱼类逃避敌害。例如，以底栖生物为饵料的鱼类，其头部、躯干及尾部腹侧的侧线器官尤为发达。

五、其他感觉

1. 味觉　鱼类与高等脊椎动物一样，其味感受器是味蕾，不同的是鱼类的味蕾通常分布在口咽腔、唇、触须、食管、鳃弓，甚至全身体表。

不少物质的水溶液都是味感受器适宜的刺激剂。如氨基酸是一种有效的刺激剂，这是由于氨基酸是水溶性的，而且在所有的细胞中都存在，所以氨基酸是鱼类的一种重要信息物质。

鱼类的味敏感性具有种类特异性。罗非鱼的味感受器对谷氨酸、天冬氨酸和精氨酸敏感；东方鲀的味感受器对丙氨酸、甘氨酸和脯氨酸敏感；真鲷味感受器对丙氨酸、甘氨酸、精氨酸、脯氨酸和甜菜碱敏感。这种特异性与鱼类的摄食习性有关，不同鱼类摄食饲料的化学成分在质和量上的差异，形成了鱼对嗜好饲料里的某些成分具有特殊的味敏感性。

2. 温度感觉　鱼类的皮肤能感受温度的变化，如果把鱼放在不同的温度梯度中，它们能选择接近于它们所适应的温度，如果切断侧线神经，它们对温度仍然具有选择性，表明鱼类对温度的感受和侧线感受器关系不大。鱼类感受温度主要是靠皮肤中密布的神经末梢，且感受温度变化的阈值很小，一般为0.05～0.1℃，最低可达0.03℃。

第十单元　内分泌

第一节　概　述

一、内分泌系统的组成与功能

内分泌系统是机体重要的调控系统之一，它是由机体的内分泌腺和分散存在于某些组织器官中的内分泌细胞共同组成的一个体内信息传递系统，内分泌系统既能独立，又能与神经系统密切配合、相互协调，传递信息，共同调节机体的各种功能活动。通过释放具有生物活性的化学物质——激素调节着靶细胞、靶组织和靶器官的活动，而靶细胞活动改变的结果又往往反馈性地影响内分泌活动，因此就整体功能而言，内分泌系统是包括靶细胞在内的一个庞大的稳态调节系统。

内分泌系统包含不同来源、细胞组成的内分泌腺体：① 肾上腺髓质（嗜铬组织）和交感神经节一样是由神经细胞分化而来，是没有神经纤维的交感神经节后神经元。② 下丘脑、神经垂体、松果体和尾下垂体（鱼类特有）是由神经内分泌细胞组成。③ 腺垂体、甲状腺、鳃后体、肾上腺皮质、胰岛、斯氏小囊（鱼类特有）和性腺等则起源于非神经组织，由腺体细胞构成。

二、激素的分类

激素是内分泌系统产生的高效能的生物活性物质。激素可以通过远距离分泌、旁分泌、自分泌和神经分泌等多种方式传递化学信息，作用于相应的靶器官或靶组织，调节其代谢和功能。

激素种类多，成分复杂，按照它们的化学性质可分为三类：

1. 多肽/蛋白质激素 是一类形式多样、相对分子质量差异大、生成和分布范围广泛的激素，都是由氨基酸残基构成的肽链。肽类激素主要有下丘脑激素、降钙素、胰岛素、胰高血糖素、胃肠道激素、促肾上腺皮质激素、促黑激素等；蛋白质类激素主要有：生长素、催乳素、促甲状腺素、甲状旁腺素等。

2. 胺类激素 主要为酪氨酸衍生物，包括甲状腺素、儿茶酚胺类激素（肾上腺素、去甲肾上腺素）和褪黑素等。胺类、肽类和蛋白质激素因都含有氮元素，故又合称为含氮激素。

3. 脂类激素 均为脂质衍生物，分子量小，而且都是脂溶性的非极性分子，可以直接透过靶细胞膜，多与胞内受体结合发挥生理效应。①类固醇激素，主要包括肾上腺皮质和性腺分泌的激素，如醛固酮、皮质醇、雄激素、雌激素和孕激素等；②固醇激素，在人体内主要为由皮肤、肝脏、肾等器官转化并活化的胆固醇衍生物——维生素 D_3；③脂肪酸衍生物，主要包括前列腺素类、血栓素和白细胞三烯类等生物活性物质，它们均可作为短程信使参与细胞的代谢活动。

三、激素的作用方式

（一）激素的作用

激素虽然种类很多，作用也很复杂，但是它们对组织器官的调节作用却表现出许多共同的特征，概括起来有以下四个方面：① 维持内环境的稳态，如参与机体的水盐平衡、酸碱平衡、体温、血压平衡等调节过程；② 调节新陈代谢，多数激素都参与物质代谢及能量代谢；③ 促进组织细胞分化、成熟，保证机体的正常发育和功能活动；④ 调控生殖器官发育成熟和生殖活动。

（二）激素的作用方式

激素向相应靶细胞传递信息的方式有以下几种：①细胞分泌的激素进入血液，通过血液循环到达靶器官或靶细胞发挥生理调节功能的方式，称远距分泌，即经典的内分泌。②细胞分泌的激素到达细胞间液，通过扩散到达相邻靶细胞起作用的，称旁分泌。③有些细胞分泌的激素到达细胞间液，对自身起调节作用，称自分泌。④由神经细胞分泌的激素，通过血液循环到达靶器官或靶细胞发挥调节作用，称神经内分泌。

四、激素的作用机制

激素作用机制有两种方式，与膜受体结合介导的信号转导和与胞内受体结合介导的信号转导。

1. 膜受体结合介导的信号转导　蛋白类激素作为第一信使与靶细胞膜上的G蛋白耦连受体结合，通过G蛋白激活膜内侧的腺苷酸环化酶、鸟苷酸环化酶等G蛋白效应器，产生cAMP、cGMP、Ca^{2+}、三磷酸肌醇（IP_3）、二酰甘油（DG）等胞内的第二信使。第二信使生成后，一方面可直接调节离子通道的开放与关闭，另一方面又可激活或抑制细胞内的蛋白激酶，从而改变细胞的状态。

激素还可以与靶细胞膜上的酶耦联受体结合，在胞内进行蛋白磷酸化或产生第二信使，改变细胞的活性。

2. 胞内受体介导的信号转导　脂溶性激素包括类固醇、甲状腺激素和维生素D_3，能穿过细胞膜进入细胞内，与胞内的受体结合后，可以调节转录激活结构域的活性，使激素—受体复合物成为转录激活子或抑制子，调节靶基因的表达，从而改变细胞的状态。

第二节　下丘脑和脑垂体

下丘脑是脑的重要部分，与垂体在结构和功能上有密切联系，是神经调节和体液调节相互联系的重要枢纽。

一、下丘脑激素的生理作用及调节

下丘脑—腺垂体系统　下丘脑的小细胞神经元发出的轴突末梢，终止于垂体门脉系统的第一级毛细血管网。神经元分泌的下丘脑调节肽，经垂体门脉系统运送至腺垂体，调节腺垂体的分泌活动，构成下丘脑—腺垂体系统。下丘脑的促腺垂体区的神经内分泌细胞所产生的肽类激素主要调节腺垂体的活动，因此又称为下丘脑调节肽。下丘脑调节肽已经知道的有9种，它们可分为释放激素（Releasing Hormone）和抑制激素（Inhibiting Hormone）两类（表3-1）。

表3-1　下丘脑激素的种类及生理作用

种　类		英文缩写	化学性质	主要作用
释放激素	促甲状腺激素释放激素	TRH	3肽	促进TSH和PRL释放
	促性腺激素释放激素	GnRH	10肽	促进LH和FSH释放
	生长素释放激素	GHRH	44肽	促进GH释放
	促肾上腺皮质激素释放激素	CRH	41肽	促进ACTH释放

（续）

种 类		英文缩写	化学性质	主要作用
释放激素	促黑（素细胞）激素释放抑制因子	MIF	肽	促进 MSH 释放
	催乳素释放因子	PRF	肽	促进 PRL 释放
抑制激素	生长素释放抑制激素/生长抑激素	GHRIH	14 肽	抑制 GH 释放
	催乳素释放抑制激素	PIH	多巴胺	抑制 PRL 释放
	促黑（素细胞）激素释放抑制因子	MIF	肽	抑制 MSH 释放

二、脑垂体激素的生理作用及调节

鱼类脑垂体在间脑的腹面，由一个短柄与下丘脑相连，悬垂而下，故而得名。在结构上，鱼类的脑垂体与其他脊椎动物一样由神经垂体和腺垂体组成。

（一）神经垂体激素

鱼类神经垂体本身不能合成激素，只能贮存和释放由下丘脑视前核、侧结节核分泌的激素，神经垂体激素可根据其氨基酸组成差异分成两大类：在第 8 位是碱性氨基酸的，属于加压素类；在第 8 位上是中性氨基酸的，属于催产素类。资料表明，催产素参与在海水鱼类的渗透压调节和水盐代谢平衡，也有升高血压的作用。

（二）腺垂体激素

腺垂体含有多种内分泌细胞，至少可分泌 6 种多肽激素：促肾上腺皮质激素（ACTH）、促甲状腺素（TSH）、促性腺素（GtH）、生长素（GH）、催乳素（PRL）、促黑（素细胞）激素（MSH）。其中，TSH、ACTH 及 GtH 均有各自的靶腺，能促进其靶腺分泌激素，所以又把这些激素统称为“促激素”。而 GH、PRL 及 MSH 是直接作用于靶组织和靶细胞。腺垂体激素属于蛋白质和多肽类，特别是催乳素、生长素和促性腺激素等大分子，因此，它们都具有明显的种族特异性。例如，虽然各种脊椎动物对异种的促性腺激素都能起一些反应，但生物学效能不相同。哺乳动物的促性腺激素对各种类群脊椎动物都有一定活性，如哺乳动物的 LH 和人体的 HCG 对鱼类有作用，而鱼类的促性腺激素对哺乳动物没有作用。在鱼类当中以同种或相近种类的促性腺激素作用，可产生一定的生物学效应。

1. 生长素（GH） 生长素属于蛋白质类激素，不同种属动物的 GH 的化学结构、生物活性有很大的差异，但生理功能相同。

GH 的生理作用是促进物质代谢与生长发育，对机体各个器官和组织均有影响，对骨骼、肌肉及内脏器官的作用尤为显著，因此生长激素也称为躯体刺激素。

（1）促生长作用 机体生长受多种因素影响，而 GH 是起关键作用的调节因素。幼年动物摘除垂体后，生长立即停止，如给摘除垂体的动物及时补充 GH，仍可正常生长。GH 的促进生长作用是由于它能促进骨、软骨、肌肉以及其他组织细胞分裂增殖，蛋白质合成增加。鱼类的生长素和鳃、肠、肾脏的受体结合可能参与渗透压的调节。GH 和肠道受体结合可能影响肠道功能，促进肠内氨基酸的转运，从而提高食物的转换效率。

（2）促进代谢作用 促进 Ca、P、K、S 的吸收利用，抑制糖的利用，加速脂肪分解。促进蛋白质、脂肪和糖的代谢。

2. 催乳素（PRL） 催乳素是单链蛋白质激素。催乳素有明显的种属特异性。在哺乳类，催乳素主要作用于乳腺和性腺，而在鱼类主要维持渗透压和水盐平衡。

对鱼类渗透压的调节：在鱼类，PRL 主要起维持水盐和渗透压平衡作用。PRL 能防止淡水鱼类体内的离子通过鳃和肾脏丢失及水分的被动渗入，减少肠道对 Na^+ 和水的吸收而促进水分从肾脏排出，从而在低渗环境中维持血液中无机离子的浓度。这一功能对于那些交替生活在海水、淡水中的鱼类是非常重要的。催乳素抑制氯细胞的分化形成并通过减少主动转运和离子通透性而降低氯细胞的作用。PRL 主要通过降低肾小管对水的通透性和鳃与肾上 Na^+-K^+-ATP 酶的活性来控制 Na^+ 的进出。催乳素影响鱼类体内水分和钠的转运主要是通过鳃、肾脏、膀胱、皮肤和消化道。此外还发现 PRL 参与鱼体的脂肪代谢和脂肪的贮存。可使血液中的甲状腺素的含量下降。PRL 分泌主要受 PRF、PIH 的双重调节。平时以抑制性影响为主，浓度下降引起 PRL 分泌。在鱼类，低渗环境可促进 PRL 的分泌释放，高渗环境中 PRL 释放量大大减少。

3. 促黑（素细胞）激素（MSH） 促黑激素是低等脊椎动物（鱼类、爬行类和两栖类）的一种多肽激素。一般情况下，黑色素小颗粒聚集在细胞核周围，皮肤呈浅色；当受 MSH 刺激时，黑色素颗粒散布到整个细胞质，皮肤变深与周围环境相适应。MSH 除有使黑色素扩散的作用外，还有促使黑色素合成和促进黑色素细胞增殖的作用。在圆口类和板鳃鱼类，体色的变化，即皮肤色素细胞内色素颗粒的扩散和收缩是由促黑激素调节的。但在硬骨鱼类，体色的变化不仅受促黑激素所调节，而且部分受交感神经控制。

4. 促激素

(1) 促甲状腺素（TSH） 其靶组织为甲状腺，生理功能是增加甲状腺的合成与分泌。促甲状腺素的分泌受到下丘脑的促甲状腺激素释放激素（TRH）的调控和血液循环中甲状腺素反馈作用的影响。恒温动物如哺乳类，当外界温度降低时，下丘脑迅速释放 TRH 刺激脑垂体释放 TSH，TSH 作用于甲状腺产生大量甲状腺素，使代谢活动产热量增加，从而保持正常的体温。鱼类脑垂体中 TSH 含量，与甲状腺组织发育和甲状腺激素分泌量有关。

(2) 促肾上腺皮质激素（ACTH） 其靶组织为肾上腺皮质，生理功能是增加肾上腺类固醇皮质激素的生成与分泌。

(3) 促性腺素（GtH） 靶组织为精巢和卵巢，生理功能是增加性腺类固醇激素的生成与分泌，促进配子生成，性腺发育成熟和排精排卵。鱼类 GtH：高糖 GtH（成熟 GtH），可被伴刀豆球蛋白—琼脂糖吸收，称 ConA－Ⅱ GtH，其生物活性范围很广，包括刺激性腺组织生成 cAMP 和类固醇、精子发生、精子释放、卵母细胞生长、成熟和排卵，又称成熟 GtH，与哺乳动物的 LH 作用相似。低糖 GtH（卵黄生成 GtH），不被伴刀豆球蛋白—琼脂糖吸收，称 ConA－Ⅰ GtH，ConA－Ⅰ 的生物活性只限于刺激卵黄蛋白原渗入到正在发育的卵母细胞内以及刺激类固醇生成，又称卵黄生成 GtH，但不同于哺乳动物 FSH 的作用。

第三节 甲 状 腺

甲状腺分泌的激素为含碘的酪氨酸，主要有甲状腺素即四碘甲腺原氨酸（T_4）和三碘甲腺原氨酸（T_3）两种。甲状腺激素中 T_4 分泌量占总量的 90%以上，但 T_3 的生物活性比 T_4 约大 5 倍。甲状腺激素是唯一含有卤族元素的激素，也是唯一将激素贮存在细胞外的激素。

一、甲状腺激素的生理作用

1. 对新陈代谢的影响

（1）氧化产热作用 甲状腺激素能使绝大多数组织，特别是心、肝、肾、骨骼和肌肉等组织的耗氧量和产热量增大，细胞内氧化速率加快，基础代谢率提高。对变温水生动物，甲状腺激素在调节代谢活动中亦起重要作用，主要在调节渗透压方面。例如，硬骨鱼类处在渗透压变化的环境中，甲状腺激素能促使进行渗透压调节所需的能量代谢增强。在广盐性鱼类的洄游过程中，甲状腺激素在环境盐度变化的生理适应性方面起重要作用。甲状腺活动增强时，一些硬骨鱼类会引起对海水的选择性行为，而另一些硬骨鱼类则表现出对淡水的选择性行为。

（2）对糖代谢的影响 甲状腺激素能促进小肠对单糖的吸收，促进糖原分解，抑制糖原合成。并且有加强肾上腺素、胰高血糖素、皮质醇和生长激素的升糖作用，有升高血糖的趋势。同时，还有加速脂肪、肌肉等外周组织对葡萄糖的摄取和利用的能力，因此，也有降低血糖的作用。

（3）对脂肪代谢的影响 甲状腺激素促进脂肪酸氧化，增强儿茶酚胺与胰高血糖素对脂肪的分解作用。

（4）对蛋白质代谢的影响 在生理状态下甲状腺素作用于核受体，激活 DNA 转录过程，促进 mRNA 合成，加速蛋白质及酶的生成。

2. 调节生长发育

（1）促生长作用 甲状腺是促进组织分化、生长、发育和成熟的重要因素，这种效应可能继发于其对 GH 的作用。甲状腺素对鱼体个别系统或器官的构造亦有影响，尤其对骨骼的成分。在鱼类中，曾报道鳟经过甲状腺素处理会加速鳞片和骨板的形成；鲑类甲状腺切除后或经过甲状腺素处理均会影响到骨骼的生长和钙化作用。

（2）促变态反应 甲状腺素可促进鱼类的变态反应。如缺乏甲状腺激素比目鱼的眼睛不能移到一边。

（3）对神经系统发育的影响 在人类和哺乳动物，甲状腺激素是维持正常生长和发育不可缺少的激素，对脑和骨的发育尤为重要。许多研究表明，甲状腺素能影响硬骨鱼类中枢神经系统的功能和行为。如鲑类的洄游与甲状腺活动关系密切。

（4）对鱼类体色的影响 将鱼类甲状腺切除后皮肤的黑色素着色增强，是因为皮肤单位面积黑色素细胞的数量增加。甲状腺素对鱼体组织糖代谢有直接影响，如鲑鳟类经甲状腺素处理后皮肤发生“银化”。

二、甲状腺分泌活动的调节

甲状腺的功能主要受下丘脑—腺垂体—甲状腺轴的调节。下丘脑释放的 TRH 经垂体门脉系统，促进腺垂体 TSH 的合成和释放；TSH 通过血液循环到达甲状腺，促进甲状腺激素的合成、释放、甲状腺细胞增生。血液中 T_3、T_4 浓度升高时，反馈性抑制腺垂体 TSH 的合成与分泌，并降低腺垂体对 TRH 的敏感性，从而降低血中的 T_3、T_4 浓度。另外，甲状腺在脱离神经和体液因素的影响下，其自身具有适应血碘水平的变化而调节碘的摄取与合成甲状腺激素的能力，称为甲状腺的自身调节。这种对碘的调节作用，可以缓解动物由于从食物中摄入的碘量的差异而带给甲状腺合成和分泌激素的影响。其他激素的调节作用：雌激素增强垂体对 TRH 的反馈；糖皮质激素减少或中止 TRH 的释放。

第四节　胰　　岛

一、胰岛激素的种类

胰岛来源于内胚层。有些鱼类和高等脊椎动物一样，胰岛散布于胰脏内；但有些硬骨鱼类胰岛组织位于胆囊附近。

鱼类胰岛组织含有 3 种类型的细胞：A 细胞受低血糖的刺激分泌胰高血糖素；B 细胞受高血糖以及高血糖素和生长激素的刺激而分泌胰岛素；D 细胞分泌生长抑素。其中胰岛素和胰高血糖素是机体调节糖代谢最重要的激素。生长抑素则主要以旁分泌方式抑制胰岛 A 细胞和 B 细胞的分泌活动。

二、胰岛素和胰高血糖素的生理作用及其分泌的调节

（一）胰岛素的生理作用及其分泌的调节

1. 胰岛素的主要作用是促进合成代谢，促进营养物质贮存，调节血糖浓度

（1）糖代谢　胰岛素能增强全身组织，特别是骨骼肌和脂肪组织对葡萄糖的摄取和利用，加速肝糖原和肌糖原的合成与贮存，抑制肝内糖原的异生，使血糖降低。当胰岛素缺乏时，血糖升高，若超过肾糖阈，则引起糖尿。

（2）脂代谢　胰岛素促使脂肪细胞对葡萄糖的转运和脂肪酸的合成及贮存，抑制脂肪酶的活性，减少脂肪分解，使血中游离脂肪酸减少。

（3）蛋白质代谢　胰岛素促进蛋白质的合成，其作用可发生在蛋白质合成的各个环节上：① 促进组织细胞对氨基酸的摄取；② 加速细胞核的复制和转录过程，促进 DNA 和 RNA 的生成；③ 加速核糖体上的翻译过程，促进蛋白质的合成。另外还可抑制肝和肌肉等器官的蛋白质分解和糖原异生。胰岛素对机体的生长也有促进作用，但必须与生长素协调作用，才有明显效应。

2. 胰岛激素分泌的调节

（1）血中代谢物质的作用　在影响胰岛素分泌的诸多因素中，血糖浓度是调节胰岛素分泌的重要因素。当血糖浓度升高时胰岛 B 细胞分泌胰岛素增多；高浓度血糖影响中枢的兴奋性，并通过迷走神经引起胰岛素的分泌，使血糖浓度下降。低血糖时，可通过抑制胰岛素的分泌，使血糖浓度增高。血液中氨基酸、酮体、游离脂肪酸含量增多可促进胰岛素的分泌。

（2）其他激素的调节　多种激素参与胰岛素分泌的调节。如肾上腺皮质激素、生长激素和甲状腺激素，可通过升高血糖浓度间接刺激胰岛素的分泌。胃肠道激素如促胃液素、促胰液素和胰高血糖素均有促进胰岛素分泌的作用。

（3）神经调节　中枢神经系统内有调节胰岛分泌的中枢，此外，胰岛细胞受迷走和交感神经的双重支配。迷走神经兴奋时，胰岛素分泌增加；交感神经兴奋时，抑制胰岛素的分泌。

（二）胰高血糖素的生理作用

胰高血糖素的生理作用与胰岛素相反，是一种促使分解代谢的激素。它主要激活肝细胞内的磷酸化酶，加速肝糖原分解，促进肝内糖原异生，因而使血糖升高；它还能激活脂肪酶促使脂肪分解，增加血中游离脂肪酸的浓度，促进脂肪酸氧化，使酮体生成增多。此外，胰高血糖素可促进胰岛素和生长抑素的分泌。

第五节　肾 上 腺

高等脊椎动物的肾上腺位于两侧肾的前缘，是复合性内分泌腺体，分内外两层。外层称肾上腺皮质，内层称肾上腺髓质。肾上腺的皮质和髓质在发生、结构和功能上都不相同，实际上是两个独立的内分泌腺。鱼类没有具体的肾上腺，但有相应的组织与高等脊椎动物肾上腺的皮质和髓质同源，分别称为肾间组织和嗜铬组织。

肾上腺皮质激素分为三类：即糖皮质激素、盐皮质激素和性激素。它们都是类固醇的衍生物，统称为类固醇激素或甾体激素。

一、糖皮质激素和盐皮质激素

糖皮质激素由束状带分泌，主要有皮质醇和皮质酮。

（一）糖皮质激素的生理作用

1. 调节物质代谢　糖皮质激素对糖、脂肪和蛋白质代谢均有调节作用。糖皮质激素可促使糖原异生，血糖升高。这主要是因为它们能增强肝脏内与糖原合成有关的酶的活性，致使糖原异生过程大大加强。糖皮质激素有抗胰岛素作用，能限制骨骼和脂肪组织对葡萄糖的摄取和利用，使血糖升高。糖皮质激素还能促进肝外组织，尤其是肌肉组织的蛋白质分解，使血中氨基酸浓度增加，加速氨基酸向肝脏转移，使尿氮排出增多。同时，还抑制细胞内核酸的合成，减少 RNA 聚合酶，从而影响蛋白质合成。

2. 对某些组织器官的作用　生理剂量的糖皮质激素具有提高心肌、血管平滑肌对儿茶酚胺的敏感性（允许作用）；增强血管张力和维持血压；降低毛细血管的通透性，减少血浆滤出，有利于维持血容量；使骨髓造血功能增强，血中红细胞、血小板增多等作用。

3. 在应激反应中的作用　应激是指当机体受到强烈刺激（如缺氧、创伤、手术、饥饿、疼痛、寒冷以及精神紧张和惊恐不安等）时，血液中 ACTH（促肾上腺素）增加，糖皮质激素分泌相应增加，并产生一系列全身性反应。当去掉肾上腺皮质时，机体应激反应减弱，对有害刺激的抵抗力大大降低。在应激反应中，除垂体—肾上腺皮质系统、交感—肾上腺髓质系统及多种内分泌组织分泌增强，还有多种激素和细胞因子分泌的变化。说明应激反应是以 ACTH 和糖皮质激素分泌为主，多种激素、因子参与，使机体抵抗力增强的非特异性反应。

4. 皮质醇对鱼类的水盐调节起重要作用　在软骨鱼类，能够刺激直肠腺分泌体液和钠离子，有促进盐分泌的作用。在海水中生活的硬骨鱼类，皮质醇能增强肠对水和离子的吸收，也增加氯细胞的数量和作用，将钠离子和氯离子排出体外。如皮质醇能增加鲆鲽类膀胱对水和离子的吸收，增加鳃上皮离子的可渗透性及激活 Na^+-K^+-ATP 酶并促进离子通过鳃排出体外。

（二）糖皮质激素分泌的调节

1. 下丘脑—腺垂体对肾上腺皮质的调节　下丘脑合成释放 CRH，促进腺垂体 ACTH 的合成和释放，进而促进肾上腺皮质合成、释放糖皮质激素。

2. 糖皮质激素对下丘脑—腺垂体的负反馈调节　皮质醇在血中浓度升高，可反馈抑制下丘脑 CRH 和腺垂体 ACTH 合成减少。

（三）盐皮质激素

盐皮质激素由球状带分泌，主要是醛固酮。

盐皮质激素的主要生理功能是保钠排钾、保水的作用。若醛固酮分泌过多，则使钠和水潴留，会引起血钠（严重脱水）升高，而血钾降低。

盐皮质激素分泌的调节：醛固酮的分泌受肾素—血管紧张素—醛固酮系统的调节。

二、肾上腺髓质（嗜铬组织）激素

嗜铬组织分泌的激素有肾上腺素和去甲肾上腺素两种，它们均属于儿茶酚胺类化合物。

嗜铬组织（肾上腺髓质）受交感神经节前纤维的支配，两者组成交感—肾上腺髓质系统。当机体遭遇特殊紧急情况，如恐惧、焦虑、剧痛、失血、缺氧、创伤及剧烈运动等，这一系统立即被调动起来，使肾上腺髓质激素分泌明显增多，可提高中枢神经系统的兴奋性，使机体反应灵敏；同时心率加快，心肌收缩力加强，心输出量增加，血压升高；内脏血管收缩，肌肉血管舒张，全身血量重新分配，保证紧急情况时重要器官得到更多的血液；刺激肝脏、骨骼肌糖原分解，使血糖升高。加速脂肪分解，增强葡萄糖和脂肪酸氧化过程，以提供应急时的能量需要。上述变化都是在紧急情况下交感—肾上腺髓质系统发生的适应性反应，故称为应急反应。

第六节　性　腺

脊椎动物的性腺有两个功能：①产生配子，即雌性动物的卵巢产生卵子；雄性动物的睾丸产生精子。②分泌激素，刺激、调节生殖系统和副性征的发生，触发动物交配、受精的行为。

性腺是机体的重要组成部分，是水生动物繁殖的基础，直接关系着水生动物生长发育、繁殖性能等重要的生命活动，性腺发育又是其种群和野生资源稳定的基础。鱼类的生殖器官包括主性器官和副性器官，前者一般为性腺，雄性称为精巢，雌性称为卵巢，它们既是产生生殖细胞的场所，也能分泌性激素，属于内分泌器官。副性器官也是生殖过程所必需的，大多数鱼类的雌性副性器官为输卵管和产卵管，雄性的为输精管和交接器等。副性器官和副性特征的发育有赖于性腺内分泌作用。

一、鱼类性腺分泌的激素及作用

（一）精巢分泌的激素及作用

精巢的间质细胞分泌雄激素（睾酮、雄烯二酮、11-氧睾酮）；小叶界细胞分泌雄激素和孕激素等。其中，11-氧睾酮是硬骨鱼类主要的雄激素。

雄激素的生理作用包括以下几个方面：

1. 在精子发生中的直接作用　将睾酮植入金鱼精巢后，发动和维持了整个精子发生过程。睾酮能刺激虹鳟离体精巢的蛋白质和 RNA 合成，说明了对细胞有丝分裂的刺激作用。11-氧睾酮在血液中的浓度与雄鱼成熟系数具有相关性，精子成熟时期，11-氧睾酮水平缓慢上升，至性周期末，出现迅速上升的状况，因此，测定血液中 11-氧睾酮的浓度，可用于鲑鳟类、鳕和金枪鱼等早期性别鉴定。

2. 促进排精　睾酮和 11-氧睾酮在血液中的浓度峰值都出现在鱼的繁殖季节。

3. 刺激和维持雄性第二性征发育　11-氧睾酮能刺激许多雄鱼第二性征的发育，雄鱼在生殖季节出现婚装、追星、鳞片色泽变深。如红大麻哈鱼皮肤的颜色、皮肤增厚、吻端的延长。

4. 促进生长　刺激骨骼肌的蛋白质合成和肌肉的生长；促进红细胞生成素的合成，从而促进红细胞的生成；促进骨钙、磷的沉积和生长。

5. 睾酮抑制或刺激 GtH 的分泌　由于睾酮在临排卵或产卵前才明显下降，反馈性引起 GtH 的大量分泌，可以促进排卵或产卵活动的实现。在雄鱼，注射雄激素能促使未成熟虹鳟增加垂体中 GtH 的含量。另外，鱼类进入排精期，血液中的 17α，20β-双羟孕酮的浓度迅速上升，这在精子发生期是检测不出来的。

（二）卵巢分泌的激素及作用

鱼类卵巢主要分泌雌激素、孕激素和少量的雄激素、抑制素，也能合成类固醇皮质激素。在排卵前，卵泡颗粒细胞层分泌雌激素。排卵后，黄体分泌孕激素和雌激素。鱼类卵巢能合成的主要雌激素是雌二醇，雌酮次之。鱼类中发现的孕激素主要有：孕酮、17α-羟孕酮、17α，20β-双羟孕酮（17α，20β-P，DHP），而最新的研究发现，17α，20β，21-三羟孕酮（20β-S）在海水鱼类生殖调节中发挥重要作用。鱼类卵巢能合成的主要雄激素为脱氢表雄酮、雄烯二酮和睾酮。雄激素是合成雌激素的前身物，而睾酮可能还与雌鱼的第二性征发育和性行为有关。

1. 雌激素的生理作用　①促使雌性生殖器官及生殖活动有关器官的发育。②促进和维持雌性副性征的发育和维持性行为。对于体内受精的鱼类，可刺激雌鱼接受雄鱼的交配活动。③促进物质代谢。鱼类雌激素能刺激肝脏合成卵黄蛋白原，促进卵原细胞增殖进入卵黄期。使用外源雌二醇、雌酮和雌三醇，能刺激去垂体金鱼的卵母细胞中出现卵黄泡。雌激素还能提高虹鳟、金鱼、乌鳢等血浆钙浓度，具有特殊的高钙效果，而其他类固醇激素，如睾酮、孕酮等都不具有此作用。而血浆钙水平高低，与卵巢成熟密切相关。④雌激素对垂体 GtH 的反馈作用：雌二醇能刺激银鳗垂体 GtH 细胞发育和刺激未成熟虹鳟垂体中 GtH 含量增加，呈现出正反馈作用。鲤血清中雌二醇浓度、垂体 GtH 含量和血清 GtH 浓度周年变化的研究，也说明雌二醇有刺激垂体合成 GtH 的正反馈作用。

2. 孕激素的生理作用

（1）*促进卵母细胞最终成熟和排卵*　在鱼类，17α，20β-双羟孕酮能促进卵母细胞最终成熟，腺垂体的促性腺激素促进卵泡的成熟，主要是通过 17α，20β-双羟孕酮介导。17α，20β-双羟孕酮也是一种有效的信息素。如金鱼，当大量分泌 17α，20β-双羟孕酮时，一部分被释放到水中，能引起雄鱼内分泌系统活动，刺激雄鱼大量分泌促性腺激素。

（2）*孕激素对未产出的卵可起到保留和维持的作用*

3. 雄激素的生理作用　在雌性动物，雄激素都是作为雌激素的前体形式存在。雄激素可诱导雌鱼的卵泡分泌 17α，20β-双羟孕酮，因此，与促性腺激素促进卵成熟有协同作用，维持雌鱼性行为和促进蛋白质合成。

4. 抑制素的生理作用 在卵泡成熟时，抑制卵母细胞成熟，停留在第一次成熟分裂前期直至排卵前。

二、卵子生长、成熟、排卵及产卵

鱼类卵细胞从发生到成熟，卵细胞体积显著增大，除了卵细胞质的增加外，主要是大量卵黄物质的积累。卵母细胞的一部分卵黄由卵母细胞自身合成，称为内源性卵黄发生，主要发生在卵黄发生早期阶段。大量的卵黄蛋白来自肝脏合成的卵黄蛋白原，再由卵母细胞将其转化成卵黄蛋白，称为外源性卵黄发生，主要在卵黄发生的中、后期阶段，以卵黄颗粒的形式大量、迅速地积累。

当卵母细胞生长期完成后，卵母细胞开始进入排卵前的最后成熟时期。该时期的硬骨鱼类的卵母细胞有一个大的卵核，位于卵母细胞中央或近中央。此后，卵核移动到动物极，接着核膜破裂，随后进入第二次成熟分裂中期。除卵核的变化外，成熟过程中，往往可见卵质中的脂滴和卵黄球合并，卵母细胞的透明度增加，变得越来越透明。孕酮能刺激卵母细胞的成熟，其中最有效的 17α，20β-双羟孕酮，其次是 20β-羟孕酮和 17α-羟孕酮。

排卵是指成熟的卵母细胞脱离滤泡膜进入卵巢腔或体腔的过程。卵母细胞和滤泡细胞的微绒毛从卵膜上各自回缩，使滤泡和卵之间形成空隙，卵子脱离滤泡而剥落脱出。硬骨鱼类卵泡的最终成熟和排卵是由促性腺激素（GtH）大量而迅速释放所诱导。排入卵巢腔或体腔中的卵母细胞，因卵巢壁平滑肌加速收缩以及腹壁肌的收缩从泄殖孔排出体外，这一过程称为产卵。

三、鱼类性活动的调节

水生动物性腺发育到能排卵、排精时，即达到了性成熟。除一生只产一次卵的种类如鲑鳟外，大多数水生动物的性腺第一次排出性产物（精子和卵子）后，性腺的发育、成熟与产卵、产精等过程则按季节呈现周期性变化，称为性周期或生殖周期。

事实证明，许多鱼类生殖生理活动过程的内在周期性是对环境条件变化的反应，性腺的发育、成熟主要受外界环境条件所控制，然后通过下丘脑—脑垂体—性腺轴启动性腺的发育成熟，或者通过下丘脑—垂体—肾间组织—卵巢轴启动性腺的发育成熟。鱼类能够按照环境条件的周期性变化综合调整体内促性腺激素的分泌活动，进而影响机体的性腺发育及生殖活动。

影响促性腺激素分泌活动的外界因子主要有：

1. 水温 温度可能直接作用于中枢神经系统以调节和控制促性腺激素的分泌，温度还能直接作用于性腺、生殖细胞、类固醇激素的代谢等。即温度对下丘脑—脑垂体—性腺轴上的各个部位产生直接的效应。在鱼类的生殖活动中，最为明显的温度关系是鱼类产卵的温度阈，而且产卵温度总是控制在比较狭窄的范围内。鲤科鱼类最适产卵水温为 18℃，温带鱼类最适产卵温度在 22～28℃，热带鱼类产卵温度在 25℃以上，冷水性鱼类产卵温度一般低于 14℃。

2. 光照 光照是许多硬骨鱼类调节性腺发育的重要环境因子。光照信息经由鱼眼、松果体等器官输入，导致神经内分泌活动的改变，进而促进或抑制性腺的发育。春季产卵的鲤科鱼类在长光照下，如果切除松果体或使其致盲，都会引起正在发育中的或已发育成熟的性腺退化。对于秋季产卵的鱼类如虹鳟，一般以缩短光照时间来刺激其提前产卵。

第七节　其他内分泌腺

一、鱼类其他内分泌腺

（一）斯坦尼氏小体

斯坦尼氏小体又称为**斯氏小体**，为硬骨鱼类特有，位于肾脏上或肾脏内，其数目在各种鱼类中不同，2～50个不等，成对地排列在肾脏的背侧后端，或者不规则散布在肾脏背侧，只有鲟科鱼类没有。斯氏小体分泌的**低钙素**能抑制鱼类鳃对钙的吸收，这对生活在高钙水域中的鱼类尤为重要；低钙素可能在诱导鱼类性成熟过程中，对于从血库中调动钙，并输送到正在发育成熟的性腺中起重要作用；研究显示，从鱼类斯氏小体分离出来的糖蛋白在生理功能和免疫方面都和哺乳类的甲状旁腺素相似。

（二）尾下垂体

鱼类特有的尾下垂体是位于脊髓后部的神经内分泌器官。切除尾下垂体后，鱼类对淡水和海水的适应能力降低，表明尾下垂体参与鱼类的渗透压调节。

尾下垂体分泌的激素称为尾紧张素。尾紧张素影响渗透压调节的途径有三：①影响细胞膜对离子的转运，在皮肤和鳃影响氯化物的转运，在前肠影响水和离子的渗透和转运；②影响渗透压调节器官的血液供应，进而影响尿液的形成；③调节与渗透压有关的激素分泌，如尾紧张素能抑制罗非鱼催乳素的分泌活动。

（三）松果体

松果体位于间脑的背上方，是一个重要的神经内分泌器官。松果体细胞分泌的褪黑激素对机体的生殖系统、内分泌系统、免疫系统及生物节律等功能都具有重要的生理作用。

褪黑激素通过对下丘脑—脑垂体—性腺轴或直接抑制生殖系统的功能，表现为抑制性腺发育，延缓性成熟。研究表明，光周期对性腺发育的影响是通过松果体而起作用的，一般来说，日照延长可抑制松果体的活动，注射褪黑激素能抑制长光周期对金鱼、青鳉性腺的促进作用。

褪黑激素通过多种途径参与机体的免疫调节。如刺激具有免疫能力的细胞增殖；直接作用于淋巴组织，提高机体的免疫力；直接与体内产生的自由基结合，阻止自由基氧化的连锁反应。

二、虾蟹类的特殊内分泌腺

虾蟹类的内分泌腺分为两类：其一为神经分泌，其二为器官分泌。前者为成丛的神经元特化成的能够综合、储存和分泌激素的腺体；甲壳动物的神经分泌腺分布于三个区域，即眼柄的X-器官和窦腺，位于食道后神经联合处的后联合以及处于围心腔壁的围心腔器官。后者不是神经元特化而成的，与上皮组织是同源器官，虽腺体有神经分布，但没有神经分泌终端，切断支配腺体的神经，也不影响其分泌功能。窦腺是甲壳动物神经内分泌主要调控中心。有Y-器官、促雄性腺、大颚器官以及卵巢。窦腺分泌物有抑制蜕壳，调节色素细胞、色素迁移，抑制卵巢成熟，调节呼吸等作用。Y-器官分泌蜕壳激素促进蜕壳。

第四篇

动物生物化学

第一单元　蛋白质化学及其功能

第一节　蛋白质的功能与化学组成

蛋白质是由一定数量和种类的氨基酸通过羧基与氨基缩合而成的肽键连接在一起，形成多肽链。由一条或几条多肽链经进一步修饰、折叠等加工而形成的具有一定空间构象和生物功能的生物大分子。

一、蛋白质的生物学功能

蛋白质是生物体重要的组成成分之一，是生命特征的体现者，具有广泛而又重要的功能：

1. 催化功能　生物体内几乎所有的化学反应都需要生物催化剂——酶来催化，而绝大多数酶的化学本质是蛋白质。如消化道中的蛋白酶可以帮助动物消化食物中的蛋白质。

2. 贮存与运输功能　有些蛋白质能够结合其他分子，以实现对这些分子的贮存或运输。如红细胞中的血红蛋白能结合氧并运输到组织中；血浆清蛋白能与多种物质结合，参与一些营养物、代谢物的运输；血浆脂蛋白是血液运输脂类物质的重要蛋白质。

3. 调节作用　有些蛋白质可作为激素调节某些特定细胞和组织的生长、发育或代谢。如生长激素参与调节动物肌肉与骨骼的生长发育。

4. 运动功能　如肌肉中的肌球蛋白和肌动蛋白是参与肌肉收缩的主要成分。

5. 防御功能　脊椎动物体内的免疫球蛋白能与细菌和病毒结合，发挥免疫保护作用；鸡蛋清、人乳、眼泪中的溶菌酶能够破坏细菌的多糖细胞壁。

6. 营养功能　有些蛋白可作为人和动物的营养物，为胚胎发育和婴幼儿生长提供营养，如卵白中的卵清蛋白、乳中的酪蛋白。

7. 结构成分　人和动物机体中的不溶性结构蛋白，如胶原蛋白、弹性蛋白等能提供机械保护，并赋予机体一定的形态。

8. 膜的组成成分　细胞膜上的受体、载体、离子通道等蛋白质，直接参与细胞识别、物质过膜转运、信息传递等重要生理过程。

9. 参与遗传活动　遗传信息的传递、基因表达的调控都需要多种蛋白质因子参与。

根据物理特性和功能的不同，可以将大多数蛋白质分成球蛋白和纤维蛋白两大类。球蛋白分子接近球形或椭球形，溶解度较好，包括酶和大多数蛋白质，具有广泛的生理功能。纤维蛋白分子类似纤维状或细棒状，包括皮肤和结缔组织中的主要蛋白，以及毛发、丝等动物纤维，有很好的物理稳定性，为细胞和机体提供机械支持和保护。纤维蛋白多不溶于水，如α-角蛋白（毛发、指甲的主要成分）、胶原蛋白（肌腱、皮肤、骨、牙齿的主要蛋白成分）。血液中的纤维蛋白原是可溶性的。

根据化学组成的不同，又可以将蛋白质分为简单蛋白质和结合蛋白质两大类。简单蛋白质（又称单纯蛋白质）经过水解之后，只产生各种氨基酸。根据溶解度的不同，可以将简单蛋白质分为清蛋白、球蛋白、谷蛋白、醇溶蛋白、组蛋白、精蛋白及硬蛋白七类。结合蛋白质由蛋白质和非蛋白质两部分组成，水解时除了产生氨基酸外，还产生非蛋白组分。非蛋白部分通常称为辅基。根据辅基种类的不同，可以将结合蛋白质分为核蛋白、糖蛋白、脂蛋白、磷蛋白、黄素蛋白、色蛋白及金属蛋白七类。

二、蛋白质的基本结构单位——氨基酸

蛋白质是生物体内重要的生物大分子，经酸、碱或者蛋白酶可将其彻底水解，产物为20种氨基酸。可见氨基酸是蛋白质的基本结构单位。所有生物都以同样20种氨基酸作为蛋白质的结构单位，这些氨基酸被称为标准氨基酸。这些氨基酸都是由基因编码的，故又称编码氨基酸。

（一）氨基酸的结构

蛋白质中的20种氨基酸在结构上有一些共性，与羧基相邻的α碳原子上都连有一个氨基，故称为α-氨基酸（脯氨酸为α-亚氨基酸）。α碳原子上还连有一个氢原子和一个侧链（称为R侧链或R基团），氨基酸之间的区别就在于R侧链的不同。

$$
\begin{array}{c}
\quad H \\
\quad | \\
R - C^{\alpha} - COOH \\
\quad | \\
\quad NH_2
\end{array}
$$

除甘氨酸（R基团为氢原子）外，其余19种氨基酸的α碳原子都是不对称碳原子，并都为L型氨基酸。尽管蛋白质中的氨基酸只有20种，但是这些氨基酸的数量、排列顺序的变化会形成无数种蛋白质。氨基酸通常用其英文名称前3个字母或以单个大写英文字母来表示。

（二）氨基酸的分类

20种氨基酸之间的区别在于它们分子中的R侧链基团在大小、形状和电荷等方面存在差异。通常根据R侧链的极性和电荷的不同，将20种氨基酸分为4类，即非极性氨基酸、不带电荷极性氨基酸、带正电荷极性氨基酸和带负电荷极性氨基酸。R侧链都是非极性的，在生理pH下不带电荷的氨基酸有甘氨酸（Gly）、丙氨酸（Ala）、缬氨酸（Val）、亮氨酸（Leu）、异亮氨酸（Ile）、苯丙氨酸（Phe）、色氨酸（Trp）、蛋氨酸（甲硫氨酸）（Met）和脯氨酸（Pro）9种。其中，Gly是20种氨基酸中结构最简单的，这一独特的结构使其能存在于蛋白质立体结构十分“拥挤”的部位。Pro为α-亚氨基酸，具有环化的侧链，该侧链对

蛋白质的立体结构有很大的制约。Val、Leu、Ile 为高度疏水性氨基酸，其共同点是脂肪族侧链都具有分支，所以称为支链氨基酸，在肝脏以外的组织（如肌肉、脂肪、肾脏、脑等组织）可作为燃料被氧化。不带电荷极性氨基酸是指 R 侧链具有一定极性，但在生理 pH 下不会发生解离的氨基酸，包括丝氨酸（Ser）、苏氨酸（Thr）、半胱氨酸（Cys）、酪氨酸（Tyr）、天冬酰胺（Asn）和谷氨酰胺（Gln）等六种。R 侧链基团带氨基，呈碱性的带正电荷极性氨基酸也称碱性氨基酸，有组氨酸（His）、赖氨酸（Lys）和精氨酸（Arg）3 种。R 侧链基团带羧基，呈酸性的带负电荷极性氨基酸也称酸性氨基酸，有天冬氨酸（Asp）和谷氨酸（Glu）2 种。此外，还有一些根据 R 侧链基团结构特点的分类方法。例如，Phe、Trp 和 Tyr 的 R 侧链都带有芳香环，故称为芳香族氨基酸；Met 和 Cys 的 R 侧链都含有 S 原子，称为含硫氨基酸等。

氨基酸在某些蛋白质中可以被修饰，包括羟化、羧化、乙酰化和磷酸化等。例如，胶原蛋白中存在的 4-羟脯氨酸和 5-羟赖氨酸；某些涉及细胞生长和调节的蛋白质可以在含羟基的氨基酸（如丝氨酸）残基上进行可逆性磷酸化，生成磷酸丝氨酸；凝血酶中的 γ-羧化谷氨酸、肌球蛋白中的 ε-*N*-甲基赖氨酸；甲状腺球蛋白中的甲状腺素、二碘酪氨酸等。这些修饰的氨基酸均没有遗传密码，是在蛋白质合成后通过相关酶的催化而形成的。

除蛋白质中的 20 种标准氨基酸外，机体中还有一些氨基酸是以游离形式存在的，它们不作为蛋白质的构件分子，称为非蛋白质氨基酸。例如，L-鸟氨酸、L-瓜氨酸是合成精氨酸的前体，参与尿素的合成；γ-氨基丁酸是一种神经递质。

（三）氨基酸的理化性质

氨基酸具有以下理化性质：①两性解离和等电点（pI）。②颜色反应：与茚三酮反应产生蓝紫色，与 2,4-二硝基氟苯反应产生黄色。③光吸收性：三种含有芳香环的氨基酸——色氨酸、酪氨酸和苯丙氨酸，具有紫外光吸收特性，它们的最大吸收波长平均约为 280nm。

（四）必需氨基酸★★★

动物合成其组织蛋白质时，所有的 20 种氨基酸都是不可缺少的。一些氨基酸，只要有氮的来源，就可在动物体内利用其他原料（如糖）合成，称为非必需氨基酸。一些氨基酸在动物体内不能合成，或合成太慢，远不能满足动物需要，因而必须由饲料供给，称为必需氨基酸，有赖氨酸、甲硫氨酸、色氨酸、苯丙氨酸、亮氨酸、异亮氨酸、缬氨酸和苏氨酸等。此外，雏鸡还需要甘氨酸。

第二节 蛋白质的结构

一、肽键和肽

蛋白质分子中不同氨基酸是以相同的化学键连接的，即前一个氨基酸分子的 α-羧基与后一个氨基酸分子的 α-氨基缩合，失去一个水分子形成**肽键**。肽键具有部分双键的性质，与之相连的 6 个原子处在同一个平面上，构成了肽平面，又称酰胺平面。由两个氨基酸分子缩合而成的肽，称为二肽；含三个氨基酸的肽，称为三肽；以此类推。含 20 个以上的称**多肽**。多肽与蛋白质之间无明显界限，一般 50 个以上氨基酸构成的肽称为蛋白质。有些蛋白质由几百甚至上千个氨基酸组成。蛋白质中的氨基酸不再是完整的氨基酸分子，称为**氨基酸残基**。除肽键外，蛋白质中往往还含有其他类型的共价键。例如，蛋白质分子中的两

个半胱氨酸可通过其巯基形成二硫键（—S—S—，又称二硫桥）。

氨基酸之间通过肽键连接而形成的链状结构称为**多肽链**。一条多肽链只有一个游离的 NH_2 末端（N-末端）和一个游离的 COOH 末端（C-末端），有时在侧链会存在游离的氨基或羧基。肽键中的基团不带电荷，因此，蛋白质所带电荷主要是由氨基酸残基的侧链决定的。蛋白质的解离、溶解度等性质与其氨基酸组成有很大关系。在书写多肽链结构时，总是把含有 $\alpha-NH_2$ 的氨基酸残基写在多肽链的左边，称为氨基端（或 N-端），把含有 α-COOH的氨基酸残基写在多肽链的右边，称为羧基端（或 C-端）。

二、蛋白质的一级结构

蛋白质的一级结构是指多肽链上各种氨基酸的种类、数目和排列顺序。一级结构是蛋白质的结构基础，也是各种蛋白质的区别所在，不同蛋白质具有不同的一级结构。蛋白质的一级结构是由遗传信息，即编码蛋白质的基因决定的，其信息量非常大。例如，仅是由 20 种氨基酸组成的三肽，理论上就有 8 000 种。

三、蛋白质的高级结构

蛋白质的高级结构是指具有的复杂空间结构，又称**构象**。通常将蛋白质的空间结构划分为几个层次，如二级结构、三级结构和四级结构等。蛋白质空间结构的形成主要依赖于其原子和基团之间的非共价相互作用。

（一）非共价相互作用

所有的生物结构和生命的化学过程既依赖于共价键，又依赖于非共价作用力，后者也称为**非共价相互作用或次级键**。无论在 DNA 的双螺旋结构中，还是在蛋白质分子的空间结构中，无论是酶与底物分子的结合，还是膜结构中磷脂分子的装配，数量巨大的非共价作用力都发挥了关键的作用。在生物分子之间存在的主要非共价相互作用力包括以下四类。

1. 氢键　氢键存在于带电荷的和不带电荷的分子之间。在一个氢键中有两个其他的原子分享一个氢原子，那个与氢原子联系较为密切的原子称为氢供体，而另一个原子则被称为氢受体。氢受体带有部分的负电荷，因此对氢原子有吸引。蛋白质分子和 DNA 分子中，氢键都起到重要的作用。

2. 离子键　**离子键**有时也称为盐键或盐桥。这是生物分子中带有相反电荷的基团之间通过静电引力的相互作用。氨基（$—NH_3^+$）与羧基（$—COO^-$）之间通过静电引力的相互作用是决定蛋白质空间结构的要素之一。溶液中的离子水合作用也是依靠静电引力。带电的离子周围常常吸引一层极性的水分子而被水化，从而降低了离子之间的作用力，使水成为许多离子和极性分子的优良溶剂。

3. 范德华力　从本质上讲，**范德华力**是静电引力所致，通常发生在两个原子之间的距离为 0.3～0.4nm 的范围内。由于围绕着原子的电荷分布随时间变化，不是完全对称的，一个原子周围电荷分布的不对称可以诱导其相邻的原子发生类似的变化，于是，当它们在一定的距离内相互接近的时候，可以通过偶极发生相互吸引。

4. 疏水作用力　**疏水作用力**是非极性分子之间或分子的非极性基团之间在水相环境中互相吸引并聚集在一起，而把原来处在非极性基团附近的水分子排挤出去的作用力。疏水作用力在蛋白质多肽链的空间折叠、生物膜的形成、生物大分子之间的相互作用，以及酶对底物分子的催化过程中常常起着关键的作用。

（二）蛋白质的二级结构

蛋白质的二级结构是指多肽链主链的肽键之间借助氢键形成的有规则的构象，有 α-螺旋、β-折叠和 β-转角等。二级结构不包括R侧链的构象。α-螺旋是指多肽链主链骨架围绕同一中心轴呈螺旋式上升，形成棒状的螺旋结构。螺旋每圈包含3.6个氨基酸残基（1个羰基、3个N—C—C单位、1个N），螺距为0.54nm。因此，每个氨基酸残基围绕螺旋中心轴旋转100°，上升0.15nm。β-折叠是蛋白质分子中常见的一种主链构象，是指多肽链中或之间两条平行或反平行的主链中伸展的、周期性折叠的构象，很像 α-螺旋适当伸展形成的锯齿状肽链结构。在某些情况下，α-螺旋与 β-折叠间发生的结构转换，导致疾病发生。如疯牛病的病因可能与这种转换有直接的关系。在多肽链的主链骨架中，还经常出现180°的转弯，此处结构主要是 β-转角。主要由4个亲水氨基酸组成，第一个氨基酸残基的羰基氧原子与第4个氨基酸残基中氨基上的氢原子形成氢键。

（三）蛋白质的三级结构

蛋白质的三级结构是指多肽链中所有原子和基团在三维空间中的排布，是在二级结构基础上形成的有生物活性的构象。通过肽链折叠使在一级结构上相距很远的氨基酸残基彼此靠近，导致其侧链间发生相互作用。三级结构稳定主要依赖于非共价键，其中氨基酸侧链的疏水作用力有重要作用。此外，还有离子键、二硫键等。生物体内大多蛋白质通过氨基酸残基R侧链间的非共价键作用形成紧密球状构象（如肌红蛋白）。球蛋白的一个共同特征是有表面和内部之分，其中疏水的氨基酸多分布于分子内部，极性基团分布于分子的表面。

（四）蛋白质的四级结构

较大的球蛋白分子往往由两条或多条肽链组成。这些多肽链本身都具有特定的三级结构，称为亚基。亚基之间以非共价键相连。亚基的种类、数目、空间排布以及相互作用称为蛋白质的四级结构。如血红蛋白，是由两种亚基聚合而成的四聚体（$\alpha_2\beta_2$）。

第三节　蛋白质结构与功能的关系

蛋白质的功能不仅与其一级结构有关，而且还与其空间结构有直接联系。结构是功能的基础。研究多肽、蛋白质的结构与功能的关系，对于阐明生命现象的本质至疾病的机理都有十分重要的意义。

一、蛋白质的变性与复性

在一些理化因素作用下，蛋白质的一级结构保持不变，空间结构发生改变，即由天然的有序的状态转变成伸展的无序的状态，并引起生物功能的丧失以及理化性质的改变，称为**蛋白质的变性**。引起天然蛋白质变性的物理因素有加热、辐射、紫外线、X线、超声波、高压、表面张力，以及剧烈的振荡、研磨、搅拌等；化学因素有酸、碱、有机溶剂（如乙醇、丙酮等）、尿素、盐酸胍、重金属盐、三氯醋酸、苦味酸、磷钨酸及去污剂等。对于含有二硫键的蛋白质，加入巯基试剂会通过还原作用破坏二硫键。蛋白质变性的结果是生物活性丧失、理化及免疫学性质的改变，其实质是维持高级结构的非共价作用力

的破坏。

在生产实践和日常生活中，为了防止蛋白质的变性，蛋白质食品保鲜和防止酶丧失活性等，通常采用冷藏、避光等方法。有时蛋白质变性又有实际应用，如用酒精消毒手术部位的皮肤，可使细菌、病毒的蛋白质发生变性，从而失去致病作用，防止伤口感染。

变性蛋白质在变性因素消除后，可以部分或全部恢复折叠状态，并恢复相应的生物学功能，这种现象称为复性。

二、蛋白质的变构效应

（一）变构效应

对许多具有四级结构的寡聚蛋白，当调节物分子与其中一个亚基结合后，引起其构象发生变化，这种变化又引起相邻其他亚基的构象发生变化，从而影响寡聚蛋白的功能。这种作用称为**变构**。引起变构效应的调节物分子称**变构剂或效应物**。变构剂可增加或降低变构蛋白的生物活性。

变构蛋白（或酶）与变构剂之间的动力学关系为典型的S形曲线。它们在生理活动中发挥重要的调节作用。

（二）血红蛋白的变构效应与输氧功能

氧对于生命活动至关重要。哺乳类、鸟类借助红细胞中的血红蛋白运输氧。血红蛋白分子是由两个α-亚基和两个β-亚基构成的四聚体（$\alpha_2\beta_2$）。每个亚基都包括一条肽链和一个血红素辅基，与肌红蛋白（只有三级结构）很相似。血红素位于每个亚基的空穴中，血红素中央的Fe^{2+}是氧结合部位，可以结合一个氧分子。每个血红蛋白分子能与4个O_2进行可逆结合。

血红蛋白的氧结合曲线呈S形曲线。S形曲线说明在血红蛋白分子与氧结合的过程中，其亚基之间存在变构作用。血红蛋白四聚体在开始与氧结合时，其氧亲和力很低，即与氧结合的能力很小。一旦其中一个亚基与氧结合，亚基的三级结构发生变化，并逐步引起其余亚基构象的改变，从而提高其余亚基与氧的亲和力；同样道理，当一个氧分子与血红蛋白亚基分离后，能降低其余亚基与氧的亲和力，有助于氧的释放。

X线晶体结构分析表明，脱氧血红蛋白与氧合血红蛋白的分子构象不同，前者呈紧密型构象（T），与氧的亲和力低；后者呈松弛型构象（R），与氧的亲和力高。在不同部位的不同条件下，两种构象可以相互转变。在肺部由于氧分压高，血红蛋白呈松弛型构象而与氧的结合接近饱和；在肌肉中氧分压低时，血红蛋白变构为紧密型而释放氧，以满足肌肉运动和代谢对氧的需求。可见，血红蛋白比肌红蛋白更适合运输氧。由于肌红蛋白与氧的亲和力总是高于血红蛋白，因此它可接受氧合血红蛋白中的氧，贮存氧在肌肉中供利用。血红蛋白与CO也有很高的亲和力，但结合CO后就无法再结合氧、运输氧而导致人或动物中毒。

（三）分子病★★★

分子病是由于遗传上的原因而造成的蛋白质分子结构或合成量的异常所引起的疾病。蛋白质分子是由基因编码的，即由脱氧核糖核酸（DNA）分子上的碱基顺序决定的。如果DNA分子的碱基种类或顺序发生变化，那么由它所编码的蛋白质分子的结构就发生相应的变化，严重的蛋白质分子异常可导致疾病的发生。

第四节　蛋白质的理化学性质与分析分离技术

一、蛋白质的理化学性质

（一）蛋白质的两性解离和等电点

当蛋白质溶液处于某一 pH 时，蛋白质解离成正、负离子的趋势相等，即成为兼性离子（净电荷为 O），此时溶液的 pH 称为该蛋白质的等电点（Isoelectric point，pI）。

各种蛋白质分子由于所含的碱性氨基酸和酸性氨基酸的数目不同，因而有各自的等电点。根据蛋白质等电点的不同，建立了等电聚焦电泳技术，用于分离鉴定不同的蛋白质。

（二）蛋白质的呈色反应

1. 茚三酮反应（Ninhydrin reaction）　α-氨基酸与水化茚三酮（苯丙环三酮戊烃）作用时，产生蓝紫色。蛋白质是由许多α-氨基酸组成的，故也呈此颜色反应。

2. 双缩脲反应（Biuret reaction）　蛋白质在碱性溶液中与硫酸铜作用呈紫红色，称双缩脲反应。凡分子中含有两个以上—CO—NH—键的化合物，都呈此反应。

3. 米伦反应（Millon reaction）　蛋白质溶液中加入米伦试剂，蛋白质首先沉淀，加热则变为红色沉淀。

此外，蛋白质溶液还可与酚试剂、乙醛酸试剂、浓硝酸等发生颜色反应。

（三）蛋白质的紫外吸收

蛋白质中含有 Trp 、Tyr、Phe 等芳香氨基酸，约在 280nm 处有最大吸收峰，且 OD_{280} 与蛋白质的浓度呈正相关。测定蛋白质浓度的方法：标准曲线法和经验公式法。

（四）蛋白质的分子质量

蛋白质分子大小通常用 u 或 ku 表示，一般在6×10^3～6×10^6 之间。

测定蛋白质的分子量有许多方法，常用的有 SDS-聚丙烯酰胺凝胶电泳（SDS-PAGE）、凝胶过滤法（分子筛层析）等。还可以根据氨基酸的个数进行推算：

$110\times N\approx MW$（u）（其中，N 表示氨基酸数目；MW 表示分子质量）

（五）蛋白质的胶体性质

根据溶质在溶剂中的颗粒大小（分散程度），可以把分散系统分为 3 类：溶质颗粒小于 1nm 的为真溶液，大于 100nm 的为悬浊液，介于 1～100nm 的为胶体溶液。在胶体系统中保持稳定，需具备 3 个条件：

①分散相质点大小在 1～100nm 范围内，这样大小的质点在动力学上是稳定的，介质分子对这种质点碰撞的合力不等于零，使它能在介质中不断做布朗运动（Brown movement）。

②分散相的质点带有同种电荷，互相排斥，不易聚集成大颗粒而沉淀。

③分散相的质点能与溶剂形成溶剂化层，如与水形成水化层（Hydration mantle），质点有了水化层，相互间不易靠拢而聚集。

（六）蛋白质的沉淀

蛋白质分子凝聚并从溶液中析出的现象，称为蛋白质沉淀（Precipitation）。变性蛋白质一般易于沉淀，但也可不变性而使蛋白质沉淀。在一定条件下，变性的蛋白质也可不发生沉淀。

蛋白质所形成的亲水胶体颗粒具有两种稳定因素：颗粒表面的水化层、电荷。除掉这两个稳定因素（如调节溶液 pH 至等电点和加入脱水剂），蛋白质便容易凝集析出。

常用的蛋白质沉淀方法：

1. 盐析（Salting out）　在蛋白质溶液中加入大量的中性盐以破坏蛋白质的胶体稳定性而使其析出，这种方法称为盐析。常用的中性盐有硫酸铵、硫酸钠、氯化钠等。

2. 重金属盐沉淀蛋白质　蛋白质可以与重金属离子（如汞、铅、铜、银等）结合成盐沉淀，沉淀的条件以 pH 稍大于等电点为宜，因为此时蛋白质分子有较多的负离子易与重金属离子结合成盐。

3. 生物碱试剂以及某些酸类沉淀蛋白质　蛋白质又可与生物碱试剂（如苦味酸、钨酸、鞣酸）以及某些酸（如三氯醋酸、过氯酸、硝酸）结合成不溶性的盐沉淀，沉淀的条件应当是 pH 小于等电点，这时蛋白质带正电荷，易于与酸根负离子结合成盐。

4. 有机溶剂沉淀蛋白质　可与水混合的有机溶剂，如酒精、甲醇、丙酮等，对水的亲和力很大，能破坏蛋白质颗粒的水化膜，在等电点时使蛋白质沉淀。在常温下，有机溶剂沉淀蛋白质往往引起变性。例如，酒精消毒灭菌就是如此，但若在低温条件下，则变性进行较缓慢，可用于分离制备各种血浆蛋白质。

5. 加热凝固（Coagulation）　加热蛋白质溶液，可使蛋白质发生凝固而沉淀。加热首先使蛋白质变性，有规则的空间结构被打开，呈松散状不规则的结构，分子的不对称性增加，疏水基团暴露，进而凝聚成凝胶状的蛋白块。如煮熟的鸡蛋，其蛋黄和蛋清都凝固。

（七）蛋白质的变性与复性

在变性因素的作用下，蛋白质一级结构不发生变化，空间构象被破坏，生物学功能丧失，理化性质也发生改变的现象，称之为变性。变性蛋白质溶解度降低，黏度增加，结晶性被破坏，易发生沉淀。

在一定条件下，变性的蛋白质从伸展态恢复到折叠态，则称之为复性。复性后的蛋白质恢复其原来的理化性质和生物活性。

二、蛋白质的分析分离方法★★★

（一）盐溶与盐析

在蛋白质水溶液中，加入少量的中性盐，会增加蛋白质分子表面的电荷，增强蛋白质分子与水分子的作用，从而使蛋白质在水溶液中的溶解度增大。这种现象称为盐溶。但在高浓度的中性盐溶液中，无机盐离子从蛋白质分子的水膜中夺取水分子，破坏水膜，使蛋白质分子相互结合而发生沉淀。这种现象称为盐析。由于不同蛋白质分子的水膜厚度等不同，盐析所需要的盐浓度有不同程度差异。因此，可以通过逐步加大盐浓度，使不同蛋白质从溶液中分阶段沉淀，这种方法称为分级盐析法，可用于蛋白质的粗分离。盐析沉淀的蛋白质仍有生物活性，是提取和分离蛋白质最常用的方法之一。盐析后获得的蛋白质溶液可用透析法脱盐，即将复溶的蛋白质溶液装入用半透膜制成的透析袋中并密封，然后将透析袋放在流水或缓冲液中，小分子的盐可以穿过半透膜外渗，而蛋白质仍留在透析袋里。

（二）蛋白质的沉淀

蛋白质分子凝聚并从溶液中析出的现象，称为蛋白质沉淀。变性蛋白质一般易于沉淀，但也可不变性而使蛋白质沉淀。在一定条件下，变性的蛋白质也可不发生沉淀。蛋白质所形成的亲水胶体颗粒具有两个稳定因素：颗粒表面的水化层、电荷。这两个稳定因素遭到破坏，如调节溶液 pH 至等电点和加入脱水剂，蛋白质便容易凝集析出。除盐析外，高浓度的乙醇、丙酮等有机溶剂能够脱去蛋白质分子的水膜，同时降低溶液的介电常数，使蛋白质从溶液中沉淀。该法也是生产中提取和分离蛋白质常用的方法。在碱性溶液中，蛋白质分子中的负离子基团（如—COO^-）可以与重金属盐（如醋酸铅、氯化汞、硫酸铜等）的正离子结合成难溶的蛋白质重金属盐，从溶液中沉淀下来。临床上可利用这种特性抢救重金属盐中毒的动物。生物碱试剂（如苦味酸、单宁酸、三氯醋酸、钨酸等）在 pH 小于蛋白质等电点时，其酸根负离子也能与蛋白质分子上的正离子相结合，成为溶解度很小的蛋白盐沉淀下来。临床化验时，常用上述生物碱试剂除去血浆中的蛋白质，以减少干扰。加热蛋白质溶液，也可使蛋白质发生凝固而沉淀。

（三）蛋白质的分离技术

除了前面提到的等电点沉淀、盐析和透析等技术可以用于分离蛋白质外，最重要的蛋白质分离技术有离心、电泳和层析三类。

离心技术是分离蛋白质的基本手段之一。低速离心可分离蛋白质沉淀与清液，而超速离心的强大离心力可将稳定存在于胶体溶液中的蛋白质分子按其质量大小分开，分析型超速离心机还被用于测定蛋白质的分子质量。

电泳技术是依据不同的蛋白质有不同的等电点，在一定 pH 的缓冲溶液中，它们所带的电荷多少或种类不同，在电场中将依不同的迁移率向与其所带电荷相反的电极移动，而实现将它们彼此分离。

层析技术是将作为固定相的介质装入玻璃或金属等材料制成的层析柱中，用流动相（常用缓冲液）洗脱将混合的蛋白质分离。其中，离子交换层析利用了蛋白质的两性电解质特点；凝胶过滤层析则通过分子筛效应分离不同大小的蛋白质分子；亲和层析是依据某些蛋白质分子具有特异的结合能力而建立的（如酶与底物、受体与配体等分离技术）。

第二单元　生物膜与物质的跨膜运输

第一节　生物膜的化学组成

生物膜指的是细胞的膜结构，包括包围在细胞外表面上的质膜和细胞（真核）内的细胞器，如细胞核、线粒体、内质网、溶酶体、高尔基体的膜结构，对于原核细胞则比较简单，细胞只含有质膜。生物膜主要由蛋白质和脂类组成，还有少量的糖、金属离子，并结合一定量的水。

一、膜　　脂

（一）膜脂的种类

膜脂包括磷脂、少量的糖脂和胆固醇。磷脂中以甘油磷脂为主，其次是鞘磷脂。动物细胞膜中的糖脂以鞘糖脂为主。此外，膜脂含有游离胆固醇，但只限于真核细胞的质膜。

（二）膜脂的双亲性

生物膜中所含的磷脂、糖脂和胆固醇，虽然种类很多、结构各异，但都具有共同的特点，即它们都是双亲分子。在其分子中既有亲水的头部，又有疏水的尾部。膜脂分子的双亲性，赋予了它们一些特殊的性质。在水溶液中，膜脂极性的头部可通过氢键与水分子相互作用而朝向水相，其非极性的尾部会依赖疏水力的作用而相互聚拢，以避开水，结果形成脂质的双分子层。膜脂质分子的双亲性是形成脂双层结构的分子基础。

二、膜 蛋 白

膜蛋白是膜的生物学功能的主要体现者。目前所知道的膜蛋白有酶、膜受体、转运蛋白、抗原和结构蛋白等。根据蛋白质在膜中的位置和与膜结合的紧密程度，通常把膜上的蛋白质分为外在蛋白和内在蛋白两类。外在蛋白比较亲水，可通过离子键等非共价相互作用与膜的外表面或内表面上的膜脂质分子或其他蛋白质的亲水部分结合。内在蛋白通常半埋在或者贯穿于膜的内部。膜蛋白分子中亲水的部分位于膜的两侧，即面向水相；而疏水的部分在膜的中央，常以α-螺旋形式镶嵌入膜的内部，与脂双层的疏水区域相结合。

三、膜　　糖

膜上含有少量与蛋白质或脂质相结合的寡糖，形成糖蛋白或糖脂。在糖蛋白中，糖基可借助于N-糖苷键或者O-糖苷键与蛋白质分子相连接。膜上的寡糖链都暴露在质膜的外表面（伸向细胞外）上。它们与细胞的一些重要生理活动有关联，如细胞的相互识别和通讯。

第二节　生物膜的特点

一、膜的运动性

膜脂分子在脂双层中处于不停的运动中。其运动方式有：分子摆动（尤其是磷脂分子的烃链尾部的摆动）、围绕自身轴线的旋转、侧向的扩散运动以及在脂双层之间的跨膜翻转等。膜脂质的这些运动特点，是生物膜表现生物学功能时所必需的。

膜蛋白与膜脂一样，也是处在不断的运动之中。一方面膜蛋白有其自身的运动；另一方面由于它镶嵌在膜的脂质之中，脂质分子的运动对它也有影响。膜蛋白的运动主要有两种形式：一种是在膜的平面作侧向的扩散运动，另一种是绕着垂直轴做旋转运动。

二、膜脂的流动性与相变

膜脂双层中的脂质分子在一定的温度范围里，可以呈现有规则的凝胶态或流动的液态（实际是液晶态）。两种状态的转变温度称为相变温度（Tc）。磷脂分子赋予了生物膜可以在凝胶态和液晶态两相之间互变的特性。磷脂分子中所含的脂肪酸的烃链，其性质与膜脂的相变密切有关。一般来说，脂质分子中所含的脂肪酸烃链的不饱和程度越高，其相变温度越低；其所含脂肪酸的烃链越短，其相变温度也相应越低。较低相变温度使脂双层具有较好的流动性。一些变温动物，如水生生物的细胞膜上常含有较多的不饱和脂肪酸，以适应环境维持细胞的代谢活动。生理条件（体温）下，哺乳动物细胞的质膜处于流动的液晶态。

膜上的胆固醇对膜的流动性和相变温度有一定调节功能。插入磷脂分子之间的胆固醇与磷脂的脂肪酸烃链可发生相互作用。当高于相变温度时，胆固醇能增加脂双层分子排列的有序性，以降低膜的流动性；而低于相变温度时，胆固醇又能扰乱磷脂分子疏水的脂肪酸烃链尾部的排列，防止形成凝胶状态，以增加膜的流动性。由此可见，胆固醇对于膜的流动性具有双向的调节作用。

第三节　物质的跨膜运输

物质的跨膜运输是生物膜的重要功能，也是活细胞维持正常生理内环境和进行各项生命活动所必需的。物质的跨膜转运有不同的方式。如果只是把一种物质由膜的一侧转运到另一侧，称为**单向转运**；如果一种物质的转运与另一种物质相伴随，称为**协同转运**。其中所转运的物质方向相同，称为**同向转运**；方向相反，称为**反向转运**。根据被转运的对象及转运过程是否需要载体和消耗能量，还可再进一步细分出各种跨膜转运的方式。

一、小分子与离子的跨膜转运

（一）简单扩散

简单扩散指小分子与离子由高浓度向低浓度穿越细胞膜的自由扩散过程。物质的转移方向依赖于它在膜两侧的浓度差。由于这是物质由高浓度向低浓度的扩散，不需要提供能量，也不需要任何转运载体帮助。但是不同的分子与离子并非以相同的速率进行过膜扩散。一般来说，脂溶性小分子的透过性较好，而带电荷的离子和多数的极性分子透过性较差。

（二）促进扩散

促进扩散又称**易化扩散**。与简单扩散相似，它也是物质由高浓度向低浓度的转运过程，也不需要提供能量。但不同的是，这种物质的跨膜转运需要膜上特异转运载体的参与。这些转运载体通常称为通道或载体，其成分有的是蛋白质，有的是肽类抗生素。

促进扩散过程只有在一定生理条件下才能进行，其转运速度随被转运物质的增加而增大，但必须有转运载体的参与。膜通道由过膜的 α-螺旋肽段形成，螺旋管通过瞬间的开放和关闭，使离子从膜的一侧顺浓度梯度转运到另一侧。与此相类似，跨膜的转运载体常具有两种可以互变的构象。一种构象对被转运物质有高亲和力，从高浓度的一侧与之可逆结合，然后转变为对被转运物质有低亲和力的另一种构象，把被转运物质在膜的另一侧释放出去。红细胞膜上的葡萄糖转运蛋白，神经突触后膜上的乙酰胆碱受体蛋白（Na^+ 内流/K^+ 外流），线粒体内膜上的 ATP/ADP 变换蛋白等都通过构象的变化来实现所转运分子和离子的过膜促进扩散。

（三）主动转运

主动转运是物质依赖于转运载体、消耗能量并能够逆浓度梯度进行的跨膜转运方式。其所需的能量来自 ATP 的水解。例如，细胞膜的钠-钾泵，又称 Na^+-K^+-ATP 酶，其作用是保持细胞内的高 K^+ 和低 Na^+、细胞外的高 Na^+ 和低 K^+。Na^+-K^+-ATP 酶有两种不同

的构象 E_1 和 E_2。通过它们之间的交替互变，把 K^+ 从胞外转入胞内，把 Na^+ 从胞内转到胞外。这种反向的协同转运可以逆浓度梯度进行，并消耗 ATP。据计算，每次消耗一分子的 ATP，可以将 3 个 Na^+ 从胞内泵到胞外，同时将 2 个 K^+ 从胞外泵入胞内，以维持细胞内外 Na^+ 和 K^+ 的浓度差。Na^+ - K^+ - ATP 酶广泛分布于动物组织中，其活性直接影响细胞的代谢活动。除了维持细胞中电解质的浓度和膜电位以外，相对高的 K^+ 浓度，对细胞内糖代谢的关键酶丙酮酸激酶的活性也是必需的。此外，小肠黏膜上皮细胞等吸收葡萄糖和氨基酸进入胞内时，还伴随着 Na^+ 的同向转运。因此，质膜上的钠-钾泵必须把在胞内累积的 Na^+ 不断地排出去，才能使葡萄糖和氨基酸的转运得以持续进行。

二、大分子物质的跨膜转运

蛋白质、核酸、多糖、病毒和细菌等大分子物质进出细胞是通过与细胞膜的一起移动实现的。其方式有内吞作用和外排作用。内吞作用是细胞从外界摄入大分子或颗粒时，逐渐被质膜的一小部分包围、内陷，然后从质膜上脱落下来，形成细胞内的囊泡的过程。血液中低密度脂蛋白（LDL）向组织细胞内的转运、血液中免疫球蛋白向围产期奶牛初乳中的大量转移（被动免疫转移）就是通过内吞机制实现的。外排作用基本上是内吞作用的逆过程。它是细胞内的物质先被囊泡裹入形成分泌囊泡，分泌囊泡向细胞质膜迁移，然后与细胞质膜接触、融合，再向外释放出其内容物的过程。例如，胰岛细胞中积蓄了胰岛素的分泌囊泡就是通过与细胞质膜融合并打开，向细胞外释放出胰岛素。有许多蛋白质在细胞内合成后要分泌到胞外去，或者要在细胞中定位到不同的细胞器中，还涉及跨越内质网膜、线粒体膜等复杂的转运过程。

第三单元　酶

第一节 酶分子结构

一、酶的化学本质

酶是活细胞产生的具有催化功能的生物大分子，也称为生物催化剂。1926 年，J. Summer 从刀豆中分离获得了脲酶结晶，并提出酶的化学本质是蛋白质。后来 J. Northrop 等分离到了胃蛋白酶、胰蛋白酶和胰凝乳蛋白酶的结晶，进一步指出酶的蛋白质本质。从已发现的数千种酶来看，证实其中绝大多数是蛋白质，并已得到了数百种酶的结晶。

在 20 世纪 80 年代，T. Cech 等发现某些 RNA 具有自我催化作用，并提出了核酶的概念。后来不少的实验证明某些 RNA 和 DNA 确实具有酶一样的催化活性。现代科学认为，酶是由活细胞产生的，能在体内或体外起同样催化作用的一类具有活性中心和特殊构象的生物大分子，包括蛋白质和核酸。

二、酶的化学组成

根据酶的组成成分，可将酶分为单纯酶和结合酶两类。

1. 单纯酶 基本组成成分仅为氨基酸的一类酶称为单纯酶。消化道内催化水解反应的酶，如蛋白酶、淀粉酶、酯酶、核糖核酸酶等都属于此类酶。这些酶只由氨基酸组成，不含其他成分，其催化活性仅仅决定于它的蛋白质结构。

2. 结合酶 结合酶的组成成分除蛋白质以外，还含有对热稳定的非蛋白质的小分子有机物以及金属离子。蛋白质部分称为酶蛋白，小分子有机物和金属离子统称为辅助因子。酶蛋白与辅助因子单独存在时，都没有催化活性，只有两者结合成完整分子时，才具有活性。这种完整的酶分子称作全酶。

三、酶的辅助因子

辅助因子包括辅酶、辅基和金属离子。除了金属离子，大部分辅助因子是耐热的小分子有机物，按其与酶蛋白结合的紧密程度不同分为辅酶和辅基两类。

辅酶与酶蛋白结合疏松，可以用透析或超滤方法除去，重要的辅酶有 NAD^+、$NADP^+$ 和 CoA 等；辅基与酶蛋白结合紧密，不易用透析或超滤方法除去，重要的辅基有 FAD、FMN、生物素等。辅酶和辅基的差别，仅仅在于它们与酶蛋白结合的牢固程度不同，并无严格的界限。现已知大多数维生素（特别是 B 族维生素）是许多酶的辅酶或辅基的成分。由于维生素对酶的作用十分重要，所以缺乏时会出现各种病症。

酶的种类很多，但辅酶与辅基的种类却较少，它们主要作用是在反应中传递电子、氢原子或一些基团。通常一种酶蛋白只能与一种辅酶结合，成为一种特异的酶，但一种辅酶往往能与不同的酶蛋白结合，构成许多种特异性酶。酶蛋白在酶促反应中主要起识别和结合底物的作用，决定酶促反应的专一性；而辅助因子则决定反应的种类和性质。

酶分子中常含有的金属离子有 K^+、Na^+、Mg^{2+}、Cu^{2+}、Zn^{2+} 和 Fe^{2+} 等。它们或者是酶活性部位的组成部分，或者是连接底物和酶分子的桥梁，或者是稳定酶蛋白分子构象所必需的。

四、酶分子结构组成

根据酶蛋白分子结构的特点，可将其分为单体酶、寡聚酶、多酶复合体及多功能酶等四类。单体酶只有一条多肽链组成。这类酶为数不多，一般多属于水解酶，如胃蛋白酶、胰蛋白酶等。寡聚酶是由2个以上，多至数十个亚基组成的酶。亚基可以相同，也可以不同，亚基之间多为非共价结合，如己糖激酶、乳酸脱氢酶等。这类酶大多属于调节酶类。多酶复合体则是由多种功能上相关的酶在空间上结合起来的更为复杂的分子结构，如丙酮酸脱氢酶复合体、脂肪酸合成酶复合体。它们可以催化某个阶段的代谢反应更加高效、定向和有序地进行。多功能酶由一条多肽链组成，但不同的结构域可行使不同的酶功能。

第二节　酶的催化作用

一、酶的催化特点

酶作为生物催化剂，具有与一般催化剂相同的催化性质。例如：只能催化热力学所允许的化学反应，缩短达到化学平衡的时间，而不改变平衡点；在化学反应的前后没有质和量的改变；很少的量就能发挥较大的催化作用；其作用机理都在于降低了反应的活化能。但是，酶还具有与一般催化剂所不同的生物大分子的特点，主要表现在以下几点。

（一）极高的催化效率

酶的催化效率通常比一般催化剂高 $10^7 \sim 10^{13}$ 倍。例如，过氧化氢酶和铁离子都催化 H_2O_2 的分解（$H_2O_2 + H_2O_2 \longrightarrow 2H_2O + O_2$），但在相同的条件下，过氧化氢酶要比铁离子的催化效率高 10^{11} 倍。正是由于酶的催化效率极高，因此在生物体内酶的含量尽管很低，却可以迅速地催化大量底物发生反应，以满足代谢的需求。

（二）高度的专一性

一种酶只作用于一类化合物或化学键，催化一定类型的化学反应，并生成一定的产物，这种现象称为酶的专一性或特异性。酶对底物的专一性又可分为以下几种。

1. 绝对专一性　是指一种酶只作用于一种底物，发生一定的反应，并产生特定的产物。如脲酶，只能催化尿素水解成 NH_3 和 CO_2，而不能催化甲基尿素的水解反应。

2. 相对专一性　一种酶可作用于一类化合物或一种化学键，这种不太严格的专一性称为相对专一性。如脂肪酶不仅水解脂肪，也能水解简单的酯类；磷酸酯酶对一般的磷酸酯的水解反应都有作用。

3. 立体异构专一性　酶对底物的立体构型的特异有要求。如 α-淀粉酶只能催化水解淀粉中 α-1,4-糖苷键，不能催化水解纤维素中的 β-1,4-糖苷键；L-乳酸脱氢酶的底物只能是L-型乳酸，而不能是D-型乳酸。

（三）酶活性的可调节性

酶的催化活性和酶的含量可受多种因素的调控。对酶的调控作用保证了酶在体内新陈代谢中发挥其恰如其分的催化作用，使生命活动中的种种化学反应都能够有条不紊、协调一致地进行。例如，酶生物合成的诱导和阻遏、酶激活物和抑制物的调节作用、代谢物对酶的反馈调节、酶的变构调节及酶的化学修饰等。

（四）酶的不稳定性

绝大多数酶是蛋白质，酶促反应要求比较温和的 pH、温度等条件。强酸、强碱、有机溶剂、重金属盐、高温、紫外线等任何使蛋白质变性的理化因素，都可使酶的活性降低，甚至丧失。

二、酶的催化机理

催化剂的作用，主要是降低反应所需的活化能，从而加速反应的进行。酶是生物催化剂，同样能显著地降低反应活化能，表现出极高的催化效率。一般认为，酶催化某一反应时，酶（E）首先与底物（S）结合，生成酶-底物复合物（ES），ES 再进行分解，形成产物（P），同时释放出酶（E）。本来一步进行的反应分为了两步进行，此过程称为中间复合物学说。其反应过程可表示为：

$$E+S \rightleftharpoons ES \rightarrow E+P$$

由于 E 与 S 的高亲和力，容易生成不稳定的过渡态复合物 ES，大大降低了 S 的活化能（Ea），使反应加速进行，但是反应前后的自由能（ΔG）保持不变。酶促反应中过渡态中间复合物的形成，导致活化能的降低，是反应快速进行的关键步骤，任何有助于过渡态形成的因素都是酶催化机制的重要组成部分。现已证实的几种主要因素有：酶和底物的邻近效应与定向效应、底物分子的形变或扭曲、酸碱催化和共价催化、酶活性部位的低介电性等。在同一酶分子催化的反应中并非各种因素都同时发挥作用，也并非单一的机制引起，而是由多种因素配合完成的。

三、酶活性及其测定

酶的催化活性是指酶催化化学反应的能力，可用在一定的条件下酶催化某一化学反应的反应速度来衡量。酶活性的大小用酶活力单位来表示。酶活力单位是指在特定的条件下，酶促反应在单位时间内生成一定量的产物或消耗一定量的底物所需的酶量。每克酶制剂或每毫升酶制剂所含有的活力单位数称为酶的比活性。对同一种酶来说，酶的比活性越高，纯度越高。

第三节　酶的结构与功能的关系

一、酶的活性部位

在酶分子上，并不是所有氨基酸残基，而只是少数氨基酸残基与酶的催化活性有关。在这些氨基酸残基的侧链基团中，与酶活性密切相关的基团称为酶的必需基团。这些必需基团虽然在一级结构上可能相距很远，但在空间结构上彼此靠近，集中在一起形成具有一定空间结构的区域。该区域与底物相结合并催化底物转化为产物。这一区域称为酶的活性部位，又称为活性中心。

酶活性部位内的一些化学基团，是酶发挥催化作用及与底物直接接触的基团，称之为活性部位内的必需基团。就功能而言，活性部位内的必需基团又可分为两种，与底物结合的必需基团称为结合基团，催化底物发生化学反应的基团称为催化基团。结合基团和催化基团并不是各自独立的，而是相互联系的整体。有的必需基团可同时具有这两方面的功能。

有些酶在细胞内最初合成或分泌时是没有催化活性的前体，称之为无活性的酶原。在一定条件下，切除一些肽段后，可使其活性部位形成或暴露，于是转变成有活性的酶。这种由无活性的酶原转变成有活性的酶的过程称为酶原的激活。如胃蛋白酶、胰蛋白酶、胰凝乳蛋白酶等都是通过这种方式激活的。

二、酶原及酶原的激活

1. 酶原与酶原的激活　在初合成或初分泌时没有活性的酶的前体称为酶原。酶原在一定条件下，转变成有活性的酶的过程称为酶原的激活。酶原激活的实质是酶的活性中心形成或暴露的过程。

2. 酶原激活的意义　如胰蛋白质酶原、凝血酶原等的激活，一方面防止了自身消化，起到保护作用，另一方面保证特定的酶在特定的时间和部位发挥作用。

第四节　影响酶促反应速度的因素

影响酶促反应速度的因素反映了酶的动力学规律。这些因素主要包括酶浓度、底物浓度、pH、温度、抑制剂和激活剂等。

一、底物浓度的影响

在其他因素，如酶浓度、pH、温度等不变的情况下，底物浓度的变化与酶促反应速度之间呈矩形双曲线关系，称米氏曲线。其数学关系式为米氏方程：

$$v=\frac{V_{max}[S]}{K_m+[S]}$$

式中，v 是在不同［S］时的反应速度，V_{max} 为最大反应速度，［S］为底物浓度，K_m 为米氏常数。当反应速度为最大反应速度一半时，所对应的底物浓度即是 K_m，单位是浓度。K_m 是酶的特征性常数之一，在酶学及代谢研究中是重要的特征数据。

K_m 值的大小，近似地表示酶和底物的亲和力。K_m 值大，意味着酶和底物的亲和力小；反之则大。因此，对于一个专一性较低的酶，作用于多个底物时，不同的底物有不同的 K_m 值，具有最小的 K_m 或最高的 V_{max}/K_m 比值的底物就是该酶的最适底物或称天然底物。

二、酶浓度的影响

在一定的温度和 pH 条件下，当底物浓度大大超过酶的浓度时，酶的浓度与反应速度呈正比关系。

三、温度的影响

酶促反应速度最大，此时的温度，称为酶的最适温度。从动物组织提取的酶，其最适温度多为 35～40℃，温度升高到 60℃以上时，大多数酶开始变性，80℃以上，多数酶的变性不可逆。

四、酸碱性的影响

酶反应介质的 pH 可影响酶分子的结构，特别是活性中心内必需基团的解离程度和催化基团中质子供体或质子受体所需的离子化状态，也可影响底物和辅酶的解离程度，从而影响酶与底物的结合。只有在特定的 pH 条件下，酶、底物和辅酶的解离状态，最适宜于它们相互结合，并发生催化作用，使酶促反应速度达到最大值，这时的 pH 称为酶的最适 pH。

动物体内多数酶的最适 pH 接近中性，但也有例外，如胃蛋白酶的最适 pH 约为 1.8，胰蛋白酶约为 8，而肝精氨酸酶约为 9.8。

五、抑制剂的影响

凡能使酶的催化活性削弱或丧失的物质，通称为抑制剂。抑制剂对酶的作用有不可逆的和可逆的之分。

（一）不可逆抑制作用

不可逆抑制剂通常以共价键方式与酶的必需基团进行结合，一经结合就很难自发解离，不能用透析或超滤等物理方法解除抑制。例如，有机磷杀虫剂能专一地作用于胆碱酯酶活性中心的丝氨酸残基，使其磷酰化而破坏酶的活性中心，导致酶的活性丧失，结构胆碱能神经末梢分泌的乙酰胆碱不能及时分解，过多的乙酰胆碱会导致胆碱能神经过度兴奋，使家畜产生多种严重中毒症状，甚至死亡。

（二）可逆性抑制作用

可逆抑制剂与酶的结合以解离平衡为基础，属非共价结合，用超滤、透析等物理方法除去抑制剂后，酶的活性能恢复。其中又有竞争性的和非竞争性的等不同类型。

竞争性抑制作用的抑制剂一般与酶的天然底物结构相似，可与底物竞争酶的活性中心，从而降低酶与底物的结合效率，抑制酶的活性。磺胺类药物是典型的例子。某些细菌中的二氢叶酸合成酶以对氨基苯甲酸、二氢蝶呤啶及谷氨酸为原料合成叶酸。它是细菌合成核酸不可缺少的辅酶。由于磺胺药与对氨基苯甲酸具有十分类似的结构，于是成为这个酶的竞争性抑制剂。它通过降低菌体内叶酸的合成能力，使核酸代谢发生障碍，从而达到抑菌的作用。

六、激活剂的影响

凡能使酶由无活性变为有活性或使酶活性提高的物质，通称为激活剂。其中大部分是无机离子或简单的有机小分子。如 Mg^{2+} 是多种激酶和合成酶的激活剂；Cl^- 是唾液淀粉酶的激活剂。抗坏血酸、半胱氨酸、还原型谷胱甘肽等则对某些巯基酶具有激活作用。

第五节 酶活性的调节

一、反馈作用

由代谢途径的终产物或中间产物对催化途径起始阶段的反应或途径分支点上反应的关键酶进行的调节（激活或抑制），称为反馈控制。这是物质代谢中普遍存在的一种方式。

二、同 工 酶

同工酶是指催化相同的化学反应，但酶蛋白的分子结构、理化性质和免疫学性质不同的一组酶。这类酶有数百种，其通过在种别、组织之间，甚至在个体发育的不同阶段的表达差异调节机体的代谢。例如，乳酸脱氢酶就是由 4 种亚基（M 和 H）构成了 5 种同工酶，每个酶分子都是四聚体，分别为 LDH_1（H_4）、LDH_2（MH_3）、LDH_3（M_2H_2）、LDH_4（M_3H）和 LDH_5（M_4），其中 LDH_1（H_4）主要存在在心肌中，而 LDH_5（M_4）主要存在在骨骼肌中。

三、变构调节

变构酶的分子组成一般是多亚基的。酶分子中与底物分子相结合的部位称为催化部位，与变构剂结合的部位称为调节部位。这两个部位可以在不同的亚基上，也可以位于同一亚基。变构剂可以与酶分子的调节部位进行非共价可逆地结合，改变酶分子构象，进而改变酶的活性。变构酶具有 S 形动力学特征。变构剂浓度稍有降低，酶的活性就明显下降；反之，浓度稍有升高，酶活性就迅速上升。因此，变构剂浓度的改变可以快速调节细胞内酶的活性，从而实现对代谢速度和方向的调节。这对于维持细胞内代谢恒定起着重要的作用。

四、共价修饰调节

共价修饰是机体内调节酶活性的又一重要方式。有些酶分子上的某些氨基酸基团，在另一组酶的催化下发生可逆的共价修饰，从而引起酶活性的改变。这种调节称为共价修饰调节。这类酶称为共价修饰酶。最重要的酶的共价修饰是酶的磷酸化/脱磷酸互变等。这类酶有两个特点：一是它们一般具有无活性（或低活性）与有活性（或高活性）的两种形式。它们之间的互变反应中，正逆两个方向由不同的酶所催化，催化互变反应的酶受激素等因素的调节。二是这种酶促反应常表现出级联放大效应，是许多代谢调节信号在细胞内传递的基本方式。

第六节　酶的实际应用

一、酶与动物健康的关系

酶的催化作用是机体实现物质代谢以维持生命活动的必要条件。酶的质或量的异常引起酶活性的改变是某些疾病的病因，如先天性酪氨酸酶缺乏使黑色素不能形成，引起人和动物的白化病。有些疾病的发生是由于酶的活性受到抑制。例如：人和动物一氧化碳中毒是由于呼吸链中细胞色素 c 氧化酶的活性受到了抑制；重金属盐中毒是由于巯基酶的活性受到了抑制。

临床上进行血清（或血浆）、尿液等体液中酶活性测定以帮助诊断疾病。由于某些组织器官受损伤时，细胞内的一些酶可大量释放入血液中，成为疾病诊断的依据。例如，急性胰腺炎时，血清淀粉酶活性升高；急性肝炎或心肌炎时，血清氨基转移酶活性升高。机体内许多酶在肝脏中合成，肝功能严重障碍时，血清中有些酶的含量下降。例如，患肝病时血液中凝血酶原、凝血因子Ⅶ等含量下降。此外，血清同工酶的测定对于疾病的器官定位也很有意义。

临床上常用的药用酶主要是消化酶和消炎酶类。如胃蛋白酶、胰蛋白酶、淀粉酶用于消化不良的治疗；尿激酶、链激酶、蚓激酶用于血管栓塞的治疗。酶的抑制作用原理是许多药物设计的前提，如磺胺类药物是细菌二氢叶酸合成酶的竞争性抑制剂，氯霉素可以通过抑制细菌转肽酶的活性而发挥抑菌作用等。

二、酶与动物生产的关系

目前，酶制剂在饲料生产中得到广泛应用，其大多为水解酶类。例如，利用微生物淀粉酶、纤维素酶、果胶酶等通过发酵法制备青贮饲料和糖化饲料，或用这些水解酶降解作物秸秆，降解产物用于饲料酵母，生产单细胞蛋白，成为饲料生产的新蛋白源。此外，酶制剂作为添加剂可直接用于饲料。如用微生物发酵法制得含多种消化酶的粗酶，经葡萄糖类载体吸附制成复合酶添加剂，配入饲料中，可促进饲料原料中大分子营养物的降解，易被畜禽消化吸收，提高饲料利用率。

第四单元　糖 代 谢

第一节　糖的生理功能

一、糖的生理功能

糖是动物机体的主要能源物质，动物所需能量的 70%来自葡萄糖的分解代谢。糖原是动物体内糖的贮存形式，贮存于肌肉和肝脏，分别称为肌糖原和肝糖原。1mol 葡萄糖完全氧化成为二氧化碳和水可释放 2 840kJ 的能量，其中约 40%转移到 ATP 分子中，以供动物生理活动所需。大脑、心脏、胎儿以及泌乳的动物都需要葡萄糖的稳定供给。

此外，糖也是动物组织结构的组成成分。糖蛋白、糖脂都是生物膜的组成成分。核糖与脱氧核糖是组成核酸的成分。一些血浆蛋白、抗体、有些酶和激素、细胞表面的一些受体等也含有糖。蛋白多糖构成结缔组织和细胞基质，保持组织间的水分，并与细胞间的黏合、相互识别及信息传递有关。糖也与血液凝固及神经冲动的传导等功能有关。

二、动物机体糖的来源和去路

（一）来源

动物体内糖的来源主要由消化道吸收，其次是通过糖的异生作用，即将非糖物质（如甘油、乳酸、丙酸和生糖氨基酸等）在肝和肾中转变而来。对于非反刍动物，糖的主要来源是淀粉在消化道中被酶水解转变成葡萄糖，然后通过小肠吸收；对于反刍动物，从饲料中摄入的糖主要是纤维素，在瘤胃中微生物分泌的纤维素酶的作用下，可以转变成乙酸、丙酸和丁酸等低级脂肪酸，其中丙酸是异生成葡萄糖的主要前体。

（二）去路

葡萄糖的代谢去路主要是分解供能，也可以以肝糖原和肌糖原的形式暂时贮存于肝脏和肌肉中。当有过多的糖摄入，能源物质过剩时，糖可以转变为脂肪。糖分解过程中的中间物可以通过提供“碳骨架”参与非必需氨基酸的合成。

三、血糖及其恒定的生理意义

（一）血糖

血液中所含的糖，除微量的半乳糖、果糖外，几乎都是葡萄糖。因此，血糖主要是指血液中的葡萄糖。

血糖的浓度受进食的影响。但在短时间不进食，也能维持正常水平。血糖浓度的相对恒定，是保证细胞正常代谢、维持组织器官正常机能的重要条件之一。动物机体各组织细胞需要不断地从血液中摄取葡萄糖，以满足生理活动的需要。如果血糖过低，就会引起葡萄糖进入各组织的量不足，造成各组织（首先是神经组织）机能障碍，出现低血糖症。动物处在疾病状态下或不合理的饲养和使役中，都易造成血糖供应困难。在这种情况下，应给予含糖丰富的饲料，在临床上必要时还应注射葡萄糖。

（二）血糖恒定的生理意义

动物血糖水平保持恒定是糖、脂肪、氨基酸代谢途径之间，肝、肌肉、脂肪组织之间相互协调的结果。动物在采食后的消化吸收期间，肝糖原和肌糖原合成加强而分解减弱，氨基酸的糖异生作用减弱，脂肪组织加快将糖转变为脂肪，使血糖在暂时上升之后很快恢复正常。动物持续饥饿时，血糖下降，但仍会保持一定的水平。此时血糖的来源主要靠非糖物质的异生作用，以保证动物脑组织对能量的需求。调节血糖浓度的主要激素有胰岛素、肾上腺素、糖皮质激素等。其中，除胰岛素可降低血糖外，其他激素均可使血糖浓度升高。

血糖浓度低于下限，称为低血糖，多由饥饿、营养不良等因素造成。低血糖时，出现心慌、眩晕、肌无力等症状。

因为胰岛素分泌缺陷或其生物作用受损，或两者兼有，导致血糖高于上限，少量的血糖从尿中排出体外，而且长时间持续，就形成了糖尿病，这是一种以高血糖为特征的代谢性疾病。糖尿病时长期存在的高血糖，导致各种组织，特别是眼、肾、心脏、血管、神经的慢性损害、功能障碍。

第二节　葡萄糖的分解代谢

一、糖酵解途径及其生理意义

（一）糖酵解途径

糖酵解途径是指在无氧情况下，葡萄糖生成乳酸并释放能量的过程，也称为糖的无氧分解。糖的无氧分解在胞液中进行，可分为两个阶段：

第一阶段由葡萄糖分解成丙酮酸。从葡萄糖开始进行的糖无氧分解，先由 1mol 葡萄糖消耗 2mol ATP 先后生成葡萄糖-6-磷酸和果糖-1,6-二磷酸，果糖-1,6-二磷酸分子再断裂成 2mol 磷酸丙糖（3-磷酸甘油醛和磷酸二羟丙酮，两者是可以互变的异构体）。接着 2mol 的 3-磷酸甘油醛经过氧化脱氢和磷酸化，转变成 2mol 丙酮酸，并产生 2mol NADH+H^+ 和 4mol ATP。减去反应开始时形成己糖磷酸酯所消耗的 2mol ATP，净生成 2mol ATP。若酵解由糖原开始，由于少利用 1mol ATP，糖原分子中的 1mol 葡萄糖残基转变为 2mol 丙酮酸，可以生成 3mol ATP。

第二阶段是丙酮酸还原成乳酸。反应由乳酸脱氢酶催化，由第一阶段生成的 2mol NADH+H^+ 将丙酮酸还原成 2mol 乳酸。

整个途径涉及三个关键酶，分别是己糖激酶（或葡萄糖激酶）、磷酸果糖激酶和丙酮酸激酶。

葡萄糖无氧分解的总反应为：

$$C_6H_{12}O_6 + 2Pi + 2ADP \longrightarrow CH_3CH(OH)COO^- + 2ATP$$

（二）生理意义

糖的无氧分解最主要的生理意义在于能为动物机体迅速提供生理活动所需的能量。当动物在缺氧或剧烈运动时，氧的供应不能满足肌肉将葡萄糖完全氧化的需求。这时肌肉处于相对缺氧状态，糖的无氧分解过程随之加强，以补充运动所需的能量。但是，从葡萄糖无氧分解途径获得的能量有限。

即使在有氧情况下，少数组织也要进行糖的无氧分解，如表皮、视网膜、神经、睾丸、肾髓质、血细胞等，从无氧分解获得能量。成熟的红细胞由于没有线粒体，则完全依赖糖的无氧分解以获得能量。

在贫血、失血、休克等病理情况下，由于循环障碍造成组织供氧不足，糖的无氧分解得到加强。但是葡萄糖无氧分解途径中产生过多的乳酸会引起动物酸中毒。在一般情况下，动物机体大多数组织供氧充足，主要进行的是糖的有氧分解供能。

二、有氧氧化途径及其生理意义

（一）有氧氧化途径

有氧氧化途径是指葡萄糖在有氧条件下彻底氧化生成水和二氧化碳的过程，也称为糖的有氧分解。有氧分解是糖分解的主要方式，绝大多数细胞都通过它获得能量。其主要过程如下：

第一阶段由 1mol 葡萄糖（6C）转变为 2mol 丙酮酸（3C），生成 2mol ATP 和 2mol NADH+H^+。此阶段与葡萄糖的无氧分解途径一致，即葡萄糖→丙酮酸，在胞液中进行。

第二阶段是 2mol 丙酮酸（3C）进入线粒体，在丙酮酸脱氢酶复合体的催化下，2mol 丙酮酸氧化脱羧生成 2mol 乙酰 CoA（2C）、2mol NADH+H^+ 和 2mol CO_2。丙酮酸复合体由 3 个酶，以及 TPP（焦磷酸硫胺素）、硫辛酸、CoA、FAD 和 NAD^+ 等 5 个辅酶组成。

第三阶段是在线粒体中，乙酰 CoA（以 1mol 计，以下反应物和产物都要乘以 2）通过三羧酸循环（又称柠檬酸循环和 Kreb's 循环）彻底氧化分解成 CO_2 和水，并有

$NADH+H^+$、$FADH_2$ 和 ATP 生成。其反应过程为：乙酰 CoA 与草酰乙酸缩合生成柠檬酸，柠檬酸转变成异柠檬酸，后者经过第一次脱氢（产生 $NADH+H^+$）和脱羧转变成α-酮戊二酸。α-酮戊二酸在α-酮戊二酸脱氢酶复合体（与丙酮酸脱氢酶复合体作用相似）的催化下经第二次脱氢（产生 $NADH+H^+$）和脱羧生成琥珀酰 CoA，接着在经过一次底物水平磷酸化（生成 1mol GTP）后，生成的琥珀酸再脱氢（第三次脱氢，产生 $FADH_2$）生成延胡索酸，后者再加水转变成苹果酸，苹果酸脱氢（第四次脱氢，产生 $NADH+H^+$）再生成草酰乙酸，至此完成一次循环。整个循环是不可逆的，每运转一周，经过 2 次脱羧，4 次脱氢，1mol 的乙酰 CoA 被彻底氧化分解。循环中有 3 个关键酶：柠檬酸合酶、异柠檬酸脱氢酶和α-酮戊二酸脱氢酶复合体。整个途径中产生的 $NADH+H^+$ 和 $FADH_2$ 经过呼吸链最终分别生成 2.5mol 和 1.5mol 的 ATP，因此 1mol 的乙酰 CoA 经过一次循环可以生成 10mol ATP（由 3mol $NADH+H^+$、1mol $FADH_2$ 经呼吸链生成的 9mol ATP 和 1mol 底物磷酸化生成的 ATP）。

（二）生理意义

1. 糖的有氧分解是动物机体获得生理活动所需能量的主要来源 1mol 葡萄糖在有氧氧化的第一个阶段生成 2mol ATP 和 2mol $NADH+H^+$，在第二阶段生成 2mol $NADH+H^+$，在第三阶段生成 6mol $NADH+H^+$、2mol $FADH_2$ 和 2mol ATP。这些还原辅酶和辅基经过呼吸链氧化，并通过 ADP 的磷酸化合成 ATP。最终合计能得到 32（或 30）mol ATP。葡萄糖有氧分解的总反应为：

$$C_6H_{12}O_6+6O_2+30ADP+30Pi \longrightarrow 6CO_2+6H_2O+30ATP$$

2. 三羧酸循环是糖、脂肪、氨基酸及其他有机物质代谢的联系枢纽 糖有氧分解过程中产生的丙酮酸、α-酮戊二酸和草酰乙酸可以氨基化转变为丙氨酸、谷氨酸和天冬氨酸，反之，这些氨基酸脱去氨基又可转变成相应的酮酸进入糖的有氧分解途径。此外，丙酸等低级脂肪酸可经琥珀酰 CoA、草酰乙酸等途径异生成糖。因而，三羧酸循环将各种营养物质的相互转变联系在了一起。

3. 三羧酸循环又是三大物质分解代谢的共同归宿 乙酰 CoA 不仅是糖有氧分解的产物，同时也是脂肪酸和氨基酸代谢的产物。因此，三羧酸循环是三大营养物质的最终代谢通路。据估计，动物体内 2/3 的有机物质通过三羧酸循环被分解，三羧酸循环成为各种营养物质分解代谢的共同归宿。

三、磷酸戊糖途径及其生理意义

（一）磷酸戊糖途径

磷酸戊糖途径的反应在胞液中进行。其途径可分为两个阶段：第一阶段是氧化反应，包括葡萄糖-6-磷酸 2 次脱氢、1 次脱羧，形成五碳糖（核酮糖-5-磷酸），生成 CO_2 和 $NADPH+H^+$；第二阶段是非氧化反应，包括核酮糖-5-磷酸异构化为核糖-5-磷酸，核酮糖-5-磷酸还通过差向异构形成木酮糖-5-磷酸，再通过转酮基反应和转醛基反应，将磷酸戊糖途径与糖无氧分解途径联系起来。

磷酸戊糖途径的总反应：

$$6G-6-P+12NADP^++7H_2O \longrightarrow 5G-6-P+6CO_2+12NADPH+12H^++Pi$$

（二）生理意义

（1）磷酸戊糖途径中产生的还原辅酶 NADPH＋H^+是生物合成反应的重要供氢体，为合成脂肪、胆固醇、类固醇激素和脱氧核苷酸提供氢。因此，在脂类合成旺盛的脂肪组织、哺乳期乳腺、肾上腺皮质、睾丸等组织中磷酸戊糖途径比较活跃。NADPH＋H^+对维持还原型谷胱甘肽（GSH）的正常含量，保护巯基酶活性，维持红细胞的完整性也很重要。

（2）磷酸戊糖途径生成的核糖-5-磷酸是合成核苷酸的原料。

（3）磷酸戊糖途径与糖的有氧氧化及糖酵解相互联系，因此成为不同碳原子数的单糖互相转变和氧化分解的共同途径。

第三节　糖的异生作用

一、糖异生的途径

非糖物质（如甘油、丙酸、乳酸、生糖氨基酸等）转变成葡萄糖或糖原的过程称为糖异生作用。该过程不能完全按糖无氧分解途径的逆过程进行，因为由己糖激酶、磷酸果糖激酶和丙酮酸激酶催化的三步反应是不可逆的，构成了糖异生过程的“能障”。要完成这3个不可逆反应的逆向反应，需要通过另外的催化过程克服这种障碍才能实现。它们分别是葡萄糖磷酸酶（肝）、果糖二磷酸酶以及由丙酮酸羧化酶与磷酸烯醇式丙酮酸羧基激酶组成的“丙酮酸羧化支路”。这个过程主要在肝脏和肾脏中进行。

二、糖异生的生理意义

由非糖物质通过异生作用转变成葡萄糖或糖原可以维持血糖的正常含量，保证动物细胞从血中取得必要的葡萄糖，尤其在饥饿等缺糖的情况下，糖异生作用对于满足大脑和神经系统、胎儿等的葡萄糖需求有重要意义。草食动物体内的糖主要是靠糖异生而来的（特别是丙酸的生糖作用），若用质量低下的饲料饲喂乳牛，由于糖异生前体物质缺乏，糖异生将迅速下降，不但影响乳的产量，有时还会引起酮病。

三、乳酸循环

在某些生理或病理情况下，如家畜在重役（或剧烈运动）时，肌肉中糖的无氧分解加剧，在获得部分能量的同时，引起肌糖原大量分解为乳酸。乳酸在肌肉组织中不能被继续利用，而是通过血液循环到达肝，经糖异生作用转变成糖原和葡萄糖，生成的葡萄糖又可进入血液以补充血糖。这一过程称为**乳酸循环**(Cori 循环)。可见糖异生作用对于清除体内多余的乳酸，使其被再利用，防止发生由乳酸引起的酸中毒，保证肝糖原生成，补充肌肉消耗的糖都有特殊的生理意义。动物在安静状态或产生乳酸甚少时，这种作用表现不明显。

第四节　糖原的分解与合成

一、糖原的分解

糖原在糖原磷酸化酶的催化下进行磷酸解反应（需要正磷酸），从糖原分子的非还原性末端逐个移去以α-1,4-糖苷键相连的葡萄糖残基生成葡萄糖-1-磷酸，这是糖原分解的主要产物，约占85%以上。在分支点上的以α-1,6-糖苷键相连的葡萄糖残基则在α-1,6-糖苷酶的作用下水解产生游离的葡萄糖。糖原分解的关键酶是磷酸化酶。

二、糖原的合成

首先，由葡萄糖-1-磷酸在UDP-葡萄糖焦磷酸化酶的催化下与尿苷三磷酸（UTP）作用，生成尿苷二磷酸葡萄糖即UDPG，形成的UDPG可看作是“活性葡萄糖”，在体内作为糖原合成的葡萄糖供体。然后，在糖原合酶作用下，UDPG上的葡萄糖基转移到糖原引物上，形成α-1,4-糖苷键，使糖原延长了一个葡萄糖残基。上述反应重复进行，可使糖链不断延长。糖原的支链由分支酶催化形成。糖原合成过程的关键酶是糖原合酶。

第五单元 生物氧化

第一节 生物氧化的概念

营养物质，如糖、脂肪和蛋白质在体内分解，消耗氧气，生成 CO_2 和 H_2O 同时产生能量的过程称为生物氧化。

从最简单的细胞变形运动到高级神经活动，凡是生命活动，都需要能量。生物氧化是营养物质在细胞内，并且有水存在的环境中进行的，机体内的代谢物主要以脱氢、脱羧、水化、加成和化学键的断裂等方式分解，而有机物在体外的燃烧则需要干燥的环境。生物氧化的反应介质是胞液，其pH接近中性。生物氧化中能量的生成是逐步的，并且可以转变成为可以利用的化学能，如ATP。

但应注意，生物氧化并不是某一物质单独的代谢途径，而是营养物质分解氧化的共同的代谢过程。生物氧化也包括机体对药物与毒物的氧化分解过程。

真核生物的生物氧化发生在线粒体内膜上，而原核生物则在细胞膜上。线粒体的特殊结构及其特殊的酶系统，都为生物氧化提供了便利的条件。三羧酸循环酶系存在于线粒体，由此生成的 $NADH+H^+$ 和 $FADH_2$ 可以直接进入呼吸链与氧反应生成 H_2O，同时伴有ATP的合成。由于线粒体是生产ATP的主要场所，因此被称为细胞内的“发电站”。此外，营养物质在分解代谢过程中所生成的 $NADH+H^+$ 必须经过某种特殊的转运机制，才能从胞液转入线粒体参加生物氧化过程。

一、生物氧化的酶类

营养物质进行氧化分解是在各种氧化酶的催化下进行的，以下按照其催化反应的特点来介绍这些酶。

1. 不需氧脱氢酶　不需氧脱氢酶可使底物脱氢而氧化，但脱下来的氢并不直接与氧反应，而是通过呼吸链传递最终才与氧结合生成 H_2O。这些酶的辅酶包括 NAD^+、$NADP^+$ 和 FAD 等。例如，在葡萄糖的分解代谢中已经介绍过的 3-磷酸甘油醛脱氢酶，丙酮酸脱氢酶、α-酮戊二酸脱氢酶、异柠檬酸脱氢酶、琥珀酸脱氢酶等都属于不需氧脱氢酶。

2. 辅酶 Q（CoQ）　又称泛醌。它是依靠醌式结构与酚式结构之间的变化来传递氢的，是一种递氢体。它在向下传递其所携带的一对氢原子时，将其中的一对电子传递给下一个电子传递体，而将两个 H^+ 释放于环境中，在呼吸链的末端交给氧。

3. 铁硫中心　铁硫中心又称铁硫簇，是铁硫蛋白的活性中心。铁硫蛋白又称为非血红素铁蛋白。铁硫中心有一铁一硫（Fe-S）、二铁二硫（2Fe-2S）和四铁四硫（4Fe-4S）等不同类型，通过铁原子的化合价的变化（Fe^{3+}/Fe^{2+}）传递电子。

4. 细胞色素　主要的氧化酶有处于呼吸链末端的细胞色素氧化酶，又称细胞色素 aa3，可以催化细胞色素 c 的氧化，将电子直接传递给氧，生成 O^{2-}，后者再接受 H^+ 生成 H_2O。氧化酶可被氰化物（CN^-）和 CO 抑制。酶分子需要 Cu^{2+} 等金属离子。

细胞色素是一类含有血红素铁卟啉的蛋白质，通过铁原子化学价的互变传递电子。根据其在可见光范围内的吸收光谱，分为 a、b、c 三类。

二、生物氧化中 CO_2 和 H_2O 的生成

（一）生物氧化中 CO_2 生成

营养物质，包括糖、脂肪和蛋白质在动物体内氧化释放的 CO_2 大多是以脱羧反应的形式进行的。大致有 4 种脱羧方式。

1. α-单纯脱羧　脱羧发生在 α-碳原子上，并且没有伴随的氧化反应发生。例如，氨基酸脱羧酶催化的氨基酸脱羧反应，生成相应的胺。

$$\underset{\text{氨基酸}}{R-\overset{NH_2}{\underset{H}{C^\alpha}}-COOH} \xrightarrow[\text{(磷酸吡哆醛)}]{\text{氨基酸脱羧酶}} \underset{\text{胺}}{R-CH_2-NH_2+CO_2}$$

2. α-氧化脱羧　脱羧发生在 α-碳原子上，并且有伴随的脱氢，即氧化反应的发生。例如，丙酮酸脱氢酶多酶复合体催化的丙酮酸脱氢脱羧反应，除 CO_2 外，还有 NADH + H^+ 生成。

3. β-单纯脱羧　脱羧发生在 β-碳原子上，并且未有伴随的氧化反应发生。例如，磷酸烯醇式丙酮酸羧激酶催化的反应。

4. β-氧化脱羧　脱羧发生在 β-碳原子上，并且伴随有脱氢形式的氧化反应发生。例

如，异柠檬酸脱氢酶催化的异柠檬酸既脱氢又脱羧的反应。

（二）生物氧化中 H_2O 的生成

除了 CO_2 以外，生物氧化中另一个产物就是 H_2O。H_2O 生成的方式大致可分为两种方式：一种是直接由底物脱水，另一种是由呼吸链生成。后者是动物机体生成水的主要方式。

1. 底物脱水 营养物质在代谢过程中从底物直接脱水的只是少数。例如，在葡萄糖的无氧酵解中，烯醇化酶可催化 2-磷酸甘油酸脱水生成磷酸烯醇式丙酮酸。在脂肪酸的生物合成中，β-羟脂酰-ACP 脱水酶可以催化 β-羟脂酰-ACP 的脱水反应，生成 α,β-烯脂酰-ACP，并直接脱去水：

$$\underset{\beta\text{-羟脂酰-ACP}}{R-\overset{\overset{OH}{|}}{CH}-CH_2-\overset{\overset{O}{\|}}{C}-S-ACP} \xrightarrow[\text{脱水酶}]{\beta\text{-羟脂酰-ACP}} \underset{\alpha,\beta\text{-烯脂酰-ACP}}{R-CH=CH_2-\overset{\overset{O}{\|}}{C}-S-ACP}+H_2O$$

2. 由呼吸链生成水 呼吸链是指排列在线粒体内膜上的一个由多种脱氢酶以及氢和电子传递体组成的氧化还原系统。在生物氧化过程中，底物脱下的氢（可以表示为 $H^+ + e$）通过一系列递氢体和电子传递体的顺次传递。

第二节 呼 吸 链★★★

一、呼吸链的组成

除前面提到的不需氧脱氢酶外，组成呼吸链的递氢体与电子传递体主要有 NADH 脱氢酶（以 FMN 为辅基，又称黄素蛋白）、铁硫蛋白、各种含 Fe^{3+} 的细胞色素及含 Cu^{2+} 的细胞色素 c 氧化酶等。

二、NADH＋H^+ 呼吸链和 $FADH_2$ 呼吸链

分布在线粒体内膜上的不需氧脱氢酶、递氢体和电子传递体可以组成四种复合物，形成两条既有联系又互相独立的呼吸链——NADH＋H^+ 呼吸链和 $FADH_2$ 呼吸链（也称琥珀酸呼吸链）。

由复合物Ⅰ、Ⅲ、Ⅳ组合组成以 NADH 为首的传递链，称为 NADH 呼吸链。它们的排列顺序如下：

$$\underbrace{NADH \rightarrow FMN \rightarrow (FeS)}_{\text{Ⅰ}} \rightarrow CoQ \rightarrow \underbrace{Cytb \rightarrow (FeS) \rightarrow Cytc_1}_{\text{Ⅲ}} \rightarrow Cytc \rightarrow \underbrace{Cyta,a_3}_{\text{Ⅵ}} \rightarrow O_2$$

以复合物Ⅱ、Ⅲ、Ⅳ组合组成以琥珀酸为首的传递链，称 FADH2 呼吸链或琥珀酸呼吸链。它们的排列顺序如下：

$$\text{琥珀酸} \rightarrow \underbrace{FADH \rightarrow (FeS)}_{\text{Ⅱ}} \rightarrow CoQ \rightarrow \underbrace{Cytb \rightarrow (FeS) \rightarrow Cytc_1}_{\text{Ⅲ}} \rightarrow Cytc \rightarrow \underbrace{Cyta,a_3}_{\text{Ⅵ}} \rightarrow O_2$$

呼吸链中各个递氢体与电子传递体的位置是根据各个氧化还原对的标准氧化还原电位从低到高排列的，也就是电子传递的方向。

三、呼吸链的抑制作用

呼吸链是一个由各种递氢体和电子传递体按一定的顺序所组成的传递链，因此，只要其中某一个传递体受到抑制，将阻断整个传递链，这就是呼吸链的抑制作用。能够阻断呼吸链中某部位的电子传递的物质称为电子传递抑制剂。常见的电子传递抑制剂有：

阻断 NADH→CoQ 氢和电子传递的有鱼藤酮、安密妥（巴比妥酸盐呼吸抑制剂）和杀粉蝶菌素等。

阻断 CoQ→$Cytc_1$ 电子传递的有抗霉素 A。它是由链霉素分离出来的一种抗生素，可干扰细胞色素还原酶中的电子传递。

阻断 Cyta，a_3→O^{2-} 电子传递的有氰化物（如氰化钾、氰化钠）、叠氮化物和一氧化碳。

第三节　ATP 的生成

营养物质分解过程中产生的部分能量主要以各种高能化合物的形式被储存起来。在这些高能化合物中，ATP 的作用最重要。因为 ATP 水解自由能的水平在所有磷酸化合物中处于中间位置，所以它既可以容易地从自由能水平较高的化合物获得能量，也可以较容易地向自由能水平较低的化合物传递能量。ATP 还可以通过各种核苷酸激酶的催化，将其能量转移给其他的核苷酸，生成如 GTP、UTP 和 CTP 等。

ATP 的生成有两种方式：

1. 底物磷酸化　指营养物质在代谢过程中经过脱氢、脱羧、分子重排和烯醇化反应，产生高能磷酸基团或高能键后，直接将高能磷酸基团转移给 ADP 生成 ATP。例如，在糖的无氧氧化过程中，产生有限数量的 ATP 就是通过这种方式。

2. 氧化磷酸化　氧化磷酸化是指底物的氧化作用与 ADP 的磷酸化作用通过能量相偶联生成 ATP 的方式。底物脱下的氢经过呼吸链的依次传递，最终与氧结合生成 H_2O，这个过程所释放的能量用于 ADP 的磷酸化反应（ADP＋Pi）生成 ATP。氧化磷酸化是需氧生物产生 ATP 的主要方式。在呼吸链中 ATP 生成的偶联部位发生在 NADH ⟶CoQ、细胞色素 b ⟶细胞色素 c 以及细胞色素 a，a_3 ⟶O_2 之间。1mol 的 NADH 通过 NADH 呼吸链最终与氧化合生成水伴随有 2.5mol ATP 生成，而 1mol 的 FADH 通过 FADH 呼吸链最终与氧化合生成水伴随有 1.5mol 的 ATP 生成。

$$\underbrace{NADH \rightarrow FMN \rightarrow CoQ}_{\downarrow \atop ADP+Pi \rightarrow ATP} \quad \underset{\uparrow \atop FADH_2}{\sqcup} \quad \underbrace{Cytb \rightarrow Cytc_1 \rightarrow Cytc}_{\downarrow \atop ADP+Pi \rightarrow ATP} \quad \underbrace{Cyta,a_3 \rightarrow O_2}_{\downarrow \atop ADP+Pi \rightarrow ATP}$$

第六单元　脂类代谢

第一节　脂类及其生理功能

一、脂类的分类

脂类是脂肪和类脂的总称。脂肪由甘油的3个羟基与3个脂肪酸缩合而成，又称三酰甘油。类脂主要包括磷脂、糖脂、胆固醇及其酯。

根据脂类在动物体内的分布，又可将其分为贮存脂和组织脂。贮存脂主要为中性脂肪，分布在动物皮下结缔组织、大网膜、肠系膜、肾周围等组织中。贮脂的含量随机体营养状况变动。组织脂主要由类脂组成，分布于动物体所有的细胞中，是构成细胞的膜系统（质膜和细胞器膜）的成分，含量稳定，不受营养等条件的影响。

二、脂类的生理功能

脂肪是动物机体用以贮存能量的主要形式。每克脂肪彻底氧化分解释放出的能量是同样重量的葡萄糖所能产生的能量的2倍多。脂肪是疏水性的，贮存脂肪并不伴有水的贮存，1g脂肪只占1.2mL体积，贮存1g糖原所占体积约是贮存1g脂肪的4倍，即贮存脂肪的效率远大于贮存糖原。

皮下脂肪可以保持体温，内脏周围的脂肪组织有固定内脏器官和缓冲外部冲击的作用。磷脂、糖脂和胆固醇等类脂分子由于其特殊的理化性质，可以形成双分子层的细胞膜结构，成为半透性的屏障。

此外，由胆固醇可以衍生出性激素、维生素D_3和促进脂类消化吸收的胆汁酸。磷脂的代谢中间物，如肌醇三磷酸（IP_3）可作为信号分子参与细胞代谢的调节过程。

还有一类多不饱和脂肪酸，即含有2个和2个以上双键的脂肪酸，如亚油酸（18∶2，$\Delta^{9,12}$）、亚麻酸（18∶3，$\Delta^{9,12,15}$）和花生四烯酸（20∶4，$\Delta^{5,8,11,14}$）等。它们在动物体内不能合成，而又具有十分重要的生理功能，因此，必须从饲料中摄取（植物和微生物可以合成）。这类多不饱和脂肪酸称为必需脂肪酸。它们不仅是组成细胞膜的重要成分，而且前列腺素、血栓素和白三烯等都是由其衍生而来的。目前还发现，二十二碳六烯酸（DHA）和二十碳五烯酸（EPA）等 $n-3$（或 $\omega-3$）系列的多不饱和脂肪酸，参与了多种生理过程而不可缺少，并与炎症、过敏反应、免疫系统疾病、心血管系统疾病、皮肤疾病、脱毛、生长停止等的病理过程有关。

第二节　脂肪的分解代谢

一、脂肪动员

在激素敏感脂肪酶作用下，贮存在脂肪细胞中的脂肪被水解为游离脂肪酸和甘油并释放入血液，被其他组织氧化利用，这一过程称为**脂肪动员**。禁食、饥饿或交感神经兴奋时，肾上腺素、去甲肾上腺素和胰高血糖素分泌增加，激活了脂肪酶，促进脂肪动员。

二、甘油的分解代谢

脂肪组织分解释放的甘油运送至肝脏，在磷酸甘油激酶催化下，使甘油磷酸化生成甘油-3-磷酸，然后脱氢转变成磷酸二羟丙酮，后者进入糖代谢途径分解或转变。

三、长链脂肪酸的 β-氧化过程★★★

脂肪酸的 β-氧化是脂肪酸分解的主要方式。下面以饱和脂肪酸（16C 的棕榈酸）为例予以简单说明。首先是脂肪酸的活化。脂肪酸在胞液中消耗 ATP 的 2 个高能磷酸键活化为脂酰 CoA，接着借助脂酰肉碱转移系统从胞液转移至线粒体内。然后，脂酰 CoA 在线粒体内，经过脱氢（辅基 FAD）、加水、再脱氢（辅酶 NAD^+）和硫解（CoA）四步反应，生成乙酰 CoA（2C）和比原来少了 2 个碳原子的脂酰 CoA（14C 的脂酰 CoA）。这个过程称为一次 β-氧化过程。

上述脱氢、加水、再脱氢和硫解四步反应可以反复进行，每进行一次 β-氧化可生成乙酰 CoA、$FADH_2$ 和 $NADH+H^+$ 各 1mol，最终脂酰 CoA 全部分解为乙酰 CoA，进入三羧酸循环进一步氧化分解。对 1mol 棕榈酸而言，经过 β-氧化分解的总反应如下：

$$\text{棕榈酰-SCoA}+7HSCoA+7FAD+7NAD^+ +7H_2O \longrightarrow 8\,\text{乙酰 CoA}+7FADH_2+7NADH+H^+$$

以上 1mol 棕榈酸氧化分解最终能产生 108mol ATP。因为在脂肪酸活化时要消耗 2 个高能键，所以彻底氧化 1mol 棕榈酸净生成 106mol 的 ATP。

四、酮体的生成与利用★

酮体包括乙酰乙酸、β-羟丁酸和丙酮三种小分子物质，是脂肪酸分解的特殊中间产物。

（一）酮体的生成

酮体是在肝细胞线粒体中由乙酰 CoA 缩合而成。酮体生成的全套酶系位于肝细胞线粒体的内膜或基质中，其中 HMGCoA 合成酶是此途径的限速酶。除肝脏外，肾脏也能生成少量酮体。

（二）酮体的利用

肝脏中由于没有用于分解酮体的酶，因此只能产生酮体，而不能利用酮体。酮体随血液送到肝外组织。在肝外组织（主要是心肌、骨骼肌及大脑组织）中存在乙酰乙酸-琥珀酰

CoA 转移酶和硫解酶，可以将酮体再分解成乙酰 CoA，然后进入三羧酸循环彻底氧化供能。

（三）酮体的生理意义

酮体溶于水，分子小，能通过肌肉毛细血管壁和血脑屏障，是肝脏输出能源的一种形式，是易于被肌肉和脑组织利用的能源物质。在正常情况下，由于肝脏中产生酮体的速度和肝外组织分解酮体的速度处于动态平衡中，因此血液中酮体含量很少。但在有些情况下，肝中产生的酮体多于肝外组织的消耗量，超过了肝外组织所能利用的限度，而在体内积存，使血液和尿中的酮体升高，导致动物酸碱平衡失调，引起酮症酸中毒。

引起动物发生酮病的原因很复杂，其基本的机制可归结为糖与脂类代谢的紊乱所致。持续的低血糖（饥饿或废食）导致脂肪大量动员，脂肪酸在肝中经过 β-氧化产生的乙酰 CoA 缩合形成过量的酮体，于是血中的酮体增加。临床上常见的酮症病例大多出现在泌乳初期的高产奶牛和妊娠后期绵羊，由于泌乳和胎儿生长对葡萄糖需要的急剧增加，导致奶牛和绵羊因为缺糖而发生酮病。

五、丙酸代谢

奇数短链脂肪酸对于反刍动物有重要生理意义，是瘤胃细菌发酵纤维素的产物之一。反刍动物体内的葡萄糖，约有 50%来自丙酸的异生作用。游离的丙酸在硫激酶的催化下生成丙酰 CoA，然后羧化（加 CO_2）生成甲基丙二酸单酰 CoA。后者转变为琥珀酰 CoA，然后通过草酰乙酸转变为磷酸烯醇式丙酮酸，进入糖异生途径合成葡萄糖或糖原，或者经过三羧酸循环彻底氧化成二氧化碳和水，并提供能量。

第三节　脂肪合成

动物体内合成脂肪的主要器官是肝脏、脂肪组织和小肠黏膜上皮。家畜主要是在脂肪组织中合成；家禽主要在肝脏中合成。小肠黏膜则对饲料中的脂类消化产物进行再合成，然后组成乳糜微粒进入体液转运。畜禽合成脂肪都以脂酰 CoA 和 α-磷酸甘油（或甘油一酯）为原料。α-磷酸甘油来自糖代谢或某些氨基酸代谢的中间产物如磷酸丙糖，而脂酰 CoA 则由乙酰 CoA 从头合成。

一、脂肪酸的合成

脂肪酸的合成主要在胞液中进行。合成脂肪酸的直接原料是乙酰 CoA，主要来自葡萄糖的分解。反刍动物可以利用瘤胃生成的乙酸和丁酸，使其分别转变为乙酰 CoA 及丁酰 CoA。在非反刍动物，乙酰 CoA 必须从线粒体内转移到线粒体外的胞液中来才能被利用，这要借助于柠檬酸-丙酮酸循环来实现。

乙酰 CoA 原料分子转入胞液中后，在乙酰 CoA 羧化酶的催化下，利用 ATP 和 CO_2，合成丙二酸单酰 CoA。乙酰 CoA 羧化酶是脂肪酸合成的限速酶，必须被柠檬酸激活，并受长链的脂酰 CoA 抑制。脂肪酸的合成首先是在一个多酶复合体催化下完成的，主要产物是 16 碳的饱和脂肪酸棕榈酸。脂肪酸合成酶系以丙二酸单酰 CoA 为 2C 的供体，经过缩合（释放 CO_2）、还原（辅酶 $NADPH+H^+$）、脱水、还原（辅酶 $NADPH+H^+$）和转移的循环反应，在乙酰 CoA 的基础上以 2 个碳原子为单位延长脂酰基的烃链。这个多酶复合体包含了7个酶和1个脂酰基载体蛋白（ACP）。它们是乙酰转移酶、丙二酸单酰转移酶、缩合酶、烯脂酰还原酶、脱水酶、β-酮脂酰还原酶、ACP及硫酯酶。ACP的巯基在反应过程中参与脂酰基的传递。脂酰CoA的合成所需的NADPH＋H^+来自磷酸戊糖途径和柠檬酸-丙酮酸循环中的转氢反应。

在肝细胞的线粒体和微粒体系统（内质网系）中有催化脂肪酸碳链延长的酶系，可以得到碳链更长的脂肪酸。微粒体系统还有脂肪酸的脱饱和酶，催化饱和脂肪酸脱氢产生不饱和脂肪酸。动物机体本身缺乏Δ^9以上的脱饱和酶，因此上述提到的必需脂肪酸必须从饲料中获得。

二、三酰甘油（甘油三酯）的合成

（一）二酰甘油途径

主要存在于哺乳动物的肝脏和脂肪组织中。以甘油3-磷酸为基础，在转脂酰基酶作用下，依次加上脂酰CoA转变成磷脂酸，后者再水解脱去磷酸生成二酰甘油；然后再一次在转脂酰基酶催化下，加上脂酰基即生成三酰甘油。

（二）一酰甘油途径

主要见于小肠黏膜上皮内。小肠消化吸收的一酰甘油可作为合成二酰甘油的前体，再经转脂酰基酶催化生成三酰甘油。

第四节 类脂的代谢

一、磷脂的代谢

含磷酸的类脂称为**磷脂**。动物体内有甘油磷脂和鞘磷脂两类，并以甘油磷脂为多，如卵磷脂、脑磷脂、丝氨酸磷脂和肌醇磷脂等。

（一）磷脂合成

磷脂合成是在细胞的内质网。以甘油磷脂为例，首先须把脂酰CoA转移到α-磷酸甘油分子上，生成磷脂酸。接着由磷脂酸磷酸酶水解脱去磷酸生成甘油二酯。而合成脑磷脂和卵磷脂所必需的乙醇胺和胆碱都须由CTP参与经过转胞苷反应分别转变为CDP-乙醇胺或CDP-胆碱而活化。然后再将磷酸乙醇胺或磷酸胆碱转到上述的甘油二酯分子上，同时释放CMP，生成脑磷脂或卵磷脂。丝氨酸、甲硫氨酸是动物合成乙醇胺或胆碱的前体。

（二）磷脂分解

甘油磷脂由磷脂酶催化水解被分解。磷脂酶作用于甘油磷脂分子中不同的酯键，如磷脂酶A_1、A_2分别作用于甘油磷脂的1、2位酯键，产生溶血磷脂2和溶血磷脂1。溶血磷脂2和溶血磷脂1又可分别在磷脂酶B_2和磷脂酶B_1的作用下水解脱去脂酰基。磷脂酶C的作用产物是甘油二酯、磷酸乙醇胺或磷酸胆碱等。

二、胆固醇的合成与转变

（一）胆固醇的合成

胆固醇是一种以环戊烷多氢菲为母核的固醇类化合物。动物机体的几乎所有组织都可以合成胆固醇，其中肝是合成胆固醇的主要场所。其合成原料是乙酰CoA。合成1mol 27个碳

原子的胆固醇分子需利用18mol的乙酰CoA，还需要NADPH＋H^+为合成过程提供还原氢，并消耗大量的ATP。HMGCoA还原酶是胆固醇生物合成途径的限速酶，受到胆固醇的反馈控制。

（二）胆固醇的转变

血中胆固醇的一部分运送到组织，构成细胞膜的组成成分。胆固醇可以经修饰后转变为7-脱氢胆固醇，后者在紫外线照射下，在动物皮下转变为维生素D_3。胆固醇在肝细胞中经羟化酶作用转化为胆酸和脱氧胆酸等，以胆酸盐的形式，促进脂类在水相中乳化和在消化道中的吸收。胆固醇也是体内合成雌二醇、孕酮、睾酮等性激素的前体，还可以转变为醛固酮激素，调节水盐代谢，转变成皮质醇调节糖、脂和蛋白质代谢。

第五节　血　　脂

一、血脂及其运输方式

血脂是指血浆中所含的脂质，包括三酰甘油、磷脂、胆固醇及其酯以及非酯化的游离脂肪酸。

脂类不溶于水，不能以游离的形式运输，而必须以某种方式与蛋白质结合起来才能在血浆中运转。非酯化的游离脂肪酸和血浆清蛋白结合形成可溶性复合体运输，其余的脂类都是以血浆脂蛋白的形式运输。

二、血浆脂蛋白的分类及功能

血浆脂蛋白是脂类在血液中的运输形式。它是由不同的载脂蛋白、三酰甘油、磷脂、胆固醇及其酯等成分结合而成的。不同种类的血浆脂蛋白具有大致相似的球状结构。疏水的三酰甘油、胆固醇酯常处于球的内核中，而兼有极性与非极性基团的载脂蛋白、磷脂和胆固醇则以单分子层覆盖于脂蛋白的球状分子的表面，其非极性基团朝向疏水的内核，而极性的基团则朝向外侧。血浆脂蛋白主要分为乳糜微粒、极低密度脂蛋白、低密度脂蛋白和高密度脂蛋白等类型。

（一）乳糜微粒

乳糜微粒（CM）是运输外源（来自肠道吸收的）三酰甘油和胆固醇酯的脂蛋白形式。新生CM通过淋巴管道进入血液。当CM到达肌肉、心和脂肪等组织时，黏附在微血管的内皮细胞表面，并由脂蛋白脂肪酶水解释出脂肪酸，被肌肉、心和脂肪组织摄取利用。

（二）极低密度脂蛋白

极低密度脂蛋白（VLDL）的功能与CM相似，其不同之处是把内源的，即肝内合成的三酰甘油、磷脂、胆固醇与载脂蛋白结合形成脂蛋白，运到肝外组织去贮存或利用。

（三）低密度脂蛋白

低密度脂蛋白（LDL）是由VLDL在血液中的代谢残余物形成的，富含胆固醇酯，因此，它是向组织转运肝脏合成的内源胆固醇的主要形式。当血浆中的LDL与组织细胞表面的LDL受体结合后，形成LDL-受体复合物，然后通过胞吞作用将此复合体摄入胞内，由溶酶体中的水解酶将LDL降解。释放的胆固醇在细胞中进行生物转化，同时反馈调节胆固醇的合成。

（四）高密度脂蛋白

高密度脂蛋白（HDL）主要在肝脏和小肠内合成，其作用与 LDL 基本相反。它是机体胆固醇的“清扫机”，通过胆固醇的逆向转运，把外周组织中衰老细胞膜上的以及血浆中的胆固醇运回肝脏代谢。

第七单元　含氮小分子的代谢

第一节　动物体内氨基酸的来源与去路

一、氨基酸的来源

动物体内的氨基酸有两个来源：一是饲料蛋白质在消化道中被蛋白酶水解后吸收的，称**外源氨基酸**；二是体蛋白被组织蛋白酶水解产生的和由其他物质合成的，称**内源氨基酸**。两者混在一起，分布于体内各处，参与代谢，共同组成了**氨基酸代谢库**。

二、氨基酸的主要代谢去路

体内氨基酸的主要去向是合成蛋白质和多肽。其次，可转变成嘌呤、嘧啶、卟啉和儿茶酚胺类激素等多种含氮生理活性物质。多余的氨基酸通常用于分解供能。虽然不同的氨基酸结构不同，各有其自已的分解方式，但它们都有α-氨基和α-羧基，因此，有共同的代谢途径——脱氨基和脱羧基，构成了氨基酸的一般分解代谢。

第二节　氨基酸的一般分解代谢

在大多数情况下，氨基酸分解时首先脱去氨基生成氨和α-酮酸。氨可转变成尿素、尿酸等排出体外，而α-酮酸则可以再转变为氨基酸，或彻底分解为 CO_2 和 H_2O 并释放出能量，或转变为糖或脂肪作为能量的储备。脱氨基作用是氨基酸分解的主要途径。在少数情况下，氨基酸可经脱羧基作用生成 CO_2 和胺。这是氨基酸分解代谢的次要途径。

一、脱氨基作用

（一）氧化脱氨

氧化脱氨是氨基酸脱氨基的重要方式。在酶的作用下，氨基酸可以经各种氨基酸氧化酶作用先脱氢（其辅基是 FAD 或 FMN）形成亚氨基酸，进而与水作用生成 α-酮酸和氨。动物体内最重要的脱氨酶是 L-谷氨酸脱氢酶。它广泛存在于肝、肾和脑等组织中，是一种不需氧脱氢酶，其辅酶是 NAD^+ 或 $NADP^+$，有较强的活性，催化 L-谷氨酸氧化脱氨生成 α-酮戊二酸。

（二）转氨作用

在氨基转移酶（转氨酶）的催化下，某一种氨基酸的 α-氨基转移到另一种 α-酮酸的酮基上，生成相应的氨基酸和 α-酮酸，这种作用称为**转氨基作用**。体内大多数氨基酸都参与转氨基过程，并存在多种转氨酶。转氨酶的辅酶是磷酸吡哆醛。在各种转氨酶中，谷草转氨酶和谷丙转氨酶最为重要。在正常情况下，以心脏和肝脏中的活性为最高，血清中的活性较低。因此，当这些组织细胞受损时，可有大量的转氨酶逸入血液，造成血清中的转氨酶活性明显升高。例如，急性肝炎患者血清中谷丙转氨酶活性显著升高；心肌梗死患者血清中谷草转氨酶活性明显上升。临床上可以此作为疾病诊断和预后的指标之一。

（三）联合脱氨基作用

体内大多数的氨基酸脱去氨基是通过转氨基作用和氧化脱氨基作用两种方式联合起来进行的，这种作用方式称为**联合脱氨基作用**。例如，各种氨基酸先与 α-酮戊二酸进行转氨基反应，生成相应的 α-酮酸和 L-谷氨酸，然后，L-谷氨酸再经 L-谷氨酸脱氢酶作用，进行氧化脱氨基作用，生成氨和 α-酮戊二酸。联合脱氨基作用主要在肝、肾等组织中进行，全部过程是可逆的。

（四）嘌呤核苷酸循环

骨骼肌和心肌中 L-谷氨酸脱氢酶的活性弱，难以进行以上方式的联合脱氨基作用。肌肉中存在另一种氨基酸脱氨基反应，即通过嘌呤核苷酸循环脱去氨基。在此过程中，氨基酸可以通过连续的转氨基作用将氨基转移给草酰乙酸，生成天冬氨酸；天冬氨酸与次黄嘌呤核苷酸（IMP）反应生成腺苷酸代琥珀酸，后者经过裂解，释放出延胡索酸并生成腺嘌呤核苷酸（AMP）。AMP 在腺苷酸脱氨酶（在肌肉组织中活性较强）催化下水解再转变为次黄嘌呤核苷酸（IMP）并脱去氨。

二、脱羧基作用

在畜禽体内只有少量的氨基酸首先通过脱羧作用进行代谢，氨基酸的脱羧基作用是由其各自特异的脱羧酶催化的，肝、肾、脑和肠的细胞中都有这类酶。氨基酸在脱羧酶的催化下，脱去羧基，产生 CO_2 和相应的胺。氨基酸脱羧酶的辅酶也是磷酸吡哆醛。氨基酸脱羧作用产生的胺类大多具有特殊的生理功能，如谷氨酸脱羧生成的 γ-氨基丁酸，组氨酸脱羧生成的组胺，色氨酸羟化脱羧生成的 5-羟色胺等。这些胺在体内积蓄过多，可引起神经系统及心血管系统等的功能紊乱，但体内广泛存在胺氧化酶，特别是肝脏中此酶活性较高，可催化胺类的氧化，以消除其生理活性。

第三节 氨的代谢

一、氨的来源与去路

（一）来源

畜禽体内氨的主要来源是氨基酸的脱氨基作用。胺类、嘌呤和嘧啶的分解也能产生少量氨。另外，还有从消化道吸收的氨，其中有的是未被吸收的氨基酸在细菌作用下脱氨基产生的，有的来源于饲料，如氨化秸秆和尿素。

（二）去路

氨进入血液形成血氨。它可以通过脱氨基过程的逆反应与α-酮酸再形成氨基酸，还可以参与嘌呤、嘧啶等重要含氮化合物的合成。但氨在体内具有毒性，血液中过多的氨会引起动物中毒。因此，氨的排泄是动物维持正常生命活动所必需的。氨排出体外有3种形式。许多水生动物借助于水直接排氨；绝大多数陆生脊椎动物以排尿素的方式排氨；鸟类和陆生爬行动物排尿酸。

二、氨的转运★★★★★

过量的氨对机体是有毒的，尤其对大脑，因此必须尽快转运出去，清除并解除其毒性。

一是通过谷氨酰胺从脑、肌肉等组织向肝或肾转运氨。组织中的氨首先与谷氨酸在谷氨酰胺合成酶的催化下生成中性无毒的谷氨酰胺，并由血液运送到肝和肾，再经谷氨酰胺酶水解成谷氨酸和释出氨，后者用于合成尿素。谷氨酰胺运至肾中后，同样分解将氨释出，直接随尿排出。当体内酸过多时，肾小管的谷氨酰胺酶活性增高，谷氨酰胺分解加快，氨的生成与释出增多，可与尿液中的H^+中和生成NH_4^+，以降低尿中的H^+浓度，使H^+不断从肾小管细胞排出，从而有利于维持动物机体的酸碱平衡。可见谷氨酰胺也是氨的储藏及运输形式。

二是通过丙氨酸-葡萄糖循环转运氨。肌肉可利用丙氨酸将氨运送到肝脏。肌肉中的氨基酸经转氨基作用将氨基转给丙酮酸生成丙氨酸，生成的丙氨酸经血液运到肝脏。在肝中通过联合脱氨基作用，释放出氨，用于尿素的形成。经转氨基作用产生的丙酮酸通过糖异生途径生成葡萄糖，形成的葡萄糖由血液回到肌肉，又沿糖分解途径转变成丙酮酸，后者再接受氨基生成丙氨酸。丙氨酸和葡萄糖反复地在肌肉和肝脏之间进行氨的转运，称为丙氨酸-葡萄糖循环。

三、尿素的合成——尿素循环及其意义★★★★★

哺乳动物体内氨的主要去路是合成尿素排出体外。肝脏是合成尿素的主要器官。肾脏、脑等其他组织虽然也能合成尿素，但合成量甚微。

氨转变为尿素是一个循环反应过程，称**尿素循环**，也称**鸟氨酸-精氨酸循环**，由一系列酶催化这个过程。首先，是游离的氨、CO_2和ATP在氨甲酰磷酸合成酶Ⅰ的催化下，在线粒体内合成氨甲酰磷酸。然后，氨甲酰磷酸将其氨甲酰基转移给鸟氨酸，释放出磷酸，生成瓜氨酸。瓜氨酸随即离开线粒体转入胞液。在胞液中，瓜氨酸由精氨酸代琥珀酸合成酶催化与天冬氨酸结合形成精氨酸代琥珀酸。该酶需要ATP提供能量（消耗两个高能磷酸键）及

Mg^{2+}的参与。接着，精氨酸代琥珀酸在精氨酸代琥珀酸裂解酶的催化下分解为精氨酸及延胡索酸。精氨酸由精氨酸酶催化水解生成尿素和鸟氨酸。尿素是无毒的，可以经过血液运送至肾脏，再随尿排出体外。鸟氨酸可通过特异的转运载体再进入线粒体与氨甲酰磷酸反应，进入第二轮循环过程。

尿素合成的总反应为：

$$CO_2 + NH_3 + 3ATP + \text{天冬氨酸} + 2H_2O \longrightarrow H_2N-\overset{\overset{\displaystyle O}{\|}}{C}-NH_2 + \text{延胡索酸} + 2ADP + AMP + PPi + 2Pi$$

尿素合成是一个消耗能量的过程，每生成 1mol 尿素，需水解 3mol ATP 中的 4 个高能磷酸键。形成 1mol 尿素，可以清除 2mol 氨和 1mol CO_2。这样不仅解除了氨对动物机体的毒性，也降低了动物体内由于 CO_2 溶于血液所产生的酸性。

四、尿　　酸

氨在禽类体内可以合成谷氨酰胺，以及用于其他一些氨基酸和含氮分子的合成，但不能合成尿素，而是把体内大部分的氨合成尿酸排出体外。其过程是：首先，以氨基酸提供的氨基合成嘌呤，再由嘌呤分解产生出尿酸。尿酸在水溶液中溶解度很低，以白色粉状的尿酸盐从尿中析出。

第四节　α-酮酸的代谢与非必需氨基酸的生成

一、α-酮酸的代谢

氨基酸经脱氨基作用之后，大部分生成相应的α-酮酸。每个α-酮酸的具体代谢途径虽然各不相同，但都有以下 2 条去路：一是氨基化。所有的α-酮酸也都可以通过脱氨基作用的逆反应而氨基化，生成其相应的氨基酸。二是转变成糖和脂类。在动物体内可以转变成葡萄糖的氨基酸称为生糖氨基酸，有丙氨酸、半胱氨酸、甘氨酸、丝氨酸、苏氨酸、天冬氨酸、天冬酰胺、甲硫氨酸、缬氨酸、精氨酸、谷氨酸、谷氨酰胺、脯氨酸和组氨酸；能转变成酮的氨基酸称为生酮氨基酸，有亮氨酸和赖氨酸；既能生糖又能生酮的所谓兼生氨基酸，包括色氨酸、苯丙氨酸、酪氨酸和异亮氨酸。此外，α-酮酸最终都能通过三羧酸循环彻底氧化分解成 CO_2 和水，同时释放能量供生理活动需要。

二、非必需氨基酸的生成

只要有氨基供应，由糖的分解代谢生成的α-酮酸可以作为“碳骨架”，通过氨基化反应合成非必需氨基酸。有时必需氨基酸也参与非必需氨基酸的合成。

三、个别氨基酸的代谢转变

苯丙氨酸、酪氨酸等芳香族氨基酸是甲状腺激素、肾上腺素和去甲肾上腺素等激素的前体。甘氨酸、精氨酸和甲硫氨酸参与肌酸、肌酐等的生物合成。丝氨酸、色氨酸、甘氨酸、组氨酸和甲硫氨酸是甲基的供体。半胱氨酸、甘氨酸和谷氨酸通过“γ-谷氨酰基循环”合成谷胱甘肽。色氨酸还是动物体内合成少量维生素 B_5 的原料。

第五节　核苷酸代谢

一、嘌呤核苷酸和嘧啶核苷酸的合成

（一）嘌呤核苷酸的合成

体内嘌呤核苷酸的合成有两条途径：

一是在磷酸核糖的基础上，以氨基酸、一碳单位及二氧化碳等小分子物质为原料，经过一系列酶促反应合成，称为**从头合成途径**。这是合成的主要途径。嘌呤环的合成需要氨基酸提供原料和一碳单位。

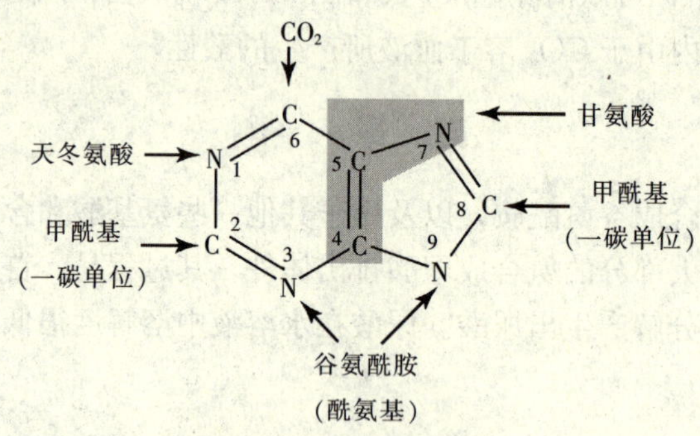

合成嘌呤环的原料来源

二是利用体内游离的嘌呤或嘌呤核苷，经过简单的反应过程合成，称为**补救合成途径**。

（二）嘧啶核苷酸的合成

与嘌呤核苷酸从头合成的途径不同，嘧啶核苷酸的合成是首先形成嘧啶环，然后再与磷酸核糖相连而成。嘧啶环的合成原料来自谷氨酰胺、二氧化碳和天冬氨酸。

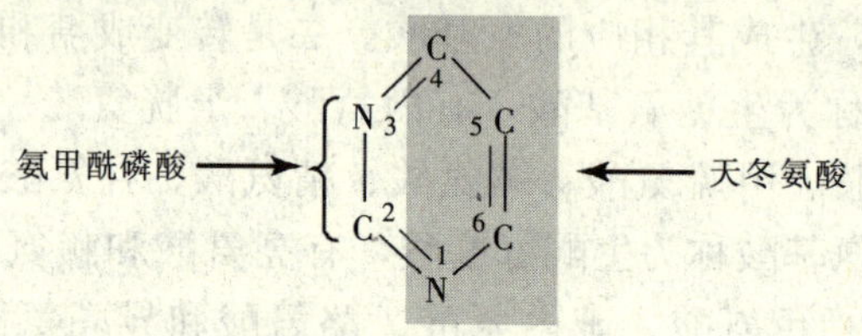

合成嘧啶环的原料来源

（三）脱氧核苷酸的合成

脱氧核苷酸包括嘌呤脱氧核苷酸和嘧啶脱氧核苷酸。其所含的脱氧核糖并非先形成后再结合到脱氧核苷酸分子上，而是通过相应的核糖核苷酸的直接还原形成，这种还原作用是在二磷酸核苷（NDP）水平上进行的（在这里N代表A、G、U、C等碱基）。

脱氧胸腺嘧啶核苷酸的生成是个例外。脱氧胸腺嘧啶核苷酸不能由二磷酸胸腺嘧啶核糖核苷还原生成，只能由脱氧尿嘧啶核糖核苷酸（dUMP）甲基化产生。

二、嘌呤核苷酸和嘧啶核苷酸的分解

核酸在一系列酶的作用下进行分解生成其基本的结构单位——单核苷酸，包括嘌呤单核苷酸与嘧啶单核苷酸。单核苷酸及其水解产物均可被细胞吸收。其中的绝大部分在肠黏膜细

胞中又被进一步分解，分解产生的戊糖被吸收可经磷酸戊糖途径进一步代谢；嘌呤和嘧啶碱基则可以经补救途径再利用或者进一步分解而排出体外。

（一）嘌呤核苷酸的分解

在许多动物体内含有腺嘌呤酶和鸟嘌呤酶，分别催化腺嘌呤和鸟嘌呤，水解、脱氨生成次黄嘌呤和黄嘌呤，在黄嘌呤氧化酶的作用下，最后生成尿酸。嘌呤在不同种类动物中代谢的最终产物不同。在灵长类、鸟类、爬虫类及大部分昆虫中，嘌呤分解的最终产物是尿酸，尿酸也是鸟类和爬虫类排除多余氨的主要形式。但除灵长类外的大多数哺乳动物则是排尿囊素；某些硬骨鱼类排出尿囊酸；两栖类和大多数鱼类可将尿囊酸再进一步分解成乙醛酸和尿素；某些海生无脊椎动物可把尿素再分解为氨和二氧化碳。

（二）嘧啶核苷酸的分解

胞嘧啶经水解、脱氨转化为尿嘧啶，尿嘧啶和胸腺嘧啶按相似的方式分解。它们首先被还原成相应的二氢尿嘧啶或二氢胸腺嘧啶，然后开环，生成β-氨基酸、氨和二氧化碳。胞嘧啶和尿嘧啶生成的是β-丙氨酸，而胸腺嘧啶生成的是β-氨基异丁酸。β-氨基酸可以进一步代谢，也有小部分直接随尿排出体外。

第八单元　物质代谢的联系与调节

第一节　物质代谢的相互联系

动物机体中各种物质的代谢活动高度的协调，因此，物质代谢的各条途径不是孤立和分隔的，而是互相联系的。一些共同的代谢中间物通过分支点把许多途径连接起来，形成一个复杂的代谢网络并交织在一起。在代谢网络中，三羧酸循环处于中心的位置。它不仅是糖、脂、氨基酸和核苷酸等各种物质分解代谢的共同归宿，而且也是这些物质之间相互联系和转变的共同枢纽。

一、糖代谢与脂代谢的联系

糖与脂类的联系最为密切，糖可以转变成脂类。葡萄糖经氧化分解，生成磷酸二羟丙酮及丙酮酸等中间产物。磷酸二羟丙酮可以还原成α-磷酸甘油。丙酮酸氧化脱羧转变为乙酰CoA，由线粒体转入胞液，再由脂肪酸合成酶系催化合成脂酰CoA。α-磷酸甘油与脂酰CoA再用来合成甘油三酯。此外，乙酰CoA也是合成胆固醇及其衍生物的原料。在糖转变成脂类的过程中，磷酸戊糖途径还为脂肪酸、胆固醇合成提供了大量所需的还原辅酶NADPH＋H^+。

在动物体内，脂肪转变成葡萄糖是有限度的。脂肪的分解产物包括甘油和脂肪酸。其中，甘油可由肝脏中的甘油激酶催化转变为α-磷酸甘油，再脱氢生成磷酸二羟丙酮，然后沿糖异生途径转变为葡萄糖或糖原。因此，甘油是一种生糖物质。奇数碳原子脂肪酸经β-氧化之后，有丙酰CoA产生。丙酸是反刍动物瘤胃微生物消化纤维素的产物。丙酸也可以转变成丙酰CoA。丙酰CoA经甲基丙二酸单酰CoA途径转变成琥珀酸，然后进入糖异生过程生成葡萄糖。然而，偶数碳原子脂肪酸β-氧化产生的乙酰CoA，在动物体内不能净合成糖。因为丙酮酸脱氢酶系催化产生乙酰CoA的反应是不可逆的，乙酰CoA需要在有其他来源的中间代谢物回补时才可转变为草酰乙酸，再经异生作用转变为糖。因此，脂肪酸不能净生成糖。

二、糖代谢与氨基酸代谢的联系

糖代谢的分解产物，特别是α-酮酸，可以作为“碳架”通过转氨基或氨基化作用进而转变成组成蛋白质的非必需氨基酸。大部分的氨基酸（生糖的或生糖兼生酮的氨基酸）又可以通过脱氨基作用直接地或间接地转变成糖异生途径中的某种中间产物，再沿异生途径合成糖和糖原。

三、脂代谢与氨基酸代谢的联系

所有的氨基酸，无论是生糖的、生酮的，还是生糖兼生酮的氨基酸都可以在动物体内转变成脂肪。生酮氨基酸可以通过解酮作用转变成乙酰CoA之后，合成脂肪酸。生糖氨基酸也能通过异生作用生成糖之后，再由糖转变成脂肪。此外，某些氨基酸如丝氨酸、蛋氨酸是合成磷脂的原料。丝氨酸脱去羧基之后形成的胆胺是脑磷脂的组成成分。胆胺在接受由蛋氨酸（以SAM形式）给出的甲基之后，形成胆碱，而胆碱是卵磷脂的组成成分。

脂肪分解产生的甘油可以转变成用以合成非必需氨基酸的碳骨架，如羟基丙酮酸，由此再直接合成丝氨酸等。但是在动物体内难以利用脂肪酸合成氨基酸，因为当乙酰CoA进入三羧酸循环，再由循环中的中间产物形成氨基酸时，消耗了循环中的有机酸，如无其他来源得以补充，反应则不能进行下去。

四、核苷酸在物质代谢中的作用

许多核苷酸在调节代谢中起着重要作用。例如，ATP是能量通用货币和转移磷酸基团的主要分子，UTP参与单糖的转变和糖原的合成，CTP参与磷脂的合成，而GTP为蛋白质多肽链的生物合成所必需。此外，许多重要的辅酶和辅基，如CoA、烟酰胺核苷酸（NAD和NADP）和黄素核苷酸（FMN和FAD）都是腺嘌呤核苷酸衍生物，参与酶的催化作用。环核苷酸（如cAMP、cGMP）作为胞内信号分子（第二信使）参与细胞信号的传导。

核酸本身的合成也与糖、脂类和蛋白质的代谢密切相关。糖代谢为核酸合成提供了磷酸核糖（及脱氧核糖）和还原辅酶NADPH＋H^+。甘氨酸、天冬氨酸、谷氨酰胺等作为原料参与嘌呤环和嘧啶环的合成。多种酶和蛋白因子参与了核酸的生物合成（复制和转录），糖、脂等燃料分子为核酸生物学功能的实现提供了能量保证。

第二节　细胞调节代谢的信号传导方式

一、信号分子、受体与信号传导分子

动物机体对代谢过程的调节可以在不同的层次上进行，而细胞水平的调节是其他水平代谢调节的基础。细胞代谢的调节依赖许多化学分子传递代谢调节的信息。激素、神经递质是多细胞的高等动物用以调节细胞代谢活动的重要信号分子。例如，胰岛素、胰高血糖素、促肾上腺皮质激素等蛋白类激素；肾上腺素、去甲肾上腺素和甲状腺激素等氨基酸类小分子激素；睾酮、雌二醇等类固醇性激素；前列腺素激素等脂肪酸衍生物；乙酰胆碱、γ-氨基丁酸和5-羟色胺等神经递质；各种生长因子，如类胰岛素生长因子、上皮生长因子，以及各种细胞因子（如白细胞介素，干扰素和肿瘤坏死因子等）。此外，有的气体分子，如一氧化氮（NO）是调节平滑肌松弛和细胞免疫的信号分子。

受体是指细胞膜上或细胞内能识别信号分子并与之结合的生物大分子。绝大部分受体是蛋白质，少数是糖脂。与受体相对应，信号分子通常被称为配体。受体与配体结合后可以通过一系列信号传导分子引发细胞内的生理效应。目前所知道的主要的信号传导分子有G蛋白、第二信使分子及多种信号传递蛋白因子。例如，环腺苷酸（cAMP）、环鸟苷酸（cGMP）、肌醇三磷酸（IP_3）、甘油二酯、Ca^{2+}等第二信使，以及细胞内的各种蛋白激酶等。

根据受体在细胞信号传导中所起作用，可将细胞的信号传导的通路分为两大类：与细胞膜上受体相联系的细胞信号通路，与细胞内受体相联系的细胞信号通路。

二、与膜受体相联系的细胞信号通路

1. cAMP-蛋白激酶A途径（PKA）　或称腺苷酸环化酶系统，是激素调节物质代谢的主要途径之一。胰高血糖素、肾上腺素和促肾上腺皮质激素等与靶细胞质膜上的特异性受体结合而激活受体。活化的受体催化G蛋白活化，后者激活腺苷酸环化酶，催化ATP转化成cAMP，使细胞内cAMP浓度升高，作为第二信使的cAMP能进一步激活胞内的蛋白激酶A（PKA）；PKA再通过一系列化学反应（如磷酸化胞内的其他蛋白质的丝/苏氨酸）将信号进一步传递，进而改变细胞的代谢。典型的例子是在应激情况下，肾上腺素通过上述机制引起肌肉糖原的快速分解，为动物机体提供急需的能量。

2. 蛋白激酶C途径（PKC）　当促甲状腺素释放激素、去甲肾上腺素和抗利尿激素等与靶细胞膜上特异性受体结合后，经活化的G蛋白介导，激活磷脂酶C，由磷脂酶C将质膜上的磷脂酰肌醇二磷酸（PIP_2）水解成三磷酸肌醇（IP_3）和二酰甘油（DG），后两者都可以作为第二信使发挥作用。DG生成后仍留在质膜上，在磷脂酰丝氨酸和Ca^{2+}的配合下激活蛋白激酶C，蛋白激酶C也能通过磷酸化一系列靶蛋白的丝/苏氨酸残基来达到进一步传导代谢信息的作用。IP3可以进入胞内与内质网上的Ca^{2+}门控通道结合，促使内质网中的Ca^{2+}释放到胞液中，胞内Ca^{2+}水平升高，同样作为第二信使既可以与DG共同激活蛋白激酶C，又能通过Ca^{2+}/钙调蛋白依赖性蛋白激酶（CaM酶）激活其他信号传导蛋白，从而改变细胞的代谢。

三、与胞内受体相联系的细胞信号通路

胞内受体一般有两个结构域，一个是结合相应配体的结构域，另一个是结合特定基因调

节序列的结构域。进入细胞内的信号分子与胞内或核内的相应受体结合后活化，再结合到核内染色体特定的调节基因上，促进相关基因的表达。能与胞内或核内受体结合的信号分子通常比较小且有亲脂的性质，因此可以穿越细胞质膜进入胞内和核内，如性激素等类固醇激素以及甲状腺激素和维甲酸等。

第九单元　核酸的功能与研究技术

第一节　核酸化学

一、核酸的种类与分布

核酸是遗传信息的载体，可分为脱氧核糖核酸（DNA）和核糖核酸（RNA）两大类。核酸在生物的生长、发育、繁殖、遗传和变异等生命活动过程中都具有极其重要的作用，其中生物遗传作用最为重要。已经证明，DNA 是主要的遗传物质，生物的遗传信息储存于 DNA 的核苷酸序列之中，即基因中。生物体通过 DNA 的复制、转录和翻译，把 DNA 上的遗传信息经 RNA 传递到蛋白质结构上，使遗传信息通过蛋白质得以表达。

所有的细胞都同时含有上述两类核酸。在真核细胞中，DNA 主要存在于细胞核内的染色体上，并与组蛋白等结合，是染色体的主要成分，只有少量的 DNA 存在于线粒体中。RNA 主要存在于细胞质中，微粒体含量最多，线粒体含有少量。在细胞核中也含有少量的 RNA，集中于核仁。原核细胞（如细菌）没有明确的细胞核，DNA 存在于核质部分，缺少结合的蛋白质，RNA 则分布在胞液。病毒一般含有 DNA 或 RNA 中的一种，因而分为 DNA 病毒和 RNA 病毒。RNA 依据其功能主要有三类：信使 RNA（mRNA）、转运 RNA（tRNA）和核糖体 RNA（rRNA）。生物个体的任何一个体细胞都含有同样数量和质量的 DNA，而 RNA 的含量通常是变动的。

二、核酸的化学组成★★★★

核酸（DNA 或 RNA）是由几十个至几千个单核苷酸聚合而成的大小不等的多聚核苷酸链。若将核酸逐步水解，则有如下中间产物：

核酸⟶低聚核苷酸⟶单核苷酸{磷酸；核苷{核糖；碱基}}

（一）碱基

核酸中的碱基主要是嘧啶碱基和嘌呤碱基两类。DNA 中含有胸腺嘧啶（T）和胞嘧啶（C）以及腺嘌呤（A）和鸟嘌呤（G）。RNA 中由尿嘧啶（U）代替胸腺嘧啶（T），所含嘌呤种类与 DNA 一样。核酸中还有一些含量甚少的稀有碱基（或修饰碱基）。常见的稀有嘧啶碱基有 5-甲基胞嘧啶、5,6-二氢尿嘧啶等；常见的稀有嘌呤碱基有 7-甲基鸟嘌呤、N^6-甲基腺嘌呤等。

（二）核糖

核糖属于戊糖，在 RNA 与 DNA 有所不同，RNA 中含的糖是核糖，DNA 中所含的是 2′-脱氧核糖。

（三）核苷

核苷由一个戊糖（核糖或脱氧核糖）和一个碱基（嘌呤碱基或嘧啶碱基）缩合而成。RNA 中的核苷称核糖核苷（或称核苷），共有 4 种，根据其 4 种碱基不同，分别以符号 A、G、C 和 U 表示。DNA 中的核苷称为脱氧核糖核苷，也有 4 种，分别以符号 dA、dG、dC 和 dT 表示，“d”表示脱氧。

（四）核苷酸

核苷酸是由核苷中戊糖的 5′-OH 与磷酸缩合而成的磷酸酯，它们是构成核酸的基本单位。根据核苷酸中戊糖的不同将核苷酸分成两大类，即核糖核苷酸和脱氧核糖核苷酸。前者是构成 RNA 的基本单位，后者是构成 DNA 的基本单位。核苷酸分子中核糖 5′位含有一个磷酸基的称为核苷一磷酸，如腺苷一磷酸（AMP）。它可进一步磷酸化形成相应的腺苷二磷酸（ADP）和腺苷三磷酸（ATP）。ADP 和 ATP 都是高能磷酸化合物。

核苷酸除了作为核酸的基本结构单位外，它们还参与能量代谢，或作为辅酶的成分，或参与细胞信息传递（如 cAMP）。

三、核酸的结构

（一）DNA 的一级结构

核酸是线性的生物大分子，相对分子质量一般在 10^6～10^{10}。DNA 有的是双股线形分子，有些为环状，也有少量呈单股环状或线状。

1. 核苷酸之间的连接方式　核酸（DNA 和 RNA）都是单核苷酸的多聚体。核苷酸之间是以磷酸二酯键连接起来的，即在 2 个核苷酸之间的磷酸基，既与前一个核苷的脱氧核糖的 3′-OH 以酯键相连，又与后一个核苷的脱氧核糖的 5′-OH 以酯键相连，形成 2 个酯键，鱼贯相连，成为一个长的多核苷酸链。在形成的多核苷酸链上，具有游离 5′-磷酸基的一端称为 5′-末端，具有游离 3′-OH 的一端称为 3′-末端。

2. DNA 的碱基组成特点 同一种 DNA 的碱基组成具有某种特点。腺嘌呤与胸腺嘧啶的摩尔数大致相等，即 A/T 大约等于 1；鸟嘌呤与胞嘧啶的摩尔数大致相等，即 G /C 也大约等于 1；因此，嘌呤碱基的总摩尔数约等于嘧啶碱基的总摩尔数，即（A+G）/（T+C）约等于 1。DNA 碱基组成的这个规律称为 DNA 的碱基当量定律。它是提出 DNA 分子双螺旋结构模型的基础。

（二）DNA 的高级结构

1. DNA 的双螺旋模型 以碱基当量定律为基础，1953 年 Watson 和 Crick 提出了 DNA 的双螺旋结构模型，即 DNA 的二级结构。其要点是：DNA 分子是一个右手双螺旋结构，具有以下特征：

①两条平行的多核苷酸链，以相反的方向（即一条由 5′→3′，另一条由 3′→5′）围绕着同一个中心轴，以右手旋转方式构成一个双螺旋。

②疏水的嘌呤和嘧啶碱基平面层叠于螺旋的内侧，亲水的磷酸基和脱氧核糖以磷酸二酯键相连形成的骨架位于螺旋的外侧。

③内侧碱基呈平面状，碱基平面与中心轴相垂直，脱氧核糖的平面与碱基平面几乎成直角。每个平面上有两个碱基（每条链各一个）形成碱基对。相邻碱基平面在螺旋轴之间的距离为 0.34nm，旋转夹角为 36°。因此，每 10 对核苷酸绕中心轴旋转一圈，螺旋的螺距为 3.4nm。

④双螺旋的直径为 2nm。沿螺旋的中心轴形成的大沟和小沟交替出现。DNA 双螺旋之间形成的沟称为大沟，而两股 DNA 单链之间形成的沟称为小沟。

⑤两股链被碱基对之间形成的氢键稳定地维系在一起。在双螺旋中，碱基总是腺嘌呤与胸腺嘧啶配对，用 A═T 表示；鸟嘌呤与胞嘧啶配对，用 G≡C 表示。

2. DNA 超螺旋 DNA 在双螺旋基础上再通过弯曲和扭转所形成的特定构象，称为 DNA 的三级结构，也即 DNA 超螺旋。在原核生物和病毒中发现的超螺旋共有的特征是环状或线状。真核生物的 DNA 超螺旋与组蛋白等结合，并且紧密压缩包裹成为染色质或染色体。

（三）RNA 的结构

RNA 主要包括三类：信使 RNA（mRNA）、核糖体 RNA（rRNA）和转移 RNA（tRNA）。它们都参与蛋白质的生物合成。生物体内绝大多数天然 RNA 分子呈线状的多核苷酸单链。然而，有些 RNA 分子，能自身回折，使一些碱基彼此靠近，于是在折叠区域中按碱基配对原则，A 与 U、G 与 C 之间通过氢键互补结合，从而使回折部位构成所谓“发卡”结构，进而再扭曲形成局部的双螺旋区，未能配对的碱基区可形成突环，被排斥在双螺旋区之外。RNA 分子中的螺旋区可以达到 70%左右。

四、核酸的主要理化性质

（一）核酸的一般性质

DNA 具有以下性质：

（1）DNA 微溶于水，呈酸性，加碱促进其溶解，但不溶于有机溶剂，因此，常用有机溶剂（如乙醇）来沉淀 DNA。

（2）由于 DNA 分子很长，在溶液中呈现黏稠状，DNA 分子越大，黏稠度越高。在溶液中加入乙醇后，可用玻璃棒将黏稠的 DNA 搅缠起来。

(3) DNA 的双螺旋结构实际上显得僵直且具有刚性，受剪切力的作用，易断裂成碎片。这也是难以获得完整大分子 DNA 的原因之一。

(4) 溶液状态的 DNA 易受 DNA 酶的作用而降解。脱去水分的 DNA 性质十分稳定。

(5) 嘌呤环和嘧啶环具有紫外吸收特性，在 260nm 处有最大吸收值，因此，利用这一特性可以定性、定量分析测定核酸。

(二) 核酸的变性

核酸的变性是指碱基对之间的氢键断裂，如 DNA 的双螺旋结构分开，成为两股单链的 DNA 分子。变性后的 DNA 生物学活性丧失，并且由于螺旋内部碱基的暴露使其在 260nm 处的紫外光吸收值升高，称为增色效应。结果使 DNA 溶液的黏度下降，沉降系数增加，比旋下降。

DNA 加热变性过程是在一个狭窄的温度范围内迅速发展的，有点像晶体的熔融。通常将 50%的 DNA 分子发生变性时的温度称为**解链温度或熔点温度**（T_m）。

影响 T_m 值的因素主要有：① DNA 的性质和组成。均一的 DNA，T_m 值范围较小；非均一的 DNA，T_m 值较宽。G—C 碱基对含量越高的 DNA 分子越不易变性，T_m 值也大。② 溶液的性质。DNA 在离子强度低的溶液中，T_m 值较低，转变的温度范围也较宽。反之，离子强度较高时，T_m 值较高，转变的温度范围也较窄。

(三) 核酸的复性

DNA 的变性是可逆过程。在适当的条件下，变性 DNA 分开的两股链又重新缔合而恢复成双螺旋结构，这个过程称为**复性**。复性速度受很多因素的影响：顺序简单的 DNA 分子比复杂的分子复性要快；DNA 浓度越高，越易复性；DNA 片段的大小、溶液的离子强度等对复性速度也有影响。复性后 DNA 的一系列物理化学性质和生物活性得到恢复。

(四) 分子杂交

DNA 的变性和复性是以碱基互补为基础的，由此可以进行核酸的分子杂交。当不同来源的单链 DNA 或 RNA 经复性处理时，它们之间互补的或部分互补的碱基序列可以配对，形成 DNA/DNA 或 DNA/RNA 的杂合体从而形成杂交分子。许多分子生物学技术正是利用核酸片段之间可以通过碱基的互补进行分子杂交的重要性质而建立起来的。

第二节　DNA 的复制

一、中心法则

以亲代 DNA 分子为模板合成两个完全相同的子代 DNA 分子的过程称为**复制**。以 DNA 为模板合成 RNA 的过程称为**转录**，以 RNA 为模板指导合成蛋白质的过程称为**翻译**。遗传信息按 DNA→RNA→蛋白质的方向传递，这就是经典的分子遗传学的**中心法则**。后来发现，某些病毒的遗传物质是 RNA（RNA 病毒），也可通过复制传递给下一代；某些 RNA 病毒有反转录酶，能够催化 RNA 指导下的 DNA 合成，即遗传信息也可以从 RNA 传递给 DNA。这些都是对经典中心法则理论的发展和补充。

二、复制的半保留性

DNA 的复制是一个由酶催化的复杂的生物合成过程。在复制开始时，亲代 DNA 双股链间的氢键断裂，双链分开，然后以每一股链为模板，根据碱基互补配对的原则，分别复制出与其互补的子代链，从而使一个DNA分子转变成与之完全相同的两个DNA分子。两个新的子代DNA分子中除了一股新合成的DNA链外，都保留了一股来自亲代的旧链，因此，把这种复制方式称为**半保留复制**。半保留复制确保了遗传信息完整地、忠实地从亲代传递给子代。

三、主要的复制酶

（一）复制需要的酶和蛋白因子

（1）拓扑异构酶　拓扑异构酶是一类可以改变DNA拓扑性质的酶，有Ⅰ和Ⅱ两种类型。Ⅰ型可使DNA的一股链发生断裂和再连接，反应无须供给能量。Ⅱ型又称为旋转酶，能使DNA的两股链同时发生断裂和再连接，需要由ATP提供能量。两种拓扑异构酶在DNA复制、转录和重组中都发挥着重要作用。

（2）解旋酶　复制需要解开DNA双链，主要依赖于DNA解旋酶（也称为解链酶），还需要参与起始反应的多种蛋白因子（如DnaA和ATP）。在转录、DNA修复、DNA重组中也需要解旋酶。

（3）单链DNA结合蛋白　被解旋酶解开的两股单链被单链DNA结合蛋白所覆盖，以稳定解开的DNA维持单链状态，同时防止其被核酸酶降解。

（4）引发酶　引发酶又称引物酶，催化合成复制过程中所需要的小片段RNA引物，DNA新链在DNA聚合酶的催化下在RNA引物的3′-OH上延伸。

（5）DNA聚合酶　DNA聚合酶是以DNA为模板，催化底物（dNTP）合成DNA。原核生物的DNA聚合酶有Ⅰ、Ⅱ和Ⅲ三型。它们的共同点是，都需要以DNA为模板，以RNA为引物，以dNTP为底物，在Mg^{2+}参与下，根据碱基互补配对的原则，催化底物加到RNA引物的3′-OH上，形成3′,5′-磷酸二酯键，由5′→3′方向延长DNA链。它们还都有3′→5′外切酶活性，因此，在DNA新链的延伸过程中，具有校对和纠错的功能，保证复制的忠实性和准确性。DNA聚合酶Ⅲ被认为是真正的DNA复制酶。此外，DNA聚合酶Ⅰ还有5′→3′外切酶活性，用以切除RNA引物和修复DNA的损伤。

从哺乳动物细胞（真核）中分离出5种DNA聚合酶，有α、β、γ、δ、ε。它们与大肠杆菌DNA聚合酶的基本性质相同，但有不同的分工，用于指导合成染色体DNA或线粒体DNA或DNA损伤的修复。

（6）连接酶　它催化双链DNA缺口处的5′-磷酸基和3′-羟基之间生成磷酸二酯键。在原核生物，反应需要NAD提供能量，在真核生物中则需要ATP提供能量。

（7）端粒和端粒酶　在真核生物线性染色体DNA末端有一个特殊结构，称为端粒。它可以防止染色体间末端连接，并用以补偿滞后链5′-末端在消除RNA引物后造成的空缺。复制可使端粒5′-末端缩短，而端粒酶可外加重复单位到5′-末端上，结果使端粒维持一定的长度。真核生物的端粒酶是一种含有RNA链的逆转录酶，在酶分子内，其以自身所含的RNA为模板来合成DNA的端粒结构。

（二）DNA的复制过程

1. 复制原点　DNA的复制都是从基因组DNA的特定部位开始的，DNA复制开始的部位称为**复制原点**。原核生物的复制原点只有一个，真核生物有许多复制原点。复制大多是双向的，在复制原点的两侧形成两个复制叉。

2. 复制的过程

（1）解链解旋　解链酶在 DnaA 等协助下解开亲代双螺旋形成复制叉，单链结合蛋白（SSB）阻止分开的两股链在链内复性。拓扑异构酶参与解链解旋。局部解开的两股单链分别作为复制模板。

（2）合成引物　引发酶催化合成引物 RNA，其末端有一个游离的 3′- OH，新的子代 DNA 链在其 3′-末端延伸。

（3）链的延伸　解开的两股单链 DNA 是反平行的，一条为 5′→3′，另一条为 3′→5′。以它们为模板合成的两股子代新链：一股是连续合成的，与解链方向即复制叉移动的方向一致，称为**前导链**；另一股是不连续合成的，称**滞后链**，不连续合成的 DNA 片段称为**冈崎片段**。新生 DNA 子链的延伸由 DNA 聚合酶Ⅲ催化。DNA 双股链的复制是半不连续的。

（4）切除引物和填补空隙　DNA 聚合酶Ⅰ利用其 5′→3′外切活性将 RNA 引物切除，并由其 5′→3′聚合活性填补引物切除后留下的空隙，再由 DNA 连接酶将冈崎片段连接成完整的子代 DNA 链。

四、DNA 的损伤与修复方式

造成 DNA 损伤的原因很多，可能是生物因素，如 DNA 的重组、病毒的整合；某些物理化学因子（如紫外线、电离辐射和化学诱变剂）也会造成 DNA 局部结构和功能的破坏，受到破坏的可能是 DNA 的碱基、核糖或是磷酸二酯键；DNA 在复制过程中也仍然可能产生错配。造成 DNA 损伤的因素可能来自细胞内部，也可能来自细胞外部，损伤的结果是引起生物突变，甚至导致死亡。

保证 DNA 分子的完整性对于生物是至关重要的。在长期的进化过程中，生物体获得了复杂的 DNA 损伤修复系统，可以通过不同的途径对 DNA 的损伤进行修复。这些途径可分成光复活和暗修复两类。暗修复又以切除修复和重组修复最重要。

（一）切除修复

在核酸内切酶、DNA 聚合酶Ⅰ和连接酶等的作用下，将 DNA 分子一股链上受到损伤的部分切除，并以完整的另一股链为模板，合成切去的部分，使 DNA 恢复正常的结构。

（二）重组修复

有缺损的子代 DNA 分子还可通过分子内重组加以弥补，即从 DNA 的母链上将相应的 DNA 片段移至子链缺口处，然后利用再合成的序列来补上母链的空缺。

第三节　RNA 的转录

一、转录的概念

转录是以 DNA 为模板合成 RNA 的过程。转录有以下的特点：

（1）以 DNA 的一股链为模板。双链 DNA 中只以一股链中的一个片段作为模板转录合成 RNA，因此，RNA 转录是不对称的。在 DNA 双链中，负责转录合成 RNA 的 DNA 链称模板链，另一股链称编码链。模板链与编码链互补，模板链转录合成的 RNA 的碱基顺序与编码链的碱基顺序完全一致，只是其中的 T 被 U 取代而已。

（2）转录起始于 DNA 模板上的特定部位，该部位称为转录起始位点或启动子。被转录成单个 RNA 分子的一段 DNA 序列，称为一个转录单位。DNA 模板上转录终止的特殊顺序，称为终止位点或终止子。将负责编码蛋白质多肽链的 DNA 片段称为结构基因。一个转录单位可以包含 1 个基因——单顺反子，也可以包括多个基因——多顺反子。

(3) RNA 链延伸的方向为 5′→3′。

(4) RNA 转录不需要引物。

(5) 转录的忠实性较弱。

二、转录有关的酶与转录后的加工

(一) 启动子与 RNA 聚合酶

1. 启动子　在转录起始位点的附近有能够被 RNA 聚合酶识别并与之结合，并决定基因的转录与否及转录强度的一段大小为 20～200bp 的 DNA 序列，称之为启动子。

原核生物基因的启动子具有明显的共同特征：①在基因的 5′端，直接与 RNA 聚合酶结合，控制转录的起始和方向。②都含有 RNA 聚合酶的识别位点、结合位点和起始位点。③都含有保守序列，而且这些序列的位置是固定的，如－35 序列（即识别位点）的 TTGACA，－10 序列（结合位点）的 TATAAT 等。前者供 RNA 聚合酶的 σ 亚基识别并使核心酶与启动子结合，后者为 RNA 聚合酶与之牢固结合并将 DNA 双链打开的部位。根据启动子的启动效率，启动子的活性有强有弱。真核生物基因的启动子在－30 附近常含有 TATA 框结构。

2. RNA 聚合酶★★★★　转录过程由 RNA 聚合酶催化。RNA 聚合酶识别启动子并与之结合，起始并完成基因的转录。原核生物的 RNA 聚合酶只有 1 种，共包含有 $\alpha_2\beta\beta'\sigma$ 5 个亚基。这 5 个亚基的聚合体称为全酶。σ 亚基以外的部分称为核心酶。σ 亚基的作用是帮助核心酶识别并结合启动子，保证转录的准确起始。转录起始后，σ 亚基迅速与核心酶脱离，核心酶继续与模板结合，并依据碱基互补的方式催化 NTP 原料形成 3′,5′-磷酸二酯键，以 5′→3′方向延伸多核苷酸链。

真核生物有Ⅰ、Ⅱ和Ⅲ三种 RNA 聚合酶。RNA 聚合酶Ⅰ负责转录 5.8S、18S、28S rRNA 基因，RNA 聚合酶Ⅱ负责转录 mRNA 基因，RNA 聚合酶Ⅲ负责转录 5S rRNA 和 tRNA 基因。细胞器还有本身的 RNA 聚合酶。真核生物的 3 种 RNA 聚合酶各有其自己的启动子。

(二) 转录过程概述

1. 模板的识别和转录的起始　原核生物中，σ 亚基识别－35 序列并与核心酶一起结合在启动子上，促使 DNA 双螺旋打开并以其中的一条链作为模板进行转录。当新生的 RNA 链形成第一个磷酸二酯键后，σ 亚基即由全酶中解离出来，由核心酶继续进行转录。

2. RNA 链的延伸　在核心酶催化下，按碱基互补配对的原则，依次连接上核苷酸，使 RNA 链按照 5′→3′方向延伸。由于 RNA 聚合酶没有核酸外切酶活性，不能校对新合成的 RNA 链，因而转录的误差比复制的大很多。

3. 转录的终止　终止的主要过程包括：停止 RNA 链延长；新生 RNA 链释放；RNA 聚合酶从 DNA 上释放。转录终止有两种方式：

(1) 依赖于 ρ 因子的终止　ρ 因子又称为终止因子，是从大肠杆菌中分离出来的一种六聚体蛋白质。它具有两种活性：促进转录终止的活性和 NTPase 活性。需要 ATP 提供能量。

(2) 不依赖于 ρ 因子的终止　依赖于转录终止区特异的序列。它们的共同特点是都有一段富含 GC 的序列，此 GC 区呈双折叠对称，即回文结构。由 GC 区转录出来的 RNA 自身互补而形成发夹结构。终止子的末尾还富含 AT，此区的模板链有连续的碱基 A，因此，转录出的 RNA 链的末尾为连续的碱基 U。当 RNA 聚合酶遇到此信号时便停止转录。

4. 转录后的加工　所有的 RNA（tRNA、mRNA 和 rRNA），无论是原核生物的，还是真核生物的，转录后首先得到的是其较大的前体分子，都要经过剪接和修饰才能转变为成熟的有功能的 RNA。

真核细胞的基因组基因绝大多数是不连续的，称为**断裂基因**。编码序列与间隔序列相间排列，前者称为**外显子**，后者称为**内含子**。转录产生的初始产物中包括了外显子和内含子，称为核不均 RNA，即 hnRNA。它比加工后成熟的 mRNA 大好几倍。

真核生物转录的 mRNA 初始产物必须经过一系列加工，才能形成有功能的 mRNA 分子。加工过程包括：对其首、尾进行修饰，即在其 5′-末端加“帽”［mG（5）pppNmpN -］结构，在其 3′-末端加上一个 50～200 个 A 的多聚腺苷酸的“尾”；将内含子切除掉，同时将外显子按顺序连接起来，这一过程称为剪接；还存在个别碱基的甲基化等修饰过程。

三、逆转录作用

以 RNA 为模板合成 DNA 称为**逆转录作用**。这个过程由逆转录酶催化。一些动物的 RNA 病毒在逆转录酶催化下以其 RNA 为模板，以 dNTP 为底物，催化合成一股与模板 RNA 互补的 DNA 链，此 DNA 链称为互补 DNA 链（cDNA）。然后，再将模板 RNA 降解，以单股的 cDNA 为模板合成双链互补 DNA，整合到宿主细胞染色体 DNA 中去。逆转录酶也是分子生物学技术中常用的重要工具酶。

第四节　蛋白质的翻译

一、翻译系统

蛋白质的翻译是指在细胞质中以 mRNA 为模板，在核糖体、tRNA 和多种蛋白因子与酶的共同参与下，将 mRNA 中由核苷酸顺序决定的遗传信息转变成由 20 种氨基酸组成的蛋白质的过程。

一种 mRNA 特异地指导合成一种蛋白质，不同 mRNA 指导合成不同的蛋白质。mRNA 的核苷酸排列顺序决定着由它指导合成的蛋白质多肽链中氨基酸的排列顺序。因此，mRNA 是翻译的模板或蛋白质生物合成的“蓝图”。

20 种氨基酸是合成蛋白质的原料。tRNA 是氨基酸的“搬运工”。由蛋白因子和酶与 rRNA 形成的复合体——核糖核蛋白体是合成蛋白质的“装配机”。所有这些构成了蛋白质的翻译系统。

二、mRNA 与遗传密码

mRNA 由 DNA 转录产生，包含了指导合成蛋白质的遗传信息，通过遗传密码的形式在蛋白质翻译过程中起模板的作用。

遗传密码是指 DNA 或由其转录的 mRNA 中的核苷酸（碱基）顺序与其编码的蛋白质

多肽链中氨基酸顺序之间的对应关系。由每 3 个相邻的碱基组成 1 个密码子，共有 64 个密码子。AUG 和 GUG 除了作为蛋白质合成起始密码外，还代表肽链内部的蛋氨酸和缬氨酸。UAA、UAG、UGA 不编码任何氨基酸，表示肽链合成的终止信号，称为终止密码。

密码子具有以下共同特性：①简并性。即多种密码子编码一种氨基酸的现象。除 UAA、UAG 和 UGA 不编码任何氨基酸外，其余 61 个密码子负责编码 20 种氨基酸，因此，出现了多种密码子编码一种氨基酸的现象。②通用性。从病毒、细菌到高等动植物都共同使用一套密码子。但在低等生物和高等生物线粒体 DNA 中，存在例外的使用情况。③不重叠，即连续性。绝大多数生物中的密码子是不重叠而连续阅读的，即同一个密码子中的核苷酸不会被重复阅读。在翻译过程中，由 tRNA 分子来“解读”这些密码子。

三、tRNA 的功能

tRNA 是氨基酸的“搬运工”。细胞中有 40～60 种不同的 tRNA。所有 tRNA 都是单链分子，长度为 70～90 个核苷酸残基。其二级结构呈三叶草形，三级结构呈紧密的倒“L”形状。tRNA 由 4 个茎-环和 1 个臂组成。4 个茎-环分别为二氢尿嘧啶茎-环、反密码子茎-环、可变茎-环及假尿嘧啶茎-环。3′- CCA 是氨基酸接受臂，氨基酸的 α-羧基与相应的 tRNA 的末端 A 的 3′- OH 以酯键相连。每种 tRNA 都能特异地携带一种氨基酸，并利用其反密码子，根据碱基配对的原则，识别 mRNA 上的密码子。通过这种方式，tRNA 能将其携带的氨基酸在该氨基酸在 mRNA 上所对应的遗传密码位置上“对号入座”。

四、rRNA 与核糖体

（一）核糖体的结构

核糖体都由大、小两个亚基组成。原核生物核糖体的大亚基（50S）由 34 种蛋白质和 23S rRNA 与 5S rRNA 组成；小亚基（30S）由 21 种蛋白质和 16S rRNA 组成。大、小两个亚基结合形成 70S 核糖体。真核生物核糖体的大亚基（60S）由 49 种蛋白质和 28S、5.8S 与 5S rRNA 组成；小亚基（40S）由 33 种蛋白质和 18S rRNA 组成。大、小两个亚基结合形成 80S 核糖体。

这些蛋白因子是翻译过程所必需的起始因子、延伸因子、终止因子及肽酰基转移酶等。

（二）核糖体的功能

核糖体上至少有 3 个功能部位是必需的：①P 位点，起始氨酰基- tRNA 或肽酰基- tRNA结合的部位；②A 位点，内部氨酰基- tRNA 结合的部位；③E 位点，P 位点上空载的 tRNA 分子释放的部位。

五、翻译过程

1. 氨基酸的活化　所有的氨基酸必须活化以后才能彼此之间形成肽键连接起来。活化的过程是使氨基酸的羧基与 tRNA 的 CCA 3′-末端核糖上的 3′- OH 形成酯键，生成氨酰基- tRNA。

催化氨基酸活化反应的酶称为氨酰基- tRNA 合成酶。不同的氨基酸在不同的酶催化下与相应的 tRNA 相连而活化。该反应消耗 ATP。

翻译起始的氨基酸在原核生物是甲酰甲硫氨酰- tRNAf。

2. 肽链的起始　蛋白质的合成起始包括mRNA模板、核糖体的30S亚基和甲酰甲硫氨酰-tRNAf结合（P位点）。首先形成30S起始复合体，接着进一步形成70S起始复合体。起始因子IF-1、IF-2和IF-3和GTP参与这个过程。mRNA5′-末端的SD序列与30S小亚基上的16S rRNA的3′-末端结合，保证了翻译起始的准确性。

3. 肽链的延长　延长阶段的第一步是携带有氨基酸的氨酰基-tRNA进入A位，需要延伸因子EF-Tu、EF-Ts和GTP协助。当氨酰基-tRNA占据A位点后，原来结合在P位点的fMet-tRNAf便将其活化的甲酰甲硫氨酸部分转移到A位的氨酰基-tRNA的氨基上，形成肽键，催化此反应的酶是肽酰基转移酶。接着，无负荷的tRNAf由E位点释出；肽酰基tRNA从A位点移到P位点，移位过程需要延伸因子EF-G和GTP的推动。移位后A位点被空出，于是再结合一个氨酰基-tRNA，并重复以上过程，使肽链不断延长。

4. 合成的终止　当mRNA的终止密码子（UAA、UAG或UGA）进入核糖体的A位点时，在释放因子（RF）帮助下，肽链的合成终止，并从核糖体上释放出来。

5. 翻译后加工与跨膜运输　翻译后的加工包括折叠和修饰。新生的多肽链多数是没有生物活性的初级产物，必须经过N端甲酰甲硫氨酸的脱甲酰或切除甲硫氨酸、氨基酸侧链的磷酸化、糖基化修饰、多肽链的水解断裂、二硫键的形成及肽链的正确折叠等，才能转变成有功能的蛋白质。蛋白质翻译的加工过程实际上在翻译完成之前就开始了，即边翻译边加工。在细胞质中合成的蛋白质需要运输到不同的部位，如线粒体、高尔基体、溶酶体及细胞核内发挥不同的生物学功能，有些蛋白质还要运输到细胞外发挥作用。

第五节　核酸研究技术

一、核酸工具酶

目前，在临床分子诊断中广泛应用的核酸工具酶主要有限制性核酸内切酶、DNA聚合酶、DNA连接酶、碱性磷酸酶及逆转录酶等。本单元中主要介绍限制性核酸内切酶。

限制性核酸内切酶又称**限制性内切酶**、**限制酶**，是一类能识别双链DNA分子中某种特定核苷酸序列，并由此切割DNA双链结构的核酸内切酶。此类酶主要是从原核生物中分离纯化得到的。限制酶的发现和应用，使DNA分子能很容易地在体外被切割和连接，因此，被称为DNA重组技术中一把神奇的“手术刀”。

限制酶的识别序列大部分具有纵轴对称结构，或称回文序列。识别序列的长度多为4对或6对核苷酸。限制酶在其识别序列内有特定的识别位点，切割DNA分子时能形成两种形式的末端，即平齐末端和黏性末端。平齐末端是限制酶在识别序列的对称轴上切断。黏性末端是限制酶在识别序列对称轴左右的对称点上交错切割，产生的末端存在短的互补序列。被同一种限制酶切割的不同来源的DNA，由于其切口处具有互补的碱基序列，因此，很容易互相黏合在一起，这个性质为不同来源的基因重组提供了极大的便利。

二、分子杂交技术

带有互补的特定核苷酸序列的单链DNA或RNA，当它们混合在一起时，其具有互补或部分互补的碱基对将会形成双链结构。如果互补的核苷酸片段来自不同的生物有机体，如此形成的双链分子就是**杂交核酸分子**。能够杂交形成杂交分子的不同来源的DNA分子，其亲缘关系较为密切；反之，其亲缘关系比较疏远。因此，DNA/DNA 的杂交作用，可以用来检测特定生物有机体之间是否存在着亲缘关系，而形成 DNA/DNA 或 DNA/RNA 杂交分子的这种能力，可以用来揭示核酸片段中某一特定基因的位置。

目前，根据分子杂交原理，建立起来的常用的技术有：

1. Southern-印迹　其原理是将在电泳凝胶中分离的 DNA 片段转移并结合在适当的滤膜上，变性后，通过与标记的单链 DNA 或 RNA 探针杂交作用，以检测被转移 DNA 片段中特异的基因。

2. Northern-印迹　是将 RNA 分子从电泳凝胶转移并结合到适当的滤膜上，通过与标记的单链 DNA 或 RNA 探针杂交，以检测特异基因的表达。

3. 斑点印迹杂交（dot-印迹）**和狭线印迹杂交**（slot-印迹）　是在 Southern 印迹杂交的基础上发展的两种类似的快速检测特异核酸（DNA 或 RNA）分子的核酸杂交技术。由于在试验的加样过程中，使用了特殊设计的加样装置，使众多待测的核酸样品能一次同步转移到杂交滤膜上，并有规律地排列成点阵或线阵，因此，将这两种方法称为斑点印迹杂交和狭线印迹杂交。这两种方法适用于核酸样品的定量检测。

4. 原位杂交　是将菌落或噬菌斑转移到硝酸纤维素滤膜上，使溶菌变性的 DNA 与滤膜原位结合，再与标记的 DNA 或 RNA 探针杂交，然后显示与探针序列具有同源性的 DNA 印迹位置，与原来的平板对照，便可以从中挑选出含有插入序列的菌落或噬菌斑。该技术也称为菌落（或噬菌斑）原位杂交。

三、聚合酶链式反应

聚合酶链式反应（Polymerase chain reaction，PCR），即**PCR 技术**，是一种在体外快速扩增特定基因或 DNA 序列的方法，又称为基因的体外扩增（Gene amplification）。它可以在试管中建立反应，经数小时之后，就能将极微量的目的基因或某一特定的 DNA 片段扩增数十万倍，乃至千百万倍，无须通过烦琐费时的基因克隆程序，便可获得足够数量的精确 DNA 拷贝。

聚合酶链式反应的原理与细胞内发生的 DNA 复制过程十分类似。首先，双链 DNA 分子在临近沸点的温度下加热时，会变性分离成两股单链的 DNA，然后，耐热的 DNA 聚合酶以单链 DNA 为模板，并利用反应混合物中 4 种脱氧核苷三磷酸（dNTPs）合成新生的 DNA 互补链。在每一条新合成的 DNA 链上都具有引物结合位点，然后，反应混合物经再次加热，使新、旧两条链分开，进入下一轮反应循环，即与引物杂交、DNA 合成和链的分离。经多次循环，反应混合物中所含有的双链 DNA 分子数，即两条引物结合位点之间的 DNA 区段的拷贝数可以大规模地扩增。PCR 技术是 DNA 分子在体外克隆的重要方法，在分子生物学研究和临床诊断中广泛应用，不仅可用来扩增、分离目的基因，而且在临床医疗诊断、胎儿性别鉴定、癌症治疗的监控、基因突变与检测、分子进化研究及法医学等诸多领域都有着重要的用途。

四、动物转基因技术

将人工分离和修饰过的基因导入到生物体（包括动物）基因组中，由于导入基因的表达，引起生物体的性状发生可遗传的修饰，这一技术称为转基因技术。转基因的基本

方法有：①显微注射法，即将DNA注射到胚胎的细胞核内，再把注射过DNA的胚胎移植到动物体内，使之发育成正常的幼仔。②体细胞核移植法，即先在体外培养的体细胞中进行基因导入并筛选，然后将带转基因的体细胞移植到去掉细胞核的卵细胞中，生产重构胚胎。

转基因动物是对多种生命现象本质深入了解的工具，如用于研究基因的结构与功能的关系，还可以用来建立多种疾病的动物模型，进而研究这些疾病的发病机理及治疗方法。转基因动物技术能使家畜、家禽的经济性状改良更加有效，如使生长速度加快、瘦肉率提高、肉质改善，饲料利用率提高、抗病力加强等。转基因动物也可作为医用或食用蛋白的生物反应器，如通过转基因动物的乳腺、蛋合成大量安全、高效、廉价的药用蛋白。

广义上，动物克隆技术也属于转基因技术。克隆动物是通过无性繁殖所产生的动物个体或群体，具有完全相同的遗传背景。其基本过程为取供体的体细胞核，移植到已去核的受精卵中，通过体外培养发育为早期胚胎，并移植入代孕母体子宫中发育为个体。利用此项技术可大量繁殖优良品种，挽救濒危动物等。近年来，动物克隆技术越来越广泛地应用于动物的研究和生产。但是关于转基因动物，除了技术问题，还有涉及伦理、法律、安全性及产品如何被消费者接受等问题尚有待解决。但是转基因技术正在领导一场新的农业科技革命，其巨大的发展前景是毋庸置疑的。

五、DNA指纹技术

DNA指纹技术主要包括限制性片段长度多态性、DNA指纹图谱等。

限制性片段长度多态性的基本原理为：在真核生物DNA分子遗传过程中，DNA碱基由于代换、重排、插入、缺失等原因，在子代DNA中会产生差异而形成多态性。当用一种限制性内切酶切割DNA时，DNA分子会降解成许多长短不等的片段，在个体间这些片段是特异的，因此，可以作为某一DNA（或含这种DNA的生物）所特有的标记。这种方法称为限制性片段长度多态性（RFLP），用于生物的亲缘关系、遗传标记等研究。

第十单元　水、无机盐代谢与酸碱平衡

第一节 体 液

水和无机盐是机体维持体液平衡的重要物质。**体液**是指由存在于动物体内的水和溶解于水中的各种电解质、低分子有机化合物和大分子的蛋白质等组成的一种液体。机体需要通过一定的调节机制来维持体液的容量、电解质浓度和酸碱度的相对恒定，以保证其正常的物质代谢和生命活动。

一、体液的容量与分布

正常成年动物体内所含的水量是相当恒定的，但可因品种、性别、年龄和个体的营养状况不同而有所不同。一般来说，成年动物体内总含水量相当于体重的55%～65%，早期发育的胎儿含水量可高达90%以上，初生幼畜在80%左右。肥胖的动物由于脂肪含量较多，比瘦的动物含水量少。动物机体的含水量一般随年龄和体重的增加而减少。

体液在体内的分布大约可划分为两个分区，即细胞内液和细胞外液。它们是以细胞膜分隔开的。细胞内液是指存在于细胞内的液体，约占体重的50%；细胞外液是指存在于细胞外的液体，约占体重的20%。细胞外液又可分为两个主要的部分，即存在于血管内的血浆和血管外的组织间液。它们是以血管壁分开的。血浆约占体重的5%，组织间液约为体重的15%。细胞外液是沟通组织细胞之间和机体与外界环境之间的重要介质，称为机体的内环境。消化道、尿道等中的液体也可视为细胞外液，但由于这些液体量少而且很不恒定，性质与血浆和组织间液也很不相同，因此，在讨论细胞外液时，一般不把它们考虑在内。

二、体液电解质的组成特点

体液中除了作为重要溶剂的水之外，还含有多种电解质和葡萄糖、尿素等非电解质。细胞内液和细胞外液电解质的组成差异极大，存在着典型的不平衡，而在细胞外液的两大部分（血浆与组织间液）之间，电解质组成只有很小的差别。

（一）细胞外液的组成

细胞外液主要是指血浆和组织间液。此外，还包括淋巴液和脑脊液。细胞外液的无机盐含量基本相同，其主要差异是血浆中的蛋白质含量比组织间液中高很多。这说明蛋白质不易透过毛细血管壁，而其他电解质和较小的非电解质都可自由透过。在细胞外液中含量最多的阳离子是Na^+，阴离子以Cl^-和HCO_3^-为主要成分，且阳离子和阴离子总量相等，其为电中性。

（二）细胞内液的组成

细胞内液的化学成分与细胞外液比较是很不相同的：一是细胞内的蛋白质含量很高；二是细胞内液的主要阳离子是K^+，其次是Mg^{2+}，而Na^+则很少。由此可见，细胞内液和细胞外液之间在阳离子方面的突出差异是Na^+、K^+浓度的悬殊，并已知这种差异是许多生理现象所必需的，因而必须维持。**细胞内液**的主要阴离子是蛋白质和磷酸根。Cl^-虽然是细胞外液中的主要阴离子，但在细胞内液中几乎不存在。细胞内液和细胞外液中成分的这些差异表明，细胞膜是不允许绝大多数物质自由通过的。

三、体液渗透压

体液渗透压在体液平衡中具有重要的作用。**体液渗透压**的大小是由体液内所含溶质有效粒子数目的多少决定的，而与溶质粒子的大小和价数等性质无关。

体液中小分子晶体物质产生的渗透压称为**晶体渗透压**。晶体物质多为电解质，电离后其质点数较多，故渗透压作用也大。由蛋白质等大分子胶态物质产生的渗透压称为**胶体渗透压**。在体液中蛋白质的浓度虽然高，但分子大，其质点数较少，故渗透压作用也相对的小。

体液中的水可在渗透压的作用下被动地自由通过细胞膜，而 Na^+、K^+ 等离子则不易自由通过。因此，水在细胞内、外的流通主要是受无机盐产生的晶体渗透压的影响。毛细血管壁的通透性则不同，除大分子蛋白质不允许自由通过外，水及 Na^+、K^+ 等无机离子是可自由扩散的。因此，血浆中的蛋白质在渗透压的形成中虽然只占很小的部分，但在维持血浆与组织间液之间的水平衡中起着重要作用。

四、体液间的交流

在动物的生命过程中，各种营养物质不断地经过血浆到组织间液，再进入细胞。细胞代谢的产物以及多余的物质也不断地进入组织间液，再经过血液进入其他细胞或排出体外。这说明为了维持生命活动，体液各分区的成分必须不断地穿过毛细血管壁和细胞膜进行交流。

（一）血浆和组织间液的交流

物质在血浆和组织间液之间的交流需要穿过毛细血管壁。毛细血管壁虽然不允许蛋白质自由穿过（不是绝对的），但水和其他溶质则可自由通过。因此，水和其他溶质在血浆和组织间液之间的交流主要靠自由扩散，即各种溶质由高浓度一方向低浓度一方扩散，水由低渗一方向高渗一方扩散，直至平衡为止。正因为这样，血浆中各种物质的浓度与组织间液基本相同，只是血浆中蛋白质的浓度高于组织间液，使得血浆中蛋白质浓度所产生的胶体渗透压是有效的，而其他溶质不产生有效的渗透压。当血浆的渗透压大于组织间液时，成为组织间液流向血管内的力量。与之相反，血管内的水静压是使血管内的液体流向血管外的力量。在毛细血管的动脉端，水静压大于血浆的胶体渗透压，使体液向血管外流动；在毛细血管的静脉端，则水静压小于血浆的胶体渗透压，于是体液向血管内流动，这是血浆和组织间液交流的另一个方式。此外，淋巴循环也有一定作用。

（二）组织间液和细胞内液的交流

物质在组织间液和细胞内液的交流需要通过细胞膜。细胞膜只允许水、气体和某些不带电荷的小分子自由通过；蛋白质只能少量通过，有时甚至完全不能通过；无机离子，尤其是阳离子一般不能自由通过。这是造成细胞内液和细胞外液中的成分差异很大的原因。但生命活动过程需要各种物质不断地在这两个分区之间进行交流。已知细胞膜有主动转运物质的机能，它能使一些物质由低浓度向高浓度方向转运。例如，细胞膜上的 Na^+-K^+ 泵（又称 Na^+-K^+-ATP 酶）就是在消耗能量的基础上把 K^+ 摄入细胞内，把 Na^+ 排出细胞外，以保持细胞内外 K^+、Na^+ 浓度的巨大差异。另外，在细胞膜上还有转运各种离子的穿膜孔道。这些孔道随着生理条件的不同而时开时闭，开时则离子可顺浓度梯度转运，闭时则不能转运。关于水的转移主要取决于细胞内、外的渗透压。由于细胞外液的渗透压主要取决于其中钠盐的浓度，因此，水在细胞内、外的转移主要取决于细胞内外 K^{+}、Na^{+} 的浓度。当饮水后，水首先进入细胞外液，使细胞外液 Na^{+} 的浓度降低，从而降低了细胞外液的渗透压，于是水进入细胞，至细胞内、外的渗透压相等为止。反之，当细胞外液的水减少或 Na^{+} 增多时，则细胞外液的渗透压升高，于是水由细胞内转向细胞外。

第二节　水的代谢

一、水的生理作用

水是机体含量最多的成分，也是维持机体正常生理活动的必需物质，动物生命活动过程中许多特殊生理功能都有赖于水的存在。

水是机体代谢反应的介质，机体要求水的含量适当，才能促进和加速化学反应的进行。水本身也参与许多代谢反应，如水解和加水（水合）等反应过程。营养物质进入细胞以及细胞代谢产物运至其他组织或排出体外，都需要有足够的水才能进行。水的比热值大，流动性也大，因此，水能起到调节体温的作用。此外，水还具有润滑作用。

二、水平衡

正常成年动物每天摄入的水量和排出的水量相等，保持动态平衡，称为**水平衡**。水平衡的维持主要是通过控制饮水量和尿量而实现的。正常生理状况下，动物体内的含水总量保持相对恒定，这种恒定依赖于体内水分的来源和去路之间的动态平衡。

动物体内水的来源有三条途径：即饮水、饲料中的水和代谢水。饮水和饲料中的水是体内水的主要来源，其次是营养物质在体内氧化所产生的水（即代谢水）。在一般情况下，动物从饲料摄入的水和代谢产生的水可不受体内水含量多少的影响。但是饮水的摄入量与前两种水不同，一方面饮水量比其他水的来源大，另一方面更重要的是饮水量的多少受丘脑下部渴中枢的调节。因此，饮水在动物体内水的来源中占有极重要的地位。

水的排出途径有：①从体表蒸发及流失。该途径排出的水包括皮肤蒸发及随呼气排出的水。②随粪排出。动物种类不同，由该途径排出的水量是不同的。③随尿排出。肾脏是排出体内水分的重要器官，排尿量受抗利尿激素的控制，而抗利尿激素的分泌又受血浆渗透压所控制。虽然动物的排尿量没有高限，但都有一个最低排尿量。这是因为代谢废物（主要是尿素）必须呈溶解状态才能排出体外。④泌乳动物由乳中排出水。

第三节　钠、钾的代谢

一、钠、钾的分布与生理功能★★★★★

（一）钠

体内的钠一半左右在细胞外液中，其余大部分存在于骨骼中，因此，可认为骨钠是钠的贮存形式。当体内缺钠时，一部分骨钠可被动员出来以维持细胞外液中钠含量的恒定。由于细胞外液中的 Na^{+} 占阳离子总量的90%左右，Cl^{-} 的含量与 Na^{+} 有平行关系，因此，Na^{+} 和 Cl^{-} 所引起的渗透压作用占细胞外液总渗透压的90%左右。这说明 Na^{+} 是维持细胞外液渗透压及其容量的决定因素。此外，Na^+的正常浓度对维持神经肌肉正常兴奋性也有重要作用。

（二）钾

钾的分布与钠相反，主要存在于细胞内液，约占体钾总量的98%，而细胞外液中很少。K^+是细胞内的主要阳离子，故K^+的浓度对维持细胞内液的渗透压及细胞容积十分重要。体内K^+的动向与水、Na^+及H^+的转移密切相关，故与维持体内酸碱平衡也有关。细胞内外一定浓度的钾是维持神经肌肉正常兴奋性的必要条件。血浆K^+浓度与心肌的收缩运动也有密切的关系，血浆K^+浓度高时对心肌收缩有抑制作用，当血浆K^+浓度高到一定程度时，可使心脏停搏在舒张期。相反，当血浆K^+浓度过低时，可使心脏停搏在收缩期。此外，K^+在维持细胞的正常代谢与功能中也起重要作用。

二、水与钠、钾的代谢

体内的钠主要从饲料中摄入，并易于吸收。因植物中含钠很少，因此，在饲养家畜时，一般要在饲料中添加食盐（NaCl）。在正常情况下，尿中钠的排泄与其摄入量大致相等。当血浆中的钠浓度低于阈值时，则尿中不再排钠。体内的钾主要来自饲料，和钠一样也是易被动物吸收的。正常饲料中的钾含量很丰富，因此，只要正常喂饲，任何动物都很少缺钾。肾脏是排钾和调节钾平衡的主要器官。肾的排钾能力很强，但保钾却比保钠能力小得多。

由于水和Na^+、K^+代谢过程与体液组分及容量密切相关，因此，机体通过各种途径对水和Na^+、K^+在各部分体液中的分布进行调节，在维持水和这些电解质在体内动态平衡的同时，保持了体液的等渗性和等容性，即保持细胞各部分体液的渗透浓度和容量处于正常范围内。

水和Na^+、K^+动态平衡的调节是在中枢神经系统的控制下，通过神经-体液调节途径实现的。神经-体液系统对水和Na^+、K^+的调节中，主要的调节因素有抗利尿激素、盐皮质激素、心钠素和其他多种利尿因子。各种体液调节因素作用的主要靶器官为肾。

第四节　体液的酸碱平衡

一、体液酸碱平衡的概念

体液的酸碱平衡是指体液（特别是血液）能经常保持pH的相对恒定。动物的正常生理活动，除需要适当的温度和渗透压等因素外，还必须保持体液的适当酸碱度。动物细胞外液（以血浆为代表）的pH一般为7.24～7.54，如果高于7.8或低于6.8，动物就会死亡。动物在正常的生命活动中，不断地通过肠道吸收和物质代谢产生一些不同的酸性和碱性物质，这些物质进入血液后，使体液的酸碱度发生改变。但在正常生理条件下，动物并不发生酸或碱中毒现象，这表明机体具有完备而有效的调节体液酸碱平衡的机构。

二、体液酸碱平衡的调节

机体是通过体液的缓冲体系、由肺呼出二氧化碳和由肾排出酸性或碱性物质来调节体液的酸碱平衡的。

(一)血液的缓冲体系

动物体液中的缓冲体系是由一种弱酸及其盐构成的。血液中主要的缓冲体系有以下三种:碳酸氢盐缓冲体系、磷酸盐缓冲体系、血浆蛋白体系及血红蛋白体系。在血液中的各种缓冲体系中,以碳酸-碳酸氢盐的缓冲能力最大。肺和肾调节酸碱平衡的作用,主要是调节血浆中碳酸和碳酸氢盐的浓度。因此,在研究体液的酸碱平衡时,血浆中碳酸-碳酸氢盐缓冲体系是最重要的缓冲体系,其变化可反映出体内酸碱平衡的全貌。然而,当酸或碱侵入血液引起血浆 pH 发生改变时,血浆中所有的缓冲体系都会发生相应的变化。

由于动物在正常代谢过程中产生的酸(其中包括蛋白质分解代谢产生的硫酸和磷酸)比较多,因此,体液受到酸的影响比较大。血浆缓冲酸的能力下降到一定程度时,血浆就会失去缓冲能力。因此,机体为了维持体液 pH 的正常恒定,必须有随时调整血浆中[HCO_3^-]/[H_2CO_3]的比值以及维持二者的绝对浓度的机制,即必须经常保持一定量的 HCO_3^-,以便随时中和进入的酸。血浆中所含 HCO_3^- 的量称为**碱储**,即中和酸的碱储备,单位为毫摩尔每升(mmol/L)。但必须注意,当酸进入血液时,并非只是 HCO_3^- 去中和它,而是所有的缓冲体系都起作用,特别是血红蛋白起着相当重要的作用,它们的含量也都会有相应的改变。但由于 HCO_3^- 是血浆中缓冲能力最大的,并且易于测定,因此,通常以它的含量代表碱储。

(二)肺呼吸对血浆中碳酸浓度的调节

肺对血浆 pH 的调节机能在于加强或减弱 CO_2 的呼出,从而调节血浆和体液中 H_2CO_3 的浓度,使血浆中[HCO_3^-]/[H_2CO_3]的比值趋于正常,从而使血浆的 pH 趋于正常。

(三)肾脏的调节作用

肾脏通过肾小管的重吸收作用和分泌作用排出酸性或碱性物质,以维持血浆的碱储和 pH 的恒定。肾脏对血浆中碳酸氢钠浓度的调节,可通过多排出或少排出 HCO_3^-,以维持血浆中 HCO_3^- 的浓度恒定,并在肺机能的配合下,使血浆中 HCO_3^- 和 H_2CO_3 的浓度保持恒定,从而使其 pH 趋于正常恒定。此外,当肾小管管腔内尿液流经远曲小管时,尿中氨的含量逐渐增加,排出的 NH_3 与 H^+ 结合生成 NH_4^+,使尿的 pH 升高,肾小管的这种泌氨作用也有助于体内强酸的排出。

综上所述,动物体液酸碱平衡的调节是由体液的缓冲体系、肺和肾脏共同配合进行的。缓冲体系和肺调节酸碱平衡的作用是迅速的,它保证了当酸或碱突然进入体液时,体液的 pH 不发生或发生较小的改变。但不能把进入的酸(固定酸)或碱由体内清除出去。这种清除要靠肾脏的作用,但肾脏的作用较缓慢,因此,单靠肾脏不能应付酸或碱的突然进入。为了维持体液 pH 的正常恒定,这三方面的作用是缺一不可的。

第五节 钙、磷的代谢

一、钙、磷的分布与生理功能★★★★★

体内无机盐以钙、磷含量最多,它们约占机体总灰分的 70%以上。体内 99%以上的钙及 80%~85%的磷以羟磷灰石[$3Ca_3(PO_4)_2 \cdot Ca(OH)_2$]的形式构成骨盐,分布在骨骼和牙齿中。其余的钙主要分布在细胞外液中,细胞内钙的含量很少。磷在细胞外液中和细胞内

都有分布。

体液中钙、磷的含量虽然只占其总量的极少部分，但在机体内多方面的生理活动和生物化学过程中起着非常重要的调节作用。Ca^{2+}参与调节神经、肌肉的兴奋性，并介导和调节肌肉以及细胞内微丝、微管等的收缩；Ca^{2+}影响毛细血管壁通透性，并参与调节生物膜的完整性和质膜的通透性及其转运过程；Ca^{2+}参与血液凝固过程和某些腺体的分泌；Ca^{2+}还是许多酶的激活剂（如脂肪酶、ATP酶等）；Ca^{2+}更重要的作用是作为细胞内第二信使，介导激素的调节作用。骨骼外的磷则主要以磷酸根的形式参与糖、脂类、蛋白质等物质的代谢过程及氧化磷酸化作用；磷又是DNA、RNA、磷脂的重要组成成分；磷还参与酶的组成和酶活性的调节作用；磷酸盐在调节体液平衡方面也具有重要的作用。

二、血钙与血磷

血液中的钙称为**血钙**，血钙主要以离子钙和结合钙两种形式存在。动物血浆钙的浓度平均为0.1mg/mL。结合钙绝大部分与血浆蛋白质（主要是清蛋白）结合，少部分与柠檬酸、HPO_4^{2-}结合。蛋白质结合钙不易透过毛细血管壁，又可称为非扩散性钙；离子钙和柠檬酸钙均可透过毛细血管壁，也称为扩散性钙。血浆中扩散性钙与非扩散性钙的含量各占一半。

血浆中的无机磷称为**血磷**。血液中的磷主要以无机磷酸盐、有机磷酸酯和磷脂三种形式存在，其中无机磷酸盐主要存在于血浆中，后两种形式的磷主要存在于红细胞内。成年动物的血磷含量为0.04～0.07mg/mL血浆，幼年动物血磷含量稍高。在正常情况下，血浆中的钙与磷含量有一定比例，其比值为（2.5～3.0）：1。

三、钙、磷在骨中的沉积与动员

骨虽然是一种坚硬的固体组织，但它仍然与其他组织保持着活跃的物质交换。当骨溶解时，则发生钙、磷由骨中动员出来，使血中钙和磷的浓度升高；相反，在骨生成时，则钙、磷在骨中沉积，引起血中钙和磷的含量降低。由于骨的这种代谢，不仅保证了骨的生成与改造，也维持了血浆中钙和磷浓度的正常恒定及满足机体其他需要。甲状旁腺素、降钙素和1,25-二羟维生素D_3参与骨细胞的转化调节，影响骨钙和血钙的平衡。

第十一单元　组织和器官的生物化学

第一节　红细胞的代谢

一、血红蛋白的代谢

（一）血红蛋白与氧的结合

由于氧分子在水中的溶解度很低，因此，哺乳类、鸟类动物借助红细胞中的血红蛋白运输氧。血红蛋白分子是由两个α-亚基和两个β-亚基构成的四聚体。每个亚基都包括一条肽链和一个血红素。血红素位于每个亚基的空穴中，血红素中央的 Fe^{2+} 是氧结合部位，可以结合一个氧分子。每个血红蛋白分子能与 4 个 O_2 进行可逆结合。

（二）血红蛋白与二氧化碳的作用

血红蛋白与二氧化碳作用时，蛋白质部分的游离氨基与二氧化碳结合成为碳酸血红蛋白（$HbCO_2$）。体内新陈代谢产生的二氧化碳约 18%通过碳酸血红蛋白的形式运至肺部而排出体外，其余大部分以碳酸氢盐形式运输。

（三）血红蛋白与一氧化碳的作用

血红蛋白与一氧化碳作用能生成碳氧血红蛋白（HbCO），CO 与 Fe^{2+} 也是配位键结合。但血红蛋白与一氧化碳结合的能力比与 O_2 结合的能力强 200～300 倍，因此，极容易造成一氧化碳中毒。

（四）血红蛋白的氧化及其恢复

血红蛋白可被铁氰化钾、亚硝酸盐、盐酸盐、大剂量的亚甲蓝及过氧化氢等氧化剂氧化为高铁血红蛋白（MHb）。在高铁血红蛋白中，铁从二价变为三价而失去了运输氧的能力。正常的红细胞中也有少量氧化剂能把血红蛋白氧化为高铁血红蛋白，但红细胞也有使高铁血红蛋白缓慢地还原为亚铁血红蛋白的能力，因此，正常血液中只含有少量的高铁血红蛋白。但如果摄入较多的氧化剂，使高铁血红蛋白产生的速度超过了红细胞本身对其还原的速度，则可出现高铁血红蛋白血症。正常红细胞还原高铁血红蛋白的方式有酶促反应及非酶促反应两种。酶促反应由两类高铁血红蛋白还原酶催化；维生素 C 及还原型谷胱甘肽还原高铁血红蛋白为非酶促反应。

二、红细胞中的糖代谢

哺乳动物成熟的红细胞没有糖原的储存。红细胞膜上含有运载葡萄糖的载体，使葡萄糖很容易通过细胞膜，故葡萄糖的浓度在红细胞内与血浆中几乎相等。葡萄糖的代谢绝大部分是通过酵解途径。此外，还有小部分通过磷酸戊糖途径、2,3-二磷酸甘油酸支路及糖醛酸循环。糖酵解途径在第四单元中已介绍，下面只补充介绍其他途径。

（一）磷酸戊糖途径

成熟的红细胞内经磷酸戊糖途径可产生极为重要的还原型辅酶 NADPH＋H^+，但不像其他细胞那样主要用于脂肪酸和胆固醇等的合成，而是用于保护细胞及血红蛋白不受各种氧化剂的氧化。其主要作用是使 GSSG 还原为 GSH，GSH 在细胞内能通过谷胱甘肽过氧化物酶还原体内生成的 H_2O_2，以消除 H_2O_2 对血红蛋白、含—SH 基的酶及膜上不饱和脂肪酸的氧化；也能直接还原高铁血红蛋白。因此，它能保护红细胞中酶、细胞膜及血红蛋白免受有害的氧化剂的损伤，维持红细胞的正常功能。在生理条件下，3%～11%的葡萄糖通过磷酸戊糖途径代谢。当红细胞内代谢不正常时，氧化型谷胱甘肽（GSSG）与还原型谷胱甘肽（GSH）的比值（GSSG/GSH）增大，或过氧化氢酶失活（Fe^{2+} 被氧化成 Fe^{3+}），致使过氧化氢在红细胞内堆积，可促进磷酸戊糖途径加速。

（二）糖醛酸循环

糖醛酸循环被重视的理由是它与 NAD^+ 及 $NADP^+$ 有关的反应非常多。通过糖醛酸循环途径可间接地使 NADPH＋H^+ 的氢转给 NAD^+ 生成 NADH＋H^+，这对于维持红细胞中血红蛋白的还原状态有重要意义。

（三）2,3-二磷酸甘油酸支路

在糖酵解过程中，15%～50%的 1,3-二磷酸甘油酸在甘油酸二磷酸变位酶的催化下可转变成 2,3-二磷酸甘油酸（DPG），后者再经 2,3-二磷酸甘油酸磷酸酶催化生成 3-磷酸甘油酸。由于甘油酸磷酸变位酶的活性比 2,3-二磷酸甘油酸磷酸酶的活性高，因此，2,3-二磷酸甘油酸的生成比分解快，可导致 2,3-二磷酸甘油酸在细胞中潴留。由于 2,3-二磷酸甘油酸对甘油酸二磷酸变位酶有很强的反馈抑制作用，因此，在其达到一定储量后，该支路可被抑制，使糖代谢仍主要按糖酵解进行。2,3-二磷酸甘油酸的生理功能是降低血红蛋白与氧的亲和力，促使氧的释放。

三、胆红素的代谢★★★★★

（一）胆红素的生成

衰老的红细胞在破裂后，血红蛋白的辅基血红素被氧化分解为铁及胆绿素。脱下的铁几乎都变为铁蛋白而储存，可重新利用。胆绿素则被还原成胆红素。胆红素有毒性，特别对神经系统的毒性较大，且在水中溶解度很小。胆红素进入血液后，即与血浆清蛋白或 α_1 球蛋白结合成溶解度较大的复合体。这种复合体既有利于运输，又可限制胆红素自由地通过各种生物膜，进入组织细胞产生毒性作用，也不能通过肾脏从尿排出，只能随血液进入肝脏。与蛋白质结合的胆红素在临床上称**间接胆红素**（也称**游离胆红素**）。由于蛋白质分子大，因此，间接胆红素不能通过肾脏从尿排出。某些有机阴离子，如磺胺类、脂肪酸、胆汁酸、水杨酸类等可与胆红素竞争同清蛋白结合，从而减少胆红素与清蛋白结合的机会，增加其透入细胞的可能性。

（二）胆红素在肝、肠中的转变

间接胆红素随血液运到肝脏时，胆红素即与清蛋白分离而进入肝细胞，主要与 UDP-葡萄糖醛酸反应生成葡萄糖醛酸胆红素，此为肝脏解毒作用的一种方式。葡萄糖醛酸胆红素在临床上称**直接胆红素**（也称**结合胆红素**），溶解度较大，可通过肾脏从尿排出，使尿中出现胆红素，也可随胆汁排入小肠。由于毛细胆管内胆红素浓度很高，因此，肝细胞排胆红素是一个复杂的耗能过程。

随胆汁进入小肠的葡萄糖醛酸胆红素在回肠末端及大肠内经肠道细菌的作用，先脱去葡萄糖醛酸，再经过逐步的还原过程转变为无色的尿胆素原及粪胆素原，两者结构相似又常同时存在，总称为**胆素原**。它们在大肠下部及排出体外时，均可被氧化成深黄色的胆素（尿胆素和粪胆素），成为粪便颜色的一种重要来源。

在肠内，一部分胆素原可被吸收进入血液，经门静脉而进入肝脏。这种被肝脏吸收的胆素原转变为结合胆红素后，可再随胆汁排入小肠，此即称为**胆素原的肝肠循环**。从门静脉进入肝脏的胆素原还有一小部分未被肝细胞吸取而从肝静脉流出，随血液循环至肾脏而排出，此即尿中含有少量胆素原的来源。尿中少量的胆素原在空气中可被氧化而变成尿胆素使尿色变深。

第二节　肝脏的代谢

一、肝脏在物质代谢中的作用

在糖代谢中，肝脏不仅有非常活跃的糖有氧及无氧的分解代谢，而且也是糖异生、维持血糖稳定的主要器官。

肝脏在脂类代谢中的作用同样非常重要。肝脏是脂肪酸 β-氧化的主要场所。不完全 β-氧化产生的酮体，可以为肝外组织提供容易氧化供能的原料。对于禽类，肝脏是合成脂肪的主要场所。虽然家畜主要在脂肪组织内合成脂肪，但肝内也能合成一定数量的脂肪，并且肝脏在体内脂类的转运中起重要的作用。如果脂肪的运入过多或运出障碍，则可能发生脂肪肝。肝脏也是改造脂肪的主要器官，能调整外源性脂肪酸的碳链长短及饱和度。血浆中的磷脂主要是由肝脏合成的，并且也主要回到肝脏进行进一步的代谢变化。肝脏是胆固醇代谢转变的重要场所，肝内胆固醇大部分可转变为胆汁酸盐，有助于促进脂类的消化吸收，小部分胆固醇随胆汁排出。

肝是蛋白质代谢最活跃的器官之一，其蛋白质的更新速度也最快。它不但合成本身的蛋白质，还合成大量血浆蛋白质。血浆中的全部清蛋白、纤维蛋白原、部分的球蛋白、凝血酶原以及凝血因子Ⅸ、Ⅴ、Ⅶ、Ⅹ也都在肝脏中合成。

肝脏是多种维生素（维生素 A、维生素 D、维生素 E、维生素 K、维生素 B_{12}）的储存场所。胡萝卜素可在肝脏内（部分在肠上皮细胞）转变为维生素 A。维生素 D_3 在肝脏经羟化反应转变为 1,25-二羟维生素 D_3。有多种维生素在肝脏合成辅酶。多种激素在发挥其调节作用后，主要在肝脏中转化、降解或失去活性，这一过程称为激素的灭活。某些激素（如儿茶酚胺类、胰岛素、氢化可的松、醛固酮、抗利尿激素、雌激素、雄激素等）在肝脏内不断被灭活，使这些激素在血中维持在一定的浓度范围中。一些类固醇激素可在肝脏内与葡萄糖醛酸或活性硫酸等结合后灭活。

二、肝脏的生物转化作用

动物常常会摄入一些非营养物质进入机体，如饲料中的一些色素、生物碱、农药、毒物，饮水中的化学性杂质，从肠道吸收的一些腐败物（胺类、硫化物、酚等），以及为治疗目的给予的药物等。机体内部正常代谢也会产生一些不能再被机体利用的物质，如物质代谢中产生的各种代谢终产物，完成了调控作用的各种生物活性物质等。这些物质绝大部分既不能被转化为构成组织细胞的原料，也不能被彻底氧化以供给能量，而必须由机体将它们排出体外。在排出以前，这些物质需要经过一定的代谢转变，使它们增强极性或水溶性，转变成比较容易排出的形式，然后再随尿或胆汁排出。这些物质排出前在体内所经历的这种代谢转变过程，叫做**生物转化作用**，也称**解毒作用**。肝脏是生物转化的主要场所，肝脏中的生物转化作用有结合、氧化、还原、水解等方式，其中以氧化及结合的方式最为重要。

（一）氧化反应

肠内腐败产生的有毒胺类（如腐胺、尸胺等）被吸收后，进入肝脏，大部分在肝脏中经胺氧化酶的催化，先被氧化成醛及氨，醛再氧化成酸，酸最后氧化成二氧化碳和水，氨则大部分在肝脏合成尿素，从而使胺类物质丧失生物活性。

（二）结合反应★

肝脏内最重要的解毒方式是结合解毒。参与结合解毒的物质有多种，如葡萄糖醛酸、硫酸、甘氨酸、乙酰辅酶 A 等。凡含有羟基、羧基的毒物或在体内氧化后含羟基、羧基的毒物，其中大部分是与葡萄糖醛酸结合而解毒的。许多药物如乙酰水杨酸（阿司匹林）、吗啡、樟脑，以及体内许多正常代谢产物，如胆红素、雌激素等大部分也都是通过与葡萄糖醛酸结合后排出体外。大肠内腐败产生的或由其他途径进入体内的酚类可与硫酸结合而解毒，此硫酸称为“活性硫酸”，即 3′-磷酸腺苷 5′-磷酸硫酸。色氨酸在大肠内腐败生成吲哚，吸收入肝后，先被氧化成吲哚酚，再与“活性硫酸”或 UDP-葡萄糖醛酸作用而解毒。在肝脏中，乙酰辅酶 A 可与芳香族胺类作用使其乙酰化而解毒，如磺胺药类的解毒多属此类方式。甘氨酸也可在肝脏中起解毒作用。大肠细菌对饲料残渣的作用可产生苯甲酸，苯甲酸可与甘氨酸结合生成马尿酸，然后经肾脏由尿排出，因此，草食动物尿中含有较多的马尿酸。甘氨酸与胆酸可结合成甘氨胆酸，甘氨胆酸则是胆汁的重要成分，是脂类消化吸收所不可缺少的物质。谷胱甘肽（GSH）在肝细胞胞液谷胱甘肽 S-转移酶催化下，可与许多卤代化合物和环氧化合物结合，生成含 GSH 的结合产物。生成的谷胱甘肽结合物主要随胆汁排出体外，不能直接从肾脏排出。此外，一些重金属离子可与谷胱甘肽结合而排出。

三、肝脏的排泄作用

胆汁是肝细胞分泌的一种液体，通过胆管系统进入十二指肠，主要作用为促进脂类的消化与吸收。但胆汁在经“肝肠循环”的过程中也起到了排泄作用，如胆色素、胆固醇、碱性磷酸酶及钙、铁等正常成分，可随胆汁排出体外。解毒作用的产物，大部分随血液运至肾脏经尿排出，也有一小部分经胆汁排出。汞、砷等毒物进入体内后，一般先被保留在肝脏内，以防止向全身扩散，然后缓慢地随胆汁排出。

第三节　肌肉收缩的生化机制

一、肌纤维与肌原纤维

构成肌组织的肌细胞呈细而长的纤维状，故称**肌纤维**。骨骼肌的每个肌纤维呈圆柱形，直径为 10～100μm，但长度为几毫米到几百毫米。包裹肌纤维的膜称为**肌纤维膜**。肌纤维内充满了许多纵向排列的肌原纤维，其直径约为 1μm，这是肌肉收缩的组织。肌原纤维浸浴在肌浆中，肌浆中含有糖原、ATP、磷酸肌酸以及糖酵解酶类。每个肌原纤维都被肌浆网所包围，肌浆网是极细的管道形的网状物，其中贮存着 Ca^{2+}。肌浆网与横向微管系统（T 系统）紧靠在一起。不同类型的肌纤维中含有不同数目的线粒体，为肌肉收缩提供 ATP。

每个**肌原纤维**由许多称为肌小节的重复单位所组成。肌小节之间由 Z 线结构分开。**肌小节**是肌原纤维的基本收缩单位。每个肌小节由许多粗丝和细丝重叠排列组成。粗丝位于肌小节中段，与肌原纤维的纵轴平行排列，形成 A 带。许多粗丝整齐排列成六角形，粗丝的中央由称为 M 线的纤维把它们固定起来。细丝的排列方式与粗丝相同，但细丝连于 Z 线，从肌小节的两端伸向中央，并插入粗丝中与之部分重叠。但从肌小节两端伸向中央的细丝彼此不相连接。A 带两端与 Z 线之间的部位称为 I 带。在粗丝和细丝的重叠区域，有横桥由粗丝伸向细丝。在肌肉收缩时，粗丝和细丝本身都不缩短，而是彼此之间做相对滑动，使粗丝和细丝之间的重叠部分增多，因而肌小节缩短，引起了收缩。肌肉舒张时的滑动方向相反，舒张是被动滑动过程。收缩则是在分解 ATP 的同时，引起横桥发生构象改变的消耗能量的过程。

二、肌球蛋白和粗丝

粗丝的主要成分是肌球蛋白。**肌球蛋白**是一个很大的分子，它由两条相同的重链和四条轻链所组成。电子显微镜观察表明，它具有一个很长的尾部，尾部的一端连有两个球形的头部。两条重链各自形成一条 α-螺旋，然后再相互缠绕形成双股螺旋，组成尾部的一部分，其余部分则各自形成球形的头部，轻链则成为两个头部的一部分，头部具有 ATP 酶活性。在肌球蛋白分子聚合形成粗丝时，它们的尾部聚合起来形成粗丝的主轴，而头部则凸出形成伸向细丝的横桥。在聚合时，所有肌球蛋白分子的尾部都伸向粗丝的中央，头部向两侧形成对称的双极结构。这样使粗丝的中央有一小段是无横桥的，而两侧则有许多互为镜像的伸出的横桥（头部），这些横桥呈螺旋形排列在主轴上。粗丝的这种结构很重要，因为只有这样才能靠头部的活动，把细丝由两侧拉向中央，使肌小节缩短，肌肉收缩。

三、肌动蛋白和细丝

细丝的主要成分是肌动蛋白，此外，还含有原肌球蛋白和肌钙蛋白复合体。单个**肌动蛋白**是分子质量为 42ku 的球形分子，故称 G-肌动蛋白。许多肌动蛋白分子聚合起来形成纤维状，称为 F-肌动蛋白，即细丝的基本结构。在细丝中，由两条肌动蛋白单体聚合形成互相盘绕的呈螺旋形的丝状结构。原肌球蛋白是一种纤维蛋白，由两条不同的 α-螺旋肽链相互缠绕而成超螺旋结构，位于肌动蛋白的双螺旋沟中并与其松散结合。在安静状态下，由于原肌球蛋白分子结合于肌动蛋白活性位点上，阻碍了粗丝的横桥与肌动蛋白的结合而抑制肌肉的收缩。肌钙蛋白是含有三个亚单位的复合体。肌钙蛋白 C（TnC）又称钙结合亚基，当细胞内 Ca^{2+} 浓度增高时，肌钙蛋白 C 与 Ca^{2+} 结合，引起整个肌钙蛋白分子构象改变，进而引起原肌球蛋白分子变构，暴露肌动蛋白分子上的活性位点，使肌动蛋白与粗丝的横桥得以结合，最终导致肌纤维收缩。肌钙蛋白 I（TnI）对肌动蛋白具有高亲和力，是能抑制肌动蛋白与肌球蛋白相结合的亚单位。肌钙蛋白 T（TnT）是与原肌球蛋白相结合的亚单位，与其他肌钙蛋白亚基之间也有相互作用。

四、肌肉收缩与 ATP 的需求

肌肉收缩时必须有 ATP 的充分供应。肌肉中 ATP 的根本来源是酵解作用、三羧酸循环和氧化磷酸化过程。由于肌肉对能量的需求是不可预知的，有时会发生突然的大量的需求，因此，必须有一个能即刻利用的能量储备，以缓冲即刻的供应紧张。在哺乳动物肌肉中，这种能量储备物质是称为磷酸肌酸的高能磷酸化合物。当肌肉收缩时，在肌酸激酶的催化下，磷酸肌酸能把其磷酸基转给 ADP，产生 ATP。这是一个可逆反应，在肌肉休止时，ATP 可将其磷酸基转给肌酸，生成磷酸肌酸储备起来。

第四节　大脑和神经组织的生化

一、大脑的能量需求

动物的大脑组织可接受心排血量的 15%左右，静息时脑耗氧量占全身耗氧量的 20%左右，可见大脑代谢非常活跃。大脑中储存的葡萄糖和糖原，仅够其几分钟的正常活动，可见大脑主要是利用血液提供的葡萄糖供能，因此，大脑对血糖浓度的降低最敏感。在成年动物的大脑中，可通过一些酶的作用由酮体提供三羧酸循环所需的全部乙酰 CoA 氧化供能。在正常情况下，血液中酮体的浓度太低，不能在大脑的能量供应中起明显的作用。当发生较长时间的饥饿时，血液中酮体含量上升，血糖降低，则大脑氧化酮体的耗氧量可达其总量的 60%左右，而葡萄糖则仅占 30%左右。

幼畜在哺乳期，把酮体转变为乙酰 CoA 的酶活性比成年畜高，因而在大脑的氧化底物中酮体占相当的部分。在仔畜出生时，血糖和血液中酮体都暂时降低。但开始吮乳后，由于乳是高脂肪饲料，幼仔血液中酮体的浓度显著上升。因此，酮体可以作为其大脑的能源之一。动物在患糖尿病或摄入葡萄糖少时，大脑也利用酮体。

二、大脑中氨的代谢

在神经组织中，一些酶催化的反应能以高速度产生氨，原因有二：一是大脑蛋白质和核酸代谢率的加快，蛋白质和核酸的分解代谢必然产生氨；二是 γ-氨基丁酸生成和分解过程中产生氨。γ-氨基丁酸在脑组织中含量最高，是一种重要的中枢神经抑制性递质。其生成和分解过程称为 γ-氨基丁酸循环。这个循环反应是由谷氨酸脱羧基反应开始的，此反应需要磷酸吡哆醛作为辅酶。由于氨是有毒的，其在大脑内的恒态浓度只能维持在 0.3mmol/L 左右，多余的氨则形成谷氨酰胺运出脑外。但是形成谷氨酰胺又使大脑发生谷氨酸的净丢失，这种丢失的 63%左右由血液中的谷氨酸补充，其余的则靠葡萄糖的分解，从三羧酸循环中得以补充。即通过三羧酸循环中的 α-酮戊二酸在谷氨酸脱氢酶的作用下生成谷氨酸，而消耗的 α-酮戊二酸则由丙酮酸固定 CO_2 生成草酰乙酸来进行补充，丙酮酸则是由葡萄糖生成的。大脑中葡萄糖总转换量的 10%左右可能是被三羧酸循环的这个旁路所代谢的。这也是大脑利用葡萄糖多的原因之一。

第五节　结缔组织生化

结缔组织分布广泛，组成各器官包膜及组织间隔，散布于细胞之间。它既有联结和营养的功能，又有支持和保护器官的作用，能使细胞吸收养分和排出废物顺利地进行，还有防御某些疾病传染的功能。

结缔组织种类多，但只含有三种基本成分，即细胞、纤维及无定形的基质。在不同的结缔组织中，细胞组成种类各有差别，基质和纤维的性质及它们之间的比例相差甚大。基质和纤维是结缔组织中数量最多的成分。

一、纤维与胶原蛋白

（一）纤维的种类及其化学组成

纤维是结缔组织的重要部分，如肌腱、韧带等致密结缔组织中含纤维较多。而皮下器官的疏松结缔组织，不仅含纤维少，纤维的性质也有所不同。纤维是一种线状结构，由原纤维组成，按其性质可分为三类：

（1）胶原纤维　也称白色纤维，具有韧性，1mm 粗细的胶原纤维能耐受 10～40kg 的张力。如肌腱主要由此种纤维构成，骨、软骨及家畜的皮也含有很丰富的胶原纤维。胶原纤维由胶原蛋白组成。

（2）弹性纤维　也称黄色纤维，具有弹性。如血管、韧带等富含弹性纤维。弹性纤维主要由弹性蛋白组成。

（3）网状纤维　内脏的结缔组织往往以此种纤维为主，其主要化学成分为胶原蛋白。

（二）胶原蛋白

胶原蛋白是结缔组织中主要的蛋白质，约占体内总蛋白的 1/3，体内的胶原蛋白都以胶原纤维的形式存在。胶原蛋白很有规律地聚合并共价交联成胶原微纤维，胶原微纤维再进一步共价交联成胶原纤维。

胶原蛋白含有大量甘氨酸、脯氨酸、羟脯氨酸及少量羟赖氨酸。羟脯氨酸及羟赖氨酸为胶原蛋白所特有，体内其他蛋白质不含或含量甚微。胶原蛋白中含硫氨基酸及酪氨酸的含量甚少。

胶原蛋白分子是由三条 α -螺旋互作缠绕而成的三股绳索状结构，分子质量为 300ku，直径约 1.5nm，长约 300nm。在胶原蛋白分子聚合及交联成胶原微纤维时，是很有规律地依次头尾直线聚合。大量这种直线聚合物又呈阶梯式、有规律地定向平行排列，故染色的胶原微纤维可观察到有规则的横纹。

胶原蛋白不仅可由成纤维细胞合成，而且其他细胞如成软骨细胞、成骨细胞、某些上皮细胞、平滑肌细胞、神经组织的雪旺氏细胞等也能合成。胶原蛋白的合成是先在细胞内合成前胶原，然后分泌到细胞外，经酶的作用转变为胶原蛋白分子，胶原蛋白分子再进一步有规律地聚合成胶原微纤维。

二、基质与糖胺聚糖

（一）基质的组成

基质是无定形的胶态物质，充满在结缔组织的细胞和纤维之间。基质的化学成分有水、

非胶原蛋白、糖胺聚糖及无机盐等。非胶原蛋白通过其分子中丝氨酸或苏氨酸残基上的羟基与糖胺聚糖以糖苷键结合成蛋白聚糖。

（二）糖胺聚糖

（1）糖胺聚糖的结构与分布　**糖胺聚糖**又称为**氨基多糖**或**黏多糖**，是由氨基己糖、己糖醛酸等己糖衍生物与乙酸、硫酸等缩合而成的一种高分子化合物，在体内分布很广，是结缔组织基质中的主要成分。由于它含有许多糖醛酸及硫酸基团，具有酸性，因此，有时称为酸性黏多糖。常见的糖胺聚糖有：透明质酸、硫酸软骨素、硫酸皮肤素、硫酸角质素、肝素等。

（2）糖胺聚糖的生理作用　糖胺聚糖是基质的主要成分，结合水的能力很强，使皮肤及其他组织保持足够的水分，以维持丰满状态。糖胺聚糖分子中含有较多的酸性基团，对细胞外液中的 Ca^{2+}、Mg^{2+}、Na^{+}、K^{+} 等离子有较大的亲和力，因此，也能调节这些阳离子在组织中的分布。在皮肤创伤后形成肉芽的过程中，通常都先有糖胺聚糖增生的现象，此种增生能进一步促进基质中纤维的增生，故糖胺聚糖有促进创伤愈合的作用。它又具有较大的黏滞性，在关节液中它们（主要是透明质酸）附着于关节面上，能减少关节面的摩擦，具有润滑、保护作用。糖胺聚糖可以形成凝胶，对于维持组织形态、阻止病菌或病毒的侵入有一定的作用。

（3）糖胺聚糖的合成　合成糖胺聚糖的基本原料是葡萄糖，氨基部分来自谷氨酰胺，乙酰基部分来自乙酰 CoA，硫酸部分来自“活性硫酸”。糖胺聚糖的合成是在细胞的内质网中逐步完成的。粗面内质网上新合成的蛋白质肽链，边合成边进入内质网腔，在内质网膜上的各种糖基转移酶的催化下，先在其丝氨酸或苏氨酸残基的羟基上连接糖基，然后糖基逐个继续加上，使寡糖链不断延长。从粗面内质网腔经滑面内质网腔到高尔基复合体逐步完成糖链的延长及硫酸化过程，最后分泌到细胞外。

第五篇

鱼类药理学

第一单元　概　　论

第一节　鱼类药物的特点

一、鱼类药物的概念

药物，是指可以改变或查明机体的生理功能及病理状态，用于预防、治疗、诊断疾病，或有目的地调节生理功能的物质。从理论上说，凡能通过化学反应影响生命活动过程（包括器官功能及细胞代谢）的化学物质都属于药物。应用于水生动物（包括部分水生植物）的药物称为鱼类药物，常简称为渔药。鱼类药物主要包括化学药品、抗生素、驱杀虫剂、环境改良及消毒剂、疫苗及免疫激活剂、中药材与中成药等。此外，鱼类药物还包括促进水生动物生长、调节水生动物生理功能的物质。鱼类药物的使用对象为鱼、虾、蟹、贝、藻，以及水生的两栖、爬行类和一些观赏性的水产经济动、植物。毒物是相对于药物而言，毒物是对动物机体产生损害作用的物质，药物长期使用或剂量过大，也有可能成为毒物。因此具有一定的应用指正，并在一定剂量之内产生疗效的物质才能称之为药物，渔药也是如此。

二、鱼类药物的特点

鱼类药物目前归属于兽药管理，但它和兽药相比，存在着较大的区别，主要是因为它的作用对象是水生动物，与家畜家禽等陆生动物相比，水生动物相对低等，药物对它们的作用的机制、作用方式以及作用效果与家畜家禽相比有着较大的不同。主要表现在：

1. 渔药涉及对象广泛、众多，兽药是无法相比的　水生动物种类繁多，包括甲壳类、贝类、鱼类、两栖类、爬行类等，从低等的软体动物蛤、牡蛎到较高等的爬行动物龟、鳖，涉及七个门、数十余个纲，这一大群动物对药物的耐受性、药物对它们所产生的效应以及药物在它们体内的代谢规律均不相同，不同种类之间难以相互借鉴。仅鱼类而言，就有淡水鱼类和海水鱼类之分，或温水性鱼类和冷水性鱼类之分，或有鳞鱼类和无鳞鱼类之分，对于不同的鱼类，我们既要考虑药物作用对它们的相同之处，更要注重它们间的区别。

2. 渔药大部分不是直接给予，要以水作为媒介　由于水生动物长期生活在水中，因此渔药不能像兽药那样，直接投喂或直接作用于动物，而是先将它们投入水中，通过水的媒介，再被动物获取或通过水作用于动物。这就要求口服药物在水中应具有一定的稳定性、适口性和诱食性，外用药物应具有一定的分散性和可溶性。在某种程度上渔药应具备更高的技术标准，更加符合自然物质的属性。另外，渔药在使用时还可能面临较多复杂的情况，如水生动物特定的生活习性（如日本沼虾昼伏夜出，鳜习惯摄食活饵，蟹有抱食习惯等）和某些限制因素（如混养有虾蟹的主养草鱼鱼塘，用药时除了要考虑主养品种外，还要考虑配养品种的安全），因此在给药时还需要选择合理的药物使用剂量、适当的给药时间以及有效的给药方法。

3. 渔药对水生动物是群体受药　这是与兽药和人药的一个重要区别。在用药时，受药的是水体中的全部水生动物（以及植物），包括健康的、亚健康的、患病的以及濒死的所有个体，也包括水体中的浮游生物和植物。这是因为判断水生动物疾病发生与否及其发展趋势，均是以群体为依据。

4. 渔药的药效易受环境影响　由于渔药是以水为媒介给予，水环境因素对渔药作用的影响较大。其中，水温是影响渔药药效的一个重要因素，既有正比例关系（如新洁尔灭、硫酸铜、漂白粉等），也有反比例关系（如溴氰菊酯等）。除水温之外，水体盐度、酸碱度、氨氮和有机质（包括溶解和非溶解态）等理化因子，细菌、浮游生物、病原生物、养殖生物等生物因子也会影响渔药的作用，而且理化因子之间、理化因子与生物因子之间、生物因子之间以及渔药与水体的各因子之间构成的复杂关系也会使渔药的作用复杂化，它们既影响渔药作用的方式，也影响渔药作用的强度，甚至还会影响渔药作用的性质。

5. 渔药具有一些特殊的给药方式　渔药除了口服（包括口灌）和注射体内用药方式外，还有将药物分散于水中、作用于水产动物体表的体外用药方法，如涂抹法、遍洒法和浸浴法。浸浴法还可根据药液浸浴的浓度和时间以及养殖方式的不同，分为瞬间浸浴法、短时间浸浴法、长时间浸浴法、流水浸浴法，此外还派生有挂篓（袋）法、浸沤法、浅水泼洒法等。这些体外用药方法因为简便有效，是渔药重要而且常用的给药方式。

6. 渔药的安全使用具有更深刻的含义　由于渔药作用的对象大多是水生经济动物，是供人类食用的水产品，因此渔药既不能对使用对象造成危害，更要保证不能造成人类安全的隐患；此外，渔药使用还必须考虑不能对水环境造成难以修复的破坏，因为水环境的破坏将会间接地影响水生动植物和人类赖以生存的生态环境的安全。

7. 渔药中的消毒剂具有治疗作用　水生动物疾病发生时，水往往是重要的传播媒介，因此消毒剂泼洒在水中可以直接杀灭水体中的病原体，从而也就达到了治疗水生动物疾病的目的。

8. 经济、价廉、易得是选择渔药时的重要依据　由于渔药不是直接作用于水生动物，往往会造成部分药物的流失，因此水生动物对渔药的利用率低，从而增加了药物的使用剂量；加上水生动物的经济价值有限，渔药使用的成本不可能高于养殖对象的价值，因此在渔药选择时，对价格、来源以及使用加工的方便有更多的考虑。

三、鱼类药物的分类及其基本作用

渔药的分类主要是根据来源和使用目的进行分类。按照来源，渔药可分为天然渔药、合成渔药以及生物技术渔药三类。天然渔药主要指具有一定药理活性的植物、动物、矿物和微生物药物，以及通过发酵产生的物质（如抗生素）；合成渔药是指人工合成的化学物质；生物技术渔药是通过细胞工程、基因工程等新技术产生的药物。但为了使用方便，渔药主要是根据使用目的进行分类，一般可分为以下 9 类：

（1）环境改良剂　指调节养殖水体水质、改良养殖水域环境、去除养殖水体中有害物质的一类药物，其中包括底质改良剂、水质改良剂和生态条件改良剂，如生石灰、沸石粉等。

（2）消毒剂　指可杀灭或抑制水体中病原生物一类的药物，如氧化剂、双链季铵盐、有机碘等。

（3）抗微生物药　指通过内服、浸浴或注射，杀灭体内（或体表）微生物或抑制其繁殖、生长，治疗水产动物细菌性疾病的一类药物，包括抗病毒药、抗细菌药、抗真菌药等。

（4）杀虫驱虫药　指通过浸浴或内服，杀灭或驱除水生动物体表或体内寄生虫以及水体中敌害生物的一类药物，包括抗原虫药、驱杀蠕虫药、杀寄生甲壳动物药和除害药等。

（5）调节代谢和促生长药　指改善养殖对象机体代谢，增强机体体质，加快病后恢复，促进生长和调节水产动、植物生理机能的一类药物，包括矿物质、维生素、氨基酸、脂质、激素、酶制剂等。

（6）生物制品　指用微生物（细菌、噬菌体、病毒等）及其代谢产物、动物毒素或动物血液和组织，通过物理、化学或生物技术手段制成的用于预防、诊断和治疗特定的水生动物疾病的制剂，一般具有特异性的作用，如疫苗、免疫血清等。广义的生物制品还包括微生态制剂。

（7）微生态制剂　指在微生态理论指导下采用已知的有益微生物，经培养、复壮、发酵、包埋、干燥等工艺制成的微生物制剂，它具有调整机体和水环境微生态失调、维持或改善其微生态平衡的作用。微生态制剂主要由细菌或真菌组成，无致病性，对致病微生物有一定程度的抑制作用，因而具有预防疾病的作用。微生态制剂除活的细菌等外，还含有它们的代谢产物或（和）促进这些微生物生长的物质，称为益生元，如寡糖等。活的微生物制成的微生态制剂则称为益生菌。

（8）中草药　指防治水产动物疾病或调节其生理机能的一类经加工或未经加工的药用植物，也包括少量动物及矿物。中草药是中药和草药的总称。

（9）其他　包括抗氧化剂、麻醉剂、防霉剂、增效剂、中毒后解毒等药物。

渔药的作用主要有三种：

（1）抑制和杀灭病原体　有间接和直接两种作用方式。间接作用方式是指在一定的条件下，渔药通过化学反应生成一些新的化学物质而起到杀灭病原体的作用。如漂白粉等含氯消毒剂，在水中产生次氯酸，再释放出活性氯和初生态氧，对病原生物起到强烈的杀灭作用。直接作用方式是指渔药在水生动物机体内或水环境中，直接与病原体发生反应而达到杀灭效果，如硫酸铜的杀原虫作用。有些具有抑制和杀灭病原体功能的渔药，在发挥这种功能时，减少了病原体的数量，也会使养殖环境得到改善；但有时因为这类药物的使用，也会造成环境的恶化，如夏季在养蟹池施用溴氯海因，因破坏了蟹池的环境，会造成蟹的大量死亡。

（2）改良养殖环境　该类渔药是通过杀灭水中的病原体（如含氯消毒剂等）、改良水质与底质（如生石灰、过氯化钙等提高碱度，增加通透性）、净化养殖环境（如泼洒光合细菌、硝化细菌等）而达到改良养殖环境的目的。其作用方式也有直接作用和间接作用两种，如沸石是直接通过它的吸附作用而起到对环境改良作用的；而消毒剂则是通过抑制有害微生物的生长，促进有益微生物的生长与繁殖，达到水体新的微生态平衡，使环境得到改良。

（3）调节水产动物的生理机能　这类渔药主要有以下几种作用：①激素类作用，主要是调节水生动物的生理机能，如性激素 LRH－A、催产素等。②营养调节作用。起到这类作用的渔药有维生素类、矿物质类、氨基酸类等。③促生长作用。提高水产动物的生长率，促进快速生长，如牛磺酸、L-肉碱盐酸盐等。④免疫增强作用。增强和促进水生动物机体特异性免疫和非特异性免疫机能，如疫苗、补体、维生素 C、维生素 E、左旋咪唑、植物血凝素、葡聚糖等。⑤麻醉和镇静作用。抑制水产动物中枢神经系统功能或在用药部位可逆性地阻断感觉神经发出的冲动与传导，使水生动物意识丧失、感觉与反射消失，骨骼肌松弛，但仍保持延脑生命中枢功能。如间氨基苯甲酸乙酯甲烷磺酸盐（MS-222）、丁香酚等。

除了以上三种基本作用外，还有一些渔药不是直接或间接作用于水生动物，而是添加在饲料中起到保证饲料质量的作用。如抑制霉菌生长，防止饲料发霉变质的防霉剂；阻止或延迟饲料氧化，提高饲料稳定性和延长贮存期的抗氧化剂等。渔药的三种基本作用有时是相互影响、相互支撑，也有时会相互制约、相互抑制，但渔药使用的最终目的是控制水生动物疾病的发生。

第二节　鱼类药理学的性质与任务

一、鱼类药理学的性质

鱼类药理学是药理学的一个分支学科，也是水生动物医学的基础学科。它是研究渔药与水生动物机体之间相互作用原理和规律的一门学科，是一门以鱼类生理学、生物化学、鱼类病理学、微生物学、免疫学、分子生物学等为基础，为临床合理用药提供基本理论、基本知识和思维方法的学科。

鱼类药理学研究的对象主要是药物和机体，研究药物小分子与生物大分子之间的作用。渔药进入水生动物机体后会出现两种不同的效应：其一是药物对机体产生的效应，包括药物的作用、作用规律、作用机制、不良反应、毒副作用等，研究药物的治疗作用的科学称为鱼类药物效应动力学，简称鱼类药效学，研究药物的毒副作用的科学称为鱼类毒理学；其二是机体对药物的作用，包括药物在机体内的吸收、分布、代谢和排泄过程，简称 ADME，特别是渔药浓度随时间变化的规律，称为鱼类药物代谢动力学，简称鱼类药动学。这两个效应过程，是同时发生并相互联系的。现代技术的发展使得我们可同时检测药物浓度和效应（包括毒性），将药代动力学和效应动力学结合研究，动态分析浓度、效应和时间的关系，建立新的 PK－PD 研究模型与体系。

二、鱼类药理学的任务

鱼类药理学既是水生动物疾病学基础理论与实践相结合的桥梁科学，也是水生动物疾病学与药物学相结合的桥梁科学；既是探索生命现象本质和揭示疾病发展规律的理论科学，也是以缜密的科学实验为手段，研究药物合理使用的实验科学。它的主要任务是：①根据水生动物医学和鱼类药物学的基础理论，阐明渔药对机体（包括原病体）的作用、作用机制、主要适应证、不良反应、禁忌、药物在水生动物机体内的运转过程等基本原理和规律。②制定渔药的用法与用量，为临床合理用药，发挥最佳疗效，防止不良反应提供理论依据。③研究开发新药，发现药物的新用途，研制新制剂等。

第三节　鱼类药理学的实验方法

一、鱼类药效学和鱼类药动学实验方法

对于鱼类药理学研究的两个方面——鱼类药效学和鱼类药动学，其实验方法基本上相互通融，相互包括，相互交织，相互渗透。

总体上来说，鱼类药理学是一门实验性科学，其实验方法主要应用生理学、生物化学、微生物学、免疫学、病理学等基础学科的理论和方法。随着学科的相互渗透，生物物理学、遗传学、分子生物学、数学和计算机学应用等学科的方法也越来越多地被应用于药理学研究。目前鱼类药理学的研究可在整体、器官、组织、细胞、亚细胞和分子水平上进行。

鱼类药动学和鱼类药效学主要是以鱼类等水生动物为实验对象，阐述药物与其相互作用的规律，它们的研究方法主要包括基础药理学和临床药理学两个方面。基础药理学的研究内容是以健康的水生动物（包括清醒或麻醉的）和正常器官、组织、细胞、亚细胞与受体、分子为实验对象的实验药理学，以病理模型的水生动物或组织器官为对象，观察药物对病理模型影响的实验治疗学，以及研究药物在水生动物体内转运（吸收、分布、排泄）、转化（代谢）和血药浓度随时间变化规律的鱼类药动学。临床药理学主要是涉及具体的水生动物对象，探讨药物与其相互作用的规律，阐述药物的临床疗效、不良反应、体内过程以及新药的临床评价等。

具体的实验方法主要有：

（1）*生物检测*　该方法是利用生物活性反应检测活性物质的含量，是鱼类药理学实验的基本方法。其特点是灵敏度高、不需要昂贵的仪器设备。实际上判断许多先进设备和技术是否可靠，均是以生物检测的结果进行比较或校准的。

（2）*整体与离体器官功能检测法*　研究药物和生物活性物质在不同剂量下对水生动物整体或离体器官的某一特定作用，研究剂量和效应的相互关系，得出剂量反应曲线。这是鱼类药效学研究的一个重要方法。

（3）*形态学方法*　主要包括各种光镜和电镜技术、组织化学以及放射自显影等。

（4）*电生理学方法*　主要以电子仪器精确记录神经或肌肉细胞电位的改变，常用的方法有心电、脑电、诱发电位、微电极记录、电压钳及膜片钳等技术。

（5）*行为方法*　是根据作用于神经系统的药物对动物行为及反射影响（如镇静、催眠、

麻麻醉、镇痛、肌肉松弛、抗惊厥、条件反射等）来研究药物的方法。

（6）*生物化学方法*　是检测生物活性物质本身、前体及代谢产物含量的方法，它弥补了生物检测方法的不足或缺陷。该类方法涉及荧光分光光度法、气相层析与质谱联用、高效液相、放射免疫分析法及放射配体结合法等。生物化学方法在鱼类药动学的研究中是一种常用的方法。

（7）*分子生物学方法*　是通过研究药物与生物体各种分子的相互作用，从而探讨药物对生物体及其细胞作用的方法，如DNA克隆技术、DNA聚合酶链式反应、蛋白质表达及基因转移技术等。该方法是鱼类药效学常采用的实验方法。

此外，实验方法还有细胞及亚细胞结构与功能检测方法、蛋白质与细胞因子功能检测方法、免疫学方法及化学分析方法等。

二、鱼类毒理学实验方法

现代毒理学的研究方法基本可概括为实验室方法、临床观察和现场调查、综合危险度评定等三大类。鱼类毒理学的实验基本上分为两类：一般毒性试验和特殊毒性试验。一般毒性试验是指那些不以观察和测定某种特定的毒性反应为目的而设计的毒性试验，所观测的毒性指标具有广谱性和不确定性等特点，如急性、亚慢性、慢性（或终身）毒性试验等。特殊毒性试验是指以观察和测定药物能否引起某种或某些特定毒性反应为目的而设计的毒性试验，毒性指标明确。狭义的特殊毒性试验就是指致突变、致畸、致癌的“三致”试验，广义的特殊毒性试验还包括过敏性试验、局部刺激试验、免疫毒性试验、光敏试验、眼毒试验、耳毒试验等。在毒性实验的设计中，应该特别注意剂量、给药途径、动物种属和给药次数与观测期限等方面的因素。

三、鱼类药物的临床试验

鱼类药物的临床试验是对渔药物评价的一个重要内容，它是对已提供临床使用的药物进行临床应用前的再一次验证，以确保渔药的有效和使用安全。渔药的临床试验应遵循农业部关于《兽药临床试验质量管理规范》公告（中华人民共和国农业部公告第2337号，2015年12月17日发布）的规定，符合《兽药临床试验质量管理规范》的要求。

渔药的临床试验是指在靶动物体进行的渔药系统性研究，以证实或揭示试验渔药的作用、不良反应和/或试验渔药的吸收、分布、代谢和排泄，确定试验渔药的有效性与安全性。《兽药临床试验质量管理规范》规范了渔药临床试验的过程，确保试验数据的完整、准确，结果可靠；它是临床试验全过程（包括方案设计、组织实施、检查监督、纪录、分析总结和报告等）的标准规定。

《兽药临床试验质量管理规范》从以下方面对渔药的临床试验作出了规定：①临床试验的机构与人员；②试验者；③申请人；④监督员；⑤临床前的准备与必要条件；⑥试验方案；⑦纪录与报告；⑧数据管理与统计分析；⑨试验用渔药的管理；⑩试验动物的选择与管理；⑪质量保证与质量控制；⑫多中心试验等。

进行临床试验的渔药应与拟上市的制剂完全一致，需有完整的产品质量标准，有合乎规定格式的说明书。受试药物应来源于同一批号，并在药品生产质量管理规范（GMP）验收合格的车间生产。此外，还需注明所试验的药物名称、生产厂家、生产批号、含量（或规格)、用法用量、保存条件及配制方法等。渔药的临床药效试验需由中国兽医药品监察所或农业农村部认定的水生动物药物临床试验单位进行。

第二单元　鱼类药效学

第一节　鱼类药物的效应

鱼类药效学是研究药物对机体产生的生理生化效应和产生这些效应的作用机制以及药物效应与药物剂量之间的关系的科学。药物对机体的作用表现为使机体的生理功能或生化反应过程发生变化，称为药物的作用或效应。

一、基本作用

1. 药物作用的方式　药物作用的方式虽十分复杂，但任何药物的作用都是在机体原有生理功能和生化过程的基础上产生的，主要表现形式是使机体原有的生理、生化功能加强或减弱。凡能使机体生理和生化反应加强的称为兴奋，反之则称为抑制。

药物作用主要有以下方式：

①局部作用和吸收作用。药物仅在用药部位产生的作用称为局部作用。局部作用不仅表现在水生动物体表，也可表现在水生动物的体内。如阿苯达唑口服，可驱杀寄生在鲤体内的九江头槽绦虫、长棘吻虫，以及黄鳝体内的毛细线虫等。药物经吸收进入血液循环并分布到作用部位所产生的作用称为吸收作用或全身作用，如内服药物硫酸新霉素粉等。

②直接作用和间接作用。药物吸收后，直接到达某一组织、器官产生的作用称为直接作用（或原发作用），如氟苯尼考、复方磺胺嘧啶等；通过直接作用的结果而使其他组织、器官产生的作用称为间接作用（或继发作用）。

③选择作用。由于机体不同器官、组织对药物的敏感性不一样，多数药物在适当剂量使用时，只对某些器官、组织产生比较明显的作用，而对另一些器官、组织作用较弱或无作用，这种现象称为药物作用的选择性或药物的选择作用。与其相反，有些药物毫无选择地影响机体各器官、组织而产生相似的作用，称为普遍细胞毒作用或原生质毒作用。如消毒药可影响一切活组织中的原生质，因此被用于体表或环境、器具的消毒。多数药物都具有选择作用，选择性高的药物针对性强，能产生很好的治疗效果，副作用小或没有副作用；反之，选

择性低，针对性不强，副作用也较大。

产生药物作用选择性的机制是药物不均匀的分布，药物与组织亲和力不同，组织结构有差异，细胞代谢有差异等。选择作用可在理论上作为药物分类的依据，也可在临床上作为选药的依据。一般来说，选择性高的药物针对性强，不良反应少，但应用范围窄，如青霉素主要是抑制细胞壁的合成，所以它对细菌有选择性作用，而对哺乳动物的细胞则无明显的影响。选择性低的药物针对性差，不良反应多，但应用范围广，如广谱抗生素。药物的选择作用是相对的，且与使用剂量有关。

2. 药物作用的两重性

①治疗作用。药物作用于机体后，对动物疾病产生治疗效果的作用称为治疗作用；产生与治疗尤关，甚至对机体不利的作用称为不良反应；临床用药时，应注意和充分发挥药物的治疗作用，尽量减少药物的不良反应。

治疗又分为对因治疗和对症治疗。前者针对病因，如抗生素药杀灭病原微生物控制感染；后者针对症状改善，但不能解除发生的原因。对因治疗与对症治疗是相辅相成的，临床应视病情的轻重灵活运用，遵循“急则治其标，缓则治其本，标本兼顾”的原则。

②不良反应。任何药物都具有两重性，既有调节机体生理生化功能，消灭病原体，促使机体恢复健康，起到防病治病的作用，也能引起机体生理生化功能紊乱或产生毒害作用（不良反应）。凡是与用药目的无关，可能对水生动物产生不适、有害、与治疗目的无益作用，均称为药物的不良反应，如副反应、后遗效应、停药反应、毒性反应、变态反应、特异质反应、“三致”反应等。

3. 渔药的作用特点

①水生动物种类繁多，对药物的敏感性差异大。我国主要养殖的水生动物就有 100 余种，不同养殖对象对药物的耐受性有显著差异，药物在不同养殖动物体内的效应以及药动学特征也有显著差异。此外，不同水生动物在水体中的栖息区域也不同，这将会影响用药对象接触药物的多少，特别是泼洒用药。

②养殖水体类型、养殖方式多种多样，影响给药效率。不同的养殖水域、养殖方式与养殖类型构成了水生动植物与生态环境的复杂关系，进而影响到药物在水生动物体内的效应。水面越大、越深，药物使用就难以做到均匀，会极大影响药物作用的效果。在静止水体使用药物，甚至还可能在局部形成较高浓度而发生药物中毒。

③药效受环境的影响大。水生动物的健康状况以及药物的药效，会受到温度、pH、有机物含量、光照和微生物组成等环境因素的影响，最终影响药物的疗效。如水体中有机物含量会影响含氯消毒剂、高锰酸钾的效果；硫酸铜的药效会受到水质硬度的影响；恩诺沙星等在海水养殖动物中使用，药效会有所降低。

④渔药的施用比较困难，方法特殊，难以做到均匀和按精准剂量要求给药。

⑤对有些病原体，特别是某些寄生虫（如小瓜虫和锚头鳋），需要针对其生活史用药，否则无法有效地控制疾病。

⑥对于内服药物，药物治疗实际上的作用是控制病情的发展，因为已发病的个体由于通常丧失了食欲而接受不到药物的治疗，能摄入药物的都是健康或亚健康个体。因此，对疾病的及时发现和及时治疗就尤为重要，在疾病的高发季节适当地进行药物预防也较为重要。

二、作用机制

药物作用的机制，是指药物为什么起作用和如何发挥作用。药物的种类繁多，化学结构和理化性质各异，因此其作用机制也各不相同，但发挥作用都是干扰和参与机体内的各种生理或生化过程的结果。

1. 药物作用的受体机制

①受体的概念和特性。受体是存在于细胞膜或细胞内，能识别、结合特异性配体（如药物、激素、神经递质等），并通过信息传递产生特定生物效应的大分子化合物。能与受体特异性结合的物质称为配体。受体具有如下特性：A. 敏感性，即只需较低浓度的配体就能与其结合产生显著的药物效应；B. 特异性，受体对配体具有高度特异性识别能力，能与其结构相适应的配体特异性结合；C. 饱和性，即受体的数量是一定的，与配体的结合也就存在饱和现象；D. 可逆性，即受体与配体的结合是可逆的，除了能结合，还可以解离，且配体与受体复合物还可被其他结构相似的配体置换；E. 多样性，同一受体可广泛分布到不同的细胞而产生不同效应。

②药物与受体的相互作用。药物与受体结合产生效应，必须具备两个能力：一是药物与受体结合的能力（称为亲和力）；二是药物与受体结合后产生效应的能力（称为内在活性）。据此，可将与受体结合呈现作用的药物分为以下三类：A. 受体激动剂。与受体既有亲和力又有内在活性的药物，如使心脏兴奋的肾上腺素激动β受体。B. 受体拮抗剂（阻断剂）。与受体只有亲和力而无内在活性的药物。受体拮抗药与受体结合后，不能激动受体，且占据受体后阻断了激动药与受体的结合，而呈现拮抗作用。如阿托品为胆碱受体阻断剂。C. 部分激动剂。与受体有一定亲和力，但内在活性较弱的药物。当单独应用时，可产生较弱的激动受体作用；当与激动剂并用时，因其占据了受体，阻断激动剂与受体的结合，则呈现拮抗作用。

2. 药物作用的其他机制

①理化环境的改变。主要是改变细胞周围环境的理化性质。非特异性药物都是通过其理化性质发挥药理作用。

②影响酶的活性而发挥作用。如敌百虫，可抑制虫体胆碱酯酶的活性而使其失去水解乙酰胆碱的能力。

③影响细胞的物质代谢过程而发挥作用。如某些维生素或微量元素可直接参与细胞的正常生理、生化过程，使其缺乏症得到纠正；磺胺药由于阻断细菌的叶酸代谢而抑制其生长繁殖。

④改变细胞膜的通透性而发挥作用。如表面活性剂苯扎溴铵，可改变细菌细胞膜的通透性而发挥抗菌作用。

⑤影响神经递质或体内活性物质而发挥作用。

三、量效关系、时效关系与构效关系

1. 量效关系　药物效应与剂量在一定范围内成正比，随着血药浓度的增加，药效随之增强，这种剂量与效应的关系称量效关系。药物剂量的大小，关系到进入体内药物的血药浓度高低和药效的强弱。药物剂量过小、不产生任何效应的量称为无效量；能引起药物效应的最小剂量称为最小有效量。随着剂量增加，效应强度相应增大，达到最大效应的量称为极量；若再增加剂量，则会出现毒性反应，出现中毒的最低剂量称为最小中毒量；比中毒量大并能引起死亡的剂量，称为致死量。药物的最小有效量到最小中毒量之间的范围称安全范围。药物的常用量或治疗量是在安全范围内比最小有效量大，并对机体产生明显效应，但并不引起毒性反应的剂量。

根据观察指标不同，可将量效关系分为量反应和质反应两种类型：

（1）*量反应*　药物效应强弱呈连续增减的变化，可用具体数量或最大反应的百分率表示者称为量反应。其研究对象为一个单一的生物单位，如心率、血压、血糖浓度等。若将剂量转换成对数剂量并作为横坐标，将效应转换成最大效应百分率作为纵坐标作图，则药物的量—效曲线为对称的S形曲线。只有达到一定的剂量才能产生药理效应，随着剂量增加，药物的作用强度相应增加，当效应增强到达最大限度之后，即使剂量再增加，药效也不再增强。药物所能产生的最大效应称为效能，能反映药物本身的内在活性。具有相同作用的不同药物，其效能不一定相同，而达到同等效应所需的剂量也不一定相同。通常将引起等效反应的相对浓度或剂量，称为效价强度，简称效价，它反映药物与受体的亲和力。所需剂量越小，效价越强。药物的最大效应（或效能）与强度是两个不同的概念，不可混淆。在临床用药时，由于药物具有不良反应，其使用剂量是有限度的，可能达不到真正的最大效能，所以在临床上药物的效能概念要比强度重要得多。

（2）*质反应*　如果药理效应不是随着药物剂量或浓度的增减呈连续性量的变化，而表现出反应性质的变化，则称为质反应。质反应以全或无、阳性或阴性的方式表现，结果以反应的阳性百分率或阴性百分率来表示，如死亡与存活等，其研究对象为一个群体。若以对数剂量为横坐标，反应数为纵坐标，则量—效曲线呈对称的S形，在质反应的量-效曲线上找到阳性率为50%的点，由此可求得达到50%阳性率时所需的剂量。我们把引起50%实验动物产生效应的剂量称半数有效量（ED_{50}），把引起50%实验动物死亡的剂量称半数致死量（LD_{50}）。ED_{50}、LD_{50}分别是反映药物治疗效应和毒性的重要参数。

2. 时效关系　给药后药物的效应随时间推移，要经历一个从无到有、从弱到强，又从有到无的动态变化过程。药物进入水生动物体内后在不同时间内，由于其血药浓度的不同，所呈现的效应也不同，这种时间与效应的关系称为时效关系。以给药后时间为横坐标，药物效应为纵坐标，则根据给药后产生的药效随时间变化的关系绘制出的曲线，称时效曲线。

3. 构效关系　药物的构效关系是指特异性药物的化学结构与药物效应间的关系。结构类似的化合物一般能与同一受体结合，产生相似的作用（拟似药）或相反的作用（拮抗药）。另外，许多化学结构完全相同的药物还存在光学异构体，具有不同的药理作用，多数左旋体有药理活性，而右旋体无作用或较弱。如左旋咪唑有抗线虫活性，而右旋体则无此作用。

第二节　鱼类药物的药效评价

一、基本概念

药物评价是从药物化学、药理学、毒理学、临床医学、管理学济学及社会学等进行多角度认识药物的过程。药物评价贯穿药物研制到应用的全过程，其中，药效学评价是药理学评价的核心内容，也是药物评价中的一个重要组成部分。鱼类药物的药效学评价，主要指对新药的评价。药物研究的过程，实际上就是药物评价的过程。新的渔药的评价包括药学评价、临床前药理学评价、临床前毒理学评价和临床评价等方面的内容。

二、鱼类药物对水生生物的不良反应

鱼类药物对水生生物的不良反应是药效评价不可缺少的一个部分。多数不良反应是渔药本身固有效应的延伸，在一般情况下是可以预知的，但不一定是可以避免的。只有正确地评价药物的不良反应，才能确保用药的安全。

渔药常见的不良反应有以下几种：

1. 副作用 渔药在常用剂量治疗时，伴随治疗作用出现的一些与治疗无关、较轻微的不适反应，称为副作用，是一种可逆性的功能变化。产生副作用的原因是，渔药选择性低，作用范围广，治疗时利用其中一个作用，其他作用就成了副作用。如抗生素可治疗水生动物细菌性疾病，但它也会破坏肠道中微生态平衡，导致病原菌的耐药性或组织残留等负面效应。如果用药恰当，有些药物的副作用可设法纠正，但一般情况下是难以避免的。如用硫酸铜、硫酸亚铁粉等杀虫药进行遍洒防治鱼类寄生虫病时，虽然虫体被杀灭，但带来的副作用是养殖鱼类产生厌食。

2. 毒性反应 用药剂量过大（一般是超过渔药极量范围）或用药时间过长，使水生动物发生严重功能紊乱或病理变化所产生的反应称为毒性反应。渔药毒性反应的表现不尽相同，每种渔药都可能出现其特定的中毒症状。渔药的毒性反应是可预期的。因此为了防止渔药毒性反应的发生，使用渔药时必须掌握渔药的理化特性，了解不同养殖对象对药物耐受程度的差异、环境因素对渔药的影响等。如杀虫剂、消毒剂、抗生素类等渔药的长期或高剂量使用，对水生动物的正常生理和生态行为会产生较大的影响。某些含有重金属元素的渔药（如硫酸铜）长期或高剂量使用后，重金属可能黏结在鱼鳃的表面，造成鳃上皮和黏液细胞的贫血和营养失调，从而影响机体对氧气的吸收并降低其血液输送氧气的能力。渔药使用期间应注意观察，如有中毒征兆，立即采取相应的措施，避免或减少损失。

3. 变态反应 变态反应是水生动物受药物刺激后所产生的一种异常的、引起病理性的不正常免疫反应，又称超敏反应。引起变态反应的抗原物质，称为变应原或过敏原，如磺胺类、碘等药物属于小分子的化学物质，虽本身不具抗原性，但具有半抗原性，能与高分子载体结合成完全抗原。这种反应的发生与药物的剂量无关或关系甚少，但与水生动物的种属、个体状况有关。变态反应可在停药后逐渐消失，再使用时可以再度出现。引起变态反应的物质，来源于渔药本身、渔药的代谢物以及药物中的某些杂质等。

4. 继发性反应 继发性反应是药物的治疗作用所引起的不良后果，又称为治疗矛盾。因水生动物体内存在若干微生物，它们互相制约，维持着相对平衡的共生状态。如果长期使用广谱抗生素，由于某些敏感细菌被抑制，而未被抑制的其他细菌则借机大量繁殖，使微生物互相制约的平衡状态被破坏而导致二重感染。二重感染是在抗菌药物使用过程中出现的新感染，也称菌群交替症。水产养殖过程中有很多典型的二重感染的案例。二重感染不是药物本身的效应，而是药物作用促进了某些微生物无节制生长而引起。该类反应在药理学上是可预测的，但与毒性反应不同，因为其直接的、主要的药理作用是针对微生物，而不是机体本身。

5. 后遗效应　后遗效应是集中停药后血药浓度已降至阈浓度以下时残存的药物效应。有些后遗效应是有利的，如抗生素的后效应，可以减少给药次数和用药剂量等。

三、鱼类药物对环境的影响

渔药与兽药、人药的最大区别是它们的使用环境不同。渔药作用于水生动物都生活在水中，长期大量使用会对水环境造成一定的不良影响，以至自然生态环境受到污染、破坏，进而影响人类的生存。据统计，我国水产养殖曾使用过的药物多达数百种，这些药物会有相当一部分直接散失到水环境中，造成水环境的生态效应短期或长期的退化。因此渔药使用所造成的水环境污染、微生物耐药性产生、水产品药物残留等一系列问题，需引起人们的重视。

第三单元　鱼类药动学

鱼类药动学是研究鱼类药物在水生动物体内变化规律的一门科学。其内容包括两个方面：一是药物在体内的运转与转化过程，主要是以语言定性描述渔药在体内的变化规律；二是药物在体内随时间变化的速率过程，主要是以数学公式定量描述渔药在水生动物体内随时间变化的规律。通过掌握其原理、方法及规律，就可以科学地计算渔药到达水生动物体内靶组织或靶器官所需要的治疗浓度，制订合理的用药方案，获得最佳疗效，控制不良反应的发生，提高治疗和预防效果；同时也能为制订休药期、确保用药安全提供依据。

第一节　药物的跨膜转运

一、生物膜的结构

渔药的吸收、分布和排泄等体内过程，均需要通过体内的各种生物膜进行跨膜转运。生物膜是细胞膜和细胞器膜的统称，包括核膜、线粒体膜、内质网膜和溶酶体膜等，它主要以液态的脂质（磷脂）双分子为基本骨架，极性部分向外，非极性部分向内，球膜蛋白镶嵌在脂质双分子层内，构成直径约 0.8nm 的膜孔及特殊的转运系统——载体。由于生物膜具有脂质性的特点，使得脂溶性大、极性小的药物易通过；极性大的药物则只允许分子量小的（200u 以下）通过膜孔或特殊载体转运。膜成分中的蛋白质具有重要的生物学意义，其中表在性蛋白具有吞噬、胞饮作用，内在性蛋白贯穿整个脂膜，组成生物膜的受体、酶、载体和离子通道等。生物膜能迅速地作局部移动，是一种可塑性的液态结构，能改变相邻蛋白的相对几何形状，并形成通道内转运的屏障。

二、药物转运的方式

药物的跨膜转运方式，按其性质不同可分为被动转运和主动转运两种：

1. 被动转运　又称下山转运或顺梯度转运，是指药物从高浓度一侧向低浓度一侧的扩散过程。被动转运主要有三种形式：①不需要能量的载体扩散，称之为易化扩散，多见于某些与机体新陈代谢有关的物质；②水溶扩散，又称滤过，指某些水溶性小分子的药物受流体静压或渗透压的影响，通过生物膜孔的转运方式；③脂溶扩散，又称简单扩散，脂溶性药物通过与生物膜的脂质双分子层溶融而进行的跨膜转运。由于水生动物胃肠中胃液为酸性，所以呈弱酸性的磺胺类药物易于被吸收；而极性较强的季铵盐类，则较难透过生物膜而不易被吸收。

2. 主动转运　又称上山转运或逆梯度转运，它要依靠细胞膜上特异性载体并消耗能量，使药物可以从低浓度一侧向高浓度一侧转运。由于载体对药物存在特异性选择，载体的数量有限，结构相似的药物与内源性物质可竞争同一载体，所以主动转运有选择性、饱和性和竞争性，并可发生竞争性抑制现象。

第二节　药物的体内过程

渔药由给药部位进入水生动物机体后即产生药效，然后再由机体排出体外，在此期间经历了吸收、分布、代谢（生物转化）和排泄四个基本过程，这个过程称为药物的体内过程，简称 ADME。在这个过程中，代谢和排泄是渔药在体内逐渐消失的过程，称为消除，分布和消除又统称为处置。吸收、分布、排泄是渔药在空间位置上的迁移，称之为转运，而其发生化学结构和性质上的变化后则称之为转化，其产物则称为代谢物。渔药的体内过程影响着药物的起效时间、效应强度和持续时间。研究药物的体内过程，可以更好地了解渔药在体内的变化规律。

一、吸　　收

吸收是指药物由给药部位进入血液循环的过程。影响药物吸收的主要因素有：

1. 给药途径　不同的给药途径，可直接影响药物的吸收速度和程度。一般来说，对于水生动物不同给药途径，药物吸收的快慢依次为：血管注射＞肌肉注射＞腹腔注射＞浸浴＞口服。

2. 渔药的理化性质及其制剂的性质　药物的分子量、药物颗粒大小、脂溶性、极性及解离度等影响其吸收。此外，同一种药物的不同制剂也可影响吸收的速度和程度。

3. 机体的生理因素　水生动物的年龄、性别、健康状况等会影响药物的吸收。

4. 首过效应，又称首过消除　有些药物在进入体循环之前，首先在肝脏、胃肠道、肠黏膜细胞被消耗一部分，导致其进入体循环的实际药量减少，这种现象叫作首过效应。大多水生动物对渔药都存在这种现象。首过效应高时，生物利用率低，机体可利用的有效药物量少。在这种情况下，要达到治疗浓度，就必须加大用药剂量；但剂量加大，就可能因代谢产物的增多而出现毒性。因此，对于首过效应高的渔药在大剂量口服时，要注重了解代谢产物的毒性作用和消除过程。

二、分　布

药物吸收后，从血液循环到达水生动物机体各个部位和组织的过程称为分布。体内的分布不仅影响药物的储存与消除速率，也影响其药效和毒性。药物的分布具有以下明显规律：①先向血流量相对较多的组织分布，然后向血液量相对较少的组织转移；②药物在体内呈不均匀分布，有明显的选择性；③给药一段时间后，血液和组织中的浓度达到相对平衡，此时血药浓度可间接反映靶器官药物浓度水平，由此，测定血药浓度就可预测组织中的药效强度。

影响药物分布的因素较多，如药物脂溶性、pK_a、分子量等理化性质，体液的pH，血液和组织间的浓度梯度，组织和器官的血流量，毛细血管的通透性，药物转运载体的数量和功能，药物与组织的亲和力等，尤其重要的是体内屏障和药物与血浆蛋白的结合率。药物在血液和器官组织之间转运时，会受到各种因素的干扰和阻碍，这种现象称为屏障现象，如血脑屏障等。屏障作用是机体的自我保护机制之一。

进入血液循环的药物常以一定比例与血浆蛋白结合，药物与血浆蛋白的结合率影响着药物在体内的分布。蛋白结合率高，表明药物在体内消除较慢，作用维持时间较长。研究表明，药物与血浆蛋白的结合率与水生动物种类、生理状况及药物性质、浓度有关，也与血浆蛋白的分子量相关。

三、代谢（生物转化）

代谢是指药物在体内发生化学结构改变的过程，现在常称为生物转化。肝脏是药物生物转化的主要器官。生物转化的意义在于使渔药的药理活性改变，大部分药物通过生物转化会发生以下四种变化：①药物丧失原有的药理作用，由具活性药物转化为无活性药物；②无活性药物经体内代谢后生成具有药理活性的代谢物；③活性药物经代谢后仍保留原有的药理作用，仅在作用程度上有所改变；④药物在体内代谢后生成具有毒性的代谢物。

四、排　泄

排泄是指药物及其代谢产物被排出体外的最终过程，也是药物最后被彻底消除的过程。水生动物对药物的消除器官和组织相应较多，总的来说，主要有肾脏排泄机制和非肾脏排泄机制。非肾脏排泄的方式有胃肠道排泄、肝脏排泄、胆汁排泄、呼吸器官（如鳃、鳃上腺、肺等）排泄等，较低等的水生动物（如虾、蟹等甲壳类）还可以通过肝胰腺、触角腺排泄。

第三节　药物的速率过程

药物在水生动物体内转运及转化，导致它在不同器官、组织、体液间的浓度变化，这种变化是一个随时间变化而变化的动态过程，这个过程称为速率过程，亦称动力学过程。通过绘制曲线图，选取适当模型，建立数学方程，可以推导出药动学参数。定量地描绘药物在体内的动态变化过程，是制订和调整给药方案的重要依据。

一、血药浓度及时量曲线

血药浓度可客观地反映作用部位的药物浓度，还能反映药物在体内吸收、分布、生物转化和排泄过程中总的变化规律。如果给药后，以血药浓度（或血药对数浓度，c）为纵坐标，以时间（t）为横坐标，绘出曲线图，称为血药浓度时间曲线（C－T），简称为时量曲线。时量曲线中，曲线的升段主要是吸收过程，当处于药峰浓度（C_{max}），即峰值时，吸收速度与消除速度相等。曲线的降段主要是药物的消除过程。从给药至峰值浓度的时间称为药峰时间，药峰时间短，表明药物吸收快，起效迅速，但同时消除也快。反之，则表明药物吸收和起效慢，作用持续时间也往往较长。药峰时间是研究药物制剂的一个重要参数。血药浓度超过有效浓度（低于中毒浓度）的时间称为有效期。

二、定量规律

1. 吸收的定量规律 药物自用药部位进入体内循环的速度称为吸收速度；药物进入体循环的相对量则称为吸收程度。这两者是描述吸收定量规律的两个基本参数。

药物的吸收速度影响着药物的显效时间、持续时间、药物达峰时间、药峰浓度以及药物的毒性反应。吸收速率常数（Ka）是描述药物吸收速度的主要参数之一。Ka 越大，吸收越快，时量曲线上升段越陡峻，药物达到峰浓度时间越短，生效越快。

评价药物的吸收程度主要指标是曲线下面积（AUC）和生物利用度（F）。曲线下面积是在时量曲线上由横坐标轴与时量曲线围成的面积，它代表一段时间内，血液中药物的相对累积量。AUC 是研究药物制剂的一个重要指标，单位为 μg/（mL·h)。生物利用度是指血管外给药时，药物吸收进入血液循环的相对数量，它反映药物制剂被机体吸收利用的程度，是评价药物制剂质量的一个重要指标。生物利用度 $F=A/D\times 100\%$（其中，D 为血管外给药量，A 为吸收进入体循环的药量）。生物利用度还可用绝对生物利用度和相对生物利用度来测算，即：

绝对生物利用度 F＝AUC（血管外给药）/AUC（血管内给药）；

相对生物利用度 F_r＝AUC（供试药）/AUC（对照药）。

2. 分布的定量规律 分布容积（V_d）是定量药物在体内分布的一个重要参数，是指药物进入机体后，理论上应占有体积的容积量（L 或 L/kg），并非药物在体内所占有的实际体积，也不代表某个特定的生理空间，故又称表观分布容积。V_d 反映药物在体内分布的广泛程度，它主要取决于药物本身的理化性质，是药物固有的参数。V_d 越大，表示药物穿透的组织多，分布广，血药浓度低，药物排泄慢，在体内残留时间长。V_d 可指导临床用药剂量。一般情况下，V_d 较稳定，根据 V_d 及有效治疗浓度计算出所需用药的剂量，或从用药剂量推算出可能达到的血药浓度。

3. 消除的定量规律

（1）药物消除动力学 药物的消除是指药物随时间变化血药浓度不断衰减的过程，衰减规律可用以下数学公式表示：$dc/dt=-kc^n$（c 为血药浓度，k 为常数，t 为时间，n＝0 时为零级消除动力学，n＝1 时为一级消除动力学）。

（2）半衰期（$t_{1/2}$）　指血药浓度下降一半所需的时间，它是一个固定的数值，不因血药浓度的高低而改变，也不受药物剂量和给药方式的影响，但在水生动物的生理或病理情况有所变化时，某一药物的半衰期会发生变化。半衰期的意义在于：①它反映药物消除的快慢程度，也反映机体对药物的消除能力；②确定给药的间隔时间；③根据 $t_{1/2}$，可将药物分成超短效（≤1h）、短效（1～4h）、中效（4～8h）、长效（8～24h）、超长效（>24h)等五类；④机体的肝肾功能受损时，药物 $t_{1/2}$ 将会延长，因此需调整用药剂量与给药间隔时间。

（3）血药稳态浓度（C_{ss}）　如果每隔一个 $t_{1/2}$ 恒量给药一次，则体内血药浓度会逐渐升高，经过 5 个 $t_{1/2}$ 后，给药速率与消除速率达到平衡，血药浓度维持在一个基本稳定的状态，此时浓度称为稳态浓度，或称坪值。C_{ss} 与给药总剂量、给药间隔时间、给药频率间存在着密切关系，首次用药加倍，就是为了药物浓度迅速达到 C_{ss} 的一个手段。根据 $t_{1/2}$，可以预测连续给药后达到稳态血药浓度的时间和停药后药物在体内消除所需要的时间。稳态浓度是临床多次给药的一个非常重要的药动学指标。

（4）清除率（CL）　是机体单位时间内清除药物的容积，常以血浆容积表示，因此又常称为血浆清除率，表示机体清除药物速率。其计算公式是：$CL=0.693V_d/t_{1/2}$ [mL/(min·kg)]。大多数药物是通过肝代谢和肾排泄清除，消除率是肝、肾清除的总和，因此消除率能反映水生动物的肝肾功能，肝肾功能损伤时，消除率会下降。

三、药动学的数学模型

房室模型是预测体内药动学过程的一个重要数学模型，它从数学的角度，把机体概念化一个系统，将分布特点相近的组织、器官归纳于一个或几个房室，这种数学分析模型叫房室模型。它是一种抽象的表达方法，机体并无实际存在的房室解剖学间隔。房室数目的确定是根据药物在体内转运速率划分，常见的有一室模型、二室模型以及三室模型等，并配以相应的数学方程式。

房室模型是一个非常复杂的问题。同一药物对不同的水生动物可能会呈现不同的房室模型，同一药物即使对同一水生动物，如果给药方式不同也会有不同的房室模型。必须指出的是房室模型不是药物固有的药动学指标，加上环境，采血时间以及药物浓度分析的方法等因素都会影响房室模型的结果，因此，越来越多的研究者逐渐放弃房室模型，而采用适用于所有药物的非房室模型法来解决药动学的实际问题，如生理学药代动力学模型、药动学一药效学组合模型、统计矩等。

第四单元　鱼类毒理学

第一节 概 述

鱼类药物的毒性涉及用药安全，它属于毒理学研究的范围。毒理学是研究外源化学物质对生物体的损害作用以及两者之间相互作用规律，并提出有效防治措施的科学。其主要任务是，研究外源化学物质的来源、性质、化学结构与毒性作用关系、毒物动力学、中毒机理与中毒诊治以及安全性毒理学评价，为制订卫生标准、保护人类健康提供理论依据。

药物毒理学是毒理学的一个分支，已广泛应用于新药临床前安全性评价、临床试验及临床合理用药等方面。药物毒理学是研究药物在一定条件下对生物体的毒性作用，对药物毒性作用进行定性、定量评价，并对靶器官毒性作用机理进行研究的一门科学。它研究的内容包括药物的一般毒性、特殊毒性以及对靶器官的毒性作用机制，通过这些研究为正确评价药物的安全性、危害性提供科学依据，对临床安全用药具有重要意义。

一、毒性、危险性和安全性

毒性常称为毒力，指外源化学物质在一种生命体中，可能产生的任何有毒（有害）作用的能力。一般来说，引起某种有害生物学作用的外源化学物质所需最低剂量越小，则其毒性就越大；也可认为毒性较高的化学物质以较小剂量或浓度即可对机体造成一定的损害。有毒和无毒是相对的，只要达到一定的剂量水平，所有的化学物质均具有毒性；而如果低于某一剂量时，又都不具有毒性。

药物在机体发挥药理作用及产生毒理作用的组织或器官可以完全不同，药物吸收进入机体分布于全身，可对其中的某些部位造成损害，只有被药物造成损害的部位才是药物毒害作用的靶部位（或称为靶点），被损伤的组织器官相应称为靶组织或靶器官；同一药物可能有一个或若干个毒性靶部位，而若干个药物可能具有相同的靶部位。药物对器官组织的毒性作用可能是直接的，也可能是间接的。直接毒性作用必须是药物到达损伤部位，而间接的毒性作用则可能是药物毒性作用改变了机体某些调节功能而影响其他部位。因此，药物产生毒性作用的靶部位并不一定是其分布浓度最高的部位。

危险性是指外源化学物质与机体接触或使用过程中，对机体引起有害生物学作用的可能性大小。危险性与外源化学物质的毒性大小、机体接触外源化学物质的可能性及程度有关。

有些化学物质的毒性很大（如砒霜），但实际上鱼类接触到它的机会很少，其对鱼类的危险性就小。

安全性与危险性是两个相对立的概念，安全性是指无危险性（零危险性）或危险性达到可忽略的程度，即笼统地指在通常条件下接触化学物质对动物机体不会引起对健康有害的作用。

二、毒理学主要参数

毒性参数是用来判断外源化学物质的毒性大小、毒作用特点及比较不同外源化学物质毒性的指标，常用的有以下几种：

1. 致死剂量 外源性化学物质能引起机体死亡的剂量。在一个群体中，个体死亡的数目有很大的差别，所需的剂量也不一致，因此，致死量又具有下列不同概念：

（1）绝对致死量（LD_{100}） 引起一群个体全部死亡的最低剂量。由于个体存在一定差异，在一个群体中可能有少数个体耐受性过高或过低，因此 LD_{100} 的波动性很大，所以不把它作为评价外源性化学物质的毒性高低或对不同外源性化学物质的毒性大小比较的指标。

（2）半数致死量（LD_{50}） 引起一群个体 50％死亡的剂量。LD_{50} 是评价外源性化学物质急性毒性大小最重要的参数，也是对不同外源性化学物质进行急性毒性分级的基础标准。LD_{50} 数值越小，表示外源性化学物质的毒性越强；反之毒性越低。由于外源性化学物质与机体接触的途径和方式以及动物物种、品系都可影响外源性化学物质的 LD_{50}，所以表示 LD_{50} 时，必须注明试验动物的种类和接触途径。此外还应注明 95％可信区间，一般以 $LD_{50}\pm1.96$ 标准差来表示其误差范围。与 LD_{50} 概念相同的还有半数致死浓度（LC_{50}），即能引起一群个体 50％死亡的浓度。半数耐受限量（Median Tolerance Limit，TLm）也常用来表示一种药物或环境污染物对某种水生生物的急性毒性。TLm 是指在一定时间内，50％的水生生物个体能够耐受的某种环境污染物在水中的浓度。TLm 的概念和 LC_{50} 一样。由于各种水生生物对不同外源性化学物质的耐受程度不同，所以还应说明水生生物的种类。

（3）最小致死量（MLD 或 LD_{01}） 可导致一群水生生物中个别个体发生死亡的最低剂量。理论上低于此剂量即不能使机体出现死亡。

2. 最大耐受量（MTD 或 LD_{01}） 不会导致水生生物死亡的最高剂量。接触此剂量的个体可以出现严重的毒性作用，但不发生死亡。若高于此剂量即可出现死亡。LD_0 和 LD_{100} 一样，也会因个体差异影响而波动较大，常将它们作为急性毒性试验中选择剂量范围的依据。

3. 阈剂量 外源性化学物质按一定方式或途径与机体接触，能使机体开始出现某种最轻微的异常改变所需的最低剂量。在阈剂量以下的任何剂量都不能对机体造成损害作用，故又称之为最小有作用剂量（Minimal Effect Level，MEL）。但在实际中观察化学物质对机体造成的损害作用，很大程度上受到检测技术灵敏性和精确性的限制，因此“阈剂量”实际为观察或检测到某种对健康不利的效应的最低剂量（或浓度）水平，也称为最低有害作用水平（LOAEL）。

4. 最高无害作用水平（NOAEL） 外源性化学物质按一定方式或途径与机体接触，未观察到或未检测到任何对健康不利作用的最高剂量（或浓度），也称为最大无作用剂量（MNEL）。当外源性化学物质与机体接触的时间、方式或途径以及观察对机体造成损害作用的指标发生改变时，NOAEL 或 LOAEL 也将随之改变，所以表示一种外源性化学物质的

NOAEL 或 LOAEL 时，还必须说明试验动物的物种/品系、接触方式或途径、接触持续时间和观察指标等。NOAEL 主要根据亚慢性毒性试验或慢性毒性试验的结果来确定，是评定外源性化学物质对机体造成损害作用的主要依据，以此为基础可制订出某种外源性化学物质的每日容许摄入量。

5. 每日允许摄入量（ADI）　人类终生每日随同食物、饮水和空气摄入某种外源化学物质而对健康不引起任何可观察到的损害作用的剂量。ADI 是根据该化学物质的无作用剂量来制定的。一般情况下化学物质的无作用剂量来自动物试验结果，但由于人和动物对化学物质的敏感性不同，并且人群中的个体差异也较大，所以用有限的实验动物资料外推到接触人群，把动物数值换算为人类的数值时，需要有一个安全系数，一般为 100（ADI＝实验动物的最大无作用剂量/安全系数）。

三、毒性作用

毒性作用又称毒作用或毒效应，是指药物或其代谢产物在靶组织或靶器官达到一定数量后，对水生动物机体引起的有害生物学效应。按引起毒作用所需接触次数或期限可将其分为急性作用（急性毒性）和慢性作用（慢性毒性）。急性毒性是指一次接触（有时也指 24h 内多次接触）即产生毒性作用，而慢性毒性需长期反复多次接触才能产生。对于同一外源性化学物质，引起急性作用所需剂量比慢性作用单次接触的剂量大。但是不同外源性化学物质产生急性作用所需剂量可相差很远。

一般而言，急性毒性往往在一次（或 24h 内多次）接触后不久，即出现临床中毒表现。其轻重程度取决于接触该药物的剂量大小。轻的不太明显，很快恢复；重的可致死。有的由轻而重，逐渐恶化，恶化的速度也取决于剂量；有的可在初始临床表现后有一相对平稳的潜伏时期，以后又出现严重的中毒；有的甚至仅有迟发作用。

慢性毒性是指在较长期限中重复接触外源性化学物质后才引起机体发病。多数发病过程缓慢而不明显，逐渐加重的过程较长。

同一外源性化学物质急性和慢性毒性损伤的器官、系统和作用机制可能一致，也可能不一致。有些外源性化学物质常见慢性毒性，而罕有急性毒性的发生。

在毒理学试验中，按照染毒次数或期限可分为急性或慢性（长期）染毒试验。此外，还有亚急性、亚慢性染毒试验。亚急性染毒的期限常为数天至一个月，亚慢性染毒常为 1～3 个月，慢性染毒在半年以上直至终生。不同国家和地区对亚急性、亚慢性和慢性染毒的染毒期限要求不同。

第二节　一般毒性及评价

一、急性毒性试验

急性毒性是指受试渔药在一次或在 24h 内多次对实验用水生动物给予之后，在短时间内对水生动物所引起的毒性反应，它体现了受试渔药毒性作用的方式、特点以及毒性作用的剂量。用以测定渔药对水生动物所产生的毒性作用，评价渔药急性毒性的实验方法，称为急性毒性试验。

急性毒性试验的目的是：①根据起始致死浓度（ILL）、半数致死浓度（LC_{50}）、半效应

浓度（EC_{50}）或半数耐受限量（TLm）等数据，结合受试药物引起生物体中毒的症状和特点，评价被测试药物毒性的强弱以及它对水环境的污染程度，为制订该药物的最高用药量或环境中最大允许浓度（MATC）提供基本数据；②阐明受试药物急性毒性的浓度—反应关系与水生生物中毒特征；③为进一步进行亚慢性和慢性毒性试验以及其他特殊毒性试验提供依据。

根据水生动物的急性毒性试验，可以初步评价受试药物的毒性。目前主要根据农业部（现农业农村部）的《农药安全性评价准则》（1989）（表5-1）、国家环境保护局（现中华人民共和国生态环境部）的《环境监测技术规范》（1990）（表5-2）、《新化学物质危害评估导则》（2004）（表5-3），对化学品或污染物的危害性进行初步评价。

表5-1　农药对鱼类的急性毒性分级标准

96 LC_{50}（g/L）	<1.0	1.0～10.0	>10.0
毒性分级	高毒农药	中毒农药	低毒农药

表5-2　污染物对鱼类急性毒性危害分级标准

96 LC_{50}（mg/L）	<1.0	1.0～100.0	100.0～1 000.0	1 000.0～10 000.0	>10 000.0
毒性分级	剧毒	高毒	中毒	低毒	微毒

表5-3　新化学物质对鱼类急性毒性危害分级标准

96 LC_{50}（mg/L）	≤1.0	1.0～10.0	10.0～100.0	≥100.0
毒性分级	极高毒	高毒	中毒	低毒

二、蓄积毒性试验

蓄积毒性是指水生动物多次反复接触低于中毒阈剂量的化学物质，经一定时间后，化学物质增加并储留于机体某些部位，机体所出现的明显中毒现象。它是因为化学物质进入机体的速度大于机体消除的速度，而在机体内不断积累，达到了使机体引起毒性的阈剂量。

外源性化学物质在水生生物体内的蓄积作用，是慢性毒性发生的基础。当机体反复接触外源性化学物质后，用分析方法在体内检测到该物质的原型或其代谢产物的量逐渐增加时，称之为物质蓄积；机体反复接触某些外源性化学物质后，体内检测不出该化学物质的原型或其代谢产物的量在增加，却出现了慢性毒性作用，称之为功能蓄积，也叫损伤蓄积或机制蓄积。实际上两种蓄积的划分是相对的，它们可能同时存在，难以严格区分。

蓄积作用的检测有两类方法：一类是理化方法，另一类是生物学方法。理化方法是应用化学分析或放射性核素技术等测定化学物质进入机体以后，在体内含量变化的经时过程，这种方法可用于对渔药半衰期的确定，故可作为物质蓄积的检测方法；生物学方法是将多次染毒与一次染毒所产生的生物学效应进行比较，故所测出的蓄积性不能区分功能蓄积和物质蓄积。

蓄积毒性是评价某些外源性化学物质亚慢性和慢性中毒的主要指标，也是选择安全系数的重要依据之一。在蓄积毒性试验中，由于生物机体多次反复接触外源性化学物质，有时会出现机体感受性降低的现象，必须加大剂量，才能出现原有的反应。这标志着发生慢性毒性作用较难，说明受试生物对毒物产生了耐受性。

三、亚慢性和慢性毒性试验

亚慢性毒性试验是指受试水生动物在较长的时间内（一般在相当于 1/10 左右的生命周期时间内），少量多次地反复接触受试渔药所引起的损害作用或产生的中毒反应。进行亚慢性毒性试验的目的是进一步了解受试渔药在受试水生动物体内有无蓄积作用；受试水生动物能否对受试渔药产生耐受性；测定受试渔药毒性作用的靶器官和靶组织，初步估计出最大无作用剂量及中毒阈剂量，并确定是否需要进行慢性毒性试验，为慢性毒性试验剂量的选择提供依据。亚慢性毒性试验是评价渔药毒性作用的一个重要方法。

慢性毒性指水生动物在生命期的大部分时间或终生接触低剂量外源性化学物质所产生的毒性效应。慢性毒性试验的目的是观察受试动物长期连续接触药物对机体的影响。通过了解水生动物对药物的毒性反应、剂量与毒性反应的关系、药物毒性的主要靶器官、毒性反应的性质和程度及可逆性等，确定动物的耐受量、无毒性反应的剂量、毒性反应剂量及安全范围，毒性产生的时间、达峰时间、持续时间及可能反复产生毒性反应的时间，是否有迟发性毒性反应，是否有蓄积毒性或耐受性等。总之，慢性毒性试验可以确定外源性化学物质的毒性下限，了解短期试验所不能测得的反应，即长期接触该化学物质可以引起危害的阈剂量和最大无作用剂量。为进行该化学物质的危险性评价与制订人接触该化学物质的安全限量标准提供毒理学依据，如每日允许摄入量、最高允许浓度或最高残留限量等。慢性毒性试验是临床前安全性评价的主要内容，可为临床安全用药的剂量设计以及毒副作用监测提供依据。

第三节 特殊毒理学

一、繁殖试验

繁殖试验是检验受试渔药对试验动物生殖机能以及胚胎的影响，并为致畸试验提供资料的一种试验方法。试验项目包括一般生殖毒性试验（喂养致畸试验）、传统致畸试验和喂养繁殖试验。在水生动物中还广泛应用胚胎毒性试验。胚胎毒性是渔药对水生动物胚胎产生的毒性作用，鱼类胚胎在不同的发育阶段，对药物的敏感性会有所不同，其毒性可以表现出胚胎死亡、胚胎发育迟缓、胚胎畸变及胚胎功能不全等。

二、致畸试验

致畸试验是为了解受试渔药是否通过母体对胚胎发育过程（主要是胚胎的器官分化过程）产生不利影响的一种试验。对水生动物的致畸试验可以利用亲鱼和受精卵进行。胚胎畸形是观察指标之一，其致畸原因可以从两个方面分析：一方面是毒物来自雌亲鱼，通过母体的血液循环传递至生殖腺，如敌百虫等药物就易于在母体的生殖腺内积累，经卵母细胞的二次成熟分裂，脱离滤泡排卵，产卵受精直至孵化，于卵黄囊吸收阶段方显示出较强的毒性，出现畸形胚胎，导致发育迟缓、功能不全以至死亡。另一方面是由于受精卵直接接触外来药物，在卵胚的早期发育阶段，尤其是在囊胚期之前接触外来药物，极易引起畸形。

三、致突变试验

致突变试验的主要目的是检测药物是否具有引起基因突变作用或染色体畸变作用，即检测各种遗传终点的反应。目前致突变作用的检测方法已有100多种，但主要可分为三大类：基因突变、染色体畸变和DNA损伤与修复。我国采用的新药致突变试验主要有以下三种：

1. 鼠伤寒沙门菌营养缺陷型回复突变试验　简称Ames试验，是目前检测基因突变最常用的方法之一。Ames试验是利用组氨酸缺陷型的鼠伤寒沙门菌突变株为测试指示菌，观察其在受试药物作用下回复突变为野生型的一种测试方法。组氨酸缺陷型的鼠伤寒沙门菌在缺乏组氨酸的培养基上不能生长，但在加有致突变原的培养基上培养，则可以使突变型产生回复突变成为野生型，即恢复合成组氨酸的能力，在缺乏组氨酸的培养基上可生长为菌落，通过计数菌落出现的数目，可以估算受试药物致突变性的强弱。

2. 哺乳动物培养细胞染色体畸变试验　是用细胞遗传学方法检测受试药物是否影响DNA结构或改变信息的实验过程，以判定新药的遗传毒性。哺乳动物体外培养细胞的基因正向突变试验，常用的测试系统有小鼠淋巴瘤L5178Y细胞、中国仓鼠肺V79细胞和卵巢CHO细胞。

3. 微核试验　有丝分裂过程中，断裂剂引起的染色体断片或无着丝点环，以及因非整倍体诱变剂所致纺锤体损伤而致个别行动滞后的染色体不能进入子核，从而留在细胞质中成为微核。微核自发形成率很低，一般在0.3%以下，而且微核出现率与染色体畸变率之间有明显的相关性，所以微核试验可用于断裂剂和部分非整倍体诱变剂的初步检测。

根据农业农村部《新兽药特殊毒性试验技术要求》有关规定，致突变试验必须至少做三项试验，其中Ames试验和微核试验为必做项目，精子畸形、睾丸精原细胞染色体畸变、显性致死突变试验三项可任选一项。如果前两者任何一项为阳性，均必做显性致死突变试验。

四、致癌试验

癌实际上是以具有失控细胞生长为共同特征的一类疾病，致癌作用是导致癌症的一系列内在或外部因素的多步骤过程，其中最基本的特征是癌症由异常基因表达引起。我国《药品注册管理办法》规定，结构与已知致癌物质有关，代谢产物与已知致癌物质相似，或在长期毒性试验中，发现有细胞毒性作用或能使某些脏器、组织细胞异常显著活跃的药物，以及致突变结果为阳性的药物，必须报送致癌试验资料。由于肿瘤一般在水生动物中比较常见，这可能与水生生物DNA的修复能力效率较低有关，因此，对致癌性强的渔药必须进行致癌试验。

致癌试验较为复杂，目前我国新兽药的特殊毒性试验中暂未作出具体要求。

五、行为回避反应

渔药引起水生动物的回避，是水生动物对外界环境刺激的一种保护性反应，通过嗅觉、视觉、侧线及其他感受器而实现。回避反应是一种生理效应，当外界环境物质对水生动物某一感官产生刺激时，就会导致其行为的改变。利用水生动物的回避特性，可以在一定程度上判定渔药毒性的大小与作用的持续情况。

第四节 鱼类药物对环境和水生动物的影响

一、鱼类药物对食物链的影响

水产养殖中渔药的大量使用可对食物链产生严重的影响。渔药使用后，散布在水体或泥土中的药物被水生植物等低级生物吸收，栖息在水域或其土壤的二级或三级食物链中的浮游生物、水生昆虫、软体动物、水禽等推动了药物残留转移，最后危及食物链终端的人类。某些重金属（如Cu、Zn等）在水体中无法被微生物降解，只能迁移或转化，或在水底淤泥及水生生物体内蓄积，当蓄积有大量重金属的水生植物、动物被人类食用后，就会使人体产生过敏反应，发生中毒现象，甚至致人死亡。

二、鱼类药物对水体富营养化的影响

水体富营养化导致藻类过度地生长繁殖而引发水华，这已成为一个全球性的水环境问题。我国的水体富营养化程度比较严重，并呈扩大化趋势。而赤潮发生的重要诱因之一是水体中的金属元素促进了藻类过度生长。金属元素对藻类的作用是把双刃剑，当浓度较低时，会促进藻类生长；而浓度过高时，又会抑制藻类生长。如Cu、Zn、Cu、Mn、Mg等金属元素既可作为促进藻类生长的辅助因子，又是最常见的杀藻剂。因此，使用含金属元素的杀藻药物时，一定要把握用量，加强监管，降低它们对水环境的不良影响，以保障整个水体的生态平衡，营造良好的养殖环境。

三、鱼类药物对水体微生态平衡的影响

养殖水体中有益菌和有害菌是共同生存、相互影响的。当光合细菌、硝化细菌等有益菌大量繁殖，占绝对优势时，制约了有害细菌的生长繁殖，有利于水体环境的稳定，可较大限度地减少水生动物疾病的发生。同时，有益菌还能产生抗菌物质和多种免疫促进因子，刺激机体的免疫系统，强化机体抗应激反应的能力，增强机体抵抗疾病能力，提高存活率。渔用消毒剂、抗菌药物的使用，在抑制或杀灭病原微生物的同时，也会抑制这些有益菌，使水生动物体内外微生物生态平衡被破坏。当正常的微生物生态系统受到干扰或破坏之后，污染物质的分解速率可能受到影响，导致水体自净能力降低，水质进一步恶化，造成微生物生态环境恶化或水体自净的障碍，从而引起水生动物新的疾病。

第五单元 影响鱼类药物作用的因素

渔药作用的效果与强弱是药物与水生动物机体相互作用的综合表现，取决于靶组织效应部位游离药物的浓度，与药物自身因素，水生动物机体状况以及环境因素等有关。因此，在制订药物的给药方案时，应全面考虑各种因素对药物使用的影响。

第一节　鱼类药物自身的因素

一、制剂、剂型及剂量

药物的剂量是决定水生动物体内的血药浓度及药物作用强度的重要因素。药物的常用量（或治疗量）有一个剂量范围，应根据病理情况准确地选择用量，才能获得预期的药效。总体而言，渔药的作用或效应，在一定剂量范围内随着剂量的增加而增强，但也有的渔药会因剂量的变化而发生质的差别。如大黄在小剂量时有健胃作用，中等剂量时表现出止泻作用，而在大剂量下却起着泻下作用。任何药物只有在有效剂量范围内使用，才能做到安全有效。当使用的剂量不足时，药物有可能不产生明显效应，不但达不到防病治病的目的，还会产生耐药性。相反，当药物超过一定的剂量范围时，就可能使其作用由量变引起质变，导致水生动物中毒，甚至死亡。这一现象在消毒剂、杀虫剂中尤为明显。

渔药一般采取"群体"给药的方法。对于剂量的确定，在口服给药时，常以主动摄食的水生动物的总体重量计算给药剂量；药浴或全池泼洒给药，则按水体体积总量计算给药剂量（有时还需考虑水体中水生动物的拥挤程度）。

剂型和制剂可以影响药物在水生动物机体内的吸收速率，导致体内血药浓度和生物利用度的差异，从而影响疗效。不同剂型和制剂的药物尽管所含的药量相等，但药效强度却不尽相等。由于水生动物的种类繁多，生态习性、生理特点、摄食方式各异，因此，选择正确的剂型和制剂对有效地发挥渔药的疗效尤为重要。目前，渔药常用的剂型有以溶液剂、乳油剂等为主的液体剂型和以粉剂、片剂为主的固体剂型。

二、给药方案

一般来说，给药途径取决于药物的剂型。水生动物的给药，除了人工催产和少数个体较大或较珍稀养殖对象在疾病防治时采取个体注射（或口灌）给药外，大多采取混饲口服和泼洒的群体给药方式。泼洒给药方式的药物既有针对水生动物的，也有针对养殖水环境的。注射（或口灌）给药需用液体剂型或可配制成液体剂型，泼洒给药除用液体剂型外，还可用固体剂型（粉剂或片剂）。

另一方面，同一药物、相同剂量，在不同的给药时间，会产生不同的效果。如有些昼伏夜出的水生动物，在夜间给药可能会比白天给药效果更好。应根据水生动物的生理特性、摄食习惯、生态习性、给药途径及环境条件选择适宜的给药时间，这是提高药效、保证用药安全的一个重要措施。

确定最适的给药时间，应考虑以下方面的问题：①水产药物类别和性质。大多数泼洒的药物除某些有氧释放的渔药（如过氧化钙等）外，在使用过程中都要消耗水体中的氧气，因而不宜在傍晚或夜间用药；某些杀虫剂，也不宜在清晨或阴雨天用药，因为此时水体溶解氧较低，极易造成水生动物缺氧浮头，甚至泛池。②温度、光线强弱。渔药的毒性一般会随着温度的升高而增强，因此给药时要注意避免高温；有些药物对光线较敏感，因此不宜在中午光照较强时使用。③水生动物生态习性。大潮期间或大换水后，大多甲壳类动物（虾、蟹）往往会因此诱发大批蜕壳，蜕壳过程中和刚蜕壳后的个体体质较弱，一般不宜用药，尤其是毒性大的药物（如硫酸铜、硫酸亚铁粉）。④给药途径。口服给药一般在停饲一段时间后再给药，以确保药饲大部分被水生动物摄食；泼洒给药一般要在投饲之后，以免影响其摄食。

为了维持药物的有效浓度以达到治疗目的，需要在一定的时间内重复给药，一般以天数来表示，称之为疗程。疗程的选择和确定对保证用药的疗效有重要的作用。

三、药物的相互作用

渔药相互之间的作用，会使渔药治疗效果及不良反应产生质和量的变化，其相互作用可表现于药动学方面，也可表现于药效学方面以及体外相互作用方面。

1. 药动学方面 一种渔药能够使另一种渔药在机体内的吸收、分布、代谢、排泄等任何一个环节发生变化，如通过影响胃肠道对渔药的吸收，竞争血浆蛋白结合点，诱导或抑制肝脏渔药代谢酶的活性，影响肾脏对渔药的排泄等，从而影响另一种渔药的血药浓度，改变其作用强度。

2. 药效学方面 两种或两种以上的渔药联合使用可表现出无关作用、协同作用、累加作用和拮抗作用等。无关作用是指两种（或两种以上）渔药作用于同一种病原体时，其抵抗病原体感染的作用不变；协同作用是指两种（或两种以上）渔药合用时所需浓度较它们分别单独使用时低，且疗效增加；如果渔药作用的效果仅等于各药之和，则为累加作用；渔药合用的效果小于其单独使用时作用的总和，则为拮抗作用。有些渔药合用不仅表现出协同作用，还能相互纠正不良反应，提高疗效，如三磺合剂就是将三种磺胺类渔药合并使用，制成混悬剂，增强抗菌效果的同时，降低对肾脏的毒性。但是有些有毒副作用的渔药合用时，不仅不会使其毒副作用减弱，反而会导致其增强，如链霉素、庆大霉素或新霉素同时或先后使用均可致肾脏毒性反应增加。对有拮抗作用的渔药称为配伍禁忌，对于存在配伍禁忌的渔药，应错开使用。在前一种渔药药性基本消失后再使用后一种渔药，如使用三氯异氰脲酸和生石灰防病治病时，二者间隔时间要在7d以上。

3. 体外相互作用方面 渔药在体外的相互作用指的是在用药之前，渔药间发生作用，使药性发生变化。物理作用一般属于外观上的变化，如出现混浊、沉淀、结晶等现象。化学作用一般表现为产生沉淀或气体、爆炸、燃烧等现象，但也有许多渔药的分解、取代、聚合

等化学反应难以从外观看出来，其相互作用往往是物理与化学因素的相互影响而造成的，其结果必然影响到疗效。泼洒给药是渔药的一种常用的给药方式，而且常常是多种渔药一起使用，因此就需要特别注意渔药间的相互作用，以免造成渔药的失效甚至危害养殖对象。

第二节　环境因素

影响渔药作用的水环境因素，除了养殖水体的温度、盐度、酸碱度、硬度、氨氮和有机质等理化因子外，还有浮游生物、微生物、病原生物等生物因子的影响。它们既影响着药效的发挥，也影响着药物作用的强度，甚至还会影响药物作用的性质。

一、温　度

温度一方面影响药物的吸收（温度高药物吸收快，达峰浓度高，消除快），另一方面也直接影响药物的药效。大部分渔药药效与水温呈正相关，水温升高，药效增强，生效速度加快，如硫酸铜、硫酸亚铁粉等；但也有些渔药的药效与水温呈负相关，如溴氰菊酯，在一定的温度范围内，温度较低时反而药效较高，因此这类药物使用时应避开高温期。另外，水温除了影响药物的药效外，还会影响水产药物的毒性和稳定性，使用时应予以注意。通常渔药的用量是在水温 20℃左右时的基础用量，水温升高时应酌情减少用量，降低时应适当增加用量。

二、酸 碱 度

养殖水体的酸碱度是波动的，水质较肥、气温较高（如夏季中午），pH 会有一定幅度的上升。由于水体酸碱度的变化，渔药就会产生不同的作用效果。酸性药物、阴离子表面活性剂、四环素类等渔药，在偏碱性的水体中其作用减弱；而碱性药物（如新霉素）、阳离子表面活性剂（如新洁尔灭）、磺胺类药物等，则会随水体酸碱度的升高而作用增强。有的药物由于水体酸碱度的变化，会产生相应的化学变化而使药效与毒性发生较大的变化。如漂白粉的消毒杀菌作用是由于水解所生成的次氯酸并由此释放出活性氯和初生态氧，但在碱性环境中次氯酸易解离成次氯酸根离子，使消毒作用减弱；敌百虫在碱性环境下可转化为剧毒的敌敌畏，且转化速度随 pH 和水温的升高而加快。

pH 的变化可以从两方面影响药物的杀菌、杀虫作用。一是 pH 可影响药物的溶解度、离解度和分子结构等，对消毒剂、杀虫剂尤为明显。如含氯消毒剂一般在酸性条件下电离少，只有未电离的分子较易通过细胞膜，杀菌作用则相应较强；当水体碱性增强时，因解离作用加强而导致杀菌作用减弱。如漂白粉在 pH 为 6.5 以下时，0.2～0.4 mg/L 浓度就有较强的杀菌力；而在 pH 为 8 时，浓度要达到 0.8～1.6 mg/L 才可获得同样的效果。二是 pH 影响病原微生物和寄生虫的生长和繁殖，通常病原微生物生长的最适 pH 为 6～8，pH 过高或过低，都会使其生长和繁殖受到一定程度的抑制。

三、有 机 物

养殖水体是一个富含有机物的水体，水体有机物的种类及其含量与水体的性质、养殖动物的种类与密度、投饵、施肥等因素密切相关。由于有机物的存在，在一定程度上会干扰外用渔药的效果。有机物影响药物作用的机理是：①有机物在病原体的表面形成一层保护层，妨碍了渔药与病原体的直接接触，从而妨碍了渔药对病原体的杀灭作用；②有机物与药物（如消毒剂、杀虫剂等）结合，降低了渔药的溶解度，从而阻碍了它们与病原体的结合，影响了药物作用的效果；③有机物与药物发生作用，形成了一种新的化合物，这种化合物不仅减弱了渔药对病原体的杀灭力，而且由于它们的不溶性，又能吸附周围其他一些物质，共同形成保护病原体的机械屏障。

不同的渔药受有机物影响的程度不尽相同，有的影响较大。如使用高锰酸钾消毒时，要先将有机物氧化后，才可对病原体产生相应的作用；又如有机物对次氯酸盐的影响要大于氯代异氰脲酸，因此，水产养殖中用消毒剂遍洒消毒时，氯代异氰脲酸的作用要强于次氯酸盐等消毒剂。季铵盐类（如新洁尔灭等）、过氧化物类（过氧化氢等）药物的药效作用也会明显地受有机物的影响。但也有的药物受有机物的影响较小，如碘和含碘消毒剂（碘伏）等。

四、光照和季节

白昼与黑夜，水生动物对渔药的敏感性有所不同，一般情况下，在夜间比在白天反应弱，傍晚或夜间由于气温、水温降低，减少了水生动物的不安和体能消耗，其对渔药的耐受能力增强。同样，夏季和冬季相比，由于夏季水温较高，水生动物活动力强，它们对渔药也较冬季敏感。

此外，有些渔药见光易分解，因此光照较强时施药会在一定程度上对药效产生影响。有的渔药由于受温度的影响较大，温度高时其作用降低，所以受季节的影响也就较大，如溴氰菊酯春季使用的杀虫效果要比夏季明显好。

五、病原生物

病原生物的不同生长时期、状态和抵抗力，也会影响药物的作用。有些驱杀寄生虫渔药对成虫杀灭效果好，而对幼虫效果较差。随着抗菌药使用范围的扩大与使用剂量的增加，病原微生物会产生耐药性。目前，病原微生物的耐药性问题日趋严重，耐药性不断增强，很多病原微生物已由单药耐药发展为多重耐药，导致用药量越来越大，药效却越来越差。如引起多种淡水鱼类细菌性败血症的嗜水气单胞菌，现已对多种抗生素有耐药性，如氟喹诺酮类药物。

六、其他因素

水体的盐度、溶解氧、透明度、硬度、重金属盐、氨氮以及池塘底质等因素，也会不同程度地影响药物的药效。一般认为，药效会随盐度的升高而减弱，如海水对一些抗菌药物（如四环素类、磺胺类等）的抗菌活性呈抑制作用；溶解氧较高时，水生动物对渔药的耐受性增强，溶解氧较低时则易发生中毒现象；一般情况下，渔药（如硫酸铜、硫酸亚铁粉等）在硬水中的毒性要比在软水中小；池塘底泥较多时，对一些渔药（如敌百虫）的吸附也较多，从而降低渔药的作用。

水生动物生存在比较拥挤的空间时，对渔药的敏感性增强，表现为渔药的毒性增加。此外，转塘、捕捞，运输、换水、饵料转换、饲养密度的改变等养殖操作，都会导致水生动物不同程度的应激反应，增加其对渔药的敏感性，不仅会影响渔药作用的效果，还会增强渔药

的毒性。

第三节 水生动物机体的因素

一、种属差异

虽然每一种渔药都具有本身固有的药理作用，但水产养殖所涉及的对象十分广泛，它们的解剖构造、生理功能、生态习性不同，对同一药物的反应有很大的差异，因此使用浓度有较大的不同。如生石灰对中华鳖的使用浓度为 60～70mg/L，鱼类为 25～30mg/L，而中华绒螯蟹却只有 15mg/L。同一种药物在不同水生动物体内的吸收程度不同，所产生的药效亦有差异。如鲤、淡水白鲳和青蟹，口服恩诺沙星给药时，三者间的血药峰浓度差异较大。

二、生理差异

不同年龄、性别的水生动物，对同一药物的反应也有差别。一般情况下，幼龄、老龄的水生动物对渔药比较敏感。如草鱼、鲢等鱼苗对漂白粉的敏感性比成鱼高，这可能是由于幼龄水生动物体内酶活性较低，或肝肾功能发育不健全，对渔药的转化能力较弱，易引起毒性反应。老龄水生动物由于某些器官的功能退化，对渔药的转化能力也大大降低，导致它们也较成鱼敏感。在药物的吸收、代谢和消除方面，不同年龄的鱼表现不一样。如 1 龄和 2 龄罗非鱼口灌给药相同剂量的氟苯尼考，1 龄罗非鱼比 2 龄罗非鱼吸收速度明显快，而消除速度则明显缓慢。

性别差异也影响药物在水生动物体内的分布、吸收过程。一般雌性的水生动物对渔药比较敏感。但对不同的药物、不同的水生动物性别的影响可能与有一定区别。大菱鲆单剂量口服噁喹酸，性别对药动学参数的影响没有显著差异。

此外，肥满度较高的水生动物对渔药的耐受性较强，这是因为一些脂溶性的渔药较易贮集在脂肪组织中。

三、健康状况差异

处在病理状况下的水生动物，渔药的作用与在健康状态下有所不同。各种病理因素都能改变渔药在机体内的转运和转化，影响血药浓度，从而影响药效。对于水生动物，肝肾是渔药代谢酶聚集的重要场所，是渔药消除的重要器官。在病理状态下的水生动物常会因肝肾实质细胞受损、肝肾病变、功能失调等而导致体内的某些渔药代谢酶减少，对渔药的转化和代谢能力降低，从而使渔药的半衰期延长，造成渔药蓄积，渔药作用加强和延长，增加了渔药的不良反应。因此，肝肾功能是否健全对渔药的代谢具有较大的意义，会较大地影响渔药的作用和用药的安全。对于患有某些细菌性疾病的水生动物，应慎用强力霉素、多黏菌素 E 等抗生素类渔药，避免引起较大的不良反应。

四、个体差异

同种水生动物在基本条件相同的情况下，有少数个体对药物特别敏感，称高敏性；另有少数个体则特别不敏感，称耐受性。产生个体差异的主要原因是动物对药物的吸收、分布、生物转化和排泄的差异，其中生物转化是最重要的因素。但由于水生动物大部分是群体给药，个体差异常被忽略。

第四节　鱼类药物的合理使用

一、严格遵守国家有关规定

不同国际组织和不同国家对渔药的使用有不同的要求，并都有明确的法规或管理规定。因此，应根据相应的要求，合理选择、使用渔药。这些规定会经常不定期修改，所以养殖者要经常关注这些变化。世界食品法典委员会（CAC）负责在全世界应用食品安全标准。CAC是由联合国粮食及农业组织（FAO）和世界卫生组织组成的联合委员会，CAC确定渔药最高残留限量（MRL），技术数据由FAO/WHO联合食品添加委员会（JECFA）的专家分析评估达成建议后，再提交CAC的专家委员会——食品兽药残留委员会（CCRVDF）做进一步的评价。

我国对渔药的管理和使用也有十分严格的规定，如制定并颁布了《水产养殖中禁用药物清单》（农业部31号令、农业部第176号、193号、235号、560号公告等）、《水产品中渔药残留限量》（农业部第235号公告）。2021年始，农业农村部又发布了《农业农村部关于加强水产养殖投入品监管的通知》，强调了渔药依法、依规使用。国家的有关规定是渔药合理使用的唯一准则。

二、建立水生生物执业兽医师制度和用药处方制度

水生生物执业兽医师制度对规范执业兽医执业行为，提高执业兽医业务素质和职业道德水平，保障执业兽医合法权益，保护动物健康和公共卫生安全起到了重要作用。根据《中华人民共和国动物防疫法》的规定，农业农村部于2022年9月7日发布了《执业兽医和乡村兽医管理办法》，并于2022年10月1日施行。这对于推进我国执业兽医制度具有重要的意义，执业兽医师制度为渔药的合理使用奠定了基础。

实行处方药与非处方药管理制度对指导水产养殖合理使用渔药，规范渔药管理，保证水产品安全将起到重要作用。处方制度已在美国、欧盟、日本等国家和地区普遍采用，我国人用药品已实行处方药和非处方药分类管理，对于兽药，特别是渔药，该制度尚在建立与试行中。考虑到兽药分类管理制度实施的技术性很强，同时涉及我国的兽医管理体制改革，为给兽药管理一定的适应时间，《兽药管理条例》第4条规定兽药分类管理办法和具体实施步骤由国务院兽医行政管理部门执行。

开写或设计处方（临床处方或调剂处方）是技术性较强的工作。开具处方和调剂处方应当遵循安全、有效、经济的原则。合理的处方应是一份能对症治疗、配方合理、安全有效、少或无不良作用、便于调制且具有生产价值的文件。法定处方和协定处方都是从实践中总结得出比较符合上述基本要求的成方或制剂处方。水生生物执业兽医处方则多是按情酌定的临床处方。处方设计应在组方、用药等方面加以注意。

三、疾病的正确诊断

一种渔药只能对某种或某几类疾病起作用，不可能有包治百病的灵丹妙药。正确诊断是科学选药、有效防治疾病的基础。

正确诊断水生动物的疾病，就必须首先查明发病的原因。水产动物患病后，不仅在动物的体表或体内呈现出各种症状，而且它们在行为上也会表现出各种异常状情况（如翘尾巴、“跑马”等），这些异常状况往往也是疾病诊断的重要依据。水生动物的病因除了病原体感染或侵袭外，还有诸如机械损伤、物理和化学因子的影响、营养不良等非病原因素。因此，只是简单地检查病原体，有时很难作出正确的诊断，只有同时对环境因子、饲养管理以及疾病发生和流行情况进行调查，作出综合分析，才可能作出正确的诊断。依靠先进的仪器和技术手段对水生动物疾病进行诊断，极大地提高了对疾病诊断的准确性。

需要特别强调的是，水生动物的很多疾病往往会出现相似的症状，如烂鳃、出血、溃烂等，对此需要认真地判断，否则就会导致疾病诊治的失误，造成很大的损失。

四、正确、合理用药

对水生动物疾病确诊后，就需要选择合适的渔药进行有针对性的治疗。如果在同一养殖水体中同时出现几种病并发，就应根据发病的具体情况，首先对其中一种比较严重的疾病进行治疗，待其痊愈或好转后，再针对其余的疾病进行用药。

渔药的种类较多，其作用、用途各有特点，用药时需要根据病症和养殖情况合理选择。药物防治疾病是一个动态变化的过程，用药后患病水生动物在症状和机能上可能出现某些相应的改变，如病情的好转，病情无变化，病情恶化，以及出现新的征兆，需要认真分析总结，作出准确判断，从而采取相应的措施。

一般说来，渔药的选择应遵循以下几条基本原则：

1. 有效性　对症用药，尽量选择在短时间内能使患病水生动物好转和恢复健康的药物，这不仅需要对患病动物有所了解，还需要对各种药物的性能有所了解。此外还需注意到，水生动物疾病的治疗是需要一个过程的，不可能一蹴而就。

2. 安全性　“是药三分毒”，各种渔药或多或少都有一定的毒性或副作用，因此在选择渔药时，既要看到它有治疗疾病的作用，又要看到它可能产生的不良作用。对于选用的渔药，既要考虑它对养殖对象本身的毒性，也要考虑它对养殖生态环境的污染，还要注意它对人体健康的影响。

3. 方便性　渔药在大多数情况下都是以水为媒介间接地对群体用药，主要的方法是投喂或泼洒。因此操作方便是渔药的选择条件之一。利用生物载体进行给药具有方便、效果好的优点。方法是选择动物喜欢摄食的卤虫、轮虫、桡足类等饵料生物滤食渔药颗粒，然后将携药卤虫等饵料生物投喂鱼虾，从而获得较好的治疗或预防效果。

4. 经济性　由于水生动物经济价值的限制，加上使用渔药时需要的剂量较大，因此预防和治疗水生动物疾病，应考虑综合经济效益，在保证疗效和安全性的原则下选择廉价易得的渔药。

五、正确给药途径的选择

水生动物通常栖息在水体中，为了充分发挥药物的预防和治疗效果，选择合适的给药途径和方法至关重要。渔药的给药方法会影响水生动物对药物吸收的速度、吸收量以及血药浓度，从而影响药物作用的快慢与强弱，甚至会影响药物作用的性质和效果。一般来说，制剂和剂型决定了给药方法，此外疾病的类型、药物的性质、水生动物的种类及大小也是决定给药方法的因素。水生动物的给药方法从本质来说，主要有体外用药和体内用药二种，前者主要是通过药物的局部作用而产生药效，而后者除了某些肠道驱虫药和治疗细菌性肠炎的药物外，大部分是通过药物吸收后发挥药物的全身性作用而产生药效。水生动物疾病防治常用的给药方法有：

1. 口服法 口服法是将药物与水生动物喜吃的饲料，拌以黏合剂，制成适口的药饲投喂，以杀灭体内的病原体或增强水生动物抗病力的给药方法。水生动物胃肠内食糜的充盈度、酸碱度以及拌和药物的方法、投喂程序等会影响药物的作用效果。一般来说，易被消化液破坏的药物不宜口服，如链霉素等；当患病的水生动物食欲下降或停食时，由于摄取药饵较少，或根本没有摄取，则药物较难达到理想防治效果；在饲料中添加抗菌药物或长期大量投喂药饵，易使病原体产生耐药性；对滤食性水生动物投喂药饵难以达到药效；有些有异味的药物，会导致水生动物回避，而不能达到防治效果。常用的口服药物一般有维生素、微量元素、营养添加剂、中草药，以及氟喹诺酮类、磺胺类、四环素类、大环内酯类等抗菌药。给药的剂量一般是根据养殖动物的体重而确定。口服法是一种能发挥全身性作用的给药方式，常用于增加水生动物营养，病后恢复及抑制体内病原体感染。该方法操作方便，对环境污染小。此外，还有一种强制性的口服方法——口灌法，常在治疗大型名贵病鱼类时使用，这种用药方法要准确计算药量，用药过程也易造成水生动物损伤或产生应激。

2. 浸浴法 浸浴法是水产养殖用药的一种重要给药方法，它是将药物溶解于水中，使水生动物与含有药物的水溶液接触，以杀灭或驱除体外病原体的一种给药方法。药物的水溶性、渗透性以及毒性会直接影响其使用范围与作用效果。该法主要有以下几种类型：①药浴，是将水生动物集中在较小容器中，用较高浓度药液进行短期强迫药浴，以杀灭体外（如体表、鳃等）病原体的方法。此法常会因被药浴的水生动物数量的增加使药物的浓度降低而影响药效，因而对药浴浓度控制是较重要的，如果使用不当，有可能达不到理想的疗效，也有可能导致对水生动物产生毒性作用。药浴法用药量少，操作简便，可人为控制，对体表和鳃上病原体的控制效果好，对养殖水体的其他生物无影响，是工厂化养殖常用的一种方法。②遍洒，是将药物溶解于一定量的溶剂中后全池泼洒于水体中，使池水达到一定浓度，以杀灭水生动物体外及池水中的病原体的方法。药物分散的均匀度会影响其作用效果。水位较深的养殖水体在高温时易形成温跃层，若按常规剂量给药，由于水体上下密度不同，使得上层药物的浓度较高，下层药物浓度较低，易造成水生动物中毒。遍洒法使用方便，效果较好，但也存在一些缺点：其一，生物选择性差，在杀灭病原体的同时也会杀灭水体中有益生物（微生物）；其二，会对养殖水环境造成污染；其三，溶解性较差的药物会导致水生动物误食而引起中毒。③挂袋（篓），是在食场周围或水生动物主要的活动场合悬挂盛有药物的袋（篓）或有微孔的容器，利用药物缓慢的溶解使其形成一药物区，当水生动物摄食或活动时杀灭或驱除体外病原体（或对水生动物进行消毒）的给药方法。常用的药物有含氯消毒剂、硫酸铜、敌百虫等。悬挂的容器有竹篓、布袋、打孔的塑料瓶和编织袋等。药物的缓释性以及水生动物对该药的回避性是影响该方法给药效果的重要因素，如硫酸铜、硫酸亚铁粉挂袋时，因它们对鱼类有较强的刺激作用，会导致养殖鱼类回避而达不到用药效果。挂袋（篓）药物的用量应掌握两个原则：一是最大用药量应小于全池遍洒的用药量，二是用药之后水生动物不会回避。该方法具有用药量少、成本低、方法简便和毒副作用小等优点，但杀灭病原体不彻底，只有当鱼、虾游到挂的袋（篓）周围吃食及活动时，才有可能起到一定的作用。④浸沤，该法只适用于中草药，是将中草药置于池塘的上风处或将捆扎好的中草药分成数堆浸沤在池塘中，以杀灭池塘中及水生动物体表的病原体的方法。

3. 注射法　注射法是将浓度较高的药液用注射器注入水生动物体内，使其通过血液（或体液）循环并迅速达到用药部位，以控制水生动物疾病进一步蔓延的方法。常用的注射法有腹腔注射、肌肉或皮下注射。注射给药须具备一定的技术，否则会因操作不当导致水生动物产生较大的应激反应或伤及水生动物而出现死亡。一般来说肌肉注射比皮下注射吸收快，但皮下注射药效持久；腹腔注射吸收面积大、吸收速度较，操作较容易，效果较好，但一些有刺激性的药物会对水生动物产生不良效果，对这类药物不宜采取腹腔注射方式。

4. 涂抹法　涂抹法是将较浓的药液涂抹在患病水生动物体表处以杀灭其病原体的方法，是一种直接、简单的用药方法。使用涂抹法时患病的水生动物的头部一定朝上，以避免药液流入鳃，对水生动物产生危害。此外，渔药的渗透性，鱼体涂抹药液（膏）后离水放置的时间以及涂抹操作的方法对药效有较大的影响。

六、给药剂量和疗程的确定

给药剂量决定药物防治的效果，渔药的剂量过大，会对养殖动物产生毒害；剂量过小，则不能达到防病治病的作用。

1. 给药剂量　渔药的剂量决定着渔药对水生动物以及病原体作用的强度，合理的剂量既要抑制或消灭病原体，或增强水生动物的生理机能，又要保障宿主、环境以及人类健康的安全。剂量的选择要根据药动学、药效学以及渔药对病原体的最小杀灭（抑制）浓度来确定。此外，还要考虑水体各种理化因子和生物因子对药物的影响。给药剂量确定问题并不是简单问题，“剂量个体化”就体现出给药剂量选择的复杂与科学。

2. 用药疗程　疗程是指一个用药周期，它不是永久不变的。疗程的长短和给药的间隔时间，是根据药物的作用及其在体内的代谢过程来决定的。此外，还要考虑到病原体、水生动物病情轻重与病程缓急程度等因素。使用抗菌药物时，要求有充足的疗程以保证稳定的效果，避免产生耐药性，决不可给药 1～2 次后稍有药效就立即停药。一般来说，抗生素类药物的疗程为 5～7d，杀虫类药物的疗程为 2～3d。

预防科目

第六篇

水生动物免疫学

第一单元　水生动物免疫基础

第一节　基本概念

一、免　疫

免疫是机体识别“自身”与“非己”抗原，对自身抗原形成固有免疫耐受，对“非己”抗原产生排斥作用的一种生理功能。在正常情况下，这种生理功能对机体有益，具有抗感染、抗肿瘤、维持机体生理平衡和自身稳定的保护作用。在异常情况下，会产生对机体有害的反应，引发超敏反应、自身免疫病和肿瘤等。

免疫学是研究抗原性物质、机体的免疫系统、免疫应答规律与调节、免疫应答的产物和各种免疫现象及如何进行人为调控的科学，免疫学是生命科学和医学的重要组成部分。该学科起始于微生物学，现已成为一个独立的、具有多个分支、与其他学科交叉的学科。各学科各有所侧重，并互相渗透和配合，共同促进免疫学的不断发展。

水生动物免疫学是从分子和细胞水平研究各种水生动物的免疫细胞、免疫系统和免疫应答（Immune Response）规律的生物学科。机体的免疫是在长期进化过程中逐渐形成的，进化程度越高，免疫系统越复杂，免疫功能越完善。水生动物包括贝类、甲壳类、鱼类及两栖爬行类等，进化程度不在同一水平，其免疫进化程度也有差异。

免疫应答具有以下的基本特征。

1. 特异性　动物机体在某种抗原性物质的刺激下产生的免疫应答具有高度的特异性，即产生的免疫力有很强的针对性。免疫细胞对所递呈的抗原具有高分辨能力。如给草鱼接种草鱼出血病灭活疫苗，草鱼会产生对草鱼出血病病原——草鱼呼肠孤病毒的抵抗力，但对其他病毒侵袭没有抵抗力。

2. 多样性　动物机体内淋巴细胞抗原特异性之综合称为淋巴细胞库（Lymphocute Repertoire）。动物的免疫系统可以辨别大量的不同抗原表位。淋巴细胞库的种类异常多样性是淋巴细胞抗原受体的抗原结合部位结构高度可变性的结果。换言之，不同淋巴细胞克隆其抗原受体的结构和抗原特异性也不同，从而产生极其多样性的细胞库。现代免疫学的重要进展之一就在于阐明了这种多样性的分子机制。

3. 免疫记忆　免疫应答的另一个显著特征是具有记忆（Memory），特称免疫记忆，即动物机体在初次接触到某种抗原物质时，其免疫系统在抗原的刺激下，除形成产生抗体的细胞（又称为浆细胞）和致敏淋巴细胞外，同时也形成了记忆细胞。当机体再次接触到相同的

抗原物质时，这些记忆细胞可以更快速地产生免疫应答。动物患某种传染性疾病康复或经接种疫苗后，可产生长期的免疫力，即产生了免疫记忆的缘故。

免疫记忆与淋巴细胞的如下特性有关：

(1) *子代细胞保持与初代细胞相同的特异性*　受抗原刺激后增殖的子代淋巴细胞和初始抗原特异性淋巴细胞具有相同的抗原受体，因此保持与初始细胞相同的特异性。这样，每次接触抗原时，均扩大抗原特异性淋巴细胞克隆。

(2) *记忆细胞长期存活并保持快速特异反应能力*　记忆细胞是以前对抗原刺激时产生应答的淋巴细胞，这种细胞即使无抗原刺激也能在体内长期存活，时刻准备对同一抗原的再次攻击进行快速反应。

(3) *记忆细胞对低浓度抗原产生高亲和性抗体*　记忆细胞能对低浓度抗原应答并产生抗体，这些抗体结合抗原的亲和性大于从未受过抗原刺激的B淋巴细胞产生抗体的亲和性，这是初次和二次应答之间存在质的差异的重要原因之一。

4. 自身调节　所有正常免疫应答随抗原刺激后时间的推移而减退，这就是免疫应答的自身调节（Self Regulation）和自我限制，其原因如下：

(1) 抗原诱导免疫应答，结果使抗原被清除，因而活化淋巴细胞的刺激物消失，这可能是最重要的原因。

(2) 随着抗原消失，效应淋巴细胞便处于静止状态，部分成为记忆细胞，或者分化成半生期短的终末细胞。

(3) 抗原和抗原刺激的免疫应答激发一系列机制，对应答本身进行反馈调节。

5. 识别自身与非自身　免疫系统最显著的特征之一是区分外来和自身抗原的能力。识别自身与非自身的大分子物质，是动物机体产生免疫应答的基础。动物机体识别不同大分子的物质基础是免疫细胞（T淋巴细胞、B淋巴细胞等）上的抗原受体，通过抗原受体与大分子抗原性物质的表位结合。动物的免疫系统识别自身与非自身物质的功能是十分精细的，既能识别来自异种动物的一切抗原性物质，也能对同种动物不同个体之间的组织和细胞的微细差别精确地识别。

二、免疫功能

免疫功能是机体免疫系统在识别和清除抗原过程中所产生的各种生物学作用的总称。主要包括如下三大基本功能。

1. 免疫防御　免疫防御是机体排斥外来抗原性异物的一种免疫保护功能。这种功能正常时，机体可及时抵抗病原微生物及其毒性产物的感染和损害，因而这种功能也叫抗感染免疫。如果这种反应过强，会引发超敏反应，也称过敏反应或变态反应。如果反应过低，会引起免疫缺陷，机体会出现反复感染现象。

2. 免疫稳定　免疫稳定是机体维持内环境相对稳定的一种生理功能。如果这种功能正常，机体可及时清除体内损伤、衰老、变性的细胞和抗原—抗体复合物，对自身成分则保持免疫耐受。如果这种功能异常，机体可发生生理功能紊乱或自身免疫性疾病。

3. 免疫监视　免疫监视是机体免疫系统及时识别和清除体内突变、畸变细胞和病毒感染细胞的一种生理性保护功能。如果这一功能失调，则可导致机体发生肿瘤或病毒持续感染。表 6-1 概括了免疫三大功能的生理和病理表现。

表 6-1　免疫三大功能的生理和病理表现

免疫功能	生理表现	病理表现
免疫防御	清除病原微生物及其他抗原异物	超敏反应或免疫缺陷
免疫稳定	清除损伤、衰老、变性的细胞和免疫复合物	自身免疫性疾病
免疫监视	清除体内突变、畸变细胞和病毒感染细胞	发生肿瘤或病毒持续感染

三、克隆选择学说

（一）克隆选择学说定义

克隆选择学说（Colonal Selection Hypothesis），或称无性繁殖系选择学说，是以生物学和遗传学的发展为基础，在 Ehrlick 受体学说和 Jerne 天然受体选择学说影响下，以及在人工诱导耐受成功的启发下，由澳大利亚免疫学家 F. M. 伯内特于 1957 年提出的抗体形成理论。这一理论认为动物体内存在着许多免疫活性细胞克隆，不同克隆的细胞具有不同的表面受体，能与相对应的抗原决定簇发生互补结合。一旦某种抗原进入体内与相应克隆的受体发生结合后便选择性地激活了这一克隆，使它扩增并产生大量抗体（即免疫球蛋白），抗体分子的特异性与被选择的细胞的表面受体相同。

克隆又称无性繁殖细胞系或无性繁殖系，是一个细胞或个体以无性方式重复分裂或繁殖所产生的一群细胞或一群个体，在不发生突变的情况下具有完全相同的遗传结构。

克隆选择学说的核心论点是：

（1）免疫系统由数以百万计一个个克隆组成，每一个克隆由单个前体细胞产生，每个克隆只对一个特定的抗原决定簇进行识别和应答。

（2）抗原特异性淋巴细胞克隆的发育在与抗原接触之前就已进行，不依赖抗原的存在。

（3）淋巴细胞通过其表面抗原特异性受体参与免疫应答。每一克隆的所有细胞带有完全相同的抗原受体，即每个淋巴细胞的表面受体分子具有单一特异性。B 淋巴细胞受体是与该细胞产生和分泌的抗体具有相同特异性的分子。

（4）免疫活性淋巴细胞通过其表面受体与抗原结合，在适当条件下，该细胞被抗原活化，发生增殖和分化，最后成为特异性抗体产生细胞和免疫记忆细胞。

（5）在胚胎期，免疫细胞一旦与抗原接触，便死亡或被排除，从而丧失对这些抗原的反应能力，形成所谓对自身抗原的天然耐受状态，这种受抑制的细胞系，特称“禁株”。

（6）免疫细胞系可因为突变而产生与自身抗原起反应的细胞系，从而导致自身免疫反应。

（二）克隆选择学说的实验证明

克隆选择学说的精髓是每一个体有千千万万个识别不同抗原的淋巴细胞克隆，抗原则选择早已存在的特异性克隆并激活它，使之增殖和分化成为效应细胞。克隆选择学说既适用于

B淋巴细胞，也适用于T淋巴细胞。

克隆选择学说已经被大量的试验结果证明，即得到了科学试验结果的支持。下面举一些试验结果：

（1）把鞭毛抗原不同的两种沙门菌注射到大鼠的足掌，从大鼠分离浆细胞，把每一个浆细胞培养在一小滴含血清的缓冲液中，经培养以后把缓冲液一分为二，分别加入这一种或那一种沙门菌。实验结果说明，每一单细胞培养液只能使一种细菌失去活动能力，没有出现过同时使两种细菌失活的情况。可见每一个浆细胞只产生一种抗体。

（2）不同抗原与不同的淋巴细胞结合。两种结构不同的外来抗原不与相同淋巴细胞结合。应用抗原可以纯化与之结合的淋巴细胞，证明淋巴细胞上只存在单一受体。

（3）如果对动物注射同位素标记的某种抗原，则该抗原与特性性淋巴细胞结合，致使对放射性敏感的淋巴细胞被杀伤。最终，导致动物在新的淋巴细胞发育前不能对那种抗原应答，而对其他不同结构的抗原仍正常应答。

（4）不同特异性的淋巴细胞，其抗原受体结合部位的结构也不同。对从淋巴细胞克隆分离的受体库进行的核苷酸和氨基酸序列分析结果，也证实了这一结论。

（5）每个单克隆淋巴瘤含有一组抗原受体基因，表达与所有其他淋巴瘤克隆不同的特有的抗原受体蛋白。

此外，模板学说要求抗原分子必须进入浆细胞中才能促使它产生相应的抗体，但是克隆选择学说认为，抗原和产生某种抗体的免疫活性细胞表面的少量特异性的抗体结合以后，就能促使它增殖并产生大量抗体。这一点也经荧光抗原方法证实。更为直接的证据来自单克隆抗体研究成果。1975年阿根廷学者米尔斯坦使致敏淋巴细胞与骨髓瘤细胞融合，将融合细胞作单克隆培养，获得只产生一种抗体的单克隆抗体细胞株。这种单克隆抗体的获得非但为克隆选择学说提供了有力的证据，而且为临床应用开辟了崭新的途径。早期的免疫学局限于临床抗感染免疫反应的狭隘观念，克隆选择学说除了说明抗体形成以外，还能比较满意地解答抗原识别、免疫耐受、自身免疫和同种移植排斥等现象，扩大了免疫学的视野，成为免疫遗传学中的一个重要学说。

（三）克隆选择学说的遗留问题

虽然克隆选择学说的主要内容已经实验证实，可是并不是全部内容都是正确的。关于抗体的多样性问题，伯内特认为多样性来自体细胞突变。但是近年来发现，免疫球蛋白分子的轻链和重链的可变区和恒定区由不同的基因片段编码，用分子杂交方法可以证明可变区基因片段和恒定区基因片段在胚胎细胞中并不邻接，可是在浆细胞中则是邻接的，这说明在免疫活性细胞的分化成熟过程中发生了染色体DNA的重排。由于这些基因片段为数众多，而且重排方式也是多样的，所以染色体重排足以造成大量的抗体种类，这些事实说明，基因突变不是抗体分子多样性的主要原因。此外，免疫耐受性除了由于“禁株”的清除以外，还可能是由于具有免疫抑制功能的T淋巴细胞与其他淋巴细胞发生相互作用的结果。这些都是目前活跃的研究领域。

第二节 免疫类型

动物机体的抗传染能力，除了在相当的程度上取决于动物的年龄、营养及一般状态之外，最活跃的因素是机体的免疫力。它是机体防御、清除病原微生物及其产物、维持机体生理平衡的一系列保护机制。这种机制极其复杂，可以归纳为两大类，即天然免疫和获得性免疫（图 6－1）。

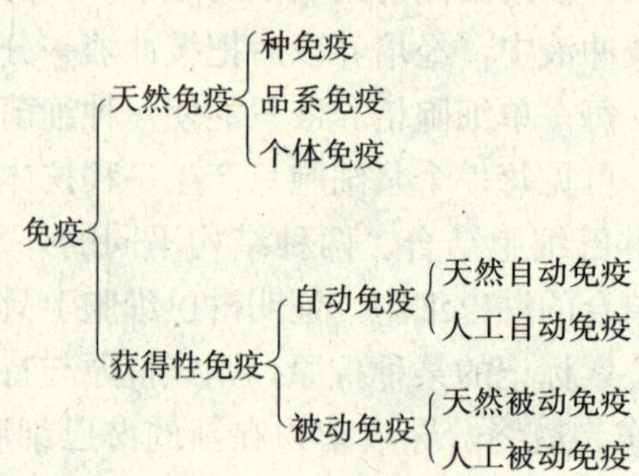

图 6－1　免疫类型

一、天然免疫

天然免疫又称为先天性免疫，是指动物与生俱来的免疫能力。这是动物机体在长期的种族发育与进化过程中，不断地与外界入侵的病原微生物等抗原相互作用而逐步建立起来的一般性的免疫功能。这种免疫的特点是特异性不强，不是针对某种特定的免疫原，而是广泛性的，其反应的强度也不会因接触某种抗原次数的增加而得到加强，也不会因未接触某种抗原而不出现对该抗原的免疫力。这种免疫是受遗传基因控制的，具有相对的稳定性，可以遗传给后代。这种免疫性是种内任何动物都具有的，不同品种和品系的动物有所差异，但是在同一物种内个体间的差异甚微。

天然免疫还可以区分为种免疫、品系免疫和个体免疫。

种免疫是指某一生物种对某些病原体或者其代谢产物（例如毒素）的刺激具有免疫力，不受其感染。这是生物物种系统发育的结果，如硬头鳟不患疖病，鲢不会感染草鱼出血病病毒。

品系免疫，如绵羊对炭疽病均敏感，但阿尔及利亚有一品系绵羊对炭疽却不敏感。

个体免疫就是群体中每个个体的免疫能力。个体免疫是不完全相同的，可能由遗传因素发生变异和外界环境因素不同所致。在同一个养殖水体中饲养的水产动物发生某种传染性疾病的过程中，有一些个体对该传染病表现出较强的抵抗力，可能就是个体免疫的缘故。在水产动物疾病防治工作中也应该注意个体免疫的差异。

二、获得性免疫

获得性免疫又称为后天免疫，是动物机体在自己的生活过程中所获得的对某种传染性病原的抵抗力。这种免疫的特点是针对性强，具有明显的特异性，即只对某种病原微生物具有抵抗力，而对其他病原微生物仍具有易感性。这种免疫由细胞免疫和体液免疫共同构成。获得性免疫可以区分为天然获得性免疫和人工获得性免疫。前者又分为天然自动免疫和天然被动免疫，后者则包括人工自动免疫和人工被动免疫。

天然获得性免疫是指动物机体在自然状态下接受抗原或抗体后产生的免疫。这种免疫性通常在患传染病后或隐性感染后获得，同样也可以经胎盘或初乳获得母体的抗体而产生。其中的天然自动免疫就是动物在自然条件下感染了某种传染病（包括隐性感染）而得对该病的免疫力。例如人患天花痊愈后可终生获得对该病的抵抗力。而天然被动免疫是动物在胚胎发育时通过胎盘或出生后通过母乳（特别是初乳）所获得的母源抗体而形成的一种免疫力。例如鱼类通过受精卵将母源抗体传递给仔鱼，患某传染病而痊愈的妇女，其胎儿或哺乳婴儿将被动地获得对该传染病的免疫力。

人工获得性免疫是应用人工的方法，对动物机体接种疫苗或者类毒素、注射免疫血清或移种致敏T淋巴细胞，使机体获得的特异性免疫。其中人工自动免疫就是通过接种某种疫苗或类毒素使动物机体获得对该传染病的免疫力。如对草鱼接种柱状黄杆菌灭活疫苗以预防细菌性烂鳃病，对香鱼接种鳗弧菌灭活疫苗以预防弧菌病，人类接种牛痘疫苗以预防天花。而人工被动免疫是通过对人和动物注射免疫血清之后而获得的免疫力，如破伤风抗血清等。这类制品常用于紧急预防与治疗（表6-2）。

表6-2　人工自动免疫和人工被动免疫比较

抗体产生	本身产生	给予的人或动物产生
抗体的出现	慢（1～2周）	快（输入即输出）
抗体持续时间	长（半年至1年以上）	短（2～3周）
注射后的反应	一般有	一般无
用途	多用于预防	多用于紧急预防与治疗

第三节　固有免疫形成机制

一、防御屏障

固有免疫中，阻止病原体入侵或及时清除入侵病原体防止其扩散，构成广义的防御屏障。其中既有一般机械性阻挡和抑菌，与包括通过吞噬作用和炎症反应所构成的功能性屏障。

二、炎症反应

炎症是针对各种刺激物，如感染和组织损伤的一种生理性反应。有三个重要作用：①把效应分子和效应细胞输送到感染部位；②提供生理屏障，防止感染扩散（抗感染验证屏障）；③加快损伤组织修复。

第二单元　抗　原

对动物机体而言，凡是非自身的物质都可成为抗原。一些自身的成分在特定情况下，也可成为抗原。抗原物质的抗原性包括免疫原性与反应原性两个方面，自然界的抗原物质种类繁多，细菌、病毒、真菌、寄生虫都是抗原。抗原的免疫原性有强有弱，有多种因素可以影响抗原的免疫原性，决定抗原分子活性与特异性的是抗原决定簇（也称抗原表位）。抗原之间具有交叉性。

第一节　基本概念

一、抗　　原

凡是能刺激机体产生抗体和效应性淋巴细胞，并能与之结合引起特异性免疫反应的物质称为抗原，抗原是免疫应答的启动剂。

二、抗 原 性

抗原性包括免疫原性与反应原性。免疫原性指抗原能刺激机体产生抗体和效应淋巴细胞的特性；反应原性又称为免疫反应性，指抗原与相应的抗体或效应淋巴细胞发生特异性结合的特性。

三、抗原决定簇

抗原决定簇又称为抗原表位，是指抗原分子中与淋巴细胞特异性受体和抗体结合、具有特殊立体构型的免疫活性区域，抗原决定簇决定其刺激机体所产生抗体的特异性。

蛋白质抗原表位一般由 5～7 个氨基酸残基组成，多糖抗原一般由 5～6 个单糖残基组成，核酸抗原的表位一般由 5～8 个核苷酸残基组成。抗原分子所含的抗原表位数量称为抗原价，含有多个抗原表位的抗原称为多价抗原，大部分蛋白质抗原都属于多价抗原；只有一个抗原表位的抗原称为单价抗原，如简单半抗原。根据表位种类的不同，分为单特异性表位和多特异性表位，前者只含有一种表位，后者则含有两种以上不同的表位。

四、抗原的交叉性

自然界中不同抗原物质之间、不同种属的微生物间、微生物与其他抗原物质间，存在有相同或相似的抗原组成或结构，或共同的抗原表位，这种现象称为抗原的交叉性，不同抗原间存在的共同抗原决定簇组成或表位称为共同抗原或交叉反应抗原。抗原的交叉性有 3 种情况：①不同物种间存在共同的抗原；②不同抗原分子间存在共同的抗原表位：③不同表位之间有部分结构相同。一般把存在于同一种、属或近缘种、属中生物间的共同抗原称为类属抗原，存在于不同种、属生物间的共同抗原称为异嗜性抗原。

第二节　影响抗原免疫原性的因素

一、抗原分子的特性

抗原分子本身的特性是影响免疫原性的关键因素：

1. 异源性　对动物机体而言，必须是异源性即“非自身”物质才能成为抗原。异种动物组织、细胞及蛋白质均是免疫原性良好的抗原。异种动物间的亲缘关系相距越远，生物种系差异越大，其组织成分的化学结构差异就越大，免疫原性就越好。同种异体之间因某些组织成分的结构差异，如血型抗原、组织移植抗原，也只有一定的抗原性。动物自身组织成分通常情况下不具有免疫原性，但是，在一些异常情况下，如受伤、感染及电离辐射等因素的作用下，自身成分结构可发生改变，机体的免疫识别功能紊乱，某些隐蔽的自身组织成分如眼球晶状体蛋白、精子蛋白、甲状腺蛋白等进入血液循环系统，成为自身抗原。

2. 分子大小　抗原性物质有一定的分子大小才具有免疫原性，抗原的免疫原性与其分子大小直接相关，分子质量越大，免疫原性越强。蛋白质分子大多是良好的抗原，如细菌、病毒、外毒素、异种动物血清都是免疫原性很强的物质，免疫原性良好的物质分子质量一般都在 10ku 以上，分子质量小于 5ku 的物质其免疫原性较弱，一般分子质量 1ku 以下均缺乏免疫原性，需大分子蛋白质载体结合后方可获得免疫原性。

3. 化学组成与结构　抗原的化学组成与结构越复杂，免疫原性越强，大分子物质并不一定都具有免疫原性。例如，明胶是蛋白质，分子质量达到 100ku 以上，但是，其免疫原性很弱，这与明胶所含成分为直链氨基酸，分子不稳定易水解有关。若在明胶中加入少量酪氨酸，则能增强其免疫原性。相同大小的分子如化学组成、分子结构和空间构象不同，其免疫原性也有一定差异，分子结构和空间构象越复杂，其免疫原性越强，通常含芳香族氨基酸的蛋白质比不含芳香族氨基酸的蛋白质免疫原性强。

4. 物理状态　不同物理状态的抗原其免疫原性也有差异，颗粒性抗原的免疫原性通常比可溶性抗原强，可溶性抗原分子聚合后或吸附在颗粒表面可增强其免疫原性。某些抗原性弱的物质，如使其聚合或附着在某些大分子颗粒（如氢氧化铝胶、脂质体等）的表面，可增强免疫原性。

5. 抗原进入途径及抗原的加工和递呈　抗原进入体内的途径不同，加工和递呈过程也不同。一般免疫原性物质经注射、伤口或吸入途径等非消化道途径进入机体，更易被抗原递呈细胞加工和递呈，并有效接触免疫活性细胞，成为良好抗原。大分子抗原性物质经口服后易被消化酶水解，从而丧失其免疫原性。

二、宿主生物系统

不同种类动物对同一抗原的应答有很大差别，同一种动物不同品系，甚至不同个体对相同抗原的应答也有所不同。宿主对抗原的不同免疫应答受以下两个因素影响：①受体动物个体基因不同，表现出对同一抗原不同程度的应答，如多糖抗原对鱼和中华鳖具有免疫原性，对虾、蟹则免疫原性很弱甚至无免疫原性；②动物年龄、性别、营养状况与健康状态可影响其对抗原的免疫应答强度。

三、免疫方法的影响

抗原的免疫剂量、免疫接种途径、免疫接种次数及免疫佐剂等都显著影响机体对抗原的应答。在一定范围内，动物机体免疫应答的强弱与免疫剂量呈正相关。免疫剂量过大、过小均可引起动物机体的免疫耐受，而不发生免疫应答，颗粒性抗原如细菌、细胞等用量较小，免疫原性较强；可溶性蛋白或多糖抗原，用量应适当增大，并要多次免疫或加佐剂。免疫途径以注射免疫最佳，浸泡免疫次之，口服免疫效果差。

四、佐剂与免疫调节剂

（一）佐剂

1. 概念 一种物质先于抗原或与抗原混合同时注入动物体内，能非特异性地改变或增强机体对该抗原的特异性免疫应答，发挥辅佐作用，这类物质称为佐剂或免疫佐剂。

2. 种类 佐剂的种类很多，已在人工免疫中得到了广泛应用。佐剂不仅可增强抗原物质的免疫原性，而且可减少抗原用量和接种次数，增强抗原所激发的抗体应答。此外，一些佐剂还可增强机体对肿瘤细胞或胞内感染细胞的有效免疫反应，增强吞噬细胞的非特异性杀伤功能和特异性细胞免疫的刺激作用。

①铝盐类佐剂。在疫苗制备上应用很广，对疫苗免疫的体液免疫应答的辅佐作用十分明显，常用的主要有氢氧化铝胶、明矾（钾明矾、铵明矾）和磷酸三钙。

②油乳佐剂。这类佐剂是将矿物油、乳化剂（如Span－80、Tween－80）及稳定剂（硬脂酸铝）按一定比例混合制成，抗原液与之混合可制成各种类型的油水乳剂（如油包水型乳剂、水包油包水型双乳化佐剂等）。实验室免疫常用的弗氏佐剂是用矿物油（液状石蜡）、乳化剂（羊毛脂）和灭活的结核分支杆菌或卡介苗组成的油包水乳化佐剂（含分支杆菌为弗氏完全佐剂，不含分支杆菌为弗氏不完全佐剂）。

③微生物及其代谢产物佐剂。某些灭活的菌体及其成分、代谢产物等均可起到佐剂作用，如革兰氏阴性菌脂多糖（LPS）、分支杆菌及其组成成分、革兰氏阳性菌的脂磷壁酸（LTA）、短小棒状杆菌和酵母菌的细胞壁成分、白色念珠菌提取物、细菌蛋白毒素（如霍乱毒素、百日咳杆菌毒素及破伤风毒素）等。

④核酸及其类似物佐剂。一些微生物中的核酸成分（如非甲基化的CpG序列）可起到佐剂作用。

⑤细胞因子佐剂。多种细胞因子如白细胞介素1、白细胞介素2、干扰素-γ等都具有佐剂作用，可提高和增强疫苗的免疫效果。

⑥免疫调节复合物。该复合物是一种具有较好免疫活性的脂质小体，由两歧性抗原、植物皂苷（Quil A）和胆固醇按1∶1∶1的分子混匀共价结合而成。

⑦蜂胶佐剂。蜂胶是蜜蜂采自植物幼芽分泌的树脂，并混入蜜蜂上颚腺分泌物，以及蜂蜡、花粉及其他物质的胶状固体物，有增强、调节免疫的作用。

⑧脂质体。脂质体是由磷脂和其他极性两性分子以双层脂膜构型形成的密闭的、向心性囊泡，它对与其结合或耦合的蛋白或多肽抗原具有免疫佐剂作用。

⑨人工合成佐剂。这类佐剂有胞壁酰二肽（MDP）及其衍生物、海藻糖合成衍生物。

（二）免疫调节剂

广义的免疫调节剂包括具有正调节功能的免疫增强剂和具有负调节功能的免疫抑制剂。

1. 免疫增强剂 免疫增强剂是指一些单独使用即能引起机体出现短暂的免疫功能增强作用的物质，有的可与抗原同时使用，有的佐剂本身也是免疫增强剂。免疫增强剂的种类繁多，主要有以下几种：①生物性免疫增强剂，如转移因子、免疫核糖核酸（iRNA）、胸腺激素、干扰素等；②细菌性免疫增强剂，如小棒状杆菌、卡介苗、细菌酯多糖等；③化学性免疫增强剂，如左旋咪唑、吡喃、梯洛龙、多聚核苷酸、西咪替丁等；④营养性免疫增强质，如维生素、微量元素等；⑤中药类免疫增强剂，如香菇、灵芝等真菌多糖成分，药用植物及其有效成分，中药方剂等。

免疫增强剂可用于治疗某些传染病（如真菌感染）、免疫性疾病（如免疫缺陷、免疫抑制性疾病）以及非免疫性疾病（如肿瘤）。大多数增强剂，尤其是细菌来源的制剂及其产物、细胞因子及其诱导剂等，往往具有双向调节的特点，即低浓度时的刺激作用和高浓度时的抑制作用；或者依机体免疫功能状态，可使过高或过低的免疫功能调节至正常水平。

2. 免疫抑制剂 免疫抑制剂是指在治疗剂量下可产生明显免疫抑制效应的物质。免疫抑制剂已广泛用于抗移植排斥反应、自身免疫病、变态反应以及感染性疾病等的治疗。具有免疫抑制作用的物质种类较多，根据其来源可分为以下几类：①合成性免疫抑制剂，包括糖皮质激素类固醇、烷化剂（如环磷酰胺）和抗代谢药物（如嘌呤类、嘧啶类以及叶酸对抗剂等）；②微生物性免疫抑制剂，主要来源于微生物的代谢产物，多为抗生素或抗真菌药物；③生物性免疫抑制剂，某些生物制剂如抗淋巴细胞血清及单克隆抗体、抗黏附分子单克隆抗体、细胞因子拮抗剂以及一些细胞因子等；④中药类免疫抑制剂，如雷公藤、冬虫夏草等。

免疫抑制剂可作用于免疫应答过程的不同环节，如抑制免疫细胞的发育分化、抑制抗原加工与递呈、抑制淋巴细胞对抗原的识别、抑制淋巴细胞效应等；不同分化阶段的免疫细胞对免疫抑制剂的敏感性不同，且免疫抑制剂对细胞和体液免疫应答的抑制效应各异；免疫抑制剂一般具有较为严重的副作用，在人体中，免疫抑制剂的使用可能引起骨髓抑制、肝肾功能损伤、继发严重感染和胎儿畸形等。理想的免疫抑制剂能够选择性地作用于免疫系统且不损害机体免疫功能，应用后在短时间内即可降低机体对特异性抗原的免疫应答能力，但不影响机体的免疫防御功能。

第三节 抗原的分类

一、完全抗原和半抗原

根据抗原性质可分为完全抗原和不完全抗原（即半抗原），既具有免疫原性又有反应原性的抗原为完全抗原；只具有反应原性而缺乏免疫原性的抗原为半抗原，大多数多糖、类脂、药物分子等属于半抗原。

二、主要抗原和次要抗原

几种抗原的混合组成中，起主要作用的抗原称为主要抗原。如在红细胞中，A、B 抗原对 Rh 抗原等来说是主要抗原。在微生物中，主要抗原决定微生物种、型和株的特异性。

几种抗原的混合组成中，不起主要作用的抗原，即称为次要抗原。如在红细胞中，A、B 抗原是主要抗原，而 MN 抗原、Rh 抗原则为次要抗原。在器官移植抗原中，HLA 是主要抗原，其他抗原为次要抗原。

三、根据抗原来源分类

分为异种抗原、同种异型抗原、自身抗原、异嗜性抗原。

1. 异种抗原　来自免疫动物不同种属的抗原物质称为异种抗原。如各种微生物及其代谢产物对动物来说都是异种抗原，猪的血清对兔而言是异种抗原。

2. 同种异型抗原　与免疫动物同种而基因型不同的个体的抗原物质称为同种异型抗原。如血型抗原（采用不同血清型微生物制备的疫苗，可能具有不同的免疫保护作用）、同种移植物抗原。

3. 自身抗原　能引起自身免疫应答的自身组织成分称为自身抗原。

4. 异嗜性抗原　与种、属特异性无关，存在于人、动物、植物及微生物之间的共同抗原称为异嗜性抗原。

四、根据对胸腺的依赖性分类

分为胸腺依赖性抗原（Thymus Dependent Antigen，TD 抗原）和非胸腺依赖性抗原（Thymus Independent Antigen，TI 抗原），TD 抗原在刺激 B 淋巴细胞分化和产生抗体的过程中需要辅助性 T 淋巴细胞（Th）协助，绝大多数抗原属于这一类；T1 抗原可直接刺激 B 淋巴细胞产生抗体，不需要 T 淋巴细胞的协助，仅少数抗原属于这一类，如脂多糖、荚膜多糖、聚合鞭毛素。

五、根据化学性质分类

可分为蛋白质、脂蛋白、糖蛋白、脂质、多糖、脂多糖和核酸抗原。

六、重要的天然抗原

（一）微生物抗原

各类细菌、真菌、病毒等都具有较强的抗原性，一般都能刺激机体产生抗体。

细菌抗原结构复杂，是多种抗原的复合体，含有菌体抗原、鞭毛抗原、荚膜抗原和菌毛抗原。很多细菌（如破伤风杆菌、白喉杆菌、肉毒梭菌）能产生外毒素，其成分为糖蛋白或蛋白质，具有很强的抗原性，外毒素经灭活后可制成类毒素疫苗；病毒抗原有囊膜抗原、衣壳抗原、核蛋白抗原等；真菌、寄生虫都具有相应的特异性抗原。在微生物的抗原成分中，可刺激机体产生具有抗感染作用抗体（如中和抗体）的抗原称为保护性抗原。

某些细菌或病毒的产物具有强大的刺激T细胞活化的能力，只需极低浓度（1～10ng/mL）即可诱发最大的免疫效应，这类抗原为超抗原（Superantigen，SAg），如金黄色葡萄球菌分泌的肠毒素。超抗原在被T淋巴细胞识别前不需要抗原递呈细胞的处理。

（二）非微生物抗原

这类抗原物质主要有ABO血型抗原、动物血清与组织浸液、酶类物质和激素。

（三）人工抗原

人工抗原包括合成抗原与结合抗原。合成抗原是依据蛋白质的氨基酸序列，用人工方法合成蛋白质肽链或短肽，并与大分子蛋白质载体连接，使其具有免疫原性；结合抗原是将天然的半抗原与大分子蛋白质载体连接而成，用于免疫动物制备针对半抗原的特异性抗体。

第三单元　抗　体

第一节　基本概念

一、免疫球蛋白

免疫球蛋白指具有抗体活性的动物蛋白。主要存在于血浆中，也见于其他体液、组织和一些分泌液中。人血浆内的免疫球蛋白大多数存在于丙种球蛋白（γ-球蛋白）中。免疫球蛋白可以分为IgG、IgA、IgM、IgD、IgE 5类。

二、抗　体

抗体是动物机体受到抗原物质刺激后，由B淋巴细胞转化为浆细胞产生的，能与相应抗原发生特异性结合反应的免疫球蛋白。抗体是机体对抗原物质产生免疫应答的重要产物，具有各种免疫功能，主要存在于动物的血液（血清）、淋巴液、组织液及其他外分泌液中，因此，将抗体介导的免疫称为体液免疫（Humoral Immunity）。有的抗体可与细胞结合，如IgG可与B淋巴细胞、巨噬细胞等结合，IgE可与肥大细胞和嗜碱性粒细胞结合，这类抗体称为亲细胞性抗体。在成熟的B淋巴细胞表面具有抗原受体（BCR），其成分之一称为膜表面免疫球蛋白（Surface Membrane Immunoglobulin，smIg）。

1964年，世界卫生组织举行专门会议，将具有抗体活性以及与抗体相关的球蛋白统称为免疫球蛋白（Ig）。如骨髓瘤蛋白、巨球蛋白血症、冷球蛋白血症等患者血清中存在的异常免疫球蛋白以及“正常人”天然存在的免疫球蛋白亚单位等。因而免疫球蛋白是结构及化学的概念，而抗体是生物学及功能的概念。可以说，所有抗体都是免疫球蛋白，但并非所有免疫球蛋白都是抗体。

三、免疫球蛋白的种类和抗原性

（一）免疫球蛋白的种类

免疫球蛋白可分为类、亚类、型、亚型等。免疫球蛋白可分为IgG、IgM、IgA、IgE和IgD五大类，重链分别为γ、μ、α、ε、δ。各类免疫球蛋白按轻链不同分为κ型和λ两个型。任何种类的免疫球蛋白均有两型轻链分子，如IgG的分子式为（γκ）2或（γλ）2。

（二）免疫球蛋白的抗原性

免疫球蛋白是蛋白质，可作为免疫原诱导产生抗体。一种动物的免疫球蛋白对另一种动物而言是良好的抗原。免疫球蛋白不仅在异种动物之间具有抗原性，而且在同一种、属动物不同个体之间，以及自身体内同样是一种抗原物质。免疫球蛋白分子的抗原决定簇分为同种型决定簇、同种异型决定簇和独特型决定簇3种类型。

1. 同种型决定簇　同种型决定簇指同一种属动物所有个体共同具有的免疫球蛋白抗原决定簇，同种不同个体之间不表现出抗原性，仅在异种动物之间才具有抗原性。因此，将一种动物抗体（免疫球蛋白）注射到另一种动物体内可诱导产生对同种型决定簇的抗体，称为抗抗体。

2. 同种异型决定簇　虽然同种动物不同个体的免疫球蛋白具有相同的同种型决定簇，但由于多等位基因的差异可出现微小的氨基酸差异，称为同种异型决定簇，这种差异可导致免疫球蛋白在同种动物不同个体之间呈现出抗原性。

3. 独特型决定簇　又称为个体基因型，指同一个体产生针对不同抗原或抗原决定簇的抗体，其特异性均不相同。抗体分子的特异性由免疫球蛋白的重链和轻链可变区所决定。因此，在一个个体内针对不同抗原分子的抗体之间的差别表现在免疫球蛋白分子的可变区。这种由抗体分子重链和轻链可变区的变化可产生独特型抗原决定簇，又称为独特位。每种抗体都有多个独特位，独特位的总和称为抗体的独特型。独特型在异种、同种异体乃至同一个体内均可刺激产生相应的抗体，这种抗体称为抗独特型抗体。

第二节　抗体的结构与功能

一、免疫球蛋白的基本结构

组成各类抗体的免疫球蛋白单体分子均具有相似的结构，即是由两条相同的重链（Heavy Chain）和两条相同的轻链（Light Chain）4条肽链构成的Y形的分子（图6-2）。

根据重链恒定区氨基酸组成和排列顺序（即抗原特异性）的不同，可将Ig分为五大类型，即IgG、IgM、IgA、IgD和IgE，其重链分别为γ、μ、α、δ和ε 5种类型。所有Ig的轻链都相同，根据其氨基酸的序列和抗原性不同，可分为κ和λ型，各类Ig分子均含有κ

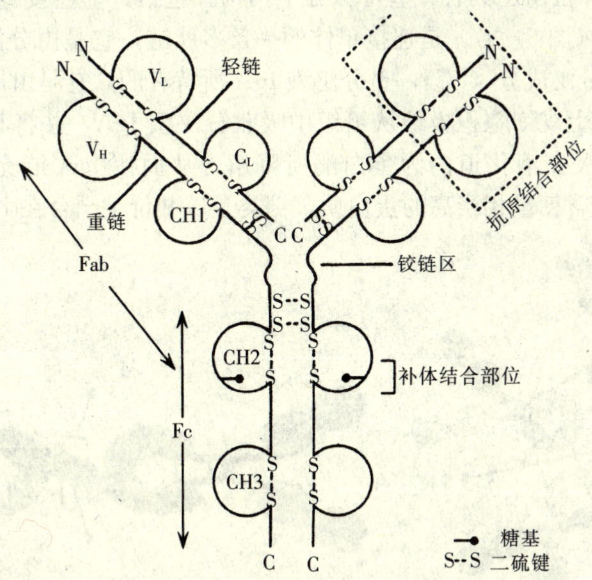

图 6-2　免疫球蛋白单体（IgG）的基本结构

型和 λ 型两类分子。其中 IgG、IgD、IgE 和大多数血清型 IgA 均为单体；分泌型 IgA 为双体，即两个单体 IgA 由 J 链相连，另加一个分泌片（为一种含糖的肽链，以非共价形式结合到二聚体上，有防止 IgA 被蛋白水解酶降解和将其转运至黏膜表面的功能）；IgM 为五聚体，即由 5 个 IgM 单体通过 J 链相连而成。

二、鱼类抗体的基本结构

所有种类抗体（免疫球蛋白）的单体分子结构都是相似的，即是由两条相同的重链和两条相同的轻链（4 条肽链）构成的 Y 形分子。IgG、IgE，血清型 IgA、IgD 均以单体分子形式存在，IgM 是以 5 个单体分子构成的五聚体，分泌型的 IgA 多是以 2 个单体构成的二聚体。

（一）重链（heavy chain，H 链）

由 420～440 个氨基酸组成，两条重链之间由一对或一对以上的二硫键（—S—S—）互相连接。重链从氨基端（N 端）开始最初的 110 个氨基酸的排列顺序以及结构随抗体分子的特异性不同而有所变化，这一区域称为重链的可变区（V 区），其余的氨基酸比较稳定，称为稳（恒）定区（C 区）。重链有 5 种类型——γ、μ、α、ε、δ，由此决定了免疫球蛋白的类型即 IgG、IgM、IgA、IgE 和 IgD。

（二）轻链（light chain，L 链）

由 213～214 个氨基酸组成，两条相同的轻链其羧基端（C 端）靠二硫键分别与两条重链连接。轻链从氨基端开始最初的 109 个氨基酸（约占轻链的 1/2）的排列顺序及结构随抗体分子的特异性变化而有差异，称为轻链的可变区（V_L），与重链的可变区相对应，构成抗体分子的抗原结合部位，其余的氨基酸比较稳定，称为恒定区（C_L）。免疫球蛋白的轻链可分为 κ 型和 λ 型，各类免疫球蛋白都有 κ 型和 λ 型两型轻链分子，其同型轻链是相同的。

此外，个别免疫球蛋白还具有一些特殊分子结构，包括：①连接链（J 链），为 IgM 和分泌型的 IgA 所具有（图 6－3），是连接单体的一条多肽链，它是由分泌 IgM、IgA 的同一浆细胞所合成的。②分泌成分（SC），是分泌型 IgA 所特有的，它是由局部黏膜的上皮细胞所合成的。SC 能促进上皮细胞积极地从组织中吸收分泌型 IgA，并将其释放于胃肠道和呼吸道，同时可防止 IgA 在消化道内为蛋白酶所降解，从而使 IgA 能充分发挥免疫作用。③糖类，免疫球蛋白是含糖量相当高的蛋白质，糖类是以共价键结合在 H 链的氨基酸上。

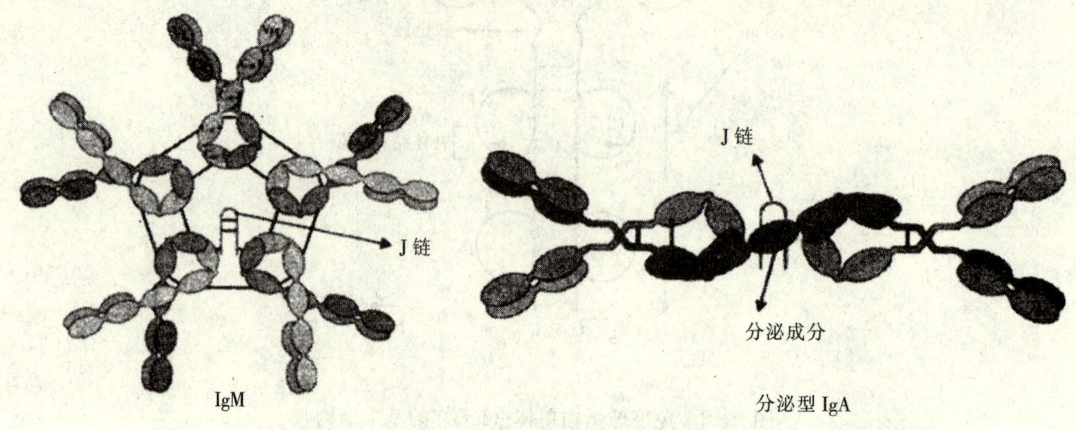

图 6－3 IgM 和分泌型 IgA 的结构

（三）抗体的功能区

抗体分子的多肽链分子可折叠形成几个由链内二硫键连接成的环状球形结构，这些球形结构称为功能区。免疫球蛋白的每个功能区都由约 110 个氨基酸组成。IgG、IgA、IgD 的重链有 4 个功能区，其中一个功能区在可变区，其余的在恒定区，分别称为 V_H、CH1、CH2、CH3；IgM 和 IgE 有 5 个功能区，即多了一个 CH4。轻链有两个功能区，即 V_L 和 C_L，分别位于可变区和恒定区。

1. V_H－V_L 抗体分子结合抗原的所在部位。由重链和轻链可变区内的高变区构成抗体分子的抗原结合点，又称为抗体分子的互补决定区（Complementarity Determining Regions，CDRs），决定抗体结合抗原的特异性。

2. GH1－C_L 为遗传标志所在区。

3. CH2 为抗体分子的补体结合位点，与补体的活化有关。

4. CH3/CH4 与抗体的亲细胞性有关。CH3 是 IgG 与一些免疫细胞的 Fc 受体的结合部位；CH4 是 IgE 与肥大细胞和嗜碱性粒细胞的 Fc 受体的结合部位。

5. 铰链区（Hinge Region） 位于 CH1 与 CH2 之间大约 30 个氨基酸残基的区域，由 2～5个链间二硫键、CH1 尾部和 CH2 头部的小段肽链构成。此部位与抗体分子的构型变化有关，当抗体与抗原结合时，该区可转动，以便一方面使可变区的抗原结合点尽量与抗原结合，与不同距离的两个抗原表位结合，起弹性和调节作用；另一方面可使抗体分子变构，其补体结合位点暴露出来。

三、各种抗体的特点和生物学功能

抗原刺激动物机体，可产生 IgM、IgG、IgA、IgD 及 IgE 抗体。

1. IgG 为动物血清中含量最高的免疫球蛋白，是动物自然感染和人工主动免疫后所产生的主要抗体。IgG 是动物机体抗感染免疫的主力，同时也是血清学诊断和疫苗免疫后监测的主要抗体。在动物体内 IgG 不仅含量高，而且持续时间较长，可发挥抗菌、中和病毒和毒素等免疫学活性。

2. IgM 由 B 淋巴细胞产生并在其表面表达的第一个抗体，是 B 淋巴细胞抗原的受体，是动物机体初次体液免疫反应最早产生的免疫球蛋白，但是，持续时间较短，不是机体抗感染免疫的主力，而在抗感染免疫的早期却起着十分重要的作用；同时也是血液中存在的可溶性分子，可通过检测 IgM 抗体进行疫病的血清学早期诊断。IgM 具有抗菌、中和病毒和毒素等免疫活性。

3. IgA 分泌型 IgA 对机体呼吸道、消化道等局部黏膜免疫起着相当重要的作用，特别是对于一些经黏膜途径感染的病原微生物。因此，分泌型 IgA 是机体黏膜免疫的一道“屏障”。

4. IgD IgD 很少分泌，在血清中的含量极低且极不稳定，容易降解。IgD 分子质量为 170～200ku。IgD 主要作为成熟 B 淋巴细胞上的抗原受体，是 B 淋巴细胞的重要表面标志，而且与免疫记忆有关。

5. IgE IgE 在血清中的含量甚微，是一种亲细胞性抗体，易于与皮肤组织、肥大细胞、血液中的嗜碱性粒细胞和血管内皮细胞结合，介导Ⅰ型过敏反应。IgE 在抗寄生虫感染中具有重要的作用。

第三节 抗体的人工制备

一、多克隆抗体

采用传统的免疫方法，将抗原物质经不同途径注入动物体内，经数次免疫后采取动物血液，分离出血清，由此获得的抗血清即为多克隆抗体（Polyclonal Antibody，PcAb）。无论细菌抗原，还是病毒抗原，均是由多种抗原成分所组成。单一的纯蛋白质抗原也含有多种抗原表位，进入机体后可激活许多淋巴细胞克隆，机体可产生针对各种抗原成分或抗原决定簇（表位）的抗体，由此获得的抗血清是一种多克隆的混合抗体，具有高度的异质性。

二、单克隆抗体

单克隆抗体是指由一个 B 淋巴细胞分化增殖的子代细胞（浆细胞）产生的针对单一抗原决定簇的抗体。这种抗体的重链、轻链及其可变区独特型的特异性、亲和力、生物学性状及分子结构均完全相同。与多克隆抗体相比，单克隆抗体具有同质性和专一结合抗原的特性，可用于临床上诊断和治疗疾病。制备单克隆抗体采用的是淋巴细胞杂交瘤技术，即人工将产生特异性抗体的 B 淋巴细胞与骨髓瘤细胞融合，形成 B 淋巴细胞杂交瘤，这种杂交瘤细胞既具有骨髓瘤细胞无限繁殖的特性，又具有 B 淋巴细胞分泌特异性抗体的能力，由克隆化的 B 淋巴细胞杂交瘤所产生的抗体即为单克隆抗体（Monoclonal Antibody，McAb）。

三、基因工程抗体

利用 DNA 重组技术及蛋白质工程技术对编码抗体的基因进行加工改造和重新组装，利用相应的表达系统制备的抗体分子称为基因工程抗体（Genetic Engineering Antibody）。基因工程抗体是分子水平的抗体，被誉为“第三代抗体”。基因工程抗体是按人类设计所重新组装的新型抗体分子，可保留或增加天然抗体的特异性和主要生物学活性，去除或减少无关结构（如 Fc 片段），从而可克服单克隆抗体在临床应用方面的缺陷（如鼠源单克隆抗体在人体内使用会引起抗体产生而降低其效果，Fc 片段的无效性和副作用），因此基因工程抗体更具有广阔的应用前景。

基因工程抗体的制备过程首先是获得抗体基因片段，可从 B 淋巴细胞 DNA 库中筛选，也可用探针从杂交瘤细胞、免疫脾细胞的 DNA 库或 cDNA 库中筛选，或以 PCR 法直接扩增等。然后将抗体基因片段导入真核细胞（如杂交瘤细胞）或原核细胞（如大肠杆菌），使之表达具有免疫活性的抗体片段。目前基因工程抗体有嵌合抗体、重构抗体、单链抗体、IG 相关分子以及噬菌体抗体等类型。

与杂交瘤鼠源性单克隆抗体相比，基因工程抗体具有以下优点：①生产简单，价格低廉；②降低单克隆抗体的免疫原性；③改善抗体药物动力学；④容易获得稀有抗体等。

四、催化抗体

（一）催化抗体的概念

具有催化活性的免疫球蛋白称为催化抗体（Catalytic Antibody），又称抗体酶（Abzyme）。由于兼具抗体的高度选择性和酶的高效催化性，催化抗体制备技术的开发预示着可以人为生产适应各种用途的特别是自然界不存在的高效催化剂，对生物学、化学和医药等多学科具有重要的理论意义和实用价值。

（二）催化抗体的制备

催化抗体技术是化学和免疫生物学的研究成果在分子生物学水平交叉渗透的产物，是将抗体的极其多样性和酶分子的巨大催化能力结合在一起的蛋白质分子设计的新方法。

就亲和性和结合特异性而言，抗体—抗原的相互作用与酶—底物的相互作用相似，但这两类反应差别巨大。抗体与处于稳定、低能构型的抗原作用，而酶与处于不稳定、高能的过渡态底物结合。酶结合能量帮助打开底物分子的化学键。因此抗体酶的结构应该与底物过渡态互补。但这种过渡态往往只短时间存在，所以必须先制备底物过渡态的稳定、低能类似物，然后制备抗体酶。目前制备催化抗体有以下 4 种方法。

（1）*细胞融合法* 首先通过化学反应合成反应物的过渡态类似物（通常是半抗原），经与载体蛋白偶联，制成抗原免疫 BALB/c 小鼠，应用 B 淋巴细胞杂交瘤技术研制针对该过渡态类似物的特异性单抗（即抗体酶）。这种单抗与反应物的过渡态结合降低了反应的活化能，从而加速该反应的进行，如催化碳酸酯水解的抗体 MOPC167 就以此法制备。

（2）*抗体结合位点化学修饰法* 抗体酶和酶一样也可以用化学修饰的方法加以改造。对抗体酶进行结构修饰的关键是找到一种温和的方法在抗体结合位置或附近引入具有催化功能的基团。游离巯基就是适合的基团之一，它具有高亲和性，易于氧化，能通过二硫化物进行交换反应或亲电反应而选择性修饰的特点。

（3）*引入辅助因子法* 很多天然酶活性中心都含有金属离子。可等将金属离子引入抗体酶，催化肽键的选择性水解。

（4）*基因工程抗体技术* 基因工程抗体又称重组抗体，是指利用重组 DNA 及蛋白质

工程技术对编码抗体的基因按不同需要进行加工改造和重新装配，经转染适当的受体细胞所表达的抗体分子。基因工程抗体是以基因工程等生物技术为平台而制备的生物药物总称。

第四单元　水生动物的免疫器官、细胞与系统

第一节　免疫器官的组成、结构与功能

一、概　　念

免疫系统是动物机体产生免疫应答的物质基础，主要由免疫器官、免疫细胞和免疫分子组成。

机体执行免疫功能的组织结构称为免疫器官，是淋巴细胞和其他免疫细胞发生、分化成熟、定居和增殖及产生免疫应答的场所。

二、甲 壳 类

虾、蟹、水蚤等甲壳动物属无脊椎动物中的节肢动物门（Arthropoda）、甲壳纲（Crustacea）。免疫系统在动物系统发生过程中存在由低级向高级逐步发展和完善的进化过程。与脊椎动物的免疫系统相比，甲壳动物的免疫系统不完善，仅由免疫器官、免疫细胞和免疫因子组成，能广泛识别外来异物并对其产生积极的免疫应答。

虾类属节肢动物门（Arthropoda）、甲壳纲（Crustacea）、十足目（Decapoda），其代表种为日本沼虾（*Macrobrachium nipponense*）。虾类身体分为头胸部和腹部两部分：头胸甲呈圆筒形，前端有额剑，鳃被完全包裹而不外露；腹部发达，分为6个体节，第六腹节之后另有尾节；虾类的附肢对数较多，胸肢前3对形成颚足，后5对为步足。虾类免疫系统由免疫细胞、免疫器官和体液免疫因子组成。

虾类免疫器官包括鳃、血窦和淋巴器官。

1. 鳃　虾的鳃由鳃轴、主鳃丝、二级鳃丝组成。鳃除了作为重要的呼吸器官进行呼吸外，还是重要的免疫器官。鳃具有重要的滤过作用，此外，还在异物清除中起重要作用。进入机体内的异物，除通过血细胞吞噬作用加以清除外，还可随血淋巴进入鳃中存储和清除。各种注射或其他方式进入虾体内的异物，可经血淋巴滤入鳃丝中，并储存在鳃血窦和鳃丝末端膨大结构中，鳃丝腔中的血细胞可游走至此囊状结构中进行吞噬清除，或在蜕壳时一起蜕掉。所有进入鳃的异物，都不会通过鳃血管重新流回体内，表明鳃具有高效的主动性过滤。

2. 血窦　实质上就是充满血淋巴的腔，大、小血窦遍布全身。虾的血液循环是开放式循环，体液和血液混在一起，因此虾的血液常被称作血淋巴。虾类的血窦分布于机体各处，既是血淋巴交换的场所，也是病原微生物常常入侵的部位。血窦滤过异物后，血细胞数量明显增加，吞噬作用明显增强，吞噬体的降解产物和毒物可引起类炎症反应。

3. 淋巴器官　虾类的淋巴器官位于胃的腹侧，左右各1叶，长5～7mm，外包被结缔组织膜，内部由淋巴小管（动脉管）和球状体组成。淋巴小管由一类具有高吞噬活性、形态相似的细胞组成，其吞噬活性比血细胞强。球状体是由退化血细胞在血窦中聚集形成的细胞团，具有酚氧化酶和过氧化物酶活性。球状体的形成是虾类对病原微生物感染作出的一种普遍反应。根据球状体的形态及其形成，可分为肿瘤样阶段（无囊状纤维细胞包绕）、球形阶段（完全被纤维包绕）、退化阶段（具有泡囊细胞）3个阶段。

虾类血淋巴中含有天然形成的或诱导产生的各种生物活性分子，包括各类抗菌因子、抗病毒因子、细胞激活因子、识别因子等，重要的有模式识别蛋白、凝集素、酚氧化酶原激活系统、溶血素、抗菌肽、热休克蛋白等。这些免疫因子在识别外来病原菌和病毒等异物，通过凝集、沉淀、包裹和溶解等方式抑制或杀灭病原体，通过调理作用促进血细胞吞噬外来颗粒等方面发挥作用。

三、鱼　类

胸腺、肾脏和脾脏以及黏膜淋巴组织是鱼类最主要的免疫组织和器官。

鱼类种类繁多，其胚胎发育受环境影响较大，不同鱼类免疫器官的发育状况各不相同。

鱼类免疫器官发生的顺序，淡水鱼类的胸腺是最早形成的免疫器官，随后为头肾和脾脏。而海水鱼类免疫器官的发育顺序依次是头肾、脾脏和胸腺。

（一）胸腺

1. 胸腺的形态、结构　胸腺是鱼类重要的免疫器官，是淋巴细胞增殖和分化的主要场所。胸腺可向血液和二级淋巴器官输送淋巴细胞。鱼类胸腺起源于胚胎发育的咽囊，在免疫组织的发生过程中最先获得成熟淋巴细胞，一般认为是鱼类的中枢免疫器官。鱼类胸腺在发育过程中与头肾逐渐靠拢，并伴随有明显的细胞迁移发生。

鱼类的胸腺位于鳃腔背后方，表面有一层上皮细胞膜与咽腔相隔，有效防止了抗原性或非抗原性物质通过咽腔进入胸腺实质。真骨鱼类的胸腺位于鳃盖骨背联合处的皮下，呈一对卵圆形的薄片组织，被鳃室黏膜覆盖，由与咽囊上皮结合在一起的胸腺原茎发育而成。软骨鱼类（鲨类）的胸腺可以清楚地区分为皮质和髓质两部分。

2. 胸腺的发育和退化　随着鱼类性成熟、年龄增长，或受环境胁迫和激素等外部刺激，鱼类胸腺可发生退化。不同月龄鱼类胸腺的细胞数量、大小及各区的比例也可呈现规律性的

变化。

幼年鱼胸腺组织切片中可见大量有丝分裂的胸腺细胞，性成熟期鱼体胸腺组织切片中则很少见到有丝分裂的胸腺细胞。

胸腺参与细胞免疫和刺激淋巴细胞的成熟，鱼类胸腺在其性成熟期有退化现象。

3. 光照对胸腺容积的影响　胸腺容积大小及其变化与光照周期性有密切关系。光照时间延长，胸腺容积相对增大。胸腺释放小淋巴细胞也与光照节律有关。

摘除眼球或者松果体，会影响青蛙对光照的感应性，其胸腺会发生急剧退化。

（二）肾脏

肾脏（前肾）是鱼类的造血器官。不同鱼类的肾脏形态和结构不同。真骨鱼类肾脏位于腹膜后，向上紧贴于脊椎腹面，通常达体腔全长，呈浅棕色或深棕色甚至黑色。肾脏主要分为前（头）肾与后肾两部分。胚胎时期前后、肾脏均为成对结构，成鱼阶段肾脏形状因种类不同而有所差异。

鱼类肾脏能产生红细胞、淋巴细胞等血液细胞，相当于哺乳动物骨髓的功能，头肾中有大量未分化的血液细胞，并混有各种白细胞、红细胞及大小淋巴细胞。鱼类肾脏存在吞噬作用细胞和抗体产生细胞，又相当于哺乳动物淋巴结的功能。因此，硬骨鱼类头肾具有类似哺乳动物中枢免疫器官及外周免疫器官的双重功能。

真骨鱼类的肾脏是一个混合器官，包括造血组织、网状内皮组织、内分泌组织和排泄组织。前肾主要承担免疫学功能，后肾主要承担排泄功能。前肾主要为造血组织，由网状内皮细胞及其支架构成，其间充满血母细胞。鱼类肾中的网状内皮细胞相当于哺乳动物骨髓网状内皮细胞，它们衬垫于血窦的内壁。肾门静脉血流经过这些血窦，滤过衰老细胞，补充新的细胞。肾组织中嵌有司登尼小体和相当于肾上腺皮质及髓质的肾组织，主要由黑素巨噬细胞组成，称为黑素巨噬细胞中心，其主要吞噬血流中异源性物质，包括微生物、自身衰老细胞及细胞碎片等。哺乳动物中不存在黑素巨噬细胞中心。肾脏中含有大量淋巴细胞和浆细胞，是鱼类抗体产生的主要器官。

（三）脾脏

低等鱼类盲鳗没有脾脏，其肠道内的肠内纵隆起的部分可能相当于高等动物脾脏的“原始脾脏”作用。免疫组织化学技术证实远东七鳃鳗的肠内纵隆起中的浆细胞能产生特异性抗体；抗体阳性鱼血液中存在形态上同淋巴细胞非常相似的小型细胞，可能为分化中的浆细胞。

软骨鱼类和硬骨鱼类都具有独立的脾脏，由红髓和白髓组成，红髓主要由红细胞组成，白髓主要由大、小淋巴细胞及粒细胞组成，但两者无明显界线。脾脏中存在各种分化阶段的红细胞及淋巴细胞，是鱼类的主要造血器官；脾脏还有过滤净化血液的功能，其中的巨噬细胞可捕获和吞噬血液中的异物。软骨鱼类脾脏较大。

硬骨鱼类脾脏位于胃大弯或肠曲附近，通常为一个。某些鱼类的脾脏可分裂为两个或两个以上的小脾。健康鱼的脾脏棱角分明、暗红或黑色，脾被膜有弹性，具有造血和免疫功能，是真骨鱼类中唯一发现的淋巴样器官。草鱼脾脏呈深褐色，位于肝脏左叶后下方，外被一层结缔组织被膜，内由脾小梁、毛细血管网、脾窦以及其间的细胞群组成。脾内的细胞主要有红细胞、淋巴细胞、单核细胞、粒细胞和巨噬细胞等。

鱼类脾脏是红细胞、粒细胞产生、贮存和成熟的主要器官，大多数鱼类脾脏主要由椭圆体、脾髓及黑色巨噬细胞中心组成。椭圆体由脾小动脉分支形成的厚壁滤过性毛细血管组成，血管内含有巨噬细胞，主要起吞噬和滤过作用；脾髓主要由嗜银纤维的支持组织和吞噬细胞构成，黑色巨噬细胞中心的作用类似肾脏，对血流中异物有很强吞噬力。脾脏中含有大量的淋巴细胞，与鱼类体液免疫有关。

与头肾相比，脾脏在体液免疫反应中处于相对次要的地位，通常受抗原刺激后的增殖反应以弥散的方式发生在整个器官上。大多数硬骨鱼类脾内的椭圆体具有捕集各种颗粒性和非颗粒性物质的功能。硬骨鱼类免疫接种后，其脾、肾和肝等器官黑色素巨噬细胞增多，并与淋巴细胞和抗体生成细胞聚集，形成黑色素巨噬细胞中心，主要作用有：①参与体液免疫和炎症反应；②对内源或外源异物进行贮存、破坏或脱毒；③作为记忆细胞的原始生发中心；④保护组织免除自由基损伤。鱼类脾脏与高等脊椎动物脾脏生发中心在组织与功能上相似，但是，鱼类脾脏作为免疫器官的功能，还有许多问题尚待澄清。

（四）黏膜淋巴组织（Mucosal Associated Lymphoid Tissue，MALT）

黏膜淋巴组织又称黏膜相关淋巴组织或黏膜免疫系统，是指分布在鱼类皮肤、消化道和鳃黏膜固有层和上皮细胞下散在的淋巴组织。鱼类皮肤、鳃和消化道是病原微生物侵入鱼体的门户，在其上皮组织中存在淋巴细胞、巨噬细胞和各类粒细胞等。当鱼体受到抗原刺激时，巨噬细胞可以对抗原进行处理和递呈，抗体分泌细胞（Antibody Secreting Cell，Asc）会分泌特异性抗体，与黏液中溶菌酶和补体等非特异性的保护物质组成抵御病原微生物感染的防线。黏膜免疫包括鱼的鳃、肠道和皮肤等黏膜样淋巴组织及其分泌黏液所具有的免疫功能。鳃、肠分泌黏液和表皮是鱼体防御的第一道屏障。

1. 鳃淋巴样组织　鱼鳃淋巴样组织是黏膜免疫系统的重要组成成分，鳃上皮内存在白细胞，如大西洋鲑灌注鳃中可分离出大淋巴细胞、小淋巴细胞、巨噬细胞、中性粒细胞和嗜酸性粒细胞；用电镜可观察到牙鲆鳃小片上免疫相关细胞的分布和形态，牙鲆鳃小片主要由扁平上皮细胞和柱细胞构成，血窦腔极为发达，鳃小片在功能上可分为气体交换区和免疫区两个区。气体交换区位于上半部分，血窦内主要分布着红细胞；免疫区位于鳃小片基部，血窦腔中分布淋巴细胞、单核细胞、中性粒细胞和嗜酸性粒细胞等免疫相关的细胞；还可观察到泌氯细胞和黏液细胞。

2. 肠淋巴样组织　牙鲆肠淋巴样组织存在嗜酸性粒细胞，常存在于肠黏膜层及黏膜下层靠近肌肉层的淋巴腔中，具有大型非匀质颗粒。牙鲆肠淋巴样组织内嗜酸性粒细胞的变化可分为增长期、成熟期、分泌期和衰退期4个时期，并可观察到嗜酸性粒细胞有明显的外排现象。

肠和鳃淋巴样组织是鱼类免疫防御系统的重要组成部分。

3. 不同免疫途径及黏膜免疫与系统免疫的关系　鱼类黏膜免疫系统相对于免疫系统具有一定的自主性，免疫接种途径不同，两者体液免疫应答的强度和变化规律不同。

经口腔和腹腔免疫可明显刺激系统免疫应答，经浸泡免疫和肛门插管免疫可产生明显的黏膜免疫反应。这对于养殖鱼类免疫接种方法的选择和改进具有实际指导意义。

在水产养殖生产中，当鱼类完成胚胎发育后，我们关注的就是养殖鱼成活率的问题。一般认为成活率与鱼类免疫功能是有必然联系的。然而鱼体的免疫功能成熟时间取决于淋巴器官的形态发育和生长，有学者认为鱼类免疫活性的启动是有条件的，即淋巴细胞在淋巴器官出现后，免疫活性细胞需要达到一定数量时，鱼体的免疫功能才能成熟，此时进行人工免疫，免疫效果最好。由此可见，幼鱼本身免疫系统在形态和功能上是否都完全成熟是应用疫苗的基础。

四、两 栖 类

两栖类动物的主要免疫淋巴器官包括胸腺、骨髓、脾脏、肾脏及分布于各组织器官的淋巴组织。

（一）胸腺

在两栖动物中，蚓螈目和蝾螈目的胸腺后来成长条分叶腺体，显示其合的痕迹，深埋在颈部两侧；蛙形目的呈结实的卵圆体，位于鼓膜后侧，为下颌肌所掩盖。

两栖动物的胸腺存在退化现象，其可分为正常性退化和偶然性退化两种。正常性退化与一年四季变化有关。从初春到初秋，胸腺高度发达，机体的免疫功能强；而从秋季中期开始到冬季结束，胸腺开始退化，机体免疫功能有所下降。无尾目两栖动物胸腺的季节变化与神经内分泌系统中免疫抑制激素有关。偶然性退化通常由饥饿或疾病引起，随着这些因素的消除，退化也就消失。在个体发育中，胸腺是首先发育并起作用的淋巴器官，是T细胞分化、成熟的场所，其功能状态直接决定机体细胞免疫功能，并间接影响体液免疫。

两栖动物胸腺表面有一层结缔组织被膜覆盖，其结缔组织向腺部内伸展形成许多间隔，把整个腺体分成若干小叶，小叶的外层为皮质，内层为髓质，相邻小叶的髓质彼此相通，而在皮髓质交界处含大量血管。

1. 皮质　位于胸腺小叶的外周部分，淋巴细胞密集，着色较深，是T淋巴细胞发育和成熟的主要场所，内有少量上皮网状细胞和巨噬细胞分布，在皮质部较少发现胸腺小体。

2. 髓质　位于皮质内侧，髓质的淋巴细胞排列稀疏，着色较淡，主要由上皮网状细胞构成。上皮网状细胞轮廓清晰，呈现网状结构。在髓质部有较多的胸腺小体和囊包：胸腺小体呈圆形，由数层向心性细胞组成外周和网状细胞相连接而构成；囊包则是由细胞或黏液物质组成。通常囊包比胸腺小体大，数量要多，细胞排列稀疏。髓质部还发现横纹纤维的肌样细胞，肌样细胞能促进组织液的循环或可能提供自身抗原，以训练T淋巴细胞使其对自身抗原发生免疫耐受。并非所有两栖类均存在肌样细胞。

哺乳动物胸腺仅有T淋巴细胞，而两栖动物胸腺中含有不同比例的T淋巴细胞、B淋巴细胞。

正常蝌蚪切除胸腺，其生殖腺发育较正常快，表明胸腺有阻抑性器官早熟的作用；将蝌蚪脑垂体切除，胸腺可比正常增大1倍，表明胸腺发育受脑垂体的控制。从系统发育看，无尾两栖类动物胸腺不仅是一个中枢免疫器官，也是一个神经内分泌器官。

（二）骨髓

两栖类动物的骨髓既是造血器官，也是免疫器官，它分布在股骨和肩胛骨等的骨松质中，是一种海绵状、胶状或脂肪状的组织，由血管、神经、网状组织及基质等组成。网状组织和网状纤维组成的网状组织，构成了骨髓的网架，网孔中充满了淋巴细胞、单核细胞等各种游离细胞。骨髓分为红骨髓和黄骨髓。红骨髓主要行使造血和免疫功能，切片横切面呈放射性状，白细胞主要位于周边，而中间很少；黄骨髓主要是脂肪细胞，无造血功能。当机体发生病变时，白细胞数量相对增加，红细胞等细胞发生变形。

骨髓最早出现于两栖类。美洲豹蛙成体中已有骨髓淋巴样组织，爪蟾中骨髓更为原始，股骨的骨髓只是中性粒细胞分化的主要场所。大鲵骨髓及脾组织涂片中均发现造血干细胞和血细胞发生的各阶段细胞，血细胞发生模式与高等脊椎动物类似。大鲵红骨髓是成体后活跃的造血器官，脾的造血功能不及骨髓活跃，但脾脏仍然是大鲵终生的造血器官。

（三）脾脏

两栖类动物的脾脏为暗红色的小圆形体，是唯一具有特定形态结构的外周免疫器官，不同种类其脾脏组织结构常存在较大差异。脾脏实质分为白髓和红髓，两者分界边缘因种类不同而不同。红髓中没有淋巴小结，也无典型的淋巴鞘结构。

由淋巴组织环绕动脉形成的白髓仅出现在某些无尾两栖类动物中，其发育不完善。高等种类如光滑爪蟾及黄背条蟾等，脾脏结构更为精细，两层密集淋巴细胞围绕中央动脉形成白髓，红髓、白髓间出现明显的边缘区将两者分开，已类似于某些爬行动物。

无尾目两栖动物的脾脏有一定的红细胞制造功能和较强的淋巴细胞制造功能。

两栖类动物脾脏整个白髓的排列与哺乳动物不同，除淋巴细胞外，还有少量典型的浆细胞参与体液免疫，浆细胞的粗面内质网池断面短且呈扩张状态，表明具有较强的贮存抗体能力。脾脏作为免疫器官，还具有类似 NK 细胞的细胞毒性功能，可通过趋化作用聚集 T 淋巴细胞，溶解同基因肿瘤靶细胞，达到抗肿瘤、抗感染作用。

（四）肾脏

肾脏位于腹腔背中线的两侧，平行排列，颜色深红，长而扁平，内含许多肾细管。原肾出现于胚胎期，生长期代之以中肾，具有排泄、贮存钙和氯化物的功能。肾脏分为皮质部与髓质部。

两栖类动物的肾脏具有造血功能。

（五）淋巴结和肠系淋巴组织（GALT）

两栖动物无淋巴结，在某些较高等的两栖类中看到淋巴髓样结，组织学结构不同于哺乳动物淋巴结。两栖动物淋巴髓样结主要是滤血器官，在淋巴腔中聚集了一些淋巴样和髓样细胞，这类细胞可出现在成蛙的颈部和腋下部。

肠系淋巴组织最早出现于无颌类（最低等的脊椎动物）。蛙的肠系淋巴组织类似于哺乳动物的黏膜淋巴组织（MALT），分布于蛙整个小肠区。GALT 是肠中抗原进入组织细胞的第一道防线。

五、爬行类

爬行动物的主要免疫淋巴器官包括胸腺、脾脏、肾脏、淋巴结样器官以及分布于消化系统、呼吸系统、内分泌器官和尿生殖器官中的弥散性淋巴集结或淋巴组织。

（一）胸腺

胸腺是存在于所有爬行动物的淋巴器官，胸腺是爬行动物个体发育过程中最早出现的免疫器官，是培育各种 T 细胞的重要场所。龟、鳖的胸腺位于颈下部两侧，紧贴胸腔处，与胸腔仅隔一薄层膜，胸腺左右各一只，形状扁而不规则，大小约 10mm×6mm×2mm。爬行动物胸腺在组织结构上相似于更高等的脊椎动物的胸腺，但也有自己的结构特点。爬行动物的胸腺起源于咽囊，胸腺原基为咽囊壁背突生长发育而成。不同类群爬行动物胸腺起源于不同的咽囊，龟鳖目胸腺主要起源于第三对咽囊，第四对或第五对咽囊也参与某些龟鳖胸腺的器官形成。

1. 胸腺的组织结构　胸腺属实质性器官，表面覆盖由纤维细胞、成纤维细胞和胶原纤维组成的纤维性结缔组织被膜。被膜的结缔组织伸入胸腺实质形成小叶间隔，将胸腺分成许多不完全的小叶。胸腺小叶由皮质和髓质组成，皮质位于胸腺小叶的外周，由致密淋巴细胞组成，染色较深；髓质位于小叶中央，以上皮细胞为主，淋巴细胞稀疏，染色较淡，相邻小叶的髓质相通。

（1）皮质　胸腺皮质由上皮网状细胞形成相互吻合的网状结构，网眼中充满淋巴细胞，还可见少量巨噬细胞、零星分布的类肌细胞，偶见胸腺小体。类肌细胞是爬行动物胸腺的固有成分，其功能尚不清楚。在实质与结缔组织之间，隔有一层扁平的上皮网状细胞，毛细血管含量丰富，在血管与周围的上皮网状细胞之间有排列不规则的网状纤维，有时可见淋巴细胞和巨噬细胞。皮质与髓质交界处可见与哺乳类相似的毛细血管后微静脉。

（2）髓质　含有较多的上皮网状细胞及一些胸腺小体，淋巴细胞含量较少，类肌细胞三五成群或单个散在，嗜派若宁细胞常分布于血管周围，还可见巨噬细胞和肥大细胞，以及由上皮网状细胞构成的胸腺囊。胸腺小体数量较多，其大小、形态和结构不一。银染切片中网状纤维丰富，常纵向排列，沿途有许多纤细分支，有些明显爪蟾脾脏分为胸腺依赖区和非胸腺依赖区。白髓滤泡中含有B淋巴细胞，在前滤泡周围区B淋巴细胞表面无Ig分子。红髓区开始接收血液循环中带来的物质，其循环抗原又可被白髓滤泡捕捉。抗原留在大的树突细胞表面，树突细胞从细胞质中伸出伪足穿过介膜，到达T细胞丰富的边带。沿上皮网状细胞的表面分布，有些则与上皮网状细胞无联系。

（3）胸腺小体　有同心圆状和囊状的两种形态。囊状胸腺小体可存在于胸腺各发育阶段。

（4）胸腺囊　包括细胞内囊和细胞间囊。胸腺囊在两栖类、爬行类、鸟类和哺乳类均有发现，其功能意义尚未确定。

（5）血—胸腺屏障　胸腺内部毛细血管与淋巴细胞之间存在屏障结构，有一定的结构特征。爬行动物胸腺内血—胸腺屏障主要由毛细血管内皮、内皮下基膜、上皮性网状细胞基膜、上皮性网状细胞4层结构组成。此外，在血—胸腺屏障外侧偶见巨噬细胞、单个分布或一个聚集排列的具细胞内囊的上皮性网状细胞。毛细血管为连续型，内皮细胞呈扁平或低立方状，内皮细胞之间有紧密连接，胞质内含吞饮小泡，靠近管腔面尤多。

2. 胸腺的退化　爬行动物的胸腺也存在退化现象，分为正常性退化与偶然性退化两种。正常性退化又分季节相关退化和年龄相关退化两种，季节相关退化是短暂的，年龄相关退化因年龄增长而不断退化，呈趋势性。偶然性退化多因饥饿或疾病引起，随着这些因素的消除，退化也消失。冬季，胸腺细胞减少，结缔组织相对减少，到夏季，胸腺皮质和髓质的界限模糊不清，胸腺组织最发达。

（二）脾脏

脾脏在爬行动物免疫系统中占据重要的位置，参与体液免疫。龟、鳖的脾脏呈棕褐色，豆形，凹陷处为脾门，大小约15mm×10mm×6mm。脾脏结构呈明显的季节性变化，5月、6月、9月的白髓比10月、12月和1月的发达。

1. 脾脏的组织结构　脾脏分为被膜和实质两个部分。

（1）被膜　脾脏表面被膜较薄，由致密结缔组织组成，表面覆盖单层扁平上皮即间皮，外层较厚，由胶原纤维成束排列；内层薄，由网状纤维和少量平滑肌相间平行排列，成纤维细胞和少量弹性纤维分布其间。被膜伸入脾脏实质形成小梁。

(2) 实质　爬行动物的脾脏由白髓和红髓相间排列组成。

①白髓：不同种类爬行动物其脾脏白髓组成不完全相同，有些只具有椭球周围淋巴鞘（PELS）或动脉周围淋巴鞘（PALS），有些则兼有两种形式的白髓。

②红髓：穿插在白髓与被膜和小梁之间，由弥散性的脾索和脾窦组成。脾索中淋巴细胞较为稀疏，网状细胞和网状纤维构成的支架清晰可见，网眼中还有血细胞、嗜派若宁细胞和形态不规则的色素细胞。

2. 脾脏的组织学结构与免疫　抗原刺激鳄龟和中华鳖后，脾脏明显增生，白髓扩张，脾脏体积增加，这与PALS和红髓中大量淋巴母细胞形成有关。免疫后8～10d，鳄龟白髓含有大量淋巴母细胞滤泡，但中华鳖脾脏未观察到淋巴母细胞滤泡。免疫后15～20d，红髓中淋巴细胞增生，浆细胞分布于整个脾索和脾窦中，像循环细胞一样，构成过渡性细胞群。两次免疫后，鳄龟和变色树蜥脾脏无明显组织学变化。

脾脏的组织结构受环境温度的影响，冬季脾脏萎缩，春、夏两季脾脏的淋巴组织增加，到秋季，脾脏结构达到最完善。

（三）肾脏

爬行动物肾脏不同于鱼类，分化不明显，但内部功能分区和鱼类相似。

肾脏不依赖抗原刺激就可以产生红细胞和B淋巴细胞，是免疫细胞的发源地，相当于高等哺乳动物骨髓。受抗原刺激后，头肾和后肾造血实质细胞出现增生，出现抗体产生细胞，表明头肾是爬行动物重要的抗体产生器官，相当于淋巴结，是淋巴结样组织。因此爬行动物肾脏具有类似于高等哺乳动物中枢免疫器官和外周免疫器官的双重功能。在肾细胞中，B淋巴细胞总是散布于造血细胞和粒细胞生成细胞群中，并与黑色素巨噬细胞中心（MMC）和血管紧密相连，在免疫防御中具有协同作用。

（四）淋巴（结样）组织

爬行动物淋巴（结样）组织为淋巴细胞集结组成，没有生发中心，存在于结缔组织和上皮层中。含有弥散性淋巴细胞，发现于鳄龟肺和肾脏、拟龟膀胱、胰腺和睾丸等处。拟龟膀胱淋巴小结位于上皮层下，由淋巴细胞集结组成，没有生发中心；结缔组织和上皮层中含有弥散性淋巴细胞，在免疫学上等同于肠黏膜中淋巴组织的免疫学功能。另外，中华鳖的肝脏内有弥散淋巴组织，多分布于中央静脉的一侧，小叶间静脉两侧亦可见淋巴组织，其形状像脾小体中的管状淋巴鞘，鞘内淋巴细胞和弥散淋巴组织一样，为成熟小淋巴细胞，还可见少数分裂状态淋巴细胞和浆细胞。鳄龟的消化道中也存在着淋巴组织。

第二节　免疫细胞

一、概　　念

凡参与免疫应答或与免疫应答有关的细胞均称为免疫细胞。

二、组　　成

（一）虾类免疫细胞

凡参与免疫应答的细胞统称为免疫细胞。虾类免疫细胞包括血细胞和固着性细胞。

1. 血细胞　又称血淋巴细胞。根据血细胞中有无颗粒及其颗粒大小，将其分为透明细胞、小颗粒细胞（也有称半颗粒细胞）和颗粒细胞3种类型。不同类型血细胞所起的作用不同（表6-3），其中吞噬作用是血细胞最重要的细胞免疫反应。

表6-3　虾类血淋巴细胞的免疫功能

细胞类型	免疫功能
透明细胞	吞噬作用，参与血淋巴凝固，伤口修复
小颗粒细胞	包掩作用，吞噬作用，储存和释放酚氧化酶原激活系统，细胞毒作用
颗粒细胞	储存和释放酚氧化酶原激活系统，细胞毒作用，伤口修复

以上3种血细胞在虾类免疫防御反应中表现出相互协同作用，小颗粒细胞对异物敏感，在异物刺激下发生胞吐作用，释放酚氧化酶系统组分。活化酚氧化酶系统组分一方面作用透明细胞，诱导其发挥吞噬作用；另一方面又可刺激颗粒细胞释放更多的酚氧化酶系统组分，参与体液免疫应答。

2. 固着性细胞　主要指分布在不同组织中的吞噬或免疫功能细胞，包括鳃、触角腺足细胞、附着在心脏和肌纤维上的吞噬性贮藏细胞，以及连接肝、胰腺细动脉的洞样血管内的固着性吞噬细胞。固着性细胞具有识别、吞噬和清除病原及外源蛋白类物质的能力。

（二）鱼类免疫细胞

免疫细胞分为两大类：一类是淋巴细胞，主要参与特异性免疫反应，在免疫应答中起核心作用；另一类是吞噬细胞。鱼类免疫细胞主要存在于免疫器官和组织以及血液和淋巴液中。

1. 淋巴细胞及其类群　鱼类淋巴细胞根据形态通常分为大、小淋巴细胞。小淋巴细胞平均大小因鱼种类而异，鲽的平均直径为4.5μm，金鱼为8.2μm；草鱼的小淋巴细胞为3.9～4.5μm，大淋巴细胞为5.93μm；人类的淋巴细胞直径则为6.0μm。淋巴细胞的细胞核几乎占据了整个细胞质，草鱼的淋巴细胞为圆形，较大的胞核呈圆形或椭圆形，核膜有浅凹陷，有的胞核中有明显核仁，胞质有少量线粒体、内质网和核糖体。鱼类淋巴细胞的数量比哺乳动物明显增多，如鲽的为48×10^3个/cm^2，而人的则为2×10^3个/cm^2。

2. 吞噬细胞　是组成非特异性防御系统的关键成分，在抵御微生物感染的各个阶段发挥重要作用；同时吞噬细胞还可作为辅佐细胞，具有特异性免疫功能，比较重要的有单核细胞、巨噬细胞和各种粒细胞。

（1）*单核细胞*　是体积最大的白细胞，其细胞核常偏位，呈卵圆形、肾形、马蹄形、不规则形等多形性。鱼类单核细胞与哺乳动物的相似，有较多的胞质突起，细胞内含有较多液泡和吞噬物，可进行活跃的变形运动，具有较强的黏附和吞噬能力，能吞噬血液异物和衰老细胞。单核细胞在造血组织中产生并进入血液的分化不完全的细胞，可随血流进入各组织并发育成不同的组织巨噬细胞。环境污染或疾病感染可导致鱼类血液单核细胞数显著增加。

（2）*巨噬细胞*　是高度分化、成熟的单核吞噬细胞，由血液中单核细胞迁入组织后分化而成，不同器官、组织中有不同类型和命名，是高度分化、成熟的长寿命的细胞。主要功能有两个方面：①以固定细胞或游离细胞的形式对外来病原颗粒和体内细胞残片进行吞噬和消化（非特异性免疫功能）；②吞噬病原并处理，是主要的专职抗原递呈细胞，同时可激活淋巴细胞或其他免疫细胞（特异性免疫功能）。巨噬细胞在不同组织中有多种类型，在同一组织也有不同亚类。鲫头肾白细胞培养物中可分离出形态、细胞化学和杀菌机制不同的 3 类巨噬细胞。

免疫应答过程中，巨噬细胞可通过细胞表面受体识别和吞噬入侵病原，也可通过病原微生物表面结合的免疫球蛋白或补体成分识别和吞噬病原。炎症反应中，巨噬细胞可分泌多种酶、防卫素、氧代谢物、廿碳四烯酸代谢物和细胞分裂素等活性物质，还可产生肿瘤坏死因子 α，通过巨噬细胞呼吸激增，促进活性氧离子和氯离子杀死微生物。

巨噬细胞可以通过表面组织相容性复合体（MHC）分子中抗原递呈、淋巴细胞功能调节、自身及其他细胞生长控制等途径来调节免疫应答。现已发现多种物质，如干扰素、某些多肽和蛋白质、脂多糖及 β-1,3-葡聚糖等，可引起巨噬细胞形态改变、分泌物增多、吞噬和胞饮能力增强。

（3）粒细胞　白细胞可分为有颗粒和无颗粒两大类，粒细胞即为细胞中含有特殊染色颗粒的白细胞。鱼类的粒细胞根据其颗粒来源、形态和染料嗜性及功能，可分为 3 类，即中性粒细胞、嗜酸性粒细胞和嗜碱性粒细胞。硬骨鱼类粒细胞生成的主要场所是脾脏和肾脏，软骨鱼类粒细胞生成的主要部位是脾脏，还有其他淋巴髓样组织，如薄壁囊器和莱迪器官等；脾脏和肾脏是硬骨鱼类粒细胞生成的主要场所。

中性粒细胞是硬骨鱼类中最常见的粒细胞，各种鱼类的粒细胞在其胞质颗粒的形态和超微结构上各不相同。多数硬骨鱼类的中性粒细胞颗粒内具有晶体样或纤维状的内含物，部分硬骨鱼类细胞颗粒无上述结构。因此，纤丝等亚结构并非所有硬骨鱼类中性粒细胞的鉴别性特征，这种结构差异与细胞的成熟度有关，而与细胞亚类无关。鱼类中性粒细胞具有活跃的吞噬和杀伤功能，其吞噬能力比单核细胞弱。在适当刺激下，鱼类中性粒细胞可显示出化学发光性和趋化性。

嗜酸性粒细胞产生于造血淋巴器官，随血液循环进入鳃和肠道等不同器官，然后分化成为粒细胞，但仍具有有丝分裂能力。鱼类嗜酸性粒细胞颗粒在电镜中可看到晶状结构及核心，是形态鉴定的重要可信依据。鱼类嗜酸性粒细胞和哺乳动物肥大细胞在细胞染色、分化途径及免疫功能上有相似性，在急性组织损伤和细菌感染时可脱颗粒，释放颗粒中活性成分。鱼类嗜酸性粒细胞具有吞噬能力，寄生虫长期感染时可见嗜酸性粒细胞聚集在寄生部位，参与机体抵御寄生虫的免疫反应。

3. 鱼类的自然杀伤细胞　自然杀伤细胞（NK 细胞）较大，含有细胞质颗粒，故称大颗粒淋巴细胞，可非特异直接杀伤靶细胞，这种天然杀伤活性不需要预先由抗原致敏、抗体参与，无 MHC 限制。NK 细胞数量较少，仅占外周血中淋巴细胞总数的 15%，脾淋巴细胞的 3%～4%。鱼体内存在 NK 细胞，鱼类 NK 细胞小而无颗粒，主要分布于肾脏和腹腔，又称为非特异性细胞毒性细胞，与靶细胞接触后，通过自身产生淋巴毒素杀伤、破坏靶细胞（肿瘤细胞、寄生原生动物等）。来自虹鳟和鲑的前肾、脾脏和末梢血液中的自然杀伤细胞可直接杀伤鱼体内的各种靶细胞，甚至对感染有传染性胰脏坏死病病毒的细胞也显示出杀伤活性。

（三）两栖类免疫细胞

两栖类动物体内的免疫细胞主要有T淋巴细胞、B淋巴细胞、巨噬细胞、各类粒细胞和红细胞。无尾两栖类动物体已出现自然杀伤细胞（NK细胞）。这些免疫细胞的功能基本同哺乳动物的免疫细胞。

（四）爬行类免疫细胞

爬行动物免疫细胞包括淋巴细胞、巨噬细胞和各类粒细胞等，可存在于上皮组织中，当机体受到抗原刺激时，体表巨噬细胞对抗原进行处理和递呈，抗体分泌细胞分泌特异性抗体，与黏液中溶菌酶和补体等非特异性的保护成分共同组成一道抵御微生物感染的防线。中华鳖消化道黏膜固有层内，分布着丰富的淋巴细胞、浆细胞和一些肥大细胞、巨噬细胞和粒性白细胞，虽然没有形成典型的淋巴小结，但已经显示出其淋巴组织相当发达，多种免疫相关细胞。

三、主要类群

免疫细胞泛指所有参与免疫应答或与免疫应答有关的细胞及其前身。各种免疫细胞均源于多能造血干细胞（Multiple Hematopoietic Stem Cells，HSC）。HSC分为髓系祖细胞（Myeloid Progenitor）和淋巴系祖细胞（Lymphoid Progenitor）两类。

髓系祖细胞分化产生粒细胞（中性、嗜酸性、嗜碱性）、单核—巨噬细胞、巨核细胞、树突状细胞及红细胞的母细胞；淋巴系祖细胞分化产生T淋巴细胞、B淋巴细胞、NK细胞及部分树突状细胞。

由于在免疫中的功能差异，免疫细胞可分为：

1. 抗原递呈细胞（Antigen Presenting Cell，APC） 又称辅佐细胞（Accessory Cell，A细胞），即对抗原进行捕捉、加工和处理的细胞，如单核吞噬细胞、树突状细胞、并指状细胞和B细胞等。

2. 淋巴细胞（Lymphocyte） 是许多形态上相似而功能不同的细胞群体，分为T淋巴细胞、B淋巴细胞、NK细胞、K细胞，其中最为重要的是免疫活性细胞（Immunocompetent Cell，ICC），即接受抗原刺激后能分化增殖，产生特异性免疫应答的细胞，这类细胞主要是T淋巴细胞和B淋巴细胞。

3. 其他免疫细胞 即以其他方式参与免疫应答或与免疫应答有关的细胞，如粒细胞、肥大细胞和红细胞等。

四、主要功能

（一）抗原递呈

1. 单核细胞（Monocytes） 存在于血液中，随血液循环迁移到组织中定位，并分化成熟为巨噬细胞（Macrophage，MΦ）。MΦ分布于全身结缔组织中及小血管周围的基底膜，在肺、肝、脾血窦、淋巴结髓窦及肾小球处尤为丰富。MΦ寿命较长，胞内富含溶酶体及线粒体，具有很强的吞噬功能，有吞噬、过滤、清除病原体（细菌、真菌、病毒、寄生虫等）、体内凋亡的细胞及各种异物（尘埃颗粒、蛋白质复合分子）的作用。其免疫功能主要有：

（1）吞噬和杀伤作用　可吞噬、杀灭多种病原体及处理体内衰老损伤细胞，是机体非特异性免疫及维持自身稳定的重要免疫细胞之一。其细胞表面具有 IgGFc 受体和补体 C3b 受体，在特异性 IgG 抗体和补体参与下，可通过调理吞噬作用增强吞噬杀菌功能。

（2）*抗肿瘤作用*　通过被某些免疫分子（如 IFN－γ）或肿瘤抗原等物质激活后可具有很强的杀肿瘤作用。

（3）*递呈抗原作用*　MΦ 摄取抗原后在胞内加工，精选出免疫多肽，与胞内主要组织相容复合体（MHC）Ⅱ分子结合成 Ag－MHC Ⅱ类分子复合物，并将复合递呈给 TH 细胞，激发免疫反应。

（4）*合成分泌各种活性因子*　MΦ 能合成分泌 50 余种生物活性物质，如中性蛋白酶、溶菌酶等多种酶类、白细胞介素 1、干扰素、前列腺素、血浆蛋白和各种补体成分等。

2. 其他抗原递呈细胞　抗原递呈细胞除巨噬细胞外，还有树突状细胞（Dendritic Cell，DC），它是一组非淋巴样单核细胞，来源于骨髓，移行至不同部位而命名不同。位于淋巴小结内的称滤泡树突状细胞，位于淋巴组织胸腺依赖区的称并指状细胞，位于表皮和胃肠上皮层的称朗格汉斯细胞，分布于输入淋巴管内的称隐蔽细胞。这类细胞表面有许多树枝状突起、核不规则，富含 MHCⅠ、Ⅱ类分子，其中大多数细胞表面还具有 IgGFc 受体和补体 C3b 受体。因此它们能有效捕获以免疫复合物形式存在的抗原，并在加工处理后将抗原递呈给周围的 T 淋巴细胞和 B 淋巴细胞，产生免疫应答。但 DC 表面缺乏 T 淋巴细胞、B 淋巴细胞细胞表面具有的特异性抗原受体。此外，B 淋巴细胞也是一种特殊的抗原递呈细胞，肿瘤细胞和病毒感染的靶细胞也具有抗递呈作用。

（二）抗体产生与细胞免疫

1. B 淋巴细胞　是在人和哺乳动物的骨髓或禽类腔上囊中发育分化成熟的，故称骨髓依赖淋巴细胞（Bone Marrow Dependent Lymphocyte）或囊依赖淋巴细胞（Bursa Dependent Lymphocyte），简称 B 细胞。B 细胞发育分两个阶段。

B 细胞膜表面有可供鉴别的膜蛋白，即淋巴细胞的表面结构，它是免疫细胞的表面标志，包括表面抗原和表面受体。前者指其细胞表面上能被特异抗体所识别的表面分子，又称分化抗原或分化群（Cluster of Differentiation，CD）。后者指其细胞表面能与相应配体（特异性抗原、绵羊红细胞、补体等）发生特异性结合反应的分子结构。但表面抗原和表面受体并无严格区别，如有些表面受体已命名为 CD 抗原。B 细胞特有或涉及 B 细胞的 CD 分子有 29 种，主要的表面标志有：

（1）*细胞表面的免疫球蛋白*（Surface Membrane Immunogolbulin，SmIg）　SmIg 既是抗原的受体，能与相应的抗原特异性结合，又是表面抗原，能与抗免疫球蛋白的抗体特异性结合。SmIg 是可作为鉴别 B 细胞的一个主要特征，用常用荧光素或铁蛋白标记的抗免疫球蛋白的抗体来鉴别 B 细胞。

（2）*Fc 受体*（Fc Receptor，FcR）　FcR 能与免疫球蛋白的 Fc 片段结合，大多数的 B 细胞有 IgG 的 Fc 受体称 FcrR，B 细胞表面的 FcrR 与抗原抗体复合物结合，有利于 B 细胞对抗原的捕获和结合以及 B 细胞的激活和抗体产生。Fc 受体还能与靶细胞（如肿瘤细胞）上的抗体结合，借以杀死靶细胞。检测带有 Fc 受体的 B 细胞可用抗牛或鸡红细胞抗体致敏的牛或鸡红细胞作 EA 花环试验，或用荧光素标记的凝聚的免疫球蛋白或可溶性免疫复合物（标记蛋白抗原）进行检测。

（3）*补体结合受体*（Complement Receptor，CR）　大多数的 B 细胞表面存在能与 C3b

和 C3d 发生特异性结合的受体，分别称 CRⅠ和 CRⅡ（即 CD35 和 CD21）。CR 有利于 B 细胞捕捉与补体结合的抗原抗体复合物，CR 被结合，可促使 B 细胞活化。B 细胞的补体受体常用 EAC 花环试验检测，方法是将红细胞（E）、抗红细胞（A）和补体（C）的复合物与淋巴细胞混合，可见 B 细胞周围有红细胞围绕形成的花环，T 细胞无此受体，故用 EAC 花环试验鉴别这两种细胞。

（4）*丝裂原受体*　刺激 B 细胞转化的丝裂原有 SPA，LPS 只刺激小鼠的 B 细胞转化，PWM 能刺激 B、T 细胞转化，但 B 细胞的转化有赖于 T 细胞的存在。

（5）*其他表面分子*　如 CD79（为 B 细胞特有）、白细胞介素Ⅱ受体、CD9、CD10、CD19、CD20 等。

对 B 细胞亚群及其功能研究较少，有人根据 B 细胞是否表达 CD5 抗原，将其分为 CD^+ 5B 细胞和 CD^- 5B 细胞（即习惯上所称的 B 细胞）。前者产生抗体的过程为 T 细胞非依赖性，后者为 T 细胞依赖性。CD^+ 5B 细胞在机体内出现早，定位于腹腔或胸腔，是机体发育早期独特型网络的主要细胞，也是机体新生期产生低亲和性、多特异性 IgM 自身抗体以及产生针对细菌脂多糖类的“天然”抗体的主要细胞。CD^- 5B 细胞是形态较小、比较成熟的 B 细胞，在体内出现较晚，定位于淋巴器官，可产生高亲和性 IgG 类抗体。此外，B 细胞还有抗递呈和免疫调节功能。

2. T 淋巴细胞　人和哺乳动物的 T 细胞来源于骨髓的多能干细胞（胚胎期来源于卵黄囊和胚肝），多能干细胞中的淋巴样干细胞分化为前 B 细胞和前 T 细胞。前 T 细胞在胸腺微环境的影响下，由皮质到髓质分化发育为成熟的胸腺细胞，即 T 淋巴细胞（Thymus Dependent Lymphocyte），简称 T 细胞。T 细胞接受抗原刺激后活化、增殖和分化为效应 T 细胞，执行细胞免疫功能。效应 T 细胞是短命的，一般存活 4～6d，其中一部分变为长寿的免疫记忆细胞，进入淋巴细胞再循环，它们可存活数月至数年。

T 细胞也有一些表面标志：

（1）*T 细胞抗原受体（TCR）*

（2）*绵羊红细胞受体*

（3）*有丝分裂原受体*

（4）*白细胞介素受体*

根据 T 细胞表面标志和功能不同，可分为 5 个亚群：幼稚辅 T 细胞（Naive Helper T Cell，TH）、TH1 细胞、TH2 细胞、细胞毒性 T 细胞（Cytotoxic T Lymphocyte，TC 或 CTL）和抑制性 T 细胞（Suppressor T cell，TS）。CD4 分子是前 3 类细胞的共同具有的表面标志，这类细胞简称 $CD4^+$ 细胞，它们识别抗原受 MHCⅡ分子限制。CD8 分子是 TC 细胞和 TS 细胞具有的表面标志，这类细胞简称 $CD8^+$ 细胞，它们识别抗原受 MHCⅠ分子限制。而 TCRα β、CD3 和 CD2 是 5 类 T 细胞亚群共有的表面标志。在功能上，TH 细胞主要是调节细胞免疫和体液免疫；TH1 细胞引起炎症反应和迟发型超敏反应；TH2 细胞引起体液免疫应答和速发型超敏反应；细胞毒性 T 细胞能特异性杀伤靶细胞，发挥细胞免疫效应；抑制性 T 细胞主要是抑制体液和细胞免疫应答。

（三）杀伤作用

1. K 细胞　是杀伤细胞（Killer Cell，K cell）的简称，为一类具有杀伤作用的淋巴细胞，其表面特征及免疫效应等方面均不同于 T 细胞、B 细胞，K 细胞膜上无 SmIg 和绵羊红细胞（SRBC）受体，一般认为它是直接由骨髓多能干细胞衍生而来，不通过胸腺或腔上囊器官。但K细胞膜上有FcrR，只能杀伤被抗体覆盖的靶细胞，这种作用称为抗体依赖性细胞介导的细胞毒作用（Antibody Dependent Cell-mediated Cytotoxicity，ADCC）。

K细胞占人体外周血淋巴细胞总数的5%～10%。主要存在于腹腔渗出液、血液和脾脏中，淋巴结中很少，骨髓、胸腺和胸导管中含量极微。K细胞杀伤的靶细胞一般较大，不易被吞噬细胞吞噬，如寄生虫、真菌、病毒感染细胞、恶性肿瘤细胞及同种移植物组织细胞等。因此，K细胞在抗感染、抗肿瘤、移植排斥反应、超敏反应和自身免疫病等方面有一定意义。

2. NK细胞 是自然杀伤性细胞（Natural Killer Cell，NK）的简称，是一群不依赖抗体参与，也不需要抗原刺激和致敏就能杀伤靶细胞的淋巴细胞。该类细胞表面存在着识别靶细胞表面分子的受体结构，通过此受体与靶细胞结合而发挥杀伤作用。NK细胞表面有干扰素和IL-2受体。干扰素作用于NK细胞后，可使NK细胞增多识别靶细胞的结构和增强溶解杀伤活性。IL-2可刺激NK细胞不断增殖和产生干扰素，发挥更大的杀伤作用。NK细胞表面也有IgG的Fc受体，凡被IgG结合的靶细胞均可破NK细胞通过其Fc受体的结合而导致靶细胞溶解，即NK细胞也具有ADCC作用。

NK细胞主要存在于外周血和脾脏中，淋巴结和骨髓中很少，胸腺中不存在。NK细胞的主要生物功能为非特异性地杀伤肿瘤细胞、抵抗多种微生物感染及排斥骨髓细胞的移植。对生长旺盛的细胞如骨髓细胞和B细胞也有一定的杀伤作用，因而有一定的免疫调节作用。

（四）吞噬作用等细胞免疫功能

1. 中性粒细胞（Neutrophil） 是血液中主要的吞噬性粒细胞，具有高度的移动性和吞噬功能。细胞表面有Fc及C3b受体。在防御感染中起重要作用，可分泌炎症介质，促进炎症反应并可处理颗粒性抗原提供给巨噬细胞。

2. 嗜酸性粒细胞（Eosinophil） 嗜酸性粒细胞胞浆内有许多嗜酸性颗粒，该颗粒在电镜下呈晶体样结构，颗粒中含有多种酶，尤其富含过氧化物酶。在寄生虫感染及Ⅰ型超敏反应性疾病中常见嗜酸性粒细胞增多。嗜酸性粒细胞能结合至被抗体覆盖的血吸虫体上，杀伤虫体，且能吞噬抗原抗体复合物，同时释放出组胺酶、磷脂酶D等一些酶类，可分别作用于组胺、血小板活化因子，在Ⅰ型超敏反应中发挥负反馈调节作用。

3. 嗜碱性粒细胞（Basophil）和肥大细胞（Mast Cell） 嗜碱性粒细胞内含大小不等的嗜碱性颗粒，颗粒内含有组胺、白三烯、肝素等参与Ⅰ型超敏反应的介质，细胞表面有IgE的Fc受体，能与IgE结合，带IgE的嗜碱性粒细胞与特异性抗原结合后，立即引起细胞脱粒，释放组胺等介质，引起过敏反应。

肥大细胞存在于周围淋巴组织、皮肤的结缔组织，特别是在小血管周围、脂肪组织和小肠黏膜下组织中。肥大细胞的IgE的Fc受体、细胞质内的嗜碱性颗粒、脱粒机制及其在Ⅰ型超敏反应中的作用与嗜碱性粒细胞十分相似。

4. 红细胞（Erythrocytes） 红细胞除有携带和运输氧的功能外，还有具有免疫功能，近代研究表明，各种分类地位不同的动物红细胞有一定的吞噬作用，红细胞表面具有C3b受体，有很强的免疫黏附作用，它参与增强吞噬作用、清除免疫复合物、识别和携带抗原、增强T细胞反应等。

第三节　免疫系统及其特点

一、概　述

属于不同分类阶元的水生动物，其免疫系统的构成存在比较大的差异，主要趋势是随着动物分类阶元上升，免疫系统的组成趋于复杂和完备。

二、甲壳类

1. 鳃　虾的鳃除了作为重要的呼吸器官进行呼吸外，还是重要的免疫器官，这是虾类免疫系统的特点之一。

2. 血窦　因为虾的血液循环是开放式的，体液和血液混在一起，因此虾的血液常被称为血淋巴。这是虾类的免疫系统另一个特点。

三、鱼　类

（一）胸腺

胸腺是鱼类重要的免疫器官，是淋巴细胞增殖和分化的主要场所。胸腺可向血液和二级淋巴器官输送淋巴细胞。

鱼类的胸腺容积大小及其变化与光照周期性有密切关系，胸腺释放小淋巴细胞也与光照节律有关。这些都是鱼类胸腺的特点。

（二）肾脏

肾脏（前肾）是鱼类的造血器官，能产生红细胞、淋巴细胞等血液细胞，相当于哺乳动物骨髓的功能，头肾中有大量未分化的血液细胞，并混有各种白细胞、红细胞及大小淋巴细胞。真骨鱼类的肾脏是一个混合器官，包括造血组织、网状内皮组织、内分泌组织和排泄组织。前肾主要承担免疫学功能，后肾主要承担排泄功能。前肾主要为造血组织，由网状内皮细胞及其支架构成，其间充满血母细胞。肾脏中含有大量淋巴细胞和浆细胞，是鱼类抗体产生的主要器官。

所以，鱼类的肾脏是一个非常重要的器官。

（三）脾脏

低等鱼类盲鳗没有脾脏。软骨鱼类和硬骨鱼类都具有独立的脾脏，由红髓和白髓组成，红髓主要由红细胞组成，白髓主要由大、小淋巴细胞及粒细胞组成，但两者无明显界限。硬骨鱼类脾脏位于胃大弯或肠曲附近，通常为一个。某些鱼类的脾脏可分裂为两个或两个以上的小脾。

（四）黏膜淋巴组织（Mucosal Associated Lymphoid Tissue，MALT）

黏膜淋巴组织又称黏膜相关淋巴组织或黏膜免疫系统，是指分布在鱼类皮肤、消化道和鳃黏膜固有层和上皮细胞下散在的淋巴组织。

四、两栖类

两栖类动物的主要免疫淋巴器官包括胸腺、骨髓、脾脏及分布于各组织器官的淋巴组织。

（一）胸腺

在两栖动物中，蚓螈目的胸腺是从六鳃囊出发；蝾螈目鳃囊为 5 对，但第一、第二鳃囊随后退化消失；蛙形目只有第二对鳃囊的背壁发展较好。两栖动物的胸腺存在退化现象，其可分为正常性退化和偶然性退化两种。

（二）骨髓

两栖类动物的骨髓既是造血器官，也是免疫器官，它分布在股骨和肩胛骨等的骨松质中，是一种海绵状、胶状或脂肪状的组织，由血管、神经、网状组织及基质等组成。

骨髓最早出现于两栖类。

（三）脾脏

两栖类动物的脾脏为暗红色的小圆形体，是唯一具有特定形态结构的外周免疫器官，不同种类其脾脏组织结构常存在较大差异。脾脏实质分为白髓和红髓，两者分界边缘因种类不同而不同。红髓中没有淋巴小结，也无典型的淋巴鞘结构。

（四）肾脏

肾脏位于腹腔背中线的两侧，平行排列，颜色深红，长而扁平，内含许多肾细管。原肾出现于胚胎期，生长期代之以中肾，具有排泄、贮存钙和氯化物的功能。肾脏分为皮质部与髓质部。

两栖类动物的肾脏具有造血功能。

（五）淋巴结和肠系淋巴组织（GALT）

两栖动物淋巴髓样结主要是滤血器官，在淋巴腔中聚集了一些淋巴样和髓样细胞，这类细胞可出现在成蛙的颈部和腋下部。

肠系淋巴组织最早出现于无颌类（最低等的脊椎动物）。蛙的肠系淋巴组织类似于哺乳动物的黏膜淋巴组织（MALT），分布于蛙整个小肠区。GALT是肠中抗原进入组织细胞的第一道防线。

五、爬行类

（一）胸腺

胸腺是存在于所有爬行动物的淋巴器官，胸腺是爬行动物个体发育过程中最早出现的免疫器官，是培育各种T细胞的重要场所。爬行动物胸腺在组织结构上相似于更高等的脊椎动物的胸腺，但也有自己的结构特点。爬行动物的胸腺起源于咽囊，胸腺原基为咽囊壁背突生长发育而成。不同类群爬行动物胸腺起源于不同的咽囊，龟鳖目胸腺主要起源于第三对咽囊，第四对或第五对咽囊也参与某些龟鳖胸腺的器官形成。

（二）脾脏

脾脏在爬行动物免疫系统中占据重要的位置，参与体液免疫。

脾脏的组织结构受环境温度的影响，冬季脾脏萎缩，春、夏两季脾脏的淋巴组织增加，到秋季，脾脏结构达到最完善。

（三）肾脏

爬行动物肾脏不同于鱼类，分化不明显，但内部功能分区和鱼类相似。

肾脏是继胸腺之后第二个出现的免疫器官，不依赖抗原刺激可以产生红细胞和B细胞，是免疫细胞的发源地，相当于高等哺乳动物骨髓。受抗原刺激后，头肾和后肾造血实质细胞出现增生，出现抗体产生细胞，表明头肾是爬行动物重要的抗体产生器官，相当于淋巴结，是淋巴结样组织。因此爬行动物肾脏具有类似于高等哺乳动物中枢免疫器官和外周免疫器官的双重功能。

(四)淋巴(结样)组织

爬行动物淋巴结样(组织)为淋巴细胞集结组成,没有生发中心,存在于结缔组织和上皮层中。含有弥散性淋巴细胞,发现于鳄龟肺和肾脏以及拟龟膀胱、胰腺和睾丸等处。鳄龟的消化道中也存在着淋巴组织。

六、水栖哺乳动物

(一)初级和次级淋巴器官

胸腺和骨髓是哺乳动物的初级淋巴器官。具有多样性抗原受体的 T 细胞和 B 细胞在这些器官中产生。在抗体应答、T 细胞库形成等选择过程后,它们迁移到次级淋巴组织——淋巴结、脾和与黏膜相关淋巴样组织(MALT)。

(二)骨髓

骨髓由填充在脂肪细胞之间的各种谱系和成熟度的造血细胞、薄的骨组织带(骨小梁)、胶原纤维、成纤维细胞及树突细胞组成。所有的造血细胞都起源于多能干细胞,多能干细胞不仅产生淋巴组织中见到的所有淋巴细胞,而且也产生血液中见到的所有淋巴细胞。

(三)胸腺

胸腺是淋巴细胞丰富的、有两叶被囊的、位于胸骨后心脏上前方的器官。它对 T 细胞的成熟和发展细胞介导的免疫是必不可少的。事实上,术语"T 细胞"意味着胸腺(Thymu)起源的细胞,并用来描述成熟的 T 细胞。胸腺的活性在胎儿期和幼年早期最大,然后在青春期萎缩,但是永远不会完全消失。它由皮质和髓质上皮细胞、基质细胞、交错突细胞(Interdigitating cell,DC)和巨噬细胞组成。

(四)脾脏

哺乳动物的脾脏是一个大的、有被囊的、有海绵质内部(脾健)的豆形器官,位于隔膜下,躯体左侧。大的脾动脉遍布脾脏,这些动脉的分支被淋巴组织(白髓)所包围。白髓在含有红细胞、巨噬细胞和浆细胞(红髓)的网状纤维的网眼内形成"岛"。与中央小动脉有密切联系的是小动脉周围淋巴鞘(主要含有 T 细胞和交错突细胞的区域)。鞘内含有主要由滤泡树突细胞(Follicular Dendritic Cell,FDC)和 B 细胞构成的初级淋巴滤泡。在免疫应答期间,这些滤泡发展成生发中心(即变成次级滤泡),含有巨噬细胞(MO)和 B 细胞的边缘区将小动脉周围淋巴鞘与红髓分隔开。在小动脉周围淋巴鞘中的中央小动脉像树的枝条一样再分。枝条间的空间全部被红髓,以及被称为脾窦的血管占据。脾脏是含有大量吞噬细胞的单核吞噬细胞系统的主要组成部分。与淋巴结不同,它既不含输入淋巴管,也不含输出淋巴管。

脾脏的主要免疫学功能是通过截留血源性微生物,并与之产生免疫应答来过滤血液。它也去除损伤的红细胞和免疫复合体。此外,脾脏还起红细胞储蓄器的作用。

(五)淋巴结

淋巴结是沿着淋巴系统,如腹股沟、腋窝和肠系膜的不同点上见到的小的实体结构,形状为球形,并包有被膜。在被膜下是被膜淋巴窦、皮质、副皮质和髓区。皮质含有许多滤泡,并在抗原刺激时随生发中心而增大。滤泡主要由 B 细胞和滤泡树突细胞构成。副皮质(胸腺依赖)区含有大量 T 细胞和散在其中的交错突细胞。

淋巴结的主要作用是过滤淋巴,然后产生针对截留微生物/抗原的免疫应答。来自组织或淋巴链中居前淋巴结的淋巴经过输入淋巴管到达被膜下淋巴窦,然后进入皮质,包围滤泡，进入副皮质区后，再进入髓质。然后，在髓质淋巴窦中的淋巴排到输出淋巴管，并由此通过较大的淋巴管回到血流。淋巴细胞经输入淋巴管从组织进入淋巴管，并通过在淋巴结副皮质区发现的被称为毛细血管后微静脉（High Endothelial Venule，HEV）的特殊的毛细血管后微静脉，从血流进入淋巴结。进入血流的B细胞迁移到皮质区，在皮质的滤泡（B细胞区）中可见到B细胞。

海洋环境与陆地环境截然不同，其病原体的种类和数量也有很大差别。海洋哺乳动物祖先从陆地重返海洋进化出独特的免疫系统以适应不同的生境及病原微生物。解剖学和形态学研究表明，虽然鲸类中枢免疫器官与外周免疫器官和组织与陆生哺乳动物相似，但是肛管和喉部的淋巴结构是鲸类适应水生生境所特有的。

第五单元 补体系统

第一节 基本概念

一、补体系统的概念

补体（Complement，C）是存在于人和脊椎动物血清与组织液中一组经活化后具有酶活性的蛋白质，包括30余种可溶性蛋白和膜结合蛋白，故又称补体系统。补体广泛参与机体抗微生物防御反应和免疫调节，也可介导免疫病理的损伤性反应，是具有重要生物学作用的效应系统和效应放大系统。

体内多种组织细胞均能合成补体蛋白，如肝细胞、巨噬细胞、角质细胞、肠黏膜上皮细胞、脾细胞和肾小球细胞等。肝细胞和巨噬细胞是补体的主要产生细胞，血浆中大部分补体组分由肝细胞分泌，炎症病灶中的补体主要是由巨噬细胞合成。

二、补体系统的组成

（一）组成

补体系统的30余种成分中，有补体活性分子、补体活化因子和补体效应或受体分子3类。

1. 第一类——补体活性分子　指存在于体液中、参与补体结合酶促连锁反应（补体激活级联反应）的补体固有成分，包括 C1、C2、C3、C4、C5、C6、C7、C8、C9 及 B 因子、D 因子、P 因子（备解素）共 12 种蛋白分子。

2. 第二类——补体活化因子　指调节和控制补体活化蛋白分子，包括存在于体液中的可溶性蛋白分子如 C1 抑制剂、C4 结合蛋白、H 因子、I 因子、S 蛋白和血清羧肽酶 N 等；存在于细胞表面的膜结合蛋白分子的有膜辅助因子蛋白、促衰变因子和同种限制因子等。

3. 第三类——补体效应或受体分子　存在于细胞膜表面，介导补体活性片段或调节蛋白发挥生物学效应的各种受体，如 C1q 受体、C3b 受体、C3b/C4b 受体（CRⅠ）、C3d 受体（CRⅡ）、H 因子受体、C3a 和 C5a 受体等。

（二）补体的命名法则

（1）参与补体经典激活途径的固有成分，按其发现先后分别命名为 C1、C2，…，C9，其中 C1 含有 C1q、C1r 和 C1s 3 个亚单位；

（2）补体系统其他成分以英文大写字母表示，如 B 因子、D 因子、P 因子、H 因子；

（3）补体调节蛋白多以其功能命名，如 C1 抑制物、C4 结合蛋白、促衰变因子等；

（4）补体活化后的裂解片段，以该成分符号后面加小写英文字母表示，如 C3a、C3b 等；

（5）具有酶活性的补体成分或复合物，在其符号上画一横线表示，如 $C\overline{1}$、$\overline{C3bBb}$；

（6）灭活的补体片段，在其符号前加英文字母 i 表示，如 iC3b。

（三）补体的理化特性

补体化学成分均为糖蛋白，大多数补体固有成分属 β 球蛋白，少数如 C1s 和 D 因子属 α 球蛋白，C1q 和 C8 属 γ 球蛋白。补体含量相对稳定，约占血浆球蛋白总量的 10%，且不受免疫的影响。

补体固有成分对热不稳定，通常经 56℃、30min 即被灭活，在 0～10℃下活性仅能保持 3～4d，在－20℃以下可保存较长时间。紫外线、机械振荡、酸碱、酒精、胆汁和某些添加剂等均能破坏补体。

三、鱼类补体系统概述

随着脊椎动物免疫球蛋白的出现，专一的抗原识别系统和补体系统连接起来了，极大地加强了体液免疫防御系统的效能。采用溶血法测定补体活力，大多数脊椎动物的血清内都含有天然的抗羊红细胞抗体，能溶解羊红细胞，以其溶血能力能否被 56℃加热或双价金属螯合剂（EDTA）去除作为识别血清是否含有经典的溶血补体系统，按这一检验标准，除最原始的种类外，所有的脊椎动物，从软骨鱼到哺乳类，都存在经典的溶血补体系统。但溶血系统的某些性质，如最适作用温度和加强溶血反应的抗体种类等，则互有差异(表 6－4)。

表 6－4　脊椎动物天然溶血系统（补体）的性质

动物种类	溶解的红细胞	最适温度（℃）	热稳定性	是否需要 Ca^{2+}、Mg^{2+}	抗体能否加强作用	功能上确定的成分
圆口类（八目鳗）	兔 RBC	4	相当稳定	可能需要	不能	无
板鳃类（产婆鲨）	各种 RBC	25～30	不稳定	需要	能（鲨和鳖 AB）	C1、C4、C2、C3、C9

（续）

动物种类	溶解的红细胞	最适温度（℃）	热稳定性	是否需要 Ca^{2+}、Mg^{2+}	抗体能否加强作用	功能上确定的成分
硬鳞类（白鲟）	兔 RBC	4	不稳定	需要	能（哺乳类 AB）	C1、C4、C2、C3
硬骨鱼	各种 RBC	4～28	不稳定	需要	不一致	C1、C4、C2、C3
两栖类	兔 RBC	4～28	不稳定	需要	能（兔和鳖 AB）	C1、C4、C2、C3
爬行类	人、羊 RBC	15～37	不稳定	需要	能（兔和蛇 AB）	不清楚

补体进化的情况是，高等无脊椎动物血清中存在补体替换途径，同时抗体最早产生于低等脊椎动物，而不是无脊椎动物，高等无脊椎动物补体活化的替换途径不需要也没有抗体的介入，补体活化的替换途径是最先出现的补体活化途径。经典途径一定是在抗体出现以后，因为它需要抗原—抗体复合物启动活化的识别成分 C1q，而在进化上介于两条途径之间的可能是凝集素途径。早在较高等的无脊椎动物中就有了多种凝集素的出现，有些凝集素分子能结合细菌等病原生物表面的甘露糖而启动后面类似于经典途径的补体活化。此外，节肢动物中能看到原酚氧化酶（Prophenoloxidase）的活化，这种酚氧化酶能催化在血淋巴聚集的中心产生黑素。这类似于补体的功能，但没发现这类酶与补体分子之间有序列同源性。

第二节 补体系统的激活

在正常情况下，补体成分以无活性的酶原形式存在，只有在激活物的作用下，各成分才依次活化。活化过程中，第一个反应的产物催化第二个反应，第二个反应的产物催化第三个反应，以此类推，这种连锁反应称为级联反应。补体激活途径有经典途径、凝集素（MBL）途径和替代途径 3 种途径。这 3 条途径具有共同的末端通路，即膜攻击复合物（MAC）的形成及其溶解细胞效应。在进化和发挥抗感染作用的过程中，出现或发挥作用的依次是旁路途径、MBL 途径和经典途径。

一、经典（传统）激活途径

经典途径也称为 C1 激活途径。免疫复合物是其激活物，C1 与免疫复合物中抗体分子的 Fc 段结合是其始动环节。该途径激活条件为：①C1 仅与 IgM 的 CH3 区或 IgG1、IgG2、IgG3 的 CH2 区结合才能活化。②每一个 C1 分子必须同时与两个以上 Ig 分子的 Fc 段结合。由于 IgM 为五聚体，含 5 个 Fc 段，故单个 IgM 分子即可结合 C1q，能有效启动经典途径。但 IgG 是单体，需两个或两个以上 IgG 分子凝聚后，才能与 C1q 结合。③游离或可溶性抗体不能激活补体，只有在抗体与抗原或细胞表面结合后，Fc 段发生构象改变，C1q 才可与抗体 Fc 段的补体结合点接近，从而触发补体激活过程。

参与经典途径的固有成分及激活顺序：参与的固有成分有 C1（C1q、C1r、C1s）、C2、C4、C3，整个激活过程分为识别和活化两个阶段。

二、旁路（替代）激活途径

旁路途径的活化从C3成分开始，有B、D、H、I及P诸因子参与，产生可溶性的能与膜结合的C3转化酶及C5转化酶，不需经典途径中的C1、C2、C4成分参与，故该途径又称第二途径或替代途径。某些革兰氏阴性菌的内毒素、革兰氏阳性菌的磷壁酸、酵母多糖、葡聚糖、寄生虫如孟氏血吸虫的幼虫、其他哺乳动物细胞和经典途径中不能作为激活C1的凝聚的IgA和IgG4均是本途径的激活物质，可不通过C1q的活化而直接激活旁路途径。这些成分实际上是提供了使补体激活级联反应得以进行的接触表面。由于本途径激活不依赖于特异性抗体的形成，是机体感染早期的有效防御方式。

C3是启动旁路途径并参与其后级联反应的关键分子。在经典途径产生或自发产生的C3b可与B因子结合；血清中D因子继而将结合状的B因子裂解成小片段Ba和大片段Bb。

三、甘露糖结合凝集素（MBL）激活途径

本途径与经典途径的重要区别是起始成分为C4，而无C1成分参与，起始激活物为MBL和C反应蛋白。在病原微生物感染的早期，体内巨噬细胞和中性粒细胞可产生TNF-α、IL-1和IL-6，导致机体发生急性期反应，并诱导肝细胞合成与分泌急性期蛋白，包括参与补体激活的MBL和C反应蛋白。MBL是一种钙依赖性糖结合蛋白，属于凝集素家族，可与甘露糖残基结合。正常血清中MBL含量极低，急性期反应时，含量明显升高。MBL和C1q并不具有氨基酸序列上的同源性，但两者分子结构相似。MBL首先与细菌的甘露糖残基结合，再与丝氨酸蛋白酶结合，形成MBL相关的丝氨酸蛋白酶（MBL-associated Serine Protease，MASP-1、MASP-2）。MASP具有与活化的C1q同样的生物学活性，可水解C4和C2分子，继而形成C3转化酶，以后的活化步骤和反应过程与经典途径相同。C反应蛋白也可与C1q结合并使之激活，再依次激活补体的其他成分。

补体活化的共同末端效应是，3条途径形成的C5转化酶，均可裂解C5，这是补体级联反应的最后一个酶促步骤。此后的过程只涉及完整蛋白成分的结合与聚合，并形成两类末端产物：若补体激活发生在脂质双层上，则可形成C5b-9（膜攻击复合物，MAC）；若补体激活发生在没有靶细胞的血清中，则有关的补体成分可同S蛋白形成亲水且无溶细胞活性的SC5b-7、SC5b-8及SC5b-9。

比较补体活化的3条途径，可以发现它们既有类似性，也有差异性（表6-5）。

表6-5　补体活化3条途径的比较

比较项目	经典途径	凝集素途径	替代途径
补体激活物质	Ag-AB复合物（IgG1、IgG2、IgG3，IgM）	凝集素（MBL，C反应蛋白）	IgG4，IgA，IgE，多糖类物质
参与的补体成分	C1～C9	C4，C2～C9	C3，P，B，D因子，C5～C9
所需的两价离子	Ca^{2+}，Mg^{2+}	Ca^{2+}	Mg^{2+}
C3转化酶	C4b2a	C4b2a	PC3bBb
C5转化酶	C4b2a3b	C4b2a3b	PC3bBb3bn
作用效应	参与体液免疫，有特异性	参与体液免疫，有特异性	参与体液免疫，有特异性

第三节　补体激活的调节

补体对免疫应答的各个环节能发挥调节作用。

一、补体的自身调控

在免疫感应阶段，C3 可参与捕捉、固定抗原，使抗原易被 APC 处理与递呈。补体耗竭可抑制 TD 抗原诱发的免疫应答。

在免疫应答增殖分化阶段，补体成分可与多种免疫细胞相互作用，调节细胞的增殖分化，如 C3b 与 B 细胞表面 CR1 结合，使 B 细胞增殖分化为浆细胞。CR2 能结合 C3d、iC3b 及 C3dg，助 B 细胞活化。

二、补体调节因子的调控

在免疫效应阶段，补体参与多种免疫调节作用，除前文已述的细胞毒作用、调理作用和清除 IC 作用外，还参与调节多种免疫细胞效应功能，如杀伤细胞结合 C3b 后可增强对靶细胞的细胞毒作用。

第四节　补体的生物学功能

补体既可参与非特异性防御反应，如在没有抗体时可通过替换途径和凝集素途径激活而发挥作用，也可参与特异性免疫学应答，被抗原抗体复合物激活介导各种生物学效应。

一、膜攻击复合物介导的生物学作用

补体激活后形成的攻膜复合体吸附于靶细胞膜，引起细胞膜的损伤，导致入侵的细菌、寄生虫等病原微生物溶解，补体的这种溶细胞作用是机体的重要防御机制。这种作用通常不损伤机体自身细胞，但机体内有自身抗体时，自身抗体与抗原复合物也会启动补体的溶细胞机制而造成自身细胞损伤，出现红细胞、血小板、淋巴细胞等溶解。

二、补体活性片段介导的生物学作用

（一）调理作用

血清内促进吞噬的物质称为调理素。调理素与细菌及其他颗粒物质结合，可促进吞噬细胞的吞噬作用。补体激活过程中产生的 C3b、C4b 与 iC3b 均是重要的调理素，它们可与中性粒细胞或巨噬细胞表面相应受体结合，促进吞噬细胞吞噬及杀伤病原微生物，是机体抵抗全身性细菌或真菌感染的主要天然防御机制。

（二）引起炎症反应

补体活化过程中产生多种具有炎症介质作用的活性片段，介导急性炎症反应或对自身组织成分造成损害（如Ⅲ型超敏反应）。如 C3a、C4a 和 C5a 被称为过敏毒素。C3a/C4a 受体表达于肥大细胞、嗜碱性粒细胞、平滑肌细胞和淋巴细胞表面。C5a 受体则表达于肥大细

胞、嗜碱性粒细胞、中性粒细胞、单核—巨噬细胞和内皮细胞表面，它们作为配体与细胞表面相应受体结合后，激发细胞脱颗粒，释放组胺类的血管活性介质，从而增强血管通透性，刺激内脏平滑肌收缩。

（三）清除免疫复合物

机体血液循环中可持续形成少量免疫复合物（IC），在存在大量循环抗原时，IC可明显增加，并沉积在血管壁，激活补体，导致炎症并损害周围组织。补体成分可参与清除IC，其机制是：①补体与Ig的结合可在空间上干扰Fc段之间的相互作用，抑制了新的IC形成，或使已形成的IC中的抗原抗体解离；②循环IC可激活补体，所产生的C3b与抗体共价结合。借此，IC借助C3b与表达CR1和CR3的血细胞结合，并通过血流运送到肝而被清除。

第六单元　细胞因子

第一节　基本概念

细胞因子

细胞因子由动物体内多种细胞产生，具有多种调节免疫应答功能，在抗感染免疫、抗肿瘤免疫、抗排异反应、自身免疫病治疗以及恢复造血功能等方面具有重要作用。

细胞因子（Cytokines，CKs）是指由免疫细胞（如单核巨噬细胞、T细胞、B细胞、NK细胞等）和某些非免疫细胞（如血管内皮细胞、表皮细胞、成纤维细胞等）合成和分泌的一类高活性多功能蛋白质多肽分子。细胞因子多属小分子多肽或糖蛋白，作为细胞信号传递分子，主要介导和调节免疫应答及炎症反应，刺激造血功能，并参与组织修复等。

第二节 细胞因子的种类

细胞因子种类多，功能复杂，主要有白细胞介素、干扰素、肿瘤坏死因子等。

一、白细胞介素（Interleukin，IL）

白细胞介素是在白细胞间起免疫调节作用的细胞因子。

二、干扰素（Interferon，IFN）

干扰素是最早发现的细胞因子。根据来源和理化性质，干扰素可分为Ⅰ型干扰素和Ⅱ型干扰素，Ⅰ型干扰素包括 IFN－α、IFN－β、IFN－ω、IFN－τ，Ⅱ型干扰素即 IFN－γ。IFN－α来源于病毒感染的白细胞，IFN－β由病毒感染的成纤维细胞产生，IFN－ω来自胚胎滋养层，IFN－τ来自反刍动物滋养层；IFN－γ由抗原刺激 T 细胞产生。IFN－α和IFN－β具有抗病毒作用，IFN－ω和 IFN－τ与胎儿保护有关；IFN－γ主要发挥免疫调节功能。

三、肿瘤坏死因子（Tumor Necrosis Factor，TNF）

1975 年从免疫动物血清中发现的分子。TNF 分为 TNF－α和 TNF－β。前者主要由活化的单核—巨噬细胞产生，抗原刺激的 T 细胞、活化的 NK 细胞和肥大细胞也可分泌 TNF－α；TNF－β主要由活化的 T 细胞产生。TNF 的最主要功能是参与机体防御反应，是重要的促炎症因子和免疫调节分子。

四、集落刺激因子（Colony Stimulating Factor，CSF）

集落刺激因子是一组促进造血细胞，尤其是造血干细胞增殖、分化和成熟的因子。主要有单核—巨噬细胞集落刺激因子（M－CSF)、粒细胞集落刺激因子（G－CSF)、粒细胞巨噬细胞集落刺激因子（GM－CSF)、红细胞生成素（EPO）等。近年来，发现干细胞生成因子（stem cell factor，SCP)、血小板生成素（TPO）以及多能集落刺激因子（multi－CSF，IL－3)。

五、生长因子（Growth Factor，GF）

具有刺激细胞生长活性的细胞因子。一类通过与特异的、高亲和的细胞膜受体结合，调节细胞生长与其他细胞功能等多效应的多肽类物质。存在于血小板和各种成体与胚胎组织及大多数培养细胞中，对不同种类细胞具有一定的专一性。通常培养细胞的生长需要多种生长因子顺序的协调作用，肿瘤细胞具有不依赖生长因子的自主性生长的特点。

六、趋化因子（Chemokines）

趋化因子（Chemokine）是一类由免疫细胞产生的具有趋化白细胞作用的超家族细胞因子，参与机体炎症反应的发生。它包括了约 40 种小分子分泌型细胞因子。趋化因子可以根据氨基酸序列中头两个半胱氨酸残基的总数目，分为 CXC、CC、C 和 CX3C 等几类。在鱼类中，已见报道的有 CXC 和 CC 家族的成员，同时趋化因子受体基因也有报道发现。目前关于趋化因子是否和哺乳动物的对应分子为同源产物尚有争议。和在哺乳动物体内一样，鱼类体内的趋化因子在中性粒细胞和巨噬细胞的迁移过程中可以作为潜在化学引诱物存在，其激活一般要和有 7 个跨膜区域的 G 蛋白耦联受体结合共调节。

第三节　细胞因子的共同特性

一、理化特性

1. 种类多　细胞因子种类很多，每种细胞因子都有各自独特的分子结构、理化特性及生物学功能，但它们也具有共同特点。

细胞因子均为低分子质量的分泌型蛋白，绝大多数为糖蛋白，一般分子质量为 5～60ku，其成熟分泌型分子所含氨基酸多在 200 个以内。多数细胞因子以单体形式存在，少数细胞因子（如 IL-5、IL-12、M-CSF、TGF-β、TNF）呈三聚体。

2. 多源性　一种细胞因子可由不同类型细胞产生，如 IL-1 可由单核/巨噬细胞、内皮细胞、B 细胞、成纤维细胞、表皮细胞等产生；而一种细胞也可产生多种细胞因子，如活化的 T 细胞可产生 IL-2～IL-6、IL-9、IL-10、IL-13、IFN-α、TGF-β、GM-CSF 等。

3. 高效性　细胞因子的产量非常低，却具有极高的生物学活性。在极微量水平（pmol/L）即可发挥明显的生物学效应。

4. 非特异性　细胞因子与靶细胞表面特异性受体结合后以非特异性方式发挥其生物学效应，不受 MHC 的限制。

5. 多效性　一种细胞因子可以作用于不同的靶细胞，表现不同的生物学效应。

6. 冗余性　两种或多种细胞因子可介导相似的生物学活性，可作用于同一种靶细胞。

7. 协同性　即细胞因子之间可发挥协同作用，表现为两种细胞因子对细胞活性的联合作用要大于单个细胞因子效应的累加。

8. 拮抗性　即一种细胞因子的效应抑制可抵消其他细胞因子的效应。

二、产生和分泌特点

细胞因子的分泌特点是通过旁分泌（Paracrine）、自分泌（Autocrine）或内分泌（Endocrine）的方式发挥作用。若某种细胞因子的靶细胞也是其产生的细胞，则这种作用于靶细胞的生物学作用称为自分泌效用；若某种细胞因子的产生细胞和靶细胞非同一细胞，且两者邻近，该细胞因子对靶细胞的生物学作用称为旁分泌效用；少数细胞因子如 TGF-β、IL-1和 M-CSF 在高剂量时也作用于远处的靶细胞，则表现为内分泌效应。细胞因子的分泌是短暂的自限过程，细胞因子的基因多在细胞受到刺激后开始转录，转录出的 Mrna 在短时工作后即被降解。细胞因子一旦合成后很快就分泌出来，刺激停止后，合成即停止，并迅速被降解，极少储存。

三、细胞因子受体的种类和特点

多数细胞因子受体（CKR）属于造血生成素受体超家族或称细胞因子受体超家族。

与其他多肽激素类似，CK 必须通过与靶细胞表面特异性受体结合才能发挥生物学效应。CK 与受体结合后，通过细胞内信息传递，增强或抑制某些基因的表达。CK 与受体的结合具有高亲和力，其解离常数（kd）为 10^{-12}～10^{-10} mol/L。因此，只需极小量的 CK，通常在 pmol/L 浓度水平，即能激发明显的生物学效应，故细胞因子的作用具有高效性。

细胞因子受体的表达受特异性信号调节。这些信号可以是其他细胞因子，也可以是与该受体相应的细胞因子。这种调节作用可以是阳性放大作用或阴性反馈作用。

四、作用特点（网络性）

细胞因子的产生、生物学作用、受体表达、相互调节等均具有网络特点，具体表现在以下几个方面。

1. 细胞因子间可相互诱生　如 IL-1 能诱生 IFN-α/β、IL-1、IL-2、IL-4、IL-5、IL-6、IL-8 等多种细胞因子，由此形成一种级联反应，表现正向或负向调节效应。

2. 细胞因子受体表达的调节　如 IL-1、IL-5、IL-6、IL-11、IL-7、TNF 等均能促进 IL-2 受体的表达；IL-1 能降低 TNF 受体密度；多数细胞因子对自身受体的表达呈负调节，对其他细胞因子受体表达呈正调节。

3. 细胞因子间生物学活性的相互影响　某些细胞因子对特定生物学效应显示协同作用，如 IL-1、IL-2、IL-4、IL-6、TNF 等协同促进活化的 B 细胞增殖；低浓度 IFN-γ 或 TNF 单独应用不能激活巨噬细胞，联合使用有显著的激活作用。

神经—内分泌—免疫网络是体内重要的调节机制。在该网络中，细胞因子作为免疫细胞的递质，与激素、神经递质共同构成细胞间信号分子系统。细胞因子对神经和内分泌可产生影响；反之，神经—内分泌系统对细胞因子的产生也有影响作用。

第四节　细胞因子的生物学作用

一、天然免疫效应

细胞因子在动物机体的免疫应答过程中起着十分重要的作用。干扰素（IFN）等细胞因子可诱导 APC 表达 MHC Ⅱ类分子，从而促进抗原递呈作用，而 IL-10 则可降低 APC 的 MHC Ⅱ类分子和 B7 等协同刺激分子的表达，对抗原递呈产生抑制。IL-2、IL-4、IL-5、IL-6 等可促进 T 细胞、B 细胞的活化、增殖与分化，而 TGF-β 则可起负调节作用。趋化因子可吸引炎性细胞；巨噬细胞活化因子（TNF-α、IL-1、IFN-γ、GM-CSF 等）可使巨噬细胞活化，增强其吞噬、杀伤等活性；淋巴毒素和 TNF-α 具有细胞毒作用，可促进中性粒细胞活化；IFN-γ 可抑制病毒复制。在免疫应答整个过程中，免疫细胞间可通过分泌的细胞因子相互刺激，彼此约束，从而对免疫应答进行调节。

二、特异性免疫效应

如 T 辅助因子、T 抑制因子等抗原特异性细胞因子，可以参与特异性免疫效应。

三、刺激造血细胞增殖分化

某些细胞因子如 IL-3，可刺激造血多能干细胞和多种祖细胞的增殖与分化；GM-CSF、G-CSF、M-CSF 等可促进粒细胞和巨噬细胞等增殖与分化。

四、细胞毒效应

目前的研究结果显示细胞因子可通过以下途径发挥杀瘤、溶瘤的作用：①细胞因子细胞对肿瘤细胞的直接杀伤作用。主要通过黏附因子的某种途径与肿瘤细胞结合后，分泌含大量特异性酯酶的颗粒。这些颗粒能穿透靶细胞膜，导致肿瘤细胞的裂解。②进入体内活化的细胞因子细胞可分泌多种细胞因子，不仅对肿瘤细胞有直接抑制作用，而且还可通过调节免疫系统间接杀伤肿瘤细胞。

第七单元　免疫应答

第一节　固有免疫

固有免疫（Innate Immunity）是机体在种系发育和进化过程中形成的天然免疫防御功能，即出生后就已具备的非特异性防御功能，也称为非特异性免疫（Non-specific Immunity）。

固有免疫具有三个特点：①产生于系统发育的早期和出现在宿主抗感染应答的初始阶段；②以抗原非特异性方式识别和清除各种病原体；③发生于所有个体和所有的时间段，在抗原入侵机体前就已经存在。这些特点是与免疫系统执行其最基本的功能即抗感染联系在一起的。

但是，抗感染并不是固有免疫的全部内容。首先，固有免疫除了识别入侵的病原体，还参与区分和清除体内多种“有害”成分，包括代谢产物、凋亡细胞以及发生了变化的自身（Altered Self）物质。其次，除了感染，机体的多种与免疫应答有关的生理和病理过程，也有固有免疫的参与。

机体对非己成分和外来抗原的应答，包含循序渐进的三个阶段：①出现一个快速的应答，由免疫系统一些现存的效应分子与抗原起反应。②进入早期诱导性应答，在抗原的启动下，各种参与炎症反应的细胞被激活而行使对感染物的清除。③出现由淋巴细胞介导的适应性免疫应答。前两个阶段属于固有免疫。

固有免疫能启动快速应答这一特点表明，其中的分子和细胞也能有效地分辨自身和非己。

一、固有免疫对抗原的识别

（一）病原体相关分子模式

1. 病原体抗原具有的特点 病毒、支原体、细菌、真菌、原虫等各种病原微生物和寄生虫进入人体内，属于进化距离很远的外来成分感染，人体应答通常快而强烈。而进化距离远的低等生物显示的抗原结构相对简单，因而固有免疫所需要应对的非己成分也较为单一。

2. 病原体相关分子模式 病原体显示的抗原，统称为病原体相关分子模式（Pathogen-associated Molecular Patterns，PAMPs）。

PAMP 主要包括两类：①以糖类和脂类为主的细菌胞壁成分，如脂多糖、肽聚糖、脂磷壁酸、甘露糖、类脂、脂阿拉伯甘露聚糖、脂蛋白和鞭毛素等。其中最为常见且具有代表性的是：革兰氏阴性菌产生的脂多糖，革兰氏阳性菌产生的肽聚糖（Proteoglycan），分支杆菌产生的糖脂（Glicolipid）和酵母菌产生的甘露糖。②病毒产物及细菌胞核成分，如非甲基化寡核苷酸 CpGDNA、单链 RNA、双链 RNA。

3. 脂多糖（LPS） LPS 是 PAMP 的典型代表。对 LPS 的识别在固有免疫中有特殊的地位。LPS 为革兰氏阴性菌的胞壁成分，免疫刺激作用最强，全身感染会引起内毒素休克（endotoxin shock）。这一致命的综合征是全身细菌感染后大量细胞因子特别是 TNF-α 的分泌所引起，可导致脑、心、肾、肝等要害器官的衰竭，因而 LPS 又称内毒素。

PAMP 很少包括蛋白质。这是因为识别蛋白质抗原的主要是活跃于适应性免疫的淋巴细胞。于是，机体对非己成分的免疫应答落入两个范畴，各自针对病原体相对单一的非蛋白质抗原与较为复杂的蛋白质抗原，并以从简到繁不同的方式逐一实施应答，形成相互有别的反应格局。这正是我们面临的两种免疫：固有免疫和适应性免疫（Adaptive Immune Response）。两者时相上有先后，但相互交替。

（二）模式识别受体

模式识别受体（Pattern Recognition Receptors，PRRs）是固有免疫中免疫受体的代表，由有限数量的胚系基因编码，进化上十分保守，也表明此类受体对生物体的生存极为重要。

和适应性免疫中淋巴细胞受体相比较，PRR 有四个特点：全部由胚系基因编码、组成性地普遍表达、引起快速应答和能够识别各种病原体。

细胞表面的受体分子至少具备两种功能：与配体的专一性结合和传递识别信号。信号转导将放大抗病原体的效应，使得活跃在炎症反应中的免疫细胞得以活化和通过相应基因的转录激活，产生并分泌多种促炎症因子。

1. 甘露糖受体（Mannose Receptor，MR） 主要表达在Mφ表面，为单链跨膜分子，结构不同于前面提到的甘露糖结合凝集素，其胞外段包括两种结构：①8个C型凝集素结构域的连续排列，负责配体的内吞转运；②远膜端富含胱氨酸的凝集素结构域，识别硫酸化的糖类偶联物。

2. 清道夫受体（Scavenger Receptor，SR） 是固有免疫中一类重要的模式识别受体，分为多种类型，主要为SRA和SRB，另外还包括SRC、SRD和SRE等，其中各自又由不同的分子组成。

这类模式识别受体不仅参与固有免疫，而且活跃于脂蛋白的代谢。

3. N-甲酰甲硫氨酰肽受体 甲酰甲硫氨酸（N-formylmethionine，fMet）参与细菌蛋白的合成，因而相应的N-甲酰甲硫氨酰肽，属于PAMP，识别受体为七次跨膜受体家族成员，表达于Mφ和中性粒细胞。该家族还包括识别趋化因子特别是IL 8的受体。

4. Toll样受体和其他相关的胞质模式识别受体 此为识别PAMP最为重要的一类PRR，包括三个相互作用的受体家族：Toll样受体（TLR）家族、NOD样受体（NLR）家族和RIG-1样受体家族（RLR），共同构成感知病原体的三位一体结构。

（三）Toll样受体及其信号转导

20世纪80年代德国学者为描述果蝇中决定胚胎背腹轴线发育的一组基因，首先启用Toll一词，该基因突变使果蝇因轴线发育不良而行动异常。

通过数据库搜寻Toll同源物，很快在哺乳动物中发现结构相似并参与抗感染的一个跨膜分子家族，成员包括IL-1R和Toll类似物，后者被命名为Toll样受体（Toll-like Receptor，TLR）。

1. 结构和分布特点 TLR为Ⅰ型跨膜糖蛋白，胞外结构域由19～25个前后相连的片段所组成，各片段包括24～29个氨基酸残基，带有x-L-x-x-L-x-L-x-x基序（L为亮氨酸，x为任意氨基酸），称为富含亮氨酸的重复体（Leucine-richrepeat，LRR），简称亮氨酸重复序列。整个胞外结构域弯曲成马鞍状，其中的LRR部分构成配体结合区。

2. TLR启动的信号转导 参与胞内信号转导的主要有三类分子：蛋白激酶、衔接蛋白和转录因子，在固有免疫、适应性免疫以及凋亡信号转导中，三类分子及其发挥作用的顺序不完全相同，但三类分子的结构特点和功能却是相似的。

典型的TLR启动的信号转导途径是，首先出现的是衔接蛋白，然后是蛋白激酶及转录因子。TLR启动信号转导的意义在于，可以激活一批重要的基因以及引起相应细胞的活化，其中主要是促炎症基因及Ⅰ型IFN，其产物一旦发挥作用，将放大对病原体的杀伤效应。

不同TLR家族成员启动的信号通路、参与的衔接蛋白和蛋白激酶可能不同。如TLR4结构有其特殊性。受体分子由同源二聚体TLR4-TLR4组成，一旁还结合有IL-14跨膜蛋白，并有一个称为MD2的分子参与。

（四）NOD样受体对细菌和病毒的识别

1. NLR的结构与分类 NLR指NOD样受体（NOD-like Receptor）或NACHT-亮氨酸重复序列受体（NACHT-LRR Receptor）。受体分子由三类功能不同的结构域组成。

（1）N端为亮氨酸重复序列（LRR）

（2）分子中段为NLR各成员共有的特征性结构域

（3）C端为效应结构域

在LRR和NACHT中间还可以有一个NACHT相关结构域（NACHT-associated Domain，NAD）。在C端也可以接上另一种效应结构域，称为BIR（Baculovirus Inhibitor of Apoptosis Protein Repeat）。

2. NLR的激活与信号转导　LRR一旦与配体结合，处于自身抑制状态的NLR分子立即伸展开来，暴露出NACHT寡聚结构域，并迅速形成6～8个同类分子的聚合体。该NLR遂被激活，启动相应的信号转导。

细菌被Mφ等吞噬后，首先形成吞噬体，然后与溶酶体融合成为吞噬溶酶体，在溶酶体酶的作用下，细菌胞壁成分分解为肽聚糖（PGN），后者再降解成一种具有免疫调变活性的胞壁肽（Muropeptide）。

（五）RIG-1样受体对病毒成分的识别

视黄酸诱导基因1（Retinoic Acid Inducible Gene-1，RIG-1）产物和黑色素瘤分化相关分子（MDA-5）是胞质溶胶中识别病毒双链RNA（dsRNA）的感知元件（Sensor），也是RIG-1相关受体（RIG-1-like Receptor，RLR）家族中的主要成员。RLR和NLR结构上的相似之处，是都带有效应结构域CARD。

二、参与固有免疫应答的效应分子与细胞

（一）抗菌蛋白和抗菌肽

1. 抗菌肽（Antimicrobial Peptid）　抗菌肽广泛地存在于各种动物，已发现400多种，从白蚁、果蝇、家蚕到人类，甚至植物中也有。人体中的抗菌肽主要为防御素（Defensin）和Cathelocodin。防御素是29～35个氨基酸组成的阳离子肽，借助2～3个二硫键形成由α-螺旋、β-片层和肽环组成的三维立体结构。人的防御素有α型和β型之分，前者见于小肠的一种嗜酸性帕内特细胞（Paneth细胞）和中性粒细胞的胞质颗粒；后者存在于上皮及其他组织。防御素杀伤的细菌谱很广，包括金黄色葡萄球菌、肺炎球菌、大肠杆菌、绿脓假单胞杆菌和嗜血杆菌，而且可在几分钟内见效。其作用机制是，吞噬细胞摄入病原微生物之后，带有防御素的胞质颗粒通过与胞膜融合，将高浓度防御素释放至细菌周围，前者可以插入细菌胞壁，并在其中形成孔洞，使细菌因胞壁损伤而死亡。

抗菌肽除了损伤细菌胞壁，还可抑制胞内DNA、RNA和蛋白质的合成，激发抗菌酶。抗菌肽还可以损伤真菌菌体和由脂蛋白包被的病毒，如流感病毒和单纯疱疹病毒。

2. 溶菌酶　溶菌酶（Lysozyme）因具有溶菌活性而得名。根据作用对象，分为细菌胞壁溶菌酶和真菌胞壁溶菌酶；根据来源，可分为人、动物、植物和微生物溶菌酶。人溶菌酶检出于泪液、唾液、乳汁等，由Mφ组成性地产生。动物中的溶菌酶以鸡蛋清中含量最高，是溶菌酶的代表。鸡蛋清溶菌酶属于一种稳定的碱性蛋白，由129个氨基酸残基组成，分子质量为14ku。

溶菌酶可直接作用于革兰氏阳性菌胞壁裸露的肽聚糖。肽聚糖由三种成分共同构成立体网状结构，即N-乙酰葡糖胺（GlcNac）和N-乙酰胞壁酸（MurNac）交替出现的骨架，与MurNac相连的氨基酸侧链，以及连接侧链的甘氨酸交连桥。溶菌酶可以在GlcNac及Mur-

Nac之间将骨架切断，使肽聚糖分子解离，损伤细菌和真菌细胞壁。

3. 其他的抗菌蛋白　其他抗菌活性物质　如卡特里西丁（Cathelicidin）、蛋白质聚合酶（Protegrin）、颗粒溶素（Granulysin）、组蛋白抑制素（Histatin）和分泌性白细胞蛋白酶抑制剂（SLPI）。

（二）补体

补体是一组血浆蛋白质，有20余种，对热不稳定，可通过56℃处理30 min而去除其活性。补体虽因协助抗体清除病原体而得名，但同时作为识别PAMP的成分和重要的效应分子，在固有免疫中发挥重要作用。

自然条件下，补体成分以无活性的酶原形式存在，多种特异性和非特异性免疫学机制可使这些无活性的酶原分解，产生一个有活性的大片段和一个小片段，这一过程称为激活。所得到的大片段通常停留在病原体和细胞表面，使后者裂解或加速其清除；小片段离开细胞表面，介导炎症反应等。补体的激活、激活的调节过程及生物学功能见前文补体系统。

（三）细胞因子和趋化因子

细胞因子和趋化因子中的促炎症细胞因子（Pro-inflammation Cytokine）的编码基因主要由Mφ模式识别受体识别PAMP后，通过NF-κB和MAPK途径所激活。其中最为关键的有三个细胞因子：IL-1、TNF-α和IL-6。它们不仅引起局部炎症反应，并可诱发全身效应，包括脓毒性休克。

（四）胞内杀菌物质

Mφ和中性粒细胞吞噬病原体后迅速激活，在吞噬溶酶体中产生一系列具有杀菌活性的物质，并可分泌到细胞外。

1. 活性氧中间物对病原体的作用　病原体进入吞噬体并进一步形成吞噬溶酶体之后，立即遭遇带有超氧阴离子的活性氧中间物（Reactive Oxygen Intermediate，ROI），先引起pH短暂的上升，使阳离子蛋白发挥杀菌作用，然后pH下降形成有利于溶菌酶发挥作用的酸性环境。此时，溶菌酶和防御素发挥作用，其机制已如前述。

2. 氧依赖性杀菌途径　Mφ和中性粒细胞吞噬病原体后随之活化，在短时间内耗氧量显著增加，形成的氧代谢物对病原体有很强的杀伤作用，这一现象称为呼吸暴发（Respiratory Burst）。其中的启动因素是位于胞质和吞噬体膜上的一种复合酶。

3. 一氧化氮相关杀菌途径　Mφ在IFN-γ的刺激下，高表达诱导性一氧化氮合酶（iNOS），在四氢生物蝶呤存在条件下，催化L精氨酸产生瓜氨酸和一氧化氮（NO），称为活性氮中间物（RNI），发挥杀菌和细胞毒性作用，包括杀伤胞内病原体利什曼原虫。

（五）参与固有免疫应答的细胞

包括中性粒细胞、单核/巨噬细胞、NK细胞以及划归固有类淋巴细胞的NKT细胞、γδT细胞和B1细胞。它们具有免疫生物学特性可在固有免疫及炎症反应中发挥效应功能。

三、固有免疫的效应机制

（一）防御屏障

固有免疫中，阻止病原体入侵或及时清除入侵病原体防止其扩散，构成了广义的防御性屏障。其中既有一般的机械性阻挡和抑菌，也包括通过吞噬作用和炎症反应所构筑的功能性屏障。

1. 基本屏障　指防止病原体入侵的物理屏障和解剖学屏障，是机体抗感染的第一道防线。主要由皮肤和黏膜表皮层组成。

皮肤包括表皮和真皮。表皮外层为已死亡的表皮细胞，带有防水的角蛋白。其下方的真皮层由结缔组织组成，带有血管、毛囊、汗腺和皮脂腺，后者分泌油性的皮脂。皮脂含乳酸和脂肪酸，使皮肤表面形成一个 pH 为 3～5 的酸性环境，抑制大部分微生物的生长。

结膜、消化道、呼吸道、生殖道的黏膜表面由黏膜层及下方的结缔组织层构成。黏膜是病原体进入体内的主要部位。其中起屏障作用的成分：一是唾液、眼泪、黏膜分泌物，它们可洗去入侵物，并以其携带的抗菌肽和抗病毒物质如溶菌酶和胃蛋白酶，清除病原体。二是黏膜上皮细胞，这些细胞可分泌黏液和抗菌肽，并捕获病原体。三是，下呼吸道和胃肠道的黏膜还覆盖着纤毛，有清除微生物的作用。四是，非致病性微生物可在黏膜上皮细胞形成菌落，以正常菌丛竞争性地使病原体无着生之地。

2. 生理屏障　温度（体温和发热）对病原体生长起抑制作用，并增强免疫细胞的效应功能。胃酸可杀死大部分入侵的微生物。

多种可溶性蛋白质参与非特异的免疫防御。溶菌酶是黏膜分泌物中的水解酶，可分解细菌细胞壁的肽聚糖，已如上述。干扰素则具有抗病毒活性。

另一类参与免疫防御的重要血清蛋白质是补体。有关内容前面也已介绍。

3. 吞噬屏障　吞噬细胞摄入胞外物质主要有两种形式：胞吞和吞噬。

（1）*胞吞*（Endocytosis）　指胞外组织液中的大分子被细胞摄入。其方式又有两种，分别称为胞饮（Pinocytosis）和受体介导的胞吞。前者直接吞入可溶性大分子；后者选择性地吞入受体——大分子复合物。随后，带有大分子的胞吞小泡相互融合而进入内体（Endosome）。内体中的酸性内含物使大分子和受体分子解离，后者可再循环至细胞表面；而带有游离大分子的内体则和来自高尔基体的初级溶酶体（Lysosome）融合成为次级溶酶体。溶酶体内含有蛋白酶、核酸酶、脂酶和其他水解酶，使进入其中的抗原大分子分解成为肽、核苷酸和单糖，并排出胞外。

（2）*吞噬*（Phagocytosis）　指细胞摄入颗粒性抗原，包括完整的细菌。此类吞噬通常只能由专一化的吞噬细胞如血液单核细胞、中性粒细胞和组织中的 Mφ 进行。病原微生物被 PRR 识别而黏附在单核/巨噬细胞表面，诱导后者形成伪足将抗原包绕起来，伪足融合，病原体被摄入细胞内形成吞噬体（Phagosome）；然后吞噬体向细胞内部运动，与溶酶体融合形成吞噬溶酶体（Phagolysosome）。吞噬细胞可启用多种途径，包括通过活性氧中间物及活性氮中间物杀伤病原体，也可通过溶酶体酶对病原体进行消化。最后，细菌分解物通过胞吐（Exocytosis）作用被清除至细胞外。其步骤和胞吞相似。

（二）炎症反应

炎症是针对各种刺激物如感染和组织损伤的一种生理性应答。有三个重要作用：①把效应分子和效应细胞输送到感染部位，增强防御第一线 Mφ 对入侵病原体的杀伤；②提供生理屏障，防止感染扩散（抗感染炎症屏障）；③加快损伤组织的修复。

1. 炎症介质　参与炎症反应的介质主要包括趋化因子、促炎症细胞因子、血浆酶介质和脂类炎症介质。前两者已有介绍，现着重阐述后两种介质。

（1）*血浆酶介质*　血浆中有四个酶系统，在一旦出现组织损伤时可被激活而形成相互作用的网络，产生大量炎症介质。

①激肽系统：组织损伤首先激活血浆酶原 Hageman 因子（又称凝血因子Ⅻ），引起凝血酶级联反应。反应过程中首先是激肽释放酶（Kallikrein）活化，然后产生炎症介质舒缓激肽（Bradykinin）。这是激肽系统中一类血管活性碱性肽，可增加血管通透性，引起疼痛和平滑肌收缩。舒缓激肽（Kinin）还可裂解 C5，产生的 C5a 使肥大细胞释放炎症介质。

②凝血系统：始于血管损伤大量产生的凝血酶。凝血酶作用于血浆和组织液中的血纤蛋白原，产生血纤蛋白（Fibrin）和血纤肽（Fibrinopeptide）。这些属于非水溶性的纤维蛋白丝可相互缠绕而形成凝块。因而组织损伤后迅速发挥作用的凝血系统，不仅止血，还起着防止入侵病原体血行播散的作用。此外，血纤肽还是一种炎症介质，增加血管通透性，增强中性粒细胞的趋化作用。

③纤溶系统：纤溶（Fibrinolytic）系统的作用是把纤维蛋白凝块从损伤组织中清除。其中起关键作用的是纤溶酶（Plasrain），使纤维蛋白凝块降解为显示趋化活性的产物，加速中性粒细胞的趋化作用。纤溶酶还有助于激活经典的补体途径。

④补体系统：作为炎症介质，补体裂解产物 C3a、C4a 和 C5a 发挥着过敏毒素（Anaphylatoxin）的作用，可与组织中肥大细胞表面受体结合使其脱颗粒而释放组胺和其他显示药理学活性的介质，引起平滑肌收缩和血管通透性增加。在 C3a、C5a 和 C5b67 共同作用下，单核细胞和中性粒细胞可黏附并穿越血管内皮细胞，向组织中补体激活部位迁移，并使得带有抗体及吞噬细胞的液体加速流向病原体入侵部位。

（2）脂类炎症介质　膜结构的改变可使得一些炎症细胞（Mφ、单核细胞、中性粒细胞和肥大细胞）膜上的磷脂降解为花生四烯酸及血小板溶解激活因子，后者再转化为血小板激活因子（PAF）。PAF 不仅活化血小板，并启动炎症效应，包括趋化嗜酸粒细胞，使中性粒细胞和嗜酸粒细胞激活和脱颗粒。

2. 炎症反应　炎症反应包括急性和慢性两类。急性过程通常启动迅速、持续时间短，并可引起全身性应答，构成急性相反应；慢性过程见于持续感染性疾病，往往引发病理性后果。

（1）急性炎症性应答

①局部反应：2000 年前已经用红、肿、热、痛和功能丧失五个方面来描述局部急性炎症反应。急性过程启动快，发生组织损伤后数分钟激肽系统、凝血系统和纤溶系统开始激活，在缓激肽和血纤肽的直接作用下，血管扩张和通透性增加，液体逸出，引起局部红肿和疼痛。此时，在过敏毒素的间接参与下，肥大细胞脱颗粒并释放组胺。组胺是炎症反应的强有力介质，引起血管进一步扩张和平滑肌收缩。同时出现的前列腺素，也显示相似功效，共同引发急性炎症反应。

大量炎症细胞在病原体入侵部位的聚集，有效地吞噬病原体，然而细胞所释放的炎症介质和具有裂解活性的酶类，也可损伤正常细胞和组织。而且，短寿的中性粒细胞在完成一轮吞噬之后即死亡，形成脓液，相应的感染性微生物称为化脓菌。

②全身急性相反应：感染一旦发生血行播散并出现全身症状则构成急性相反应（Acute-phase Response），特点是出现发热。发热并非由细菌成分引起，而主要由参与炎症反应的细胞因子如 TNF-α、IL-1 和 IL-6 引起，因而这些因子称为内源性热源。同时，机体迅速合成激素如 ACTH 和糖皮质激素，白细胞计数上升，肝脏产生大量急性相蛋白。

全身性的革兰氏阴性菌感染，因 Mφ 大量释放 TNF-α 而出现脓毒症（Sepsis），引起血管通透性增大而导致大量血浆外渗，引起脓毒性休克（Septicshock），出现弥散性血管内凝血（DIC）和血栓，导致全身器官衰竭。

（2）*慢性炎症应答* 慢性炎症的产生缘于抗原的持续存在。例如，有些微生物可以以其特殊的胞壁结构逃避吞噬，由此引发慢性炎症和组织损伤。因而自身免疫病中的自身抗原和不断侵犯组织使其结构改变的一些肿瘤，皆可引起慢性炎症。

慢性炎症的重要特点是Mφ的积累和激活。这些Mφ所释放的细胞因子刺激成纤维细胞增殖和产生胶原，使得慢性炎症部位发生纤维化。慢性炎症还会诱发肉芽肿（Granuloma）。肉芽肿是大量激活的淋巴细胞包绕着一群激活的Mφ，后者往往借助胞间融合，在肉芽肿核心部位形成多核巨细胞。肉芽肿的形成使得免疫系统难以有效地清除留存在Mφ中的胞内寄生菌如结核杆菌，使疾病迁移不愈。

第二节 T细胞对抗原的识别

在论述固有免疫应答的基础上，这里将阐述适应性免疫应答（Adaptive Immune Response）。适应性免疫应答由淋巴细胞承担，应答过程分为三个阶段：识别、激活和效应。本节首先论述T细胞对抗原的识别。

与B细胞对抗原的识别不同，T细胞不能识别完整的天然抗原分子，需要抗原递呈细胞（Antigen Presenting Cell，APC）先将抗原降解为肽段，并由主要组织相容性抗原（Major Histocompatibility Antigen Complex，MHC）分子递送到细胞表面才能识别。其中发生一系列重要的免疫生物学现象，包括抗原的加工和递呈、免疫突触的形成，T细胞和APC间相互作用，以及抗原肽和MHC分子、TCR分子之间的相互作用等。

一、抗原递呈细胞

抗原递呈细胞（APC）是指具有加工和递呈抗原能力的细胞。所有有核细胞都具有降解胞质内蛋白的能力，而且都表达MHCⅠ类分子，所以有核细胞一旦表达非己抗原时，例如，受病毒感染或发生癌变时，都能成为APC，向T细胞递呈抗原。但通常把通过MHCⅠ类分子向CD8 T细胞递呈抗原的细胞称为靶细胞，而只把表达MHC Ⅱ类分子并能向CD4 T细胞递呈抗原的细胞称为APC。

（一）专职APC

通常情况下，如不加说明，APC即指专职APC，不包括非专职APC。专职APC为一类特化的细胞，它们具有摄入、加工、递呈摄入的抗原，激活CD4 Th细胞，诱导免疫应答的能力。为此，专职APC必须表达MHCⅡ类分子和协同刺激信号分子。满足这两个条件的细胞主要有三类，即树突状细胞（Dendritic Cell，DC）、Mφ和B细胞。但三者的组织分布、加工递呈的抗原类型、表面分子的表达特点不完全相同。

1. 树突状细胞 根据来源，有髓系来源的髓样DC（MDC）和淋巴系来源的淋巴样DC（LDC）之分，后者又称浆细胞样DC（pDC）；根据分布，有淋巴组织中的DC（并指状DC、边缘区DC）、非淋巴组织中的DC（间质性DC、朗格汉斯细胞）和体液中的DC（隐蔽细胞、血液DC）之分。在淋巴结中DC主要集中于副皮质和T细胞区。DC的表型具有以下特点：①组成性表达MHCⅡ类分子，成熟后或IFN-7诱导后表达增强；②组成性表达协同

刺激分子如B7-1、B7-2、CD40等，成熟后、IFN-7诱导后或CD40配接后表达增强。DC的主要功能是启动和激活初始T细胞对蛋白质抗原的识别和应答，递呈病毒抗原和肿瘤抗原。成熟的DC存在于脾脏和淋巴结等二级淋巴器官中，是唯一能够直接激活初始T细胞的专职APC。

未成熟的DC分布于各种组织中，能通过巨胞饮和受体介导的内吞作用摄入抗原，但低表达MHCⅡ类分子和协同刺激分子。DC在外周摄取抗原后被激活，在趋化因子和细胞因子作用下，经淋巴管进入引流淋巴结。在此过程中DC分化成熟，并发生一系列表型和功能的改变：①失去主动摄入抗原的能力；②细胞表面MHCⅡ类和Ⅰ类分子表达水平依次增高；③高表达协同刺激分子。这样，外周DC可将感染部位的抗原运送到淋巴组织，在其中激活再循环的T细胞。

2. 巨噬细胞 Mφ属单核吞噬细胞系统，是APC中具有强大吞噬能力的细胞。它能够吞噬大的颗粒性抗原，因此在加工和递呈胞外病原体如细菌中起重要作用。静止的Mφ只表达少量的MHCⅡ类分子，而且完全不表达协同刺激分子。Mφ在吞噬病原体后，或在CD4 T细胞分泌的IFN-γ和TNF-β的作用下，诱导性表达MHCⅡ类分子、协同刺激分子如CD80和CD86，以及黏附分子。Mφ表面表达多种受体，如甘露糖受体、LPS受体、葡聚糖受体等，它们通过与病原体表面相应配体的结合而促进Mφ摄入病原体。而Mφ表面的补体受体CR1和Fc受体则促进Mφ摄入经补体和抗体调理过的抗原。

3. B细胞 主要分布于淋巴结中的淋巴滤泡和生发中心。B细胞具有以下特点：①组成性表达MHCⅡ类分子，IL-4诱导后表达增强；②抗原受体与抗原交联并由T细胞提供协助后，诱导性表达协同刺激分子。B细胞主要在体液免疫中发挥作用，在胸腺依赖抗原诱导的抗体产生中起重要作用，同时发挥APC功能。

三种专职APC的组织分布、表面分子的表达特点、加工递呈的抗原类型各有不同。其递呈抗原的能力互相补充，使免疫系统能对各种各样的抗原产生有效的特异性免疫应答。

（二）非专职APC

一类各自具有特定功能、诱导后可参与递呈抗原的细胞。在通常条件下，这类细胞执行其功能而不表达MHCⅡ类分子，因而不具备递呈抗原的能力。但在细胞因子和病原体的作用下，特别在炎症反应持续的阶段中，可被诱导而表达为抗原递呈所必需的MHCⅡ类分子和共信号分子，以非专职形式行使抗原递呈功能。属于非专职APC的，有血管内皮细胞、皮肤成纤维细胞、皮肤角质形成细胞、胸腺上皮细胞、甲状腺上皮细胞、胰岛β细胞和脑小胶质细胞等。

血管内皮细胞是一个典型的例子。该细胞广泛分布于血管和淋巴组织。小鼠中经IFN-γ等诱导后，此类细胞可表达MHCⅡ类分子和协同刺激分子。而且血管内皮细胞在接触抗原的部位，也可参与激活抗原特异性T细胞。

另外，抗原递呈分内源性抗原和外源性抗原两种不同途径。凡能表达MHCⅠ类分子的有核细胞，皆可实施对内源性抗原的加工和递呈，并激活CD8 CTL。在这个意义上，所有有核细胞又都可以作为非专职APC发挥作用；或者说能够激活CTL并被其特异性杀伤的靶细胞，也可以看作一种非专职APC。

二、参与抗原递呈的分子及T-APC相互作用

APC对抗原进行加工，使抗原肽与抗原递呈分子结合并递送到细胞表面，供T细胞识别。因而抗原的加工递呈反映了T细胞与APC的相互作用，这一相互作用涉及各种重要的分子，以及受体与配体的相互作用，并出现多种免疫生物学现象。

T-APC相互作用中的免疫分子

1. 抗原递呈分子

(1) 经典的MHCⅠ类和Ⅱ类分子　Ⅰ类分子由糖基的重链（α链，45ku）和非共价结合的β2微球蛋白（β2m，12ku）组成。α链的膜外区肽段折叠形成三个结构域，从N端起称为α1、α2和α3。Ⅱ类分子是由重链（α）和轻链（β）跨膜分子组成的异二聚体，胞外部分各有两个结构域（α1、α2和β1、β2）。由α1和β1共同组成抗原结合槽，其中β2结构域有一个CD4的结合部位。Ⅱ类分子的分布比较局限，主要表达于专职APC。一些在正常情况下不表达Ⅱ类分子的细胞可诱导性地获得表达，而成为非专职APC。

(2) 非经典的MHCⅠ类分子　非经典MHCⅠ类分子（称为MHCⅠa）也具有一定的抗原递呈功能。人体中如HLA-G、HLA-E和MICA等，进入此类分子抗原结合槽中的抗原肽，主要是一些经典Ⅰ类分子的9肽前导序列。非经典Ⅰ类分子对抗原的递呈，主要活跃于固有免疫、特别是NK细胞的激活。

(3) CD1分子　分化抗原CD1分子能够递呈脂类抗原供NK T细胞亚群识别。在细胞膜上，CD1也与β2m非共价结合，构成异二聚体。其膜外结构域与MHCⅠ类和Ⅱ类分子的氨基酸同源性约30%。经典Ⅰ类分子、非经典Ⅰ类分子和CD1分子在立体构型（特别是抗原结合槽的构型）及与β2m的结合上，具有高度的相似性。提示CD1与MHCⅠ类基因起源于同一祖先。

2. MHC-抗原肽-TCR三分子复合物

(1) 基本结构　由MHC分子、抗原肽和TCR分子组成的复合物简称TCR-pMHC或TCR-pMHC三元体，其中pMHC是“肽-MHC”的简化形式。TCR-pMHC三元体是T-APC相互作用中能够体现T细胞抗原识别特异性的最重要的分子结构群。

其中的抗原肽，显然已不是游离的完整抗原，而是被APC摄取并加工后结合有MHC分子的一个抗原片段。

(2) 两类TCR-pMHC复合物　根据递呈抗原的是Ⅰ类还是Ⅱ类分子，TCR-pMHC分成两类，其结构和功能往往不同。Ⅰ类分子递呈的抗原肽和Ⅱ类分子递呈的抗原片段结构上不仅不同，而且两种分子的近膜端结构域所结合的辅助受体也不同，分别为CD8和CD4分子，由此造就了下列不同的抗原递呈格局：Ⅰ类分子递呈内源性抗原供CD8 CTL识别，Ⅱ类分子递呈外源性抗原供CD4 Th细胞识别。

还有，尽管两类MHC分子有着外观上相似的抗原结合槽，但是结合并容纳抗原肽段的格局各异：Ⅰ类分子的结合槽两端封闭，接纳8～10肽，肽段N端和C端埋在槽的两端；Ⅱ类分子的抗原结合槽开放，能容纳13～25肽的长链。

(3) TCR-pMHC结构的高度变异性　与下面将要提到的各种辅佐分子不同，TCR-pMHC中的三个组成成分皆显示高度变异性。

第一，抗原的数量极大，进入MHC抗原结合槽中的抗原肽，不仅可以来自不同的抗原

分子，而且可以是同一抗原分子上不同的肽段、携带不同的表位，其多样性之大难以估算。

第二，MHC 的变异性来自两个方面：多基因性和多态性。仅以递呈抗原的经典 HLA 分子而言，不仅有Ⅰ类和Ⅱ类之别，Ⅰ类中又分成 HLA-A、HLA-B 和 HLA-C 不同座位的产物，各自构成结构不同的抗原递呈分子。而且，HLA 的多态性极为丰富，即经典的Ⅰ类和Ⅱ类分子有大量的等位基因。

第三，TCR 分子的多样性更是以十万到百万计。组成 TCR 的 α 链和 β 链，不仅各自结构不同，各链的形成还经历了 V、J 或 V、J、D 不同区域中众多基因片段的组合。这就是说，在不同时空所发生的各种免疫应答中，很难找出两个结构完全相同的 TCR-pMHC 三元体分子。强调这一点，将有利于讨论抗原肽和 MHC 分子的相互作用以及抗原递呈的意义，并说明这一相互作用具有等位基因特异性。

3. 辅佐分子　此处仅指和 T-APC 相互作用有关并参与抗原递呈的一些白细胞分化抗原和黏附分子。

（1）与 TCR 相关的分子

①CD3：由三个二聚体（γε、δε 和 ξξ）共六条跨膜分子组成。这些跨膜分子的胞内段皆带有 ITAM，表明 CD3 分子参与 TCR 识别抗原后的信号转导。在这里六条 CD3 跨膜分子实际上是和两对 TCR αβ 异二聚体组成一个 10 个分子相结合的复合物，特征是两条 ξξ 链以其携带有 6 个 ITAM 的胞内段伸入到细胞质。因而该复合物的分工明确：TCR 识别抗原，CD3 特别是其中的两条 ξξ 链传递信号。

②CD4：系 458 个氨基酸残基组成的单链糖蛋白，胞膜外区具有 4 个 IgV 样功能区，属免疫球蛋白超家族（IgSF）。在 T-APC 相互作用中 CD4 分子发挥辅助受体（Coreceptor）的作用：a. 借助其远膜端的结构域 D1 与 MHCⅡ类分子的非多态部分结合以稳定三元体结构；b. 参与信号转导，这是因为 CD4 分子胞内段与 Src 家族的 PTK 关联，后者在启动 T 细胞抗原识别信号转导中起重要作用。

③CD8：人的 CD8 分子是由 α、β 两条多肽链组成的跨膜糖蛋白，各包括一个 IgV 样功能区，分子质量分别为 34 ku 和 30 ku。部分 CD8 分子为 α 链组成的同源二聚体。在 T-APC 相互作用中，CD8 分子的功能同 CD4，只是其远膜端的结构域 Vα 是和 MHCⅠ类而非Ⅱ类分子结合。同样，其胞内段带有属于 Src 家族的蛋白酪氨酸激酶，参与信号转导。

（2）其他辅佐分子

①CD28：借二硫键组成的同源二聚体，属 IgSF。

②CD40L：为 33ku 的Ⅱ型跨膜糖蛋白。

③CD45：属大分子的白细胞共同抗原，由 1 122 个氨基酸残基组成。

④LFA-1：为淋巴细胞功能相关分子，配体为 ICAM-1（细胞间黏附分子 1）。

⑤CD2：又称 LFA-2 为 IgSF 成员，与配体 LFA-3 结合后，参与 T 细胞的黏附和细胞间的相互作用。

以上分子主要行使三项功能：①稳定 TCR-pMHC 三元体结构，拉近 T 细胞和 APC 间的距离，促进细胞间相互作用；②通过相关蛋白激酶，参与传递抗原识别信号及协同刺激信号，不仅对上面提到的 CD4、CD8 和 CD28 分子，对 LFA-1 和 CD2 亦然；③参与形成免疫突触。其中特别活跃的是 LFA-1 及其配体 ICAM-1。

4. T-APC 相互作用中的免疫突触　突触一词原指神经元之间通过神经递质进行信号交

流的一种结构。认为T细胞与APC之间会形成一个复杂而有序的超分子结构，称为多分子激活聚集体（Supra-moecular Activationcluster，SMAC），其特征是，结构中间部分为包括TCR-pMHC复合物的各种信号分子，称为中央SMAC（cSMAC），四周围绕着整合素家族的黏附分子，称为周边SMAC（pSMAC）。其意义在于，T-APC相互作用中，TCR-pMHC三元体等发挥作用不是取单分子的形式，而是诸多分子的“集体行动”。

（1）*免疫突触的形成和结构*　TCR复合物识别APC表面的pMHC之后，使一些受体及其相连的胞内信号转导分子迅速被动员到T-APC的接触部位。

免疫突触形成包括三个阶段：第一阶段，ICAM-1及CD2分别与配体LFA-1及CD58配接，启动T细胞与APC间的相互作用。ICAMl在T细胞表面聚集成一个广泛的中央区，此为支点，T细胞膜在其周围环绕形成环状结构。第二阶段，发生在T细胞与APC接触5min后，TCR-pMHC复合物向接触面的中心移动，形成中央束，ICAM-1-LFA-1重新分布，逐渐在外周形成另一环状结构。第三阶段：中央束稳定化。在细胞松弛素D（Cytocha-Lasin D）的作用下，中央束不再移动。

（2）*免疫突触形成中的信号转导及细胞骨架的重新定向*　以TCR-pMHC为主的多种跨膜分子能够聚集在一起，是它们在T细胞膜脂双层结构中有序移动和聚集的结果。起关键作用的是细胞骨架（Cytoskeleton）。细胞骨架由微管、微丝和中间丝组成，是一类高度动态化的可随生理条件改变而不断进行组装和去组装的结构，受到细胞内外各种因素的调控。由肌动蛋白（Actin）组成的微丝（Microfilament）以及调控肌动蛋白构型、行为的微丝结合蛋白如肌球蛋白（Myosin），积极参与免疫突触的形成。

三、蛋白质抗原加工递呈的两条主要途径

T细胞能识别APC表面由MHC分子提交的抗原肽，依赖于APC对蛋白质抗原进行处理和加工，并将抗原肽展示于细胞表面供TCR识别，称为抗原的加工递呈。

抗原加工与递呈分为针对外源性抗原和针对内源性抗原两条主要的途径。需要说明的是，内源性抗原并非自身抗原的同义词，外源性抗原也不等于非己抗原。内源性和外源性抗原的区分是根据它们在进入加工途径前所处的位置，即位于细胞内还是细胞外。因此，自身蛋白质，如可溶性MHC分子或细胞膜结合的蛋白分子，如被APC摄入后进入内体加工，即为外源性抗原。反之，在宿主细胞质中产生的病毒蛋白和胞内感染的病原体等虽属非己蛋白，但由于存在于胞质内也称为内源性抗原。

外源性抗原和内源性抗原在细胞内加工的部位、所结合MHC分子的种类以及与MHC分子发生结合的区室并不相同。加工过程中涉及的酶、胞内转运中所需的信号或伴随蛋白等也是不同的。

（一）内体-溶酶体途径

外源性抗原主要来自通过各种途径进入机体的非己成分，如细菌产生的毒素。病原体所展示的PAMP由固有免疫系统识别，而分泌的细菌外毒素、用于免疫治疗的类毒素等则属于需要加工递呈的蛋白质成分。

内体-溶酶体途径（Endosome/Lysosome Pathway）加工递呈外源性蛋白质抗原大致分为四个阶段。

1. 外源性抗原的降解　外源性抗原被APC摄取后，细胞质膜将抗原包围，成为胞质中

的内体（Endosome）。初形成的内体向胞质深部移动并逐渐成熟，最终与初级溶酶体融合成为次级溶酶体或简称溶酶体（Endosome）。内体/溶酶体内的酸性环境为各种酶类提供了适宜的作用条件，如蛋白酶、核酸酶、糖苷酶、脂酶和磷酸酶等，总数多达 40 余种。其中在外源性抗原加工中起重要作用的是组织蛋白酶（Cathepsin，Cath）如 Cath L 和 Cath S。在这两种蛋白酶的作用下，外源性抗原被降解成肽段，其中一些长度为 12～18 个甚至长 30 个氨基酸残基的肽可与适当的 MHC Ⅱ类分子结合，由 MHC Ⅱ类分子递呈给 CD4 T 细胞识别。

从功能上说，内体和溶酶体只是抗原加工区室中的一种。抗原加工区室含有丰富的 MHC Ⅱ类分子、HLA-DM 分子和外源性抗原及抗原肽。在 Mφ 内，另称为 MHC Ⅱ类区室（MHC Class Ⅱ Compartment，MⅡC）；在 B 细胞中，称为 MHC Ⅱ类分子携带泡囊（MHC Class Ⅱ-containing Vesicles，CⅡV）。

2. Ⅱ类分子从内质网向内体转运　在内质网腔中，新合成的 MHC Ⅱ类分子的 α 链和 β 链经过部分糖基化后，配对折叠形成二聚体，并通过 α 链和 β 链中疏水的跨膜段插入内质网膜。在这个过程中需要两种非多态性蛋白的参与，分别为钙联蛋白（Calnexin，Cx）和 Ia 相关恒定链（Ia-associated Invariant Chain）即 Ii 链。

在内质网中 Ii 链以三聚体形式存在，三聚体中的每一个 Ii 链分别通过 CLIP 与一个 αβ 二聚体结合，形成一个九聚体（Ii3-α3-β3）构型。九聚体在 Ii 链 N 端序列的引导下，离开内质网，经高尔基体外侧网络进入内体。可见 Ii 链有两个作用，即阻止Ⅱ类分子与内质网中内源性抗原肽结合和引导Ⅱ类分子进入内体，为Ⅱ类分子在内体中与外源性抗原结合提供了保证。

3. Ⅱ类分子荷肽　九聚体进入内体后，在蛋白水解酶的作用下，Ii 链逐步降解，最后仅剩与Ⅱ类分子抗原结合槽相连的 CLIP。为了使内体中的外源性抗原肽进入抗原结合槽，需借助 HLA-DM 分子使 CLIP 与Ⅱ类分子解离。存在于内体溶酶体中的 DM 是一种非经典Ⅱ类分子，由 α 链和 β 链组成。DM 与Ⅱ类分子先发生物理性结合，引起Ⅱ类分子构象的改变，使得抗原结合槽中两条 α-螺旋略微分离，破坏了 CLIP 与抗原结合槽形成的非共价键，CLIP 因而从抗原结合槽解离。

DM 分子则继续保持与Ⅱ类分子结合，以维持Ⅱ类分子的稳定性。当有合适的外源性抗原肽进入抗原结合槽，DM 即与Ⅱ类分子解离，完成整个 MHC Ⅱ类分子荷肽的进程。据称，一个 DM 分子每分钟可转换 10～12 个 DR 分子。

Ⅱ类分子除了与已经降解的肽结合外，还可能存在另一种荷肽的方式，即蛋白质抗原与Ⅱ类分子抗原结合槽结合后，再在酶的作用下降解。这种方式有利于保护某些对酶敏感的决定簇不被破坏，从而扩大了被递呈的抗原决定簇的范围。

4. 外源性抗原的递呈　Ⅱ类分子荷肽结束后，借助于细胞的胞吐作用，抗原加工区室泡膜与细胞膜融合，形成的Ⅱ类分子—抗原肽复合物表达于 APC 表面，供 CD4 Th 细胞识别。

（二）胞质溶胶途径

内源性抗原指胞质内出现的抗原，如内源性病毒、肿瘤抗原和某些自身抗原。与外源性抗原不同，内源性抗原主要通过胞质溶胶途径（Cytosol Pathway）完成加工递呈的过程。也有相应的四个阶段。

1. 内源性抗原肽的加工　胞质溶胶途径对抗原的加工主要通过蛋白酶体（Proteosome)，一种存在于胞质溶胶中的大分子质量蛋白质水解酶复合物。动物细胞中蛋白酶体由20S的蛋白酶体和调节复合物组成。

胞质中内源性抗原的降解启用蛋白质降解的泛素-蛋白酶体途径。

泛素（Ubiquitin，Ub）是76个氨基酸残基组成的小分子多肽，可以以共价结合的方式与蛋白质的赖氨酸相连。蛋白质一旦接有泛素，称为发生泛素化（Ubiquitylation）。泛素化是一个具有普遍意义的免疫生物学现象。例如，NF-κB激活中抑制成分I-κB的降解，以及免疫调节中细胞因子信号转导抑制蛋白（SOCS）对底物的作用，皆涉及这一泛素-蛋白酶体途径。

蛋白质泛素化系统由3个组分构成，一个称为泛素激活酶E1，它可利用水解ATP释放的能量以其胱氨酸残基（Cys）的巯基与泛素C端的甘氨酸残基（Gly）形成高能硫酯键。然后连接在E1上的泛素被转移到另一个泛素结合酶E2上，同时，被选中的靶蛋白与第三个组分即靶蛋白泛素连接酶E3结合。E2然后将与其连接的泛素转移到靶蛋白上，并与靶蛋白赖氨基酸残基（Lys）-NH2基团形成异肽键（Isopeptidebond），E2被释放。选择什么样的蛋白质进行泛素化主要取决于E2和E3。

单个连接的泛素残基尚不足以引起底物降解，活细胞中有一系列的泛素残基可加到前一个泛素赖氨酸残基上，形成泛素聚合链（Poly Ub），这一过程受细胞活性的调控。连接到降解蛋白质底物上的多聚泛素链可为蛋白酶体提供识别的信号，也是调控蛋白质降解的环节之一。

内源性抗原肽依据该途径实施降解，具体涉及两个作用环路。其一是泛素与底物结合，然后在分解酶（Deconjugating Enzyme）DUB的作用下重新游离；二是结合有调节复合物的28S免疫蛋白酶体，对带有泛素聚合链的内源性抗原肽实施降解，然后恢复到19S调节复合物及20S蛋白酶体，构成第二个环路。两者共同作用的结果是，泛素化的内源性抗原进入免疫蛋白酶体的孔道后，在蛋白水解酶的作用下降解成为5～15个氨基酸残基的短肽。

2. 内源性抗原肽的转运　经蛋白酶体降解产生的内源性抗原肽必须进入内质网才能与Ⅰ类分子结合，这一转运过程依赖抗原加工相关转运物（Transporter Associated with Antigen Processing，TAP）。这是一种位于ER膜上的跨膜蛋白，属ABC转运蛋白家族，由两个亚单位TAP1和TAP2组成，它能催化ATP降解，为TAP转运内源性抗原肽提供能量。

内源性抗原肽首先与胞质一侧TAP结合，在ATP作用下，孔道的胞质侧开放，内源性抗原肽穿越孔道进入内质网腔。TAP选择性转运8～12肽，这种长度正是MHCⅠ类分子抗原结合槽所能容纳的最适长度。TAP对这些肽末端残基的性质有一定的要求，即优势选择C端为碱性、极性或疏水性残基的肽段，而这些残基也是与Ⅰ类分子结合肽的锚着残基。由此可见，TAP特别适合于运输能与Ⅰ类分子结合的抗原肽。

最新有研究揭示，免疫应答过程中存在不依赖TAP的交叉递呈途径。该途径需要的是半胱氨酸蛋白酶而不是蛋白酶体来消化抗原。两条不同途径的同时启动，有助于增加递呈到细胞表面抗原肽的多样性和总量，扩大免疫应答的范围，可以有效地防止病毒利用反监视机制（Counter-surveillance）阻断其中一条通路而逃避免疫系统的攻击。

3. MHCⅠ类分子荷肽　Ⅰ类分子α链和β2m在糙面内质网中合成后被转运到光面内质网。α链在到达内质网后立即与伴随蛋白结合。参与Ⅰ类分子加工的伴随蛋白很多，主要的有钙联蛋白（Calnex，Cx）和热休克蛋白（HSP）。

HSP 分子在内源性抗原递呈过程具有多种功能：①胞质中 HSP70 具有抗原肽结合能力和 ATP 酶活性，能与 TAP 结合介导初步修饰的抗原肽进入内质网；②内质网腔中的 gp96 具有抗原肽结合能力和氨基肽酶活性，能与进入内质网中的抗原肽结合并对其再次进行修饰，使之能与 MHCⅠ类分子结合。

Cx 是内质网内的跨膜蛋白，具有结合 N 端连接的单糖苷聚糖的功能，从而在内质网内糖蛋白的折叠过程中起重要作用。

钙网蛋白是参与 MHCⅠ类分子组装的另一种重要的伴侣蛋白，分子质量为 46ku，属高度保守的钙离子结合蛋白，是内质网中的一种驻留蛋白。它像 Cx 一样也具有结合 N 端连接的单糖苷聚糖的功能。两者不同点在于，Cx 是与 MHCⅠ类分子的重链相互作用，而钙网蛋白是与 MHCⅠ类分子异二聚体（MHC-β2m）相互作用，维持二聚体的稳定。

4. 内源性抗原的递呈　结合了肽的Ⅰ类分子从内质网进入高尔基体，经基化修饰后，通过胞吐空泡被转运到细胞表面，供 CD8CTL 细胞识别。

（三）抗原加工递呈的非典型途径

这些非典型途径可与上述两条主要途径或经典途径并存，使一种抗原可通过不同的途径被加工递呈，扩大了免疫应答的范围。但非典型途径往往出现在一些病理性条件下，在免疫耐受、抗胞内感染和抗肿瘤免疫中发挥作用。参与非经典途径的 APC 主要是 DC 和 Mφ。

1. 非经典外源性加工递呈途径　特点是外源性抗原肽被Ⅰ类分子递呈。

2. 非经典内源性加工递呈途径　特点是内源性抗原经由Ⅱ类分子递呈。

四、MHC 分子、抗原肽和 TCR 间的相互作用

T 细胞识别抗原的过程中，受体 TCR 和配体 pMHC 之间密切结合，而构成配体分子 pMHC 的两种成分即抗原肽和 MHC 分子之间，也发生相互作用。提出这一点之所以必要，是因为和通常出现的受体-配体相互配接（Ligation）不同，此处涉及的是三种而不是两种分子，而且更重要的是，三种分子都显示高度的变异性。因此发生的相互作用既有普遍意义的一面，在分子水平上也有其特点，而且这一相互作用与 T 细胞识别的抗原特异性、MHC 等位基因特异性（因而也就是个体特异性）、TCR 受体库的选择，以特异性 T 细胞的克隆扩增密切相关。这是 T 细胞抗原识别中必须面对的问题。

首先是抗原肽和 MHC 分子间的结合与相互作用。

1. MHCⅠ类和Ⅱ类分子抗原结合槽的结构特点　比较Ⅰ类和Ⅱ类分子以各自的抗原结合槽接纳抗原肽的特点，可知这一特点仅仅体现了两类分子相互作用中的共性。

Ⅰ类分子 α1 和 α2 结构域各含 4 段 β-片层和一个 α-螺旋，共同组成Ⅰ类分子的抗原肽结合槽，是氨基酸（a. a.）组成变异性最大的部分。该槽两端封闭，一般只能容纳 8～10 个氨基酸残基组成的小肽。Ⅱ类分子抗原肽结合槽由 α1 和 β1 结构域组成，各自包括结构相似的 1 个 α-螺旋及 4 个 β-片层。结合槽两端开放，因而接纳的抗原肽可由 13～25 个氨基酸残基组成，肽段两侧可向外伸展或在槽中弯曲。

2. 抗原肽的锚着残基和 MHC 分子接纳抗原肽的共用基序　抗原肽一般含有 2 个或 2 个以上与某个特定 MHC 分子结合的部位，称为锚着位（Anchor Position），位于该部位上的氨基酸则称为锚着残基。这些锚着残基插入 MHC 分子抗原结合槽的小袋中，通过氢键与 MHC 分子相结合。抗原肽中间部位一般均有一定程度的隆起，可作为 T 细胞表位供 TCR

识别。

3. 抗原 Ik-MHC 相互作用中等位基因特异性及其意义 上述结果已十分明确地显示，抗原肽和 MHC 分子间的相互作用能否实现，是由 MHC 等位基因分子抗原结合槽的结构特点、进入该结合槽的抗原肽是否符合其接纳抗原肽的共用基序，以及这些肽可能显示的抑制性残基的部位和类型所决定的。MHC 等位基因的差异（多态性）体现在个体之间，因而，抗原肽-MHC 相互作用的不同格局，有可能直接参与构成不同个体对同一抗原应答格局的差异，甚至决定对同一种病原体引发的疾病是否存在遗传易感性。

五、CD1 分子对脂类抗原的递呈

CD1 分子在结构上与 MHC Ⅰ类分子相关，但 CD1 基因位于 MHC 外，无多态性。人类有五个紧密连锁的 CD1 基因，四个表达。编码蛋白分成两组，第一组包括 CD1a、CD1b 和 CD1c，CD1d 属于第二组。CD1b 和 CD1c 递呈的脂类抗原，主要来自分支杆菌胞壁成分，包括糖脂和磷脂等，如霉菌酸、葡萄糖单霉菌酸酯、脂阿糖甘露聚糖等。CD1d 分子能递呈疏水肽，也能递呈某些脂类抗原如酰基鞘氨醇。

CD1b 分子存在于 APC 的酸性内体区室中，包括Ⅱ类分子荷肽区室（MⅡC/CⅡV）。

CD1 分子递呈的脂类抗原往往由特定的 T 细胞识别，此类细胞识别抗原的方式有两种：直接识别细胞表面 CD1 分子和识别 CD1 分子与脂类抗原复合物。

直接识别 CD1d 分子的人 T 细胞属 NKT 细胞，其 α 链结构为 V24，β 链结构为 V2、8、11、13。这类 T 细胞在识别 CD1 后分泌 IL-4，可指令 ThO 进一步增殖分化为 Th2，具有免疫调节作用。

第三节 T 细胞激活

T 细胞识别抗原之后，出现一系列和激活有关的事件：信号的跨膜传递、胞内的信号转导、转录因子的活化和转位、基因的转录激活、新分子的合成与表达、细胞因子的分泌、进入细胞周期、细胞亚群的分化和免疫记忆的形成等。

未致敏 T 细胞的激活需要双重信号。通常 T 细胞借助 TCR 识别与 MHC 分子结合的抗原肽（pMHC）之后，通过 TCR/CD3 复合体传递抗原识别信号（第一信号），以 CD28 为主的 T 细胞表面受体分子识别相应配体 B7，传递协同刺激信号（第二信号）。

一、T 细胞抗原识别信号的转导

信号转导是免疫细胞激活的重要步骤。通过信号转导，T 细胞抗原识别信号被转换成胞内的生化事件，使信号进入细胞核，引起基因的转录激活和表达。

（一）参与 T 细胞激活信号转导的一些主要成分

1. 蛋白激酶和蛋白磷酸酶 信号转导中信号蛋白的磷酸化和脱磷酸化十分重要，分别由蛋白激酶和磷酸酶促成。蛋白质分子上能够发生磷酸化的氨基酸残基主要有两类：酪氨酸以及丝氨酸和苏氨酸。通常能使酪氨酸残基发生磷酸化的蛋白酪氨酸激酶（PTK），在信号转导的上游发挥作用；而引起丝氨酸、苏氨酸磷酸化的激酶，如丝裂原活化蛋白激酶（MAPK），较多地在信号转导的下游发挥作用，直接参与转录因子的活化。

2. 免疫受体酪氨酸激活基序　除了蛋白质磷酸化，T 细胞信号转导的实施，还需要把各种游离于胞质中的激酶和信号分子招募到胞膜内侧和受体分子近旁，为信号转导创造条件。其中发挥关键作用的结构，主要是受体（或受体相关分子）胞内段上特定的 ITAM、识别这些基序的 SH2 结构域以及带有 SH2 结构域的激酶和衔接蛋白。

3. 衔接蛋白　与 T 细胞激活有关的衔接蛋白（Adapter），主要是与胞膜相连的 T 细胞活化连接蛋白（Linker for Activation of T cell，LAT），其他还有分子质量为 76ku 带 SH2 结构域的白细胞磷酸化蛋白（SH2-containing Leukocyte Phosphoprotein of 76ku，SLP-76）、生长因子受体结合蛋白 2（Grb-2）以及介导免疫突触形成的 Gads 和 NCK 等。带有 SH2 结构域的衔接蛋白往往又称为 SH2 携带蛋白（SH2-conraining Protein，SHC）。

（二）信号的跨膜传递和转导通路的启动

1. 免疫突触引起跨膜分子及信号转导成分的多聚化　T 细胞表面免疫突触的形成，不仅增加 TCR 与 pMHC 间的亲和力，并引发胞膜相关分子的一个重要物理变化——多聚作用（Multimerization），使参与 T 细胞激活的各种跨膜分子如 TCR/CD3、辅助受体 CD4（或 CD8）、CD45 等相互靠拢成簇（Clustering）。它们借助多聚化彼此靠拢后，可发生相互磷酸化或反式磷酸化。胞内 Src FFK 一旦成功地发生磷酸化，意味着参与 T 细胞信号转导的蛋白酪氨酸激酶开始激活，胞外受体对抗原的识别有效。

2. CD45 分子参与启动信号转导　CD45 分子胞内段有两个结构域，行使蛋白酪氨酸磷酸酶的功能。它们可使底物上的 pY 变成 Y，条件是 CD45 需要紧靠其底物。显然，由于多聚作用可使 Src 和跨膜分子 CD45 相聚。于是 CD45 迅速作用于 Src PTK 家族中的 Fyn 和 Lck 分子 C 端的 pY505，使其脱磷酸化，Src 分子的 SH2 遂不再作用于 pY505，"放开"C 端意味着 PTK 的活性中心被暴露，为 Fyn 和 Lck 分子有效地发生相互磷酸化创造了条件。

这里，使得 Src 分子 C 端酪氨酸残基发生磷酸化和脱磷酸化的 Csk 激酶和 CD45 磷酸酶在功能上的对抗和平衡，调节了信号转导中起关键作用的 Src PTK 活性。换言之，CD45 分子以特有的方式解除 Src 的抑制状态，直接参与 T 细胞激活信号通路的启动。

3. T 细胞识别信号转导途径的起始步骤

（1）抗原作用下信号转导相关分子发生多聚化，PTP CD45 解除 Src PTK 分子 C 端对激酶活性的抑制作用。

（2）胞内 SrcPTK 分子（Fyn，Lck）间因相互磷酸化而被激活。

（3）激活的 Src PTK 使 CD3 分子（主要是 CD3ξ 链）胞内段上 ITAM 中的酪氨酸发生磷酸化；磷酸化的 ITAM 借助和 SH2 结合，招募 Syk PTK 家族中的重要成员 ZAP-70；然后，已活化的 Src 使得招募至 CD3ξ 链附近的 ZAP-70 分子发生磷酸化。

（4）蛋白激酶 ZAP-70 因磷酸化而激活，引起衔接蛋白 LAT 上多个酪氨酸残基发生磷酸化。

（5）磷酸化的 LAT（可能还包括另一衔接蛋白 SLP-76）作为一个平台，把各种带有 SH2 结构域的信号蛋白招募至 LAT 附近，其中包括胞膜内侧的磷脂酶 C（PLC-γ）、衔接蛋白 Grb-2 和 Gads。

（6）PLC-γ 和 Grb-2 分别启动（或参与启动）两条不同的信号转导途径。Gads 参与免疫突触的进一步形成。

（三）抗原激活信号胞内转导的主要途径

1. 磷脂酰肌醇途径　T细胞抗原识别信号转导级联反应涉及的第一条通路称磷脂酰肌醇途径（Phosphatidyl-inosital Pathway，PI途径）。首先，由激活的Src PTK和ZAP-70，通过LAT使膜结合的磷脂酶C（PLC）分子γ链上的酪氨酸残基发生磷酸化。磷酸化的PLC-γ发挥酶活性，使底物二磷酸磷脂酰肌醇（PIP2）水解成两个成分：三磷酸肌醇（IP3）和二酰甘油（DAG）。IP3可迅速地从膜内侧向胞质溶胶中扩散，一方面打开细胞膜上的钙通道使Ca^{2+}进入细胞内，同时开启细胞内钙池（内质网）增加Ca^{2+}的释放，协同提高胞内游离钙的浓度。胞质Ca^{2+}含量的上升，激活一种称为钙调蛋白（Calmodulin）的Ca^{2+}结合蛋白，后者可调节其他酶类的活性，并最终导致钙调磷酸酶的激活。

2. MAP激酶相关途径

（1）*Ras蛋白与信号转导*　激活的ZAP-70使衔接蛋白LAT和SLP-76发生磷酸化，可募集并激活其他的衔接蛋白，如上面提到的Grb-2和下面将要提到的鸟苷酸置换因子Sos，启动T细胞活化信号转导的第二条途径，即B途径。$p21^{ras}$（简称Ras蛋白）分子质量为21ku，属鸟苷酸结合蛋白，是小G蛋白（Small GTP-binding Protein）家族中的一个重要成员。G蛋白分两类，除了此处的小G蛋白外，另一类为异源三聚体G蛋白（Heterotrimeric G Protein）。异源三聚体G蛋白相关受体为七次跨膜型结构，是一个包括100多个成员的大家族。但只有小G蛋白家族直接参与抗原诱导的T细胞识别信号转导。

（2）*MAPK级联反应*　MAPK在小G蛋白参与的信号转导中极具重要性，而MAPK的激活又依赖于另一个激酶MAP2K，即MAPK的激酶，而且，前面还有一个MAP3K起作用。Raf即为一种MAP2K的激酶。所以MAPK的活化经历了以下的级联反应：MAP3K→MAP2K→MAPK→转录因子激活。

（四）T细胞信号转导抑制剂

几种重要的T细胞抑制剂，皆可干扰活化信号的转导。

T细胞内有一类专门和抑制剂起作用的蛋白质称为免疫嗜素（Immunophilin），免疫嗜素可以竞争性结合信号转导途径中的一些成分而阻断信号通路。

有三种T细胞抑制剂已被应用于抗移植物排斥。环孢霉素（Cyclosporin A，CsA）FK506为一种大环内酯物，药品名为他克莫司（Tacrolimus），第三种很有应用前景的T细胞抑制剂雷帕霉素（Rapamycin）。

二、T细胞激活的其他信号

初始T细胞通过“MHC-抗原肽-TCR”三元体得到抗原识别信号（第一信号）之后，需要有协同刺激信号（第二信号）的出现方能活化。第二信号可有多方面来源，主要来自APC表面的B7分子（配体）和T细胞表面CD28分子（受体）的结合。第二信号不具有抗原特异性，但是，没有第二信号，很多基因（如编码IL-2的基因）不发生转录激活，因而获得了抗原识别信号的T细胞不能进入增殖分化阶段，呈现无能（Anergy）状态。缺乏第二信号的T细胞，还可发生凋亡。与T细胞相互作用的各种免疫细胞中，只有专职APC（特别是其中的DC）可以组成性或诱导性地提供第一和第二信号使T细胞激活。T细胞如果通过TCR识别其他细胞（特别是属于非专职APC的上皮细胞）所提供的pMHC复合物，往往因第二信号的缺如而进入无能状态；此后，即使再有来自其他专职APC提交的第二信

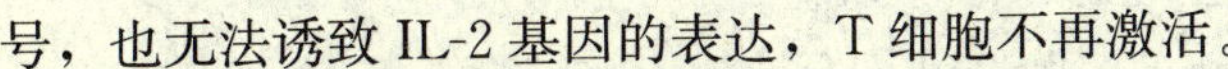

号，也无法诱致IL-2基因的表达，T细胞不再激活。

（一）协同刺激信号的转导

1. CD28分子介导的信号转导　对T细胞，第二信号属于激活信号，因而需要有ITAM的参与。已确认出现在CD28跨膜分子胞内段ITAM的基序是YxxM或YMxM，在酪氨酸的近旁出现甲硫氨酸（M）。由于基序中起关键作用的仍然是酪氨酸，它的磷酸化除了依赖于CD28与B7分子的配接（Ligation），还需要CD4和TCR/CD3分子相关Src PTK的激活，这些激活的Src也可使CD28分子Yx-xM中的酪氨酸发生磷酸化。抗原启动第一信号的出现，也为第二信号的发送创造了条件。这里，被CD28分子胞内段磷酸化ITAM招募的不是ZAP-70，而是上面提到的另一类带有SH2结构域的PI 3K。

PI 3K在磷酸肌醇（Phosphoinositide）的磷酸化和代谢中十分活跃。磷酸肌醇代谢主要涉及PI，该分子中有一个肌醇环，环中的第3、第4、第5位置可以发生磷酸化。其中，使第3和第4位羟基发生磷酸化的酶，分别称为PI 3K和PI 4K。在这些激酶的作用下，第4、第5位羟基先后发生磷酸化最终形成PI 4，5-P2（PIP2）的过程：从左向右，再在PI 3K的作用下，最后形成PI 3，4，5-P3。PIP2是磷脂酰肌醇信号途径中关键的信号分子，从另一方面说明了磷脂酰肌醇代谢和PI 3K在T细胞活化中的作用。

2. 协同刺激信号促进IL-2基因转录的机制　经由钙调磷酸酶激活的转录因子NF-AT虽可进入细胞核，但是在组成性表达的一种称为糖原合成酶激酶（GSK3）的作用下，重新从胞核逸出，致使核内无足够浓度的NF-AT可以和启动子区相应的顺式作用元件结合，*IL-2*基因转录受阻。此时，CD28启动的信号途径中激活的PI 3K，可以作用于GSK3，使其丧失介导NF-AT的胞核外流作用，NF-AT浓度遂迅速升高，使*IL－2*基因的转录以致整个T细胞的激活成为可能。

（二）转录因子的活化和基因的表达

1. 转录因子的活化和转位　转位（Translocation）指的是胞质中的转录因子接受来自细胞膜并逐渐传递进来的信号之后，通过磷酸化或脱磷酸化等作用而被活化，然后从胞质进入细胞核，与相应DNA框（顺式作用元件）结合。

*IL－2*基因的激活和表达在T细胞活化中发挥关键作用。*IL－2*基因转录中比较重要又具有特征性的转录因子有以下几种。

（1）NF-AT　NF为核因子，AT指T细胞激活。表明NF-AT主要参与T细胞的活化。胞质中无活性状态的NF-AT以磷酸化的形式存在，称为NF-ATp，钙调磷酸酶作用后使其脱磷酸化而被激活并发生转位。而钙调磷酸酶能发挥作用，是信号转导的结果。

（2）NF-κB　NF含义同上。κB指B细胞κ链，由两个亚单位p50和p65组成，其发现和定名是因为参与B细胞活化。现知它是一种分布广泛和十分重要的转录因子。

（3）AP-1　由两个原癌基因产物c-Jun和c-Fos或两个c-Jun分子共同组成，它们的激活依赖于Ras蛋白参与的MAPK相关途径。

（4）STAT　STAT为信号转导和转录激活蛋白的简称，激活后以同源二聚体的形式进入细胞核，在细胞因子受体启动的信号转导中发挥重要作用。

2. 基因的激活和表达　T细胞激活中参与表达的基因在70种以上。功能分为三类：细胞原癌基因、细胞因子/细胞因子受体基因、其他表面分子基因。根据激活所需的时间或表达的顺序也分为三种：即时基因（细胞接受刺激后15～30min表达）、早基因（0.5～24h表达）和晚基因（数天表达）。

事先没有转录因子的存在和激活，这些基因如何得到表达？因而在此之前，必然有预存的转录因子能参与启动基因转录。因而新转录因子的大量产生，可以看作基因表达的“第二次浪潮”，并引起早基因和晚基因的相继激活。

（三）细胞因子 IL-2 受体启动的信号转导在 T 细胞激活中的作用

T 细胞激活 45 min 后 IL-2 开始分泌，与激活前相比，其含量据称可增加 1 000 倍以上。同时，IL-2 受体链（p55）于 2h 后开始表达。由于构成 IL-2 受体的 β、γ 链已经存在（属组成性表达），三条链同时出现，具备了形成 IL-2 高亲和力异源三聚体（Hetero-trimer）的条件。IL-2 分子和异源三聚体的有效结合，再启动由 IL-2 受体 β 链和 γ 链介导的信号转导通路。其结果，不仅 T 细胞能持续地激活，并把 T 细胞推入分裂周期，使之增殖分化。

1. Jak-STAT 参与细胞因子受体介导的信号转导 各种细胞因子的受体在结构上并不相同，但在信号转导中有其共同点，即往往活化属 Jak 家族的一类蛋白酪氨酸激酶。Jak 家族分子只有催化结构域而没有 SH2。Jak 的活化是细胞因子与其受体配接后引起受体亚单位（对 IL-2R 为 β 链和 γ 链）二聚化的结果。这指的是，与 β、γ 链结合的 Jak 家族成员 Jak1 和 Jak3 彼此发生相互磷酸化而激活，其原理与 TCR/CD3 和 CD4 交联引发的 Lek 与 Fyn 相互磷酸化相似。

2. IL-2 受体介导的信号转导把 T 细胞推入有丝分裂周期 IL-2 受体介导的信号转导除了激活 STAT 5 之外，还通过多种 PTK 参与的通路，激活其他一些激酶，包括前面信号转导抑制剂部分提到的雷帕霉素作用的底物 mTOR 激酶和与 FK506 相结合的 FK 结合蛋白（FKBP）。

T 细胞没有进入激活状态，就不会有各种基因的表达，包括 IL-2 和 IL-2Rα 编码基因，因而也无法启动由细胞因子 IL-2 受体介导的信号转导。换言之，细胞因子 IL-2 一般不会作用于未致敏和未被激活的 CD4 T 细胞，因为这些细胞表面不能有效地构成由 α、β、γ 三链组成的高亲和力 IL-2 受体。

三、T 细胞功能性亚群的分化

CD4 T 细胞和 CD8 T 细胞的分化在胸腺中已经完成。CD4 T 细胞进入外周免疫器官之后，被抗原肽与Ⅱ类分于形成的复合物激活，成为辅助性 T 细胞（Th）；CD8 T 细胞则被抗原肽与 MHC 分子复合物激活，成为细胞毒性 T 细胞（CTL）。

T 细胞还需经历进一步的成熟和分化，否则，不能表达行使功能的各种表面分子和分泌特定的细胞因子，无法有效地发挥效应作用。这一成熟分化，对 CD4 Th，现认为分成三个亚群：Th1、Th2 和 Th17，分别作用于 Mφ、B 细胞和炎症细胞，参与细胞免疫、体液免疫和炎症反应。CD8 CTL 则主要行使对靶细胞的特异性杀伤，这些靶细胞可以是病毒感染者、发生恶性转化者（肿瘤细胞），也可以是表达非己 MHC 分子的异体细胞。

（一）CD4T 细胞亚群

1. 抗原及细胞因子对 CD4 T 细胞亚群分化的影响

（1）多因素制约 CD4 T 亚群的分化　抗原类型、剂量、引入途径可制约亚群的分化。用不同剂量的病毒诱导新生小鼠产生抗病毒免疫应答。

（2）细胞因子在 Th1、Th2 和 Th17 分化中起关键作用　初始 T 细胞处于未致敏静止状

态，形态特征是个小、胞质少，几乎没有 RNA 和蛋白质合成。一旦激活，它们可以进入细胞周期，迅速分裂而产生大量子代细胞，并向效应细胞分化。

2. 亚群专一性转录因子和 Th1/Th2 分化的表观遗传学因素 在细胞因子受体介导 CD4 T 亚群分化的信号转导中，参与的转录因子有两类，一是 STAT 家族，家族中哪一个成员发挥作用取决于不同细胞因子及其配接的受体；二是亚群专一性转录因子，对 Th1 亚群主要是 T-bet，对 Th2 亚群主要是 GATA-3，对 Th17 亚群主要是 RORγt。

（二）CD8 细胞毒性 T 细胞

1. CTL 前体细胞的激活分化 CD8 阳性 CTL 的成熟分化由抗原驱动。与初始 CD4 T 细胞一样，CTL 前体即初始 CD8 T 细胞的激活和分化，也需要两个信号。

2. CTL 的免疫生物学特性

（1）CTL 前体在抗原作用下发生 CTL 克隆扩增，因而成熟 CTL 执行对靶细胞的杀伤具有二次应答的特点，即要求靶细胞提供相同的抗原肽和等位特异性相同的 MHC Ⅰ类分子。

（2）被 CTL 杀伤的靶细胞，往往来源于上皮细胞或内皮细胞，它们同时起着递呈抗原的作用，即向 CTL 前体和成熟 CTL 提交抗原肽和 MHC Ⅰ类分子。这些细胞属于非专职 APC，只有经过诱导才能有效地表达 MHC 和 B7 分子。诱导者可以是病原体，也可以是细胞因子，如 IFN-γ。

（3）成熟 CTL 对靶细胞的功能性杀伤。作为一类已被激活的淋巴细胞，成熟 CTL 会有多种表面分子的表达和可溶性因子的分泌。其中重要者如 Fas 配体（FasL）和一些能直接发挥效应功能的细胞因子 IFN-γ、TNF-β 和 TNF-α 等。FasL 的表达和分泌，对 CTL 诱导靶细胞凋亡至关重要，属于非裂解性杀伤。不仅如此，成熟 CTL 胞质中还会出现大量裂解性颗粒（Lyricgranule），这是一种专业化的溶酶体，内含穿孔素和颗粒酶等。在二次应答的效应过程中，CTL 与靶细胞相互接近，CTL 中的颗粒可聚集到靶细胞一侧。这是因为 CTL 胞质中的肌动蛋白和细胞骨架在靶细胞接触面发生局部重组，微管组织中心（MTOC）重新定向，使蛋白质的分泌取向于靶细胞。随后，CTL 发生颗粒胞吐（Granule Exocytosis），以分泌性杀伤的形式释放裂解因子于 CTL 及靶细胞间的空隙中，置靶细胞于死地。

CTL 完成对特定靶细胞的杀伤后，可以立即与之脱离，寻找下一个靶目标实施连续杀伤。除了抗原特异性之外，CTL 功能行使中的杀伤高效性，是另一个重要的特性。

四、记忆性 T 细胞

免疫记忆状态的建立是获得性免疫应答的重要组成部分，体现在免疫系统对已接触过的抗原能启动更为迅速和更为有效的应答。它的产生表明持续存在着一群发生了克隆扩增的抗原特异性淋巴细胞，即记忆细胞（Memory Cell）。记忆细胞由记忆性 T 细胞和记忆性 B 细胞组成。

（一）记忆性 T 细胞的产生是一个由抗原启动的程序化过程

淋巴细胞介导的适应性免疫应答，就淋巴细胞而言，经历了抗原特异性克隆的增殖、收缩和记忆三个时相。增殖指淋巴细胞的激活和发生克隆扩增；收缩指行使免疫效应后发生效应细胞的凋亡；记忆指记忆性淋巴细胞的分化和维持。三者的交替在不同程度上受到程序化的调控。其中的决定因素是抗原刺激的类别、强度和持续时间。

如果首次抗原刺激在24h内完成，可使T细胞至少出现7轮的有丝分裂而无需抗原持续在场。这是一种抗原刺激后短暂的程序性反应。分化后的CTL再次遭遇表达相同抗原的靶细胞，行使杀伤后，会出现程序性地激活诱导的细胞死亡（AICD），造成淋巴细胞克隆幅度的大规模缩减，然后，有5%～10%的效应细胞会分化成记忆性T细胞。如果刺激太弱，就没有足够多的淋巴细胞扩增，也难以产生免疫记忆；而过强的抗原刺激，如慢性感染时病原体的持续或反复刺激，在引发持续性应答的同时，将耗尽记忆细胞，呈现类似克隆清除的效果。因而最适抗原刺激将使机体产生记忆性T细胞，保证在出现抗原二次攻击时，呈现快速增殖和大量释放细胞因子。

（二）记忆性T细胞的异质性及其亚群

免疫记忆性有保护性记忆和反应性记忆之分。对T细胞应答，前者由效应性记忆T细胞（T_{EM}）介导，后者由中枢性记忆T细胞（T_{CM}）介导。T_{EM}通常迁移至外周炎症组织，在二次应答中行使速发性效应功能；T_{CM}则定居在外周淋巴器官的T细胞区，不直接发挥效应作用，但可在抗原再次刺激时重新分化成为效应细胞，参与记忆性应答。

（三）记忆性T细胞长期维持的机制

患有烈性传染病并最终康复者，保护性免疫的持续时间可达60～70年，有的终身免疫。接种疫苗后（如天花疫苗），特异性抗体及记忆性细胞据称也可维持数十年。这些都提示，抗原特异性记忆细胞在体内可以长期存在。其中的机制尚未完全阐明，现有的解释包括两个方面。

1. 残存抗原和交叉反应抗原的刺激 某些抗原（包括完整的病毒颗粒）可以以免疫复合物的形式在免疫组织的特定部位长期停留。其中起主要作用者为外周淋巴组织生发中心的FDC（Follicle Dendritic Cell，指位于淋巴结及脾脏滤泡中的树突状细胞）。

2. 特定细胞因子的作用 把记忆性淋巴细胞输入不表达MHC分子的小鼠品系内，记忆细胞可以像在正常小鼠体内一样长期成活。而且，因抗原激发而产生的记忆细胞，在TCR编码基因敲除的小鼠中也能持续发挥作用。这也说明记忆细胞的维持可能不再需要抗原的持续刺激，因为抗原不可能在没有MHC分子和TCR的条件下对T细胞施加影响。

启用共用γ链（γc）（CD132）作为受体分子的一类细胞因子家族，在记忆细胞的维持中发挥关键作用。特别是其中的IL-7和IL-15。

细胞因子的产生和发挥作用并无抗原特异性，IL-7由骨髓和胸腺基质细胞分泌，IL-15主要由单核/巨噬细胞分泌，而且两者还可为多种组织所产生。

五、超抗原对T细胞的激活

超抗原是多种病原微生物如细菌、支原体和病毒的产物。大部分外源性超抗原来自细菌，常见的为金黄色葡萄球（金葡菌）菌肠毒素（Staphylococcal Enterotoxin，SE）和毒性休克综合征毒素（Toxic Shock Syndrome Toxin-1，TSST-1）。病毒性超抗原为内源性，小鼠中较为常见，如小鼠乳腺肿瘤病毒（MMTV）。人体中T细胞对狂犬病病毒和EB病毒的反应认为也由内源性超抗原所引起，但相应编码基因尚未被确认。

（一）超抗原作用的特点及其对T细胞的激活

1. 超抗原与TCR和MHC分子的结合　蛋白质抗原必须经过加工和递呈才能被T细胞识别，然而超抗原在激活T细胞之前无须加工和处理，因而具有两个不同点：一是激活T细胞的超抗原为完整的抗原分子而不是抗原肽；二是超抗原一般不进入MHC分子的抗原结合槽。这两点决定了超抗原和TCR/MHC发生相互作用时构成的三元体。

2. 不同的超抗原取用TCRβ链的不同片段　人体TCR *BV*基因（又称Vβ编码基因）共有64个片段而分成22个结构不同的家族。超抗原往往专一性地和某些家族的片段结合，即选择性地激活携带有这些TCRβ链的T细胞，由此构成超抗原对TCR *BV*基因片段取用的非随机性。B型和C2型金葡菌肠毒素（SEB和SEC-2）取用6种不同的Vβ片段，其他肠毒素的取用格局则相对集中，如TSST-1专门取用Vβ2、SED专门取用Vβ12。

（二）超抗原诱发的免疫病理学效应

超抗原作为一种多克隆激活剂，在体内可以刺激2%～20%的T细胞发生增殖。如此高比例的T细胞被激活，即使不是针对某一抗原，仅其所分泌的大量细胞因子，足可引发强烈的效应作用。一是全身性毒性反应；二是对获得性免疫应答显示抑制作用。这在某种程度上说明，能够产生超抗原的病原体往往具有很强的致病能力。

超抗原引起免疫抑制的确切机制未明，有可能大量T细胞被激活之后会因为激活诱发的细胞死亡而不复存在，造成外周大量T细胞丢失。

第四节　B细胞激活

介导体液免疫应答的B细胞，可以识别属于T细胞依赖性（TD）的蛋白质抗原和T细胞非依赖性（TI）多糖和脂类抗原，分化为浆细胞后产生抗体。其中蛋白质抗原诱导的B细胞应答需要Th2细胞的协助，并发生抗体的类别转换及亲和力成熟，产生二次记忆性应答。发生部位在外周淋巴组织的B细胞区及生发中心。记忆性应答由记忆性B细胞承担。这是适应性免疫应答中B细胞所参与的识别相和激活相所涵盖的主要内容。

一、B细胞对抗原的识别

（一）初始B细胞的特性及其激活途径

从中枢免疫器官进入外周的B细胞尚未完全成熟，虽表达高水平的mIgM和低水平的mIgD，但只能存活几天。少部分B细胞可进入外周免疫器官的淋巴滤泡，成为成熟B细胞，半活期可达3～8周，并进入淋巴细胞再循环。决定其发育成熟为较长寿B细胞的因素，包括抗原的激发、信号转导、特定趋化因子如CXCL13，以及B细胞激活因子（BAFF）及其受体BAFF-R等。

在外周免疫器官中，抗原通过与抗原受体的结合而捕捉经过的特异性B细胞。后者一方面通过受体交联传递B细胞活化信号；另一方面通过内吞抗原和加工递呈，以MHCⅡ类分子——抗原肽的形式表达在细胞表面，通过激活Th2细胞获取第二信号。激活的B细胞以两条不同的途径或时相进行分化：一部分在T细胞区和B细胞区交界处增殖和分化为浆细胞，快速地产生IgM抗体。这部分B细胞绝大多数在2周内凋亡，不参与抗体的长期形成，但可为机体抗感染免疫提供早期防御。另一部分B细胞与一些Th2细胞一起迁移至B细胞区的次级淋巴滤泡，继续增殖而形成生发中心。在生发中心的微环境中，B细胞进行克隆扩增，并经过体细胞高频突变与亲和力成熟、Ig类别转换、抗原受体修正等过程，最终分化为浆细胞及记忆B细胞。浆细胞离开生发中心后，一部分分布在脾脏红髓的脾索及淋巴结的髓索；一部分迁移至骨髓，并从骨髓基质细胞获得生存信号，成为长寿的浆细胞。

（二）B细胞的抗原识别结构

1. BCR-Igα/Igβ复合物　B细胞抗原受体（BCR）为膜型免疫球蛋白（mIg）。初始B细胞的BCR为mIgM和mIgD，活化和记忆B细胞则关闭mIgD的表达。一个B细胞可表达10^4～10^5个mIg分子。

mIg与抗体在蛋白结构上基本相同，远膜端为分列的两个抗原结合部位，不同之处是多了跨膜区和极短的胞内部分。

Igα和Igβ为单链Ⅰ型跨膜蛋白，分子质量分别是33ku和37ku，以二硫键连接成为异源二聚体。Igα和Igβ胞外区有一个Ig样结构域，胞内段带ITAM。Igα和Igβ对于BCR在细胞膜表面的形成是必不可少的。因为只有将BCR基因与Igα、Igβ基因同时转入细胞，膜表面才有BCR分子的表达。

2. 辅助受体　在成熟B细胞表面，CD19、CD21与CD81以非共价键组成B细胞活化的辅助受体复合物（Co-receptor Complex）。它们所起的作用类似于T细胞表面的辅助受体CD4或CD8。

（1）CD21　又称Ⅱ型补体受体（CR2），为单链Ⅰ型跨膜糖蛋白，分子质量为145kDa，胞外区由15个短同源重复序列（SCR）组成。

（2）CD19　是分子质量为90ku的糖蛋白，仅分布在B细胞和FDC。

（3）CD81　属四次跨膜蛋白超家族（TM4-SF）成员。因抗CD81单抗有显著抑制淋巴细胞增殖的作用，又名TAPA-1（Target of Anti-proliferative Antibody）。

3. 其他辅佐分子

（1）CD45　又称白细胞共同抗原（LCA），为单链Ⅰ型跨膜蛋白。

（2）CD40　为TNF受体超家族成员，胞外区由4个富含半胱氨酸的重复序列组成。

（3）*其他表面分子*　不直接涉及B细胞对抗原的识别，但参与T-B间相互作用，或是调控B细胞的活性及抗体生成，包括B7-1（CD80）、B7-2（CD86）、FcγRⅡ-B（CD32）、CD22和CD72。

（三）B细胞抗原识别信号的转导

1. B细胞激活信号的跨膜转导

（1）*抗原结合导致的受体交联启动信号传导*　B细胞识别抗原后所启动的信号转导与T细胞十分相似，首先通过抗体分子的交联成簇启动信号的跨膜传导，但两者启用的机制不同，因为B细胞可以识别完整的、具有多个表位的抗原分子而不是经由MHC分子递呈的抗原片段。抗原分子本身就可以通过表位与多个BCR结合，或如前所述借助抗原-补体复合结构同时结合BCR及CD21分子（BCR-Ag-C3dg-CD21），使B细胞表面多种参与抗原识别和信号转导的跨膜分子发生多聚作用，包括BCR-Igα/Igβ、辅助受体（CD21、CD19、CDS1）及CD45分子。

信号转导的启动也与细胞膜上一种称为脂筏的特化微结构域有关。B细胞静止时脂筏中

BCR分子很少，但B细胞接触抗原后可大量出现。当B细胞表面BCR发生交联时，相关跨膜分子往往聚集在脂筏中，并以此募集其他一些与信号转导有关的蛋白激酶和衔接蛋白如Syk、Btk、Vav、SHIP、PLC-γ、PI 3K和BLNK等。因此，脂筏结构可通过接纳各种受体及信号分子并协调它们之间的相互作用，积极参与信号转导。

（2）*信号转导的启动*　静止状态时，Src家族的PTK如Fyn、Blk和Lyn通过酰基化与膜脂结合而附着于细胞膜内侧，因成簇和相互磷酸化而激活后，首先使结合于BCR的Igα/Igβ分子胞内段上ITAM中的酪氨酸残基发生磷酸化，磷酸化的ITAM招募各种带有SH2结构域的蛋白质分子，首当其冲的是带有两个SH2结构域的Syk-PTK分子。Syk与T细胞中的ZAP-70一样，都属胞质中游离的Syk家族。Syk分子一旦被募集到ITAM附近，其SH1结构域即活性中心的酪氨酸残基可迅速从Src-PTK获得磷酸根（发生磷酸化）而被激活。

与此同时，通过BCR-Ag-C3dg-CD21途径发生辅助受体复合物与BCR等分子的聚合。CD19胞内段的酪氨酸残基，在Src-PTK的作用下同时发生磷酸化。磷酸化的CD19除了结合Src家族PTK中的Lyn等增强BCR的信号转导，主要通过其YxxM基序募集PI 3K，共同参与启动信号转导的磷脂酰肌醇途径。

2. B细胞激活信号的胞内传递　膜结合的衔接蛋白是连接淋巴细胞激活信号胞内传递的重要成分，T细胞中为LAT，B细胞中称为B细胞连接蛋白（B Cell Linker Protein，BLNK）。

（1）*磷脂酰肌醇途径*

（2）*PI 3K介导途径*　属于蛋白丝氨酸苏氨酸激酶的PI 3K被招募至CD19分子近旁并激活后，主要参与对NF-κB的激活。

（3）*MAPK相关途径*　鸟苷酸结合蛋白（简称G蛋白）在MAPK相关的信号转导中发挥重要作用。

3. 转录因子与基因表达的启动　三条途径最终激活各种转录因子，后者发生转位进入细胞核。转录因子具有和基因启动子区域中各种顺式作用元件或DNA框结合的能力，进而使相应的基因发生转录激活并表达产物。T、B细胞抗原识别信号的转导十分相似，虽然参与的蛋白激酶、信号分子和转录因子以及被激活的具体基因不完全相同，但有高度的可比性。

二、T、B细胞相互作用与B细胞的增殖分化

B细胞对蛋白质抗原的应答及抗体的产生需要T细胞的协助，即要求Th2细胞提供B细胞激活和分化的第二信号。这一协助发生于T-B细胞间的相互作用，包括两个方面：①B细胞从BCR获取抗原识别信号之后作为APC对Th2的激活；②Th2表达CD40L和分泌细胞因子，协助B细胞进一步分化。

（一）B细胞的抗原递呈作用

B细胞可通过BCR结合抗原并发生胞吞（Endocytosis）摄入BCR-Ag复合物。在抗原加工区室CⅡV中，抗原被降解成肽段，然后抗原肽与进入区室的MHCⅡ类分子结合，表达于B细胞表面并递呈给CD4 T细胞。需要指出的是，B细胞以其BCR识别的抗原表位不同于它递呈的供T细胞识别的表位，两者分别来自半抗原和与之结合的载体蛋白，也可以

来自同一抗原分子的B表位和T表位。而且，B细胞与其他APC相比，有以下特点：①对抗原的识别和结合显示特异性，这保证了B细胞激活后最终产生的抗体能与相应的抗原发生特异性结合。其他APC摄取外源性抗原并无特异性。②可递呈低剂量抗原，B细胞用以激活T细胞的抗原浓度仅为1～100μg/L，为Mφ所需浓度的10^{-6}～10^{-4}。③在再次免疫时起重要作用，因为活化或记忆B细胞表达高亲和力BCR，并兼有MHCⅡ类分子高表达，故有很强的抗原递呈活性。

（二）T、B细胞间的相互作用

1. T、B细胞相互作用的过程　T细胞为Th2亚群，而B细胞既是Th细胞辅助的对象，又是T细胞活化的APC。这一相互合作包括一系列过程：①抗原以其B表位与BCR结合传递B细胞活化的第一信号，使CD40与细胞因子受体的表达增加，并使B细胞加工递呈抗原和表达少量B7分子；②B细胞作为APC将带有T表位的抗原肽递呈给CD4 T细胞，供T细胞识别；③初步活化的T细胞表达CD40L等，与B细胞表面CD40结合成为B细胞活化的第二信号；④活化B细胞表达B7分子与CD28结合为T细胞提供第二信号；⑤进一步活化的T细胞更多表达CD40L和分泌细胞因子，其中较重要的如IL-4，与B细胞表面的IL4R结合，促使B细胞进一步活化并开始增殖分化。参与B激活的其他分子还包括CD30与CD30L（CD153）、41BB与41BBL、B7-RP与ICOS等，细胞因子IL-5和IL-6则在B细胞激活的后期发挥作用。

2. T、B细胞相互作用的特异性　B细胞活化所需的两个信号中，第一信号具有抗原特异性，第二信号却是非特异性的，任何一种活化的Th2细胞理论上都可能为B细胞提供第二信号。换言之，起辅助作用的T细胞的激活并不一定以B细胞作APC为先决条件，也并不一定是识别同一抗原上的表位。事实上也存在非特异性T细胞对B细胞的旁邻辅助，但提供旁邻辅助的T细胞必须是紧靠B细胞。

（三）B细胞增殖分化有关的细胞因子

B细胞接受足够强度的双信号后从G_0期进入G_1期，B细胞体积增大、胞质Ca^{2+}浓度增高、蛋白磷酸化增强、蛋白质和RNA合成活跃，并出现新的分子（如CD69）和细胞因子受体的表达和细胞因子分泌增加等一系列变化。B细胞从G_1期→S期→G_2期→M期，每一阶段均需要细胞因子的作用。

与TD抗原活化B细胞有关的细胞因子，主要是IL-1、IL-7和IL-4；与增殖有关的因子，主要是IL-2、IL-4、ID5、IL-7；与分化有关的细胞因子，主要是IL-4、IL-5、IL-6、IL-10和IFN-7。上述因子主要由Th细胞分泌，其次由其他类型APC分泌。

三、B细胞的增殖分化与生发中心的形成

B细胞的增殖与分化在外周淋巴组织中进行。其中，包括B细胞进入B细胞区、识别抗原、与T细胞发生相互作用、出现增殖性原发灶和形成生发中心，并在生发中心中完成抗体亲和力成熟及类别转换，最终形成浆细胞及记忆B细胞。

（一）B细胞在淋巴结中的定居与激活

B细胞可以经过两种途径进入外周淋巴结，一是经由输入淋巴管，二是穿越位于淋巴结中的HEV。HEV位于T细胞区，该区中的基质细胞、HEV内皮细胞以及DC可以分泌特定的趋化因子，但未被抗原激发的B细胞不表达相应的受体，因而不会停留于T细胞区，

也没有机会与该区内的T细胞发生相互作用，而迅速进入初级淋巴滤泡即B细胞区。如果仍旧没有接触抗原的话，B细胞在该处停留1d后经输出淋巴管又进入淋巴循环并通过胸导管回到血流。这是B细胞在淋巴结以及其他外周淋巴组织中迁移和停留的第一种途径。说其他外周淋巴组织是因为B细胞经血流进入脾脏后，经过边缘窦，然后迁移至白髓的B细胞区，最终经红髓的静脉窦也可离开脾脏回到血流。

1. 生发中心的发育与结构 生发中心主要由B细胞组成，其中也有部分（约10%）抗原特异性T细胞（有利于继续为B细胞分化提供辅助）及Mφ。在光镜下，由淋巴结的内层向外，生发中心的结构依次为暗区（Dark Zone）、亮区（Light Zone）和边缘区（Mantle Zone）。

生发中心的发育和形成经历三个阶段：①中央母细胞阶段。进入淋巴滤泡的B细胞每6～8h分裂一次，呈指数方式作克隆扩增。发生这一有丝分裂的B淋巴母细胞称为中央母细胞（Centroblast），其mIg尤其是mIgD的表达降至极低。增殖的中央母细胞多居于淋巴滤泡的内侧，因为细胞密集而有暗区之称，并可推挤周围的小淋巴细胞向周边形成月牙状的边缘区。②中央细胞阶段。随着时间的推移，中央母细胞的分裂速度降低或停止，形成的子细胞形态较小，再度表达高水平的mIg，称为中央细胞（Centrocyte）。中央细胞向生发中心外侧区移动形成亮区。经抗原选择而发生亲和力成熟，此区中绝大多数中央细胞会发生凋亡，并为该区中的Mφ所吞噬，仅留下少量高亲和力的中央细胞。亮区往往也含有较多的CD4 T细胞。③记忆性B细胞和浆细胞阶段。少数经体细胞突变和抗原选择后免于凋亡的中央细胞，在FDC和Th2细胞的协同下分化为记忆性B细胞或寿命较长的浆细胞，离开生发中心进入外周循环。

2. 影响生发中心形成的因素 ①B细胞趋化因子受体（BLR）：激活的B细胞受趋化因子吸引，从T细胞区迁移到淋巴滤泡，条件是必须表达BLC受体CXCR5。缺失BLR的小鼠，其活化B细胞只能停留在胸腺依赖区和边缘区，不形成生发中心。②TNF及TNF受体：已知TNF-α、淋巴毒素α/β（LT-α/LT-β）及相应的受体TNFR1均与初级滤泡和生发中心形成有关。因为敲除*TNF*、*LT-α*/*LT-β*或*TNFR*基因的小鼠，影响滤泡发育和生发中心形成。③CD21（CR2）和CD35（CR1）：CR1和CR2表达在FDC和B细胞上，对长期保留抗原和B细胞活化有关。缺少这两种补体受体的小鼠生发中心生成受阻。④CD40L及CD40：CD40L表达在活化的CD4 T细胞和FDC，对长期保留抗原和B细胞的活化状态十分重要。抗原免疫*CD40L*/*CD40*基因敲除的小鼠，不能诱导生发中心的生成。

（二）体细胞高频突变与抗体的亲和力成熟

抗体亲和力描述的是抗原表位与抗体分子抗原结合部位之间的互补情况，体现两种分子间吸引力与排斥力间的平衡与消长。亲和力可以用抗原—抗体复合物的形成量与游离抗原加游离抗体量的比值作定量评估，即计算两者间的平衡常数。

生发中心微环境中进入中央母细胞阶段的活化B细胞，重链和轻链的V区基因可发生高频率的点突变，称为体细胞高频突变（Somatic Hypermutation）。突变后产生的各种B细胞克隆，BCR亲和力各不相同。然后在中央细胞阶段，经过FDC捕获抗原的选择，使表达高亲和力的B细胞免于凋亡。其总体结果是，后代B细胞及其产生的抗体对抗原的平均亲和力得到了提升，称为抗体的亲和力成熟（Affinity Maturation），使所分泌的抗体可更有效地保护机体免受外来抗原的再次侵袭。

1. B 细胞发生高频突变的特点 ①通常出现在生发中心。②主要发生在重排过的 B 细胞 V 区基因，也可发生在 V 区基因旁侧区，一般不发生在 C 区基因中。突变大部分集中在重链和轻链 V 区的互补决定区（Complementarity-determining Region，CDR）。③主要是点突变，偶见发生基因缺失和重复。④突变频率很高，每一次细胞分裂约在 1 000 个碱基对中发生一个点突变，而一般的体细胞自发性突变的频率是 $1/10^{10}\sim1/10^{7}$。Ig 重链和轻链的 V 区 DNA 各由约 360 个碱基对组成，如果每 4 次碱基突变中平均有 3 次可造成编码氨基酸的改变，则每代子细胞的 BCR 约可发生 0.5 个碱基对的有效改变。⑤抗原致敏时间越长或致敏次数越多，突变检出率越高。

2. 抗原的选择 抗原对带有结构各异 BCR 的 B 细胞克隆进行选择是亲和力成熟的关键。在初次应答时，大量抗原的出现，可使带有不同亲和力 BCR 的各种 B 细胞克隆被选择和激活，所产生的抗体，同时包括高、中、低亲和力，是一种混合物，其平均亲和力为中等。当大量抗原被清除或二次应答仅有少量抗原出现时，该抗原会优先挑选高亲和力的 BCR 与之结合，仅仅使相应 B 细胞发生克隆扩增。其结果，该克隆 B 细胞分泌的所有抗体分子对该抗原皆呈高亲和力。

高亲和力抗体是对特定抗原而言的。抗原变了，照样可以通过对 BCR 库的选择而产生高亲和力抗体，但被选择出的 B 细胞克隆与前面被选择出的克隆不尽相同。换言之，被 A 抗原选择出的高亲和力克隆所分泌的抗体，对 B 抗原不一定显示高亲和力。BCR 因亲和力不佳，使相应的子代 B 细胞通过凋亡迅速被 Mφ 吞噬。如果对生发中心作组织学分析，可见其中充满了死亡的 B 细胞。带有高亲和力受体的 B 细胞能够被留下来，一方面因为发生了克隆扩增，也认为与抗凋亡及 T 细胞的协助有关。抗凋亡基因 $Bcl\text{-}X_L$ 的表达增加，而且，T-B 间 CD40L-CD40 的配接有助于使 B 细胞保持存活，说明 T 细胞提供了存活信号，其中可能有 ICOS 和 B7-RP 以及 TNF/TNF-R 家族的其他一些成员发挥作用。

（三）抗体的类别转换

抗体主要履行三项功能：中和作用、调理作用和补体激活作用。对此，不同类别（Class）的抗体各有侧重。而且，抗体的血清含量、穿越胎盘和向血管外弥散的能力、参与 ADCC 及诱导超敏反应的能力，也因类别不同而有别。显然，只有 IgM 一种类别的抗体是不行的。IgG 类抗体在显示各种抗体功能、特别是抗细菌感染方面非常重要，并可穿越胎盘；而 IgA 对黏膜免疫、IgE 对抗寄生虫感染必需。说明不同类别抗体的出现对发挥不同的免疫功能意义重大，这是免疫球蛋白基因发生类别转换（Class Switch）或同种型转换（Isotype Switch）的结果，由此形成包括 IgM、IgG、IgA 和 IgE 在内的不同类别的抗体。

1. 类别转换的特点 类别转换不涉及抗体的抗原结合特异性，即不改变抗体的独特型（Idiotype）。在分子水平，类别转换仅针对免疫球蛋白重链 C 区基因的重排，即通过 Cμ 转换为 Cγ、Cα 或 Cε 而实现类别的改变。

类别转换主要出现在二次应答之后，由此产生的 IgG 随之发生亲和力成熟和含量的上升，表明两者基本上是同步的。

2. 影响类别转换的因素

（1）抗原的性质 可溶性蛋白抗原（TD 抗原）主要诱导人和小鼠产生 IgG1；多糖类抗

原易诱导 IgM 的产生，某些多糖对成年人诱导 IgG2、对小鼠诱导 IgG3；蠕虫类抗原易诱导 IgE 生成，可能与这些抗原易活化 NKT 细胞分泌 IL-4 有关。

（2）*免疫途径与免疫佐剂*　抗原免疫途径不同，产生的抗体类别也不相同。如口服抗原涉及黏膜免疫，产生 IgA 为主的抗体；而皮内、皮下免疫则主要产生 IgG。用弗氏佐剂进行免疫产生 IgG，而用铝佐剂则易诱导 IgE 产生。

（3）*Th 细胞*　T-B 细胞相互作用不仅决定 B 细胞的激活和对 TD 抗原的抗体应答，也与抗体的类别转换有关。例如，T 细胞 *CD40L* 基因突变可形成 X 性联高 IgM 综合征，患者生发中心的发育严重受阻，也无法启动抗体的类别转换，IgG 类抗体的缺如，使患者抗胞外菌感染的能力明显下降，症状多少类似于 XLA。因为 CD40L-CD40 的配接可在 B 细胞中激活 NF-κB 等转录因子，诱导类别转换。敲除 *CD40*/*CD40L* 基因的小鼠，也显示类别转换严重受阻，同时伴有亲和力成熟障碍和记忆 B 细胞生成不良。

3. 细胞因子直接调节抗体类别转换　细胞因子是影响抗体类别转换最直接的因素。LPS 在体外可引起小鼠 B 细胞增生并产生浆细胞。应用抗体空斑形成细胞（PFC）分析技术，可知其中大量出现的是 IgM 生成细胞；当 LPS 分别与 IL-4、IFN-γ 或者 IL-5/TGF-β 共同刺激 B 细胞时，则发现可分别激发 IgC1、IgE、IgG2a 和 XgA 的分泌。

细胞因子的作用主要是影响重链 5′端 S 区和 C 区基因的转录。例如，IL-4 作用在Sε-Cε 之间，引起 ε 链转录。

还需要指出的是，增加一些细胞因子有时并不影响抗体类别的转换，但不能缺少，缺少则改变抗体类别。例如，敲除 *IL-2* 基因小鼠 IgE 生成显著增高，敲除 *IL-6* 基因则 IgA 生成显著缺乏。提示 IL-2 可抑制 IgE 生成，IL-6 则是 IgA 生成不可缺少的因子。

（四）浆细胞、记忆性 B 细胞与抗体的二次应答

1. 浆细胞的产生与抗体生成　在 B 细胞激活的次级时相经历亲和力成熟与类别转换的 B 细胞，最终分化成浆母细胞，后者再演变成分泌抗体的浆细胞。浆细胞胞质中除了少量线粒体，几乎全部为合成抗体的糙面内质网所充斥，这是一个活的抗体生产“工厂”。如果这一浆细胞来自生发中心，因为发生了类别转换，可以产生类别各异的抗体，定然不同于早期时相在 T 细胞区中出现的浆细胞，后者主要分泌 IgM。浆细胞分泌的抗体，其抗原特异性与类别转换无关，抗原特异性由抗原选择出的 B 细胞克隆（以及随后分化的浆细胞）所决定。与初始 B 细胞相比，浆细胞的特性已发生很大变化。浆细胞的主要特点是能够高效地分泌抗体，而不能再与抗原起反应，也失去与 T 细胞发生相互作用的能力，因为浆细胞表面不再表达抗原受体及 MHCⅡ类分子。通常，浆细胞已不再增殖和生长。

但事实上，浆细胞分成两类：一类短寿，主要是在早期时相中产生者；另一类长寿，指后期时相中来自生发中心者，此类浆细胞可进入骨髓，并参与全身循环。浆细胞的长寿机制未明。

2. 记忆性 B 细胞的分化及其特点　记忆性的抗体应答，有保护性记忆（Protective Memory）和反应性记忆（Reactive Memory）之别，前者直接由留存的抗体或可迅速分泌抗体的浆细胞介导；后者则由记忆性 B 细胞介导，该细胞需二次遭遇抗原，重新增殖和分化为浆细胞并产生抗体。

记忆性 B 细胞（Memory B Cell，Bm）产生于生发中心。Bm 产生后，部分留在淋巴滤泡，大部分进入血流参与再循环。与记忆性 T 细胞相比，Bm 有其特点：①初次接触抗原

1个月后产生（Tm 5d后产生），并长期存在；②Bm诱发的二次应答仍需要已活化的Th2协助，通常为记忆性T细胞（mTh）；③和初始B细胞一起参与外周循环，可聚集在某些外周免疫器官，如脾脏滤泡、淋巴结、派氏集合淋巴结。

与初始B细胞相比，Bm显示不同的特性（表6-6）。

表6-6　初始B细胞与记忆B细胞的特征比较

特　　性	初始B细胞	记忆B细胞
表面标志（分泌Ig）	IgM	IgM、IgD、IgG、IgA、IgE
补体受体	低表达	高表达
解剖部位	脾	骨髓、淋巴结、脾
生存期	短寿	长寿
再循环	有	有
受体亲和力	低	高（亲和力成熟）
ICAM-1表达	低	高

3. 二次抗体应答　Bm的表型和功能与初始B细胞有明显的区别。Bm长寿，不分裂或分裂非常慢，高表达IgM但不分泌抗体。Bm不易诱导耐受，遇到很低浓度的抗原即可被迅速激活，发生再次免疫应答，产生抗体的速度、性质、数量、亲和力、维持时间等都与初始B细胞介导的初次应答有很大的不同（表6-7）。再次应答的这些特点与记忆T细胞的存在以及FDC可以快速地结合免疫复合物有关。

表6-7　B细胞对TD抗原的初次应答与再次免疫应答

特　　性	初次免疫应答	再次免疫应答
免疫应答场所	胸腺依赖区	生发中心
抗体生成潜伏期	5～10d	1～3d
抗体峰值（生成量）	低	高
持续时间	短	长
抗体类别	IgM＞IgG	IgG、IgE、IgA
抗体亲和力	低	高
免疫剂量	高	低
抗体生成场所	淋巴结髓质、脾脏红髓	骨髓、黏膜淋巴组织
B细胞库	正常，同中枢免疫	易发生高频突变

4. 记忆性B细胞长期维持的机制　某些抗原（包括完整的病毒颗粒）可以以免疫复合物的形式在免疫组织的特定部位长期停留。其中起主要作用者为FBC。该类细胞可借助表面的Fc受体及补体受体与“抗原-抗体”或“抗原-抗体-补体”复合物结合，在树突部分（细胞伪足）形成成串的颗粒状结构，称为免疫复合物覆盖小体（Iceosome）。FDC对这些复合物不作常规的吞噬和分解，而是将它们原封不动地保存在Iccosome的内侧，并不时地

释放。抗原可以以这种形式在外周免疫器官滞留数月甚至数年而不断地刺激记忆性 B 细胞。机体会经受多种病原体的感染，不能排除这些病原体和当初所遭遇的抗原在结构上具有相似性，通过抗原的交叉反应，为记忆细胞的不断增殖提供新的刺激。

胸腺微环境也可提供浆细胞长期成活的信号和成分，如基质细胞、细胞因子 IL-6 和迟现抗原 VLA-4，另外还有 IL-5、TNF-α、SDF-1、CD44 和 BCMA 等的参与，以及转录因子 Aiolos 等发挥作用。在胸腺微环境中，骨髓浆细胞可高表达抗凋亡分子 Bcl-2、A20 和 IAP-2。

四、T 细胞非依赖抗原对 B 细胞的活化

脂多糖及多糖类抗原能诱导无胸腺裸鼠或无 T 细胞动物产生抗体，称 T 细胞非依赖抗原（TI-Ag）。B 细胞对 TI 抗原的抗体应答一般不出现二次回忆性反应，也没有抗体的亲和力成熟和类别转化。这意味着，TI 抗原激发的抗体主要为 IgM。

（一）TI 抗原的分类与主要特性

TI 抗原因结构和作用机制不同，分为 1 型和 2 型。区别在于：①TI-1 抗原主要是细菌细胞壁成分。其中的 LPS 属 B 细胞多克隆激活剂；而 TI-2 抗原是具有许多重复表位的分子，如细菌荚膜多糖和葡聚糖，一般无丝裂原活性。②TI-1 抗原作用于成熟与未成熟 B 细胞，而 TI－2 抗原仅作用于成熟的 B1 细胞（表 6－8）。

表 6－8　TD、TI-1 和 TI-2 抗原主要特性比较

特　性	TD 抗原	TI-1 抗原	TI-2 抗原
无 T 细胞	不应答	应答	不应答
对 T 细胞致敏作用	有	无	无
激活多克隆 B 细胞的能力	无	有	无
类别转换及亲和力成熟	有	无	少数有
记忆 B 细胞	有	无	个别有
重复抗原表位	不需要	不需要	需要
化学性质和类别	蛋白质	脂多糖	多糖、葡聚糖
活化的 B 细胞克隆	B，寡克隆	B1 和 B，多克隆	B1，寡克隆

（二）B 细胞对 TI 抗原的应答

1. TI-1 抗原诱导的抗体应答　LPS 作为 TI-1 抗原的代表，引发的抗体应答可以有以下两种不同的机制。

（1）*对 B 细胞多克隆的非特异性激活*　见于抗原浓度高时，通过与 B 细胞表面 LPS 受体的结合，激活多克隆 B 细胞，产生低亲和力的 IgM 类抗体。此即 LPS 所具有的多克隆激活剂（Polyclonal Activator）功能，或称 B 细胞丝裂原（B Cell Mitogen）活性。

（2）*对特异性 B 细胞克隆的激活*　当 LPS 为低浓度时，其多糖类表位与特定 BCR 结合，其丝裂原基团与丝裂原受体结合，可激活特异性的 B 细胞克隆，但产生的抗体仍为低亲和力的 IgM。

2. TI-2 抗原诱导的抗体应答　TI-2 抗原主要是多糖类的大分子，有大量重复抗原表位，能激活补体旁路途径和凝集素途径，刺激成熟 B1 细胞和边缘区 B 细胞。D1 细胞在腹膜腔、胸膜腔和肠道固有层等处含量丰富，主要针对体腔中的抗原；而位于脾脏白髓边缘区的 B 细胞，不进行再循环，侵入血流的病原体被 Mφ 捕捉后，由边缘区 B 细胞首先对 TI-2 实施快速应答。

TI-2 通过其重复性抗原表位使 BCR 发生交联而激活 B 细胞，使 B 细胞同时获取第一和第二信号。合适的表位密度对 B 细胞活化是重要的。密度过低受体交联不足，不能有效激活 B 细胞；密度过高使受体过度交联，可致 B 细胞无应答或无能。针对 TI-2 抗原的应答一般只产生 IgM 抗体，不发生 Ig 类别转换，也没有记忆 B 细胞生成。

T 细胞的辅助可以增强对 TI-2 抗原的应答，并诱导抗体类别转换。其机制认为与 Th 激活与细胞释放的某些细胞因子有关，这些细胞因子作用于 B 细胞不仅增强抗体应答，并促进类别转换。另有试验揭示，裸鼠外周缺乏 αβT 细胞但有 γδT 细胞，后者能间接辅助 B 细胞对 TI-2 抗原发生应答。敲除 TCRβ 链和 δ 链基因的小鼠对 TI-2 抗原不产生应答，若给这种小鼠输入少量 T 细胞，能使其应答恢复。婴儿或新生动物对 TI-2 抗原低应答与 D1 细胞发育尚不成熟有关。

第五节　免疫应答效应机制

免疫应答通过效应机制保护机体免受抗原异物的侵害。其中涉及多种免疫效应分子和效应细胞。在某些情况下免疫效应作用也可导致自身组织损伤。

一、抗体的效应功能

B 细胞介导的体液免疫应答，可被 TI 抗原或 TD 抗原诱导，但大多数是由 TD 抗原引起。B 细胞接受第一和第二信号后，激活分化成为浆细胞，产生以 IgG 为主的抗体分子。因此，所谓体液免疫效应，主要是指抗体所发挥的效应功能。其目标主要是清除细胞外的病原菌及其产生的毒素等抗原异物。特点是：①显示抗原特异性；②浆细胞能够产生数量极其庞大的针对抗原决定簇或抗原表位的抗体分子。

（一）IgC 和 IgM 介导的效应

1. 对抗原的中和作用　抗体通过 Fab 段与抗原结合形成抗原-抗体复合物，使抗原失去生物学活性或易于被吞噬细胞所吞噬。具有中和作用的抗体主要是血循环中的 IgG，作用对象主要包括两类：①针对细菌外毒素，可通过阻断外毒素与敏感宿主细胞表面的受体结合或封闭毒素的活性部位，而使其不能发挥毒性作用；②针对病毒，可阻止病毒吸附于易感靶细胞，降低病毒的传染性。

2. 免疫调理作用　IgG 类抗体与颗粒抗原（如细菌）结合后，其 Fc 段与吞噬细胞表面的 FcγR 结合，促进吞噬细胞对颗粒抗原的吞噬作用。IgG（IgG3、IgG1 和 IgG2）或 IgM 类抗体与相应抗原结合后，可激活补体，再与补体活化的裂解片段 C3b 形成抗原-抗体- C3b 复合物。此复合物中的 C3b 与吞噬细胞表面的 C3b 受体结合，也可促进吞噬细胞的吞噬作用。

3. 补体依赖的细胞毒作用（CDC）　是指抗体（IgG1、IgG2、IgG3 或 IgM）识别和结合靶细胞表面的抗原后激活补体经典途径，通过补体级联反应形成攻膜复合物（MAC），使该靶细胞迅速裂解。

4. 抗体依赖细胞介导的细胞毒作用（ADCC） 是指多种效应细胞，主要是Mφ、NK细胞、中性粒细胞等细胞膜上带有FcγR（如NK细胞带有FcγRⅢ、Mφ带有FcγRⅠ），当IgG的Fab与靶细胞膜上的抗原发生特异性结合后，其Fc段发生构型改变，可与上述细胞表面的FcγR结合，由后者传递激活信号，通过这些激活的细胞释放TNF、IFN-γ等细胞因子，并促使其发生颗粒胞吐，而使靶细胞死亡。其中IgG发挥双重功能：一是识别抗原；二是结合Fc受体。由于FcγRⅢ属低亲和力受体，多个识别抗原的IgG分子集合起来，有利于和受体的结合。血浆中游离的单体IgG分子往往不能有效地激发ADCC，除非靶细胞表面已结合和覆盖有抗体分子。

（二）分泌型IgA的局部抗感染作用

胃肠道和呼吸道是微生物侵入的门户，分泌型IgA（sIgA）抗体在黏膜免疫防御中十分重要。抗原直接刺激可导致局部黏膜处B细胞合成并分泌sIgA。但也有实验证明，抗原刺激某一特定部位黏膜（如胃肠道）后，可在未受抗原刺激的部位（如呼吸道）检出sIgA。这种游走性保护作用可能是由于免疫细胞在黏膜免疫系统中移动的结果。目前认为，sIgA的主要功能是与异物、抗原和微生物结合，阻断它们与黏膜上皮的黏附。

（三）IgE介导的效应机制

肥大细胞和嗜碱性粒细胞受刺激后介导的免疫反应依赖于IgE，形成免疫系统的一类极其重要的效应机制。肥大细胞和嗜碱粒细胞表面表达IgE高亲和力受体（FcεRⅠ），因而即使没有抗原，这一受体也往往结合有IgE分子，这与ADCC中的FcγRⅢ不同。抗原一旦出现并与IgE分子结合，可导致IgE及相应的FcεRⅠ的聚集，使跨膜的FcεRⅠ分子出现成簇（clustering）现象，由此激活多种蛋白激酶，并通过受体分子胞内段上的ITAM传递活化信号，使肥大细胞和嗜碱性粒细胞迅速激活，释放出许多化学介质。这些化学介质可增加血管通透性，引起支气管与血管平滑肌收缩，并引起局部炎症反应。这种反应也被称为速发型超敏反应。在速发型超敏反应中，肥大细胞与嗜碱性粒细胞所释放的介质包括趋化剂（吸引中性粒细胞、嗜酸性粒细胞至肥大细胞活化部位）、活化剂（包括组胺、血小板活化因子等，引起血管舒张、水肿与组织损伤）、致痉剂（包括组胺、慢反应物质等，引起支气管平滑肌痉挛）。由于这些介质的作用，发生局部组织损伤。

肥大细胞与嗜碱性粒细胞所释放的趋化因子可使嗜酸性粒细胞趋化至局部，而嗜酸性粒细胞所释放的碱性蛋白和嗜酸性粒细胞阳离子蛋白对肠蠕虫有毒性，因此，嗜酸性粒细胞是介导抗蠕虫感染的主要效应细胞，因为IgE分子也可通过FcεR介导ADCC，行使其效应功能。

二、T细胞介导的效应功能

T细胞介导的效应有两种基本形式：一种是由CTL介导的特异性细胞裂解作用；另一种是由Th1细胞介导的迟发性超敏反应，呈现以单个核细胞浸润为主的炎症反应。

（一）CFL对靶细胞的杀伤

1. CTL的分化成熟 CD8 CTL在体内以非活化的前体细胞（CTb-P）形式存在，它必须经过抗原激活并在Th协同作用下才能分化发育为效应CTL。CTL的活化需要双信号。

第一信号来自 TCR 特异性识别靶细胞膜上 MHC Ⅰ类分子—抗原肽复合物，并通过 CD3 分子参与抗原识别信号的传递。第二信号来自 CTL 细胞膜表面各种辅佐分子如 CD28、CD2、LFA-1 和靶细胞表面相应配体分子（如 B7）的结合。此外，活化的 CTL 还需在活化的 CD4 Th1 细胞分泌的 IL-2 等细胞因子的作用下，才能分化为效应性 CTL。

Th1 协助 CTL-P 转化为 CTL，有可能发生在淋巴组织如局部淋巴结中。在对病毒感染的初次反应中，休止期 T 细胞只有在局部淋巴结中才能起反应，可能是在局部的淋巴组织中，Th1 和 CTL-P 可与共同的 APC（如并指状树突状细胞）相互作用。这些 APC 将病毒抗原肽递呈给 CD4 与 CD8 T 细胞，并被这两种细胞识别。另外一种可能是，局部淋巴组织形成了一个具有丰富细胞因子的微环境，从而为 CTL-P 活化提供了一个理想的场所。

2. CTL 杀伤靶细胞的两个阶段

（1）*效—靶细胞结合阶段*　首先是 CTL 表面的淋巴细胞功能相关抗原 LFA-1 与靶细胞表面的细胞间黏附分子（ICAM）结合，使两类细胞相互接近，然后 TCR 识别靶细胞表面的 MHC Ⅰ类分子与抗原肽，通过信号转导等过程，使 CTL 活化并释放细胞介质。该过程历时数分钟，需在 37℃下进行，是一个耗能过程，并依赖 Mg^{2+} 存在。

（2）*细胞裂解阶段*　在此阶段，CTL 造成靶细胞的不可逆损伤，使之发生细胞裂解或凋亡。一般此过程历时约 1h 或更长时间，是 Ca^{2+} 依赖性的。

3. CTL 杀伤靶细胞的两种主要机制　CTL 杀伤靶细胞主要有两种途径：即细胞裂解性杀伤和诱导细胞凋亡。前者指 CTL 分泌诸如穿孔素一类的介质损伤靶细胞膜；后者指 CTL 通过表面 FasL 与靶细胞表面的 Fas 结合，或者通过释放粒酶 B 至靶细胞后诱导靶细胞凋亡。

（1）*细胞裂解性杀伤*　CTL 与靶细胞接触后，可释放一系列颗粒物质，从而导致靶细胞裂解。

① 穿孔素：电镜下发现培养的 CTL 克隆在细胞内有电子致密物质。将这些颗粒分离出来后其本身就可介导靶细胞损伤。

CTL 所分泌的穿孔素不仅介导靶细胞的裂解，而且颗粒酶可经由穿孔素在靶细胞膜上构筑的小孔，进入靶细胞，诱导靶细胞的凋亡。

② 丝氨酸酯酶（Serineesterase）：活化的 CTL 可释放多种丝氨酸酯酶，如 CTLA-1、CTLA-3 等，它们的作用类似于参与补体激活的酯酶样成分，通过活化穿孔素而增强杀伤靶细胞的效应。

（2）*诱导细胞凋亡*

①FasL 途径：CTL 的细胞毒性作用通常通过靶细胞膜表面 Fas 分子启动的死亡信号转导而完成。

②TNF 途径：CTL 分泌的 TNF-α 可通过与靶细胞表面相应受体结合而显示细胞毒活性。其中分泌型 TNF-α 主要介导靶细胞坏死；膜型 TNF-α 主要介导靶细胞凋亡，主要参与 CTL 的慢时相细胞毒作用。

③颗粒酶途径：发现 CTL 至少可以产生 11 种颗粒酶：分别命名为颗粒酶 A～M。

颗粒酶 B 可以通过多种途径来调节对靶细胞的杀伤。因此它能使免疫系统抵御病原菌的入侵并抑制感染细胞的死亡。内源性颗粒酶 B 通过表达蛋白酶抑制物 PI9 保护淋巴细胞免遭损伤。在某些肿瘤细胞及活化的 DC 中也有相同的蛋白的表达。

④Leulalexin途径：Leutalexin又称TNF相关蛋白，可分为分泌型和膜结合型。分泌型Leulalexin存在于CTL颗粒中，其作用依赖穿孔素，可介导靶细胞凋亡。

（二）迟发型超敏反应中Th1介导的效应机制

参与迟发型超敏反应（DTH）的效应T细胞，旧称TDTH或TD，包括Th1、Th2和CTL，其中起作用的主要为Th1细胞。在抗原的激发下，Th1分泌许多细胞因子和可溶性介质，引起DTH。这是以单核/巨噬细胞浸润为主的局部性炎症。前面提到，Th1需识别APC上MHCⅡ类分子与抗原肽复合物而活化，并发生特异性克隆扩增。许多APC如Mφ、DC及激活的血管内皮细胞均可参与Th1的活化。在致敏阶段，最初活化的为CD4 Th1细胞，但在有些情况下也有CTL的激活和参与。进入效应相的Th1细胞通过分泌多种细胞因子（如IFN-γ、IL-3、GM-CSF），使Mφ和其他炎症细胞富集与活化。迟发型超敏反应一般在再次接触抗原24h后发生，常在48～72h达到高峰。

活化的Th1细胞除了产生细胞因子，还能分泌趋化因子和细胞毒素。各种趋化因子使血流中的单核细胞先黏附于血管内皮细胞上，然后从血管内迁移到周围组织中。在这一过程中，单核细胞分化为Mφ并被激活。活化的Mφ吞噬与杀伤病原体，并增强MHCⅡ类分子与黏附分子的表达，成为更有效的APC。

三、Fas相关的死亡信号转导与凋亡

Fas（又称APO-1或CD95）是由325个氨基酸残基组成的Ⅰ型膜蛋白，分子质量为48ku，属于TNF受体（TN-FR）家族。该家族成员的胞外段含有2～6个富含半胱氨酸的结构域。Fas的胞内区有一个约70个氨基酸残基组成的保守区域，为凋亡信号转导所必需，称为死亡结构域（Deathdomain，DD）。Fas在许多组织表达，尤其是小鼠的胸腺、肝、心、肺、肾、卵巢等。FasL由281个氨基酸残基组成，为Ⅱ型膜蛋白，属于肿瘤坏死因子家族。其N端在胞内，包括约80个氨基酸残基，胞外段约150个氨基酸残基，其中保守序列达20%～25%。与TNF-α一样，FasL也可被膜上的金属蛋白酶加工成可溶性FasL（sFasL）。

Fas与FasL所激发的细胞凋亡参与了几项重要的效应作用，全部与免疫应答有关。①介导CTL和NK杀伤病毒感染的靶细胞或肿瘤细胞；②通过抗原激活的细胞死亡调节淋巴细胞介导的特异性免疫应答；③诱导免疫豁免：免疫豁免（Immune Privilege）指机体中某些特定部位的基质细胞如眼角膜上皮细胞和睾丸Sertoli细胞也能表达和分泌FasL，结果是，刚进入这些细胞和组织周围的免疫细胞和炎症细胞，因为尚未激活，无FasL分泌却组成性地表达Fas分子，成为基质细胞分泌FasL作用的靶目标而不能存活，造成这些组织器官可不受免疫系统的攻击。这些作用都涉及Fas介导的死亡信号转导。

（一）Fas分子启动的死亡信号转导

Fas与FasL结合后即启动凋亡的信号转导途径。参与这一信号途径上游阶段的主要成分为衔接蛋白FADD和Caspase 8。

1. 带有死亡结构域的Fas结合蛋白　带有死亡结构域的Fas结合蛋白（Fas-associating Protein with Death Domain，FADD）是分子质量为23ku的胞质蛋白质。

2. Caspase 8及其介导的级联反应　Caspase中的“C”代表半胱氨酸（Cysteine），“asp”指天冬氨酸（Aspasticacid）。因而Caspase可以称为胱天蛋白酶或天冬氨酸特异性半

胱氨酸蛋白酶，因为其专一性地在天冬氨酸之后切断与另一氨基酸残基的连接使底物解离。目前已发现的 Caspase 至少有 12 种，按其发现的先后，在 Caspase 后面冠以阿拉伯数字表示。

（二）Caspase 的效应机制

凋亡细胞的特征性表现为：DNA 裂解为 200bp 左右的片段，染色质浓缩、细胞膜泡化、细胞皱缩，最后形成由细胞膜包裹的凋亡小体，然后，这些凋亡小体被 Mφ 所吞噬。这一过程需 30～60min。Caspase 引起上述细胞凋亡相关变化的全过程尚不完全清楚，但至少包括以下三种机制。

1. 灭活凋亡抑制物 正常活细胞因为脱氧核糖核酸酶处于无活性状态而不出现 DNA 断裂，这是因为该核酸酶和抑制物结合在一起。如果抑制物被破坏，脱氧核糖核酸酶即可激活，引起 DNA 发生片段化（Fragmentation）。现知 Caspase 可以裂解这种抑制物而激活核酸酶，因而把这种酶称为 Caspase 激活的脱氧核糖核酸酶（Caspase-activated Deoxyribonulease，CAD），而把它的抑制物称为 I^{CAD}。I^{CAD} 对 CAD 的活化与抑制都是必需的。

Caspase 家族还与 Bcl-2 家族成员相互作用，调节凋亡的发生。

2. 破坏细胞结构 Caspase 可直接破坏某些细胞结构，如裂解核纤层。核纤层（Lamina）是由核纤层蛋白通过聚合作用而连成头尾相接的多聚体，由此形成核膜的骨架结构，使染色质得以形成并进行正常的排列。在细胞发生凋亡时，核纤层蛋白作为底物被 Caspase 在一个近中部的固定部位所裂解，从而使核纤层蛋白崩解，导致靶细胞发生染色质固缩。

3. 使调节蛋白丧失功能 Caspase 可作用于几种与细胞骨架调节有关的酶或蛋白，改变细胞结构。其中包括凝胶原蛋白（Gelson）、黏着斑激酶（Focal Adhesion Kinase，FAK）、p21 活化激酶 2（PAK2）等。这些蛋白的裂解导致其活性下调。

四、NK 细胞、巨噬细胞和细胞因子的效应功能

（一）NK 细胞的效应机制

NK 细胞表面具有两种截然不同的受体，其中一类与靶细胞表面配体结合后可以激发 NK 细胞产生杀伤作用，称为杀伤细胞激活性受体；另一类受体与靶细胞表面相应配体结合后，可抑制 NK 细胞产生杀伤作用，称为杀伤细胞抑制性受体。NK 细胞效应作用是两类受体相互作用的结果。

1. NK 细胞的活化 静止的 NK 细胞通过下列途径活化，发挥杀伤作用。

（1）ζ 链活化途径

（2）IL-2R 激活途径

（3）IL-18 对于 NK 细胞的活化

2. NK 细胞杀伤机制

（1）释放杀伤介质杀伤靶细胞

①NK 细胞毒因子：NK 细胞可释放可溶性 NK 细胞毒因子（NK Cytotoxic Factors，NKCF），与靶细胞表面 NKCF 受体结合，选择性杀伤靶细胞。

②肿瘤坏死因子：活化的 NK 细胞可释放 TNF-α 和 TNF-β（LT），TNF 通过各种机制杀伤靶细胞。例如，改变靶细胞溶酶体的稳定性，导致各种水解酶外漏；影响细胞膜磷脂代谢；

改变靶细胞糖代谢，使组织中 pH 降低。TNF 和 FasL 一样，也可激活靶细胞凋亡途径。

③IFN-γ：NK 细胞可以释放 IFN-γ 而起到激活 Mφ、促进 MHC 分子表达和抗原递呈，加强免疫应答。

（2）颗粒胞吐　这一杀伤机制与 CTL 相似。因为在 NK 细胞的胞质内同样含有大量颗粒，这些颗粒中含有穿孔素与颗粒酶。但与 CTL 不同的是，NK 细胞的胞质内总是含有这些颗粒，当 NK 细胞靠近靶细胞时，即发生脱颗粒，在与靶细胞相接处释放出穿孔素与颗粒酶。多数情况下，NK 对靶细胞的识别不受 MHC 限制，所产生的免疫效应无免疫记忆反应。

（3）诱导凋亡　通过细胞表面的 Fas/FasL 和 TNFa/TNFR 途径使靶细胞发生凋亡。

（4）ADCC 作用　NK 细胞表达 FcγRⅢ，能与 IgG1、IgG3 的 Fc 段结合，在靶细胞表面抗原特异性 IgG 抗体介导下可杀伤相应靶细胞。IL-2 和 IFN-γ 可明显增强 NK 细胞介导的 ADCC 作用。

（二）细胞因子和巨噬细胞的效应作用

1. 细胞因子的效应功能　细胞因子参与效应细胞的分化成熟，增强效应细胞杀伤中的多种分子的表达。如 IL-1 能刺激 T、B 细胞的增殖与分化，刺激造血细胞、参与炎症反应。IL-2 促进 T、B 细胞的分化成熟，上调 CTL、NK 等效应细胞表面黏附分子（如 LFA，CTLA等）的表达，增强 CTL、NK 细胞、Mφ 的杀伤活性。IL-4 诱导 IgE、IgG1 产生，IL-5 诱导 IgA 产生。IL-12 能促进 CTL、NK 细胞的杀伤功能，并诱导细胞免疫。

TNF 作为一种细胞因子，不仅具有抗病毒复制作用，还有抗肿瘤、控制细胞增殖等效应作用。上面提到，TNF 可通过多种途径杀伤靶细胞。另外，TNF 尚可通过 TNFR1 启动细胞凋亡途径，其相应的信号转导与 Fas-FasL 介导的途径既有相似性又有不同。

2. 巨噬细胞的激活与杀伤作用　单核吞噬细胞系统（MPS）具有重要的生物学作用。不仅参与非特异性免疫防御如在抗感染中行使吞噬功能，而且在特异性免疫应答中作为 APC 发挥关键作用。

第六节　免疫调节

感知免疫应答的强度并实施调节，是免疫系统的一个重要功能。这一调节包括正向和负向两个方面。对于大量入侵并能迅速增殖的病原体，机体可以产生强有力的免疫应答，但往往导致自稳状态的偏移，因而病原体被清除之后，免疫系统需凭借其感知能力，通过反馈调节，恢复内环境稳定。

免疫调节是由多因素参与的生物学现象。任何一个调节环节的失误，可引起全身或局部免疫应答的异常，出现自身免疫病、过敏、持续感染和肿瘤等疾病。因而免疫调节与临床疾病的关系十分密切。免疫调节是免疫系统一个正常的生理现象，不同于免疫干预。后者指出于疾病防治和应用的目的，人为地改变、修正正常或异常的免疫应答格局，也包括改变和修正免疫调节的进程。从这个意义上，免疫调节和免疫干预虽有一定的内在联系，但一个系自主产生，一个属人为参与，不完全是一回事。本章将着重阐述免疫调节，而在最后论及免疫干预。

一、固有免疫应答的调节

（一）TLR 信号转导的反馈调节

TLR 相关信号转导引起多种促炎症细胞因子的分泌，除了介导炎症反应，过量出现的炎症介质可能引起全身性疾病，甚至引起死亡，包括 LPS 引起的内毒素休克（Endotoxic Shock）。为此，免疫系统必须启动相应的调节机制，对模式识别受体（PRR）介导的固有免疫应答实施反馈调控。

（二）通过抑制信号途径调控细胞因子的激活

Jak PTK 和转录因子 STAT 是细胞因子受体相关信号转导中普遍启用的信号分子，也是细胞因子发挥效应功能的重要启动因素，有四种因素或途径对 Jak-STAT 信号途径实施反馈调节：①发挥脱磷酸化作用的蛋白酪氨酸磷酸酶（PTP），如 PTP1（SHP1）、SHP2 和 CD45；②已激活 STAT 的蛋白抑制分子（Protein Inhibitor of Activated STAT，PIAS）；③细胞因子信号转导抑制蛋白（SOCS）；④泛素—蛋白酶体途径对 Jak 蛋白激酶的降解。下面着重介绍后面两种反馈机制。

1. 泛素化、类泛素化与反馈调节　胞内蛋白质分子上的赖氨酸残基可在泛素转移酶 E3 的作用下接上泛素，形成带有泛素聚合链的泛素化蛋白，后者可通过胞质中的蛋白酶体降解成肽段而失活。泛素化属于转录后的蛋白质修饰，为经由蛋白酶体途径降解蛋白质所必需。现知，能对蛋白激酶 Jak 分子进行修饰并促使其降解的还有其他泛素样分子，特别是小泛素相关修饰分子（Small Ubiquitin-related Modifier，SUMO）。这意味着，除了泛素化，Jak 激酶也可通过类泛素化即 SUMO 化（Sumoylation）而降解。

2. SOCS 蛋白以负反馈环路调控细胞因子受体介导的信号转导　当细胞因子未与受体结合时，受体分子相连的 Jak 和转录因子 STAT 皆处于未激活状态。受体一旦与配体结合，跨膜分子间的成簇作用使与之相连的 Jak PTK 彼此靠近，因相互磷酸化而激活。激活的 Jak，一方面使受体分子胞内段上的酪氨酸发生磷酸化，招募带有 SH2 结构域的 STAT 转录因子，并使得 STAT 活化而形成同源二聚体，转位后启动多种基因发生转录，行使其生物学功能。

（三）补体效应的调节

1. 补体调节蛋白　补体活化途径的有效调控，保证了补体以其调理作用、炎症反应和启用 CDC 清除病原体的同时，不致无节制地大量被消耗，特别是不会引起自身组织和细胞的损伤。多种补体调节因子，主要以以下几种机制进行反馈调节。

（1）抑制经典途径中 C1 的形成

（2）抑制补体转化酶的形成和促使其解离

（3）抑制攻膜复合物的形成

2. 补体调节蛋白作用的同源限制性　补体调节蛋白抑制功能的发挥往往具有同源限制性，即要求被调节的补体成分属于同一物种，否则补体将因得不到有效的反馈调节信号而持续激活，损伤相应的靶细胞和组织。一个典型的例子是异种器官移植。人血中存在大量天然抗体（主要是 IgM），在识别猪血管内皮细胞表达的超急性排斥抗原（HRA）即 α 半乳糖基（αGal）后，迅速激活补体级联反应，最终产生攻膜复合物，损伤表达 αGal 的血管内皮细胞，再加上其他的机制（包括组织因子等的激活），引起血小板聚集，血栓形成，移植物坏

死。其发生速度很快，一般在供血开始后1h左右即造成血管阻塞，称为超急性排斥。但这种情况在同种异体器官移植中不会发生，因为移植物血管内皮细胞表达的补体调节蛋白来自同一物种，阻抑了补体的杀伤作用。然而，此处的异种移植表达于血管内皮细胞表面的补体调节蛋白如DAF却是猪源性的，无法对血管内激活的人源性补体分子行使抑制作用，即不能和人的C2b竞争性结合人的C4b，因而不能阻止C3转化酶的形成。显然，只要在猪的血管内皮细胞表达人的补体调节蛋白如衰变加速因子（DAF），即可恢复对补体活性的反馈抑制，挽救这一异种移植器官。

（四）免疫-内分泌-神经系统的相互作用和调节

免疫系统行使功能时，往往与其他系统发生相互作用，特别是神经和内分泌系统。众所周知，紧张和精神压力可加速免疫相关疾病的进程，内分泌失调也影响着疾病的发生和发展。除了针对神经内分泌系统特定成分可产生抗体应答，此类相互作用一般以固有免疫为主。

神经递质、内分泌激素、受体、免疫细胞及免疫分子之间存在千丝万缕的联系，其中可以构成调节性网络的，主要包括以下方面。

1. 神经内分泌因子影响免疫应答　免疫细胞带有能接受各种激素信号的受体，皮质类固醇和雄激素等内分泌因子可通过相应受体下调免疫反应；而雌激素、生长激素、甲状腺素、胰岛素等则增强免疫应答。

2. 抗体和细胞因子作用于神经内分泌系统　针对神经递质受体和激素受体的抗体将与相应配体发生竞争，并可出现类似抗抗体的结构，以网络形式相互制约。

3. 多种细胞因子　如IL-1、IL-6和TNF-a通过下丘脑-垂体-肾上腺轴线，刺激皮质激素的合成，后者可下调Th1和Mφ的活性，使细胞因子分泌量下降，反过来导致皮质激素合成减少，解除对免疫细胞的抑制。然后细胞因子分泌又会增加，再促进皮质激素的合成。如此循环，构成网络。

二、抑制性受体介导的免疫调节

对免疫调节机制的了解，现时更多地侧重于适应性免疫应答。首先涉及抑制性受体以及与信号转导相关的调控机制。

（一）免疫细胞激活信号转导的抑制性分子和受体

1. 信号转导中两类功能相反的分子　免疫细胞特别是淋巴细胞受体启动的信号转导涉及蛋白质磷酸化。而磷酸化和脱磷酸化是一个作用相反可以相互转化的过程，分别由PTK和PTP所促成。对免疫细胞的激活而言，PTK和PTP是一组对立成分，分别参与活化信号及抑制信号的传递。

游离于胞质中的FFK和PTP要行使功能，必须被招募到胞膜内侧，并聚集在受体跨膜分子附近。这一任务的完成，依赖于受体或受体相关分子胞内段上两种独特的结构：ITAM和ITIM。

2. 免疫细胞活化中两类功能相反的受体　激活性受体胞内段通常携带ITAM，基本结构为YxxL或YxxV。除了Y为酪氨酸外，L/V为亮氨酸或缬氨酸，x代表任意氨基酸。在胞膜相连PTK（称Src PTK）的作用下，YxxL/V中的酪氨酸发生磷酸化。此时可招募游离于胞质中其他类别的PTK分子（如Syk PTK）或衔接蛋白，条件是它们带有SH2结构域。

抑制性受体分子胞内段所携带的 ITIM 的基本结构也是 YxxL，但其酪氨酸残基一侧相隔一个任意氨基酸后必须是异亮氨酸（I）或缬氨酸（V）等疏水性氨基酸，即 I/VxYxxL。由此造成带有 SH2 结构域的是 PTP 而不是 PTK，对 ITIM 中发生磷酸化的酪氨酸进行识别，PTP 被招募并进一步因磷酸化而激活。由此得出：激活性受体→带有 ITAM→招募 PTK→启动激活信号的转导，抑制性受体→带有 ITIM→招募 PTP→终止激活信号的转导。

两种受体相互作用的结果是，由 PTK 参与的激活信号转导通路被截断。但是，后面将会提到，两类受体的表达在时相上会有差别，否则免疫细胞难以活化并行使功能。抑制性受体要发挥负向作用，往往以激活性受体的存在为前提。这是因为抑制性受体分子胞内段 ITIM 中的酪氨酸要发生磷酸化，有赖于与激活性受体跨膜分子相连的 Src PTK 受激后提供磷酸根。需要特别强调的是，在淋巴细胞中，PTP 的招募和活化通常以慢一拍的格局发挥作用，凸现生理性反馈调节的特征：既保证激活信号有时间充分发挥作用（引起免疫细胞活化并行使功能），也使得免疫应答得以保持在适度的时空范畴内。

（二）各种免疫细胞的抑制性受体及其反馈调节

1. 协同信号分子介导 T 细胞增殖的反馈调节 T 细胞的激活需要双重信号。第一信号（识别信号）来自 TCR 和抗原肽的结合；第二信号（激活信号）来自协同刺激受体与其配体的结合。协同刺激分子统称为共信号分子，它们分属两个不同的家族，而且家族的成员中，有的发挥正向刺激作用，有的行使负向调节功能。

能够为 T 细胞激活提供第二信号的激活性受体很多，如多种黏附分子，但其中主要者为共信号受体家族中的 CD28。

2. B 细胞通过 FcγRⅡ-B 受体实施对特异性体液应答的反馈调节 B 细胞激活性受体（BCR）为膜型 IgM 和 IgD，并有 Igα 和 Igβ 参与构成复合结构，介导抗原识别信号的转导。抑制性受体包括 FcγRⅡ-B 和 CD22 等。FcγRⅡ-B 是 Fc 受体家族中为数不多胞内段带有 ITIM 的成员。FcγRⅡ-B 发挥抑制作用需要与 BCR 发生交联。参与交联的主要有两种成分，即抗 BCR 分子的抗体（又称抗抗体即 Ab2）和抗原—抗体复合物，而且参与启动 FcγRⅡ-B 抑制信号途径的抗抗体应该是 IgG。

称抗 BCR 的抗体为抗抗体，是因为 BCR 以分泌形式自浆细胞产生后即为抗体。抗抗体形成的条件，必须是 BCR 或相应抗体分子大量出现，这只能是 B 细胞充分激活的结果。来自同一 B 细胞克隆的 BCR 及相应抗体分子，一旦数量大到越过免疫系统感知的阈值，将被视作为一种新出现的、以特定独特型为表位的自身抗原，并产生相应的抗 BCR 抗体。

3. 杀伤细胞抑制性受体调节 NK 细胞活性 NK 细胞（还包括一些 CD8 CTL）的激活性和抑制性受体已被阐明。就胞内段都带有 ITIM 的抑制性受体而言，分成三种类型。一类称 KIR，受体分子的胞外部分由 2～3 个 Ig 结构域组成，配体是一些特定的 HLA Ⅰ类分子和非经典的 HLA-G 分子；另一类属 KLR，在人体中称 CD94/NKG2A，主要识别由Ⅰ类分子 HLA-E 递呈的肽段；第三类为 ILT（杀伤细胞 Ig 样转录体），主要配体为 HLA Ⅰ类分子 α3 结构域。抑制性受体一旦被激活，由胞内段 ITIM 参与启动的抑制信号开始发送，由杀伤性（激活性）受体转导的信号遂告失效，NK 细胞难以显示杀伤活性。

4. 抑制性受体对其他免疫细胞活性的调节 肥大细胞的抑制性受体为 FcγRⅡ-B，与 B 细胞抑制性受体相同。该受体通过与肥大细胞激活性受体 FcεRⅠ交联，发挥负向调节作用。

三、调节性T细胞

完成分化的T细胞分为效应T细胞（TS）、调节T细胞（Treg，TR）和记忆T细胞（TM）三大类。调节细胞不同于效应细胞，通常不对抗原的刺激直接起反应，而是以效应细胞为作用对象，调控后者介导的免疫应答。现认为，发挥负向调节作用的T细胞，也就是抑制性T细胞，在反馈性调节中据核心地位。

调节性T细胞主要分成两类：自然调节T细胞和适应性调节T细胞（表6-9）。

表6-9　自然调节T细胞和适应性调节T细胞

特　　性	自然调节T细胞	适应性调节T细胞
诱导部位	胸腺	外周
抗原特异性	自身抗原（胸腺中）	组织特异性抗原和外来抗原
发挥效应作用的机制	细胞接触，一般不依赖细胞因子	细胞接触，依赖于细胞因子
功能	抑制自身反应性T细胞介导的局部应答	抑制自身损伤性炎症反应，阻遏病原体和移植物引起的病理性应答
举例	$CD4^+CD25^+$T、NK、T、γδT	Tr1、Th3、CD8、T、（Th1/Th2）

（一）自然调节T细胞

自然调节T细胞（Naturally Occurring Regulatory T Cell，nTreg）的代表为$CD4^+CD25^+$ Treg。小鼠出生后3～5d作胸腺切除，可诱致多种自身免疫病，但向此类小鼠输注$CD4^+CD25^+$T细胞，疾病可以被预防，表明被切除的胸腺中存在着一类行使调节功能的T细胞。

CD25分子在T细胞获得双重信号后组成性地表达，是T细胞活化的标志。因而效应性$CD4^+CD25^+T^E$和调节性$CD4^+CD25^+T^R$的区分一度成为难题。后来发现后者还有一个重要特点，即胞质中转录因子Foxp3为阳性，因而自然调节T细胞的表型特征应该是$CD4^+CD25^+Foxp3^+$。现已查明，Foxp3不仅是自然调节T细胞的主要标志，而且参与此类细胞的分化。

（二）适应性调节T细胞

适应性调节T细胞（aTreg）又称诱导性调节T细胞（iTreg），一般在外周因抗原激发而产生，可以从自然调节性T细胞分化而来，也可以来自其他初始T细胞。它们一般不表达CD25分子和Foxp3，但这一点因亚群和接触抗原的条件不同而异。适应性调节T细胞的分化和发挥功能必须有特定细胞因子的参与，这一点不同于nTreg。

1. Th1和Th2　首先，Th1和Th2是两种和临床疾病关系密切的效应性CD4 T细胞亚群。Th1主要介导细胞免疫和炎症反应、抗病毒和抗胞内寄生菌感染，参与移植物排斥；Th2主要涉及B细胞增殖、抗体产生、超敏反应和抗寄生虫免疫。两群细胞分泌的细胞因子不同，其中关键性细胞因子，Th1是IFN-γ，Th2是IL-4。

然而，Th1/Th2的分化和行使功能又符合适应性调节T细胞的条件：由抗原及细胞因子诱导而分化，通过特征性细胞因子发挥作用。在这个意义上，Th1/Th2也属于适应性调节T细胞亚群。

2. Tr1和Th3　更具有普遍意义的适应性调节T细胞，是同时分泌IL-10及TGF-β的

CD4 Tr1 细胞和主要产生 TGF-β的 CD4 Th3 细胞。细胞因子 IL-10 和 TGF-β 皆以发挥抑制作用见长，因而 Tr1 和 Th3 必然具有下调免疫应答的活性。Th3 通常在口服耐受和黏膜免疫中发挥作用，而Ⅰ型调节性 T 细胞（Tr1）则是近年来发现可调控炎症性自身免疫反应和抑制由 Th1 主宰的淋巴细胞增殖及诱导移植耐受的一类抑制性 T 细胞。在小鼠试验性肠炎中，Tr1 可充分阻抑疾病的发生，而且发挥作用依赖于 IL-10，其靶目标为借助 IFN-γ 发挥作用的自身免疫性 $CD4^+CD45RB^{high}$ T 细胞。

（三）其他调节性 T 细胞

1. CD8 阳性调节 T 细胞　近年已发现多种 CD8 阳性调节性 T 细胞（CD8Treg）。突出者有：

（1）$CD8^+CD28^-$ T 细胞

（2）Qa-1 限制性 CD8 Treg

2. NK、NKT、γδT 细胞或其亚群　这些细胞也具有免疫调节活性。

四、抗独特型淋巴细胞克隆对特异性免疫应答的调节

（一）抗独特型抗体和独特型网络

1. 抗体分子的抗原表位　抗原进入体内，选择带有特定 BCR 的 B 细胞发生克隆扩增，分化成浆细胞后大量分泌特异性抗体（称为 Ab1），当 Ab1 数量足够多时，又可以作为抗原，诱发形成抗抗体（Ab2）。在此过程中，抗体分子有三种结构可以作为抗原表位，针对性地诱导相应的抗抗体。

一是同种型（Isotype）。同种型有两重含义，一是指物种内抗体类别（Class）的差异，二是指相同抗体类别结构的种间差异。显然，同一个体内和同一物种不同个体间，不可能对属于该物种的不同抗体的同种型产生抗体。由抗体分子同种型诱导抗抗体的产生，必须通过种间免疫。此类抗体除了识别异种抗体分子恒定区上的同种型结构外，并无通常意义上的抗原特异性。免疫学实验中带有标记物的二抗（如羊抗鼠抗体）属典型的抗同种型抗体。

二是同种异型（Allotype）。同一物种个体间针对抗体分子同种异型的抗抗体比较少见，有可能在输血中出现，一般不构成很强的免疫反应，也无一般意义上的抗原特异性。

三为独特型（Idiotype）。从一个个体的血清中分离纯化出相当数量的免疫球蛋白（抗体），并不能以此诱导出抗独特型抗体（Anti-idiotypic Antibody，AId），问题出在这一群分离出的血清免疫球蛋白分子结构。抗体分子的独特型结构极端多样，因而从血清中分离出的抗体，实际上是抗体库或 BCR 库的一个随机样本，是独特型种类多至 1×10^{15} 的各种抗体分子的混合体。对其中每一个单一的独特型是不可能产生抗体的。带有特定独特型的 B 细胞克隆，数量往往达不到免疫系统能够感知的阈值。此时，无法对整个抗体库即全部独特型产生抗抗体。只有一种情况可以改变这一局面，即由抗原对其中某一独特型进行选择，使携有该独特型 BCR 的 B 细胞持续发生克隆扩增，造成该克隆（因而也就是一群结构均一的 BCR 或抗体分子）在整个 BCR 库中体积和比例明显增大，其数量一旦超越阈值，将被免疫系统所感知，引发抗抗体的产生。此时，该抗抗体针对的只能是抗体分子上或 BCR 分子上的独特型，而非同种型或同种异型。而且，所谓的独特型，理论上也只是 1×10^{15} 中的一种（单克隆）或数种（寡克隆）。

2. 独特型网络与抗原的内影像　抗独特型抗体可以有两种，分别针对抗体分子可变区

的支架部分（α 型，称 Ab2α）和抗原结合部位（β 型，称 Ab2β）。值得注意的是，抗独特型抗体中的 Ab2β，因其结构和抗原表位相似，并能与抗原竞争性地与 Ab1 结合，因而 β 型的抗独特型抗体被称为体内的抗原内影像（Internal Image）。

抗抗体中的 Ab2α 和 Ab2β 都可作为一种负反馈因素，对 Ab1 的分泌起抑制作用。

3. 独特型网络调控的实质是淋巴细胞克隆在 BCR 或 TCR 间引发的相互作用　独特型网络以各种抗体分子间的相互作用进行表述。但该网络真正涉及的并不是处于游离状态的抗体分子之间的相互作用，而是抗体分子作为抗原时和 B 细胞表面的 BCR（以及相应 B 细胞克隆）间的相互作用。其中的关键成分是 B 细胞克隆及其表达的特定 BCR，以及随后发生的克隆扩增。在这个意义上，独特型网络也适用于 TCR 及 T 细胞克隆间的相互作用及其调节。这一点已被实验所证实。这表明，独特型网络的调节与其说发生在抗体分子水平，不如说是出现在带有特定 BCR 或 TCR 的淋巴细胞克隆水平。

（二）以抗体独特型为核心的两种调控格局

1. 通过第二抗体增强机体对抗原的特异性应答　第一方面是应用抗原内影像（Ab2β）所具有的结构特点，通过分取 Ab2β，大量诱导 Ab1（或 Ab3），后者一方面可特异性作用于抗原；另一方面封闭 Ab2，解除其对 Ab1 的阻抑作用。这样，多量 Ab2β 引入机体后，有望整体上增强对抗原的特异性应答。

但为什么不用纯化的抗原直接诱导 Ab1 并让后者回输而增强针对该抗原的特异性应答？因为有些抗原和病原体成分（如 AIDS 病毒及肿瘤抗原）不适于进行体内免疫。采用体内的抗原内影像替代抗原，既无毒性又具有相似的免疫原性，有利于发展高度特异的、安全的免疫干预手段。这也是独特型网络的妙处所在。

2. 通过第二抗体抑制机体对抗原的特异性应答　第二类调控方式是大量诱导 Ab2，以减弱或去除体内原有的 Ab1 及其介导的抗原特异性应答，主要用于防治自身免疫病。获取有待清除的 Ab1，体外扩增后大量体内回输，可诱导 Ab2，有望以此中和及消除致病性 Ab1。

五、效应细胞分化及效应功能的负向调节

（一）激活诱导的细胞死亡对特异性抗原应答的反馈调节

1. 激活诱导的细胞死亡是抗原特异淋巴细胞克隆容量的限制因素　Fas 是由 325 个氨基酸残基组成的受体分子。三聚体 Fas 分子一旦与配体 FasL 结合，可启动死亡信号转导，最终引起细胞凋亡。Fas 作为一种普遍表达的受体分子，可以出现在包括淋巴细胞在内的多种细胞表面，但 FasL 的大量表达通常只见于活化的 T 细胞（特别是活化的 CTL）和 NK 细胞。因而已被激活的 CTL，往往能够最有效地以凋亡途径杀伤表达 Fas 分子的靶细胞。

2. AICD 的失效引发临床疾病　*Fas* 或 *FasL* 基因发生突变后，可因其产物无法相互配接而不能启动死亡信号转导，反馈调节难以奏效。例如，对于不断受到自身抗原刺激的淋巴细胞克隆，反馈调节无效意味着细胞增殖失控，成为一群病理性自身反应性淋巴细胞，引起淋巴结和脾脏肿大，产生大量自身抗体，呈现 SLE 样的全身性反应。

（二）受体饥饿引起的细胞凋亡

在细胞因子作用下，带有相应受体的免疫细胞可大量扩增而参与应答并分泌效应分子，一旦完成任务，此类细胞会因细胞因子受体无配体与之配接，而通过线粒体途径迅速死亡，称为受体饥饿诱导的凋亡。其死亡信号转导的下游阶段和 Fas 介导的信号转导相同。这也是

一种赋予效应细胞短寿性的反馈调节，因为所调控的主要是细胞因子参与的效应功能，与AICD不同，一般不显示抗原特异性。

六、免疫干预和疾病防治

概念上免疫干预不同于免疫调节，如同人工选择不同于自然选择：一个由人为参与，一个系自然发生。因而，不能够把蓄意改变免疫应答的正常途径视为免疫调节。例如，免疫系统排斥移植物，属于识别和清除“非己”的生理过程，反其道而行之把移植物留在体内，是医学发展和人类健康的需要，却是违反内环境稳定的一种非自然行为。因而诱导移植耐受，不是免疫调节，而是免疫干预。但话要说回来，了解免疫调节及其规律，最终还是为了开展免疫干预，因为只有干预，才能够通过掌握免疫调节的规律而能动地造福人类。

（一）对正常免疫应答途径的人为修饰

免疫干预包括对免疫应答途径和对免疫调节途径实施修饰这样两个方面。

免疫应答过程中的识别相、中枢相和效应相所涉及的各个步骤和环节，都可以人为地进行增强、减弱和修饰。这一修饰，可以是全身性的，也可以是局部的；可以在个体水平，也可以在细胞和分子水平，甚至在群体水平。应该说，干预手段已日见增多，包括采用抗原激动剂（Agonist）和拮抗剂（Antagonist）增强和减弱抗原特异性应答；采用免疫调节剂和免疫抑制剂改变免疫细胞的增殖、分化和应答的格局和强度；改变抗原加工递呈中的胞质溶胶途径和溶酶体途径，通过其中伴侣分子改变T细胞对抗原的识别格局；以及采用基因导入、基因修饰和基因干扰等手段改变免疫分子的产生和表达等。

（二）对免疫调节途径的人为干预

干预正常的免疫应答过程，牵一发而动全局，有可能诱致全身免疫状态或持续免疫应答能力的改变。相比之下，针对免疫调节途径进行干预，也许更具针对性和有效性。

1. 增强和阻断反馈调节途径 针对免疫细胞抑制性受体的反馈信号进行干预，已成为一种十分有希望的调控免疫应答及相应临床疾病的途径。以T细胞活化第二信号中的激活性受体和抑制性受体的相互作用为例，为了阻抑和减弱T细胞的激活（对移植物排斥和自身免疫病），可以封闭CD28介导的信号转导。手段很多，如抗CD28封闭性抗体的应用、去除相应的配体B7分子等。

此外，为了增强T细胞的活性（抗肿瘤和抗感染），可以采用阻抑CTLA-4受体介导的抑制性信号转导。

2. 调节细胞的诱导和输注 在体内诱导调节性T细胞或是实施过继性的输注，有可能成为实施免疫干预的重要手段。现时，诱导、分离和制备$CD4^+CD25^+Foxp3^+$ Treg和获取Tr1等调节细胞用于疾病防治已成为研究的热点。

3. 调节网络环节的局部介入 在独特型网络中，前面提到至少可以从两个方面实施免疫干预，目标是分别增强和减弱针对抗原表位的第一抗体。这是一种抗原特异性的免疫干预。由于参与独特型网络的各个成员，并非抗体分子而是不同淋巴细胞抗原识别受体克隆所显示的结构各异的BCR和TCR，因而这一调节的实质是淋巴细胞克隆间的相互作用。

（三）免疫干预在疾病防治中的意义

免疫干预的目的是防治疾病，包括发展各种免疫制剂。当然，这些制剂的研发，不管是用于诊断还是治疗，最终仍是为临床疾病的防治服务，它们成了免疫学发展和应用的重要组成部分。

理想的免疫干预手段应当具有良好的特异性，即仅仅针对需要调变的部分，应用独特型网络进行干预是一个好的例子。为此，需要深入解析机体本身所启用的调控机制，而非生硬地和盲目地阻断正常的应答途径。攻其一点，不及其余，将危及整个免疫系统的功能和正常运转。例如，器官移植中对受者大剂量使用皮质激素和抗淋巴细胞球蛋白等免疫抑制剂，虽可保住移植物，但也提高了受者因免疫功能低下而罹患肿瘤和感染的风险，使移植受者可能亡于各种免疫抑制诱导的并发症。随着对免疫调节机制的深入了解，发展出高度特异性的免疫干预手段是可能的。

第八单元　抗感染免疫

抗感染免疫（免疫防御）作为机体免疫的三大功能之一，是机体免疫系统识别和清除病原体的一系列生理性防御机制。病原体在侵入机体形成感染的同时，也触发了免疫系统并使之产生一系列的免疫防御应答。免疫防御应答的结局因病原体和机体两方面因素的相互作用而异：诱导抗感染免疫，控制感染使感染不形成；诱导的抗感染免疫虽不能迅速控制感染，但经一段时间的相互作用使感染逐渐消退，并使患者最终康复；不能诱导抗感染免疫或诱导免疫耐受，不能控制感染，导致感染扩散患者死亡。

第一节　概　述

感染因病原体的入侵、繁殖和复制而产生，抗感染免疫因感染而诱生，而抗感染免疫又可控制感染的发生。不同种属和不同个体对不同的病原体的易感性不同，产生的免疫应答和免疫应答的类型和强度也不同，所以，对感染控制的结局也不同。

一、病原体的分类

引起感染的病原体，主要分为寄生虫和微生物两大类。

1. 寄生虫 体型通常较大，肉眼可见，主要分原虫和蠕虫。原虫为单细胞真核动物，引起感染性疾病的有锥虫、内阿米巴、疟原虫和弓形虫等。其中，疟原虫感染引起的疟疾迄今仍然是全球重要的和尚未有效预防的感染性疾病。蠕虫为多细胞无脊椎动物，引起感染性疾病的有吸虫、绦虫和线虫等。

2. 微生物 主要分病毒、细菌和真菌三类。病毒为非细胞型微生物，无自主复制能力，依赖宿主细胞进行繁殖。包括通常概念的病毒和类病毒、朊粒（Prion）等亚病毒。病毒由结构蛋白质包裹 DNA 或 RNA 基因组形成病毒颗粒。当前全球危害最为严重的感染性疾病如艾滋病、慢性乙肝、禽流感、SARS 分别由 HIV、HBV、AH5N1 和 IPN 病毒感染导致。类病毒则仅含有单链环状 RNA 分子，不编码蛋白质，主要感染植物，引起马铃薯、柑橘等植物病害。

细菌为原核细胞型微生物。环状裸 DNA 构成原始核，细胞器不完善。细菌是常见的感染性病原体，引起人及动物多种常见感染性疾病。细菌主要分为胞内感染菌和胞外感染菌，两者的感染机制和抗感染免疫性质截然不同。结核分支杆菌感染导致的肺结核迄今仍是全球最为严重的感染性疾病之一，且发病率逐年上升。

真菌为真核细胞型微生物。有典型的细胞核和完整的细胞器。分为单细胞真菌和多细胞真菌（霉菌）。卡氏肺孢（囊）菌（*Pneumocystis carinii*）是艾滋病患者常见并发肺炎感染的病原体。

支原体、衣原体、立克次体、螺旋体和放线菌为其他几种致感染微生物，其中梅毒螺旋体感染导致的梅毒也是重要的感染性疾病之一。

二、抗感染免疫的类型和结局

抗感染免疫即免疫防御，是机体免疫系统的三大功能之一，是机体免疫系统识别和清除病原体的一系列生理性防御机制。根据抗感染免疫发生时间以及涉及的机制不同，分为固有免疫和适应性免疫。

1. 固有免疫 分为即刻早期固有免疫（0～4h）和早期固有免疫（4～96h）。在感染 4h 之内，屏障的物理阻断、免疫细胞的吞噬杀伤以及体液小分子对病原体的直接降解构成了固有免疫的即刻应答。在随后的 4～96h 中，Mφ 等免疫细胞上的固有免疫识别受体通过识别病原体表面的共有成分，诱导产生抗病毒或细菌广谱抗原的固有免疫应答，分泌多种细胞因子如 IFN-α/β、TNF 等，增强 NK、γδT 细胞等的非特异性吞噬杀伤功能；同时将病原体特异性抗原递呈给 T、B 细胞，为诱导适应性免疫做充分准备。

2. 适应性免疫 病原体的彻底清除由感染发生后期的适应性免疫来执行。由固有免疫系统中的 Mφ 等 APC 递呈的病原体抗原表位，T、B 细胞活化，增殖、分化为效应 T 细胞和浆细胞，杀伤病原体感染的靶细胞和分泌抗体，执行特异性细胞免疫和体液免疫应答，清除病原体，终止感染。适应性免疫具有特异性和记忆性，可防御相同病原体的再感染。

3. 抗感染免疫的结局　感染是病原体入侵、繁殖并破坏机体细胞的过程，与机体免疫系统诱导和激活的各种活性细胞与分子相互作用和对抗。病原体感染力低于机体免疫防御能力，则感染不能形成，机体无感染性疾病发生；病原体感染机体后，机体逐渐清除病原体，机体康复；病原体感染力与机体免疫力势均力敌，机体无法彻底清除感染，感染持续存在；若病原体感染力远强于机体免疫防御力，则感染迅速发生，并导致相应的疾病。

第二节　固有性抗感染免疫

病原体入侵机体首先发挥作用的是固有性抗感染免疫机制。近年随着模式识别分子的发现和识别机制的研究，对抗病原感染免疫的组成、分子识别和效应机制有了深入的了解。

一、主要组成

1. 皮肤黏膜和内部屏障　皮肤黏膜屏障是抵御病原体入侵的第一道防线。除物理屏障作用外，皮肤与黏膜的附属腺体可分泌多种杀菌和抑菌物质，如皮脂腺分泌的不饱和脂肪酸、胃酸；呼吸道消化道内溶菌酶、防御素等。消化道正常菌群发挥生物学屏障作用，大肠杆菌分泌大肠菌素（Colicin）抑制病原性肠道杆菌定植肠道。口腔舌部定植的非致病性硝酸盐还原菌，可还原食物中的硝酸盐生成 NO，有效杀灭食物病原菌。内部屏障包括血脑屏障和血胎屏障。血脑屏障能阻挡血液中病原微生物及其他大分子物质进入脑组织及脑室，保护中枢神经系统；血胎屏障可防止母体内病原微生物进入胎儿体内，保护胎儿免遭感染。

2. 固有性体液效应分子　防御素是重要的广谱性杀细菌、真菌、有包膜病毒多肽，具有阻止 HIV 复制的功能，还可刺激细菌产生自溶酶、产生致炎和趋化作用。补体在感染早期适应性免疫应答未形成之前，可通过旁路途径或 MBL 途径发挥溶菌效应。补体的若干活性片段如 C3a 和 C5a 具趋化活性和促炎活性，C3b 具调理活性。细胞因子是免疫细胞如单核/巨噬细胞和组织细胞在病原体感染后分泌，发挥多种非特异性致炎、致热、诱导急性期反应、抑制病原体、激活免疫细胞等功能。

3. 参与固有免疫的细胞　参与固有免疫的细胞有多种，包括吞噬细胞、NK 细胞、γδT 细胞、B1 细胞、NKT 细胞和肥大细胞等。吞噬细胞包括单核/巨噬细胞和中性粒细胞，是吞噬清除病原体的重要效应细胞，在抗感染固有免疫中发挥非常重要的作用。

吞噬细胞的抗感染过程包括招募迁移、病原体识别、吞噬、杀病原体。在感染 1～2h 内，在细菌 LPS 和炎性因子 TNF 等作用下，血管内皮细胞表达 E-选择素，吞噬细胞表达相应配体借此与血管内皮细胞黏附并滚动。感染 6～12h 后，吞噬细胞借表面 LFA-1 等与血管内皮细胞 ICAM-1 等作用发生牢固黏附，最终穿越血管到达组织间隙。此时，受病原体表达的或病原体刺激组织细胞表达的趋化因子所感应，吞噬细胞借趋化因子受体遵循趋化因子的浓度梯度向感染灶定向移动。活化后的吞噬细胞可经受体介导等方式包裹病原体形成吞噬体，吞噬体与溶酶体融合形成吞噬溶酶体，再通过氧依赖途径和氧非依赖途径杀菌。

NK 细胞可非特异性杀伤某些病毒和胞内感染病原体，类似于适应性免疫中的效应 CTL，通过穿孔素-颗粒酶机制和 AISC 发挥细胞毒作用。NK 细胞的细胞毒功能在某些病原体感染情况下，可替代 T 细胞杀伤效应。NK 细胞活化后分泌 IFN-γ，可促进 Mφ 活化分泌 IL-12 和 TNF-α，而后两者协同促进 NK 细胞分泌更多 IFN-γ，上调抗病毒抗菌功能。

γδT 细胞占外周血 T 细胞的 5%～10%，皮肤、肠道黏膜中较多。其抗原识别无 MHC 限制性，抗原识别谱窄，仅识别分支杆菌等的热休克蛋白（HSP）、脂类抗原等。γδT 负责皮肤黏膜表面的固有免疫防御，尤其对抵抗胞内菌和病毒感染发挥第一道防线作用。

B1 定居于腹腔、胸腔和肠壁固有层，其 BCR 多样性有限，仅识别细胞 LPS 和荚膜聚糖，在感染 48h 后产生 IgM 为主的低亲和力抗体，无免疫记忆。负责腹腔和胸腔的固有免疫防御。

NKT 细胞定居于肝脏和骨髓，其 TCR 多样性低，抗原识别谱窄，识别 CD1 递呈的脂类和糖脂类抗原。其兼具 NK 和 T 细胞特性，因此具有类似 CTL 的杀伤功能。

肥大细胞位于浆膜层或血管内皮细胞之下，其邻近血管、神经和腺体，易遭遇入侵的病原体。肥大细胞具有较弱的吞噬作用，其在 LPS（或补体 C3a 和 C5a）作用下，可释放胞内活性介质，发挥趋化、激活补体和致炎效应。

二、分子机制

固有性抗感染免疫的分子机制有别于适应性免疫应答的免疫识别，主要表现为仅限识别微生物及其产物或变应原和衰老、突变的细胞，皆为哺乳动物细胞不表达的非己成分，它们一般是特定类别微生物共有的、高度保守的结构，统称为病原体相关分子模式（PAMP）；固有性抗感染免疫识别仅具有相对的特异性，属泛特异性识别。

1. 固有性抗感染免疫识别分子 PRR　模式识别受体（PRR）是一类主要表达于固有免疫细胞表面、非克隆性分布、可识别一种或多种 PAMP 的受体分子。PRR 与 PCR 或 TCR 不同，缺乏足够的多样性，非克隆性地表达于多种固有免疫效应细胞（尤其是 Mφ 等专职 APC）表面。PRR 一旦识别 PAMP，效应细胞即立刻被激活而介导快速的生物学反应。

有人将 PRR 分为体液 PRR 和细胞 PRR。前者属 PAMP 识别分子，如五聚体蛋白（Pentraxin）家族，短分子家族如 C 反应蛋白（CRP）和血清淀粉样 P 蛋白（SAP），长分子家族如 PTX3、甘露糖结合凝集素（MBL）、脂多糖结合蛋白（LBP）等。后者又称为内吞型 PRR，有甘露糖受体、清道夫受体（SR）、N-甲酰甲硫氨酰受体、Toll 样受体（TLR）、NLR 受体等。

哺乳动物中已发现 TLR 有 11 种，TLR1、TLR2、TLR4、TLR5、TLR6、TLR10、TLR11 为膜型 TLR，TLR3、TLR7、TLR8、TLR9 为胞质型 TLR。每种 TLR 识别的 PAMP 不尽相同。

2. 固有性抗感染免疫分子识别的 PAMP　PAMP 是一类或一群特定的微生物病原体（及其产物）共有的非特异性、高度保守的分子结构，可被固有免疫细胞所识别。不同种类的微生物可表达不同的 PAMP，如革兰氏阴性菌的 LPS、革兰氏阳性菌的脂磷壁酸（LTA）、细菌和真菌胞壁的肽聚糖、细菌 DNA 中非甲基化 CpG 序列，以及细菌胞壁的糖蛋白和糖脂中的末端甘露糖、岩藻糖、细菌 DNA、双链 RNA、葡聚糖等。

PAMP 高度保守，为病原微生物所特有，而宿主细胞不产生。因此，识别 PAMP 成为天然免疫系统区分“自己”与“非己”（微生物）的分子基础。同时是微生物生存和致病性所必需，固有免疫 PRR 识别的 PAMP 可决定微生物的生存或致病性。由于 PAMP 存在于一类或一群特定的微生物中并为其所共有，因此，宿主由种系编码的有限数量的 PRR 可同时识别该类或该群中任何微生物感染的存在。这种 PRR 与 PAMP 识别的泛特异性是宿主固有性抗感染免疫泛特异性的分子基础。

第三节　适应性抗感染免疫

适应性抗感染免疫又可分为全身性免疫和黏膜免疫。全身性抗感染免疫分为体液抗感染免疫和细胞抗感染免疫，其诱导及效应发生于全身各组织器官，效应细胞和效应分子等随血液和淋巴液可输送至全身。而黏膜免疫是黏膜免疫相关淋巴系统诱导的免疫。

一、适应性抗感染免疫的诱生

适应性抗感染免疫的诱生必须有 APC 的参与，特别是 Mφ 的参与。Mφ 吞噬病原体后加工处理病原体抗原成为表位肽，进入 MHC 分子结合槽内，形成 MHC—抗原肽复合物，激活具有特异性 TCR、BCR 的 T、B 细胞；或者由 Mφ 处理病原体抗原后释放，由 DC 吞噬后进行抗原递呈，从而启动适应性抗感染免疫。APC 首先活化 Th，激活的 Th 对于进一步诱导体液免疫和细胞免疫至关重要。

二、抗感染体液免疫应答及其效应机制

B1 细胞负责对 TI-Ag 即细菌 LPS、鞭毛蛋白、荚膜聚糖的应答，产生 IgM 类抗体。TI-Ag 中大量重复排列的相同抗原表位与 B1 表面多个 BCR 交联，无需 APC 和 Th2 辅助。B2 细胞（即通常意义的 B 细胞）对大部分病原体抗原即 TD-Ag 的应答，需要 Th2 共刺激分子的辅助，产生以 IgG 为主的多类别抗体，产生免疫记忆。IgG 分泌性浆细胞自生发中心迁移至骨髓并持续产生 IgG。SIgA 分泌与此不同，在黏膜免疫诱导部位淋巴结诱生的浆细胞通过血循环到消化道、呼吸道、生殖道等黏膜免疫效应部位，IgA 以二聚体形式合成后在通过黏膜上皮细胞的过程中获得分泌片，以双体 SIgA 形式分泌至黏膜表面。

抗体的主要抗感染功能有：中和细菌毒素、封闭病原体阻止其入侵宿主细胞；激活补体溶菌溶病毒；免疫调理、增强 Mφ 吞噬病原体；介导 NK 细胞采用 ADCC 裂解病原体；IgG 经 FcγR 穿越母胎界面，赋予胎儿及 3 个月内新生儿抗感染免疫力。

三、抗感染细胞免疫应答及其效应机制

感染局部病原体被 Mφ 吞噬处理后，由 Mφ 及 DC 递呈病原体抗原表位肽，经淋巴循环到达引流淋巴结，激活 T 细胞，诱导细胞免疫应答。首先激活 Th，Th 分化为 Th1 和 Th2，并分泌多种细胞因子 IL-2、IFN-γ、IL-4、IL-10 等，因病原体的种类不同和机体免疫力不同，Th1 和 Th2 应答的比例和态势不同，决定随后诱导的 $CD8^+$ T 细胞应答的强度和效应 CTL 功能。最后 CTL 杀伤感染细胞，这对于抗病毒感染和胞内菌感染至关重要。Th1 通过分泌 IL-2 和 IFN-γ 可有效激活 Mφ 和中性粒细胞，促进对胞内菌如结核杆菌和麻风杆菌的

吞噬杀伤，并激活 CTL 促进对感染细胞的杀伤。Th1 也可诱导 DTH 造成结核慢性肉芽肿等病理损伤。

CTL 的杀伤通过穿孔素—颗粒酶途径和 FasL-Fas 途径诱导感染细胞凋亡；而 Th1 效应机制则是通过分泌集落刺激因子 GM-CSF 促进 Mφ 分化、分泌趋化因子 MCP-1 招募 Mφ 和分泌细胞因子 IFN-γ 激活 Mφ 功能。

四、抗感染黏膜免疫应答及其效应机制

黏膜免疫对于清除黏膜感染病原体非常关键。黏膜免疫系统称黏膜相关淋巴样组织（MALT），包括鼻相关淋巴组织（NALT）、肠道相关淋巴组织（GALT）以及支气管相关淋巴组织（BALT）等。人 NALT 由口咽部的扁桃体、Waldeyer 环等淋巴器官集结而成，人和小鼠的 GALT 主要由广泛分布于肠壁的派氏集合淋巴结以及肠壁固有层淋巴细胞组成。

黏膜免疫可发生于黏膜免疫诱导部位和效应部位。黏膜免疫的诱导同样需要 APC 递呈抗原。在代表性的 GALT——派氏集合淋巴结中，肠道黏膜上皮细胞层下方依次为固有层（Lamina Propria）、黏膜下层（Submucosa）和肌肉层，固有层和黏膜下层内均分布有淋巴滤泡。在数个肠道黏膜上皮细胞之中，规律性地分布 M 细胞，它可吞噬、加工处理和转运病原体抗原。在 M 细胞下方，常集结有 Mφ、DC、初始 T 细胞和 B 细胞。

黏膜免疫的诱导同样需要 APC 递呈抗原。黏膜免疫的效应机制中，浆细胞分泌的黏膜分泌型 IgA（SIgA）发挥重要的作用。二聚体 SIgA 由浆细胞分泌后，在通过黏膜上皮细胞的过程中，由 pIgR（即 SP）负责结合 IgA，向肠腔方向运输，最后释放至肠道中，而 pIgR 可循环使用。SIgM 为五聚体，可代偿 SIgA 的功能。SIgA 是自然状态下日分泌量最高的抗体，保护庞大面积的黏膜表面，有效中和阻断黏膜感染病原体，使病原体不能跨过黏膜，易于被抗体快速清除。在黏膜免疫中，效应 T 细胞也发挥重要作用。

五、抗感染免疫的记忆反应

抗感染免疫记忆反应的物质基础是初次免疫诱导的效应细胞和活性分子的短期存留，以及初次免疫诱导的记忆性 T 细胞、B 细胞的再次激活。前者提供机体近期的免疫记忆，已诱导的特异性抗体和 CTL 可直接攻击清除病原体；后者提供长期（数年甚至数十年）的免疫记忆保护。记忆性 T 细胞（Tm）和记忆性 B 细胞（Bm）由于具有亲和力上调的特异性 TCR 和 BCR，接触相同抗原诱导的再次免疫应答要比初次更加快速、强烈和持久。

初次体液免疫应答的特点是抗体诱导潜伏期长（数天至 2 周），抗体效价低，早期为 IgM 类抗体，随后为 IgG 类，亲和力低，抗体持续时间短。再次应答诱导潜伏期短（1～2d 甚至数小时）；抗体效价为初次的数倍至数十倍；主要是亲和力强的 IgG 类，尚有 IgA 和 IgE；维持时间长久，这是因为 Bm 经同一抗原反复刺激发生体细胞高突变及亲和力成熟。由于 Tm 表面 CD2、LFA、ICAM 等黏附分子和 CD25、MHC 分子等激活分子表达增加，使细胞间黏附能力增强，信号传递和与细胞因子应答加速，使再次细胞免疫应答大大加强。

第四节　胞内病原体的感染免疫

病毒和许多胞内菌必须进入宿主细胞内部，完成其自身复制、装配和后代病原体的释放。因此，病毒和胞内菌的感染涉及病毒与细胞受体、细胞内细胞器的相互作用；而抗病毒及抗胞内菌感染免疫产生保护作用的关键则在于特异性细胞免疫的诱导。

一、抗病毒感染免疫

病毒是严格的胞内感染病原体，必须利用宿主细胞的原料和合成酶来复制自己。病毒通过宿主细胞表面的病毒受体感染细胞，如人 HIV-1 与人 T 细胞或 Mφ 表面的 CD4 分子以及趋化因子辅助受体（CXCR4、CCR5）结合后入侵宿主细胞，充分复制后以细胞裂解方式（裂解细胞型病毒）或病毒芽生方式（非裂解细胞型病毒）释放子代病毒。这两类病毒诱导的抗感染免疫各不相同。

1. 抗病毒的固有免疫　NK 细胞和 Mφ 及其分泌的细胞因子具有重要的抗病毒功能。Mφ 可产生 IFN-α/β，IFNα/β 有抑制病毒复制作用，同时也能增强 NK 细胞溶解病毒感染细胞的能力。

2. 抗病毒的适应性免疫　病毒特异性抗体可有效中和胞外游离病毒。在病毒感染早期和裂解型病毒从宿主细胞释放时期，特异性抗体对于病毒清除非常关键，此时病毒游离于细胞外，可被特异性抗体有效中和，失去感染力。抗体结合病毒后，可促进 Mφ 对病毒的调理吞噬；SIgA 类黏膜抗体对经消化道、呼吸道、生殖道等入侵的黏膜感染病毒具有重要的中和清除作用，通过激活补体还可有效裂解包膜病毒。对于已建立感染的病毒以及非裂解细胞型病毒，CTL 发挥最为关键的抗感染作用。CTL 可特异性杀伤病毒感染靶细胞，使病毒失去复制环境而死亡。病毒特异 CTL 主要是 CD8 T 细胞，其激活依赖 CD4 Th1 的辅助。CTL 的抗病毒效应通过以下机制：穿孔素—颗粒酶机制裂解病毒，FasL 介导的凋亡机制使感染细胞凋亡，分泌 IFN-γ 等细胞因子发挥抗病毒作用。

抗病毒感染免疫可能导致免疫炎症和组织损伤的发生：HBV 持续感染后诱导的 CTL，可浸润并损伤肝细胞，导致慢性乙肝发生。HBV 特异性抗体形成的免疫复合物可沉积于血管和基底膜，导致Ⅲ型超敏反应、血管炎发生。病毒抗原对自身抗原的模拟，使诱导的抗感染免疫攻击宿主自身组织。

二、抗胞内细菌感染免疫

根据致病菌与宿主细胞的相互关系，细菌可分为胞外菌和胞内菌。人类致病菌大多为胞外菌，寄居在宿主细胞外的组织间隙和体液中。胞内菌又分兼性胞内菌和专性胞内菌。前者在宿主细胞内寄居繁殖，在体外也可在无细胞环境中生存和繁殖；专性胞内菌则不论在体内或体外必须在细胞内生存和繁殖。感染致病的主要兼性胞内菌有结核杆菌、牛分支杆菌、麻风杆菌、伤寒杆菌、副伤寒杆菌、布鲁菌、肺炎军团菌、产单核细胞李斯特菌等。它们主要寄居在单核/吞噬细胞中。麻风杆菌寄居细胞的范围很广，包括神经鞘细胞；产单核细胞李斯特菌常感染肝细胞；结核杆菌在体外可感染多种哺乳动物细胞，但在体内只寄居在 Mφ 内。专性胞内菌有引起斑疹伤寒、恙虫病的立克次体，引起沙眼、性病淋巴肉芽肿的衣原体等。它们主要寄居在宿主内皮细胞、上皮细胞等非职业吞噬细胞内，有时也可在单核吞噬细胞内发现。

1. 抗胞内菌固有免疫　Mφ可吞噬胞内菌，但由于胞内菌大都具有逃逸吞噬杀伤功能，因此Mφ无法裂解细菌，反而导致细菌的隐蔽和扩散，如结核杆菌感染导致的慢性肉芽肿内有大量感染有结核杆菌的Mφ。但Mφ经胞内活化后可分泌IL-12而激活NK细胞，NK细胞担负着重要的早期抗胞内菌防御功能，可有效杀伤和控制胞内菌感染。活化的NK细胞产生IFN-γ，又可激活Mφ的杀菌功能。

2. 抗胞内菌适应性免疫　因特异性抗体不能进入细胞中和胞内菌，清除胞内菌的保护性免疫应答主要依赖于细胞内吞。其中CD4 Th细胞分泌的IFN-γ可活化Mφ杀菌功能；CD8 CTL可有效杀伤被感染细胞，使胞内菌释放，再由抗体等调理后由Mφ吞噬清除。IFN-γ和TNF对于抗结核杆菌或产单核细胞李斯特菌感染非常重要。

在抗胞内菌免疫应答中，Mφ活化分泌细胞因子、Th1的激活也可诱导DTH反应，导致宿主组织损伤，形成慢性肉芽肿。肉芽肿能使炎症反应局限化，并控制病菌的扩散；但造成组织坏死和纤维化，严重损伤组织。

第五节　胞外病原体的感染免疫

人类致病细菌大多是胞外菌，它们寄居在宿主细胞外的组织间隙和血液、淋巴液、组织液等体液中。真菌也是常见的胞外感染病原体，对免疫功能低下患者造成严重疾病。

一、抗胞外细菌感染免疫

胞外菌致病机制主要通过分泌外毒素和细菌死亡时释放的胞壁内毒素致病。细菌代谢中分泌至菌体外的毒性蛋白为外毒素，其毒性极强，可致死。白喉毒素抑制宿主细胞蛋白质合成；破伤风梭菌外毒素可阻断神经元间正常抑制性神经冲动传递；霍乱弧菌肠毒素可激活肠黏膜腺苷环化酶，提高细胞内cAMP水平导致肠道功能紊乱。革兰氏阴性菌胞壁中的LPS是内毒素，其主要毒性组分是脂质A，导致发热，激活补体、激肽和凝血系统导致休克等。外毒素的免疫原性强，可诱导中和抗体产生；而内毒素免疫原性较弱。

1. 抗胞外细菌固有免疫　数量少、毒力低的胞外菌，可很快被中性粒细胞、单核细胞和组织巨噬细胞吞噬杀灭。在无抗体存在时，革兰氏阳性菌的胞壁肽聚糖或革兰氏阴性菌的LPS均可通过替代途径激活补体，降解细菌；能表达甘露糖受体的细菌还能同血清中的MBP结合，通过MBL途径激活补体杀菌。细胞因子也引起发热和刺激急性期蛋白的合成。IL-12可促进Th1细胞、CTL及NK细胞的活化。

2. 抗胞外细菌适应性免疫　体液免疫是对抗胞外菌的主要保护性特异免疫应答。胞外菌的胞壁组分、荚膜等多糖属TI-Ag，能直接刺激B1细胞产生特异性IgM应答。胞外菌多数蛋白抗原是TD-Ag，需APC和Th2细胞辅助，产生的抗体类型先是IgM，后转换以IgG为主，并有IgA或IgE。

特异性抗体可直接中和细菌外毒素；IgM和IgG抗体结合细菌后可激活补体系统，形成攻膜复合物（MAC），破坏细菌胞壁结构；激活补体产生的C3b和iC3b可与Mφ上的

CR1 和 CR3 结合而促进调理吞噬；IgG 可通过与中性粒细胞、单核细胞、Mφ 上的 Fcγ 受体结合调理细菌促进吞噬；SIgA 存在于各种分泌液中，可有效中和、阻断病原菌的黏膜定植。对于以分泌外毒素为主要致病因素的胞外菌，诱导特异性抗外毒素抗体可发挥免疫保护作用；而对于革兰氏阴性菌，通过诱导抗菌体主要蛋白的抗体发挥免疫保护。

参与抗胞外菌免疫的 T 细胞主要是 CD4 Th2 细胞，辅助 B 细胞产生特异性抗体；还可分泌细胞因子引起局部炎症，促进 Mφ 的吞噬和杀伤，招募活化中性粒细胞等。

3. 抗胞外细菌感染的结局　成功的抗胞外细菌感染使机体迅速清除胞外菌恢复健康。但针对有些胞外菌的抗体可能与宿主组织发生交叉反应而致病。如溶血性链球菌感染后可导致风湿热和肾小球肾炎。风湿热发生于乙型溶血性链球菌某些血清型咽部感染后数周，抗菌胞壁 M 蛋白抗体与患者心肌肌纤维膜的肌浆球蛋白交叉反应，引发Ⅱ型超敏反应而致病。乙型溶血性链球菌抗原与其抗体形成的免疫复合物沉积于患者肾小球基底膜引发Ⅲ型超敏反应导致肾炎。葡萄球菌的肠毒素、链球菌的致热外毒素等超抗原，能激活带有相同 TCRVβ 片段的 CD4 T 细胞。少量超抗原可激活适量 T 细胞应答清除细菌；而大量超抗原量激活 T 细胞分泌过多细胞因子，可导致细菌 LPS 样败血症性休克。细菌内毒素和超抗原又称为多克隆淋巴细胞激活剂，可能激活自身反应性 T 细胞克隆，导致自身免疫病的发生。

二、抗真菌感染免疫

1. 抗真菌固有免疫　完整皮肤分泌的脂肪酸有杀真菌作用。中性粒细胞是最有效的杀真菌细胞，可激活呼吸暴发形成 H_2O_2、HClO 等 ROI，或分泌防御素等杀死白色念珠菌和烟曲霉菌。中性粒细胞缺失患者常见播散性念珠菌病和侵袭性烟曲霉病。Mφ 在抗真菌感染中的作用次于中性粒细胞。NK 细胞有抑制新生隐球菌和巴西副球孢子菌生长的作用；但 NK 细胞对荚膜组织胞质菌感染无效。真菌组分是补体替代途径的强激活剂，但真菌能抵抗 MAC 的溶解；而补体活化过程中产生的 C5a、C3a，可招引炎性细胞至感染部位。

2. 抗真菌适应性免疫　细胞免疫对于抗真菌感染最为关键，其中 Th1 应答对宿主发挥免疫保护，而 Th2 应答可造成组织损害。新生隐球菌常定植在免疫低下患者的肺和脑，需 T 细胞应答的激活予以消灭。白色念珠菌感染常始于黏膜表面，细胞免疫可阻止其扩散至组织内。但抗真菌特异性抗体对于抗真菌作用不大。

三、抗寄生虫感染免疫

多数寄生虫主要在胞外生存，夹杂有较复杂的中间宿主（蝇、蜱、螺）生活史。通过中间宿主叮咬感染人可导致疟疾、锥虫病；人与中间宿主处于同一环境中也可导致感染，如接触有感染钉螺的疫水可染上日本血吸虫病。

1. 抗寄生虫固有免疫　由于寄生虫与人类宿主在进化过程中长期适应，原虫和蠕虫进入血流或组织后常能对抗宿主的免疫防御而在其中生长繁殖。在人类宿主中，寄生虫通过失去与补体结合的表面分子或获得宿主调节蛋白如 DAF 抵抗补体的破坏。Mφ 能吞噬原虫，但原虫多数抵抗 Mφ 杀伤而在细胞内繁殖。蠕虫表面结构常能抵抗中性粒细胞和 Mφ 的杀伤作用。

2. 抗寄生虫适应性免疫　不同原虫和蠕虫的结构、生化特性、生活史和致病机制差异很大，因而它们的特异性免疫应答不尽一致。原虫生存在宿主细胞内，抗原虫保护性免疫机制与抗胞内细菌和病毒免疫类似。蠕虫寄生在细胞组织中，抗体应答对于抗蠕虫免疫更为重要。Th1 应答是对抗 Mφ 内感染原虫免疫极为重要。在利什曼原虫感染小鼠模型中，不易感小鼠品系激活 CD4 Th1 细胞应答，产生 IFN-γ 并活化 Mφ，可有效清除胞内利什曼原虫。易感小鼠品系经感染诱导 Th2 细胞应答，分泌 IL-4 促进抗体生成，但无保护作用，动物最终死亡；CTL 应答有利于清除在宿主细胞内繁殖并裂解细胞的原虫。

3. 抗寄生虫感染免疫的结局　特异性免疫应答可彻底清除寄生虫感染，也可造成宿主损伤。日本血吸虫的虫卵沉积于宿主肝脏，刺激 CD4 T 细胞，活化 Mφ，通过 DTH 导致肉芽肿形成以及后期的肝脏严重纤维化，产生肝脏静脉回流障碍、门静脉高压和肝硬化。丝虫寄生在淋巴管内，引起慢性细胞免疫应答和形成纤维化，因淋巴管栓塞引起腿部象皮肿等。血吸虫和疟原虫等寄生虫慢性感染，常伴有特异性抗原抗体复合物形成并沉积于血管或肾小球基底膜，发展成血管炎或肾小球肾炎等Ⅲ型超敏反应疾病。疟原虫和非洲锥虫病还能产生与宿主多种组织反应的自身抗体。

第六节　病原体的免疫逃逸机制

病原体可利用各种机制逃逸机体的免疫防御作用。由于病原体导致机体感染引起疾病是病原体和宿主机体相互作用的结果。因此，机体病原体逃逸抗感染免疫的机制主要涉及病原体本身的因素和机体的因素。

一、病原体因素

不同类型的病原体逃逸机体的抗感染免疫的机制不尽相同，但主要可归纳于隐匿、诱变和抑制。隐匿是指病原体通过感染免疫细胞本身或寄生于免疫应答不易到达之处而逃逸免疫攻击；诱变是指病原体通过改变自身的抗原特性，从而逃逸业已诱生的免疫应答的作用；抑制是指病原体通过其结构和非结构产物，拮抗、阻断和抑制机体的免疫应答。

1. 病毒　可编码多种蛋白，从不同水平干扰宿主的抗感染免疫防御机制。①抗原变异：流感病毒的包膜蛋白血凝素和神经氨酸酶构成主要抗原及中和抗原，但可持续性地发生突变，逃逸已建立的抗感染免疫抗体的中和及阻断作用，造成多次流感世界大流行和连续不断的地区性小流行。②抑制被感染细胞的凋亡。③阻断补体激活。④抑制 NK 细胞的抗病毒杀伤功能。⑤编码细胞因子和趋化因子的类似物，干扰其重要调节功能。⑥干扰抗原多肽的Ⅰ类递呈、抑制 CTL 诱生。

2. 细菌　细菌抗原表位的变构可逃避抗感染免疫的攻击。肺炎链球菌有 80 种以上的血清型，多血清型的同一细菌感染同一个体，可致反复感染。结核分支杆菌则通过不断的抗原突变，使免疫持续低下甚至发生耐受，导致慢性肺结核。细菌还可分泌多种蛋白抑制、干扰、拮抗抗感染免疫。干扰机制包括：干扰补体系统、分解抗体、抗吞噬、介导黏附或侵入宿主细胞、干扰抗原处理递呈、干扰宿主细胞因子、诱导宿主细胞凋亡等。

3. 寄生虫　寄生虫逃逸免疫识别和攻击的方式很多。①寄生于胞内：疟原虫、弓形虫等在宿主细胞内长期隐蔽和繁殖；内阿米巴形成抗免疫物质的包囊，使免疫系统忽视病原体的存在。②模拟宿主免疫系统。③抗原变异：生活史不同期的虫体表面抗原各异，如疟原虫子孢子期与裂殖子期的抗原不同，可逃避单一抗感染免疫。④抑制抗感染免疫效应。⑤抑制宿主免疫细胞功能：血吸虫尾蚴钻入人皮肤后，在移行至皮肤引流淋巴结过程中，通过多种机制抑制或改变人体皮肤内免疫细胞、APC 的性质和功能，从而决定了宿主诱导的抗血吸虫感染免疫应答的类型。如尾蚴激活皮肤角质形成细胞、DC 甚至 Treg 分泌 IL-10，发挥抑制 Th1 功能；通过 IL-10 和 PGD2 抑制皮肤内朗格汉斯细胞的移动。尾蚴以及童虫的分泌排泄物具有多种免疫调节功能：首先可抑制淋巴细胞增殖；并可诱导皮肤肥大细胞脱颗粒，释放 IL-4 和组胺。

二、宿主因素

1. 宿主遗传背景决定了病原体感染的易感性　宿主的免疫相关基因尤其是 MHC 等位基因多态性，在很大程度上决定了许多感染性病原体的易感性。

其他基因的特殊单体型也决定了对某病原体慢性感染的易感性。中国人如携带雌激素受体（ESR1）基因座位 29T/T 纯合单体型，则患乙肝慢性感染的概率将大为增高，提示该基因座位多态性可预测对乙肝慢性感染的易感性。

2. 宿主免疫力高低决定了病原体感染的严重程度和抗感染免疫的成功与否　宿主免疫力低下是导致病原体逃逸抗感染免疫的重要原因之一。先天性免疫缺陷患者因 T 细胞、B 细胞、吞噬细胞缺陷，易反复发生机会性病毒及胞内菌感染、胞外菌感染，发生 DiGeorge 综合征、慢性肉芽肿病。后天病原体感染宿主可导致获得性免疫缺陷疾病。如 HIV 入侵并破坏 CD4 T 细胞，导致抗感染免疫的关键细胞功能低下。

3. 病原体诱导宿主免疫耐受　已证实 HBV 慢性感染可诱导宿主特异性免疫耐受，使宿主对 HBV 呈现免疫无应答状态。

三、免疫逃逸的后果

细菌藏匿于细胞内部，保持低复制状态，使机体免疫机制无法识别和攻击，则导致长期潜伏感染；而当宿主免疫功能低下时，则可造成感染的急性发作。

病毒通过多种机制逃逸宿主抗感染免疫后，也以极低量的方式潜伏于感染细胞内部，仅维持低水平的病毒复制，而不导致宿主的症状产生，这一慢性感染策略保证了病毒在宿主体内的长期存活。宿主免疫力低下时，病毒复制加剧，大量裂解损伤宿主细胞，导致慢性病毒性疾病的急性发作。潜伏期和急性发作期可反复交替发作，使病毒感染疾病迁延不愈，最终导致宿主细胞的坏死、组织的变性与功能丧失，最终死亡。

第九单元　免疫防治

免疫接种疫苗是控制动物传染病最重要的手段之一，对病毒性疫病尤为重要。免疫预防是通过应用疫苗免疫方法使动物获得针对某种传染病的特异性抵抗力，以达到控制疫病的目的。机体获得特异性免疫力主要分天然获得性免疫和人工获得性免疫两大类型。天然获得性免疫是指个体动物未经疫苗免疫接种而具有对某些疫病特异性抵抗力，包括天然被动免疫和天然主动免疫两种类型；人工获得性免疫是指通过对动物进行免疫接种疫苗或抗体，使动物机体产生对某种病原微生物的特异性免疫力，包括人工主动免疫和人工被动免疫。

第一节　主动免疫

一、概　念

主动免疫是动物机体免疫系统对自然感染的病原微生物或疫苗接种产生免疫应答，获得对某种病原微生物的特异性抵抗力，包括天然主动免疫和人工主动免疫。

二、天然主动免疫

水环境中病原微生物可通过鳃、消化道、皮肤或侧线侵入水生动物体内生长繁殖，同时刺激机体的免疫系统产生免疫应答。如果机体免疫系统不能将其识别和加以清除，病原体则大量繁殖产生毒性物质，导致水生动物发病，甚至死亡。如果机体免疫系统能将其彻底清除，动物即可耐过发病过程而康复，康复动物对该病原体的再次入侵具有坚强的特异性抵抗力。机体这种特异性免疫力是自身免疫系统对病原微生物刺激产生免疫应答（包括体液免疫与细胞免疫）的结果。

三、人工主动免疫

人工主动免疫是指给动物接种疫苗，刺激机体免疫系统发生免疫应答，产生特异性免疫力。与人工被动免疫相比，所接种的物质不是免疫血清或卵黄抗体，而是刺激产生免疫应答的各种疫苗制品，包括疫苗、类毒素等，因而有一定的诱导期或潜伏期，并且出现免疫力的时间与疫苗种类有关。人工主动免疫产生的免疫力持续时间长，免疫期可达数月甚至更长的

时间，而且有回忆反应，某些疫苗免疫后，可产生终生免疫。由于人工主动免疫不能立即产生免疫力，需要一定的诱导期，因而在免疫预防中应充分考虑到这一特点，水生动物对多次免疫接种可产生再次应答反应。

第二节　被动免疫

一、概　　念

被动免疫是指动物机体从母体获得特异性抗体，或经人工给予免疫血清，从而获得对某种病原微生物的抵抗力，包括天然被动免疫和人工被动免疫。

二、天然被动免疫

天然被动免疫是新生动物通过卵巢或卵黄从母体获得某种特异性抗体，从而获得对某种病原体的免疫力。天然被动免疫是动物疫病免疫防制中重要的措施之一，在临床上应用广泛。动物生长发育早期（如胎儿和幼龄动物），免疫系统还不够健全，对病原体感染抵抗力较弱，通过初乳或卵黄获取母源抗体，可抵抗一些病原微生物的感染。实际生产中，可通过给亲鱼（或亲本）实施疫苗免疫接种，使其产生高水平的母源抗体。天然被动免疫的意义在于：①保护子代免受病原体的感染；②抵御幼龄动物传染病。

经过卵黄传递给幼鱼的特异性 IgM 抗体可抵抗一些病原微生物的感染，但母源抗体的不利面在于：母源抗体会干扰弱毒活疫苗对幼龄动物的免疫效果，是导致免疫失败的原因之一。

三、人工被动免疫

将免疫血清或自然发病后康复动物的血清输入未免疫动物使其获得对某种病原微生物抵抗力过程称为人工被动免疫。如抗爱德华菌血清可防治斑点叉尾鮰爱德华菌病，抗柱状黄杆菌血清可防治草鱼细菌性烂鳃病等。注射免疫血清的人工被动免疫可使抗体快速发挥作用，无诱导期，免疫力出现快，特别可有效防治一些珍贵动物的病毒性疫病防治。但由于抗体在体内不能再生，免疫力维持时间短，一般只能维持 1～4 周。

用于人工被动免疫的免疫血清可用同种动物或异种动物制备。用同种动物制备的血清称为同种血清，如用鲤制备的鲤春病毒血症血清；用异种动物制备的血清称为异种血清，如用牛制备的猪丹毒血清。通常同种动物血清产量有限，但被动免疫后不会引起受体动物产生针对抗血清的免疫应答反应，因而免疫期比异种血清长。

第三节　疫　　苗

一、概　　念

疫苗（Vaccine）是一种接种动物后能产生主动免疫，建立预防疾病的特异性免疫力的生物制品。疫苗免疫接种（Vaccination）是防控动物传染性疾病最重要的手段之一，尤其是在病毒性疾病的防治中，由于没有有效的药物进行治疗或预防，因而免疫预防显得更为重要。动物种系除了经过长期进化形成了天然防御能力外，个体动物还受到外界因素（病原体及其产物）的影响而获得对某种疾病的特异性抵抗力。免疫预防就是通过应用疫苗免疫的方法使动物具有针对某种传染病的特异性抵抗力，以达到控制疾病的目的。

二、疫苗的种类和特点

疫苗总体可分为传统疫苗与生物技术疫苗两大类。传统疫苗包括活疫苗、灭活疫苗、代谢产物和亚单位疫苗，目前应用最广泛；生物技术疫苗包括基因工程重组亚单位疫苗、基因工程重组活载体疫苗、基因缺失疫苗及核酸疫苗、合成肽疫苗、抗独特型疫苗等，这类疫苗目前在实际生产中的应用数量和种类有限。

（一）活疫苗

按来源及制备方式的不同，活疫苗可分为弱毒疫苗和异源疫苗两种。

1. 弱毒疫苗 又称为减毒活疫苗，是目前应用最广泛的疫苗，如由中国水产科学研究院珠江水产研究所研制并获批国家一类新兽药批文的草鱼出血病活疫苗（GCHV-892株），即属于此类活疫苗。虽然弱毒疫苗的菌株毒力已经减弱，但仍然保留良好的免疫原性，并能在机体内繁殖，很小的免疫剂量即可诱导机体产生坚强的免疫力，且免疫期长，也不影响动物产品（如肉类）的品质。有些弱毒疫苗可刺激机体细胞产生干扰素，增强对其他病毒感染抵抗力。但弱毒疫苗存在不易贮存与运输、保存期较短等问题。弱毒疫苗可制成冻干制品延长保存期。

大多数弱毒疫苗是通过人工致弱强毒株而制成的，也有的是自然分离的弱毒株或低致病性毒株。致弱方法是使强毒株在异常的条件下生长繁殖，使其毒力减弱或丧失。致弱后的疫苗株应毒力稳定，毒力不会返强，因此多用高代次的疫苗株制苗。此外，也可用其他理化方法筛选和培育弱毒株。

2. 异源疫苗 是指由病毒来源不同但具有共同保护性抗原的制备成的疫苗，如牛痘病毒与人类天花病毒具有共同保护性抗原，且牛痘病毒对人体无致病作用，因此使用牛痘病毒制备的痘苗可用来有效预防人类天花。

（二）灭活疫苗

灭活是指通过化学或物理方法使病原微生物失去致病性，保持其免疫原性的过程。使用灭活微生物制备的疫苗称为灭活疫苗。常用的疫苗灭活方法有加热、化学灭活剂、声振荡以及紫外线照射处理等，化学灭活剂有福尔马林、氯仿、β-丙酰内酯等。灭活疫苗安全无毒，易于保存，但是免疫效果较差，接种剂量较大，需要反复接种多次，且常常需加入适当佐剂以增强免疫效果。死疫苗与活疫苗的特性比较见表6-10。

表6-10 死疫苗与活疫苗的比较

项目	死疫苗	活疫苗
制剂性状	死的病原微生物	弱毒或无毒病原微生物
接种量及次数	量大，2～3次	量小，1次
保存及有效期	易保存，较稳定，有效期1年	不易保存，4℃数周
免疫效果	较差，维持数月至1年	较好，维持1年以上

目前国际上使用的灭活疫苗主要有病毒性出血败血症疫苗、斑点叉尾鮰病毒病疫苗、鳗弧菌疫苗、鲤春病毒疫苗、大麻哈鱼传染性胰腺坏死病疫苗、鲑传染性造血器官坏死病疫苗、冷水性弧菌疫苗、红嘴病疫苗、肾脏病疫苗、嗜水气单胞菌疫苗、迟缓爱德华菌疫苗、疖疮病疫苗、类结疖病疫苗等。我国已投入应用的主要有草鱼出血病毒（CFRV）灭活疫苗、鱼类嗜水气单胞菌灭活疫苗等，已研究报道的有鳖穿孔病疫苗、牙鲆鳗弧菌疫苗、细菌性烂鳃—肠炎—赤皮病三联或四联灭活疫苗等。

油佐剂灭活疫苗是以矿物油为佐剂与经灭活的抗原液混合乳化制成的，油佐剂灭活疫苗有单相苗和双相苗之分。单相苗由油相与水相（抗原液）按一定比例制成油包水乳剂（W/O），双相苗是在制成油包水乳剂的基础上，再与水相进一步乳化而成的剂型，外层是水相内层是油相中心为水相（W/O/W）。油相中除矿物油外还需加入乳化剂和稳定剂（硬脂酸铝）。油佐剂灭活疫苗的免疫效果较好，免疫期也较长，目前在生产上应用较广。

（三）提纯的大分子疫苗

1. 多糖蛋白结合疫苗　是将多糖与蛋白载体结合制成疫苗。

2. 类毒素疫苗　将细菌外毒素经甲醛脱毒，使其失去致病性而保留免疫原性的制剂。另外，一些病原微生物的代谢产物如致病性嗜水气单胞菌溶血毒素，也可制成代谢产物疫苗。

3. 亚单位疫苗　是从细菌或病毒抗原中分离出蛋白质成分，除去核酸等其他成分而制成的疫苗。此类疫苗只含有病毒的抗原成分，无核酸，无不良反应，使用安全，效果较好，但是成本较高。

（四）基因工程重组亚单位疫苗

应用DNA重组技术将编码保护性抗原的基因导入原核细胞或真核细胞高效表达，分泌保护性抗原蛋白，提取纯化表达蛋白，加入佐剂即制成基因工程重组亚单位疫苗。

（五）基因工程重组活载体疫苗

应用基因工程技术将编码保护性抗原的基因与病毒或细菌载体基因组重组，筛选可表达保护性抗原基因的重组病毒或细菌，制成活载体疫苗。目前，有多种理想的病毒或细菌载体，如痘病毒、腺病毒、疱疹病毒、沙门菌等都可用于活载体疫苗的制备。

（六）基因缺失疫苗

基因缺失疫苗是应用分子生物学技术将强毒力毒株相关毒力基因切除构建的活疫苗，该类疫苗安全性好，免疫接种途径与强毒感染相似，免疫效力高，免疫期长。

（七）核酸疫苗

核酸疫苗包括DNA疫苗和RNA疫苗，是将编码保护性原基因克隆后与质粒载体重组，制成重组质粒。重组质粒可用常规注射或基因枪免疫动物，诱导特异性的免疫反应。

（八）合成肽疫苗

用化学合成法人工合成病原微生物的保护性抗原多肽，将其连接到大分子载体上，再加入佐剂制成疫苗。

（九）抗独特型疫苗

利用抗独特型抗体可以模拟抗原，刺激机体产生抗原特异性抗体，具有与抗原直接注射同等免疫效应，由此制成的疫苗称为抗独特型疫苗，又称内影像疫苗。

（十）转基因植物疫苗

又称为可食疫苗，是将编码保护性抗原基因经植物转基因技术，实现在转基因植株中表达。

传统的疫苗和生物技术疫苗均可制成多价苗与联苗。多价苗是指将同一种细菌（或病毒）的不同血清型混合制成的疫苗，联苗是指由两种以上的细菌（或病毒）联合制成的疫苗。

三、疫苗研制的一般过程

疫苗研制一般要经历以下过程：

（一）分析病因和病原

为防治疾病，首先要分析其病因，如为传染病，要先分离细菌、病毒、螺旋体、真菌、寄生虫等病原体，再研究感染过程中机体免疫系统所引起的反应，最后确定免疫原。

（二）疫苗的临床前研究

利用各种传统工艺和分子生物学技术研制出可能作为疫苗的抗原。无论是全颗粒病原体或亚单位抗原，均应做各种体外试验，并选择适当动物进行安全性和免疫原性试验。

（三）疫苗的临床研究

在找出病原体、制造出作为疫苗的抗原且结果都满意后，开始申请兽用新药临床试验（Investigating new drug，IND）。我国受理水生动物疫苗 IND 的机构为中国兽医药品监察所。IND 被批准后，在管理机构的监管下按顺序进行各期临床试验并对结果应用统计学方法分析。

（四）申请生产执照

Ⅲ期临床试验结果证明疫苗安全性和有效性后，在得到有关部门批准后进行生产，试生产的疫苗一般还要做追踪临床观察。现已逐渐建立一套完整的管理制度，即药品生产质量管理规范（GMP）、优良实验室操作规范（GLP）和药品优良临床试验管理规范（GCP）。疫苗的研制必须严格遵守这些制度。

四、疫苗质量控制及检定的要求

（一）疫苗生产质量监控

疫苗生产工艺各环节均应建立相应的监控标准，以便后续工艺的进行，保证产品的质量和工艺的稳定性。

（二）产品的质量检定与要求

根据样品的特征建立外观的质量标准。建立相应的标准品，对检测试剂的敏感性和特异性进行验证，并符合现行版《中国中华人民共和国兽药典》的相关无菌要求。热源或细菌内毒素检查可参照现行版本《中国中华人民共和国兽药典》的相关要求进行，也可以用其他方法检测疫苗中的热源物质。抗生素检测：预防用疫苗在生产过程中不得添加青霉素或其他β-内酰胺类抗生素；如需添加其他抗生素，应建立相应的检测方法并规定抗生素残留量的要求。

由于制备疫苗的病原体一般能致病，除了活疫苗外，应建立有效的灭活方法对该制品中的病原体进行灭活，并对灭活效果进行检验证；在成品鉴定中应建立灭活质量残留量检测的方法和限定标准。异常毒性检查应符合现行版《中国中华人民共和国兽药典》的相关要求。

用于预防的疫苗是通过机体免疫应答反应而发生作用，应评价其体液免疫和细胞免疫生物效价。

五、疫苗临床试验

首先要仔细评价疫苗在生物体外和体内的有效性及潜在危害，如果在安全性方面取得良好结果，则开始进行对动物体的分期试验。

Ⅰ期临床试验检查候选疫苗的安全性和免疫反应。一般由几十至几百尾/只水生动物参加，通常是健康的成体。试验的意图是确认任何明显或常见不良反应。

Ⅱ期试验可以也由几十至几百尾/只水生动物参与，帮助研究人员在确保安全性的同时确定实现保护作用的最佳疫苗成分。

Ⅲ期试验的目的是检查疫苗是否能按原意图真正预防疾病，并提供进一步的安全信息。这种试验在疫苗开始广泛使用于靶动物之前起到最后把关的作用。如果是水生动物疫苗，Ⅲ期临床试验应在不少于 3 个省（自治区、直辖市）进行，靶动物总数应在 10 000 尾以上。一般来说，Ⅲ期试验还包括接受安慰剂的对照组。

第四节　免疫调节剂

一、概　　念

免疫调节剂是指能够调节动物免疫系统并激活免疫功能，增强机体对细菌和病毒等传染性病原体抵抗力的一类物质。将免疫调节剂用于水产养殖动物传染性疾病预防的研究，其主要目的是预防使用化学药物难以奏效的水产养殖动物的病毒和细菌性疾病。

二、免疫调节剂的种类与特点

现有的研究结果已经证明，能激活鱼、虾类免疫系统的免疫调节剂有很多种。根据其来源，大致可以分为来自细菌的肽聚糖和 LPS；放线菌的短肽；酵母菌和海藻的 β-1,3-葡聚糖及 β-1,6-葡聚糖，来自甲壳动物外壳的甲壳质、壳多糖等其他免疫激活物质。

将上述各种免疫激活物质投予鱼类时，可以提高溶菌酶和补体的活性，增加机体中补体的 C3 成分；不仅可以增强巨噬细胞和嗜中性粒细胞的吞噬活性，而且还可以提高这些细胞的杀菌活性；激活自然杀伤细胞（NK），增强其杀伤异物细胞的活性，还能促进巨噬细胞产生白细胞介素-2（Interleukin-2，IL-2）。除了能增强鱼类的非特异性免疫功能外，还具有增强机体产生特异性抗体的功能。对养殖虾类投予免疫调节剂，首先是能提高虾体内大、小颗粒细胞的吞噬和杀菌活性，促进其血细胞趋化因子的释放；提高 proPO 活化系统的活性，从而增强机体对各种传染性病原的抵抗力。

（一）革兰氏阳性菌与菌体肽聚糖

部分革兰氏阳性菌的灭活菌体具有激活动物免疫功能的作用，其作用的主要成分是菌体细胞壁中的肽聚糖。并非所有的革兰氏阳性菌都具有这种功能，而只有特定的菌种和特定的菌株具有这种免疫激活功能。

将属于革兰氏阳性菌的嗜热双歧杆菌（*Bifidobacterium thermophilum*）细胞壁中提取的肽聚糖投予鱼类后，在提高鱼体的巨噬细胞和嗜中性粒细胞的吞噬能力与过氧化物酶活性的同时，还能增强溶菌酶的活性。对养殖虾类投予这类物质可以提高其粒细胞的吞噬活性并增加细胞中超氧化歧化酶的生成量，同时提高酚氧化酶的活性。由于这类免疫调节剂激活了水产动物的免疫功能，已经证明可以提高虹鳟（*Oncorhynchus mykiss*）对弧菌病、五条鰤（*Seriola quinqueradiata*）对链球菌病和日本囊对虾（*Penaeus japonicus*）对弧菌病与病毒性血症的抵抗力。

（二）革兰氏阴性菌与菌体 LPS

将部分革兰氏阴性菌及其细胞壁中 LPS 投予鱼类后，可以增加鱼类血液中白细胞的数量并提高其吞噬活性。用杀对虾弧菌（*Vibrio penaeicida*）的灭活菌体注射、浸泡和投喂日本囊对虾，可以促进对虾体内产生血细胞趋化因子和提高血细胞的吞噬活性，增强日本囊对虾对弧菌病的抵抗力。

（三）从放线菌中提取的短肽

从属于放线菌的橄榄灰链霉菌（*Streptomyces olivogriseus*）的培养液中提取的短肽类物质投予鱼类后，可以提高供试鱼的巨噬细胞的吞噬活性和杀菌能力，能增强虹鳟对肾脏病等传染性疾病的抵抗力。

（四）酵母菌与菌体多糖

酵母菌的细胞壁中存在大量的β-1，3-葡聚糖、β-1，6-葡聚糖和甘露聚糖（mannan）等多糖类物质，尤其是含有较多的β-1，3-葡聚糖。将从酵母菌中提取的β-1,3-葡聚糖投予鱼体，可以提高鱼体内巨噬细胞及其他白细胞的吞噬和杀菌活性，同时还可以提高IL-2和补体的活性。将啤酒酵母菌细胞壁成分投予对虾，也可以提高对虾血细胞的吞噬活性、酚氧化酶和超氧化歧化酶的产生能力。

（五）真菌与真菌多糖

将从蘑菇中提取的β-1,3-葡聚糖投予鱼类后，可以增强供试鱼白细胞吞噬活性，提高补体和溶菌酶的活性，促进特异性抗体的生成。将这种β-1,3-葡聚糖投予对虾后，也可以增强血细胞的吞噬活性和提高酚氧化酶的活性。由于免疫调节剂激活了免疫功能，可以有效地预防鲤（*Cyprinus carpio*）的气单胞菌病、五条的链球菌病和日本囊对虾的弧菌病与病毒性血症。

（六）海藻与海藻多糖

将从海带中提取的β-1,3-葡聚糖添加在培养液中，可以刺激鲑（*Salmo salar*）的巨噬细胞产生超氧化歧化酶。此外，髓藻属的多种海藻、苏萨海带、帕纳普海带和裙带菜属的一些种类的热提取物投予鱼类后，在实验室条件下的进行攻毒试验，证明日本鳗鲡对爱德华菌、五条鰤对链球菌的抵抗力明显上升。

（七）甲壳质与壳多糖

将从甲壳类和昆虫的外壳中提取的甲壳质与壳多糖投予鱼类后，可以增强供试鱼的白细胞吞噬活性以及抗体杀菌能力，提高体内溶菌酶活性以及机体对各种传染病的抵抗力。

（八）其他免疫调节剂

如左旋咪唑等化学合成物质，本来是作为杀虫剂使用的，现在已经研究结果证明这些物质还可增强鱼类白细胞的吞噬活性和杀菌活性，使溶菌酶的活性上升，提高虹鳟对弧菌病的抵抗力。从中草药中提取的许多成分，如干草素、莨菪碱等也已经被初步证明是很有开发前景的水产用免疫调节剂。

三、免疫调节剂的作用机制

1. 抗原物质与佐剂混合后注入机体，改变了抗原的物理性状，可使抗原物质缓缓地释放，延长了抗原作用时间。

2. 佐剂吸附了抗原后，增加了抗原的表面积，或通过某种方式与免疫原作用，如形成多分子的聚合物，将免疫原送至特定免疫效应细胞，即靶向作用，使抗原易于被巨噬细胞（M_φ）、树突状细胞（DC）吞噬而促进抗原的递呈，或较长期储存抗原。

3. 佐剂既可促进淋巴细胞之间的接触，刺激致敏淋巴细胞分裂和浆细胞产生抗体，又可使低免疫原性物质变成有效的免疫原。

4. 可提高机体初次和再次免疫应答的抗体滴度，改变抗体的产生类型以及产生或增强迟发性变态反应，或能增强辅助 T 细胞的作用，发挥免疫调节作用。

四、免疫调节剂的应用途径与程序

每一种免疫调节剂的有效剂量都存在使用上限和下限，对水产动物采用间隔一定时间定期投予免疫调节剂且长期连续投予的效果好，而且只有在投予量和方法正确的前提下，免疫调节剂才能正常地发挥作用。从嗜热双歧杆菌中提取的肽聚糖，每日按每千克体重 0.2mg 的剂量投予，对鱼、虾是适宜的剂量，如果每日按该剂量的 10 倍投予，供试鱼、虾的免疫系统的功能就会趋于与未使用免疫调节剂的对照组相同。此外，用该物质作为鱼、虾的免疫调节剂时，采用连续投喂 4d 停用 3d 或者连续投喂 7d 停用 7d 的投予方式，其效果较连续投喂好。

关于免疫调节剂投予的时间，最好能在水产动物传染性疾病的多发季节里连续投喂。原因是在实际使用免疫调节剂时，当连续投予一段时间后，一旦停用，养殖动物就可能开始发病。这是因为在使用免疫调节剂期间，即使有细菌或病毒性病原进入了水产动物机体，由于机体的免疫功能在免疫调节剂的作用下，表现出较高的免疫活性，抑制了病原体增殖而并未将其消灭或排出体外。采用免疫多糖（酵母细胞壁）作为水产养殖动物的免疫调节剂时，在各种传染性疾病的流行高峰时期，可以采用连续投予的方式，而在一般养殖时期则可以采用连续投予 2 周，间隔 2 周后再进行第二个投喂周期的方式进行。

需要特别注意的是免疫调节剂是通过激活水产动物的免疫系统而发挥抗传染病的功能的，如果水产动物的免疫系统已经衰弱至不能激活的状态，免疫调节剂也就难以发挥其作用了。所以，从改善水产动物的饲养环境、加强营养和饲养管理入手，尽量减少抑制水产动物免疫系统的环境因素，是提高免疫调节剂使用效果的重要途径。

第五节　对免疫防治效果的影响

一、环境因子

影响水生动物免疫应答的主要环境因素有温度、季节、光照周期以及水体有机物、重金属离子等免疫抑制剂。

（1）温度　温度是对鱼类免疫应答影响最大的环境因素之一。低温能延缓或阻止鱼类免疫应答的发生，不同的鱼类免疫应答的临界温度不同，温水性鱼类临界温度较高，冷水性鱼类较低。各种鱼类的抗体生成都只能发生在免疫临界温度以上，低于这个温度鱼体就不产生抗体。鱼类在生长的适宜温度范围内，温度越高，免疫应答越快，抗体效价越高，达到峰值的时间也越短。

（2）*毒物*　水体中的毒物不仅能影响鱼的生长，还能影响抗体形成。酚、锌、镉、滴滴涕、造纸厂废液等都可干扰或阻止鱼类对抗原的免疫应答。

（3）*营养*　当其他环境条件一定时，饲料营养对抗体产生有很大影响。在自然水域网箱中饲养的鱼比在实验室水槽中饲养的鱼可产生更高的凝集抗体价，这可能是由于水槽饲养鱼饵料或营养不足，导致鱼体缺乏形成抗体的蛋白。饲料中维生素 B_{12}、维生素 C 和叶酸等缺乏都会引起鱼类贫血，影响抗体生成，饲料中适当添加一些含硫氨基酸（如胱氨酸、半胱氨酸）可以提高鱼类免疫效果。

（4）*其他*　季节对鱼类体液免疫应答也有影响。用沙门菌鞭毛抗原（H 抗原）免疫接种虹鳟，秋季能检测到沉降系数为＞19S、19S 和 7S 的 3 种抗体；繁殖季节鱼体中血清蛋白变化很大（尤其是雌鱼），认为其对免疫球蛋白的合成也会有一定影响。

二、动物因素

动物机体对接种疫苗的免疫应答在一定程度上受遗传控制，不同品种甚至同一品种不同个体动物，对同种抗原的免疫反应强弱也有差异。

受免动物体内的母源抗体的被动免疫对新生动物有十分重要的作用，同时也会对疫苗接种带来一定的影响，尤其是弱毒疫苗在免疫动物时，如果动物存在较高水平的母源抗体，会严重影响疫苗的免疫效果。

受免动物的某些疾病可引起免疫抑制，严重影响疫苗的免疫效果，甚至导致免疫失败。

三、疫苗因素

疫苗质量是免疫成败的关键因素。弱毒苗接种后在体内有一个繁殖过程，因而接种疫苗中必须含有足够量的有活力病原，否则会影响免疫效果，致使灭活疫苗接种后没有繁殖过程。必须保证足够的抗原量，才能刺激机体产生坚强免疫力，另外油佐剂灭活苗的性状必须稳定。

疫苗的保存与运输是免疫防治工作的重要环节，保存与运输不当会使疫苗质量下降甚至失去效果。湿苗应低温冷冻保存；弱毒冻干苗应保存于 2～8℃；灭活疫苗应保存于 2～8℃，严防冻结，否则会破乳或出现凝集块，影响免疫效果。

在疫苗的使用过程中，有很多因素会影响免疫效果。例如疫苗稀释方法、免疫用水水质、雾粒大小、接种途径、免疫程序等都是影响免疫效果的重要因素，各环节都应给予足够的重视；疫苗的安全性问题亦常会导致免疫失败，如减毒活疫苗可能会出现返强现象，灭活疫苗则可能会出现灭活不彻底，因此每一批次疫苗的安全性评估十分重要。

制作疫苗的病原的血清型与变异，也会对疫苗的效果产生影响。有些病原含有多个血清型，如副溶血弧菌、鳗弧菌等血清型众多，给免疫防治造成困难。如果疫苗毒株（或菌株）的血清型与引起疾病病原的血清型不同，则很难取得良好的预防效果。针对多血清型的疾病应考虑使用多价苗；针对一些易变异的病原，疫苗免疫常常不能取得很好的免疫效果。

四、疫苗的免疫接种途径与程序

（一）免疫接种途径

1. 口服法 不少学者采用口服法对养殖鱼类进行了传染性疾病的免疫预防试验。鱼类通过口服法接种疫苗，疫苗是随着饵料一起摄入的，与逐尾接种注射法相比可节省大量人力，对小规格鱼种可顺利免疫接种，避免了网捕和注射过程对受免鱼体可能造成的强烈应激性刺激。从实用性角度而言，口服接种法有良好前景。但口服接种存在疫苗用量较大、需多次投喂、鱼体摄食疫苗剂量难以掌控等缺点，加上疫苗在经过鱼体肠胃过程中易被蛋白酶降解而失去免疫原性，导致口服免疫接种的免疫应答水平低下等。

2. 注射法 对鱼类实施注射法接种，能确保接种疫苗进入受免鱼体的准确剂量，是研究鱼类的免疫防御机制和开发疫苗初期常用的免疫接种途径。但对群体养殖鱼类进行注射免疫面临的最大困难是工作量大，尤其对于大量小规格鱼种实施注射法免疫接种更为困难。此外，在注射疫苗的操作过程中，可能造成对鱼体的伤害或强大的应激性刺激，致使其抗病力下降而染病。因此，现阶段对于野外大面积养殖鱼类而言，推广注射免疫接种存在较大困难。

3. 直接浸浴法 即将受免鱼直接放在添加有疫苗的水体中浸浴的免疫接种法。浸浴法对养殖鱼类免疫接种可在鱼种运输过程中实施，所需工作量不大，特别适合于大量小规格鱼种实施免疫接种。此外，浸浴免疫对受免鱼体造成的伤害或应激性刺激较小，可以避免应激性疾病发生。对于在野外大面积养殖的各种不同规格鱼类而言，浸浴法免疫接种比较方便可行。浸浴法免疫接种有效性的产生机制及浸浴免疫接种后鱼体血清抗体效价是否上升问题，目前无定论，尚需进一步研究。

4. 喷雾法 喷雾法免疫接种是指通过“加压”方法使疫苗快速进入鱼体内的一种方法。该方法在鲑科鱼类弧菌病疫苗、红嘴病疫苗、日本鳗鲡爱德华菌疫苗和弧菌疫苗、香鱼弧菌病疫苗中均获得成功。与直接浸浴法相比，喷雾法免疫接种需要比较昂贵的加压设施，受免鱼体在一段时间内处于离水环境中接受免疫接种，会对受免鱼造成一定程度的刺激。喷雾法主要在美国和日本有试验性应用，我国水产养殖生产中尚未得到应用。

（二）免疫接种程序

在实际生产中应根据当地的实际情况制订适宜的免疫程序。制订免疫程序时应考虑到本地区的疫病流行情况，水生动物种类、年龄、免疫系统发育状态、饲养管理水平，母源抗体水平，疫苗的性质、免疫途径等各方面因素。另外，免疫程序也不是固定不变的，应根据实际应用效果随时进行合理调整，血清学抗体监测是重要的参考依据。

第十单元　免疫检测技术

在研究水产动物免疫功能和确定免疫调节剂的效果，以及免疫诊断水产动物的传染性疾病时，必须应用一些免疫学技术和方法对其进行检测。有些免疫检测技术，特别是细胞因子的检测对阐明机体免疫应答及其调节机制、免疫相关疾病的发生、发展规律和指导治疗均具有重要意义。本单元将对一些主要免疫检测方法予以介绍，这些方法多数是在对人和哺乳类进行试验的基础上建立的，在应用于水产动物免疫研究时，还应根据水产动物自身免疫特性选用合适方法，如试验反应温度可试用28℃而不是37℃，动物及细胞应试用相关的水生动物及其细胞，试剂的种类与浓度也应作比较研究等，并尽量结合前人已有经验的基础上加以应用，恰当地对其方法进行改进，建立最佳条件和技术路线，最终形成适合于水产动物免疫检测的方法。

第一节　水生动物部分体液免疫因子的检测

一、血清补体

补体（C1～C9）能使抗体（溶血素）致敏的绵羊红细胞（抗原）溶解。若新鲜受检血清（补体来源）加入致敏羊红细胞后，溶血程度有所减弱，说明其补体系统中的一个或数个成分含量或活性不足。补体活性与溶血程度之间在一定范围内（如20%～80%）溶血率呈正相关，一般以50%溶血作为判别点（CH_{50}），即终点观察指标。已知人血清总补体正常值为50～100U/mL。

总补体活性测定可用于变态反应性疾病的辅助诊断，主要反映补体（C1～C9）经传统途径活化的活性。在人的急性炎症、感染、组织损伤、癌肿、骨髓瘤等，常可见补体活性的升高。低补体活性血症多见于急性肾小球肾炎、膜增殖性肾小球肾炎、亚急性细菌性心内膜炎、急性乙型病毒性肝炎、慢性肝病和遗传性血管神经性水肿等。

（一）总补体活性测定

【材料】

（1）TEAB缓冲液，pH 7.3～7.4。

成分：	
三乙醇胺	28mL
1mol/L HCl	180mL
NaCl	75g
$MgCl_2 \cdot 6H_2O$	1.0g
$CaCl_2 \cdot H_2O$	0.2g

制法：将上述成分混合，加水至1 000mL，即配成10倍贮存液。工作液用9份蒸馏水

稀释使用，离子强度 0.15。

（2）用 1∶2 000 稀释的兔抗 SRBC（绵羊红细胞）的抗体致敏的 SRBC，TEAD 缓冲液配制成 5×10^{8} 细胞/mL。

（3）待检血清。

（4）试管、吸管。

（5）紫外分光光度计。

【方法】

（1）用 TEAD 缓冲液将待检血清作 1∶50 稀释。

（2）将此稀释血清吸移到 1.5mL，2.0mL，2.5mL，3.0mL，3.5mL 和 4.0mL 一系列反应试管中。

（3）加所需量的 TEAD 缓冲液，使每管到 6.5mL。

（4）所有管精确地加 1mL SRBC 悬液，每管混合物的总容积是 7.5mL。

（5）加 1mL SRBC 到 6.5mL 缓冲液中，建立细胞空白对照，加 1.0mL SRBC 到 6.5mL 蒸馏水中，建立完全溶血对照。

（6）所有试验管和对照管，在 28℃孵育 1h，在孵育期间，要经常振荡，不要让细胞沉淀。

（7）孵育后，以 2 000r/min 离心 10min，小心将上清液倒入标有记号的管内，在紫外分光光度计波长 541nm 读取上清液的血红蛋白的 OD 值，通过减去细胞空白读数，校正每个试验管和完全溶血对照管的读数。通过用校正的完全溶血的 OD 值除以校正的 OD 值，确定每管溶血程度（y）。y=溶解的和未溶解的细胞上清液的 OD 值比，y=1.0，是完全溶血；y=0.5，是 50%溶血。

（8）将每管的 $y/(1-y)$ 值，对相应的补体量，绘成坐标图，从图上读取 50%溶血剂量。

（9）补体水平以 1mL 未稀释血清所含的 50%溶血剂量（U/mL）表示。

【注意事项】

（1）本法测定的正常使用范围为 5 万～10 万 U/L。

（2）本法简便快速，但敏感性较低，不能测定补体蛋白的绝对值。

（3）总补体活性的测定主要反映补体 C1～C9 通过经典途径活化的程度。

（4）待检血清标本必须新鲜、无溶血、无乳糜、无污染。

（5）缓冲液、致敏 SRBC 均应新鲜配制，缓冲液若被细菌污染，会导致自发溶血。

（6）待检血清标本必须新鲜，如果室温放置 2h 以上，会使补体活性下降。

（7）实验所用玻璃器皿，一定要清洁，酸碱均能影响测定的准确性。

（8）测定需在 0～4℃进行，试管需预冷，以保持补体活性。

（9）补体的溶血活性与反应时缓冲液的 pH、离子强度、钙镁离子量、绵羊红细胞量反应总体积及反应温度均有一定关系，因此，试验时需对反应的各个环节作严格控制。

（二）补体旁路活化途径的溶血活性（AP-H_{50}）测定

【原理】用 EGTA［乙二醇双（α-氰基乙基）醚四乙酸］整合待检血清中的 Ca^{2+}，封闭 C1 作用，阻断补体经典活化途径。加入可使 B 因子活化的兔红细胞（RE），导致补体旁路途径激活，RE 被损伤而发生溶血。溶血率与补体旁路途径的溶血活性之间的关系类似于

CH_{50}，故也以50%溶血为终点。

【注意事项】

(1) 本法测定的AP-H_{50}正常值范围为（5 400±21 700）U/L。

(2) 兔红细胞可能存在个体差异，更换采血时应预试。

(3) 本法测定的是补体旁路途径活化的溶血活性，参与的成分为补体C3、C5～C9、P因子、D因子、B因子等，其中任何成分的异常均可导致旁路途径溶血活性的改变。

二、血清溶血素

【原理】经绵羊红细胞（SRBC）免疫动物的淋巴细胞可产生抗SRBC抗体（溶血素），并释放至外周血。这种抗体在试管内与SRBC温育，在补体参与下可产生溶血反应。免疫动物血清中溶血素的含量可以通过溶血过程释放的血红蛋白来测定。

三、溶菌酶

溶菌酶主要是由吞噬细胞合成并分泌的一种小分子黏性蛋白质，属乙酰氨基多糖酶。存在于体表黏液、肠黏液、人类泪液和鼻及气管等分泌物中，能溶解革兰氏阳性细菌。由于它的高等电点（pH 11），能与细菌牢固结合，并水解细菌细胞壁肽聚糖，使细菌裂解死亡。

溶菌酶与溶壁微球菌作用后，可使该菌因细胞壁破坏而溶解，致使加样孔周围出现溶菌环。溶菌环直径与样品中溶菌酶含量的对数呈直线关系。

【材料】

(1) 无菌pH 6.4，0.067mol/L PBS；5mol/L KOH溶液；溶菌酶标准品。

(2) 微球菌普通琼脂斜面24～36h培养物。

(3) 试验动物分泌物。

(4) 3%琼脂（用pH 6.4，0.067mol/L PBS配制）。

(5) 1mL、5mL无菌吸管，10mm×100mm小试管，毛细吸管，平皿，打孔器（内径3mm），微量进样器。

(6) 分光光度计。

【方法】

1. 光学测定法

(1) 配制菌液，无菌吸取5mL 0.067mol/L PBS加到微球菌培养管中，置室温中5～10min旋转培养管，制成菌悬液。

分光光度计波长640nm测定并调整细菌浓度达到透光率为30%～40%。

(2) 配制溶菌酶标准液，称取溶菌酶标准纯品，用pH 6.4，0.067mol/L PBS配成1 000μg/mL，置冰箱冻存，临用时再稀释成100μg/mL，50μg/mL，25μg/mL和10μg/mL。

(3) 收集分泌液于消毒平皿内，吸取液体部分置试管内，经适当稀释或不稀释使用。

(4) 标准曲线的绘制及样品的测定。

①将配制好的菌液量于28℃水浴中预热。

②列2排试管，每排8支；第1排1～4支分别加入不同浓度的溶菌酶标准品，第5～8管加分泌液，每管0.2mL。第2排按同样方法加入标准品及待测的样品，每管0.2mL，然

后于各管中加 5mol/L KOH 液 1 滴。置 28℃水浴预热 5min。

③于每管各加入预热的菌液 1.8mL，置 28℃水浴继续作用 2min。

④在第 1 排试管内各加 5 mol/L KOH 液 1 滴，终止反应。

⑤依次分别将各管菌液倒入比色杯（光程 0.5cm）内，用 640nm 波长测透光率。以第 1 排各管所测定透光率为 T1%，第 2 排各管所测之透光率为 T0%。T1%－T0%＝TD%（透光率差值，即第 1 排各管的 T1%与第 2 排相应各管的 T0%之差）。4 个不同浓度的标准品可求得 4 个透光率差值。

⑥以相同浓度标准品测得的透光率差值为纵坐标，标准品溶菌酶浓度为横坐标，在半对数坐标纸上绘制标准曲线。

⑦计算所测样品的透光率差值，此即样品中溶菌酶所致透光率的变化。从标准曲线上即可查得相应浓度溶菌酶的含量，再乘以样品的稀释倍数，即可知原样品中的溶菌酶含量。

2. 琼脂平板法

①加热融化 3%琼脂，冷至 60～70℃，与预热好的微球菌液等体积混合，倾注于无菌平皿（直径 9cm）内，每皿 15mL。

②凝固后，无菌操作用打孔器打孔，孔间距约 1.5cm，每个平板可打孔 8～9 个。

③各孔内依次加溶菌酶标准品和分泌液样品（制备与前法相同），每孔 20μL，样品避免溢出孔外。

④置 24～26℃，12～18h。测量小孔周围溶菌环直径。

⑤以溶菌酶标准品的浓度为纵坐标（对数坐标），溶菌环直径为横坐标。在半对数坐标纸上绘制标准曲线。待测样品的溶菌酶含量可依据溶菌环直径大小，从标准曲线中查出相应浓度的含量，乘以样品的稀释倍数得出。

【注意事项】平板法观察结果无严格的时间规定。标准曲线绘制后，每一块平板上备有标准品的对照，用以比较。

四、白细胞介素（IL）

来自单核—巨噬细胞、T 淋巴细胞所分泌的，在炎症反应中起某些非特异性免疫调节作用的因子称为白细胞介素（Interleukin，IL）。

（一）IL-1 生物学活性检测（小鼠胸腺细胞增殖法）

【原理】白细胞介素-1（IL-1）主要是活化的单核—巨噬细胞合成和分泌的一种细胞因子。具有活化淋巴细胞、协同刺激胸腺细胞增殖、参与抗体产生和促炎症反应等多种生物学功能。IL-1 由 IL-1α 和 IL-1β 构成，结合同种受体，表现相同的生物学活性。用于 IL-1 检测生物活性的方法有多种，如小鼠胸腺细胞增殖法、EL-4 细胞测定法等。

IL-1 与小鼠胸腺细胞共同培养时，IL-1 可刺激小鼠胸腺细胞增殖。进一步通过 ^{3}H-TdR 掺入法或染料摄入法判定小鼠胸腺细胞增殖量，推定 IL-1 的生物学活性。通过检测 IL-1 的生物学活性，也可了解单核/巨噬细胞等的功能。

【材料】

（1）培养液：10% FCS-RPMI-1640 培养液。

（2）LPS：用 10% FCS-RPMI-1640 配成 20μg/mL。

(3) 刀豆蛋白 A (Con A)：用 10% IL－1RPMI－1640 配成 2.5μg/mL。

(4) ^{3}H－TdR。

(5) C57BL 小鼠，6～10 周龄，雌雄均可。

【注意事项】

(1) 吸取 LPS 刺激的小鼠巨噬细胞培养上清时，必须离心，以除去细胞及细胞破碎成分。

(2) Con A 应选择淋巴细胞转化实验的亚剂量，即选择能够激活胸腺细胞，又不引起明显增殖的量。如果 Con A 过量，则不能有效反映 IL－1 的刺激活性。

(二) IL-2 生物学活性检测

【原理】IL－2 是由活化的辅助性 T 细胞分泌的一种细胞增殖因子，具有促 T 细胞增殖和维持 T 细胞体外长期生长的作用。CTLL－2 为 IL－2 依赖细胞株，可用作IL－2生物学活性定量检测。本实验采用 MTT 分析法，通过测定 CTLL－2 细胞的增殖量，确定 IL－2 生物学活性单位。检测 IL－2 的生物学活性，可以间接了解辅助性 T 细胞的功能。

【注意事项】

(1) CTLL－2 细胞存活率应大于 95%。

(2) 因标本中含 IL－4 等，可影响 IL－2 的测定，最好采用抗 IL－4mAb 吸附剂除去IL－4。

(三) IL-4 生物学活性检测

【原理】IL－4 主要是由 T_H2 细胞活化后产生的一种细胞因子。CT.4S 细胞为IL－4 的依赖细胞株，其增殖反应与 IL－4 的活性呈正相关关系。检测 IL－4 的生物学活性水平，可间接了解 T_H2 细胞及与抗体介导的一些体液免疫的功能。

【注意事项】在 IL－4 诱生过程中，常同时产生一定量的 IL－2，将影响 IL－4 的检测结果。因此，最好采用 IL－2mAb 吸附剂除去 IL－2。

(四) IL-6 生物学活性检测

【原理】MH60.BSF2 为 IL－6 依赖细胞株，MH60.BSF2 细胞增殖量同 IL－6 的生物学活性呈正相关。

(五) IL-8 生物学活性检测

【原理】IL－8 对中性粒细胞具有激活和趋化作用，通过检测中性柱细胞的迁移距离可确定 IL－8 的生物学活性，即对中性粒细胞的趋化活性。

【注意事项】为确认待检样品中 IL－8 的待异性趋化效应，最好同时比较抗 IL－8 抗体与待测样品作用后的趋化结果。

(六) IL-10 生物学活性检测

【原理】在小鼠 IL－4 (mIL－4) 存在的情况下，IL－10 可刺激 D36 小鼠肥大细胞株增殖，而单一的 mIL－4 或 hIL－10 则仅有很低的增殖刺激活性。

【注意事项】

(1) 取生长旺盛的 D36 细胞用 IMDM 培养液洗涤两次，悬于 10% FCS－IMDM 培养液，并调制浓度为 2×10^4 个/mL。

(2) 参考对 IL－4 测定项的注意事项。

五、干扰素

干扰素有α、β、γ三种，其中IFN-γ是T细胞产生的一种淋巴因子，对机体防御、自稳和监视功能均有调节作用，检测IFN-γ活性也是判断淋巴细胞功能的指标之一。检测原则是制取受检细胞加PHA、PPD或Con A共育，诱生，继之取上清液用下列方法检测。

（一）抗病毒试验

IFN-γ有严格的种属特异性，测鼠IFN-γ用滤泡性口炎病毒，制人IFN-γ则用脑脊髓心肌炎病毒（EMC），以后者为例，先培养对该病毒敏感的人肺癌细胞株A549，加受检物处理后，再感染EMC病毒，经培养后，作病毒血凝素生成抑制试验测血凝滴度，然后从已知滴度标准IPN-γ的剂量曲线上查得未知标本中IFN-γ量。本法比免疫测定法敏感3～10倍，但不能区分α、β和γ型。

（二）ELISA试验

采用双抗体夹心法，以抗人或鼠IPN-γ单抗包板，以多价相应抗体作为二抗，继之加酶标记物和底物显色。本法简便快速、特异，大多数受检细胞经刺激后产生IFN-γ量的范围为1～1 000ng/mL，本法最大敏感度为30～100pg/mL IFN-γ，本法不受培养液中外源性细胞的干扰，但不能区分有活性或无活性的IFN-γ。

（三）MHC-Ⅱ类抗原诱导试验

IFN-γ有严格的种特异性、用作本试验的指示细胞随种属而异，测人IFN-γ用不黏附的人上皮样细胞大肠癌CoLo205细胞株，测鼠IFN-γ用轻度黏附的鼠巨噬细胞WEHI-3株。在上述细胞培养物中加入受检IFN-γ，置37℃，5% CO_2 48h，收集细胞，加生物素化抗MHC Ⅱ类抗体，继用荧光素标记的链霉亲和素，用流式细胞仪定量细胞荧光。本法敏感，但培养血清浓度＞30%则对指示细胞有毒性。

（四）哺乳动物干扰素检测

【原理】IFN可以保护细胞免受病毒侵害，故可根据指示细胞受病毒损害的程度判定IFN的活性。常用指示细胞L929，是贴壁生长的梭形细胞，在受到病毒侵害后不再贴壁，检测贴壁细胞的数量可反映细胞受到病毒侵害的程度，进而推知IFN活性的高低。结晶紫染料可使贴壁的L929细胞着色，用脱色液将结晶紫洗脱，测A540nm值，可反映贴壁细胞的数量。

【操作步骤】

（1）按常规方法传代培养L929细胞，作为指示细胞。

（2）取水泡性口炎病毒（VSV）加入上述细胞中增殖，配制成一定浓度的病毒液。

（3）将待测样品（待测细胞培养上清）、L929细胞、病毒液共同培育一定时间后加结晶紫染液，再经短时间孵育后，洗去残余的染料，用脱色液将染料完全从细胞内脱出，用分光光度计在540nm波长处比色。

（4）根据各种对照管A值计算待测IFN效价。

（五）草鱼干扰素检测

（1）实验鱼　1龄草鱼。

（2）细胞　草鱼吻端组织细胞株ZC7901和胚胎细胞系CP80（浙江省淡水水产研究

所)；草鱼肾组织细胞系 CIK（中国水产科学研究院长江水产研究所）。以上细胞按常规法用含 10%胎牛血清的 TC199 或 RPMI 1640 培养液培养。

（3）*病毒*　草鱼出血病病毒（GCHV）。病毒分别在 ZC7901 细胞上增殖传代，按 Reed - Muench法测定滴度 $TCID_{50}$。

（4）*草鱼干扰素的诱生与制备*　将诱生剂 GCHV 接种于 ZC7901 细胞，扩增 72h 后，采用蔗糖密度梯度离心法分离提纯，并将病毒滴度调整至 $10^{4.0}$ $TCID_{50}$/0.1mL，然后从实验鱼背鳍基部皮下感染，剂量为 0.2mL/尾。维持水温 25℃，诱导 3d 后，从心脏或尾动脉穿刺采血，4℃ 静止 12h，取血清，再经 100 000*g* 离心 2h，除去病毒，得到血清干扰素样品。同时取未诱导的正常鱼血清作对照。

（5）*草鱼干扰素的活性测定方法*　采用半数细胞病变抑制法。将细胞接种于微孔滴定板，待生长至单层饱和密度时除去营养液，加 2 倍稀释度的血清干扰素样品 0.1mL，每稀释度接种 3 孔，27℃作用 6～8h 后用 PBS 洗净样品，加 100$TCID_{50}$病毒攻击，待病毒对照孔 CPE 完全后，观察干扰素孔的 CPE 抑制作用。以能抑制 50%病变的最高稀释度作为干扰素活性单位，用 Log_2CPEI_{50}/0.1mL 表示。

（6）*含干扰素血清样品的病毒中和试验*　用 0.1mL 倍比稀释的灭活血清样品，分别与 0.1mL 含 200$TCID_{50}$ 的 GCHV 悬液混匀，37℃ 保温 1h 以充分中和病毒，然后接种到 ZC7901 细胞中，每血清稀释度接 3 孔，待病毒对照孔出现典型 CPE 后，观察中和试验孔的 CPE 抑制作用。

六、抗　　体

抗体是机体接受抗原刺激后产生的一类具有免疫特异性的球蛋白，抗原与抗体能特异性结合，抗体又能与抗 Ig 特异性结合，根据这一特点建立的一系列血清学技术已广泛用于对于未知物的定性、定量等检测，但经典的血清学技术（如凝集试验、沉淀反应、琼脂扩散和免疫电泳等）只能定性或简单定量，灵敏度低，耗时费力，不能自动化。因此，利用二抗对信号放大以及通过高敏感性的标记分子如放射性同位素、荧光素、酶分子或胶体金颗粒等标记物而建立的免疫标记技术则具有灵敏度高，能定性、定量、定位等优点，应用更为广泛。随着现代免疫学特别是分子生物学、微纳电子学和分子组装技术等方面取得的进展，使得免疫测定技术正朝着一个全新的方向发展。在实验采用的抗原体系中，以往由组织、细胞裂解物提取的抗原逐渐向基因工程抗原转变，并由单一病原体蛋白向多决定簇融合蛋白转变，表达的重组抗原不含或极少含非特异性或共同抗原成分，并可为某一目的蛋白设计表达特定的多肽抗原片段；在抗体体系中，则由多克隆、单克隆抗体向基因工程抗体和双功能抗体转变，甚至采用基因重组的小型化的单链可变区（V_H 和 V_L）片段（scFv）抗体。检测系统也已经和正在实现自动化、集成化和微型化（如蛋白芯片与免疫传感器的应用）。这一发展趋势将有助于实验操作的规范化和标准化，提高实验结果的准确性和重复性，并有助于实验室之间检测结果的互认。

（一）抗体的制备技术

1. 免疫制备技术　是指制备与免疫检测有关制剂的各种技术，包括抗原制备、抗体制备、抗体纯化及抗体标记等技术。

免疫制备技术是免疫检测技术的第一步，正由于免疫制备技术的进展，才使免疫检测技术日新月异，层出不穷，因此免疫制备技术是免疫技术中不可缺少的一部分。

在免疫制备技术中，最为主要的是单克隆抗体制备技术，它大大提高了免疫检测技术的特异性和敏感性，推动了免疫检测试剂的标准化，使免疫检测技术进入了一个新的时代（表6-11）。

表6-11 免疫制备技术类型与用途

类 型	技 术	主要用途
抗原制备	完全抗原制备	用于动物免疫，检测抗体
	人工抗原制备	用于动物免疫，检测抗体
抗体制备	血清抗体制备	用于检测抗原
	单克隆抗体制备	用于检测抗原
抗体和细胞因子纯化	硫酸铵盐析	初步提纯
	凝胶过滤层析	进一步纯化
	离子交换层析	进一步纯化
	免疫亲和层析	高度纯化
淋巴细胞制备	淋巴细胞分离技术	用于淋巴细胞免疫分析
抗体标记或致敏	酶标记抗体	酶标抗体检测技术
	荧光素标记抗体	免疫荧光抗体技术
	放射性同位素标记抗体	放射免疫测定
	红细胞致敏、乳胶致敏	间接凝集试验

2. 抗体的制备 当今，免疫学已经进入分子水平时代，因此，抗体的制备亦已步入分子水平。人工制备抗体的类型有四种，即多克隆抗体、单克隆抗体、基因工程抗体和催化抗体。这里着重介绍多克隆抗体和单克隆抗体。

（1）多克隆抗体 采用传统的免疫方法，将抗原物质经不同途径注入动物体内，经数次免疫后采取动物血液，分离出血清，由此获得的抗血清即为多克隆抗体（Polyclonal Antibody，PcAb），简称多抗，又称抗血清或血清抗体。无论细菌抗原，还是病毒抗原，均是由多种抗原成分所组成，而即使纯蛋白质抗原分子也含有多种抗原表位，因此，进入机体后即可激活许多淋巴细胞克隆，机体可产生针对各种抗原成分或抗原决定簇（表位）的抗体，由此获得的抗血清是一种多克隆的混合抗体，具有高度的异质性。进一步讲，针对同一抗原决定簇的抗体仍是由不同B细胞克隆产生的不同质的抗体组成。此外，应用动物免疫的方法制备的多抗通常含有针对其他无关抗原的抗体和血清中其他蛋白质成分。由于常规抗血清的多克隆性质，使它作为一种特异的生物探针或治疗制剂还存在不少不可避免的缺点。

（2）单克隆抗体 是指由一个B细胞分化增殖的子代细胞（浆细胞）产生的针对单一抗原决定簇的抗体。这种抗体的重链、轻链及其V区独特型的特异性、亲和力、生物学性状及分子结构均完全相同。采用传统免疫方法是不可能获得这种抗体的。Kohler和Milstein在1975年建立了体外淋巴细胞杂交瘤技术，用人工的方法将产生特异性抗体的B细胞与骨髓瘤细胞融合，形成 B 细胞杂交瘤，这种杂交瘤细胞既具有骨髓瘤细胞无限繁殖的特性，又具有 B 细胞分泌特异性抗体的能力，由克隆化的 B 细胞杂交瘤所产生的抗体即为单克隆抗体（Monoclonal Antibody，McAb），又简称为单抗。单克隆抗体技术的问世，极大地推动了免疫学及其他生物医学科学的发展，并于 1984 年获得诺贝尔生理学或医学奖。

与多克隆抗体比较，单克隆抗体具有高特异性、高纯度、均质性好、亲和力不变、重复性强、效价高、成本低并可大量生产等优点。详见表 6－12。

表 6－12　单克隆抗体和多克隆抗体的特性比较

项　　目	多克隆抗体	单克隆抗体
抗体特异性	识别多种抗原决定簇	识别单一抗原决定簇
Ig 类别及亚类	不均一性，质地混杂	同一类属，质地纯一
特异性与亲和力	批与批之间存在差异	特异性高，抗体均一
纯度要求	高	一般
沉淀反应	容易形成	一般难形成
抗原抗体反应	形成 2 分子反应困难，不可逆	形成 2 分子反应，可逆
开发周期和难度	周期较短，成本较小，适合小型试验	周期长，难度大，费用高，适合大规模开发

B 细胞杂交瘤与单克隆抗体生产的基本过程如下。

①B 细胞的制备：可用提纯的抗原免疫 Balb/c 或其他品系的纯系小鼠，一般免疫 2～3 次，间隔 2～4 周，最后一次免疫后 3～4d，取小鼠脾脏，制成浓度为 10^8/mL 的脾细胞悬液，即为亲本的 B 细胞。

②骨髓瘤细胞的制备：用与免疫相同来源的小鼠的骨髓瘤细胞，要求其本身不能分泌免疫球蛋白，而且具有某种营养缺陷。可用 SP2/0 或 NS－1，它们缺少次黄嘌呤—鸟嘌呤磷酸核糖转化酶（HGPRT 酶），不能在 HAT 培养基上生长。事先在含有 10%新生犊牛血清的 DMEM 培养基中培养，至对数生长期，细胞数可达 10^5～10^6 个/mL，即可用于细胞融合。

③饲养细胞的准备：常用的饲养细胞有小鼠胸腺细胞和小鼠腹腔巨噬细胞。在融合之前，将饲养细胞制成所需的浓度，加入培养板孔中。饲养细胞一方面可减少培养对杂交瘤细胞的毒性，另一方面巨噬细胞还能清除一部分死亡的细胞。

④选择培养基：常用 HAT 选择培养基，H 为次黄嘌呤（Hypoxanthine），T 为胸腺嘧啶核苷（Thymidine），两者都是旁路合成 DNA 的原料；A 是氨基蝶呤（Aminoplerin），是细胞合成 DNA 的阻断剂，在 DMEM 培养基中加入 H、A、T 三种成分即制成 HAT 选择培养基。在该培养基中，未融合的骨髓瘤细胞不能生长，因它缺乏 HGPRT 酶不能利用旁路途径合成 DNA，内源性的合成又受到氨基蝶呤的阻断；至于未融合的脾细胞则在两周内自然死亡，所以，只有融合的杂交瘤细胞才能在培养基中生长。图 6－4 是 HAT 培养基筛选杂交瘤细胞的原理。

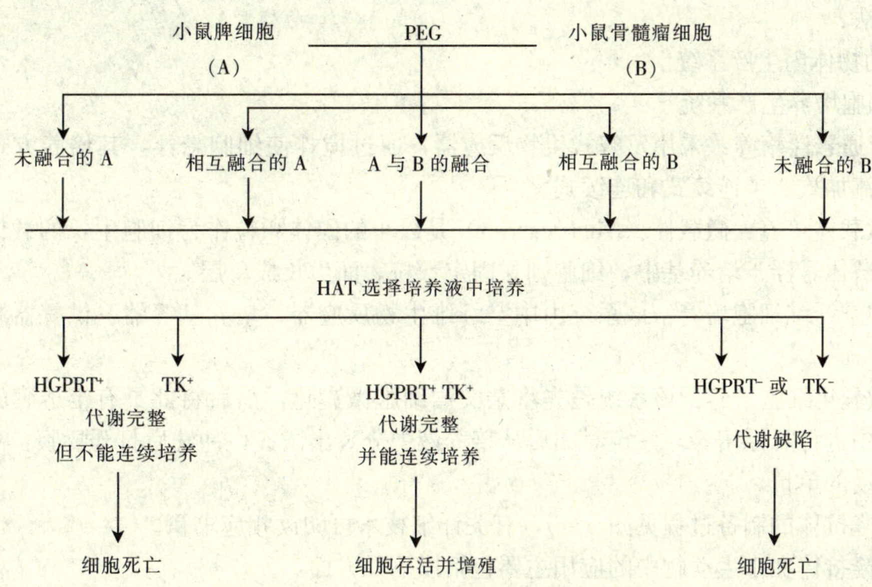

图 6-4　HAT 培养基筛选杂交瘤的原理

⑤细胞融合：将脾细胞与骨髓瘤细胞按一定比例［一般为（1～10）：1］混合，离心后吸取上清液，然后缓慢加入融合剂——50%聚乙二醇（PEG4000）。静置 90s，逐渐加入 HAT 培养基，分别加至有饲养细胞的 96 培养板孔中，置 5%～10% CO_2 培养箱中培养，5d 后更换一半 HAT 培养基，再培养 5d 后改用 HT 培养基，再经 5d 后用完全 DMEM 培养基。

⑥检测抗体：杂交瘤细胞培养后，应用敏感的血清学方法检测各孔中的抗体。视抗原性质的不同，可采用放射免疫分析、酶联免疫吸附试验、间接免疫荧光抗体试验、反向间接血凝试验等。通过检测筛选出抗体阳性孔。

⑦杂交瘤细胞的克隆化：对于抗体阳性孔的杂交瘤细胞，应尽早进行克隆化，一方面是保证以后获得的杂交瘤细胞是由一个细胞增殖而来的，即单个克隆；另一方面防止杂交瘤细胞因染色体丢失而丧失分泌抗体的能力。一般需要反复克隆 3～5 次才能使杂交瘤细胞稳定。克隆化的方法有：

A. 有限稀释法：可将阳性孔的细胞稀释成 5～10 个/mL，然后加入 96 孔培养板中，0.1mL/孔，这样每孔约含一个细胞，每天用倒置显微镜观察确证是一个细胞生长。

B. 显微操作法：用一有直角弯头的毛细吸管，在倒置显微镜下将分散在培养皿上的单个细胞吸入管内，移种到培养板中，培养后即可获得单个细胞形成的克隆。

C. 软琼脂平板法：在 45℃水浴中，将饲养细胞与 0.5%琼脂糖（用 DMEM 配制）混合，倒入培养皿凝固后作为底层，然后将阳性孔细胞悬于预热至 45℃的培养基中与等量 0.5%琼脂糖混合，再加于平皿内，置于 CO_2 培养箱培养，经 1～2 周后可见小白点，即为一个克隆，自软琼脂上吸出移入培养板中培养即可获得单个克隆的杂交瘤细胞。

⑧杂交瘤细胞的冻存：原始克隆、克隆化后的杂交瘤细胞，可加入二甲基亚砜，分装于小安瓿内保存于液氮中。

⑨单克隆抗体的生产：获得稳定的杂交瘤细胞克隆后，即可用于生产单克隆抗体。可采

用以下方法：

A. 动物体内生产系统

B. 细胞培养生产系统

C. 普通悬浮培养：采用发酵式生物反应器，通过搅拌使细胞悬浮，其培养方式可分为纯批式、流加式、半连续式和连续式。

D. 微载体培养：微载体（Microcarrier）是以小的固体颗粒作为细胞生长的载体，在搅拌下使微载体悬浮于培养基中，细胞则在固定颗粒表面生长成单层。

E. 中空纤维细胞培养：该系统由中空纤维生物反应器、培养基容器、供氧器和蠕动泵等组成。

F. 微囊化细胞培养：该系统是先将杂交瘤细胞微囊化，然后将此具有半透膜的微囊置于培养液中进行悬浮培养，一定时间后从培养液中分离出微囊，冲洗后打开囊膜，离心后可获得高浓度的单抗。

单克隆抗体的制备过程见图 6－5，有关详细技术可阅读相应书籍。

单克隆抗体在水生动物中的应用主要包括以下几方面。

①在血清学技术方面：单克隆抗体用于血清学技术，进一步提高了方法的特异性、重复性、稳定性和敏感性，同时使一些血清学技术得到标准化和商品化，即制成诊断试剂盒。自单克隆抗体技术问世以来，已研制出很多病原微生物的单克隆抗体，可取代原有的多克隆抗体，用于传染病的诊断及病原的分型，避免了多克隆抗体引起的交叉反应。一些生物活性物质的单克隆抗体的出现，使其检测水平上升到一个新的高度。

②在免疫学基础研究方面：单克隆抗体作为一种均质性很好的分子，用于对抗体结构和氨基酸序列的分析，促进了对抗体结构的进一步探讨；应用单克隆抗体对淋巴细胞表面标志以及细胞组织相容性抗原的分析，极大地推动了免疫学的发展，如用单克隆抗体对淋巴细胞CD抗原进行分析，可以对淋巴细胞进行分群。

③在抗原纯化方面：利用单克隆抗体的特异性，可将单克隆抗体与琼脂糖等偶联制成亲和层析柱，可从混合组分中提取某种抗原成分。此技术可与基因工程疫苗的研究相结合，即先用单克隆抗体作为探针，筛选出保护性抗原成分或决定簇，然后采用DNA重组技术表达目的抗原。

此外，单克隆抗体可用于制备抗独特型抗体疫苗。

（3）抗体的鉴定

①抗体的效价鉴定：不管是用于诊断还是用于治疗，制备抗体的目的都是要求较高效价。不同抗原制备的抗体，要求的效价不一。鉴定效价的方法很多，包括试管凝集反应、琼脂扩散试验、酶联免疫吸附试验等。常用的抗原所制备的抗体一般都有常规的鉴定效价的方法，以资比较。如制备抗抗体的效价，一般就采用琼脂扩散试验来鉴定。

②抗体的特异性鉴定：抗体的特异性是指与相应抗原或近似抗原物质的识别能力。抗体的特异性越高，它的识别能力就越强。衡量特异性通常以交叉反应率来表示。交叉反应率可用竞争抑制试验测定。以不同浓度抗原和近似抗原分别做竞争抑制曲线，计算各自的结合率，求出各自在 IC_{50} 时的浓度，并按下列公式计算交叉反应率。

$$\text{交叉反应率}=\frac{IC_{50}\text{时抗原浓度（Y）}}{IC_{50}\text{近似抗原物质的浓度（Z）}}\times 100\%$$

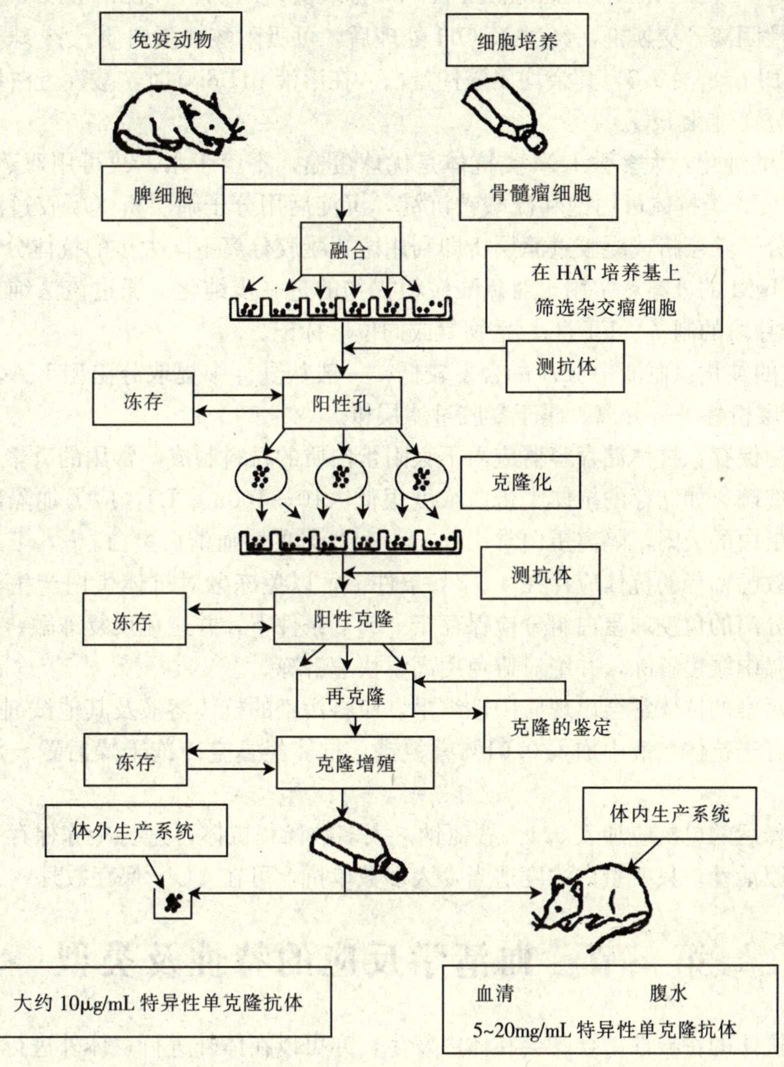

图 6－5　B 细胞杂交瘤及单克隆抗体制备过程

如果所用抗原浓度 IC_{50} 浓度为 pg/管，而一些近似抗原物质的 IC_{50} 浓度几乎是无穷大时，表示这一抗血清与其他抗原物质的交叉反应率近似为 0，即该血清的特异性较好。

③抗体的亲和力：是指抗体和抗原结合的牢固程度。亲和力的高低是由抗原分子的大小、抗体分子的结合位点与抗原决定簇之间立体构型的合适度决定的。

(4) 抗体的纯化、保存

①抗体的纯化：抗体纯化方法有沉淀法、辛酸提取法、离子交换法、凝胶过滤层析、亲和柱层析法和高效液相色谱法等。其中，沉淀法包括饱和硫酸铵盐析沉淀法和低温无水乙醇沉淀法。通常只要硫酸铵沉淀即可得到相当纯的球蛋白。

A. IgG 等抗体的纯化：a. 饱和硫酸铵盐析沉淀法。b. 辛酸提取法。该法可用于分离提取人、兔、小鼠血清中的 Ig 及杂交瘤诱生的腹水和培养上清液中 McAb。c. DEAE－纤维素提取法。该法提取 IgG 简便，既可小量提取，也可大量制备。属于离子交换法，是阴离子交换纤维素之一。d. DEAE - Sephadex A - 50 提取法。DEAE - Sephadex A - 50（简称 A - 50）为弱碱性阴离子交换剂，经过 NaOH 处理后，可吸附酸性蛋白质。γ1 球蛋白属中性蛋白，等电点 PI 6.85～7.5，其余均属酸性蛋白。在溶液 pH 8.0 时，酸性蛋白均被 A - 50 吸附，从而可分离纯化 IgG。

B. IgM 的纯化：大多数 IgM 类抗体是优球蛋白，不溶于水，故可用双蒸水透析纯化。对溶于水的 IgM 类抗体可用饱和硫酸铵沉淀，沉淀后用分子筛层析（凝胶过滤层析）法进一步纯化。分子筛层析或凝胶过滤层析即利用微孔凝胶分离不同大小的抗体分子，可用于样品中 IgG 和 IgM 的分离，常用于对硫酸铵粗提物的进一步纯化。通过该法纯化所得抗体可用于 Ig 分子片段的制备、FTTC、生物素或同位素标记。

C. IgA 的纯化：血清中 IgA 的含量较低，一般从乳汁中提取分泌型 IgA。利用 Sephadex G - 200 层析柱进行分离。属于凝胶过滤层析。

②抗体的保存：抗体储存容器应由不吸附蛋白质的材料制成，常用的有聚丙烯、聚碳酸酯和硼硅酸玻璃。如储存的抗体中蛋白浓度很低（10～100mg/L），应另加隔离蛋白以减少容器对抗体蛋白的吸附，隔离蛋白常用 0.1%～1.0%的牛血清白蛋白。

绝大多数已稀释的抗体应存在 4～8℃条件下，以免冻融对抗体蛋白产生有害效应。抗体原液和已分离的免疫球蛋白组分应保存于－20℃条件下，并避免反复冻融。冷冻的抗体溶液应置于室温中缓慢解冻，并绝对避免用高温快速解冻。

被细菌污染的抗体常会出现假阳性结果，应将污染的抗体溶液及其他试剂弃之。为防止细菌污染，可于抗体溶液中加入 0.01%叠氮钠。抗体经真空冷冻干燥后置－20℃以下可保存 3～5 年。

保存稀释后的单抗应加入 0.1%叠氮钠。大多数稀释抗体可进行冷冻保存，少数抗体可能会丢失抗原活性。只要蛋白浓度适当，大多数单抗，可在 4℃下保存数月。

第二节　血清学反应的特性及类型

抗原与抗体的特异性结合既会在体内发生，亦可以在体外进行，体外进行的抗原抗体反应习惯上称作血清学反应（Serological Reaction）。

一、血清学反应的特性

（一）抗原抗体结合的胶体形状变化

抗体是球蛋白，大多数抗原亦为蛋白质，它们溶解在水中皆为胶体溶液，不会发生自然沉淀。这种亲水胶体的形成是因蛋白质含有大量的氨基和羧基残基，在溶液中带有电荷，由于静电作用，在蛋白质分子周围出现了带电荷的电子云。如在 pH 7.4 时，某蛋白质带负电荷，其周围出现极化的水分子和阳离子，这样就形成了水化层，再加上电荷的相斥，蛋白质不会自行聚合而产生沉淀。

（二）抗原抗体作用的结合力

抗原抗体的结合实质上是抗原表位与抗体超变区中抗原结合位点之间的结合。由于两者在化学结构和空间构型上呈互补关系，所以抗原与抗体的结合具有高度的特异性。例如白喉抗毒素只能与其相应的外毒素结合，而不能与破伤风外毒素结合。但较大分子的蛋白质常含有多种抗原表位。如果两种不同的抗原分子上有相同的抗原表位，或抗原、抗体间构型部分相同，皆可出现交叉反应。抗原的特异性取决于抗原决定簇的数目、性质和空间构型，而抗体的特异性则取决于Fab片段的可变区与相应抗原决定簇的结合能力。抗原与抗体不是通过共价键，而是通过很弱的短距引力结合，如范德华引力、静电引力、氢键及疏水性作用等。

（三）抗原抗体结合的比例

在抗原抗体特异性反应时，生成结合物的量与反应物的浓度有关。无论是在一定量的抗体中加入不同量的抗原，还是在一定量的抗原中加入不同量的抗体，只有在两者分子比例合适时才出现最强的反应。以沉淀反应为例，若向一排试管中加入一定量的抗体，然后依次向各管中加入递增量的相应可溶性抗原，根据所形成的沉淀物及抗原抗体的比例关系可绘制出反应曲线，曲线的高峰部分是抗原抗体分子比例合适的范围，称为抗原抗体反应的等价带(Zone of Equivalence)。

当抗原或抗体过量时，由于其结合价不能相互饱和，就只能形成较小的沉淀物或可溶性抗原抗体复合物，无沉淀物形成，称为带现象（Zone Phenomenon)。抗体过量时，称为前带（Prozone)；抗原过剩时，称为后带（Postzone)。

（四）抗原与抗体结合的可逆性

抗原与抗体结合有高度特异性，这种结合虽相当稳定，但为可逆反应。因抗原与抗体两者为非共价键结合的，不形成稳定的共价键，因此在一定条件下可以解离。两者结合的强度，在很大程度上取决于特异性抗体Fab段与其抗原决定簇立体构型吻合的程度。任何抗血清中总会含有比较适合的、结合力强的抗体和一些不很适合、结合力弱的抗体。若抗原抗体两者适合性良好，则结合十分紧密，解离的可能性就小，这种抗体称为高亲和力抗体。反之，适合性较差，就容易解离，称为低亲和力抗体。如毒素与抗毒素结合后，毒性被中和，若稀释或冻融，使两者分离，其毒性又重现。

（五）抗原抗体反应的阶段性

第一阶段为抗原抗体特异性结合，需时短，仅几秒到几分钟的时间。第二阶段为可见反应阶段，需时较长，数分钟到数日，表现为凝集、沉淀、细胞溶解等。

二、影响血清学反应的因素

影响抗原抗体反应的因素很多，既有反应物自身的因素，亦有环境条件因素。

（一）抗体

抗体是血清学反应中的关键因素，它对反应的影响可来自以下几个方面：

1. 抗体的来源 不同动物的免疫血清，其反应性也存在差异。家兔等多数实验动物的免疫血清具有较宽的等价带，通常在抗原过量时才易出现可溶性免疫复合物；人和马免疫血清的等价带较窄，抗原或抗体的少量过剩便易形成可溶性免疫复合物；家禽的免疫血清不能结合哺乳动物的补体，并且在高盐浓度（NaCl 50g/L）溶液中沉淀现象才表现明显。

2. 抗体的浓度 血清学反应中，抗体的浓度往往是与抗原相对而言。为了得到合适的浓度，在许多试验之前必须认真滴定抗体的水平，以求得最佳试验结果。

3. 抗体的特异性与亲和力 抗体的特异性与亲和力是血清学反应中两个关键因素，但这两个因素往往难以两全其美。如早期获得的动物免疫血清特异性较好，但亲和力偏低；后期获得的免疫血清一般亲和力较高，长期免疫易使免疫血清中抗体的类型和反应性变得复杂；单克隆抗体的特异性毋庸置疑，其亲和力较低，一般不适用于低灵敏度的沉淀反应或凝集反应。

（二）抗原

抗原的理化性状、抗原决定簇的数目和种类等均可影响血清学反应的结果。例如，可溶性抗原与相应抗体可产生沉淀反应，而颗粒性抗原的反应类型是凝集；单价抗原与抗体结合不出现可见反应；粗糙型细菌在生理盐水中易发生自凝，这些都需要在实验中加以注意。

（三）电解质

抗原与抗体发生特异性结合后，虽由亲水胶体变为疏水胶体，若溶液中无电解质参加，仍不出现可见反应。电解质是抗原抗体反应系统中不可缺少的成分，它可使免疫复合物出现可见的沉淀或凝集现象。为了促使沉淀物或凝集物的形成，一般用浓度 8.5g/L 的 NaCl 溶液作为抗原和抗体的稀释剂与反应溶液。特殊需要时也可选用较为复杂的缓冲液，例如在补体参与的溶细胞反应中，除需要等渗 NaCl 溶液外，适量的 Mg^{2+} 和 Ca^{2+} 的存在可得到更好的反应结果。如果反应系统中电解质浓度低甚至无，抗原抗体不易出现可见反应，尤其是沉淀反应。但如果电解质浓度过高，则会出现非特异性蛋白质沉淀，即盐析。

（四）酸碱度

适当的 pH 是血清学反应取得正确结果的另一影响因素。抗原抗体反应必须在合适的 pH 环境中进行。蛋白质具有两性电离性质，因此每种蛋白质都有固定的等电点。血清学反应一般在 pH 6～9 的范围内进行，超出这个范围，不管过高还是过低，均可直接影响抗原或抗体的反应性，导致假阳性或假阴性结果。但是不同类型的抗原抗体反应又有不同的 pH 合适范围，这是许多因素造成的。

（五）温度

抗原抗体反应的温度适应范围比较宽，一般在 15～40℃均可以正常进行。若温度高于 56℃，可导致已结合的抗原抗体再解离，甚至变性或破坏。在 40℃时，结合速度慢，但结合牢固，更易于观察。常用的抗原抗体反应温度为 37℃。但每种试验都可能有其独特的最适反应温度，如冷凝集素在 4℃左右与红细胞结合最好，20℃以上反而解离。

（六）时间

时间本身不会对抗原抗体反应主动施加影响，但是试验过程中观察结果的时间不同可能会看到不同的结果，这一点往往被忽略。时间因素主要由反应速度来体现，反应速度取决于抗原抗体亲和力、反应类型、反应介质、反应温度等因素。如在液相中抗原抗体反应很快达到平衡，但在琼脂中就慢得多。另外，所有免疫试验的结果都应在规定的时间内观察。

三、主要血清学反应类型

免疫血清学技术按抗原抗体反应性质不同可分为凝聚性反应（包括凝集试验和沉淀试验）、标记抗体技术（包括荧光抗体、酶标抗体、放射性同位素标记抗体、化学发光标记抗体技术等）、有补体参与的反应（补体结合试验，免疫黏附血凝试验等）、中和反应（病毒中和试验等）等已普遍应用的技术，以及免疫复合物散射反应（激光散射免疫测定）、电免疫反应（免疫传感器技术）、免疫转印（Western Blotting）以及建立在抗原抗体反应基础上的免疫蛋白芯片技术等新技术（表6-13）。

表6-13 各类免疫血清学技术的敏感性和用途

反应类型及试验名称		敏感性（μg/mL）	用途		
			定性	定量	定位
凝集试验	直接凝集试验	≥0.01	+	+	−
	间接血凝试验	≥0.005	+	+	−
	乳胶凝集试验	≥1.0	+	+	−
沉淀试验	絮状沉淀试验	≥3	+	+	−
	琼脂免疫扩散试验	≥0.2	+	+	−
	免疫电泳	3	+	−	−
	火箭免疫电泳	≥0.5	+	+	−
补体参与的试验	补体结合试验	≥0.1	+	+	−
标记抗体技术	免疫荧光抗体技术	−	+	−	+
	免疫酶标记技术	≥0.000 1	+	+	+
	放射免疫测定	≥0.000 1	+	+	+
	化学发光标记技术	≥0.000 1	+	+	−
中和反应	病毒中和试验	≥0.01	+	+	−
免疫复合物散射反应	激光散射免疫测定	≥0.005	+	+	−
电免疫反应	免疫传感器技术	≥0.01	+	+	−

这里重点介绍凝集反应、标记抗体技术、有补体参与的反应、中和反应等以及这些技术在水产上的应用。

（一）凝集反应

细菌、螺旋体、红细胞等颗粒性抗原与相应抗体结合后，在有适量电解质存在的情况下，抗原颗粒相互凝集成肉眼可见的凝集块，称为凝集反应。参加反应的抗原称凝集原，抗体称凝集素。按照试验中采用的方法、使用材料及检测目的的不同，凝集试验有以下各种类型（图6-6）。

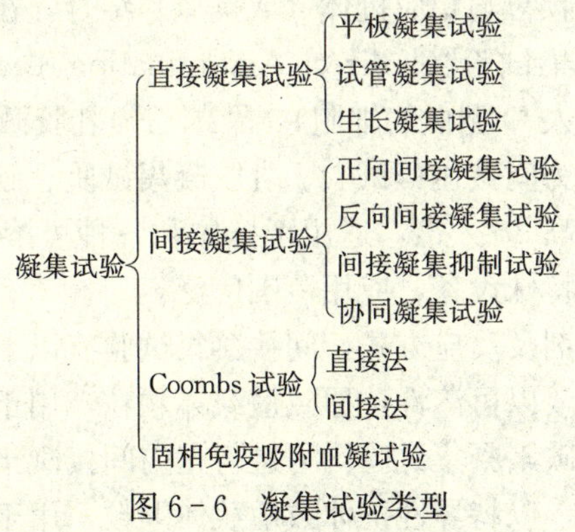

图6-6 凝集试验类型

1. 直接凝集试验 直接凝集试验（Direct Agglutination Test）是将颗粒性抗原直接与

相应抗体反应，出现肉眼可见凝集块的现象。按操作方法分为玻片凝集试验、试管凝集试验和生长凝集试验 3 种。

（1）玻片凝集试验　该实验用于待测抗原或待测抗体的定性测定。将含已知抗体的诊断血清与待测菌悬液各一滴滴在玻片上混合，倾斜摇摆玻片 1～3min 后即可观察结果，凡呈现细小或粗大颗粒的即为阳性。用于血型鉴定、沙门菌分型等。也可用已知的抗原与待检血清各一滴滴在玻片上混合，几分钟后，出现颗粒性或絮状凝集，即为阳性反应。此法简便快速，但只能进行定性测定（图 6－7）。

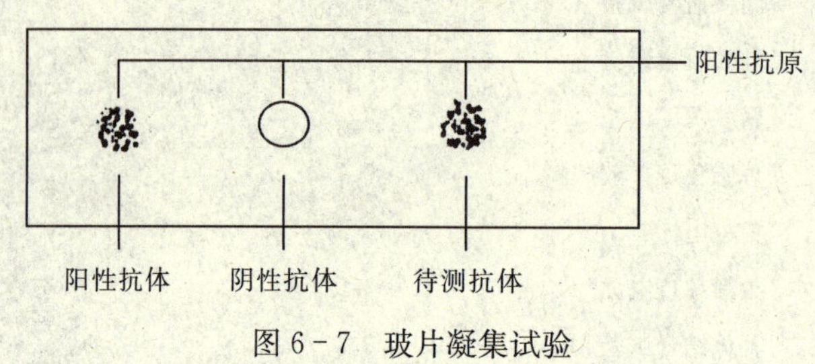

图 6－7　玻片凝集试验

（2）试管凝集试验　本试验用于抗体的定性和定量测定，多用已知抗原检测待检血清中是否存在相应抗体和测定抗体的效价。

用生理盐水将待检血清做倍比稀释，加入等量抗原，37℃水浴数小时，视抗原被凝集的程度记录为＋＋＋＋（100％）、＋＋＋（75％）、＋＋（50％）、＋（25％）、－（不凝集）。能使 50％抗原凝集的血清最高稀释度称为该血清凝集价（或称滴度）。由于某些细菌常发生自身凝集或酸凝集，试验时必须设阳性抗体对照、阴性抗体对照、生理盐水对照。反应中最初几管常由于抗体过剩而不凝集，为前带现象。有些细菌与其他细菌含共同抗原，发生交叉凝集，出现假阳性反应，应注意区别，但交叉凝集的凝集价一般比特异性凝集价低。

试管凝集试验亦可改用 96 孔微量凝集板进行，以节省抗原和抗体的用量，特别适于大规模的流行病学调查。

（3）生长凝集试验　抗体与活的细菌（或支原体）结合，在没有补体存在时，就不能杀死或抑制细菌生长，但能使细菌呈凝集生长，借显微镜观察培养物是否凝集成团，以检测加入培养基中的血清是否含相应抗体。

2. 间接凝集试验　将可溶性抗原（或抗体）吸附于与免疫无关的小颗粒载体表面，此吸附抗原（或抗体）的载体颗粒与相应抗体（或抗原）结合，在有电解质存在的适宜条件下发生凝集反应，称为间接凝集试验（Indirect Agglutination Test）。常用的载体有动物红细胞（常用绵羊红细胞或正常人 O 型血红细胞）、聚苯乙烯乳胶微球、活性炭等。根据试验时所用的载体颗粒不同分别称为间接血凝试验、乳胶凝集试验、碳素凝集试验等。间接凝集试验的灵敏度比直接凝集试验高 2～8 倍，适用于抗体和各种可溶性抗原的检测。其特点是微量、快速、操作简便、无需特殊设备，应用范围广泛。

根据载体致敏时所用试剂及反应方式，间接凝集试验有以下几种方法：

（1）正向间接凝集试验　以可溶性抗原致敏载体颗粒，用于检测相应抗体。上述的间接血凝试验、乳胶凝集试验、碳素凝集试验均可进行正向间接凝集试验。

（2）反向间接凝集试验　以特异性抗体致敏载体颗粒，用于检测相应抗原。试验方法与正向间接凝集试验基本相同，只是在试验时稀释待测抗原标本，加特异性抗体致敏的载体悬

液进行测定。

（3）间接凝集抑制试验　此法是由间接凝集试验衍生的一种试验方法。其原理是将待测抗原（或抗体）与特异性抗体（或抗原）先行混合，作用一定时间后，再加入相应的致敏载体悬液，如待测抗原与抗体对应，即发生中和，随后加入的致敏载体颗粒不再被凝集，即原来本应出现的凝集现象被抑制，故而得名。此试验的灵敏度高于正向间接凝集试验和反向间接凝集试验。检测方法有以下两种：

①检测抗原法：诊断试剂为抗原致敏的载体和相应的抗体，两者混合后应出现凝集。将待测抗原系列递进稀释后，加入定量的特异性抗体混合，37℃作用 2h，使其充分结合，然后加入抗原致敏的载体悬液，再在 37℃作用 1～2h。若不出现凝集现象，说明待测标本中存在与致敏载体相同的抗原，已先与抗体结合，因此，致敏载体不再凝集。

②检测抗体法：诊断试剂为抗体致敏的载体和相应的抗原，两者混后应出现凝集。将待测抗体系列递进稀释后，加入定量的特异性抗原混合，37℃作用 2h，使其充分结合。然后加入抗体致敏的载体悬液，再在 37℃作用 1～2h，若不出现凝集现象，说明待测标本中存在与致敏载体相同的抗体，已先与抗原结合，因此，致敏载体不再凝集。此法亦称为反向间接凝集抑制试验，主要用于检测间接凝集试验的特异性。

（4）协同凝集试验（Coagglutination，COA）　见后述 SPA 技术。

3. Coombs 试验　又称为抗球蛋白试验（Antiglobulin Test）。本试验主要用于检测单价的不完全抗体（封闭抗体），在正常血凝试验时，应用本法亦可提高其灵敏度。单价抗体与颗粒状抗原结合后，不引起可见的凝集反应，是由于抗原表面决定簇被单价抗体所封闭，故不能再与相应的完全抗体结合发生凝集反应。但抗体本身是一种良好的抗原，用其免疫异种动物即可获得抗球蛋白抗体（抗抗体）。抗抗体与抗原颗粒上吸附的单价抗体结合，即可使其凝集，其实质也是一种间接凝集试验。该试验因首先由 Coombs 创立，故又称为 Coombs 试验。

4. 血细胞凝集试验（SPISHA）　用新鲜红细胞及抗原或抗体致敏的红细胞作为指示系统，通过肉眼观察（亦可用分光光度计测定）红细胞出现的凝集现象来判定试验结果。

该方法特异性强，敏感性高，简便易行。根据试验中使用的红细胞性质不同，有以下三种主要的试验类型。

（1）直接血凝试验（HA）　此法由血凝试验与固相免疫吸附技术结合而成，用新鲜红细胞作为指示剂，多用于检测抗体。HA 主要用于某些具有血凝素的病毒，有血凝素（HA）的病毒能凝集人或动物红细胞，称为血凝现象。

血凝现象能被相应抗体抑制称为血凝抑制试验（HI），原理是相应抗体与病毒结合后，阻止病毒表面 HA 与红细胞结合。HA 和 HI 常用于正黏病毒、副黏病毒及黄病毒等的辅助诊断、流行病调查，也可用于鉴定病毒型与亚型。

HA 和 HI 在水产上的应用：该试验已应用于草鱼出血病病毒（GCHV）的检出。其抗体与呼肠孤病毒、轮状病毒不发生免疫反应。有人曾用草鱼出血病毒感染致死草鱼的组织匀浆与鸡、牛、人、豚鼠、猪、兔的红细胞进行微量 HA 试验，证实草鱼出血病毒能凝集鸡、牛、人的 O 型红细胞，并能被相应抗血清所抑制，用鸡的醛化血细胞也有较好的凝集效果。

（2）间接血凝试验　此法是使用抗原致敏的红细胞作为指示系统，用于检测特异性抗体。

（3）反向间接血凝试验　使用特异性抗体致敏的红细胞作为指示系统，用于检测抗原，亦可用于抗体检测。

（二）沉淀反应

可溶性抗原（细菌的外毒素、内毒素、菌体裂解液、病毒、血清、组织浸出液等）与相应抗体结合，在适量电解质存在下，形成肉眼可见的沉淀物，称为沉淀反应。所用抗原称为沉淀原，抗体称为沉淀素。沉淀反应的抗原可以是多糖、蛋白质、类脂等，抗原分子较小，单位体积内所含的量多，与抗体结合的面积大，故在做定性试验时，常出现抗原过剩，形成后带现象，所以通常稀释抗原，并以抗原稀释度为沉淀反应效价。

根据试验中使用的介质和检测方法的不同，沉淀试验可分为液体内沉淀试验和凝胶内沉淀试验两种类型（图6-8）。

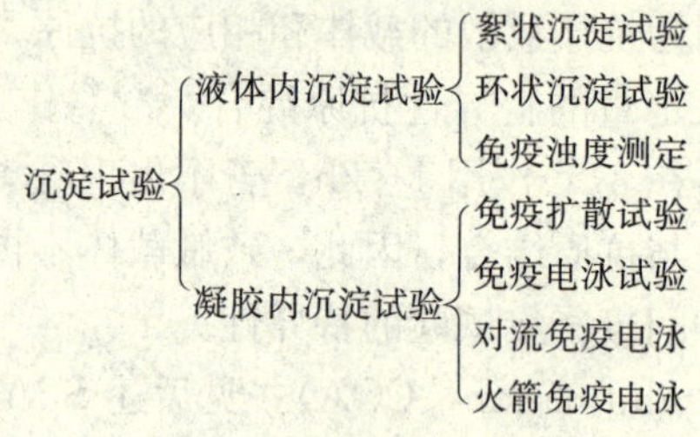

图6-8　沉淀试验类型

1. 絮状沉淀试验　抗原、抗体在试管内混合，有电解质存在时，抗原—抗体复合物可形成混浊沉淀或絮状沉淀物。抗原抗体比例最适时，沉淀物出现最快，混浊度最大，抗原过剩或抗体过剩，则反应出现时间延迟，沉淀减少，甚至不出现沉淀，形成后带或前带现象，故将抗原抗体同时稀释，以方阵法测定抗原、抗体反应最适比例。

2. 环状沉淀试验　在小口径试管内加入已知抗血清，然后小心加入待检抗原于血清表面，使之成为分界明显的两层。数分钟后，两层液面交界处出现白色环状沉淀，即为阳性反应。主要用于抗原定性测定，如炭疽Ascoli反应；也可用于沉淀素效价滴定，出现白色沉淀带的最高抗原稀释倍数，即为血清的沉淀价。

3. 免疫浊度测定（Immunoturbidimetry）　该试验将现代光学测量仪器与自动分析检测系统结合应用于沉淀试验，可对微量的抗原、抗体及其他生物活性物质进行定量测定，以逐步取代操作烦琐、敏感性低、耗时较长的传统手工检测方法。现已建立以下几种不同类型的测定方法：透射比浊法、散射比浊法、免疫胶乳浊度测定法、速率抑制免疫比浊法。

（三）免疫标记技术

免疫标记技术（Immunolabeling Techniques）是指用荧光素、酶、放射性同位素、SPA、生物素—亲和素、胶体金等作为示踪物，对抗体或抗原标记后进行的抗原抗体反应，并借助于荧光显微镜、射线测定仪、酶标检测仪等精密仪器，对试验结果直接镜检观察或自动化测定。该法可以在细胞、亚细胞或分子水平上，对抗原抗体反应进行定性和定位研究；或应用各种液相和固相免疫分析方法，对体液中的半抗原、抗原或抗体进行定性和定量测定。因此，免疫标记技术在敏感性、特异性、精确性及应用范围等方面远远超过一般血清学方法。

根据试验中所用标记物和检测方法不同，免疫标记技术分为免疫荧光技术、免疫酶技术、放射免疫技术、SPA免疫检测技术、生物素-亲和素免疫检测技术和胶体金免疫检测技术等。

1. 免疫荧光技术（Immunofluorescence Technique，IFT）

（1）原理　将具有荧光特性的荧光材料联结到提纯的抗体分子上，制成荧光抗体，荧光抗体同样保持特异性结合抗原的能力。当抗原与荧光抗体结合，在荧光显微镜下观察，即可对待检的抗原进行定性和定位测定。常用的荧光材料是异硫氰酸荧光素（FITC）。

（2）荧光抗体染色方法　见图6－9。

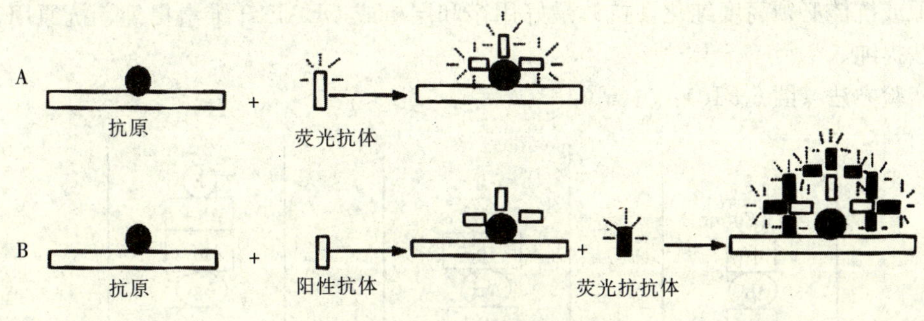

图6－9　荧光抗体染色法原理

A. 直接法　B. 间接法

①直接法：常用于检测病变组织中细菌、病毒抗原。即将荧光素直接标记在待检抗原的抗体上。此法的优点是简单、特异，缺点是检查每种抗原均需制备相应的特异性荧光抗体，且敏感性低于间接法。

②间接法：用荧光素标记抗球蛋白抗体（简称标记抗抗体）。试验分两步，首先将阳性抗体（第一抗体）加在待测抗原标本片上，作用一定时间后，洗去未结合的抗体；然后滴加标记抗抗体，如果第一步中的抗原抗体已发生结合，此时加入的标记抗抗体就和已固定在抗原上的抗体分子结合，形成抗原—抗体—标记抗抗体复合物，并显示特异性荧光。此法的优点是敏感性高于直接法，而且只需制备一种荧光素标记的抗球蛋白抗体，就可用于检测同种动物对多种不同抗原的抗体系统。但缺点是间接法有时会产生非特异性荧光。

2. 免疫酶技术（Immunoenzymatic Technique，IET）　免疫酶技术是将抗原抗体反应的特异性和酶的高效催化作用相结合的一种免疫标记技术。

该法的原理是将特定的酶联结于抗体分子上，制成酶标抗体，通过抗原抗体特异性结合以及酶对底物的高效催化作用而显色，从而对抗原（或抗体）进行定性、定位、定量测定。常用酶有辣根过氧化物酶、碱性磷酸酶等。常见的免疫酶技术有以下几种：

（1）免疫酶组化染色技术　免疫酶组化染色技术与荧光抗体染色法基本相同，但每加一层，均须于37℃作用30min，然后以PBS反复洗涤3次，以除去未结合物。该法主要用于抗原的定性、定位测定。

①直接法

②间接法

③抗抗体搭桥法

④杂交抗体法

（2）酶联免疫吸附试验（Enzyme Linked Immunosorbent Assay，ELISA）　是将抗原或抗体吸附于固相载体，在载体上进行免疫酶染色，底物显色后用肉眼或酶联免疫测定仪判定结果的一种方法。因本法特异性高，敏感性强，不需特殊设备，一次可检测大批标品，48h出结果等优点，是当前发展最快、最容易，试剂盒应用最广的一项新技术。

①固相载体：目前常用的是聚苯乙烯微孔型塑料板。新板无需处理即可应用，一般一次性使用。

②抗原抗体吸附特性：大多数蛋白质可以吸附于载体的表面，但各种蛋白质吸附能力不同。一种蛋白质能否吸附或吸附力大小须通过实验才能确定。为了避免非特异性反应，包被用的抗原或抗体必须高度纯化，抗体最好用亲和层析或DEAE纤维素提纯，抗原用密度梯度离心法提纯。

③实验方法（图6-10）：

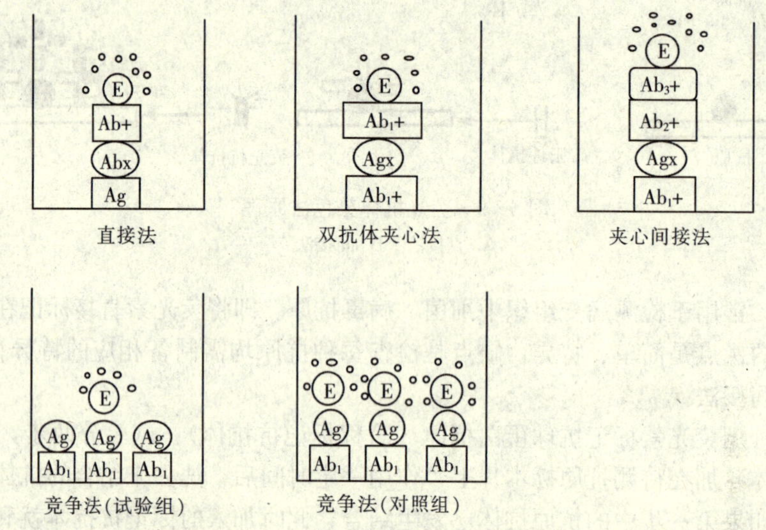

图6-10　酶联免疫吸附试验反应

A. 间接法：用于测定未知抗体。

B. 双抗体夹心法：用于测定大分子抗原。

C. 竞争法：用于测定小分子抗原及半抗原。

D. 夹心间接法：用于测定多种大分子抗原。

④结果判定方法：

A. 肉眼观察：阳性者呈棕褐色，阴性淡黄色或无色。颜色的深浅还反映检测样品中抗原或抗体的浓度。

B. 酶联免疫吸附测定仪测定：采用的分光光度计原理，专门用于ELISA测定。如果样品的OD值大于（阴性标本均值＋两个标准差＋0.2～0.4）则判为阳性。或以P/N值判定结果：P为待测标本OD值，N为阴性标本平均OD值。如果P/N≥1.5则样品判为阳性。

⑤应用：a. 抗原测定，用于传染病诊断。b. 抗体测定，用于传染病诊断及疫病普查。c. 抗原抗体效价测定。d. 抗原抗体含量测定。

（3）Dot-ELISA技术（Dot-enzyme Linked Immunosorbent Assay）　Dot-ELISA在各种病毒性疾病、寄生虫病的临床诊断和血清流行病学调查中广泛应用，还可用于单克隆抗体杂交瘤细胞技术。该法具有以下优点：①特异性强，假阳性较少。②敏感性高，NC膜对

蛋白质的吸附性能优于聚苯乙烯，可检出1ng抗病毒IgG；检出抗原的敏感性较常规ELISA高6～8倍。③剂用量少，比ELISA法至少节约90%。④操作简便快速，不需要特殊设备条件，适合基层单位使用。⑤抗原膜保存时间长，－20℃可保存半年，不影响其活性。⑥检测结果可长期保存，便于复查。

（4）*我国用于水生动物检疫的酶联免疫吸附试验（ELISA）技术规范*　本方法是中华人民共和国水产行业标准《水生动物检疫实验技术规范》（SC/T 7014—2006）中规定方法，主要用于鲜活水生动物检疫及初加工水产品检疫中的病毒检测。

3. 放射免疫技术（Radio Immunoassay，RIA）　美国学者Yalow和Berson于20世纪50年代末首次创立了放射免疫分析（Radioimmunoassay，RLA），并用于糖尿病人血浆中胰岛素含量的测定。在此基础上，Oliver于1966年又把该技术扩展到用于测定半抗原。放射免疫分析技术是把放射性同位素测定与抗原抗体间的免疫化学反应两种方法巧妙地结合起来所形成的一种超微量物质的测定方法，具有特异性强、灵敏度高（可检测出纳克级至皮克级，甚至飞克级的超微量物质）、重复性好、样品和试剂用量少和测定方法易于规范化的优点，是一种较理想的筛选方法。

4. 免疫标记法在水产上的应用

（1）*免疫荧光技术的应用*　免疫荧光技术主要包括直接法和间接法，两种方法在水产动物病原的检测上均得到了一定的应用。

（2）*免疫酶技术的应用*　免疫酶技术在水产养殖中的应用见表6-14。

表6-14　免疫酶技术应用

方　法	检　测　应　用
间接ELISA	花鲈鳗弧菌（余俊红，2001）、嗜水气单胞菌（李卫军，1998）、烂鳃病（陈月英，1981）、传染性胰脏坏死病毒（IPNV）（刘荭，1995；Dixon PE，1983）、大菱鲆出血性病毒（VHSV）（Snow M，2000）、CCV、鱼呼肠弧病毒（FRV）（闵淑琴，1986）、SVCV、GCHV及IHNV（Medina DJ，1992）等
ELISA夹心法	虹鳟IPNV（江育林，1990）、传染性造血器官坏死病毒（IHNV-B）（赵志壮，1993）、淡水鱼暴发病（钱冬，1993）、皱纹盘鲍幼鲍溃烂病（叶林，1998）、河蟹颤抖病病毒（孙学强，2001）等
Dot-ELISA	鱼运动性气单胞菌（马家好，1997）、草鱼出血病病毒（邵健忠，1986）、细菌性鱼病（刘颖，1998）、嗜水气单胞菌hec毒素（陈怀青，1993）等
BAS-ELISA	副溶血性弧菌（王文，1991）等
单克隆抗体ELISA	VHSV（Mourton C，1992）、对虾皮下及造血组织坏死杆状病毒（黄倢，1995）、对虾白斑综合征病毒（朱建中，2002）等

（3）*免疫组化技术的应用*　免疫组化技术是指应用标记的抗体与组织或细胞抗原发生反应，结合形态学观察，对组织或细胞表面抗原进行定性、定量、定位。常用技术包括酶免疫组化（辣根过氧化物酶标记）、免疫金组化（胶体金颗粒标记）、免疫电镜技术（过氧化物酶标记）等。该方法可保持待检标本的组织或细胞形态不被破坏，特别适用于检测组织内的病毒和确定其存在位置。

（四）补体结合反应

1. 原理　可溶性抗原（如蛋白质、多糖、类脂质、病毒等）与相应抗体结合成抗原抗体复合物后，能与定量补体全部或部分结合，则不再引起指示系统的红细胞溶血，结果为阳性；如果抗原、抗体不相适应，不能结合补体，补体反过来使指示系统的红细胞溶血，结果为阴性（图 6-11）。

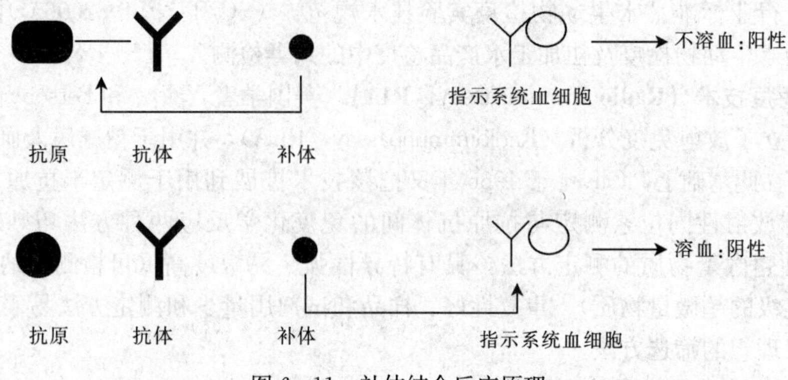

图 6-11　补体结合反应原理

2. 补体结合反应成分

（1）溶血指示系统　常用绵羊红细胞与兔抗绵羊红细胞抗体（溶血素）等量混合而成，一般在试验前 30min 制备，放置 10min 应用。绵羊红细胞常用浓度为 10^9 个/mL，抗绵羊红细胞抗体常用 2 个溶血素单位，即效价。在过量补体作用下，能使定量红细胞完全溶解的最高稀释度称为一个溶血素单位。故溶血素用前要滴定其效价。

（2）补体　3～4 只豚鼠停食 12h 后，采血制备血清，混合而成，须测定补体效价。常用 CH_{100} 或 CH_{50} 表示补体效价。在 2 单位溶血素条件下，使标准量红细胞全部溶解的最小补体量为一个 CH_{100}（100%溶血单位）；使 50%标准量红细胞溶血的最小补体量称为 CH_{50}（50%溶血单位）。正式试验时用 2 个 CH_{100} 或 4～5 个 CH_{50}。补体用量对实验结果影响很大，如偏小，则出现假阳性；偏大，则出现假阴性。

（3）反应系统　即抗原抗体系统。可用已知抗原检测未知抗体，也可用已知抗体检测未知抗原。阳性抗原可用微生物培养物或病变组织经提纯制备而得，纯度越高，特异性越强。同时用无微生物的培养物或正常组织制备阴性抗原作为对照。阳性抗体可用恢复期动物血清，或用阳性抗原高免动物制备，但也须同时制备正常动物血清作为阴性抗体对照。阳性抗原和阳性抗体如来自血清，先 1∶2 稀释后，56℃灭活 30min 以去除其中补体。阳性抗原和阳性抗体也需滴定其效价，用方阵滴定法，能产生完全不溶血的最高阳性抗原和阳性抗体稀释度作为阳性抗原和阳性抗体的一个单位。正式试验时阳性抗原用 4～8 个单位，阳性抗体用 2～4 个单位。

3. 正式补体结合试验　正式补体结合试验分全量法、半量法、半微量法、微量法，其抗原、抗体、补体用量根据方法不同，依次各为 1mL、0.5mL、0.1mL、0.25mL，指示系统的红细胞加倍。前两种在试管内进行，后两种在微孔塑料板上进行。

（五）中和试验

1. 概念　病毒抗原与相应中和抗体结合后，病毒失去吸附细胞的能力，抑制其侵入和

蜕壳，失去感染力，从而保护易感动物、禽胚或单层细胞，称为中和试验。中和试验可用于病毒种型鉴定、病毒抗原分析、中和抗体效价测定等。

中和试验是以病毒对宿主细胞的毒力为基础的，首先需根据病毒特性选择适合的细胞、鸡胚或试验动物，然后测定其毒价，再比较用免疫血清和正常血清中和后的毒价，进而判定该免疫血清中和病毒的能力，即中和价。毒素和抗毒素亦可进行中和试验，其方法与病毒中和试验基本相同。

2. 毒价单位　试验材料、试验对象、观察指标不同，则毒价单位不同。病毒毒力较强，能引起多数动物致死的，以半数动物致死量（LD_{50}）作为毒价单位；病毒只引起动物感染发病的，以半数动物感染量（ID_{50}）作为毒价单位；有的仅以体温反应作为指标，则以半数动物反应量（RD_{50}）作为毒价单位。另外，以鸡胚作为试验对象时，可以半数鸡胚致死量（ELD_{50}）或半数鸡胚感染量（EID_{50}）作为毒价单位；以单层细胞作为试验对象时，可以半数细胞感染量（$TCID_{50}$）作为毒价单位。

3. 终点法中和试验（Endpoint Neutralization Test）　本法是以滴定被血清中和后的残余毒力，通过对中和后病毒50%终点的滴定，以判定血清的中和效价。滴定方法有以下两种：

（1）*固定病毒稀释血清法*　本法须先滴定病毒毒价，然后将其稀释成每一单位剂量含200LD_{50}（或EID_{50}、$TCID_{50}$），与等量的递进稀释的待检血清混合，置37℃ 1h。每一稀释度接种3～6只试验动物（或鸡胚、细胞），记录每组动物的存活数和死亡数，按内插法或Karber法计算其半数保护量（PD_{50}），即该血清的中和价。

（2）*固定血清稀释病毒法*　将病毒原液做10倍递进稀释，分装两列无菌试管，第一列加等量正常血清（对照组）；第二列加待检血清（中和组），混合后置37℃ 1h，分别接种实验动物（或鸡胚、细胞），记录每组死亡数，分别计算LD_{50}和中和指数：

$$中和指数=中和组\ LD_{50}/对照组\ LD_{50}$$

4. 中和试验在水产养殖中的应用　中和试验在水产上主要于病原菌外毒素的鉴定和病毒病诊断及抗血清效价测定。Wolf等（1971）认为中和试验能鉴定鲑传染性胰坏死病病毒（IPNV），可以检测IPNV不同毒株特异性抗原和部分共同抗原。Dixon等应用空斑中和试验成功地检出了鲑、鳟的病毒性出血败血症病毒（VHSV）。

（六）免疫PCR技术

免疫PCR（Immuno-PCR，IM-PCR）技术是将抗原抗体反应的特异性与体外扩增DNA的技术相结合，用于检测生物样品中含量极少的蛋白质，如细胞因子、微量抗原等的方法。首先由Sahot等用重组的链霉亲和素和A蛋白的嵌合体，将免疫法和PCR结合在一起而形成。其基本原理和酶联免疫固相检测法（ELISA）一样，只是标记物质为一段特定的DNA，并且通过PCR扩增进行检测。为此，它要比ELISA敏感10万倍，敏感性可达几百个待检分子。按反应中所用抗体的方式不同可分为：

1. 直接IM-PCR法　将所测抗原吸附在固相载体上，使特异性单抗与之反应，然后用生物素化的多抗通过亲和素与生物素化DNA（标记分子）相连接，再用适宜的引物将后者进行PCR，敏感性可达15pg。

2. 间接IM-PCR（双抗体夹心IM-PCR）　此法用于难以直接吸附于固相载体的抗原检测。将与被检物对应的McAb先吸附在固相载体上，然后使被检抗原与之反应。再用生物素化特异性多抗结合此抗原，通过亲和素与生物素化DNA相连接，然后以适当的引物对

DNA 指示分子进行 PCR 扩增。由于此法是以扩增的 DNA 量来反映待检抗原的量，所以要用不同浓度的标准抗原同时进行 PCR，以获得标准抗原（根据生成 DNA 量计算）的剂量反应曲线，然后从标准曲线上读取待检抗原量。

随着现代分子生物学技术的发展，聚合酶链式反应（PCR）及分子杂交等手段带来了水产动物疾病诊断技术的革命，免疫 PCR 结合了抗原抗体反应的特异性和 PCR 的高度敏感性，成为一种极为敏感的抗体依赖的抗原检测技术，通过运用 PCR 的高度敏感性来放大抗原抗体反应的特异性。Kakizaki 等（1996）报道了在感染的鱼中运用免疫 PCR 检测病原巴斯德菌。徐平西等（1999）用戊二醛作为连接剂，将蛋白质高效率包被在普通 PCR 管内壁，建立了一种简易的免疫 PCR 方法。在检测样品中的特定基因时，又引入地高辛（或生物素）标记的 dNTP 进行 PCR 扩增，利用酶标抗地高辛抗体（或酶标亲和素）进行 ELISA 检测，代替了用于常规 PCR 产物检测的电泳方法，易于处理大量样品，且敏感度高。

第三节　水生动物疫病的免疫诊断

一、常用的免疫学诊断方法

1. 葡萄球菌 A 蛋白协同凝集试验　该方法快速、特异、设备简单，适合基层单位检测。

2. 酶联免疫吸附试验（ELISA 法）　该方法灵敏、准确、特异，可用于早期诊断。该方法的灵敏度比不连续对流免疫电泳法至少高 400 倍。中国科学院武汉病毒研究所已制成试剂盒，可供早期诊断用。

3. 斑点酶联免疫吸附试验（Dot - ELISA）　简称点酶法。该方法操作简便，不需要特殊的酶标仪；灵敏度高，比葡萄球菌 A 蛋白协同凝集试验的灵敏度高 10 倍，比常规酶联免疫吸附试验高 20 倍，在鱼已带毒但尚未显症时即可检出。可用于早期诊断、检疫和病毒疫苗质量检定，是适合基层单位的快速、准确和易行的检测方法。

4. 逆转录聚合酶联反应（RT - PCR）　该方法是检测草鱼出血病灵敏、特异、快速而有效的方法，更适合于大批样本的检测。该法不仅能够检测发病期显症病鱼体内的病毒，而且能够检测发病前期及发病后期外表正常的病毒携带鱼中的病毒，预示可用于草鱼出血病的早期诊断。

5. 免疫过氧化物酶技术　该方法快速、简便、灵敏度比较高，整个过程只需 4～5h。其特异性能满足早期检测和诊断的目的。

（二）草鱼出血病检疫技术规范

1. 斑点酶联免疫吸附试验

2. 葡萄球菌 A 蛋白协同凝集试验（SPA - COA）

二、酶联免疫吸附试验（ELISA）

（一）鲑传染性胰脏坏死病

鲑传染性胰脏坏死病（IPN）是鲑科鱼类的一种高度传染性的急性病毒疾病。该病主要病症是胰脏坏死。IPN 病毒主要危害鲑鳟的幼鱼，死亡率高达 90%以上。鲑传染性胰脏坏死病病毒属双 RNA 病毒科（*Birnaviridae*）的水生双 RNA 病毒属（*Aquabirnavirus*）。IPN

病毒有许多血清型。

（二）酶链免疫吸附试验（ELISA）诊断方法

1. 采样　对有临床症状的鱼，体长小于等于4cm的鱼苗取整条；体长4～6cm的鱼苗取内脏（包括肾）；体长大于6 cm的鱼则取肝、肾、脾；对无症状的鱼取肝、肾、脾；成熟雌鱼还需取卵巢液。

2. 样品处理　应在10℃以下进行。先用组织研磨器将样品匀浆，再用培养液按1∶10的最终稀释度悬浮。在匀浆前未用抗生素处理过的样品，则须将样品匀浆后再悬浮于含有抗生素的培养液中，于15℃下孵育2～4h或4℃下孵育6～24h，7 000r/min离心15min，收集上清液。卵巢液不必匀浆，稀释2倍以上。用相同的方法离心卵巢液样品并在以后的步骤中直接用其上清液。

3. 病毒分离　对上述1∶10的组织匀浆上清液再作两次10倍稀释，然后将这1∶10，1∶100和1∶1 000三种稀释度的上清液，以适当体积分别接种到生长约24h的RTG－2，CHSE或者PG新鲜细胞单层中。15～20℃吸附1h后，加入细胞培养液，置于（18±2）℃培养。阳性对照组和待测样品都接种细胞后，7d内每日用40～100倍倒置显微镜检查。如果接种了被检物匀浆上清稀释液的细胞培养中出现细胞病变（CPE），应立即进行鉴定。如果除阳性对照细胞外，没有CPE出现，则在培养7d后还要用敏感细胞进行再传代培养。传代时，冻融并收集接种了组织匀浆上清稀释液的细胞单层培养物。7 000r/min，4℃离心15min，收集上清液。接种到新鲜细胞单层，培养7d。每日用40倍到100倍倒置显微镜检查。

如果在阳性对照组也未出现CPE，则必须采用敏感细胞和一批新的组织样品重新进行另一系列的病毒学检查。

4. IPN病毒的鉴定

（1）包被羊抗IPN病毒抗体　将羊抗IPN病毒的IgG用包被稀释液稀释成工作浓度后包被酶标板，每孔0.1mL。4℃孵育12～24h或者37℃反应1.5～2h。倒出孔内液体。

（2）洗涤　将PBST加入小孔，2min后倒出，拍干。如此重复3次。

（3）加入待测样品　每个样品2孔，每孔0.1mL。另将已知标准IPN病毒（阳性对照）、正常组织样品（阴性对照）和细胞培养液（空白对照）也各加2孔。37℃反应1.5～2h。倒出孔内液体。用PBST洗3次，方法同（2）。

（4）加入兔抗IPN血清　每孔加0.1mL稀释到工作浓度的兔抗IPN病毒血清（用细胞培养液稀释）。37℃反应1.5～2h，倒出孔内液体。用PBST洗2次，方法同（2）。

（5）消除非特异性过氧化物酶　每孔加0.1mL 0.1%的双蒸水（用H_2O_2稀释）。37℃反应15min以除掉非特异性的过氧化物酶。倒出孔内液体。用PBST洗2次，方法同（2）。

（6）加入酶标羊抗兔IgG结合物（酶标二抗）　每孔加入0.1mL稀释到工作浓度的酶标羊抗兔IgG（用细胞培养液稀释）。37℃反应1.5～2h，倒出孔内液体。用PBST洗3次，方法同（2）。

（7）加底物OPD溶液　每孔加入0.1mL OPD溶液。室温下避光反应显色（约10min）。

（8）加终止液　当阳性对照出现明显棕黄色，阴性对照无色时，立即每孔加入0.2mL浓度为2mol/L硫酸终止反应。

5. 结果判定　样品经过接种细胞和盲传后均没有CPE出现，则结果判为阴性。有CPE出现，则要用ELISA方法进行鉴定是否由IPN病毒引起。当ELISA反应结束并加入终止液后 10min 内用酶标仪测量各孔在 490nm 波长时的光吸收值（A_{490}）。以空白对照的 A_{490} 值为零点。先计算阳性对照和阴性对照的 A_{490} 值之比。阳性对照孔的 A_{490} 值（P）与阴性对照孔的 A_{490} 值（N）之比大于 2.1（即 P/N≥2.1），表明对照成立。再计算待测样品孔和阴性对照孔的 A_{490} 值之比。当样品孔的 A_{490} 值（P）与阴性对照孔的 A_{490} 值（N）之比大于或等于 2.1（即 P/N≥2.1）时，定为 IPNV 阳性。

三、胶体金免疫检测

免疫胶体金技术（Immune Colloidal Gold Technique）是以胶体金作为示踪标志物应用于抗原抗体的一种新型的免疫标记技术，英文缩写为 GICT。胶体金是由氯金酸（$HAuCl_4$）在还原剂如白磷、抗坏血酸、枸橼酸钠、鞣酸等作用下，聚合成为特定大小的金颗粒，并由于静电作用成为一种稳定的胶体状态，称为胶体金。胶体金在弱碱环境下带负电荷，可与蛋白质分子的正电荷基团牢固结合，由于这种结合是静电结合，所以不影响蛋白质的生物特性。胶体金除了与蛋白质结合以外，还可以与许多其他生物大分子结合，如 SPA、PHA、Con A 等。由于胶体金的一些物理性状，如高电子密度、颗粒大小、形状及颜色反应，加上结合物的免疫和生物学特性，使胶体金被广泛地应用于免疫学、组织学、病理学和细胞生物学等领域。

胶体金标记技术由于标记物的制备简便，方法敏感、特异，不需要使用放射性同位素，或有潜在致癌物质的酶显色底物，也不要荧光显微镜。它的应用范围广，除应用于光镜或电镜的免疫组化法外，被更广泛地应用于各种液相免疫测定和固相免疫分析以及流式细胞术等。

1. 液相免疫测定　将胶体金与抗体结合，建立微量凝集试验检测相应的抗原，如间接血凝一样，用肉眼可直接观察到凝集颗粒。利用免疫学反应时金颗粒凝聚导致颜色减退的原理而建立的均相溶胶颗粒免疫测定法（SPIA）已成功地应用于 PCG 的检测，直接应用分光光度计进行定量分析。

2. 金标记流式细胞术　胶体金可以明显改变红色激光的散射角，利用胶体金标记的羊抗鼠 Ig 抗体应用于流式细胞术，分析不同类型细胞的表面抗原，结果胶体金标记的细胞在波长 632nm 时，90°散射角可放大 10 倍以上，同时不影响细胞活性，而且与荧光素共同标记时，彼此互不干扰。

3. 胶体金固相免疫测定法

（1）斑点免疫金银染色法（Dot－IGS/IGSS）

（2）斑点金免疫渗滤测定法（DIGFA）

第七篇

水生动物微生物学

第一单元　细菌的形态与结构

第一节　细菌的形态

细菌是原核生物界中的一大类单细胞微生物，在自然界中分布广泛，种类繁多。细菌有广义与狭义之分，广义的细菌泛指各类原核细胞型微生物，除细菌外，还包括立克次体、衣原体、支原体、螺旋体及放线菌等。狭义上则专指其中数量最大、种类最多、具有典型代表性的细菌，它们的个体微小，形态与结构简单，具有细胞壁和原始核质，无核仁和核膜，除核糖体外无其他细胞器的原核生物，它们是在自然界分布最广、数量最大、种类最多的有机体，是大自然物质循环的主要参与者。

一、细菌的个体形态

尽管细菌种类繁多，但就单个细胞而言，其基本形态可分为球状、杆状和螺旋状三种，分别称为球菌、杆菌和螺旋菌。

（一）球菌

细胞呈球形或椭圆形，按其分裂方向及分裂后的排列情况，又可分为以下几种。

1. 单球菌　细胞沿一个平面进行分裂，子细胞分散而单独存在。

2. 双球菌　细胞沿一个平面分裂，子细胞在一个平面上成双排列。

3. 链球菌　细胞沿一个平面分裂，子细胞不但可保持成对的样子，还常排列成链状。

4. 四联球菌　细胞在两个相互垂直的平面上分裂，分裂后四个子细胞以田字形特征性地连在一起。

5. 八叠球菌　细胞沿着三个相互垂直的方向进行分裂，分裂后每八个子细胞特征性地叠在一起呈一立方体。

6. 葡萄球菌　细胞无定向分裂，多个子细胞形成一个不规则的群集，犹如葡萄串。

（二）杆菌

细胞呈杆状或圆柱形。各种杆菌的长度与直径比例差异很大，有的粗短，有的细长。短杆菌近似球状，长杆菌近丝状，一般而言，同一种杆菌其粗细比较稳定，而长度则常因培养时间、培养条件不同而有较大变化。有的杆菌很直，有的稍弯曲。有的杆菌两端截平，有的略尖，有的钝圆。

杆菌细胞常沿一个平面分裂，大多数菌体分散存在，但有的杆菌呈长短不一的链状，有的一个紧挨一个呈栅栏状或“八”字形。以上排列方式，在一些情况下并非形态学特征，而是由生长阶段或培养条件等原因造成。因此，对大多数杆菌而言，其细胞排列方式在分类鉴定中作用不大。

（三）螺旋菌

菌体呈弯曲或螺旋状的圆柱形，两端圆或尖突。又可分弧菌和螺菌两种，前者菌体长2～3μm，只有一个弯曲，呈弧形或逗点状，如鳗弧菌（*Vibrio anguiuarum*）；后者菌体较长，3～6μm，有两个以上的弯曲，旋转呈螺旋状，例如鼠咬热螺菌（*Spirillum minus*）。

二、细菌的群体形态

细菌的群体形态指的是某个细菌在适合生长的固体培养基表面或内部，在适宜的条件下，经过一定时间培养（多数为 18～24h），生长繁殖出巨大数量的菌体，形成一个肉眼可见的、有一定形态的独立群体，称为菌落或克隆。若长出的菌落连成一片，称为菌苔。在细菌培养中，常将细菌作固体平板培养基表面划线接种，以获得单个菌落。

细菌的菌落可用肉眼观察到，也可用光学显微镜、解剖镜观察。各种细菌的菌落在大小、色泽、质地、表面性状、边缘结构等方面均有各自的特征。菌落的特征除与细菌个体的形态、结构的特征密切相关外，还与培养条件有关。在细菌学工作中，常通过固体培养基上的菌落，进行细菌的分离、纯化、计数及鉴定等。

各种细菌的生长特性依其培养所用培养基的不同而不同，下面主要介绍细菌在固体培养基、半固体培养基、液体培养基中的群体形态特征。

（一）固体培养基

1. 菌落的形态特征　包括大小，形态（点状、圆形、丝状、不规则等），隆起（扁平、拱起、凸透镜状等），边缘（完整、波状、裂中状、卷曲等），颜色（红色、灰白色、黑色、绿色、无色、黄色等），表面（光滑、粗糙等），透明度（不透明、半透明、透明等）和黏度等。据细菌菌落表面特征不同，可将菌落分为 3 型。

（1）光滑型菌落（S 型菌落）　菌落表面光滑、湿润、边缘整齐。

（2）粗糙型菌落（R 型菌落）　菌落表面粗糙、干燥、呈皱纹或颗粒状，边缘大多不整齐。R 型菌落多为 S 型细菌变异失去菌体表面多糖或蛋白质形成。

（3）黏液型菌落（M 型菌落）　菌落黏稠、有光泽、似水珠样。多见于厚荚膜或丰富黏液层的细菌、结核杆菌等。

2. 菌落溶血特征　菌落溶血有下列 3 种情况：

（1）α 溶血　又称不完全溶血、部分溶血或草绿色溶血，菌落周围培养基出现 1～2mm 的草绿色环，为血红蛋白被细菌产生的过氧化氢氧化成高铁血红蛋白所致，红细胞并未完全溶解。

（2）β 溶血　又称完全溶血，菌落周围形成一个完全清晰透明的溶血环，是细菌产生的溶血素使红细胞完全溶解所致。

（3）*γ溶血*　即不溶血，菌落周围的培养基没有变化，红细胞没有溶解或缺损。

3. 色素　有些细菌能产生色素，使菌落及其周围的培养基出现绿色、金黄色、白色、橙色、柠檬色等颜色，产生的色素有水溶性或脂溶性。

4. 气味　有些细菌在培养基中生长繁殖后，其代谢物直接或通过使培养基成分分解而产生特殊气味，如铜绿假单胞菌（生姜气味）、变形杆菌（巧克力烧焦的臭味）、厌氧梭菌（腐败的恶臭味）、白色假丝酵母菌（酵母味）和放线菌（泥土味）等。

（二）半固体培养基

半固体培养基主要用于细菌动力试验。有鞭毛的细菌除了沿穿刺线生长外，在穿刺线两侧也可见羽毛状或云雾状混浊生长，为动力试验阳性；无鞭毛的细菌只能沿穿刺线呈明显的线状生长，穿刺线两边的培养基仍然澄清透明，为动力试验阴性。

（三）液体培养基

细菌在液体培养基中有 3 种生长现象：大多数细菌在液体培养基生长繁殖后呈均匀混浊；少数链状排列的细菌如链球菌、炭疽芽孢杆菌等则呈沉淀生长；枯草芽孢杆菌（*Bacillus subtilis*）、结核分支杆菌（*Mycobacterium tuberculosis*）和铜绿假单胞菌（*Pseudomonas aeruginosa*）等专性需氧菌一般呈表面生长，常形成菌膜。

第二节　细菌的基本结构

细菌的结构包括基本结构和特殊结构。基本结构指细胞壁、细胞膜、细胞质、核质、核糖体、质粒等各种细菌都具有的细胞基本结构，特殊结构指某些细菌特有的荚膜、鞭毛、菌毛、芽孢等结构。

一、细胞壁

细胞壁是位于细胞最外的一层厚实、坚韧而有弹性的膜状结构，主要由肽聚糖构成，有固定外形和保护细胞等多种功能，并与细菌的抗原性、致病性有关。通过染色、质壁分离或制成原生质体后在光学显微镜下观察，可证实细胞壁的存在；用电子显微镜观察细菌超薄切片，可观察到细胞壁的存在。用革兰氏染色法可将细菌分为两大类，即革兰氏阳性菌和革兰氏阴性菌。革兰氏阳性菌和革兰氏阴性菌的细胞壁均含肽聚糖成分，只是含量多少、肽链性质和连接方式有差别：革兰氏阳性菌的胞壁较厚但组成较简单，主要由肽聚糖和革兰氏阳性菌特有的组分磷壁酸组成；革兰氏阴性菌的细胞壁较薄，但结构较复杂，在肽聚糖层外还有由脂蛋白、脂质双层和脂多糖构成的外膜。

肽聚糖是一类复杂的多聚体，为原核细胞所特有，又称为黏肽、糖肽或胞壁质。革兰氏阳性菌的肽聚糖由聚糖骨架、四肽侧链和五肽交联桥三部分组成，革兰氏阴性菌的肽聚糖仅由聚糖骨架和四肽侧链两部分组成。革兰氏阳性菌大多数含有大量的磷壁酸，少数是磷壁醛酸，约占细胞壁干重的 50%。革兰氏阴性菌除含有 1～2 层肽聚糖结构外，尚有其特殊组分外膜和周质间隙。

二、细 胞 膜

细胞膜又称为细胞质膜或原生质膜，是位于细胞壁内侧的一层富含磷脂和蛋白质的双层膜结构，直接包裹细胞质，为细胞干重的10%～30%。电镜观察可见三层，内外两层为较暗淡的致密层，厚2～4nm；中间为较透亮的稀疏层，为3～5nm。

细胞膜是由单位膜组成的，以脂质双分子层所组成的基本骨架。在常温下脂质双分子层呈液态，其中镶嵌着多种具有特殊作用的酶类和载体蛋白在磷脂表层或内层作侧向移动，以执行其相应的生理功能。细胞膜的化学组成基本相同，其中磷脂质占20%～30%，蛋白质占40%～50%，碳水化合物占15%～20%。

细胞膜有以下主要功能：

1. 选择性渗透和转运营养物质　细胞膜是细胞的主要渗透屏障，选择性地调节细胞质和外界环境间的物质分子交换。物质分子交换方式有：被动运输指物质顺浓度梯度转运过程，此过程不消耗能量；主动运输，指质膜上的载体蛋白将离子、营养物和代谢物等逆电化学梯度从低浓度侧向高浓度侧的耗能运输，所耗能量由具ATP酶活性的膜蛋白分解ATP提供；大分子与颗粒物质的运输指对于蛋白质、多核苷酸和多糖等大分子物质以及颗粒等，由质膜运动产生内凹、外凸而导出内吞入胞或外吐和出芽而出胞，包括胞吞作用、胞吐作用、受体介导的内吞作用、膜通道运输等。

2. 参与细菌的呼吸作用　许多酶的活动场所，如脱氢酶、细胞色素、辅酶等都存在于细胞内，可通过转运电子，完成氧化磷酸化作用，参与细胞呼吸过程。

3. 参与生物合成作用和物质的分解作用　细胞膜上能合成细胞壁所需要的脂质载体和磷壁酸、肽聚糖、脂多糖等物质。再者，通过细胞膜将胞外酶分泌到环境中去，水解大分子的多聚体，如蛋白质、多糖等，转变成小分子可溶性物质，才会被吸收。

4. 参与渗透压　细胞膜具有维持胞内渗透压，阻挡代谢产物渗出的作用，在细胞壁的协同支持下，细胞内的代谢物浓度可达500～2 450kPa（5～25个大气压）的渗透压力。

5. 是细胞壁、荚膜、鞭毛等有关成分合成的场所　细胞膜也是某些细菌特殊结构鞭毛等的附着处。

由细胞膜内褶形成的一种管状、层状或囊状结构的细胞膜内突结构，称为间体，多见于革兰氏阳性菌。其化学组成与细胞膜相同，功能主要是促进细胞间隔的形成，与细菌的DNA复制、细胞分裂有密切关系。

三、细 胞 质

细胞质是细胞质膜包围的除核区外的一切半透明、胶状、颗粒状物质的总称。细胞质的主要结构为核糖体、多种酶类和中间代谢物、质粒、各种营养物和大分子的单体等，少数细菌还有类囊体、羧酶体、气泡或伴孢晶体等。细菌细胞中90%的RNA和40%的蛋白质存在于核糖体中。细胞质是细菌合成蛋白质、核酸、营养物代谢的场所，也是许多酶系反应的场所。

细胞质中的核糖体是细菌合成蛋白质的场所，游离存在于细胞质中，每个细菌体内可达数万个。细菌核糖体沉降系数为70S，由50S和30S两个亚基组成，以大肠埃希菌（*Escherichia coli*，又名大肠杆菌）为例，其化学组成66%是RNA（包括23S、16S和5S rRNA），

34%为蛋白质。核糖体常与正在转录的 mRNA 相连呈“串珠”状，称多聚核糖体，使转录和翻译耦联在一起。在生长活跃的细菌体内，几乎所有核糖体都以多聚核糖体的形式存在。

细胞质中的质粒是染色体外的遗传物质，存在于细胞质中，为闭合环状的双链 DNA，带有遗传信息，控制细菌某些特定的遗传性状。质粒能独立自行复制，随细菌分裂转移到子代细胞中。质粒不是细菌生长所必不可少的，失去质粒的细菌仍能正常存活。质粒除决定该菌自身的某些性状外，还可通过接合或转导作用等将有关性状传递给另一细菌。质粒编码的细菌性状有菌毛、细菌素、毒素和耐药性的产生等。细胞质中的胞质颗粒是细菌细胞质中含有的多种颗粒，大多为贮藏的营养物质，包括糖原、淀粉等多糖、脂类、磷酸盐等。

四、核　质

核质或拟核是细菌的遗传物质，集中于细胞质的某一区域，多在菌体中央，无核膜、核仁和有丝分裂器，是原核生物所特有的无核膜结构、无固定形态的原始细胞核。每个细胞所含的核质体数与其生长速度有关，一般为 1～4 个。

细菌的核质（染色体）为一个共价闭合环状双链 DNA 分子，由两股方向相反的 DNA 多聚链构成，呈右手双螺旋结构。细菌的染色体与真核细胞相比，有两个显著的不同：一是前者的 DNA 量要小得多，其序列的组织性简单得多；二是真核细胞除了 RNA，基因通常是多拷贝，细菌绝大多数蛋白质基因保持单拷贝形式，很少有重复序列。

第三节　细菌的特殊结构

一、荚　膜

包被于某些细菌细胞壁外的一层厚度不定的胶状物质，称为荚膜。荚膜的有无、厚薄除与菌种的遗传性相关外，还与环境（尤其是营养）条件密切相关。荚膜按其有无固定层次、层次厚薄又可细分为荚膜（具有一定的外形，相对稳定地附于细胞壁外）、微荚膜（厚度小于 0.2μm）、黏液层（没有明显的边缘，可扩散到周围环境中）和菌胶团（细菌的荚膜物质相互融合，连为一体，组成共同的荚膜，将多个菌体包埋其中，形成的一团胶状物）。荚膜的主要成分是多糖、多肽或蛋白质，尤以多糖居多。多糖分子组成和构型的多样化使其结构极为复杂，成为血清学分型的基础。荚膜与同型抗血清结合发生反应后即逐渐增大，出现荚膜肿胀反应，用于细菌定型。荚膜与细菌的致病力有关，可保护细菌抵抗吞噬细胞的吞噬、消化作用，还能使细菌免受补体、溶菌酶等杀菌物质的损伤，使病菌侵入机体后不被杀灭。此外，荚膜还有黏附、抗干燥等功能。

二、鞭　毛

许多细菌（包括所有的弧菌和螺菌、约半数的杆菌和个别球菌）的菌体上附有细长并呈波状弯曲的丝状物，称为鞭毛。长度一般为 15～20μm，直径为 0.01～0.02μm，为细菌的运动器官。鞭毛在细菌表面的着生方式多样，主要有单端鞭毛、端生丛毛、两端鞭毛和周毛等几种。鞭毛的有无和着生方式在细菌的分类和鉴定工作中，是一项十分重要的形态学指标。

鞭毛自细胞膜长出，游离于菌细胞外，由基础小体、钩状体和丝状体三个部分组成：

1. 基础小体　位于鞭毛根部，嵌在细胞壁和细胞膜中。革兰氏阴性菌鞭毛的基础小体由一根圆柱、两对同心环和输出装置组成。其中，一对是M（Membrane）环和S（Supramembrane）环，附着在细胞膜上；另一对是P（Peptidoglycan）环和L（Lipopolysaccharide）环，附着在细胞壁的肽聚糖和外膜的脂多糖上。基础小体的基底部是鞭毛的输出装置，位于细胞膜内面的细胞质内。基底部圆柱体周围的发动器为鞭毛运动提供能量，近旁的开关决定鞭毛转动的方向。革兰氏阳性菌的细胞壁无外膜，其鞭毛只有M、S一对同心环。

2. 钩状体　位于鞭毛伸出菌体之处，呈约90°的钩状弯曲。鞭毛由此转弯向外伸出，成为丝状体。

3. 丝状体　呈纤丝状，伸出于菌体外，为鞭毛蛋白紧密排列并缠绕而成的中空管状结构。丝状体的作用犹如船舶或飞机的螺旋桨推进器。鞭毛蛋白是一种弹力纤维蛋白，其氨基酸组成与骨骼肌中的肌动蛋白相似，可能与鞭毛的运动有关。

具有鞭毛的细菌在液体环境中能自由游动，速度迅速，如单鞭毛的霍乱弧菌（*Vibrio cholerae*）每秒移动可达55μm，周毛菌移动较慢，每秒25～30μm。细菌的运动有化学趋向性，常向营养物质处前进而逃离有害物质。

三、菌　　毛

许多革兰氏阴性菌和少数革兰氏阳性菌表面存在着一种比鞭毛更细、短而直的毛发样结构，称为菌毛。菌毛由结构蛋白亚单位菌毛蛋白组成，为螺旋状排列圆柱体，新形成的菌毛蛋白分子插入菌毛的基底部。菌毛蛋白具有抗原性，其编码基因位于细菌的染色体或质粒上。菌毛在普通光学显微镜下看不到，必须用电子显微镜观察。

菌毛分普通菌毛和性菌毛：

1. 普通菌毛　长0.2～2μm，直径3～8nm，位于细菌表面，这类菌毛是细菌的黏附结构，能与宿主细胞表面的特异性受体结合，是细菌感染的第一步。因此，菌毛和细菌的致病性密切相关。菌毛的受体常为糖蛋白或糖脂，与菌毛结合的特异性决定了宿主感染的易感部位。

2. 性菌毛　构造和成分与菌毛相同，仅见于少数革兰氏阴性菌。数量少，一个菌只有14根。比普通菌毛长而粗，中空呈管状。性菌毛由一种称为致育因子的质粒编码，故性菌毛又称F菌毛。带有性菌毛的细菌称为F^+菌或雄性菌，无性菌毛者称为F^-菌或雌性菌。当F^+菌与F^-菌相遇时，F^+菌的性菌毛与F^-菌相应的性菌毛受体（如OmpA）结合，F^+菌体内的质粒或染色体DNA可通过中空的性菌毛进入F^-菌体内，这个过程称为接合。细菌的毒力、耐药性等性状可通过此方式传递。此外，性菌毛也是某些噬菌体吸附于菌细胞的受体。

四、芽　　孢

某些细菌在一定条件下，细胞质脱水浓缩，在菌体内形成一个圆形或椭圆形、厚壁、折光性较强、含水量极低、抗逆性极强的休眠体，称为芽孢或内生孢子。芽孢对营养、能量的需求均很低，抵抗力强，能保护细菌度过不良环境，具有含水量少、包膜厚而致密、壳无通透性、核心中含有多种耐热酶等特点，因此对热、干燥、化学消毒剂等理化因素的抵抗力极强。一般细菌的营养细胞不能经受70℃以上的高温，可是它们的芽孢却有惊人的耐高温能力，例如，肉毒梭菌（*Clostridium botulinum*）的芽孢在100℃沸水中要经过5.0～9.5h才被杀死，至121℃时，平均也要10min才被杀死；热解糖梭菌（*C. thermosaccharolyticum*）的营养细胞在50℃下经数分钟即可杀死，但芽孢须在132℃下经44min才能杀死其中的90%。产生芽孢的细菌一般都是革兰氏阳性菌。芽孢的大小及在菌体内的位置因菌种不同而异，对于鉴别产生芽孢的细菌很有帮助。

第四节　细菌染色方法

一、革兰氏染色法

革兰氏染色法由丹麦医师Gram于1884年创立，是细菌学中最广泛使用的一种鉴别染色法。革兰氏染色法可将具有细胞壁的细菌分为革兰氏阳性菌（G^+）和革兰氏阴性菌（G^-）两大类。

1. 革兰氏染色法的原理　细菌对革兰氏染色反应不同的主要原因是革兰氏阳性菌和革兰氏阴性菌的细胞壁结构与化学组成不同。细菌经结晶紫初染成蓝色。革兰氏阳性菌的细胞壁较厚，肽聚糖层数多、含量高，且为空间网状结构，交联度大，脂类含量少，经95%乙醇脱色时，肽聚糖层的孔径变小，网状结构更为致密，通透性降低，与细胞结合的结晶紫与碘的复合物不易被脱掉，因此细胞仍保留初染时的蓝色。而革兰氏阴性菌的细胞壁较薄，含有较多的类脂质，肽聚糖的层数少、含量较低，且为平面片层结构，乙醇脱色时溶解外层类脂质，增加了细胞壁的通透性，使结晶紫和碘的复合物易于渗出，细菌被脱色为无色，再经番红复染液复染成红色。

2. 革兰氏染色步骤　初染：草酸铵结晶紫染液染色1min，水冲洗→媒染：卢戈氏碘液染色1min，水冲洗→脱色：95%酒精约30s，水冲洗→复染：番红液染色60～90s→水冲洗，吸水纸吸干后镜检。

二、瑞氏染色法

瑞氏染色法是用瑞氏染色液对细菌进行染色以便进行显微镜观察的染色法。

1. 瑞氏染色法的原理　瑞氏染料由酸性染料伊红（E^-）和碱性染料亚甲蓝（M^+，又称美蓝）组成。将适量伊红、亚甲蓝溶解在甲醇中，即为瑞氏染料。甲醇具有强大的脱水力，可将细胞固定在一定形态及增加细胞结构的表面积，提高细胞对染料吸收作用，同时由于甲醇吸附染色液中的水，使染色液升温，加速染色反应。各种细胞成分化学性质不同，对各种染料的亲和力也不一样。如血红蛋白、嗜酸性颗粒为碱性蛋白质，与酸性染料伊红结合，染粉红色，称为嗜酸性物质；细胞核蛋白、淋巴细胞、嗜碱性粒细胞胞质为酸性，与碱性染料亚甲蓝或天青结合，染紫蓝色或蓝色，称为嗜碱性物质；中性颗粒呈等电状态与伊红和亚甲蓝均可结合，染淡紫红色，称为嗜中性物质；原始红细胞、早幼红细胞胞质、核仁含较多酸性物质，染成较浓厚的蓝色；中幼红细胞既含酸性物质，又含碱性物质，染成红蓝色或灰红色；完全成熟红细胞，酸性物质彻底消失后，染成粉红色。

2. 瑞氏染色步骤　涂片、自然干燥→滴加瑞氏染液染3min，使标本固定→加等量pH

6.4 的磷酸盐缓冲液（或等量超纯水）轻轻晃动玻片均匀，静置 5min→水洗、吸干、镜检→细菌染成蓝色，组织细胞细胞质红色，细胞核蓝色。

三、特殊染色法

特殊染色法包括芽孢染色法、荚膜染色法、鞭毛染色法等。

第二单元　细菌的生理与分类

第一节　细菌的营养和生长繁殖

一、细菌的营养类型

根据微生物对碳源的要求不同，可将其分为自养菌和异养菌两大营养类型。凡能利用无机碳合成菌体内有机碳化合物的细菌为自养菌；不能利用无机碳而需要有机碳才能合成菌体内有机碳化合物的细菌为异养菌。根据生命活动所需能量的来源不同，可分为光能营养菌和化能营养菌，前者是从光线中获得能量，后者则从化学物质氧化中取得能量。所以，根据微生物所需的碳源、能源不同，可将微生物分为光能无机自养菌、光能有机异养菌、化能无机自养菌及化能有机异养菌 4 种类型。

1. 光能无机自养菌　是一类含有特殊的色素如菌紫素（含菌绿素和菌红素）的细菌（如红硫菌、绿硫菌等），可以利用光能，进行光合作用。因此，能在完全无机的环境中生长。与高等绿色植物光合作用不同之处是它还原二氧化碳时，以硫化氢作为供氢体，没有氧气产生。

2. 光能有机异养菌　这类微生物能以光为能源，利用有机化合物作为供氢体，还原二氧化碳，合成有机碳化合物。如红螺菌能利用异丙醇作为供氢体，进行光合作用，并积累丙酮。

3. 化能无机自养菌　这类微生物的能量来自无机物氧化时产生的化学能，以二氧化碳或碳酸盐作为碳源，以氨或硝酸盐作为氮源，合成细胞有机物。如硫细菌、氢细菌、铁细菌和硝化细菌等许多非致病菌。化能无机自养型微生物广泛分布于土壤及水环境中，参与地球物质循环。

4. 化能有机异养菌　微生物中绝大部分（包括大多数细菌以及全部放线菌、真菌和原生动物）都以有机物质（如蛋白质、氨基酸、糖类、有机酸、纤维素等）作为碳源和能源。它们都是化能异养型微生物。根据化能有机异养型微生物利用的有机物性质的不同，又可将它们分为腐生型和寄生型两类，前者可利用无生命的有机物（如动植物尸体和残体）作为碳源，后者则寄生在活的宿主机体内吸取营养物质，离开宿主就不能生存。在腐生型和寄生型之间还存在一些中间类型，如兼性腐生型和兼性寄生型。

另外，某些菌株发生突变（自然突变或人工诱变）后，失去合成某种（或某些）对其生长必不可少的物质（通常是生长因子如氨基酸、维生素、嘌呤及嘧啶）的能力，必须从外界环境获得该物质才能生长繁殖。这种突变型菌株称为营养缺陷型，相应的野生型菌株称为原养型。营养缺陷型菌株经常用来进行微生物遗传学方面的研究。

在营养类型上，无论哪种营养分类方式，不同营养类型之间的界限并非绝对的。异养型微生物并非绝对不能利用二氧化碳，只是不能以二氧化碳为唯一或主要碳源进行生长，在有机物存在的情况下也可将二氧化碳同化为细胞物质。同样，自养型微生物也并非不能利用有机物进行生长。而有些微生物在不同生长条件下生长时，其营养类型也会发生改变。如紫色非硫细菌在没有有机物时可以同化二氧化碳，为自养型微生物，而当有机物存在时，它又可以利用有机物进行生长，此时它为异养型微生物。再如，紫色非硫细菌在光照和厌氧条件下可利用光能生长，为光能营养型微生物，而在黑暗与好氧条件下，依靠有机物氧化产生的化学能生长，则为化能营养型微生物。

二、细菌的营养物质

微生物需要从外界获得营养物质，而这些营养物质主要以有机和无机化合物的形式为微生物所利用，也有小部分以分子态的气体形式被微生物利用。根据营养物质在机体中的生理功能，可将它们分为碳源、氮源、无机盐、生长因子和水五大类。

1. 碳源　指凡能被微生物利用的含碳化合物（如二氧化碳、石油、糖、脂肪等）。碳源物质作为能源物质参与细胞内的生化反应过程，为机体提供维持生命活动所需的能源，并可作为合成菌体成分的原料（如糖类、脂、蛋白质等）。

微生物利用碳源物质具有选择性，糖类是一般微生物较容易利用的良好碳源和能源物质，微生物对不同糖类物质的利用也有差别，如在以葡萄糖和半乳糖为碳源的培养基中，大肠杆菌（*Escherichia coli*）首先利用葡萄糖，然后利用半乳糖，前者称为大肠杆菌的速效碳源，后者称为迟效碳源。

不同种类微生物利用碳源物质的能力也有差别。有的微生物能广泛利用各种类型的碳源物质，而有些微生物可利用的碳源物质则比较少，如假单胞菌属（*Pseudomonas*）中的某些种可以利用 90 种以上的碳源物质，而一些甲基营养型微生物只能利用甲醇或甲烷等一碳化合物作为碳源物质。

2. 氮源　指凡能被微生物利用的含氮物质。氮源主要用来合成菌体结构中的含氮物质，很少作为能源利用，只有少数自养微生物能利用铵盐、硝酸盐同时作为氮源与能源。能够被微生物利用的氮源物质包括蛋白质及其不同程度的降解产物（胨、肽、氨基酸等）、铵盐、硝酸盐、分子氮、嘌呤、嘧啶、脲、胺、酰胺、氰化物等。

3. 无机盐　是微生物生长必不可少的一类营养物质，主要有磷（P）、硫（S）、钾（K）、钠（Na）、钙（Ca）、镁（Mg）、铁（Fe）等。它们在机体中的生理功能主要是作为酶活性中心的组成部分、维持生物大分子和细胞结构的稳定性、调节并维持细胞的渗透压平衡、控制细胞的氧化还原电位和作为某些微生物生长的能源物质等。

4. 生长因子　通常指那些微生物生长所必需而且需要量很小，但微生物自身不能合成或合成量不足以满足机体生长需要的有机化合物。各种微生物需求的生长因子的种类和数量是不同的。

自养微生物和某些异养微生物（如大肠杆菌）不需外源生长因子也能生长，同时，同种微生物对生长因子的需求也会随着环境条件的变化而改变。生长因子主要分为维生素、氨基酸、嘌呤及嘧啶三大类，在机体中所起的作用主要是作为酶的辅基或辅酶参与新陈代谢。

5. 水　在细胞中的生理功能主要有：①起溶剂与运输介质的作用，营养物质的吸收与代谢产物的分泌必须以水为介质才能完成；②参与细胞内一系列化学反应；③维持蛋白质、核酸等生物大分子稳定的天然构象；④水的比热高，是热的良好导体，能有效吸收代谢过程中产生的热并及时将热散发出体外，从而有效地控制细胞内温度变化；⑤保持充足的水分是细胞维持自身正常形态的重要因素；⑥微生物通过水合作用与脱水作用控制由多亚基组成的结构，如酶、微管、鞭毛及病毒颗粒的组装与解离。

微生物生长的环境中，水的有效性常以水活度值（a_w）表示，水活度值是指在一定的温度和压力条件下，溶液的蒸汽压力与同样条件下纯水蒸气压力之比，即：

$$a_w = p_w / p_w^0$$

式中：p_w——溶液蒸汽压力；

p_w^0——纯水蒸气压力。

纯水的 a_w 为1.00，溶液中溶质越多，a_w 越小。微生物一般在 a_w 为0.60～0.99的条件下生长。

三、影响细菌生长的环境因素

生长是微生物同环境相互作用的结果，影响微生物生长的主要因素有营养物质、水的活性、温度、pH、气体和辐射等。

1. 营养物质　细菌生长繁殖所需的营养物质有水分，无机盐和蛋白胨。蛋白胨中含有细菌需要的氮源和碳源。营养要求高的细菌还需要其他生长因子。因此，培养细菌时要选择合适的培养基。营养物质不足导致微生物生长所需要的能量、碳、氮源、无机盐等成分不足，影响正常生长。

2. 水的活性　微生物在生长过程中，对培养基的 a_w 有一定的要求，每种微生物生长都有最适的 a_w，高于或低于所要求的 a_w，都会通过影响培养基的渗透压变化而影响微生物的生长速率。

3. 温度　根据微生物生长的最适温度不同，可以将微生物分为嗜冷、兼性嗜冷、嗜温、嗜热和超嗜热五种不同的类型。每种细菌的生长温度又可分为最低生长温度、最适生长温度和最高生长温度。细菌处在最适生长温度时生长繁殖最快，低于最低生长温度时生长缓慢或完全被抑制，高于最高生长温度时细菌生长也会停止，过高温度会使细菌菌体蛋白变性而死亡，多数细菌在 20～38℃ 范围都能生长。表 7－1 列出不同微生物生长温度的一些典型例子。

表 7－1　微生物生长的温度范围

微生物类型	生长温度（℃）		
	最　低	最　适	最　高
嗜冷微生物（Psychrophiles）	<0	15	20
兼性嗜冷微生物（Psychrotrophs）	0	20～30	35
嗜温微生物（Mesophiles）	15～20	20～45	>45
嗜热微生物（Themophiles）	45	55～65	80
超嗜热或嗜高温微生物（Hyperthermophiles）	65	80～90	>100

温度对微生物生长的影响具体表现在：

（1）*影响酶活性*　微生物生长过程中所发生的一系列化学反应绝大多数是在特定酶催化下完成的，每种酶都有最适的酶促反应温度，温度变化影响酶促反应速率，最终影响细胞物质合成。

（2）*影响细胞质膜的流动性*　温度高流动性强，有利于物质的运输，温度低流动性弱，不利于物质运输，因此温度变化影响营养物质的吸收与代谢产物的分泌。

（3）*影响物质的溶解度*　物质只有溶于水才能被机体吸收或分泌，除气体物质以外，温度上升，物质的溶解度增加，温度降低，物质的溶解度降低，最终影响微生物的生长。

4. pH　微生物生长过程中机体内发生的绝大多数的反应是酶促反应，而酶促反应都有一个最适 pH 范围，在此范围内只要条件适合，酶促反应速率最高，微生物生长速率最大，因此微生物生长也有一个最适生长的 pH 范围。此外，微生物生长还有一个最低与最高的 pH 范围，低于或高于这个范围，微生物的生长都被抑制。微生物不同生长的最适、最低与最高的 pH 范围也不同。

pH 还可通过影响细胞质膜的通透性、膜结构的稳定性和物质的溶解性或电离性来影响营养物质的吸收，从而影响微生物的生长速率。

5. 气体　根据氧与微生物生长的关系可将微生物分为好氧、微好氧、氧忍耐型、兼性厌氧和专性厌氧 5 种类型。需氧菌需在有氧环境，厌氧菌需在无氧环境中生长繁殖。有些细菌需在环境中加入一定量的二氧化碳或氮气才能生长或生长旺盛。因此，在培养不同类型的微生物时，要采取相应的措施保证不同类型的微生物能正常生长。例如，培养好氧微生物可以通过振荡或通气等方式使之有充足的氧气供它们生长；培养专性厌氧微生物则要排除环境中的氧，同时通过在培养基中添加还原剂的方式降低培养基的氧化还原电势；培养兼性厌氧或氧的忍耐型微生物，可以用深层静止培养的方式等。表 7－2 为微生物与氧的关系。

表 7-2　微生物与氧的关系

微生物类型	最适生长的 O_2 体积分数
好氧	≥20%
微好氧	2%～10%
氧忍耐型	<2%
兼性厌氧	有氧或无氧
专性厌氧	不需要氧，有氧时死亡

6. 辐射　辐射的含义很广，包括电磁辐射、粒子辐射。对微生物学研究来说，最有实际意义的是紫外线、X 射线和 γ 射线等电离辐射。以下着重介绍紫外线的影响。

在可见光的紫光区域外侧存在一段 136～400nm 的波长区，称为紫外线。240～300nm 的紫外线对微生物有高度致死效应，尤以 260nm 左右的杀菌力最强，因为它恰好与生物体内最重要的物质——核酸的吸收光谱一致。在一定的波长下，紫外线的杀菌作用随剂量的增加而增强。在恒定的功率和照射距离下，紫外线杀菌作用与照射时间成正比。

紫外线的穿透力差，一般用于物体表面或空气灭菌。微生物接种室和外科手术室常用紫外线灭菌。高剂量的紫外线具有杀菌作用，亚剂量则具有诱变作用。紫外线诱变是微生物实验室中常规育种手段之一。

四、细菌生长繁殖的基本条件

细菌生长繁殖的基本条件包括：充足的营养物质、合适的酸碱度、适宜的温度和必要的气体环境。

1. 营养物质　包括细菌所需要的碳源、氮源、水、无机盐和必要的生长因子。

2. 酸碱度　大多数病原菌生长最适宜的 pH 为 7.2～7.6，个别细菌需要在偏酸或偏碱的条件下生长。有些细菌在代谢过程中发酵糖类产酸，不利于细菌生长，因此在培养基中应适当加入缓冲物质，以维持相对稳定的酸碱度。

3. 温度　细菌生长的最适温度因菌种而异，按对温度要求的不同可将细菌分为嗜冷菌、嗜温菌和嗜热菌。多数病原菌为嗜温菌，在 15～40℃均能生长。

4. 二氧化碳　多数细菌在代谢过程中需要二氧化碳，但在分解糖类时产生的二氧化碳即可满足需要，且空气中存在微量二氧化碳，所以不必额外补充。

5. 氧气　不同细菌生长时对氧气有不同的要求，通常可将其分为 4 类：

（1）专性需氧菌　必须在有氧环境中生长，因其具有完整的呼吸酶系统，可将分子氧作为受氢体；

（2）微需氧菌　适于在氧浓度较低的环境中生长，最适氧条件为 5%～6%，氧浓度>10%对其有抑制作用；

（3）兼性厌氧菌　在有氧或无氧环境中均能生长，但以有氧条件下生长较好；

（4）专性厌氧菌　只能在无氧环境中生长。

五、细菌个体的生长繁殖

细菌以二等分分裂法进行无性繁殖。已知大肠杆菌菌体的分裂过程涉及 30 多个基因的调控。

一个菌体分裂为两个菌体所需的时间称为世代时间。大肠杆菌及许多其他病原菌在适宜的条件下，分裂一次仅需 20min，而细菌染色体 DNA 的复制约需 40min。细菌之所以能如此繁殖，是因为在上一轮的复制还未完成时，下一轮的细胞分裂已经启动。此外，染色体 DNA 存在多个复制叉，可使子代的染色体 DNA 同时开始部分复制。分支杆菌（*Mycobacterium*）等繁殖较慢，需 18～24h 分裂一次。

六、细菌群体的生长繁殖

如将细菌接种在液体培养基并置于适宜的温度中，定时取样检查活菌数，可发现其生长过程具规律性。以时间为横坐标，以活菌数的对数为纵坐标，可得出一条生长曲线。曲线显示了细菌生长繁殖的 4 个期。

1. 迟缓期　为细菌适应环境和繁殖的准备阶段。迟缓期细菌体积增大，代谢活跃，合成并积累所需酶系统，RNA 含量明显增多，但 DNA 的量无变化，此时细菌数并不增加。

2. 对数期　细菌生长迅速，以恒定的速率分裂繁殖，菌数以几何级数增长，达到顶峰，生长曲线接近一条斜的直线。对数期细菌的形态、染色性、生理活性等都比较典型，进行细菌性状的研究或作药敏试验等多采用此期细菌。

3. 稳定期　此时出现营养的消耗、代谢产物的蓄积等，细菌繁殖速度逐渐下降，死亡速度逐渐增加，细菌繁殖数与死亡数趋于平衡，活菌数保持相对稳定。稳定期细菌的形态及生理性状常有改变，革兰氏阳性菌此时易被染成阴性。毒素等代谢产物大多此时产生。

4. 衰亡期　细菌开始大量死亡，死菌数超过活菌数，细菌死亡自溶后总菌数也开始下降，此时如不移植到新的培养基最终可全部死亡。衰亡期细菌菌体变形或自溶，染色不典型，难以进行鉴定。

细菌的生长曲线是在体外人工培养条件下观察到的，在动物体内因受诸多因素的制约，未必能出现典型的曲线，但对细菌生长规律的研究及实践有重要的参考价值。

第二节　细菌的代谢

一、细菌的基本代谢过程

新陈代谢简称代谢，泛指发生在活细胞中的各种分解代谢和合成代谢的总和。

细菌不能直接利用较复杂的大分子的多糖和蛋白质，而是通过胞外酶的作用把多糖水解成单糖，把蛋白质分解成氨基酸及其他简单物质进行吸收利用，上述物质被细菌吸收到菌体后，再按其本身的需要可被直接利用，或者进一步分解后而利用，这一过程称为分解代谢。将吸收入菌体的简单物质，通过胞内酶的作用合成为新的糖类、蛋白质等，构成菌体细胞的成分或作为贮藏的营养，这一过程为合成代谢。分解代谢与合成代谢并不是截然分开的，而是互相交错、互相依存的。细菌就是通过细胞膜的渗透作用，进行菌体与环境中的营养物质交换，维持其基本生命活动。

（一）产能代谢的方式

微生物机体内发生的化学反应基本上都是氧化还原反应，即在反应过程中，一部分物质被氧化时，另一部分物质被还原，在这个反应过程中伴随有电子的转移。根据电子的最终受

体不同，可将微生物的产能方式分为发酵与呼吸两种主要方式。有一些自养微生物与光合微生物可以通过无机物氧化与光能转换即光合磷酸化的方式获得能量。

1. 发酵　发酵是厌氧微生物在生长过程中获得能量的一种主要方式，在发酵过程中，有机物质既是被氧化的基质，又是氧化还原反应过程中的电子最终受体，并且这种作为电子最终受体的有机物通常都是被氧化基质不完全氧化的中间产物。这说明基质在发酵过程中氧化不彻底，发酵的结果仍积累某些有机物。

在发酵过程中，供微生物发酵的基质通常是多糖经分解而得到的单糖，其中葡萄糖是发酵上常用的基质。微生物不同，它们分解葡萄糖后，积累的代谢产物也不同。目前一般根据主要代谢产物，将微生物发酵分成不同的类型。例如，乙醇发酵、乳酸发酵就是根据微生物发酵葡萄糖后积累的主要代谢产物分别是乙醇、乳酸而命名的。还有丙酸发酵、丁酸发酵、混合酸发酵等。

2. 呼吸　呼吸是大多数微生物用来产生能量（ATP）的一种方式。在呼吸过程中，基质在氧化过程中放出的电子不是直接交给有机物，而是通过一系列电子载体最终交给电子受体。由许多电子载体按它们的氧化还原电势升高的顺序排列起的链称为电子传递链（又称呼吸链）。呼吸的一个重要特征是基质上脱下的氢要通过电子传递链进行传递，最终交给电子受体，并且电子在传递过程中伴有ATP生成。这种产生ATP的方式称为氧化磷酸化。

根据呼吸中电子最终受体的性质不同，可以将呼吸分为有氧呼吸与无氧呼吸两种类型，前者以分子氧作为最终电子受体，后者以除氧以外的物质如硝酸盐或延胡索酸等作为最终电子受体。

（1）*有氧呼吸*　微生物在有氧条件下培养时，可以将葡萄糖完全氧化成 CO_2 与 H_2O，这时最多可以产生38个ATP。三羧酸循环使葡萄糖完全氧化成 CO_2，电子传递链使脱下的电子交给分子氧生成水并伴随有ATP生成。

（2）*无氧呼吸*　作为最终电子受体的物质有 NO_3^-、SO_4^{2-} 或 CO_2 等无机物，或延胡索酸等有机物。例如，以硝酸盐作为最终电子受体的生物学过程通常称为硝酸盐呼吸，反应生成的 NO_2^- 可以被分泌到胞外，也可以进一步被还原成 N_2，这个过程称为反硝化作用。

3. 无机物氧化　自然界存在一类微生物，能以无机物作为氧化的基质，并利用该物质在氧化过程中放出的能量进行生长。这类微生物就是好氧型的化能自养微生物，它们分别属于氢细菌、硫化细菌、硝化细菌和铁细菌。这些细菌广泛分布在土壤和水域中，并对自然界物质转化起着重要的作用。

微生物不同，用作能源的无机物也不相同。例如氢细菌、铁细菌、硫化细菌和硝化细菌可分别利用氢气、铁、硫或硫化物、氨或亚硝酸盐等无机物作为它们生长的能源物质。这些物质在氧化过程中放出的电子有的可以通过电子传递水平磷酸化的方式产生ATP，有的则以基质水平磷酸化的方式产生ATP。

4. 光能转换　光能是一种辐射能，它不能被生物直接利用，只有当光能通过光合生物的光合色素吸收与转变成化学能——ATP以后，才能用来支持生物的生长。可见光能转换是光合生物获得能量的一种主要方式。

光合色素是光合生物所特有的物质，它在光能转换过程中起着重要作用。光合色素有主要色素和辅助色素。主要色素是叶绿素或细菌叶绿素，辅助色素有类胡萝卜素与藻胆色素。

光合作用有两种类型，一种是放氧型（或称植物型）光合作用，它们在光合作用过程中有氧气放出，植物、藻类与蓝细菌的光合作用就是放氧型光合作用；另一种是非放氧型光合作用，即在光合作用中没有氧气产生，光合细菌的光合作用属于非放氧型光合作用。

（二）不同呼吸类型微生物

在呼吸和发酵过程中，作为最终电子受体的物质是氧或不是氧，微生物与分子氧从而表现出不同的关系。据此，微生物被分成不同的类型。

1. 好氧性微生物　它们在有氧环境中生长，进行有氧呼吸。很多常见的细菌、放线菌、真菌均属此类。大规模培养时，要采取通气措施，以保证供给充足的氧气。

2. 厌氧性微生物　它们的生长不需要分子氧。有的进行无氧呼吸，有的进行发酵而生活。只能在缺氧条件下生长的，叫作专性厌氧菌，分子氧的存在对它们有害。另外，还有一类耐气性厌氧微生物，如大多数乳酸菌。它们的产能代谢实际上不需要氧，但分子氧对它们无害，其生长与氧无关，无论在有氧或缺氧的情况下，均进行典型的乳酸发酵。

3. 兼性厌氧微生物　如酵母菌，一些肠道菌、硝酸盐还原菌，在有氧或缺氧条件下均可生长，但以不同氧化方式获得能量。例如，酵母菌在缺氧时进行乙醇发酵，积累乙醇与 CO_2；有氧时则进行有氧呼吸，将有机物氧化成 CO_2 与 H_2O。由于有氧呼吸比发酵产能多，因此，利用等量能源物质，酵母菌在有氧环境中生长得到的细胞产量，比缺氧时高得多。如果向发酵葡萄糖的酵母菌悬液中通入氧，发酵过程即减慢，乙醇产生停止，葡萄糖的消耗速率明显下降。氧对发酵的这种抑制现象，称为巴斯德效应。

4. 微量好氧性微生物　另外还有些微生物（如拟杆菌属中个别种）最适于在氧浓度较低的环境中生长，称为微量好氧性微生物。实际上它们进行需氧的有氧呼吸，但要求在氧分压较低的条件下生长，被认为是好氧性与厌氧性的中间类型。

二、细菌的合成代谢产物及其作用

细菌在其物质代谢过程中，除利用各种营养物质合成菌体和产生能量外，还可产生出多种代谢产物，其中有的对人和动物有害，有的可用于鉴别细菌，有的可用于制药。常见的代谢产物如下：

（一）毒素

病原性细菌可以合成各种有害物质，称为毒素。毒素和细菌的致病作用有直接关系，它分为外毒素和内毒素两种。外毒素是蛋白质，内毒素则是糖、磷脂和蛋白质的复合物。

（二）酶

细菌除合成其新陈代谢所必需的酶以外，还合成以下几种酶，这些酶在代谢过程中的作用尚不明了，但和细菌的致病性有一定关系。

1. 卵磷脂酶　此酶能分解细胞壁的卵磷脂，使细胞坏死或红细胞溶解，魏氏梭菌（*Clostridium perfringens*）和水肿梭菌（*C. edema*）等含有此酶。

2. 胶原酶　此酶分解肌纤维的网状组织，使肌纤维发生崩解。杀鲑气单胞菌（*Aeromonas salmonicida*）等含此酶。

3. 透明质酸酶　此酶分解组织细胞间结合物质（结缔组织）的透明质酸，因而可增加组织渗透性，便于细菌和毒素的扩散。

4. 凝血浆酶　能使兔及马的血浆凝固。葡萄球菌中的金黄色葡萄球菌（*Staphylococcus aureus*）含有此酶，但白色和柠檬色葡萄球菌（*Lemon aureus*）则不含此酶。人们通常将此酶视为葡萄球菌具有毒力的标志之一。

5. 溶纤维蛋白酶　使血清中的溶血浆素原活化，变为溶血浆素，因而使已经凝固的血浆或血块发生溶解。新分离的溶血性链球菌（*Hemolytic streptococcus*）和葡萄球菌等含有此酶。

6. 溶血素　某些细菌可产生一种能溶解动物红细胞的溶血素。溶血素也是一种酶类物质。嗜水气单胞菌（*Aeromonas hydrophila*）、杀鲑气单胞菌和鳗弧菌（*Vibrio anguillarum*）等可产生溶血素。

另外，有的细菌还能合成明胶溶解酶和凝乳酶，可引起明胶液化和牛乳凝固现象。这些现象往往作为鉴定细菌的参考指标。

（三）抗生素

许多细菌、放线菌、真菌可以合成能抑制或杀灭其他微生物或肿瘤细胞的物质，称为抗生素。例如，青霉菌（*Penicillium*）产生的青霉素、灰色链霉菌（*Streptomyces griseus*）产生的链霉素。

（四）维生素

某些细菌和酵母有合成维生素的能力。一般认为大肠杆菌所合成的维生素是动物所需维生素的重要来源。

（五）热原质

许多细菌，特别是革兰氏阴性菌，能在水中发育产生一种使人或动物发生热反应的多糖物质，称为热原质。这种物质很耐热，甚至高压蒸汽灭菌 15～20min 也不能将它破坏，但可被活性炭吸附或石棉板滤除。

（六）色素

某些细菌在适宜的条件下能产生色素。其中有些溶于水，可使菌落及培养基着色。如杀鲑气单胞菌的褐色素。有些不溶于水，但溶于乙醇。故只能使菌落本身着色，如葡萄球菌、八叠球菌的色素。色素对于细菌的鉴别有一定价值，例如葡萄球菌的分型，其所产生的色素是分型的依据之一。

三、细菌的分解代谢与生化反应

（一）多糖的分解

糖类物质是微生物赖以生存的主要碳源与能源物质。自然界中主要是多糖，如淀粉、纤维素、半纤维素、几丁质和果胶等。多糖物质是一些由单糖或单糖衍生物聚合而成的大分子化合物。它们一般不溶于水，不能直接被微生物利用，只通过多糖酶或其他方式降解变成双糖或单糖后，才能被微生物利用。

1. 淀粉的分解　淀粉是葡萄糖通过糖苷键连接而成的一种大分子物质。分为两类，一类是由 α-1,4-糖苷键将葡萄糖连接而成的直链淀粉；另一类是在直链淀粉基础上，又产生由 α-1,6-糖苷键连接起来产生了分支的支链淀粉。

2. 纤维素与半纤维素的分解　纤维素也是一种由葡萄糖通过糖苷键连接而成的大分子化合物。它与淀粉不同的是，葡萄糖通过 β-1,4-糖苷键连接起来，而且分子量更大，更不溶于水，均不能直接被人和动物消化，但可被许多真菌和部分细菌所利用。常见的纤维素分解菌有黏细菌、梭状芽孢杆菌、瘤胃细菌、丁酸弧菌等。

3. 果胶质的分解　果胶质是构成高等植物细胞间质的主要物质。这种物质主要是由D-半乳糖醛酸通过α-1,4-糖苷键连接起来的直链高分子化合物。天然的果胶质是一种水不溶性的物质，它通常被称为原果胶。在原果胶酶作用下，它被转化成水可溶性的果胶。再进一步被果胶甲酯水解酶催化去掉甲酯基团，生成果胶酸，最后被果胶酸酶水解，切断α-1,4-糖苷键，生成半乳糖醛酸。半乳糖醛酸最后进入糖代谢途径被分解放出能量，可见分解果胶的酶也是一个多酶复合物。分解果胶的微生物主要是一些细菌和真菌，例如芽孢杆菌、梭状芽孢杆菌、曲霉等。

4. 几丁质的分解　几丁质是一种由N-乙酰葡萄糖胺通过β-1,4-糖苷键连接起来，又不容易被分解的含氮多糖类物质，它是真菌细胞壁和昆虫体壁的组成成分，一般的生物都不能分解与利用它，只有某些细菌（如溶几丁质芽孢杆菌）和放线菌（如链霉菌）能分解与利用它，进行生长。

琼脂是从红藻中提取得到的一种多糖，主要由D-半乳糖、L-半乳糖和硫酸组成。目前认为琼脂是由14个以下的十糖单位所组成的聚半乳糖硫酸酯，这种硫酸酯呈酸性，市售的琼脂通常是它的镁盐或钙盐。琼脂在100℃时溶解，在45℃时凝固，而且不能被一般的微生物分解，因此，是一种比较理想的培养基凝固剂。

（二）油脂的分解

油脂是自然界广泛存在的重要的脂类物质，它是由甘油与三个长链脂肪酸通过脂键连接起来的三酰甘油。当环境中有其他容易利用的碳源与能源物质时，油脂类物质一般不被微生物利用，但当环境中不存在除油脂类物质以外的其他能源与碳源物质时，许多微生物能分解并利用油脂进行生长。如许多真菌和一些细菌。

（三）烃类化合物的分解

烃类化合物是一类高度还原性的物质，它们由碳、氢两种元素组成。在厌氧条件下，这类物质相当稳定，但在好氧条件下，可以被一些微生物分解。能够利用烃类物质的微生物主要有假单胞菌、分支杆菌、棒状杆菌、解脂假丝酵母、汉逊酵母、毕氏酵母、芽枝霉菌、镰刀菌、单胞枝霉等。

烃类物质可以分为脂肪烃与芳香烃两大类。脂肪烃又可根据碳架饱和程度不同，分为饱和烃与不饱和烃等不同类型。在脂肪烃中，不论是结构简单的气态烃甲烷，还是复杂的长链脂肪烃，均可被相应的微生物利用。

（四）蛋白质与氨基酸的分解

蛋白质及其不同程度的降解产物通常是作为微生物生长的氮源物质或作为生长因子（如氨基酸等），但在某些条件下，这些物质也可以作为某些机体的能源物质。例如，某些氨基酸可以作为厌氧条件下生长的梭状芽孢杆菌的能源物质。氨基酸脱氨以后，转变成不含氮的有机物，然后，进一步被氧化放出能量。

1. 蛋白质的分解　蛋白质是由许多氨基酸通过肽键连接起来的大分子化合物。许多微生物可以通过胞外蛋白水解酶催化，将它们分解成短肽，短肽在肽酶作用下进一步被分解成氨基酸。

2. 氨基酸的分解　蛋白质分解的产物氨基酸通常是被微生物直接用来作为合成新的细

胞质的原料，但在厌氧与缺乏碳源的条件下，也能被某些细菌用作能源与碳源物质，维持机体的生长。分解氨基酸的微生物远比分解蛋白质的微生物多，但微生物不同，分解氨基酸的能力也不同。微生物分解氨基酸的方式很多，主要通过脱羧与脱氨两种作用。

由于微生物对氨基酸的分解方式不同，形成的产物也不同。因此，可根据微生物对氨基酸的分解作用不同来进行菌种鉴定。吲哚试验与硫化氢试验是常用的两个鉴定试验。

吲哚试验是指某些细菌可分解培养基中的色氨酸，产生吲哚，而吲哚与试剂对二甲基氨基苯甲醛结合，形成玫瑰吲哚红色化合物。H_2S 试验是指某些细菌能分解含硫的氨基酸产生 H_2S，H_2S 遇重金属盐如铅盐、铁盐等，则形成黑色的硫化铅、硫化亚铁的沉淀物。

第三节　细菌的培养

一、培养基的概念及种类

细菌的人工培养技术是微生物学研究和实践的十分重要的手段。人工培养细菌，除需要提供充足的营养物质外，尚需要有合适的酸碱度、适宜的温度及必要的气体环境。

1. 定义　培养基是人工配制的适合于不同微生物生长繁殖或积累代谢产物的营养基质。

2. 特点　培养基的 pH 一般为 7.2～7.6，少数的细菌按生长要求调整 pH 使其偏酸或偏碱。许多细菌在代谢过程中分解糖类产酸，故常在培养基中加入缓冲剂，以保持稳定的 pH。

任何培养基都应具有微生物所需要的五大营养要素，且比例适当。因此，培养基一旦配成，必须立即灭菌。

3. 用途　促使微生物生长，积累代谢产物，分离微生物菌种，鉴定微生物种类，微生物细胞计数，菌种保藏，制备微生物制品。

（一）根据培养基的成分

根据培养基的成分可分为：

1. 合成培养基　化学成分确定的培养基。

2. 半合成培养基　培养基中某些化学成分选择性地人为确定。

3. 天然培养基　化学成分不明确的培养基。

（二）根据培养基的用途

根据培养基的用途可分为：

1. 基础培养基　含有多数细菌生长繁殖所需的基本营养成分。它是配制特殊培养基的基础，也可作为一般培养基使用，如营养肉汤、营养琼脂、蛋白胨水等。

2. 增菌培养基　若了解某种细菌的特殊营养要求，可配制出适合这种细菌而不适合其他细菌生长的增菌培养基。包括通用增菌培养基和专用增菌培养基，前者为基础培养中添加合适的生长因子或微量元素等，以促使某些特殊细菌生长繁殖。例如，链球菌、多杀性巴氏杆菌等需要在含血液或血清培养基中生长。后者又称为选择性增菌培养基，即除固有的营养成分外，再添加特殊抑制剂，有利于目的菌的生长繁殖，而抑制其他细菌生长，如碱性蛋白胨水用于霍乱弧菌的增菌培养。

3. 选择培养基　在培养基中加入某种化学物质，使之抑制某些细菌生长，而有利于另一些细菌生长，从而将后者分离出来，这种培养基称为选择培养基。例如，培养肠道致病菌的 SS 琼脂，其中的胆盐能抑制革兰氏阳性菌，枸橼酸钠和煌绿能抑制大肠杆菌，因而使致病的沙门菌（*Salmonella*）和志贺菌（*Shigella*）容易被分离到。若在培养基中加入抗生素，也可起到选择作用。实际上有些选择培养基、增菌培养基之间的界限并不十分严格。

4. 鉴别培养基　用于培养和区分不同细菌种类的培养基称为鉴别培养基。利用各种细菌分解糖类和蛋白质的能力及其代谢产物不同，在培养基中加入特定的作用底物和指示剂，一般不加抑菌剂，观察细菌在其中生长后对底物的作用如何，从而鉴别细菌。如常用的有糖发酵管、三糖铁培养基、伊红-亚甲蓝（通常称伊红-美蓝）琼脂等。

5. 厌氧培养基　专供厌氧菌的分离、培养和鉴别用的培养基，称为厌氧培养基。这种培养基营养成分丰富，含有特殊生长因子，氧化还原电势低，并加入亚甲蓝作为氧化还原指示剂。其中心、脑浸液和肝块、肉渣含有不饱和脂肪酸，能吸收培养基中的氧；硫乙醇酸盐和半胱氨酸是较强的还原剂；维生素 K_1、绿花血红素可以促进某些类杆菌的生长。常用的有庖肉培养基、硫乙醇酸盐肉汤等。并在液体培养基表面加入凡士林或液体石蜡以隔绝空气。

（三）根据培养基的物理状态

培养基物理状态主要取决于其中的琼脂粉含量。按物理状态可分为：

1. 液体培养基　琼脂粉含量为 0。

2. 固体培养基　琼脂粉含量为 1.5%～2.5%。

3. 半固体培养基　琼脂粉含量为 0.3%～0.5%。

二、配制培养基的原则和方法

1. 配制培养基的原则　由于培养基是进行科学研究与微生物发酵生产的基础，而且不同的微生物有不同的营养要求，因此，配制培养基的原则是：

①根据不同微生物的营养需要配制不同的培养基。由于自养微生物具有较强的合成能力，能从简单的无机物质如 CO_2 和无机盐合成本身需要的糖、脂类、蛋白质、核酸，维生素等复杂的细胞物质，因此，培养自养型微生物的培养基完全可以（或应该）由简单的无机物质组成。由于异养微生物合成能力较弱，不能以 CO_2 作为唯一碳源，因此培养它们的培养基至少需要含有一种有机物质。

此外，就微生物的主要类群来说，又有细菌、放线菌、酵母菌和霉菌之分，它们所需要的培养基成分也不同，如细菌培养基（牛肉膏蛋白胨培养基或称营养肉汤）、放线菌培养基（高氏 1 号合成培养基）、酵母菌培养基（麦芽汁培养基）、霉菌培养基（查氏合成培养基）。

②注意各营养物质的浓度、配比。

③调整最适的 pH，一般原核微生物 7.0～7.5；真核微生物 4.5～6.0，使用缓冲溶液。

④根据培养的目的配制。

⑤在生产上，选择经济易得的原料。

2. 配制培养基的方法与步骤　培养基的配制步骤包括：

（1）称药品　各种成分或培养基成品的称量要准确。

（2）加热溶解　加热熔化过程中，要不断搅拌，以免琼脂或其他固体物质粘在烧杯底上烧焦或溢出；最后补足所失的水分。所有器皿要清洁，忌用钢质、铁质器皿。

（3）调 pH　按不同培养基要求准确测定和调节，并避免反复调节，以免影响培养基内各离子的浓度。

（4）过滤　有些有特定要求的培养基，需要用纱布或滤纸过滤。

(5) 分装 按要求将培养基分装到试管或三角瓶中。分装时注意不使培养基沾在瓶口或管壁上端而造成污染。

(6) 加塞和包装 加塞棉塞或硅胶塞，再用牛皮纸或报纸包装，注明培养基名称、配制日期。

(7) 灭菌 培养基配制后应立即进行灭菌，如因特殊情况不能及时灭菌，则应放入冰箱内暂存。培养基灭菌时间和温度，需按照各种培养基的规定进行，以达到灭菌效果且不损害必要营养成分。多数培养基高压蒸汽灭菌法进行灭菌。

(8) 无菌检查 灭菌后的培养基须放37℃温箱内培养24小时，无菌生长时方可使用。

三、细菌在培养基中的生长

(一) 在液体培养基中的生长情况

大多数细菌在液体培养基生长繁殖后呈现均匀混浊状态，少数链状的细菌呈现沉淀生长；枯草芽孢杆菌、结核分支杆菌等专性需氧菌呈表面生长，常形成菌膜。

(二) 在固体培养基中的生长

将标本或培养物划线接种在固体培养基的表面，因划线的分散作用，使许多原来混杂的细菌在固体培养基表面上散开，称为分离培养。一般经过18～24h培养后，单个细菌分裂繁殖成一个肉眼可见的细菌集团，称为菌落。挑去一个菌落，移种到另一培养基中，生长出来的细菌均为纯种，称为纯培养。这是检查鉴定细菌很重要的一步，各种细菌在固体培养基上形成的菌落，其大小、颜色、气味、透明度、表面光滑或粗糙、湿润或干燥、边缘整齐与否，以及在血琼脂平板上的溶血情况等方面均有不同表现，这些有助于识别和鉴定细菌。此外，取一定量的液体标本或培养液均匀接种于琼脂平板上，可计数菌落，推算标本中的活菌数。这种菌落计数法常用于检测自来水、饮料、污水和样本的活菌含量。

(三) 在半固体培养基中的生长情况

半固体培养基黏度低，有鞭毛的细菌在其中仍可自由游动，沿穿刺线呈羽毛状或云雾状混浊生长。无鞭毛细菌只能沿穿刺线呈明显的线状生长。

四、人工培养细菌的意义

(一) 在医学中的应用

细菌培养对疾病的诊断、预防、治疗和科学研究等多方面都具有重要的作用。

1. 传染性疾病的病原学诊断 取患者标本，进行细菌分离培养、鉴定和药物敏感试验。是诊断传染性疾病最可靠的依据，同时也可指导临床治疗用药。

2. 细菌学研究 研究细菌的生理、遗传变异、致病性、免疫性和耐药性等，均需人工培养细菌。人工培养细菌还是人类发现尚不知道的新病原菌的先决条件之一。

3. 生物制品的制备 将分离培养出来的纯种细菌，制成诊断菌液，供传染病诊断使用。制备疫苗、类毒素以供预防传染病使用。将制备的疫苗或类毒素注入动物体内，获取免疫血清或抗毒素，用于传染病治疗。上述制备的制剂统称生物制品，在医学上有广泛用途。

(二) 在工农业生产中的应用

细菌在培养过程产生多种代谢产物，经过加工处理，可制成抗生素、维生素、氨基酸、有机溶剂、酒、酱油、味精等产品。细菌培养物还可用于处理废水和垃圾、制造菌肥和农药，以及生产酶制剂等。

（三）在基因工程中的应用

因为细菌具有繁殖快、易培养的特点，所以大多数基因工程的实验和生产先在细菌中进行。如将带有外源性基因的重组 DNA 转化给受体菌，使其在菌体内获得表达，目前此方法已成功制备出胰岛素和干扰素等生物制剂。

第四节 细菌的消毒与灭菌

一、基本概念

1. 消毒 应用物理或化学方法杀灭物体中的病原微生物的方法，称为消毒。

2. 灭菌 应用物理或化学方法杀灭物体中所有的病原微生物、非病原微生物及其芽孢、霉菌孢子的方法。

3. 无菌 指没有活的微生物状态。

4. 防腐 应用各种化学药品或物理方法防止或抑制微生物生长繁殖的方法。

二、物理方法

（一）低温对细菌的影响

大多数微生物对低温具有很强的抵抗力。环境温度小于最低生长温度时，代谢活动降低，最后生长繁殖停滞，存活较长时间。一般细菌菌种可在 5～10℃低温下保存 3～6 个月。但也有些细菌对低温特别敏感，在冰箱内保存比在室温下保存死亡更快。冷冻干燥（冻干）法是保存菌种、疫苗等良好方法，菌种可保存数年而不丧失其活力。通常可加入脱脂牛乳作为保护剂。

（二）高温对细菌的影响

高温对细菌有明显的致死作用，是最常用的有效灭菌方法。高温可使菌体蛋白质变性或凝固，使双股 DNA 分开为单股，受热而活化的核酸酶使单股 DNA 断裂，导致细菌死亡。

1. 干热灭菌法

（1）*火焰灭菌法* 主要用于接种针、接种环、试管口等的灭菌。

（2）*热空气灭菌法* 用加热空气使灭菌物品温度升高到 160℃并维持 1～2h 来进行灭菌的方法。主要用于玻璃器皿、金属器械等的灭菌。

2. 湿热灭菌法

（1）*煮沸灭菌* 10～20min 杀死所有细菌繁殖体；加入 1%碳酸钠或 2%～5%石炭酸，灭菌效果更好。

（2）*巴氏消毒法* 以较低温度杀灭液态食品中的病原菌或特定微生物，而又不致严重损害其营养成分和风味的消毒方法。用于葡萄酒、啤酒及牛乳等的消毒。低温维持巴氏消毒法：63～65℃，30min，然后迅速冷却至 10℃以下；高温瞬时巴氏消毒法：71～72℃，15s，然后迅速冷却至 10℃以下；超高温巴氏消毒法：使鲜牛奶通过温度不低于 132℃的管道 1～2s，然后迅速冷却至 10℃以下。

（3）*流通蒸汽灭菌法* 100℃的蒸汽维持 30min（不能杀死芽孢和霉菌孢子）。

（4）*高压蒸汽灭菌* 在一个加有少量水的密闭金属容器内，通过加热来加大蒸汽压力，以提高温度，达到在短时间内完全灭菌的效果。

①高压蒸汽灭菌时相对压力与温度的关系：

68.95kPa，115℃；

103.42kPa，121℃；

137.89kPa，126℃。

此数值为相对于大气的压力，其绝对值应再加上1个大气压数值（101.325kPa）。

②高压蒸汽灭菌的适用范围：

适用于培养基、生理盐水等。物品的灭菌，一般用121℃、15～20min。

糖类溶液或含糖的培养基可用68.95kPa、15～20min灭菌；若压力、温度过高，则可使培养基颜色变深。

（三）辐射对细菌的影响

紫外线照射细菌时，能使同一股DNA上相邻的两个胸腺嘧啶通过共价键结合成二聚体，以至影响DNA正常碱基的配对，引起致死性突变而死亡。紫外线还可使空气中的氧分子转变为臭氧，臭氧再释放出氧化能力强的原子氧而具有杀菌作用。

紫外线杀菌，常用于实验室、无菌室、手术室等空气的消毒和近距离物体表面的消毒。紫外线照射诱变育种，如果细菌吸收的紫外线剂量不足致死量，则引起蛋白或核酸的部分改变，使细胞发生突变。因此，紫外线照射也是一种有效的诱变方法。

当细菌受致死量的紫外线照射后，3h以内若再用可见光照射，则部分细菌又能恢复其活力，这种现象称为光复活作用；波长为510nm的可见光对细菌的光复活作用最有效。

（四）渗透压对细菌的影响

盐腌、糖渍等造成细菌的生理干燥，导致质壁分离而达到抑菌的目的。

三、化学方法

（一）消毒剂和防腐剂的概念

1. 消毒剂　用于杀灭病原微生物的化学药物。

2. 防腐剂（抑菌剂）　用于抑制细菌生长繁殖的化学药物。

（二）消毒剂的应用

消毒剂主要用于体表、器械、排泄物和周围环境的消毒。最理想的消毒剂应是杀菌力强、价格低、无腐蚀、能长期保存、对动物无毒性或毒性较小的化学药物。

四、化学治疗剂及影响消毒剂作用的因素

（一）化学治疗剂

能直接干扰病原微生物的生长繁殖并可用于治疗感染性疾病的化学药物即为化学治疗剂。它能选择性地作用于病原微生物新陈代谢的某个环节，使其生长受到抑制或致死；但对人体及其他动物细胞毒性较小，故常用于口服或注射。包括抗代谢物、抗生素等。

（二）影响消毒剂作用的因素

1. 消毒剂的性质、浓度和作用时间　各种消毒剂的理化性质不同，对微生物的作用大小也有差异。一般浓度高，杀菌作用强。浓度一定，作用时间越长，杀菌效果越好。

2. 微生物的种类与数量　同一消毒剂对不同种类和处于不同生长期的微生物的杀菌效

果不同。微生物的数量越多，消毒时间就越长。

3. 温度　温度升高，可增强消毒剂的杀菌效果。

4. 有机物　蛋白质能和许多消毒剂结合，严重降低消毒剂的效果。

5. 药物的相互拮抗　由于理化性质不同，两种药物合用时，可能产生相互拮抗，使药效降低。

第五节　细菌的分类

一、细菌的分类单位和命名

细菌（微生物）的基本分类阶元从大到小依次为界、门、纲、目、科、属、种。此外，细菌分类中有较多的“亚单位”，如亚界、亚科、亚属等。细菌的分类地位：种是生物分类的基本单位。凡属同种的生物，均具有共同的基本性状特征。它是生物在一定演化阶段，具有相对稳定的一定性状特征的实体。种以下还有亚种、型、菌株等区分。

（一）细菌的分类单位

1. 种　种是指形态相同的个体集合，对于细菌等微生物来说，种是指一大群表型特征高度相似、亲缘关系极其接近、与同属内的其他物种有着明显差异的菌株的总称或集合。每个种通常用该种内一个典型菌株作为代表菌株或典型菌株，该菌株又称该种的模式种或模式菌株。

2. 属　属是介于种（或亚种）与科之间分类等级，也是生物分类中的基本分类单元。通常是把具有某些共同特征或密切相关的种归为一个高一级的分类单元，称之属。在系统分类中，任何一个已命名的种都归属于某一个属。当某一个种与其他相关属的种具有重要的区别时，也可以鉴定为只有一个种的属。一般而言，微生物属间的差异比较明显，但属的划分也没有客观标准。属水平上的分类也会随着分类学的发展而变化，属内所含种的数目也会由于新种的发现或种的分类地位改变而变化。

3. 亚种　当某一个种内的不同菌株存在少数明显而稳定的变异特征或遗传性状，但而又不足以区分成新种时，可以将这些菌株细分成两个或更多的小的分类单元，即亚种。

4. 型　型是种或亚种以下的细分。当同种或同亚种不同菌株之间的性状差异，不足以分为新的亚种时，可以细分为不同的型。如根据抗原特征不同可将菌株分为不同的血清型、对噬菌体裂解反应的不同分为不同的噬菌型等。

5. 菌株　菌株是指从自然界或实验室分离得到的任何一种微生物的纯培养物。用实验方法（如诱变）所获得某一菌株的变异型也可称为一个新菌株，以区别于原菌株。菌株是微生物分类和研究工作中最基础的操作实体。同种或同一亚种不同菌株之间可存在一定的生物学特性差异。实际工作中，除细菌种名，还要注意菌株名称。菌株名称可用字母、人名、地名或保藏机构名称＋数字表示。

菌株与型的区别：菌株之间不存在鉴别性特征的差异，命名不同的菌株无需分类学依据；不同型的细菌之间存在鉴别性特征的差异，命名或鉴定不同的型必须有分类学依据。

（二）微生物的命名

同种微生物在不同的国家或地区常有不同的俗名。俗名在一定的国家或地区，虽然使用很方便，但有局限性，不便于不同国家和地区之间的交流。为了便于交流和避免混乱，需要统一的命名法则，以给每一种微生物都取一个为大家所公认的科学名称，即学名。

微生物和其他生物一样，都按国际命名法规命名，即采用林奈（Linnaeus）所创立的“双名法”。每一种微生物的学名都依属与种而命名，由两个拉丁字或者拉丁化了的其他文字组成。属名在前，规定用拉丁文名词表示，字首字母要大写，由微生物的构造、形状或由名科学家名字而来，用以描述微生物的主要特征；种名在后，常用拉丁文形容词表示，字首字母小写，为微生物的色素、形状、来源、病名或名科学家的姓名等，用以描述微生物的次要特征。举例如下。

金黄色葡萄球菌（*Stapylococcus aureus*）

黑曲霉（*Aspergillus niger*）

巴斯德酵母（*Saccharomyces pastori*）

破伤风梭菌（*Clostridium tetani*）

巴拿马沙门菌（*Salmonella panama*）

以上各学名中的第一个字是属名，为拉丁文名词，用以表示微生物的主要特征是“葡萄球菌”“曲霉”“酵母菌”“梭菌”“沙门菌”，第二个字是种名，为拉丁文形容词，用来描述微生物的次要特征是“金黄色的”“黑色的”“巴斯德的”“引起破伤风病的”“由巴拿马来的”。学名在书写时用斜体。

有时在种名之后附有定名人的姓（命名人不用斜体），如白孢放线菌 *Streptomyces albosporeus*（Krainsky）Waksman et Henrici，（Krainsky）表示这个种首先由 Krainsky 定的名，Waksman et Henrici是改定此菌学名的人。

如果发表新种，则在学名后加 n. sp.；若是泛指某属微生物，则在属名后加 sp. 或 spp.（species 的单复数），如某种微球菌（*Micrococcus* sp.）、微球菌属（*Micrococcus* spp.）；表示变种时，在学名后加 var. 和变种名：枯草芽孢杆菌黑色变种 *Bacillus subtilis* var. niger；表示新变种时，则在变种名后加 n. var.，如球孢链霉菌黄色新变种 *Streptomyces globisporus* var. *flavus* n. var.。

二、细菌的分类依据

1. 形态特征　包括个体形态和群体形态（培养特征）：①显微镜下观察到的细胞形状、大小、排列情况、革兰氏反应等。②在固体培养基上观察菌落的特征。③在半固体培养基中穿刺接种后的生长及运动情况。④液体培养基中的生长特征，如沉淀、混浊度、菌膜等。

2. 生理生化特征　①营养要求。②代谢产物。③与氧气的关系。④在特定培养基中的生长情况。

3. 生态特征　微生物和其他生物的寄生与共生关系，在自然界中的分布情况等。

4. 血清学反应　在确定亚种和型时，仅依据形态、生理生化特征很难分开，常借助于血清学反应进行区分。

5. 细胞壁成分　不同微生物，细胞壁的物质组成不同。

6. 红外吸收光谱　利用红外吸收光谱技术测定微生物细胞的化学成分，作为微生物的分类依据之一。如放线菌的分类。

7. G+C 含量　不同微生物，其 DNA 中的 G+C 含量不同。任何两种微生物在 G+C 含量上的差别超过了 10%，这两种微生物肯定不是同一个种；完全不相关的两种微生物，也可能有相同或相近的 G+C 含量。

8. DNA 杂交 可以判断两种微生物间 DNA 上碱基序列的相同程度。

9. 核酸序列分析 核酸测序技术的发展使得测定细菌某一基因序列变得更为便捷，目前核酸测序技术已经在细菌分类鉴定上得到广泛应用。目前应用最多的是 16S rRNA 全序列比较，已建立基于细菌 16S rRNA 全序列结果的系统发育树，成为细菌种属分类标准方法。但 16S rRNA 序列分析适用于属以上分类单元，对于属以下分类单元分辨率较低，易产生误差。目前用于细菌分类的还有 16S～23S rRNA 间区基因（16S～23S rRNA ISR）、热激蛋白 60 基因（HSP60）、核酶 B 基因（RnpB）、促旋酶 B 亚单位基因（gyrB）等。

10. 其他 脂类的组成与含量、核磁共振谱（NMR）、细胞色素的差别、辅酶 Q 的差别等。

三、细菌的多样性

《伯杰氏系统细菌学手册》从 1984 年第 1 版开始发行以来，细菌分类已取得了巨大进展，新命名的种成倍增加、新描述的属也在 170 个以上，尤其是 20 世纪 80 年代以来，rRNA、DNA、蛋白质序列分析方法逐渐实用化，加上计算机技术的显著进步，使生物大分子序列方面的研究为细菌的系统发育积累了大量新的资料。《伯杰氏系统细菌学手册》第 2 版分 5 卷。

（一）古生菌、最早分支的细菌和光能营养细菌

1. 古生菌域 包括泉古生菌门（热变形菌纲）、广古生菌门（甲烷杆菌纲、甲烷球菌纲、盐杆菌纲、热原体纲、热球菌纲、古生球菌纲、甲烷嗜高热菌纲）。

2. 细菌域 包括产液菌门（产液菌纲）、栖热袍菌门（栖热袍菌纲）、热脱硫杆菌门（热脱硫杆菌纲）、异常球菌-栖热菌门（异常球菌纲）、金矿菌门（金矿菌纲）、绿曲桡菌门（绿曲桡菌纲）、热微菌门（热微菌纲）、硝化螺菌门（硝化螺菌纲）、铁还原杆菌门（铁还原杆菌纲）、蓝细菌门（蓝细菌纲）、绿菌门（绿菌属）。

（二）变形杆菌

包括形态学和生理学特征极为多样的革兰氏阴性菌，含变形杆菌门。

1. α 变形杆菌纲 主要包括红螺菌属、醋杆菌属、葡糖杆菌属、立克次体属、红杆菌属、发酵单胞菌属柄杆菌属、根瘤菌属、土壤杆菌属、布鲁菌属、硝化杆菌属等。

2. β 变形杆菌纲 主要产碱杆菌属、球衣菌属、硫杆菌属等。

3. γ 变形杆菌纲 主要包括着色菌属、假单胞菌属、固氮菌属、弧菌属、气单胞菌属、肠杆菌属、埃希菌属、变形菌属、沙门菌属、志贺菌属、耶尔森菌属、巴斯德菌属、嗜血杆菌属等。

4. δ 变形杆菌纲 主要包括脱硫菌属、蛭弧菌属、黏球菌属等。

5. ε 变形杆菌纲 主要包括弯曲杆菌属、螺杆菌属等。

（三）低 G+C 含量（50%以下）的革兰氏阳性菌

含厚壁菌门。

1. 梭菌纲 主要包括梭菌属、八叠球菌属、消化链球菌属、真杆菌属、消化球菌属、脱硫肠状菌属。

2. 柔膜菌纲 主要包括支原体属、螺原体属、无胆甾原体属。

3. 芽孢杆菌纲 主要包括芽孢杆菌属、动性球菌属、显核菌属、芽孢八叠球菌属、李

斯特菌属、葡萄球菌属、芽孢乳杆菌属、乳杆菌属、类芽孢杆菌属、高温放线菌属、气球菌属、肠球菌属、明串珠菌属、链球菌属。

（四）高G+C含量（50%以上）的革兰氏阳性菌

包括放线菌及相关的革兰氏阳性菌。

放线菌门，放线菌纲：主要包括放线菌属、微球菌属、节杆菌属、短杆菌属、纤维单胞菌属、嗜皮菌属、微杆菌属、棒杆菌属、分支杆菌属、诺卡菌属、小单胞菌属、游动放线菌属、丙酸杆菌属、假诺卡菌属、链霉菌属、链轮丝菌属、链孢囊菌属、小双孢菌属、高温单胞菌属、弗兰克菌属、双歧杆菌属。

（五）浮霉状菌、螺旋体、丝杆菌、拟杆菌、梭杆菌及衣原体等

属革兰氏阴性菌。

1. 浮霉状菌门　浮霉状菌纲（浮霉状菌属）。

2. 衣原体门　衣原体纲（衣原体属）。

3. 螺旋体门　螺旋体纲（螺旋体属、疏螺旋体属、密螺旋体属、钩端螺旋体属）。

4. 丝状杆菌门　丝状杆菌纲（丝状杆菌属）。

5. 酸杆菌门　酸杆菌纲（酸杆菌属）。

6. 拟杆菌门　拟杆菌纲（拟杆菌属）、黄杆菌纲（黄杆菌属）和鞘氨醇杆菌纲（鞘氨醇杆菌属、屈挠杆菌属、嗜纤维菌属、泉发菌属）。

7. 梭菌门　梭菌纲（梭杆菌属、链杆菌属）。

8. 疣菌门　疣菌纲（疣微菌属、突柄杆菌属）。

9. 网球菌门　网球菌纲（网球菌属）。

10. 出芽单胞菌门　出芽单胞菌纲（出芽单胞菌属）。

第六节　微生物的生态

一、微生物在自然环境中的分布

微生物形体微小，易于借风和水传播，气流和水流可以把微生物及其孢子传播到几千里以外；由于微生物营养类型多，适应能力强，所以它们能利用各种不同的基质，在各种不同的环境中生长。另外，微生物还可以形成各种类型的休眠体，以抵抗不良的环境并适合微生物的传播，如细菌的芽孢、黏细菌的孢囊，真菌的分生孢子、厚壁孢子和菌核等。由于以上这些特性，使得微生物广泛分布于自然界中。

1. 土壤中的微生物　土壤是微生物生活最适宜的环境，它具有微生物所需要的一切营养物质和生物进行生长繁殖及生命活动的各种条件，号称“微生物天然培养基”，这里微生物的数量最大，类型最多，是人类利用微生物资源的主要来源。

土壤中微生物的数量和种类都很多，通常，每克肥沃土壤含有几亿至几十亿个微生物。每克贫瘠土壤也含有几百万至几千万个微生物。土壤微生物包含细菌、放线菌、真菌、藻类和原生动物等类群。其中以细菌为最多，占土壤微生物总数量的70%～90%，放线菌、真菌次之；藻类和原生动物等较少。

2. 水体中的微生物　天然水体可大致区分为淡水和海水两大类型，在淡水和海水中，分布有不同数量的各种微生物。

淡水区域的自然环境多靠近陆地，土壤中所有细菌、放线菌和真菌的大部分，在水体中几乎都能找到。但水体环境通常不能满足它们的营养、温度、酸碱度等条件，加上微生物之间的竞争和拮抗，它们一般不能长期生存，有的甚至只能存活几天。由此，水体中的微生物种类和数量，一般要比土壤中的少得多。

海水中有机质的含量相对较低，盐分较高，大部分海水的温度较低，而且在深海处有很高的静水压等造成特殊的水生环境，使能在其中发展的微生物受到一定的限制。海水中生活的微生物，除了一些从河水、雨水及污水等带来的种类外，绝大多数是嗜盐菌，并能耐受高渗透压。

水生微生物的作用。整个地球表面，约有71%为水所覆盖，由此可知水体中微生物的作用和影响是巨大的。在多数水生环境中，主要的光合生物是微生物，它们通过光合作用将无机物转变成有机物，组成其本身，被称作一级生产者。而浮游动物以光合生物体为食料，合成自身有机体。随后，这些浮游动物又被较大的无脊椎动物吞食，无脊椎动物又可作为鱼类的食料。最后，任何植物或动物的尸体，都能被微生物分解，这样就形成了食物链。内陆水，特别是河流，常被含有大量植物的陆地区域所包围，有机物有很多不是来自一级生产者，而是来自周围陆地上的死叶片、腐殖质和其他有机腐质，这些物质主要受细菌和真菌的作用，并且被部分地转变成为微生物蛋白质。因此，微生物在水生环境的食物链中起着关键的作用，为鱼类和浮游动物提供了丰富的食料。

另外，水中的细菌，对纤维素和蛋白质等复杂物质的分解，具有很强的能力，在推动自然界生物地球化学循环方面起着重要的作用。

(1) *微生物在碳素循环中的作用* 微生物在碳素循环中具有非常重要的作用，它们既参与固定二氧化碳的光合作用，又参与再生二氧化碳的分解作用。

光合作用：参与光合作用的微生物主要是藻类、蓝细菌和光合细菌，它们通过光合作用，将大气中和水体中的二氧化碳合成为有机碳。是在大多数水生环境中，主要的光合生物是微生物，在有氧区域以蓝细菌和藻类占优势；而在无氧区域则以光合细菌占优势。

分解作用：自然界有机碳的分解，主要是微生物的作用。在陆地和水域的有氧条件下，有机碳通过好氧微生物分解，被彻底氧化为二氧化碳；在无氧条件下，通过厌氧微生物发酵，被不完全氧化成有机酸、甲烷、氢和二氧化碳。

能分解有机碳的微生物很多，主要有细菌、真菌和放线菌。

(2) *微生物在氮素循环中的作用* 氮素循环包括固氮作用、氨化作用、硝化作用和反硝化作用，微生物参与其中所有过程，并在每个过程中都起着重要的作用，在养殖水体的水质调节中有重要作用。

固氮作用：分子态氮被还原成氨和其他氮化物的过程称为固氮作用。

氨化作用：微生物分解有机氮产生氨的过程称为氨化作用。很多细菌、真菌和放线菌都能分解蛋白质及其含氮衍生物，其中分解能力强并释放出 NH_3 的微生物称为氨化微生物。主要有蜡状芽孢杆菌、巨大芽孢杆菌、枯草芽孢杆菌、腐败梭菌、普通变形菌、荧光假单胞菌等细菌，链格胞属、曲霉属、毛霉属、青霉属、根霉属等真菌和嗜热放线菌等。

硝化作用：微生物将氨氧化成硝酸盐的过程称为硝化作用。整个过程由两类细菌分两个阶段进行。第一阶段是氨被氧化为亚硝酸盐，靠亚硝酸细菌完成，主要有亚硝化单胞菌属、亚硝化叶菌属等中的一些种类；第二阶段是亚硝酸盐被氧化为硝酸盐，靠硝酸盐细菌完成，

主要有硝化杆菌属、硝化刺菌属和硝化球菌属中的一些种类。

硝化作用形成的硝酸盐，在有氧环境中，被植物、微生物同化；但在缺氧环境中，则被还原成分子态氮从环境中消失。

反硝化作用：微生物还原硝酸盐，释放出分子态氮和一氧化二氮的过程称为反硝化作用，或称为脱氮作用。参与反硝化作用的微生物主要是反硝化细菌，其中以脱氮假单胞菌和脱氮硫杆菌的作用能力最强。另外，还有芽孢杆菌属、色杆菌属、副球菌属、棒杆菌属、生丝微菌属、沙雷氏菌属中的一些种类。

3. 空气中的微生物　空气中没有可为微生物直接利用的营养物质和足够的水分，它不是微生物生长繁殖的天然环境，因此，空气中没有固定的微生物种类。但由于微生物能产生各种休眠体以适应不良环境，有些微生物可以在空气中存活一段相当长的时期而不至死亡。所以，在空气中仍能找到多种微生物。

微生物通过各种方式被传入空气，主要来源于带有微生物细胞或孢子的土壤尘埃，水面吹起的小水滴，人和动物体表的干燥脱落物、呼吸道的排泄物等。

空气中的微生物种类，主要为真菌和细菌，它们的分布常因地区而不同，但有些微生物如霉菌和酵母菌几乎到处都有，曲霉、青霉、木霉、根霉、毛霉、白地霉等都是常见的真菌种类。最常见的细菌有结核杆菌等。

4. 鱼类消化道微生物

（1）鱼体内的微生物组成　鱼类肠道内细菌数量和组成因鱼的种类、鱼类所处的环境、鱼体的生理状态等因素而不同。淡水鱼类的消化道内专性厌氧性细菌以A、B型拟杆菌属等为主，好氧和兼性厌氧型细菌则以气单胞菌属、肠杆菌科等为主。而海水鱼类的肠道菌群则主要为弧菌属的种类。

（2）鱼体内微生物的作用　不同的细菌类群在肠道内的分布及其与寄主鱼的关系是不同的。

营养作用：肠道细菌需依赖鱼体自身营养或分解鱼类的食物生存。同时，细菌以及细菌在代谢过程中合成的维生素及胞外酶产物可以被鱼类利用，在鱼类的营养、消化吸收方面起重要作用。

免疫作用：原籍菌群并不引起或仅使鱼体产生低水平的免疫反应。外籍菌群引起的免疫反应非常强烈。

拮抗作用：动物肠道固有菌群中，厌氧菌占90%以上，它们构成动物肠道的屏障之一，对外界细菌有明显的拮抗作用。原籍菌群对宿主细胞占位性的保护作用，亦可阻止外籍菌的入侵；厌氧菌因数量多，在营养争夺上也占有优势，能充分地生长繁殖，从而限制其他外籍菌的生长与定植。

致病作用：鱼类肠道菌群在正常条件下，细菌之间，细菌与鱼体之间处于动态平衡，从而维持着鱼肠道正常的生理功能。但由于肠道内外环境的变化，如水温、气压的变化，病毒感染，鱼用药物的应用等，均可以破坏肠道菌群的平衡，使病原菌或条件致病菌异常增殖，导致鱼病的发生。

二、微生物与生物环境间的关系

在自然界中，各种微生物极少单独地存在，而总是以较多种群聚集在一起。不同种类的微生物种类，或微生物与其他生物出现在一个限定的空间内时，它们之间可能发生相互作用，并由此构成微生物间以及微生物与其他生物间非常复杂而多样化的关系。它们之间相互联系、相互依赖、相互制约、相互影响的关系，促进了整个生物界的发展和进化。

一般将生物间的相互关系归纳成三种可能性：第一，一种生物的生长和代谢对另一种生物的生长产生有利的影响，或者相互有利，形成有利关系，如生物间的共生和互生；第二，一种生物对另一种生物的生长产生有害的影响，或者相互有害，形成有害关系，如生物间的拮抗、竞争、寄生和捕食；第三，两种生物生活在一起，两者之间发生无关紧要的、没有意义的相互影响，于是表现出彼此对生长和代谢无明显的有利或有害影响，形成中性关系，如种间共处。

1. 种间共处　种间共处是两种（微）生物相互无影响地生活在一起，在共处中两者之间不表现出明显的有利或有害关系。如将乳杆菌和链球菌分别在恒化器内纯培养和混合培养，最后进行计数，结果在纯培养和混合培养内的两者种群密度几乎是相同的。

2. 互生　互生关系是微生物间比较松散的联合，在联合中可以是一方得利，或双方都有利。如土壤中纤维素分解细菌和固氮菌之间的互生关系也很典型，固氮菌需要一定的有机碳作为碳素养料和固氮作用的能源，但固氮菌不能直接利用土壤中的纤维素物质，而纤维素分解细菌在分解纤维素的过程中，产生简单含碳化合物，但是它们需要氮素化合物作为养料，于是当纤维素分解细菌和固氮菌生活在一起时，固氮菌可以利用纤维素分解细菌所生成的各种含碳化合物作为碳素养料和能源，不仅能够大量繁殖，而且有效地进行固氮作用，改善土壤中的氮素营养条件，为纤维素分解细菌的生长繁殖提供氮源，结果在联合中双方都得利。

3. 共生　共生关系是两种微生物紧密地结合在一起形成特殊的共生体，它们在生理上表现出一定的分工，在组织上和形态上产生了新的结构，其中互惠共生（Mutualism）是两者从结合中都得利；偏利共生（Commensalism）是一方得利，但对另一方也无害。

地衣是微生物中典型的互惠共生关系，它是藻类和真菌的共生体，常形成有固定形态的叶状结构，称为叶状体。在叶状体内，共生菌从基质中吸收水分和无机养料的能力特别强，能够在十分贫瘠的环境条件中吸收水分和无机养料供共生藻利用，共生藻从共生菌得到水分和无机养料，进行光合作用，合成有机物质。这样，既满足了共生藻本身的需要，也为共生菌提供了氮素养料，结果在结合中双方都得利。

细菌栖息于许多原生动物细胞内，是一种偏利共生关系。在这种结合中，细菌从原生动物获得营养和保护环境，因为这些细菌在原生动物细胞外都不能生长，但原生动物似乎没有从结合中明显得利。

4. 拮抗　拮抗关系是两种微生物生活在一起时，一种微生物产生某种特殊的代谢产物或改变环境条件，从而抑制甚至杀死另一种微生物的现象。

5. 竞争　竞争关系是生活在一起的两种微生物，为了生长争夺有限的同一营养或其他共同需要的养料，其中最能适应特殊环境的那些种类将占优势。但由于在竞争中，两者都要消耗有限的同一养料，结果使两种微生物的生长都受限制。

6. 寄生　寄生关系是一种生物生活在另一种生物的表面或体内，从后者的细胞、组织或体液中取得营养，并对其造成一定程度的损害。前者称为寄生物，后者称为寄主。如噬菌体寄生于细菌。

第三单元 细菌的感染与鉴定

第一节 细菌的致病性

感染：病原微生物在宿主体内持续存在或增殖。

发病：病原微生物感染之后，对宿主造成明显的损害。

病原菌：导致机体发病的细菌。

致病性（病原性）：病原菌在特定宿主体内定居、增殖并引起感染的能力，是病原菌种的特征。

一、细菌致病性的确定

（一）柯赫法则

柯赫法则是确定某种细菌是否具有致病性的主要依据，其要点是：第一，特殊的病原菌应在同一疾病中查见，在健康者不存在；第二，此病原菌能被分离培养而得到纯培养物；第三，纯培养物接种易感染动物，能导致同样病症；第四，试验感染动物体能重新获得该病原菌的纯培养。柯赫法则在确定细菌致病性方面具有重要意义，特别是鉴定一种新的病原体时非常重要。但也有一定的局限性，健康带菌或隐性感染条件致病菌或继发感染等均不能用柯赫法则简单判定，有些病原菌迄今无法体外培养，或没有合适的易感动物和感染方法。另外，该法则只强调了病原微生物一方面，忽略了它与宿主的关系。

（二）基因水平的柯赫法则

近年来随着分子生物学的发展，“基因水平的柯赫法则”应运而生，有以下几点：

（1）应在致病菌株中检出某些基因或其产物，而无毒力菌株中无。

（2）如有毒力菌株的某个基因被破坏，则菌株的毒力应减弱或消除。若将此基因克隆到无毒菌株内，后者成为有毒力菌株。

（3）将细菌接种动物时，这个基因应在感染的过程中表达。

（4）在接种动物检测到这个基因产物的抗体，或产生免疫保护。

二、细菌的毒力因子及其测定

（一）毒力因子

毒力因子是构成细菌毒力的物质，主要有侵袭因子和毒素。

侵袭力指细菌侵入机体，并能克服机体的防御机制而获得生长繁殖和伤害机体的能力，细菌侵袭因子有菌毛、荚膜等。

毒素包括外毒素和内毒素。

1. 外毒素　细菌在生长繁殖期间分泌到胞外的一种代谢产物（细菌培养液离心后存于上清液中），有细胞毒性和肠毒性，成分是蛋白质，抗原性强，但毒性不稳定，易被热等破坏。外毒素对器官作用有一定的选择性。

2. 内毒素　存在于细菌细胞壁外层，是细胞的组成部分（细菌培养液离心后存在于沉淀中），细菌溶解后，才能释放出来，成分是脂多糖，其作用没有特异性。

（二）测定毒力因子大小的指标

1. 最小致死量（MLD）　能使特定的实验动物于感染后一定时间内发生死亡的最小活微生物量或毒素量。

2. 半数致死量（LD_{50}）　能使接种的实验动物在感染后一定时限内半数死亡所需的活微生物量或毒素量。

3. 半数感染量（ID_{50}）　能引起接种的特定实验动物、鸡胚或细胞半数感染的活微生物量。

三、感染的类型

病原体通过各种适宜的途径进入机体，开始了感染过程。侵入的病原体可以被机体清除，也可定植并繁殖，引起组织损伤、炎症和其他病理变化。感染类型可出现不感染、隐性感染、显性感染、持续性感染和病原携带状态等不同表现，感染类型，可以随感染双方力量的增减而转化或交替变化。

（一）不感染

病原体侵入机体后，由于毒力弱、数量不足或侵入的部位不适宜，或机体具有完备的非特异性免疫和高度的特异性免疫力，病原体迅速被机体清除，不发生感染。

（二）隐性感染

病原体侵入机体后，仅引起机体发生特异性免疫应答，不出现或只出现不明显的临床症状、体征，甚至生化改变，称为隐性感染或亚临床感染，只有通过免疫学检查才能发现有过感染。

（三）显性感染

显性感染表现出感染性疾病。指病原体侵入机体后，由于毒力强、入侵数量多，加之机体的免疫病理反应，导致组织损伤，生理功能发生改变，并出现一系列临床症状和体征。按其发病快慢和病程长短，可分为急性感染和慢性感染。

全身感染可有下列不同类型。

1. 菌血症　病原菌由原发部位一时性或间歇性侵入血流，但不在血中繁殖。

2. 败血症　病原菌不断侵入血流，并在其中大量繁殖，引起机体严重损害并出现全身

中毒症状。

3. 毒血症　病原菌在局部组织生长繁殖，不侵入血流，但细菌产生的毒素进入血流，引起全身症状。

4. 脓毒血症　由于化脓性细菌引起败血症时，细菌通过血流扩散到全身其他脏器或组织，引起新的化脓性病灶。

（四）持续性感染

指某些微生物感染机体后，可以持续存在于宿主体内很长时间，短则几个月，长可达数年甚至数十年。持续性感染一般可分为以下类型。

1. 慢性感染　显性或隐性感染后，微生物未完全清除，可持续存在于血液或细胞中并不断排出体外，可出现症状，也可无症状。在慢性感染的全过程均可检出微生物。

2. 潜伏感染　显性或隐性感染后，病原存在于一定的组织或细胞中，但不能产生感染性，如单纯疱疹病毒在三叉神经节中潜伏，此时机体既无临床症状又无病毒体排出，用常规方法多不能分离和检出病毒的存在。

3. 慢发病毒感染　病毒感染后有很长的潜伏期，既不能分离出病毒也无症状，经数年或数十年后，可发生某些进行性疾病，逐渐恶化直至死亡，如麻疹病毒引起的亚急性硬化性全脑炎，朊粒引起的克雅病和库鲁病等。

（五）病原携带状态

发生在隐性或显性感染后，病原体未被机体排出，仍在体内继续存在并不断向体外排菌，称为带菌状态。处于带菌状态的动物称为带菌者。在显性感染临床症状出现之前称潜伏期携带者，隐性感染之后称健康携带者；显性感染之后称恢复期携带者，病原携带者的共同特征是没有临床症状但能不断排出病原体，因而在感染性疾病中成为重要的感染源，尤其是健康携带者的危害性最大。

第二节　细菌的耐药性

一、细菌耐药性的概念

细菌耐药性又称抗药性，系指细菌对于抗菌药物作用的耐受性，耐药性一旦产生，药物的化疗作用就明显下降。耐药性根据其发生原因可分为获得耐药性和天然耐药性。自然界中的病原体，如细菌的某一株也可存在天然耐药性。当长期应用抗生素时，占多数的敏感菌株不断被杀灭，耐药菌株就大量繁殖，代替敏感菌株，而使细菌对该种药物的耐药率不断升高。目前认为后一种方式是产生耐药菌的主要原因。为了保持抗生素的有效性，应重视其合理使用。

二、细菌耐药性的检测方法

目前进行细菌耐药检测仍以表型检测方法为主，主要包括：传统手工鉴定与药敏试验方法、自动化药敏鉴定系统。传统方法虽然能够满足临床的部分需要，存在检测时间较长、检测结果不够准确等缺点。近年来发展了一系列快速耐药检测技术，包括 PCR 技术、DNA 探针杂交以及生物芯片技术等，这类方法快速、准确，一般在几个小时之内可得到检测结果。

1. 传统细菌耐药性检测方法　主要根据细菌对生化物质的代谢特点进行，包括纸片扩散法（常规实验室使用较普遍）和抗生素稀释法［测定最小抑菌浓度（MIC）］等。使用自动化药敏和鉴定系统，是临床微生物学试验包括体外药物敏感试验的发展方向。最有代表性的是 VITEK－AMS 微生物自动分析系统，可同时完成细菌鉴定和药敏试验。此方法简便、快速、鉴定范围广，受人为因素影响小，可靠性高。

2. 分子生物学技术在细菌耐药性上的检测　主要采用核酸探针、多重 PCR 及荧光定量 PCR 检测（细菌的耐药基因）。

三、细菌耐药性与科学用药

（一）抗生素耐药性的预防与控制

（1）建立规范的抗生素使用管理制度和体系，严格执行和区分处方与非处方药。

（2）禁止或限制在动植物中使用抗生素或禁止动植物使用人类应用的抗生素。

（3）监测抗生素耐药性，提供耐药性流行资料，为经验性治疗提供依据。改进实验室诊断，建立和开展快速的病理诊断方法，提高治疗质量。

（二）抗菌治疗策略

1. 建立临床耐药性概念　如何正确选用抗生素及评价其治疗结果。取决于用药人员的理论基础及临床经验。临床耐药性是一个复杂的概念，包括感染细菌的类型、宿主的感染部位、抗生素宿主感染病灶中的浓度及患病动物的免疫状态，有条件时应进行药敏试验，选择敏感药物用于治疗。

2. 交叉使用抗生素，限制使用某类抗生素　如循环使用第三代或第四代头孢菌素、酶抑制剂及碳青霉烯类抗生素等。开设限定性处方、使用特别处方或根据计算机筛选使用抗生素，以后再循环开药，使药物交替使用。

（三）开发新的抗菌药物

（1）据细菌耐药机制开发新药。

（2）破坏耐药基团。

（3）开发与应用抗菌疫苗。

第三节　细菌的分离鉴定

一、样品的采集与保存

样品的采集与保存是水生动物细菌性疾病诊断及致病菌分离与保存的首要步骤，关系到能否成功分离到致病菌以及准确诊断疾病，因此，正确的样品采集与保存是十分重要的。

（一）样品采集与保存的原则

水生动物细菌感染诊断所需样品的采集与保存应遵循以下原则：

（1）采样应尽量采集具有典型症状的鲜活或濒死个体。

（2）采样工具应满足病料采集要求，做到无菌、无毒、清洁、干燥、无污染，不对检验结果造成影响。

（3）采样过程中应避免对病原分析结果有影响的因素发生，避免样品被污染。

（4）采样的数量与方法应视具体的品种和疾病的临床症状表现而定，但应遵循《出入境动物检疫采样》（GB/T 18088）及《水生动物产地检疫采样技术规范》（SC/T 7103）等相关标准或规范的规定、要求。

（二）样品的采集

用于细菌感染诊断的水生动物样品的采集首先应制定详细的采样方案，包括采样的地点、对象、数量、采样时间、检测项目等；根据采样方案进行采样准备，包括采样工具、容器、采样辅助设施、采样记录表等；采集样品时，应根据发病池塘的分布、疾病发生与发展的不同过程等合理设置采样点与采样数量。采样时，一般采集水生动物整体，对于特殊样品如个体较大者，无法采集水生动物整体时，可无菌操作采集其合适的完整或部分器官、组织。

采样数量随品种、健康状态、个体大小、分析项目（致病菌）等的不同而有所差异。对有临床症状的水生动物，应尽量采集具有典型症状的活体或濒临死亡的个体，一般采集10～20尾（只）。对于外表健康无临床症状的水生动物，原则上每批次应采集150尾（只）。

（三）样品的保存与转运

样品采集后应即时进行封样并运回实验室，包装容器应完整、结实，具一定的抗压、抗震性。活体可用包装袋加水并充氧转运，必要时还可加冰；死亡个体或组织器官则应用包装材料进行封装，于4℃条件下运回实验室并在2h内进行病原菌的分离，如需对样品进行储存，则在4℃储存条件下最长不可超过24h；封存死亡个体或组织器官所用的包装材料应清洁、无菌、干燥，不会对样品造成污染和伤害。

二、细菌的分离与纯化

（一）细菌的分离

在实际工作中，细菌的分离主要包括以下几个方面，其目的都是获得相应细菌的纯培养物。其一是从临床标本中将某种细菌分离出来，以用于对其进一步的鉴定，从病原方面确立对相应疾病的诊断，这在人类医学及动物医学的细菌学中是非常重要的内容，也是最为准确的诊断方法。在该方面又包含两种情况，一种是完全有目标地分离出某种病原细菌，这种情况主要用于常发且典型的病例标本；另一种是目标不甚明确，仅是在可能性推断基础上将细菌分离后做进一步确定，这种情况主要用于非典型病例（尤其是混合感染）标本。其二是对非疾病标本（如食品、饲料、水体、药品及生物制品等）进行有目标和无目标的细菌分离，以确定其被病原及非病原细菌污染的情况。其三是从混杂的细菌标本中，将各种细菌分离出来，以获得相应的纯培养物，一种情况是从明显污染的标本中分离出所需要的病原细菌，另一种情况是从难以避开混杂的标本（如粪便材料）中分离出某种病原细菌。其四是从传代保存过程中不慎被污染的标本中重新分离出原细菌。其五是在进行致病性检验的动物试验中，从被感染发病或死亡的实验动物中分离回收原始感染菌，以确定其相应病原学意义。

1. 接种环、接种针与接种钩　又称为白金耳、白金针或白金钩，是细菌学工作中常用的工具。

2. 无菌操作　是一种技术方法，又称为无菌技术，是指在操作过程中，既要避免任何外界环境中的微生物进入操作对象（污染标本），又要杜绝操作对象（细菌材料）散播污染周围环境。

3. 标本材料处理　实际工作中所遇到用于细菌分离的标本材料种类较复杂，仅医学及动物医学的细菌病例标本材料就有多种。其中若为单一病原细菌感染且为严格无菌操作采集的标本材料（如细菌性传染病的肝、脾、肺、心血等材料），其材料中不应含有其他细菌，可以不需处理直接做细菌分离；若为混合感染或混杂有其他细菌的污染材料（如一些分泌物、排泄物、体表感染材料等），则需要进行相应的有效处理后，才能进行细菌分离；肠内容物、呕吐物、粪便等材料虽属于单一病原细菌感染，并为严格无菌操作采集，但无法避免其他细菌污染，也必须做相应处理后才能用于细菌分离。对污染标本使用选择性培养基进行分离，常能收到理想效果。

4. 分离方法　用于细菌分离的方法较多，有时需根据被检标本材料决定。下面介绍的是几种常用的方法。

（1）涂布平板分离法　这种方法适用于对纯液体性质材料的细菌分离，将被检液体材料（如含菌量过大，可用无菌生理盐水或液体培养基进行适当稀释）先加于培养基平板的中央，然后以无菌三角玻棒将菌液向外旋转均匀涂布于培养基表面。

（2）倾注平板分离法　此方法常用于对液体标本材料的细菌分离，或将非液体材料经无菌操作研磨或搅碎等处理后制成无菌生理盐水或液体培养基的相应液体材料的细菌分离。再经10倍系列稀释，从适宜稀释度管取0.1mL加于对应无菌平皿中，做三个平行，随即倾注事先溶化并冷却至45～50℃的适宜固体培养基并立即轻轻转动混匀，待培养基凝固后，置于适宜的条件下培养。需要注意的是其稀释度及所取用于分离的稀释材料样本量，需根据被检材料中的细菌数量决定，在允许的情况下，应尽量多做几个稀释度。

（3）平板划线分离法　最常用且有效的方法，适用于任何类型的标本材料。划线的方法较多，一是分区划线，即从接种点开始依次在分区的平板上划开，这是最为常用的方法，需注意在分区划线的间隔要用酒精灯火焰烧灼杀死接种环上的细菌；二是做棋盘格式划线，即将接种物均匀涂布于平板上约1/5处，随即做平行划线5～6条，灭菌接种环再做垂直划线使成正方格，同法再交叉划两排斜线；三是左右或上下不分区连续划线，即在接种点下做一次连续的划线；四是不分区圆周划线，即从接种点处向平板中心划线。

（二）细菌的纯化

细菌的纯化指的是挑取细菌分离后的单一菌落，重复进行细菌分离的操作，以获得纯培养物的过程。获得细菌纯培养是细菌准确鉴定、明确病原及开展相应研究的基础。

三、常规细菌学检测

常规细菌学检测包括形态特征、培养特性以及生理生化特征的检测。细菌生理生化试验是细菌鉴定中经典且实用的方法，随着对细菌生理学和生化技术研究的日益深入，细菌生理生化试验的理论与方法不断完善和规范。细菌生理生化试验主要包括碳水化合物的代谢试验、蛋白质及氨基酸的代谢试验、碳源与氮源利用试验、酶类及其他试验等几个方面。

（一）酶类试验

1. 氧化酶试验　氧化酶即细胞色素氧化酶，也称呼吸酶。氧化酶在有分子氧和细胞色素C存在时，可氧化盐酸二甲基对苯二胺或盐酸四甲基对苯二胺，使之呈玫瑰红到深紫红色。

2. 触酶（过氧化氢酶）试验　具有触酶（过氧化氢酶）的细菌能催化过氧化氢，放出新生态氧，继而形成分子氧，出现气泡。

3. 硝酸盐还原试验　某些细菌能把培养基中的硝酸盐还原为亚硝酸盐、氨和氮等，在细菌分类鉴定中常常检查这一特性。当培养液中加入格里斯（Griess）试剂时，如果培养基中的硝酸盐被还原为亚硝酸盐，则溶液呈粉红色、玫瑰红色、橙色、棕色等。但有些细菌，亚硝酸盐不一定是硝酸盐还原的终末产物，需加入二苯胺试剂或锌粉判定是否存在硝酸盐。

加入二苯胺试剂后呈蓝色，或加入锌粉后培养液呈红色，表示培养液中仍有硝酸盐，硝酸盐未被还原，结果为阴性。

4. DNA 酶试验　某些细菌可产生细胞外 DNA 酶。DNA 酶可水解 DNA 长链，形成数个单核苷酸组成的寡核苷酸链。长链 DNA 可被酸沉淀，而水解后形成的寡核苷酸则可溶于酸，因此，当在菌落平板上加入酸后，若在菌落周围出现透明环，表示该菌具有 DNA 酶。

（二）碳水化合物的代谢试验

1. 葡萄糖氧化发酵（O/F）试验　细菌对糖类的利用有两种类型：一种是从糖类发酵产酸，不需要以分子氧作为最终受氢体，称发酵型产酸；另一种则以分子氧作为最终受氢体，称氧化型产酸。试验时，氧化型产酸仅开管产酸，氧化作用弱的菌株往往先在培养基上部产碱（1～2d），后来才稍变酸。发酵型产酸则开管及闭管均产酸，如果产气，则在琼脂柱内产生气泡。

2. 糖（醇）类发酵试验　不同的细菌含有发酵不同糖（醇）的酶，因而发酵糖（醇）的能力各不相同，所产生的代谢产物亦不相同，如有的产酸产气，有的产酸不产气。酸的产生可利用指示剂溴甲酚紫判定，当发酵产酸时，培养基由紫色变为黄色。气体产生可由发酵管中倒置的杜氏小管中有无气泡来判定。

3. 双糖铁琼脂试验　用于检测细菌糖（葡萄糖、乳糖）发酵及硫化氢反应。如细菌分解葡萄糖及乳糖产酸产气，斜面与底层（高层）均变为黄色，并且培养基中出现气泡。如细菌分解葡萄糖而不分解乳糖，因产酸量少，细菌利用含氮物质产生碱性化合物，使斜面部分又变成红色，底层（高层）由于缺氧，细菌分解葡萄糖产生的酸未被氧化而仍保持黄色。细菌如分解含硫氨基酸，产生 H_2S 与培养基中的硫酸亚铁反应生成硫化亚铁的黑色沉淀。

4. β-半乳糖苷酶试验（ONPG 试验）　某些细菌具有β-半乳糖苷酶，可分解邻—硝基-β-半乳糖苷（ONPG），生成黄色的邻—硝基酚。本试验可测定不发酵或迟缓发酵乳糖的细菌是否产生此酶，应用于肠杆菌科各属的鉴定。

5. 甲基红试验（M-R 试验）　本试验用于测定细菌发酵葡萄糖的变化。很多细菌能分解葡萄糖产生丙酮酸，丙酮酸再被分解产生甲酸、乙酸、乳酸等，使培养基的 pH 降到 4.2 以下，加入甲基红指示剂可呈现红色，为 M-R 阳性。若细菌分解葡萄糖产生丙酮酸，但很快将丙酮酸脱羧，转化成醇等物，则培养基 pH 仍在 6.2 以上，加入甲基红指示剂呈黄色，为 M-R 阴性。

6. 甲基乙酰甲醇试验（V-P 试验）　用于测定细菌发酵葡萄糖的变化。细菌从葡萄糖产酸，并将酸转化为 3-羟基-2-丁酮或 2,3-丁二醇等中性物质，两种物质在碱性环境下被空气中的氧气氧化为二乙酰，再与蛋白胨中精氨酸胍基起作用，生成红色化合物，为 V-P 试验阳性。

（三）蛋白质、氨基酸分解试验

1. 靛基质（吲哚）试验　某些细菌能分解蛋白质中的色氨酸，产生靛基质（吲哚），靛基质与对二甲基氨基苯甲醛结合，形成玫瑰色靛基质（红色化合物）。

2. 氨基酸脱羧酶试验　有些细菌含有某种氨基酸脱羧酶，能使该种氨基酸的羧基释出，生成胺类和二氧化碳，使培养基呈碱性，指示剂变色。

3. 苯丙氨酸脱氨酶试验　某些细菌具有苯丙氨酸脱氨酶，能将苯丙氨酸氧化脱氨，形成苯丙酮酸，苯丙酮酸遇到三氯化铁呈蓝绿色。

4. 尿素酶试验　某些细菌能产生尿素酶，分解尿素形成氨，使培养基变碱，酚红指示剂变红色。

5. 硫化氢试验　某些细菌能分解含硫氨基酸（胱氨酸、半胱氨酸等），产生硫化氢，硫化氢与培养基中的铅盐或铁盐，形成黑色沉淀硫化铅或硫化铁，为硫化氢试验阳性。

（四）碳源利用试验

1. 柠檬酸盐利用试验　柠檬酸盐培养基系综合性培养基，其中柠檬酸钠为碳的唯一来源。而磷酸二氢铵是氮的唯一来源。有的细菌如产气杆菌，能利用柠檬酸钠为碳源，因此能在柠檬酸盐培养基上生长，并分解柠檬酸盐后产生碳酸盐，使培养基变为碱性，培养基的溴麝香草酚蓝指示剂由绿色变为深蓝色。不能利用柠檬酸盐的细菌在该培养基上不生长，培养基不变色。

2. 丙二酸盐利用试验　在丙二酸盐培养基中，丙二酸盐为唯一碳源。当某种细菌能利用丙二酸盐时，可将其分解为 Na_2CO_3，使培养基变碱，溴百里酚蓝指示剂由淡绿色变为蓝色。

第四单元　主要的水生动物病原菌

第一节 链球菌属

链球菌（*Streptococcus*）为革兰氏阳性球菌，直径小于2μm，无运动力，菌体相连接成链状，可在10～45℃生长，最适温度20～37℃。链球菌有较大范围的盐适应性，可在0～7%氯化钠浓度中生长，因此该菌可感染淡水和海水鱼类，有极广的感染谱。链球菌具有多种毒力因子，重要的有溶血素、胞外酶类等，其中溶血素对于菌株的致病力最为重要。按照溶血特性可分为α、β、γ三种溶血类型，其中β溶血素溶血能力最强，可在菌落周围形成完全透明的溶血环，β溶血菌株大多数具有较强的致病力。根据C抗原不同，可将链球菌分成A、B、C等20个血清群。链球菌可引起鱼类局部感染和全身性败血症。

该菌在自然界分布广泛，存在于水体以及动物体表、消化道、呼吸道等处，有些是非致病菌，构成动物的正常菌群，有些可致人或动物的各种化脓性疾病、肺炎、乳腺炎、败血症等。目前本属细菌已发现30多种，比较常见的有10余种，其中引起鱼类发病的主要有海豚链球菌、无乳链球菌、米氏链球菌和副乳房链球菌等种类。

一、海豚链球菌

海豚链球菌（*Streptococcus iniae*）属链球菌科（Streptococcaceae）、链球菌属（*Streptococcus*）。海豚链球菌主要分布在温带和热带养殖的温水鱼类中，对多种海淡水鱼类都具有致病性，已有23个国家报道了鱼类链球菌病。有22种野生或养殖鱼类可以感染海豚链球菌。

（一）形态及培养特性

革兰氏阳性球菌，圆形或卵圆形细胞，直径0.6～1.2μm，液体培养物经涂片和染色后，在显微镜下观察可见球形细胞呈长短不一的链状排列。无芽孢，无鞭毛，不运动。适宜培养基为TSA平板和BHI液体培养基，在TSA平板上培养14h，菌落为针尖大小，无色。24h后，菌落的直径为1～2mm，呈乳白色，光滑，圆形，隆起，边缘整齐。适宜生长盐度为0～4，适宜生长温度10～40℃，在28～37℃生长良好，最适生长pH范围为7～8，在pH小于6及大于9的环境下基本不能生长。兼性厌氧。

（二）生化特性

接触酶阴性，发酵葡萄糖的主要产物是乳酸，但不产气。在绵羊血琼脂平板上形成狭长的β溶血带，周围环绕较大的α溶血带，有时容易被错判为α溶血。在厌氧培养物中能观察到β溶血时较为可靠。从甘露醇、核糖、水杨苷和海藻糖产酸，不发酵菊粉、乳糖、棉籽糖和山梨醇。PYR（吡咯烷酮-β-萘基酰胺）阳性，V-P试验阴性，不分解马尿酸，但可水解淀粉。对杆菌肽的敏感性不尽相同，造成部分海豚链球菌的生理特征与酿脓链球菌（*S. pyogenes*）很相似。但海豚链球菌不能与A群或其他群Lancefield's抗原的抗血清发生反应。

（三）抵抗力

海豚链球菌对热较敏感，煮沸可很快被杀死。常用浓度的各种消毒药均能将其杀死。对链霉素、丁胺卡那霉素、萘啶酸、多黏菌素E具有耐药性，但对庆大霉素、氨苄青霉素的派生物很敏感。

（四）致病性

海豚链球菌能破坏鱼体的脑神经，继而通过血液循环破坏肝、肾、脾等器官引发全身性出血，是一种传染性极强的细菌性疾病。疾病一旦发生，患病鱼体的死亡率比较高，而且水温越高病情就越重。感染死亡率可以达到20%～50%。易感性较高的鱼有罗非鱼、虹鳟、金鲳、鲷科鱼类、石斑鱼等，而未见感染草鱼、鲤、鲢、鳙等养殖鱼类的报道。发病鱼主要表现为败血症，全身各脏器出血，脑、心脏、鳃、尾柄等部位出现化脓性炎症或肉芽肿样病变。发病季节主要是8—9月。

（五）微生物学检查

1. 涂片镜检　取病鱼血液或肝脏、肾脏、脾脏等脏器涂片，革兰氏染色后镜检，可见许多呈链状排列的革兰氏阳性球菌。

2. 分离培养　挑取病鱼脑、血液或脏器等组织，划线接种于EF琼脂或添加0.5%葡萄糖的BHI琼脂平板上，30℃培养24～48h。在EF琼脂平板上，链球菌形成鲜红色、紫红色或暗黑色的小菌落；在含有葡萄糖的HI琼脂平板上，形成不透明、乳白色的小菌落。若在EF琼脂中添加少量的TTC（2，3，5-氯化三苯四氮唑），更有利于链球菌生长。

3. 生化特征　无乳链球菌通常在10℃以下不能生长，水解马尿酸盐但不水解淀粉，具有B群特异性抗原群，而海豚链球菌却相反，这是两者的特征性区别。

二、无乳链球菌

无乳链球菌（*Streptococcus agalactiae*）属链球菌科（Streptococcaceae）、链球菌属（*Streptococcus*）。国外报道鲻、金头鲷感染无乳链球菌，国内已在养殖罗非鱼中发现感染无乳链球菌，并造成严重危害。

（一）形态及培养特性

革兰氏阳性球菌，圆形或卵圆形细胞，直径0.5～1.2μm，链状排列，罕见少于4个细胞，通常形成很长的链，看起来好像是由成对的球菌组成的。无芽孢，无鞭毛，不运动。在血平板上生长良好，培养24h时，直径1.5～2.0mm，菌落呈圆形、光滑、乳白色，边缘整齐。适宜生长盐度为0～4%，适宜生长温度10～40℃，适宜生长pH为4.4～7.6。兼性厌氧。

（二）生化特性

触酶阴性。具有Lancefield's B群抗原，根据表面抗原的不同可分为9个亚型，即Ⅰa、Ⅰb、Ⅱ、Ⅲ、Ⅳ、Ⅴ、Ⅵ、Ⅶ和Ⅷ。产能代谢是发酵，主要的最终产物是乳酸。在葡萄糖培养基中最终pH是4.2～4.8。发酵葡萄糖、麦芽糖、蔗糖和海藻糖产酸。只在好氧条件下发酵甘油。从牛来源的菌株通常发酵乳糖，但从其他动物和人体来源的菌株这项特征是可变的。不发酵木糖、阿拉伯糖、棉籽糖、菊粉、甘露醇和山梨醇。大约有一半从牛来源的分离物在血平板上产生一个窄的有一定限度的β溶血圈，其他菌株表现为典型的α、β和γ反应。许多溶血性菌株产一种可溶性的溶血素，与A组菌的O与S不同，无抗原性，对热和酸中等敏感。分解马尿酸，但不水解淀粉，PYR试验阴性，CAMP试验阳性，V-P试验阴性，但某些试剂盒可能鉴定为阳性。

（三）抵抗力

无乳链球菌对热较敏感，煮沸可很快被杀死。常用浓度的各种消毒药均能将其杀死。对

包括土霉素、喹诺酮类、阿莫西林、克拉维酸、青霉素、氯霉素、四环素、利福平、磺胺甲基异噁唑、甲氧苄氨嘧啶、红霉素、万古霉素等在内的许多抗生素都敏感。从鱼类中分离出的无乳链球菌对杆菌肽素、庆大霉素、链霉素、新生霉素等的敏感性是各不相同的。

（四）致病性

致病菌可以产生外毒素，其中β溶血素具有溶血性和动物致死性等，可直接破坏宿主组织的结构和功能，导致靶器官的功能紊乱，加之红细胞被外毒素大量破坏，机体最终衰竭死亡。发病率达20%～30%，发病鱼的死亡率可高达60%～100%；水温降至20℃以下时则发病较少，在高水温季节时，病鱼的死亡高峰期可持续2～3周。易感性较强的鱼有罗非鱼、鲻、金头鲷、香鱼、鳗鲡、虹鳟等。发病鱼主要表现为全身性的充血、出血，伴有严重的炎性反应。食欲减退，游动不稳定，呈螺旋状，水面惊吓无反应、呈昏睡状，有的停滞在水面，有的身体弯曲。病程较长的则眼球肿大突出，虹膜充血，严重的可见眼球脱落。

（五）微生物学检查

无乳链球菌的微生物学检查方法与海豚链球菌相同。

第二节　弧 菌 属

弧菌（*Vibrio*）的主要共同性状有：革兰氏阴性短杆菌，有运动力，极端单鞭毛，菌体大小为（0.5～0.7）μm×（1～2）μm，在普通培养基上形成圆形、边缘平滑、灰白色菌落；氧化酶、触酶阳性，对O/129敏感。培养温度为10～35℃，最适温度25℃左右，生长需NaCl，范围0.5%～6%，最适NaCl浓度1%左右。溶藻弧菌甚至可耐7%～10%的NaCl，适合生长的pH 6～10。许多弧菌可在强选择性的TCBS培养基上生长。

弧菌种的鉴定一般利用生化性状，常用于弧菌鉴定的生化反应试剂有API-20E等，目前还有国产的一些细菌生化鉴定条，鉴定结果较为稳定。近年来，较多采用16S rDNA进行分子鉴定。

该属目前明确定名的已经达30余种，但目前已报道的弧菌达到100多种（LSPN）。部分弧菌可引起人、陆生动物及水生动物的各类疾病。其中对于水生动物危害最为严重的种类有鳗弧菌、溶藻弧菌、哈维弧菌、副溶血弧菌、拟态弧菌、杀鲑弧菌、奥达利弧菌以及创伤弧菌等，其中副溶血弧菌由于可引起人的疾病，具有重要的公共卫生意义。

一、鳗 弧 菌

鳗弧菌（*Vibrio anguillarum*）属弧菌科、弧菌属。该菌有两个生物型1和2。利用现代分子技术，1型鳗弧菌被重新命名为奥达利弧菌（*V. ordalii*），2型鳗弧菌被划至弧菌科的另外一个属，命名为鳗利斯顿氏菌（*Listonella anguillarum*）。

（一）形态及培养特性

为革兰氏阴性短杆菌，两端圆形，无荚膜，不形成芽孢，有运动力，极端单鞭毛，菌体大小为（0.5～0.7）μm×（1～2）μm。在普通琼脂培养基上形成圆形、隆起、半透明或不透明、灰白色、边缘整齐、有光泽的菌落。在TCBS培养基上易生长，形成黄色菌落。血平板培养48h生长的菌落小而光滑，有溶血性。生长温度范围为10～35℃，最适温度为25℃。

生长 pH 范围为 6～10，最适 pH 为 8，在 pH 为 5 时不生长。生长所需要氯化钠浓度为 0.5%～6%，最适浓度为 1%左右，但在无盐培养基上生长不良。兼性厌氧。

（二）生化特性

氧化酶、触酶阳性，葡萄糖氧化反应呈阳性，具有典型的弧菌属细菌特征。对 O/129 敏感。能利用柠檬酸盐，能产生吲哚，V-P 反应呈阳性，能发酵蔗糖、肌醇、山梨醇产气，不产硫化氢。

（三）抗原结构

本菌有耐热（抵抗 120℃，20 min）的 O 抗原和不耐热（120℃，20 min 敏感）的 K 抗原。O 抗原为特异性抗原，与其他弧菌无交叉反应。在日本的日本鳗鲡及其他海鱼分离株中至少存在 6 个抗原型，其中 A 型最为常见。O 抗原为相对分子质量为 100 000 的大分子，耐热，是细胞壁的组成成分，并可部分释放到培养上清液中。提取过程不破坏其抗原性。外膜蛋白（OMP）具有较弱的抗原性，各个 O 抗原型的 OMP 图谱有差异，除 B 型外，各型均有 38 000～44 000 的 OMP 主要蛋白带。鳗弧菌有 3 种 K 抗原。K-1 抗原为所有 O 型菌株的共同抗原，同时也见于嗜水气单胞菌和杀鲑气单胞菌。K-2 抗原存在于奥氏弧菌和 J-0-4型鳗弧菌，副溶血性弧菌也有 K-2 抗原。K-3 抗原存在于 J-0-4J-0-7 型菌株。此外，鳗弧菌与费氏弧菌、副溶血性弧菌、溶藻弧菌、嗜水气单胞菌、杀鲑气单胞菌、荧光假单胞菌存在共同的沉淀抗原。

（四）抵抗力

本菌在海水中可存活 2 周以上，但在淡水中存活时间较短（35h 内死亡）。由于许多抗生素常作为饵料添加剂或通过药浴来预防或治疗弧菌病，使得对常用抗生素有耐药性的菌株被筛选出来。从不少菌株中分离到了抗氯霉素、四环素、链霉素、氨苄青霉素、磺胺、甲氧苄氨嘧啶等抗生素的耐药性质粒（R 质粒）。因此，治疗前最好做药敏试验。

（五）致病性

鳗弧菌可引起多种鱼的弧菌病。易感宿主有鲑、大麻哈鱼、细鳞大麻哈鱼、大鳞大麻哈鱼、红大麻哈鱼、小红点鲑、麻苏大麻哈鱼、银大麻哈鱼、虹鳟、河鳟、日本鳗鲡、欧洲鳗鲡、香鱼、鲻、真鲷、大西洋鳕、太平洋鲱、鲽、白斑狗鱼等。人工接种可感染泥鳅、黑鲷、金鱼、鲤、鲫等。但不同鱼类的易感性有所差异，如鲑属的鲑比虹鳟更易感。

消化道和受伤的皮肤是鳗弧菌的入侵门户。潜伏期一般为 25d。通过皮肤感染时，首先引起感染局部皮肤的坏死和溃疡，然后侵入皮下和肌肉组织，通过其中的血管和结缔组织，迅速向全身其他组织、器官扩散，引起败血症。经胃肠道感染时，首先引起肠炎，尤其是后部肠道。进一步通过肠管进入到全身其他组织器官。败血症状表现为肝脏、肾脏、脾脏、心脏、生殖腺、肌肉的弥漫状或点状出血，常伴随有肝脏和肾尿细管的坏死。

鳗弧菌可在污染的鱼塘存活较长时间，能通过饵料、水、各种工具传播，带菌者和野生鱼在传播上也起着重要作用。鱼群拥挤以及缺氧、混浊等水质变化可促使本病的发生。发病时水温一般在 10℃以上。

二、溶藻弧菌

溶藻弧菌（*Vibrio alginolyticus*）属弧菌科、弧菌属。在海水环境中普遍存在，是海水养殖动物的主要病原细菌。

（一）形态及培养特性

为革兰氏阴性菌，略显弧状，常呈杆状、球状等多形态，没有荚膜，不形成芽孢，极端单鞭毛，有运动力。菌体大小为（0.6～0.9）μm×（1.2～1.5）μm。无盐培养基中不生长，在3% NaCl平板上为淡乳白色菌落，有的弥漫性生长，在TCBS平板上为黄色菌落。在1% NaCl肉汤中37℃培养18～24h呈均匀混浊，表面常有菌膜；在血平板上呈灰白色，大部分菌株的菌落有溶血圈；在SS和庆大琼脂平板上不生长或生长不良，菌落细小、圆形凸起，类似球菌样菌落；在麦康凯平板上生长较缓慢，菌落较小，透明或半透明，直径1.2～1.5mm；在普通琼脂平板上生长一般，菌落不透明，有的呈弥漫性生长；在双糖铁培养基上生长良好，菌苔稍厚、湿润。

（二）生化特性

氧化酶阳性，具有弧菌属的特性。对O/129敏感。发酵葡萄糖，不发酵乳糖，不产硫化氢，V-P反应呈阳性；对利用麦芽糖、蔗糖、甘露醇、甘露糖、蕈糖、果糖、硝酸盐、枸橼酸盐、明胶、赖氨酸脱羧酶阳性，对乳糖、阿拉伯糖、鼠李糖、棉籽糖、木糖、蜜二糖、肌醇、水杨苷、侧金盏花醇、山梨糖、山梨醇、卫矛醇、尿素酶、七叶灵、苯丙氨酸、精氨酸双水解酶呈阴性。溶藻弧菌与副溶血弧菌的生化特性相似，常用的鉴别试验有V-P、蔗糖、阿拉伯糖和耐盐试验。

（三）致病性

溶藻弧菌感染的宿主也十分广泛，早在1973年Biake证实该菌对人类有致病作用，是沿海地区食物中毒和腹泻的重要病原菌，同时它还能引起许多海水养殖品种的疾病，大黄鱼、凡纳滨对虾、文蛤、鲈、真鲷、点带石斑鱼、黑鲷、大菱鲆、牙鲆等都可被感染。感染鱼发病初期体色变深，行动迟缓，经常浮出水面，体表病灶充血发炎，胸鳍腹鳍基部出血，眼球突出，混浊，肛门红肿；随着疾病的发展，发病部位开始溃烂，形成不同程度的溃疡斑，重者肌肉烂穿或吻部断裂，尾部烂掉。解剖发现内脏器官病变明显，腹部膨胀，有腹水，肝脏肿大，肾脏充血，有时肠内有黄绿色黏液。出现出血症状后，一般1～7d便死亡，常为急性死亡。

（四）微生物学检查

因生化特性与副溶血弧菌相似，故鉴定时应注意与副溶血弧菌鉴别，常用的鉴别试验为V-P、蔗糖、L-阿拉伯糖和耐盐试验等。

三、哈维弧菌

哈维弧菌（*Vibrio harveyi*）属弧菌科、弧菌属。广泛分布于海洋环境中，是水产养殖动物的重要致病菌。哈维弧菌是印度尼西亚、泰国、印度、澳大利亚、厄瓜多尔及中国等国家养殖对虾和许多养殖鱼类的重要致病菌。

（一）形态及培养特性

为革兰氏阴性菌，发光的海洋细菌，短杆状，菌体直或稍弯曲，两端钝圆，无荚膜，不形成芽孢，极端单鞭毛能运动，单个存在，很少出现两个或链状排列，大小为（0.5～0.9）μm×（1.1～1.9）μm。在无盐培养基中不生长，在含盐营养琼脂平板上生长良好，28℃培养24h菌落圆形光滑、边缘整齐、稍隆起、闪光，在TCBS平板上为黄色菌落，4℃以下和40℃以上不能生长。

（二）生化特性

氧化酶和过氧化氢酶均呈阳性，对2，4-二氨基-6，7-二异丙基喋啶（O/129）敏感。还原硝酸盐、产生吲哚、鸟氨酸脱羧酶及赖氨酸脱羧酶均呈阳性，不产硫化氢，V-P反应、半乳糖酸盐、脲酶、精氨酸双水解酶、肌醇、侧金盏花醇、鼠李糖均为阴性。哈维弧菌明显区别于其他弧菌的生化特征：能利用D-甘露糖、纤维二糖、D-葡萄糖酸盐、D-葡萄糖醛酸、庚酸、α-酮戊二酸盐、L-丝氨酸、L-谷氨酸盐和L-酪氨酸，不产3-羟基-2-丁酮，不能利用β-羟基丁酸、D-山梨醇、乙醇、L-亮氨酸、γ-氨基丁酸盐和腐胺。

（三）致病性

哈维弧菌的胞外产物（ECP）具有致病性，其分泌的胞外蛋白酶、脂多糖、磷脂酶或溶血素对虾类和鱼类具有致病性，并损伤宿主组织器官等。易感性较强的虾类有中国明对虾、凡纳滨对虾幼体、长毛对虾及日本囊对虾成虾等，鱼类有鲈、石斑鱼、鲻、虹鳟、大黄鱼、大菱鲆等。

四、副溶血弧菌

副溶血弧菌（*Vibrio parahaemolyticus*）属弧菌科、弧菌属。主要存在于近海岸的海水、海底沉积物和鱼虾、贝类等海产品中，是引起食源性疾病的主要病原之一，属于人兽共患病病原。

（一）形态

该菌为（0.4～0.6）μm×13μm大小的革兰氏阴性杆菌。在液体培养基中培养的细菌，其菌体一端具有单鞭毛，运动活泼。但在琼脂平板培养基中，幼龄培养菌常具有周身鞭毛。本菌为多形性，呈多种形态。

（二）培养特性

菌落中等大小，培养24h时直径约2mm。在胰蛋白胨平板上菌落圆形，隆起，表面光滑湿润，稍混浊不透明，不产生色素；在比较新鲜湿润或软琼脂培养基上，可形成不规则菌落或片状扩散生长。在绵羊血平板上不溶血，在TCBS琼脂上的菌落呈绿色或蓝绿色。兼性厌氧菌。利用甘露醇产酸，甘露醇盐培养基变为黄色。在生长繁殖时的最大特征是必须有钠离子。在含有2.5% NaCl的培养基中生长良好，在不含NaCl的培养基中不能生长，具有嗜盐性。当NaCl浓度达10%以上时，本菌也不能生长。最适生长温度是30～37℃，但在42℃时仍可生长，在10℃以下时不能生长。生长pH范围为5.6～9.6，最适pH为8.0。在最适条件下，本菌繁殖一代所需时间为10～20min，其增殖速度是大肠杆菌和志贺菌等细菌的2倍。大多数菌株对弧菌抑制剂O/129不敏感。

（三）生化特性

氧化酶、触酶均呈阳性，发酵葡萄糖产酸但不产气，产生溶血素。在无盐或100g/L NaCl培养基中不生长，能利用甘露醇、半乳糖、果糖、麦芽糖、甘露糖、枸橼酸盐，硝酸盐还原反应阳性，几丁质、淀粉、酪蛋白、赖氨酸脱羧酶、鸟氨酸脱羧酶、海藻糖分解均为阳性，V-P反应阴性、不产生硫化氢，七叶苷、碳水化合物发酵阴性，不能利用乳糖、蔗糖、纤维二糖、丙二酸、藻酸、蜜二糖、棉籽糖、鼠李糖、山梨糖、木糖、肌醇、水杨苷、赤藓糖醇、松山糖，尿素酶、苯丙氨酸脱氨酶呈阴性，不液化明胶。

（四）致病性

副溶血弧菌具有嗜盐性，为海产鱼弧菌病的病原菌，一般在20～28℃引起鱼发病。人食用本菌污染的海鱼、贝类等常引起食物中毒，潜伏期2～36h，表现为水样腹泻、呕吐及发热，一般能很快康复。近年来，从我国人工养殖发病死亡的海鱼、贝类等也分离到本菌。常导致海鲷、九孔鲍、斑节对虾、牙鲆及文蛤等水产动物患病。

五、创伤弧菌

创伤弧菌（*Vibrio vulnificus*）属弧菌科、弧菌属。创伤弧菌与霍乱弧菌、副溶血弧菌同属致病性弧菌，可通过损伤的创口、食用污染的海产品或水源而引起感染，也是水产养殖动物的病原菌，故是引起人兽共患病的重要病原菌。

（一）形态及培养特性

为革兰氏阴性菌嗜盐菌，菌体大小为（0.5～0.8）μm×（1.4～2.6）μm，极端单鞭毛、有运动力，无芽孢、异染颗粒。该菌抵抗力不强，温度＞52℃，NaCl＜0.04%或＞8%，12%胆汁及pH＜3.2环境均不生长。煮沸3min，烘烤10min死亡。最适合的生长条件：温度30℃、1%～2% NaCl、pH 7.0。创伤弧菌在5%羊血琼脂平板37℃，5% CO_2 培养，菌落呈圆形微凸、湿润，略带黄色，直径2～3mm，草绿色溶血环。在TCBS培养基上呈凸面、平滑乳脂状的蓝绿色菌落，直径2～3mm。在麦康凯培养基上37℃生长而在SS培养基上不生长。克氏双糖培养基表现为斜面产碱，底层产酸不产气。兼性厌氧。

（二）生化特性

氧化酶阳性、过氧化氢酶阳性。对O/129敏感。利用葡萄糖、甘露醇、乳糖，不利用肌醇、蔗糖、阿拉伯糖，柠檬酸盐、庚二酸盐、水杨苷、七叶苷、V-P反应呈阴性，吲哚试验为阳性，不产生 H_2S，赖氨酸脱羧酶、鸟氨酸脱羧酶、ONPG、明胶酶为阳性，精氨酸双水解酶、尿素酶阴性，产生溶血素。

（三）致病性

存在于海产虾、蟹、鱼、牡蛎中，是水产养殖中重要的细菌性病原之一。创伤弧菌有3个生物型，生物Ⅰ型主要是人类的致病菌，也能感染养殖鱼类，澳大利亚养殖的尖吻鲈发生过由创伤弧菌生物Ⅰ型引起的弧菌病，死亡率高达80%。生物Ⅱ型是海水养殖动物的致病菌，也是人类的条件致病菌。创伤弧菌引起鳗鲡患病，其半数致死量（LD_{50}）为2.69×10^5CFU/g。生物Ⅲ型可引起人类败血症和软组织感染。石斑鱼、军曹鱼、罗非鱼等的发病症状表现为行动迟缓，经常游出水面，发病初期鳍末端充血、发炎，鱼体两侧有出血点，腹部、肛门红肿、出血，肝脏表面有出血点、肿大，肾脏水肿发黑有瘀血现象，肠有炎症和积水，积水呈黄绿色，病鱼沉底死亡。

第三节　发光杆菌属

美人鱼发光杆菌

美人鱼发光杆菌（*Photobacterium damselae*），以前称为美人鱼弧菌，分为美人鱼亚种（*Photobacterium damselae* subsp. *damselae*）和杀鱼亚种（*Photobacterium damselae* subsp. *piscicida*），是美人鱼发光杆菌病或鱼巴斯德病的病原菌，其中美人鱼亚种能够感染

人和哺乳动物，所以其具有重要的公共卫生学意义。

（一）形态及培养特性

美人鱼发光杆菌为嗜盐的革兰氏阴性细菌，细胞内寄生，呈杆状或者球杆状，菌体大小为（0.8～1.3）μm×（1.8～2.4）μm，最适生长温度为18～25℃，兼性厌氧。

（二）生化特性

该菌能够发酵葡萄糖，甲基红、V-P试验阳性，吲哚试验阴性，精氨酸双水解酶阳性。该菌在普通的培养基上能够生长，培养24h后菌落呈白色、表面光滑的圆形，在绵羊血平板上生长良好，能够形成鲜明的溶血现象。

（三）致病性

美人鱼发光杆菌分布范围广，具有广泛的宿主感染谱，被感染动物死亡率高，是海水养殖中最为危险的致病菌之一。患病动物以出血性败血症为典型特征，通常发病迅速、死亡率高。该细菌的毒力与其产生的致病因子密切相关，主要致病因子包括胞外蛋白酶、胞外溶血素和细胞毒素等，可以引起多种海水鱼类出血性败血症、创伤性感染，甚至死亡。

第四节　气单胞菌属

气单胞菌（*Aeromonas*）是一类革兰氏阴性直杆菌，或呈球杆状或丝状，大小为(0.1～1)μm×（1～4)μm，菌体两端钝圆，无荚膜，无芽孢，绝大多数有极端单鞭毛，动力阳性，但杀鲑气单胞菌和中间气单胞菌动力阴性。对营养要求不高，在普通培养基上35℃经24～48h形成1～3mm、微白色半透明的菌落；在血琼脂上形成灰白、光滑、湿润、凸起、直径约2mm的菌落，多数菌株有β溶血环，3～5d后菌落呈暗绿色。在TCBS琼脂上生长不良，液体培养基中呈均匀混浊。需氧或兼性厌氧，氧化酶和触酶均为阳性，发酵葡萄糖及其他多种糖类产酸或产酸产气，硝酸盐还原阳性，产生多种酶类如淀粉酶、DNA酶、酯酶、肽酶、芳基酰胺酶和其他水解酶。除极少数菌株外，均对弧菌抑制剂O/129耐药。生长温度范围0～41℃。

气单胞菌属细菌广泛分布于自然界，可从水源、土壤以及人的粪便中分离到。本属细菌有的种可引起人类腹泻等多种感染。作为水产养殖动物病害的病原，常见的有嗜水气单胞菌（*A. hydrophila*）、温和气单胞菌（*A. sobria*）、豚鼠气单胞菌（*A. cavaie*）和杀鲑气单胞菌（*A. salmonicida*）等种类。

一、嗜水气单胞菌

嗜水气单胞菌（*Aeromonas hydrophila*）属气单胞菌属，是气单胞菌属的模式种，属于嗜温、有动力的气单胞菌群，也称嗜水气单胞菌群。嗜水气单胞菌与液化气单胞菌、蚁酸气单胞菌、斑点气单胞菌属于同义名，是淡水（污水）、淤泥及土壤中的常见细菌，也是引起淡水养殖动物病害的重要病原细菌。

（一）形态

为革兰氏染色阴性杆菌，两端钝圆、直或略弯，短小，大小为（0.3～1.0)μm×（1.0～3.5)μm，菌细胞多数以单个存在，少数双个排列。通常在菌体的一端有一根鞭毛，也有许多菌株的幼龄培养物在菌体的四周形成鞭毛，但对数生长期过后，该细胞又呈现极生单鞭

毛。无荚膜，不形成芽孢。

（二）培养特性

本菌为兼性厌氧菌。在普通琼脂、TSA、麦康凯琼脂、SS琼脂上生长良好。在普通琼脂上的菌落呈圆形、边缘整齐、中央隆起、表面光滑、灰白色、半透明状。有些菌株培养物的气味较强。不产生色素。在溴化十六烷基三甲铵琼脂上不生长。在血液琼脂上呈β溶血。在TYE（弧菌培养基）及肉汁蛋白胨琼脂平板上，28℃培养18～24h，菌落呈淡黄褐色，无水溶性色素。在TYE液体中28℃培养24h，形成少量薄膜，一摇即散。最适生长温度28℃，一些菌株可在5℃生长，最高生长温度通常为38～41℃。生长pH为6～11，最适pH为7.2～7.4。生长适宜的NaCl浓度范围为0～4%，最适浓度为0.5%。

（三）生化特性

氧化酶、触酶阳性，发酵葡萄糖产酸产气，主要生化性状有发酵半乳糖、果糖、麦芽糖、蔗糖、甘露糖、甘露醇、赤藓糖醇、棉籽糖、阿拉伯糖，水解淀粉、七叶苷，不发酵肌醇、乳糖、卫矛醇、山梨醇、肌醇，M-R试验、V-P试验阳性，吲哚试验阴性，还原硝酸盐，不分解尿素，液化明胶，精氨酸脱羧酶阳性，赖氨酸脱羧酶阴性，对弧菌抑制剂（O/129）及新生霉素不敏感。

（四）抵抗力

本菌是水中的常见细菌，一般在夏季较多、冬季较少。同时，本菌也是鱼肠道的菌群之一。从鱼、人和其他动物分离株较环境分离株的蛋白质分解能力强，尤其是对酪蛋白、纤维蛋白等。本菌对热的抵抗力较差，60～65℃下30min至1h死亡。

（五）抗原性

运动性气单胞菌有O抗原、H抗原和K抗原。其中O抗原可分成12种，H抗原有9种。K抗原能部分抑制O抗原的凝集反应，并与鳗弧菌等有交叉反应。此外，运动性气单胞菌与杀鲑气单胞菌以及其他属的细菌也存在着共同的抗原成分。

（六）致病性

嗜水气单胞菌对多种鱼类、两栖类以及爬虫类具有致病性，可引起鳗鲡的赤鳍病、鲤和金鱼的竖鳞病、鲢和鳙的打印病、青鱼和草鱼的细菌性肠炎、青鱼的疖疮病、香鱼的红口病、鳖的"红脖子病"、蛙的红腿病、蛇的败血病和口炎。此外，还可导致鲑鳟（硬头鳟、虹鳟、银大麻哈鱼、大鳞大麻哈鱼）等鱼类的败血症，统称为运动性气单胞菌败血病。

本菌主要通过肠道感染，在鱼体受伤或寄生虫感染的条件下，还可经皮肤和鳃感染，并与水温、水中有机物质的含量、饲养密度等有密切关系。水温为17～20℃时，死亡率较高，在9℃以下时鱼很少发病死亡。

二、温和气单胞菌

温和气单胞菌（*Aeromonas sobria*）属气单胞菌属（*Aeromonas*），是危害我国淡水养殖业的重要病原菌之一，能引起鱼类、爬行类、两栖类等动物的出血性败血症，还是重要的人兽共患病的病原菌。

（一）形态及培养特性

为革兰氏阴性短杆菌，长0.5～1.0μm，两端圆，无芽孢，无荚膜，极生单鞭毛。在普通营养琼脂平板上于28℃培养24h，形成圆形、边缘整齐、表面光滑、湿润、灰白色菌落，无水溶性色素；在TCBS培养基上生长缓慢，为黄色小菌落，在羊血平板上呈β型溶血。

（二）生化特性

氧化酶、触酶阳性，发酵葡萄糖产酸产气，V-P反应、靛基质、甘露醇和蔗糖为阳性，赖氨酸脱羧酶和精氨酸水解酶阳性，鸟氨酸脱羧酶阴性，纤维二糖阴性，七叶苷和水杨苷阴性。对弧菌抑制剂（O/129）及新生霉素不敏感。其生化反应与气单胞菌属细菌基本相同，与嗜水气单胞菌的主要不同在于温和气单胞菌不利用水杨苷、阿拉伯糖，在氰化钾肉汤中不生长。

（三）致病性

温和气单胞菌能引发罗非鱼、团头鲂、斑点叉尾鮰的出血性败血症，日本鳗鲡败血腹水病，异育银鲫溶血性腹水病，以及鲤、鳖、牛蛙的溃疡病等。人类感染除能引起感染性腹泻外，还可引起各种免疫力低下人群的肠道外感染，如创伤感染、胆管炎、肺炎、脑膜炎、脓毒性关节炎和败血症等。

三、豚鼠气单胞菌

豚鼠气单胞菌（*Aeromonas cavaie*）属弧菌科（Vibrionaceae）、气单胞菌属（*Aeromonas*）。通常认为豚鼠气单胞菌是条件致病菌，广泛分布于水体、池底淤泥及健康鱼体肠道中。主要危害草鱼、青鱼，鲤也有少量发病情况。

（一）形态及培养特性

为革兰氏阴性短杆菌，多数相连或单个存在，极端单鞭毛，有运动性，无芽孢。在TSA培养基上形成圆形光滑的乳白色菌落，能产生褐色色素。采用R-S选择培养基作筛选性分离，典型菌落呈黄色。在兔血平板上可呈现典型β溶血。适宜培养温度为25～30℃，pH 3～11均可生长，在4%NaCl中不能生长。

（二）生化特性

氧化酶、触酶阳性；发酵葡萄糖产酸产气或产酸不产气；利用蔗糖、麦芽糖、淀粉、甘露醇、乳糖、木糖、鼠李糖、卫矛醇，还原硝酸盐；枸橼酸盐利用试验阳性，产生靛基质，V-P试验阴性，不产生硫化氢。对弧菌抑制剂（O/129）不敏感。

（三）致病性

作为条件致病菌的豚鼠气单胞菌，存在于养殖水体、池底淤泥及健康鱼体肠道中，随着水温的变化，这种菌在鱼体内的比例也相应增加。一般认为，当鱼体养殖环境较好、体质健壮时，少量该菌（通常占总数的0.5%左右）不会引起疾病，且心、肝、肾、脾等实质性器官中也无该菌；环境恶化、鱼体抵抗力下降时，该菌在肠内大量繁殖，即导致疾病暴发；此外，水质恶化、低溶解氧、高氨氮、变质饲料等都可使鱼体抵抗力下降，引起疾病暴发。

四、杀鲑气单胞菌

杀鲑气单胞菌（*Aeromonas salmonicida*）属气单胞菌属（*Aeromonas*）。目前杀鲑气单胞菌有四个亚种：①杀鲑气单胞菌杀鲑亚种（*A. salmonicida* subsp. *salmonicida*），是最早从虹鳟中分离鉴定的亚种，可产生棕色色素，发酵葡萄糖产气；②无色亚种（*A. salmonicida* subsp. *achromogenes*），从河鳟中分离的，菌落无色，但菌落周围琼脂可呈淡褐色，发酵葡萄糖不产气；③日本鲑亚种（*A. salmonicida* subsp. *masoucida*），从马苏大麻哈鱼中分离的，菌落无色，也不产生色素，不发酵葡萄糖；④杀鲑气单胞菌新亚种（*A. salmonicida* subsp. *nova*），分离自鲤（红皮炎），不产生色素，需要氧化血红素为其生长因子，对氨苄青霉素有抵抗力（灭鲑亚种对青霉素敏感）。

（一）形态

为革兰氏阴性短杆菌，菌体呈球杆状，长度不到宽度的两倍，菌体大小为（0.8～1.0）μm×（1.0～1.8）μm，通常成双排列或呈短链、丛状排列。无鞭毛，无动力，这是本菌与其他气单胞菌成员的重要区别。不形成芽孢和荚膜。

（二）培养特性

为兼性厌氧菌。在普通琼脂上22℃培养48h后，形成圆形、隆起、边缘整齐、半透明、松散的菌落。大多数菌株在TSA、FA（疖疮病琼脂）培养基上产生水溶性褐色色素，但在厌氧条件下不产生色素。也常分离到一些不产生色素的菌株。在血琼脂平板上产生典型的β溶血，7d后菌落变成淡绿色。生长适宜温度22～25℃，大多数菌株能在5℃生长，生长高限温度为35℃。生长pH范围6～9，最适pH为7左右。所需NaCl浓度范围为0～3%。

（三）生化特性

发酵阿拉伯糖、半乳糖甘露糖、糊精等，但不能分解山梨糖、山梨醇乳糖、棉籽糖、纤维二糖。在KCN肉汤、含7.5% NaCl的营养肉汤中不能生长。无脲酶、鸟氨酸脱羧酶（ODC）、连四硫酸盐还原酶。但能水解精氨酸，有氨基甲酰磷酸激酶、氨基甲酰磷酸酯酶、腺嘌呤3，2-单磷酸激酶。

（四）抵抗力

本菌在蒸馏水中4d至2周、在灭菌的河水中28d（20～25℃）、在灭菌湿土中40d（20～30℃）不死亡。强毒株在含有机物质的淡水中可生存15周，在死鱼肾脏内存活28d（4℃），在海水中10d内死亡。对土霉素、四环素、氯霉素、萘啶酸、喹啉酮等敏感。不过许多抗生素只能抑制杀鲑气单胞菌繁殖，而不能将其杀灭。

（五）致病性

本菌主要感染鲑科鱼类，是鲑科鱼类疖疮病病原。不过不同鱼种的易感性有所差异。大西洋鲑、虹鳟等的易感性较强，而某些品系的虹鳟往往具有一定的抵抗力。此外，鲤、金鱼和鳗鲡也可感染发病。细菌通过患病鱼、带菌鱼和污染水水平传播。虽然也能在鱼的性腺中检出此菌，但尚未证实其能垂直传递。入侵门户主要是受伤的皮肤，也可通过胃肠道和鳃感染。

五、维氏气单胞菌

维氏气单胞菌（*Aeromonas veronii*），也被译为维多纳气单胞菌、凡隆气单胞菌、维隆气单胞菌等不同的名称。

（一）形态及培养特性

维氏气单胞菌为革兰氏阴性菌，杆状，两端钝圆，无芽孢，菌体大小多为（0.3～0.7）μm×（1.2～2.5）μm；端生单鞭毛，部分菌体有侧生鞭毛。在普通营养琼脂斜面上，28℃和37℃下均能正常生长，菌苔不透明、灰白色；在平板上培养形成圆形光滑、边缘整齐、灰白色、不透明的菌落。在血平板上呈β-溶血。

（二）生化特性

维氏气单胞菌课在无盐蛋白胨水培养基中生长，不产生棕色色素，对O/129不敏感，黏丝反应阴性；氧化酶阳性，还原硝酸盐；36℃培养时，吲哚、V-P、枸橼酸盐利用、鸟氨酸脱羧酶、DNA酶、脂酶反应阳性，能运动；精氨酸脱羧酶、H2S、尿素和丙二酸盐利用阴性。能发酵D-葡萄糖（产酸产气）、纤维二糖、水杨苷、蔗糖和七叶苷，不发酵L-阿拉伯糖、卫矛醇、乳糖、棉籽糖等。鸟氨酸脱羧酶反应阳性是维氏气单胞菌与其他气单胞菌的主要区别点。

（三）致病性

维氏气单胞菌可感染的水生动物包括草鱼、鲤、鲫、鳜、罗非鱼、大口黑鲈、斑点叉尾鮰、黄颡鱼、乌鳢、泥鳅等鱼类，引起败血症、出血、体表溃疡、腹水等症状。也感染克氏原螯虾，死亡率高，感染后的病虾伏于水体边缘，螯足无力，遇人不躲，不进食，体表无明显症状；解剖可见胃内充满淡棕黄色液体，肝胰腺略肿大，肠道呈蓝色，黏液多。维氏气单胞菌的一些菌株也可感染人及其他哺乳动物，常引起肠胃炎症，尤其是引起低龄婴幼儿的腹泻；也可导致败血症、肺炎等疾病。

第五节　假单胞菌属

假单胞菌（*Pseudomonas*）是一类革兰氏阴性、直或微弯的杆菌，大小为（0.3～1.0）μm×（1.0～4.4）μm，不产生芽孢，极端生单根或多根鞭毛，有运动力。需氧，进行严格的呼吸型代谢。氧化酶、触酶阳性，葡萄糖氧化分解。培养温度7～32℃，最适23～27℃，生长最适的NaCl浓度为1.5%～2.5%，pH 5.5～8.5。

本属细菌种类繁多，广泛分布于土壤、水、动植物体表及各种蛋白质食品中，许多致病性假单胞菌通常被认为是条件致病菌。它们可感染世界各地温水性或冷水性海、淡水鱼类，且不分鱼的年龄阶段。

目前在海、淡水养殖鱼类疾病病原中发现的假单胞菌主要有荧光假单胞菌、鳗败血假单胞菌和恶臭假单胞菌。

一、荧光假单胞菌

荧光假单胞菌（*Pseudomonas fluorescens*）属假单胞菌科、假单胞菌属。荧光假单胞菌广泛存在于水、污水和土壤中，是鱼类赤皮病的病原菌，也是引起水产品腐败的腐生菌。一般把本菌分成Ⅰ～Ⅴ个生物型，鱼类病原性荧光假单胞菌属于生物Ⅰ型。

（一）形态

本菌为杆状，两端钝圆，大小为（0.7～0.8）μm×（2.3～2.8）μm。老龄培养物菌体较短而纤细。单个或成双排列。能运动，有1～3根极端鞭毛，个别菌有时失去鞭毛。无芽孢。菌体染色均匀，革兰氏染色阴性。

（二）培养特性

在普通琼脂培养基上生长良好，形成表面光滑、湿润、边缘整齐、灰白色或浅黄绿色、半透明、微隆起、直径1～1.5mm的菌落，培养20h后可产生绿色或黄绿色的色素，弥漫培养基。紫外灯下可见荧光，是该菌的重要鉴别特性。液体培养生长丰盛，均匀混浊，有少量絮状沉淀，表面有光泽柔软的菌膜，一摇即散。24h后，培养液表层产生色素。明胶穿刺4h后杯状液化，72h后层面形液化，液化部分出现色素。用马铃薯培养，中等速度生长，

微凸、光滑、湿润，菌落呈绿色，培养基2d后呈绿色。可使兔血琼脂产生典型的β溶血。为专性需氧菌，最适生长温度为25～30℃，大多数菌株在4℃以下可以生长，41℃以上不生长。最适生长盐度1.5%～2.5%，生长pH范围5.0～9.7，最适pH为5.7～8.4。

（三）生化特性

此菌为氧化型，生长需氧，这是与气单胞菌、弧菌的主要区别。氧化酶、触酶阳性，葡萄糖氧化分解。典型分离株可利用阿拉伯糖、蕈糖、甘油、木糖、山梨醇、蔗糖等，产酸不产气；不利用乳糖、甘露醇、麦芽糖；不产生靛基质，M-R和V-P试验阴性，枸橼酸盐利用阳性，液化明胶，不还原硝酸盐，不产硫化氢。

（四）抵抗力

本菌在淡水中能存活140d以上，在半咸水中存活50d左右，但在海水中生存的时间较短。本菌对四环素、链霉素、卡那霉素、黏菌素、喹酸、萘啶酸、磺胺二甲基异噁唑、呋喃唑酮敏感，但对青霉素、氯霉素、红霉素以及弧菌抑制剂O/129和新生霉素不敏感。

（五）致病性

本菌主要感染草鱼和青鱼，也可感染鲫、鲷、虹鳟、鲻、梭鱼、牙鲆、鲈、石斑鱼等其他鱼类。细菌经伤口侵入皮肤组织，引起体表皮肤出血发炎、糜烂和溃疡。受害部位多在躯干两侧、腹部、鳍和鳃。鳍条间组织腐烂后形成蛀鳍。有时鱼的肠道亦充血发炎。不同大小鱼均可感染发病。无明显的流行季节。

二、鳗败血假单胞菌

鳗败血假单胞菌（*Pseudomonas anguilliseptica*）属假单胞菌科、假单胞菌属，是鳗鲡和香鱼红点病的病原菌。红点病最早于1971年发现于日本的人工养殖鳗鲡，后来在我国台湾以及苏格兰等地区也偶有发生，近年来已成为日本香鱼的主要疾病之一。

（一）形态

为革兰氏阴性细长杆菌，病鳗血液中的细菌大小为0.5μm×（1～3）μm。有极生单鞭毛，能运动，运动性随培养条件而变化，15℃培养时，有动力的菌很多，但温度在25℃以上时，运动性减弱。电镜观察可见菌体周围有一层厚的荚膜，在光镜下则看不到。不形成芽孢。血液琼脂培养后，长丝状的菌增多，有异染小体。

（二）培养特性

在普通营养琼脂上生长缓慢，20℃培养2～3d，可形成圆形、透明、光泽、黏稠、直径为1mm的小菌落。培养基加入血液，生长得较好；可在麦康凯培养基上生长；提高培养基的营养后，不显示运动性的菌增加，25℃的培养物几乎无动力。无绿色荧光色素和其他色素。生长温度范围5～30℃，最适温度15～20℃，生长NaCl浓度范围0.1%～4%，最适浓度0.5%～1%，不含NaCl的培养基上不生长。生长pH范围5.3～9.7，最适pH为7～9。

（三）生化特性

包括葡萄糖在内的所有糖类，本菌几乎都不利用。氧化酶、接触酶、吐温80水解试验为阳性。某些菌株能分解酪素，液化明胶。产生吲哚。V-P试验、O/F试验、精氨酸水解、水解淀粉等其他许多生化反应也多为阴性。对弧菌抑制剂O/129不敏感。

（四）抵抗力

本菌在淡水中仅能存活1d，在海水和稀释海水中可存活200d以上。对氯霉素、四环素、卡那霉素、噁喹酸、吡咯酸、呋喃唑酮高度敏感，但对磺胺二甲基异噁唑、青霉素、红霉素、竹桃霉素不敏感。

（五）抗原性

本菌有O抗原和K抗原。K抗原能阻止O抗原与相应抗血清的凝集反应，其可耐受100℃、30min，但不能抵抗121℃、30min。根据K抗原的有无，可将本菌分为三个血清型，即Ⅰ（K^+）型、Ⅱ（K^-）型、中间（$K^\pm$）型。中间型菌株不能与特异性抗K血清发生凝集反应，但能吸收血清中的K抗体，并且对O抗原的凝集反应有一定的抑制作用。Ⅰ型菌株和中间型菌株均为有毒株。此外，从香鱼分离的菌株不与鳗鲡分离株发生交叉凝集反应，两者的K抗原有所不同。

（六）致病性

本菌主要侵害日本鳗鲡和香鱼，各分离株对自身宿主的致病性较强。欧洲鳗鲡对本菌有一定的抵抗力。实验性感染表明，泥鳅、铜吻鳞鳃太阳鱼也具有较强的易感性，鲤、鲫和金鱼易感性较低，而虹鳟、小红点大麻哈鱼、红点鲑、红大麻哈鱼、小鼠等则不易感。

K抗原与本菌的侵袭力有关，K^+型菌株对日本鳗鲡血清的杀菌作用具有较强的抵抗力，但鲤、金鱼、硬头鳟和罗非鱼的血清都能杀死本菌，欧洲鳗鲡的血清也有一定杀灭作用。

本菌可侵入鱼表皮底层和真皮中繁殖，使分布在此处的毛细血管充血，发生渗出性出血或破裂，从而形成点状出血或块状出血，因而称之为红点病。出血点主要分布于病鱼的下颌、腹部或肛门周围的皮肤。此外，腹膜、肝脏等其他组织脏器也可出血或瘀血。发病香鱼往往在体表形成溃疡。本病一般在水温为10～25℃时发生。流行于2—6月和10—11月。

三、恶臭假单胞菌

恶臭假单胞菌（*Pseudomonas putida*）属假单胞菌科、假单胞菌属，是水产养殖动物病害的常见病原细菌，能引起海、淡水养殖鱼类的疾病。

（一）形态及培养特性

为革兰氏阴性短杆菌，两端圆形，极生单或多鞭毛，有运动力，无芽孢，菌体大小为(0.6～1.0)μm×（1.5～3.0)μm。在普通营养琼脂平板上长出边缘整齐、圆形、扁平、白色透明的潮湿菌落，在TCBS培养基上生长缓慢，呈现绿色透明菌落。在无盐胨水中不生长，在含6% NaCl的胨水中能生长，15～30℃生长快，4℃生长，41℃不生长。

（二）生化特性

氧化酶、过氧化氢酶阳性。发酵葡萄糖产酸不产气，利用葡萄糖、柠檬酸盐和麦芽糖，不利用乳糖、阿拉伯糖、蔗糖；M-R和V-P试验阴性，吲哚反应、脲酶、明胶酶阴性，不产生H_2S。可还原硝酸盐，精氨酸双水解酶、鸟氨酸脱羧酶阳性。对弧菌抑制剂O/129不敏感。

（三）致病性

恶臭假单胞菌有生物型A和生物型B两种，均有致病性且致病性较强，经口感染不仅可以导致鸟类的腹泻甚至死亡，而且还能造成人类的食物中毒。在水产动物中，其可引起罗氏沼虾的黄鳃、黑鳃病，欧洲鳗鲡的烂鳃病以及虹鳟的溃烂病。此外，恶臭假单胞菌的黏附素和胞外产物的溶血素等毒性蛋白具有致病作用，与动物感染及发病有关。

第六节　爱德华菌属

爱德华菌属（*Edwardsiella*）是一大群生物学性状近似的革兰氏阴性杆菌，大小为(0.3～1.0)μm×（1～6)μm，无芽孢，不抗酸，多数为周生鞭毛菌，大多有菌毛。营养要求不高，在普通琼脂平板上生长繁殖后形成湿润、光滑、灰白色的直径2～3mm中等大小菌落。在血液琼脂平板上，有些菌可产生溶血圈。在液体培养基中，呈均匀混浊生长。好氧和兼性厌氧，化能有机营养，兼营呼吸代谢和发酵代谢，可通过氧化多种简单有机化合物或发酵糖、有机酸或多元醇获取能量。除个别血清型外，触酶均为阳性，氧化酶阴性。除欧文菌属中的少数种外，均还原硝酸盐为亚硝酸盐。

肠杆菌科细菌分布广，宿主范围大，人、动物、植物都有寄生或共生、附生、腐生，也可在土壤或水中生存，与人类关系密切。该科种类繁多，有埃希菌属、志贺菌属、沙门菌属、克雷伯菌属、变形杆菌属、摩根菌属、枸橼酸菌属、肠杆菌属等，与水产动物病害有关的种类主要有爱德华菌属、耶尔森菌属等。

一、迟缓爱德华菌

迟缓爱德华菌（*Edwardsiella tarda*）属肠杆菌科、爱德华菌属，是鱼类爱德华菌病的病原菌，1962年日本细菌学家保科发现这种病原菌。迟缓爱德华菌的宿主范围十分广泛，可引起鱼类、两栖类、爬行类及人类的疾病。

（一）形态及培养特性

为革兰氏阴性杆菌，单个或成对排列，周生鞭毛，能运动，无荚膜，无芽孢，菌体大小为0.5μm×（1.0～3.0)μm。本菌为兼性厌氧菌。在普通营养琼脂平板上37℃培养24h，形成圆形、隆起、灰白色、湿润并带有光泽的半透明状的菌落，血液琼脂平板上在菌落周围能形成狭窄的β型溶血环。在SS琼脂和胆盐硫化氢乳糖琼脂（DHL）选择性培养基上，因其产生硫化氢而形成中间为黑色的、周边透明的较小的菌落。pH 5.5～9.0皆可生长，最适pH为7.2，温度范围15～42℃，最适生长温度为37℃。多数菌株能在0～4%NaCl浓度下生长，少数菌耐盐浓度达4.5%。

（二）生化特性

氧化酶阴性，触酶阳性。发酵葡萄糖产酸产气，发酸麦芽糖、果糖和半乳糖，不发酵乳糖、甘露糖、蔗糖和阿拉伯糖，不能利用多数糖类；赖氨酸与鸟氨酸脱羧酶阳性，精氨酸脱羧酶和苯丙氨酸脱氨酶阴性。硝酸盐还原阳性，脂酶、石蕊牛乳为阴性，不分解尿素、淀粉，不液化明胶，不能利用酒石酸盐。在KCN肉汤中不生长。产生H_2S和吲哚，M-R阳性，V-P阴性。对弧菌抑制剂O/129不敏感。

（三）抗原性

迟缓爱德华菌有O抗原和H抗原。1967年，Sakazaki将主要来自人和爬行类的256株迟缓爱德华菌分成17种O抗原和11种H抗原，两者组合在一起，构成54个血清型。

鱼体内吞噬细胞的活性和凝集抗体的滴度与爱德华菌的保护性免疫有关，尤其是前者。菌体细胞壁的多糖成分是爱德华菌的一种保护性抗原。粗制的脂多糖（LPS）可增强鱼体内吞噬细胞的活性，刺激鱼体产生高滴度的凝集抗体。但纯的脂质物质有降低吞噬细胞活性、抑制鱼体免疫反应的作用。

（四）致病性

爱德华菌病首次在日本鳗鲡中发现，后来在多种人工养殖的淡水鱼和海水鱼中检出。除日本鳗鲡外，迟缓爱德华菌还可感染金鱼、虹鳟、大鳞大麻哈鱼、黑鲈、真鲷、黑鲷、鲻、川鲽。迟缓爱德华菌栖居的宿主范围十分广泛，也是水中的常在细菌。从蛇、龟、鳄等冷血脊椎动物以及鸟、臭鼬、猪等温血脊椎动物的肠内可分离到此菌，并且它是蛇的一种正常的肠道寄生菌。从人的粪便、尿或血液中也可分离到迟缓爱德华菌，而且把从人的粪便中分离的菌株给鳗鲡注射后，也可引起爱德华菌病。

（五）微生物学检查

1. 分离培养　将患病动物的肾脏或血液等接种在SS琼脂、DHL琼脂、木糖—赖氨酸—去氧胆酸盐琼脂平板上，在37℃培养24h后，若出现中间为黑色、周边透明的小型露滴状菌落，为典型的迟缓爱德华菌菌落。另外，也可在上述培养基中加入甘露醇，以便和鱼池中分解甘露醇的细菌相区别。

2. 血清学检查　常用的方法为荧光抗体技术，ELISA法也开始被用于爱德华菌病的诊断。

二、鮰爱德华菌

鮰爱德华菌（鲇爱德华菌，*Edwardsiella ictaluri*）属肠杆菌科、爱德华菌属，主要引起细菌性败血症，该病于1976年在美国亚拉巴马州和佐治亚州的河中首次发现，目前是水产养殖业危害严重的传染病。

（一）形态及培养特性

为革兰氏阴性杆菌，周生鞭毛，无芽孢，菌体大小为0.75μm×（1.5～2.5）μm。在25～30℃的温度范围内运动性较弱，37℃时不具运动能力。在培养基上生长缓慢，25～30℃条件下，于BHI琼脂上需28～36h，于TSA琼脂上需要48h，才形成针尖大小的菌落；在37℃时则生长不良。

（二）生化特性

氧化酶阴性，触酶阳性；发酵葡萄糖产酸产气，发酵麦芽糖，不发酵乳糖、甘露糖和蔗糖；产生H_2S，吲哚、M-R阳性，V-P阴性。鮰爱德华菌与迟缓爱德华菌是爱德华菌属内两种最常见的鱼类致病菌，利用生化特征容易将鮰爱德华菌与迟缓爱德华菌区别开来，鮰爱德华菌的吲哚和甲基红试验为阴性，在TSI（三糖铁）培养基上不产生H_2S；而迟缓爱德华菌的以上生化特性均为阳性。

（三）致病性

该菌可通过几条途径感染鱼类，不同感染途径可表现为两类不同的临床症状：一种为肠炎型，多为急性型，病原菌经过肠道侵入鱼体，然后使鱼产生败血症，短期内可大量死亡；另一种为头穿孔型，病原菌通过鼻根嗅觉囊侵入脑组织形成肉芽肿性炎症，经血流散布全身，后期表现为典型的“头穿孔”病例，多为慢性型。

第七节　耶尔森菌属

鲁氏耶尔森菌

鲁氏耶尔森菌（*Yersinia ruckeri*）属肠杆菌科、耶尔森菌属，是鲑科鱼类红嘴病（也称肠炎红嘴病）的病原菌。此病最早于1952年在美国发现，现在已流行于澳大利亚、南非和西欧等地。1966年，分别由Rucker和Ross从发病的虹鳟中分离到病原菌。

（一）形态及培养特性

为革兰氏染色阴性短杆菌，两端圆、周生鞭毛，大小为（0.7～0.8）μm×（1.3～2.7）μm，老龄培养物（22℃、48h）可见有长丝状菌体。无芽孢、荚膜。20～25℃培养有动力、37℃培养无动力。菌落于37℃培养24h，直径小于1mm。在营养琼脂、TSA、FA和麦康凯琼脂上均生长良好。菌落为圆形、微隆起、淡黄色、光滑、边缘整齐。少数菌株在麦康凯琼脂上生长迟缓或不生长。液体培养物呈均匀混浊。最适生长温度为22～25℃。

（二）生化特性

氧化酶阴性，发酵型。触酶阳性。果糖、核糖、甘露糖、麦芽糖、赖氨酸脱羧酶、鸟氨酸脱羧酶、KCN、明胶液化、海藻糖、甘露醇、谷氨酰转移酶、硝酸盐还原、葡萄糖、半乳糖为阳性；脲酶、H_2S、精氨酸水解酶、苯丙氨酸脱氨酶、纤维二糖、乳糖、木糖、山梨糖、吲哚、V-P、阿拉伯糖、棉籽糖、鼠李糖、蜜二糖、蔗糖、丙二酸盐、酒石酸盐、山梨醇、甘油、肌醇、七叶苷、水杨苷、卫矛醇为阴性。

（三）抗原性

用凝集反应可将本菌分成5个血清型，各型之间有一定的交叉反应。其中最常见的是血清型Ⅰ（代表株为Hagerman株），其毒性最强。血清型Ⅱ、血清型Ⅲ和血清型Ⅴ的毒性较弱或无毒，血清型Ⅳ的毒性尚不清楚。属于血清型Ⅱ的菌株大多能发酵山梨糖。细胞壁的脂多糖成分（LPS）是该菌的主要免疫保护性抗原。血清型Ⅰ、Ⅲ和Ⅴ的脂多糖电泳图谱基本相似，但血清型Ⅱ的图谱与之差异较大。

（四）致病性

红嘴病主要发生在虹鳟、大西洋鲑、银大麻哈鱼、克氏鲑和大鳞大麻哈鱼，为亚急性和急性全身性传染病。在水温15℃时，潜伏期为5～10d。主要特征是皮下出血，使嘴和鳃盖骨发红，因而称之为红嘴病。此外，上下颌和腭部发炎糜烂，腹鳍、肠道和肌肉也往往出血，因此又称之为肠炎红嘴病。细菌同时也侵入其他脏器，引起炎症。对鲑鳟养殖业可造成严重损失。

第八节　黄杆菌属

黄杆菌（Flavobacteriaceae）是一群无动力的革兰氏阴性杆菌，无芽孢。氧化酶、触酶阳性。专性需氧，经35℃ 18～24h培养后，在普通培养基上可形成光滑、有光泽、直径1～1.5mm的菌落，典型菌落为淡黄色，也有的呈黄色或棕黄色，有些菌可形成黏液样黏性菌落，难以从琼脂上分离。在水产养殖动物病害的病原中较常见的有黄杆菌属、伊丽莎白菌属的种类。

一、柱状黄杆菌

柱状黄杆菌（*Flavobacterium columnare*）属黄杆菌科、黄杆菌属。该菌可从鱼体分离得到，通过水体传播，带菌鱼是该病的主要传染源，被病原菌污染的水体、塘泥等也可成为重要的传染源，主要危害对象为草鱼，引起细菌性烂鳃病。

（一）形态

本菌为革兰氏阴性，菌体细长、柔韧，可屈伸，无鞭毛。从病鱼病变部直接采集病料或新鲜培养物中的细菌，其形态比较均一，大小（0.5～0.7）μm×（4～8）μm，少数菌体长度达15～25μm。随着培养时间的延长，细菌菌体变长，呈极不规则的形态，如长丝状、波状、轮状等，最后成为不规则的颗粒状，老龄培养物常形成圆球体。这些形态的细菌移植到新的培养基上时，不形成子实体和小包囊。一般在病灶及固体培养基形成的菌体较短，液体培养基中形成的菌体较长，在湿润固体上可作滑行运动，或一端固着作缓慢摇动。有团聚的特性，用显微镜观察病灶组织可见菌体群集成柱状或草堆状。在培养基上可形成黄色菌落，大小不一，扩散型，中央较厚，显色较深，向四周扩散成颜色较浅的假根状。

（二）培养特性

本菌在含0.5% NaCl的噬纤维菌培养基（Cytophaga Agar）、蛋白胨酵母培养基、Chase培养基、Shieh培养基、改良Shich培养基以及Liewes培养基中均生长良好。在上述琼脂平板上，多数形成黄色、扁平、表面粗糙、中间卷曲、边缘呈树根状的菌落，黏附于琼脂上。少数菌形成表面黏液状或蜂窝状的菌落。在液体培养基中静止培养时，在液体表面形成黄色、有一定韧性的膜；震荡培养时，则混浊生长。生长温度范围5～35℃，少数菌株在37℃也能生长，5℃以下则不生长，最适温度20～25℃。生长pH范围6.5～8.3，最适pH为7.5。生长NaCl浓度0～0.5%，在含1%以上的NaCl的培养基中不生长。专性需氧。

（三）生化特性

氧化酶、细胞色素氧化酶、接触酶试验和刚果红吸收试验均为阳性。产生H_2S，液化明胶，分解酪素和酪氨酸。水解吐温20和吐温80，溶解大肠杆菌。赖氨酸、精氨酸、鸟氨酸脱羧酶试验阴性。不利用淀粉、几丁质、琼脂、纤维素。不利用除葡萄糖外其他糖类。不还原硝酸盐。

（四）抵抗力

本菌对弧菌抑制剂O/129、氨苄青霉素、四环素、链霉素、氯霉素、红霉素、复端孢菌素、新生霉素、萘啶酸、呋喃、磺胺敏感。对庆大霉素、新霉素、卡那霉素、多黏菌素B、甲氧苄氨嘧啶、放线菌素D不敏感。

（五）致病性

本菌可感染分属10个科的36种鱼类。其致病特点是在鱼的鳍、吻、鳃瓣尖端或体表形成黄白色的小斑点，并逐渐扩大，病变周围的皮肤发炎。本菌侵入机体组织后，主要在真皮组织生长繁殖，使真皮毛细血管充血，以至破裂出血。最后真皮坏死，鳞片脱落、形成溃疡。从鳍端开始，鳍条逐渐腐烂。鳃黏液增加，鳃丝腐烂成扫帚状。病鱼内脏往往呈正常外观。此病多在20℃以上时发生，水温在15℃以下时停止流行。细菌悬液通过注射、伤口涂布或浸渍等方法都可使试验鱼感染发病。

二、海生黄杆菌

海生黄杆菌（*Flavobacterium maritimus*）属黄杆菌科（Flavobacteriaceae）、黄杆菌属（*Flavobacterium*），是海水鱼类滑动细菌病的病原。此病最早于1977年在日本广岛发现。

（一）形态

为革兰氏阴性菌，菌体呈弯曲的长杆状或丝状，大小为0.5μm×（2～30）μm，有时长度达到100μm。无鞭毛，但能扩展、滑行运动，在玻片上运动十分迅速（4～8 μm/min），传代培养物的运动性减弱。随着培养时间的延长，菌体有变短的趋向，但不形成小孢囊。老龄培养物中，可形成直径0.5μm左右的圆球体，这种圆球体移植到新鲜培养基中也不再繁殖。

（二）培养特性

本菌生长需要36%以上的海水，KCl、NaCl、Ca^{2+}、Mg^{2+}可促进生长，SO_4^{2-}有轻微的抑制作用。在含70%海水的噬纤维菌琼脂平板上，25℃培养2～3 d后，形成扁平、薄膜状、淡黄色、边缘极不规则、黏附于琼脂上的菌落，菌落直径有时超过5 mm。在液体培养基中静止培养时，在表面形成薄膜。生长温度范围15～34℃，最适温度30℃。生长pH范围6～9，以pH 7左右为最适。为专性需氧菌。

（三）生化特性

接触酶、细胞色素氧化酶、刚果红吸收以及产氨试验均为阳性。不产生H_2S、吲哚。液化明胶，分解酪素、甘油三丁酸酯、吐温20和吐温80，但不分解琼脂、纤维素、羧甲基纤维素、几丁质和其他碳水化合物。溶解爱德华菌和嗜水气单胞菌，但不溶解大肠杆菌。

（四）抵抗力

本菌对庆大霉素、新霉素、卡那霉素、链霉素、多黏菌素B、放线菌素D和萘啶酸不敏感。对弧菌抑制剂O/129、新生霉素、氨苄青霉素、复端孢菌素、四环素、氯霉素、红霉素、磺胺、甲氧苄氨嘧啶、硝基呋喃敏感。

（五）致病性

主要引起真鲷、黑鲷等海水鱼类的滑动细菌病，被感染鱼的口腔、鳍、尾、躯干等部位的皮肤形成灰白色的病灶，继而糜烂，形成浅的溃疡。

第九节　伊丽莎白菌属

米尔伊丽莎白菌

米尔伊丽莎白菌（*Elizabethkingia meningoseptica*），曾称脑膜炎败血黄杆菌（*Flavobacterium meningosepticum*）或脑膜炎败血金黄杆菌（*Chryseobacterium meningoseptiucm*），属于黄杆菌科、伊丽莎白菌属。该菌可感染牛蛙、美国青蛙、虎纹蛙等多种养殖蛙类，也可感染鳖、猫、犬、鼠和人。

（一）形态及培养特性

为革兰氏阴性、细长、末端略圆突状的杆菌，大小（0.4～0.5）μm×（0.8～1.0）μm，单个分散排列、无鞭毛，无芽孢，无荚膜，不运动。在血琼脂上生长良好，典型菌株略带黄色，不溶血，但可见草绿色红细胞脱色区。

（二）生化特性

氧化酶、触酶阳性。能发酵葡萄糖、麦芽糖、甘露醇、果糖产酸，不发酵木糖、蔗糖、乳糖。乙酰胺、β-半乳糖苷酶、DNA 酶、七叶苷、靛基质、ONPG、明胶液化试验阳性。不还原硝酸盐，尿素酶、鸟氨酸脱羧酶、赖氨酸脱羧酶、精氨酸双水解酶均阴性。

（三）致病性

主要引起蛙、鳖等多种水生动物的一种传染病，病蛙以眼膜发白、运动和平衡功能失调为特征。发病蛙脑内视盖组织细胞大量坏死，与视觉和调节平衡相关的神经纤维断裂、损坏，眼脉络膜与虹膜组织中的细胞病变严重，排列无序，微血管结构模糊不清。

目前全国各养蛙地区均有不同程度的发病。主要危害对象是 100g 以上成蛙，幼蛙和蝌蚪也可发病，发病主要出现在 5—10 月，以在 7—9 月为最甚，通常水温在 20℃以下后发病就迅速减少，11 月后该病基本消失。该病发病期长，死亡率高，最高可达 90%以上，危害极为严重。

第十节　其他致病细菌

一、鰤诺卡菌

鰤诺卡菌（*Nocardia seriolea*）属放线菌目（Actinomycetales）、诺卡菌科（Nocardiaceae）、诺卡菌属（*Nocardia*）。近年来对我国水产养殖业影响较大，先后在鰤、乌鳢、大口鲈、大黄鱼和海鲈等养殖鱼类中感染引起诺卡菌病。

（一）形态及培养特性

为革兰氏阳性，菌体呈长或短杆状，或细长分支状，常断裂成杆状至球状体，菌体大小为（0.2～1.0）μm×（2.0～5.0）μm，丝状体长 10～50μm。可单个、成对、Y 或 V 状排列或排列成栅状，有假分支，并具膨大或棒状末端。不运动，不生孢子。该菌生长缓慢，在 TSA、L-D 和小川培养基上 28℃、7～10d 才能长出，菌落呈白色或淡黄色沙粒状，粗糙易碎，边缘不整齐，偶尔在表面形成皱褶。用扦片法观察到该菌基丝发达、繁茂，呈分支状。好氧，具有弱抗酸性。

（二）生化特性

过氧化氢酶阳性、氧化酶阴性，还原硝酸盐，不水解酪素、黄嘌呤、酪氨酸、淀粉和明胶，能以柠檬酸盐为唯一碳源生长，具有诺卡菌属特有的生理生化特征。

（三）致病性

感染鰤诺卡菌的病鱼起初体表无明显症状，仅反应迟钝，食欲下降，上浮水面。随着病情加重，部分鱼体表变黑或出现了白色或淡黄色结节，溃烂出血，尾鳍也有溃烂出血，并逐渐死亡。在鳃、肾、肝、脾、鳔等内脏组织中有白色或淡黄色结节出现，结节作涂片会发现大量诺卡菌。但也有的内部症状不明显。乌鳢和虹鳟患该病腹部肿大，内有少量透明至黄色液体，而且在心、卵巢、肌肉都有结节。

二、星形诺卡菌

星形诺卡菌（*Nocardia asteroids*）属放线菌目、诺卡菌科、诺卡菌属。常引起虹鳟、河鳟、大口鲈等鱼类的诺卡菌病。

（一）形态及培养特性

为革兰氏阳性菌，菌体呈丝状，直径约 1.0μm，长度不一。比较容易培养，在普通培养基上形成表面皱褶或颗粒状的菌落，开始为白色，后变为橙黄色乃至粉红色，并多为一层带白色的气生菌丝所覆盖。在液体培养基中表面形成菌膜，膜下液体清晰。好氧，具抗酸性或弱抗酸性或在生长的某一阶段具有抗酸性。

（二）生化特性

能发酵葡萄糖和甘油产酸，不发酵乳糖、核糖醇、阿拉伯糖、棉籽糖、山梨糖、木糖、肌醇。大多数菌株能还原硝酸盐。

（三）致病性

感染星形诺卡菌的症状分为躯干结节型和鳃结节型两种类型。躯干结节型主要是在躯干部皮下脂肪组织和肌肉发生脓疡，外表出现膨大突出，形成许多大小不一、形状不规则结节，或称疖疮。剖开疖疮后可流出白色或稍带红色脓汁，为腐烂肌肉或脂肪组织并混合血细胞和诺卡菌形成的。结节还可出现于心、脾、肾、鳔等处，所有病灶处都有炎症反应。鳃结节型主要在鳃丝基部形成乳白色的大型结节，鳃明显褪色。内脏各器官也出现结节，特别容易发生在 2 龄鱼的鳔内。鳃结节型多发生在冬季。

三、海分支杆菌

海分支杆菌（*Mycobacterium marinum*）属放线菌目、分支杆菌科、分支杆菌属。在自然界分布广泛，是人类与多种动物的病原菌，侵害鱼类、两栖类、爬虫类等，对动物的致病性主要为引起结核病症状。

（一）形态及培养特性

为革兰氏阳性抗酸细菌的代表，菌体为平直或微弯的杆菌，大小为（0.2～0.6）μm×（1.0～10）μm，在生长过程中（初期与衰老期）可形成分支，受生长条件或药物的影响可出现多种形态。无鞭毛、无芽孢、无荚膜，不运动，好气性。生长速度慢，生长温度 25～35℃，在以鸡蛋或甘油为基质的培养基上均能生长，菌落光滑、浅黄色，通常培养一周内出现。

（二）生化特性

由于能抗 3%盐酸酒精的脱色作用而被称为抗酸细菌。耐热触酶、脲酶、芳香硫酸酯酶及过氧化氢酶，吐温 80 水解试验呈阳性，硝酸盐还原反应为阴性，亚碲酸盐还原反应为阳性。

（三）致病性

海分支杆菌感染鱼体后主要在内脏中形成许多灰白色或淡黄褐色的小结节，有时可形成小的坏死病灶，这些病灶大多出现在肝、肾、脾等器官，也可侵害鳃、皮肤、心脏、生殖腺、肠周围脂肪组织、腹膜、脑、眼、肌肉等。初期的结节是由类上皮细胞包裹细菌，外面又包裹一层纤维芽细胞，或者为摄入了细菌的组织球，患处形成许多大小不一的肉芽肿。老的结节内部细胞已坏死，无细胞反应或炎症。

第十一节 其他致病性原核微生物

一、立克次体

立克次体是专性寄生于真核细胞内一类原核微生物。革兰氏染色阴性，有细胞壁，无鞭毛，以二分裂繁殖。细胞球状或杆状。球状体直径 0.2～0.5μm，杆状体为（0.3～0.5)μm×(0.3～2)μm。但随着宿主和发育阶段的不同，常表现出球状、双球状、短杆状、长杆状以至丝状等多种形态，一般生长早期为长杆状至丝状，生长最旺盛时为大小比较一致的球状或球杆状。多数种类在宿主器官上皮组织细胞质中形成嗜碱性包涵体，HE 染色包涵体呈不同程度的蓝色或蓝紫色，内部可见嗜碱性颗粒，较大个体还可辨别单体的大致结构。立克次体细胞经 Giemsa 染色呈紫红色，在显微镜下较易观察，便于快速鉴别立克次体和衣原体。电子显微镜超薄切片可准确观察其细微结构，对病原的确认分类具有不可替代的作用。立克次体侵入组织细胞后，可引起感染细胞肿胀、增生、坏死，导致微循环障碍并伴有巨噬细胞、淋巴细胞等浸润和组织坏死，是养殖贝类和虾类的重要病原体，如引起鲍、栉孔扇贝的立克次体病。

二、衣原体

衣原体是专性寄生性原核微生物。在宿主细胞内繁殖有特殊生活周期，可观察到具有典型的原体（Elementarv Body，EB）和网状体（Reticulate Body，RB 或始体 Initia Body）两个形态阶段，有些种类还存在二者之间过渡类型中间体（Intermediate Body，IB)。原体小而致密，直径为 0.2～0.4μm，有细胞壁，是发育成熟的衣原体，为细胞外形式，具侵染性，无繁殖能力，通过吞饮作用进入细胞内，逐渐发育、增大成为网状体。网状体大而疏松，直径为 0.5～1.0μm，圆形或椭圆形，无细胞壁，代谢活泼，以二分裂方式繁殖，为细胞内形式，无感染性。网状体分裂增殖一段时间后发育为成熟包涵体，最后包涵体体积增大导致细胞破裂，释放原体到外界再感染新的易感细胞，开始新的发育周期。用 Giemsa 染色，衣原体呈红紫色，网状体呈淡蓝色，可与立克次体呈紫红色加以鉴别。碘染色可使衣原体包涵体呈红褐色，在显微镜下较易观察。衣原体可感染鲑科、鲤科、鲷科、鲀科、鲻科和鲽科等鱼类以及海湾扇贝等养殖贝类。

三、螺原体

螺原体是一类螺旋状、无细胞壁的原核生物（图 7-1）。个体极小，直径为 20～500nm，长 3～25μm，没有细胞壁和鞭毛，仅靠单层膜包裹整个细胞。在液体培养基中能以旋转、波动和屈伸的方式运动，在适当的固体培养基上可形成煎蛋形或颗粒状菌落，菌落直径大小一般在 120～160μm。一般光学显微镜不容易观察到，暗视野显微镜和相差显微镜检测是观察螺原体形态和运动最常用的方法。在暗视野显微镜下可以看到明亮的螺旋形态的丝状螺原体，且作快速翻滚式运动，在 1 000 倍的相差显微镜下观察，可以看到许多小而弱的亮点并拖着一条细细的丝状尾巴，呈螺旋状的丝状体。螺原体在水产养殖上能引起虾蟹类动物的颤抖病。

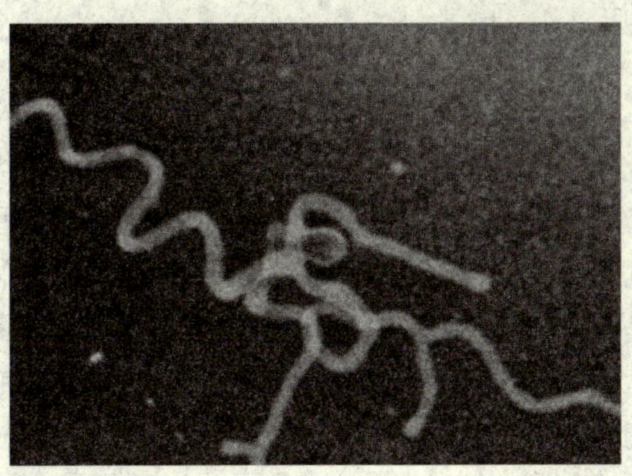

图 7-1　螺原体

第五单元　真菌的形态结构和分类

第一节　真菌的形态结构

一、基本结构

真菌是具有细胞壁和真正的细胞核，无叶绿素，不能进行光合作用，化能有机营养，能产生孢子，进行有性和无性繁殖，不运动（游动孢子例外）的一类真核微生物。除少数为单细胞外，多数为多细胞的菌体丝。

二、个体形态

真菌在自然界中分布广泛，类群庞大，约有十几万种，形态差异极大。菌体小至显微镜下才能看见的单细胞酵母菌，大至肉眼可见的分化程度较高的灵芝等蕈菌的子实体。生殖方式为无性或有性，同宗或异宗配合。

真菌是一类低等真核微生物，主要有 4 个特点：①有边缘清楚的核膜包围着细胞核，而且在一个细胞内有时可以包含多个核，其他真核生物很少出现这种现象；②不含叶绿素，不能进行光合作用，营养方式为异养吸收型，即通过细胞表面自周围环境中吸收可溶性营养物质，不同于植物（光合作用）和动物（吞噬作用）；③以产生大量无性和有性孢子进行繁殖；④除酵母菌为单细胞外，一般具有发达分支的菌丝体。

单个真菌，一般呈卵圆形、圆形、圆柱形或柠檬形，有个别呈瓶形、三角形和弯曲形等。大小为（1～5）μm×（5～30）μm，最长可达 100μm。因种属不同而有其一定的大小和形态，随着菌龄和环境变化。

三、群体形态

真菌群体由分支或不分支的菌丝构成（图 7-2）。菌丝呈管状，幼龄菌丝一般无色透明，老龄菌丝常带有一定颜色，宽度为 3～10μm，长度可无限延伸，在低倍镜下菌丝清晰可见，用高倍镜可看见其内部结构。许多菌丝交织在一起，称为菌丝体。低等真菌菌丝中无隔膜，整个菌丝是一个单细胞，内含多个细胞核，如水霉、毛霉、绵霉和根霉等即为这种菌丝。高等真菌的菌丝有隔膜，隔膜将菌丝隔成多个细胞，每个细胞内有 1 个或多个孔，能让相邻两细胞内的物质相互交换。青霉、木霉、镰刀霉、白地霉和曲霉等霉菌为有隔菌丝。

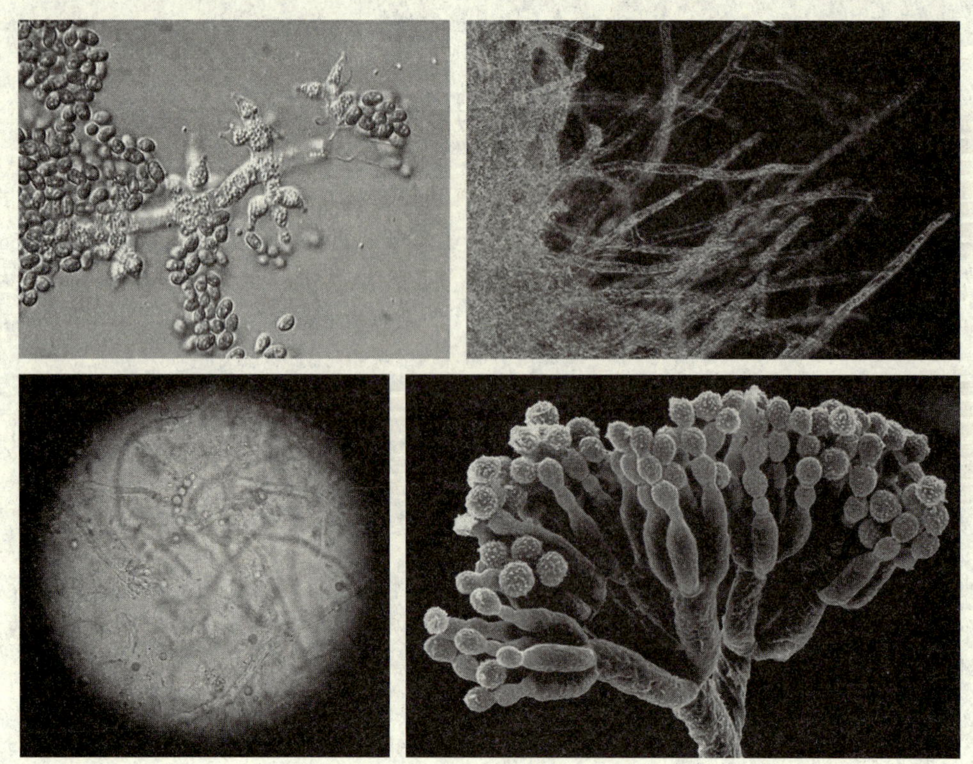

图 7-2 常见真菌形态

四、繁殖方式

（一）酵母菌

无性繁殖包括芽殖、裂殖及产生无性孢子（掷孢子、节孢子和厚垣孢子）；有性繁殖形成子囊孢子。

（二）霉菌

霉菌的繁殖能力很强，而且方式多样，在自然界，霉菌以产生各种无性或有性孢子来繁殖。一般无性繁殖产生个体多、快，是霉菌的主要繁殖方式，且某些霉菌目前只能见到无性

繁殖。霉菌孢子的形态特征是分类的重要依据。

1. 无性孢子　包括节孢子、孢囊孢子、分生孢子、厚垣孢子。

2. 有性孢子　包括合子、卵孢子、接合孢子和子囊孢子。

第二节　真菌的分类

一、分类方法

真菌属于微生物，在分类依据上，除了在形态、构造性状的区别外，还需要增加生理的、生化和生态功能性状、遗传特性以及免疫学特性作为补充。具体分类方法有：

（一）条目分类法

也称之为传统分类方法。它采用植物的系统发生分类法，根据真菌所表现出来的各种特征，在真菌界内将其按照门、纲、目、科、属、种来进行归类。

用此方法对一个未知菌株进行分类或鉴定，往往需要测定上面所述的许多性状，然后和标准株的性状进行比较。即按照分类系统的条目逐条对照，逐级查找，直到在分类系统中找到它的“座位”，即确定是它的命名。

（二）数值分类法

数值分类是以生物性状的比较相似为依据的一种分类方法。此法也称聚类分类法或Adonson分类法。其原则是18世纪Adonson首先提出的，它采取两条基本原则，即一个种是许多相似性很高、但并不完全相同的菌株的聚类群，一个属或多或少地有相似性的种的聚类群；一个生物的各种被检验的性状都具有同等的分类价值。聚类分类（数字分类）首先应用于细菌分类，当前真菌也在采用这个分类方法。

（三）遗传分类法

遗传分类法实际上属于分子分类法，包括以下几个方面：

1. DNA中G+C含量测定　不同类群微生物DNA成分特异性问题引起了微生物分类工作者的注意。各种不同的生物种，其DNA中碱基对的排列顺序是不同的，亲缘关系越远的种，其碱基对的排列差别就越大。因此根据DNA碱基中（G+C）含量平均值，可指示微生物的分类群及其纯度的亲缘关系。

2. 核酸杂交测定法　即DNA-DNA的分子杂交。这种方法在细菌和病毒的分类鉴定中应用得比较多，其原理是将受热变性的DNA溶解迅速冷却，DNA便以单链存在。如果溶解在变性温度T值以下10～30℃冷却，则互补单链在退火时互补形成双链分子是随机的。因此，可以用核酸杂交方法，考查两菌株的DNA相互形成双链分子的程度，反映出它们亲缘关系的远近。

3. 限制性片段多态性分析　其原理是用限制性内切酶将细胞基因组DNA进行切割，之后在琼脂糖凝胶上电泳分离，以显示不同群基因组DNA的限制性片段的多态性。

4. 扩增片段长度多态性分析　其基本原理是通过PCR选择性地扩增整个基因组DNA的内切酶片段，在分辨率高的聚丙烯酰胺凝胶上电泳，产生一组特异的DNA限制性片段的指纹图。

5. 随机扩增DNA多态性分析　其理论依据是不同的基因组中与随意引物匹配的碱基序列的位点和数目可能不同，因而用一组认为设计的核酸作为引物，通过PCR随机扩增可产生物种特异性的DNA带谱。

6. 16S rRNA 序列分析

二、主要类群

真菌学发展迅速，分类较复杂、种类多，根据第 8 版《真菌学辞典》，目前将真菌界分为 5 个门。

1. 壶菌门（Chytridiomycota） 无中隔丝状或单细胞，大多数生于水中，少数两栖和陆生，无性繁殖产生有鞭毛的游动孢子；有性繁殖产生卵孢子。能寄生于植物。

2. 接合菌门（Zygomycota） 多数腐生，少数为寄生，多为无隔菌丝。无性繁殖产生孢子囊孢子，有性繁殖产生接合孢子。极少数偶致动物疾病。

3. 子囊菌门（Ascomycota） 腐生或寄生。寄生于植物上可引起多种植物病害，少数寄生人、动物体上。类群较大，多数有隔菌丝，少数为单细胞。无性繁殖为出芽或形成分生孢子，有性繁殖形成子囊孢子。

4. 担子菌门（Basidiomycota） 大型腐生真菌，由有隔菌丝组成各种子实体，多数不存在无性繁殖，有性繁殖产生担孢子。有植物病原菌，草食动物食后可中毒。

5. 半知菌门（Deuteromycota） 菌丝有中隔，只知其无性繁殖，产生分生孢子，不知其有性繁殖，故称“半知”。有的能引起人和动物病害。

酵母菌、霉菌、担子菌不是分类学名称，而是形态群的俗称，它们分属于真菌的各门，如霉菌分属于壶菌门、接合菌门或子囊菌门中。

第六单元　水生动物主要致病真菌

第一节　水　　霉

水霉（Saprolegniaceae）属鞭毛菌亚门（Mastigomycotina）、卵菌纲（Oomycetes）、水霉目（Saprolegniales）。其主要特征：大多为水中腐生菌，少数是动植物的寄生菌，营养体为分支繁茂、无隔多核的菌丝体；无性繁殖大多由孢子囊产生游动孢子，游动孢子具有单游或两游现象，少数形成厚垣孢子；有性生殖是通过雄器和藏卵器的配合产生卵孢子。

水霉科共分 19 属约 150 种，感染水生动物的主要有为水霉属（*Saprolegnia*）、绵霉属

(*Achlya*)、丝囊霉属（*Aphanomyces*）和鳃霉属（*Branchiomyces*）中的某些种类。

一、水　霉

水霉（*Saprolegnia*）中感染水生动物的常见种类有同丝水霉（*S. monoica*）、寄生水霉（*S. parasitica*）、单性水霉（*S. diclina*）、多子水霉（*S. ferax*）。菌丝体为管状无横隔多核体，在培养基或动物体上生长的菌丝分为内菌丝和外菌丝。

水霉广泛分布于淡水水域中，适温范围广，对水生动物的种类没有选择性，凡是受伤的水生动物均可感染，鲑科和鲤科鱼类、黄鳝、河鲈、鳗鲡、河蟹、鳖、蛙等对水霉都具有易感性。

二、绵　霉

绵霉（*Achlya*）是水塘中附着在鱼类残体上的腐生性真菌，也是水生动物肤霉病病原，常见的有两性绵霉（*A. bisexualis*）和美洲绵霉（*A. americana*）。

三、丝囊霉

丝囊霉（*Aphanomyces*）中常见种类有杀鱼丝囊霉（*A. pisiciidia*）和平滑丝囊霉（*A. laevis*）。

杀鱼丝囊霉主要侵害鱼的躯干肌肉，铜吻鳞鳃太阳鱼、鲫、金鱼等均有易感性，但鳗鲡、泥鳅、鲇和鲤不易感。平滑丝囊霉可引起鱼的肤霉病，我国在草鱼、鲢、鳙和金鱼的死卵上和患有水霉病的病鱼的体表上均有发现该霉菌。

四、鳃　霉

鳃霉（*Branchiomyces*）是鲤科鱼类和其他淡水鱼类鳃霉病的病原。

草鱼、青鱼、鳙、鲮、黄颡鱼、银鲴等对鳃霉具有易感性，出现以鳃组织梗死性坏死为特征的烂鳃病。其中鲮鱼苗最为易感，发病率高，死亡率达70%～90%。

第二节　其他致病性真菌

一、镰刀菌

镰刀菌（*Fusarium*）属于半知菌亚门、丝孢纲、瘤座孢目、瘤座孢科，又称镰孢霉，为中毒性病原真菌。种类多，分布广泛，是危害各种作物的病原菌，有些也是人、动物、昆虫的病原菌，是医学和兽医学广为重视的产毒素性病原真菌之一。

镰刀菌属有些种类是人和动物的病原菌；有些种类可浸染多种作物，引起病害；有些种类存在于粮食和饲料中，使其霉坏变质，产生多种对人和动物健康威胁极大的镰刀菌毒素，引发中毒；一些种类寄生于对虾和鱼类，是对虾、鱼类镰刀菌病的病原。

二、链壶菌

链壶菌（*Lagenidium*）是虾、蟹、贝类链壶菌病的主要病原。此外，离壶菌属（*Sirolpidium*）和海壶菌属（*Haliphthoros*）也可引起本病。它们均属链壶菌目。

三、霍氏鱼醉菌

霍氏鱼醉菌（*Ichthyophonus hoferi*）属于虫霉目、虫霉科。霍氏鱼醉菌的基本形态可分为两种：①厚壁多核球形体（球形合孢体），直径数微米至200μm，有无结构或层状的膜包围，存在于感染鱼的组织中，内部有数十至数百个小的圆形核和颗粒状原生质，最外面由寄生的结缔组织膜包围，形成白色包囊。②多核菌丝球形体，包囊破裂后，厚壁多核球形体发芽伸出短而粗（有时具分支）的菌丝，形成大量球形的内生孢子。

虹鳟、红点鲑、鲱、鳕、鲭、各种热带鱼等对霍氏鱼醉菌都具有易感性，当鱼类神经系统受到侵袭时，病鱼失去平衡，游动摇晃，运动不正常，因此得名“醉酒病”。

四、致病性酵母菌

常见的致病性酵母菌有假丝酵母属（*Candida*）、隐球菌属（*Cryptoccocus*）和球拟酵母属（*Torulopsis*）的一些种类。

第七单元　病毒基本特性

第一节　病毒的结构

病毒是一类体积微小、结构简单、专性细胞内寄生的非细胞型微生物。病毒同其他生物一样，具有复制、进化等生命活动，是占据着特殊的生态学地位的生物实体。

一、病毒的基本结构

病毒在细胞外环境以病毒体（或称毒粒），即成熟的病毒颗粒形式存在。病毒体具有一定大小、形状、化学组成和理化性质。病毒个体微小，通常用纳米来描述病毒的线性大小。病毒形态多样，呈球形或近似球形、杆状、子弹状、丝状、砖形、蝌蚪状等。大部分病毒的形态较为固定，少数病毒具有多形性。病毒不具有细胞结构，标准的病毒由核酸和蛋白质组成。

病毒粒子的主要结构是由核心和衣壳构成的核衣壳，有些病毒的核衣壳外还有包膜包裹。核心的主要成分为核酸，构成病毒基因组。包围在核酸外面的蛋白外壳称衣壳，主要功能是保护核心内的核酸免受破坏。衣壳具有抗原性，是病毒的主要抗原成分。衣壳由一定数量的壳粒组成，其数量和排列方式可作为病毒分类和鉴定的依据。

有些病毒在核衣壳外面尚有囊膜。囊膜是病毒成熟过程中从宿主细胞获得的，含有宿主细胞膜或核膜成分。有些囊膜表面有突起，称为纤突或膜粒。囊膜与纤突构成病毒颗粒的表面抗原，与病毒对宿主细胞嗜性、致病性和免疫原性有密切关系。有囊膜的病毒称为囊膜病毒，无囊膜的病毒称为裸露病毒。

根据病毒壳粒数目和排列不同，病毒衣壳主要有螺旋状与二十面体两种对称类型，少数为复合对称。

1. 螺旋对称 壳粒呈螺旋形对称排列，中空。

2. 二十面体对称 核衣壳形成球状结构，壳粒排列成二十面体对称型，有 20 个等边三角形构成 12 个顶角、20 个面、30 个棱的立体结构。病毒颗粒顶角由 5 个相同的壳粒构成，称为五邻体，而三角形面由 6 个相同壳粒组成，称为六邻体。

3. 复合对称 壳粒排列既有螺旋对称又有立体对称的构型。

二、病毒的化学组成

病毒的化学组成包括核酸、蛋白质、脂类及糖，其中核酸和蛋白质是病毒最主要的成分。

（一）核酸

核酸是病毒的遗传物质，携带着病毒的全部遗传信息，是病毒遗传、变异的物质基础。一种病毒只含有一种类型的核酸，为 DNA 或 RNA。根据组成病毒核酸的不同，可将病毒分为 DNA 病毒和 RNA 病毒两大类。

（二）蛋白质

病毒的蛋白质分为结构蛋白和非结构蛋白。

组成病毒的蛋白称为结构蛋白。病毒结构蛋白构成病毒全部衣壳，也是囊膜的主要成分，具有保护病毒核酸的功能。病毒的衣壳蛋白、囊膜蛋白或纤突蛋白特异性吸附和结合至易感细胞受体上，使得病毒颗粒或核酸可侵入细胞，是决定病毒宿主细胞嗜性的重要因素。病毒蛋白是良好的抗原，可激发机体发生免疫应答。

病毒非结构蛋白是指病毒组分以外的蛋白，包括病毒复制过程中的某些中间产物，具有酶活性和其他功能。部分病毒的非结构蛋白还具有一定的抗宿主免疫功能，有利于病毒在体内复制。

病毒样颗粒指只含病毒蛋白不含病毒核酸的特殊病毒粒子，外观与病毒颗粒无差异，但不具有感染性，具有免疫原性。

三、理化因子对病毒的作用

病毒受理化因素作用后失去感染性，称为灭活。灭活的病毒仍然保留了抗原性、红细胞吸附及细胞融合等特性。

（一）物理因素

1. 温度　病毒大多数耐冷不耐热，多数病毒在50～60℃处理30min、100℃数秒可被灭活。在0℃以下，特别是干冰温度（－70℃）和液氮（－196℃）可长期保持感染性。但反复冻融可使病毒灭活。因此病毒标本的保存应快速低温冷冻，避免反复冻融。

2. 电离辐射　电离辐射包括X射线和γ射线，可作用于病毒核酸造成病毒失活。电离辐射对病毒作用分直接作用和间接作用两种，直接作用是病毒直接吸收射线再产生的次级电子作用于核酸分子，通过核酸电离、共价键断裂使核酸损伤；间接作用指射线先作用于病毒核酸周围水分子产生自由基（OH·、H·）和自由电子，再作用于病毒核酸引起损伤。

3. 紫外线　紫外线可作用于DNA病毒相邻的胸腺嘧啶或RNA病毒相邻的尿嘧啶使之连接形成二聚体，使病毒核酸发生断裂、分子内或分子间交联、核酸和蛋白质交联等，影响病毒核酸的复制和转录，导致病毒灭活。

4. pH　多数病毒在pH 6～8比较稳定，在pH5.0以下或者pH9.0以上迅速灭活。保存病毒以中性或微碱性为宜，如临床标本可用50%的甘油缓冲液保存。

（二）化学因子

1. 酶类　能灭活病毒的酶有核酸酶、蛋白酶和脂酶等。核酸酶通过降解病毒核酸使病毒灭活，病毒衣壳蛋白和囊膜可保护病毒核酸免受核酸酶分解，病毒衣壳蛋白受物理化学因素作用而损伤时，核酸酶对病毒的作用更为敏感；蛋白酶可破坏病毒受体结合蛋白使病毒丧失吸附细胞能力，也可破坏病毒衣壳蛋白使病毒易受核酸酶降解。多数病毒对肠道蛋白酶较敏感，但肠道病毒对消化道蛋白酶有强大抵抗力。磷脂酶因破坏囊膜磷脂，使病毒粒子表面吸附和侵入结构受到破坏从而使囊膜病毒灭活。

2. 脂溶剂　包膜病毒因包膜富含脂类，对脂溶剂敏感，易被乙醚、丙酮、氯仿、阴离子去垢剂等脂溶剂所溶解，使病毒失去感染的能力。无包膜病毒对脂溶剂有抗性，借此可鉴别包膜病毒和无包膜病毒。

3. 甲醛和戊二醛　甲醛主要通过与腺嘌呤、鸟嘌呤和胞嘧啶等结合使病毒核酸变性灭活病毒。甲醛可与病毒蛋白质氨基结合，形成羟甲基衍生物或二羟甲基衍生物，使病毒蛋白质变性，但需较高浓度或较长作用时间才可使病毒灭活。甲醛灭活病毒后，其抗原性、血凝性均不改变，因此甲醛是病毒灭活疫苗制备时常用的灭活剂。37%～40%甲醛溶液又称为福尔马林，为病毒灭活疫苗中常用的灭活剂，疫苗制备时常用的灭活浓度为0.05%～0.2%福尔马林。

戊二醛对病毒作用与甲醛相似，但灭活作用更强，2%碱性戊二醛溶液在1min内能杀灭所有病毒。可用于实验室污染器材及超净工作台、离心机的消毒灭活。

4. 烷化剂　烷化剂可使病毒蛋白游离羧基（—COOH）、氨基（—NH_2）、巯基(—SH)、羟基（—OH）和核酸分子中的N发生烷基化作用，使病毒蛋白质和核酸结构改变，功能丧失，从而使病毒灭活。常用烷化剂有环氧乙烷、环氧丙烷、溴化甲烷、β-丙内酯、乙基乙烯亚胺、乙酰乙烯亚胺等。

环氧乙烷是常用的气体消毒剂，对多种病毒均有灭活作用。1%环氧乙烷水溶液12～24h可完全杀灭鸡新城疫病毒、流感病毒等大多数病毒。

β-丙内酯有很强的杀灭病毒作用，1g/L β-丙内酯37℃、2h可杀灭血浆中多种病毒。β-丙内酯气体也可有效杀灭多种病毒，气体杀灭病毒有效浓度为5～30mg/L。β-丙内酯

(2～4mg/L)及乙基乙酰亚胺、N-乙酰乙烯亚胺等作用缓和的烷化剂主要破坏病毒核酸，但不改变病毒蛋白质，是灭活疫苗制备中常用的灭活剂。

5. 蛋白变性剂　石炭酸和SDS可剥离病毒蛋白衣壳，用于病毒核酸提取；吐温和去氧胆酸钠能破坏病毒囊膜，但不破坏病毒原有蛋白结构和抗原性，常用于病毒疫苗或抗原制备。

高浓度的尿素和胍可作用于氢键和氨基酸残基上的非极性侧链，使病毒蛋白变性，用于病毒粒子破裂和核酸释放。

6. 醇类　乙醇和异丙醇对病毒的杀灭作用不强，一般醇类不是病毒的首选消毒剂。通常乙醇对无囊膜病毒的杀灭作用比异丙醇强，而异丙醇对有囊膜病毒作用较强。

7. 染料及其光动力作用　芳香族染料可插入病毒核酸的相邻碱基间，导致移码突变或抑制核酸转录，造成病毒突变或失活。染料对病毒的破坏主要作用于核酸，病毒蛋白包括囊膜蛋白并不发生严重破坏，病毒免疫原性未受到破坏。

吖啶橙插入核酸链后，荧光显微镜下单、双链核酸呈现不同颜色的荧光，是病毒核酸理化特性鉴定的一个重要指标。

病毒经亚甲蓝、台盼蓝、中性红和甲苯胺蓝等染料处理后，暴露到可见光下可迅速灭活，这种作用称为染料的光动力作用。染料的光动力作用须在有氧条件下进行，还原剂可减轻光动力作用造成的病毒损伤，因此通常认为光动力作用是一种染料参与的光氧化过程。

（三）病毒保护剂

病毒保护剂能减轻理化学因子对病毒损伤，延长病毒保存时间，主要有甘油、蔗糖、谷氨酸钠等。

1. 甘油　广泛应用的病毒保护剂。50%甘油盐水常用于保存含病毒病料，结合冷藏措施，使病毒存活几个月至几年。

2. 二甲基亚砜（DMSO）　可减少冷冻过程中微小冰晶形成，对冻存病毒有保护作用。

3. 病毒冻干保护剂　常用有明胶、血清、胨、白蛋白、谷氨酸钠、脱脂奶、乳糖、葡萄糖、蔗糖、山梨醇、聚乙烯吡咯酮等，可防止病毒蛋白质变性，提高病毒溶解性。

四、病毒的分类

目前发现的病毒已经多达数千种，为了研究及应用的方便，必须对病毒进行分类。

（一）病毒分类机构

国际病毒分类委员会（International Committee on Taxonomy of Viruses，ICTV）是国际公认的病毒分类和命名权威机构，最早建立于1966年，称为国际病毒命名委员会，1973年更名为国际病毒分类委员会。

（二）病毒的分类和命名规则

1. 病毒分类规则　病毒分类依据病毒形态与结构、核酸与多肽、复制以及对理化因素的稳定性诸多方面。通常病毒的分类依据以下规则：

（1）*病毒形态*　主要有病毒粒子大小和形状、有无囊膜、有无纤突、衣壳对称型和结构、立体对称病毒粒子壳粒数目、螺旋对称病毒核衣壳直径等。

（2）*病毒的理化学特性*　主要包括病毒粒子分子量、浮密度、沉降系数，对酸碱（pH）的稳定性，对热的稳定性，对二价离子（Mg^{2+}、Mn^{2+}）的稳定性，对脂溶剂（乙醚或氯仿）及去污剂的稳定性，对辐射的稳定性等。

（3）*基因组*　核酸类型（DNA 或 RNA）、单链还是双链、线状还是环状、基因组大小（kb）及正义、负义或双义；基因组节段的数目和大小；核酸序列等。

（4）*基因组组成和复制*　开放阅读框架的数目和位置，转录特征，翻译特征，翻译后加工特征。

（5）*蛋白质*　结构蛋白数目、大小和功能活性，非结构蛋白的数目、大小和功能活性；特殊蛋白质的功能活性等。

（6）*脂质含量和特性*　糖类含量和特性。

（7）*病毒在细胞培养中生长特性*　包括对细胞嗜性、病毒蛋白聚集位置和装配场所、病毒粒子成熟和释放的部位和性质等。

（8）*抗原性*　与其他相关病毒的血清学关系。

（9）*生物学特性*　包括自然宿主范围、传播方式、传播载体、地理分布、致病性及与疾病的关系；组织嗜性、病理学和组织病理学。

目前，国际病毒分类系统采用 15 级病毒分类方法，即 8 个主要等级（域、门、纲、目、科、属、种）和 7 个衍生等级（亚域、亚界、亚门、亚纲、亚目、亚科和亚属），改变了先前采用的 5 级分类方法（目、科、亚科、属和种）。

2. 病毒命名规则　病毒命名与细菌不同，不再采用拉丁文双名法，而是采用英文或英语化的拉丁文，只用单名。病毒命名和书写按照以下规则：

（1）凡被 ICTV 正式认定的病毒名，即为病毒的学名，其名称用斜体书写，而一般通用名则用正体，病毒名称的第一个字母要大写。

（2）作为某科或某属暂定成员的病毒英文名称，均用正体书写。

第二节　病毒的增殖

一、病毒的培养方法及特点

（一）病毒的增殖复制过程

1. 病毒的增殖方式　病毒结构简单，缺乏独立进行生物合成的酶系统，只能在易感细胞内，利用宿主细胞的复制体系复制和增殖，病毒这种特殊增殖方式，称为病毒的复制。

2. 病毒的复制过程　病毒的复制过程又称为病毒的复制周期，分为吸附、穿入、脱壳、生物合成及装配与释放 5 个步骤。

（1）*吸附*　吸附是病毒感染的第一步，是病毒吸附蛋白与易感细胞表面相应病毒受体结合的过程，具有高度特异性。有囊膜病毒通过病毒囊膜上糖蛋白与宿主细胞表面受体结合，无囊膜病毒通过衣壳蛋白与宿主细胞表面受体结合。阻止病毒与细胞受体的结合，可阻断病毒对细胞的感染。

（2）*穿入*　病毒通过细胞膜进入细胞的过程称为穿入，有囊膜病毒可通过病毒囊膜与细胞膜融合、细胞吞饮两种方式穿入细胞；无囊膜病毒通过病毒与受体结合、细胞吞饮两种方式。

（3）*脱壳*　病毒核酸从病毒衣壳中释放出来的过程称为脱壳，病毒可在细胞溶酶体的作用下脱去全部衣壳，也可部分脱去衣壳，再经病毒脱壳酶基因的转录和翻译，导致病毒核酸彻底释放，只有痘病毒等少数采用这种方式脱壳。

（4）生物合成　病毒核酸利用宿主细胞合成体系合成病毒核酸和结构蛋白的过程，不同的病毒核酸类型其合成方式各不相同。

（5）装配与释放　病毒在宿主细胞内合成的核酸和衣壳蛋白在细胞内组合成病毒核衣壳的过程称为装配。不同核酸类型的病毒装配位置不同，一般 DNA 病毒多在细胞核内装配，RNA 病毒多在细胞质内装配。病毒装配完毕后释放到细胞外，有囊膜病毒一般通过细胞膜以出芽方式释放到胞外，无囊膜病毒通常一次性释放出所有病毒，宿主细胞随之裂解。

（二）病毒的培养方法及特点

病毒为严格细胞内寄生，培养病毒必须先培养细胞。噬菌体的培养较为简单，将噬菌体接种到易感细菌中，噬菌体在细菌菌体内复制，裂解菌体后大量噬菌体释放到培养基中，除菌过滤即得粗制噬菌体。

动物培养可采用病毒的自然宿主、实验动物、鸡胚或细胞培养进行。

1. 实验动物培养病毒　将病毒接种到对病毒敏感的常用实验动物中，根据病毒种类、感染途径和靶器官选择敏感动物及适宜接种部位。常用的接种途径有鼻内、皮下、皮内、脑内、腹腔内、静脉等。

2. 鸡胚培养病毒　根据病毒种类不同，可将标本接种于鸡胚的羊膜腔、尿囊腔、卵黄囊或绒毛尿囊膜上。病毒接种必须采用 SPF 鸡胚。

3. 水生动物的病毒培养　通常选择病毒自然宿主作为病毒培养的材料，或者采用体外细胞培养的方法。甲壳动物病毒缺乏可用的病毒敏感细胞系，一直只能采用接种自然宿主作为病毒传代的途径。近年来建立了部分水生动物病毒的实验动物，如对虾白斑综合征病毒可采用克氏螯虾作为实验动物；草鱼出血病病毒除采用自然宿主草鱼外，可采用稀有鮈鲫作为实验动物。

二、病毒的细胞培养

体外培养细胞具有生理特征基本一致、对病毒易感性相同、没有个体差异影响等优点，且可在无菌条件下进行标准化的试验，重复性好，是目前病毒培养的主要方法。通过病毒细胞培养可从感染动物体内分离病毒、获得单一克隆的病毒毒株。

（一）常用的细胞培养类型

1. 原代细胞　动物组织经胰蛋白酶等消化、分散获得单细胞，再生长于细胞培养器皿中。大多数组织均可用于制备原代细胞，但生长快慢和难易程度不一。对于鱼类来说，胚胎、鳍条、吻端等是常用的原代细胞来源，肾细胞无菌条件较好，对病毒敏感性好，在病毒培养中有较多应用。

2. 传代细胞系　传代细胞系为原代细胞反复传代培养后获得的稳定体外细胞培养系，具有体外无限制分裂和传代特性，传代及培养方便，在病毒学上应用广泛。

（二）细胞培养方法

1. 静置培养　将消化分散的细胞悬液分装于细胞培养瓶或培养板、密闭后置于恒温箱中培养，通常数天后细胞可贴壁形成单层细胞。不同的动物细胞培养温度不同，哺乳动物及禽类细胞培养温度为 37℃，鱼类及其他动物的培养环境视动物生存温度而定，温水鱼细胞一般 25～28℃，冷水鱼细胞一般15～20℃。细胞静置培养是病毒分离和培养中最常用的方法。

2. 旋转培养　基本方法与静置培养相同，区别在于用于细胞培养的瓶为圆形，通过不停地缓慢旋转，细胞可长满培养瓶四周瓶壁。

3. 悬浮培养　通过搅拌使细胞在悬浮状态中生长，通过补充营养液和 pH 控制，维持细胞生长和存活。悬浮培养只适合于不需要贴壁生长的细胞系，如骨髓瘤细胞等。

4. 微载体培养　这是一种贴壁细胞的悬浮培养方法，贴壁细胞贴附于微载体表面，通过微载体的搅拌维持悬浮培养。微载体是直径为 35～100μm 颗粒，对细胞无毒性。微载体法通过将细胞贴壁于大量悬浮微载体的表面，增加了单位体积的培养表面积，细胞产量比常规方法大为增加，在规模化疫苗生产等方面有极大的应用前景。

（三）常用的水生动物细胞株

我国养殖水生动物种类繁多，包括鱼类、爬行类、两栖类、甲壳类及软体动物多种品种，目前能够建立稳定的细胞培养并在水生动物病毒学方面广泛应用的主要为鱼类细胞株。

1. 鱼类细胞株　最早的鱼类细胞株是 Wolf 和 Quimby 于 1962 年建立的虹鳟性腺细胞系（RTG－2）。

鱼类病毒学常用的细胞株及可培养病毒见表 7－3。

表 7－3　鱼类病毒学常用的细胞株及可培养病毒

细胞株名	中文名称	可培养的鱼类病毒
BB	棕鮰细胞	CCV，CRV
BF－2	太阳鱼仔鱼细胞	EHNV、LDV、CRV、IPNV、IHNV、VHSV
CCO	鲇卵巢细胞	CCV、CRV
CHSE－214	大麻哈鱼胚胎细胞	EHNV，EHNV、IPNV 等
CIK	草鱼肾细胞	GCRV、CCRV 等
CO	草鱼卵巢细胞	SVCV
EPC	鲤上皮乳头瘤细胞	SVCV、EHNV、IHNV、VHSV 等
FHM	肥头脂鲤肌肉细胞	SVCV
KF	锦鲤鳍条细胞	KHV
RTG－2	虹鳟性腺	VHSV、HRV
SSN	条纹月鳢鱼细胞	VNNV
ZC－7901	草鱼吻端细胞	GCRV

注：常见病毒缩写及全称中英文对照如下。

CCV：斑点叉尾鮰病毒（Channel catfish virus）；

CRV：斑点叉尾鮰呼肠孤病毒（Channel catfish reovirus）；

EHNV：流行性造血器官坏死病毒（Epizootic haematopoietic necrosis virus）；

GCRV：草鱼呼肠孤病毒（Grass carp reovirus）；

HRV：牙鲆弹状病毒（Hirame rhabdovirus）；

IHNV：传染性造血器官坏死病毒（Infectious haematopoietic necrosis virus）；

IPNV：传染性胰脏坏死病毒（Infectious pancreatic necrosis virus）；

LDV：淋巴囊肿病毒（Lymphocystic virus）；

VHSV：病毒性出血性败血病病毒（Viral haemorrhagic septicaemia virus）；

VNNV：病毒性神经坏死病毒（Viral nervous necrosis virus）。

2. 其他水生脊椎动物细胞　目前开展较多的是中华鳖的细胞培养，已经报道了建立中华鳖的传代培养细胞。

3. 水生无脊椎动物的细胞培养　研究较多的是对虾细胞培养，原代培养技术已较为成熟，但尚未见稳定的对虾传代细胞应用于病毒研究。

三、病毒感染后产生的细胞病变、包涵体及空斑

（一）细胞病变

病毒接种细胞后，病毒在细胞内逐渐复制，并蔓延感染到邻近细胞，最终感染所有细胞。导致细胞损伤，出现在光学显微镜下可见的细胞病变（CPE）。病毒对细胞的感染通常以半数细胞感染量（$TCID_{50}$）来作为病毒的毒力。

1. 细胞病变的种类　病毒产生的细胞病变，与病毒种类有关，主要有细胞崩解、细胞圆缩、细胞肿大和形成合胞体等不同的类型。

2. 细胞凋亡和坏死　病毒感染细胞后，除了出现细胞坏死，还存在细胞凋亡。病毒感染细胞后可引起细胞的生理性或程序性死亡，即细胞凋亡。凋亡细胞表现为染色质浓缩、边缘化，细胞 DNA 降解成 180～200bp 的片段。细胞坏死一般发生在病毒复制完成后，使病毒得以完整复制；而细胞凋亡则发生在子代病毒释放前，细胞通过凋亡自行死亡，可有助于机体及早清除感染病毒，延缓病毒在体内的蔓延。

（二）包涵体

包涵体是某些病毒感染细胞产生的特征性形态变化，可通过固定细胞染色后在光学显微镜下检测。包涵体可存在于细胞核或细胞质内。

（三）空斑的形成

1. 空斑　病毒感染细胞后，在细胞上覆盖一层含培养液的琼脂，以防止病毒扩散，病毒只限于感染周围细胞，经一段时间培养后，病毒在细胞中增殖，使细胞裂解，形成一个局限性病变细胞区，称为空斑。空斑是细胞病变的特殊表现形式，一个空斑可能由 1 个以上的病毒颗粒形成。

2. 空斑的应用　空斑技术可用于病毒纯化和病毒定量，由空斑测定得到的病毒定量称为病毒的空斑形成单位（PFU），许多病毒均用此法进行病毒的定量分析。

第三节　病毒的感染与免疫

病毒感染是指病毒侵入机体、增殖，并与机体相互作用的现象，包括病毒在细胞内增殖，引起细胞病变。离体细胞的病毒感染与完整机体的病毒感染不同，体外培养细胞营养液成分、氧和二氧化碳等环境条件不同于机体内，且不受神经、体液因子、激素、抗体等干扰和影响。体外细胞培养病毒是了解病毒感染机体的良好模型，但不能代替病毒对完整机体的感染。

一、病毒的感染类型

病毒感染是病毒侵入机体后与机体相互作用的动态过程。通常根据病毒感染后是否出现临床症状，分为显性感染和隐性感染；根据病毒感染范围分为局部感染和全身性感染；根据病程

及病毒在机体内滞留时间分为急性感染和持续性感染；根据病程不同分为慢性感染、潜伏感染和慢发病毒感染。有些病毒在体内持续存在6个月至数年。

（一）病毒的显性感染和隐性感染

1. 显性感染　显性感染是指有症状的感染，临床上表现为全程或某一阶段呈现明显症状。显性感染伴随细胞损害，表现出明显临床症状。

显性感染过程可分为潜伏期、发病期及恢复期。根据临床症状和病情的缓急可分为急性感染和慢性感染，或按感染部位分为局部感染和全身感染。

（1）*局部感染*　指病毒侵入机体后在一定部位定居，生长繁殖。局部感染与病毒毒力强弱、机体免疫功能对病毒的限制以及病毒组织嗜性等有关。

（2）*全身感染*　病毒入侵机体后，由于机体免疫功能薄弱，不能将病毒限于局部，导致病毒向周围扩散，引起全身感染。

2. 隐性感染　病毒侵入机体后，如果病毒毒力较弱或机体防御力较强，病毒不能大量增殖，对组织细胞损伤不严重，临床无症状或者症状不典型，称为隐性感染。隐性感染者虽然不出现临床症状，但病毒仍可在体内增殖并向外界排出，成为重要的传染源。

（二）病毒的急性感染和持续性感染

1. 急性感染　潜伏期短、发病急、死亡快、恢复期短。如口蹄疫、牛瘟和新城疫等疾病均为很快出现症状，动物因抵抗力差等原因死亡。感染后存活动物体内大多可出现有效的中和抗体，病毒从体内迅速消失。水生动物是否发生急性感染，除与病毒毒力及鱼体抵抗力有关外，还与水温密切相关。如鲤春病毒在水温13～15℃时表现为急性感染。

2. 持续性感染　病毒在动物体内持续存在数月甚至终生，但不一定持续增殖和持续引起症状，病毒可长期存在体内。而由病毒毒力及动物个体抗病力不同可出现不同的持续性感染，包括持续性感染病毒在适当条件下激活引起急性发作、病毒—抗体复合物致敏淋巴细胞引起免疫病理性疾病、病毒及病毒核酸长期存在或整合性感染激活原癌基因引起肿瘤、持续性感染动物排出病毒感染其他动物等。

常见的持续性感染类型：

（1）*慢性感染*　病毒在机体内持续增殖，不断排出体外，但感染个体无临床疾病，仅在机体免疫功能低下时发病，症状长期迁延。某些鱼病毒感染后可终生带毒，并持续向环境释放病毒，引起鱼群潜在的发病威胁。

（2）*潜伏感染*　原发感染后病毒基因持续存在动物体组织或细胞中，不产生感染性病毒，也无临床症状。在某些条件下病毒被激活，引起急性感染症状，通常可出现与初次感染症状相似的急性发作。

（3）*慢发病毒感染*　是指病毒感染后，在体内经历很长潜伏期，一般为数月至数年，长的可达数十年。以后出现慢性进行性疾病，最终常为致死性感染。慢发病毒感染与慢性感染的疾病过程虽然不同，但最终引起个体死亡。

二、病毒的侵入和传播途径

（一）病毒的侵入途径

病毒对水生动物侵入主要有以下途径：

1. 呼吸器官　鳃是鱼和虾的呼吸器官，也是病毒入侵的重要部位；对于水生爬行动物

如龟、鳖类，鼻和肺是重要的病毒入侵部位。

2. 消化道　带有病毒食物可通过水生动物的摄食、病毒污染的水经口进入消化道，感染动物。许多肠道病毒均可通过这种途径入侵和传播。甲壳动物可因捕食病毒感染的同类导致病毒入侵。

3. 皮肤　病毒可通过皮肤外伤、注射处、节肢动物叮咬伤口和动物咬伤创口等进入机体。水生动物寄生虫感染、动物个体间的撕咬可造成体表破损，引起病毒的入侵。

4. 生殖腺及精子和卵子　一些病毒可通过生殖腺、病毒感染亲本的精子和卵子等途径垂直感染子代。

（二）病毒的传播方式

病毒的感染传播途径与病毒的增殖部位、进入靶组织途径、病毒排出途径和病毒对环境的抵抗力有关。无囊膜病毒对于干燥、酸和去污剂的抵抗力较强，通常以粪—口途径为主要传播方式。有囊膜病毒对干燥、酸和去污剂的抵抗力较弱，通常维持在湿润环境，主要通过飞沫、血液、唾液和黏液等传播。

病毒的传播方式包括水平传播和垂直传播两种。

1. 水平传播　指病毒在群体的个体间传播的方式，通常通过呼吸道、消化道、破损皮肤等方式进入机体的传播方式。携带病毒动物或饵料鱼、病毒污染水等均是重要的水平传播媒介。

2. 垂直传播　指病毒通过繁殖、精卵细胞等途径直接由亲代传给子代的传播方式。

三、病毒的体内传播方式

病毒侵入机体后，主要通过以下三种方式在机体内传播或播散：

1. 局部播散　病毒只在入侵部位的细胞中增殖，而后向相邻细胞扩散，但并不侵入血液，只造成局部感染和炎症。

2. 血液播散　病毒在入侵部位增殖后，经血液循环向靶器官播散的方式。整个感染过程可出现一次或两次病毒血症。

3. 神经播散　某些嗜神经性病毒，先在入侵部位细胞中增殖，再由神经末梢沿细胞轴索传至中枢神经系统增殖，最后沿传出神经播散到外周组织器官。

四、病毒的免疫

抗病毒免疫包括非特异性免疫和特异性免疫，两者配合，阻止病毒入侵及损伤组织。由于病毒为专性细胞内寄生等特性，使得抗病毒感染免疫具有其独特性。

（一）非特异性免疫

非特异性免疫在病毒感染早期发挥主要作用，包括皮肤黏膜的屏障作用、吞噬细胞、体液中的补体及干扰素等抗病毒作用。

1. 体表屏障　体表屏障是抵御外来病毒入侵的重要防线，鱼类体表有大量黏液，含有溶菌酶及多种防御性因子，可有效保护机体免受病毒的入侵；鱼的鳞片和皮肤、虾蟹类的甲壳及龟鳖类的坚硬外壳均提供机体良好的保护。

2. 非特异性体液免疫　鱼类体表及甲壳类的血淋巴中含有大量的抗感染因子，包括溶菌酶、凝集素、过氧化物酶、干扰素和类干扰素等，有良好的阻止或减少病毒入侵和感染的作用。

3. 非特异性细胞免疫 鱼类血液及甲壳类的血淋巴液中含有大量吞噬细胞，细胞内的过氧化物酶体系可有效杀灭吞噬病毒，对机体起到良好的保护作用。

（二）特异性免疫

病毒抗原性强，能刺激机体产生特异性体液免疫应答和细胞免疫应答。体液免疫作用于胞外病毒，可保护机体免受病毒再次感染；细胞免疫作用于胞内病毒，可中止病毒感染。

1. 特异性抗体免疫保护 能结合病毒使之失去感染性的抗体称为中和抗体，一般为结合病毒囊膜或衣壳蛋白中的病毒吸附蛋白（VAP）。

2. 特异性细胞免疫 病毒是严格的胞内寄生，细胞免疫是清除细胞内寄生病毒非常重要的方式。对在细胞内的病毒，机体主要通过细胞毒 T 细胞（CTL）及 T 细胞释放的淋巴因子发挥抗病毒作用。

第八单元 病毒的检测

第一节 病料的采集与准备

一、样品的采集与病毒分离前的处理

（一）疾病发生后诊断

在临床发病的情况下，应该从活的或濒死的水生动物中选择带有特征性病灶的标本，采样时要根据诊断方法考虑样品所需的保存条件。要对已发生的疾病进行诊断，必须至少挑选10 个濒死个体或 10 个有疑为某种疾病临床病症的个体。

（二）对无症状水生动物的诊断

要监测疾病流行情况，或检测无症状感染的病原，或核准健康证书，所需的采样数量应该用统计学方法来确定。先假定感染的检出率大于或等于 2%、5%、10%、20%等，再对不同大小的群体计算所需的最少样品数量，该数量应该能使样品中出现感染标本的概率满足 95%的可信限。对不同大小的群体，所需要的采样数量如表7－4表示。

为了监测疾病流行或核准健康证书，对不同大小的群体进行诊断所需的样品数量应与表 7－5 相符，并取其最低的假定检出率，即 2%。

为了诊断群体中似乎存在的无症状感染，可假定检出率高于 5%，从表 7－4 查出所需

的采样数量。

对不同病原的监测，还应注意最适于采样的生活期有差异。

表 7-4　各种大小的群体在推测病原检出率不同时满足 95%可信限的采样数量

群体大小	假定检出率（%）						
	2	5	10	20	30	40	50
50	50	35	20	10	7	5	2
100	75	45	23	10	9	7	6
250	110	50	25	10	9	8	7
500	130	55	26	10	9	8	7
1 000	140	55	27	10	9	9	8
1 500	140	55	27	10	9	9	8
2 000	145	60	27	10	9	9	8
4 000	145	60	27	10	9	9	8
10 000	145	60	27	10	9	9	8
≥100 000	150	60	30	10	9	9	8

注：表格中的采样数量是指实际被有效分析的样品数，如果所采集到的样品不一定每份都能分析，则应采集更多样品。例如，对于 100 000 尾仔虾的群体来说，在 60 尾样品中查出 3 尾阳性，则该群体存在 5%病原检出率的结果具有 95%的可信度。

（三）用于病毒学的样品材料

样品材料依据水生动物的大小和试验对象而定。

按照水生动物大小的取样要求，幼体和带卵黄囊的个体：取个体，如有卵黄囊则需去除；4～6cm 的个体，采集包括肾脏在内的所有内脏；超过 6cm 的个体，采集肾脏、脾脏和脑。取样时，最多 5 尾鱼的组织混样，组织重量不超过 1.5g；对于无症状带毒鱼，可将不超过 5 尾鱼的组织混样，总重量不超过 1.5g。

二、分子诊断样品的现场处理和注意事项

（一）样品采集和保存要点

用于 PCR、RT-PCR 或核酸杂交检测的样品应注重保护病毒核酸。用于抗体免疫分析检测的样品应该注重保护病毒的抗原活性。

用于核酸检测或抗体检测的样品应十分小心防止各样品间的交叉污染，每个样品必须使用新的一次性塑料袋或塑料管和内置标签。

不同的样品采集和保存方法对不同的检测方法的适用性有差异，并且可能应增加一些辅助的样品处理手段。样品采集和运输时要注明曾使用过的保存条件，使实验室能根据其保存条件进行相应处理。

（二）不同类型样品的采集和运输

1. 活标本　活标本可在现场处理或以活体形式运输到诊断实验室。

血液：许多分子生物学或免疫学检测的首选样品是血液，可用注射器从心脏、腹部血窦采集，或切断附肢、尾部采集。

2. 冷藏标本　运输前，应将各样品独立装袋，用足量的冰将样品塑料袋埋入泡沫塑料箱中，进行合适的包装后运输到实验室。24h 内可运输到实验室进行分子生物学或免疫学检测的样品可采用这种方法保藏。

3. 冷冻标本　采集活标本，用干冰或用低于－20℃的冰柜速冻，将标签放入独立的样品包装袋，用足量的干冰将样品包装袋埋入泡沫塑料箱中，进行合适的包装后可满足较苛刻的运输要求。

4. 乙醇保存样品　取病灶、可疑组织或抽取血液保存于 90%～95%乙醇中，做好相应标签，运输前 1h 将保存标本转移到 50%乙醇中包装和运输。适用于用冷藏或冷冻方法较难存放和运输样品，或因距离较远或高温气候等原因难以有效安全保存和运送样品时，可采用乙醇保存样品。

5. 特殊采样液保存样品　一些特定的分子生物学或免疫学检测方法或试剂盒提供了样品采集、保存和运输用试剂，为样品保存、运输和后续检测提供便利。如 SEMP－SSC 采样液可用于斑点杂交检测的核酸样品的保存和运输、SEMP－Tris 采样液可用于 PCR 和核酸探针检测的核酸样品保存和运输，Trizol、RNA Later 可用于 RT－PCR 样品的保存和运输等。但要注意，不同的采样液保存的样品通常只适用于该试剂指定的检测方法，而并不一定适于进行其他诊断。

第二节　病毒的分离和鉴定

一、病毒的分离与培养

细胞培养和实验动物感染可用于水生动物病毒的分离与培养，其中细胞培养是最常用的病毒分离培养方法。用于病毒分离与培养的有原代细胞、二倍体细胞株和传代细胞系。一般说来，本动物的原代细胞最为敏感，但不如传代细胞方便易得。甲壳类动物如对虾等目前尚无稳定的传代细胞系，只能采用敏感动物进行病毒的分离培养。

二、病毒的理化特性测定

病毒理化特性是病毒鉴定的重要依据，常用的病毒鉴定包括病毒核酸型鉴定、耐酸性试验、脂溶剂敏感性试验、耐热性试验、胰蛋白酶敏感试验等。

病毒核酸型鉴定是病毒理化特性测定的最主要指标。经典的方法是用代谢抑制法，即添加氟脱氧尿核苷（FUDR）或类似物于病毒培养物中，DNA 病毒复制可受到抑制，而 RNA 病毒复制不受影响。DNA 酶或 RNA 酶对核酸的降解是判定核酸性质的重要方法。绿豆核酸酶可降解单链核酸，用于鉴定核酸是单链还是双链。近年来，随着核酸测序能力的商业化，对病毒核酸测序已成为病毒鉴定的最常用技术，广泛应用于病毒鉴定、亚型分析及流行株鉴别中。

脂溶性试验和耐酸性试验是病毒鉴定最常用的指标。用乙醚或氯仿处理待检病毒液，病毒对脂溶性试验的敏感表明为有囊膜病毒；一般肠道相关病毒有较强的耐酸性。

第三节　病毒感染单位的测定

一、空斑试验

空斑试验是一种可靠的病毒滴度测定方法，通过病毒接种细胞上覆盖琼脂限制病毒自由扩散，使病毒只限于感染周围细胞，形成感染病毒的斑点即空斑。通过中性红或结晶紫对感染细胞染色，活细胞可着色，病毒感染死亡细胞则因不能着色而形成透明空斑，采用无毒性的中性红还可从空斑处直接回收病毒。

根据待测样品的稀释度和空斑数，可计算出单位体积病毒液的空斑形成单位（PFU），得到病毒滴度。通常采用细胞培养板或细胞瓶，对病毒液进行系列稀释，通过计数 20～100 个空斑的培养板（瓶），计算出病毒的滴度。

空斑试验是纯化和滴定病毒的重要手段，但有些病毒或毒株不能形成空斑，不适用于空斑测定。

二、终点稀释法和半数致死剂量

（一）终点稀释法

终点稀释法是用确定病毒对动物的毒力和滴度的重要方法，可测定几乎所有种类的病毒，包括某些不能形成空斑的病毒。通常可选择 4～6 个稀释度，接种一定数量的细胞、鸡胚或实验动物，每个稀释度做 3～6 个重复。

（二）半数感染量

采用细胞培养测定病毒时，一般用半数感染量（$TCID_{50}$）作为病毒感染的滴度；用鸡胚或动物测定时，可测定半数致死量（LD_{50}），也可测定半数感染量（ID_{50}）；用体温反应作为指标时，可测定半数反应量（RD_{50}）；还可测定鸡胚的半数致死量（ELD_{50}）或鸡胚半数感染量（EID_{50}）。对于水生动物病毒，一般采用半数致死量（LD_{50}）和半数感染量（$TCID_{50}$）作为病毒滴度的测定方法。

第九单元　主要的水生动物病毒

第一节　疱疹病毒

疱疹病毒是一类颗粒较大、有囊膜的 DNA 病毒，可感染哺乳类、鸟类、爬行类、两栖类、昆虫及软体动物等。迄今已经鉴定 100 多种疱疹病毒。国际动物病毒分类委员会将疱疹病毒目分为 3 个科。其中异疱疹病毒科（*Alloherpesviridae*）感染水生脊椎动物，包括蛙疱疹病毒属（*Batrachovirus*）、鲤疱疹病毒属（*Cyprinivirus*）、鮰疱疹病毒属（*Ictalurivirus*）、鲑疱疹病毒属（*Salmonivirus*）共四个属。软体动物疱疹病毒科（*Malacoherpesviridae*）感染无脊椎动物，包括鲍疱疹病毒属（*Aurivirus*）和牡蛎病毒属（*Ostreavirus*）共两个属。

一、锦鲤疱疹病毒

锦鲤疱疹病毒（Koi herpes virus，KHV）属于异疱疹病毒科、鲤疱疹病毒属（*Cyprinid herpesvirus*），引起锦鲤疱疹病，主要感染普通鲤和锦鲤，流行于世界各地，给鲤和锦鲤的养殖业造成极大损失，是世界动物卫生组织（WOAH）必须申报的疾病。

（一）生物学特性

锦鲤疱疹病毒，又称鲤疱疹病毒 3（CyHV－3）。直径 170～230nm，成熟病毒颗粒有囊膜，核衣壳为二十面体对称，核衣壳直径 100～110nm，由 31 种病毒多肽组成。该病毒基因组为双链 DNA，大小 277kb，比疱疹病毒科其他病毒基因组（250kb）大。

鲤痘疮病毒（鲤疱疹病毒 1，CyHV－1）和金鱼造血器官坏死病毒（鲤疱疹病毒 2，CyHV－2）同属。KHV 和 CyHV－1 存在交叉抗原。

病毒对理化因子敏感，紫外线、50℃以上加热 1min、200mg/L 有机碘消毒 20min、200mg/L 漂白粉消毒 30s 都可有效杀死病毒，可用于病毒感染后设施、水和用具的彻底消毒。

（二）致病性

KHV 仅感染锦鲤、鲤和剃刀鱼（*Solenostomus paradoxus*），鱼苗、幼鱼、成鱼均可感染。但 KHV 不感染同池的金鱼、草鱼等其他鱼类。发病最适温度是 23～28℃，水温低于 18℃或高于 30℃不会引起死亡。在适宜环境下，可发生大规模疾病和死亡。该病多发于春、秋季，潜伏期 14d，发病后几日就开始死亡，初次死亡后 2～4d 死亡率可迅速达 80%～100%。KHV 暴发后幸存鲤可将病毒传染给同池鱼群，主要通过水平传播，能否垂直传播还未确定。

（三）疾病诊断方法

发病后可根据游泳迟缓、鱼眼凹陷，皮肤上出现苍白块斑与水疱，鳃出血并伴有大量黏液、组织坏死及大小不等的白色块斑，鳞片血丝，体表分泌大量黏液等作出初步诊断。KHV 检测和诊断手段有：细胞培养分离法、聚合酶链式反应、免疫荧光、ELISA 和组织病理学观察等。KHV 对锦鲤鳍条细胞（Koi Fin Cell，KF）敏感，病毒最适培养温度 20℃，但细胞培养灵敏度低，应配合免疫荧光或 PCR 使用。

对于有临床症状的鱼，用 PCR、ELISA 或电镜观察病毒等任一方法检测为阳性即可确诊；对于无临床症状的鱼，需用两种不同方法检测均为阳性才能确诊，否则只能视为可疑。

二、斑点叉尾鮰病毒

斑点叉尾鮰病毒（Channel catfish virus，CCV）引起斑点叉尾鮰疱疹病毒病（Channel catfish virus disease，CCVD），感染斑点叉尾鮰鱼苗及其幼鱼。

（一）生物学特性

斑点叉尾鮰病毒为疱疹病毒目、异疱疹病毒科、鮰疱疹病毒属（Ictalurivirus）的代表种（Ictalurid herpesvirus 1，IcHV-1）。

CCV 具典型的疱疹病毒特征，具囊膜。病毒粒子直径为 175～200 nm，核衣壳呈二十面体，由 162 个衣壳粒组成。病毒在氯化铯中的浮力密度为 1.715g/cm^3。CCV 可在 BB、GIB、CCO 和 KIK 等细胞株上生长，形成合胞体等典型细胞病变特征。其生长温度范围为 10～35℃，最适温度为 25～33℃，35℃时复制速度最快，30℃时复制量最大。25℃时，最快 2h 可在 CCO 等细胞中出现 CPE。病毒对氯仿、乙醚、酸、热环境等敏感，在甘油中失去感染力。

（二）致病性

CCV 在自然条件下，主要感染斑点叉尾鮰，且主要对小于 1 龄，尤其是小于 4 月龄，体长小于 15cm 的鱼苗、鱼种产生危害；但成鱼也可发生隐性感染，成为病毒携带者。病鱼或带毒者通过尿和粪便向水体排出 CCV，发生水平传播；亲鱼感染 CCV，可通过鱼卵发生垂直传播。该病还可引发嗜水气单胞菌、柱状黄杆菌或鮰爱德华菌的继发感染，加速感染鱼的死亡。CCV 的流行水温是 20～30℃，在此温度范围内，水温越高，发病速度越快，发病率和死亡率越高，水温低于 15℃，CCVD 几乎不会发生。

病鱼食欲下降或不吃食，离群独游，反应迟钝；有 20%～50%的病鱼尾向下，头向上，悬浮于水中，出现间歇性的旋转游动，最后沉下水底。病鱼口周出血，鳍条基部、腹部和尾柄基部充血、出血，以腹部充血、出血更为明显；腹部膨大，眼球单侧或双侧外突；鳃苍白，有的发生出血；部分病鱼可见肛门红肿外突。剖解病鱼可见腹腔内有大量淡黄色或淡红色腹水，胃肠道空虚，没有食物，其内充满淡黄色的黏液；心、肝、肾、脾和腹膜等内脏器官发生点状出血；脾脏往往色浅呈红色，肿大；胃膨大，有黏液分泌物。

病理上，CCV可危害斑点叉尾鮰的各种重要组织器官，肾是最先受损的器官，表现为肾间造血组织及排泄组织（肾小球和肾小管）的弥漫性坏死，同时伴有出血和水肿；肝充血、出血，发生灶性坏死，偶尔在肝细胞内可见嗜酸性胞质包涵体；胃肠道、骨骼肌充血、出血，胃肠道黏膜层上皮细胞变性、坏死；神经细胞空泡化，神经纤维水肿。

（三）疾病诊断方法

1. 初步诊断 CCV在自然条件下只感染斑点叉尾鮰，而不感染其他鱼类，只表现为斑点叉尾鮰发病，且主要危害1龄以下的鱼，而同一水体中的其他鱼不发病；同时结合其腹部膨大、腹水和在水中旋转游动的症状可进行初步诊断。

2. 实验室诊断

（1）*病理学诊断* 根据病鱼肾脏造血组织及排泄组织的灶性坏死；肝充血、出血、坏死，消化道、骨骼肌出血；胰腺出血和灶性坏死，特别是在肝细胞内发现嗜酸性胞质包涵体，可作出进一步诊断。

（2）*病毒的细胞培养分离* CCV的分离、鉴定可对本病作出诊断。从患病鱼的靶器官，如肾脏分离CCV，其常用的细胞系是BB、CCO等。利用血清中和试验、免疫荧光抗体技术、PCR等技术对该病作出最后的确切诊断。

三、金鱼造血器官坏死病毒

（一）生物学特性

金鱼造血器官坏死疱疹病毒（Goldfish haemotopoietic necrosis herpesvirus，GFHNHV）也称金鱼造血器官坏死病毒（Goldfish haematopoietic necrosis virus，GFHNV）、疱疹病毒性造血器官坏死病毒（Herpesviral haematopoietic necrosis，HVHN）等。属异疱疹病毒科、鲤疱疹病毒属（*Cyprinivirus*）成员，国际病毒分类委员会在2011年第九次病毒分类报告中正式命名为鲤疱疹病毒Ⅱ（Cyprinid Herpesvirus 2，CyHV-2）。

病毒有囊膜，囊膜包裹的病毒粒子呈椭圆形，直径为175～200nm；核衣壳为二十面体对称，核衣壳直径100～110nm。CyHV-2与鲤疱疹病毒Ⅰ（Cyprinid Herpesvirus 1，CyHV-1）和锦鲤疱疹病毒关系十分接近，与斑点叉鮰病毒关系相对较远。病毒对碘脱氧尿苷（IUdR）、酸性（pH<3）和乙醚都敏感。

（二）致病性

CyHV-2仅感染金鱼、鲫及其普通变种，感染谱较窄，但具有较高传染性，鱼卵、鱼苗、鱼种和亲鱼均可感染，通常幼鱼比成鱼更易感，引起暴发性死亡多为1龄以下幼鱼，成鱼、亲鱼也有死亡的病例报道。病毒对4月龄锦鲤不易感，也不能感染鲤、雅罗鱼、丁鲅等。主要发病水温为15～25℃，水温高于28℃时，发病率降低，30℃以上发病死亡可立刻停止；环境温度急剧下降时，携带病毒金鱼能产生典型疾病并发生大量死亡。患病鱼可将病毒经鱼卵传播给子代。目前，该病已成为我国养殖金鱼和鲫的重要威胁。

（三）疾病诊断方法

1. 初步诊断 CyHV-2感染的病鱼多停留池塘或水箱底部，出现精神沉郁、昏睡、食欲不佳、厌食、呼吸频率增加等症状；解剖可见鳃苍白，脾和肾肿胀并呈苍白色，偶尔能见多处白色病灶，肝苍白，空肠，部分鱼可出现鳃出血、鳔瘀斑性出血、鳍有水泡状脓疱、腹部膨大、眼球突出等症状，据此可作初步诊断。

2. 实验室诊断

（1）*病理学诊断*　CyHV－2感染的典型组织病理变化有：肾脏造血组织、脾、肠道和鳃组织由多病灶发展到弥散性坏死；鳃小片融合，上皮细胞增生，口咽和表皮细胞变性坏死，心脏出现病灶性坏死，胸腺弥散性坏死，头肾和体肾中造血细胞出现明显的核固缩和核裂解性坏死，脾脏内的脾髓和小动脉大面积的坏死和出血。通常肌肉、脑未发现病理性变化。

（2）*电镜诊断*　感染了CyHV－2的金鱼细胞核肿胀，电镜检查发现细胞核染色质边集，细胞核内有成熟的和形成中的病毒粒子，且成熟的病毒粒子散布于细胞质中。据此可确诊。

（3）*病毒的细胞培养分离*　可用鲫鳍条细胞系、脑细胞系增殖CyHV－2。

（4）*PCR诊断*　针对CyHV－2聚合酶基因建立的PCR法可有效检测CyHV－2，另也可采用实时定量PCR，灵敏度可达1个病毒基因拷贝。

第二节　虹彩病毒

虹彩病毒是一类直径较大的DNA病毒。根据病毒超微结构、基因组结构及宿主范围等特征，将虹彩病毒分为6个属，包括感染脊椎动物的蛙病毒属（*Ranavirus*）、淋巴囊肿病毒属（*Lymphocystivirus*）、细胞肿大病毒属（*Megalocytivirus*）以及感染无脊椎动物的虹彩病毒属（*Iridovirus*）、绿虹彩病毒属（*Chloriridovirus*）和十足目虹彩病毒属（*Decapodiridovirus*）。感染水生动物的主要为淋巴囊肿病毒属、蛙病毒属、细胞肿大病毒属和十足目虹彩病毒属的成员。

一、淋巴囊肿病毒

（一）生物学特性

淋巴囊肿病毒（Lymphocystic disease virus，LDV）属虹彩病毒科、淋巴囊肿病毒属（*Lymphocystivirus*）。病毒粒子二十面体，有囊膜。不同鱼分离的虹彩病毒颗粒大小存在一定差异，一般直径为200～260nm。病毒核心为双链DNA形成的纤丝团核心。该病毒可在BF－2、LBF－1、GF－1、SP－1、SP－2等细胞株上复制，引起细胞缓慢病变，最终出现巨型囊肿细胞，细胞直径可达100～250μm，并出现厚达8～10μm的细胞膜，巨型囊肿细胞边缘有嗜碱性细胞质包涵体，为大量病毒颗粒堆积，可呈晶格状排列。细胞的病毒培养滴度可达10^6～10^7 $TCID_{50}$/mL。

病毒在细胞中的生长温度为20～30℃，适宜温度为23～25℃。该病毒对乙醚、甘油和热敏感；对干燥和冷冻很稳定。其传染性在18～20℃的水中能保持5d以上；经冰冻干燥后同样温度下能保持105d；在温度－20℃下经2年仍具感染力。

（二）致病性

淋巴囊肿病毒流行于世界各大洲养殖鱼类，主要发生在海水鱼类。全年可发病，水温

10～20℃为发病高峰。

低密度和良好养殖条件下，养殖鱼一般不出现大量死亡；如环境较差或出现细菌并发感染，可引起严重疾病和大量死亡。苗种和1龄鱼中发病后2个月累计死亡率达30%以上；2龄以上鱼很少出现死亡，但病鱼外表影响严重，失去商品价值。病毒传染性不强，通常养殖群体中仅有部分鱼发病，可能与病毒在海水中生存能力较弱和感染必须通过媒介物有关。病毒感染途径为：病鱼排入水中病毒为其他鱼接触后感染，皮肤擦伤或寄生虫损伤是病毒入侵的重要门户。

（三）疾病诊断方法

可用BF-2、LBF-1等细胞株分离培养病毒，用ELISA检测病毒；也可用电镜观察病毒粒子诊断。

二、传染性脾肾坏死病毒

传染性脾肾坏死病毒（Infectious spleen and kidney necrosis virus，ISKNV）是鳜暴发性出血病的病原，属虹彩病毒。引起真鲷虹彩病毒病的病原也是虹彩病毒，习惯上把引起真鲷虹彩病毒病的病原称为真鲷虹彩病毒（Red sea bream iridovirus，RSIV），引起鳜暴发性出血病的病原称为传染性脾肾坏死病毒（Infectious spleen and kidney necrosis virus，ISKNV）。

（一）生物学特性

虹彩病毒科、细胞肿大病毒属（*Megalocytivirus*）成员。

（二）致病性

鳜暴发性出血病主要流行于我国南方淡水养殖的鳜中，引起很高死亡率，对鳜养殖业造成威胁极大。

（三）疾病诊断方法

患病鳜头部充血，口四周和眼出血。解剖可见鳃发白，肝肿大发黄甚至发白。腹部呈黄疸症状。组织病理变化最明显的是脾和肾内细胞肥大，感染细胞肿大形成巨大细胞。细胞质内含大量的病毒颗粒。

用*ISKNV*的引物做PCR检测，对PCR阳性条带进行测序，与*ISKNV*基因序列相同可作出诊断。

三、真鲷虹彩病毒

（一）生物学特性

病原为真鲷虹彩病毒（Red sea bream iridovirus，RSIV）属虹彩病毒科、细胞肿大病毒属（*Megalocytivirus*）。病毒核衣壳直径120～130nm，有囊膜。病毒粒子在氯化铯中的浮力密度为1.16～1.35g/mL。

病毒基因组为双链线状DNA，基因组全长约110kb，病毒DNA的复制发生在细胞质和细胞核中。主要衣壳蛋白（Major Capsid Protein，MCP）分子量约为50ku，占病毒粒子可溶性蛋白的90%，形成病毒的二十面体，衣壳蛋白基因高度保守，与同属MCP的基因相似性在90%以上，不同属虹彩病毒的衣壳蛋白基因的相似性只有40%～50%。

（二）致病性

真鲷虹彩病毒病（Red sea bream iridovirus disease，RSIVD）是目前各国海水养殖危害

最为严重的疾病之一，20 世纪 90 年代初在日本四国真鲷养殖场首次暴发，逐渐蔓延到日本西部海水养殖场，引起真鲷鱼苗大量死亡。该病毒的易感鱼类有真鲷、五条鰤、花鲈和条石鲷等，我国南部和台湾西北部的养殖海水鱼中都发生过 RSIVD，在泰国还有感染棕点石斑鱼的报道，韩国 1998 年起在许多水产养殖场都发生了 RSIVD。

真鲷虹彩病毒病的主要经水平传播。

（三）疾病诊断方法

可疑样品接种敏感细胞后出现 CPE，并用免疫学方法或 PCR 方法证实可作出阳性确诊；从病鱼感染组织提取核酸经 PCR 检测为阳性，或病鱼印片中观察到典型异常巨大细胞、免疫荧光检测为阳性，则可以确诊为本病。

四、流行性造血器官坏死病病毒

（一）生物学特性

流行性造血器官坏死病病毒（Epizootic haematopoietic necrosis virus，EHNV）分类上属虹彩病毒科、蛙病毒属（*Ranavirus*）。目前已发现三个相似的病毒种，感染不同的宿主，分别称为流行性造血器官坏死病病毒（EHNV）、六须鲇病毒（European sheatfish virus，ESV）和欧洲鲇病毒（European Catfish Virus，ECV）。EHNV 目前仅发生于澳大利亚，ECV 和 ESV 仅在欧洲检测到。三种病毒感染宿主不同，发病症状相似，从血清型上无法区分这三个不同病毒。EHNV 与欧洲鲇分离的 ESV 或分离的 ECV 存在几个共同抗原，与南美及澳大利亚爬行动物分离到的蛙病毒 3 型和 Bohle 虹彩病毒也存在 1 个以上的共同抗原，在不同程度可区分这几种病毒。

（二）致病性

EHNV 可通过水体接触传染赤鲈、虹鳟、澳大利亚河鲈、食蚊鱼、金尾贝氏石首鱼和南乳鱼等种类，其中赤鲈对该病毒极为敏感，幼鱼和成鱼都可受该病毒感染，幼鱼对该病毒更易感。该病毒对赤鲈的致死与流行程度与水质有直接关系。一般 12～18℃时潜伏期为 10～28d，19～21℃时为 10～11d，天然水体河鲈 12℃以下不会发生本病；该病毒对虹鳟危害较小，只有少量群体易感，自然感染水温为 11～20℃，潜伏期 3～10d，人工感染在 8～21℃均可发生。刚出生至体长 125mm 的虹鳟均对该病毒敏感，并可致死；刚孵化稚鱼到商品鱼均可检测到低水平无症状的病毒携带者。

病鱼、带毒鱼及污染水体均可作为病毒传染源，病毒可通过病鱼或带毒鱼的粪便、尿液在水体中扩散传播，最后引起疾病流行。未在卵巢中检测到病毒，表明病毒垂直传播可能性较小。ECV 和 ESV 主要引起六须鲇和欧洲鲇的发病死亡，在欧洲有很高的发病率和死亡率。

这三种病毒都感染鱼体的肝、脾、肾造血组织和其他组织，导致组织坏死而使鱼死亡。人工感染表明 ECV 和 ESV 能感染虹鳟，但不会引发虹鳟发病和死亡。

（三）疾病诊断方法

EHNV 对蓝太阳鱼鳃细胞（BF－2）、大鳞大麻哈鱼胚胎细胞（CHSE－214）或鲤上皮乳头瘤细胞（EPC）较为敏感，其中以 BF－2 最为敏感。可用待测鱼肝、脾、肾组织匀浆液接种上述细胞，22℃培养病毒，待细胞病变出现后再用分子检测、免疫荧光、ELISA 或免疫酶等方法检测 EHNV；也可用免疫荧光、ELISA、免疫酶色或 PCR 直接检测病鱼组织中的 EHNV。

五、十足目虹彩病毒

（一）生物学特性

十足目虹彩病毒（Decapod iridescent virus，DIV），属于虹彩病毒科、十足目虹彩病毒属（*Decapodiridovirus*），是大颗粒的二十面体病毒，有囊膜，直径为150～160nm，基因组为接近 166kb 的双链 DNA。目前已知有两个分离株，其中虾血细胞虹彩病毒（Shrimp hemocyte iridescent virus，SHIV）包含 170 个开放阅读框（Open reading frame，ORF），红螯螯虾虹彩病毒（*Cherax quadricarinatus* iridovirus，CQIV）有 178 个 ORF，2 个分离株的全基因序列相似度达到 99.97%。

（二）致病性和流行性

该病毒易感物种包括凡纳滨对虾、罗氏沼虾、青虾、克氏原螯虾、红螯螯虾和脊尾白虾等重要养殖品种。病毒可侵染从仔虾到亚成虾阶段的虾类，对虾体长在 4～7cm 时病毒检出率最高。养殖凡纳滨对虾和罗氏沼虾感染后死亡率可达到 80%以上。养殖水温在 16～32℃时均有病毒感染发生，其中 27～28℃时最易发病，疫病高发期主要集中在 4—8 月。海水、半咸水和淡水养殖环境均可发病。该病毒通过养殖对虾口粪途径、同类相食等途径传播。近缘甲壳类品种混养和带病毒苗种的流通是该病快速传播的重要原因。

（三）疾病诊断方法

发病虾类会出现肝胰腺颜色变浅、空肠空胃、停止摄食、活力下降等症状，濒死的个体会失去游动能力，沉入池底。罗氏沼虾感染后，额剑基部甲壳下呈现明显的白色三角形病变，产业上称为“白头”或“白点”。患病的脊尾白虾额剑基部也出现轻微的发白现象，但脊尾白虾对该病毒的感染表现出部分耐受性。部分患病的凡纳滨对虾还会出现明显的红体症状。

组织病理学检测时，采集造血组织、鳃和肝胰腺。组织病理学特征表现为患病虾的造血组织、血细胞及部分上皮细胞内形成细胞质嗜酸性包涵体，并伴随有细胞核的固缩。

核酸检测方法有 PCR、套式 PCR、TaqMan 探针荧光定量 PCR、环介导等温扩增和重组酶聚合酶扩增方法。

根据农业农村部制定的行业标准，易感虾类具有典型临床症状和组织病理学特征且套式 PCR 结果阳性，判定为确诊病例。

第三节　线头病毒

白斑综合征病毒

（一）生物学特性

白斑综合征病毒（White spot syndrome virus，WSSV）属线头病毒科、白斑病毒属（*Whispovirus*）。

WSSV 完整的病毒颗粒呈球杆状，外观如一个线团，一端露出线头，线头病毒科因此而得名。病毒粒子具有囊膜和独特的尾状物，直径 120～800nm，长 250～380nm，基因组为环状双链 DNA，大小约 300kb。病毒在细胞核内复制和组装。

50℃、120min或60℃、1min即可失去活性，实验条件下在30℃海水中至少可存活30d，在养殖池中可存活3～4d，对去垢剂敏感，可在类淋巴原代细胞中培养，25℃条件下，20h可完成复制过程。

（二）致病性

该病毒的宿主范围非常广泛，海水及淡水的对虾、蟹类、螯虾和龙虾等多种甲壳类动物可被病毒感染致病或成为病毒携带者。该病毒自然感染过程中，经口感染是病毒传播的主要途径，可通过甲壳类动物个体间的感染传播或携带，在自然界下可能长期存在。新死亡动物中的病毒具有感染性，水体游离的病毒在较高浓度时也能经污染饲料产生经口感染。

该病毒能通过污染的受精卵而造成垂直传播，也可经口感染引起对虾幼体的感染或病毒携带。

（三）疾病诊断方法

1. 新鲜组织的快速染色法　组织涂片TE染色，可检查受感染细胞的典型变化，适用于现场或诊断实验室对患病濒死的对虾仔虾、幼虾或成虾的快速诊断。

2. 组织病理学诊断　经HE染色后可清晰地观察到各种不同的组织结构的病理变化，适用于发病对虾或其他敏感宿主的初步诊断及疑似染病宿主的诊断，但HE染色不适于带毒无感染性样品的病毒检测。

3. 电镜诊断　电镜切片可在病虾鳃、胃、淋巴器官、皮下组织等的细胞核内观察到病毒粒子，根据电镜观察的完整病毒粒子或无囊膜核衣壳可进行确诊。

4. DNA探针法　采用地高辛标记DNA探针进行，敏感性高于常规病理组织学诊断法。核酸探针斑点杂交适用于活体、冰鲜或冰冻对虾成虾、幼虾、仔虾、幼体和受精卵样品、白斑综合征病毒敏感甲壳类的病毒筛查和临床确诊；原位杂交法适用于对虾及敏感甲壳类宿主病毒感染程度评估和疾病确诊。

5. PCR检测法　通过聚合酶链式反应，检测病毒特定基因，具有高度灵敏度性。适用于各种对虾样品、环境生物和饵料生物样品、其他非生物样品中病毒带毒情况定性检测、病原筛查和疾病确诊。

6. 以抗体为基础的抗原检测法　应用单克隆抗体，采用斑点免疫印迹、免疫荧光抗体和ELISA等方法进行诊断。

第四节　杆状病毒

中肠腺坏死杆状病毒

（一）生物学特性

中肠腺坏死杆状病毒（Baculoviral midgut gland necrosis virus，BMNV）属杆状病毒科，是一种C型杆状病毒；病毒粒子大小为72nm×310nm。具双层被膜。

（二）致病性

中肠腺坏死杆状病毒只感染日本囊对虾，主要靶器官是肝胰腺，会感染幼虾引起大规模死亡。濒死虾出现中肠腺（肝胰腺）细胞核肥大、细胞明显坏死或崩解。

（三）疾病诊断方法

1. 压片显微镜检查法　光镜观察新鲜组织样品，暗视野照明下可观察到患病仔虾肝胰腺上皮细胞核呈白色，为大量病毒颗粒聚集产生的光折射和衍射所致。观察结果不明确时可用组织病理诊断法等进行确认。

2. 组织病理学诊断法　经 HE 染色后肝胰腺上皮细胞核呈明显肥大，并伴随进行性坏死。适用于对虾中肠腺坏死杆状病毒确诊或未知样品的组织病理学评价，不适于无症状的病毒携带样品的检测。

第五节　细小病毒

传染性皮下和造血组织坏死病毒

（一）生物的特性

传染性皮下和造血组织坏死病毒（Infectious hypodermal and haematopoietic necrosis virus，IHHNV），属细小病毒科、短浓核病毒属（*Brevidensovirus*）的暂定种。

病毒是无囊膜二十面体，颗粒大小 20～22nm，氯化铯中的浮力密度为 1.40g/mL，含线状单链 DNA，长度为 3.9kb，衣壳由 4 个分子量分别为 74ku、47ku、39ku、37.5ku 的多肽组成。

IHHNV 是已知对虾病毒中最稳定的病毒，病虾感染组织经反复冻融仍具有感染性。

（二）致病性

可感染细角滨对虾、凡纳滨对虾、斑节对虾等主要对虾品种，感染传染性皮下和造血器官坏死病毒或患病存活的细角滨对虾和凡纳滨对虾会终生带毒，通过垂直和水平传播方式把病毒传给下一代和其他种群。病毒的靶组织主要有对虾的鳃、造血组织、前肠上皮细胞、肝胰腺、心脏、性腺等。

（三）疾病诊断方法

1. 组织病理诊断法　适用于对虾 IHHNV 的初步诊断、未知疾病样品的组织病理学评价。不适于无症状病毒携带者的检测。

2. 电镜诊断　透射电镜从病虾的鳃、造血组织、前肠上皮等细胞核观察到典型病毒粒子可确诊。

3. DNA 探针法　采用地高辛标记 cDNA 探针，敏感性高于常规病理组织学诊断法。核酸探针斑点杂交适用于成虾、幼虾、仔虾、幼体和受精卵，活体、冰鲜或冰冻虾的病毒检测，以及其他 IHHNV 敏感甲壳类的病毒筛查和临床确诊。

4. 原位杂交法　适用于对虾及其他 IHHNV 敏感宿主病毒感染程度评估和疾病确诊。

5. PCR 检测法　有聚合酶链式反应检测病毒特定基因，4h 内可快速检出病毒。适用于对虾、环境生物和饵料生物等各种样品，以及其他非生物样品中 IHHNV 带毒情况的定性检测、病原筛查和疾病确诊。

第六节　呼肠孤病毒

呼肠孤病毒可感染人、脊椎动物、无脊椎动物、植物、真菌等。国际病毒分类委员会（ICTV）现收录呼肠孤病毒共 97 种，归属 15 个属。

呼肠孤病毒颗粒呈球形，有双层衣壳，外观为二十面体，直径 60～80nm，内部核心有几个蛋白包裹。本科成员核酸为双链 RNA，一般由 10～12 个核酸节段组成，不同属的病毒核酸节段数及各节段大小不同，相互没有抗原交叉。

感染鱼的呼肠孤病毒为水生呼肠孤病毒属（*Aquareovirus*）成员，目前至少已发现和鉴定了 30 种以上的水生呼肠孤病毒成员，分属水生呼肠孤病毒 A、B、C、D、E、F、G 共 7 个种，还包括一些水生动物呼肠孤病毒待定成员。

一、草鱼呼肠孤病毒

草鱼出血病是我国发现并系统研究的首个鱼类病毒病。该病 1972 年首次在湖北湲口发现，1978 年证实由病毒引起，20 世纪 80 年代确认病原是呼肠孤病毒，可严重危害草鱼和青鱼鱼种。

（一）生物学特性

病原为草鱼呼肠孤病毒（Grass carp reovirus，GCRV），又称草鱼出血病病毒（Grass carp hemorrhagic virus，GCHV），属呼肠孤病毒科、水生呼肠孤病毒属水生呼肠孤病毒 C 型的成员。病毒无囊膜，有双层衣壳，完整病毒直径65～70nm，内层衣壳直径 50nm，病毒在氯化铯中的浮力密度为 1.36g/mL；病毒含有 11 个双链 RNA 节段及 11 个多肽，分子量为 32～137ku，内层衣壳由 6 个多肽组成，外层衣壳由 5 种多肽组成。病毒具有微弱的凝集人 O 型红细胞的能力，需在显微镜下才能确认；与哺乳动物的呼肠孤病毒未发现交叉反应。

病毒对酸（pH 3）、碱（pH 10）、乙醚和氯仿不敏感，对热（56℃，30min）稳定，需 65℃，1h 才能完全灭活；病毒不耐反复冻融、对去垢剂敏感，可用聚维酮碘杀灭。组织中病毒可在－20～－15℃保存 2 年以上。病毒外壳可用胰蛋白酶完全降解，经胰蛋白酶处理病毒悬液可提高感染性。

草鱼呼肠孤病毒可在草鱼肾细胞（CIK）、草鱼吻端细胞（ZC7901）、草鱼鳍条细胞（CF）和草鱼性腺细胞（CO）中增殖，其中以草鱼肾细胞对病毒敏感性最好。目前已经确定的病毒代表株有 GV－90/14（分离自湖北）和 GV87/3（分离自湖南）。

本病目前尚无有效药物治疗，草鱼出血病疫苗是控制本病的最有效措施。目前我国有注射疫苗和浸泡疫苗两种途径免疫草鱼。对疫区的鱼卵、鱼体及设施彻底消毒是预防病毒传播的重要措施。

（二）致病性和流行性

该病毒靶器官为肾，损坏鱼体免疫力，并造成肝细胞退化、坏死，肝、脾内血管充血或出血。病毒感染可引起细菌继发感染，造成鱼体严重损伤，出现全身性中毒和败血症，加剧病毒对草鱼的感染和死亡。

该病毒主要感染草鱼，对草鱼鱼种阶段最为敏感。

该病主要发生在高温季节（水温 20～30℃），水温 25～28℃为流行高峰；本病主要流行于长江以南及长江中下游地区，夏季北方也有病例报道。近年来越南也发生相似病症的草鱼疾病。

（三）疾病诊断方法

临床诊断：水温 22～30℃，草鱼鱼种大量死亡，出现红鳍、红鳃盖、红肠子、红肌肉等症状，同时伴随鱼体发黑、眼突出，口腔、鳃盖、鳃和鳍条基部出血；解剖见肌肉点状或块状出血、肠道出血等。患病鱼可出现一种症状或同时具有两种以上的症状。

实验室诊断：用草鱼肾细胞（CIK）接种疑似样品，分离后用 ELISA 或 PCR 鉴定，典型症状病鱼可直接用于 PCR 方法检测病毒。

细菌性肠炎也可出现肠道溃疡、出血等，但细菌感染草鱼肠壁无弹性、多黏液，不会出现点状出血，可用于临床区分病毒性感染和细菌性感染。

二、鮰呼肠孤病毒

鮰呼肠孤病毒又称斑点叉尾鮰呼肠孤病毒（Channel catfish reovirus，CRV），最早为 Amend 1984 年分离自美国养殖的斑点叉尾鮰，近年来我国湖北养殖斑点叉尾鮰分离到斑点叉尾鮰呼肠孤病毒。

（一）生物学特性

病毒颗粒为二十面体，无囊膜，氯化铯浮密度为 1.36g/mL 双层核衣壳，外衣壳大小 75nm，内层衣壳为 55nm；病毒基因组由 11 个节段组成，按分子量大小为 3 组，L1、L2、L3；M1、M2、M3 和 S1、S2、S3、S4、S5。

病毒在细胞质内复制，电镜可见病毒颗粒呈晶格状排列。病毒可在 CCO、BF-2、CHH-1 和 BB 细胞中增殖，病毒接种 CCO 后可在 48～70h 出现典型 CPE。

（二）致病性和流行性

该病毒主要感染斑点叉尾鮰鱼苗病毒感染后可出现鳍条基部、下颌、鳃盖、眼眶周围出血，眼球突出，腹部膨胀，通常不发生大量死亡。

（三）疾病诊断方法

临床诊断：斑点叉尾鮰鱼苗可出现鳍基部、下颌、鳃盖、眼眶周围出血，眼球突出，腹部膨胀，可作出初步诊断。

实验室诊断：取可疑样品接种 CCO、BF-2、CHH-1 和 BB 等细胞，如出现 CPE，可采用 RT-PCR 及免疫荧光法确诊。

第七节　双 RNA 病毒

双 RNA 病毒科为二十面体 RNA 病毒，无囊膜，基因组分为 A、B 两个节段，A 节段约 3.1kb，B 节段 2.8kb。该科病毒可感染鱼类、禽类和昆虫，共分为 3 个属：水生双 RNA 病毒属（*Aquabirnavirus*）、禽双 RNA 病毒属（*Avibirnavirus*）、昆虫双节段 RNA 病毒属（*Entomobirnavirus*）。

水生双 RNA 病毒直径 60nm，含有 5 个多肽，其中 VP2、VP3、VP4 由 A 节段编码，为病毒结构蛋白；VP1 和 VP5 由 B 节段编码，为病毒非结构蛋白。水生双 RNA 病毒属是双 RNA 病毒科中成员数量最多、抗原性和毒力差异很大的一类病毒。

传染性胰脏坏死病毒

传染性胰脏坏死病毒（Infectious pancreatic necrosis virus，IPNV）主要感染虹鳟鱼苗、幼鱼，引起传染性胰脏坏死病，最早由 Wolf 于 1960 年分离。可感染海水、淡水、半淡咸水养殖鱼类，死亡率高达 90%以上。传染性胰脏坏死病主要表现为病鱼游动失调、垂直

回转游动、鱼体发黑、眼球突出、腹部膨大、胰腺坏死，常见病鱼肛门处拖有线状黏液粪便。

（一）生物学特性

病毒为二十面体球形颗粒，大小约 60nm，无囊膜，病毒基因组为 2 段双链 RNA，大片段 3 097bp，编码病毒 VP2、VP4、VP3；小片段 2 784bp。

病毒对外界环境有极强抵抗力，对氯仿、乙醚不敏感，在 pH 3.0 下稳定；56℃、30min 不能灭活，须 60℃、1h 灭活；病毒感染力在水中可保持 230d，泥浆中可存活 210d，完全干燥条件下可存活 28d。IPN 病毒可在 4～25℃增殖，在 15～20℃增殖较快。

按血清中和试验可将病毒分为 2 个血清型，血清型 A 已发现 9 个以上的血清亚型。

（二）致病性和流行性

该病毒主要危害溪鳟、虹鳟、克氏鲑、红点鲑、银大麻哈鱼、枇杷鳟、红大麻哈鱼等鱼苗和幼鱼，开食后 2～3 周鱼苗发病率最高，通常呈急性流行，死亡率高达 50%～100%；20 周龄以上幼鱼一般不发病；发病最适水温为 10～15℃，10℃以下或 15℃以上较少发病或病情轻、死亡率低。病后存活个体可带毒数年，并通过粪便、鱼卵、精液排出病毒，继续传播。病毒可经水体水平传播，也可经卵垂直传播。

该病毒主要感染胰、肠黏膜等器官，部分病毒可感染肝脏，引起肝细胞大量坏死，高密度养殖鱼苗可出现体色变黑、腹部肿大，并伴有螺旋状游动等症状。病毒感染后死亡率与发病鱼品种、年龄、体质等有关。

（三）疾病诊断方法

根据鱼苗发病、病鱼色变黑、腹部肿大、螺旋状游动等症状可对疾病作出初步诊断，胰脏腺泡细胞坏死、肝细胞坏死可进一步明确诊断。

病毒对 CHSE－214、BF－2 敏感，接种细胞后再用荧光抗体法确诊，PCR 方法也可用于病毒诊断。

目前国外已有用于预防传染性胰脏坏死病的疫苗 Norvax Compact，为腹腔注射的多价灭活疫苗。

第八节　弹状病毒

一、鲤春病毒血症病毒

（一）生物学特性

鲤春病毒血症病毒（Spring viraemia of carp virus，SVCV）主要引起鲤春病毒血症，又称为鲤鳔炎病，病毒属单分子负链 RNA 病毒目、弹状病毒科、鲤春病毒属（*Sprivivirus*）。

病毒粒子呈子弹状，一端为圆弧形，另一端较平坦，病毒粒子长 90～180nm、宽 60～90nm，病毒内核衣壳直径为 50nm、呈螺旋对称。

表面糖蛋白是病毒最主要的抗原，决定病毒血清学特征。亚洲株和欧洲株的基因型有一定差异。

（二）致病性

该病毒宿主范围很广，能感染各种鲤科鱼类，包括鲤、锦鲤、鳙、草鱼、鲢、鲫、丁鲹和欧洲鲇等，其中鲤是最敏感的宿主，可导致鲤和锦鲤大批发病死亡。各年龄鱼均可患病，鱼龄越小对病毒越敏感。病毒感染后的潜伏期与水温及鱼体本身状况有关。水温越适宜、鱼体健康状况越差越容易发病。

该病多发于春季水温 8～20℃，尤其在 13～15℃时流行。水温超过 22℃就不再发病。

病鱼、病死鱼和带毒鱼均可为传染源。SVCV 主要经水传播，也可垂直传播。病鱼和无症状带毒鱼经粪、尿液排出病毒，精液和鱼卵中也会带有病毒。病毒可在感染鲤血液中保持 11 周之久，水温 10～15℃时潜伏期约为 20d，呈现持续性病毒血症。

（三）疾病诊断方法

用鲤上皮乳头瘤细胞、草鱼卵巢细胞或胖头鲹肌肉细胞培养分离病毒，然后用病毒中和试验（NT）、免疫荧光试验（IFT）、酶联免疫吸附试验（ELISA）、PCR 等方法之一确认。上述检测方法可用于病鱼或无症状的感染鱼。

对典型临床感染症状的鱼，可用细胞培养分离病毒，也可直接用 IF、ELISA 或 PCR 检测感染组织的病毒，最后确诊须通过病毒分离。采样温度对病毒检测非常重要，应在 10～20℃时采样检测，否则可能无法检测到病毒。

二、传染性造血器官坏死病毒

（一）生物学特性

传染性造血器官坏死病毒（Infectious haematopoietic necrosis virus，IHNV），属弹状病毒科、粒外弹状病毒属（*Novirhabdovirus*）。同属水生动物病毒还有牙鲆弹状病毒（Hirame rhabdovirus，HRV）、鳢弹状病毒（Snakehead rhabdovirus，SRV）和病毒性出血性败血症病毒（Viral haemorrhagic septicaemia virus，VHSV），IHNV 是该属代表种。

该病毒形态呈子弹状，长 160～180nm，直径 70～90nm，囊膜厚 15nm，在氯化铯中浮力密度为 1.20g/mL。IHNV 病毒粒子含有 1 条线状、反义、单链的 RNA，全基因组长度约为 11kb；从 3′端→5′端依次包含 N-P（M1）-M2-G-NV-L 6 个基因，分别编码病毒核蛋白、磷蛋白、基质蛋白、糖蛋白、非结构蛋白和聚合酶蛋白。具有非结构蛋白是粒弹状病毒属的主要特征。

该病毒存在至少三个血清型，与其他鱼类弹状病毒无相关性。

（二）致病性

主要侵害虹鳟、硬头鳟和银鳟、大鳞大麻哈鱼、红大麻哈鱼、大麻哈鱼、马苏大麻哈鱼、玫瑰大麻哈鱼等大麻哈鱼属鱼类及大西洋鲑等大部分鲑科鱼类。不同品系鱼类对病毒敏感性和感染力有所差异，以虹鳟最为敏感；鱼龄越小对病毒越敏感，一般 2 月龄左右幼鱼最易感染。该病病程急，发病后死亡率高达 50%～100%。野生幼鱼感染后都会发病；成鱼一般不发病，但可携带和扩散病毒。

传染源为病鱼，主要经水传播，这是病毒在稚鱼和幼鱼之间水平传播的主要方式，此外还可通过病毒污染水、食物以及带毒鱼排泄物等传播感染。鱼卵表面消毒可明显减少病毒附卵传播。

水温对 IHN 的发病及死亡率影响很大，一般 8～15℃时可出现临床症状，8～12℃时为流行高峰，10℃时死亡率最高；水温高于 10℃时病情较急，但死亡率较低；水温低于 10℃时，潜伏期延长，病情呈慢性；当水温超过 15℃后，一般不出现自然发病。

（三）疾病诊断方法

病毒分离鉴定：用 EPC、BF－2 在 15℃下进行病毒分离，出现 CPE 后用中和试验、间接荧光抗体试验、ELISA、DNA 探针、PCR 等方法进行病毒鉴定。细胞病变及病毒鉴定阳性者，不论鱼有无临床症状，均可确诊为病毒感染。

对症状明显感染鱼，可用免疫学或分子生物学方法对病鱼脏器印片或匀浆液进行病毒检测，2 种不同方法检测 IHNV 阳性者，可确诊为 IHNV 阳性。

三、病毒性出血性败血症病毒

（一）生物学特性

病毒性出血性败血症病毒（Viral haemorrhagic septicaemia virus，VHSV），又称埃格维德病毒（Egtved virus），属弹状病毒科、粒外弹状病毒属（*Novirhabdovirus*）。病毒粒子呈子弹状，长 180nm，直径约 70 nm，有囊膜。

（二）致病性

该病最早流行于欧洲大陆，对欧洲鲑养殖造成了巨大损失，20 世纪末传到美洲，近年来扩散到日本和韩国。曾认为该病毒只感染虹鳟和其他少数几种水产养殖品种。已在太平洋和大西洋的各种野生海洋鱼类中分离到病毒。该病毒能引起养殖大菱鲆、牙鲆大量死亡。易感鱼群各年龄阶段均可感染，鱼龄越小越易发病死亡，亲鱼较少发病。随着研究的深入，新发现的该病毒易感宿主种类不断增加。

病鱼及病鱼污染水、污染物，食鱼鸟类等均是病毒水平传播的途径。病毒可经鳃侵入鱼体产生感染；病鱼或无症状带毒鱼粪便，尿液，以及精、卵液均可排出病毒，并经水体传播病毒，引起疾病流行。

（三）疾病诊断方法

该病毒可用 BF－2、虹鳟性腺细胞（Rainbow Trout Gonad，RTG－2）及 EPC 培养，其中BF－2 细胞对淡水欧洲株高度敏感。不同病毒株对细胞敏感性可能存在差异，初分离病毒时建议采用 2 种不同细胞，以提高病毒检出率。

病毒适宜培养条件为 pH 7.6～7.8、温度 6～18℃（以 15℃最适宜）；细胞病变样品再通过中和试验（NT）、免疫荧光（IF）、酶联免疫吸附试验（ELISA）、免疫酶或 PCR 等方法进行病毒确诊。

四、牙鲆弹状病毒

（一）生物学特性

牙鲆弹状病毒（Hirame rhabdovirus，HRV）属弹状病毒科。病毒粒子呈子弹形，大小为 80nm×（160～180）nm，在 RTG－2 细胞 18℃培养可出现细胞圆缩等病变特征。病毒适宜温度为 15～20℃。对酸、乙醚敏感，遇热不稳定，温度 25℃时开始逐步失活，温度 50℃时 2min 失活，－20℃下稳定。

（二）致病性

主要危害牙鲆，从幼鱼到成鱼均可被感染。发病季节为冬季和早春，水温 10℃时为发病高峰期，死亡率可高达 60％。香鱼、平鲉中可分离到病毒。病毒对真鲷、黑鲷稚鱼有强致病性，对虹鳟也具有致病性。

（三）疾病诊断方法

病毒接种到 RTG-2、FHM 或 EPC 细胞，5～20℃培养分离病毒，滴度达 10^9 $TCID_{50}$/mL。在 15℃培养 4d，病毒复制对数曲线最高。

第九节　野田村病毒

野田村病毒科分为甲型野田村病毒属（*Alphanodavirus*）和乙型野田村病毒属（*Betanodavirus*）两个属。目前感染水生动物的野田村病毒有两大类，其中一类感染鱼类，引起鱼类病毒性脑病与视网膜病，属乙型野田村病毒属。近年来发现感染虾类的野田村病毒，包括罗氏沼虾野田村病毒和凡纳滨对虾野田村病毒，目前列入野田村病毒科的未定属。

一、病毒性神经坏死症病毒

病毒性神经坏死病（Viral nervous necrosis，VNN）又称为病毒性脑病和视网膜病（Viral encephalopathy and retinopathy，VER），是一种严重危害海水鱼苗的疾病，流行于美洲和非洲以外几乎所有养殖地区，其病毒是为病毒性神经坏死病毒，目前已经发现了该属 40 余种病毒。

（一）生物学特性

病毒性神经坏死症病毒（Viral nervous necrosis virus，VNNV）属野田村病毒科、乙型野田村病毒属；为无囊膜二十面体病毒，直径为 25～30nm，在氯化铯中浮力密度为 1.3～1.35g/mL；病毒颗粒由 180 个衣壳蛋白组成，基因组包括两条正链 RNA 单链，分别为 3.0～3.2kb 和 1.3～1.4kb，分别编码病毒 RNA 聚合酶和病毒衣壳蛋白，其中病毒衣壳蛋白分子量为 42ku。

目前已从不同鱼类中分离到近 40 余种 VNNV，根据衣壳蛋白基因序列，分为条纹鲹神经坏死病毒（Striped jack nervous necrosis virus，SJNNV）、赤点石斑神经坏死病毒（Red-spotted grouper nervous necrosis virus，RGNNV）、东方鲀神经坏死病毒（Tiger puffer nervous necrosis virus，TPNNV）、条纹星鲽神经坏死病毒（Barfin flounder nervous necrosis virus，BFNNV）4 个基因型，不同基因型的致病性、增殖温度、宿主敏感谱、细胞敏感性和血清型均不同；按血清型分为 A、B、C 三个不同的血清型，其中 SJNNV、TPNNV 基因型分别属于血清型 A 和 B，RGNNV 和 BFNNV 基因型均属血清型 C。

该病毒对外界环境有很强抵抗力。

（二）致病性和流行性

本病主要感染常尖吻鲈、赤点石斑鱼、棕点石斑鱼、巨石斑鱼、红鳍多纪鲀、条斑星鲽、牙鲆和大菱鲆等 20 余种海水鱼苗，最近还从孔雀鱼鱼苗和七带石斑鱼的鱼体内检出 VNNV，表明 VNNV 也能感染淡水鱼及成鱼；除非洲外，世界各地均发生疾病传播蔓延，造成海水养殖业的巨大损失。

鱼龄与病毒敏感性有关，可发生于鱼苗及幼鱼中，自然状态下发病为孵化后 9d，尖吻鲈潜伏期是 4d；病毒可经精、卵垂直传播，也可经水、污染用具、鱼苗运输等途径水平传播造成疾病扩散。

（三）疾病诊断方法

可根据病鱼出现螺旋状或旋转状游动，或腹部朝上等运动神经异常表现作初步诊断。

病理切片可见中枢神经组织空泡化，主要出现在视网膜中心层，损伤视网膜。多数种类的鱼都会出现神经性坏死。

条纹月鳢细胞系（Striped Snakehead，SSN－1）及其亚克隆细胞系 E－11、石斑鱼鳍细胞系（GF－1）均可用于分离培养乙型野田村病毒。不同型病毒的最适培养温度有较大差异：RGNNV 为 25～30℃，SJNNV 为 20～25℃，TPNNV 为 20℃，BFNNV为 15～20℃。

可疑病鱼样品接种敏感细胞培养后用免疫学、RT－PCR 等方法检测病毒，也可对病鱼直接采用免疫学、RT－PCR 等检测病毒。

二、罗氏沼虾野田村病毒

罗氏沼虾野田村病毒（Macrobrachium rosenbergii nodavirus，MrNV）是罗氏沼虾白尾病的病原，主要感染罗氏沼虾淡化后苗种，引起肌肉白浊，可在较短时间内造成大量死亡。该病在我国曾称为罗氏沼虾肌肉白浊病（Macrobrachium rosenbergii whitish muscle disease）或白体病，国际上称为白尾病（White tail disease，WTD）。该病是世界动物卫生组织（OIE）规定必须申报的疫病。

（一）生物学特性

罗氏沼虾野田村病毒（Macrobrachium rosenbergii nodavirus，MrNV）属野田村病毒科（*Nodaviridae*），是首个发现于甲壳类的野田村病毒。病毒粒子呈二十面体，大小为 26～27nm，无囊膜，基因组由 3.2kb 和 1.2kb 两条线性单链 RNA（SS－RNA）组成，分别编码病毒 RNA 多聚酶和分子量为 43ku 的结构蛋白（CP－43）。

迄今为止，罗氏沼虾是该病毒已知的唯一宿主，病毒只能通过发病的罗氏沼虾虾苗获得。

（二）致病性

该病毒主要感染罗氏沼虾虾苗，淡化后 3d 至 3 周是疾病高发时期，严重时死亡率可高达 90%以上，目前无有效控制措施。罗氏沼虾各养殖阶段均报道检出病毒，但亲虾未见严重发病症状。养殖密度较低、水质较好时，带病毒苗种可存活到成虾，但可终身携带病毒，造成子代虾苗的发病。

病毒可通过带毒种虾垂直传播，这是目前虾苗发病的主要病因；也可通过带病毒水体、饵料、工具、未彻底消毒育苗池等水平传播。

（三）疾病诊断方法

根据虾苗腹部出现白色或乳白色混浊块、肌肉白浊、个别虾苗腹部存在分散的白浊点，排除水质因素引起的肌肉白浊后作出初步诊断。虾甲壳不出现白斑，可区别于对虾白斑综合征症状。

典型病例切片的 HE 染色可发现嗜酸性包涵体，为本病重要特征。

对可疑或出现白浊症状虾苗进行 RT－PCR 或 TAS－ELISA 检测，可确诊病毒感染。对于没有症状的虾群，RT－PCR 为最灵敏的检测手段。

第十节　双顺反子病毒

双顺反子病毒科成员可感染蚜虫、蝉等昆虫，因基因组呈二顺反排列而得名。目前，感染水生动物的双顺反子病毒有桃拉病毒、锯缘青蟹双顺反子病毒。

一、桃拉综合征病毒

（一）生物学特性

桃拉综合征病毒（Taura syndrome virus，TSV）为双顺反子病毒科、*Aparavirus* 属成员。

病毒粒子直径 32nm，无囊膜，呈正二十面体结构，在氯化铯中浮力密度为 1.338g/mL。病毒基因组为正义单链 RNA，大小为 10 205nt。编码 3 个主要结构蛋白（分子量分别为 55ku、40ku 和 24ku）。

分为美国型、东南亚型、伯利兹型和委内瑞拉型四个基因群组。

（二）致病性

病毒主要侵害凡纳滨对虾和细角滨对虾，滨对虾属（*Litopenaeus*）所有成员均易感，中国明对虾也易感；主要感染 14～40 日龄、体重 5g 以下的仔虾，部分稚虾或成虾也易感。

持续感染虾和终生带毒虾是传染源，某些凡纳滨对虾和细角滨对虾可终生带毒。

本病主要通过同类相残或污染水源等水平传播；海鸥等海鸟、划蝽科类水生昆虫可携带病毒而机械传播本病。

（三）疾病诊断方法

1. 组织病理学诊断 该法适用于对处于桃拉综合征的急性期、过渡期和慢性期的患病对虾确诊和对虾桃拉综合征的筛查。不适于对潜伏性感染或病毒非感染性携带的标本进行病毒检测。

2. 以抗体为基础的抗原检测方法

（1）*单克隆抗体（MAb）法* 通常用于虾血淋巴、组织匀浆物或 Davidson's AFA 固定组织样品中的 TSV 检测。

（2）*其他抗体检测方法* 用抗 TSV 单抗 1A1 进行间接荧光抗体法（IFAT）、免疫组化法（IHC）检测，适用于组织触片、冰冻切片和脱蜡固定组织样品的 TSV 检测，还可用于检测 Davidsons AFA 固定的组织样品。

3. 分子生物学方法 已建立原位杂交试验（ISH）和反转录聚合酶链式反应（RT-PCR）等方法。

（1）*原位杂交试验（ISH）* 采用地高辛标记的 cDNA 探针检测 TSV，敏感性高于常规病理组织学诊断方法。

（2）*反转录聚合酶链式反应（RT-PCR）* 该法适用于对虾各生活期、非对虾生物和底泥等样品中 TSV 带毒情况的定性检测，用于病原筛查和疾病确诊。

二、锯缘青蟹双顺反子病毒

（一）生物学特性

青蟹双顺反子病毒（Mud crab distrovirus，MCDV）于 2004 年分离自锯缘青蟹，为直径 20～30nm 的球形病毒，呈二十面体，无囊膜，在氯化铯中浮力密度为 1.32～1.36g/mL，病毒基因组为单链正链 RNA，大小为 10.7kb，具有两个开放读码框（ORF），两个 ORF 被基因间非编码区（IGR）隔开，在整个基因组的两端还各有一个非编码区。

（二）致病性和流行性

病毒经人工感染对锯缘青蟹有致病性，主要分布于青蟹鳃、心脏、肌肉、神经等组织中，可形成包涵体。感染该病毒的个体可出现鳃丝细胞上皮肿大、变性、部分脱落，鳃腔内有血淋巴细胞浸润；心肌纤维排列紊乱、断裂、轻度水肿和变性，心肌灶性坏死，周围有大量血淋巴细胞浸润；肝小叶间有血淋巴细胞浸润，且出现嗜伊红的小体，肝胰腺细胞变性、坏死、排列轻度紊乱；肌纤维紊乱、断裂、坏死，肌纤维间有少量血淋巴细胞浸润；神经组织变性，灶性坏死（FN），有大量血淋巴细胞浸润（H），嗜伊红的小体（AB）出现。

（三）疾病诊断方法

可采用套式 RT-PCR 检测技术、抗结构蛋白 2 单抗进行免疫学检测。

第十一节　杆套病毒

黄头病毒

（一）生物学特性

黄头病毒（Yellow head virus，YHV），为杆套病毒科、头甲病毒属（*Okavirus*）成员。

病毒颗粒呈杆状，具有囊膜，上有纤突样突起。大小为（150～200）nm×（40～60）nm，核衣壳螺旋对称，在感染细胞的细胞质中核衣壳可离散呈长丝状。在内质网出芽获得囊膜形成成熟的病毒颗粒。病毒基因组为正链单链线状 RNA，大小约为 26kb。有 5 个阅读框，以套式系列的 mRNA 转录。有三种主要结构蛋白：大纤突糖蛋白（S1，gp116）、小纤突糖蛋白（S2，gp64）及核衣壳蛋白（N，p24）。60℃、15min、次氯酸钙 30mg/L 可使病毒失活，在充气海水中可存活 3d。斑节对虾在病毒感染 7～10d 后出现临床症状。

（二）致病性

自然或人工感染状态下，可感染斑节对虾、日本囊对虾、墨吉囊对虾、凡纳滨对虾、细角滨对虾、白滨对虾、褐美对虾、桃红对虾、刀额新对虾、绿尾新对虾等多个对虾品种。斑节对虾为主要受感染者，在实验感染条件下斑节对虾、凡纳滨对虾、细角滨对虾、褐美对虾、桃红对虾、白滨对虾具有较高的死亡率。自然状态下黄头病毒可感染日本囊对虾、墨吉囊对虾、白滨对虾。

黄头病主要是水平传播，鸟类也是传播媒介之一，鸟类（海鸥等）摄食患黄头病虾，并通过排泄将病毒传播到邻近的池塘中去。

黄头病严重影响养殖期 50～70d 的对虾，感染后 3～5d 内发病率高达 100%，死亡率达 80%～90%。

（三）疾病诊断方法

1. 组织压片的快速染色法　取濒死虾鳃丝或表皮用苏木精—伊红染色并显微观察。适用于对虾活体中黄头病毒检测，不适于无症状个体的病毒携带诊断及宿主病理学评价。

2. 组织病理学诊断法　适用于对虾黄头病毒初步诊断或未知疾病样品组织病理学评价，不适于无症状个体的病毒携带检测。

3. 电镜诊断　采用透射电镜可从病虾鳃、淋巴器官等器官的细胞核内观察到病毒粒子，从而进行确诊。

4. 以抗体为基础的抗原检测法 用抗黄头病病毒抗体（单抗或多抗），取活虾血淋巴用柠檬酸缓冲液稀释，采用 Western Blot 鉴定是否有黄头病病毒特有的蛋白条带，从而进行确诊。

5. 原位杂交法 采用地高辛标记 cDNA 探针进行，敏感性高于常规病理组织学诊断法。适用于对虾黄头病毒敏感宿主感染程度及病毒扩增状况评估、疾病确诊。

6. RT－PCR 检测法 适用于各生活期对虾、非对虾生物和底泥等样品中黄头病毒带毒情况的定性检测、病原筛查和疾病确诊。

第十二节 单分病毒

传染性肌肉坏死病毒

（一）生物学特性

传染性肌肉坏死病毒（Infectious myonecrosis virus，IMNV），目前暂属于单分病毒科，早期又译作整体病毒科或单组分 RNA 病毒科。同科现有 4 个属，其中2 个属感染真菌，2 个属分别感染蓝氏贾第鞭毛虫和利什曼虫，IMNV 是该科首个感染甲壳类的病毒，属的分类地位尚未确定。挪威已报道由单分病毒科引起的大西洋鲑感染。

IMNV 是一种直径 40nm 的二十面体、无囊膜、单节段双链 RNA 病毒，长度 7.56kb。病毒基因组有两个开放阅读框，分别编码衣壳蛋白和依赖于 RNA 的 RNA 聚合酶。

（二）致病性

凡纳滨对虾是该病毒的主要宿主，可人工感染细角滨对虾和斑节对虾，巴西西北部地区的野生对虾可能是病毒的潜在宿主。目前，病毒仅可通过发病虾获得，未找到病毒敏感培养细胞系。病毒主要感染凡纳滨对虾，可感染成虾、仔虾及苗种，主要感染 60～80d 的幼虾，通常 6g 以上的个体较易发病。

疾病发生的季节较长，水温较高容易发生疾病，最适发病温度 30℃左右。通常情况下，病毒破坏虾全身肌肉组织，但病程缓慢，死亡率不高，患病养殖种群出现持续性死亡，严重时累计死亡率高达 70％～85％。水温与本病发生关系较密切。

病毒污染水体可水平传播疾病，健康虾残食发病虾时可被感染。

（三）疾病诊断方法

1. 组织及病理诊断 取病虾坏死肌肉压片，观察有无坏死和断裂肌纤维；取淋巴器官压片，观察是否存在大量圆形细胞；此外，观察病虾坏死肌肉区域是否出现血淋巴细胞聚集、血淋巴细胞浸润肌肉组织等现象。

2. 分子生物学检测 可用 RT－PCR、核酸分子探针等方法进行检测。

第十三节 甲 病 毒

鲑甲病毒

鲑甲病毒（Salmonid alphavirus，SAV）是鲑胰脏病（Pancreas disease，PD）和昏睡病（Sleeping disease，SD）的病原，主要感染鲑科鱼类，被 WOAH 列入检疫目录。

（一）生物学特性

鲑甲病毒是披膜病毒科、甲病毒属（*Alphavirus*）的RNA病毒，其基因组为线性单股正链RNA。病毒粒子呈球形，直径60～70 nm，具囊膜，对氯仿敏感，在60℃、pH 7.2，或4℃、pH 4.0/ pH 12时迅速灭活；在氯化铯中的浮力密度为1.20 g/mL。其敏感细胞系包括CHSE-214、RTG等，不同基因型的鲑甲病毒对细胞系的敏感性有差异。

（二）致病性

欧洲养殖的大西洋鲑和虹鳟各生长阶段都可感染鲑甲病毒发病，形成系统性感染，可在脑、鳃、假鳃、心脏、胰腺、肾脏、骨骼肌以及黏液和粪便中检测到病毒。病鱼表现为胰腺炎、心肌炎和昏睡等症状。水温8～15℃时病毒感染力较强。其传播方式主要是水平传播。

（三）疾病诊断方法

采集典型患病鱼的心脏、肾脏用于SAV的直接检测，其诊断方法包括细胞培养法和分子生物学方法（RT-PCR、RT-QPCR）。细胞分离病毒时常用细胞系CHSE-214。组织病理学检测应采集鳃、心脏、幽门盲囊、胰腺、肝、肾、脾以及带皮肌肉。

第十四节　痘 病 毒

鲤浮肿病毒

鲤浮肿病毒（Carp edema virus，CEV）引起鲤浮肿病（Carp edema virus disease，CEVD），该病也称锦鲤昏睡病（Koi sleepy disease，KSD），是一种引起鲤和锦鲤死亡的病毒性传染病。

（一）生物学特性

鲤浮肿病毒属于痘病毒科待定种。病毒颗粒呈圆形或卵圆形，大小约200nm×400nm，核酸类型为线性双链DNA，但其增殖过程全部在细胞质内进行。

（二）致病性和流行性

CEV易感品种为鲤、锦鲤及其变种，所有规格均可被感染。苗种携带病原流通是该病传播和扩散的主要途径。换水、用药不当，或水质、天气突变，可诱发该病暴发。水温在20～27℃时易发病。

受CEV感染的鲤或锦鲤，通常表现为行动迟缓，食欲不振，聚集在池塘的水面或边缘或在池底，呈昏睡状；受到触动时会游动，但很快又继续处于昏睡状态。临床症状表现为烂鳃、眼球凹陷、吻端和鳍的基部溃疡、体表有溃疡、出血和皮下组织水肿等。

（三）疾病诊断方法

PCR检测技术是CEV主要检测手段，主要有荧光PCR、套式PCR和LAMP检测。根据农业农村部制定的行业标准，养殖的鲤或锦鲤出现临床症状，荧光PCR、套式PCR、LAMP检测中任意一种方法检测结果阳性，判定为CEVD阳性。养殖的鲤或锦鲤无临床症状，荧光PCR、套式PCR、LAMP检测中任意一种方法检测结果阳性，判定为CEV核酸阳性。

第八篇

水生动物寄生虫学

第一单元 寄生虫学基础

第一节 寄生虫与宿主

一、寄生的概念

寄生现象是某一生物在其生命的全部或某个阶段生活在另一生物的体内或体表，夺取该生物的营养，或以该生物的体液或组织为食维持其自身的生存并获得保护，并对该生物造成危害的一种生物学现象。两种生物生活在一起，其中一方受益，另一方受害，受害方给受益方提供营养物质和居住场所的生活关系称寄生关系。这种关系中，受益的一方为寄生物，被寄生受害的一方为宿主。由于寄生物的寄生，宿主机体发生不同程度的免疫和病理变化，甚至死亡。广义的寄生物包括植物性寄生物和动物性寄生物，前者有病毒、螺旋体、立克次体、细菌、真菌等，常称为微生物，它们所导致的疾病称为传染性疾病；后者包括单细胞的

原生生物和多细胞无脊椎动物，如原虫、吸虫、绦虫、线虫和节肢动物等，常称为寄生虫，其引起的疾病称为侵袭性疾病或寄生虫病。

二、寄生虫的类型

1. 按寄生部位

(1) 体内寄生虫　指生活于宿主体内（如体液、组织、内脏）的寄生虫。

(2) 体外寄生虫　指寄生在宿主体外或体表的寄生虫。

2. 按寄生时间

(1) 永久（长期）性寄生虫　指为获取营养与住所，终生或仅成虫期必须营寄生生活的寄生虫。

(2) 暂时（或间歇）性寄生虫　指仅为获取营养，暂时接触或寄生于宿主，其余阶段营自由生活的寄生虫。

3. 按对宿主的选择性

(1) 单宿主寄生虫与多宿主寄生虫　只寄生于一种特定宿主的寄生虫称为单宿主寄生虫。可寄生于多种宿主的寄生虫称为多宿主寄生虫；如果多宿主包括人时，即可导致人兽、人鱼共患病。

(2) 兼性寄生虫与专性寄生虫　兼性寄生虫是指某些基本上可营自生生活的生物，如有机会也可侵入宿主营寄生生活的寄生虫。专性寄生虫又称固需寄生虫，是指整个生活史或某个阶段完全必须营寄生生活的寄生虫。

4. 机会致病型寄生虫与偶然寄生虫　机会致病型寄生虫指在宿主免疫机能正常时处于隐性感染状态，当宿主免疫功能低下或受损时则大量增殖、致病力增强，并引起疾病。偶然寄生虫是指因偶然机会进入非正常宿主体内寄生的寄生虫。

三、宿主的类型

1. 终末宿主　指寄生虫成虫阶段或有性繁殖阶段所寄生的宿主。

2. 中间宿主　指寄生虫幼虫或无性繁殖阶段所寄生的宿主。如果有一个以上中间寄主，则根据其先后次序分别称为第一中间寄主和第二中间寄主等。

3. 保虫宿主　有些多宿主寄生的寄生虫，经常大量地寄生于某种宿主，但偶尔也可寄生于其他宿主，从流行病学的观点看，后一种宿主称为前一种宿主的保虫宿主，又称储存宿主。

4. 转续宿主　有些寄生虫的幼虫侵入一个非正常宿主，不能继续发育，长期保持感染性幼虫状态，如有机会进入正常宿主体内，则可继续发育为成虫，这种非正常宿主称为转续宿主。

5. 媒介　指在脊椎动物宿主之间互相传播寄生虫病的一种低等动物。媒介与转续宿主不同，它不是寄生虫完成生活史所必需的。根据其传播疾病的方式可分为生物性传播媒介和机械性传播媒介，前者虫体需要在媒介体内发育，后者则不需要在媒介体内发育，媒介仅起到搬运作用。

四、寄生虫与宿主的相互关系

1. 寄生虫对宿主的作用

（1）掠夺营养　寄生虫侵入宿主后，其所需的营养物质几乎全部来源于宿主，这些营养物质甚至包括宿主不易获得而又必需的物质。宿主体内的寄生虫数量越多，被掠取的营养也就越多，从而妨碍了宿主对营养物质的吸收，轻者表现为营养不良，生长发育受影响，重者甚至死亡；有的寄生虫吸食宿主血液，造成宿主贫血。

（2）机械性损伤　主要表现如下：① 损伤，例如，日本鲺寄生鱼体后，其腹面倒刺刺伤鱼体，口器大颚撕破表皮，分泌毒液，造成鱼体损伤、狂游。② 压挤，例如，舌形绦虫在鱼体体内寄生后可使后者体腔鼓起凸出，腹部破胀，最终导致死亡。③ 阻塞，例如，日本侧殖吸虫大量寄生于鱼体肠道可使后者肠道阻塞而致其死亡。④ 萎缩、影响发育，导致生理机能丧失，例如，鱼怪寄生后可使宿主性腺发育停止。

（3）毒性作用和免疫病理损伤　寄生虫在寄生过程中所产生的代谢物、排泄物以及分泌的有毒物质，均会对宿主产生毒性。寄生虫虫卵、虫体死亡崩解物及其分泌物均具有抗原性，可诱发宿主产生免疫病理反应。

（4）带入其他病原引起继发性感染　主要通过三个途径：① 寄生虫的侵入往往将水域环境中各种病原微生物带入鱼体而引起传染性疾病。② 寄生虫幼虫在宿主体内移行，容易将病原微生物带进宿主破损的组织，尤其是引起皮肤或黏膜感染的寄生虫常在皮肤或黏膜处造成宿主损伤，为其他病原侵入创造条件。③ 作为另一些微生物或寄生虫固定的或生物学的媒介传播疾病。

2. 宿主对寄生虫的影响

（1）天然屏障　宿主的天然屏障是宿主的固有免疫系统，是长期进化过程中逐渐建立起来的一种天然防御能力，受遗传因素的控制，具有相对稳定性。鱼类的天然屏障主要有鳞、皮肤、黏膜等组织屏障以及黏液。鱼类的固有免疫系统，表现为对许多寄生虫都有天然的不感染性，即使寄生虫侵入鱼体，也极有可能使寄生虫发育受阻或被清除。

（2）获得性免疫　寄生虫本身及其分泌物或排泄物作为抗原可刺激宿主产生特异性的免疫反应，即获得性免疫，以抑制寄生虫定居、生长和繁殖；或阻止虫体的附着，将其排出体外；或使其缩短寿命，不能完成生活史进程；或沉淀、中和寄生虫产物以至杀灭寄生虫。

（3）年龄　寄生虫的感染程度与宿主的年龄有着很大的关系。一般情况下，多数寄生虫在幼鱼体内发育较快，而在成鱼体内发育较慢或不能发育。

（4）营养状况　宿主的饮食和营养因素也是决定寄生虫感染结局的重要因素。低蛋白饲料，维生素 A、维生素 D 缺乏则会有利于寄生虫的寄生。

3. 寄生虫对寄生虫作用的影响　同一宿主内，常会出现不同种寄生虫寄生的现象。这些寄生虫相互之间构成了复杂的生态关系，呈现拮抗作用或协同作用。即使是同一寄生虫多数个体寄生于同一宿主，相互之间的影响也很复杂，有些个体的生长会受到阻碍，生殖率会降低，其影响程度与寄生虫种群的大小、宿主的免疫状态有关。

4. 寄生虫与宿主相互作用的结局　常有三种结局：① 宿主彻底清除了其体内寄生虫，并可抵御其再感染，这种情况较为少见；② 宿主清除了部分寄生虫，或者未能清除，但对其再感染具有一定的抵抗力，也就是说宿主与寄生虫之间维持相当长时间的并存关系，见于

大多数不发病的宿主（带虫者）；③ 宿主不能控制寄生虫的生长或繁殖，表现出明显的临床症状和病理变化，而引起寄生虫病，如不及时治疗，严重者可致死亡。

第二节 寄生虫的生活史

一、生活史的概念

生活史又称发育史，是寄生虫完成一代生长、发育、繁殖和宿主转换的完整过程，以及在这些过程中所需的条件。从形式上看，生活史是生长发育过程中若干阶段的连接，但它们都是种族生存链条中不可缺少的环节。寄生虫完成生活史，必须具有适宜的甚至是特异性的宿主，具有获得与宿主接触机会的感染性阶段，具有侵入宿主的方式和途径，具有在宿主体内移行、到达寄生部位以及离开宿主的方式及传播媒介等。

二、生活史的类型

1. 直接发育型 寄生虫完成生活史不需要中间宿主，脱离宿主的寄生虫在某一（或某些）阶段即具有感染性，或可在体外发育到感染期后直接感染宿主，该类寄生虫称为土源性寄生虫。

2. 间接发育型 寄生虫完成生活史需要条件较多、较高，除要求有终末宿主外，还需有中间宿主，幼虫在中间宿主体内发育到感染期后才能感染终末宿主，该类寄生虫称为生物源性寄生虫。

三、世代交替与寄生虫的感染阶段

寄生虫的生活史中，有些寄生虫（如多子小瓜虫），只能以二分裂法进行无性生殖；而有些寄生虫（如双穴吸虫），既有无性生殖又有有性生殖，二者交替进行，这种现象称为世代交替。寄生虫有多个发育阶段，并不是所有阶段都对宿主具有感染能力，虫体必须发育到某一（某些）阶段才会对宿主具有感染性，这个（些）特定阶段称为感染阶段或感染期。

第三节 寄生虫的营养与代谢

一、寄生虫的营养

寄生虫对营养物质的获取与消化的方式主要有两种：渗透营养和动物性营养。

渗透营养是寄生虫通过体表渗透吸收周围呈溶解状态的物质，主要通过质膜或皮层进行。质膜不仅可保持细胞的完整性，而且在营养吸收中起着关键作用，营养物质的吸收均要通过膜进行，方式有被动扩散、易化扩散及主动运输。质膜对可溶性和不溶性分子的通过进行流量调节，具有选择性屏障作用，许多原虫就是通过质膜吸收营养的。有的寄生虫通过胞饮作用从表膜摄入液态的养料。无消化道的绦虫依靠具有微毛的皮层吸收营养物质。有消化道的吸虫、线虫可在虫体和宿主各种酶的参与下经消化道吸收营养物质，吸虫还可通过体表吸收低分子质量的营养物质。线虫体表虽有较厚的角质层，但有些营养物质可通过其中的一些小孔被吸收到体内。

动物性营养是寄生虫靠吞食固体的食物颗粒来补充自身需求的有机质，主要通过吞噬作用完成。某些鱼类寄生性原虫，如鲤斜管虫有胞口和胞咽，经胞口获取营养；有的还可形成伪足，如鲩内变形虫，可由细胞质的流动包围营养物质形成食物泡，在体内消化吸收。

二、寄生虫的代谢

寄生虫的代谢主要是能量代谢和合成代谢。能量代谢的本质是将营养源内的葡萄糖等分子内的化学能量转变为腺苷三磷酸，能量主要是通过糖酵解获得。糖代谢可分为乳酸酵解和固定碳酐两种类型，前者见于血液和组织内寄生虫，后者见于肠道寄生虫。寄生虫在无氧糖酵解过程中生成可被宿主利用的终产物乳酸并获得较少能量，其途径是先将糖转化为丙酮酸，然后还原为乳酸或产生进入三羧酸循环的乙酰辅酶 A，在此过程中经历一系列氧化磷酸化作用。寄生虫在得不到糖类时也可通过蛋白质代谢和脂类代谢获得能量。寄生虫的蛋白质代谢较为旺盛，其蛋白质来源于宿主获得的外源性蛋白质，或寄生虫自身分解的氨基酸进入代谢库后合成的蛋白质。寄生虫脂类代谢所需的脂类则主要来源于宿主，以此产生能量以补充糖氧化功能的不足。有些寄生虫（如线虫）可氧化储存于肠细胞内的脂肪酸作为能量的来源。

第四节　寄生虫的分类及命名

一、命名规则

寄生虫的命名采用国际公认的生物命名规则，即双名制命名法，简称“双名法”。双名制命名法是以拉丁文或拉丁化文字记载物种的名称，每个学名由属名、种名、命名者姓名及命名年份所组成。属名在前，种名在后，属名的第一个字母大写，种名的全部字母小写，二者均用斜体。有时属名、种名之后还有亚属名、亚种名，需要表示亚属、亚种时，可把亚属名、亚种名用括号写在属名、种名后面。即学名＝属名＋种名（＋亚种名）＋命名者姓名＋命名年份。命名人和命名年份全部用正体，二者之间用“,”分开；命名人用姓氏表示，姓氏的首字母须大写。命名人有 2 人时，在第一命名人的姓氏和第二命名人的姓氏之间加“&”；有 3 个及以上的命名人，在第一命名人的姓氏后加“et al.”。如果某一寄生虫有 2 次以上的命名，则前一次（或几次）的命名者和命名年份用小括号括上。命名人的姓名和命名年份在有些情况下也可以略去不写。同一出版物中，若某一属有多个学名出现时，以后再出现的学名，属名可以简写，在属名的第一个首字母后加“.”即可。只确定到属，未定到种时，可在属名后加“sp.”。一个属有若干个未定种时，可在属名后加“spp.”表示。

根据译名规则，对于学名的中译名，种名用人名者，只译第一音，后加“氏”字，如曼氏分体吸虫（*Schistosoma mansoni* Sambon，1907）；属名用人名者，译全名，如洪氏古柏线虫（*Cooperia hungi* Mönnig，1931）。

二、分　类

目前寄生虫分类的主要依据是寄生虫的形态学和解剖学的特征。寄生虫的分类标准随种类不同而有所不同。吸虫和绦虫的分类主要依据生殖器官的数量、形态、大小、在体内的相对位置及附着器官的形态结构等，线虫则主要关注生殖器官（尤其是雄虫身体末端）的形态结构，其次是感觉乳突和其他表皮特征，以及口孔周围和口囊内部（指有口囊的线虫）的构造等。节肢动物主要依据口器及骨骼的形态、附肢及身体的分节情况，原虫则根据卵囊的形态、鞭毛的数量与排列及生物化学特征等。此外，寄生虫的生活史、宿主种类、寄生部位等均是寄生虫分类与鉴定的重要依据。

现代寄生虫分类除了以形态学特征为基础外，还辅以生态学、发生学、生理学、生物化学、分子生物学、免疫学以及超显微结构等方面的特点作为依据。

寄生虫分类的最基本单位是种，种是具有一定形态学特征和遗传学特征的生物类群。现行的寄生虫分类系统有 7 个分类等级，即界、门、纲、目、科、属、种。近缘的种归结到一起成为属，近缘的属归结到一起成为科，依次类推。当这 7 个基本等级不够用时，则可在 7 个等级间加入一些中间等级，这些中间等级的构成是在原等级名称之前加词头“总”（超，super-）或“亚”（sub-），再分别置于原等级名称的前或后。这样，原来的 7 个等级即成为：界、亚界、门、亚门、总（超）纲、纲、亚纲、总目、目、亚目、总科、科、亚科、属、亚属、种及亚种或变种。按照惯例，总科、科和亚科等名称都有标准的字尾，总科是-oidea，科是-idae，亚科是-inae，将这些字尾加在模式属的学名字干之后即构成了相应的总科名、科名和亚科名。

第五节　寄生虫、宿主和外界环境的相互关系

一、寄生虫对宿主的感染来源和途径

1. 经口感染　指具有感染性的虫卵、幼虫或包囊，随污染的食物等经口吞入所造成的感染。

2. 经皮感染　指感染阶段的寄生虫通过宿主的皮肤或黏膜（在鱼类还有鳍和鳃）进入体内所造成的感染，此种感染一般又可分为两种方法。

（1）*主动经皮感染*　指感染性幼虫主动地由皮肤或黏膜侵入宿主体内。

（2）*被动经皮感染*　指感染阶段的寄生虫并非主动地侵入宿主体内，而是通过其他媒介物的协助，经皮肤将其送入体内所造成的感染。

二、寄生虫对宿主的危害

寄生虫对宿主的影响有时很显著，可引起宿主生长缓慢、不育、抵抗力降低，甚至造成大量死亡；有时则不显著。寄生虫对宿主的作用，包括机械性刺激和损伤、夺取营养、压迫和阻塞、毒素作用以及其他疾病的媒介等方面。

三、外界环境对寄生虫的影响

寄生虫以宿主为自己的生活环境和食物来源，而宿主又有自己的生活环境，这样对寄生虫来说，它具有第一生活环境（宿主）及第二生活环境（宿主所处的环境）。因此，外界环境的各种因子，无不直接或通过宿主间接地作用于寄生虫，从而影响宿主的疾病发生及其发病程度。影响水生动物生活的环境因子主要包括水化学因子、季节变化、人为因子、密度因子、散布因子。此外，地理因素、气候条件等都或多或少地起着作用。

第六节　寄生虫免疫学

一、寄生虫的抗原

（一）寄生虫抗原种类

1. 根据抗原来源划分

（1）结构抗原　指由寄生虫虫体结构成分组成的抗原，也称体抗原或内抗原。结构抗原作为一种潜在的抗原，能引起宿主产生大量的抗体。这些抗体与补体或淋巴细胞的共同作用，可破坏虫体，从而减少自然感染的发生。结构抗原的特异性不强，常为不同种属的寄生虫所共有。

（2）代谢抗原　指寄生虫生理活动所产生的分泌排泄产物，也称外抗原。如寄生虫在入侵宿主组织和移行过程中产生的物质。这类抗原大多数是酶，具有生物学活性，由它产生的相应抗体有很高的特异性，可以区别同一虫种的不同虫株，甚至同一寄生虫的不同发育阶段。

（3）可溶性抗原　指存在于宿主组织或体液中游离的抗原物质，它们可能是寄生虫的代谢产物，或死亡虫体释放的体内物质，或由于寄生虫生活所改变的宿主物质。可溶性抗原在抗寄生虫感染、免疫病理学以及免疫逃避上起重要作用。

2. 根据抗原功能划分

（1）非功能性抗原　指不能刺激机体产生保护性免疫反应的抗原。一些非功能性抗原产生的抗体在寄生虫的检测和诊断中具有重要价值。

（2）功能性抗原　指能刺激机体产生保护性免疫反应的抗原，也叫保护性抗原。功能性抗原大多数是代谢抗原或分泌排泄抗原，能够刺激鱼体产生特异性的、能起中和效应的抗体，继而能改变寄生虫的生理学特性，从而杀伤寄生虫。功能性抗原一般在寄生虫寄生过程的某一阶段出现。

（二）寄生虫抗原的特点

1. 复杂性与多源性　大多数寄生虫为多细胞生物，生活史复杂。因此，寄生虫抗原比较复杂，种类繁多。其来源可以是体抗原、代谢抗原或可溶性抗原，其成分可以是蛋白质或多肽、糖蛋白、糖脂或多糖等。不同来源和成分的抗原诱导宿主产生免疫应答的机制和效果也不同。

2. 具有属、种、株、期的特异性　寄生虫生活史中不同发育阶段既具有共同抗原，又具有各个发育阶段的特异性抗原。共同抗原还可见于不同科、属、种或株的寄生虫之间。特异性抗原在寄生虫病的诊断及疫苗的研制方面具有重要的意义。

3. 免疫原性弱　寄生虫抗原可诱导宿主产生免疫应答，宿主产生针对其抗原的特异性抗体，但与细菌、病毒抗原相比，其免疫原性一般较弱。

二、抗寄生虫感染的免疫

（一）寄生虫免疫的特点

1. 复杂性　寄生虫比细菌和病毒要大得多，因而含有的抗原种类和数量均较多。由于寄生虫有复杂的生活史，其生活史中常有不同的发育阶段，因此寄生虫的抗原是期特异性的，寄生虫只在其某一特定的发育阶段（期）表达某些抗原，从而激发期特异性免疫应答。

2. 不完全免疫性　即宿主尽管对寄生虫感染能起一定的免疫作用，但不能将虫体完全清除，以致寄生虫可以在宿主体内继续生存和繁殖。

3. 带虫免疫　即寄生虫在宿主体内保持一定数量时，宿主对同种寄生虫的再感染具有一定的免疫力；一旦宿主体内虫体完全消失，这种免疫力也随之结束。

（二）抗寄生虫免疫反应类型

1. 非特异性免疫

（1）*皮肤、鳃和肠道黏膜的屏障作用*　动物机体的屏障结构和表面分泌物可有效地抵抗寄生虫的侵入。

（2）*吞噬细胞的吞噬作用*　鱼类血液中的粒细胞，肝、脾、肺、结缔组织、神经组织以及淋巴中的巨噬细胞，它们构成机体免疫的第二道防线，对机体起保护作用。

（3）*抗病原物质的杀伤作用*　正常体液中，特别是血清中含有多种抗病原物质，如补体、溶菌酶和干扰素以非活性状态的前体分子存在于血清中。当某种抗病原物质被激活后，或经过经典途径，或通过替代途径，发生一系列连锁反应参与机体的防御功能，也可作为一种介质引起病理损害。

（4）*嗜酸性粒细胞的抗感染作用*　多数寄生虫感染伴有外周血及局部组织内嗜酸性粒细胞增多的现象，其中以组织内寄生的血吸虫具有幼虫移行症较为明显。

2. 特异性免疫

（1）*细胞免疫*　指T细胞在受到寄生虫抗原或有丝分裂原刺激后，分化、增殖、转化为致敏淋巴细胞所表现出来的免疫应答。这种免疫应答不能通过血清传递，只能通过致敏淋巴细胞传递，所以称细胞免疫。

（2）*体液免疫*　指抗原激发B细胞产生抗体，以及体液抗体与相应抗原接触后引起一系列的抗原抗体反应。

（3）*体液免疫和细胞免疫协同作用*　细胞免疫和体液免疫是相互联系且密切相关的，而且在较多情况下两者作用是协同的。一般认为，以嗜酸性粒细胞为主要效应细胞的抗体依赖的细胞介异的细胞毒作用（ADCC）在杀伤蠕虫中起重要作用。

三、寄生虫的免疫逃逸

免疫逃逸是指寄生虫可以侵入免疫功能正常的宿主体内，并能逃避宿主的免疫效应，而在宿主体内定居、发育、繁殖和生存。

（一）组织学隔离

1. 免疫局限部位的寄生虫　宿主的一些器官如眼、脑、精巢、胸腺等，与机体的免疫系统相对隔离，不存在免疫反应，被称为免疫局限部位。寄生在这些部位的寄生虫通常不受免疫作用。

2. 细胞内寄生虫　由于宿主的免疫系统不能直接作用于细胞内的寄生虫，如果寄生虫的抗原不被递呈到感染细胞的外表面，那么免疫系统就不能识别感染细胞，因而细胞内的寄生虫往往能有效逃避宿主的免疫反应。

3. 被宿主包囊膜包裹的寄生虫　寄生虫在宿主组织内寄生时可被包囊膜所包绕，这是寄生虫对宿主免疫反应的一种有效屏障。

（二）表面抗原的改变

1. 寄生虫抗原的阶段性变化　寄生虫发育的一个重要特征是存在发育期的阶段性改变，甚至存在宿主的改变。不同发育阶段有不同的特异性抗原；即使在同一发育阶段，有些虫体抗原也可发生变化。虫体发育的连续变化，无疑干扰了宿主免疫系统的免疫应答。

2. 抗原变异　某些寄生虫的表面抗原经常发生变异，不断形成新的变异体，使得机体已经存在的抗体无法对其识别。例如，锥虫虫体表面的糖蛋白不断更新，新变异体不断产生，总是与宿主特异性抗体的合成形成时间差。

3. 分子模拟与伪装　有些寄生虫体表面能表达与宿主组织抗原相似的成分，称为分子模拟。有些寄生虫能将宿主的抗原分子镶嵌在虫体表面，或用宿主抗原包被，称为抗原伪装。

4. 表膜脱落与更新　多数原虫和蠕虫具有脱落和更新表面抗原的能力，以逃避宿主的特异性免疫应答。实际上，抗原的脱落与抗原的变异是相互结合的。

（三）抑制宿主的免疫应答

寄生虫能释放某些因子直接抑制宿主的免疫应答，如原虫、线虫甚至是昆虫感染均有免疫抑制现象，而且是一种主动的免疫抑制。

（四）释放可溶性抗原

宿主的循环系统中或非寄生性组织中存在寄生虫可溶性抗原，这种抗原有利于寄生虫的繁殖。过量可溶性抗原的释放，可通过一种称为免疫扩散的过程而损害宿主应答。

（五）代谢抑制

有些寄生虫在其生活史的潜在期能保持静息状态，此时寄生虫代谢水平降低，减少刺激宿主免疫系统的功能抗原的产生，降低宿主对寄生虫的免疫反应，从而逃避宿主免疫系统对寄生虫的损伤。

四、寄生虫疫苗

1. 强毒虫苗　采用强毒虫苗免疫，即用少量强毒虫体接种于宿主体内，任其繁殖，使宿主产生带虫免疫。

2. 弱毒虫苗　采用理化或人工传代使感染期虫体致病能力弱，再接种于宿主体内，使之不能发育成熟或致病，但可使宿主产生抗感染的保护性免疫力。

3. 分泌抗原苗　寄生虫的分泌物或代谢产物具有很强的抗原性。在具备相应的培养技术的前提下，可以从培养液中提取有效抗原来制备分泌抗原苗。

4. 重组抗原苗　利用基因重组技术在异种生物体内合成大量的重组抗原，再经过必要的处理进而制备成免疫制剂（虫苗）。

5. 核酸疫苗　把外源基因克隆到真核质粒表达载体上，然后将重组的质粒 DNA 直接注射到动物体内，使外源基因在活体内表达，产生的抗原激活机体的免疫系统，引发免疫反应。

第七节　寄生虫生态学

一、寄生虫生态学的概念

（一）寄生虫感染的概念

1. 感染率　在一个宿主种群中，感染了寄生虫的宿主数量占宿主总数的比值，通常用百分比表示。

2. 感染强度　在内种群水平的感染强度就是寄生虫数量。在组分种群水平的感染强度指有寄生虫感染的宿主所携带某种寄生虫的数量范围。

3. 平均感染强度　在一个宿主种群中，感染寄生虫的总数与感染了寄生虫的宿主数量的比值。

（二）寄生虫种群

1. 内种群　将单个宿主个体作为寄生虫的生境，其中一种寄生虫的集合。

2. 组分种群　将一种宿主的种群作为寄生虫的生境，其中一种寄生虫的集合。

3. 总种群　一个生态系统中一种寄生虫（含所有发育期）在不同宿主的所有个体的集合。

二、鱼类寄生虫的区系组成及影响因素

（一）地理因子

分布在地球上不同纬度、不同海洋深度的鱼类，有着不同的寄生虫区系组成和物种丰富度。从地球的两极到赤道，寄生虫群落的多样性呈显著增加的趋势，即低纬度地域的寄生虫物种丰富度更高，这与寄生虫的生态位宽度和种间相互作用的强度有关。在这些低纬度的地区，物种受到非生物限制的因子较少，而受到生物限制的因子较多，如种间的相互作用；在寄生虫生态位的参数中，食物需求、宿主范围和微生境是最重要的。

（二）环境因子

寄生虫的传播与中间宿主和终末宿主的种类及密度相关，而这些宿主与水体环境因子息息相关。富营养的环境中，寄生虫群落的多样性一般比较高。捕食-被捕食关系是决定寄生虫群落的重要因素。

水体理化因子对鱼类寄生虫群落多样性的影响是复杂的。例如，有研究表明，水体的酸碱度影响寄生虫群落的丰富度，随着 pH 的降低，寄生虫物种丰富度降低。

水体中的化学污染物可能会限制一些寄生虫在中间宿主的分布，从而影响寄生虫群落的多样性。

（三）宿主因子

大多数鱼类寄生虫的生活史进程是靠宿主营养传递推进，即通过中间宿主被摄食向上一级宿主转移，一般来说，肉食性鱼类的寄生蠕虫群落的物种丰富度一般比植食性鱼类的高，宿主的营养水平越高，寄生虫多样性越高。杂食性鱼类虽然处在中等营养级水平，它们也可通过摄食一些无脊椎动物中间宿主感染寄生虫，所以寄生虫多样性也比较高。

土著鱼类的寄生蠕虫物种丰富度通常比引进鱼类的高，而且寄生虫群落多样性与鱼类引进的时间呈正相关关系。由于环境的改变，引进鱼类的一些特异性高的寄生虫会丢失，而一些广谱寄生虫因适应环境的能力较强，可以存活并建立种群。

野生鱼类与养殖鱼类的寄生虫群落结构也不一样，野生鱼类寄生虫群落的物种丰富度一般较高，主要是因为养殖水体中其他鱼类和软体动物的种类、数量较少，因而影响那些需要中间宿主的寄生虫的种群建立。另外，养殖水体环境往往受到较多的人为干扰，导致一些寄生虫种类的减少。但养殖鱼类寄生虫群落的优势物种较明显，因为养殖鱼类的密度更大，寄生虫更容易重复感染和交互感染，因此常有寄生虫暴发引起鱼病的情况。

三、鱼类寄生虫与宿主种群的相互作用

（一）鱼类寄生虫对宿主种群数量的调节

随着寄生虫寄生或寄生虫种群密度的增加，降低了宿主的存活率或繁殖力，最终导致寄生虫种群数量减少。

（二）鱼类寄生虫与宿主种群的协同进化

协同进化指两个相互作用的物种相互适应，在进化过程中彼此在遗传结构上调整和改变。在宿主一寄生虫协同进化过程中，也始终伴随着一个关键问题，即物种形成。协同进化的结果是拮抗作用还是互利共生，主要取决于寄生虫的传播和繁殖模式。如果寄生虫直接在宿主内大量繁殖，宿主的繁殖将受到有害影响，宿主的死亡也将减少寄生虫感染其他宿主的机会；如果寄生虫依靠媒介或中间宿主传播，因为寄生导致宿主较低的移动性会增加宿主被感染的机会，而寄生虫大量繁殖可增加中间宿主获得幼虫感染的数量。因此，宿主移动性的降低有利于寄生虫的传播，这些寄生虫的致病性通常较低，如果寄生虫的传播不受宿主移动性的影响，那么由于自然选择，寄生虫具有较高的致病性。垂直传播则支持进化朝着共生的方向发展，因为寄生虫的存活完全取决于宿主的存活。

四、鱼类寄生虫的种群生态学

（一）鱼类寄生虫在宿主种群的分布模式

寄生虫在宿主种群中的频率分布模式有 3 种类型：均匀分布、随机分布和聚集分布。聚集分布是鱼类寄生虫频率分布较普遍的分布模式，聚集分布的生物学意义是，大多数宿主不感染或感染少量的寄生虫，大量的寄生虫寄生于少数宿主内，使寄生虫对宿主种群的危害降到最小。寄生虫的聚集分布受到各种因素的影响，如宿主对寄生虫的易感性和免疫反应的差异，寄生虫在宿主体内的直接繁殖等。另外，宿主行为的异质性和感染期寄生虫在空间上的聚集分布可以引起寄生虫在宿主种群中高度的聚集分布，而寄生虫的死亡、密度制约、寄生虫引起的宿主死亡则是产生均匀分布的主要因子。

（二）鱼类寄生虫种群与非生物因子的关系

鱼类体内寄生虫的自由生活时期，其生存直接受到非生物环境因子（如水温等）的影响。鱼类体外寄生虫如纤毛虫、单殖吸虫和寄生甲壳动物等更直接地受外环境的影响，水生境中温度、盐度和水流等都是影响桡足类、单殖吸虫等体外寄生虫的重要因素，这些环境因子的合适程度对寄生虫的种群丰度起关键作用。复殖吸虫自由游泳的毛蚴具有寻找宿主的能力，影响这一行为的理化因子，都影响这种寄生虫的种群补充和流失。

（三）鱼类寄生虫种群与宿主的关系

宿主的行为、年龄和性别都可影响一些寄生虫种群的生物学特性，而这 3 个因子又有内在联系。影响寄生虫种群最复杂的因子还与宿主的免疫系统，以及宿主与寄生虫的遗传密切相关，而宿主的遗传又直接影响着宿主的免疫能力。

（四）鱼类寄生虫种群的季节动态

种群动态指寄生虫的感染率、平均感染强度、丰度和聚集强度等在时空上的变化。在空间上主要指同种寄生虫在不同地区的相同宿主种群上感染的差异，在时间上表现为不同年份和不同月份间的变动。不同年份间的寄生虫种群动态主要指由于年际环境变化而引起寄生虫

种群的丰度消长；而寄生虫种群不同月份间的动态，又称季节动态或季节发生，是寄生虫种群为了适应水温/季节变化而出现的消长。

五、鱼类寄生虫的群落生态学

（一）鱼类寄生虫群落的组成

根据组成群落的寄生虫种的宿主特异性，将寄生虫分为广谱的寄生虫和宿主特异的寄生虫。宿主广谱的寄生虫可广泛地寄生于一系列亲缘关系较远的宿主中，而宿主特异的寄生虫通常只寄生于一种宿主或者亲缘关系较近的几种宿主，广谱和特异都是针对寄生虫的某一特定的生活阶段而言。因为有些寄生虫在中间宿主阶段是宿主特异的，而在终末宿主阶段是宿主广谱的寄生虫。另外，如果寄生虫能在很广谱的宿主中寄生，但只能在一种或少数几种宿主中有较高的感染率和丰度，并发育成熟，那么该寄生虫也属于宿主特异的寄生虫，在其他许多的宿主出现可能只是偶然感染。

（二）鱼类寄生虫的群落特征及其影响因素

鱼类寄生虫的群落特征一般从物种组成、多样性、优势度 3 个方面来定量描述，群落间的比较则用相似性描述。寄生虫的物种丰富度通常与生境面积呈正相关，因为生境面积越大，鱼类种类越多，则寄生虫种类越多，而且更大的宿主种群中的寄生虫灭绝概率更低，但是不同类型的水体间（如湖泊、河流、河口等）的寄生虫群落差异是由其他因素引起。宿主的个体大小、食性、生理和免疫等特性对寄生虫群落的物种丰富度有重要影响，寄生虫的竞争能力和种群大小也是影响寄生虫群落特征的因素。另外，历史和生态因素也影响着寄生虫群落中的物种丰富度。

第八节　寄生虫学实验技术

一、寄生虫标本的采集和检查

（一）鱼类寄生虫采集、检查的基本原则

①现场情况。调查养殖水体的水源、水温、酸碱度、水色、溶氧、氨氮等化学和物理指标；鱼群的活动情况；感染或发病的情况（症状、感染率、发病率、死亡率等）；流行病学情况；如果是已采用相应处理措施的，调查所采取的措施及其结果。

②用于采集标本的鱼类等水生动物，应是活泼或刚刚死亡的。鱼类等水生动物标本应保持表面湿润，因为标本一经干燥，部分病症就会自行消失，病原也难以识别。

③所采集的样品的数量应满足于该病发病率下进行疾病诊断所需的最少数量，以保证结果的可靠性和代表性，常根据发病率的情况采集样品，一般在 150 尾左右。

④样品采集后应低温冷藏运输，保持组织的完整性，防止样品腐败变质；样品较大不便运输时，可采集感染、病变的器官样品，保证各器官的完整性，避免各器官之间病原的相互污染，并保持湿润，避免干燥，或者用合适的固定液现场固定样本。

⑤对采集的样品做好标签或标记，并做好详细的样本记录。

（二）鱼类寄生虫的检查

鱼类寄生虫的检查主要有肉眼检查和显微镜检查。

肉眼检查是一种初步、基本的检查方法。有些寄生虫寄生后，会使鱼类等水生动物有关

部位出现一些病理变化，如形成包囊等。根据肉眼检查所发现的一些明显症状，可作出初步的判断；有些比较大的寄生虫还可通过肉眼进行初步的辨认。

显微镜检查是在显微镜或解剖镜下，对患病水生动物的皮肤、鳃、肝脏、肠道以及脑等器官进行检查，常称为镜检。主要有湿抹片法、压片法、涂片法和组织切片法。

二、寄生虫的体外培养

1. 寄生原虫的体外培养　原虫的体外培养常与一种或几种其他细胞一起培养，称为混合培养，这种培养方式是通过宿主组织或细胞的培养实现的；但也有少数原虫可以在没有代谢能力的生物细胞参与下培养，称为纯培养。

2. 寄生蠕虫的体外培养　蠕虫的体外培养比较复杂和困难，这是因为蠕虫的种类很多，生活史也较复杂，有些虫种在不同的发育过程中还需要不同的中间宿主。由于不同的发育阶段宿主、寄生部位以及相应的营养代谢的不同，其所需要的培养环境和营养成分也会不同，因此蠕虫的人工培养，无论是全过程培养，还是其中一个阶段的培养，都要根据其各自特点确定相应的培养方式和条件。

三、寄生虫耐药性检测

（一）寄生虫耐药性的体内检测方法

1. 动物剖检试验　该方法是评价寄生虫耐药性最有效的检测方法，但也是费力、费时、使用动物最多的检测方法。该方法是对人工或自然感染寄生虫的动物使用抗寄生虫药物驱（杀）虫后，剖检动物检查残存于动物体内的虫体（或虫卵）数，并与不给药对照组比较，计算驱（杀）虫率；通过比较该药物首次使用的效果，以评价该寄生虫是否对该药物具有耐药性。

2. 虫卵数减少试验　该方法是通过计算用药前后动物粪便中虫卵数的变化来评价耐药性，是寄生虫耐药性检测的经典方法。该方法是对人工或自然感染寄生虫的动物使用抗寄生虫药物驱（杀）虫后，采集并检查动物粪便中排出的虫卵数，与不用药的对照组比较，计算虫卵减少百分率和95%可信限，评价寄生虫是否具有耐药性。

（二）寄生虫耐药性的体外检测方法

1. 虫卵孵化试验　该方法通过体外测定虫卵及幼虫对抗寄生虫药物的耐受力来评价耐药性。

2. 幼虫活力试验　该方法通过药物作用对幼虫活力的改变来检测寄生虫的耐药性。该试验有幼虫麻痹试验、微量活动测定仪测定法、力传感器测定法三种方法。

3. 幼虫发育试验　该方法是将虫卵放在含有抗寄生虫药物的培养基中，使其发育至第3期幼虫，若第3期幼虫发育率显著下降或发育率低于50%的药物浓度作为耐药性指标。

4. 微管蛋白结合试验　该方法是测定氚标记的苯并咪唑类药物与寄生虫的微管蛋白结合量来确定寄生虫的耐药性。该试验从寄生虫中抽提并配制粗制蛋白的浓度，然后将放射性标记的苯并咪唑类与之结合，测定与微管蛋白结合的药物量，以敏感指数（结合到待测虫体样品上的药物量与结合到标准敏感虫体微管蛋白上的药物量的比值）作为耐药性指标。

5. 生化分析试验　该方法是测定耐药性虫株和敏感性虫株某些酶活性的变化来衡量耐药性。所测定的酶有延胡索酸盐酶、氯乙酰胆碱酯酶、苹果酸酶、非专性酶、胃蛋白酶等。有以下几种方法：① 根据酶谱分析酶的多形性及其差异的同工酶谱分析法；② 根据比色计测量酶与底物反应所产生颜色变化分析酶活性的分析法；③ 根据测定底物降解速度以反映酶的活性的分析法。

6. PCR 检测法　该方法基于特异性引物检测寄生虫耐药基因评价寄生虫耐药性。该方法敏感高、特异强，但前提是必须具备寄生虫各发育阶段对抗寄生虫药物易感性和耐药性的特异的 DNA 探针，因此探针的可靠性和有效性是决定该方法是否准确的关键。

四、现代生物技术在鱼类寄生虫学中的应用

1. 核酸技术　核酸技术是以 PCR 技术为基础的多项技术，包括 PCR 技术、多重 PCR、实时定量 PCR、套式 PCR、随机扩增多态性、聚合酶链式反应连接的限制性片段长度多态性等技术。此外还有用于鱼类寄生虫遗传图谱的构建、多样性和繁殖行为研究、疾病诊断的扩增片段长度多态性技术，高效鉴定和克隆分离差异表达基因的抑制差减技术、DNA 探针技术、DNA 序列分析技术、RNA 干扰技术（RNAi）等。

2. 蛋白质技术　蛋白质技术包括蛋白质组学技术、噬菌体展示技术、双杂交技术等一系列相关技术。

3. 染色体组型分析技术　该技术是将待测细胞的染色体依照该生物固有的染色体形态结构特征，按照一定的规定，人为地对其进行配对、编号和分组，并进行形态分析的技术，它是细胞遗传学发展的一个重要里程碑。染色体组型通常以染色体的数目和形态来表示。不同物种的染色体都有各自特定的、相对稳定的数目和形态结构特征，经染色或荧光标记，用光学或电化学显色设备显色，就可以清晰、直观地观察到染色体的具体形态结构，通过与其正常核型进行对比，以确定染色体是否出现异常现象。

4. 免疫学技术　如抗原表位的研究方法、同工酶技术、杂交瘤技术、免疫荧光标记及相关技术、酶联免疫相关技术、免疫胶体金技术、免疫细胞分离鉴定技术等，其中同工酶技术和杂交瘤技术在鱼类寄生虫中已广泛应用。

5. 电子显微镜技术　随着电子显微镜技术与免疫电镜、电镜组织化学、电镜酶组织化学、低温制样、电镜冷冻蚀刻、电镜 X 线显微分析、超高压电镜以及扫描探针等技术的结合，其在鱼类寄生虫学各个方面得到了广泛的运用。

6. 电子计算机应用技术　电子计算机以其海量存储能力和高速运算性能已使很多工作从大量的书面资料和烦琐的人工计算中解放出来。数值分类学就是将数学理论借助电子计算机技术而应用于生物分类的一个重要分支，在寄生虫发育学、生态学、生物化学和分子生物学等方面得到广泛应用。

第九节　寄生虫病流行病学

一、寄生虫病流行的基本环节

鱼类寄生虫病的流行，必须具备三个基本条件，即传染源、传播途径和宿主。

（一）传染源

指携带有寄生虫的病鱼、带虫者或被寄生虫感染的中间宿主、转续宿主、保虫宿主和媒介。

（二）传播途径

1. 主动传播

①食物传播是指鱼类吞食被寄生虫虫卵、幼虫或包囊污染的饵料而感染寄生虫病的过程。

②土壤传播是指寄生虫从传染源排出后污染池塘底泥，通过底泥侵入新宿主的过程。

③水源传播是指宿主接触被寄生虫污染的水体而感染寄生虫病的过程。

④生物媒介传播是指一些寄生虫通过中间宿主或者终末宿主侵入宿主的过程。

2. 被动传播

①皮肤传播即具有感染性的寄生虫通过皮肤、鳃或者鳍主动侵袭宿主，或通过伤口侵入宿主的过程。

②血液传播是指通过动物媒介的叮咬而使寄生虫病原侵入宿主血液的过程。

（三）宿主

宿主是寄生虫病的传播和流行的基本因素。当寄生虫侵入一定数量具有易感性的宿主群时，则可引起某种寄生虫病的流行。宿主容易被某种寄生虫感染的特性，称为易感性。一般情况下，每一种宿主只对一定种类的寄生虫具有易感性，同时易感性又受到宿主免疫系统、年龄、营养状况等诸多因素的影响，尤其是获得性免疫，它是影响宿主易感性最重要的因素。感染某种寄生虫而产生了免疫力的宿主，当该寄生虫从宿主体内清除时，这种免疫力也会逐渐消失，使宿主重新处于易感状态。

二、寄生虫病流行的特点

（一）季节性

鱼类寄生虫病的流行具有明显的季节性。夏秋季由于水温高，是鱼类快速生长的季节，也是寄生虫繁殖高峰期，容易引起鱼类寄生虫病的流行。春冬季由于水温低，鱼类寄生虫种类少，除少数耐寒性种类外，其感染率及强度下降，但春冬季也是鱼体质较弱、易受伤害的季节，有些寄生虫也能够引起流行病，如小瓜虫病等。

（二）区域性

鱼类寄生虫病的流行与分布往往呈现明显的区域性。寄生虫的地理分布称为寄生虫区系。寄生虫区系的差异主要由寄生虫的生物学特性所决定，与宿主种群的分布、养殖环境条件等因素有关。一般来说，宿主种群的分布决定了与其相关的寄生虫的分布；鱼类寄生虫对养殖环境条件适应性的差异也决定了寄生虫区系。此外，放养密度、养殖管理水平、防病措施等人为因素对鱼类寄生虫病的区系也会产生很大影响。

（三）多寄生性

多寄生性指鱼类体内同时有两种以上寄生虫感染的现象。有些鱼类寄生虫的宿主谱很广，其宿主特异性相对较弱，能在多种宿主种群寄生，表现为多宿主适应性。当多种寄生虫在鱼体上同时寄生时，一种寄生虫可以降低鱼体对其他寄生虫的免疫力，即产生了免疫抑制，从而提高了鱼类寄生虫病的发病率和死亡率。

（四）自然疫源性

自然疫源性指鱼类寄生虫在自然界特定生态环境中对野生物种的传播，导致鱼类寄生虫病长期流行的属性。在河流、湖泊、水库等天然水体中，保虫宿主在鱼类寄生虫病的流行上具有重要的作用。

（五）散发性

散发性指鱼类寄生虫病在局部地区零星发生，其病例在发病时间和发病地点上没有明显的关系。当宿主感染鱼类寄生虫后，只有少数寄生虫通过繁殖增加数量，而绝大多数寄生虫不增加数量，只是继续完成其个体发育，表现出宿主的带虫状况。在这种情况下，宿主体内或体表虽有寄生虫寄生，但由于寄生虫的寄生数量有限或机体的抵抗力较强，宿主在临床上不表现病理症状。

三、寄生虫病流行的影响因素

1. 宿主因素　宿主的状况对鱼类寄生虫的侵入、生活和繁殖至关重要，表现在对入侵的寄生虫产生一系列免疫反应，及时清除入侵的寄生虫，并具有抵抗再感染的能力或形成免疫耐受。鱼类对寄生虫的抵抗能力除了受鱼的种类、年龄、生活习性、健康状况等内在因素的影响外，还与放养密度、混养比例、饲养管理等外在因素相关。

2. 环境因素　包括地域因素、季节因素、水质因素等，虽然不是影响寄生虫病发生的首要条件，但它关系着寄生虫的分布、组成以及寄生虫病的发生、发展，能促使或阻止寄生虫病的流行。

四、寄生虫病的防控策略

（一）生态防治

1. 多品种混养、轮养　多品种混养是基于各养殖品种所居的不同生态位，利用生物之间的共生互利关系，在主养某一品种的同时合理搭配兼养其他一种或多个品种的混合养殖模式。轮养是基于鱼类具有“种的免疫性”，在同一水体中的不同年份或同一年的不同时期进行不同鱼类的轮流养殖。

2. 增强鱼体对环境的适应力和耐受力　根据谢尔福德耐性定律，当某种鱼类的某个生态因子不是处于最适度的状况时，机体对另一些生态因子的耐性就会下降。以鱼类白点病为例，由多子小瓜虫引起的鱼类白点病常发生在初春、梅雨、初秋等气温变化大的季节。显然，水温的陡变造成了鱼类的不适，抗病力下降，在水温陡降回升过程中，多子小瓜虫大量繁殖，从而暴发白点病。因此，增强鱼体对环境的适应力和耐受力是鱼类寄生虫病生态防治的一个措施。

3. 控制寄生虫的生物量　调控寄生虫生物量的措施主要包括三个方面：① 减少和清除养殖水域中寄生虫的传染源；② 调控鱼类寄生虫赖以生存的各种理化因子；③ 利用生物种间的竞争关系控制寄生虫的生物量。

（二）免疫防治

1. 疫苗　鱼类寄生虫疫苗是一种生物制品，通过注射、浸泡、口服等方式接种到鱼体上，使鱼体对寄生虫感染具有一定抗感染的免疫力。

2. 免疫增强剂　免疫增强剂是具有促进或诱发鱼体防御反应、增强机体抗病能力的一类物质。免疫增强剂的功能的主要分为两大类：增强非特异性免疫功能和增强由免疫诱导的特异性免疫功能。对鱼类而言，免疫增强剂主要通过增强非特异性免疫应答而发挥作用，同时也能提高鱼体 IgM 抗体水平，增强鱼类特异性免疫应答水平。

（三）药物防治

杀虫驱虫药物通常是指通过泼洒、药浴或内服，杀死或驱除体外或体内寄生虫以及杀灭水体中有害无脊椎动物包囊。根据其药理作用和寄生虫种类的不同，主要包括抗鱼类寄生原生动物类药物、驱杀鱼类寄生蠕虫类药物和驱杀鱼类寄生甲壳动物药物。

第二单元　水生动物寄生原虫

第一节　概　　论

一、寄生原虫学的定义

原生动物是动物界中最原始、最低等的一类真核单细胞动物的泛称或集合名词。从系统发生上讲，它是一个非单源起源的混合体。鱼类寄生原生动物学是研究寄生水产养殖动物的原生动物的生物学、生态学、致病机制、实验诊断、流行规律和防治控制技术的科学。

二、寄生原虫形态

从形态上看，原生动物是单一的细胞，然而从生理上看，它具有维持生命和持续后代所必需的一切很复杂的功能，如行动、营养、呼吸、排泄、生殖等，这些功能由细胞内特化的各种胞器来承担，因此，它是一个复杂的、高度集中的生命单位，是一个完整的有机体。

相对于多细胞的"后生动物（metazoa）"，原生动物的共同结构特征如下：

单细胞：原生动物是世界上最原始、最低等的单细胞动物，它既具有一般细胞的基本结构（细胞膜、细胞质、细胞核等），又具有一般动物的各种生理机能（运动、营养、呼吸、排泄、繁殖、应激等）。

具有特殊的细胞器：原生动物具有一般动物细胞所没有的特殊细胞器（如胞口、胞咽、伸缩泡、鞭毛等），表现类似高等动物的各种生活机能，如运动、消化排泄、感应等。

运动方式：通过各自具有的鞭毛、纤毛、伪足等来完成运动。

营养方式：主要有光合营养、吞噬营养和渗透营养。原生动物的呼吸主要是通过体表直接与周围的水环境进行的，并通过体表和伸缩泡排出部分代谢废物。

生殖方式：分为无性生殖和有性生殖。无性生殖有 4 种方式，包括二裂（有纵二分裂和横二分裂两种）、复分裂、出芽、质裂等。有性生殖包括配子生殖（同配生殖、异配生殖）、接合生殖（纤毛虫特有的）等。

三、寄生原虫的多样性

原生动物在地球上分布极为广泛，只要有水的地方都有原生动物。空气中即使没有水滴，也有原生动物的包囊。除空气传播外，水中、陆上的各种生物如昆虫、鱼类、两栖动物、爬行动物、鸟类在活动时都能传布原生动物，可以说到处都有原生动物。

四、寄生原虫的分类

原生动物种类多，庞杂且可供借鉴的化石资料少，其起源和演化研究难度尤其大，其分类系统很难取得共识。我国普遍采用原生动物分类系统（Levine et al.，1980）。

第二节　鞭　毛　虫

一、生物学特征

鞭毛虫是一类以鞭毛作为运动或黏附细胞器的原生动物，多数种类表膜坚韧，能维持一定体形。鞭毛既是运动器官，也是分类的重要依据，从一根到多根，一般由前端生出。营养方式三种：自养性营养，即体内有色素体，能进行光合作用自己产生营养，如衣滴虫；腐生性营养，借体表渗透作用摄取周围环境中呈溶解状态的有机物，如锥虫；动物性营养，以胞口等摄取或吞噬外界固体食物，如变形虫。大部分种类营自由生活，少数种类营寄生生活，也有部分种类既可寄生生活也可自由生活。

与水产养殖动物病害相关的大部分种类属于动鞭毛纲，少数种类属于植鞭毛纲，能寄生于水生动物的体外（如鳃、皮肤）和体内（如血液、肠道、输尿管、胆管等各组织器官）。

二、淀粉卵涡鞭虫

眼点淀粉卵涡鞭虫（*Amyloodinium ocellatum*），属肉足鞭毛门、鞭毛亚门、植鞭纲、腰鞭目、胚沟科。寄生在养殖鱼类上的有卵涡鞭虫属和淀粉卵涡鞭虫属。卵涡鞭虫属寄生在淡水鱼类上，虫体内缺乏淀粉粒，成虫用固着盘吸附着在鱼体上。淀粉卵涡鞭虫属寄生在海水鱼类上，虫体内含有淀粉粒，成虫用假根状突起固着在鱼体上。

寄生期的虫体是营养体，初期为梨形，后期近于球形，直径一般 20～150μm，最长达 350μm。在一端形成具有假根状突起的附着器（也叫作足部），用以附着到鱼体上。原生质中有许多淀粉粒；胞核在中央，直径 5～15μm，一般不易看清。虫体表面有明显的细胞膜。靠近假根状突起处有 1 个长形的红色眼点，有 1 条口足管。营养体成熟或病鱼死后，缩回假根状突起，离开鱼体，落入水中，分泌出一层纤维质，形成包囊，虫体在包囊内通过二分裂法反复进行多次分裂，形成 256 个具 2 根鞭毛、直径 9～15μm、无色、有横沟和纵沟的涡孢子。涡孢子冲出包囊，在水中游泳，这时具有涡鞭虫的形态。涡孢子遇到宿主鱼就附着上去，去掉鞭毛，生出假根状突起，再成为营养体，开始其寄生生活。

三、锥 体 虫

锥体虫属肉足鞭毛门、动鞭毛纲、动基体目、锥体科、锥体虫属。锥体虫的身体狭长，两端较尖，形如柳叶，但往往弯曲成 S 形、波浪形或环形。最大的达 130μm。胞核一般位于身体中部，卵形或圆形，具有明显的核内体。身体后端有一个动核。靠近动核的前边有一个毛基体。从毛基体上长出一根鞭毛，沿着身体的一边向前伸，与身体之间形成一波浪形的膜，叫作波动膜。鞭毛伸到身体前端后变为游离的鞭毛。虫体生活时在鱼的血液中运动活泼，不断伸曲，但位置不大移动。繁殖为纵二分裂法。生活史包括两个宿主：脊椎动物和无脊椎动物，以吸血的无脊椎动物为中间宿主。

锥体虫的传播媒介是吸食鱼血的蛭类，蛭类在吸食病鱼的血液时，锥体虫随血流进入蛭类的消化道内，并在其中分裂繁殖。蛭在吸食其他鱼的血液时又将虫体送入新宿主。

四、隐 鞭 虫

隐鞭虫属肉足鞭毛门、动鞭毛纲、动基体目、波豆科、隐鞭虫属。虫体狭长或近似于叶片状，前端钝圆，后端尖细。身体前端有 2 个毛基体，各生出 1 条鞭毛。一条向前伸出，成为游离的前鞭毛；另一条沿虫体边缘向后伸，与身体之间形成波浪形的波动膜，至虫体后端再离开虫体成为后鞭毛。身体前部有 1 个圆形或长形的动核。身体中部有 1 个圆形或椭圆形的胞核。以纵二分裂法繁殖。生活史只需 1 个宿主。虫体靠直接接触传播。虫体可短时在水中自由生活。

五、鱼波豆虫

漂游鱼波豆虫（*Ichthyobodo necatrix*），属动基体目、波豆科。虫体侧面观呈梨形、卵形或近似圆形；侧腹面观，略似汤匙。偏于侧面的一边有 1 鞭毛沟，鞭毛沟前端有 1 个由 2

颗基粒组成的生毛体，由此长出2根鞭毛，沿鞭毛沟伸向体后而游离。胞核1个，圆形，位于虫体的中部或稍前，核膜内周缘排列着大小不同而略有规则的染色质粒，中间有1个相当粗大、呈粒状结构的核内体，核内体与周围染色质粒之间有少许放射状的非染色质丝。虫体大小为（5.5～11.5）μm×（3.1～8.6）μm。离开寄主组织自由游泳的个体，好像漂在流水中的树叶，不能主动地活动，经相当时间后恢复正常状态，虫体才以曲折的路径缓慢地游动前进，因其鞭毛不适于游动，所以虫体离开宿主6～7h后即死亡。用纵二分裂进行繁殖。检查时常可看到4根鞭毛的个体，即2根较长、2根较短。

第三节　肉 足 虫

一、生物学特征

肉足虫具有伪足或运动性原生质流，并以此为运动摄食胞器；无鞭毛或鞭毛只存在于一定的发育阶段；细胞常分化为明显的外质和内质，内质包括凝胶质和溶胶质；虫体裸露或具有石灰质或几丁质外壳，或有矽质的骨骼；生殖方式为二分裂生殖，有的种类进行有性生殖，形成有鞭毛或阿米巴样的配子；多营自由生活。

1. 形态　许多种类的体形是不固定的，可不断伸出伪足，伪足伸出的方向代表身体临时的前端，包含有流动的细胞质，这种伪足称为叶状伪足。光学显微镜下，虫体可以明显地分成无色透明的外质和具有颗粒不透明的内质，内质中含有伸缩泡、食物泡及大小不等的颗粒物质。

2. 生活史　无性生殖是肉足虫的主要生殖方式，主要行二分裂或多分裂。不同种类分裂的方式有所不同。裸露变形虫的无性生殖就是细胞的有丝分裂。

二、鲩内变形虫

鲩内变形虫属根足总纲、变形目、内变形虫科、内变形虫属，是一种专性寄生虫，目前仅在草鱼中发现。其生活史只需一个寄主，靠包囊进行传播，包囊为鱼吞食而致使鱼患病。营养体寄生在鲩成鱼的后肠，严重时肠黏膜充血脱落，引起卡他性肠炎，并形成溃疡，进而逐渐深入黏膜下层，然后向四周发展而形成脓肿。此病常与六鞭毛虫、肠袋虫和肠炎并发。虫体能分泌溶解酶，溶解组织，通过伪足的机械作用穿入肠黏膜组织，严重时虫体可随血流侵入肝脏或其他器官，在这些部位繁殖造成损害。病原体侵入数目较多时，肠黏膜遭到破坏，后肠流出乳黄色黏液，但肛门不呈现红肿症状。

第四节　孢 子 虫

一、生物学特征

孢子虫是具有一种独特结构的细胞器（即顶复体）的寄生原生动物，故又称顶复动物，顶复体是其感染宿主细胞的重要胞器。鱼类的孢子虫一般为细胞内寄生，多为两宿主生活史，通过运动的、蠕虫状的子孢子感染宿主，往往子孢子被特殊的外壳包被形成卵囊以抵御外界不良环境。

1. 形态　顶复体多见于生活史中感染阶段虫体的前端，如子孢子或裂殖子，有时也可见于滋养体。顶复体由多个细胞器组成，极环呈电子致密状，一到多个，位于虫体的前端；类锥体在极环之内，由许多呈螺旋状盘绕的微管组成，为一中空平头状的圆锥体结构，位于虫体的前端；棒状体是若干从前端经类锥体往后延伸至核前沿的管状孢器，形似棒球棍；微线体位于棒状体周围，呈短杆状的电子致密胞器；膜下微管始于极环，由前向后延伸，其数目是重要分类特征之一，一般认为其有运动和支持的功能。虫体具 1 细胞核、1 核仁，核分裂为有丝分裂，减数分裂只在合子中进行一次，生活史的各个主要时期为单倍体；具高尔基体、线粒体和内质网，线粒体具管状嵴；食物泡多以脂小体的形式存在。鞭毛仅见于运动的配子，位于配子后端，数量变异较大，通常 1～3 根。

2. 生活史　艾美耳球虫和隐孢子虫的发育过程包括如下三个时期：

裂殖生殖：开始于子孢子侵入宿主细胞，侵入的子孢子常外包纳虫空泡，位于宿主细胞质或细胞核中，侵入后子孢子变圆，开始分裂，成为裂殖体。裂殖子（或称营养子）形成于裂殖体中，释放的成熟裂殖子又侵染其他宿主细胞，形成二代、三代裂殖体。球虫裂殖子具有易识别的核、类锥体和覆盖裂殖子的三层膜表皮。表皮球虫的纳虫空泡壁为一单层膜状结构，虫体孢质与宿主细胞间的良好代谢交换通过空泡突触来保证。而隐孢子虫的纳虫空泡为非完整型，由肠细胞微绒毛构成，仅在位于肠腔一端包裹裂殖体。

配子生殖：始于最后一代裂殖子分化为大配子体和小配子体，大、小配子分别发育于大、小配子体内。小配子具核（一个）、线粒体、微管，顶端有一顶体，多具鞭毛，但也有呈变形虫状的。多数种类的大配子发生于宿主上皮细胞的孢质顶部，超微结构显示大配子体孢质含有支链淀粉、脂粒及两类壁形成体。大、小配子结合（受精）后形成结合子，并分泌一层透明膜，把身体包围形成卵囊。配子生殖是顶复门动物的有性生殖阶段，结合子是其生活史中唯一具有双倍体的阶段，合子形成后立刻进行减数分裂，又进入单倍体时期。

孢子生殖：是结合子在进行减数分裂之后所进行的分裂生殖，也是单倍体时期，合子在卵囊内经过多次分裂形成许多孢子，每个孢子或者不分裂，或者再分裂成 2、4 或 8 个子孢子，而后卵囊破裂，子孢子逸出宿主至水环境进入传播阶段。

二、艾美耳球虫

鱼类艾美耳球虫（*Eimeria* spp.）卵囊壁为一层薄的膜状结构，成壁体不易观察。大多鱼类艾美耳球虫在宿主体内形成子孢子，且许多种寄生于肠外组织。

大多数种类为单宿主生活史，某些种兼行异宿主生活史，每个卵囊包括 4 个孢子囊，每个孢子囊含 2 个子孢子，孢子囊壁光滑，具顶部开口，开口常由一环状或球形把手状的栓体塞子塞住，而在某些种类中，类似塞子结构（亚栓体）依附在孢子囊壁内表面。子孢子脱囊时，栓体分解，子孢子从开口释出。大多数种的生活史发育阶段（裂殖生殖和配子生殖）是在宿主细胞质深部进行的。

第五节　黏孢子虫

一、生物学特征

1. 形态　属黏体动物门，故又称黏体动物。黏孢子虫成熟孢子主要由壳瓣、孢质及极囊（内含极丝）三部分组成。壳瓣、极囊数目、极囊的分布方式及壳瓣表面的装饰性结构是黏孢子虫纲属间重要的分类依据。壳瓣是由原生质发育分化为成壳瓣细胞，其退化失去细胞大部分结构，并几丁质化而形成的。壳瓣相连处为缝线。壳瓣大小因种而已，表面一般是光滑的，但有些种类表面有褶皱、雕纹或条；壳瓣数目是重要的分目依据，通常为 2～12 个；某些种类在壳瓣的后部又有长短、粗细不一的各种突起，或延伸而呈尾巴状结构，如尾孢虫、单尾虫等；还有一些种类，如武汉单极虫（*Thelohanellus wuhanensis*）壳瓣外还有一层黏液层包裹。孢子内通常含 1 至多个极囊。极囊通常呈梨形、瓶形或球形，通常位于孢子的一端，此端通常称为前端，而相对的一端为后端；也有极囊分别位于两端的，如两极虫等。极囊内有螺旋盘绕的极丝，其盘绕圈数及方式是种间重要的分类特征。极丝前端有一开孔，在外界环境的刺激下，极丝从此孔伸出，壳瓣打开，释放感染性孢质。在极囊之下或中间有孢质，一般具两个核及其他结构。黏孢子虫大小通常为 10～20μm，组织寄生的黏孢子虫常形成肉眼可见的包囊；而在腔隙器官如胆囊、膀胱寄生的黏孢子虫如角形虫则发育于腔体中。

2. 生活史　黏孢子虫传播至鱼类包括以下三种方式：

①形成于无脊椎动物（寡毛类、多毛类等）的放射孢子虫侵染宿主鱼，绝大多数黏孢子虫纲种类采用这种方式感染鱼类。

②鱼—鱼水平传播模式，只在肠黏孢子虫属（*Enteromyxum*）种类得到证实。它们均发育于海水鱼类肠上皮组织，只形成极少数的成熟孢子，在具感染力的发育阶段通过肠道排出进入水体中，这些发育阶段的虫体被适宜宿主吞食后，移行至宿主肠道上皮组织，继续分裂增殖生成大量的感染性发育期虫体，再随粪便排出进入水体。

③形成于苔藓动物的苔藓软孢子侵染宿主鱼，通过皮肤或鳃进入宿主鱼，孢质侵入宿主上皮组织，随后经过血液循环迁移入肾间质，孢子发生于肾管，形成成熟鱼软孢子虫。

3. 分类　一般认为黏孢子虫分为两纲，即黏孢子虫纲与软孢子虫纲，前者占绝大多数，而后者迄今命名的只有 4 种。

二、海水鱼黏孢子虫

1. 弯曲两极虫（*Myxidium incurvatum*）　属于二壳目、两极亚目、两极科。孢子呈纺锤形，但有 S 形弯曲，长 8～16μm，宽 4.2～8.8μm。有 2 个极囊，分别位于孢子两端，呈梨形，尖端向外，长 3～5.6μm，直径 2～3μm。营养体呈小变形虫状，一般长 13～15μm，有时可达 25μm，外质透明，内质有折光性微粒状物体。这种黏孢子虫分布很广，寄生数量多时，成团孢子可以阻塞胆管。

2. 小碘泡虫（*Myxobolus exiguus*）　属于二壳目、扁孢亚目、碘泡科。孢子近于卵形，前端较窄，长 8～12μm，宽 6～9.3μm，厚 4.5～5.5μm。极囊 2 个，近于梨形，长 4～7μm，横径 2.5～2.7μm。孢质中具 1 个嗜碘泡。包囊的形状和大小不一致，一般较小（0.5mm×0.2mm），有的较大，呈球形（直径 1.5mm）。小碘泡虫寄生在许多种淡水鱼类的鳃、消化管壁、脾脏和肾脏中，未造成严重危害，但寄生在半咸水或海水鱼类的鳃上则能引起危害严重的流行病。

3. 角孢子虫（*Ceratomyxa* sp.）　属于二壳目、宽孢亚目、角孢科。孢子的缝面观很宽，一般弯曲成牛角状；2 个极囊分布在缝合面的两边，一般互相靠近，有的稍离开；营养体变形虫状。寄生在鲽、鲆、石斑鱼等海水鱼类的胆囊中，感染严重时，胆囊膨大、充血，胆管发炎。角孢子虫属的有些种也寄生在海水鱼类的膀胱和输尿管内。

4. 尾孢子虫（*Henneguya* sp.）　属于碘泡科，孢子的形状和构造与碘泡虫相近，只是每片壳的后端延长成尾状突起。

5. 肌肉单囊虫（*Unicapsula muscularis*）　属于扁孢亚目、单囊科。孢子近于球形，直径 6μm，具 1 个极囊。孢质中有 2 个核，无嗜碘泡。

6. 库道虫（*Kudoa*）　属于多壳目、四极科。这一属的特征是孢子有 4 个极囊，集中于前端，有 4 片壳，与寄生在鱼类胆囊中的四极虫（*Chloromyxum*）很相似，但是库道虫的孢子从顶面看去 4 个极囊排列成星状或四方形，孢子壳的缝线模糊不清，组织寄生。

库道虫在海水鱼类中已发现有 31 种以上，寄生部位随种而异，以寄生于肌肉中的种为最多。

寄生在肌肉中的库道虫类，一般不致死鱼类，但在肌肉中有许多肉眼可见的包囊，使食品价值降低，甚至不能食用。在日本养殖的红旗东方鲀（*Fugu rubripes*）的围心腔和心脏腔中寄生的鲀库道虫，其包囊和从包囊中放出的孢子能使宿主的鳃血管发生栓塞。

天然海产鱼类中危害较大的有 2 种：

（1）鲱库道虫（*K. clupeidae*）

（2）杖鱼库道虫（*K. thyrsites*）

7. 金枪鱼六囊虫（*Hexacapsula neothunni*）　孢子顶面观呈六角形，壳由 6 片组成，孢子前端有 6 个放射状对称排列的极囊，每片壳的内部有 1 根极丝。孢子的中部为孢质，核不清楚，无嗜碘泡。孢子长 5.3～7.3μm（平均 6.2μm），宽 9.1～13μm（平均 11μm），厚 5.9～8.7μm（平均 7.1μm）。极囊长卵圆形，长 2.0～3.1μm（平均 2.5μm），最大直径 1.3～2.1μm（平均 1.6μm）。极丝长 14～18μm。孢子不包在包囊内，而是分散在宿主肌肉中，使肌肉呈果酱状。

8. 安永七囊虫（*Septemcapsula yasunagai*）　成熟的孢子由 7 块形状和大小都一致的壳片及 7 个极囊组成，极个别的孢子壳片为 6 块或 8 块。孢子顶面观呈圆角的七角星状，侧面观呈灯罩状。缝线不明显。壳片表面光滑。极囊长梨形，集中于孢子前端。孢质均匀，无嗜碘泡。胚核不明显。孢子长 6.21μm（4.25～7.31μm），宽 11.7μm（9.35～13.94μm），厚 8.32μm（7.14～10.2μm）；极囊长 3.64μm（3.40～4.25μm）；宽 2.45μm（2.11～2.89μm）。

三、淡水鱼黏孢子虫

1. 鲢碘泡虫（*Myxobolus driagini*）　属碘泡虫科（Myxobolidae）。孢子壳面观呈椭圆形或倒卵形，有 2 块壳片，壳面光滑或有 4～5 个 V 形褶皱；囊间小块 V 形，明显；孢子的大小（10.8～13.2）μm×（7.5～9.6）μm；前端有 2 个大小不等的梨形极囊，极丝 6～7 圈，极囊核明显；有嗜碘泡。

2. 饼形碘泡虫（*M. artus*）　孢子壳面观为椭圆形，横轴大于纵轴，大小（4.8～6.0）μm×（6.6～8.4）μm；前端有 2 个大小相同的卵形极囊；有 1 个嗜碘泡。

3. 野鲤碘泡虫（*M. koi*）　孢子壳面观为长卵形，前尖后钝圆，光滑或有 V 形褶皱，缝面观为茄子形；大小（12.6～14.4）μm×（6.0～7.8）μm；前端有 2 个大小约相等的瓶形极囊，占孢子的 2/3；嗜碘泡显著。

4. 鲫碘泡虫（*M. carassii*） 孢子壳面观呈椭圆形，光滑或具有 V 形褶皱，大小（13.2～15.6）μm×（8.4～10.8）μm；有 2 个大小约相等的茄形极囊，略小于孢子的 1/2，极丝 8～9 圈；嗜碘泡明显。

5. 圆形碘泡虫（*M. ratundus*） 孢子近圆形，大小（9.4～10.8）μm×9.4μm；前端有 2 个粗壮的棍棒状极囊；嗜碘泡明显。

6. 异形碘泡虫（*M. dispar*） 孢子壳面观为卵圆形、卵形、倒卵形或椭圆形，表面光滑或具有 2～11 个 V 形褶皱，囊间小块较明显；孢子大小（9.6～12.0）μm×（7.2～9.6）μm；前端有 2 个大小不等的梨形极囊，极丝 4～5 圈；嗜碘泡明显。

7. 微山尾孢虫（*Henneguya zveishanensis*） 属碘泡虫科。孢子纺锤形，前端尖狭而突出，有 2 块壳片，缝脊直而细，孢子大小（11.2～15）μm×（6.25～6.87）μm；壳片向后延伸成细长的尾部，长 50～70μm；孢子前端有 2 个大小相同的梨形极囊；嗜碘泡明显。

8. 鲢旋缝虫（*Spirosuturia hypophthalmichttydis*） 属碘泡虫科。孢子壳面观呈苹果形或圆形，光滑无条纹，大小（7.2～9.2）μm×（7.7～9.2）μm；有 2 块壳片，缝脊粗而特别隆起，并作波浪状扭曲；前端有 2 个梨形极囊，长约为孢子长的 2/3，极丝 6～7 圈，囊间角状突明显；嗜碘泡明显。

9. 脑黏体虫（*Myxosurna cerebralis*） 属黏体虫科，孢子壳面观前宽而后狭，两端钝圆，有 V 形褶皱，有 2 块壳片，孢子大小（12～15.6）μm×（7.8～9.0）μm；前端有 2 个同大的长梨形极囊；没有嗜碘泡。

10. 中华黏体虫（*M. sinensis*） 孢子壳面观为长卵形或卵圆形，前端稍尖或钝圆，后方有褶皱，孢子大小（8～12）μm×（8.4～9.6）μm；2 个梨形极囊约占孢子的 1/2，极丝 6 圈；没有嗜碘泡。

11. 时珍黏体虫（*M. sigini*） 孢子长椭圆形，大小（9.8～11.3）μm×（7.2～7.8）μm；前端有 2 个大小相同的茄形极囊；没有嗜碘泡。

12. 两极虫（*Myxidium* sp.） 属两极虫科。孢子纺锤形，两端尖或圆；有 2 块壳片，缝线较平直；极囊 2 个，位于孢子的两端；没有嗜碘泡。

13. 鲢四极虫（*Chloromyxum hypophthalmichthys*） 属四极虫科。孢子球形，2 块壳片，缝脊直而不显著，每一壳面饰有 6～10 条与缝脊粗细相同的条纹；孢子大小（9.8～11.6）μm×（9.2～10.6）μm；前端有 4 个球形极囊，极丝不明显；没有嗜碘泡。

14. 鲮单极虫（*Thelohanellus rohitae*） 属单极虫科。孢子壳面观和缝面观都呈狭长瓜子形，后端钝圆，向前端渐尖细；有 2 块壳片，壳面光滑无褶皱，孢子大小（26.4～30）μm×（7.2～9.6）μm；1 个棍棒状极囊，占孢子的 2/3～3/4；孢子外面常有 1 个无色透明的鞘状包膜，包膜大小（39.6～42）μm×（9.6～14.4）μm；有嗜碘泡。

15. 吉陶单极虫（*T. kitauei*） 孢子梨形，大小（23～29）μm×（8～11）μm；有 2 块壳片；1 个瓶形极囊，约占孢子的 2/3；孢子外面有 1 层薄鞘状包膜，包膜大小（31～35）μm×（12～17）μm；有嗜碘泡。

16. 库道虫（*Kudoa* sp.） 属四囊科。有 4 块壳片，孢子顶面观呈圆角方形，侧面观荸荠状，长小于宽，缝线不明显；在孢子前端有 4 个极囊，从顶面观呈星状或四方形排列。

第六节　微孢子虫

一、生物学特征

1. 形态　微孢子虫为专性细胞内寄生真核生物，所有发育阶段均缺失线粒体等胞器，成熟孢子是其唯一能在宿主体外生存的生活史阶段。成熟孢子长 2～10μm，大都为椭圆形或卵形，鱼类微孢子虫一般具有较其他陆生动物微孢子虫更大的后泡。复杂的挤出装置是微孢子虫最显著的特征，其主要结构包括锚状盘、极体、极丝或极管、后泡及孢壁。微孢子锚状盘在孢子顶端，又称极帽，其下方为层片状或分室状构造的极体，极丝为管状结构，基部较粗，称为柄状部，固定在锚状盘上，向后延伸一段，沿内孢壁内表面向后缠绕几圈直达后泡。极丝大多为同形极丝，即除柄状部外，全长直径一致。孢壁常三层，内层为质膜，中层为内胞壁，主要由几丁质类构成，外层为外孢壁，由类蛋白质物质构成。孢子形态及前孢子发育各阶段形态是微孢子虫分类的重要依据。有些种类孢子挤出装置原始或退化缺失。感染时，感染性孢质借助挤出装置，黏附在宿主细胞表面或侵入宿主细胞细胞质，开始其增殖发育阶段。通过裂体生殖生成大量的裂殖体，裂殖体内内质网分化明显，行营养生长和增殖，增殖方式为二分裂或多分裂或出芽，出芽又可分为原质团分割和花瓣状芽殖两类。裂殖体发育至一定阶段即生成产胞体或多核的产孢原质团，进入孢子生殖阶段。产胞体具有电子致密层外膜和较多的内质网，经一次或多次分裂形成孢子母细胞，最终生产成熟孢子。微孢子虫可直接在宿主细胞质中发育，也可包在一层外膜内发育而与宿主细胞质隔开，外膜在裂殖期有时就已形成，但多数在产孢期才出现。外膜分两类：① 寄生泡，是由寄主细胞质中的物质（内质网）组成，常为球形；② 产孢囊，是由微孢子虫自身分泌物构成，可为非持久性膜，也可为持久性厚壁，外形多样。

鱼类微孢子虫嵌入于宿主细胞质中发育，可引起宿主细胞极度肥大，肥大的宿主细胞和寄生虫构成特殊的结构，即异瘤体，其中发育中的微孢子虫和宿主细胞组成了生理上完整的整体。鱼类微孢子虫各生活史阶段及异瘤体表现出丰富的结构多样性。

通常肥大的宿主细胞外围无微孢子虫。肥大细胞的细胞核起初位于一侧，后期可位于异瘤体中央，或位于其外围，甚至细胞核片段化，进而形成许多无规则的小块，并位于异瘤体外围。寄生虫各阶段在宿主细胞中的分布因种而异。鱼类微孢子虫的发育受水温等多种因素影响。

2. 分类　迄今已报道微孢子虫 160 属，正式命名 1 300 余种，寄生鱼类的微孢子虫涉及 15 属 200 余种，很大一部分都是养殖或野生鱼类的重要病原体。孢子、异瘤体、裂殖期、孢子期生活史阶段及与宿主接触界面的形态结构及传播方式等是微孢子虫的主要分类依据。同时，分子数据，尤其是核糖体 RNA 基因序列也是微孢子虫分类的重要参考依据。

二、格留虫

格留虫属（*Glugea*），隶属微孢子目、单丝亚目、微粒子科。常见种类有赫氏格留虫和肠格留虫。

格留虫孢子很小，长 3～6μm，宽 1～4μm，形状为椭圆形或卵形，横切面观为圆形。

构造简单，孢膜由几丁质膜组成；极囊一个，与孢子形状相似，内含极丝一条。赫氏格留虫极囊占孢子长的1/3，肠格留虫的极囊占1/2或1/2以上。胞质里有一圆形的胞核和一卵形的液泡。

三、匹里虫

大眼鲷匹里虫（*Plistophora priacanthicola*）的营养体在早期为圆形，直径为5.5μm，单核，以后逐渐发育增大，变为不规则形，核进行多次分裂，成为多核质体。多核质体进一步发育形成母孢子。孢子椭圆形，前端稍窄，后端钝圆，半透明，淡绿色，生活时大小（4.9～6.0）μm×（3.1～3.2）μm。福尔马林固定的标本，大小（4.85～5.5）μm×（3.1～3.2）μm。充分放出后的极管长达80～429μm。染色的标本，极管盘曲4～5圈，孢质呈带状，内有1个圆形胞核。营养体或孢子的外面有一层包囊。由于发育的阶段不同，包囊有灰白色、乳白色或淡黄色三种类型，小者直径1mm左右，大者可达25mm。每个包囊内含有很多孢子。

第七节 单孢子虫

一、生物学特征

单孢子虫主要寄生在无脊椎动物（如软体动物）和低等脊椎动物（如鱼类）中，以孢子形式寄生，有的种类超寄生在复殖吸虫或线虫的幼虫内。孢子的构造简单，没有极囊和极丝。

二、肤孢虫

孢子呈圆球形，直径4～14μm；构造比较简单，外包一层透明的膜，细胞质里有1个圆形、大的折光体，位于孢子的偏中心位置；在折光体和包膜之间最宽处有1个圆形胞核；有时还有一些颗粒状内含物；没有极囊和极丝。野鲤肤孢虫（*D. koi*）的包囊线形，盘曲成一团；鲈肤孢虫（*D. percae*）的包囊呈香肠形；广东肤孢虫（*D. kwangtungensis*）的包囊呈带形。成熟的包囊内有很多孢子。单孢子虫进行裂殖生殖，整个生活史中只需1个宿主。

第八节 纤毛虫

一、生物学特征

1. 形态 结构上的显著特征：复杂的皮层结构和奇特的核双态现象。

（1）*皮层* 具有维持虫体形状相对稳定的作用，厚1～4μm，由表膜和下纤维系统两部分组成。

表膜属于细胞膜，其下为一层由表膜泡组成的腔状膜系统。膜泡层外、内膜紧贴质膜，并且与相邻的膜泡通过节点融为一体。表层胞质位于表膜小泡下，与纵向微管带平行排列，有助于增强皮层的韧性。

（2）*胞核* 具有两种类型的细胞核：一至多个大核，一至数个小核。大核的形状随种而异，可以通过DNA的复制而成为多倍体核，其中包括许多核仁（是RNA的合成场所），履行正常的细胞代谢和生理活动功能，故称营养核。小核一般呈球形，数目不定，为二倍体，与细胞的DNA合成有关，又称生殖核；它作为基因的贮存地，负责遗传物质的交换重组，并在有性生殖过程中产生大核。

2. 生活史 有的种类可以无限地进行无性生殖而不需要有性生殖，而有的种类在进行一定代数的无性生殖之后必须进行有性生殖，否则该群落会衰退直至死亡。

（1）*无性生殖* 主要是二分裂，除了缘毛目为纵二分裂之外，其余的均为横二分裂。生殖时，小核行有丝分裂，每个小核分裂时都出现纺锤丝，大核行无丝分裂，不形成纺锤丝。大核先延长膨大，然后再浓缩集中，最后进行分裂。由于大核是多倍体，其中包含有许多由内质有丝分裂产生的基因组，但核本身的分裂不涉及染色体的改变。

（2）*有性生殖* 接合生殖，即两个进入生殖时期的虫体，各自进行核染色体的重组与核的分裂，并交换部分小核，然后分开，各自再进行分裂的过程。

3. 分类 在我国，主要采用以沈蕴芬院士（1999）提出的分类系统。

二、斜管虫

鲤斜管虫（*Chilodonella cyprini*），属纤毛门、动基片纲、下口亚纲、管口目、斜管虫科、斜管虫属。虫体腹面观卵圆形，后端稍凹入。侧面观背面隆起，腹面平坦，前端较薄，后端较厚；活体大小（40～60）μm×（25～47）μm。背面前端左侧有1行刚毛，其余部分裸露；腹面左侧有9条纤毛线，右侧有7条纤毛线，余者裸露。腹面有1个胞口，有16～20根刺杆围绕成漏斗状的口管，末端弯转处为胞咽。大核椭圆形，位于虫体后部；小核球形，一般在大核的一侧或后面。伸缩泡2个，分别位于虫体前部偏左及后部偏右。

以横二分裂法和接合生殖繁殖。分裂过程中原来的口管消失，长出新口管。繁殖温度为12～18℃，最适温度为15℃左右，当水温低至2℃时还能繁殖；有时当水质恶化、鱼体抵抗力低下时，水温38℃时还能大量繁殖。环境不良时可形成包囊。

三、车轮虫

车轮虫是一大类具有附着盘结构，且可自由运动的缘毛类纤毛虫，因其齿环作车轮般旋转运动而得名；属寡膜纲、缘毛亚纲、缘毛目、游走亚目、车轮虫科。迄今全世界已发现10属共260多种车轮虫，我国仅发现5属近80种。

① 虫体呈圆筒状、高脚杯状、盘状或盔状等，顶部尖或平。② 口区：口围缘沿口面向左环绕，最后与胞口相通，下与前庭相接；口围缘绕体有90°～340°、360°～400°、（2～3）×360°等各种变化，其两侧各长一行纤毛。③ 核器：大核马蹄形、香肠形或块状，在身体中部；小核一般在大核一端的外边缘或前面。④ 反口区：在反口面具有后纤毛带，由一系列整齐的集膜组成；后纤毛带上面有上缘纤毛，下面有下缘纤毛；下缘纤毛之后为一透明的缘膜。上、下缘纤毛和缘膜因种类不同而缺乏其中一或两种结构。⑤ 附着盘：反口面观是平坦而中间凹入的附着盘，其上最显著的结构是齿环和辐线环。齿环是车轮虫科中最突出而又最固定的结构，也是种间鉴定和属间区分的重要依据。它由不同数目的齿体组成，每个齿体分为齿钩、齿锥和齿棘三部分。

四、小瓜虫

多子小瓜虫（*Ichthyophthirius multifiliis*），属动基片纲、膜口亚纲、膜口目、凹口科、小瓜虫属。生活史分为滋养体、幼虫及包囊。

滋养体：成虫卵圆形或球形，大小（350～800）μm×（300～500）μm，肉眼可见；虫体柔软，全身密布短而均匀的纤毛，胞口位于体前端腹面，围口纤毛由5～8行纤毛组成，作逆时针方向转动，一直到胞咽；大核呈马蹄形或香肠形，小核圆形，紧贴在大核上；胞质外层有很多细小的伸缩泡，内质有大量食物粒。

幼虫：体呈卵形或椭圆形，前端尖，后端圆钝。前端有一个乳突状的钻孔器。全身披有等长的纤毛。在后端有1很长而粗的尾毛。大核椭圆形或卵形。体前端有1个大的伸缩泡。大小（33～54）μm×（19～32）μm。“6”字形原始胞口尚未与内部相通，且在“6”字形的缺口处有1个卵形的反光体，可能与将来形成胞咽有关。

包囊：离开鱼体的虫体或越出囊泡的虫体，可作3～6h的游泳，然后沉入水底的物体上。静止之后，分泌一层胶质厚膜将虫体包住，即是包囊。包囊圆形或椭圆形，白色透明，大小（0.329～0.980）mm×（0.276～0.722）mm。

生活史：包囊内的虫体胞口消失，马蹄形的大核变为圆形或卵形，小核可见。囊内虫体活动活跃，2～3h后开始分裂。分裂连续反复进行，直至囊内有300～500个幼体。分裂时一般为等分，但到32个虫体之后，囊内往往形成2～3团大小不一的纤毛幼虫。纤毛幼虫越出包囊又再感染鱼体。幼虫钻入体表上皮细胞层中或鳃间组织，刺激周围的上皮细胞而增生，从而形成小囊泡；在其中发育成为滋养体，然后离开宿主，形成包囊。

五、隐核虫

刺激隐核虫（*Cryptocaryon irritans*），属纤毛门、寡膜纲、膜口亚纲、膜口目、凹口科、隐核虫属。寄生于海水硬骨鱼类的皮肤和鳃上，引起鳃和皮肤上出现大量小白点，俗称“海水小瓜虫病”或“海水白点病”。

刺激隐核虫营直接发育生活史，即不需要中间宿主，在宿主寄生期和脱离宿自由生活期要经历4个阶段：滋养体、包囊前体、包囊和幼虫。

滋养体：幼虫感染宿主后，转入上皮内，形成滋养体。滋养体长径在400～500μm，呈圆形或梨形，全身表面披有均匀一致的纤毛，近于身体前端有一胞口。外部形态与多子小瓜虫相似，主要区别是隐核虫的大核分成4个卵圆形的串珠状团快。虫体能在宿主上皮内作旋转运动，以宿主体液、组织碎片及整体细胞为食。滋养体生长期为3～7d。滋养体成熟后，从宿主体上脱落下来进入水环境，依靠体纤毛的摆动在水中自由运动，停留在遇到的合适基质上，进而发育成为包囊前期虫体。

包囊前体：滋养体脱离宿主体的时间具有日周期性，多数在黎明前最黑暗的时期脱落。虫体脱离宿主，在形成包囊前，通常在水体中缓慢游动2～8 h，此期称包囊前体。包囊前体最后固着于一些附着物上，脱掉纤毛，虫体表面的脊状突起变平，并形成厚的囊壁，最后形成包囊。

包囊：大小随水温和鱼种不同而异。包囊通常经历一系列的不对称二分裂，最后变成许多子代幼虫。虽然在同一鱼体上的滋养体常在相对集中的时间内（16～18h）脱离宿主，但包囊发育和幼虫的逸出则很不同步，即使在培养条件相同的情况下也是如此。

幼虫：幼虫呈卵圆形或纺锤形，前端稍尖，有一变形胞口，后端钝圆，全身密布纤毛。虫体由于纤毛的活动而不断转动，细胞大核呈念珠状。一个包囊可孵出200～400个幼虫。幼虫能在水中快速游动，寻找和感染宿主。大多数虫株的幼虫都只能生存不足24h，但孵出6～8h后，幼虫的感染能力大大减弱，10～12h后则仅有少部分幼虫还具备感染能力，18h后完全丧失感染能力。幼虫呈日周期性逸出，即在无光的夜间才孵出。

六、盾纤毛虫

也称指状拟舟虫，属纤毛门、寡膜纲、盾纤目、嗜污科、拟舟虫属。刚从组织分离出的虫体浑圆，大小（50～75）μm×（20～50）μm。皮膜薄，无缺刻，虫体前端可见结晶颗粒。内质不透明，体内常充满有多个食物泡及内储颗粒。虫体的前半部分略向背侧弯曲，顶端裸毛区形成明显的喙状突起，呈指状或尖角状。体纤毛长7～8μm，一根尾毛长约15μm。单一伸缩泡位于虫体后部亚端位。虫体经培养后，外形开始变得瘦长，呈瓜子形。运动呈旋转式。虫体喜聚集在细菌丰富的基质中钻营，并可聚集成极高的密度。

七、固着类纤毛虫

主要包括聚缩虫（*Zoothamnium* sp.）、钟虫（*Vorticella* sp.）、单缩虫（*Carchesium* sp.）等，属于纤毛门、寡膜纲、缘毛亚纲、缘毛目、固着亚目。

身体构造大致相同，都呈倒钟罩形。前端为口盘，口盘的边缘有纤毛。胞口在口盘顶面，先是从口沟按顺时针方向盘曲，口沟两缘各有1行纤毛。口沟末端进入细胞内，即为胞口。体内有1个带状大核，大核旁边有1个球形小核。有1个伸缩泡，一般位于虫体前部。另外有位置和数目不定的颗粒形食物泡。虫体后端有柄，柄的基部附着在基物上。有些种类的柄呈树枝状；有些种类的柄内有柄肌，使柄能伸缩，无柄肌的种类，其柄不能伸缩。

第三单元　水生动物寄生蠕虫

第一节　涡　　虫

一、生物学特征

涡虫是一群最原始的三胚层动物，生活在海洋、淡水和潮湿的土壤中。多数营自由生活，少数为共生（共栖）或寄生生活。

1. 形态　涡虫体柔软，背腹扁平，形态多样。体壁为典型的皮肌囊结构，表面或局部具纤毛，表皮层中有特殊的杆状体及腺细胞等。有口无肛门，为不完全消化系统。呼吸通过体表进行，无专门的呼吸器官。具焰细胞的原肾管型排泄系统。神经系统为梯形神经索，有较发达的感觉器官，能对外界环境的光线、水流、食物等迅速作出反应。雌雄生殖系统较复杂，雄性生殖系统包括睾丸（精巢）、输精管、贮精囊、阴茎及前列腺，开口于生殖腔；雌性生殖系统包括卵巢、输卵管、阴道、受精囊（也称交配囊）及卵黄腺。

2. 生活史　行无性和有性生殖。有性生殖雌雄同体，异体受精；受精卵外有卵壳保护，卵产出时往往有 4～20 个包囊成一卵袋，并杂有卵黄细胞，以供营养之用；受精卵经卵裂发育形成幼虫，幼虫破壳出卵，即行自由生活。一些海产种类（如多肠目）间接发育，具牟勒氏幼虫阶段。无性生殖主要是通过横分裂。涡虫再生能力很强，将其切成数段，每段均可长成一个整体。当涡虫饥饿时，其内部器官逐渐被吸收消耗，仅神经系统不受影响，一旦获得食物后，各器官又可重新恢复，这也是一种再生方式。

3. 分类　结合生殖系统和消化系统的结构特征将涡虫纲分为 11 个目。近年随着涡虫类系统进化研究的深入，原“涡虫纲”内各类群的分类地位出现很大变化。将原无肠类涡虫从扁形动物门内移出，已经形成共识。目前，扁形动物门内剩下的涡虫类被重新归类为 2 个纲：被杆体纲和链虫纲。

我们在此仍沿用经典的涡虫纲，下分 11 目。我国已报道 8 目：无肠目、单肠目、三肠目、大口虫目、原卵黄目、卵黄上皮目、达氏目和切头目。

二、拟格拉夫涡虫

拟格拉夫涡虫（*Pseudograffilla* sp.）属于达氏目、格拉夫科、拟格拉夫属。

虫体柔软扁平，较透明。体前端有1对显著的眼点。虫体收缩时呈椭圆形，头尾略尖；舒张时呈长条形，大小（0.247～0.598）mm×（0.124～0.278）mm。周身遍布纤毛，无吸附器官。有口无肛门。口孔位于腹面亚前端，后接一个咽囊，其内有一肌质的咽，可伸出体外。咽收缩时呈球形，伸出时呈圆柱状。肠管袋状单一，肠内充满透光性差的颗粒，在光学显微镜下呈黑色。雌雄同体，睾丸一对，位于体中部到后部的体两侧；前列腺一对，位于咽的后缘。卵巢单个，位于睾丸后侧面，咽后至体中线水平的体两侧。卵黄腺一对，不分支，位于体中线水平到体末端的体两侧。生殖孔开口于体中部的腹面。电子显微镜下可见表皮层内有许多杆状体，其下具一层基膜。体内充满实质组织，其间有丰富的内质网及线粒体。色素杯呈肾形，内有许多大小均匀、排列整齐的感光神经细胞（即视网膜细胞）。在咽后的两侧各具一对单细胞的头腺，开口于体前端。

虫体可游离于鳃丝之间，或被宿主分泌的黏液包裹，甚至被宿主增生组织包裹。虫体在水中时，肉眼观察呈白色小点，游动较快。具有趋光性，总是游向玻璃容器向光的一面。

第二节　单殖吸虫

一、生物学特征

属于扁形动物门单殖吸虫纲，绝大部分为外寄生，典型的寄生部位为鱼类的鳃，有的寄生于皮肤、鳍及口腔等与外界相通的腔管，极少数的虫种寄生于体腔或胃肠。宿主主要为鱼类，少数虫种可寄生于甲壳类、头足类、两栖类、龟鳖类及水生哺乳类。

通常以后吸器上的钩、吸铁等固着于寄生部位，破坏寄生部位的完整性，引起病毒、细菌等其他病原生物的入侵，造成炎症，产生病变；或者吮吸鱼血、黏液，刺激宿主产生大量分泌物，破坏鱼体正常的生理活动，造成寄生部位的病变，严重时可导致宿主的死亡。

1. 形态　虫体较小，体长0.15～20mm，个别种类可达40mm；淡水种类大多数在5mm以下。

虫体形多样，有指状、尖细叶片状、纺锤形、圆盘状或圆柱状等。一般淡水产的种类，体形较单一，海产的形态较为多样。背面常呈凸形，而腹面呈凹状。一般为乳白色或灰色，但可因卵、食物等而使虫体呈现红、黄、棕、褐等不同的颜色。

体表通常无棘，但有时有乳状突起或皱褶；某些种类的体侧、背面具刺；有些种类在后吸器上具有由几丁质小片构成的鳞盘。

固着器：包括前吸器和后吸器，一般以后吸器为主要固着器官。前吸器有头器、前吸盘、围口吸盘、口腔吸盘等类型，其功能一是便于虫体取食时吸着之用，二是起运动器官的作用。后吸器除固着功能外，可能也具有攻击和防御作用；后吸器结构较为复杂，形态因种而异，为分类上重要的依据之一。

体壁：与复殖吸虫、绦虫的相似，是由皮层与肌肉构成的皮肤肌肉囊。囊内有各种组织器官和充填各器官系统之间的实质组织。

消化系统：包括口、咽、食道和肠。口在体前端，其后为咽及食道。

排泄系统：排泄系统最末端结构为焰细胞。焰细胞与网状细管相连，然后汇于纵贯于体两侧的两条排泄总管。两总管和咽附近的短管与同外界相通的排泄囊相连。

神经和感觉器官：神经系统简单，神经环位于咽的两侧，由此向前后各发出三对神经至各器官组织。感觉器官有眼点，由黑色素细胞构成，有些种类还有晶体状的结构，但有些种类不具眼点。

生殖系统：单殖吸虫雌雄同体，一般是异体受精，有时可自体受精。

2. 生活史　绝大多数为卵生，包括卵、钩毛蚴和成虫三个时期。卵由成虫排出，从卵中孵化出的幼虫称为钩毛蚴，钩毛蚴借助体表的纤毛在水中游动，发现适宜的宿主即附着上去，营寄生生活。没有无性世代和宿主的交替，即直接发育、不需要中间宿主。

少数单殖吸虫（三代虫科的虫种）为特殊的卵胎生。其卵成熟后在母体子宫内发育为完整的“胎儿”，在该胎儿内又孕育有第三代胎儿，有时甚至可见到4代同体。当子宫中的胎儿发育到后期时，卵巢又产生1个成熟卵（幼胚），位于大胚胎之后；成熟的胎儿离开母体时，在母体中部突然隆起1个瘤，胎儿就由此逸出，先是中部然后是前部和后端逐渐离开母体。大胎儿脱离母体后，幼胚即取而代之。三代虫无需中间宿主，产出的胎儿已具有成虫的特征，它在水中漂游，遇到适当的宿主即寄生上去。

单殖吸虫成虫产卵和卵中幼虫孵化的速度随水温的上升而加快。单殖吸虫对宿主有明显的特异性。

3. 分类　单殖吸虫为扁形动物门的一纲，现已报道6 000余种，分为三个亚纲：多钩亚纲、寡钩亚纲和多盘亚纲。多钩亚纲的后吸器具数目较多、形态大小不等的几丁质钩与联结片，或为具或不具分隔的肌质吸盘状结构；寡钩亚纲的后吸器具形态各异、数量不一的吸铗；多盘亚纲的具2～6个吸盘。多钩亚纲与寡钩亚纲的种类主要寄生于鱼类的鳃和体表，极少数种类寄生在软体动物及甲壳动物的体表或鱼体内；多盘亚纲的种类主要寄生于水生四足动物的膀胱及泄殖腔内。

二、指环虫

指环虫（*Dactylogyrus*）属指环虫目、指环虫科。指环虫属种类众多，致病种类主要有小鞘指环虫、页形指环虫、鳙指环虫、坏鳃指环虫，常造成鳃的严重损伤，可引起苗种的大批死亡。指环虫是一类小型单殖吸虫，通常小于0.5mm，后固着器具7对边缘小钩，1对中央大钩。联结片存在，辅助片存在或缺失。眼点2对，在体前端。输精管一般环绕肠支，具贮精囊。前列腺储囊1对。交接器由管状交接管与支持器两部分组成。阴道单个，几丁质结构存在或缺失，开口于体边缘。

生活史简单，不需要中间宿主。指环虫成体在温暖季节能不断产卵并孵化，自受精卵从虫体排出后，卵漂浮于水面或附着在其他物体或宿主鳃及皮肤上。

（一）小鞘指环虫（*D. vaginulatus*）

寄生于鲢鳃上，为较大型的指环虫，可达（0.98～1.4）mm×（0.233～0.344）mm，中央大钩粗壮，联结片矩形而宽壮，中部及两端略有扩伸，辅助片呈Y形。

（二）页形指环虫（*D. lamellatus*）

寄生于草鱼鳃、皮肤和鳍。虫体扁平，大小（0.192～0.529）mm ×（0.072～ 0.136）mm。中央大钩具有1对三角形的附加片（或称副片），联结片呈长片状，辅助片呈T形，边缘小钩发育良好。交接器结构较复杂，交接管长度略超出支持器的1/2，基部膨大，支持器的基端与管的膨大部分相接，先形成一开口环，围绕交接管，然后于近交接管的末端再形成一环，管即由此环通出。由环上着生出一几丁质厚片，其端部连成一扩大成杓状的构造，其间似有一孔，此厚片由其孔间穿入。由杓状结构的端部通出一片突起，与整个交接器约成45°，此突起末端终止于交接管始部的线上。

（三）鳙指环虫（*D. aristichthys*）

寄生于鳙。边缘小钩7对，中央大钩基部较宽，内外突明显。联结片略呈倒“山”字形，辅助片稍似菱角状，左右两部分较细长。交接管为弧形尖管，基部呈半圆形膨大。支持器端部似贝壳状，覆盖于交接管；基部略呈三角形。

（四）坏鳃指环虫（*D. vastator*）

寄生于鲤、鲫、金鱼的鳃丝。联结片单一，呈“一”字形。交接管呈斜管状，基部稍膨大，且带有较长的基座。支持器末端分为两叉，其中一叉横向钩住交接管。

三、三 代 虫

三代虫（*Gyrodactylus*）属三代虫目、三代虫科。虫体略呈纺锤形，长度一般为0.3～0.8mm，背腹扁平，身体前端有1对头器，后端的腹面有一个圆盘状的后固着器。后固着器由1对锚钩及其背腹联结棒和8对边缘小钩组成，用以固着在宿主鱼的寄生部位。锚钩、联结棒、边缘小钩都是几丁质构造，其结构和形态是分类的依据。三代虫为雌雄同体，胎生。在后固着器之前按前后顺序排列着1个卵巢和1个精巢。卵巢之前是子宫，内有一个椭圆形的胚胎。胚胎内往往还有第二代和第三代胚胎。三代虫主要寄生在鱼体表和鳃，广泛分布于世界各地海水和淡水水域，能寄生于绝大多数野生及养殖鱼类。

（一）鲢三代虫（*G. hypopthalmichthysi*）

寄生于鲢、鳙的皮肤、鳍、鳃及口腔。体长0.31～0.5mm，宽0.07～0.14mm。无眼点，前端有头器1对。后固着器上的8对边缘小钩排列呈伞形，中央大钩1对，2个联结片。口在身体前端腹部，呈管状或漏斗状。睾丸位于虫体后部中央。交配囊卵圆形，由1根大而弯曲的大刺和8根小刺组成。卵巢单个，呈新月形，在睾丸之后。

（二）鲩三代虫（*G. ctenopharyngodontis*）

寄生于鲩皮肤和鳃。虫体较大，达（0.33～0.57）mm×（0.09～0.15）mm，边缘小钩长0.025～0.03mm，大钩长0.049～0.066mm，背联结片大小为0.002～0.003mm，其两端的前缘各具有1个尖刺状的突起。

（三）秀丽三代虫（*G. elegans*）

寄生于金鱼、鲤、鲫的体表和鳃。体长0.45～0.6mm，边缘小钩全长0.02～0.029mm，钩体长0.006～0.007mm。中央大钩长0.088～0.14mm。交配囊呈球形，具1根大而弯曲的大刺、2根中刺和3根小刺。

四、锚 首 虫

锚首虫（*Ancyrocephalus*）属指环虫目、锚首虫科。该属的特征是后固着器与前体部区分明显。具2对中央大钩及2根联结片和边缘小钩。3对或更多对的头器。眼点存在或缺失。咽腺存在于咽之两侧，咽后腺（食道腺）位于咽后。肠支末端一般不相连。精巢卵形至椭圆形，分为两叶，位于卵巢之后或与之重叠。输精管不环绕肠支。贮精囊由输精管稍膨大而成。前列腺贮囊通常2个，有时单一。有交接管，有或无支持器。生殖孔在肠叉之后。卵巢单一，卵圆至椭圆形，在精巢之前或与之重叠。阴道位于左边或右边，体边缘或亚边缘或

腹面亚中位。卵黄腺分布于肠支内外侧。此属在我国分布广，常见的种类有：河鲈锚首吸虫（*A. mogurndae*）、似蝎尾锚首吸虫（*A. scorpioidalis*）、肥茎锚首吸虫（*A. scrjabini*）、近相等锚首吸虫（*A. subaequatis*）。主要寄生于淡水鲤科鱼类。

五、片 盘 虫

片盘虫（*Lamellcdiscus* sp.）属于指环目、鳞盘科。该属的特征是在后固着器的前部具有背部鳞盘和腹部鳞盘各 1 个。鳞盘由许多片状几丁质构造成对地作同心圆排列而成。具 3 对头器，2 对眼点。锚钩 2 对，联结棒 3 条。精巢 1 个，较大，在身体中部。贮精囊由输精管的一部分膨大而成，前列腺单一。生殖孔在肠分支之后。卵巢长形，位于肠支内侧，在精巢之前。有几丁质的阴道。交接器常由交接管与支持器构成。

该属共有 40 余种，全部寄生在海水鱼，大部分种类的宿主是鲷科鱼类。我国报道的有 3 种，即日本片盘虫（*L. japonicus*）寄生于真鲷、黄鳍鲷、黑鲷等的鳃；真鲷片盘虫（*L. pagrosomi*），寄生于真鲷、黄鲷、赤点石斑、青石斑、黄鳍鲷等的鳃；倪氏片盘虫（*L. neidashui*）寄生于黄鳍鲷。

六、本尼登虫

本尼登虫（*Benedenia*）属于多钩亚纲、单后盘目、分室科。常见的种类有鰤本尼登虫（*B. seriolae*）、石斑鱼本尼登虫（*B. epinepheli*）。虫体略呈椭圆形，背腹扁平，大小一般为（5.4～6.6）mm×（3.1～3.9）mm。身体前端稍突出，两侧各有 1 个前吸盘；后端有 1 个卵圆形的后吸盘。后吸盘中央有 2 对锚钩和 1 对附属片。口在前吸盘之间的后缘，其前方有 2 对黑色眼点。口下为咽，从咽向后分出两条树枝状的肠道，伸至身体的后端。本尼登虫雌雄同体。

七、异 斧 虫

异尾异斧虫（*Heteraxin heterocerca*）属于寡钩亚纲、钩铗虫目、异斧虫科。

成虫身体左右不对称，后端较前端宽，略呈斧状。虫体长 5～17mm，沿身体后端有 2 列固着铗。一列在身体后缘，数目较多，个体较大；另一列在身体后端的侧缘，数目较少，个体也较小。口位于身体前端的腹面，口腔内有左右对称排列的 2 个口腔吸盘。口下为咽和两条主支有许多分支状的盲管。异斧虫雌雄同体，精巢位于身体后部左右肠支之间，约有 100 个，形状不规则；卵巢 1 个，位于精巢之前，呈倒 U 形。

虫体生长到 6mm 左右时达到性成熟，开始产卵；产卵期从春季到晚秋。卵为橄榄形，大小为 0.15mm×0.07mm，在一端上有 1 条卵丝。一次产卵 300～800 个，卵丝互相缠绕在一起成绳状，用以附着在网箱或其他物体上进行发育和孵化。

八、双阴道虫

真鲷双阴道虫（*Bivagina tai*）属于寡钩亚纲、钩铗虫目、微杯虫科。虫体细长而扁平，一般为 3～6mm，最长者达 7.9mm，伸缩性较强。身体前端有 2 个口吸盘和 3 个黏着腺；后端两侧边缘各有 1 列固着铗，每列 38～60 个。口下通咽和分支状肠管。双阴道虫为雌雄同体，精巢 22～40 个，位于身体后半部左右 2 个肠支之间；卵巢 1 个，在精巢之前，阴道孔 2 个。据江草周三（1983）报道，此虫的产卵期在日本从 11 月开始，到翌年 1 月下旬为盛产期。卵褐色，纺锤形，平均长度为0.24mm，宽为0.06mm。两端各伸出1条卵丝，一根较短，长0.07mm，尖端弯曲成钩形；另一根较长，达0.9mm左右，用以缠绕在其他物体上。产出的卵先成团地附着在鳃上，以后又离开鳃并缠绕到养鱼网箱上，在11月下旬水温18.5～19.5℃时，8～9d就可孵出幼虫。

九、异沟虫

鲀异沟虫（*Heterobothrium tetrodonis*），属于寡钩亚纲、钩铗虫目、八铗虫科、异钩盘虫属。虫体呈舌状，背腹扁平，体长5～20mm。后固着器为构造相同的4对固着铗，对称地排列在身体的后端两侧。口在虫体前端，口后为咽和很短的食道，食道后是2条分支的肠管直延伸到后端。精巢约30个，位于身体中部的前方，卵巢叶片状，在精巢之前；子宫很大，占身体的1/4，位于体前部，内部常充满卵。卵呈黄绿色，梭形，两端具卵丝；卵丝末端又连到另一个卵，使卵与卵连成串。通常有数个虫体的卵互相缠绕在一起，拖拉在宿主鳃孔的外面，在鱼游泳时这些卵串被挂在养鱼的网箱上或海藻上。卵在壳内发育成为具有纤毛的幼虫，冲开卵盖后游出，在水中遇到合适的宿主后就随着鱼呼吸时的水流附着到宿主鳃及其附近的肉质部分，蜕掉纤毛，生出一层膜状的壳将虫体包着。虫体在壳内发育到长达1.5mm左右时，壳即消失，变为与成虫相近的体形。从卵到成虫的整个生活史约需1个月时间。

第三节　复殖吸虫

一、生物学特征

复殖吸虫属扁形动物门、吸虫纲，全营寄生生活。体不分节，体表覆以活细胞质的皮层。纤毛仅出现于毛蚴期。复殖吸虫种类繁多，大小、形态、生活习性各异，分布极为广泛，为鱼类常见的寄生虫。通常具吸盘，消化道为二歧型。绝大多数雌雄同体，极少数为雌雄异体。生活史过程中需要更换宿主。中间宿主为腹足类及瓣鳃类软体动物、多毛类环节动物、水生昆虫、植物和鱼类等。

寄生于鱼类的复殖吸虫，一部分虫种可直接引起鱼病，对鱼类产生危害，如双穴吸虫；另一些种类以鱼类为中间宿主，危害人类健康，如华支睾吸虫。

1. 形态　体呈扁平叶状、舌状、卵形或圆柱形等，也有呈圆锥形、豆形、肾形的；两侧对称或不对称。体长一般介于0.5～20mm。虫体大多呈乳白或灰白色。体表可披小棘或光滑无棘。前端可有头棘或围口刺等结构。一般有1个较小的口吸盘位于虫体的前端和1个较大的腹吸盘，但也有缺其中之一或全缺的。吸盘的位置在不同种变化很大，通常以腹吸盘为界将虫体分为前体和后体。

2. 生活史　生活史复杂，可有卵、毛蚴、胞蚴、雷蚴、尾蚴、囊蚴、成虫7个发育阶段，发育过程中需要更换宿主。第一中间宿主一般为腹足类，第二中间宿主或终末宿主一般为软体动物、环节动物、甲壳类、昆虫、鱼类、两栖类、爬行类、鸟类和哺乳类。有的种类需要多个中间宿主。

繁殖力极强。它不仅在成虫时期行有性生殖，产大量的卵，还在幼虫期进行无性生殖（多胚生殖），每个胞蚴可产生多个雷蚴，雷蚴又可产生多个尾蚴。

3. 分类　对复殖吸虫分类研究影响较深的分类系统有4个：La Rue（1957）、Skrjabin

和 Guschanskaja（1960）、Yamaguti（1971）和 Gibson 等（2002）。目前我国学者基本上都采用 Yamaguti（1971）分类系统。

二、血居吸虫

血居吸虫（*Sanguinicola* spp.）寄生于多种淡水鱼及海水鱼的血管内。在我国危害较大的龙江血居吸虫（*S. lungensis*），寄生于鲢、鳙、鲫、草鱼、团头鲂；成虫扁平、梭形，前端尖细，大小为（0.26～0.85）mm×（0.14～0.25）mm，体披很粗的棘及刚毛，口孔在吻突的前端，下接弯曲的食道，在体 1/3 处突然膨大成 4 叶肠盲囊，没有咽；精巢 8～16 对，位于卵巢前方，输精管沿正中线向后，至卵巢后方左侧，作 2～3 次折叠而达雄性生殖孔；卵巢蝴蝶状，卵呈橘子瓣状，在大弯的一边有 1 根短刺。寄生于团头鲂的鲂血居吸虫（*S. megalobramae*）的肠盲囊呈梨形或圆形，精巢 18～22 对。

毛蚴在鳃血管内孵出，钻出鱼体外，落入水中；毛蚴钻入中间宿主（龙江血居吸虫的中间宿主为褶叠椎实螺，鲂血居吸虫的为白旋螺），发育为胞蚴、尾蚴，尾蚴为叉尾有鳍型，体背面有鳍，不无吸盘、眼点，口孔在吻的腹面；尾蚴钻入终末宿主鱼，发育为成虫。

三、双穴吸虫

双穴吸虫（*Diplostomulum* sp.）又叫复口吸虫，属双穴科，在我国危害较大的主要是倪氏双穴吸虫（*D. niedashui*）、湖北双穴吸虫（*D. heupehensis*）、山西双穴吸虫（*D. shanxinensis*）、匙形双穴吸虫（*D. spathaceum*）。囊蚴椭圆形，分前后两部分，口吸盘的两侧各有 1 个侧器。尾蚴均无眼点，有咽、双吸盘、长尾叉，在水中休息时尾干弯曲，使虫体折成“丁”字形，腹吸盘后面有 2 对钻腺细胞。

成虫寄生于红嘴鸥等肠中，虫卵随粪便排出落入水中，湖北双穴吸虫及倪氏双穴吸虫的卵经 3 周左右孵出毛蚴，在水温 25～35℃范围内，水温越高，孵化期越短；毛蚴在水中游泳，钻入第一中间宿主斯氏萝卜螺、克氏萝卜螺等体内，在肝脏和肠外壁发育为胞蚴；胞蚴产出尾蚴，离开胞蚴的尾蚴移至螺的外套腔内，然后很快逸至水中，在水中作规律性的间歇运动，时沉时浮，有趋光性和趋表性。在水中期间内，尾蚴如遇到第二中间宿主鱼就迅速叮上，脱去尾部钻入鱼体。湖北双穴吸虫尾蚴钻入附近血管，移至心脏，上行至头部，从视血管进入眼球；倪氏双穴吸虫尾蚴及山西双穴吸虫尾蚴穿过脊髓，向头部移动，进入脑室，再沿视神经进入眼球，在水晶体内经过 1 个月左右发育成囊蚴。当鸥鸟吞食带有囊蚴的病鱼后，囊蚴在其肠道内发育为成虫。

四、侧殖吸虫

日本侧殖吸虫（*Asymphylodora japonica*）及东方侧殖吸虫（*Oricentotrema* sp.），属于独睾科。虫体较小，卵圆形，体表披棘。口吸盘略小于腹吸盘，后者位于体中部略前，前咽不明显，咽椭圆形，食道长，分叉于腹吸盘的前背面，肠支盲端止于体近末端。精巢单个，长椭圆形，位于体后 1/3 部分的中轴线；阴茎披小棘，生殖孔开口于体左侧中线附近。卵巢圆形或卵圆形，位于精巢右前方。子宫末端肌质披棘，与阴茎共同开口于生殖孔。卵黄腺分布于精巢前半部 2 个肠支的外侧。中间宿主为湖螺、田螺及旋纹螺。尾蚴可在螺体内发育成囊蚴。当螺被吸虫终末宿主吞食后，囊蚴发育为成虫。另外，尾蚴具移行习性，常聚集在螺类的触角上，它被鱼苗吞食后可以逾越囊蚴期继续其发育过程。

五、弯口吸虫

扁弯口吸虫（*Clinostomuim complanatum*）成虫寄生于鹭科鸟类，第一中间宿主为螺类，第二中间宿主为鱼类。虫卵随鸟类粪便排入水中，孵出毛蚴。毛蚴钻入螺后，在外套膜上发育为胞蚴。胞蚴发育为雷蚴，再发育为尾蚴。单个毛蚴感染萝卜螺，在28℃时，18d后尾蚴即从螺体中逸出。尾蚴为叉尾蚴型，有强烈的趋光性，遇到第二中间宿主鱼即钻进皮肤，至肌肉，发育为囊蚴。包囊一般为橘黄色，虫体从包囊逸出后，作蛭状剧烈伸缩运动。体长4～6mm，体宽2mm。前端有1个口吸盘，下为肌质的咽，无食道，再接肠支。两盲支直伸至体后端，并向两旁分出许多侧支。腹吸盘位于虫体前1/4处，大于口吸盘。睾丸1对，纵列，分叶，两睾之间为雌性生殖腺。鹭吞食带虫的鱼，囊蚴从囊中逸出，从食道迁回至咽喉，4d后即成熟排卵。

第四节 绦 虫

一、生物学特征

属于扁形动物门、绦虫纲，全营寄生生活。虫体单节或多节。一般前部为头节和区分不明显的颈部，后部为分节明显或不明显的节片。每一节片具有1套生殖器官，少数有2套；除个别虫种外，都是雌雄同体。成虫无消化系统，只能寄生于脊椎动物的消化道，吸收宿主已消化好的营养物质。

绦虫是鱼类常见的寄生虫，其中一些种类可引起严重的鱼类疾病，造成危害。绦虫的幼虫可寄生于鱼类、虾类的腹腔或肝、胰脏，压迫宿主内脏器官而损害其正常机能，影响宿主生长发育；成虫多寄生于鱼类消化道，夺取宿主营养、破坏肠壁组织或大量寄生阻塞肠道，导致宿主发病、死亡。

1. 形态 虫体通常扁平带状，极少数为圆筒状。体长自1mm至30m不等。一般由头节、颈部和数目众多的节片组成，节片前后相连形成链体状。

头节位于虫体前端，其上的附着器官形态多样，大致可分为三类：吸盘、吸槽及突盘。

某些种类的头节退化或发育不全。有些种类的头节还有腺体存在。头节内集中有神经及感觉末梢，排泄管也集中联结于头节内。

头节之后为颈，一般细于头节，内有生发细胞，节片借此向后芽生而成。

链体由节片前后相连而成。节片分为未成熟节片、成熟节片及妊娠节片。虫体后端充满卵的妊娠节片不断排出体外，称为蜕离。有的种类具有子宫孔，可产出虫卵。产出虫卵后的节片自行脱落，称为假蜕离。

体壁：为皮肌囊结构，包括皮层与皮下层。

排泄系统：焰细胞分布于身体各处。焰细胞和细管相连，各细管汇于两对背腹排泄总管，贯通于各节片。对绦虫的亚显微结构研究发现，排泄管中衬有微绒毛，其具有输送排泄物质的功能。

神经系统：头节有较集中的神经节。在吸盘附近，常有环状的神经及横走接合神经。从神经节分出腹、背、侧3对纵走的神经索，伸向虫体后方。

生殖系统：大多数雌雄同体，一般每一节片内有1～2套生殖器官。

2. 生活史　不同类群的绦虫具有不同的发育类型，需更换中间宿主，有自体交配和异体交配。单节绦虫亚纲（旋缘目和两线目）绦虫的虫卵发育为十钩蚴；真绦亚纲的虫卵发育为六钩蚴或具6个小钩的钩球蚴。中间宿主多样，通常为环节动物、软体动物、桡足类、甲壳类等无脊椎动物或鱼类、两栖类等低等脊椎动物。含幼虫的中间宿主被终末宿主吞食后，才能发育为成虫。

3. 分类　全世界的绦虫记录已逾4 000种，我国近400种，其中寄生于鱼类的约100种。一般分为2个亚纲。

单节绦虫亚纲（Cestodaria）：体单节，仅有一套生殖器官。头节缺失。幼虫具10个小钩，为十钩蚴。

多节绦虫亚纲（又称真绦虫亚纲Eucestoda）：体分节或不分节，每一节内有1套或2套生殖器官。头节存在或具假头节。幼虫具6个小钩，为六钩蚴。

据Jones等（1994）的整理，绦虫包括14个目。

二、鲤蠢绦虫

鲤蠢绦虫（*Caryophyllaeus* sp.）属鲤蠢科。虫体不分节，只有1套生殖器官；头节不扩大，前缘皱褶不明显或光滑；精巢椭圆形，很多，前端与卵黄腺同一水平，向后延伸到阴茎囊的两侧；卵巢H形，在虫体后方；卵黄腺椭圆形，比精巢小，分布在髓部；有受精囊，子宫环不达阴茎囊前方。中间宿主是颤蚓，原尾蚴在颤蚓的体腔内发育，呈圆筒形，前面有1个吸附的沟槽，后端有1个具小钩的尾部；鲤吞食有原尾蚴的颤蚓而感染，原尾蚴在鲤肠中发育为成虫。

三、头槽绦虫

主要包括九江头槽绦虫（*Bothriocephalus gowkongensis*）和马口头槽绦虫（*B. opsarijchthydis*），虫体带状，体长20～250mm。头节有1个明显的顶盘和2个较深的吸沟。精巢球形，每个节片内有50～90个，分布在节片的两侧。阴道和阴茎共同开口在生殖腔内。生殖腔开口在节片背面中线后1/3的任何一点上。卵巢双瓣翼状，横列在节片后端1/4的中央处。子宫弯曲成S状，开口于节片中央腹面，在生殖孔之前；卵黄腺比精巢小，散布在节片的两侧。梅氏腺位于卵巢的前侧。

生活史经卵、钩球蚴、原尾蚴、裂头蚴、成虫5个阶段。一条长150～200mm的虫体每次可产卵1万多粒。

（1）卵　呈椭圆形，淡褐色，在尖的一端有不明显的卵盖。卵随宿主粪便一同落到水中，在水温28～30℃时，3～5d内孵化成钩球蚴，14～15℃时需10～28d才能孵化成钩球蚴。

（2）钩球蚴　呈圆形，后端有3对钩，虫体上密布纤毛，生活时纤毛不断地颤动，孵化后约1d即停止颤动，在水中生活的时间约为2d，在这期间内，如不为剑水蚤吞食就死亡。

（3）原尾蚴　钩球蚴被中间宿主刘氏剑水蚤或温剑水蚤吞食后，穿过其消化道到达体腔，大约经5d发育为原尾蚴；原尾蚴体长形，尾端有1个球形尾器，内尚有原来的小钩，前端有4～5对穿刺腺。原尾蚴在中间宿主体内生活时间的长短，取决于剑水蚤的寿命。

（4）裂头蚴　感染了原尾蚴的剑水蚤，被草鱼鱼种吞食后，经过消化作用，剑水蚤破裂，原尾蚴即在草鱼鱼种肠内蠕动，脱下尾器，发育为裂头蚴。这时期的幼虫，没有节片，在夏季经 11d，虫体长出节片，逐渐进入成虫阶段。

（5）**成虫** 在水温 28～29℃时，裂头蚴在草鱼肠内经过 21～23d 达到性成熟，初次产卵。

四、舌形绦虫

舌形绦虫（*Ligula* sp.）和双线绦虫（*Digramma* sp.）属于舌状绦虫科。虫体肉质肥厚，呈白色长带状，俗称“面条虫”，长度从数厘米到数米，宽可达 1.5cm。双线绦虫的前端钝尖，但比后端稍宽；背腹面各有 2 条陷入的平等纵槽，在腹面中间还有 1 条中线；每节节片有 2 套生殖器官。舌形绦虫的头节尖细，略呈三角形，在背腹面中线各有 1 条凹陷的纵槽，每节节片有 1 套生殖器官。

终末宿主为鸥鸟。虫卵随宿主粪便排入水中，孵出钩球蚴，钩球蚴被细镖水蚤吞食后，在其体内发育为原尾蚴，鱼吞食带有原尾蚴的水蚤后，原尾蚴穿过鱼肠壁到体腔，发育为裂头蚴，病鱼被鸥鸟吞食，裂头蚴就在鸥鸟肠中发育为成虫。

五、裂头绦虫

阔节裂头绦虫（*Diphyllobothrium latum*）体长 2～20m，有 4 000 多个节片。头节长圆形，背腹各有 1 条深裂的吸沟。每个节片内有 1 套生殖器官；精巢圆形，泡沫状，很多，散布在节片背面两侧，肌肉质的阴茎囊包含有阴茎，它开口于节片中央的上方，雌雄生殖孔在它的后方，卵巢两瓣状，位于节片后端 1/3 的腹面，阴道开口于生殖孔后方不远的腹中线。卵黄腺呈小圆粒状，散布在节片两侧精巢的腹面。

卵在水中孵出钩球蚴，被第一中间宿主剑水蚤吞食，在其体腔中发育为原尾蚴，剑水蚤被第二中间宿主（鱼）吞食，原尾蚴穿过胃壁到结缔组织或肌肉、性腺、肝等处发育成长形的裂头蚴。当哺乳动物吞食感染裂头蚴的淡水鱼后，裂头蚴经 3～6 周发育为成虫。

第五节 线 虫

一、生物学特征

属于线虫动物门，是一类两侧对称，三胚层，具假体腔，体不分节，无附肢，消化系统完全（有口有肛门）的无脊椎动物。线虫种类众多，数量庞大，生境多样，在自然界分布极广，大部分营自由生活，少数营寄生生活。鱼类线虫多寄生于消化道及腹腔、鳍条等组织器官，可导致宿主鱼生长发育不良，引起病害甚至死亡。

1. 形态 虫体一般呈长圆柱形，两端较细，横切面为圆形，因此又称圆虫。大小、粗细差别显著，细的如发丝，粗的直径可达 5mm；自由生活者小，长度一般不超过 1mm；寄生种类则较大，如人蛔虫长 15～35cm。雌雄异体，形体态相似，但雌虫一般大于雄虫。虫体前端具口和唇，唇上具乳突，唇后的两侧具带状、孔状或螺旋状的化感器。在虫体前段的腹中线上有排泄孔。雌虫的腹面具生殖孔（阴门）。线虫自肛门以后的部分为尾部。尾部两侧可具尾感器，有的无尾感器而在尾端有尾腺。雄虫的尾部腹面常有交合伞、肛前吸盘、生殖乳突等结构。

体壁与假体腔：体壁由角质层、上皮层和纵肌层构成，是线虫抵抗外界不良环境的重要结构。

消化系统：包括消化管和腺体。消化管简单，分为口腔、食道、肠、直肠（或为泄殖腔）及肛门。

排泄系统：是一种特殊的原肾管，分为腺型和管型两类。原始种类属于腺型，为1个或2个大型的腺肾细胞，开口于体前端腹面的排泄孔。寄生种类多为管型，由腺肾细胞衍生而来，呈管状纵贯于皮下侧线内。它们都是由外胚层细胞形成，故均属于原肾型。有的线虫幼虫时为腺型排泄系统，成虫时为管型。

神经系统：前端有一围咽神经环及与之相连的神经节，由围咽神经环向前后各发出若干条神经索，向前的连接头部乳突和化感器，向后的背、腹、侧神经索在虫体后端会合于腰神经节，再连接至尾部感受器中。感觉器官主要为头部和尾部的乳突、化感器和尾感器。在口、颈部、生殖孔、肛门都有相应的感觉乳突。

生殖系统：线虫绝大多数雌雄异体，生殖器官为细长管状。雄性通常为单管型雌性一般为双管型。

2. 生活史　线虫的发育包括卵、幼虫及成虫阶段。生殖方式分为卵生、卵胎生和胎生。卵或胚胎产出后的发育过程因种类不同而异。幼虫发育过程存在“蜕皮”现象，即上皮细胞合成的新角质层替换老角质层的过程。成虫存在性吸引的现象。

卵生种类在受精卵产出进入外界环境后才开始胚胎发育；卵胎生的种类在子宫中就开始了胚胎发育，虫卵产出后立即孵化出幼虫，如球状鳗居线虫；胎生种类则在子宫中就完成胚胎发育和幼虫的孵化，幼虫由母体产出直接进入水中，如嗜子宫科的种类。幼虫的发育需要经过4次蜕皮，分为5期：第1期和第2期幼虫，食道呈杆状，称为杆状幼虫；第3期幼虫食道呈丝状，称为丝状幼虫，第3期幼虫具有感染终宿主的能力，称为感染期幼虫或侵袭性幼虫。有些种类在卵内发育的第2期幼虫便有感染终宿主的能力，称为侵袭性虫卵。感染期幼虫侵入终末宿主后，进行第3次蜕皮，雌雄开始分化。第4次蜕皮后为第5期幼虫，性器官进一步发育成熟后，即为成虫。

有的线虫不需要中间宿主，行直接型生活史，肠道寄生线虫多属此类型，其虫卵或幼虫被宿主排出，在体外发育至感染期，被宿主吞食。有的线虫有多个宿主，虫卵或幼虫在中间宿主如桡足类、寡毛类等体内发育为感染期幼虫后，再感染终末宿主，行间接型生活史，组织内寄生线虫多属这一类。

3. 分类　线虫种类繁多，分类较为复杂。Chitwood 和 Chitwood（1950）的经典著作 *An Introduction to Nematology* 系统而全面地研究了线虫的形态、起源和演化，将线虫分为2个纲：尾感器纲（Phasmida）和无尾感器纲（Aphasmida）。后 Anderson 等（1984）将动物寄生线虫分为2个纲6个目27个总科，该分类系统已为各国学者所认可，并得到Kampfer等的分子数据支持。

二、毛细线虫

毛细线虫（*Capillaria*）属毛细科。虫体细小如纤维，前端尖细，后端稍粗大，体表光滑；口端位，没有唇和其他构造；食道细长，由26～36个单行排列的食道细胞组成；肠前端稍膨大，肛门和泄殖孔开口在体后端。雌虫体长4.99～10.13mm，有1套生殖器官，阴门显著，位于食道和肠连接处的腹面。雄虫体长1.93～4.15mm，有1根细长的交合刺，外包交合刺鞘，鞘壁上有极细微的隆起。卵生，卵柠檬状，两端各有1个瓶塞状的卵盖，卵随宿主粪便排入水中后开始分裂，形成幼虫，但幼虫不出壳，在卵壳内可存活 30d 左右，脱出卵壳的幼虫不能存活。鱼吞食含有幼虫的卵而感染。在湖北，虫体在 6—11 月均可产卵。

三、嗜子宫线虫

嗜子宫线虫（*Philometra*）属嗜子宫科。常见种类有：鲫嗜子宫线虫（*P. carassii*），雌虫寄生在鲫的尾鳍，长 22～50mm，雄虫长 2.46～3.74mm；鲤嗜子宫线虫（*P. cyprini*），雌虫寄生在鲤的鳞囊内，虫体长 10～13.5cm，雄虫寄生于鲤腹腔和鳔，虫体长 3.3～4.1mm；藤本嗜子宫线虫（*P. fujimotoi*），雌虫寄生于乌鳢、斑鳢等鱼的背鳍、臀鳍和尾鳍，长 2.5～4.6cm，雄虫寄生于鱼的鳔、腹腔，长 2.2mm；鰤嗜子宫线虫（*P. seriolae*），寄生在鰤肌肉内；鲷嗜子宫线虫（*P. spari*），寄生在真鲷、黑鲷的性腺；鳍居嗜子宫线虫（*P. pinnicola*），寄生在赤点石斑鱼鳍，雌虫一般均为血红色，两端稍细，似粗棉线。雄虫体细小如发丝，透明无色。

四、拟嗜子宫线虫

拟嗜子宫线虫（*Philometroides seriolae*）属于嗜子宫目、嗜子宫科。虫体细长呈圆筒形，两端渐变细，但末端不尖。活体呈橙红色。虫体长 1.7～40.2cm，野生鰤体上寄生的虫体最大可达 51cm。体表具有许多乳突，这是本属的特征。

胎生。成熟的雌虫一端留在鱼体的皮下组织内，其他部分露在鱼体外表随着鱼的游动而扭曲状摇动，不久破裂，子宫中的幼虫也随之散入水中。散在水中的幼虫可被桡足类吞食，但尚未观察到鰤是如何被感染的。

五、鳗居线虫

球状鳗居线虫（*Anguillicola globiceps*）及粗厚鳗居线虫（*A. crassa*）属鳗居科。成虫呈圆筒形，透明无色；头部呈圆球状（或不膨大），无乳突；没有唇片；食道前段 1/3 处膨大成葱球状（或花瓶状），后 2/3 处呈圆筒状，由肌肉和腺体组成；肠粗大，尾腺存在，无直肠和肛门。雄性生殖孔位于尾端腹面，没有交接刺和引刺带，贮精囊甚大，生殖孔附近有尾突 6 对。雌虫体长 44mm，阴门位于体 1/4 处，开口于一圆锥体上；阴道极短，卵巢在子宫前后各一。卵在子宫的后段已发育为幼虫，幼虫停留在卵中蜕 1 次皮，含有幼虫的虫卵在鳔中孵出，通过鳔管进入消化道，随宿主粪便排入水中。第 2 次幼虫孵出时，体表包有一层透明的薄膜，称鞘膜，头端有 1 个尖突，尾部细长，通常在水底以尾尖附着在固体物上，不断摆动，以引诱中间宿主吞食，它可在水中存活 7d。如被剑水蚤吞食后，穿过肠壁进入体腔中发育，含第 3 期幼虫的剑水蚤被鳗鲡吞食后，幼虫穿过肠壁经体腔附着于鳔表面，再侵入鳔壁到鳔腔中寄生，大致 1d 即可移行到鳔中，经第 4 期幼虫而发育为成虫。幼虫侵入宿主到发育为成虫大致需要 1 年时间。

六、异尖线虫

属于蛔目、蛔亚目、异尖科、异尖亚科。异尖亚科包括 24 属，其中能引起人体异尖线虫病的主要为异尖线虫属、钻线虫属、对盲囊线虫属、海豹线虫属、鲔蛔线虫属。以上 5 个属的线虫幼虫均可致病，通称为异尖线虫病。

成虫是将头部钻入终末宿主（海栖哺乳动物如鲸、海豹、海狮和海豚等）胃壁而寄生。

胃内的成虫排卵，卵几成圆球形，随宿主粪便排入海水，在适宜温度（约 10℃）下经数次分裂发育成幼虫。从卵中孵化出来的为第 2 期幼虫，进入第 1 中间宿主海生浮游甲壳类（如磷虾等）的体内，发育成为第 3 期幼虫，也可能仍停留在第 2 期幼虫期。这类含幼虫的浮游甲壳类被第二中间宿主，即有关的海鱼和乌贼等软体动物吞食，第 2 期幼虫在其体内脱皮而成为第 3 期幼虫，在宿主内脏表面和肌肉中形成包囊而寄生。含有第 3 期幼虫的鱼和乌贼等一旦被终末宿主吞食，则幼虫在它们胃内发育为成虫。

第六节　棘　头　虫

一、生物学特征

属于棘头动物门，是一类有假体腔、无消化道的两侧对称蠕虫。棘头虫在动物界中的种类较少，已记录 1 200 余种，成虫寄生于脊椎动物消化道。无自由生活阶段。棘头虫是鱼类消化道常见的寄生蠕虫，以吻部钻进肠黏膜内，损坏肠壁，引发炎症，危害鱼类健康。

1. 形态　通常为圆筒状或纺锤形。体不分节，但常有环纹。体色呈淡红色、灰红色或乳白色。虫体由吻、颈和躯干三部分组成。吻在体前端，有筒形、球形、卵形、圆锥形等形状；吻由收缩肌牵引，可以伸缩，可全部或部分缩入吻鞘中；吻上有几丁质的吻钩，其形状、排列方式及数目是棘头虫分类的重要依据之一。颈从最后一圈吻钩基部起，至躯干开始处止，通常很短，光滑无刺，但有的细长；有时在颈牵缩肌的作用下，可收缩进躯干内。躯干较粗大，体表光滑或具棘。体棘的分布情况也是分类的依据。躯干内部为假体腔，体腔内充满液体，内有韧带囊和生殖系统，无消化系统。

雌雄异体，雌虫大于雄虫，体长 0.9～650mm，但大多数种类都小于 25mm。寄生于鱼类的棘头虫一般体型较小。

2. 生活史　鱼类寄生棘头虫的生活史一般为：受精卵在母体内发育成具卵壳的棘胚蚴。含棘胚蚴的卵随终末宿主粪便排出体外，被中间宿主吞食后，卵壳破裂，棘胚蚴逸出并钻过中间宿主肠壁至体腔中继续发育为棘头蚴和胞棘蚴；被终末宿主吞食后，胞棘蚴脱去包囊，发育为成虫，从而完成其生活史。

某些种类的中间宿主会被转续宿主吞食。在转续宿主体内，棘胚蚴穿过肠壁形成包囊，再被终末宿主吞食。鱼类寄生棘头虫的中间宿主为水生甲壳类，如介虫、水蚤、钩虾等。

3. 分类　Rudolphi（1808）建立棘头虫纲，隶属于线形动物门。Meyer（1933）将棘头虫分为两个目：古棘头虫目和原棘头虫目。Van Cleave（1936）建立始新棘头虫目，1948 年又将棘头虫从线形动物门中分出，设立棘头动物门。Amin（1982）将棘头动物门分为 3 个纲，1987 年又建立多棘头虫纲。目前棘头虫依据吻钩的排列、体棘的有无、腔隙系统的位置、黏液腺的结构、卵的形状和卵壳厚度等，分为 4 纲 10 目（Amin，2013）。

二、似棘头吻虫

乌苏里似棘头吻虫属棘环科。雄虫较短小，略呈香蕉形，前部向腹面弯曲，体长 0.7～1.27mm。体表披有横行小棘。前端腹侧特别密集，其基部作不规则状膨大，同时又向背方不规则地稀疏；背部有时无小棘；吻短小，吻鞘单层；吻钩 18 个，排成 4 圈，前 3 圈各 4 个，第 4 圈为 6 个，吻腺等长或亚等长，长为吻鞘的 2 倍以上，几乎达体中部；体壁巨核背面5～6个，腹面2个；精巢1对，圆球形，前后列，位于体后部；黏液腺合胞型，有核3～4个。雌虫长0.9～2.3mm，体细长呈黄瓜形。生殖孔在末端腹面，子宫钟开口于腹面中下部。成虫寄生于草鱼、鳙、鲢及鲤等。

三、长棘吻虫

崇明长棘吻虫（*Rhadinorhynchus chongmingensis*），属于古棘头虫纲、多形目、长棘吻科。虫体乳白色，雌性老虫略呈黄色。雌虫长13.3～38.4mm，雄虫长12.42～26.54mm。吻细长圆柱形，上具吻钩14纵行、每行29～32个。躯干前端窄细如颈，上排列不规则的棘。吻腺2条，细长，可盘曲或伸直。雄虫具2个椭圆形的睾丸，前后排列；黏液腺8个，梨形或椭圆形，成簇聚集在后睾之后；交合伞钟罩状，可自由伸缩。虫体主要寄生在鲤、镜鲤肠的第一、第二弯前面肠壁上。虫体以吻部钻入肠壁，躯干部游离于宿主肠腔内。有时虫的吻部可穿透肠壁，钻入其他内脏，甚至可钻入体壁，引起体壁溃烂和穿孔。鱼被寄生后，肠壁被胀得很薄，从肠壁外面即可见到肠被棘头虫堵塞，肠内完全没有食物。

四、棘衣吻虫

棘衣虫属（*Pallisentis*）的隐藏新棘虫[*P.*（*Neosentis*）*celatus*]，属于圆棘头虫目、四环科。虫体乳白或淡黄色，长筒形，前段略膨大。雌虫长14.50～21.20mm，雄虫长4.10～10.48mm。吻短小，球形，上具吻钩32枚，呈螺旋形排列，每列4枚，其中前端的钩最大，向后渐次减小。躯干前部具体棘（体棘一般分成两组，两组之间为无棘区）。吻鞘囊袋状，具单层肌肉壁。吻腺长柱状，各具一卵圆形巨核。睾丸长椭圆形，前后相接。黏液腺长柱状，合胞型，内含多核。卵椭圆形，大小（0.040～0.100）mm×（0.027～0.047）mm。主要危害对象为黄鳝，该虫寄生于黄鳝体内，和黄鳝抢夺营养，大量寄生会破坏肠壁、阻塞肠道，引起黄鳝肠道发炎甚至造成死亡。保虫宿主有翘嘴红鲌、鲇、泥鳅、黄颡鱼、鳗鲡、草鱼等。

第四单元　水生动物寄生甲壳类

第一节　桡足类

一、剑水蚤目生物学特征

体前宽后细，剑蚤体形。雌雄异体，雌性营寄生生活，大多具1对卵囊，雄虫营自由生活。该目种类一般体表呼吸，但锚头鳋科种类在胸腹部两侧有4对鼓状圆形薄壁区作为呼吸器，称为呼吸窗。食性及取食方式多样，如幼虫以卵黄为营养，桡足幼体期以后的虫体就能以口器撕裂宿主组织或取食表皮细胞和黏液细胞，或吸食血液，行肠内和肠外消化。

（1）*形态*　身体明显分为体前部和体后部，体前部由头部与第一或第一和第二胸节愈合形成，较体后部宽大，形成前宽后细的轮廓。身体分头、胸和腹三部分，头部与前第一、第二胸节愈合成头胸部，游离胸节4～5节，腹部雌性仅4节，雄性5节，最后一游离胸节与腹部组成后部，生殖节位于胸腹部间。两对触角，第一触角短小，第二触角单肢型或双肢型。5对胸肢结构相似，均为游泳足，但寄生种类第五对胸肢为结构简单的单肢或双肢型游泳足。剑蚤体形是本目虫体的共有形态特征。

（2）*生活史*　雌虫寄生鱼体，大于自由生活的雄虫。成熟雌虫产出的卵挂在体后卵囊中，经一段时间孵化出第一无节幼体，第一无节幼体经5次蜕壳成为第一桡足幼体，该过程中虫体逐渐长大，第一桡足幼体经4次蜕壳达到第五桡足幼体，在第五桡足幼体期雌雄交配，终生仅交配一次，再蜕壳一次就成为幼鳋。雄性个体在水中终生营自由生活；而雌性个体遇到合适的宿主就寄生上去一直营寄生生活，发育为成熟雌虫，且不能再离开宿主营自由生活。与此一般情况相比，锚头蚤在生活史上有一些特殊性，主要表现在幼虫寄生在宿主上后，虫体拉长扭转，节间界限变得模糊不清，这是其他剑水蚤目种类不具备的特点。

（3）*分类特征*　形态结构特征，主要是外部形态结构，如虫体整体形态、头部与胸部的形态和愈合情况、生殖节的形态与大小、腹部各节的形态与大小、尾叉的形态与大小、各附肢每节上的刚毛和刚刺（比刚毛短的尖状突出结构）、口器各组成部分的形态结构及其上的刚毛数，第一至第四对游泳足的刚毛公式，第五对游泳足的形态及刚毛数和着生位置。

二、中华鳋

中华鳋（*Sinergasilus*）属于桡足亚纲、剑水蚤目、鳋科。寄生在鱼的鳃上，只有雌性鳋成虫才营寄生生活，雄鳋终身营自由生活，雌鳋幼虫也营自由生活。

（一）外部形态

虫体长大，分节明显，分头、胸、腹三部分。头部呈三角形或半卵形，头部与第一胸节间有颈状假节；胸部6节，第一至第四胸节宽度约相等，或第四节稍宽大，第五、第六胸节（生殖节）狭小；腹部3节，第一节与第二节、第二节与第三节间各有1个短小的假节。头部前端中央有1个中眼，由3个背对背排成“品”字形的单眼所合成；头部有6对附肢，即2对触肢、1对大颚、2对小颚及1对颚足；口位于头部腹面后缘的中央，口周围被口器包围。

（二）内部构造

1. 消化系统　大致为上宽下狭的直管。消化管的最前端为口孔，由短而狭小的食道直接通入胃部的腹面；胃很大，常向前方和两侧扩展成突出的“叶”数个，胃在头与胸部交界处开始逐渐缩小，至第一胸节中部由紧缢将胃与肠分开，肠管向后逐渐缩小，肠终止于第一、第二腹节之间，其后为短小的直肠；肛门为1个横置裂缝，位于第三腹节的背面。

2. 排泄系统　为1对弯曲的细管，其盲端开始于胃的两侧，先经各种不规则的盘曲，然后伸向前方，至第二触肢基部之后，再骤然弯向后，最后分别开口于第二对小颚基部之后。

3. 神经系统　围绕食道有1个粗大的围食道神经环，由此向前、向后各伸出1条粗大的神经，向前的一条叫食道前神经；向后的一条叫食道后神经，及腹神经索，然后再发出神经到虫体各器官、组织、附肢。

4. 生殖系统　雌鳋的生殖系统包括卵巢、子宫、输卵管、黏液腺和受精囊五部分。卵巢位于头胸节交界处的前后，略呈V形，两臂延伸至中眼之后折向腹面而成子宫；子宫最初是1对直管，之后随卵的数目不断增加，子宫也逐渐膨大曲折，几乎占满头胸部的空间；输卵管为透明细小的直管，通常在第二胸节与子宫衔接，向后通至生殖节的排卵孔；黏液腺为1对细长的腺体，位于输卵管的背面，前端密闭，可达第二胸节，后端在排卵孔附近通入输卵管。排卵孔位于生殖节背面两侧，卵囊前端有1个花边状的带，使卵囊挂在排卵孔上。

（三）生活史

寄生在鱼鳃上的均为雌虫，寄生前，在水中与雄虫已完成交配；寄生后，卵在子宫中受精，进入卵囊。生殖季节从4月开始可延至11月，卵随脱落的卵囊进入水体孵化，成无节幼体。经4次蜕壳后，成桡足幼体，再经4次蜕壳形成幼鳋。雌虫可在宿主上寄生，并迅速长大，之后逐渐发育成熟。

（四）我国危害较大的种类

1. 大中华鳋（*Sinergasilus major*）　寄生在草鱼、青鱼、鲇、赤眼鳟、鳡和淡水鲑等鱼的鳃丝末端内侧。虫体较细长，体长2.54～3.30mm。头部半卵形，头胸部间假节甚长，第一至第四胸节宽度相等；生殖节特小。腹部极长，卵囊细长，含卵4～7行，卵小而多。

2. 鲢中华鳋（*S. polycoltpus*）　寄生在鲢、鳙的鳃丝末端内侧和鲢的鳃耙。虫体长1.83～2.57mm。身体呈圆筒形，头胸间的假节小而短，第一至第四胸节宽而短，第五节胸节小；生殖节小。腹部细长，卵囊粗大，含卵6～8行，卵小而多。

3. 鲤中华鳋（*S. undulatus*）　寄生在鲤、鲫的鳃丝上。虫体长2.21～2.53mm。体形与鲢中华鳋相似，唯颈状假节略向外突出，胸部第四节略狭小，生殖节略膨大。

三、锚头鳋

锚头鳋（*Lernaea*）属于桡足亚纲、剑水蚤目、锚头鳋科。寄生在鱼的鳃、皮肤、鳍、眼、口腔、头部等处，只有雌性成虫才营永久性寄生生活，无节幼体营自由生活，桡足幼体营暂时性寄生生活。

（一）外部形态

虫体分头、胸、腹三部分。雄性锚头鳋始终保持剑水蚤形的体形；而雌性锚头鳋在开始营永久性寄生生活时，体形就发生了巨大的变化，虫体拉长，体节融合成筒状，且扭转，头胸部长出头角。头胸部由头节和第一胸节融合而成，顶端中央有一个半圆形的头叶，在头叶中央有一个由3个小眼组成的中眼。在中眼腹面着生2对触肢和口器。头胸部分角的形式和数目因种类不同而异。胸部和头胸部之间没有明显的界线，一般自第一游泳足之后到排卵孔之前为胸部，通常胸部自前向后逐渐膨大，至第五游泳足之前最为膨大，有时向腹面突出成1～2个馒头状的突起，叫生殖节前突起，5对游泳足均为双肢型，前4对游泳足基部2节，内、外肢各为3节，上有刚毛若干，在每对游泳足的第一基节之间有一条连接板相连；第五游泳足很小，外肢为1个乳状突起，顶生1根刚毛，内肢1节，末端着生刚毛4根。雌性锚头鳋在生殖季节常带有1对卵囊，卵多行，内含卵几十个至数百个。腹部很短小，在末端上有1对细小的尾叉和长、短刚毛数根。

（二）内部构造

1. 消化系统　自口至肛门大体上是一条直管。

2. 生殖系统　大体上与中华鳋属相仿。

3. 排泄系统　为1对颚腺，位于头胸部胃的两侧，为1对折转盘曲的透明细管，在颚足附近有孔通至体外。

4. 分泌腺体　有涎腺及皮下腺。

（三）生活史

无节幼体自卵中孵出后，就能在水中间歇性地游动，有敏锐的趋光性，蜕4次壳后发育为第五无节幼体，再蜕1次壳即成第一桡足幼体。自孵化至第一桡足幼体，水温18～20℃时需5～6d，水温25℃左右需3d，当平均水温高达30℃时，就只需2d。第一桡足幼体蜕4次壳后发育为第五桡足幼体。第一桡足幼体发育为第五桡足幼体，水温16～20℃时，草鱼锚头鳋需5～8d；水温20～27℃时，多态锚头鳋需3～4d。桡足幼体虽仍能在水中自由游泳，但必须到鱼体上营暂时性寄生生活，摄取营养，否则就不能蜕壳发育，数天后即死亡。水温在7℃以下，锚头鳋就基本上停止蜕壳；20～25℃为生命活动最旺盛时期，水温升高到33℃以上时蜕壳又被抑制。

锚头鳋在第五桡足幼体时在鱼体上进行交配，交配后的雄虫离开鱼体后不久即死，雌性锚头鳋一生只交配1次，受精后的第五桡足幼体就寻找合适宿主营永久性寄生生活。当寄生到鱼体上之后，根据虫体的不同发育阶段，可将成虫分为童虫、壮虫、老虫三种形态，童虫状如细毛，白色，无卵囊；壮虫身体透明，肉眼可见体内肠蠕动，在生殖孔处常有1对绿色卵囊，若用手触动时，虫体可竖起；老虫身体混浊、不透明，变软，体表常着生许多原生动物，如累枝虫、钟虫等，像这样的虫体不久即死亡脱落。锚头鳋繁殖的适宜水温为20～25℃，一般在12～33℃均可繁殖；超过33℃，非但不能大量繁殖，成虫也会大批死亡。锚头鳋的寿命长短与水温有密切关系，在夏季水温25～37℃时，锚头鳋的寿命仅14～23d；秋季锚头鳋的寿命要比夏季稍长，可在鱼体上越冬，至次年3月水温12℃时开始排卵，因此，雌性锚头鳋的寿命最长可达5～7个月。

（四）我国危害较大的种类

1. 多态锚头鳋（*Lernaca polymorpha*）　寄生在鳙、鲢的体表及口腔。体长6～12.4mm，宽0.6～1.1mm。头胸部背角呈“一”字形，与身体的纵轴垂直，向两端逐渐尖削，有时稍向上翘起。生殖节前突起稍突出，分成左右两叶或不分叶。

2. 草鱼锚头鳋（*L. ctenopharyngodontis*）　寄生在草鱼体表。体长6.6～12mm，宽0.6～1.25mm。头胸部背角为1对由横卧的T形分支所组成的H形分支。生殖节前突起为两叶。

3. 鲤锚头鳋（*L. cyprinacca*） 寄生在鲤、鲫、鲢、鳙、乌鳢、青鱼等鱼体表、鳍及眼上。虫体细长，全长6～12mm。头胸部具有背、腹角各1对，腹角细长，末端不分支；背角的末端分成T形的分支。生殖节前突起一般较小，稍突出，分左右两叶或不分节。

四、鱼虱目生物学特征

雌雄性形态相似，成虫几乎全部寄生于鱼类，主要寄生于海水鱼类，仅极少数寄生于其他水生动物。

1. 形态 该目不同类群的虫种在形态上差异大，身体一般盾甲状或蠕虫状。头部与第一至第三胸节愈合为头胸部，卵圆形，背腹扁平。头胸部前端额板上一般有两个吸附器官，称为前月面，有的种类缺。头胸部中央背部有1个眼。后端中央部为中叶，两侧突出部分为侧叶。边缘膜透明状。胸部分节不完全，第四胸节小。生殖节膨大，但小于头胸节。腹部一般狭小，由4节组成，尾叉形状多样，末端具刚毛。

2. 生活史 带状卵囊，卵孵出无节幼体，蜕壳1次变为无节幼体，再蜕壳为桡足幼体。蜕壳1次后，成为附着幼体，附着幼体蜕壳3次，共4期，第4期幼体（性已分化）蜕壳进入成体前期。此时雄性已经性成熟，但雌性尚未完全成熟。两性交配后，可营短期自由生活，再寻找宿主（华鼎可，1965）。从桡足幼体开始就可营寄生生活。

五、南海鱼虱

主要引起海水鱼疾病，我国常见由寄生鱼虱引起养殖海水鱼疾病的种类并不多，已报道的主要有鱼虱科的种类，如南海鱼虱（*Caligus nanhaiensis*）、东方鱼虱（*C. orientalis*）、鰤鱼虱（*C. seriolae*）、刺鱼虱（*C. spinosus*）和宽尾鱼虱（*C. laticaudum*）等，隶属鱼虱目、鱼虱科。

雌体一般较雄体长，雌虫长2.56（2.41～2.73）mm，雄虫长1.75（1.63～1.80）mm。头胸甲长与宽大小相近，呈圆形。额板较发达。第四胸节宽短。生殖节近圆形，前端圆弧形，后端近平削。第一触角短，2节。第二触角基节宽大。第一胸足基肢方形，较粗大。第二、第三胸足双肢型，第四胸足单肢型。

雌体卵囊带状，卵1列。卵内孵出的幼体为无节幼体，蜕壳1次成第2期无节幼体（或称后期无节幼体）。无节幼体期间有单肢型的第一触角和双肢型的第二触角及大颚，后端两侧角有2根平衡毛。第2期无节幼体蜕壳成桡足幼体。桡足幼体能在水中自由游泳，其第二触角十分发达，与成体的完全不相同，末端有强爪，找到宿主后，即用第二触角固着于宿主的体表或鳍上，蜕壳1次变成附着幼体。附着幼体共蜕壳3次，分4期。附着幼体的身体前端有额丝吸于鱼体。蜕壳时额丝并不脱落，每蜕壳1次，额丝基部就多1个"盘铗"，因此，它可以作为蜕壳次数和发育阶段的标志。到第4期附着幼体，已可区分其性别。第4期附着幼体蜕壳后进入成体前期，或称为第5期附着幼体。此时，雄性已成熟，雌性尚未成熟，成体前期蜕壳后，即变为成虫。额丝及额板中央的连接处断开。雌、雄虱行交配，它们可以营短期的自由生活，后再寻找宿主营寄生生活。

六、颚虱目生物学特征

成体雌虱个体大，体不分节，略呈囊状或蠕虫状。由头胸部与躯干部组成。大颚呈刺针状，位于口管内。胸足完全丧失游泳作用。雄虫小，附于雌体上。雌虫寄生于海产鱼类，有一部分寄生于淡水鱼。重要科为颚虱科。

1. 形态　雌虫固着寄生。雌虫头与胸部分离，具一长颈部，躯干一般不分节；第一触角短，不分节或分节少，第二触角双肢型，极少单肢型，上下唇延长成具毛边的吸管，大颚具齿，小颚退化，呈须状；第一颚足特化成一附着器官，通常在末端联合并与一蘑菇状泡愈合，第二颚足一般具执握力，末端具爪；无游泳足；卵囊大，卵多列。雄虫体小，附于雌体上，并能在雌体上自由移动。头部一般与躯干部分离，躯干部分节数比雌体多，一般有尾叉，小颚与雌虫相似，第一颚足大而有力；第一、第二对游泳足有时可见于成体，但已退化，无功能。

2. 生活史　以寄生于中华鲟、白鲟的长江拟马颈颚虱（*Pseudotracheliastes soldatovi yangtzensis*）为例，阐述这类寄生虫的生活史。在适宜水温下，雌虱每隔 1～2min 排 1 个卵，由卵孵出无节幼体（低于 12℃和高于 30℃，均难孵出无节幼体），经 2～4h 后蜕壳成桡足幼体。桡足幼体具第一触角、第二触角，并有大颚与小颚及 2 对颚足，额丝盘曲成 6 圈左右。桡足幼体 1～2d 找不到宿主就会自行死亡。幼体附于宿主后，头胸节合并，自由胸节游泳足及腹部尾叉退化，形成躯干部分，整个外形似一粒米状。第一颚足两臂合并于一短柄，钻入宿主组织内，以后逐渐形成五角星形的固着器（蘑菇状泡）。发育为成虫需 4～6 个月。

七、颚　虱

长颈类柱颚虱（*Clavellodes macrotrachelus*）寄生于海水鱼如黑鲷鳃上，吸食鳃上皮细胞和血液，导致鳃丝末端缺损。雌体长 1.8～2.2mm。头胸部甚长，弯向背面。背面观躯干部后端的宽度稍大于前端，侧面观前后的厚度相近。第一触角分节不明显。大颚有 8 齿，小颚末端 2 分叉。第一颚足合并，第二颚足基节内缘中部有一锐刺，无刺垫。第二节中部有 1 小刺，内缘末端约有 6 个小刺排成 1 列，末端有一爪及一副爪。雄虫小，长约为雌虫的 1/5。

第二节　鳃 尾 类

一、生物学特征

全营寄生生活，寄生在鱼的体表、口腔、鳃。全世界已记载有 100 多种，绝大多数寄生于淡水鱼，仅少数寄生于海水鱼，是一类引起鱼病的常见寄生甲壳动物。

1. 外部形态　鲺雌雄同形，由头、胸、腹三部分组成；身体背腹扁平，略呈椭圆形或圆形。生活时体透明或颜色与宿主鱼的体色相近，具保护作用。头部与胸部第一节愈合成头胸部，其两侧向后延伸成马蹄形或盾形的背甲。头胸部背面有 1 对复眼和 1 个中眼，在腹面有附肢 5 对（小颚在成体时特化为 1 对吸盘）以及口器。口器由上、下唇和大颚组成，其前面有口管；口管内有口前刺，基部有一堆多颗粒毒腺细胞。胸部第二至第四节为自由胸节，有游泳足 4 对。腹部不分节，为 1 对扁平长椭圆形叶片，具呼吸功能；雄性的精巢和雌性的受精囊位于腹部，在腹部两叶之间有 1 对尾叉。

2. 生活史　鲺每次产卵数十粒到数百粒，不形成卵囊，直接产在水中的植物、石块、螺蛳壳、竹竿及木桩上，遇水后卵立即牢牢黏在附着物上。刚孵出的幼鲺，虫体很小，体长只有0.5mm左右，体节与附肢的数目和成虫相同，唯发育的程度不同。经蜕壳6～7次后即发育为成虫，当水温25～30℃时，共需30d。鲺的幼虫与中华鳋、锚头鳋的不同，孵出后需立即找寻宿主，在平均水温23.3℃时，如48h内找不到宿主即死亡。幼鲺多寄生在宿主的鳃、鳍，待吸盘形成后，才寄生到宿主体表的其他部分。

3. 分类

(1) 日本鲺（*A. japonicus*）　寄生在草鱼、青鱼、鲢、鲤、鲫、鳊及鲮等鱼的体表和鳃上。活体时颇为透明，呈淡灰色，侧叶上的树枝状色素明显。雌鲺全长3.78～8.3mm，雄鲺全长2.7～4.8mm。

(2) 喻氏鲺（*A. yui*）　寄生在青鱼、鲤的体表和口腔。活体时呈绿色，色素主要布于背甲的边缘。雌鲺全长6.09～12mm。

(3) 大鲺（*A. major*）　寄生在草鱼、鲢、鳙的体表。活体时颜色极漂亮，背甲呈半透明的浅荷叶绿色，腹部两叶各自纵分为内、外两部分，外半部呈橄榄绿色，内半部为橘橙色，但固定后橘橙色很快就消退不见。雌鲺全长8～16mm。

(4) 椭圆尾鲺（*A. ellipticaudatus*）　寄生于鲤、草鱼体表。活体时非常透明，略呈嫩绿色。雌鲺全长2.6～5.6mm。

(5) 鲻鲺（*A. mugili*）寄生在鲻、梭鱼的体表。

二、鲺

1. 日本鲺（*A. japonicus*）　活体时透明，与宿主体色相似，呈淡灰色。雌虫稍大于雄虫，雌虫全长3.78～8.3mm，雄鲺2.7～4.8mm。背甲近圆形，侧叶末端钝圆，达第三对胸足后缘。呼吸区前部呈卵圆形，后部大，呈肾形。第一和第二对胸足有鞭。雄性副器官结构为第四游泳足的“栓”，顶端有4个突起，形似“佛手”，其腹面着生1根粗大的棒状分支，向内下侧斜行。第二至第三对胸足的底节和基节后缘无刚毛为该虫特点。卵基本上排成2纵列。

2. 椭圆尾鲺（*A. ellipticaudatus*）　活体透明，淡嫩绿色。雌虫体长2.6～5.6mm。背甲近圆形，额板向前突出成弧形，侧叶末端可达腹面前端1/3处。呼吸区前部三角形，后部肾形。腹部为宽大于长的椭圆形。腹叶末端钝圆，边缘有小刺。前二对胸足具鞭。

第三节　等足类

一、生物学特征

等足类是较大和高等的甲壳动物，虫体通常背腹扁平，无背甲；腹部除最后一节外，通常每节具1对双肢型附肢，起呼吸作用；胸足形状相似，主要为爬行作用，故叫等足类。多数自由生活在海中，也有的在淡水及潮湿地区；一部分等足类营寄生生活，危害水产动物。

1. 形态　等足目动物身体一般呈长椭圆形，背腹扁平。头部通常与第一胸节（间或与第二胸节）愈合成头胸部，但不具头胸甲。胸部在成体时通常有7节，有些类群胸甲侧部有侧板。腹部较短，除尾节外，一般分6节。尾节三角形或半月形。

2. 生活史　寄生种类的整个生活史中，大多要经历3种幼体型，寄生幼体、微虱幼体、隐虱幼体，再变为成虫。

3. 分类　寄生种类主要有扇肢亚目的缩头水虱科，以及寄生亚目的鳃虱总科和隐虱总科。缩头水虱科主要寄生在脊椎动物鱼类。寄生亚目主要寄生于甲壳动物，该亚目的雌性个体体形变化较大，有些种甚至呈一个充满卵的囊状体，从外形上几乎看不到等足目的特征，它的雄性个体体型较小，但保持了等足目的外形特征。寄生亚目中，鳃虱总科包括3个科，分别为鳃虱科、楯虱科、内虱科；隐虱总科包括8个科，分别为囊虱科、卷隐虱科、羽虱科、隐虱科、豆虱科、微虱科、美虱科、足虱科。在寄生亚目现有的11科中，鳃虱科种数最多，也是迄今为止研究最多的科。

二、鱼　怪

日本鱼怪（*Ichthyoxenus japonensis*）属软甲亚纲、等足目、缩头水虱科。一般成对地寄生在鱼的胸鳍基部附近孔内。

1. 外部形态　雌鱼怪较雄鱼怪个体大，大约1倍。雄鱼怪（0.6～2）mm×（0.34～0.98）mm，一般左右对称；雌鱼怪（1.4～2.5）mm×（0.75～1.8）mm，常扭向左或右，其中以抱卵、以抱幼的个体为甚，其扭向与寄生部位有关。寄生孔在鱼体左侧，一般鱼怪在鱼体的右侧腹腔，虫体扭向左，便于腹部在孔口呼吸，并与增加虫体所占空间有关。虫体卵圆形，乳酪色，上有黑色小点分布。分头、胸、腹三部分。头部小，略似三角形，背面两侧有1对复眼，腹面可见大颚、小颚、颚足及上下唇组成的口器及6对附肢。胸部7节，宽大，每节上都有1对胸足。腹部由6节组成，前5节各有1对附肢，第6节又名尾节，半圆形。

2. 生活史　日本鱼怪在上海、江苏、浙江一带的生殖季节为4月中旬至10月底。卵自第五胸节基部的生殖孔排出至孵育腔内，在其中发育为第一期幼虫、第二期幼虫，然后才离开母体，在水中自由游泳，寻找寄主寄生。一个孵育腔内的卵有数百至成千个，卵发育为幼虫差不多是同时的，一般2～3d就可放完孵育腔内的全部幼虫，最后放出的幼虫生活力常较弱，母体在放完幼虫后隔几天就再蜕一次壳，恢复产卵前的形状。

第一期幼虫长椭圆形，左右对称，体长2.15～2.8mm，体宽0.8～1.05mm。体表黑色素分布头部最密，第五至第六腹节前面及第四至第七胸节次之；全身分布有黄色素，固定标本只能看到黑色素。

虫体蜕1次壳后成为第二期幼虫，蜕壳是在头与第一胸节交界外背面裂开，头部先蜕出，然后整个虫体蜕出。第二期幼虫体长2.94～3.12mm，体宽1.05～1.16mm。虫体形状及附肢数目均与第一期幼虫同，色素较大而密，颜色显著较第一期幼虫深。

第四节　蔓足类

一、生物学特征

全部是海生动物，成年时不能运动，固着在物体上。一部分蔓足类是非寄生种类，固着在水下的岩石上，有时则固着在海内活动的物体上，如海船的水下部分；另一部分蔓足类是寄生虫，根头亚目的寄生虫在外部构造上已有极大程度的简化。由于固着生活，蔓足目一般是雌雄同体，也有一部分为雌雄异体。蔓足目属于甲壳动物，是因为它们的发育过程中要经过无节幼体和腺介幼体（金星幼体）。危害水产动物的有蟹奴。

1. 形态特征　寄生种类的根头总目，躯体极度退化，一般呈囊状、葡萄状或香蕉状，外表柔软，无壳板。成体外表有口与外界相通或无口，缺乏任何附肢，无体节，除了生殖腺和退化的神经系统的痕迹外，无任何内部器官，由似根系状的结构从宿主体中吸收营养。无节幼体分4期，前侧角各有一刺突，后端具有2刺，有3对附肢，第一对不分支，即为第一对触角，第二、第三对分支，具很多长刚毛，能在水中活泼游泳。

2. 生活史　大部分种为雌雄同体，一部分雌雄异体。寄生在宿主腹部的蟹奴释放自由游泳生活的无节幼体，无节幼体经过生长变成腺介幼体（金星幼体），腺介幼体找到宿主，以其第一对触角悬挂于刚蜕壳的蟹腹部腹面基部，并弃其胸腹部，成为几丁质包围的细胞块，以其前端的几丁质管穿入宿主皮肤内，将细胞团注入宿主体内形成结节。结节生出根状分支，深入寄主各部分吸收营养，发育为成体。

3. 分类　蔓足类甲壳动物包括三大类：钻孔生活的尖胸类，有柄（或不明显）固着生活的围胸类，完全寄生的根头类。

二、蟹　奴

蟹奴（*Sacculina* sp.）属蔓足目、根头亚目。雌雄同体，寄生在蟹腹部的下面及扇贝的鳃基部。虫体分两部分，一部分突出在宿主体外，称蟹奴外体，包括柄部及孵育囊，即通常见到的脐间颗粒；另一部分为分支状细管，称蟹奴内体，深入寄主体内，蔓延到蟹体躯干与附肢的肌肉、神经系统和内脏等组织，形成直径1mm左右的白色状分支。

第五节　十 足 类

一、生物学特征

头胸甲发达，完全包被头胸部各体节，眼有柄，第二触肢一般分为2节，胸部附肢分为颚足及步足，其中颚足3对，步足5对。十足类大部分生活在海洋中，小部分生活于淡水，多数对人们有利，但也有些对人们有害，有些可引起水产动物发病。

1. 形态特征　身体由21体节构成：头部6节，胸部8节，腹部7节。头部与胸部各节已经愈合，形成非常发达的头胸部。头部各节完全愈合，从体节上无法分辨，仅能从具附肢加以区分。胸部8节。腹部退化，卷折，贴附在头胸部的腹面。尾肢缺失，个别类群具退化的尾肢。

2. 生活史　雌雄蟹的特征主要靠腹部的形态来区分。雌性亲蟹在抱卵前已交尾，排卵时即已受精，受精卵附着于雌蟹腹部4对附肢刚毛上进行早期发育。生活史分为溞状幼体、大眼幼体、早期幼蟹和成蟹。

3. 分类　十足目的寄生种类以豆蟹科为代表。豆蟹科属于十足目、腹胚亚目、短尾下目。豆蟹科包括5个亚科：豆蟹亚科、巴豆蟹亚科、倒颚蟹亚科、短眼蟹亚科及异颚蟹亚科。

二、豆　蟹

中华豆蟹（*Pinnotheres sinensis*）属豆蟹科。个体小，白色，石灰质退化而体较柔软；头胸甲圆如豆状，故叫豆蟹。雌体头胸甲大小（3.2～11.7）mm×（4.5～15.5）mm，宽大于长，表面光滑、稍隆起，前、后侧角圆钝，侧缘成弧突，后缘中部内凹；额窄，向下弯曲；眼窝小而圆，眼柄甚短；第三颚足的座节与长节融合成1片，指节小棒状，鞭3节；螯足光滑，长节圆柱形，腕节长大于宽，掌节末端宽于基部，指节短于掌部，可动指内缘基部1/3处具1齿，不动指基部具2小齿；步足光滑，第三对最长，第四对的指节最长，末端尖锐，内缘及末部四周均具短毛；腹部圆大。雄体较小，头胸甲大小（1.3～4.7）mm×（1.5～5）mm，较雌体为坚硬，颚向前突，腹部狭长。

繁殖期为6月下旬至10月下旬，盛期在7月下旬到9月上旬，水温23～26℃。中华豆蟹抱卵后约一个月孵出溞状Ⅰ期幼体，在水中自由生活，经溞状Ⅱ期、溞状Ⅲ期、大眼幼体变态到幼蟹，一般需40多天，然后潜入贻贝、牡蛎等体内。中华豆蟹于第二年开始繁殖，多数是一年繁殖1次，于第三年繁殖后死亡；部分发育早、强壮的个体，一年可繁殖2次，但这些亲蟹在第二次排放幼体后，体质极度衰弱，最多再生活1～2个月即死亡。一只雌体二次共排放幼体1 588～16 378尾。

中华豆蟹孵出的幼体经发育、变态后潜入贻贝的外套腔内，损伤鳃、外套膜、性腺和消化腺，并吸食营养，导致贻贝肉重减少50%左右，成为我国目前养殖贻贝的主要病害。

第九篇

水产公共卫生学

第一单元 总 论

第一节 概 述

一、定 义

（一）公共卫生

公共卫生是以保障和促进公众健康为宗旨的公共事业，通过国家与社会共同努力，防控疾病与伤残，改善与健康相关的自然和社会环境，提供基本医疗卫生服务，培养公众健康素养，实现全社会的健康促进，创建人人享有健康的社会（曾光，2009）。

世界卫生组织（1999 年）指出，兽医公共卫生（Veterinary Public Health）是通过探索和应用兽医科学知识和技能为人类身心健康和社会福利服务的所有活动。兽医公共卫生是保持经济社会全面、协调、可持续发展的基础工作；其主要作用包括：从源头防控人兽共患病，保护环境，保证“从农场到餐桌”的食品安全。兽医公共卫生的研究范围包括：生态环境与人类健康，人兽共患病的监测、预警、预防和控制，动物防疫检疫与动物源性食品安全，实验动物比较医学，现代生物技术与人类健康等。

水产公共卫生学是一门新兴交叉学科，主要涉及水产业有关的公共卫生问题。水产公共卫生学的研究范围主要包括：水生动物健康与水产品安全供给，经水与水生动物（或水产品）传播的人类疾病，水生态环境安全与人类健康，水生动物检疫、水产品卫生检验和水产品质量安全，观赏水生动物和休闲渔业的健康促进，以水生动物为原料的医药和保健品研发，水生实验动物比较医学，现代水生生物技术与人类健康等。

掌握水产公共卫生学的知识，对保护执业兽医（水生动物类）健康、提高水生动物疫病防控和水产品质量安全水平以及促进公共卫生安全有重要意义。

（二）危害和风险

危害（Hazard）是指可能对健康产生不良影响的生物、化学或物理性因素或状态。风险（Risk）是指遭受损失、伤害、不利或毁灭的可能性。风险就是发生不幸事件的概率。

（三）水产品安全

水产品安全是指水产品无毒、无害，符合应有的营养要求，对人体健康不造成任何急性、亚急性或者慢性危害。

（四）人兽共患病

人兽共患病是指在动物与人类之间自然传播的、由共同的病原体引起的、流行病学上又有关联的一类疾病。据世界卫生组织（2001）统计，已知的1 415种人类病原体中，60%是人兽共患病原体。

二、公共卫生的范围和内容

现阶段公共卫生的范围涵盖了疾病预防、健康保护和健康促进相关内容，具体包括：①公共卫生体系建设；②健康危害因素的识别和评价；③疾病的预防与控制；④公共卫生政策与管理；⑤突发公共卫生事件和公共卫生危机管理；⑥公共卫生安全与防控；⑦公共卫生伦理；⑧公共卫生领域的国际合作等。

第二节 水生动物的价值

渔业和水产养殖业是人类食物、营养、收入和生计的重要来源。水生动物的价值表现在以下四个方面。

一、经济价值

渔业是国民经济的重要组成部分，甚至是部分国家或地区的支柱产业。水生动物除可作为食材外，还可作为食品、医药和化学工业的原料。水产业在食物安全、优质蛋白质和不饱和脂肪酸的供应、医药及保健品原料提供等方面均有突出贡献。

二、社会价值

中国是世界渔业大国，水产养殖产量约占世界养殖总产量的70%，不仅提供了大量优质蛋白质，还为国家粮食安全提供了重要保障。中国淡水渔业是世界上最有效率的以谷物换取动物蛋白的综合技术。水产养殖业是许多脱贫家庭实现共同富裕和增进健康的重要手段。

三、文化价值

观赏水生动物及休闲渔业在丰富人类精神生活、促进身心健康和提高生活品质等方面的作用越来越大。水生实验动物比较医学在环境毒理学评价、环境监测、人类疾病动物模型和生物医学基础研究等领域的应用越来越多。

四、生态价值

水生动物是自然水域生态系统中物质循环和转化的重要环节。水生动物是自然湿地系统的重要组成部分，随着保水渔业、净水渔业发展，水生动物在地表饮用水水质保障、景观水体维护、实现“绿水青山就是金山银山”绿色生态发展理念上将发挥突出作用。

第三节　水产公共卫生安全的危害因素

一、危害因素的分类和来源

水、水生动物或水产品中危害因素可分为化学性危害、物理性危害和生物性危害。

（一）危害因素的分类

1. 化学性危害　对水产公共卫生有突出影响的化学性危害因素主要包括有机磷类杀虫剂、拟除虫菊酯类杀虫剂、大环内酯类杀虫剂、氯霉素、硝基呋喃类抗菌药、己烯雌酚、甲基睾丸酮、孔雀石绿、铬、铜、锌、砷、硒、镉、锡、汞、铅、持久性有机危害因素等。

2. 物理性危害　水产公共卫生安全的物理性危害因素包括掺假或混入杂物和放射性辐射等，其中放射性污染影响重大。水生动物对水环境中的放射性元素有蓄积作用，因此可能具有放射性辐射危害。放射性污染来源包括自然释放和人为泄露（如核能利用和放射诊疗）。

3. 生物性危害　水产公共卫生安全的生物性危害主要包括病毒、细菌、寄生虫、生物毒素、有毒鱼类和过敏原等。

（二）危害因素的来源

按产业链流程，危害因素可来源于产前（如水环境、养殖投入品等）、产中（养殖过程、捕捞过程、水生动物的疾病诊疗或赏玩过程等）和产后（宰杀、加工、水产品储运和消费）等环节。按疾病传播媒介，危害因素可来源于水环境、水生生物和水产品。不同传播媒介所携带的危害因素和风险高低可能存在差异，三者所传播的危害因素存在密切关联。

1. 来源于水环境的危害因素　水是水产业的重要物质基础，也是传播水产公共卫生安全危害因素的重要媒介。水环境所传播的危害因素主要来源于污染水体。水传播疾病包括经口传播疾病和接触传播疾病两类。其中，经口传播疾病又可以分为介水肠道传染病、化学性污染急慢性中毒、地方性化学性疾病。全球有18亿人使用的饮用水源受粪便污染（WHO，2014）。

水污染不仅直接危害人类健康，而且影响了包括水产养殖业在内的众多行业，受污染的渔业水体也威胁着水生动物的安全和公共卫生。

2. 来源于水生生物的危害因素　某些人类病原体可在水环境中存活，或可黏附在水生生物的体表和鳃，或存在于其消化道内，其中部分病原体也可感染水生生物。可传播人类疾病的水生生物很多，有些可供人类食用，有些可供人类观赏，有些经加工后才能被人类利用。

这些危害因素影响人体的途径包括：①水生动物的捕捞者、加工者、玩赏者、执业兽医、消费者等在徒手接触这些携带人类病原体的水生动物时，如果皮肤有损伤或被咬伤或被刺伤，可能会引起人类感染；②水生生物产生或富集或残留的化学性危害因素可经饮水或摄食来影响人类健康。

3. 来源于水产品的危害因素　在水产养殖及水产品加工、贮存、运输、销售等环节中，有害物质或有害生物进入水生动物体内或水产品之中，并可能对人体健康产生急性或慢性危害的现象，称为水产品污染。

水产品的污染可分为内源性污染和外源性污染，但都包括生物性、化学性和放射性污染。水生动物在养殖过程中受到的污染为内源性污染，又称一次污染。外源性污染是指水产品在加工、贮存、运输、销售、烹饪等过程中受到的污染，也称二次污染。水产品污染的途径比较复杂，一般可分为经水污染、经人或动物污染、经生产或装载工具污染、接触污染、经食物链富集等几种途径。

二、危害因素的特征

（一）化学性危害的特征

水环境或水生生物或水产品中存在的因化学成分或数量改变，而危及水环境或水生生物或人类健康的物质，称为化学性危害，可能来源于农用化学品、食品添加剂、食品包装材料和工农业废弃物等。

1. 化学性危害的生物迁移

（1）吸收过程 化学性危害主要因饮水或摄食经消化道吸收，再依次经肠系膜静脉、肝门静脉进入血液循环。鳃、皮肤或其他途径是次要吸收途径。

（2）体内分布 化学性危害的原型或其代谢物经血液循环转移至人体各组织器官，即为分布。化学性危害在人体的贮存库主要包括血浆蛋白质、肝、肾、脂肪和骨骼。

（3）生物转化 除部分水溶性强、分子量极小的物质，经原型排出体外；绝大多数物质要经酶的代谢或转化才能排泄，称为生物转化。肝、肾、胃、肠等器官都有生物转化功能，其中肝脏生物转化能力最强。因此，肝脏是危害最集中的部位。

（4）排泄 危害及其代谢产物向机体外转运的过程，称为排泄。排泄器官有肾、肝、胆、肠、肺、外分泌腺等，而肾和肝、胆为主要渠道。

（5）生物蓄积 机体吸收危害的量超过其排泄和代谢转化的能力，则危害会在体内增多，这种现象称为生物蓄积。蓄积量是吸收、分布、代谢转化和排泄各量的代数和。危害常蓄积在机体的某些部位，如肝、肾。高脂溶性危害（如氯丹、DDT、多氯联苯等）易在脂肪组织蓄积。重金属（如铅、镉）和氟化物易在骨骼贮存。

2. 化学性危害对人类健康影响的特征

（1）影响范围广 化学性危害进入水体后经水流或洋流，甚至自然界水循环发生大范围迁移或扩散，引起区域性或全域性污染，会在较大范围影响人类健康。

（2）作用时间长 某些化学性危害的环境半衰期长，会长期影响人类活动。

（3）多毒物联合作用 水中化学危害一般浓度很低，但有些危害可经水生生物进行数百倍、上万倍的富集。此外，由于危害种类繁多，能同时作用人体，产生联合毒作用，即使单一毒物浓度较低，但多毒物联合作用也能对人体产生较大危害。

3. 影响化学性危害发挥毒作用的因素

（1）理化特性 毒物化学结构是毒性和毒害作用的决定因素。毒物的溶解度、分散度、挥发度等物理特性与毒性关系密切。理化特性是毒物毒害作用的基础和内因。

（2）剂量与接触时间 到达人体的毒物剂量（称为“内剂量”）是决定毒物危害特性和程度的重要因素之一。毒物与人体接触的剂量（或浓度）称“外剂量”。同一毒物的毒效应，与外剂量、内剂量、接触时间呈正相关。

蓄积性毒物在体内蓄积达到中毒阈值才会产生病理危害。毒物的体内蓄积受内剂量、生物半衰期和接触时间的影响。

（3）多因素联合作用 毒物的毒效应受环境因素、人体内在因素以及其他污染因素等共同影响。联合作用的类型包括相加作用、协同作用、加强作用、拮抗作用和独立作用。

（4）个体差异 毒物毒作用的个体差异受人的年龄和性别、营养与健康状况、生理状态、遗传背景等影响。

4. 化学性危害对人体的影响　化学性危害对人体的影响主要表现为急性中毒、慢性中毒以及致癌、致畸、致突变等远期危害。

（二）生物性危害的特征

生物性危害是指水生生物或水产品被病原微生物（主要是病毒和细菌）及其毒素、寄生虫等污染后，可能直接或间接地对人类健康造成危害。有毒鱼类和水生动物源的过敏原也属于生物性危害。

《病原微生物实验室生物安全管理条例》（中华人民共和国国务院令第424号）将病原微生物分为四类：①第一类，是指能够引起人类或者动物非常严重疾病的微生物，以及我国尚未发现或者已经宣布消灭的微生物；②第二类，是指能够引起人类或者动物严重疾病，比较容易直接或者间接地在人与人、动物与人、动物与动物间传播的微生物；③第三类，是指能够引起人类或者动物疾病，但一般情况下对人、动物或者环境不构成严重危害，传播风险有限，实验室感染后很少引起严重疾病，并且具备有效治疗和预防措施的微生物；④第四类，是指在通常情况下不会引起人类或者动物疾病的微生物。第一类、第二类病原微生物，统称为高致病性病原微生物。

在《病原微生物实验室生物安全管理条例》的指导下，卫生部颁布了《人间传染的病原微生物名录》（2006年），农业部颁布了《动物病原微生物分类名录》（2005年）（中华人民共和国农业部第53号令）。按照上述两个名录和国内外资料，对水、水生生物和水产品传播的人类疾病进行了梳理，特点如下。

1. 病原（因）　水产公共卫生所涉及的人类病原体分两类。第一类是可以感染水生生物的人兽共患病原体；另一类是可由水、水生生物或水产品携带的人类病原体和毒素，但其一般不会引起水生生物的疾病。

2. 传染源　传染源是指体内有病原体生存、繁殖，并能排出病原体的人或动物，包括传染病或寄生虫病的病人、病原体携带者和受感染的动物。传染源主要有人类、陆生和水生的家养或野生动物。

3. 传播途径　水、水生生物或水产品，是一些人类病原的主要传播途径；却是另外一些人类病原体的次要传播途径。未经处理的生活污水、垃圾，医院污水，以及人兽粪便污染的水体，使水环境中的人类寄生虫虫卵、病原菌和病毒的数量增加，可对人类健康产生威胁。富营养化引起的海水赤潮和淡水蓝藻水华所产生的生物毒素，可经水或水产品对人类健康产生显著影响。水产公共卫生所涉及的人类病原体，主要经口感染；皮肤或黏膜（如眼结膜）接触也是重要途径，也可经损伤皮肤接触感染。

4. 易感动物　部分易感人群为健康人群；但大部分易感人群是免疫抑制者（如长期使用免疫抑制剂的人群）、免疫功能不健全者（如婴幼儿和老年人）、有基础疾病患者、长期使用抗生素者、有外伤者。健康人群被水生动物刺伤或咬伤，或裸露皮肤（特别是有外伤时）接触疫水和水生动物，感染风险会急剧增加。

5. 生物性危害的特点　大多数水（或水生生物或水产品）传播的病原体，主要引起胃肠道感染，也可引起系统性感染。产生的危害有急性食物中毒，或各组织/器官的急慢性炎症，甚至死亡，也有多年不愈的慢性感染，甚至癌症。此外，还存在以下特点：①易暴发流行，水源被一次严重污染后，水传病可呈暴发流行，短期内突然出现大量患者，且多数患者发病日期集中在同一潜伏期内。若水源经常受污染，则发病者可终年不断。②病例分布与洪水范围一致，多数水传病流行发生在洪水过后，大多数患者都有饮用或接触同一水源的历史。③污染源控制效果显著，水传细菌病流行期间，及时对受污染水源采取有效措施，并加强对饮用水的净化和消毒，能迅速有效遏制疾病流行。

三、危害因素（事件）的影响

（一）危害因素对人类健康的影响

危害因素可来源于水、水生动物和水产品。随着水环境污染的加剧和水产养殖业的发展，水产业中存在的危害公共卫生安全的因素越来越受到重视，发达国家（如美国）已将这些危害因素纳入国家公共卫生管理，以保障公共卫生和水产业健康。这些危害因素可能会直接或间接地影响人类健康，主要表现为：①引起水产品相关的食物中毒；②传播人兽共患病；③作为传播媒介或载体传播人类传染病；④引起慢性病和癌症；⑤存储或传播耐药基因给人类病原体等。

（二）水产品安全事件对水产业的影响

水产品安全事件对水产业会造成严重影响，体现在以下几个方面：①降低水产品消费量和出口量；②造成相关企业的经济损失；③对水产业的长期负面影响；④影响政府的公信力。

四、危害因素的监测与控制

危害因素的监测和控制，涉及生产企业、政府行政主管和监测部门（如渔业、环保、质检、卫生、出入境检验检疫等），同时涉及处于动态变化的各级标准或法规，请跟踪这些法律法规和标准的更新，这里不再赘述。

第二单元　化学性危害因素与人类健康

第一节　杀虫剂

一、有机磷类杀虫剂

（一）来源和特性

养殖水域中的有机磷农药主要来源于农业和渔业的杀虫活动，其在水域和沉积物中主要通过光解和微生物降解。随水温、pH 和光照强度升高，敌百虫降解加速。

不法厂商为驱赶蚊蝇在腌制或水发水产品中使用有机磷类农药是高风险行为。使用有机磷类杀虫剂时，如果防护不当也可能引起有机磷中毒。

（二）对人体的危害

有机磷农药经口、皮肤及黏膜、呼吸道进入人体，主要表现为急性中毒。经口中毒多在10min 至 2h 内发病。经皮肤中毒，一般在接触后数小时至 6d 内发病。全世界每年有数百万人发生急性中毒，约有 30 万人死亡，发展中国家多发。

中毒临床表现为胆碱能兴奋及危象，其后发展为中间综合征以及迟发性周围神经病。

1. 胆碱能神经兴奋及危象

（1）毒蕈碱样症状

（2）烟碱样症状

（3）中枢神经系统症状　如头晕、头痛、疲乏、共济失调、烦躁不安、谵妄、抽搐和昏迷。

2. 中间综合征　一般在急性中毒后 1～4d 出现中间综合征。患者发生颈、上肢和呼吸肌麻痹；睑下垂、眼外展障碍和面瘫。

3. 有机磷迟发性神经病　个别患者在急性中毒症状消失后 2～3 周可发生迟发性神经病，出现下肢瘫痪、四肢肌肉萎缩等。

4. 其他表现　敌敌畏、敌百虫等接触皮肤后可引起过敏性皮炎，并可出现水疱和脱皮，严重者可出现皮肤化学性烧伤，影响预后。有机磷农药滴入眼部可引起结膜充血和瞳孔缩小。

二、拟除虫菊酯类杀虫剂

（一）来源和特性

拟除虫菊酯类（Pyrethroids）杀虫剂包括Ⅰ型菊酯和Ⅱ型菊酯，属于胆碱酯酶抑制剂。拟除虫菊酯类杀虫剂主要来源于卫生昆虫控制、农业和渔业中的杀虫活动。该类化合物一般难溶于水，以油滴形式漂浮水面或被水中颗粒物吸附后沉积到底泥，分别对水面层水生生物或底栖水生生物造成危害。拟除虫菊酯类农药在水域和沉积物中主要经光解、化学降解和微生物降解，随水温、pH 和光照升高，降解加速。

（二）对人体的危害

本类农药很少引起动物和人的慢性中毒，这类物质很少蓄积。

与有机氯相比，拟除虫菊酯类杀虫剂对环境的污染较小，但也可通过食物链进入机体，造成哺乳动物的生殖和免疫系统以及心血管中毒，且对水生生物具有高毒性，造成水生态环境破坏。因中毒途径不同，潜伏期为数十分钟至数十小时。

三、大环内酯类杀虫剂

（一）来源和特性

大环内酯类杀虫剂包括阿维菌素、伊维菌素、阿维菌素苯甲酸盐等。尽管世界各国包括中国在内，均没有批准此类杀虫剂用于渔业生产，但各国在渔业生产中均有违规使用现象。此类杀虫剂在我国的农业、畜牧业（包括宠物养殖）、渔业中使用量巨大。养殖水体使用阿维菌素（ABM）后，小型浮游植物种类增多，原生动物和枝角类数量显著下降，桡足类数量显著上升，轮虫数量变化不大。阿维菌素对水生动物为高毒或剧毒，对虾和蚌的毒性高于鱼类。阿维菌素对水生动物具有神经、发育和生殖毒性。阿维菌素具有高脂溶性，在水生动物中的代谢和消除过程相对缓慢。

阿维菌素在血液中的富集浓度高于肌肉。阿维菌素以原型药的形式排出体外。水体表层中的阿维菌素在光照条件下快速分解，水体中的阿维菌素可以被水生动植物吸收或吸附。阿维菌素在水中溶解度小，其主要归宿是沉积物。中性条件下比较稳定，酸性条件下水解很快；水解速率随温度升高而加快。重庆部分地区鲫肌肉中阿维菌素和伊维菌素的检测阳性率均低于5%，且残留量均低于 MRLs。阿维菌素对哺乳动物有潜在繁殖毒性，属高毒化合物。

（二）对人体的危害

由于哺乳动物的血脑屏障作用，正常使用剂量下，药物进入中枢神经系统的浓度很低，不足以引起中毒；但使用超大剂量，可引起中毒。试验剂量内阿维菌素对动物无致畸、致癌、致突变作用；伊维菌素有胚胎毒性、生殖毒性及致畸作用的潜能。

阿维菌素轻度中毒患者可表现为轻度的中枢神经系统抑制或胃肠道症状，重度中毒患者主要表现为昏迷和低血压，甚至出现呼吸抑制，死亡病例多见于并发呼吸衰竭患者。

伊维菌素中毒的全身性反应有虚弱，无力，腹痛，发热；胃肠道反应包括厌食，便秘，腹泻，恶心，呕吐；神经系统反应包括头晕，嗜睡，眩晕，震颤；皮肤反应包括瘙痒，皮疹，丘疹，风疹，小脓包；眼科反应有视觉异常，眼睑水肿，前眼色素层炎，结膜炎，角膜炎，脉络膜视网膜炎或脉络膜炎；其他反应包括关节痛，滑膜炎，腋窝、颈、腹股沟等部位淋巴结肿大及有压痛，面部和外周水肿，立位低血压，心动过速，药物性头痛，肌肉痛等。

第二节 抗 菌 剂

一、氯 霉 素

（一）来源和特性

氯霉素是酰胺醇类抗生素的第一代产品，曾经在兽医学上广泛应用，但因其显著的危害，现在被各国所禁用。我国相关法规规定氯霉素在水产品中不得检出。

（二）对人体的危害

氯霉素的主要不良反应是抑制骨髓造血机能，包括可逆的各类血细胞减少和不可逆的再生障碍性贫血。氯霉素也可产生胃肠道反应和二重感染。少数患者可出现皮疹及血管神经性水肿等过敏反应。新生儿与早产儿使用剂量过大可发生循环衰竭（灰婴综合征）。

二、硝基呋喃类抗菌药

（一）基本特征

硝基呋喃类药物具有5-硝基呋喃结构，常用的有呋喃唑酮、呋喃西林、呋喃妥因和呋喃它酮等，曾广泛应用于畜禽和水产养殖业，用于治疗细菌、真菌和原虫感染。

我国相关法规规定硝基呋喃类及其代谢产物在水产品中不得检出。

（二）对人体的危害

硝基呋喃类对动物的致癌性已经明确，国际癌症组织将其与人类致癌的关系确定为第3类（即对动物致癌，但无证据表明对人类致癌）。呋喃唑酮及其代谢产物具有致畸等副作用，且能诱发癌症。

长时间或大剂量应用硝基呋喃类药物均能对动物体产生毒性作用，其中呋喃西林的毒性最大，呋喃唑酮的毒性最小。呋喃它酮为强致癌性药物。呋喃唑酮为中等强度致癌药物；高剂量或长时间饲喂食用鱼和观赏鱼，可诱导鱼的肝脏发生肿瘤；呋喃唑酮能减少精子的数量和胚胎的成活率。

第三节　激　素

一、己烯雌酚

（一）基本特征

在水产养殖中，己烯雌酚主要是作为添加剂加入鱼类饲料中，刺激鱼类正常新陈代谢，增加鱼体内氮停留，提高鱼体内氨基酸合成蛋白的速度，最终达到促进鱼类生长的目的。残留在鱼体内的己烯雌酚通过食物链进入人体，破坏人体正常生理平衡。己烯雌酚已被证实是一种致癌物质，在体内的长期蓄积必然严重危害人和动物的健康。我国相关法规规定己烯雌酚在水产品中不得检出。

（二）对人体的危害

中毒引起孕妇恶心、呕吐、食欲不振、头痛反应，损害肝脏和肾脏，哮喘的发病率明显上升，还可能促使胆汁中的胆固醇饱和而形成结石，诱发胰腺炎和血栓栓塞性疾病，可引起子宫内膜过度增生而致子宫出血和肥大。孕妇服用己烯雌酚还可造成胎儿畸形，使女性男性化、男性女性化，尿道下裂，附睾、睾丸和精子异常，甚至引起脑积水、脑脊膜膨出等；其女性后代在青春期后宫颈和阴道的腺病及腺癌发生率升高，男性后代生殖道异常和精子异常发生率也增加。

二、甲基睾丸酮

（一）基本特征

水产品中甲基睾丸酮残留的主要来源于非法添加，其目的主要是对水生动物的性别控制和促进其生长。毛蟹、青蟹、罗非鱼等是重点监控对象。我国相关法规规定甲基睾丸酮在水产品中不得检出。

（二）对人体的危害

甲基睾丸酮长期大剂量应用易致胆汁郁积性肝炎，出现黄疸。还可引起口腔炎、女性男

性化，浮肿，头晕，痤疮。引起妇女类似早孕的反应及乳房肿胀、不规则出血等。孕妇有女胎男性化和畸胎发生，容易引起新生儿溶血及黄疸。

第四节　重 金 属

一、汞

（一）来源和生物迁移

水体汞污染来源多为含汞矿的开采冶炼，氯碱、化工、仪表、颜料等工业企业排出的废水，以及早期农业生产使用有机汞农药（氯化乙基汞、醋酸苯汞、磺胺苯汞等）。汞经沉降集中在底泥中，经微生物（产甲烷菌）转化为甲基汞后进入水体中，通过生物富集，可造成水生动物体内的汞残留。

（二）对人体的危害

汞的存在形态主要有单质汞、无机汞和有机汞。甲基汞是水产品产生污染的主要形态。甲基汞的性质稳定，易溶于脂肪，可在人体内蓄积，难排出体外。甲基汞毒性很强，可以通过血脑屏障、血睾屏障及胎盘屏障，主要损害中枢神经系统。急性汞中毒表现为胃肠道和神经症状，患者迅速昏迷、抽搐，甚至死亡。慢性汞中毒患者出现消瘦、视力障碍、听力下降、口唇发麻、震颤、手脚麻痹、步态不稳、言语不清等症状，重者瘫痪、耳聋眼瞎、智力丧失、神经错乱，最后痉挛、窒息而死亡，称为“水俣病”。甲基汞可引起孕妇流产、胎儿畸形；新生儿汞中毒表现为发育不良、智力低下、脑瘫痪等先天性水俣病病症，甚至死亡。

二、铅

（一）来源和生物迁移

铅污染主要来源于汽油燃烧产生的废气，含铅涂料，以及采矿、冶炼、铸造等工业生产活动。全球每年大约消耗 400 万 t 铅，部分最终以各种形式排放到环境中。铅及其化合物是不可降解的环境危害因素，性质稳定，在环境中长期蓄积，是水产品中最常见的重金属危害因素之一。

（二）对人体的危害

人体内的铅主要来自食物。铅在人体内生物半衰期因组织部位不同而差异很大。约有 90%的铅蓄积于骨骼中，骨骼也是排泄最慢的组织，半衰期大于 20 年。铅还可沉积于脑、肾和肝组织中，并可通过胎盘从母体向胎儿转移。铅的毒性较大，主要损害神经系统、造血系统和肾脏，还能使免疫功能降低、消化道黏膜坏死、肝变性坏死。

1. 急性铅中毒　表现为口腔有金属味、出汗、流涎、呕吐、便秘或腹泻、血压升高等，严重时抽搐、瘫痪、昏迷，甚至死亡。

2. 慢性铅中毒　以神经系统功能紊乱为主，出现食欲不振、头痛、头昏、失眠、脱发、记忆力下降等。重者表现为多发性神经炎，肌肉关节疼痛，牙龈有“铅线”，贫血，肾功能障碍乃至衰竭，视力模糊，记忆力减退，脑水肿等，甚至发生休克或死亡。

3. 婴幼儿铅中毒　铅对婴幼儿的危害更大，能损害脑组织，导致儿童发育迟缓、智力低下、烦躁多动、癫痫、行为障碍、心理异常和脑性瘫痪。

三、镉

（一）来源和生物迁移

镉污染源主要是铅锌矿以及有色金属冶炼、电镀和用镉化合物作原料或触媒的工厂企业排放的三废。进入水环境中的镉，再通过水生动物富集作用，在其可食组织中能够蓄积达到较高水平。一般海产品中动物性食品的镉含量较植物性食品高，动物的肝和肾脏含镉量最高，其次是肌肉。

（二）对人体的危害

人体内的镉主要来源于食物。镉经消化道吸收，主要分布于肝脏，其次是肾脏，在体内可长期蓄积。镉的毒性较大，能损害肾脏、骨骼和消化系统，可引起骨质疏松和骨折。

1. 急性镉中毒 患者出现流涎、恶心和呕吐等消化道症状，重者可因衰竭而死亡。

2. 慢性镉中毒 患者表现骨质疏松症、骨质软化、骨骼疼痛、容易骨折，并出现高钙尿、肾绞痛、高血压、贫血。

四、砷

（一）来源和生物迁移

含砷矿的开采、冶炼，用砷或砷化合物作为原料的玻璃、颜料、原药生产以及含砷煤的燃烧等过程，都可产生含砷三废，这些废物最终会进入水或食物链。砷和砷化物可通过生物富集作用在水产品中蓄积，然后经过食用再进入人体。水产品监测数据显示，各类淡水水产品和海水水产品中含砷现象比较普遍。普通人摄入砷主要通过饮水和食物。而金属冶炼工可吸入高浓度的砷烟尘。

（二）对人体的危害

元素砷和有机砷的毒性小，无机砷的毒性大，其中 As_2O_3（俗称砒霜）毒性最大。砷污染可导致急性砷中毒或慢性砷中毒。

急性砷中毒主要表现为口腔有金属味，口、咽、食道有烧灼感，恶心、剧烈呕吐、腹泻，体温和血压下降，重症病人烦躁不安，四肢疼痛。慢性砷中毒主要表现为疲劳、乏力，心悸、惊厥；慢性砷中毒还可导致皮肤癌。

五、铬

（一）基本特征

铬污染来源类似于其他重金属。珠江三角洲河网、淮河五河段、海南近海和江苏盐城的部分水产品有铬超标。

（二）对人体的危害

铬化合物中以六价铬毒性最强，三价铬次之，二价铬和铬本身的毒性很小。铬化合物可通过消化道、呼吸道、皮肤和黏膜进入人体。经消化道进入人体可引起恶心、呕吐、腹痛，也能引起溃疡病；经呼吸道进入人体时，首先侵害上呼吸道，引起鼻炎、咽炎、支气管炎等。

六、锌

（一）来源和生物迁移

工业三废和水产养殖中含锌杀虫剂的使用，增加了水产品中锌含量超标的风险，如湛江近海域 3 种螺部分样品有锌超标现象。

（二）对人体的危害

消化道摄入引起的锌急性中毒比较少见，主要引起消化道不适和腹泻。吸入会引起“金属热”，表现为口渴、胸部紧束感、干咳、头痛、头晕、高热、寒战等。粉尘对眼有刺激性。口服刺激胃肠道。长期反复接触对皮肤有刺激性。

七、锡

（一）来源和生物迁移

有机锡是典型环境激素，我国港口、内陆水域、海产品和食品饮料中有机锡污染比较严重。有机锡主要用作聚氯乙烯塑料稳定剂、农业杀菌剂、油漆、抗生物附着涂料等。

（二）对人体的危害

人们食入或者吸入过多的锡，就有可能出现头晕、腹泻、恶心、胸闷、呼吸急促、口干等症状，并且导致血清中钙含量降低，严重时还有可能引发肠胃炎。而工业中的锡中毒，则会导致神经系统、肝脏功能、皮肤黏膜等受到损害。

八、铜

（一）基本特征

铜污染的主要来源是铜锌矿的开采和冶炼、金属加工、机械制造、钢铁生产等，一些工厂的含铜废水排入水域，污染水环境。水体中的铜经生物富集作用，可在水生动物体内蓄积，造成水产品的铜污染，如海南近海贝类曾有铜超标的现象。

（二）对人体的危害

铜主要危害长期接触铜尘、铜烟的职业人群，其他人群主要是由误服引起，或者饮用、食用被污染的水和食物引起。铜对皮肤、黏膜有刺激作用，可造成皮肤、消化道、呼吸道刺激症状和病变。

急性铜中毒开始产生胃肠道黏膜刺激症状，如恶心、呕吐、腹泻，溶血作用明显，尿中出现血红蛋白，继而出现黄疸及心律失常，严重时可出现肾功能衰竭及尿毒症、休克。

慢性铜中毒常表现为咳嗽、咳痰、胸痛、胸闷，有的咳血、鼻咽黏膜充血、鼻中隔溃疡，甚至可引起尘肺和金属烟雾热。长期皮肤接触者，可出现局部皮肤发红、水肿、溃疡等过敏症状。

九、硒

（一）来源和生物迁移

食物是硒的主要来源，如海产品（尤其虾）、肉类、奶制品和谷物。水和空气也是硒的来源之一。当硒的摄入超过排泄时会出现中毒现象。化工业、汽油燃烧等是硒污染的重要途径。

（二）对人体的危害

人摄入过量的硒可引起中毒。表现为头发变干变脆、易脱落，指甲变脆、有白斑及纵纹、易脱落，皮肤损伤及神经系统异常，严重者死亡。硒选择性作用于内皮细胞，引起水肿和出血，慢性接触引起肝炎和肝纤维化。

第五节 其 他

一、孔雀石绿

（一）基本特征

孔雀石绿是一种三苯甲烷类化工染料。因其对水霉病、鳃霉病和小瓜虫病的独特疗效曾被广泛应用。由于没有低廉有效的替代品，孔雀石绿在水产养殖中的使用屡禁不止。但孔雀石绿及其代谢产物无色孔雀石绿具有高毒性、高残留、致癌、致畸、致突变等副作用。

水生生物对孔雀石绿有很强的生物富集作用，在机体内转化为脂溶性无色孔雀石绿，体内代谢很慢，易蓄积在脂肪组织、皮肤、肝脏等部位。根据试验鱼的品种和温度不同，无色孔雀石绿在鱼类中的消除半衰期波动较大，如欧洲鳗鲡在 0.1mg/L 的孔雀石绿中浸泡 24h，无色孔雀石绿的消除半衰期为 30d，100d 后在肌肉中仍能检出（15±12）μg/kg。

根据欧盟法案 2002/675/EC 的规定，动物源性食品中孔雀石绿和无色孔雀石绿残留总量限制为 2μg/kg；日本的肯定列表也明确规定在进口水产品中不得检出孔雀石绿残留；我国相关法规规定孔雀石绿在水产品中不得检出。

（二）对人体的危害

孔雀石绿对动物和人的肝、肾、心脏、脾、皮肤、眼睛、肺等多器官具有毒性，孔雀石绿具有潜在的致癌、致畸、致突变的作用。

二、持久性有机污染物

（一）基本特点

1. 分类 持久性有机污染物（POPs）是指能持久存在于环境中，具有很长的半衰期，且能通过食物链积聚，并对人类健康及环境造成不利影响的天然或人工合成的有机化学物质。根据《关于持久性有机污染物的斯德哥尔摩公约》的规定，截至 2014 年，POPs 清单如下：

（1）*必须禁止生产和使用的化学物质* 包括艾氏剂（Aldrin）、氯丹（Chlordane）、狄氏剂（Dieldrin）、异狄氏剂（Endrin）、七氯（Heptachlor）、六氯代苯（Hexachlorobenzene）、灭蚁灵（Mirex）、毒杀酚（Toxaphene）、多氯联苯（Polychlorinated Biphenyls，PCBs）、十氯酮（Chlordecone）、六溴代二苯（Hexabromobiphenyl）、六溴环十二烷（Hexabromocyclododecane，HBCD）、六溴联苯醚（Hexabromodiphenyl ether）、七溴联苯醚（Heptabromodiphenyl Ether）、α-六氯环己烷（α-Hexachlorocyclohexane）、β-六氯环己烷（β-Hexachlorocyclohexane）、林丹（Lindane，Gamma-hexachlorocyclohexane）、五氯苯（Pentachlorobenzene）、硫丹（Endosulfan）及其异构体、四溴联苯醚（Tetrabromodiphenyl Ether）和五溴联苯醚（Pentabromodiphenyl ether）21 类。

(2) *必须限制生产和使用的化学物质*　包括滴滴涕（DDT）、全氟辛基磺酸（Perfluorooctanesulfonic Acid，PFOS）及其盐类和全氟辛基磺酰氟（Perfluorooctanesulfonyl Fluoride ，PFOSF）3类。

(3) *必须减少的无意中产生的化学物质*　包括多氯二苯并对二噁英（简称二噁英；Polychlorinated Dibenzo - *p* - dioxins，Dioxins）、多氯代二苯并呋喃（Polychlorinated Dibenzofurans）、六氯代苯（Hexachlorobenzene）、五氯苯（Pentachlorobenzene）、多氯联苯（PCBs）5类。

2. 主要特性

(1) *持久性*　POPs具有很强的稳定性，难以被光解、化学分解和生物降解，能够在环境中持久地存在。如二噁英类物质的半衰期长达几十年至数百年。

(2) *半挥发性*　POPs具有半挥发性，可以随风和水流迁移到很远的距离，扩散到很广的地域。

(3) *蓄积性*　POPs可以通过生物食物链逐级富集放大，直至人类；它具有较高亲脂性，能在人体的脂肪组织中长期积累，它在体内的半衰期长达数十年，可长期危害人体健康。

(4) *高毒性*　POPs在较低浓度时也会对生物造成伤害，大都具有“三致”作用。

3. 来源

(1) *人为生产和使用*　由于人类的需要而生产，包括：施用于土壤、作物的有机氯农药；应用于精细化工、印染、金属冶炼、电解电镀、氯碱、造纸等工业的高危化学物质以及在这些工业产生的“三废”中所含高危化学物质及其副产品。如六六六、DDT、PCBs、六氯苯（HCB）等。

(2) *废物的焚烧*　生活垃圾、工业垃圾和医疗废物的燃烧过程产生的高危化学物质。如二噁英和呋喃。

(3) *水产品污染的来源*　由于POPs污染分布极广，特别在水域中，由于生物链的富集效应，水生动物在生长过程有可能受到POPs污染。

（二）对人体的危害

POPs是当前全球环境保护所关注的热点，它能够对野生动物和人体健康造成不可逆转的严重危害，典型危害包括以下几个方面。

1. 对免疫系统的危害　POPs会抑制免疫系统的正常反应、影响巨噬细胞的活性、降低生物体对病原的抵抗能力。研究表明，海豹食用被PCBs污染的鱼会导致维生素A和甲状腺激素的缺乏而变得容易感染细菌病。

2. 对内分泌系统的危害　POPs为潜在的内分泌干扰物质，它们与雌激素受体有较强的结合能力，会影响内分泌活动。如PCBs在体内试验中表现出一定的雌激素活性；患恶性乳腺癌女性的乳腺组织中PCBs水平要高于患良性乳腺肿瘤的女性。

3. 对生殖和发育的危害　生物体暴露于POPs会出现生殖障碍、先天畸形、死亡等现象。研究表明，捕食了含PCBs鱼类的海豹生殖能力下降。一项对200名孩子的研究发现，孕期食用受POPs污染鱼的母亲所生的孩子，出生时体重轻、脑小，7个月时认知能力、4岁时读写和记忆能力和11岁时的智商值均低于同龄正常的孩子。

4. 致癌作用　国际癌症研究机构（IARC）在大量的动物实验及调查基础上，对POPs

的致癌性进行了分类，其中2,3,7,8-四氯代二苯并-对-二噁英（TCDD）被列为1类确认的人体致癌物；PCBs混合物被列为2A类很可能的人体致癌物；DDT被列为2B类可能的人体致癌物。

5. 其他毒性　POPs还会引起其他器官组织的病变。如导致皮肤表现出表皮角化、色素沉着、多汗症和弹性组织病变等症状。一些POPs还可能引起精神心理疾患症状，如焦虑、疲劳、易怒、忧郁等。

第三单元　生物性危害因素与人类健康

第一节　病　　毒

一、甲型肝炎病毒和戊型肝炎病毒

（一）病原学

甲型肝炎病毒（Hepatitis A virus，HAV）为小 RNA 病毒目、小 RNA 病毒科、肝病毒属成员，直径 27～32nm，仅 1 个血清型。戊型肝炎病毒（Hepatitis E virus，HEV）为套病毒目、戊肝病毒科、戊型肝炎病毒属成员。HEV 直径 27～34nm，病毒抗原有变异，存在不同血清型，但人类戊型肝炎病毒只有 1 个血清型。二者均为单链正链 RNA 病毒，无囊膜，衣壳为二十面对称体。HAV 主要以人和灵长类动物为宿主。HEV 的自然宿主除人和灵长类动物外，还包括家养动物（如猪、家禽、犬、猫、奶牛、山羊、绵羊等）和野生动物（鼠、鹿、野猪、麝猫等）。

（二）流行病学

1. 甲型肝炎病毒　HAV 呈世界性分布，全球约 40 亿人受威胁。患该病的人或动物或亚临床感染者为主要传染源。病毒污染的食物、水生动物（特别是从被污染水体捕获的甲壳类）、水、受感染的食物操作者均可成为重要传播媒介，经粪—口途径传播。HAV 较其他病毒更易经水传播。卫生条件好的地区的人到卫生条件差的地区旅游，感染风险升高。水源或食物严重污染可引起暴发性流行。

2. 戊型肝炎病毒　HEV 流行地域广泛，主要分布在阿富汗、缅甸、印度尼西亚、泰国、日本以及中亚、北非和西非，欧美有小规模流行及散发。国内新疆 1980 年以来曾数次流行，辽宁、吉林、内蒙古和山东也有疫情流行，全国各省市均有病例报道。病人或亚临床感染者或动物宿主是传染源，经粪—口传播。被 HEV 污染的水是重要传播媒介，可引起暴发。如 1986—1988 年，新疆发生水源性传播暴发，有 1 万多人感染。

二、诺如病毒和札幌病毒

（一）病原学

诺如病毒（Norwalk virus，NLV）和札幌病毒（Sapporo virus，SPV），均为单链正链RNA病毒，是杯状病毒科成员，前者属于诺瓦克病毒属、后者属于札幌病毒属，均无囊膜。NLV的形态不典型，直径25～35nm；SPV具有典型杯状病毒形态，直径30～39nm。NLV是急性胃肠炎的最常见病原体；分为5个基因组，GⅠ、GⅡ和GⅣ三组可感染人，每组有多个基因亚型；每隔几年就会出现新变异株，并引起全球性胃肠炎；NLV的感染剂量低到100个病毒。

（二）流行病学

NLV和SPV呈世界性分布。秋冬春季流行。传染源是患者及病毒携带者。受病毒污染的水（水源、饮用水、冰、娱乐用水、污水）、食物、水生动物（主要是甲壳类）是重要的传播媒介。受患者或携带者粪便污染的水体中捕获的甲壳类（特别是牡蛎），为食物型暴发流行的重要原因。人与人之间的直接接触、吸入受污染的气溶胶或尘粒或呕吐物的气悬浮颗粒、经病毒危害因素体的间接接触等，也是常见的传播途径。

NLV的人群感染率高达50%以上，是急性病毒性肠胃炎的主要病原（美国成人病毒性胃肠炎的42%～65%由NLV引起），所有年龄组均可发病，但成人和大龄儿童为主。感染后3～4d即可排出NLV，病情重和病程长的患者排病毒时间也长。

SPV主要感染婴幼儿，且3月龄后易感；6岁内为感染高峰期，12岁时可全部感染；老年人会再次成为易感者，感染率高达50%～70%。SPV全年可发，无季节差异。感染2d后患者排出SPV最多，9～10d消失。

三、肠病毒

（一）病原学

肠病毒属（*Enterovirus*，EV）为单链正链RNA病毒，属小RNA病毒目、小RNA病毒科成员。肠病毒属有69个血清型（种）可感染人，包括脊髓灰质炎病毒（*Poliovirus*）1～3型、柯萨奇病毒（*Coxsackievirus*）A1～A24型和B1～B6型、艾柯病毒（*Echovirus*）1～33型和肠病毒（*Enterovirus*）EV68～EV73型，这些病毒统称为肠病毒。肠病毒属的其他成员只感染动物，对人类无致病性。EV是已知的最小病毒之一，无囊膜，衣壳呈二十面体对称，直径20～30nm。

（二）流行病学

EV呈世界性分布。传染源是患者及病毒携带者；隐性感染者及无症状患者因数量较多，为主要传染源。病毒污染的污水、水源、饮用水、水生生物和多种食物（包括水产品）均为重要传播媒介。人之间的接触、空气传播、水传播是主要传播途径。儿童在湖中游泳可感染肠病毒（柯萨奇病毒A16和B5型）已被证实。大多数感染，特别是儿童感染，虽无症状，但排毒量大而成为重要传染源。

四、轮状病毒和正呼肠孤病毒

（一）病原学

轮状病毒（Rotaviruses，RTV）和正呼肠孤病毒（Orthoreoviruses，ORV）均为双链

RNA 病毒；前者为呼肠孤病毒科（*Reoviridae*）、无刺突呼肠孤病毒亚科（*Sedoreovirinae*）、轮状病毒属（*Orthoreovirus*）成员；后者为呼肠孤病毒科（*Reoviridae*）、刺突呼肠孤病毒亚科（*Spinareovirinae*）、正呼肠孤病毒属（*Orthoreovirus*）成员。

RTV 无囊膜，衣壳呈二十面体对称，直径 50～65nm。RTV 有 7 个血清群（A～G），A～C 血清型可感染人，A 群最重要。

（二）流行病学

A 群轮状病毒遍布全球。全球年患儿约 1.4 亿，死亡约 100 万，是 11%～71%（平均 33%）腹泻患儿的病因。6 月至 2 岁婴幼儿最易感，4 岁时大多数已感染。传染源为病人和带毒者。B 群主要引起中国的水型地方性流行。C 群报道少，在英国、日本、中国福建等有流行，在澳大利亚、巴西、芬兰和中国辽宁等散发。人轮状病毒主要经粪口传播。人之间接触、吸入病毒或病毒气溶胶，比摄入受染食物和水对传播更重要。水型和食物型暴发流行比较常见。1982—1983 年中国兰州和锦州发生了两次 B 群的水型大暴发，患者 3 万余人，老少皆有，以青壮年为主。随后，全国各地先后大流行，其中安徽的一次流行患者达 2 万余人。轮状病毒对消毒剂的抵抗力高于其他肠道病毒。饮用水中的人轮状病毒是人类健康的重大风险因素。中国主要发生在冬季和春末夏初。废水中也存在大量正呼肠孤病毒。

五、肠腺病毒

（一）病原学

人类腺病毒为双链 DNA 病毒，属于腺病毒科、哺乳动物腺病毒属，目前共 51 个抗原型，分 A～F 6 群。腺病毒无囊膜，衣壳呈二十面体对称，直径约 80nm，有纤突。腺病毒的多数成员主要引起呼吸道感染，但腺病毒 40 型和 41 型主要侵袭小肠引起胃肠炎，而被称为肠腺病毒（Enteric adenoviruses，EAV）。EAV 是儿童病毒性腹泻的第二重要的病原体（WHO）。腺病毒 31 型也会引起腹泻。

（二）流行病学

EAV 呈世界性分布，可感染鸟类、哺乳类和两栖动物。人粪便中腺病毒含量很高，在污水、水源和处理后的饮用水中均有检出。EAV 是各国胃肠炎的主要病原体，在发展中国家尤甚，引起感染的病毒量很低。

病人和无症状携带者为传染源。EAV 传播方式包括：①接触传播：人之间直接接触最主要，分为粪口、口口和手眼接触，通过受污染的表面或公用器具而间接传播，引起医院、部队、幼儿园和学校的暴发；②经污染食物传播；③经饮用或接触污水传播。病后 10～14d 可排毒。感染高峰年龄 5 岁以下，尤其是 2 岁以下婴幼儿。流行季节不明显。

六、星状病毒

（一）病原学

人星状病毒（Human astrovirus，HAT）为单链正链 RNA 病毒，属小 RNA 病毒目（Picornavirales）、星状病毒科（*Astroviridae*）、哺乳动物星状病毒属（*Mamastrovirus*）。HAT 无囊膜，衣壳呈二十面体对称，直径 28nm，表面有星状结构。HAT 共 8 个血清型，最常见的为人星状病毒 1 型。

（二）流行病学

感染者粪便中存在大量 HAT，在生活污水、水源水和处理过的饮用水中均检出病毒。通过粪口途径和人之间接触传播。污染食物和水可引起托儿所、儿科病房、家庭、养老院和军队中的暴发性流行。HAT 患者可为成人，但主要是 5 岁以下幼儿。80%以上的 5～10 岁儿童被感染，但不一定发病。发达国家 4%～10%儿童腹泻由本病毒引起，发展中国家可高达 26%，北京儿童医院报道的比例为 8.5%。本病冬季最常见。

第二节　细　菌

一、弧 菌 属

（一）病原学

水产公共卫生中比较重要的弧菌属（*Vibrio*）成员有霍乱弧菌（*V. cholera*，VC）、副溶血弧菌（*V. parahaemolyticus*，VP）和创伤弧菌（*V. vulnificus*，VV）。此外，还有非 O1 群霍乱弧菌、非 O139 群霍乱弧菌、溶藻弧菌、河弧菌、弗氏弧菌、霍氏弧菌、拟态弧菌、麦氏弧菌、海鱼弧菌、美人鱼弧菌、辛辛那提弧菌等。这些弧菌主要存在于海淡水中，部分为人和水生动物病原菌。

1. 霍乱弧菌　霍乱弧菌（VC）是淡水环境中有重大公共卫生意义的病原。多种血清型的 VC 都可引起腹泻，但只有 O1 和 O139 引起典型霍乱症状。O1 型分为“古典”和“埃尔托”生物型。古典生物型导致了前六次世界霍乱大流行；埃尔托生物型则引起始于 1961 年的第七次大流行。霍乱弧菌 O1/O139 产毒菌株产生的不耐热肠毒素导致水样便。并非 O1 和 O139 血清型的所有菌株都携带毒力因子；但非 O1/O139 菌株却极少携带毒力因子。VC 在河水、井水、海水中可存活 1～3 周，在水产品中可存活 1～2 周。

2. 副溶血弧菌　副溶血弧菌（VP）为多形态杆菌或稍弯曲状嗜盐弧菌，主要存在于海水或半咸水中，是典型的人兽共患病原体。其主要致病因子为热稳定溶血素。VP 对酸及温热敏感，在 1%醋酸中 1min 即死亡，56℃ 30min 灭活。淡水中存活不过 2d，海水中存活 47d 以上，置冰箱可活十几天。对常用消毒剂（75%酒精、0.05%苯酚、0.1%来苏儿等）很敏感，均 1min 致死。人摄入 10^5～10^7 个细菌可致病。世代时间仅 10min，食物中的 VP 在适宜环境（25～30℃，pH 7.5～8.8 的含盐条件下）放置一定时间即达致病剂量。

3. 创伤弧菌　创伤弧菌（VV）为有运动性的弯曲（单独或首尾相连成 C 或 S 形）菌。VV 普遍存在于碱性的海水及咸水中；对酸敏感，pH 6 以下不生长。

（二）流行病学

1. 霍乱弧菌　非产毒性 VC 广泛分布于水环境，且比产毒性 VC 更常见。人是产毒性 VC 的确定传染源。疫区污水中常检测到本菌。非疫区水中分离到 O1 群菌株多数是不产毒的。水生生物（桡足类、软体动物、甲壳动物、植物、藻类、蓝细菌等）中分离到的产毒性 VC 的浓度常高于水中。水温 20℃以下，VC 的流行性降低。

人类是 VC 的唯一自然易感者。患者和无症状感染者是重要传染源，经粪—口传播，感染主要因食入 VC 污染的生水和未煮熟食物（如水产品、蔬菜等）引起。人与人之间接触传播的可能性不大。VC 污染水（特别是饮用水供应系统中存在 O1 和 O139 血清型）是大流行的首要原因。食用受污染水产品可散发性流行。

2. 副溶血弧菌　副溶血弧菌（*V. parahaemolyticus*，VP）呈世界性分布，以日本和中国分布最广、发病率最高。患者、患病水生动物、携带本菌的水生动物及水是传染源。VP主要分布于海水、海水水产品（鱼类、甲壳类、软体动物类和海藻等）及其含盐分较高的各种腌制品。畜禽肉、咸菜、咸蛋、淡水鱼中也发现本菌存在。有肠道病史的人群带菌率偏高。我国夏秋季节，乌贼、黄鱼、带鱼、梭子蟹、海虾以及蛤和蛏等海产品带菌率极高。近海内河的淡水鱼亦有较高的带菌率，有的河水中亦可检出本菌。生食海鱼、凉拌菜、熟食品烹调加热不足亦可引起感染。带菌厨具或容器（砧板、菜筐、菜刀）污染食物也可引起传播。任何年龄、性别均可染病。患者预后，对本菌的免疫力微弱而短暂。经常暴露于少量本细菌者似乎可以获得较好的免疫力，如浙江沿海居民经常生食或半生食海产品，但很少发生食物中毒。本病一般5—11月易流行，高峰在7—9月，有明显的季节性。本菌是沿海细菌性食物中毒的主要病原体。

3. 创伤弧菌　本菌分布广泛。污染海产品引起食物中毒型暴发。污染的水源可引起水型暴发。皮肤受损者接触海水或受污染的水生动物，或被受污染的水生动物刺伤或咬伤也可引起创口感染。本病感染者无性别差异，青壮年患者较多，儿童感染亦不少见。免疫缺陷者、酒精中毒、胆囊炎患者等易发生弧菌性败血症。四季均可发病，以夏季（4—6月）为多。

二、气单胞菌属

（一）病原学

气单胞菌科气单胞菌属（*Aeromonas*）成员中对人类健康有危害是嗜温运动性气单胞菌群，包括嗜水气单胞菌（*A. hydrophila*，Ah）、豚鼠气单胞菌（*A. caviae*）、凡隆气单胞菌温和生物型（*A. veronii* subsp. *sobria*）、温和气单胞菌（*A. sobria*）、中间气单胞菌（*A. jandaei*）、凡隆气单胞菌凡隆生物型（*A. veronii* subsp. *veronii*）、舒伯特气单胞菌（*A. schubertii*）等，但被认为均系毒力不强的条件致病菌。这类菌为革兰氏阴性、无芽孢、兼性厌氧杆菌。以嗜水气单胞菌的资料比较全面。

嗜水气单胞菌大小（1～4）μm×（0.1～1）μm，菌体两端钝圆，运动极为活泼，14～40℃可繁殖，28～30℃最适；pH 6～11可生长；0～4%氯化钠的水中生存，最适为0.5%。Ah可以产生毒性很强的外毒素，如溶血素、组织毒素、坏死毒素、肠毒素和蛋白酶等。

（二）流行病学

本属菌在全世界分布，广泛分布于各种水体，是重要水生菌，主要栖息在淡水和淡水生物肠道内，是多种水生动物的原发性条件致病菌，健康人肠道偶尔也有该属菌寄生，是典型的人兽共患病病原。可从水（包括处理过的饮用水）、土壤及多种食物（如鱼、肉和奶）中分离到该菌。

水生动物为本菌的自然宿主，是人类感染的主要来源。病人也是传染源，引起人与人之间传播。进食被污染的饮料或食物（主要是水产品）可引起感染。接触被污染土壤或在被污染水中活动（如游泳、潜水、划船和捕鱼等）或被鱼刺伤或咬伤可引起伤口感染。夏季饮用未消毒的水可造成嗜水气单胞菌胃肠炎流行。兽医或捕鱼者接触患鱼或携带者的黏液，特别是徒手或手部皮肤受损或有外伤，感染风险增加。

任何年龄均可发病，2 岁以下儿童发病率较高。人群肠道带菌率 1%以下，如患有血液病、肿瘤、肝硬化、尿毒症等慢性疾病，抗感染免疫功能减退，肠道内 Ah 可进入血流、腹腔或胆管，也可感染伤口或尿道口发生内源感染。

三、分支杆菌属

（一）病原学

可经水或水生动物传播的分支杆菌主要是非典型分支杆菌（Atypical Species of Myco-Bacterium，ASM），这类菌存在于多种类型的天然水环境中。这些需氧的杆状抗酸细菌在合适的水环境及培养基中生长缓慢。

可从天然水体中分离的代表菌包括戈氏分支杆菌（*Mycobacterium gordonae*）、堪氏分支杆菌（*M. kansasii*）、瘰疬分支杆菌（*M. scrofulaceum*）、蟾分支杆菌（*M. xenopi*）、胞内分支杆菌（*M. intracellulare*）和禽分支杆菌（*M. avium*）以及生长较快的龟分支杆菌（*M. chelonei* 或 *M. chelonae*）和偶发分支杆菌（*M. fortuitum*）。

从淡水、咸水和海水的养殖品种分离到的常见分支杆菌有海分支杆菌（*M. marinum*）、偶发分支杆菌（*M. fortuitum*）和龟分支杆菌（*M. chelonei*），可引起鱼类的急性或慢性疾病，但症状多样且存在变异。慢性感染最常见的临床症状有突眼、嗜睡、鳞片脱落、腹胀，体表色素改变，身体状况不佳，皮肤溃疡等。

（二）流行病学

非典型分支杆菌分布广泛。多种水环境（尤其是生物膜）中的 ASM、患病水生动物或隐性携带者是传染源。供水系统内的生物膜被剥离后，非典型分支杆菌属成员会大量出现在输配水系统中。生物膜中的该菌会增加对消毒剂的抵抗。冰和公用饮用水中均可检测到该菌。主要感染途径包括吸入、接触以及饮用被污染的水（包括处理过的饮用水、游泳池水和按摩池污水等）；与受感染或携带病原体的水生动物接触，或被刺伤，或被咬伤。堪氏分支杆菌（*M. kansasii*）或禽分支杆菌可经城市供水系统扩散，并以淋浴喷头产生的气溶胶形式传播，曾引起过北美、欧洲部分城市的疾病暴发。

四、链球菌属

（一）病原学

链球菌是革兰氏阳性菌，不形成芽孢，呈链状或成双排列，长短不一。鱼类链球菌病的主要病原是海豚链球菌和无乳链球菌。两种细菌的侵袭和定居均可造成人和鱼的疾病，属人兽共患病病原体。

（二）流行病学

链球菌呈世界性分布。罗非鱼属（*Oreochromis* spp.）、齿罗非鱼属（*Sarotherodon* spp.）及属内的杂交种，美洲条纹狼鲈（*Morone saxatilis*）最容易感染本菌，并成为慢性携带者。许多品种的食用鱼和热带观赏鱼均可成为携带者。徒手捕鱼被刺伤或皮肤破损者接触鱼体，容易发生鱼源感染。

（三）病理生物学

无乳链球菌和海豚链球菌可引起淡海水鱼的多种症状，包括腹胀、真皮层点状出血、眼球突出和死亡。人类主要经伤口接触而感染，可引起蜂窝组织炎、全身性关节炎、心内膜炎、脑膜炎、肺炎、败血症、骨髓炎、阴道炎、前列腺炎、皮肤和软组织感染，严重者可导致死亡。无乳链球菌是造成孕妇产褥期脓毒血症和新生儿脑膜炎的重要原因。

五、迟缓爱德华菌

（一）病原学

迟缓爱德华菌（*Edwardsiella tarda*）为肠杆菌科爱德华菌属成员，短杆状，(0.5～1)μm×（1～3)μm，周鞭毛、能运动、无荚膜，革兰氏阴性，兼性厌氧。4～10℃能生长，25～32℃最适生长，42℃以上不生长，适宜 pH 5.5～9，0～4%氯化钠正常生长。

（二）流行病学

迟缓爱德华菌是海淡水鱼类及其他冷血动物肠道的正常菌群，广泛存在于肠道、粪便及污染的水源中；食鱼的鸟类和哺乳动物的粪便中存在本菌。本菌是人类的条件致病菌，渔民、农民为易感人群。

六、猪霍乱沙门菌亚利桑那亚种

（一）病原学

沙门菌属（*Salmonella*）为肠杆菌科成员，有动力、革兰氏阴性杆菌，菌体大小（0.6～0.9)μm×（1～3)μm，无芽孢，一般无荚膜，多周身鞭毛。该类菌环境生存能力较强，在水、牛奶及动物性食品（包括水产品）中能生存几个月，最适温度 37℃。根据菌体（O）和鞭毛（H）抗原，可将其分为 2 000 多个种（血清型），按其抗原成分可分为甲、乙、丙、丁、戊等基本菌组。猪霍乱沙门菌亚利桑那亚种（*Salmonella choleraesuis* subsp. Arizonae，SCA）能引起巨骨舌鱼（*Arapaima gigas*）败血症（眼角膜混浊、腹腔有红色血样腹水、消化道黏膜充血损伤）。SCA 无宿主障碍，广泛分布于哺乳类、鸟类、爬行类和鱼类；可在污水中存活 5 个月、污染饲料中存活 17 个月、鸡场土壤中存活 6～7 个月。出口冻龙虾仁、进口的冻大口鱼有检出。

（二）流行病学

沙门菌通过粪—口途径传播。病原通常经生活污水排放，也可因家畜及野生动物的粪便污染输配水系统或养殖水域而扩散。在多种食物（包括牛奶和水产品）中可检测到该菌。非伤寒血清型感染主要由人与人接触、食用污染的食物以及与动物接触引起。伤寒感染主要由食用污染的水或食物引起，直接的人与人接触传播不常见。

水源性伤寒的暴发对公共卫生影响严重；而非伤寒沙门菌属极少引起水源性暴发。鼠伤寒沙门菌的播散，与饮用污染的地下水和地表水有关。

七、类志贺邻单胞菌

（一）病原学

类志贺毗邻单胞菌（*Plesiomonas shigelloides*，PS）为毗邻单胞菌属成员，是近年新发现的致腹泻病原菌。PS 为革兰氏阴性杆菌、3μm×（0.8～1.0)μm、两端钝圆、呈单（或双）或短链状，端鞭毛 2～7 根，有动力，兼性厌氧，最适温度 37℃，不嗜盐，共 40 个血清型。

（二）流行病学

淡水鱼、犬、猫等动物为本菌自然宿主，亦是主要传染源。病人和带菌者也可成为传染源。人可经污染的饮水或食物（如鲜鱼、咸鱼、牡蛎等）而感染；也可因接触受污染淡水或水生生物造成伤口软组织感染，但比嗜水气单胞菌感染少见。人群对本菌普遍易感，儿童感染率和带菌率较成人高。本病常年散发，夏秋季可暴发流行。

（三）病理生物学

潜伏期短至数小时，长者7d，一般为1～2d。多数患者不发热或低度发热、轻度水样腹泻，每日2～3次，病程数日至1周。少数重症患者有严重的霍乱样水泻；偶见细菌性痢疾样症状，表现为39℃以上高热、伴乏力、恶心、呕吐及头痛。健康人患本病时症状较轻。有消化道基础疾病（如肿瘤、非特异性慢性炎症性肠病及其他感染性腹泻）的患者，病程可迁延较久，且病情较重。本菌还可引起急性胃肠炎，临床以发热、腹痛、腹泻、恶心、呕吐、水样便或黏液脓血便为特征。

八、假单胞菌属

（一）病原学

水产公共卫生涉及的假单胞菌属成员有铜绿假单胞菌（*Pseudomonas aeruginosa*，PA）、洋葱假单胞菌和荧光假单胞菌，其中PA最重要。PA是需氧革兰氏阴性杆菌，着生极化鞭毛。

（二）流行病学

铜绿假单胞菌是常见环境微生物，见于粪便、土壤、水和污水中，可在水中及与含水有机材料表面繁殖。PA是医院内感染的病因之一，可引起严重并发症。在潮湿环境，如洗涤槽、水槽、热水系统、淋浴器以及按摩池，都可分离到该菌。易感组织（尤其是伤口和黏膜）与污染水或污染的外科器械接触是主要感染途径，如用污染的水清洗隐形眼镜可引起角膜炎。

九、猪红斑丹毒丝菌

（一）病原学

猪丹毒丝菌（*Erysipelothrix rhusiopathiae*，ER）为丹毒丝菌属（*Erysipelothrix*）成员。(0.2～0.4)μm×（0.8～2.5)μm，有形成长丝（常达60μm以上）倾向。革兰氏阳性、不运动、不生孢子、无荚膜、不抗酸。最适生长温度30～37℃。对外界环境抵抗力很强。

（二）流行病学

本菌广泛分布于自然界，通常寄生于哺乳动物、鸟类和鱼；有的菌株对哺乳动物和鸟类有致病性。健康的猪和牛、羊、鸡、鱼、虾等都可成为带菌者。兽医、家畜饲养者、水产经营者、屠宰工人、炊事员及家庭主妇等，均可因手部外伤后接触带菌鱼、肉，或在操作中受伤（如被鱼刺伤或咬伤）而被感染。本菌可从患猪（猪丹毒）和病鱼中分离到，但该菌并不引起鱼病。从事肉类或罐头加工的工人以及渔业工作者是高危人群。尽管本病少见，但22%患者与接触鱼或甲壳类有关，而且死亡率约38%。

（三）病理生物学

经皮肤伤口或消化道侵入机体，潜伏期1～5d。有三种临床表现。

1. 急性类丹毒　以全身症状和败血症为特征，主要表现为畏寒、发热、头痛、恶心、呕吐。感染部位出现红肿、剧痛，引流区淋巴结肿大，面颊出现红斑。败血症型虽较少见，但全身反应严重，常有高热不退，呼吸困难，甚至因休克而死亡。

2. 亚急性类丹毒　手部皮肤受伤后与感染动物及制品接触发病。病初患处疼痛，有轻微发热、头痛及全身酸痛等症状，数日后出现皮疹。患处先出现一个疼痛红点，最后逐渐扩大为边界清楚的紫红色斑状肿块，边缘稍高起，不化脓，也不破溃，有些病例见水疱。局部瘙痒或刺痛明显；手指如被波及，常因肿胀和疼痛而不能自由屈伸。病程常呈自限性，约3周痊愈。

3. 慢性类丹毒　以关节炎和心内膜炎为特征。

十、肉毒梭菌

（一）病原学

肉毒梭菌（*Clostridium botulinum*，CB）为厌氧菌，可形成芽孢，呈梭状，具有4～8根鞭毛，运动迟缓，无荚膜，革兰氏阳性。80℃、20min可杀死CB营养体；但芽孢经100℃、6h或105℃、2h或110℃、36min或115℃、12min或120℃、4min才被杀灭。5%苯酚或20%福尔马林经24h才能将其芽孢杀死。

CB在缺氧条件下，可在肉类、罐头食品、腌制和发酵食品（如腌菜、臭豆腐、豆豉、豆酱等）中大量繁殖，并产生肉毒毒素（Botulinum Toxin，BT）。BT分为A、B、Cα、Cβ、D、E、F、G 8个型，引起人中毒的主要是A、B、E、F型。肉毒毒素能抑制呼吸，导致死亡，是迄今所知的最毒的生物毒素之一，对人的最小致死量为0.1μg，而一个成年人的致死量为1μg左右。该毒素不能被胃液破坏，但通过加热（如80℃ 30min、煮沸5～20min、在固体食物内煮沸2h）可被破坏。

（二）流行病学

肉毒梭菌在自然界分布很广，其芽孢在土壤、尘埃、泥水、沉积物、霉干草和动物粪便中均有存在，对食品污染的机会很多。在肉类、水产品、果蔬中，当pH 4.5～8.6，温度25～35℃时，本菌经24h左右即可产生毒素。A和B型呈世界性分布。E型与海洋生境关系密切，媒介是水产品，也称为鱼媒介肉毒毒素。E型毒素可引起鳟、银大麻哈鱼肉毒中毒。F型也多从海河泥沙及鱼类标本中分离得到。

十一、蜡样芽孢杆菌

（一）病原学

可经水、水生生物或水产品传播的人类致病性芽孢杆菌主要有蜡样芽孢杆菌（*B. cereus*，BC）。BC为革兰氏阳性杆菌，产芽孢、需氧或兼性厌氧，生长温度10～45℃，最适生长温度28～35℃。本菌能耐受100℃、30min和105℃、5min的热处理。本菌能产生肠毒素（分为呕吐肠毒素和腹泻肠毒素；呕吐肠毒素能耐受126℃、90min的热处理，腹泻肠毒素在56℃经30min即被破坏。）、卵磷脂酶、溶血素及蛋白分解酶等毒素。食物中毒与食入的活菌和细菌毒素量有关。食入含活菌10^6个/g以上的食品中，可出现食物中毒。BC可引起鲤和美洲条纹狼鲈的鳃坏死。

（二）流行病学

BC在自然界分布广泛，常存在于土壤、灰尘、腐草、水和空气中，灰尘和土壤是本菌的主要污染源。通过苍蝇、昆虫、不洁用具和容器可传播本菌。引起BC食物中毒的食品范围很广，包括肉类、剩米饭、菜汤、烧鸡、鱼、牛奶、点心等。许多国家有暴发该菌食物中毒的报道。

十二、金黄色葡萄球菌

（一）病原学

葡萄球菌属（*Staphylococcus*）至少有 15 个种，其中金黄色葡萄球菌（*S. aureus*，SA）、表皮葡萄球菌（*S. epidermidis*）和腐生葡萄球菌（*S. saprophyticus*）与人类疾病有关。金黄色葡萄球菌为革兰氏阳性菌，需氧或厌氧、无动力、无芽孢、鞭毛，大多数无荚膜，衰老或死亡后可转为革兰氏阴性。通常呈葡萄串样不规则排列，单个菌体直径 0.8μm 左右。最适生长温度 37℃，最适生长 pH 7.4。金黄色葡萄球菌生命力极强，在干燥环境中可存活数月；70℃ 1h，80℃、30min 也不被杀死；在冷冻食品中不易死亡。从白底板和红底板病鳖、患眼病的鲢均分离到 SA。

（二）流行病学

SA 在环境中比较常见，但主要见于动物皮肤和黏膜。SA 可通过人与污染的水体（如游泳池、按摩池和其他娱乐性水环境）或污染的水生动物或水产品的接触或摄入而感染。在饮用水供应系统中也能检测到 SA。手接触是最常见传播途径，不良卫生习惯是导致食物污染的主因。在室温或更高温度保存的被污染的食物（如火腿、家禽、土豆、鸡蛋、水产品）中的 SA 很容易繁殖和产毒素。食用被金黄色葡萄球菌毒素污染的食物（包括水产品），在几小时内就可导致肠毒素中毒。

（三）病理生物学

致病性金黄色葡萄球菌可通过两种机制致病：①基于该菌的侵袭，引起葡萄球菌病；②由该菌的细胞外酶和毒素引起食物中毒。葡萄球菌病的潜伏期通常是几天，可引起疖、皮肤脓毒症、术后伤口感染、肠道感染、败血症、心内膜炎、骨髓炎以及肺炎。耐热葡萄球菌肠毒素引起的食物中毒，潜伏期短，通常为 1～8h，这些疾病临床症状为喷射样呕吐、腹泻、发热、腹部痛性痉挛、电解质紊乱以及失水。

十三、诺卡菌属

（一）病原学

诺卡菌属（*Nocardia*）是放线菌科的成员。已知 9 种诺卡菌，能引起人类致病的有 3 种，即巴西诺卡菌（*N. braziliensis*）、星形诺卡菌（*N. asteroides*）和豚鼠诺卡菌（*N. otitidiscavarum*），以前两者最常见。本菌是一种不能运动、弯曲的需氧革兰氏阳性杆菌，部分耐酸。宽约 1μm，较真菌细。星状诺卡菌可引起多种淡水鱼的结节病。

（二）流行病学

诺卡菌病见于世界各地。患者大多为成人，男女比例约 2∶1。诺卡菌寄生在土壤腐物中，可在空气中形成菌丝体，人吸入菌丝片段是主要传染途径，亦可经破损皮肤或消化道感染。通常为散发。肺泡蛋白沉着症、结核病、慢性肉芽肿病、酒精中毒、糖尿病、淋巴瘤、器官移植和 AIDS 等患者属高危人群。

十四、小肠结肠炎耶尔森菌

（一）病原学

耶尔森菌病是由小肠结肠炎耶尔森菌（*Y. enterocolitica*，YE）引起的一种人兽共患的自然疫源性疾病及地方性动物病。

YE为革兰氏阴性多形态的小杆菌，需氧或兼性厌氧菌，为嗜寒菌，具有鞭毛、菌毛，不形成芽孢和荚膜，大小（0.99～3.54）μm×（0.52～1.27）μm，单个存在，也有的呈短链状或成堆排列。有毒株多呈球杆状，无毒株以杆状多见。25℃培养时有周鞭毛；但37℃培养时很少或无鞭毛。本菌耐低温，4℃能生长，最适温度20～28℃，最适pH 7.6。皮肤溃烂内脏出血性炎的幼鳖、白斑病幼鳖和败血症稚鳖都分离到YE。

（二）流行病学

本菌呈世界性分布，常为地方性流行。多为散发，亦可暴发流行，近年发病率呈升高趋势。全年均可发病，以秋、冬、春季较多。人群普遍易感，发病年龄较广，5～85岁均可发病，1～4岁儿童发病率高，男女发病率相似。患者和健康带菌者、患病及带菌的野生及家养动物（猪是病原性YE的主要宿主）为传染源。在污水和污染的地表、水生动物体表和消化道中可检测到病原性YE。粪—口传播，主要的传播媒介是受污染的食物（尤其是肉类和肉制品、牛奶和乳制品、水产品）和饮用水。人与人之间以及动物与人之间的直接传播也可发生。YE可经未处理的饮用水传染给人。

十五、变形杆菌属

（一）病原学

变形杆菌属（*Proteus*）包括普通变形杆菌、奇异变形杆菌、产黏液变形杆菌和潘氏变形杆菌等。变形杆菌为革兰氏阴性，无芽孢和荚膜，具周生鞭毛，运动活泼。本菌在自然界生存力很强，在土壤和水中可存活数月，但对热的抵抗力不强，60℃、30min即可被杀死。

（二）流行病学

变形杆菌广泛分布于水、土壤和腐败有机物中，在动物和人的肠道中都存在。淡水鱼、海水鱼、蟹及肉类污染风险较高。夏季被污染的食物放置数小时可含有足以引起人类食物中毒的细菌量。屠宰解体时如割破胃肠道，粪便污染肉类和水产品，则带菌率很高。在烹饪时，切生肉和熟肉的刀具不分，易造成熟肉制品污染。食物中毒的主要原因是食入变形杆菌污染的熟肉类、凉拌菜、蛋品、鱼、螃蟹等。

十六、大肠埃希菌

（一）病原学

埃希菌属（*Escherichia*）为肠杆菌科（Enterobacteriaceae）成员，共有5个种，其中最重要的是大肠埃希菌（*Escherichia coli*），俗称大肠杆菌。大肠埃希菌在人和动物肠道内大量存在，是肠道正常菌群的一部分，通常无害。但在身体的其他部位，大肠埃希菌可引起严重疾病。根据毒力因子不同可将致病大肠埃希菌株（*Escherichia coli* pathogenic strains）分为几类：肠出血性大肠埃希菌（Enterohaemorrhagic *E. coli*，EHEC）、肠产毒性大肠埃希菌（Enterotoxigenic *E. coli*，ETEC）、肠致病性大肠埃希菌（Enteropathogenic *E. coli*，EPEC）、肠侵袭性大肠埃希菌（Enteroinvasive *E. coli*，EIEC）、肠凝集性大肠埃希菌（EnTeroaggregative *E. coli*，EAEC）以及弥散黏附型大肠埃希菌（Diffusely Adherent *E. coli*，DAEC）。大肠杆菌可引起虹鳟败血症、鳖穿孔病。进口冻虾曾分离到大肠埃希菌O157：H7。

（二）流行病学

肠致病性大肠埃希菌的主要宿主为人，尤其EPEC、ETEC和EIEC菌株更是如此。EHEC菌株主要从家畜（如牛、羊、山羊、猪和鸡）中分离到。此外，EHEC感染还与食用生蔬菜（如豆芽）有关。上述病原菌在多种水环境中和污染的水生动物体表或水产品中都可检测到。

感染主要通过人与人之间传播，与动物和食物接触以及饮用被污染的水也可导致感染。娱乐场所水环境和污染的饮用水可造成病原性大肠埃希菌的水源性传播。大肠埃希菌O157：H7（和空肠弯曲菌）可引起的水源性疾病流行。

十七、肺炎克雷伯菌

（一）病原学

肺炎克雷伯菌（*Klebsiella peneumoniae*，KP）为革兰氏阴性直杆菌，对人致病性较强，是重要的条件致病菌和医源性感染菌之一。大小（0.5～0.8）μm×（1～2）μm，单独、成双或短链状排列。无芽孢，无鞭毛，有较厚的荚膜，多数有菌毛。55℃、30min被杀死。

（二）流行病学

本菌呈世界性分布，在森林、植被、土壤和水中普遍存在，可从哺乳类、鸟类、爬行类、昆虫中分离到，是动物呼吸道和肠道内寄生的条件致病菌。本菌与鳖穿孔病、白斑病、白底板病有关。带菌者和患者是主要传染源。高龄者、严重基础病患者、大量广谱抗菌药物使用者、抵抗力下降者易感，可以导致消化道和呼吸道感染。接触传播和气溶胶传播为主，食源传播较少。

十八、摩氏摩根菌

（一）病原学

摩氏摩根菌（*Morganella morganii*）为革兰氏阴性菌，直径0.6～0.7μm，长1.0～1.7μm。运动者具有周生鞭毛，但有些菌株在30℃以上不形成鞭毛。不集群。兼性厌氧。

（二）流行病学

本菌呈世界性分布，广布于自然界、医院，寄生于人和动物肠道，为条件致病菌。患病动物和人的尿道、呼吸道、伤口、表皮等可分离到该菌，为主要传染源。该菌通过接触、飞沫等多种途径传播。可从哺乳类（人、猪、犬、海象、海狮、海豹等鳍足类）、鸟类、爬行类（蛇、鳄）等分离到该菌。该菌是引起鱼类腐败产生组胺的主要菌之一。

十九、鲍氏不动杆菌

（一）病原学

鲍氏不动杆菌（*Acinetobacter baumannii*）为革兰氏阴性、氧化酶阴性、无动力的球杆菌（短圆杆状），菌体大小为1.5～2.5μm，常成双排列，多数菌株有荚膜，无芽孢，无鞭毛，专性需氧。本菌可以引起鳜的败血症。

（二）流行病学

本菌广泛存在于土壤、水及污水环境中。97％的天然地表水样品中可分离到鲍氏不动杆菌，含菌量高达100 CFU/mL。鲍氏不动杆菌是皮肤正常菌群的一部分，偶见于健康人呼吸道。感染常与外伤及烧伤后伤口接触受污染水或水生动物有关，或易感个体吸入感染。感染的暴发与淋浴和使用室内加湿器有关。

二十、嗜麦芽寡养单胞菌

（一）病原学

嗜麦芽寡养单胞菌（*Stenotrophomonas maltophilia*）为大小 0.5μm× 1.5μm 的革兰氏阴性杆菌，单个或成双存在，以极生丛鞭毛运动；4℃或 41℃不生长，生长最适宜温度为 35℃。可引起卵形鲳鲹腹水病、斑点叉尾鮰肠套叠病。

（二）流行病学

本菌广泛分布于土壤、水、植物中，食物源包括冻鱼、牛奶、蛋和羊肉，人的皮肤、呼吸道、伤口等与外界相通的部位也存在。多途径传播，主要为呼吸道传播和接触传播。人群普遍易感，严重基础病（恶性肿瘤、肾病、糖尿病、血液病）患者、免疫缺陷患者、使用免疫抑制剂者、长期住院者、大面积烧伤患者为高危人群。

二十一、香港鸥杆菌

（一）病原学

香港鸥杆菌（*Laribacter hongkongensis*）为奈瑟菌科鸥杆菌属成员。为（0.8～2.5）μm×（0.4～0.7）μm 的弯曲细长、螺旋状的革兰氏阴性菌，无芽孢，兼性厌氧。28℃和 37℃生长良好；低于 4℃或高于 44℃不生长；在 1%～3%的氯化钠中生长；pH 5～9.5 可生长。常规消毒可灭活。

（二）流行病学

本菌呈世界性分布。淡水鱼肠道携带的菌为主要传染源。人主要通过摄入被污染的淡水鱼或鱼制品而感染。患者粪便常检测到该菌。草鱼、鳙、鲮、大口黑鲈等淡水鱼易感，但无致病作用。人群普遍易感。

二十二、弗柠檬酸菌

（一）病原学

弗柠檬酸菌（*Citrobacter freundii*）为肠杆菌科柠檬酸菌属成员。为（0.6～0.7）μm×（1.5～2.0）μm 的短杆菌，运动，单个和成对，无荚膜、需氧或兼性厌氧。从腹水病乌鳢、白斑病幼鳖、濒死红螯螯虾、败血症鳄鱼等动物中可分离到本菌。

（二）流行病学

本菌分布广泛，包括海洋、河水、垃圾、土壤、食物、海洋生物以及多种动物（包括冷血动物）的粪便。患病动物和人的粪便、尿液、伤口为主要传染源；被污染的土壤、河水是次要传染源。可经接触或消化道传播，环境也可传播。易感动物包括哺乳类（人、犬、猫、马、牛、猕猴）、鸟类、爬行类（蛇、龟鳖）、甲壳类（红螯螯虾、河蟹）等。

二十三、美人鱼发光杆菌美人鱼亚种

（一）病原学

美人鱼发光杆菌美人鱼亚种（*Photobacterium damselae* subsp. *damselae*）为 0.5μm× 1.5μm 的无动力阴性杆菌。生长最适宜温度 25～30℃，最适宜 pH 为 7.5～8.0，最适宜盐度 2%～3%。

（二）流行病学

本菌呈世界性分布，从多种野生和养殖水生动物（乌鲂、尖吻鲈、雀鲷类、海豚、鳗鲡、章鱼、牡蛎、鲨鱼、甲壳类、鲑、虹鳟、大菱鲆、海龟、海马、黄条鰤）以及海藻中可分离到。广泛存在于海水及海产动物中，可引起的鱼类肉芽肿性溃疡性皮炎乃至死亡，在胸鳍和尾柄处尤为严重。人类感染主要经伤口接触或被水生动物咬或刺伤。

（三）病理生物学

主要引起人类的伤口感染。

二十四、脑膜炎脓毒伊丽莎白菌

（一）病原学

脑膜败血伊丽莎白菌（*Elizabethkingia meningoseptica*），新命名为米尔伊丽莎白菌（*Elizabethkingia miricola*），是革兰氏阴性非发酵杆菌，大小为 0.5μm×（1～2）μm 的短杆菌，单个分散排列，无鞭毛、无芽孢、无荚膜、不运动。

（二）流行病学

本菌呈世界性分布，在土壤、淡水、食物中存在。经接触、伤口、呼吸道感染。本菌是条件致病菌，机体免疫力下降时常可引起感染。人、鳖、蛙、鱼为易感动物，可引起这些动物疾病。

二十五、单核细胞增生性李斯特杆菌

（一）病原学

单核细胞增生李斯特菌（*Listeria monocytogenes*，LM）是李斯特科李斯特属成员，有16个血清型，常见的是4b、1b、1a型。LM为短小的革兰氏阳性杆菌，无芽孢和荚膜，有鞭毛。37℃时运动缓慢，最适酸碱度为中性至弱碱性，需氧或兼性厌氧，营养要求不高，在含有肝浸液、胨水、血液和葡萄糖的环境中生长良好。LM能在1～45℃生存。LM不易被冻融，能耐受较高的渗透压，是冷藏水产品重要的危害因素。

（二）流行病学

LM遍布全球，在水、泥土、腐烂植物、饲料及污水中存在，可寄生在昆虫、甲壳动物、鱼、鸟及野生动物和家养动物体内。水和水生动物很容易污染该菌，也是淡海水产品常见污染菌。鱼类和甲壳类是本菌的易感动物。从水源到厨房的食物链中的任一环节都可导致人类感染。LM带菌率较高的食品主要有牛奶和乳制品、肉（特别是牛肉制品）、蔬菜及淡海水产品。本病主要因摄入污染食物（特别是生鲜或未煮熟的食物）而感染，也可因接触感染动物的粪便、胚胎以及通过性接触而感染。夏末至秋初为主要流行季节。新生儿、孕妇、年老体弱者、饮酒过度者、滥用药物者、糖尿病患者以及免疫功能低下者，均易感染LM。

第三节 螺旋体、立克次体、真菌

一、问号钩端螺旋体

（一）病原学

钩端螺旋体病（Leptospirosis）简称钩体病，是由致病性问号钩端螺旋体引起的急性全

身感染性疾病。钩端螺旋体（简称钩体）为细螺旋体属（*Leptospira*）成员，体形纤细，故亦称为细螺旋体，具有12～18个螺旋，两端有钩，长6～20μm，呈活跃旋转式运动，有较强的穿透力。钩体在体外温度和湿度适宜的条件下，如在水或湿土中可存活1～3个月，但对寒冷、干燥及一般消毒剂非常敏感，可迅速被杀灭。

（二）流行病学

钩体病广泛流行于世界各地，以热带及亚热带地区最为常见。我国除北方少数省区外，均有本病的发生和流行。80余种动物可感染或带菌，鱼类和蛙类是自然宿主，也是主要传染源。我国南方主要因患鼠排出大量钩体，人赤足（尤其皮肤有破损时）接触疫水而被感染，称稻田型。北方患猪在雨季和洪水季节，由猪粪尿外溢污染环境而传播，称雨水型或洪水型。南方稻区收割季节会出现局部流行或大流行。渔民、屠宰场工人、下水道作业工人、矿工、打猎者及兽医也易受染，病例多为散发。

二、腺热新立克次体

（一）病原学

腺热新立克次体（*Ehrlichia sennetsu*），大小为（0.3～0.6）μm×（0.8～2.0）μm，呈球状、杆状或丝状，有的多形性，有细胞壁，无鞭毛，呈革兰氏阴性反应，在真核细胞内营专性寄生，以二分裂方式进行繁殖，但繁殖速度较细菌慢，一般9～12h繁殖一代。对热、光照、干燥及化学药剂抵抗力差，56℃、30min即可杀死，100℃很快死亡，对一般消毒剂及四环素、氯霉素、红霉素、青霉素等抗生素敏感。

（二）流行病学

主要分布在日本和东南亚。鱼类是腺热新立克次体的自然宿主。人可因吃生鱼而感染腺热新立克次体。

（三）病理生物学

患者临床表现较轻，轻度或中度弛张热，伴头痛、背痛、肌肉痛和关节痛，皮疹少见，起病7d后出现耳后和颈后淋巴结肿大。严重者有寒战、眩晕、肝脾肿大及非化脓性脑膜炎。

三、蛙粪霉属

（一）病原学

临床重要的蛙粪霉属成员有三个，林蛙粪霉（*Basidiobolus ranarum*）、裂孢蛙粪霉（*B. meristosporus*）、固孢蛙粪霉（*B. haptosporus*），到目前仅发现林蛙粪霉感染人。具有有性（接合孢子）和无性（分生孢子）生殖孢子，菌丝粗细不一，直径5～20cm，分隔稀，胞质淡，分支少。蛙粪霉不耐低温，保存在0～4℃下2h即死亡。

（二）流行病学

本菌呈世界性分布，普遍分布于土壤、腐败植物、两栖及爬行动物（青蛙、蟾蜍、壁虎和蜥蜴等）肠道内，昆虫亦可带菌。儿童和青少年多发。人因接触带菌的土壤、蛙粪、树叶等，或被虫咬而感染。患者皮肤外伤接触蛙类、昆虫，或被虫咬伤，是发病诱因。

四、暗色丝孢霉属

（一）病原学

暗色丝孢霉属的成员较多，且分类学上还有争议。患者皮下囊肿或慢性肉芽肿内的渗出物和黑色颗粒物中有分隔的黑色或棕色菌丝，直径 1.5～3.0μm，偶见分支，并可见芽生酵母样孢子。

（二）流行病学

本菌呈世界性分布，主要寄生在腐败植物和土壤中，人和动物多由于接触或吸入病菌而感染。人类和低等动物（鱼类、龟等水生动物）是易感动物。被水生动物咬或刺伤、或植物刺伤是重要的感染方式。免疫抑制患者、基础疾病（糖尿病、自身免疫病、肺包虫）患者、吸毒者更易感。鱼类和龟类也发生暗色丝孢霉病，容易出现损伤、水疱和脓肿，肾和内脏有菌丝侵入。

五、鼻孢子菌属

（一）病原学

鼻孢子菌属（*Rhinosporidium*）的西伯氏鼻孢子菌可引起人兽共患病。

（二）流行病学

本菌呈世界性分布，散发流行。我国广东、河南、湖北等地相继有报道。鱼类、带菌的池塘或污水等是传染源。接触或呼吸道途径是主要传播途径。多因接触受本菌污染的水或土壤而引起。人、马、骡、牛、犬等动物易感，是偶然寄主。儿童及青年多见，男多于女。该菌引起的病害多发于热带及亚热带。

第四节　寄 生 虫

一、隐孢子虫属成员

（一）病原学

隐孢子虫病是世界最常见的 6 种腹泻病之一，世界卫生组织于 1986 年将人的隐孢子虫病列为艾滋病的怀疑指标之一。

目前已知隐孢子虫（*Cryptosporidium* spp.）的有效种有 20 多个，其宿主范围广泛，可寄生于哺乳类、禽类、爬行类、两栖类和鱼等 240 多种动物。人类致病种有人隐孢子虫（*C. hominis*）、微小隐孢子虫（*C. parvum*）、火鸡隐孢子虫（*C. meleagridis*）、猫隐孢子虫（*C. felis*）、犬隐孢子虫（*C. canis*）、小鼠隐孢子虫（*C. muris*）、安氏隐孢子虫（*C. andersoni*）和猪隐孢子虫（*C. suis*）等，其中前两者最重要，是人隐孢子虫病的主要病原体。人源的微小孢子虫可感染鱼类，成为水产公共卫生的隐患。因虫种不同，人感染剂量略有差异，一般在 9～1 000 个卵囊。

（二）流行病学

隐孢子虫呈世界性分布，迄今已有 6 大洲 90 多个国家发生隐孢子虫病。发达国家感染率为 0.6%～20.0%；发展中国家感染率为 4%～25%。据估计，发展中国家每年约 5 亿人感染。全球每年约 5 000 万 5 岁以下的儿童被感染，主要集中在发展中国家。我国已在江苏、浙江、安徽、内蒙古、福建、云南、四川、广东、山东和湖南等地相继出现病例。我国

腹泻患者中，隐孢子虫的检出率为1.36%～13.30%；腹泻儿童平均感染率为2.14%；高危人群感染率为15%～49%。患者和带虫者、各种动物宿主都是重要传染源。病原主要经水传播，并可引起暴发流行，如饮用或接触受污染的水（公共饮用水系统，江、河、湖、海、塘、堰、游泳池等水体）。饮用水型暴发流行多见。其次经污染的食物和人与人之间接触传播，主要发生在家庭、医院、养老院、幼托机构等集体。隐孢子虫可在家庭成员间传播，与志贺菌（引起菌痢）类似。

易感人群包括1岁以下婴幼儿、各种引起免疫功能低下的基础疾病（肿瘤、重要脏器慢性疾病等）患者、抑制免疫功能的外部因素（如药物、放射线照射等）接触者、艾滋病患者、营养不良者、年老体弱者、大量使用多种抗生素者、患水痘者、患麻疹者和经常感冒者。

二、比氏肠微孢子虫

（一）病原学

微孢子虫（*Microsporidium* spp.）是指属于微孢子虫门中的一组专性细胞内寄生的原虫。已鉴定100多属微孢子虫，共计1 200余种，可以感染包括脊椎动物在内的绝大部分动物。人致病性微孢子虫有8属14种，即短粒虫属（*Brachiola*）、肠微孢子虫属（*Enterocytozoon*）、脑炎微孢子虫属（*Encephalitozoon*）、微粒子虫属（*Nosema*）、匹里虫属（*Pleistophora*）、条纹孢子虫属（*Vittaforma*）和气管匹里虫属（*Trachipleistophora*）。微孢子虫是最小的真核细胞之一，它们可产生单细胞直径为1.0～4.5μm的孢子。

（二）流行病学

本病呈世界性分布，免疫缺陷者高度易感。在污水和水源中曾检出微孢子虫。污水中的微孢子虫数量与隐孢子虫和贾第鞭毛虫相似，并在某些水环境中可存活数月。人与人接触，摄入被人粪、尿污染的水和食物中的孢子体是重要传播途径。水源型暴发已发生多起。吸入空气或气溶胶中的孢子体而传播也有可能。脑炎微孢子虫可经胎盘由母体传给子代。

三、裂体吸虫属

（一）病原学

血吸虫隶属于吸虫纲复殖目裂体科裂体属（*Schistosoma*）。成虫寄生于哺乳动物（包括人）的静脉内。寄生人体的血吸虫主要有6种，即日本血吸虫（*S. japonicum*）、埃及血吸虫（*S. haematobium*）、曼氏血吸虫（*S. mansoni*）、间插血吸虫（*S. intercalatum*）、湄公血吸虫（*S. mekongi*）和马来血吸虫（*S. malayyensis*）。

湖北钉螺（*Oncomelania hupensis*），俗称钉螺，是日本血吸虫唯一的中间宿主。钉螺为雌雄异体、水陆两栖的淡水螺类。一种螺壳为褐色或灰褐色，表面有凸起的纵向条纹（叫作肋），称为肋壳钉螺，一般分布在湖沼和水网地区；另一种比肋壳钉螺略小，螺壳为暗褐色或黄褐色，其表面比较光滑，这种没有肋的钉螺叫作光壳钉螺，一般分布在山丘地区。

（二）流行病学

日本血吸虫、曼氏血吸虫和埃及血吸虫是寄生人体的3种主要血吸虫，流行范围最广、危害最大，广泛分布于热带和亚热带的74个国家和地区，其中日本血吸虫病流行于亚洲的中国、菲律宾及印度尼西亚。日本血吸虫的终末宿主包括多种家畜及野生动物，其中患者和病牛是最重要的传染源。含血吸虫卵的粪便污染水体、水体中存在钉螺和人群接触疫水是传播中的3个重要环节。不同种族、性别和年龄的人对日本血吸虫均易感。农民、渔民是高危人群。喜欢游泳、嬉水的儿童也是高危人群。

四、并殖吸虫属

（一）病原学

并殖吸虫有50余种，分布我国的有32种，其中致病的有8种，在我国致病的种有卫氏并殖吸虫（*Paragonimus westermani*）、斯氏并殖吸虫（*P. skrjabini*）和异盘并殖吸虫（*P. heterotremus*）。卫氏并殖吸虫和斯氏并殖吸虫为主要致病虫种，引起并殖吸虫病，也称肺吸虫病。

后尾蚴、童虫和成虫生活史在终末宿主体内完成。第一中间宿主淡水螺体内完成胞蚴、母雷蚴、子雷蚴阶段的发育和无性增殖，并形成大量尾蚴从螺体逸出感染第二中间宿主（淡水蟹或蝲蛄），形成囊蚴。

卫氏并殖吸虫的终末宿主除人外，还有食肉哺乳动物，如犬、猫；斯氏并殖吸虫的终末宿主为果子狸、犬猫等哺乳动物。第一中间宿主包括5科34种淡水螺类，第二中间宿主有6科80余种淡水甲壳动物，而能自然感染的野生和家养哺乳动物保虫宿主也有20余种之多。

（二）流行病学

卫氏并殖吸虫在世界各地分布较广，日本、朝鲜、俄罗斯、菲律宾、马来西亚、印度、泰国以及非洲、南美洲等国家和地区均有报道。我国除西藏、新疆、内蒙古、青海、宁夏未报道外，其他省、自治区、直辖市均有该虫存在。

能排出虫卵的人和食肉类哺乳动物等终末宿主是该病传染源。保虫宿主种类多，如虎、豹、狼、狐、豹猫、大灵猫、果子狸等食肉类野生动物。在某些地区，如辽宁省宽甸县，犬是主要传染源。感染的野生动物则是自然疫源地的主要传染源。第一、二中间宿主同时栖息的山区丘陵地区的河沟和山溪可成为并殖吸虫病的自然疫源地。

转续宿主因种类多、数量大、分布广，对病原保存、疫源地维持有重大意义。野猪、猪、兔、鼠、蛙、鸡等多种动物可为转续宿主。大型食肉动物（如虎、豹等）因捕食转续宿主而感染，这种感染机会较之捕食第二中间宿主更大。野生动物保虫宿主是主要传染源，患者为次要，动物转续宿主也是传染源。

生食或半生食含囊蚴的第二中间宿主或含童虫的转续宿主（如生食或烤后半生食溪蟹、进食醉蟹、蝲蛄豆腐，饮下囊蚴或尾蚴污染的水），是主要的感染途径。

易感人群无年龄和性别差异，儿童和青少年因喜捕食溪蟹而感染率高。

五、片形吸虫属成员

（一）病原学

片形吸虫病由肝片形吸虫（*Fasciola hepatica*）和巨片形吸虫（*Fasciola gigantica*）引起。

肝片吸虫的终末宿主是牛、羊等哺乳动物及人，中间宿主是椎实螺。成虫寄生在终末宿主的肝胆管内。毛蚴侵入中间宿主椎实螺体内，经胞蚴、母雷蚴、子雷蚴和尾蚴4个阶段的

发育和无性增殖。成熟尾蚴逸出螺体，附着在水生植物或其他物体表面上形成囊蚴。终末宿主因食入囊蚴而感染。片形吸虫对中间宿主的选择较严，有高度特异性，均为椎实螺科种类（简称椎实螺、淡水生活、几乎遍及全世界），有7属26种，可作为其中间宿主，如有截口土蜗（为我国最重要的中间宿主）、小土蜗、耳萝卜螺及斯氏萝卜螺。

（二）流行病学

肝片吸虫病散发性流行于世界各地。法国、葡萄牙、西班牙、英国、阿尔及利亚、古巴等国病例报道较多。我国感染率为0.002%～0.171%，散发于15个省、直辖市，其中甘肃省感染率为最高。

片行吸虫是哺乳动物的寄生虫，分布地区极广，食草动物为最常见自然宿主，家畜中牛羊感染率高。杂食动物也易感染，包括反刍和非反刍的偶蹄类、奇蹄类、有袋类、长鼻类、啮齿类、食肉类和灵长类等数十种动物。

人因生吃水生植物（如水芹、茭白）或喝生水而感染囊蚴，或生食或半生食含肝片形吸虫童虫的牛、羊内脏（如肝）而获得感染。牧民喝污染区的生水或吃未煮熟的野菜也会被感染。

六、棘口吸虫属成员

（一）病原学

棘口科（Echinostoma）吸虫达到600余种，主要寄生于禽鸟类，如鸡、鸭、鹅、野禽等43属近500种，其次是寄生在哺乳类，如犬、猫、鼠等11属70余种，少数种类寄生于爬行类和鱼类。现知寄生于人体的棘口科吸虫有20余种，引起棘口吸虫病。

我国寄生于人体的棘口科吸虫有10多种，主要包括棘口属的卷棘口吸虫（*Echinostoma revolutum*）、宫川棘口吸虫（*E. miyagawai*）、狭睾棘口吸虫（*E. angustitetis*）、接睾棘口吸虫（*E. paraulum*）、圆圃棘口吸虫（*E. hortense*）、埃及棘口吸虫（*E. aegyptica*），棘缘属的曲领棘缘吸虫（*E. recurvatum*），似颈属的獾似颈吸虫（*Isthmiophora melis*）和马来似颈吸虫（*I. malayanum*），真缘属的伊族真缘吸虫（*Euparyphium ilocanum*），以及棘隙属的抱茎棘隙吸虫（*Echinochasmus perfoliatus*）、日本棘隙吸虫（*E. japonicus*）、藐小棘隙吸虫（*E. liliputanus*）、九佛棘隙吸虫（*E. jiufoensis*）和福建棘隙吸虫（*E. fujianensis*）等。

第一中间宿主主要为淡水螺类。棘口吸虫对第一中间宿主的选择有一定的特异性，但一种棘口吸虫可寄生于多种螺蛳，多种棘口吸虫也可感染一种螺蛳。我国常见淡水螺类几乎都有过棘口吸虫幼虫寄生的记载。棘口吸虫对第二中间宿主的选择性不严格，主要为淡水螺类（如棘口属等）、鱼类（主要为棘隙属）以及蛙类或蝌蚪。

（二）流行病学

棘口吸虫病主要见于东南亚和远东地区，包括韩国、朝鲜、日本、中国、泰国、菲律宾、印度尼西亚、印度等国家。人常因吞食生的螺类、贝类、鱼类等而感染。日本棘隙吸虫（*Echinochasmus japonicus*）在福建和广东局部地区有流行，藐小棘隙吸虫（*E. liliputanus*）在安徽局部地区的人群感染率达13.71%。

传染源包括家禽、家畜以及野禽和鼠类等保虫宿主和患者。一般认为囊蚴是唯一的感染期幼虫。散发病例常因食入含囊蚴的螺类和鱼类等所致。某些棘口科吸虫的尾蚴也具有感染性，可列为水传播寄生虫病。人群普遍易感。

七、华支睾吸虫

（一）病原学

华支睾吸虫病俗称肝吸虫病，是由支睾吸虫属的华支睾吸虫（*Clonorchis sinensis*）寄生于人体肝胆管内所引起的食源性寄生虫病，人主要通过生食或半生食淡水鱼或虾而感染。

（二）流行病学

华支睾吸虫主要分布在中国、日本、朝鲜半岛、越南、东南亚和俄罗斯等地。在我国除青海、宁夏、内蒙古、西藏等地尚未见报道外，其他省、自治区、直辖市有不同程度流行。据2001—2004年全国人体重要寄生虫病现状调查报告，流行区感染率为2.4%，推算流行区感染人数为1 249万人。感染率最高的是广东省，为16.42%，其次是广西和黑龙江，分别为9.76%和4.73%。

华支睾吸虫病的流行，除需有适宜的第一、第二中间宿主及终末宿主外，还与当地居民饮食习惯等诸多因素密切相关。

1. 流行地区 分平原水网型和山地丘陵型两类。平原水网地区淡水养殖业发达，居民有食“鱼生”的习惯，感染者以成年人为主，感染率、感染强度均较高，个别市的平均感染率达59.5%。山地丘陵地区的小溪和沟渠多，少年儿童喜欢在野外烧烤麦穗鱼等小鱼吃。以青少年感染为主。本病流行关键因素是当地人群有吃生的或未煮熟的鱼肉的习惯。

2. 传染源 可排出华支睾吸虫卵的患者、感染者、受感染家畜和野生动物均可成为传染源。人也可成为传染源。该病主要在动物间自然传播，人因偶然介入而感染。在大多数疫区都存在人、畜、兽三种传染源。

主要保虫宿主为猫、犬、猪、鼠、貂、狐狸、野猫、獾、水獭等。豚鼠、家兔、大鼠、海狸鼠、仓鼠等多种哺乳动物均可为实验感染宿主。

3. 传播途径 本病传播有赖于粪便中的虫卵有机会进入水体，而水体中存在第一、第二中间宿主及人群有生吃或半生吃淡水鱼虾的习惯是感染完成的重要环节。

第一中间宿主的淡水螺可归为4科6属8种，最常见的有纹沼螺（*Parafossarulus striatulus*）、赤豆螺（*Bithynia fuchsianus*，傅氏豆螺）、长角涵螺（*Alocinma longicornis*）。这些螺均为坑塘、沟渠中小型螺类，适应能力强。

第二中间宿主的特异性不强，为淡水鱼虾。国内已证实的淡水鱼宿主有12科39属68种，但从流行病学分析，养殖的淡水鲤科鱼类，如草鱼、青鱼、鲢、鳙、鲮、鲤、鳊和鲫等特别重要。野生小型鱼类，如麦穗鱼（*Pseudorasbora parva*）、克氏鲦（*Hemiculter kneri*）感染率很高，与儿童华支睾吸虫病有关。在台湾的日月潭地区，上述两种小鱼华支睾吸虫囊蚴的感染率高达100%。草鱼含囊蚴阳性率可达90%。

4. 易感人群 人群普遍易感，不分男女老幼和种族。一般男性高于女性，有些地区男性感染者比女性感染者几乎多1倍。

八、东方次睾吸虫

（一）病原学

次睾属（*Metorchis*）的东方次睾吸虫（*M. orientalis*）引起东方次睾吸虫病。终末宿主为家鸭等（禽）鸟类。2002年，在广东省平远县首次发现人和猫、犬自然感染，是21世纪

新发现的人、畜、禽类共患的寄生虫病。

东方次睾吸虫生活史和华支睾吸虫相似，均需通过淡水螺、鱼两个中间宿主和三个阶段。虫卵在螺体内发育；囊蚴在鱼体内发育；成虫在人、畜、禽类体内发育、寄生在宿主胆囊和胆管内。

东方次睾吸虫的适应能力比华支睾吸虫强，可感染人、犬、猫等哺乳动物和禽类。东方次睾吸虫虫卵随宿主胆汁进入肠腔随粪便入水中，在水温 17～23℃，孵出的毛蚴钻入第一中间宿主纹沼螺体内，发育为胞蚴、雷蚴和尾蚴；成熟尾蚴离开螺体，进入第二中间宿主麦穗鱼及棒花鱼（*Abbottina rivularis*）等体内，在其肌肉或皮层内形成囊蚴；鸭、鹅等吞食含囊蚴的鱼而感染，其他食鱼水禽和鸟类也可感染。

第一中间宿主为纹沼螺（*Parafossarulus striatulus*）、赤豆螺等螺蛳；第二中间宿主为麦穗鱼、棒花鱼、山东细鲫和花斑刺鳑等淡水鱼及日本林蛙、美国青蛙的蛙类及蝌蚪。

（二）流行病学

东方次睾吸虫在我国分布广泛，在广东、吉林、福建、四川、江苏、北京、上海、天津、台湾等省、直辖市均发现家畜有东方次睾吸虫感染。终末宿主除家鸭外，其他吃鱼的家禽及鸟类也可感染。家鸭的自然感染率达到 3.77%～30.00%。在广东、福建有因食生鱼粥而感染的报道。传染源是感染本虫的家鸭以及其他吃鱼的家禽和鸟类。经口感染，人与动物因生食或半生食淡水鱼、虾而感染。人对东方次睾吸虫无天然抵抗力，普遍易感。

九、布氏姜片吸虫

（一）病原学

姜片吸虫属（*Fasciolopsis*）的布氏姜片吸虫（*Fasciolopsis buski*）引起姜片虫病。该病流行于亚洲，故此虫又称为亚洲大型肠吸虫。姜片虫囊蚴具有一定的抵抗力，在潮湿的情况下生存力较强，对干燥及高温的抵抗力较弱。

布氏姜片吸虫的中间宿主为扁卷螺（*Segmentina* spp.），我国包括尖口圆扁螺（*Hippeutis cantori*）、半球多脉扁螺（*Polypylis hemisphaerula*）、凸旋螺（*Gyraulus convexiusculus*）、大脐圆扁螺（*Hippeutis umbilicalis*）等。终末宿主是人、家猪、野猪等。以菱角、荸荠、茭白、水浮莲、浮萍等水生植物为传播媒介。

（二）流行病学

主要流行在亚洲的温带和亚热带地区，包括东北亚、东南亚、南亚地区的 10 余个国家。在我国，除黑龙江、吉林、辽宁、内蒙古、新疆、西藏、青海、宁夏等省、自治区外，其他地区均有流行。姜片虫病主要流行于水源丰富、地势低洼，种植菱角等经济水生植物的地区。据 1988—1992 年全国寄生虫分布调查，我国姜片虫的感染率为 0.169%，估计全国有 191 万人感染此虫，是我国重点防治的食源性寄生虫病之一。

患者、带虫者和猪是该病的传染源，家猪是主要保虫宿主，野猪和猕猴亦有自然感染的报道。人、猪是本寄生虫病的易感动物。

姜片虫病能在某一地区流行与以下因素有关：用新鲜的人粪和猪粪给种植经济水生植物的池塘、河、湖（如藕田或茭白田）施肥；水体中有扁卷螺及众多的水生植物可作为姜片虫的传播媒介；当地居民有生食菱角、荸荠、茭白和喝生水的不良习惯；农民用新鲜水生植物（如水浮莲、浮萍、蕹菜等）作猪饲料而致猪感染。

十、徐氏拟裸茎吸虫

（一）病原学

拟裸茎吸虫属的徐氏拟裸茎吸虫（*Gymnophalloides seoi*）引起拟裸茎吸虫病。徐氏拟裸茎吸虫的自然终末宿主有人和蛎鹬。牡蛎为徐氏拟裸茎吸虫的第二中间宿主，至今尚未发现其他软体动物感染。

（二）流行病学

徐氏拟裸茎吸虫在韩国分布极广，中国、日本、俄罗斯的东海岸也有报道。不同地区的野生牡蛎的后尾蚴感染率差异较大，最高可达100%。有牡蛎和捕食牡蛎的鸟类存在，而当地人有生吃牡蛎的习惯，人就有可能感染。

传染源包括带虫者、患者和保虫宿主。其中保虫宿主主要为涉水候鸟——蛎鹬；此外，其他野生鸟类、小鼠、仓鼠和沙鼠等亦可作保虫宿主。

徐氏拟裸茎吸虫的后尾蚴主要寄生在牡蛎咬合部被膜表面，感染较多时可播散到牡蛎口部。感染多的部位，肉眼可见白色斑点，相应的牡蛎壳上带有棕色的脱色斑。徐氏拟裸茎吸虫的第一中间宿主尚不明了，根据拟裸茎吸虫生活史推测其第一中间宿主可能也是牡蛎。

人与动物因生食或半生食牡蛎而经口感染。人对徐氏拟裸茎吸虫无天然抵抗力，普遍易感。

十一、曼氏迭宫绦虫

（一）病原学

曼氏迭宫绦虫（*Spirometra mansoni*）又称孟氏裂头绦虫，成虫主要寄生在猫科动物体内，偶尔可寄生于人体，引起曼氏迭宫绦虫病。中绦期裂头蚴可寄生于人体，导致曼氏裂头蚴病，其危害远大于成虫。

曼氏迭宫绦虫生活史中需要3个宿主。终末宿主主要是猫和犬，此外还有虎、豹、狐和豹猫等食肉动物。第一中间宿主是剑水蚤，我国报告有19种剑水蚤。第二中间宿主主要是蛙。蛇、鸟和猪等多种脊椎动物也可作为转续宿主。有14种蛙类易感，其中广东泽蛙和福建虎斑蛙感染率最高。在26种蛇体内发现裂头蚴，以贵州和辽宁的虎斑游蛇感染率最高，可达100%。有5种鸟类可作为转续宿主。在鸡、鸭体内也发现有裂头蚴寄生。有15种以上的哺乳动物（包括猪科、犬科、猫科、灵猫科、鼠科及鼬科等）可以感染裂头蚴，其中猪的感染比较普遍。人可以作为第二中间宿主、转续宿主和终末宿主。

（二）流行病学

曼氏迭宫绦虫分布很广。成虫感染人体并不多见，国外仅见于日本、俄罗斯等少数国家。在我国，成虫感染病例报告近20例，分布在上海、广东、台湾、四川和福建等省、直辖市。患者年龄3～58岁。

曼氏裂头蚴病多见于东亚和东南亚各国，欧洲、美洲、非洲和大洋洲也有记录。我国已有数千例报道，来自20个省、自治区、直辖市，依次是广东、吉林、福建、四川、广西、湖南、浙江、江西、江苏、贵州、云南、安徽、辽宁、湖北、新疆、河南、河北、台湾、上海和北京。患者年龄从不足1岁到62岁，以10～30岁感染率最高，一般男性多于女性，各民族均有报道。

人体感染裂头蚴的途径有两种，即裂头蚴或原尾蚴经皮肤或黏膜侵入，或误食裂头蚴或原尾蚴。具体方式可归纳为以下 4 种：

1. 局部敷贴生蛙肉、鲜蛇皮　为主要感染方式，约占患者半数以上。我国有些地区，常用生蛙肉、蛇皮敷贴伤口（包括眼、口、外阴等部位），治疗痈、疖和水火烫、烧伤等，若蛙肉或蛇皮中有裂头蚴寄生，裂头蚴即可经伤口或正常皮肤、黏膜侵入人体。

2. 生食或半生食蝌蚪、蛙、蛇、鸡或猪肉、马肉　民间有口含生蛙肉（特别是大腿肌肉）治疗牙痛或生食活蛙治疗疮疖和疼痛的不良习惯，容易同时吞食裂头蚴。生吞蛇胆、喝蛇血，也可感染裂头蚴。河南漯河等地居民，有生食蝌蚪“败火”的习俗，致使当地曼氏裂头蚴病高发。

3. 误食感染的剑水蚤　饮用生水，或游泳时误吞饮湖、塘水，使受感染的剑水蚤有机会进入人体。

4. 接触疫水　水中的原尾蚴可直接经皮肤或经眼结膜侵入人体。

十二、阔节裂头绦虫

（一）病原生物学

阔节裂头绦虫（*Diphyllobothrium latum*）成虫主要寄生于犬科食肉动物，也可寄生于人体，引起阔节裂头绦虫病。阔节裂头绦虫被誉为“最长的动物”，体长可达 60m 。终末宿主为犬科食肉动物（犬、猫、熊、狐）、猪和人。第一中间宿主为剑水蚤。第二中间宿主为各种鱼类。

（二）流行病学

阔节裂头绦虫病多见于亚寒带及温带的湖泊水区，分布于北欧、中欧、美洲和亚洲，如日本、朝鲜、菲律宾均有流行，我国仅黑龙江、吉林、广东及台湾都有报道。

阔节裂头绦虫病的流行与当地生食或半生食鱼的习惯，人或动物的粪便污染水源，同时有适宜中间宿主存在有关。人体感染都是由于误食了生的或未熟的含裂头蚴的鱼所致。喜食生鱼，或食入盐腌、烟熏的鱼肉及鱼卵以及在烹制鱼过程中尝味等都极易受感染。

十三、广州管圆线虫

（一）病原学

由管圆线虫属（*Angiostrongylus*）的广州管圆线虫（*A. cantonensis*）引起广州管圆线虫病。成虫寄生于鼠类肺部血管。幼虫偶尔可侵入人体引起嗜酸性粒细胞增多性脑膜炎。

广州管圆线虫可寄生的终末宿主有几十种哺乳动物，包括啮齿类、犬类、猫类与食虫类，其中啮齿类（如褐家鼠、黑家鼠和黄毛鼠等）是最重要的传染源。人是广州管圆线虫的偶然宿主。

中间宿主包括褐云玛瑙螺、福寿螺、皱疤坚螺、中国圆田螺、铜锈环棱螺、方形环棱螺、扁平环肋螺、双线嗜黏液蛞蝓、足襞蛞蝓、高突足襞蛞蝓、光滑颈蛞蝓、罗氏巨檐蛞蝓、黄蛞蝓、双线大蛞蝓、大型蛞蝓（未定种）、短梨巴蜗牛、中华灰尖巴蜗牛、淡红毛蜗牛、环带毛蜗牛、同型巴蜗牛、花园葱蜗牛、小型蜗牛（未定种）等。其中，自然感染率排在前两位的是褐云玛瑙螺和福寿螺。早期，褐云玛瑙螺在传播广州管圆线虫中占主导地位，但随着福寿螺的入侵和不断扩散，其传播广州管圆线虫的作用有超过褐云玛瑙螺的趋势。

转续宿主包括虾、蟹、蛙（泽蛙）、鳖、鱼、陆栖蜗牛、海蛇、陆生蟹、涡虫等。当终末宿主食入这些转续宿主时，也会感染广州管圆线虫。

（二）流行病学

本病主要分布于热带和亚热带地区，包括泰国、马来西亚、越南、中国、日本、美国夏威夷等国家和地区。我国广州管圆线虫的自然疫源地主要分布在长江以南的海南、广东、广西、福建、浙江和江西等省、自治区。但因水产品流通，非疫区也可因生食福寿螺等而感染。报告病例分布北到黑龙江的牡丹江，南至广东的徐闻县，西到云南昆明、大理，东至福建浙江沿海一带，涉及黑龙江、辽宁、北京、天津、江苏、浙江、福建、广东、云南等省、直辖市。北京、温州、福州、广州和昆明等城市有较多的报告病例。

鼠是广州管圆线虫病的传染源。褐云玛瑙螺和福寿螺等是广州管圆线虫的主要中间宿主。广州管圆线虫病经过螺类或虾蟹蛙等食物传播。在我国75%以上的病人都与食用福寿螺和褐云玛瑙螺有关，特别是福寿螺，已经成为主要传播媒介。虾蟹蛙等食入含有第三期幼虫的螺肉后可以感染广州管圆线虫，并且第三期幼虫可以在这些动物体内长期存活。此外，在加工食品过程中，因生、熟食刀板不分而污染其他食物，因而也可使人感染广州管圆线虫。

人群普遍易感。感染者年龄从 11 个月至 70 多岁。人体感染广州管圆线虫后不能产生有效的免疫力，可以重复感染。儿童可引起死亡。

十四、异尖线虫科成员

（一）病原学

异尖线虫病（Amsakiasis）是误食海鱼或海产软体动物体内的异尖科线虫的幼虫而引起的疾病，属于海洋自然疫源性疾病。异尖线虫属于蛔目异尖科，可引起人体异尖线虫病的虫种主要有 5 属，即异尖线虫属（*Anisakis*）、钻线虫属（*Terranova*）、对盲囊线虫属（*Contracaecum*）、鲔蛔线虫属（*Thynnascaris*）和海豹线虫属（*Phocanema*），其中前 4 属在我国均有发现。此外，我国海鱼中还发现有伪地新线虫属（*Pseudoterranova*）、宫脂线虫属（*Hyterothylacium*）、针晶蛔线虫属（*Raphidascaris*）、针齿线虫属（*Raphidascaroides*）、翼蛔线虫属（*Aliascaris*）等。

近年来，随着海鱼感染率的升高和鲜食海鱼饮食风尚的兴起，异尖线虫感染的风险日增。

（二）流行病学

异尖线虫分布十分广泛，主要集中在北太平洋和北大西洋沿岸及其岛屿。异尖线虫幼虫寄生于海鱼或海产软体动物的肌肉、肠黏膜、肝脏及腹腔。20 多个国家或地区已报道有上百种鱼寄生有异尖线虫，感染率较高的鱼类为：鳕 88%、鲱 88%、岩鱼（*Sebastes rubberrimus*）86%，此外还有鲑、鲭等，甚至经过海中洄游的淡水鱼也有感染。根据我国沿海鱼类调查，异尖线虫幼虫感染的鱼种较多，目前已查明我国的北部湾、东海、黄海、渤海、辽河及黑龙江的鱼类共 56 种受到了异尖线虫幼虫感染。

发现人体病例并报道的有日本、荷兰、丹麦、英国、法国、德国以及太平洋地区等 20 多个国家，总病例已超过 3 万例，其中日本发病率最高，已报道人体病例 1.4 万余例。其次为韩国、荷兰、法国、德国，其他国家如美国、英国、挪威等也有报道。异尖线虫病的高发主要是居民喜吃腌海鱼（如鳕、鲱、大比目鱼、鲐、鲭、鲑、小黄鱼和带鱼等）和海产软体动物（如墨鱼），或喜吃生拌海鱼片、鱼肝、鱼子或乌贼作佐酒佳肴。我国尚未见异尖线虫人体病例报道（截至 2012 年），原因可能与生吃海鱼少和误诊、漏诊有关。随着我国生食海味人群的增加和渔业、旅游业的发展，感染异尖线虫的潜在风险会增加。

十五、颚口线虫属

（一）病原学

颚口线虫属于线形动物门（Nematoda）旋尾目（Spirurida）颚口科（Gmathostomatndae）颚口属（*Gnathostoma*），已确定的共有 12 种，其中在东南亚报道 5 种，在我国发现的有棘颚口线虫（*G. spinigerum*）、刚棘颚口线虫（*G. hispidium*）和杜氏颚口线虫（*G. doloresi*）。

（二）流行病学

人体颚口线虫病主要分布于亚洲的日本、中国、泰国、越南、马来西亚、印度尼西亚、菲律宾、印度、孟加拉国和巴基斯坦。此外，澳大利亚、墨西哥和喀麦隆也有此病。我国颚口线虫病分布广泛，浙江、江苏、安徽、湖南、湖北、山东、河南、江西、广东、海南、台湾、陕西、福建、上海、黑龙江等 15 个省、直辖市有病例报道。

终末宿主有 17 种，包括猫、犬、貉、水獭、虎、豹、猪、野猪、野猫、云猫、条纹林狸、狮等，其中猫、犬、猪是常见的宿主，猫的感染率可高达 40%。第一中间宿主主要是剑水蚤。棘颚口线虫第二中间宿主（主要为淡水鱼类）和转续宿主有 104 种，包括鱼类、两栖类、爬行类、鸟类和哺乳类等。有些动物，如蛙、蛇、鸡、猪、鸭及多种灵长类动物可作为转续宿主。

主要是经口感染，常通过生食或半生食含第三期幼虫的淡水鱼肉、畜禽肉而受感染，但可经皮肤或胎盘感染。在鱼肉的生产加工过程中，若不采取任何防护措施，也可经皮肤接触而感染。此外，饮用生水或游泳时误吞湖水，使受感染的剑水蚤有机会进入人体而造成感染。

第五节　毒　　素

全球每年约 2 万多件由有毒的鱼、贝类引起的食物中毒事件，死亡率 1%左右，发生较多的是河鲀毒素、贝类毒素、雪卡毒素等中毒。近年近海污染加重，海洋毒素有增高趋势，通过生物富集可达到危害人体健康的程度。

一、河鲀毒素

1. 分类与特征　鲀毒鱼类：叉鼻鲀、宽吻鲀、东方鲀、兔鲀等。鲀毒鱼类含有的河鲀毒素（Tetrodotoxin，TTX）是一种生物碱类毒素，对热稳定，于 100℃、2～4h，或 120℃、20～60min 才可使毒素完全被破坏；TTX 对碱不稳定，在 4%NaOH 溶液中 20min 可完全降解。河鲀毒素有许多衍生物，其衍生物的毒性强弱取决于其结构上 C_4 位置的取代基。河鲀毒素是一种毒性很强的神经毒素，其对小鼠腹腔注射的半数致死浓度（LD_{50}）为每千克体重 8μg，比氰化钠毒性强 1 250 倍。近百种河鲀和众多海洋生物可检测到河鲀毒素。

2. 主要来源　目前，已经在包括鱼类、两栖类、棘皮动物、软体动物、环节动物、假体腔动物、细菌等陆生和水生生物中分离到 TTX。

河鲀毒素在河鲀体内的分布以内脏为主，毒性大小随着季节、品种及生长水域而不同。

河鲀的肝、脾、胃、卵巢、卵子、睾丸、皮肤以及血液均含有毒素，其中以卵和卵巢的毒素含量最高，肝脏次之。一般品种的河鲀肌肉的毒性较低，但双斑圆鲀、虫纹圆鲀、铅点圆鲀肌肉的毒性较强。

3. 对人体健康的危害　河鲀毒素是一种毒性很强的神经毒素，它对神经细胞膜的钠离子通道有专一性抑制作用，能阻断神经冲动传导，使神经末梢和中枢神经发生麻痹。主要有3种中毒症状表现：

（1）*胃肠症状*　食用河鲀0.5～3h后即有恶心、呕吐、腹痛或腹泻等症状。

（2）*神经麻痹症状*　初期有口唇、舌尖、指端麻木感觉；继而全身麻木、眼睑下垂、四肢无力、行走不稳、共济失调，肌肉软瘫和腱反射消失。

（3）*呼吸、循环衰竭症状*　后期出现呼吸困难、急促、表浅而不规则，黏膜发绀，血压下降，瞳孔先缩小后散大或两侧不对称，言语障碍，昏迷，最后死于呼吸、循环衰竭。死亡率高达50%。

二、雪卡毒素

1. 分类与特征　珊瑚礁毒鱼类：又叫肉毒鱼类，为浅海鱼类，捕食有毒甲藻，积累藻类毒素于体内，形成雪卡毒素，如遮目鱼、海鳝、石斑鱼、波纹唇鱼、鹦鹉鱼等。雪卡毒素主要对人神经系统有毒害作用。雪卡鱼中毒泛指食用热带和亚热带海域珊瑚礁周围的鱼类而引起的食鱼中毒现象。雪卡鱼是指栖息于热带和亚热带海域珊瑚礁附近，因食用毒藻类而被毒化的鱼类的总称，400多种鱼被认为是雪卡鱼。引起雪卡鱼中毒的毒素目前至少有4种，其中包括雪卡毒素（Ciguatoxin，CTX），刺尾鱼毒素（Maitotoxin，MTX）和鹦嘴鱼毒素（Scaritoxin，ScTX）。雪卡毒素对小鼠的LD_{50}为每千克体重0.45μg，毒性比河鲀毒素强20倍。刺尾鱼毒素对小鼠的LD_{50}为每千克体重0.17μg。

雪卡毒素（Ciguatoxin），又称西加毒素，是一种脂溶性高醚类物质，毒性非常强，是已知的危害性较严重的赤潮生物毒素之一，无色无味，不溶于水，耐热，不易被胃酸破坏，主要存在于珊瑚鱼的内脏、肌肉中，尤以内脏中含量为高。已发现3类雪卡毒素，即太平洋雪卡毒素（Pacific Ciguatoxin）、加勒比海雪卡毒素（Caribbean Ciguatoxin）和印度雪卡毒素（Indian Ciguatoxin）。

2. 主要来源　雪卡毒素属于获得性毒素。雪卡毒素的产毒源是生活于珊瑚礁附近的多种底栖微藻，主要包括：有毒冈比亚藻（*Gambierdiscus toxicus*）、利马原甲藻（*Prorocentrum lima*）、梨甲藻属（*Pyrocystis*）等热带和亚热带底栖微藻种类，这些产毒微藻在中国南海诸岛和华南沿海地区的珊瑚礁海域均有发现。当珊瑚鱼摄食有毒藻类后，即可在鱼体内积累。它对鱼本身无害，经由食物链传递和富集，并在生物氧化代谢后成为毒性更强的毒素。由于毒素会通过食物链富集，所以鱼体越大，其所含毒素越多。

世界上有400多种珊瑚礁鱼可富集雪卡毒素，其中中国约45种，主要分布在台湾、西沙群岛和海南岛等地。对人类产生食品安全隐患的鱼包括红斑鱼（*Losaria neptunus*）、青星九棘鲈（*Cephalopholis miniata*）、棕点石斑鱼（*Epinephelus fuscoguttatus*）、波纹唇鱼（*Cheilinus undulatus*）、中巨石斑鱼（*Epinephelus lanceolatus*）、蓝点鳃棘鲈（*Plectropomus areolatus*）、尾纹九刺鲈（*Cephalopholis urodelus*）、红鳍笛鲷（*Red spapper*）、宽额鲈（*Promicrops lanceolatus*）、褐篮子鱼（*Siganus fuscescens*）等。

3. 对人体健康的危害　中国南海诸岛、台湾海峡和香港地区常有雪卡毒素中毒事件发生。雪卡毒素中毒最显著的特征是“干冰感觉”和热感颠倒，即当触摸热的东西会感觉冷，把手放入水中会有触电或摸干冰的感觉。雪卡鱼中毒的临床症状因毒素成分和含量的不同而异，表现有神经、胃肠道和心血管症状。患者表现为：①胃肠道系统症状（50%以上的患者），吃食雪卡鱼后12～14h后发病，主要表现为恶心、呕吐、腹泻和腹痛。②神经系统症状，包括手指和脚趾尖的麻木、局部皮肤瘙痒和出汗。感觉紊乱或对寒冷刺激的温度感觉“倒转”（即触摸到凉物体感觉热，触摸到热物体感觉凉）；神经症状持续时间长短不一，长者可达数月或数年之久。③心血管系统症状，包括血压过低，心搏徐缓或心动过速，严重者会导致呼吸困难甚至瘫痪。④幻觉症状，即身体失衡，缺乏协调性，有幻觉，精神消沉等。⑤其他症状，包括寒冷、盗汗、眩晕、头痛、刺痛感、灼热感、干冰感和点击感。

不经治疗者其自然死亡率为17%～20%，经积极抢救死亡者不足1%，死因多为呼吸肌麻痹。尽管中毒者的死亡率较低，但可能诱导其他疾病，并且恢复期需要几个月。

三、贝类毒素

1. 分类与特征　常见的贝类毒素主要有4种，麻痹性贝毒（Paralytic Shellfish Poison，PSP）、腹泻性贝毒（Diarrhetic Shellfish Poison，DSP）、神经性贝毒（Neurotoxic Shellfish Poison，NSP）和记忆缺失性贝毒（Amnesia Shellfish Poison，ASP）。

（1）麻痹性贝毒（PSP）　PSP是一类四氢嘌呤的三环化合物。其以石房蛤毒素（saxitoxin，STX）为骨架，取代基不同而衍生出来的多种化合物混合体，目前已明确了19种成分的化学结构。根据结构及毒性可分为4类：①氨基甲酸酯类毒素（Carbamate Toxins），包括石房蛤毒素（Saxitoxin，STX），新石房蛤毒素（Neosaxitoxin，NEO）和膝沟藻毒素（Gonyautoxin），这类毒性最高；②脱氨甲酰基类毒素（Decarbamoyltoxins），这类毒素中等；③N-磺酰氨甲酰基类毒素（N-sulfocarbamoyl Toxins），这类毒性较低；④脱氧脱氨甲酰基类毒素（Deoxydecarbamoyl Toxins），这类毒性尚未完全清楚。PSP多为脂溶性，酸性条件中对热稳定，在碱性条件下极易被氧化而毒性消失。

（2）腹泻性贝毒（DSP）　DSP是由有毒赤潮藻类鳍藻属和原甲藻属的一些种类产生的热稳定性脂溶性多环醚类物质，目前已分离到25种结构不同的毒素。根据碳骨架结构上的差异分成3组：①软海绵酸（Okadaic Acid，OA）及鳍藻毒素（DTXs），主要来源于鳍藻属赤潮生物，是经贝类代谢的中间产物，存在于贝类的消化腺中；②聚醚环内酯类的蛤毒素（Pectenotoxins，PTXs），已分离出9种类似毒素，一般认为PTX是从贝类的中肠腺中氧化代谢而来；③其他成分如扇贝毒素及其衍生物，有多环醚链的化学结构，一般认为是甲藻类源的毒素，可蓄积在脂肪组织中。

（3）神经性贝毒（NSP）　从短裸甲藻细胞提取液中可分离出13种NSP，其中11种结构已明确。按碳骨架上结构差异可划可分为3种类型：①由11个稠合醚环组成，包括裸甲藻毒素-2、短裸甲藻毒素-3、短裸甲藻毒素-5、短裸甲藻毒素-6、短裸甲藻毒素-8和短裸甲藻毒素-9；②由10个稠合醚环组成，包括短裸甲藻毒素-1、短裸甲藻毒素-7和短裸甲藻毒素-10；③其他成分，包括代号为GB-4和PB-1的神经毒素。NSP均不含氮，具有高度脂溶性，耐热。

（4）记忆缺失性贝毒（ASP）　由硅藻类赤潮产生，毒素的活性成分是软骨藻酸（Domoic Acid，DA），是非常罕见的神经毒性氨基酸。

2. 主要来源

（1）麻痹性贝毒来源　PSP主要来源于赤潮中的膝沟藻属（*Gonyaulax*），又称为亚历山大藻属（*Alexandrium*）的有毒藻类，如塔玛亚历山大藻（*Alexandrium tamarensis*）、微小亚历山大藻（*A. minutum*）、链状亚历山大藻（*A. catenella*）。此外，细菌、蓝藻（包括淡水蓝藻）、红藻中的一些种类也可以产生PSP。含PSP最常见的是蛤、贻贝，偶尔也出现于布氏海菊蛤、扇贝和牡蛎。

（2）腹泻性贝毒来源　DSP的生物源主要是倒卵形鳍藻（*Dinophysis fortii*）和渐尖鳍藻（*Acuminata acuminata*），此类藻在中国均有分布。被DSP毒化的贝类与当地海洋污染、赤潮密切相关。被毒化的贝类主要有贻贝、文蛤、扇贝、杂色蛤、赤贝、牡蛎等。

（3）神经性贝毒来源　NSP的生物来源主要是短裸甲藻（*Gymnodiniun breve*）所分泌的短裸甲藻毒素（Brevetoxin，BTX）。在短裸甲藻赤潮水域生长的贝类，会富集BTX，受污染的以巨蛎和帘蛤等贝类为主。赤潮消退后，毒素可以慢慢地从贝类体内排出去。

（4）记忆缺失性贝毒来源　ASP主要来源于硅藻类赤潮中拟菱形藻属（*Pseudonitzschia*）的一些种类。ASP毒化的有双壳贝类、甲壳类动物。这种毒素目前只在北美洲、欧洲和大洋洲发现，我国尚未发现。

3. 对人体健康的危害

（1）麻痹性贝毒中毒　麻痹性贝毒中毒机理与河豚毒素极为相似，主要是神经系统症状，发病急骤，潜伏期数分钟至数小时不等。开始时唇舌和指尖麻木，然后出现深层肌肉麻痹、不能站立、运动失调、平衡丧失等，病人可伴有头痛、头晕、恶心和呕吐。患者意识清楚，随病程的发展呼吸困难逐渐加重，严重者平均8h内死于呼吸或循环衰竭。如存活超过24h，一般愈后较好，PSP中毒的死亡率为6%～10%。

（2）腹泻性贝毒中毒　腹泻性贝毒中毒的临床症状主要表现为腹泻、恶心、腹痛、寒战。潜伏期30min至数小时，很少达到12h，大多数患者在4h之内出现症状，严重的病程可持续3d以上，无后遗症，无死亡报告。DSP中毒症状与细菌性胃肠炎类似，极易混淆。

（3）神经性贝毒中毒　神经性贝毒中毒症状主要是中枢神经发生障碍，潜伏期大约3h，临床症状与PSP、DSP的轻微症状类似。包括脸部刺痛并延伸至全身，冷热感逆转，瞳孔放大，有醉酒感，某些案例也有腹泻，尚未发生死亡案例。此外，赤潮发生时，毒素可随空气中的水雾进入人的气管内，引起咳嗽与气喘。

（4）记忆缺失性贝毒中毒　1987年首次在加拿大出现记忆缺失性贝毒中毒并导致3人死亡，中毒者食用了贻贝，表现出肠道症状和神经紊乱，严重的有短暂的记忆丧失现象。这类毒素同时可导致胃肠系统及神经系统中毒症状。潜伏期3～6h。轻者临床表现腹痛、腹泻、呕吐、流涎；重者表现出目眩、幻觉、神志不清、记忆丧失。严重时也会引起死亡。

四、蓝藻毒素

1. 分类与特征

（1）海洋蓝藻毒素　海洋中的巨大鞘丝藻（*Lyngbya majuscula*）可产生两种皮肤毒性的化合物：①脱溴海兔毒素（Debromoaplysiatoxh）；②鞘丝藻毒素（Lyngbyatoxin）。蓝藻科的黑变颤藻（*Oscillatoria nigroviridis*）和适钙裂须藻（*Schizothrix calcicola*）也可产生

脱溴海兔毒素。

（2）淡水蓝藻毒素　微囊藻毒素（MC）是淡水蓝藻毒素的主要代表，由微囊藻、鱼腥藻、束丝藻、节球藻、简胞藻、念珠藻、颤藻等种属产生。我国淡水水体中常见的有铜绿微囊藻（*Mcrosystis aeruginosa*）、绿色微囊藻和惠氏微藻，以铜绿微囊藻最为常见。MC是一类具生物活性的单环七肽肝毒素，分子量为1 000左右。目前已发现MC有65种同分异构体，其中普遍存在而且毒性较大的有MC-LR、MC-RR和MC-YR，其中L、R、Y分别代表亮氨酸、精氨酸和酪氨酸。MC性质稳定，易溶于水，加热煮沸不易使其丧失毒性。

2. 主要来源

（1）海洋蓝藻毒素　主要来源于巨大鞘丝藻。

（2）微囊藻毒素　由淡水蓝藻水华产生的次生代谢产物。我国内陆水域污染较为严重，蓝藻水华分布面广、发生频率较高。蓝藻水华暴发所产生微囊藻毒素可污染饮用水源和水域中的水生动物。

3. 对人体健康的危害

（1）海洋蓝藻毒素中毒　在巨大鞘丝藻的暴发期间，人在海水中游泳后可以发生急性皮炎，称为"游泳者疥疮"或"海藻皮炎"。

（2）微囊藻毒素中毒　经口摄入含毒素的水或水产品后，毒素穿过小肠黏膜上皮细胞和固有层后进入血液，然后转运到肝、肺和心脏，最后遍布全身。大部分微囊藻毒素可在两周内排出体外。微囊藻毒素以肝为靶器官，引起肝细胞病变，诱发肝癌。曾有直接饮用含微囊藻毒素的水而发生急性中毒的病例，患者昏迷、肌肉痉挛、呼吸急促、腹泻；重症者数小时至数日内死亡。人接触有毒水华，会引起皮肤、眼睛的过敏症，发热，疲劳以及急性肠胃炎。经常暴露于含毒素的水体，会引发肝损伤和肝癌。此外，微囊藻毒素还与消化道癌症和皮肤癌发生有一定关系。

第六节　有毒鱼类

有毒鱼类是指具有毒棘、毒腺或体内具有毒素的鱼类。这些鱼类在生长发育过程中，肌肉、内脏、血液、黏液的全部或部分产生或积累毒素。人类食入或接触这些有毒部位会中毒，甚至丧命。有毒鱼类的种类很多，一般可分为毒鱼类、棘毒鱼类、黏液毒鱼类等。

一、胆毒鱼类

常见鲤科鱼类胆汁毒性大小排序为：鲫、团头鲂、青鱼、鲮、鲢、鳙、翘嘴鲌、鲤、草鱼、似刺鳊鮈、赤眼鳟。引起的中毒人数及死亡率仅次于河鲀中毒，可损害肝、肾，引起急性肝、肾功能衰竭，严重的会致死。

二、血毒鱼类

血毒鱼类包括黄鳝、鳗鲡、康吉鳗等。人皮肤或黏膜接触有毒鱼的血后均会引发人皮肤过敏和刺激性出血，大量生饮活鱼的血也会中毒。热与胃酸可破坏毒素。

人饮下生血后，中毒者出现恶心、呕吐和腹泻等消化道症状；眼结膜充血、流泪和眼睑肿胀等。有的会出现过敏反应，如皮疹。有的出现感觉异常。有的会出现麻痹和呼吸困难等。

三、卵毒鱼类

鱼卵带毒的鱼类，以淡水鱼为主，在繁殖季节，光唇鱼、厚唇鱼、裂腹鱼、鲇等会产生毒素，分布到鱼卵中。中毒者主要表现为消化道症状，恶心、腹泻、口苦、嘴干；有些还会伴随胸闷、晕厥、头昏、心律不齐、脉搏快、肌肉痉挛、肌肉麻痹等。

四、棘毒鱼类

棘毒鱼类包括软骨鱼纲的刺毒鱼类和硬骨鱼纲的刺毒鱼类。

软骨鱼纲的刺毒鱼类又分为3类：①鲨类，主要是虎鲨类和角鲨类；②魟类，包括六鳃魟科、魟科、扁魟科、燕魟科、牛鼻鲼科、鹞鲼科和蝠鲼科；③银鲛类，包括银鲛科和长吻银鲛科。

硬骨鱼纲的刺毒鱼类有10大类。①鲇类：海产的鲇类包括鳗鲇科和海鲇科。淡水鲇类包括鲿科、鲇科、鲑科、胡鲇科、长臀鮠科、粒鲇科、钝头鮠科和鮡科，种类较多，遍布于溪流、湖泊、水库和各大江河中。②金眼鲷类：主要为鲲科鱼类中的2种棘鳞鱼，栖息于岩礁洞穴中及珊瑚丛中，均分布于南海。③鳜类：约有10种，栖于江河、湖泊及水库中，黑龙江、黄河、长江和珠江流域均有分布。④蝴蝶鱼类：有5种蝴蝶鱼的刺有毒，栖息于热带珊瑚礁海域，见于南海和东海。⑤篮子鱼类：约有13种，栖息于浅湾、岩礁和珊瑚礁中，见于南海和东海。⑥刺尾鱼类：约28种，栖息于岩礁和珊瑚礁中，均见于南海，东海偶有捕到。⑦䲢类：有5种，我国沿海均产。为底层鱼类，常埋于泥沙中，仅露出口和眼，袭击鱼、虾。⑧鲉类：产我国沿海者有55种。栖于浅海、珊瑚礁和海藻丛中。包括鲉科、疣鲉科和毒鲉科。最毒的棘毒鱼类是毒鲉科鱼类，它们相貌丑陋但色彩艳丽，生活在印度洋、太平洋的热带水域中。其中最危险的是毒鲉，它有一个很大的毒腺，通过其背部的13根耸立的背棘来放毒，使中毒者在6h内毙命。⑨鲬类：包括鲬科、蝲鲬科。栖息于海湾、沙岸及岩礁区中，个别生活于河口。有35种产于我国沿海。⑩躄鱼类：即躄鱼科，栖息于岩礁、珊瑚丛中，借胸鳍变的假臂在海底匍匐爬行。仅1种见于东海。

被棘毒鱼刺伤会引起皮肤出血，有剧烈难忍的疼痛感，可持续数小时，旋即在伤口周围发生广泛的红肿，时间稍久患处明显肿胀，皮肤变为黑紫色，并出现瘀斑，轻者1周左右可消退，重者要数周才能恢复。除有皮肤损伤外，尚可出现不同程度的全身中毒症状。若注入的毒素较多，可出现恶心、呕吐、腹泻、多汗、虚脱、心悸，严重者可出现抽搐、谵语、呼吸肌麻痹而死亡。

五、黏液毒鱼类

黏液毒鱼类的毒黏液成分因种类而异。①鳗鲡科、海鳝科鱼类的皮肤黏液毒成分为蛋白质。②鮨科的六带线纹鱼、斑点须鮨、黄鲈等的黏液毒为线纹鱼毒素。③叶虾虎鱼和喉盘鱼类的皮肤黏液中则含有肽毒。④鳎科中的眼斑豹鳎的黏液毒为豹鳎毒素。⑤箱鲀科鱼类是著名的皮肤黏液毒鱼类，由皮下棒状细胞分泌黏液及箱鲀毒素。⑥鳗鲇科的鱼类也能分泌黏液毒。通常皮肤黏液毒极不稳定，50℃加热10min便完全失去毒性，因此经烹调后食用不会中毒。

皮肤黏液毒鱼类使人中毒的方式依种类而异，如盲鳗的黏液，咽下是有毒的，若与人的黏膜接触，会使人产生炎症。某些海鳝、裸胸鳝、东方鲀的皮肤有黏液毒，食之会中毒。而皂鲈的黏液与人的皮肤接触，可使人发生皮炎。

六、肝毒鱼类

马鲛、鲨等鱼的肝脏中维生素A、维生素D含量较高，长期过量食用会引起人的中毒反应。对人体的危害主要是维生素A中毒引起的头痛、昏睡、眩晕等症。由于鱼肝油中还有其他毒素，还会引起恶心、呕吐、腹泻、食欲下降等消化道症状，以及视力模糊等症状。

七、组胺毒鱼类

中上层鱼类，如沙丁鱼、旗鱼、鲯鳅、鲭等红肉鱼类，死亡后鱼体内组氨酸易分解产生大量组胺，积累量过多时，食用者会产生过敏反应，少有死亡。

对人体的危害主要是引起过敏性食物中毒，出现面部及全身潮红，头晕、心悸、口干、乏力，并伴有恶心、腹泻等症状。

八、蛇鲭毒素鱼类

鲻、蛇鲭肌肉中含有的某些酯类（蜡酯），食入过量后，会使人产生胃痉挛和腹泻，大便常呈橙黄色。

对人体的危害主要是引起腹泻、下痢、呕吐、腹痛等症状。

九、真鲨毒素鱼类

一些鲨鱼（如公牛鲨、睡鲨等）肌肉、肝中的脂溶性有毒成分可引起中毒，严重中毒可致死。

对人体的危害主要是误食者出现呕吐、腹泻、头痛、口咽部有烧灼感，肌肉痉挛、手足麻痹、步行困难。重者呼吸困难，昏迷数小时后死亡。

第七节　过 敏 原

FAO提出的8类容易引起过敏反应的食物中，水产品占2类，即甲壳类动物及其制品和鱼类及其制品。能引起超过50%的过敏体质者产生过敏反应的蛋白质称为主要过敏原，而低于50%的称为次要过敏原。水产品的主要过敏原是鱼类小清蛋白、甲壳类的原肌球蛋白等。此外，甲壳类中的精氨酸激酶、肌球蛋白轻链，鱼类中的胶原蛋白等被鉴定为水产品的次要过敏原。

一、鱼类过敏原

1. 分类与来源　硬骨鱼类的一些品种（如鲑、鳕、金枪鱼、鲤等）和软骨鱼类的一些品种（如鲨等）含有人类过敏原。所有硬骨鱼类的过敏原主要为小清蛋白，不同鱼类来源的小清蛋白之间存在交叉反应。对软骨鱼类的过敏原研究较少，但对硬骨鱼类过敏的患者对软骨鱼类也过敏。

小清蛋白是一种Ca^{2+}结合型水溶性糖蛋白，具有较小的分子量（12ku）以及酸性等电点（pH 4.6左右），有一定的抗酶解能力，具较强的热稳定性，有报道称鲭罐头中的小清蛋白仍然存在过敏活性。大西洋鲑、鳕、鲭等不同种类的鱼的主要过敏原均为小清蛋白，而且具有较高的同源性。因此，如果患者对某一种鱼过敏，意味着其对其他种类的鱼产生过敏的可能性非常大。

水产品的过敏原蛋白主要存在于鱼肉中，但近来研究表明，用鱼皮和骨头制成的鱼胶也包含一定的过敏原。此外，水产食品加工产生的烟雾化微粒也是导致过敏的因素，成为潜在的呼吸和接触过敏原的来源之一。

2. 对人体健康的危害　水产品过敏属于食物过敏，是机体受到食物中抗原刺激后产生的病理性的免疫反应。在过敏反应中 90%以上属于Ⅰ类过敏反应，由特异性 IgE 抗体介导，一般在食入致敏食物后数分钟内就会发作。甲壳类过敏原和软体动物过敏原对人体健康的危害类似于鱼类过敏原，后文不再赘述。

（1）*轻度病症*　只在身体某些组织出较轻症状。如舌头或嘴唇有刺痛感、口唇周围发生肿胀，出现腹部绞痛、恶心、呕吐、腹泻等症状；皮肤发生红疹、荨麻疹、血管性水肿、湿疹；呼吸系统会出现喉水肿、哮喘、咳嗽、鼻炎、鼻出血等症状。

（2）*较重病症*　出现全身性过敏反应，表现在消化道、皮肤、呼吸系统以及眼、耳、口、鼻等器官出现较严重的接触性皮炎；甚至出现虚脱、过敏性休克，严重的会引起死亡。

二、甲壳动物过敏原

已在多种甲壳动物发现人类过敏原，如刀额新对虾、凡纳滨对虾、印度对虾、斑节对虾、龙虾、小龙虾、褐虾和蟹。甲壳类的过敏原主要是原肌球蛋白。

原肌球蛋白是肌原纤维中的一种功能蛋白，主要由两个相同的亚基组成，单个亚基呈 α 螺旋，与另一个亚基缠绕成超螺旋结构。它的分子量为 35～38ku，等电点约为 pH 4.5，是一种热稳定性的糖蛋白。传统的加工方式对原肌球蛋白的过敏活性影响比较小。不同水产品中的原肌球蛋白具有极高的相似性，交叉反应也很高。

三、软体动物过敏原

虽然软体动物种类很多，约 75 000 种，但对软体动物的人类过敏原研究甚少。目前研究主要集中在鱿鱼、牡蛎、鲍等少数几种。软体动物的人类过敏原与甲壳类的人类过敏原类似，分类上也属于原肌球蛋白，并且和甲壳类过敏原存在很强的交叉反应。

第四单元　水产品质量安全

第一节　食品安全国家标准

一、鲜、冻动物性水产品卫生标准（GB 2733）

按中华人民共和国国家标准《鲜、冻动物性水产品卫生标准》（GB 2733）中规定

（一）感官指标

泥螺、河蟹、蟧蜞、河虾、淡水贝类必须鲜活。

（二）理化指标

理化指标见表 9-1。

表 9-1　理化指标

项目	品种	指标
挥发性盐基氮[a]（每 100g，mg）	海水鱼、虾、头足类	≤30
	海蟹	≤25
	淡水鱼、虾	≤20
	海水贝类	≤15
	牡蛎	≤10
组胺[a]（每 100g，mg）	鲐	≤100
	其他鱼类	≤30
铅（Pb）（mg/kg）	鱼类	≤0.5
无机砷（mg/kg）	鱼类	≤0.1
	其他动物性水产品	≤0.5
甲基汞（mg/kg）	食肉鱼（鲨鱼、旗鱼、金枪鱼、梭子鱼等）	≤0.1
	其他动物性水产品	≤0.5
镉（Cd）（mg/kg）	鱼类	≤0.1
多氯联苯[b]（mg/kg）		≤2.0
PCB 138（mg/kg）		≤0.5
PCB 153（mg/kg）		≤0.5

a：不适用于活的水产品。
b：仅适用于海水产品，并以 PCB 28、PCB 52、PCB 101、PCB 118、PCB 138、PCB 153 和 PCB 180 总和计。

（三）农药残留量

符合 GB 2763 的规定。

（四）水产加工过程

符合 GB 14881 的规定。

二、腌制生食动物性水产品卫生标准（GB 10136）

（一）原料和辅料要求

原料符合 GB 2733 规定。辅料符合相关标准规定。

（二）感官指标

无异味、无杂质。

（三）理化指标

理化指标见表 9－2。

表 9－2 理化指标

项目	品种	指标
挥发性盐基氮（每 100g，mg）	蟹块、蟹糊	≤25
无机砷（mg/kg）		≤0.5
甲基汞（mg/kg）	食肉鱼	≤1.0
	其他动物性水产品	≤0.5
N－二甲基亚硝胺[a]（μg/kg）		≤4
多氯联苯[b]（mg/kg）		≤2.0
PCB 138（mg/kg）		≤0.5
PCB 153（mg/kg）		≤0.5

a：不适用于活的水产品。

b：仅适用于海水产品，并以 PCB 28、PCB 52、PCB 101、PCB 118、PCB 138、PCB 153 和 PCB 180 总和计。

（四）微生物和寄生虫指标

微生物和寄生虫指标见表 9－3。

表 9－3 微生物指标

项目	指标
菌落总数（cfu/g）	≤5 000
大肠菌群（每 100g，MPN）	≤30
致病菌（沙门氏菌、副溶血性弧菌、志贺氏菌、金黄色葡萄球菌）	不得检出
寄生虫囊蚴	不得检出

（五）食品添加剂

应符合 GB 2760 规定。

（六）食品加工过程的卫生要求

应符合 GB14881。

（七）包装

符合相应卫生标准和有关规定。

三、水产调味品（GB 10133）

符合《食品安全国家标准 水产调味品》（GB 10133）中规定。

（一）原料和辅料要求

原料符合 GB 2733 的规定。辅料符合相关标准规定。

（二）感官指标

无异味、无正常视力可见霉斑，无外来异物。

（三）污染物限量

应符合 GB 2762 的规定。

（四）微生物限量

微生物限量指标见表 9－4。

表 9－4　微生物限量指标

项目	采样方案及限量				检验方法
	n	*c*	*m*	*M*	
菌落总数（CFU/g 或 CFU/mL）	5	2	10^4	10^5	GB 4789.2
大肠菌群（CFU/g 或 CFU/mL）	5	2	10	10^2	GB 4789.3，平板计数法
样品的分析及处理按 GB 4789.1 和 GB/T 4789.22 执行。					

注：*n* 指同一批次应采集的样品件数，*c* 指最大可允许超出 *m* 值的样品数，*m* 指微生物指标可按受水平的限量值，*M* 指微生物指标的最高安全限量值。

（五）食品添加剂

符合 GB 2760 规定。

四、食品中污染物限量（GB 2762）（水产动物及其制品）

《食品安全国家标准　食品中污染物限量》（GB 2762）中规定了水产动物及其制品相关污染物的限量，见表 9－5。

表 9－5　水产动物及其制品中污染物限量指标

指标	食品类别	限量
铅 （以 Pb 计） （mg/kg）	鲜、冻水产动物（鱼类、甲壳类、双壳类除外）	1.0（去除内脏）
	鱼类、甲壳类	0.5
	双壳类	1.5
	水产制品（海蜇制品除外）	1.0
	海蜇制品	2.0
	婴幼儿辅助食品-添加鱼类、肝类、蔬菜类的产品	0.3
	婴幼儿辅助食品-以水产及动物肝脏为原料的产品	0.3

（续）

指标	食品类别	限量
镉（以 Cd 计）(mg/kg)	鲜、冻水产动物-鱼类	0.1
	鲜、冻水产动物-甲壳类	0.5
	鲜、冻水产动物-双壳类、腹足类、头足类、棘皮类	2.0（去除内脏）
	水产制品-鱼类罐头（凤尾鱼、旗鱼罐头除外）	0.2
	水产制品-凤尾鱼、旗鱼罐头	0.3
	水产制品-其他鱼类制品（凤尾鱼、旗鱼制品除外）	0.1
	水产制品-凤尾鱼、旗鱼制品	0.3
	调味品-鱼类调味品	0.1
汞（以 Hg 计）(mg/g)	水产动物及其制品（肉食性鱼类及其制品除外）	先测总汞。总汞不超甲基汞限值（0.5）时，不必测甲基汞；否则，测甲基汞（0.1）
	肉食性鱼类及其制品	
砷（以 As 计）(mg/g)	水产动物及其制品（鱼类及其制品除外）	总砷≤0.5，无机砷≤0.1
	鱼类及其制品	
	调味品（水产调味品、藻类调味品和香辛料类除外）	0.5
	水产调味品（鱼类调味品除外）	0.5
	鱼类调味品	0.1
	婴幼儿罐装辅助食品（以水产及动物肝脏为原料的产品除外）	0.1
	以水产及动物肝脏为原料的产品	0.3
锡（以 Sn 计）(mg/kg)	食品（饮料类、婴幼儿配方食品、婴幼儿辅助食品除外）仅限于采用镀锡薄板容器包装的食品	250
铬（以 Cr 计）(mg/kg)	水产动物及其制品	2.0
苯并［a］芘 (μg/kg)	水产动物及其制品-熏、烤水产品	5.0
N-二甲基亚硝胺 (μg/kg)	水产动物及其制品 水产制品（水产品罐头除外）	4.0
多氯联苯 (mg/kg)	水产制品（水产品罐头除外）以 PCB28、PCB52、PCB101、PCB118、PCB138、PCB153 和 PCB180 总和计	0.5

五、食品中农药最大残留量（GB 2763）（水产品）

《食品安全国家标准　食品中农药最大残留限量》规定了有机氯类六六六和DDT的最大残留限量（表9-6）。

表9-6　水产品中农药最大残留量

农药名称	最大残留限量（mg/kg）
六六六（HCB）	0.1
滴滴涕（DDT）	0.5

六、食品中兽药最大残留量（GB 31650）（鱼）

《食品安全国家标准　食品中兽药最大残留限量》规定了鱼中允许的兽药最大残留限量（表9-7）。

表9-7　鱼中兽药最大残留限量

兽药分类	药品名称	靶组织	残留限量（μg/kg）
β-内酰胺类抗生素	阿莫西林（Amoxicillin）	皮+肉	50
	氨苄西林（Ampicillin）	皮+肉	50
	青霉素/普鲁卡因青霉素（Benzylpenicillin/Procaine benzylpenicillin）	皮+肉	50
	氯唑西林（Cloxacillin）	皮+肉	300
	苯唑西林（Oxacillin）	皮+肉	300
氨基糖苷类抗生素	新霉素（Neomycin）	皮+肉	500
磺胺类合成抗菌药	磺胺类（Sulfonamides）	皮+肉	100
抗菌增效剂	甲氧苄啶（Trimethoprim）	皮+肉	50
喹诺酮类合成抗菌药	达氟沙星（Danofloxacin）	皮+肉	100
	二氟沙星（Difloxacin）	皮+肉	300
	恩诺沙星（Enrofloxacin）	皮+肉	100
	氟甲喹（Flumequine）	皮+肉	500
	噁喹酸（Oxolinic acid）	皮+肉	100
	沙拉沙星（Sarafloxacin）	皮+肉	30

（续）

兽药分类	药品名称	靶组织	残留限量（μg/kg）
林可胺类抗生素	林可霉素	皮+肉	100
杀虫药	氯氰菊酯/α-氯氰菊酯（Cypermethrin and alpha-Cypermethrin）	皮+肉	50
	溴氰菊酯（Deltamethrin）	皮+肉	30
四环素类抗生素	多西环素（Doxycycline）	皮+肉	100
	土霉素/金霉素/四环素（Oxytetracycline/Chlortetracycline/Tetracycline）	皮+肉	200
酰胺醇类抗生素	氟苯尼考（Florfenicol）	皮+肉	1000
	甲砜霉素（Thiamphenicol）	皮+肉	50

七、食品添加剂使用标准（GB 2760）（水产及其制品）

食品添加剂使用标准见表9-8。

表9-8 水产及其制品允许添加的食品添加剂的最大使用量或残留量

添加剂名称	功能	食品类别	最大使用量（g/kg）
茶多酚	抗氧化剂	预制水产品（半成品）	0.3（以油脂中儿茶素计）
		熟制水产品（可直接食用）	0.3（以油脂中儿茶素计）
		水产品罐头	0.3（以油脂中儿茶素计）
丁基羟基茴香醚（BHA）	抗氧化剂	风干、烘干、压干等水产品	0.2（以油脂中的含量计）
二丁基羟基甲苯（BHT）	抗氧化剂	风干、烘干、压干等水产品	0.2（以油脂中的含量计）
N-［N-（3，3-二甲基丁基）］-L-α-天门冬氨-L-苯丙氨酸1-甲酯（又名纽甜）	甜味剂	预制水产品（半成品）	0.01
		水产品罐头	0.01
富马酸一钠	酸度调节剂	水产及其制品（包括鱼类、甲壳类、贝类、软体类、棘皮类等水产及其加工制品等）（09.01鲜水产除外）	按生产需要适量使用
甘草抗氧化物	抗氧化剂	腌制水产品	0.2（以甘草酸计）
β-胡萝卜素	着色剂	冷冻鱼糜制品（包括鱼丸等）	1.0
		预制水产品（半成品）	1.0
		熟制水产品（可直接食用）	1.0
		水产品罐头	0.5
4-己基间苯二酚	抗氧化剂	鲜水产（仅限虾类）	按生产需要适量使用，残留量≤1mg/kg
可得然胶	稳定剂和凝固剂、增稠剂	冷冻鱼糜制品（包括鱼丸等）	按生产需要适量使用

（续）

添加剂名称	功能	食品类别	最大使用量（g/kg）
辣椒橙	着色剂	冷冻鱼糜制品（包括鱼丸等）	按生产需要适量使用
辣椒红	着色剂	冷冻鱼糜制品（包括鱼丸等）	按生产需要适量使用
磷酸、焦磷酸二氢二钠、焦磷酸钠、磷酸二氢钙、磷酸二氢钾、磷酸氢二铵、磷酸氢二钾、磷酸氢钙、磷酸三钙、磷酸三钾、磷酸三钠、六偏磷酸钠、三聚磷酸钠、磷酸二氢钠、磷酸氢二钠、焦磷酸四钾、焦磷酸一氢三钠、聚偏磷酸钾、酸式焦磷酸钙	水分保持剂、膨松剂、酸度调节剂、稳定剂、凝固剂、抗结剂，可单独或混合使用，最大使用量以磷酸根（PO_4^{3-}）计	冷冻水产品	5.0
		冷冻鱼糜制品（包括鱼丸等）	5.0
		预制水产品（半成品）	1.0
		水产品罐头	1.0
硫酸铝钾（又名钾明矾）、硫酸铝铵（又名铵明矾）	膨松剂、稳定剂	腌制水产品（仅限海蜇）	按生产需要适量使用，铝的残留量≤500mg/kg（以即食海蜇中Al计）
麦芽糖醇和麦芽糖醇液	甜味剂、稳定剂、水分保持剂、乳化剂、膨松剂、增稠剂	冷冻鱼糜制品（包括鱼丸等）	0.5
没食子酸丙酯（PG）	抗氧化剂	风干、烘干、压干等水产品	0.1（以油脂中的含量计）
普鲁兰多糖	被膜剂、增稠剂	预制水产品（半成品）	30.0
乳酸链球菌素	防腐剂	熟制水产品（可直接食用）	0.5
沙蒿胶	增稠剂	冷冻鱼糜制品（包括鱼丸等）	0.5
山梨酸及其钾盐	防腐剂、抗氧化剂、稳定剂	预制水产品（半成品）	0.075（以山梨酸计）
		风干、烘干、压干等水产品	1.0（以山梨酸计）
		熟制水产品（可直接食用）	1.0（以山梨酸计）
		其他水产品及其制品	1.0（以山梨酸计）
山梨糖醇和山梨糖醇液	甜味剂、膨松剂、乳化剂、水分保持剂、稳定剂、增稠剂	冷冻鱼糜制品（包括鱼丸等）	0.5
双乙酸钠（又名二醋酸钠）	防腐剂	熟制水产品（可直接食用）	1.0
双乙酰酒石酸单双甘油酯	乳化剂、增稠剂	水产及其制品（包括鱼类、甲壳类、贝类、软体类、棘皮类等水产及其加工制品等）（不包括09.01鲜水产）	10
特丁基对苯二酚（TBHQ）	抗氧化剂	风干、烘干、压干等水产品	0.2（以油脂中的含量计）
天门冬酰苯丙氨酸甲酯（又名阿斯巴甜）	甜味剂	冷冻挂浆制品	0.3
		预制水产品（半成品）	0.3
		熟制水产品（可直接食用）	0.3
		冷冻鱼糜制品（包括鱼丸等）	0.3
		水产品罐头	0.3

（续）

添加剂名称	功能	食品类别	最大使用量（g/kg）
稳定态二氧化氯	防腐剂	水产品及其制品（包括鱼类、甲壳类、软体类、棘皮类等水产品及其加工制品）	0.05
竹叶抗氧化物	抗氧化剂	水产品及其制品（包括鱼类、甲壳类、贝类、软体类、棘皮类等水产品及其加工制品）	0.5

八、食品中致病菌限量（GB 29921）（水产制品）

《食品安全国家标准 食品中致病菌限量》（GB 29921）中对水产制品致病菌限量的规定见表9-9。

表9-9 水产制品致病菌限量

水产制品类别	致病菌指标	采样方案及限量（若非指定，均以每25 g或每25 mL表示）			
		n	*c*	*m*	*M*
热制水产品 即食生制水产品 即食藻类制品	沙门氏菌	5	0	0	—
	副溶血性弧菌	5	0	0	—
	金黄色葡萄球菌	5	1	100CFU/g	1 000CFU/g

注：食品类别用于界定致病菌限量的适用范围，仅适用于本标准。*n*为同一批次产品应采集的样品件数；*c*为最大可允许超出*m*值的样品数；*m*为致病菌指标可接受水平的限量值；*M*为致病菌指标的最高安全限量值。

第二节 质量安全追溯管理

一、农产品追溯要求 水产品（GB/T 29568）

（一）养殖水产品供应链各环节处理信息记录要求

1. 苗种繁育环节 见表9-10。

表9-10 菌种繁育环节处理信息记录

内部追溯信息		描述	信息类型
处理信息	鱼卵/苗种标识	名称、原批号、产地、数量与规格、新产生的批号	基本追溯信息
	孵化信息	孵化池编号、孵化时间、品种、数量	基本追溯信息
		水温、水流量、密度、溶氧、水质、检验、作业人员	扩展追溯信息
	育苗信息	饥饿时间、放养密度、水温、溶氧、饲料投放量	扩展追溯信息
	疫病和用药信息	疫病名称、发病时间、用药类型、用药时间、用药描述、休药期、作业人员	扩展追溯信息
	附加信息	涉及的其他信息	扩展追溯信息

2. 养殖环节　见表 9－11。

表 9－11　养殖环节处理信息记录

<table>
<tr><th colspan="2">内部追溯信息</th><th>描述</th><th>信息类型</th></tr>
<tr><td rowspan="9">处理信息</td><td>并批、分批信息</td><td>名称、原批号、产地、数量与规格、新产生的批号</td><td>基本追溯信息</td></tr>
<tr><td>成鱼标识</td><td>名称、批号、数量与规格</td><td>基本追溯信息</td></tr>
<tr><td rowspan="2">养殖场信息</td><td>养殖区标识</td><td>基本追溯信息</td></tr>
<tr><td>环境、水质、底质，温度、水源、水流、泥土中的化学品和其他物质的浓度及处理信息，相关认证信息</td><td>扩展追溯信息</td></tr>
<tr><td rowspan="2">养殖信息</td><td>饲料成分、保存、使用</td><td>扩展追溯信息</td></tr>
<tr><td>温度记录、养殖天数、平均重量、投喂时间、养殖密度、检验信息、养殖人员</td><td>扩展追溯信息</td></tr>
<tr><td>疫病和用药信息</td><td>疫病名称、发病时间、用药类型、用药时间、用药描述、休药期、作业人员</td><td>扩展追溯信息</td></tr>
<tr><td>附加信息</td><td>涉及的其他信息</td><td>扩展追溯信息</td></tr>
</table>

3. 养殖水产品鲜活运输环节　见表 9－12。

表 9－12　养殖水产品鲜活运输环节处理信息记录

<table>
<tr><th colspan="2">内部追溯信息</th><th>描述</th><th>信息类型</th></tr>
<tr><td rowspan="3">处理信息</td><td>产品标识</td><td>名称、批号、数量与规格</td><td>基本追溯信息</td></tr>
<tr><td>质量信息</td><td>等级、温度、温度控制措施、密度、水质情况、运输工具和容器、用药情况</td><td>扩展追溯信息</td></tr>
<tr><td>附加信息</td><td>涉及的其他信息</td><td>扩展追溯信息</td></tr>
</table>

4. 养殖水产品加工环节　见表 9－13。

表 9－13　养殖水产品加工环节处理信息记录

<table>
<tr><th colspan="2">内部追溯信息</th><th>描述</th><th>信息类型</th></tr>
<tr><td rowspan="6">处理信息</td><td>并批、分批信息</td><td>名称、原批号、产地、数量与规格、新产生的批号</td><td>基本追溯信息</td></tr>
<tr><td>加工产品标识</td><td>名称、批号、数量与规格</td><td>基本追溯信息</td></tr>
<tr><td>加工设施设备信</td><td>清洁消毒</td><td>扩展追溯信息</td></tr>
<tr><td rowspan="2">加工信息</td><td>车间、生产线编号、生产日期和时间</td><td>基本追溯信息</td></tr>
<tr><td>卫生控制与检查信息、班组、加工人员、加工过程控制、认证信息</td><td>扩展追溯信息</td></tr>
<tr><td>附加信息</td><td>涉及的其他信息</td><td>扩展追溯信息</td></tr>
</table>

5. 养殖水产品仓储物流环节　见表 9－14。

表 9-14　养殖水产品仓储物流环节处理信息记录

内部追溯信息		描述	信息类型
处理信息	仓储物流信息	仓库编号、出入库数量、时间、运输工具编号、运输时间	基本追溯信息
		温度、检验信息、运输人员	扩展追溯信息
	附加信息	涉及的其他信息	扩展追溯信息

6. 养殖水产品批发环节　见表 9-15。

表 9-15　养殖水产品批发环节处理信息记录

内部追溯信息		描述	信息类型
处理信息	质量信息	温度、存储时间、质量检验信息	扩展追溯信息
	附加信息	涉及的其他信息	扩展追溯信息

7. 养殖水产品零售和餐饮环节　表见 9-16。

表 9-16　养殖水产品零售和餐饮环节处理信息记录

内部追溯信息		描述	信息类型
处理信息	质量信息	温度、存储时间、质量检验信息	扩展追溯信息
	附加信息	涉及的其他信息	扩展追溯信息

（二）捕捞水产品供应链各环节处理信息记录要求

1. 捕捞环节　见表 9-17。

表 9-17　捕捞环节处理信息记录

内部追溯信息		描述	信息类型
处理信息	捕捞信息	捕捞区域、日期、数量、船只编号	基本追溯信息
		捕捞方法、捕捞船卫生情况、捕捞人员、捕捞人员健康情况、捕捞船只证件	扩展追溯信息
	捕捞产品标识	名称、批号、数量与规格	基本追溯信息
	质量信息	储存方式、包装方式、保存温度、冷却方法、保鲜用冰（水）质量、其他质量控制措施	扩展追溯信息
	附加信息	涉及的其他信息	扩展追溯信息

2. 捕捞水产品加工环节　见表 9-18。

表 9-18　捕捞水产品加工环节处理信息记录

内部追溯信息		描述	信息类型
处理信息	并批、分批信息	名称、原批号、产地、数量与规格、新产生的批号	基本追溯信息
	加工产品标识	名称、批号、数量与规格	基本追溯信息
	加工设施设备信息	清洁消毒	扩展追溯信息
	加工信息	车间、生产线编号、生产日期和时间	基本追溯信息
		卫生控制与检查、班组、加工人员、加工过程控制、认证信息	扩展追溯信息
	附加信息	涉及的其他信息	扩展追溯信息

3. 捕捞水产品仓储物流环节　见表 9-19。

表 9-19　捕捞水产品仓储物流环节处理信息记录

内部追溯信息		描述	信息类型
处理信息	仓储物流信息	仓库编号、出入库数量、时间、运输工具编号、运输时间	基本追溯信息
		温度、检验信息、运输人员	扩展追溯信息
	附加信息	涉及的其他信息	扩展追溯信息

4. 捕捞水产品批发环节　见表 9-20。

表 9-20　捕捞水产品批发环节处理信息记录

内部追溯信息		描述	信息类型
处理信息	质量信息	温度、存储时间、质量检验信息	扩展追溯信息
	附加信息	涉及的其他信息	扩展追溯信息

5. 捕捞水产品零售和餐饮环节　见表 9-21。

表 9-21　捕捞水产品零售和餐饮环节处理信息记录

内部追溯信息		描述	信息类型
处理信息	质量信息	温度记录、存储时间、质量检验信息	扩展追溯信息
	附加信息	涉及的其他信息	扩展追溯信息

二、养殖水产品可追溯信息采集程序（SC/T 3045）

（一）可追溯生产记录和信息采集细则

1. 可追溯信息记录和采集要求

（1）可追溯信息记录要求　可追溯生产记录和其他生产档案的控制应符合 GB/T 29568 的规定，并且达到以下要求：

a）生产记录和其他生产档案可以为电子化形式，也可以为纸质形式，但当要求时应能够出示；

b）生产记录和其他生产档案应保存至产品上市后2年，且不少于2个生产周期；

c）填写生产记录时，应记录完全、规范、准确；

d）生产记录和其他生产档案应有专人负责。

（2）可追溯信息采集要求

a）生产单位可建立电子化的水产品质量安全可追溯体系，并采集有关生产单位和产品信息；

b）生产单位应确保与上、下游组织间和组织内各环节间信息的有效传递和连接；

c）生产单位销售自养水产品应至少采集生产单位名称、地址、产品种类、规格、起捕日期等信息，并在产品附具的产品标签或产地证明上注明；

d）生产单位采集信息的内容应符合有关要求，并应与相关组织间对需要采集的追溯信息达成共识，在实现追溯目标的基础上宜加强扩展追溯信息的交流与共享。

（二）可追溯信息的分级和内容要求

1. 可追溯信息的分级　见表9－22。

表9－22　可追溯信息的分级

名称		内容	记录分级
基本追溯信息		为达到追溯目的，能够实现组织间和组织内各环节间有效连接的最少信息	1级
扩展追溯信息	质量安全信息	与产品质量安全水平直接相关的信息	2级
	附件信息	与产品质量安全水平或追溯性有一定关联或与生产过程环境管理、社会责任等相关的信息	3级
	其他信息	其他与产品质量安全和追溯不直接相关的信息，如人员信息、财务信息等	4级

2. 可追溯信息记录内容要求

a）生产单位应根据追溯范围和目的不同，确定生产记录和生产档案的内容；

b）生产单位应记录外部基本追溯信息（1级）；

c）当追溯目标包括保证产品质量安全水平时，应记录外部信息中的基本质量安全信息（2级）；可记录外部信息中附加信息（3级），以提高生产单位的质量安全保证能力和信誉水平；

d）当追溯方位包括生产单位内部追溯时，应记录内部追溯信息中的基本追溯信息（1级），并根据需要确定扩展追溯信息的内容要求；

e）生产单位还可记录其他与产品追溯有关的信息（4级）。

（三）可追溯生产记录和信息采集细则

1. 生产单位基础信息　见表9－23。

表 9-23　生产单位基础信息

分类		描述	分级	是否应采集
(1) 生产单位主体信息				
外部追溯信息（输出信息）	责任主体信息	名称、厂商识别代码（如果有）	1	是
		地址、邮政编码、法人代表姓名、联系电话	3	否
		类型（企业、合作社、协会、事业单位等）	3	否
		员工情况（总人数、管理人员数、技术人员数）	4	否
	生产信息	生产经营范围、生产规模、年产量	3	否
	经营信息	固定资产、年总利润、年总销售量（额）、年总出口量（额）等信息	4	否
	评定和认证信息	生产单位通过质量安全评定和认证的情况，包括评定和认证品种、产品名称、范围、等级、发证机构、证书编号等	2	是（适用时）
	荣誉信息	各类表彰、奖励方面的信息	4	否
(2) 养殖场（区）信息				
内部追溯信息	养殖场（区）识别信息	名称、编号、地址	1	是
	养殖场（区）描述	养殖产品名称、养殖模式、生产规模	1	是
		养殖证号、水域滩涂使用证号、生产许可证号等	2	是（适用时）
		布局（平面布局图）、生产管理形式	3	否
	环境信息	水源、水质、底质等检测报告，环境评价报告，环境监测报告等	2	是（适用时）
	危害分析和关键控制点信息	危害分析和关键控制点（HACCP）计划表	3	否
(3) 养殖生产单元信息				
内部追溯信息	养殖生产单元识别信息	名称、编号	1	是
	养殖场（区）描述	养殖产品名称	1	是
		所属养殖场	1	是
	环境信息	水深、面积	3	否
	设施设备信息	库房名称、编号，进水、排水设施名称、规格、编号，投饵机、增氧设备等设备名称、规格、编号等	3	否
(4) 人员（养殖户）信息				
内部追溯信息	人员识别信息	姓名、编号	1	是
	人员描述	职务、所属养殖场	1	是
		年龄、教育经历	3	否
	质量安全信息	质量安全责任、相关培训经历、相关资质	2	是

（续）

分类		描述	分级	是否应采集
（5）客户信息				
外部追溯信息（接收信息）	客户识别信息	客户名称、编号、负责人	1	是
	客户描述信息	客户地址、联系方式	1	是

2. 投入品（和包装物）控制信息

（1）苗种亲本采购、自育生产、投放　见表9-24。

表9-24　苗种信息

分类		描述	分级	是否应采集
（1）苗种、亲本的采购				
外部追溯信息（接收信息）	来源责任主体信息	名称、厂商识别代码（如果有）	1	是
		地址、法人代表姓名、联系方式	3	否
		苗种生产许可证标号	2	是
		质量安全评定和认证信息	3	否
	追溯单元识别信息	苗种产品名称（学名、商品名）、批次编号、数量、规格	1	是
	追溯单元交易信息	购买日期、地点、交易量（尾数、重量等）、经手人	1	是
	追溯单元描述	生产日期	2	是
		产品质量标准、产品批准文号，检验、检疫证明	3	否
（2）苗种的自育生产				
内部追溯信息	追溯单元识别信息	苗种名称、批次编号、数量、规格	1	是
	生产操作信息	生产日期、负责人	1	是
		发病及用药情况、处方人、施药人	2	是（适用时）
（3）苗种的投放				
内部追溯信息	批次变更信息	名称、数量与规格、原批次编号、来源、规格	1	是
	追溯单元识别信息	产品名称、批次编号、数量、规格	1	是
	生产操作信息	投放日期、时间，养殖生产单元名称、编号	1	是
		投放量（数量、重量、密度等）、负责人	1	是
		投放地点	3	否
		消毒、试水情况	3	否

（2）饲料、饲料添加剂、肥料和其他原料的采购、自制、储存和使用　见表9-25。

表 9-25　饲料等投入品信息

分类		描述	分级	是否应采集
(1) 饲料、饲料添加剂、肥料和其他原料地点采购				
外部追溯信息（接收信息）	来源主体信息	名称、厂商识别代码（如果有）	1	是
		地址、法人代表姓名、联系方式	3	否
		生产许可证编号	2	是
		质量安全评定和认证信息	3	否
	追溯单元识别信息	产品名称、批次编号、数量、规格	1	是
	追溯单元交易信息	购买日期、地点、收货数量、经手人	1	是
	追溯单元描述	产品质量标准、产品批准文号	2	是
		生产日期、保质期	2	是
		主要成分、配比	3	否
(2) 饲料、饲料添加剂、肥料和其他原料的自制				
内部追溯信息	追溯单元识别信息	产品名称、批次编号、数量、规格	1	是
	追溯单元描述	生产日期、负责人	1	是
		原（配）料名称、来源	2	是
(3) 饲料、饲料添加剂和其他原料的储存				
内部追溯信息	批次变更信息	名称、数量与规格、原批次编号、来源	1	是
	追溯单元识别信息	产品名称、批次编号、数量、规格	1	是
	出入库信息	库房名称和编号	1	是
		出入库时间、责任人（管理员及领用人）	1	是
		入库验收信息	3	否
(4) 饲料、饲料添加剂和其他原料的使用（投喂）				
内部追溯信息	追溯单元识别信息	产品名称、批次编号、数量、规格	1	是
	投喂信息	养殖生产单元名称、编号、养殖产品名称	1	是
		投喂日期、时间、数量、负责人	1	是
		投喂方法、投喂率、摄食情况	3	否

(3) 渔用药物及其他化学剂和生物制剂的采购、储存、使用　见表 9-26。

表 9-26　渔用药物等投入品信息

分类		描述	分级	是否应采集
(1) 渔用药物的采购				
外部追溯信息（接收信息）	来源主体信息	名称、厂商识别代码（如果有）	1	是
		地址、法人代表姓名、联系方式	3	否
		生产许可证编号	2	是
		质量安全评定和认证信息	3	否
	追溯单元识别信息	产品名称、批次编号、数量、规格	1	是

（续）

分类		描述	分级	是否应采集
外部追溯信息（接收信息）	追溯单元交易信息	购买日期、地点、收货数量、经手人	1	是
		验收信息	3	否
	追溯单元描述	产品质量标准、生产许可证编号和产品批准文号	2	是
		主要成分、生产日期、保质期	2	是
（2）渔用药物的储存				
内部追溯信息	追溯单元变更信息（分批、并批）	名称、数量与规格、原追溯单元编号、来源（产地）	1	是
	追溯单元识别信息	名称、批次编号、数量、规格	1	是
	出入库信息	库房名称和编号	1	是
		出入库时间、责任人（管理员及领用人）	2	是
		入库验收信息	3	否
（3）渔用药物的使用				
内部追溯信息	追溯单元识别信息	产品名称、批次编号、数量、规格	1	是
	使用信息	养殖生产单元名称、编号、养殖产品名称	1	是
		使用日期、数量（剂量）、使用人	1	是
		使用方法、处方人（开药人）	2	是
		使用时间、病害症状、死亡数	3	否

（4）生产过程信息　见表 9－27。

表 9－27　生产过程信息

分类		描述	分级	是否应采集
（1）日常养殖信息				
内部追溯信息	追溯单元识别信息	产品名称、批次编号、数量、规格	1	是
	日常养殖操作信息	日期、天气、气温、水温及养殖产品状态	3	否
	病害防治记录	发病时间、症状、诊断、处方、处方出具人签名、治疗效果等	2	是（适用时）
（2）移池（换塘）信息				
内部追溯信息	追溯单元变更信息	名称、数量与规格、原追溯单元编号、来源	1	是
	追溯单元识别信息	产品名称、批次编号、数量、规格	1	是
（3）水质管理信息				
内部追溯信息	追溯单元识别信息	产品名称、批次编号、数量、规格、负责人	1	是
	水质指标信息	水体颜色、透明度、水温、pH、溶氧、氨氮、COD 等	2	是（适用时）
	水质调控信息	进水、排水、增氧等	2	是（适用时）

（5）质检管理信息　见表 9 - 28。

表 9 - 28　质检管理信息

分类		描述	分级	是否应采集
（1）生产单位自检				
内部追溯信息	追溯单元识别信息	产品名称、批次编号、数量、规格	1	是
	检测信息	项目、内容、依据、结果、负责人	2	是
（2）外部检测				
内部追溯信息	追溯单元识别信息	产品名称、批次编号、数量、规格	1	是
	检测信息	检测单位名称、检测时间	2	是
		项目、内容、依据、结果、负责人	2	是

（6）收获、储存、运输和销售信息　见表 9 - 29。

表 9 - 29　收获、储存、运输和销售信息

分类		描述	分级	是否应采集
（1）产品收获、储存信息				
内部追溯信息	追溯单元识别信息	产品名称、批次编号、数量、规格	1	是
	追溯单元描述	收获负责人	2	是
		停药期、产品检测报告	2	是（适用时）
		收获方法、净化情况	3	否
		储存方式、地点、时间、投入品	1	是（适用时）
		暂养方式、地点、时间、投入品	1	是（适用时）
（2）产品运输、销售信息				
内部追溯信息	追溯单元识别信息	产品名称、批次编号、数量、规格	1	是
	追溯单元描述	承运人、承运车辆牌照号	2	是
		装运时间、运输方式	2	是
		投入品名称、批次编号、数量（用量）、规格、使用人	2	是（适用时）
		客户名称、编号	2	是

第五单元　消毒及生物安全处理

第一节　消　　毒

消毒是指用物理或化学的方法杀灭物体或清除养殖对象体表和环境中的病原微生物的技术和措施。用于杀灭无生命物体上微生物的化学药物，称为消毒剂。在理解“消毒”的内涵时，有两点需要强调：首先，消毒是针对病原微生物和其他有害微生物的，并不要求清除或杀灭所有微生物；其次，消毒是相对的而不是绝对的，它只要求将病原微生物的数量减少到无害的程度，而并不强求把所有病原微生物全部杀灭。根据水产养殖的特点，在选择消毒剂时主要考虑对病原体的杀灭力强、对宿主（鱼、虾等）毒性较小、不损害被消毒物体、易溶于水、在消毒的环境中比较稳定、廉价易得和使用方便。常用的消毒剂有三氯异氰脲酸、漂白粉、生石灰、戊二醛、聚维酮碘等。

一、水　　体

（一）水源水的消毒

经水传播是水生动物疫病传播的重要特点，保障水源安全是预防水生动物疾病的重要措施。水产养殖使用的水源基本上来自江河湖海及地下水，除进行必要的沉淀、过滤，同时应进行消毒处理，以便清除水中可能携带的病原微生物。对水源水的处理和消毒应采用下列一种或多种方法：

1. 滤网分级过滤　水源水在进入养殖塘或蓄水池前，可进行分级过滤。具体操作方法：将水抽到安装有不同孔径的滤网或筛子的水渠中，先用孔径比较粗的筛子滤除比较大的水生动物或植物残体；然后逐级降低过滤筛网的孔径，最后通过孔径为150～250μm的网眼。

2. 沙滤分级过滤　有些养殖场采用在供水管或沟渠上安装沙滤装置的方式来替代上述的滤网分级过滤。首先采用粒径比较粗的沙砾层过滤大型水生动物和植物残体，中间采用中等粗细的沙子和砾层，最后采用细沙层过滤。

3. 氯化消毒和脱氯　水源水被泵到供水渠道或直接加入养殖塘或蓄水池（可根据情况选择是否过滤，但推荐先进行上述滤网或沙滤过滤处理），然后使用氯制剂（有效氯浓度控制在25～50mg/L）杀死水源水中所有可能的携带病原的水生动物，最大限度地消灭病原。

氯和碘等卤素对水生动物均是高毒性的，为了避免消毒操作后引起的不良后果，消毒操作后必须脱氯。

4. 零交换或降低水交换　某些养殖场通过增加曝气和在养殖塘内实现水循环利用，来减少进排水量而降低对水源水的依赖，降低疾病传入风险。这种养殖模式通过补充部分经消毒的水源水就可以实现，当然也降低了养殖塘中营养盐的损失。

（二）养殖水体的消毒

养殖水体消毒分为清塘消毒和带水生动物的水体消毒。

1. 清塘消毒　清塘后的水体消毒类似于国内水产养殖实践中“湿法药物清塘”。水生动物收获后的池塘或因疾病暴发而排塘的池塘，进行氯化消毒处理是控制疾病的常规手段。排干塘水后，尽可能移走和清除养殖系统内的所有水生动物。维持塘底一定深度的水（如果必要也可以将池塘再灌满水），关闭所有进排水、移走塘内的充气（增氧）等设备。然后，在全塘均匀使用足够量的次氯酸钙（含氯石灰），使残留在塘水中的最低有效氯浓度为 10 mg/L，并保持 24～48h。操作人员要穿戴必要的防护服、眼罩、面罩、靴子和手套等防护装备，保护好眼睛和皮肤。该浓度的氯能杀死所有残存塘水和底泥中的鱼虾和其他水生生物。池塘经氯化处理后，排水之前要进行中和。中和可以采用暴露在日光和空气中至少 48h，或者用硫代硫酸钠进行快速中和。

2. 带水生动物的水体消毒　带水生动物的水体消毒是指养殖期间为防病治病进行的全池泼洒法消毒，采用的药物及剂量参考药物学部分。

（三）池塘消毒

池塘是水生动物的生活场所，也是水生动物病原体的滋生场所。池塘环境的清洁与否，直接影响到水生动物的健康。因此，一定要重视池塘的清整和消毒工作，它是预防鱼病和提高产量的重要环节和不可缺少的措施之一。经过一年养殖，各种病原通过不同途经进入池塘，再者因塘基倒塌、杂草丛生，塘底淤泥沉积过厚，又为病原体的繁殖提供了适宜场所。因此，坚持每年清塘消毒是良好的防疫习惯，有助于养殖成功。清塘消毒工作主要包括以下两个方面。

1. 清整池塘　一般在每年冬季，待鱼、虾、蟹等水生动物出池后排干池水，修补池埂，拔除池边杂草，挖去池底过多淤泥，让池底在冬日曝晒至少 1 周。这样可使池塘土壤表层疏松，改善通气条件，加速土壤中有机物质转化为营养盐类，并达到消灭病虫害的目的。

2. 药物清塘　养殖池塘除养殖的鱼、虾、蟹等水生动物外，往往还同时混有野杂鱼及各种生物，如细菌、病毒、寄生虫及卵、螺、蚌、青泥苔和水生昆虫等。这些生物有些本身能引起水生动物疾病，有些则是病原体的传播媒介。药物清塘主要是起到清除池塘中水生生物和消灭病原的作用。常用清塘药物有生石灰、含氯石灰等。生石灰不但能杀灭池塘水体和淤泥中的病原、中间宿主、携带病原的水生生物，而且还有利于改良底质、改善水质和促进植物营养物质转化。

（1）*生石灰清塘*　有干池清塘和带水清塘两种方法。

①干池清塘：先将池水放干或留 6～9cm 深的水，每公顷用生石灰 750～1 125kg。清塘时先在塘底挖几个小坑或用木桶等把生石灰放入土坑或容器中加水溶化，趁热立即向四周均匀泼洒，第二天早晨再用耙等翻动塘泥，消毒效果更好。

②带水清塘：每公顷（水深 1.0m）用生石灰 1 800～2 250kg，通常将生石灰放入小坑或木桶中溶解后立即全池遍洒，待 7～8d 后药力消失，水质稳定即可投放苗种。实践证明，带水清塘比干池清塘防病效果更好，但生石灰用量较大，成本较高。

注意：生石灰在空气中易吸水潮解，逐渐变成粉末状熟石灰，其消毒效力丧失，因此应密闭保存或现用现买新烧的生石灰。

（2）*含氯石灰清塘*　一般每立方米水体用含有效氯 30%左右的含氯石灰 20g，先用木桶加水将药物溶解，立即全池遍洒，然后加开增氧机或用船桨等划动池水使药物分布均匀，待4～5d后药力消失，水质稳定即可放苗种。含氯石灰有很强的杀菌作用，但易挥发和潮解。因此，必须密封保存，存放于阴凉干燥处。使用前最好测定有效氯含量，不足30%时应适当增加用量。

二、卵和苗种

碘伏可用于多种鱼类的卵消毒，但最常用的还是鲑科鱼类。尽管消毒剂（如碘伏）可对发眼卵或新受精卵进行有效的表面消毒，但当病原体存在发眼卵或新受精卵的内部时，就不能作为预防垂直传播的某些细菌（如鲑肾杆菌）病和病毒（如传染性胰腺坏死病病毒）病的有效方法。

（一）受精卵的淬水法消毒

1. 鲑科鱼类受精卵的消毒　一般采用淬水法对鲑科鱼类的新受精卵进行消毒，按下面程序进行操作。

（1）受精　从卵巢中分离成熟的卵，用生理盐水漂洗（30～60s），加入精液，经过5～15min的受精。

（2）清洗　受精卵经0.9%氯化钠溶液漂洗（30～60s）清除精液和其他有机物。

（3）消毒　受精卵经100mg/L碘伏溶液漂洗1min。然后用新配的100mg/L碘伏溶液消毒30 min。漂洗和消毒的碘伏溶液只能使用1次。消毒液体积至少为被消毒卵的4倍。

（4）漂洗　消毒完毕后，卵需要用清洁淡水或消毒孵化水漂洗30～60s，清除消毒残余物。

2. 注意事项

（1）所有操作程序中所使用的水必须是清洁水。

（2）由于碘能杀死精子，因此有碘存在的情况下，是不能完成受精的。

（3）对其他鱼类的卵可以根据卵的不同状态和碘伏的浓度进行预备试验获得安全有效的消毒参数（被消毒卵所处的发育阶段、碘伏浓度和作用时间）。

（4）海水鱼（欧鲽、鳕和大菱鲆）的卵，使用碘伏消毒存在一些不利影响，因此可以用400～600mg/L的戊二醛溶液维持5～10min完成消毒。

（二）鲑科鱼类发眼卵的消毒

1. 鲑科鱼类发眼卵消毒程序如下：

（1）清洗　消毒前使用清洁的淡水或生理盐水（0.9%氯化钠溶液）漂洗发眼卵（30～60s）。

（2）消毒　用不含有机物的生理盐水配置终浓度为100mg/L的碘伏溶液，将卵浸泡其中维持至少10min。配置好的消毒液只能使用一次。每升配置好的消毒液可以用于2 000粒鲑鱼卵的消毒。

（3）漂洗　经碘伏消毒的卵，立即重复（1）的清洗操作。

2. 注意事项

通常碘伏（Iodophor）溶液的pH应该控制在6～8。当pH等于或低于6时，对发眼卵或新受精卵的毒性增加；当pH等于或高于8时，消毒效果下降。因此，如果配置消毒液的水为酸性，可以在水体中加$NaHCO_3$调节pH，使$NaHCO_3$终浓度为100mg/L。

（三）虾卵和幼体的消毒

某些虾的病毒病（如球形杆状病毒、四面体杆状病毒、肝胰腺细小病毒感染）可以经受粪便污染的卵传播。这些疾病同其他病原微生物（如白斑病毒、某些细菌和真菌性病原）一样，可以通过对卵或新孵幼体的表面消毒来消除或减少。以下列出的是广泛使用的方法。

1. 受精卵消毒程序

（1）清洗　收集受精卵，在流动的清洁海水中漂洗 1～2min。

（2）消毒　将卵放入 100mg/L 福尔马林中浸泡 1min。再在 0.1mg/L 碘伏中浸泡 1min。

（3）漂洗　用清洁海水漂洗 3～5min 后，转入经过消毒的幼体孵化槽。

注意：受精卵比无节幼体对福尔马林更敏感。

2. 无节幼体的消毒程序

（1）清洗　通过趋光性收集无节幼体，在流动的清洁海水漂洗 1～2min。

（2）消毒　将无节幼体放入 400mg/L 福尔马林中浸泡 30～60s。再在 0.1mg/L 碘伏中浸泡 1min。

（3）漂洗　用清洁海水漂洗 3～5min 后，转入消毒的幼体养殖池。

注意：收集无节幼体的要比受精卵容易一些。

（四）其他消毒方法

1. 浸洗法的操作步骤

（1）配液　在确定需要浸洗的养殖品种后，选择国家批准的消毒药物，并确定浓度，在容器内装入一定体积的水，按浸洗所需药物浓度计算并称取药物质量，溶解水中。

（2）浸洗　把要浸洗的受精卵或水产苗种放入容器中浸洗，然后把水产苗种或受精卵捞出直接放入养殖池或孵化池。

注意：①不同水生动物的消毒方法基本相似，但是在选择药物、配液浓度与浸洗消毒时间上要进行调整。②例外浸洗过程中要注意增氧，浸洗完后的消毒液要进行妥善处理。

2. 流水养殖水生动物的浸洗　流水养殖需浸洗时，不必捕起水生动物。具体做法是：首先测量水体体积，计算用药量，加水溶解药物（用塑料桶或其他适用容器），关闭水闸，均匀地把溶解好的药液泼到池中，待达到浸洗时间后，即可开起闸门恢复流水，并要求在 2～6h 内换水量达到 100%。

3. 小型养殖池水体内水生动物的浸洗　如在小型养殖池进行浸洗，也不必捕起水生动物。可先排掉 1/2～3/4 原池水，再按水体计算药量，加水溶解药物，均匀泼洒，到达浸洗时间到后，加注新水，同时打开排水闸，边注水边排水。经一段时间后，估计含药池水基本排净（换水量超过 100%）后关闭排水闸，继续添加新水，直至恢复到原水位。

三、库　　房

一般在库房内，霉菌较细菌更容易繁殖，容易侵害饲料等物品。因此应对库房进行不定期的消毒，库房中的货架和推车等设备要定期在库外冲洗、晾晒和消毒。根据库房设备材料的性质选择消毒剂进行消毒。根据建筑物的用途不同而采用不同消毒措施。

（一）办公建筑物

办公建筑物的污染一般是因来自生产区的人员或被病原污染人员的踩踏等引起。因此，关注的重点是地面和建筑物的冷藏单元。非渗漏地面要使用标准清洁剂和清洗溶液进行彻底清洁，然后干燥。如果地面上有地毯，先用吸尘器进行吸尘、然后使用适当清洁剂进行清洁，或使用蒸汽清洁。这些建筑物的其他区域，如墙壁、浴室、电冰箱、冷库等应该调查潜在的污染材料（如冷冻柜里面的冻虾），盛装这些污染材料的容器也需要进行清洁和消毒。

（二）养殖建筑物

养殖建筑物是指那些会直接接触病原体的建筑物。可以采用喷雾消毒法和熏蒸消毒法两种方法：

1. 喷雾消毒法 对这些区域的消毒包括以下步骤：①建筑物要彻底清扫或除尘，除去比较大的有机残骸或物体。②使用包含清洁剂的溶液进行洗涤。③使用氯制剂消毒。对那些不会被氯制剂腐蚀的表面采用有效氯浓度约 1 600mg/L 的溶液喷雾；对容易被氯制剂腐蚀的表面可以使用海绵蘸取浓度不低于 200mg/L 的碘伏溶液擦表面。地面采用有效氯浓度不低于 200mg/L 的溶液浸泡，保持液面深度 5cm，并维持 48h。如果那些被喷雾的地面容易被氯制剂腐蚀，可以在处理 48h 后采用淡水冲洗。

2. 熏蒸消毒法 对那些使用氯制剂不太现实的可密闭的建筑物，可以考虑使用甲醛溶液熏蒸。具体步骤参考如下：

（1）对建筑物内房间进行必要的常规清洁。如果可能，移走建筑物中的所有电器设备。确保建筑物或建筑物内的每个房间门窗能密封完好。甲醛气体熏蒸的环境要求温度不能低于 18℃、并保持较高湿度（建筑物内湿度达到饱和最好，可以提前向地面洒水，保持地面潮湿或有少量水）。

（2）根据现场测量结果，计算好每个房间所需要的福尔马林和高锰酸钾的量。一般在 12.4mL 的福尔马林（甲醛浓度为 37%～39%）中加 6.2g 高锰酸钾，可以熏蒸 $1m^3$ 空间。

（3）根据上步计算结果，先称量高锰酸钾单独装在一个容器中；然后量取对应体积的福尔马林盛装在体积至少为福尔马林体积 10 倍的非塑料容器中（如搪瓷盘）。盛装正确数量的两种药物的容器必须放在对应房间正中央的地板上。为防止药物溅出容器毁损地板，应该将盛装药品的容器放在面积足够大的塑料保护垫子上。

（4）所有房间的药物准备妥当之后，操作者必须穿戴防水工作服保护皮肤、佩戴防福尔马林气体面罩、佩戴护目镜或面罩保护眼睛，从离最外面门最远的房间开始操作。将高锰酸钾快速准确地一次倒入福尔马林溶液中，快速离开该房间并关上门。然后，依次快速到下一个房间进行操作。等所有房间操作完成后，关好大门，并从外面用胶带密封整个建筑物。

（5）全部操作过程，从熏蒸开始直到蒸气完全充满整个建筑物，至少维持 36h。蒸气完全充满整个建筑物后，建筑物至少要密封 12h。消毒完成后，打开所有门窗，让新鲜空气流通至少 24h。人进入建筑时，不能嗅到明显的福尔马林的气味。

（三）冷库消毒

这些建筑物在建造上就要考虑允许常规消毒（如喷雾法消毒）。对这些建筑的大部分区域，常规消毒程序均适用。如果需要，也可以采用熏蒸法消毒确保能根除病原体。

冷库消毒一般有定期消毒和临时消毒两种。定期消毒每年 1～2 次。临时消毒一般是在库内冷藏品搬空后，在低温条件下进行消毒。

定期消毒应事先做好计划，做好准备工作，如消毒药物、工具、容器以及消毒人员的防护用品等。消毒前先将库房内的冷藏品全部搬空，升高温度，用机械方法清除地面、墙壁、顶板上的污物和管道上的冰霜，仔细清除霉菌。冷库常用的消毒药物有以下几种。

1. 氯制剂　用含有效氯0.3%～0.4%的含氯石灰水溶液喷洒。也可用2%～4%的次氯酸钠溶液加入2%的碳酸钠，喷洒库房。

2. 过氧乙酸　用5%～10%的过氧乙酸水溶液，按每立方米空间0.25～0.50mL，电热熏蒸或用喷雾器喷雾。喷雾时应戴防护面具。用于低温冷库时，加入乙二醇和乙醇有机溶剂可防冻。此外，紫外线也具有杀菌除霉作用。在使用含氯石灰、次氯酸钠等消毒冷库时，应将库门紧闭。作用一定的时间后再打开库门通风换气，以驱散消毒药的气味。

注意：冷库消毒不能使用剧毒、气味大的药物。

四、工　　具

为防止病原通过运载工具的散布，凡载运过水生动物及其产品的车船和其他运输工具都应进行消毒。每个养殖单元（具有独立进排水的一个养殖池塘或养殖车间或养殖水池）的用具（投喂工具、清洁工具、转运死亡水生动物的用具）应该是独立的，不同养殖单元不能公用这些工具。不同养殖单元中收集病死水生动物的容器应该单独使用，使用完毕后要用法定注册产品和确定程序对这些容器认真清洁和消毒。

一个水产养殖场所使用机械绝对不能随意移动到另一个水产养殖场所，除非机械在出场前和进场前均采用法定注册产品按照规定程序冲洗和消毒后，才允许在养殖场所之间移动。

（一）交通工具

对交通工具，应该确保下面的措施得到贯彻：①只有为水产养殖场提供直接服务的车辆在有特定目的时才允许进入生产区或通行区。临时服务车辆、参观车辆或员工交通工具不应该进入这些区域。②所有进入生产区或通行区的服务车辆，在进入和离开水产养殖场时要使用国家注册的消毒产品进行消毒。③所有进入车辆的人员也要按照水产养殖场所要求的消毒程序进行消毒。

1. 消毒程序　对运输中未发生传染病的运输工具，一般消毒程序为清扫→洗刷→去污→消毒；对运输过程发生疫病的，消毒程序为消毒→清洗→去污→消毒，30min后，再清洗→去污→消毒。

2. 常用消毒剂与使用方法　一般清扫后用85～90℃的热水冲洗消毒即可，对装运过由不形成芽孢的病原菌感染引起的一般性传染病的水生动物及其产品的运输工具，清扫后再用4%的氢氧化钠溶液或0.1%的碘溶液等洗涤消毒。

（二）网具消毒

海水养殖场所的网具即使其经过了清洗和消毒也不允许从一个养殖场转移到另外一个养殖场。对漂浮性养殖单元（如漂浮式网箱），对漂浮在水上的库房、自动投喂系统，在移入养殖单元前也要进行清洗和消毒。而对淡水内的类似设施不允许在养殖场所之间移动。

浸入一个水体后的网具，必须彻底清洗后，才允许捞出或转入另一个水体中。一旦网具从水体中取出，要尽可能快地转入网具洗涤的地点，这样可以避免这些网具污染其他网具、设备和工作区域。网具的运输（运进和运出洗涤地点）均要采用不渗漏的车或容器进行，以预防交叉污染。清洗程序要确保能清除那些附着在网上的寄生虫卵或幼体、软体动物、棘皮动物、藻类、有机物等。网具消毒可以参考小型水槽消毒。

（三）水槽、养殖池和管道的消毒

1. 小型水槽和耐腐蚀用具的消毒 从日常卫生角度考虑，孵化设备或亲鱼池（如用于亲鱼成熟、交配、产卵、受精卵孵化和幼体保育的水槽）在使用之前应该经过清洁、消毒和干燥。当从这些设备内收集完亲本和繁殖材料后，所有遗留物（如藻类、粪便、残饵等）均必须彻底清除。对那些小体积水槽，同其他耐腐蚀用具（如充气管、气石、塑料管、筛子、采样容器等）一起浸泡到盛水的水槽中；然后加入次氯酸钙使有效氯至少达到 200mg/L，静置过夜；然后排干水、用清洁水冲洗；最后彻底干燥。消毒程序结束后剩余的消毒液在进入公共排水系统之前，要脱氯或集中起来作脱氯处理。

2. 大型水槽消毒 大型水槽经彻底清洁后，用有效氯浓度约 1 600mg/L 的次氯酸钙溶液对容器的内外表面进行高压喷雾。喷有消毒液的容器应该放置数小时后，再用清洁水冲洗。所有器具表面均须充分擦洗，在放养水生动物之前须充分冲洗干净，以保证余氯残留不至于对水生动物产生危害。

3. 非渗水养殖池消毒 对循环水养殖设施、水泥环道或其他非渗水养殖池均可采用氢氧化钠溶液和可生物降解的清洁剂（阴离子表面活性剂）形成的混合物进行消毒。所有表面要经高压冲洗或蒸汽清洁以除去有机物，然后养殖池表面使用1%的氢氧化钠溶液（含0.1%的表面活性剂）进行高压喷雾（一般每平方米的表面用 2.5L 消毒溶液）。容器表面被消毒液喷雾后，维持其潮湿表面的 pH 在 12 以上。而养殖池底部残留的消毒水 pH 应该维持在 12 以上，并且保持 24h。当养殖池表面自然干燥后，容器就能冲洗和重新使用。

4. 管道消毒 对循环水产养殖设施中的管道和过滤池的消毒可以采用与非渗水养殖池同样的消毒液。先排干水、清洁后，在一个蓄水池中装上足够的消毒液，打开水泵让消毒液充满水管，循环 24h，在消毒结束时蓄水池中消毒液的 pH 应该维持在 12 以上。蓄水池中的消毒液可用于消毒其他经过彻底清洁的物品，如过滤材料、筛子、辅助设备（如网具、小水槽等）。这些用具也需要被浸泡在消毒液中维持 24h。所有消毒后的物品，包括循环水的管道系统，均需经清洁水彻底冲洗才能再使用。

但需要的时候，可以用盐酸来中和这些大体积的剩余消毒液。任何使用者或可能接触这些溶液的人员应该穿戴适当防护服来保护眼睛和皮肤。

定期风干或热干管道（每日）、水槽和其他设备（如藻类培养用的大玻璃瓶），并消毒其表面，特别是在有未知病因的疾病暴发时。

管道消毒也可以选用次氯酸钠，用有效氯浓度 50mg/L 的消毒水充满管道，至少 30min，然后再用清洁水冲洗。用硫代硫酸钠或曝气处理也可以减少氯的含量但不能除去氯胺；最佳的中和方法是让溶液流经活性炭（能除去剩余的氯和氯胺）。

五、产地环境

养殖场周围环境每 2～3 周用 2%氢氧化钠（火碱）消毒或撒生石灰 1 次；养殖场周围及场内排水沟，每月用含氯石灰消毒 1 次，养殖场入口消毒池要定期更换消毒液。

六、人　　员

所有人员在进入生产区之前，均应该穿上防护服（如外套、手套、靴子、围裙等），靴

子和双手应该消毒。未着装合格防护服者严禁进入生产区。任何人不得穿着工作服离开生产车间，即使其靴子和手经过了卫生隔离和消毒。

靴子和鞋底的消毒可以选择：①有效浓度为200～250mg/L的碘伏制剂可用于浸泡雨靴或鞋底；②有效氯为50mg/L的氯制剂也可用于浸泡雨靴或鞋底；③氢氧化钠溶液（1% NaOH + 0.1% Teepol或其他清洁剂）可用于橡胶靴，但不能用于布鞋或皮鞋消毒。

手的消毒可以采用表面清洁后直接喷洒70%酒精溶液消毒，或再佩戴无菌乳胶手套后再喷洒70%酒精溶液消毒乳胶手套表面。

所有员工穿戴的东西要彻底清洁和消毒。对常规衣物或外套要正常清洗，然后用有效氯漂白，并在太阳光下晒干，能达到比较彻底的消毒。其他物品，如靴子、手套和其他非织物，要浸泡在有效氯浓度200mg/L的溶液中；然后，用清洁淡水冲洗。这些物品也应该在各自房间中接受甲醛熏蒸。

第二节　养殖污水处理

一、预处理

生产性污水的处理方法通常包括物理处理和生物处理两部分。

（一）物理处理

主要利用物理方法除去污水中的悬浮固体、胶体、油脂和泥沙。常用的方法是设置格栅、格网、沉沙池、除脂槽、沉淀池等，故又称物理处理或机械处理。

（二）生物处理

生物处理是利用自然界大量微生物氧化有机物的能力，除去污水中的胶体、有机物质。污水中各种有机物被微生物分解后形成低分子的水溶性物质、气体和无机盐。根据微生物嗜氧性能的不同，将污水处理分为好氧处理法和厌氧处理法两类。

1. 好氧处理法　基本原理是在有氧条件下，借助好氧微生物的作用对污水中的有机物进行降解的过程。在此过程中，污水中溶解的有机物质可透过细菌细胞壁，为细菌所吸收。一些固体和胶体的有机物则被一些微生物分泌的黏液所包围，附着于菌体外，再由细菌分泌的胞外酶分解为溶解性物质，渗入细菌细胞内。细菌通过自身的生命活动——氧化、还原、合成等过程，把一部分被吸收的有机物氧化成简单的无机物，释放出细菌生长活动所需要的能量，而把另一部分有机物转化为本身所需的营养质，生成新的原生质，于是细菌不断分裂，产生更多的细菌。除了醚类物质外，几乎所有的有机物都能被相应的细菌氧化分解。

污水好氧处理法主要有土地灌溉法、生物过滤法、生物转盘法、接触氧化法、活性污泥法及生物氧化塘法等。其中活性污泥系统对有机污水的处理效果较好，应用较广。一般生活污水和生产性废水经活性污泥法二级处理均能达到国家规定的排放标准，可减少生化需氧量94%～97%，悬浮固体物85%～92%，所得污泥可作为农田的肥料。

活性污泥系统是利用低压浅层曝气池，使空气和含有大量微生物（细菌、原生动物、藻类等）的絮状活性污泥与污水密切接触，加速微生物的吸附、氧化、分解等作用，达到去除有机物、净化污水的目的。污水在曝气池内借助机械搅拌器或加压鼓风机，与回流来的活性污泥充分混合，并通过曝气提供微生物进行生物氧化过程所需要的氧，加速对污水中有机物的氧化分解。曝气处理后的混合流出物流入二级沉淀池中沉淀，上层清液经氯化消毒后排出，沉积的剩余污泥则进行浓缩处理。返回到曝气池的活性污泥，由于给污水加入大量的微生物而被活化。

2. 厌氧处理法　该法的基本原理是在无氧条件下，借助于厌氧微生物的作用将污水中可溶性或不溶性的有机废物进行生物降解。本法适用于高浓度的有机污水和污泥的处理，一般称为厌氧消化法。污水中的有机物进行厌氧分解，经历酸性发酵和碱性发酵两个阶段。分解初期，微生物活动中的分解产物是有机酸，如脂肪酸、甲酸、乙酸、丙酸、丁酸、戊酸及乳酸等，还有醇、酮、二氧化碳、氨、硫化氢等。此阶段由于有机酸的大量积聚，故称酸性发酵阶段。在分解后期，由于产生大量氨，污水的 pH 逐渐上升，加之另一群专性厌氧的甲烷细菌分解有机酸和醇，生成甲烷和二氧化碳，结果使 pH 迅速上升，故将这一阶段称为碱性发酵阶段。用厌氧法处理污水，由于产生硫化氢等有异臭的挥发性物质而发出臭气，加之硫化氢与铁形成硫化铁，使污水呈现黑色。这种方法净化污水需要较长的处理时间（停留约 1 个月），而且温度低时效果不显著，有机物含量仍较高。因此，目前多数厂家在进行厌氧处理后，再用好氧法进一步处理，才能达到净化污水的目的。

二、消　　毒

生产性污水一般还含有大量的微生物，特别是病原微生物，需经药物消毒处理后方可排出。常用的方法是氯化消毒法，将液态氯转变为气体，通入消毒池，可杀死 99%以上的有害细菌。臭氧已成功地用于检疫设施排放水的处理，可有效控制微生物浓度。臭氧浓度为 0.08～1.00mg/L 时足以显著降低活微生物（主要是细菌）数量。在臭氧处理之后进行紫外线处理对彻底消毒是必需的，特别是对检疫隔离水体。

水产养殖污水常用含氯石灰或生石灰进行消毒处理。当使用次氯酸钠等含氯消毒剂，使溶液的有效氯浓度达到 25mg/L 对某些原虫是有效的（如鲍盘曲虫）。要想消毒彻底，推荐使用 50mg/L 的有效氯进行消毒，但在某些情况下可能使用更高的浓度（如检疫隔离时）。当然，这也要求更高的中和处理和可能产生刺激性更强的气味。

三、排放管理

我国水产养殖污水排放的主要依据是《淡水池塘养殖水排放要求》（SC/T 9101—2007）和《海水养殖水排放要求》（SC/T 9103—2007）。采用单项判定法，如果监测指标单项超标，即判定不符合排放标准。

（一）淡水池塘养殖水排放要求

按使用功能和保护目标，将淡水池塘养殖水排放去向的淡水水域分为三种水域：

1. 特殊保护水域　指按照 GB 3838—2002 中的Ⅰ类水域，主要适合于源头水、国家自然保护区，在此区域不得新建淡水池塘养殖水排放口，原有的养殖用水应循环使用或对排放水进行处理，养殖水排放应达到表 10－1 中的一级标准。

2. 重点保护水域　指 GB 3838—2002 中Ⅱ类水域，主要适合于集中式生活饮用水源地、一级保护区、珍稀水生生物栖息地、鱼虾类产卵场、仔稚幼鱼的索饵场等，在此区域不得新建淡水池塘养殖水排放口，原有的养殖水排放应达到表 10－1 中的一级标准。

3. 一般水域　指 GB 3838—2002 中的Ⅲ类、Ⅳ类、Ⅴ类水域，主要适合于集中式生活饮用水源地二级保护区，鱼虾类越冬场、洄游通道、水产养殖区、游泳区、工业用水区、人体非直接接触的娱乐用水区、农业用水区及一般景观要求水域，排入该水域的淡水池塘养殖用水执行表 9－30 中的二级标准。

表 9－30　淡水养殖废水排放标准

序号	项　目	一级标准	二级标准
1	悬浮物，mg/L	≤50	≤100
2	pH	6.0～9.0	
3	化学需氧量（COD_{Mn}），mg/L	≤15	≤25
4	生化需氧量（BOD_5），mg/L	≤10	≤15
5	锌，mg/L	≤0.5	≤1.0
6	铜，mg/L	≤0.1	≤0.2
7	总磷，mg/L	≤0.5	≤1.0
8	总氮，mg/L	≤3.0	≤5.0
9	硫化物，mg/L	≤0.2	≤0.5
10	总余氯，mg/L	≤0.1	≤0.2

（二）海水养殖排放指标

按使用功能和保护目标，将海水养殖水排放去向的海水水域划分为两种水域。

1. 重点保护水域　指 GB 3097 中规定的一类、二类海域，对排入本水域的海水养殖水执行表 9－31 中一级标准。

2. 一般水域　指 GB 3097 中规定的三类、四类海域，对排入本水域的海水养殖水执行表 9－31 中二级标准。

表 9－31　海水养殖废水排放标准

序号	项　目	一级标准	二级标准
1	悬浮物，mg/L	≤40	≤100
2	pH	7.0～8.5，同时不超出该水域变动范围的 0.5	6.5～9.0
3	化学需氧量（COD_{Mn}），mg/L	≤10	≤20
4	生化需氧量（BOD_5），mg/L	≤6	≤10
5	锌，mg/L	≤0.2	≤0.5
6	铜，mg/L	≤0.1	≤0.2
7	无机氮（以 N 计）	≤0.5	≤1.0
8	活性磷酸盐（以 P 计），mg/L	≤0.05	≤0.1
9	硫化物，mg/L	≤0.2	≤0.8
10	总余氯，mg/L	≤0.1	≤0.2

第三节　染疫水生动物无害化处理

一、程　　序

日常巡查时带上桶、捞网等工具，发现已经死亡或濒临死亡的水生动物用捞网捞起，放入桶中，集中处理。

不同池塘或养殖单元应使用不同的捞网，使用过的捞网等工具应进行消毒、晾晒、干燥后存放备用。

1. 起捕　测定水体，用过量的消毒剂泼洒，待染疫水生动物浮头后进行拉网，捕捞并称重，集中处理。

2. 水体及池塘处理　水体经消毒剂消毒后抽干，对养殖池塘用生石灰（2 250kg/hm^2）消毒，曝晒，并对后续养殖的水生动物进行连续两年的疫病监测。

3. 周围环境消毒　对染疫水生动物的养殖池塘附近的池埂、道路用有效氯浓度为30mg/L的含氯石灰水溶液进行喷雾消毒。

所有使用过的捞网和装载工具应进行消毒、晾晒、干燥后存放备用。

二、方　　法

（一）焚毁

将染疫水生动物集中，投入焚化炉或用其他方式烧毁至炭化。

（二）掩埋

1. 选择掩埋地　应与水产养殖场所、饮用水源地、河流等区域有效隔离。选择地下水较低、土层无径流的地点挖坑。

2. 挖坑　坑的大小、深度根据需掩埋的染疫水生动物数量而定，深度1.5m以上。

3. 掩埋　底铺2cm厚的生石灰，再将染疫水生动物分层放入，每层加生石灰覆盖，生石灰重量与染疫水生动物重量相同。最后，用土填埋、夯实，坑顶部填埋土层不少于1.0m。

（三）高温

1. 高压蒸煮法　把染疫水生动物，或者体重大于2kg的染疫水生动物切成重不超过2kg、厚不超过6cm的肉块，放在密闭的高压釜内，在112kPa压力下蒸煮30min。

2. 一般煮沸法　将染疫水生动物或根据体重把染疫水生动物切成2kg、厚不超过6cm的肉块，放在普通锅内煮沸1h（从水沸腾时算起）。

3. 鱼粉加工法　按鱼粉加工的工艺要求，加工成鱼粉。染疫水生动物加工的鱼粉不得用于制作水产饲料。

（四）发酵

对因自然灾害或一般疾病引起的水生动物死亡，可采用发酵法进行无害化处理。挖一个发酵坑，用厚塑料薄膜作为土地的衬里，将消毒后的死亡水生动物置于坑内，上面用塑料薄膜密封，再用土覆盖，保证发酵时间1个月以上，发酵后可作农业用肥料。发酵坑可用养殖场或就近居民区的化粪池代替。

（五）化学消毒

对被污染器具循环利用的无害化处理中，化学消毒是最常用和最有效的方法。可用消毒

液对危害因素进行喷雾或浸泡消毒。也可将被危害因素放在密闭的室内，采用熏蒸法进行消毒。运送染疫水生动物尸体应采用密闭、防渗水的容器，装前、卸后必须消毒。

第六单元　动物诊疗机构及人员公共卫生要求

第一节　动物诊疗机构

一、诊疗场所

动物诊疗机构是患病动物集中的场所，如果卫生管理不当，将成为动物疫病的散播地、自然环境的污染源。为了使动物诊疗机构既能够为水生动物和饲养者提供疾病的诊疗服务，又避免环境污染和有利于控制疫病传播，必须加强动物诊疗机构的卫生管理和卫生监督。

（一）动物诊疗机构的基本条件要求

（1）动物诊疗场所选址距离养殖场、加工厂及动物交易场所不少于200m。

（2）动物诊疗场所应设有独立的出入口，出入口不得设在居民住宅楼内或者院内，不得与同一建筑物的其他用户共用通道。

（3）具有布局合理的诊疗室、手术室、药房等设施。

（4）具有诊断、手术、消毒、冷藏、常规化验、污水处理等器械设备。

（二）动物诊疗机构卫生要求

（1）常规操作一般在桌面上进行，工作台面至少每日消毒一次。

（2）工作区内不准吃、喝、抽烟、用手接触隐形眼镜、存放个人物品（化妆品、食品等）。

（3）严禁用嘴吸取试验液体，应该使用专用的移液管。

（4）防止皮肤损伤。

（5）所有操作均需小心，避免外溢和气溶胶的产生。

（6）所有废弃物在处理之前用公认有效的方法灭菌消毒。从实验室拿出消毒后的废弃物应放在一个牢固不漏的容器内，并按照国家或地方法规进行无害化处理。

（7）由于很多动物疫病都是人兽共患病，动物诊疗机构至少要分成动物普通病区和动物疫病区，且对动物疫病区进行严格的卫生管理。

（8）保持室内、室外卫生，诊疗室要保持清洁、卫生、整齐，每日至少要清扫1次，必要时随时进行消毒。

（9）昆虫和啮齿类动物控制方案应参照其他有关规定进行。

二、病料处理

（一）概述

1. 医疗废弃物（病料） 指动物诊疗机构在诊疗动物疾病以及其他相关活动中产生的具有直接或者间接感染性、毒性以及其他危害性的废物。

2. 处理原则 动物诊疗机构收治的传染病动物或者疑似传染病动物产生的黏液和排泄物，按照医疗废弃物进行管理和处置。

（二）管理和处理要求

1. 动物诊疗机构应当及时收集本单位产生的医疗废弃物，并按照类别分置于防渗漏、防锐器穿透的专用包装物或者密闭的容器内，应当有明显的警示标识和警示说明。

2. 医疗废弃物的暂时贮存设施、设备，应当远离医疗区、食品加工区和人员活动区以及生活垃圾存放场所，并设置明显的警示标识和防渗漏、防鼠、防蚊蝇、防蟑螂、防盗等安全措施。医疗废弃物的暂时贮存设施、设备应当定期消毒和清洁。

3. 动物诊疗机构应当使用防渗漏、防遗撒的专用运送工具，按照本单位确定的内部医疗废弃物运送时间、路线，将医疗废弃物收集、运送至暂时贮存地点。运送工具使用后应当在指定的地点及时消毒和清洁。

4. 动物诊疗机构应当根据就近集中处置的原则。及时将医疗废弃物交由医疗废弃物集中处置单位处置。

5. 动物诊疗机构产生的污水、传染病患病动物或者疑似传染病患病动物的排泄物和尸体应进行严格消毒。污水达到排放标准后，方可排入污水处理系统。

6. 对于没有集中处置条件的农村医疗废弃物，动物诊疗机构应当按照县级人民政府卫生行政主管部门、环境保护行政主管部门的要求，自行就地处置其产生的医疗废弃物。自行处置医疗废弃物的，应当符合下列基本要求：

（1）使用后的一次性医疗器具和容易致人损伤的医疗废弃物，应当消毒并作毁形处理。

（2）能够焚烧的，应当及时焚烧。

（3）不能焚烧的，消毒后集中填埋。

三、用具消毒

定期对保温箱、饲料车、饵料箱等进行消毒，可用0.1%苯扎溴铵或0.2%～0.5%过氧乙酸消毒，然后在密闭的室内进行熏蒸。

经常性消毒是指在日常清洁扫除的基础上所进行的定期消毒，每日工作完毕，必须将全部操作间地面、墙裙、通道、排污沟、台桌、设备、用具、工作服、手套、围裙、胶靴等彻底洗刷干净，并用82℃以上的热水或化学消毒剂进行消毒。

第二节 动物诊疗人员

一、个人卫生

（一）预防原则

被认定患病动物的血液、体液、分泌物、排泄物具有传染性时，不论是否接触上述物质

者，必须采取必要的防护措施，防止兽医人员感染人兽共患病。

既要防止血源性疾病的传播，也要防止非血源性疾病的传播。

（二）预防措施

1. 洗手　接触患传染病动物的血液、体液、分泌物、排泄物及其危害因素品时，不论是否戴手套，都必须洗手。遇有下述情况必须立即洗手：①摘除手套后；②接触患传染病动物前后可能污染环境或传染其他人时。

2. 戴手套　接触患传染病动物的上述物质及其危害因素品时，接触患病动物黏膜和非完整皮肤前均应戴手套。既接触清洁部位，又接触污染部位时应更换手套。

3. 穿戴防护服　上述动物的危害因素有可能发生喷溅时，应戴护目镜和口罩，并穿防护衣，以防止兽医人员皮肤、黏膜和衣服被污染。

4. 器械消毒　被上述物质污染的医疗用品和仪器设备应及时处理。重复使用的医疗仪器设备应进行清洁和有效消毒。

5. 防刺伤　锐利器具和针头应小心处理，以防刺伤。

二、安全防护

（一）基本防护

1. 防护对象　指在动物医疗机构中从事诊疗活动的所有医疗人员。

2. 着装要求　从事诊疗活动应根据需要穿戴工作服、防护帽、护目镜、医用口罩、鞋、手套等。

（二）加强防护

1. 防护对象　对体液或可疑危害因素进行操作的医疗人员、对重要人兽共患病进行诊疗的工作人员。

2. 着装要求　在基本防护的基础上，可按危险程度使用以下防护用品。

（1）护目镜　有体液或其他危害因素喷溅的操作时佩戴。

（2）外科口罩　接触高危险人兽共患病患病动物时佩戴。

（3）手套　操作人员皮肤有损伤或接触患病动物体液时佩戴。

（4）鞋套　进入高危险区时穿戴。